北京联合出版公司
Beijing United Publishing Co.,Ltd.

第9版

the Living World
Ninth Edition

生物学的思维方式

George B. Johnson
[英]乔治·B.约翰逊 著
沈剑 刘宠 赵蕴阳 译 王海涛 张振兴 审校

后浪

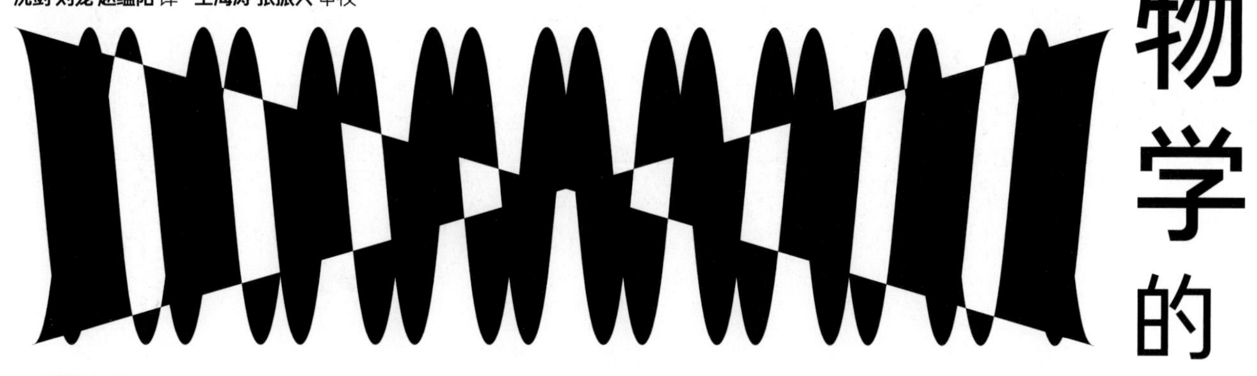

简目 BRIEF CONTENTS

作者简介 4

前言 5

致谢 10

0 研究生物学 2

第 1 单元 | 生命的研究

1 生物科学 16

第 2 单元 | 活细胞

2 生命的化学 36

3 生命的分子 54

4 细胞 74

5 能量与生命活动 112

6 光合作用：从太阳获取能量 126

7 细胞如何从食物中获取能量 146

第 3 单元 | 生命的延续

8 有丝分裂 166

9 减数分裂 186

10 遗传学基础 202

11 DNA：遗传物质 238

12 DNA 的工作机制 258

13 基因组学与生物技术 280

第 4 单元 | 进化与生命的多样性

14 进化与自然选择 310

15 生物的命名 350

16 原核生物：最早的单细胞生物 370

17 原生生物：真核生物的出现 394

18 真菌侵入陆地 418

第 5 单元 | 动物的进化

19 动物门的进化 436

20 脊椎动物的历史 474

21 人类如何进化 502

第 6 单元 | 动物

22 动物的身体及运动方式 518

23 循环 542

24 呼吸 562

25 食物在动物体内的旅行 578

26 维持内环境 598

27 动物体的自我防卫 616

28 神经系统 640

29 感觉 662

30 动物体内的化学信号 680

31 生殖与发育 700

第 7 单元 | 植物

32 植物的进化 724

33 植物的形态与功能 746

34 植物的生殖与生长 764

第 8 单元 | 生存的环境

35 种群与群落 784

36 生态系统 810

37 行为与环境 834

38 人类对生命世界的影响 856

附录 882

词汇表 895

出版后记 908

作者简介 ABOUT THE AUTHOR

乔治 · B. 约翰逊博士是一名研究员、教育家和作家。他在新罕布什尔州（达特茅斯学院）上大学，在加利福尼亚州（斯坦福大学）读研究生，是圣路易斯华盛顿大学生物学名誉教授，在那里他为本科生教授生物学和遗传学超过35年。约翰逊博士是华盛顿大学医学院的遗传学教授，也是种群遗传学和进化学的学生，共撰写了50多篇科学论文。他的实验室工作以对未公开的遗传变异性的先驱性研究而闻名。他的野外研究集中于高山蝴蝶和花卉，其中大部分在科罗拉多州和怀俄明州的落基山脉进行。近年来，他探索的生态系统还包括巴西和哥斯达黎加雨林、佛罗里达大沼泽、缅因州海岸、伯利兹附近的珊瑚礁、巴塔哥尼亚的冰原和山脉，以及令人愉快的托斯卡纳葡萄园。

约翰逊博士是一位勤奋的作家和教育家，为麦格劳-希尔撰写了七本美国公认的大学教科书，其中包括与植物学家彼得 · 雷文（Peter Raven）合作的、非常成功的专业教科书《生物学》（*Biology*）和三本非专业教科书：《理解生物学》（*Understanding Biology*），《生命世界的基础》（*Essential of The Living World*），以及这本《生物学的思维方式》。他还撰写了两本广泛使用的高中生物教科书，《霍尔特高中生物学》（*Holt Biology*）和《生物：可视化生活》（*Biology: Visualizing Life*）。在他撰写生物学教科书的30年中，超过300万名学生使用他撰写的教科书学习。

约翰逊博士一直致力于将互动学习和互联网体验融入课堂。他曾在美国国家研究委员会工作组任职，改善高中生物教学质量，并担任圣路易斯动物园教育中心生命世界（The Living World）的创办者，负责开发一系列创新高科技展品和新的教育项目。

圣路易斯大学的学生可能对他比较熟悉，他是每周科学专栏“论科学”的作者，该专栏在圣路易斯邮报中连载多年。约翰逊博士致力于向公众宣传科学进展，定期撰写专栏，内容关于与科学的重要作用相关的现实问题，例如艾滋病、环境、克隆、基因工程和进化等。这些专栏侧重于解释“如何”和“为什么”，旨在为读者提供思考这些问题的工具。

前言 PREFACE

相关性是通往生物学的窗口

生物学是最平易近人的科学之一，但许多非科学专业的学生在刚接触生物学课程时会感到焦虑。他们咬紧牙关报名参加了这门课程，因为他们会认为，科学课程本质上是困难的。教师以及非专业的生物学课本都面临着一项关键任务，那就是消除这种恐惧。生物学其实并不难，而且充满了简单有趣的想法。如今，所有生物学教育者都明白它对学生来说是多么重要的一门学科。从全球变暖到干细胞，再到在课堂上教授的“智能设计”，生物学无处不在，在很大程度上将影响我们学生未来的发展。学生需要的是一扇通往生物世界的窗口。在本书中，我已经着手解决这个问题。本修订版的每一章都强调了内容与学生经历的相关性。当某个话题的讨论与自身的经历联系起来时，它就不会那么难以理解，使得新知识更容易被读者接受。

聚焦核心概念

比起大部分学科，生物学有一整套核心思想，如果学生掌握了这些基本思想，其余的就很简单。不幸的是，尽管今天大部分学生对生物学很感兴趣，但是他们却被名词术语给耽误了。如果你不知道某些单词是什么意思，你就自然会认为这个东西很难；如果那个思想很简单，容易掌握，你就会乐于学习。名词术语横亘在路上，就像一堵墙拦在学生和科学之间。而我想要利用这本教科书，把这堵墙变成窗户，这样学生就可以享受学习的乐趣了。

我的一样工具是类比。在撰写本书时，我将要描述的事物与众所周知的简单事物进行类比。在科学中，类比并不准确，但我却认为没有关系。类比的目的是更清晰地解释内容，本书用类比方式解释会使重点知识表达得更清晰。

重要的生物过程　某些重要的生物学思想很复杂。少有学生第一次学习光合作用时就能将其完全掌握。为了帮助学生学习困难的知识，我特别留意那些构成生物学核心的重点概念和过程，如光合作用、渗透等。如果一个学生想要掌握生物学知识，那么他就必须理解每一个核心过程。学生的学习目标不应该是简单地记忆一串生物学术语，而应该是想象并理解到底是怎么回事。因此，我在书中撰写了大约40个**重要的生物过程**来解释学生在生物学导论中所遇到的重点概念和过程。每一个**重要的生物过程**都会让学生学习一个复杂的过程，这样就不会遗漏核心知识的细节。

将生物学与日常生活相联系

非专业生物课程的主要作用之一是培养有一定教育基础的学生。在撰写本书时，我尽可能地将学生所学的知识与他们的日常生活联系起来。

在本书中，对于每一章的内容，我都撰写了整版篇幅的专题文章，将章节内容与日常生活联系起来："生物学与保健"讨论了影响每个人的健康问题；"今日生物学"讨论了对社会产生重要影响的进步；"深入观察"更详细地表达了有趣的知识点；"作者角"分享了我本人对科学知识与个人生活的关系的观点。

将生物学作为进化之旅来教学

进化的解释 进化不仅是生物学组成的一部分，而且还可以解释生物学。仅仅说青蛙属于两栖动物，处于鱼类和爬行类的过渡阶段是不够的。这种说法正确地表达了青蛙在进化树上的位置，但是却没能解释青蛙何以是青蛙，为什么要经历蝌蚪阶段，并且有湿润的皮肤。只有当学生知道两栖动物高度成功地进化为陆生动物后，他们才会明白：在37科两栖动物中，除了两科生活在水中的（蛙科和蝾螈科）之外，其他的都随着爬行类的进化而灭绝了。青蛙是由于进化而侵入水中，而非逃离水环境。只有通过这种方式，进化才能解释生物学，这也是我在本书中用进化来解释生物学的方式。

直面进化的批判者 鉴于进化一直是公众中的冲突话题，我向学生明确展示了来自批判者的异议，特别是所谓的"智能设计"。我强烈地认为，如果不对这个争议话题进行开诚布公的讨论，那么学生的生物学教育就是不完整的。

帮助学生学习

第0章 在30年的教学生涯中，我注意到有的学生表现良好，有的却不尽如人意，一个学生对学习准备得如何，可以很好地预测出学生将来的表现如何。开始学习新课程后，学生是否会做笔记？学生是否知道有效地将笔记与教科书搭配使用？学生会读图表吗？在本书中，为了解决这一问题，我在正文前添加了第0章，教给学生一些基本且核心的学习技能。在听课时高效记笔记，快速地重新抄写这些笔记，将笔记作为课文的线索实现高效复习，这些学习技能不仅有利于学生的课程学习，而且对他们未来的学习生活都会很有帮助。读懂图表的技能将使学生终身受用。

学习目标与结果 只有当学生清楚地知道他们要学什么的时候，他们才能学得最好。在这一思想指导下，本书在每一章的开头都会列出具体的学习目标，那是这一章中小标题的线索。**学习目标**是期望的学习结果，表明了学生在成功地学完本章内容后应该能够做什么。学习目标是不连续的、具体的，是帮助学生建构学习理解的小模块。

本书中，每个学习目标在材料出现在文本中的时候、在章节结尾的复习中、在章节结束的问题列表中再次重复。这一“学习路径”是引导学生完成每一章的关键要素，评估每个章节的掌握程度。

在每一个编码的章节最后，我列出了一个或几个**关键学习成果**。简言之，它是学习目标完成后的表现，是对学生在掌握本章节内容后应该学到什么的总结。

学习目标和结果为学生提供了强大的学习工具。学习目标可以帮助学生在阅读时关注那些重要的知识点，对具体学习目标的章末测验可以让学生知道，那些他们需要掌握的内容，他们究竟学得怎么样。

出现在每章末尾的一系列问题也为学生提供了一个强大的评估工具，以了解本章开头的学习目标在学生的学习中如何转化为学习成果。根据布鲁姆分类法的学习类别来看，该清单包括三个层次的问题：评估知识和理解的问题，挑战学生进行应用和分析的问题，以及需要综合和评估的问题。

将科学作为过程来教学

调查与分析 学生学习完生物学课程之后最有用的事情之一，是他们在大学毕业多年后，有能力去评判听到的与科学有关的言论。作为教授这一重要能力的方法，每一章的结尾都有“调查与分析”模块，用整页的篇幅呈现一个真实的科学研究，要求学生分析数据，得出结论。本书还有几页为学生持续的学习提供一些惊喜。

新版亮点

基因编辑 自本书上一版以来，最激动人心的进展是引入了一种名为CRISPR的易于使用的新工具，该工具允许研究人员编辑基因，这一前景既充满希望又有点可怕。与科学中的许多进步一样，这一进步是分阶段进行的，如13.4节所述。该工具基于在细菌DNA中发现的特殊碱基序列，该序列包含两个元素。第一段序列（“I. D. ”序列）是与在病毒中发现的相同的30个碱基的短序列。第二段序列（“kill”序列）在转录成RNA时会折叠回环，形成发卡结构，DNA切割核酸酶与之结合。细菌使用这个系统来对抗感染病毒：第一段序列将转录RNA与入侵病毒的DNA结合，从而允许所附的第二段序列将病毒DNA切成碎片。是什么使它成为基因工程师的强大工具？替换病毒的“I. D.”序列是一件简单的事情，替换的序列为一段具有30个 碱基的不同序列，它用于识别研究人员希望破坏或修改的其他一些基因。就像改变信封上的地址一样，研究人员可以将“kill”序列发送到基因组中的任何地址。

CRISPR可以消除疟疾或寨卡病毒吗 2016年，研究人员开始测试CRISPR对“基因驱动”的可能性。如13.4节所述，其想法是利用CRISPR来替换“I. D.”序列。这是一段精心构建的动物序列，其中包含一个新的“I. D.”序列和CRISPR序列的副本。当编辑基因后的动物繁殖时，包含CRISPR序列的染色体将在受精卵中与另一个亲本的正常染色体配对——并将其转换为包含CRISPR的染色体！一系列的连锁反应下，CRISPR序列将在整个种群中传播。如果是在蚊子种群中，这种做法说不定能一击消灭疟疾或寨卡病毒！

地球工程对抗全球变暖 应对全球变暖也取得了重要进展。随着大气中CO_2含量达到200万年以来的高位，并且在减少排放方面进展艰难，设计地球气候可能是对抗全球变暖的最大希望。38.4节中描述的两种所谓的地球工程方法正在被评估。一种是通过给地球的海洋施肥以诱导大规模的光合作用来去除大气中的CO_2。地球上的海洋富含海藻，它们的生长主要因缺乏铁而受到限制（铁是叶绿素的关键成分）。在实验室中，向海水中添加一磅铁可以从空气中去除多达100,000磅[①]的碳！非常有争议的小规模试验表明，藻华是由铁施肥产生的，当藻华沉入海底，碳还是会回到大气中。第二种地球工程方法是将硫酸盐气溶胶注入大气中，以反射阳光。上层平流层变成一面镜子，将太阳光线反射回太空。因此，即使CO_2水平继续上升，世界气候也不会变暖，因为照射到CO_2分子的光较少。虽然这种方法从未经过测试，但似乎很实用。

埃博拉疫情 2014—2015年，西非三个人口稠密的国家暴发埃博拉疫情，感染人数超过24,000，其中一半人死亡。据16.10节中描述，埃博拉疫情的影响从未有如此大的规模。

在其他行星上寻找生命 二十多年来，天文学家一直在探测围绕遥远恒星运行的行星。如第16.2节所述，已识别出10,000多个行星。它们中的任何一个可能像地球一样容纳生命吗？2016年7月23日，天文学家宣布他们发现了一颗候选行星，它围绕一颗距地球1,400光年的恒星运行。这颗行星是开普勒452b，它绕着一颗非常像我们的太阳的恒星运行，公转只比地球多20天。开普勒452b上的温度可能类似于温水——与地球上的热带地区没有什么不同。它的质量似乎是地球的五倍左右，这意味着它很有可能像地球一样由岩石构成，而不是像海王星那样的气态星球。

① 1磅≈0.454千克。——编者注

重温双螺旋结构 大多数文章对沃森和克里克如何发现DNA分子是双螺旋结构的历史的记录都存在错误。如在11.3节中描述的那样，罗莎琳德·富兰克林没有获得DNA的X射线衍射图以及没有发现DNA分子是螺旋的。在富兰克林作为博士后来到威尔金斯的实验室学习X射线技术的一年前，威尔金斯发现并发表了DNA是螺旋结构的（在诺贝尔奖的说明中明确指出这一发现是威尔金斯获得诺贝尔奖的50%的原因）。

寨卡病毒威胁孕妇 2016年巴西突然暴发了小头畸形（新生儿头部和大脑发育不全），这是由蚊子传播的寨卡病毒引起的。一种常见的热带病毒寨卡病毒（16.10节）已经能够导致一种致命的疾病。

认识丹尼索瓦人 当从西伯利亚发现的古代指骨中提取DNA并对其测序后，研究人员获得了一段人类的序列，但不同于尼安德特人和晚期智人，而是一类新的人种。新人种被称为丹尼索瓦人（以发现指骨的洞穴的名字命名），在过去几年中已证明他们与尼安德特人和晚期智人杂交（21.7节）。多达8%的晚期智人的DNA来自尼安德特人和丹尼索瓦人。你的基因组是由三个不同物种的基因拼凑而成。

父亲的年龄影响基因疾病 在冰岛，许多代人的出生和婚姻都有精确的记录，因此不仅可以确定一个人拥有哪些突变，还可以确定他们是从谁那里继承来的，以及受孕时父母的年龄。如11.5节中所述，数据中出现了一个意想不到的发现：绝大多数新突变发生在父亲身上，而受孕时父亲的年龄越大，孩子发生基因突变的可能性就越大。简单地说，年长的父亲更有可能生出患有基因疾病的孩子。

致谢 ACKNOWLEDGEMENTS

每一位作者都明白其成果仰仗他人的帮助，这本书的背后也有一支军团，其成员包括幕后编辑、拼写与语法检查员、照片搜寻员，以及将其丰富想象再现于文本的艺术家，还有生产管理和装订人员。我不胜感激！

执行品牌经理米歇尔·福尔格（Michelle Volger），策划编辑安妮·温奇（Anne Winch）是与我朝夕相伴的编辑战友。他们总能提供宝贵的建议，是我这个爱发牢骚又容易焦虑的作者的坚强后盾。林恩·布赖特豪普特（Lynn Breithaupt）负责麦格劳-希尔公司的所有生物学图书的出版工作，这可不是小差事，他总是在我笨拙得想要提升作品水平时提供有力帮助。

由项目经理安吉·菲茨帕特里克（Angie Fitzpatrick）和内容项目经理维基·克鲁格（Vicki Krug）带领的制作团队，利用新的出版计划创造了奇迹，以新方式将章节编排在一起。图片是由内容授权专家洛丽·汉考克（Lori Hancock）和图片研究专家埃米莉·蒂茨（Emily Tietz）负责，他们一如既往出色地完成了工作（看看本书的封面照片就知道了）。戴维·哈什（David Hash）的设计工作同样出色，他对我的那么多“创意”改编有着令人难以置信的容忍度。感谢MPS有限公司对本书的制作。

虽身处外地，却与我长期合作的得力助手梅根·博德尔曼（Megan Berdelman）再次担当大任，对本书进行全面修订。她的智慧和毅力对于保障本书的质量居功至伟。另一位编辑，丽兹·西弗斯（Liz Sievers）与梅根同样重要，并且她们合作得非常愉快。丽兹和梅根不再作为作者，而是分别去了杜比尤克和俄勒冈州，为本书的出版商工作，我非常想念她们。

本书的营销由营销开发经理詹娜·帕莱斯基（Jenna Paleski）计划和监督，她能快速解决问题并渴望帮助许多有能力的销售代表向老师展示本书。和她一起工作很有趣——她甚至不厌其烦地来到我在圣路易斯的“书房”待了几天，让我向她详细解释我是如何创作这本书的，以便她更好地展示给对其感兴趣的老师。营销经理布里特妮·罗斯（Britney Ross）是团队的新成员，但事实证明她是一个能够快速学习的人，她的经验和热情促成了本书的成功。这是每个作者梦寐以求的、更具竞争力、更好的的营销团队。

没有此前和现在的编辑们的鼎力支持，就没有本书。我还要额外感谢帕特·莱迪（Pat Reidy），他帮助我纠正了早期版本中的许多错误，我还要特别感谢迈克尔·兰格（Michael Lange），他自始至终都非常支持我。

乔治·约翰逊

目录 CONTENTS

作者简介 4
前言 5
致谢 10

0 研究生物学 2
学习 4
0.1 如何研究 4
作者角 开夜车 6
0.2 使用教科书 7
学以致用 10
0.3 科学是一种思维方式 10
0.4 如何阅读图表 12

第 1 单元 | 生命的研究

1 生物科学 16
生物学与生命世界 18
1.1 多样的生命 18
1.2 生命的特性 18
1.3 生命的结构 19
1.4 生物学主题 21
科学过程 22
1.5 科学家如何思考 22
1.6 行动中的科学：一个案例研究 23
1.7 科学研究的步骤 25
1.8 理论与确定性 27
作者角 我的袜子都去哪儿了？ 28
生物学核心思想 29
1.9 四大理论将生物学统一为一门科学 29

第 2 单元 | 活细胞

2 生命的化学 36
一些简单的化学 38
2.1 原子 38
2.2 离子和同位素 40
2.3 分子 42
水：生命之源 45
2.4 氢键赋予水独特的性质 45
2.5 水的电离 47
今日生物学 酸雨 49

3 生命的分子 54
大分子的形成 56
3.1 由单体组成的多聚物 56
大分子的类型 58
3.2 蛋白质 58
今日生物学 朊粒与疯牛病 62
3.3 核酸 63
深度观察 DNA 结构的发现 65
3.4 碳水化合物 66
3.5 脂质 68
生物学与保健 体育运动中的合成代谢类固醇 69

4 细胞 74
细胞世界 76
4.1 细胞 76
4.2 质膜 80
深度观察 水分子如何穿越质膜 82
细胞的类型 83
4.3 原核细胞 83
4.4 真核细胞 83
今日生物学 膜缺陷会导致疾病 86
真核细胞之旅 87
4.5 细胞核：细胞的调控中心 87
4.6 内膜系统 88
4.7 有 DNA 的细胞器 90
4.8 细胞骨架：细胞的内部支架 92

4.9 质膜之外 97
跨膜运输 99
4.10 扩散 99
4.11 易化扩散 101
4.12 渗透 102
4.13 进出细胞的大通道 104
4.14 主动运输 106

5 能量与生命活动 112
细胞与能量 114
5.1 生物体内的能量流动 114
5.2 热力学定律 115
5.3 化学反应 116
酶 117
5.4 酶的作用机制 117
5.5 细胞调节酶的机制 119
细胞如何利用能量 121
5.6 ATP: 细胞的能量货币 121

6 光合作用：从太阳获取能量 126
光合作用 128
6.1 光合作用概述 128
6.2 植物如何从阳光中获取能量 132
6.3 将色素纳入光系统 133
6.4 光系统如何将光能转化为化学能 136
6.5 建构新分子 138
光呼吸 140
6.6 光呼吸：给光合作用刹车 140
今日生物学 耐寒 C_4 光合作用 141

7 细胞如何从食物中获取能量 146
细胞呼吸概述 148
7.1 食物的能量在哪里 148
无氧呼吸：糖酵解 150
7.2 偶联反应制造 ATP 150
有氧呼吸：三羧酸循环 152
7.3 从化学键中获取电子 152
深度观察 代谢效率和食物链的长度 153
7.4 用电子制造 ATP 155
无氧条件下获取电子：发酵 158
7.5 细胞可以无氧代谢食物 158
深度观察 啤酒和葡萄酒——发酵产物 159
其他能量来源 160
7.6 葡萄糖不是唯一的食物分子 160
生物学与保健 时尚饮食和难以实现的梦想 162

第 3 单元 | 生命的延续

8 有丝分裂 166
细胞分裂 168
8.1 原核生物简单的细胞周期 168
8.2 真核生物复杂的细胞周期 169
8.3 染色体 170
8.4 细胞分裂 173
8.5 细胞周期调控 175
癌症与细胞周期 179
8.6 什么是癌症 179
8.7 癌症和细胞周期调控 179
生物学与保健 癌症治疗 181

9 减数分裂 186
减数分裂 188
9.1 减数分裂的发现 188
9.2 有性生命周期 188
9.3 减数分裂的过程 190
比较减数分裂与有丝分裂 193
9.4 减数分裂与有丝分裂有何不同 193
9.5 性别的进化结果 196
深度观察 为什么要有性别？ 198

10 遗传学基础 202
孟德尔 204
10.1 孟德尔和豌豆 204
10.2 孟德尔观察到了什么 206
10.3 孟德尔提出一个理论 207
10.4 孟德尔定律 211
从基因型到表现型 212

10.5 基因如何影响性状 212
10.6 有些性状不表现孟德尔遗传 215
今日生物学 环境能否影响 I.Q.? 218
染色体与遗传 221
10.7 染色体是孟德尔遗传的载体 221
10.8 人类染色体 223
今日生物学 Y 染色体——男性真正不同之处 227
人类遗传性疾病 228
10.9 系谱研究 228
10.10 突变的作用 230
10.11 遗传咨询和治疗 233

11 DNA：遗传物质 238
基因是由 DNA 组成的 240
11.1 转化的发现 240
11.2 判定 DNA 是遗传物质的实验 241
11.3 DNA 结构的发现 242
DNA 复制 243
11.4 DNA 分子如何自我复制 243
改变遗传信息 247
11.5 突变 247
今日生物学 DNA 指纹分析 249
今日生物学 父亲的年龄影响突变的风险 251
生物学与保健 保护你的基因 252

12 DNA 的工作机制 258
从基因到蛋白质 260
12.1 中心法则 260
12.2 转录 261
12.3 翻译 262
12.4 基因表达 265
原核生物中基因表达的调控 266
12.5 原核生物如何调控转录 266
真核生物中基因表达的调控 270
12.6 真核生物的转录调控 270
12.7 远端调控转录 271
12.8 RNA 水平的调控 273
生物学与保健 沉默基因以治疗疾病 275
12.9 基因表达的复杂调控 276

13 基因组学与生物技术 280
给完整基因组测序 282
13.1 基因组学 282
13.2 人类基因组 284
基因工程 286
13.3 一次科学革命 286
今日生物学 DNA 与昭雪计划 289
13.4 基因工程与医学 290
13.5 基因工程与农业 294
今日生物学 DNA 时间表 298
细胞技术的革命 299
13.6 生殖性克隆 299
13.7 干细胞治疗 300
13.8 克隆的治疗用途 301
13.9 基因治疗 304

第 4 单元 | 进化与生命的多样性

14 进化与自然选择 310
进化 312
14.1 达尔文的“贝格尔”号之旅 312
14.2 达尔文的证据 313
14.3 自然选择学说 314
达尔文雀：进化进行时 316
14.4 达尔文雀的喙 316
14.5 自然选择如何产生多样性 318
进化理论 319
14.6 进化的证据 319
今日生物学 达尔文和莫比·迪克 321
14.7 对进化的批判 324
深度观察 验证智能设计论 328
种群如何进化 330
14.8 种群中的基因变化：哈迪-温伯格定律 330
14.9 进化的作用因素 333
种群内的适应 337
14.10 镰状细胞贫血 337
14.11 桦尺蛾和工业黑化 339

14.12 孔雀鱼体色的选择 341
作者角 捕鸟猫的存在促进了鸟类的进化吗？ 343
物种是如何形成的 344
14.13 生物学物种概念 344
14.14 隔离机制 345

15 生物的命名 350
生物的分类 352
15.1 林奈系统的创建 352
15.2 物种名称 353
15.3 更高阶元 354
15.4 什么是物种 355
推断系统发生 356
15.5 如何构建系谱图 356
今日生物学 DNA“条形码” 360
界和域 362
15.6 生命的界 362
15.7 细菌域 364
15.8 古菌域 364
15.9 真核生物域 365

16 原核生物：最早的单细胞生物 370
最早细胞的起源 372
16.1 生命的起源 372
16.2 细胞如何出现 373
今日生物学 其他地方是否有生命的出现？ 375
原核生物 376
16.3 最简单的生物 376
16.4 比较原核生物和真核生物 378
16.5 原核生物的重要性 379
16.6 原核生物的生活方式 379
病毒 380
16.7 病毒的结构 380
16.8 噬菌体如何侵入原核细胞 383
生物学与保健 禽流感和猪流感 385
16.9 动物病毒如何侵入细胞 386
16.10 致病病毒 388

17 原生生物：真核生物的出现 394
真核生物的进化 396
17.1 真核细胞的起源 396
17.2 性别的进化 398
原生生物 400
17.3 最古老的真核生物——原生生物 400
17.4 原生生物的分类 402
17.5 古虫界生物有鞭毛，有的缺少线粒体 404
17.6 囊泡藻界起源于二次共生 405
17.7 有孔虫界有坚硬外壳 410
17.8 原始色素体生物包括红藻和绿藻 411
17.9 单鞭毛生物开启动物进化之旅 413

18 真菌侵入陆地 418
作为多细胞生物的真菌 420
18.1 复杂的多细胞生物 420
18.2 真菌并非植物 420
18.3 真菌的繁殖与营养 421
真菌的多样性 422
18.4 真菌的种类 422
18.5 微孢子虫是单细胞寄生虫 423
18.6 壶菌有带鞭毛的孢子 425
18.7 接合菌能产生接合子 426
18.8 球囊菌是无性繁殖的植物共生体 427
18.9 担子菌是蘑菇类真菌 428
18.10 子囊菌是种类最多的真菌 430
真菌生态学 431
18.11 真菌的生态功能 431

第 5 单元 | 动物的进化

19 动物门的进化 436
动物概述 438
19.1 动物的一般特征 438
19.2 动物系谱图 438
19.3 动物形体构型的六次关键转变 441
最简单的动物 445
19.4 海绵动物：没有组织的动物 445

19.5 刺胞动物：组织导向更高级特化 445
两侧对称的出现 449
19.6 无体腔的蠕虫：两侧对称 449
体腔的出现 453
19.7 线虫动物：体腔的进化 453
19.8 软体动物：真体腔动物 455
19.9 环节动物：体节的出现 458
19.10 节肢动物：分节附肢的出现 460
重构胚胎 465
19.11 原口动物和后口动物 465
深度观察 *多样性只是表面现象* 466
19.12 棘皮动物：最早的后口动物 467
19.13 脊索动物：增强的骨架 467

20 脊椎动物的历史 474
脊椎动物进化概述 476
20.1 古生代 476
20.2 中生代 478
20.3 新生代 480
脊椎动物 481
20.4 鱼类统治海洋 481
20.5 两栖动物入侵陆地 485
20.6 爬行动物占领陆地 487
深度观察 *恐龙* 488
20.7 鸟类统治天空 491
深度观察 *鸟类是恐龙吗？* 494
20.8 哺乳动物适应冰期 495

21 人类如何进化 502
灵长类的进化 504
21.1 人类的进化路径 504
21.2 类人猿如何进化 504
最早的原始人类 506
21.3 直立行走 506
21.4 原始人类进化树 507
最早的人类 508
21.5 非洲起源：早期人属 508
21.6 走出非洲：直立人 508
现代人类 510
21.7 智人同样起源于非洲 510
今日生物学 *邂逅我们的霍比特表亲* 511
21.8 唯一现存的原始人类 513
今日生物学 *种族和医学* 514

第 6 单元 | 动物

22 动物的身体及运动方式 518
动物的形体构型 520
22.1 动物形体构型的创新 520
22.2 脊椎动物的形体构型 522
脊椎动物身体的组织 525
22.3 上皮组织起保护作用 525
22.4 结缔组织支撑身体 526
生物学与保健 *骨的流失——骨质疏松症* 529
22.5 肌肉组织让身体运动 530
22.6 神经组织迅速地传导信号 531
骨骼和肌肉系统 532
22.7 骨骼的类型 532
22.8 肌肉及其工作原理 534
作者角 *作者的锻炼* 537

23 循环 542
循环 544
23.1 开管式循环系统与闭管式循环系统 544
23.2 脊椎动物循环系统的结构 546
23.3 淋巴系统：回收流失的体液 549
23.4 血液 550
脊椎动物循环系统的进化 552
23.5 鱼类的循环系统 552
23.6 两栖动物和爬行动物的循环系统 553
23.7 哺乳动物和鸟类的循环系统 554
生物学与保健 *心脏病会成为致命的杀手* 558

24 呼吸 562
呼吸 564
24.1 呼吸系统的类型 564
24.2 水生脊椎动物的呼吸 565

24.3 陆生脊椎动物的呼吸 566
24.4 哺乳动物的呼吸系统 568
24.5 呼吸作用：气体交换 570
肺癌与吸烟 572
24.6 肺癌的性质 572

25 食物在动物体内的旅行 578
食物能量与关键营养素 580
25.1 提供能量和促进生长的食物 580
消化 582
25.2 消化系统的类型 582
25.3 脊椎动物的消化系统 583
25.4 口腔和牙齿 584
25.5 食管和胃 586
25.6 小肠和大肠 588
25.7 脊椎动物消化系统的多样性 590
25.8 副消化器官 592

26 维持内环境 598
内稳态 600
26.1 动物体如何维持内稳态 600
渗透调节 602
26.2 调节体内的水含量 602
脊椎动物的渗透调节 604
26.3 脊椎动物肾的进化 604
26.4 哺乳动物的肾 608
生物学与保健 激素是如何控制肾工作的 610
26.5 含氮废物的排泄 611

27 动物体的自我防卫 616
三道防线 618
27.1 皮肤：第一道防线 618
27.2 细胞对抗：第二道防线 620
27.3 特异性免疫：第三道防线 623
免疫应答 624
27.4 启动免疫应答 624
27.5 T 细胞：细胞免疫应答 625
27.6 B 细胞：体液免疫应答 626
27.7 基于克隆选择的主动免疫 628
27.8 疫苗接种 631
27.9 医学诊断中的抗体 632
免疫系统的缺陷 633
27.10 过度活跃的免疫系统 633
27.11 AIDS：免疫系统崩溃 634
生物学与保健 AIDS 药物能够靶向治疗 HIV 感染周期的不同阶段 636

28 神经系统 640
神经元及其工作原理 642
28.1 动物神经系统的进化 642
28.2 神经元产生神经冲动 644
28.3 突触 646
28.4 成瘾性药物对化学突触的作用 647
中枢神经系统 650
28.5 脊椎动物脑的进化 650
28.6 脑如何起作用 651
28.7 脊髓 655
周围神经系统 656
28.8 躯体神经系统和自主神经系统 656

29 感觉 662
感觉神经系统 664
29.1 处理感觉信息 664
感觉的接受 666
29.2 感觉重力与运动 666
29.3 感觉化学物质：尝与闻 667
29.4 感觉声音：听 668
29.5 感觉光：视力 670
29.6 脊椎动物的其他感觉 674
深度观察 在闭着眼睛的情况下，鸭嘴兽是如何看见事物的 676

30 动物体内的化学信号 680
神经内分泌系统 682
30.1 激素 682
30.2 激素如何靶向细胞 684
主要内分泌腺 686
30.3 下丘脑和垂体 686

30.4 胰腺 689
生物学与保健 2型糖尿病 691
30.5 甲状腺、甲状旁腺与肾上腺 692

31 生殖与发育 700
脊椎动物的生殖 702
31.1 无性生殖与有性生殖 702
31.2 脊椎动物有性生殖的进化史 704
人类的生殖系统 707
31.3 男性 707
31.4 女性 708
31.5 激素调控生殖周期 711
发育过程 713
31.6 胚胎发育 713
31.7 胎儿发育 715
生物学与保健 为什么男性很少患乳腺癌? 718
节育与性传播疾病 719
31.8 节育与性传播疾病 719

第7单元 | 植物

32 植物的进化 724
植物 726
32.1 适应陆地生活 726
32.2 植物的进化 728
无种子植物 730
32.3 非维管植物 730
32.4 维管组织的进化 731
32.5 无种子维管植物 732
种子的出现 732
32.6 种子植物的进化 732
32.7 裸子植物 735
花的进化 736
32.8 被子植物的出现 736
32.9 为什么会有不同类型的花? 739
32.10 双受精 739
32.11 果实 741

33 植物的形态与功能 746
植物组织的结构与功能 748
33.1 维管植物的结构 748
33.2 植物组织的类型 749
植物体 751
33.3 根 751
33.4 茎 752
33.5 叶 754
植物的运输与营养 755
33.6 水分的移动 755
33.7 碳水化合物的运输 759

34 植物的生殖与生长 764
开花植物的生殖 766
34.1 被子植物的生殖 766
开花植物的有性生殖 767
34.2 花的结构 767
34.3 配子在花中结合 769
34.4 种子 770
34.5 果实 772
34.6 发芽 772
34.7 生长与营养 773
植物生长的调控 775
34.8 植物激素 775
34.9 生长素 777
植物对环境刺激的反应 779
34.10 光周期与休眠 779
34.11 向性 780

第8单元 | 生存的环境

35 种群与群落 784
生态学 786
35.1 什么是生态学 786
种群 787
35.2 种群的变化范围 787
35.3 种群分布 788
35.4 种群增长 790

35.5 种群密度的影响 792
35.6 生活史对策 793
35.7 种群统计学 794
竞争如何塑造群落 795
35.8 群落 795
35.9 生态位与竞争 796
深度观察 达尔文雀之间的性状替换 799
物种间相互作用 800
35.10 协同进化与共生 800
35.11 捕食者-猎物关系 802
35.12 拟态 803
今日生物学 杀人蜂的入侵 804
群落稳定性 805
35.13 生态演替 805

36 生态系统 810
生态系统中的能量 812
36.1 生态系统中的能量流动 812
36.2 生态金字塔 814
生态系统中的物质循环 817
36.3 水循环 817
36.4 碳循环 818
36.5 土壤营养成分与其他化学物质循环 819
天气如何影响生态系统 822
36.6 太阳和大气环流 822
36.7 纬度和海拔 822
36.8 海洋环流的类型 823
生态系统的主要类型 824
36.9 海洋生态系统 824
36.10 淡水生态系统 826
36.11 陆地生态系统 828

37 行为与环境 834
某些行为是由基因决定的 836
37.1 研究行为的方法 836
37.2 本能行为模式 836
37.3 基因对行为的影响 838
行为也可以被学习所影响 839
37.4 动物如何学习 839
37.5 本能与学习的相互作用 840
37.6 动物认知 841
进化的力量塑造行为 842
37.7 行为生态学 842
37.8 行为的成本-收益分析 842
37.9 迁徙行为 843
37.10 生殖行为 844
社会行为 846
37.11 社群内的沟通 846
37.12 利他主义和社群生存 848
37.13 动物社会 850
37.14 人类的社会行为 851

38 人类对生命世界的影响 856
全球变化 858
38.1 污染 858
38.2 酸雨 859
38.3 臭氧空洞 859
38.4 全球变暖 861
38.5 生物多样性的丧失 864
今日生物学 全球两栖动物的减少 865
拯救我们的环境 866
38.6 减少污染 866
38.7 保护不可再生资源 867
38.8 抑制人口增长 868
解决环境问题 871
38.9 保护濒危物种 871
38.10 寻找清洁能源 875
38.11 个体产生影响 877

附录 882
词汇表 895
出版后记 908

生物学的思维方式

第 9 版

The Living World

Ninth Edition

0

学习目标

学习

0.1 如何研究

1 学习生物学的基本事项

2 迅速重新抄写课堂笔记的重要性

3 两种可以减缓遗忘进程的措施

4 三种常用的复述方法

5 三种提高学习效率的策略

作者角 开夜车

0.2 使用教科书

1 如何使用教科书来巩固并阐明课堂所学

2 教科书提供的审查评估工具将帮助你掌握所学材料

学以致用

0.3 科学是一种思维方式

1 分析生物学家在面对具有重大公共重要性的问题时是如何得出结论的

0.4 如何阅读图表

1 定义自变量，为什么因变量的相关性不能解释因果关系

2 算术标尺和对数标尺的差异

3 如何绘制回归线

4 对比线形图和直方图

5 列举并讨论科学家分析图表的四个不同步骤

研究生物学

一头豪猪身上有约3,000根长刺，它正咬着早餐发呆。它身上的刺并不是用作来装饰的，那些靠近它的其他动物很快就能明白这个道理。这些刺很尖，末端有倒钩——你要是碰一下，倒钩就从豪猪身上跑到你身上了。森林里的豪猪过着独居的生活，它们的林间栖息地正在迅速地被人类侵占。豪猪与生活在这个生命世界上的其他所有生物一样，其命运掌握在人类手中，依赖于人类保护并珍惜的地球的气候与资源。生物学研究将对你有所助益，你将跃进到对分子、细胞、复杂的生命过程的进化和生态的研究。对于你们中的许多人来说，生物学会教给你许多新知识，这会让你们感觉到它的光明前景。简短的第0章旨在为你提供一些工具，使你的跃进更有力、更自信。祝你好运！

0.1 如何研究

学习目标0.1.1 学习生物学的基本事项

在学习本课程时，有的学生会表现良好，有的则不然。为系统学习做准备的情况，将在很大程度上决定你会学得怎么样。进入像本章这样的导论类课程，你知道该如何做课堂笔记吗？你知道如何高效地将笔记与教科书搭配吗？你会阅读图表吗？这一版的《生物学的思维方式》将首先来解决这些问题，因此在课文前面为你设置了第0章，目的在于帮助你掌握这些非常基本但却核心的学习工具。

做笔记

学习目标0.1.2 迅速重新抄写课堂笔记的重要性

想要在生物学课程中表现得足够好，听课、读课文只是第一步。掌握海量知识和概念的关键，在于仔细地做笔记。记录的东西少、组织没条理，甚至不知所云，靠着这样的笔记去准备考试，那可是不靠谱的。

三种简单的办法，可以帮助你提高笔记的质量。

1. **多做笔记** 要在课堂上尽可能地做完整的笔记。如果你没去上课，只要是有可能，那你可以亲自听课堂录音来做笔记。做笔记的过程就是促进学习的过程。用别人的笔记是不好的选择。别人做笔记，也是想在学业上表现得更好。
2. **笔记分段** 笔记要简短易读。有些内容很难简单地分段，但是应用简化和转述策略，就可以做更完整的笔记。做笔记的时候总想着记录完整的句子很头疼，也很耗时——说得总比写得快啊！
3. **修订笔记** 课后要尽快理解并修订笔记。在学习过程中没有比这更重要的了，因为这是你大部分学习成果的体现。通过修订笔记，你可以将信息整合在一起，并将其置于适合你自己理解的情境中。修订时，你可以按照大的模块重新组织，每一个模块都加上易于识别的题头，补充你在阅读课文时产生的思考，并与其他课程的笔记建立连接。应用简短笔记和定义帮助区别易于混淆的术语和概念。使用这种策略可以让这节课的思想在你头脑中更清晰，这正是学习的关键所在。

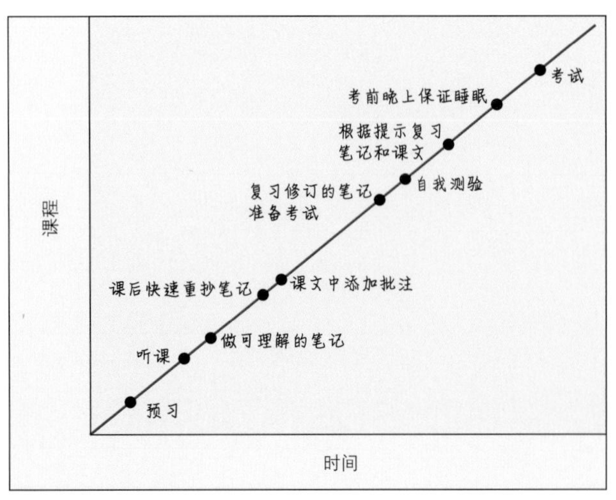

图0.1 学习时间轴

记忆与遗忘

学习目标0.1.3 两种可以减缓遗忘进程的措施

学习是将信息存储到个人记忆中的过程。如同计算机，存在两套记忆系统。第一套是短时记忆，类似于计算机的RAM（随机存取存储器），只能短时存储信息。当有新的信息进来时，记忆就会被覆盖。第二套是长时记忆，是由储存到记忆中以便将来检索使用的信息组成，就像在计算机的硬盘中储存文件。最简单的情况是，学习就是将信息存入你的“硬盘”的过程。

遗忘就是储存在记忆中的信息丢失了。考试的时候很多东西已经遗忘了，这是短时记忆没有有效地转化为长时记忆的自然结果。遗忘的出现是很快的，学习1小时以后剩下的记忆不足50%，24小时后则不足20%了。

你可以采取很多办法来减缓遗忘进程（图0.1），下文为其中两种重要的办法。

1. **课后尽快重抄笔记** 要记住，1小时后有50%的记忆会丢失。最好的办法是，在重抄笔记的同时应该好好利用教科书。

2. **有目的地阅读** 当你坐下来学习教科书的时候，要有明确的学习特定概念的目标。每章开头都有关键概念的预览——这可以成为你学习的指南。不要试图一次学习整章的内容，要将其分解为小的、"易消化"的单元。

学习

学习目标0.1.4 三种常用的复述方法

学习是有效地将信息从短时记忆转化为长时记忆的过程。学习策略专家称其为**复述**。顾名思义，复述就是某种形式的重复。用教育行业的话来说，主要有三种被称为"批判性思维技能"的常用复述方法。

重复 最明显的复述形式就是重复。在学习事实、事件发生的过程或一组事物的名称时，把它们写下来，大声读出来，用心地一遍遍重复，直到你记住它们为止。这通常是学习之路的第一步。许多学生错误地认为，这是学习的唯一方法。但并不是，因为这里只涉及机械记忆，而没有理解。如果你在这个过程中只是记忆事实，那就失败了。

组织 将你所要学习的信息组织起来至关重要，因为分类和排序会增强记忆。如果你把一串事件排列起来，比如有丝分裂的各个阶段，那么当你记住开头时，你就能记起来所有过程。

关联 如果你将正在学习的内容与周围世界联系起来，那么你的生物学学习将会更有效。当今世界人类生活面临的诸多挑战，都与本课程提供的信息有关系，理解这些关系将有助于你的学习。在本书的每一章，你都会遇到整页的"关联"文章，让你有机会简单地将所学与"真实世界"联系起来。第7页就有一篇这类文章。阅读这些文章。这些文章不会成为测试内容，但是阅读它们会帮助你学习那些会被测验的内容。

研究学习

学习目标0.1.5 三种提高学习效率的策略

"哎呀，约翰逊教授，我都学了20个小时了，才得了一个D。"这句话，也许你曾经听过一次，但我可能听过上千次了。到现在你该明白了，只是在学习材料上花时间，未必能产生理想的效果。

简而言之，学习就是有效地发挥你的学习技能。你应该不会对如何开始这些事情感到惊奇。三种简单的策略将有助于你的学习进程：

1. **定期学习** 你花在学习上的时间和你的学习或阅读周期的间隔长度，会直接影响到你学习的成效。如果你有10个小时用来学习，将其分为10个1小时，要比分成一两个阶段效果更好。有两条理由：

   首先，通过专业的认知研究（以及我们的日常经验）可以得知，我们会记住"开头"和"结尾"，但是会忘记"中间"。所以，如果有多个"开头"和"结尾"，那么学习进程就会因此受益。

   其次，除非你是超常的，否则30分钟或1小时后，你的注意力就会分散。注意力是研究学习的关键组分。大量短小的、主题式的学习阶段会有效地让你的学习注意力最大化。

2. **避免分散注意力** 你学习的位置非常关键。为什么？因为有效的学习要求注意力集中。对我们大多数人而言，有效的注意力需要一个舒适而安静的环境，没有来自外界吵闹的音乐和谈话的打扰。

   正因为此，在吵闹的电视机或立体声前面，或者在拥挤的咖啡厅桌子上学习，那都是会导致失败的。一个安静的房间，图书馆的一张书桌，阳光明媚的室外——这些地方都是安静的，可以减少分散注意力，让你聚精会神地学习。关闭手机。学习时发短信跟开车时发短信一样，都会分散注意力，都要竭力避免。

3. **奖励自己** 每个学习阶段结束后，要安排一些有趣的事情，从学习中稍微放松一下。这种劳逸结合的策略可以更有利于投入下一阶段的学习。

开夜车

在接下来几个月的某一天，你会遇到恐怖的仪式——本课程的第一次考试。作为一个大学教授，我一般是给别人考试，而不是被别人考试，但我依然清晰地记得此前的情形。当学生的时候，我一点也不喜欢考试——学生会怎么想呢？但于我而言，我都已经麻木了，不害怕什么考试。我怕的是猝不及防的问题。不管我学得怎么样，总会有我不知道的，而老师就能在这里出题目，让我束手无策。

我累死累活地开夜车。在最后的考试周里，清咖啡成了我最好的伴侣，而睡眠也成为一种奢望。父母总是劝我多睡一会儿，但我总想着尽可能多记住一些东西，不能把时间浪费到睡觉上。

现在我发现完全错了！在过去的几年里，哈佛医学院研究人员的工作表明，至少要经过6个小时的睡眠，我们新学到的东西才会得以巩固。如果我要想在期末考试中取得好成绩，就不应该选择较差的方式去准备。也许是上天眷顾无知者，我幸运地通过了这些考试。

从根本上来说，学习就是形成记忆的过程。哈佛研究人员的实验表明，如果谁想要巩固他学到的东西，至少要经过6小时的睡眠（最好是8小时）。看起来大脑要把新的知识和技能存放到合适的位置才能再次有效提取。如果没有足够的时间进行整理，新的信息就无法在大脑的记忆回路中正确编码。

为了辨明睡眠在记忆中的作用，哈佛医学院的研究人员将哈佛大学的本科生作为小白鼠。这些本科生经过训练后，需要识别计算机屏幕中的视觉靶标，只要发现一个，就需要按一个按钮。刚开始的反应是迟缓的：每个学生差不多要花400毫秒才能找到一个靶标。经过1个小时的训练后，学生们只需要75毫秒就可以准确按下按钮了。

他们学得怎么样呢？当天3～12个小时后，当他们再次参与测试的时候，没有学生获得比训练时更好的成绩。如果研究人员让一个学生睡一会儿，不要超过6小时，第二天再次测试，还是没什么进步。如果学生睡眠超过6小时，情况就大不一样了。他们的表现明显提高了。经过一夜的良好睡眠之后，在训练中达到75毫秒的学生，可以轻松地在62毫秒内识别靶标！经过几个晚上充足的睡眠之后，他们甚至可以更熟练。

为什么是6～8小时，而不是4～5小时？在一晚上睡眠的开头和结尾的睡眠种类是不一样的，并且看起来对于有效学习都是必要的。

睡眠的前2个小时是深度睡眠，精神科医生称其为慢波睡眠。在这段时间里，大脑中的某些化学物质用光了，可以让白天汇集的信息从大脑记忆中心的海马流出，进入储存长时记忆的大脑外层的皮质。就像将计算机中的信息由内存转移到硬盘中一样，这一过程可以保存经验以供将来使用。没有这个过程，就没有长时记忆。

在接下来的几个小时里，大脑皮质会处理这些信息，并将其分配到不同的位置和网络。当储存记忆的时候，神经细胞之间的特殊连接会增强，这个过程被认为是耗时的蛋白质生产过程。

如果在还没有结束的时候，你就中止这个过程，那么白天的记忆就不会完全“转录”，因此你就不会记住所有的那些如果你继续下去就可以记住的东西。完成这些活动仅靠几个小时是不够的。据哈佛的研究人员估计，至少需要4个小时。

整晚睡眠的最后2个小时是快速眼动睡眠。这时候会做梦。大脑关闭与海马之间的联系，检阅前几个小时里储存的信息。对于学习来说，这几个小时也是重要的，因为这样会强化并巩固形成新记忆的神经细胞之间的连接。类似于儿童通过不断重复句子来记住它，大脑也会复习直到熟练为止。

这就是为什么我在大学期间的期末考试周里睡三四个小时就可以通过考试，而周末拼12个小时却不奏效。几天后，我开夜车记住的东西都忘光了。我根本就没有给它们机会整合到我的记忆回路中。

回想起来才明白，我在考试中表现得怎么样，可能不是跟我学习多刻苦有关系，而是与我睡觉多少有关系。这看起来可不公平啊。

学习是主动的过程

能够意识到生物学的学习不是被动的，这很重要。许多学生认为轻易地得到讲课录像或者一套课堂笔记就可以过关。实际上，录像和笔记就像运动员使用的健身器械一样，并没有那么重要。重要的不是器械本身，而是如何有效地应用器械。

就像在生活中需要努力那样，有一些常识对于生物学学习是必要的。一些简单的、显而易见的事情将决定你学习的成效：

- 听课：去听所有的课，并且要准时。
- 预习：如果你这么做了，你听课的时候就会觉得很熟悉，这是强化学习的重要认知策略。此后，你就可以返回到课文里查看那些细节。
- 做可理解的笔记：识别讲课要点并将其记录下来，是另一种认知和强化策略。将来准备考试时，你会忘记那些你没有记录下来的东西，所以即便是你非常努力，在考试中也答不出这些内容。
- 课后快速重抄笔记：靠着短时记忆的优势，在还记得课堂上大部分内容的时候，主动地与你的笔记“互动”，可能是最有效的强化策略，也是学习成功的关键。

修订笔记是强有力的学习方式。为了取得最好的效果，不要仅仅是把课堂上草草抄录的笔记誊写得更清晰可辨，而是要花更多心思去想课堂是如何组织的，并用这个框架来重新组织你的笔记。大多数课堂的结构就像这本教科书里的每一章，有三四个主题，每一个包含几个步骤。要想最有效地修订你的笔记，你需要总结出课堂上的要点：首先写出来三四条标题，然后在每个标题的下面，列出阐述该主题内容的课堂材料。

生物学的课堂是思想交错的网络，这可能会超出你的认知。复习你的课堂笔记并找出主题，是在头脑中将这些思想分类的第一步。第二步，按照逻辑顺序（最好是按照呈现的顺序）将阐述每个主题的材料罗列出来，这会让你对将各种材料联系在一起的各种思想有更清晰的认识——归根到底，这才是你想要学习的主要内容。

当你学习本教科书时，你会遇到铺天盖地的术语和概念。生物学充满了各种思想，需要技术性的术语去描述它们。阅读本书时你会发现，本书将为你的生物学课程提供最核心的内容。将你在本书学到的知识与你在课堂上学到的知识整合在一起，你将掌握生物学的基础，剩下的则是努力。

关键学习成果 0.1

成功地学习生物学是一个主动的过程。要想学好，你需要听课、课前预习、做完整的课堂笔记、课后迅速重抄笔记，在准备考试时，需要按短的、聚焦的学习阶段来进行复习。

0.2 使用教科书

教科书是工具

学习目标0.2.1 如何使用教科书来巩固并阐明课堂所学

来学习生物学导论的学生，几乎不可能通过教科书学会生物学的所有内容。课文只是解释和详述你在课上所学内容的工具。教科书代替不了听课、做笔记和学习过程。学好生物学课程就像需要三条腿的板凳——听课、做课堂笔记、阅读课文。三管齐下，可以助你顺利通过生物学课程的学习旅程。

何时使用课文 你可以随时浏览课文，来更新你的记忆，不过教科书的使用应该成为你学习的另外“两条腿”——听课和做笔记提供帮助。

预习 许多老师会布置预习作业，这需要在课前完成。这个安排很重要：一旦对课上将要讨论的内容有了大致了解，你能够更容易地参与讨论和做笔记。

将课文与笔记联系 几乎没有哪堂课与课文完全对应，课文中的很多内容都不会在课上讲到。也

就是说，大部分你在课上听到的内容在课文里都有了。这种知识覆盖为你提供了巩固课上遇到的概念和信息的强大工具。课文里的插图和细节描述可以让你迅速抓住课堂里概念的要点，并回答你在梳理某个观点时可能遇到的各种问题。因此，在重抄笔记的时候追随课文的思路，同时把要点标记在课本中，这样注释笔记将会成为你将来准备考试的好帮手。

复习考试　毋庸置疑，考前你需要复习重抄笔记。但那是不够的。准备考试时经常被忽视的是需要复习课本中与考试内容相关的部分，再次阅读这一章节，可以让你正确领悟你的笔记。这样当你在试卷上遇到一个问题的时候，你就可以更容易地想起关键点来。

如何使用课文　使用课文的最重要的方法就是阅读。上生物课的过程中，当你阅读课文的时候，要把相关章节一口气读完。这会为你提供有价值的观点。然后，参考你的笔记，每次一个主题一个主题地回顾课文，学习你在重抄笔记时关注的主题。前面已经提到过，在课文和笔记之间建立联系是非常有力的学习工具。记住：你的笔记不会去考试，课本也不会，去考试的是你自己，将课本的页面与笔记的内容整合到你思想中去的时候，就是学习的过程，好好做下去，这会一直伴随你。

量身定制学习工具

学习目标0.2.2　教科书提供的审查评估工具将帮助你掌握所学材料

学习目标　每一章的开头都会明确地告诉你，本章各部分将要教你什么。所谓“学习目标”就是指你在学完本章后应该知道些什么。学习目标是你学习成功的线路图。

自我测验　学完一章的课文之后，测验一下自己学得怎么样是很重要的。如果直到班级测验的时候才搞清楚是否掌握了一章的关键内容，那可是既不必要也不明智的。为了帮助你了解自己学得怎么样，在每一章的末尾都会有几道题目，这些题目对应于你开始学习本章时的学习目标。在每章的末尾，你会看到“本章测验”。这一页上的题目都不难，便于快速检查一下你是否理解了关键思想、识别出了核心信息。

学习时最容易犯的一个错误是忽视书中的插图，好像它们只是点缀一样。事实上，它们可以说明关键的思想和过程。章末测验中有些题目就是想看看你对章节中的插图想要教给你的东西理解得怎么样。虽然有许多题目是多项选择题，但也有的题目不是，并且测验的不是你的记忆，而是理解。你会发现有的问题更简单一些，不过这些问题都可以引发你的思考。

插图亦为师　所有的生物学导论的课文都配有丰富的彩色插图和图表。它们可不是什么点缀，而是要帮助你理解思想和概念的。课文提示你看某张图片的时候，你要去看，这种视觉联系会帮助你——比死记硬背冷冰冰的文字记忆效果更好。

起到强力巩固作用的有三类插图：

重要的生物过程　本课程会要求你学习很多技术性术语，学会事物的名称并不是你的主要目标。你的目标是掌握小的概念集。数十个生物学过程阐释了生命的运行机制。只要你理解了这些过程，生物学学习的大部分任务就完成了。课文在每次给你介绍这些重要的生物过程的时候，都会给你提供插图来帮助你更好地理解。这些插图把生物过程分解为更容易理解的小的阶段，这样你就可以抓住整个过程，而不会迷失在细节的森林里［图0.2（a）]。

气泡连接　简明插图最有价值。但有些需要说明的结构和过程并不简单。你在课文中遇到的每一幅复杂的插图，都是经过“预先消化”的，图表中的每一个元素都用带有彩色圆圈的数字或者气泡标注了出来。这些气泡连接可以让课文带着你阅读图表，解释每一步到底是什么——图片可是大餐，你得逐步消化。

动物门类的事实　你学的并不都是概念。有时候你需要吸收很多信息，就像用事实来作画。没有比你在学习动物多样性的时候更能说明这个问题了。在第19章，你会碰到一连串的动物门类（门是较大的生物分类单元），你必须要熟悉它们。在这样一个信息的海洋里，什么是你应该学习的？在第19章，每当你学习到一个动物的门时，我们就会给你提供一个“门的事实”来描述此类动物的身体和生活方式的关键信息 [图0.2（b）]。如果你只是学习并理解了加粗的条目，你就可以掌握大部分需要你学习的东西。

关键学习成果 0.2

课文是巩固和阐明你在课堂上所学的工具。只有当你将课文与重新抄写的笔记有机结合的时候，课文的应用才是有效的。

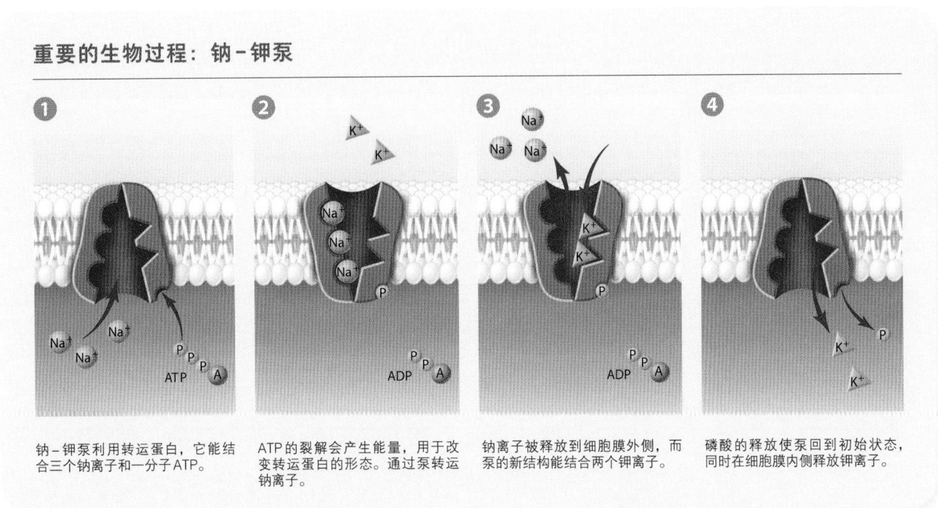

（a）

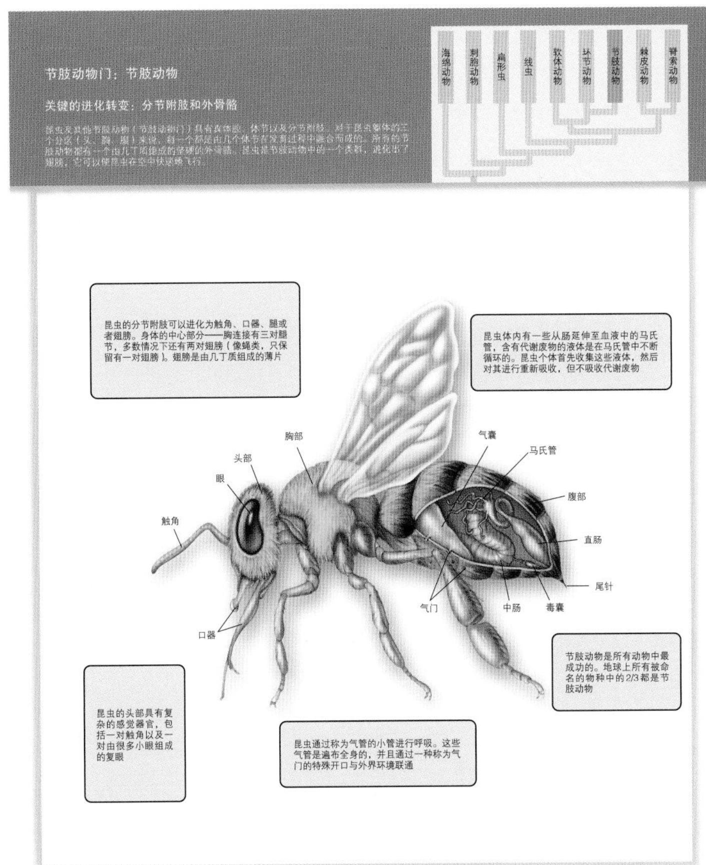

节肢动物门：节肢动物
关键的进化转变：分节附肢和外骨骼
海绵动物
刺胞动物
扁形虫
线虫
软体动物
环节动物
节肢动物
棘皮动物
脊索动物
昆虫的分节附肢可以进化为触角、口器、腿或者翅膀。身体的中心部分——胸连接有三对腿节，多数情况下还有两对翅膀（像蝇类，只保留有一对翅膀）。翅膀是由几丁质组成的薄片
昆虫体内有一些从肠延伸至血液中的马氏管，含有代谢废物的液体是在马氏管中不断循环的。昆虫个体首先收集这些液体，然后对其进行重新吸收，但不吸收代谢废物
胸部
头部
眼
气囊
马氏管
腹部
触角
直肠
尾针
气门
中肠
毒囊
口器
节肢动物是所有动物中最成功的。地球上所有被命名的物种中的2/3都是节肢动物
昆虫的头部具有复杂的感觉器官，包括一对触角以及一对由很多小眼组成的复眼
昆虫通过称为气管的小管进行呼吸。这些气管是遍布全身的，并且通过一种称为气门的特殊开口与外界环境联通

（b）

图0.2 视觉学习工具

（a）重要的生物过程的插图样例。（b）动物门类的事实插图样例。

学以致用
Putting What You Learn to Work

0.3 科学是一种思维方式

你能够在生物学课程中学到的最重要的一点是如何评价科学观点。课程结束后一段时间，你会做出与生物学有关的决定。如果你自己已经掌握了评价科学观点的能力，那么你做出的决定就会更好，更有远见。印刷在报纸上的或者通过网络检索出来的科学观点未必可信。当今社会你可能在新闻里会遇到与生物学有关的话题，这些话题对于你的个人生活都非常重要。关于这些话题你该如何才能得出深远的观点呢？

你需要问这样一个问题："我们如何得知？"科学是一种思维方式，需要拿证据来验证每个观点的可信度。如果你能学会这一点，并将其应用于将来你做出会影响你的、与生物学有关的决定，那么这门课就没有白学。

如何知道我们所知的

学习目标0.3.1 分析生物学家在面对具有重大公共重要性的问题时是如何得出结论的

想要学会科学家是如何思考的、他们如何检验和质疑已知的事物，查看实例是一种有用的办法。下面是科学家如何得出结论的四个案例。本书会讲解这些结论，它们反映了科学可以让世界更美好。这些案例稍后都会详细介绍，在这里我们只是借用它们来说明科学质疑的过程。

吸烟引发肺癌吗？ 据美国癌症学会估计，2013年有580,350美国人死于癌症，其中有27%死于肺癌，肺癌居致死癌症之首。

你可能会想，许多杀死我们的疾病早就是研究的主题了。生物学家研究的第一步是提出一个简单的问题："什么人得肺癌？"答案来得干脆又明白：几乎80%死于肺癌的人都吸烟。再深挖下去，研究者通过观测一个人每天吸多少烟来预测肺癌的发生率（每100,000人的患病率），如图0.3所示（另见第24章）。吸烟越多，肺癌的发生率越高。基于此项研究及其他类似的研究（详见11.5节和24.6节），生物学家得出结论：吸烟导致肺癌。

二氧化碳会引起全球变暖吗？ 世界正在变暖。寻找原因时，大气科学家很快就开始怀疑第一眼看上去不可能是真凶的二氧化碳（CO_2），这是一种在我们呼吸的空气中含量较少（0.03%）的气体。通过本课程你将会了解到，燃烧煤和其他化石燃料都会向大气中释放CO_2。因为CO_2隔热，所以带来了一些问题。随着现代社会的工业化，越来越多的CO_2被释放。这导致地球变得更热了吗？为了搞清楚，研究者想看全球气温的升高是否反映了大气中CO_2的增加。如图0.4（另见38.3节），确实如此。根据这些研究，以及我们将在第38章详细介绍的其他研究，科学家得出结论，CO_2水平的增加确实是全球变暖的原因。

肥胖症会引发2型糖尿病吗？ 肥胖症正在美国蔓延。在过去的20年里，美国肥胖症患者的比例几乎增长了两倍，从12%到超过35%。同时，美国患2型糖尿病（一种身体机能失调的疾病，使病患丧失了对血糖的调控能力，往往会导致失明和截肢）的人数在同样的过去20年里也增加了超过两倍，从700万到超过了2500万（也就是美国人口的1/12）。

这是怎么回事？研究者比较了肥胖率的水平和2型糖尿病人数，他们发现了明显的相关性，如图0.5所示（另见30.4节）。研究者经过进一步细致研究发现，大约80%的2型糖尿病患者都肥胖。30.4节说明

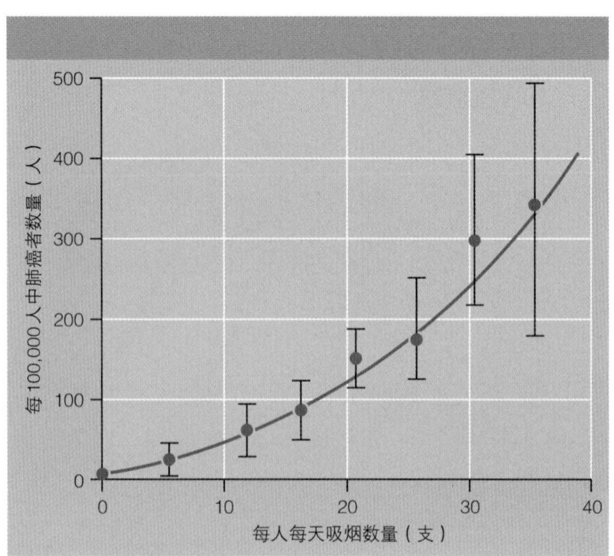

图0.3 吸烟引发肺癌吗？

的详细研究确认了早期的研究结果：过度饮食引起了身体的变化，导致了2型糖尿病。

什么引起了臭氧空洞？ 25年前，大气科学家报告了南极高空大气中吸收紫外线的臭氧（O_3）空洞。为了弄清楚臭氧空洞产生的原因，研究者怀疑上了氯氟烃，或氯氟化碳（CFC）。一般认为CFC是惰性的化学物质，被广泛应用于空调的热交换机中。然而，如1.7节和38.4节所述的进一步研究表明，CFC根本就不是惰性的：在南极高空的严寒大气中，它们会让O_3转化成O_2。科学家得出结论，确实是CFC引起了南极大气的臭氧空洞。如图0.6所示，当限制了CFC的生产以后，臭氧空洞就停止了扩张。

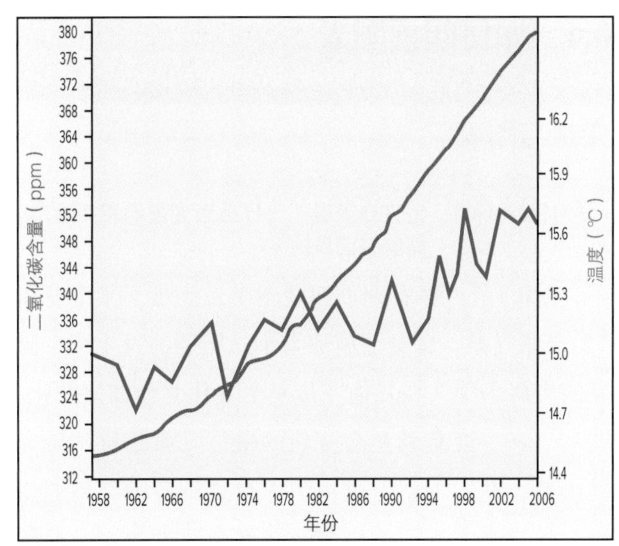

图0.4　二氧化碳会引起全球变暖吗？

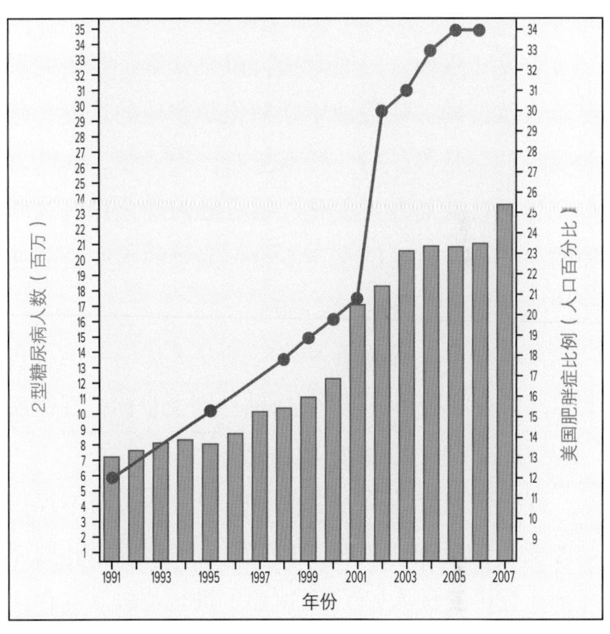

图0.5　肥胖症会引发2型糖尿病吗？

查看证据

这四个案例有一个共同点，科学家不是通过创立定律，而是通过仔细查看发生了什么并检验可能的解释来得出结论的。简言之，他们收集并分析了数据。如果你将来要独立思考科学相关议题，那么你就要学会如何分析数据并理解数据要告诉你什么。在上述案例中，数据是以图表的形式呈现的。简单地说，你需要学会阅读图表。

关键学习成果　0.3

科学家在研究中收集数据，分析数据，并形成他们可以检验的解释。

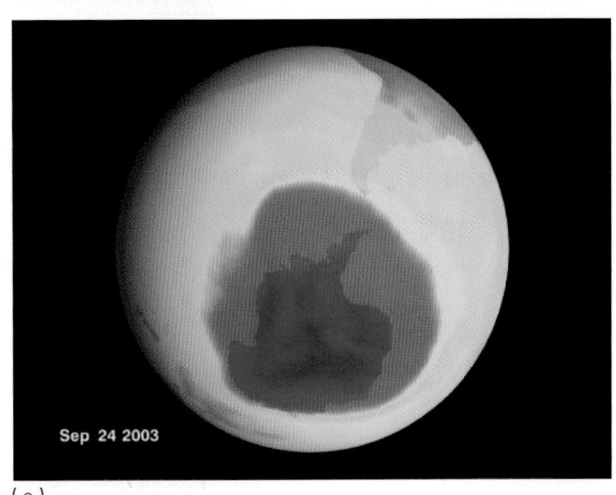

（a）

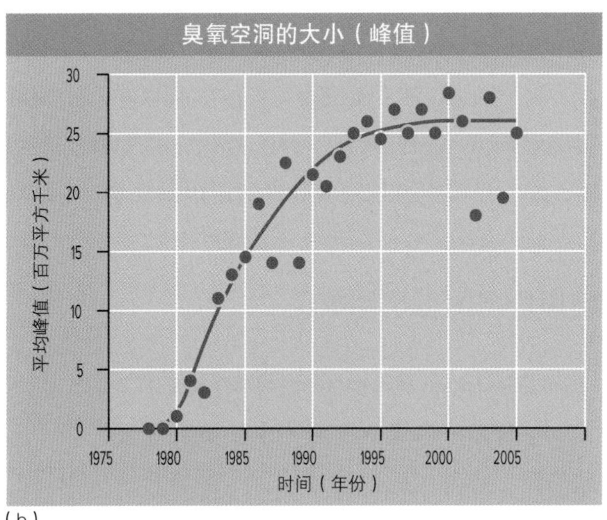

（b）

图0.6　什么引起了臭氧空洞？

0.4 如何阅读图表

变量与图表

学习目标0.4.1 定义自变量，为什么因变量的相关性不能解释因果关系

在0.3节，你看到了四幅图表，表示了某个变量（如全球气温、臭氧空洞的大小、肥胖的发生率、肺癌的患病率等）在其他变量发生变化时会如何变化。顾名思义，**变量**就是会变化的量。变量是科学研究的工具，在本书学习过程中你会见到各种类型的变量。生物学家研究的许多变量都会通过如前所见的图表所示进行检验。**图表**可以说明当一个变量发生变化时，另一个变量会如何变化。

变量有两种。一种变量叫作自变量，是研究者有意去改变的，如溶液中某种化学物质的浓度，每天吸烟的数量等。另一种变量叫作因变量，会随着自变量的改变而发生变化，如溶液的颜色深浅或肺癌的患病率。重要的是，实验中测量的因变量的变化情况并非研究者预先设定的。

在科学中，所有图表的呈现方式是统一的。自变量通常标在底部，被称为x轴。因变量标记在侧面（通常在左侧），被称为y轴（图0.7）。

有些研究会涉及一组变量的相关性，而不仅仅是改变一个变量。例如，研究者会将糖尿病和肥胖症都作为因变量（如0.3节所述）进行比较。这种比较可能会揭示彼此的关联并揭示潜在的关系，**相关未必有因果关系**。一个变量的变化可能并不会对另一个变量产生什么影响。只有改变一个变量（将其作为自变量），你才能检验它们的因果联系。正所谓肥胖者倾向于患糖尿病，并不能认定是肥胖引起的糖尿病，还需要其他的实验来判定因果关系。

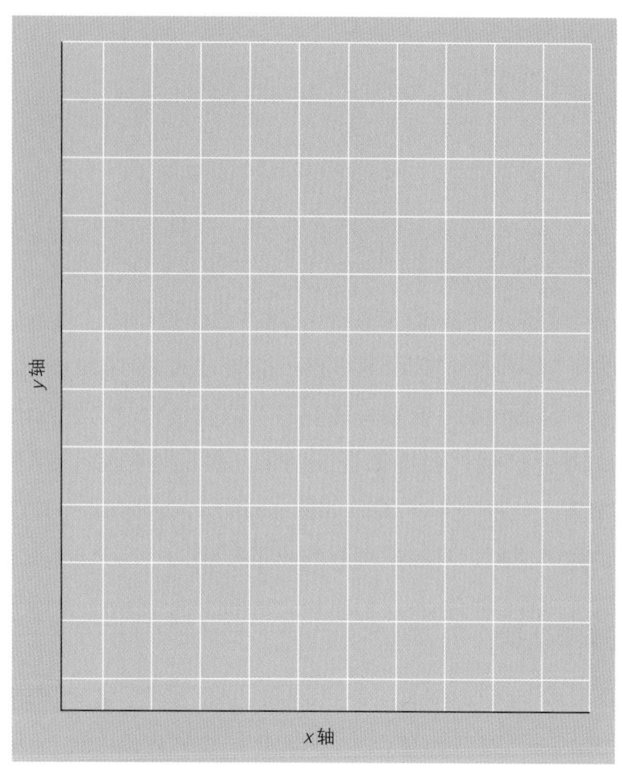

图0.7 图表的两个轴

自变量一般作为x轴，因变量用y轴表示。

使用恰当的标尺和单位

学习目标0.4.2 算术标尺和对数标尺的差异

在图表中呈现数据的一个关键问题是选择合适的标尺。表格中的数据可以有多种标尺，从秒到世纪，都没问题。但是，一个典型的图表在x轴和y轴分别只能有一种标尺，这可能包括各种微观（如纳米、微升、微克）和宏观（如英尺、英寸、升、毫克）尺度的单位。在每一种情况下，所选择的标尺必须符合所要测量的量。在以千米为标尺的图表中厘米的变化就不明显了。另外，如果在实验中某个变量的变化很大，扩展标尺就比较有用了。对数标尺表示的是10的幂值（1，10，100，1,000，…），而非常见的线性数列（2,000，4,000，6,000，…）。思考图0.8中的两个图表，左边的y轴是用线性标尺描点的，而右边则是对数标尺。你可以看到，对于自变量（x轴上的值，如2、3、4）的上限值，对数标尺可以更清晰地表现因变量（y轴）的变化。注意，y轴数值之间的间隔并非线性的，每个数值之间的间隔本身还可以根据对数进行细分。因此，50（10和100之间的第四个刻度线）更靠近100，而不是更靠近10。

单独的图表使用不同的测量单位体现实验数据。根据国际公约，科学数据都要使用公制单位表示，这是一种10进制计数单位。例如，质量用千克表示。1,000克等于1千克。较轻的质量用克的一部分表示——例如，1厘克表示1克的百分之一，1毫克表示1克的千分之一。按照惯例，图表中使用的测量单位在x轴的自变量和y轴的因变量旁加括号表示。

绘制线形图

学习目标0.4.3　如何绘制回归线

你会发现本书中的大部分图表都是线形图，由表示数据的点和一条或多条线组成。线形图一般用来表示连续数据，即，这些数据是一个连续过程的离散样本。举个例子，测量南极洲每年8月和9月臭氧空洞的变化快慢。原则上，你要测量每天的空洞大小，但是为了让这个工作在时间和资源上更好操作起见，事实上你可能只是每周测量一次。测量结果表明，臭氧空洞在大约迅速扩大了6周以后才开始缩小，由此产生了6个扩大的数据。这6个数据点就像电影中独立的帧一样——凝固的时刻。这6个数据点可能会暗示一个稳定的变化类型，也可能不会。

考虑图0.9中假想的图表数据。左边图表中的数据是以非常连续的方式变化的，与直线（红色表示）预期的几乎没有偏差。中间的图表有更多的实验波动，但仍然可以用一条直线来反映数据变化的总体趋势。这样的一条“最佳拟合”直线叫作**回归线**，它是通过估计每个点与可能直线的距离、添加数值、选择总和最小的直线做出来的。右边图表中的数据点是随机分布的，没有体现出总体趋势，表明在自变量与因变量之间没有什么关系。

数据的其他图表表征

学习目标0.4.4　对比线形图和直方图

有时候数据的自变量是非连续变量，只是离散的数据。以数据的连续性作为假设的线形图不能准确地表征需要互相比较的离散型数据。在这种情况下，更好的表示方法是使用**直方图**。例如，假设你要调查公园里松树的高度，你可能会将这些高度值（自变量）分成离散的“类别”，如0～5米高，5～10米高，等等。将这些类别表示在x轴上。然后数出每种类别的树有多少，将其作为因变量表示在y轴上，如图0.10。

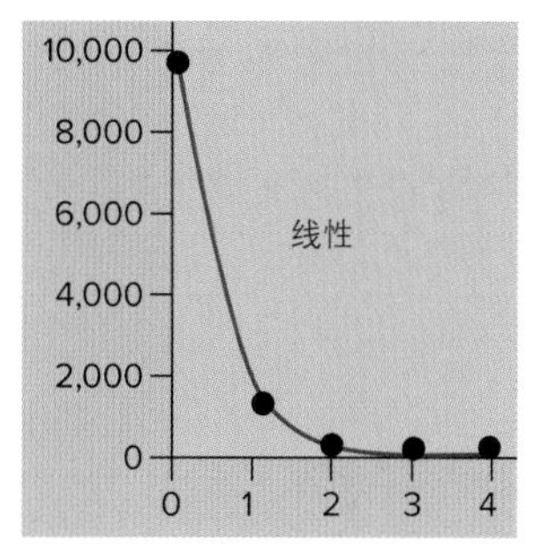

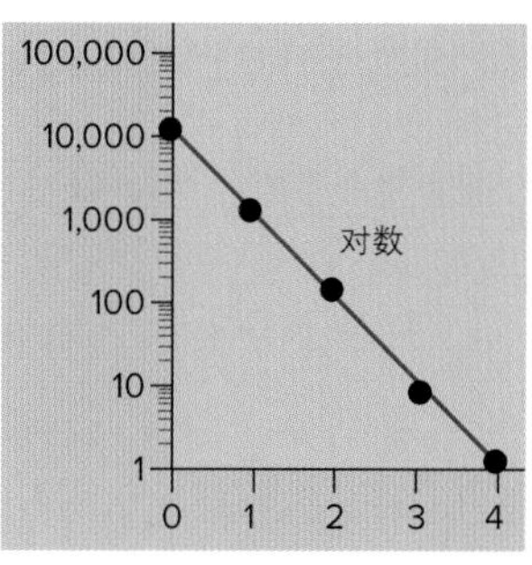

图0.8　线性标尺与对数标尺：表示同样数据的两种方式

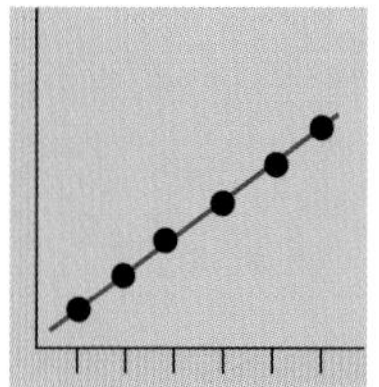
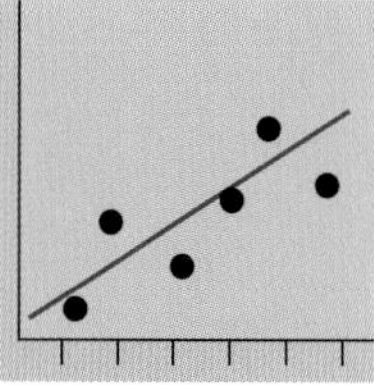
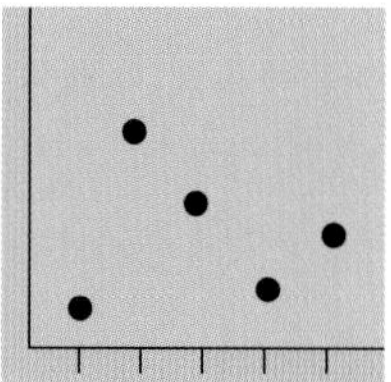

图0.9　线形图：臭氧空洞的膨胀假设

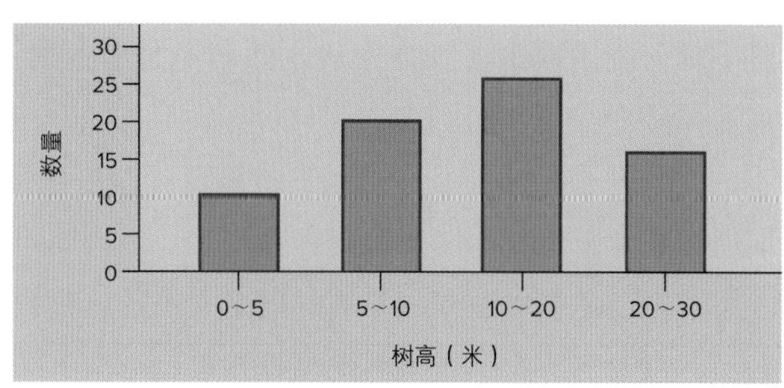

图0.10　直方图：树高的频次

还有一些数据表示一整组数据的一部分。例如，公园里不同种类的树占所有树的百分比。这类数据通常用**饼图**表示（图0.11）。

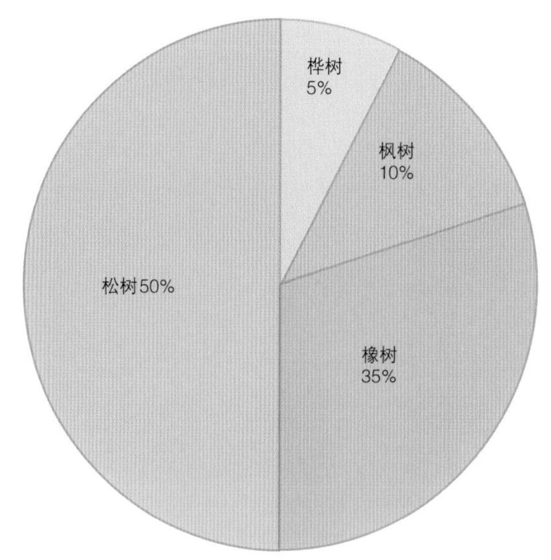

图0.11　饼图：森林树木种类的构成

将读图技能应用到工作中：调查与分析

学习目标0.4.5　列举并讨论科学家分析图表的四个不同步骤

科学家在分析和呈现实验结果时，会频繁使用到本书简要介绍的几种图表，在接下来学习课文的时候你也会经常遇到。

学会阅读图表，并且理解图表告诉了你什么、没有告诉你什么，是学习生物学课程最重要的收获之一。为了帮助你发展这一技能，本书每一章的结尾都安排了一篇整页的“调查与分析”专题。每一篇章末专题都给出了一个真实的科学研究案例。先是提出一个问题，然后给出研究者提出的一个假设（假设是一种解释）来回答这一问题。接下来该专题会告诉你研究者如何利用实验来评估他的假设，并会呈现研究者获取的数据图表。你需要分析数据，并就假设的合理性得出结论。

举个例子，想一想关于臭氧空洞的研究，第1章还会详细介绍。你期待看到哪种图表？线形图可以用来表示臭氧空洞在一年的时间里大小的变化数据。因为空洞的大小作为因变量是在单一季节里持续测量的，所以一条平滑的曲线就可以描述这种变化。在这种情况下，回归线就不是直线而是曲线（图0.12）。

线形图和直方图可以表示相同的数据吗？在有些情况下是可以的。呈现方式并不会改变数据，而只是用来强调所要研究的内容。图0.13中的直方图表示在过去的28年里每两年的臭氧空洞峰值是如何变化的。然而，同样的数据也可以用线形图来呈现——如图0.6所示。

在“调查与分析”中用图表呈现获取的数据，你的任务是分析图表。分析每个图表需要四个不同的步骤，有的比较复杂，但都是核心的。

1. **应用概念**　你的第一个任务是确保能够理解变量的性质，以及变量在图表中是以什么标尺表现的。可以要求自己识别因变量作为自我测验。
2. **理解数据**　查看图表。什么是变化的？变化多少？变化多快？变化是持续的吗？是逐步发生的吗？到底发生了什么？
3. **做出推断**　查看发生了什么，你能从逻辑上推断出自变量导致了因变量的变化吗？
4. **得出结论**　你做出的推断可以支持实验想要检验的假设吗？

调查和分析就好比是科学的螺母和螺栓，掌握了这些，你就离学会像科学家那样思考更近一步了。课程结束很久以后，当你作为公民遇到有冲突的科学观点时，你就会迫使自己做出判断：政府应该禁止使用化学物双酚A（BPA）生产塑料瓶吗？应该

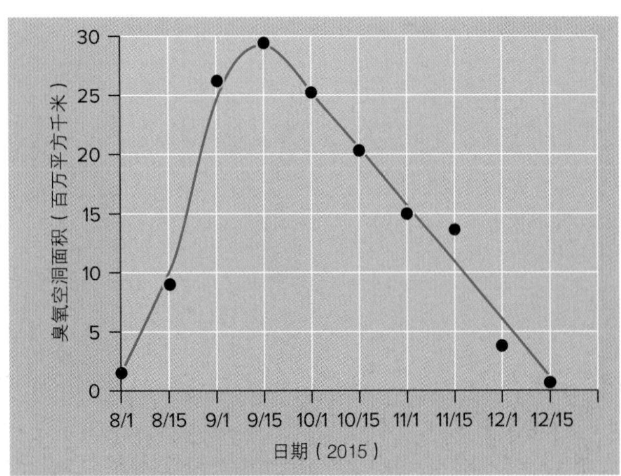

图0.12　一年内臭氧空洞大小的变化

这个图表表示的是臭氧空洞的大小是如何随时间变化的，先是逐渐变大随后逐渐变小。

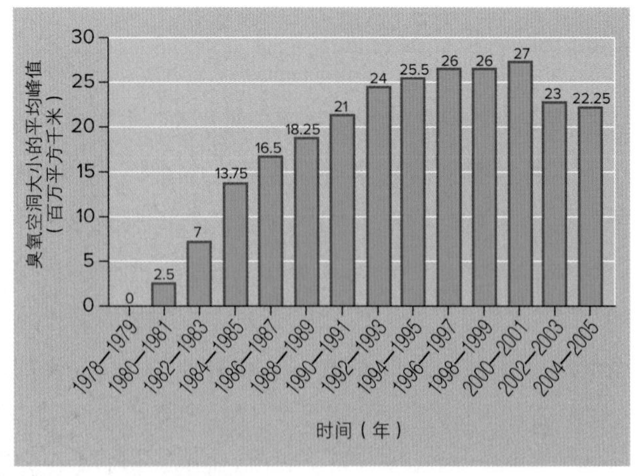

图0.13　臭氧空洞的峰值

这个直方图表示的是臭氧空洞在变小之前的20年里是如何变大的。

支持限制工厂的碳排放吗？使用猪流感疫苗的时候，鼻腔喷雾（活的流感病毒）和注射（死的流感病毒）哪个更好？在本书中没有其他内容比这个更有价值了。

关键学习成果 0.4

科学家经常使用标准化的图表呈现数据，可以描绘出当自变量变化时，因变量是如何变化的。

第 1 单元　生命的研究

1

学习目标

生物学与生命世界

1.1　多样的生命

　1　生物的六界

1.2　生命的特性

　1　所有生物共有的五大特性

1.3　生命的结构

　1　生命系统的十三个结构层次

　2　按生命复杂程度划分的三大层面中的涌现性

1.4　生物学主题

　1　列出统一生物学作为一门科学的五大主题

科学过程

1.5　科学家如何思考

　1　识别数学和计算机科学中运用的推理形式

　2　演绎推理和归纳推理的区别

1.6　行动中的科学：一个案例研究

　1　南极上空产生臭氧“空洞”的机制

1.7　科学研究的步骤

　1　成功的实验共有的关键元素

　2　描述科学研究的六个步骤

1.8　理论与确定性

　1　对比科学家和公众如何使用“理论”这个词

　2　评价所谓的“科学方法”

　作者角　我的袜子都去哪儿了？

生物学核心思想

1.9　四大理论将生物学统一为一门科学

　1　细胞学说

　2　定义基因

　3　遗传的染色体理论以何种方式扩展了孟德尔的观点

　4　达尔文的进化论如何与基因理论相关联

调查与分析　一个物种的存在是否限制了其他物种的种群规模？

生物科学

南极巴布亚企鹅和你以及所有的生物，都有着许多共同的特性。它们的身体和你的一样，都是由细胞组成的。它们有家庭，还有和它们相像的孩子，就像你的父母所拥有的那样。它们和你一样，要想长大就得吃食物，虽然它们的食物仅限于在冰冷的南极水域捕到的鱼和磷虾。它们头顶的天空保护它们免受太阳紫外线辐射的伤害，就像你头上的天空在保护着你一样。然而，它们的这种保护在夏天是不存在的。在夏季，南极上空会出现一个“臭氧空洞”，使企鹅暴露在危险的紫外线辐射下。科学家们正在通过观察和实验的方式来分析这种情况。生物学的研究，其实就是一个仔细观察然后提出正确的问题的过程。他们提出了一个可能的答案——科学家把这叫作**假说**（hypothesis）——南极臭氧层的破坏是由含氯的工业化学品泄漏进入大气造成的。科学家们随后进行了大量的实验和进一步的观察，试图证明这个假说是错误的。但是到目前为止，他们得到的结果都不能否定这个假说。看来，人类在遥远的北方进行的活动，确实对这些企鹅的生存环境产生了严重的影响。你的生物学学习将从本章开始，这是一门关于生命的科学，它有助于我们更好地了解自己，了解我们所处的世界，以及我们对世界的影响。

1.1 多样的生命

生物界

学习目标1.1.1 生物的六界

从广义上说，生物学是对所有生命物质的研究——生命科学。生命世界充满了各种各样让人惊叹的生物——鲸鱼、蝴蝶、蘑菇和蚊子等——所有这些生物可以被划分为**六界**（kingdoms）。

生物学家以许多不同的方式研究生命的多样性。他们和大猩猩生活在一起，收集化石，还听鲸鱼的声音。他们分离细菌、种植蘑菇，还检查果蝇的身体结构。他们可以解读遗传长分子中的编码信息，还计数蜂鸟的翅膀每秒钟拍打多少下。人们很容易迷失在这种纷繁的多样性中，而忽略生物学的关键内容，即所有生物都具有很多共同的特性。

1. **古细菌界** 这是第一个原核生物（最简单的无核细胞）界。其中包括甲烷菌，其代谢活动的产物为甲烷。
2. **真细菌界** 这是第二个原核生物界。其中包括紫色硫细菌，它们能够将光能转化为化学能。
3. **原生生物界** 大多数的单细胞真核生物（细胞中有细胞核）被分入这一界。
4. **真菌界** 这一界包含非光合作用生物，大多为多细胞生物，它们在体外消化食物，例如蘑菇。
5. **植物界** 包含陆生的能进行光合作用的多细胞生物。
6. **动物界** 这一界的生物为在体内消化食物的多细胞非光合生物。

关键学习成果 1.1

生命世界具有非常高的多样性，但所有生物也有很多共同的重要特性。

1.2 生命的特性

学习目标1.2.1 所有生物共有的五大特性

生物学是对生命的研究，但是怎么样才算是具有生命呢？能定义生物的属性是什么呢？这个问题可不是看起来那么简单，因为一些很明显的生物特性，在许多非生命物质中也存在，比如复杂性（计算机也很复杂）、运动（云在天空移动）和对刺激有反应（肥皂泡在你碰它时会破）。我们需要知道为什么这三个生物广泛具有的性质，并不能帮助我们界定生物，那么想象一个蘑菇和一台电视机在一起：电视机似乎比蘑菇更复杂，电视屏幕上的画面不停移动而蘑菇就站在那里，电视可以响应遥控器的指挥而蘑菇还只是站在那里。但是，蘑菇却是生物。

从第一个生物出现在地球上开始，经过数百万年的演化发展至今，所有生物都有五个最基本的属性：**由细胞组成**（cellular organization）、**新陈代谢**（metabolism）、**内稳态**（homeostasis）、**生长和繁殖**（growth and reproduction），以及**遗传**（heredity）。

1. **由细胞组成** 所有生物都是由一个或多个细胞构成的。细胞是被一层薄薄的膜（membrane）包裹起来的很小的隔间。有些细胞只具有简单的内部结构，而其他的细胞内则有复杂的组织结构，但它们都能够生长繁殖。很多生物只由单一细胞构成，比如草履虫；你的身体则包含10万亿到100万亿个细胞（取决于你的体型有多大）——连成线可以绕地球1,600圈！
2. **新陈代谢** 所有生物都需要能量。像移动、生长和思考，你所做的每件事都需要消耗能量。这些能量是从哪里来的？能量是由植物和藻类通过光合作用从太阳光中获得的。而我们需要从植物中或者从以植物为食的动物中获得维持生命的能量。例如，翠鸟吃鱼，而鱼吃藻类。能量在细胞内从一种形式转化为另一种形式，是新陈代谢的一个例子。所有的生物都需要能量来生长，同时所有生物都通过细胞中一种特殊的能量携带分子转移能量，这种分子就是ATP。

3. **内稳态** 所有生物都会保持自身内部状态的稳定，这样其复杂的生命活动才能更协调地进行。虽然环境经常发生很大变化，但生物都会保持内部状态的相对恒定，这个过程称为**内稳态**。不管天气是炎热还是寒冷，你的身体会使自身温度保持在37℃左右。
4. **生长和繁殖** 所有生物都会生长和繁殖。细菌的个体会增大，每隔15分钟就会一分为二；而更复杂一些的生物则是通过增加细胞数量来生长的，它们还能进行有性繁殖（有些生物，像加利福尼亚狐尾松，已经繁衍了4,600年）。
5. **遗传** 所有生物的遗传系统，都是建立在长分子DNA（脱氧核糖核酸）的复制和增殖的基础上的。决定生物个体长成什么样的信息，以密码形式保存于DNA分子中，是由构成DNA分子的亚单位的排列顺序决定的，就像页面上的文字顺序，决定了你正在阅读的东西的内容。DNA中的每一组指令被称为一个基因（gene）。所有的基因共同决定了生物会是什么样的。由于DNA可以一代一代忠实地复制，基因的变化也会被保留，并传递给后代。生物的特性在亲代和子代之间传递的过程，被称为**遗传**。

关键学习成果 1.2

所有生物都由细胞组成，进行新陈代谢，维持稳定的内部状态，自我繁殖，并利用DNA将遗传信息传递给后代。

1.3 生命的结构

复杂性递增的阶层系统

学习目标1.3.1 生命系统的十三个结构层次

生物机体在许多层面上都存在互相作用和互相影响，从小而简单的层次到大且复杂的层次。其中的关键因素，就是复杂的程度。我们将从三个水平审视生命的复杂性：细胞、个体和群体。

细胞水平 图1.1的第一部分，你可以看到结构越来越复杂——细胞内结构存在着结构逐渐复杂的阶层系统。

❶ **原子** 物质的基本组成元素是原子。

❷ **分子** 原子互相连接形成的复杂集群称为分子。

❸ **大分子** 分子量大的、结构复杂的分子被称为大分子。储存生物遗传信息的DNA就是一种大分子。

❹ **细胞器** 很多复杂的生物分子组合在一起形成的小单位是细胞器，细胞活动就在各种细胞器中进行。细胞核就是细胞内储存DNA的细胞器。

❺ **细胞** 细胞器和其他一些元素组合在一起，被细胞膜包裹起来，我们称之为细胞。细胞是最小的生命系统。

个体水平 图1.1的第二部分是个体水平，细胞被组织成四个逐渐复杂的层次。

❻ **组织** 组织是个体水平中最基本的层次，相似的细胞聚在一起成为一个功能单位。神经组织就是一种组织，它是由神经元细胞组成的，神经元细胞专门负责在体内传递电信号。

❼ **器官** 接下来，组织会组成器官。器官是由几种不同的组织联合形成的具有一定结构和功能的结构单元。大脑是一个器官，由神经细胞和多种结缔组织（包括保护层和遍布全身的血液）组成。

❽ **器官系统** 个体水平的第三个层次是器官联合起来组成的器官系统。例如，神经系统包括感觉器官、大脑和脊髓、传递信号的神经元，以及支持细胞。

❾ **个体** 很多独立的器官系统在一起发挥作用形成个体。

群体水平 生命世界中的生物被进一步组织成以下几个层级。

❿ **种群** 群体水平的最基本层级是种群。种群是指生活在同一个地方的同一种生物群体。一个

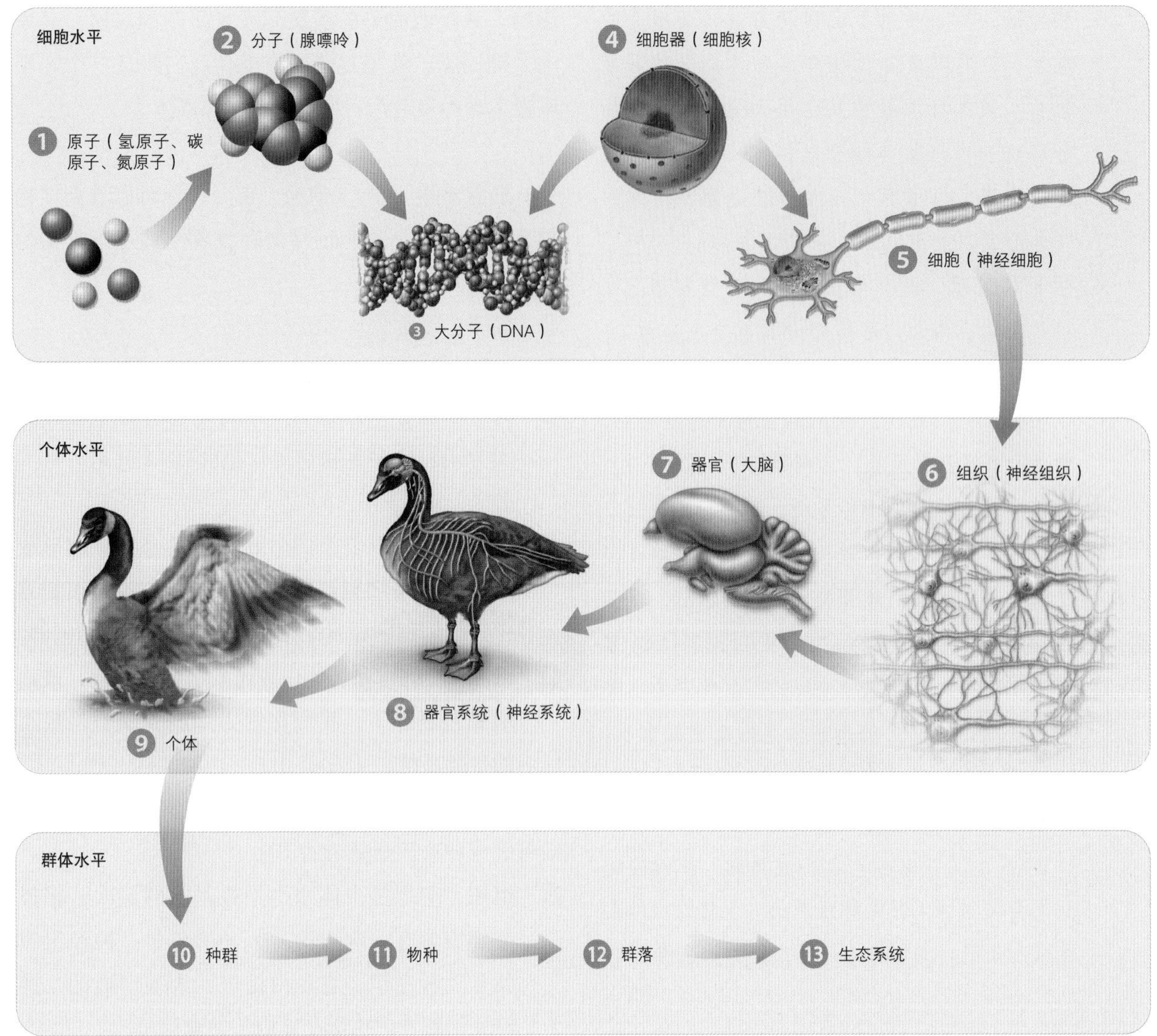

图1.1 生命系统的层次结构

要厘清生命世界中生物体的相互作用，一个非常有用的传统方法就是，按照组织的结构层次分类排序，从小而简单的层次到大且复杂的层次。在这里，我们从细胞、个体和群体三个水平来研究生命系统的结构。

池塘中生活的一群鹅就是一个种群。

⑪ **物种** 同一个特定种类的生物的所有种群合称物种。同一物种的成员在外观上相似，且能够杂交。所有的加拿大鹅，无论是生活在加拿大还是美国的明尼苏达或密苏里，基本上是相同的，都属于同一物种，学名叫作黑额黑雁。而沙丘鹤就是不同的物种。

⑫ **群落** 再往上一层级，共同生活在同一个地方的不同物种的所有种群称为一个群落。例如，鹅和鸭子、鱼、水草还有许多种昆虫共同生活在一个池塘里，这些生活在一个池塘里的相互关联的生物构成一个群落。

⑬ **生态系统** 生命系统结构层次的最高层级就是生态系统，由生物群落和它们生活环境中的土壤和水共同构成。

涌现性

学习目标1.3.2 按生命复杂程度划分的三大层面中的涌现性

在生命的阶层系统中，每升高一个层级，生命复合体就会有新的性质出现，这个性质在前一个简单的层级中是不存在的。这种现象我们称之为涌现性（emergent properties），这是由复合体的组分之间相互作用产生的结果，这种新性质通常不能通过单个组分推测出来。例如，你身体里的细胞类型和长颈鹿拥有的是一样的。然而，查看这些种类的单个细胞，并不能弄清楚你的身体是什么样的。

生命的涌现性不是魔法或超自然现象，而是阶层系统（或结构组织）的自然结果，是生命的重要标志。更复杂的组织中会出现新的功能特性。新陈代谢是生命物质中才出现的新特性，在细胞内环境协调下，分子在细胞内进行有序的相互影响的化学反应。意识是大脑才有的特性，由大脑不同部位的许多神经元相互作用产生。

关键学习成果　1.3

在生命的阶层系统中，细胞、多细胞生命体和生态系统的复杂性都在逐渐增加。生命分层次的组织结构产生了涌现性，体现了生命世界的多样性。

1.4　生物学主题

统一生物学成为一门科学的主题

学习目标 1.4.1　列出统一生物学作为一门科学的五大主题

就像每一幢房子都会把不同区域划分成不同主题，如卧室、厨房和浴室，生命世界也是由一些主要的**主题**（themes）组成，如生命世界中的能量是如何流动的。当你用本书学习生物学时，五个一般性的主题将被反复提及。这些主题将生物学作为一门科学加以统一并进行解释（表 1.1）：①进化；②能量的流动；③合作；④结构决定功能；⑤内稳态。

表 1.1　生物学的主题

进化　查尔斯·达尔文的进化理论推测，选择可以产生各种改变，他针对鸽子的人工选择的研究，为这个观点提供了重要的证据。通过对野生的欧洲岩鸽进行人工培育选择得到的驯养品种红扇尾鸽和脚上也有一簇羽毛的仙燕鸽，与岩鸽之间存在的差异很大，如果它们都是野生的，应该会被划分入不同的大类群中。

能量的流动　能量从太阳传递到植物，再到植食动物，之后到以植食动物为食的动物。

合作　拉丁美洲的蚂蚁生活在特定种类的相思树的空心棘刺内，其叶基部和复叶尖端的蜜为蚂蚁提供食物。蚂蚁则为植物提供有机营养和保护。

结构决定功能　有了长长的口器，蛾才能够吃到花深处的蜜。

内稳态　内稳态往往涉及水的平衡，以维持血液的化学环境。所有复杂的生物都需要水，例如河马可以尽情享受水。其他像更格卢鼠这样的动物，生活在缺水的干旱环境中，只能从食物中获得水，从来没有真正喝过水。

进化

进化是物种随着时间的推移产生的基因变化。1859年，英国博物学家查尔斯·达尔文提出，这种变化是自然选择（natural selection）的结果。简单来说，一些生物具有更利于应对环境挑战的特性，这些生物能更好地生存下来，繁衍后代，把它们的优势特性传递下去。达尔文对家养动物的变异非常熟悉，他知道驯养者可以选择培育出具有不同特点的鸽子品种，这一过程称为**人工选择**（artificial selection）。在表 1.1 中“进化”主题部分提及一些具有独特风格的鸽子。我们现在知道，被选择的特性可以在代系之间传递，因为DNA是从亲代传给子代的。达尔文直观地想到，自然界中的选择，与选育不同品种的鸽子可能是相似的。因此，现在我们看到的地球上的许多生命形式，以及我们自身被构建和行使功能的方式，反映了自然选择的悠久历史。我们将在第14章中更详细地讨论进化。

能量的流动

所有的生物都需要能量来驱动生命活动——生物体生长、进行工作和思考等。大多数生物所用的能量都来自太阳，并且在生态系统中单向流动。想要了解能量流过生命世界最简单的方法，就是了解能量的使用者。能量进入生命世界的第一阶段是被绿色植物、藻类和一些细菌捕获，这个过程就是光合作用，利用太阳能合成糖类储存在光合生物（如植物）体内。接下来植物则成为生命的源泉——为以植物为食的动物提供驱动生命的能量。其他的动物又会以吃植物的动物为食。在每一个阶段，都有一部分能量被用于生命活动，还有一些能量被转移，更多的能量则主要是以热量形式散发。能量的流动是形成生态系统的关键因素，直接影响着群落中动物的种类和数量。

合作

表1.1中的蚂蚁保护它们生活所需的植物不被动物吃掉，并且不被别的植物的阴影遮挡，而这种植物为蚂蚁提供它们所需的营养物质（叶尖的黄色部分）。这种不同种类的生物间的合作，在地球上的生命进化中发挥了至关重要的作用。例如，像前面提到的蚂蚁和植物，两个不同物种在生活过程中产生直接的联系，形成的关系叫作**共生**（symbiosis）。动物细胞中有的细胞器由内共生细菌演化而来，而共生真菌则帮助植物从海洋成功入侵陆地。开花植物和昆虫之间存在着协同进化的关系，在这个过程中花的变化影响着昆虫的进化，而昆虫的变化又反过来影响到花的进化，这样就使得生物的多样性得到了很大的提升。

结构决定功能

生物学课程中，我们很容易发现生物的结构都非常适合它们的功能。这一点在生命系统的每一个层级中都能得到体现：细胞内参与化学反应的蛋白质被称为酶，酶的形态都能与和其发生反应的物质相匹配。许多生物的身体结构就像是被精心设计出来的，恰好可以发挥其功能。例如表1.1中，用长长的口器从花的深处吮吸花蜜的蛾子。生命世界中这种结构和功能高度适配的现象，不是偶然发生的。生命在地球上存在的时间已经超过20亿年，经过这么长时间的进化，使生物发生了有利的改变，能更好地应对生存的挑战。经过那么多的磨炼和调整，生物的结构能够完美地发挥其功能，就不足为奇了。

内稳态

复杂的生物体内的高度特化，只有在维持相对稳定的内部环境时才可能实现，这个过程被称为内稳态。如果没有这种恒定的内部环境，生物体内许多复杂的相互作用就不可能发生，就好像如果没有规则来维持城市秩序，就会一片混乱一样。无论在你还是在河马这些的复杂生物的体内，要保持内稳态就需要细胞之间传送大量的信号。

关键学习成果 1.4

生物学的五大主题是：❶进化；❷能量的流动；❸合作；❹结构决定功能；❺内稳态。

科学过程
The Scientific Process

1.5 科学家如何思考

演绎推理

学习目标 1.5.1 识别数学和计算机科学中运用的推理形式

科学是一个运用观察、实验和推理的方法进行研究的过程。并不是所有的研究都是科学研究。例如，当你研究如何从圣路易斯到芝加哥时，你进行的就不是科学研究，而是查看地图以确定路线。在其他研究中，你通过应用一个公认的一般性原理作为“指导”，进而得出个别结论（图1.2）。这就是**演绎推理**（deductive reasoning）。演绎推理，用一般性的原理来解释特殊的观察结果，是数学、哲学、政治学和伦理学中应用的推理方式，同时也是计算机工作的方式。

归纳推理

学习目标 1.5.2 演绎推理和归纳推理的区别

一般性原理是从哪里来的？宗教原理和伦理原

演绎推理

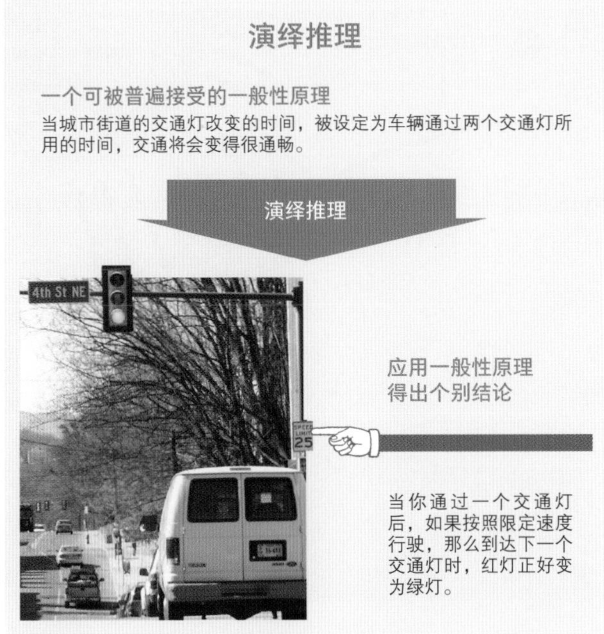

一个可被普遍接受的一般性原理
当城市街道的交通灯改变的时间，被设定为车辆通过两个交通灯所用的时间，交通将会变得很通畅。
演绎推理
4th St NE
应用一般性原理
得出个别结论
当你通过一个交通灯后，如果按照限定速度行驶，那么到达下一个交通灯时，红灯正好变为绿灯。

归纳推理

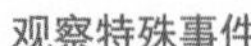

观察特殊事件
4th St NE
当你按照限定速度通过路口时，你发现交通灯的红灯正好变为绿灯。
保持相同速度行驶，你发现到达下一个路口时，发生了同样的事情，红灯又正好变为绿灯。然而当你提速行驶时，你到达下一个路口后，红灯还没有变为绿灯。
归纳推理
得出一般性结论
你得出结论，交通灯改变的时间是固定的，设定的时间是汽车按限定速度行驶时通过两个交通灯所用的时间。

图1.2　演绎推理和归纳推理

当一名司机知道交通信号变化的时间是固定的，他可以运用演绎推理，预见路口的交通灯发生变化。相比之下，一名不知道这种交通信号的控制和程序的司机，可以运用归纳推理，当他以相似的时间通过几个路口后，他可以得出结论：交通灯的改变时间是固定的。

理往往有宗教基础，政治原理反映社会制度。而一些一般性原理，则是来自我们对周围物质世界的观察。当你扔出一个苹果时，不论你如何希望，也不管你如何规定，它都会落下来。科学旨在发现支配物质世界运行的一般性原理。

科学家如何发现这样的一般性原理呢？首先，科学家会观察：他们观察世界，以了解世界是如何运行的。通过观察，科学家才能确定支配我们的物质世界的原理。

这种通过对特殊事件的仔细观察，进而发现一般性原理的方法被称为**归纳推理**（inductive reasoning）。归纳推理的流行始于大约400年前，从那时起艾萨克·牛顿和弗朗西斯·培根以及其他科学家开始进行实验，并通过实验结果推断出世界运行的一般性原理。这些实验有的很简单。牛顿的实验甚至包括简单地松开手中的苹果，看它掉在地上。这个简单的观察是科学的。通过一系列跟苹果下落一样简单的观察，牛顿推断出一个一般性原理：所有的物体都向地心方向落下。这一原理是关于世界如何运行的一个可能性解释，或者叫**假说**。像牛顿一样，科学家的工作就是不断提出假说然后进行检验，而观察是他们建立假说的素材。

关键学习成果　1.5

科学是运用归纳推理的方式，从具体的观察中推断出一般性原理。

1.6　行动中的科学：一个案例研究

臭氧空洞

学习目标1.6.1　南极上空产生臭氧“空洞”的机制

1985年，在南极洲工作的英国地球科学家约瑟夫·法曼，发现了一件意想不到的事。他发现南极天空中的臭氧含量比预期中的低——比关于南极的五年前的资料中的低了30%！

起初，有人提出这种臭氧变薄（之后很快被称为“臭氧空洞”）只是尚未得到解释的天气现象。然而，很快就有证据表明，合成化学品是罪魁祸首。

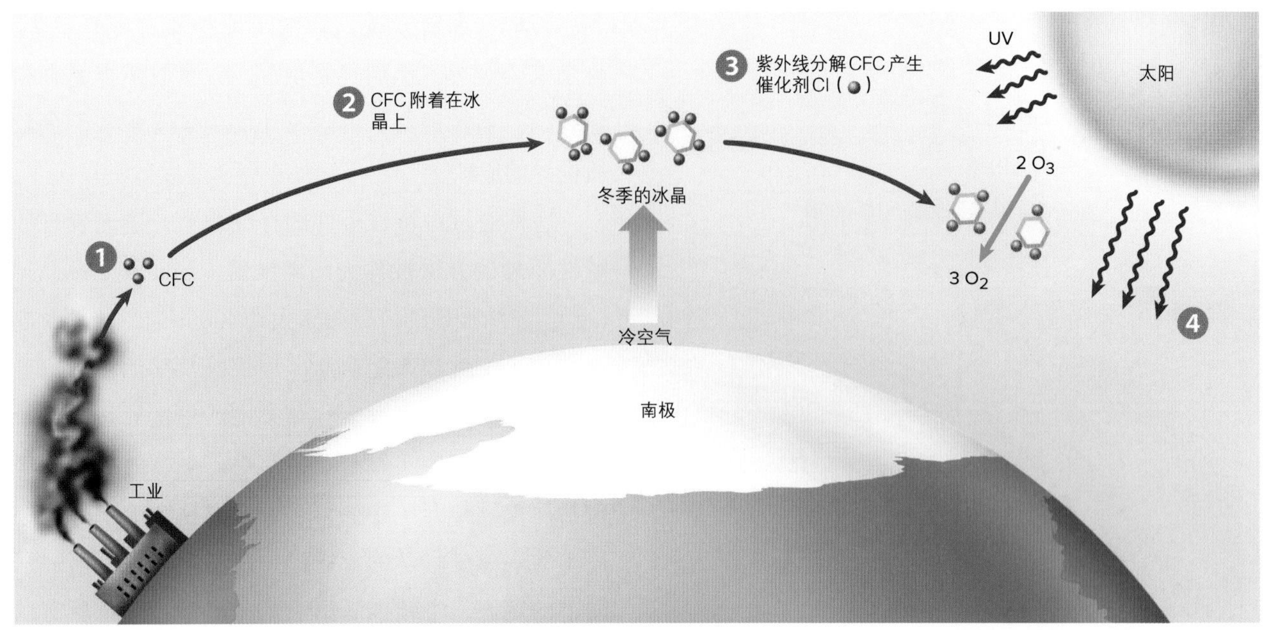

图1.3 CFC攻击并破坏臭氧层的方式

❶CFC是稳定的化学物质，作为工业社会的副产品，在大气中积累。❷在南极的酷寒环境中，CFC凝结在大气上层的微小冰晶中。紫外线造成CFC分解，产生氯（Cl）。❸氯作为催化剂，将O_3转化成O_2。❹造成的后果是，更多有害的紫外线辐射到达地球表面。

对南极大气中化学物质的详细分析显示，氯的浓度高得惊人，而氯已经被证实是能够破坏臭氧的化学物质。氯的来源是一类被称为**氯氟烃**（CFC）的化学物质。CFC（图1.3中的❶紫色小球）在20世纪20年代被人工合成，自此被广泛应用于空调制冷剂、气雾剂的喷射剂和泡沫塑料的发泡剂。正常情况下，CFC具有化学惰性，因此一般认为它是无害的。但在南极洲的大气中，CFC凝结在微小的冰晶中（❷）。春天的时候，CFC被分解产生氯，作为催化剂攻击并破坏臭氧层，在本身不消耗的情况下，将臭氧转化为氧气（❸）。

臭氧层位于距离地表25～40千米高的上层大气中，它变薄成为一个严重的问题。臭氧层保护地球生命免受来自太阳的紫外线（UV）辐射伤害。臭氧层就像隐形的太阳镜，可以过滤掉这些危险的射线。因此，当臭氧被转化为氧气后，紫外线就能够穿过大气层直接到达地球（❹）。当紫外线对皮肤细胞的DNA造成损伤时，就可能导致皮肤癌。据估计，大气中的臭氧浓度每下降1%，皮肤癌发病率就会增加6%。

目前，全世界每年生产的CFC少于20万吨，已经比1986年时的128万吨下降了不少。由于关于这种物质的科学观察结果已经广为人知，各国政府都在努力减少CFC的产生。

尽管如此，CFC从发明至今就在空调和气雾剂方面被大量使用，其中的大多数还没有到达大气层。CFC在大气中向上移动是一个缓慢的过程，所以其带来的问题仍将持续。臭氧的消耗仍然使南极上空存在臭氧空洞。

但是，在世界范围内减少CFC的产量，也还是有重大影响的。根据科研人员的模型预测，臭氧层的最大消耗将在未来几年达到顶峰，在此之后情况会逐步得到改善，臭氧层将在21世纪中叶得到恢复。显然，全球环境问题，是可以通过协调一致的行动来解决的。

关键学习成果 1.6

工业生产的CFC通过催化作用破坏大气上层的臭氧。

1.7 科学研究的步骤

科研是如何完成的

学习目标1.7.1　成功的实验共有的关键元素

科学家们是如何从很多种可能性中，建立起正确的一般性原理的呢？他们通过系统测试备用方案的方式来进行这项工作。如果这些提案被证明与实验结果不一致，就会被否定。在特定的科学领域经过仔细的观察，科学家会对观察结果提出有可能成立的解释。**假说**就是有成立可能的提案。那些尚未被证伪的假说，会被保留下来，但是如果在将来出现新的研究信息，证明它们是错误的，那这类假说仍然会被否定。

我们把对假说的检验称为**实验**（experiment）。假设你面对一个黑暗的房间。要了解为什么房间是黑暗的，你提出了几个假说。第一个假说可能是"房间显得黑暗是因为电灯的开关被关闭了"。另一个假说是"房间显得黑暗是因为灯泡烧坏了"。还有一个假说可能是"我眼睛瞎了"。要验证这些假说，你需要设计一些实验，来排除一种或多种可能性。例如，你可以拧动电灯的开关。如果你这样做了，房间还是不亮，你就否定了第一个假说。说明电灯开关以外的因素，是造成黑暗的原因。请注意，像这样的实验，只能证明某一个假说是错误的，而不能证明其他任何假说是对的。一个成功的实验，能够证明一个或多个假说是与实验结果不一致的，从而否定这些假说。

当你继续本书的学习时，你会了解到大量的信息，并有对其的解释。这些解释就是经受住了实验考验的假说。许多假说可以持续经受住考验，还有很多其他假说会随着新的观察结果的出现而被修改。和所有的科学一样，生物学也处于一种不断变化发展的状态中，不断有新的观点出现并取代旧的观点。

科研的程序

学习目标1.7.2　描述科学研究的六个步骤

第一个报道臭氧空洞的约瑟夫·法曼，是一名实践派科学家，他在南极洲从事的工作就是科学研究。科学研究是我们对世界研究的一种特殊方式，通过观察特定的事件，来得出事物发生的一般规律。像法曼这样的科学家，就是一个观察者，通过观察来了解世界是如何运行的。

如图1.4所示，科学研究可以被分为六个步骤：❶观察正在发生的事件；❷形成一系列假说；❸做出预测；❹进行测试；❺设置对照实验，直到一个或多个假说被排除；❻在余下假说的基础上形成结论。

1. **观察**　任何成功的科学研究的关键都是细致

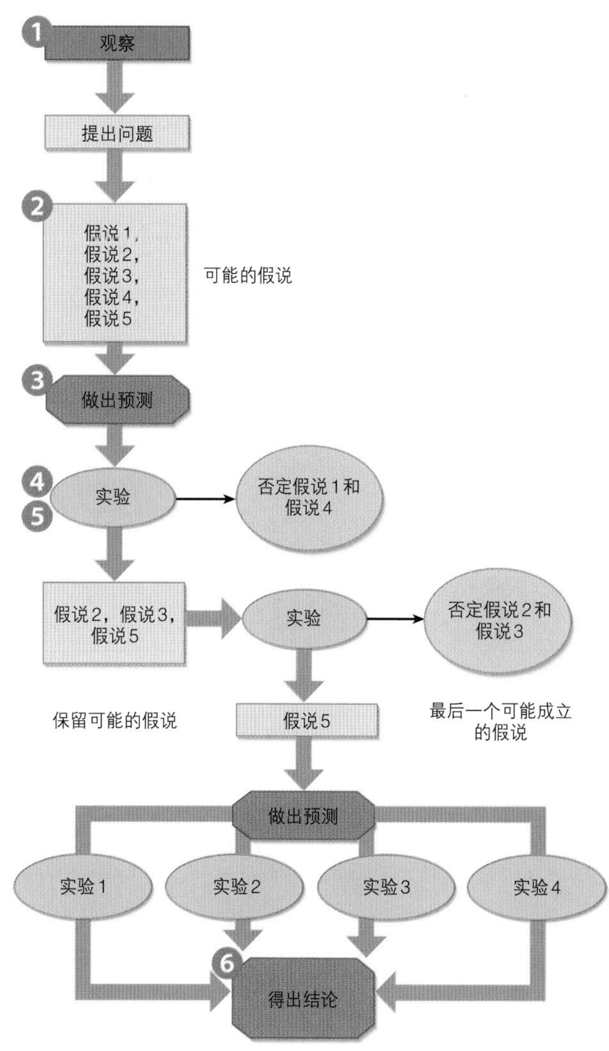

图1.4　科研过程

这个图表对科学研究的步骤进行了说明。首先，进行观察，提出一个特定的问题。然后提出一系列有潜在可能的解释（假说）来回答这个问题。其次，在假说的基础上进行一定的预测，并进行几轮实验（包括对照实验），尝试排除一个或多个假说。最后，没有被排除的假说被保留下来。

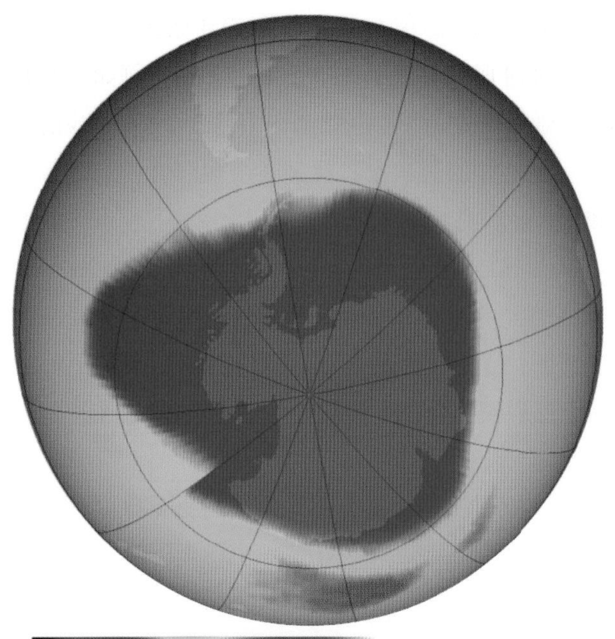

图1.5 臭氧空洞

这是2001年9月15日的卫星图片，不同颜色的涡流代表了南半球上空臭氧的不同浓度。我们可以很容易看到，在南极上空有一个相当于美国国土面积大小的“臭氧空洞”（紫色区域）。

的**观察**（observation）。法曼和其他科学家对南极上空进行了持续多年的研究，针对其温度、光线和化学物质水平，收集了千余条详细的记录。我们可以在图1.5中看到，紫色的部分代表了科学家记录中臭氧的最低水平区域。如果这些科学家没有对他们的观察结果进行详细记录，法曼也不可能注意到臭氧水平的下降。

2. **假说** 当臭氧浓度意料之外地降低被报道出来后，相关的问题被提出，环境科学家针对这些问题，提出了猜测——可能是某种东西正在破坏臭氧，这种东西可能是CFC。当然，这并不是完全的凭空猜测，而是在科学家对CFC和其可能对上层大气产生的作用都有一定了解的基础上做出的。我们称这样的猜测为**假说**。假说是有可能成立的猜测。科学家们的猜测是，CFC与南极上空的臭氧发生化学反应，将臭氧（O_3）转化成氧气（O_2），从而将我们地球大气层中的臭氧防护层蚕食掉。通常，科学家如果对观察现象有一个以上的猜测时，会提出**替代假说**（alternative hypothesis）。在这种情况下，针对臭氧空洞的解释，会有多个其他的假说。还有一个可能的解释是，臭氧空洞是大气环流的结果：极地上空的臭氧在环流旋转中逐渐远离中心，就像洗衣机桶旋转时把水甩离中心一样。另有一个假说是臭氧空洞可能和太阳黑子有关，只是短暂的现象，会很快消失。

3. **预测** 如果CFC假说是正确的，那么理所当然地会出现一些可以预见的后果。我们称这些可预见的后果为**预测**（predictions）。预测就是当你的假说成立时，你希望能发生的后续事件。根据CFC假说我们可以预测，如果CFC是产生臭氧空洞的主要原因，那么在南极大气上层应该可以检测到CFC，以及由它产生的攻击臭氧的氯。

4. **验证** 科学家需要验证其预测是否正确来说明CFC假说是否成立。正如前文提到的，验证假说的方法是**实验**。为了验证这一假说，科学家们通过高空气球，从距离地面超过6英里①的平流层中取得大气样本。样品的分析显示其中含有CFC，这和预测的吻合。那么CFC会与臭氧发生反应吗？样本中含有游离的氯和氟，经确认是CFC分解来的。所以，实验结果是支持这一假说的。

5. **对照** 大气上层的情况会受到很多因素影响。我们称每一个可能会影响事件进程的因素为一个**变量**（variable）。在检验替代假说中某一个变量的影响时，其他所有变量必须保持不变，这样我们就不会被其他因素影响或误导。这是通过进行两个平行实验的方式来完成的：在第一个实验中，我们为了检验某个假说，用已知的方法改变一个变量；第二个实验被称为**对照实验**（control experiment），我们不改变该变量。这两个实验在所有其他方面都是相同的。为了进一步检验CFC假说，科学

① 1英里≈1.609千米。——编者注

家进行了对照实验，其中的关键变量是大气中CFC的含量。在实验室中，科学家重建了南极上空的大气环境、强日光照射和极端的温度。如果在不向室内添加CFC的情况下，臭氧水平仍会下降，那么CFC就不可能是破坏臭氧的因素。然而，经过对实验室内条件的严密控制，科学家们发现在CFC缺失的情况下，臭氧水平并没有下降。

6. **结论**　一种经过检验且没有被否定的假说，就会被暂时认可。CFC被释放到大气中，破坏保护地球的臭氧层，这得到大量实验证据的支持，目前已经被广泛接受。臭氧层的破坏也牵涉其他的因素，但来自CFC的破坏显然是主要的。一系列被检验多次且未被否决的假说，就形成了**理论**（theory）。形成理论，表明了更高程度的确定性；然而，科学上并没有什么是绝对“确定”的。臭氧保护层的理论是说，大气上层的臭氧形成屏蔽层，吸收有害的紫外线，保护地表免受紫外线伤害。这一理论有大量的观察和实验支持，被广泛接受。目前针对这一保护层被破坏的解释仍处于假说阶段。

关键学习成果　1.7

科研过程中要系统地排除与观察结果不一致的可能假说。

1.8　理论与确定性

理论

学习目标 1.8.1　对比科学家和公众如何使用“理论”这个词

理论是对一系列观察的统一解释。因此，我们会说有引力理论、进化理论和原子理论。理论是最具确定性的，是科学的坚实基础。但是，科学上没有绝对的真理，只有不同程度的不确定性。可能性总是存在的，未来可能会有证据导致理论被修改。科学家对理论的接受，永远是暂时的。例如，在其他科学家的实验中，可能会揭示与理论不一致的证据。由于整个科学界的信息是共享的，原先的假说和理论可能会被修改，科学家们可能会形成新的观点。

非常活跃的科学领域往往是充满争议的，因为科学家总在不断探索具有挑战性的新观点。这种不确定性，并不代表科学很无力，相反是推动科学前进的动力，是科研过程的核心。例如，有一个假说的内容是，全球气候的逐渐变暖，是人类活动排放过度的二氧化碳（CO_2）所致，这个假说一直具有相当的争议，虽然越来越多有分量的证据都支持这一假说。

因此，理论这个词，在科学家和公众中的使用意义是不同的。对于科学家来说，使用理论，是代表其具有最高的确定性；对公众来说，理论这个词意味着它缺乏专业知识或只是猜测。你是不是常听人说：“这只是一个理论?”可以想象，这样就产生了理解的混乱。本书中的“理论”指的是它在科学上的意义，是被公众认可的科学原则。

“科学方法”

学习目标 1.8.2　评价所谓的“科学方法”

曾经有一种流行的说法是，科研过程就是应用一系列**科学方法**（scientific method）的结果，即通过实验验证一系列“不是/就是”的逻辑产生的预测，否决掉一个替代假说。这种想法认为，虽然不确定性的存在会拖延科研的进展，但是不断失败不断尝试的实验总能带领人们走出谜团。如果真是这样，一台计算机就能成为一名优秀的科学家——但科学不是这样做的！如果你问问像法曼这样的成功科学家是如何进行工作的，你会发现，他们对所设计的实验会有什么样的结果都有相当明确的想法，无一例外。环境科学家提出CFC假说，是因为他们了解氯和臭氧的化学性质，他们可以设想CFC中的氯如何破坏臭氧分子。

一个由成功的科学家去检验的假说并不是随便提出来的，而是一种建立在科学家所有知识基础上

我的袜子都去哪儿了？

从记事起，我就一直不断地丢失袜子。提示一下，不是成双地丢袜子，而是总丢单只。我第一次意识到这种奇怪的现象，是在我已经成为一个青年，要去上大学的时候。第一年的感恩节假期，我带了一大包衣服回家去洗。我的母亲没有敲我脑袋，而是把这些衣服都倒进洗衣机和烘干机，并发现了我一直没注意到的现象——我的袜子没有几双是能配上对的。

那是40年前的事了，但是就好像昨天发生的一样。在我此后的人生中，我还在不断地丢失袜子。去年圣诞节，我扔了满满一抽屉配不上对的袜子，然后在打折季买了一打全新的。上个星期我数了一下，又有三双新袜子配不上对了！

我受够了。于是我开始着手解开我丢失袜子之谜。怎么解谜？用夏洛克·福尔摩斯的办法——科学的办法。福尔摩斯的方法是排除那些不可能成立的可能性。科学家称这些可能性为“假说”，然后像福尔摩斯一样，否决那些与事实不符的假说。福尔摩斯告诉我们，当只剩下唯一的一种可能性没有被排除时，不管它看起来多么不可能，它仍然必定就是真相。

假说1：原因是袜子本身。我圣诞时候买了四双袜子作为礼物，但直到最近才想起来。它们在我的袜子抽屉深处放了五个月，没被动过。如果袜子因为它们自己的内在属性（比如说，制造商设法让它们消失，这样才有新的销量）而消失，那么我预计这些没被动过的袜子里，至少会有一只袜子已经消失了。然而，当我查看的时候，这四双都是完整的。没被动过的袜子不会消失。因此，我排除了由于袜子本身的原因这个假说。

假说2：变形。这个奇异的想法来自科幻小说作家阿夫拉姆·戴维森1958年的作品《或者所有有牡蛎的海洋》，一直存在于我心中某个古怪的角落。我每天晚上把穿过的袜子丢进衣柜里的一个洗衣篮里。多年来，我注意到被放进衣柜里的袜子会消失。同样在这段时间里，当我的袜子逐渐消失时，衣柜里有一样东西似乎多了起来——衣架！袜子是衣架的幼虫！为了检测这个离奇的假说，我只有把洗衣篮挪出衣柜。几个月后，我还是不断丢失袜子。所以这个假说也被否决了。

假说3：静电作用。丢失的单只袜子可能隐藏在不太常穿的运动衫或夹克的袖子里、裤管里或者褶皱里。烘干机里的摩擦使袜子获得了相当多的静电，它们便附着在其他衣服上。黏附在衬衣或裤子外面的袜子会很快脱落，但那些在袖筒、裤管或者褶皱里的袜子，就很可能一直在那里，并不是“丢了”，只是放错地方了。然而，经过奋力搜索，我没有在冬装或其他不常穿的衣服的袖子里找到任何丢失的袜子。所以，这个假说也不成立。

假说4：我在洗衣房或者去洗衣房的路上弄丢了袜子。也许是在把袜子从洗衣篮放到洗衣机或烘干机里，以及放回到袜子抽屉里的过程中，偶尔丢失了袜子。为了检测这一假说，把衣服放进洗衣机时会逐一翻检，没有单只的袜子。也许袜子是在洗过之后丢失的，在叠衣服时或放进袜子抽屉的过程中。如果是这样的话，那么从烘干机取出来时，就不应该有单只的袜子。但是，有！单只的袜子出现在洗衣房，叠衣服之前发现的。因此我排除洗衣过程中处理不当的假说。看来问题出在洗衣房里。

假说5：洗衣服时丢失了袜子。也许是洗衣机“吃”了我的袜子。我检查了洗衣机，看看袜子是否会被卡在里面或被机器搅碎，但我没发现这种可能性。衣服在封闭的金属容器里晃动，水通过铅笔直径那么小的几个小孔进出。袜子不可能滑进这样的孔里。旋转筒和洗衣机顶部之间倒是有一薄层的空隙，袜子也许会顺着这条缝被甩走。但是以我的袜子的体积根本挤不进去。所以我又排除了洗衣机是罪魁祸首的假说。

假说6：我在干燥过程中弄丢了袜子。袜子也许是在干燥过程中的某个环节被弄丢的。我把头伸进烘干机去查看，看看能不能找到袜子。结果是，没找到。但是，我发现一个袜子可能消失的地方——干燥轮的背后！衣物烘干机基本结构就是一个很大的滚筒，干燥的空气从中间被吹入。滚筒的边缘和烘干机的外壁衔接得并不是特别紧密。也许，每隔一段时间，就会有一只袜子受力穿过空隙，被吸到机器的背面。

要验证这一假说，我应该把烘干机的背板打开，看看里面是不是塞满了我丢失的袜子。我的妻子很了解我在机械方面的能力，她不赞成做这个测试。因此，直到我们的烘干机彻底坏掉，我可以把它拆开为止，我都没办法排除假说6。没有任何其他可能性的假说的前提下，我接受夏洛克·福尔摩斯的建议，初步得出结论，烘干机是丢失袜子的罪魁祸首。

的“预感”或有根据的猜测。科学家还会充分发挥自己的想象力，尝试找到什么**可能**是正确的。正是因为洞察力和想象力在科研中发挥着如此大的作用，所以一些科学家在科研上比其他人做得更好——就像贝多芬和莫扎特在作曲家中脱颖而出一样。

科学研究仅限于我们能够观察和测量的事物和过程。超自然现象和宗教现象不在科学分析的领域之内，因为这类事物不能被科学地研究、分析或解释。超自然现象可以用来解释任何结果，并且不能通过实验或观察来证伪。

同样重要的是，要认识到科学所能完成的实际界限。虽然科学研究已经彻底改变了我们的世界，但是不能依靠它来解决所有问题。例如，我们不能现在既污染环境又浪费资源，然后盲目地期待将来某天科学能够弥补这种过错。科学也不能使灭绝的物种复生。当问题可以被解决的时候，科学能够找到解决方案；但是当问题无法被解决的时候，科学不能凭空创造出解决方法来。

关键学习成果 1.8

科学家提出假说的方式不是固定的，往往还依靠判断和直觉。

生物学核心思想
Core Ideas of Biology

1.9 四大理论将生物学统一为一门科学

细胞学说：生命的组织结构

学习目标1.9.1 细胞学说

正如本章开头所说，所有的生物都是由细胞组成的，细胞是生命的基本单位。细胞于1665年被英国科学家罗伯特·胡克（Robert Hooke）发现。胡克是第一批使用显微镜的人，他当时使用的显微镜可以放大30倍。通过观察软木塞上一层薄薄的植物组织，他看到了许多的小室，看起来很像修道院里僧侣的房间（cell）。不久后，荷兰科学家列文虎克用可放大300倍的显微镜观察一滴来自池塘的水，发现了一个单细胞生命的神奇世界。他把看到的这些细菌和原生动物称为“微生物”。然而，直到将近两个世纪后，科学家们才能完全理解细胞存在的意义。1839年，德国生物学家施莱登和施旺，总结了大量的自己和别人的观察结果，得出结论：所有生物都由细胞构成。他们的结论成为之后广为人知的**细胞学说**（cell theory）的基础。后来，又有生物学家补充内容，所有的细胞都来自其他先前存在的细胞。细胞学说是生物学的基本理论之一，是了解生物生长和繁殖的基础。我们将在第4章中详细讨论细胞的性质和功能。

基因理论：遗传的分子基础

学习目标1.9.2 定义基因

即使是最简单的细胞，其复杂程度也是让人难以想象的，远比计算机复杂。决定细胞长成什么样的信息——详细的规划——以编码形式储存在长链状的DNA（脱氧核糖核酸）分子中。研究者沃森和克里克在1953年发现每个DNA分子含有两条长链平行盘绕，其基础结构为核苷酸。如图1.6所示，两条长链面对面，就像两行人手牵手站在一起。

长链携带信息的方式，和这句话表达信息的方式一样——通过文字排列的顺序。DNA中有四种不同的核苷酸（分别用大写英文字母A、T、C和G代表），它们排列的顺序中蕴含着信息的编码。几百到

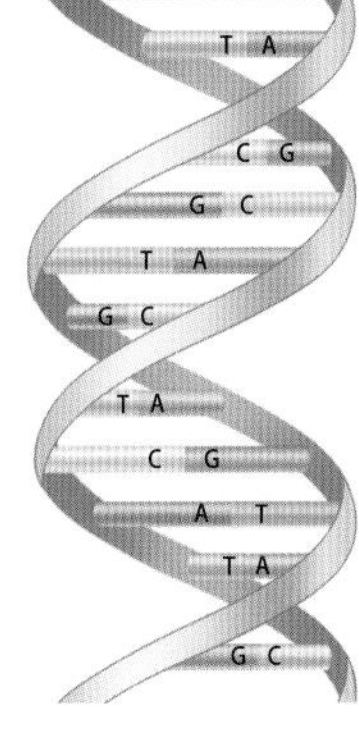

图1.6 基因由DNA构成

DNA分子的两条长链平行盘绕，像螺旋而上的楼梯，这种结构是双螺旋结构。由于大小和形状的关系，字母A代表的核苷酸只能和字母T代表的核苷酸配对结合，同理，字母G代表的核苷酸只能和字母C代表的核苷酸配对结合。

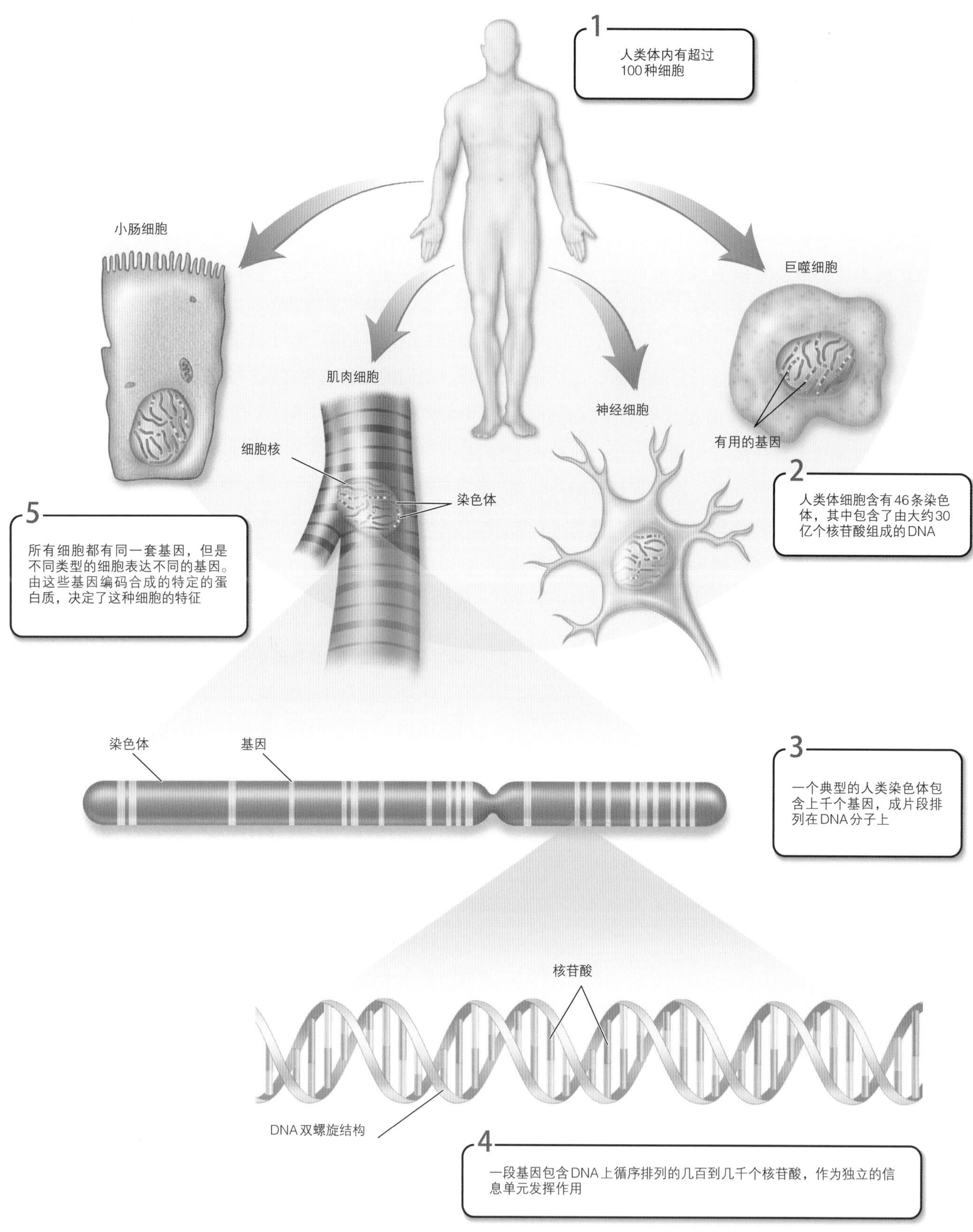
1
人类体内有超过
100种细胞
小肠细胞
巨噬细胞
肌肉细胞
神经细胞
有用的基因
细胞核
染色体
2
人类体细胞含有46条染色
体，其中包含了由大约30
亿个核苷酸组成的DNA
5
所有细胞都有同一套基因，但是
不同类型的细胞表达不同的基因。
由这些基因编码合成的特定的蛋
白质，决定了这种细胞的特征
染色体
基因
3
一个典型的人类染色体包
含上千个基因，成片段排
列在DNA分子上
核苷酸
DNA双螺旋结构
4
一段基因包含DNA上循序排列的几百到几千个核苷酸，作为独立的信
息单元发挥作用

图1.7　基因理论

基因理论认为，一个生物的特征在很大程度上是由它的基因决定的。在本图中我们可以了解到，每个人体内这么多种类的细胞是如何被决定的，基因就是通过这种方式来产生特定类型的细胞的。

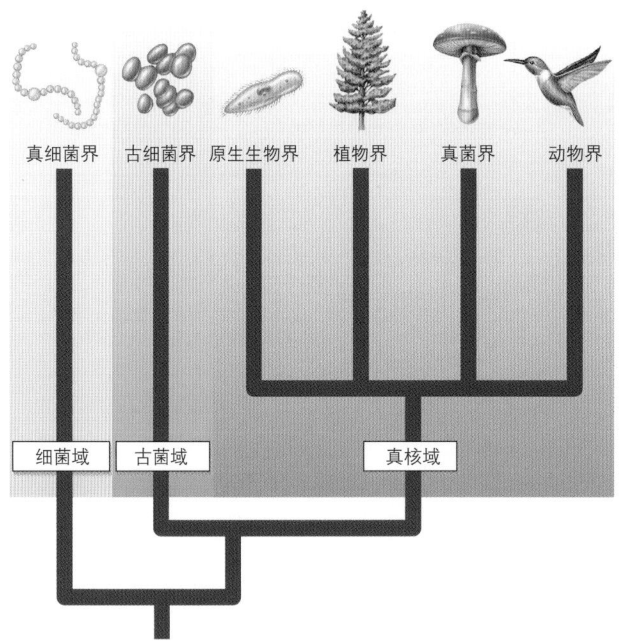

图1.8　生物的三域分界系统
生物学家把所有生物分入三个大类，称为域：细菌域、古菌域和真核域。细菌域包含真细菌界，古菌域包含古细菌界，真核域由原生生物界、植物界、真菌界和动物界四界组成。

几千个核苷酸的特定序列组成一段基因，是遗传信息的一个片段。一段基因可以编码生成一种特定的蛋白质，也可以生成另一种不同类型的称为RNA的独特分子；一段基因还可以对其他基因起到调节作用。地球上所有的生物都把基因编码在DNA长链上。DNA存在的普遍性，使得基因的观点发展成为**基因理论**（gene theory）。如图1.7所示，基因理论认为，由生物体的基因编码的蛋白质和RNA分子决定了该生物的特征。特定细胞的一整套DNA指令被称为**基因组**（genome）。人类基因组的序列于2001年被解码，包含30亿个核苷酸，这是科研领域的一次巨大胜利。基因如何发挥作用是第12章的主题。在第13章中，我们将探讨基因的详细知识如何带来生物学的革命以及影响我们的生活。

遗传学说：生命的统一性

学习目标1.9.3　遗传的染色体理论以何种方式扩展了孟德尔的观点

遗传信息储存在DNA分子上的基因中，所有生物都是这样。孟德尔在1865年首次提出**遗传学说**（theory of heredity），他认为生物体的基因以分散独立的单元进行遗传。这一观点的取得，早于人们对基因和DNA的认识之前，是实验科学的重大突破。孟德尔的遗传学说是第10章的主题。在孟德尔的理论被提出后不久就产生了遗传学，其他生物学家提出了**遗传的染色体学说**（chromosomal theory of inheritance），用简单的形式阐明孟德尔理论中提到的基因位于染色体上，因为染色体在繁殖过程中的分配具有规律性，所以才会表现出孟德尔定律。用现在的话来说，两个理论表明，基因是细胞染色体的组成部分，在有性生殖过程中染色体规律地倍增，是孟德尔分离定律的遗传模式的主要原因。

进化论：生命的多样性

学习目标1.9.4　达尔文的进化论如何与基因理论相关联

许多相关生命形式中的生命机制具有统一性，与此形成鲜明对比的是，生物为了适应地球上多变的环境而进化出来的令人难以置信的多样性。生物学家根据生物的基础特性，将生物划分为六界。近年来，生物学家又基于细胞结构的基本差异，在界之上增设更高一级的分类系统。六界被划分进入三组，称为**域**（domains）：细菌域、古菌域和真核域（图1.8）。

达尔文于1859年提出了进化论，将生命世界的多样性归因于自然选择的结果。他认为，那些最能应对生活挑战的生物将留下更多的后代，因此它们的特征会在种群中变得更为普遍。因为世界为生命提供了多样的环境，所以才有这么多不同的生命形式。

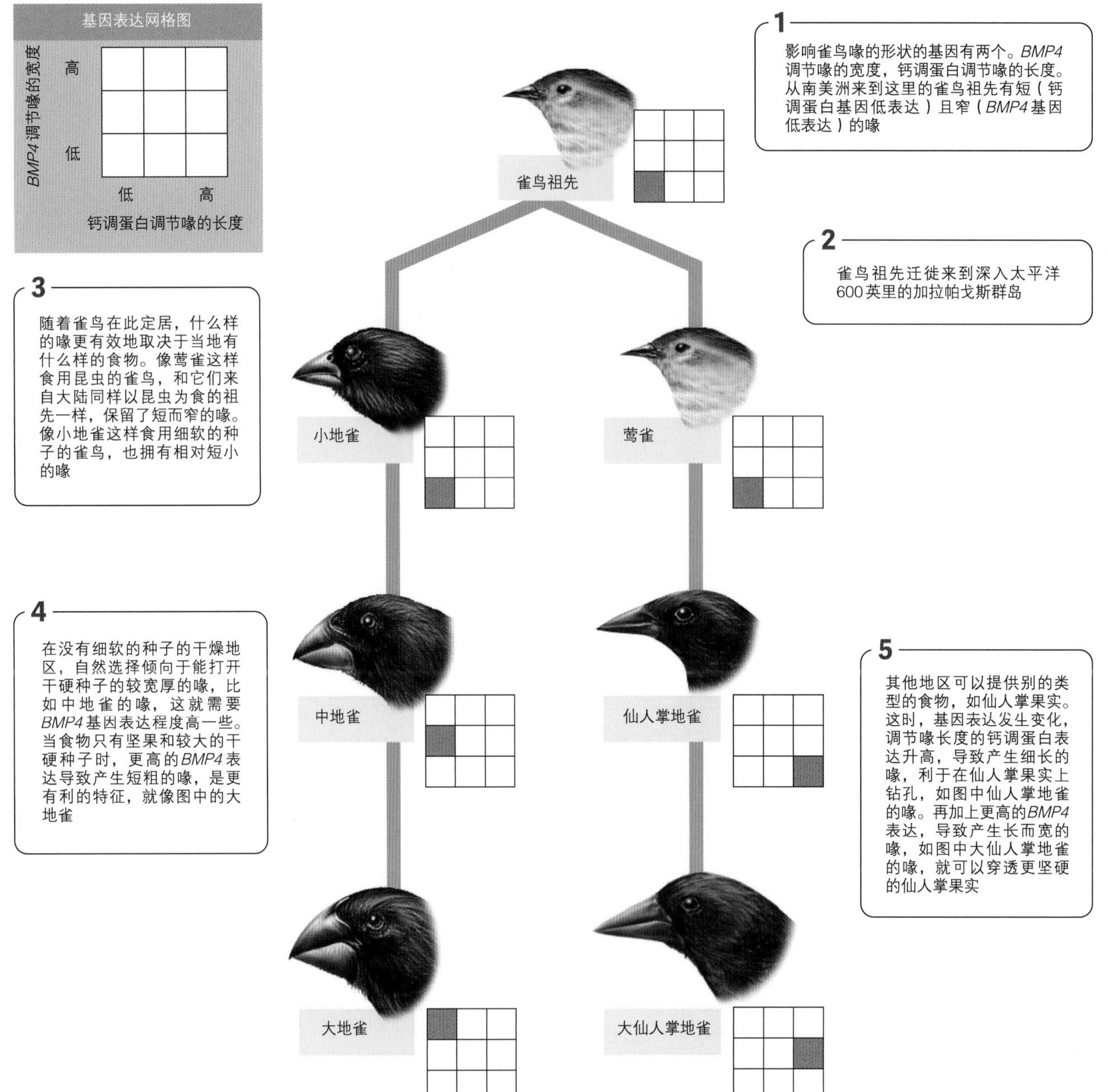

图1.9 进化论

达尔文的进化论提出，同一基因在种群成员间可能存在不同形式，那些拥有更适合它们特定生境的基因型的个体，能够更成功地繁殖，所以这些动物的特征就能在种群中变得更普遍。达尔文把这个过程称为"自然选择"。达尔文于1831年随贝格尔号进行环球航行时到访加拉帕戈斯群岛，并记录了当地雀鸟的多样性，通过本图你可以看到，在自然选择的过程中，两个关键基因是如何作用产生加拉帕戈斯群岛上雀鸟的多样性的。

现在，科学家已经可以解码一种生物的成千上万个基因（基因组）。自达尔文提出进化论以后的一个半世纪，科学界最伟大的成就之一，就是详细地了解了达尔文的进化论与基因理论是怎样相关联的——个体基因的改变如何导致生命多样性的改变（图1.9）。

关键学习成果 1.9

统一生物学科的理论表明，细胞生物在DNA中储存遗传信息。有时DNA也会发生改变，当这种改变被保留下来时，就会产生进化。今天的生物多样性是漫长的进化过程的产物。

调查与分析
INQUIRY & ANALYSIS

一个物种的存在是否限制了其他物种的种群规模？

达尔文的进化论中有一个隐含的概念，自然界中的物种在争夺有限的资源。这是真的吗？物种之间竞争的最佳证据，来自实验领域的研究，这不是在实验室中进行的实验，而是对自然生活的种群的研究。实验研究了两个物种的生活状态，一组是两个物种分别单独生活，另一组是它们生活在一起。这样科学家就可以确定，一个物种的存在是否对另一个物种种群的规模有负面影响。这里讨论的实验针对的是，生活在北美沙漠中以各种各样的种子为食的啮齿动物。1988年，研究人员建立了一系列的50米×50米的实验观察区，研究更格卢鼠对这些体形较小的啮齿动物的影响。在一半的观察区里把更格卢鼠移出，另外一半则没有。所有观察区的围栏上都有孔洞，允许啮齿动物出入，但是更格卢鼠因为体形大而无法穿过孔洞。

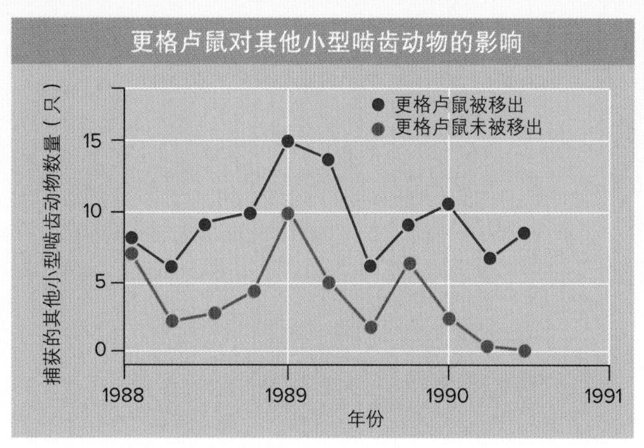

右侧图表显示的是研究人员在接下来的三年中监测到的啮齿动物数量的数据。为了估计种群规模，研究人员采用的方法是，计算在固定时间段内捕获的啮齿动物的数量。从1988年刚刚移除更格卢鼠起，开始记录第一组数据，在这以后每隔3个月记录一次。图表中显示的是相对种群规模，即捕获的啮齿动物总数相对观察区个数的平均值（平均值的计算方法是将列表中所有数值相加，得到的和除以数值的个数。例如，如果3个观察区内共有30只啮齿动物被捕获，那么平均值就是10只）。从图中我们可以看到，这两种类型的观察区内的小型啮齿动物的数量是不一样的。

分析

1. **应用概念**

   a. **变量** 图中的因变量有什么？

   b. **对比曲线** 两种观察区中，哪种观察区的啮齿动物的种群规模达到最大值？是和更格卢鼠生活在一起的，还是没有生活在一起的？

2. **解读数据**

   a. 两种类型的观察区中，更格卢鼠被移出后马上记录的啮齿动物的种群规模分别是多少？一年以后分别是多少？两年以后分别是多少？

   b. 在哪一个时间点两者的差距最大？

3. **进行推断**

   a. 本实验观察中，更格卢鼠对啮齿动物的种群规模的准确影响是什么？

   b. 仔细查看两种类型的观察区内啮齿动物的种群规模数值的差距。其中是否存在某种趋势？

4. **得出结论**

   这个实验的结果，是否支持更格卢鼠与其他小型啮齿动物形成竞争关系而限制了它们的种群规模的假说？

5. **进一步分析**

   a. 你能否在竞争之外，再想到造成这种结果的其他因素？设计一个能够排除或证明你提出的替代假说的实验。

   b. 这两种类型的观察区中，小型啮齿动物的种群在一年中的变化是否同步（同时出现增长或缩减）？如果答案是肯定的，为什么会发生这种现象？你会怎么检验你的假说？

本章回顾

Reviewing What You Have Learned

生物学与生命世界

多样性的生命

1.1.1 生物学是关于生命的学科。所有活的生物体都有共同的特性，同时生物也具有多样性，生物被划分为六界。

生命的特性

1.2.1 所有的生物都有五个基本的特性：由细胞组成、新陈代谢、内稳态、生长和繁殖，以及遗传。由细胞组成是指所有的生物都是由细胞构成的。新陈代谢是指所有生物体都需要能量。内稳态是所有生物保持自身内环境稳定的过程。生长和繁殖是说所有活的生物体的个体会增大，并且能繁殖。遗传表明所有生物都有储存在DNA中的遗传信息，这些信息决定了生物的外观和功能，并且这些信息是可以传递给后代的。

生命的结构

1.3.1 生物体在其细胞内（细胞水平）、其机体内（个体水平）和生态系统内（群体水平）所表现出的复杂性水平不断提高。

1.3.2 阶层系统中随着每上升一个层级出现新的特性，称为涌现性。

生物学主题

1.4.1 生物学研究领域中有五大主题：进化、能量的流动、合作、结构决定功能和内稳态。这些主题可以用来检验生物之间的相似性和差异性。

科学过程

科学家如何思考

1.5.1 数学家应用一般性原理去解释具体事件。

1.5.2 演绎推理是用一般性原理来解释独立的观察结果。归纳推理是用众多具体的观察结果来形成一般性原理的过程。

行动中的科学：一个案例研究

1.6.1 科学家观察到南极上空的臭氧层在变薄。他们接下来针对“臭氧空洞”进行的科学研究表明，工业生产的CFC是造成地球大气中臭氧层变薄的主因（图1.3）。

科学研究的步骤

1.7.1 科学家根据观察结果提出假说。假说是对观察结果的可能性解释，用来形成预测。预测通过实验来进行验证。一些假说基于实验结果被否决了，而其他通过实验验证的假说就被暂时接受。

1.7.2 针对某一个科学问题的研究会经历一系列不同的步骤，这被称为科学过程。这些步骤分别是观察、形成假说、做出预测、验证、设置对照和得出结论。臭氧空洞的发现，得益于对收集到的大气数据的仔细观察。科学家们提出了一个假说，来解释是什么导致了南极上空臭氧含量的下降。随后他们形成了预测，再设计实验并设置对照实验以进行验证。

理论与确定性

1.8.1 经受住时间考验的假说会被整理成固定观点，称为理论。理论代表了更高的确定性，虽然科学里没有理论是绝对确定的。

1.8.2 科学只能研究可以被实验验证的内容。只有可以被验证并且具有证伪可能性的假说，才能通过科学被确立。

生物学核心思想

四大理论将生物学统一为一门科学

1.9.1 生物学有四大统一理论：细胞学说、基因理论、遗传学说和进化论。细胞学说认为，所有的生物都是由细胞构成的，细胞生长并且繁殖产生其他细胞。

1.9.2 基因理论认为，DNA分子中含有合成细胞成分的指令。这些指令以编码形式存在于DNA链中的核苷酸序列中，如图1.6所示的DNA片段。核苷酸被组织成分散的单元，称为基因，正是这些基因决定了生物体的外观和功能。

1.9.3 遗传学说认为，生物体的基因是作为分散的单元从亲代传给子代的。

1.9.4 生物根据相似的特性被划分为六界，又根据细胞特性被进一步分为三大类，成为更高级的分类系统，称为域。三域分别是细菌域、古菌域和真核域。进化论指出，基因的改变从亲代传递给子代，使得这些变化在后代中被保留下来。随着时间的积累，这些变化产生的结果就是生物的极度多样性。

本章测验

Test Your Understanding

1.1.1 生物学家基于相关的特性把生物分成的大类是______。
- a. 界
- b. 物种
- c. 种群
- d. 生态系统

1.2.1（1）生命区别于非生命的特征是______。
- a. 复杂性
- b. 运动
- c. 由细胞组成
- d. 对刺激的反应

1.2.1（2）弗雷德·霍伊尔的科幻小说《乌云》（*The Black Cloud*）讲述了这么一个故事：有一团巨大的星云正在靠近地球。当星云朝太阳运行时，科学家发现星云在“进食”——通过激发星云外层电子的能量水平来吸收太阳的能量。这种方式类似于地球上的光合作用的发生过程。星云的不同部分是独立的，由这种激发产生的离子缔合在一起。电子流在不同部分之间穿行，就像在人类的大脑皮层上一样，这就使得星云具有自我意识、记忆和思考的能力。星云可以通过静电作用产生的电流与人类交流，告诉人类它的经历。星云告诉科学家，它以前也很小，通过吸收恒星的分子和能量长大，就像这次它在太阳这儿获得食物。最终，星云离开去寻找其他恒星。这团星云是有生命的吗？请解释理由。

1.3.1 生物是有组织结构的。下面哪一项是从小到大排列生命的结构层次的？
- a. 细胞，原子，分子，组织，细胞器，器官，器官系统，个体，种群，物种，群落，生态系统
- b. 原子，分子，细胞器，细胞，组织，器官，器官系统，个体，种群，物种，群落，生态系统
- c. 原子，分子，细胞器，细胞，组织，器官，器官系统，个体，群落，种群，物种，生态系统
- d. 原子，分子，细胞壁，细胞，器官，细胞器，个体，物种，种群，群落，生态系统

1.3.2（1）在生命阶层系统的每个层级，都会出现在上一个较简单的层级没有的新的性质。这样的性质被称为______。
- a. 新颖性
- b. 复杂性
- c. 增量性
- d. 涌现性

1.3.2（2）下列哪一项不是涌现性？
- a. 新陈代谢
- b. 运动
- c. 由细胞组成
- d. 意识

1.4.1 五大生物学主题是：______。
- a. 进化、能量的流动、竞争、结构决定功能、内稳态
- b. 进化、能量的流动、合作、结构决定功能、内稳态
- c. 进化、生长、竞争、结构决定功能、内稳态
- d. 进化、成长、合作、结构决定功能、内稳态

1.5.1 你注意到在多云的日子里，人们常常把伞折叠起来或放在箱子里，带在身上。你还注意到，在需要打伞的日子，车祸就会很多。于是你得出结论，打伞导致车祸。解释这种得出结论的推理类型，以及为什么它有时候存在问题。

1.5.2 当你试图理解一个新的事物时，你首先会观察，然后把观察结果综合，通过合乎逻辑的方式形成一个一般性的原则。这种方法被称为______。
- a. 归纳推理
- b. 规则强化
- c. 理论形成
- d. 演绎推理

1.6.1 CFC______。
- a. 产生氯气
- b. 引起全球变暖
- c. 是致癌物
- d. 结合染色体

1.7.1 当科学家试图为观察结果找到解释时，他们会给出一系列可能的假说，然后做出预测，并且______。
- a. 验证每一个假说，并设置对照实验，以确定哪个假说是真的
- b. 验证每一个假说，并设置对照实验，以尽可能多地排除假说
- c. 运用逻辑来确定哪个假说是真的
- d. 否决那些看起来不太可能的假说

1.7.2 关于假说，下列哪种说法是正确的？
- a. 经过充分的验证，你可以确定它是真的
- b. 如果它能够解释观察结果，就不需要进行验证
- c. 经过充分的验证后，你可以接受它是一种可能的解释，同时也知道它在将来可能会被修改或否决
- d. 你永远不确定它可能是真的，有太多的变数

1.8.1 金丝桃是一种草药，数百年来一直被用来治疗轻度抑郁。如何运用现代科学来研究其有效性？

1.8.2 科学方法是______。
- a. 使大量的观察合理化
- b. 重复验证预测
- c. 以同样的方式存在于所有调查中
- d. 验证一系列“不是/就是”的预测

1.9.1 细胞学说认为______。
- a. 所有的生物都有细胞壁
- b. 所有的细胞生物都进行有性繁殖
- c. 所有生物体通过细胞获得能量，通过自己的细胞或者通过摄入其他生物的细胞
- d. 所有的生物都由细胞组成，细胞来自其他细胞

1.9.2 基因理论认为，决定一个细胞是什么和做什么的所有信息______。
- a. 在生物体内不同种类的细胞中是不同的
- b. 从亲代传到子代，不被改变
- c. 包含于DNA长分子中
- d. 以上所有

1.9.3 遗传的染色体学说认为______。
- a. 染色体包含DNA
- b. 人类有23对染色体
- c. 所有细胞都有基因
- d. 基因在染色体上

1.9.4 1859年提出了自然选择的进化理论的是______。
- a. 孟德尔
- b. 达尔文
- c. 沃森和克里克
- d. 罗伯特·胡克

第 2 单元　活细胞

2

学习目标

一些简单的化学

2.1　原子

1　原子的基本结构，组成原子的基本粒子

2　电子是如何携带能量的

2.2　离子和同位素

1　定义离子，区分阳离子和阴离子

2　区分离子和同位素

3　为什么 ^{14}C 放射性同位素示踪不能用于确定恐龙化石的年代

2.3　分子

1　为什么离子键会促进晶体形成

2　区分极性和非极性共价键

3　为什么氢键不能形成稳定的分子

4　区分化学键和范德华力

水：生命之源

2.4　氢键赋予水独特的性质

1　列举和叙述水的五种常见性质

2.5　水的电离

1　区分氢离子和氢氧根离子

2　预测以 1 为差值的 pH 值表示的 H^+ 浓度的变化

3　缓冲剂如何维持 pH 值恒定

今日生物学　酸雨

调查与分析　用放射性衰变确定冰人的年代

生命的化学

一片森林里的树已经被酸雨严重毁坏。对于栖息于此的动物而言，森林的死亡必定被视为一场灾难。森林里的豪猪没有学过化学，也无法理解发生了什么事件及其成因。在本章后半部分，你将能探索是什么导致酸雨和酸雪，以及酸是怎样像这样毁灭森林的。有句著名的环保格言是："你不能拯救你所不理解的。"为了认识酸雨，你首先必须知道一些简单的基础知识，它们是自然界中所发生现象的基础。所有的生命体，事实上都是由称为原子的微小粒子构成的，原子连接在一起形成分子。如果想知道森林里发生的事件，我们就从这儿开始吧。然后，当我们掌握了这些分子，我们就要更专业地去思考雨的性质。雨和雪是由什么组成的？水。我们将要非常仔细地研究水。当我们这样做的时候，就会发现当一些化学物质加到水中后，一种被称为酸的有化学活性的混合物就产生了。酸雨就是含有这些化学物质的水。知道了这个，我们就有了所需的思维方法去解决森林发生的问题，以及确定如何阻止这种事件。因此，化学将是你在生物学中学习的基础。

一些简单的化学
Some Simple Chemistry

2.1 原子

原子的结构

学习目标2.1.1 原子的基本结构，组成原子的基本粒子

生物学是生命的科学。所有生命体，事实上甚至所有非生命体，都是由物质组成的。**化学**（chemistry）是研究这些物质的性质的科学。因此，虽然在生物学的课程中审视化学看起来有点无关和多余，但这是基础。生物体就是化学机器，为了了解它们，你必须学习一些化学知识。

宇宙中拥有质量并占据空间的所有东西被定义为**物质**（matter）。所有物质都是由极其微小的粒子构成的，这些微小的粒子被称为**原子**（atom）。原子是物质能被细分并保留化学属性的最小粒子。

如图2.1所示，所有原子都有相同的基本结构。所有原子的中心都有一个小而致密的原子核，它由两种亚原子粒子，**质子**（proton，紫色球所示）和**中子**（neutron，粉色球所示）构成。围绕原子核高速旋转的是一团云结构，它是第三种亚原子粒子，被称为**电子**（electron，同心环上的黄色球所示）。中子不带电荷，但是质子带正电荷，而电子带负电荷。在一个典型的原子内，核内的每个质子都对应一个绕其旋转的电子。因为电子的负电荷抵消了质子的正电荷，所以原子呈现电中性。

原子常常按核内质子数或总的原子量进行描述。**质量**（mass）和**重量**（weight）这两个术语经常交互替代使用，但是两者的意思有细微的差别。质量是指物质的量，而重量是指引力作用于物质产生的力。因此，不管是在地球还是月球，物体的质量是相同的；但是物体在地球上的重量大于它在月球上的，因为地球的引力比月球的大。例如，一位在地球上重量为180磅力[①]的宇航员，在月球上仅有30磅力的重量。在飞往月球的旅途中，他没有损失一点质量，只是作用于其质量的引力变小了。

原子核内的质子的数量被称为**原子序数**（atomic number）。例如，碳的原子序数是6，因为它有6个质子。有相同原子序数（质子的数量相同）的原子拥有相同的化学性质，属于同一种**元素**（element）。元素是指通过普通化学方法不能分解成其他物质的物质。

中子的质量近似于质子的，原子核内质子和中子的数量和就是**质量数**（mass number）。有6个质子和6个中子的碳原子的质量数是12。电子对于原子质量的贡献可以忽略不计。地球上最常见的一些元素的原子序数和质量数列于表2.1。

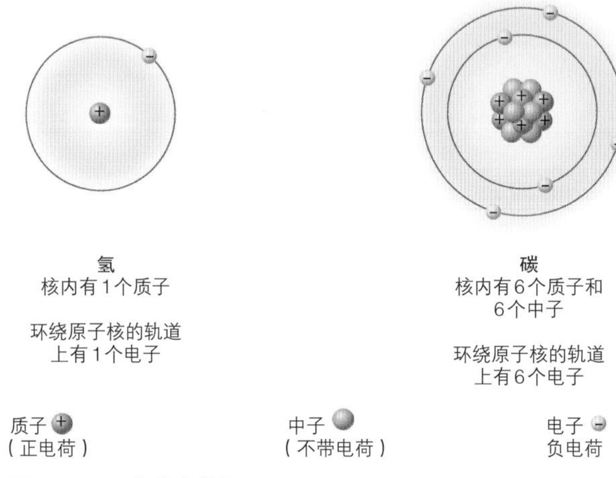

图2.1 原子的基本结构

所有原子都有一个质子和中子组成的原子核，氢原子除外。氢原子是最小的原子，它的原子核只有一个质子，没有中子。例如，碳原子核内有6个质子和6个中子。电子在距离核很远的轨道上旋转。电子决定原子与原子之间如何发生反应。

表2.1 生物体内常见的元素

元素	符号	原子序数	相对原子质量※
氢	H	1	1.008
碳	C	6	12.011
氮	N	7	14.007
氧	O	8	15.999
钠	Na	11	22.989
磷	P	15	30.974
硫	S	16	32.064
氯	Cl	17	35.453
钾	K	19	39.098
钙	Ca	20	40.080
铁	Fe	26	55.847

※ 此处表格原文为mass number，对应中文为质量数，但是根据表中数据看来此处并非质量数，应为相对原子质量，所以有理由怀疑这是作者误用所致。——译者注

① 1磅力≈4.49牛。——编者注

电子的质量非常小（大约仅有质子质量的1/1,840）。决定你重量的总质量中，所有电子质量的占比比睫毛质量的占比还小。但是，电子却决定着原子的化学性质，因为它们是原子的一部分，这些原子彼此接近到一定程度时就会发生相互作用。原子整个的空间几乎是空空的。质子和中子处于这个空间的核心，然而电子距离原子核很远。如果把原子核的大小比作一个苹果，那么离原子核最近的那个电子轨道也在1英里外！

电子决定原子的性质

学习目标2.1.2　电子是如何携带能量的

因为电子带有负电荷，它们被带正电荷的原子核吸引，但是它们之间会相互排斥。这就需要做功才能使它们处于轨道上。这就好比因为引力把苹果拉向地面，你要做功才能用手拿住苹果，在你手中的那个苹果就拥有**能量**（energy），一种能做功的能力，这是由于它的位置——如果你放开它，苹果就会掉落。类似地，电子也有位置的能量，被称为**势能**（potential energy）。做功能抵抗原子核的吸引力，所以驱使电子远离核（如图2.2右侧箭头所示）需要能量的输入，这也导致电子拥有更大的势能。将电子移向原子核有相反的效果（如图2.2左侧箭头所示），这会释放能量，电子就拥有较小的势能。再次思考一下手中的苹果。相较于在地平面上放开苹果，当你拿着苹果到二楼窗户放开它时，它便拥有更大的势能。同样，如果你把苹果放低至距离地面6英尺[①]时，它的势能就较小。细胞利用原子的势能驱动化学反应，这留待第5章讨论。

尽管原子的能量水平经常被形象地表示为围绕原子核的清晰的环状轨道，如图2.1所示，但这样简单的图是不准确的。这些能量水平，被称为**电子层**（electron shells），经常由复杂的三维形状组成。在任意时间，每一个电子的精确位置是无法确定的。但是，相较于其他位置，有些位置的可能性更大，通常可以说成是电子**最有可能**在哪些位置。围绕原子核的空间中，最有可能发现电子的位置就被称为那个电子的**轨道**（orbital）。

每个电子层都有一些特殊的轨道，而每个轨道仅能容纳最多2个电子。所有原子的第一层电子层是1个s（球状）轨道。氦，如图2.3（a）所示，有1个s轨道电子层，这对应着最低的能级。这个轨道有2个电子，图中分别示于原子核的上方和下方。对于电子层多于一层的原子，第二层电子层有1个s轨道与3个p轨道（每个p轨道不是球形的，而是哑铃形的），第二层电子层可以容纳多达8个电子。如图2.3（b）所示，氮有2个电子层：第一层已经被2个电子完全占据，但是第二层电子层的轨道中有3个还没饱和，因为氮的第二层电子层只有5个电子（轨道的开放部分以虚线圆圈表示）。在拥有多于2个电子层的

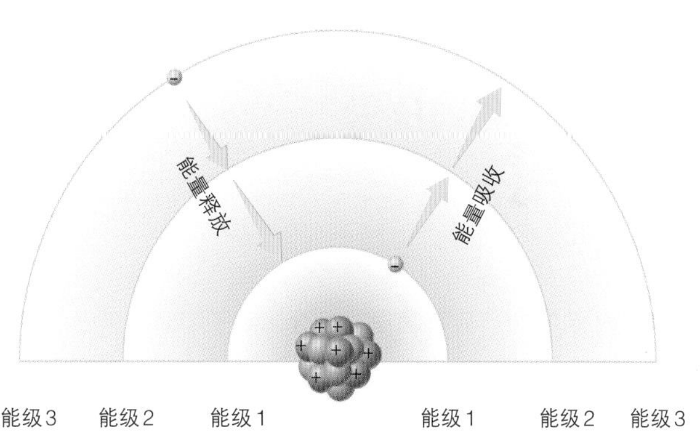

图2.2　原子的电子具有势能

围绕原子核快速环绕的电子具有势能，根据它们与原子核的距离不同，它们拥有的能量也有差异。能级1是最低的势能等级，因为它距离原子核最近。当1个电子吸收能量，它能从能级1跃迁到相邻的高一级的能级（能级2）。当电子失去能量，它就回落到接近原子核的低一级的能级。

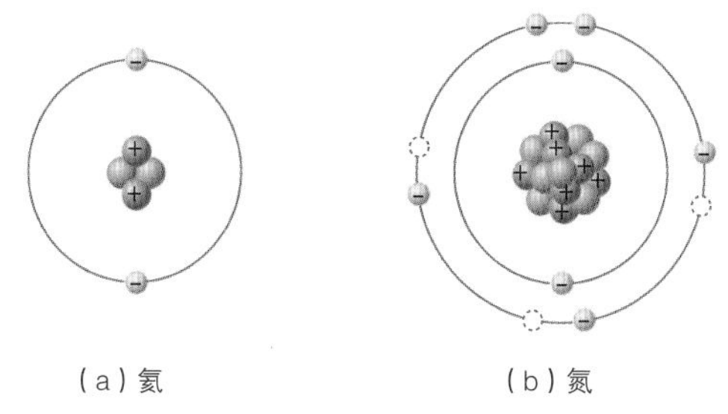

图2.3　电子层上的电子

（a）氦原子有2个质子、2个中子和2个电子。电子占据第一层电子层的轨道，这层能级最低。（b）氮原子有7个质子、7个中子和7个电子。2个电子占据最内层电子层，5个电子占据第二层电子层（第2能级）。第二层电子层的轨道能容纳最多8个电子，所以氮原子的外层电子层存在3个空位。

① 1英尺≈0.305米。——编者注

原子中，第三层电子层最多也能容纳4个轨道，8个电子。有未饱和电子轨道的原子有更强的反应活性，由于未填满最外层电子层，它们要失去、获得或者共用电子。失去、获得或者共用电子是化学反应的基础，通过反应原子之间就会形成化学键。化学键将在本章后面讨论。

关键学习成果 2.1

原子，物质能被细分的最小粒子，由电子与原子核组成，原子核内有质子和中子。电子决定原子的化学反应性质。

2.2 离子和同位素

离子

学习目标2.2.1 定义离子，区分阳离子和阴离子

有的时候，原子的外层电子层会获得或失去电子。由于获得或失去一个或多个电子而导致电子数不等于质子数的原子被称为**离子**（ion）。所有离子都带电荷。例如，钠原子（图2.4的左图）失去1个电子，导致原子核内有1个质子没有负电荷抵消（11个带正电荷的质子和仅有10个带负电荷的电子），变成了带有正电荷的离子，被称为**阳离子**（cation，右图）。带负电荷的离子，被称为**阴离子**（anion），是一个原子从另一个原子那儿获得电子形成的。

同位素

学习目标2.2.2 区分离子和同位素

一种特定元素的原子的中子数量可变，但是不改变元素的化学性质。质子数相同，而中子数不同的原子被称为**同位素**（isotope）。一种原子的同位素的原子序数相同，但质量数不同。自然界中，绝大多数元素以不同同位素的混合物的形式存在。例如，碳元素有三种同位素，它们都有6个质子（如图2.5紫色球所示）。碳元素最常见的同位素（99%的碳）有6个中子（粉色球所示）。这就是指碳-12，因为它的质量数是12（6个质子加6个中子）。同位素碳-14（右图）十分稀少（仅占碳原子数量的一万亿分之一），它很不稳定，它的核易于裂变成更小原子序数的粒子，这个过程称为**放射性衰变**（radioactive

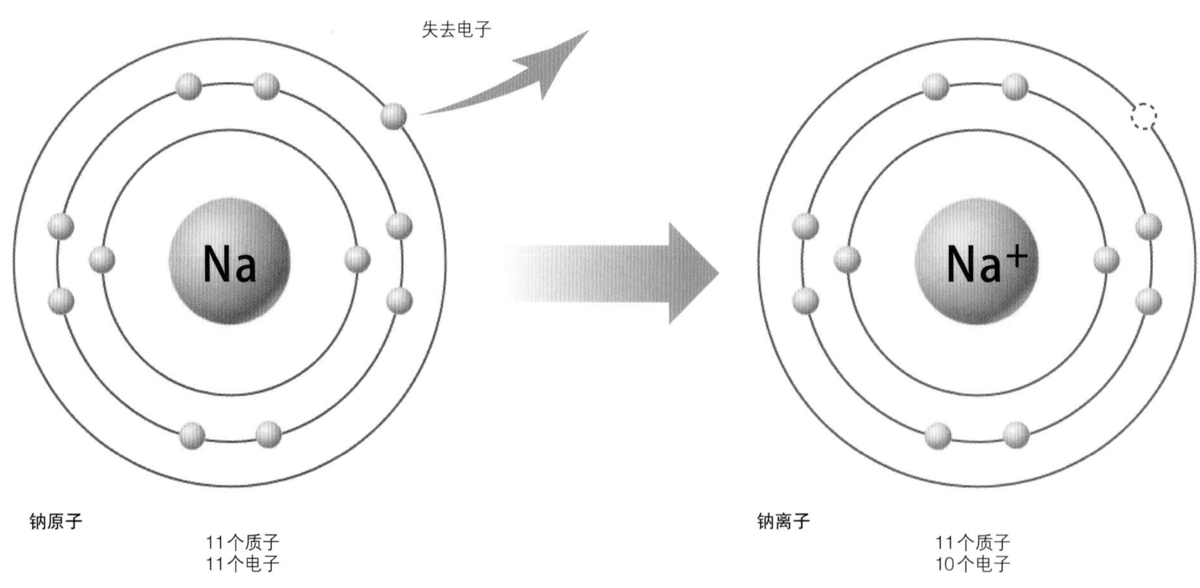

图2.4 形成钠离子

每个电中性的钠原子有11个质子和11个电子。当钠原子电离失去1个电子时，钠离子就携带了1个正电荷。钠离子有11个质子和10个电子。

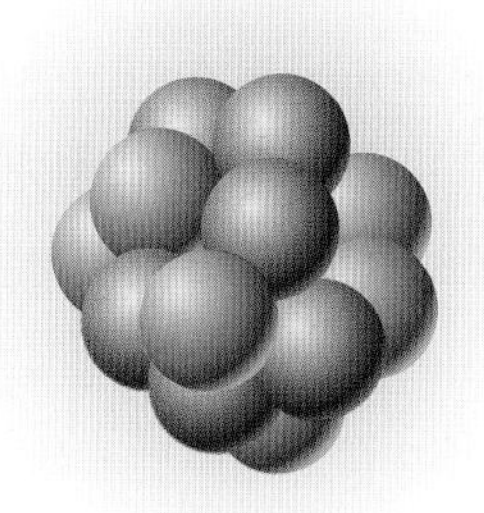

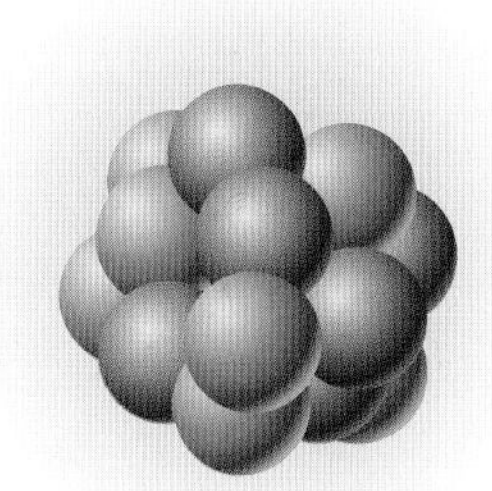

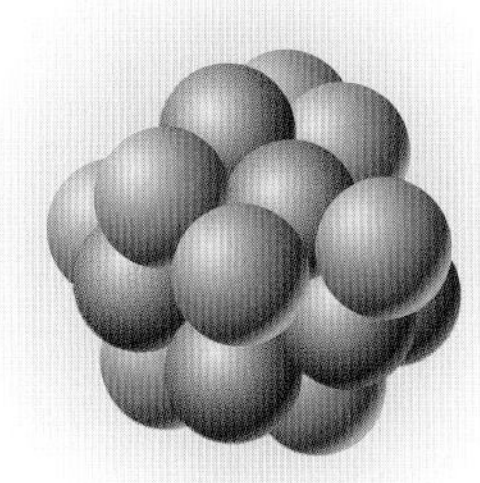

图2.5　碳元素的同位素

碳的三种含量最多的同位素分别是碳-12、碳-13和碳-14。模式图中，黄色的“云”代表轨道电子，三种同位素的轨道电子数量相同。质子用紫色球表示，而中子用粉色球表示。

decay)。放射性同位素可应用于医学和确定化石的年代。

放射性同位素的医学应用

同位素在很多医疗过程中有用。短寿命同位素衰变非常快并产生无害产物，一般被用作体内的示踪剂。**示踪剂**(tracer)是一种放射性物质，它能被人体吸收利用。使用特殊的实验仪器能够检测到放射性同位素示踪剂的辐射，因而能显示关于人体机能的关键诊断信息。例如，PET/CT(正电子发射断层成像/计算机断层成像)显像能用于确定体内癌症病灶区域。首先，将放射性示踪剂注入体内。虽然这种示踪剂能被所有细胞吸收，但是它能被有较快代谢活动的细胞，如癌细胞，大量吸收。

确定化石的年代

学习目标2.2.3　为什么 ^{14}C 放射性同位素示踪不能用于确定恐龙化石的年代

化石(fossil)是史前——一般意义上是10,000年以前——生物的记录。通过确定出现化石的岩石的年代，生物学家能很准确地知道化石的年代。岩石的年代是通过检测形成岩石的矿物质中的某种放射性同位素的放射性衰变程度确定的。放射性同位素的原子核不稳定，最终会分离开形成更稳定的其他元素的原子。因为放射性元素的衰变速率(1分钟内发生衰变的同位素的百分比)是恒定的，所以科学家能利用放射性衰变的程度确定化石的年代。化石年代越久远，衰变的放射性同位素的比例越大。

图2.6所示的碳-14(^{14}C)放射性同位素测年(radioisotopic dating)法，是一种广泛用于确定小于50,000年的化石的技术方法。绝大多数碳原子的质量数是12(^{12}C)。但是环境中的碳原子，存在着极微量但有一定比例的质量数为14的碳原子(^{14}C)。这种碳同位素是由于宇宙射线轰击氮-14(^{14}N)原子形成的。部分 ^{14}C(图中用 A 表示)被植物通过光合作用捕获，这部分又出现在食草动物体内的含碳分子中，图中的食草动物是兔子。这些植物和动物死亡以后，它们不再富集碳，而在其死亡时存在的碳随着时间逐渐衰变恢复成 ^{14}N。^{14}C 的数量(A)会减少，而 ^{12}C 的数量保持不变。通过检测残余的或在化石中的 ^{14}C 和 ^{12}C 的比值，科学家能够确定生物体死了多久。^{14}C 和 ^{12}C 的比值随时间渐渐变小。通过此过程，样品中一半的 ^{14}C($A/2$)转变为 ^{14}N 需历经5,730年。这段时间长度被称为同位素的**半衰期**(half-life)。因为每种元素的半衰期是恒定不变的，这就使我们能通过放射性衰变的程度确定样品的年代。因此，一种样品如果 ^{14}C 残留的量只有原先的1/4($A/4$)，它就大约有11,460年(两个半衰期——5,730年，一

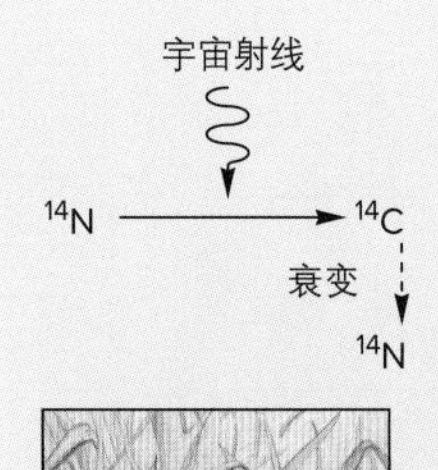

用于光合作用的CO_2中的^{14}C和^{12}C的比值是A。

生物体死亡后，^{14}C发生衰变，但是没有额外的^{12}C进入生物体内。因此，^{14}C和^{12}C的比值每5,730年降低1/2，这就是^{14}C的半衰期。

^{14}C
^{14}N
11,460年后，骨骼中^{14}C和^{12}C的比值降低到$A/4$，也就是两个半衰期（1/2 x 1/2 =1/4）。

图2.6　放射性同位素测年

这幅模式图阐明了应用短寿命同位素^{14}C进行放射性测年的原理。

半的^{14}C衰变剩下$A/2$，又一个5,730年，剩下的^{14}C衰变到$A/4$的水平）的历史。

对于比50,000年更古老的化石，它所残留的^{14}C太少，而不能够实现精确测算。科学家代之以检测钾-40（^{40}K）向氩-40（^{40}Ar）的衰变，它的半衰期长达13亿年。

关键学习成果　2.2

当一个原子获得或失去一个或多个电子后，它就被称为离子。一种元素的同位素所含中子数不同，但是它们具有相同的化学性质。

2.3　分子

分子（molecule）是通过能量聚集在一起的一群原子。能量的作用就像是“胶水”，确保各种原子相互黏合在一起。使两个原子结合在一起的能量或力被称为**化学键**（chemical bond）。化学键决定了生物大分子的结构，这部分将在第3章讨论。化学键有三种主要的类型：离子键，带相反电荷的离子相互吸引产生的力；共价键，共用电子对产生的力；金属键，由自由电子及排列成晶格状的金属离子之间的静电吸引而产生的力。氢键是相反的部分电荷相互吸引产生的力。还有另一种类型的化学吸引力被称为范德华力，我们会在后面讨论，但请记住氢键与范德华力不能被称为化学键。

离子键

学习目标2.3.1　为什么离子键会促进晶体形成

被称为**离子键**（ionic bond）的化学键是由于电荷相反的原子相互吸引而形成的。犹如一块磁铁的阳极被另一块的阴极吸引，一个原子与另一个原子只要携带相反的电荷，它们就会形成强大的相互作用。因为带电荷的原子就是离子，所以这种化学键被称为离子键。

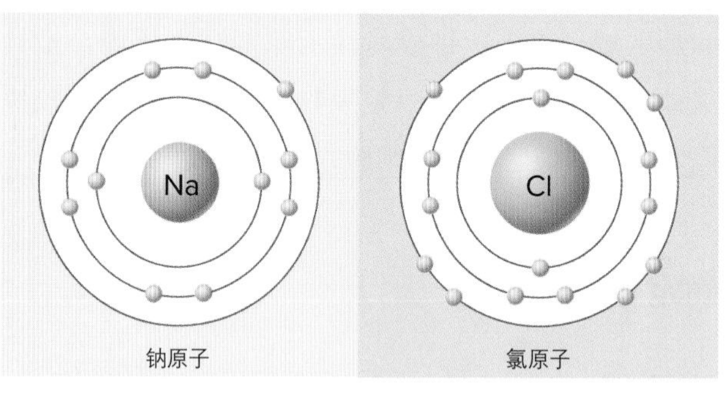

每天吃的食盐就是由离子键形成的。组成食盐的钠和氯都是离子。钠（黄色格中所示）失去了它最外层的孤电子（内层电子层有8个电子），而氯（淡绿色格中所示）获得了1个电子，填满了它的最外层电子层。回顾第2.1节的内容，当原子的最外层电子层饱和时（最内层电子层有2个电子或者离原子核较远的电子层拥有8个），原子更稳定。

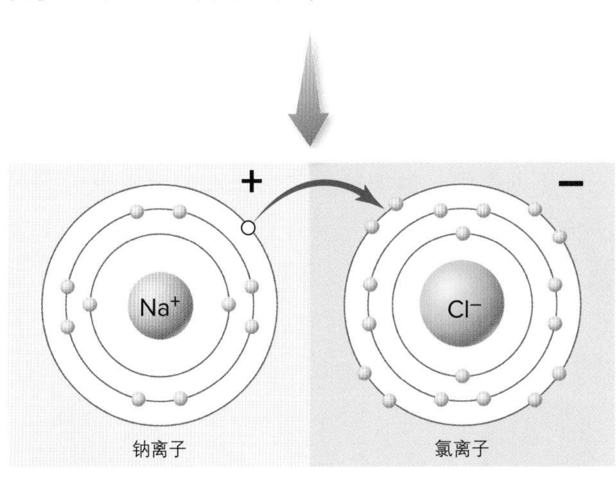

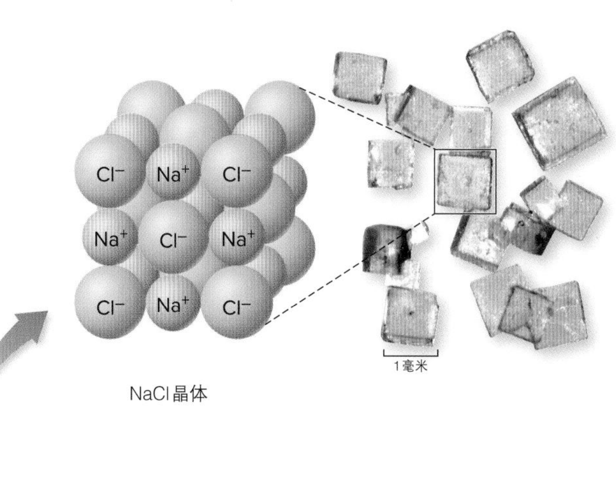

NaCl晶体

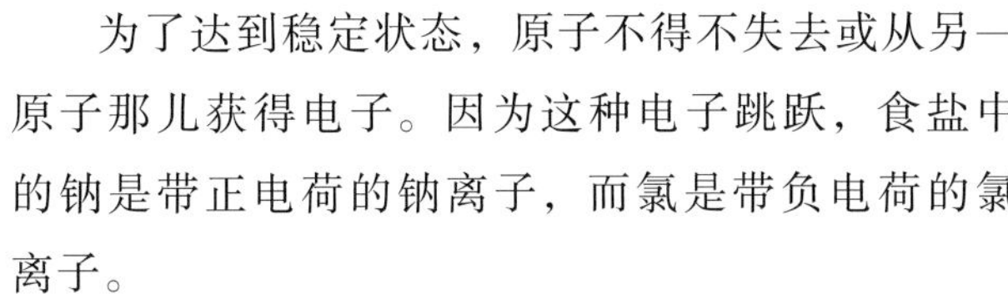

为了达到稳定状态，原子不得不失去或从另一原子那儿获得电子。因为这种电子跳跃，食盐中的钠是带正电荷的钠离子，而氯是带负电荷的氯离子。

每个离子与周围带相反电荷的离子由于电的作用相互吸引，所以钠和氯的离子键形成了一个复杂的矩阵——晶体。如上图所示，氯化钠晶体呈现出钠离子（黄）和氯离子（淡绿）交替的有序结构。这就是为什么食盐由微小的晶体组成，而不是粉末。

形成晶体的离子键有两个重要属性，它们不仅作用非常强（尽管没有共价键强）而且是**非**定向的。带电荷的原子被临近的带相反电荷的原子形成的电场所吸引。在大多数生物分子中，离子键的作用并不是最重要的，因为它缺少方向性。复杂稳定的形状需要更特别的定向化学键的作用。

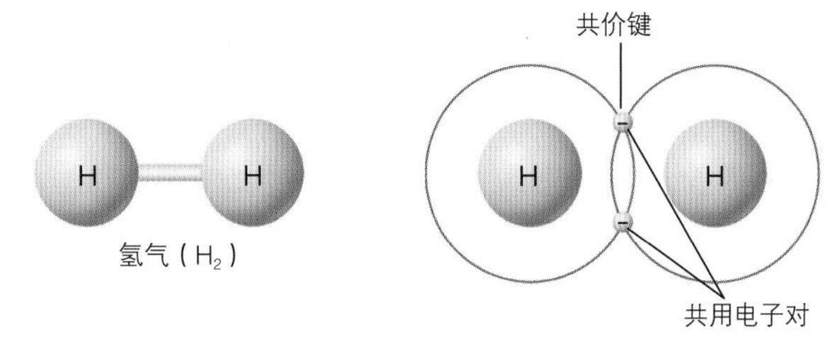

当原子间共用电子时就形成了共价键。共用电子的原子可以是相同的元素，也可以是不同的元素。一些原子，如氢（H），只能形成1个共价键，因为氢只需要1个电子就能使其最外层电子层达到饱和。

共价键

学习目标2.3.2 区分极性和非极性共价键

共价键（covalent bond），一种强化学键，由两个原子共用电子形成。人体内绝大多数原子之间通过共价键相互结合。为什么构成分子的原子会共用电子呢？请记住，所有原子都想填满电子轨道的最外层电子层，所有原子（除了微小的氢和氦）最外层都是8个电子。

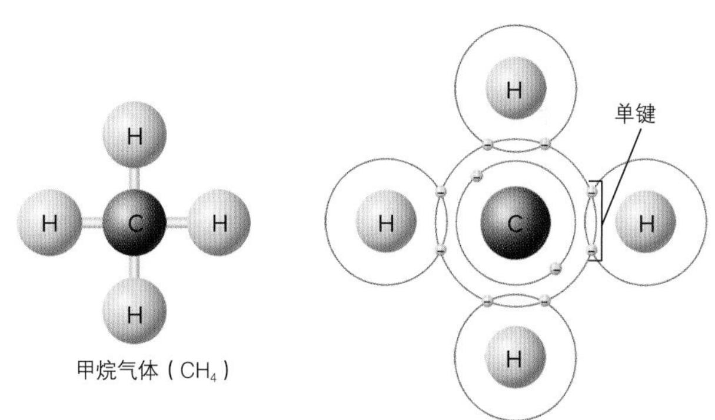

其他的原子，如碳（C）、氮（N）、氧（O），能形成不止1个共价键，这取决于它们最外层电子层的可容纳空间。碳原子的最外层电子层有4个电子，所以为使其最外层电子层达到饱和，碳能形成最多4个共价键。因为有多种方式可形成4个共价键，所以碳原子参与构成了许多不同种类的分子。

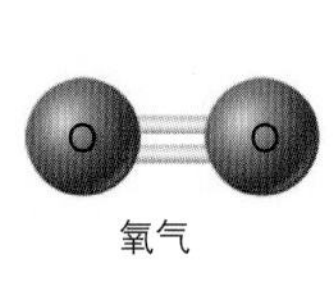

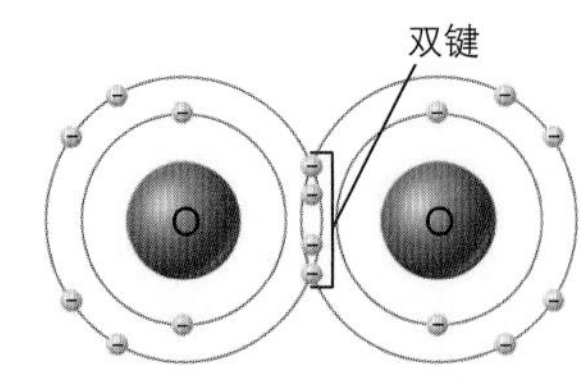

绝大多数共价键是**单键**（single bond），其共用2个电子，但是双键（double bonds，共用4个电子）也比较常见。自然界中，**三键**（triple bond，共用6个电子）的比例较少，但也存在于某些常见的分子中，如氮气（N_2）。

共价键断裂会释放能量。1937年，充满了氢气的**兴登堡号**（Hindenburg）飞艇发生爆炸并被烧毁了，熊熊烈火的能量就源自于H_2的共价键断裂。

当两个原子间形成共价键时，一个原子核较另一个原子核有更强的吸引共用电子的能力，原子的这种性质被称为**电负性**（electronegativity）。例如，在水分子中，相对于氢原子，氧原子对共用电子的吸引力更强；氧有更强的电负性。当出现这种情况时，共用电子出现在氧原子附近的概率更大，结果氧就稍微表现出带负电荷；共用电子出现在氢原子附近的概率较小，氢就稍微表现出带正电荷。这些电荷不是和离子一样的完全电荷，而是微小的**部分电荷**（partial charge），用希腊字母（δ）表示。最后得到的是一种分子磁体，它有正负两端，或称“极”。这类分子被称为**极性分子**（polar molecule），而原子间的化学键被称为**极性共价键**（polar covalent bond）。分子内的原子的电负性差别不大的话，如甲烷的碳–氢键，被称为**非极性分子**（nonpolar molecule），它拥有**非极性共价键**（nonpolar covalent bond）。

共价键能在生命系统中作为构建分子的理想载体，是因为它们有两个重要属性：（1）它们很强，共用大量能量；（2）它们有非常明确的方向性——是两个特殊原子间形成的化学键，不是原子与相邻原子的相互吸引力。

氢键

学习目标2.3.3　为什么氢键不能形成稳定的分子

像水这样的极性分子会相互吸引，这是由于一种特殊的被称为**氢键**（hydrogen bond）的分子间相互作用。一个极性分子的正极被吸引到另一个分子的负极，就会出现氢键，这就像两块磁铁相互吸引一样。

在氢键中，极性分子的电正性的氢被吸引到另一极性分子中电负性的原子上，通常是氧（O）或氮（N）。

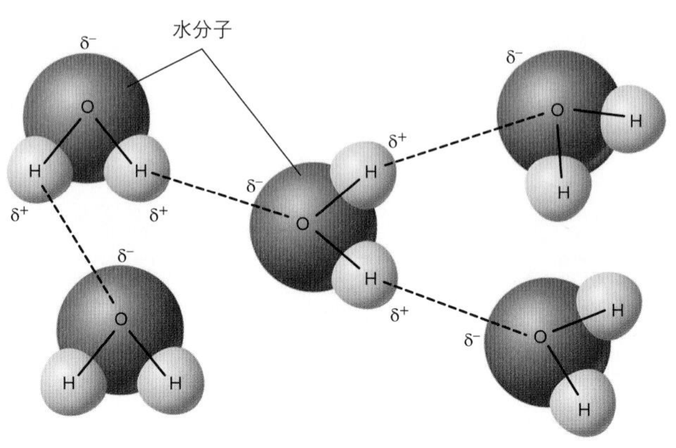

因为水分子中的氧原子比氢原子有更强的电负性，所以水分子是极性的。水分子之间能形成很强的氢键，赋予水许多独特的性质。每个氧有部分负电荷（δ^-），每个氢有部分正电荷（δ^+）。氢键（虚线所示）在一个极性分子的正极与另一个极性分子的负极间形成。这种部分电荷的吸引使得水分子之间能够相互吸引。

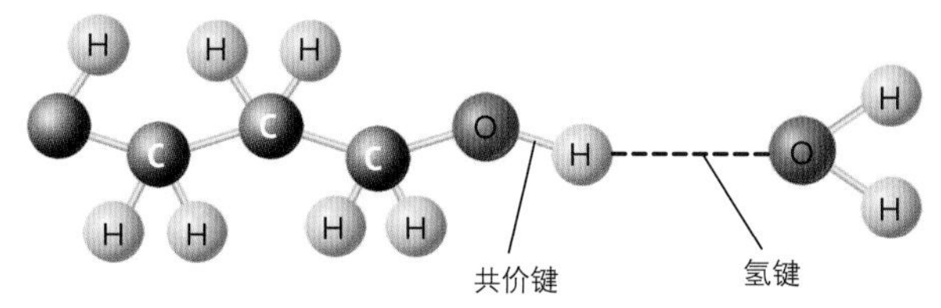

氢键在生物体内的分子间有重要作用，因为氢键有两个重要性质。首先，它们的作用较弱，所以不像更强的共价键和离子键一样能在较远的距离发挥作用。氢键太弱，不能通过它们形成真正稳定的分子。相反，它们就像尼龙扣，通过许多弱相互作用的叠加效应形成紧密的纽带。其次，氢键有很强的方向性。在第3章，我们将讨论氢键在维持生物大分子（如蛋白质）和DNA的结构中所发挥的作用。

范德华力

学习目标2.3.4　区分化学键和范德华力

另一类重要的弱化学吸引力是一种非定向的吸引力，被称为范德华力（van der Waals force）或称范德华相互作用。这种化学力只有在两个原子非常接近时才会起作用。这种吸引力非常弱，只要原子之间略微分开一点，它就消失了。只有当一个分子的很多原子同时接近另一个分子的很多原子时，也就是在不同分子的结构能精确匹配时，才有意义。例如，在血液中的抗体识别作为异物入侵的病毒的结构时，这种作用力就很重要。

关键学习成果　2.3

分子是原子通过化学键连接而成的。离子键、共价键和金属键是三种重要的化学键，而氢键与范德华力是一种分子间相互作用。

水：生命之源
Water: Cradle of Life

2.4　氢键赋予水独特的性质

水分子的一般性质

学习目标2.4.1　列举和叙述水的五种常见性质

地球表面有3/4被液态水覆盖。人体内约2/3是水，没有水你就不能存活。所有其他生物也都需要水。热带雨林生机勃勃，而干燥的沙漠，看起来几乎毫无生机，除非下雨，这些现象绝非偶然。生命的化学就是水的化学。

水的原子结构很简单，一个氧原子通过单键连接两个氢原子。因此，水的化学式是H_2O。因为氧原子比氢原子对共用电子的吸引力更强，所以水分子是**极性分子**，能形成氢键。水有形成氢键的能力，这是很多生命化学结构（从膜结构到蛋白质的折叠）形成的原因。

一个水分子的氢原子与另一个水分子的氧原子形成弱的氢键，在液态水中形成了一张氢键网。其中的每一个氢键都很弱，也很短寿——单个键仅仅能持续1×10^{-11}秒。但是，犹如海滩上的沙粒，大量氢键的累积效应是巨大的，这也是水分子有许多重要物理性质的原因（表2.2）。

表 2.2　水的性质

性质	解释说明
热量的储存	氢键断裂前会储存大量的热量，以最大限度地减少温度变化。
冰的形成	冰晶中的水分子由于氢键而距离相对较远 。
高汽化热	水蒸发必须破坏大量氢键。
内聚力	氢键使水分子相互结合在一起。
高极性	水分子能被吸引到离子和极性分子上。

热量的储存

任何物质的温度都是其内部分子运动剧烈程度的一种度量。因为水分子之间会形成许多氢键，所以需要大量的能量才能破坏液态水的这种结构，使水温升高。正因为如此，相较于其他物质，水的温度升高得更慢，恒温保持的时间更长。这也是人体能保持内部温度相对恒定的主要原因。

冰的形成

如果温度足够低，水中会有极少量的氢键发生断裂。氢键网呈现一种晶体样的结构，形成固体，我们称之为冰。有趣的是，冰的密度比水小，这是冰山和冰块会漂浮的原因。为什么冰的密度更小？图2.7比较了水和冰的分子结构，这个问题就很容易理解了。当温度高于冰点（0℃）时，如图2.7（a），由于氢键断裂和形成，水分子存在相互运动。如图2.7（b），当温度下降，水分子的这种运动也减少，使氢键保持稳定，并使分子之间保持较远的距离，这导致冰结构的密度更小。

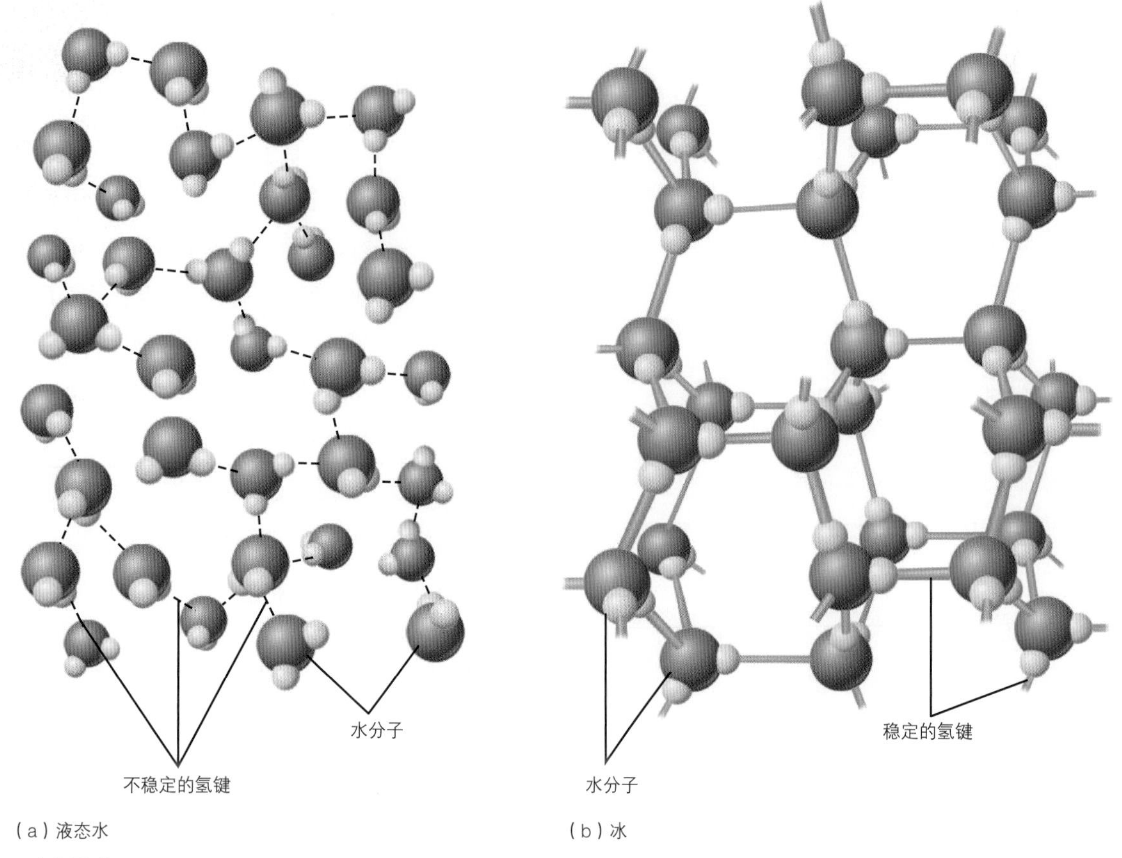

图2.7　冰的形成
当水（a）的温度降到0℃以下，它就形成规则的晶体结构（b）漂在水中。水分子相互分开，并被氢键固定住了位置。

高汽化热

如果温度足够高，水中的许多氢键会断裂，这就会导致水由液态转变成气态。这个过程需要消耗相当多的热能——每克水从皮肤上蒸发就会消耗人体2,452焦耳的热能，这相当于586克水温度降低1℃释放的能量。这就是为什么出汗能令你感觉凉爽，当汗液蒸发（汽化）时，它以热能的形式带走能量，使身体变凉爽。

内聚力

因为水分子的极性很强，它们能吸引其他极性分子——氢键将极性分子相互结合在一起。如果其他分子也是水分子，这种吸引力就称为**内聚力**（cohesion）。水的表面张力就是内聚力的结果。表面张力能使水成珠状，如蜘蛛网上的水珠，还可以使水面支撑住水黾的重量。如果其他分子是另一种物质，这种吸引力就称为**黏附力**（adhesion）。毛细管作用——如水会被纸巾吸收向上运动——也是黏附力作用的结果。水会吸附到任何能形成氢键的物质上，如纸纤维。黏附力能说明为什么有些东西浸入水中会变"湿"而蜡质不会——它由不能与水分子形成氢键的非极性分子组成。

高极性

溶液中的水分子总趋向于形成最多数量的氢键。极性分子会形成氢键，并被吸引到水分子上。极性分子被称为**亲水性**［hydrophilic，来源于希腊语"hydros"（水）和"philic"（爱）］分子。水分子会近距离地聚集到带电荷的分子周围，不管是完整电荷（离子）或是部分电荷（极性分子）。当盐晶体在水中溶解时，如图2.8所示，实际上是单个离子从晶体上脱离，并被水分子包围。以蓝色表示的水分子的氢原子被带负电荷的氯离子所吸引，而以红色表示的氧原子则被钠离子所吸引。水分子定向围绕着每个离子，犹如一群蜜蜂被蜂蜜吸引一样。这种水分子壳被称为**水化膜**（hydration shell），它能阻止离

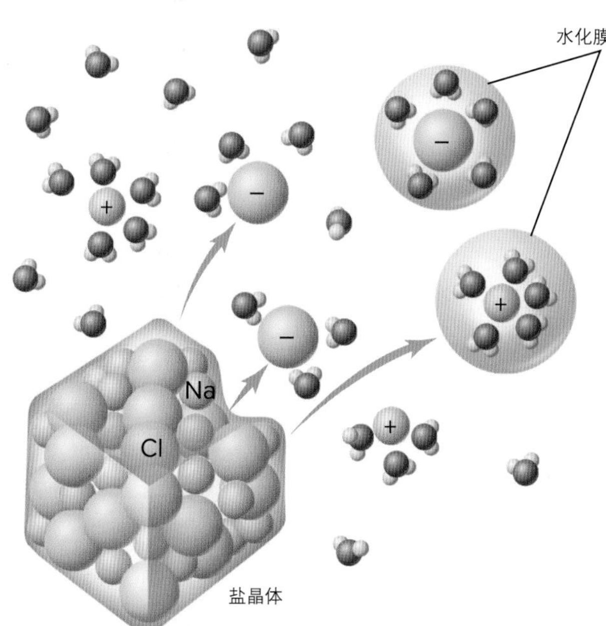

图2.8　盐是如何在水中溶解的
盐能溶于水，是因为带部分电荷的水分子被吸引到带电荷的钠离子和氯离子的周围。水分子围绕着这些离子，形成水化膜。当所有离子从晶体上解离后，就可以说盐溶解了。

子重新结合形成晶体。所有极性分子都会形成类似的水化膜，而以这种方式溶解在水中的极性分子被称为**水溶性**（soluble）的极性分子。

非极性分子（如油）不会形成氢键，所以不是水溶性的。当非极性分子被置于水中，水分子就害羞地躲开了，所以它不会与水分子形成氢键。非极性分子被迫与其他非极性分子结合，聚集起来以使对水的氢键干扰达到最小。这看起来很像非极性分子畏惧与水分子接触，而正是因为如此，它们被称为**疏水的**［hydrophobic，来源于希腊语“hydros”（水）和“phobos”（畏惧）］。许多生物结构就是由这种疏水作用导致的，这将在第3章讨论。

关键学习成果　2.4

液态水的水分子会形成氢键网，并能溶解其他极性分子。需要大量的能量才能破坏液态水中大量的氢键，由此导致水有很多重要特性。

2.5　水的电离

电离

学习目标2.5.1　区分氢离子和氢氧根离子

水分子内的共价键有时会自发断裂。如果出现这种情况，一个质子（氢原子核）就会从分子上脱离。因为脱离的质子缺少与氧形成共价键的带负电荷的共用电子，它的正电荷就不再被抵消。它也就变成了带正电荷的离子，即**氢离子**（hydrogen ion，H^+）。水分子剩下的部分保留了共价键的共用电子，携带负电荷，形成**氢氧根离子**（hydroxide ion，OH^-）。这种自发形成离子的过程被称为**电离**（ionization）。它能以一个简单的化学反应式表示，其中水和两种离子的化学式如下所示，我们用箭头来表示解离的方向。

$$\underset{\text{水}}{H_2O} \longleftrightarrow \underset{\text{氢氧根离子}}{OH^-} + \underset{\text{氢离子}}{H^+}$$

因为共价键非常强，自发电离并不常见。在一升水中，任意时刻，5.5×10^8个分子中仅有约1个发生电离，相当于1摩尔氢离子的10^{-7}（摩尔是物质的量的单位，1摩尔的任何物质就是6.022×10^{23}个单位的物质）。为了便于表示水中H^+的浓度，可以简单地数分母上数字1后的十进制的位数。

$$[H^+] = \frac{1}{10{,}000{,}000}$$

pH值

学习目标2.5.2　预测以1为差值的pH值表示的H^+浓度的变化

pH值是表示溶液中H^+浓度的更常用的方法（如图2.9）。pH值的定义为溶液中氢离子浓度的负对数。

$$pH = -\log[H^+]$$

因为氢离子浓度的对数值等于H^+摩尔浓度的指

数，所以pH值等于指数乘以−1。因此，[H^+]为10^{-7}摩尔/升的纯水的pH值等于7。记住当水电离形成一个氢离子时，还会形成一个氢氧根离子，这意味着水电离产生的H^+和OH^-的数量是相等的。因此，pH值等于7表示pH值中性——H^+和OH^-之间形成一种平衡。

注意pH值是以**对数**（logarithmic）表示的，这意味着pH值相差1就表示10**倍**氢离子浓度的变化。这也就是说，pH值为4的溶液的H^+浓度是pH值为5的溶液的10倍。

任何可溶于水并使H^+浓度升高的物质都称为**酸**（acid）。酸性溶液的pH值小于7。物质酸性越强，产生的H^+越多，溶液的pH值也就越低。香槟产生气泡是因为溶液中有碳酸，它的pH值约为3。

能溶于水并能结合H^+的物质被称为**碱**（base）。通过结合H^+，碱能使溶液中H^+浓度降低。因此，碱性（含碱的）溶液的pH值大于7。强碱，如氢氧化钠（NaOH）的pH值是12甚至更高。

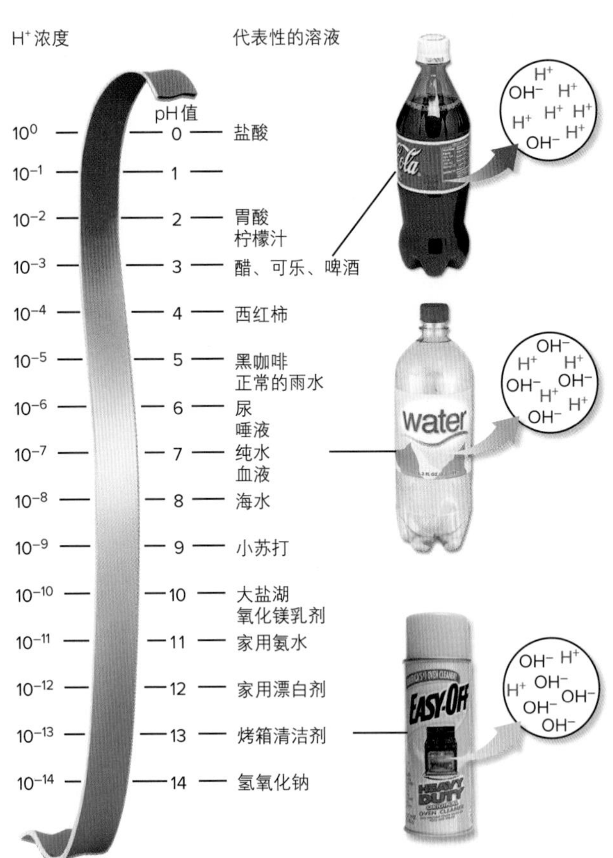

图2.9　pH值

根据每升液体中氢离子的数量，所有液体都分配到相应的值。这个值是用对数表示的，所以数值1的变化意味着10倍氢离子浓度的改变，因此pH值为2的柠檬汁比pH值为4的西红柿的酸性高100倍，而海水的碱性比纯水的强10倍。

缓冲剂

学习目标2.5.3　缓冲剂如何维持pH值恒定

几乎所有活细胞内的pH值和多细胞生物体细胞所处液体的pH值都接近7。控制代谢的许多蛋白质对pH都极其敏感。pH值的微小变化就能导致分子变成不同的结构，也就破坏了它们的活性。正因为如此，细胞的pH值保持恒定的水平就非常重要。例如，人体血液的pH值是7.4，如果pH值降低到7.0或者升高到7.8，人就只能存活数分钟。

然而，生命化学反应在细胞内持续生成酸和碱。再者，许多动物会食入酸性或碱性物质，例如，可乐是酸性的，而蛋白是碱性的。什么使得生物体的pH保持恒定呢？细胞内有一种叫作缓冲剂的化学物质，它能使H^+浓度和OH^-浓度的变化最小化。

缓冲剂（buffer）能够随着溶液中氢离子浓度的变化，结合氢离子或向溶液中释放氢离子。当氢离子浓度下降时，氢离子会被释放到溶液中；相反，当氢离子浓度升高时，氢离子就会被从溶液中带走。图2.10中的曲线图表示缓冲剂是如何发挥作用的。蓝线表示pH值的变化。当向溶液中加入碱时，H^+浓度就会下降，而pH值会迅速上升，但是缓冲剂能通

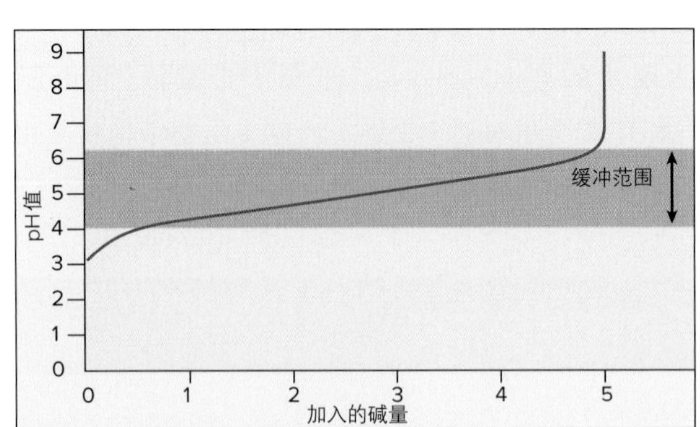

图2.10　缓冲剂使pH的变化最小化

向溶液中加入碱，会中和其中的一些酸，导致pH值升高。因此，当曲线移向右侧，表示碱性越来越强，这也代表pH值更高。缓冲剂的作用是使pH值在一定范围内，升高或降低得很缓慢，这个范围被称为该缓冲剂的“缓冲范围”。

酸雨

当你学习生物学，你将学到氢离子在生命化学中发挥着多种作用。当环境变得过酸——有太多的氢离子——就会对生物体造成严重伤害。一个重要案例就是酸性降水，非正式的名称为**酸雨**（acid rain）。顾名思义，酸性降水指的是雨水或雪中存在酸。这些酸从哪儿来的呢？燃煤发电厂高大的烟囱每个有65米高，向很高的大气中排放着烟雾。因为发电厂燃烧的煤中含有大量的硫，这些烟囱喷出的烟雾含有高浓度的二氧化硫（SO_2）。在风和大气环流的作用下，富含硫的烟雾就向四周扩散并被稀释。自20世纪50年代起，这些高大的烟囱在美国和欧洲非常常见——仅在美国就超过了800个。

20世纪70年代，也就是这些烟囱建成20年后，生态学家就开始报道，有证据显示这些高大的烟囱没有根除硫的问题，只是将这些负面效应传递到了其他地方而已。东北部的湖泊和森林的生物多样性明显下降，森林里的树木枯萎，湖泊也缺乏生机。被这些高大的烟囱排放到上层大气中的SO_2与水蒸气结合形成硫酸（H_2SO_4）。当这些水以雨或雪的形式降落到地面上时，就会携带硫酸。1989年，美国一项全国性工程中，小学生在测量自然降雨中的pH值时发现，东北部地区的降雨和降雪中的pH值低至2或3——这比醋酸的酸性还要强。

在土壤中累积超过50年，酸雨造成的影响非常显著。首先酸雨对东北部地区森林造成很大影响。在新英格兰地区，约有15%的湖泊已经逐渐呈现酸性并变得死气沉沉，这是因为它们的pH值已经下降到5.0以下。美国东北部地区和加拿大交界处的大面积森林已经被严重毁坏。最近，森林土壤中渗入的酸已经导致土壤中植物必需的营养元素钙和镁流失过半。研究人员指出，过多的酸溶解出的Ca^{2+}离子和Mg^{2+}离子排入水中，这速度大大超过岩石风化所能补充的量。没有这些元素，树木会停止生长，最后就会死亡。

在大约30年后的现在，酸雨的作用在东南部地区也变得非常明显。研究人员认为负面效应延后的原因是南部地区的土壤层比北部的厚，因此能吸纳更多的酸。但是，既然南部地区森林土壤出现饱和，这些森林也就开始死亡了。调查发现，东南地区1/3河流中的鱼数量减少，有的甚至已经消失了。

解决方案也很直接：捕获并消除排放，不把它们释放到大气中去。在过去30年内，逐渐严格的排污法案已经使二氧化硫的排放水平从1973年峰值的每年28.8吨下降了约40%。尽管取得了显著成绩，但仍有许多工作要做。研究人员预测这些森林数百年内都不可能恢复，除非进一步降低二氧化硫的排放水平。

公众的知情权是非常重要的。以往对教科书的处理倾向于使这个问题对学生的影响达到最小化（“美国北部绝大多数森林基本上并未遭受酸性降水的损害”），但重要的是要直面问题，并坚持不懈地解决这个严重的问题。

过向溶液中释放H^+，使得pH值保持在一定范围内，这被称为缓冲范围（深蓝色条）。仅当超越其缓冲能力，溶液pH值才开始上升。哪类物质能发挥这种作用？生物体内，绝大多数缓冲剂由成对的物质组成，一个是酸，另一个是碱。

人体血液中的关键缓冲剂是由**碳酸**（carbonic acid，酸）和**碳酸氢盐**（bicarbonate，碱）组成的酸–碱对。这两种物质通过一组可逆反应相互作用。首先，二氧化碳（CO_2）和H_2O结合形成碳酸（H_2CO_3，图2.11，❷），它在第二个反应中解离形成碳酸氢根离子（HCO_3^-）和H^+（❸）。如果某种酸或其他物质向血液中添加H^+，HCO_3^-就会起碱的作用，通过形成H_2CO_3去除过量的H^+。与此类似，如果碱性物质从血液中去除了H^+，H_2CO_3就会解离，释放更多H^+到血液中。正向和反向两个化学反应使得H_2CO_3和HCO_3^-能够相互转变，从而稳定血液的pH值。

例如，当你吸气时，你的身体就会从空气中吸入氧气；当你呼气时，你的身体就会释放二氧化碳。当你屏住呼吸时，CO_2就会在血液中积聚，并驱动图2.11的化学反应，产生碳酸。你能无限期地屏住呼吸吗？不能，但不是你可能想到的原因。不是缺氧促使你呼吸，而是二氧化碳。如果你试着长时间屏住呼吸，CO_2会在血液中积聚，如图2.11的❶，导致形成碳酸（❷），其又解离形成碳HCO_3^-和H^+（❸）。H^+水平的升高导致血液的酸性更强。如果血液中pH值下降太低，位于体内一些大血管中的pH值感应器就能探测到它的变化（❹）并向大脑发送信号。这些信号和感应过程，会刺激大脑中控制呼吸的区域，促使人增加呼吸速率。换气过度，快速呼吸，有相反的效果，会降低血液中CO_2浓度。这就是为什么当你出现换气过度时，你要向纸袋中呼气，这是为了增加你CO_2的摄入。

关键学习成果 2.5

在任意时间，水分子中只有极小的一部分能自发电离，形成OH^-和H^+。溶液的pH是其H^+浓度的度量。pH值低表示H^+浓度高（酸性溶液），而pH值高表示H^+浓度低（碱性溶液）。

❶屏住呼吸会导致血液CO_2水平升高。

❷CO_2与水结合形成碳酸(H_2CO_3)。

❸碳酸解离形成碳酸氢根离子(HCO_3^-)和H^+。

❹由于血液中H^+浓度增高，pH感应器探测到pH下降，并向大脑传递信号，促使人呼吸。

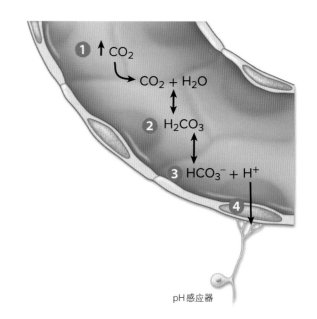

1 ↑ CO_2

$CO_2 + H_2O$

2 H_2CO_3

3 $HCO_3^- + H^+$

4

pH感应器

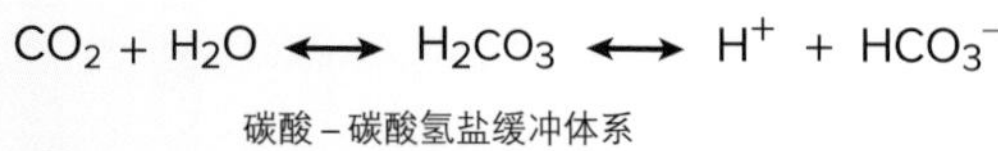

图2.11　屏住呼吸

当一个人屏住呼吸，血液中CO_2就会积聚。CO_2与水结合形成碳酸。碳酸解离形成HCO_3^-和H^+，会降低pH。pH降低被感应器探测到，这又刺激大脑，导致人呼吸。

调查与分析
INQUIRY & ANALYSIS

用放射性衰变确定冰人的年代

1991年秋，在意大利和奥地利之间山区边界处的高山山谷，两位德国徒步旅行者发现了一具从融雪中显露出来的尸体。很快就弄清楚了，这具尸体年代非常古老，被冰冻在一个冰沟里。很久以前他来这里是为了寻找避难所，可是直到现在才由于冰的融化而被发现。自这个令人震惊的事件被发现到现在，科学家了解了很多关于这位死者的信息，他被命名为奥兹。他们知道他的年龄，他的健康状况，他穿的鞋子和衣服，他吃的东西，还知道他死于一支箭，它穿透了他的背部。箭头仍然埋于左肩背部。从残存在他牙齿和骨骼中的化学物质的分布情况，我们知道他生活在距离他死亡地60千米的地方。

这个冰人到底是多久之前死的？通过测量奥兹体内短寿命碳同位素 ^{14}C 的衰变程度，科学家找到了这个重要问题的答案。这个流程在本章前面讨论过了（图2.8）。右侧的曲线图显示了碳同位素碳-14（^{14}C）的放射性衰变；样品中存在的一半的 ^{14}C 衰变成氮-14（^{14}N）要历经5,730年。在分析奥兹的碳同位素的时候，研究人员确定了 ^{14}C 和 ^{12}C 的比率［**比率**（ratio）是一个变量对另一变量的比值］，写成 $^{14}C/^{12}C$。在奥兹体内，这个比例为刚死亡的人体组织内比例的0.435。

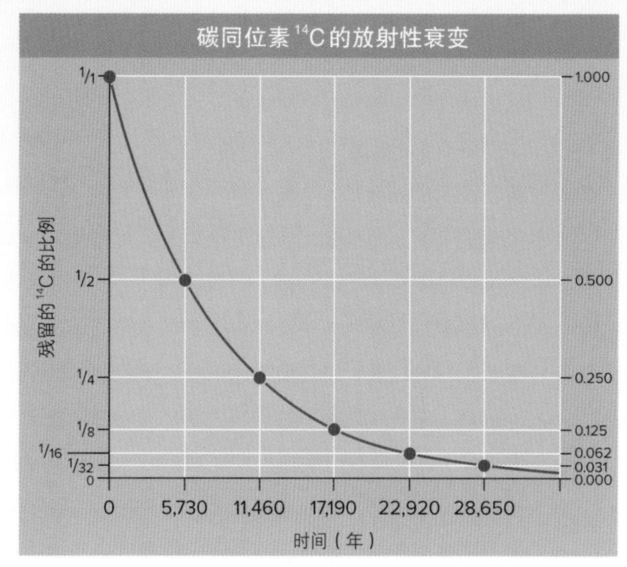

分析

1. **应用概念**

   a. **变量**　在图表中，因变量是什么？

   b. **比例**　奥兹死亡时存在于他体内的 ^{14}C 至今还仅存的比例（比例是一个变量对整体的比值）有多少？

2. **解读数据**　将这个比例画到右上图的 ^{14}C 放射性衰变曲线上。这个点代表了多少个半衰期？

3. **进行推断**　如果奥兹确实是一具近代的尸体，只是由于高山山谷苛刻的气候条件使他看起来很久远，请预测 ^{14}C 和 ^{12}C 的比率是多少，你自己体内的 ^{14}C 和 ^{12}C 的比率又是多少？

4. **得出结论**　冰人奥兹的尸体存在多久了？

5. **进一步分析**

   a. 碘的放射性同位素 ^{131}I 衰变的半衰期只有8天。在上图画出它的放射性衰变曲线会是在 ^{14}C 的上侧还是下侧？

   b. 科学家经常利用同位素钾-40（^{40}K）变成氩-40（^{40}Ar）的放射性衰变来确定古老物质的年代。^{40}K 的半衰期长达13亿年。为确定奥兹的年龄，它是否比 ^{14}C 更合适呢？

本章回顾

Reviewing What You Have Learned

一些简单的化学

原子

2.1.1 原子是组成物质的能保留化学性质的最小粒子。原子，如图2.1的碳原子，有一个由质子和中子构成的原子核，电子围绕原子核旋转。在一个典型的原子中，电子的数量等于质子的数量。

- 原子内质子的数量被称为该原子的原子序数。由质子和中子决定的质量，被称为该原子的质量数。原子序数相同的所有原子被称为同种元素。

2.1.2 质子是带正电荷的粒子，而中子不带电荷。电子是带负电荷的粒子，它在围绕原子的不同能级的轨道上运动。电子决定原子的化学性质，因为它们是亚原子粒子，能与其他原子发生相互作用。

- 维持电子在轨道上需要消耗能量，这种由于位置产生的能量叫作势能。电子的势能水平是以电子距原子核的距离为基准的。
- 大部分电子层能容纳最多8个电子，而原子为了填充最外层电子层就会发生化学反应。

离子和同位素

2.2.1 离子是原子得到一个或多个电子（带负电荷的离子称阴离子）或者失去一个或多个电子（带正电荷的离子称阳离子）。

2.2.2 同位素是质子数量相同，中子数量不同的所有原子。同位素一般不稳定，会裂变形成其他元素，这个过程称为放射性衰变。

2.2.3 同位素在医学和化石测年方面有应用。

分子

2.3.1 分子是原子通过化学键连接而成的。化学键有三种主要的类型。

- 带相反电荷的离子相互吸引形成离子键。食盐是由带正电荷的钠离子和带负电荷的氯离子通过离子键形成的。

2.3.2 为填充空电子轨道，两个原子共用电子形成共价键。共用电子对越多，共价键越强。

2.3.3 极性分子中的原子通过共价键结合在一起，共用电子在两个原子核之间分布不均匀，使得分子形成正极和负极。当一个极性分子的正极被另一个极性分子的负极吸引就会形成氢键。

2.3.4 当原子相互接近时，被称为范德华力的弱化学吸引力能使它们暂时结合在一起。

水：生命之源

氢键赋予水独特的性质

2.4.1 水分子是极性分子，会在彼此之间或与其他极性分子形成氢键。水的许多物理性质就是因氢键而产生的。

- 因为水分子通过氢键相互吸引，所以分离这些分子就需要消耗大量的热能，水升温缓慢，并能长时间保持温度。
- 使水分子相互结合的氢键在低温下更稳定，它们使得冰的固态晶体结构中的水分子处于固定位置，如图2.7所示。
- 为使水蒸发形成气体，需要输入大量的能量才能破坏这些氢键。人体就是利用了水的汽化热的特性来调节体温的。
- 因为水分子是极性分子，它们会与其他极性分子形成氢键。如果其他极性分子也是水分子的话，这个作用被称为内聚力。如果其他分子是些不同的物质，这个作用被称为黏附力。
- 当水分子与其他极性分子形成氢键时，水分子会围绕在其他极性分子周围，形成一层叫水化膜的屏障。这个极性分子就被认为是亲水的，是可溶于水的。当非极性分子被置于水中，它们之间不能形成氢键，就会聚集在一起。它们被认为是疏水的，是不溶于水的。

水的电离

2.5.1 水分子解离形成带负电荷的氢氧根离子（OH^-）和带正电荷的氢离子（H^+）。水的这个性质非常重要，因为溶液的氢离子浓度决定其pH值。

2.5.2 氢离子浓度高的溶液是酸，有特殊的化学性质；氢离子浓度低的溶液是碱，有不同的化学性质。

2.5.3 缓冲剂能通过结合H^+或向溶液释放H^+控制pH值的变化，使得pH值保持在一定范围内，这个范围被称作缓冲范围。

- 调节人体血液pH值的缓冲剂是碳酸和碳酸氢盐组成的酸碱对。这种缓冲作用包括两个可逆反应，一个能产生氢离子，降低pH值；相反的反应是结合溶液中的氢离子，提高pH值。

本章测验

Test Your Understanding

2.1.1（1）物质能被细分并保留其所有化学性质的最小粒子是______。

a. 物质　c. 分子

b. 原子　d. 质量

2.1.1（2）区分一种元素的原子（如，碳）与另一种元素的原子（如，氧）的依据是______。

a. 电子数　c. 中子数

b. 质子数　d. 质子和中子的总数

2.1.2（1）比较离原子核近的电子与离原子核远的电子，哪个势能更高？

2.1.2（2）电子层和电子轨道之间的区别是______。

a. 电子轨道的质量比电子层的质量大

b. 电子轨道比电子层容纳的电子多

c. 电子轨道更确切地定位电子最有可能被发现的空间

d. 没有区别

2.2.1（1）原子获得或失去一个或多个电子后成为______。

a. 同位素　c. 离子

b. 中子　d. 放射性物质

2.2.1（2）净电荷为正的原子一定______。

a. 质子比中子多　c. 电子比中子多

b. 质子比电子多　d. 电子比质子多

2.2.2（1）同位素碳–12和碳–14不同的是______。

a. 中子数量　c. 电子数量

b. 质子数量　d. b和c都是

2.2.2（2）离子与同位素的不同之处是离子______。

a. 带电荷　c. 有不同数量的中子

b. 有不同数量的质子　d. 不同的原子序数d

2.2.3（1）试想你发现了一具动物骨骼的化石，它残存的碳–14的量是现在地球大气中的1/8。该动物死于多久之前？

2.2.3（2）解释为什么不能用碳–14确定1亿年前的恐龙化石的年代？

2.3.1（1）原子通过键的力量结合起来，三类主要化学键是______。

a. 正电荷的，负电荷的和中性的

b. 疏水的，亲水的和范德华相互作用

c. 磁性的，带电的和放射性的

d. 离子键，共价键和氢键

2.3.1（2）离子键______。

a. 是高方向性的　c. 比氢键强

b. 比共价键强　d. 在大多数生物分子中发挥重要作用

2.3.2（1）碳的外层电子层有4个电子，因此______。

a. 有饱和的外层电子层

b. 能形成4个共价键

c. 不能与其他原子反应

d. 带正电荷

2.3.2（2）氢原子（1个价电子）形成双原子气体，H_2。氧原子（2个价电子）形成双原子气体，O_2。氮原子（3个价电子）形成双原子氮气，N_2。碳原子（4个价电子）却不能形成双原子气体，C_2。为什么不能呢？

2.3.2（3）为什么细菌能破坏氮气（N_2）的3个共价键，而你和其他动物却不能？

2.3.3（1）水分子中部分电荷分离______。

a. 因为电子对氧原子的吸引力更强

b. 意味着分子会呈现正极和负极

c. 表示水分子是极性分子

d. 以上都对

2.3.3（2）氢键______。

a. 具有高定向性　c. 比离子键强

b. 比共价键强　d. 有共用电子

2.3.4　范德华力______。

a. 涉及电荷吸引　c. 不具方向性

b. 比氢键强　d. 涉及共用电子

2.4.1（1）水有一些非常特殊的性质。有这些性质是因为______。

a. 水分子之间存在氢键

b. 水分子之间存在共价键

c. 每个单独的水分子内部存在氢键

d. 水分子间存在离子键

2.4.1（2）下列水分子的性质中，哪个需要用热能破坏氢键来解释？

a. 内聚力和黏附力　c. 热能储存和汽化热

b. 疏水性和亲水性　d. 冰的形成和高极性

2.4.1（3）水分子与其他水分子之间的吸引力被称为______。

a. 内聚力　c. 可溶性

b. 毛细管作用　d. 黏附力

2.4.1（4）如果你向有半杯水的杯子中加冰块，杯子中的水位会发生什么变化？它会升还是降？解释原因。

2.5.1　有时候水会电离，单个分子裂解形成氢离子和氢氧根离子。其他物质可以溶解在水中，导致溶液中（1）氢离子增多或（2）氢离子减少。我们称产生的溶液是______。

a.（1）酸和（2）碱

b.（1）碱和（2）酸

c.（1）中性溶液和（2）中子的溶液

d.（1）氢溶液和（2）氢氧化物溶液

2.5.2　氢离子浓度高的溶液______。

a. 被称为碱　c. pH值高

b. 被称为酸　d. b和c都是

2.5.3　关于缓冲剂下列哪个不正确？

a. 缓冲剂从溶液中结合H^+

b. 缓冲剂保持pH值相对恒定

c. 缓冲剂能阻止水的电离

d. 缓冲剂能向溶液中释放H^+

第 2 单元　活细胞

3

学习目标

大分子的形成

3.1　由单体组成的多聚物

1　说出四种不同类型的生物大分子

2　比较多聚物水解和脱水缩合

大分子的类型

3.2　蛋白质

1　氨基酸的结构和四大类氨基酸

2　图解两个氨基酸之间肽键的形成

3　区分蛋白质的一级、二级、三级和四级结构

4　水分子的极性如何影响蛋白质折叠

5　比较结构蛋白与酶的结构和功能

6　分子伴侣性蛋白质是如何发挥作用的

7　定义朊粒

今日生物学　朊粒与疯牛病

3.3　核酸

1　核苷酸的三个部分

2　DNA和RNA的两个重要的化学层面的不同点

3　为什么六种可能的碱基对中有四种在DNA双螺旋结构中不常出现

深度观察　DNA结构的发现

3.4　碳水化合物

1　双糖是怎么形成的

2　为什么你不能消化纤维素，而白蚁能

3.5　脂质

1　区分饱和脂肪与不饱和脂肪，解释为什么一种是固态的，另一种是液态的

2　解释为什么磷脂有极性而甘油三酯没有

生物学与保健　体育运动中的合成代谢类固醇

调查与分析　pH值如何影响蛋白质的功能?

生命的分子

DNA是生物体基因的载体，属于多种生物体大分子中的一类。分子由一群微小原子连接而成。原子是基本化学元素。生物体内仅有几种原子，且存在的量比较大。生命最基本的元素是碳，它能装配成DNA和其他大分子。这些长碳链能够与水相互作用扭曲或者折叠成紧密的物质。生物体内进行的许多决定着每个个体的特征的化学反应，有赖于折叠的大分子——蛋白质。通过促进特殊的化学反应，蛋白质引发结构物质（如碳水化合物）和储能分子（如脂质）的形成。因为DNA编码了生物体内蛋白质合成所需要的信息，所以DNA是生命的文库。

3.1 由单体组成的多聚物

大分子

学习目标3.1.1 说出四种不同类型的生物大分子

生物体内有成千上万不同种类的分子和原子。这些分子中有许多是生物体从环境和摄入的食物中获得的。如图3.1所示，对于营养标签上的一些物质，你也许都很熟悉。但是，这些标签上的字词表示什么呢？其中一些是矿物质（原子，见第2章）的名称，如钙和铁（在第22、24、33章和其他章节都有讨论）。其他有些是维生素，会在后文（见第25章）讨论。还有些是本章的主题：食物中存在的组成生物体的大分子，如蛋白质、碳水化合物（包括食糖）和脂质（包括脂肪、反式脂肪、饱和脂肪和胆固醇）。这些分子，被称为**有机分子**（organic molecule），是在生物体内形成的，是以碳为核心并结合特殊基团形成的。这些原子基团有特殊的化学性质，被叫作功能基团（functional group）。功能基团是化学反应的基本单位，赋予含有它们的分子特殊的化学性质。图3.2列出了五种最主要的功能基团，最后一列表示拥有该功能基团的有机分子的类型。

虽然生物体内存在成千上万不同种类的有机分子，但是组成生物体的主要是四类分子：蛋白质（protein）、核酸（nucleic acid）、碳水化合物（carbohydrate）和脂质（lipid）。被称为**大分子**（macromolecule）是因为它们非常大，这四类大分子是细胞的构建物质，这些“砖和瓦”组成了细胞和它内部运行的结构。

生物体的大分子是通过黏连一个个小单元，也就是**单体**（monomer），组装起来的，这就好比火车是由一节节车厢连接而成的。由相似亚基长链所组成的分子被称为**多聚物**（polymer）。表3.1的第一列列举的是单体，由它们组成的多聚物是许多细胞结构的基础。

Nutrition Facts
Serving Size 2 tbsp (33g)
(makes 3.5 cups popped)
Servings Per Bag about 3
Servings Per Box about 9

Amount Per Serving	2 tbsp (33g) Unpopped	Per 1 cup Popped
Calories	170	35
Calories from Fat	90	20
	% Daily Value**	
Total Fat 10g*	**15%**	**3%**
Saturated Fat 2g	**10%**	**0%**
Trans Fat 3.5g		
Cholesterol 0mg	**0%**	**0%**
Sodium 440mg	**18%**	**4%**
Total Carbohydrate 19g	**6%**	**1%**
Dietary Fiber 3g	**12%**	**4%**
Sugars 0g		
Protein 3g		
Iron	6%	0%

图3.1 营养标签上写的是什么？
在爆米花中有脂肪、胆固醇、碳水化合物、食糖和蛋白质，本章会讨论这些。

基团	结构式	球棍模型	存在于
羟基	—OH	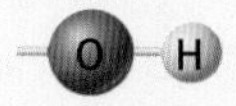	碳水化合物
羰基	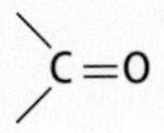 C=O	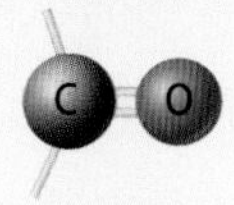	脂质
羧基	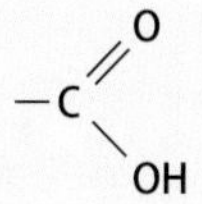 —C(=O)OH	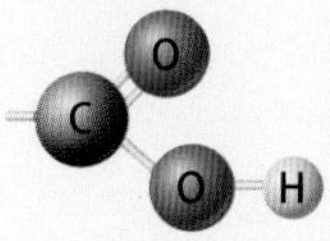	蛋白质
氨基	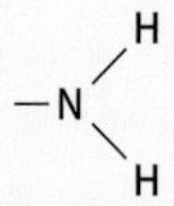 —N(H)H	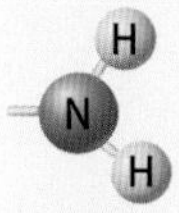	蛋白质
磷酸基团	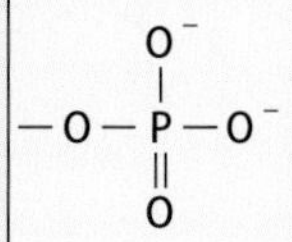 —O—P(=O)(O⁻)—O⁻	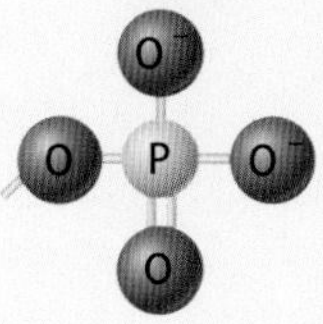	DNA ATP

图3.2 五种最主要的功能基团

这些功能基团能从一个分子转移到另一个分子，并且广泛存在于各种有机分了之中。

表 3.1 大分子

单体	多聚物
氨基酸（丙氨酸） 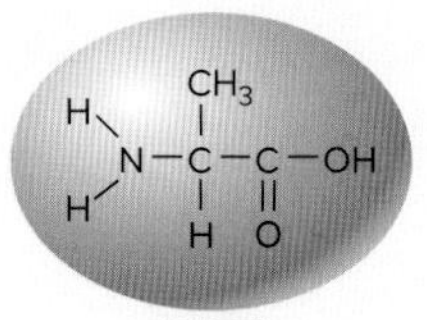	蛋白质 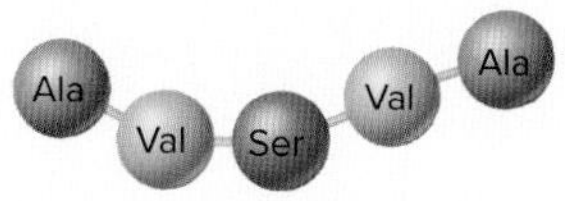
核苷酸 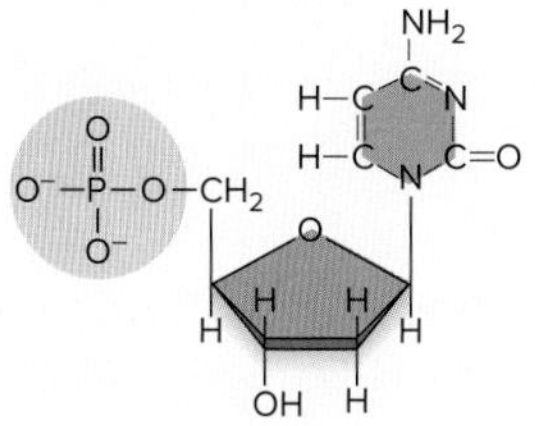	核酸（DNA） 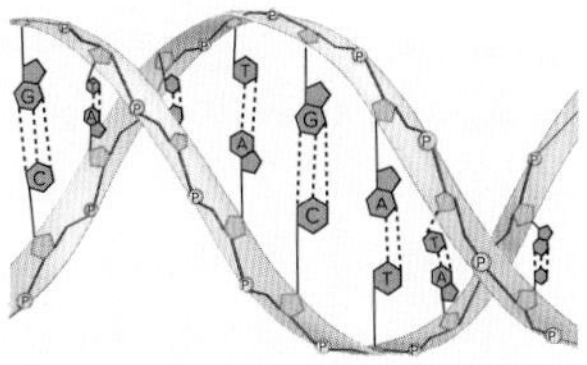
单糖 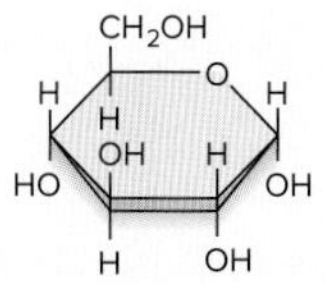	碳水化合物（淀粉） 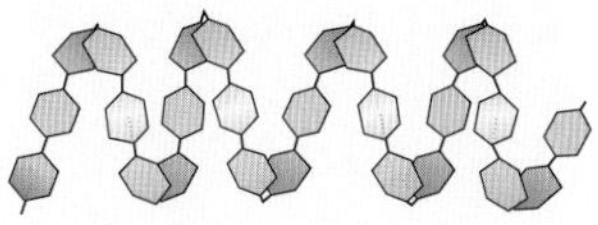
脂肪酸 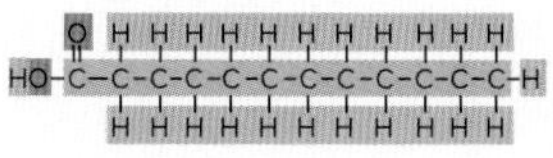	脂质（脂肪分子） 

形成（和裂解）大分子

学习目标3.1.2 比较多聚物水解和脱水缩合

四种不同类型的大分子（蛋白质、核酸、碳水化合物和脂质）都由相同的方式形成：两个亚基之间形成共价键，一个亚基脱去羟基（—OH），另一个亚单位脱去氢基（—H）。这个过程［图3.3（a）所示］被称为脱水缩合，因为脱去—OH、—H基团（蓝色椭圆形强调的），事实上相当于脱去一分子水——脱水（dehydration）这个名词意思是“带走水”。这个过程需要一类被叫作酶（enzyme）的特殊蛋白质的帮助才能促使分子定向化，从而正确的化学键才能受作用而断裂。撕裂一个分子，如摄入的食物中的蛋白质和脂肪，本质上是脱水缩合的逆过程：不是脱去水分子，而是加入水分子。当来了一个水分子，如图3.3（b）所示，氢结合到一个亚基上，羟基结合到另一个上，共价键就会断裂。多聚物的这种裂解过程被称为**水解**（hydrolysis）。

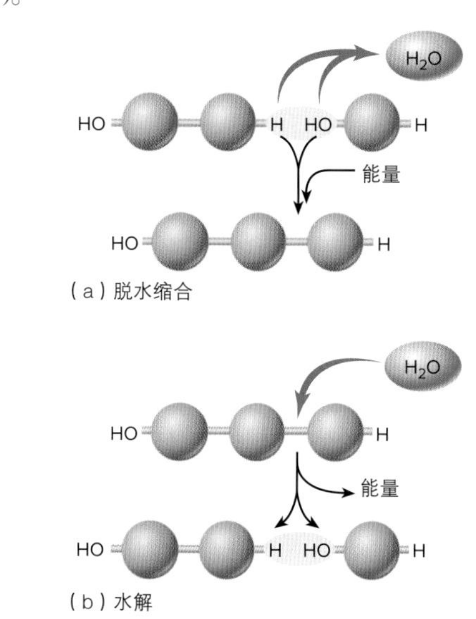

图3.3 脱水和水解

（a）生物分子是通过连接亚基形成的。亚基之间的共价键通过脱水缩合而成，该过程中会脱去一个水分子。（b）断裂这个共价键需要加入一个水分子，这个过程称为水解。

关键学习成果 3.1

大分子的形成是通过连接亚基形成长链，每形成一个连接，就会脱去一分子水。相反，大分子裂解形成亚基是通过水解反应，加入水分子。

3.2 蛋白质

被称为**蛋白质**（protein）的复杂大分子，是生物体内一类主要的生物大分子。表3.2是蛋白质广泛功能的概览。

氨基酸

学习目标3.2.1　氨基酸的结构和四大类氨基酸

尽管蛋白质的功能不同，但所有蛋白质都有相似的基本结构：一条长的多聚链是由叫作氨基酸的亚单位组成的。**氨基酸**（amino acid）是小分子，有相似的基本结构：中心一个碳原子，与一个氨基（$—NH_2$）、一个羧基（—COOH）、一个氢原子（—H）和一个以“R”表示的功能基团共价相连。

常见的氨基酸有20种，它们之间的区别就在于功能性的R基团。这20种氨基酸可以分为四类，图3.4显示的是每一类的代表性的氨基酸（它们的R基团用白色强调）。其中六种氨基酸是非极性的，主要区别是基团大小不同——最大的有环状结构（如左上的苯丙氨酸），拥有它们的氨基酸被称为芳香族氨基酸（aromatic）。还有六种氨基酸是极性的，但不带电荷（如右上的天冬酰胺），它们之间的区别在于极性的强弱。另有五种氨基酸是极性的，能电离产生带电形式（如左下的天冬氨酸）。其余三种拥有特殊的化学基团（如右下脯氨酸的白色强调区域），它们在蛋白质链间形成连接或结构发生卷曲时发挥重要作用。R基团的极性对蛋白质正确折叠成有功能的结构很重要，稍后将对此讨论。

氨基酸的连接

学习目标3.2.2　图解两个氨基酸之间肽键的形成

一个蛋白质分子是由特殊的氨基酸，以特定的顺序串联而成的。这犹如一个英文单词由字母表中的字母，以特定的顺序排列而成。连接两个氨基酸的共价键被称为**肽键**（peptide bond），通过脱水缩合而成。回顾3.1节，水是脱水缩合反应形成的副产物。在图3.5中，你可以看到随着肽键的形成，一个水分子被释放出来。肽键连接的一长条氨基酸链被称为**多肽链**（polypeptide）。功能性的多肽链通常被称为蛋白质。

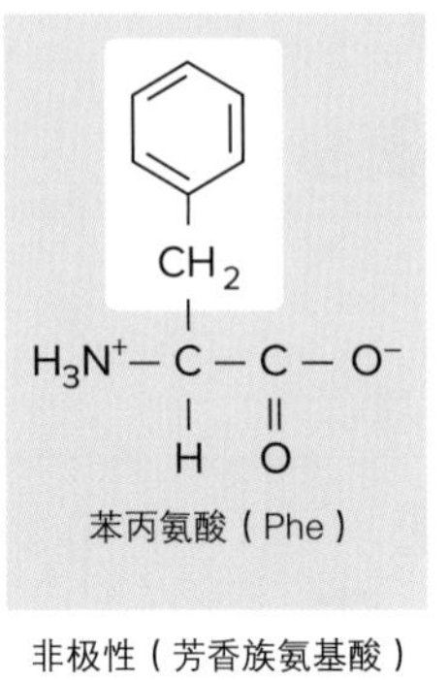

非极性（芳香族氨基酸）

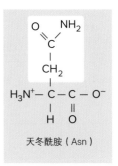

天冬酰胺（Asn）

极性不带电荷

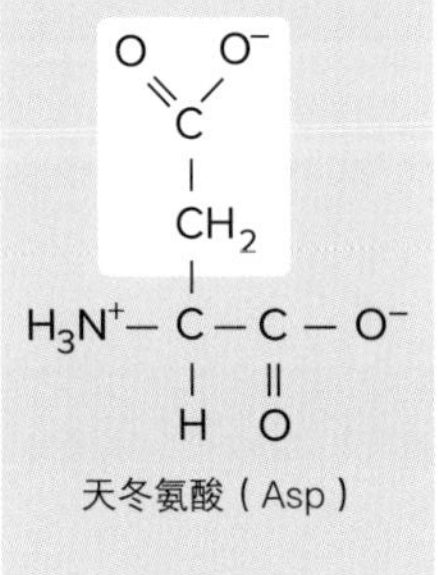

极性能电离（带电荷）

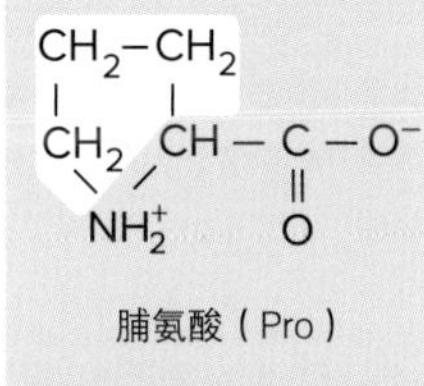

特殊化学基团

图3.4　氨基酸的代表

氨基酸一般可分为四大类，它们之间的区别在于功能基团（以白色强调）。

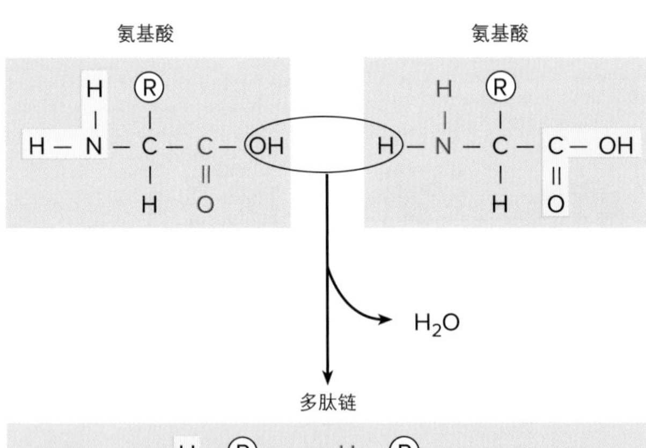

图3.5　肽键的形成

每个氨基酸有相似的结构，一端有个氨基（$—NH_2$），另一端有个羧基（—COOH）。可变的是功能基团，或称“R”基团。氨基酸通过脱水缩合形成肽键相互连接起来。以这种方式连接形成的氨基酸链被称为多肽链，它是蛋白质的基本结构成分。

表 3.2　一些不同种类的蛋白质

（a）**酶**：被称为酶的球蛋白在许多化学反应中发挥重要作用。
（b）**运输蛋白**：红细胞内存在的蛋白质——血红蛋白，负责体内氧气和二氧化碳的运输。
（c）**结构蛋白（胶原）**：胶原存在于骨骼、腱和软骨。
（d）**结构蛋白（角蛋白）**：角蛋白形成头发、指甲、羽毛和角的成分。
（e）**防御蛋白**：不需要准确地识别蛋白，白细胞就能破坏细胞，并合成抗体蛋白质，利用这种抗体蛋白质攻击入侵物。
（f）**收缩蛋白**：被称为肌动蛋白和肌球蛋白的蛋白质存在于肌肉中。

蛋白质结构

学习目标3.2.3　区分蛋白质的一级、二级、三级和四级结构

一些蛋白质形成长而细的纤维，而另一些形成的是球状的，它们的肽链向上盘绕并折叠回自身。蛋白质的结构非常重要，因为它决定蛋白质的功能。蛋白质的结构有四个级别：一级、二级、三级和四级。所有这些最终都由氨基酸的排列顺序决定。

一级结构（primary structure）　多肽链中氨基酸的排列顺序被称为多肽链的一级结构。氨基酸通过肽键相连，形成如串珠状的长链。蛋白质的一级结构——其氨基酸的排列顺序——决定蛋白质的所有其他级别的结构。因为氨基酸能以任意顺序装配组合，这就让蛋白质的超多样性有了可能。

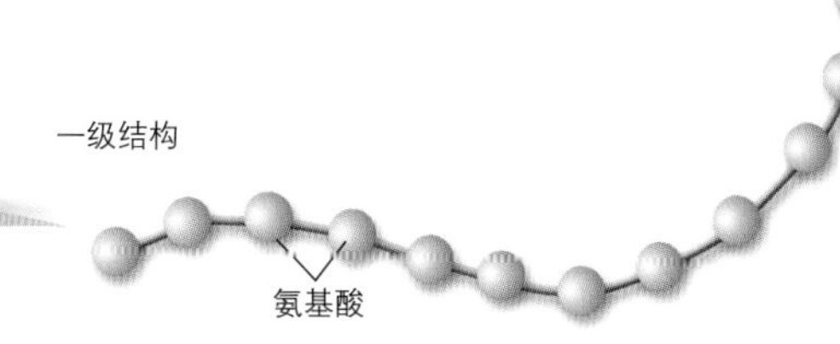

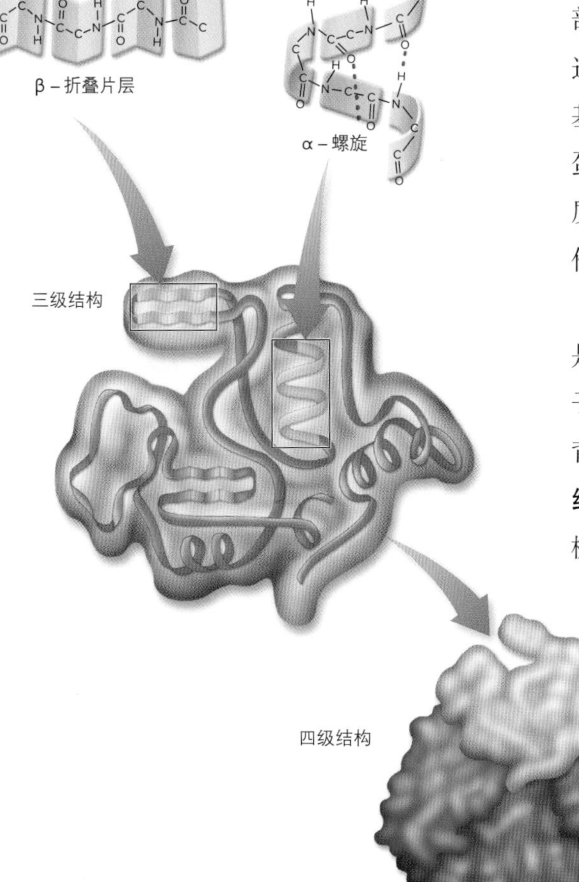

二级结构（secondary structure）　多肽链的不同部位间形成的氢键能稳定多肽链的折叠。如你所见，这些起稳定作用的氢键（以红色虚线表示）不包括R基团，而是多肽链的主链。这种初步的折叠被称为蛋白质的**二级结构**。二级结构中存在的氢键使蛋白质折叠形成螺旋的，叫作 α－螺旋；形成片层的，叫作 β－折叠片层。

三级结构（tertiary structure）　因为一些氨基酸是非极性的，所以多肽链能在水中发生折叠。水分子有很强的极性，能驱使氨基酸非极性的功能基团背离水环境。蛋白质最终的三维结构，或称“**三级结构**”，在球状蛋白质中折叠扭曲，是由多肽链中非极性氨基酸出现的具体位置决定的。

四级结构（quaternary structure）　如果蛋白质由两条或两条以上多肽链组成，这些肽链的空间分布就称为蛋白质的四级结构。例如，四个亚基组成了蛋白质血红蛋白的四级结构。

蛋白质如何折叠形成有功能的结构

学习目标3.2.4 水分子的极性如何影响蛋白质折叠

细胞内水环境的极性影响多肽链折叠形成有功能的蛋白质。蛋白质以这种方式折叠，从而能够发挥功能。

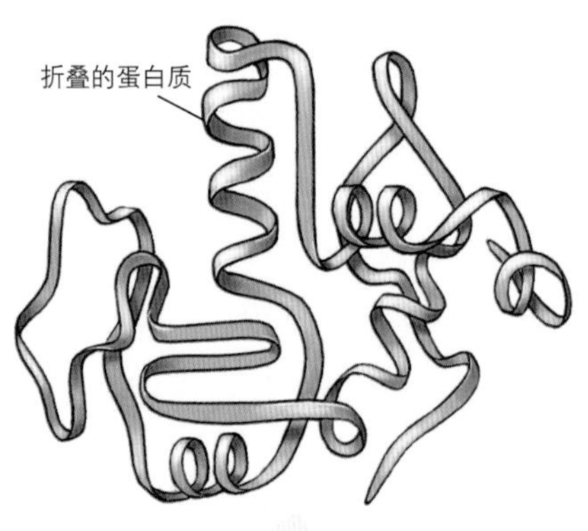

如果蛋白质所处环境的极性随着温度升高或pH值降低而改变，蛋白质就会去折叠，因为这两种方式都能影响氢键，如右下图所示。当发生这个过程时，蛋白质被认为发生了**变性**（denature）。

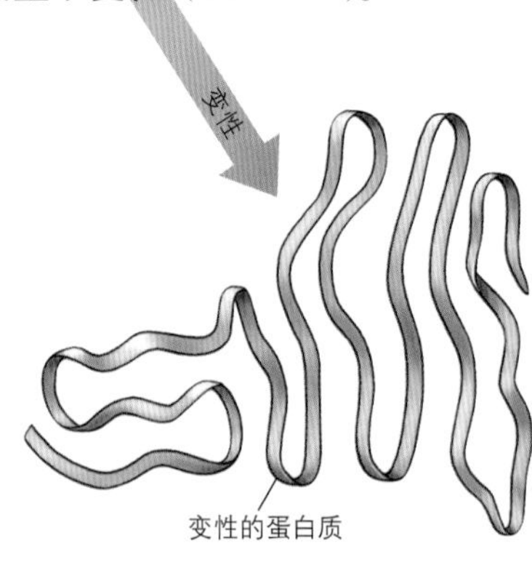

当溶剂的极性被重建，一些蛋白质能重新折叠恢复成原来的结构。蛋白质变性后，它们通常会丧失正常的功能。用传统的盐渍或酸渍的方法处理食物，就是基于这个原理。在可以利用冰箱和冰柜之前，抑制食物中微生物生长的唯一方法就是将食物存放在高浓度的盐或醋酸中。它们会使微生物体内的蛋白质发生变性，从而防止微生物在食物中增殖。

蛋白质结构决定功能

学习目标3.2.5 比较结构蛋白与酶的结构和功能

因为蛋白质的一级结构，即氨基酸的排列顺序，

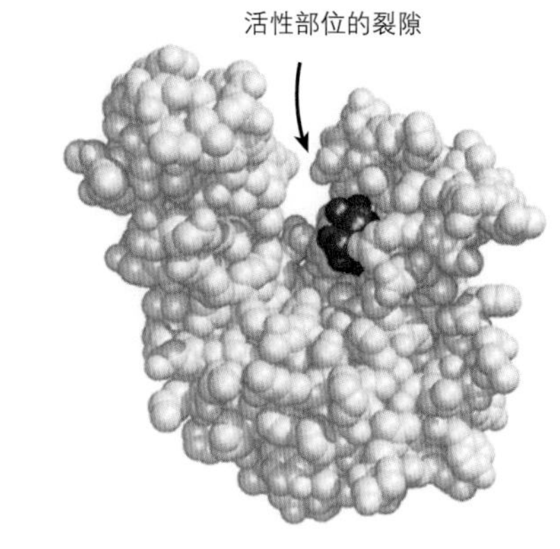

决定蛋白质如何折叠成有功能的结构，所以只要一个氨基酸的改变就能对蛋白质发挥正常功能产生重大的影响。酶是一类球状蛋白质，它们有三维结构。为使酶发挥正确的功能，它们必须正确折叠。酶有一些沟或凹陷，正好与特殊的糖或其他化合物匹配（如这个红色分子结合到酶分子的左侧）；一旦到了这个沟内，这个化合物就会发生化学反应——经常是这个分子被酶弄弯，而使它的化学键受到压力，犹如脚在有弹性的鞋子中一样。促进化学反应的这个过程被称为催化反应，而酶是细胞内的催化剂，它们决定发生什么化学反应，在哪儿发生，什么时候发生。

许多结构蛋白会形成长的纤维，在细胞内起支架作用，提供力量，决定细胞形态。在第4章你将发现，细胞内存在一个蛋白质纤维网，它能保持细胞形态，或将物质运到细胞外。收缩蛋白在肌肉收缩，也就是在肌肉缩短的过程中发挥作用。肌肉缩短是因为锚定在肌纤维反向末端的两种蛋白质相互滑动，拉近了纤维两端（详细过程将在第22章讨论）。

分子伴侣性蛋白质

学习目标3.2.6 分子伴侣性蛋白质是如何发挥作用的

蛋白质是如何折叠成某种特定结构的？正如刚讨论过的，非极性氨基酸有重要作用。直到最近，研究人员认为新合成的蛋白质能自发折叠，因为对水的疏水作用将非极性氨基酸驱使到蛋白质内部。我们现在知道这种观点太狭隘了。蛋白质能以太多不同方式折叠，而这种尝试和错误则只会耗费大量时间。另外，当打开的肽链折叠形成最终的结构时，

非极性的“黏性的”内部就会在中间过渡状态暴露出来。如果这些中间过渡结构被置于类似于细胞内蛋白质环境的试管中，它们会黏附到蛋白质的其他不需要的部分，形成胶状的一团。

细胞如何避免这种情况呢？对异常突变（DNA发生改变）过程的研究，提供了一条重要线索。这种突变能阻止病毒在细菌细胞内的复制——它导致病毒蛋白质不能正确折叠。进一步的研究表明，正常细胞有一种蛋白质被称为**分子伴侣性蛋白质**（chaperone protein），它能帮助蛋白质正确折叠。当编码其分子伴侣性蛋白质的细菌基因由于突变失去作用，细菌就会死亡，并被不能正确折叠的蛋白质团块堵塞。超过30%的细菌蛋白质不能折叠成正确的结构。

分子生物学家已经发现了超过17种作为分子伴侣的蛋白质。许多都是热休克蛋白质，会在细胞处于高温环境下大量合成。高温导致蛋白质去折叠，而热休克蛋白质能帮助细胞蛋白质重新折叠。

为了解分子伴侣的作用机制，请仔细观察图3.6。错误折叠的蛋白质会进入分子伴侣内。在那儿，以一种未知的方式，这个错误折叠的蛋白质在离开之前会先被诱导去折叠，然后再折叠。在模式图的第三栏，你能看到蛋白质去折叠形成一条长多肽链。在第四栏，多肽链重新折叠成不同的结构。以这种方式，分子伴侣性蛋白质拯救了一个错误折叠的蛋白质，给它一次机会正确折叠。为了证明这种拯救能力，研究人员给分子伴侣性蛋白质“喂”错误折叠的蛋白质，苹果酸脱氢酶。这些苹果酸脱氢酶被拯救了，重新折叠成了有活性的结构。

蛋白质折叠与疾病

学习目标3.2.7　定义朊粒

非常有意义的是，分子伴侣性蛋白质缺陷可能在阿尔茨海默病发病中起重要作用。由于不能促使关键蛋白质进行复杂折叠，这种缺陷导致淀粉样蛋白质堆积在脑细胞中，成为这种病的特征。疯牛病和类似的被叫作克-雅氏病的人体疾病都是由叫作**朊粒**（prion）的错误折叠蛋白质引起的。这些错误折叠的朊粒又能诱导大脑其他朊粒蛋白质错误折叠，造成错误折叠的连锁反应。这将杀死更多脑细胞，使得大脑逐渐丧失功能，最终死亡。

关键学习成果　3.2

蛋白质是由氨基酸组成的多肽链组成的，它能折叠形成复杂的结构。氨基酸的排列顺序决定蛋白质的功能。分子伴侣性蛋白质能帮助新合成的蛋白质正确折叠。

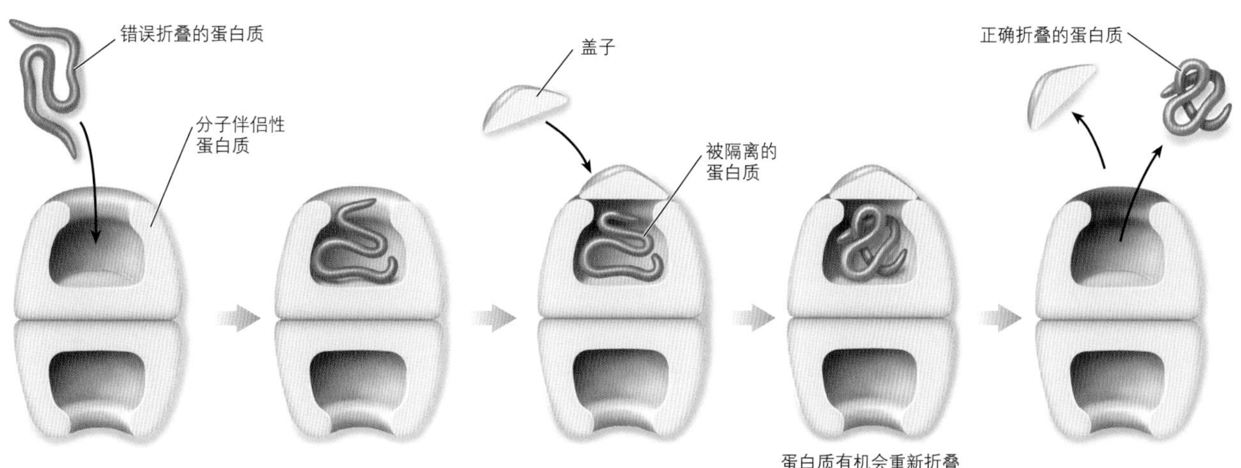

图3.6　一类分子伴侣性蛋白质的作用机制

这种桶状的分子伴侣性蛋白质是热休克蛋白，在高温下大量产生。一个错误折叠的蛋白质进入桶的一个室内，然后盖子把这个室盖起来，从而限制了蛋白质移动。这个被隔离的蛋白质避免了与其他错误折叠的蛋白质发生聚集，它也就有机会重新正确折叠。一小段时间后，这个蛋白质被释放出来，形成折叠或者没形成折叠，并且这个过程自身能够循环进行。

朊粒与疯牛病

通过将被传染的脑组织注入受体动物的大脑，传染性海绵状脑病（transmissible spongiform encephalopathy，TSE）能在物种的不同个体间传播。传染性海绵状脑病也能通过组织移植和食物传播。库鲁病在巴布亚新几内亚的福尔部落人中很普遍，因为他们举行食人这种宗教仪式，也就是吃被感染的人的大脑。在20世纪90年代，疯牛病在英格兰的牛群中广泛传播，因为这些牛都被喂食了由羊尸体制备的骨粉，以提高食物中的蛋白质水平。与福尔部落人类似，英国的这些牛吃了死于瘙痒症的羊的组织。

在20世纪60年代，英国研究人员T.阿尔佩尔（T. Alper）和J.格里菲思（J. Griffith）注意到，甚至在辐射破坏DNA和RNA后，传染性海绵状脑病的提取物仍然具有传染性。他们认为传染性物质是蛋白质。他们推断，蛋白质虽然倾向于一种折叠方式，但有时也会错误折叠，然后催化其他蛋白质也这么做，导致这种错误折叠就像一个链式反应一样扩散开了。这个超乎寻常的观点没有被当时的科学界所接受，因为这违背了分子生物学的一个重要原则：只有DNA或RNA才能作为遗传物质，把信息从一代传给下一代。

在20世纪70年代早期，医生斯坦利·布鲁希纳（Stanley Prusiner），被一位患克-雅氏病的病人的去世所触动，开始致力于研究传染性海绵状脑病。布鲁希纳被阿尔佩尔和格里菲思的假说吸引。不管他怎么努力，在传染性海绵状脑病患者的提取物中，布鲁希纳都没有发现任何核酸、细菌或病毒存在的迹象。同阿尔佩尔和格里菲思一样，他得出一个结论，这种传染性的物质是一种蛋白质，他把它命名为**朊粒**（prion），表示“蛋白质性质的传染性颗粒”。

布鲁希纳继续研究分离出了一种不同寻常的朊粒蛋白质。在二十年的时间里，他搜集了大量证据证明朊粒在导致传染性海绵状脑病中的重要作用。科学家当时拒绝接受布鲁希纳违背经典的结论，但是最后布鲁希纳和其他实验室的实验开始使许多人相信并接受了这一点。例如，布鲁希纳将异常构象的朊粒注射到不同的宿主后，这些宿主都出现与注入朊粒相同的异常构象的朊粒。在另一个重要实验中，查尔斯·韦斯曼表明缺少布鲁希纳朊粒蛋白质的基因工程小鼠对传染性海绵状脑病免疫，不受其影响。但是，如果有朊粒蛋白质的脑组织植入小鼠内，植入的组织——不是脑的其余部分——随后就会感染传染性海绵状脑病。在1997年，基于对朊粒的研究，布鲁希纳被授予诺贝尔生理学或医学奖。

吃被感染的肉，人类会得疯牛病吗？

许多科学家担心，朊粒能把这类病传染给人。他们特别担心朊粒引起的牛海绵状脑病（BSE）可能会传染给人，这是牛的一种脑部疾病，常称为**疯牛病**（mad cow disease），担心由此会导致类似的致命疾病，变异型克-雅病（vCJD）。1996年3月，英国暴发了疯牛病，超过80,000头牛被感染，并加剧了全球担忧。由朊粒导致的大脑退行性疾病——疯牛病，看来是由羊传染给牛群的！羊会患上一种朊粒疾病叫作瘙痒症（scrapie）。牛饲料中用以增强蛋白质的饲料颗粒含有粉碎的羊脑，瘙痒症以这种方式从羊传染给了牛。朊粒能从一个物种传染给另一个物种会导致一种可怕的后果：朊粒能从牛传染给人。至少有148位食用了感染疯牛病的牛肉的英国消费者随后死于变异型克-雅病。这些死亡的英国人的大脑和死于疯牛病的牛脑对小鼠造成了相同的脑损伤，然而典型的克-雅病引起的损伤是很不一样的。这清楚地表明，导致死亡的变异型克-雅病是由导致疯牛病的相同物质引起的。

因为加拿大和美国的牛群中偶尔会出现疯牛病，所以为彻底消灭疯牛病传染，这就需要美国对商用牛肉进行严格审查。

3.3 核酸

学习目标3.3.1 核苷酸的三个部分

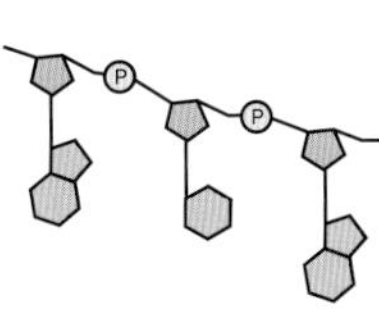

核酸（nucleic acid）是结构很长的多聚物，它们是细胞内储存信息的设备，犹如电脑用DVD或硬盘储存信息一样。核酸是由**核苷酸**（nucleotide）的重复单位组成的长链多聚物。如图3.7（a）所示，核苷酸是一种复杂的有机分子，由三部分组成：一个五碳糖（蓝色），一个磷酸基团（黄色）和一个含氮碱基（橙色）。在形成核酸的过程中，结合含氮碱基的糖通过磷酸基团连接成串，形成一条很长的**多聚核苷酸链**（polynucleotide chain，右上图所示）。

核酸的长链结构是如何储存决定人类特征的信息的？如果核酸是简单无变化的重复的多聚物，它就不可能编码生命的信息。试想仅用字母E写一个故事，没有空格，也没有标点。你能说的只是"EEEEEE……"。你至少要用两个以上的字母才能交流——英文字母有26个。核酸能编码信息是因为它们由多种核苷酸组成。核苷酸有五种：两种大的核苷酸分别含有含氮碱基腺嘌呤和鸟嘌呤［图3.7（b）第一行所示］，而三种小的核苷酸分别含有含氮碱基胞嘧啶、胸腺嘧啶和尿嘧啶（下面一行）。核酸就是通过改变多聚物的每个位置上的核苷酸来编码信息。

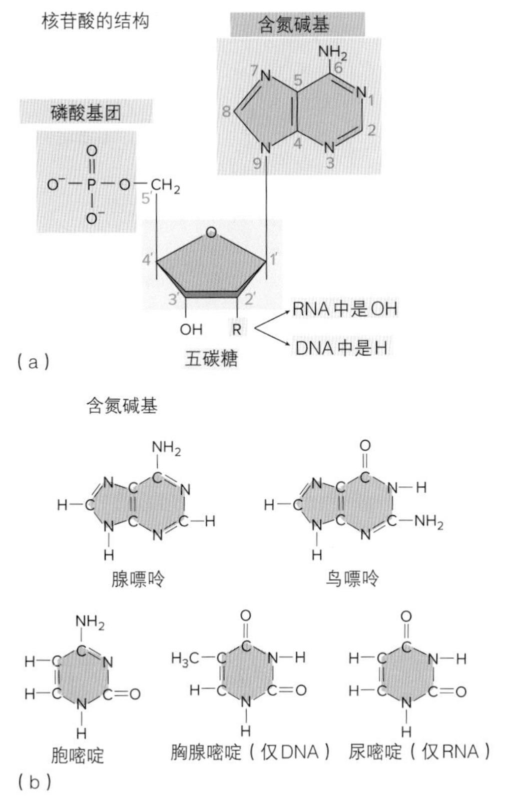

图3.7 核苷酸的结构

（a）核苷酸由三部分组成：一个五碳糖、一个磷酸基团和一个有机的含氮碱基。（b）这个碱基可能是这五种中的一种。

DNA和RNA

学习目标3.3.2 DNA和RNA的两个重要的化学层面的不同点

核酸分为两类：**脱氧核糖核酸**（deoxyribonucleic acid，DNA）和**核糖核酸**（ribonucleic acid，RNA）。两者虽有所不同，但都是核苷酸组成的多聚物。RNA与DNA类似，但是化学层面有两个主要的不同点。首先，RNA分子的糖是核糖，它的2′碳［图3.7（a）中2′标记的碳］连接一个羟基（—OH）。DNA分子中，这个羟基被一个氢原子取代了。其次，RNA分子没有胸腺嘧啶核苷酸，而有尿嘧啶核苷酸。在结构上，RNA是核苷酸组成的一条单链。在细胞内，RNA用DNA编码的遗传信息合成蛋白质。DNA中核苷酸的排列顺序决定了蛋白质一级结构中氨基酸的排列顺序。DNA由两条多聚核苷酸链组成，两条链相互缠绕形成**双螺旋**（double helix），这就像珍珠项链扭曲一样。通过比较图3.8中蓝色双链DNA分子和绿色单链RNA分子，你能够发现两者结构上的不同。

双螺旋

学习目标3.3.3 为什么六种可能的碱基对中有四种在DNA双螺旋结构中不常出现

为什么DNA是双螺旋结构？在科学家仔细观察DNA的双螺旋结构时，他们发现每条链上的碱基都朝向内，并两两相对（如图3.9所示的DNA链）。两条链的碱基位于分子内侧，通过氢键相连（两条链间的虚线），犹如两队人互相手拉手。要知道为什么DNA是双螺旋结构，关键要着眼于碱基：只可能有两种碱基对。因为两条链间的距离总是相同的，所

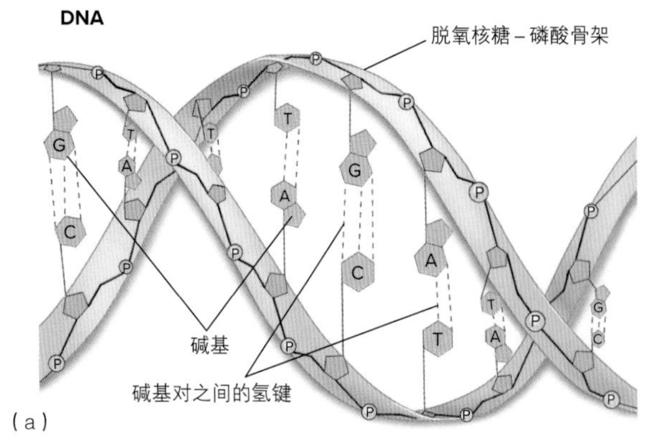

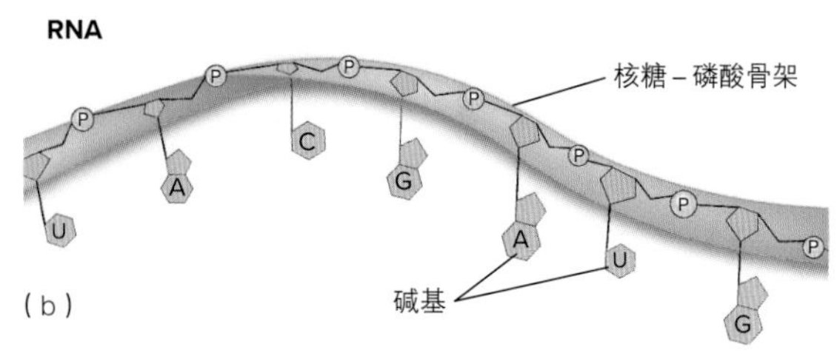

图3.8　DNA和RNA的结构不同

（a）DNA由两条多聚核苷酸链组成，两条链相互缠绕。（b）RNA的单链。

以这就意味着两种大的碱基不能配对——这种结合太大不合适；同理，两种小的碱基也不能配对，因为它们会使双螺旋过度向内收缩。只有一个大的碱基和一个小的碱基配对，DNA才能形成双螺旋结构。在所有DNA双螺旋结构中，腺嘌呤（A）与胸腺嘧啶（T）配对；鸟嘌呤（G）与胞嘧啶（C）配对。A不与C配对，G不与T配对的原因是这些碱基对不能形成合适的氢键——共用电子的原子不能相互匹配。

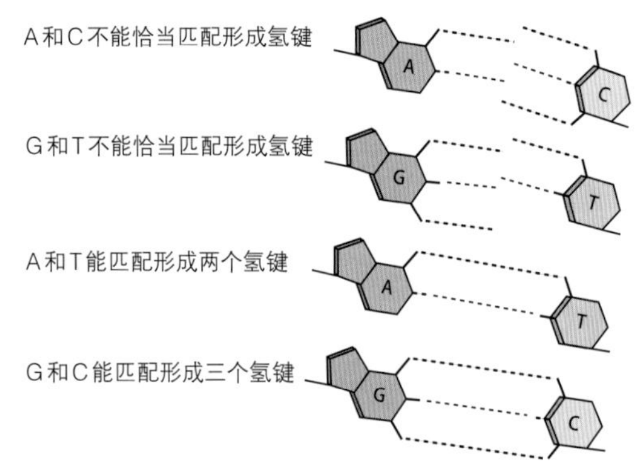

DNA双螺旋中简单的A-T、G-C碱基对，使细胞以简单的方式就能复制信息。它只要解开双螺旋，给每条链加上互补的碱基就行！这是双螺旋最大的优势——实际上，DNA携带两份信息，一份是另一份的镜像。如果一条链的顺序是ATTGCAT，DNA双螺旋中的互补链的顺序一定是TAACGTA①。遗传信息从一代传给下一代过程中表现出的保真性，就是这种简单复式记账法的结果。

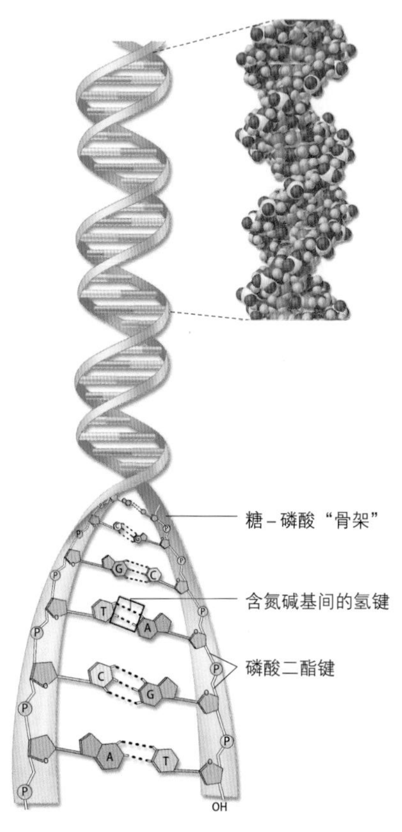

图3.9　DNA的双螺旋结构

DNA分子由两条多聚核苷酸链组成，它们相互缠绕形成双螺旋结构。双螺旋的两条链通过A-T和G-C碱基对间的氢键而结合。右上方的DNA片段是DNA的填充模型，其中所有原子都用不同颜色的球表示。

关键学习成果　3.3

核酸，如DNA，由核苷酸的长链组成。核苷酸的顺序决定蛋白质中氨基酸的顺序。

① 若考虑DNA片段的方向性，此条互补链的顺序由5′端到3′端应为ATGCAAT。——译者注

DNA结构的发现

到20世纪中期，生物学家才逐渐确信DNA是储存遗传信息的分子，但是研究人员很困惑，这种看起来很简单的分子是如何执行这种复杂的功能的。

“二战”结束后不久，化学家埃尔文·查伽夫（Erwin Chargaff）有了重要发现。他注意到DNA分子中，腺嘌呤A的数量总是等于胸腺嘧啶T的数量，而鸟嘌呤G的数量总是等于胞嘧啶C的数量。这一发现（A=T，G=C）叫作查伽夫定理（Chargaff’s rule），明显表明了DNA具有规则的结构，可惜他并没有揭示这个结构是什么。

查伽夫指出的规则的重要性并没有立刻显现，但在1950年，英国化学家莫里斯·威尔金斯（Maurice Wilkins）对DNA进行了第一次X射线衍射实验时，它们就很清楚了。在X射线衍射中，一个分子被一束X射线轰击。当单个射线遇到原子时，它们的路径被弯曲或衍射，衍射图案被记录在摄影胶片上。这种图案类似于把一块岩石扔进一个光滑的湖面所产生的涟漪。经过仔细分析，一个分子的模式可以揭示关于分子的三维结构的信息。

X射线衍射最适用于那些可以制备成完全规则的晶体阵列的物质，比如食盐。威尔金斯面临的问题是，无法获得真正的天然DNA晶体进行分析。但威尔金斯能够弄清楚如何获得均匀定向的DNA纤维。利用它们，他获得了第一张原始DNA的X射线衍射图像，并于1950年发表，表明DNA分子具有一种称为螺旋的结构。

威尔金斯在1951年把实验工作交给了新的博士后罗莎琳德·富兰克林（Rosalind Franklin），她能显著提高DNA衍射图像的质量。1953年1月，威尔金斯将富兰克林在一年前拍摄的一张DNA衍射照片展示给了一位实验室访客——剑桥大学的美国博士后詹姆斯·沃森（James Watson）。照片非常清晰，以至于沃森能够立即推断出螺旋的直径！

他和另一位博士后弗朗西斯·克里克（Francis Crick）冲回剑桥，开始建立一个类似于这个直径的DNA螺旋模型，并迅速找出DNA分子可能的结构。

认识DNA结构的关键是沃森和克里克洞悉了每个DNA分子实际上都由两条交织在一起的核苷酸链组成，形成相互缠绕的双螺旋结构。

沃森和克里克在1953年搭建的有历史意义的模型中，每个DNA分子都由两条互补的多聚核苷酸链组成，两者形成双螺旋，碱基伸向螺旋的内侧。常把它比喻为螺旋式楼梯，楼梯的扶手就像双螺旋的两条链。

什么使两条链结合在一起？沃森和克里克认为两条链的碱基相互之间能形成氢键，从而使两条互补链结合在一起。尽管每个碱基对的能量很小，但是许许多多碱基对能量的总和就足以使DNA分子保持稳定了。再回到螺旋式楼梯这个比喻上，骨架好比是扶手，碱基对就好比是一级级的阶梯。

由于一些特定原子的大小和位置的不同，在这样的双螺旋结构中，只可能存在两种氢键配对形式：腺嘌呤（A）能与胸腺嘧啶（T）形成氢键；鸟嘌呤（G）能与胞嘧啶（C）形成氢键。因此，沃森-克里克的模型，以非常直观和简明的方式，解释了直到当时仍是DNA最神秘的谜团之一，也就是查伽夫的发现——在所有DNA分子中，腺嘌呤和胸腺嘧啶的比例总是相同的，鸟嘌呤和胞嘧啶也是如此。

沃森-克里克的DNA模型的核心看起来很简单却影响深远。因为只可能有两种碱基对，所以如果我们知道一条链的碱基顺序，自然也就知道了另一条链的碱基顺序。只要一条链上有一个A，另一条链上就会有一个T；只要一条链上有个G，另一条链上必定有个C。这种镜像关系的概念被称为互补（complementarity）。你会发现它的重要性：如果可能存在两种以上的碱基对，那么即使已知一条链的碱基顺序，我们也不能确定另一条链的碱基顺序。正是这种基本的洞察力使得沃森和克里克的发现成为20世纪最伟大的发现之一。

威尔金斯、沃森和克里克在1962年被授予诺贝尔奖。

3.4 碳水化合物

碳水化合物（carbohydrate）是多聚物，它们组成了细胞的结构框架，并在储存能量方面发挥重要作用。所有碳水化合物都有碳、氢、氧，三者比例为1∶2∶1。因为它们拥有许多碳—氢（C—H）键，所以碳水化合物非常适合于储存能量。这种C—H键的断裂最常被生物体用于获取能量。表3.3列举了一些碳水化合物的例子。

简单的碳水化合物

学习目标3.4.1　双糖是怎么形成的

最简单的碳水化合物是**单糖**［simple sugar或称monosaccharide，来源于希腊语“monos”（单个的）和“saccharon”（甜的）］。这些分子只由一个亚基组成。例如，葡萄糖，这种糖为人体细胞提供能量，它由一条包含六个碳的链组成，化学式为$C_6H_{12}O_6$（图3.10）。当它被置于水中时，如图的右下所示，

表 3.3　碳水化合物及其功能

碳水化合物	说明
运输作用的双糖	
乳糖	在一些生物体内，葡萄糖是以双糖的形式运输的。以这种形式，它很少会被代谢掉，因为生物体内正常的利用葡萄糖的酶不能断裂连接两个单糖的化学键。有种双糖叫乳糖。许多哺乳动物就以乳糖这种形式给子代提供能量，乳糖存在于牛奶中。
蔗糖	另一种起运输作用的双糖是蔗糖。许多植物在体内以蔗糖这种形式运输葡萄糖。从甘蔗中能收获蔗糖用于制成食糖。
储存作用的多糖	
淀粉	生物体将能量储存在多糖中，它是由许多葡萄糖分子组成的链状结构。糖链在水中会卷曲，使糖变得不溶于水，适合储存。植物中起储存作用的多糖是淀粉，有的有分支，有的没有分支。淀粉存在于土豆和谷物中，如玉米和小麦。
糖原 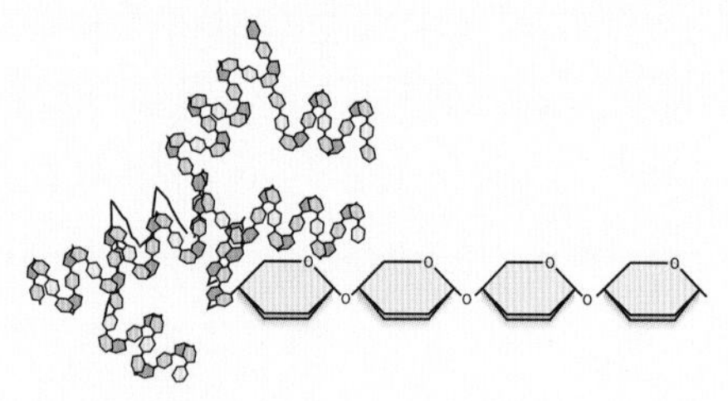	动物体内，葡萄糖是以糖原的形式储存的。糖原与淀粉结构类似，都是由葡萄糖链组成的。它的糖链在水中会卷曲，糖原也是不溶于水的。 但是糖原的糖链更长，分支更多。糖原储存在肌肉和肝脏中。
结构作用的多糖	
纤维素 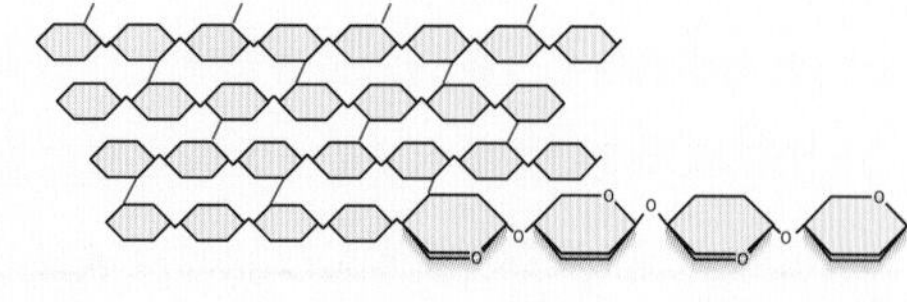	纤维素是一种结构多糖，存在于植物的细胞壁中。它的葡萄糖亚单位的连接方式不会被轻易断裂。纤维素中葡萄糖亚基的连接需要一种酶，大多数生物体缺乏这种酶。一些动物，如牛，能消化纤维素，是因为寄居于它们消化道内的细菌和原生生物提供了这类必需的酶。
几丁质 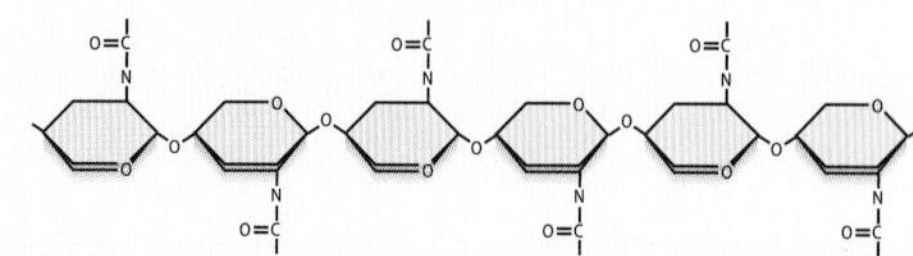	几丁质是一种结构多糖，见于许多无脊椎动物包括昆虫和甲壳纲动物的外骨骼，以及真菌的细胞壁中。几丁质是经过修饰的纤维素，一类含氮基团结合到了葡萄糖亚基上。当与蛋白质发生交联时，它会形成一种坚固、极具抗性的表面物质。

这条链就会折叠形成环状结构。如图的左下所见，“3D”填充模型显示了每个原子。另一类简单的碳水化合物是**双糖**（disaccharide），它是由两个单糖通过脱水反应连接而成的。在图3.11，你能看到双糖，蔗糖（食糖）是由两个六碳糖，即一个葡萄糖（橙色）和一个果糖（绿色），连接而成的。

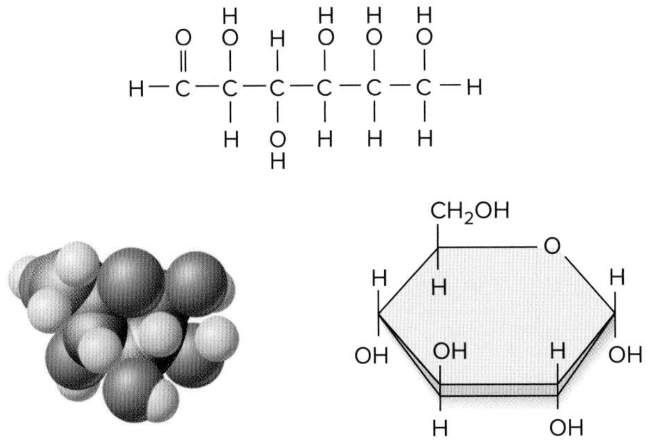

图3.10　葡萄糖的结构

葡萄糖是一种单糖，是六个碳组成的链式分子。在水中，它会形成环状结构。这张插图显示了能表示葡萄糖的三种方式。

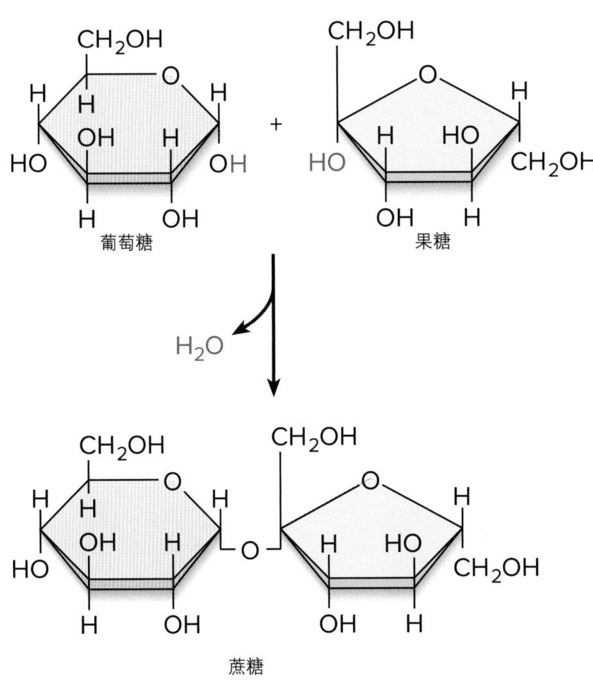

图3.11　蔗糖的形成

蔗糖是双糖，它是葡萄糖和果糖通过脱水形成的。

复杂的碳水化合物

学习目标3.4.2　为什么你不能消化纤维素，而白蚁能

为储存代谢能，生物体将可溶性的糖，转变成为不溶性的糖，储存在体内特殊的储能部位。诀窍在于将单糖连接形成长的多聚链，称为**多糖**（polysaccharide）。植物和动物将能量储存在由葡萄糖组成的多糖中。植物用以储存能量的由葡萄糖组成的多糖叫作**淀粉**（starch）。动物体内，能量被储存在**糖原**（glycogen）中。糖原是一种不溶性大分子，是由葡萄糖组成的有高度支化的多糖。

植物和动物还用葡萄糖链作为构建材料，它们是将亚基以不同的形式连接而成的，这种形式不能被大多数酶识别。这些结构多糖包括动物中的**几丁质**（chitin）和植物中的**纤维素**（cellulose）。纤维素沉积在植物细胞的细胞壁中，如图3.12所示的纤维素链，不能被人消化利用，它们成为我们食物中的膳食纤维。

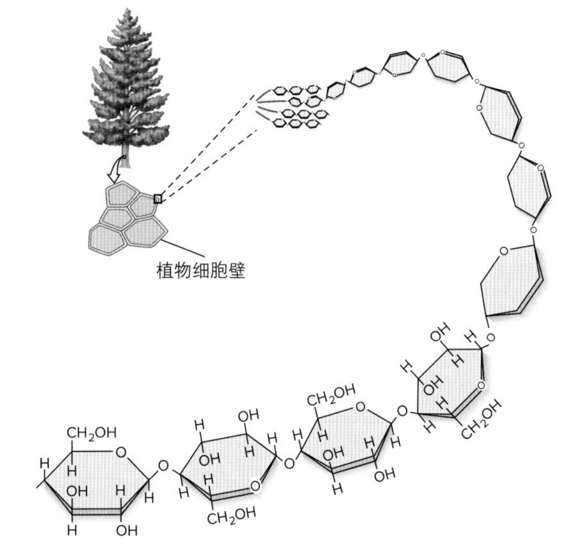

图3.12　多糖：纤维素

多糖纤维素存在于植物细胞的细胞壁中，由葡萄糖亚基组成。

关键学习成果　3.4

碳水化合物是由C、H和O组成的分子。糖将能量储存在C—H键内，且多糖链能提供结构支撑。

3.5 脂质

为了能量的长期储存，生物体通常会将葡萄糖变成脂肪。脂肪是另一种储存能量的分子，它比碳水化合物富含更多C—H键。脂肪和其他所有不溶于水但溶于油的生物分子，统称**脂质**（lipid）。脂质不溶于水，不是因为它们有像淀粉一样的长链，而是因为它们是非极性的。因为它们不能与水分子形成氢键，所以脂肪分子在水中会聚集在一起。这就是为什么当两者混合时，水面上会浮着一层油。

脂肪

学习目标3.5.1　区分饱和脂肪与不饱和脂肪，解释为什么一种是固态的，另一种是液态的

脂肪分子属于脂质，由两种亚基组成：脂肪酸［图3.13（a）中灰色框中的结构］和甘油（橙色框中的结构）。**脂肪酸**（fatty acid）是一条碳氢原子（称为烃）组成的长链，末端为羧基（—COOH）。甘油的三个碳构成了基本骨架。三分子脂肪酸通过脱水反应附着在骨架上，形成脂肪分子。这也是为什么图3.13（a）中脂肪酸的羧基看不出；它们与甘油形成了化学键。因为有三个脂肪酸，所以脂肪分子常被称为三酰甘油（triacylglycerol），或**甘油三酯**（triglyceride）。

由于脂肪酸内部所有碳原子都与两个氢原子形成共价键，所以它们有最多数量的氢原子。这些脂肪酸组成的脂肪被称为是**饱和的**（saturated）［图3.13（b）］。室温条件下，饱和脂肪是固态的。另外，有的脂肪酸内的一对或一对以上碳原子之间会形成双键，它们的氢原子没达到最多数量，这些脂肪酸组成的脂肪被称为**不饱和的**（unsaturated）［图3.13（c）］。双键会造成脂肪酸尾部弯折，这使不饱和脂肪在室温下呈液态。许多植物脂肪是不饱和的，以油的形式呈现。相反，动物脂肪通常是饱和的，以固体脂肪呈现。有些情况下，食品中的不饱和脂肪可能会被人工氢化（加氢），变成饱和脂肪，以延长这些食品的保质期。有些情况下，氢化反应会产生反式脂肪，一类不饱和脂肪，但与天然的不饱和脂肪相比，这种脂肪的一些双键不会那么弯折。食用反式脂肪和饱和脂肪可能会增加患心脏病的风险。

其他脂质

学习目标3.5.2　解释为什么磷脂有极性而甘油三酯没有

生物体内还存在其他脂质，除储存能量外，它们在细胞内还有许多其他的作用。雄性和雌性的性激素睾酮和雌二醇也是脂质，被称为类固醇。与图3.13中的脂肪结构不同，类固醇有多个环状结构，

甘油骨架

脂肪酸

（a）脂肪分子（三酰甘油）

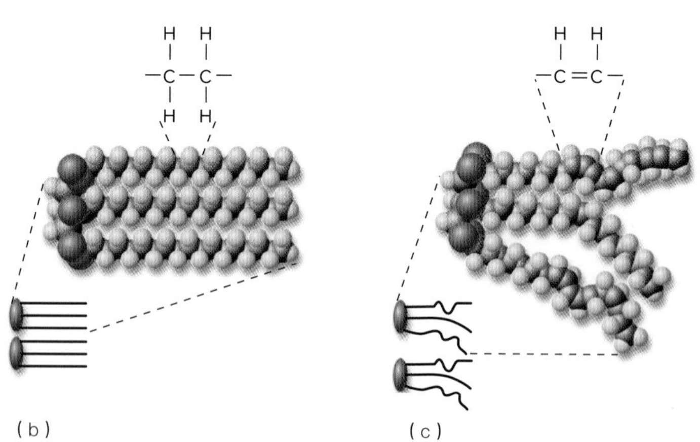

（b）

（c）

图3.13　饱和脂肪与不饱和脂肪

（a）每个脂肪分子有一个三个碳的甘油，结合三条脂肪酸的尾巴。（b）大多数动物脂肪是“饱和的”（每个碳原子结合最多的氢）。它们的脂肪酸链挨得很近，这些三酰甘油形成不能运动的链条，被称为固态脂肪。（c）大多数植物脂肪是不饱和的，它们避免了三酰甘油之间的密切作用，形成了油。

体育运动中的合成代谢类固醇

最近这些年，脂质中最臭名昭著的是一类合成激素，即通常所知的合成代谢类固醇。自20世纪50年代起，一些运动员就开始服用这些药物增强肌肉，以提高运动成绩。出于运动公平性和健康因素的考虑，数十年来体育运动中禁止使用合成代谢类固醇。关于职业棒球比赛中使用合成代谢类固醇的争议，最近又登上了美国新闻媒体的头条。

在20世纪30年代，为治疗性腺机能减退，科学家成功研制出了合成代谢类固醇。这种病的患者，睾丸不能产生足量的激素睾酮，无法进行正常的生长和性发育。科学家很快发现，略微改变睾酮的化学结构，就能生成人工合成物，用以促进实验动物的骨骼肌生长。合成代谢的意思是指生长或构建。进一步的修饰降低了这些药物在治疗性发育中产生的副作用。合成的不同种类的合成代谢类固醇超过100种，其中大多数注射后都有效。在美国，必须有处方才能合法使用这些药物，而在职业的、大学的和高中的体育比赛中，它们都被禁止使用。

另一种提高人体睾酮水平的方法是使用一种化合物，它本身不能促进合成代谢，但是人体能将它转变为睾酮。有一种物质是雄烯二酮，通常称为“安卓尔”（andro）。它最早出现于20世纪70年代，东德科学家为提高运动员的奥运成绩而合成了这种物质。因为安卓尔没有合成代谢类固醇的副作用，所以直到2004年它才被禁用。棒球强击手马克·麦奎尔（Mark McGwire）就曾使用过它，但是现在所有体育运动都禁止使用了，而且拥有安卓尔构成美国联邦犯罪行为。

合成代谢类固醇的作用是使肌肉细胞合成更多蛋白质。它们会结合肌肉组织细胞内的特殊“雄性激素受体”蛋白。就像是用拨火棍拨动这些蛋白质，这种结合促使受体发挥作用，活化细胞染色体上合成肌肉蛋白质的基因。同时，合成代谢类固醇分子会结合细胞内被称为“皮质醇受体”的蛋白质，使这些受体不能发挥作用分解蛋白质，而这是肌肉细胞抑制炎症、促进锻炼时利用蛋白质产生能量的方式。在锻炼过后，通过增加肌肉组织中蛋白质的合成，抑制蛋白质的分解，合成代谢类固醇会显著增加运动员肌肉组织的量。

即使合成代谢类固醇对人体造成的唯一影响是增加运动员的肌肉量，提高运动员的成绩，使用它们也是不对的，有一个非常简单但重要的理由，那就是公平。为了在比赛中取得优势而偷偷使用合成代谢类固醇——“兴奋剂”——明显就是欺骗。这也是在体育运动中禁止使用这些药物的原因。

运动员或其他人使用合成代谢类固醇不仅是错误的，而且还是违法的，因为增加肌肉量并不是这些药物的唯一作用。对青少年，合成代谢类固醇还会导致青春期生长突增的过早终止，所以与不用这类药物的青少年相比，他们的余生都会比较矮。这些药物对青少年和运动员会造成以下几方面的影响。它们会导致致命的肝脏囊肿和肝癌（肝脏是人体内的解毒器官）、胆固醇水平的变化、高血压（这种因素会导致心脏病和中风）与痤疮。它们对男性的影响还包括睾丸变小、秃顶和乳房发育。对于女性，影响包括面部毛发生长、声音沙哑和月经中断。

2003年秋，体育组织获悉部分运动员在使用一种新型合成代谢类固醇，四氢孕三烯酮（THG），用标准的反兴奋剂化验无法将其检测出来。由于一位匿名的教练员给美国反兴奋剂官员寄送了一支用过的注射器，THG的使用才被发现。THG的化学结构类似于孕三烯酮，而这种药物常用于治疗一种盆腔炎。只要在孕三烯酮上添加四个氢原子就能形成THG，而这个化学反应是很容易实现的。对待测样品用标准的方法进行预处理的过程中，THG就会发生裂解，这就解释了为什么反兴奋剂化验检测不出。2004年针对THG开发了新的尿检法，用这种方法已经抓获了数位知名运动员。奥运运动员马里昂·琼斯（Marion Jones）和棒球强击手亚历克斯·罗德里格斯（Alex Rodriguez）、巴里·邦兹（Barry Bonds）和马克·麦奎尔都卷入了使用这种类固醇的丑闻。

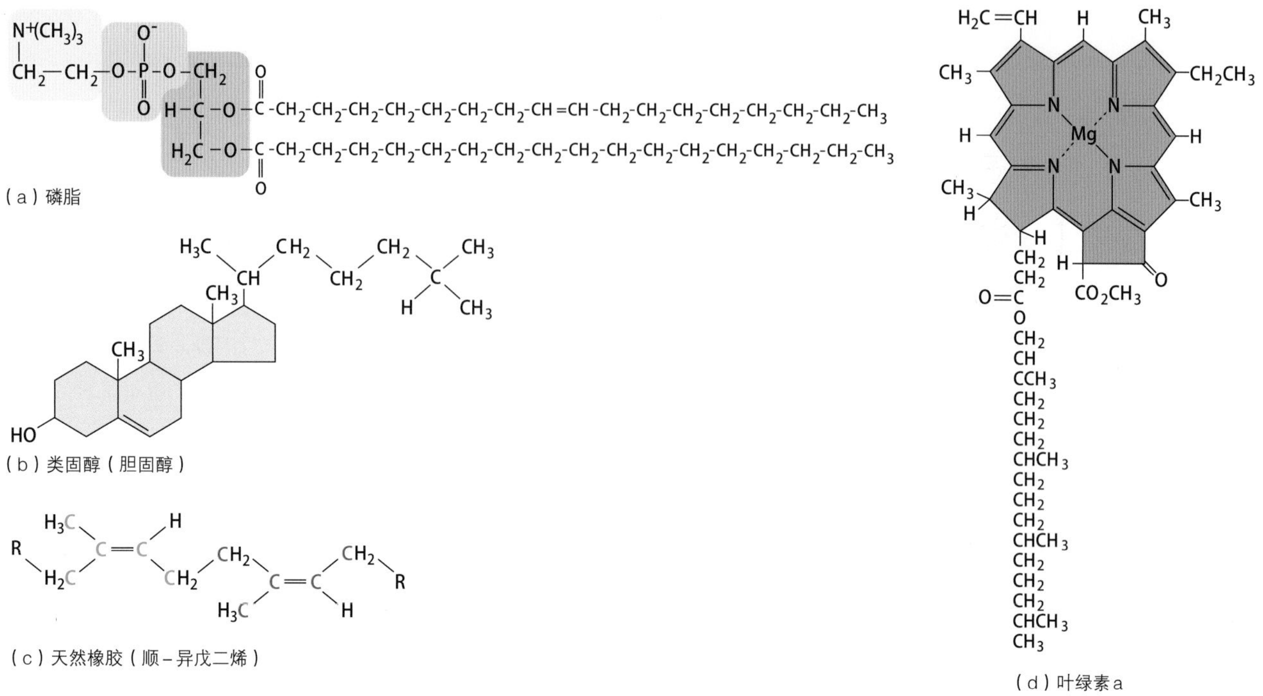

（a）磷脂

（b）类固醇（胆固醇）

（c）天然橡胶（顺-异戊二烯）

（d）叶绿素a

图3.14　几种脂质分子

（a）磷脂与脂肪分子结构相似，除了一个脂肪酸被一个极性基团取代，它通过磷酸基团结合到甘油分子上。（b）类固醇如胆固醇，是有复杂环状结构的脂质。（c）天然橡胶是以有五个碳的异戊二烯为基本结构单位的线性多聚物（图中显示了两个异戊二烯单位；一个单位的碳用绿色表示，另一单位的用红色表示）。橡胶是由来自橡胶树的乳胶制成的，能用于很多产品，如汽车轮胎。（d）叶绿素a有一个多环区域和一条长的烃链。叶绿素是光合作用中的主要色素，并且正是它才使叶子呈现绿色的。

看起来有点像是铁丝网的一部分。其他重要的脂质包括磷脂、胆固醇（也是类固醇）、橡胶、蜡质和色素，如使植物表现绿色的叶绿素和你眼睛用以感光的视黄醛（图3.14）。

如果你看图3.15，你就会发现有两种脂质：磷脂分子和胆固醇。它们参与构成细胞膜，而细胞膜是包围人体细胞的结构。磷脂是修饰过的三酰甘油，其中甘油骨架上的一个碳与磷酸基团而不是与第三个脂肪酸形成化学键［比较图3.13（a）和3.14（a）］。这使得整个分子的结构带有一个极性头和两条非极性尾。在水中，所有磷脂的非极性尾通过疏水作用聚集在一起。这种相互作用导致磷脂分子的非极性尾朝向内，并形成两层——脂双层。所有生物膜，包括围绕细胞的细胞膜和细胞内存在的膜，都有这种结构。大多数动物细胞膜还存在胆固醇，一种由四个碳环组成的脂质［图3.14（b）所示］。胆固醇有助于膜保持流动性。但是摄入过量的饱和脂肪会导致血管内形成胆固醇的斑块，这会造成栓塞、高血压、中风和心脏病。生物膜会在第4章详细讨论。

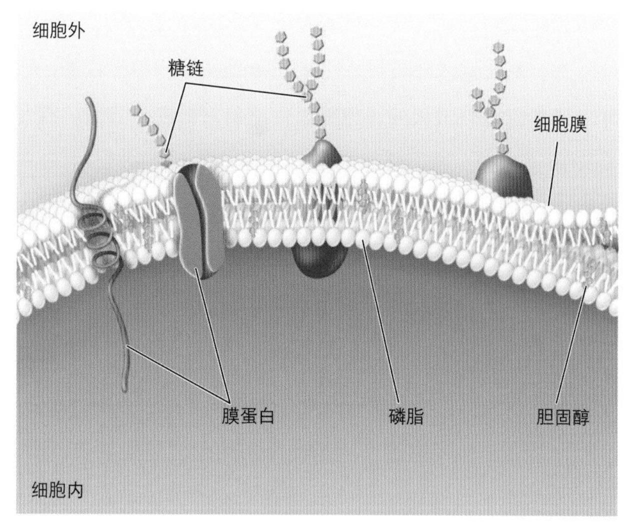

图3.15　脂质是生物膜的重要成分

脂质是人体内一种最常见的分子，因为人体的10万亿个细胞的细胞膜大部分是由叫作磷脂的脂质组成的。膜内还存在胆固醇，这是另一种脂质。

关键学习成果　3.5

脂质不溶于水。脂肪含有储存能量的脂肪酸长链。其他脂质包括磷脂、类固醇。

调查与分析
INQUIRY & ANALYSIS

pH值如何影响蛋白质的功能？

如右图所示，红细胞把氧气运输到身体各个部分。这些细胞都是红色的，是因为其中充满着一种含铁的大分子蛋白质，叫作血红蛋白（hemoglobin）。每个血红蛋白内的铁原子为氧气分子提供了一个位置，使其能结合到蛋白质上。在肺部，当氧气水平很高时，氧原子与血红蛋白牢固结合，细胞内的大部分血红蛋白分子都有结合的氧原子。在机体组织，当氧气水平较低时，血红蛋白与氧原子结合就不那么牢固了，这导致血红蛋白向组织释放氧原子。是什么导致了肺部和组织在结合和释放氧气方面的这种差异？氧浓度并不是导致这种差异的唯一因素。例如，肺部和机体组织处的血液的pH值也是不同的（pH值用以度量溶液所含H^+浓度）。组织处略酸（它们有更多的H^+和更低的pH值），因为它们的代谢活动会向血液中释放CO_2，这里你可以回忆第2章，CO_2会迅速转变成碳酸。

右侧图表所示的是“氧离曲线”，它显示了血红蛋白结合氧气的效力。在血红蛋白满负荷之前，结合的效力越高，需要的氧气越少。随着逐渐远离左侧，氧离曲线也在发生变化。为了评估pH值对此过程的影响，图中绘制了三种不同血液pH值条件下的氧离曲线。在该图表中，x轴表示血液中的氧水平，y轴表示每个数据对应的饱和血红蛋白的百分数[a%，或称百分比，即分数的分子为a（上部），分数的分母（下部）是100——此处就是氧合血红蛋白比例的度量]。解离曲线在7.6、7.4和7.2三个pH值水平重复，这三个水平正好分别对应静息、活动和高强度运动三种情况下肌肉组织的血液的pH值。

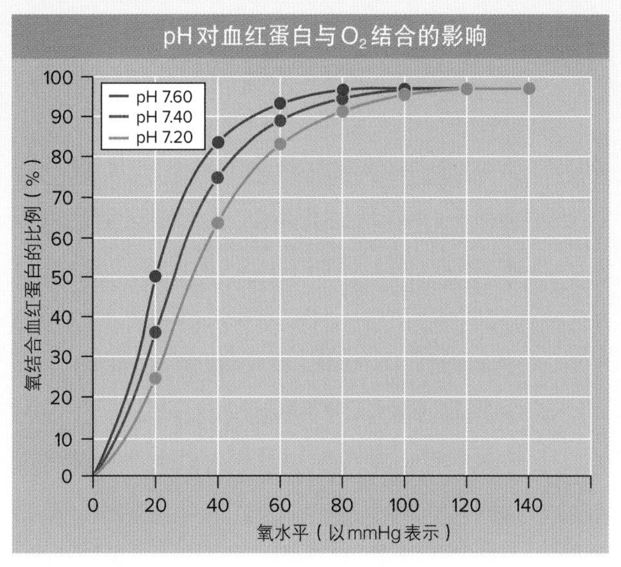

分析

1. **应用概念**

   a．**变量**　图表中，因变量是什么？

   b．**浓度**　三种pH值中，哪个表示氢离子浓度最高？（一种物质的浓度是一定体积下的这种物质的数量。）与其他两个值相比，这个值表示酸性更强还是碱性更强？

2. **解读数据**

   a．饱和情况下，三种pH浓度条件下氧水平为20mmHg、40mmHg、60mmHg时结合O_2的血红蛋白的百分比分别是多少？

   b．关于血液中氧水平（测量氧分压，以mmHg表示）对氧与血红蛋白结合的影响可以得出一个什么普遍性结论？

   c．在高氧水平下，三种pH的血红蛋白的饱和程度是否有明显不同？

3. **进行推断**　在氧水平为40mmHg条件下，血红蛋白与氧在pH值7.8和7.0的情况下结合会更牢固吗？

4. **得出结论**　pH如何影响氧从血红蛋白上的释放？

5. **进一步分析**

   a．二氧化碳会降低血液pH。预测当血液循环经过机体组织时，二氧化碳会进入血液，这会对血红蛋白结合氧气产生什么影响？

   b．在肺部，氧水平很高，而二氧化碳离开血液，被呼出体外，导致血液中二氧化碳水平较低。预测这种条件会对血红蛋白结合氧气产生什么影响。

本章回顾

Reviewing What You Have Learned

大分子的形成

由单体组成的多聚物

3.1.1 生物体能合成有机大分子，它们是大的碳基分子。这些分子的化学性质是由与碳核结合的独特的功能基团决定的。

3.1.2 大分子通过脱水反应形成［图3.3（a）］，其中称为单体的分子亚基通过共价键连接在一起。这种反应称为脱水反应，因为反应中会形成水分子。

- 大分子的裂解涉及一种水解反应，这种情况下，水分子被分解成H^+和OH^-。这些离子破坏了连接单体的共价键，导致共价键断裂。
- 以氨基酸为亚基连接形成多肽。核苷酸单体连接形成核酸。单糖亚基连接形成碳水化合物。脂肪酸是形成一种叫脂肪的脂质的单体。

大分子的类型

蛋白质

3.2.1 蛋白质是大分子，在细胞内发挥多种功能。它们通过连接氨基酸亚基形成，这些氨基酸会形成多肽链。

- 组成蛋白质的氨基酸有20种。所有氨基酸都有相同的基本核心结构。它们的不同取决于与核心结合的功能基团。功能基团叫作R基团，赋予氨基酸独特的化学性质。

3.2.2 氨基酸通过肽键这种共价键连接在一起。

3.2.3 多肽链中氨基酸的排列顺序是蛋白质的一级结构。氨基酸链能缠绕形成二级结构，氢键使多肽链形成卷曲的形态叫α－螺旋；形成片层的，叫β－折叠片层。多肽链经进一步弯曲和折叠形成三级结构。当两条或两条以上的多肽链形成蛋白质时，这些多肽链亚基之间的相互作用就形成了蛋白质的四级结构。

3.2.4 环境的变化会破坏氢键，导致蛋白质去折叠，这个过程称为变性。

3.2.5 如果发生变性，球状蛋白就不能发挥作用。蛋白质的结构决定它的功能。

3.2.6 分子伴侣性蛋白质辅助氨基酸链折叠形成正确的结构。

3.2.7 一些疾病就是由错误折叠而失去功能的蛋白质导致的。

核酸

3.3.1 核酸，如DNA和RNA，是核苷酸组成的长链。核苷酸由3部分组成：一个五碳糖、一个磷酸基团和一个含氮碱基。DNA和RNA作为细胞中储存信息的分子，储存着用于合成蛋白质的必需信息。这种信息是由核苷酸的不同排列顺序编码的。

3.3.2 DNA和RNA的化学组成不同，DNA中的糖是脱氧核糖，而RNA中的是核糖。DNA中的含氮碱基是胞嘧啶、腺嘌呤、鸟嘌呤和胸腺嘧啶，而RNA中除尿嘧啶替代胸腺嘧啶外，其他都一样。

- DNA和RNA的结构也不相同。DNA有两条相互缠绕的核苷酸链，称为双螺旋。RNA，如图3.8，是一条核苷酸单链。

3.3.3 DNA双螺旋的两条核苷酸链通过含氮碱基之间高度定向的氢键结合而成：腺嘌呤（A）配对胸腺嘧啶（T），而胞嘧啶（C）配对鸟嘌呤（G）。

碳水化合物

3.4.1 碳水化合物，又叫作糖，是一类大分子，在细胞内有两种重要的作用：结构支架和能量储存。

- 仅有一个单体组成的碳水化合物就叫单糖（图3.10）。由单体组成的长链碳水化合物就叫复杂的糖或称多糖。

3.4.2 多糖如淀粉和糖原是细胞内储存能量的形式。纤维素和几丁质等碳水化合物不能被大多数生物体消化，起到维持结构完整的作用。

脂质

3.5.1 脂质是非极性分子，所以不溶于水。脂肪，用于长期储存能量，分为饱和脂肪（图3.13）和不饱和脂肪。饱和脂肪在室温下是固态的，存在于动物体内；而不饱和脂肪在室温下是液态的（油），存在于植物体内。

3.5.2 其他脂质包括类固醇（包括性激素和胆固醇）、橡胶和色素（如叶绿素）。它们的结构差别很大，功能也各不相同。所有细胞都被细胞膜围绕着，也叫脂双层，它由两层磷脂分子组成。磷脂可视为修饰过的脂肪分子，有很强的极性。

本章测验

Test Your Understanding

3.1.1 四类有机大分子是______。

a.羟基、羧基、氨基、磷酸

b.蛋白质、碳水化合物、脂质、核酸

c.DNA、RNA、单糖、氨基酸

d.碳、氢、氧、氮

3.1.2 有机分子是由单体组成的。下列哪个不是有机分子的单体？

a.氨基酸　　c.多肽

b.单糖　　d.核苷酸

3.2.1（1）人体内存在着许多不同种类的蛋白质。每一类蛋白质都有不同的氨基酸排列顺序，这决定了它特殊的______和特殊的______。

a.数量，重量　　c.长度，质量

b.结构，功能　　d.电荷，pH

3.2.1（2）一个肽键形成于______。

a.脱去一分子水　　c.两个氨基酸之间

b.脱水反应　　d.以上都对

3.2.2（1）脱水反应中，水______。

a.从蛋白质上脱去　　c.被添加到氨基酸上

b.被添加到蛋白质上　　d.从氨基酸上脱去

3.2.2（2）分解由14个氨基酸组成的多肽需要消耗多少分子水？

3.2.3（1）蛋白质的四个结构水平不包括______。

a.一级结构　　c.四级结构

b.三级结构　　d.二进制

3.2.3（2）下列哪个氨基酸会出现在球状蛋白质内部？

a.天冬酰胺　　c.天冬氨酸

b.苯丙氨酸　　d.极性氨基酸

3.2.4（1）蛋白质的变性主要由______导致。

a.催化反应　　c.加热

b.冷却　　d.缓冲作用

3.2.4（2）热变性的单体蛋白质会失去______。

a.一级结构　　c.氨基酸结构

b.二级结构　　d.四级结构

3.2.5（1）下列哪个不是结构蛋白质的功能？

a.催化作用　　c.肌肉收缩

b.决定形态　　d.结构强度

3.2.5（2）催化反应是______。

a.恢复二级结构　　c.蛋白质膨胀

b.变性的逆过程　　d.加速化学反应

3.2.6 如果蛋白质的一级结构决定它的三级结构，进而决定它的功能，为什么它还需要分子伴侣性蛋白质才能正确折叠？

3.2.7 朊粒是______。

a.动物病毒　　c.错误折叠的蛋白质

b.裸露的DNA分子　　d.质粒

3.3.1（1）核酸______。

a.是我们体内的能量来源

b.作用于其他分子，使它们裂解

c.只存在于体内一些特殊部位

d.是机体细胞信息储存的物质

3.3.1（2）核苷酸由下列结构组成，但是不包括______。

a.五碳糖　　c.含氮碱基

b.六碳糖　　d.磷酸基团

3.3.2（1）哪种碳水化合物参与组成RNA分子？

a.半乳糖　　c.脱氧核糖

b.核糖　　d.葡萄糖

3.3.2（2）细胞内存在的DNA是有两条链的双链分子，而RNA由非常类似的核苷酸以相同的方式连接而成，却没有在细胞内形成双链。为什么不能呢？如果你把互补的单链RNA放入试管内，它们会自发形成双链分子吗？

3.3.3（1）DNA分子的两条链通过核苷酸的碱基之间形成的氢键结合在一起。关于DNA中的碱基对，下列哪种描述最准确？

a.腺嘌呤与胸腺嘧啶形成氢键

b.腺嘌呤与胞嘧啶形成氢键

c.胞嘧啶与胸腺嘧啶形成氢键

d.鸟嘌呤与腺嘌呤形成氢键

3.3.3（2）DNA双螺旋的一条链的顺序是TAACGTA，双螺旋中它的互补链的顺序一定是______。

a.TAACGTA　　c.ATTGCAT

b.ATGCAAT　　d.TACGTTA

3.4.1（1）碳水化合物能用于______。

a.结构和能量　　c.信息储存

b.脂肪储存和头发生长　　d.激素和酶

3.4.1（2）碳水化合物分子中的碳、氢、氧的比例是______。

a.2∶1∶2　　c.1∶2∶1

b.1∶1∶1　　d.1∶2∶2

3.4.2（1）下列哪种碳水化合物不存在于植物中？

a.糖原　　c.纤维素

b.淀粉　　d.以上三种在植物中都存在

3.4.2（2）人体细胞中存在的淀粉酶能断裂淀粉中的葡萄糖单位之间的化学键，但是它不能断裂纤维素中的葡萄糖单位之间的化学键。解释为什么同样的酶能分解淀粉而不能分解纤维素。

3.5.1（1）脂肪分子的共性是它们______。

a.拥有C—H键长链　　c.有一个甘油的骨架

b.不溶于水　　d.以上都是脂肪的性质

3.5.1（2）饱和的动物脂肪与不饱和脂肪的区别在于______。

a.室温下是固态的　　c.有三分子脂肪酸

b.不溶于水　　d.脂肪酸链中存在双键

3.5.2（1）脂质可用于______。

a.运动与防御　　c.能量储存与一些激素

b.信息储存　　d.酶与一些激素

3.5.2（2）与磷脂不同，胆固醇有______。

a.一个甘油的骨架　　c.一个多环结构

b.一个极性磷酸基团　　d.不饱和脂肪酸链

第 2 单元　活细胞

学习目标

细胞世界

4.1　细胞
1　细胞学说
2　为什么大部分细胞都很小
3　如何才能观察到单个的细胞

4.2　质膜
1　为什么脂双层能自发形成
2　蛋白质如何锚定在质膜上

深度观察　水分子如何穿越质膜

细胞的类型

4.3　原核细胞
1　原核细胞的内部结构

4.4　真核细胞
1　列举真核细胞特有的细胞器

今日生物学　膜缺陷会导致疾病

真核细胞之旅

4.5　细胞核：细胞的调控中心
1　细胞核的两个功能

4.6　内膜系统
1　内膜系统的四类主要结构的功能

4.7　有 DNA 的细胞器
1　线粒体的内部结构
2　叶绿体的内部结构
3　解释内共生理论，评价支持这个理论的证据

4.8　细胞骨架：细胞的内部支架
1　组成细胞骨架的蛋白质纤维
2　为什么一些科学家认为中心粒起源于内共生
3　定义液泡
4　动物细胞如何从一个位置移动到另一个位置
5　真核细胞如何在细胞质内运输物质

4.9　质膜之外
1　比较动物细胞、植物细胞和原生生物细胞的外部结构
2　细胞外基质中的糖蛋白和整合素的功能

跨膜运输

4.10　扩散
1　为什么扩散是顺浓度梯度的
2　定义选择通透性
3　为什么氧气扩散通过质膜受细胞内 O_2 浓度而不是 CO_2 浓度的影响
4　影响扩散速率的因素

4.11　易化扩散
1　为什么易化扩散能达到饱和，而扩散不会

4.12　渗透
1　定义渗透
2　比较静水压和渗透压
3　讨论生物体维持渗透平衡的三种方式

4.13　进出细胞的大通道
1　胞吞作用
2　比较吞噬作用和胞饮作用
3　为什么受体介导的胞吞作用有特异性

4.14　主动运输
1　主动运输的定义，ATP 为钠－钾泵供能的作用

调查与分析　为什么细胞处理受损蛋白质要消耗能量？

细胞

长颈虫只是一滴池水中生活着的数百种生物中的一种，它非常小，仅用肉眼无法看到。长颈虫必须依靠这个微小的细胞机器来维持生存，繁衍生息。就像你用腿四处走动，长颈虫用表面的头发丝样的推进器（纤毛），推动自己在水中移动。就像你的大脑是人体的控制中心，长颈虫内部有个区域叫细胞核，它控制着这个复杂而活跃的细胞的所有活动。长颈虫没有口，但是它能摄入食物颗粒，其他分子能穿越它的表面。这种丁字形的原生生物能进行复杂的生命活动，因为它的内部被细分为各个区室，每个区室执行不同的功能。功能的特化是这种细胞内部的特点，是细胞的重要组织方式，这种组织方式是所有真核细胞共有的。

4.1 细胞

竖起你的手指，近距离观察一下。你看到了什么？皮肤。它看起来很结实，也很光滑，有纹状褶皱，触碰有弹性。但是如果你能取一小部分，放在显微镜下观察，它看起来就完全不一样了——密布着一层微小的、形状不规则的结构，就像是地板上的瓷砖。图4.1带你进入指尖游览一番。你在小图❸、❹见到的密布的结构就是皮肤细胞，就像是地板上的瓷砖一样排布着。如果你的旅行继续深入，你就会进入其中的一个细胞内，可以看到很多细胞器，它们是细胞执行特殊功能的结构。再进一步深入，你就会遇到构成细胞的分子，最终是小图❽、❾中的原子。虽然有些生物只由单个细胞组成，但是你的身体却由很多细胞组成。一个人的细胞的数量多如银河系中的星辰，在10万亿到100万亿之间（与你的个体大小有关）。但是，所有细胞都很小。这一章我们将进一步深入观察这些细胞，了解它们的内部结构，以及它们是如何与环境沟通的。

细胞学说

学习目标4.1.1 细胞学说

因为细胞太小，直到17世纪中叶显微镜被发明后，人们才观察到它们。1665年，罗伯特·胡克

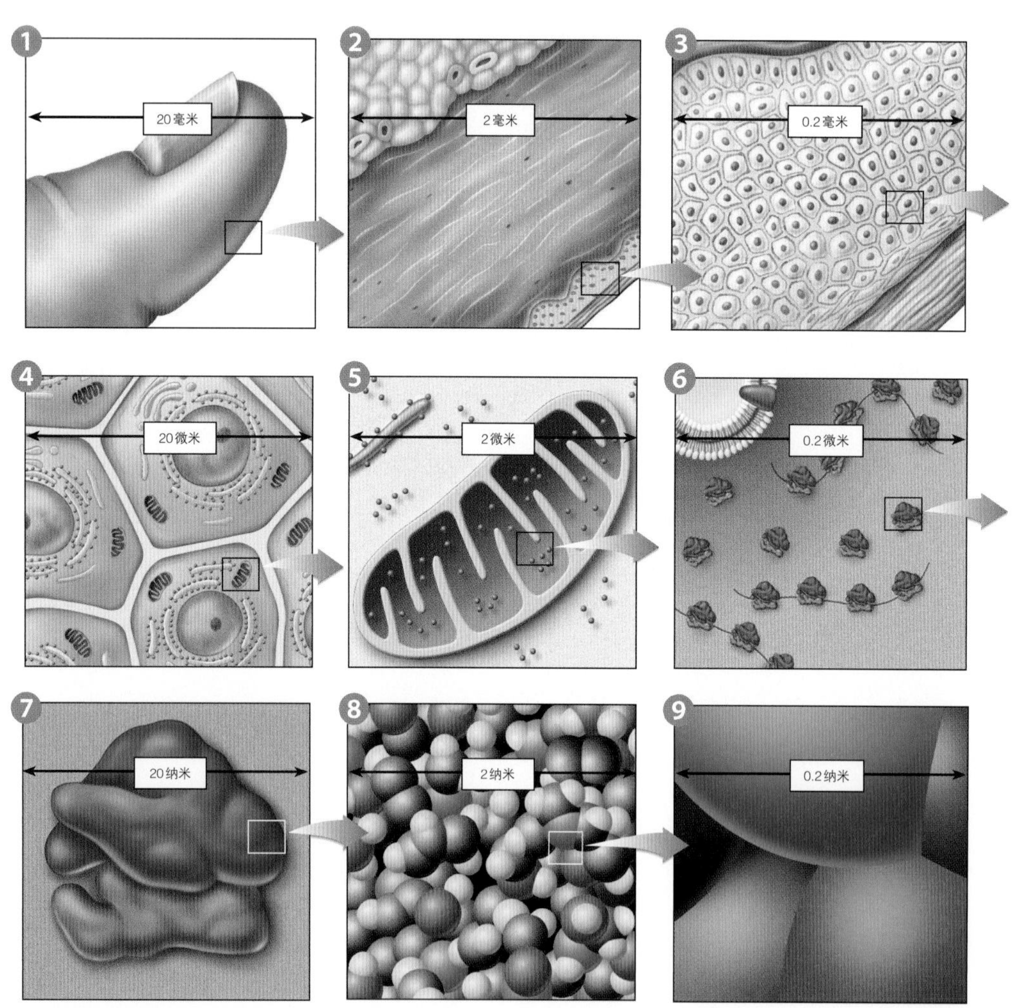

图4.1 细胞大小和它们的内部结构

这幅模式图显示了人类皮肤细胞、细胞器和分子的大小。一般情况下，人的皮肤细胞❹的直径略小于20微米，线粒体❺为2微米，核糖体❼为20纳米，蛋白质分子❽为2纳米，原子❾为0.2纳米。

第一次发现了细胞，当时他用一台自制的显微镜观察无生命的植物组织软木塞的薄切片。胡克发现的是蜂巢样的、微小的、空空的小室（因为这些细胞都是死的）。他把软木塞的这些小室称为“celluae”（拉丁语，小室），这个术语流传下来最终成为**细胞**（cell）。但是，之后的一个半世纪，生物学家却没有意识到细胞的重要性。1838年，植物学家马蒂亚斯·施莱登（Matthias Schleiden）仔细研究了植物组织，并首次论述了细胞学说。他认为所有植物“都是完全个体的、独立的、分开的生命，也就是细胞的聚集体”。1839年，西奥多·施旺（Theodor Schwann）认为所有动物组织都是由单个的细胞组成的。

所有生物都由细胞组成的观点被称为细胞学说（cell theory）。现代形式的细胞学说有三条准则：

1. 所有生物都由一个或一个以上的细胞组成，生命活动发生在细胞内。
2. 细胞是最小的生命体。所有比细胞小的都被认为是没有生命的。
3. 细胞只能由已经存在的细胞通过分裂产生。尽管生命可能由早期地球的环境自发进化而来，但是生物学家得出的结论是现在没有任何细胞是自发形成的。相反，地球上的生命表明现存的细胞是由那些早期细胞世代连续传递下来的。

大多数细胞都很小

学习目标4.1.2　为什么大部分细胞都很小

大多数细胞都相对较小，但并非大小都一样。人的细胞直径普遍为5～20微米（1微米=1×10^{-6}米），它们太小了，无法直接被肉眼看见。细菌细胞比人的细胞更小，仅有几微米大小。但是，有些细胞比较大，例如单个海藻细胞能达到5厘米——和你的小指一样长。

为什么大多数细胞都如此微小？大多数细胞很小是因为较大的细胞不能高效运行。每个细胞的中心都有一个控制中枢，它必须向细胞各部位发布命令，指导某些酶的合成、离子和分子从细胞外进入细胞内，以及新的细胞结构的装配。这些命令必须从核心到达细胞的各个部位，而它们往往需要很长的时间才能到达大细胞的周边。正因如此，生物体都由相对较小的细胞组成，这与由大细胞组成的个体相比有优势。

另一个细胞不大的原因是较高的**表面积体积比**（surface-to-volume ratio）的优势。随着细胞变大，体积比表面积增加得更快。对于一个球形细胞，表面积增加是直径的平方，而体积增加是立方。为了清楚看到这点，请参考图4.2中的两个细胞。右侧的大细胞比小细胞大10倍，但是它的表面积比小细胞的大100（10^2）倍，它的体积比小细胞的大1,000（10^3）倍。细胞表面使细胞内部能有机会与环境接触。大细胞每单位体积的表面积远小于小细胞的。

但是，一些较大的细胞运行非常高效，部分原因是它们有特殊的结构增加表面积。例如，神经系统的细胞即神经元是长而细的细胞，有些长度能超过1米。这些细胞能高效地与环境接触，尽管它们很长，但是它们很薄，有些细胞的直径小于1微米，所以它们任意位置的内部区域离表面都不远。

另一个增加细胞表面积的结构特征是小的“手指样的”突起结构，叫作微绒毛。人消化系统的小

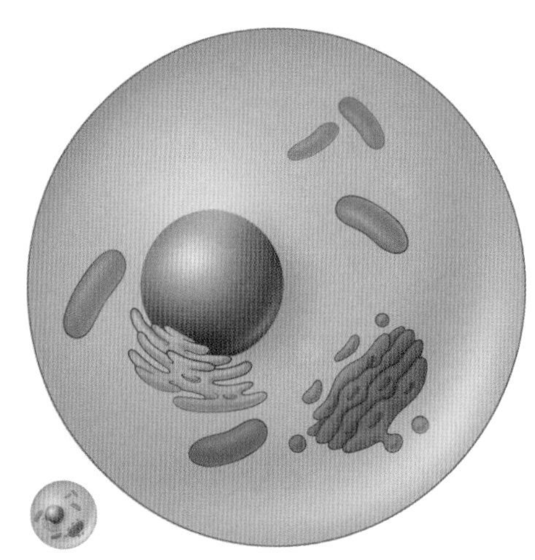

细胞半径（r）	1单位	10单位
表面积（$4\pi r^2$）	12.57单位^2	1,257单位^2
体积（$4/3 \cdot \pi r^3$）	4.189单位^3	4,189单位^3

图4.2　表面积和体积

当细胞变得越大，它的体积比表面积增加得更快。如果细胞半径增加10倍，表面积就会增加100倍，但是体积会增加1,000倍。细胞的表面积必须足够大才能满足体积的要求。

肠的细胞表面就有微绒毛，这显著增加了细胞的表面积。

但是，除少数特例外，细胞大小一般不会超过50微米。生物体要变得更大，它们一般都要由许多细胞组成。通过将许多较小的细胞聚集起来，这些多细胞生物极大地增加了它们的总的表面积体积比。

细胞结构概述

所有细胞都围绕着一层很薄的被称为质膜的膜，它控制着细胞对水和溶解物质的通透性。细胞内部充满半流体的基质，称为细胞质（cytoplasm）。过去认为细胞质是均一的，就像果冻，但是我们现在知道它是高度有组织的。例如，你的细胞存在内部骨架，既能保持细胞形态，又能锚定细胞内的成分和物质。

细胞成像

学习目标4.1.3　如何才能观察到单个的细胞

有多少细胞大到能肉眼所见？除卵细胞外，没有多少（图4.3）。大多数细胞远远小于这句话末的句号。

分辨率问题　如果细胞太小看不见，我们怎么研究细胞呢？关键是要认识到为什么我们看不见它们。我们看不见这么小的物体是因为人眼的分辨率有限。**分辨率**（resolution）的定义是能被识别的分开的两点间的最小距离。下方图4.3中的可视范围中，你能看到人眼分辨率（底部的蓝条）的极限约为100微米。出现这个极限是因为当两个物体近到100微米以下时，每个物体的反射光会被人眼后端同一个“感应”细胞识别。只有当两个物体之间的距离超过100微米时，每个物体的反射光才会被不同的细胞识别，使人眼能识别出它们是两个物体，而不是一个物体。

显微镜　提高分辨率的一种方法是增加放大倍数，使小的物体显得更大。罗伯特·胡克和安东尼·范·列文虎克（Anton van Leeuwenhoek）用玻璃透镜放大细胞，使它们看起来大于人眼的100微米极限。玻璃透镜增加了额外的聚焦能力。因为玻璃透镜使物体显得更近，所以眼睛后部的成像比没有透镜时大很多。

现代的光学显微镜（light microscope）用两片有放大作用的透镜（和多种矫正镜片）实现高的放大倍数和清晰度。第一个透镜将物体的成像投射到第二个透镜上，第二个镜片再次将它放大，并把它投射到人眼后部。用多个透镜实现多步放大的显微镜被称为**复式显微镜**（compound microscope）。它们能分辨间隔200纳米以上的结构。

提高分辨率　光学显微镜，就算是复式显微镜，

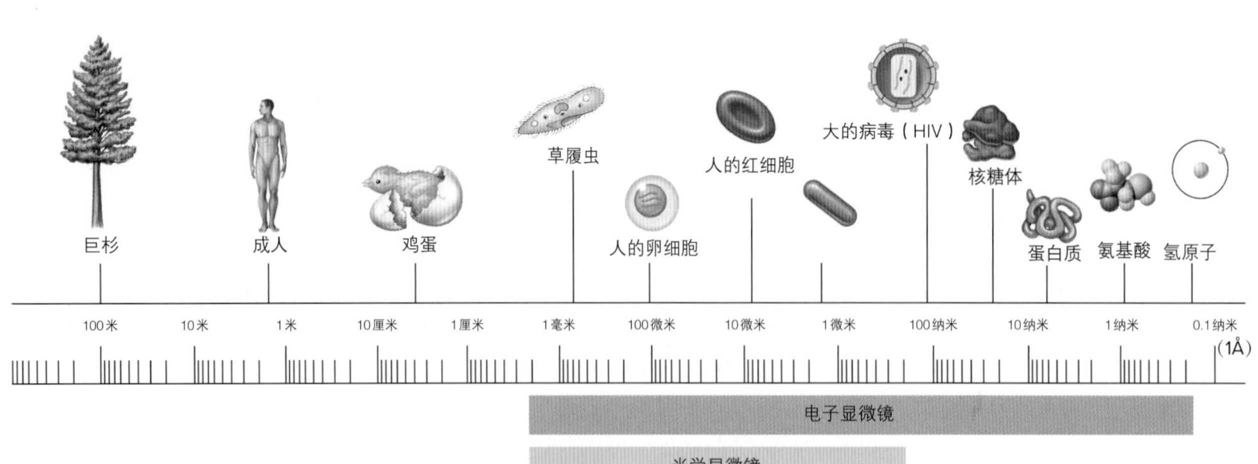

图4.3　视觉范围

大多数细胞都是微小的，尽管脊椎动物的卵，通常都够大，能通过肉眼看见。细菌细胞的直径一般只有2微米。

也不足以分辨细胞内的许多结构。例如，一层膜仅有5纳米厚。为什么不在显微镜上加上另一个放大装置来提高它的分辨率呢？因为当两个物体距离小于100纳米时，它们的反射光开始发生重叠。使两束光能靠得很近，但是又能被分辨的唯一方法是让它们的波长更短。

避免反射重叠的方式是用一束电子，而不是一束光。电子束的波长更短，而利用电子束的显微镜的分辨率比光学显微镜的高1,000倍。**透射电子显微镜**（transmission electron microscope，TEM）用于观察样品的电子穿透了物质，且能够分辨距离0.2纳米的物体——仅为氢原子直径的2倍！

第二种电子显微镜，**扫描电子显微镜**（scanning electron microscope，SEM），是将电子投射到样品表面。从样品表面反射回来的电子，连同样品本身由于轰炸而释放出的其他电子，被放大并传输到屏幕上。通过屏幕，图像能被观察并拍摄下来。扫描电子显微镜产生的质量惊人的三维图像，促进了我们对许多生物和生理现象的认识。

通过对特殊分子进行染色，观察细胞结构 染料是分析细胞结构的强大工具，它们能结合特殊的分子靶标。这种方法已经被用于分析组织样品或组织学很多年了。并且由于抗体的应用，这种方法已经得到了显著改进，因为抗体能结合非常特殊的分子结构。这种方法，被称为免疫组化，用的是兔或鼠等动物产生的抗体。当这些动物被接种特殊的蛋白质，它们就会产生能与接种蛋白特异性结合的抗体，这些抗体可以从动物血液中纯化出来。然后这些纯化的抗体能通过化学键结合到酶、染料或荧光分子上。当荧光分子被置于特殊波长的光下，它们就会发光。当用含有抗体的溶液冲洗细胞，抗体就能结合具有靶分子的细胞结构，然后就可以用光学显微镜观察到。这种方法已经被广泛用于分析细胞的结构和功能。表4.1是各种显微镜的类型。

关键学习成果 4.1

所有生物都是由一个或一个以上的细胞组成，每个细胞都是质膜包围着少量细胞质。大多数细胞和它们的组成结构只有通过显微镜才能观察到。

表4.1 显微镜的类型

光学显微镜

明视野显微镜（bright-field microscope）：光直接透过一个培养中的样品。对样品染色能增强反差，但是细胞需要被固定（非活性），这会导致结构的扭曲或改变。

暗视野显微镜（dark-field microscope）：光以一定角度射向样品，聚光镜仅能透过反射光。视野是暗的，而样品相对于黑色背景是亮的。

相差显微镜（phase-contrast microscope）：显微镜的结构能产生不同相位的光波，当这些光波合并时，就会导致反差和亮度的不同。

微分干涉相差显微镜（differential-interference-contrast microscope）：不同相位的光波会产生不同的反差，又因为两束光非常接近，这就会造成更强的反差，尤其是在结构的边缘。

荧光显微镜（fluorescent microscope）：一系列的滤镜仅能透过荧光染色的分子或组织发出的光。

共聚焦显微镜（confocal microscope）：激光聚焦于一点，并且对样品的两个维度进行全部扫描。样品的一个平面的清晰图像就产生了，然而样品的其他平面要被排除在外，这样就不会使图像模糊。荧光染料和伪彩可以增强图像效果。

电子显微镜

透射电子显微镜：一束电子透过样品。透过的电子被用于形成图像。散射电子的样品区域显得暗。

扫描电子显微镜：电子束对样品表面进行扫描，而电子从表面被激发出来。因此，样品表面的面貌决定了图像的反差和内容。伪彩可以增强图像效果。

4.2 质膜

脂双层

学习目标4.2.1 为什么脂双层能自发形成

围绕着所有活细胞的是一薄层分子，叫作**质膜**（plasma membrane）。这种分子层的厚度只有约5纳米，10,000层这种分子层堆叠起来也才有这张纸这么厚。但是这些分子层的结构并不像肥皂泡表面那样简单。相反，它们由蛋白质和脂质组成，蛋白质漂浮在脂质结构中，就像是小舟荡漾在池塘表面一样。不管它们围绕着的是哪种细胞，所有质膜都有相同的基本结构，蛋白质镶嵌在一层脂质中，这叫作**液态镶嵌模型**（fluid mosaic model）。

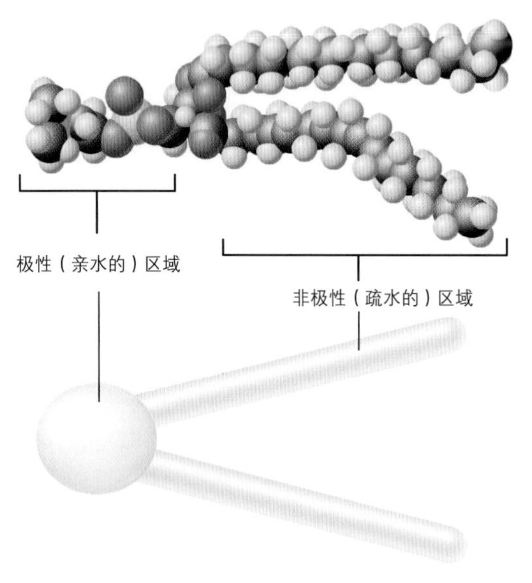

构成质膜基础的脂双层是由修饰过的脂肪分子，**磷脂**（phospholipid）组成的。如上图所示，磷脂分子可以被看成是一个极性的头部，连接着两条非极性尾。磷脂分子的头部连接着一个磷酸基团，这使它有很强的极性（因此是水溶性的）。磷脂分子的另一端是两条长的脂肪酸链。回顾第3章可知，脂肪酸是结合了氢原子的碳的长链。上图所示，碳原子是灰色的球。脂肪酸尾有很强的非极性，因此是非水溶性的。磷脂的模型常被描绘成一个球两条尾。

试想一群磷脂分子被置于水中会发生什么？它们会自发形成**脂双层**（lipid bilayer）。为什么会发生这种现象？磷脂分子的长链非极性尾被围绕着的水分子排斥而并行排列，这是因为水分子要寻求能形成氢键的对象。经过一系列的推挤，最后每个磷脂

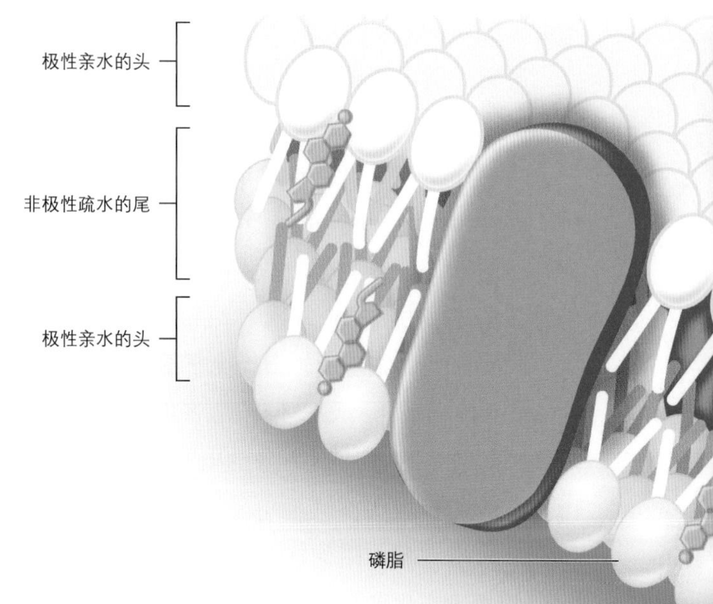

分子的头部都面向水，而非极性尾则都背离水。磷脂分子会形成两层，叫作脂双层。如上图所示，质膜内侧和外侧的水环境将非极性尾推向双分子的内部。因为有两层脂质，它们的非极性尾呈现面对面的状况，所以没有尾会与水分子接触。因此，脂双层的内部是完全非极性的，它排斥任何试图穿越它的水溶性分子，就像是一层油阻止一滴水通过（这就是鸭不会被水弄湿的原因）。

胆固醇，另一种非极性脂质分子，位于脂双层的内部。胆固醇是一种多环分子，它会影响膜的流动性。尽管胆固醇对于维持质膜的完整性有重要作用，但是它会在血管中累积，形成血栓，导致心血管疾病。

膜蛋白

学习目标4.2.2 蛋白质如何锚定在质膜上

所有生物膜的第二类主要成分是一群漂浮在脂双层中的**膜蛋白**（membrane protein）。膜蛋白作为转运蛋白、受体和细胞表面标志物发挥着作用。

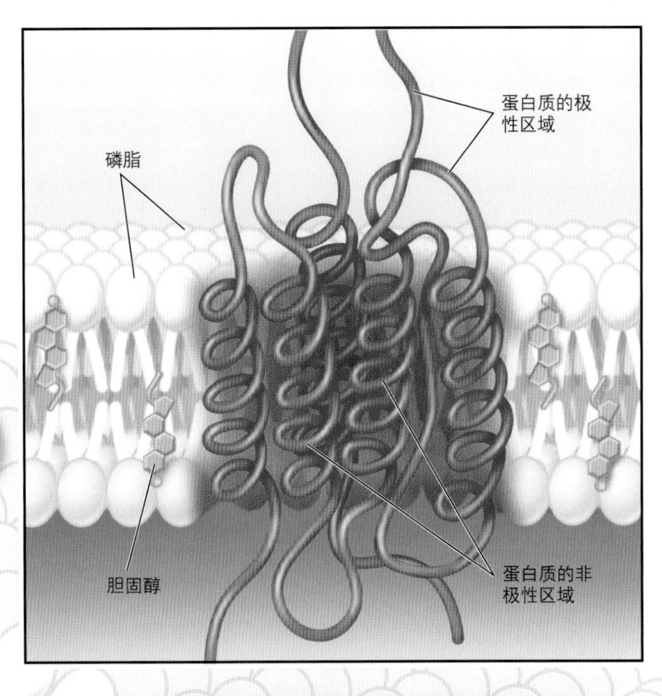

许多膜蛋白在质膜表面像浮标一样向外凸出，并常常有糖链或脂质像旗子一样结合到它的末端。这些**细胞表面蛋白**（cell surface protein）可作为识别特殊类型细胞的标志，或作为信标将特殊激素或蛋白质与细胞结合起来。

完全穿越脂双层的蛋白质能为离子或极性分子，如水，提供通道，所以它们能穿越质膜进入或流出细胞。但是这些**跨膜蛋白**（transmembrane protein）是如何顺利穿越质膜的，而不是仅仅漂浮在细胞表面，就像是水滴漂在油表面一样？蛋白质真正穿越脂双层的部分是由非极性氨基酸形成的具有特殊结构的螺旋——插图所示跨膜蛋白的红色缠绕区域。水对这些非极性氨基酸的作用非常类似于它对非极性脂链的作用，这导致这些螺旋全部位于脂双层的内部，利用水避免与这些非极性氨基酸接触的倾向把它们锚定在那里。

蛋白通道

胆固醇

受体蛋白

细胞身份标记

关键学习成果 4.2

所有细胞都围绕着一层薄的脂双层——质膜。质膜中镶嵌着不同种类的蛋白质，它们可作为标志或是跨膜通道。

水分子如何穿越质膜

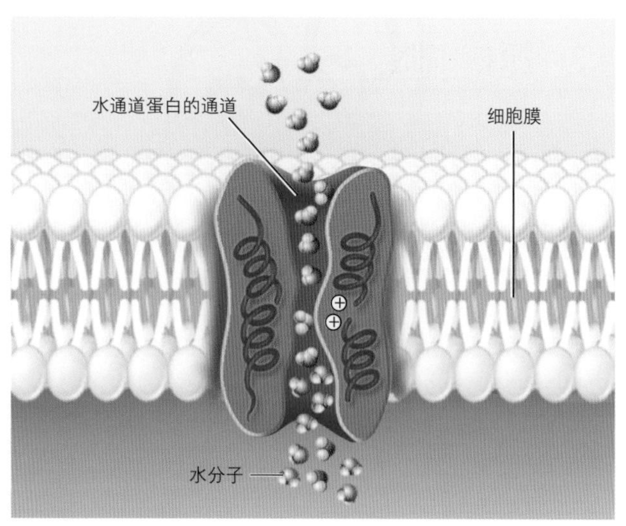

细胞生物学的未解之谜之一是水能自由进出细胞。早在19世纪中叶，生物学家就认识到一定有一种方式使得水能通过质膜。20世纪50年代中期，人们知道了质膜是脂双层的结构，水的自由流动这个问题就变得更令人困惑了。极性很强的水分子是如何穿越脂双层的非极性环境的呢？

虽然一些人认为水渗入细胞是通过脂双层的微小缝隙，或通过烃链尾弯曲导致脂双层打开的缺口，但是这些理论不久后就被否定了，因为这些理论不能解释细胞膜如何成功阻止质子（氢离子）的扩散，它们比水分子还小。这种能力对细胞的生命活动是至关重要的，因为细胞器内外氢离子浓度的不同是能量代谢的基础，这会在第6章和第7章讨论。

显然，这个谜团的答案在于脂双层中的蛋白质。整整用了30年，科研人员才找到这种蛋白质，它虽然能阻止离子通过质膜，却可以允许水分子自由通过。1972年，由于质膜的液态镶嵌模型被接受，搜寻的目标聚焦到了跨越脂双层的蛋白质上。在20世纪80年代中期，约翰霍普金斯大学的研究员彼得·阿格雷（Peter Agre），在研究红细胞蛋白时，发现了一种前所未知的蛋白质。“以前没人知道它，但是我们发现它是细胞中含量第五多的蛋白质。”阿格雷说，“这就像是途经一个地图上没标记的大城镇。它当然会引起你的注意。”

阿格雷测定了这种神秘蛋白质的氨基酸排列顺序，并认识到它具有长的非极性片段，这能使它重复穿越脂双层，就像细胞的水通道的真正结构那样。也许，这就是那么多人过去在寻找的蛋白质。

为了验证他的假说，阿格雷做了一个简单的实验。他比较了含有这种蛋白质的正常红细胞和缺失这种蛋白质的变异红细胞。当他把这些细胞置于蒸馏水中，质膜中含有这种蛋白质的细胞就会吸水，并开始膨胀，而缺失这种蛋白质的细胞则没有任何变化——它们没有吸水，也就没有膨胀。

为了确信水分子通过红细胞的质膜的原因不是其他未发现的膜蛋白，阿格雷用脂质体重复了实验，脂质体是用没有蛋白质的纯脂双层制成的人工细胞——大体上就像肥皂泡。正如你可能预见到的一样，水分子不能进入脂质体，他发现脂质体被浸入蒸馏水中，却没有膨胀。但是，如果阿格雷将这种蛋白质植入脂双层中，脂质体就变得能透过水分子。

作为最终的实验，阿格雷知道汞离子毒害细胞就是由于它们使细胞不能摄入和排出水分子，他的实验表明水分子通过含有这种蛋白质的脂质体的这种作用也能被汞抑制。阿格雷得出结论，他发现的这种蛋白质的确就是水通道，并把它命名为水通道蛋白（aquaporin），又名“水孔蛋白”。由于这个发现，彼得·阿格雷被授予2003年诺贝尔化学奖。

与其他研究团队合作继续研究这个令人振奋的发现，阿格雷在2000年报道了X射线衍射研究的结果，揭示了原子水平的水通道蛋白的三维结构。现在可以详细看清水通道是如何工作的。

上图描绘了阿格雷发现的水通道。水分子排成一列，一个个通过狭窄的开放通道。水分子迂回前进是因为在通道壁上的原子形成的局部电场中，水分子会被定向。现在我们知道了水通道排斥质子而让较大的水分子通过的重要原因。看孔的中心，一组带正电荷的氨基酸排列在水孔的那个位置，由于水分子带部分负电荷，所以对它们的通过没有影响，然而带正电荷的氨基酸会排斥同样带正电荷的质子。水通道就像是一个滤网，阻止质子渗漏通过。

在过去的10年中，研究人员已经在许多种类的细菌、植物和动物中发现了水通道蛋白。仅人体内就存在至少11种。一种水通道蛋白，叫作AQP1，在肾脏中发挥作用，用于水的重吸收，要是它不工作，水就会流失到尿中。24小时内，人体肾脏的AQP1通道就能重吸收约120升水！

4.3 原核细胞

学习目标4.3.1 原核细胞的内部结构

细胞主要有两类：原核细胞和真核细胞。原核细胞的细胞质相对均一，它没有被内膜系统分割成一个个独立的区室。例如，它们没有特殊的有膜围绕的区室——细胞器（organelle），也没有细胞核（一个有膜围绕的区室，其中储存着遗传信息）。正如第1章的图1.9所示，两种主要的原核细胞生物类群是细菌（bacteria）和古细菌（archaea），其他所有生物都是真核生物。

原核细胞是具有细胞形态的最简单的生物。现在已知的超过5,000种，但是毫无疑问，真正存在的种类是这个数字的很多倍，只是还不知道而已。尽管这些物种形态多样，但是它们的内部结构却非常简单。它们是单细胞生物，细胞很小（一般直径只有1～10微米），这些细胞被一层质膜包围着，没有各种的内部区室（图4.4）。几乎所有细菌和古细菌的外部都有一层细胞壁（cell wall），它由不同类型的各种分子组成（见16.3节）。在某些细菌中，另有一层叫荚膜的结构包围着细胞壁。古细菌是一种完全不同的群体，它们生活在不同的环境中。细菌的数量极其庞大，在很多生命过程中发挥着重要作用。细菌有不同的形态，并且它们能聚集成链或团，但是在这些情况下，单个细胞在功能上仍然是相互独立的。甲烷球菌（methanococcus）只能在无氧的环境下存活。芽孢杆菌（bacillus）是一种杆状细菌。密螺旋体（treponema）是螺旋状的细菌，内部纤维的旋转导致了螺丝锥样的形态。链霉菌（streptomyces）是近似球状的细菌，每个个体相互黏连成链状。

原核细胞内部有很少的，或者没有结构支架（靠细胞壁维持细胞的形态），但是细胞质中散布着叫作核糖体（ribosome）的微小结构。核糖体是合成蛋白质的场所，但是一般不把它们看作细胞器，因为它们没有膜的边界。原核细胞的DNA存在于细胞质的

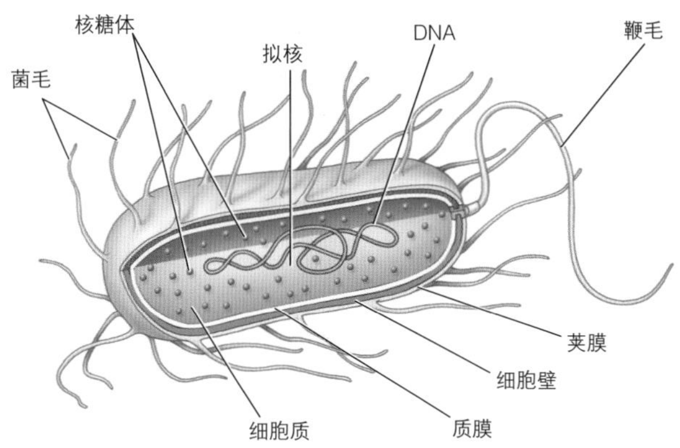

图4.4 原核细胞的结构

原核细胞没有内膜系统。不是所有原核细胞都有此图中的鞭毛和荚膜，但是所有都存在拟核、核糖体、质膜、细胞质和细胞壁。

一个特殊区域——拟核（nucleoid region），它没有被内膜系统包围。一些原核细胞可以利用**鞭毛**（flagellum，复数是flagellae）移动。鞭毛是由蛋白质纤维组成的长的、线状的结构，突出于细胞表面。它们能用于迁移和捕食。不同的物种每个细胞上的鞭毛数量不一，可能没有，也可能只有一条或有多条。通过像螺旋桨一样旋转鞭毛，细菌能以每秒高达20倍细胞直径的速度游动。**菌毛**（Pili，单数是pilus）是短的鞭毛（只有几微米长，直径为7.5～10纳米），存在于一些原核生物的细胞上。菌毛能帮助原核细胞黏附到合适的基质，还能用于细胞间遗传物质的交换。

关键学习成果 4.3

原核细胞没有细胞核，没有广泛的内膜系统。

4.4 真核细胞

学习目标4.4.1 列举真核细胞特有的细胞器

在地球上生命形成的最初10亿年中，所有生物都是原核的。然而，15亿年前，一类新的细胞第一次出现，它就是真核细胞。真核细胞要远大于原核细胞，结构也有很大不同，它有复杂的内部结构。除细

菌和古细菌外，今天所有活细胞都属于这新的一类。

图4.5和图4.6代表了理想的动物细胞和植物细胞的横切面的模式图。如你所见，与你在图4.4看到的原核细胞相比，真核细胞的内部要复杂得多。由**质膜**❶包围着的半流体的基质，叫作**细胞质**❷，其中存在着细胞核，还有叫作细胞器的各种细胞结构。**细胞器**是特化结构，其中存在着特殊的细胞生命活动过程。真核细胞内的每个细胞器，如**线粒体**（mitochondrion）❸，都有特殊的功能。所有细胞器都被蛋白质的内部支架，即**细胞骨架**（cytoskeleton）❹，锚定在细胞质的特殊位置。

在用显微镜观察这些细胞时，其中一种细胞器非常清楚，它占据着细胞的中央，就像是桃核。1831年，英国植物学家罗伯特·布朗发现了它，并把它命名为**细胞核**（nuleus，复数形式为nuclei）❺，来源于拉丁语“核（kernel）”。细胞核内，DNA紧紧缠绕着蛋白质，并包装成紧密的结构单位，染色体。正是细胞核，赋予了真核生物（eukaryote）这个名字，因为希腊语“eu”意指“真的”，而“karyon”是“核”的意思；相反，进化早期的细菌和古细菌被称为原核生物（prokaryote，意为“在核之前”）。

如果你观察图4.5和图4.6中的细胞器，你会看到它们中的大多数会在细胞质中形成独立的区室，被自身的膜包围着。真核细胞的特点就是这种区室化。这种内部的区室化是通过广泛的**内膜系统**（endomembrane system）❻实现的。它们在细胞内纵横交错，这种广泛的表面为许多与膜相关的细胞现象的发生提供场所。

囊泡（vesicle，有膜的小泡，用于储存和运输物质）❼通过内膜系统的出芽或通过细胞质中脂质和蛋白质的结合，在细胞内形成。这些大量的独立封闭区室使不同的生命活动能同时进行，而不发生相互干扰，就像是房子的各个房间一样。一种叫溶酶体（lysosome）的细胞器是回收中心。它们内部的

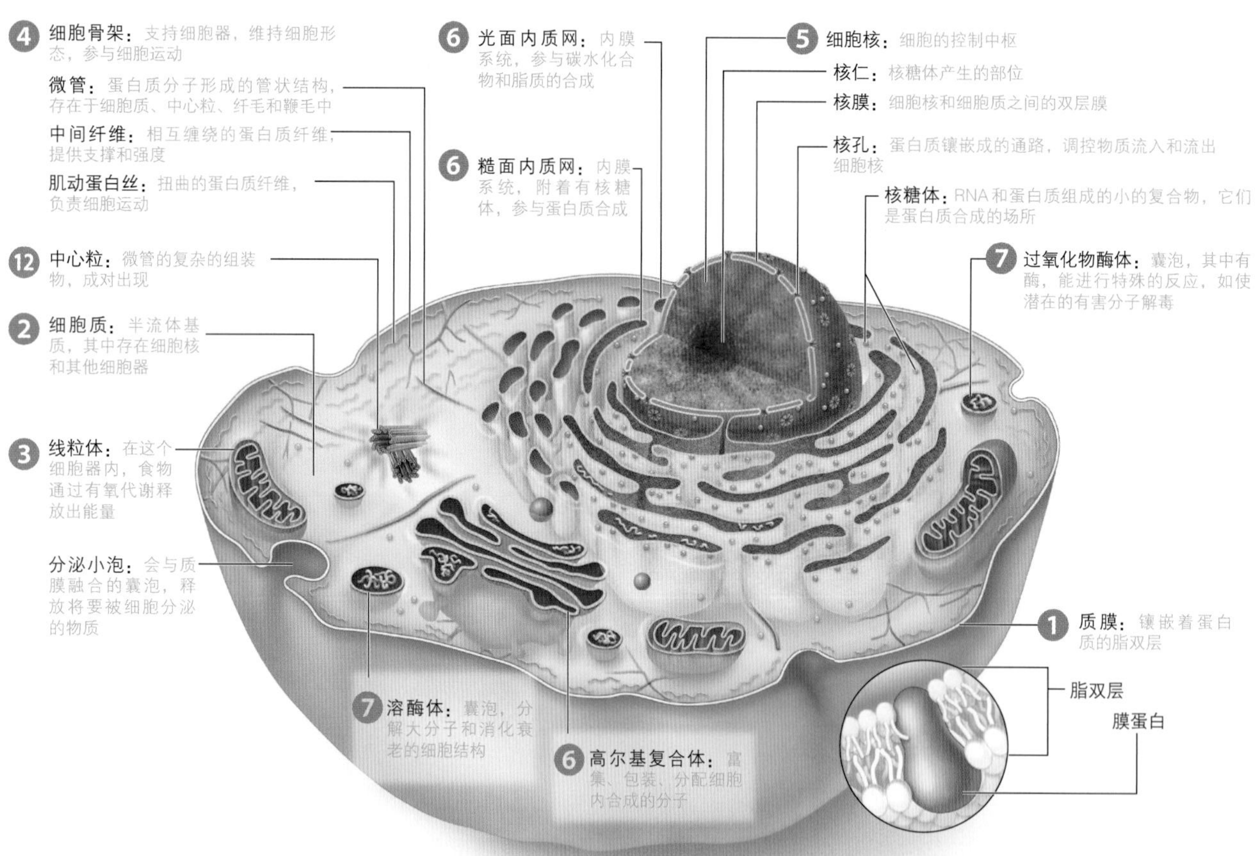

图4.5 动物细胞的结构

在这个动物细胞的一般化的模式图中，质膜包围着细胞，其中存在着细胞骨架、多种细胞器和内部结构，它们悬浮在叫作细胞质的半流体基质中。一些动物细胞拥有手指样的突起结构，微绒毛。其他类型的真核细胞——例如，许多原生生物细胞——可能还有鞭毛，它帮助细胞运动，也可能有多种不同功能的纤毛。

酸性很强，能分解老化的细胞器，而分解后的分子能被重新利用。如果被释放到细胞质中，那么这种酸性就是极具破坏性的。类似地，化学隔离是过氧化物酶体（peroxisome）发挥作用所必需的。在过氧化物酶体内酶的作用下，有毒物质会被降解，而食物分子也会被分解。酶通过去除电子和与其结合的氢原子发挥作用。如果不被隔离在过氧化物酶体内，这些酶会使细胞质中的化学反应不能进行，因为这些化学反应常常会向分子上添加氢原子。

如果比较图4.5和图4.6，你就会发现一组相同的细胞器，也会有一些有趣之处。例如，植物、真菌和许多原生生物的细胞都有厚的坚固的外部**细胞壁**（cell wall）❽，它是由纤维素或几丁质纤维组成，而动物细胞没有细胞壁。所有植物和许多原生生物都有**叶绿体**（chloroplast）❾，它是光合作用的场所。动物和真菌细胞没有叶绿体。植物细胞还有一个储水用的大的**中央液泡**（central vacuole）❿，它通过细胞壁内的通道，即**胞间连丝**（plasmodesmata）⓫与细胞质相连接。**中心粒**（centriole）⓬存在于动物细胞中，植物和真菌细胞内并没有。一些种类的动物细胞具有手指样的突起结构，叫作微绒毛（microvilli）。许多动物和原生生物细胞具有鞭毛，参与运动，有的有多种不同功能的纤毛。鞭毛也存在于一些植物的精子中，但是在其他植物细胞和真菌细胞中不存在。

现在，我们就要进入一个典型的真核细胞，进行更详细的探索。

关键学习成果 4.4

真核细胞存在内膜系统和细胞器，它们将细胞内部细分为不同功能的区室。

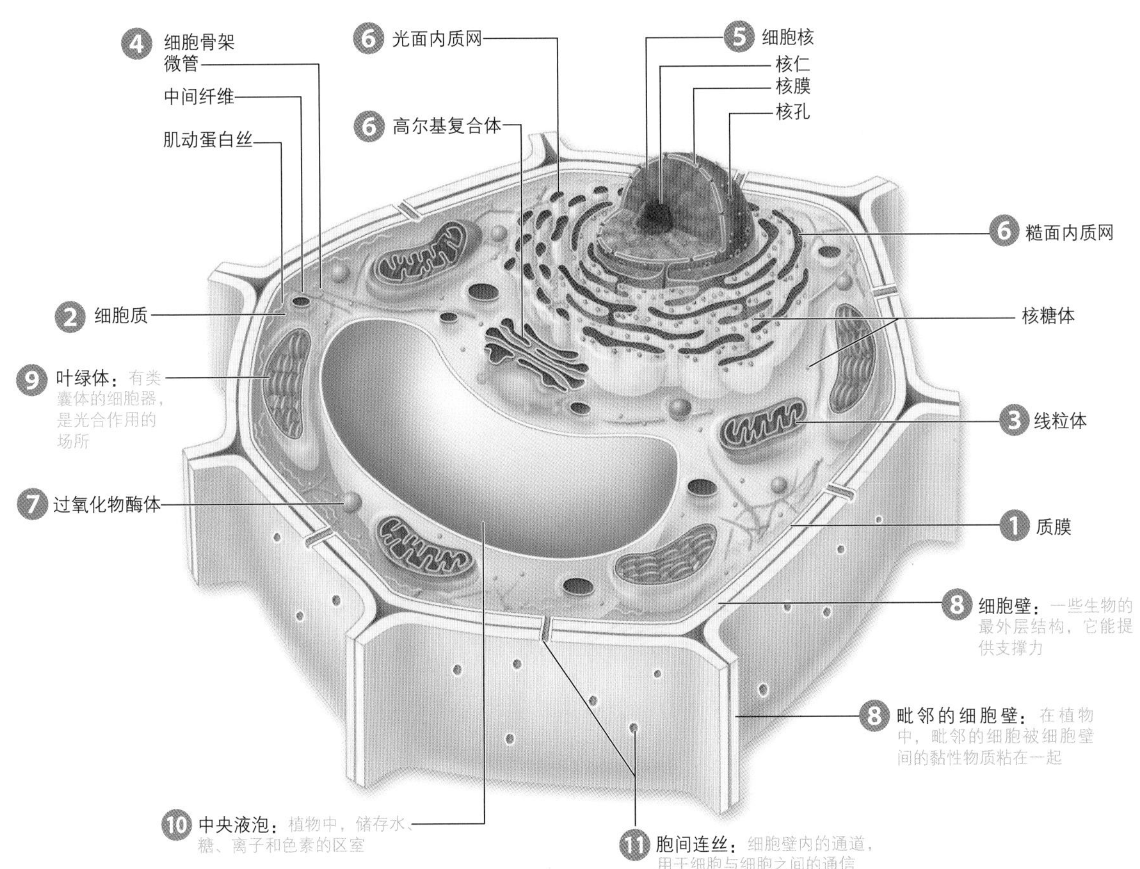

图4.6 植物细胞的结构

大多数成熟的植物细胞有大的中央液泡，它占据了大部分细胞内容积，还有叶绿体——光合作用发生的场所。植物、真菌和一些原生生物的细胞有细胞壁，但不同种类细胞的细胞壁成分有很大差异。通过细胞壁内叫胞间连丝的通道，植物细胞的细胞质相互连接。一些植物的精子存在鞭毛，但是另一些植物细胞和真菌细胞中不存在鞭毛。植物细胞和真菌细胞也没有中心体。

膜缺陷会导致疾病

在人类疾病的治疗领域，1993年发生了一个里程碑式的事件。就在这一年，人类首次通过将健康基因植入病人体内，治疗**囊性纤维化**（cystic fibrosis，CF）。囊性纤维化是一种致命的遗传疾病，患者体内的细胞会分泌厚厚的黏液，阻塞肺部气管。这些分泌物还会阻塞胰腺和肝脏部位的导管，导致少数患者并非死于肺部疾病，而是死于肝功能衰竭。一般认为，囊性纤维化是一种儿童疾病，因为很少有患者能活到成年。甚至近些年来，仍有一半的患者活不到二十五六岁。没有有效的治疗方法。

囊性纤维化是由一个缺陷基因导致的，这个基因由父母传递给小孩。它是白种人最常见的致死性遗传疾病。每二十个人中就有一人拥有至少一个缺陷基因的拷贝。这些人中的大多数不会受这种疾病的困扰，只有那些从父母双方各遗传了一个缺陷基因拷贝的儿童才会死于囊性纤维化——约1/2500的婴儿。

囊性纤维化很难研究。多个器官会受到影响，并且直到最近，仍然无法判定导致这种疾病的缺陷基因的性质。1985年，人类获得了首条清晰的线索。一位研究员保罗·昆顿（Paul Quinton）从囊性纤维化患者的一般临床症状发现，他们的汗液盐度异常，并进行了随后的实验。他从一小块皮肤上分离出一个汗腺，并将它置于盐溶液（NaCl）中，这种溶液三倍于汗腺内的NaCl浓度。然后，他观察离子的移动。因为外侧离子浓度高，扩散会驱使钠离子（Na^+）和氯离子（Cl^-）流入汗腺。正如预期，从正常人分离到的皮肤，Na^+和Cl^-都会进入汗腺。但是，从囊性纤维化患者分离到的皮肤，只有Na^+进入汗腺——没有Cl^-进入。这就首次搞清楚了囊性纤维化的分子性质。水分子与Cl^-相结合没有流入汗腺，因为Cl^-不会流入汗腺，这样就造成了厚厚的黏液。囊性纤维化是一种质膜蛋白——囊性纤维化穿膜传导调节因子（cystic fibrosis transmembrane conductance regulator，CFTR）缺陷导致的，这种蛋白正常情况下能调节Cl^-流入流出人体细胞。

1987年，cf缺陷基因被分离出来；1989年，其位置被精确定位到人的一条特殊染色体（染色体7）。有意思的是，许多囊性纤维化患者产生的CFTR蛋白的氨基酸序列是正常的。这些病例中的cf突变显然干扰了CFTR蛋白的折叠，使它不能折叠形成有活性的构象。

在分离cf基因后不久，另外的实验随之展开，检验是否能通过基因疗法治疗囊性纤维化——将健康的cf基因植入缺陷个体的细胞中。利用腺病毒（一种感冒病毒）能将基因导入细胞，1990年，科学家用腺病毒成功将一个有功能的cf基因植入组织培养的人肺细胞。这些CFTR缺陷的细胞被“治愈了”，它们能转运Cl^-穿越质膜。到1991年，一个科研团队成功将健康人的cf基因植入活体动物——大鼠的肺部细胞。cf基因先被插入腺病毒基因组，因为腺病毒是一种感冒病毒，极易感染肺部细胞。这些处理过的腺病毒被吸入大鼠体内。携带的货物——cf基因进入大鼠肺部细胞后，就在这些细胞内开始产生健康人的CFTR蛋白！

这些成果是非常令人振奋的，所有的囊性纤维化患者第一次看到了希望的曙光。1993年，通过腺病毒将健康的cf基因导入囊性纤维化患者体内，研究人员吹响了临床试验的号角。

但他们并没有取得成功。在第13章将进一步讨论，将cf基因导入囊性纤维化患者体内的腺病毒存在着不可突破的问题。囊性纤维化的研究人员面临的困难和挑战并没有结束。临床问题的研究常常是一件耗时长、充满挫折的事，再没有比这件事体现得更明白。如第13章所述，最近试验的一些用于导入健康cf基因的新方法，取得了较好的结果。通往成功治愈之路是如此漫长，这告诉我们不要轻易认为现在治愈已经唾手可得，但研究人员的坚持不懈已经带我们走了很长的路，囊性纤维化患者似乎又一次看到了希望的曙光。

4.5 细胞核：细胞的调控中心

细胞核的结构

学习目标4.5.1 细胞核的两个功能

比较前两页中的动物细胞和植物细胞，你就会发现细胞大部分是极其相似的。在草履虫、牵牛花和灵长类动物中，细胞器有相似的形态，发挥着相似的功能（见4.8节的表4.2）。

如果能深入一个你自己的细胞的内部，你最终会到达细胞的中央。在那儿，你就会发现**细胞核**（nucleus，图4.7）被围绕在一个纤维网络中，犹如篮筐中的球。细胞核是细胞的调控中心，指挥了它的所有活动。它还是一个基因库，储存着遗传信息。

核膜

细胞核表面围绕着一种特殊的膜，叫作**核膜**（nuclear envelope）。核膜实际上是两层膜，一层膜外面还有一层，像是衬衫外面还有件毛衣一样。核膜是位于细胞核和细胞质之间的一层屏障，物质想要通过需要穿过这层膜。通过散布于核膜表面的通路，就能进行物质交换。当核膜的两层膜连接在一起时就会形成这些通路——**核孔**（nuclear pore）。但是，一个核孔不是一个中空的通路；相反，其中镶嵌着许多的蛋白质，它允许蛋白质和RNA进入或流出细胞核。细胞核内部充满着液体——核基质，并且还有核苷酸和酶等物质。

染色体

在原核细胞和真核细胞中，决定细胞结构和功能的所有遗传信息都由DNA编码。但是，与原核细胞的环状DNA不同，真核细胞的DNA被分成许多片段，并与蛋白质结合，形成**染色体**（chromosome）。染色体中的蛋白质使DNA在细胞分裂过程中，紧密缠绕和浓缩。细胞分裂结束后，真核细胞的染色体能解螺旋，完全伸展形成线性的链，叫**染色质**（chromatin），这种结构位于核基质，在光学显微镜下不再能被分辨出来。一旦解螺旋，染色质就能用于蛋白质合成。细胞核内的DNA就会产生基因的RNA拷贝。这些RNA分子会通过核孔离开细胞核，进入细胞质，在细胞质中才能合成蛋白质。

核仁

为合成大量的蛋白质，细胞利用了一种特殊结构叫作**核糖体**，它是蛋白质合成的场所。核糖体能识别基因的RNA拷贝，并利用这些信息指导蛋白质的合成。核糖体是由多种不同的RNA——**核糖体RNA**（rRNA），和数十种不同的蛋白质组合形成的复合体。

在图4.7中，你会发现细胞核中有一部分区域明显暗于其他区域，这个较暗的区域叫作**核仁**（nucleolus）。在那儿，数百个基因都编码rRNA，这里是核糖体亚基装配的场所。这些亚基通过核孔离开细胞核，进入细胞质，最终装配成核糖体。

关键学习成果 4.5

细胞核是细胞的控制中枢，发送指令控制细胞的生命活动。细胞核储存着细胞的遗传信息。

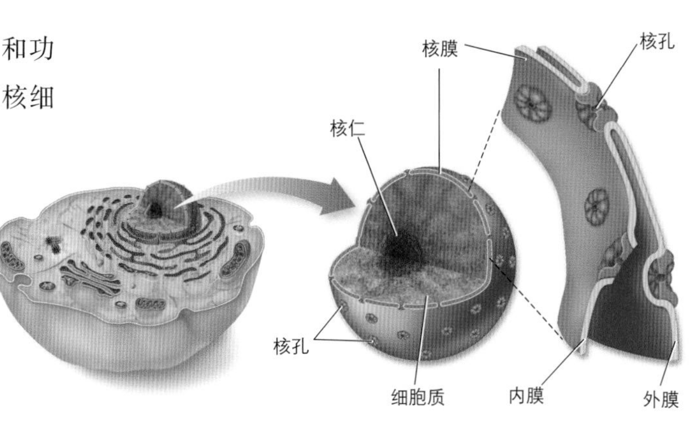

图4.7 细胞核
细胞核有两层膜，叫核膜，内部充满着液体，其中存在染色体。在横切图中，每个核孔都穿过核膜的两层膜。这些孔是由蛋白质围绕而成的，它们控制着物质进出核孔。

4.6 内膜系统

内膜系统的结构

学习目标4.6.1 内膜系统的四类主要结构的功能

真核细胞内，围绕着细胞核有大量的膜，**内膜系统**（endomembrane system）。这些膜围绕成的内部区室系统是真核细胞和原核细胞最主要的差别。

内质网：转运系统

内质网（endoplamic reticulum，ER）是分布广泛的内膜。内质网会形成一系列通道和连接，而且内质网也会隔离一部分空间形成有膜的囊，叫**囊泡**（vesicle）。内质网的膜是细胞合成分泌蛋白（如从细胞表面分泌的酶）的场所。当用电子显微镜观察，用于合成分泌蛋白的内质网的膜上附着有大量核糖体，看起来就像沙砾，就像是砂纸的表面一样。正因如此，这样的内质网被称为**糙面内质网**（rough ER）。相应地，几乎没有核糖体结合的内质网被称为**光面内质网**（smooth ER）。光面内质网的膜上镶嵌着用于合成碳水化合物和脂质的各种酶。

高尔基复合体：运输系统

内质网膜上新合成的分子由内质网运输到扁平堆叠的膜层结构，叫**高尔基体**（Golgi bodies）。不同细胞拥有的高尔基体的数量不等，从原生生物的一个或多个，到动物细胞的20个或更多，在某些植物细胞中甚至存在数百个。高尔基体的作用是收集、包装和分配细胞产生的分子。由于高尔基体散布在细胞质内，所以统称它们为**高尔基复合体**（Golgi complex）。

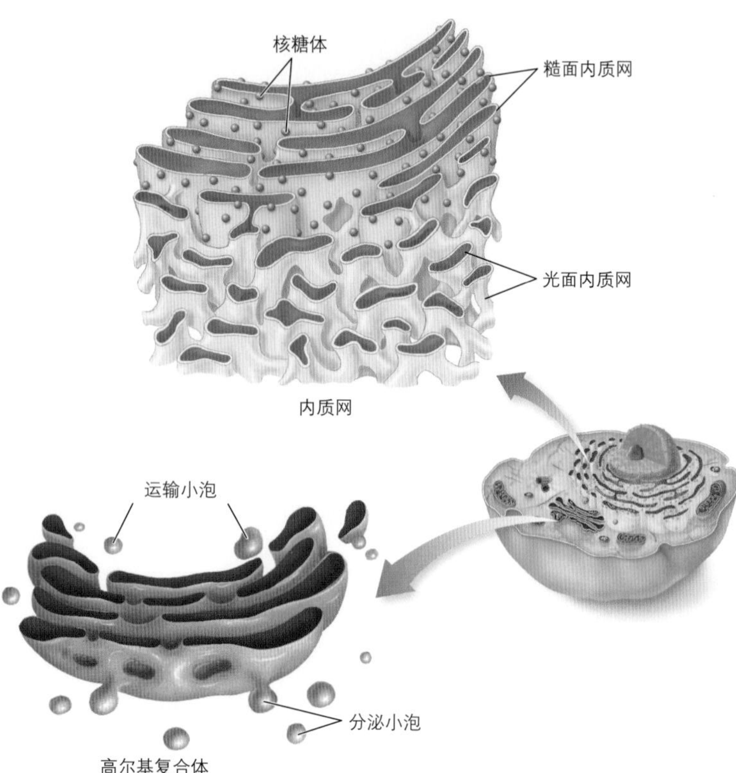

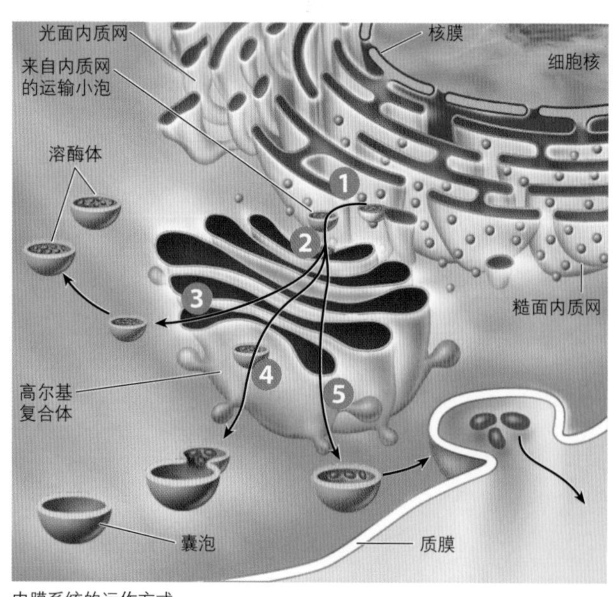

内膜系统的运作方式

糙面内质网、光面内质网和高尔基体共同组成了细胞内的转运系统。在内质网膜合成的蛋白质和脂质通过内质网的通道运输，并被包装入运输小泡，它们会从内质网上经过出芽脱离❶。运输小泡与高尔基体膜融合，将泡内物质释放到高尔基体❷中。在高尔基体内，分子进入不同的通路，如图分箭头所示。许多分子会被碳水化合物标记。在高尔基体末端的膜内，这些分子会聚集起来。从末端脱离的小泡会携带分子到达细胞的不同区室❸和❹，或到达质膜内表面，在那儿，这些分子被分泌释放到细胞外❺。

溶酶体：回收中心

溶酶体（lysosome）是另外一类细胞器，源于高尔基复合体（❸出芽的淡橙色小泡），含有大量不同种类的由糙面内质网合成的分解大分子的酶。溶酶体是细胞的回收中心，消化细胞内部衰老的结构，为新结构提供空间，也能从衰老部分回收蛋白质和其他物

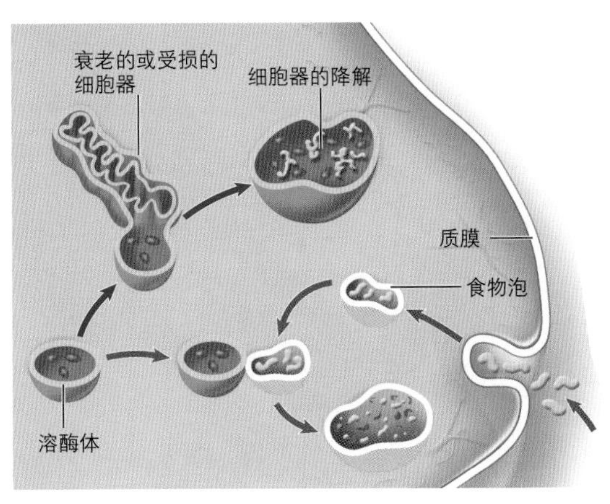

质。人的一些组织细胞内的线粒体每10天就会更新一次，新线粒体生成的同时，溶酶体会消化衰老的线粒体。除分解细胞内部的细胞器和其他结构外，溶酶体还能清除细胞吞入的颗粒（包括其他细胞）。

过氧化物酶体：化学专卖店

真核细胞内部存在一类有膜的球状细胞器，它们起源于内质网，发挥特殊的化学功能。例如，几乎所有真核细胞都有过氧化物酶体。在过氧化物酶体这种球状细胞器内，有一个大的蛋白质的晶体结构。过氧化物酶体有两组酶系统。一组存在于植物种子，能将脂肪转变成碳水化合物；而另一组存在于所有真核细胞，能去除细胞内形成的多种有害物质的毒性，可谓强氧化剂。利用分子氧去除特殊分子上的氢原子，从而发挥氧化作用。如果不受过氧化物酶体的限制，这些化学反应对细胞就会有很强的破坏性。

内膜系统与健康

有几种严重的人类疾病就是内膜系统不能正常运行导致的。其中最严重的一种疾病是由于高尔基复合体丧失了正确转运细胞溶酶体蛋白的能力。在正常细胞内，地址标签是一个修饰的糖链，叫甘露糖-6-磷酸，高尔基复合体的一种特殊的酶会将它结合到溶酶体蛋白上。在缺失这种酶的个体，应该转运到溶酶体的蛋白质由于没有甘露糖-6-磷酸的地址标签，就会被转运到质膜，分泌到细胞外。因为几乎所有正常情况下存在于溶酶体的回收系统的酶都没有了，溶酶体会由于未降解的物质而膨胀。在显微镜下观察，溶酶体看起来含有大量内含物，这些未被降解的物质就聚集在一起，因此得名细胞内含物病（inclusion-cell disease）。这些膨胀的溶酶体最终会对发育过程中的人体胚胎细胞造成严重的损伤，导致面部和骨骼异常与神经发育迟滞。

约有40种不同的人体疾病是由于内膜系统没能向溶酶体运输特殊的酶所导致的。这些疾病被称为溶酶体贮积病（lysosome storage disease），类似于你所看到的细胞内含物病。因为缺少必需的回收酶，一类特殊的未被降解的细胞物质累积在溶酶体内，最终导致细胞损伤和死亡。大多数的这些疾病在幼年致死。

对于一种叫庞普氏病（Pompe's disease）的溶酶体贮积病，溶酶体缺少分解糖原必需的一种酶。糖原是人体用作能量来源的物质，储存在肌肉和肝细胞。当需要能量时，溶酶体分解糖原，细胞降解糖单位用于产生能量（我们将在第7章探索这个过程是如何发生的）。庞普氏病的溶酶体因为缺少必需的酶而不能分解糖原，而糖原过多是有害的，会积聚在肌肉和肝细胞内。

对于叫泰-萨克斯病（Tay-Sachs disease）的溶酶体贮积病，溶酶体缺失一种分解特殊糖脂必需的酶。这种糖脂叫神经节苷脂，大量存在于脑细胞的质膜中。泰-萨克斯病的患者的神经节苷脂积聚在大脑细胞中，它们会膨胀，最终破裂，释放氧化酶，杀死脑细胞。这些受影响的患者在约6～8个月大的时候，就开始表现出快速的神经衰退。出生一年内，患病的儿童就会变盲。五年内就会瘫痪和死亡。

关键学习成果 4.6

广泛的内膜系统将细胞内部分隔成不同的功能区室，用于合成和运输蛋白质，执行不同的特殊的化学反应过程。

4.7 有DNA的细胞器

真核细胞拥有复杂的细胞样的细胞器，它们有自己的DNA，可能起源于古老的细菌。在很久很久以前，这些细菌被真核细胞的祖先所同化。

线粒体：细胞的动力工厂

学习目标4.7.1　线粒体的内部结构

真核生物通过一系列复杂的化学反应即**有氧代谢**（oxidative metabolism），从有机分子（“食物”）获得能量，这个过程仅发生在它们的线粒体内。**线粒体**（mitochondria，单数为mitochondrion）是形态类似于香肠的细胞器，大小接近一个细菌细胞。线粒体有两层膜。如图4.8的立体图所示，外膜是光滑的，明显源自很久以前吞入细菌的宿主细胞的质膜。内膜，明显是转变成线粒体的细菌的质膜，它弯曲成大量的褶皱——**嵴**（cristae，单数为crista），类似于多种细菌的折叠的质膜。立体图显示嵴如何将线粒体分隔成两个区室，内部基质和外部区室，它们中间为膜间隙（intermembrane space）。在第7章你将学习到，这种结构对于有氧代谢的顺利进行至关重要。

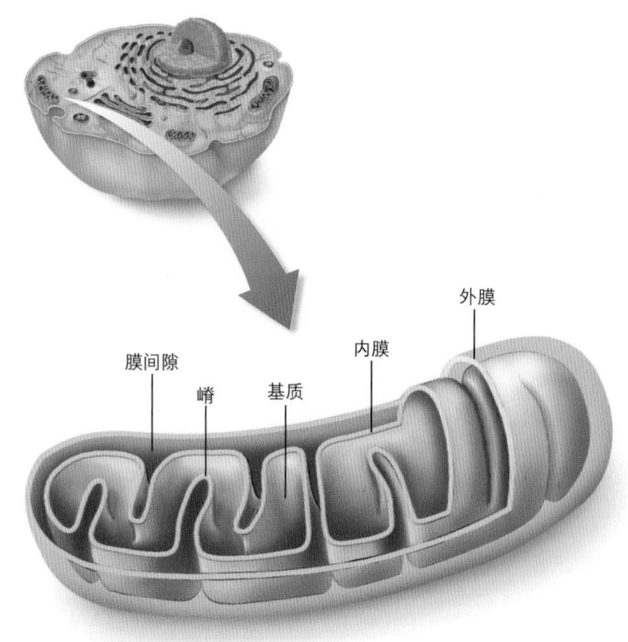

图4.8　线粒体

细胞的线粒体是香肠样的细胞器，是有氧代谢发生的场所，氧气氧化食物就可以产生能量。线粒体有两层膜。内膜形成褶皱，叫作嵴。嵴的内部是基质。嵴极大地增加了表面积，有利于有氧代谢。

线粒体在真核细胞内存在的15亿年间，大多数的线粒体基因已经被转移到了宿主细胞的染色体上。但是，线粒体仍然保留了一些原始基因，位于环状的、闭合的、裸露的DNA分子（叫作线粒体DNA，mitochondrial DNA或mtDNA）中，这非常类似于细菌的环状DNA分子。在这种mtDNA上有多种基因，用于合成一些有氧代谢所必需的蛋白质。当线粒体分裂时，位于基质的DNA也会发生复制，通过简单分裂断裂成两个，这种分裂方式与细菌非常类似。

叶绿体：捕获能量的中心

学习目标4.7.2　叶绿体的内部结构

植物和藻类的所有光合作用发生在另一个细菌样的细胞器，**叶绿体**（chloroplast，图4.9）中。有充分的证据表明，叶绿体类似于线粒体，都是源于共生的细菌。与线粒体一样，叶绿体也有两层膜，内膜来源于原始的细菌，外膜类似于宿主细胞的内质网。叶绿体比线粒体大，结构也更复杂。叶绿体内，另有一系列的膜形成了封闭堆叠的囊泡，叫作**类囊体**（thylakoid），它是绿色圆盘状的结构，可见于图4.9的叶绿体内。光合作用是依赖于光的化学反应，发生在类囊体内。类囊体一个个堆叠形成的柱状结构，称为**基粒**（granum，复数grana）。叶绿体内部充满着被称为**基质**（stroma）的半流体物质。

与线粒体相同，叶绿体也有一个环状的DNA分子。这个DNA分子上存在许多编码光合作用所必需的蛋白质的基因。不同物种的植物细胞的叶绿体的数量从一个到数百个不等。线粒体和叶绿体在非细胞培养下都不能存活，它们完全依赖拥有它们的细胞。

内共生

学习目标4.7.3　解释内共生理论，评价支持这个理论的证据

内共生是生活在一起的不同物种的亲密关系。

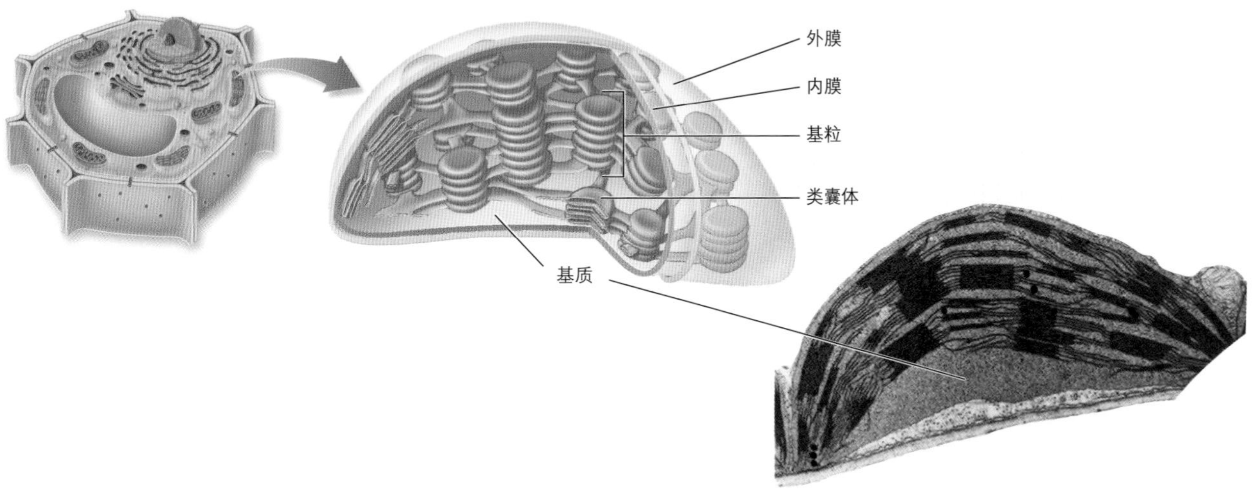

图4.9　叶绿体

叶绿体是细菌样的细胞器，是光合真核生物进行光合作用的场所。与线粒体相似，叶绿体有复杂的内膜系统，其表面能进行化学反应。叶绿体的内膜系统形成一堆叫作类囊体的封闭的囊泡。光合作用就发生在类囊体内。类囊体一个个堆叠形成柱状的基粒。叶绿体内充满着叫作基质的半流体物质。

内共生（endosymbiosis）理论认为有些今天的真核生物的细胞器是通过内共生进化而来的，其中一种原核生物的一个细胞被另一种原核生物的细胞吞噬并在后者内部生存，这就是真核生物的前身。图4.10显示这个过程是如何发生的。许多细胞通过胞吞作用摄取食物或其他物质，这个过程通过细胞的质膜包裹物质，将它裹入细胞内的囊泡。一般情况下，这些囊泡内的物质被消化酶类降解。根据内共生理论，这却没有发生；相反，被吞入的原核生物由于有特殊的代谢能力，能为它们的宿主提供某些有益之处。刚讨论过的两种关键的真核细胞器被认为是这些内共生原核生物的后代：线粒体，被认为源自于能进行氧化代谢的细菌；叶绿体，明显源自能进行光合作用的细菌。

内共生理论有大量的证据支撑。线粒体和叶绿体被两层膜所围绕，内膜很可能由被吞食的细菌的质膜进化而来，然而外膜很可能起源于宿主细胞的质膜或内质网。线粒体的大小与大多数细菌相同，它们的内膜的嵴类似于大多数细菌的折叠的膜。线粒体核糖体的大小和结构也与细菌核糖体的类似。线粒体和叶绿体都有环状的DNA分子，这类似于细菌的DNA。最后，线粒体通过简单分裂，分裂成两个，这正是细菌细胞的分裂方式，它们复制与分隔DNA的方式，也与细菌完全相同。

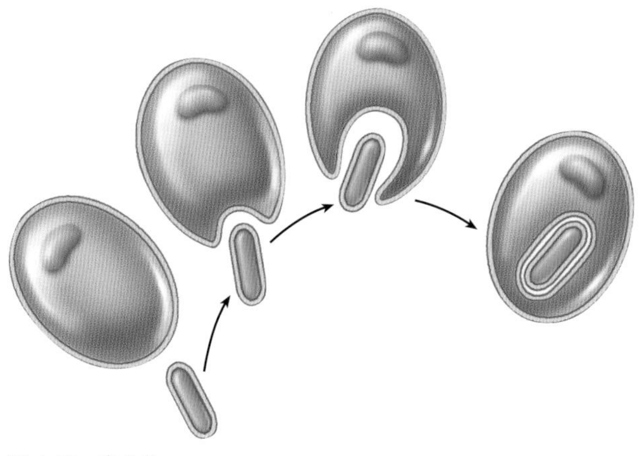

图4.10　内共生

此图显示在线粒体和叶绿体的内共生起源过程中，产生两层膜的一种可能。

关键学习成果　4.7

真核细胞存在结构复杂的细胞器，它们拥有自身的DNA，被认为是通过内共生作用起源于古代的细菌。

4.8 细胞骨架：细胞的内部支架

细胞内部的蛋白质纤维

学习目标4.8.1 组成细胞骨架的蛋白质纤维

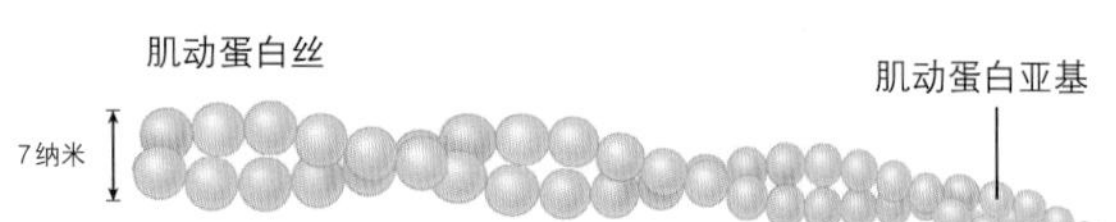

如果你能缩小，进入一个真核细胞内部，你看到的画面正如此处的这幅插图：一个致密的蛋白质纤维的网络，**细胞骨架**（cytoskeleton），维持细胞的形态，锚定细胞器。细胞骨架的蛋白质纤维是一个动态系统，一直都在生成与解聚。细胞骨架包括三类不同的蛋白质纤维，如本页的放大图和表4.2所示。

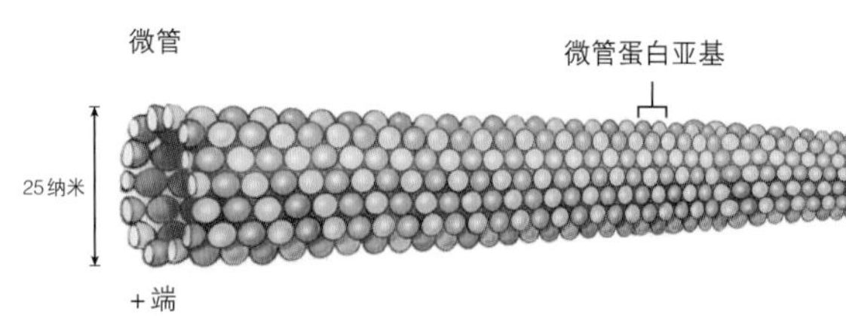

微丝（microfilament，又称**肌动蛋白丝**，actin filament）肌动蛋白丝是直径7纳米的长纤维。每条纤维由两条蛋白质链组成，疏松地缠绕在一起，就像是两串珍珠。链条上的每粒“珍珠”，或称亚单位，是球状蛋白，**肌动蛋白**（actin）。肌动蛋白丝广泛存在于细胞内，但是主要位于质膜内侧。肌动蛋白丝参与细胞的运动，如收缩、爬行、细胞分裂时的缢缩和细胞伸展。

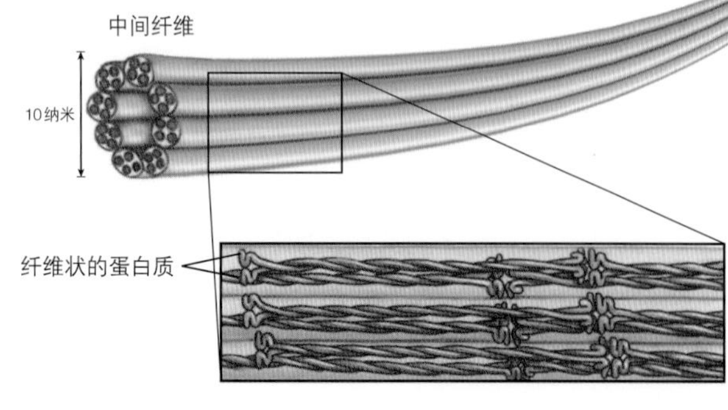

微管（microtubule） 微管是直径25纳米的中空的管状结构，由微管蛋白（tubulin）亚基组成，并行排列形成微管。大多数细胞内，微管蛋白的形成起始于细胞中央的成核中心，向周边辐射。微管末端以“+”（背向成核中心）或“–”（朝向成核中心）表示。微管是相对刚性的细胞骨架结构，能用于非分裂期细胞的新陈代谢和细胞内的运输，还能稳定细胞结构。它们还参与有丝分裂期间染色体的运动。

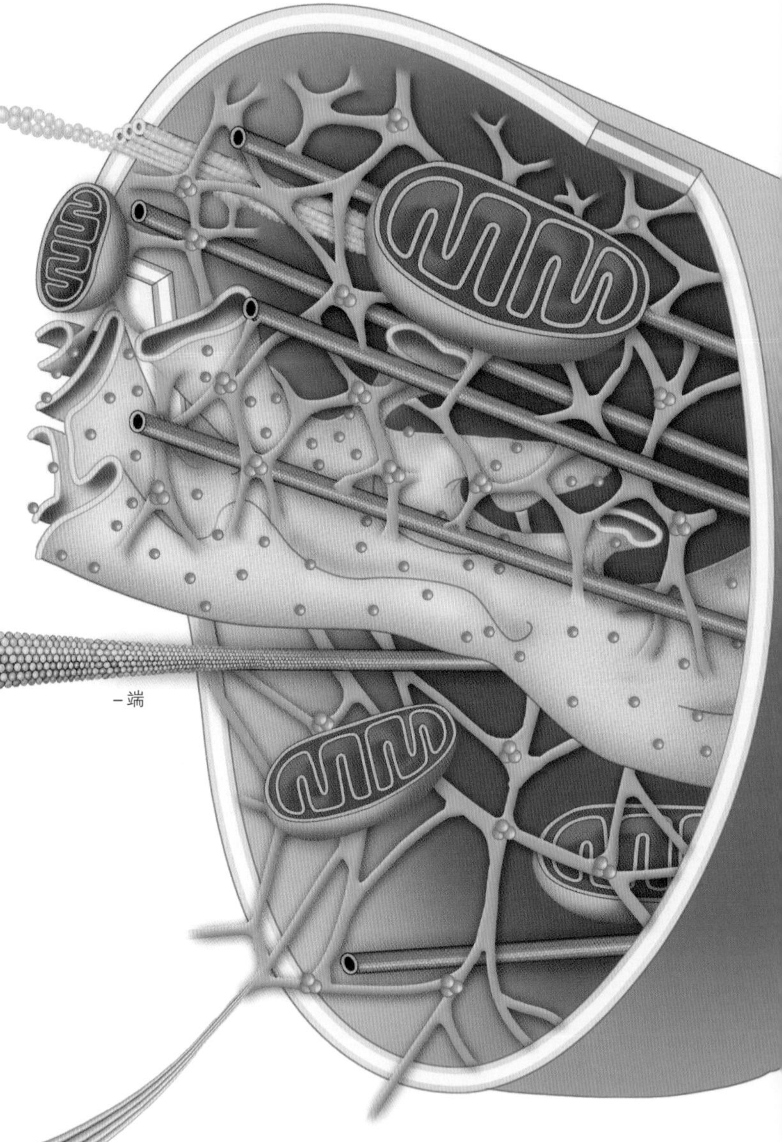

中间纤维（intermediate filament） 中间纤维是重叠交错的蛋白质四聚体结构。这些四聚体结合成束状纤维。这种分子排列方式形成绳样结构，赋予细胞巨大的机械强度。中间纤维的直径为8 ~ 10纳米，介于肌动蛋白丝和微管之间（这正是它们被称为中间纤维的原因）。一旦形成，中

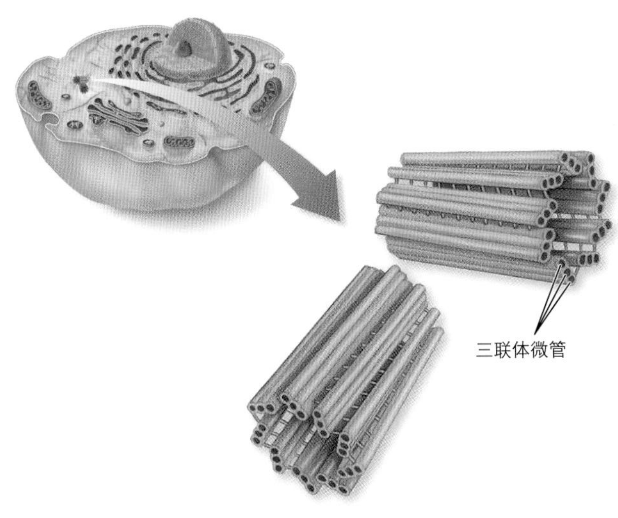

图4.11　中心粒
中心粒锚定和装配微管。中心粒通常成对出现，由9个三联体微管组成。

间纤维就比较稳定，通常不发生解聚。它们令细胞核和细胞器的结构更加稳固。

由于动物细胞缺乏坚固的细胞壁，需要靠细胞骨架来维持动物细胞形态。因为肌动蛋白丝容易装配和解聚，所以动物细胞的形态能迅速形成。如果用显微镜观察动物细胞的表面，你就会发现它们是活的，能运动，能从细胞表面突出并收缩，又迅速在其他地方形成突出。

细胞骨架不仅能维持细胞形态，还能为核糖体提供支架，用于蛋白质的合成，并能将酶限定在细胞质的特殊区域。通过锚定相邻的特殊的酶类，细胞骨架参与细胞器在细胞内的运动。

中心粒

学习目标4.8.2　为什么一些科学家认为中心粒起源于内共生

中心粒（centriole）是一个复杂的结构，在动物和大多数原生生物的细胞内，能将微管蛋白亚基组装成微管。细胞质中的中心粒成对出现，如图4.11所示。它们通常位于核膜周围，处于细胞内结构最复杂的微管装配的中央。在有鞭毛和纤毛的细胞内，每根鞭毛或纤毛都锚定于一种叫作基体（basal body）的中心粒。大多数动物和原生生物细胞既有中心粒又有基体；高等植物和真菌没有，它们组装微管不需要这些结构。尽管它们没有膜，但是在其他很多方面，中心粒与螺旋菌类似。如同线粒体和叶绿体，一些生物学家认为中心粒源于内共生细菌，后来丢失了它的所有DNA，转移到了细胞核中。

液泡：储存场所

学习目标4.8.3　定义液泡

在植物和许多原生生物的细胞内，细胞骨架不仅固定了细胞器，还固定了膜包围形成的被称作**液泡**（vacuole）的储存场所。如图4.12所示，在所有植物细胞的中央，都有一个大的、看起来很空的地方，叫作中央液泡（central vacuole）。它不是真的空，里面有大量的水和其他物质，如糖、离子和色素。液泡是这些重要物质的储存中心，有时也能用来去除废物。某些原生生物，如草履虫（paramecium），在近细胞表面有一个伸缩泡，能积累过量的水。这个**伸缩泡**固定于肌动蛋白丝，有一个向细胞外侧开放的小孔。通过有节奏的收缩，它能从这个孔将积聚的水排出去。

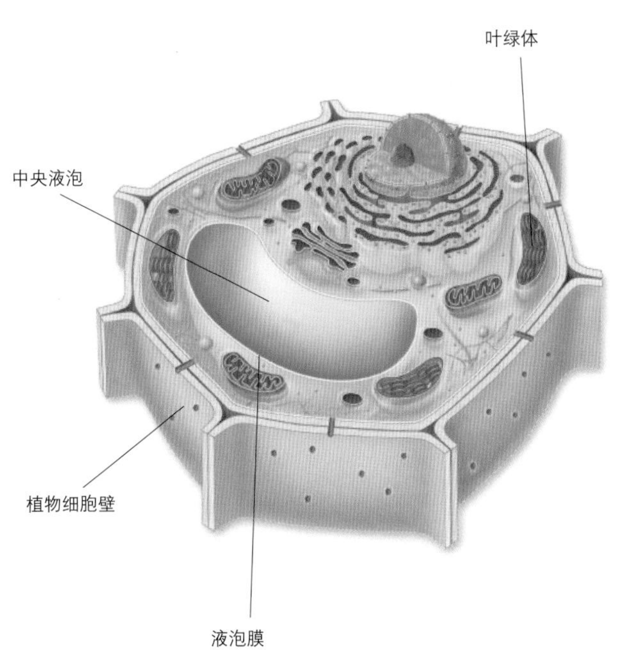

图4.12　植物的中央液泡
植物的中央液泡能储存可溶性物质，体积能变大，可以增加植物细胞的表面积。

表4.2　真核细胞的结构和功能

结构	说明
质膜 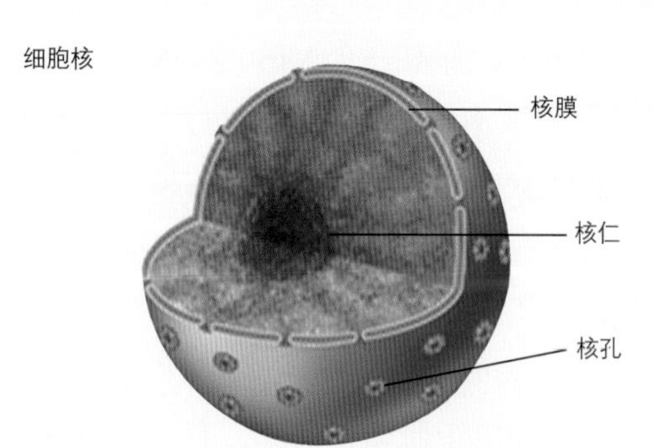	质膜是镶嵌着蛋白质的磷脂双分子层，它们包裹细胞，将内部物质与外部环境隔离开。脂双层由构成膜的磷脂分子尾对尾组装而成。镶嵌在脂双层中的蛋白质，很大程度上决定了细胞与环境相互作用的能力。转运蛋白为分子和离子通过质膜进出细胞提供了通道。受体蛋白结合环境中的特殊分子，如激素或相邻细胞表面的分子，能引起细胞内部的变化。
细胞核	每个细胞都有遗传物质DNA。真核生物的DNA隔离在细胞核中，这是一个被具有双层膜的核膜包围的球状细胞器。核膜上布满了孔，能控制物质流入和流出细胞核。DNA编码细胞合成蛋白质的基因。它与蛋白质结合，形成染色质，是细胞核中最主要的成分。当细胞准备分裂时，细胞核中的染色质浓缩成线状的染色体。
内质网 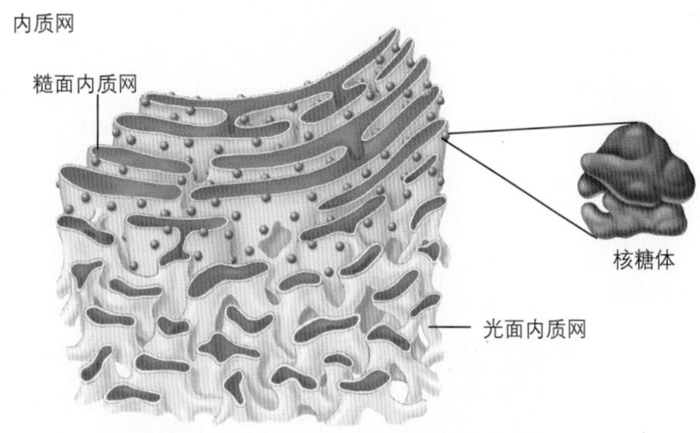	真核细胞的特点是区室化，这是由遍布在细胞内的广泛的内膜系统形成的。网络状的膜是内质网。内质网起于核膜，向外扩展入细胞质，它的膜层在细胞内纵横交错。糙面内质网上附着大量的核糖体，使它看起来坑洼不平。这些核糖体合成的蛋白质用于内质网或细胞的其他部位。没有核糖体附着的内质网叫作光面内质网，它能用于有害物质的解毒，或用于脂质的合成。当分子通过内质网时，糖链会被添加到分子上。借助于糙面内质网边缘脱离的囊泡，分子被运输到细胞的其他部位。
高尔基复合体 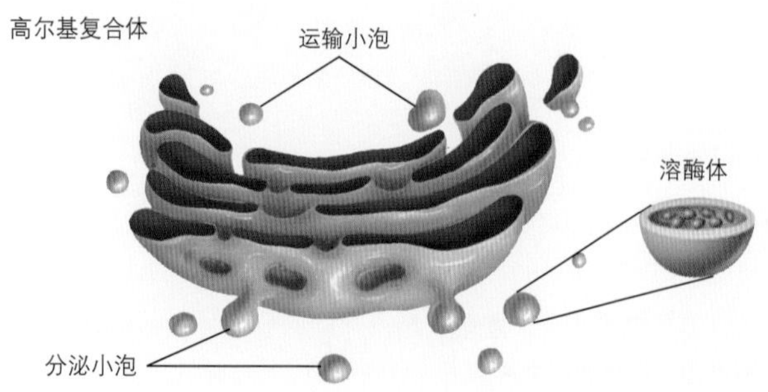	细胞质中的不同部位存在着扁平堆叠的膜。动物细胞可能有20个，植物细胞可能有数百个。它们统称为高尔基复合体。在内质网合成的分子通过囊泡被运输到高尔基复合体。高尔基复合体能分选、包装这些分子，也能合成碳水化合物。当它们通过堆叠的膜时，高尔基复合体会将糖链添加到分子上。然后，高尔基复合体将这些分子运输到溶酶体、分泌小泡或质膜。

表4.2 真核细胞的结构和功能（续）

结构	说明

线粒体

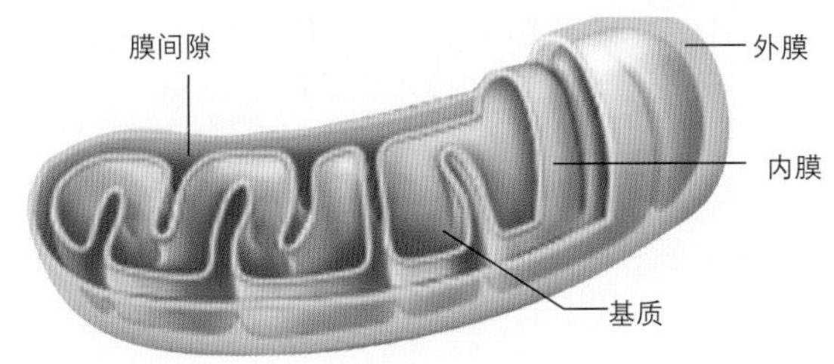

线粒体是形似细菌的细胞器，通过分解食物分子产生细胞所需的能量。每个线粒体都包裹着两层膜，两者被膜间隙分隔。产生能量的关键化学反应发生在内部基质。能量将质子从基质泵入膜间隙，质子穿越内膜返回时能驱动合成细胞的能量货币——ATP。

叶绿体

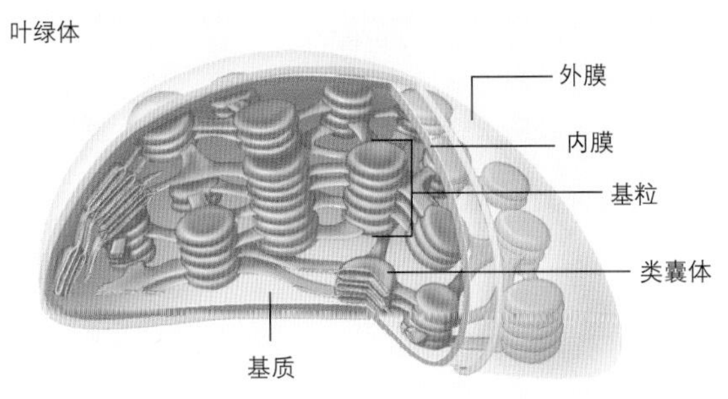

植物和藻类的绿色是由于叫作叶绿体的细胞器富含的参与光合作用的绿色色素，叶绿素。光合作用是光能驱动的过程，将空气中的CO_2转变为组成所有生物的有机分子。与线粒体一样，叶绿体也由两层膜组成，两层膜之间有膜间隙分隔。叶绿体内的内膜脱离形成一系列的囊泡，叫作类囊体，它们堆叠形成柱状结构，叫作基粒。光合作用是由叶绿体促进的光反应，就发生在类囊体。类囊体悬浮在叫作基质的半流体物质中。

细胞骨架

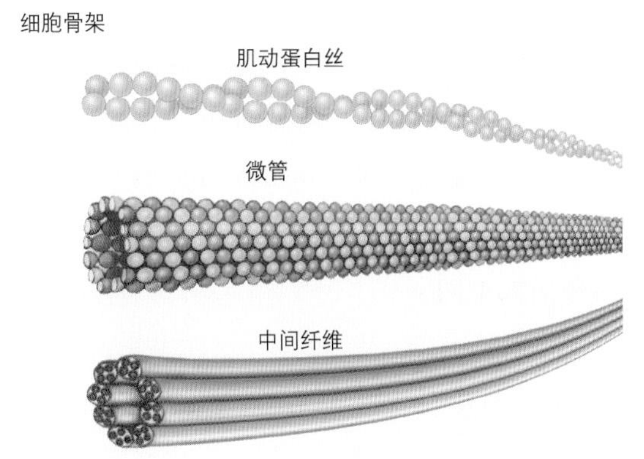

所有真核生物细胞的细胞质中纵横交错着叫作细胞骨架的蛋白质纤维网络，它们参与维持细胞的形态，将细胞器锚定在固定的部位。细胞骨架是动态结构，由三类纤维组成。长的肌动蛋白丝参与细胞的运动，如收缩、爬行和细胞分裂时的缢缩。中空的微管，一直在形成和解聚，促进细胞运动，参与细胞内物质的运输。特殊的马达蛋白能通过微管“轨道”，将细胞器运送到细胞各处。耐用的中间纤维赋予细胞结构的稳定支持。

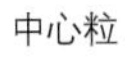

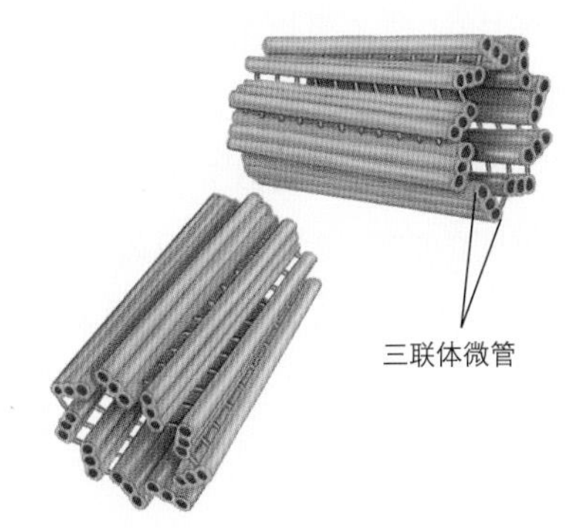

中心粒是桶状的细胞器，存在于动物和大多数原生生物细胞内。它们成对存在，通常相互垂直位于细胞核附近。中心粒有助于动物细胞微管的组装，在细胞分裂时牵拉染色体的微管。中心粒还参与纤毛和鞭毛的形成，它们由成套的微管组成。植物和真菌细胞缺乏中心粒，细胞生物学家仍在努力寻找它们的微管组织中心。

细胞运动

学习目标4.8.4　动物细胞如何从一个位置移动到另一个位置

基本上，所有的细胞运动都涉及肌动蛋白丝、微管或兼有两者的运动。中间纤维发挥着作为细胞内韧带的作用，避免细胞过度拉伸。肌动蛋白丝对于决定细胞的形态发挥着重要作用。因为肌动蛋白丝易于装配和解聚，它们能使一些细胞迅速改变形态。如果在显微镜下观察某些细胞的表面，你就会发现它们能运动和改变形态。

某些细胞会爬行　细胞质内肌动蛋白丝的装配使得细胞能"爬行"。爬行是一种重要的细胞现象，是炎症、凝结、伤口愈合和癌症扩散的基础。尤其是白细胞的这种现象更为突出。这些细胞在骨髓产生，被释放到血液循环系统，最终会爬出毛细血管，进入组织，消灭可能的病原体。爬行机制是细胞协同作用的典型例子。

细胞骨架纤维对其他类型的细胞运动也有作用。例如，动物细胞增殖时（见第8、9章），染色体会移向分裂细胞的两极，因为它们被结合到了缩短着的微管上。紧接着，当肌动蛋白丝的环带像松紧带一样收缩，细胞就会缢缩形成两个。肌肉细胞利用肌动蛋白丝收缩细胞骨架。睫毛的颤动，鹰的飞翔，以及婴儿笨拙的爬行，都依赖于肌肉细胞中的这些细胞骨架的运动。

用鞭毛和纤毛游动　一些真核细胞有**鞭毛**（flagella，单数形式为flagellum），这是细胞表面凸出的纤长的线状细胞器。图4.13的立体图显示了鞭毛是如何从叫作**基体**（basal body）的微管结构生成的。如横切图所示，基体由多组三联体微管组成。这些微管中有些会延伸进入鞭毛，它们是由9组二联体微管围绕2个中央微管所形成的环状结构（见横切面图）。这种9+2组合（9+2 arrangement）是真核生物的基本特征，明显自早期进化而来。甚至没有鞭毛的细胞，也能产生相同的9+2组合的结构，如人耳的感觉毛。我们发现人的每个精子都有一根长鞭毛，它能驱动细胞泳动。如果鞭毛数量很多，密集排列，它们就被称为**纤毛**（cilia）。纤毛的结构与鞭毛没有什么不同，但是纤毛通常较短。草履虫布满纤毛，使它看起来毛茸茸的。气管是人体内的呼吸管道，密集的纤毛就从其表面的细胞中突出，能将黏液和灰尘颗粒从呼吸道转移到喉部（在那儿，我们能通过吐痰或吞咽，排出这些不需要的污染物）。虽然如4.3节已经讨论的那样，真核生物的鞭毛与原核生物的鞭毛功能相似，但是它们的结构有很大不同。

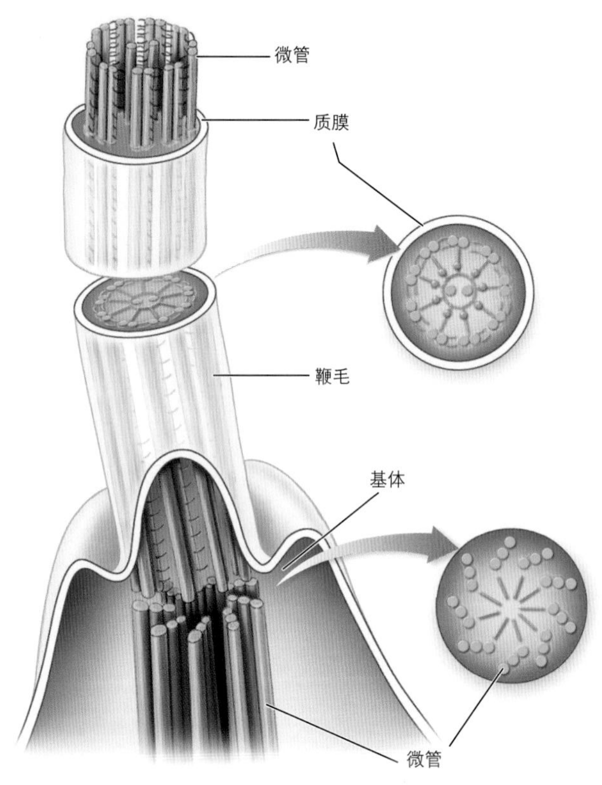

图4.13　鞭毛

真核生物的鞭毛直接从基体生长出来，它具有9组二联体微管围绕2个中央微管形成的环状结构。

细胞内物质运输

学习目标4.8.5　真核细胞如何在细胞质内运输物质

所有真核细胞必须将细胞质中的物质从一个部位转运到另一部位。大多数细胞利用内膜系统作为细胞内的高速通道。如4.6节所示，高尔基复合体将来自内质网的物质包装入囊泡运输到细胞的远处。但是，这种高速通道仅在短距离内有效。当细胞不得不长距离运输物质时（如神经细胞的轴突），内膜系统的高速通道就太慢了。这种情况下，真核细胞发展出了高速机车，沿着微管运行。溶酶体能沿着这些微管到达食物泡，而线粒体能沿着微管到达长长的轴突的远端。

对于细胞内的长距运输，需要四类组分（如图4.14）：被运输的囊泡或细胞器（淡褐色的结构）；马达分子，此处是动力蛋白，它能驱动耗能运动；连接分子，它们能将囊泡连接到马达分子（此图中，它们是动力蛋白激活蛋白复合体和其他相关蛋白）；囊泡将被一个机车牵拉着在微管（绿色管道）上行走，犹如火车在铁轨上运行。作为天然的微小马达，这些马达蛋白简直就是沿着微管轨道拉动运输小泡。

这个微小的马达是怎么工作的？马达蛋白消耗ATP为运动提供能量。科学家认为它们采取一种跨步走的方式。不同马达蛋白的运动方向是不同的。图4.14中所示的**动力蛋白**（dynein）向微管“–”端运动时，会拖着这个囊泡向内朝细胞中央运动。另一种马达蛋白，**驱动蛋白**（kinesin），向相反方向运动，移向微管的“+”端，朝着细胞的周边。因此，某类特殊的运输小泡和内部物质的目的地是由镶嵌在囊泡膜上的连接蛋白的性质决定的。犹如拥有到达两个目的地的车票，如果囊泡连接到驱动蛋白，它就向外移动；如果它连接到动力蛋白，它就向内移动。

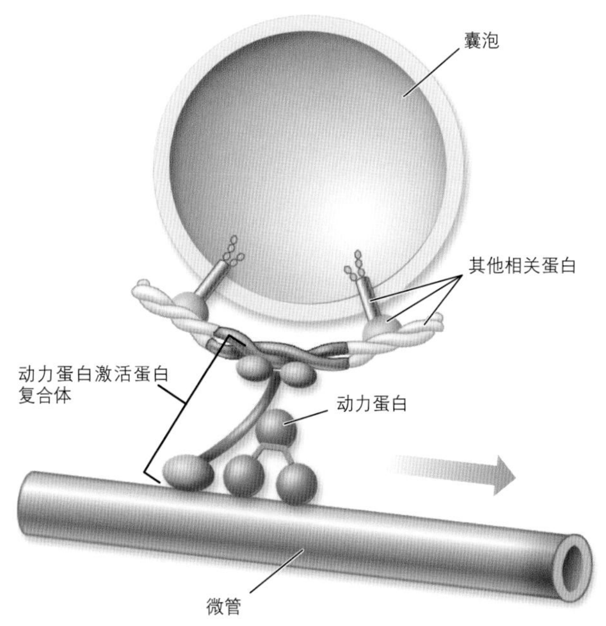

图4.14　分子马达

细胞内被转运的小泡通过连接分子，例如此处的动力蛋白激活蛋白复合体，结合到动力蛋白等马达分子上，它能沿着微管移动。

关键学习成果　4.8

细胞骨架蛋白质纤维的网络状结构决定细胞的形态，将细胞器锚定到细胞质的特殊部位。细胞通过改变形态发生移动，还能利用分子马达将物质运输到细胞的各个部位。

4.9　质膜之外

细胞壁提供保护和支撑

学习目标4.9.1　比较动物细胞、植物细胞和原生生物细胞的外部结构

细胞壁（cell wall）是一种植物、真菌和许多原生生物细胞具有，而动物细胞没有的结构。细胞壁能保护和支持细胞。真核细胞细胞壁的组成和结构不同于细菌细胞壁。植物的细胞壁由多糖纤维素组成，而真菌的则由几丁质组成。在细胞生长时，植物细胞的**初生壁**（primary wall）就已经形成了。它们很薄，是细胞最外侧的细胞壁。在相邻细胞的细胞壁之间的是一层黏性物质，称作**胞间层**（middle lamella），它将细胞粘在一起。一些植物细胞能产生强韧的**次生壁**（secondary wall），它们沉积在初生壁的内侧。相对于初生壁，次生壁都很厚。

动物细胞外存在着细胞外基质

学习目标4.9.2　细胞外基质中的糖蛋白和整合素的功能

动物细胞没有细胞壁，而细胞壁会包裹植物、真菌和大多数原生生物细胞。动物细胞会向细胞周围分泌复杂的**糖蛋白**（glycoprotein，有短的糖链结合的蛋白质）混合物，形成**细胞外基质**（extracellular matrix，ECM）。它的作用不同于细胞壁。

细胞外基质通过第三种糖蛋白，**纤连蛋白**（fibronectin），与质膜结合。如图4.15所示，纤连蛋白分子不仅结合细胞外基质糖蛋白，还结合**整合素**

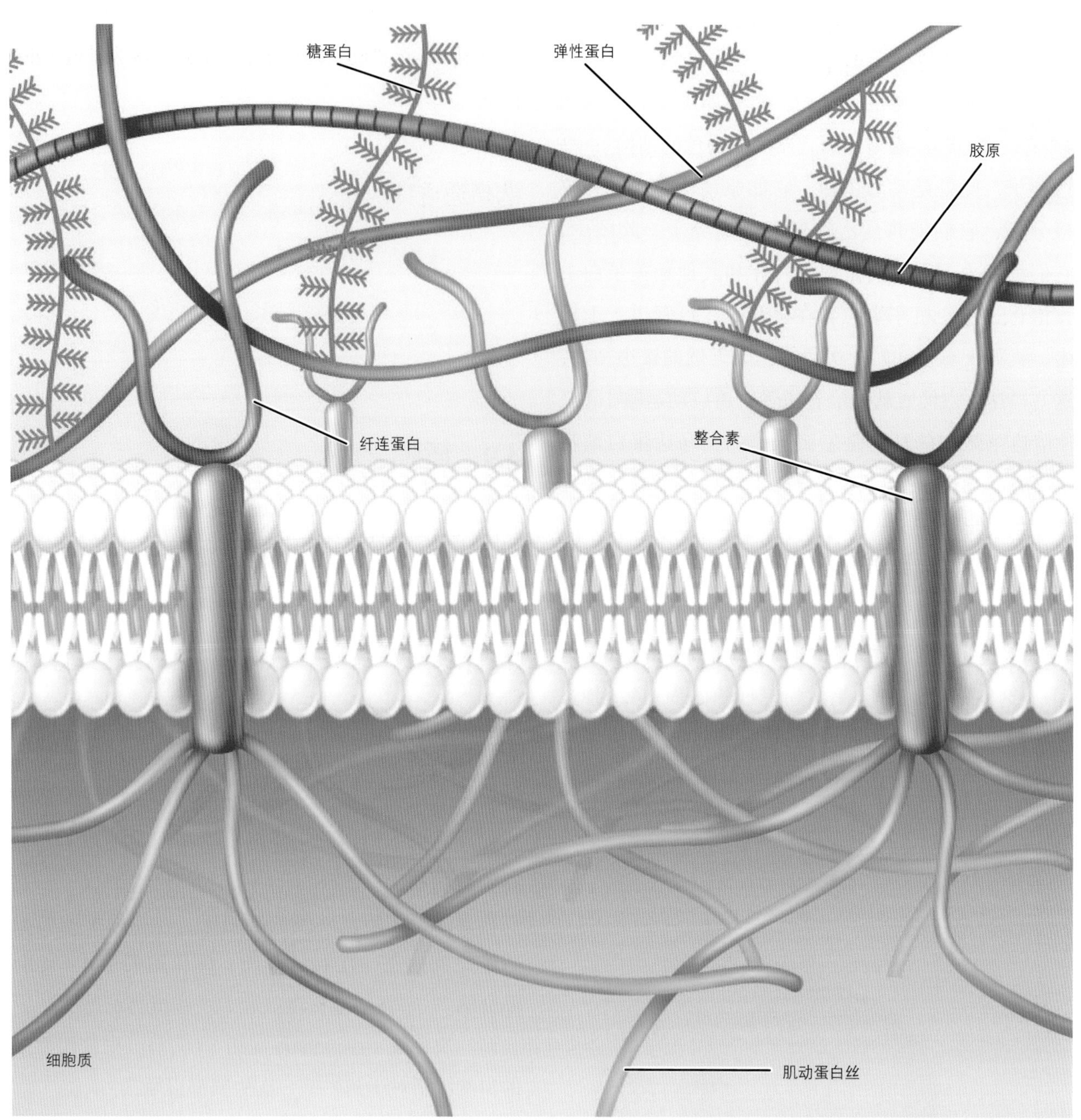

图4.15 细胞外基质

动物细胞被细胞外基质（ECM）包裹着，它由多种糖蛋白组成。细胞外基质执行多种功能影响细胞生命活动，包括细胞迁移、基因表达和协同细胞间信号。

（integrin）。它是质膜必需的部分。整合素插入细胞质，与细胞骨架的微丝结合。通过连接细胞外基质和细胞骨架，整合素使细胞外基质能以重要方式影响细胞的生命活动，经由机械与化学两种信号通路的组合改变基因表达和影响细胞迁移。通过这种方式，细胞外基质有助于协调特定组织处所有细胞的生命活动。

关键学习成果 4.9

植物、真菌和原生生物细胞都被强韧的细胞壁包裹着。在没有细胞壁的动物细胞中，细胞骨架通过整合素蛋白与糖蛋白网络、细胞外基质连接。

4.10 扩散

为了存活，食物颗粒、水和其他物质必须进入细胞，而废物必须被清除。所有这种跨越细胞质膜的流入和流出一定是下列三种方式中的一种：（1）水和其他物质扩散通过细胞膜；（2）细胞膜上的蛋白质发挥闸门的作用，仅使某种分子通过；（3）食物颗粒或液体被细胞膜包围吞入细胞。首先，我们来认识扩散。

扩散

学习目标4.10.1 为什么扩散是顺浓度梯度的

大多数分子在不停地运动。一个分子如何运动——它会去哪儿——是完全随机的，犹如摇晃杯子中的弹珠。因此，如果加入两种分子，它们很快就会混合在一起。分子的随机运动总是趋向于产生均匀的混合物。为了认识这是怎么发生的，请看下面插图所示的“重要的生物过程：扩散”，这个简单的实验是将一小块糖放入有水的烧杯中。糖块慢慢溶化形成单个的糖分子。这些糖分子随机运动，直到它们在烧杯的水中均匀分布（如下图❹），因为单个分子能进行随机运动。这种随机的分子混合的过程称为扩散（diffusion）。

选择通透性

学习目标4.10.2 定义选择通透性

由于生物膜的化学性质，扩散对细胞的存活很重要。如图4.16所示，脂双层的非极性决定哪种物质能通过，哪种物质不能。氧气和二氧化碳不会被脂双层排斥，能自由穿越，并且小的非极性的脂肪和脂质也能通过。但是，糖类（如葡萄糖）就不能，蛋白质也不能。实际上，由于脂双层屏障，极性分子都不能自由跨越生物膜。这对带电荷的离子，如Na^+、Cl^-和H^+适用，而且对水分子也适用，因为水分子有很强的极性。曾经认为水能以某种方式渗透质膜，穿越由脂双层的烃链尾部在摆动和弯曲时产生的缝隙。但是生物学家现在否定了这种观点，这在4.2节讨论过了。在本章后半部分，我们将进一步探索水分子穿越质膜的运动。

因为质膜能允许一些物质通过，不允许另一些物质通过，所以它具有选择通透性。细胞质膜的选择通透性大概是它最重要的特性了。一个细胞是什么样，

重要的生物过程：扩散

一块方糖被放入有水的烧杯中。

糖分子开始从方糖上脱离。

越来越多的糖分子脱离，向四周随机运动。

最终，所有糖分子均匀分布于水中。

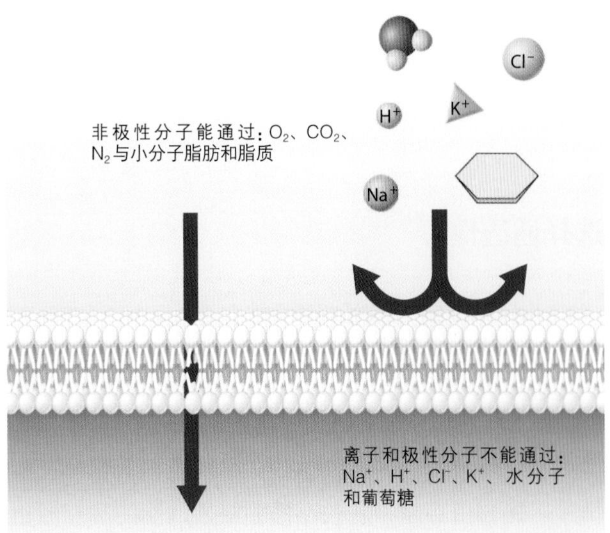
非极性分子能通过：O_2、CO_2、N_2与小分子脂肪和脂质
Cl^-
H^+
K^+
Na^+
离子和极性分子不能通过：Na^+、H^+、Cl^-、K^+、水分子和葡萄糖

图4.16　膜的选择通透性

非极性分子，如左侧的那些，能通过这层膜，但是离子和极性分子（右侧）不能。

它如何发挥功能，很大程度就由质膜允许通过的分子或拒绝通过的分子决定。随着本章内容的深入，你将发现存在多种方式，使得特定类型的细胞能控制物质的进出。

浓度梯度

学习目标4.10.3　为什么氧气扩散通过质膜受细胞内O_2浓度而不是CO_2浓度的影响

膜一侧的单位体积中的分子数就是它的浓度（concentration）。细胞膜的选择通透性作用直接导致极性和带电荷的分子和离子在膜两侧的浓度不相同。这种浓度的差异称为**浓度梯度**（concentration gradient）。

物质从浓度高的区域运动到浓度低的区域的过程被称为顺浓度梯度。分子是如何“知道”向哪个方向运动的呢？它不知道——分子什么都不知道。分子会向所有方向运动，随机改变线路。很简单，相对于分子较少的区域，分子较多的区域有更多分子能发生运动。事实上，扩散的正式定义是一种由于随机运动，分子顺浓度梯度运动到低浓度区域（分子数量相对较少的区域）的净移。

重要的是，每种物质的扩散方向都是由它自身的浓度梯度决定，而不是由同一溶液中的其他物质的浓度决定。因此，氧气通过植物细胞质膜扩散进入细胞的速度，受细胞内氧气浓度相对于空气中的氧气浓度的影响，而不受二氧化碳浓度的影响。

运动的分子

学习目标4.10.4　影响扩散速率的因素

分子扩散通过膜的速度有多快（生理学家称为扩散速率）取决于细胞的两个特性和细胞所处环境的物理特性。

浓度梯度的峭度　当浓度梯度非常陡峭的时候，扩散速率最快。从高浓度区域随机运动出来的分子比从低浓度区域随机运动进入的分子更多。随着这个过程的进行，高浓度区域的分子的数量持续下降，因为有更少的分子流出，更多的分子流入，扩散的速率也下降。最终，流入的分子数量和流出的分子数量相同。到这个水平，扩散就会终止。虽然分子还在运动，但是两区域的相对浓度不再发生变化——生理学家将这称为动态平衡。

能够进行扩散的膜的面积　一些气体如氧气和许多小的水溶性分子易扩散通过生物膜的脂双层。当脂双层占据的膜的比例最高时，它们进出细胞的扩散速率最快。镶嵌蛋白的比例越大，可扩散的面积越少，所以气体和液体穿越脂双层的扩散速率越低。类似地，离子如Na^+与极性分子如糖和氨基酸，在有大量能使这类物质通过的蛋白通道的膜上，扩散速率最大。由于这些通道通常具有高度的特异性，仅能允许某一特殊离子或分子通过，所以物质的扩散速率仅受通道的数量的影响。

细胞环境的物理特性　温度对扩散速率有很大的影响，一个很简单的原因是，更高的温度使分子运动更快。通常情况下，生活在更高温度中的生物的细胞，其扩散速率更快。高压也会导致更快的扩散，因为分子碰撞得更频繁。这个作用对生活在深海的生物特别重要，因为那儿的压力比地球表面的压力大得多。第三种明显影响跨细胞的扩散速率的物理特性是细胞所处的电场。跨神经细胞膜的电梯度对离子扩散进出的速率有很重要的影响。

关键学习成果　4.10

分子的随机运动导致它们在溶液中混合均匀，这个过程称作扩散。分子的扩散是顺浓度梯度的，梯度越陡峭，扩散速率越快。

4.11 易化扩散

蛋白通道

学习目标4.11.1 为什么易化扩散能达到饱和，而扩散不会

开放通道

生物膜的选择通透性可能是它们最重要的性质了。离子和极性分子只能通过贯穿脂双层的蛋白通道，穿越膜的脂质核心。这些通道中最简单的叫作开放通道（open channel）。它的形状犹如管道，功能像是打开的门。只要分子与通道匹配，它就能自由进出，这犹如弹珠通过甜甜圈。扩散会使分子流向其较少的一侧，而使膜两侧的这些分子的浓度达到平衡。许多细胞的水和离子的通道属于开放通道，它们是贯穿细胞膜的简单开放通道。这些孔经常是有“门”的。在离子通过前，这门必须被打开。有门的开放离子通道响应电荷的作用开放和关闭，对神经系统的信号传递有重要作用。

载体蛋白

开放通道的特异性有限，因为许多不同极性的分子的大小、形态和电荷基本相同。为增强膜转运的选择性，细胞拥有一种更复杂的通道，它要求扩散的分子能结合到“载体”蛋白的表面。这种紧密的结合是高度特异性的。一旦与“货物”结合，载体蛋白就能携带这种分子穿越细胞膜。

每种载体蛋白只能结合某种分子，例如一种特殊的糖、氨基酸或离子，在膜的一侧与它们结合，在另一侧将它们释放。分子净移的方向，仅取决于其跨膜的浓度梯度。如果外侧的浓度高，分子易于与细胞膜外侧部分的载体结合（如下图“重要的生物过程”中的图❶），然后在细胞质一侧被释放（如图❸）。净移总是从高浓度到低浓度，这与扩散一样，但是此过程需要载体协助。正因如此，这种转运作用就有了专门的名称，**易化扩散**（facilitated diffusion）。

载体蛋白协助运输的特性是它的速率会达到饱和。如果物质的浓度逐渐增高，其转运速率会增加到某个值，然后达到稳定状态。因为细胞膜上的载体蛋白的数量有限，所以，当被转运的物质的浓度足够高时，所有载体都会起作用。总之，这种转运体系就被称为处于“饱和”。

关键学习成果 4.11

易化扩散是物质借助蛋白通道或载体，跨细胞膜向低浓度流动的选择性运输。

重要的生物过程：易化扩散

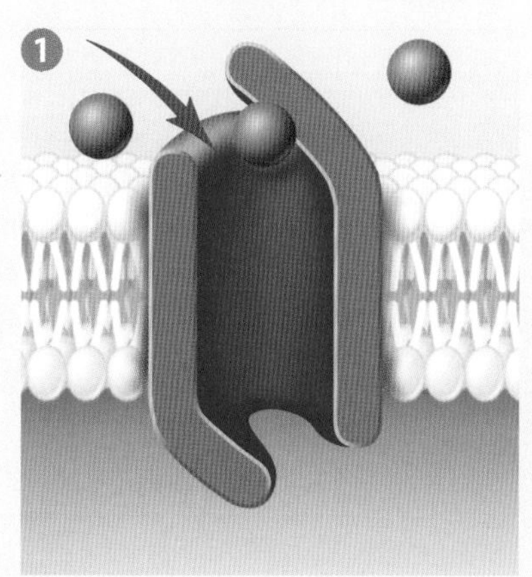

特殊的分子能与质膜上特殊的蛋白质载体结合。

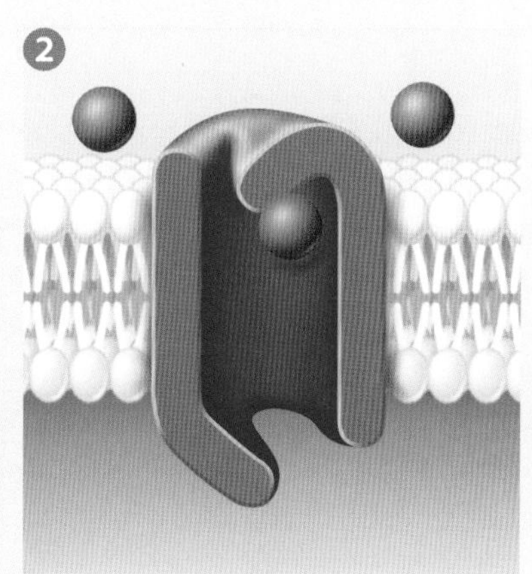

蛋白质载体帮助扩散（易化扩散），不需要能量。

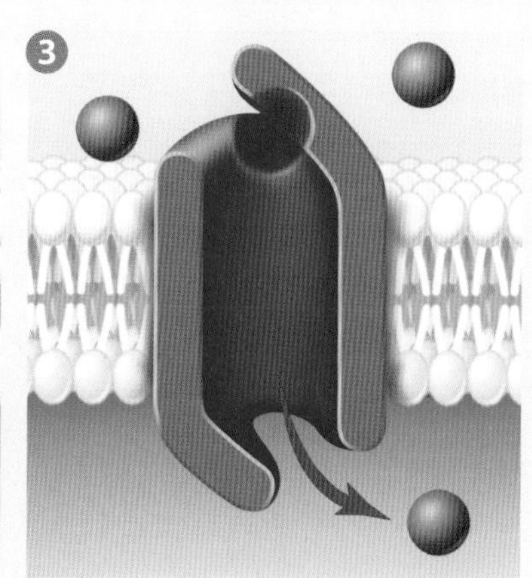

分子在膜的另一侧被释放。蛋白质载体仅转运某种分子跨越细胞膜，顺浓度梯度实现它们的运输。

4.12 渗透

水分子的扩散

学习目标4.12.1 定义渗透

扩散能使分子（如氧气、二氧化碳）和非极性的脂质穿越质膜。水分子的这种运动不被阻碍是因为有许多叫作水通道蛋白的小通道，能让水分子自由通过细胞膜。

因为水的生物学功能如此重要，所以水分子从高浓度区域向低浓度区域的扩散有特殊的名称——**渗透**（osmosis）。但是，能自由扩散通过细胞膜的水分子的数量取决于溶液中其他物质的浓度。为了更好地认识水分子如何进出细胞，我们聚焦到已经存在于细胞内的水分子。它们在干什么？其中，许多水分子与细胞内的糖、蛋白质和其他极性分子结合。记住，水分子有很强的极性，易于与其他极性分子结合。这些“社会性的”水分子不能像它们在外侧时随意运动；相反，它们聚集在与它们结合的极性分子周围。结果，当水分子通过自由运动慢慢进入细胞时，它们就不能再自由流出。因为流入的水分子比流出的更多，所以水分子呈现向细胞内净流入。下面“重要的生物过程：渗透”插图所示的实验就说明了这是怎么发生的。烧杯的右侧代表细胞内部，而左侧代表了水环境。当极性的尿素出现于细胞内，如图❷所示水分子聚集到尿素分子周围，不再通过膜流出到“外部”。实际上，极性溶质降低了自由的水分子的数量。因为细胞“外部”（左侧）有更多的没结合的水分子，所以它们能通过扩散进入细胞（从左到右）。

溶液中溶解的所有颗粒［称作**溶质**（solute）］的浓度叫作溶液的渗透浓度。如果两种溶液的渗透浓度不同，高渗透浓度的溶液是**高渗溶液**（hypertonic，希腊语“hyper”意为多于），如下方图❷中烧杯的右侧；而低浓度的溶液是**低渗溶液**（hypotonic，希腊语“hypo”意为少于），如烧杯的左侧。如果两种溶液的渗透浓度相同，它们就是**等渗溶液**（isotonic，希腊语“iso”意为相同）。

质膜分隔了两种水溶液，一种在细胞内（细胞质），而另一种在细胞外（细胞外液）。水通过这层膜的净扩散的方向取决于两侧溶液的渗透浓度。例如，细胞的细胞质与细胞外液不是等渗的，那么水就会扩散流向溶质浓度较高的溶液（所以说，未结合溶质的水分子浓度较低）。

渗透压

学习目标4.12.2 比较静水压和渗透压

如果细胞的细胞质对于细胞外液是高渗的，那会

重要的生物过程：渗透

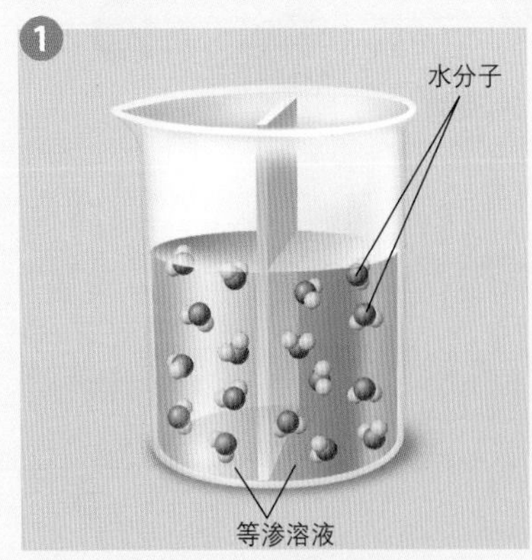

扩散导致水分子在半透膜两侧均匀分布。

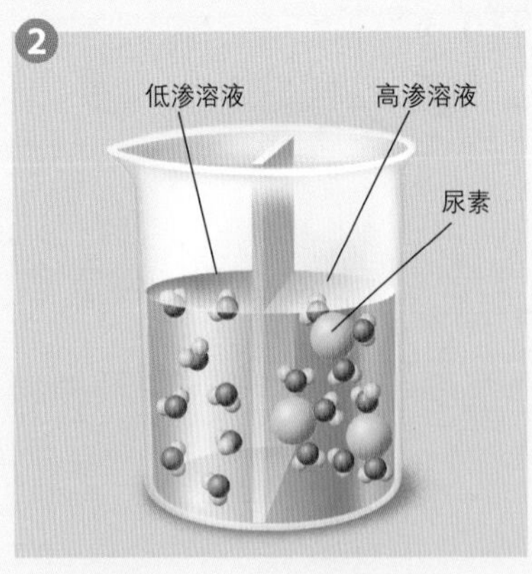

加入的溶质分子不能通过这层膜，会降低这一侧的自由水分子的数量，因为它们会与溶质结合。

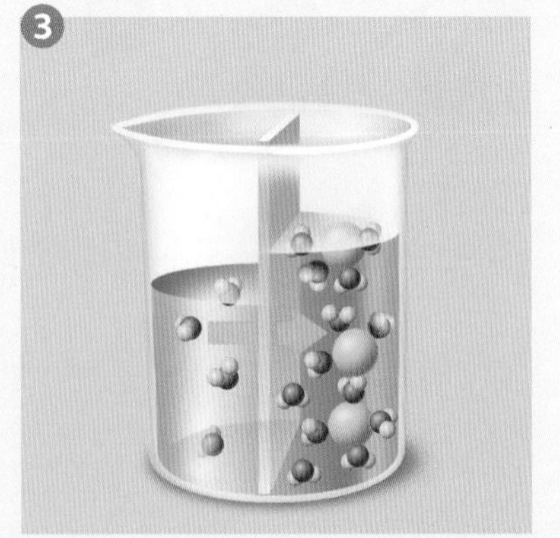

扩散导致自由水分子从浓度较高的一侧流向浓度较低的溶质一侧。

发生什么呢？这种情况下，水会从细胞外液扩散进入细胞，导致细胞膨胀。将细胞膜向外推的细胞质的压强，即**静水压**（hydrostatic pressure）会升高。另外，**渗透压**（osmotic pressure）也将发挥作用，它的定义是阻止水通过膜的渗透运动所需的压强。如果膜足够强韧，细胞会达到平衡，在此情况下，使水进入细胞的渗透压会被将水逐出细胞的静水压抵消。但是，质膜本身不能承受强大的内部压力，此种情况下的单个细胞会像膨胀的气球一样破裂。因此，保持等渗环境对于动物细胞是非常重要的。

图4.17说明了溶质如何产生渗透压。

首先请看图顶部的红细胞。左侧，在高渗溶液如海水中，水分子会净流出红细胞，流向溶质浓度高的外侧，导致细胞皱缩。在等渗溶液中（中间），红细胞细胞膜两侧的溶质浓度是相同的。因为水以相同的速率扩散进出细胞，细胞的大小没有发生变

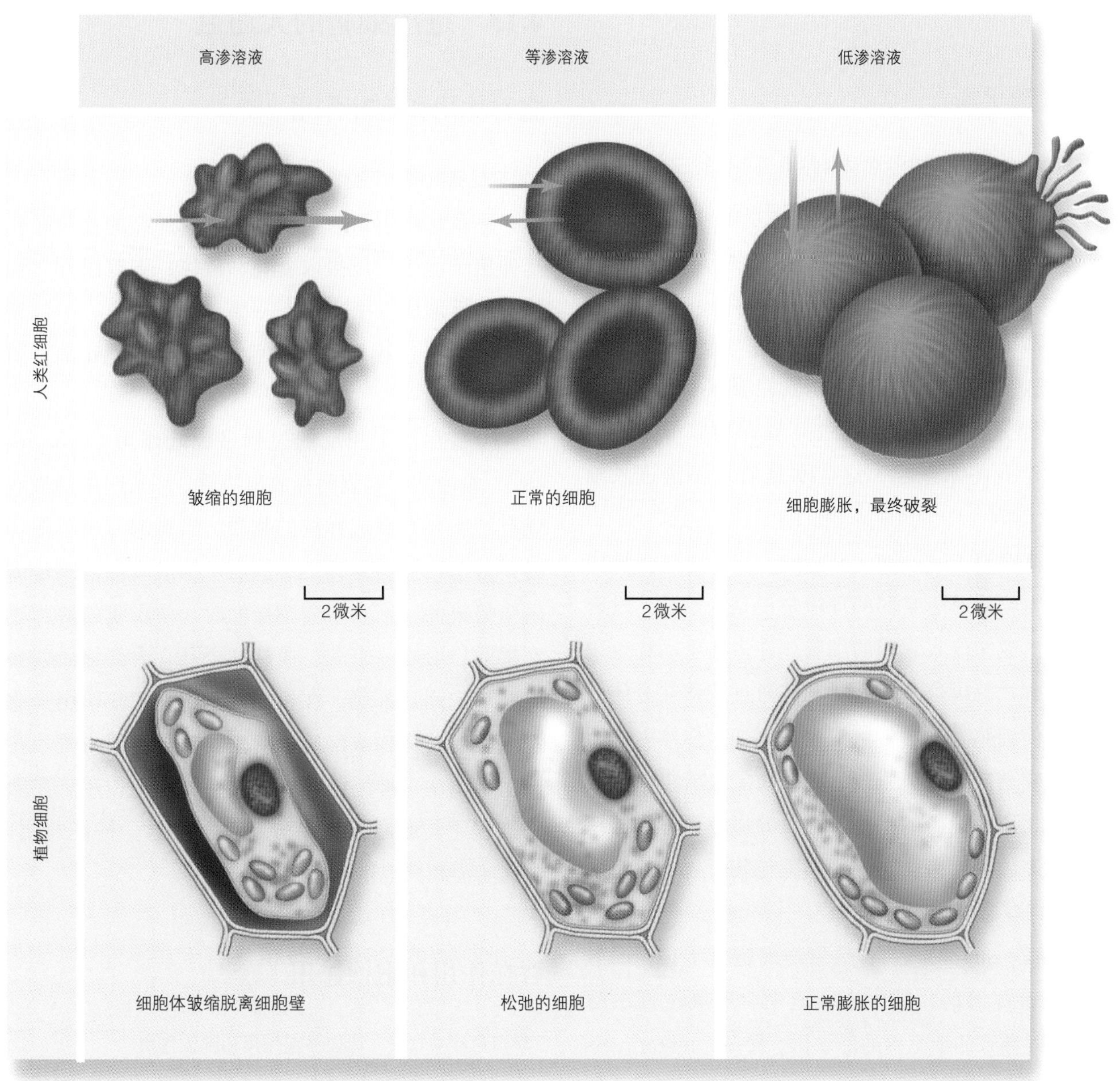

图4.17 溶质如何产生渗透压

因为细胞是一个封闭的结构，所以当水从低渗溶液进入细胞时，压力会作用于质膜，直到细胞破裂。在植物细胞内，这种静水压被细胞壁的渗透压抵消，这种力量足够强大能阻止水流入细胞。

化。在右侧的低渗溶液中，因为细胞内溶质的浓度高于外侧，所以水净流入细胞。这种方式正是彼得·阿格雷在深度观察中所述的实验中用到的，他揭示了水孔蛋白是一种有功能的水通道。在低渗溶液中（他的实验用的是纯水），随着水进入红细胞，渗透压导致细胞膨胀，变成球形，直到细胞膜不能再延伸而破裂。

现在请看图4.17下方的植物细胞。不同于动物细胞，在这些细胞内，渗透产生的静水压被渗透压抵消，渗透压能阻止水分子流入细胞。植物细胞有很强的细胞壁，能产生足够的渗透压而避免细胞出现破裂。

维持渗透平衡

学习目标4.12.3　讨论生物体维持渗透平衡的三种方式

生物体产生了多种方式来解决它们面对的环境中的高渗困境。

挤压（extrusion）　一些单细胞的真核生物，如原生生物草履虫会利用伸缩泡除水。每个伸缩泡都会从细胞质的不同部位收集水。伸缩泡上有一个向细胞外侧开放的小孔。通过有规律地收缩，伸缩泡从这个孔将水泵出，这些水是通过渗透进入细胞的。

等渗溶液（isosmotic solution）　生活在海洋中的一些生物体对于它们的环境来说是等渗的，没有水净流出或净流入它们的细胞。许多陆生动物也以相似的方式解决这个问题，它们通过液体在身体内的循环使细胞处于等渗溶液中。例如，你体内的血液含有较高浓度的清蛋白，它提高了血液中的溶质浓度使之达到细胞的水平。鲨鱼的血液和体液保持着高浓度的尿素，使它们的细胞与其所生活的海水处于等渗状态。

膨胀（turgor）　大多数植物细胞对于它们的直接环境是高渗的，其中央液泡中含有高浓度的溶质。由此导致的细胞内的静水压，**膨压**（turgor pressure），压迫质膜紧贴细胞壁，这使得细胞很坚固（如图4.6所示）。大多数绿色植物依赖膨压维持它们的形态，而当缺少足够的水时，它们就会枯萎。

关键学习成果　4.12

因为与极性溶质结合的水分子不能自由扩散，所以水会通过细胞膜净流入“自由”水较少的一侧。渗透是水扩散通过细胞膜，而不是溶质。为正常发挥功能，细胞必须维持渗透平衡。

4.13　进出细胞的大通道

胞吞作用和胞吐作用

学习目标4.13.1　胞吞作用

许多真核生物的细胞，通过向外部的食物颗粒延伸出细胞膜，以摄取食物和液体。细胞膜吞食颗粒，然后形成一个小泡——膜包围的囊泡——包裹着它。这个过程被称为**胞吞作用**（endocytosis，图4.18）。

与胞吞作用相反的过程是**胞吐作用**（exocytosis），囊泡从细胞表面释放出物质。图4.19中的囊泡就有细胞要卸载或释放的物质。当囊泡与质膜融合时，紫色颗粒仍然处于小泡内。构成囊泡的膜是由磷脂组成的。当它与质膜接触时，两层膜的磷脂相互接触，形成一个孔。通过这个孔，内部物质就会离开小泡到达外侧。在植物细胞中，胞吐作用是通过细胞膜外运构成细胞壁所需物质的重要方式。在原生生物中，伸缩泡的释放是一种胞吐作用。在动物细胞中，胞吐作用是分泌多种激素、神经递质、消化酶类和其他物质的途径。

吞噬作用和胞饮作用

学习目标4.13.2　比较吞噬作用和胞饮作用

如果细胞摄入的物质是颗粒物质（由分散的颗粒组成），例如一种生物，如图4.18（a）中的红色的细菌，或其他某些相对较大的有机质碎片，这个过程称为**吞噬作用**（phagocytosis，希腊语“phagein”意为吃，“cytos”意为细胞）。如果细胞摄入的物质是液体或溶解在液体中的物质，如图4.18（b）中的小颗粒，这个过程就被称为**胞饮作用**（pinocytosis，希腊语“pinein”意为饮）。胞饮作用普遍存在于所有动物细胞。例如，哺乳动物的卵细胞受到周围细胞的滋养：附近的细胞分泌营养物，通过胞饮作用被成熟中的卵细胞摄取。事实上，所有真核细胞持续进行这类胞吞作用，裹挟颗粒和细胞外的液体，形成囊泡，然后消化它们。不同细胞之间胞吞作用的速率有很大差别。它们可以快得惊人：一些白细胞每小时能吞入相当于细胞体积25%的物质。

受体介导的胞吞作用

学习目标4.13.3　为什么受体介导的胞吞作用有特异性

特异性的分子经常以**受体介导的胞吞作用**（receptor-mediated endocytosis）转运入真核细胞，如图4.20所示。被转运入细胞的分子（图中的红色球），首先与质膜上特殊的受体结合。这种转运过程只对结构能与受体紧密结合的分子起作用。特殊类型的细胞的质膜存在大量特征性的受体类型，每类受体都只与另一种分子结合。

受体分子细胞膜内侧的部分陷于一个锯齿状的被网格蛋白包被的小窝，这个小窝犹如分子的捕鼠器，当正确的分子掉入陷阱，它会闭合形成一个细

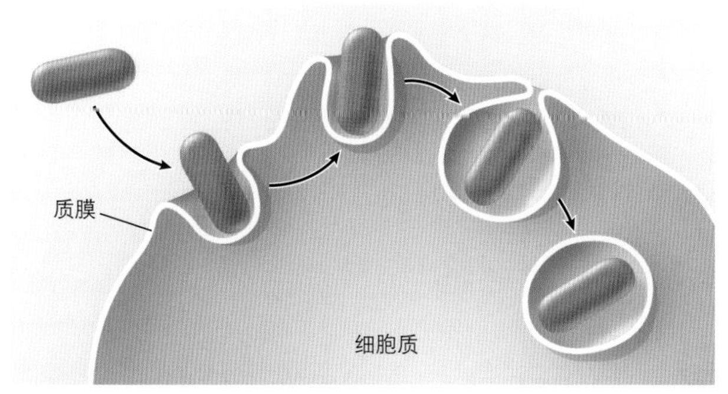

（a）吞噬作用

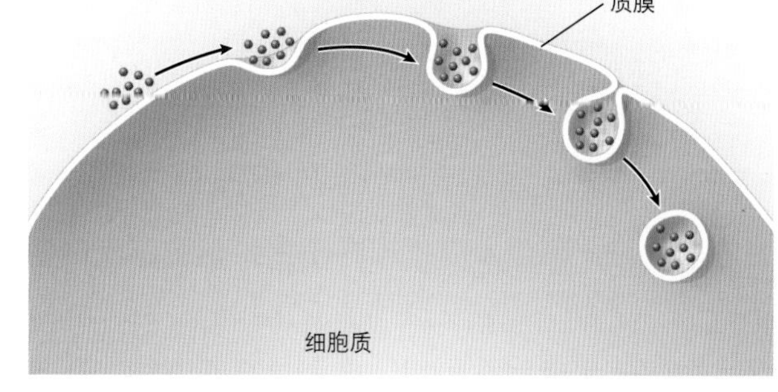

（b）胞饮作用

图4.18　胞吞作用

胞吞作用是吞食物质的过程，此过程中质膜会生成褶皱包围食物，然后形成小泡。（a）当物质是一个生物体或某些其他相对较大的有机质碎片时，这个过程称为吞噬作用。（b）当物质是液体时，这个过程称为胞饮作用。

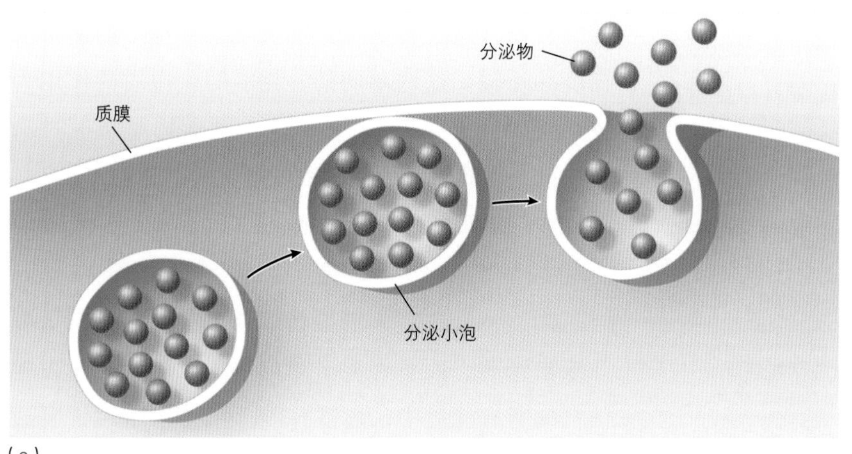

（a）

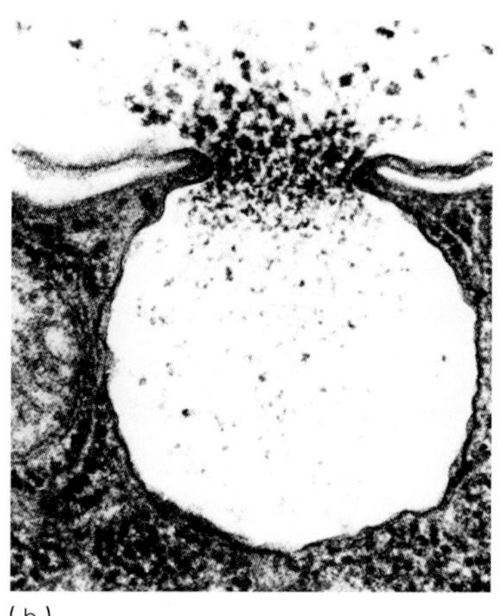

（b）

图4.19　胞吐作用

胞吐作用是囊泡在细胞表面释放物质的过程。（a）蛋白质和其他分子被细胞分泌形成小的口袋，称作分泌小泡。它们的膜与质膜融合，分泌小泡向细胞表面释放内部物质。（b）在显微照片中，你可以看到胞吐作用爆炸式地发生。

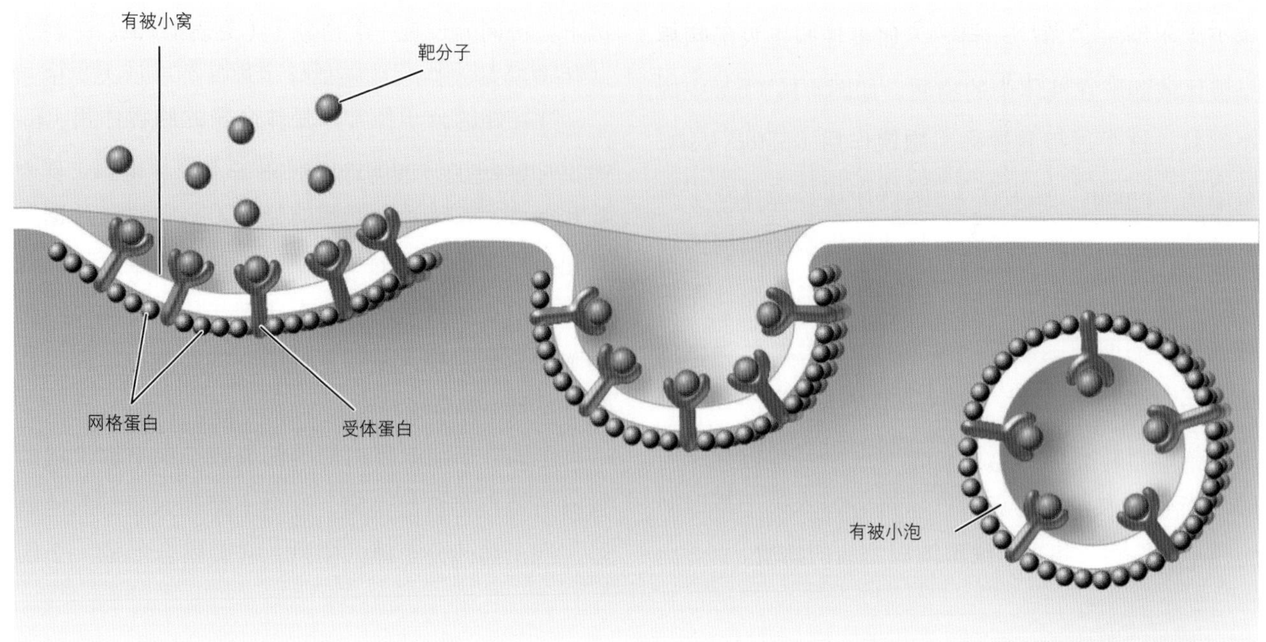

图4.20 受体介导的胞吞作用

进行受体介导的胞吞作用的细胞会形成有网格蛋白包被的小窝。当靶分子结合受体蛋白时，就会触发胞吞作用。当聚集于有被小窝的分子达到足够的量，这个小窝会进一步内陷，最终脱离，形成一个囊泡。

胞内的囊泡。靶分子与镶嵌在小窝处细胞膜上的受体的恰当结合，会触发这种捕获作用。一旦发生结合，细胞就开启胞吞作用。这个过程非常快，且具有高度的特异性。

一种分子，低密度脂蛋白（LDL）就是通过受体介导的胞吞作用而摄入的。低密度脂蛋白携带胆固醇到达细胞，渗入细胞膜。胆固醇对决定细胞膜的刚性很重要。人的遗传性疾病高胆固醇血症就是由于受体尾部缺失导致胆固醇不能被捕获进入网格蛋白包被的囊泡，从而无法被细胞吞入。这些胆固醇就留在这些患者血液中，附着到动脉壁上，导致心脏病。

关键学习成果 4.13

质膜通过胞吞作用摄取物质，细胞膜形成褶皱包围物质，将其裹入一个囊泡。胞吐作用基本是这个过程的逆过程，用囊泡排出物质。受体介导的胞吞作用只能摄取被选择的物质。

4.14 主动运输

学习目标4.14.1 主动运输的定义，ATP为钠–钾泵供能的作用

与易化扩散不同，细胞膜上的有些载体蛋白犹如关闭的门。只有提供能量时，这些蛋白质才会开放。它们被设计成使细胞保持某些分子处于高浓度或低浓度，远高于或低于细胞外的。犹如马达驱动的旋转门，这些转运蛋白能实现某种物质的逆浓度梯度的运输。这些单向的、耗能的蛋白质的作用为**主动运输**（active transport）。主动运输是指通过消耗能量，物质跨膜到达高浓度区域的运动方式。

钠–钾泵（sodium-potassium pump） 最重要的主动运输的蛋白质是**钠–钾泵**［sodium-potassium（Na^+-K^+）pump］，它消耗代谢能，主动将钠离子单向泵出细胞，而将钾离子单向泵入细胞。人体细胞消耗的所有能量中，超过1/3被用于驱动钠–钾泵载体蛋白。能量来源于三磷酸腺苷（ATP），这种分子我们将在第5章进一步学习。两种不同离子的运输是反向的，这是因为能量导致了载体蛋白质结构的改变。下面的“重要的生物过程：钠–钾泵”插图向你展示了泵的一个循环。当满负荷工作时，每个转运蛋白每秒能运输超过300个钠离子。所有这种泵作用的结果是细胞内只剩很少的钠离子。这种逆浓度梯度的运输，以消耗大量ATP代谢能为代价，可用于细胞的多种生命活动。最重要的两个是：（1）神经细胞的信号传递（在第28章详细讨论）；（2）将有价值的分子如糖和氨基酸，逆浓度梯度输入细胞！

暂时先关注这第二个过程。许多细胞的质膜镶嵌着用于易化扩散的转运蛋白，它们为被钠–钾泵泵出的钠离子重新流入细胞提供通路。但是，这里有个圈套，为了完成运输，这些转运蛋白要求钠离子有一个协同分子——如同只有一对对舞伴才能允许进入舞会——这就是为什么它们被称为协同转运蛋白。除非结合上另一种分子，协同转运蛋白才允许钠离子通过，这种分子与钠离子交替通过。有些情况下，协同分子是一个糖分子（见表4.3最后一栏）；其他情况可以是一个氨基酸或其他分子。因为钠离子的浓度梯度很大，所以许多钠离子试着流回细胞，而这种扩散压力也会将协同分子带入细胞，尽管它们在细胞内的浓度已经很高了。以这种方式，糖和其他主动运输分子进入细胞——借助于特殊的协同转运蛋白。

关键学习成果 4.14

主动运输是消耗能量、向高浓度区域的跨膜运输过程。

重要的生物过程：钠–钾泵

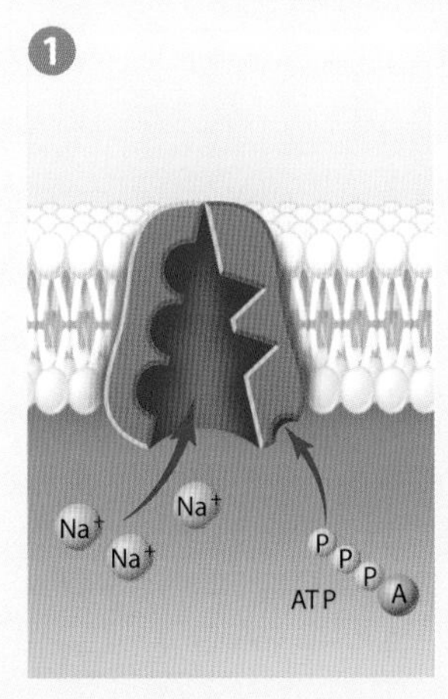

钠–钾泵利用转运蛋白，它能结合三个钠离子和一分子ATP。

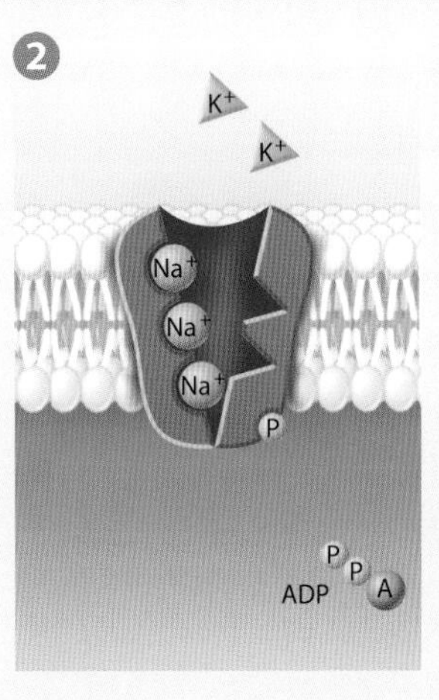

ATP的裂解会产生能量，用于改变转运蛋白的形态。通过泵转运钠离子。

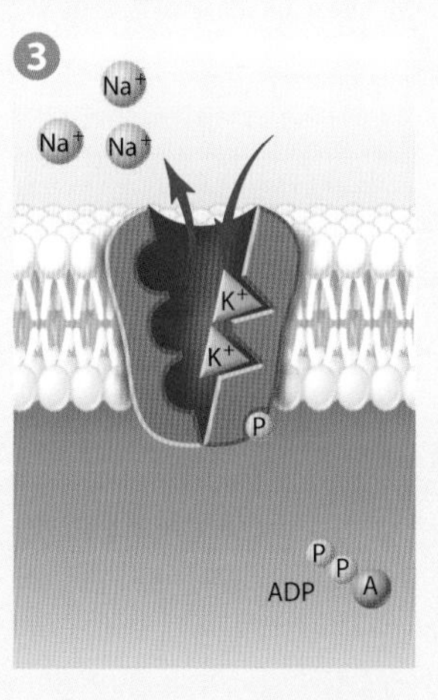

钠离子被释放到细胞膜外侧，而泵的新结构能结合两个钾离子。

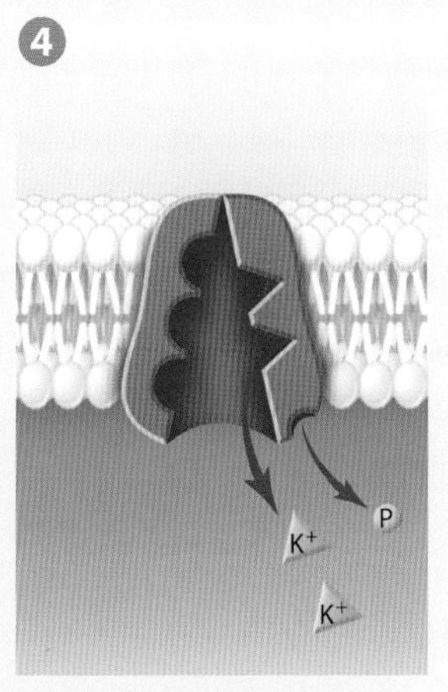

磷酸的释放使泵回到初始状态，同时在细胞膜内侧释放钾离子。

表 4.3　通过细胞膜的运输机制

方式	细胞膜通道	作用机制	举例
被动过程			
扩散 直接		随机的分子运动导致分子向低浓度区域净流入	氧气进入细胞
蛋白通道		极性分子借蛋白通道通过	离子流入或流出细胞
易化扩散 载体蛋白		分子结合细胞膜上的载体蛋白而被转运通过；净流向低浓度区域	葡萄糖进入细胞
渗透 水孔蛋白		水通过选择通透性膜扩散	在低渗溶液中，水会流入细胞
主动过程			
胞吞作用 囊泡			
吞噬作用		细胞膜延伸包围食物，形成囊泡，导致颗粒被吞食	白细胞吞噬细菌
胞饮作用		细胞膜包裹形成囊泡，导致小液滴被膜吞食	人卵细胞的滋养
受体介导的胞吞作用		靶分子与特异性受体结合触发胞吞作用	胆固醇的摄取
胞吐作用 囊泡		囊泡与质膜融合，排出物质	黏液的分泌
主动运输 载体蛋白			
纳－钾泵		载体消耗能量，逆浓度梯度跨膜转运物质	Na^+和K^+逆浓度梯度的运输
协同运输		随着另一种物质顺浓度梯度的协同运输，分子逆浓度梯度转运通过细胞膜	葡萄糖逆浓度梯度协同进入细胞

为什么细胞处理受损蛋白质要消耗能量？

许多现代生物学研究致力于认识细胞如何合成物质——细胞如何利用DNA编码的信息合成组成人体的蛋白质。2004年诺贝尔化学奖被授予与此相反的发现，一个不那么吸引人的过程：细胞如何分解和回收受损的或完成使命的蛋白质。

结果表明，细胞回收蛋白质不仅仅是“去掉垃圾”。特殊的蛋白质被去除得非常快，而细胞用这种靶向去除来调控多种活动，这可以发生在细胞发挥特殊功能时、细胞分裂时，甚至细胞死亡时。在你的DNA的25,000个基因中，约有1,000个基因参与蛋白质的回收系统。

我们对于这一过程机制的理解源于早在20世纪50年代就被提及的一个谜题。大多数降解蛋白质的酶，包括那些消化食物的酶，在起作用的时候都不需要消耗能量。但是细胞在回收其自身的蛋白质时却需要耗能。研究人员不明就里。

这个谜题的答案来自一个意想不到的方向。1975年，科学家在小牛脑中发现了一个由76个氨基酸组成的小分子蛋白质。他们很快就意识到所有真核生物，从酵母菌到人，都存在这个相同的蛋白质。他们称它为广泛存在（“到处都存在”）的蛋白质——泛素（ubiquitin）。

20世纪80年代早期，研究人员发现泛素是一个标签，细胞将它结合到蛋白质上，标记上就意味着要降解，如同一种分子的“死亡之吻”。连接泛素的过程要消耗能量，这就解决了为什么回收蛋白质要消耗能量这一谜题。带上标签的蛋白质被带到细胞质内一个桶状的笼中，叫作蛋白酶体（proteasome），它能将蛋白质裂解成基本单位，可以被细胞回收用于合成新的蛋白质。

右上方的曲线图显示了这类蛋白质的回收实验。这个实验揭示了泛素的关键作用。该实验监测了在实验室体外培养下的人体细胞中，参与细胞分裂的一种特殊蛋白质（靶蛋白）的水平。并行实验监测了两个培养体系：在红点表示的培养物中，细胞存在有功能的泛素基因（*ubi*⁺）；在蓝点表示的培养物中，泛素基因从DNA上被删除了（*ubi*⁻）。20分钟后，生长中的细胞就能产生ATP形式的能量，而之前它们则处于能量饥饿状态。

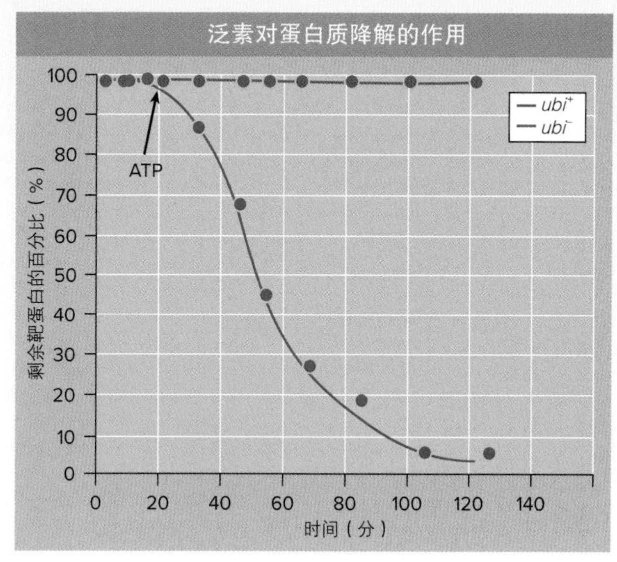

分析

1. **应用概念**

   a. **变量**　图表中，因变量是什么？

   b. **浓度**　100分钟后，两个培养物中的哪个代表更高浓度的靶蛋白？

2. **解读数据**　加入ATP是否影响两个培养物中的靶蛋白水平？影响哪一个？

3. **进行推断**　这个培养物与另一个怎么不同？为什么ATP刺激这个培养物清除靶蛋白，而不是另一个？

4. **得出结论**　用图表中的信息，说明为什么泛素需要ATP的能量，以有效清除靶蛋白。

本章回顾

Reviewing What You Have Learned

细胞世界

细胞

4.1.1 细胞是最小的生命结构。它们由质膜胞包围着细胞质组成。生物体可以由一个或多个细胞构成。

4.1.2 物质通过质膜进出细胞。较小的细胞有更大的表面积–体积比，这增加了物质通过的区域。

4.1.3 因为细胞太小，所以需要用显微镜才能观察和研究它们。

质膜

4.2.1 包裹着细胞的质膜是由两层脂质构成的，称作脂双层，其中镶嵌着蛋白质。质膜的结构称作液态镶嵌模型。

4.2.2 脂双层由特殊的脂质分子磷脂组成，它有一个极性端（亲水端）和一个非极性端（疏水端）。脂双层的形成是因为非极性端排斥了周围的水，才形成两层的。质膜上结合着许多不同种类的蛋白质。

细胞的类型

原核细胞

4.3.1 原核细胞是简单的单细胞生物，它们没有细胞核和其他内部的细胞器，通常存在一层坚固的细胞壁。它们有不同的形态，还存在一些外部结构。

真核细胞

4.4.1 真核细胞比原核细胞大，结构也更复杂。它们有细胞核、细胞器和内膜系统。

真核细胞之旅

细胞核：细胞的调控中心

4.5.1 细胞核是细胞的调控中心。细胞核内存在DNA，它编码了细胞生命活动的遗传信息。核仁是细胞核内深色的区域，是核糖体RNA产生的场所。

内膜系统

4.6.1 内膜系统是内膜的集合，它将细胞内部分隔成不同的功能区域。蛋白质和其他分子都可以在内质网上合成，然后被运输到高尔基复合体。高尔基复合体是一个集合和包装系统，能将分子分配到细胞的不同区域。

有DNA的细胞器

4.7.1 线粒体被称为细胞的动力工厂，因为它是产生能量的氧化代谢的场所。

4.7.2 叶绿体是光合作用的场所，存在于植物和藻类的细胞。

4.7.3 线粒体和叶绿体都有细胞样的结构，像是古代的细菌，它们与早期的真核细胞形成内共生关系。

细胞骨架：细胞的内部支架

4.8.1 细胞内部存在蛋白质纤维的网状结构，它们组成了细胞骨架。细胞骨架维持了细胞的形态，还能将细胞器锚定在特殊的位置。

4.8.2~3 中心粒是成对的结构，能装配形成微管，而液泡是储存场所。

4.8.4~5 纤毛和鞭毛驱动细胞在环境中运动。马达蛋白实现物质在细胞内的运动。

质膜之外

4.9.1 植物、真菌和许多原生生物的细胞都有细胞壁，它与原核细胞的细胞壁有相似的功能。

4.9.2 动物细胞没有细胞壁，但是在外部存在一层糖蛋白，叫作细胞外基质。

跨膜运输

扩散

4.10.1~2 物质通过扩散被动进出细胞。质膜有选择通透性，只有一些分子能被动扩散通过质膜。

4.10.3~4 分子能顺浓度梯度，从高浓度区域扩散到低浓度区域。

易化扩散

4.11.1 对于易化扩散，物质虽然能顺浓度梯度运输，但是为通过细胞膜，物质必须结合蛋白质载体。

渗透

4.12.1 渗透是指水进出细胞的运动，由溶质的不同浓度驱动。

4.12.2~3 水分子流入溶质浓度高的区域。

进出细胞的大通道

4.13.1~2 大分子或大量的物质进入或流出细胞，分别通过胞吞作用和胞吐作用。

4.13.3 受体介导的胞吞作用是一种选择性运输，仅运输能与特异性受体结合的物质。

主动运输

4.14.1 主动运输消耗能量，逆浓度梯度运输物质。例如，钠–钾泵和协同运输蛋白质，一种物质顺浓度梯度运输，这一过程伴随着另一种物质的逆浓度梯度的协同运输。

本章测验

Test Your Understanding

4.1.1 细胞学说的原理是______。
a. 细胞是最小的生命形式；没有比细胞更小的生命体
b. 所有细胞都有细胞壁，它能保护细胞
c. 所有生物都由许多细胞以特化的功能群体构成
d. 所有细胞都有由膜包围的结构，叫作细胞器

4.1.2~3 限制细胞大小最重要的因素是______。
a. 细胞能产生的蛋白质和细胞器的数量
b. 细胞质中水的浓度
c. 细胞的表面积-体积比
d. 细胞中DNA的量

4.2.1 质膜是______。
a. 围绕着细胞的一层碳水化合物，能保护细胞
b. 独立围绕着每个细胞的脂双层，其中镶嵌着蛋白质
c. 包裹着细胞质的一薄层结构蛋白
d. 由蛋白质组成的一个保护性屏障

4.2.2 跨膜蛋白穿越脂双层的部分______。
a. 由疏水氨基酸组成
b. 通常形成α-螺旋结构
c. 能多次穿越细胞膜
d. 以上都对

4.3.1 生物体的细胞有相对均匀的细胞质，没有细胞器的称作______，而生物体细胞有细胞器和细胞核的称作______。
a. 纤维素，细胞核　　c. 有鞭毛的，链球菌的
b. 真核生物，原核生物　　d. 原核生物，真核生物

4.4.1 真核细胞比原核细胞更复杂。下列哪个仅存在于真核细胞？
a. 细胞壁　　c. 内质网
b. 质膜　　d. 核糖体

4.5.1 在细胞的细胞核内，你会发现______。
a. 核仁　　c. 线粒体
b. 细胞骨架　　d. 中央液泡

4.6.1 细胞的内膜系统包括______。
a. 细胞骨架和核糖体　　c. 内质网和高尔基复合体
b. 原核生物和真核生物　　d. 线粒体和叶绿体

4.7.1~2 曾经认为只有细胞的细胞核存在DNA。现在我们知道DNA也存在于______。
a. 细胞骨架和核糖体　　c. 内质网和高尔基复合体
b. 原核生物和真核生物　　d. 线粒体和叶绿体

4.7.2 线粒体被认为是活细胞的进化产物，可能是共生的好氧细菌。线粒体是有生命的吗？讨论一下。

4.8.1~2 细胞骨架包括______。
a. 肌动蛋白丝组成的微管
b. 微管蛋白组成的微丝
c. 相互交错的蛋白质四聚体组成的中间纤维
d. 光面内质网

4.8.3 哪种结构没有一层或多层膜围绕？
a. 液泡　　c. 过氧化物酶体
b. 叶绿体　　d. 核糖体

4.8.4~5 分子马达蛋白能沿着______，将运输小泡从细胞内的一个位置移到另一个位置。
a. 微管　　c. 纤毛
b. 鞭毛　　d. 肌动蛋白

4.9.1~2 下列哪种叙述是正确的？
a. 所有细胞都有细胞壁，维持结构和保护细胞
b. 植物和真菌这些真核生物和所有原核生物的细胞都有细胞壁
c. 存在结构化的碳水化合物组成的另一种膜包围着细胞
d. 原核生物和真核动物的所有细胞都有细胞壁

4.10.1 如果你把一块彩色的食物置入一杯水中，这块彩色物质将______。
a. 掉落到杯子底部，除非搅动水，它会一直待在那儿；这是由于氢键的作用
b. 浮在水面上，如油，除非你搅动水，这是由于表面张力
c. 由于渗透作用，立刻会分散到水中
d. 由于扩散，慢慢分散到水中

4.10.2~3 下列哪项不会影响生物膜的选择通透性？
a. 膜上载体蛋白的特异性
b. 膜上通道蛋白的选择性
c. 磷脂双分子层的疏水屏障作用
d. 水和磷酸基团之间氢键的形成

4.10.4 你认为温度会如何影响扩散的速率？为什么？

4.11.1 当大分子，如食物颗粒，要进入细胞时，它们不能轻易通过质膜，所以它们通过细胞膜要以哪种方式？
a. 扩散和渗透
b. 胞吞作用和吞噬作用
c. 胞吐作用和胞饮作用
d. 易化扩散和主动运输

4.12.1~3 下列关于渗透的叙述不正确的是______。
a. 溶质浓度决定渗透的程度
b. 对于动物细胞，当细胞对于环境是低渗的，水会流入细胞质
c. 有相同的溶质浓度的植物和动物的细胞，彼此之间是等渗的
d. 水通过主动运输蛋白，进入和流出细胞

4.13.1~3 下列哪项不是物质进入细胞的机制？
a. 胞吐作用　　c. 胞饮作用
b. 胞吞作用　　d. 吞噬作用

4.14.1 特殊分子的主动运输包括______。
a. 易化扩散
b. 胞吞作用和吞噬作用
c. 能量，特殊的泵或运输蛋白
d. 渗透和浓度梯度

第 2 单元　活细胞

5

学习目标

细胞与能量

5.1　生物体内的能量流动
　1　区分动能和势能
5.2　热力学定律
　1　论证命题：热量是动能
　2　热力学第二定律
　3　定义熵
5.3　化学反应
　1　区分吸能反应和放能反应
　2　活化能
　3　催化作用对活化能的影响

酶

5.4　酶的作用机制
　1　区分酶的活性中心和结合部位
　2　区分化学反应和生化途径
　3　温度对酶促反应的影响
5.5　细胞调节酶的机制
　1　区分竞争性和非竞争性变构反馈抑制

细胞如何利用能量

5.6　ATP：细胞的能量货币
　1　ATP 的三磷酸基团如何储存势能

调查与分析　酶是否与它们的底物物理结合？

能量与生命活动

所有的生命活动都需要能量。老鼠要消耗能量才能爬上麦秆。当栖息于麦秆之上，老鼠的活动——防范危险、产生身体所需的热量、摆动胡须——也都要消耗能量。这些能量来源于它们所吃的麦粒和其他食物。通过断裂麦粒中的碳水化合物和其他分子内的化学键，并将这些化学键中的能量转移到一种被称为ATP的“分子货币”中，老鼠就能捕获食物中的化学能，并利用它发挥作用。老鼠细胞借助酶来实现这些功能。酶是大分子物质，有高度特异性结构。每个酶的结构都有一个表面凹室，叫作活性中心。细胞内某些特殊的化学物质能与其精确匹配，犹如一只脚与大小合适的鞋子匹配。当化学物质挤入活性中心时，酶会做出反应：弯曲、压迫化学物质内特殊的共价键，从而引发特殊的化学反应。生命的化学其实就是酶化学。

5.1 生物体内的能量流动

能量的性质

学习目标5.1.1 区分动能和势能

我们将要开始讨论能量和细胞化学。尽管这些主题初看有点难，但是请记住所有生命活动都需要能量。在之后的三章中讨论的这些概念和过程对生命至关重要。我们是化学机器，由化学能量提供动力。犹如一位成功的赛车手必须了解汽车引擎如何工作，我们必须认识细胞化学。的确，如果我们要认识自己，我们就必须"打开引擎盖"看看我们细胞的化学机器及其工作机制。

正如第2章所述，**能量**被定义为做功的能力。人们认为它存在两种状态：动能和势能。**动能**（kinetic energy）是运动的能量。虽然物体不在运动，但是有能运动的能力，这样的物体拥有**势能**（potential energy），或称储存的能量。图5.1中的年轻人就体验到了能量的两种状态之间的差异。处于山顶的球［图5.1（a）］具有势能；当这人推一下这球，它就开始滚下山［图5.1（b）］，球的一部分势能就转变为动能。生物体进行的一切生命活动也包含势能向动能的转变。

能量存在多种形式：机械能、热量、声、电流、光或放射性的辐射。因为能量存在如此多的形式，所以就有多种方式可以衡量能量。最方便的是以热量的形式，因为所有其他形式的能量都能转变成热量。因此，能量的研究被称为**热力学**（thermodynamics），意思是"热能的变化"。

流入生物世界的能量源自太阳。太阳照耀到地球的光的量是恒定的。据估计，太阳每年提供给地球的能量超过13×10^{23}卡路里，也就是每秒至少提供4,000亿卡路里！植物、藻类和某些细菌能通过光合作用捕获其中的一部分能量。通过光合作用，从阳光中获得的能量被用于将小分子（水和二氧化碳）合成为更复杂的分子（糖）。这些复杂的糖分子，由于它们的原子的排布拥有势能。这些势能，以化学能的形式，在细胞内发挥作用。回顾第2章，原子中央有一个原子核，周围环绕着一个或多个轨道电子，当两个原子共用电子时就会形成共价键。断裂这样的共价键需要能量将两个原子核拉开。的确，共价键的能量就是以断裂它所需能量的多少来衡量的。例如，1摩尔（6.023×10^{23}个）碳—氢（C—H）键需要98.8千卡才能断裂。

所有细胞内的化学活动都可视为一系列分子间的化学反应。**化学反应**（chemical reaction）就是形成或断裂化学键——将原子连接起来形成新的分子，或将分子撕裂，有时会将片段结合到其他分子上。

关键学习成果 5.1

能量是做功的能力，不管是主动做的功（动能），或是储存为之后所用（势能）。当连接原子的共价键形成或断裂时，化学反应就发生了。

（a）势能

（b）动能

图5.1 势能和动能

有运动能力但是还没运动的物体具有势能，而运动中的物体就具有动能。（a）将这球推上山所需的能量就以势能储存。（b）当球滚下山时，这种储存的能量会被释放，形成动能。

5.2 热力学定律

跑步、思考、唱歌和阅读这些文字——生物体的所有活动都存在能量的变化。有一套宇宙法则，我们称之为热力学定律，控制着这些和宇宙中所有其他的能量变化。

热力学第一定律

学习目标5.2.1 论证命题：热量是动能

这些宇宙定律中的第一个定律，**热力学第一定律**（first law of thermodynamics），探讨了关于宇宙中能量的量。这个定律是说，能量能从一种状态转变为另一种状态（例如，从势能到动能），既不产生也不消耗。宇宙中能量的总量是恒定的。

狮子吃长颈鹿就是在获取能量。没有产生新的能量，也没有捕获阳光中的能量，狮子仅仅将部分储存在长颈鹿体内的势能，转变为它自己的（正如在长颈鹿活着时，它获得储存在它所吃植物中的势能）。在所有活的生物体内，这种化学势能可转移到其他分子，储存在化学键中，或者它能被转变成动能或其他形式的能量，如光能和电能。在这种转变期间，一部分能量以**热能**（heat energy）的形式扩散到环境中。热能是分子随机运动的度量（因此，也是动能的度量）。能量持续在生物界内单向流动，来自太阳的新能量恒定地流入系统，补充以热能形式而散发掉的能量。

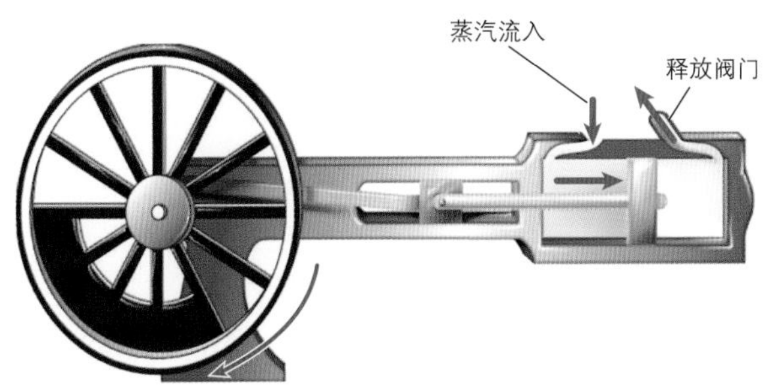
蒸汽流入
释放阀门

图5.2 蒸汽机

在蒸汽机内，热能被用于产生蒸汽。膨胀的蒸汽推动活塞，使齿轮转动。

仅当存在热梯度时——两块区域之间存在温度差异，热能才可被用于做功。这是蒸汽机的工作原理。在老式的蒸汽机，如图5.2所示，热能被用于驱动齿轮。首先，锅炉（未显示）加热水产生蒸汽。蒸汽被泵入蒸汽机的汽缸，在那儿它将活塞推向右侧。活塞的运动随后迫使杠杆发生变动，这个杠杆又会使齿轮转动，最终实现蒸汽机做功。因为细胞太小，不能保持明显的内部温度差异，所以热能不能完成细胞的工作。因此，尽管宇宙中能量的总量不变，但是能用于细胞进行有用工作的能量会减少，因为逐渐地会有更多的能量以热能的形式消耗掉。

热力学第二定律

学习目标5.2.2 热力学第二定律

热力学第二定律（second law of thermodynamics）是关于势能向热能，或随机分子运动的转化。这个定律是说，在一个封闭系统如宇宙内，混乱是持续增加的。简单、混乱比有序容易得多。例如，砖柱倾覆比一堆砖自发形成一根柱子要容易得多。一般地，能量转化会自发将物质从有序、低稳定状态，转变为混乱却更稳定的状态。没有孩子（或父母）的能量输入，图5.3中有序的房间就会变得混乱。

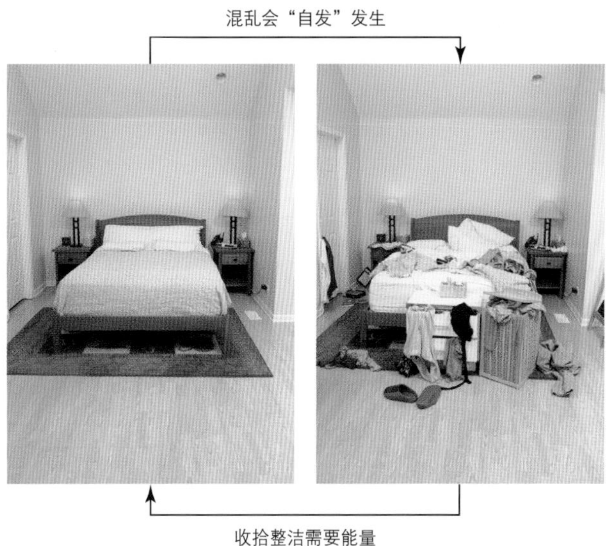
混乱会“自发”发生
收拾整洁需要能量

图5.3 生活中的熵

随着时间流逝，这个孩子的房间变得越来越混乱，需要消耗能量才能收拾整洁。

熵

学习目标5.2.3　定义熵

熵（entropy）是系统混乱程度的度量，所以热力学第二定律也可被简单描述为“熵增加”。在200亿到100亿年前宇宙形成时，它拥有所有的势能，也将会永远拥有。从那时起，宇宙就逐渐变得越来越混乱，每一点能量的转变都会增加宇宙的熵。

关键学习成果　5.2

热力学第一定律是能量不能产生，也不能消灭，它只能从一种形式转变为另一种形式。热力学第二定律是宇宙的混乱（熵）会渐渐增加。

5.3　化学反应

学习目标5.3.1　区分吸能反应和放能反应

在一个化学反应中，化学反应发生之前的原始分子被称为**反应物**（reactant），或称**底物**（substrate），而反应后产生的分子被称为反应的**产物**（product）。不是所有的化学反应都以均等的机会进行。正如巨石滚下山比滚上山更容易，因此当一个反应释放能量，这个反应就比需要提供能量的反应要容易。思考一下图5.4❶的化学反应如何进行。如同将一个巨石滚上山就需要提供能量。这就是因为反应的产物比反应物拥有更多的能量。这类化学反应，称为**吸能反应**（endergonic reaction），不能自发进行。相反地，**放能反应**（exergonic reaction），如❷所示，就会自发进行，因为产物比反应物的能量少。

活化能

学习目标5.3.2　活化能

如果所有放能的化学反应都趋向于自发进行，自然会产生一个问题——为什么所有放能反应还没有发生，还是说都已经发生过了呢？显然没有。如果你点燃汽油，它就会燃烧，并释放能量。那为什么世界上所有汽车里的全部的汽油没有立刻烧光？事实并非如此，因为汽油的燃烧和几乎所有其他化

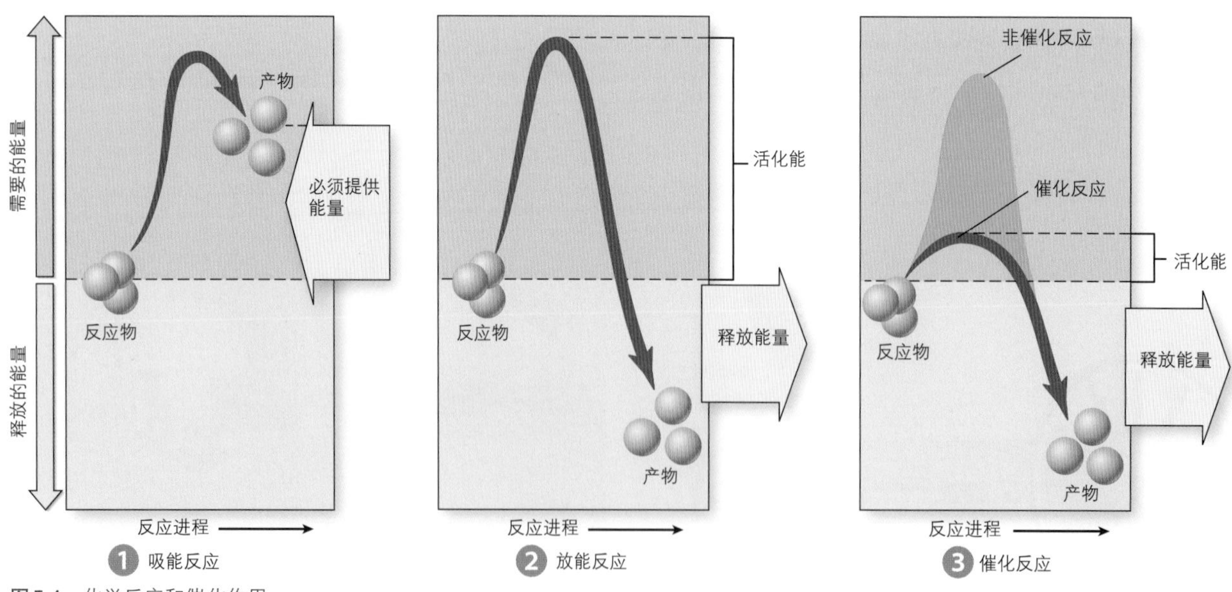

图5.4　化学反应和催化作用

❶吸能反应的产物比反应物拥有更多能量。❷虽然放能反应的产物比反应物拥有的能量少，但是放能反应不一定会快速发生，因为放能反应要消耗能量才能发生。在这幅能量图表中的“山”代表了破坏化学键所需的能量。❸催化反应发生得更快，因为起始反应所需的活化能的量——必须跨越的能量山的高度——被降低了，反应发生得更快了。

学反应，都需要能量的输入才能起始——意外情况（如火柴或火花塞）能断裂反应物中的化学键。如图5.4的❷和❸中所示，破坏化学键需要额外的能量，而起始一个化学反应所需的额外能量被称为**活化能**（activation energy）。你必须首先把巨石从它所在的位置推出，它才能滚下山。活化能可简单视为一种化学推动作用。

催化作用

学习目标5.3.3 催化作用对活化能的影响

使放能反应更易发生的一种方法是降低必需的活化能。犹如挖掉巨石下面的土，降低活化能就是降低反应起始所需的推动作用。这种过程就是**催化作用**（catalysis）。催化作用不能使吸能反应自发进行——不可避免要提供能量——但是，它能促使化学反应，包括吸能反应或放能反应，进行得更快。比较上页图中❷和❸的活化能水平（红色箭头）：催化反应所需跨越的障碍较低。

关键学习成果 5.3

吸能反应需要能量的输入。放能反应会释放能量。催化作用能降低起始化学反应的活化能。

酶
Enzymes

5.4 酶的作用机制

酶结构的重要性

学习目标5.4.1 区分酶的活性中心和结合部位

酶由蛋白质或核酸组成，是细胞用于触发特殊化学反应的催化剂。通过控制某种酶的出现和具备活性的时间，细胞能控制内部反应的发生。就好像一位乐队的指挥，通过指定何种乐器何时演奏，控制管弦乐队合奏的乐曲。

酶通过结合特殊的分子，并压迫这个分子的化学键，而使特殊的反应更易发生。这一活动的关键是酶的形态结构。每种酶都有独特的反应物，或称底物，因为酶表面正好能与期望的反应物的结构吻合。例如，图5.5中蓝色的溶菌酶会改变结构与特殊的糖分子（黄色的反应物）相吻合。其他不能完美吻合的分子明显不能与酶表面结合。酶表面与反应物吻合的部位被称为**活性部位**（active site，下页图❶）。反应物上与酶结合的部位称为**结合部位**（binding site）。酶不是一成不变的。反应物的结合会导致酶略微改变它的结构。在图5.5（b）和下页“重要的生物过程：酶的作用机制”插图的图❷中，酶的边缘与反应物紧密地结合着，导致酶与底物之间存在一种“诱导契

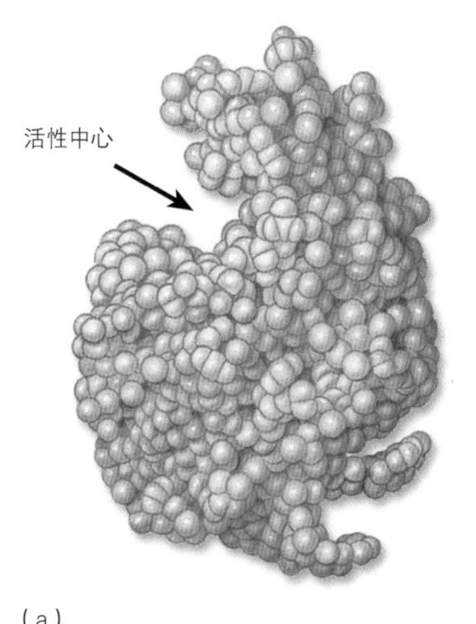

(a)

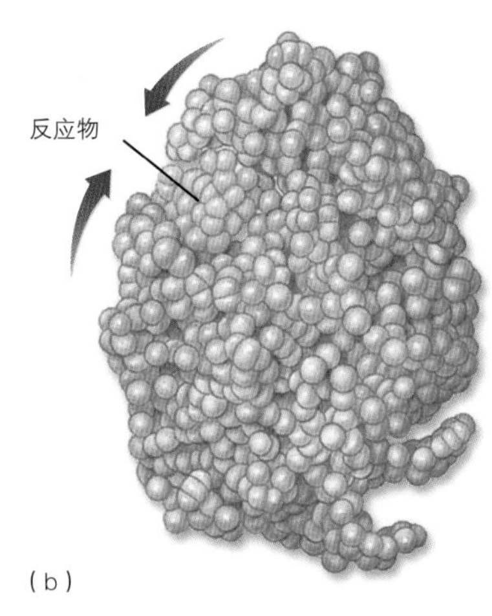

(b)

图5.5 酶结构决定它的活性
（a）溶菌酶（图中蓝色所示）有条沟，它正好能与反应物的结构吻合（此例中是一条糖链）。（b）当这条糖链（黄色所示）滑入沟中，它会诱导酶蛋白略微改变它的结构，与底物结合得更紧密了。这种诱导契合会造成链内两个糖分子之间的化学键断裂。

重要的生物过程：酶的作用机制

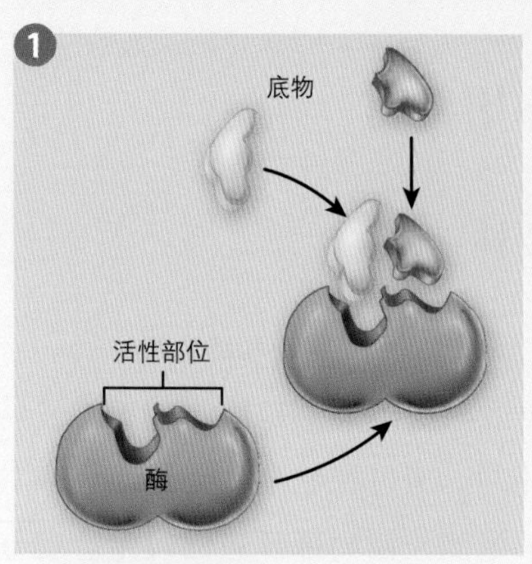

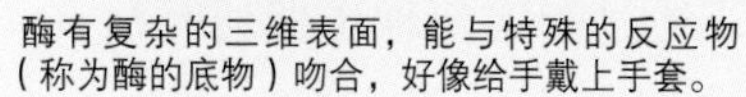

酶有复杂的三维表面，能与特殊的反应物（称为酶的底物）吻合，好像给手戴上手套。

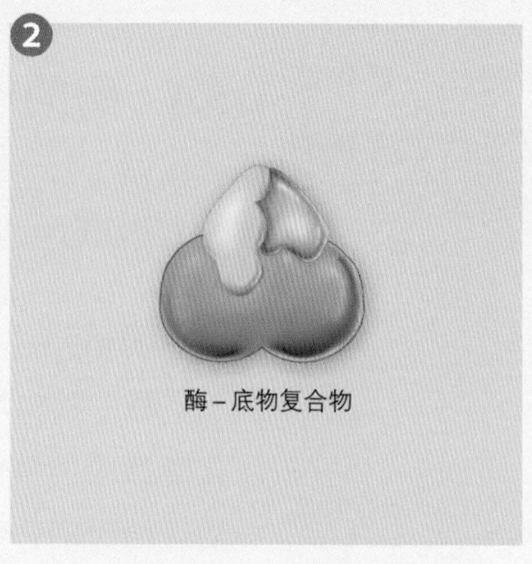

酶和它的底物紧密结合，形成酶－底物复合物。这种结合使关键的原子相互邻近，并压迫关键的共价键。

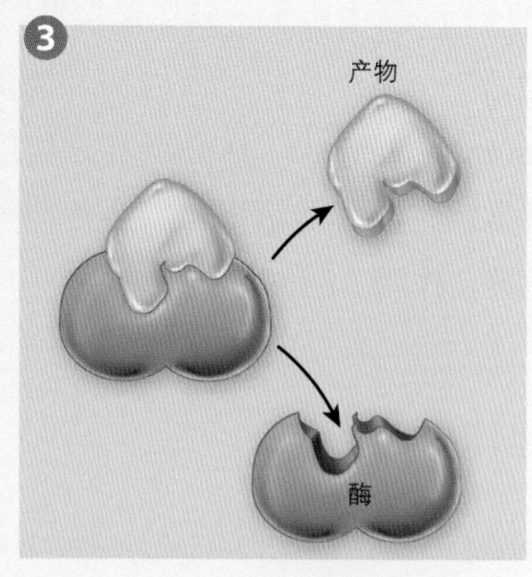

结果，在活性中心内，化学反应发生了，并形成产物。产物离开后，酶能再次发挥作用。

合”，就像是一只手包着一个棒球。

一种酶能降低一种特殊反应的活化能。溶菌酶是人眼泪中发现的一种酶，在这个例子中，这种酶有抗菌作用，能断裂构成细菌细胞壁分子中的一种特殊的化学键（图5.5）。通过拉开部分电子，酶能减弱化学键。或者，酶能促使反应物间形成连接，如上面图❷中的蓝色和红色分子，这是通过使两者相互接近来实现的。不管何种类型的反应，酶不受化学反应的影响，能被再次利用。

生化途径

学习目标5.4.2　区分化学反应和生化途径

每个生物体都有成千上万种不同类型的酶，它们一起催化种类多到令人眼花缭乱的化学反应。数种反应能以固定的顺序进行，这一系列的反应被称作**生化途径**（biochemical pathway），一个反应的产物是下一个反应的底物。如图5.6所示的生化途径，最开始的底物是如何被酶1改变的，以使它能匹配另一种酶的活性部位，变成酶2的底物，依次往下直到最终变成产物。因为这些反应有序进行，参与的酶在细胞内常常相互挨着。酶的相互邻近使得生化途径的反应能更快进行。生化途径是代谢的组织单位。

影响酶活性的因素

学习目标5.4.3　温度对酶促反应的影响

环境的任何变化都会改变酶的三维结构，从而影响酶的活性。

温度　当温度升高，决定酶结构的化学键就会变得太弱而不能维持酶的多肽链处于合适的位置，

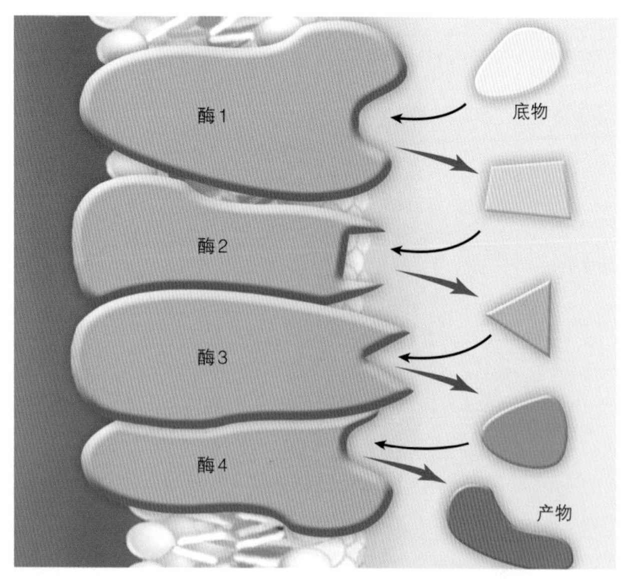

图5.6　生化途径

原始的底物作用于酶1，它将底物变成一种新的形式而被酶2识别。生化途径中的每个酶都对前期的产物起作用。

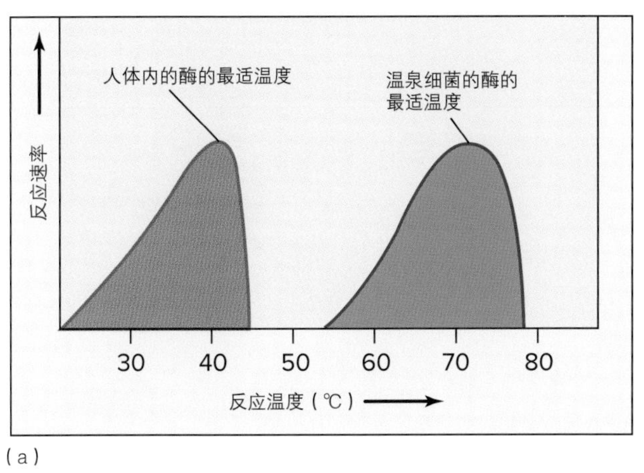

（a）

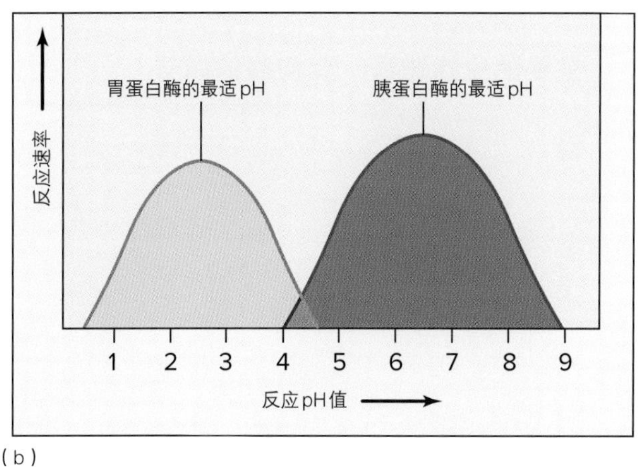

（b）

图5.7　酶对所处环境很敏感

酶活性受温度（a）和pH值（b）的影响。人体内大部分的酶在温度约为40℃且pH值在6～8的范围内有最佳活性。

酶就会发生变性。酶在最适温度范围内发挥最适作用，对于人体内大部分的酶，这个范围都相对较窄。在人体内，酶的最适温度接近正常体温37℃，如图5.7（a）的褐色曲线所示。请注意在高温下，酶促反应的速率会快速下降，因为这时酶开始去折叠。这就是为什么人体遭遇极端高热会致死。但是，在温泉细菌（红色曲线）中发现的酶的结构更稳定，使酶能在很高的温度下发挥作用。这使得细菌能在接近70℃的水中生存。

pH值　此外，大多数酶只能在最适pH值范围内发挥作用，因为决定酶的结构的极性相互作用对氢离子（H^+）浓度非常敏感。人体内大多数酶，如降解蛋白质的酶，胰蛋白酶［图5.7（b）中的深蓝色曲线］，在pH值6～8的范围内活性最佳。但是，有些酶，如消化酶、胃蛋白酶（淡蓝色曲线）在酸性非常强的环境如胃部中，才能发挥作用，而在略高点的pH环境中就失去功能了。

关键学习成果　5.4

酶催化细胞内的化学反应，并能形成生化途径。酶对温度和pH值很敏感，因为这两种变量都会影响酶的结构。

5.5　细胞调节酶的机制

学习目标5.5.1　区分竞争性和非竞争性变构反馈抑制

因为一种酶必须有精确的结构才能正确发挥作用，所以细胞可以通过改变酶的结构，控制酶什么时候有活性。通过“信号”分子与酶表面的结合，许多酶的结构能因此发生改变。这些酶被称为**变构酶**（“allosteric”，拉丁语，意为其他形状）。通过结合信号分子，酶能被抑制或活化。例如，下页“重要的生物过程：变构酶的调节”插图上方黄褐色的图显示了一个酶被抑制了。与被称作**抑制剂**（repressor，图❷）的信号分子的结合，改变了酶活性部位的形态结构，导致它不能与底物结合。在其他情况下，除非酶不结合信号分子，否则酶能结合反应物。下方一组图显示作为**激活剂**（activator）的信号分子。红色的底物不能结合到酶的活性中心，除非激活剂（黄色分子）在适当的位置，这会改变活性中心的形态结构。信号分子与酶表面结合的部位被称为**变构部位**（allosteric site）。

酶经常受到一种被称作**反馈抑制**（feedback inhibition）机制的调节，这种情况是反应的产物就作为酶的抑制剂。反馈抑制存在两种形式：竞争性抑制剂（competitive inhibitor）和非竞争性抑制剂（noncompetitive inhibitor）。图5.8（a）中的蓝色分子发挥竞争性抑制剂的作用，阻塞活性中心，导致底物不能结合。图5.8（b）中的黄色分子发挥非竞争性

重要的生物过程：变构酶的调节

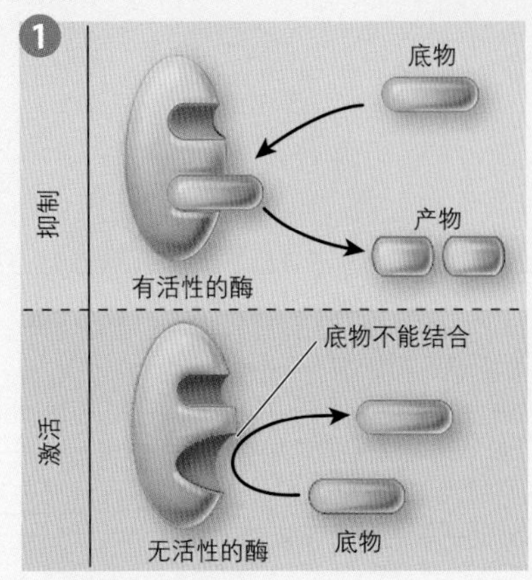

依赖抑制剂的变构酶，在没有信号分子时，是有活性的，而依赖激活剂的变构酶在没有信号分子时是没有活性的。

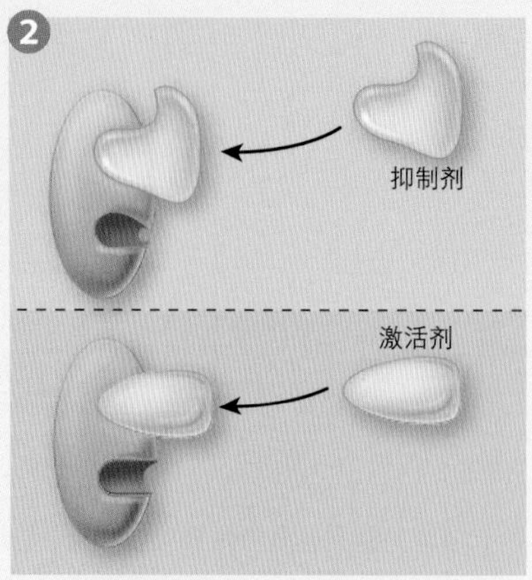

当信号分子结合变构酶时，它们能改变酶的活性中心的结构。抑制剂干扰活性中心，而激活剂能恢复活性中心。

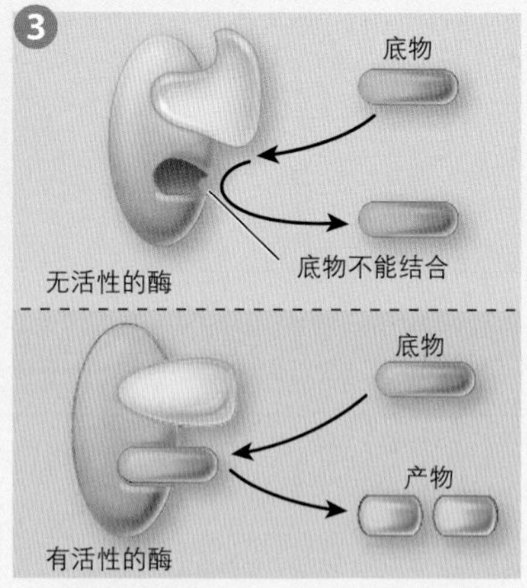

依赖抑制剂的变构酶，在有信号分子存在时，没有活性，而依赖激活剂的变构酶需要信号分子才能变成有活性的。

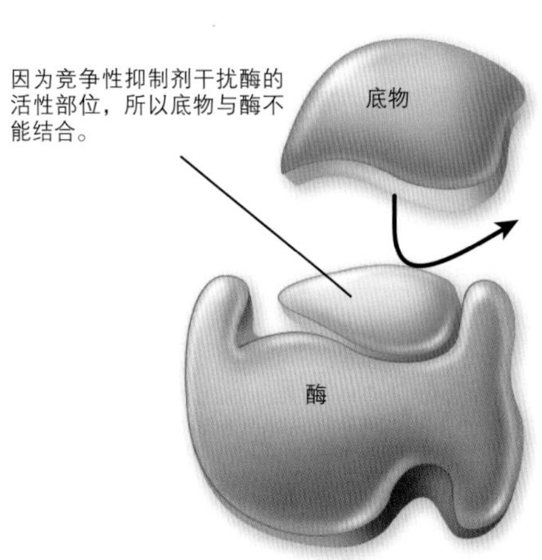

（a）竞争性抑制

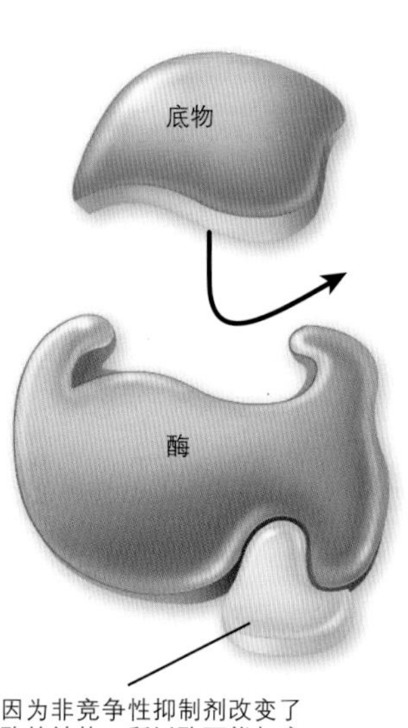

（b）非竞争性抑制

图5.8　酶是如何被抑制的

（a）在竞争性抑制中，抑制剂干扰酶的活性中心。（b）在非竞争性抑制中，抑制剂与酶的活性中心之外的位置结合，造成酶的构象改变，导致酶不能再结合它的底物。对于反馈抑制，抑制剂分子就是反应的产物。

抑制剂的作用。它与变构部位结合，改变酶的结构，导致酶不能结合底物。

许多药物和抗生素就是通过抑制酶的活性发挥作用的。他汀类药物（如立普妥）就是通过抑制细胞合成胆固醇的关键酶的活性来降低胆固醇的。

关键学习成果　5.5

酶的活性受信号分子的影响，信号分子能与酶结合，改变酶的结构。

5.6 ATP: 细胞的能量货币

细胞利用能量做所有需要做功的事情，但是细胞如何利用来自太阳的能量或者食物分子中储存的势能来为细胞活动提供动力呢？太阳的辐射能和食物分子中储存的能量是能量源，但是就像投资在股票和债券，或是房地产的金钱一样，这些能量源不能直接被用于运行细胞。为了有效利用，来自太阳或食物分子的能量必须首先被转变为细胞能用的能量资源，就像有人将股票和债券变成现金。这种人体内的“现金”分子是**腺苷三磷酸**（adenosine triphosphate，ATP）。ATP是细胞的能量货币。

ATP分子的结构

学习目标5.6.1　ATP的三磷酸基团如何储存势能

每个ATP分子由三部分构成，如图5.9所示：（1）一个糖（蓝色）作为骨架，其上连接着另外两部分；

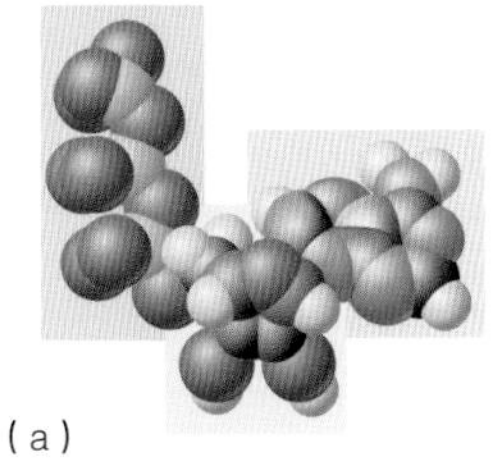
（a）

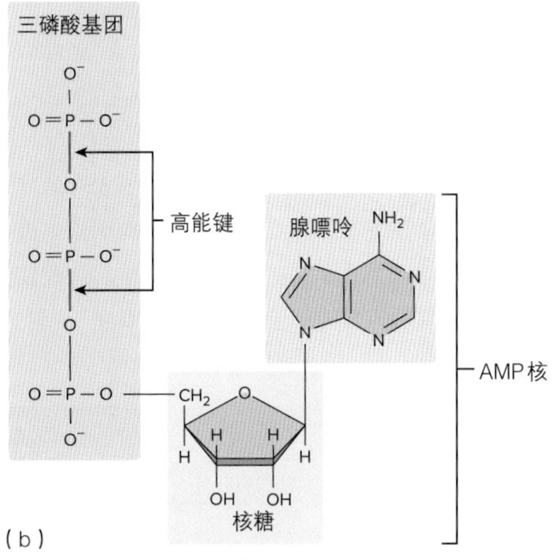

（b）

图5.9　ATP分子的结构

（2）腺嘌呤（粉色）是DNA和RNA内四种含氮碱基中的一种；（3）一条含有高能键的三个磷酸的链（黄色）。

你能从图中看到，磷酸带有负电荷，所以这就需要大量的化学能才能使ATP分子末端的三个磷酸相互连接成链。就像一个螺旋弹簧，磷酸保持准备推开的状态。正是出于这个原因，连接磷酸的化学键是有化学活性的键。

当末端的磷酸被从ATP分子上裂解下来，就能产生相当大的能量。这个反应将ATP转变成**腺苷二磷酸**（adenosine diphosphate，ADP）。第二个磷酸基团也能被移除，产生额外的能量和**腺苷酸**（adenosine monophosphate，AMP）。细胞内大部分能量的转变仅会断裂最外侧的键，将ATP转变成ADP和无机磷酸盐P_i。

$$\text{ATP} \longleftrightarrow \text{ADP} + P_i + \text{能量}$$

放能反应需要活化能，而吸能反应需要更多能量的输入，因此细胞内的这些反应都偶联ATP中磷酸键的断裂，称作偶联反应（coupled reaction）。因为细胞内几乎所有化学反应需要的能量都比这个反应释放的能量要少，所以ATP能为许多细胞活动提供能量，同时产生副产物热能。表5.1介绍了由ATP裂解提供能量的一些重要的细胞活动。ATP能通过ATP-ADP循环，不断地从ADP和P_i中回收。

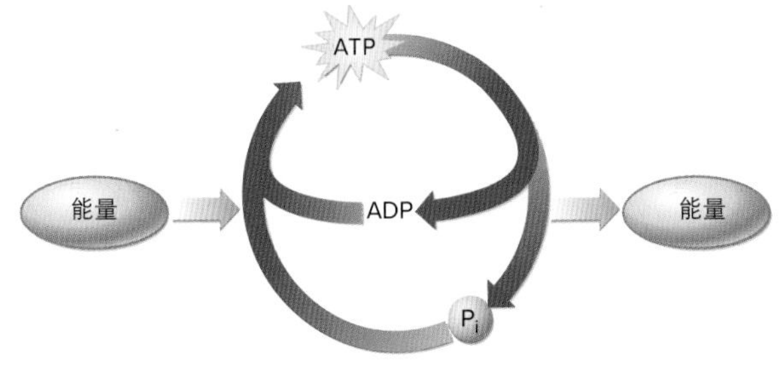

细胞利用两种不同但是互补的过程，将来自太阳和食物分子中存在的势能转变成ATP。有些细胞通过**光合作用**（photosynthesis）将来自太阳的能量转变成ATP分子。然后，这些ATP被用于合成糖分子，这又将ATP中的能量变成了势能储存到结合原子的化学键中。所有细胞都能通过**细胞呼吸**（cellular respiration）将食物分子中的势能转变成ATP。

表5.1 细胞如何将ATP的能量用于细胞的活动

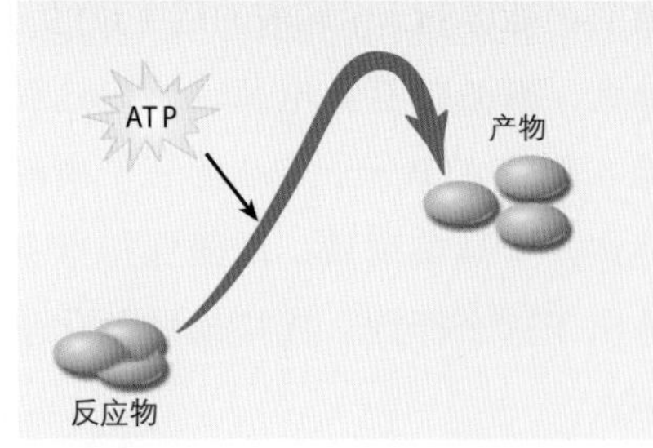

生物合成

细胞将ATP水解释放的能量用于吸能反应，如蛋白质合成，这是一种能量偶联的过程

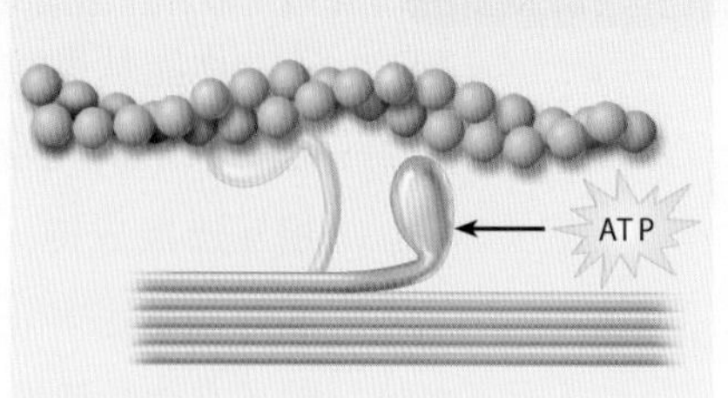

收缩

在肌肉细胞内，蛋白质纤维反复滑动完成细胞的收缩。这需要提供能量才能使纤维恢复到初始状态，并再次滑动

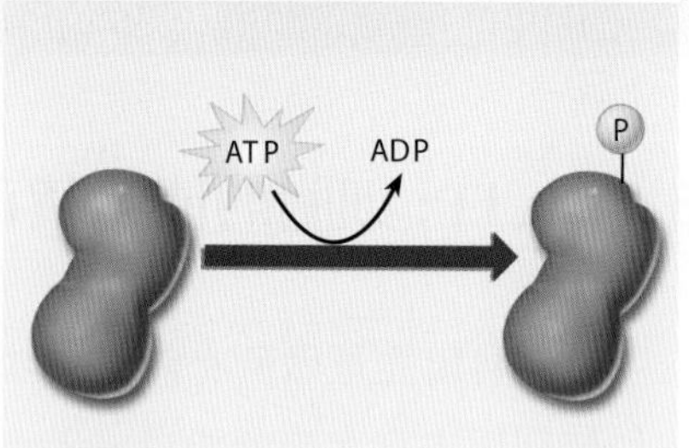

化学活化

当ATP上的高能磷酸盐结合到蛋白质上，蛋白质就能被活化。其他类型的分子也能通过转移ATP上的一个磷酸盐被磷酸化

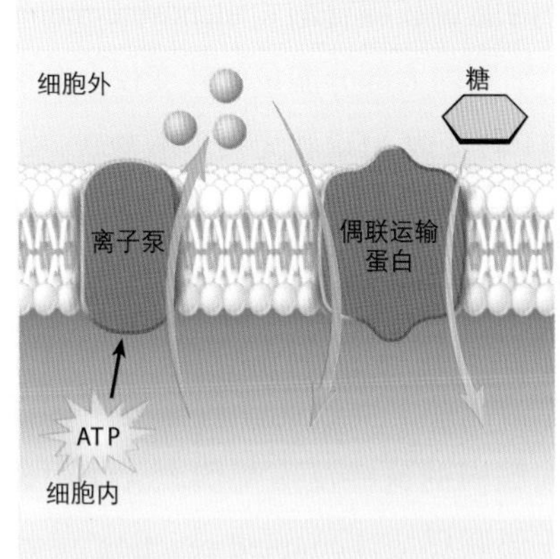

输入代谢物

代谢物分子，如氨基酸和糖类，能通过偶联代谢物逆浓度梯度转运入细胞

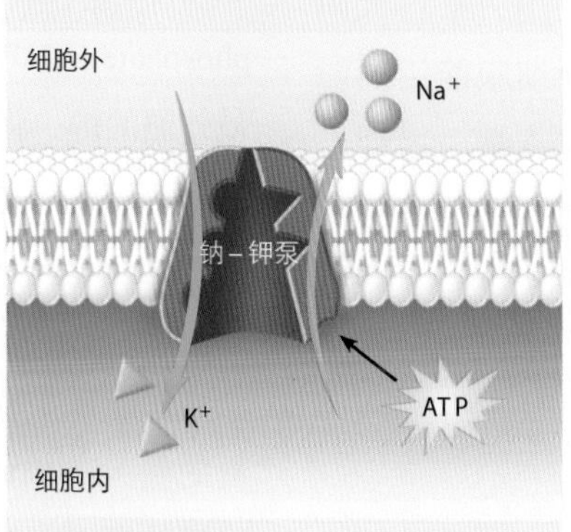

主动运输：钠–钾泵

相对于所处环境，大多数动物细胞内的Na^+浓度较低，而K^+浓度较高。这是通过一种蛋白质，钠–钾泵，实现的。利用ATP的能量，钠–钾泵主动向细胞外泵出Na^+，并向细胞内泵入K^+

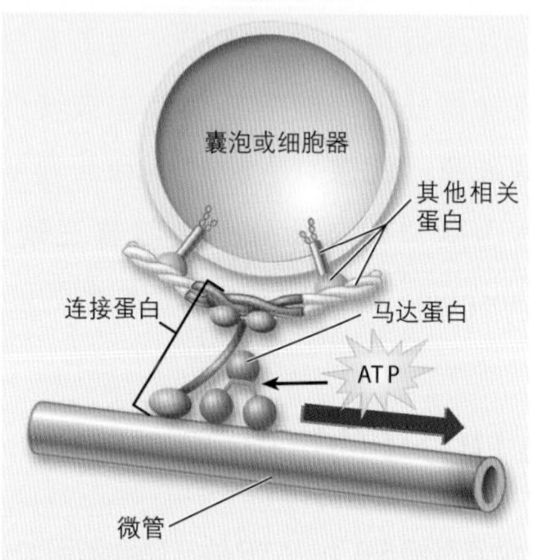

细胞质运输

在细胞质内，囊泡或细胞器被分子马达蛋白沿着微管的轨道拉动。马达蛋白通过连接蛋白与囊泡或细胞器结合。马达蛋白利用ATP为运动提供动力

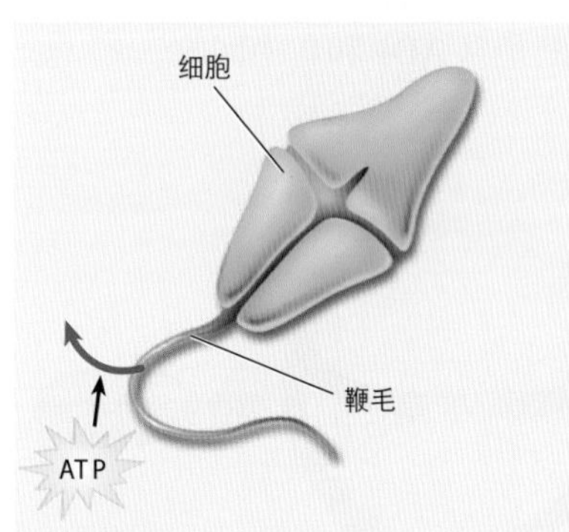

鞭毛的运动

鞭毛内的微管相互滑动，导致鞭毛运动。ATP为微管的滑动提供能量

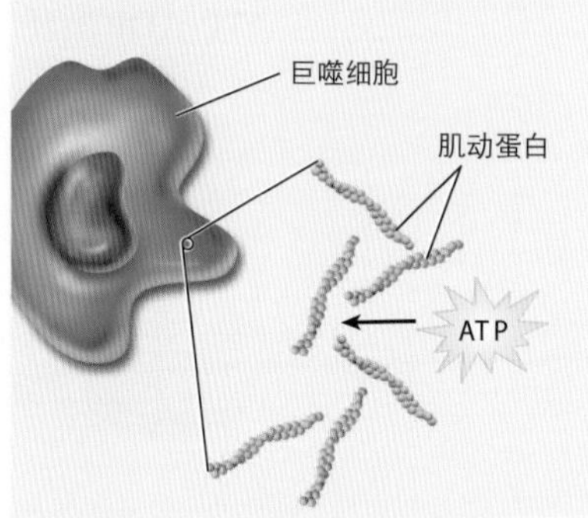

细胞爬行

细胞骨架中的肌动蛋白丝持续的装配与解聚改变了细胞的形态，使细胞能在基质上爬行或吞入物质。肌动蛋白的动力特性受结合在肌动蛋白丝上的ATP分子的控制

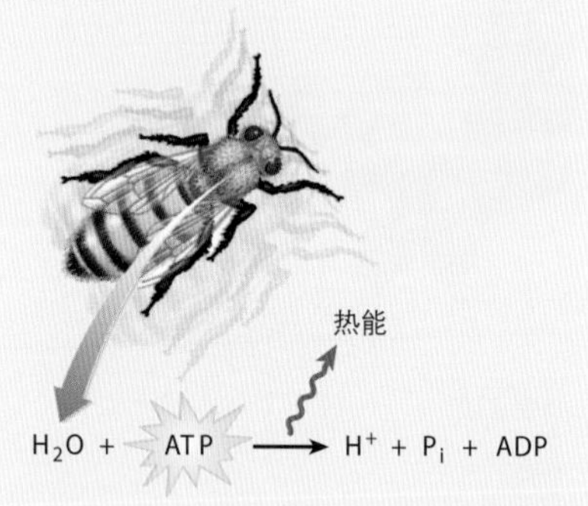

产热

ATP分子水解释放热能。催化ATP水解的反应主要在线粒体内或收缩中的肌肉细胞内进行。并且，此反应还偶联其他反应。这些反应产生的热量被用于保持机体的温度

关键学习成果 5.6

细胞用ATP分子中的能量驱动化学反应。

调查与分析
INQUIRY & ANALYSIS

酶是否与它们的底物物理结合？

当科学家开始研究生物体的化学活动时，没人知道生化反应由酶催化。第一种酶在1883年被法国化学家安塞姆·佩恩（Anselme Payen）首次发现。当时，他正在研究大麦是如何酿出啤酒的：首先大麦被碾轧，并被略微加热，所以它的淀粉会分解成简单的双糖单位，然后酵母会将这些双糖单位转变成酒精。佩恩发现最初的降解需要一种化学物质，它没有生命，在此过程中也不会被消耗殆尽——它是催化剂。他把这第一种酶称为淀粉糖化酵素（diastase，我们现在称之为淀粉酶，amylase）。

这种催化剂是否能远距离发挥作用，提高它周围分子的反应速率，比如可能提高附近分子的温度，或者它发挥功能是不是通过直接结合它催化反应的分子（它的底物）？

这个问题的答案最终在1903年被法国科学家维克托·亨利（Victor Henri）找到了。他发现酶与底物结合这一假说有一清晰且可验证的推论：在一个既有底物又有酶的溶液中，一定存在最大反应速率，反应不可能超过这个速率。当所有酶分子全部参与反应时，无论你向溶液中加入多少底物，反应都不会再加快了。为了验证这一推论，亨利进行了一个实验，检测不同底物浓度（S）下的淀粉酶的反应速率（V），实验结果如图表所示。

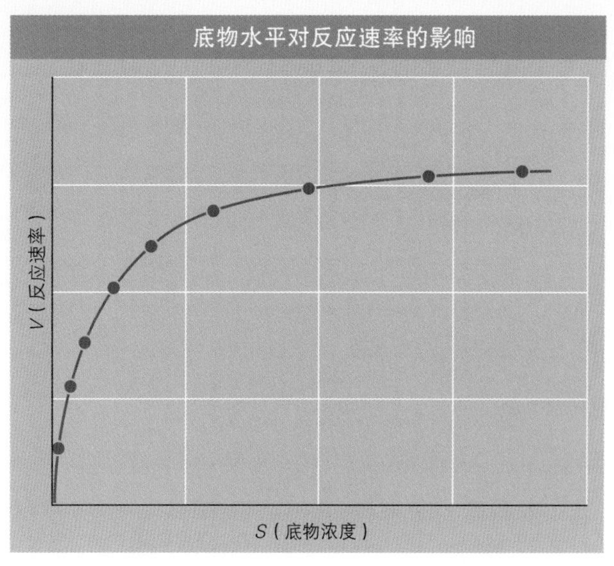

	S	1/S	V	1/V
1	5	0.200	7.7	0.130
2	10		15.4	
3	25		23.1	
4	50		30.8	
5	75		38.5	
6	125		40.7	
7	200		46.2	
8	275		47.7	
9	350		48.5	

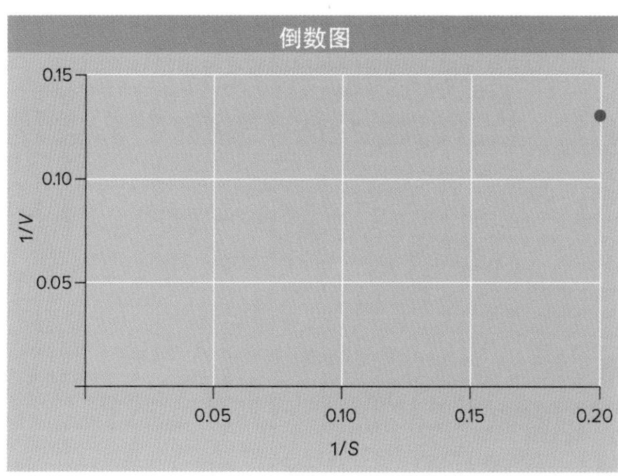

分析

1. **进行推断** 当S升高，V是否会加快？如果是这样，以什么样的方式——稳定的或是逐渐变化的？是否存在最大反应速率？
2. **得出结论** 这个结果是否支持酶能与底物结合的假说？请解释。如果这个假说不正确，你预期图表会呈现何种样式？
3. **进一步分析** 如果V增长得很慢是高S条件下只有较少没结合的酶的结果，那么亨利实验中曲线的V应该呈现单纯的指数性降低——数学上，这意味着倒数图（$1/S$，$1/V$）应该呈一条直线。如果还有其他因素起作用，它们与底物浓度的作用不同，那么倒数图会向上或向下弯曲。计算右侧表中的倒数值，然后将数据标入表下方的图表（x轴代表$1/S$，而y轴代表$1/V$）。亨利的数据的倒数图是不是呈一条直线？

本章回顾

Reviewing What You Have Learned

细胞与能量

生物体内的能量流动

5.1.1 能量是做功的能力。能量存在两种状态：动能和势能。

- 动能是运动的能量。势能是储存的能量，它存在于静止的但是具备运动能力的物体内（图5.1）。生物体的所有生命活动都涉及势能向动能的转变。
- 能量从太阳流入地球，在地球上它被能光合作用的生物捕获，并作为势能储存在碳水化合物中。这种能量能通过化学反应发生转移。

热力学定律

5.2.1 热力学定律论述了宇宙内能量的变化。热力学第一定律解释了能量不能被创造和毁灭，只能从一种状态转变成另一种。宇宙内能量的总量保持恒定。

- 能量在宇宙中存在不同形式，如光能、电能或热能。这些能量，如热能，能被用于做功。

5.2.2 热力学第二定律解释了势能向随机分子运动的这种转变是持续增加的。能量的转变使得有序但不稳定的状态转向混乱但稳定的状态。

5.2.3 熵是系统混乱度的度量，熵的持续增加导致混乱比有序更易发生。必须消耗能量才能保持有序。

化学反应

5.3.1 化学反应涉及共价键的形成和断裂。起始分子被称作反应物，而反应生成的分子被称作产物。产物比反应物有更多的势能的化学反应被称为吸能反应。释放能量的化学反应被称为放能反应，如图5.4所示，它更容易进行。

5.3.2 所有化学反应都需要输入能量。用于起始反应的能量被称作活化能。

5.3.3 当活化能较低时，化学反应进行得更快，此过程被称为催化作用。

酶

酶的作用机制

5.4.1 酶是大分子，它能降低细胞内化学反应的活化能。酶是催化剂。

- 一种酶，如图5.5处所示的溶菌酶，能结合反应物，或称底物。底物结合酶的活性部位后，酶的作用提高了化学键断裂或形成的概率。酶不受反应的影响，能被一次一次重新利用。

5.4.2 酶有时能催化一系列反应，称为生化途径。一个反应的产物成为下一反应的底物。参与反应的酶在细胞内通常是相互邻近的。

5.4.3 温度和pH值等因素会影响酶的功能，因此大多数酶有最适温度和最适pH值。较高的温度会干扰维持酶正确结构的化学键，降低它催化化学反应的能力。维持酶结构的化学键还受氢离子浓度的影响，因此提高或降低pH值能影响酶的功能。

细胞调节酶的机制

5.5.1 通过改变酶的结构，细胞内的酶能被抑制或活化，这是短暂调节的方式。当抑制剂与酶结合，它会改变酶的活性中心，因此酶会被抑制，导致它不能结合底物。有些酶需要被活化或激活，才能与它们的底物结合。称作激活剂的分子与酶结合，会改变酶活性中心的结构，导致它能结合底物。通过这种方式调节的酶属于变构酶。

- 抑制剂分子能结合并阻塞酶的活性中心，这被称为竞争性抑制。对于非竞争性抑制，抑制剂结合酶的不同部位，这会改变酶的活性中心，导致它不能结合底物。酶常受反馈抑制的调节，即反应的产物就是酶的抑制剂，阻止产物自身的生成。

细胞如何利用能量

ATP：细胞的能量货币

5.6.1 细胞的生命活动需要ATP形式的能量。ATP有一个糖、一个腺嘌呤和一条三磷酸的链，如图5.9所示。这三个磷酸通过高能键结合在一起。最末端的磷酸键断裂会释放大量的能量。通过偶联ATP的分解和细胞内的其他化学反应，细胞利用这种能量驱动细胞内的反应。

本章测验

Test Your Understanding

5.1.1（1）做功的能力是______的定义。

a. 热力学　　c. 能量

b. 辐射　　d. 熵

5.1.1（2）关于势能和动能的描述正确的是

a. 势能比动能的能量少

b. 势能就是运动的能量

c. 动能比势能的能量少

d. 动能就是运动的能量

5.2.1（1）热力学第一定律______。

a. 表明随着生物体反复使用，能量会持续循环

b. 表明封闭系统的熵会持续增加

c. 是计算熵的公式

d. 表明能量能转变形式，但是不能被生成或毁灭

5.2.1（2）当投手掷出的棒球，被强击手挥动的球棒击中，球的动能会发生什么变化？球棒的动能会发生什么变化？

5.2.1（3）热能是______形式的能量。

a. 势能　　b. 动能

5.2.2　热力学第二定律______。

a. 表明随着生物体反复使用，能量会持续循环

b. 表明封闭系统的熵会持续增加

c. 是计算熵的公式

d. 表明能量能转变形式，但是不能被生成或毁灭

5.2.3　熵是什么的度量______。

a. 能量转移速率　　c. 混乱程度

b. 势能　　d. 光能

5.3.1（1）能自发进行的化学反应被称为______。

a. 放能反应，会释放能量

b. 放能反应，它们的产物拥有更多的能量

c. 吸能反应，会释放能量

d. 吸能反应，它们的产物拥有更多的能量

5.3.1（2）吸能反应中______。

a. 反应物比产物拥有更多的能量

b. 产物比反应物拥有更多的能量

c. 释放能量

d. 熵会增加

5.3.2　活化能是______。

a. 与分子随机运动有关的热能

b. 断裂化学键释放的能量

c. 反应物与产物之间的能量差

d. 起始化学反应所需的能量

5.3.3　降低反应活化能的物质是______。

a. 催化剂　　c. 产物

b. 底物　　d. 反应物

5.4.1（1）帮助生物体进行化学反应的催化剂被称作______。

a. 激素　　c. 反应物

b. 酶　　d. 底物

5.4.1（2）对于酶而言，为了正确的发挥作用，______。

a. 它必须有特殊结构

b. 温度必须在某个限定范围内

c. pH必须在某个限定范围内

d. 以上都对

5.4.1（3）限制性核酸内切酶是一种酶，它能切割DNA上特殊的独特序列，如GAATTC。某种特殊的限制性酶是如何知道它何时发现靶序列的？

5.4.1（4）蔗糖酶能将双糖分解成单糖，如将蔗糖分解为葡萄糖和果糖。什么防止了葡萄糖和果糖分子重新进入活性中心，重新形成蔗糖分子？

5.4.1（5）下列哪项不是酶的性质？

a. 酶能降低反应的活化能

b. 酶结合反应物的部位被称为活性中心

c. 酶不受反应的影响，能再次被利用

d. 酶作为催化剂是因为酶有很高的活性，能结合它附近的任意分子

5.4.2　在一长串的生化途径方面，你估计通常哪个反应首先发生，体系中的第一个反应还是最终的反应？解释你的理由。

5.4.3（1）影响酶分子活性的因素包括______。

a. 反应物分子内储存的势能　　c. 温度和pH值

b. 细胞的大小　　d. 熵

5.4.3（2）体温升高超过40℃时，人体内的酶会如何？为什么？

5.5.1（1）竞争性抑制中，______。

a. 酶分子必须与其他酶分子竞争必需的底物

b. 酶分子必须与其他酶分子竞争必需的能量

c. 抑制剂分子与底物竞争酶的活性中心

d. 两种不同的产物竞争酶的同一结合部位

5.5.1（2）变构部位是酶表面的部位，它是______。

a. 底物的结合部位

b. 信号分子的结合部位

c. 催化作用的发生部位

d. ATP的结合部位

5.6.1（1）下列哪项不是ATP的组成成分？

a. 葡萄糖　　c. 腺嘌呤

b. 核糖　　d. 磷酸基团

5.6.1（2）吸能反应能在细胞内进行，因为它们偶联______。

a. ATP的磷酸键的断裂　　c. 激活剂

b. 非催化反应　　d. 以上都对

5.6.1（3）能量储存在ATP分子的哪个结构中？

a. 氮与碳之间的化学键

b. 核糖中的碳—碳键

c. 磷—氧的双键

d. 连接末端两个磷酸基团的化学键

第 2 单元　活细胞

6

学习目标

光合作用

6.1　光合作用概述

　1　太阳光到达叶绿体穿过的树叶的三层结构

　2　叶绿体内进行的光合作用的过程

6.2　植物如何从阳光中获取能量

　1　光子是由什么组成的，光子的能量与波长的关系

　2　光的哪些颜色不被叶绿素这种色素所吸收

6.3　将色素纳入光系统

　1　光反应的五个步骤

　2　区分反应中心叶绿素分子和其他光系统叶绿素分子

6.4　光系统如何将光能转化为化学能

　1　非循环光合磷酸化的电子传递系统的功能

6.5　建构新分子

　1　为什么卡尔文循环需要NADPH和ATP

　2　为什么能连续进行光合作用的细胞在合成ATP时，不会耗尽ADP

光呼吸

6.6　光呼吸：给光合作用刹车

　1　区分C_3、C_4和CAM的光合作用

　今日生物学　耐寒C_4光合作用

调查与分析　铁是否会抑制海洋浮游植物的生长？

光合作用：从太阳获取能量

阳光以光子的形式，将一束束能量注射到林间空地。阳光眷顾所有的植物，绿叶截获其中的能量。每片叶子的细胞都有被称为叶绿体的细胞器，叶绿体的膜上存在能捕捉光的色素。这些色素（主要是叶绿素）能吸收光子，并利用这些能量夺取水分子中的电子。叶绿素用这些电子还原CO_2，并合成有机分子。捕获太阳能用于合成分子的过程被称为光合作用——顾名思义，“用光合成”这些分子。本章，我们将深入探讨光合作用，追踪光能是如何被捕获，转变成化学能，并被用于合成有机分子的。植物的其他部分进行着相反的过程。有机分子被降解，为植物的生长和细胞的生命活动提供能量，该过程称为细胞呼吸。这些反应主要在另一种细胞器——线粒体内进行，但这是下一章的主题。综合而言，叶绿体和线粒体内进行着由太阳光驱动的能量流动。

6.1 光合作用概述

学习目标6.1.1 太阳光到达叶绿体穿过的树叶的三层结构

生命需要阳光提供能量。几乎所有活细胞消耗的全部能量最终都来源于太阳。通过**光合作用**，这些能量被植物、藻类和一些细菌所捕获。我们所呼吸的空气中的每个氧原子曾经都只是水分子的一部分，它们被光合作用释放，在本章将会探讨这一过程。正如我们所知，因为我们的地球沐浴在太阳辐射的能量中，所以生命才可能存在。每天到达地球的辐射能大约相当于100万颗广岛原子弹的能量。其中约有1%通过光合作用被捕获，并为地球上几乎所有的生物提供能量。我们用本页和之后三页的箭头追踪太阳的能量经过光合作用的路径。

树 许多生物都能进行光合作用，不仅有使世界遍布绿色的植物，还有细菌和藻类。其中细菌的光合作用有点不同，我们仍将重点关注植物的光合作用。我们从一棵枝繁叶茂的大树开始。之后，我们将聚焦树下长着的草地——草和其他相关植物，根据条件的不同，它们有时会以一种不同的方式进行光合作用。

叶 为了解一棵树是如何捕获阳光中的能量的，我们要追踪阳光。它从太阳射出，进入地球大气层，洒到树的顶部。树的哪个重要部分被阳光击中？是绿色的树叶。树顶部的每根枝条末端都生长着大量的树叶，每片叶子都是扁平的，很薄，像是书中的一页纸。光合作用就发生在这些绿叶中。树干表面覆盖着树皮，不能进行光合作用；树根埋在土里，也不行——这棵树没有受到光照的部分发生的光合作用非常少。树拥有一个非常高效的内部垂直系统，能传递光合作用的产物到树干、树根和树的其他部分，因此，它们也受益于捕获太阳能的过程。

叶表面 现在跟着阳光进入树叶。阳光首先遇到一层起保护作用的蜡质，称作角质层。角质层呈现类似透明指甲的光泽，提供一个薄的、防水的、非常坚固的保护层。光可以直接穿过这层透明的蜡质，然后直接穿过紧贴在角质层下方的一层细胞，这层细胞被称作上皮组织。这层上皮组织只有一层细胞的厚度，像是树叶的“皮肤”，可以为树叶提供

更好的保护，使其免受伤害。更重要的是，上皮组织能控制气体和水进出树叶。只有很少的光能被树叶的这个部分吸收——角质层和上皮组织对光吸收得都很少。

叶肉细胞 穿过上皮组织，光立刻就会遇到一层又一层的叶肉细胞。这些细胞遍布在树叶内。不同于上皮组织的细胞，叶肉细胞拥有大量的叶绿体，它们存在于所有植物和藻类中（参考第4章）。它们是可见的，就是上图树叶横切面中叶肉细胞内的绿色小点。在被光穿透的叶肉细胞内，光合作用就发生在叶绿体中。

叶绿体 光射入叶肉细胞。叶肉细胞的细胞壁不会吸收光，质膜、细胞核和线粒体也不会。为什么不会呢？因为叶肉细胞的这些结构中，如果有，也只有很少量的分子能吸收可见光。如果这些细胞中不存在叶绿体，那么大部分太阳光就会直接透过，

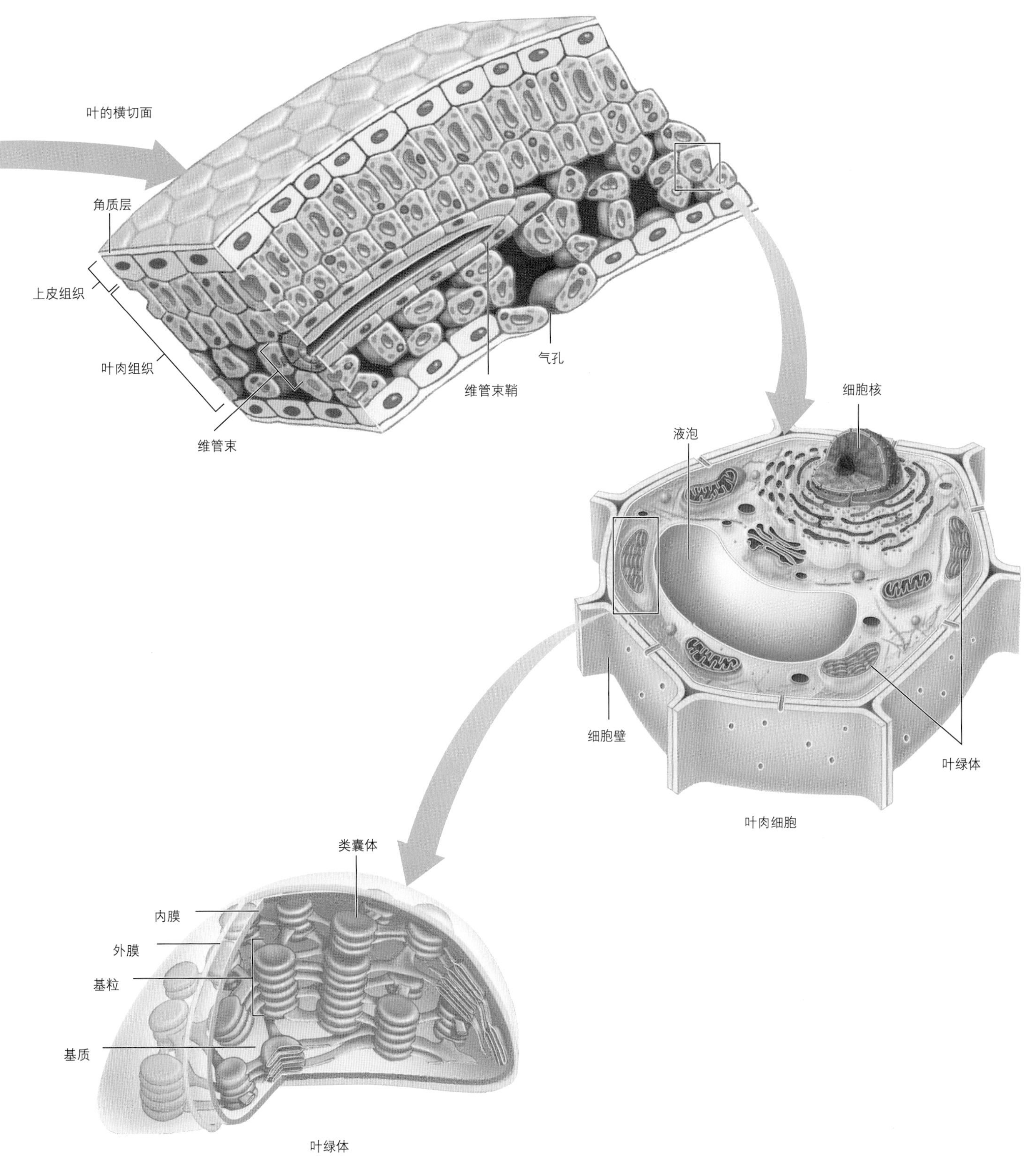

正如透过上皮组织一样。但是叶绿体确实存在于叶肉细胞内，而且数量还很多。上图中的方框放大了叶肉细胞内的一个叶绿体。光射入细胞到达叶绿体时，它会穿过叶绿体的外层和内层两层膜，到达叶绿体内的类囊体结构，如此处叶绿体的剖面图中的绿色圆盘所示。

叶绿体内

学习目标6.1.2　叶绿体内进行的光合作用的过程

光合作用的所有重要过程都发生在叶绿体内。叶绿体内一系列的内膜形成扁平的囊，称作类囊体，当光遇到类囊体时，光到叶绿体的历程就结束了。通常，大量的类囊体一层层堆叠成的柱状结构，称作基粒。在下图中，基粒看起来就像一摞盘子。虽然每个类囊体都是一个独立的部分，功能也多少有点独立，但是每个类囊体的膜相互连通，是整套膜系统的一部分。这些类囊体膜系统浸在被称作基质的半液态的物质中，基质占据了叶绿体内部的大部分空间。基质充盈在叶绿体内，正如细胞质充盈在细胞内一样。基质内还悬浮着许多酶和其他蛋白质，包括之后光合作用中将二氧化碳（CO_2）合成有机分子的酶。

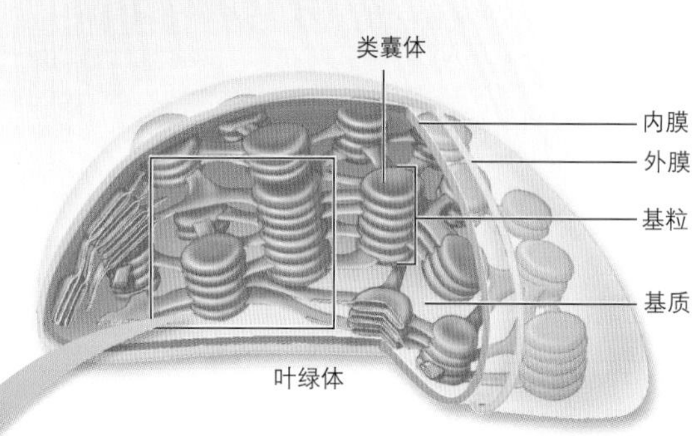

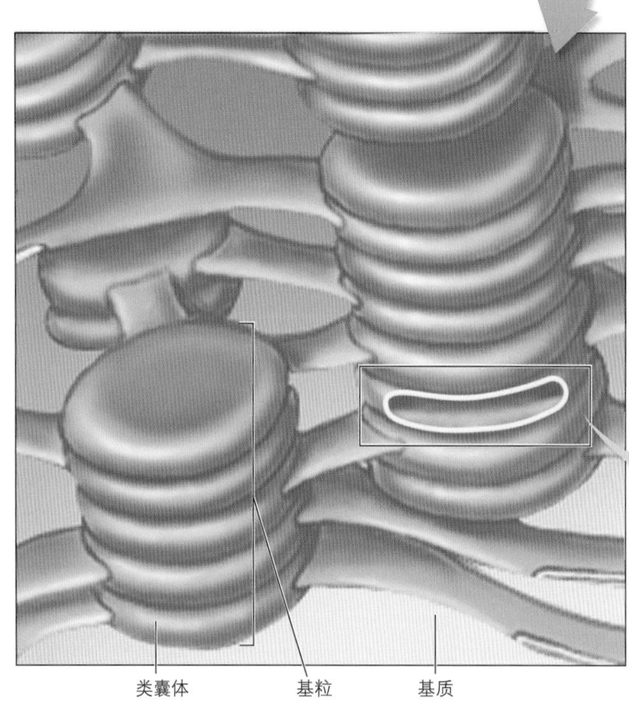

穿透类囊体表面　当一束阳光照射到类囊体膜表面时，光合作用的第一个重要步骤就发生了。犹如海洋中的冰山，镶嵌在这些膜内的是大量能吸收光的色素。色素分子是能吸收光能的分子。光系统的大部分色素分子主要是**叶绿素**（chlorophyll），这种分子能吸收红光和蓝光，但是不能吸收绿光。绿光只能被反射，使得含叶绿素的类囊体和叶绿体呈现出浓郁的绿色。植物表现出绿色就是因为它们富含绿色的叶绿体。除了我们将在后面讨论的类囊体中存在的一些其他色素，植物中没有其他部分可以吸收这么多的可见光。

攻击光系统　在每个色素簇内，叶绿素分子呈网状排列，称作光系统（photosystem）。光系统中能吸光的色素分子像天线一样协同获取光子（光能的单位）。如下页图所示的插入类囊体膜的紫色结构，结构蛋白的网格能够锚定光系统的每个叶绿素分子，形成精确的顺序，因此每个叶绿素分子都能接触其他几个叶绿素分子。不管光的光子从何处攻击光系统，总有一些叶绿素分子能顺利获取光子。

能量吸收　当阳光的一个光子攻击光系统的任意叶绿素分子，这些叶绿素分子会吸收光子的能量。这

关键学习成果　6.1

光合作用利用阳光的能量为空气中的CO_2合成有机分子提供能量。在植物中，光合作用在叶绿体内专门的结构上进行。

些能量成为叶绿素分子的一部分，使叶绿素分子中的一些电子提高到更高的能量水平。因为拥有这些更高能量的电子，所以叶绿素分子被认为是“受激发的状态”。通过此过程，生物世界捕获了源自太阳的能量。

光系统的激发　光的吸收导致的激发从遭受攻击的叶绿素分子传递到另一个叶绿素分子，接着又传递到下一个，像击鼓传花。这种激发的传递不是化学反应，而只是电子在原子之间传递。当然，能量也从一个叶绿素分子传递到相邻的叶绿素分子。与这种能量转移形式有点类似的是台球的首杆。如果母球垂直击打由15个台球组成的三角形阵列的顶点，两个远端角落上的台球就会飞离，而中间的台球不发生任何移动。动能通过中央的台球被转移到远端的台球了。以同样的方式，光子激发的能量，经过光系统，从一个叶绿素传递给相邻的另一个。

能量捕获　随着能量从一个叶绿素分子传递到光系统中的另一个叶绿素分子，能量最终到达一个重要的叶绿素分子，它是唯一接触膜结合蛋白的分子。犹如晃动箱子中的一个弹珠，这个箱子上有一个核桃大小的洞，激发能会找到路径，到达这种特殊的叶绿素，就像弹珠最终一定会遇到盒子上的洞，并掉出来。然后，这种特殊的叶绿素将被激发的（高能）电子传递给它接触的受体分子。

光反应　像接力赛中的一根接力棒，从一位跑步运动员传递给另一位，电子也被从受体蛋白传递给膜上的一系列其他蛋白质，将电子的能量用于合成ATP和NADPH。这些能量以何种路径被用于驱动质子穿过类囊体膜，合成ATP和另一种重要分子，NADPH，这个问题会在本章后文讨论。到目前为止，光系统由两个阶段组成，如左下方模式图中的序号所示：❶捕获太阳光的能量——通过光系统实现；❷利用能量合成ATP和NADPH。光系统的前两个阶段只有在有光的条件下才能进行，这两个阶段传统上称为**光反应**（light-dependent reaction）。ATP和NADPH是重要的富含能量的化学物质，在此之后，光系统的其他阶段就是化学反应的过程了。

暗反应　上述光反应生成的ATP和NADPH分子，随后被用于为叶绿体基质中的一系列化学反应提供能量，每种反应都由相应的酶催化。就像是工厂装配线上的多道工序一样，这些反应能将空气中的CO_2合成碳水化合物❸。这是光合作用的第三阶段，将大气中的CO_2合成有机分子如葡萄糖，这个过程被称为**卡尔文循环**（Calvin cycle），也被称为**暗反应**（light-independent reaction），因为它不直接需要光。我们将在本章后文更具体地认识卡尔文循环。

光合作用就简单介绍到这儿。本章其余部分，我们将再次审视每个阶段并具体认识其要素。从现在开始，总的反应过程可概括为下面这个简单的反应式：

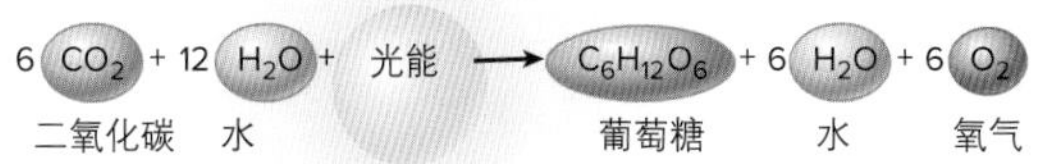

6.2 植物如何从阳光中获取能量

学习目标6.2.1　光子是由什么组成的，光子的能量与波长的关系

光的能量在哪儿？是什么使得植物将阳光用于形成化学键？20世纪物理学的突破性发现告诉我们，光实际由很多微小的能量包——**光子**（photon）组成。光子既有粒子的性质，也有波的性质。当光照射到你的手，你的皮肤就会被照射到它表面的一束光子轰击。

阳光拥有多种能量水平的光子，我们只能“看见”其中的一部分。我们把所有这些光子称为**电磁波谱**（electromagnetic spectrum）。如图6.1所示，阳光中有些光子具有较短的波长（波谱的左侧）、较高的能量——例如，伽马射线和紫外线（UV）。其他如辐射波的能量就比较少，波长也较长（数百到数千米长）。我们的眼睛能感觉到拥有中等水平能量的光子，也就是**可见光**（visible light），因为人眼的视网膜色素分子不同于叶绿素，只能吸收中间波长的光子。植物更挑剔，主要吸收蓝光和红光，并会反射可见光左侧部分的光。为认识植物为什么是绿色的，请看图6.2中的绿树。全光谱的可见光照射到这棵树的树叶上，只有绿光波长的光不被吸收。它们被树叶反射，这就是人眼看到树叶呈绿色的原因。

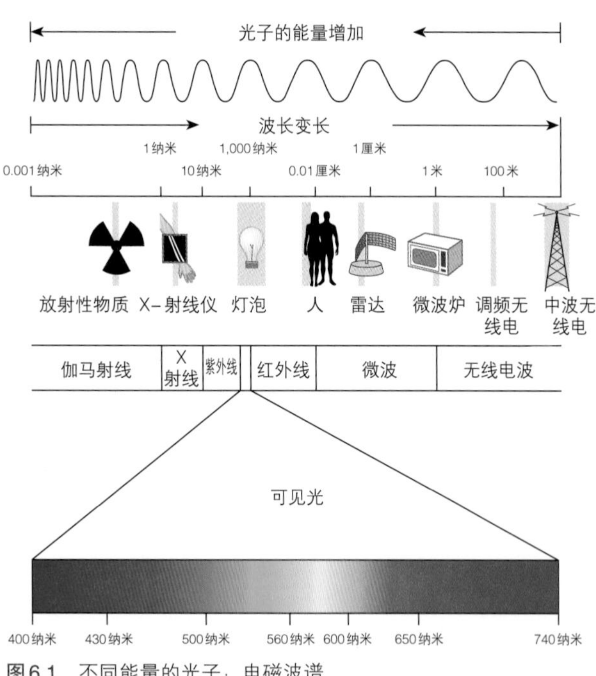

图6.1　不同能量的光子：电磁波谱

光是由被称作光子的能量包构成的。光中的一些光子拥有较高的能量。光，一种电磁能，通常也被认为是一种波。光的波长越短，光子的能量就越强。可见光只是电磁波谱的一小部分，波长介于400～740纳米。

树叶和人眼如何决定吸收哪部分光子？这个重要问题的答案与原子的性质有关。请记住电子在围绕原子核的不同能级的特殊轨道上旋转。原子吸收光，将电子激发到更高能级，光子的能量为这种变化提供驱动力。激发电子需要刚好数量的能量，不多也不少，正如当你爬梯子时，你必须抬脚到刚好是梯子的上一级的位置。一类特殊的原子仅能吸收光的有合适的能量的某种光子。

色素

学习目标6.2.2　光的哪些颜色不被叶绿素这种色素所吸收

如前文提到的，吸收光能的分子被称为**色素**（pigment）。当谈到可见光时，我们是指人眼色素，即视黄醛（retinal）能吸收的那些波长——大概在380纳米（紫色）到750纳米（红色）之间。其他动物用不同的色素成像，因此“看见”的是电磁波谱的不同部分。例如，昆虫眼内的色素比视黄醛吸收的波长短。这就是为什么蜜蜂能看见我们看不见的紫外光，但是看不见我们能看见的红光。

图6.2　为什么植物是绿色的

含有叶绿素的树叶能吸收的光子的范围较大——除波谱中大约500～600纳米以外的所有颜色。树叶会反射这区间的颜色。这些被反射的波长被人眼的视觉色素吸收，我们的大脑认为这些被反射的波长属于“绿色”。

我们已经注意到植物吸收光的主要色素是叶绿素。它存在两种形式，叶绿素a和叶绿素b，两者的结构非常相似，但是它们的化学“侧链基团”不同，从而导致它们的吸收光谱也略有差别。吸收光谱是表示色素如何有效吸收不同波长的可见光的图。例如，叶绿素分子能吸收可见光谱末端的光子，如图6.3所示的峰。虽然叶绿素比视觉色素视黄醛吸收的光子种类少，但是它的捕捉效率却更高。叶绿素分子用金属离子（镁）捕获光子，这些金属离子位于一个复杂碳环的中央。光子能激发镁离子的电子，随后它们被碳原子传递出去。

虽然叶绿素是光合作用的主要色素，但是植物还存在其他色素，被称作辅助色素（accessory pigment），它们能吸收不被叶绿素捕获的不同波长的光。**类胡萝卜素**（carotenoid）就是一组辅助色素，它们能捕获紫色到蓝绿色的光。如图6.3所示，这些波长的光不能被叶绿素有效吸收。

辅助色素使花、果实和蔬菜呈现不同的颜色，但是它们在树叶中也存在，只不过它们的存在通常被叶绿素掩盖。当植物通过光合作用主动生产食物，细胞充满含有叶绿素的叶绿体，就会使树叶呈现绿色。到了秋天，树叶停止生产食物的过程，而它们的叶绿素分子会降解。当出现这种情况，被辅助色素反射的颜色就可见了，树叶就会变成黄色、橙色和红色。

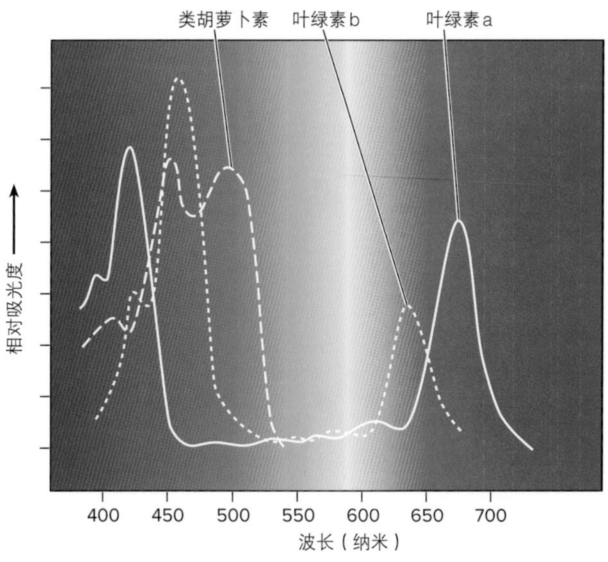

图6.3　叶绿素和类胡萝卜素的吸收光谱

每个波峰代表被色素吸收的阳光的波长，色素包括两类光合作用色素，叶绿素a和叶绿素b，以及起辅助作用的类胡萝卜素。叶绿素主要吸收光谱中两条窄带的蓝紫色和红色光，而它们会反射光谱中间的绿光。类胡萝卜素主要吸收蓝光和绿光，反射橙色和黄色的光。

关键学习成果　6.2

植物用色素如叶绿素，捕获蓝光和红光的光子，反射绿色波长的光子。

6.3　将色素纳入光系统

光反应

学习目标6.3.1　光反应的五个步骤

光合作用的光反应在膜上进行。大部分的光合作用细菌参与光反应的蛋白质镶嵌在质膜上，而植物和藻类的光合作用发生于特化细胞器——叶绿体中，它们参与光反应的叶绿素分子和蛋白质镶嵌在叶绿体内的类囊体膜上。图6.4放大了部分类囊体膜。从图中能看到表示叶绿素的绿色球和辅助色素分子一起镶嵌在类囊体膜的蛋白质（紫色区域）基质内。这种蛋白质和色素的复合物组成了**光系统**。

光反应分五步进行，如图6.5所示。每步反应在本章后面部分都会具体讨论：

1. **捕获光束**　第❶步，合适波长的光的光子被色素分子捕获，激发能从一个叶绿素分子传递到另一个叶绿素分子。
2. **激发电子**　第❷步，激发能汇集到一个关键的叶绿素a分子，这里被称作**反应中心**（reaction center）。激发出的能量能导致受激电子从反应中心转移到另一个分子上，这个分子就是电子的受体。反应中心以水分子分解产生的电子代替这个“消耗掉的”电子。氧气是这个反应产生的副产物。

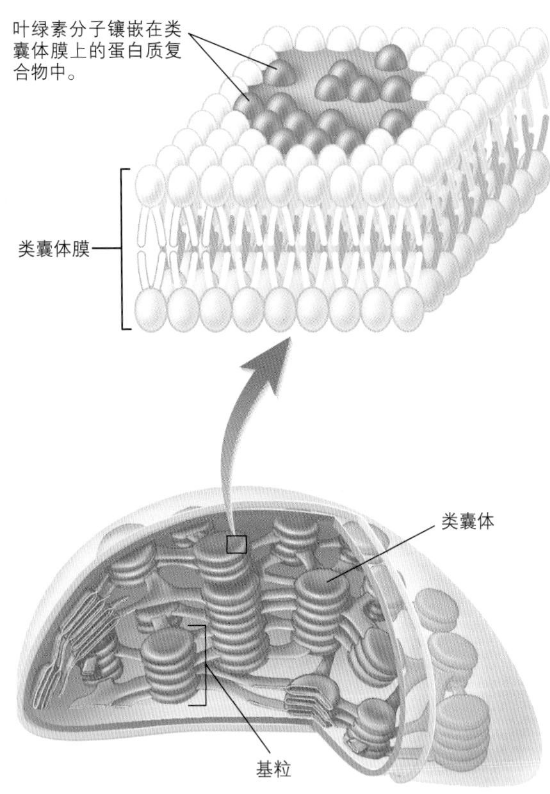

图6.4　叶绿素镶嵌在膜上

叶绿素分子镶嵌在蛋白质网内，它们使色素分子锚定在适当的位置。蛋白质镶嵌在类囊体膜上。

3. **电子传递**　第❸步，受激电子沿着镶嵌在膜上的一系列电子-载体分子传递。这就是**电子传递体系**（electron transport system，ETS）。随着电子在电子传递体系内传递，电子的能量被一点点"吸收"。这些能量被用于将氢离子（质子）泵过膜，如蓝色箭头所示，最终会在类囊体内形成高浓度的质子。
4. **合成ATP**　第❹步，高浓度的质子作为能量源，可被用于合成ATP。质子只能借助特殊通道，才能跨膜返回，大量质子通过犹如水通过大坝。质子流动释放的动能被转变成势能，将ADP合成ATP。这个被称作**化学渗透**（chemiosmosis）的过程合成的ATP又能通过卡尔文循环合成碳水化合物。
5. **合成NADPH**　电子离开电子传递体系，进入另一个光系统，在那儿，通过吸收光的另一个光子，它重新"获能"。第❺步，这个获能电子进入另一个电子传递体系，沿一系列的电子-载体分子再次传递。这个电子传递

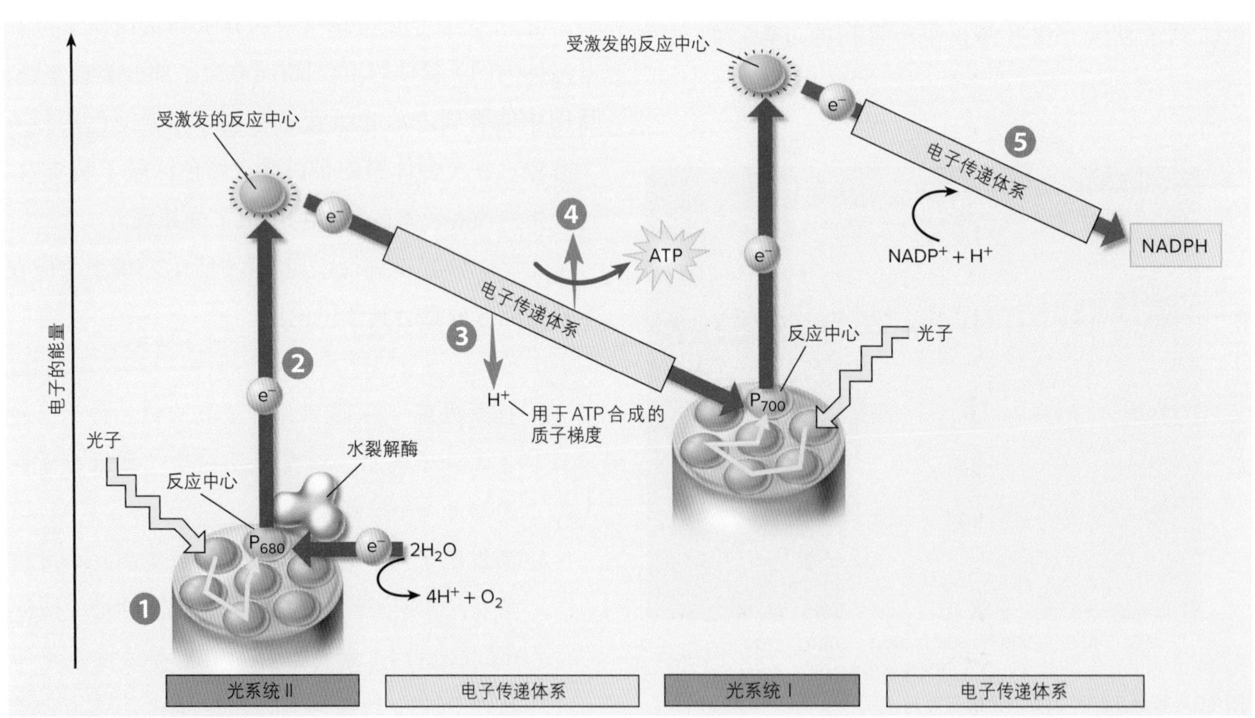

图6.5　植物存在两套光系统

第❶步，光子激发光系统Ⅱ的色素分子。第❷步，光系统Ⅱ的一个高能电子被转移到电子传递体系。第❸步，受激电子被用于将质子泵过膜。第❹步，质子的浓度梯度被用于产生ATP分子。第❺步，释放的电子移动到光系统Ⅰ，它利用这个电子，以及光能的光子，合成NADPH。

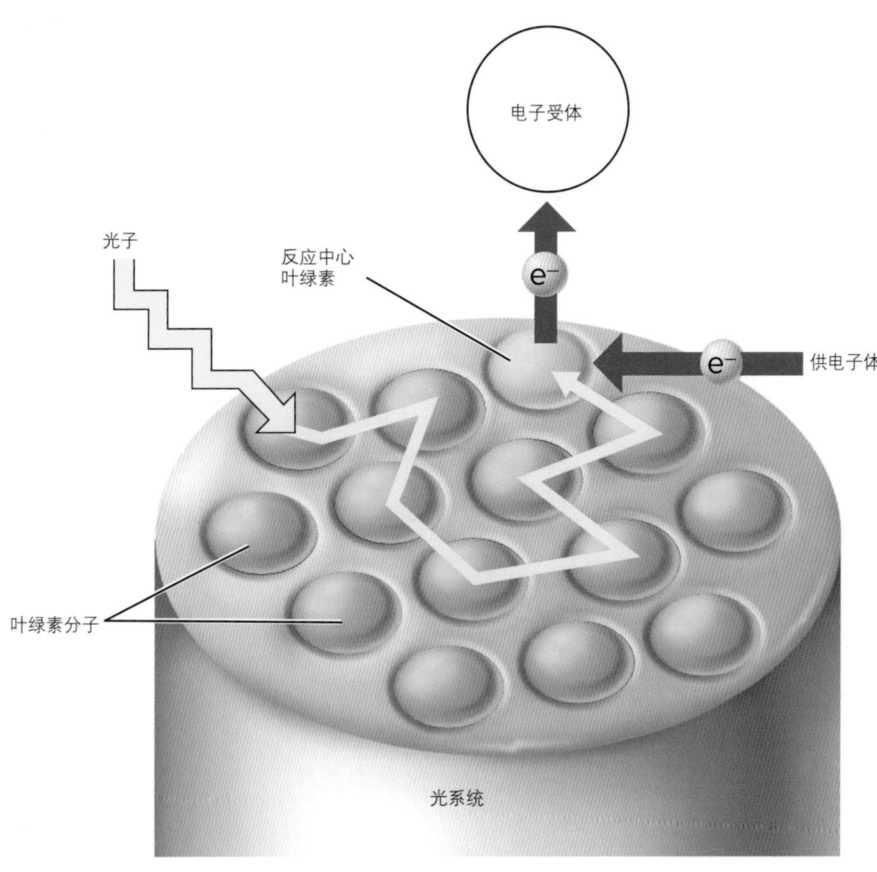

图6.6 光系统的工作机制
当合适波长的光攻击光系统的任意色素分子，光都会被吸收，激发能在色素分子团内从一个分子传递到另一个分子，直到它遇到反应中心。反应中心将能量以高能电子的形式输出到受体分子。

体系的结果不是合成ATP，而是形成$NADP^+$和一个氢离子，两者形成NADPH。这个分子对卡尔文循环合成碳水化合物非常重要。

光系统的结构

学习目标6.3.2 区分反应中心叶绿素分子和其他光系统叶绿素分子

除了最原始的细菌之外，光能被光系统捕获。犹如放大镜将光聚焦到一个点，光系统将任一色素分子获得的激发能传递给一种特殊的叶绿素a分子，反应中心叶绿素。例如，在图6.6中，光系统外侧的叶绿素分子被光子激发，这些能量会从一个叶绿素分子传递到另一个，以黄色锯齿状箭头表示，直到它触及反应中心分子。随后，这个分子将能量，以激发电子的形式，传出光系统，用于驱动ATP和其他分子的合成。

植物和藻类存在两套光系统，光系统Ⅰ和光系统Ⅱ，如图6.5中两个紫色圆柱体所示。光系统Ⅱ捕获能量，用于生成合成糖分子所需的ATP。它捕获的光能被用于将光子中的能量❶转移到受激电子❷；然后，这些电子的能量被电子传递体系❸用于产生ATP❹。

光系统Ⅰ为氢原子的产生提供能量，利用CO_2（它没有氢原子）合成糖类和其他有机分子需要氢原子。光系统Ⅰ为电子供能，由氢离子（质子）携带，将$NADP^+$合成NADPH❺。NADPH将氢传递到卡尔文循环，用于合成糖类。

实际上，在这个体系中，光系统Ⅱ首先发挥作用。让人产生困惑的原因是，光系统的命名根据发现它们的先后顺序，而光系统Ⅰ先于光系统Ⅱ被发现。

关键学习成果 6.3

光子的能量被色素捕获，然后色素利用这能量激发电子，电子又被传递用于化学反应，产生ATP和NADPH。

6.4 光系统如何将光能转化为化学能

非循环光合磷酸化

学习目标6.4.1 非循环光合磷酸化的电子传递系统的功能

植物依次利用上述体系中的两套光系统，产生ATP和NADPH。这种两个阶段的过程被称为**非循环光合磷酸化**（noncyclic photophosphorylation），因为电子的路径不是循环的——电子从光系统射出后不会返回，而是用于合成NADPH。相反，光系统通过分解水分子补充电子。如前文所述，光系统Ⅱ首先起作用。光系统Ⅱ产生的高能电子被用于合成ATP，然后进入光系统Ⅰ，用于生成NADPH。

光系统Ⅱ

在光系统Ⅱ中（如图6.7所示），反应中心由十多个跨膜蛋白亚基构成。天线复合物（antenna complex）由约250个叶绿素a分子和结合在多条蛋白质链上的辅助色素分子组成。它作为光系统的一部分，拥有全部色素分子。天线复合物捕获光子的能量，并将能量汇聚到反应中心叶绿素。在图6.7中可以看到光系统中的天线复合物。反应中心释放一个受激电子到电子传递体系的原初电子受体。受激电子的路径以红色箭头表示。在反应中心释放一个电子到电子传递体系后，就有一个空的电子轨道需要填充。来自水分子中的一个电子代替这个电子。在光系统Ⅱ，两个水分子的氧原子与锰原子结合。锰原子镶嵌在酶内，并结合反应中心（请注意光系统Ⅱ左下方淡灰色的水裂解酶）。这种酶会裂解水，一旦释放电子，就会填补反应中心留下的空缺。只要从两个水分子上去除四个电子，就能释放出O_2。

电子传递体系

光供能电子的原初电子受体离开光系统Ⅱ，将受激电子传递给一系列电子-载体分子，叫作电子传递体系。这些蛋白质镶嵌在类囊体膜上，其中一种是“质子泵”蛋白，这是一类主动运输通道。电子的能量被这种蛋白用于将质子从基质泵入类囊体腔（电子传递体系中的蓝色箭头所示）。然后，膜上相邻的蛋白携带失去能量的电子到光系统Ⅰ。

合成ATP：化学渗透

在认识光系统Ⅰ前，我们先看一下通过电子传递体系泵入类囊体的质子发生了什么。每个类囊体都是一个封闭的区室，质子被泵入里面。因为类囊体膜对于质子不具透性，所以质子会在类囊体腔内积聚，产生很高的浓度梯度。你可以回顾第4章的内容，溶液中的分子会从高浓度区域扩散到低浓度区域。此处，质子会顺浓度梯度，通过被称作ATP合酶的特殊蛋白通道，扩散出类囊体腔。ATP合酶

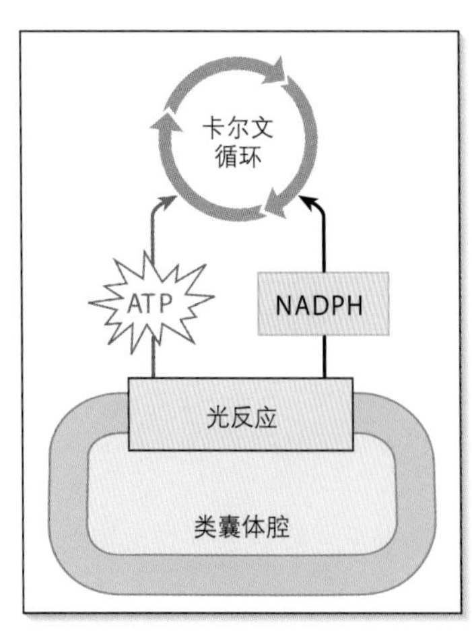

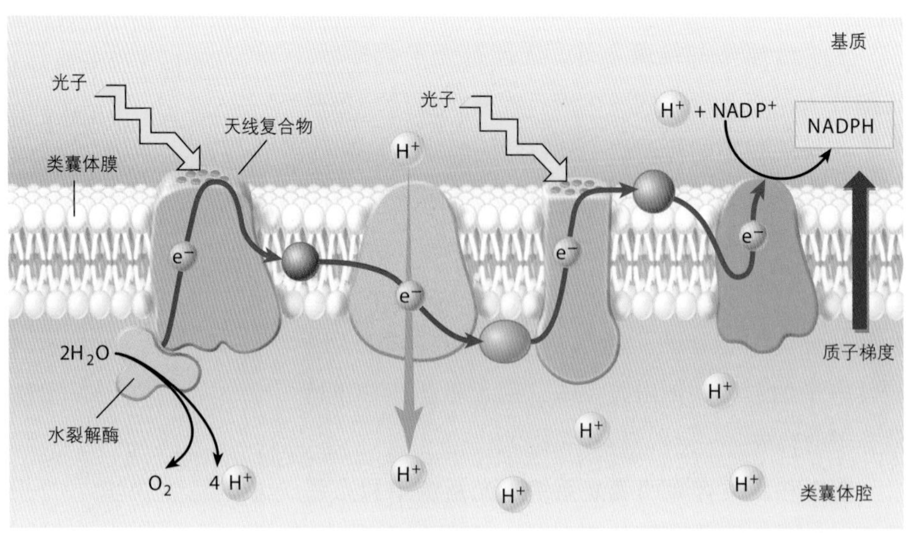

图6.7 光合作用的电子传递体系

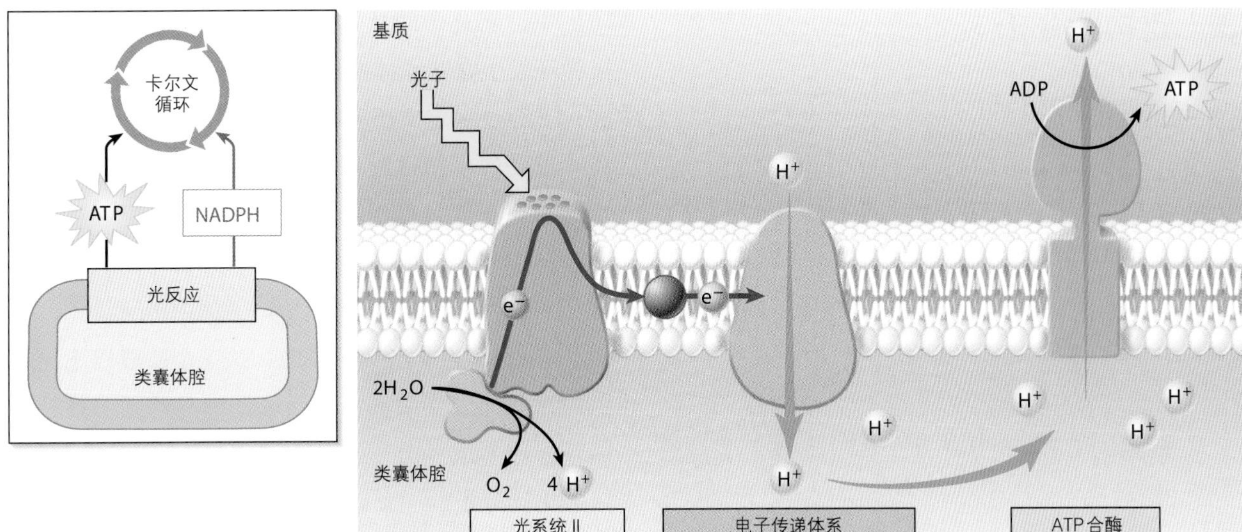

图6.8 叶绿体的化学渗透

光系统Ⅱ吸收的电子的能量被用于将质子泵入类囊体腔。然后，这些质子经过ATP合酶通道流出。它们的运动为ATP合成提供了能量。

（ATP synthase）是利用质子浓度梯度驱动ADP合成ATP的酶。ATP合酶通道像球形门把手一样突出在类囊体膜的外表面（图6.8）。当质子经过ATP合酶通道流出类囊体腔时，ADP被磷酸化成ATP，并被释放到基质（叶绿体内的液态基质）中。因为ATP的化学合成是由类似于渗透的扩散作用驱动的，所以这种ATP合成的方式被称为化学渗透。

光系统Ⅰ

现在，既然已经合成了ATP，那么我们再将注意力放到图6.7的右半部分，光系统Ⅰ接受电子传递体系的电子。光系统Ⅰ的反应中心是一个由至少13个蛋白质亚基组成的膜的复合物。一种由130个叶绿素a分子和辅助色素分子构成的天线复合物为反应中心提供能量。来自第一电子传递体系的电子大约保留了它的光激发能的一半，没有全部损失。因此，光系统Ⅰ吸收了另一个光子的光能，将离开反应中心的电子激发到极高能量的水平。

合成NADPH

与光系统Ⅱ类似，光系统Ⅰ将电子传递到电子传递体系。当这些电子中有两个到达电子传递体系的末端，它们被提供给$NADP^+$分子，形成NADPH（一个电子被传递给以氢原子形式存在的质子）。这个反应发生在类囊体膜的基质侧（如图6.7所示），涉及一分子$NADP^+$、两个电子和一个质子。因为形成NADPH的这个反应发生在膜的基质侧，而且还涉及质子的摄入，所以它进一步加剧了光合作用电子传递所形成的质子浓度梯度。

光反应产物

光反应不是光合作用的终点，而更多被视为一个跳板。光反应的所有产物或者是副产物，如氧气或者是被细胞广泛利用的物质。光反应产生的ATP和NADPH最终被传递到叶绿体基质的卡尔文循环。基质中存在催化暗反应的酶。在暗反应中，ATP被用于为碳水化合物的合成提供能量。NADPH被作为“还原力”的源泉，为碳水化合物的合成提供氢和电子。下一部分将讨论光合作用的卡尔文循环。

关键学习成果 6.4

光合作用的光反应产生有机分子合成所需的ATP和NADPH，并释放O_2，这是剥夺水分子的氢原子及其电子后的副产物。

6.5 建构新分子

卡尔文循环

学习目标6.5.1 为什么卡尔文循环需要NADPH和ATP

简而言之，光合作用是以二氧化碳（CO_2）合成有机分子的过程。细胞利用光反应提供的原材料合成有机分子：

1. **能量** ATP（光系统Ⅱ的ETS提供）驱动吸能反应。
2. **还原力** NADPH（光系统Ⅰ提供）提供结合碳原子所需的氢和高能电子。接受电子的分子被视为被还原，这将在第7章详细讨论。

在**卡尔文循环**或C_3**光合作用**（C_3 photosynthesis，C_3因为此过程产生的第一个分子是三个碳的分子）中，新分子的真正装配要用到大量的酶。卡尔文循环发生在叶绿体基质内。光反应产生的NADPH和ATP经过卡尔文循环，用于合成碳水化合物分子。在“重要的生物过程：卡尔文循环”插图中，每一步的碳原子数目都用球的数目表示出来了。经历六次循环，才能合成一分子六个碳的葡萄糖。此过程分三个阶段，重点如插图中的三幅小图所示。

在图6.9的卡尔文循环中，这三个阶段以不同颜色的饼状部分详细展示。两幅图都显示了需要三轮循环才能生成一分子甘油醛-3-磷酸。每一轮循环，二氧化碳分子的一个碳原子首先结合到一个五碳糖，然后产生两个三碳糖。这个过程，在插图的图❶中以深蓝色箭头强调，在图6.9中以蓝色饼状区域表示，被称为固碳作用（carbon fixation），因为它将空气中的一个碳原子结合到了一个有机分子上。

然后，经过一长串反应，这些碳在其中流动。最终，部分产生的分子被用于合成糖类（如插图的图❷

重要的生物过程：卡尔文循环

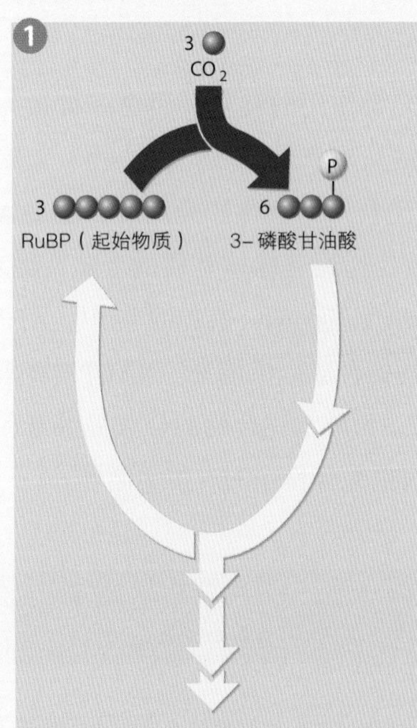

当CO_2的一个碳原子添加到一个五碳分子（起始物质）上，卡尔文循环就开始了。产生的六碳分子不稳定，迅速裂解成三碳分子。（此处表示三“轮”循环有三分子CO_2进入。）

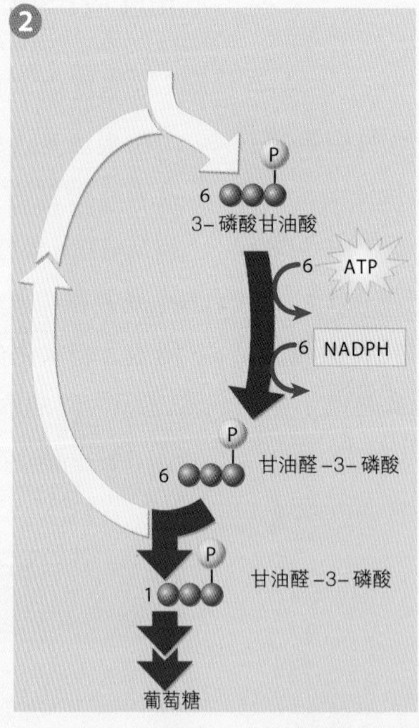

然后，通过一系列反应，ATP的能量和NADPH的氢（光反应的产物）被加入三碳分子中，这被还原的三碳分子或者联合形成葡萄糖，或者被用于合成其他分子。

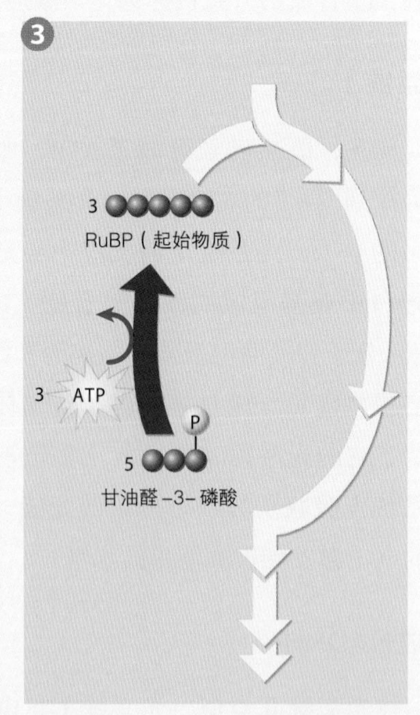

大部分还原产生的三碳分子被用于再次生成五碳的起始物质，于是完成了循环。

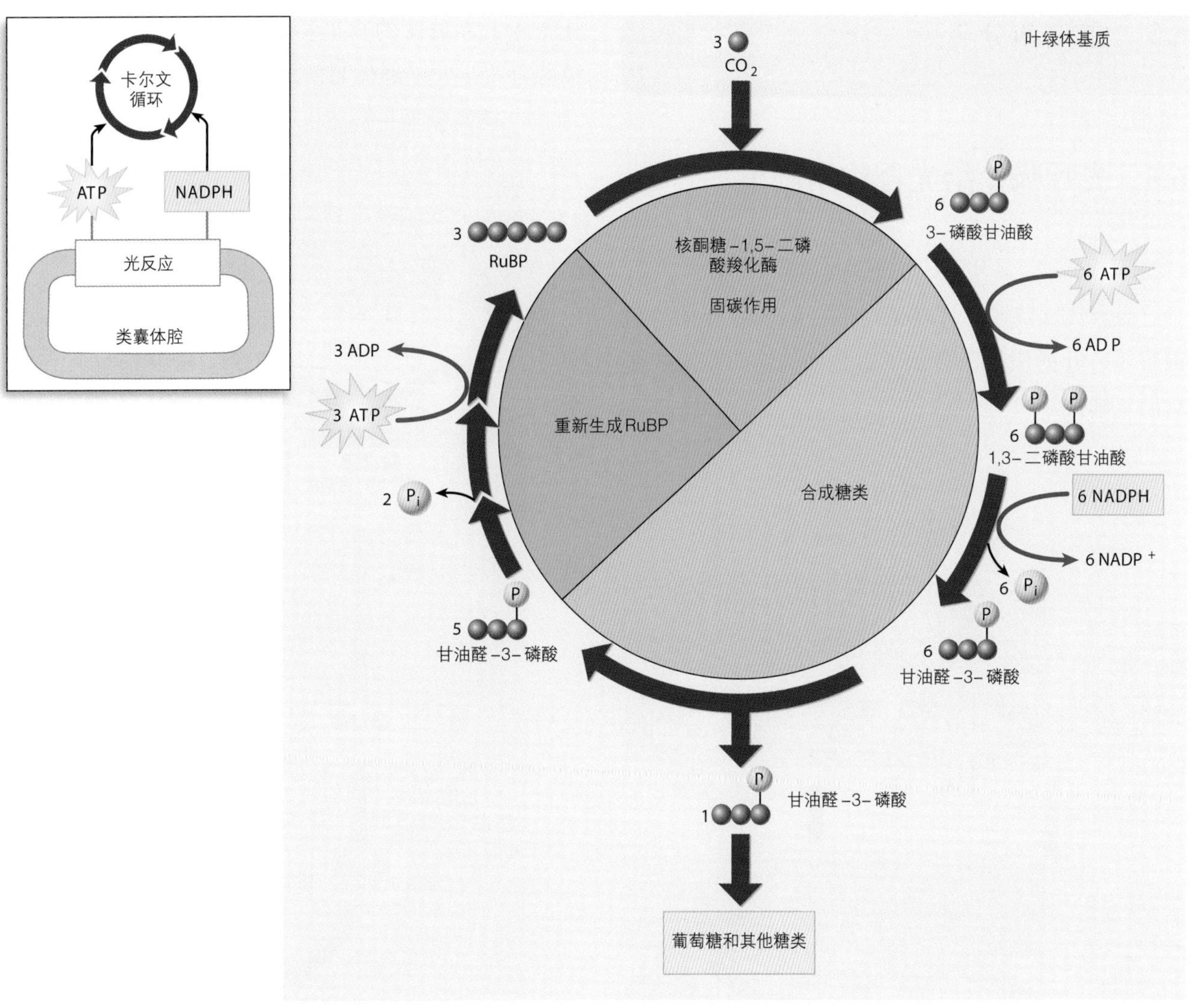

图6.9 卡尔文循环的反应

每三个CO_2进入循环，就会产生一个三碳化合物，甘油醛-3-磷酸（G3P）。请注意这个过程需要ATP中的能量和NADPH，两者是光反应产生的。这个过程发生在叶绿体基质。催化这个反应的是16个亚基组成的大分子的酶，RuBP羧化酶，或称核酮糖-1,5-二磷酸羧化酶（rubisco）。它大量分布在叶绿体内，被认为是地球上数量最多的蛋白质。

中深蓝色箭头所示，如图6.9中紫色区域的下方所示）。重新形成五碳糖还需要其他分子（如插图的图❸中深蓝色箭头所示，如图6.9中淡红色区域所示），接下来，五碳糖又可以重新开始循环。需要经过6次循环才能形成一个新的葡萄糖分子，因为每次循坏只加上一个源于CO_2的碳原子，而葡萄糖是一个六碳糖。

回收ADP和NADP$^+$

学习目标6.5.2 为什么能连续进行光合作用的细胞在合成ATP时，不会耗尽ADP

光反应的产物，ATP和NADPH，为卡尔文循环的暗反应提供原料，合成糖分子。为使光合作用持续进行，细胞必须持续为光反应提供ADP和NADP$^+$。这是通过回收卡尔文循环的产物实现的。ATP的磷酸键断裂后，ADP就能用于化学渗透。氢和电子从NADPH被剥夺后，NADP$^+$就被循环回光系统Ⅰ的电子传递体系。

关键学习成果 6.5

在一系列不直接需要光的反应中，细胞用光系统Ⅱ和光系统Ⅰ提供的ATP和NADPH，合成新的有机分子。

6.6 光呼吸：给光合作用刹车

学习目标6.6.1 区分C_3、C_4和CAM的光合作用

当天气很热时，许多植物进行C_3光合作用就有困难了。叶的横切图显示了它是如何应对高温、干旱的气候：

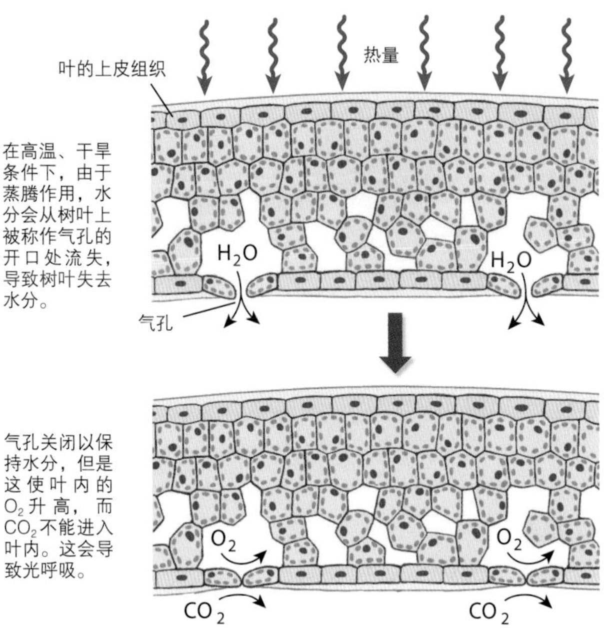

随着温度升高到高温、干旱的情况，植物会关闭叶上的部分开口，即**气孔**（stoma），以保持水分。结果，如上所示，CO_2和O_2不能通过这些开口进出叶片。叶内的CO_2浓度会降低，而叶内的O_2浓度会升高。在此情况下，卡尔文循环第一步的酶，核酮糖-1,5-二磷酸羧化酶会参与**光呼吸**（photorespiration）。在光呼吸中，酶将协同O_2而不是CO_2参与循环，而当出现这种情况，CO_2就会作为副产物被释放。因此，光呼吸阻断了卡尔文循环的连续进行。

C_4光合作用

有些植物能通过进行C_4**光合作用**（C_4 photosynthesis），适应高温环境。在此过程中，如甘蔗、玉米和多种禾本科植物，能用叶片中不同种类的细胞，

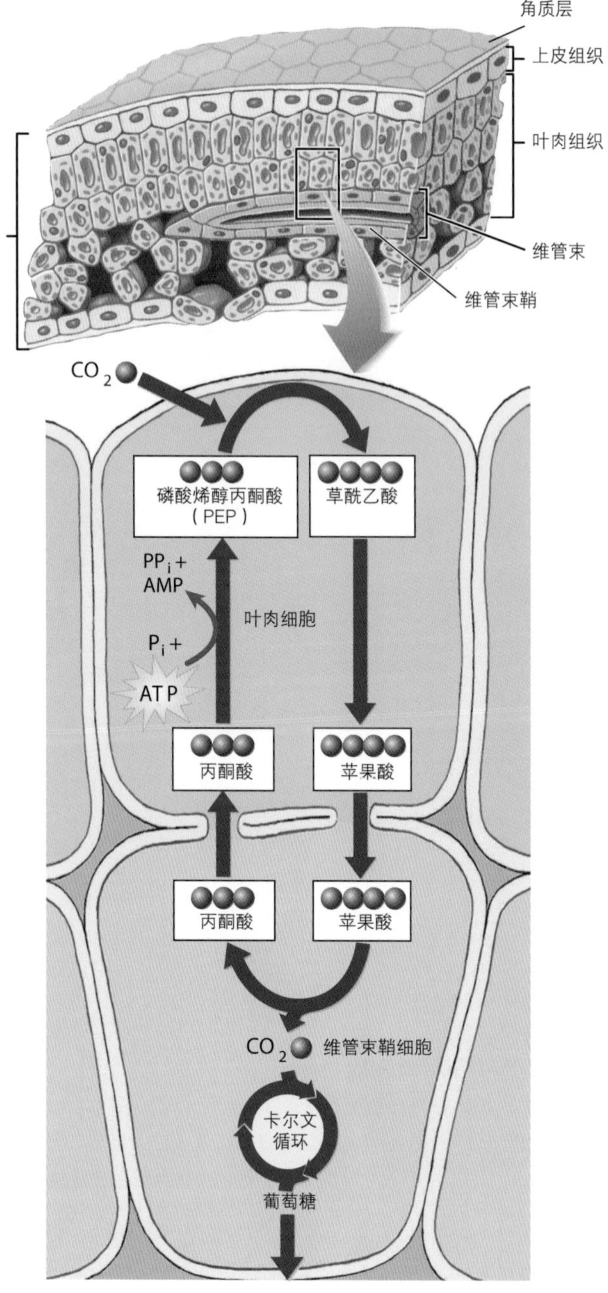

图6.10 C_4植物的固碳作用

这个过程被称为C_4途径，是因为此途径合成的第一个分子是一个四碳糖，草酰乙酸。这个分子被转变成苹果酸，而苹果酸又被转运到维管束鞘细胞。一到维管束鞘细胞，苹果酸就进行化学反应产生CO_2。CO_2被限定在维管束鞘细胞内，并进入卡尔文循环。

进行化学反应来固碳。因此，这就避免了由于高温而导致的光合作用的减弱。

图6.10显示的是C_4植物的叶片的横切面。仔细观察，你就会发现这些植物是怎么解决光呼吸的问题的。在放大的图中，可以发现两种类型的细胞：绿色的细胞是叶肉细胞，而棕褐色的细胞是维管束

耐寒C_4光合作用

玉米（*Zea mays*）是人类最重要的一种农作物，当它生长在温暖的环境下时非常高产。但是，它的商业价值在北方地区非常有限，因为在低温下它的产量很低。玉米的高产量主要是由于它能利用C_4光合作用途径，这是已知最高效的光合作用。但是，低于20℃时，这种效率大部分会丧失。在5℃时，80%的光合作用会丧失。

C_4物种，如玉米、甘蔗、高粱和柳枝稷，对低温敏感，依赖关键的C_4光合作用中酶的敏感性，尤其图6.10所示的卡尔文循环中催化最后一步反应的酶。这种酶，有一个很有名的名字，叫丙酮酸磷酸双激酶，简称PPDK。PPDK是C_4光合作用的限速步骤，对低温很敏感。当温度低于10℃，这种酶就几乎没有什么活性了。

最近发现玉米的一个亲缘物种明显不同。芒草（*Miscanthus giganteus*）是多年生草本植物。它和玉米一样，也利用相同的C_4途径。但与玉米明显不同的是，当温度低至5℃时，它的光合作用还能高效地进行。对低温的极度耐受能力，使这种生物在寒冷的温度下仍能茁壮生长，单根茎能长到13英寸[①]高！而在它的亲缘物种（玉米）内，相似的温度严重限制了C_4光合作用。

芒草耐寒的原因是什么？在低温条件下，当玉米的PPDK数量下降，而芒草的PPDK活性却升高。研究人员现在正检测芒草的PPDK基因，以更好认识它的耐寒性。如果这些早期成果确认无误，那么就能用基因工程探索用芒草PPDK基因代替玉米PPDK基因的可行性，从而大大开拓玉米这种重要农作物在北方的种植范围。

鞘细胞。在叶肉细胞中，CO_2结合一个三碳分子而不是如图6.9结合RuBP，产生一个四碳分子——草酰乙酸（由此才有了C_4光合作用这个名称），而不是产生图6.9中的三碳分子——磷酸甘油酸。这个过程发生在C_4植物叶的叶肉细胞内，要用到一种不同的酶。然后，草酰乙酸转变成苹果酸，转移到叶的维管束鞘细胞。在棕褐色的维管束鞘细胞内，苹果酸分解再次产生CO_2，它们会进入你熟悉的图6.9中的卡尔文循环，并合成糖类。为什么这么麻烦？因为维管束鞘细胞对CO_2没有通透性，所以其中的CO_2浓度会升高，光呼吸的速率会显著降低。

景天酸光合作用

许多肉质（储水）植物如仙人掌和菠萝，采用第二种策略降低光呼吸。最初的固碳作用模式被称作**景天酸代谢**（crassulacean acid metabolism，CAM），以最早发现这种代谢的景天科植物命名。在这些植物中，气孔在夜间凉爽的时候开放，而在白天关闭。CAM植物起初在夜间通过C_4途径将CO_2固定为有机化合物。这些有机物在夜间积聚，然后在白天分解，并释放CO_2。这些高浓度的CO_2驱动卡尔文循环，并减弱光呼吸。为了认识CAM植物和C_4植物的光合作用的不同之处，请看图6.11。在C_4植物中（左侧），C_4途径发生在叶肉细胞，而卡尔文循环发生在维管束鞘细胞。在CAM植物（右侧）中，虽然C_4途径和卡尔文循环发生在同一个细胞，叶肉细胞，但是它们发生在一天内的不同时段，C_4途径在夜间，而卡尔文循环在白天。

① 1英寸≈2.54厘米。——编者著

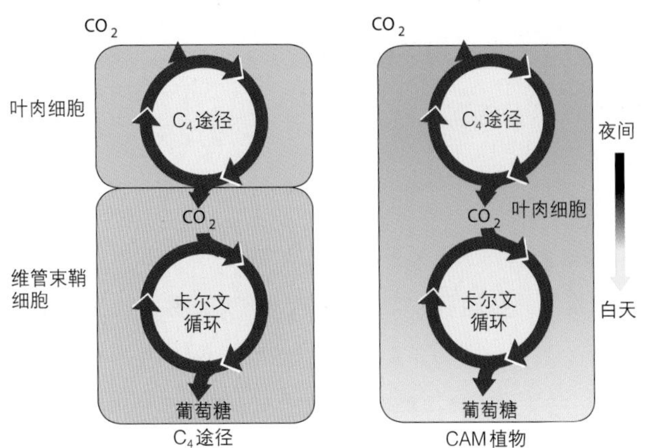

图6.11 比较C_4植物和CAM植物的固碳作用

C_4植物和CAM植物都要利用C_4途径和C_3途径。在C_4植物中，这两个途径在空间上被分隔，C_4途径发生在叶肉细胞，而C_3途径（卡尔文循环）发生在维管束鞘细胞。在CAM植物中，这两种途径都在叶肉细胞内进行，但它们在时间上是分隔的，C_4途径在夜间进行，而C_3途径在白天进行。

关键学习成果 6.6

由于氧气在光合作用的细胞内积聚，光呼吸才会发生。C_4植物通过在维管束鞘细胞内合成糖类，避免光呼吸。而CAM植物将暗反应延迟到夜间，那时气孔就会开放了。

调查与分析
INQUIRY & ANALYSIS

铁是否会抑制海洋浮游植物的生长?

浮游植物是生活在海洋中的微生物，很多地球上的光合作用由它们进行。数十年前，科学家注意到海洋中的“死亡地带”，那里几乎没有光合作用发生。进一步观察后，他们发现从这些水域收集到的浮游植物不能有效地将CO_2固定到碳水化合物中。为理解为什么不能进行光合作用，科学家们提出一个假说：可能由于缺少ETS所需的铁，并预测给这些水域补充铁就会引起浮游植物爆发式的快速生长。

为验证这种想法，他们进行了一次野外实验，向大面积缺少浮游植物的海域播撒铁晶体，观察是否会引起浮游植物的生长。其他类似缺少浮游植物的海域没有播撒铁晶体，作为控制组。

在一个这样的实验中，其结果显示在右侧的图表中。如图表x轴上的三个箭头（第0、3和7天）所示，一块72平方千米的缺少浮游植物的海域经过三次连续处理，被播撒了铁晶体和示踪物质。播撒三次是为降低由于铁晶体扩散而造成的影响。一块24平方千米的较小的控制区块只播撒了示踪物质。

为评估海域中进行光合作用的浮游植物的数量，研究人员没有真正去数它们的数量。取而代之的是，他们估算水样中叶绿素a的量，这是易于检测的指标。指标（index）是一种参数，它能精确反映另一个不易检测参数的量。在此情况下，叶绿素a的水平易通过测定水样吸收的光波来检测，是浮游植物的合适指标，因为这种色素除了在浮游植物内，不存在于海洋的其他地方。

对测试组和控制组的叶绿素a定期测定了14天。结果绘制到了图表上。红点表示播撒了铁的水域的叶绿素a浓度；蓝点表示没有播撒铁的水域的叶绿素a浓度。

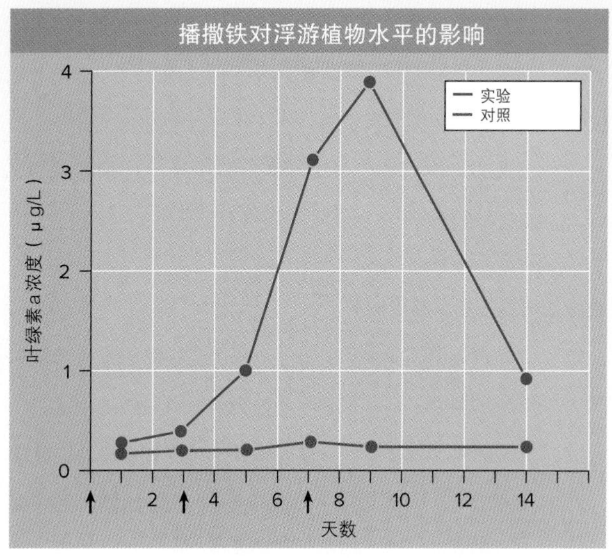

分析

1. **应用概念**

   a. **变量**　在上面的图表中，因变量是什么?

   b. **指标**　叶绿素a水平的升高说明浮游植物的数量如何?

   c. **控制**　在蓝点图的水样中缺少哪种物质?

2. **解读数据**

   a. 在测试海域（红点），叶绿素a水平发生了什么变化?

   b. 在控制海域（蓝点），叶绿素a水平发生了什么变化?

   c. 将红色曲线与蓝色曲线比较，播撒的那三天中，播撒铁的水域的浮游植物的数量要多几倍?

3. **进行推断**

   a. 关于向缺少浮游植物的海域播撒铁的影响，能得出什么普遍结论?

   b. 为什么到第14天叶绿素a水平会下降?

4. **得出结论**　这些结果是否支持下面的论断：在某些海域，缺铁限制了浮游植物的生长和光合作用?

5. **进一步分析**　基于本实验，播撒铁的方式提高海洋光合作用的缺点是什么?

本章回顾

Reviewing What You Have Learned

光合作用

光合作用概述

6.1.1 光合作用是一个生化反应过程。太阳的能量被捕获，用于将CO_2和水合成碳水化合物。

6.1.2 光合作用要经过一系列化学反应，共分两个阶段：光反应阶段，在叶绿体类囊体膜上进行，产生ATP和NADPH；暗反应（卡尔文循环）阶段，在基质中合成碳水化合物。

植物如何从阳光中获取能量

6.2.1 色素是能捕获光能的分子。可见光中的能量被叶绿体中的色素——叶绿素和其他辅助色素捕获。

6.2.2 植物之所以显绿色，就是由于它们存在叶绿素。叶绿素吸收可见光谱的远端波段的光（蓝光和红光），而反射绿光，这才使得树叶呈绿色。

- 辅助色素，如类胡萝卜素，能捕获不同于叶绿素的光谱波段的能量。它赋予非绿色植物的花、果实和其他部分以不同的色彩。

将色素纳入光系统

6.3.1 光反应在植物叶绿体的类囊体膜上进行。参与光合作用的叶绿素分子和其他色素镶嵌在膜内被称作光系统的蛋白复合体内。

- 光能被光系统捕获，它会激发一个电子，然后该电子被传递到电子传递体系。通过光系统，它被用于产生ATP和NADPH，两者都能为卡尔文循环提供能量。植物拥有两套光系统，而且这两套光系统有序存在。光系统Ⅱ产生ATP，而光系统Ⅰ产生NADPH。

6.3.2 阳光中一个光子的能量被一个叶绿素分子吸收，并在光系统的叶绿素分子间传递。一旦能量被传递到反应中心，它就会激发一个电子，而电子又会被传递到电子传递体系。

光系统如何将光能转化为化学能

6.4.1 受激电子离开光系统Ⅱ，而进入电子传递体系。这个电子由水分子裂解产生的电子替代。

- 随着受激电子在电子传递体系中的蛋白间传递，电子的能量被用于驱动质子泵，将氢离子逆浓度梯度泵过膜。
- 氢离子的浓度梯度驱使H^+通过专门的通道蛋白，ATP合酶，跨膜返回。ATP合酶经过化学渗透的过程，催化产生ATP。
- 电子沿第一电子传递体系传递后，它就被传递到第二套光系统，光系统Ⅰ。在光系统Ⅰ中，它又获得来自另一个被捕获的光子的能量。这再次获得能量的电子经过另一个电子传递体系被传递到最终的电子受体，$NADP^+$。NADPH和ATP就穿梭于卡尔文循环。

建构新分子

6.5.1 卡尔文循环由一系列酶催化进行，这些酶能利用ATP的能量与NADPH的电子和氢离子，还原CO_2，生成碳水化合物分子。

6.5.2 在卡尔文循环中，ADP和$NADP^+$作为副产物被回收，返回光系统。

光呼吸

光呼吸：给光合作用刹车

6.6.1 在高温、干旱的气候下，植物会关闭叶的气孔，以保持水分。结果，叶内的O_2浓度上升，而CO_2浓度下降。在此条件下，卡尔文循环，也称C_3光合作用，受到抑制。当叶内O_2浓度较高时，不是CO_2，而是O_2进入卡尔文循环，这个过程称为光呼吸。这种情况下，卡尔文循环的第一个酶，核酮糖-1,5-二磷酸羧化酶，将结合O_2，而不结合CO_2。

- C_4植物通过改变固碳作用的步骤，将它分成两个阶段，分别在不同细胞内进行。C_4途径在叶肉细胞内产生苹果酸。
- 对于CAM植物，在夜间气孔开放时，CO_2通过C_4途径形成中间过程的有机分子。

本章测验

Test Your Understanding

6.1.1（1）我们这个星球上几乎所有生物消耗的能量都源于太阳。能量被植物、藻类和一些细菌通过什么过程捕获？

a. 呼吸作用　　c. 光合作用

b. 三羧酸循环　　d. 发酵

6.1.1（2）光合作用的光反应主要产生______。

a. 葡萄糖　　c. ATP和NADPH

b. CO_2　　d. 光能

6.1.1（3）光照射叶的叶肉细胞位置是______。

a. 上皮组织的外层　　c. 上皮组织的下层

b. 角质层的外层　　d. 叶绿体内

6.1.2　植物捕获阳光______。

a. 通过光呼吸

b. 用称作色素的分子吸收光子，利用它们的能量

c. 通过暗反应

d. 用ATP合酶和化学渗透

6,2.1　可见光占据电磁波谱的哪部分？

a. 全谱系

b. 波谱的上半部分（长波长）

c. 波谱中间的一小部分

d. 波谱的下半部分（短波长）

为什么被叶绿素反射的光是绿色光？

6.2.2（1）哪种光被叶绿体吸收得最多？

a. 红光和蓝光　　c. 红外光和紫外光

b. 绿光和黄光　　d. 所有光都一样

6.2.2（2）类胡萝卜素反射______光。

a. 绿　　c. 紫外

b. 蓝　　d. 橙

6.3.1（1）一旦植物开始捕获光子的能量______。

a. 一系列反应就会在细胞的类囊体膜上发生

b. 能量就会驱动ATP的合成

c. 水分子就会分解，释放氧气

d. 以上都对

6.3.1（2）叶绿体的哪个结构存在最高浓度的质子？

a. 基质　　c. 气孔

b. 类囊体腔　　d. 天线复合物

6.3.2（1）植物利用两套光系统捕获能量，用于产生ATP和NADPH。光系统的电子______。

a. 随着来自光子能的补充，在系统内持续循环

b. 在系统内循环多次，然后出于熵的原因而消失

c. 只在光系统内传递一次，它们可通过水分子的裂解获得

d. 只在光系统内传递一次，它们可由光子获得

6.3.2（2）在植物中______。

a. 光系统Ⅰ在光系统Ⅱ前起作用

b. 光系统Ⅱ在光系统Ⅰ前起作用

c. 光系统Ⅰ和Ⅱ同时起作用

d. 只存在光系统Ⅱ

6.4.1（1）进行光合作用时，哪种途径产生ATP分子？

a. 卡尔文循环　　c. 水分子分解

b. 化学渗透　　d. 光子被ATP合酶吸收

6.4.1（2）在光合作用时，NADPH会被回收。它经______产生，在______被消耗。

a. 光系统Ⅰ的电子传递体系；卡尔文循环

b. 化学渗透过程；卡尔文循环

c. 光系统Ⅱ的电子传递体系；光系统Ⅰ的电子传递体系

d. 光反应；暗反应

6.4.1（3）如果叶绿体的类囊体膜对质子有“渗漏”，那么植物细胞还能否经化学渗透产生ATP？请解释。

6.4.1（4）经光合作用将六分子二氧化碳还原成一分子葡萄糖，要消耗几分子NADPH和ATP？

6.5.1（1）卡尔文循环的整体作用是______。

a. 产生ATP分子　　c. 合成糖分子

b. 产生NADPH　　d. 产生氧气

6.5.1（2）如果卡尔文循环进行六次______。

a. 所有被固定的碳，可产生两分子葡萄糖

b. 此过程能固定12个碳

c. 能固定足够合成一分子葡萄糖的碳，但是它们不在同一分子中

d. 一分子葡萄糖将转变成六分子CO_2

6.5.1（3）为什么植物在光合作用中要用到NADPH？为什么它们不像三羧酸循环一样，用NADH传递电子？

6.5.2（1）理论上，提供哪些分子，处于完全黑暗环境中的植物也能合成葡萄糖？

6.5.2（2）光反应中总的电子流来自______。

a. 从天线色素到反应中心

b. 从水到CO_2

c. 从光系统Ⅰ到光系统Ⅱ

d. 从反应中心到NADPH

6.5.2（3）光反应产物用于______。

a. 卡尔文循环　　c. 糖酵解

b. 光系统Ⅰ　　d. 三羧酸循环

6.6.1（1）在高温气候下，许多植物不能进行典型的C_3光合作用，所以一些植物______。

a. 利用ATP循环

b. 利用C_4光合作用或CAM

c. 完全关闭光合作用

d. 对于不同的植物，以上都对

6.6.1（2）在高温气候下，为什么植物要消耗30分子ATP才能产生一分子葡萄糖（而不是每分子葡萄糖对应18分子ATP），而在低温下不是？温度的作用是什么？

第 2 单元　活细胞

7

学习目标

细胞呼吸概述

7.1　食物的能量在哪里

　1　葡萄糖氧化的化学方程式

无氧呼吸：糖酵解

7.2　偶联反应制造ATP

　1　一分子葡萄糖经糖酵解能产生几分子ATP?

有氧呼吸：三羧酸循环

7.3　从化学键中获取电子

　1　从丙酮酸脱去CO_2的酶及其代谢的意义

　2　了解三羧酸循环的九步反应中所有底物和产物

　深度观察　代谢效率和食物链的长度

7.4　用电子制造ATP

　1　了解电子通过电子传递链的过程，并识别它的最终目的

　2　在有氧和无氧的条件下，细胞能分别从一分子葡萄糖获得多少ATP？

无氧条件下获取电子：发酵

7.5　细胞可以无氧代谢食物

　1　区分乙醇发酵和乳酸发酵

　深度观察　啤酒和葡萄酒——发酵产物

其他能量来源

7.6　葡萄糖不是唯一的食物分子

　1　细胞如何从蛋白质和脂肪中获取能量

　生物学与保健　时尚饮食和难以实现的梦想

调查与分析　鱼游动时如何避免血液pH值降低

细胞如何从食物中获取能量

动物依赖储存在它们所吃食物内化学键中的能量，为其生命活动提供动力。它们的生命由能量驱动。动物进行的所有活动，如爬树，咀嚼橡树果，对周围环境的看、嗅和听，以及思考它所想的东西，都要消耗能量。但是不同于植物，动物不能进行光合作用，因此也不能如植物一样，利用太阳能合成它们自身所需的食物分子。相反，它们必须通过消耗其他食物分子，才能间接获得所需的食物分子。动物获取植物储存在食物分子内的化学能的过程称作细胞呼吸。所有动物都要通过这个过程才能获取分子中的能量——植物也一样。本章，我们要详细介绍细胞呼吸。你会发现，细胞呼吸和光合作用有很多相似之处。

7.1 食物的能量在哪里

细胞呼吸

学习目标7.1.1 葡萄糖氧化的化学方程式

事实上在所有生物体中，包括动植物，都是通过裂解最初由植物产生的有机分子来获取生命活动所需的能量的。合成有机分子所需的ATP能量和还原力来自脱去有能量的电子并利用它们生成的ATP。当电子从化学键上脱去，食物分子就被氧化了（请记住，氧化意味着失去电子）。氧化食物获取能量的过程称作**细胞呼吸**（cellular respiration）。请不要混淆细胞呼吸和你的肺呼吸氧气的过程，你的这个过程只是呼吸。植物细胞用糖类和其他分子为它们的生命活动提供能量。这些分子经过植物的光合作用产生，并通过细胞呼吸被分解。不能进行光合作用的生物就吃植物，通过细胞呼吸从植物组织获取能量，而其他肉食动物（如狮子）则吃这类食草动物（如长颈鹿）。

真核生物通过获取食物分子葡萄糖中化学键的电子来产生绝大部分ATP。电子沿电子传递链（类似于光合作用的电子传递体系）传递，并最终被传递到氧气。化学上来讲，细胞内碳水化合物的氧化和壁炉中木头的燃烧没太大差别。这两种情况下，反应物都是碳水化合物和氧气，而产物都是二氧化碳、水和能量：

$$C_6H_{12}O_6 + 6\ O_2 \longleftrightarrow 6\ CO_2 + 6\ H_2O + \text{能量}$$

（热能或ATP）

在许多光合作用和细胞呼吸的反应中，电子从一个原子或分子传递到另一个原子或分子。当原子或分子失去电子时，它被氧化（oxidized），这个过程就称为**氧化反应**（oxidation）。这个名词反映了在生物系统内，强吸电子的氧是最常见的电子受体。相反，当原子或分子得到电子，它被还原（reduced），这个过程就称为**还原反应**（reduction）。氧化反应和还原反应同时发生，因为原子经氧化失去的每个电子都会被某些其他原子经还原获得。因此，这类化学反应被称为**氧化还原反应**［oxidation-reduction (redox) reaction］。在氧化还原反应中，能量跟随着电子传递，如图7.1所示。

细胞呼吸分两个阶段进行，如图7.2所示。第一阶段是偶联反应合成ATP。这个阶段，即糖酵解，发生在细胞质中。重要的是，这个阶段是无氧的（这个阶段不需要氧气）。这种古老的能量获取方式在20亿年前就出现了，当时地球的大气中没有氧气。

第二阶段是有氧的（需要氧气），在线粒体内进行。这个阶段的关键是三羧酸循环。这个化学反

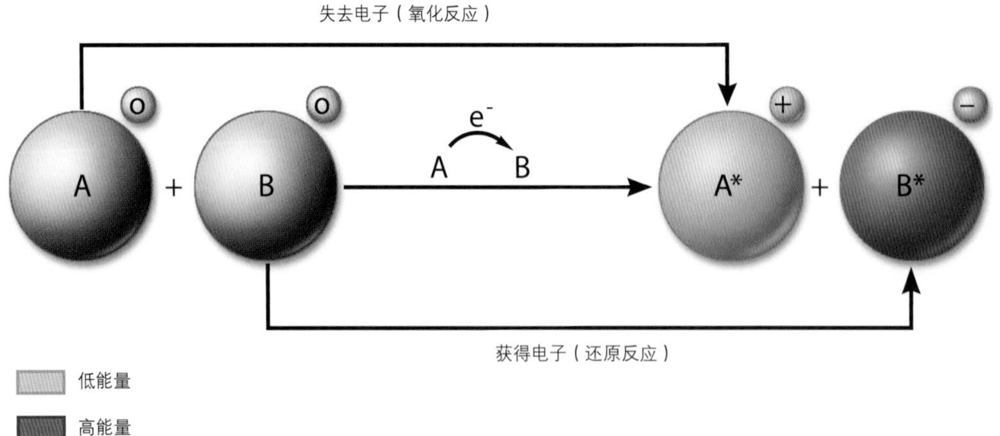

图7.1 氧化还原反应

氧化是失去电子；还原是获得电子。此处每个分子右上方的小圆圈就表示了分子A和分子B所带的电荷。当分子A失去一个电子，它也就失去了能量，然而分子B获得电子，它也就获得了能量。

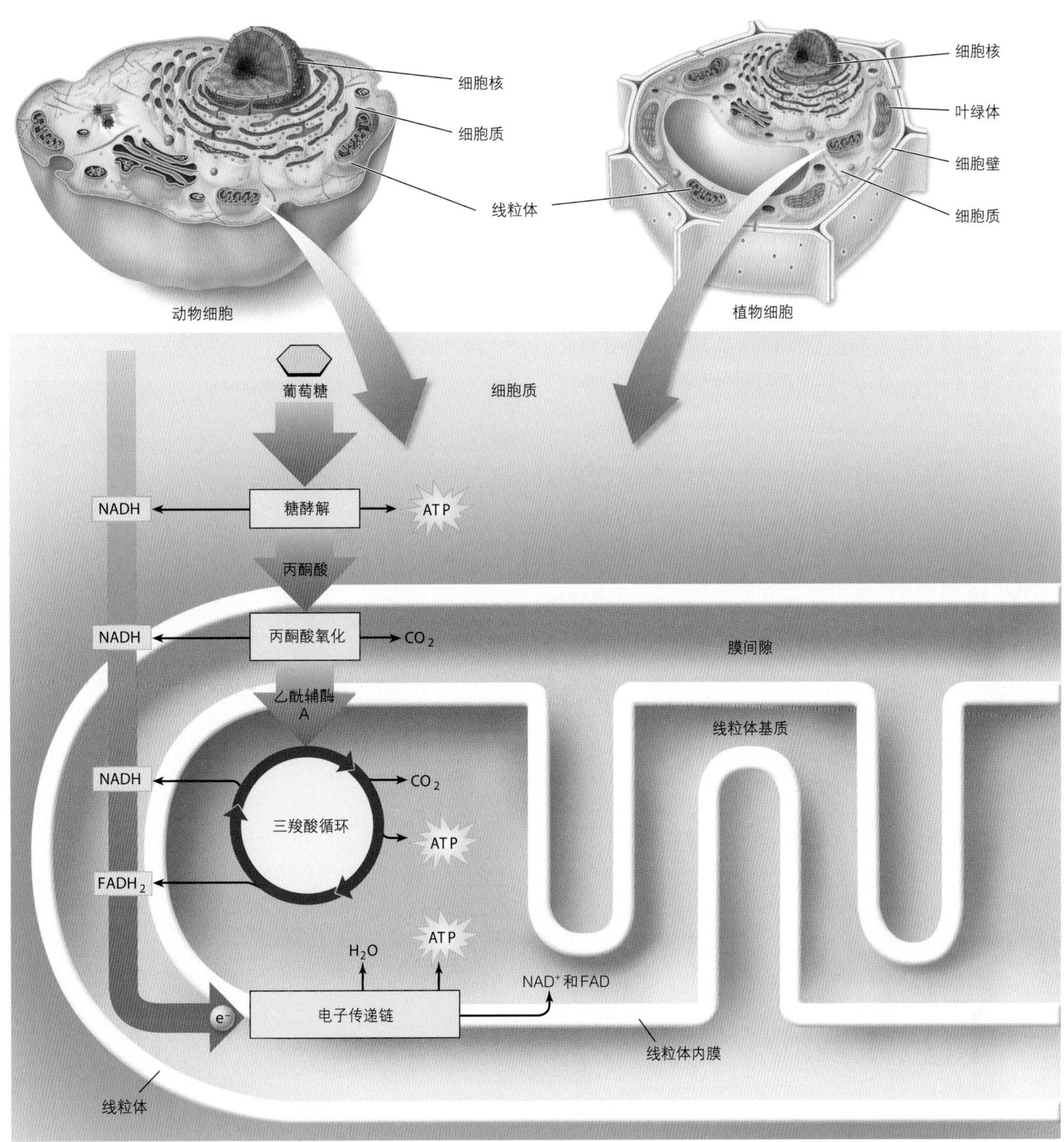

图7.2　细胞呼吸概况

应循环从C—H化学键获得电子，并将高能电子传递到载体分子NADH和$FADH_2$。NADH和$FADH_2$又将电子传递到电子传递链，最终利用电子的能量产生ATP。这个获得电子的过程是一种氧化反应，在食物分子能量回收方面比糖酵解更强，它也是真核细胞从食物分子中获得大量能量的途径。

关键学习成果　7.1

细胞呼吸是分解食物分子、获得能量的过程。有氧呼吸时，细胞从葡萄糖获得能量分两个阶段，糖酵解和氧化反应。

7.2 偶联反应制造 ATP

学习目标 7.2.1 一分子葡萄糖经糖酵解能产生几分子 ATP？

细胞呼吸的第一个阶段称为**糖酵解**（glycolysis），这是一个十步酶促反应的体系，六碳葡萄糖被分解成两个三碳分子——丙酮酸。“重要的生物过程：糖酵解”概念图显示了整个过程，而图7.3更具体地描述了这十步生化反应从哪里获得能量。在两步“偶联”反应（图7.3的反应7、反应10）中，放能反应过程中化学键的断裂会释放足够的能量驱动由ADP向ATP的合成（一个吸能反应）。高能磷酸基团从底物转移到ADP的过程称为**底物水平磷酸化**（substrate-level phosphorylation）。在此过程中，电子和氢原子被剥夺并提供给载体分子NAD^+。NAD^+与电子和氢原子生成了NADH，被用于之后的有氧呼吸，这在下一部分讨论。糖酵解只产生少量ATP，每分子葡萄糖只产生两分子ATP。但是在无氧条件下，这是生物体从食物获取能量的唯一途径。糖酵解是所有生化过程中最早进化出来的过程之一。所有生物都能进行糖酵解。

关键学习成果 7.2

在细胞呼吸的第一阶段，即糖酵解过程中，细胞使葡萄糖中的化学键断裂，以至于两步偶联反应能得以进行，通过底物水平磷酸化产生ATP。

重要的生物过程：糖酵解

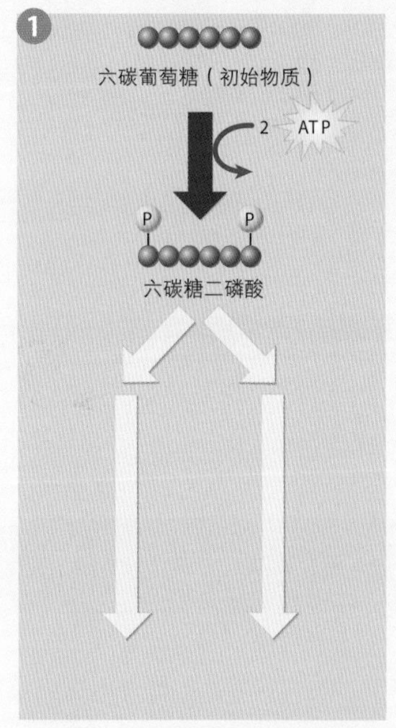

准备反应。糖酵解起始要消耗能量。两分子ATP的两个高能磷酸基团加到六碳葡萄糖分子上，产生一个带两个磷酸的六碳分子。

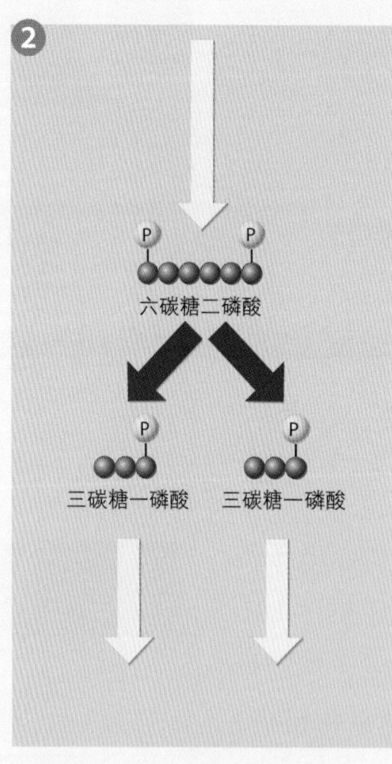

裂解反应。然后，磷酸化的六碳糖分子被一分为二，形成两个三碳糖一磷酸。

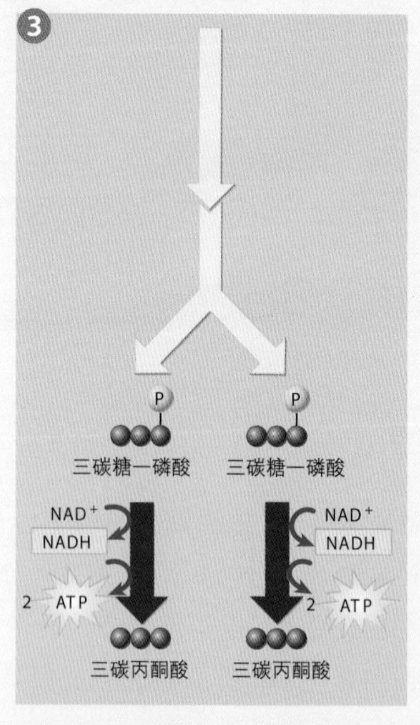

产能反应。最终，经一系列反应，每个三碳糖一磷酸都被转变成丙酮酸。在此过程中，高能的氢形成NADH，而每个丙酮酸能产生两分子ATP。

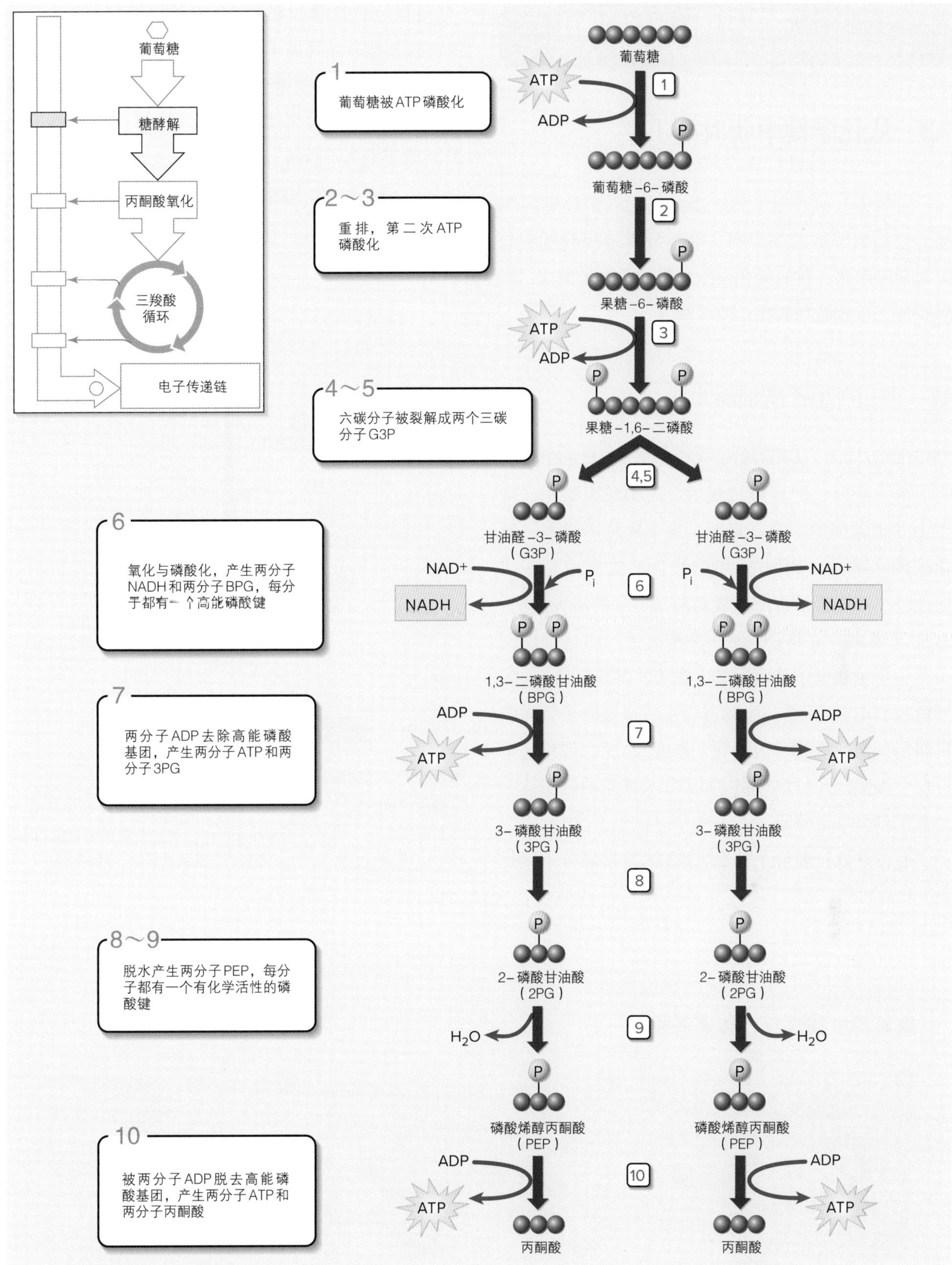

图7.3　糖酵解反应

糖酵解过程有十步酶促反应。请特别注意反应3。反应3的产物，果糖-1,6-二磷酸，在反应4被分解成一分子甘油醛-3-磷酸和一分子二羟丙酮磷酸；在反应5中，异构酶将二羟丙酮磷酸转变成甘油醛-3-磷酸。因此，综上所述，反应4和反应5将果糖-1,6-二磷酸分解成两分子甘油醛-3-磷酸。

7.3 从化学键中获取电子

线粒体有氧呼吸的第一步是氧化三碳分子丙酮酸，它是糖酵解的终产物。细胞分两步获取丙酮酸中大量的能量：首先氧化丙酮酸形成乙酰辅酶A，然后经过三羧酸循环氧化乙酰辅酶A。

第一步：产生乙酰辅酶A

学习目标 7.3.1　从丙酮酸脱去CO_2的酶及其代谢的意义

在一个单一的反应过程中，丙酮酸被氧化，被切去三个碳中的一个。然后，这个碳脱离成为二氧化碳的一部分，如图7.4中的绿色箭头所示离开代谢途径。酶复合体丙酮酸脱氢酶是已知的最大的酶，有60个亚基！它将CO_2从丙酮酸脱去。在这个反应中，一个氢和电子从丙酮酸上脱去，并提供给NAD^+形成NADH。“重要的生物过程：传递氢原子”插图说明酶如何使底物（丙酮酸）靠近NAD^+，催化这个反应。细胞以NAD^+携带氢原子和有能量的电子从一个分子到另一个分子。

通过获取富能分子的氢，NAD^+将富能分子氧化（此过程是图中❶→❷→❸），然后通过给其他分子氢而将其他分子还原（此过程❸→❷→❶）。现在，再看图7.4。从丙酮酸脱去CO_2后，丙酮酸脱氢酶将剩下的二碳片段（称作乙酰基）连接上一个辅助因子，即辅酶A（CoA），形成一个复合物**乙酰辅酶A**（acetyl-CoA）。如果细胞中有充足的ATP，那么乙酰

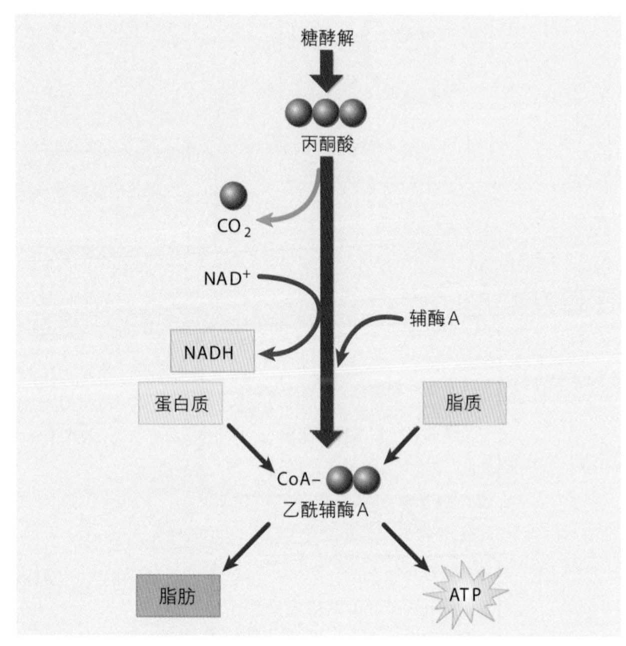

图7.4　产生乙酰辅酶A
丙酮酸，糖酵解的三碳产物，被氧化形成二碳分子乙酰辅酶A，此过程失去一个碳原子形成CO_2和一个电子（提供给NAD^+形成NADH）。你所吃食物中的大多数分子会被转变成乙酰辅酶A。

重要的生物过程：传递氢原子

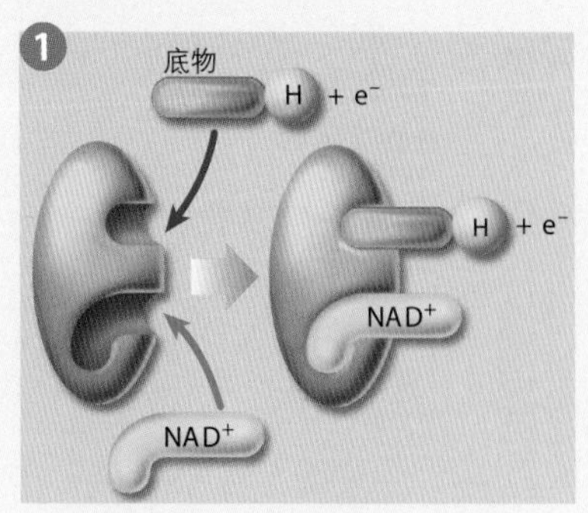

获得氢原子的酶，在底物结合位点的附近，存在一个NAD^+的结合位点。

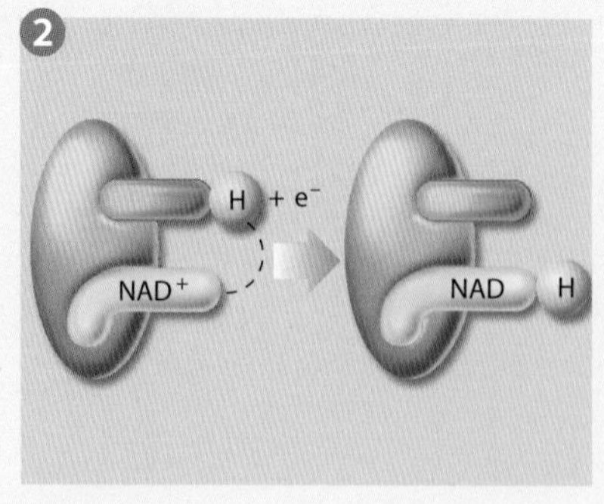

在氧化还原反应中，氢原子和电子被转移到NAD^+，形成NADH。

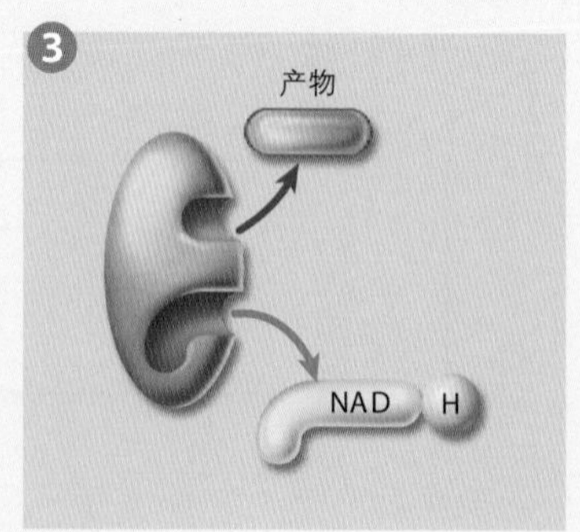

然后，NADH分解，并将氢原子给其他分子。

代谢效率和食物链的长度

在地球生态系统内，能进行光合作用的生物通常是其他生物的食物。我们称这些“生物捕食者”为异养生物（heterotroph）。人类属于异养生物，因为人不能进行光合作用。

普遍认为最早的异养生物是古老的细菌。那时，光合作用还没有向海洋和大气中释放足够的氧气，从食物中获取化学能的唯一途径是糖酵解。产生氧气的光合作用和细胞呼吸的氧化阶段都还没有进化形成。据估计，局限于糖酵解的异养生物，如这些古老的细菌一样，只能获得它们所吃食物3.5%的能量。因此，如果一个异养生物保留它所食光合生物3.5%的能量，那么捕食初级异养生物的任何其他异养生物都将通过糖酵解获得食物3.5%的能量，也就相当于最初的光合生物的0.12%的能量。因此，养活少量的异养生物就需要数量庞大的光合生物。

当生物可以通过细胞有氧呼吸从有机分子中获得能量（这会在后面讨论），这种限制就不那么严重了，因为有氧呼吸的效率估计能达到约32%。与糖酵解相比，这种效率的提高导致更多能量从一个营养级传递到另一个营养级［**营养级**（trophic level）是生态系统中能量流动的一个层级］。细胞有氧呼吸的效率使食物链的出现成为可能。在食物链内，光合生物被异养生物吃掉，这种异养生物又会被其他异养生物捕食，依此类推。你会在第36章了解到更多关于食物链的内容。

即使有氧代谢如此高效，每一营养级仍会有约2/3的能量失去，这会限制食物链的长度。大多数食物链，如东非草原生态系统，仅有三个营养级，少数能有四个。每次传递都会有太多能量失去，这使得食物链不能太长。例如，一大群人的生存不可能靠从东非草原捕食狮子实现；那里可用的草量不足以养活足够的斑马和其他食草动物来维持养活人类所需的狮子数量。因此，世界上的生态复杂程度是由细胞有氧呼吸的化学性质决定的。

辅酶A将引入脂肪的合成，贮存电子留作后用。如果细胞现在需要ATP，那么该片段就经三羧酸循环用于产生ATP。

第二步：三羧酸循环

学习目标7.3.2　了解三羧酸循环的九步反应中所有底物和产物

有氧呼吸的第二阶段称为**三羧酸循环**（Krebs Cycle），以发现此循环的人（克雷布斯）命名。三羧酸循环在线粒体内进行。虽然过程很复杂，但是此循环的九步反应能分成三个阶段，如后面“重要的生物过程：三羧酸循环的概况”插图所示。

阶段1　乙酰辅酶A进入循环，结合一个四碳分子，并产生一个六碳分子。

阶段2　脱去两个碳形成CO_2，它们的电子给了NAD^+，剩下一个四碳分子。此阶段还产生一分子ATP。

阶段3　释放更多电子，形成NADH和$FADH_2$；重新生成四碳的初始物质。

要详细认识三羧酸循环，请看图7.5所示的一系列单独反应。当丙酮酸产生二碳的乙酰辅酶A结合到一个四碳糖草酰乙酸上，循环就开始了。然后，另外的八个反应也会迅速有序地进行（第2～9步）。当反应结束时，两个碳原子以CO_2的形式排出，通

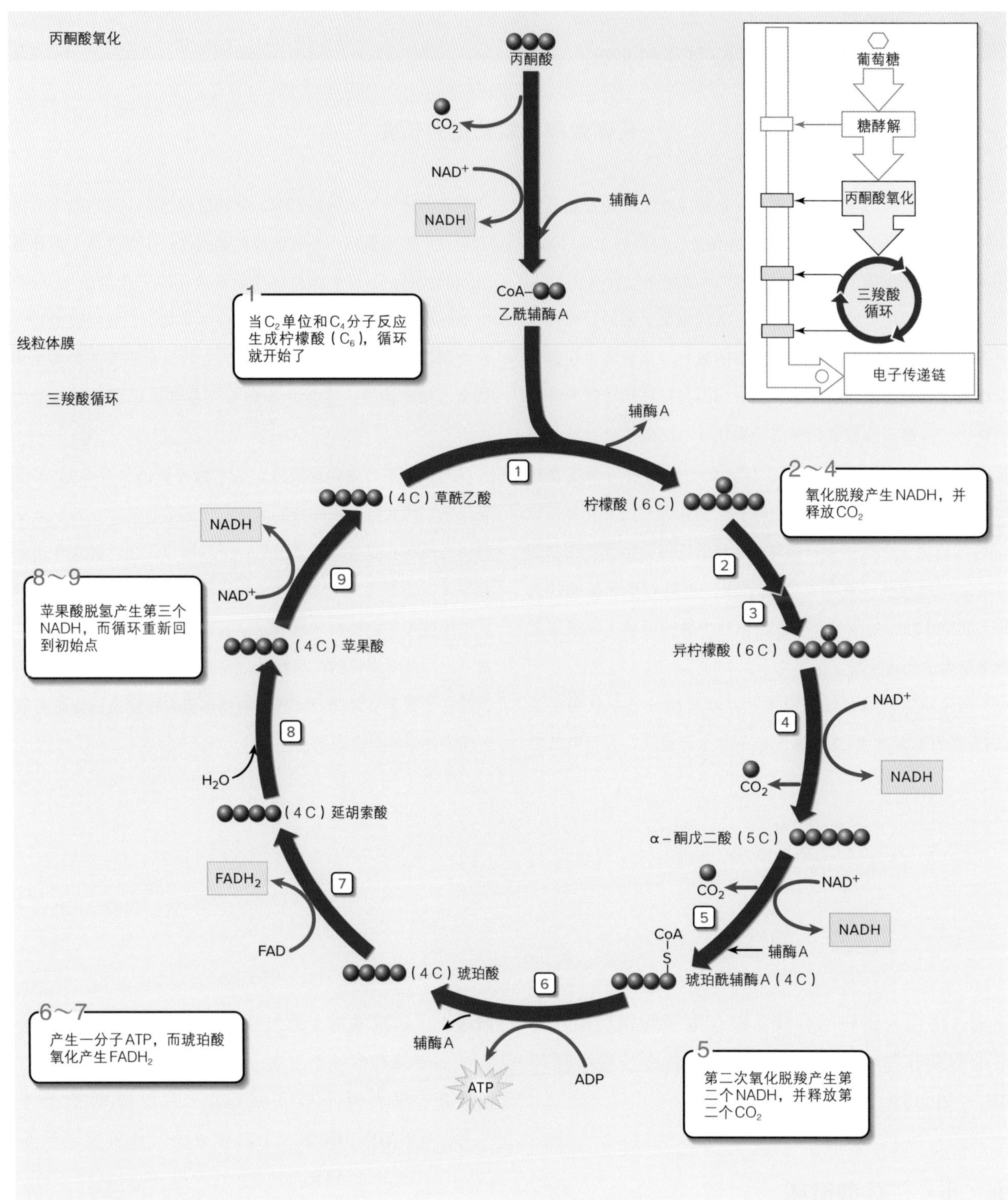

图7.5 三羧酸循环

这九步酶促反应在线粒体内进行。

过一次偶联反应产生一分子ATP。另外八个高能电子被NADH或其他载体（如$FADH_2$）捕获并带走，$FADH_2$与NADH具有相同的功能。最后剩下与最初的四碳糖一样的分子。这些反应过程构成一个循环。每次循环，一个新的乙酰基会代替失去的两个CO_2，也会有更多电子会被释放。请注意一个葡萄糖分子能发生两次循环，每次循环会消耗糖酵解产生的两个丙酮酸分子中的一个。

重要的生物过程：三羧酸循环的概况

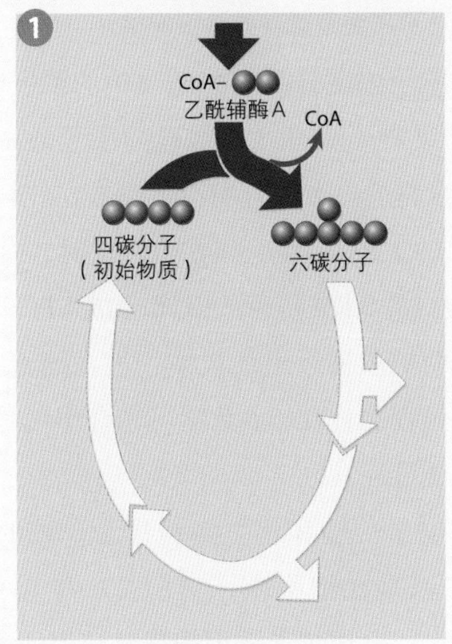

当二碳部分从乙酰辅酶A转移到四碳分子（初始物质），三羧酸循环就开始了。

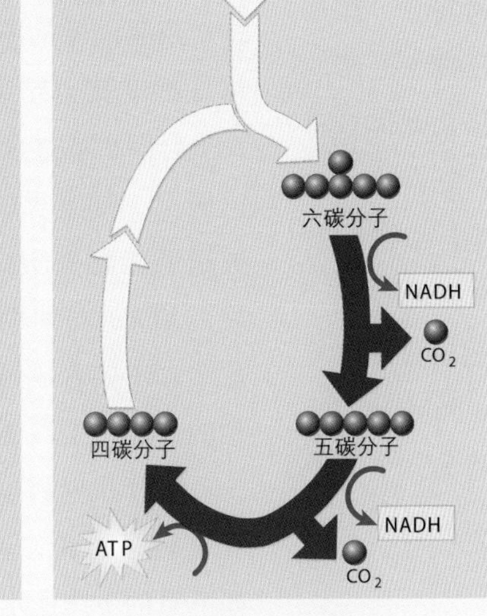

然后，产生的六碳分子被氧化（氢被脱去形成NADH），并被脱羧基（碳被脱去形成CO_2）。接着，五碳分子被再次氧化和脱羧基，并经过一次偶联反应生成ATP。

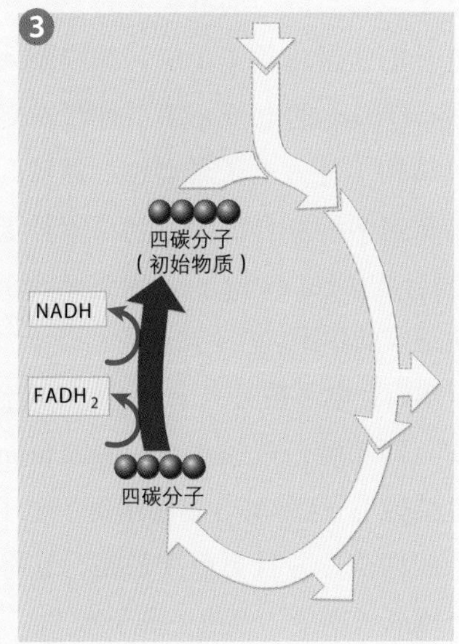

最终，产生的四碳分子进一步被氧化（氢被脱去形成$FADH_2$和NADH）。此过程产生四碳的初始物质，完成循环。

在细胞呼吸过程中，葡萄糖被完全分解。六碳的葡萄糖分子首先经糖酵解分裂成两个三碳的丙酮酸分子。在丙酮酸形成乙酰辅酶A的过程中，每个丙酮酸分子会以CO_2的形式失去一个碳，而经三羧酸循环的氧化，另两个碳也会以CO_2的形式丢失。在葡萄糖分子形成六个CO_2分子的过程中，所剩下的就是能量，它们储存在四个ATP分子与十个NADH分子和两个$FADH_2$分子携带的电子中。

关键学习成果 7.3

糖酵解的终产物——丙酮酸被氧化成二碳的乙酰辅酶A，并产生一对电子和一个CO_2。然后，乙酰辅酶A进入三羧酸循环，产生ATP、多个获能的电子和两分子CO_2。

7.4 用电子制造 ATP

电子沿电子传递链运动

学习目标 7.4.1 了解电子通过电子传递链的过程，并识别它的最终目的

对于真核生物，有氧呼吸发生在几乎所有细胞的线粒体内。线粒体的内部区室，或称**基质**（matrix），存在三羧酸循环所有反应需要的酶。如前文所述，有氧呼吸获得的电子沿电子传递链传递，它们释放的能量将质子泵出基质，进入**膜间隙**。

有氧呼吸第一阶段形成的NADH和$FADH_2$分子都有电子和氢，而它们是NAD^+和FAD被还原时获得的（参考图7.2）。NADH和$FADH_2$分子携带电子到线粒体内膜（下页图下面放大显示的膜）。在膜上，它们将电子传递给一系列膜相关分子，统称**电子传递链**。电子传递链的作用非常类似于你在学习光合作用时遇到的电子传递体系。

被称作NADH脱氢酶（NADH dehydrogenase）的蛋白复合物（下图的粉色结构）接受来自NADH的电子。它与链中的其他复合物，作为质子泵，利用电子的能量将质子（H^+）跨膜泵入膜间隙。在这之后，$FADH_2$的电子在第二种蛋白复合物（上面的绿色结构）进入电子传递链。然后，移动载体Q将电子从这两种复合物传递到第三种蛋白复合物——bc_1复合物（bc_1 complex，紫色结构）上。它再次发挥质子泵的作用。

然后，电子被另一个载体C传递到第四种蛋白复合物，即细胞色素氧化酶（cytochrome oxidase，淡蓝色结构）。这种复合物利用每个电子将另一个质子泵入膜间隙，并且更重要的是，它将一个氧原子和两个氢离子连接，形成一分子水。

大量电子受体分子（如氧气）的存在，使得有氧呼吸成为可能。有氧呼吸的电子传递链与光合作用的电子传递体系非常相似。电子传递链很有可能就是从电子传递体系进化而来的。通常认为，光合作用在生化途径的进化上先于细胞呼吸。它产生细胞呼吸中作为电子受体所必需的氧气。自然选择没有从头开始为细胞呼吸设计一条新的生化途径，相反，它利用许多相同的反应，建立在已经存在的光合作用途径的基础上。

产生ATP：化学渗透

学习目标7.4.2　在有氧和无氧的条件下，细胞能分别从一分子葡萄糖获得多少ATP？

当膜间隙的质子浓度升高超过基质中的浓度时，浓度梯度就会导致质子通过一种特殊的质子通道即ATP合酶扩散进入基质。ATP合酶通道镶嵌在线粒体内膜上，如下页的上图所示。当质子通过时，这些通道就能将基质内的ADP和磷酸基团合成ATP。然后，ATP通过协助扩散被运出线粒体，进入细胞质。这个ATP的合成过程与你在第6章学习光合作用时遇到的一样，是渗透过程。

尽管我们将电子传输和化学渗透作为单独的过程进行了讨论，但是在细胞内，它们是一个整体，如下页的下图所示。电子传递链用糖酵解获得的2个电子，丙酮酸氧化获得的2个电子和有氧呼吸获得的8个电子（红色箭头），将大量质子泵出内膜（下页下图中的右上所示）。它们随后重新返回线粒体基质，通过化学渗透驱动合成34个ATP（下页下图中的右下所示）。糖酵解的偶联反应还产生了另外2个ATP，而三羧酸循环也产生2个ATP。因为必须消耗2个ATP才能通过主动运输将NADH转运入线粒体，所以获得的总的ATP数量是36个。

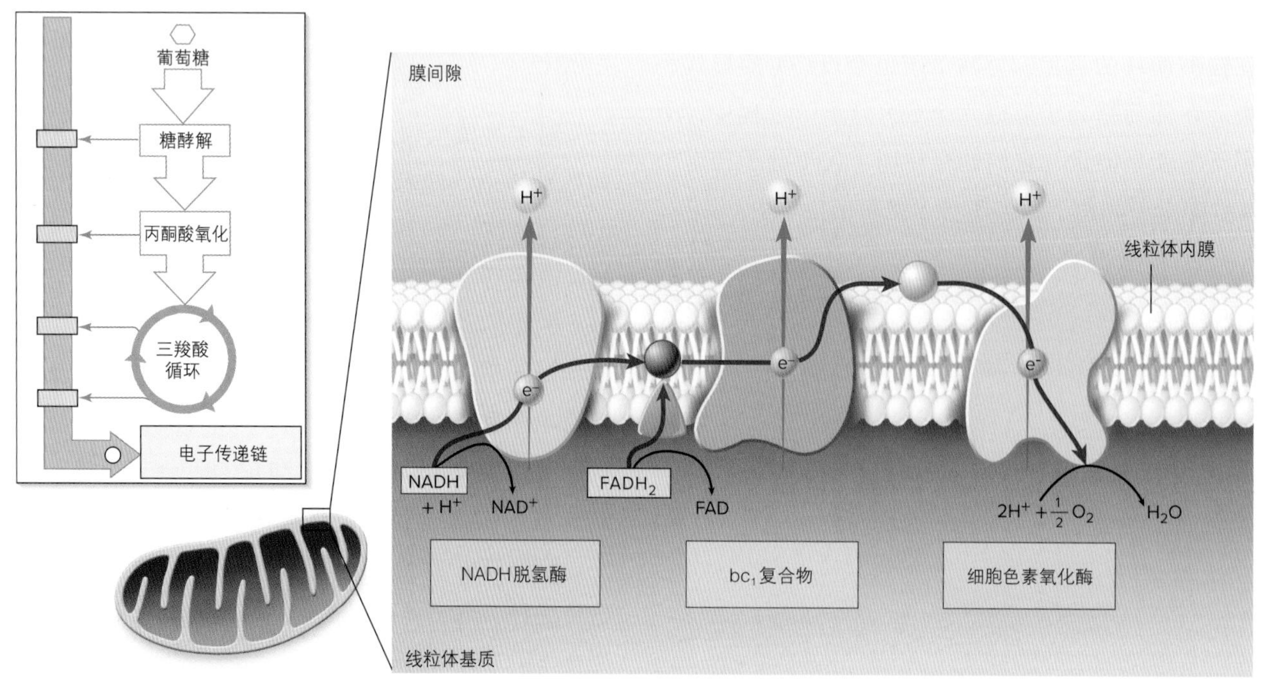

关键学习成果　7.4

氧化食物分子获得的电子用于为质子泵供能，而质子泵通过化学渗透作用驱动ATP的生成。

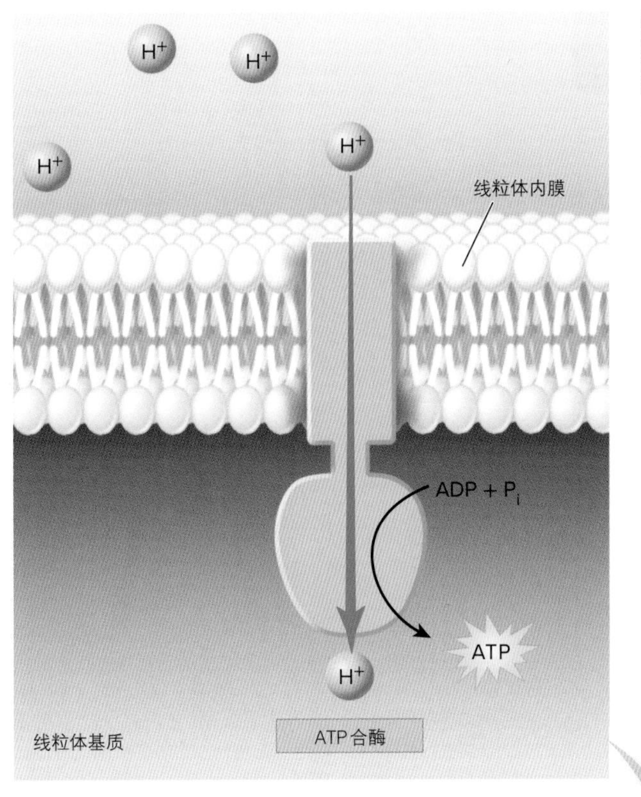

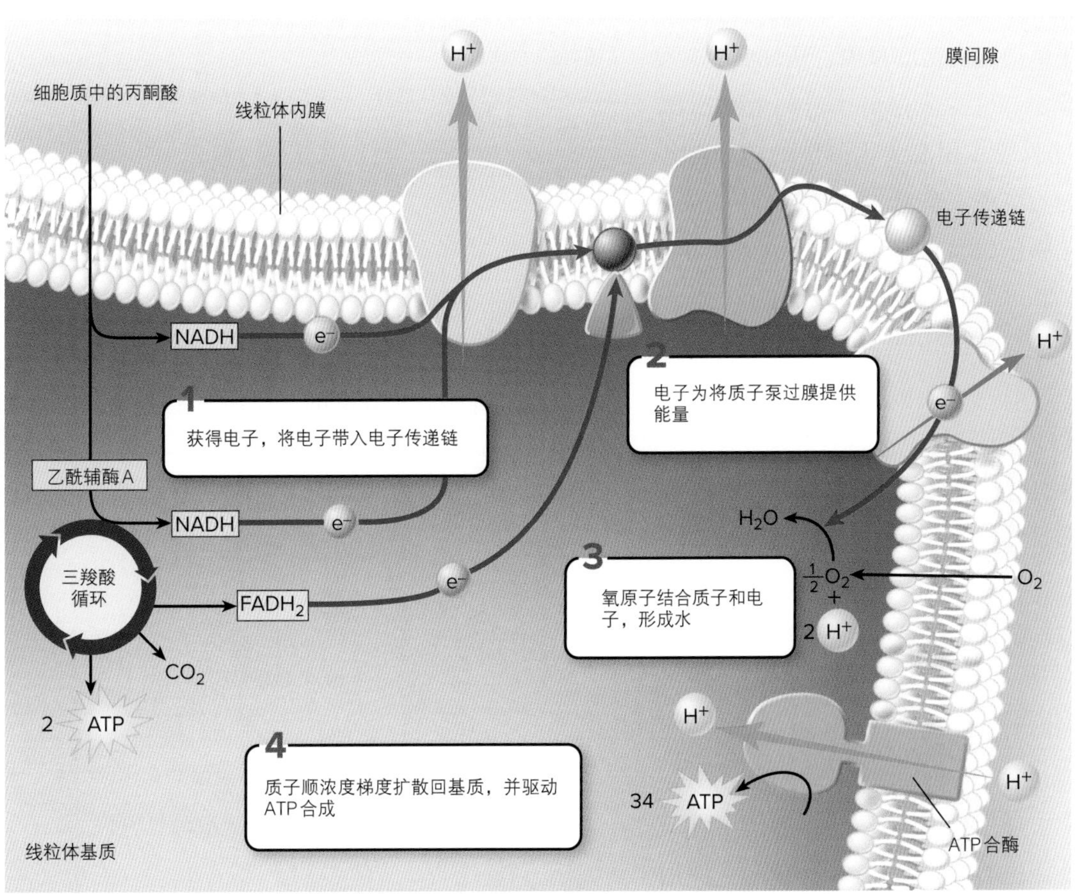

无氧条件下获取电子：发酵
Harvesting Electrons Without Oxygen: Fermentation

7.5 细胞可以无氧代谢食物

发酵

学习目标 7.5.1 区分乙醇发酵和乳酸发酵

在缺氧条件下，有氧代谢不能进行，细胞只能依赖糖酵解产生ATP。在此条件下，糖酵解产生的氢原子通过**发酵**（fermentation）供给有机分子。这种发酵途径会回收NAD^+，它是进行糖酵解所需的电子受体。

细菌可进行10多种发酵，都会用到某种形式的有机分子接受来自NADH的氢原子，回收NAD^+：

有机分子 + NADH ⟷ 被还原的有机分子 + NAD^+

通常，被还原的有机物是有机酸（如乙酸、丁酸、丙酸或乳酸）或者酒精。

乙醇发酵 真核细胞只能进行几种类型的发酵。其中一种发生在单细胞真菌酵母内，从NADH接受氢原子的是丙酮酸，它是糖酵解本身的最终产物。酵母菌的酶通过脱羧作用脱去丙酮酸的CO_2基团，产生一种被称为乙醛的二碳分子。释放的CO_2导致添加酵母的面包膨胀；没有添加酵母的面包（非发酵面包）不会膨胀。乙醛接受来自NADH的氢原子，产生NAD^+和乙醇（图7.6）。这种特殊的发酵对人类有很大的意义，因为它是葡萄酒和啤酒中乙醇的来源。乙醇是发酵的副产物，实际上对酵母有毒性；当乙醇的浓度达到约12%时，它就开始杀死酵母菌。这解释了为什么自然发酵的葡萄酒只含有约12%的酒精。

乳酸发酵 大多数动物细胞不经过脱羧作用再生NAD^+。例如，肌肉细胞用乳酸脱氢酶将NADH的氢原子转移回糖酵解产生的丙酮酸。这个反应将丙酮酸转变成乳酸，并将NADH再生成NAD^+（图7.6）。因此，这个反应关闭了代谢循环，使得只要存在葡萄糖，糖酵解就能进行。循环的血液会除去肌肉中过多的乳酸（电离形式的乳酸）。人们曾经认为，在高强度锻炼时，当乳酸的清除速率不能与产出速率同步，乳酸的积聚会导致肌肉疲劳。但是，你将在第22章了解到，肌肉疲劳事实上是由另一完全不同的原因导致的，涉及肌肉内钙离子的流失。

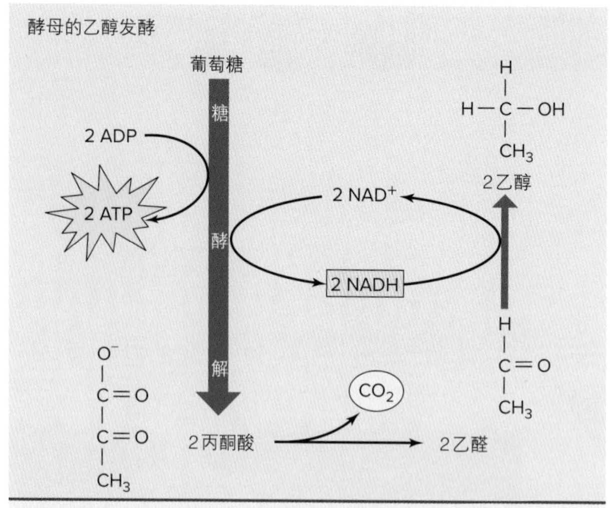

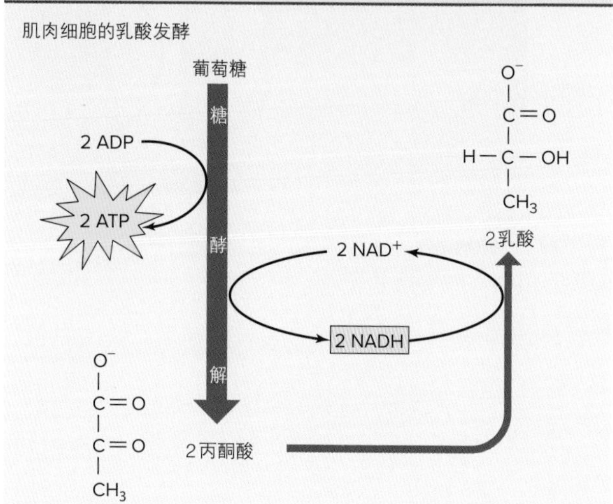

图7.6 发酵
酵母将丙酮酸转变成乙醇。肌肉细胞将丙酮酸转变成乳酸，乳酸的毒性比乙醇的弱。这两种发酵过程中，NAD^+再生使得糖酵解能持续进行。

关键学习成果 7.5

发酵在无氧条件下进行。葡萄糖经糖酵解产生的电子被供给有机分子，由NADH重新形成NAD^+。

啤酒和葡萄酒——发酵产物

酒精发酵——糖类在无氧的条件下转变成酒精，比人类历史还要早。与很多其他自然过程一样，人类无意中发现了它的价值——啤酒和葡萄酒能带来欢乐，人类由此学习控制此过程。公元前3000年的人工制品中就存在葡萄酒的残余物，并且我们从花粉记录中发现，就是在相同的时代，人工培育的葡萄第一次被大面积种植。生产啤酒甚至比这更早，可以追溯到公元前5000年。啤酒可能是人类生产的最古老的酒精饮品之一。

啤酒的生产过程称为酿造，涉及谷物的发酵。谷物富含淀粉，你可以回顾第3章，它们是葡萄糖分子连接而成的长链。首先，谷物被压碎并浸泡在温水中，生成的提取物称作**麦芽浆**（mash）。向麦芽浆中加入淀粉酶，降解谷物中的淀粉，形成游离的糖。麦芽浆经过滤，产生一种颜色更深的含糖液体——麦芽汁。麦芽汁被放在发酵罐中煮，这有助于分解淀粉。麦芽汁中可能存在细菌和其他微生物，煮的过程能在它们大量消耗其中的糖类之前，将它们全部杀死。在煮的阶段，还要向其中加入另一种植物产物，啤酒花。啤酒花使液体略带苦味，它中和了麦芽汁中糖的甜味。

现在，我们开始准备生产啤酒了。等麦芽汁的温度降低，就向其中添加酵母。这就开始发酵了。这里有两种方式可以生产出两种基本类型的啤酒。

拉格啤酒 葡萄汁酵母（*Saccharomyces uvarum*）是一种底部发酵型酵母，发酵时生活在桶的底部。这种酵母产生浅色的啤酒，叫作拉格啤酒。底部发酵是最广泛的酿酒方式，在低温（5℃～8℃）下进行。发酵完成后，啤酒进一步冷却到0℃，使啤酒在酵母被滤出前发酵成熟。

艾尔啤酒 啤酒酵母（*Saccharomyces cerevisiae*），通常被称作“酿酒酵母”，是顶部发酵型酵母。在发酵时，它会上升到顶部，产生深色的、更有香味的啤酒——艾尔啤酒（也被叫作波特啤酒或黑啤酒）。在顶部发酵时，只需要很少量的酵母。它发酵的温度较高，大约有15℃～25℃，所以发酵进行得更快，但是有较少的糖转变成酒精，因此啤酒甜度更高。

用于酿造啤酒的大多数酵母只能耐受5%的酒精——超过此浓度就会杀死酵母菌。这就是为什么销售的啤酒一般都只含有5%的酒精。

二氧化碳也是发酵的产物，使啤酒产生很多汽泡，形成啤酒上的泡沫。但是，因为自然条件下，只生成很少CO_2，所以酿酒的最后一步是人工碳酸化，向啤酒中加入CO_2。

葡萄酒 葡萄酒发酵与啤酒发酵类似，都是用酵母把糖发酵成酒精。但是，葡萄酒发酵使用葡萄。与谷物中的淀粉不同，葡萄是富含蔗糖的水果，蔗糖是葡萄糖和果糖的混合物。葡萄被压碎并放入桶中，不需要煮就能降解淀粉。葡萄自身就有淀粉酶，能将蔗糖分解成游离的葡萄糖和果糖。开始发酵时，直接向榨汁中加入酵母。酿酒酵母和贝酵母（*S. bayanus*）是最常用的葡萄酒酵母。它们不同于发酵啤酒用的酵母株，具有较高的酒精耐受——高达12%（一些葡萄酒酵母能耐受更高浓度的酒精）。

对葡萄酒存在一个常见的误解，葡萄酒颜色源于所用葡萄汁的颜色，红葡萄酒用红葡萄汁，而白葡萄酒用白葡萄汁。事实并非如此。所有葡萄汁的颜色都类似，通常都是淡色的。在发酵过程中，将红葡萄和黑葡萄的皮留在榨的汁中，就产生了红葡萄酒的颜色。白葡萄酒能用任何颜色的葡萄制成，而之所以是白色的，是因为在发酵前把导致颜色变红的皮去掉了。

白葡萄酒通常是在低温（8℃～19℃）下进行发酵。红葡萄酒在较高的温度（25℃～32℃）下用耐热性较高的酵母进行发酵。在葡萄酒发酵期间，CO_2被排出，使葡萄酒没有碳酸化。香槟酒能自发碳酸化是由于两步发酵过程：第一次发酵，可以让CO_2跑掉；第二次发酵，容器被密封起来，不让CO_2流失。像啤酒发酵一样，最后还要通过人工碳酸化补偿自然碳酸化。

7.6 葡萄糖不是唯一的食物分子

其他氧化

学习目标 7.6.1 细胞如何从蛋白质和脂肪中获取能量

我们已经详细认识了葡萄糖这种简单的糖在细胞呼吸过程中的命运。但是你吃的东西中有多少是糖呢？一个关于你吃的食物的具体例子，想想快餐汉堡的命运。你吃的汉堡由碳水化合物、脂肪、蛋白质和许多其他分子组成。这么多种复杂的分子经胃、肠道的消化被分解成简单的分子。碳水化合物被分解成简单的糖，脂肪被分解成脂肪酸，而蛋白质变成了氨基酸。分解反应本身只产生少量或不产生能量，但是它为细胞呼吸（糖酵解和氧化代谢）做好了准备。核酸也存在于你吃的食物中，并在消化过程中被降解，但是这些大分子储存的能量只有很少一部分能被人体利用。

我们已经认识了葡萄糖发生的变化。氨基酸和脂肪酸会发生什么变化呢？这些亚基经过化学修饰，

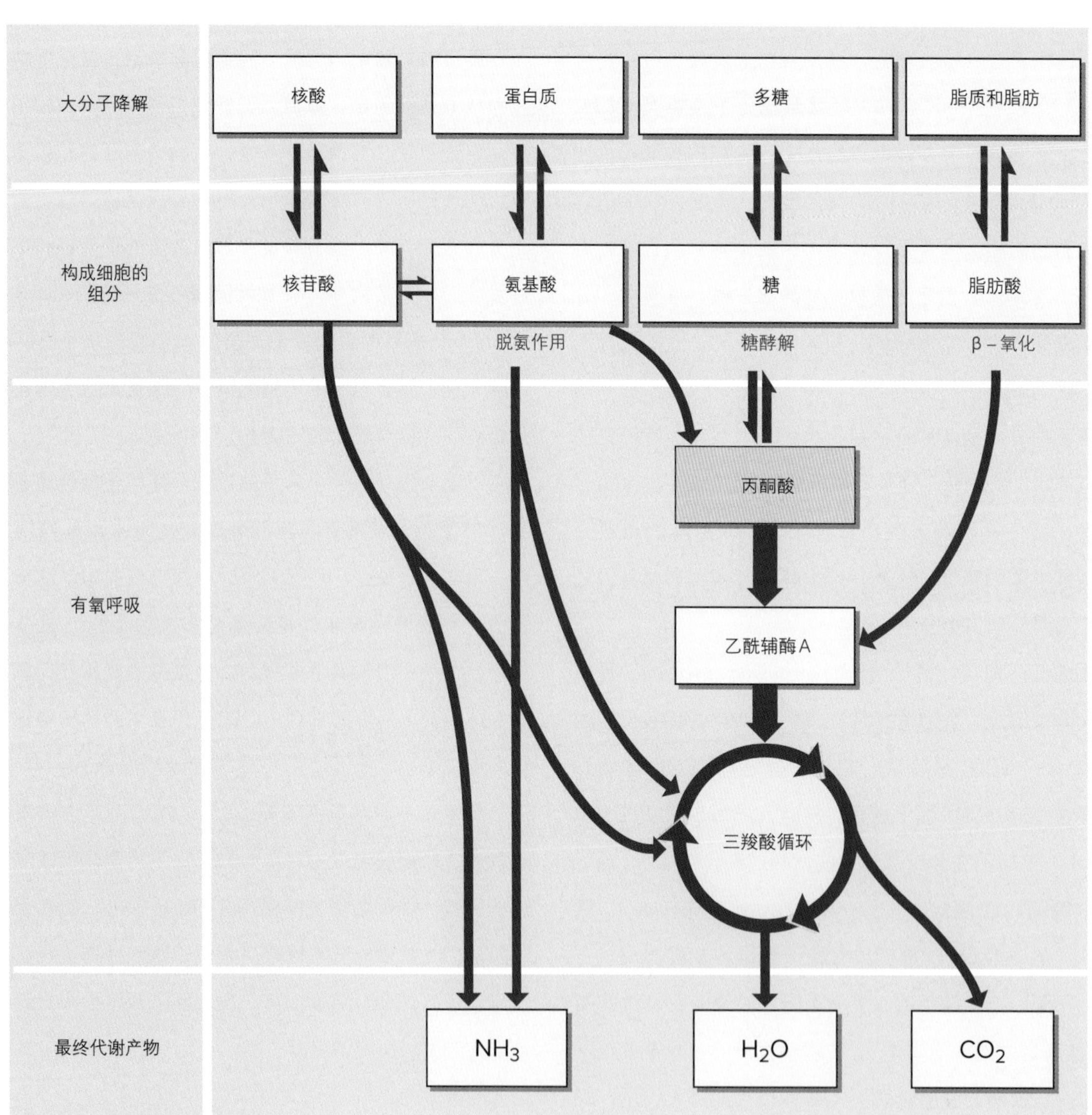

图7.7 细胞如何获得食物中的能量

大多数生物通过氧化有机分子获得能量。此过程的第一阶段，将大分子降解成亚基，产生少量能量。第二阶段，细胞呼吸，主要以高能电子的形式获得能量。许多碳水化合物的亚基，葡萄糖，易发生糖酵解，进入有氧呼吸的生化途径。但是，其他大分子的亚基必须转变成相应的产物，才能进入有氧呼吸的生化途径。

转化为可供细胞呼吸的产物。

蛋白质的细胞呼吸

蛋白质（图7.7中的第二类）首先被分解成单个的氨基酸。一系列脱氨作用（deamination）脱去含氮基团（氨基），并将其余的氨基酸转变成能进入三羧酸循环的分子。例如，丙氨酸被转变成丙酮酸，谷氨酸变成α-酮戊二酸，而天冬氨酸变成草酰乙酸。三羧酸循环的反应夺取这些分子的高能电子，并将它们用于合成ATP。

脂肪的细胞呼吸

脂类和脂肪（图7.7中的第四类）首先被分解为脂肪酸。脂肪酸通常有一条长链的尾，由16个或更多—CH_2—连接而成，而长链中存在的很多氢原子能够提供大量能量。线粒体基质中的酶首先从脂肪酸尾的末端脱去一个二碳乙酰基，然后又脱去一个，然后再脱去一个，导致长链的尾被断裂成二碳单位。最终，整个脂肪酸尾转变成乙酰基。然后，每个乙酰基结合辅酶A形成乙酰辅酶A，它能用于三羧酸循环。这个过程被称为β-氧化（β-oxidation）。

因此，除了碳水化合物，汉堡中的蛋白质和脂肪也是重要的能量来源。

关键学习成果 7.6

细胞能获得蛋白质和脂肪的能量，它们的降解产物能用于细胞呼吸。

时尚饮食和难以实现的梦想

大多数美国人到中年时就会发胖，体重慢慢增加30磅甚至更多。他们不想长胖，并在不断努力寻找一种方法减去体重。这不是一次孤独的探索——每一个过了年轻阶段的人都在努力尝试减肥。很多人都受到时尚饮食的诱惑，抱有很高期望，但是最终都遭受挫折。阿特金斯饮食是最受欢迎的时尚饮食——《阿特金斯博士的饮食革命》（*Dr. Atkins' Diet Revolution*）是史上十大畅销书之一，曾经（现在依然）摆在书店的醒目位置。科学家充分认识到了这种饮食不能实现它所声称的无痛减肥的原因，但公众并不了解。仅有希望和广告使它成为永恒的畅销书。

阿特金斯饮食的秘密，简单来说，就是避免摄入碳水化合物。阿特金斯饮食的基本观点是，你的身体，如果没有检测到血糖（来自碳水化合物的代谢），就会认为机体处于饥饿状态，然后就开始燃烧机体的脂肪，尽管有大量脂肪在血液中循环。你可能吃掉你想吃的所有脂肪和蛋白质，所有的牛排、鸡蛋、黄油和奶酪，你仍然会燃烧脂肪而实现减肥的目的——只要不吃任何碳水化合物、面包、意大利面、土豆、水果或糖果。尽管阿特金斯饮食的书名讲到革命性，但是这种饮食一点也不具革命性。早在一个世纪之前的1860年代，一位英国棺材生产商，威廉斯·班廷（William Banting）在他的畅销书《致肥胖书》（*letter on corpulence*）中，就提出了一种基于低碳水化合物饮食的观点。从那时起，提倡低碳水化合物饮食的书就一直是畅销书。

那些尝试阿特金斯饮食的人通常在2～3周内就能减掉10磅。但是三个月就差不多恢复到原样了。那么，为什么会这样呢？体重去哪儿了，为什么它们又会回来？这样短暂的减肥有一种简单的解释。碳水化合物就像是人体的吸水海绵。所以迫使你的身体耗尽碳水化合物会导致机体失去水分。这种饮食后减掉的10磅不是脂肪的质量，而是水的质量，在之后你第一次吃含淀粉的食物后，它就能很快恢复。

阿特金斯饮食是美国心脏协会要求我们避免的一类饮食（全是饱和脂肪与胆固醇），而且也很难坚持。如果你真能坚持，你会实现减肥，只是因为你吃得少了。最近其他的时尚饮食，巴里博士（Dr. Barry）的区域饮食（Zone diet）和阿瑟·盖斯顿博士（Dr. Arthur Agatston）的南海滩饮食（South Beach Diet）也是低碳水化合物饮食，尽管不像阿特金斯饮食那么极端。与阿特金斯饮食一样，它们的作用并不像提倡者所声称的那个奇怪的原因，而只是由于它们是低能量饮食。

有两个基本法则是所有饮食都不能违背的：

1. 所有卡路里都是平等的

2.（摄入的卡路里）–（排出的卡路里）= 脂肪

阿特金斯饮食、区域饮食、南海滩饮食和其他所有时尚饮食的根本缺陷是它们认为碳水化合物的卡路里不同于脂肪与蛋白质的卡路里。这在科学上显得很愚蠢。你吃的每一卡路里对你最终的体重都有同样的贡献，不管是来自碳水化合物、脂肪还是蛋白质。

这些饮食法之所以能有效果，是因为它们遵循第二条法则。通过降低卡路里的摄入，它们才降低了脂肪。如果它们的作用真的是这样，我们都应该出去买一本饮食书。非常不幸，减肥并不那么简单，这是所有认真尝试过的人都知道的。问题就出在你的身体不会配合。

如果你试图通过锻炼和减少饮食来减肥，人体就会通过更高效的代谢来代偿。它有一个固定体重，肥胖研究人员称其为“设定值”，人体会重新回到的那个体重值。几年前，纽约的洛克菲勒大学的一组研究人员，在一个里程碑式的研究中发现，如果你的体重减轻，你的代谢水平会下降，但是效率却更高，同样的工作消耗的卡路里更少——机体会想尽办法恢复体重！与此类似，如果你的体重增加，你的代谢就会加速。正是这样，机体利用它自身的体重控制系统使体重保持在设定值。难怪减肥这么难！

显然，人体的体重在整个成年期并不是保持不变的。人体会根据年龄、摄入的食物和运动量调整脂肪恒温器——它的设定值。但是，调整是很慢的，而且看起来上调设定值比下调要容易得多。很明显，高水平的脂肪会降低机体对瘦素的敏感性。瘦素控制我们燃烧脂肪的效率。这就是为什么你仍会长胖，尽管你的设定值不让你长胖——你的机体仍然发出瘦素警报要加速新陈代谢，但是大脑没有做出它应有的敏感性应答。因此，你长得越胖，你的体重控制体系就变得越低效。

这不意味着我们应该放弃，并学会喜爱脂肪。相反，既然我们开始了解体重增加的生物学原理，那么我们必须接受这残酷的事实，我们无法超越两条饮食法则的要求。真正的秘诀是不要放弃。少吃多运动，并持之以恒。一年，二年，三年，你的身体就会重新调整设定值，以反映你通过不断斗争加强的新现实。根本没有任何简单的减肥方法。

调查与分析
INQUIRY & ANALYSIS

鱼游动时如何避免血液pH值降低

生活在缺氧环境中的动物，如生活在湖底无氧的淤泥中的蠕虫，无法通过三羧酸循环获得肌肉运动所需的能量。它们的细胞缺乏接受从食物分子中剥离的电子所需的氧气。相反，这些动物依赖糖酵解获得ATP，将电子传递给丙酮酸，形成乳酸。尽管糖酵解的效率比三羧酸循环的低很多，但它不需要氧气。即便是在氧气充足时，肌肉也会收缩。一只活跃的动物消耗氧气的速率比其血流提供氧气的速度更快，因此，为持续收缩，肌肉不得不暂时依赖糖酵解产生ATP。

对鱼类而言，这就是一个特殊的问题。鱼血液中的二氧化碳浓度比人体内的低很多，因此鱼血液中起缓冲作用的碳酸氢钠含量也很低。现在试想如果你是一条鳟鱼，想突然加速游动捕食一只蜉蝣。剧烈的游动会导致你的肌肉释放大量乳酸到缓冲能力较弱的血液中，这将严重干扰血液的酸碱平衡，从而在捕获猎物之前妨碍你的游泳肌收缩。

右侧的图表显示了一次实验的结果。这个实验设计的目的是为探索鳟鱼如何破解这个两难困境。在实验中，先让鳟鱼在实验室的桶中剧烈游动15分钟，然后给它一天时间恢复。在游泳时和恢复期，定期检测血液中乳酸的浓度。

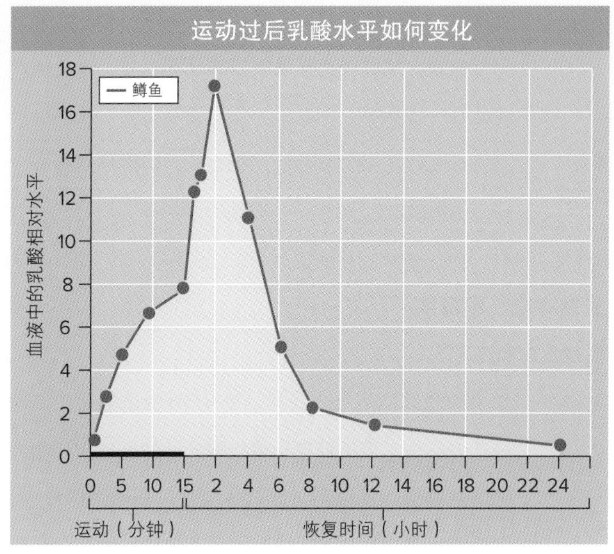

分析

1. **应用概念**

   a. **变量** 什么是因变量？

   b. **记录数据** 数据显示的是游动时和恢复期的乳酸水平。游动时的数据显示的时间单位是什么？恢复期的数据呢？

2. **解读数据**

   a. 运动对鳟鱼血液内乳酸水平有什么影响？

   b. 停止运动后，乳酸水平是否发生变化？怎样变化？

3. **进行推断** 在运动停止后，剧烈游动大约会释放多少乳酸？（提示：请注意x轴的刻度从分钟变成小时，所以要将所有点换算成分钟后重新绘制，并比较曲线围成的面积。）

4. **得出结论** 这个结论与假说——通过延迟从肌肉释放乳酸，鱼能维持血液pH水平——是否一致？这对鱼有什么益处？

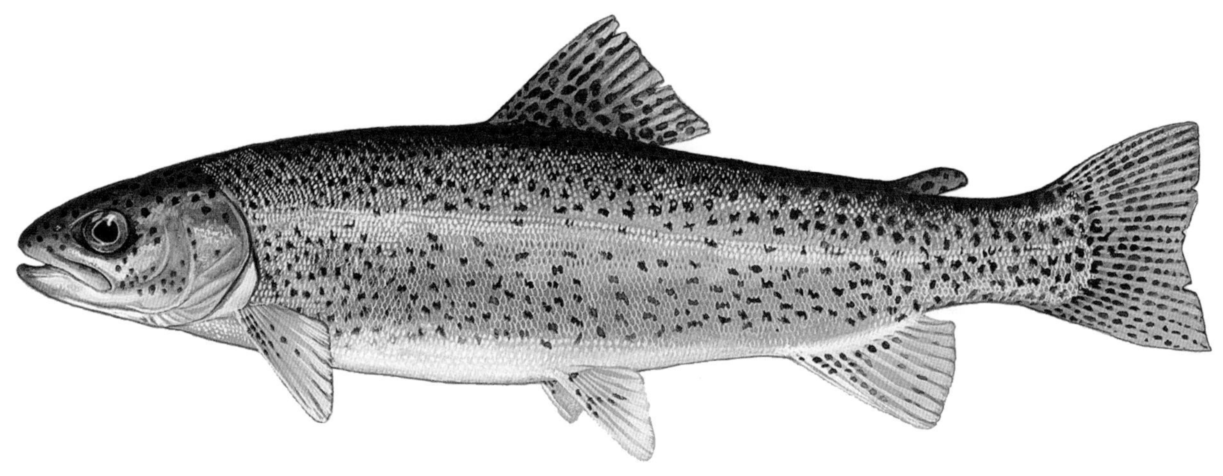

本章回顾

Reviewing What You Have Learned

细胞呼吸概述

食物的能量在哪里

7.1.1　生物通过分解食物获得能量。储存在碳水化合物分子中的能量，通过细胞呼吸的过程获取，并以ATP的形式储存在细胞中。

- 细胞呼吸分两个阶段进行：细胞质中的糖酵解和线粒体内的氧化。

无氧呼吸：糖酵解

偶联反应制造ATP

7.2.1　糖酵解是获取能量的过程。它有10步化学反应，通过这些反应，葡萄糖被分解成两分子的三碳化合物丙酮酸。通过从葡萄糖获取能量要经过两步放能反应，这两步反应与生成ATP的吸能反应偶联。这个过程叫作底物水平磷酸化。

- 糖酵解的起始反应，叫作准备反应，需要ATP提供能量。紧接着，葡萄糖分子经裂解反应被裂解成2个更小的分子。之后，获得能量的反应就会生成ATP，但是净生成的ATP数量很少。
- 从葡萄糖得到的电子给了载体分子NAD^+，形成NADH。NADH携带电子和氢原子，用于之后的有氧呼吸。

有氧呼吸：三羧酸循环

从化学键中获取电子

7.3.1　糖酵解产生的两分子丙酮酸进入线粒体，在线粒体内被转变成两分子乙酰辅酶A。在此过程中，会有另一种分子NADH生成。如果细胞有足够的ATP，乙酰辅酶A就用于合成脂肪分子。如果细胞需要能量，乙酰辅酶A就进入三羧酸循环。

- NADH的形成是一个酶促反应。酶使底物和NAD^+相互临近。通过氧化还原反应，一个氢原子和一个电子被转移到NAD^+，并将其还原成NADH。然后，NADH携带电子和氢原子进入有氧呼吸的下一步。

7.3.2　乙酰辅酶A进入被称为三羧酸循环的一系列化学反应过程。在三羧酸循环中，通过偶联反应能产生一分子ATP。能量也以电子的形式获得，电子被转移到NAD^+和FAD，分别产生NADH和$FADH_2$。

- 每分子葡萄糖要经过两次三羧酸循环才能被氧化。

用电子制造ATP

7.4.1　糖酵解和三羧酸循环产生的NADH和$FADH_2$分子将电子带至线粒体内膜。在这儿，它们释放电子到电子传递链。电子沿电子传递链传递，而电子的能量驱动质子泵，将H^+从基质泵过内膜进入膜间隙，形成H^+浓度梯度。

- 当电子到达电子传输链的末端时，它们与氧和氢结合形成水分子。

7.4.2　ATP在线粒体通过化学渗透产生。膜间隙的H^+浓度梯度通过ATP合酶通道将H^+跨膜运回。H^+运动的能量通过通道传递给ATP中的化学键。因此葡萄糖分子储存的能量可通过糖酵解和三羧酸循环获得，同时产生NADH和$FADH_2$，最终产生ATP。

无氧条件下获取电子：发酵

细胞可以无氧代谢食物

7.5.1　在无氧条件下，其他分子也能作为电子受体。当电子受体是有机分子时，这个过程叫作发酵。依据接受电子的有机分子的类型，可以形成乙醇或乳酸。

其他能量来源

葡萄糖不是唯一的食物分子

7.6.1　除葡萄糖外的其他食物也能用于有氧呼吸。大分子物质，如蛋白质、脂质和核酸，被分解成中间产物，然后通过不同的反应进入细胞呼吸，如图7.7所示。

本章测验

Test Your Understanding

7.1.1 生命的能量通过细胞呼吸获得。动物中，这涉及______。

a. 分解被消耗的有机分子

b. 从植物中捕获光子

c. 从植物中获取ATP

d. 分解植物产生的CO_2

7.2.1（1）糖酵解期间，ATP的形成通过______。

a. 丙酮酸分解　　c. 底物水平磷酸化

b. 化学渗透　　d. NAD^+

7.2.1（2）下列哪个过程在无氧条件下进行？

a. 三羧酸循环　　c. 化学渗透

b. 糖酵解　　d. 以上都对

7.2.1（3）地球上所有活的生物都能进行糖酵解这种相当低效的生化过程，它能______。

a. 用ATP的能量合成葡萄糖

b. 通过降解葡萄糖，获得能量，产生ATP

c. ATP磷酸化产生ADP

d. 用氧气、二氧化碳和水，合成葡萄糖

7.3.1（1）糖酵解后，丙酮酸分子进入______。

a. 细胞的细胞核，提供能量

b. 细胞的膜，在CO_2存在下分解，产生更多ATP

c. 细胞的线粒体，在O_2存在下分解，产生更多ATP

d. 高尔基体，并被包装和储存直到被利用

7.3.1（2）丙酮酸脱氢酶的作用是______。

a. 氧化丙酮酸生成乙酰辅酶A

b. 将丙酮酸脱羧基

c. 还原NAD^+

d. 以上都对

7.3.2（1）三羧酸循环产生的电子被转移到______，它将它们携带至______。

a. NADH，氧气　　c. ATP，糖酵解

b. NAD^+，电子传递链　　d. 丙酮酸，电子传递链

7.3.2（2）三羧酸循环的初始底物之一是______。

a. 草酰乙酸，一种四碳糖

b. 甘油醛，一种三碳糖

c. 电子传递链产生的葡萄糖

d. 丙酮酸氧化产生的ATP

7.4.1（1）电子载体细胞色素c是许多不同种类细胞色素中的一种，但与其他细胞色素不同的是，所有物种中的细胞色素c的序列几乎相同。人类目前还没有关于影响细胞色素c的遗传性疾病的报道。你认为为什么会这样？

7.4.1（2）思考线粒体的结构。如果你在线粒体上戳一个洞，它还能进行氧化呼吸吗？说出理由。

7.4.2（1）人体细胞内绝大多数ATP分子的产生都是由______过程收集到的电子驱动的。

a. 丙酮酸氧化　　c. 三羧酸循环

b. 糖酵解　　d. 电子传递链

7.4.2（2）不用葡萄糖，而用丙酮酸作为饮食的人的细胞产生的ATP会少多少（分别以一分子计算）？

7.4.2（3）氧化代谢结束后，葡萄糖分子的六个碳都没有了。它们去哪里了？

a. 二氧化碳　　c. 丙酮酸

b. 乙酰辅酶A　　d. ATP

7.5.1（1）软饮料是经过人工碳酸化的，它会使饮料冒气泡。啤酒和含气葡萄酒是自然碳酸化的。这种自然碳酸化是怎么发生的？

7.5.1（2）乳酸发酵最终的电子受体是______。

a. 丙酮酸　　c. 乳酸

b. NAD^+　　d. O_2

7.5.1（3）乙醇发酵最终的电子受体是______。

a. 丙酮酸　　c. 乙醇

b. NAD^+　　d. 乙醛

7.5.1（4）NAD^+再生，需要通过______。

a. 糖酵解　　c. 三羧酸循环

b. 发酵　　d. 乙酰辅酶A

7.6.1（1）细胞能从葡萄糖以外的食物中获取能量，因为______。

a. 蛋白质、脂肪酸和核酸能转变成葡萄糖，然后进入有氧呼吸

b. 每类大分子都有自身的有氧呼吸途径

c. 每类大分子都能分解成各自的亚单位，它们能进入有氧呼吸途径

d. 它们都能进入糖酵解途径

7.6.1（2）你的朋友打算吃一种低碳水化合物的饮食，为了能减去他现在仍有的"婴儿肥"。他向你征求意见，你会对他说什么呢？

7.6.1（3）下列哪种食物分子产生的ATP最多，假设糖酵解、三羧酸循环和电子传递链都起作用，而所持的食物数量相等：碳水化合物，蛋白质和脂肪？解释你的答案。

第 3 单元　生命的延续

8

学习目标

细胞分裂

8.1　原核生物简单的细胞周期

　1　叙述原核生物的细胞分裂

8.2　真核生物复杂的细胞周期

　1　真核生物细胞周期的各个时期

8.3　染色体

　1　同源染色体和姐妹染色单体

　2　图解核小体并论述其功能

8.4　细胞分裂

　1　染色体在间期如何变化

　2　有丝分裂的四个时期

　3　核分裂和胞质分裂

8.5　细胞周期调控

　1　细胞周期的三个检验点出现的时期及它们的作用

　2　生长因子如何触发细胞分裂

　3　端粒对限制细胞增殖的作用

癌症与细胞周期

8.6　什么是癌症

　1　突变与癌症的关系

8.7　癌症和细胞周期调控

　1　*p53* 对抑制癌症的作用

　生物学与保健　癌症治疗

调查与分析　为什么人的细胞会衰老？

有丝分裂

当细胞处于有丝分裂中期时，所有染色体会全部排列在赤道板上。马上，纺锤丝就会牵拉着两条同源染色体移向细胞的两极。当细胞分裂结束时，就会形成两个子细胞，每个子细胞都拥有与母细胞相同数量的DNA。不同类型的细胞分裂速度不同。一些人体细胞能经常发生分裂，尤其是常接触汗液和泪液的细胞。皮肤的上皮细胞经常分裂，而人体的皮肤每两周更新一次。胃上皮每隔数日就更新一次！另外，神经细胞能存活100年，并且不发生分裂。细胞靠一大群基因来调节何时发生分裂及如何进行。如果其中有些基因失去控制，细胞就可能不停地分裂，这种情况我们称为癌。暴露于能造成DNA损伤的化学物质（如香烟中的某些物质）中，会大大增加此类情况发生的概率。这就是为什么比起结肠癌，吸烟的人更易患肺癌。

细胞分裂
Cell Division

8.1 原核生物简单的细胞周期

学习目标8.1.1 叙述原核生物的细胞分裂

所有物种都能繁殖，将遗传信息传递给子代。本章中，在认识遗传前，我们先来了解一下细胞如何繁殖。原核生物的细胞分裂分两个阶段，共同构成一个简单的细胞周期。首先DNA完成复制，然后细胞从中间分开，此过程称作**二分裂**（binary fission）。

原核生物的遗传信息被编码在一个环状DNA中。在细胞分裂前，环状DNA复制产生一个拷贝，这个过程称为复制（replication）。从复制的起点（这个点是DNA的两条链的连接处，如图8.1的顶部所示）开始，DNA的双螺旋结构开始解链成两条DNA链。图8.1右侧的放大图显示了DNA是如何复制的。紫色的链来自原先的DNA，而红色的链是新形成的DNA。通过向每个暴露的核苷酸位置加上互补的核苷酸（A与T，G与C），每条裸露的链都会形成新的双螺旋结构。DNA复制将在第11章详细讨论。当解链绕着环一直进行，细胞就会拥有两个拷贝的遗传信息。

当DNA完成复制后，细胞就会生长、伸长。两个新复制的DNA分子就分开，分别移向细胞的两极。这个分开的过程与复制起点附近的DNA序列相关，这些序列会与质膜结合。当细胞长到合适的大小时，原核细胞开始分裂成相同的两半。两个DNA分子分离的位置会形成新的质膜和细胞壁，如图8.1的绿色分割线所示。随着质膜生长向内推进，细胞被分隔成两部分，最终形成两个子细胞（daughter cell）。每个都拥有一个原核染色体，是一个完全能独自生存的活细胞。

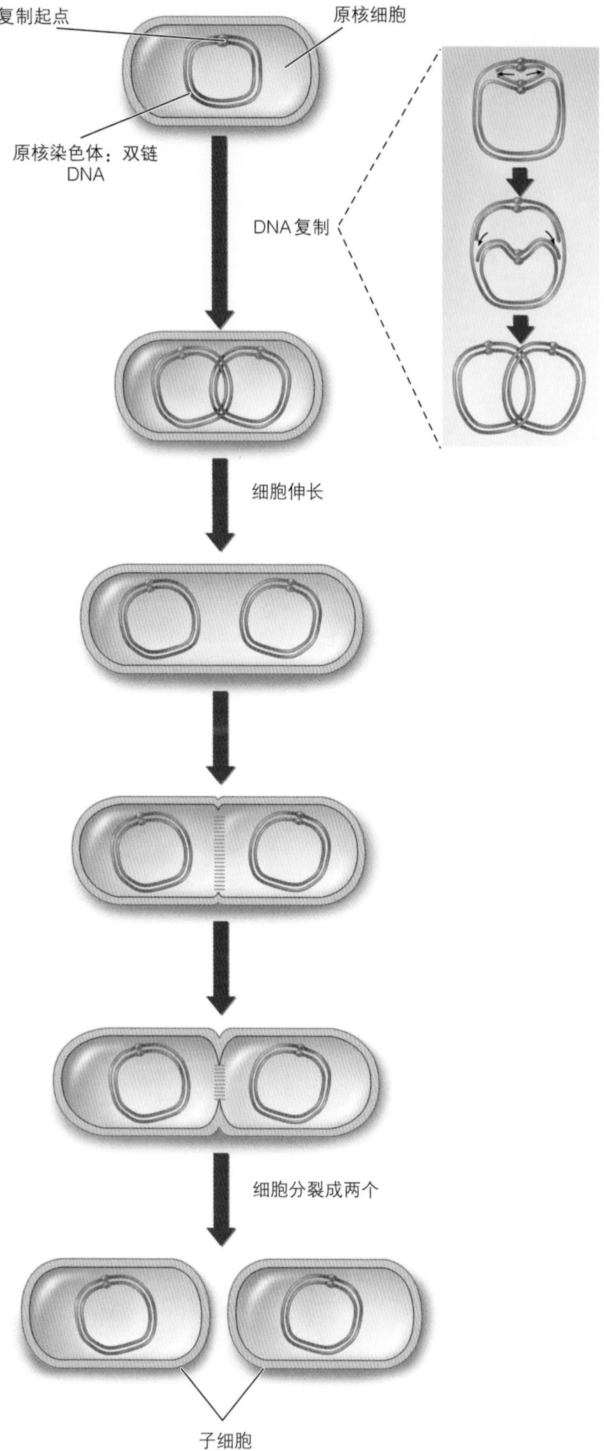

图8.1 原核生物的细胞分裂

细胞分裂前，原核生物环状DNA分子的复制起始于一个位点，称作复制起点，然后向两个方向移动。当两个移动的复制点在分子的远处相会时，复制结束。然后细胞就进行二分裂，细胞分裂成两个子细胞。

关键学习成果 8.1

在DNA完成复制后，原核生物以二分裂的方式发生分裂。

8.2 真核生物复杂的细胞周期

学习目标8.2.1 真核生物细胞周期的各个时期

真核生物在进化过程中产生了多种影响细胞分裂的额外因素。真核细胞比原核细胞大得多，并且也拥有更多的DNA。真核生物的DNA存在于一些线性染色体中，其结构比原核生物单个环状DNA分子的结构要复杂得多。一个真核生物的**染色体**（chromosome）是一条长链DNA分子，它紧密缠绕在被称为组蛋白（histone）的蛋白质周围，形成紧密状态。

真核生物的细胞分裂比原核生物的更复杂，既因为真核生物拥有更多的DNA，也因为它的包装结构不同。真核生物的细胞既可以进行有丝分裂，也可以进行减数分裂，使DNA发生分离。**有丝分裂**（mitosis）是生物体的非生殖细胞或称体细胞（somatic cell）进行分裂的一种方式。另一种方式，称作减数分裂（meiosis），是参与有性生殖的细胞或称生殖细胞（germ cell）分离DNA的方式。减数分裂产生配子，如精子和卵子，而这将在第9章讨论。

为真核细胞分裂所做的准备和分裂过程本身共同组成**复杂的细胞周期**（complex cell cycle）。“重要的生物过程：细胞周期”插图带你进入细胞周期的各个时期。

1. **间期**（interphase） 这是细胞周期的第一个时期，下面图中的第1步，而且常被认为是静止期，但细胞却一点都没闲着。间期本身又由三个期构成：
   （1）G_1**期**（G_1 phase） “第一间隔”期是细胞的主要生长期。对于大多数生物，这个时期占据细胞生命跨度的大部分。
   （2）S**期**（S phase） 在这个“合成”期，DNA复制，每条染色体产生两个拷贝。
   （3）G_2**期**（G_2 phase） “第二间隔”期是细胞分裂的准备期，线粒体复制、染色体浓缩、微管合成。
2. M**期**（M phase） 有丝分裂阶段，微管结合到染色体，并将它们拉升，如第2～5步所示。
3. C**期**（C phase） 胞质分裂阶段，细胞质分裂产生两个子细胞，如第6步所示。

重要的生物过程：细胞周期

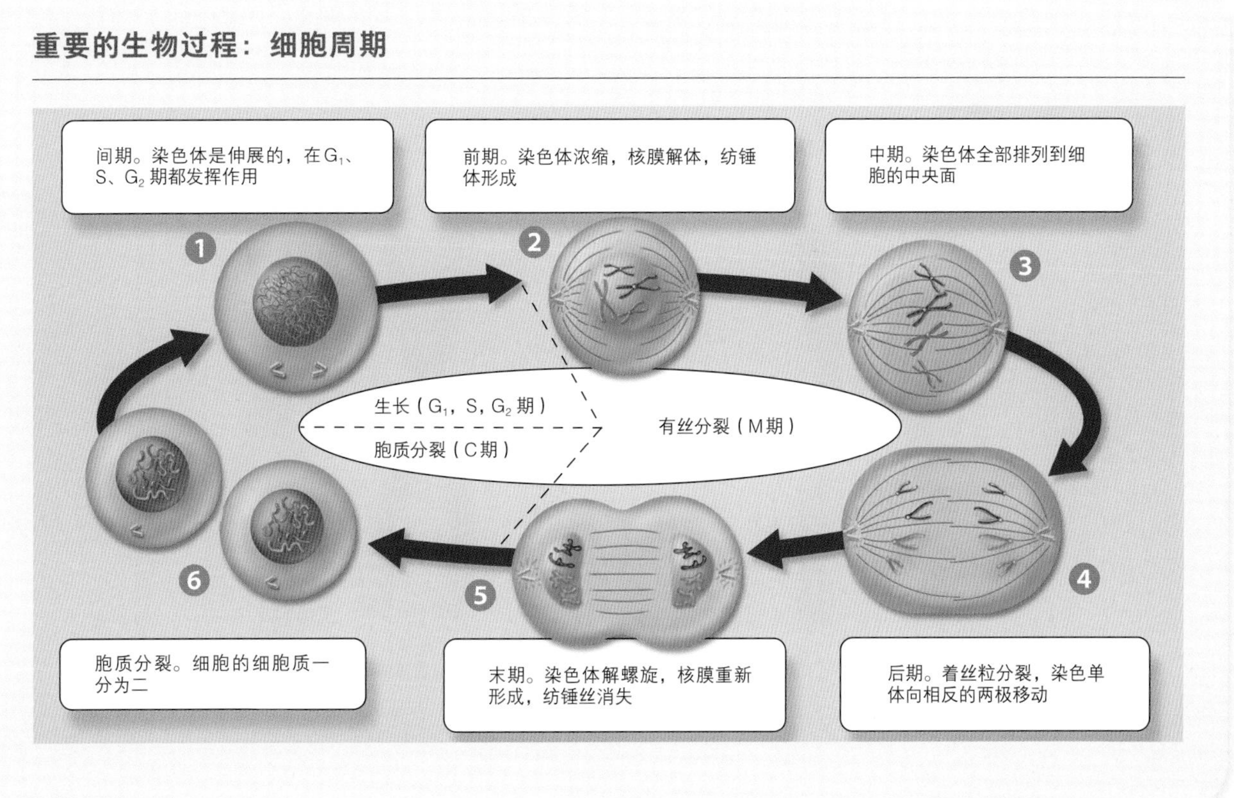
间期。染色体是伸展的，在G_1、S、G_2期都发挥作用
前期。染色体浓缩，核膜解体，纺锤体形成
中期。染色体全部排列到细胞的中央面
1
2
3
生长（G_1，S，G_2期）
胞质分裂（C期）
有丝分裂（M期）
6
5
4
胞质分裂。细胞的细胞质一分为二
末期。染色体解螺旋，核膜重新形成，纺锤丝消失
后期。着丝粒分裂，染色单体向相反的两极移动

在培养基中培养的人类细胞的细胞周期通常是22小时。在这22小时中，大多数类型的细胞只需80分钟就能完成细胞分裂：前期23分钟，中期29分钟，后期10分钟，末期14分钟，还有胞质分裂4分钟。不同组织细胞有丝分裂的细胞周期在各个时期所花费的时间存在很大差别。

关键学习成果　8.2

真核细胞进行分裂，将所有染色体的两份拷贝分隔到两个子细胞。

8.3　染色体

1879年，德国胚胎学家瓦尔特·弗莱明（Walther Flemming）在研究蝾螈幼虫快速分裂的细胞时首次观察到染色体。当弗莱明借助一台现在看来非常原始的光学显微镜观察细胞，他看到细胞核中存在细小的线，细胞看起来正在发生纵向分裂。弗莱明将它们的分裂称为有丝分裂（mitosis），基于希腊语“mitos”，意思是“线”。

染色体的数量

学习目标8.3.1　同源染色体和姐妹染色单体

自从染色体被首次发现后，所有观察过的真核生物细胞中也都发现了染色体。它们的数量可能因物种而异。一些种类的生物——如澳大利亚的斗牛犬蚁（*Myrmecia spp.*）、植物中的纤细单冠菊（*Haplopappus gracilis*，生长在北美沙漠中的太阳花的近亲）、真菌中的青霉菌（*Penicillium*）——都只有一对染色体，然而一些蕨类植物却拥有500多对染色体。大多数真核生物细胞拥有10～50条染色体。

同源染色体

染色体在体细胞中成对存在，称作**同源染色体**（homologous chromosome，或homologue）。虽然同源染色体每条染色体的相同位置携带同一性状的信息，但这些信息在同源染色体之间可能有所不同，这将在第10章讨论。每种类型的染色体都有两条的细胞称为**二倍体细胞**（diploid cell）。每对染色体中的一条遗传自母亲（图8.2中绿色的），而另一条遗

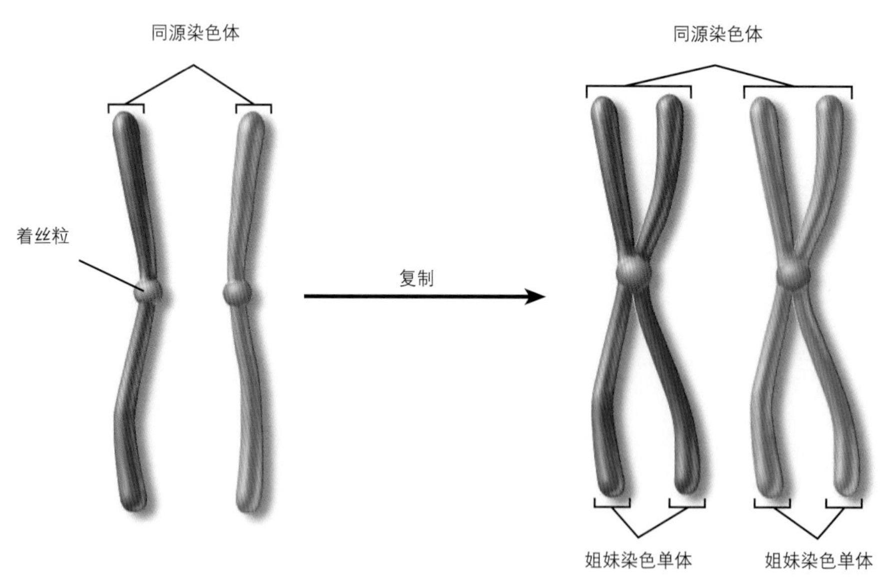

图8.2　同源染色体和姐妹染色单体的差别

同源染色体是一对相同的染色体，比如16号染色体。姐妹染色单体是一条染色体的两个拷贝，在DNA复制后由着丝粒相连在一起。复制后的染色体看起来多少有点像一个X。

传自父亲（紫色的）。在细胞分裂之前，每条同源染色体都要被复制，产生两条相同的拷贝，称作**姐妹染色单体**（sister chromatid）。你从图8.2中可以看到姐妹染色单体在复制后仍然在一个特殊部位相连。这个部位叫作**着丝粒**（centromere），是每条染色体中部的节状结构。人体细胞总共有46条染色体，也就是23对同源染色体。在有丝分裂之前的复制期，仍然只有23对染色体，但是每条染色体都已经复制了，由两条姐妹染色单体构成，总共92条染色单体。加倍了的姐妹染色单体使得要计算生物的染色体数量很困难，但是请牢记着丝粒的数量在复制时却没有增加，所以你只要计数着丝粒就能知道染色体的数量了。

人的核型

通过比较染色体的大小、形态和着丝粒的位置等，人的46条染色体能配对成同源染色体。染色体的这种排列称为核型（karyotype）。染色体的大小、形态各异，因此科学家能将同源染色体配对。例如1号染色体比14号染色体大很多，而且它的着丝粒更接近于染色体的中部。每条染色体都拥有数千个基因，这些基因在决定人体如何发育及其功能方面起重要作用。正是基于这个原因，拥有所有这些染色体是存活的前提。人哪怕只丢失一条染色体（这种情况称为单体性），通常在胚胎发育阶段就不能存活。人多了任意一条染色体（这种情况被称为三体性），胚胎发育也不会正常。除一些最小的染色体外，几乎所有染色体的三体性是致死的；最小染色体的三体性也会出现严重的问题。我们将在第10章再次讨论染色体数量不同的问题。

染色体的结构

学习目标8.3.2 图解核小体并论述其功能

染色体由**染色质**（chromatin）构成。染色质是DNA和蛋白质的复合物，其中大多数约有40%DNA和60%蛋白质。染色体还有大量的RNA，因为染色体是RNA的合成场所。一条染色体的DNA是一条非常长的双链纤维，它在整条染色体上延伸而不出现断裂。一条典型的人类染色体的DNA约有1.4亿（1.4×10^8）个核苷酸。此外，如果将一条染色体的DNA链拉成一条直线，将有约5厘米长。人的一条染色体中的信息量要用2,000本且每本1,000页的纸质书才能装下！将这么长的一条线装入细胞核，犹如将足球场长度的一根绳子塞进一个棒球中——这还只是46条染色体中的一条！但是，在细胞中，

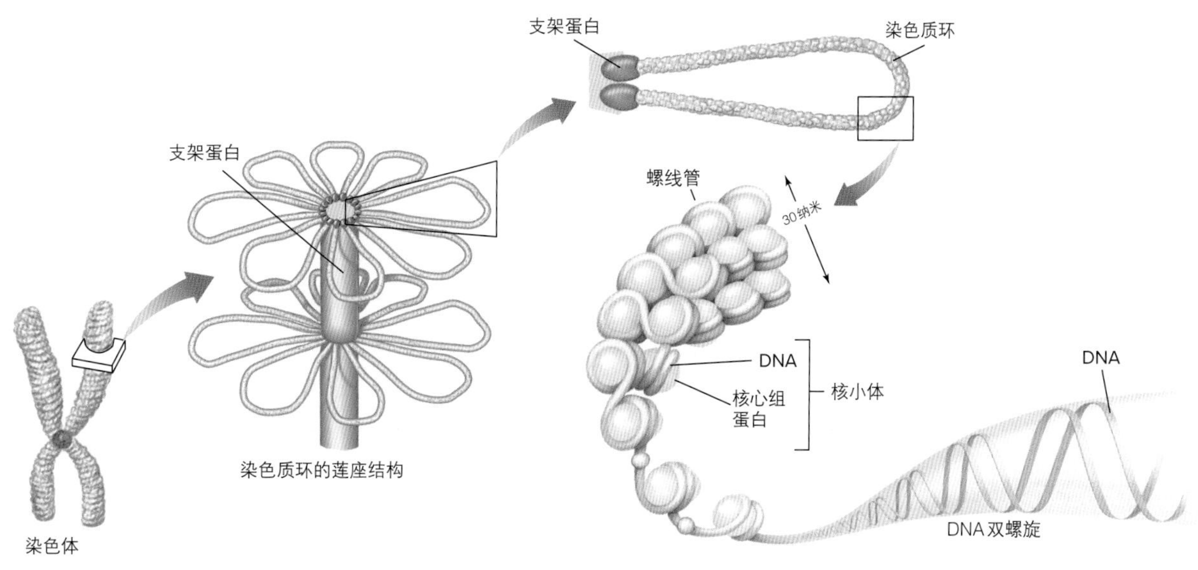

图8.3 真核生物染色体的组装水平

压缩成杆状的染色体实际上是高度缠绕的DNA分子。此处所示的组装方式只是多种可能方式中的一种。

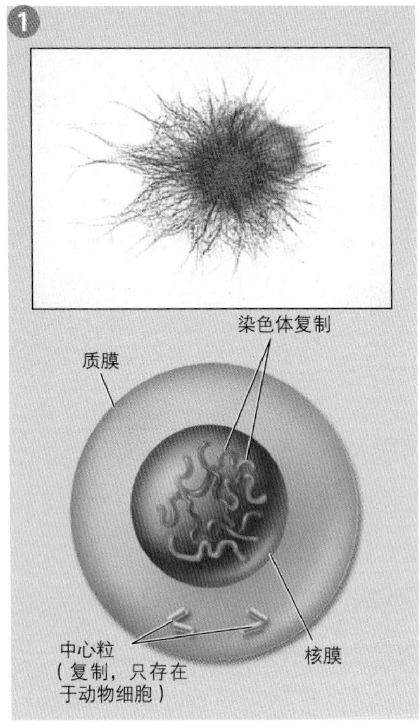

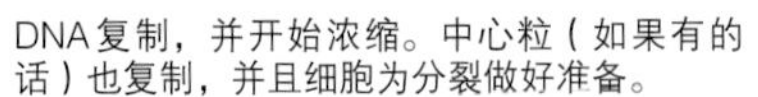

DNA复制，并开始浓缩。中心粒（如果有的话）也复制，并且细胞为分裂做好准备。

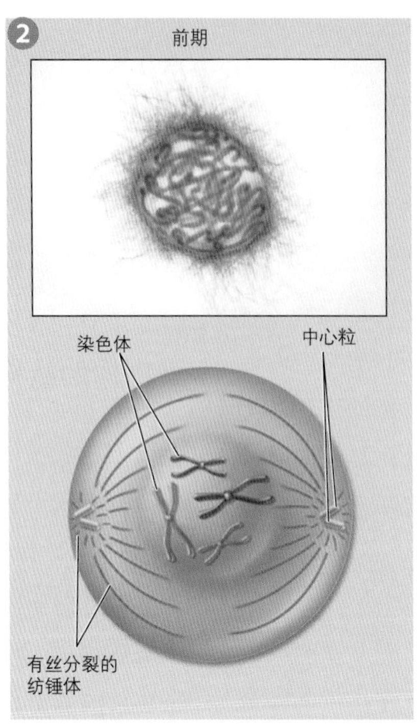

核膜开始降解。DNA进一步浓缩形成染色体。有丝分裂的纺锤体开始形成；在前期结束时完全形成。

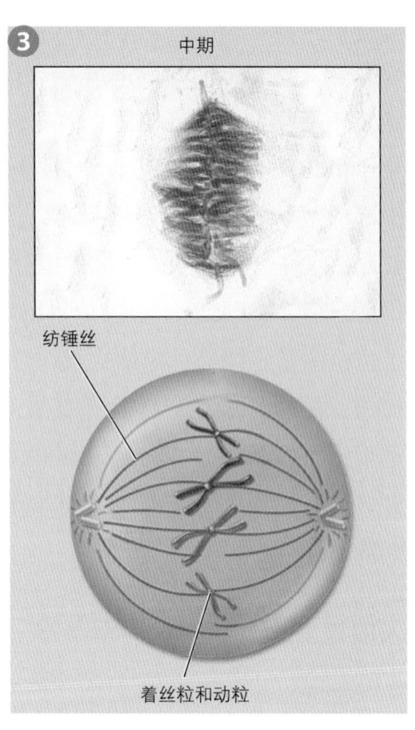

染色体排列在细胞中央的一个平面上。纺锤丝与着丝粒两侧的动粒结合。

图8.4 细胞分裂过程

真核生物的细胞分裂始于间期，然后经过有丝分裂的四个时期，最终结束于胞质分裂。上图第二排所示的纺锤体的多种性质存在于分裂的动物细胞，在植物细胞中没有，而且在上图第一排的非洲血色绣球百合（*Haemanthus katharinae*）的照片中也没有（在这些特别的照片中，染色体被染成蓝色，而微管被染成红色）。

DNA被螺旋化，这使它能被装入一个很小的空间，比不螺旋化所需要的空间要小得多。

染色体螺旋化

真核生物的DNA被分隔到多条染色体中，尽管人的染色体看起来一点都不像长链的双螺旋DNA分子。这些染色体加倍成姐妹染色单体，通过DNA长链的缠绕和扭曲才形成了更紧密的结构。DNA的缠绕面临一个非常有趣的挑战。因为DNA分子的磷酸基团带负电荷，由于所有负电荷会相互排斥，DNA不可能紧密缠绕。如图8.3所示，DNA螺旋缠绕着的带正电荷的蛋白质，称作**组蛋白**（histone）。组蛋白的正电荷抵消了DNA的负电荷，所以复合物的净电荷为零。200个核苷酸对组成的DNA双螺旋会缠绕8种组蛋白的核心，形成一个复合体，称作**核小体**（nucleosome）。核小体，类似于图8.3中链条上的一粒粒珠子，进一步螺旋化形成螺线管。然后，螺线管组装成松散的结构。虽然染色体真正的组装方式现在还不清楚，但是现在看来它能进一步围绕存在的支架蛋白形成莲座样的放射环。这种DNA和组蛋白紧密缠绕的复合物最终形成紧密的染色体。

关键学习成果 8.3

虽然所有真核细胞将遗传信息储存到染色体中，但是不同种类的生物用于储存信息的染色体数量差别很大。DNA缠绕形成染色体，使其能装入细胞核。

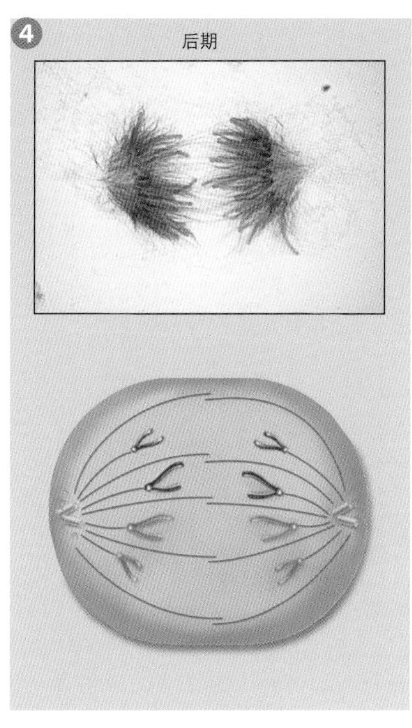

着丝粒复制。姐妹染色单体分离，并移向细胞两极。

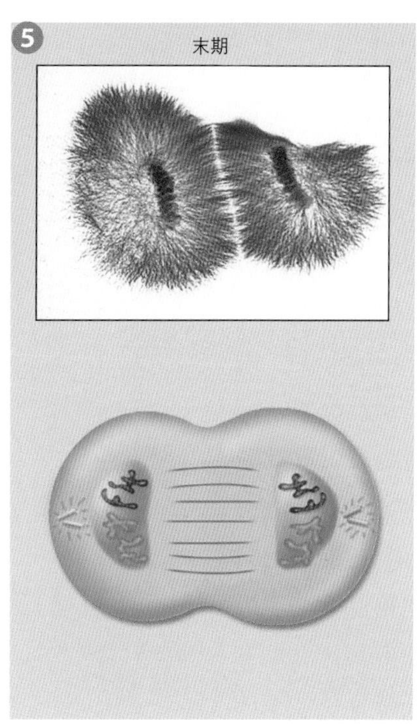

核膜重新出现。染色体解聚。随着末期的进行，胞质分裂。

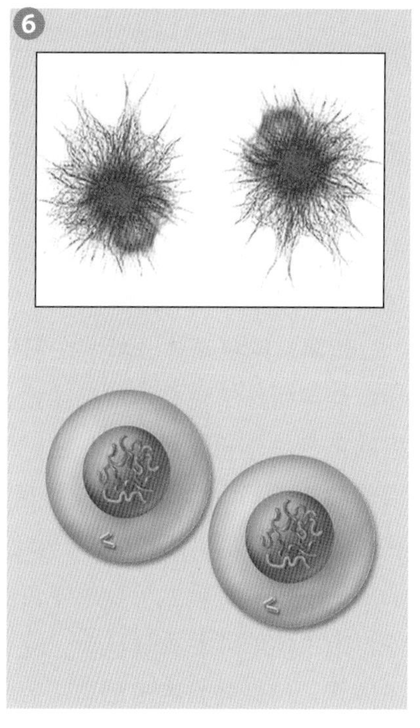

通过胞质分裂，产生了两个子细胞。每个细胞是亲代细胞的复制品，而且是二倍体。

8.4 细胞分裂

间期

学习目标8.4.1 染色体在间期如何变化

细胞分裂前通常有一段间隔，称为**间期**。虽然间期不是有丝分裂的阶段，但是它却可以为细胞分裂做准备。就在细胞开始分裂之前的这段时期发生了很多事情。在细胞核内，染色体首先发生复制，然后开始紧密缠绕，此过程称作浓缩（condensation）。姐妹染色单体被一个称作黏连蛋白（cohesin）的蛋白质复合物连接在一起。间期的染色体通常是看不见的，用图像来表示一下，它们就如图8.4的第一幅图。

有丝分裂

学习目标8.4.2 有丝分裂的四个时期

间期之后就是核分裂，被称作有丝分裂。尽管有丝分裂的过程是连续的，各时期无缝相连，但为了便于学习，一般将有丝分裂细分为四个时期（图8.4）：前期、中期、后期和末期。

前期：有丝分裂开始 在**前期**（prophase），单个浓缩的染色体，上图的第二幅图中的蓝色结构，在光学显微镜下最先被看到。随着复制了的染色体发生浓缩，核仁消失，核膜解体，并开始装配一种细胞器，用于牵引复制了的姐妹染色单体移向细胞的两端（"极"）。在动物细胞中央，中心粒已经复制，两对中心粒相互分离，移向细胞的两极，并在它们之间会形成一个蛋白纤维的网络——**纺锤体**（spindle）。在第二幅图中，中心粒位于两极，模式图和照片中的红色结构是构成纺锤体的蛋白质丝。每条丝被称为纺锤丝（spindle fiber），由微管组成。微管是长而中空的蛋白质管。植物细胞没有中心粒，而是将纺锤体的末端固定到两极。

随着染色体持续浓缩，第二组微管从两极延伸到染色体的中心粒。每个微管都会持续伸长，直到它结合到着丝粒两侧一个被称为动粒（kinetochore）的蛋白质盘。当这个过程结束，每条姐妹染色单体都会结合微管，连接到一极，而另一条姐妹染色单体连接到另一极。

中期：染色体的排列 每个染色体都由一对姐妹染色单体组成，排列在细胞中央的一个假想的平面上，有丝分裂的第二个时期，**中期**（metaphase）就开始了。这个假想的平面正好将细胞一分为二，被称为赤道板。图8.4的第三幅图显示染色体开始沿赤道板排列，附着在着丝粒动粒上的微管向细胞两极移动。

后期：染色单体分离 在**后期**（anaphase），酶切断连接姐妹染色单体的黏连蛋白，动粒分裂，而姐妹染色单体相互分离。现在，细胞分裂仅仅就是微管的慢慢行动了，将姐妹染色单体牵引到两极，这时的姐妹染色单体被称为子染色体。在图8.4的第四幅图中，可以看到子染色体在着丝粒位置被牵引着，染色体的臂悬垂在后面。微管的末端一点点发生解聚，使得微管越来越短，从而将结合在远端的染色体一点点拉到细胞的两极。当它们最终到达细胞的两极时，各有一套完整的染色体。

末期：细胞核再现 **末期**（telophase）所剩的唯一任务是撤掉舞台，拆掉支柱。有丝分裂的纺锤体解聚，而当染色体开始解螺旋时，它们周围形成了核膜，如图8.4的第五幅图所示，核仁重新出现。

胞质分裂

学习目标8.4.3 核分裂和胞质分裂

末期结束，有丝分裂也就完成了。细胞将复制后的染色体平均分配到两个细胞核中，位于细胞的两端。有丝分裂也被称为**核分裂**（karyokinesis）。你可以回忆第4章，细胞核也被称为“karyon”（“核”的拉丁语）。因此，核分裂就是细胞核的分裂。有丝分裂结束后是**胞质分裂**（cytokinesis），即细胞质发生分裂，细胞被分成大致相等的两部分。细胞质中的细胞器都已复制，并被重新分到不同的区域，形成子细胞。胞质分裂，如图8.4的第六幅图所示，标志着细胞分裂的结束。

动物细胞没有细胞壁，胞质分裂通过用一个肌动蛋白纤维的收缩将细胞一分为二来实现。随着收缩的进行，细胞周围出现明显的分裂沟，随着肌动蛋白带逐渐缩小，细胞质逐渐向内缢缩。想象一下，分裂沟加深，直到细胞完全分成两个。

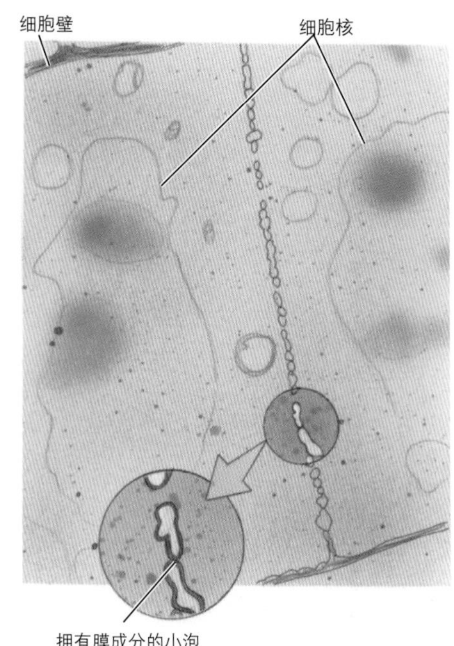

图8.5 胞质分裂

细胞质的分裂在有丝分裂后进行，被称为胞质分裂。它将细胞分隔成大致相当的两部分。在这个分裂中的植物细胞中，两个新形成的子细胞之间形成了一个细胞板。

植物细胞有坚固的细胞壁，它们太牢固而不会因肌动蛋白纤维收缩而变形。因此，植物进化出了另一种不同的胞质分裂。植物细胞在其内部组装膜成分，与有丝分裂纺锤体成直角。如图8.5所示，你能看到通过小泡的相互融合，膜如何在子细胞间形成。这个扩展的隔膜称作细胞板（cell plate），向外延伸直到它遇到质膜的内表面并与之融合，在此处它有效地将细胞分成两部分。然后，纤维素沉积在新的细胞膜上，形成两个新细胞的细胞壁。

细胞的死亡

尽管有分裂能力，但是没有细胞能永生。生活的蹂躏慢慢就会损坏细胞机体。在某种程度上，损坏的部分能被替换，但是替换的过程并不完美。而且，有时候环境还会产生干扰。例如，如果切断食物供应，动物细胞不能获得维持溶酶体膜所必需的能量。细胞就会死亡，被自身的酶从内部消化掉。

胚胎发育期，许多细胞会程序性死亡。人类胚胎中，手和脚最初像是“蹼”，但是在骨头之间的皮肤细胞有计划地死亡，形成分开的脚趾和手指。鸭子在发育过程中没有这种细胞死亡，这就是为什么鸭子有蹼状足而你没有。

依据基因编码的蓝本，人的细胞被设计成只能进行有限次的细胞分裂，然后就会死亡。在组织培养中，细胞系能分裂约50次，然后整个细胞群就会死光。尽管一些细胞被冷冻了多年，但当它们再次复苏，它们立刻就能恢复到原来的状态，并按计划死亡。只有癌细胞能绕过这种指令，而无限制地分裂。你体内的所有其他细胞有一只潜藏的钟，能数清楚细胞分裂的次数。闹钟一响，细胞就会死亡。

关键学习成果　8.4

真核细胞周期始于间期，复制的染色体浓缩；在有丝分裂期，这些染色体被微管拉向细胞的两极；在胞质分裂期，细胞分裂成两个子细胞。

8.5　细胞周期调控

所有真核生物细胞周期的调控方式都基本相同。人体细胞的这套调控系统最初是在10亿年前的原生生物中进化的；现今，它对真菌的作用方式和对人的作用方式也都基本相同。

检验点

学习目标8.5.1　细胞周期的三个检验点出现的时期及它们的作用

调控细胞周期的目的就是调整细胞周期的持续时间，使细胞有充足的时间完成所有准备。原则上，有多种方式能达成这一目的。例如，可以利用内置的时钟为完成细胞周期各时期留下足够的时间。这是许多生物调控它们日常活动周期的机制。用这种时钟调节细胞周期的缺点是缺少弹性。实现更灵活、更敏感的周期调节的一种方法是让周期的每个时期结束即触发下一时期的开始，就像在接力赛中，一位运动员将接力棒传给下一位。直到最近，生物学家一直都认为是这种机制控制着细胞分裂周期。但是，现在我们知道真核细胞拥有一套独立和集中的调节器调控此过程：在细胞周期的关键点，继续前进取决于一组“前进/停止前进”的开关，它们受细胞的反馈调节控制。

这正是工程师们用以控制许多工程的机制。例如，冬季用于给家庭供热的锅炉就按日供热周期运行。当日周期到了早晨“开”的检验点，感受器就会报告室温是否低于设定值（例如，21℃）。如果是的话，自动调温器就启动锅炉，为房子供暖。如果房子已经比较温暖了，自动调温器就不会开启锅炉。与之类似，细胞周期也有关键的检验点。在这些检验点，细胞关于其大小和染色体状态的反馈信号，要么启动细胞周期的下一时期，要么留下更长时间用以完成当下的时期。

三个主要的检验点调控真核生物的细胞周期（图8.6）：

1. G_1**检验点，评估细胞的生长**　G_1检验点位于

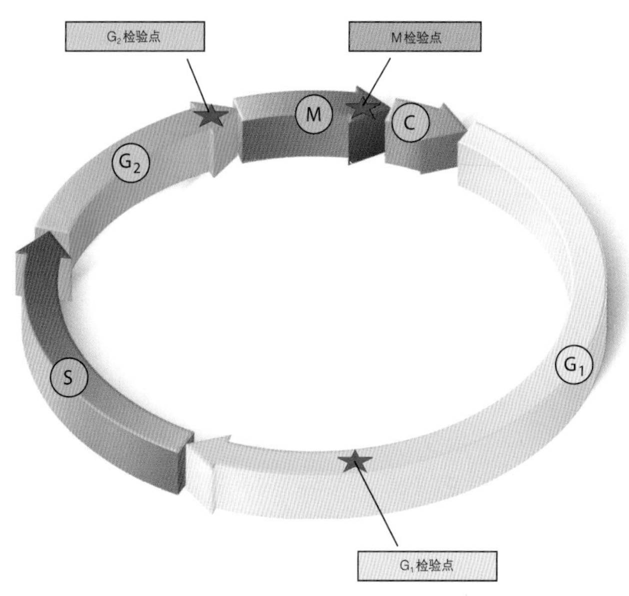

图8.6　细胞周期的调控
在通过细胞周期的三个关键检验点之前，细胞用一套集中的控制系统来检验是否达到了合适的条件。

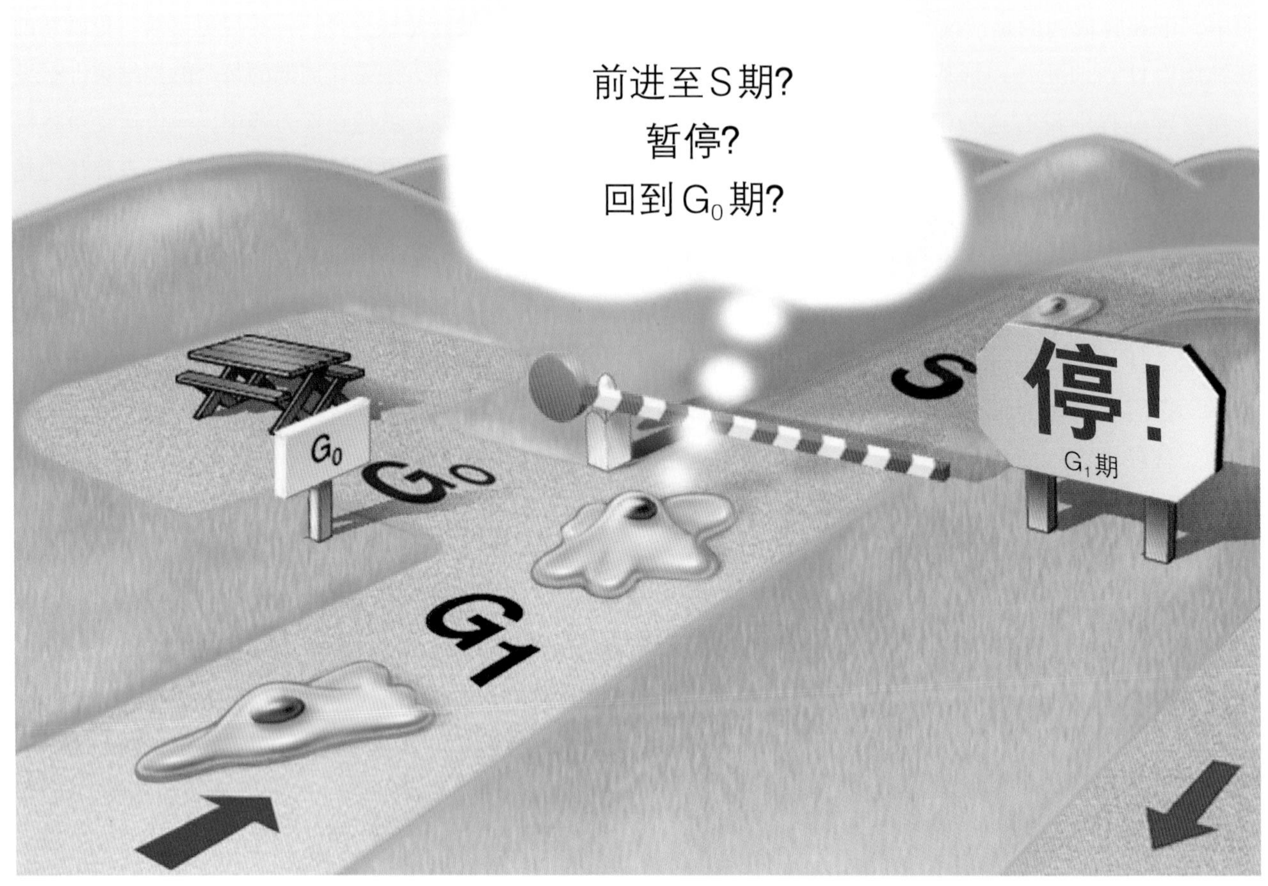

图8.7 G_1检验点
细胞的反馈决定细胞周期是否向S期继续进行，或暂停，或回到G_0期长期休眠。

G_1期末并即将进入S期的那段时期，决定细胞是否可以分裂，或延迟分裂，或进入静止期。在酵母菌中，研究人员首次发现这一检验点，并将它称为START。如果条件有利于分裂，细胞就开始复制DNA，启动S期。如果环境条件不利于细胞分裂，或者如果细胞进入一个称作G_0期的长期休眠期，G_1检验点通常是复杂的真核生物阻断细胞周期之处（图8.7）。

2. **G_2检验点，评估DNA复制** 第二个检验点，G_2检验点，启动M期。如果通过这个检验点，细胞就启动许多分子进程，用以开始有丝分裂。
3. **M检验点，评估有丝分裂** 第三个检验点，M检验点，出现在中期，触发离开从有丝分裂和胞质分裂，以及进入G_1期。

生长因子触发细胞分裂

学习目标8.5.2 生长因子如何触发细胞分裂

细胞分裂由被称作**生长因子**（growth factor）的小分子蛋白质启动。生长因子通过结合质膜，触发胞内信号系统来发挥作用。成纤维细胞是构成体内结缔组织的细胞，其质膜上存在大量受体，是最早发现的生长因子之一——血小板衍生生长因子（PDGF）——的受体。当PDGF与膜上的受体结合，就会启动细胞内部信号的放大系统，刺激细胞分裂。

据研究，只有生长培养基中存在血清（血液凝结残留的液体），组织培养的成纤维细胞才能生长和分裂；血浆（去除了细胞，但没有凝结的血）却没有这种作用。这才发现了PDGF。研究人员提出一个假说，血液中的血小板凝结时，会向血清中释放成纤维细胞生长所需的一种或多种因子。最终，他们

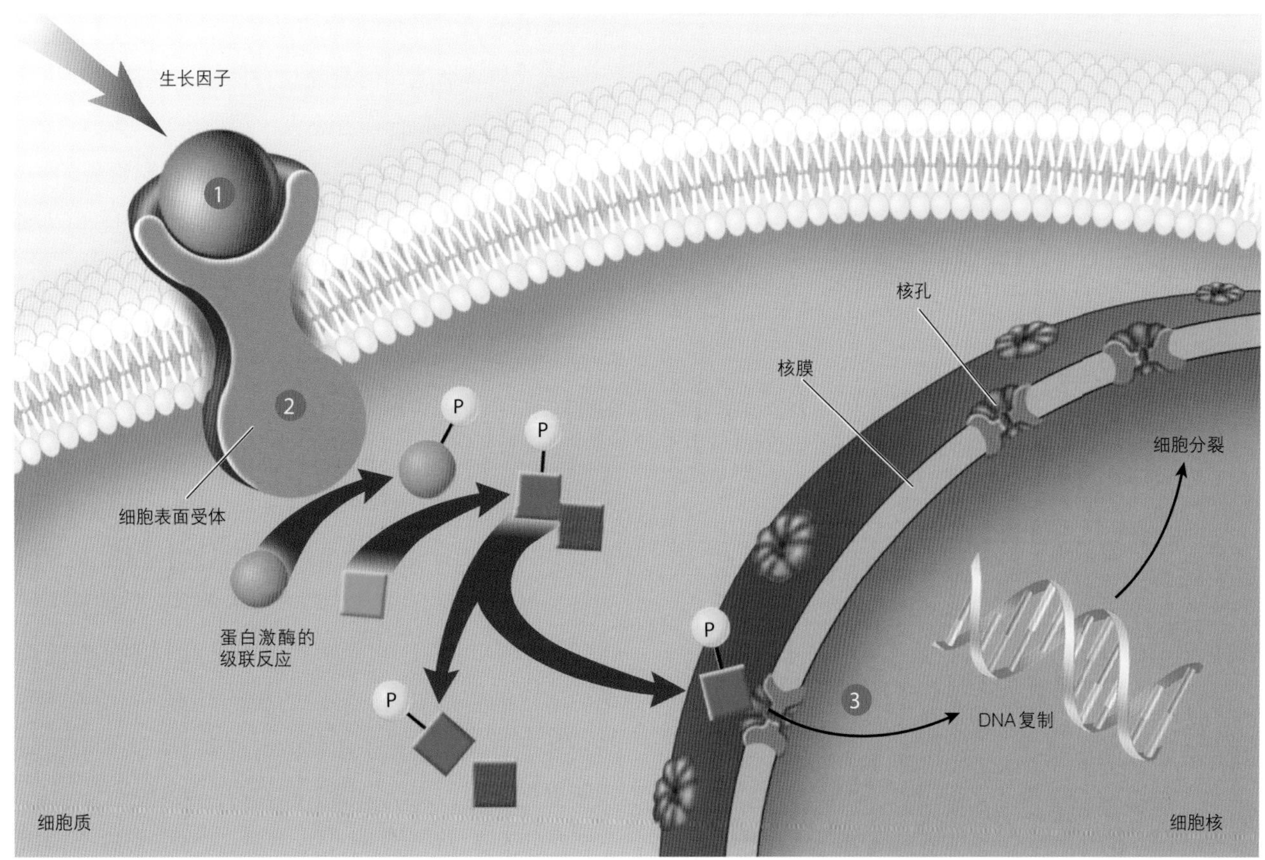

图8.8 细胞增殖信号通路

生长因子的结合会启动细胞内信号通路的级联反应，这会活化细胞核内的蛋白质，导致细胞分裂。

分离到这样一种因子，并将它命名为PDGF。

生长因子，如PDGF，能无视抑制细胞分裂的控制作用。当组织受损时，血液凝结，释放PDGF，引发相邻细胞的分裂，帮助伤口愈合。

生长因子的性质 人们已经分离出超过50种具生长因子作用的蛋白质，毫无疑问还存在更多。每种生长因子都有一种特异的细胞表面受体对其进行“识别”，受体的结构能与生长因子完美匹配。图8.8显示了当生长因子❶结合其受体❷时，会发生什么。受体被激活，并做出应答，引发细胞内的一系列反应，如图中箭头所示，最终导致DNA复制和细胞分裂❸。某种特殊生长因子对细胞的选择性取决于拥有相应独特受体的是哪种靶细胞。一些生长因子，如PDGF和表皮生长因子（EGF），影响各种类型的细胞，然而其他的只影响特定类型的细胞。例如，神经生长因子（NGF）促进某类神经元的生长，而促红细胞生成素引发红细胞前体的细胞分裂。

G_0期 如果细胞没有合适的生长因子，它们就会停留在细胞周期的G_1检验点。由于生长和分裂被抑制，如前所述，它们就停留在G_0期，这种非生长状态不同于细胞周期的间期：G_1期、S期和G_2期。

正是进入G_0期的能力解释了不同组织细胞周期长度的多样性。在肠道表面的上皮细胞每天能分裂超过两次，持续更新着消化道上皮。相反，肝细胞每一至两年才分裂一次。成熟的神经元和肌肉细胞通常永远停留在G_0期。

衰老与细胞周期

学习目标8.5.3 端粒对限制细胞增殖的作用

所有人都会死。然而，虽然我们每个人都知道将来某天会死，但是很少有人不想延迟死亡的到来。有些人成功了。据记载，目前世界上最长寿的人是法国的珍妮·卡尔蒙，1997年满122岁。这种长寿的原因吸引着人们去研究衰老；如果我们充分认识了衰老，也许就能减缓衰老。近年来，科学家们在

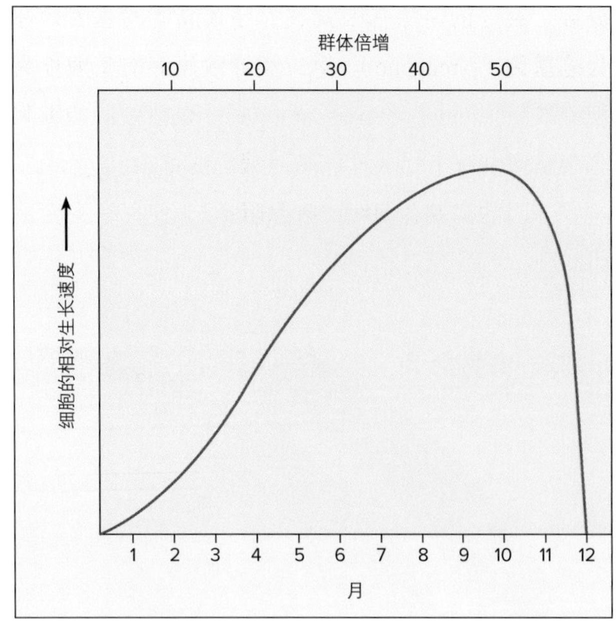

图8.9　海夫利克极限

正常人成纤维细胞（结缔组织）在倍增40次以后就会停止生长，并且再倍增10次，所有细胞都会死亡（蓝线）。当基因工程诱导成纤维细胞表达端粒酶，细胞倍增40次后仍能继续增殖很多次。

解开这个谜团方面取得了长足的进步。

第一条线索是发现了细胞似乎有计划地死亡，好似有一个蓝本。遗传学家伦纳德·海夫利克（Leonard Hayflick）在1961年所做的一次著名实验中证明，组织培养的成纤维细胞只能分裂一定次数。如图8.9所示，群体倍增约50次后，细胞分裂就会停止，细胞周期被阻断于DNA复制之前。如果经20次倍增的细胞被冷冻，那么复苏后，这些细胞也只能再倍增30次，然后它们就不再倍增了。

1978年，科学界针对“海夫利克极限”提出了一个解释。当时加利福尼亚大学旧金山校区的伊丽莎白·布莱克本（Elizabeth Blackburn）首次注意到染色体两端存在额外的DNA序列。这些端粒区长约5,000个核苷酸，每个都由数千个重复的TTAGGG组成。布莱克本发现，体细胞染色体的端粒区域明显比生殖细胞——卵细胞和精子的短。她推测在体细胞中，随着DNA每次复制，染色体就会丢失部分端粒帽。

布莱克本是对的。每条染色体DNA的复制机器会占据染色体末端的100个单位的DNA，所以这段DNA无法复制。因此，细胞每次分裂，它的染色体就会缩短一点。最终，经过约50次复制，起保护作用的端粒帽就被用光了，而细胞系就开始衰老，不再增殖。

精子和卵细胞如何避免这种困境，能持续分裂数十年？布莱克本和合作者杰克·绍斯塔克（Jack Szostak）认为细胞必定拥有一种特殊的酶，能延长端粒。1984年，布莱克本的研究生卡罗尔·格雷德（Carol Greider）发现了这种酶，称之为“端粒酶”。有了它，卵细胞和精子就能保持染色体有恒定的5,000个核苷酸单位的长度。相反，在体细胞中，端粒酶基因是沉默的。由于他们的发现，布莱克本、格雷德和绍斯塔克获得了2009年诺贝尔生理学或医学奖。

之后的研究为端粒缩短和细胞衰老之间的因果关系提供了直接证据。1998年，来自加利福尼亚和得克萨斯的科研团队利用基因工程技术向人体细胞中转入一段DNA片段，它能解除细胞的端粒酶基因的束缚。这个结果是明确的。新的端粒帽被加到了细胞的染色体上，人工延长了端粒的细胞到了海夫利克极限也不发生衰老，能继续健康旺盛分裂20多代。

这项研究清楚表明，失去端粒DNA最终会限制人体细胞的增殖能力。然而，人的每个细胞都拥有一个端粒酶基因的拷贝，如果能表达的话，它将重建端粒。那么为什么我们的细胞在不需要的情况下要采取衰老这种方式呢？看来答案就是为了避免癌症。通过限定对人细胞系的分裂次数，机体就能确保没有细胞可以无限制地分裂。抑制端粒酶基因的现实意义就是抑制癌症。

当科学家观察癌细胞时，其中90%的细胞的端粒酶基因已经被活化，使端粒保持全长。2013年，研究人员测序了70位恶性黑色素瘤患者（一种致命皮肤癌的患者）的全基因组，发现70%的患者在一段微小的非编码区存在突变，这段非编码区正常状态下能抑制端粒酶的形成。这些患者体内的端粒酶都非常活跃。显然端粒的缩短是抑制肿瘤的机制，是人体防御癌症的重要措施之一。

关键学习成果　8.5

真核生物复杂的细胞周期在三个检验点受叫作生长因子的蛋白信号的反馈调控，这些生长因子能启动细胞分裂。端粒酶对限制细胞增殖有重要作用。

8.6 什么是癌症

癌症是基因疾病

学习目标8.6.1 突变与癌症的关系

癌症（cancer）是细胞的生长性疾病。当一个表面上正常的细胞开始不受控制地生长，向外扩散到机体其他部位时，癌症就发生了。结果是一团被称为肿瘤的细胞持续变大。良性肿瘤被正常组织完全封闭，是有包膜的。这类肿瘤不会向机体其他部位扩散，因此没有侵袭性。恶性肿瘤有侵袭性，没有包膜。因为它们没有被正常组织封闭，所以细胞能从肿瘤内脱离扩散到机体其他部位，这类肿瘤，叫作癌（carcinoma）。它们会长大，并最终开始脱落细胞，进入血液。离开肿瘤扩散到全身的细胞会在远处形成新肿瘤，称作**转移灶**（metastasis）。

癌症大概是最具毁灭性和致死性的疾病。我们中大多数人会有亲属或朋友患此病。2013年，超过150万美国人被确诊为癌症。在其一生中，每两个美国人中就有一个会患上某种癌症；近1/4的人预计会死于癌症。

在美国，最致命的三种人类癌症是肺癌、结直肠癌和乳腺癌。肺癌，死亡最多的癌症，很大程度上是可以预防的，大多数病例都是吸烟所致。结直肠癌是美国人喜爱高肉类饮食导致的。乳腺癌的发病原因仍然是个谜。

一点都不令人惊讶，研究人员正尽最大努力来认识癌症的病因。在过去的30年中，科学家利用分子生物学技术取得了很大进展，已经大概认识到了癌症的病因。现在，我们知道癌症是体细胞的基因病，其受损的基因不能正确调控细胞的生长和分裂。细胞分裂周期受叫作生长因子的蛋白质一系列复杂的调控。癌症就是由于编码这些蛋白质的基因受到损伤。DNA的损伤，例如这些基因的损伤，称为**突变**（mutation）。

与癌症有关的生长因子基因有两类：原癌基因和抑癌基因。**原癌基因**（proto-oncogene）编码刺激细胞分裂的蛋白质。这些基因的突变导致细胞过度分裂。突变的原癌基因就成为导致癌症的基因，称为**癌基因**（oncogene）。第二类导致癌症的基因称为**抑癌基因**（tumor-suppressor gene）。健康细胞的细胞分裂正常情况下都被抑癌基因编码的蛋白质关闭着。这些基因的突变会彻底“解除阻抑”，使存在突变基因的细胞不受控制地分裂。

关键学习成果 8.6

癌症是调控细胞分裂周期的基因的损伤导致的不受限制的细胞生长和分裂。

8.7 癌症和细胞周期调控

细胞生长检验点的失能

学习目标8.7.1 *p53*对抑制癌症的作用

多种因素会导致癌症，如化学物质（香烟中的那些）、环境因素（损伤DNA的紫外线）或有些情况下的逃脱细胞控制的病毒。但是，无论出于何因，所有癌症的共同特征是不受限制的细胞生长和分裂。癌化细胞系的细胞周期永不休止。

癌症是基因损伤不能控制细胞分裂导致的。研究人员已经确认了数个基因。有个特殊基因似乎是细胞周期的关键调节因子，被命名为*p53*（研究人员将基因符号用斜体表示以区别于蛋白质），这个基因在细胞分裂的G_1检验点发挥重要作用。图8.10阐释了这个基因的产物，p53蛋白，如何监控DNA的完整性，确保DNA成功复制，且不受损伤。如果p53蛋白探测到损伤的DNA，它就会做出图中上面一组的反应：停止细胞分裂，激活一些特殊酶类，修复损伤。一旦DNA修复完成，p53就会允许细胞继续分裂，如上方的箭头路径所示。如果DNA不能被修复，p53就会引导细胞激活凋亡（细胞自杀）程序，杀死自己，如下方的箭头路径所示。

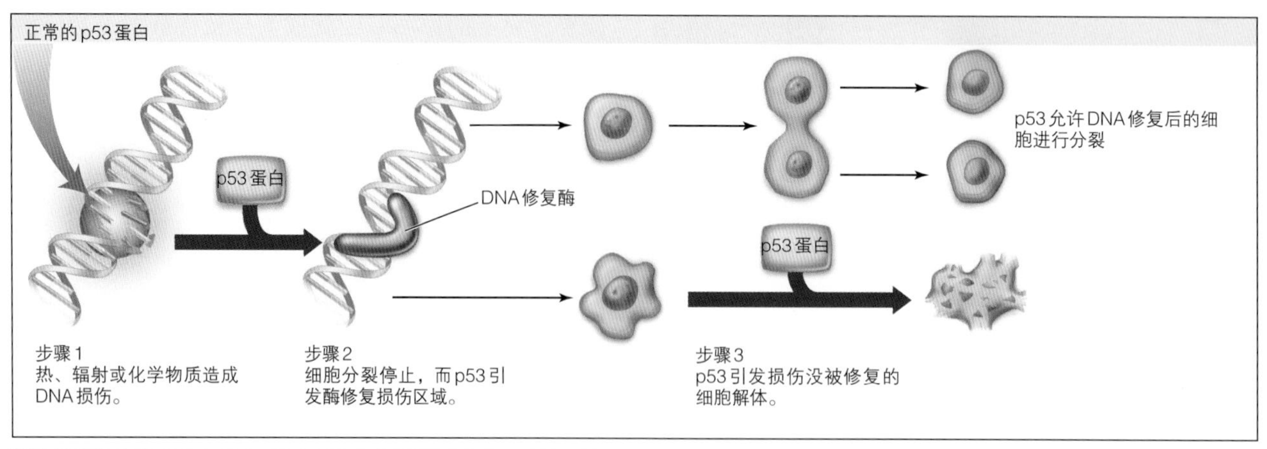

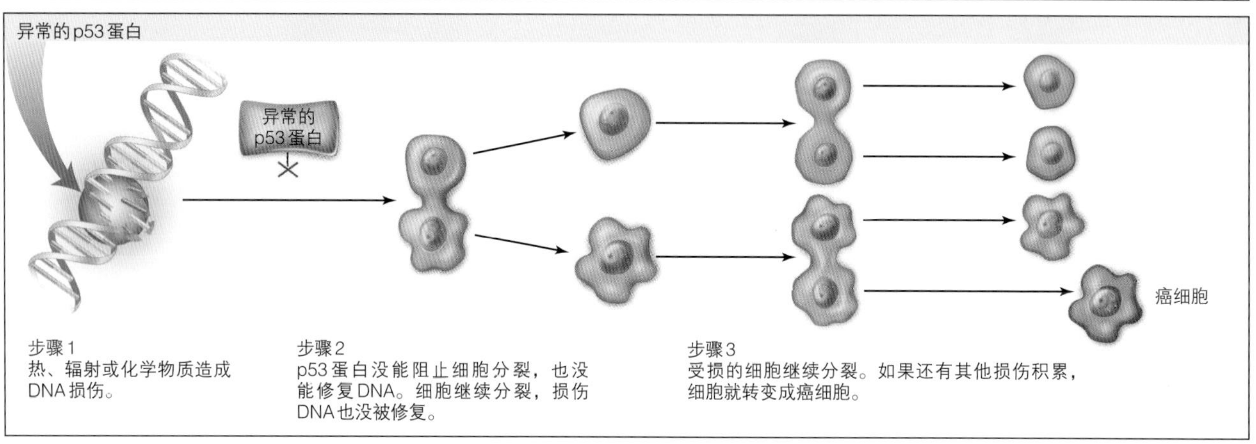

图8.10 细胞分裂与p53蛋白

正常的p53蛋白监视DNA，摧毁具有不可修复DNA损伤的细胞。异常的p53蛋白不能阻止细胞分裂，也不能修复DNA。由于受损细胞的增殖，癌症发生了。

通过阻止受损细胞的分裂，*p53*基因就能防止肿瘤的形成（尽管它的活性不仅局限于防止癌症）。科学家们已经发现，在他们所检测的大多数人类癌症中，*p53*基因自身已被破坏，失去功能。正是因为*p53*基因失去功能，所以这些癌细胞能反复进行细胞分裂，而不被阻断于G_1检验点。图8.10下面一组阐释了当p53不能正确发挥作用会发生什么。异常的p53不能阻止细胞分裂，而受损的DNA链仍被复制，导致细胞损伤。随着这些细胞累积越来越多的损伤，它们就会癌变。为了证实这一点，科学家在培养皿中快速分裂的癌细胞里注入健康的p53蛋白：这些细胞立刻就终止分裂并死亡了。科学家进一步证实，香烟会导致*p53*基因突变，这加强了吸烟与癌症之间的联系，这将在第24章第24.6节讲述。

在大约50%的癌症中，*p53*癌症防御系统失能，因为*p53*基因本身受到化学物质或辐射的损伤，导致该基因编码的蛋白质不能正确发挥作用。但是，其余50%取决于其他基因。许多情况下，DNA上抑制p53蛋白有效的天然抑制剂的位点受损。

一种非常有希望的预防癌症的方法涉及p53的第二种失能。研究人员发现，MDM2蛋白的表面有一个相对深而清晰的口袋，并被证实是结合p53蛋白的位点。他们推测，也许能发现一种小分子与这个位点吻合，从而阻止p53结合。这就可能防止50%的癌症！为寻找与锁匹配的钥匙，他们找到了一类化学合成物质，称为“nutlin”。当带有正常*p53*基因活性的肿瘤细胞用nutlin处理后，其p53蛋白水平会升高，并且肿瘤细胞会被杀死，然而经同样处理的正常细胞就不会被杀死。nutlin是研究人员正在积极研究中的大量抗癌新药中的一种。

关键学习成果 8.7

许多癌症与导致G_1检验点关键物质失去功能的突变有关。

癌症治疗

有一半美国人将在生命的某个时点患上癌症。许多前沿领域研究出了可能的癌症疗法。一些方法能防止细胞内部癌症的发生。其他的则作用于癌细胞外，防止肿瘤生长和扩散。右图显示了用于开发癌症治疗的靶区域。下面的讨论将介绍每个区域。

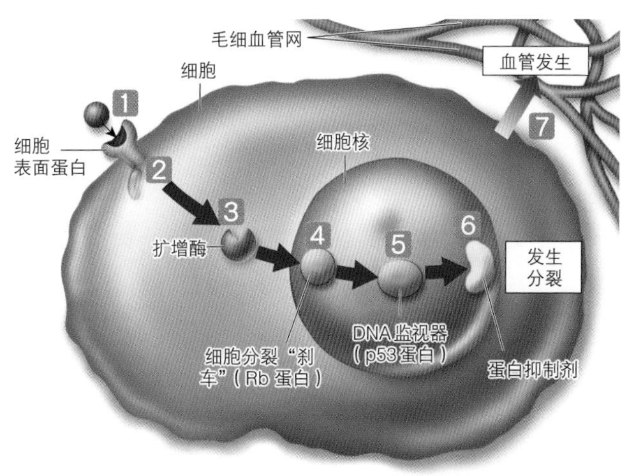

癌症发生过程中的7个阶段

（1）在细胞表面，促进分裂的生长因子的信号增强。（2）细胞内，分裂信号途径中的一种蛋白质分子开关保持“开”的状态。（3）细胞质中，用于放大信号的酶被进一步扩增。（4）在细胞核内，阻止DNA复制的“刹车”失去作用。（5）检验DNA损伤的蛋白质失去活性。（6）其他抑制染色体末端延伸的蛋白质被破坏。（7）新生的肿瘤促进血管发生，也就是形成促进生长的新血管。

预防癌症的发生

许多有希望的癌症疗法作用于潜在癌细胞的内部，关注细胞“是否应该分裂”决策过程的不同阶段。

1 接收分裂信号 决策过程的第一步是接收“分裂”信号，它通常是相邻细胞释放的小分子蛋白，称作生长因子。生长因子，图中1处的红球，被细胞表面的蛋白受体识别。就像是敲门，它的结合会发出信号——是时候进行分裂了。导致细胞表面受体数量增加的突变会放大分裂信号，并由此导致癌症。超过20%的乳腺癌被证实过量产生了HER2蛋白，它是表皮生长因子（EGF）的受体。

针对癌症发生过程这个阶段的治疗方法是要利用人类免疫系统攻击癌细胞。这个被称为单克隆抗体（monoclonal antibody）的特殊蛋白质分子是治疗药物，由基因工程产生。这些单克隆抗体被设计用于识别和结合HER2。犹如晃动一面红旗，单克隆抗体的出现会呼叫免疫系统对HER2细胞攻击。因为过量产生HER2，乳腺癌细胞被特异性杀死。生物技术研究公司基因泰克（Genentech）最近获批的单克隆抗体，称作赫赛汀（Herceptin），已经在临床试验中取得良好的结果。

多达70%的结肠癌、前列腺癌、肺癌和头颈部癌有相关受体表皮生长因子1（HER1）的过量拷贝。在早期临床试验中，针对HER1的单克隆抗体C225成功缩减了22%晚期、之前无法治疗的结肠癌。显然，阻断HER1会干扰肿瘤细胞从化疗或放疗中存活的能力。

2 通过分子开关传递信号 决策过程的第二步是将信号传递到细胞内部的细胞质中。在正常细胞内，这个过程是通过Ras蛋白实现的。Ras蛋白的作用就像是一个分子开关，见图中2处。当生长因子结合受体如EGF，临近的Ras蛋白就像踩了“油门”一样，扭曲成一个新的结构。这一新的结构有化学活性，能启动一连串反应，将“分裂”信号向内传递至细胞核。Ras蛋白的突变体就像是一个始终处于“开”状态的分子开关，持续命令细胞在不该分裂时进行分裂。30%的癌症存在突变的Ras蛋白。至今，针对这步没有研发出有效的疗法。

3 放大信号 决策过程的第三步是在细胞质内放大信号。就像是电视信号需要放大才能在远方被接收到，因此“分裂”信号必须被放大才能到达细胞内部的细胞核，这在分子水平上是一段很长的旅途。为使信号直接进入细胞核，细胞采用一种小马快递的方式。此处的“小马”是酶，称作酪氨酸激酶（tyrosine kinase），见图中3处。这些酶会将磷酸基团添加到蛋白质上，但只会加到酪氨酸上。因为细胞中没有其他酶有这种作用，所以酪氨酸激酶构成了信号载体的中坚力量，不会被周围无数的其他分子活动扰乱。

当信号移向细胞核时，细胞用一个巧妙的策略将其放大。当处于“开”状态时，Ras活化初始的蛋白激酶。这个蛋白激活其他蛋白激酶，接着它们又相互激活其他的。这种策略使得蛋白激酶一旦被活化，它就会像魔鬼一样，很快活化一大群其他的酶！而且，每个被它活化的酶都能像它一样发挥作用，以逐渐扩大的级联反应，活化更多的酶。每一次接力，信号都会被放大一千倍。

激活任何一种蛋白激酶的突变都会增强已经放大的信号，这是有害的，而且还会导致癌症。细胞内的32种蛋白激酶中，约有15种与癌症有关。例如，5%的癌症存在蛋白激酶Src的超活化突变体。当一种突变导致蛋白激酶锁定在“开”的状态，麻烦就开始了，这有点像是一个卡住的门铃，一直在响。

为了治愈癌症，必须找到一种方法把铃关掉。每种信号载体都存在不同的问题，你必须使它保持安静，但又不将所有细胞所需的信号通路关闭。抗癌药格列卫（Gleevec）是一种单克隆抗体，正好能识别酪氨酸激酶abl表面的沟。将abl锁定在“开”的突变导致慢性粒细胞白血病，这是一种致死的白细胞癌症。格列卫能使abl完全失去活性。在临床试验中，超过90%的病例的血象恢复到正常状态。

4 **解除刹车** 决策过程的第四步是解除“刹车”，细胞用它限制细胞分裂。在健康细胞内，这个刹车是一种肿瘤抑制蛋白，被称作Rb，能阻断蛋白质E2F的活性，见图中4处。在游离状态下，E2F使细胞能复制自身DNA。当Rb被抑制，正常的细胞分裂才被触发。破坏Rb的突变会释放E2F，使其完全脱离控制，而导致无休止的细胞分裂。40%的癌症存在Rb的缺陷体。

针对决策过程这一阶段的疗法现在仅处于尝试阶段。研究人员把目光聚焦到能抑制E2F的药物上，E2F能阻止Rb失活引起的肿瘤生长。E2F基因被破坏的小鼠模型正用来研究这类药物。

5 **检查一切是否就绪** 决策过程的第五步是细胞用于确保DNA没有损失，并准备好分裂的一种机制。这项工作在健康细胞内由肿瘤抑制蛋白p53负责，它会检查DNA的完整性，见图中5处。当检测到受损的或是外来的DNA，p53蛋白会终止细胞分裂，并活化细胞的DNA修复系统。如果在一段合理时间内，损失没被修复，那么p53将会釜底抽薪，触发一系列反应杀死细胞。在这个过程中，那些导致癌症的突变要么被修复，要么存在突变的细胞被清除。如果p53由于突变被破坏，损伤就得不到修复，并被累积，这些损伤中就有一些突变会导致癌症。50%的癌症存在失能的p53。70%～80%的肺癌存在无活性的p53突变——香烟中的苯并芘是p53的强突变剂。

6 **踩油门** 细胞分裂始于DNA复制。在健康细胞中，另一种肿瘤抑制因子“使油箱几乎空无一物”，通过抑制**端粒酶**的生成，终止DNA的复制。没有这种酶，细胞的染色体会从末端，即**端粒**开始丢失部分序列。每次染色体复制，就有更多的端部物质丢失。约30次分裂后，由于丢失太多，DNA就不再可能发生复制了。成人组织的细胞已经分裂过25次，甚至更多。仅剩5次细胞分裂，癌症不能走得很远，所以抑制端粒酶是一种针对癌症启始的有效的天然刹车，见图中6处。几乎所有癌症都与破坏端粒酶抑制剂的突变有关，它会解除刹车，允许癌症发生。这样，就可以通过重设抑制，阻断癌症发生。抑制端粒酶的癌症疗法才开始临床试验。

防止癌扩散

7 **阻止肿瘤生长** 一旦开始癌化生长，细胞就会形成一个扩张的肿瘤。随着肿瘤越长越大，从机体血液中需要获取的食物和营养就越多。为了方便获取必需的食物，肿瘤会向周围组织分泌一些物质，促进小血管的形成，这个过程称为血管发生，见图中7处。抑制这个过程的物质被称为血管生成抑制剂（angiogenesis inhibitor）。两种天然的血管生成抑制剂，血管生成抑制素（angiostatin）和血管内皮抑素（endostatin），会导致小鼠的肿瘤萎缩到很小，但是初步的人体试验结果却令人失望。

实验室的药物更有希望。单克隆抗体药物阿瓦斯汀（Avastin），靶向血管内皮生长因子（VEGF）的促进血管生长的物质，能破坏VEGF促进血管发生的能力。2003年的一项大规模临床试验中，数百位结肠癌晚期的患者被注射阿瓦斯汀，相对于化疗，它能将结肠癌患者的存活率提高50%。

调查与分析
INQUIRY & ANALYSIS

为什么人的细胞会衰老?

人类细胞好像存在内置的寿命。正如你从本章了解到的，细胞生物学家伦纳德·海夫利克在1961年发表了一项惊人的结果，生长在组织培养基中的皮肤细胞，只能分裂一定次数。经过约50次倍增，细胞分裂就会停止（**一次倍增是一轮细胞分裂，每个分裂的细胞会产生2个子细胞；例如，从30个细胞到60个细胞**）。如果细胞样本倍增20次后被冷冻，当复苏后，它能恢复生长并再倍增30次，然后就会停止。1978年，"海夫利克极限"被提出。当时研究人员第一次注意到染色体末端存在一段特别长的DNA序列。这些DNA序列区域被命名为端粒，被证实是由简单的TTAGGG组成，重复近千次。重要的是，衰老细胞中的端粒明显较短，人们据此提出了以下假说，16个TTAGGG序列的循环是DNA复制酶，称作聚合酶（polymerase），最初占据DNA（16个TTAGGG重复序列是酶的"足迹"的大小）的位置，并且这是酶的停泊位点，所以聚合酶不能复制这段区域。因此，随着DNA复制，在染色体加倍时，它就会失去端粒部位的100个碱基的长度。最终，倍增约50次后，每次都要进行一轮DNA复制，端粒被消耗殆尽，这也就没有位置能容纳DNA复制酶。细胞系就会发生衰老，不再增殖。

这个假说在1981年被验证。通过基因工程技术，研究人员向新建立的人体细胞中转入一个基因，可诱导端粒酶的表达。它虽然存在于所有细胞，但体细胞不能利用。这种酶会向端粒末端添加TTAGGG序列，重建端粒失去的部分。拥有基因（端粒酶阳性）和没有基因（正常的）的实验室细胞系都被监视许多代。右上方的图表显示的就是结果。

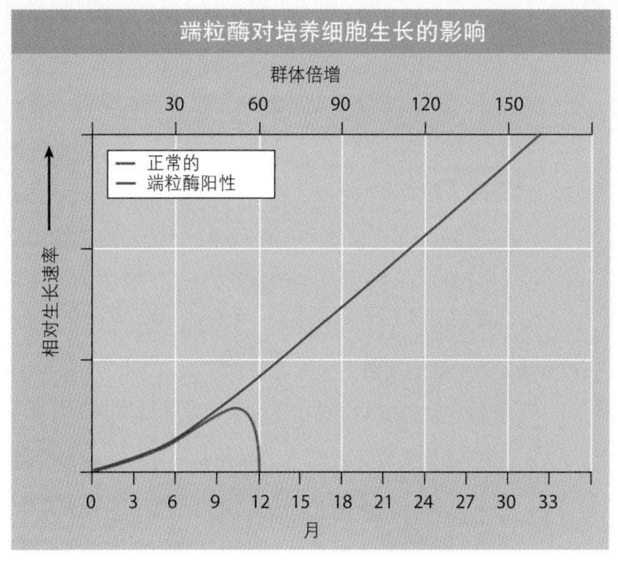

分析

1. **应用概念**
2. a. **变量** 在图表中，什么是因变量?
3. b. **比较连续的过程** 正常的皮肤细胞（蓝线）与拥有端粒酶基因的端粒酶阳性细胞（红线）相比，生长史有何差别?
4. **解读数据**

   a. 倍增多少次后，正常细胞停止分裂? 这与端粒酶假说是否符合?

   b. 在这个实验中，倍增多少次后，端粒酶阳性细胞才停止分裂?
5. **进行推断** 经过9次群体倍增，两个培养体系的细胞分裂速度是否有差别? 15次以后呢? 为什么?
6. **得出结论** 加入端粒酶基因如何影响组织培养的皮肤细胞的衰老? 这个结果是否证实了设计本实验用于验证的端粒酶假说。
7. **进一步分析**

   a. 通常认为癌细胞拥有突变，它会使细胞失去关闭端粒酶基因的能力。你该如何检验此假说?

   b. 生精细胞在男性成年后都能连续分裂。这是为什么? 如何验证你的理论?

本章回顾

Reviewing What You Have Learned

细胞分裂

原核生物简单的细胞周期

8.1.1 原核细胞的分裂分两步：DNA复制和二分裂。原核细胞的DNA是一个单独的环，被称作染色体。DNA在复制起始点启动复制。DNA双链解链，新链沿着旧链形成，最终产生两个环状染色体。这时两个染色体分离，移向细胞两端。新的质膜和细胞壁会在细胞中央形成，如图8.1所示，将细胞一分为二。这种细胞分裂称为二分裂，它会产生两个与亲代细胞基因相同的子细胞。

真核生物复杂的细胞周期

8.2.1 真核生物的细胞分裂比原核生物的复杂得多。真核生物的细胞周期可分为多个时期：间期、M期和C期。间期通常认为是静止期，但是在间期，细胞会生长，并为细胞分裂做好准备。间期又可细分为多个时期。G_1期是生长期，占据了细胞生命周期的绝大部分。S期是合成期，是DNA复制的时期。G_2期涉及细胞分裂的最后准备工作。

- 在M期和C期，染色体被分配到细胞的两端，然后再进行胞质分裂形成两个独立的子细胞。

染色体

8.3.1 真核生物的DNA会组装成染色体，而携带相同基因拷贝的两条染色体被称作同源染色体（图8.2）。在细胞分裂前，DNA首先复制，每条染色体形成两个相同的拷贝，被称作姐妹染色单体。姐妹染色单体在着丝粒区域相连。人的体细胞拥有46条染色体。

8.3.2 染色体的DNA是一条双螺旋的长链，称为染色质。DNA复制后，它开始螺旋化的过程称作浓缩。DNA缠绕组蛋白，形成DNA-组蛋白复合体——核小体。然后，核小体链折叠，形成环状，最终压缩成染色体。

细胞分裂

8.4.1 细胞周期始于间期，然后是有丝分裂的四个时期：前期、中期、后期和末期。

8.4.2 有丝分裂始于前期。在间期复制了的DNA浓缩成染色体。姐妹染色单体在着丝粒处相连。核仁和核膜消失。中心粒移向细胞的两端。构成纺锤体的微管从两极延伸出来，并与染色体的动粒结合。

- 中期涉及姐妹染色单体沿赤道板的排列。不同的微管分别将姐妹染色单体的动粒连接到两极。
- 后期，动粒分裂，而酶分解黏连蛋白，释放姐妹染色单体。微管缩短，牵拉分离姐妹染色单体，移向两极。
- 末期标志着核分裂的完成。纺锤体微管解体，染色体解螺旋，核膜和核仁重新形成。

8.4.3 有丝分裂后，细胞通过胞质分裂分裂成两个子细胞。动物细胞的胞质分裂涉及细胞在赤道板向内缢缩直到细胞分裂成两个细胞。植物细胞的胞质分裂涉及细胞膜和细胞壁在两极之间的装配，最终形成两个独立的子细胞。

- 许多细胞注定要死亡，有可能在发育时期，或者在细胞分裂一定次数后。

细胞周期调控

8.5.1 细胞周期在三个检验点受到调控。G_1检验点和G_2检验点位于间期，而第三个检验点位于有丝分裂期。在G_1检验点，细胞要么启动分裂，要么进入叫作G_0的休眠期。如果在G_1检验点启动细胞分裂，那么DNA就开始复制，并在G_2检验点接受检查。如果DNA已经准确复制，有丝分裂就会启动。

8.5.2 细胞分裂由被称作生长因子的蛋白质启动。

8.5.3 细胞倍增50次后，在染色体的末端区域，端粒变得太短而不能进行细胞分裂；这有抑制癌症的作用。

癌症与细胞周期

什么是癌症

8.6.1 癌症是细胞的生长性疾病，是失去了对细胞分裂的控制。细胞以不受控制的方式进行分裂，形成一堆细胞，称作肿瘤。当编码细胞周期蛋白的基因如原癌基因和抑癌基因受到损伤，就会导致癌症。

癌症和细胞周期调控

8.7.1 *p53*基因在G_1检验点起重要作用，会检查DNA的状况。如果DNA受到损伤，那么p53蛋白就会阻止细胞分裂，这样损伤的DNA才会被修复。如果DNA不能修复，那么p53蛋白就会引发细胞的解体。当*p53*基因由于突变受到损伤，DNA就不能被检验，而携带损伤DNA的细胞就能继续分裂。更多的DNA突变会累积，最终变成癌细胞（图8.10）。

本章测验

Test Your Understanding

8.1.1（1）原核生物产生新细胞通过______。
a. DNA复制，然后二分裂
b. 核分裂
c. 延长端粒，细胞缢缩成两个
d. 胞质分裂

8.1.1（2）在原核生物中，DNA复制______。
a. 沿两个方向进行，只有一个起始点
b. 沿一个方向进行，只有一个起始点
c. 沿两个方向进行，有多个起始点
d. 沿一个方向进行，有多个起始点

8.2.1（1）真核生物的细胞周期与原核细胞的分裂在以下几个方面有所差别，除了______。
a. 细胞内DNA的数量　　c. 产生基因相同的子细胞
b. DNA的组装方式　　d. 涉及微管

8.2.1（2）在真核生物的细胞周期，DNA的复制发生在______。
a. G_1期　　c. S期
b. M期　　d. T期

8.3.1（1）在真核生物内，遗传物质存在于染色体，______。
a. 生物越复杂，染色体对数越多
b. 许多生物只有一条染色体
c. 大多数真核生物有10～50对染色体
d. 大多数真核生物有2～10对染色体

8.3.1（2）同源染色体______。
a. 也指姐妹染色单体
b. 基因相同
c. 携带同一性状的信息，位于染色体的相同位置
d. 在着丝粒处相连

8.3.2（1）真核生物的染色体由______组成。
a. DNA　　c. 组蛋白
b. 蛋白质　　d. 以上所有

8.3.2（2）为什么细胞中的DNA要进行周期性的变化，从一条双螺旋的长链染色质分子变成一个紧密缠绕的染色体？它的两种结构各有什么优势？

8.3.2（3）核小体是什么？
a. 细胞核的一个区域，存在常染色质
b. 一段DNA缠绕组蛋白
c. 许多染色质环构成的一段染色体
d. 30纳米的染色质纤维

8.4.1（1）在间期，染色体在光学显微镜下是看不见的。它们在哪儿呢？

8.4.1（2）下列关于进入有丝分裂期的真核生物的染色体的论述不正确的是？
a. 它们以两条染色单体的形式进入
b. 它们进入时只有一个着丝粒
c. 它们在光学显微镜下可见
d. 它们的DNA还没有复制

8.4.2（1）在有丝分裂期，当加倍了的染色体排列在细胞中央，这个时期称为______。
a. 前期　　c. 后期
b. 中期　　d. 末期

8.4.2（2）动粒这种结构的作用是______。
a. 连接着丝粒到微管　　c. 辅助染色体浓缩
b. 连接中心粒到微管　　d. 辅助染色体黏合

8.4.3（1）真核生物细胞周期的细胞质的分裂过程被称为______。
a. 前期　　c. 胞质分裂
b. 有丝分裂　　d. 二分裂

8.4.3（2）核分裂也被称作______。
a. 胞质分裂　　c. 染色体分裂
b. 分裂生殖　　d. 有丝分裂

8.5.1（1）细胞周期受什么调控？
a. 一系列检验点　　c. 胞质分裂
b. 核小体和组蛋白　　d. 黏连蛋白

8.5.1（2）为什么你认为细胞周期的三个检验点在相应的位置存在？

8.5.2（1）生长因子作用的第一步是______。
a. 组蛋白解除缠绕
b. 结合细胞表面受体
c. 引发DNA复制
d. 活化蛋白激酶的级联反应

8.5.2（2）为什么一种特殊的生长因子如神经生长因子（NGF）只能促进神经元的生长，而不能促进其他种类细胞如红细胞前体的生长？

8.5.3（1）端粒是______。
a. 完全螺旋化的组蛋白复合体
b. TTAGGG序列重复上千次
c. 染色体的结构中心
d. 动粒的末端

8.5.3（2）“海夫利克极限”是组织培养的细胞在停止增殖前的分裂次数。什么实验方法能用于去除这个限制？

8.6.1（1）当细胞分裂不受调控，而一簇细胞开始不受控制地生长，这就称作______。
a. 突变　　c. 前期
b. 癌症　　d. G_0期

8.6.1（2）原癌基因的突变会导致______。
a. 加速细胞分裂　　c. 抑制原癌基因
b. 加强DNA修复　　d. 减缓细胞分裂

8.7.1（1）细胞*p53*基因的正常功能是______。
a. 作为肿瘤抑制因子的基因
b. 监控DNA损伤
c. 引发DNA不能修复的细胞的解体
d. 以上所有

8.7.1（2）约50%的癌症中，*p53*基因没有损伤。在这些癌症中，一种突变已使______失活。
a. *MDM2*基因　　c. 活化*MDM2*的基因
b. 抑制*MDM2*的基因　　d. 活化*p53*的基因

8.7.1（3）尽管现在我们对癌症有了很多认识，但某些癌症的发生频率仍在增加。非吸烟女性的肺癌就是其中一例。癌症增加的这个问题可能是什么原因？你有何方法？

第 3 单元　生命的延续

9

学习目标

减数分裂

9.1　减数分裂的发现

1　配子与受精卵，单倍体与二倍体，有性生殖与无性生殖

9.2　有性生命周期

1　原生生物、动物和植物的生命周期

2　生殖细胞和体细胞

9.3　减数分裂的过程

1　减数分裂 I 的四个时期

2　减数分裂 II 结束时每条染色体的拷贝数

3　染色体交叉互换的过程，以及它发生的时期和相关要素

比较减数分裂与有丝分裂

9.4　减数分裂与有丝分裂有何不同

1　减数分裂和有丝分裂的不同点

2　联会

3　为什么减数分裂导致染色体数量减少

9.5　性别的进化结果

1　减数分裂产生新遗传组合的三种机制

2　性别在物种进化中的作用

深度观察　为什么要有性别?

调查与分析　当纺锤体形成时，有没有新微管的形成?

减数分裂

和大多数动植物一样，人类进行有性生殖。这就是你诞生的过程：你父亲提供的一个精子与你母亲提供的一个卵子结合，形成一个细胞称为受精卵，它拥有两组染色体。经过反复的有丝分裂，受精卵最终变成你的成体，由数量极其庞大的细胞组成——约有10万亿到100万亿。精子和卵子结合形成你的初始细胞。它们是一种特殊形式的细胞分裂——减数分裂——的产物。本章的主题就是减数分裂。减数分裂要经历两次核分裂，DNA复制发生在第一次分裂前，但在两次分裂之间却不发生复制。当两次减数分裂完成，就会产生四个细胞，每个都只有初始细胞一半的DNA。你是否感到困惑？当生物学家第一次发现减数分裂时，他们就有这种感觉。但愿本章的内容能让你明白。清楚认识减数分裂很重要，因为减数分裂和有性生殖对于产生丰富的遗传多样性很重要。遗传多样性是进化的物质基础。

减数分裂
Meiosis

9.1 减数分裂的发现

减数分裂

学习目标9.1.1 配子与受精卵，单倍体与二倍体，有性生殖与无性生殖

1879年，瓦尔特·弗莱明发现染色体，数年后，比利时细胞学家皮埃尔-约瑟夫·范·贝内登（Pierre-Joseph van Beneden）非常惊讶地发现，**蛔虫**（*Ascaris*）的细胞类型不同，染色体数量也不同。特别是他发现**配子**（gamete，卵细胞和精子）只有两条染色体，而胚胎和成体的体细胞（非生殖细胞）却都有四条。

受精

根据这一发现，范·贝内登在1887年提出，卵子和精子每个都只有其他细胞一半的染色体，它们的染色体正好互补，两者能融合形成一个细胞，称为**受精卵**（zygote）。和所有由它产生的体细胞一样，受精卵的每条染色体都存在两个拷贝。配子融合形成新细胞的过程称为**受精**（fertilization），或称**配子配合**（syngamy）。

即使是早期的研究人员也很清楚，配子形成必须涉及某种机制，使染色体数量减少到其他细胞染色体数量的一半。如果不这样，每次受精后染色体数量就会加倍，而经过一定世代，每个细胞的染色体数量就会变得异常得多。例如，只要10代，人体细胞中的46条染色体就会增加到超过47,000条（46×2^{10}）。

然而，染色体数量并没有如此膨胀，因为存在一种特殊的染色体数量减半的分裂过程——减数分裂。配子形成时就会出现减数分裂，生成染色体数量为正常数量一半的细胞。随后这两种细胞的融合确保了每一代染色体数量的恒定。

有性生命周期

减数分裂和受精两者构成了生殖周期。成体的体细胞存在两组染色体，所以是**二倍体**（diploid，希腊语“di”意为二）细胞，但是配子只存在一组染色体，所以它们是**单倍体**（haploid，希腊语“haploos”意为一）。图9.1显示了两个单倍体细胞：一个精子，有三条源自父本的染色体；一个卵子，有三条源自母本的染色体。两者融合形成一个二倍体的受精卵，它有六条染色体。包含减数分裂和受精的生殖称为**有性生殖**（sexual reproduction）。

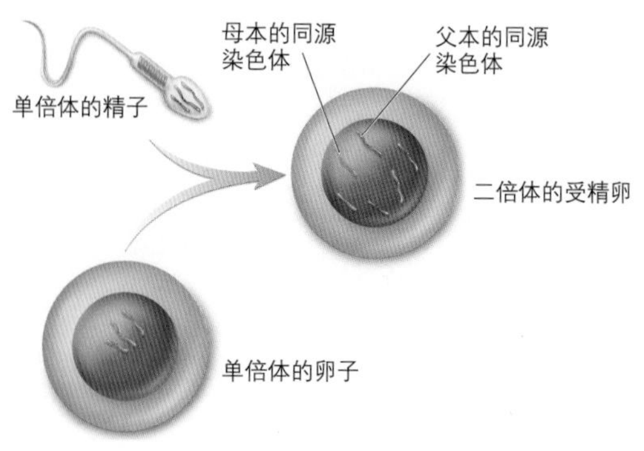

图9.1 二倍体细胞携带源自双亲的染色体
二倍体细胞的每种染色体都有两条，一条母本的单倍体卵子提供的同源染色体，一条父本的单倍体精子提供的同源染色体。

但是，有些生物通过有丝分裂进行生殖，不涉及配子的融合。这些生物的生殖就被称作**无性生殖**（asexual reproduction）。如第8章所示原核生物的二分裂就是无性生殖的一个例子。有些生物既能进行无性生殖，又能进行有性生殖。

关键学习成果 9.1

减数分裂是一个细胞分裂的过程，在配子形成过程中，某些细胞的染色体数量减半。

9.2 有性生命周期

体细胞组织

学习目标9.2.1 原生生物、动物和植物的生命周期

所有有性生殖生物的生命周期遵循相同的基本

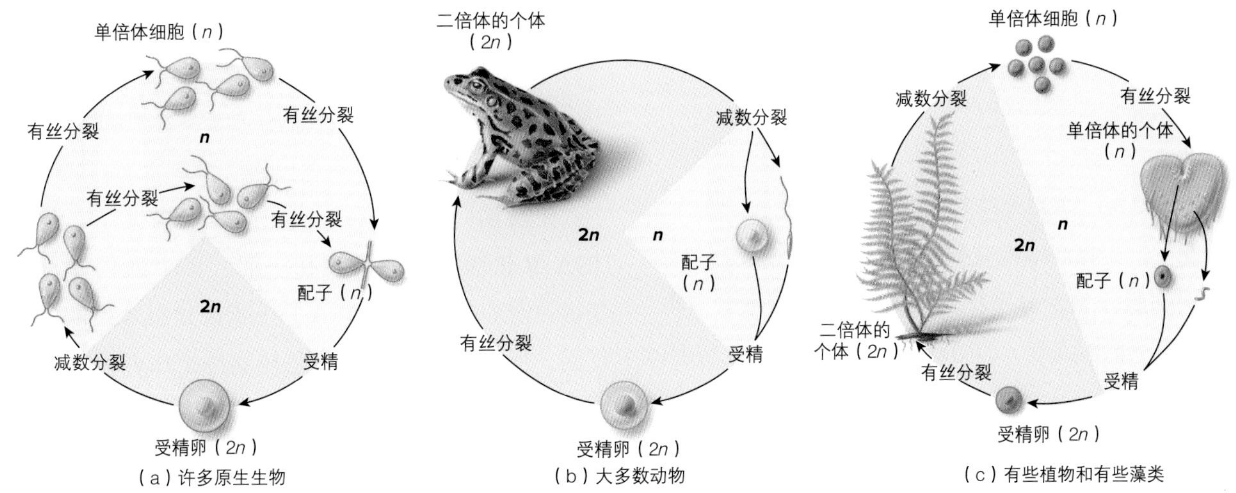

图9.2　有性生命周期的三种类型

对于有性生殖，单倍体细胞或生物与二倍体细胞或生物交替出现。

形式，即在二倍体的染色体数量（图9.2的生命周期的蓝色区域）和单倍体的染色体数量（黄色区域）之间交替。大多数动物通过受精形成二倍体的受精卵，如图9.2（b）所示，受精卵发生有丝分裂。这个二倍体细胞最终产生了图中所示的成蛙的所有细胞。这些细胞称作**体**（somatic）细胞，源自拉丁语的“身体”。每个体细胞与受精卵基因相同。

在单细胞真核生物中，如图9.2（a）所示的原生生物，单个单倍体细胞具有配子一样的功能，能与其他配子细胞融合。在植物中，如图9.2（c）所示的蕨类，减数分裂产生的单倍体细胞发生有丝分裂，形成多细胞的单倍体阶段，见图中的心形结构。这种单倍体阶段的一些细胞最终分化为卵细胞或精子，它们与精子或卵细胞融合后形成二倍体受精卵。

生殖组织

学习目标9.2.2　生殖细胞和体细胞

动物体内最终进行减数分裂产生配子的细胞在发育过程早期就从体细胞中分离了出来。这些细胞常被称作**生殖细胞**（germ-line cell）。体细胞和产生配子的生殖细胞都是二倍体，如图9.3中蓝色箭头所示。体细胞进行有丝分裂形成基因相同的二倍体子细胞。生殖细胞进行减数分裂，产生单倍体配子，如黄色箭头所示。

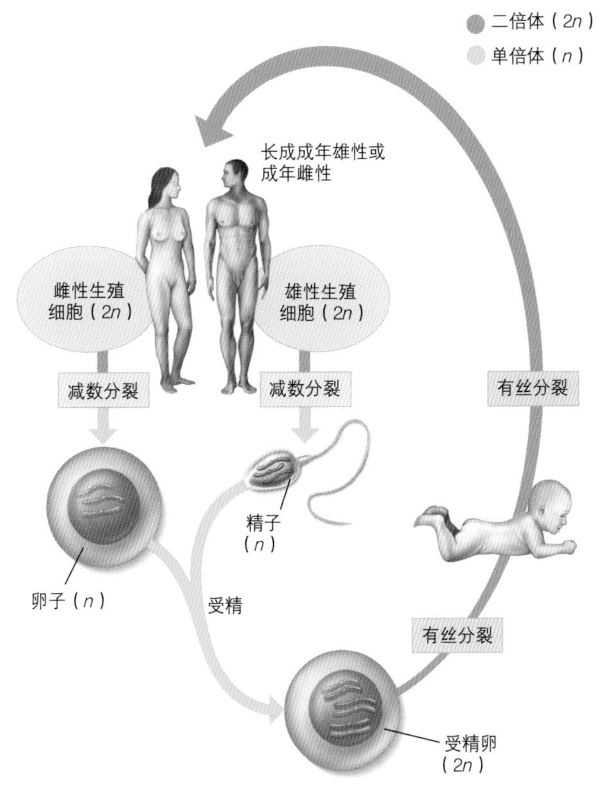

图9.3　动物的有性生命周期

动物在细胞减数分裂完成之后不久，就会发生受精。因此，生命周期的绝大多数时期都处于二倍体阶段。如上，n表示单倍体，而2n表示二倍体。

关键学习成果　9.2

在有性生命周期中，二倍体和单倍体阶段交替出现。

9.3 减数分裂的过程

减数分裂 I

学习目标9.3.1 减数分裂Ⅰ的四个时期

现在，让我们审视减数分裂的过程。减数分裂存在两次细胞分裂，分别称作减数分裂Ⅰ和减数分裂Ⅱ，产生四个单倍体细胞。如同有丝分裂，在减数分裂前，染色体就已完成复制，这个时期称为间期。两次分裂中的第一次分裂称为**减数分裂Ⅰ**（meiosis Ⅰ，如“重要的生物过程：减数分裂”插图的外圈所示），用于分离每对同源染色体的两条染色体；第二次分裂，即**减数分裂Ⅱ**（meiosis Ⅱ，内圈），用于分离每条染色体的两个拷贝——姐妹染色单体（sister chromatid）。因此，当减数分裂结束时，最初的一个二倍体细胞最终形成四个单倍体细胞。因为只有一次DNA复制，而有两次细胞分裂，所以减数分裂使得染色体数量减半。

减数分裂Ⅰ通常分成四个时期：

1. **前期Ⅰ** 每对染色体的两条单体（两条同源染色体）配对，并发生非姐妹染色单体片段的交叉互换。
2. **中期Ⅰ** 染色体排列在赤道板两侧。
3. **后期Ⅰ** 一条同源染色体的两条姐妹染色单体仍结合在一起，移向细胞的一极；而另一条同源染色体移向相反的一极。
4. **末期Ⅰ** 单个的染色体分别聚集在细胞的两极。

在**前期Ⅰ**（prophaseⅠ），在光学显微镜下，随着DNA越来越紧密地缠绕在一起，单个染色体首先变得可见。染色体（DNA）在减数分裂开始前就已复制，所以每条线状的染色体实际上由两条姐妹染色单体组成，它们沿其长度相连［在姐妹染色单体黏连（sister chromatid cohesion）过程中被黏连蛋白结合在一起］，并在着丝粒处结合，这与有丝分裂相同。但是，这时的减数分裂与有丝分裂有所不同。在前期Ⅰ，两条同源染色体并排排列，相互接触，如图9.4所示。就是在这个时候，**染色体交叉互换**（crossing over）开始，同源染色体的两条非姐妹染色单体的DNA发生交换。实际上是两条非姐妹染色单体在相同位置发生断裂，染色体的片段在同源染色体间发生交换，产生一条混合染色体，部分是母本染色体（绿色部分），部分是父本染色体（紫色部分）。两个过程将同源染色体结合在一起：（1）姐妹染色单体黏连；（2）非姐妹染色单体（同源染色体）交换。前期末，核膜消失。

在**中期Ⅰ**（metaphaseⅠ），纺锤体形成，但因为同源染色体相互靠近，排列在一起，所以纺锤丝只

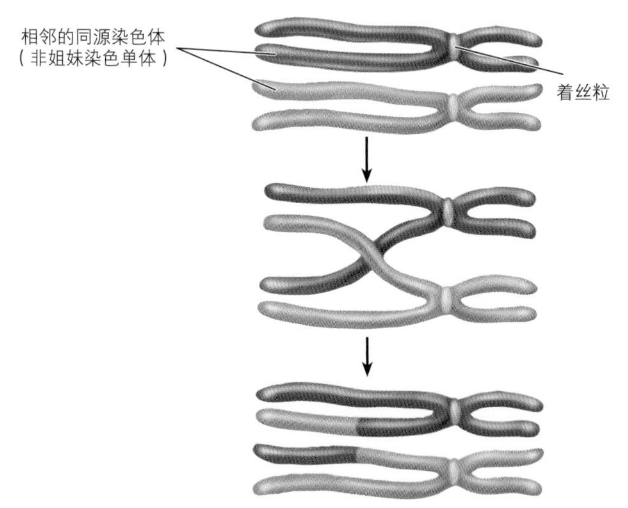

图9.4 染色体交叉互换

两条同源染色体中的一条染色体发生部分交叉互换。在染色体交叉互换期间，相邻的非姐妹染色单体交换染色体的臂或片段。

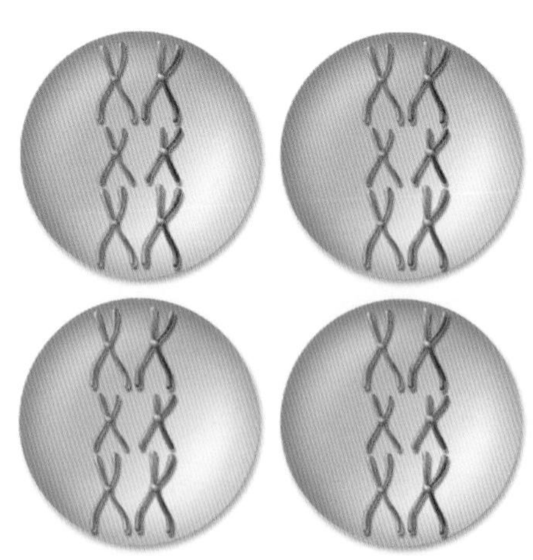

图9.5 自由组合

因为赤道板上的同源染色体排列的位置是随机的，所以才会发生自由组合。这里假设细胞的染色体排列的位置有四种可能。每一种都导致配子具有不同的亲本染色体组合。

能附着每个着丝粒外侧的动粒上。对于每对同源染色体，它们在赤道板上排列的位置是随机的，哪条同源染色体朝向哪一极也是随机的。犹如洗一副牌，有太多种可能的组合——事实上有2的n次幂种可能（n为染色体对数）。例如，假设一个细胞有3对染色体，那么就有8种排列的可能（2^3）。每种排列产生不同亲本染色体的组合。这个过程称作**自由组合**（independent assortment）。图9.5中的染色体沿赤道板排列，但是母本的染色体（绿色的染色体）是在赤道板的右侧还是左侧，完全是随机的。

重要的生物过程：减数分裂

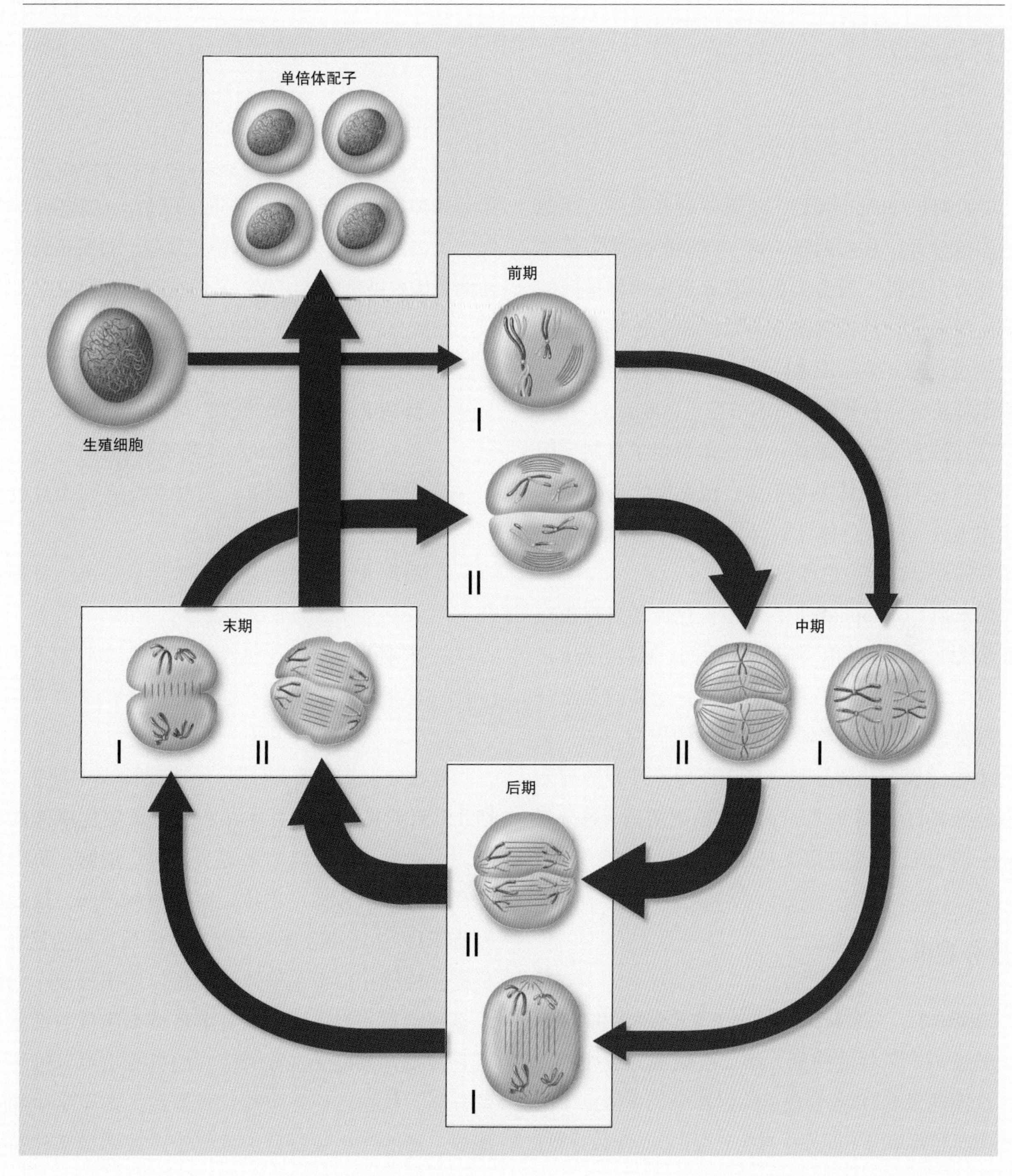

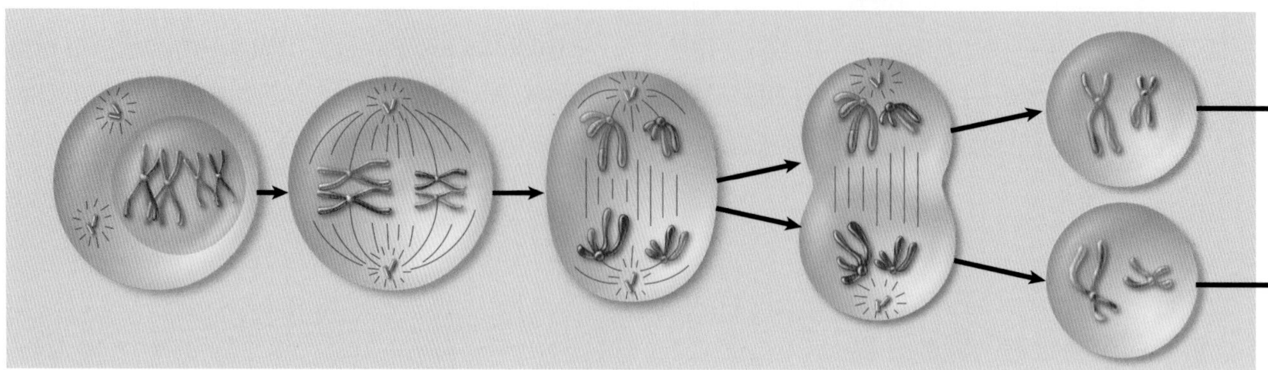
减数分裂Ⅰ
前期Ⅰ
中期Ⅰ
后期Ⅰ
末期Ⅰ
同源染色体进一步浓缩并配对。染色体交叉互换。纺锤丝形成。
微管纺锤丝附着在染色体上。同源染色体对沿赤道板排列。
同源染色体对分离，移向相反的两极。
一组复制的同源染色体到达一极，并开始核分裂。

图9.6　减数分裂

在**后期Ⅰ**（anaphaseⅠ），纺锤体附着完成，同源染色体被分开，移向两极。这一时期的姐妹染色单体没有发生分离。因为染色体在赤道板两侧排列的位置是随机的，所以两极从每对同源染色体获得的染色体也是随机的。后期Ⅰ结束时，每极的染色体数量都是减数分裂开始时细胞中染色体数量的一半。请记住在减数分裂开始前，染色体发生了复制，因此每条存在两条姐妹染色单体，但是姐妹染色单体不能作为独立的染色体计数。与有丝分裂阶段一样，着丝粒的数量决定染色体的数量。

在**末期Ⅰ**（telophaseⅠ），两组染色体各自聚集在一极形成两个染色体组。经过一段时间，减数分裂Ⅱ将会启动。此时，姐妹染色单体分离，这如同有丝分裂。减数分裂可以看作是两个连续的周期，如“重要的生物过程：减数分裂”插图所示。外侧的周期是减数分裂Ⅰ的各个时期，而内侧的周期是减数分裂Ⅱ的各个时期，这会在后文论述。

减数分裂Ⅱ

学习目标9.3.2　减数分裂Ⅱ结束时每条染色体的拷贝数

经过一个短暂的间期，第二次减数分裂即将开始，这期间没有DNA合成。除姐妹染色单体由于交叉互换而导致基因不同外，减数分裂Ⅱ就是减数分裂Ⅰ的产物一次简单的有丝分裂。如图9.6所示——姐妹染色单体的部分臂有两种不同的颜色。在后期Ⅰ结束时，每极都有一个单倍体的染色体组，每条染色体仍由两条姐妹染色单体组成，它们在着丝粒处相连。

减数分裂Ⅱ可以分成四个时期：

1. **前期Ⅱ**　在细胞两极，染色体组进入一个短暂的前期Ⅱ，形成一个新的纺锤体。
2. **中期Ⅱ**　在中期Ⅱ，纺锤丝结合到着丝粒两侧，染色体排列在赤道板上。
3. **后期Ⅱ**　纺锤丝缩短，着丝粒分裂，将姐妹染色单体分开并移向相反的两极。
4. **末期Ⅱ**　最终，核膜在四组子染色体周围再次形成。

减数分裂Ⅱ的四个时期——前期Ⅱ、中期Ⅱ、后期Ⅱ、末期Ⅱ——的主要成果是姐妹染色单体的分离。这次分裂的最终结果是产生四个细胞，每个细胞都拥有单倍体的染色体，而且两两不同，这是因为前期Ⅰ发生了染色体交叉互换。之后，细胞核再次装配，核膜在每组单倍体的染色体周围形成。如同大多数动物一样，这些拥有单倍体细胞核的细胞可以直接发育成配子。或者，它们自身也可以进行有丝分裂，就像它们在植物、真菌和许多原生生物中那样，最终产生数量巨大的配子，或者像某些植物和昆虫那样，产生成体单倍体个体。

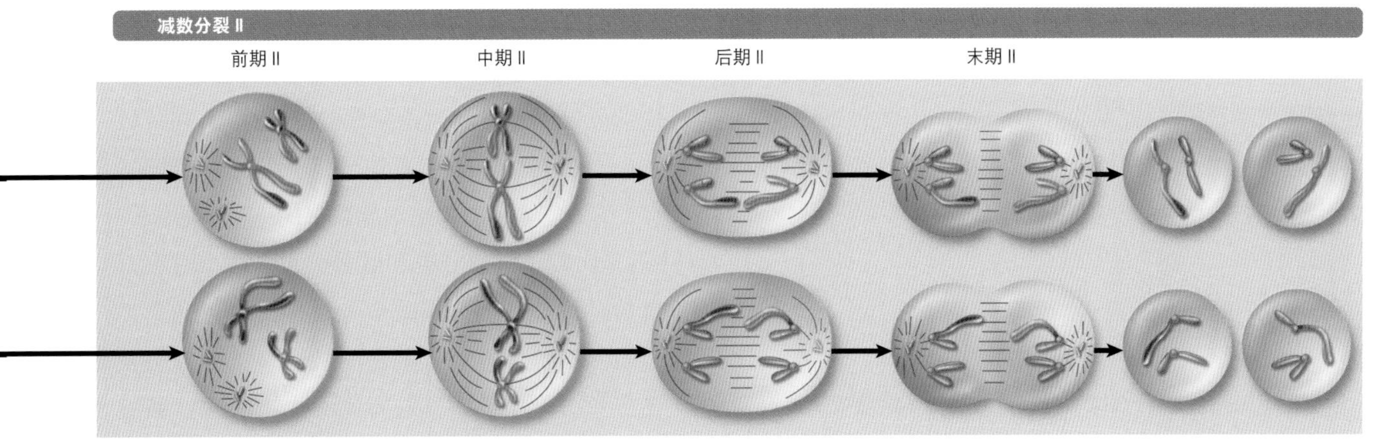

染色体再次浓缩。中心粒（如果存在）之间形成纺锤丝。

微管纺锤丝附着在染色体上。染色体沿着赤道板排列。

姐妹染色单体分离，移向相反的两极。

染色单体到达两极，细胞分裂开始。

细胞分裂结束。每个细胞最终拥有最初染色体数量的一半。

染色体交叉互换的重要作用

学习目标9.3.3 染色体交叉互换过程，以及它发生的时期和相关要素

如果你仔细思考，减数分裂的关键是每条染色体的姐妹染色单体在第一次分裂时不发生相互分离。为什么不分离呢？是什么阻止了微管附着在它们之上，并将它们拉向细胞的两极，如同之后减数分裂Ⅱ时最终发生的那样？答案就在减数分裂Ⅰ早期发生的染色体交叉互换中。通过交换片段，两条同源染色体被DNA链紧紧系在一起。正是因为微管只能附着在每条同源染色体的一侧，所以它们不能将两条姐妹染色单体分离！试想两个人正在面对面紧贴着跳舞——你能在每个人腰带的背部系上绳子，但是你不能在他们腰带扣处系上绳子，因为这两位舞者面对面靠得太近。与此相似，微管不能附着在同源染色体的内侧，因为染色体交叉互换将同源染色体如两位舞伴一样紧紧结合在一起。

关键学习成果 9.3

在减数分裂Ⅰ，同源染色体分别移向细胞的两极。减数分裂Ⅱ结束时，四个单倍体细胞中的每一个都只有一组染色体的一个拷贝，而不是两个拷贝。由于染色体交叉互换，没有哪两个细胞是完全相同的。

比较减数分裂与有丝分裂
Comparing Meiosis and Mitosis

9.4 减数分裂与有丝分裂有何不同

学习目标9.4.1 减数分裂和有丝分裂的不同点

虽然真核生物的减数分裂的详细细节有所不同，但是具有两个不变的特征：联会和减数的分裂。在第8章已经讲过，这两个独特的特征正是减数分裂与有丝分裂最重要的区别。

联会

学习目标9.4.2 联会

减数分裂的第一个特征出现在第一次核分裂的初期。如前所述，染色体复制之后，同源染色体配对，姐妹染色单体也由黏连蛋白结合在一起。随着同源染色体发生物理联结，它们之间的一个或多个位点还会发生基因交换。形成这种同源染色体复合物的过程称为**联会**（synapsis），而配对的同源染色体之间的交换过程称为染色体交叉互换。图9.7（a）揭示了同源染色体如何紧密联结，使得它们能交换DNA的片段。然后，染色体被拉到分裂细胞的赤道板，随后，同源染色体被微管拉开，移向细胞的两极。这个过程结束后，每极的染色体组拥有每对同源染色体中的一条。每极是一组单倍体，只有最初二倍体细胞染色体数量的一半。在第一次分裂时，姐妹染色单体并没有发生相互分离，因此每条同源染色体仍由两条姐妹染色单体组成，两者在着丝粒处相连，仍被认为是一条染色体。

减数的分裂

学习目标9.4.3　为什么减数分裂导致染色体数量减少

减数分裂的第二个独特的特征是在两次分裂之间，同源染色体不进行复制，因此在减数分裂Ⅱ中的染色体分离使姐妹染色单体进入不同的子细胞中。

大多数情况下，减数分裂Ⅱ与正常的有丝分裂相同。但是，因为染色体交叉互换发生在减数分裂Ⅰ，所以减数分裂Ⅱ中的姐妹染色单体是不同的。而且，减数分裂Ⅱ初的每个细胞只有一半的染色体，因为那里只有每对同源染色体中的一条。图9.7（b）揭示了减数分裂是如何发生的。图中的二倍体细胞拥有4条染色体（2对同源染色体）。减数分裂Ⅰ后，细胞只有2条染色体（请记住要数**着丝粒**的数量，因为姐妹染色单体不被认为是独立的染色体）。在减数分裂Ⅱ中，虽然姐妹染色单体分离，但是每个配子仍只有2条染色体，即生殖细胞数量的一半。

图9.8比较了有丝分裂和减数分裂。两个过程都始于二倍体细胞，但是在减数分裂中有染色体交叉互换，同源染色体配对排列在减数分裂Ⅰ的赤道板上。在有丝分裂中，着丝粒排列在赤道板上，而且只发生一次核分裂。这些差别导致减数分裂产生单倍体细胞，而有丝分裂产生二倍体细胞。

关键学习成果　9.4

在减数分裂中，同源染色体紧密结合，而且在两次核分裂之间不发生复制。

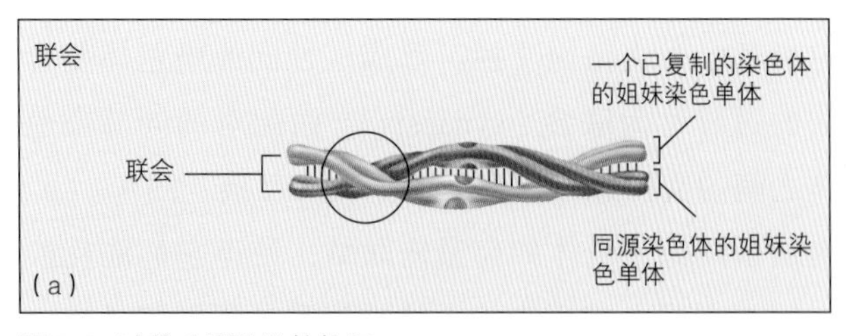

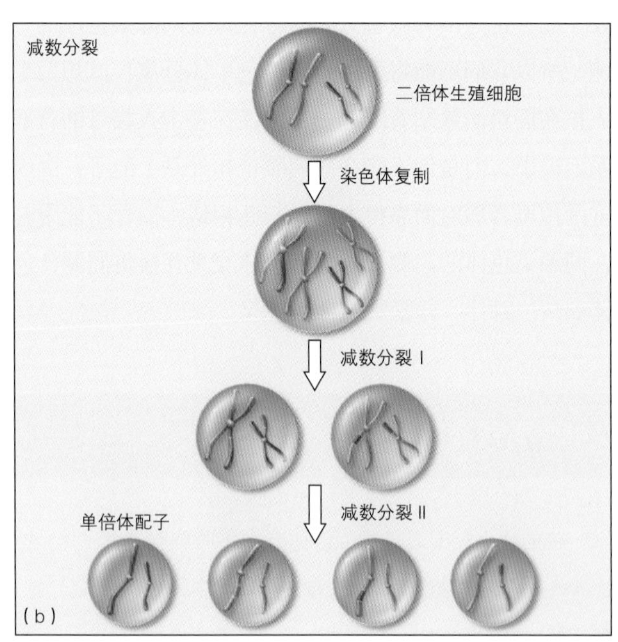

图9.7　减数分裂的独特特征

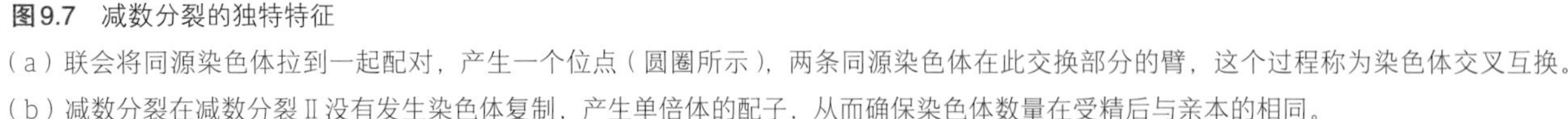
（a）联会将同源染色体拉到一起配对，产生一个位点（圆圈所示），两条同源染色体在此交换部分的臂，这个过程称为染色体交叉互换。（b）减数分裂在减数分裂Ⅱ没有发生染色体复制，产生单倍体的配子，从而确保染色体数量在受精后与亲本的相同。

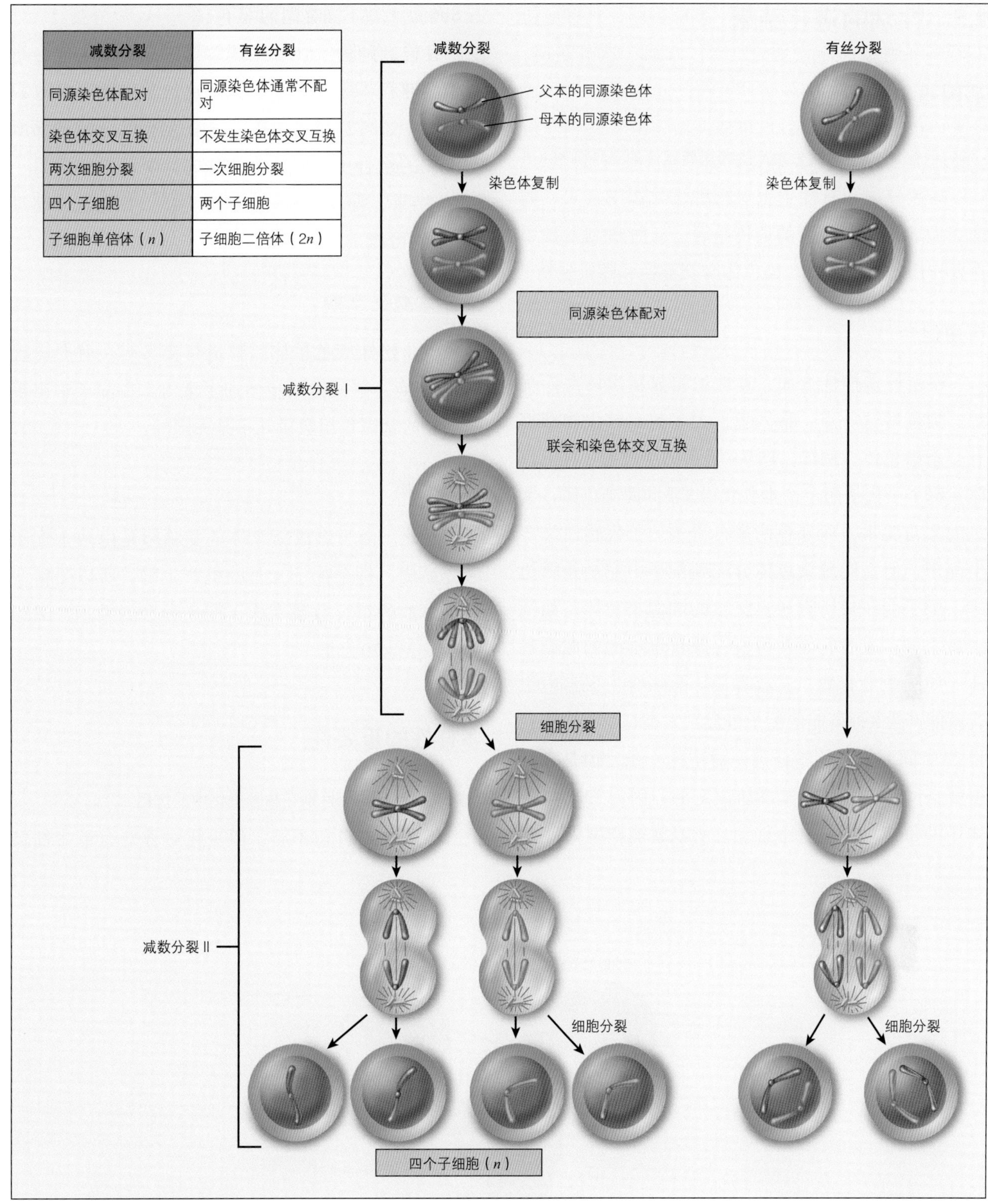

减数分裂	有丝分裂
同源染色体配对	同源染色体通常不配对
染色体交叉互换	不发生染色体交叉互换
两次细胞分裂	一次细胞分裂
四个子细胞	两个子细胞
子细胞单倍体（n）	子细胞二倍体（$2n$）

图9.8 减数分裂和有丝分裂的比较

减数分裂与有丝分裂有多个关键不同，图中以橙色框突出表示。减数分裂包括两次分裂，两次分裂之间不发生DNA复制。减数分裂因此产生四个子细胞，每个子细胞只有最初染色体数量的一半。而且，在减数分裂前期Ⅰ发生了染色体交叉互换。有丝分裂在DNA复制后，只发生一次核分裂。因此，有丝分裂只产生两个子细胞，每个子细胞的染色体数量与最初的相同，它们与亲代细胞的基因相同。

9.5 性别的进化结果

基因重组的机制

学习目标9.5.1 减数分裂产生新遗传组合的三种机制

减数分裂和有性生殖对物种进化影响巨大，因为它们能快速产生新的遗传组合。三种机制发挥了重要作用：自由组合、染色体交交互换和随机受精。

自由组合

在遗传多样性方面，有性生殖显示出巨大的优势。为理解这一点，请回想，大多数真核生物都拥有多条染色体。例如，图9.9所示的生物有3对染色体，每个子代从两个亲本各获得3条同源染色体，紫色的来自父本，而绿色的来自母本。子代转而又产生配子，但是同源染色体分配到配子中完全是随机的。配子能获得所有源自父本的同源染色体，如图中最左侧；或者它能获得所有源自母本的同源染色体，如图中最右侧；又或者是任意组合。仅自由组合就能产生8种可能的配子组合。人类每个配子能获得23对同源染色体中任意一对中的一条，但是它获得哪条同源染色体却是随机决定的。因为23对染色体中的每一对都能自由移动，所以就能产生2^{23}（超过800万）种不同类型的配子。

有位老师为了让学生理解这一点，他说他会给学生的课程等级为“A”，只要这位学生能写出抛23次硬币（如同23条自由移动的染色体），正反两面所有可能的组合（如同染色体移向一极还是移向另一极）。结果，没有一位学生赢得“A”，因为这有超过800万种可能。

染色体交叉互换

当非姐妹染色单体的臂进行交叉时，就会出现DNA交换，这又进一步增加了重组。在配子中出现的可能的基因重组数量几乎是无限的。

随机受精

此外，由于形成新个体的受精卵是由两个配子融合而成，每个配子又是随机产生的，所以受精使最终可能的组合数量变成了配子种数的乘积，大约为$2^{23} \times 2^{23}$≈70万亿。

多样性的重要性

学习目标9.5.2 性别在物种进化中的作用

虽然有点自相矛盾，但进化过程既有革命性又

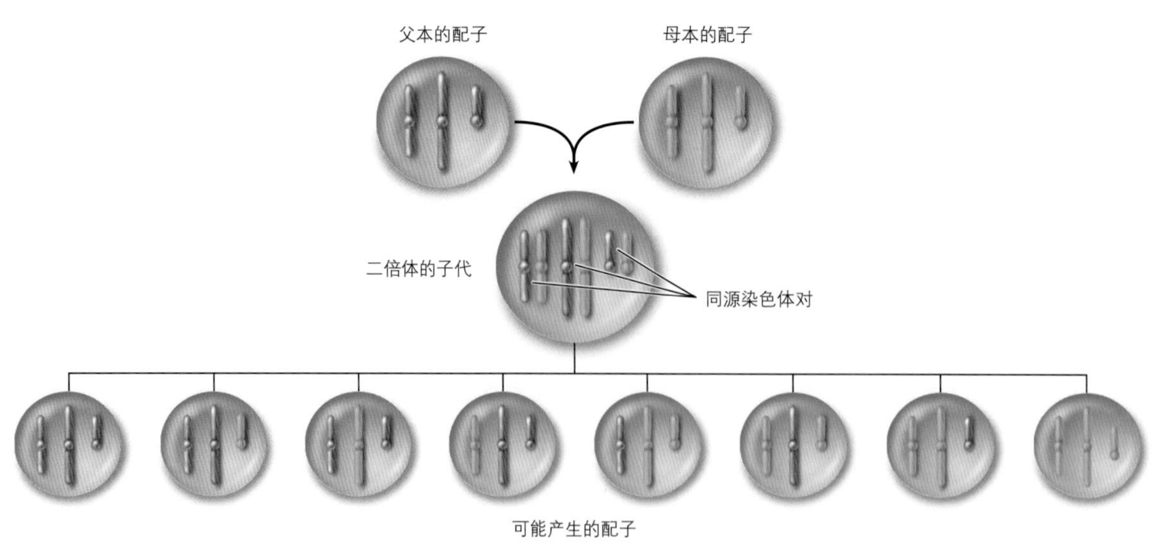

图9.9 自由组合增加了遗传的变异性

自由组合将新的基因组合传递给下一代，因为染色体在赤道板上排列的位置是随机的。此处所示的细胞有3对染色体，它们能产生8种不同的配子，每个都有亲代染色体的不同组合。

有保守性。革命性是因为进化的节奏因基因重组而加速，多数是由于有性生殖。保守性是因为选择并不总是有利于改变，反而有可能保留现存的基因组合。这些保守性的压力在某些无性生殖生物中非常强，它们不能自由运动，并且生活在一种特殊的环境中。另外，在脊椎动物中，进化的优势似乎正是它的多样性，而有性生殖是最主要的生殖模式。

关键学习成果 9.5

通过减数分裂中期Ⅰ的自由组合、前期Ⅰ的染色体交叉互换和随机受精，有性生殖增加了遗传的变异性。

为什么要有性别?

不是所有生殖都是有性生殖。在**无性生殖**中，个体遗传了单个亲本的所有染色体，因此它的遗传物质与其亲本相同。原核细胞进行无性生殖，以二分裂的方式产生两个子细胞，它们具有相同的遗传物质。

除在压力条件下外，大多数原生生物也进行无性生殖；然后它们转向有性生殖。在植物和真菌中，无性生殖非常普遍。

在动物中，无性生殖通常涉及局部细胞团的出芽，它们能经过有丝分裂形成新个体。

即使在减数分裂和配子产生时，仍可能有无性生殖。**孤雌生殖**（parthenogenesis）是指从一个未受精的卵发育为成体，它是节肢动物的一种普遍的生殖方式。例如，在蜜蜂中，受精卵发育成二倍体雌蜂，而未受精的卵发育成单倍体的雄蜂。孤雌生殖甚至还出现在脊椎动物中。有些蜥蜴、鱼类和两栖动物能以这种方式进行生殖，它们未受精的卵经有丝分裂的核分裂，而不是细胞质分裂，形成一个二倍体细胞，然后发育成一个成体。有些植物，如山柳菊、蒲公英和黑莓，也存在一个类似于孤雌生殖的过程，称为无融合生殖（apomixis）。

如果生殖可以在没有性别的情况下发生，那么为什么会有性别区分呢？这个问题引起了相当多的讨论，特别是在进化生物学家中。对于群体或物种而言，性别具有巨大的进化优势，它们受益于减数分裂期间染色体随机排列和染色体交叉互换而产生的多样性。然而，进化的发生是因为个体生存和生殖水平的变化，而不是种群水平的变化，并且参与有性繁殖的个体后代没有明显的优势。事实上，重组对进化既有毁灭性，又有建设性。减数分裂时染色体的分离会破坏有益的基因组合，甚于产生新的适应性更好的组合。结果，有性生殖产生一些多样性高的子代，其适应性却不如它们的亲代。事实上，一个个体生物的适应性越复杂，重组越不可能改善这种适应性，反而更有可能破坏这种适应性。因此，了解一个适应良好的个体从参与有性生殖中获得了什么是一个难题，因为如果该个体只是无性生殖，其所有子代就能保留有利的基因组合。

DNA修复假说　有些遗传学家认为，性别的出现是因为只有二倍体细胞才能有效修复某些染色体损伤，特别是DNA双链断裂。辐射和细胞内的化学反应都能诱导这些断裂。随着生物变得越大、越长寿，修复这些损伤对它们来说就显得更重要了。联会发生在减数分裂早期，使同源染色体精确配对，这可能就是最初作为修复DNA双链损伤的机制进化而来的。没有损伤的同源染色体能作为模板用于修复损伤的染色体。一个短暂的二倍体阶段为这种修复提供了机会。在酵母中，使染色体双链断裂修复系统失活的突变也会阻止染色体交换，这表明联会和修复过程都有一个共同的机制。

穆勒棘轮效应　遗传学家赫尔曼·穆勒（Hermann Muller）于1965年提出一种观点，无性种群包含一种突变棘轮机制，一旦产生有害突变，无性种群就无法将它们消灭，而它们就会随着时间推移而累积，如同转动一片棘轮。另外，有性种群能利用重组产生携带较少突变的个体，选择则有利于这种突变。性别可能正是使突变减负的一种方式。

红皇后假说　性别的一个进化优势可能是使种群能“储存”不同形式的性状，虽然它们现在是不利的，但是有可能在将来的某个时刻重新发挥作用。由于种群受到不断变化的物理和生物环境的约束，选择会持续抵制这些性状。但是对于有性物种，选择不能去除那些被显性性状庇护的突变体。

因此，大多数有性物种的进化在大多数时间都能适应永恒变化着的物理和生物环境的约束。这种“跑步机进化”有时也被称为“红皇后假说”，以刘易斯·卡罗尔（Lewis Carroll）的《爱丽丝镜中奇遇记》（*Through the Looking Glass*）中的红心皇后命名，她告诉爱丽丝：“此时此地，你看，只有拼命奔跑，才能保持原地不动。”

调查与分析
INQUIRY & ANALYSIS

当纺锤体形成时，有没有新微管的形成？

在减数分裂开始之前的细胞间期，有相对较少长的微管从中心体（围绕动物细胞中心粒的区域，它是微管的装配部位）延伸向细胞边缘。像大多数微管一样，这些微管通过再合成以较低的速率更新。但是，在前期末，出现了显著变化——中心体一分为二，从每个子中心体辐射出的微管的数量大幅增加。微管装配爆发的标志是前期和中期纺锤体形成开始。当细胞生物学家最初认识到这点时，他们提出了疑问——这些微管是先前就存在然后再定位到纺锤体的，还是在中期开始前才新合成的？

右侧的曲线图显示了一个实验的结果，这个实验就是为了回答刚才的问题。培养中的哺乳动物细胞（**培养中的**细胞生长在实验室的人工培养基中）被注入由荧光染料（**荧光染料**是一种物质，当暴露于紫外线或短波长可见光时，它就会发光）标记的微管亚单位（微管蛋白）。当荧光标记的亚单位混入细胞的微管中后，细胞中一小块区域的所有荧光物质都被强激光漂白，从而破坏此处的微管。随后漂白区域的微管重构就必定会用到细胞中存在的荧光标记的亚单位，导致漂白区域荧光的恢复。此图描述了这种恢复是细胞间期和中期时间的函数。虚线表示荧光恢复50%的时间（$t_{1/2}$）（换言之，$t_{1/2}$是重新合成区域中一半微管所需的时间）。

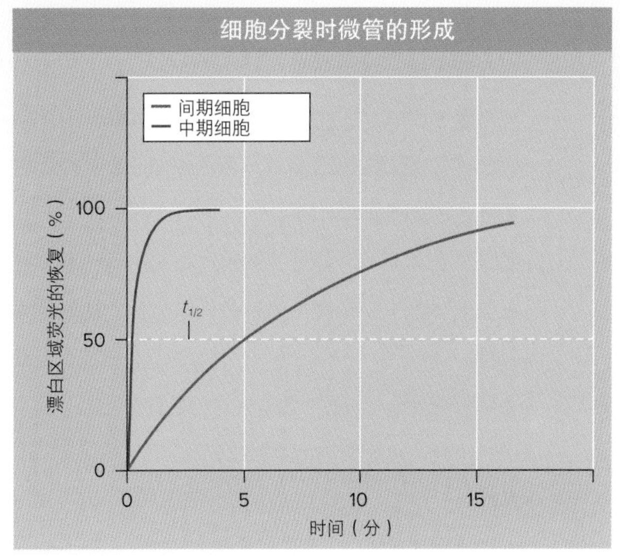

分析

1. **应用概念**

   a. **变量**　图表中，什么是因变量？

   b. $t_{1/2}$　新微管是否在间期合成？其替代合成的$t_{1/2}$是何时？新微管是否在中期合成？其替代合成的$t_{1/2}$是何时？

2. **解读数据**　间期和中期的微管合成速率是否有差别？有多大差别？可能是什么原因？

3. **进行推断**

   a. 关于减数分裂前和减数分裂期间微管合成的相对速率，能得出什么普遍观点？

   b. 如果这个实验继续进行15分钟，微管合成的最终数量是否会有所不同？

4. **得出结论**　纺锤体微管何时装配？

5. **进一步分析**　细胞分裂结束后，纺锤体就会解体。设计一个实验，验证减数分裂后纺锤体微管的微管蛋白亚单位是回收到细胞的其他成分中，还是被分解。

本章回顾

Reviewing What You Have Learned

减数分裂

减数分裂的发现

9.1.1 在有性生殖的生物中，雄性的配子与雌性的配子发生融合的过程称为受精，或配子融合。配子的染色体数量必须减半，才能维持子代染色体数量的正确（图9.1）。通过被称作减数分裂的细胞分裂过程，生物才达成这种状态。

- 每条染色体有两个拷贝的细胞称为二倍体细胞。每条染色体只有一个拷贝的细胞，如配子，是单倍体细胞。
- 虽然有性生殖与减数分裂有关，但是有些生物也发生无性生殖，通过有丝分裂或二分裂。

有性生命周期

9.2.1 有性生命周期的二倍体和单倍体阶段交替出现，每个阶段的时间有所不同。有性生命周期有三种类型：对于许多原生生物，生命周期的大部分时期都处于单倍体阶段；对于大多数动物，生命周期的大部分时期都处于二倍体阶段；对于植物和有些藻类，生命周期的单倍体和二倍体阶段要更均等。

9.2.2 生殖细胞是二倍体，能产生单倍体配子。体细胞不能产生配子。

减数分裂的过程

9.3.1 减数分裂包括两次核分裂，减数分裂Ⅰ和减数分裂Ⅱ，每次分裂都有前期、中期、后期和末期。和有丝分裂一样，DNA复制发生在间期，减数分裂开始前。

- 在减数分裂前期Ⅰ，同源染色体通过交叉互换遗传物质。在此期间，同源染色体并行排列，同源染色体的片段发生物质交换，如图9.4所示。这能重组染色体的遗传信息。
- 中期Ⅰ，纺锤体的微管附着在同源染色体的着丝粒上，配对的染色体排列在赤道板上。染色体的排列是随机的，导致染色体自由组合进入配子。
- 同源染色体在后期Ⅰ分离，被纺锤体拉向两极。这不同于有丝分裂，并且在之后的减数分裂Ⅱ，姐妹染色单体才在后期分离。
- 末期Ⅰ，染色体聚集在两极。这之后就是减数分裂Ⅱ。

9.3.2 减数分裂Ⅱ与有丝分裂一样，在前期Ⅱ、中期Ⅱ、后期Ⅱ和末期Ⅱ，发生姐妹染色单体分离。减数分裂Ⅱ与有丝分裂也有所不同，在减数分裂Ⅱ之前不发生DNA复制。同源染色体对在减数分裂Ⅰ发生分离，所以末期Ⅱ形成的每个子细胞，如图9.6所示，仅有半数的染色体。此外，减数分裂Ⅱ结束时的子细胞中的染色体基因并不相同，因为存在染色体交叉互换。

9.3.3 因为前期Ⅰ的联会，同源染色体的臂靠得非常近，所以它们才能进行染色体交叉互换。联会也阻挡了内侧的动粒附着到纺锤体上。因此，姐妹染色单体在减数分裂Ⅰ不分离。

比较减数分裂与有丝分裂

减数分裂与有丝分裂有何不同

9.4.1 减数分裂与有丝分裂的两个不同之处是联会时的染色体交换和最终染色体数量减半。

9.4.2 当前期Ⅰ的同源染色体相互靠近时，它们沿其长度结合，这个过程称为联会。有丝分裂没有联会。在联会时，同源染色体的片段会在交叉处发生交换。染色体交叉互换导致子细胞与亲代细胞或子细胞之间基因不同。相反，有丝分裂产生的子细胞与亲代细胞或子细胞之间基因相同。

9.4.3 在减数分裂中，由于分裂后染色体数量减少，子细胞拥有亲代细胞染色体数量的一半。如图9.7（b）所示，分裂后染色体数量减少是因为减数分裂有两次分裂，但DNA只在间期复制一次。

性别的进化结果

9.5.1 有性生殖通过自由组合、染色体交叉互换和随机受精，使之后的子代出现遗传变异。自由组合导致染色体分配到配子中，从而产生多种不同的组合。染色体交叉互换使配子产生更多遗传变异，所以基因组合几乎是无限的。

9.5.2 两个配子的融合产生了新的基因组合，这种组合是随机产生的，它进一步增加了遗传多样性。

本章测验

Test Your Understanding

9.1.1（1）卵子和精子融合形成新的个体。为避免新个体拥有2倍于亲代的染色体数量，______。

a.新个体一半的染色体迅速解体，留下正确的数量

b.卵子的一半染色体和精子的一半染色体从新细胞排出

c.大的卵子拥有所有的染色体，微小的精子仅贡献一些DNA

d.由于减数分裂，卵子和精子的染色体数量只有亲代的一半

9.1.1（2）人的染色体是二倍体，有46条。单倍体有______条。

a.138　　c.46

b.92　　d.23

9.2.1（1）在拥有有性生命周期的生物中，有段时期有______。

a.$1n$配子（单倍体），然后是$2n$的受精卵（二倍体）

b.$2n$配子（单倍体），然后是$1n$的受精卵（二倍体）

c.$2n$配子（二倍体），然后是$1n$的受精卵（单倍体）

d.$1n$配子（二倍体），然后是$2n$的受精卵（单倍体）

9.2.1（2）在许多生物中，生命周期的单倍体阶段是主要的，成体是单倍体，只有一个短暂的二倍体阶段。没人会认为这些生物的单倍体个体没有生命。那么你该如何论证这点，或者如何论证人类单倍体的精子和卵子没有生命？

9.2.2　比较体细胞和配子，体细胞是______。

a.二倍体，只有一组染色体

b.单倍体，只有一组染色体

c.二倍体，有两组染色体

d.单倍体，有两组染色体

9.3.1（1）下列哪个出现在减数分裂Ⅰ？

a.所有染色体复制

b.同源染色体在赤道板上随机排列，这称为自由组合

c.复制的姐妹染色单体分离

d.原始细胞分裂成四个二倍体细胞

9.3.1（2）一种生物在二倍体阶段有56条染色体。说出下列各期都有几条染色体，并解释原因。

a.体细胞　　c.中期Ⅱ

b.中期Ⅰ　　d.配子

9.3.1（3）为什么姐妹染色单体在中期Ⅰ，不像有丝分裂时一样发生分离？

9.3.2（1）下列哪项发生在减数分裂Ⅱ？

a.所有染色体复制

b.同源染色体随机分离，即自由组合

c.复制的姐妹染色单体分离

d.产生基因相同的子细胞

9.3.2（2）减数分裂Ⅱ与有丝分裂有何不同？

a.姐妹染色单体仍通过着丝粒连接

b.后期Ⅱ，姐妹染色单体不分离

c.中期Ⅱ，纺锤丝附着到着丝粒上

d.在前期Ⅱ开始时，姐妹染色单体基因不同

9.3.3　染色体交叉互换始于减数分裂哪个时期？

a.前期Ⅰ　　c.中期Ⅱ

b.后期Ⅰ　　d.间期

9.4.1（1）有丝分裂产生______，而减数分裂产生______。

a.与亲代细胞基因相同的细胞；单倍体细胞

b.单倍体细胞；二倍体细胞

c.4个子细胞；2个子细胞

d.染色体数量只有亲代细胞一半的细胞；染色体数量不同的细胞

9.4.1（2）减数分裂与有丝分裂的不同包括减数的分裂和______。

a.着丝粒复制　　c.姐妹染色单体

b.联会　　d.子细胞

9.4.2（1）由于联会这一过程，______。

a.同源染色体对分离，移向两极

b.同源染色体交换染色体物质

c.同源染色体沿其长度紧密结合

d.子细胞拥有亲代细胞染色体数量的一半

9.4.2（2）由于染色体交叉互换，______。

a.同源染色体交换到达细胞相反的两极

b.同源染色体交换染色体物质

c.同源染色体沿其长度紧密结合

d.动粒纤维附着到着丝粒的两侧

9.4.3（1）下列哪项不是减数分裂的独特特征？

a.同源染色体配对和遗传物质的交换

b.纺锤体微管附着到姐妹染色单体的动粒上

c.姐妹染色单体移向同一极

d.抑制DNA复制

9.4.3（2）在减数分裂中，什么减少了？

a.染色体数量　　c.同源染色体数量

b.着丝粒数量　　d.以上所有

9.5.1（1）下列哪项不会导致遗传多样性？

a.自由组合　　c.减数分裂Ⅱ的中期

b.重组　　d.减数分裂Ⅰ的中期

9.5.1（2）比较自由组合和染色体交叉互换。哪个对遗传多样性影响更大？

9.5.1（3）人类有23对染色体——22对对性别决定没有作用，还有一对XX（雌性）或XY（雄性）染色体。不考虑染色体交叉互换的影响，你的卵子或精子中，来自你母亲的染色体的比例有多少？

9.5.2（1）性别和减数分裂的重要结果是物种______。

a.基本不变，因为染色体精确复制，并传递给子代

b.在减数分裂Ⅱ，发生基因重组

c.在减数分裂Ⅰ，发生基因重组

d.在末期Ⅱ发生基因重组

9.5.2（2）由于性别的存在，可能的基因组合的数量______。

a.翻倍　　c.减半

b.不受影响　　d.几乎无限

学习目标

孟德尔

10.1　孟德尔和豌豆

1　奈特和孟德尔的实验

2　豌豆被奈特和孟德尔用于研究的四个优点

3　孟德尔的实验设计

10.2　孟德尔观察到了什么

1　两个相对性状杂交后，孟德尔观察到了什么

2　在孟德尔的杂交实验中，F_2个体中杂合子的比例是多少

10.3　孟德尔提出一个理论

1　孟德尔理论的五个假设

2　如何利用庞纳特方格预测杂交实验中子代的基因型

3　测交如何验证显性性状的基因型

10.4　孟德尔定律

1　孟德尔第一定律

2　孟德尔第二定律

从基因型到表现型

10.5　基因如何影响性状

1　个体的基因型如何决定其表现型

2　基因突变在进化中的作用

10.6　有些性状不表现孟德尔遗传

1　掩盖孟德尔分离的五种因素及每种的原理

2　显性和共显性

3　在没有DNA改变的情况下，表现型的变化如何遗传

今日生物学　环境能否影响I.Q.?

染色体与遗传

10.7　染色体是孟德尔遗传的载体

1　遗传的染色体理论

2　摩尔根对白眼果蝇的惊人发现

3　白眼突变的遗传怎么证明遗传的染色体理论

10.8　人类染色体

1　遗传学能向我们揭示关于我们自身和家庭的哪些信息

2　核型

3　非整倍体和不分离

4　克兰费尔特综合征和特纳综合征

今日生物学　Y染色体——男性真正不同之处

人类遗传性疾病

10.9　系谱研究

1　分析人类系谱的三个问题

2　红绿色盲的系谱

10.10　突变的作用

1　明显与重大人类基因疾病有关的系谱

10.11　遗传咨询和治疗

1　遗传学家检测羊膜腔穿刺术取得细胞的哪三方面特征

2　SNP

调查与分析　为什么羊毛状发会在家族中传递?

遗传学基础

在豌豆荚中，你可以看到能长成下一代植物的种子的轮廓。虽然种子看起来相似，但是它们生长出来的豌豆植株可能明显不同。因为产生种子的配子提供了两个亲本的染色体，产生“洗牌效应”，导致子代植株既有一个亲本的某些特征，又有另一个亲本的某些特征。大约 150 年前，格雷戈尔·孟德尔（Gregor Mendel）首次描述了这一过程，当时还没有人知道基因或染色体是什么。现在，我们对遗传过程有了相当详细的了解，并且可以开始设计方法来治疗人类生殖组织中特定基因受损时出现的某些疾病。本章将介绍孟德尔用豌豆所做的实验。与他之前的研究人员不同，孟德尔仔细计数了实验过程中产生的各种豌豆植株的数量，并通过对结果的分析，发现了一种优美的简明规律。他提出的用以解释这种现象的理论已经成了生物学最重要的原理之一。

孟德尔
Mendel

10.1 孟德尔和豌豆

在你出生时，你的很多特征与你母亲或父亲相似。这种性状从亲代传递给子代的趋势被称为**遗传**（heredity）。性状（trait）是不同形式的特征，或遗传特性。遗传是怎么发生的？在发现DNA和染色体之前，这个谜团是科学界最大的谜团之一。一个多世纪前，格雷戈尔·孟德尔发现了破解遗传之谜的钥匙，当时他是奥地利修道院的一位修道士。通过将不同豌豆植株杂交，孟德尔观察到了一些现象，据此提出了一个简单而有力的假说。这个假说能准确预测遗传规律——多少子代与一个亲代相似，多少子代与另一个亲代相似。当孟德尔法则，如第1章介绍的遗传理论，被广泛知晓时，全世界的研究人员开始寻找它们的物理机制。他们知道遗传性状是儿童从父母亲那里获得的DNA精确设置的指令。孟德尔对遗传之谜的解释是探索之旅的第一步，也是科学史上最伟大的智慧成就之一。

对遗传的早期认识

学习目标10.1.1 奈特和孟德尔的实验

孟德尔并不是第一个试图用豌豆杂交实验来探索遗传的人。在他之前100多年，英国农场主已经采用了相似的杂交方法，并获得了与孟德尔实验类似的结果。他们发现，两种不同类型——高植株和矮植株——杂交，一种类型在下一代中会消失，再下一代才会重新出现。例如在18世纪90年代，英国农场主T. A.奈特（T. A. Knight）将不同种类——开紫色花和开白色花——的豌豆进行杂交。杂交后的所有子代全都开紫色花。但是，如果这些子代进行杂交，它们的子代就会有些开紫色花，有些开白色花。虽然奈特注意到了紫色比白色出现的“趋势更强”，但是他没有统计每种子代的数量。

孟德尔的实验

学习目标10.1.2 豌豆被奈特和孟德尔用于研究的四个优点

格雷戈尔·孟德尔于1822年出生于一个农民家庭，后来在修道院接受教育。他成了修道士，被派往维也纳大学学习科学和数学。尽管他致力于成为一名科学家和教师，但是他没能通过教师资格考试，之后就回到了修道院，最终当上了修道院的院长，并在那儿度过了余生。孟德尔一回到修道院，就加入了当地一个非正式的科学团体，该团体由一群农场主和其他对科学感兴趣的人组成。在当地一位贵族的赞助下，团体成员开始进行科学研究。他们会在会议中对这些研究进行讨论，成果也会发表在社团的期刊上。孟德尔重复了奈特和其他人用豌豆所做的经典的杂交实验，但是这次他打算数清楚子代中每种类型的数量，希望这些数量能给出一些线索，揭示出到底发生了什么。对科学的定量分析方法——测量和计数——在当时的欧洲才刚刚开始流行。

孟德尔选择研究豌豆是因为它有多个特点便于科学研究：

1. 品种多。孟德尔选择了七对存在明显特征差异的种系（包括奈特在60年前研究过的白色花与紫色花）。
2. 孟德尔根据奈特和其他人的研究，预期一种罕见的生物特征，在一代消失，而在下一代重现。换言之，他知道有些东西要计数。
3. 豌豆植株很小，易于培植，能产生大量子代，并且成熟快。
4. 豌豆的生殖器官封闭在花内。图10.1所示的就是它的花的剖视图，你能看到产生花粉的花药和容纳卵细胞的心皮。花在自然状态下闭合，它们直接用自身的花粉（雄配子）授精。进行杂交时，孟德尔只需拨开花瓣，用一把剪刀剪掉雄性器官（花药）；然后将另一株的花粉撒到雌性器官（心皮的顶部），完成杂交。

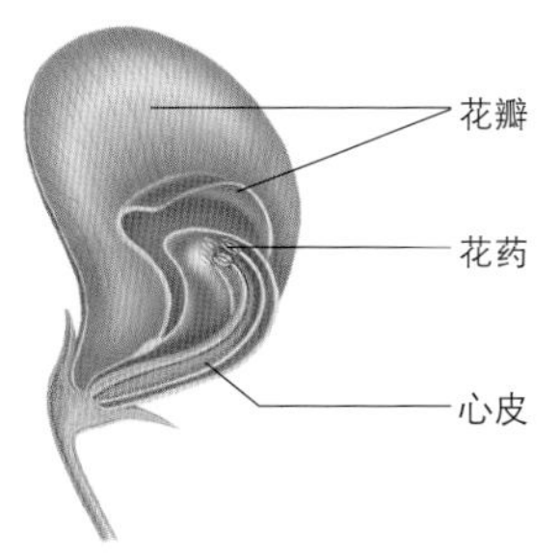

图10.1　豌豆
因为豌豆（*Pisum sativum*）易于种植，又因为它有许多不同的品种，所以是研究遗传常用的实验对象，在孟德尔的研究前100年就有人使用。

孟德尔的实验设计

学习目标10.1.3　孟德尔的实验设计

孟德尔的实验设计与奈特的一样，只是孟德尔对植株进行了计数。杂交分三步进行，如图10.2的3幅插图：

1. 孟德尔首先让每种豌豆自交多代，确保每种豌豆都是**纯种**（true-breeding），这意味着它没有其他品种的性状，所以当进行自花授粉时，它只能产生一种性状的子代。例如，开白花的豌豆每一代都只能开白花，不会开紫花。孟德尔把这些种系称为P代（P generation，P表示亲本）。
2. 然后，孟德尔开始了他的实验：他将两种不同性状的豌豆进行杂交，如白花对紫花。他将产生的子代称为F_1**代**（F_1 generation，F_1表示"第一代"，源自拉丁语"子"或"女"）。
3. 最终，孟德尔让第2步杂交产生的植株进行自交，并对F_2**代**（F_2 generation，"第二代"）每种类型子代的数量进行计数。正如奈特所报告的，白花这种性状在F_2代再次出现，但它的数量与紫花的不同。

关键学习成果　10.1

孟德尔研究的方法是，首先将性状易于识别的不同豌豆进行杂交，然后让子代自花授粉。

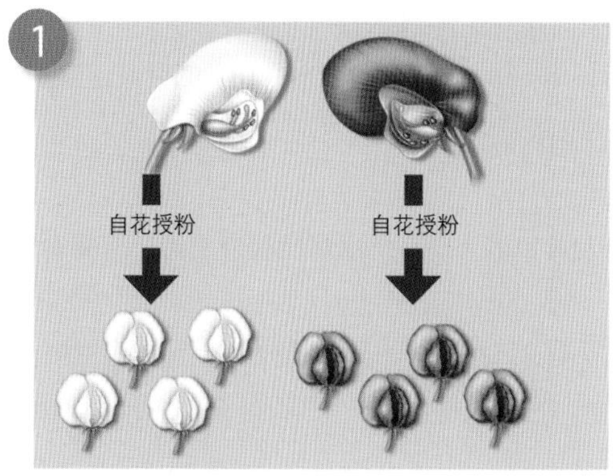

孟德尔让每种豌豆自花授粉很多代，这就产生了纯种的P代

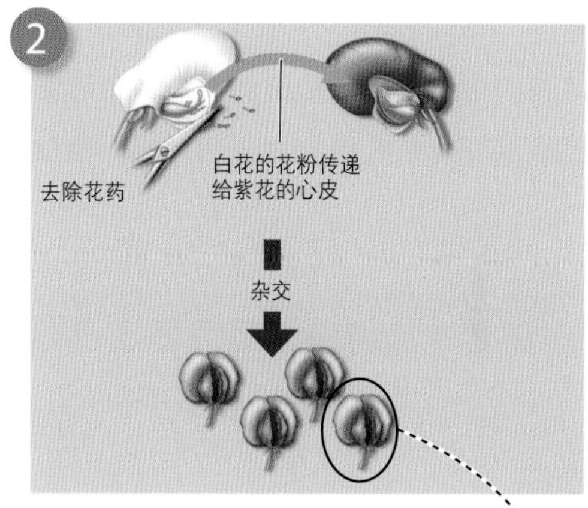

为产生F_1代，孟德尔拨开白花的花瓣，剪去花药。然后，他将白花的花粉涂到同样被去雄的紫花的雌性器官上，进行杂交

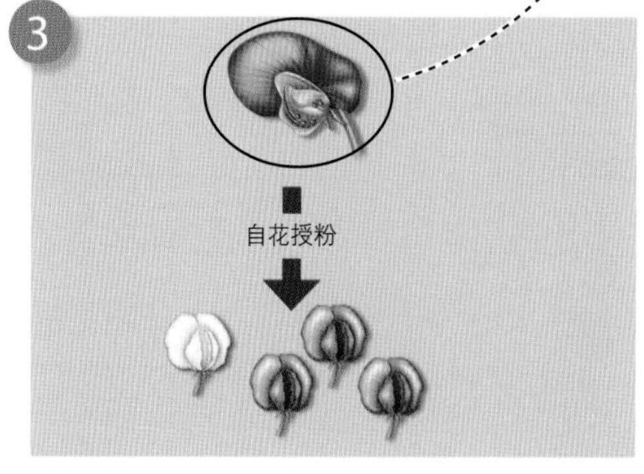

为产生F_2代，孟德尔让F_1代的植株进行自花授粉

图10.2　孟德尔如何进行实验

10.2 孟德尔观察到了什么

孟德尔的实验

学习目标10.2.1 两个相对性状杂交后，孟德尔观察到了什么

孟德尔对豌豆的许多性状进行了实验，并反复观察到了相同的现象。孟德尔对总共七对相对性状进行了实验，如表10.1所示。对杂交的每对相对性状，孟德尔都发现了相同的实验结果，如图10.2所示，F_1代消失的性状只有在F_2代才重新出现。我们将详细介绍孟德尔对花色所做的杂交实验。

F_1代

以花的颜色为例，孟德尔将紫花和白花进行杂交，观察到所有F_1代豌豆都开紫色花，他没有观察到白花的性状。孟德尔将F_1代植株表现的性状称为**显性性状**，没有表现的性状称为**隐性性状**。在这个例子中，紫色花是显性的，而白色花是隐性的。孟德尔还研究了除花色以外的多个其他性状。对他所观察的每对相对性状，一种是显性的，另一种就是隐性的。他所研究的每对显性性状和隐性性状如表10.1所示。

F_2代

等到所有F_1代植株成熟，完成自花授粉后，孟德尔将每株豌豆的种子收集起来，再次播种，为的就是观察F_2代表现哪种性状。孟德尔发现（如奈特早前发现的一样）有些F_2代开白花，表现隐性性状。在F_1代消失的隐性性状在F_2代再次出现。隐性性状一定以某种形式存在于F_1代中，只是没有表现!

于是，孟德尔对实验设计进行修改。他对F_2代

表10.1 孟德尔实验研究的7对性状

性状			F_2代	
显性性状	×	隐性性状	显性：隐性	比例
紫花	×	白花	705：224	3.15：1（3/4：1/4）
黄色种子	×	绿色种子	6,022：2,001	3.01：1（3/4：1/4）
圆粒种子	×	皱粒种子	5,474：1,850	2.96：1（3/4：1/4）
绿色豆荚	×	黄色豆荚	428：152	2.82：1（3/4：1/4）
饱满豆荚	×	不饱满豆荚	882：299	2.95：1（3/4：1/4）
腋生花	×	顶生花	651：207	3.14：1（3/4：1/4）
高植株	×	矮植株	787：277	2.84：1（3/4：1/4）

中每种类型的数量进行计数。他相信F_2代的比例能为研究遗传机制提供一些线索。在开紫花的F_1代植株之间的杂交中，他总共收获了929株豌豆F_2代（如表10.1），其中，705株（75.9%）开紫花，而224株（24.1%）开白花。约有1/4的F_2代个体表现隐性性状。孟德尔对其他性状进行了类似的实验，如圆粒种子对皱粒种子，并得出了相同的结果：3/4的F_2代个体表现显性性状，而1/4表现隐性性状。换言之，F_2代中显性与隐性的比例总是近似3∶1。

被掩盖的1∶2∶1的比例

学习目标10.2.2 在孟德尔的杂交实验中，F_2个体中杂合子的比例是多少

孟德尔让F_2代植株再自交产生下一代，发现1/4的隐性个体是纯种的——下一代只表现隐性性状。因此，前面讲到的开白花的F_2代个体在F_3代全部开白花（如图10.3右侧所示）。F_2代植株中表现显性性状的占3/4，其中只有1/3在F_3代表现为纯种（如图左侧所示）。其余在F_3代表现两种性状（如图中间所示）——当孟德尔清点它们的数量时，发现显性与隐性的比例又是3∶1！根据这些结果，孟德尔得出结论，在F_2代中所发现的3∶1的比例实际上是一种被掩盖了的1∶2∶1的比例：

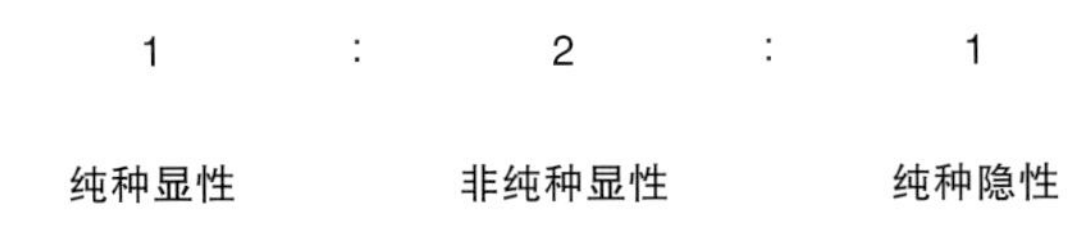

关键学习成果 10.2

当孟德尔将两个相对性状进行杂交，并对其子代进行计数，他发现F_1代的所有个体只表现一种（显性）性状，而不表现另一种（隐性）性状。在F_2代，25%是纯种，表现显性性状；50%是非纯种，但也表现显性性状；还有25%同样是纯种，表现隐性性状。

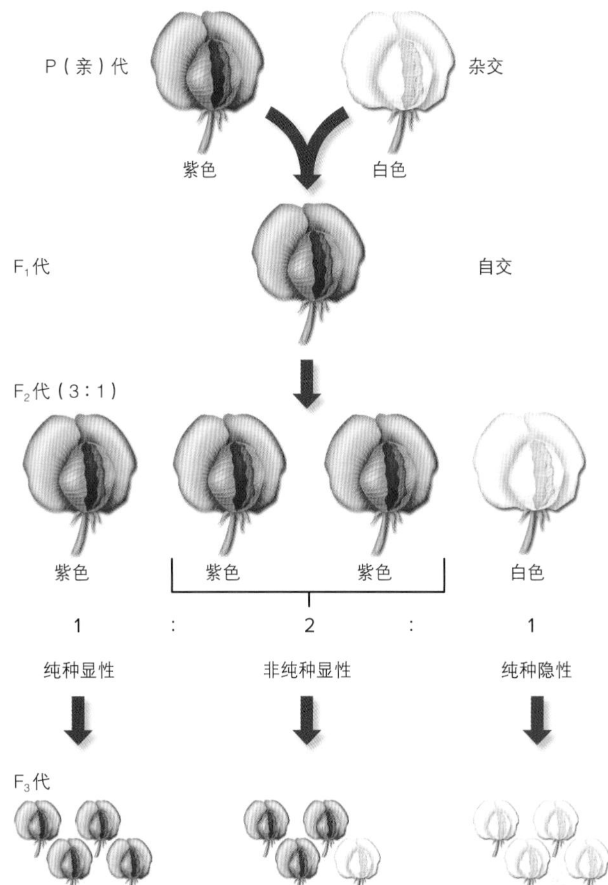

图10.3 F_2代表现被掩盖了的1∶2∶1的比例

让F_2代自交，孟德尔从子代（F_3代）中发现F_2代植株的比例是一份纯种显性、两份非纯种显性和一份纯种隐性。

10.3 孟德尔提出一个理论

孟德尔理论

学习目标10.3.1 孟德尔理论的五个假设

为解释实验结果，孟德尔提出一套简单假设，它们能精确预测他观察到的实验结果。现在称之为孟德尔遗传理论，它是科学史上最著名的理论之一。孟德尔理论包括五个简单假设：

假设1：亲代不能将性状直接传递给子代。相反，它们传递了性状的相关信息，孟德尔称之为因子（merkmal，德语，表示因子）。这些因子之后在子代产生性状。以现代术语来说，我们将孟德尔的因子称为**基因**（gene）。

假设2：每个亲代决定各性状的因子有两

个。这两个因子可以相同，也可以不同。如果这两个因子相同（例如，都编码紫花或白花），该个体就是**纯合的**（homozygous）。如果这两个因子不同（例如，一个编码紫花，另一个编码白花），该个体就是**杂合的**（heterozygous）。

假设3：相对因子决定相对性状。相对因子称为**等位基因**（allele）。孟德尔用小写字母表示隐性等位基因，而用大写字母表示显性等位基因。因此，以紫花为例，显性的紫花等位基因用*P*表示，而隐性的白花等位基因用*p*表示。用现在的术语来说，我们将个体的外观，例如开白花，称为**表现型**（phenotype）。外观由个体从亲本所获得的等位基因决定，我们将那些特定的等位基因称为个体的**基因型**（genotype）。因此，豌豆植株可能的表现型是"白花"，基因型是*pp*。

假设4：个体拥有的两个等位基因彼此没有影响，就像邮箱中的两封信彼此不会影响对方的内容一样。当个体成熟，产生配子（精子和卵细胞），每个等位基因在传递时不发生变化。当时，孟德尔并不知道这些因子通过染色体从亲代传递给子代。图10.4显示了现在对染色体上基因的认识，同源染色体携带相同的基因，但不一定是相同的等位基因。基因在染色体上的位置被称为位点（locus，复数为loci）。

假设5：一个等位基因的存在不能保证该个体表现其性状。在杂合子个体中，只有显性等位基因能成功表现性状；隐性等位基因虽然存在，但不表现性状。

这五个假设共同组成了孟德尔遗传模型。人类的许多性状也表现出显性或隐性遗传，类似于孟德尔研究的豌豆的性状（表10.2）。

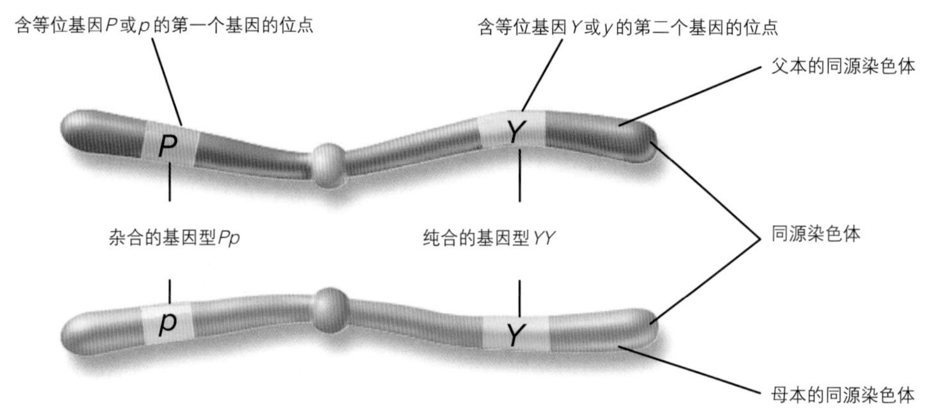

图10.4 相对的等位基因位于同源染色体上

表10.2 人类的某些显性性状和隐性性状

隐性性状	表现型	显性性状	表现型
普通脱发	随着年龄增长发际线呈M形后退	指中节长毛	手指中节长毛
白化病	缺少黑色素	短指症	手指短
黑尿症	不能代谢尿黑酸	苯硫脲（PTC）敏感	能尝出微量的PTC
红绿色盲	不能识别红色和绿色波长的光	屈曲指	不能伸直小指
		多指症	多手指和脚趾

分析孟德尔的实验结果

学习目标10.3.2　如何利用庞纳特方格预测杂交实验中子代的基因型

要分析孟德尔的实验结果，必须牢记每个性状都由从亲本遗传的等位基因决定，一个等位基因来自母亲，另一个来自父亲。这些位于染色体上的等位基因，通过减数分裂分配到配子中去。每个配子只有染色体的一个拷贝，所以也只有一个等位基因。

再想想孟德尔的紫花与白花豌豆植株的杂交实验。与孟德尔一样，我们用*P*表示显性等位基因，开紫花；用*p*表示隐性等位基因，开白花。如前所述，根据约定，遗传性状用常见性状的字母表示，这里“*P*”就表示紫花。显性等位基因用大写*P*表示；隐性等位基因（白花）用相同字母的小写*p*表示。

在这个体系中，纯种的隐性白花个体的基因型用*pp*表示。在这些个体中，等位基因的两个拷贝决定白花的表现型。与之相同，纯种的紫花个体用*PP*表示，而杂合子用*Pp*（显性等位基因在前）表示。

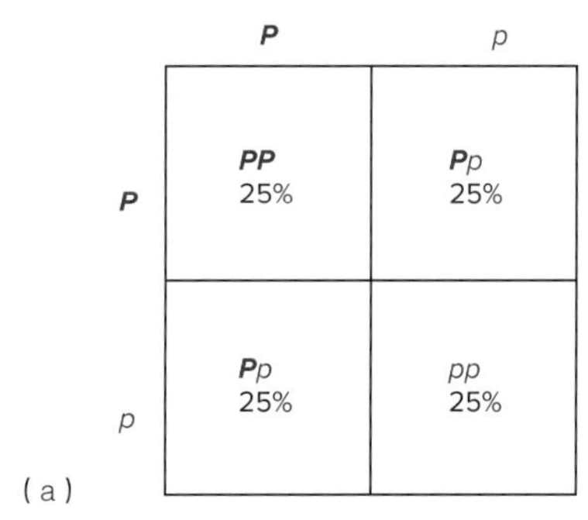

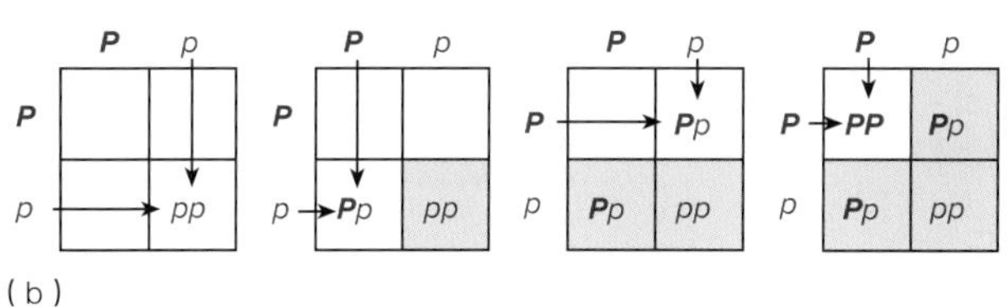

图10.5　庞纳特方格分析

（a）每个小格表示1/4或25%的杂交产生的子代。（b）的方格显示了庞纳特方格如何用于预测所有子代可能的基因型。

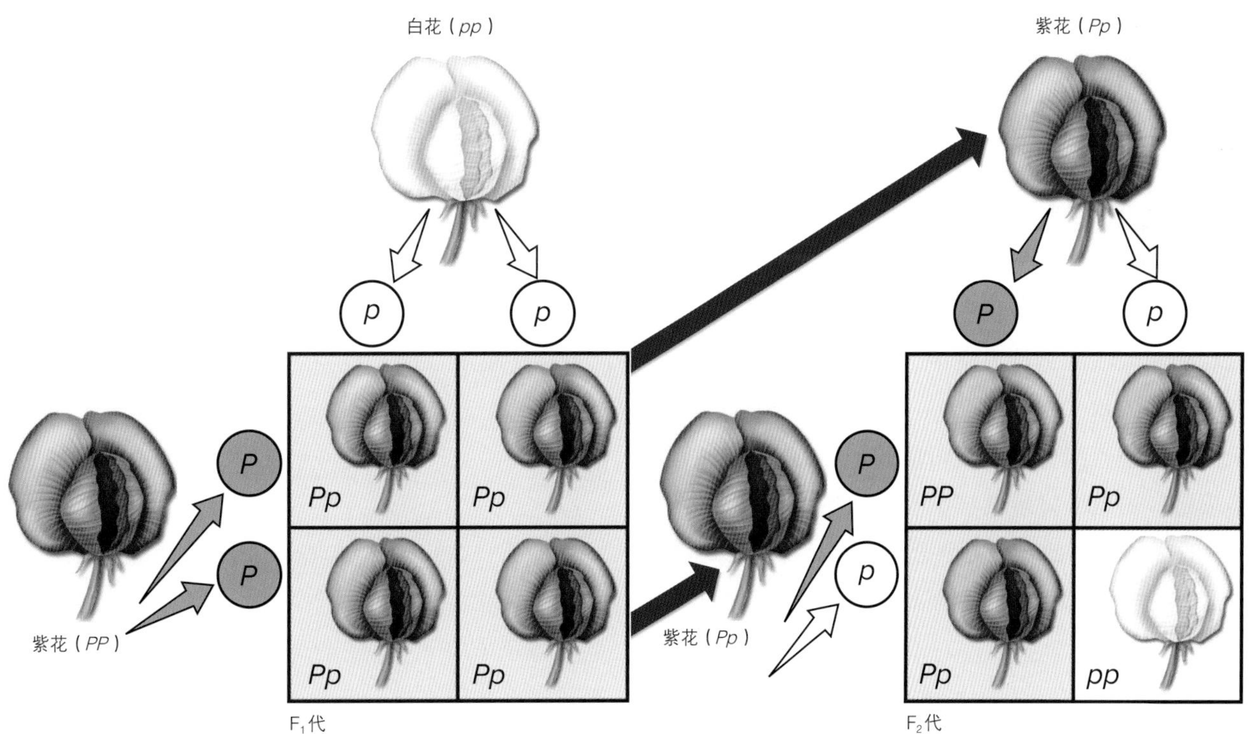

图10.6　孟德尔如何分析花的颜色

第一次杂交产生的子代只可能是*Pp*杂合子，紫花。这些个体被称为F_1代。当两个杂合子的F_1代个体杂交，就可能出现三种类型的子代：*PP*纯合子（紫花）；*Pp*杂合子（也是紫花），可能有两种形式；*pp*纯合子（白花）。这些个体被称为F_2代，其中显性表现型对隐性表现型的比例是3∶1。

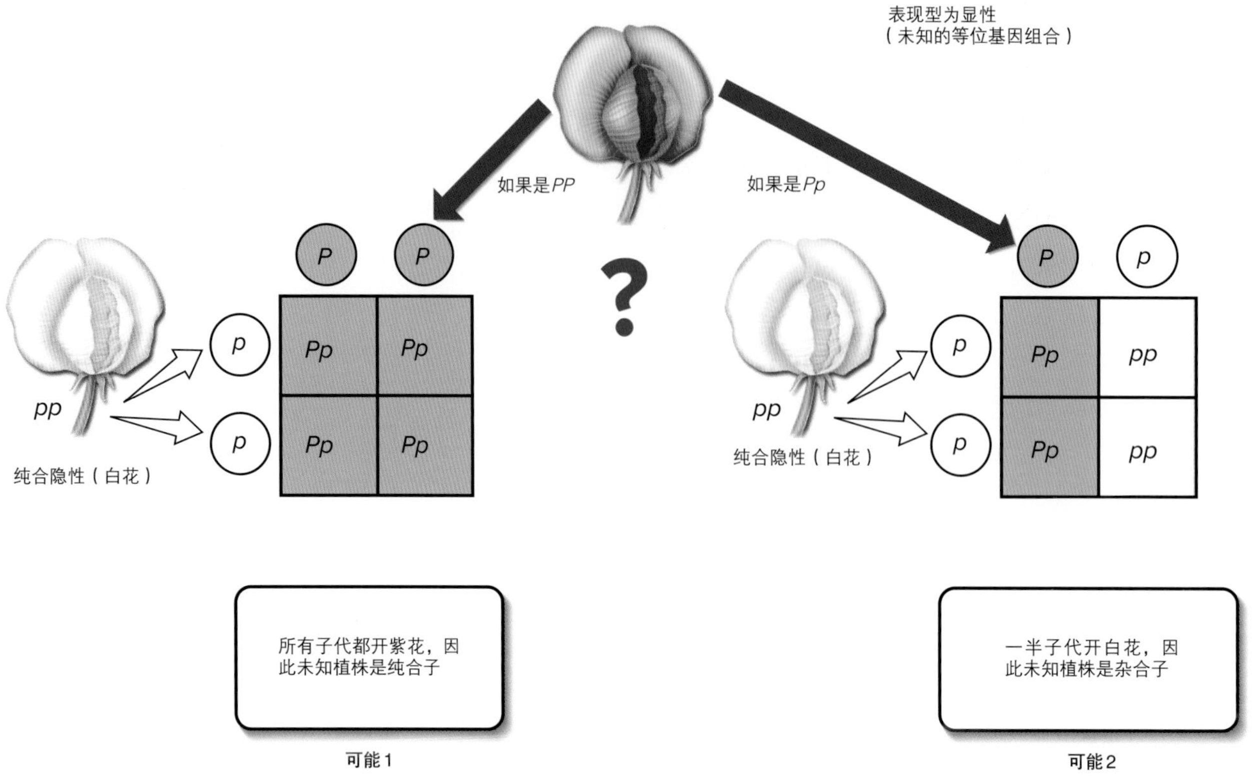

图10.7　孟德尔如何利用测交检测杂合子

为确定表现型是显性性状的个体，如开紫花，是纯合子（*PP*）还是杂合子（*Pp*），孟德尔设计了测交实验。他将个体与已知是纯合隐性（*pp*）的个体杂交——此处是开白花的豌豆。

根据这些约定，并用×表示两个个体之间的杂交，我们就能将孟德尔的杂交用符号表示为*pp*×*PP*。

庞纳特方格

纯合白花豌豆（*pp*）和纯合紫花豌豆（*PP*）之间杂交后可能的结果能用**庞纳特方格**（Punnett square）直观表现。在庞纳特方格中，一个个体可能的配子列于方格的水平线上，而另一个个体可能的配子列于方格的垂直线旁。子代可能的基因型由方格的小格表示。图10.5显示两株豌豆杂交的庞纳特方格结构，这两株豌豆的花色为杂合子（*Pp*×*Pp*）。亲代的基因型列于顶部和侧边，而子代可能的基因型位于小格中。

这些基因型在子代中出现的频率常用**概率**（probability）表示。例如，纯合白花豌豆（*pp*）和纯合紫花豌豆（*PP*）之间的杂交，*Pp*是所有F_1代唯一可能的基因型，如图10.6左侧的庞纳特方格所示。因为*P*对于*p*是显性，所有F_1代个体都开紫花。当F_1代个体之间杂交，如图10.6右侧的庞纳特方格所示，F_2代个体是纯合显性（*PP*）的概率是25%，因为1/4可能的基因型是*PP*。与此相似，F_2代个体是纯合隐性（*pp*）的概率也是25%。因为杂合子的基因型有两种可能的发生形式（*Pp*和*pP*），所以它占了方格所有小格的一半；F_2代个体是杂合子（*Pp*）的概率是50%（25%+25%）。

测交

学习目标10.3.3　测交如何验证显性性状的基因型

孟德尔如何知道F_2代（或F_1代）开紫花的个体是纯合子（*PP*），还是杂合子（*Pp*）？这不可能仅凭观察直接回答这一问题。正因如此，孟德尔设计了一个简单而有效的实验［称为**测交**（testcross）］，来证实个体的确切的基因组成。以开紫花的豌豆植株为例。不可能仅凭观察其表现型就能知道它是纯合子还是杂合子。要知道其基因型，你必须将它与其他豌豆杂交。何种杂交能回答这个问题？如果你将它与纯合显性个体杂交，不管测交植株是纯合子还是杂合子，所有的测交子代都将表现显性性状。与杂合子个体杂交也很难区分（但不是不可能）待测植株两种可能的基因型。如果你将待测植株与纯合隐性个体杂交，就会出现完全不同的结果。我们可以通过紫花豌豆与白花豌豆的测交来认识其机制。图10.7显示了两种可能的情况：

可能1（左侧）：未知植株是纯合子（*PP*）。*PP*×*pp*：所有子代都开紫花（*Pp*），如四个紫色方格所示。

可能2（右侧）：未知植株是杂合子（*Pp*）。*Pp*×*pp*：一半的子代开白花（*pp*），一半开紫花（*Pp*），如两个白色和两个紫色方格所示。

孟德尔在测交实验中，将表现显性性状的F_1代个体与纯合隐性的亲代杂交。他预测子代显性性状和隐性性状的比例将是1∶1，这正是他所观察到的，如可能2所示。

当涉及两种基因时，测交也能用于确定个体的基因型。孟德尔进行了许多双基因杂交，其中一些我们即将讨论。他常用测交验证表现特定显性性状F_2代个体的基因型。因此，两种性状同时表现显性的F_2代个体（*A_B_*）可能是以下任意一种基因型：*AABB*、*AaBB*、*AABb*或*AaBb*。将表现显性的F_2代与纯合隐性个体杂交（*A_B_*×*aabb*），孟德尔就能确定子代中两种性状是否都是纯种或有一性状是纯种，并由此确定F_2代亲本的基因型：

AABB	性状A纯种	性状B纯种
AaBB	—	性状B纯种
AABb	性状A纯种	—
AaBb	—	—

关键学习成果 10.3

个体的基因就是它的基因型，它的外观就是表现型，由来自亲代的等位基因决定。采用庞纳特方格分析能确定特定杂交产生的所有可能的基因型。测交能确定显性性状的基因型。

10.4 孟德尔定律

孟德尔第一定律：分离定律

学习目标10.4.1 孟德尔第一定律

孟德尔的模型能精确预测杂交的结果，较简洁地解释他所观察到的比例。自此，在无数其他生物中也都观察到了类似的遗传规律。表现这种遗传规律的性状称为**孟德尔性状**。由于它非常重要，孟德尔的理论通常就是指孟德尔第一定律，或称**分离定律**（law of segregation）。现在来讲，孟德尔第一定律是指一种性状的两个等位基因在配子形成过程中彼此分离，因此一半配子携带一份拷贝，另一半配子携带另一份拷贝。

孟德尔第二定律：自由组合定律

学习目标10.4.2 孟德尔第二定律

孟德尔继续研究一种因子（如花的颜色）的遗传是否会影响另一种因子（如株高）的遗传。为解决这个问题，他先建立了豌豆的7对相对性状的一系列纯种系。然后，他将不同的相对性状的纯种豌豆进行杂交。如图10.8所示，他将P代是黄色圆粒种子的纯合个体（图中的*RRYY*）与绿色皱粒种子的纯合个体（*rryy*）杂交。这种杂交产生的子代都结黄色圆粒的种子，这两种性状都是杂合子（*RrYy*）。这样的F_1代个体就是**双基因杂合子**（dihybrid）。接着，孟德尔让双基因杂合子个体自交。如果影响种子形状

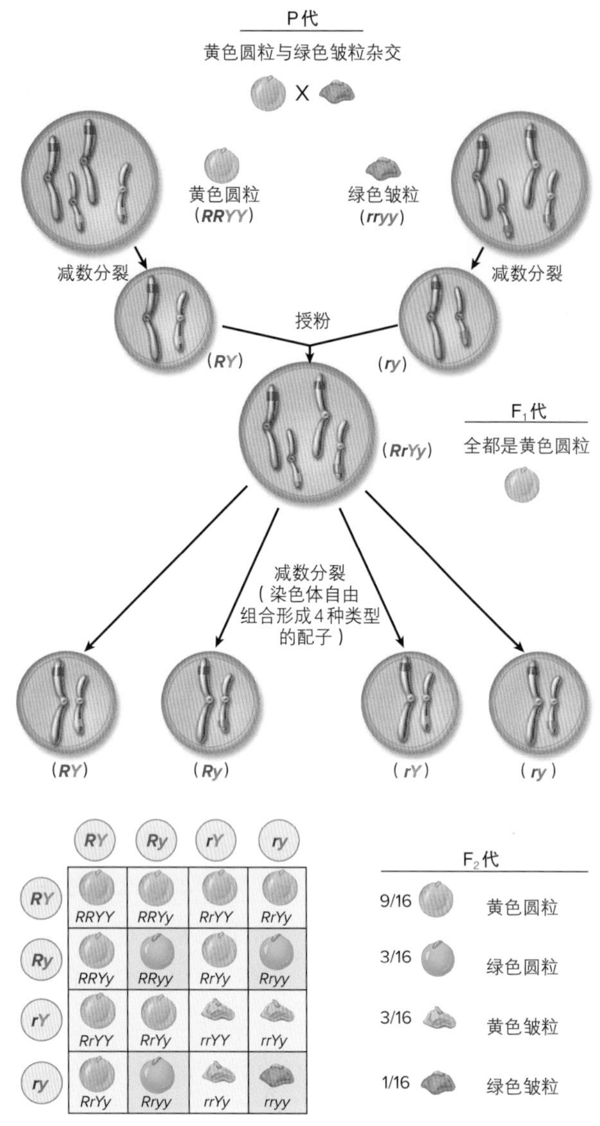

图10.8　双基因杂合子的杂交分析

这里双基因杂合子的杂交是圆粒（R）对皱粒（r），黄色（Y）对绿色（y）。F_2代4种可能的表现型的比例预测是9∶3∶3∶1。

的等位基因和影响种子颜色的等位基因是独立分离的，那么种子形状的一对特定的等位基因与种子颜色的一对特定的等位基因同时出现的概率就是各自分离概率的乘积。例如，F_2代中绿色皱粒种子个体出现的概率等于皱粒种子个体出现的概率（1/4）乘以绿色种子个体出现的概率（1/4），也就是1/16。

通过双基因杂合子杂交实验，孟德尔发现，F_2代子代表现型的频率基本符合图10.8所示的庞纳特方格分析得出的比例9∶3∶3∶1。他得出结论：对于他所研究的成对性状，一种性状的遗传并不会影响另一种性状的遗传，这就是孟德尔第二定律，或称**自由组合定律**（law of independent assortment）。现在我们知道这个结论只对相同染色体上相互不临近的基因有效。因此，现在来讲，孟德尔第二定律常如下所述：位于不同染色体上基因的遗传彼此是相互独立的。

孟德尔的实验结果于1866年发表在当地科学协会的杂志上。非常不幸，他的论文没能引起太多的关注，而他的成果就渐渐被遗忘了。直到他去世16年之后的1900年，几位研究人员各自在搜索文献准备发表他们自己的结果时，不约而同地重新发现了孟德尔先驱性的论文。他们的发现与孟德尔在30多年前就已经发表的论文的内容基本相同。

关键学习成果　10.4

孟德尔的分离理论和自由组合理论被实验结果完美验证，因此它们被称为“定律”。

从基因型到表现型
From Genotype to Phenotype

10.5　基因如何影响性状

基因型如何决定表现型

学习目标10.5.1　个体的基因型如何决定其表现型

在进一步研究孟德尔的遗传学前，很有必要先了解一下基因的作用机制。考虑到这个，我们大致构建一个知识框架：孟德尔性状如何受特定基因的影响。我们将以一种蛋白质——血红蛋白为例，你可以按图10.9，从底端开始读图。

从DNA到蛋白质

每个个体的体细胞都拥有相同的DNA分子，称作该个体的基因组。如第3章所学到的，DNA分

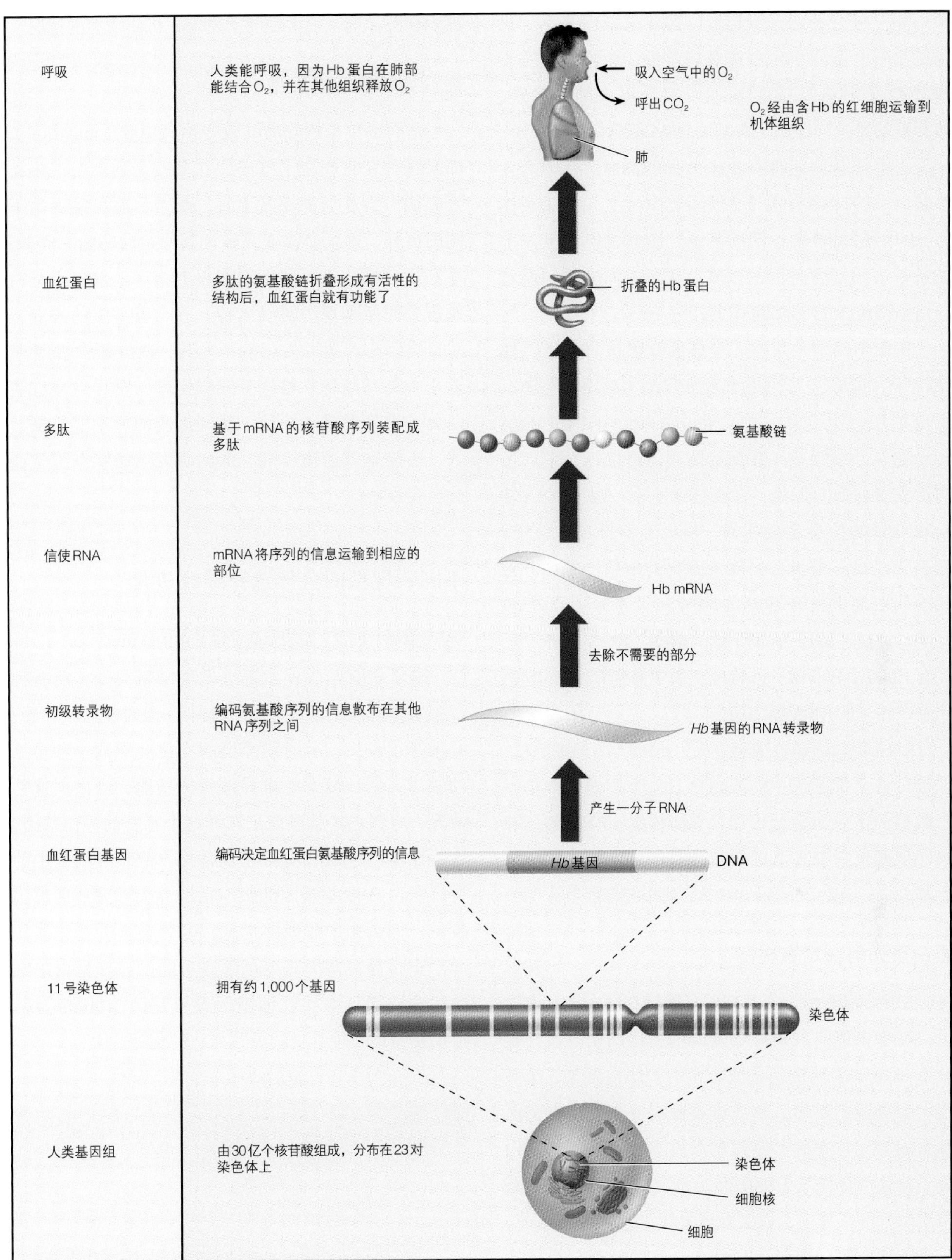

图10.9 DNA决定表现型的过程

生物长什么样很大程度取决于它的基因。此处，你能看到人类基因组20,000到25,000个基因中的一个如何在机体运输O_2过程中发挥重要作用。从基因到性状的过程将在第11章和第12章具体说明。

子由相互缠绕的两条链构成，彼此呈镜像关系。每条链是核苷酸亚单位串联成的长链。核苷酸有四类（A、T、C和G），如同由四个字母组成的字母表，核苷酸的排列顺序决定着基因DNA编码的信息。

人类的基因组拥有20,000到25,000个基因。人类基因组的DNA分散于23对染色体上，每个染色体有1,000到2,000个不同的基因。图10.9中染色体上的条带表示富含基因的区域。从图中你能看到血红蛋白基因位于11号染色体上。

在图中的下一层次，个体的基因被酶从染色体DNA上“读取”，产生由核苷酸序列（除用U代替T）组成的RNA转录物。血红蛋白（*Hb*）基因的RNA转录物离开细胞核，在细胞的其他部位经一系列过程产生蛋白质。但是，在真核细胞中，因为RNA转录物携带的信息超过所需，所以在离开细胞核前，它首先经过“编辑”去除不必要的信息。例如，最初编码血红蛋白β亚基的RNA转录物有1,600个核苷酸，经过“编辑”，剩下的“信使”RNA（mRNA）只有1,000个核苷酸——你能从图中看到*Hb*的mRNA比基因转录的RNA短。

RNA转录物经过编辑，成为mRNA离开细胞核，并被运输至细胞质中的核糖体。每个核糖体都是一个微型的蛋白质装配机器，它能根据mRNA的核苷酸序列确定特殊多肽的氨基酸顺序。以血红蛋白β亚基为例，mRNA编码146个氨基酸的多肽链。

蛋白质如何决定表现型

如第3章所示，氨基酸的多肽链在图中像一串珠子，在水中能自发折叠成复杂的三维结构。血红蛋白β亚基的多肽链折叠成紧密的一团，再与三个其他的血红蛋白结合，形成红细胞中一个有活性的血红蛋白分子。在肺部富氧的条件下，每个血红蛋白分子就会结合氧气（将在第24章具体讨论）；在活跃组织缺氧的条件下，就会释放氧气。

人体血流中血红蛋白结合氧气的效率与机体功能的健康有很大关系，尤其在剧烈的机体活动情况下，此时向身体肌肉运输氧气就成为制约活动的主要因素。

一般来说，基因通过决定体内蛋白质的类型影响其表现型，这在很大程度上决定了机体功能的情况。

突变如何改变表现型

基因中单个核苷酸的改变称为**突变**（mutation），如果这种变化改变了编码的氨基酸序列就会产生重大影响。当这类突变发生时，新蛋白质可能发生不同的折叠，这就会改变或破坏其原始的功能。例如，血红蛋白结合氧气的作用在很大程度上取决于蛋白质折叠时所呈现的精确结构。一个氨基酸的改变会对最终结构产生巨大影响。尤其，血红蛋白β亚基第六个氨基酸从谷氨酸变成缬氨酸，会导致血红蛋白分子聚集形成硬棒状，使红细胞的形态变成镰刀状，不能有效运输氧气。由此引发的镰状细胞贫血甚至会致命。

不同表现型的自然选择导致进化

学习目标10.5.2　基因突变在进化中的作用

由于所有基因偶尔都会发生随机突变，所有种群中某个基因一般存在多种版本，但通常除一种外，其他都很少见。有时候环境的变化会导致一种罕见的版本在新环境下能更好地发挥功能。当出现这种情况，自然选择就倾向于选择这个稀有的等位基因，这等位基因也就会变得比较常见。镰状红细胞中的血红蛋白β亚基基因的版本在世界大部分地区都很少见，但是在中非地区常见，因为杂合的个体能从一个正常等位基因获得足够有功能的血红蛋白来维持生命，而且镰状红细胞的等位基因能抵抗疟疾。疟疾是当地一种常见的导致死亡的疾病。

关键学习成果　10.5

基因通过指定执行细胞活动的蛋白质的氨基酸序列以及功能形状来确定表现型。通过改变蛋白质序列，突变可以改变蛋白质的功能，从而以具有进化意义的方式改变表现型。

10.6 有些性状不表现孟德尔遗传

被掩盖的分离

学习目标10.6.1 掩盖孟德尔分离的五种因素及每种的原理

在验证孟德尔理论时，科学家通常不能获得孟德尔报告的那个简单的比例，因为基因型并不直接表达。五种因素会掩盖孟德尔分离：连续性变异、多效性、不完全显性、环境的影响和上位性。

连续性变异

当多个基因共同影响一种性状，如身高或体重时，该性状通常会表现出一定程度的差异。因为所有决定这些表现型的基因各自独立分离，所以我们发现在许多被检测的个体上存在梯度差异。这类变异的一个典型例子如图10.10所示，一张1914级大学生的照片。这些学生按身高排成队列，矮于5英尺的站在左侧，高于6英尺的站在右侧。你会发现这群学生的身高有很大的差异。我们将此类遗传称为**多基因**（polygenic，多个基因）遗传，而将表现型的这种梯度差异称为**连续性变异**（continuous variation）。

我们如何描述一种性状的差异，如图10.10（a）中这些人的身高？这些人的身高有的很矮，有的很高，比起极端情况，平均身高要更常见。我们通常将这类变异分成数组。每组身高，以英寸为单位，都是独立的表现型组。将每组身高的数量绘制成直方图，如图10.10（b）所示。这幅直方图近似一个理想的钟形曲线，而变异能用曲线的平均数和分布来描述。将这与孟德尔豌豆株高的遗传比较，豌豆植株要么很高，要么很矮，没有中间高度的植株，因为只有一个基因控制着该性状。

多效性

通常一个等位基因对表现型有多种影响。这样的基因是**多效性的**（pleiotropic）。当法国遗传学先驱吕西安·居埃诺（Lucien Cuenot）在研究小鼠的黄色皮毛（一种显性性状）时，他无法通过黄色鼠之间的杂交获得纯种。黄色等位基因是纯合的个体会死亡，因为黄色等位基因有多效性：一种影响是形成黄色皮毛，但另一种影响有致死的发育缺陷。多效性是指一个基因影响多个性状，这与多基因明显不同，多基因是多个基因影响一个性状。多效性很难预测，因为影响一种性状的基因常有其他未知的功能。

多效性是许多基因遗传病的特征，如囊性纤维化和镰状细胞贫血，这将在本章后面讨论。对于这些疾病，多种症状能追溯到单个基因缺陷。如图10.11所示，囊性纤维化病人表现过度黏稠的黏液、盐汗、肝和胰腺功能障碍，以及大量其他症状。所有这些都是单个缺陷基因的多效性，即编码氯离子跨膜通道基因的突变造成的。对于镰状细胞贫血，运输氧气的血红蛋白分子缺陷导致贫血、心力衰竭、易患肺炎、肾衰竭、脾脏肿大，以及许多其他症状。通常很难从多效性范围推断主要缺陷的情况。

不完全显性

不是所有成对的等位基因在杂合子中都表现完

（a）

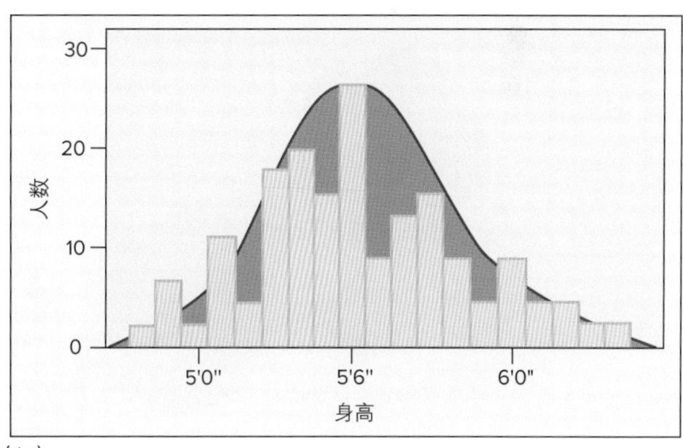

（b）

图10.10 人的身高是一种连续变异性状

（a）一位教遗传学的大学教授让课上的82名学生按身高顺序在草坪上排列。（b）这张图显示了他们当天身高的钟形分布。由于许多基因对人类身高有影响，并且往往彼此独立分离，所以这些基因有许多可能的组合。学生身高的钟形分布反映了这样一个事实，即不同等位基因组合对身高的累积作用形成了一个连续的身高谱，在这个谱中，极端值比中间值要少得多。这明显不同于孟德尔F_2代豌豆植株表现的3∶1的比例。

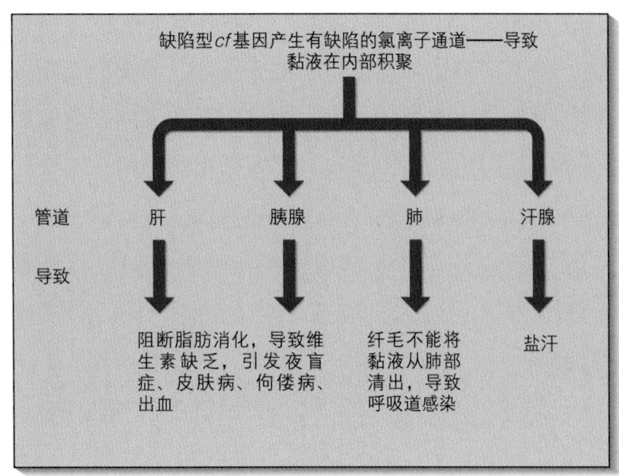

图 10.11　囊性纤维化基因*cf*的多效性

全显性或完全隐性。有些等位基因表现**不完全显性**（incomplete dominance），导致杂合子的表现型介于双亲之间。如图 10.12 所示，红花和白花的日本紫茉莉杂交产生开红花、粉花和白花的F_2代植株，比例为1∶2∶1——杂合子的花色介于红白之间。这与孟德尔的豌豆植株不同，后者没有表现不完全显性，杂合子呈显性性状。

环境的影响

很多等位基因表达的程度取决于环境。例如，有些等位基因是热敏性的。与其他等位基因比较，热敏等位基因的产物对热或光更敏感。例如，北极狐只有当气候温暖时才合成皮毛的色素。你知道为什么该性状对于北极狐有利吗？试想北极狐如果没有该性状，一年四季都是雪白的。在夏季，它与深色的周围环境显著不同，很容易被捕食者发现。类似地，喜马拉雅兔和暹罗猫的*ch*等位基因编码热敏性的酪氨酸酶，它参与合成黑色素，一种黑色的色素。*ch*编码的酶在温度高于33℃时就会失活。在躯干和头部表面，温度超过33℃，酪氨酸酶就会失活，但是在身体末端，如耳和尾的末端的温度低于33℃，它有很高的活性。这种酶合成的黑色素会导致耳、鼻、足和尾都呈黑色。

上位性

在某些情况下，两个或多个基因存在相互作用，导致一个基因会促进或掩盖另一个基因的表达。在分析双基因杂交时，这会很明显。回想一下，双基因杂合子个体的杂交（双基因杂交），子代可能表现出双基因的显性性状，或一个基因显性，或双基因隐性。但是，有时研究人员不能发现这四种表现型，因为两种或多种基因型呈相同的表现型。

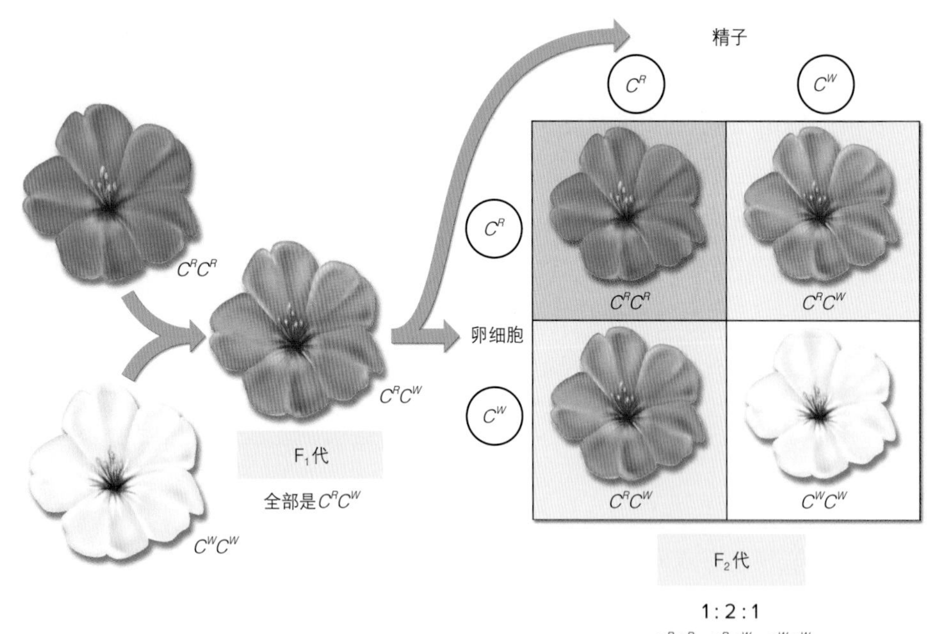

图 10.12　不完全显性

开红花的日本紫茉莉（C^RC^R），和开白花的（C^WC^W）杂交，两个等位基因都不是显性。杂合的子代开粉花，基因型C^RC^W。如果将这些杂合子中的两棵杂交，它们子代的表现型的比例为1∶2∶1（红∶粉∶白）。

如前文所述，很少有表现型是一个基因作用的结果。大多数性状是多个基因共同作用的结果，有些是依次发挥作用或共同起作用。**上位性**（epistasis）是两个基因产物之间的相互作用，一个基因产物改变了另一个基因产物的表达。例如，有些玉米品种的种皮表达一种叫花青素的紫色色素；有些品种就不表达。1918年，遗传学家R. A.埃默森（R. A. Emerson）将两种不表达花青素的纯种玉米杂交。结果令人惊讶，所有F_1代玉米都产生紫色种子。

两株产生紫色色素的F_1代玉米杂交产生的F_2代中，56%产生同样的色素，44%则不产生。为什么会出现这种现象？埃默森做出准确推断，有两个基因参与色素的形成，因此第二次杂交类似于孟德尔所做的双基因杂交。孟德尔预测了配子相互结合的16种可能性，这导致基因型的比例呈9∶3∶3∶1（9+3+3+1=16）。埃默森获得的两种类型的数量分别是多少？他将产生色素的部分（0.56）乘以16，得9；用不产生色素的部分（0.44）乘以16，得7。因此，埃默森得出一个**修改的比例**9∶7，不同于一般的9∶3∶3∶1。图10.13显示埃默森做的双基因杂交实验的结果。将这结果与图10.8孟德尔的双基因杂交相比，你会发现埃默森实验结果的F_2代的基因型与孟德尔发现的一致。但为什么表现型的比例会不同呢？

为什么埃默森的比例要修改？ 因为在玉米中，决定玉米粒颜色的两种基因中的任意一个都能阻断另一个的表达。其中一个基因（*B*）能产生一种酶，只要存在一个显性等位基因（*BB*或*Bb*），它就能产生有色色素。另一个基因（*A*）产生一种酶，当以显性形式（*AA*或*Aa*）存在时，它能令色素沉积到种皮上。因此，基因*A*的两个等位基因都是隐性（没有色素沉积）的个体只会是白色种皮，尽管它能合成色素，因为它拥有基因*B*（产生紫色色素）的显性等位基因。类似地，如果它只有基因*B*的隐性等位基因，不能合成色素，拥有基因*A*（色素能沉积）的显性等位基因的个体仍只会是白色种皮。

要产生和沉积色素，玉米必须至少拥有每种酶基因（*A_B_*）的一个有功能的拷贝。自由组合产生的16种基因型中，其中9种的每个基因至少存在一个显性等位基因；它们产生紫色的子代，图10.13庞纳特方格中的深色方格。其余7种基因型有一个位点或两个位点都没有显性基因（3+3+1=7），因此表现型都相同（没有色素——庞纳特方格中的浅色方格），正如埃默森所发现的，表现型的比例为9∶7。

其他上位性的例子 许多动物的毛色是基因上位性作用的结果。拉布拉多猎犬的毛色主要取决于两个基因的相互作用。*E*基因决定黑色素是否会沉积在毛皮表面。如果一只狗的基因型是*ee*，没有色素在毛皮上沉积，那它就会是黄色。如果一只狗的基因型是*EE*或*Ee*（*E_*），色素会在毛皮上沉积。如图10.14所示。

另一个基因，*B*基因，决定黑色素表现的程度。基因型*E_bb*的狗是巧克力色拉布拉多，长褐色毛。基因型*E_B_*的狗是黑色拉布拉多，长黑毛。但是，即使在黄色狗上，*B*基因也有某些作用。基因型*eebb*的黄色狗的鼻子、嘴唇和眼圈都是褐色，而基因型*eeB_*的黄色狗的这些部位全是黑色。能通过基因检测确定该品种繁育出的一窝小狗的毛色。

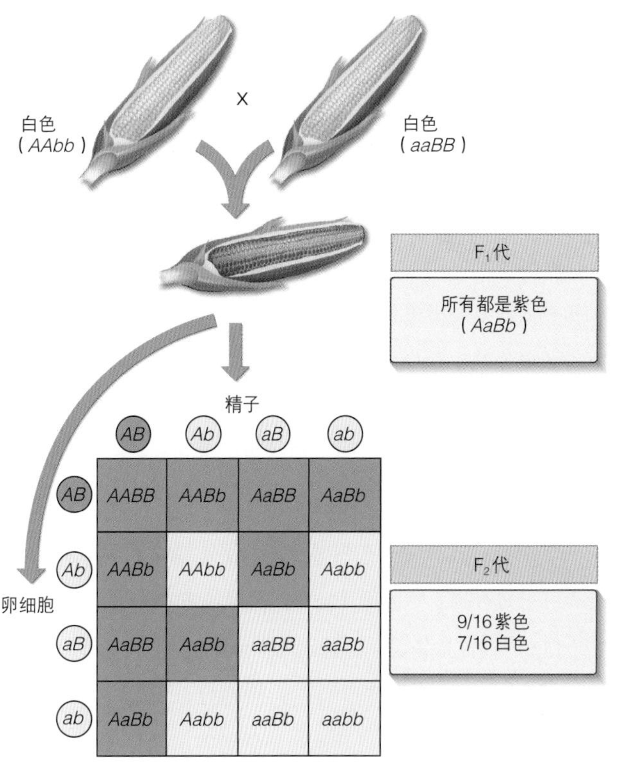

图10.13 上位性如何影响玉米粒的颜色
在一些玉米品种中发现的紫色色素是两个基因作用的结果。除非两个位点上都存在一个显性基因，否则不会表达紫色。

环境能否影响I.Q.?

环境对基因性状表达的影响在I.Q.研究中引发的争议最大。I.Q.是基于笔试的极具争议的一般智商测试，这种测试偏向美国白人中产阶级。不管I.Q.判定智商的好与坏，有段时间人们认为一个人的I.Q.分值大部分取决于他的基因。

如何科学地作出结论？科学家运用一种令人头痛的统计方法——方差——测算基因影响多基因性状的程度。方差的定义是标准差的平方（标准差是一组数字对其平均值的分散程度的度量），方差最理想的性质是有可加性——总的方差等于影响它的每个因素的方差的总和。

决定I.Q.分值总方差的因素有哪些？第一种因素是基因水平的差异，有些基因组合会导致较高的I.Q.分值。第二种因素是环境方面的差异，与其他的环境相比，有些环境会导致较高的I.Q.分值。第三种因素是统计学家所谓的协方差（covariance），即环境影响基因的程度。

基因性状对I.Q.的影响程度，即I.Q.的遗传率（heritability），以H表示。它可简单定义为总方差中基因的部分。

那么，I.Q.是怎么遗传的？遗传学家通过测量环境和遗传因素对I.Q.得分总方差的贡献来估计I.Q.的遗传率。环境因素对I.Q.方差的影响可以通过比较一起抚养和分开抚养同卵双胞胎的I.Q.值（所有差异都反映环境的影响）来测算。基因的贡献能通过比较一起抚养的同卵双胞胎（100%基因相同）与一起抚养的异卵双胞胎（50%基因相同）来测算。任何差异都反映基因，因为出生前双胞胎在子宫中的环境完全相同，养育的环境也基本一样。因此，当相同性状在同卵双胞胎中比在异卵双胞胎中表现得更普遍，这种差异就可能是遗传的。

在过去进行的这类“双胞胎研究”中，研究人员一致认为I.Q.有高度的遗传性，通常报道的H值在0.7（这是一个很高的值）左右。然而这在当时看来并不重要，但多年来几乎所有可供研究的双胞胎都来自中产阶级或富裕家庭。

I.Q.研究极具争议，因为比较社会和种族群体时，I.Q.值存在显著差异。贫困家庭组的儿童测得的I.Q.值低于中产阶级和富裕家庭组的儿童的，从这个现象能得出什么结论呢？有些人依据这种差异提出了争议性的观点：贫穷有遗传劣势。

这个残酷的结论是否正确呢？为了做出判断，我们必须关注一个事实，即I.Q.遗传率检测基于一个关键假设，而这个假设却是专于此事的人口遗传学家强烈反对的。这个假设是环境不影响基因的表达，所以协方差对I.Q.值的总方差没有影响——协方差对H的贡献是零。

大量研究能对这个假设直接做出评估。重要的是，这个假设被证实是完全错误的。

在2003年11月，研究人员报道了一项在20世纪60年代后期所做的对双胞胎数据分析的研究。由美国国家卫生研究院资助的全国合作产前项目在美国几个主要城市招募了近5万名孕妇，其中大多数是非裔美国人，相当贫穷。研究人员收集了大量数据，并在7年后对这些儿童进行了I.Q.测试。尽管不是设计用于研究双胞胎，但是该研究范围太大，其中有623对双胞胎出生。7年后，找到了其中的320对，并进行了I.Q.测试。因此，这构成了庞大的“双胞胎研究”，有史以来第一次对贫困家庭进行I.Q.测试。

在对这些数据进行分析后的结果与之前所有的报道都不相同。不同的环境，I.Q.的遗传率也不相同！最明显的是在贫困条件下，基因对I.Q.的影响明显弱，环境限制似乎抑制了遗传作用的显现。尤其是社会经济地位较高的家庭，H=0.72，这与之前研究的报道很像，但是贫困家庭的H=0.10，这是一个非常低的值，这表明基因对观测到的I.Q.值的影响非常小。儿童的社会经济地位越低，基因对I.Q.的影响越小。

这些数据非常清晰地表明，在贫困环境中，基因对I.Q.的影响不是很大。

在童年早期，贫困是如何影响大脑的？2008年，神经科学家报道，很多极度贫困家庭的儿童存在营养不良和应激激素水平异常，两者都会损害神经发育。这会影响他们后续的语言发展和记忆力。

非常明显，贫困儿童成长和学习环境的改善有望对他们的I.Q.值产生重大影响。此外，这些数据表明，不同族群间的I.Q.平均值的差异备受争议，可能仅仅反映了贫穷，而且也不是必然的。

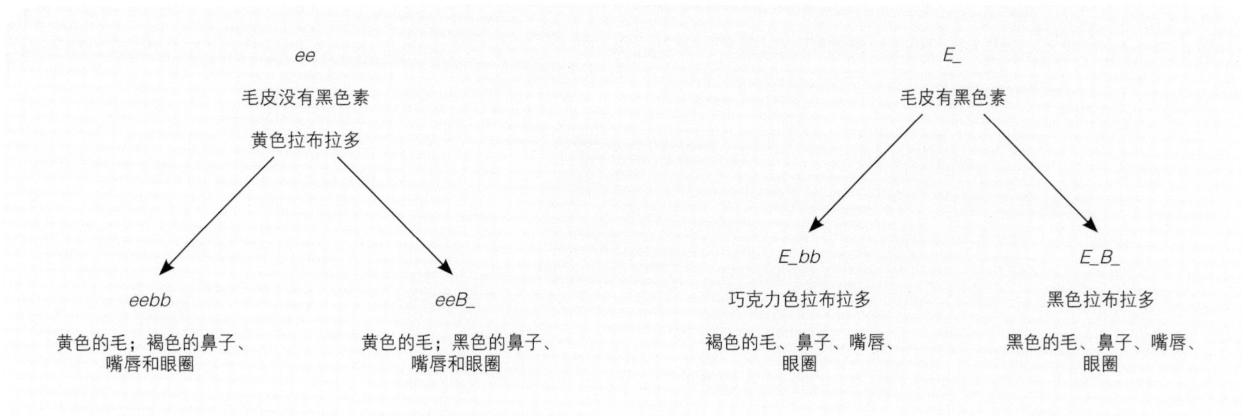

图10.14　上位性作用对狗的毛色的影响
拉布拉多猎犬的毛色是双基因作用的例子，每个基因都有两个等位基因。*E*基因决定色素是否会沉积在毛皮上，*B*基因决定黑色素表现的程度。

共显性

学习目标10.6.2　显性和共显性

在群体中，一个基因可能存在两个以上的等位基因，事实上，大多数基因拥有多个不同的等位基因。通常在杂合子中，没有显性等位基因，两个等位基因都表现作用。在这些情况中，等位基因就是**共显性的**（codominant）。

共显性见于一些动物的色彩式样。例如，杂色式样就常见于马和牛的一些品种中。杂色动物的身体既长白色毛，又长彩色毛。不同颜色的毛掺杂生长，要么导致整体呈浅色，要么形成浅色和深色的斑点。杂色式样源于杂合子的基因型，如白色纯种和彩色纯种杂交产生的。中间色会不会是不完全显性的结果呢？不会。获得一个白色等位基因和一个彩色等位基因的杂合子的单根毛发不是两种颜色的混合体；相反，这两个等位基因都会表达，结果导致动物有些毛发是白色，有些是彩色。决定人类ABO血型的基因，其等位基因不止一个是显性的。这个基因编码一种酶，能将糖分子加到红细胞表面的脂类上。这些糖在免疫系统可作为细胞的识别标记，被称为细胞表面抗原。编码这种酶的基因为I，有三个常见的等位基因：I^B，它的产物添加半乳糖；I^A，它的产物添加半乳糖胺；i，它编码的蛋白质不添加糖。

不同个体中存在I基因三个等位基因的不同组合，因为每个人可能是任意等位基因的纯合子，或任意两个的杂合子。I^A和I^B杂合子的个体产生两种形式的酶，红细胞表面既添加半乳糖，又添加半乳糖胺。因为杂合子中两个等位基因同时表达，所以I^A和I^B是共显性的。I^A和I^B对i是显性，因为I^A和I^B都会加上糖，而i则不会。三个等位基因的不同组合产生四种不同的表现型：

1. A型个体只添加半乳糖胺，基因型为纯合的I^AI^A或杂合的I^Ai（图10.15中三个颜色最深的格子）。
2. B型个体只添加半乳糖，基因型为纯合的I^BI^B或杂合的I^Bi（图10.15中三个颜色最浅的格子）。
3. AB型个体同时添加两种糖，基因型为杂合的I^AI^B（图10.15中两个中间色的格子）。
4. O型个体两种糖都不加，基因型为纯合的ii（图10.15中那个白色的格子）。

这四种不同的细胞表面表现型就称为ABO血型（ABO blood group）。人的免疫系统能识别这四种表现型。如果A型个体输入了B型血，受体的免疫系统能识别B型血细胞的“外来”抗原（半乳糖），并且攻击供体的血细胞，导致这些细胞凝集。如果输的血是AB型，那么也会出现这种情况。但是，如果输的血是O型，血中的红细胞表面没有半乳糖或半

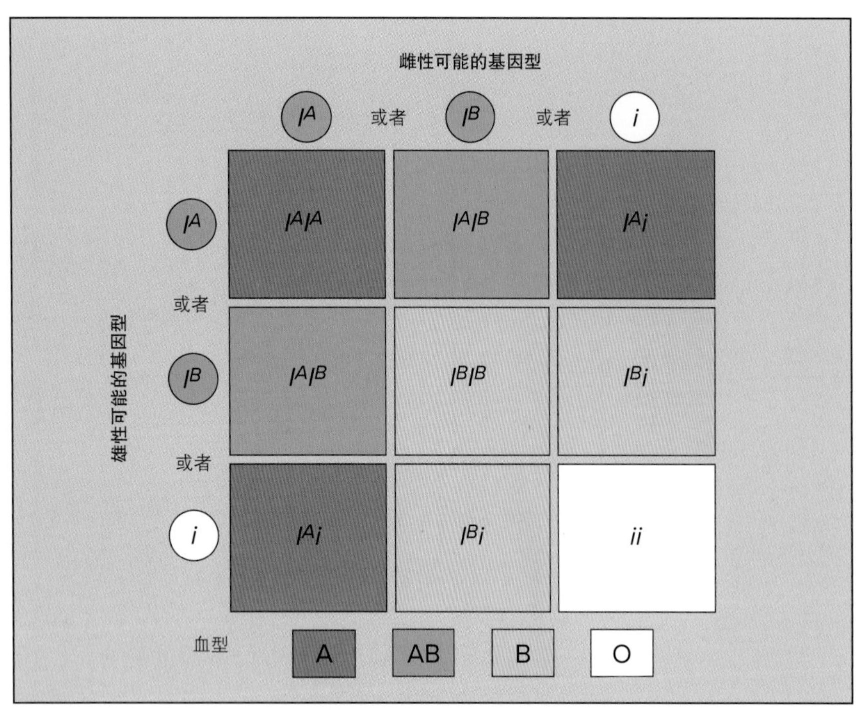

图10.15　控制ABO血型的多等位基因
ABO血型由三种常见的等位基因控制。三种等位基因的不同组合产生四种不同血型的表现型：A型（纯合子I^AI^A或杂合子I^Ai）、B型（纯合子I^BI^B或杂合子I^Bi）、AB型（杂合子I^AI^B），和O型（纯合子ii）。

乳糖胺的抗原，所以也就不会激发对这些抗原的免疫应答。正因如此，O型个体常被称为“万能供体”。一般来说，所有个体的免疫系统对输入的O型血都会耐受。因为半乳糖和半乳糖胺对AB型个体而言都不是外来的（它的红细胞拥有这两种糖），这些个体可以接受所有血型的血。

表观遗传学

学习目标10.6.3　在没有DNA改变的情况下，表现型的变化如何遗传

出乎当今许多遗传学家的预料，通过有丝分裂而不是等位基因遗传，细胞基因表达的修饰从一代细胞传递到下一代细胞似乎是一种常见现象。一个有据可查的例子是X染色体的失活，雌性细胞内的两条X染色体，其中一条上的几乎所有基因活性都被抑制了。这种剂量补偿发生在受精后不久的雌性受精卵中，然后传递到剂量补偿细胞的所有体细胞子代中。

自20世纪90年代中期以来，对不同代细胞间可传递基因表达变化的研究呈爆发式增长。这一研究领域被称为表观遗传学，在DNA序列没有改变的情况下，研究从一代细胞遗传到下一代细胞的表现型变化。目前，研究比较透彻的表观遗传现象有两大类：1. DNA碱基的化学修饰（DNA甲基化）；2. 组蛋白的化学修饰，组蛋白是被DNA链缠绕的蛋白质。

DNA甲基化

DNA甲基化可以关闭整个染色体或在发育过程中打开或关闭特定基因。例如，当胚胎干细胞成熟为组织特异性干细胞（如产生神经元或血细胞的干细胞）时，就会发生DNA甲基化。对于人类，DNA甲基化会改变C–G二核苷酸中的胞嘧啶碱基。这非常有意思，因为人类基因组存在富含CG的区域——“CG岛”——与几乎所有“管家”基因的调节区域有关（管家基因在每个细胞都被使用，如那些控制三羧酸循环的）。CG岛与半数组织特异性基因有关（图10.16）。当这些CG岛被甲基化，有关基因就被关闭，它们的序列就不再被细胞的基因表达机制识别。X染色体失活和基因重组（见第13章）很大程度上依赖此类DNA甲基化。

组蛋白修饰

第二类表观遗传修饰涉及核小体组蛋白尾部的化学修饰。DNA以核小体组蛋白为核心缠绕通常会影响基因对基因表达分子机制的可及性。这些核心

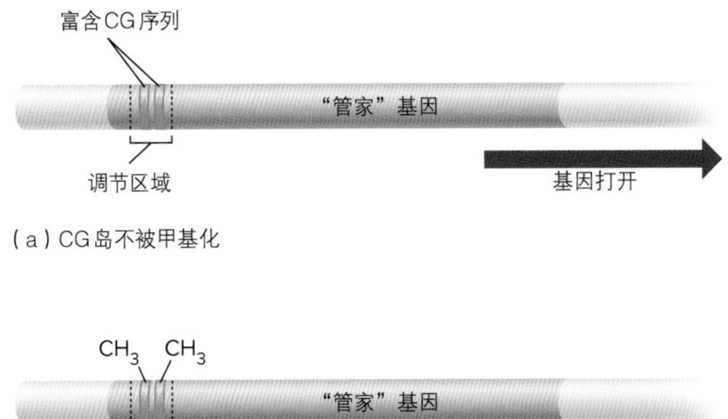

（a）CG岛不被甲基化

（b）CG岛被甲基化

图10.16 DNA甲基化的表观遗传修饰

（a）富含C–G二核苷酸的序列，称为CG岛，存在于许多应用广泛的基因调节区。（b）当C–G二核苷酸被甲基化，负责识别基因的酶不能在调节区结合，因此，该基因被关闭。

关键学习成果 10.6

多种因素会掩饰孟德尔的等位基因分离。它们包括：连续性变异，许多基因决定一种性状就会出现这种情况；多效性，一个等位基因影响多个表现型；不完全显性，其产生的杂合子与两个亲本都不相同；环境对表现型的影响；多个基因的相互作用，见上位性和共显性。有时，不是由于DNA变化的表现型的改变也能遗传，这种现象称为表观遗传修饰。

组蛋白的变化能明显改变细胞基因表达机制接触或识别基因的能力。组蛋白氨基酸的多种化学变化已被报道，包括赖氨酸的乙酰化、精氨酸和赖氨酸的甲基化与丝氨酸的磷酸化。有人提出，这些变化的不同组合构成调控基因活性的"组蛋白密码"，尽管这一提议还存在争议。

癌症的表观基因组学

人类有大量抑癌基因，它们能防止正常细胞的癌变。这已在第8章详细讨论过，这些基因在许多癌症中失去了功能。就像拿掉了汽车的刹车片，这会使细胞容易踩上加速器——促进细胞分裂的突变。

在20世纪90年代中期，研究人员发现，许多导致抑癌基因失活的突变实际上是由于人类染色体上邻近抑癌基因的CG岛的超甲基化。从那时起，人们已发现约有300种表观遗传修饰的基因与癌症有关联。

最近的研究表明，"暗基因组"——90%人类基因组，不编码蛋白质（这将在第13章详细讨论）——的表观遗传修饰可能与多种癌症有关。已发现的非常短的RNA，叫作microRNA（见第12章），由人类基因组中的黑暗部分编码，对调节细胞分裂有重要作用。重要的是，microRNA序列与在癌变肿瘤中被超甲基化的CG岛有关。

染色体与遗传
Chromosomes and Heredity

10.7 染色体是孟德尔遗传的载体

遗传的染色体理论

学习目标10.7.1 遗传的染色体理论

20世纪早期，人们还不清楚染色体是遗传信息的载体。1900年，德国遗传学家卡尔·科伦斯（Karl Correns）在一篇论文中宣布重新发现孟德尔的成果，由此最早提出了染色体在遗传中的核心作用。不久后，科学家发现减数分裂期间，相似染色体发生配对，这促生了**遗传的染色体理论**，这是美国的沃尔特·萨顿（Walter Sutton）于1902年首次正式提出的。

多方面的证据支持萨顿的理论。一个证据是生殖只涉及两个细胞，即卵细胞和精子的结合。如果孟德尔的模型正确，那么这两个配子必须提供相同的遗传物质。但是，精子只有很少的细胞质，这意味着遗传物质一定位于配子的核中。此外，二倍体个体的同源染色体拥有两个拷贝，而配子只有一个。这一发现与孟德尔模型一致，孟德尔模型提出二倍体个体的每个可遗传基因都有两个，而配子只有一个。最后，减数分裂时染色体分离，每对同源染色体在赤道板上的位置是随机的，彼此相互独立的。分离和自由组合是孟德尔模型中基因的两个特征。

但研究人员很快就指出这个理论存在一个问题。如果孟德尔性状由位于染色体上的基因决定，并且孟德尔性状的自由组合体现减数分裂中染色体的自由组合，那么为什么在某种生物中，自由组合的性状数量明显超过生物的染色体对数？这似乎是一个致命的问题，这令许多早期的研究人员对萨顿的理论持严肃的保留意见。

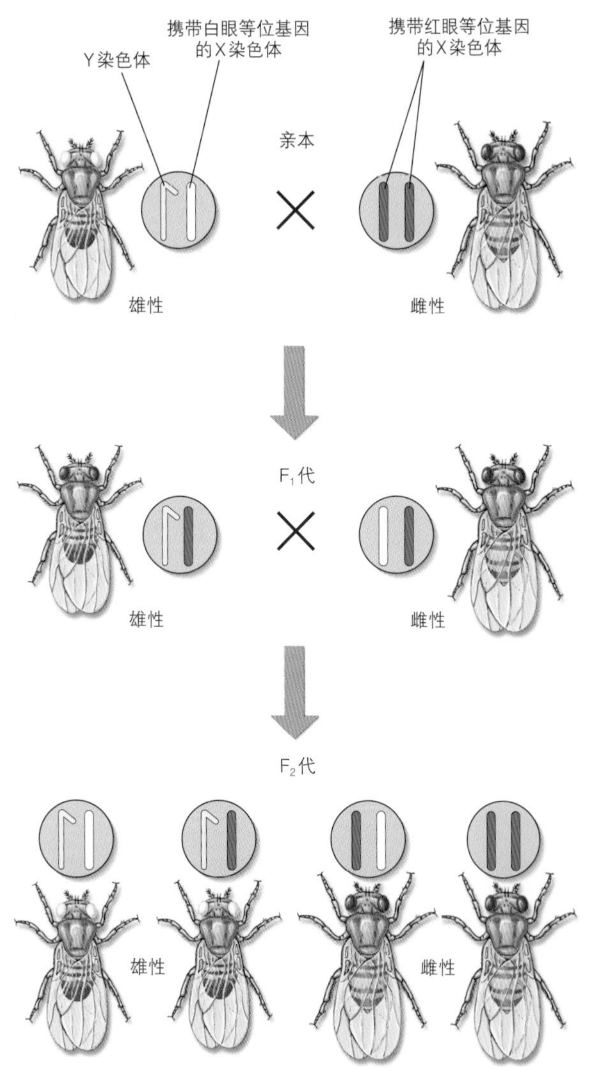

图10.17　摩尔根的实验揭示了性连锁的染色体基础

白眼突变雄性果蝇与正常雌性果蝇杂交。F_1代果蝇全部表现红眼，如所预期的一样，突变雄性果蝇是杂合子，携带隐性白眼等位基因。在F_2代，所有白眼果蝇全是雄性。

摩尔根的白眼果蝇

学习目标10.7.2　摩尔根对白眼果蝇的惊人发现

通过一种小小的果蝇，遗传的染色体理论得以基本修正。1910年，托马斯・亨特・摩尔根（Thomas Hunt Morgan）在研究果蝇——黑腹果蝇（*Drosophila melanogaster*）时，观察到了一只突变雄性果蝇，它与正常果蝇有显著差异：它的眼睛是白色的，而不是红色的。

摩尔根立即着手验证这一新性状能否进行孟德尔式遗传。他首先将突变雄性与正常雌性杂交，观察红眼或白眼是否表现显性。所有F_1代全是红眼，所以摩尔根得出结论：红眼对白眼是显性。依据孟德尔早前建立的实验步骤，摩尔根随后使F_1代的红眼果蝇相互杂交。在摩尔根检测的所有4,252只F_2代中，782只（18%）是白眼。尽管F_2代中的红眼与白眼的比例显著大于3:1，但这个杂交结果却提供了确切的证据证实了眼睛颜色的分离。然而，人们对这个结果仍有疑问，因为这个结果非常奇特，完全不能用孟德尔的理论预测——所有白眼F_2代果蝇都是雄性！

如何解释这个现象？也许，根本就没有白眼雌性果蝇，基于某些未知的原因，这样的个体不能存活。为验证这个观点，摩尔根将F_1代的雌性果蝇与原先的白眼雄性测交。他得到了白眼和红眼的雄性与雌性，比例是1∶1∶1∶1，正如孟德尔理论预测的。因此，雌性可以是白眼。那么，为什么最初杂交的子代没有白眼雌性果蝇？

性连锁证实了染色体理论

学习目标10.7.3　白眼突变的遗传怎么证明遗传的染色体理论

这个未解之谜的答案与性别有关。对于果蝇，个体的性别由一种特殊染色体——X染色体——的数量决定。有两条X染色体的果蝇是雌性，而只有一条X染色体的果蝇则为雄性。在减数分裂时，雄性果蝇的单个X染色体与一条巨大的不相似的Y染色体配对。因此雌性果蝇只能产生X配子，而雄性

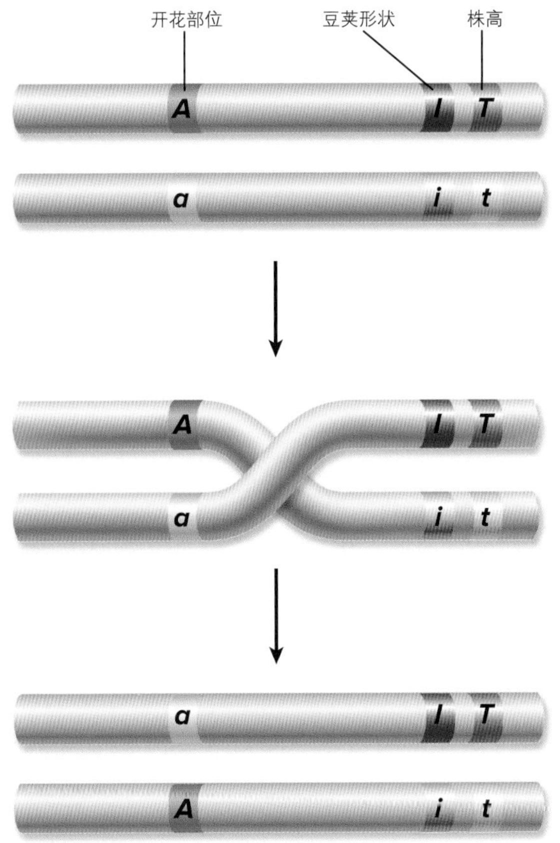

图10.18 连锁

染色体上相距较远的基因，如孟德尔的豌豆的开花部位的基因（A）和豆荚形状（I），发生自由组合，因为染色体互换导致这些等位基因重组。但是，决定豆荚形状（I）和株度（T）的基因靠得很近，所以通常不能发生互换。这些基因就是连锁的，不发生自由组合。

果蝇同时能产生X和Y两种配子。当与X精子受精，结果就是XX的受精卵，发育成雌性；当与Y精子受精，结果就是XY的受精卵，发育成雄性。

摩尔根之谜的答案是造成果蝇白眼性状的基因仅位于X染色体上——Y染色体没有（现在，我们知道果蝇的Y染色体几乎不携带有功能基因）。由性染色体上的基因决定的性状就称作**性连锁**（sex-linked）或伴性。知道了白眼性状对红眼性状是隐性，我们现在就能理解摩尔根的结果正是孟德尔的染色体自由组合定律的自然结果。图10.17带你走近摩尔根的实验，显示了红眼等位基因和性染色体。在这个实验中，F_1代全是红眼，而F_2代的果蝇有白眼——但它们都是雄性。因为白眼性状的分离与X染色体的分离一一对应，所以才出现了这个最初令人震惊的结果。换言之，白眼基因位于X染色体上。

正如萨顿提出的理论，摩尔根的实验第一次给出了确切的证据证实了决定孟德尔性状的基因位于染色体上。现在我们知道孟德尔性状自由组合的原因就是染色体自由组合。当孟德尔发现豌豆相对性状的分离，他就观察到了减数分裂染色体分离的表象，染色体决定他所观察的性状。

如果基因位于染色体上，你就可能想到位于同一染色体上的两个基因会一起分离。但是，如果位于同一染色体上的两个基因间隔很远，如图10.18的基因A和I，它们发生交换的可能性就非常高，导致自由组合。相反，相互靠得很近的基因几乎总是一起分离，这意味着它们一起遗传。相邻基因一起分离的趋势就称为**连锁**（linkage）。

关键学习成果 10.7

孟德尔性状由位于染色体上的基因决定，染色体在减数分裂时自由组合，所以孟德尔性状也自由组合。

10.8 人类染色体

人类遗传学

学习目标10.8.1 遗传学能向我们揭示关于我们自身和家庭的哪些信息

孟德尔最早提出的遗传学原理不仅适用于豌豆和果蝇，也适用于人类。你和父母的相似程度很大程度上取决于你出生前从他们那里获得的染色体，犹如豌豆的减数分裂决定了孟德尔性状的分离。但是，与豌豆的颜色相比，人类群体中发现的许多等位基因更需要认真的关注。一些严重的人体疾病就是一些等位基因导致的，它们产生了缺陷型的蛋白质，而这些蛋白质原本对人体有重要作用。通过研究人类遗传学，科学家能更好地预测父母可能以何种概率将哪些疾病遗传给孩子。

尽管人类将基因传递给下一代的方式与其他生

物几乎一样，我们仍然对自身有特殊的好奇心。因为我们知道有些疾病是可遗传的，而有些不是，所以当家中有人患病，我们不可能不关心。如果家中有人中风，我们会担心自己的健康，因为我们知道患中风是可遗传的。没有父母不担心孩子有出生缺陷。基因也与这些疾病明显相关，如糖尿病、抑郁症和酗酒等。基因与环境相互作用导致个体具有不同个性的方式是后续集中研究的主题。因为基因对我们生命历程很重要，我们都是人类遗传学家，对遗传学规律所揭示的关于自己和家人的内容都感兴趣。

染色体核型

学习目标10.8.2　核型

尽管在100年前，染色体就已经被发现了，但是直到1956年，人类才知道了人类染色体的确切数量（46条），当时发明了一种新技术，能准确测定人类和其他哺乳动物染色体的数量和形态。

生物学家通过采集血液样本，加入诱导样本中白细胞分裂的化学物质（红细胞失去细胞核，无法分裂），然后加入阻止中期细胞分裂的其他化学物质来检测人类染色体。中期是有丝分裂的一个阶段，此时染色体最大程度浓缩，因此易于相互区分。然后，使细胞破裂，释放内部物质，分离出单个染色体用于检测。染色体在染色后被拍下照片。这样的染色体"肖像"称为核型，是用单个染色体的照片制成的。依照惯例，核型中的同源染色体成对出现，染色体按大小依次降序排列。

人类的23对染色体中，有22对在雄性和雌性中都表现相似的大小、形态。这些染色体称为**常染色体**（autosome）。在许多植物和动物中，包括豌豆、果蝇和人类，剩下一对——被称为**性染色体**（sex chromosome）——在雄性中互不相同，但在雌性中两者相似。对人类来说，女性以XX表示，男性以XY表示。Y染色体比X染色体小很多，只携带X染色体基因数量的1/10。Y染色体上存在的基因中就有决定"男性"的基因。因此，遗传了Y染色体的人就会发育成男性。

检测个体的核型能检查出由于染色体数量异常导致的遗传疾病。例如，人类先天缺陷型疾病唐氏综合征就与一条额外21号染色体有关，这通过核型很容易识别，因为会有47条染色体，而不是46条。多出来的染色体能通过它的带型辨识出是第三条21号染色体。出生前采集的胚胎细胞核型就能揭示这类遗传性疾病。

不分离

学习目标10.8.3　非整倍体和不分离

一些最重要的人类遗传病是人类染色体在减数分裂时的分组问题引起的。

在减数分裂期间，中期配对的姐妹染色单体或同源染色体有时仍然黏附在一起，没有分离。在减数分裂Ⅰ或Ⅱ，染色体不能正确分离就称为**不分**

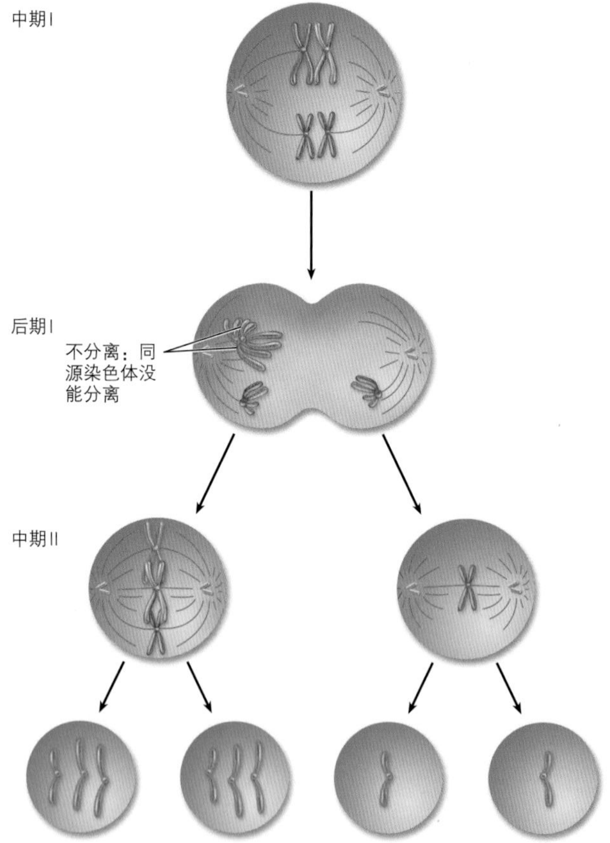

图10.19　后期I的不分离

在减数分裂I发生的不分离中，一对同源染色体没能在后期I分离，因此它产生的配子一个多了染色体，而另一个少了染色体。当姐妹染色单体不能在后期II分离时，减数分裂II也会发生不分离。

离（nondisjunction）。不分离会导致染色体**非整倍体**（aneuploidy），即染色体数量异常。因为较大的那对同源染色体在后期I没能分离，所以才出现了图10.19所示的不分离。这种分裂产生的配子拥有数量不等的染色体数量。经过正常的减数分裂，所有配子都应有两条染色体，但是如你所见，这些配子中有两个有三条染色体，而另外两个只有一条。

几乎所有同性别的人都有相同的核型，这仅仅是因为其他的排列方式不起作用。即使失去一个常染色体拷贝（称为单体），人类也无法在发育过程中存活。除少数情况外，获得额外常染色体（称为三体）的人也无法存活。然而，五条编号为13、15、18、21和22的最小的染色体可以在人类身上以三份拷贝的形式存在，并且个体仍然可以存活一段时间。额外的13、15或18号染色体的存在会导致严重的发育缺陷，具有这种基因构成的婴儿会在几个月内死亡。相比之下，拥有额外的21或22号染色体拷贝的个体通常能存活到成年。在这些个体中，骨骼系统的成熟被延迟，因此他们通常比较矮，肌肉张力差。而且，他们的智力发展也受到影响。

唐氏综合征 图10.20所示的21号染色体三体导致的发育缺陷于1866年由J. 兰登·唐（J. Langdon Down）首次发现，正因如此，它被称为**唐氏综合征**（Down syndrome）。

约在每750位儿童中就有一位患唐氏综合征，而且其发病率在所有族群中都差不多。高龄产妇的胎儿发病率更高。图10.21的图表显示高龄产妇的胎儿发病率明显升高。对于30岁以下的产妇，胎儿发病率只有约0.6/1,000（或1/1,500），然而对于30～35岁的产妇，其胎儿发病率翻倍，约1.3/1,000（或1/750）。对于45岁以上的产妇，这种风险高达63/1,000（或1/16）。高龄产妇易生唐氏综合征婴儿的原因是女性出生时所有卵子就已经存在于她的卵巢中了，随着她的年龄增长，这些卵子会累积损伤，从而导致不分离。

与性染色体相关的不分离

学习目标10.8.4 克兰费尔特综合征和特纳综合征

正如之前提到的，23对人类染色体中有22对在男性和女性中都完全匹配，因此被称为常染色体。剩下的一对是性染色体，X和Y。在人类中，如同在果蝇中（但绝不是所有二倍体生物），女性是XX，而男性XY；至少有一条Y染色体的都是男性。在大多数物种中，Y染色体高度浓缩，只拥有极少量有功能的基因。Y染色体确实拥有一些决定了“雄性”相关特征的活性基因。获得或失去一条性染色体的个体通常不会出现像常染色体数量异常所导致的严重的发育

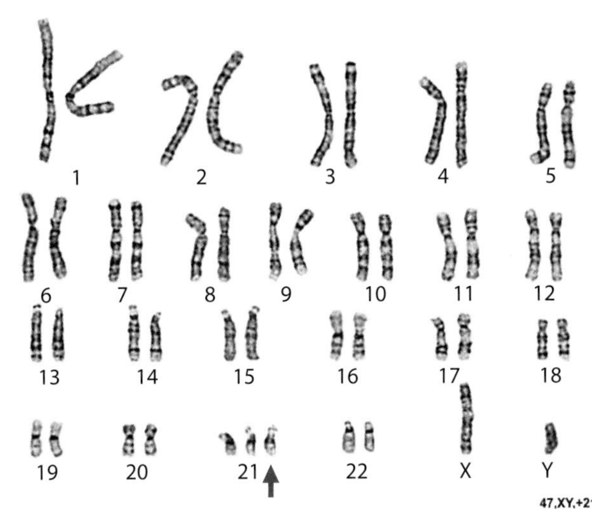

图10.20 唐氏综合征

从唐氏综合征男性患者的核型中，21号染色体的三体清晰可见。

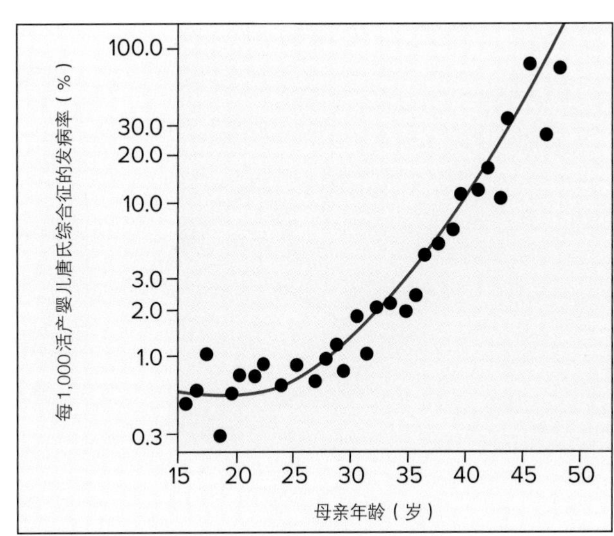

图10.21 母亲年龄与唐氏综合征发病率的关系

随着女性衰老，她们生一个患唐氏综合征孩子的概率逐渐增加。女性超过35岁后，其子女患唐氏综合征的概率迅速增加。

问题。这些个体可以长到成年，但是有些特征异常。

X染色体不分离　当减数分裂期的X染色体不分离，它产生的有些配子就会拥有两条X染色体，因此是XX配子；同时产生的另外一些配子没有性染色体，以“O”表示。

图10.22显示了如果X染色体不分离产生的配子与精子结合会发生的情况。如果一个XX配子与一个X配子结合，产生的XXX受精卵（庞纳特方格的左上方）发育成女性，她比一般人高，但是其他症状有很大差别。绝大部分都正常，其他有些出现阅读和语言障碍，还有些是智障。如果一个XX配子与一个Y配子结合（左下），产生的XXY受精卵发育成不育的男性，他拥有许多女性的特征，有些情况下出现智力下降。这种情况称作克兰费尔特综合征（Klinefelter syndrome），在男孩中的发病率为1/500。

如果一个O配子与一个Y配子受精（右下），OY受精卵不能存活，不能进一步发育，因为缺少X染色体上的基因，胎儿就不能存活。如果一个O配子与一个X配子受精（右上），XO受精卵发育成不育的女性，她身材矮小，表现出蹼状颈，并且性器官不成熟，在青春期不发生变化。XO个体的心智在语言学习方面正常，但是处理非语言/数学基础问题的能力较低。这种情况就称作特纳综合征（Turner syndrome），在女孩中的发病率约为1/5,000。

Y染色体不分离　Y染色体也会在减数分裂期不发生分离，导致形成YY配子。当这些配子与X配子受精，XYY受精卵发育成正常外表的可育男性。新生男孩的XYY基因型的频率约是1/1,000。

关键学习成果　10.8

个体拥有的特定染色体序列称为核型。人类的核型通常包含23对染色体。常染色体缺失是致命的，而多一条常染色体，除极少数特例外，也是致死的。

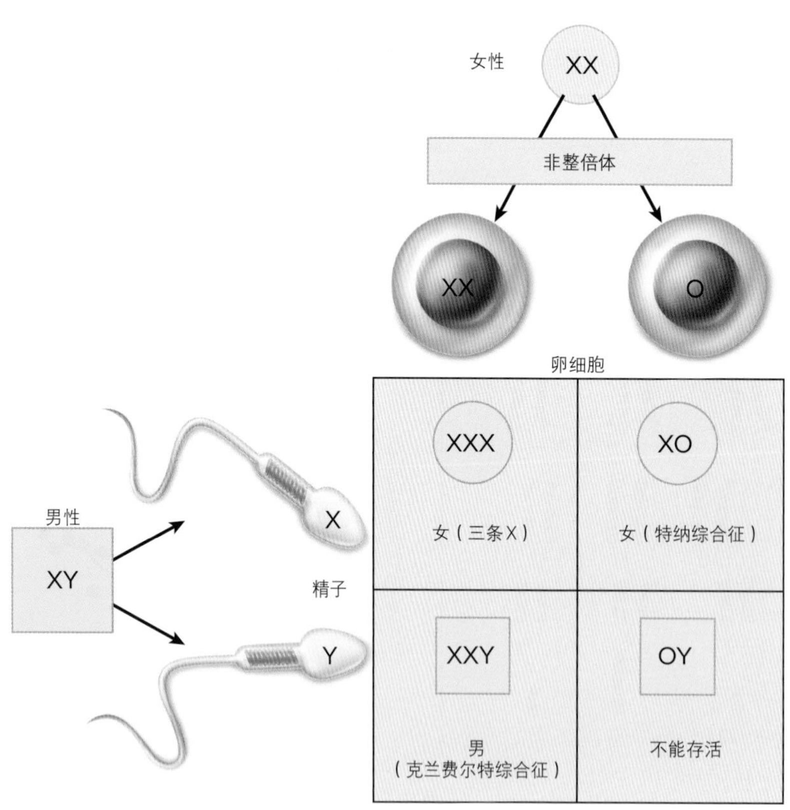

图10.22　X染色体不分离

X染色体不分离会产生性染色体的非整倍体——性染色体数量的异常。

Y染色体——男性真正不同之处

最近，我们对不同性别差别的认识发生了根本性的改变。男性与女性有何不同？以生物学家的视角来看，男性与女性最基本的不同是所有女性都有两条X染色体。X染色体和其他44条人类染色体的大小基本相同，它们也成对出现，并与它们一样，X染色体拥有约1,000个基因。

生物学家推测，X染色体和其他染色体都有两条的原因是用于修复不可避免的损伤，包括磨损、化学损伤和复制错误。因为这类损伤能传递给子代，它会随时间累积。正因如此，基因必须经常被修正，修复累积的突变。

细胞如何探测和修正DNA一条链上的一个或几个核苷酸的突变？它怎么知道DNA的两条链中哪条是“正确的”版本，哪条是被改变了的？每个细胞都有这种巧妙的技巧——两个几乎相同的染色体拷贝。通过相互比较两个同源版本，细胞可以识别“错误”并修复它们。

以下就是它的工作机制：当细胞探测到染色体DNA双螺旋的两条链出现差别，细胞就会采取非常严厉的应急措施，切除DNA分子两条链上的整块区域，“修复”细胞。细胞没有确定哪条链是正确的——两条链都被抛弃了。通过复制另一同源染色体上相同区域的序列来弥补这里的空缺。所有这些修补都是在减数分裂前期染色体配对时发生的。

所以，什么决定我们是男性呢？男性，与女性相反，只有一条X染色体，不是两条。男性中与之配对的另一条是Y染色体，它比X染色体小很多。直到最近，生物学家还认为Y染色体只有很少的活性基因。因为在减数分裂时，没有其他Y染色体能与之配对，所以认为它的大部分基因已经退化了，它是累积突变的受害者，这使得Y染色体剩下一片基因的废墟，只存在很少的活性基因。

现在，我们知道这种观点太简单了。在2003年6月，研究人员报道了人类Y染色体的全基因序列，而它完全不同于生物学家的预期。人类Y染色体不是只有一两个活性基因，而是有78个！

综合考虑全部这些基因，遗传学家得出结论：男性和女性的基因组存在1%～2%的不同——这与男人和雄性黑猩猩（或者女人和雌性黑猩猩）之间的差别一样。所以，我们将不得不重新审视性别差异的基础，可能比我们想象的要多得多。

Y染色体比X染色体小很多，只能与X染色体的末端配对。因此，减数分裂期间X染色体和Y染色体不能紧密配对，这种配对能用于之前讨论过的校正和编辑。现在有一个很好的解释，进化避免了X染色体和Y染色体的紧密配对——那78个Y染色体基因。因为紧密配对会出现大片段的交换，小片段也是，X染色体和Y染色体的任何结合都会导致基因交换，而Y染色体上决定男性的基因就将潜入X染色体上，使所有人都变成男人。

仍有一个谜题存在。如果Y染色体不能与X染色体配对，那么在没有复制编辑机制的情况下，它如何避免突变累积？为什么很久以前突变导致的基因丢失没有令男人灭绝？这个问题的答案要从Y染色体序列中得出，它是一个完美的答案。Y染色体上的78个活性基因中的大多数位于8个巨大的回文结构。回文结构是重复两次但方向相反的相同序列的DNA区域，像这句“Madam，I'm Adam”或拿破仑（Napoleon）的名言“Able was I ere I saw Elba”。

回文结构有一个非常简明的特性：它能自身弯曲，形成一个发夹环，其中两条链几乎是完全相同的DNA序列。这是完全相同的情况——几乎完全相同的染色体排列——它使减数分裂时X染色体能进行复制编辑。因此，对于Y染色体，突变通过转换能被“修正”为回文结构另一臂上保留的未受损伤的序列。损伤不会累积，男性得以留存。

10.9 系谱研究

为研究人类的遗传，科学家观察已经发生杂交的结果。他们研究家谱，或**系谱**（pedigree），以确定哪位亲属表现性状。然后他们通常能确定导致性状的基因是伴性染色体（位于X染色体上）还是伴常染色体的，以及该性状的表达是显性的还是隐性的。通常，系谱也能帮助研究人员推断出家庭中哪个人是纯合子，哪个人是决定该性状的等位基因的杂合子。

分析白化病的系谱

学习目标10.9.1　分析人类系谱的三个问题

白化病患者缺少所有色素沉着，他们的头发和皮肤完全是雪白的。在美国，约1/38,000的白人和1/22,000的非洲裔美国人患白化病。在一个白化病系谱中，如图10.23所示的一个普韦布洛（Pueblo）印第安人家族，每个符号代表家族史中的一个人，圆形代表女性，方形代表男性。在这个系谱中，表现研究性状的个体——这里是白化病——用全色符号表示；杂合子“携带者”拥有健康的表现型，以半色符号表示。婚配以连接圆形和方形的横线表示，从横线上延伸下来一组垂线表示他们的孩子，从左至右依据出生顺序排列。

为分析这个白化病系谱，遗传学家通常要问三个问题：

1. **白化病是伴性染色体还是常染色体？**如果该性状是伴性染色体的，那么它一般只见于男性；如果它是伴常染色体的，那么它在男女性中出现的概率相同。在这个系谱中，患病男性的比例（12个人中有4个，也就是33%）相当接近患病女性的比例（19个人中有8个，也就是42%）。（计数患者人数时，要排除I代中的父母亲，还要排除所有“外人”，也就是嫁入这家的人。）从这个结果可以合理得出结论，这个性状是伴常染色体的。
2. **白化病是显性的还是隐性的？**如果该性状是显性的，每位白化病儿童就会有父母亲是白化病。但是，如果它是隐性的，白化病儿童

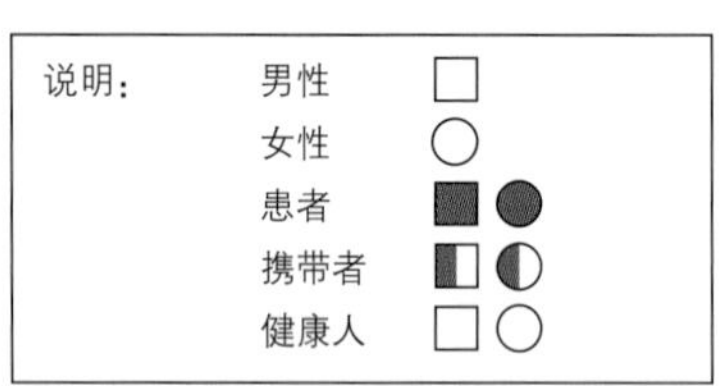

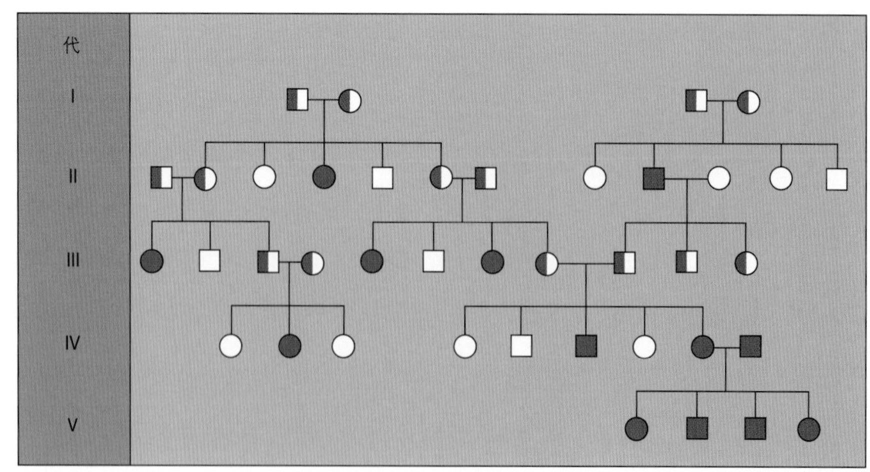

图10.23　白化病的系谱

照片显示的是1873年拍摄的祖尼·普韦布洛一家，两个男孩中有一个是白化病患者。该系谱显示了白化病的基因在这个家族中的遗传特征，蓝色实心符号表示白化病患者。

的父母亲可能表现正常，因为父母亲可能是杂合子“携带者”。在这个系谱中，大多数白化病儿童的父母亲并没有表达该性状，这说明白化病是隐性的。在一个家庭中，四个孩子和父母亲均患白化病。这个等位基因在普韦布洛印第安人中非常常见，而这个系谱就源自普韦布洛印第安人。因此，纯合子的个体，如这些患白化病的父母亲，在普韦布洛人中大量存在，这些人有时会结婚。在这个家庭中，父母亲都是白化病，而所生的四个孩子全是白化病，这与白化病性状是隐性的一致，因为父母亲都是等位基因的纯合子。

3. **白化病性状由单个基因决定还是由多个基因决定？** 如果该性状由单个基因决定，那么杂合子双亲（以半色符号表示）所生的孩子就会表现3∶1的比例（正常对白化病），反映杂交过程中的孟德尔分离。因此，约25%的儿童会患白化病。但是如果该性状由多个基因决定，那么白化病就只会出现较小的比例。在此系谱中，杂合子双亲所生的24个孩子中有8个表达白化病，即33%，明显反映这些杂交过程中只有一个基因发生分离。

分析色盲系谱

学习目标10.9.2　红绿色盲的系谱

根据刚刚对白化病系谱所做的分析显示，白化病是由单个基因控制的常染色体隐性性状。其他人类性状的遗传可以相同的方法进行研究，尽管有时会有不同的结果。例如，让我们分析一种不同的性状。红绿色盲是一种罕见（虽说不是特别稀少）的人类遗传特征，影响5%～9%的男性。色盲是一种眼部疾病，患者不能分辨某些颜色或深浅。这并不意味着他们只能看见黑和白，而是他们能看见颜色，但有些不同颜色在他们看来都一样。眼睛视网膜上的特殊类型的细胞能探测到不同颜色的光和不同的色度。回想在第6章讨论的电磁波谱，可见光拥有不同波长的光子，看起来就像此处所示的可见光谱：

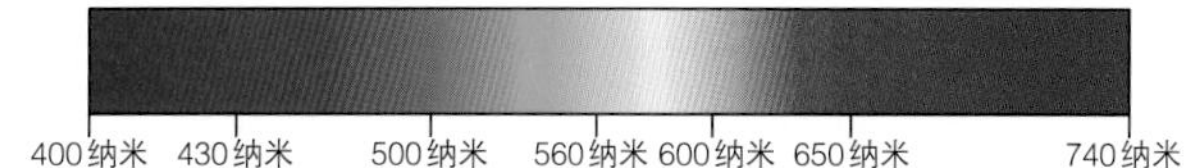

我们的眼睛拥有三种类型的颜色受体：一种吸收红光，一种吸收绿光，还有一种吸收蓝光。红绿色盲的患者探测区分红光和绿光的能力有缺陷，所以这些颜色对他们而言都一样。被称为石原假同色表（Ishihara plate）的测试图样可用于确定一个人是不是色盲。测试板由不同颜色的点排列成一定形状，经常是数字。正常视力的人能识别这些数字，而那些颜色的色盲患者就看不出。与白化病一样，系谱可用于揭示色盲的遗传模式。在图10.24所示的系谱中，一位红绿色盲的男性和一位杂合子的女性生了五个孩子。与之前一样，全色符号表示患者，这里是红绿色盲患者。半色符号表示杂合子个体，携带性状但不表达。

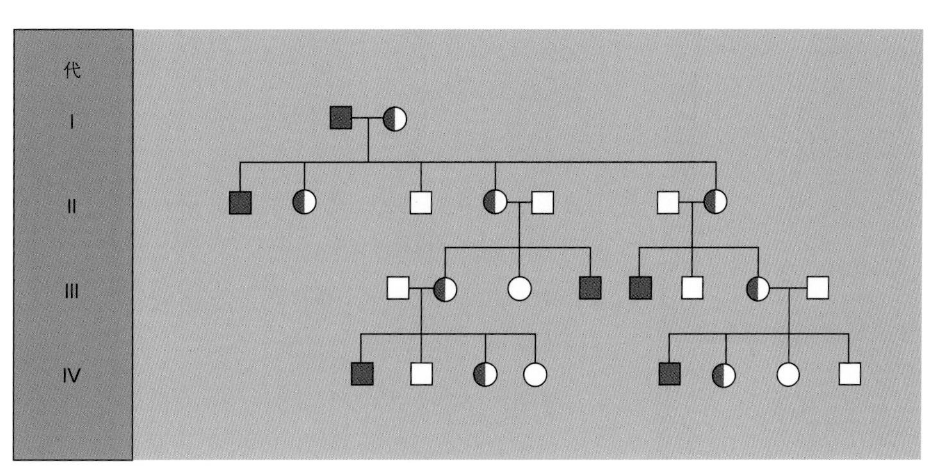

图10.24　红绿色盲系谱
该系谱追溯了一家四代人中的红绿色盲。

要分析这个系谱，你要问与之前一样的三个问题：

1. **红绿色盲是伴性染色体还是常染色体？** 5位患者全是男性。该性状显然是伴性染色体的。
2. **红绿色盲是显性的，还是隐性的？** 如果该性状是显性的，那么每位色盲儿童都应有一位色盲的亲代。但是在这个系谱中，在最初的那位男性之后，所有的家庭都不符合。该性状显然是隐性的。
3. **红绿色盲是否由单个基因决定？** 如果是，那么杂合子双亲所生的孩子都患色盲的比例就该有25%，反映3∶1的性状的孟德尔分离。在这个系谱中，杂合子双亲所生的孩子中有4/14，即28%，是红绿色盲，说明单个基因发生分离（不计I代双亲所生的五个孩子，因为他们的父亲是该性状的纯合子）。

此系谱说明色盲是由单个伴性染色体的隐性基因决定的。这不是说女性不会患色盲，但是这要两条X染色体都携带色盲基因，只有0.5%的女性会出现这种情况。

关键学习成果 10.9

系谱能揭示一种可遗传的性状是否由单个基因决定，这个基因是否位于X染色体上，以及该等位基因是不是隐性的。

10.10 突变的作用

人类的遗传疾病

学习目标10.10.1 明显与重大人类基因疾病有关的系谱

血友病：伴X染色体的性状

伤口的血液凝结是由于血液中流动的蛋白纤维聚合的结果。这个过程涉及十几种蛋白质，并且它们必须正确发挥功能，血凝块才会形成。造成其中任意一种蛋白质失去活性的突变会导致某种形式的**血友病**（hemophilia），这是一种遗传病，血液凝结很慢或不凝结。

血友病是隐性遗传病，只在个体没有任一正常等位基因的拷贝，不能产生凝结必需的某种蛋白质时才会表达出来。大多数编码血液凝结蛋白的基因位于常染色体上，但是有两种（命名为Ⅷ和Ⅸ）位于X染色体上。这两个基因是伴性染色体的（见10.7节）：任何遗传一个突变等位基因的男性都会患血友病，因为他的另一个性染色体是Y染色体，上面没有这些基因的任何等位基因。

血友病最著名的例子，常称为皇家血友病，是性连锁的形式，它起源于英国的王室家庭。这种血友病是基因Ⅸ上的一个突变导致的，这个突变出现在英国维多利亚女王（Queen Victoria，1819—1901）父母亲中的一个。图10.25的系谱显示维多利亚女王以下的六代中，她的男性后裔中有10位患血友病（全色方形）。现在的英国王室家庭已经摆脱了这种疾病，因为女王维多利亚的儿子，国王爱德华七世，没有将缺陷基因遗传下去。之后所有的英国君主都是他的后裔。维多利亚的9个孩子中，有3个确实遗传到了缺陷基因，但是通过联姻，他们将缺陷基因传递给了欧洲的许多其他王室。

镰状细胞贫血：隐性性状

镰状细胞贫血（sickle-cell disease）这种遗传病是隐性的。图10.26显示的就是镰状细胞贫血的遗传图谱，其中患者是纯合子，携带两个突变基因。患者的血红蛋白分子（能运输氧气）有缺陷。因此，这些患者不能正常运输氧气到其他组织。有缺陷的血红蛋白分子会相互黏附，形成硬的棒状结构，并导致形成镰状红细胞。这些细胞没有弹性且形状不规则，因此很难通过毛细血管。它们会积聚在那些血管中，并形成凝块。镰状红细胞比例较大的人会间歇性患病，并且寿命也较短。

缺陷型红细胞中的血红蛋白与正常红细胞中的血红蛋白只在第574位氨基酸的亚基上有所差别。在有

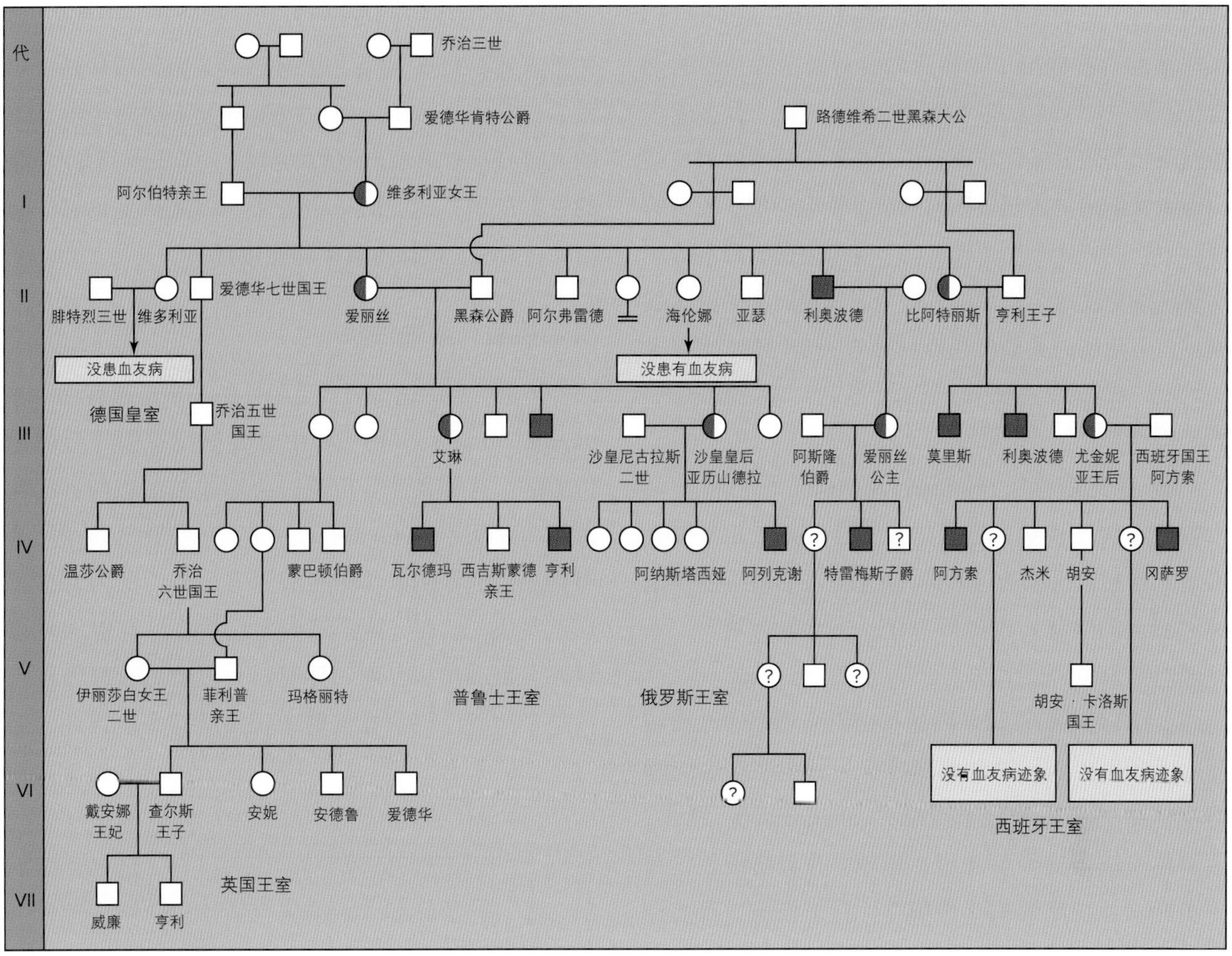

图10.25　皇家血友病系谱

维多利亚女王的女儿爱丽丝将血友病带入了俄罗斯和普鲁士的王室，而女王的另一个女儿比阿特丽斯（Beatrice）将血友病带入了西班牙王室。维多利亚的儿子利奥波德（Leopold），自己就是血友病的受害者，还将此病传给了第三代。半色符号表示携带者带有一个正常基因和一个缺陷基因；全色符号表示患者。方形表示男性；圆形表示女性。

缺陷的血红蛋白中，缬氨酸取代了该位点的谷氨酸。非常有意思的是，改变的位点远离血红蛋白的活性部位，在那里含铁血红素基团能结合氧气。反而，这个替换出现在蛋白质外围。那么，为什么有如此灾难性的结果？镰状红细胞突变将一个没有极性的氨基酸放于血红蛋白表面，产生一个“附着点”，能黏附到其他类似的附着点上——在极性环境（如水）中，非极性氨基酸会与其他非极性氨基酸结合。由一个血红蛋白黏附到另一个血红蛋白形成血红蛋白链。

镰状细胞贫血等位基因杂合子的个体一般与健康人没有差别。但是当他们在低氧环境中，他们的有些红细胞就会出现镰刀状的特征。导致镰状细胞贫血的等位基因在非洲裔人群中非常普遍，因为该等位基因在非洲更普遍。约有9%的非洲裔美国人是该等位基

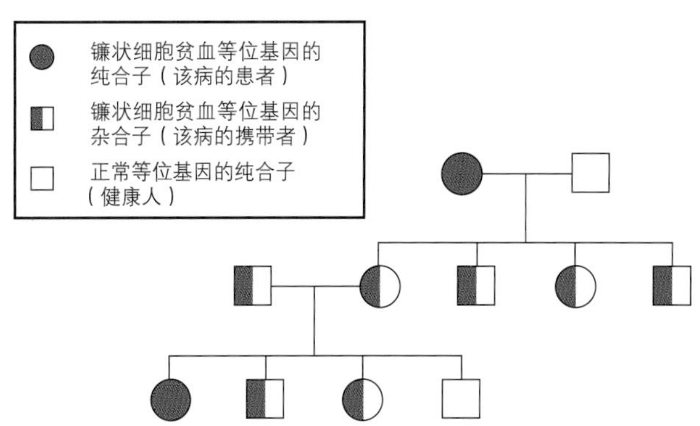

图10.26　镰状细胞贫血的遗传

镰状细胞贫血是一种常染色体隐性疾病。如果父母亲中有一个是该隐性性状的纯合子，那么其所有子女都将是携带者（杂合子），如孟德尔测交的F_1代。一个正常的红细胞是圆盘状。在有镰状细胞贫血的纯合子个体中，许多红细胞会呈镰刀状。

因的杂合子；而约有0.2%的人是纯合子，患有该病。在非洲的有些族群中，高达45%的人是该基因的杂合子；至少6%的人是纯合子，患有该病。什么因素导致镰状细胞贫血在非洲有如此高的发病率？似乎是因为镰状细胞贫血等位基因的杂合子对疟疾有较高的抵抗力，而疟疾是中非地区的一种普遍的、严重的疾病镰状细胞贫血与疟疾的发病情况完美匹配。镰状细胞贫血与疟疾的关系将在第14章进一步讨论。

泰–萨克斯病：隐性性状

泰–萨克斯病（Tay-Sachs disease）是一种不可治愈的遗传性疾病，患者的大脑会退化。儿童患者出生时看起来很正常，通常到8个月左右就会表现出神经衰退的症状。出生后一年，儿童就会致盲，而且他们很少能活过5岁。

泰–萨克斯病等位基因通过编码非功能的己糖胺酶A而产生疾病。这种酶能分解一种存在于脑细胞溶酶体中的脂质**神经节苷脂**（ganglioside）。结果，溶酶体充满了神经节苷脂，膨胀，并最终破裂，释放出能杀死细胞的氧化性酶类。对于该病，目前没有任何治疗方法。

泰–萨克斯病在大多数人群中非常少见，在美国只有1/300,000的新生儿发病。但是，该病高发于东欧和中欧的犹太人（德系犹太人）与美国犹太人中。90%的美国犹太人的祖先能追溯到东欧和中欧。在这些人群中，估计1/28的人是该病的杂合子携带者，并且大约1/3,500的婴儿患有该病。因为该病是由隐性等位基因导致的，所以大多数携带缺陷等位基因的人自身没有表现出该病的症状，正如图10.27中间的柱形所示，他们的一个正常基因能产生足够的酶活性（50%）以保持机体功能正常。

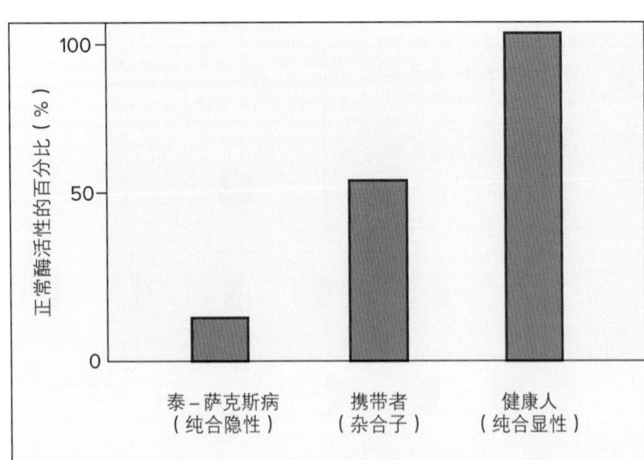

图10.27 泰–萨克斯病

纯合子个体（左侧柱）的己糖胺酶A水平一般只有不到正常水平（右侧柱）的10%，而杂合子个体（中间柱）约有正常水平的50%——足够避免中枢神经系统的退化。

亨廷顿病：显性性状

不是所有的遗传病都是隐性的。**亨廷顿病**（Huntington’s disease）是一种由显性等位基因导致的遗传疾病。这种显性等位基因会造成脑细胞的进行性退化。大概有1/24,000的人患有该病。因为该等位基因是显性的，所以每个带有该等位基因的人都会表现该疾病。然而，因为该病的症状要患者到30岁以后才会表现出来，而到那时，大多数患者都已经有孩子了，所以该病在人群中仍持续存在。因此，如

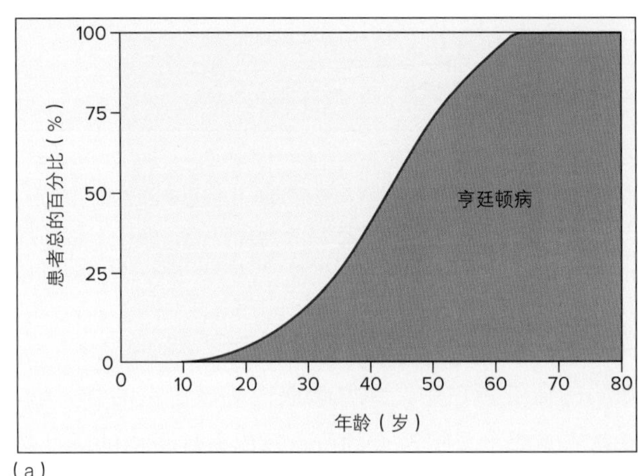

（a）

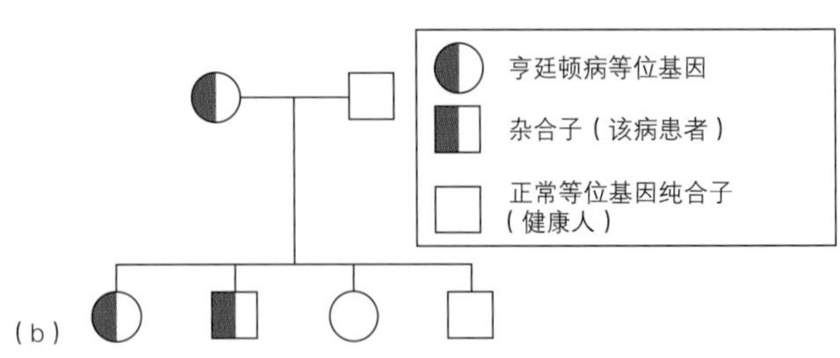

（b）

图10.28 亨廷顿病是显性遗传病

（a）因为亨廷顿病的发病年龄较晚，所以尽管导致该病的等位基因是显性的而且还致死，但是该基因仍能延续。（b）该系谱说明了显性致死基因如何在一代代间传递。尽管母亲是患者，但是我们可以看出她是杂合子，因为如果她是纯合显性，那么她的孩子全都会是患者。但是当她发现她患有该病，她可能已经生下孩子了。以此种方式，尽管该病是致死的，但是该性状仍会传递给下一代。

图10.28的系谱所示，在发展到致死程度前，该等位基因通常已经被传递给下一代了。

关键学习成果 10.10

许多人类的遗传疾病反映了人群中存在罕见的突变（有时也并不那么罕见）。

10.11 遗传咨询和治疗

尽管大部分遗传病目前还不能治愈，但是我们对它们有很多了解，而且很多情况下，治疗正取得好的进展。然而在没有治疗方法的情况下，一些父母觉得他们唯一能做的就是尽量避免生一个患病的孩子。评估父母亲生出有遗传缺陷孩子的风险，与早期胚胎遗传状况的过程称为**遗传咨询**（genetic counseling）。遗传咨询能帮助准父母们确认生出有遗传病孩子的风险。如果所孕胎儿的确患有遗传病，遗传咨询能给他们相关医学或选择方面的建议。

高危妊娠

如果遗传缺陷是由隐性等位基因导致的，那么准父母怎么知道他们是否携带该等位基因？一种方法是进行系谱分析，这是遗传咨询的常用辅助手段。如本章之前所述，通过分析一个人的系谱，有时可以估计此人是不是某种遗传病的携带者。例如，如果你有一位亲属患有隐性遗传病如囊性纤维化，你就可能是该病隐性等位基因的杂合携带者。当系谱分析显示孩子的父母亲都很可能是恶性遗传病隐性等位基因的杂合携带者，这种妊娠就是高危妊娠。这些情况下，孩子就很可能表现临床疾病。

另一种高危妊娠是母亲年龄超过35岁。如我们所知的，患唐氏综合征婴儿的出生率在高龄妊娠中明显增加（见图10.21）。

遗传筛查

学习目标10.11.1 遗传学家检测羊膜腔穿刺术取得细胞的哪三方面特征

当妊娠确认有高风险，许多母亲就会选择**羊膜腔穿刺术**（amniocentesis），这种技术能对许多遗传病做出产前诊断。图10.29显示了羊膜腔穿刺术的过程。在怀孕的第四个月，将一根无菌皮下注射针插入母亲扩大的子宫中，取一点给胎儿提供营养的羊水标本。液体中悬浮着从胎儿身上脱落的细胞，一旦取出，就把这些细胞放到实验室中培养。

在做羊膜穿刺时，针头的位置和胎儿的位置通常要用**超声波**（ultrasound）观察。利用声波产生的实时图像让人能在不损伤胎儿的前提下取到羊水。此外，超声波还能用于检测胎儿的主要异常特征。

最近，医生开始逐渐转向另一种侵入性的技术进行遗传筛查，它叫作**绒毛膜绒毛吸取术**（chorionic villus sampling）。用这种技术，医生从绒毛膜上获取细胞，绒毛膜是滋养胎儿的胎盘的膜的一部分。这种技术能在妊娠早期（到第8周）进行，而且出结果比羊膜腔穿刺术更快，但是这会增加流产的风险。

遗传咨询师要观察羊膜腔穿刺术或绒毛膜绒毛吸取术取得细胞的三方面特征：

1. **染色体核型** 核型分析能揭示非整倍性（额外或缺失染色体），以及总体染色体变化。
2. **酶活性** 在许多情况下，可以直接检测与遗

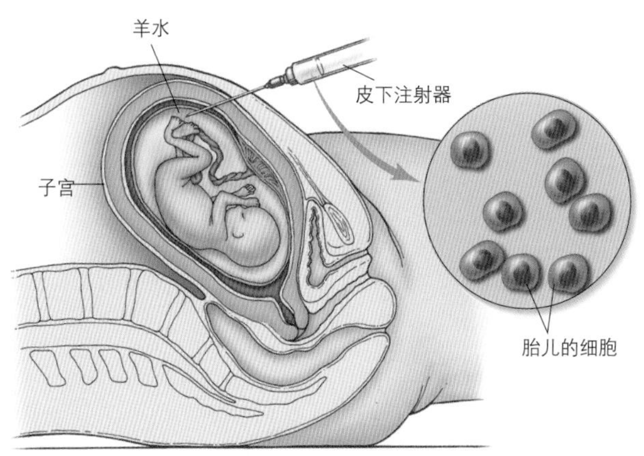

图10.29 羊膜腔穿刺术

将针头插入羊膜腔，并将含有胎儿游离细胞的羊水样本抽到注射器中。然后在培养基中培养胎儿细胞，并检查其核型和许多代谢功能。

传病相关的酶活性。缺乏正常的酶活性表示患有该遗传病。因此，缺少分解苯丙氨酸的酶就表示PKU（苯丙酮尿症），而没有分解神经节苷脂的酶就表示泰-萨克斯病。

3. **遗传标记** 遗传咨询师能寻找到与已知遗传标记之间的联系。对于镰状细胞贫血、亨廷顿病和一种肌营养不良症（这种遗传病的特点是肌无力），研究人员已经发现除了存在导致这些疾病的突变，相同的染色体上还存在其他突变，偶尔这些突变发生在相同位置。通过检测这些其他突变是否存在，遗传咨询师能确认个体是否有可能存在导致疾病的突变。开始时，寻找这些突变犹如大海捞针，但是经过持续的努力已经在这三种疾病上取得了成功。相关的突变是可以检测到的，因为它们改变了DNA切割酶在特定位置切割DNA链时产生的DNA片段长度，这一方法在第13章中有更详细的描述。

DNA筛查

学习目标10.11.2　SNP

导致遗传缺陷的突变通常是由关键基因内单个DNA核苷酸的改变引起的。你的一个基因与另一人的基因之间存在的这种位点的差异就叫作“单核苷酸多态性”或SNP。随着人类基因组计划（第13章详细介绍）的完成，研究人员已经开始搭建成千上万个SNP的庞大数据库。我们每个人都与标准的“典型序列”在数千个改变基因的SNP上有所差异。筛查SNP并将它们与已知的SNP数据库比对，很快就能让遗传咨询师筛查每位患者，找出导致遗传疾病的基因，如囊性纤维化和肌营养不良症。

借助体外受精怀孕的父母亲都有一套完善的筛查流程，叫作**植入前遗传学筛查**（preimplantation genetic screening）。在这项检测中，卵细胞在母亲体外的培养皿中受精，并让受精卵分裂3次，直至形成8个细胞。从每个这样的8细胞胚胎中取出其中的1个细胞，并用于检测150个遗传缺陷中的任意1个。剩下7个细胞的胚胎每个都能发育成正常的胎儿，让父母亲可以选择并移植没有疾病的胚胎。

关键学习成果　10.11

现在可以检测妊娠早期的遗传缺陷，这让准父母能做出合理安排。

调查与分析
INQUIRY & ANALYSIS

为什么羊毛状发会在家族中传递？

照片中的男孩没有剪头发，他的头发随着生长会自动断裂，避免变长。他的家庭中其他成员都是这样的头发，意味着羊毛状发是一种遗传性状。由于它的卷曲和蓬松，该性状就命名为“羊毛状发”。

虽然羊毛状发这种性状非常罕见，但是在某些家庭高发。下方庞大的系谱（由于第二代及以下几代家庭成员众多，所以才把系谱画成弧形）记录了挪威一个家族5代人（左侧的罗马数字）羊毛状发的发生情况。依据惯例，患者以全色符号表示，圆形表示女性，而方形表示男性。下方的系谱将为你提供所需的信息以发现该性状是如何在人类家族中遗传的。

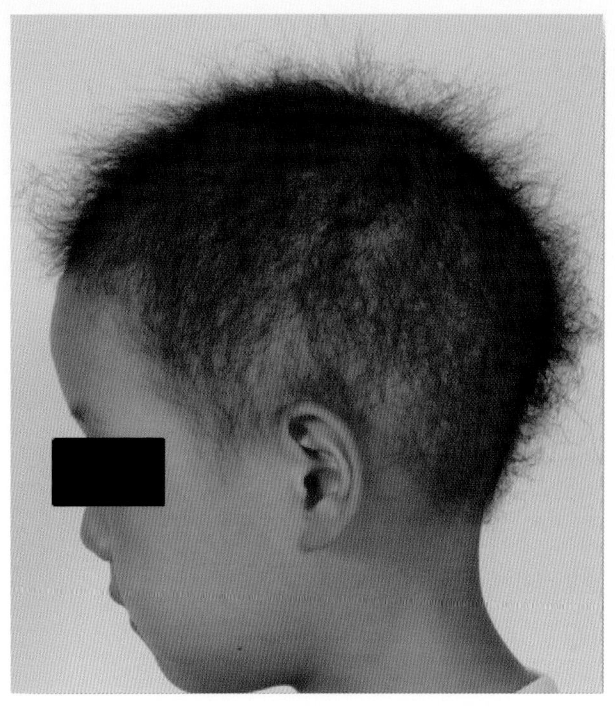

分析

1. **应用概念** 在下方的图表中，总共记录了多少人？他们是否都具有相关性？
2. **解读数据**
   a.羊毛状发在两种性别中出现概率是否相等？
   b.是否每个羊毛状发的孩子都有一个羊毛状发的父母亲？
   c.羊毛状发的父母所生的子女也是羊毛状发的百分比？
3. **进行推断**
   a.羊毛状发是伴性染色体还是常染色体的？
   b.羊毛状发是显性的还是隐性的？
   c.羊毛状发这个性状是由单个基因还是多个基因决定？
4. **得出结论**
   a.要有几个羊毛状发等位基因的拷贝才会导致人头发明显出现变化？
   b.在这个系谱中是否有人是羊毛状发纯合子个体？解释原因。

挪威一个家族的羊毛状发系谱

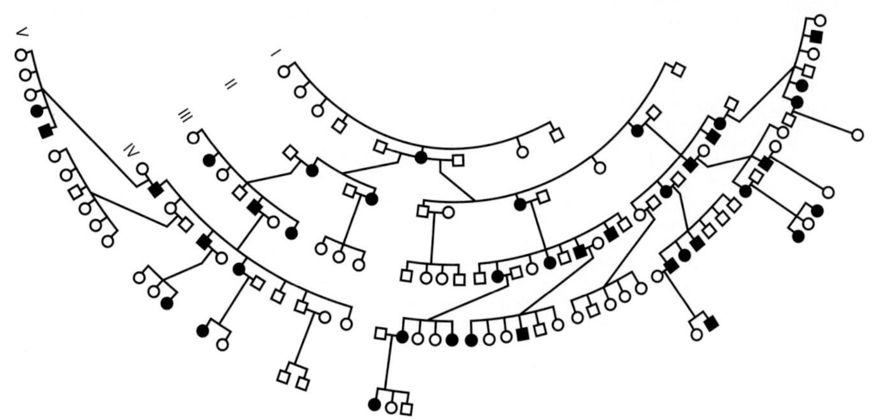

本章回顾

Reviewing What You Have Learned

孟德尔

孟德尔和豌豆

10.1.1~2 孟德尔用豌豆和科学的方法研究遗传。

10.1.3 孟德尔用某种特殊性状的纯种豌豆作为P代。然后，他将两种表现相对性状（某种性状的不同形式）的P代豌豆杂交。它们的子代称为F_1代。然后，他又让F_1代豌豆自交，产生F_2代。

孟德尔观察到了什么

10.2.1 在孟德尔的实验中，F_1代豌豆全都表现同一种相对性状，称作显性性状。在F_2代中，3/4的子代表现显性性状，而1/4表现另一性状，称作隐性性状。孟德尔发现在他研究的七种性状的F_2代都存在3∶1的比例。

10.2.2 孟德尔发现3∶1的比例实际上是1∶2∶1——1纯合显性：2非纯合显性：1纯合隐性。

孟德尔提出一个理论

10.3.1 孟德尔的理论解释了性状能以等位基因的形式从亲代传递给子代，从每个亲代各遗传一个等位基因。如果两个等位基因相同，该个体就是性状的纯合子。如果个体有一个显性和一个隐性等位基因，它就是性状的杂合子。

10.3.2 庞纳特方格能用于预测杂交子代中某些基因型和表现型的概率。

10.3.3 测交是将一个未知基因型个体与纯合隐性个体杂交，以确定未知基因型的显性性状是纯合子还是杂合子。

孟德尔定律

10.4.1 孟德尔分离定律是指将等位基因分配到配子中去，因此一半配子携带性状的一个等位基因，而剩下的一半配子携带该性状的另一个等位基因。

10.4.2 孟德尔自由组合定律是指一种性状的遗传不影响其他性状的遗传。位于不同染色体的基因独立遗传（图10.8）。

从基因型到表现型

基因如何影响性状

10.5.1 DNA编码的基因能决定表现型，因为DNA能编码蛋白质的氨基酸顺序，而蛋白质是基因的表达产物。

10.5.2 等位基因是基因的相对形式，是突变的结果。

有些性状不表现孟德尔遗传

10.6.1 当一种以上的基因以累积的方式决定表现型，就会产生连续性变异，导致表现型的连续变化。当一个基因影响一种以上性状就出现了多效性。当杂合子个体表现的表现型介于显性和隐性表现型之间，这就是不完全显性（图10.12）。一些基因的表达受环境因素的影响，如热敏的等位基因引起的皮毛颜色的变化。当两个或多个基因相互作用，产生累加或掩盖效应，或导致多种不同的表现型，这就是上位性。

10.6.2 当没有一个等位基因是显性——两个等位基因都表达，导致两个等位基因的表现型都呈现，这就是共显性。

10.6.3 表观遗传学是指由不改变DNA的调控过程将表现型从一代细胞传递到下一代。

染色体与遗传

染色体是孟德尔遗传的载体

10.7.1 因为基因位于染色体上，染色体在减数分裂期间自由组合，所以基因能自由组合。

10.7.2~3 摩尔根用果蝇的一个X连锁基因证明了这个观点。但是位于同一个染色体上的两个基因间隔越远，由于染色体交换它们越可能独立分离。

人类染色体

10.8.1~2 人类拥有22对常染色体和一对性染色体。

10.8.3~4 同源染色体对在减数分裂期间不发生分离（图10.19），导致配子的染色体太多或太少，这就叫不分离。常染色体不分离通常是致死的，唐氏综合征例外，但是性染色体不分离的后果就没那么严重。

人类遗传性疾病

系谱研究

10.9.1~2 通过观察系谱，科学家能确定性状遗传学的多个方面。

突变的作用

10.10.1 突变能导致遗传病如血友病、镰状细胞贫血和泰-萨克斯病。

遗传咨询和治疗

10.11.1~2 通过羊膜腔穿刺术、绒毛膜绒毛吸取术和DNA筛查，有些遗传病在妊娠期就能被检测出。

本章测验

Test Your Understanding

10.1.2 格雷戈尔·孟德尔用豌豆，因为______。

a. 豌豆较小，易于种植，生长迅速，而且开的花和结的种都很多

b. 他知道用豌豆做研究已经有数百年了，想继续前人的研究，用数学——计数和记录不同

c. 他知道豌豆有许多独特特征

d. 以上都是

10.2.1 孟德尔检测7种特征，如花色。他将特征的两种不同形式的植株（紫花和白花）进行杂交。在花色杂交中，第一代的子代（F_1代）______。

a. 全是紫花 c. 3/4的紫花和1/4的白花

b. 一半紫花和一半白花 d. 全是白花

10.2.2 解决了之前的问题后，孟德尔让F_1代自交，F_2代的子代______。

a. 全是紫花 c. 3/4的紫花和1/4的白花

b. 一半紫花和一半白花 d. 全是白花

10.3.1 孟德尔研究他的实验结果，提出了一系列假设说亲代传递______。

a. 性状直接给子代，子代就表现性状

b. 与性状有关的某些因子或信息给子代，它可能表现也可能不表现

c. 与性状有关的某些因子或信息给子代，它总能表现

d. 与性状有关的某些因子或信息给子代，每代都表现两种性状，也许是以与另一亲本信息杂交的形式

10.4.2 两个个体杂交出现四种可能的基因型，比例9∶3∶3∶1。这两个个体是______。

a. 双基因杂交 c. 测交

b. 单基因杂交 d. 以上都不对

10.6.1 人的身高呈极矮到极高的连续性变异。身高最可能受什么控制?

a. 上位性基因 c. 伴性基因

b. 环境因素 d. 多基因

10.6.2 人的ABO血型分型，四种基本的血型是A型、B型、AB型和O型。血蛋白A和血蛋白B是______。

a. 显性和隐性性状 c. 共显性性状

b. 不完全显性性状 d. 伴性性状

10.7.3 哪个发现最终证实基因位于染色体上?

a. 决定皮毛颜色的某种酶的热敏感性

b. 果蝇伴性的眼睛颜色

c. 完全显性的发现

d. 建立系谱

10.8.3 不分离______。

a. 出现在同源染色体或姐妹染色单体在减数分裂期间不发生分离时

b. 可能导致唐氏综合征

c. 导致非整倍性

d. 以上都对

10.11.1 下列分析哪种能检测非整倍性?

a. 酶活性 c. 系谱

b. 染色体核型 d. 遗传标记

其他的遗传学问题

Additional Genetics Problems

1. 鸡丝滑的羽毛是单基因隐性性状，它的作用是令翅膀闪耀。如果你有一只羽毛正常的鸟，你会进行哪种杂交来确定这只羽毛正常的鸟是不是丝滑基因的携带者?

2. 在海福特牛中有一种显性等位基因叫作无角的（polled）;携带这种基因的牛没有角。假设你有一群牛，全是无角的，你仔细确认过牛群中没有牛有角。但是，那年所生的小牛中有些长角。你将它们从牛群中除去，并确保牧场没有有角成牛。尽管你费了很大力气，第二年出生了更多有角小牛。是什么原因导致出现有角小牛?如果你的目标是保持牛群全都是无角的牛，你该怎么做?

3. 短指症（Brachydactyly）是一种人类的罕见性状，它导致手指长度短了1/3。一篇病历综述显示，短指症患者和正常人婚配所生的子女约有一半患短指症。两位短指症患者婚配的子代中，预计有多少比例的子代可能患短指症?

4. 你的导师给你一只红眼果蝇，还有一群白眼果蝇和另一群纯合红眼果蝇。已知果蝇出现白眼是隐性等位基因导致的。如何确定单只红眼果蝇是不是白眼等位基因的杂合子?

5. 血友病是伴性染色体隐性的血液疾病，它导致血液不能正常凝结。血友病有一型被追溯到了英国王室，它从英国王室传播到所有欧洲王室。为了解决此问题，假设它的起源是因为一个突变出现在了阿尔伯特亲王或他的妻子，维多利亚女王。

a. 阿尔伯特亲王没患血友病。如果该疾病是伴性染色体隐性疾病，那么它怎么会起源于阿尔伯特亲王，一位表现伴性染色体隐性性状的男士?

b. 俄国沙皇尼古拉斯二世和皇后亚历山德拉（维多利亚女王的外孙女）的儿子阿列克谢患血友病，但是他们的女儿阿纳斯塔西娅没有。阿纳斯塔西娅还没生孩子就去世了，她因俄国革命去世。我们能否推断阿纳斯塔西娅是该病的携带者?如果该病发生于尼古拉斯二世或亚历山德拉，你的答案是否会改变?

6. 一位正常肤色的男士娶了一位患白化病的女士。他们生了三个孩子，其中一个患白化病。这位父亲的基因型是怎样的?

第 3 单元　生命的延续

学习目标

基因是由DNA组成的

11.1　转化的发现

1　为什么不致病的死的有荚膜细菌和不致病的活的无荚膜细菌组成的格里菲斯混合液有致病性

11.2　判定DNA是遗传物质的实验

1　列举五个方面说明艾弗里转化实验的本质是DNA

2　赫尔希-蔡斯实验如何证明DNA是遗传物质

11.3　DNA结构的发现

1　为什么在沃森和克里克的DNA结构中每种核苷酸只能与四种核苷酸中的一种形成碱基对

DNA复制

11.4　DNA分子如何自我复制

1　DNA复制的三种机制

2　梅塞尔森-斯塔尔实验如何证明DNA复制三种假说的其中之一

3　DNA复制的四个步骤

改变遗传信息

11.5　突变

1　每代发生突变的频率

2　列举改变DNA序列的四种分子事件，并解释每种的原因

今日生物学　DNA指纹分析

今日生物学　父亲的年龄影响突变的风险

生物学与保健　保护你的基因

调查与分析　突变是随机的，并受环境影响的吗？

DNA：遗传物质

遗传方式能以减数分裂期间染色体的分离解释，这就出现了一个新问题，这个问题困扰了生物学家超过50年：遗传性状和染色体之间的纽带究竟是什么？在本章，你将看到一系列的实验，引导着我们认识遗传的分子机制。证实DNA是遗传物质的实验是科学界最美妙的实验之一。就像是一个好的侦探故事，每个结论都会产生无数新的问题。智慧之旅并非总是坦途，最好的问题并非一目了然。但是无论实验的历程多么离奇和曲折，我们对遗传的认识却越来越清晰，能拍摄到的照片也越来越精细。我们现在非常清楚地知道，DNA分子如何自我复制，它发生的变化如何导致遗传基因突变。

11.1 转化的发现

格里菲斯实验

学习目标11.1.1 为什么不致病的死的有荚膜细菌和不致病的活的无荚膜细菌组成的格里菲斯混合液有致病性

从第8章、第9章和第10章我们知道，染色体上有基因，基因携带遗传信息。但是，孟德尔的研究留下一个重要问题没有解决：基因是什么？当生物学家在寻找基因的过程中研究染色体时就立刻认识到染色体是由两种大分子组成的，这两种大分子你在第3章就遇到了：**蛋白质**（氨基酸亚基串联而成的长链）和**DNA**（脱氧核糖核酸——核苷酸亚基串联而成的长链）。可以想象两者中的任意一种都有可能是组成基因的成分——遗传信息既可能储存在不同的氨基酸序列中，也可能储存在不同的核苷酸序列中。但是哪种才是组成基因的物质呢，蛋白质还是DNA？这个问题在许多不同的实验中都得到了清晰的答案，这些实验都基于相同的基本设计：如果你将一个个体的染色体上的DNA和蛋白质分离开，那么这两种物质中哪种能改变另一个个体的基因呢？

1928年，英国微生物学家弗雷德里克·格里菲斯（Frederick Griffith）在用致病（导致疾病的）菌实验时，获得了一系列出乎预期的结果。图11.1带你依次浏览他的发现。当他用肺炎链球菌（*Streptococcus pneumoniae*）的有毒菌株感染小鼠，小鼠就会死于血液中毒，如你在小图❶所见。然而，当他用一种突变的肺炎链球菌菌株（这种突变菌株缺乏有毒菌株的多糖荚膜）感染类似的小鼠，小鼠没有表现出不良反应，如小图❷所示。荚膜对感染显然是必需的。这种细菌正常的致病型称为S型，它在培养皿中形成光滑的菌落。这种细菌的突变型被称为R型，缺少一种合成多糖荚膜的酶，形成粗糙的菌落。

为确定多糖荚膜是否本身就有毒性，格里菲斯将有毒S型菌株的死菌注入小鼠内。如小图❸所示，小鼠仍保持健康。最终如小图❹所示，他将已死亡的有毒菌株S型细菌与活的无荚膜R型细菌的混合物注入小鼠体内，两者各自本身对小鼠无害。出乎预料，小鼠表现出疾病症状，出现大量死亡。在死亡小鼠的血液中发现有高浓度活的有毒链球菌S型细菌，它的表面蛋白拥有活菌（之前的R型）的特征。很奇怪，决定多糖荚膜的信息在混合液中从死亡的有毒S型细菌传递到了活的无荚膜的R型细菌，永久将无荚膜的R型细菌转化成了有毒的S型变异株。

关键学习成果 11.1

遗传信息能从死细胞传递到活细胞，而将它们转化。

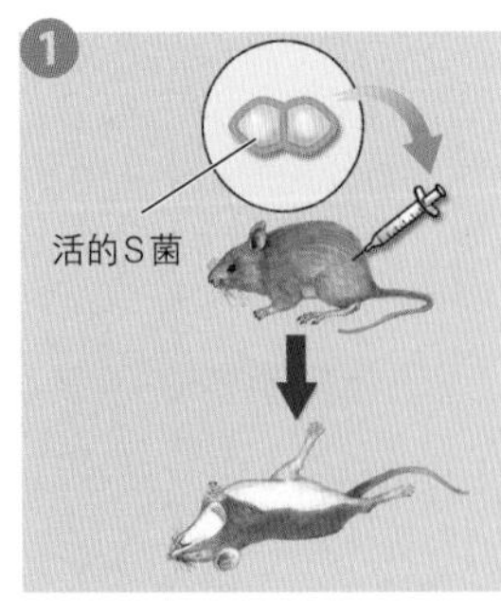

S菌有多糖荚膜，是致病的。将它们注入小鼠体内，小鼠就会死亡。

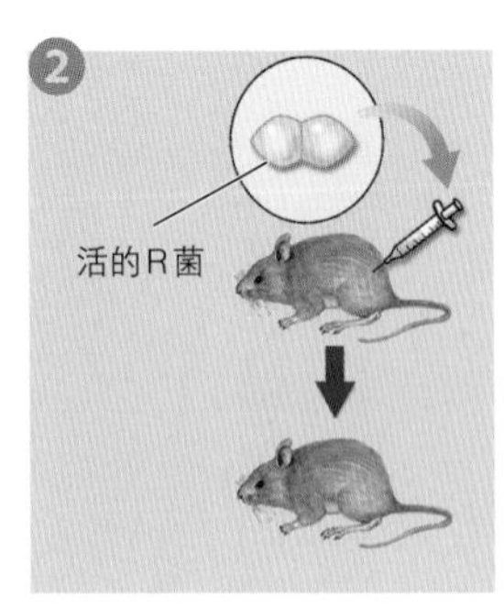

R菌没有荚膜，不能杀死小鼠。

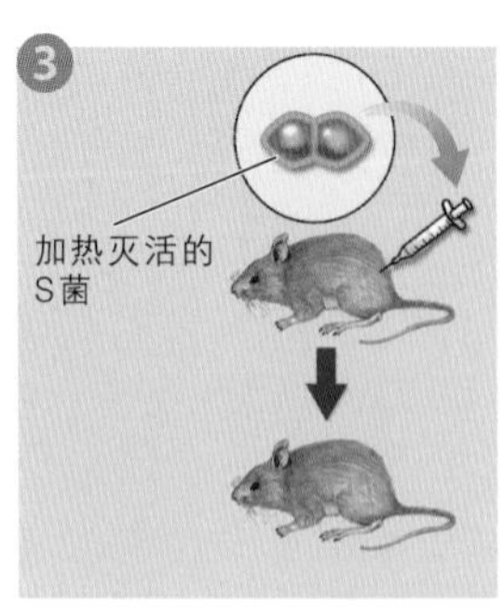

虽然加热灭活的细菌已经死亡，但仍有荚膜。它们不能杀死小鼠。

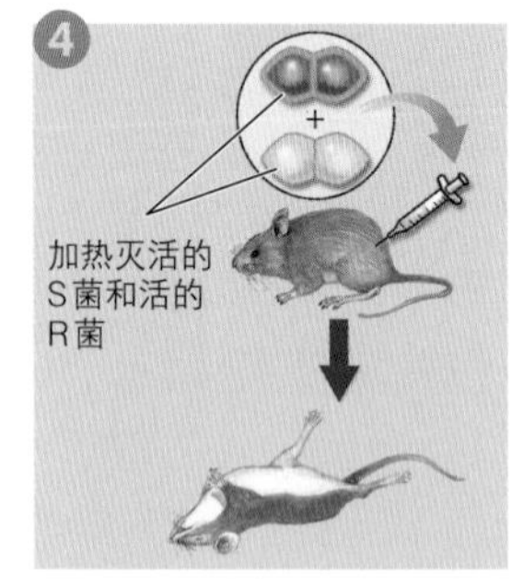

加热灭活的S菌和活的R菌的混合液能杀死小鼠。

图11.1 格里菲斯是如何发现转化

转化，是基因从一个有机体转移到另一个有机体的运动，为证明DNA是遗传物质提供了一些重要证据。格里菲斯发现，肺炎链球菌毒性死株提取物能将活的无害菌株“转化”为活的有毒菌株。

11.2 判定DNA是遗传物质的实验

艾弗里实验

学习目标11.2.1 列举五个方面说明艾弗里转化实验的本质是DNA

转化链球菌的物质直到1944年才被发现。经过一系列经典实验，奥斯瓦德·艾弗里（Oswald Avery）与他的同事科林·麦克劳德（Colin MacLeod）和麦克林·麦卡蒂（Maclyn McCarty）找到了该物质，他们将它称为“转化因子（transforming principle）”。艾弗里和他的团队成员制备了格里菲斯所用的由死的S型肺炎链球菌和活的R型肺炎链球菌组成的混合液，但是他们首先尽量除去死的S型肺炎链球菌的蛋白质，最终能达到99.98%的纯度。尽管除去了死的S型肺炎链球菌的几乎所有蛋白质，但转化活性并没有降低。再者，转化因子的性质在多方面类似DNA：

与DNA化学性质相同 当纯化的因子经过化学分析，很多成分与DNA接近。

与DNA表现相同 经过超速离心，转化因子的迁移方式与DNA一样；经过电泳和其他化学物理分析，它也与DNA表现一致。

不受脂质和蛋白质抽提的影响 对纯化的转化因子进行脂类和蛋白质抽提不会降低它的活性。

不被分解蛋白质或RNA的酶破坏 分解蛋白质的酶不会影响因子的活性，分解RNA的酶也不会。

被分解DNA的酶破坏 分解DNA的酶破坏了全部的转化活性。

证据是确凿的。他们得出结论“脱氧核糖型的核酸是Ⅲ型肺炎球菌转化因子的基本单位”——本质上，DNA就是遗传物质。

赫尔希-蔡斯实验

学习目标11.2.2 赫尔希-蔡斯实验如何证明DNA是遗传物质

艾弗里的实验结果最初没有获得很高的评价，因为大多数生物学家仍倾向于认为基因是由蛋白质组成的。但是1952年，阿尔弗雷德·赫尔希（Alfred Hershey）和玛莎·蔡斯（Martha Chase）做了一个简单却不容忽视的实验，如图11.2所示。

研究人员研究了侵染细菌的病毒基因。这些病毒附着到细菌细胞表面，将基因注入细菌内。这些侵染细菌的病毒的结构非常简单：一个蛋白质壳包裹着核心的DNA。

在他们的实验中，赫尔希和蔡斯用放射性同位素“标记”病毒的DNA和蛋白质。图中有放射性标记的分子以红色表示。在右侧的准备物中，病毒生长，它们的DNA就带有放射性磷（^{32}P）；在另一准备物中，图中左侧，病毒生长，它们的蛋白质壳就带有放射性硫（^{35}S）。在标记的病毒感染细菌后，赫尔希和蔡斯用力摇晃悬浮液，将侵袭的病毒从细菌表面除去，然后用高速旋转离心机分离细菌，然后提出了一个简单的问题：病毒将什么注入细菌细胞，蛋白质还是DNA？他们发现^{32}P标记的病毒感染的细菌在其内

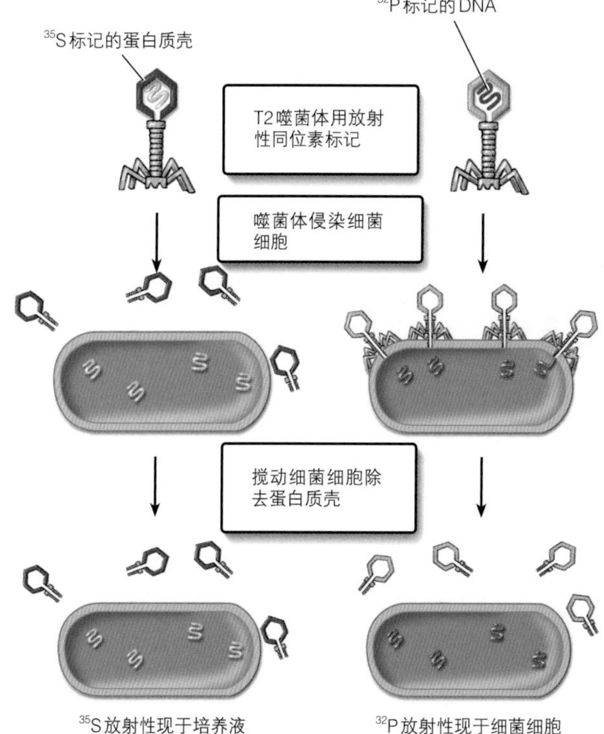

图11.2 赫尔希-蔡斯实验

这项使大多数生物学家相信DNA是遗传物质的实验是在“二战”结束后不久进行的，当时研究人员刚开始能普遍使用放射性同位素。赫尔希和蔡斯用不同的放射性标签“标记”和追踪蛋白质与DNA。他们发现，当噬菌体将它们的基因插入细菌指导产生新病毒，^{35}S放射性没有进入受感染的细菌细胞，而^{32}P放射性则会进入。显然，是病毒的DNA指导新病毒的产生，而非病毒的蛋白质。

部带有标记物质；^{35}S标记的病毒感染的则没有。结论就很清楚了：病毒用于决定新病毒的基因是由DNA组成的，而非蛋白质。

关键学习成果 11.2

多个重要实验明确地证明DNA是遗传物质，而非蛋白质。

11.3 DNA结构的发现

学习目标11.3.1 为什么在沃森和克里克的DNA结构中每种核苷酸只能与四种核苷酸中的一种形成碱基对

清楚了DNA是储存遗传信息的分子后，研究人员开始探究这种核酸是如何执行这种复杂的遗传功能的。那时，研究人员并不知道DNA是什么样的结构。

现在，我们知道DNA是长的链状分子，由**核苷酸**（nucleotide）亚基组成。如图11.3所示，每个核苷酸都有三部分：中央一个叫作脱氧核糖的糖，一个磷酸基团，一个碱基。糖（淡紫色的五边形结构）和磷酸基团（黄色圆形结构）在DNA的所有核苷酸中都一样。但是DNA有四种不同的碱基：两个大的双环结构的碱基和两个小的单环结构的碱基。大的碱基叫作**嘌呤**（purine），有A（腺嘌呤）和G（鸟嘌呤）。小的碱基叫作**嘧啶**（pyrimidine），有C（胞嘧啶）和T（胸腺嘧啶）。埃尔文·查格夫（Erwin Chargaff）获得了一个重要发现，DNA分子的嘌呤和嘧啶的数量是相等的。实际上，由于检测得不精确，两类碱基还是有点差异的，A的量总等于T的量，G的量总等于C的量（A = T，G = C），这就是**查格夫法则**（Chargaff's rule），表示DNA的结构是有规则的。

1950年，英国化学家莫里斯·威尔金斯首次进行DNA的X射线衍射研究。实验中，DNA纤维受

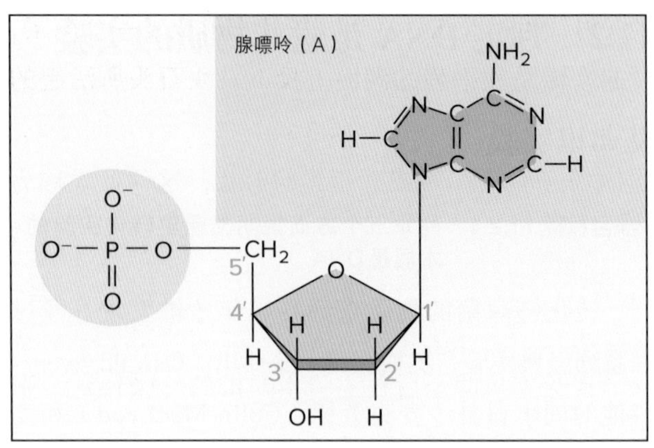

鸟嘌呤（G）

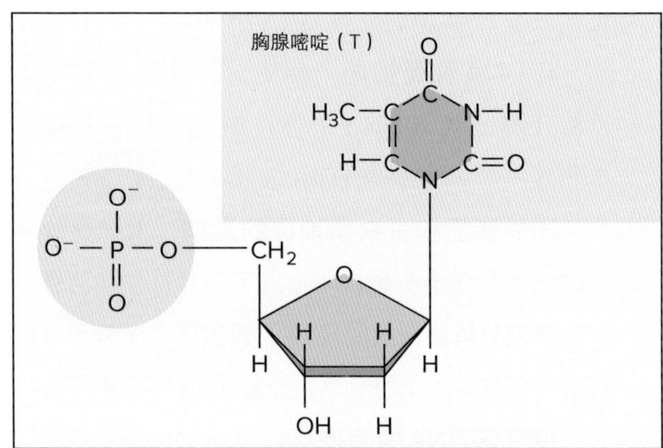

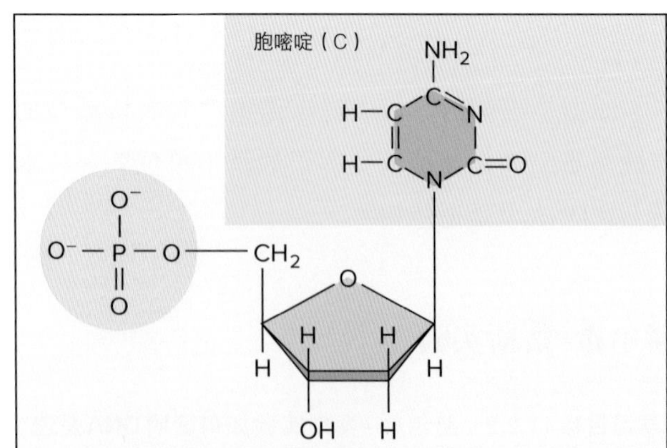

图11.3 组成DNA的四种核苷酸亚基

DNA的核苷酸亚单位由三部分构成：中央一个五碳糖叫作脱氧核糖，一个磷酸基团，一个含氮碱基。

到X射线束的轰击，在照相胶片上形成了一个图案，看起来像是往平静的湖面上投下一块石头所泛起的涟漪。1951年，威尔金斯从他的研究中得出结论，DNA分子具有弹簧或开瓶器的形状，这种形式称为螺旋。

1953年1月，威尔金斯与剑桥大学的两名研究人员弗朗西斯·克里克和詹姆斯·沃森分享了罗莎琳德·富兰克林博士后在实验室拍摄的一张特别清晰的X射线衍射照片。

利用像Tinkertoy玩具一样的模型，沃森和克里克推断出DNA的结构：DNA分子为**双螺旋**（double helix）结构，像一条弯曲盘旋的楼梯（图11.4）。糖和磷酸基形成楼梯的扶手，核苷酸的碱基形成台阶。

查格夫法则是这个结构的直接反应——一条链上的一个大嘌呤与另一条链上的一个小嘧啶配对。明确地说，A（蓝色碱基）与T（橙色碱基）配对，G（紫色碱基）与C（粉色碱基）配对。氢键（虚线表示）总形成于嘌呤–嘧啶的**碱基对**（base pair）之间，能使DNA分子维持恒定的宽度。

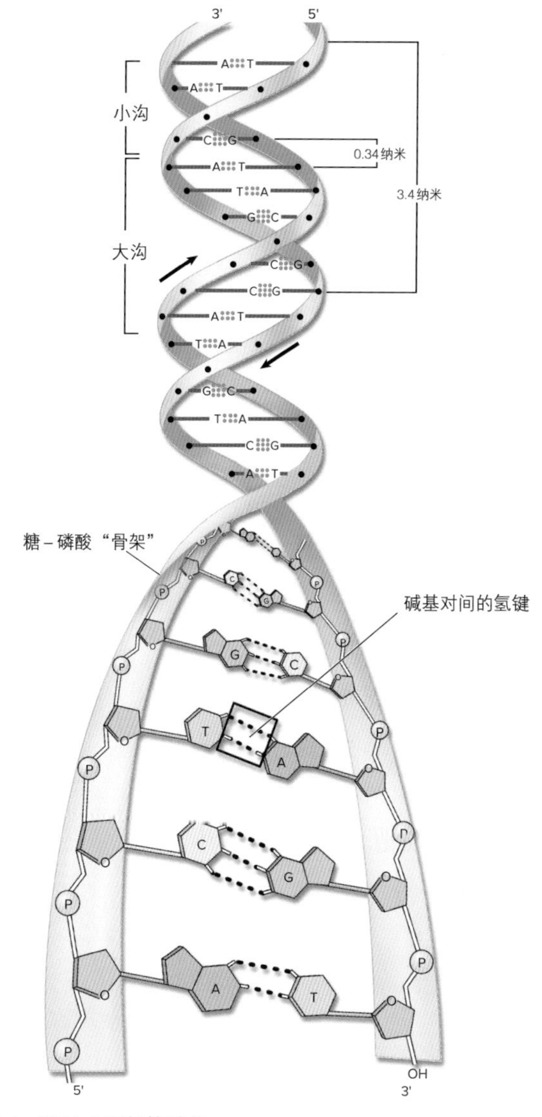

图11.4　DNA的双螺旋结构

X射线衍射研究表明了双螺旋的三维结构。在DNA的双螺旋分子中，只可能存在两种碱基对：腺嘌呤（A）与胸腺嘧啶（T），以及鸟嘌呤（G）与胞嘧啶（C）。每个G–C碱基对形成三个氢键；每个A-T碱基对只形成两个。

关键学习成果　11.3

DNA分子由两条核苷酸链构成，两条链通过碱基之间的氢键结合。两条链盘旋形成双螺旋。

DNA复制
DNA ReplicationA

11.4　DNA分子如何自我复制

DNA复制之谜

学习目标11.4.1　DNA复制的三种机制

将两条链结合在一起的吸引力是两条链中配对碱基之间的氢键。这就是为什么A与T配对，而不与C配对；A只能与T形成氢键。类似地，G能与C形成氢键，但不能与T形成氢键。在DNA的沃森–克里克模型中，双螺旋的两条链是互补的。双螺旋的一条链可以是由A、T、G、C任意序列的碱基，但是它的序列完全决定了双螺旋中配对链的序列。如果一条链的序列是ATTGCAT，双螺旋配对链的序列必定是TAACGTA。双螺旋的每条链都是另一条链的互补镜像。这种**互补**使得DNA分子在细胞分裂时能以非常固定的方式自我复制。但是关于DNA如何作为模板用于新DNA分子的装配，仍有三种可能。

第一种，双螺旋两条链分离，作为模板，通过A与T、G与C配对装配两条新链。这就是图11.5（a）所示的过程，旧链是蓝色，新链是红色。复制以后，旧链再次结合，保留DNA旧链的同时，形成一条全新的链。这就叫作保留复制（conservative replication）。

第二种，双螺旋只需要“解链”并沿着每条链装配一条新的互补链。这种DNA复制的形式就叫作半保留复制（semiconservative replication），因为虽然经过一轮复制，原先的双螺旋的序列得以保留，但是双螺旋本身并没有保留。相反，双螺旋的每条链成了另一双螺旋的一部分。在图11.5（b），蓝色的链来自原先的双螺旋，而红色的链是新形成的。

第三种，叫作分散复制（dispersive replication），虽然原先的DNA能作为模板合成新链，但是新的DNA和旧的DNA在两条子链中是分散的。如图11.5（c）所示，每条子链都由旧链（蓝色）和新链（红色）的片段组成。

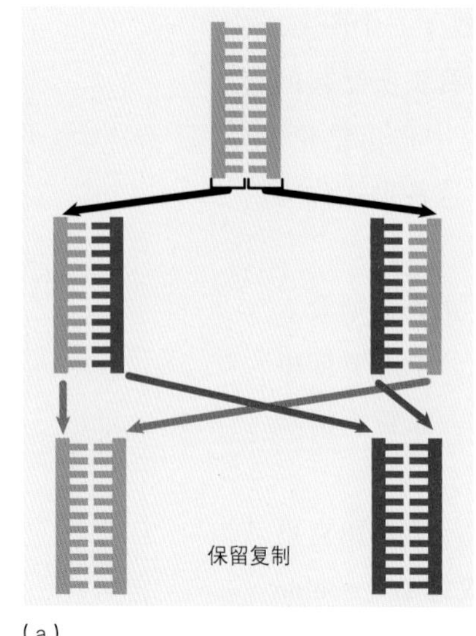

（a）

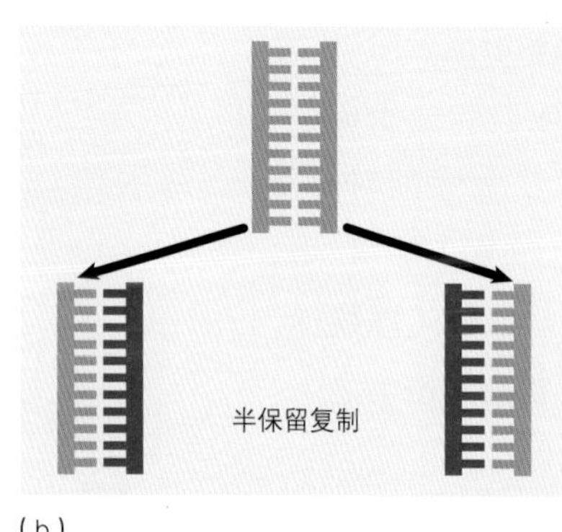

（b）

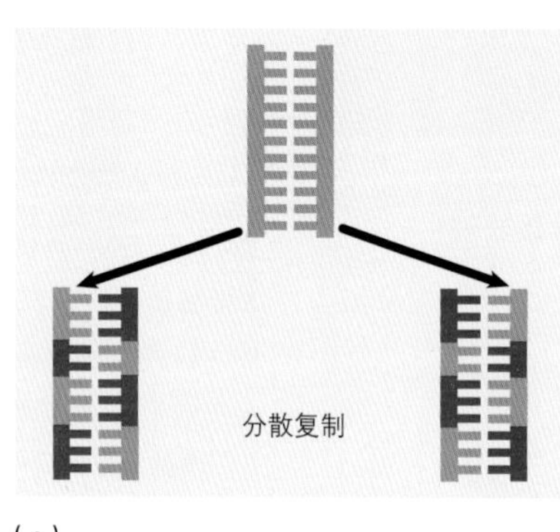

（c）

图11.5 DNA复制可能的机制

梅塞尔森–斯塔尔实验

学习目标11.4.2 梅塞尔森–斯塔尔实验如何证明DNA复制三种假说的其中之一

1958年，加州理工学院的马修·梅塞尔森（Matthew Meselson）和富兰克林·斯塔尔（Franklin Stahl）检验了DNA复制的这三种可能的假说。这两位科学家将细菌培养在含重氮同位素^{15}N的培养基中。^{15}N就会掺入细菌DNA的碱基中（图11.6中上方的培养皿）。从该培养基取得的样本再置于正常的含轻氮同位素^{14}N的培养基中培养。^{14}N就会掺入新合成的DNA中。每隔20分钟，将细菌从^{14}N培养基中取出（样本❷到❹）。从所有三个样本中提取DNA，第四个样本❶作为对照。

通过将收集到的DNA溶解到氯化铯的高盐溶液，再用超速离心机将溶液高速离心，梅塞尔森和斯塔尔就能分离出不同密度的DNA。离心力将铯离子移向离心管的底部，导致铯的浓度呈现梯度，因此密度也呈梯度。每条DNA链在该梯度中会上浮或下沉直到相应的位置，使得其密度与铯的密度一致。因为^{15}N链比^{14}N链的密度大，所以它们更靠近试管下方铯的高密度区域。

转移后最早收集到的DNA都是高密度的，如试管❷中所示。但是细菌在^{14}N培养基中完成第一轮DNA复制后，DNA的密度就降低到介于^{14}N-DNA和^{15}N-DNA之间，如试管❸所示。经过第二轮复制，就会出现两类密度的DNA，一类是中间型，另一类等于^{14}N-DNA，如试管❹所示。

梅塞尔森和斯塔尔对他们的结果做出如下解释：第一轮复制后，每条子代的DNA双螺旋都是杂合体，拥有亲代DNA分子的一条重链以及一条轻链；当这种杂合体双螺旋再次复制，它会将一条重链用于形成另一条杂合体双螺旋，而另一条轻链用于形成轻的双螺旋。因此，该实验明显排除了DNA的保留复制和分散复制，并验证了沃森–克里克模型的推论——DNA以半保留的方式进行复制。

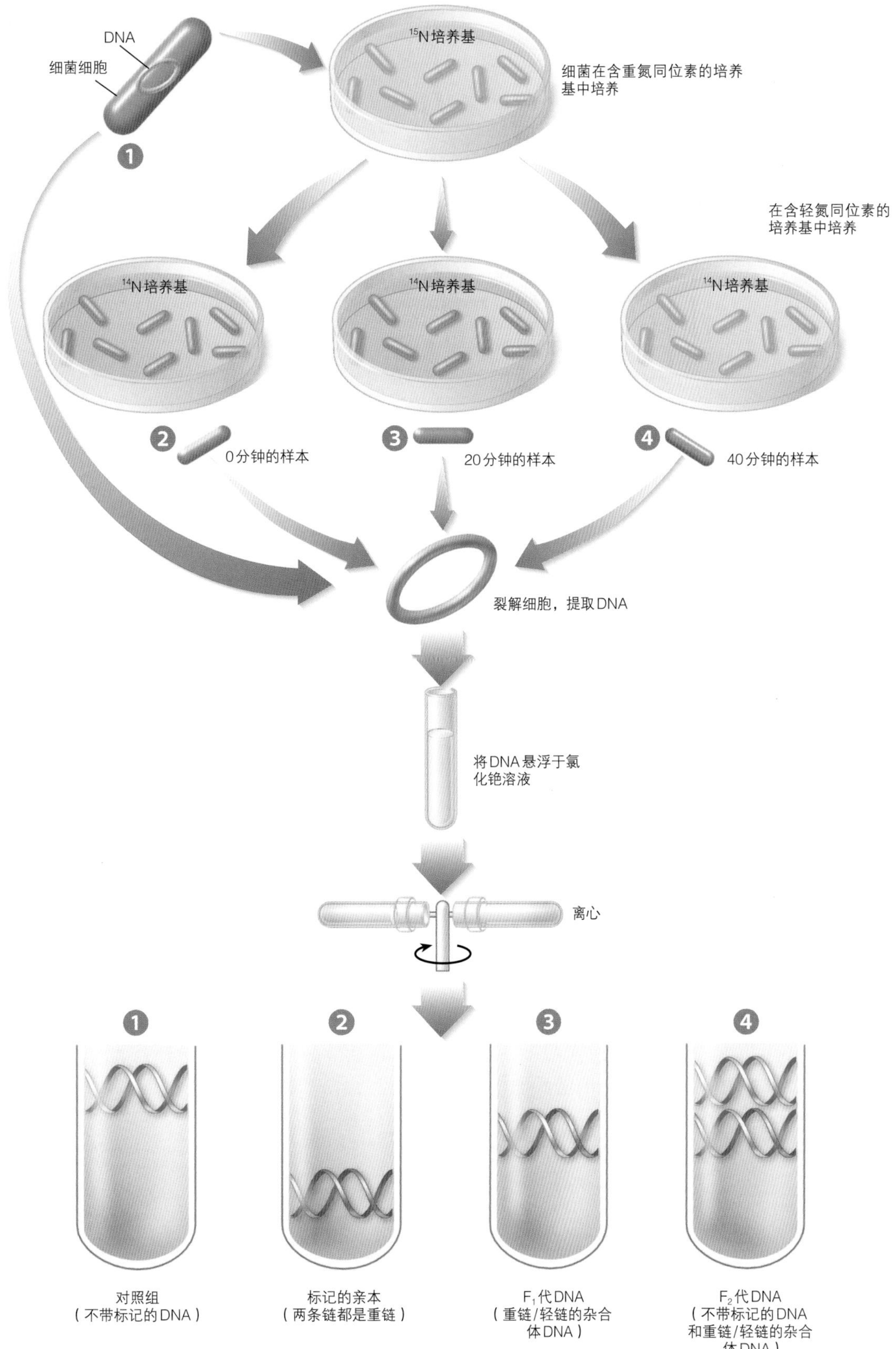

图11.6　梅塞尔森-斯塔尔实验

细菌细胞在含重氮同位素（^{15}N）的培养基中培养多代，然后转移到含正常轻氮同位素（^{14}N）的新培养基中。（此处显示的细菌不是按比例画的，因为成千上万的细菌只生长在培养基的平板上的极小部分。）在此后的不同时间段，收集细菌样本，并将它们的DNA溶解到氯化铯溶液中，然后在离心机中快速离心。因为带标记的和不带标记的DNA的质量不同，它们分别位于试管的不同区域。两条链都是重链的DNA位于试管底部。两条链都是轻链的DNA位于试管上部。带有一条重链和一条轻链的DNA位于两者之间。

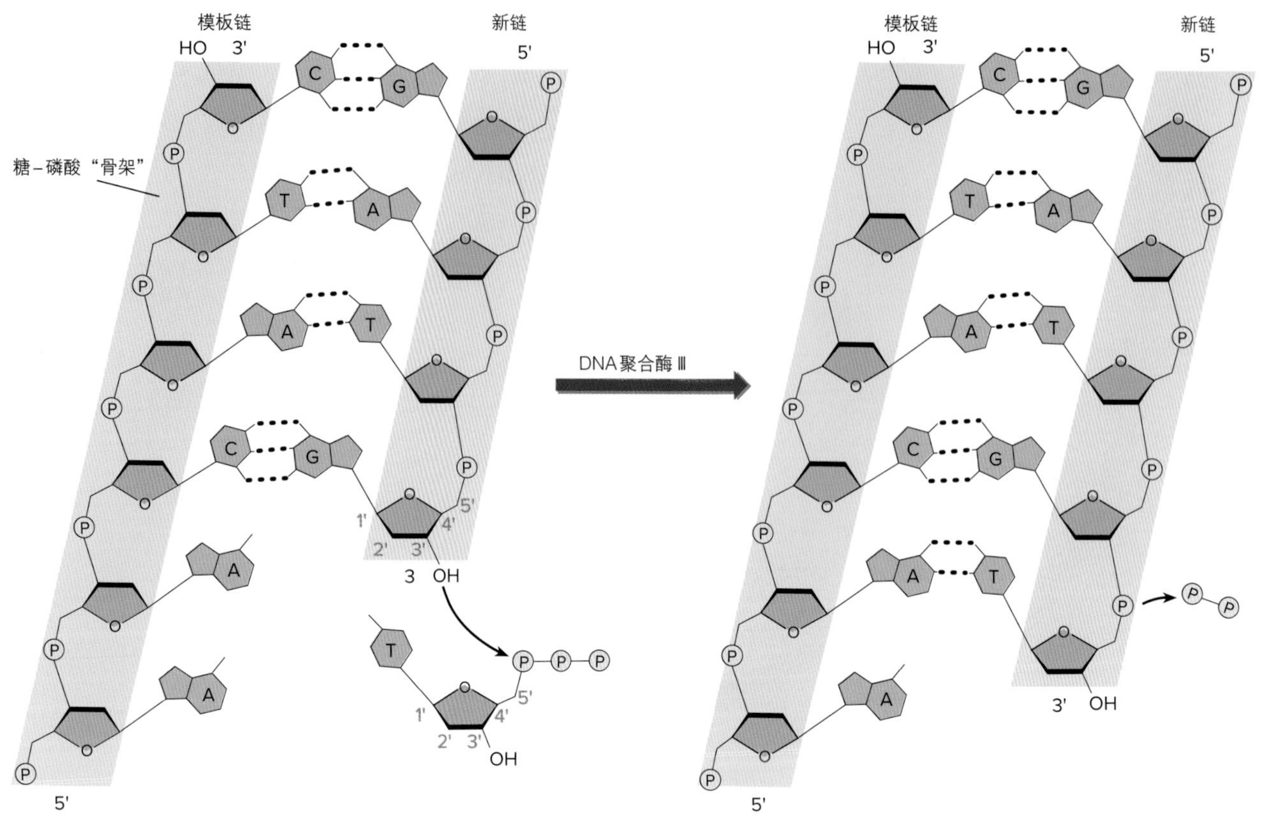

图11.7　DNA复制时核苷酸如何聚合

在一个核苷酸中，磷酸基团连接在糖的5'碳原子上，而OH基团连接在3'碳原子上。所以，在一条DNA链中，链的一端是5'磷酸基团，而另一端是3' OH。在DNA的双螺旋中，两条核苷酸链反向配对，一条链的方向是5'到3'，而另一条链是3'到5'。当DNA聚合酶Ⅲ将核苷酸添加到DNA的延伸链，新添加的核苷酸的第一个磷酸基团连接到已存链末端核苷酸的OH基团上。

DNA如何自我复制

学习目标11.4.3　DNA复制的四个步骤

细胞分裂前DNA的拷贝称为DNA复制（DNA replication）。在原核生物中，此过程受六种蛋白质的监控（在真核生物中，有些酶略有不同）。这些蛋白质协调DNA双链的解旋与通过向旧链添加核苷酸装配新的DNA互补链（图11.7）。以下就是DNA复制的作用过程。

在DNA复制开始前，解旋酶（helicase）将亲本DNA的两条链分开、解旋。在它们被复制前，单链结合蛋白会稳定DNA的单链区域。随着解旋酶沿DNA螺旋向前移动，双链被解旋。

❶ 解旋

单链结合蛋白
亲本DNA螺旋
解旋酶
5'
3'
3'
5'
复制叉

亲本DNA双链被解旋后，一种叫作DNA聚合酶Ⅲ（DNA polymerase Ⅲ）的酶复合物能向暴露的DNA模板链添加互补的核苷酸。但是这种酶不能启动一条新链的合成，它只能将核苷酸添加到已存链。因此，在组合成DNA的新链前，引物酶（primase）必须合成一小段RNA核苷酸，称作引物（prime），与单链模板互补。然后，DNA聚合酶Ⅲ就能结合到引物上，并在每条旧链上各装配一条DNA的新链。其中一条

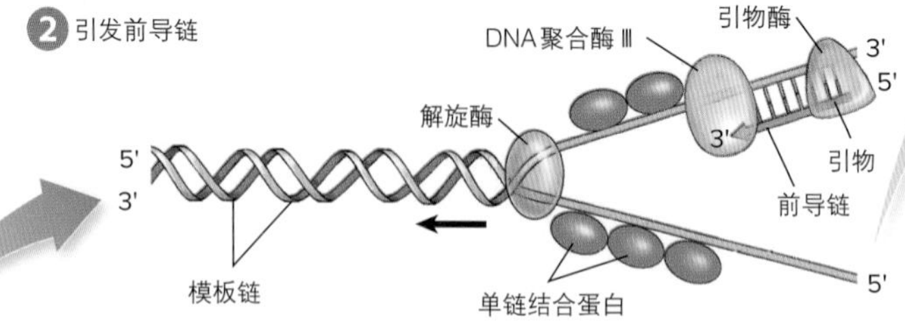

新的DNA链称为前导链（leading strand）；这条链的延伸方向是5'到3'指向复制叉。

DNA聚合酶Ⅲ通过将核苷酸添加到链的3'端，来合成前导链：新添加的核苷酸的5'磷酸基团连接到已存链的3'糖末端。DNA聚合酶Ⅲ向复制叉移动，并将前导链合成为一条连续链。在前导链合成完成前，另一种叫作DNA聚合酶Ⅰ（DNA polymerase Ⅰ）的聚合酶去除RNA引物，并用DNA核苷酸填补缺口。新合成的杂合体DNA能再次缠绕成螺旋状。

因为DNA聚合酶Ⅲ只能沿5'到3'装配新链，所以另一条链，叫作后随链（lagging strand），沿远离复制叉的反向装配成短的5'到3'片段。每段后随链片段都由一段RNA引物起始，然后由DNA聚合酶Ⅲ沿远离复制叉的方向合成，直到它遇到之前合成的片段。这些后随链上新合成的DNA短片段称为冈崎片段（Okazaki fragment）。随着螺旋进一步解开，新的RNA引物重新形成，而DNA聚合酶Ⅲ必须释放已完成复制的模板，并以“新”的模板开始。当DNA聚合酶Ⅰ去除RNA引物，DNA连接酶（DNA ligase）将新合成的DNA片段的末端相连，冈崎片段就形成了。整条后随链只能通过不连续的形式被复制。

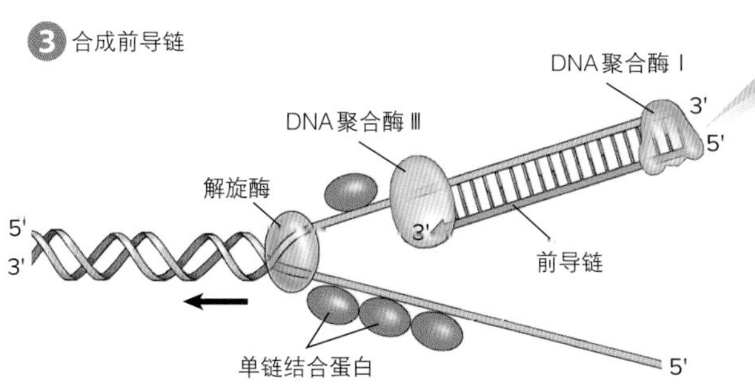

真核生物的每条染色体都有一条非常长的DNA分子，它不能以单个复制叉从一端全长复制到另一端。每条真核生物的染色体以约100,000个核苷酸的片段复制，每个片段都有自己的复制起点和复制叉。

存在于人体细胞中数量庞大的DNA表明了一系列漫长的DNA复制过程始于单个细胞——受精卵的DNA。活细胞已经进化出许多机制避免在DNA复制期出现错误，防止DNA受损。这些DNA修复机制能以另一条链校正子细胞的DNA链，从而保证准确性，并修复错误。但是校正并不完美。如果真这么完美，就不会出现如突变一样的错误了，也就不会出现基因序列的变异了，而进化也就不会发生了。突变将在下一部分和第14章详细讨论。

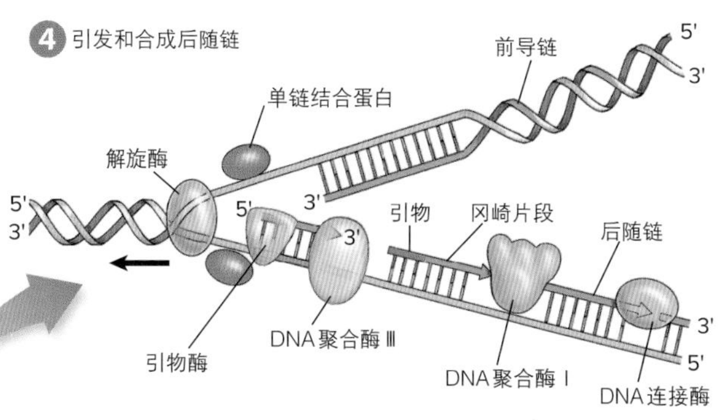

关键学习成果 11.4

DNA复制高度精确的基础是互补。因为DNA的两条链是互补的镜像结构，所以每一条链都能作为模板用于重建另一条链。

改变遗传信息
Altering the Genetic Message

11.5 突变

错误发生

学习目标11.5.1 每代发生突变的频率

遗传信息改变有两种常见方式：突变和重组。遗传信息，即一个或多个基因的碱基序列的改变被称为**突变**（mutation）。如前所述，通过沿DNA分开时形成的单链DNA合成互补链，实现自我复制。模板链指导新链的形成。但是，此复制过程不是完全正确的。有时会出现错误，这就叫作突变。有些突变改变了特定的核苷酸，而有些是去除基因中的核苷酸或向基因中插入核苷酸。某一部位一段遗传信息的改变被称为**重组**（recombination）。有些重组将基因移到另一染色体上；有些只是改变基因的一部分位置。真核生物的细胞拥有巨量的DNA，而保护和校正DNA的机制并不完美。如果它们真能如此，变异就不会产生了。

实际上，细胞在复制时确实会出错。例如，果蝇正常情况下拥有一对翅，从胸部延伸出来。某些果蝇因为调节发育关键阶段的一个基因发生突变，是**双胸**（bithorax）突变体，所以就拥有两节胸，两对翅。而且，化学物质如香烟烟雾中的物质，或如来自太阳或日光浴床的紫外线辐射，会改变DNA，由此也会导致突变。但是突变非常罕见。在人类中，对整个家族的基因组测序显示，基因组30亿对碱基中每代只有约60对由于突变被改变。如果变化很常见，DNA编码的遗传指令就会很快被降级成无意义的胡言乱语。突变看起来似乎有限，但是不断发生的稳定的变化正是进化的本质。不同物种遗传信息的差异都是基因变化的结果。

突变的类型

学习目标11.5.2　列举改变DNA序列的四种分子事件，并解释每种的原因

DNA携带的信息如何合成蛋白质的“指令”？DNA一条链中的核苷酸序列能被翻译成蛋白质的氨基酸序列。此过程在10.5节介绍过，并将在第12章详细叙述。如果DNA的核心信息被突变改变，如图11.8所示的T（红色）代替了G，那么蛋白质的产物

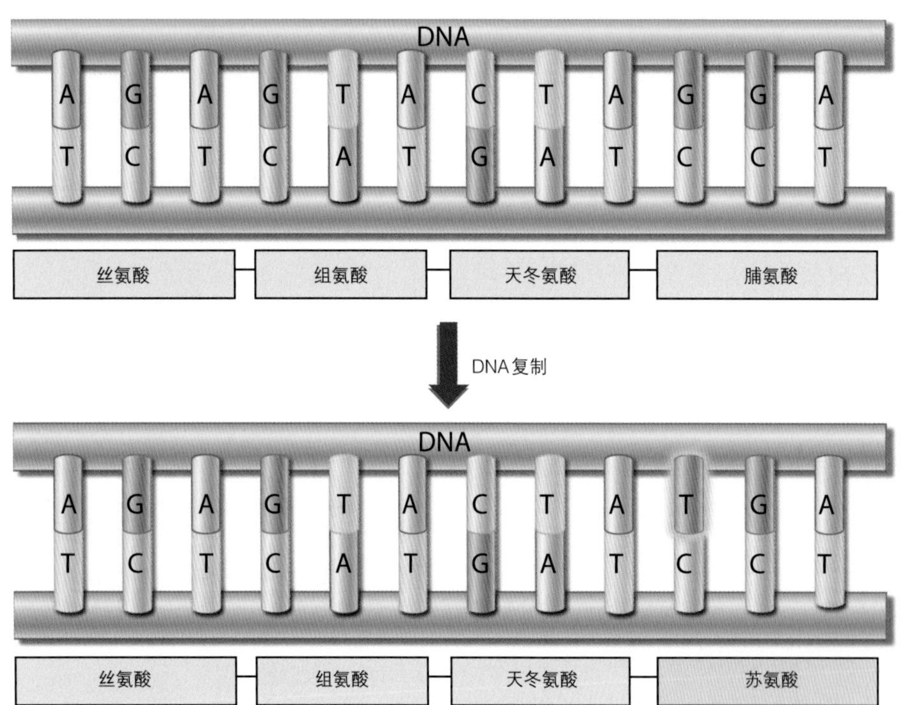

（a）DNA的碱基替换（红色）：DNA一条链中的G变成T，结果蛋白质中的脯氨酸变成了苏氨酸

（b）氨基酸被替换的突变蛋白质与正常蛋白质的折叠不同，它的功能很可能会受影响

图11.8　碱基替换突变

（a）DNA序列的有些突变能导致单个氨基酸的改变。（b）这将导致突变蛋白可能不会像正常蛋白质一样发挥功能。

DNA指纹分析

只有同卵双胞胎才有完全相同的DNA序列。其他所有人相互之间在许多位点存在不同。1985年，英国遗传学家亚历克·杰弗里斯（Alec Jeffreys）利用这点研发出一种新的法医（犯罪场景调查）技术——DNA指纹分析。这种技术包括将个人DNA剪切成小的片段，这些小片段在凝胶中分离，形成一组带型，即此人的“DNA指纹”。

1987年，一位公诉律师在一次强奸案审判中使用了DNA指纹。它们由放射自显影图组成，也就是X射线胶片上平行的带。每条带代表一条DNA片段的位置，该技术将在第13章详细介绍。受害者受袭数小时后就从她身上采集了一份样本；从样本中提取精液，并对精液DNA的指纹带型进行分析。

将精液的DNA指纹带型与嫌犯的进行比较。你能发现嫌犯的两组带型与强奸犯的吻合，而这些带型与受害者的完全不同。显然，强奸案受害者身上采集到的精液和嫌犯的血样源自同一个人。嫌犯是汤米·李·安德鲁斯（Tommie Lee Andrews）。在1987年11月6日，陪审团做出了有罪判决。

因为安德鲁斯案的判决，DNA指纹现已被许多诉讼案件作为证据。DNA能从犯罪现场的几种不同渠道获得，例如少量血液、头发或精液。正如分析安德鲁斯DNA的那个人所说：“这就像是将姓名、地址和社会保险号留在了犯罪现场。这种技术非常准确。”

虽然检测DNA不同的某些方法可以区分许多人的某些差异，但其他一些方法用得非常少。运用多种方法，就能清晰建立或排除某人的身份。

DNA指纹分析无疑不仅限于起诉。它也能用来洗清冤屈。例如，在最近的14年中，采用昭雪计划（Innocence Project）律师提供的DNA证据，超过120名罪犯被释放。

当然，涉及DNA指纹制取和分析的流程必须合乎规范——草率的操作会导致错误定罪。

由于一些可疑实验流程事件广泛传播的影响，相关国家现在已经发布了标准。

也将被改变，有时甚至会使蛋白质无法正常发挥作用。因为突变在细胞DNA上随机发生，所以会产生许多不利的突变，就像随机改变一段电脑程序通常会破坏其功能。不利突变的结果可能很微小，也可能是灾难性的，这取决于被改变基因的功能。

生殖组织的突变　突变的效果关键取决于发生突变的细胞本身。在所有多细胞生物的胚胎发育阶段，最终形成配子的子细胞（生殖细胞）与形成机体其他细胞的子细胞（体细胞）分离时，就会出现这一现象。只有发生于生殖细胞内的突变才会传递给后代，因为配子中的部分遗传信息就源自该细胞。生殖组织的突变有着极其重要的生物学意义，因为它们为通过自然选择而产生进化的改变提供了原材料。

体细胞组织的突变　只有当新的不同等位基因的组合代替原先的，变化才会出现。突变产生新的等位基因，而重组将这些等位基因以不同的组合方式组合到一起。在动物中，这两个过程在生殖组织中都会发生，这对进化非常重要，因为体细胞中发生的突变（体细胞突变）不能从一代传递给下一代。但是，体细胞突变可能对它所在的个体有重要影响，因为它能传递给原始突变细胞产生的所有子细胞。因此，如果一个突变的肺部细胞分裂，它产生的所有子细胞都将携带该突变。我们应该意识到，肺部细胞的体细胞突变是导致人类肺癌的主要成因。

表 11.1　突变的类型

突变	示例结果
没有突变 A B C	*B*基因产生正常的B蛋白。
序列改变	
碱基替换（一个或多个碱基被替换）A B C	*B*蛋白没有活性，因为氨基酸序列的变化破坏了功能。
插入（多余的3碱基序列拷贝 X 200）CCGCCGCCGCCG	*B*蛋白没有活性，因为插入的碱基破坏了正确的结构。
删除（一个或多个碱基缺失）A C	*B*蛋白没有活性，因为蛋白质有部分缺失。
基因位置的改变	
染色体重组 A C　B	在染色体的新位置上，*B*基因没有活性或所受的调节改变。
插入失活（基因中插入一个转座子）A C	*B*蛋白没有活性，因为插入的物质破坏了基因翻译或蛋白质功能。

DNA序列的改变　有一类突变会影响信息本身，造成DNA核苷酸序列的改变（表11.1）。如果改变只涉及编码序列中的一个或几个碱基对，它们就称为**点突变**（point mutation）。虽然有时是一个碱基种类的变化（碱基替换），但是其他时候则会有一个或几个碱基的加入（插入）或丢失（删除）。如果插入或删除使基因信息的阅读框出现错误，这就会导致**移码突变**（frame-shift mutation）。图11.8显示了一个碱基替换突变，它导致一个氨基酸的改变，从脯氨酸变成了苏氨酸。这可能只引起很小的变化，也可能导致灾难性的改变。但是假设缺失一个核苷酸，复制时一个胞嘧啶碱基核苷酸被略过了。这就将改变DNA信息模板（想象将w从后面这句话中去除，就会产生“This oulds hiftt her egistero fth eDN Amessag”，你一定能看出其中的问题）。许多点突变是DNA损伤所致，而导致DNA损伤的是**诱变剂**（mu-

父亲的年龄影响突变的风险

虽然较高的产妇年龄是减数分裂期间染色体重组错误，如唐氏综合征的主要因素，但是至今父亲的年龄仍不被视为重要的风险因素。现在有新的研究对这一传统的基因突变假设提出了疑问。

在冰岛，每个人的出生都有详细的记录，如此保持了数代人。利用强大的新技术，研究人员最近已经测序了儿童和他们父母亲（“三口之家”）的全基因组以检测新生突变——发生于卵细胞或精子细胞的突变。

为滤除假象，研究人员首先对1,859名冰岛人进行测序，以绘制出人群的差异图谱。然后，研究人员才开始分析，检测两代家庭（三口之家的儿童已经有了自己的孩子），这就可以确定孩子每个新生突变的起源来自父母亲中的哪一位。他们分析了6位这样的儿童，并确定了每个孩子的新生突变中哪些来自母亲，哪些来自父亲。父母的年龄是否有导致突变传递给孩子的风险？结果显示在右侧的图表（a）中。

在这六位儿童中，一位22岁的父亲将约40个突变传递给了他的孩子，而一位22岁的母亲只传递了约11个突变。一位40岁的父亲传递了89个突变；一位40岁的母亲传递了15个突变。显然，这些儿童的大量突变来自父亲，而且父亲造成的突变的数量随着父亲年龄的增长显著增加。

因此，这项初步研究表明父本不成比例地造成下一代的突变。虽然母亲传递给孩子的突变的数量并没随着年龄增长显著增加，但是父亲的年龄每增长一岁平均导致子代增加两个突变。

基于这个重要结论，研究人员随后测序了78个三口之家的全基因组，总计219个不同个体。被选择进行分析的儿童中有40位患自闭症（自闭症系谱障碍，ASD），21位患精神分裂。因为在一个三口之家中，不能确定父母亲中哪位将特定突变传递给了孩子；孩子的所有新生突变都认为是一起的。基于第一项研究的结果，研究人员分析了传递给孩子的新生突变的总数对在母亲受孕时父亲年龄的函数关系。结果示于图表（b）。

显然，母亲受孕时父亲的年龄对传递给子代新生突变的数量有巨大影响。为什么呢？母亲的卵细胞都来源于她身体发育早期的干细胞，即使她那时还在她母亲的子宫内。它们在那进行减数分裂，直到它们被排卵而激活。可将这看作是生理上的深度冻存。在这漫长的储存阶段，卵细胞DNA累积的突变会影响卵细胞发育成的胚胎（这就是为什么年长的母亲更易生出染色体有问题的孩子，如唐氏综合征）。但是，因为突变不会影响产生卵细胞的干细胞，所以这些染色体缺陷不会传递给下一代。相反，父亲的精子终生持续产生，并且产生精子的干细胞的每次分裂都有DNA复制错误的风险。随着男性年龄的增长，这些突变就会在他的干细胞系中积累，并传递给下一代。

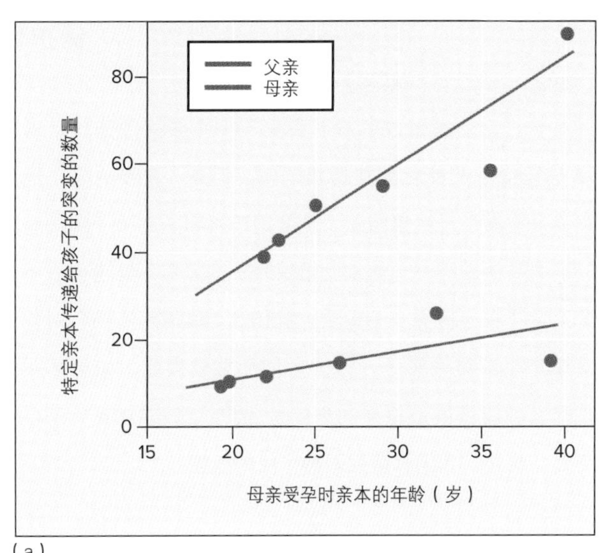

（a）

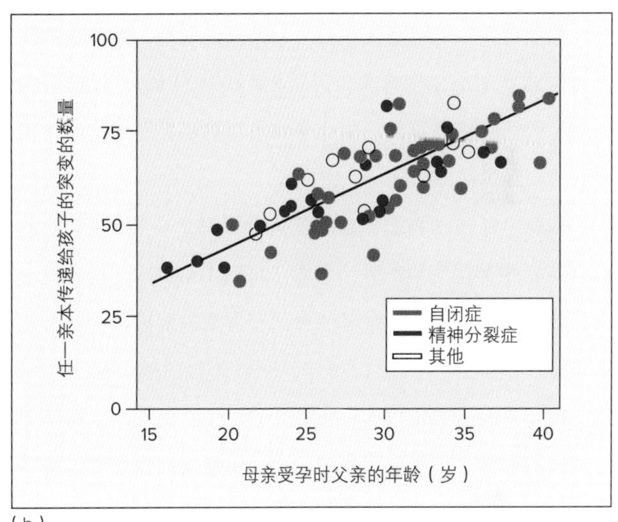

（b）

只有当生殖细胞内发生突变时，突变才会作为该细胞配子遗传禀赋的一部分传递给后代。生殖组织中的突变具有巨大的生物学重要性，因为它们为自然选择产生进化的改变提供了原材料。

保护你的基因

本节讨论的基因改变——突变——主要关注遗传，即DNA编码信息的变化如何影响子代。但是，重要的是，遗传突变只能发生于生殖组织，也就是产生卵子或精子的细胞中。机体其他细胞——体细胞组织——的突变不能遗传。不过这不意味着这些突变不重要。实际上，体细胞突变会对你的健康产生灾难性影响，因为它们会导致癌症。如果要长寿，那么你能做的最重要的事就是保护体细胞DNA免于损伤突变。此处，我们将审视两种可能的危害。

吸烟与肺癌

香烟烟雾中的特定化学物质与肺癌的联系，尤其是那些作为强诱变剂的化学物质（见第8章和第24章），促使研究人员早就怀疑肺癌可能是由化学物质对肺部黏膜细胞的作用导致的，至少部分如此。

烟草中的化学物质导致癌症这个假说是在250多年前的1761年，由英国医生约翰·希尔（John Hill）博士首次提出的。希尔注意到鼻烟成瘾者的鼻部有异常的肿瘤，并认为烟草导致了这些癌症。在1775年，一位伦敦的外科医生波希瓦·帕特（Percivall Pott）也发现了类似的现象，注意到清扫烟囱的男性工人易患阴囊癌。他认为烟灰和焦油可能就是元凶。这些发现引出了如下的假说——肺癌是香烟烟雾中的焦油和其他化学物质作用的结果。

过了一个多世纪这一假说才得以直接验证。在1915年，日本医生山极胜三郎将焦油提取物涂抹到137只兔子的皮肤上，每两到三天一次，持续了三个月。然后，他就等待着观察会发生什么。一年后，其中七只兔子的涂抹部位出现了癌症。山极用焦油诱导出了癌症，第一次直接证实了化学物质的致癌作用。此后的数十年中，这种方法显示许多化学物质都能导致癌症。

但是这些实验研究是否能应用到人呢？香烟烟雾中的焦油是否真的会导致人类的肺癌？1949年，美国医生厄恩斯特·温德尔（Ernst Winder）和英国流行病学家理查德·多尔（Richard Doll）分别报道，肺癌与吸烟存在明显的联系，吸烟会将焦油带到肺部。温德尔拜访了684位肺癌患者和600位健康对照者，问他们是否曾经吸过烟。烟瘾重的人群肺癌发病率比不吸烟人群的高40倍。这些研究似乎表明就在60年前，香烟烟雾中的焦油和其他化学物质在长期吸烟人的肺部诱导出了癌症。虽然这个观点受到烟草公司的反对，但是自这些早期研究后逐渐增加的证据基本证实了这点，现在对此已毫无疑义。香烟烟雾中的化学物质会导致癌症。

你将在第24章学习到，香烟烟雾中的焦油和其他化学物质导致肺癌是通过使DNA发生突变，从而导致正常细胞中限制细胞分裂的基因失去功能。没有这些限制，改变了的肺部细胞开始不停地增殖，这就导致了肺癌。2015年，估计有158,000名美国人死于肺癌，而且他们几乎全是吸烟者。

如果吸烟这么危险，那为什么还有这么多美国人在吸烟？至少有23%的美国男性和18%的女性抽烟。他们是不知道这些危害吗？当然，他们知道，但是他们戒不了。你知道，香烟烟雾中还含有其他化学物质，尼古丁，这种物质有很高的成瘾性。成瘾的本质将在第28章详细讨论。基本上，吸烟人的大脑为克服尼古丁的影响会做出生理代偿，并且一旦做出调整，没有尼古丁大脑就不能正常工作了。身体对尼古丁的生理反应是深远且不可避免的，人们难以凭借意志力克服对尼古丁的成瘾。

许多人尝试戒烟，用含尼古丁的贴片（或电子烟）来帮助他们，这种想法是用尼古丁消除对香烟的渴望。这是正确的，它有用——只要你能坚持使用贴片。事实上，这种贴片仅仅是用一种尼古丁来源（必须承认危害较少）代替另一种尼古丁来源。如果你想戒烟，那就没法避免去除你成瘾的药物尼古丁。没有简单的出路。戒烟的唯一办法就是戒烟。

显然，如果你不吸烟，你就不应该开始。当被问到哪三件事对提高美国人的健康最重要，一位著名的医生回答道："不要吸烟。不要吸烟。不要吸烟。"

日光浴与皮肤癌

几乎所有人体细胞都要进行细胞分裂，随着细胞的消耗而取代它们本身。有些成体细胞分裂非常频繁，而另一些则会如此。皮肤细胞分裂非常旺盛。由于经常磨损，它们约每27天就会分裂一次，以替代死去的或受损的细胞。皮肤从表面脱去死细胞，并用下方的新细胞代替。平均每人到70岁时要丢掉105磅的皮。

虽然有许多方法损伤皮肤，但是造成最长期影响的损伤是由太阳光导致的。皮肤中存在一种细胞叫黑色素细胞。当暴露于紫外线，它就会产生一种色素——黑色素。黑色素导致皮肤呈现黄色到棕色。黑色素的类型和产生量是由基因决定的。肤色较深的人的黑色素细胞较多，而且产生的黑色素呈深棕色。受吸收紫外线的黑色素的保护，他们几乎不会被晒伤。皮肤白皙的人的黑色素细胞较少，而且产生的黑色素呈黄色。没有黑色素的保护，这些人易被晒伤，而且几乎晒不黑。当体表的细胞被阳光恶性损伤——我们称之为晒伤——细胞就会脱落。如果你曾经被晒伤过，请回忆一下你脱皮的经历。

直到20世纪初期，晒黑都是人们竭力避免的。晒黑的身体是劳工阶层的标记，劳工阶层就是那些必须在太阳下工作的人。富裕的上层精英都会避开阳光，肌肤雪白是当时的时尚。到20世纪20年代，这一切全都变了，晒黑成了地位的标志，只有富裕的人才能旅行去温暖、阳光充足的度假区，即使是在寒冬。人们坐在太阳底下数小时皮肤才能达到棕色、古铜色，大家都视此为健康和迷人的肤色。

在20世纪70年代期间，医生们开始注意到黑色素瘤病例数量的小幅增加，黑色素瘤是一种致命的皮肤癌。新病例以每年6%的速度增长。研究人员推测来自阳光的紫外线是这种皮肤癌流行的根本原因，并警告人们尽可能躲避阳光，并用防晒霜加以保护。

尽管发现及时可以治疗，但恶性黑色素瘤仍是最致命的皮肤癌。黑色素瘤是黑色素细胞的癌症。黑色素瘤病变通常表现为棕色、褐色和黑色的阴影，始于痣内部或痣附近，因此痣的变化是黑色素瘤的症状。黑色素瘤在皮肤白皙的人群中最普遍，但是不同于其他的皮肤癌，它也能影响肤色较深的人群。

公众对避免阳光暴晒的警告做出回应的速度很缓慢，也许是因为日光浴的美容效果很迅速，而健康危害却来得缓慢，所以他们对获得棕色、古铜色身体的渴望如以往一样强烈。

因为美丽的棕色需要定期晒太阳才能得以保持，所以室内日光浴沙龙现在很普遍。日光浴床能从两侧发出集中的紫外线，使人们不论风雨就能在短时间内晒黑。在美国，室内日光浴已经成长为每年20亿美元的产业，估计每年有2,800万美国人享受这种日光浴。

人们认为用日光浴实现的棕色能保护皮肤免于晒伤，还能减少暴露于紫外线辐射下的时间，两者都能降低皮肤癌的风险。但是，最近的研究却不支持这些假设。2003年，一项对106,000名斯堪的纳维亚女性所做的研究表明，暴露于日光浴的紫外线虽然少到只相当于每月一次，但仍能提高55%的黑色素瘤的风险，尤其是对刚成年的人。那些20多岁用日光灯来晒黑的女性风险最高，比那些不用日光浴床的人高150%。与其他研究一样，皮肤白皙的女性风险最高。事实上，即使对那些容易晒黑的人，日光浴床也提高了皮肤癌的风险，因为他们全年都要用日光浴床，这就增加了累积暴露量。

结论必定是要保护你的基因，你就要避免日光浴床。与吸烟一样，过度晒黑就是在拿你的生命做赌注。

tagen)，通常是辐射或化学物质，如香烟中的焦油。

基因位置的变化 另一类突变会影响遗传信息的构成方式。在原核生物和真核生物中，个体的基因能通过**转座子**（transposition）从基因组的某一位置移到另一位置（见13.2节）。当一个特定基因移到不同位置，其表达或相邻基因的表达就可能发生变化。此外，真核生物中大片段的染色体也可能改变它们的相对位置，或发生重复。这样的**染色体重排**（chromosomal rearrangement）通常对遗传信息的表达有显著影响。

基因变化的重要性

所有进化都始于遗传信息的改变，它们能产生新的等位基因或改变基因在染色体上的构成。生殖系统组织的某些变化会使生物产生更多的子代，而这些变化就能作为后代的天赋而得以保留。其他有些变化会降低生物产生子代的能力。这些变化会逐渐丢失，因为携带它们的生物产生后代的数量较少。进化可被视为从一堆选择中选出等位基因的特定组合。进化的速度根本上由选择产生的速度决定。经突变和重组导致的基因变化为进化提供了原始材料。

因为体细胞的基因变化不会传递给子代，所以它们没有直接的进化结果。但是如果体细胞的基因影响到发育，或参与细胞增殖的调控，那么这种基因变化将会有重要的直接影响。

关键学习成果 11.5

基因上罕见的改变，叫作突变。当它们发生于体细胞组织，突变可能会对个体产生重要影响，但它们只有发生在生殖细胞时才会被遗传。可遗传的突变是进化的原始材料。

调查与分析
INQUIRY & ANALYSIS

突变是随机的，并受环境影响的吗？

一旦生物学家意识到孟德尔性状实际上是由突变产生的DNA序列的替代版本，就产生了一个非常重要的问题需要回答：突变是不是随机事件，可以在染色体DNA的任意位置发生，或者它们在某种程度受环境的影响？例如，香烟烟雾中的诱变剂是否会在随机位点损伤DNA，或者它们会专门寻找并改变特殊位点，如调节细胞周期的位点？

1943年，分子遗传学的两位先驱萨尔瓦多·卢里亚（Salvadore Luria）和马克斯·德尔吕克（Max Delbruck）进行了一项优雅、看似简单的实验，解决并回答了这个关键问题。他们选择检测实验室大肠杆菌（*Escherichia coli*）菌株发生的特定突变。这些细菌细胞对T1病毒非常敏感。T1病毒是微小的寄生生物，它能感染细胞，并在其中复制，从而杀死细菌。如果用10^{10}个T1病毒感染10^5个细菌细胞，然后将混合物置于培养皿中培养，没有细胞能生长——每个大肠杆菌细胞都被感染并杀死了。但是，如果你用10^9个细菌重复此实验，就会有很多细胞存活！经过检测，这些存活的细胞被证实都是突变体，对T1病毒有抗性。问题是，是T1病毒导致了这些突变，还是这些突变是否本就一直存在，只是10^5个细胞的样本太小而没有出现，但是在10^9个细胞中就足够常见？

为回答这个问题，卢里亚和德尔吕克设计了一个简单实验，他们称之为“变异反应试验”，此处显示的就是。4组独立的细菌培养物各有五代细胞，均在第五代进行耐药性测试。如果T1病毒导致突变（第一行），那每组培养物中将有基本同等数量的细胞，只有很小的波动（换言之，4组都存在变异）。另一种情况，如果突变是自发的，且在任何一代中的发生概率相同，那么早期世代发生T1抗性突变的细菌培养物到第五代时的抗性细胞的数量远多于晚期世代发生突变的培养物的，这将导致4组培养物之间出现宽幅波动。图表显示了他们获得的20组单独培养物的数据。

分析

1. **应用概念** 该实验中是否存在因变量？解释。
2. **解读数据** 20组单独培养物中发现的T1抗性克隆数量的平均值是多少？
3. **进行推断**

   a. 比较20组培养物，培养物是否表现相似数量的T1抗性细菌细胞？

   b. 下图所示的两个结果中（a）还是（b）更接近卢里亚和德尔吕克实验取得的结果？
4. **得出结论** 这些数据是否与大肠杆菌中T1抗性突变是由暴露于T1病毒中引起的假设一致？请解释。

抗T1病毒的细菌的数量

培养物组号	发现的抗性克隆	培养物组号	发现的抗性克隆
1	1	11	107
2	0	12	0
3	3	13	0
4	0	14	0
5	0	15	1
6	5	16	0
7	0	17	0
8	5	18	64
9	0	19	0
10	6	20	35

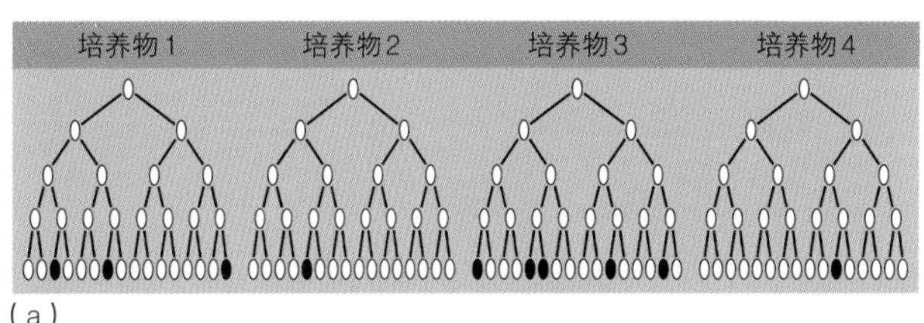

(a)

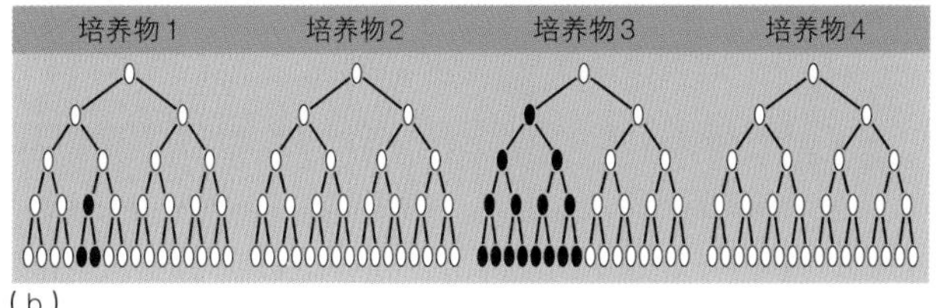

(b)

本章回顾

Reviewing What You Have Learned

基因是由DNA组成的

转化的发现

11.1.1 格里菲斯用肺炎链球菌揭示了信息能从一个细菌传递到另一个细菌，甚至死菌也可以。

- 给小鼠接种肺炎链球菌的不同菌株，格里菲斯确认某些菌株有致病性，会导致小鼠死亡。致病性菌株的细菌拥有多糖荚膜（S型菌株），图11.1所示的细菌，而那些没有荚膜的细菌（R型菌株）没有致命性。当格里菲斯将死亡的病原菌（S型菌株），它们通常不具致命性，与活的非病原菌（R型菌株）混合，并注入小鼠体内，小鼠死亡。死亡的小鼠带有活的S型菌株。
- 有物质从死亡的致命菌传递到了活的非致命菌，导致非致命菌转变成病原菌。

判定DNA是遗传物质的实验

11.2.1 艾弗里与其同事揭示，蛋白质并非此转化的根源。他们重复了格里菲斯的实验，但除去了准备物中的所有蛋白质。除去蛋白质的有毒菌株仍能转化无毒力的细菌。这个结果支持假说——DNA是转化因子，而非蛋白质。

11.2.2 利用噬菌体，赫尔希与蔡斯揭示基因位于DNA，而非蛋白质。他们用两种不同的放射性标记的制备物，DNA用一种标记，蛋白质用另一种标记，分别用这两种制备物感染细菌。在他们筛选两种细菌培养物时，他们发现受感染的细菌存在放射性标记的DNA。

DNA结构的发现

11.3.1 DNA的基本化学成分被确定为核苷酸。每个核苷酸都拥有相似的结构：一个脱氧核糖结合一个磷酸基团和四种碱基之一（图11.3）。

- 埃尔文・查格夫发现两组碱基在DNA分子中的数量总是相等的（A=T，C=G）。这个发现称作查格夫法则，表明DNA结构有某种规则。
- 罗莎琳德・富兰克林与其同事们用X射线衍射得到了DNA的一张“照片”。这张照片表明DNA分子是盘旋的，螺旋状结构。
- 在查格夫和富兰克林研究的基础上，沃森和克里克确定DNA为双螺旋结构，两条链由核苷酸碱基之间的碱基对结合。一条链的A核苷酸与另一条链的T核苷酸配对，类似G与C配对。

DNA复制

DNA分子如何自我复制

11.4.1 DNA的互补性（A与T配对，C与G配对）意味着一种复制方式，DNA的单链能作为模板产生另一条链（图11.5）。

11.4.2 梅塞尔森和斯塔尔揭示了DNA的半保留复制，以原始的两条链为模板合成新的链。在半保留复制过程中，每条新的DNA链包含一条亲代DNA的模板链和一条新合成的链，新链与模板链互补。

11.4.3 在复制过程中，DNA分子首先在解旋酶的作用下解旋。然后DNA的每条链在DNA聚合酶的作用下发生复制。以两条原始的链作为模板合成新的DNA链。DNA聚合酶将核苷酸加到新链上，新链与原始的模板链互补。DNA聚合酶只能添加到已存链上，所以在一段叫作引物的核苷酸之后才能形成新链。引物由另一种不同的酶合成。核苷酸以5'到3'方向加到延伸链上。

- DNA分离的位置叫作复制叉。因为核苷酸只能加到延伸链DNA的3'端，所以DNA复制只有一条链是连续的，叫作前导链；而另一条链是不连续的，叫作后随链。
- 在后随链，引物插入复制叉，而核苷酸一段段合成。在新DNA再次螺旋前，引物被去除，DNA片段在另一种酶，DNA连接酶的作用下被连接起来。

改变遗传信息

突变

11.5.1 体细胞和生殖细胞的DNA在复制期间可能会出现错误。细胞存在许多机制修正DNA损伤或复制期间的错误。

11.5.2 突变是指遗传信息的核苷酸序列的改变。改变一个或几个核苷酸的突变叫作点突变。

- 有些突变的发生是通过DNA片段从一个位置移动到另一个位置，此过程称为转座。

本章测验

Test Your Understanding

11.1.1(1)在实验中，弗雷德里克·格里菲斯发现______。
a. 细胞内的遗传信息不会发生变化
b. 遗传信息能从其他细胞加到细胞中
c. 注射活的R型菌株的小鼠死亡
d. 注射加热灭活的S型菌株的小鼠死亡

11.1.1(2)格里菲斯的工作提供了转化的第一个证据。回顾图11.1概述的四次实验。预测对这项经典研究所做的改变可能出现的结果。小鼠被注射______。
a. 加热灭活的致病菌和加热灭活的非致病菌
b. 加热灭活的致病菌和活的非致病菌，同时存在一种分解蛋白质的酶(蛋白酶)
c. 加热灭菌的致病菌和活的非致病菌，同时存在一种分解DNA的酶(核酸内切酶)

11.2.1(1)下列哪种方式不是艾弗里的转化因子类似DNA之处?
a. 在离心机中，它的移动类似DNA
b. 它不被分解DNA的酶破坏
c. 在电场中，它的移动类似DNA
d. 它不被分解蛋白质的酶破坏

11.2.1(2)艾弗里的转化因子由什么组成?

a.DNA　　c. 蛋白质
b.RNA　　d. 磷脂

11.2.2(1)赫尔希-蔡斯实验显示______。
a. 注入细菌细胞的病毒DNA是指导新病毒颗粒产生的因子
b. 注入细菌细胞的病毒蛋白质是指导新病毒颗粒产生的因子
c. ^{32}P标记的蛋白质被病毒注入细菌细胞内
d. 转化因子是蛋白质

11.2.2(2)在赫尔希-蔡斯实验中，______放射性标记进入细菌细胞。

a. ^{14}C　　c. ^{32}P
b. ^{35}S　　d. 加热灭活的

11.3.1(1)下列哪些是嘌呤核苷酸的碱基?

a. 腺嘌呤和胞嘧啶　　c. 胞嘧啶和胸腺嘧啶
b. 鸟嘌呤和胸腺嘧啶　　d. 腺嘌呤和鸟嘌呤

11.3.1(2)查格夫研究了不同来源DNA的组成发现______。
a. 磷酸基团的数量总是等于五碳糖的数量
b. A的比例等于C的，而G的等于T的
c. A的比例等于T的，而G的等于C的
d. 脱氧核糖的比例等于核糖的

11.3.1(3)沃森和克里克的DNA模型表明，查格夫法则反映了DNA有两条互补链。因此，如果一条链的碱基序列是AATTCG，那另一条链的序列一定是______。

a. AATTCG　　c. TTAAGC
b. TTGGAC　　d. GGCCGA

11.3.1(4)在分析取自你自己细胞的DNA时，你能确定所含的核苷酸的碱基有15%是胸腺嘧啶。胞嘧啶的百分比是多少?

11.3.1(5)从医院一位身患怪病的患者身上，你分离并培养了他的细胞，然后从培养物中纯化DNA。你发现DNA样本中存在两种不同种类的DNA：一种是人类的双链DNA，而另一种是病毒的单链DNA。你分析了两类纯化DNA的碱基组成，并得到了以下结果：
a. 试管#1　22.1%A∶27.9%C∶29.7%G∶22.1%T
b. 试管#2　31.3%A∶31.3%C∶18.7%G∶18.7%T
两个试管中哪个含有人类DNA？

11.4.1(1)关于DNA的复制，现在我们知道每个双螺旋______。
a. 复制后重新结合
b. 从中间分离成两条单链，每条链作为模板合成互补链
c. 断裂成小的片段，然后这些片段复制并重新聚合
d. 以上分别针对不同类型的DNA

11.4.1(2)在分散复制中，______。
a. 原先双螺旋的两条单链仍保持完整性
b. 旧链分散于子代双螺旋中
c. 原先双螺旋的两条链仍结合在一起
d. 以上都不对

11.4.2　梅塞尔森和斯塔尔实验使用密度标签是为了______。
a. 确定DNA复制的方向性
b. 差异标记DNA和蛋白质
c. 区分新复制链和旧链
d. 区分复制DNA和RNA引物

11.4.3(1)DNA聚合酶只能将核苷酸添加到已存链上，所以______是必需的。

a. 引物　　c. 后随链
b. 解旋酶　　d. 前导链

11.4.3(2)DNA复制过程中，下列哪项不发生?
a. 旧链和新链之间的碱基互补配对
b. 短的片段被连接酶连接起来
c. 以3'到5'的方向聚合
d. 用到RNA的引物

11.4.3(3)DNA复制所用的引物______。
a. 只结合到两条模板链中的一条
b. 复制完成后，仍留在DNA上
c. 是结合到3'端的一小段RNA
d. 确保有一个游离的5'端，使得新核苷酸能共价结合

11.5.1(1)大多数肺癌是突变的结果，而突变是香烟烟雾中的化学物质损失DNA导致的。为什么这些突变不会传递给子代?

11.5.1(2)人类的突变非常罕见，只影响每代人类的基因组中约____个核苷酸。

a.1,000　　c.120
b.2　　d.60

11.5.2　叙述下列突变将如何影响最终的蛋白质产物。命名突变的类型。
原始模板链：
3' CGTTACCCGAGCCGTACGATTAGG 5'
突变链：
3' CGTTACCCGAGCCGTAACGATTAGG 5'

第 3 单元　生命的延续

12

学习目标

从基因到蛋白质

12.1 中心法则

1 中心法则

12.2 转录

1 转录过程中mRNA链的组装方向

12.3 翻译

1 区分密码子与反密码子，指出哪些密码子不编码氨基酸

2 比较识别遗传密码过程中tRNA和活化酶的作用

3 氨基酸占据核糖体上A位、P位和E位的顺序

12.4 基因表达

1 原核生物和真核生物的基因结构

2 真核生物蛋白质合成的六个步骤

原核生物中基因表达的调控

12.5 原核生物如何调控转录

1 启动子在调控原核生物基因表达过程中的作用

2 *lac*操纵子的作用机制

3 阻遏蛋白和激活蛋白的调控作用

真核生物中基因表达的调控

12.6 真核生物的转录调控

1 比较原核生物和真核生物中基因表达的目的

2 叙述真核生物染色体中组蛋白如何与DNA结合

3 叙述真核生物DNA和组蛋白的表观遗传修饰的调控作用

12.7 远端调控转录

1 基础转录因子和特异性转录因子

2 解释增强子如何远端调控基因表达

3 定义转录复合物

12.8 RNA水平的调控

1 RNA干扰

2 基因沉默的作用机制

生物学与保健　沉默基因以治疗疾病

12.9 基因表达的复杂调控

1 真核生物基因表达调控的六个位点

调查与分析　在试管中合成蛋白质

DNA 的工作机制

核糖体是非常复杂的细胞机器，利用基因传递至RNA分子中的信息，组装蛋白质的多肽链。核糖体能识别mRNA中的基因信息，并根据它确定新多肽链中的氨基酸序列。每个核糖体由超过50种不同的蛋白质和3条约含3,000个核苷酸的RNA链组成。以前我们认为，核糖体中的蛋白质起着酶的作用，催化氨基酸的组装过程，而RNA则起着支架的作用来定位蛋白质。2000年，我们知道反过来才正确。强大的X射线衍射研究揭示了核糖体在原子级分辨率下的整个详细结构。出乎预料的是，核糖体的许多蛋白质分散于表面，像是圣诞树上的饰品。这些蛋白质似乎可以稳定RNA链的弯曲和扭曲，犹如它们所接触的RNA链间的焊接点。重要的是，核糖体内部作为蛋白质合成的部位却没有蛋白质——只有扭曲的RNA。因此，催化氨基酸结合的是核糖体的RNA，而不是蛋白质！显然，我们对基因工作机制的认识仍在加深，那些看似基本的概念经常需要被调整。

12.1 中心法则

基因表达的机制

学习目标12.1.1 中心法则

基因由DNA组成这一发现，在第11章已讨论过，留下一个未解的问题——DNA中的信息如何被利用。一个螺旋分子中的一串核苷酸如何决定你是否会长红头发？现在我们知道，DNA中的信息是一小段一小段排列的，如同词典中的词条，每个片段都是一个基因，决定多肽链的氨基酸序列。这些多肽链会形成蛋白质，决定特定细胞是什么样的。

所有生物，从最简单的细菌到我们自己，识别和表达基因的基本机制是相同的。正如我们所知，它是生命的基础，所以它被称为“中心法则”：信息从基因（DNA）传递到RNA，再由RNA指导一连串氨基酸序列的组装。简单地说，DNA→RNA→**蛋白质**。

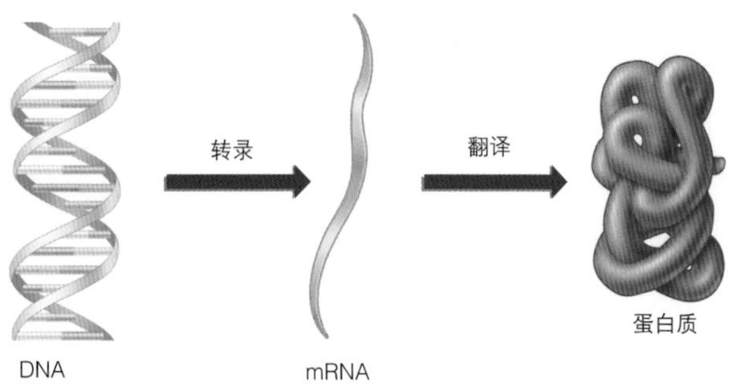

在合成蛋白质的过程中，细胞要用到四种RNA：信使RNA（mRNA），沉默RNA（siRNA），核糖体RNA（rRNA）和转移RNA（tRNA）。这些RNA将在后面详细介绍。

DNA的信息用于指导特定蛋白质的合成过程称为**基因表达**（gene expression）。基因表达分两步：第一步，**转录**，由DNA合成mRNA分子；第二步，**翻译**，mRNA用于指导组装多肽链，它是组成蛋白质的成分。

转录：概述

中心法则的第一步是生成mRNA，遗传信息从DNA转移到RNA，这个阶段称为转录。当RNA聚合酶结合到基因前端的特殊核苷酸序列——启动子时，转录开始。RNA聚合酶从那里沿DNA链移动到基因处。随着它遇到每个DNA核苷酸，它会将相应的互补RNA核苷酸添加到延伸的mRNA链。因此，DNA中的鸟嘌呤（G）、胞嘧啶（C）、胸腺嘧啶（T）和腺嘌呤（A）将分别指导添加C、G、A和尿嘧啶（U）到mRNA。

当RNA聚合酶到达基因另一端的转录“终止”信号处时，就从DNA上脱离，释放出新合成的RNA链。这条链拷贝自基因，是基因的互补转录产物。

翻译：概述

中心法则的第二步是信息从RNA转移到蛋白质。当核糖体合成多肽链时，存储于mRNA的信息被用于指导合成氨基酸序列，这一过程被称为翻译。当核糖体中的一个rRNA分子识别并结合到mRNA上的“起始”序列，翻译才开始。然后，核糖体沿着mRNA分子移动，每次移动的距离为三个核苷酸。每三个核苷酸组成一个密码子，决定哪种氨基酸将添加到延伸的多肽链上。它能被特定的tRNA分子识别。核糖体以这种方式继续移动，直到它遇到翻译的“终止”信号，然后它从mRNA上脱离，释放出整条多肽链。

关键学习成果 12.1

基因编码的信息分两步表达：转录，它产生基因DNA序列互补的mRNA分子；翻译，它指导组装多肽链。

12.2 转录

转录过程

学习目标12.2.1 转录过程中mRNA链的组装方向

如同一位建筑师要保护建筑图免于缺失或损害，将它们安全地放在最重要的位置，并只给现场工人提供蓝图的副本，细胞为了保护DNA指令，将它们安全地置于中心的DNA储存区域——细胞核中。DNA从不离开细胞核。相反，**转录**（transcription）过程创造的特定基因的“蓝图”副本被发送到细胞中以指导蛋白质的装配（图12.1）。基因的这些工作副本是由核糖核酸（RNA）组成的，而非DNA。请回顾，RNA与DNA相同，除RNA的糖多一个氧原子，胸腺嘧啶（T）被一种类似的嘧啶碱基——尿嘧啶（U）代替（见图3.7）。

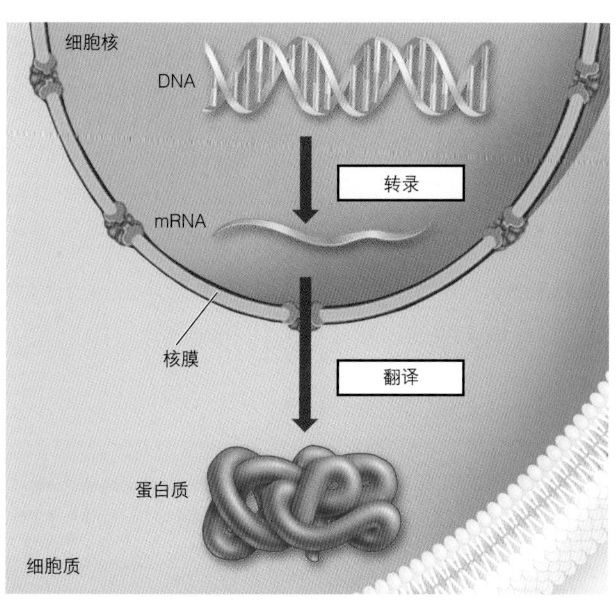

图12.1 真核细胞基因表达概览

细胞中用于组装多肽链的基因的RNA拷贝叫作**信使RNA**（mRNA）——正是这个信使将信息从细胞核传递到细胞质。制造mRNA的过程称为转录——就像修道院的修道士曾经通过如实抄写每个字母来复制手稿，细胞核中的酶通过仔细地按照模板添加每个核苷酸来合成基因的mRNA。

在细胞中，转录体是一种巨大且非常复杂的蛋白质，叫作RNA聚合酶（RNA polymerase）。它结合到DNA双螺旋一条链的启动子上，然后沿DNA链移动，像是铁轨上一列火车的引擎。尽管DNA有两条链，但是这两条链的序列是互补的，而非完全相同，所以RNA聚合酶只能结合DNA两条链中的一条（含能被酶识别的启动子序列的那条链）。随着RNA聚合酶沿它在转录的DNA链移动，它将每个核苷酸配对（G与C，A与U），从5'到3'方向组装成一条mRNA链（图12.2）。

关键学习成果 12.2

转录是RNA聚合酶合成基因的mRNA拷贝的过程。

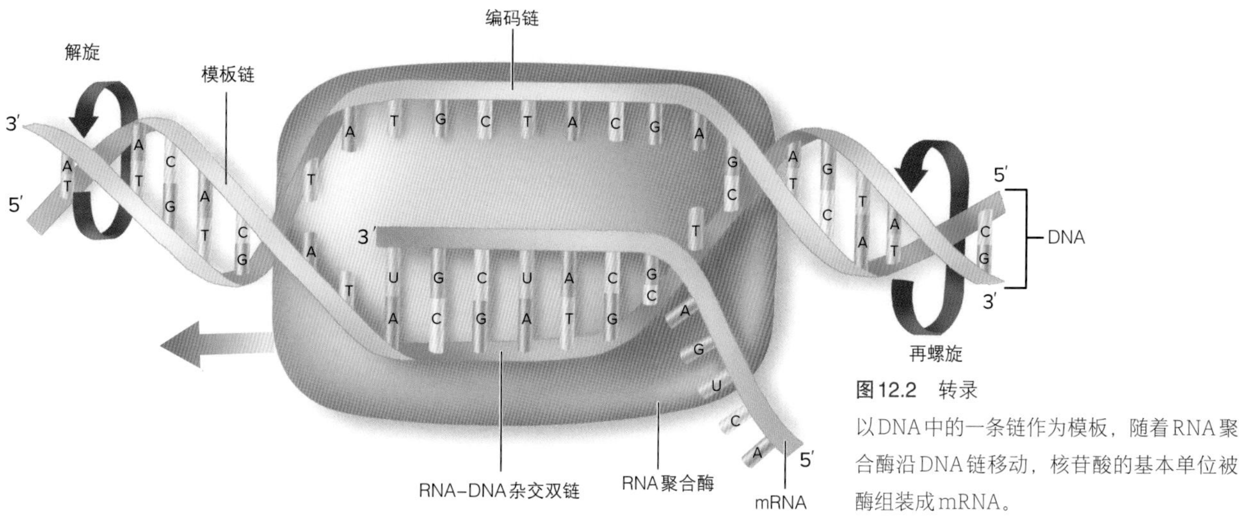

图12.2 转录

以DNA中的一条链作为模板，随着RNA聚合酶沿DNA链移动，核苷酸的基本单位被酶组装成mRNA。

12.3 翻译

遗传密码

学习目标12.3.1 区分密码子与反密码子，指出哪些密码子不编码氨基酸

孟德尔遗传学的核心是决定遗传性状的信息是编码信息，性状能从亲代传递给子代。信息以区块的形式编写在染色体上，称为**基因**（gene）。通过指导合成特定蛋白质，基因能影响孟德尔性状。基因表达的本质是识别DNA中的编码信息，并利用这些信息合成蛋白质。

为正确识别基因，细胞必须将DNA的编码信息翻译成蛋白质——换言之，它必须将基因的核苷酸序列转变成多肽链的氨基酸序列，此过程称为**翻译**（translation），翻译的规则被称为**遗传密码**（genetic code）。

mRNA转录自基因，基因上的核苷酸依次相接，呈线性序列。转录始于启动子，在启动子处，RNA聚合酶结合DNA，并开始组装mRNA。当RNA聚合酶到达某一段标志终止的核苷酸序列，转录就会终止。

但是，mRNA的翻译不是这种方式。mRNA被核糖体以三个核苷酸为单位“阅读”。mRNA上每三个核苷酸的序列称为**密码子**（codon），每个密码子编码一种特定氨基酸。通过试管中进行的试错试验，生物学家解决了哪个密码子对应哪个氨基酸的问题。在这些试验中，研究人员在试管中用人工合成的mRNA指导组装多肽链，然后检测新形成的多肽链中氨基酸的序列。例如，一条序列为“UUUUUU……”的mRNA组装的多肽链是一串苯丙氨酸，这就告诉研究人员密码子UUU对应的氨基酸是苯丙氨酸。图12.3显示了整张遗传密码表。密码子的第一个字母位于左侧，第二个位于顶部，第三个位于右侧。为确定密码子编码的氨基酸，如AGC，先找到“A”在左侧，然后“G”在中间第四列，“C”在右侧。你会发现，AGC编码丝氨酸。因为在三联体密码子的每个位置都可能有四种不同的核苷酸（U、C、A、G），所以遗传密码共有64个不同的三联体密码子。

遗传密码是通用的，在几乎所有生物中都一样。在细菌、果蝇、鹰和我们自己的细胞中，GUC都编码缬氨酸。生物学家曾经发现这个规律的唯一例外是在含DNA的细胞器（线粒体和叶绿体）中以及一

遗传密码

第一个字母	第二个字母 U	第二个字母 C	第二个字母 A	第二个字母 G	第三个字母
U	UUU 苯丙氨酸	UCU 丝氨酸	UAU 酪氨酸	UGU 半胱氨酸子	U
	UUC	UCC	UAC	UGC	C
	UUA 亮氨酸	UCA	UAA 终止密码子	UGA 终止密码子	A
	UUG	UCG	UAG 终止密码子	UGG 色氨酸	G
C	CUU 亮氨酸	CCU 脯氨酸	CAU 组氨酸	CGU 精氨酸	U
	CUC	CCC	CAC	CGC	C
	CUA	CCA	CAA 谷氨酰胺	CGA	A
	CUG	CCG	CAG	CGG	G
A	AUU 异亮氨酸	ACU 苏氨酸	AAU 天冬酰胺	AGU 丝氨酸	U
	AUC	ACC	AAC	AGC	C
	AUA	ACA	AAA 赖氨酸	AGA 精氨酸	A
	AUG 甲硫氨酸；起始密码子	ACG	AAG	AGG	G
G	GUU 缬氨酸	GCU 丙氨酸	GAU 天冬氨酸	GGU 甘氨酸	U
	GUC	GCC	GAC	GGC	C
	GUA	GCA	GAA 谷氨酸	GGA	A
	GUG	GCG	GAG	GGG	G

图12.3 遗传密码（RNA密码子）

密码子由按顺序识别的三个核苷酸组成。例如，ACU编码苏氨酸。第一个字母A位于第一个字母栏中；第二个字母C位于第二列字母；第三个字母U位于第三个字母栏中。大多数氨基酸由多个密码子决定。例如，苏氨酸由四个密码子决定，它们之间只在第三个核苷酸上有所不同（ACU、ACC、ACA和ACG）。

些微小的原生生物如何识别终止密码子时。在其他所有情况下，所有生物采用相同的遗传密码。

RNA信号翻译成蛋白质

学习目标12.3.2　比较识别遗传密码过程中tRNA和活化酶的作用

转录的最终结果是合成mRNA。与复印一样，mRNA也能起作用，且不会损伤或磨损原件。基因转录结束后，mRNA经过核膜上的核孔流出细胞核（在真核生物内），进入细胞质。在细胞质中进行遗传信息的翻译。在翻译过程中，细胞器核糖体根据遗传密码，利用转录合成的mRNA指导组装多肽链。

蛋白质合成的工厂　核糖体是细胞中多肽的合成工厂。每个核糖体结构都很复杂，拥有超过50种不同的蛋白质和一些不同长度的**核糖体RNA**（rRNA）。核糖体利用核基因的“蓝图”拷贝——mRNA指导多肽链的组装，然后组成蛋白质。

核糖体由两部分（或称亚基）组成，一个亚基嵌套入另一个亚基中，如同双手抱拳。“拳头”是两个亚基中较小的那个，如图12.4中粉色结构所示。它的rRNA有一小段核苷酸序列暴露在亚基的表面。这段暴露的序列与所有基因前端的前导区的序列一样。正因如此，mRNA分子能结合到小亚基露出的rRNA上，如同苍蝇粘到了捕蝇纸上。

tRNA的重要作用　紧邻暴露的rRNA序列的是三个小袋或凹室，叫作A位、P位和E位，位于核糖体表面（如图12.4所示）。这些位点的结构恰好能与第三种RNA——**转移RNA**（tRNA）结合。tRNA分子携带氨基酸至核糖体，用于合成蛋白质。tRNA分子是约含80个核苷酸的长链。这条核苷酸链能自身折叠，形成如图12.5（a）所示的一个三环结构。这个环状结构进一步折叠成如图12.5（b）所示的压缩结构，一端（粉环）有一个三核苷酸序列，另一端（3'端）有一个氨基酸的结合位点。

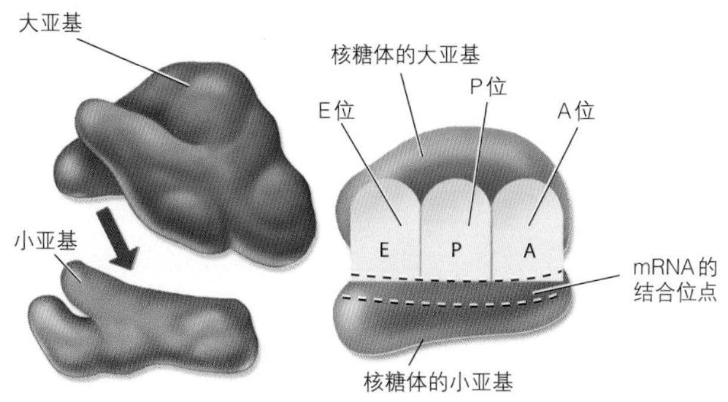

图12.4　核糖体由两个亚基构成

小亚基嵌入大亚基表面的凹陷部位。核糖体上的A位、P位和E位在蛋白质合成过程中有重要作用。

tRNA上的三核苷酸序列，称为**反密码子**（anticodon），它非常重要：它是密码子的互补序列！一种叫作活化酶（activating enzyme）的特殊的酶，将细胞质中的氨基酸与相应的tRNA匹配。反密码子决定结合到特定tRNA的是哪个氨基酸。

因为核糖体上的第一个凹室——A位（携带氨基酸的tRNA结合位点）紧邻mRNA结合tRNA的位置，所以mRNA上的三个核苷酸直接面对tRNA的反密码子。好比寄一封信，反密码子是确保运送到mRNA上正确的“地址”，核糖体在那组装成多肽。

合成多肽

学习目标12.3.3　氨基酸占据核糖体上A位、P位和E位的顺序

一旦一个mRNA分子结合到核糖体的小亚基，另一个核糖体的大亚基也会结合上，形成一个完整

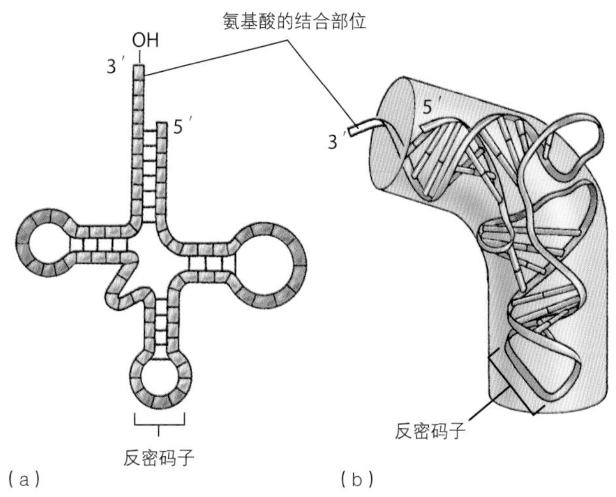

图12.5　tRNA的结构

tRNA，与mRNA一样，是一条长的核苷酸单链。但是，与mRNA不同，它的核苷酸之间会形成氢键，导致该链形成发夹状的环，如（a）所示。然后，这些环相互折叠形成压缩的三维结构，如（b）所示。氨基酸结合tRNA分子游离单链的—OH端。tRNA下面环上的反密码子的三核苷酸序列与mRNA上互补的密码子结合。

重要的生物过程：翻译

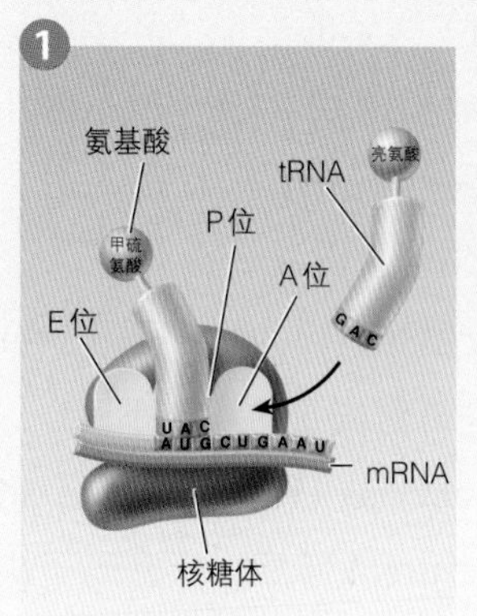

最初的tRNA占据核糖体上的P位。随后携带氨基酸的tRNA首先进入核糖体的A位。

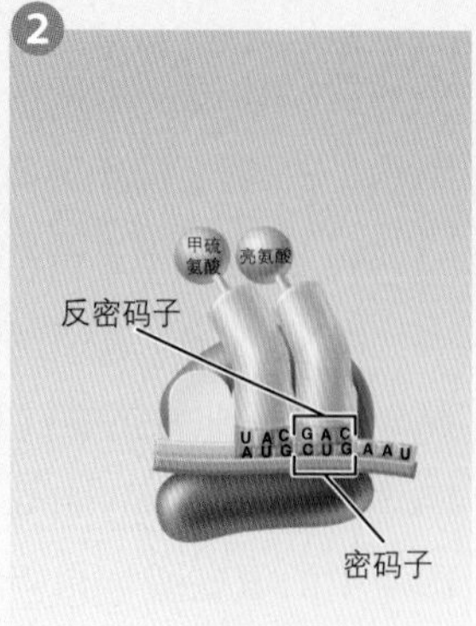

结合到A位的tRNA有一个反密码子，与mRNA上的密码子互补。

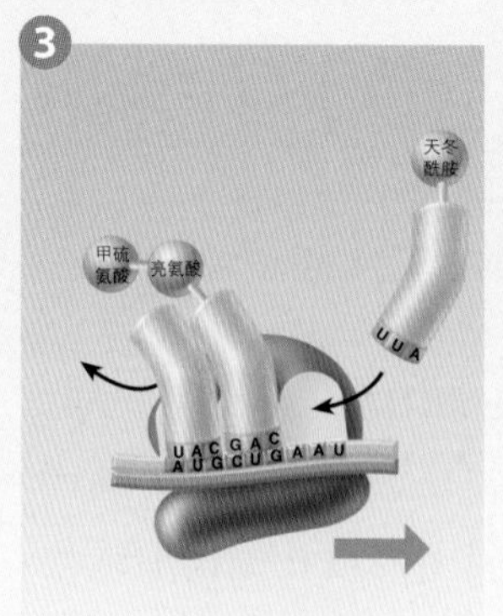

随着最初的氨基酸转移到P位的第二个氨基酸上，核糖体向右移动三个核苷酸。

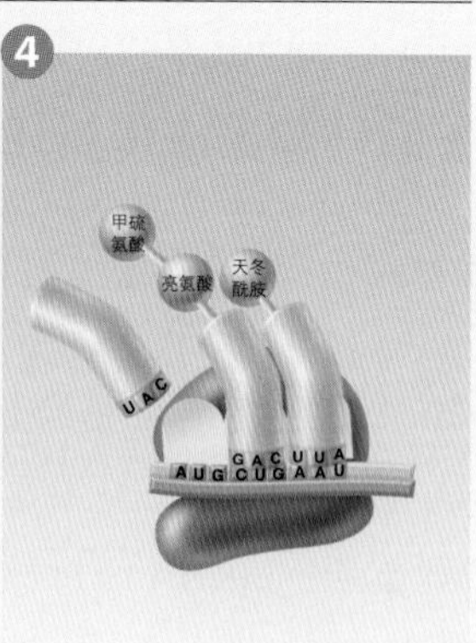

最初的tRNA从E位离开核糖体，而下一个tRNA进入A位。

的核糖体。然后，核糖体开始翻译过程，如上图“重要的生物过程：翻译”所示。插图❶显示mRNA如何开始穿过核糖体，像是一条线穿过甜甜圈上的孔。mRNA以每次三个核苷酸的速度向前突进，并且每次移动，mRNA上一个新的三核苷酸密码子就位于核糖体上A位的对面，tRNA分子最先结合在那里，如插图❷所示。

随着每个新tRNA携带一个氨基酸到A位的新密码子，与前一个密码子配对的tRNA移动到P位，在那儿新来的氨基酸与延伸中的多肽链之间形成肽键。P位的tRNA最终移动到E位（离去的位置），如插图❸所示，而它携带的氨基酸就结合到延伸中的氨基酸链的末端。然后tRNA被释放（插图❹）。所以，随着核糖体沿mRNA前进，一个接一个的tRNA就与mRNA上的密码子配对。在图12.6中，你能看到核糖体沿mRNA链移动，tRNA携带氨基酸至核糖体，而不断延长的多肽链从核糖体上延伸出来。直到遇到终止密码子（标志着多肽的结束），翻译才会终止。核糖体复合物解体，而新合成的肽链被释放进入细胞。

如前所述，遗传信息的总体流动，即“中心法则”，是从DNA到mRNA，再到蛋白质。例如，在“重要的生物过程：翻译”插图中形成的多肽始于DNA的核苷酸序列TACGACTTA，它首先转录成mRNA的序列AUGCUGAAU。这段序列再经tRNA翻译成由氨基酸甲硫氨酸–亮氨酸–天冬酰胺组成的多肽。

图12.6　核糖体指导翻译过程

与tRNA结合的氨基酸由反密码子序列决定。核糖体将负载tRNA与mRNA链上的互补序列结合。tRNA将氨基酸添加到延伸的多肽链上，合成完整的蛋白质后就被释放。

关键学习成果　12.3

遗传密码决定了特定的核苷酸序列如何指定特定的氨基酸序列。基因转录成mRNA，再翻译成多肽。mRNA密码子的序列决定延伸的多肽链中相应氨基酸的序列。

12.4 基因表达

12.1节中论述的中心法则在所有生物中都相同。图12.7概述了DNA复制、转录和翻译这些重要过程需要的成分，以及各过程中形成的产物。无论在原核生物，还是在真核生物中，其成分相同，过程相同，产物也相同。但是在两类细胞中，基因表达略有不同。

基因的结构

学习目标12.4.1　原核生物和真核生物的基因结构

在原核生物中，基因是不间断延伸的DNA核苷酸序列，它的转录产物以每次三个核苷酸的速度被阅读，用于组装成一条氨基酸链。相反，在真核生物中，基因是片段化的。在这些更复杂的基因中，编码多肽氨基酸序列的DNA核苷酸序列称为**外显子**（exon），而这些外显子经常被额外的核苷酸分断，“额外的材料”称为**内含子**（intron）。在图12.8所示的DNA片段中，蓝色区域是外显子，橙色区域是内含子。试想从卫星上看州际高速公路，汽车随机散布于混凝土路面上，有些成队行进，有些单独前行，大多数的路面是空的。这正像是真核生物的基因：散布的外显子嵌于更长的内含子序列之间。在人类中，只有基因组的1%～5%是外显子，它们编码多肽，而有24%则是非编码的内含子。

当真核细胞转录一个基因时，它首先产生整个基

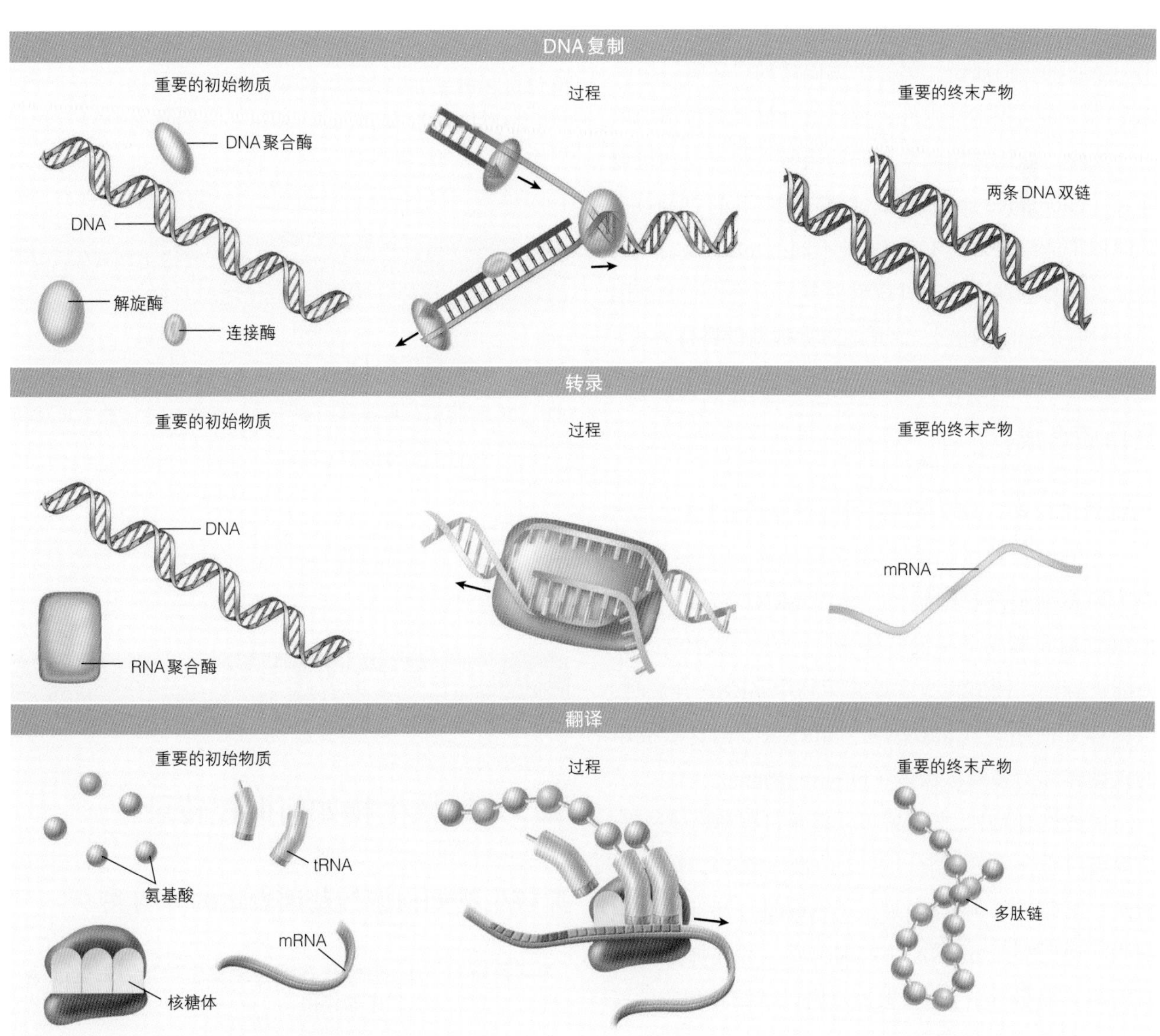

图12.7　DNA复制、转录和翻译的过程

在原核生物和真核生物中，这些过程基本相同。

因的**初级RNA转录物**（primary RNA transcript），如图12.8所示，外显子是绿色的，而内含子是橙色的。酶会加上一个5'帽子和一条3'多聚A的尾修饰，它们避免RNA转录物被降解。然后，初级RNA转录物被进一步加工。酶–RNA复合体切除内含子，连接外显子，形成较短的成熟的mRNA转录物，它才能真正被翻译成一条氨基酸链。注意，图12.8中成熟的mRNA转录物只有外显子（绿片段），没有内含子。因为在被翻译成多肽前，内含子已经从RNA转录物中被切除，所以它们不影响它们所在基因编码的多肽的结构，尽管一个典型的人类的基因中，超过90%的核苷酸序列是内含子。

为什么会是这样古怪的结构？似乎人类的许多基因能以多种不同的方式被拼接。许多情况下，外显子不只是随机片段，还是有功能的组件。一个外显子编码一条直的蛋白质链，另一个编码弯的，还有一个编码平的。如同积木的组件，相同的外显子通过不同的组合顺序，能构建出完全不同的组装。经过这类**可变剪接**（alternative splicing），人类基因组的25,000个基因似乎能编码多达120,000种不同的mRNA。看来，增加人类复杂性不是通过获得更多基因（我们的基因数量只有果蝇的两倍），而是通过形成新的拼接方式。

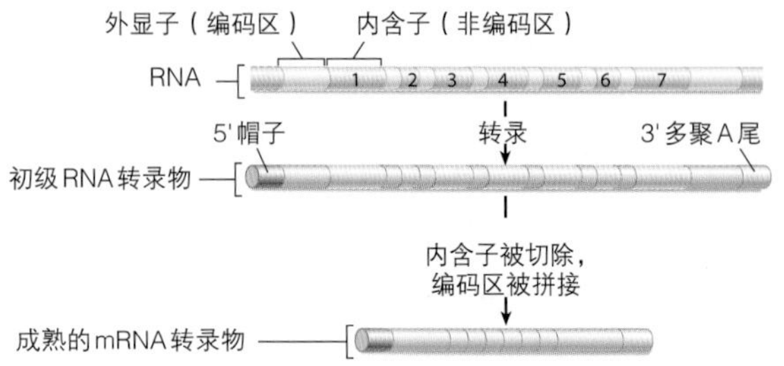

图12.8　真核生物RNA的加工

这里显示的基因编码为一种蛋白质，叫作卵清蛋白。卵清蛋白基因和它的初级转录物拥有七个片段，这些片段不在被核糖体指导合成蛋白质的mRNA中。

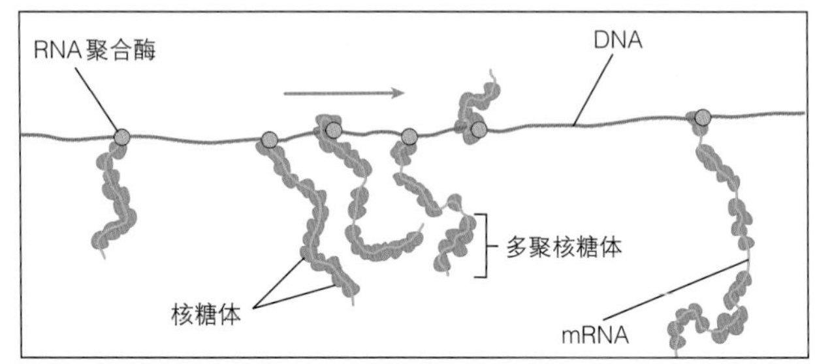

图12.9　原核生物中的转录与翻译

核糖体在mRNA形成时附着在mRNA上，产生多聚核糖体，在基因转录后立即进行翻译。

蛋白质合成

学习目标12.4.2　真核生物蛋白质合成的六个步骤

真核生物的蛋白质合成比原核生物的更复杂。因为原核细胞没有细胞核，所以mRNA转录合成与蛋白质翻译形成之间没有障碍。因此，基因转录时就能被翻译。图12.9显示原核生物中mRNA合成时，核糖体如何结合在mRNA上。mRNA上的这些成串的核糖体称为**多聚核糖体**（ployribosome）。

在真核细胞中，核膜隔开了转录过程和翻译过程，使得蛋白质合成更复杂。图12.10带你浏览整个过程。转录（第❶步）和RNA加工（第❷步）发生在细胞核内。第❸步，mRNA进入细胞质，并在那儿结合核糖体。第❹步，tRNA根据反密码子结合相应的氨基酸。第❺步和第❻步，tRNA携带氨基酸到核糖体，而mRNA被翻译成多肽。

关键学习成果　12.4

虽然原核生物和真核生物的基因表达的总体过程相似，但是基因的结构与细胞中进行进行转录和翻译的位置有所不同。

原核生物中基因表达的调控
Regulating Gene Expression in Prokaryotes

12.5　原核生物如何调控转录

原核生物如何调控基因表达的开与关

学习目标12.5.1　启动子在调控原核生物基因表达过程中的作用

将基因翻译成多肽只是基因表达的一部分。每个细胞必须也能调控何时特定基因才被应用。试想

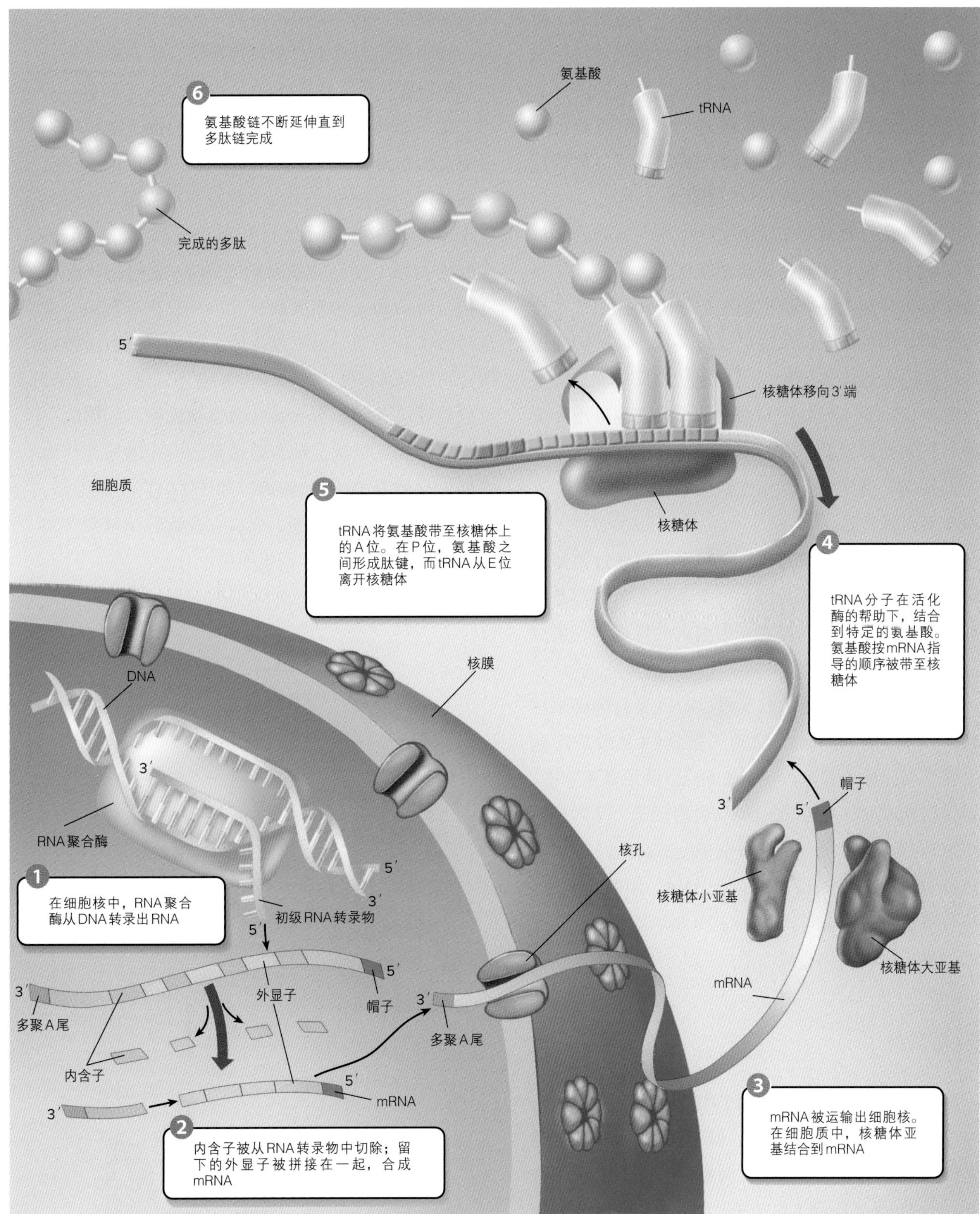
6
氨基酸链不断延伸直到多肽链完成
氨基酸
tRNA
完成的多肽
5′
核糖体移向3′端
细胞质
5
tRNA将氨基酸带至核糖体上的A位。在P位，氨基酸之间形成肽键，而tRNA从E位离开核糖体
核糖体
4
tRNA分子在活化酶的帮助下，结合到特定的氨基酸。氨基酸按mRNA指导的顺序被带至核糖体
核膜
DNA
3′
RNA聚合酶
5′
3′
1
在细胞核中，RNA聚合酶从DNA转录出RNA
初级RNA转录物
5′
3′
5′
多聚A尾
外显子
帽子
3′
多聚A尾
内含子
5′
mRNA
3′
2
内含子被从RNA转录物中切除；留下的外显子被拼接在一起，合成mRNA
核孔
帽子
5′
3′
核糖体小亚基
核糖体大亚基
mRNA
3
mRNA被运输出细胞核。在细胞质中，核糖体亚基结合到mRNA

图12.10　真核生物中蛋白质合成的作用机制

如果交响乐中所有乐器都一直以最大音量演奏，所有号全都吹到最响，所有鼓都敲到最快最响！但交响乐不是这样演奏的，因为音乐可不是噪音——它是受控表达的声音。同样的道理，生长和发育也取决于基因的受控表达，每个基因必须在适当的时机发挥作用，以达到精确细致的效果。

基因表达的调控在原核生物中与在复杂的多细胞生物中有很大不同。原核细胞已经进化得能快速地生长和分裂。在原核生物中，基因调控的基本作用是调节细胞活动，以适应周边环境，使它们通过改变基因表达模式能对变化迅速做出反应。基因表达的变化改变了细胞中存在的酶，以响应可用养分的含量和类型以及存在的氧气量。几乎所有这些变化都是完全可逆的，使细胞能随着环境的变化，上调或下调酶水平。

原核生物的基因表达很大程度上是通过控制何时基因能被转录而调控的。每个基因的前端都是特殊的调控部位——调控点。细胞内的特定调控蛋白能结合到这些位点，打开或关闭基因的转录。

对于一个要被转录的基因，RNA聚合酶必须结合**启动子**（promoter）。启动子是DNA上的特定核苷酸序列，标志着基因转录的起点。在原核生物中，通过阻断或允许RNA聚合酶结合启动子，基因表达得以调控。通过结合**阻遏蛋白**（repressor），基因表达能被关闭。阻遏蛋白能结合DNA，阻断启动子。结合**激活蛋白**（activator）能打开基因表达，它能使RNA聚合酶更易结合启动子。

阻遏蛋白

学习目标12.5.2 *lac*操纵子的作用机制

许多基因被“负”调控：除非需要，否则它们是被关闭的。对于这些基因，调控位点位于RNA聚合酶结合DNA的片段（启动子位点）与基因的起始边缘之间。当阻遏蛋白结合到它的调控位点——**操纵基因**（operator），会阻断聚合酶向基因移动。在阻遏蛋白被去除前，RNA聚合酶不能开始转录基因，直到阻遏蛋白被去除。

要打开被阻遏蛋白阻断转录的基因，就必须去除阻遏蛋白。通过特殊的“信号”分子结合阻遏蛋白，细胞能实现这个目的；这种结合导致阻遏蛋白的结构扭曲，不再适合DNA，并从DNA上脱离，从而去除了对转录的阻碍。有个特殊的例子能说明阻遏蛋白的作用机制。大肠杆菌中有一串叫作*lac*操纵子的基因。它是一段DNA，拥有一串基因，能作为一个单元被转录。图12.11所示，*lac*操纵子由编码多肽的基因（标记的基因1、2和3，它们编码涉及乳糖分解的酶）与相关调控元件——操纵基因（紫色片段）和启动子（橙色片段）组成。当阻遏蛋白结合到操纵基因处，RNA聚合酶便不能结合启动子，所以转录被关闭。当大肠杆菌遇到乳糖，乳糖的一种代谢物异乳糖就会结合阻遏蛋白，并诱导其结构扭曲，导致从DNA上脱离。如图12.11（b）所示，RNA聚合酶不再被阻断，所以它开始转录基因。细胞需要它们分解乳糖，产生能量。

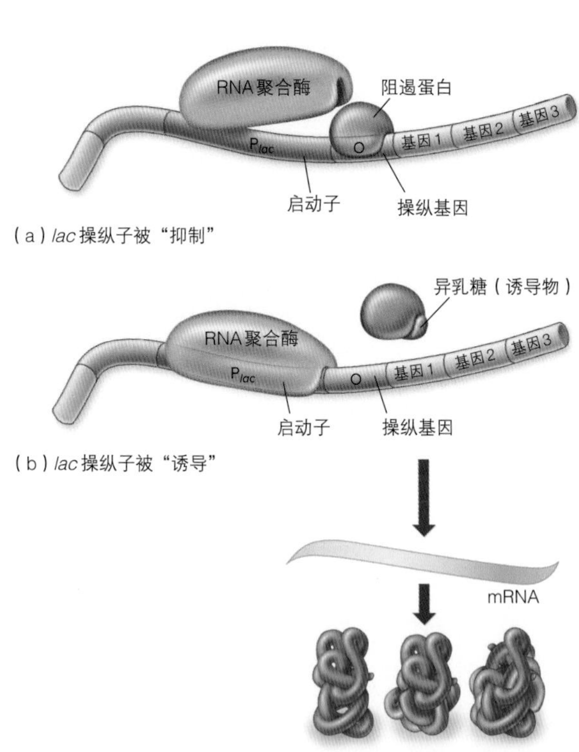

图12.11 *lac*操纵子的作用机制

（a）当阻遏蛋白结合在操纵基因上，*lac*操纵子被关闭（“抑制”）。因为启动子和操纵基因的位点有重叠，RNA聚合酶和阻遏蛋白不能同时结合。（b）当异乳糖结合阻遏蛋白，改变其结构，导致它不再占据操纵基因的位点，不再阻断聚合酶的结合，*lac*操纵子才被转录（“诱导”）。

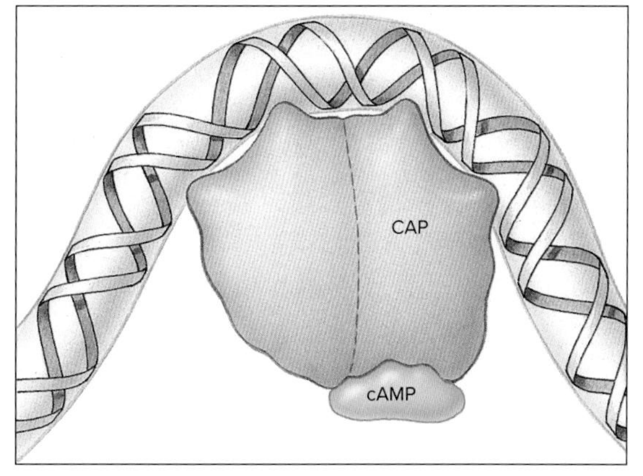

图12.12　激活蛋白的作用机制

分解代谢物激活蛋白质（CAP）/cAMP复合物与DNA的结合导致DNA围着它发生弯曲。这提高了RNA聚合酶的活性。

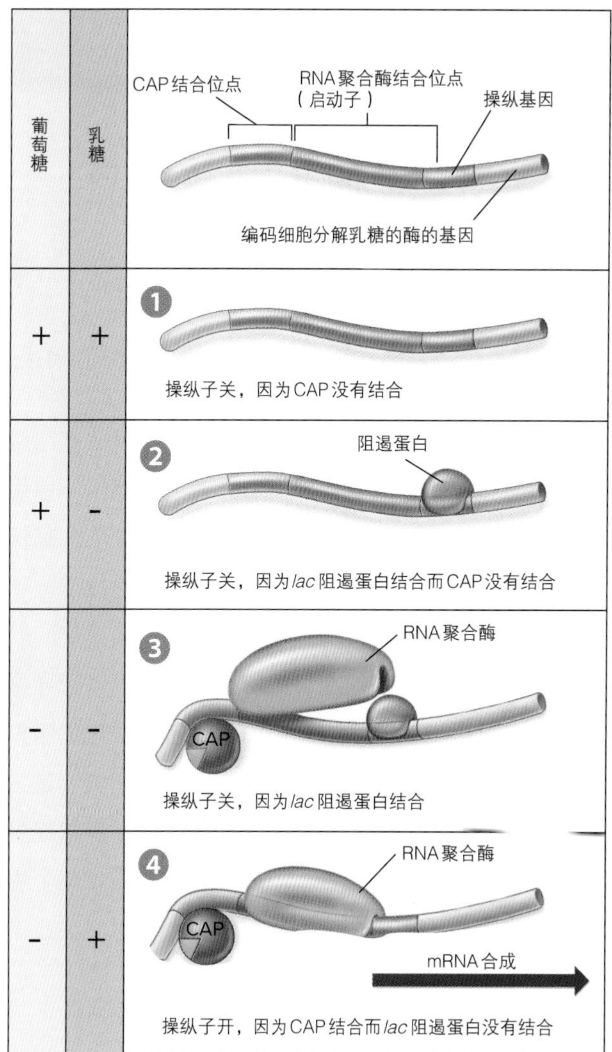

图12.13　*lac*操纵子上的激活蛋白和阻遏蛋白

激活蛋白

学习目标12.5.3　阻遏蛋白和激活蛋白的调控作用

因为RNA聚合酶需要结合到DNA双螺旋一条链上特定的启动子位点，所以这个位点附近的DNA双螺旋必须解旋，才能使得聚合酶能正确结合。在许多基因中，如果没有激活蛋白的调节蛋白的辅助，这种解旋就不能发生。激活蛋白能结合DNA上的这一区域，协助解旋。通过“信号”分子与激活蛋白的结合，细胞能打开或关闭基因。在*lac*操纵子中的激活蛋白叫作分解代谢物激活蛋白质（catabolite activator protein，CAP）。在与DNA结合之前，CAP必须先结合信号分子cAMP。一旦结合了cAMP，其复合物就能结合DNA，并使启动子更易被RNA聚合酶结合（图12.12）。

为什么要麻烦激活蛋白呢？试想如果每次遇到食物，你都不得不吃的情况。激活蛋白使细胞能解决这类问题。激活蛋白和阻遏蛋白协作调控转录。为理解这些调控，我们再次以*lac*操纵子为例，如图12.13所示。当细菌遇到乳糖时，它可能已经获得了大量葡萄糖的能量，如❶所示，所以它不需要分解更多乳糖。只有当葡萄糖水平较低时，CAP才结合并活化基因转录。因为RNA聚合酶需要激活蛋白才能起作用，所以*lac*操纵子不发生表达。此外，如果有葡萄糖而没有乳糖，不仅激活蛋白不能结合CAP，而且阻遏蛋白会阻断启动子，如下方的❷以及图12.11（a）所示。既没有葡萄糖也没有乳糖时，cAMP，“低葡萄糖”信号分子（❸和❹中的绿色饼状部分）结合CAP，CAP才能结合DNA。但是，阻遏蛋白仍然阻断转录，如❸所示。只有在没有葡萄糖而有乳糖时，阻遏蛋白才会被除去，CAP结合，转录继续进行，如❹所示。

关键学习成果　12.5

通过决定基因何时转录，细胞调控基因表达。有些调控蛋白阻断RNA聚合酶的结合，而有些则促进这种结合。

12.6 真核生物的转录调控

真核生物基因表达的目的是不同的

学习目标12.6.1 比较原核生物和真核生物中基因表达的目的

多细胞生物有相对稳定的内环境，细胞的基因调控的主要作用不是像原核生物那样对细胞周围环境做出反应。相反，基因调控参与机体的整体调节，确保在正确的生长发育期间，正确的基因在正确的细胞中被表达。依照设定的遗传程序，基因按精确设定的顺序发生转录，每个基因都对应特定的时间段。指导这个程序的基因的一次性表达与原核细胞的可逆代谢调节有根本性的不同。原核细胞采用可逆代谢调节是为适应环境，如*lac*操纵子的开与关。在所有多细胞生物中，特定细胞内基因表达的变化是为了满足整个生物体，而不是为了单个细胞的存活。

真核生物染色体的结构允许基因表达的长期调控

学习目标12.6.2 叙述真核生物染色体中组蛋白如何与DNA结合

通过控制RNA聚合酶与基因的结合，真核生物可实现长期的基因调控。真核生物的DNA被组装成核小体，然后形成更高阶的染色体结构。最低阶水平的染色体结构是DNA与组蛋白组装成核小体（图12.14）。染色体更高阶的结构还不完全清楚。真核生物基因表达的长期调控涉及对以下物质的持续化学修饰：（1）DNA的碱基；（2）组蛋白。而形成高度浓缩的染色体物质，称为染色质（chromatin）。这两种化学修饰使得基因更易或更难被RNA聚合酶结合，而RNA聚合酶是基因转录必需的。

DNA的表观遗传修饰

学习目标12.6.3 叙述真核生物DNA和组蛋白的表观遗传修饰的调控作用

在真核生物中，**表观遗传修饰**（epigenetic modification）是指通过DNA或组蛋白的化学变化，不是改变编码信息，而是改变其表达（另见第10章），从而实现基因表达的长期变化。主要的DNA表观遗传修饰是甲基化，将甲基（$—CH_3$）加到胞嘧啶核苷酸上，产生5-甲基胞嘧啶。科学家很早就发现哺乳动物的许多失活基因被甲基化了。这种甲基化阻断“关闭”基因的偶然转录。锁定“关闭”指令是指，DNA的甲基化确保基因一旦关闭，它就永远处于关闭状态。

基因的表观遗传调控的第二种模式涉及组蛋白的化学修饰，组蛋白将DNA组装成染色质。通过对组蛋白上特定的精氨酸与赖氨酸的甲基化，以及一个或多个赖氨酸的乙酰化，缠绕组蛋白核心的DNA使特定区域更易或更难进行转录。在大多数情况下，

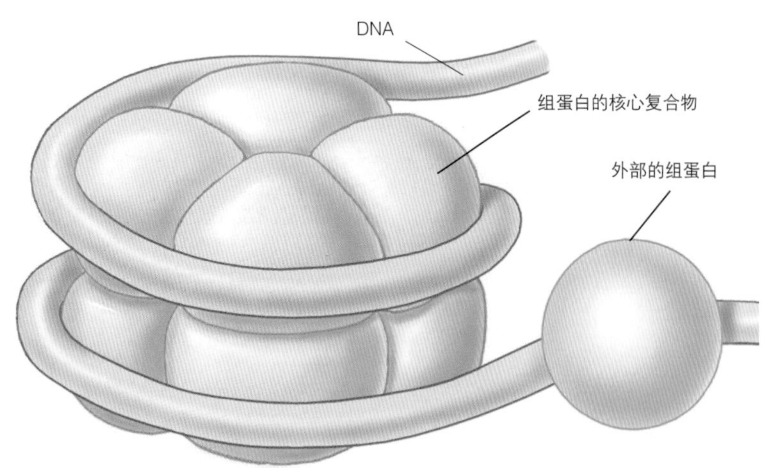

图12.14 DNA缠绕组蛋白
在染色体中，DNA被组装成核小体。在核小体中，DNA双螺旋缠绕着一个由组蛋白八聚体构成的核心复合物；还有一个组蛋白结合到核小体的外侧。

似乎组蛋白加上甲基或乙酰基后，转录会增强。这些表观遗传修饰会干扰染色质的高阶结构，使得DNA更易被结合。这种调控似乎也能以相反的方式起作用，从组蛋白中去除甲基或乙酰基使得DNA围绕组蛋白螺旋得更紧密；通过限制与DNA的结合抑制转录。

关键学习成果　12.6

真核生物中转录的调控受由DNA紧密组装成的核小体的影响。表观遗传修饰改变了DNA与组蛋白的结合，使得DNA更易或更难被RNA聚合酶结合。

12.7　远端调控转录

真核生物的转录因子

学习目标 12.7.1　基础转录因子和特异性转录因子

真核生物的转录过程更复杂，参与调控的基因DNA数量更多。真核生物的转录不仅需要RNA聚合酶，还需要不同种类的蛋白质——转录因子（transcription factor），它们与聚合酶相互作用。

基础转录因子（basal transcription factor）对转录装置的组装和招募RNA聚合酶到启动子是必需的。虽然这些因子对转录发生是必需的，但是它们不会提高转录速率，以至超过较低速率，也就是所谓的基础速率。这些因子在图12.15中以绿色表示，共同聚集形成**起始复合物**（initial complex）。这明显比细菌的RNA聚合酶更复杂，后者只是一个单一的酶类蛋白质。

起始复合物一旦组装，如果没有其他基因特异性因子参与，将不会实现高水平转录。这些**特异性转录因子**（specific transcription factor）的数量与种类非常多，在图12.15中以褐色表示。通过调控特定时间和位置有哪种特异性转录因子，多细胞生物能控制哪种基因被表达。

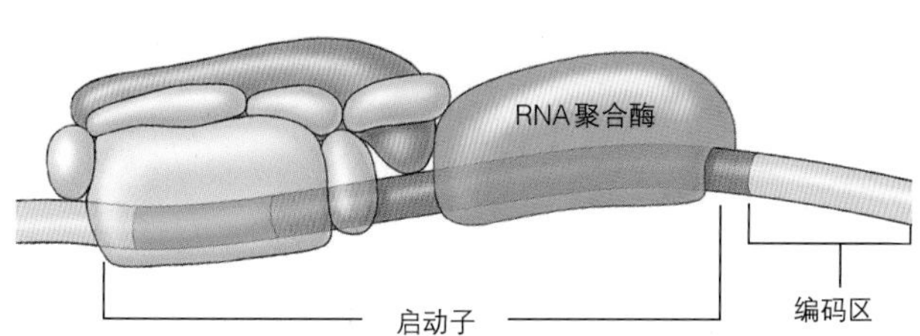

图12.15　真核生物起始复合物的形成

基础转录因子（绿色）结合到DNA的启动子区，并形成起始复合物。大量特异性转录因子（棕色）结合到基础转录因子复合物（起始复合物），它们共同招募RNA聚合酶到启动子上。

增强子

学习目标 12.7.2　解释增强子如何远端调控基因表达

虽然原核生物基因的调控区，如操纵基因，位于编码区的上游，但是在真核生物中却不是。结果发现，一个叫作**增强子**（enhancer）的远端调控位点对转录速率有主要影响。增强子是作为激活蛋白的特异性转录因子与DNA结合的核苷酸序列。增强子远距离发挥作用的能力是通过DNA弯曲成环来实现的。在图12.16中，一个激活蛋白结合到远离启动子的黄色的增强子上。DNA弯曲成环，使激活蛋白与RNA聚合酶/起始复合物结合，导致转录起始。

使这一过程更复杂的是，还有其他多种不同的

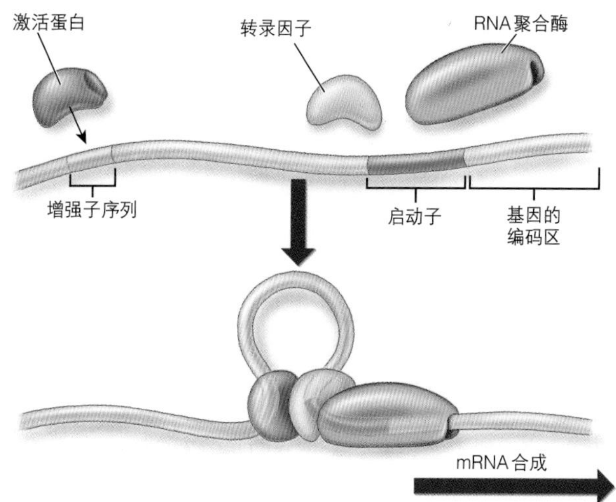

图12.16　增强子的作用机制

激活蛋白结合位点，或称增强子，通常远离基因。激活蛋白的结合拉近了增强子与基因的距离。

转录因子——**辅激活蛋白**（coactivator）和**中介体**（mediator）可能会调节特定特异性转录因子的功能。

转录复合物

学习目标12.7.3 定义转录复合物

事实上，真核生物中由RNA聚合酶转录的所有基因都需要一群相同的基础转录因子组装配成起始复合物，但其转录的最终水平取决于组成转录复合物（transcription complex）的其他特异性转录因子。这类联合基因调控使细胞能对它可能接收到的许多环境和发育信号产生精确的应答。由于大量蛋白质调控因子的相互作用，真核细胞实现了更高水平的调控（见图12.17）。这种调控虽然更复杂，但基本

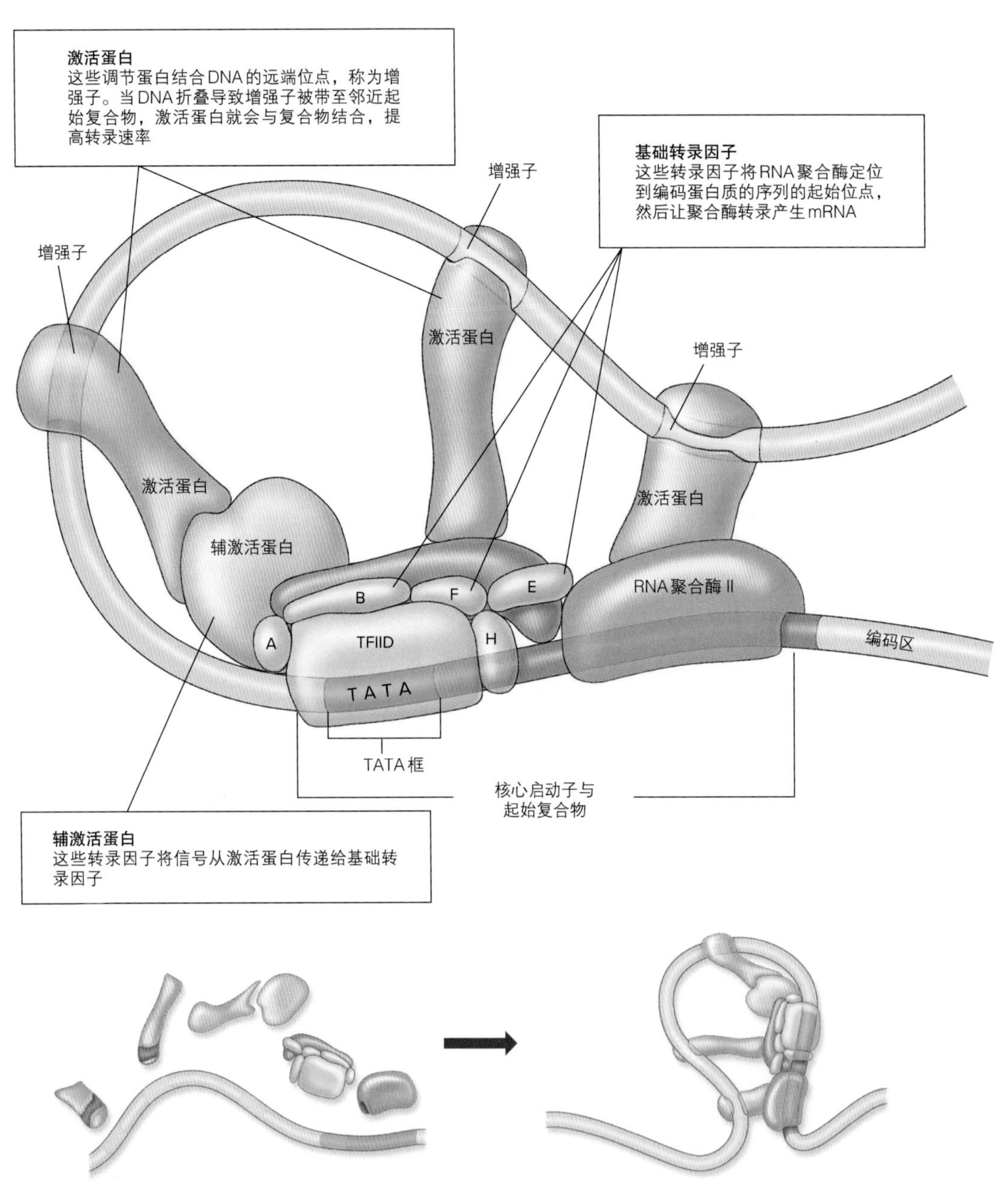
激活蛋白
这些调节蛋白结合DNA的远端位点，称为增强子。当DNA折叠导致增强子被带至邻近起始复合物，激活蛋白就会与复合物结合，提高转录速率
基础转录因子
这些转录因子将RNA聚合酶定位到编码蛋白质的序列的起始位点，然后让聚合酶转录产生mRNA
增强子
增强子
增强子
激活蛋白
激活蛋白
激活蛋白
辅激活蛋白
B
F
E
A
TFIID
H
RNA聚合酶Ⅱ
编码区
TATA
TATA框
核心启动子与起始复合物
辅激活蛋白
这些转录因子将信号从激活蛋白传递给基础转录因子

图12.17 转录复合物中多种因子的相互作用

所有特异性转录因子都与可能远离启动子的增强子序列结合。然后，这些蛋白质可以通过DNA环与起始复合物相互作用，使转录因子接近起始复合物。如文中详述，一些转录因子，激活蛋白，能直接结合RNA聚合酶Ⅱ或起始复合物，而其他转录因子需要额外的辅激活蛋白。图中描绘的是细菌的激活蛋白NtrC。当它与增强子结合时，你可以看到这是如何使DNA成环形运动到与RNA聚合酶结合的远处，从而激活转录的。虽然这种增强子在原核生物中很少见，但在真核生物中却很常见。

类似于原核生物的*lac*操纵子利用两种调节蛋白实现整合的方式。

关键学习成果 12.7

转录因子和增强子赋予真核细胞更具弹性的调控基因表达的能力。

12.8 RNA 水平的调控

RNA 干扰的发现

学习目标 12.8.1 RNA 干扰

到目前为止，我们从蛋白质层面完整地讨论了基因调控。通过阻断或激活RNA聚合酶"阅读"特定基因，蛋白质可以调控转录的起始。但是在最近十年中，我们逐渐认识到RNA分子也能调控基因的表达，在转录后发挥第二层面的调控作用。

大量的真核生物基因组不被翻译成蛋白质，这将在第13章讨论。这个发现最初令人很困惑，但是生物学家现在怀疑这些区域的RNA转录物可能对基因调控有重要作用。人类和黑猩猩的DNA之间几乎所有的差异全都位于这些区域，这更增添了困惑。

1998年，研究人员进行了一个简单实验。因为这个实验，美国的安德鲁·法尔（Andrew Fire）和克雷格·梅洛（Craig Mello）后来获得了2006年诺贝尔生理学或医学奖。研究人员将双链RNA分子注入秀丽隐杆线虫（*Caenorhabditis elegans*）。这导致与双链RNA互补的基因序列沉默，但对其他基因没有作用。研究人员就称这种非常特殊的效应为**基因沉默**（gene silencing），或RNA干扰（RNA interference）。这到底是怎么回事呢？如你将从第16章中了解到的那样，RNA病毒的自我复制需要借由双链的中间产物。作为细胞防御病毒的一种机制，病毒的双链RNA会被RNA干扰机制摧毁。秀丽隐杆线虫的研究人员无意中发现了这种防御机制。

RNA 干扰的作用机制

学习目标 12.8.2 基因沉默的作用机制

在研究RNA干扰时，研究人员观察到，在基因沉默的过程中，植物会产生与被沉默基因配对的小RNA分子（长度从21到28个核苷酸）。最初，研究人员专注于更大的信使RNA（mRNA）、转移RNA（tRNA）和核糖体RNA（rRNA），但没有注意到这些更小的RNA，将它们在实验中扔掉了。这些小RNA似乎能调节特定基因的活性。

不久，研究人员就发现了在大量其他生物中存在类似小RNA的证据。拟南芥（*Arabidopsis thaliana*）的小RNA似乎参与了对其早期发育至关重要的基因的调控，而酵母的小RNA却被发现是沉默基因组紧密组装区域基因的物质。在纤毛原生生物嗜热四膜虫（*Tetrahymena thermophila*）的发育期，大量DNA片段的丢失似乎就是由小RNA分子导致的。

研究人员观察到，注入秀丽隐杆线虫的双链RNA会发生解离，这才发现了小片段RNA调控基因表达的第一条线索。然后，每条单链通过折回成发夹环结构形成一条双链RNA，如图12.18顶部所示的RNA的三段结构。因为单链的两端存在互补的核苷酸序列，所以才会出现这种情况。在RNA形成发夹环时，互补的碱基会形成碱基对，将两条链结合起来，犹如它们在DNA双链中的作用。

这种双链RNA如何抑制产生双链RNA的基因的表达？基因沉默的作用机制是什么？RNA干扰的第一步，一种叫作dicer的酶识别长的双链RNA分子，并将它们剪切成短的小RNA片段，称为小干扰RNA（siRNA，small interfering RNA，见图❶）。第二步，siRNA组装成核糖核蛋白复合物，称为RNA干扰沉默复合物（RISC，RNA interference silencing complex，见图❷）。然后，RISC解旋siRNA双链，留下一条RNA单链，与mRNA上的互补序列结合（见图❸），并因此导致产生这些mRNA分子的基因沉默。

一旦siRNA结合mRNA，沉默有两种方式：通过抑制mRNA翻译成蛋白质来阻断其表达，或者摧

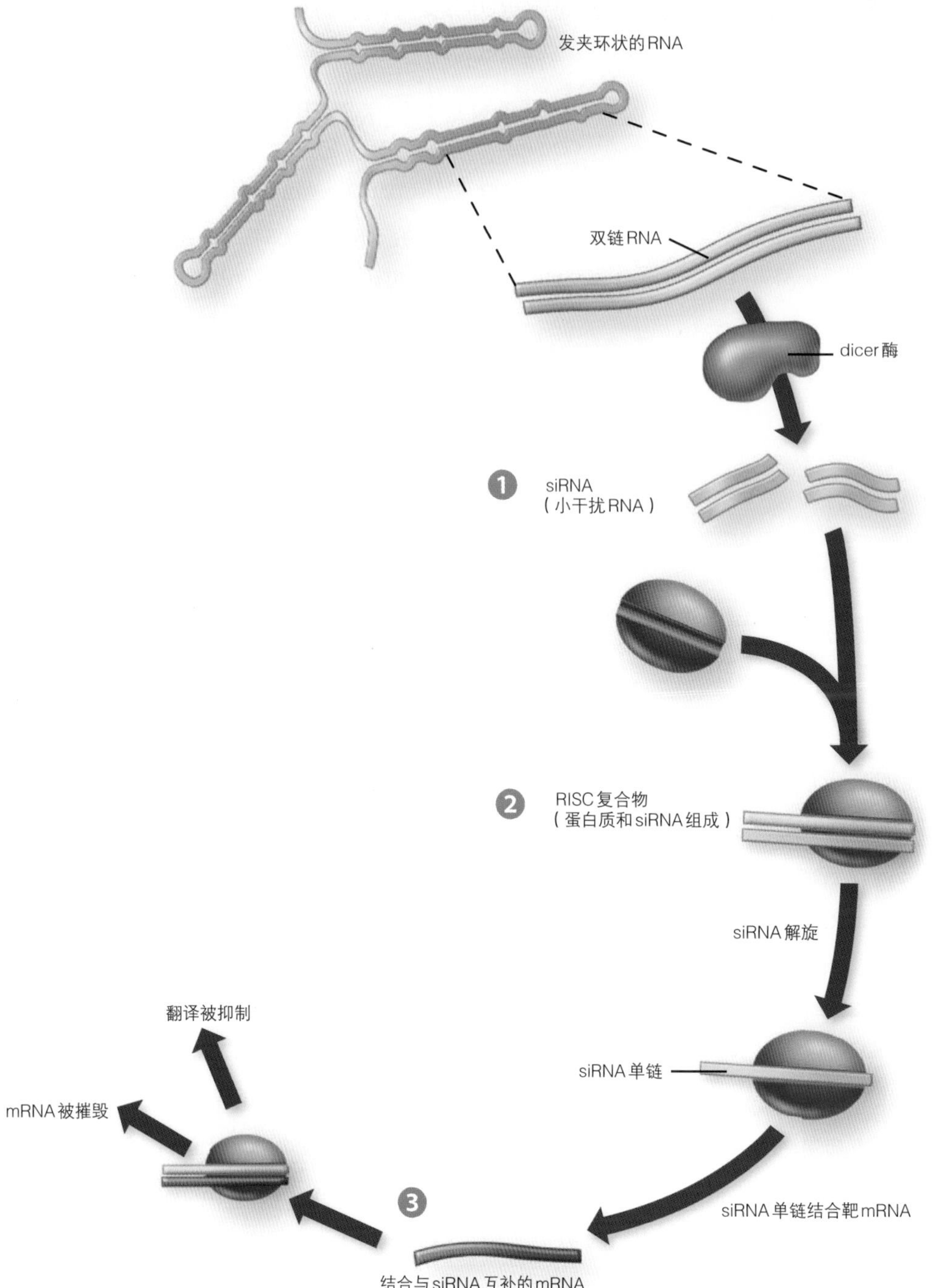

图12.18　RNA干扰的作用机制

双链RNA被dicer酶剪切。产生的siRNA结合蛋白质，形成一个复合物叫作RISC。siRNA变成单链，并结合有相同或相似序列的靶mRNA，这会抑制基因的翻译。

毁mRNA。选择抑制还是摧毁被认为受siRNA序列匹配mRNA序列的程度所控制，mRNA被摧毁就是完美配对的结果。

关键学习成果　12.8

小干扰RNA，称为siRNA，形成于RNA分子的双链部分。这些siRNA能结合细胞中的mRNA分子，并抑制它的翻译。

沉默基因以治疗疾病

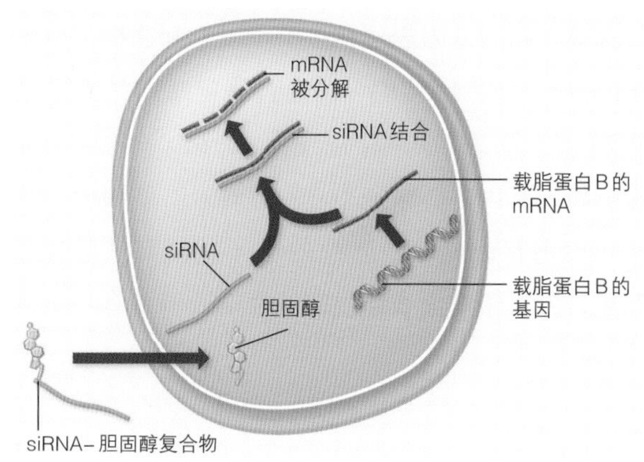

近年来的研究发现，真核生物能通过选择性"沉默"特定的基因转录物来调控基因，这令生物学家兴奋不已，因为它为治疗疾病和感染带来了很大希望。许多疾病是一个或多个基因表达导致的。例如，AIDS需要HIV多个基因的表达。也有许多慢性疾病是基因过度活化导致的。如果医生能通过某种方式关闭这些基因，那会如何?

这个想法很简单。如果你能分离出与疾病有关的基因，并对它测序，那么理论上你就能合成一个RNA分子，它的序列与相反链或"反义"链一样。因此，这种RNA的序列能与基因产生的mRNA互补。将这种合成的RNA导入细胞后，可能会与信使RNA结合，产生核糖体无法读取的双链RNA。如果反义疗法能起作用并能实际操作且成本不高，那么像AIDS这种传染病就能被终止了。的确，所有病毒传染都可能以这种方式被征服。流感也许是所有传染病中最大的杀手。可行的反义疗法可以提供一种方法，在病毒扩散前就扑灭禽流感。

目前，反义基因沉默疗法最令人兴奋的前景是癌症治疗。如第8章讨论的，在美国，癌症的致死率比其他任何疾病都多。我们现在相当清楚地知道癌症是如何发生的。它是由调节细胞周期的基因损伤导致的。RNA基因沉默疗法巨大的前景是针对那些导致癌症的基因突变，它们提高了一个或"多个"信号的效果。如果这些突变基因能被沉默，癌症也就被关闭了。

从发现真核生物中存在特殊的病毒防御系统起的最近几年中，利用互补RNA沉默麻烦基因的可行性已经有了飞速提高。为保护自身不被RNA病毒感染，细胞拥有一个复杂的系统，以监测、攻击并摧毁病毒的RNA。该系统利用病毒感染的弱点：某个时刻，为了在被感染的细胞中增殖，病毒必须表达自己的基因——它必须合成基因的互补拷贝，并能作为信使RNA指导病毒的蛋白质合成。此时，尽管病毒的RNA分子是双链，但病毒易受攻击：细胞内通常没有双链RNA，所以通过靶向双链RNA，立即将其摧毁，细胞就能抵御病毒的感染。

用互补RNA沉默基因，称为"RNA干扰"，给人们以振奋人心的希望，许多疾病的治愈可能就近在咫尺了。但是，首先科学家必须解决如何使RNA干扰治疗起作用。他们面临一些巨大的技术性难题，其中最重要的是要找到一种方法将干扰RNA输送至靶细胞。问题是RNA在血液中会被快速分解，而且即使RNA能到达靶细胞，也不易被人体的大部分细胞所识别。有些研究人员尝试将RNA组装入病毒，但如你将在第13章所了解到的，尝试这种方法的基因治疗会引起免疫反应，并且甚至可能导致癌症。基因治疗的研究人员正在寻找更安全的病毒作为基因运输载体，其研究必将有好效果。

另一种可行的方法是对RNA进行修改以保护它，并使它更易被细胞接纳。这项工作的重点是编码载脂蛋白B的mRNA，载脂蛋白B分子参与胆固醇代谢。胆固醇水平高的人，载脂蛋白水平也高，这会增加冠心病的发病风险。靶向载脂蛋白B的mRNA的干扰RNA导致mRNA被摧毁，胆固醇水平降低。为了将其有效输送到机体组织，研究人员只需在每个干扰RNA分子结合上一个胆固醇分子，如上图所示。载脂蛋白B的水平下降了50%～70%，而血液中的胆固醇水平也大幅下降，达到与载脂蛋白B基因被去除的细胞的同等水平。目前还不清楚这种方法是否对许多其他RNA也有效，但这前景似乎还不错。

基于将麻烦基因进行RNA沉默，寻找成功的治疗方法面对的第二个主要问题是特异性。只有靶基因被沉默这点很重要。在进行大范围人体临床试验前，我们必须确保干扰RNA不会关闭人类的重要基因，也不会靶向病毒或癌基因。有些研究表明这不是问题，然而在其他的研究中，大量"脱靶"基因似乎受到了影响。对每种正在研发的新疗法，这种可能性都必须得到认真评估。

12.9 基因表达的复杂调控

学习目标 12.9.1 真核生物基因表达调控的六个位点

真核生物的基因表达在多个阶段受到调控，如图12.19所示。染色质结构可以通过确定基因是否易结合RNA聚合酶来影响基因表达。许多因子的可用性会影响特定基因的转录速率。一旦转录，基因的表达能被可变剪接改变，或通过RNA干扰沉默。尽管基因调控常发生于基因表达过程的早期，但是有些调控机制在后面起作用。翻译蛋白的可用性能影响蛋白质的合成，而且蛋白质在合成后还能被化学修饰。

关键学习成果 12.9

在基因表达的过程中，真核生物的基因在多个位点受到调控。

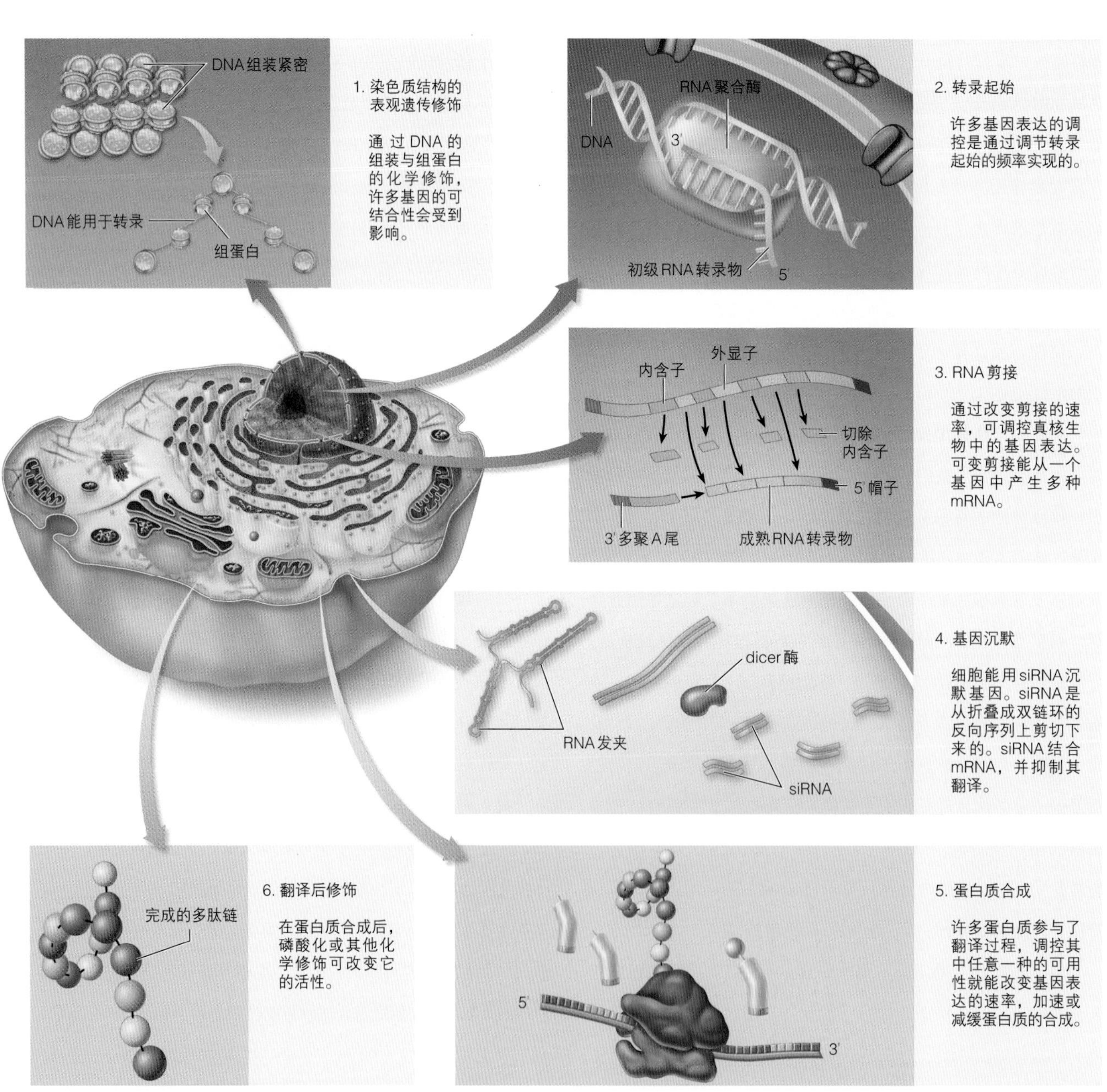
DNA组装紧密
DNA能用于转录
组蛋白
1. 染色质结构的表观遗传修饰
通过DNA的组装与组蛋白的化学修饰，许多基因的可结合性会受到影响。
RNA聚合酶
DNA
3'
初级RNA转录物
5'
2. 转录起始
许多基因表达的调控是通过调节转录起始的频率实现的。
外显子
内含子
切除内含子
5'帽子
3'多聚A尾
成熟RNA转录物
3. RNA剪接
通过改变剪接的速率，可调控真核生物中的基因表达。可变剪接能从一个基因中产生多种mRNA。
dicer酶
RNA发夹
siRNA
4. 基因沉默
细胞能用siRNA沉默基因。siRNA是从折叠成双链环的反向序列上剪切下来的。siRNA结合mRNA，并抑制其翻译。
完成的多肽链
6. 翻译后修饰
在蛋白质合成后，磷酸化或其他化学修饰可改变它的活性。
5'
3'
5. 蛋白质合成
许多蛋白质参与了翻译过程，调控其中任意一种的可用性就能改变基因表达的速率，加速或减缓蛋白质的合成。

图12.19 真核生物基因表达的调控

调查与分析
INQUIRY & ANALYSIS

在试管中合成蛋白质

细胞合成蛋白质的复杂机制不是突然被发现的。经过长期大量实验的积累，每个实验告诉我们一点，我们才逐渐认清该机制。为体验实验之旅的渐进，以及每一步带来的振奋人心，很有必要重复研究人员的足迹，当时的情况基本都不清楚，前途也不明朗。

我们要重复的是保罗·查美尼克（Paul Zamecnik）的实验，他是蛋白质合成研究的先驱。在20世纪50年代早期与麻省总医院的同事合作时，查美尼克首次提出了最直接的问题：蛋白质在细胞的哪个部位合成？为寻找答案，他们将放射性标记的氨基酸注入大鼠体内。数小时后，标记的氨基酸被发现已经成为大鼠新合成的肝脏蛋白质的一部分了。而且，如果注入数分钟就取出肝脏检测，发现放射性标记的蛋白质只与细胞质中的小颗粒结合。这些颗粒由蛋白质和RNA组成，之后被命名为核糖体。核糖体在早些年对细胞组成进行电子显微镜研究时就已经被发现了。这些实验确定了它们是细胞内蛋白质合成的部位。

经过多年的试错完善，查美尼克和同事开发出了“无细胞”蛋白质合成体系。这个体系使蛋白质合成能在试管中进行。它包含核糖体、mRNA和提供能量的ATP。它还包含大量分离自均质大鼠细胞需要的可溶性“因子”，而这些“因子”以某种方式利用核糖体合成蛋白质。当查美尼克团队研究这些因子的性质时发现其中大多数是蛋白质，这恰如预期，但万万没想到的是混合物中也存在小的RNA。

为研究这些小的RNA的作用是什么，他们做了以下试验。在一支试管中，他们将大量^{14}C亮氨酸（放射性标记的亮氨酸）加入无细胞体系中，其中还含有可溶性因子、核糖体和ATP。稍等片刻，他们就从混合物中分离出小RNA，并对它进行放射性检测。结果如图表（a）所示。

在后续的试验中，他们将这个试验产生的放射性亮氨酸-小RNA复合物与含有完整内质网（附着核糖体的膜系统，具有极强的合成蛋白质的能力）的细胞提取物混合。观察放射性标记会去哪儿，然后他们分离出新合成的蛋白质和小RNA［见图表（b）］。

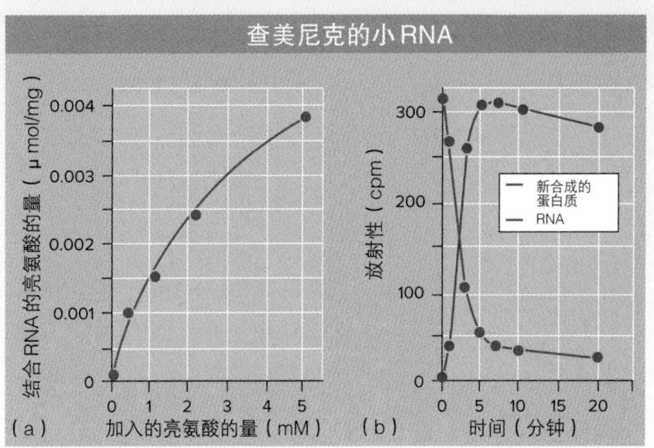

实验A，图表（a）所示

分析

1. **应用概念** 什么是因变量？
2. **解读数据** 加入试管中的亮氨酸的量是否对与小RNA结合的亮氨酸量有影响？
3. **做出推断** 与小RNA结合的亮氨酸量是否与混合物中加入的亮氨酸的量成正比？
4. **得出结论** 从这个结果，你是否能合理地得出结论：亮氨酸与小RNA结合？

实验B，图表（b）所示

分析

1. **应用概念** 什么是因变量？
2. **解读数据**

   a. 向细胞提取物中加入放射性亮氨酸-小RNA复合物后，检测放射性20分钟，小RNA放射性水平（蓝色）有何变化？

   b. 同一时间，新合成的蛋白质的放射性水平（红色）有何变化？
3. **做出推断** 小RNA减少的放射性的量是否与新合成的蛋白质获得的量相同？
4. **得出结论**

   a. 小RNA给延伸中的蛋白质提供氨基酸，这个结论是否合理？（提示：试验的结论：小RNA被称为转移RNA。）

   b. 如果你打算在20分钟后从中分离出蛋白质，哪些氨基酸会有放射性标记？请解释。

本章回顾

Reviewing What You Have Learned

从基因到蛋白质

中心法则

12.1.1　DNA是细胞内遗传信息的储存场所。基因表达的过程，DNA→RNA→蛋白质，被称为“中心法则”。

- 基因表达分两步，要用到不同种类的RNA：转录，从DNA合成mRNA拷贝；翻译，用rRNA和tRNA将mRNA上的信息翻译成蛋白质。

转录

12.2.1　在转录过程中，DNA是由RNA聚合酶合成mRNA的模板。RNA聚合酶与DNA一条链上的启动子结合。RNA聚合酶将互补核苷酸加到延伸中的mRNA上，这种方式与DNA聚合酶的作用相同。

翻译

12.3.1　mRNA携带的信息是由核苷酸的序列编码的，它们能以三个核苷酸为单位（叫作密码子）被阅读。每个密码子对应一种特定的氨基酸。决定mRNA上的密码子翻译成氨基酸的规则叫作遗传密码。

- 遗传密码包括64个密码子，但是只编码20种氨基酸。许多情况下，2个或2个以上的不同密码子编码同一种氨基酸。

12.3.2　在翻译过程中，mRNA将信息带至细胞质。rRNA与蛋白质结合形成核糖体，它是蛋白质装配的场所。如图12.6所示，tRNA将氨基酸带至核糖体，用于组装多肽链。活化酶能将氨基酸与对应的tRNA匹配。

12.3.3　核糖体拥有一个小rRNA亚基与一个大rRNA亚基。翻译始于mRNA结合核糖体小亚基，这会触发大亚基与小亚基的结合，形成完整的核糖体。

- 核糖体沿mRNA移动，而tRNA分子包含与密码子互补的反密码子，它将氨基酸带至核糖体的A位。氨基酸经过P位和E位，被添加到延伸的多肽链上。

基因表达

12.4.1　原核生物的基因存在于一段DNA上，它先被转录成mRNA，然后被整段翻译。真核生物的基因是片段化的，有外显子的编码区和内含子的非编码区。

- 真核生物的基因整个被转录成RNA，但是翻译前要先切除内含子（图12.8）。外显子能以不同的方式被剪接在一起，这个过程称为可变剪接，相同的DNA片段会产生不同的蛋白质产物。

12.4.2　在原核生物中，转录和翻译在细胞质中同时进行。在真核生物中，先产生RNA转录物，并在细胞核中被加工（内含子被切除）。然后，mRNA到达细胞质被翻译成多肽。

原核生物中基因表达的调控

原核生物如何调控转录

12.5.1　在原核细胞中，当阻遏蛋白结合操纵基因，阻断启动子，基因就被关闭（图12.11）。只有当激活蛋白结合DNA时，有些基因才会被打开。

12.5.2　*lac*操纵子拥有参与乳糖分解的一组基因。当需要*lac*操纵子产生的蛋白时，一个诱导分子会结合阻遏蛋白，导致它不能结合DNA，因此使得RNA聚合酶能结合DNA。

12.5.3　*lac*操纵子受激活蛋白的调控。激活蛋白能改变DNA的结构，使得RNA聚合酶能结合DNA。仅当激活蛋白结合DNA，而阻遏蛋白被除去时，RNA聚合酶才能结合启动子。

真核生物中基因表达的调控

真核生物的转录调控

12.6.1~3　DNA缠绕组蛋白限制RNA聚合酶结合DNA。基因表达的调控涉及组蛋白的化学修饰，这种修饰使得DNA易结合。

远端调控转录

12.7.1~3　在真核细胞中，转录需要转录因子在RNA聚合酶结合启动子前就已经结合。真核生物的基因受远端位点增强子的调控（图12.16）。

RNA水平的调控

12.8.1~2　RNA干扰抑制翻译。小片段的RNA叫作siRNA，它与细胞质中的mRNA结合，能抑制基因的表达。

基因表达的复杂调控

12.9.1　真核生物的基因表达受多个位点的调控。

本章测验

Test Your Understanding

12.1.1 下列哪项不是RNA的一种类型？

a. nRNA（核RNA） c. rRNA（核糖体RNA）

b. mRNA（信使RNA） d. tRNA（转移RNA）

12.2.1（1）获得单链mRNA形式的基因信息的过程称为______。

a. 聚合酶 c. 转录

b. 表达 d. 翻译

12.2.1（2）RNA聚合酶结合DNA，起始RNA合成的位点称为______。

a. 启动子 c. 内含子

b. 外显子 d. 增强子

12.2.1（3）提供给你一份土豚DNA的样本。作为你对该DNA研究的一部分，你从DNA中转录出mRNA，并进行纯化。然后你分离DNA的两条链，并分析每条链和mRNA转录物的碱基组成。你得到如下的结果：

	A	G	C	T	U
DNA链#1	19.1	26.0	31.0	23.9	0
DNA链#2	24.2	30.8	25.7	19.3	0
mRNA	19.0	25.9	30.8	0	24.3

哪条DNA链是模板链？

12.3.1（1）从mRNA单链提取信息，合成氨基酸链，成为完整的蛋白质或蛋白质的部分，该过程称为

a. 聚合酶 c. 转录

b. 表达 d. 翻译

12.2.1（2）如果一个mRNA密码子是UAC，与它互补的反密码子是

a. TUC c. AUG

b. ATG d. CAG

12.2.1（3）三核苷酸的密码子体系有______种组合。

a. 16 c. 64

b. 20 d. 128

12.2.1（4）假定基因模板链的核苷酸序列是：TACATACTTAGT-TACGTCGCCCGGAAATAT。

a. 转录后，产生的mRNA的序列是什么？

b. 转录后，产生的蛋白质的氨基酸序列是什么？

12.3.2 活化酶匹配氨基酸和______。

a. tRNA c. DNA

b. mRNA d. sRNA

12.3.3 列出氨基酸占据核糖体三个位点的顺序。

a. A，P，E c. P，A，E

b. E，P，A d. A，E，P

12.4.1 如果你从自己的细胞中分离出编码血红蛋白的基因，并用这个DNA（合成互补的RNA序列）在试管中合成蛋白质，为什么新合成的蛋白质不能正常发挥作用？

12.4.2 反密码子存在于下列哪类RNA上？

a. snRNA（核小RNA） c. tRNA（转移RNA）

b. mRNA（信使RNA） d. rRNA（核糖体RNA）

12.5.1 下列哪项正确描述了原核细胞的基因表达？

a. 所有细胞的基因一直都处于打开状态，合成所需的氨基酸序列

b. 有些基因总是关着的，除非启动子将它们打开

c. 有些基因总是开着的，除非启动子将它们关闭

d. 只要有阻遏蛋白结合，有些基因就会保持关闭状态

12.5.2 操纵子是______。

a. 一系列从远端调控转录的调控序列

b. 能与诱导物结合的阻遏蛋白

c. 能开关基因的调节RNA

d. 操纵基因、启动子和一系列相连的蛋白质编码基因

12.5.3 下列关于*lac*操纵子调控的叙述哪项不正确？

a. 当乳糖结合*lac*阻遏蛋白，阻遏蛋白的结构被改变

b. 当葡萄糖结合*lac*阻遏蛋白，转录被抑制

c. *lac*阻遏蛋白既有乳糖的结合位点，也有DNA的结合位点

d. 当乳糖结合*lac*阻遏蛋白，阻遏蛋白不再结合操纵基因

12.6.1 下列关于真核生物基因表达的叙述哪项是正确的？

a. mRNA必须切除内含子

b. mRNA是单个基因的转录物

c. 增强子在远端起作用

d. 以上都对

12.6.2 真核生物基因表达的调控不包括下列哪一项？

a. 组蛋白组装的DNA的甲基化

b. 转录因子的调节

c. 通过siRNA稳定mRNA转录物

d. RNA的可变剪接

12.6.3 在真核生物DNA组装成染色质时，5-甲基胞嘧啶______。

a. 允许接近启动子 c. 不被DNA聚合酶识别

b. 与腺嘌呤形成碱基对 d. 抑制转录

12.7.1 基础转录因子和特异性转录因子之间的差别是什么？

12.8.1 在RNA干扰中，基因沉默通过______。

a. 组蛋白甲基化 c. RISC切除

b. 互补的RNA d. 增强子的作用

12.8.2 在基因沉默中，“dicer”酶______。

a. 组装siRNA形成RISC复合物

b. 解族RISC复合物

c. 将siRNA结合到与之互补的mRNA序列上

d. 切碎双链RNA分子

12.9.1 请举例在真核生物基因表达受调控，而在原核生物基因表达不受调控之处。

第 3 单元　生命的延续

学习目标

给完整基因组测序

13.1　基因组学

　1　基因组定义

　2　DNA测序的四个步骤

13.2　人类基因组

　1　说明人类基因组中非编码序列的百分比，并叙述四类非编码DNA

基因工程

13.3　一次科学革命

　1　定义基因工程

　2　定义限制性内切酶，解释如何用它在生物间转移基因

　3　定义cDNA

　4　DNA指纹图谱

　5　PCR如何扩增DNA序列

　今日生物学　DNA与昭雪计划

13.4　基因工程与医学

　1　如何通过基因工程生产蛋白质制剂，如胰岛素

　2　如何构建载体疫苗，以及如何使用

　3　CRISPR如何用于编辑基因

13.5　基因工程与农业

　1　基因工程如何使农作物有抗虫性

　2　基因工程如何使农作物能抗除草剂

　3　如何通过基因工程使水稻更有营养

　4　食用转基因食品是否安全，转基因农作物对环境是否有害

　今日生物学　DNA时间表

细胞技术的革命

13.6　生殖性克隆

　1　汉斯·斯佩曼于1938年提出的奇妙实验

　2　导致动物克隆成功至关重要的基思·坎贝尔的发现

　3　表观遗传学对克隆细胞基因重编程的作用

13.7　干细胞治疗

　1　为什么有些干细胞有全能性，而其他的没有

　2　绘图说明胚胎干细胞治疗的四个步骤

13.8　克隆的治疗用途

　1　区分生殖性克隆和治疗性克隆

13.9　基因治疗

　1　用于基因治疗的基因转移方法

　2　腺病毒载体遇到的问题，以及如何解决

调查与分析　修饰的基因能否从转基因作物中逃逸？

基因组学与生物技术

多莉（Dolly）是第一只以单个成体细胞克隆成功的动物。从多莉身上我们了解到基因在发育过程中不会丢失。如果可以诱导单个成体细胞打开和关闭适当的基因组合，则该细胞可以发育成正常的成体个体。胚胎干细胞就是这类细胞——在胚胎发育过程中，它能变成机体的任意细胞。只要不是遗传病的患者，那就有可能以其自身的胚胎干细胞培养的健康组织代替受损组织。此方法已经成功应用于实验室小鼠，以治疗多种疾病。但是，由于提取这种胚胎干细胞可能破坏人类胚胎，因此该方法存在争议。最近成功将皮肤细胞转化成胚胎干细胞的研究也许就能解决这个难题。本章将探索基因组筛选、基因技术在医学和农业上的应用，基因编辑，生殖性克隆，干细胞组织替代和基因治疗等技术。在这些领域中，一场革命正在重塑生物学。

给完整基因组测序
Sequencing Entire Genomes

13.1 基因组学

学习目标13.1.1 基因组定义

近些年，人们开始对不同生物的全部DNA信息的比对产生了极大的兴趣，由此形成一个全新的生物学领域——**基因组学**（genomics）。最初聚焦于基因数量相对较少的生物的研究已取得成就，除此之外，研究人员已经完成了多个真核生物的庞大基因组测序，其中包括我们自己的。

一种生物的全部遗传信息——所有基因和其他DNA——被称为**基因组**（genome）。为了研究基因组，首先需要对DNA进行测序，这一过程允许按顺序读取DNA链的每个核苷酸。第一个被测序的基因组非常简单：一种很小的噬菌体，它叫作Φ-X174。弗雷德里克·桑格（Frederick Sanger）是第一种可行的测序DNA方法的发明人，他在1997年获得了该病毒基因组5,375个核苷酸的序列。在这之后，又对数十种原核生物的基因组进行测序。自动DNA测序仪的出现支持对更大的真核生物基因组测序，其中就包括我们自己的（表13.1）。

DNA测序

学习目标13.1.2 DNA测序的四个步骤

在DNA测序时，先将未知序列的DNA剪切成小的片段。每个DNA片段再经过复制（扩增），产生成千上万的拷贝。将DNA片段与DNA聚合酶、引物（回顾第11章，DNA聚合酶只能将核苷酸添加到已经存在的核苷酸链上）、四种核苷酸碱基和四种不同的终止链的化学标签混合。化学标签充当DNA合成中的四种核苷酸碱基之一，能发生碱基互补配对。首先，加热双链DNA片段，使其变性。溶液冷却后，引物（图13.1❶中的淡蓝色方块）与单链DNA结合，合成互补链。每当化学标签代替核苷酸碱基添加到延伸链上，合成就会终止，如图所示。例如，在三个正常的核苷酸后加上了导致终止的红色“T”，合成就终止了。因为相较于核苷酸，化学标签的浓度相对较低，所以与DNA片段上的G结合的标签，不一定必须加到第一个G的位点。因此，混合物中会存在一系列不同长度的双链DNA片段，这是因为在导致链终止的标签掺入之前，聚合酶会从引物延伸不同长度（❶显示了六种）。

然后，通过凝胶电泳，这些片段依据大小被分离。它们像阶梯一样排列，每级阶梯比下一级阶梯长一个碱基。比较❶中的片段长度和它们在❷凝胶中的位置。最短的片段只有一个核苷酸（G）加到了引物上，所以它位于凝胶的最低级阶梯。在自动DNA测序中，荧光的化学标签被用于标记这些片段，每种颜色对应一种核苷酸。计算机能识别凝胶上的各种颜色，从而测定DNA序列，并将这些序列显示成一系列不同颜色的峰（图❸、❹）。20世纪90年代中期，自动测序仪的发明已经使我们能测序大型

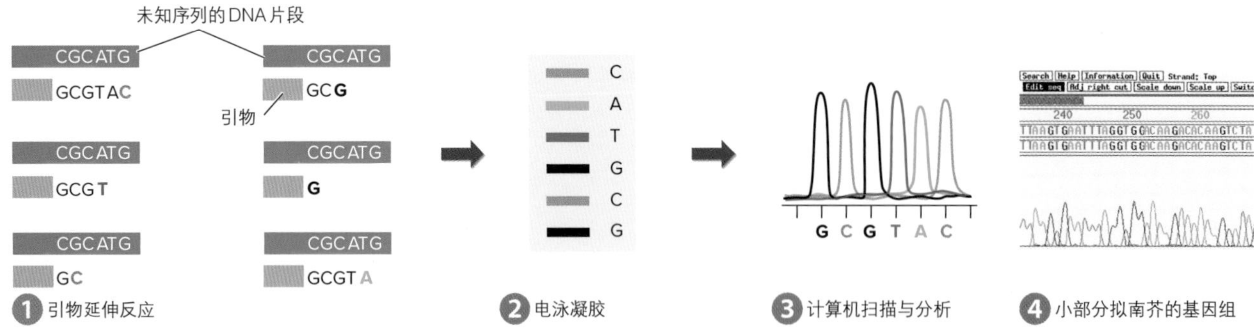

图13.1 如何测序DNA

❶DNA测序是通过添加互补碱基到单链片段来进行的。当将一个化学标签代替核苷酸插入其中，DNA合成就会终止，产生不同大小的DNA片段。❷不同长度的DNA片段通过凝胶电泳被分离，越小的片段沿着凝胶迁移得越远（粗体的字母表示❶中加入的化学标签，它能终止复制过程。）❸计算机扫描凝胶，从最小到最大的片段，以一系列彩色的峰表示DNA序列。❹自动DNA测序的数据显示了小部分拟南芥基因组的核苷酸序列。

表 13.1　一些真核生物的基因组			
生物	估计的基因组大小（Mbp）	基因的数量（×1,000）	基因组的特性
脊椎动物			
人	3,200	20～25	第一个被测序的大基因组，可转录基因的数量远少于预期，基因组中大部分是重复的DNA序列。
黑猩猩	2,800	20～25	虽然黑猩猩和人的基因组只有很少的碱基不同，少于2%，但是随着这两个物种的进化分离，许多有重要作用的DNA的短序列消失了。
小鼠	2,500	25	约有80%的小鼠基因与人基因组中的基因功能相当，重要的是，小鼠和人中大部分非编码DNA是保守的。总之，啮齿类基因组（小鼠和大鼠）的进化速度似乎是灵长类基因组（人和黑猩猩）的两倍多。
鸡	1,000	20～23	是人基因组的1/3，家鸡的基因变异似乎比人的高。
河豚	365	35	虽然河豚的基因组只有人基因组的1/9，但是它有10,000多个基因。
无脊椎动物			
秀丽隐杆线虫	97	21	秀丽隐杆线虫的每个细胞都被鉴定过了，这使得它成为发育生物学研究中的重要工具。
黑腹果蝇	137	13	果蝇的端粒区域缺少绝大多数真核生物端粒特有的简单重复片段。约有1/3的基因组是基因贫乏的中心异染色质。
冈比亚按蚊	278	15	疟蚊和果蝇之间的相似程度类似于人与河豚的。
海葵	450	18	这种刺胞动物的基因组更类似于脊椎动物的基因组，而不同于线虫或昆虫的基因组，它们的基因组由于进化已经被精简了。
植物			
水稻	430	33～50	虽然水稻的基因组只有人的13%，但是却有人基因两倍数量的基因。和人的基因组一样，它的基因组拥有大量重复的DNA。
杨树	500	45	这种快速生长的树被广泛用于木材和造纸工业。它的基因组是松树的基因组的1/50，有1/3是异染色质。
真菌			
酿酒酵母	13	6	酿酒酵母是第一个被全基因组测序的真核细胞。
原生生物			
恶性疟原虫	23	5	疟原虫的基因组中腺嘌呤和胸腺嘧啶的比例异常高。仅5,000个基因，是真核细胞的最低极限。

真核生物的基因组。一个有数百台这种仪器的研究机构每天能测序1亿个碱基对，研究人员只要花15分钟去看一下。

关键学习成果　13.1

现在，强大的自动DNA测序技术正揭示全基因组的DNA序列。

13.2　人类基因组

四种意想不到的情况

学习目标13.2.1　说明人类基因组中非编码序列的百分比，并叙述四类非编码DNA

2000年6月26日，遗传学家们宣布人类全基因组被测序完成。这项工作是一个巨大挑战，因为人类基因组非常庞大——超过30亿个碱基对，它是迄今被测序的最大的基因组。为认清这项工程的艰巨性，试想如果32亿个碱基对全部都在一本书的页面上，这本书将长达500,000页。每天工作8小时，每秒5个碱基，你也要用60年才能把这本书全部看一遍。

第一次阅读人类基因组，遗传学家遇到四种意想不到的情况。

基因的数量非常少

人类基因组序列仅有20,000到25,000个编码蛋白质的基因，仅占基因组的1%。如图13.2所示，这仅稍多于线虫的基因数量（21,000个基因），不到果蝇的（13,000个基因）2倍。研究人员信心满满地预期，基因的数量至少是这个数量的4倍，因为在人类的细胞中发现存在超过100,000种独特的mRNA——他们认为产生这么多mRNA就会需要相同数量的基因。

为什么人的细胞中mRNA的数量比基因的还多？回顾第12章，在一个典型的人类基因中，决定蛋白质的DNA核苷酸序列被分成许多片段。这些片段叫作外显子，散布于许多更长的不被翻译的DNA

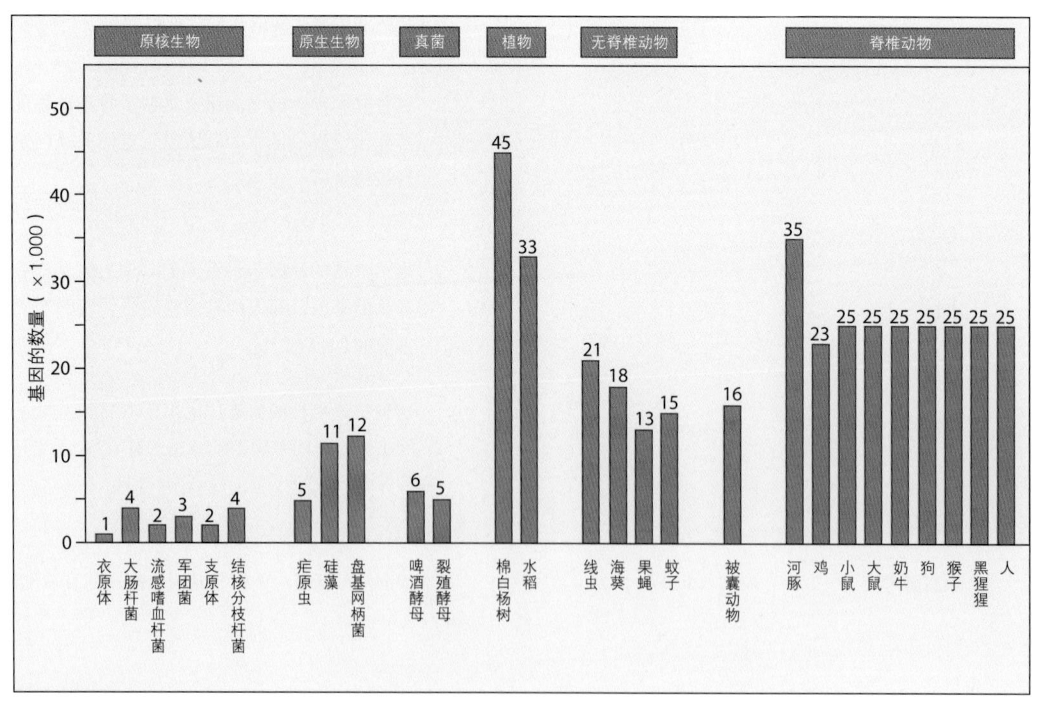

图13.2　比较基因组的大小

所有哺乳动物的基因组的大小都基本相同，有20,000到25,000个编码蛋白质的核基因。植物和河豚的基因组特别大，通常认为这反映了全基因组的重复，而不反映更高的复杂性。

片段——内含子之间。想象这段文字就是人的一个基因，每个字“的”就看作是外显子，而其他的就是非编码的内含子。内含子约占人类基因组的24%。

当一个细胞利用人的一个基因合成一种蛋白质，它首先会合成该基因的mRNA拷贝，然后去除内含子的序列，将外显子剪接在一起。至此，研究人员又遇到了不同于预期的情况：人类的基因转录物中的外显子部分经常能以不同的方式剪接在一起，称作**可变剪接**。如我们在第12章所述，每个外显子实际上是一个模块；一个外显子编码蛋白质的一部分，另一个外显子编码蛋白质的另一不同部分。当外显子转录本以不同的方式组合，就会产生不同结构的蛋白质。

通过mRNA的可变剪接很容易理解为什么25,000个基因能编码它数量的4倍蛋白质。因为基因的各部分能以全新的方式剪接，所以人的蛋白质才会出现这种额外的复杂性。就好比伟大的乐曲是由简单的音调组成的。

某些染色体几乎没有基因

除了外显子散布于基因组中而使基因片段化外，基因组还有一种有趣的“组织”情况。基因在基因组中不是均匀分布的。小的19号染色体密布基因、转录因子和其他功能元件。相反，比它大得多的4号和8号染色体几乎没有基因，犹如散布于沙漠中的村镇。在大多数染色体上，富含基因的片段之间充斥着大量似乎无用的DNA片段。

基因存在大量拷贝

人类基因组中存在4种不同类型的蛋白质编码基因，这些基因的拷贝数量有很大差别。

单拷贝基因 许多真核生物的基因只在染色体的特定位置存在一个拷贝。这些基因的突变导致这些性状的隐性孟德尔遗传。突变导致的沉默拷贝，即**假基因**（pseudogene），它和编码蛋白质的基因一样普遍。

片段重复 人类染色体拥有许多重复片段，整段基因会从一个染色体拷贝到另一个染色体。19号染色体似乎就是最大的借用方，它与其他16个染色体有很多基因区块相同。

多基因家族 许多基因作为多基因家族的一部分而存在，多基因家族是相关但明显不同的基因的群体，经常成簇存在。多基因家族拥有三个到几十个基因。尽管它们彼此不同，但是一个多基因家族的基因序列明显是相关的，似乎它们源于一个共同的原始序列。

串联基因簇 这些重复基因群由重复数千次的DNA序列组成，一个拷贝接一个拷贝串联排列。通过同时转录这些串联基因簇的所有拷贝，细胞能迅速获得大量它们编码的产物。例如，编码rRNA的基因的数百个拷贝成簇存在。

大部分基因组DNA是非编码序列

人类基因组的第四个显著特性是它拥有巨量的非编码DNA。人类基因组只有1%～5%是编码DNA，专门用于编码蛋白质的基因。你的每个细胞中都有长约1.83米的DNA，但是其中只有长度不到2.54厘米的编码蛋白质的基因（图13.3）！在2012年，对其余98%进行的大量研究显示，其中有2/3能被转录成RNA，但从来没有用于蛋白质合成。这些RNA的作用是什么是极其有趣的事。许多被转录的小RNA有调节作用，这表明调节作用可能是这个谜题的关键。

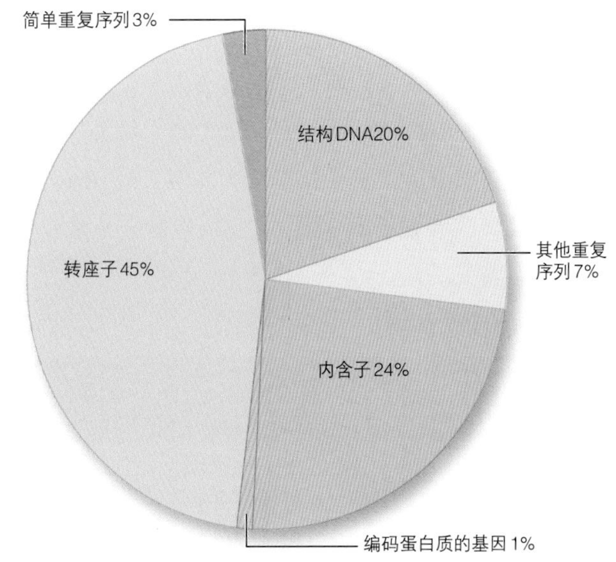

图13.3 人类基因组

人类基因组中只有很少一部分是编码蛋白质的基因，饼状图中的淡蓝色所示。

人类有四种主要的非编码DNA：

基因内的非编码DNA 如前所述，人类基因由编码蛋白质的信息（外显子）组成，它嵌入在庞大的非编码DNA（内含子）中。内含子约占人类基因组的24%，外显子只占1%。

结构DNA 染色体的某些区域保持高度浓缩，紧密螺旋化，整个细胞周期都不被转录。这些部分——约20%的DNA——经常位于染色体的着丝粒或端粒（或称末端）周围。

重复序列 由两个或三个核苷酸组成的简单重复序列，如CA或CGG，散布于染色体各部分，它们能重复成千上万次。这些简单重复序列约占人类基因组的3%。还有7%是其他类型的重复序列。含有过量C和G的重复序列一般都位于被翻译基因的附近，而富含A和T的重复序列位于没有基因的区域。对于染色体核型中的亮带现在有种解释：它们是富含GC和基因的区域。暗带表示富含A和T的区域，只有很少的基因。例如，8号染色体拥有很多无基因的区域，显示为暗带，而19号染色体富含基因，所以暗带很少。

转座子 人类基因组至少有45%由可移动的寄生DNA片段组成。这些DNA片段叫作转座子，绝大部分能被转录。转座子是一段能从染色体的某个位置跳跃到另一个位置的DNA。因为它们在跳跃时会留下自身的一个拷贝，所以随着每代传递，它们在基因组中的数量会增加。一个叫作*Alu*的古老的转座子有超过500,000个拷贝嵌在人类基因组中，至少占全部人类基因组的10%。由于经常直接跳跃到基因内，*Alu*转座会导致许多有害突变。

关键学习成果 13.2

全部32亿个碱基对的人类基因组已经被测序完成。仅有约1%～5%的人类基因组是编码蛋白质的基因。其余很多是转座子。

基因工程
Genetic Engineering

13.3 一次科学革命

学习目标13.3.1 定义基因工程

近些年，**基因工程**（genetic engineering）——操控基因，将一种生物的基因移入另一种生物内——已经对医学和农业产生了巨大进步（图13.4）。在1990年末，首次将一个人的基因移入另一个人体内，以修正一种罕见的遗传性免疫疾病——重症联合免疫缺陷病（severe combined immunodeficiency，SCID）的缺陷基因的功能，该病又被称为“气泡男孩症”，因为曾有一位患病的小男孩终生都生活在一个封闭的无菌环境中。此外，动物与为抵抗害虫而培育的植物能通过基因工程改造长得更大，或长得更快。

限制性内切酶

学习目标13.3.2 定义限制性内切酶，解释如何用它在生物间转移基因

所有基因工程试验的第一步是切碎“源”DNA以获取你想要转移的基因拷贝。这一步是成功转移基因的关键，对如何实现这步的认识导致了基因革命。秘诀就在如何剪切DNA分子。剪切必须以此进

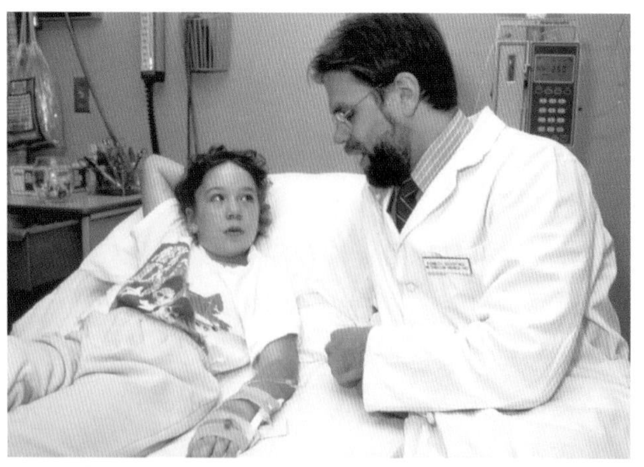

图13.4 基因工程的例子
治疗疾病。首次通过向人体内移植缺陷基因的健康型，遗传疾病被“治愈”，这是两位小女孩中的一位。1990年成功进行了这项移植，而20年后，女孩依然保持健康。

行，产生的DNA片段有“黏性末端”才能与其他DNA分子连接。

这种特殊的分子手术方式由**限制性内切酶**（restriction enzyme）负责，它也称为限制性核酸内切酶（restriction endonuclease）。它们是特殊的酶，能结合DNA上特定的短序列（长度通常为4～6个核苷酸）。这些序列非常特殊，它们是对称的——DNA双螺旋的两条链具有相同的核苷酸序列，只是方向相反！例如，图13.5中的序列是GAATTC。试着写下互补链的序列：CTTAAG——它们是相同的序列，但写法相反。这段序列能被限制性内切酶*Eco*RⅠ识别。其他的限制性内切酶识别其他的序列。

大多数限制性内切酶不在序列中央进行剪切，相反，切口是在一侧进行的，这使得DNA片段带有“黏性”。图13.5❶中的序列，剪切位于两条链的核苷酸G和A之间，G/AATTC。这就产生了一个切口，两端各形成一段短的单链DNA。因为两条单链末端的序列互补，所以在一种封闭酶的帮助下，它们能配对并修复切口——或者它们能与任意由同种酶剪切产生的DNA片段配对，因为它们都有相同的单链黏性末端。图13.5❷显示了另一来源的DNA（橙色的DNA）如何也被*Eco*RⅠ剪切为与原先的DNA一样拥有相同的黏性末端。任何生物的任何基因被剪切GAATTC序列的酶剪切会拥有相同的黏性末端，在一种称作DNA连接酶的封闭酶的帮助下，能相互之间任意连接❸。

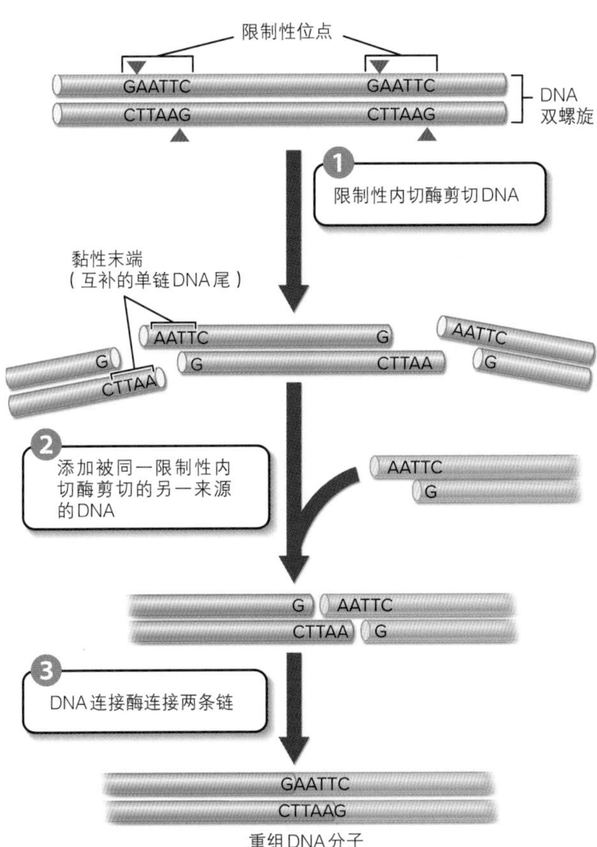

图13.5 限制性内切酶如何产生有黏性末端的DNA

限制性内切酶*Eco*RⅠ总是对GAATTC序列的G和A进行剪切。因为两条链上都有相同的序列，所以两条链都被剪切。但是，两条链上的序列方向是相反的。结果产生单链的尾，它们相互之间是互补的，或称“有黏性”。

cDNA的合成

学习目标13.3.3 定义cDNA

如前所述，真核生物的基因被编码在外显子中，外显子相互之间被非编码序列内含子分隔。整个基因由RNA聚合酶转录，产生初级RNA转录物（图13.6）。在真核生物的基因被翻译成蛋白质之前，内含子必须从初级转录物中被切除。而留下的外显子被拼接形成mRNA，它最终在细胞质中被翻译。在将真核生物的基因转入细菌时（在13.4节讨论），必须转入去除了内含子的DNA，因为细菌没有进行切

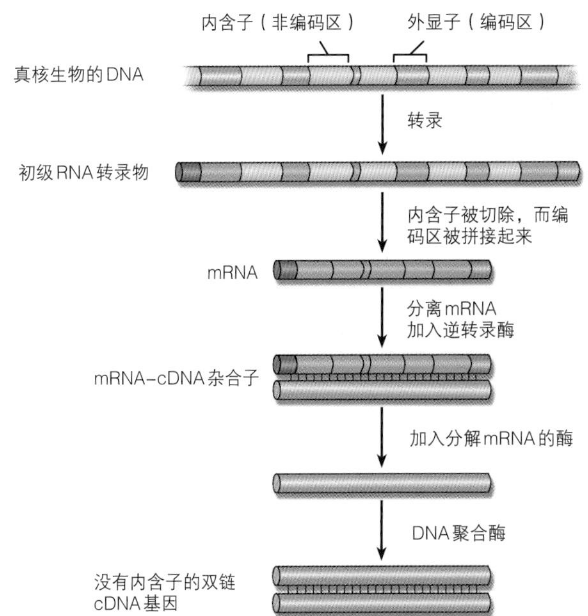

图13.6 cDNA：产生用于基因工程的无内含子形式的真核生物基因

在真核细胞内，初级RNA转录物被加工成mRNA。mRNA被分离，并转变成cDNA。

除内含子的酶。细菌的基因没有内含子。为了产生没有内含子的真核生物的DNA，基因工程师首先从细胞质中分离出与特定基因的相对应的加工过的mRNA。细胞质的mRNA只有外显子，已经被正确剪接起来。然后，**逆转录酶**（reverse transcriptase）被用于合成与mRNA互补的DNA链。基因的这一形式被称为互补DNA（complementary DNA），或称cDNA。

cDNA技术还有其他用途，例如确定不同细胞的基因表达形式。生物体的所有细胞都拥有相同的DNA，但是在任何给定细胞中，基因被选择性地打开或关闭。研究人员通过cDNA就能知道哪些基因被积极表达。

DNA指纹图谱与法医科学

学习目标13.3.4 DNA指纹图谱

DNA指纹图谱（DNA fingerprinting）是用于比较DNA样本的工具。犹如20世纪00年代早期指纹图谱彻底改变了法医证据，DNA指纹图谱今天正对它进行完全变革。一根头发，一小滴血，一点精液——都可以作为DNA的来源用于证明嫌疑人有罪或无罪。

DNA指纹图谱是使用探针从人类基因组的数千个其他序列中找出特定的序列进行比对。因为不同人的全基因组有不同的DNA序列，它们偶尔会有不同的限制性内切酶酶切位点，所以会产生不同大小的片段，在凝胶中会迁移到不同的位置。放射性探针结合到基因组中会随机多次出现的特定位点，"点亮"含有此序列的片段。如果应用多种不同的探针，那么任意两人拥有相同凝胶式样的概率小于十亿分之一。然后，结合探针的DNA片段就能显现为放射自显影胶片上可见的暗带。放射自显影凝胶式样本质上就是DNA"指纹"，它能用于犯罪调查。

法庭第一次采纳DNA证据时，DNA探针被用于确认从强奸案受害者的血液与其体内残留的精液和从嫌犯血液中分离的DNA是否吻合。结果便是嫌犯的DNA与强奸犯的吻合，而与受害者的完全不同。其他探针产生了类似的结果。在1987年11月6日，陪审团首次基于DNA证据，做出有罪判决，一位美国公民被判有罪。自此判决后，DNA指纹图谱在数千例诉讼案件中被作为证据采纳。

PCR扩增

学习目标13.3.5 PCR如何扩增DNA序列

微量的DNA样本，如在人的一根头发中发现的

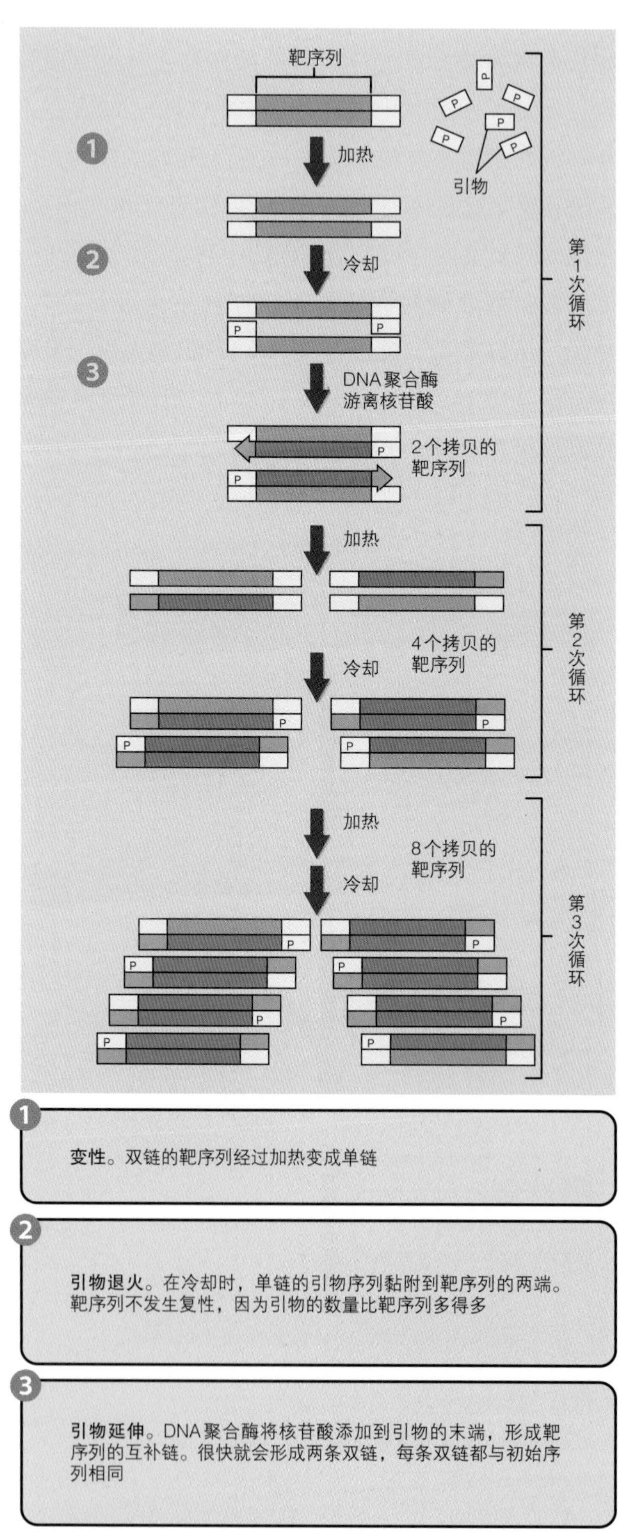
靶序列
引物
加热
冷却
DNA聚合酶
游离核苷酸
2个拷贝的靶序列
第1次循环
4个拷贝的靶序列
第2次循环
8个拷贝的靶序列
第3次循环
1 变性。双链的靶序列经过加热变成单链
2 引物退火。在冷却时，单链的引物序列黏附到靶序列的两端。靶序列不发生复性，因为引物的数量比靶序列多得多
3 引物延伸。DNA聚合酶将核苷酸添加到引物的末端，形成靶序列的互补链。很快就会形成两条双链，每条双链都与初始序列相同

图13.7 聚合酶链式反应的作用机制

DNA与昭雪计划

每个人的DNA是独特的，核苷酸序列与其他人的完全不同。犹如一个长10亿位的分子社会保险号，一个人的基因的核苷酸序列能提供证据，从犯罪现场残留的DNA中鉴定强奸犯或谋杀犯的确切身份——此证据比指纹更可靠，比目击者更值得信赖，甚至比嫌犯的口供更可信。

在2006年5月16日纽约州罗切斯特市的法庭上，这种证据的作用被展示得最清楚。在那儿，一位法官释放了已入狱10年的被判有罪的谋杀犯道格拉斯·沃尼（Douglas Warney）。

谋杀发生在1996年的元旦。有人在床上发现了杰出的社会活动家威廉·比森（William Beason）的血淋淋的尸体。警察传唤了所有嫌疑人，也就是这个案子中所有认识受害者的人。沃尼是一位34岁的失业人员，八年级时就从学校辍学，犯过抢劫罪，是一位男妓。当他知道警察想找他谈谈这件谋杀案，就来到警察局接受询问。数小时后，他就被指控谋杀。

虽然沃尼的审讯没有被记录，但是基于侦查警长的描述，他们根据沃尼所述，形成了一份签名的审讯供词。这份供词描述了关于谋杀现场的未被公开的确切细节。沃尼说，受害者当时穿着一件睡衣，正在用锅烧鸡肉，而杀人犯用的是一把12英寸的锯齿刀。法庭对他的控诉几乎全部基于这些清晰的细节。尽管沃尼当庭拒绝承认这份供词，但是他的供词如此精准，这令他罪责难逃。沃尼向警长供述的细节只可能出自当时在犯罪现场的那个人。

在庭审中呈现的供词有很多问题。签名供词中关于那晚的描述有三个方面明显错误。虽然供词记录说沃尼开他兄弟的车到了受害者家，但是他的兄弟并没有车；虽然供词说沃尼在行刺后将他沾血的衣服扔到了屋后的垃圾箱中，但是垃圾箱在凶杀当天被大雪掩埋，而其中并没有沾血的衣服；虽然供词说沃尼有一个亲属是同伙，但是他的那位亲属当天却在一家安全康复中心。

证据中与笔供最不相符的是现场发现的血液并不是受害者的。在地板和毛巾上发现了第二个人的血液。麻烦的是这种血与沃尼的血型不符。

在庭审中，原告律师说血可能是供词中提到的同伙的，并进一步指出供词描述的细节只可能来自凶案现场。

短暂的庭审过后，道格拉斯·沃尼被控谋杀威廉·比森罪名成立，并被判处徒刑25年。

当上诉失败，沃尼在2004年向昭雪计划寻求援助。昭雪计划是一家非营利的法律诊所，它负责帮助被误判为有罪的人，保护他们的自由。昭雪计划由律师巴里·舍克（Barry Scheck）和彼得·诺伊费尔德（Peter Neufeld）在纽约本杰明·卡多佐法学院成立，该计划专门用DNA技术来证人清白。

昭雪计划的工作人员向法院申请再进行DNA测试，采用新型灵敏的DNA探针，他们认为这可以揭示造成不同判决的证据。但法官拒绝这么做，裁定犯罪现场发现的血液与国家数据库中已经存在的罪犯的血液匹配的可能性“太过巧合，不大可能”，不值得进行这种新型测试。

但是，原告律师办公室的某个人被成功说服。在没有惊动沃尼的法律团队、昭雪计划和法院的情况下，这位好心人安排了对犯罪现场发现的血液进行新型DNA检测。与纽约罪犯DNA数据库进行比对，他们遇到了高度匹配的对象。血液属于埃尔德雷德·约翰逊（Eldred Johnson），他因在比森被杀两周前在尤蒂卡将女房东割喉而被判入狱。

面对审讯，囚犯约翰逊很快就承认行刺了比森。他说只有他自己一个人，从不认识道格拉斯·沃尼。

这留下了一个很有趣的疑团，沃尼的签名供词怎么会有关于犯罪现场的如此准确的信息。这似乎是因为负责调查谋杀案的警长告诉了他关于犯罪现场的关键细节，而这位警长已经死了。

DNA检测已经成为美国刑事司法体系的重要支柱。它提供了关键证据，用于证实数千嫌犯有罪而不产生任何疑问——如本文所示，该技术也证明我们的刑事司法体系有时存在冤假错案，冤枉一些无辜之人。十多年来，昭雪计划和其他类似的努力已经证明了数百名犯人的清白，明显表明错误判决并非个案，也不是罕见事件。DNA检测为错误判决打开了一扇希望之窗。

DNA，能通过**聚合酶链式反应**（polymerase chain reaction，PCR）被扩增至上百万拷贝数。在PCR过程中，一段双链的DNA被加热而变成单链，然后每条链被DNA聚合酶复制产生两段双链DNA。这两段DNA被再次加热并复制产生四段双链DNA。这种循环被重复多次，每次循环都能使拷贝的数量加倍，直到产生足够的DNA片段拷贝用于分析（图13.7）。

一根头发中的DNA量就能做到。生物学家曾认为DNA仅存在于头发根部的细胞中，而在角蛋白组成的毛干中不存在。但是，我们现在知道毛囊细胞包含在生长中的毛干，而它们的DNA被角蛋白密封入毛干，保护其不被细菌和真菌分解。

关键学习成果 13.3

限制性内切酶结合并剪切特定的短DNA序列，产生具有黏性末端的片段，它们能以不同的组合被重新连接。

13.4 基因工程与医学

生产“灵丹妙药”

学习目标13.4.1 如何通过基因工程生产蛋白质制剂，如胰岛素

基因工程令人振奋的原因主要是它对医学的促进作用。我们在生产治疗疾病用的蛋白质和制备抗感染新疫苗方面已经取得了巨大进步。

许多疾病的发生是由于基因缺陷导致机体不能合成关键的蛋白质。儿童糖尿病就是这类疾病。因为机体不能合成一种关键蛋白——**胰岛素**（insulin），所以机体不能控制血糖的水平。如果给机体提供所缺的蛋白质，那么这种障碍就能克服。在某种现实意义上，这种被“捐赠”的蛋白质就是“灵丹妙药”，能克服机体自我调节的失能。

直到最近，将调节蛋白作为药物使用的主要问题还在于生产环节。调节身体功能的蛋白质通常在体内存在的量非常小，而这使得它们的大量制备非常困难也很昂贵。伴随着基因工程技术的发展，大量制备罕见蛋白质的问题已经基本被解决。现在，编码医学上重要蛋白质的基因的cDNA被导入细菌（表13.2）。因为宿主细菌生长很快，所以很容易分离出大量所需的蛋白质。1982年，细菌生产的人胰岛素成为第一种商品化的基因工程的产物。

虽然基因工程技术在细菌上的应用已经提供了丰富的蛋白质制剂的来源，但是应用范围已经超出了细菌。现在，全世界数百家制药公司正忙于生产其他医学上重要的蛋白质，扩展了基因工程技术的应用。应用基因工程的优势在**因子Ⅷ**（factor Ⅷ）上显而易见。因子Ⅷ是一种促进血液凝结的蛋白质。因子Ⅷ缺乏会导致血友病，这是一种遗传疾病（第10章讨论过），主要特征是流血时间延长。很长一段时间，血友病患者需要注射从献血中分离的血液因子Ⅷ。非常不幸，有些捐献的血液已经被病毒（如HIV和乙肝病毒）感染，然后这些病毒会被不知不觉地传染给接受输血的那些人。今天，实验室利用基因工程生产的因子Ⅷ消除了来自他人的血液制品的相关风险。

表13.2 基因工程药物

产物	疗效和应用
抗凝剂	参与溶解血栓；用于治疗心脏病患者
集落刺激因子	刺激白细胞的产生；用于治疗感染和免疫系统缺陷
促红细胞生成素	刺激红细胞的产生；用于治疗肾脏疾病患者的贫血
因子Ⅷ	促进血液凝结；用于治疗血友病
生长因子	刺激多种细胞的分化和生长；用于帮助伤口愈合
人类生长激素	用于治疗侏儒症
胰岛素	参与调控血糖水平；用于治疗糖尿病
干扰素	抑制病毒增殖；用于治疗某些癌症
白细胞介素	活化和刺激白细胞；用于治疗创伤、HIV感染、癌症和免疫缺陷

载体疫苗

学习目标13.4.2 如何构建载体疫苗，以及如何使用

基因工程应用的另一个重要领域是生产抗病毒的亚单位疫苗，以抵抗如导致疱疹和肝炎之类的病毒。编码单纯疱疹病毒或乙肝病毒的部分蛋白多糖外壳的基因被拼接入牛痘病毒基因组。牛痘病毒对人类基本没有危害，并且早在200多年前，英国医生爱德华·詹纳（Edward Jenner）就曾用它对天花进行创新型的免疫。现在，它被用作载体将病毒外壳基因带入培养的哺乳动物细胞。如图13.8所示，构建单纯疱疹病毒亚单位疫苗的步骤的第❶步，提取单纯疱疹病毒的DNA。第❷步，分离编码病毒表面蛋白的基因。第❸步，分离牛痘病毒的DNA并进行剪切。第❹步，疱疹病毒的基因与牛痘的DNA连接。重组DNA被包装进牛痘病毒内。这就能产生大量重组病毒，它们拥有疱疹病毒的外壳蛋白。当这些重组病毒被注入人体❺，免疫系统就会产生针对重组病毒外壳的抗体❻。因此，此人体就能对病毒形成免疫。这种方式产生的疫苗——也被称为**载体疫苗**（piggyback vaccine）——没有危害，因为牛痘病毒是良性的，并且仅有一小段致病病毒的DNA通过重组病毒引入。

在1995年，一种很有希望的新型疫苗，叫作DNA疫苗（DNA vaccine），开始了首次临床试验。含有病毒基因的DNA被注入体内，并被身体细胞摄取，基因在细胞内被表达。被感染的细胞触发细胞免疫反应，细胞毒性T细胞（也叫作杀手T细胞）攻击被感染的细胞。首例DNA疫苗将编码内部核蛋白质的流感病毒基因接入质粒，然后被注入小鼠体内。小鼠对流感产生了强烈的细胞免疫反应。

在2010年，首例有效的**癌症疫苗**（cancer vaccine）发布。癌症疫苗是治疗用的，而不是预防性的，它能刺激免疫系统攻击肿瘤，像消灭侵入的微生物一样。批准临床使用的首例肿瘤疫苗利用前列腺癌细胞的蛋白质诱导免疫系统攻击前列腺癌细胞。另一种癌症疫苗虽然在小鼠体内有很高的疗效，但是没有被批准应用于人类。它用一种叫作α-乳清蛋白的蛋白质，诱导免疫系统对乳腺癌细胞的攻击。这种蛋白质在正常的乳腺癌细胞中不存在，除非妇女处于哺乳期。因为96%的乳腺癌妇女的发病风险在育龄期以后，所以绝经期后应用该疫苗可能是针对早期未被察觉的乳腺癌的强有力的疗法。

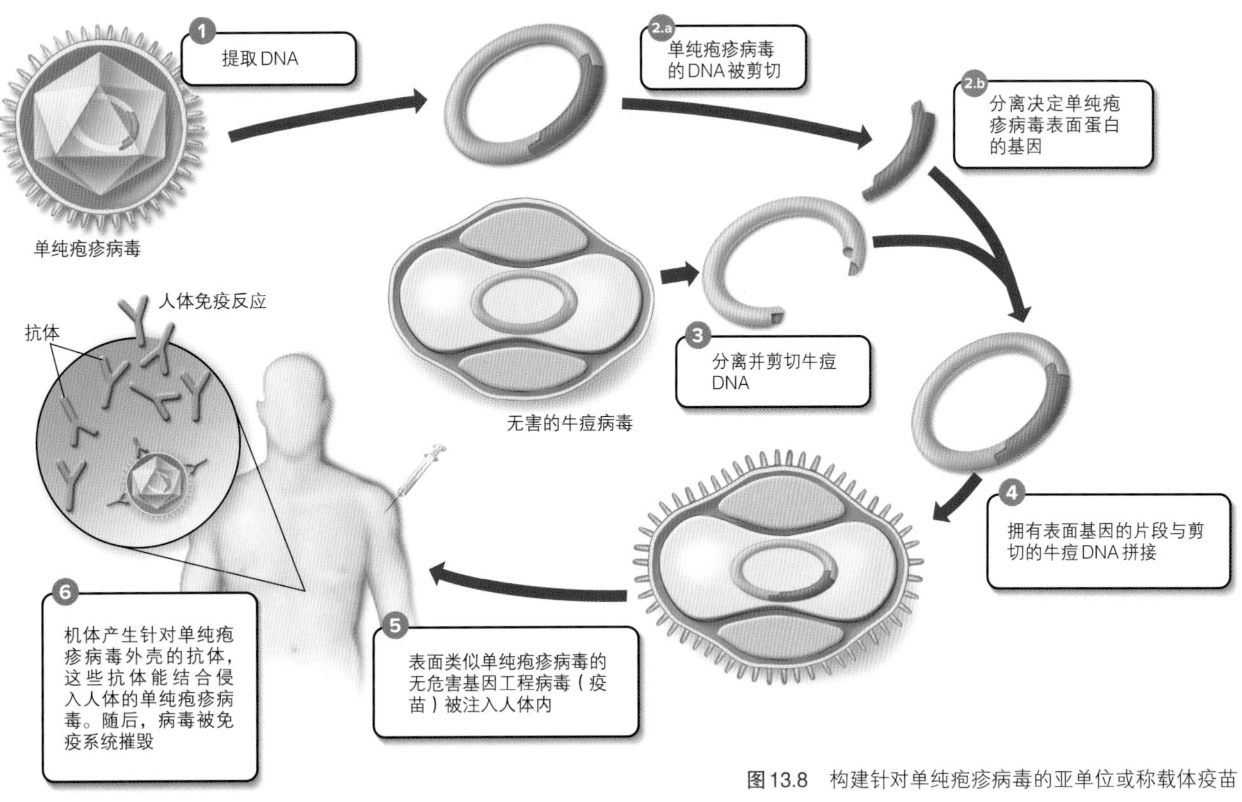
1
提取DNA
2.a
单纯疱疹病毒的DNA被剪切
2.b
分离决定单纯疱疹病毒表面蛋白的基因
单纯疱疹病毒
3
分离并剪切牛痘DNA
无害的牛痘病毒
人体免疫反应
抗体
4
拥有表面基因的片段与剪切的牛痘DNA拼接
5
表面类似单纯疱疹病毒的无危害基因工程病毒（疫苗）被注入人体内
6
机体产生针对单纯疱疹病毒外壳的抗体，这些抗体能结合侵入人体的单纯疱疹病毒。随后，病毒被免疫系统摧毁

图13.8 构建针对单纯疱疹病毒的亚单位或称载体疫苗

基因编辑

学习目标13.4.3　CRISPR如何用于编辑基因

基因可以从一种生物体转移到另一种生物体的发现引发了一场科学革命，改变了我们每个人的生活。当我们审视现在能够看到和操纵的分子世界时，很容易得出这样的结论：发现的黄金时代已经结束了，这一代的科学家能做的研究已所剩无几。不是这样的。图13.9中这个可爱的小家伙的基因已经被研究人员编辑过了，能够接触并调整灵长类动物的基因信息，这在以前的研究中是做梦也想不到的。

故事开始于1987年。日本生物学家利用强大的新技术，可以方便地对基因进行测序，以研究细菌的DNA序列。一名研究人员在细菌基因一端的DNA序列中观察到一种奇怪的重复模式：一个由几十个DNA碱基组成的序列后面跟着一个相同的反向序列，然后是三十个看似随机的“间隔”DNA碱基。这个三部分的模式被重复，一次又一次用不同的随机序列间隔DNA序列。正如你在本章学到的，从DNA序列中复制的RNA分子以反向重复（称为回文）的方式折叠起来。然后，这种环状RNA就可以与蛋白质结合，而环状RNA的序列决定了它与哪一种蛋白质结合。

其他研究人员对日本研究人员发现的由回文结构产生的RNA环进行研究，发现这些RNA环与DNA切割酶（技术上称为内切酶）结合。这些内切酶有几类，它们的名字很普通，比如Cas9和Cpf1；每类切割DNA的方式略有不同，但都与回文RNA循环结合。

这一快速发现之旅的下一步发生在2005年，当时对存储在互联网数据库中的基因组序列进行比较显示，由日本研究人员最初确定的三十个碱基间隔的DNA序列，实际上根本不是随机的。它们与感染并杀死细菌的病毒基因组DNA序列相匹配。研究人员无意中发现了一种用来对抗病毒的细菌武器！这是怎么回事？首先“间隔”RNA结合序列匹配的入侵病毒DNA，然后附着在环上的DNA切割酶切割病毒DNA。

现在，很快就会出现将影响我们所有人的关键进展。事实证明，使用现在标准的基因工程方法，任何30个碱基的序列都可以取代间隔序列。为什么这是关键的进步？因为它允许研究人员针对任何基因进行修改或破坏！这种名为CRISPR（来自一串非常难记的单词的首字母：Clustered Regularly Interspersed Short Palindromic Repeats）的工具功能强大，且易于使用，正在迅速改变着科学领域的格局。

利用CRISPR，研究人员可以删除任何基因或使它们失效，甚至还能改变其碱基序列——他们可以在任何生物中这样做。在实验室常用于研究的小鼠身上，研究人员已经成功地使用CRISPR“修正”了许多导致遗传性疾病（包括镰状细胞贫血、肌肉萎缩和囊性纤维化）的单碱基基因突变。

很明显，CRISPR技术将对人类健康产生重大影响。举个例子：2014年，艾滋病研究人员使用CRISPR靶向艾滋病病毒感染者的CCR_5基因。CCR_5受体是HIV进入人类细胞所必需的，而CCR_5被CRISPR破坏的受治疗个体确实抵抗了HIV感染；在六名患者中，其中一人的HIV完全消失了。艾滋病能被治愈了吗？

CRISPR的一个特别强大的用途是它可以用来改变一个特定基因的所有拷贝。因此，在2014年，遗传学家成功地删除了小麦的一个基因的所有三个拷

图13.9　灵长类动物的基因编辑

这只出生于2014年的小猴子有三个基因被CRISPR“编辑”。CRISPR是一种功能强大、易于使用的基因工程师的新工具。

贝，创造了一个完全抵抗白粉病的株系，白粉病是一种影响世界各地农作物的流行性枯萎病。

2015年，生物医学研究人员利用CRISPR，解决了需要器官移植患者面临的一个长期问题：需要移植的患者比可用的人体器官多。奇怪的是，猪的器官在许多移植中都能很好地发挥作用——除非猪的染色体中含有大量对人类有害的RNA病毒（被称为“猪内源性逆转录病毒”或PERV）。猪的细胞里有多少PERV？总共62个，太多了，无法用标准方法去除。但使用CRISPR时，所有62个基因都被一举根除，CRISPR搜索出PERV基因的每个拷贝，用Cas9核酸内切酶剪掉一些片段。

CRISPR能消灭疟疾吗

通过由CRISPR（一种精确且易于使用的基因编辑系统）驱动的连锁反应，在蚊子种群中传播抗疟基因，将很有可能消灭疟疾。使用这种方法，研究人员可以针对任何基因进行切割。如果研究人员同时也为细胞的基因修复系统提供一个新的序列，细胞就会借助这新的DNA序列来修复被切割的区域。转瞬间，你已将一个基因序列更改为另一个。如果你在产生精子或卵细胞的细胞中进行这些编辑，你所做的改变将被后代继承。

当然，这一切都在实验室里进行。把经过基因修饰的动植物放生在户外，它们不会取代野生种群，原因很简单，大多数修饰都不能提高生物体的生存和繁殖能力。在像我们这样有性繁殖的二倍体物种中，一个基因有50%的机会被每个亲本遗传，所以如果没有提高生存率，它的频率不会在代际间发生改变。每一个生物学的初学者都知道，这就是哈迪-温伯格法则。

但如果你把这种修饰累积起来会怎么样呢？如果这个基因在一半以上的时间内都被遗传，那么它在一个群体中的频率就会迅速增加。这种被专业生物学家称为“基因驱动”的偏见在自然界中并不经常发生，但是否有可能找到一种方法来实现这一点呢？

2003年，英国遗传学家奥斯汀·伯特（Austin Burt）提出了一个思想实验：用靶向特异性DNA切割酶（内切酶）攻击蚊子传播疟原虫所必需的基因。因为DNA切割酶会作用于两条染色体，其效果将是使遗传概率从50%变为100%。伯特说，实际上，核酸酶攻击的靶向性将推动基因在种群中发生变化。

2015年，伯特的核酸内切酶驱动理论在巴拿马得到了验证，成功地将携带登革热病毒的埃及伊蚊（*Aedes aegypti*）的野生种群数量减少了93%。基因驱动确实有效，正如伯特说的那样。

CRISPR技术允许将特定的基因序列替换为实验室设计的新序列。如果新序列是一个由两部分组成的组件，其中不仅包括要替换的基因，还包括CRISPR序列的拷贝呢？这个带有DNA组件的配子将在受精卵中作用于另一个亲本提供的配子DNA上，现在它们后代的染色体组包含组件，该个体的所有后代都将携带“新基因加CRISPR”组件。在未来，与这些后代中的任何一个交配的每个个体都将遭受同样的命运，他们的所有后代也将遭受同样的命运——这是一场连锁反应！

现在再想象一下伯特关于蚊子基因驱动的提议。实验室的DNA研究人员可以在蚊子体内插入一个包含CRISPR和一个防止疟原虫传播基因DNA组件，指导CRISPR剪掉原始基因，但不剪掉编辑过的基因。在户外被释放后，这种蚊子会与野生个体交配，它们的后代继承了寄生虫传播基因的一个野生拷贝和一个实验室拷贝，也就是有50%的传递？但现在CRISPR攻击正常的野生拷贝，在它的位置插入编辑版本和CRISPR。这就是由CRISPR驱动的连锁反应。

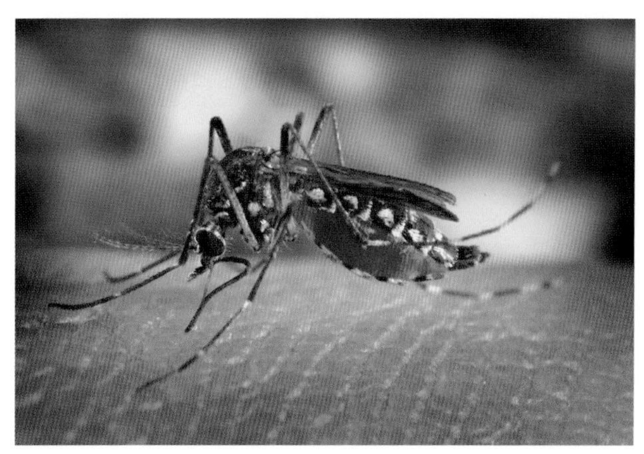

2015年初在果蝇身上进行测试时，这种由CRISPR驱动的连锁反应被证明不仅仅是一种有趣的可能性——它真的有效！事实上，这种基因驱动的效率惊人。加州大学圣地亚哥分校的研究人员使用CRISPR驱动组件“驱动”了一种隐性突变，该突变阻止果蝇色素沉着的遗传概率从50%增加到97%！

遗传学家们正在在忙着建造一种“伯特”实验室蚊子，该蚊子带有CRISPR组件，其中包含阻止疟原虫传播所需的基因。利用这种CRISPR基因驱动，遗传学家希望能够将这种抗疟原虫基因驱动并贯穿野生蚊子种群中，从而消灭疟疾。每年有超过50万人死于疟疾，所以这些研究人员正在努力做的是一件大事——可以用类似方法攻克其他的疾病。

如果仔细思考还是有点吓人。CRISPR基因驱动将允许任何科学家在几乎任何有性繁殖的群体中传播几乎任何基因改变。当然，人类的繁殖速度没有蚊子快，所以CRISPR驱动的变化要在人类群体中传播需要数百年的时间。在2015年，有研究人员使用CRISPR修改了无法存活的人类胚胎的基因组。

当然，一些保护措施已经到位。2015年秋天，美国国家科学院和国家医学科学院召集研究人员和其他专家“探讨与人类基因编辑研究相关的科学、伦理和政策问题”。尽管未来的潜力很大，但关于何时以及如何使用CRISPR基因驱动的决定应该由集体做出。如果我们在大自然面前“糊弄”过去，应该谨慎行事。

关键学习成果 13.4

基因工程促进了医学上重要的蛋白质和新型疫苗的生产，以及编辑单个基因的能力。

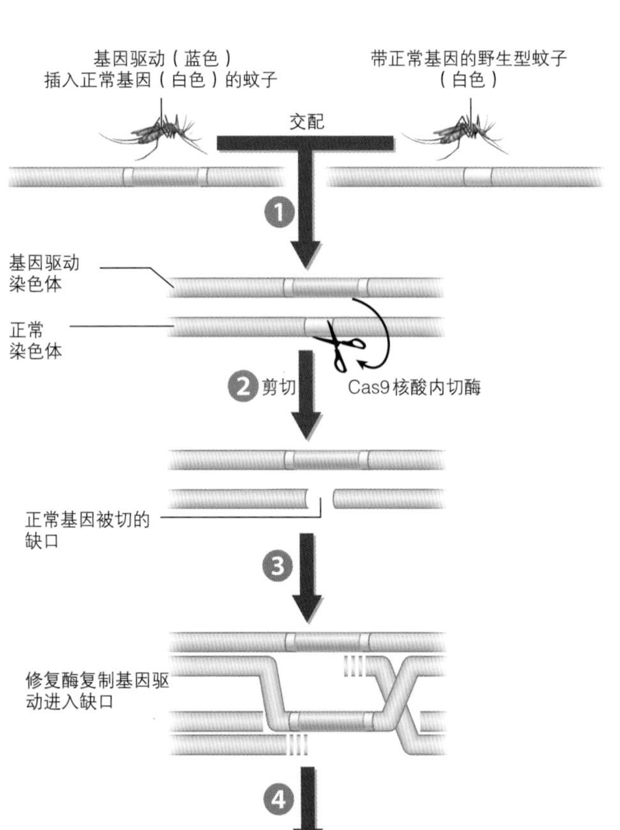

图13.10 基因驱动作用

13.5 基因工程与农业

抗虫性

学习目标13.5.1 基因工程如何使农作物有抗虫性

在农业领域，基因工程师一项重要的工作就在不用杀虫剂的情况下提高农作物对害虫的抗性，这是对环境的巨大保护。以棉花为例，它的纤维是全世界服装业的主要原材料，然而这种植物本身很难在野外存活，因为许多昆虫会攻击它。今天使用的化学杀虫剂中，超过40%是用于杀灭以棉花为食的昆虫的。如果不再需要这数千吨的杀虫剂，那么地球的环境将会大大好转。生物学家现在正致力于培育能抵抗昆虫袭击的棉花。

一个成功的途径是利用一种土壤细菌，**苏云金杆菌**（*Bacillus thuringiensis*，Bt）。这种细菌能产生一种蛋白质，当它被农作物的害虫，如蝴蝶的幼虫（毛毛虫）吃进去后，会导致中毒。当编码Bt蛋白的基因插入番茄的基因组中，番茄就会产生Bt蛋白。虽然它对人无害，但它确令番茄对天蛾的幼虫有剧毒作用（天蛾的幼虫是对经济作物番茄危害最大的害虫之一）。

抗除草剂

学习目标13.5.2 基因工程如何使农作物能抗除草剂

基因工程的一个巨大成果是培育出了抗除草剂**草甘膦**（glyphosate）的农作物。草甘膦是一种高效的可生物降解除草剂，它能杀死大多数旺盛生长的植物。在农业领域，草甘膦通过抑制蛋白质合成而除去杂草。草甘膦会破坏芳香族氨基酸合成必需的一种酶（芳香族氨基酸是含有环状结构的氨基酸，如苯丙氨酸——图3.4）。人类不受草甘膦的影响，因为人体不合成芳香族氨基酸——我们需要从食用的植物中摄取这种氨基酸！为使农作物对这种高毒除草剂产生抗性，基因工程人员筛选了数千种生物，直到他们发现一种细菌在有草甘膦存在时，依然能产生芳香族氨基酸。然后，他们分离出了编码有这种抗性的酶的基因，并成功地将其导入植物。他们用DNA粒子枪，也叫基因枪，将基因导入植物内。图13.11显示的就是DNA粒子枪的作用机制。用DNA包被钨或金的小颗粒（图中红色所示），它带有想要的基因，并被装入DNA粒子枪。DNA枪直接将基因注射进培养的植物细胞中，在细胞内基因就能被整合到植物的基因组并进行表达。

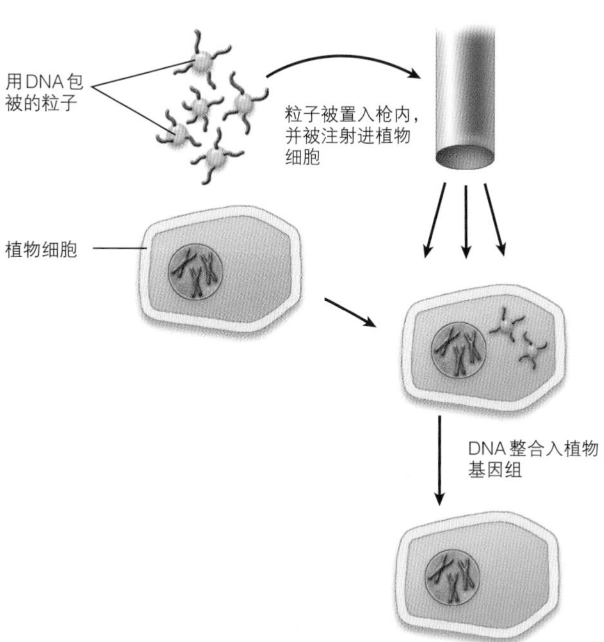
用DNA包被的粒子
粒子被置入枪内，并被注射进植物细胞
植物细胞
DNA整合入植物基因组

图13.11 将基因注射进细胞

DNA粒子枪，也叫基因枪，将用DNA包被的钨或金的颗粒注射进植物细胞。用DNA包被的粒子穿透细胞壁，进入细胞内。在细胞内，DNA整合入植物细胞的DNA。DNA编码的基因发生表达。

图13.12显示了按这种方式被基因工程改造的植物。上方的两株植物经过基因工程改造，对草甘膦具有抗药性，而下方的两株植物被草甘膦杀死了。

草甘膦耐受的植物对环境有益。不同于长效化学除草剂，草甘膦在环境中会被迅速降解，没有必要犁田除去杂草，这就减少了肥沃的表层土壤的流失。

更有营养的农作物

学习目标13.5.3 如何通过基因工程使水稻更有营养

种植玉米、棉花、大豆等转基因（GM）农作物（见表13.3）在美国非常普遍。2010年，美国90%的大豆是用抗除草剂的转基因种子种植的。结果需要的耕作更少，因此大大降低了土壤侵蚀。2010年，美国抗虫转基因玉米占种植的所有玉米的86%以上，抗虫转基因棉花占所有棉花的93%。在这两个例子中，转基因都大大减少了农作物化学杀虫剂的使用量。

土壤防护和化学杀虫剂减少的益处让农民获益良多，使他们的作物种植更便宜、高效。植物基因工程

图13.12 基因工程改造的抗除草剂植物

这四株矮牵牛花被喷洒了相同剂量的除草剂。顶部两株被基因工程改造为具有草甘膦（除草剂的有效成分）的抗药性，而底部两株死的则未被改造。

的另一远大前景是生产带有优良性状，直接有益于消费者的转基因植物。

提高了营养价值的“黄金”水稻是一项新进展，它给我们一种暗示——植物基因工程即将到来。在发展中国家，许多的人饮食简单，缺少维生素和矿物质（植物学家称之为“微量营养素”）。全世界有30%的人缺铁，约有2.5亿儿童缺乏维生素A。这些物质的缺乏在以大米作为主食的发展中国家特别严重。最近，瑞士苏黎世植物科学研究所的生物工程学家英戈·波特里库斯（Ingo Potrykus）的研究向解决这一问题迈出了一大步。它由洛克菲勒基金会资助，研究成果对发展中国家免费，这项工作是植物基因工程成就的典范。

为解决食用大米的人群缺铁的膳食问题，波特里库斯首次提出这个问题——为什么大米会导致饮食缺铁。这个问题及答案包含三个方面：

1. 铁太少。水稻胚乳中蛋白质含有的铁异常少。为解决这个问题，一种铁蛋白基因（图13.13中缩写为Fe）被从豆类转入水稻。铁蛋白是富含大量铁的蛋白质，因此它能大大提高水稻中铁的含量。
2. 抑制肠对铁的吸收。水稻含有一种很高浓度的化学物，叫植酸，它能抑制肠对铁的吸收——它阻止机体吸收大米中的铁。为解决这个问题，一种编码植酸酶的基因（缩写为Pt）被从真菌转入水稻，植酸酶能分解破坏植酸。
3. 使铁高效吸收硫太少。人体需要硫吸收铁，而大米中的硫很少。为解决这个问题，编码富含硫的蛋白质的基因（缩写为S）被从野生稻转入水稻。

为解决维生素A缺少的问题，应用同样的方法。首先，认清问题。水稻合成维生素A只进行到一半，没有催化最后四步反应的酶。为解决这个问题，研究人员将编码这四种酶的基因（缩写为A_1、A_2、A_3、A_4）从水仙花转入水稻。

转基因水稻的培育是攻克膳食性缺乏的第一战。提高的营养价值仅占人体需求量的一半。

虽然将基因转入适合当地条件的品系并培养成功需要很多年，但这是很有希望的起点，代表基因工程的实际应用前景。

我们如何衡量转基因作物的潜在风险

学习目标13.5.4　食用转基因食品是否安全，转基因农作物对环境是否有害

食用转基因食物危险吗？许多消费者担心当生物工程师将新基因导入GM作物，食用这些食物可能会导致危险的后果。将抗草甘膦基因转入大豆就是一个例子。被转入的蛋白质，如使转基因大豆产生抗草甘膦的酶，是否会导致某些人产生致命的免疫

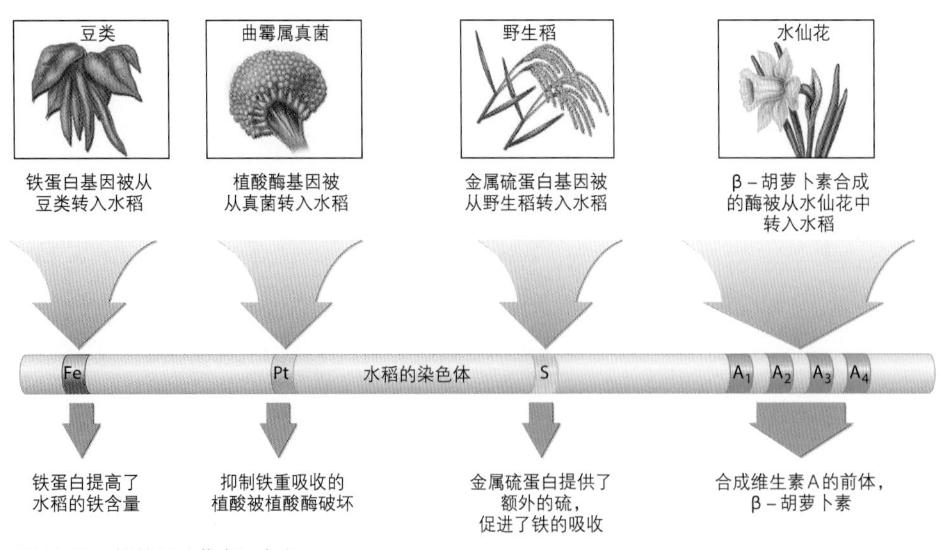
豆类
曲霉属真菌
野生稻
水仙花
铁蛋白基因被从豆类转入水稻
植酸酶基因被从真菌转入水稻
金属硫蛋白基因被从野生稻转入水稻
β－胡萝卜素合成的酶被从水仙花中转入水稻
Fe
Pt
水稻的染色体
S
A1
A2
A3
A4
铁蛋白提高了水稻的铁含量
抑制铁重吸收的植酸被植酸酶破坏
金属硫蛋白提供了额外的硫，促进了铁的吸收
合成维生素A的前体，β－胡萝卜素

图13.13　转基因“黄金”大米

反应？因为过敏反应的潜在危险非常现实，所以每次编码蛋白质的基因被导入GM作物时，必须对导入的蛋白质的过敏原潜力进行广泛测试。现在，美国生产的转基因作物（表13.3）都没有成为人类的过敏原。然而，就这点来说，基因工程对食物供应造成的风险似乎是很微小的。

转基因作物对环境有害吗？担心GM作物广泛应用的那些人提出了三项合理担忧：

1. 危害其他生物。Bt玉米的花粉可能危害偶尔吃它的益虫？研究表明危害的可能性很小。
2. 抗性。农业上使用的所有杀虫剂和除草剂存在共同的问题：害虫最终会进化出对它们的抗性，这非常类似细菌进化出对抗生素的抗性。为避免这个问题，农户需要在Bt作物旁边种植至少20%的非Bt作物作为避难所。在那儿，昆虫没有选择压力，从而以这种方式减缓抗性的产生。结果，尽管从1996年起，Bt作物（如玉米、大豆和棉花）种植广泛，但是只有很少的一些昆虫对田间的Bt作物产生了抗性。不幸的是，对使用除草剂草甘膦的农民并没有同样的限制，这造成了不同的后果：到2010年，有22个州的农户发现了抗草甘膦的杂草。
3. 基因流动。转入的基因从GM作物传递到它们的野生亲缘植物的可能性如何？对于主要的GM作物，通常附近没有潜在的亲缘植物能从GM作物接受转入的基因。例如，欧洲就没有大豆的野生亲缘植物。因此，欧洲的转基因大豆就不会发生基因逃逸，类似于没有基因能从人体流入宠物狗和宠物猫。但是，对于次要作物，研究表明很难避免GM作物与周围的亲缘植物杂交产生新的杂交种。

关键学习成果　13.5

转基因作物为提高粮食产量提供了巨大机会。总之，风险似乎很小，而潜在的价值很大。

表13.3　转基因作物

水稻 	转入商品化水稻的基因有来自水仙花、豆类、真菌与野生稻的基因，用于产生维生素A，补充膳食铁。抗寒的转基因品种正在培育中。
小麦 	抗除草剂草甘膦的小麦新品种大大减少了耕作的需要，因此减少了表层土壤的流失。
大豆 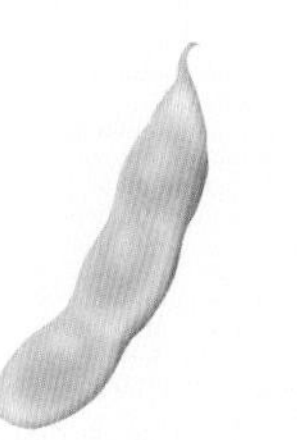	主要的动物饲料作物，抗除草剂草甘膦的大豆在2010年占美国大豆种植面积的90%。已经培育出含Bt基因的品种，不用化学杀虫剂就能保护作物免受害虫的危害。基因工程师通过多种方法提高了大豆的营养价值，包括具有高色氨酸（大豆缺少这种必需氨基酸）、低反式脂肪酸和增强Ω-3脂肪酸（有益的）的转基因品种。Ω-3脂肪酸在鱼油中很多，但在植物中很少。
玉米 	抗害虫的玉米品种（Bt玉米）已经被广泛种植（美国86%的种植面积）；抗除草剂草甘膦的品种最近也已经培育成功。正在培育抗旱性品种与富含赖氨酸、维生素A和不饱和脂肪油酸的品种。不饱和脂肪油酸能降低有害的胆固醇，从而防止动脉栓塞。
棉花 	棉花作物受棉铃虫、蚜虫和其他鳞翅目昆虫的危害，全世界有超过40%剂量的化学杀虫剂被用于棉花。一种Bt基因，对所有鳞翅目昆虫有毒，而对其他昆虫无害，将棉花转变成只需要少量杀虫剂的作物。美国93%的棉花种植面积种植的是Bt棉花。
花生 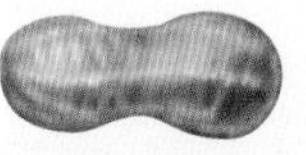	小玉米螟对花生作物造成严重危害。基因工程师正在培育一种抗虫品种来抵抗这种害虫。
土豆 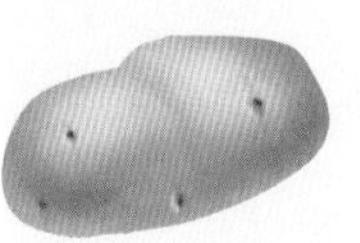	黄萎病（一种真菌疾病）会感染土豆的输水组织，降低40%产量。来自苜蓿的一种抗真菌基因能使感染降低到原来的1/6。
油菜 	主要的植物油和动物饲料作物，通常窄行生长，不需要栽培，需要用大量的化学除草剂去除杂草。新型抗草甘膦的品种只要很少的化学药物。美国93%的油菜种植面积种植的是转基因油菜。

DNA时间表

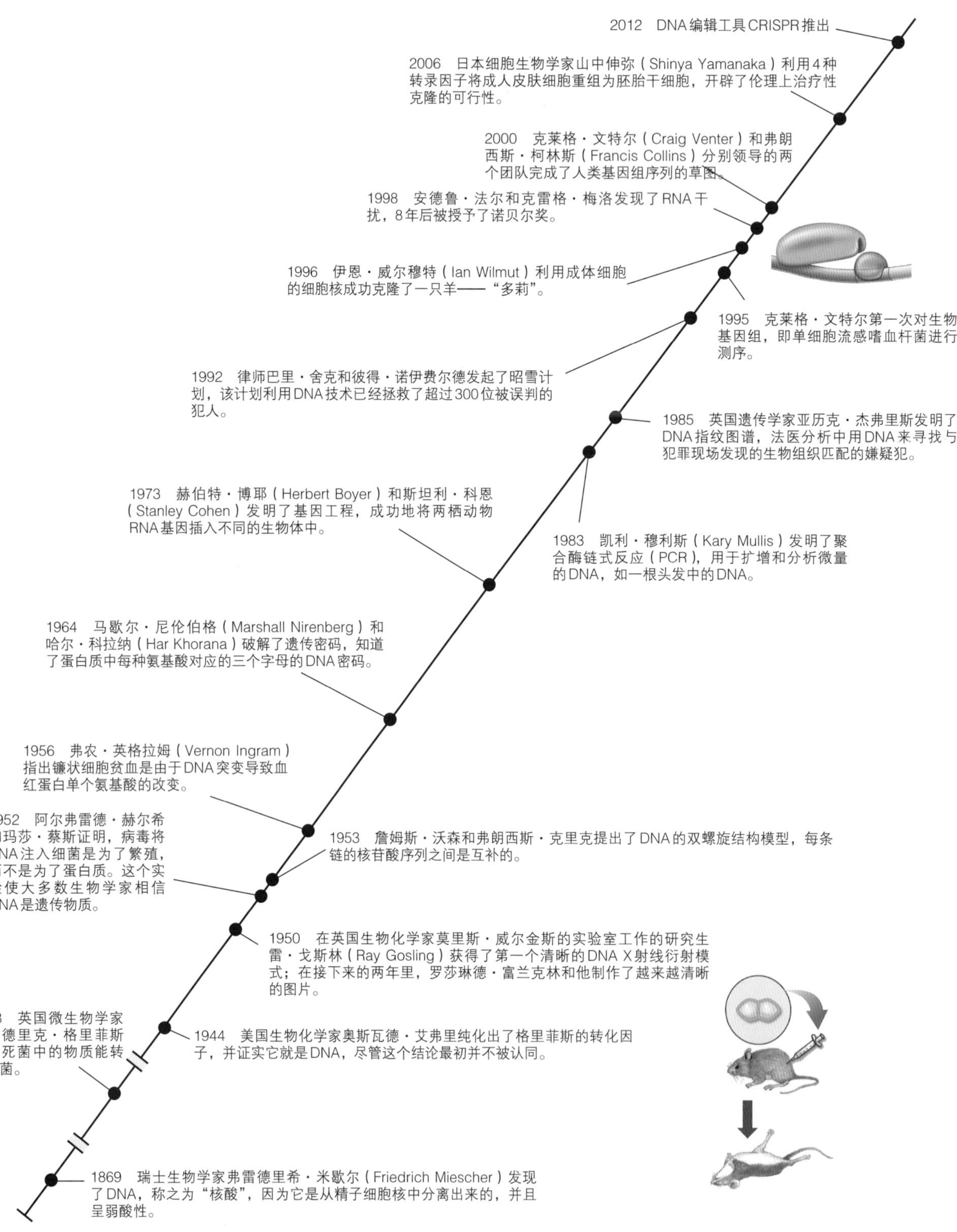
1869　瑞士生物学家弗雷德里希·米歇尔（Friedrich Miescher）发现了DNA，称之为“核酸”，因为它是从精子细胞核中分离出来的，并且呈弱酸性。
1928　英国微生物学家弗雷德里克·格里菲斯发现死菌中的物质能转化活菌。
1944　美国生物化学家奥斯瓦德·艾弗里纯化出了格里菲斯的转化因子，并证实它就是DNA，尽管这个结论最初并不被认同。
1950　在英国生物化学家莫里斯·威尔金斯的实验室工作的研究生雷·戈斯林（Ray Gosling）获得了第一个清晰的DNA X射线衍射模式；在接下来的两年里，罗莎琳德·富兰克林和他制作了越来越清晰的图片。
1952　阿尔弗雷德·赫尔希和玛莎·蔡斯证明，病毒将DNA注入细菌是为了繁殖，而不是为了蛋白质。这个实验使大多数生物学家相信DNA是遗传物质。
1953　詹姆斯·沃森和弗朗西斯·克里克提出了DNA的双螺旋结构模型，每条链的核苷酸序列之间是互补的。
1956　弗农·英格拉姆（Vernon Ingram）指出镰状细胞贫血是由于DNA突变导致血红蛋白单个氨基酸的改变。
1964　马歇尔·尼伦伯格（Marshall Nirenberg）和哈尔·科拉纳（Har Khorana）破解了遗传密码，知道了蛋白质中每种氨基酸对应的三个字母的DNA密码。
1973　赫伯特·博耶（Herbert Boyer）和斯坦利·科恩（Stanley Cohen）发明了基因工程，成功地将两栖动物RNA基因插入不同的生物体中。
1983　凯利·穆利斯（Kary Mullis）发明了聚合酶链式反应（PCR），用于扩增和分析微量的DNA，如一根头发中的DNA。
1985　英国遗传学家亚历克·杰弗里斯发明了DNA指纹图谱，法医分析中用DNA来寻找与犯罪现场发现的生物组织匹配的嫌疑犯。
1992　律师巴里·舍克和彼得·诺伊费尔德发起了昭雪计划，该计划利用DNA技术已经拯救了超过300位被误判的犯人。
1995　克莱格·文特尔第一次对生物基因组，即单细胞流感嗜血杆菌进行测序。
1996　伊恩·威尔穆特（Ian Wilmut）利用成体细胞的细胞核成功克隆了一只羊——“多莉”。
1998　安德鲁·法尔和克雷格·梅洛发现了RNA干扰，8年后被授予了诺贝尔奖。
2000　克莱格·文特尔（Craig Venter）和弗朗西斯·柯林斯（Francis Collins）分别领导的两个团队完成了人类基因组序列的草图。
2006　日本细胞生物学家山中伸弥（Shinya Yamanaka）利用4种转录因子将成人皮肤细胞重组为胚胎干细胞，开辟了伦理上治疗性克隆的可行性。
2012　DNA编辑工具CRISPR推出

13.6 生殖性克隆

学习目标 13.6.1 汉斯·斯佩曼于1938年提出的奇妙实验

生物学中最活跃和令人兴奋的领域之一是最近开发的操纵动物细胞的方法。在本节，你将看到三个在细胞技术方面取得里程碑式进展的领域：家畜的生殖性克隆、干细胞研究和基因治疗。细胞技术的进步有望彻底改变我们的生活。

1938年，德国胚胎学家汉斯·斯佩曼（Hans Spemann）首次提出了克隆动物的想法（他被称为"现代胚胎学之父"）。他提出了他称之为的"奇妙实验"：去除一个卵细胞的细胞核（产生去核卵子），并将另一个细胞的细胞核置于其中。多年后，这个实验在青蛙、羊、猴和其他动物中都获得了成功。但是，只有从早期胚胎提取的供体细胞核才有用。用成体细胞核多次失败后，许多研究人员相信动物细胞的细胞核在胚胎发育最初的几次细胞分裂后，就不可逆地走上了发育之路。

威尔穆特的羔羊

学习目标 13.6.2 导致动物克隆成功至关重要的基思·坎贝尔的发现

然后，在20世纪90年代，苏格兰研究牲畜细胞周期的遗传学家基思·坎贝尔（Keith Campbell）取得了重要发现。回顾第8章，真核细胞的分裂周期分为数个阶段。坎贝尔推断："也许卵细胞和供体细胞核要处于细胞周期的同一阶段。"这被证实是一个重要发现。1994年，研究人员从晚期胚胎成功克隆出了家畜，首先饥饿处理细胞，这样它们就会停留在细胞周期的初期。两个饥饿的细胞因此被同步化到细胞周期的同一时点。

之后，坎贝尔的同事伊恩·威尔穆特做出了突破性尝试，研究人员都没有开展过这项实验：他将成体分化细胞的细胞核植入去核卵细胞，让所得的胚胎在代孕母体内生长和发育，希望诞下一只健康的动物（图13.14）。约5个月后，即1996年7月15日，代孕母体产下一只小羊羔。这只羊羔"多莉"是第一只源自成体动物细胞克隆成功的动物。多莉健康长大，她后来产下了各方面都很正常的小羊羔。

自从1996年多莉羊的诞生以来，科学家已经成功克隆了很多种带有优良性状的家畜，包括奶牛、猪、山羊、马和驴，以及宠物（如猫和狗）。自从多莉被克隆后，大多数家畜的克隆操作过程越来越高效。但是，在克隆体发育到成体的过程中却出现了意想不到的困难。几乎没有克隆动物能存活到正常的寿命。多莉在2013年就过早逝世了，寿命只有正常绵羊的一半。

基因重编程的重要性

学习目标 13.6.3 表观遗传学对克隆细胞基因重编程的作用

哪里出了问题？事实证明随着哺乳动物卵细胞和精子的成熟，它们的DNA会受亲代雌性或雄性的影响，这个过程称为重编程。由于DNA发生化学变化，在不改变核苷酸序列的情况下特定基因的表达会发生变化。在多莉出生后的几年里，科学家们已经了解了很多关于基因重编程的知识，基因重编程也被称为**表观遗传学**（epigenetics）。表观遗传调控的作用机制是阻止细胞阅读某些基因。向胞嘧啶核苷酸（CMP）加上一个—CH_3（甲基），基因就被锁定在关闭状态。当一个基因被这样改变后，本该"阅读"基因的聚合酶就不能再识别它。基因就被关闭了。

由于我们才刚开始认识如何重编程人类DNA，所以任何克隆人的尝试简直就是在暗处扔石头，希望它能击中一个我们看不见的目标。出于这个和许多其他原因，人类生殖克隆被认为是极不道德的。

关键学习成果 13.6

尽管最近的实验证实了成体组织克隆动物的可能性，但是家畜的克隆常因缺少适当的表观遗传重编程而失败。

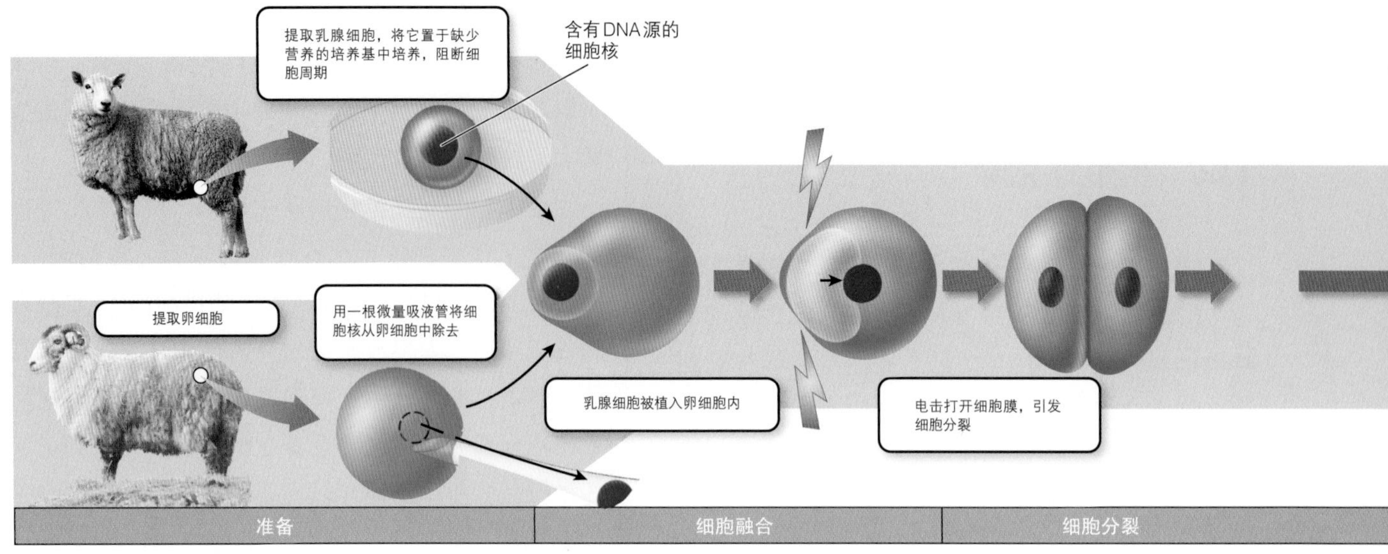
提取乳腺细胞，将它置于缺少营养的培养基中培养，阻断细胞周期
含有DNA源的细胞核
提取卵细胞
用一根微量吸液管将细胞核从卵细胞中除去
乳腺细胞被植入卵细胞内
电击打开细胞膜，引发细胞分裂
准备
细胞融合
细胞分裂
图13.14 威尔穆特的动物克隆实验

13.7 干细胞治疗

干细胞

学习目标13.7.1 为什么有些干细胞有全能性，而其他的没有

许多胚胎干细胞具有**全能性**（totipotent）——能形成任意机体组织，甚至整个成体动物。什么是胚胎干细胞，为什么它具有全能性？要回答这个问题，我们需要花点时间思考一下胚胎来自哪里。在人的生命之初，精子和卵子受精形成一个细胞，它最终能发育成婴儿。随着发育起始，细胞就开始分裂，经过4次分裂产生一小团16个**胚胎干细胞**（embryonic stem cell）。这些胚胎干细胞每个都拥有形成正常个体所需的全部基因。

随着发育继续，其中一些胚胎干细胞中专门形成特定类型的组织，如神经组织，并且这步发生以后，就不会再产生任何其他类型的细胞。以神经组织为例，它们就被称为**神经干细胞**（nerve stem cell）。其他有些专门产生血细胞，有些产生肌肉组织，还有些形成机体的其他组织。每类主要组织都是由它自身的组织特异性**成体干细胞**（adult stem cell）形成的。因为成体干细胞只能形成一类组织，所以不具有全能性。

利用干细胞修复受损组织

学习目标13.7.2 绘图说明胚胎干细胞治疗的四个步骤

胚胎干细胞使修复受损组织的可能性大大提高。要理解此过程，请看图13.15。受精数天后，就会形成**囊胚**（blastocyst）❶。胚胎干细胞取自囊胚的内细胞团或之后阶段的胚胎细胞❷。这些胚胎干细胞能在组织培养基中生长，原则上能被诱导形成机体内任意类型的组织❸。然后，产生的健康组织能被注入患者体内，在那里它能生长并代替受损组织❹。或者，在可能的情况下，成体干细胞能被分离出来，当被注回机体内，它能形成某类组织细胞。

成体干细胞和胚胎干细胞移植实验在小鼠身上都已经成功开展。成体造血干细胞已经用于治疗白血病。小鼠胚胎干细胞培养的心肌细胞已经成功代替了活小鼠的受损心脏组织。在其他的试验中，受损的脊髓神经元已被部分修复。小鼠大脑中产生多巴（DOPA）的神经元已经能被胚胎干细胞成功替代，这些神经元的缺失会导致帕金森病。胰腺的胰岛细胞也是如此，缺少它会导致幼年型糖尿病。

因为所有哺乳动物的发育过程非常类似，所以小鼠身上开展的这些实验表明人类干细胞治疗是非

胚胎
胚胎开始在体外发育
胚胎被植入代孕母体
经过5个月的妊娠，一只与提取乳腺细胞的绵羊的基因相同的小羊出生了
发育
植入
克隆动物出生
长到成年

常可行的。希望某些疾病（如帕金森病）的患者，经干细胞治疗能部分或完全被治愈。

虽然应用胚胎干细胞也存在伦理上的阻力，但是新的实验结果暗示了绕过这个伦理困境的方法。2006年，日本细胞生物学家山中伸弥取得了一项重大进展，他没有将胚胎干细胞的细胞核导入哺乳动物的成体皮肤细胞，而只导入了四种转录因子的基因。一旦进入细胞内，这四种因子就会诱导一系列变化，将成体细胞转变成多能干细胞——它们能分化成许多不同的细胞类型。实际上，他已经找到了将成体细胞重编程为胚胎干细胞的方法。像在克隆多莉和其他动物时，也伴随着表观遗传的重编程。由于这项工作，山中伸弥荣获了2012年诺贝尔奖。从实验室培养皿的原理论证层面到实际医学应用仍有一段距离，但这项工作表明的可行性是令人振奋的。

关键学习成果　13.7

人的成体干细胞和胚胎干细胞为替代受损或缺失的人体组织提供了可行性。

13.8　克隆的治疗用途

免疫耐受的重要性

学习目标13.8.1　区分生殖性克隆和治疗性克隆

虽然令人激动，但是干细胞治疗白血病、1型糖尿病、帕金森病、心肌受损和损伤的神经组织等都是在用免疫系统丧失功能的小鼠所做的试验中成功开展的。为什么这很重要，因为假设这些小鼠拥有完整功能的免疫系统，它会视植入的干细胞为异物，而必定对它们产生排斥。免疫系统功能正常的人，他们的机体可能会排斥植入的干细胞，只是因为它们来自另一个人。要使这种干细胞治疗对人起作用，这个问题就必须得到解决。

克隆实现免疫耐受

早在2001年，洛克菲勒大学的一个研究团队报道了一种方法，解决了这一有潜在危害的问题。他们的方案是什么？他们首先分离出小鼠的皮肤细胞，然后采用与制造多莉羊相同的方法，最终获得了一个含120个细胞的胚胎。随后，摧毁这个胚胎，收集它的胚胎干细胞并培养用于植入以代替受损组织。这种方法称为**治疗性克隆**（therapeutic cloning）。

图13.16比较了治疗性克隆和**生殖性克隆**（repro-

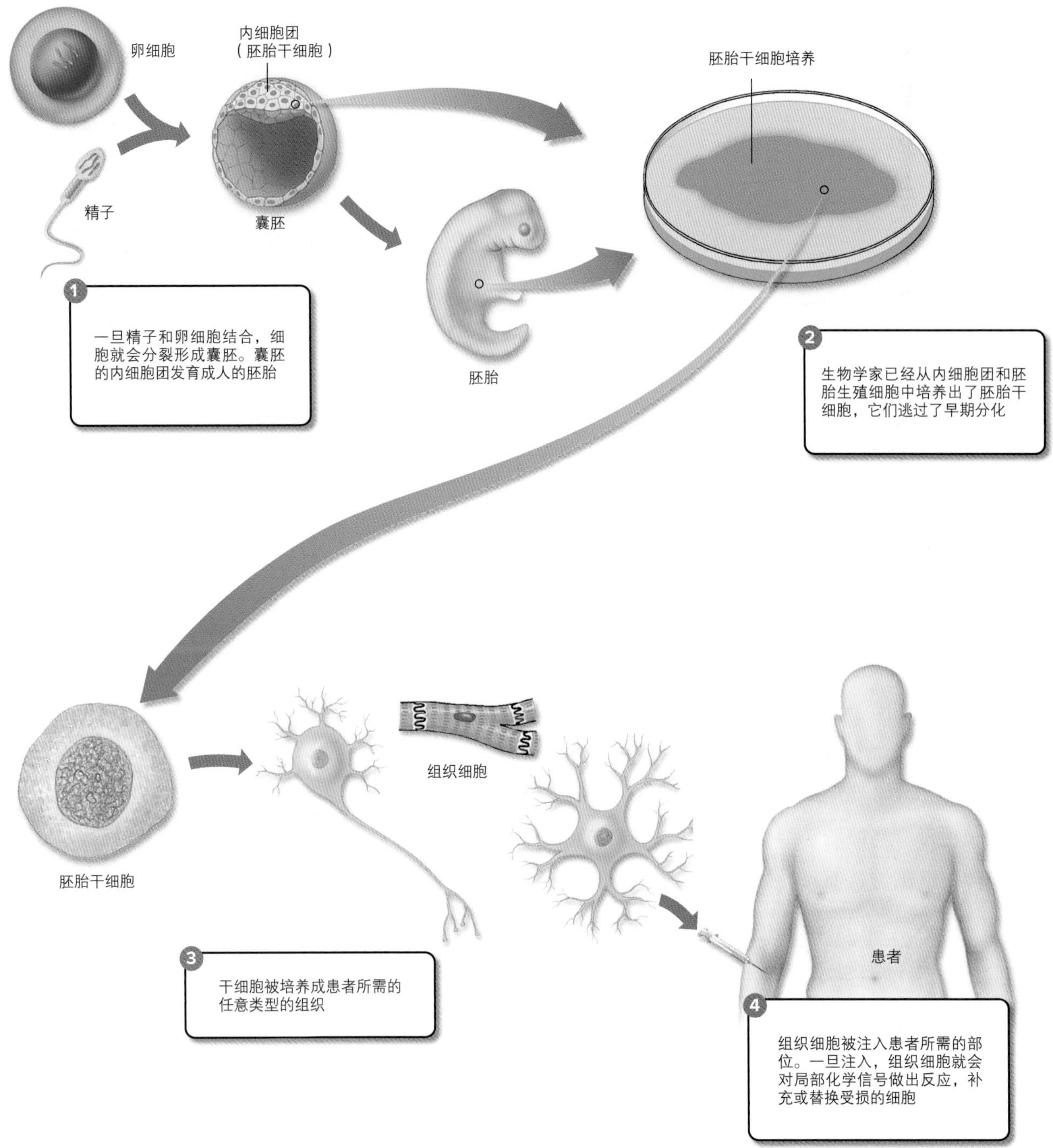
卵细胞
内细胞团
（胚胎干细胞）
胚胎干细胞培养
精子
囊胚
1
一旦精子和卵细胞结合，细胞就会分裂形成囊胚。囊胚的内细胞团发育成人的胚胎
胚胎
2
生物学家已经从内细胞团和胚胎生殖细胞中培养出了胚胎干细胞，它们逃过了早期分化
组织细胞
胚胎干细胞
患者
3
干细胞被培养成患者所需的任意类型的组织
4
组织细胞被注入患者所需的部位。一旦注入，组织细胞就会对局部化学信号做出反应，补充或替换受损的细胞

图13.15　用胚胎干细胞修复受损的组织

胚胎干细胞能发育成机体的任意组织。目前正在开发培养这种组织的方法，并将其用于成人修复受损组织，如多发性硬化症患者的脑细胞、心肌和脊神经。

ductive cloning）——用于制造多莉羊的方法。你会发现虽然第❶～❺步两种方法基本相同，但是两者后续就有所不同了。在生殖性克隆中，第❺步产生的囊胚在第6a步被植入代孕母体，然后发育成与核供体细胞株基因相同的幼体，第7a步。相反，在治疗性克隆中，第❺步产生的囊胚的干细胞被取出并在培养基中培养，第❻步。这些干细胞发育成特定组织，如胰腺的胰岛细胞，第❼步。然后，这些组织被注入或植入到需要它们的患者体内，如糖尿病患者，在那里新的胰岛细胞就开始产生胰岛素。

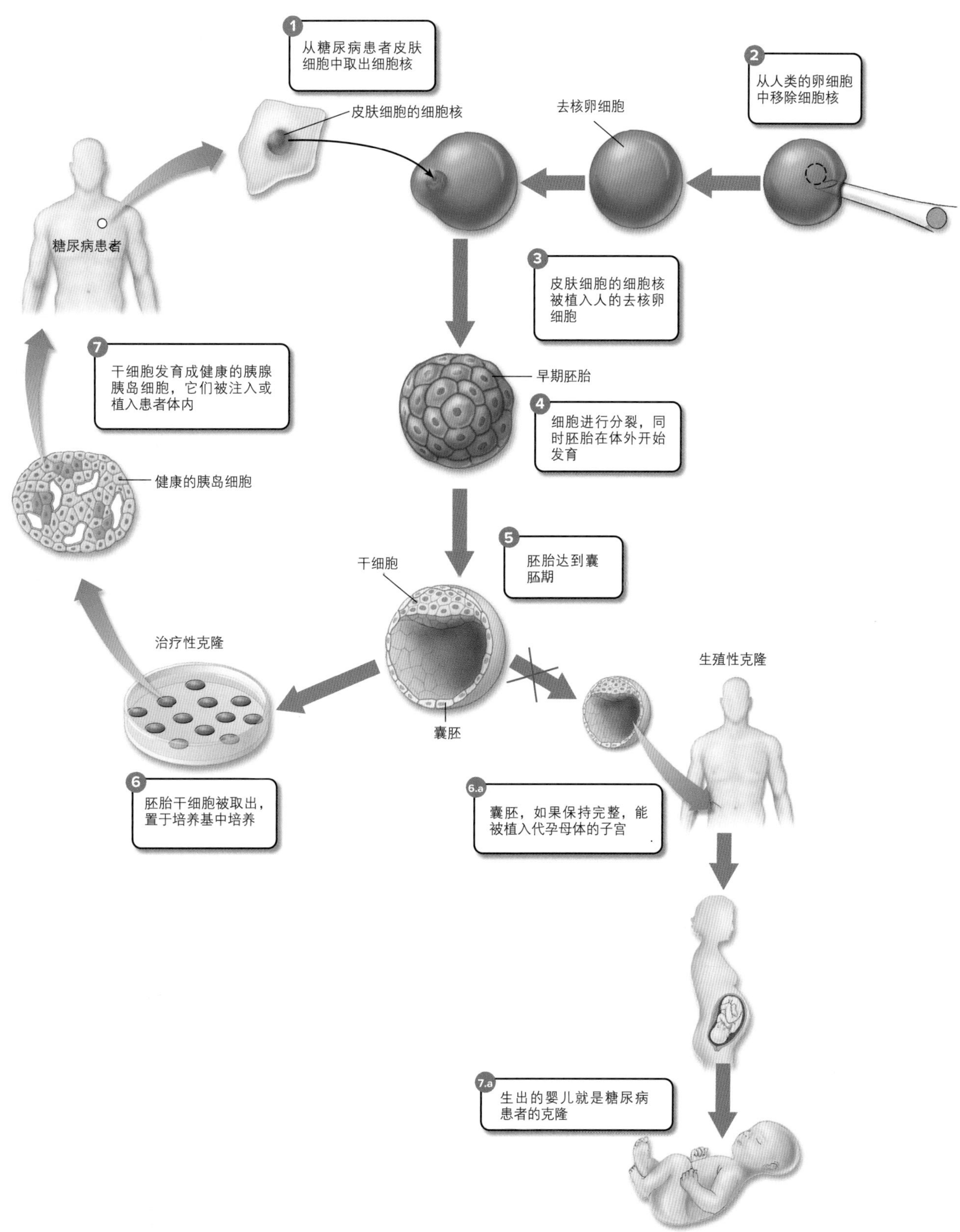

图13.16 胚胎干细胞如何用于治疗性克隆

治疗性克隆与生殖性克隆的不同之处在于，在最初的相似阶段之后，从早期胚胎中提取胚胎干细胞，在培养基中培养，并注入提供细胞核的个体的组织中。相反，在生殖性克隆（人类禁止应用）中，胚胎被保留用于移植，在代孕母体中生长直至分娩。克隆多莉羊就采用后一种。

治疗性克隆，或更专业地称作**体细胞核移植**（somatic cell nuclear transfer），成功解决了在胚胎干细胞能用于修复人体受损组织前必须解决的关键问题，即免疫耐受。因为在治疗性克隆中，干细胞克隆自机体自身组织，所以它能通过免疫系统的“自我”身份识别，机体才会爽快接受它们。

基因重编程实现免疫耐受

在治疗性克隆中，克隆的胚胎被破坏用于获取胚胎干细胞。对人类6日胚胎的伦理是什么？视它为有生命个体，许多人在伦理上不能接受治疗性克隆。上一节讨论到的近期研究给出了另一种方法，避免了这个问题：将少数几个基因导入成体细胞，成体细胞能被重编程为胚胎干细胞。这些基因是转录因子，打开了关键基因，逆转了成体细胞发育过程中被“关闭的”表观遗传变化。尽管有可行性，要应用到人体恐怕未来仍有很长的路，但能对成体细胞重编程的确令人欣喜。

关键学习成果 13.8

治疗性克隆包括从患者组织获取细胞核，进行核移植开始进行囊胚发育，然后用囊胚的胚胎干细胞代替患者受损的或缺失的组织。成体组织细胞的基因重编程也许是一种争议较少的方法。

13.9 基因治疗

基因转移治疗

学习目标13.9.1 用于基因治疗的基因转移方法

细胞技术的第三项重要进展关于将“健康”基因导入没有这些基因的细胞。几十年来，科学家一直试图通过用功能性基因替换缺陷基因来治疗致命的遗传疾病，如囊性纤维化、肌营养不良和多发性硬化症等。

早期成果

一种成功实现**基因转移治疗**（gene transfer therapy）的方法于1990年被首次实施（见13.3节）。两名女孩由于腺苷脱氨酶基因缺陷，患有罕见的血液疾病。科学家提取该基因有功能的拷贝，并将它们导入取自这两名女孩的骨髓细胞中。基因被修饰的骨髓细胞增殖，然后被输回女孩体内。她们慢慢恢复了健康。这是第一次用基因疗法治愈遗传病。

研究人员立刻开始将这种新技术应用于更危险的疾病，囊性纤维化。缺陷基因以*cf*标记，在1989年被分离出。五年后的1994年，研究人员成功将一个健康的*cf*基因转入它的缺陷型小鼠体内——它们有效治愈了小鼠的囊性纤维化。他们取得这项重大成果是通过将*cf*基因装入感染小鼠肺部的病毒，将基因带入肺部细胞。选作“载体”的病毒是腺病毒，这种病毒会导致感冒，对肺部细胞的感染作用很强。为避免任何并发症，实验所用的是免疫系统失能的小鼠。

受这些已知的用小鼠所做的初步实验鼓舞，多个实验室在1995年开始尝试通过向患者转入*cf*基因的健康拷贝来治疗囊性纤维化。研究人员对成功充满信心，将人类的*cf*基因装入腺病毒，然后将携带基因的病毒注入囊性纤维化患者的肺部。经过8周的治疗，基因治疗看起来确实很成功，但随后灾难降临。患者肺部的基因修饰细胞受到患者自身免疫系统的攻击。“健康”的*cf*基因消失了，而它们是治愈疾病的希望。

载体的问题

学习目标13.9.2 腺病毒载体遇到的问题，以及如何解决

基因治疗的其他尝试得到了类似的结果，8周的希望过后就是失望。回顾反思，尽管当时还不明显，但是这些早期尝试的问题似乎可以预见。腺病毒会导致感冒。你听说过有人从不感冒的吗？当你感冒时，你的身体会产生抗体抵抗感染，所以我们都有抗腺病毒的抗体。我们导入治疗性基因的载体是自身机体准备摧毁的。

第二个严重的问题是当腺病毒感染细胞时，它将DNA插入人的染色体中。非常不幸，这会随机插入任意位置。这意味着插入可能会导致突变：如果病毒DNA插入基因内，它可能会使基因失活。因为腺病毒插入的位点是随机的，所以可以预见突变会导致癌症，这个不幸的结果在1999年首次被报道。2003年，当20位试验患者中有5位患上了白血病，重症联合免疫缺陷病的基因治疗临床试验就被终止了。显然，腺病毒载体有一小段DNA与导致白血病的人类基因同源。当载入插入到那儿，导致白血病的基因就会被活化。

一种更有希望的载体

研究人员现在正在研究更有前途的载体。第一种新一代载体属于细小病毒，叫作腺相关病毒（adeno-associated virus，AAV），它只有两个基因。为构建一个基因转移的载体，研究人员去掉了AAV的这两个基因。剩下的壳仍有很强的感染性，能将人类基因带入患者细胞内。重要的是，AAV整合入人类DNA的频率比腺病毒低很多，所以不大可能造成导致癌症的突变。

1999年，AAV成功治愈了恒河猴的贫血，在猴、人类和其他哺乳类动物中，红细胞的产生是由一种叫促红细胞生成素（erythropoietin，EPO）的蛋白质激发的。红细胞计数低导致的一类贫血的患者，如透析患者，需要定期注射EPO。利用AAV将高效EPO基因导入猴子体内，科学家能显著提高它们的红细胞计数，治疗猴子的贫血——并且它们的确被治愈了。

使用AAV的类似实验治愈了患导致视网膜变性和失明的遗传性疾病的狗。这些狗有一个缺陷基因，该基因会产生一种与眼睛视网膜相关的蛋白质突变形式，它们由此失明。用一个健康版的基因制备重组病毒DNA，图13.17中的第❶、❷步所示。

将带有所需基因的AAV注入视网膜后充满液体的腔内，第❸步，恢复狗的视力，第❹步。这个过程最近在人类患者身上也取得了成功。

2011年，研究人员用AAV作为载体治愈了血友

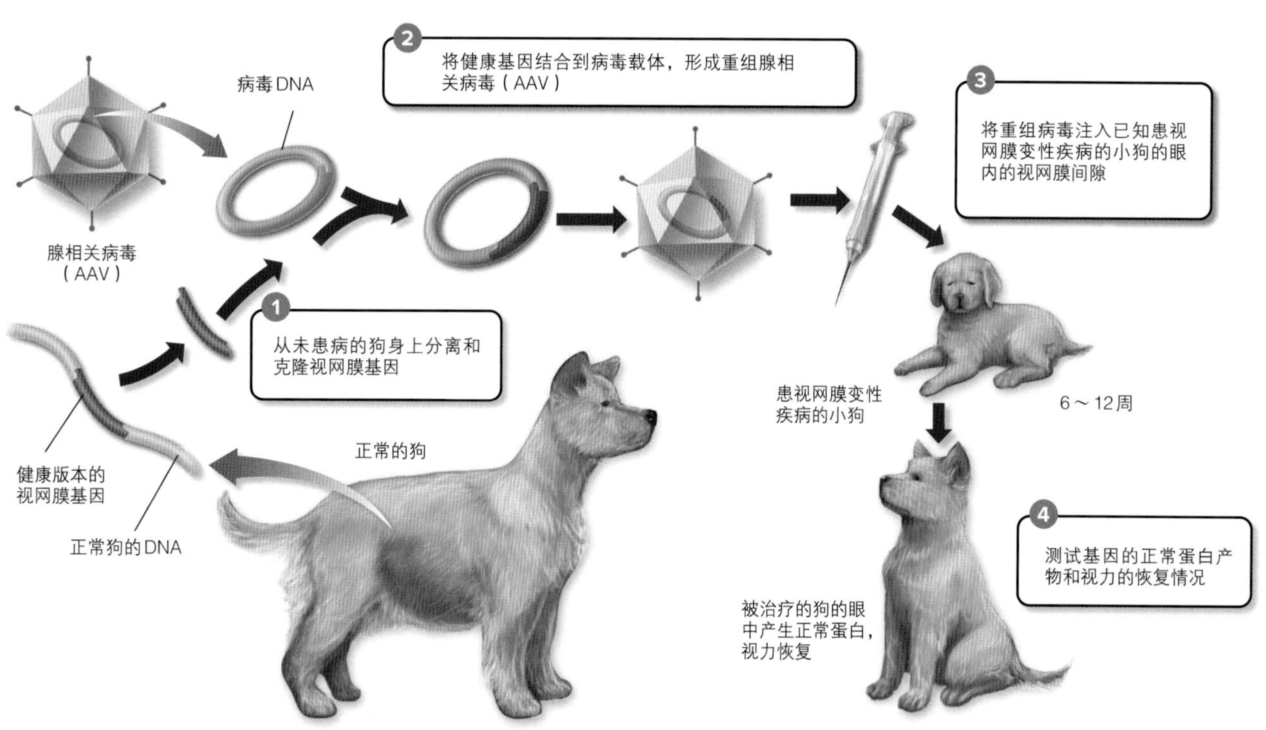

图13.17 用基因疗法治疗狗的视网膜变性疾病

研究人员用源自健康狗的基因由于恢复遗传性视网膜变性疾病失明的狗的视力。该病也见于人类婴幼儿，由一个缺陷基因导致。该缺陷基因会导致视力下降、视网膜变性和失明。在基因疗法的实验中，源自未患该病的狗的基因被插入已知携带该缺陷基因，且出生就已失明的3个月大的狗体内。治疗6周后，狗的眼睛就产生了正常型的基因蛋白产物；3个月后，测试表明狗的视力已经恢复。

病，你可以回顾第10章，这种病是由于伴X染色体隐性突变引起的血液凝结障碍。他们用AAV运载**因子Ⅸ**的基因，矫正了6位患者中4位的基因疾病。使用AAV作为载体的研究正在进行，以期治疗多种其他基因疾病。

HIV载体取得的成功

2013年，研究人员用HIV——艾滋病病毒——作为载体，成功治愈了两例罕见的遗传病。由于HIV感染干细胞的能力，这种新载体具有治疗许多基因疾病的令人兴奋的潜力。为构建成一个载体，HIV的基因被去掉，剩下的病毒颗粒不会导致AIDS，但是保留了感染人干细胞的能力。在两项研究中，缺陷基因的健康版本被装入HIV载体，一项是异染性脑白质营养不良（metachromatic leukodystrophy，MLD，一种严重的神经退化性代谢病），另一项是威斯科特-奥尔德里奇综合征（Wiskott-Aldrich syndrome，一种免疫系统疾病）。在每种情况下缺陷基因的健康版本被装入HIV载体，然后负载的载体感染取自患者的造血干细胞。多达90%的干细胞能被含健康型基因的载体感染。当这些细胞被输回患者体内，它们能像正常的干细胞一样增殖，产生健康的细胞系。对于研究中的全部6位儿童，这种方法彻底防止了他们遗传病的发作。患者在治疗两年多后仍然很健康。

关键学习成果 13.9

向病变组织植入健康基因治疗遗传病如囊性纤维化的早期尝试并不成功。新型病毒载体避免了早期载体的问题，提供了治愈的希望。

调查与分析
INQUIRY & ANALYSIS

修饰的基因能否从转基因作物中逃逸？

13.5节讨论了转基因作物的基因流动是否会对环境造成问题。2004年，美国环境保护署进行了一项野外实验，以评估转入基因从转基因的高尔夫球场草种流到其他植物中的可能性。研究人员将一个除草剂抗性基因（抗草甘膦的EPSP合成酶基因）导入高尔夫球场的匍匐剪股颖（*Agrostis stolonifera*），然后观察该基因是否会从转基因草流入同种的其他草，以及是否它会流入其他亲缘物种。

右下方的地图显示了这项精心筹划的野外研究的设计。总计178株匍匐剪股颖被种植在高尔夫球场外围，其中很多位于顺风侧。顺风侧还发现有69棵剪股颖，其中大多数是匍匐剪股颖的亲缘物种巨序剪股颖（*A. gigantea*）。收集每棵草的种子，检测所长幼苗的DNA，以确定是否存在导入转基因高尔夫球场草种的基因。在图表中，上方红色直方图（**直方图**将数据分成一系统不连续的类，每条柱形的值代表某类的个体数量，或如此例，某类的平均数）显示了在距离高尔夫球场很远的匍匐剪股颖中发现的基因的相对频率。下方蓝色直方图显示的是巨序剪股颖的。

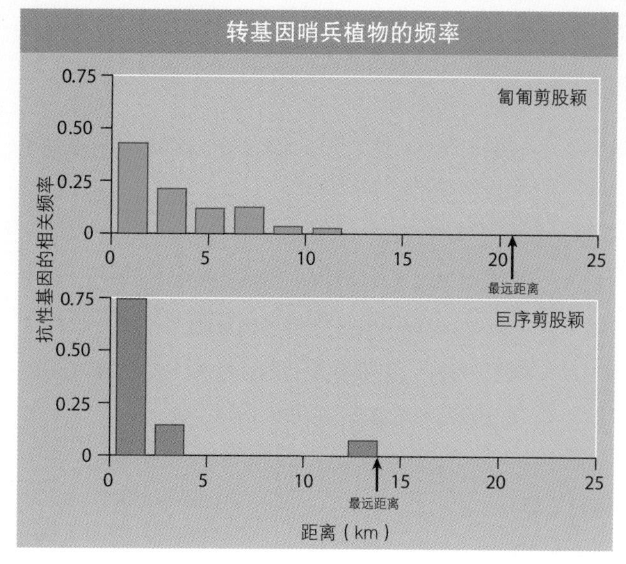

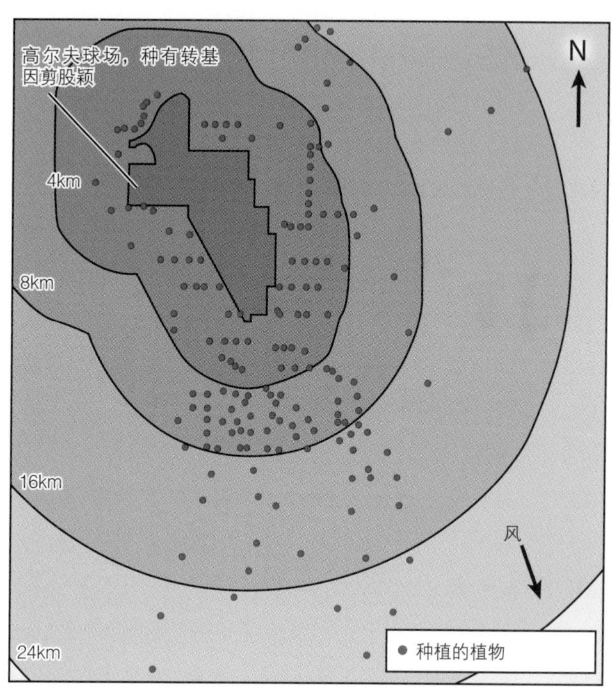

分析

1. **应用概念**

   a. **读直方图**　除草剂抗性基因是否流入其他匍匐剪股颖中？是否流入亲缘物种巨序剪股颖中？

   b. 除草剂抗性基因转入匍匐剪股颖其他植株的最远距离是多少？巨序剪股颖的是多少？

2. **解读数据**

   a. 关于距离对除草剂抗性基因流入其他植株概率的影响，能得出什么结论？

   b. 基因流入匍匐剪股颖和巨序剪股颖是否有显著差异？

3. **进行推断**　你能提出什么机制解释这种基因流入？

4. **得出结论**　是否能合理得出结论：转基因性状能从转基因作物流入其他植物？你所得结论的前提条件是什么？

本章回顾

Reviewing What You Have Learned

给完整基因组测序

基因组学

13.1.1 生物的遗传信息，它的基因和其他DNA，统称为它的基因组。基因组的测序和研究是生物学的一个领域——基因组学。

13.1.2 全基因测序，曾经是一个漫长而单调的过程，自动化系统已使其变得越来越快，越来越容易（图13.1）。

人类基因组

13.2.1 人类基因组拥有20,000～25,000个基因，远少于基于细胞内特异mRNA分子做出的预期。

• 基因在基因组中的组织有不同形式，约有98%的人类基因组拥有不编码蛋白质的DNA片段。

基因工程

一次科学革命

13.3.1 基因工程是将一种生物的基因移入另一种生物的技术。它对医学和农业影响深远。

13.3.2 限制性内切酶是一类特殊的酶，它能结合短的DNA序列，并在特定位点对它们进行剪切。当两个不同的DNA分子用同一种限制性内切酶剪切会形成黏性末端，这使不同DNA的片段能发生连接。

13.3.3 将真核生物的基因转入细菌细胞前，必须去掉内含子。成功实现这种转基因要用到cDNA，它是基因的一个互补拷贝，是用经过加工的mRNA产生的没有内含子的双链DNA。

13.3.4 DNA指纹图谱是用探针比较两个DNA样本的技术。探针结合DNA样本，会形成特定的式样，然后对式样进行比较。

13.3.5 聚合酶链式反应（PCR）是用于扩增微量DNA的技术。

基因工程与医学

13.4.1 基因工程能用于生产治疗疾病用的重要的医用蛋白质。

13.4.2 疫苗是利用基因工程开发的。编码致病病毒蛋白质的基因被插入作为载体的无害病毒的DNA（图13.8）。携带重组DNA的载体被注入人体。载体感染人体并复制，而重组DNA被翻译产生病毒蛋白质。人体会对这些蛋白质产生免疫反应，这能在未来保护人不被致病病毒感染。

13.4.3 CRISPR用于编辑基因。

基因工程与农业

13.5.1~3 基因工程已被用于农作物，使它们生长更快或更有营养。

13.5.4 转基因作物备受争议，因为对植物基因的操控可能会导致潜在危险。

细胞技术的革命

生殖性克隆

13.6.1~2 通过将供体细胞核和卵细胞同步化到细胞周期的同一阶段，威尔穆特成功克隆了一只绵羊（图13.14）。

13.6.3 虽然其他动物也已被克隆成功，但是仍有一些问题和困难发生，常造成过早死亡。克隆产生的问题似乎是由于DNA缺少必要的修饰导致的，修饰能打开或关闭某些基因，这个过程叫作表观遗传重编程。

干细胞治疗

13.7.1 胚胎干细胞是全能细胞，能发育成机体的任意类型的细胞或发育成整个个体。这些细胞存在于早期胚胎（图13.16）。

13.7.2 因为胚胎干细胞的全能性，它们能用于代替因事故或疾病而失去或受损的组织。

克隆的治疗用途

13.8.1 胚胎干细胞用于替换受损组织有一个主要缺点：组织排斥。胚胎干细胞被患者的机体视为外来细胞而被排斥。治疗性克隆能减弱这个问题。

• 治疗性克隆是克隆失去组织功能的个体的细胞，形成与该个体基因相同的胚胎的技术。然后，收集克隆胚胎的胚胎干细胞，并将它们注入同一个体。胚胎干细胞再生为失去或受损的组织，而不引发免疫反应。但是，该技术备受争议。成体细胞能被表观遗传重编程而表现胚胎干细胞的特征，这为更易接受的治疗带来了巨大的希望。

基因治疗

13.9.1 应用基因治疗，用“健康”基因代替缺陷基因，有遗传病的患者就能被治愈。

13.9.2 早期治疗囊性纤维化的尝试失败，因为机体对腺病毒载体的免疫反应，腺病毒能将健康基于导入患者细胞内。用腺相关病毒（AAV）作载体的实验取得的结果让科学家看到了希望——新载体能消除腺病毒存在的问题。

本章测验

Test Your Understanding

13.1.1 生物体所有的DNA，包括其基因和其他DNA，是其______。

a.遗传 c.基因组

b.基因 d.蛋白质组

13.1.2 如果你比较同卵双胞胎的基因组序列，你预期会发现什么情况？请解释。

13.2.1 人类基因数量比科学家的预期少的原因可能是______。

a.人类基因组没有全部被测序

b.合成特定mRNA的外显子能重排形成不同的蛋白质

c.测序人类基因组的样本不够大，所以估计的基因数量也许低了

d.随着科学家发现所有非编码DNA到底是什么，基因的数量会增加

13.3.1~2 在特定DNA碱基序列上剪切DNA的蛋白质被称为______。

a.DNA酶 c.限制性内切酶

b.DNA连接酶 d.DNA聚合酶

13.3.3 互补DNA或称cDNA如何产生______。

a.将基因插入细菌细胞

b.所需的真核生物的基因的mRNA遇到逆转录酶

c.DNA遇到限制性内切酶

d.源DNA遇到探针

13.3.4 下列叙述哪项正确？

a.DNA指纹图谱不被法院采纳

b.DNA指纹图谱能100%证明两个DNA样本是否源自同一人

c.用的探针越多，DNA指纹图谱越可信

d.没有两个人拥有完全相同的限制性式样

13.3.5 列出PCR步骤的正确排列顺序：______。

1.变性 2.引物退火 3.合成

a.1，2，3 c.2，3，1

b.1，3，2 d.3，1，2

13.4.1 基因工程细菌生产的药物能使______。

a.药物生产的数量远大于过去

b.人类能彻底矫正自身系统基因丢失的影响

c.人类能治愈囊性纤维化

d.以上都是

13.4.2 载体疫苗无害，因为______。

a.它已被加热灭活

b.突变已使其DNA失去复制的能力

c.它只有疾病病毒的一段DNA

d.它有DNA抗体，没有DNA

13.4.3 CRISPR名称的六个字母代表什么？

13.5.1 Bt作物有一个基因能产生一种毒素，它能杀死吃它的食草昆虫。如何产生Bt作物？

a.诱导植物产生维生素B和植酸

b.活化细胞表面针对细菌Bt的受体

c.插入草甘膦抗性基因

d.插入苏云金杆菌的基因

13.5.2（1）除草剂草甘膦对人无害，因为人______。

a.有分解草甘膦的酶 c.有独特的限制性内切酶

b.不能合成芳香族氨基酸 d.没有Bt蛋白的结合位点

13.5.2（2）生产转基因食品的许多技术属于公司，它们寻求保护他们创新的知识产权。例如，孟山都公司要求农户签署协议种植抗草甘膦的大豆，以避免农户留种第二年再种。该公司向违反协议的农户发起严厉的诉讼。一方面，公司需要从产品中获利，而转基因食品的研发费用是巨大的。另一方面，在世界许多人口密集区，因作物减产而面临饥荒的人们做不到每年支付种子的价格。你认为这个挑战性问题有何解决方法？

13.5.3~4 下列哪项不是对转基因作物应用的担忧？

a.食用后可能对人造成危害

b.害虫对杀虫剂产生抗性

c.基因流入转基因作物的天然亲缘作物

d.突变对作物本身有害

13.6.1~2 1994年，多莉羊克隆的关键在于______。

a.从早期胚胎提取细胞核

b.将细胞核植入有核卵细胞

c.使供体细胞和受体细胞处于“饥饿”状态

d.代孕母体为提供细胞核个体的亲属

13.6.3 基因表达的表观遗传调控______。

a.能遗传 c.将甲基加到CMP上

b.将基因锁定在“开” d.以上有两项

13.7.1 用胚胎干细胞代替受损组织产生的主要生物学问题之一是______。

a.患者对组织的免疫排斥

b.干细胞可能不能靶向正确的组织

c.培养出足够数量的组织所需的时间

d.所选干细胞的基因突变可能在未来造成问题

13.7.2 山中伸弥获得2012年诺贝尔奖是因为他______。

a.成功克隆了多莉羊

b.揭示转录因子能表观遗传重编程成体细胞

c.发明体细胞核移植技术

d.利用克隆治疗囊性纤维化

13.8.1 治疗性克隆被更专业地称为______。

a.亚基DNA图谱 c.基因重编程移植

b.核酸内切酶生殖克隆 d.体细胞核移植

13.9.1 在基因治疗中，健康基因通过______被植入存在缺陷基因的动物细胞。

a.DNA粒子枪

b.微量移液管（针）

c.病毒载体

d.细胞在基因上不改变。相反，健康组织被培养并被植入患者

13.9.2 在基因转移治疗中，为什么用腺病毒载体遇到的两个问题，用AAV载体就不会遇到？

第 4 单元　进化与生命的多样性

14

学习目标

进化

14.1　达尔文的“贝格尔”号之旅

　1　达尔文随“贝格尔”号航行的故事

14.2　达尔文的证据

　1　达尔文观察到的化石和生命的形式

14.3　自然选择学说

　1　马尔萨斯的理论

　2　自然选择定义

达尔文雀：进化进行时

14.4　达尔文雀的喙

　1　达尔文雀的不同种之间喙的差别

　2　比较达尔文、拉克和格兰特关于加拉帕戈斯地雀的研究

14.5　自然选择如何产生多样性

　1　生态位对加拉帕戈斯地雀喙进化的影响

进化理论

14.6　进化的证据

　1　用化石检验出现宏观进化理论的四个步骤

　2　同源器官和同功器官

　3　以细胞色素c基因的插图为例描述分子钟

　今日生物学　达尔文和莫比・迪克

14.7　对进化的批判

　1　美国公共学校中教授达尔文进化理论的历史

　2　反对达尔文理论的六个主要论点

　3　比希的观点：一个细胞的分子机制具有不可简化的复杂性

　深度观察　验证智能设计论

种群如何进化

14.8　种群中的基因变化：哈迪-温伯格定律

　1　哈迪-温伯格定律和它的假设

14.9　进化的作用因素

　1　影响哈迪-温伯格比例的五个因素

　2　比较稳定选择、分裂选择和单向选择

种群内的适应

14.10　镰状细胞贫血

　1　稳定选择如何维持镰状细胞贫血

14.11　桦尺蛾和工业黑化

　1　自然选择在工业黑化中的作用

　2　选择在维持沙漠小鼠黑化中的作用

14.12　孔雀鱼体色的选择

　1　捕食是怎样改变孔雀鱼颜色的

　作者角　捕鸟猫的存在促进了鸟类的进化吗？

物种是如何形成的

14.13　生物学物种概念

　1　生物学物种概念

14.14　隔离机制

　1　六种合子前隔离机制

　2　两种合子后隔离机制

调查与分析　自然选择对酶多态性起作用吗？

进化与自然选择

在加拉帕戈斯群岛——一个远离南美洲海岸的火山群岛，生活着4种雀鸟，它们都来自同一个祖先，很久以前从大陆被吹到这些岛屿。加拉帕戈斯地雀为达尔文提供了有关自然选择如何影响物种进化的宝贵线索。不同的喙使不同的雀鸟适应吃不同大小的种子；䴕形树雀可以用一根仙人掌刺探查深深裂缝里的昆虫；莺雀捕食爬行昆虫。它们利用食物资源的不同方式产生了影响达尔文雀等群体进化的选择压力。

14.1 达尔文的“贝格尔”号之旅

年轻的达尔文开启了探索之旅

学习目标14.1.1 达尔文随“贝格尔”号航行的故事

从细菌到大象和玫瑰，地球上生命的丰富多样性是一个长期**进化**的结果，随着时间的推移，生物的特征发生了变化。在1859年，英国博物学家查尔斯·达尔文（Charles Darwin，1809—1882）首次对进化的出现进行解释，并将这个过程命名为自然选择。不久后，生物学家们便相信达尔文的理论是对的。现在进化被认为是生物学的核心概念之一。在本章中，我们会详细考查达尔文和进化，因为这些我们将要学习的概念会为你对生命世界的探索提供坚实的基础。

进化理论认为，一个种群可以随时间推移而发生变化，有时会形成一个新的物种。一个物种是一个或几个具有相似的特征，可以杂交并产生可育后代的种群。这一著名的理论提供了一个很好的例子，说明科学家如何在这种情况下提出一个关于进化如何发生的假设，以及在经过大量测试后，该假设如何最终被接受为理论。

达尔文经过30年的研究和观察，写下了最著名和有影响力的书——《物种起源》。此书在发行时引起了巨大的轰动，其中达尔文的观点对推动人类思想的发展起了关键作用。

在达尔文时代，多数人认为不同的生物和它们的个体结构源于造物主的创造。物种被认为是专门创造的，并且不会随着时间改变。不同于这些观点，一些早期的哲学家们认为地球上的生命在历史中曾发生过改变。达尔文提出了一个叫作自然选择的概念用于解释这个连贯的、合乎逻辑的过程。正如书名所示，达尔文的书得出了完全不同于传统观念的结论，但他的理论并没有反对一个神圣的造物主的存在。达尔文认为，这种造物主并没有简单地创造事物，然后让它们永远不变，而是通过操纵自然法则以表达生命的变化，也就是进化。

达尔文的故事和他的理论开始于1831年，那时他22岁。英国海军“贝格尔”号（HMS Beagle）即将启航，赴南美洲海岸进行为期5年的导航测绘考察。按照英国海军传统，年轻（26岁）的“贝格尔”号船长不能与他的船员们社交。所以一次历时多年的旅行需要有一位绅士同伴聊天。作为前车之鉴，“贝格尔”号的前任船长在经过离家三年的孤独行程后情绪失控而自杀。

在剑桥大学一位教授的推荐下，达尔文，一位富有的医生的儿子，一位十足的绅士，被选为船长的同伴，主要在长途航行时与船长同桌用餐。达尔文自费，甚至还带了一名男仆。“贝格尔”号是一艘242吨的10枪双桅船，却只有90英尺长，载了74个船员！

达尔文在这艘船上承担起了博物学家的任务［一个叫罗伯特·麦考密克（Robert McCormick）的来自官方的博物学家在第一年结束之前离开了这艘船］。在这次漫长的航行中，达尔文有机会研究大陆、岛屿和远海的各种动植物。他探索了热带雨林的生物多样性，在南美洲南端的巴塔哥尼亚考察了已灭绝的大型哺乳动物的奇特化石，并观察了**加拉帕戈斯群岛**上一系列具有明显亲缘关系的，但却不同的生物。这样的机会在达尔文对地球上生命本质的思考中显然发挥了重要作用。

当达尔文在27岁结束航行后，他开始了长期的研究和深思。在随后的10年中，他就几个不同主题出版了一些重要书籍，其中包括由珊瑚礁到海洋岛屿的形成和南美洲的地质。他还用8年的时间研究藤壶。藤壶是一类带有外壳的小型海洋动物，常常栖息在岩石和船桩上。达尔文最终撰写了一部关于藤壶分类和自然史的著作（共四卷）。在1842年，达尔文和他的家人从伦敦搬到了一处位于肯特郡叫作“唐恩小筑”的乡间住宅。在这种怡人的环境中，达尔文生活、学习和写作，度过了40年。

关键学习成果 14.1

达尔文首次提出了自然选择作为进化的机制，造成了地球上生命的多样性。

14.2 达尔文的证据

在达尔文时代，阻碍人们接受任何关于进化的理论的障碍之一是当时普遍认为地球只有几千年历史的错误观念。深层岩石存在大量和长期侵蚀的证据，以及越来越多样的新化石的发现，似乎使这一观点变得越来越不可信。达尔文随“贝格尔”号航行时，阅读了伟大的地质学家查尔斯·莱尔（Charles Lyell，1797—1875）的著作《地质学原理》（1830）。这本书第一次讲述了在古老的世界中，动植物的物种不断灭绝，同时新物种又不断出现。达尔文试图去解释的就是这个世界。

达尔文的发现

学习目标14.2.1　达尔文观察到的化石和生命的形式

当“贝格尔”号启航的时候，达尔文坚信物种是不可变的，也就是说它们不会被外界改变。事实上，直到达尔文回来两三年后他才开始严肃地考虑物种发生变化的可能性。然而，当在船上的那5年里，达尔文观察到了许多对他得到最终结论至关重要的现象。比如说，在南美洲南部有丰富化石层的地方，他观察到了如图14.1所示的已经灭绝的犰狳的化石。它们和依然生活在相同地方的犰狳在形态上有惊人的相似之处。为什么相似的依然存活的生物和化石生物会出现在同一个地方？除非现存生物起源于化石？后来，达尔文观察到的现象被他发现的其他化石样品所支持，那些化石样品具有指向连续变化的中间特征。

达尔文后来又重复观察到不同地方的相似物种的特征有着某些不同。这些地理模式暗示着生物系谱会随着个体迁徙到新的栖息地而逐渐变化。在距离厄瓜多尔海岸900千米的加拉帕戈斯群岛上，达尔文遇到了各种各样的雀鸟。这14种雀鸟尽管有亲缘关系，但是外表上却有些许不同。达尔文感觉有一种假设最合理，那就是这些鸟类都来自于几百万年前南美洲大陆的同一个祖先。由于生活在不同的岛屿上，吃不同的食物，这些物种以不同的方式发生变化，最明显的

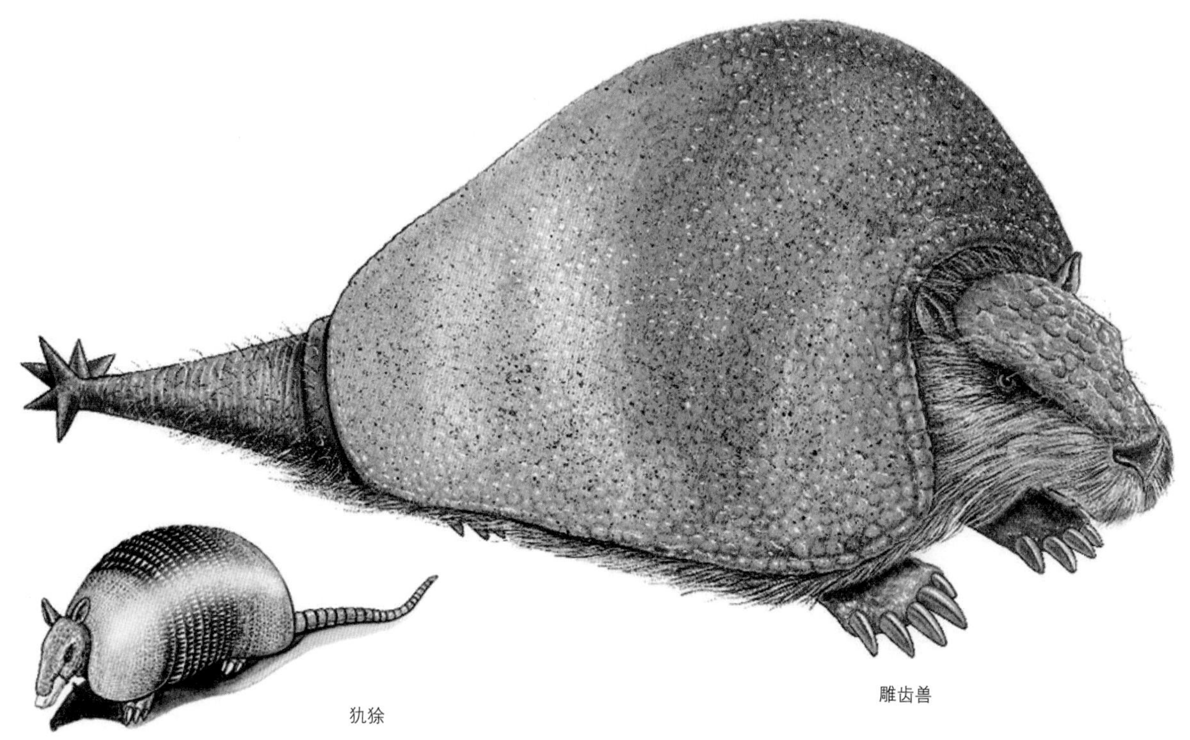

图14.1　进化的化石证据

现已灭绝的雕齿兽是一种大型的重2,000千克的南美洲犰狳（大约是小型车的大小），比现代犰狳大得多。现代犰狳平均体重约为4.5千克，相当于家猫的大小。像雕齿兽这样的化石，与在同一地区现存生物的相似性，向达尔文暗示进化已发生。

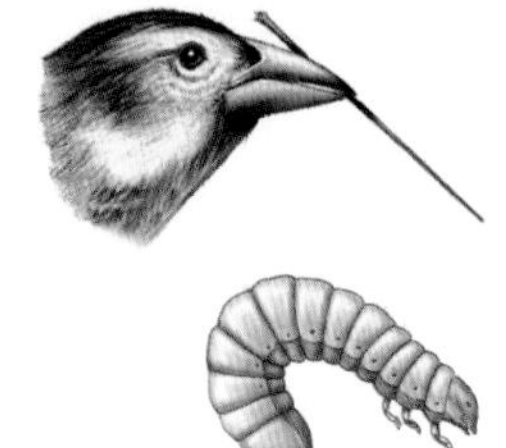

图14.2　四种加拉帕戈斯雀以及它们的食物

达尔文观察了14种生活在加拉帕戈斯群岛的雀鸟。它们的区别主要在喙和食性上。图中的4种雀鸟以不同的食物为生，达尔文推测，它们的喙有非常不同的形状，意味着进化上的适应性改进了它们这样做的能力。

变化就是它们的喙。图14.2左上角所示的雀鸟有比较大的喙，这能更好地帮它用力敲破它所吃的大粒种子。随着从同一个祖先一代一代地繁衍，这些雀鸟改变并且适应了这些变化，这就是达尔文所指的“经过改变的继承”，也就是进化。

在更普遍的意义上，达尔文不得不为这样一些事实而震惊，一些比较年轻的火山岛上的动植物同附近南美洲海岸上的动植物相似。如果每一种动物和植物都是独立地出现于加拉帕戈斯群岛上，那么它们为什么不同其他具有类似气候的岛上的动物或者植物相似呢？比如说非洲海岸线附近的一些岛上的动物和植物。为什么会和邻近的南美洲海岸的动物或者植物相似呢？

关键学习成果　14.2

达尔文在“贝格尔”号航程中所观察到的化石和生命形式最终使他确信进化已经发生。

14.3　自然选择学说

发现进化的结果是一回事，理解进化是怎么发生的是另一回事。达尔文的伟大成就在于他提出了进化是自然选择的结果假设。

达尔文和马尔萨斯

学习目标 14.3.1　马尔萨斯的理论

对于达尔文观点的形成具有至关重要性的是他对托马斯·马尔萨斯（Thomas Malthus）的著作《人口原理》（1798）的研究。在这本书里，马尔萨斯指出植物和动物（包括人类）的种群会有按几何级数增长的趋势，然而人类增加食物供应的能力只是呈算术级数增长。几何级数是指某一元素的数量按一个常数因子的级数增长。图14.3中的蓝线就表明了一个几何级数：2，6，18，54……每一个数字都是前一个数字的三倍。而算术级数是指元素数量按一个常数因子增长。红线表明的等差数列：2，4，6，8……每一个数字跟前一个数字比都增加了2。

因为种群的数量按照几何级数增长，如果肆无忌惮地繁衍，几乎每一种动物或者植物都会在极短时间内覆盖整个地球表面。然而事实上，物种的种群规模年复一年地维持在比较稳定的状态。这是因为死亡限制了种群的数量。马尔萨斯的结论为达尔文提出的假设——进化是因为自然选择提供了关键因素。

自然选择

学习目标 14.3.2　自然选择定义

被马尔萨斯的概念所启发，达尔文看到了一种现象。尽管每一种生物都有能力繁殖出比能存活数量更多的后代，但实际上只有有限的个体能存活下来并且进一步繁衍后代。比如说海龟会回到它们被孵化出来的海滩产卵。每只母海龟会产下大概100枚蛋。海滩会被成千上万只刚孵化出的小海龟所覆盖。这些小海龟会努力爬向大海。然而只有不到10%的小海龟能长到成年期并回到海滩繁衍后代。达尔文综合了这些

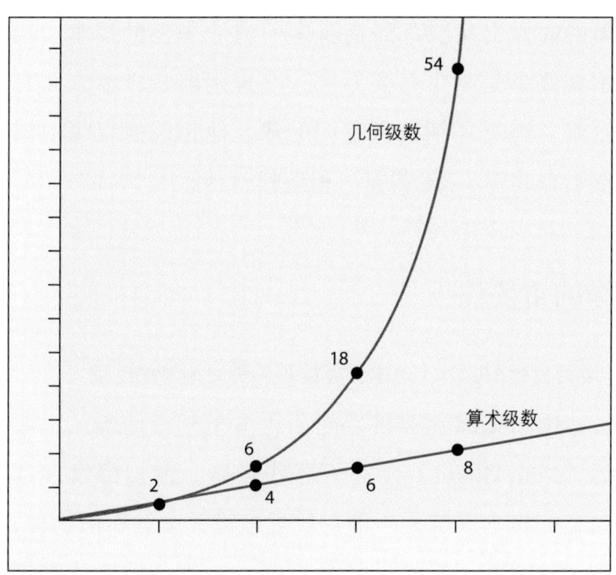

图14.3　几何级数和算术级数
算术级数以一个常数的差增长（例如，以1或2或3的单位），而几何级数以一个常数因子增长（比如，2或3或4）。马尔萨斯认为人类的增长曲线是几何倍数的增长，但人类的食物生产曲线只是算术级的增长。你能发现这种差异导致的问题吗？

观察和他在“贝格尔”号航程中的发现，以及他自己饲养家畜的经验，得出了一个重要的关联：那些具有良好的身体素质、行为能力或者其他帮助它们存活下来的特征的个体比其他不具备这些特征的个体存活下来的概率更大。存活使得它们有了能把那些有益的特征传递给后代的机会。随着这些特征的频率在整个种群里的增多，这个种群的整体特性也会逐渐改变。达尔文把这个过程叫作**自然选择**。他所认为的自然选择的驱动力被称为适者生存。然而这并不是说最大的或者最强壮的个体总会存活下来。一些特征对某一个特定的环境来说可能是有利的，但对于另外一个环境来说可能就不那么有利了。和其他生物相比，那些“最适合”其特定环境的生物存活率更高，因此比种群中的其他生物繁衍更多后代，从这个意义上说，它们是“最适”的。

达尔文对驯养动物发生的变异非常熟悉。他以鸽子繁育的详细论述作为他的著作《物种起源》的开始。他知道饲养者们会选择某些品种的鸽子或者其他动物，比如说狗，人们常以培育其某些特征为目的。这个过程被达尔文称作**人工选择**。一旦饲养者们这样去做，就会繁育出具有被选择特征的动物。达尔文还观察到在以特定选择繁育的驯化物种或者品种间的区别通常会比那些隔离的野生物种间的区别要大。比如说被养殖的鸽子具有比整个世界成千上万种野生鸽子更丰富的多样性。这种关系让达尔文想到进化变异同样会发生在大自然。当然如果鸽子饲养者们能通过“人工选择”来培育出此类变异，那么大自然也可以如饲养者选择繁育后代一样，通过环境的压力达到同样的目的——这个过程被达尔文称作**自然选择**。

达尔文的理论为生物多样性或者为什么不同地方的动物会有不同特征提供了一个简单而又直接的解释：由于栖息地对生物的要求和机会不同，那些有适应当地自然选择特征的生物会在不同的地方产生不同的变化。我们稍后还会在这一章讨论：还有其他的进化动力会影响生物多样性，但是自然选择是唯一的产生适应性变化的进化动力。

达尔文的论据

1842 年，达尔文在初期的一份手稿里起草了关于自然选择进化论的全面论述。然而在他向几个和他最亲密的科学家朋友展示了他的稿件之后，达尔文把它放进了抽屉里并在之后的16年里转向了其他的研究。没有人清楚地知道达尔文当时为什么没有发表他初期的手稿——这份稿件全面地分析并且描述了他观点的细节。一些历史学家认为，达尔文对私下甚至公开批判他的进化论思想持谨慎态度，因为他知道他所提出的自然选择进化论会引发争议。还有一些人认为达尔文只是在精炼他的理论，尽管有证据表明在那相当长的一段时间里他并没有对稿件做多少修改。

华莱士持有相同的观点

致使达尔文的理论最终出版的是他在1858年收到的一篇文章。一位叫阿尔弗雷德·拉塞尔·华莱士（Alfred Russel Wallace）的年轻英国博物学家（1823—1913）从马来西亚寄给了达尔文一篇论文；这篇文章简明地阐述了进化以自然选择的方式进行的理论。这一理论是华莱士独自创建的。与达尔文相同，华莱士也在很大程度上受到了马尔萨斯1798年的著作的影响。收到华莱士的文章后，达尔文在伦敦安排了一个学术研讨会来共同介绍他们的想法。然而他们都没能参加这次研讨会：华莱士还在马来西亚，而在研讨会召开前一天达尔文的小女儿溺水身亡。后来达尔文完成了他的著作，续写了他很久前完成于1842年的手稿，并且投递发表。

达尔文理论的发表

达尔文的书在1859年11月问世后立即引起轰动。虽然很久之前人们就已经接受了人类与猿在许多特征上相似的事实，但是二者间有直接进化关系的可能性还是不被许多人接受。事实上，达尔文没有在书中讨论这一观点，但是这个观点直接遵从于他书中描述的原则。在他随后的一本叫《**人类的由来**》的书中，达尔文直接强有力地论证了人类和现有的猿类有共同的祖先。很多人对人类和猿有共同的祖先这样的提议感到非常不安，因此达尔文关于进化的书使他成为他那个时代的讽刺作家笔下的牺牲品。尽管如此，达尔文的关于自然选择进化论的论据是如此令人信服，以至在19世纪60年代后他的观点在大不列颠的学术界几乎被全部接受。

关键学习成果　14.3

生物种群没有按几何级数的形式增长的事实意味着自然限制了种群的数量。能够使生物存活并且繁殖更多子代的性状将在后代中更加普遍。这个过程叫作自然选择。

达尔文雀：进化进行时
Darwin's Finches: Evolution in Action

14.4　达尔文雀的喙

加拉帕戈斯地雀在达尔文的自然选择进化论里起了很重要的作用。他在1835年抵达加拉帕戈斯群岛的时候，从三个岛上收集了31个雀鸟的样本。达尔文并不是一个鸟类专家，在识别那些样本方面有困难。通过仔细检查它们的喙，他相信他收集的样本里有鹪鹩、"蜡嘴雀"和乌鸦。

喙的重要性

学习目标14.4.1　达尔文雀的不同种之间喙的差别

达尔文回到英格兰之后，鸟类学家约翰·古尔德（John Gould）详查了那些雀鸟。古尔德发现达尔文的样本其实是一群有较近亲缘关系的不同物种，它们之间除了喙之外都很相似。一共有14个物种被识别出来，13种来自加拉帕戈斯，1种来自距离遥远的科科斯群岛。图14.4所示的有较大的喙的雀鸟能用喙压碎种子并以此为食，而那些喙比较尖窄的雀鸟，吃的是昆虫［包括莺雀（这个名字来自与它相似的一种陆地鸟类）］。其他的物种还有以果实和嫩芽为食的，以及以仙人掌果实和仙人掌果实吸引来的昆虫为食的；一些具有尖锐的喙的雀鸟种群，比如"吸血鸟"，甚至会爬到海鸟身上用喙吸取它们血液。可能最奇特的是会用工具的鸟，比如䴕形树雀，如图14.4左上角所示，它们会捡起小树枝、仙人掌刺或者叶柄，并用它们的喙将其修剪成一定形状，然后捅进枯枝里把虫子钩出来。

达尔文雀喙的区别缘于这些鸟的基因。当生物学家比较大地雀（有能破碎大个儿种子的粗壮的喙）和小地雀（有比较细长的喙）的DNA的时候，发现两个物种的DNA中唯一不同的生长因子基因是*BMP4*（称为"骨形态发生蛋白4"，如图1.9所示）。区别在于这个基因是如何被使用的。有大喙的大嘴地雀比小地雀产生更多的BMP4蛋白质。

14种雀鸟的喙及其食物来源的适宜性使达尔文很快意识到是进化造就了这种现象：

"在一小群有亲缘关系的鸟类中看到这样性状的渐变和多样性，人们可能真的会想象，在这个最初只有少数鸟类的群岛上，一个物种会发生改变并形成很多不同的后代。"

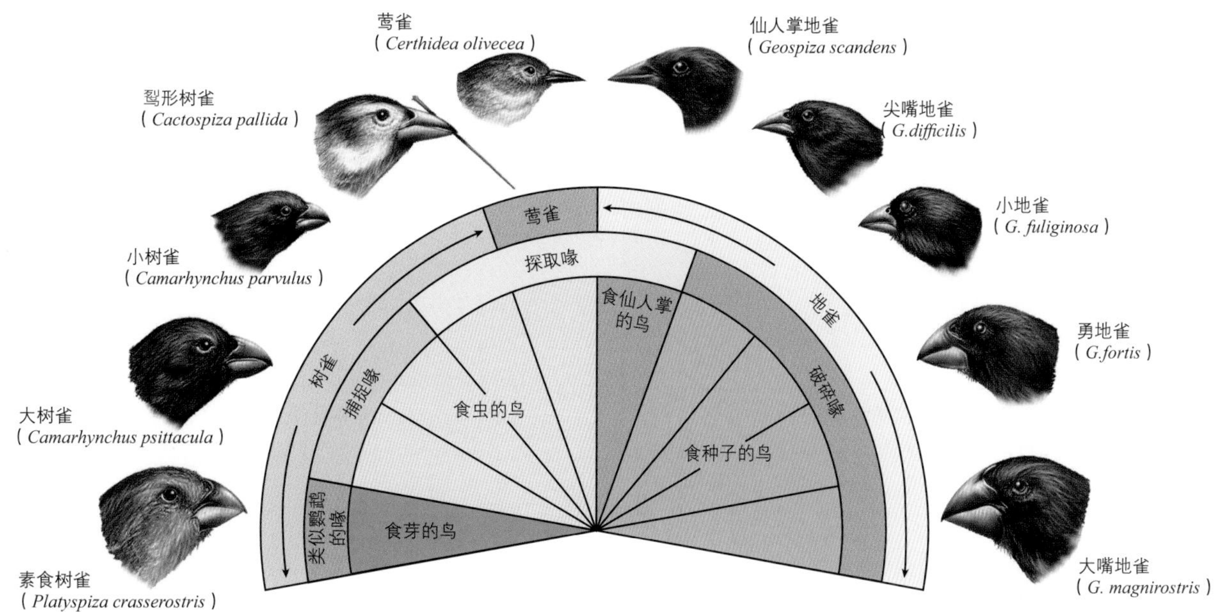

图14.4　一个孤岛上雀鸟的多样性

来自加拉帕戈斯群岛之一的圣克鲁斯岛的10种达尔文雀。这10个物种在喙和食性上存在差异。这些差异可能是在雀类到达并遇到缺少小鸟的栖息地时产生的。科学家认为，所有这些鸟类都来自一个共同的祖先。

判断达尔文是否正确

学习目标14.4.2　比较达尔文、拉克和格兰特关于加拉帕戈斯地雀的研究

如果达尔文关于雀鸟祖先的喙被“为了不同的目的而改变”的看法是正确的，那么就应该能看到一种可能性：不同种类的雀扮演它们各自进化的角色，每一种雀会用它的喙去获取它特定的食物。比如说那四种用喙破碎种子的雀，应该食用不同的种子，那些有比较厚而坚固喙的雀应该专门吃更难破碎的种子。

许多生物学家在达尔文之后探访了加拉帕戈斯群岛，但是直到100年后才有人尝试验证他的假设。伟大的博物学家戴维・拉克（David Lack）在1938年开始做这个实验，他用了整整五个月的时间去密切观察那些鸟类，他的观察结果看上去和达尔文的提议互相矛盾！拉克常常看到许多不同的雀鸟在一起吃同一类种子。他的数据表明，那些喙厚而坚固的雀和喙细长的雀以完全相同的种子为食。

我们现在知道，拉克的不幸是在一个食物充足的潮湿年份研究了这些鸟类。雀鸟喙的大小在这样的丰水期没有多大的重要性；厚而坚固的和细长的喙对于获取充足的软而小的种子来说效果不相上下。后来的一些在种子食物不足的干旱年的研究揭示了一幅完全不同的画面。

更进一步的观察

从1973年开始，来自普林斯顿大学的彼得・格兰特（Peter Grant）和罗斯玛丽・格兰特（Rosemary Grant）还有他们的几代学生在加拉帕戈斯中部一个叫大达夫尼的小岛上研究了中等体型的勇地雀。这些雀鸟在雨水丰富的年份优先选择充足的小而软的种子为食。当小种子难以获取的时候，它们会依靠大而干且难以破碎的种子。这样的拮据时期发生在干旱年份里，这时植物会结出比较少的种子，不管种子是大是小。

经过每年仔细地测量许多鸟类的喙的形状，格兰特夫妇首次描绘出了一幅详尽的进化过程的画面。格兰特夫妇发现，喙的厚度从一年到下一年呈现出可预测性的变化。植物在干旱的年份里结出较少的种子，而且所有的小种子会很快被吃光，剩下的大个儿种子就成了主要的食物来源。由于这个原因，有较大喙的鸟类能更好地存活下来，因为它们能更

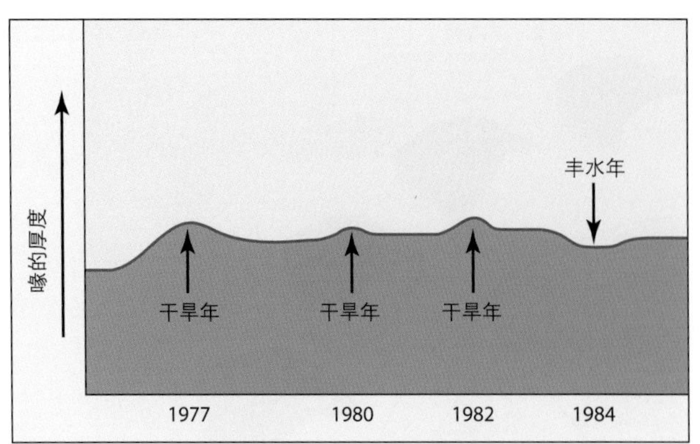

图14.5　证据表明，自然选择改变了勇地雀喙的厚度
在干旱年，当只有坚硬的大种子的时候，喙的平均厚度会增加。在丰水年，当有很多小种子的时候，厚度较小的喙会变得更常见。

轻易地破碎那些大个儿的种子。所以，鸟类喙的厚度平均值在下一年有所增长，因为在下一代鸟类中包含存活下来的大喙鸟类的后代。在干旱年存活下来的鸟类后代有比较大的喙，这个进化反应导致了图14.5中所示的峰值。图中出现峰值却没有在峰值处形成稳定阶段的原因是喙的平均厚度在丰水年回归后会重新变小，因为在种子充足的时候有较大厚度的喙不再有更多的优越性，喙比较小的鸟类也能存活下来并繁殖后代。

这些喙的大小变化能否反映自然选择的作用呢？或者是喙厚度的变化并不能反映基因频率的变化，而只是对食物的一种反应，食物贫乏的鸟类有比较厚而坚固的喙。为了排除这种可能性，格拉特夫妇测量了亲代与后代的鸟喙的大小关系，并且在几年里测量了许多代。结果表明，喙的厚度从一代到下一代稳定地传递，说明喙的大小的差异确实体现了基因的不同。

支持达尔文

如果喙的厚度年复一年的变化能通过干旱年的模式来预测，那么达尔文是正确的：自然选择通过食物供应影响了鸟类喙的厚度。在所讨论的这个研究里，有厚而坚固的喙的鸟类在干旱的时候处于优势，因为它们能破碎大且干的种子也就是仅有的食物来源。在湿润的气候回归之后比较小的种子重新变得充足起来，这时小的喙变成一个对于获取小种子更有效的工具。

关键学习成果　14.4

对于达尔文雀，自然选择通过食物供应的自然变化调整喙的厚度，这种自然的调节直到现在也一直在进行。

14.5　自然选择如何产生多样性

适应辐射

学习目标14.5.1　生态位对加拉帕戈斯地雀喙进化的影响

达尔文相信每一种加拉帕戈斯雀已经适应了它所栖息岛上的特定食物和其他条件。这些群岛呈现出不同的生存机遇，因此形成了一个物种的集群。据推测，达尔文雀的祖先大概在其他陆地鸟类之前来到了这些刚刚形成的群岛，当它到达时，陆地鸟必要的生态位还未被占据。生物学家把物种生存的方式叫作生态位——生存方式包括生物在试图生存和繁殖的过程中与之相互作用的生物（其他生物）和物理（气候、食物、栖息地等）的条件。当这些刚迁徙到加拉帕戈斯的鸟类进入这些没有被占据的生态位并适应新的生存方式，它们开始经受多种多样的选择压力。在这种情况下，雀鸟的祖先很快分化成一系列种群，其中一些种群进化为单独的物种。

在一个区域内，当一群物种占据一系列不同的栖息地时，它们发生变化的现象称为**适应辐射**。图14.6展示了在加拉帕戈斯群岛和科科斯群岛上的14种达尔文雀，这些雀鸟被认为已经发生了进化。图中最下面括号所指的祖先种群在大约200万年前迁徙到岛上，经历了适应辐射的过程，产生了14种不同的物种。这些栖息在加拉帕戈斯群岛和科科斯群岛上的14种雀鸟总共占据了4种类型的生态位。

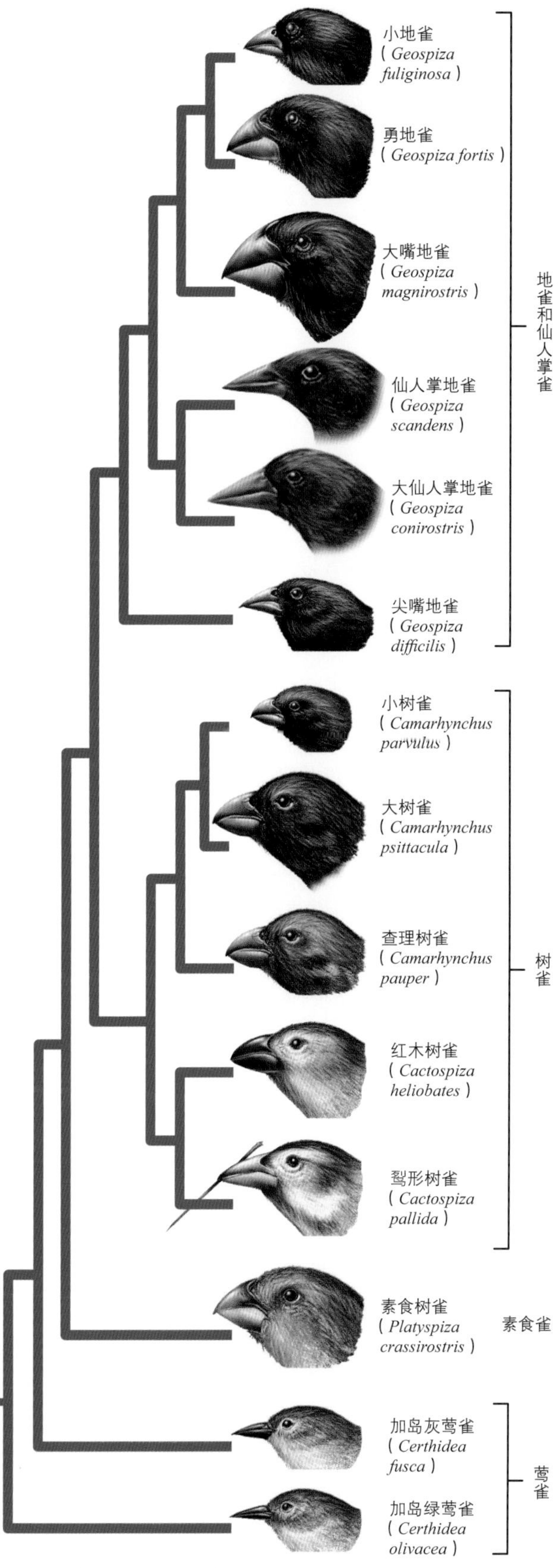

图14.6　达尔文雀的进化树

这个进化树是通过比对14个物种的DNA构建的。雀鸟进化树的基部说明莺雀是第一个在加拉帕戈斯岛上进化的适应类型。

1. **地雀**　这里一共有6种地雀。大多数的地雀以种子为食。它们的喙的尺寸与它们所吃种子的大小有关。有些地雀主要吃仙人掌的花和果实，它们的喙更长、更大、更尖。
2. **树雀**　这里一共有5种，以昆虫为食。其中4种有着适合吃昆虫的喙。鸳形树雀有像凿子一样的喙。这种独特的鸟会衔起树枝或者仙人掌刺去探出藏在较深缝隙中的虫子。
3. **素食雀**　这种喙比较大的食芽鸟习惯于从树枝上扭断树芽。
4. **莺雀**　这些与众不同的鸟类在加拉帕戈斯的森林中扮演着类似莺在大陆上的生态作用，它们不断地在树叶和树枝间寻找昆虫。它们都有比较细长、像莺喙一样的喙。

关键学习成果　14.5

达尔文雀都来自同一个近似的大陆物种，在加拉帕戈斯群岛上广泛辐射，用很多不同的方式填充了当时未被占据的生态位。

进化理论
The Theory of Evolution

14.6　进化的证据

达尔文在《物种起源》里所描述的证据强有力地证明了进化论。现在我们将会探究其他支持达尔文理论的证据，包括通过化石检验、解剖特征和如DNA和蛋白质等分子所揭示的信息。

化石记录

学习目标14.6.1　用化石检验出现宏观进化理论的四个步骤

化石记录是宏观进化最直接的证据。**化石**是被保存下来的古生物遗体、遗迹，或者是曾经存在过的有机体的痕迹。化石是当生物体被埋藏在沉积物中时产生的。在骨或者其他硬组织中的钙矿化，与其周围的沉积物一起最终硬化形成岩石。事实上大多数的化石都是骨骼。在一些极少数情况下，化石形成于极细的沉积物中，这时羽毛可能也会被保存下来。然而，当遗体被固定且悬浮在琥珀（植物树脂化石）中，整个生物体会被保存下来。存在于一层层沉积岩中的化石展现了地球上生命的历史。

通过测定化石所在岩石的年代，我们可以准确了解化石的年龄。通过测量岩石中某些放射性同位素的含量来确定岩石的年代。放射性同位素会分解，或者衰变成其他的同位素或者元素。这种分解或衰变以一个恒定的速度发生，所以岩石中所含放射性同位素的量能够表明岩石的年龄。

如果进化论是正确的，那么岩石中的化石应该能体现出进化的历史轨迹。这个理论清晰地预示着从化石中应该能看到一系列连续的变化，而且这些变化会按照前后顺序发生。也就是说，如果进化论是不正确的，那么就不会出现这种有序的变化。

我们将通过下面的逻辑步骤来验证这个假设。

1. 收集一组特定生物群的化石。比如说，收集一批雷兽的化石。雷兽是生存在5,000万到3,500万年前的一种有蹄哺乳动物。
2. 确定每一个化石的年代。在确定化石年代的时候，非常重要的一点就是不能参考化石本身是什么样子的。要把它想象成是被封装在一个黑箱子中的石头，只有箱子的年代是被确定的。
3. 把化石按照它们的年龄排序。在不看“黑箱子”的情况下，把化石按照年龄从大到小的顺序排成一个系列。
4. 检查化石。化石之间的差别是混乱无序的，还是如进化论预言的一样表现出连续的变化？通过图14.7，你可以自己判断。在这批雷兽化石所覆盖的1,500万年的时间里，5,000万年前位于鼻子上方的小的骨性突起经过一系列连续的变化进化成了相对较大而且钝的犄角。

当观察图14.7时，一定不要忽略结果中至关重要的一点：进化是一种观察到的现象，而不是一个结论。因为样本的年代不是以样本的形态确定的，沿着时间的连续变化是一种数据陈述。关于进化是自然选择的结果的说法是达尔文推动的一种理论，而已发生宏观进化的说法则是事实的观察。

还有很多其他的例子也清楚地证实了达尔文理论的关键预测。现在的大型单蹄马的进化就是一个令人熟悉并被清楚记录下来的例子，这种有复杂臼齿的单蹄马是由一个小得多的有着简单臼齿的四趾祖先进化而来的。

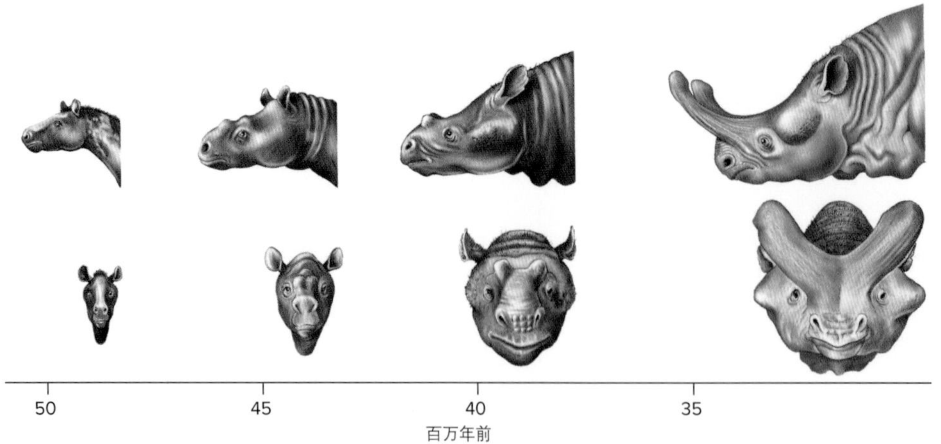

图14.7　用雷兽化石测证进化论

在这幅图中，你看到的是一组被称为雷兽的有蹄哺乳动物的变化。它生活在大约5,000万到3,500万年前。在这段时间里，5,000万年前位于鼻子上方小的骨性突起进化成了相对较大而且钝的犄角。

达尔文和莫比·迪克

莫比·迪克（Moby Dick），是在赫尔曼·梅尔维尔（Herman Melville）的小说里被船长亚哈追捕的一只抹香鲸。它是海洋中的大型食肉动物之一。大的抹香鲸是贪婪的食肉动物。它体长可能超过60英尺并且重达50吨。然而抹香鲸不是鱼。跟大白鲨不同，鲸有毛发（不是很多），而且雌性鲸有可以分泌乳汁的乳腺用以喂养幼鲸。抹香鲸是哺乳动物，就跟人类一样！这引出了一个有趣的问题。如果达尔文关于化石记录反映生命进化历史的论点是正确的，那么化石告诉我们哺乳动物大约在恐龙时代由陆地上的爬行动物进化而来。它们是怎么返回到水中的呢？

长期以来，鲸鱼的进化史一直吸引着生物学家，但直到最近几年才发现了揭示这个有趣问题的答案的化石。现在，一系列的发现使生物学家能够追溯地球上有史以来最庞大动物的进化史，追溯到它们起源于哺乳动物时代的早期。事实证明，鲸原来是大约5,000万年前重新返回海洋的陆生四足哺乳动物的后代，与如今的海豹和海象一样。令人吃惊的是，白鲸的进化祖先生活在亚洲的草原，并且看起来像是中等体型的猪，体长大约几英尺，体重大概50磅，每只脚上有四个脚趾。

鲸是由哪种陆生哺乳动物进化而来的呢？研究人员很久前就推测它可能是一种有三个脚趾的、有蹄的食肉动物，被称为中爪兽目，与犀牛有亲缘关系。微妙的线索暗示了这个推测——臼齿牙脊的排列，以及耳骨在头骨上的位置。但是在2001年公布的研究结果表明这些微妙的线索具有误导性。来自密歇根大学的菲利普·金格里奇最近发现了两只5,000万年前的鲸鱼物种。这两只鲸的踝骨表明它们属于偶蹄动物，一种同河马、牛和猪有关联的四趾哺乳动物。甚至就在不久前，日本研究人员发现如今只有鲸和河马拥有共同的、独特的DNA遗传标记。

生物学家现在推断，鲸同河马一样，都起源于一群称为石炭兽的早期四蹄哺乳动物。石炭兽是一种中等体型的食草动物，有类似于猪一样的外表，并在5,000万年前的欧洲和亚洲广泛分布。

1994年，生物学家在巴基斯坦发现了它们的后代，一种已知的最古老的鲸。被发现的化石有4,900万年之久，它有四条腿，每只脚上有四个脚趾，每一个脚趾的端部都有一个小蹄。它被称为走鲸（会行走的鲸）。它有锐利的牙齿，体形和一只大的海狮差不多。对它的牙齿进行矿物质分析显示，它喝淡水，跟海豹一样，它还没有完全成为海洋动物。它的鼻孔长在鼻子的顶端，就跟狗一样。

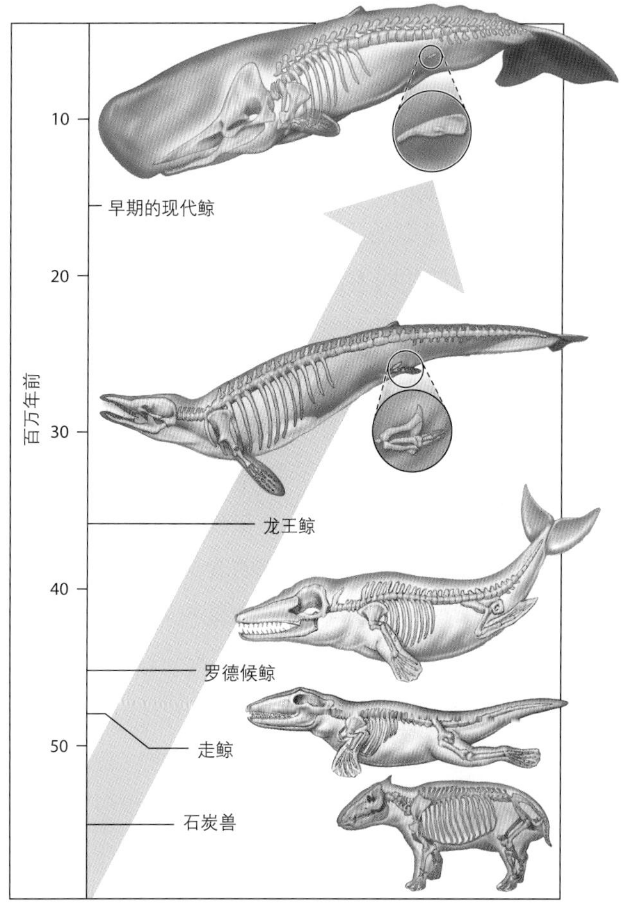

化石记录中几百万年后出现的是罗德侯鲸，它也和海豹相似，但是有较小的后肢和饮用海水的牙齿。它的鼻孔长在头骨上更高的地方，在到头顶的中间位置。

差不多1,000万年之后，也就是大约3,700万年前，我们看到了第一个龙王鲸的代表，这是一种60英尺长的巨型蛇形鲸，后腿萎缩，直到膝盖和脚趾都有关节。

最早的现代鲸出现在1,500万年前的化石记录中。如今它的鼻孔在头的顶部，是一个“喷气孔”，这使得它能在水面上吸气并重新潜入水中而不需要停留在水面上或者把头抬起来。它的后肢已经消失。剩下的残余的小骨头也没有和盆骨连接在一起。尽管如此，现在的鲸仍保持着所有编码腿的遗传基因——偶尔有的鲸生来会有一条或两条腿。

所以，看来鲸从近似猪的河马祖先进化而来的过程用了3,500万年——进化的中间过程被保存在化石记录中让我们得以看到。达尔文始终坚信，脊椎动物化石记录中的缺口最终会被填补。他一定会为此而感到欣慰。

解剖学记录

学习目标14.6.2　同源器官和同功器官

脊椎动物胚胎发育的方式可以很大程度地体现它们的进化历史。所有的脊椎动物胚胎都有咽囊（在鱼类中进化成鳃裂）；并且每一个脊椎动物胚胎都有一个长的尾骨，尽管发育成熟的脊椎动物并没有尾巴。这种残存的发育形式在很大程度说明了所有的脊椎动物都共同遵循一套基本的发育指令。

随着脊椎动物的进化，同样的骨头有时候虽然依然存在但是却有了不同的作用，这种存在表明了它们的进化史。比如说，脊椎动物的前肢都是**同源器官**，也就是说，尽管骨头的结构和功能已经发生了改变，但它们都源自同一个祖先的同一个身体部分。从图14.8中可以看到前肢的骨骼已经发生了变化以实现不同的功用。用黄色和紫色代表的骨头依次对应着人体前臂、手腕和手指，它们进化成蝙蝠的翅膀、马的前肢和鼠海豚的桨鳍。

并不是所有类似的特征都是同源的。有时候存在于不同系谱中的特征开始变得与彼此相似。这些相似特征的产生是生物为了适应同样的生存环境而发生了平行进化的结果。这种进化演变的方式叫作趋同进化。这些外形相似、功能相同的器官叫作**同功器官**。比如，鸟类、翼龙和蝙蝠的翅膀就是同功器官，它们通过自然选择而发生变化，以实现同样的功能并且也因此有同样的外形（如图14.9所示）。同样，虽然澳大利亚的有袋哺乳动物在与胎盘哺乳动物隔离的环境中进化的，但是非常相似的来自自然选择的压力造就了非常相似的动物种类。

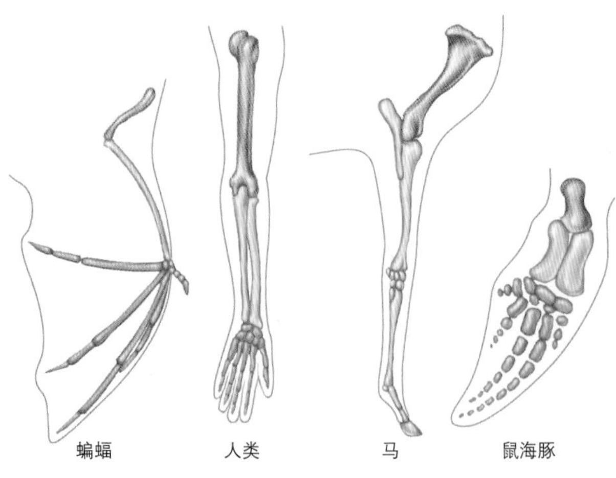

图14.8　脊椎动物四肢的同源性

四种哺乳动物前肢的同源性表明，骨骼的比例与每种生物特定的生活方式有关。虽然在形态和功能上可以看出有很大的差异，但是每个前肢都有基本相同的骨骼。

有时候一些器官并没有任何功能！在现存的从有蹄哺乳动物进化而来的鲸鱼体内，之前固定在两条后肢之间的骨盆骨骼变成了所有的后肢残余，没有和任何其他骨骼连接，并且也没有任何明显的功能。另外一个被叫作退化器官的例子是人类的阑尾。我们人类的近亲——类人猿，有着比人类大得多的并连接在肠道上的阑尾，它们的阑尾用来保存细菌，这些细菌被这些灵长类动物用来消化它们所吃植物的细胞壁纤维素。而人类的阑尾是这个器官的退化版本并且在消化过程里没有任何功能（尽管它可能在淋巴系统中起到一些其他的作用）。

分子的记录

学习目标14.6.3　以细胞色素c基因的插图为例描述分子钟

我们进化史的痕迹也明显地体现在分子水平上。比如说，我们在所有动物共有的早期发育过程中使用模式形成基因。如果仔细想一想，所有生物体都是从一系列更简单的祖先进化而来的，这一事实暗示着进化演变的记录会存在于我们每个个体的细胞和DNA之中。根据进化理论，新的等位基因来自已有基因的突变并且通过有利选择而成为优势。因此，一系列的进化演变说明了DNA基因变化的持续累积。从这个角度出发，你可以发现进化论清晰地预示着：亲缘关系较远的生物比两个亲缘关系近一些的物种累积了更多的进化差异。

现在这个预测将面临直接的检验。最近的DNA方面的研究允许我们直接比较不同生物体的基因组。结果很明显：对于种类繁多的脊椎动物而言，如果两种生物体的亲缘关系越远，那么它们的基因组的差别也就越大。这项研究将在本章后面的“深度观察”中介绍。

同样的差异模式也在蛋白质水平上清晰地显

飞行
为了实现飞行，3种不同的脊椎动物减轻了骨骼的重量，它们的爪还演变成了翼。
东部蓝鸲
翼龙（已灭绝）
萨摩亚狐蝠
（果蝠）
狼
鼠
袋鼬
两个世界
在与其他大陆隔离的澳大利亚，有袋类动物进化出了与其他地方的胎盘哺乳动物相同的适应方式。
袋鼯
飞鼠
袋狼

图14.9　趋同进化：通往一个目标的多条路径

在进化的过程中，形态往往遵循功能。当面临类似机会的挑战时，不同动物群体的成员往往以相似的方式适应。这些仅是许多趋同进化例子中的几个。图中的飞行脊椎动物代表了哺乳动物（蝙蝠）、爬行动物（翼龙）和鸟类（蓝鸲）。这3对陆生脊椎动物分别对比了北美胎盘哺乳动物和澳大利亚有袋哺乳动物。

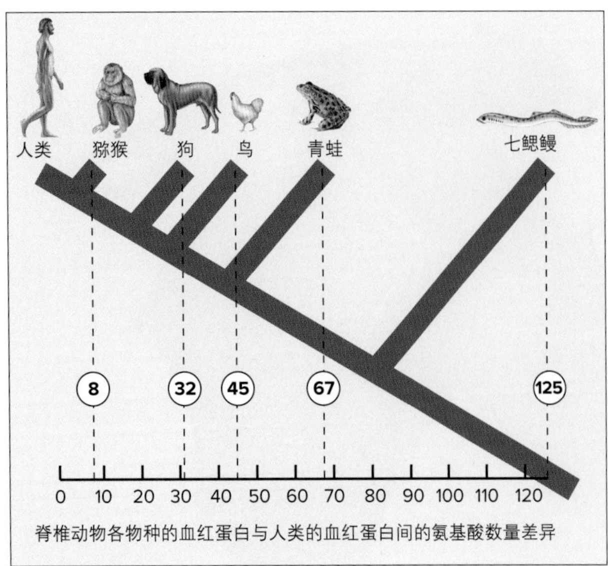

图14.10　分子反映了进化差异

与人类的进化距离越远（如来源于化石记录的蓝色进化树所示），脊椎动物中血红蛋白多肽的氨基酸数量差异越大。

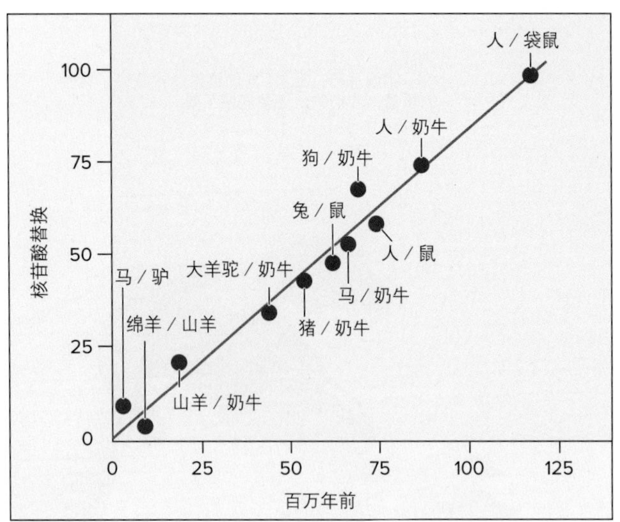

图14.11　细胞色素c的分子钟

当以每一对生物体可能开始偏离的时间与细胞色素c的核苷酸差异数量绘图时，结果是一条直线。这表明细胞色素c基因是以一个恒定的速率进化的。

示出来。将不同物种的血红蛋白氨基酸序列与图14.10中的人类序列进行比较，可以看出，与人类关系更密切的物种在血红蛋白氨基酸结构方面的差异较小。猕猴是与人类亲缘关系较近的灵长类动物，同人类相比有较少的差别（只有8个不同的氨基酸）。这要小于那些与人类亲缘关系较远的哺乳动物，比如狗，它有32个和人类不同的氨基酸。非哺乳类的陆生脊椎动物的差别甚至更大，而海洋脊椎动物的差别最大。进化论的预测再次被强有力地证实了。

分子钟　将单个基因的DNA序列与更广泛的生物体进行比较时，也可以看到同样的模式。一个被深入研究的例子是哺乳动物的**细胞色素**c基因（细胞色素c是一种在氧化代谢中起到重要作用的蛋白质）。图14.11做了一个比较，其中x轴是两个物种产生差异的时间，y轴是它们细胞色素c基因差异的数量。为了使用这组数据，回到7,500万年前并找到人类和啮齿动物共同的祖先：在那时，细胞色素c里一共有大约60个碱基替换。这个图揭示了一个非常重要的发现：正如连接所有点的蓝色直线所示，进化演变在细胞色素c里好像在以恒定的速率累积。这种恒定性有时候被称作分子钟。大多数有数据依据的蛋白质都呈现出这种按时间累积变化的模式，虽然不同的蛋白质进化的速率可能会不一样。

关键学习成果　14.6

化石记录提供了关于进化演变的清晰记录。比较解剖学同样为进化的发生提供了证据。最后，基因记录展示了连续性的进化，生物体的DNA随时间的推移累积了越来越多的变化。

14.7　对进化的批判

在所有关于生物学的主要观点中，进化论可能是最被公众所熟知的，因为很多人错误地相信对于他们的宗教信仰进化代表着一种挑战。一个人可以在精神上相信上帝，但仍然是一个优秀的科学家和进化论者。因为达尔文的进化论经常是公众激烈争论的主题，我们将详细研究进化论批判者的反对意见，以了解为什么科学和公众舆论之间存在如此严重的脱节。

争论的历史

学习目标14.7.1　美国公共学校中教授达尔文进化理论的历史

一个古老的冲突　就在《物种起源》一书出版之后，英国的牧师立即攻击达尔文的书为异端邪说；格莱斯顿（Gladstone），英国的首相和著名政治家，也谴责了这本书。托马斯·赫胥黎（Thomas Huxley）和其他的科学家为这本书进行了辩护，他们逐渐说服了科学机构，到世纪之交，进化论被世界的科学共同体所普遍接受。

原教旨主义运动　到了20世纪20年代，进化论的教学在美国公立学校已经变得频繁，足以引起保守的进化论批判者的警觉，他们认为达尔文主义是对他们基督教信仰的威胁。1921—1929年，原教旨主义者向37个州的立法机构提出取缔进化论教学。有4个州通过了这个议案：田纳西州、密西西比州、阿肯色州和得克萨斯州。

民权组织利用高中教师约翰·斯考普斯（John Scopes）的案件，在田纳西州相关法律于1925年通过后的几个月内对其质疑。审判吸引了全国的注意。你可能已经看过由这个案例改编的电影《风的传人》。事实上，违反新法律的斯考普斯败诉了。

20世纪20年代之后，几乎没有其他州尝试通过法律来阻止进化论的教学。在1930—1963年间只有一项法案被提出。这是为什么呢？因为针对达尔文的原教旨主义批判者已经悄悄地取得了胜利。在20世纪30年代间出版的教科书中忽略了进化论，删除了进化论和达尔文这些词汇。比如说在1920—1929年间，93篇课文中关于人类进化的词语的平均数量为1,339；而在1930—1939年，这个数量已经缩减到了439。直到1950—1959年，这个数量才是614。引用生物学家恩斯特·迈尔（Ernst Mayr）的话："进化论这个词就这样从美国教科书里消失了。"

这些反进化论的定律在书上保持了很多年。直到1965年，教师苏珊·埃珀森（Susan Epperson）因为教授进化论而违反了1928年阿肯色州法律被判有罪。1968年，美国最高法院判决阿肯色州反进化论的法律是违反宪法的，这些20世纪20年代的法律很快被废止了。

20世纪60年代初期，俄罗斯在太空探索方面取得的长足进步引发了美国公众对更好的科学教育的呼吁。新的生物教科书重新强调了进化论。比如说，每本教科书描述人类进化的平均词语数量在1960—1969年上升到了8977个。到20世纪70年代，进化论重新成为生物教科书的核心部分。

科学神创论运动　达尔文的批判者再次对公立学校生物课上普遍存在的进化论感到震惊，他们采取了一种新的策略。这个策略始于1964年神创论研究所的一项提案，该提案称："神创论和进化论一样是一门科学，进化论和创造论一样是一种宗教。"这项提案被称为神创论学。紧随而来的是在州立法机构引入立法并批准"所有关于起源的埋论都被给予均等机会"。神创论被描述成同进化论一样的一个科学理论，学生们有权利接触到这个理论。

1981年，阿肯色州和路易斯安那州的立法机关通过了"均等机会"法案并将其列入法律。路易斯安那州的均等机会法律要求"在公立学校里公平对待神创论和进化论"，这个法律在1987年被最高法院驳回，最高法院判决神创学事实上不是科学，而是一种宗教信仰，并不能在公共科学课堂里享有一席之地。

在当地采取行动　在接下来的数十年间，达尔文的批判者开始从立法机关转向地方教育委员会。与大多数通过中央教育部制定学校课程的欧洲国家不同，美国的教育高度分散，由选举产生的教育委员会在州和地方各级制定科学标准。这些标准决定了整个州内的评审测试内容并对课堂里所教授的内容有很大的影响。

达尔文的批判者成功地在美国各地的地方和州教育委员会中竞选席位，并从这些职位开始改变标准，以减少课堂上进化论的影响。从堪萨斯州的标准里去除进化论在1999年和2005年引起广泛关注，但是在其他很多州，达尔文的批判者们的目的已悄悄地达到了。比如说，现在只有22个州强制教授自然选择，有4个州根本没有提及进化论。

智能设计论 最近几年中，达尔文的批判者为了反对在课堂上教授进化论开始了新的尝试，他们在州和地方学校委员会面前争论，生命是如此复杂，以至于不能被自然选择影响，所以应该是智能设计在起作用。他们继续争论智能设计论应该在科学课堂里替代进化论教学。

科学家们强烈反对把智能设计论当作一种科学理论。科学的本质是寻求解释，它是可以被观察到的，可以被检验的，可以被别人重复的，也可能是被证伪的。简单来说，不能被检验甚至可能被否定的解释并不是科学。如果有人在他们的研究中提出非自然的原因——一种超自然力量作为根据，并且如果你决定要检验它，你能想到任何一种方法使其被证伪吗？超自然的因果关系不是科学。

作为公众激烈争论的来源，智能设计论已被科学界一边倒地拒绝，科学界根本不认为智能设计论是科学——只是稍微伪装了一下的神创论，这是一种在科学课堂上没有一席之地的宗教观点。

达尔文批判者们提出的争论

学习目标14.7.2 反对达尔文理论的六个主要论点

进化论批判者对达尔文的自然选择进化论提出了各种各样的异议：

1. **进化并没有被有力地证明** 批判者指出，“进化只是一种理论”，就好像理论意味着缺乏认知，只是一些猜测而已。尽管如此，科学家使用理论这个词的意义跟普通大众截然不同。理论是科学的坚固基础，它被许多我们非常确信的实验证据所支撑。很少有人因为万有引力理论仅仅是一种理论而怀疑它。
2. **智能设计论点** “生命体的器官是如此复杂，以至于不可能是由一个随机的过程产生的。”这个经典的“来自设计的论点”是在200多年前由威廉·佩利（William Paley）在他的《自然神学》一书中最先提出的。佩利辩称，一个钟表的存在就是钟表制造者存在的证据。同理，达尔文的批判者认为，生物器官，如哺乳动物的耳朵是如此的复杂，它不可能是来自盲目的进化，一定存在一个设计者。生物学家并不同意。哺乳动物耳朵进化的中间产物在化石记录中有很完整的记载。这些中间产物的形式都曾在自然选择中处于有利位置，因为它们都有各自的价值——能够把声音放大一点儿比一点儿都不能放大要好。如哺乳动物耳朵一般复杂的结构是通过连续而微小的改进逐渐进化而来的。智能设计也不总是最优化的。比如说脊椎动物的眼睛，就是一个拙劣的设计。脊椎动物眼睛中用于感光的视觉色素被嵌在视网膜组织中，面向着光线的方向。光线必须要穿透神经纤维❶、神经细胞❷和受体细胞❸才能到达色素❹。没有一个智能设计者会设计这样一个倒置的眼睛。

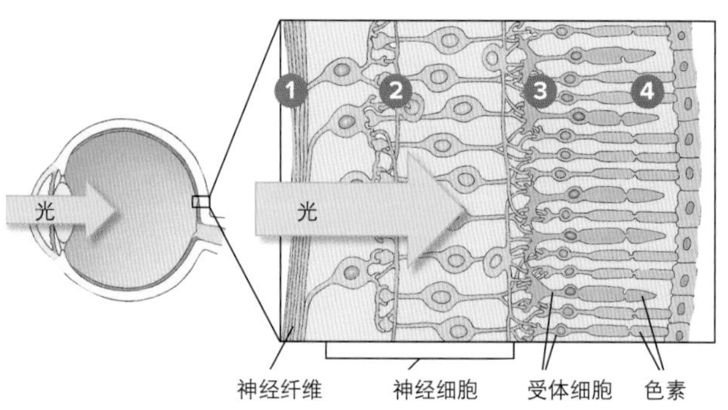

3. **没有进化中间物的化石** “没有人见到从鱼鳍到腿的变化过程”，批判者指出，达尔文时代的化石记录中存在许多空白。但是从那时起，脊椎动物进化中的大多数中间物的化石确实被发现了。现在有一系列清晰的化石线索记录了从鱼到两栖动物的转变、从爬行动物到哺乳动物的转变和从类人猿到人类的转变。形成如下图所示的化石动物是一种已经灭绝的叶鳍鱼（提塔利克属），它生活在大约3.75亿年前。它清晰地显示出一些类似于鱼的特征，同生活在大约3.8亿年前的鱼类相似，其他的一些特征更像生活在大约3.65亿年前的早期四足动物。提塔利克鱼看起来是一种从鱼到两栖动物的中间过渡动物。

4. **进化论违反热力学第二定律** “一堆杂乱的汽水罐不会自动地整齐堆叠起来；事物由于随机事件而变得更加杂乱无章，而不是更加有序。”生物学家指出这个论据忽略了第二定律的真正意思：无规则运动的增加发生在一个密闭系统里，而地球肯定不是一个密闭系统。能量通过太阳进入生物圈，为生命和所有支配它的过程提供燃料。
5. **自然选择并不意味着进化** “没有一个科学家能提出一个实验演示鱼类进化成青蛙并跳离捕食者。”微观进化（物种内部进化）是产生宏观进化（物种间进化）的机制吗？多数研究过这个问题的生物学家认为是。通过人工选择产生的品种间的差别——比如说腊肠狗和灰狗——比野生犬类之间的差别更加鲜明。用昆虫进行的实验室选择实验很容易创造出不能杂交的形态，在自然界中被认为是不同的物种。所以，不同形态的产生确实已经被观察到，而且是被反复地观察到。
6. **生命不可能在水中进化** “因为肽键不能在水中自发形成，所以氨基酸永远不可能自然地连接到一起而合成蛋白质。也没有任何化学原因能解释为什么生物蛋白质只有左旋体而没有右旋体。”这两个论点都是正确的，但跟进化论并不排斥。当然，它们表明生命的早期进化发生在表面上而不是在溶液中。比如说，氨基酸在黏土表面能自发地连接起来，而黏土的形状能选择左旋体。

不可简化的复杂性谬误

学习目标 14.7.3 比希的观点：一个细胞的分子机制具有不可简化的复杂性

超过200年的由威廉·佩利提出的“智能设计”观点，最近由利哈伊大学生物化学教授迈克尔·比希（Michael Behe）以分子学为幌子对其做出了新的解释。在1996年出版的《达尔文的黑匣子：生化理论对进化论的挑战》一书中，比希认为，我们细胞的分子机制如此精巧复杂，我们的身体机能如此相互关联，这些都是无法用达尔文主义者解释哺乳动物耳朵的进化方式，从较简单的阶段开始的进化来解释的。细胞的分子机制具有“不可简化的复杂性”。比希定义一个不可简化的复杂系统为：“一个由几个匹配的、相互作用的部件组成的单一系统。这些部件执行各自具有的基本功能，去除任意一个都会导致系统有效地停止运作。”每一部分都起着至关重要的作用。比希强调，哪怕只去除其中一个，细胞分子机制都无法发挥作用。

作为这样一个不可简化的复杂系统的例子，比希描述了人体中10多种可引起伤口周围血液凝结的一系列凝血蛋白。比希说，去掉导致凝血的复杂级联反应中的任何一步，你的身体都会血流不止，就像水从破裂的管道流出一样。如果去除将凝血过程限制在伤口附近的互补系统中的一种酶，那么你的身体的所有血液就会凝固。任何一种情况都将是致命的。这样复杂的系统需要所有部件都发挥作用，这直接导致了比希对达尔文的自然选择进化论的批判。比希写道：“不可简化的复杂系统无法通过达尔文的方式进化。”如果10多种不同的蛋白质都必须正常工作才会凝血，那么自然选择是如何塑造出其中的每一种蛋白质的呢？没有一种蛋白质可以独立完成任何一件事，就像手表的一个部分并不能指示时间一样。比希认为，作为一个单功能的机器，像佩利的手表一样，凝血系统必须是被一次性地、完整地设计出来。

研究进化的科学家们已迅速指出了比希的论据

验证智能设计论

在2013年秋天，美国得克萨斯州教育局的课本选择委员会通过号召学生批判性地分析进化论以讨论改变高中标准。董事会的科学家们认为，这项提议是一种策略，旨在促进避免教授进化论。早些年，南卡罗来纳州、犹他州和俄亥俄州教育委员会拒绝了增加学生批判性分析进化要求的类似提议，目前其他几个州也在考虑中。

我们应该怎么理解这种现象呢？可以肯定的是，没有科学家会反对批判性地分析任何理论。这就是科学，尝试解释所有可以被观察到的、被检测到的、被重复的和可能被伪造的。的确，生物学家声称达尔文的进化理论和科学史上的其他任何一个理论一样，都受到了同样多的批判性分析。

那么为什么要反对这种针对高中标准的改变呢？因为许多科学家和教师认为，这种改变只是想要推进在课堂中教授非科学的内容以替代进化论。科学与非科学的本质差别在于一种是能被检验的论断而另一种是不能被检验的。事实上，得克萨斯州的进化论批判者们所追捧的批判性分析使这种差异变得更为鲜明。那么，让我们来检验达尔文的理论。

正如这一章前面所解释的，如果达尔文的论断是正确的，即生物体是从原始物种进化而来的，那么我们应该能从DNA中追溯进化的改变。我们所看到的物种之间的差异反映了它们对不同环境的适应，这种适应来自DNA的改变。因此，一系列的进化改变应该能被DNA中累积的基因变化所反映。这个假设，即进化改变反映了DNA中所累积的变化，导致了以下的推测：亲缘关系较远的两个物种（比如说人类和鼠）应该比关系更近的两个物种（比如说人类和黑猩猩）累积了更多的进化差异。

那么到底有没有呢？让我们来比较脊椎动物的不同物种。下图所示的“系谱图”展示了生物学家划分的18个不同脊椎动物物种之间的关系。类人猿和猴子之间，因为它们是在同一目（灵长目），被认为比它们与其他目的成员之间，比如说小鼠和大鼠（啮齿目），有更近的亲缘关系。

在完成了人类基因组项目之后，大量的基因组（生物体所具有的所有的DNA）被测序出来，这使得我们能够直接比对这18种脊椎动物的DNA。为了减少任务量，在圣克鲁斯的加利福尼亚大学工作的国家人类基因组研究所的研究人员，集中于研究分散在脊椎动物基因组中的44个所谓的编码区。这些区域，具有30 Mb（兆级，或者百万级）或者大约人类全部基因组的1%，被选出来代表整个基因组，它们含

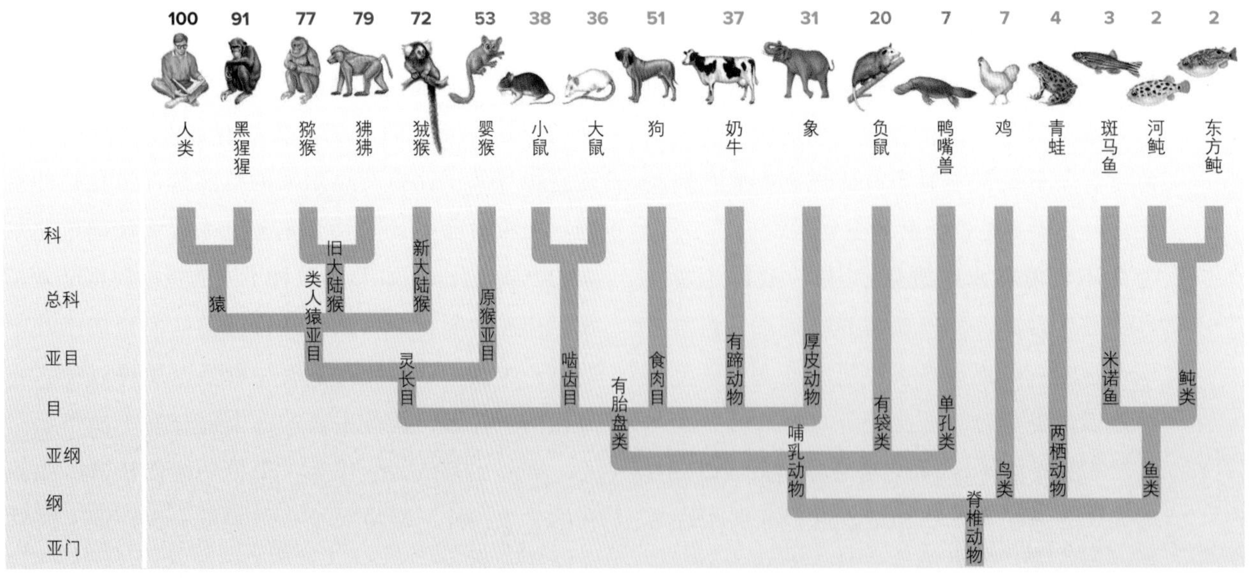

有蛋白质编码基因和非编码的DNA。

对于每一个脊椎动物物种，研究人员确定了它们的DNA与人类的相似性。也就是说，生物体的44个编码区中核苷酸与人类基因组相匹配的百分比。

结果由图里的脊椎动物系谱图中每一个生物体上面的数字所示。正如达尔文的理论所预测的，亲缘关系越近，那么基因组的区别就越少。黑猩猩的基因组（91%）比猴子的（71%～79%）更接近于人类基因组。此外，灵长目的这五个基因组与它们和其他目的物种相比，比如说啮齿目（小鼠和大鼠），更像彼此。

总体来说，在脊椎动物系谱图所示的物种分类中从右边的远亲（有些与人类属同一纲）到左边的近亲（与人类属同一科），你可以清晰地看到随着分类学距离的减少基因组相似性呈增加趋势——正如达尔文的理论预测的一样。进化理论的预测被彻底地证实了。

分析不止于此。通过化石研究，脊椎动物的进化史已被充分了解。通过放射性同位素年份测定的方法许多化石被独立地确认出年代，所以有可能根据化石具体的时间间隔来重新分析和直接评定脊椎动物的基因组是否会随时间推移而累积更多的差异，正如达尔文的理论所预测的那样。

对于被分析的18种脊椎动物，上面的图绘制了基因组的相似性——脊椎动物编码区的DNA序列和人类基因组的相比有多么相似——和分歧时间（自从化石记录中脊椎动物和人类享有共同祖先开始，已有几百万年的时间）的关系。因此，最后一个鸡和人类的共同祖先是一种被称作**二齿兽**的早期爬行动物。它生活在大概2.5亿年前；自那时起，这两个物种的基因组改变了非常多，以至于现在只有7%的编码序列是一样的。

图中所示的结果非常地醒目而且清晰：在3亿多年的历史中，脊椎动物在它们的DNA中已经累积了越来越多的基因变化。“经过改变的继承”是达尔文对进化的定义，那也正是我们在图中所看到的。脊椎动物基因组的进化不是一种理论而是一种被观察到的现象。

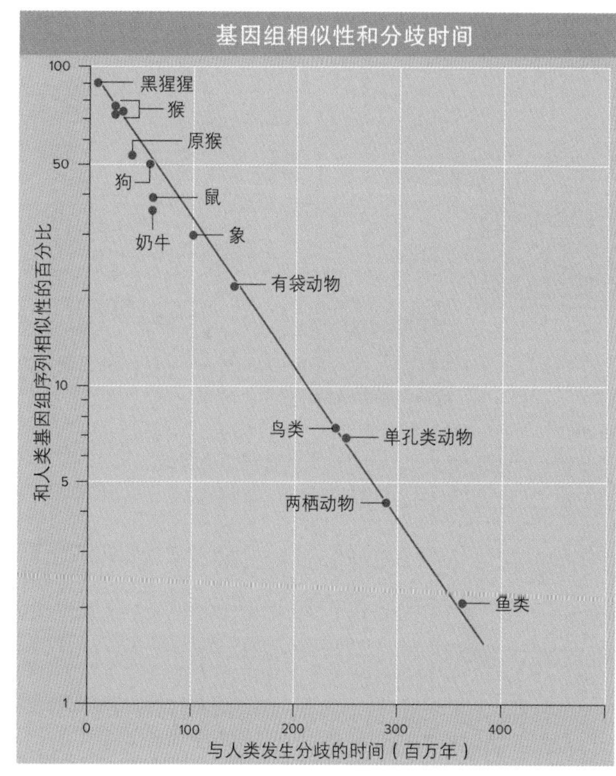

人类基因组计划所提供的丰富数据使得人们能够有效地验证达尔文的理论。这种验证所引发我们得出的结论就是，进化，一种被观察到的现实，可以从脊椎动物的DNA中清晰地显现出来。

这正是科学所需要的那一种批判性分析并且进化论又一次经受住了考验。无论任何人提出进化的非科学性替代理论，比如智能设计，都为进化论提供了一个替代的科学解释，欢迎他们对这种替代理论进行类似的批判性分析，正如你所看到的一样。你能想到一种方法来实现这个目的吗？恰恰是因为不能对智能设计的主张进行批判性分析——它不能做出任何具有可验证性的预测——所以它并不是科学而且在科学课堂里没有一席之地。

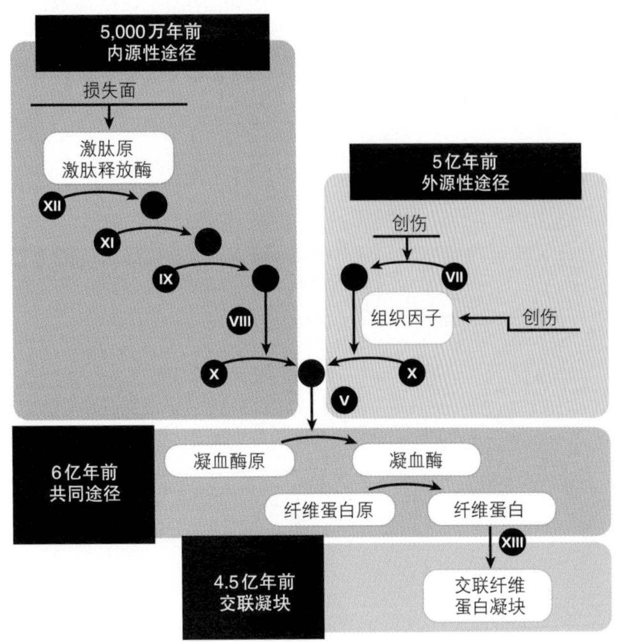

图14.12 血液凝固是如何进化的

凝血系统在逐步地进化，新的蛋白质陆续添加到前一步中。

错在哪里，一个复杂的分子机器的每一部分并不是独立进化的，尽管比希声称一定是独立进化的。这几个部分协同进化，正是因为进化作用于系统，而不是系统的各个部分。这是比希的观点中的根本谬误。因为系统在其进化的每一个阶段都会发挥功能，所以自然选择可以作用于一个复杂的系统。改善功能的部分会被加入系统中，并且可能在随后的改变中成为不可或缺的部分，这就好像一旦你在梯子上添加了第三梯级，那么第二梯级就变得至关重要了。

例如，哺乳动物的凝血系统是从简单得多的系统逐步演变而来。通过比对多个蛋白质的氨基酸序列，生化学家已经估算出了每个蛋白进化所经历的时间（图14.12）。脊椎动物凝血系统的核心，也叫“共同途径”（图中蓝色部分），形成于大约6亿年前脊椎动物刚开始出现的时候，今天在最原始的鱼类七鳃鳗中发现。随着脊椎动物进化，蛋白质加入凝血系统中，提高凝血效率。由受损组织释放的物质所激发的级联反应叫作外源性途径（图中粉色部分），它是在5亿年前添加的。因为在该途径的每一步会扩大之前发生的反应，所以外源性途径的添加极大地提高了反应强度和系统的灵敏度。5,000万年后添加了第三个途径，称作内源性途径（图中棕褐色部分）。它通过与由损伤所产生的锯齿形表面接触而触发。同样，它的强度和灵敏度有所提高，最终由纤维蛋白的交联而产生的血凝块（图中绿色部分）。在每个凝血系统演变得更加复杂的阶段，其整体表现取决于新添加的元素。哺乳动物的凝血过程需要利用所有这三条途径，一旦其中一条途径失效了，凝血功能就丧失了。遵照达尔文进化论的结果，血液凝固已经具有了“不可简化的复杂性”。比希声称复杂的细胞和分子过程不能用达尔文学说来解释，这是错误的。事实上，对人类基因组的研究表明，凝血基因簇是通过基因的重复而产生的，并且变化量越来越大。凝血系统的演变是通过观察得知的，而并不是一种猜测。它的不可简化的复杂性是一个谬论。

关键学习成果 14.7

达尔文的进化论虽然被绝大多数科学家们所认可，但仍然存在反对者。他们的批判是没有科学价值的。

种群如何进化
How Populations Evolve

14.8 种群中的基因变化：哈迪–温伯格定律

群体遗传学是关于群体中基因特性研究的学科。达尔文及其同时代人无法解释自然种群中的遗传变异。减数分裂在杂种后代中产生遗传隔离的方式尚未被发现。科学家们当时认为，选择应该总是倾向于一种最佳的形式，因此倾向于消除变异。

哈迪–温伯格平衡

学习目标 14.8.1 哈迪–温伯格定律和它的假设

事实上，群体内的变异令许多科学家感到困惑。

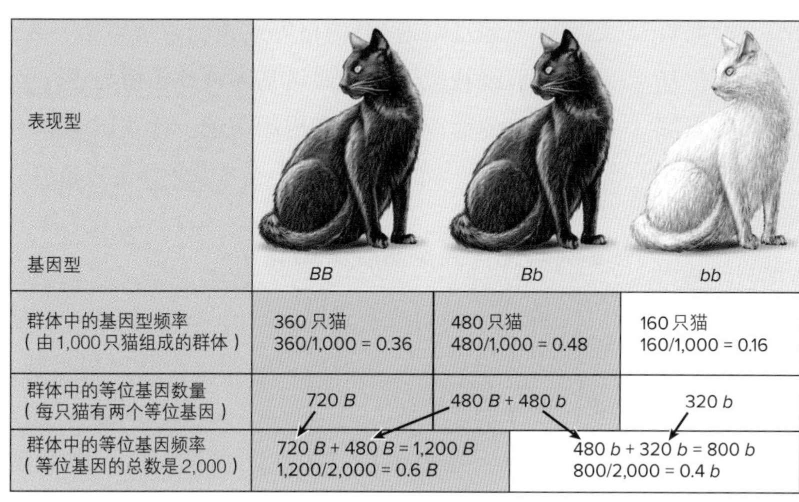

表现型 基因型	BB	Bb	bb
群体中的基因型频率（由1,000只猫组成的群体）	360只猫 360/1,000 = 0.36	480只猫 480/1,000 = 0.48	160只猫 160/1,000 = 0.16
群体中的等位基因数量（每只猫有两个等位基因）	720 *B*	480 *B* + 480 *b*	320 *b*
群体中的等位基因频率（等位基因的总数是2,000）	720 *B* + 480 *B* = 1,200 *B* 1,200/2,000 = 0.6 *B*		480 *b* + 320 *b* = 800 *b* 800/2,000 = 0.4 *b*

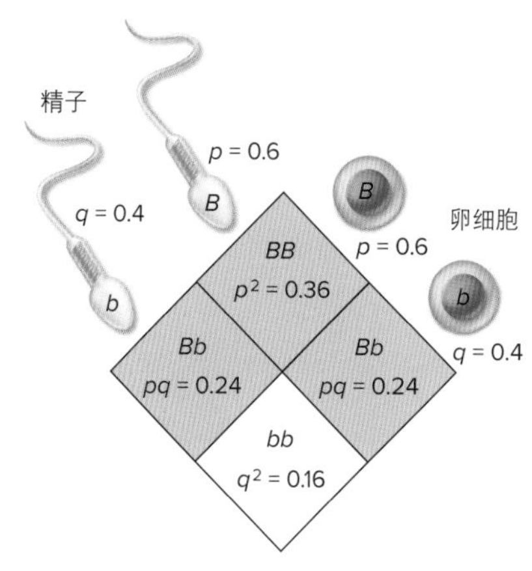

图14.13　计算处于哈迪–温伯格平衡的等位基因频率

在这个例子中，由1,000只猫组成的群体里有160只白猫和840只黑猫。白猫基因型是*bb*，黑猫基因型是*BB*或*Bb*。

在有利于一种最佳形式的选择下，群体里显性的**等位基因**（一个基因的不同形式）被认为会消除隐性等位基因。在1908年，G. H. 哈迪（G. H. Hardy）和W. 温伯格（W. Weinberg）针对为什么遗传变异持续存在这一问题给出了一种解释。哈迪和温伯格研究了**等位基因频率**（特定一种等位基因在群体中所占的比例）。哈迪和温伯格指出在一个随机交配的大群体里，在没有改变等位基因频率的外作用力的情况下，最初的基因型比例会在每代中保持不变。显性等位基因其实并不会取代隐性基因。因为它们的比例不变，此时的基因型被称作处于**哈迪–温伯格平衡**。

哈迪–温伯格定律被视为一种基准，可用于比对一个群体中等位基因的频率。如果等位基因频率不变（处于哈迪–温伯格平衡），这个群体就没有发生进化。然而如果等位基因频率在某个时间点被取样并且被发现它们与在哈迪–温伯格平衡状态下的预期存在巨大差异，那么这个群体正在进化。

哈迪和温伯格通过分析连续几代的等位基因频率而得出了他们的结论。某种性状的频率是指具有这种性状的个体占整个群体的比例。在图14.13中，在1,000只猫的群体里有840只黑猫和160只白猫。要计算黑猫的频率，就用840除以1,000（840/1,000），等于0.84。白猫的频率就是160/1,000 = 0.16。

知道表现型的频率后可以计算群体中基因型和等位基因的频率。按照惯例，两种等位基因中比较常见的等位基因（在这个例子中，*B*代表黑色等位基因）的频率一般用小写字母*p*表示，而不常见的基因（*b*代表白色等位基因）的频率一般用字母*q*表示。因为只有两种等位基因，所以*p*和*q*的总和始终都等于1（$p + q = 1$）。

在代数中，哈迪–温伯格平衡被表示成一个等式。对于一个基因的两种等位基因，*B*（频率为*p*）和*b*（频率为*q*），等式是这样的：

$$p^2 + 2pq + q^2 = 1$$

p^2	$2pq$	q^2
具有等位基因*B*的纯合体	具有等位基因*B*和*b*的杂合体	具有等位基因*b*的纯合体

你会注意到不仅等位基因频率的总和为1，基因型频率的总和也是1。

知道一个群体的等位基因频率并不能推测群体是否处于进化状态。我们需要考察后代的状况来确定这一点。以前面计算的猫的群体的等位基因频率为例，我们可以预测在未来的后代中基因型和表现型的频率。图14.13右侧的庞纳特方格表显示了各等位基因的频率。*B*等位基因的频率为0.6，*b*等位基因的频率为0.4，计算方式见表格中最底行。它可以帮助你以百分比的形式考虑这些频率，比如0.6表示占整个群体的60%，0.4占整个群体的40%。根据哈迪-温伯格定律，群体中精子的60%会携带B等位基因（在庞尼特方格中表示为$p = 0.6$），而40%会携带b等位基因（$q = 0.4$）。当它们与具有相同等位基因频率的卵细胞结合时（$p = 0.6$的B等位基因和$q = 0.4$的b等位基因），可以很容易地计算出预测的基因型频率。在方格的上部中BB的基因型频率等于精子中B的频率（0.6）乘以卵细胞中B的频率（0.6），即$0.6 \times 0.6 = 0.36$。因此，如果群体没有进化发生，BB的基因型频率将保持不变，并且后代中36%的猫具有纯合基因型BB。同样，48%的猫具有杂合基因型Bb（$0.24 + 0.24 = 0.48$），16%的猫具有纯合隐性基因型bb。

哈迪-温伯格假设

哈迪-温伯格定律是基于某些假设构建的。上述等式只是在满足以下五点假设的基础上成立：

1. 群体要足够大或者无穷大。
2. 个体间的交配是随机的。
3. 没有突变。
4. 没有任何新的等位基因拷贝从外源进入（比如从附近的种群迁移）或者通过迁出造成等位基因拷贝丢失（个体离开种群）。
5. 所有等位基因在后代中平等地替换（没有自然选择发生）。

零假设

许多种群和多数人类群体都很大而且对于多数性状来说是随机交配的（在人类中少数几个影响外貌的性状强烈地受性选择的影响）。所以，许多群体是类似于哈迪和温伯格设想的理想群体。然而，对于某些基因而言，观察到的杂合体的比例并不与计算到的等位基因频率一致。当这种情况发生时，意味着有某些因素，比如选择、非随机交配、迁移或者其他因素，正作用于种群使一种或多种基因型频率发生了改变。从这个角度看，哈迪-温伯格可以被看作是一个零假设。零假设是一个在被测量参数中没有差异的预测。如果经过几代后，群体中的基因型频率与通过哈迪-温伯格等式预测的结果不一致，那么零假设被驳回，并假设是某种外作用力正在影响这个群体而改变了其基因频率的。这些影响群体中等位基因频率的因素稍后会在本章中详细讨论。

案例研究：人类囊性纤维化

由哈迪-温伯格等式得出的预测是有效的吗？对于许多基因而言，它们已被证明这个预测很精确。我们以导致严重的人类疾病囊性纤维化的隐性等位基因为例。这个等位基因在北美高加索人中的频率（q）为0.022。那么，预测会有多大比例的北美高加索人患有该病呢？预测双隐性个体的频率（q^2）应为：

$$q^2 = 0.022 \times 0.022 = 0.000484$$

也就是每1,000人中有0.48的可能性，或者每2,000人中可能有1人患病，与现实的估算非常接近。

杂合体携带者的比例又是多少呢？如果隐性等位基因的频率（q）是0.022，那么显性等位基因的频率（p）一定是：

$$p = 1 - q$$
$$p = 1 - 0.022 = 0.978$$

所以，杂合体的频率（$2pq$）是：

$$2 \times 0.978 \times 0.022 = 0.043032$$

据估计，在美国有1,200万个体是囊性纤维化等位基因的携带者。在3.14亿人口中，频率为0.038，非常接近用哈迪-温伯格等式预测的结果。然而，如果在美国囊性纤维化等位基因的频率发生改变，这将表明人口不再遵循哈迪-温伯格定律的假设。比如，如果隐性基因的携带者选择不生孩子，那么隐性基因的频率就会在后代中降低。因为携带致病基因的人不再生育，所以交配不再是随机的了。考虑另外一种情境：如果基因治疗被开发出来并能够治疗囊性纤维化，患者的生命因此会被延长，并将有更多的机会繁育后代。这将会在后代中增长致病基因的频率。致病基因的频率增长还可能是携带该基因的人口从一个有更高的致病基因频率的国家迁入所致。

关键学习成果 14.8

在一个大的、随机交配的，并满足其他哈迪-温伯格假设的群体中，等位基因频率应该处于哈迪-温伯格平衡状态。如果不是，那么这个群体正在经历进化的演变。

14.9 进化的作用因素

哈迪-温伯格的改变

学习目标14.9.1 影响哈迪-温伯格比例的五个因素

许多因素可以改变等位基因频率。但是只有五个因素能够对纯合体和杂合体的比例产生足够大的改变，以至于产生明显偏离哈迪-温伯格定律预测的比例。

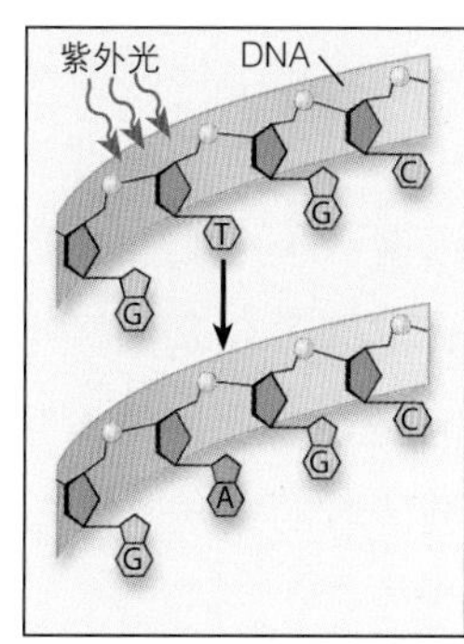

突变

突变是指DNA中核苷酸序列的改变。比如，一个T核苷酸可以发生突变并被一个A核苷酸取代。从一个等位基因突变到另一个显然可以改变特定基因在一个种群中的比例。但是突变率一般都很低，以致不能显著改变常见等位基因的哈迪-温伯格比例。很多基因每100,000次细胞分裂会发生1～10次突变。其中一些突变是有害的，而另一些是中性的，甚至更罕见的是有益的。另外，突变一定会影响生殖细胞（卵子或者精子）的DNA，否则突变不能被传递给后代。突变率是如此之慢，很少有种群能够存在足够长的时间来积累大量的突变。然而，不管多么罕见，突变都是种群中遗传变异的根本来源。

非随机交配

具有某些特定基因型的个体有时会相互交配。这些交配可能比随机交配更普遍或更罕见，这种现象被称作为**非随机交配**。一种非随机交配的类型是**性选择**。性选择通常会根据某些身体特征来选择配偶。另外一种非随机交配的类型是自交，或者是亲缘交配，例如自花授粉。自交增加了纯合体的比例，因为所有个体都只跟它们自己的基因型进行交配。结果，自交的种群中比哈迪-温伯格定律的预期有更多的纯合体个体。由于这个原因，自花授粉的植物种群主要由纯合体组成。而异型杂交的植物，与同它们自身不一样的个体进行交配，会产生更高比例的杂合体。非随机交配改变了基因型频率而不是等位基因频率。等位基因频率保持不变——等位基因只是在后代中有不同的分布。

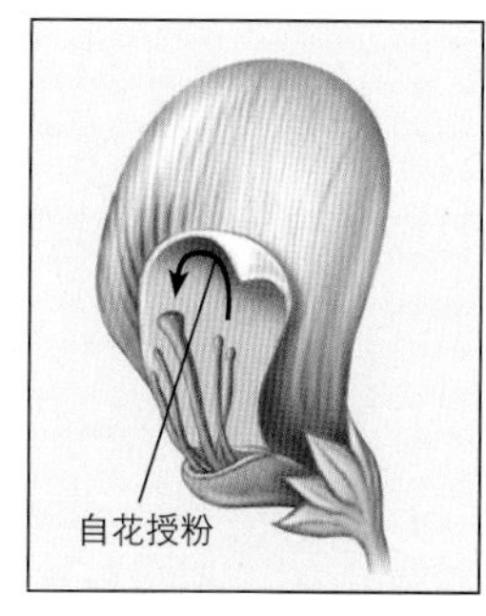

遗传漂变

在比较小的种群中，特定等位基因的频率可能只是因为偶然事件而发生很大的变化。在一个极端情况下，某一特定基因的个别等位基因可能全部存在于少数个体中，如果这些个体不能繁殖或者死亡，那么这些等位基因就可能意外消失。这些个体和它们所携带的等位基因的消失是因为随机事件而不是因为携带这些等位基因个体的适应性。这并不是说等位基因总会随基因漂变而消失，而是说等位基因频率看似是随机变化的，好像是频率在发生漂变。因此，等位基因频率的随机变化被称为**遗传漂变**。相互隔离的一系列小种群可能由于遗传漂变而产生巨大的差异。

当一个或者少数个体迁移至一个远离它们起源地的地方并成为一个孤立的新种群的建立者，它们

所携带的等位基因对这个新种群有特殊的重要意义。即使这些等位基因在源群体里比较稀有，它们也会在新种群的基因中成为重要的一部分。这被叫作建立者效应。由于建立者效应，原本罕见的等位基因和组合在新的孤立的种群中变得更加普遍。建立者效应对于发生在海洋岛屿上的生物体进化来说尤其重要，比如说达尔文所观察过的加拉帕戈斯群岛。存在于这些区域的大多数物种很可能是来源于一个或者几个最初的建立者。类似的是，建立者所具有的遗传特征在隔离的人类种群中通常占据主导地位，尤其是在最初只涉及少数个体的情况下（图14.14）。

即使生物体没有从一个地方迁移到另一个地方，它们的种群规模偶尔也会大幅度地减小。这可能是因为洪水、干旱、地震等其他自然力量或者环境的逐步改变。幸存下来的个体构成了原来种群的随机遗传样本。这种对遗传变异的限制被叫作瓶颈效应（图14.15）。如今非洲猎豹中非常低的遗传变异被认为是反映了过去一次几乎灭绝的事件。

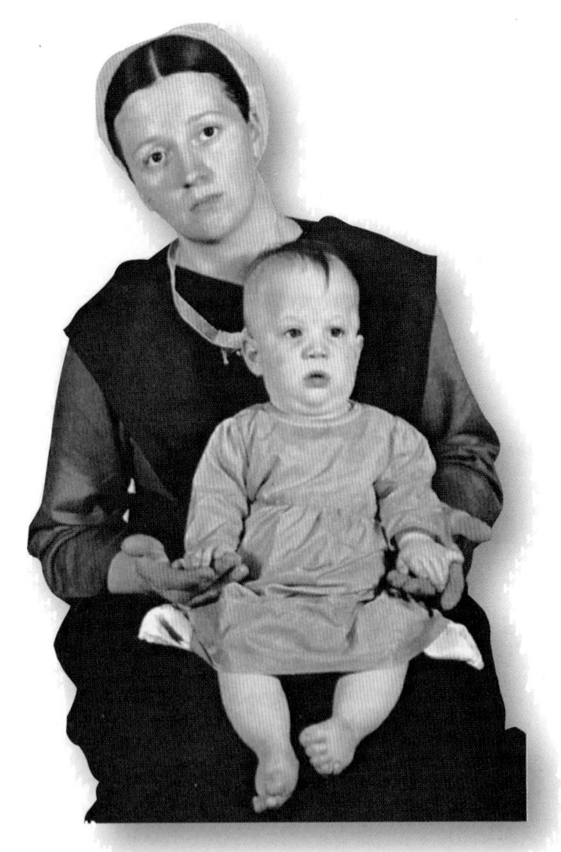

图14.14　建立者效应

这个阿米什女人抱着她患有埃利伟氏综合征的孩子。这种病的典型症状是四肢短小、身材矮小和多余的手指。该病是在18世纪由阿米什社区的一位创始者引入的，并由于生殖隔离而持续至今。

迁移

在遗传学术语中，个体在种群之间的移动被称为**迁移**。它可能是一股强大的力量，打乱自然种群的遗传稳定性。迁移包括个体进入一个种群，叫作**迁入**；个体离开一个种群，叫作**迁出**。如果一个新加入的个体特征有别于已有个体的，并且新加入的个体能适应新环境生存下来而且成功交配，那么被迁入种群的遗传组成就可能会被改变。

有时候迁移并不明显。细微的迁移包括植物的或者海洋生物的处于未成熟阶段的配子从一个地方到另一个地方的漂移。比如说，一只蜜蜂可以把花粉从一个种群中的一朵花带到另一个种群中的一朵花。这样做，蜜蜂可能把新的等位基因引入一个种群中。无论如何，迁移都可以改变种群的遗传特征并导致一个种群偏离哈迪-温伯格平衡。因此，迁移可以导致进化的改变。迁移的影响程度取决于两个因素：（1）种群中迁移者的比例；（2）迁移者和原始种群间等位基因频率的差异。迁移对进化的实际影响是难以评估的而且很大程度上取决于种群所在不同区域的主要选择压力。

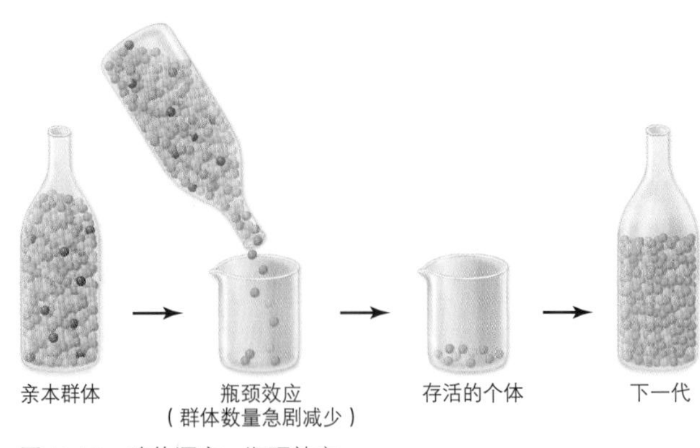

图14.15　遗传漂变：瓶颈效应

亲本群体含有大致相同数量的绿色、黄色个体以及少量的红色个体。碰巧的是，繁育下一代的少数几个个体中大多数是绿色个体。可能在经历一场流行病或灾难性风暴之后，仅仅少数个体能繁育后代，因此瓶颈效应发生了。

选择

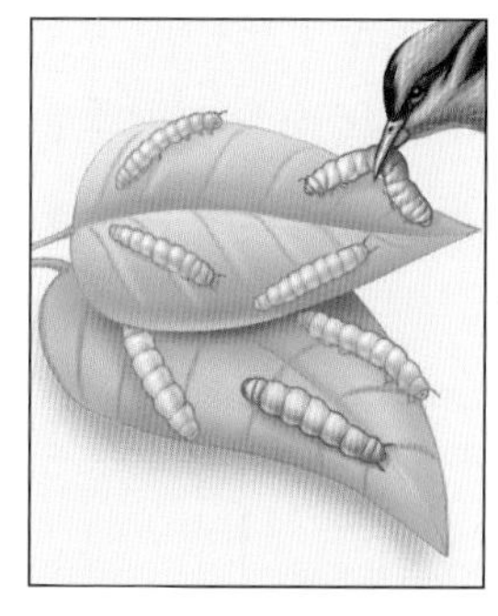

正如达尔文所指出的，一些个体会比其他个体留下更多的后代，这可能是被它们的遗传特征所影响的。这个过程的结果被称为**选择**。早在达尔文时代，选择就已被马和家畜饲养者所熟知。在所谓的**人工选择**中，饲养者选择他们想得到的特征。比如说，让体形较大的动物交配能培育出较大的后代。在**自然选择**中，达尔文提出环境扮演了这样一个角色，自然条件决定了种群中哪种个体是最合适的（意思就是能够最好地适应环境的个体，参考14.3节），因此影响了未来种群中个体间的基因比例。环境施加的条件决定了选择的结果，所以也决定了进化的方向（图14.16）。

选择形式

学习目标14.9.2　比较稳定选择、分裂选择和单向选择

选择对一个物种自然群体的作用就好比是技术在足球比赛中的作用。在任何一场单独的比赛中，很难预测哪一方是赢家，因为偶然性在结果中扮演着重要的角色。但是在一个漫长的赛季中，拥有最多有高超技术的球员的球队往往能赢得最多的比赛。在大自然中，那些最适应生存环境的个体往往倾向于通过留下最多的后代来赢得进化的比赛，尽管偶然性对每一个个体生命都会产生很大的影响。虽然你不能预测任何一个个体的命运，但是预测哪一种个体更倾向于在一个物种的群体中变得普遍是可能的，就像在多次抛掷硬币后预测掷出数字的比例也是可能的。

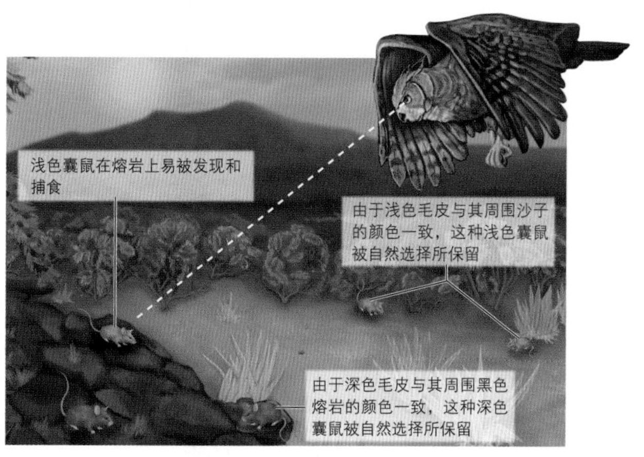

图14.16　对囊鼠毛色的选择

在美国西南部，古老的熔岩流产生的黑色岩层与周围浅色的沙漠形成鲜明的对比。在这些岩石上出现的许多物种的群体是深色的，而沙居群体则颜色较浅。例如，囊鼠选择与其周围环境相匹配的毛发颜色。与背景颜色十分匹配的毛色可以帮助囊鼠伪装，以抵挡来自鸟类天敌的捕捉。当把囊鼠放置在颜色相反的栖息地上时，这些囊鼠变得显而易见。

在大自然中，大多数性状是被多于一个的基因所控制的。比如说，许多不同基因的等位基因决定了人类身高（见图10.10）。在这种情况下，选择作用于所有的基因，而更多地影响那些对表现型贡献最多的基因。有三种自然选择被确定：稳定选择、分裂选择和单向选择。

稳定选择

当选择发生作用并淘汰一系列表现型的两个极端——比如说，淘汰较大的和较小的体形——结果就是原本普遍的中间表现型（例如中等体形）的频率增加。这被称为**稳定选择**。

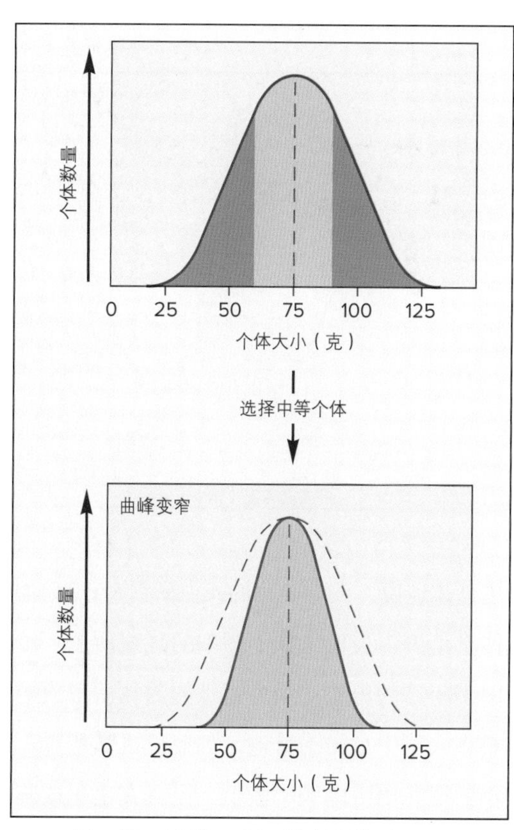

1898年2月1日的一场“罕见的雪、雨和雨夹雪的强烈风暴”之后，136只饥饿的英国麻雀被带到

了位于罗得岛普罗维登斯的布朗大学的H. C. 邦珀斯（H. C. Bumpus）的实验室。这些麻雀中有64只死掉了而有72只存活了下来。邦珀斯对所有的鸟做了标准测量。他发现在雄性鸟中，存活下来的鸟体形较大，就跟基于单向选择（下文中会讨论）所期望的一样。然而，在雌性个体中，存活下来的鸟是那些中等体形的。死掉的雌性鸟更多的是那些具有极端尺寸的，比如是较大的或者是较小的雌性鸟。

用邦珀斯古雅的措辞来说："不管变化是朝着哪个方向发生的，选择性淘汰的过程对极端不同的个体来说都很严峻。显著高于生物体的某一官能的优良标准同显著低于标准一样危险。这就是大自然选择的方式。"

在邦珀斯的研究中，选择更强地作用于那些"体形极端"的雌性鸟。稳定选择不改变种群中那些普遍的表现型——平均体形的鸟已经是最普遍的表型——而是通过淘汰极端来把它变得更加普遍。实际上，选择的作用是防止偏离中间值范围的改变。

许多类似邦珀斯雌鸟的例子已被人熟知。比如说，在人类中，中等体重的婴儿在出生时有最高的存活率：

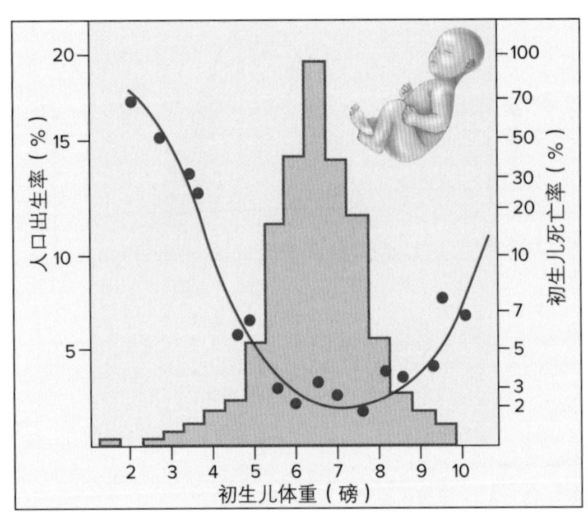

更具体地说，人类婴儿的死亡率在7～8磅的中等出生体重范围内最低，如上图中的红线所示，该图是由美国多年来的出生记录中汇编的数据所形成的。中等体重在人群中也最为普遍，如蓝色区域所示。较大和较小的婴儿出生的频率较低，而且在出生或临近出生时更容易死亡。同样，中等重量的鸡蛋有着最高的孵化成功率。

分裂选择

在一些情况下，选择会淘汰中间表现型，导致两个极端表现型在种群中变得更加普遍。这种选择类型被叫作**分裂选择**。

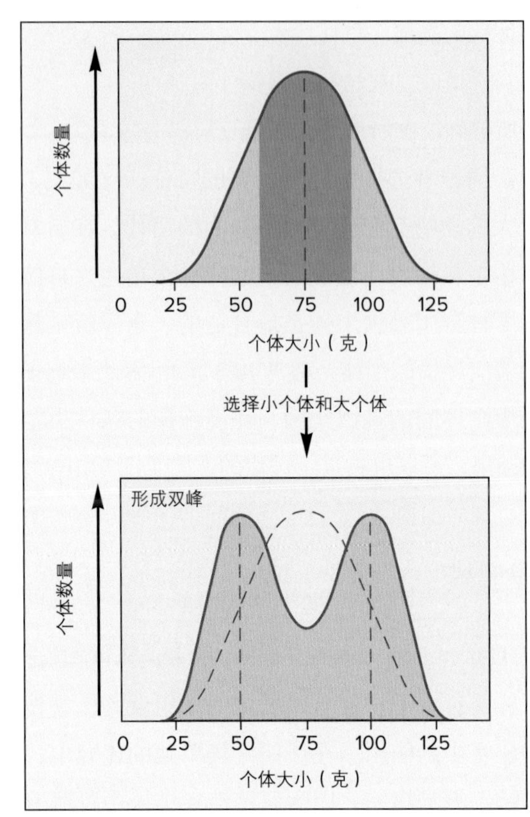

一个明显的例子就是非洲的黑腹裂籽雀（*Pyrenestes ostrinus*）不同大小的喙。这些鸟中有大喙的和小喙的，而极少有中等大小的喙的。正如它们的名字所示，这些鸟以种子为食。可食用的种子按体积分为两类：大的和小的。只有有大喙的鸟，如下图的左边所示，才能打开大种子的硬壳；而有最小喙的鸟，如下图的右边所示，对处理小种子更娴熟。有中等大小喙的鸟对于两类种子来说都处于劣势：无法打开大种子也无法灵活处理小种子。因此，选择发生作用并淘汰了中间型，实际上是将种群分成了两个不同的表现型组。

单向选择

在其他情况下，选择作用会淘汰一系列表现型中的一个极端型，导致另外一个极端表现型在种群中变得更加普遍。这种选择的类型被叫作**单向选择**。

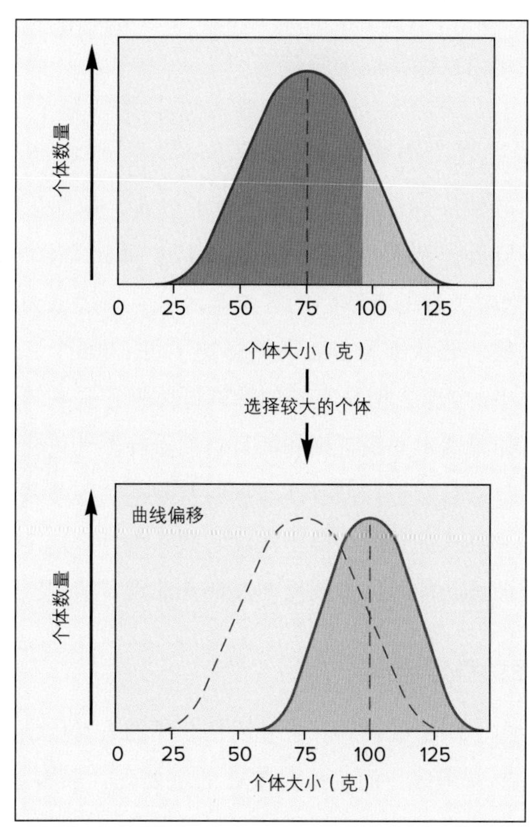

比如说，在下面的实验中，飞向光源的果蝇（*Drosophila*）从种群中被淘汰，而那些飞离光源的果蝇被当作亲本来培育下一代。经20代选择交配之后，飞向光源的果蝇在种群中出现的概率很大程度地降低了。

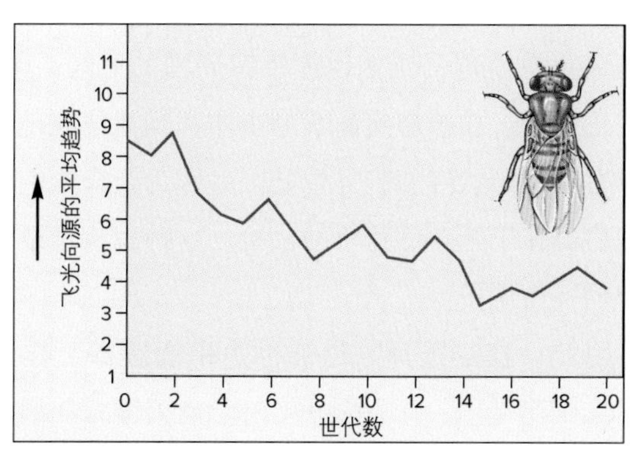

关键学习成果 14.9

五种进化动力有可能显著改变种群中的等位基因和基因型频率：突变、非随机交配、遗传漂变、迁移和选择。选择可以倾向于中间值或者一两个极端表现型。

种群内的适应
Adaptation Within Populations

在达尔文提出自然选择在进化中的关键作用之后，许多证明自然选择在改变物种的基因组成方面起到明显作用的例子已经被发现，正如达尔文所预测的一样。在这里我们会考查三个例子。

14.10 镰状细胞贫血

一种蛋白质缺陷症

学习目标14.10.1 稳定选择如何维持镰状细胞贫血

镰刀型细胞贫血是一种影响血液中血红蛋白分子的遗传性疾病。1904年，在芝加哥医生对一名抱怨疲劳的人进行血液检查时，首次发现了这种病。在图14.17中你可以看到原始的医生报告。

这种疾病是由于编码β-血红蛋白基因的单核苷酸改变引起的，β-血红蛋白是红细胞用来运输氧气的关键蛋白质之一。镰状红细胞是由于β-血红蛋白链中（B6位置）第六个氨基酸从谷氨酸（强极性）突变为缬氨酸（非极性）而产生。这个变化的恶果就是处于B6位置的非极性**缬氨酸**，从血红蛋白分子的一角突出来，恰好伸进另外一个血红蛋白分子与之相对的一个非极性凹陷；非极性区域相互联系在一起。由于所形成的双分子单元仍然有一个B6缬氨酸和一个与之相对的非极性凹陷。其他血红蛋白连接上来，形成了一个长链，如图14.18（a）所示。这

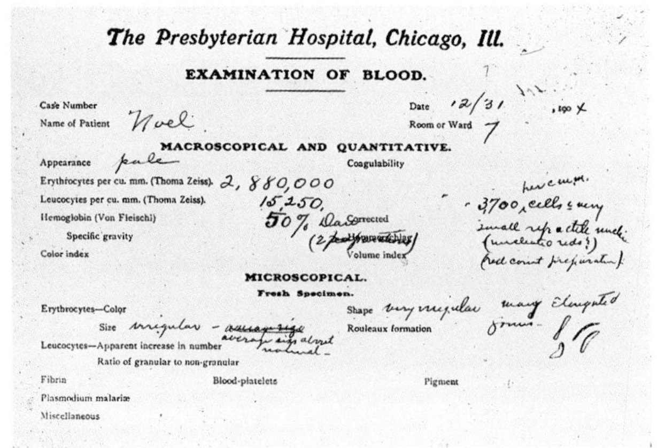

The Presbyterian Hospital, Chicago, Ill.

EXAMINATION OF BLOOD.

Case Number
Date 12/31, 1904
Name of Patient Noel
Room or Ward 7

MACROSCOPICAL AND QUANTITATIVE.

Appearance pale
Coagulability
Erythrocytes per cu. mm. (Thoma Zeiss). 2,880,000
Leucocytes per cu. mm. (Thoma Zeiss). 15,250.
Hemoglobin (Von Fleischl) 50%
Corrected
Specific gravity
Color index
Volume index

MICROSCOPICAL.

Fresh Specimen.

Erythrocytes—Color
Shape very irregular many elongated forms
Size irregular – average size almost normal –
Rouleaux formation
Leucocytes—Apparent increase in number
Ratio of granular to non-granular
Fibrin
Blood-platelets
Pigment
Plasmodium malariæ
Miscellaneous

图14.17　第一个已知的镰状细胞贫血的患者

1904年12月31日，欧内斯特·艾恩斯博士为他的病人沃尔特·克莱门特·诺埃尔写的血液检查报告，描述了他奇怪形状的红细胞。

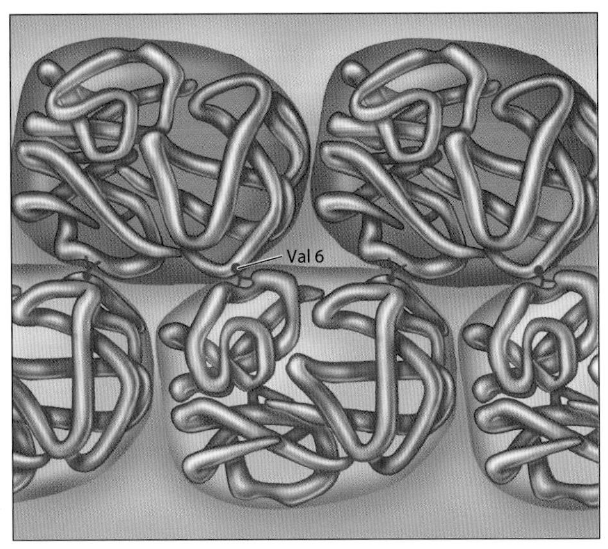

（a）Val 6：B6位置上的缬氨酸

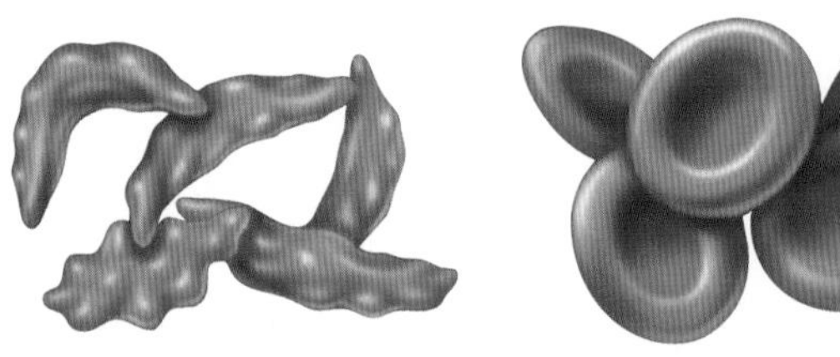

（b）镰状红细胞　　（c）正常的红细胞

图14.18　为什么镰状红细胞突变会导致血红蛋白凝结

导致了如图14.18（b）所示的畸形的镰状红细胞。相比之下，正常的血红蛋白处于B6位置的是极性氨基酸**谷氨酸**。这个极性氨基酸不会被非极性凹陷吸引，所以不会发生血红蛋白聚集，并且细胞呈正常形状，如图14.18（c）所示。

β-血红蛋白基因中镰状细胞基因突变（称为*s*等位基因）纯合体的人通常寿命缩短。这是因为镰状红细胞中的血红蛋白不能很好地携带氧气，并且镰状红细胞不能顺利地通过细小的毛细血管，反而形成堵塞阻止血液流通。对于既有缺陷的也有正常的基因形式的杂合体，能制造出足够多的功能正常的血红蛋白以保持红细胞健康。

疑问：为何如此普遍？

这种疾病现在被认为起源于中非，在那里镰状红细胞等位基因的频率大约是0.12。每100人中就有1人携带纯合的有缺陷的等位基因并且发展成为致命的疾病。镰状细胞贫血大概影响了每1,000个非裔美国人中的2个，但是在其他种族群体中还是未知的。

如果达尔文是正确的而且自然选择驱动进化，那么为什么自然选择没有在非洲对有缺陷的等位基因起作用并且从那儿的人群中淘汰它呢？为什么这个有潜在致命威胁的等位基因反而在那儿非常普遍呢？

答案：稳定选择

由于镰状红细胞等位基因杂合体的人对疟疾的易感性要低得多，而疟疾是中非的主要死亡原因之一，所以中非尚未消除有缺陷的*s*等位基因。每一代人中，很多携带纯合的镰状红细胞的等位基因的人都死了。虽然这付出了很高的人口代价，但这个死亡人数远少于疟疾导致的死亡，如果杂合的镰状红细胞等位基因的个体对疟疾没有抵抗力的话。5个人中有1个人（20%）是杂合体，并且在疟疾中存活下来，而100人中只有1人是纯合体并且死于镰状细胞贫血。类似的镰状红细胞等位基因的遗传规律在其他经常发生疟疾的国家也被发现，比如说地中海周围的地区、印度、印度尼西亚。在被疟疾影响的中非和其他地区，自然选择有利于镰状红细胞等位基因是因为杂合体生存下来的机会多于纯合体死亡的代价。这种现象是**杂合体优势**的一个例子。

因此，稳定选择（也被称为**平衡选择**）作用于镰状红细胞基因：（1）选择趋向于消灭镰状红细胞基因，因为纯合体是致命的；（2）选择有利于镰状红细胞基因，因为它保护杂合体不受疟疾的侵害。就像一个管理者平衡一家商店的存货一样，只要能从中获益，自然选择就会增加一个物种中一个等位基因的频率，直到代价和利益相平衡。

稳定选择之所以发生，是因为疟疾抗性抵消了致命的镰状细胞贫血。疟疾是一种热带疾病，早在20世纪50年代初就在美国被基本根除，所以稳定选择在这里并不利于镰状红细胞等位基因。几个世纪前从非洲带到美洲的杂合镰状红细胞等位基因一直都没有获得进化优势。如果没有任何染上疟疾的风险的话，那么对疟疾有抵抗力就没有任何益处。结果，在美国对镰状红细胞等位基因的选择没有任何优势，并且这种等位基因在非洲裔美国人中的普遍性远远低于中部非洲的土著非洲人。

稳定选择被认为按照同样的方式影响着人类的其他许多基因。导致囊性纤维化的隐性*cf*等位基因在欧洲西北部通常很普遍。携带有杂合的*cf*等位基因的人不会受到由霍乱引起的脱水的影响，并且*cf*基因可能也会提供防伤寒的保护。显然，导致伤寒的细菌利用健康的CFTR 蛋白来进入它所感染的细胞，但是它不能利用囊性纤维化的蛋白质。正如镰状细胞贫血一样，杂合体受到了保护。

关键学习成果 14.10

镰状细胞贫血在非洲人群中的流行被认为反映了自然选择的作用。自然选择青睐于携带有镰状红细胞等位基因的一个拷贝的个体，因为他们对在非洲比较普遍的疟疾有抗性。

14.11 桦尺蛾和工业黑化

桦尺蛾（*Biston betularia*）是一种白天停在树干上的欧洲蛾类。直到19世纪中期，几乎所有被捕获的这个物种的个体都有浅色的翅膀。从那时起，有深色翅膀的个体频率在靠近工业中心的蛾类种群中有所增加，直到它们几乎占据了种群的100%。深色个体有一个显性等位基因，但它在1850年之前的种群中非常罕见。生物学家很快意识到在深色蛾比较普遍的工业区域，树干由于煤烟污染几乎变成黑色。停在树干上的深色蛾比浅色蛾更不容易被发现。此外，在工业区域扩散的空气污染杀死了很多树干上的浅色地衣，这使得树干颜色更深。

选择和黑化

学习目标 14.11.1 自然选择在工业黑化中的作用

达尔文的理论能够解释深色等位基因频率的增加吗？为什么深色蛾在1850年左右获得了生存优势呢？一个名叫塔特（Tutt）的业余蛾类收集者在1896年提出了一个最被广泛接受的假设来解释浅色蛾的减少。他认为浅色的外表在失去地衣的乌黑的树干上更容易被捕食者发现。因此，鸟类在白天会捕食停在变黑的树干上的浅色蛾。相比之下，由于黑色外表的伪装，深色蛾则处于优势。尽管塔特最初没有证据，但是英国生态学家伯纳德·凯特威尔（Bernard Kettlewell）早在20世纪50年代通过饲养同等数量的深色和浅色的桦尺蛾来检验了他的假设。凯特威尔随后将这些种群释放到两个树林里：一组靠近重度污染的伯明翰，另一组在没有污染的多塞特。凯特威尔在树林里设置装置捕获蛾类以观察两种蛾分别有多少存活下来。为了评估他的结果，他用颜料在蛾的翅膀下面标记了这些被释放的蛾，而鸟类看不到这些标记。

在伯明翰附近的污染区里，凯特威尔捕获的浅色蛾占19%而深色蛾占了40%。这表明了深色蛾在这些树干呈暗黑色的被污染的树林里有高得多的存活率。在相对没有被污染的多塞特树林里，凯特威尔捕获的浅色蛾占12.5%而深色蛾只占了6%。这表明在树干依然是浅色的地方，浅色蛾有更高的存活率。后来凯特威尔通过把死掉的蛾子放置在树干上并拍摄鸟类捕食的过程巩固了他的论点。有时候鸟类竟然错过了颜色同背景色一致的蛾子。

工业黑化

工业黑化这个术语用来描述自工业革命之后深色个体变得比浅色个体更普遍的进化过程。直到最近，这个过程的发生被广泛认为是因为深色生物体在由于煤烟和其他形式的工业污染而变黑的栖息环境里可以更好地躲避捕食者，隐藏自己，正如凯特威尔所提出的。

在整个欧亚大陆和北美的工业化地区，数十种其他种类的蛾类也发生了与桦尺蛾相同的变化，随着工业化的蔓延，自19世纪中叶以来，深色蛾类变得越来越常见。

到了20世纪下半叶，随着污染控制措施的广泛实施，这些趋势正在逆转，不仅英国许多地区的桦尺蛾出现了这种趋势，整个北部大陆的许多其他种类的蛾也出现了这种趋势。这些例子翔实地记录了自然种群中一些等位基因频率变化的情况。这种变化是特定环境因素引起的自然选择的结果。

在英国，1956年颁布《清洁空气法案》后，空气污染导致的工业黑化开始逆转。从1959年开始，每年都会对利物浦郊外卡尔迪科蒙的桦尺蛾种群采样。黑变的（深色）类型的频率从1960年的至高点94%降低到了1995年的19%（图14.19）。这种变化在英国的许多其他地方也被记录下来。这一下降与空气污染的治理密切相关，特别是与令树木变黑的二氧化硫和悬浮颗粒物。

有趣的是，在英国发生的同一时间，美国似乎也发生了同样的工业黑化逆转。桦尺蛾美国亚种的工业黑化现象并没有同英国一样普遍，但是在底特律附近的一个野外观测站也观测到了这样的现象。在从1959到1961年间收集的576个桦尺蛾中，有515个是黑变的，它的频率是89%。《空气洁净法案》在1963年通过，有效降低了空气污染程度。在1994年的重新采样中，底特律的野外观测站发现桦尺蛾种群中只有15%的黑变个体！利物浦和底特律的蛾子，都是同一自然实验的一部分，表现出强有力的自然选择的证据。

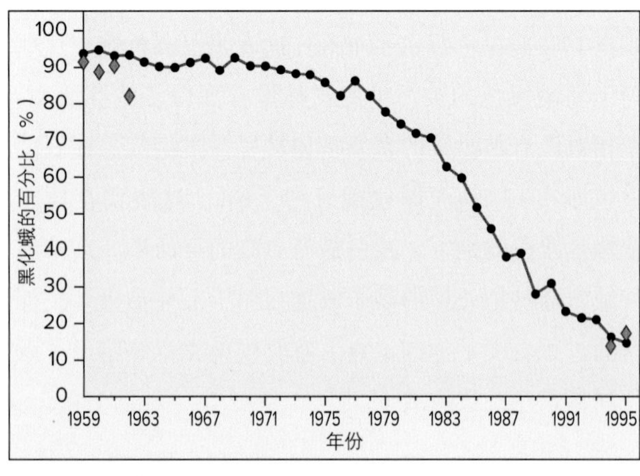

图14.19　对抗黑化的选择

圆点表示1959—1995年连续在英国卡尔迪科蒙采样的黑化桦尺蛾频率。红色菱形表示1959—1962、1994—1995年间在密歇根州发现的黑化桦尺蛾频率。

对自然选择目标的再思考

根据凯特威尔的研究，塔特的假设被广泛接受，目前正在被重新评估。问题是，最近针对黑化的选择似乎与树木地衣的变化无关。在卡尔迪科蒙，浅色的桦尺蛾频率的开始增长远早于树上地衣的再次出现。在底特律的野外观测站，地衣在从最初深色蛾占有优势时到后来深色蛾数量减少的40年里，从来没有发生显著变化。事实上，不管树干是否被地衣所覆盖，研究者们根本不能在底特律的树上找到桦尺蛾。无论蛾子白天停在哪儿，它都没有出现在树皮上。一些证据表明它们停在树顶的叶子上，但是没有人可以确认。

选择的作用可能取决于浅色、深色桦尺蛾之间的其他区别以及它们翅膀的颜色。比如说，据研究人员报道，它们还是幼虫时的生存能力在各种各样的条件下有清晰的区别。自然选择或许也把幼虫作为目标而不是成虫。虽然我们还不能完全正确地说出自然选择的目标是什么，但是研究人员在积极地研究自然选择处于运行中的这个实例。

对小鼠黑化的自然选择

学习目标14.11.2　选择在维持沙漠小鼠黑化中的作用

黑化并不只限于昆虫。猫和许多其他哺乳动物也有类似蛾类的受支配于自然选择的黑化形式。生活在不同颜色的岩石栖息环境的沙漠囊鼠的毛色提供了一个自然选择作用于黑化的清晰实例。在亚利桑那州和新墨西哥州，这些体形较小的野生囊鼠生活在黑色火山熔岩层和其间的苍白土层中。囊鼠毛发发育时，黑色素合成受受体基因*MCIR*调控。使

*MCIR*失去功能的突变会导致黑化。这是个显性等位基因突变，所以每当它们出现在一个种群中，就会有深色的囊鼠出现。当来自亚利桑那大学的生物学家调查野生囊鼠种群的时候，他们发现了毛色和囊鼠种群所生活的岩石颜色之间的显著相关性。

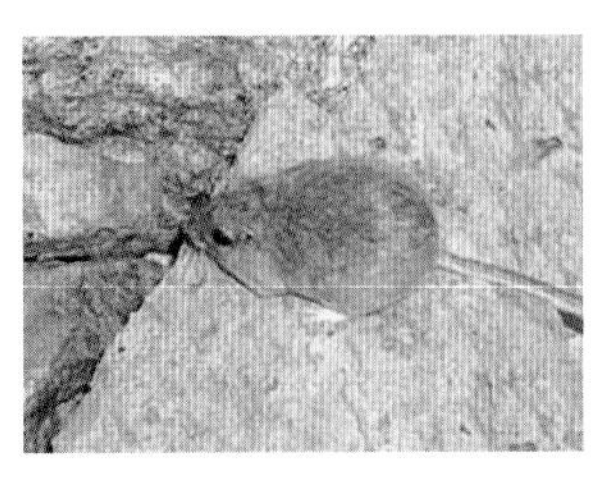

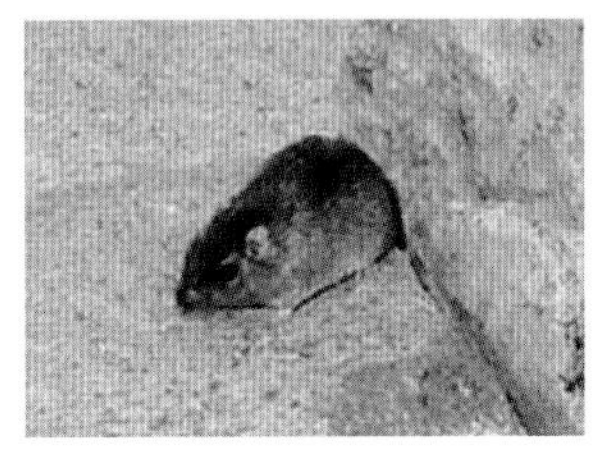

从上面的两幅照片中你可以看到，毛色和背景颜色的高度匹配可以隐藏和保护囊鼠，以躲避鸟类，尤其是猫头鹰的捕食。如果这些老鼠被放到相反的栖息环境中，它们就很容易被看见（见下两幅照片）。

关键学习成果 14.11

自然选择在空气污染严重的区域有利于深色的桦尺蛾，可能是因为它们在变黑的树上比较不容易被捕食蛾类的鸟类发现。随着污染的减轻，选择会反过来有利于浅色蛾。

14.12 孔雀鱼体色的选择

孔雀鱼的颜色

学习目标 14.12.1 捕食是怎样改变孔雀鱼颜色的

为了研究进化，生物学家以前会去调查过去发生的事，有时候甚至是几百万年前发生的事。为了了解恐龙，古生物学家会着眼于恐龙化石。为了研究人类进化，人类学家会查看人类化石，他们更注重考察已经在人类DNA中累积了数百万年的突变家系。进化生物学跟天文学和历史很相似，这些采用传统手段的生物学家也是依赖于观察而不是通过实验去验证关于过去事件的想法。

尽管如此，进化生物学并不完全是基于观察的科学。达尔文对于很多事情的观点是正确的，但是在关于进化发生速度的方面他是错误的。达尔文认为进化发生的速度非常缓慢，几乎很难被感觉到。但是，在最近几年中，许多案例已经被研究证实，在一些情况下，进化可以进行得非常快。因此，可以通过构建实验来验证关于进化的假设。尽管在过去的100多年里，利用果蝇和其他生物体的实验室研究已变得很普遍了，但是在最近几年科学家们才开始在大自然中展开研究进化的实验。一个非常好的结合自然界的观察和实验室内严谨的实验的例子是一项对孔雀鱼（*Poecilia reticulata*）的研究。

孔雀鱼生活在不同的环境中

孔雀鱼凭借它鲜明的颜色和多产的繁殖特性成为一种很受喜爱的观赏鱼类。在自然界中，孔雀鱼被发现于南美洲东北部和附近的特立尼达岛的小溪中。在特立尼达岛上，许多山涧溪流中都能找到孔雀鱼。几条溪流共有的有趣特征是它们都有瀑布。神奇的是，孔雀鱼和一些其他鱼类能够生活在瀑布的上游。鳉鱼（*Rivulus hartii*）擅长移居，特别是在下雨的夜晚，它会穿过潮湿的落叶层，游离小溪。孔雀鱼虽然没有这么灵活，但是它们擅长于逆流而上。在汛期，河流有时候会溢出堤岸，形成穿过森林的第二通道。在这些情况下，孔雀鱼可能会向上游游动并占据瀑布上游的水域。相比之下，并不是所有的物种都有这种扩散的能力，因此它们只能生存在第一个瀑布的下游溪流中。一个被瀑布限制分布的物种是阿尔泰矛丽鱼（*Crenicichla alta*），它是一种贪婪的捕食者，靠捕食包括孔雀鱼在内的其他鱼类为生。

由于这些分布上的障碍，孔雀鱼存在于两种非常不同的环境中。图14.20所示的生活在瀑布下游水域中的孔雀鱼会面对阿尔泰矛丽鱼的捕食。这种重大危机使它们的存活率保持在一个低的水平。相比之下，在瀑布上游的相似水域内，唯一存在的捕食者是鳉鱼，它们很少捕食孔雀鱼。瀑布上游和下游的孔雀鱼种群呈现出很多不同点。在被捕食概率高的水域，雄性孔雀鱼呈现出浅褐色，如图14.20中瀑布下游的孔雀鱼所示。此外，它们倾向于在更年轻的时候繁殖并且成年鱼体形较小。相比之下，图中所示的瀑布上游的雄性鱼显示出它们用以吸引异性的艳丽色彩。成年鱼成熟较晚且体形较大。

这些区别暗示了自然选择的作用。在被捕食概率低的环境中，雄性鱼呈现出有利于交配的艳丽色彩和斑点。此外，体形较大的雄性最能成功地守住领土并且和雌性交配，体型较大的雌性也能产下更多的卵。因此，在没有捕食者的情况下，体形较大的、颜色更艳丽的鱼能繁殖出更多的后代，并导致

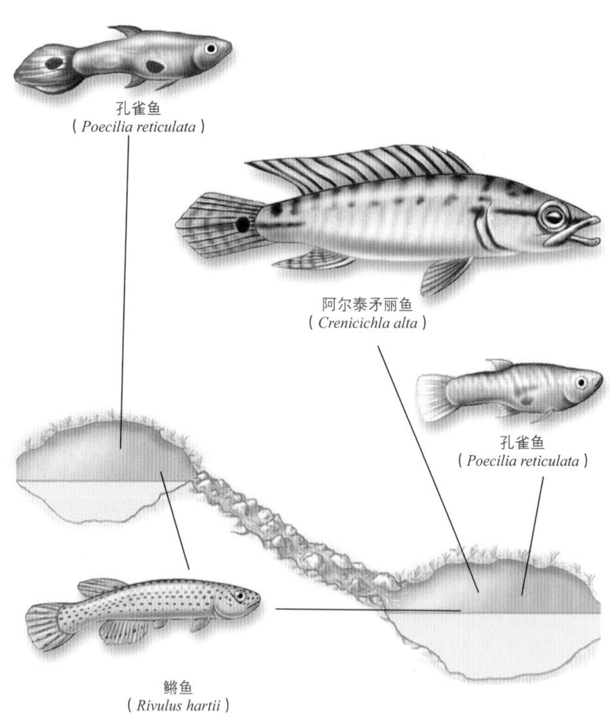

图14.20 孔雀鱼中保护色的演变

在瀑布下游的水域中，捕食者多，雄性孔雀鱼呈单调的颜色。在瀑布上游的水域中，由于没有强捕食性的梭子鱼的存在，雄性孔雀鱼的颜色变得更加鲜艳，并以此吸引雌性。鳉鱼也是一个捕食者，但却很少见它捕食孔雀鱼。孔雀鱼的这些差异的进化可以通过实验进行验证。

了这些特征的进化。然而在瀑布下游的水域，自然选择会青睐于不同的特征。颜色艳丽的雄性更有可能吸引梭子鱼的注意，并且较高的被捕食概率意味着大多数的鱼生命周期较短；因此，颜色较浅并把精力转向早期繁殖而不是长成较大体形的个体，更有可能被自然选择所保留。

实验

尽管生活在瀑布上下游的孔雀鱼之间的区别代表着它们对于不同的捕食强度的进化反应，但是其他的解释也是有可能的。比如说，或许只有比较大的鱼才有能力穿过瀑布游到上游去开拓新的生存水域。如果是这种情况，那么建立者效应就会在只有携带大体形基因的鱼建立的新种群中发生。

实验室实验 排除这种备择假设的唯一办法就是进行对照实验。约翰·恩德勒，现在工作于澳大利亚的迪肯大学，他在实验室温室的大水池里进行了第一次实验。在实验的开始，2,000条孔雀鱼被平均分配到10个大水池里。6个月后，阿尔泰矛丽鱼被添加到其中4个水池里，鳉鱼被添加到另外4个水池中，剩下的两个水池作为无捕食者的对照组。14个月后（相当于孔雀鱼的10代），科学家对比了这些种群。你可以在图14.21中看到结果。在有鳉鱼的水池中（蓝色线）和对照组水池（绿色线）中，孔雀鱼呈现明显的大体形和艳丽的颜色，平均每只鱼有大概13个彩色的斑点。相比之下，在有阿尔泰矛丽鱼的水池中，孔雀鱼（红色线）体形较小并且颜色呈浅褐色，斑点数量也有所减少（大约每条鱼9个）。这些结果清晰地表明捕食可以导致迅速的进化。但是这些实验室实验能够反映大自然中所发生的事实吗？

野外实验 为了找出答案，恩德勒和他的同事们——包括大卫·雷茨尼克（David Reznick），后来工作于加利福尼亚大学河滨分校——在一个瀑布下游的两条溪流找到了孔雀鱼，但是瀑布上游却没有孔雀鱼（见图14.21右侧所示的照片）。就跟其他特立尼达溪流一样，阿尔泰矛丽鱼存在于下游的水域中，但是只有鳉鱼存在于瀑布上游。科学家们随后将孔雀鱼转移到上游的水域中并且之后每隔几年会

捕鸟猫的存在促进了鸟类的进化吗？

在清晨门前的台阶上看见死去的小动物是件令人不快的事情。一天早上在我们家门口有一只死去的小鸟，它躺在报纸旁边，就像随时都会飞走一样。我知道它不会飞走。像在它之前的其他鸟一样，这是和我们住在一起的猫——法伊斯特（Feisty）给我们家的礼物。它是一个鸟类杀手，而且经常留给我们一只它的猎物，像是在付房租。

我们有四只猫，另外三只是真正的家猫，它们不知道拿鸟怎么办。法伊斯特就不一样了，它是只灰色的长毛波斯猫并有猎手的灵魂。当其他三只猫和我们待在家里安全地睡觉的时候，法伊斯特大多数的晚上都在外面度过，徘徊潜行。

法伊斯特在夜间的馈赠并没有受到我的家人的欢迎。他们多次提议法伊斯特可能在乡下会过得更开心。

作为一个生物学家，我试着从科学的角度看待这件事。我告诉我的女儿们，摆脱法伊斯特是没有道理的，因为像法伊斯特这样的猎杀猫实际上可以帮助鸟类，这有点达尔文主义的意思。我解释说，这就像一个进化质量控制检查，通过简单地淘汰不适应的个体，捕食者确保了一个种群中只有更加适应它们的生存环境的个体能繁育下一代。通过捕捉那些不易逃脱的鸟——生病的和老的——法伊斯特筛选了当地的鸟类种群，留下了平均生存状态比从前更好的鸟。

这就是我对我的女儿们说的。从一个生物学家的角度来看它完全讲得通，这也是她们之前就听过的一个故事，例如在《狼踪》和《狮子王》的电影里。所以法伊斯特被宽恕并且能再次在晚上出去捕猎。

我没有告诉我的女儿们的是，事实上几乎没有证据能支撑我对法伊斯特行为的狡辩。我的解释可以用科学的语言来表达，但是如果没有证据，那么这个“捕食者就是精选者”的故事顶多也就是个假设。它可能是真的，但是它也可能不是。法伊斯特的命运就通过这个“细绳”悬挂在我家。

最近这个细绳变成了一根牢固的绳索。两个来自法国的生物学家验证了我为法伊斯特辩护而使用的假设。让我感到欣慰的是，他们的验证支持我的假设。

来自巴黎第六大学的安德斯·默勒和约翰内斯·埃立特设计了一个简单的方法来验证这个假设。他们比较了被法伊斯特一样的家猫杀死的鸟和由于事故，比如撞到玻璃窗上或者移动的汽车上而死去的鸟的健康状况。玻璃窗并不会选择病弱的鸟——健康的鸟也会跟病弱的鸟一样撞到玻璃窗上并撞断自己的脖子。如果猫实际上选择了相对不健康的鸟，那么与撞落在玻璃窗上的鸟相比，它们的猎物中应该具有更高比例的病弱个体。

我们怎么才能知道那些鸟是病弱的呢？默勒和埃立特检查了死鸟的脾脏大小。脾脏的大小是鸟的健康状况的一个很好的指标。经历频繁感染或者带有很多寄生虫的鸟和健康的鸟相比有较小的脾脏。

他们检测了18个鸟类物种，有超过500只鸟。除两个物种（知更鸟和戴菊莺）之外的所有物种内，他们发现被猫杀死的鸟的脾脏比那些死于事故的鸟明显要小。我们并不是在斤斤计较，而是在讨论一些统计学上的细小差异。被猫杀死的鸟的脾脏平均较小。有5个鸟类物种（黑头莺、麻雀、白喉林莺、云雀和斑鹟），它们之中被猫捕获的鸟的脾脏比那些死于撞到玻璃窗或者汽车上的事故中的鸟的一半还要小一些。

作为确保没有其他因素起作用的对照实验，巴黎的生物学家们检测了被猫捕杀的和意外死掉的鸟之间的其他差异。体重、性别、翅长和所有你能想象到的重要方面，都没有显著差异。被猫捕杀的鸟和意外死掉的鸟有一样的体重、雌性鸟的比例和翅长。

另外一个因素确实有影响，那就是年龄。大约50%意外死掉的鸟是幼鸟，然而有整整70%被猫捕杀的鸟是幼鸟。显然，捉住一只经验丰富的老家伙并没有捉住一只羽翼未丰的小鸟那么容易。

所以法伊斯特只是在履行“达尔文”的职责，我辩护说，并让我的女儿明白这些被猫捕捉到的鸟不管怎样都会很快死掉。然而门前台阶上的死鸟所引出的争论声比任何科学的呼声都要大，她们仍然没有被说服。

她们是我的女儿，不是束手就擒的人。通过搜索互联网，她们组织了这样一个反驳的论点：像法伊斯特一样的食肉家猫和流浪猫（被遗弃在野外的家养猫），对英国、新西兰、澳大利亚和美国的本土鸟类种群造成了重大的问题。尽管像法伊斯特一样的家猫有同它们祖先一样的捕食本能，但是它们似乎缺乏像它们野生亲缘物种所具有的克制。大多数的野猫只是在饥饿的时候才会捕食，而宠物猫和流浪猫似乎是“喜欢捕杀”。它们不是为了食物而捕杀，而是为了好玩。

所以达尔文和我没能很好地解释这个论点。也许我终究必须要限制法伊斯特的捕杀探险。虽然一点小筛选可能有利于一个鸟类种群，但是大规模的捕杀会毁灭这个种群。在看到潜行中的法伊斯特时我总会觉得是看到了一只狮子，但是它将只能是一只被限制于室内捕猎的狮子。

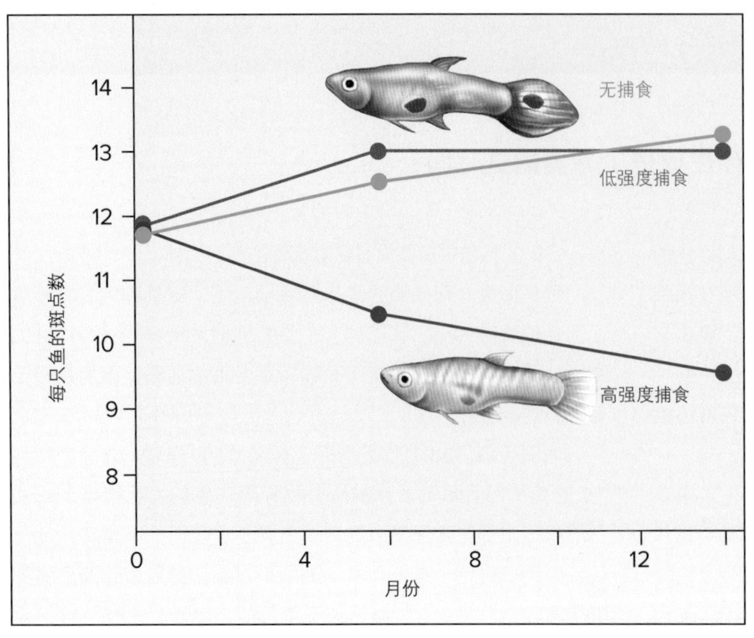

图14.21　孔雀鱼斑点数量的进化

在实验室的温室中，生长在低强度捕食或无捕食环境中的孔雀鱼有更多的斑点，而当鱼处于更危险环境中时，比如在有强捕食性的阿尔泰矛丽鱼存在的水池中，选择会产生不太醒目的鱼。相同的实验结果在有瀑布上游和下游水域的野外实验中也被发现（见照片）。

回来观测这些种群。尽管源自捕食水平较高的种群，被转移的种群迅速进化出了低捕食水平条件下的孔雀鱼的性状特征：它们成熟得较晚，体形较大，并且有艳丽的色彩。在下游水域的对照种群，相比之下，依然呈浅褐色，并且成熟较早，体形较小。实验室研究证实了种群之间的这些区别是由遗传差别造成的。这些结果证明了重大的进化可以在短于12年的时间里发生。更为普遍地，这些研究表明了科学家们是如何提出关于进化发生的假设并如何在自然条件下验证这些假设的。这些结果强有力地支持了基于自然选择的进化论。

关键学习成果　14.12

实验可以在自然界中进行，以测试关于进化如何发生的假设。这些研究表明，自然选择可以导致快速的进化变化。

物种是如何形成的
How Species Form

14.13　生物学物种概念

学习目标14.13.1　生物学物种概念

达尔文进化论的一个重要方面是他认为适应（微观进化）最终引起了大规模的变化，进而导致了物种的形成和更高层次的分类群（宏观进化）。自然选择导致新物种形成的方式已经被生物学家非常仔细地记录了下来。他们观察了许多植物、动物和微生物的**物种形成**过程的各个阶段，或称**种化**。物种形成常常涉及连续变化：首先，当地的种群变得越来越特化，然后，如果它们变得足够不同，那么自然选择可能会起作用并保持它们的不同。

在我们讨论一个物种怎样产生另一个物种之前，我们需要正确地理解什么是物种。进化生物学家恩斯特·迈尔提出了**生物学物种概念**，它将物种定义为“能够或可能相互配育的自然群体，这些群体与其他相似的群体在生殖上相互隔离”。

换句话说，生物学物种概念是，一个物种是由其成员彼此交配并产生可育后代的种群组成的，或者如果它们进入遇到的那些种群，也会与其交配并产生可育后代。相反地，种群的成员不会相互交配或者不会繁殖出可育后代的种群，则被认为具有**生殖隔离**，因此，它们属于不同物种。

是什么导致生殖隔离呢？如果生物体不能杂交或者不能产生可育的后代，那么它们显然属于不同的物种。然而，一些被认为是不同物种的种群可以相互杂交并繁殖出可育的后代，但是它们在自然条件下通常不会这么做。它们仍然被认为是生殖隔离的，因为来自一个物种的基因通常不会进入另一个物种的基因库。表14.1总结了在成功繁殖的过程中可能遇到的障碍的各个阶段。这种障碍被叫作**生殖隔离机制**，因为它们防止了物种之间的基因交换。我们会首先讨论**合子前隔离机制**，这些机制防止了受精卵的形成。然后我们会探究**合子后隔离机制**，这些机制阻止了受精卵形成之后的正常功能。

尽管物种组成的定义对于进化生物学至关重要，但是这个问题依然是大量的研究和争论的对象。一个问题：不同物种的植物可以杂交并产生可育的杂种后代，这个频率比最初想象的要高。杂交是很普遍的，足以让人怀疑生殖隔离是不是维持植物物种完整性的唯一动力。

关键学习成果 14.13

物种通常被定义为一组相似的生物体，它们不会广泛地和自然界中的其他群组进行基因交换。

14.14 隔离机制

合子前隔离机制

学习目标14.14.1 六种合子前隔离机制

地理隔离 这种隔离机制可能是最容易理解的。存在于不同地区的物种不能进行杂交繁殖。表14.1第一个图所示的两朵花的种群被山脉隔开，所以它们不能杂交。

生态隔离 即使两个物种存在于同一地区，但是它们可能利用环境的不同部分，因为不能遇到彼此而不能杂交，就像表14.1第二个图所示的蜥蜴。一种生活在陆地上而另一种生活在树上。另一个自然中的例子是印度的狮子和老虎的分布。150年前，它们的分布一直有所重合。然而，即使它们的分布重合，也没有自然杂交的记录。狮子主要停留在开阔的草地并以群体的方式进行捕猎，而老虎在森林中独居。因为它们在生态学和行为方面的区别，狮子和老虎彼此之间很少直接接触，尽管它们的分布在数千平方千米内都有所重合。杂交后代是有可能的，虎狮是狮子和老虎的杂种。这样的交配在野生条件下是不会发生的，但是会发生在人造环境中，比如动物园。

季节隔离 禾叶莴苣和加拿大莴苣是两个野生莴苣物种，它们一起生长，遍及美国东南地区的路边。这两个物种的杂种可以轻易地通过实验方法获得并且是完全有繁殖能力的。但是这样的杂种在大自然中很少见，因为**禾叶莴苣**在早春开花而**黄花莴苣**在夏天开花。这被称作季节隔离，如表14.1中的第三个图所示。当这两个物种的花期偶尔有所重合时，它们确实能形成杂种，并且可能在当地变得很多。

行为隔离 在第37章，我们会讨论一些动物群体经常精心设计求偶和交配的方式，这易于保持这些物种在大自然中的独特性，即使它们生活在同一个地方。这种行为隔离在表14.1的第四个图有所讨论。比如说，绿头鸭和针尾鸭可能是北美最常见的淡水鸭。在被圈养的情况下，它们能繁殖出完全可育的后代，但是在大自然中，它们紧挨着筑巢但极少杂交。

机械隔离 由于动植物近缘物种之间的结构差异而引起的交配障碍叫作机械隔离，如表14.1的第五个图所示。植物近缘物种的花通常在它们的大小和结构上有显著差异。其中有些差异限制了花粉从一种植物到另一种植物的传送。比如说，蜜蜂可能

表 14.1 隔离机制

机制		描述
合子前隔离机制		
地域隔离		物种存在于不同的地区，它们常常被物理屏障所隔开，比如说河流或者山脉。
生态隔离	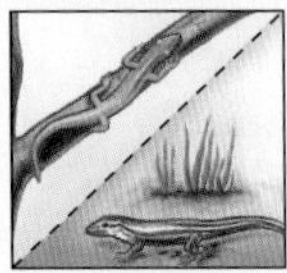	物种存在于相同的地区，但是它们生活在不同的栖息环境中。杂种后代的存活率低，因为它们不能适应于亲本中任何一方的环境。
季节隔离	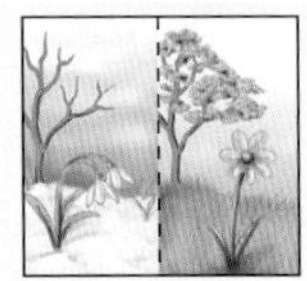	物种在不同的季节或者一天中不同的时间繁殖。
行为隔离		物种交配的仪式有所不同
机械隔离	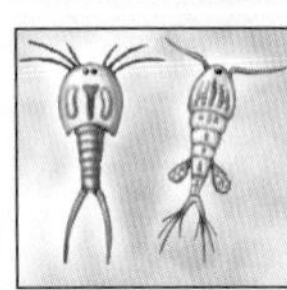	物种之间结构的不同阻止了交配
防止配子融合	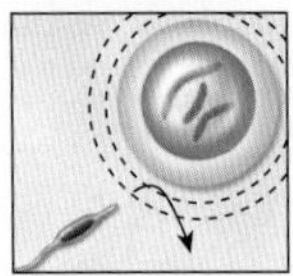	一个物种的配子在与另一个物种的配子结合时或在另一物种的生殖道内功能变差。
合子后隔离机制		
杂合体不能存活或者不育		杂种胚胎不能正常发育，杂种成体不能在自然中存活，或者杂种成体不育或者生育能力不佳。

会在它身上的某一特定部位携带某一物种的花粉，如果这个部位没有和另一植物物种花上接受花粉的结构相接触，那么花粉就不会被成功传送。

防止配子融合 对于那些直接将配子产于水中的动物，来源于不同物种的卵细胞和精子不会相互结合。许多陆栖动物不能成功杂交是因为一个物种的精子在另一个物种的生殖道内功能可能变得非常差以至于无法受精。对于植物来说，来自不同物种的杂种的花粉管的生长可能会受到阻碍。对于动物和植物，就算交配成功，这种隔离机制的运作也会阻止配子的融合。表14.1的第六个图讨论了这种隔离机制。

合子后隔离机制

学习目标14.14.2 两种合子后隔离机制

到目前为止，我们讨论的所有因素都倾向于阻止杂交。如果杂交确实已经发生并且形成了合子，许多因素仍然可能阻止这些合子发育成功能正常的可育个体。每一种物种的发育都是一个复杂的过程。对于杂种来说，两个物种的遗传互补可能非常不同，以至于它们的胚胎发育不能正常进行。比如说，绵羊和山羊的杂交形成的胚胎通常会在发育早期死掉。

很长一段时间以来，林蛙、北美豹蛙、里奥格兰德豹蛙、南方豹蛙都被认为是同一物种。然而，经过仔细的检查后发现，尽管这些蛙类看上去相似，但是它们之间很少成功交配，因为受精卵的发育存在问题。许多杂交就算在实验室中也不能形成。这一类的例子对于植物也很普遍，相似的物种只有通过杂交实验的结果才能被识别。

然而，就算杂种在胚胎期存活下来，它们也不能正常地发育。如果杂种比它们的亲本更弱，它们肯定会在大自然中被淘汰。即使它们强壮有力，比如雌性马和雄性驴的杂交所得的骡子，它们仍然不育，不能产生后代。杂种不育是因为性器官发育可能不正常，这是因为分别来源于父母的染色体可能没能正常配对，或者其他各种原因。

关键学习成果 14.14

合子前隔离机制通过阻止受精卵的形成，引起生殖隔离。合子后隔离机制导致受精卵不能正常发育，或者阻止杂种在自然界生存。

调查与分析
INQUIRY & ANALYSIS

自然选择对酶多态性起作用吗？

达尔文进化论的本质是，在自然界中，选择倾向于使某些基因替代其他基因。许多对自然选择的研究都集中在编码酶的基因上，因为自然界中的种群往往具有许多不同等位基因的酶（这种现象称为**酶多态性**）。通常研究人员会查看是否天气能影响那些在自然种群中更普遍的等位基因。这类研究中一个特别好的例子是关于底鳉（*Fundulus heteroclitus*）的，它是一种生活在北美东海岸的鱼。研究人员研究了编码乳酸脱氢酶的等位基因的频率。乳酸脱氢酶用于催化丙酮酸转化为乳酸。如第7章所介绍的，这个反应是能量代谢的关键步骤，尤其是在氧气不足的情况下。在这些鱼类种群中有两个常见的乳酸脱氢酶等位基因。在较低的温度下，等位基因a比等位基因b有更好的催化作用。

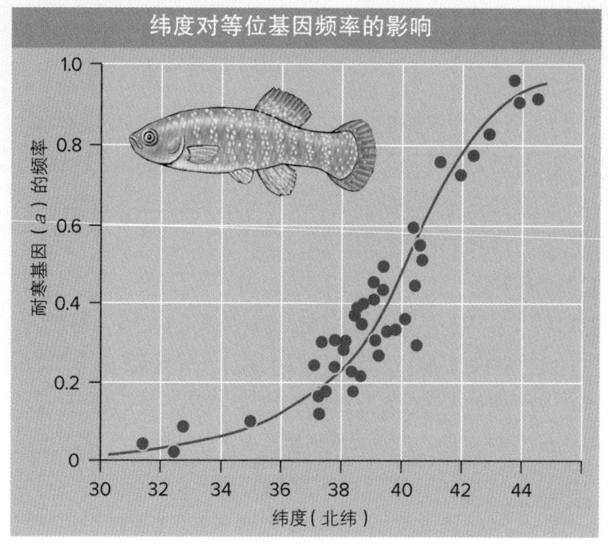

在一项实验中，研究人员调查了采样获得的41个鱼类种群的等位基因*a*的频率。这些被捕获的鱼类种群来自跨越14个纬度的地区，从佛罗里达州的杰克逊维尔（北纬31°）到缅因州的巴尔港（北纬44°）。

随着每一个纬度的变化年平均水温会有1℃的改变。这项调查旨在检验自然选择对这种酶多态性起作用的假设的预测。如果确实如此，那么你可能会预想能产生更适合“低温”的酶的基因a在纬度偏北的寒冷水域中更加常见。

右边的图显示的是本次调查的结果。图上的点是从不同地区的群体采集的数据中得到的，图中的蓝线是最符合数据的曲线（**“最佳拟合”线**，也称为**回归线**，是由统计学上的**回归分析**确定的）。

分析

1. **应用概念**

   a. **变量**　图中哪一个是因变量？

   b. **分析连续变量**　对比在北纬44°水域中鱼群的基因a的频率和在北纬31°水域中鱼群的基因*a*的频率。是否存在某种规律？请描述。

2. **解读数据**　在什么纬度鱼群中等位基因*a*的频率表现出最大变化？

3. **进行推断**

   a. 在北纬44°冷水中的鱼群比在北纬31°暖水中的鱼群可能含有更多还是更少的杂合个体？为什么存在或没有这种差异？

   b. 在这一纬度梯度上，你认为哪里会出现最高的杂合体频率？为什么？

4. **得出结论**　等位基因*a*的频率在各群体中的差异与自然选择作用于编码乳酸脱氢酶基因的等位基因这一假说是否一致？请解释。

5. **进一步分析**　如果你把从北纬32°捕获的鱼释放到北纬44°，那么现在这个种群中两种等位基因的频率是相同的。你预计在未来的后代中会发生什么情况？你将如何来验证你的预测？

本章回顾

Reviewing What You Have Learned

进化

达尔文的"贝格尔"号之旅

14.1.1 由达尔文提出的自然选择理论是广泛被科学家们所公认的理论，也是生物学的核心概念。

达尔文的证据

14.2.1 达尔文观察到位于南美洲的灭绝物种的化石很像某些现存的物种。在加拉帕戈斯群岛上，达尔文观察到生活在各岛屿间的雀鸟在外表上略有不同，但都与南美大陆的雀鸟很相像。

自然选择学说

14.3.1 对达尔文假说的形成起到关键作用的是马尔萨斯对食物供应限制人口增长的观察。人口增长的数量取决于食物的多少。是食物限制了人口以几何级数增长。

14.3.2 利用马尔萨斯的观察和他自己的观察，达尔文提出，更适合其环境的个体能够生存下来以繁衍后代，从而有机会将其特征遗传给后代，这就是达尔文所说的自然选择。

达尔文雀：进化进化时

达尔文雀的喙

14.4.1~2 通过观察加拉帕戈斯群岛上有近缘关系的雀鸟的喙的不同大小和形状，以及喙与摄入食物类型的相关性，达尔文总结为这些雀鸟祖先的喙因为可被摄取的食物而改变，每种喙都适用于其特定的食物资源。科学家们已经识别了基因*BMP4*。该基因在不同喙的鸟类中表达不同。

自然选择如何产生多样性

14.5.1 在南美海岸的各岛上发现的14种雀鸟都来自同一个大陆物种，这个演变过程被称为适应辐射。

进化理论

进化的证据

14.6.1 进化的证据包括化石的记录。雷兽和它的祖先仅是从化石的记录中了解的（图14.7）。化石记录反映了进化中间形态的生物体。

14.6.2 进化的证据还包括那些反映了物种间结构相似性的解剖学记录。同源器官有着相似的结构，并有共同的祖先。同功器官有相似的功能但是内在结构不同。

14.6.3 分子记录追溯了物种的基因组和蛋白质随时间的变化。

对进化的批判

14.7.1~3 一直存在对达尔文的自然选择进化论的批判声。然而，他们的批判并没有科学价值。

种群如何进化

种群中的基因变化：哈迪–温伯格定律

14.8.1 如果一个群体符合哈迪–温伯格的五条假设，那么在这个群体中等位基因的频率将不会改变（图14.13）。可是如果是一个小群体，有选择性交配、突变或迁移发生或者受到自然选择的影响，那么等位基因的频率会与哈迪–温伯格定律所预期的有所不同。

进化的作用因素

14.9.1 有五个因素可以作用于群体，改变其等位基因和基因型的频率。突变是DNA的改变。非随机交配会产生于个体依据某些特征寻求配偶的情况下。遗传漂变是由偶然事件而非适应性导致的等位基因在群体中的随机丢失。迁移是指个体的移动或等位基因迁入或迁出群体。选择会在以下的情况下发生：具有某些特征的个体能更好地应对环境的挑战，因此它们可以保留更多的后代。

14.9.2 稳定选择倾向于减少极端表现型。分裂选择倾向于减少中间表现型。单向选择会减少群体中某一种极端表现型。

种群内的适应

镰状细胞贫血

14.10.1 镰状细胞贫血是一个杂合子优势的例子。对于这个性状而言，杂合子个体在疟疾流行的地区更容易生存下来。

桦尺蛾和工业黑化

14.11.1~2 在重度污染区或与其他背景匹配的情况下，自然选择有利于深色的（黑化的）生物体。

孔雀鱼体色的选择

14.12.1 实验表明，由于自然选择，孔雀鱼种群发生了进化上的改变（图14.20）。

物种是如何形成的

生物学物种概念

14.13.1 生物学物种概念指出，物种是可以相互交配并产生可育后代或者相互接触时会产生可育后代的自然群体。如果生物体间不能交配或交配后不能产生可育后代，它们被称为生殖隔离。

隔离机制

14.14.1 合子前隔离机制阻止了杂种合子的形成。

14.14.2 合子后隔离机制阻止了一个杂种合子的正常发育或产生不育的后代。

本章测验

Test Your Understanding

14.1~2 达尔文雀是自然选择进化的一个值得关注的案例研究，因为有证据表明______。
a. 它们是许多移生于加拉帕戈斯群岛的不同物种的后裔
b. 它们从一个移生于加拉帕戈斯群岛的单一物种辐射演变而来
c. 它们与大陆物种间的亲缘关系比它们彼此间的亲缘关系更近
d. 以上都不正确

14.3.1 达尔文深受托马斯·马尔萨斯的影响，马尔萨斯曾指出，______。
a. 食物供应以几何级数的方式增长
b. 人口以算术级数的方式增长
c. 人口能够以几何级数的方式增长，但是却维持在恒定水平
d. 食物供应通常比依赖于它的人口增长得更快

14.3.2（1）达尔文提出，具有有利于生物体生存在其周围环境的特征的个体比没有这些特征的个体更容易存活和繁殖。他称这为______。
a. 自然选择　　c. 进化论
b. 算术级数　　d. 几何级数

14.3.2（2）为实现种群中出现通过自然选择的进化，以下哪项条件不需要满足？
a. 变异一定要通过基因遗传给下一代
b. 种群中的变异必须对终生成功繁殖有差异效应
c. 变异必须可以被异性检测到
d. 变异必须存在于群体中

14.4.1~2 在过去的70年里，科学家们对达尔文雀进行了大量的研究。这些研究______。
a. 似乎经常违背达尔文最初的观点
b. 似乎与达尔文最初的观点一致
c. 没有显示任何明确的模式来支持或反对达尔文最初的观点
d. 提出了对雀鸟进化的不同解释

14.5.1 由于长期干旱，加拉帕戈斯岛上的树结出了带有较厚和坚硬外壳的小坚果。请你预测一下对于以这种坚果为食的鸟会发生什么？这会导致哪种类型的选择？

14.6.1~2 生物比较解剖学是进化证据的一个主要来源。看起来具有不同外观特征但是有相似起源的结构被称作______。
a. 同源器官　　c. 退化器官
b. 同功器官　　d. 趋同器官

14.6.3 当比较脊椎动物的基因组时，______。
a. 亲缘关系较近的基因组更相似
b. 亲缘关系较近的基因组更不相同
c. 基因组的变异在近亲中是基本相同的
d. 远亲的基因组更相似

14.7.1~2 2005年在法庭上，生物学家肯·米勒批判了智能设计的言论。在提到曾经生活在地球上的99.9%的生物现在已经灭绝时，他说："一个智能设计者设计的99.9%的物件没能留存下来，他肯定不会是智慧的。"请评价米勒的批判。

14.7.3 不可简化的复杂性论点指出______。
a. 自然选择不能操控一个复杂的系统
b. 细胞太复杂了以至于不能被完全了解
c. 细胞具有难以想象的复杂性，它只可能是被一个智能体创造出来的
d. 以上都不正确

14.8.1 在一个1000个个体的群体中，有200个个体表现出纯合隐性表现型，另外800个个体表现出显性表现型。在这个群体中，纯合隐性个体的频率是多少？
a. 0.20　　c. 0.45
b. 0.30　　d. 0.55

14.9.1 一个偶然事件的发生导致一个群体失去了一些个体（它们死了）；因此，群体中等位基因的丢失是由于______。
a. 突变　　c. 选择
b. 迁移　　d. 遗传漂变

14.9.2 造成种群中一个极端表现型频率更高的选择是______。
a. 分裂选择　　c. 单向选择
b. 稳定选择　　d. 等量选择

14.10.1 在中非，血红蛋白的镰状红细胞等位基因（s）有相对较高的频率（0.12），即使具有这个基因的纯合个体常常英年早逝。当你认为会有强大的选择可以淘汰这个等位基因的时候，为什么这个基因还会在该群体中持续存在？
a. 杂合个体对疟疾具有抗性
b. 纯合个体对疟疾具有抗性
c. 杂合女性比纯合女性繁育能力更强
d. 纯合女性比杂合女性繁育能力更强

14.11~12（1）凯特威尔在伯明翰附近的工业区释放等同数量的浅色蛾和深色黑化蛾，随后重新捕获这些飞蛾，______。
a. 他捕获的只有黑化蛾
b. 他捕获的深色蛾比例高于浅色蛾
c. 他捕获的浅色蛾比例高于深色蛾
d. 他捕获了等比例的深色蛾和浅色蛾

14.11~12（2）在美国西南部沙漠的黑色大熔岩流上，许多动物种群都主要由黑色个体组成。相反地，在小熔岩流上，种群经常有相对较高比例的浅色个体。你会如何解释这种不同？

14.13.1 恩斯特·迈尔的生物物种概念的一个关键要素是______。
a. 同源隔离　　c. 趋同隔离
b. 发散隔离　　d. 生殖隔离

14.14.1 以下哪项是合子前隔离机制？
a. 杂种不能存活　　c. 杂种不育
b. 生态隔离　　d. 以上都不正确

14.14.2 以下哪项是合子后隔离机制？
a. 距离分隔　　c. 杂种不育
b. 不重叠的繁殖季节　　d. 不同的交配仪式

第 4 单元　进化与生命的多样性

15

学习目标

生物的分类

15.1　林奈系统的创建

　1　亚里士多德、中世纪和林奈的分类系统

15.2　物种名称

　1　一个科学名称的两个部分

15.3　更高阶元

　1　按照递增的涵盖量，列出用于生物分类的八个等级

15.4　什么是物种

　1　雷对物种的定义和生物学物种概念

推断系统发生

15.5　如何构建系谱图

　1　系统发生和系统学

　2　进化枝和衍生性状在构建系统发生树中的作用

　3　支序系统法和传统分类法

　4　阅读系谱图的正确方法

　今日生物学　DNA“条形码”

界和域

15.6　生命的界

　1　生命的六个界

　2　将每个界分配到生命的三个域中

15.7　细菌域

　1　细菌与其他界的关系

15.8　古菌域

　1　古菌的三大类别

15.9　真核生物域

　1　原生生物界和其他三个界

　2　共生在真核生物进化中的作用

调查与分析　是什么导致了新生命形式的出现？

生物的命名

1799年，约翰·亨特（John Hunter）船长将一张极不寻常的动物皮送到了英国。亨特是英国在新南威尔士（澳大利亚）罪犯流放地的总督。这张皮不到两英尺长，被柔软的毛覆盖。因为这种动物有喂养幼崽的乳腺，所以显然是一种哺乳动物，可是在其他方面，它似乎更像是爬行动物。雄性有内部睾丸；雌性有一个泌尿和生殖共用的腔叫泄殖腔，像爬行动物一样产卵，并且卵也类似爬行动物的——受精卵的卵黄不分裂。因此，它似乎是一个让人费解的既有哺乳动物特征又有爬行动物特征的混合体。更令人印象深刻的是它的外观：一条海狸的尾巴，一张鸭子嘴和四只有蹼的足！好像一个孩子随机地把不同的身体部分混在一块儿，组成了一个最不寻常的动物。这样的野兽叫什么？在1799年最初的描述中，它被命名为*Platypus anatinus*（扁脚的，像鸭子的动物），后来更名为*Ornithorhynchus anatinus*（有鸟的嘴，像鸭子一样的动物）——鸭嘴兽。生物学家们是如何为他们发现的生物命名的将是本章的主题，阅读本章，你会惊讶于有多少信息被塞进学名的两个词中。

15.1　林奈系统的创建

分类

学习目标15.1.1　亚里士多德、中世纪和林奈的分类系统

据估计，世界上有1,000万到1亿种不同的生物。为了讨论和研究它们，有必要为它们命名，就像人需要有名字一样。当然，没有人能记住每种生物的名称，所以生物学家对个体在多种级别上进行分组，这就叫作**分类**。

早在2,000多年前，希腊哲学家亚里士多德第一次将生物分类为植物与动物。它将动物归类为生长在陆地的、水中的或空气中的，将植物按照茎的差异分为三类。这个简单的分类系统被希腊人和罗马人扩展，他们将动物和植物分为基本的单位，如猫、马和栎树。最终，这些单位开始被称为属（genera，“genera”是意为“组”的拉丁文）。从中世纪开始，学者用当时使用的拉丁文把这些名字系统地记载下来。因此，猫被划分到猫属（Felis），马被分到马属（Equus），栎树（也称橡树）被分到栎属（Quercus）——这些名字已经被罗马人使用在这些分组中。

中世纪的分类系统，称为**多词学名系统**，几乎不变地被使用了数百年，直到大约250年前被林奈创建的**双名系统**所取代。

多词学名系统

直到18世纪中叶，当生物学家想提及一个被称为**物种**的特定生物时，他们通常为属名添加一系列描述性术语。这些以属名开始的词语，后来被称为多词学名，由拉丁文的字符串和多达12个或更多的短语组成。例如，常见的野玫瑰被一些人叫作*Rosa sylvestris inodora seu canina*或者被其他人叫作*Rosa sylvestris alba cum rubore, folio glabro*。这就好比纽约市长提及一个特定的“布鲁克林居民：民主党人，男性，白人，中等收入，新教徒，老年人，潜在的选民，矮，秃头，魁梧，戴眼镜，在布朗克斯卖鞋”。你可以想象，这些多词学名是多么冗长。更令人担忧

图15.1　林奈如何命名两种栎树

（a）柳栎，*Quercus phellos*。（b）红栎，*Quercus rubra*。虽然它们显然都是栎树（栎属*Quercus*的成员），但是这两个物种在叶片形态和大小，以及许多其他特征上，包括地理分布上都有明显的不同。

的是，这些名字被后来的作者随意改变，所以一个特定的生物没有一个唯一的名字，就像野玫瑰的例子一样。

双名系统

一个简单得多的命名动植物和其他生物的系统源于瑞典生物学家卡尔·林奈（Carolus Linnaeus，1707—1778）的工作。林奈一生致力于这件事情，并战胜了在他之前的许多生物学家——对所有不同种类的生物进行分类。林奈，作为植物学家研究了瑞典和来自世界各地的植物，发展了植物分类系统，按照它们的生殖结构分类。这个分类系统形成了一些看似不正常的分组，因此从来没有被普遍接受。在1750年代，他创作的几部主要著作（比如他早期的书籍）采用了多词学名系统。但作为一种速记法，林奈还在这些书中给每个物种提供了一个两部分的名称（其他人也偶尔这样做，但是林奈始终用这些速记名）。这些两部分的名称或双名（binomials，"bi"是拉丁前缀，意为"两"）已成为我们指定物种的标准方式。例如，他把柳栎［如图15.1（a）所示，具有较小的、无裂刻的叶片］命名为*Quercus phellos*，把红栎［图15.1（b），具有较大的、深裂刻的叶片］命名为*Quercus rubra*，尽管他仍然列出了这些物种的多词学名。我们也用两部分为自己命名，就是我们所谓的名和姓。所以，这个命名系统就像纽约市长叫布鲁克林居民为西尔维斯特·金斯顿一样。

林奈进一步为生物命名。他按照相似特征把类似的生物划分为更高阶的类别（在15.3节中讨论）。尽管这一等级体系并不是为了显示不同生物体之间的进化联系，但它承认物种群体之间存在着广泛的相似性，从而将它们与其他群体区分开来。

关键学习成果 15.1

两部分（双名的）拉丁名称，最初由林奈使用，现在被生物学家普遍用于命名生物。

15.2 物种名称

学习目标15.2.1 一个科学名称的两个部分

在分类系统中处于特定级别的一组生物被称为一个**分类单元**。识别和命名这些生物群体的一个生物学分支叫作**分类学**。分类学家是真正意义上的侦探和生物学家，他们必须能凭借外观和行为的线索来识别生物并为其命名。

没有两种生物可以有相同的名称，这是全世界的分类学家们的共识。因此，一种现今不被任何国家使用的语言——拉丁语——被用来命名生物，这样就不会偏袒任何一个国家。由于一个生物的科学名称在世界的任何地方都需要统一，这个系统为说中文、阿拉伯语、西班牙语或是英语的生物学家提供了一个标准和精确的交流方式。对于经常会随着地点而改变的名称来说，使用共同的名称是一个极大的进步。在美国，"corn"这个词指的是玉米，而在欧洲，它是指被美国人称之为小麦的植物；在美国，"bear"是指大型的、有胎盘的杂食动物，而在澳大利亚，它指考拉——一种素食的有袋类动物；北美的"robin"与欧洲有明显不同。

根据惯例，双名命名法中的第一个词代表生物所在的属。这个词首字母须大写。第二个词为种加词（specific epithet），指向特定的物种并且首字母不必大写。这两个词一起被称为**学名**或物种名称，并用斜体书写。林奈创建的动物、植物和其他生物的命名系统在生物科学领域被很好地用了250年。

关键学习成果 15.2

按照惯例，双名的物种名称中第一部分确定了该物种所在的属，第二部分是区分特定的物种和属内的其他物种。

15.3 更高阶元

学习目标15.3.1　按照递增的涵盖量，列出用于生物分类的八个等级

一个生物学家需要两个以上的等级来对世界上所有的生物进行分类。分类学家把具有相似属性的属归为一组称为**科**（Family）。例如，在图15.2底部的东美松鼠与其他类似松鼠的动物，包括草原犬鼠、土拨鼠和花鼠，被划分为同一个科。同样，有共同的主要特征的科被归为同一个**目**（Order），比如松鼠与其他啮齿动物。具有共同属性的目被归为同一个**纲**（Class）。具有相似特征的纲被归为同一个**门**（Phylum，复数形式为Phyla），比如脊索动物门。最终，各种门被划分到几个大类别，**界**（Kingdom）。生物学家目前识别出六个界：两类原核生物（古菌和细菌），一个大的单细胞真核生物类（原生生物

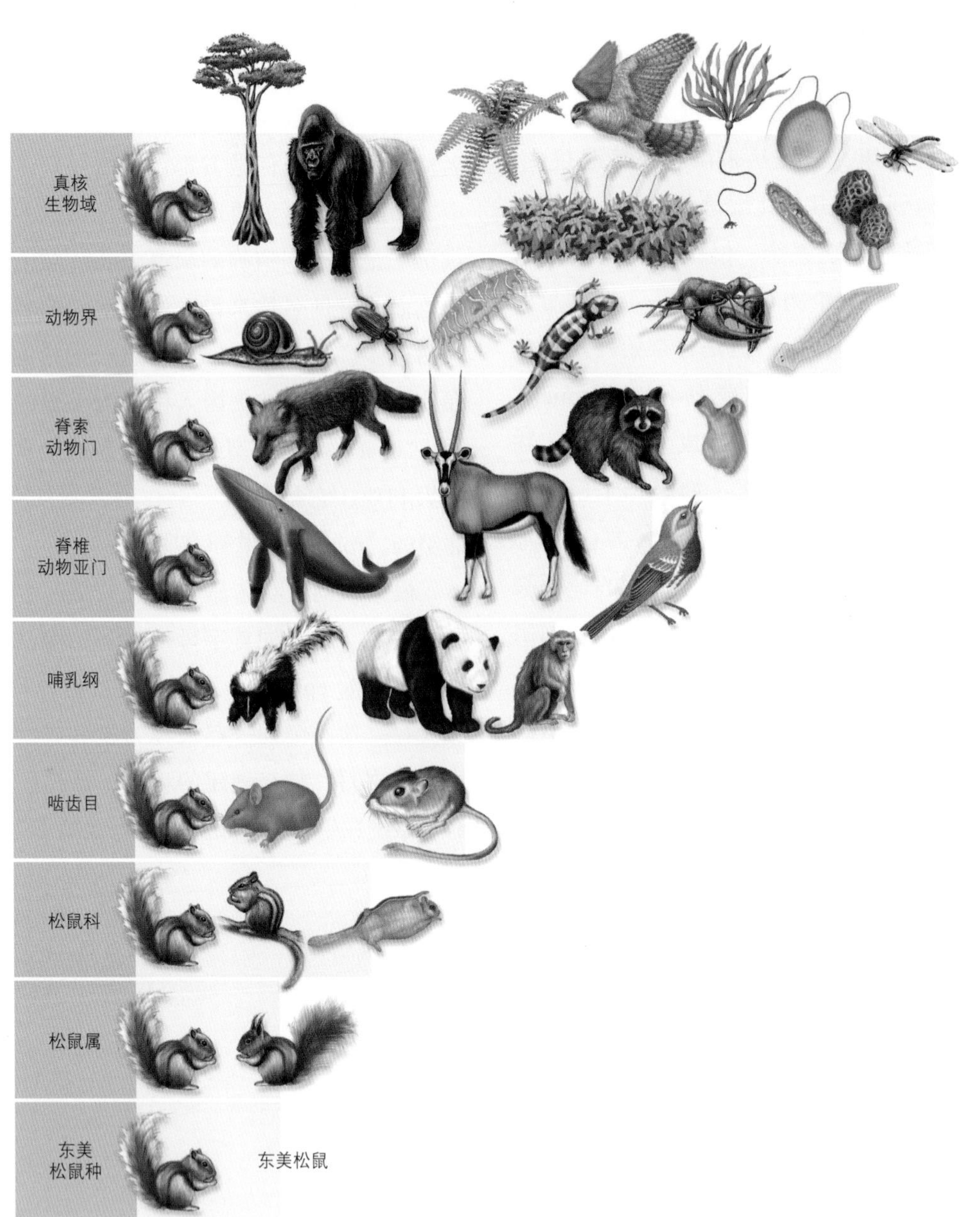

图15.2　用于分类生物的分级系统

在这个例子中，该生物最初被确认为是一个真核生物（真核生物域）。其次，在这个域中，它是一个动物（动物界）。在不同的动物门中，它是一种脊椎动物（脊索动物门，脊椎动物亚门）。该生物的毛皮具有哺乳动物的特点（哺乳纲）。在这个纲中，它是靠其啮齿与其他动物区分的（啮齿目）。接下来，因为它有4个前趾和5个后趾，所以它是一只松鼠（松鼠科）。在这个科中，它是一只树松鼠（松鼠属），尾巴上有灰色的毛和白色的尾尖毛（种名：*Sciurus carolinensis*，东美松鼠）。

界）和三个多细胞生物类（真菌界、植物界和动物界）。为了记住生物分类的等级顺序，请熟记“界-门-纲-目-科-属-种”。

此外，一个第八级分类——域（Domain），有时也被使用。域是最广泛的类群，生物学家区分出三个域：细菌、古菌和真核生物。这些会在本章中稍后讨论。

在这个**林奈分类系统**中，每一个等级都承载了信息。以蜜蜂为例：

第一级：它的种名，*Apis mellifera*，确认了蜜蜂的特定物种——意蜂。

第二级：它的属名，*Apis*，告诉你它是蜜蜂属。

第三级：它的科名，Apidae，代表所有蜜蜂科。有些蜜蜂是独居的，其他的像意蜂（*A. mellifera*）一样居住在蜂巢里。

第四级：它的目，膜翅目（Hymenoptera），告诉你它可能会蜇人，可能群居。

第五级：它的纲，昆虫纲（Insecta），说明意蜂有三个主要身体部分，具有翅膀和三对长在胸节上的足。

第六级：它的门，节肢动物门（Arthropoda），告诉我们它有坚硬的几丁质外壳和连接的肢节。

第七级：它的界，动物界（Animalia），说明它是一种多细胞异养生物，没有细胞壁。

第八级：在林奈系统之外的一级分类，域。它属于真核生物域（Eukarya），说明它的细胞有膜结合细胞器。

关键学习成果 15.3

一个等级系统用来分类生物，其中更高阶传达关于该类别更具概括性的信息。

15.4 什么是物种

产生可育的后代

学习目标 15.4.1 雷对物种的定义和生物学物种概念

物种是林奈分类系统中基本的生物单位。约翰·雷（John Ray，1627—1705）是一位英国的牧师和科学家，他是最初提出物种一般定义的人之一。在1700年左右，他提出了一个简单的方法来识别一个物种：所有属于同一物种的个体可以互相交配并产生可育的后代。根据雷的定义，源自同一物种交配产生的后代都属于同一物种，即使它们有不同的外表，只要这些个体可以杂交繁殖。所有的家猫都是一个物种（它们可以杂交繁殖），而鲤鱼与金鱼不是同一物种（它们不能杂交繁殖）。驴与马不是同一物种，因为它们杂交所产生的后代（骡子）是不育的。

生物学物种概念

根据雷的观察，物种开始被视为一种可以被编目和了解的重要的生物单位，继上一代人之后，林奈给自己定下了这一项工作。雷的物种概念被林奈采用并且沿用至今。20世纪20年代，达尔文的进化思想与孟德尔的遗传思想结合形成群体遗传学，需要更精确地定义分类物种的概念。因此出现了生物学物种概念。它定义物种为生殖隔离的群体，杂种（不同物种交配的后代）很少出现在自然界中。

生物学物种概念很适合动物界，因为在动物物种间存在很强的杂交屏障，但并不适合其他界的生物。问题是生物学物种概念假设生物经常与异型交配（异交）——与它们自身之外的、遗传组成不同但是属于同一物种的个体杂交。动物经常异交，所以这个概念更适用于动物。可是异交在其他五界中并没有像动物界中那么常见。原核生物、许多原生生物、真菌和一些植物以无性繁殖为主。这些物种显然不能像异交动物和植物那样被描述——它们不相互杂交，更不用说与其他种的个体了。

更为复杂的是，生殖屏障是生物学物种概念的关键要素，虽然在动物物种间常见，但不是其他种类生物的典型特征。事实上，在许多树的类群（如栎树）中，以及某些植物（如兰花）中，种间杂交基本上没有障碍。甚至在动物中，某些物种的鱼能够相互交配产生可育的杂种后代，虽然在自然界中它们也许并不会这样做。

在实践中，如今的生物学家经常以不同群体间的可见特征来识别不同的物种。在动物界中，生物学物种概念仍然被广泛采用，而在植物界和其他界中却并没有。分子数据正在导致分类系统的重新评估，并考虑到形态、生命周期、代谢和其他特征，它们改变了科学家们对植物、原生生物、真菌、原核生物甚至动物的分类方式。

有多少种物种

从林奈时代开始，大约已有150万个物种被命名。但从仍然在被发现中的众多物种来看，世界上物种的实际数量无疑要比150万更多。一些科学家估计至少有1,000万个物种存在于地球上，并且至少有2/3的物种分布在热带地区。

关键学习成果 15.4

在动物中，物种一般被定义为生殖隔离的群体；在其他界中，这个定义并不适用，因为这些界中的物种间通常没有杂交屏障。

推断系统发生
Inferring Phylogeny

15.5 如何构建系谱图

系统学

学习目标15.5.1 系统发生和系统学

在命名和分类大约150万个生物之后，生物学家学到了什么？对植物、动物和其他生物的特定物种进行分类的一个非常重要的益处，就是我们可以识别对人类有用的物种，作为食物和药物的来源。例如，如果你分不清青霉菌（*Penicillium*）和曲霉（*Aspergillus*），就不能生产抗生素——青霉素。命名生物对我们现代世界具有巨大的重要性。

分类也使我们能够了解地球上生命的进化史。越相似的两个类群，它们可能有越近的亲缘关系。同样的道理，你与你的兄弟姐妹更相像，而不是人群中的陌生人。通过观察生物间的差异和相似性，生物学家可以尝试重建生命树，推断哪些生物从其他何种生物进化而来，以怎样的顺序，何时发生进化。一个生物的进化史以及它与其他物种的关系被称为**系统发生**。进化树或**系统发生树**的重建和研究，包括生物的分类，是**系统学**的研究领域。

支序系统学

学习目标15.5.2 进化枝和衍生性状在构建系统发生树中的作用

构建系统发生树的一个简单而客观的方法就是专注于一些生物共同的关键特征，因为它们从同一个祖先那里继承了这些特征。一个**进化枝**是一组有血缘关系的生物，这种构建系统发生的方法被称为**支序系统学**。支序系统学依据来自同一祖先的相似性，即衍生性状，来推断系统发生（建立系谱图）。衍生性状指的是那些来自共同祖先的生物中所具有的不同于祖先的特征。该方法的关键是能识别那些被研究的生物间不同的，但可以归属于同一祖先的形态、生理或行为特征。通过考察生物间的这些特征分布，就可以构建**支序图**，一种表示系统发生的分枝图。图15.3展示了一个脊椎动物的支序图。

支序图不是真正的系谱图。系谱图是直接来自有记录的祖先和后代的数据，比如化石的记录。相反，支序图传达的是关于**亲缘**关系的比较信息。在支序图上距离近的生物比距离远的生物有时间上更近的共同祖先。由于这个分析是通过比较而来的，所以有必要设定一些固定的参照物，每个支序图必须包含一个**外群**，一个稍微不同的生物（但没有**太多不同**）为其他被评估的生物（称为**内群**）之间的

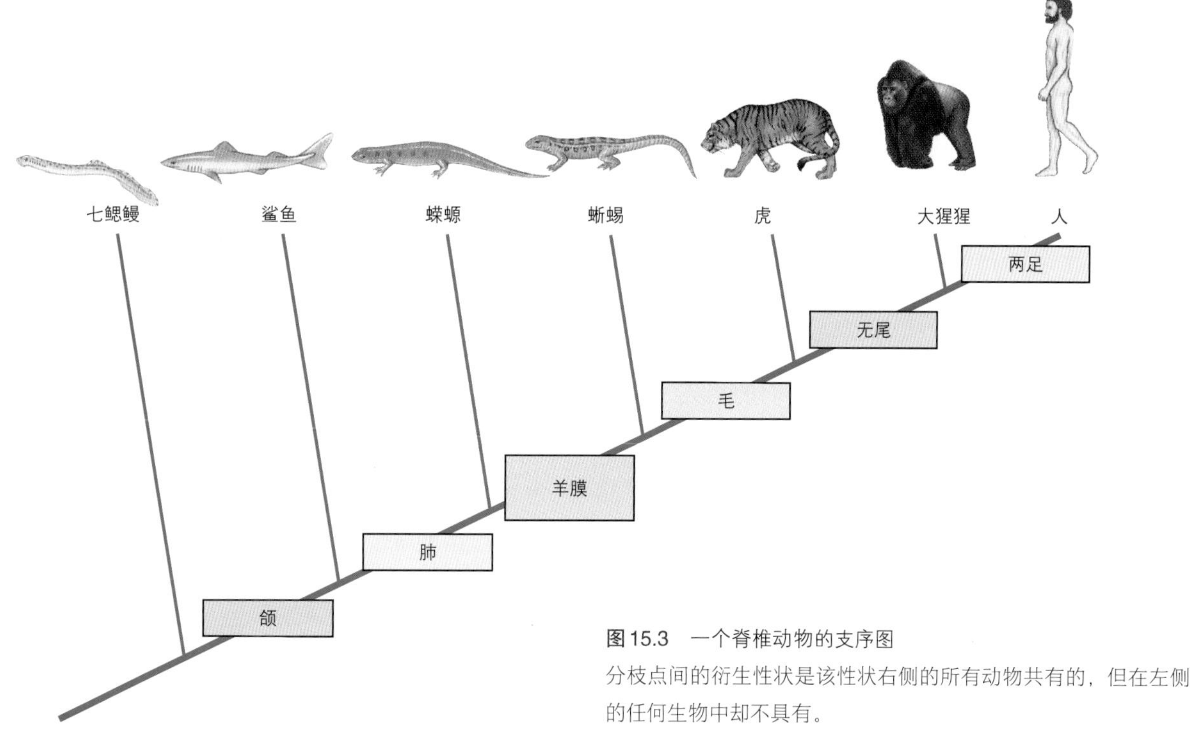

图15.3　一个脊椎动物的支序图
分枝点间的衍生性状是该性状右侧的所有动物共有的，但在左侧的任何生物中却不具有。

比较提供一个基准。比如在图15.3中，七鳃鳗是对于有颌动物进化枝的外群，依照支序图的出现，从七鳃鳗和鲨鱼开始比较衍生性状。例如，不同于七鳃鳗的是鲨鱼有颌，这个衍生性状在七鳃鳗中没有。在上面的支序图中，沿着主线的彩色方框里注明的是衍生性状。不同于鲨鱼的是蝾螈有肺，所以在支序图中蝾螈位于鲨鱼的上面。

支序系统学是生物学中一个相对较新的方法，并已被学习进化的学生所熟悉。这是因为它很好地展现了一系列进化事件的发生**顺序**。支序图最大的优点是它是完全客观的。当电脑输入特定的数据后，它每次都会生成完全相同的支序图。事实上，大多数支序系统学的分析包括许多性状，并需要电脑做出比较。虽然它是客观的，但是系统发生树并不是绝对的。系统发生树是种假设，是对生物如何进化的解释。

有时为了给性状以“权重”或者考虑性状变化的“强度”（重要性）——如鳍的大小或位置、肺的效率等，就需要调整进化树。我们以下面发生在2001年9月11日的五个独立事件为例：（1）我的猫被剪了指甲；（2）我拔掉了一颗智齿；（3）我卖掉了我的第一台车；（4）恐怖组织用客机袭击了美国；（5）我通过了物理考试。如果不对这些事件加以权重，那么每一件事都被认为是同等重要的。对于一个无权重意义的分枝图，它们是平等的（都在同一天仅发生了一次），但在现实世界的实际意义上，它们一定不是同等重要的。恐怖袭击这个事件比其他事件有着更大的影响和重要性。因为进化成功的关键取决于这种有高影响力的事件，这些加权的支序图就是在试图给关键性状的进化事件赋予更多的权重。

加权的支序图是有争议的。问题是分类学者通常并不能总是知道每个性状到底有多么重要。系统学的历史中有许多过分强调或依赖某些性状的例子，这些性状后来被认为没有他们想象的那么重要。这也是许多分类学者现在选择在构建支序图时把所有的性状视为权重平等的理由。

传统的分类

学习目标15.5.3　支序系统法和传统分类法

加权性状是**传统分类法**的核心。在这种方法中，系统发生的构建基于长期收集得到的大量关于生物形态和生物学的信息。传统的分类学家利用祖先以及衍生性状来构建进化树，而支序系统学家只使用衍生性状。传统的分类学家运用大量的信息使他们能够根据不同性状的生物学意义赋予各个性状知识权重。传统的分类法中体现着生物学家们的充分观察力和判断力，但也可能带有他们的个人偏见。例如，对于陆地脊椎动物的分类，图15.4左侧的系统发生所示，传统的分类学家把鸟分为单独的一纲（鸟纲），因为他们对产生动力飞行的性状赋予了巨大的权重，比如羽毛。然而，一个脊椎动物的进化树，图15.4右侧所示，把鸟和爬行动物中的鳄鱼和恐龙划为一类。这准确地反映了它们的祖先，但是忽略了一个衍生性状（比如羽毛）的巨大进化影响。

总的来说，基于传统分类法的系统发生树信息丰富，而支序图能更好地解读进化史。当有大量的信息可以指导性状加权时，传统分类法是一种更好的方法。例如，图15.5中所示猫的系谱图反映了关于猫科动物分组的许多信息。但是，当特征如何影响生物生命的信息非常少时，支序图是首选的方法。

怎样阅读系谱图

学习目标15.5.4　阅读系谱图的正确方法

进化树，更正式的名称为系统发生树，已经成为现代生物学的重要工具，被用来追踪疯牛病的传播，追溯个体的祖先，甚至预测哪匹马会赢得肯塔基德比大赛。最重要的是，进化树在为评估进化证据提供了主要的框架。

由于进化树在生物学中的核心作用，因此学会正确地"阅读"进化树很重要。简单地说，一个进化树是对一个遗传家系的描述。它的作用是表达各元素间的进化关系。阅读这样一个进化树的要点在于，节点（分枝点）对应于生活在过去的真实生物。进化树并没有说明枝端间的相似度，而是显示实际的历史关系。虽然亲缘关系紧密的生物体间会彼此相像，但如果进化的速率是不均匀的，情况就不是这样。正如你在图15.4中所看到的，鳄鱼与鸟的关系比与蜥蜴的关系更近，即使谁都知道鳄鱼看起来比鸟更像蜥蜴。

一个进化树一旦被视为一个故事，一段历史的记述，就很容易避免混淆亲缘关系。规则很简单：更近期的两个享有共同祖先的物种有更近的亲缘关系。这没什么新鲜的。这和你如何提及你的亲属是一样的。你与你的堂或表兄妹比与你的远房堂或表兄妹的亲缘关系更近，这是因为你与你的堂或表兄妹的最近的共同祖先是两代之前的人（祖父母），而你和你的远房堂或表兄妹的最近的共同祖先是三代之前的人（曾祖

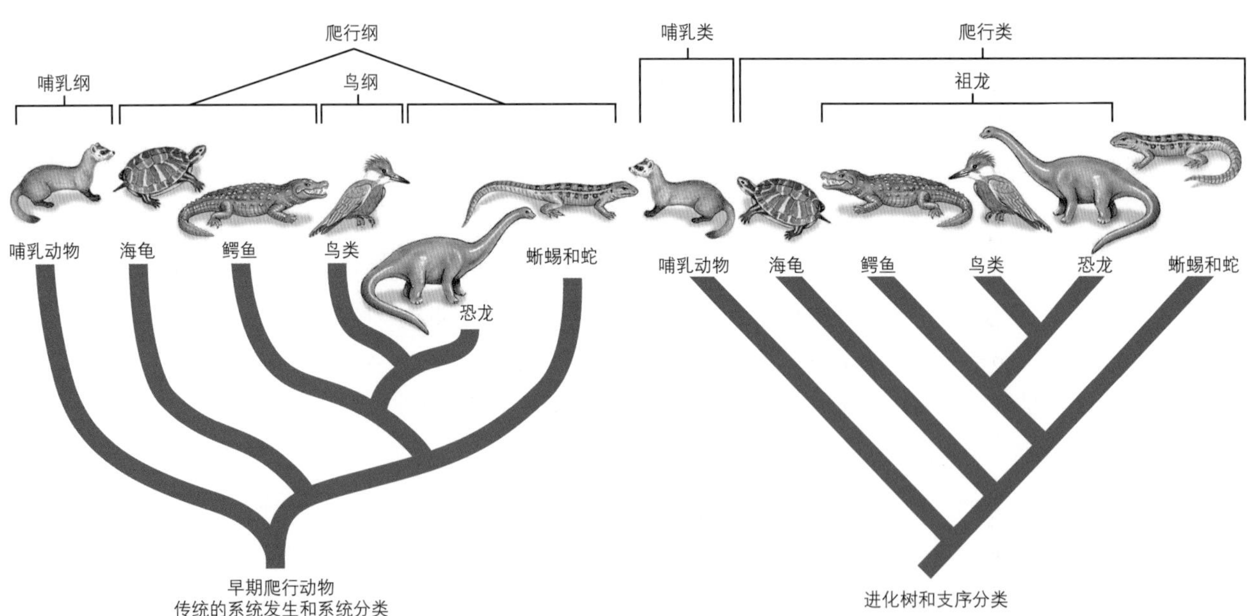

图15.4　陆地脊椎动物的两种分类方法

传统的分类分析把鸟类单独分为一纲（鸟纲），因为鸟类已进化出一些独特的适应性状，将它们从爬行动物中分离出来。然而，支序分类学分析把鳄鱼、恐龙和鸟类归在一起（作为祖龙），因为它们有许多共同的衍生性状，这表明它们有一个最近的共同祖先。在实践中，多数生物学家采用传统方法，认为鸟类是鸟纲而并非爬行纲的成员。

父母）。

现在来看进化树是如何描述世系的。以362页上部所示的进化树为例。有些人误认为青蛙与鲨鱼比青蛙与人类有更近的亲缘关系。事实上，青蛙与人类的亲缘关系要比与鲨鱼的关系更近，因为青蛙和人类的最近的共同祖先（图中用x标出）是青蛙和鲨鱼的最近的共同祖先（图中用y标出）的后代，因此青蛙和人类的共同祖先生活在更近的时期。它就是这样简单。阅读进化树的多数问题产生于沿着末端阅读进化树时（如362页的下图），这种方法会产生一个从鲨鱼到青蛙再到人类的有序序列。用这种顺序法阅读进化树的方式是不正确的，因为它暗示了一种从原始物种到高等物种的线性发展，进化树绝对不能证明这是合理的。如果是这样的话，青蛙就成了现存人类的祖先。

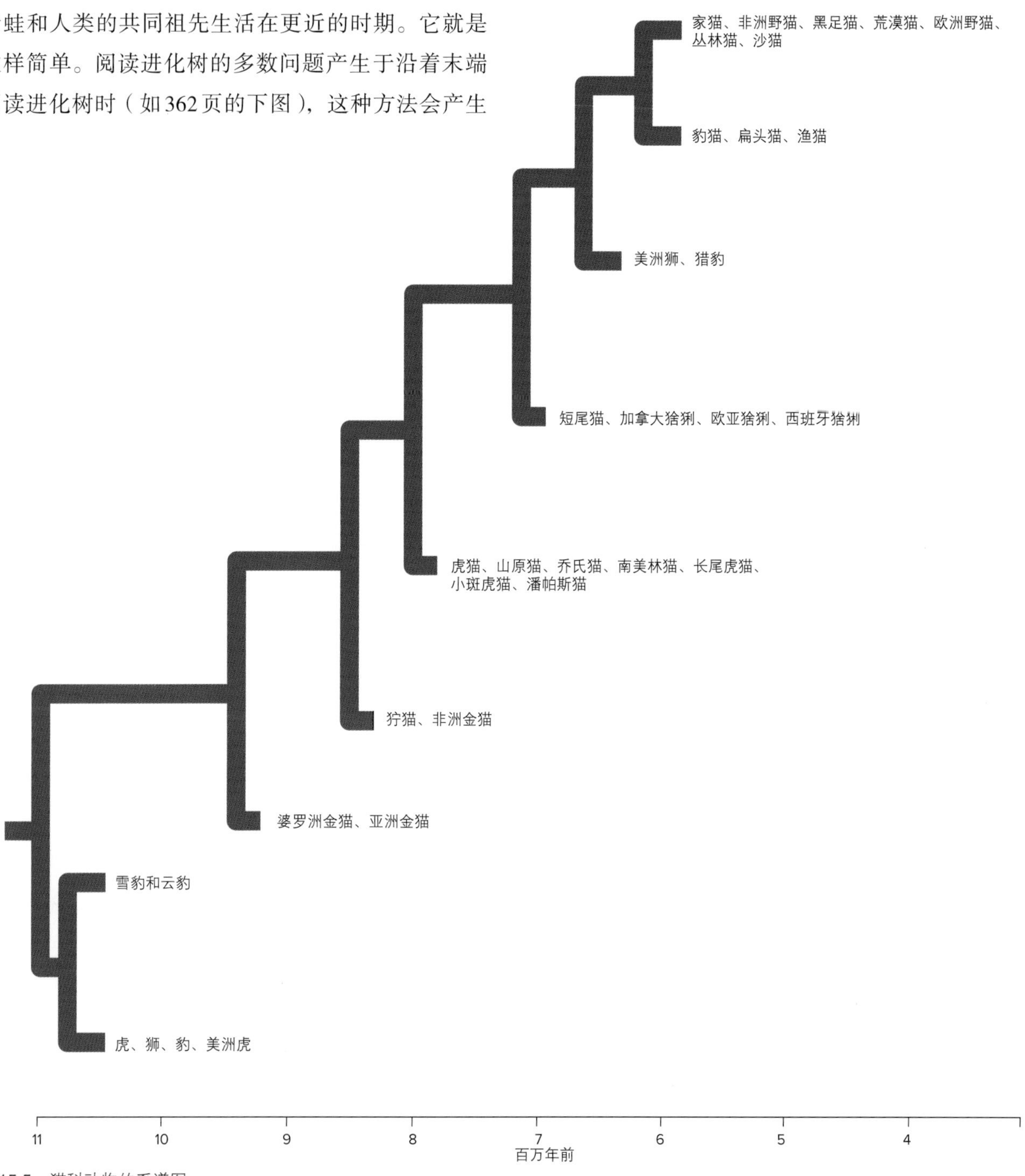

图15.5 猫科动物的系谱图

2006年发表的DNA相似性研究使生物学家能够构建猫科动物的系谱图，包括八大主要猫系及其各自包含的物种。猫科中最老的是：虎、狮、豹和美洲虎。其他的大型猫科动物，猎豹和美洲狮，是稍年轻的世系成员，而且不是上述四大猫科动物的近亲。驯化的家猫是最近期进化出来的。

DNA“条形码”

地球上生命的巨大多样性是我们这个星球的骄傲。无论在哪里，我们的周围都充满了丰富的生命。一个典型的院子就包含了上百种动物和植物，同样大小的一片热带雨林包含了多于院子几个数量级的生物。仅在北美，就有709种已知的鸟类，大小不等，从翼展如汽车长度的鹰到比你拇指还小的蜂鸟。

物种的丰富性造成了一个没有预料的问题。有这么多物种，你怎么知道每个生物是哪一种？动物和植物不会带有易于阅读的标签，告诉你它们属于哪个物种。例如本文实验中两只沼泽鹪鹩，颜色更深的来自康涅狄格州，颜色较浅的来自俄勒冈州。两个个体间的颜色差异会让你得出一个结论，康涅狄格州的样本是东部沼泽鹪鹩，而俄勒冈州的样本是西部沼泽鹪鹩。但这个结论是不可靠的，因为身体颜色在每个群体中都有很大的变化。有颜色更浅的东部沼泽鹪鹩，也有颜色更深的西部沼泽鹪鹩。这留给了你一道难题：面对一只沼泽鹪鹩，你怎样确定它是哪一种呢？

一种解决方案就是把样本带到一个专业的鸟类分类学家那里，他们会根据喙的形状、羽毛等许多其他特征来正确地识别该鸟。这正是查尔斯·达尔文在对加拉帕戈斯雀的研究中所采用的方法。雀类、知更鸟和他在岛上收集的其他鸟类于几年后在伦敦的大英博物馆里得到研究和确认。然而，并没有很多的分类学家可以咨询，而且我们可能需要确认许多可怕的生物。

加拿大安大略省的圭尔夫大学里的保罗·赫伯特（Paul Hebert）博士有个看似简单的设想，即生物实际上具有易于阅读的标签。某些基因在一个物种的个体间变化很小，但是不同物种间却有不同的版本——那么为什么不让这些基因成为生物的身份标签呢？DNA测序仪可读取核苷酸序列，每次读取约650个碱基，所以他提出可以检测一个叫作细胞色素c氧化酶亚基1（*CO1*）基因的前648个核苷酸。为什么是这个特定基因呢？有四个原因：第一，因为这个基因位于线粒体DNA上而不是核染色体上，它只是从母本遗传而来，因此避免了减数分裂过程中产生代与代之间的遗传物质重组。第二，线粒体DNA比核DNA更稳定，并能从长达20年的博物馆标本中获得。第三，在多数动物物种中，这个基因没有插入或删除的DNA，使所有*CO1*序列可以直接并排比较。第四，也是最重要的，*CO1*在一个物种内的个体间差异非常小——在这段648个核苷酸序列中个体差异仅有2%。这种种内的一致性是不寻常的：在一个典型的基因中，同一物种的个体间存在很多差异，这么多的差异会导致近缘物种的个体间出现相同序列。但*CO1*基因不会出现这种情况。也许是因为细胞色素氧化酶在氧化代谢中起着关键作用，物种内的任何改变都是很罕见的。当改变出现时，它们会在物种内的所有成员中迅速蔓延。不过当两个物种分化后，发生在一个物种中的微小改变不会蔓延到其他物种中，因此两个物种会积累质的差异。

赫伯特的想法在实际中适用吗？作为一个切实可行的测试，他从博物馆的鸟类标本中获得了线粒体DNA，并比对了其中*CO1*基因的前648个核苷酸序列。他对709个已知的北美鸟类中的341个物种进行了检测，并在每一个样本中发现一个有物种特征的特异序列。虽然还有更多的样本（尤其是关系紧密的物种）仍需检测，来证明*CO1*提供了独特的标签，这些初步的研究结果充满前景。赫伯特为两种沼泽鹪鹩测了序列。东部、西部沼泽鹪鹩有21处不同，由两个彩色“条形码”间的连线表示。正如赫伯特所提出的，*CO1*序列是易于阅读的标签，它清晰地区分了沼泽鹪鹩。

赫伯特称这种方法为“DNA条形码”，就像超市物品的条形码一样。条形码的巨大潜能是它解决了我们这篇文章开头所提出的问题，使任何人都能以直接和客观的方式正确地识别一个未知的样本。

当然，并不是每一个生物都是鸟类。作为一个条形码，*CO1*基因是否适用于其他类型的生物呢？目前为止，它能很好地辨别动物，但不太适合于植物。植物生物学家已经开始检测叶绿体DNA上的两个基因，似乎更适合于区分植物物种。虽然条形码的中心思想是用一个标准基因做参考，但对不同的主要群体使用不同的参考基因并不会出现大问题——

几乎没有分类学家会分不清是一只鸟还是一株植物。

条形码的应用在分类学中遇到一些阻力，分类学家担心它的广泛使用会导致草率的研究。沼泽鹪鹩的条形码证明了条形码的正确，这21个条形码的差异将每个个体与一个有特定条形码的“类型”样本联系起来。如果那个样本是一个不同的物种，那么被检测的个体也一定是这样。但是这21个差异不会自行证明两个个体属于不同的物种。分类学不能被简化到单个基因，虽然描述性的物种鉴定显然是可以的。

既然*CO1*基因DNA条形码的出现为鸟类和潜在的许多其他动物物种提供了一个有用的身份标签，搞清楚条形码识别的群体属性就是很重要的。任何生殖隔离的世系能够并且确实会形成一个独特的*CO1*条形码。这并不意味着该群体是一个独立的物种。例如，澳大利亚的原住民在许多世纪里是生殖隔离的状态，但是如果他们已形成一个独特的*CO1*条形码，这并不能使他们成为一个独立的物种。这种情况和遗传隔离差不多。

这个重要的区别可以从最近一项对哥斯达黎加蝴蝶的研究中清楚地看到。1775年人类第一次描述双带蓝闪弄蝶（*Astraptes fulgerator*），它们的分布范围从美国得克萨斯州到阿根廷。在25年的研究中，宾夕法尼亚大学的生态学家丹尼尔·詹曾（Daniel Janzen）饲养了大约2,500个弄蝶的幼虫。比如10只不同样式的幼虫，其中每一只都以不同的植物为食，但是所有这些幼虫变为成虫后，它们看起来都是一样的，并且被认为是属于同一物种。

听说赫伯特开发的条形码技术后，詹曾从他众多保存的成虫弄蝶上各取下一只腿并将该样本发送给赫伯特进行分析。这次同样使用了已被证明可以有效辨别鸟类的*CO1*条形码分析。赫伯特发现詹曾的弄蝶样本被分成了10个独立的条形码簇。1个簇的所有成员都有几乎相同的条形码，不同于其他9个簇。更重要的是，这个簇与幼虫的分组相匹配！每一类幼虫都有自己的*CO1*签名。研究人员得出结论，在哥斯达黎加，不是只有一种弄蝶，而是10种，每一种都有显著不同的幼虫。依据*CO1*的差异量，詹曾推测这些种群大约在400万年前出现分歧，每一个种群的幼虫有专门嗜食的植物，彼此各不相同。这是一种辨识物种的有效方法吗？一些分类学家因这种方法而感到兴奋，但其他的分类学家却更谨慎了。

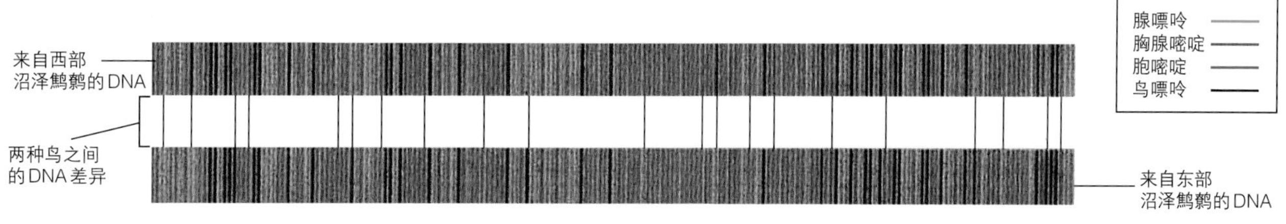

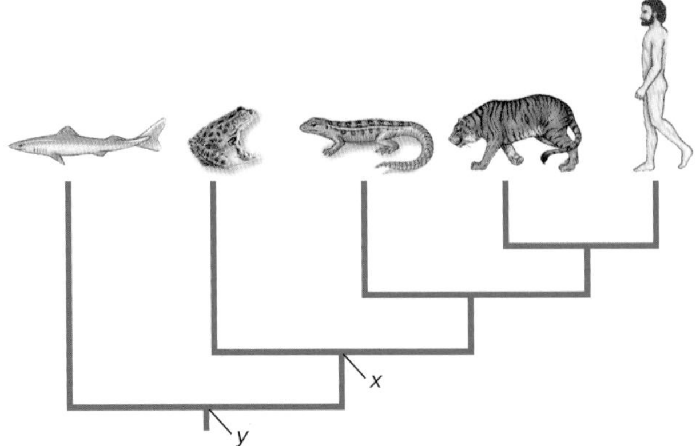

阅读进化树的正确方法是将其作为一套分层嵌套的组，每个组都是一个分枝，就像你在图15.3中看到的。在上面这幅图中，有三个意义的分枝：人类—老虎，人类—老虎—蜥蜴，以及人类—老虎—蜥蜴—青蛙。

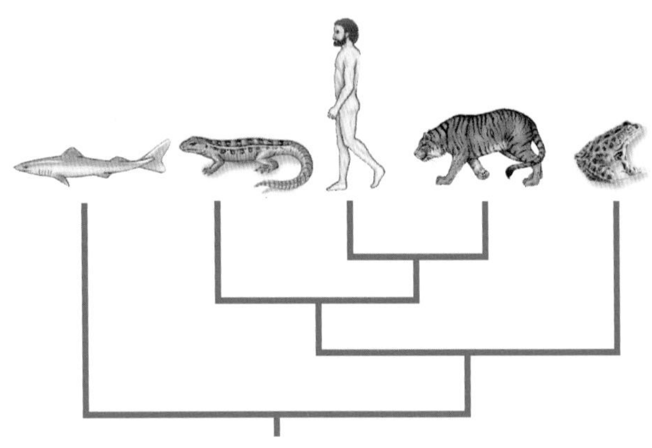

阅读枝端和阅读分枝的区别已经变得很明显了，如果分枝旋转了，那么枝端的顺序就发生了改变，就像上面的进化树所示。虽然枝端的顺序不同，但是世系的分枝模式——和分枝的组成——与顶部图片的布置是相同的。阅读进化树应该着眼于分枝结构，它有助于强调进化不是一种线性的叙述。

关键学习成果　15.5

进化树描述的是世系，阅读它时最好专注于分枝。一个进化分枝图是基于各类群演变的顺序构建的，而传统的分类树依据假定的重要性来赋予各特征权重。

界和域
Kingdoms and Domains

15.6　生命的界

界

学习目标15.6.1　生命的六个界

分类系统经历了它们自身类别的演化，如图15.6所示。最早的分类系统只识别出生物的两个界：动物，在图15.6（a）中用蓝色表示；植物，在图15.6（a）中用绿色表示。但是当生物学家发现了微生物［图15.6（b）中的黄色方框］，了解了更多有关的其他生物，如原生生物（青绿色）和真菌（浅褐色），并承认了它们之间根本的差异后，生物学家们添加了新的界。现在大多数生物学家使用六界系统，在图15.6（c）中以六个不同颜色的方框表示。

在这个系统中，四个界是由真核生物组成的。人们最熟悉的动物界和植物界只包含那些在其大部分生命周期中以多细胞形式呈现的生物。真菌界包括多细胞生命形式，比如蘑菇和霉菌以及单细胞的酵母（酵母被认为来自多细胞的祖先）。根本的差异划分了这三个界。植物主要是静止的，但有的有能运动的配子；真菌没有可运动的细胞；动物大多数是能运动的。动物摄取食物，植物制造食物，而真菌通过分泌的胞外酶消化食物。每个界可能都是从一个不同的单细胞祖先进化而来的。

大量的单细胞真核生物被单独划分为**原生生物界**。它包括藻类和许多微小的水生生物。这个界非常多样化，我们最近才开始用DNA技术了解这个非常复杂的界的分类。

剩下的两个界，古菌和细菌，则是由与其他生物完全不同的原核生物组成的（见第16章）。你最熟悉的那些导致疾病或用于工业领域的原核生物是细菌界的成员。古菌，一个多样化的类群，包括产甲烷菌和极端嗜热菌，与细菌差异很大。这六个界的特点列在表15.1中。

域

学习目标15.6.2　将每个界分配到生命的三个域中

随着生物学家对古菌的了解增多，人们越来越明显地发现这一古老的群体与其他生物的显著不同。1996年，一个古菌和一个细菌的全基因组DNA序列的比对，证明了这种巨大的差异。古菌与细菌不同，就像细菌与真核生物不同一样。认识到这一点后，近年来生物学家采用了一个高于界的分类级别来区别三个域[图15.6（d）]。细菌（黄色方框）在第一个域，古菌（红色方框）在第二个域，真核生物（四个紫色方框代表四个真核界）在第三个域。真核生物域包含四个界，但细菌域和古菌域各自都只包含一个界。因此，细菌界和古菌界的分类级别经常被省略，生物学家一般只使用它们的域名和门名。

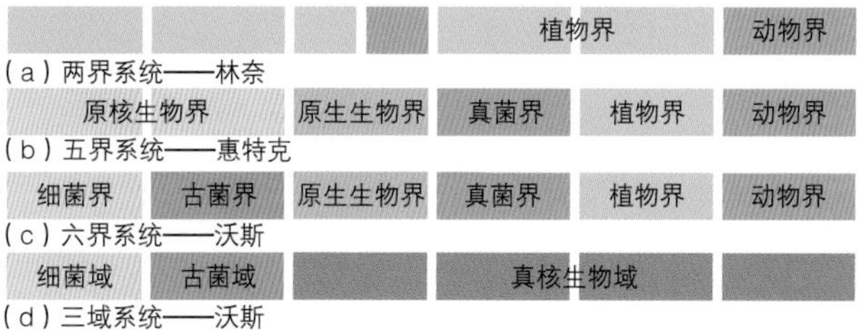

植物界　动物界

（a）两界系统——林奈

原核生物界　原生生物界　真菌界　植物界　动物界

（b）五界系统——惠特克

细菌界　古菌界　原生生物界　真菌界　植物界　动物界

（c）六界系统——沃斯

细菌域　古菌域　真核生物域

（d）三域系统——沃斯

图15.6　生物分类的不同方法

（a）林奈推广了一种两界法，真菌和光合原生生物被划分为植物，而非光合原生生物被划分为动物；当描述原核生物时，也把它们当成植物。（b）1969年，惠特克（Whittaker）提出了五界系统，并很快被广为接受。（c）沃斯（Woese）倡导把原核生物分割为两个界，形成六界系统，或者甚至分配原核生物到不同的域，把四个真核界归到第三域（d）。

关键学习成果　15.6

生物被划分为三类，称为域。其中的真核生物域被分为四个界：原生生物界、真菌界、植物界和动物界。

表 15.1　六个生物界的特点

域	细菌域	古菌域	真核生物域			
界	细菌界	古菌界	原生生物界	植物界	真菌界	动物界
细胞类型	原核	原核	真核	真核	真核	真核
核膜	无	无	有	有	有	有
线粒体	无	无	有或无	有	有或无	有
叶绿体	无（在某些类型中有光合膜）	无（在一个物种中有细菌视紫红质）	存在于某些类型中	有	无	无
细胞壁	多数有；肽聚糖	多数有；多糖、糖蛋白或蛋白质	存在于某些类型中；多种形式	纤维素和其他多糖	几丁质和其他非纤维素多糖	无
遗传方式	接合、转导、转化	接合、转导、转化	受精作用和减数分裂	受精作用和减数分裂	受精作用和减数分裂	受精作用和减数分裂
营养方式	自养（化能合成、光合）或异养	自养（在一个物种中有光合作用）或异养	光合或异养或两者的结合	光合作用，叶绿素a和叶绿素b	吸收	消化
运动性	细菌鞭毛，滑行或不运动	某些类型有独特的鞭毛	9+2结构的纤毛和鞭毛；变形运动，可收缩的纤维	大多数不能运动，某些类型的配子中有9+2结构的纤毛和鞭毛	不运动	9+2结构的纤毛和鞭毛，可收缩的纤维
多细胞性	无	无	多数类型不存在	存在于所有类型中	存在于多数类型中	存在于所有类型中

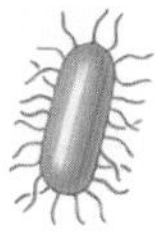

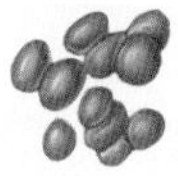

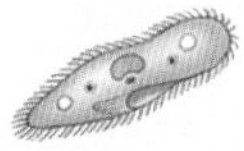

15.7 细菌域

学习目标15.7.1 细菌与其他界的关系

细菌域包含一个相同名字的界，细菌界。细菌是地球上数量最多的生物。你口中的活细菌要比地球上生存的哺乳动物还多。虽然它们小到无法用肉眼看见，细菌却在整个生物圈起着至关重要的作用。例如，它们从空气中获得生物所需的所有氮。许多不同种类的细菌之间的进化关系还不是十分明了。多数分类学家识别出了12～15个细菌的主要群体，虽然对此仍存在相当大的分歧。对rRNA分子的核苷酸序列的比对正开始揭示这些群体间有怎样的关系以及和其他两个域的关系。古菌域和真核生物域彼此间的亲缘关系要比它与细菌域的关系更近，并且这两个域同在一个单独的进化枝上（见图15.7），即使古菌和细菌同为原核生物。

关键学习成果 15.7

细菌在生物圈中起着关键作用，数量极其丰富。

15.8 古菌域

学习目标15.8.1 古菌的三大类别

古菌域包含一个同名的界，古菌界。古菌（archaea）这个词（希腊语“archaio”意为古老的）是指这群原核生物的古老起源。这群原核生物很可能在很早前就偏离了细菌的发展。在图15.7中，你会注意到红色代表的古菌从一类原核祖先的分支进化而来。这个原核祖先也引领了真核生物的进化。如今，古菌栖息在地球上一些最极端的环境中。虽然它们多种多样，但是所有的古菌都共有某些关键的特征。它们的细胞壁中没有细菌细胞壁所持有的肽聚糖，它们具有很不寻常的脂质和rRNA性状序列。而且，它们的某些基因具有不同于细菌的内含子。

古菌分三大类：产甲烷菌、极端微生物和非极端古菌。

1. **产甲烷菌** ［比如产甲烷球菌属（*Methanococcus*）］利用氢气还原二氧化碳生成甲烷并获得能量。它们是严格的厌氧菌，即使微量的氧气也会使它们中毒。它们生活在沼泽、湿地

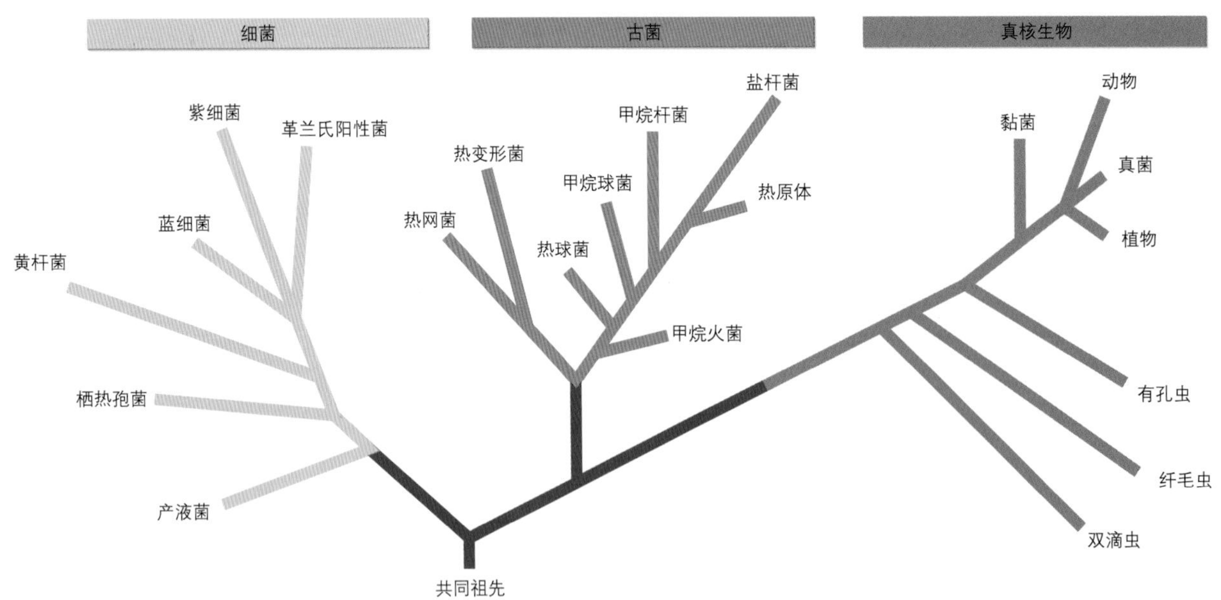

图15.7 生命树

由rRNA分析获得的系统发生树展示了三个域之间的进化关系。树的基点是通过检测三个域都相同的基因而确定的。这种基因重复性可能发生在共同的祖先中。当其中的一个副本被用于构建树时，另一个可以被用作树根。这个方法清晰地表明树根在细菌域内。古菌和真核生物更晚发生分歧，而且彼此间关系比与细菌的更近。

和哺乳动物的肠道里。产甲烷菌每年释放大约20亿吨的甲烷气体到大气中。

2. **极端微生物** 能够在我们看似非常极端的条件下生长。

嗜热菌（*Thermophiles*，意为“喜好高温的菌”）生活在非常热的地方，一般在60℃～80℃。许多嗜热菌都有基于硫的代谢。因此，生活在黄石国家公园中70℃～75℃高温的硫黄泉中的硫化叶菌（*Sulfolobus*）通过氧化硫元素生成硫酸而获取能量。延胡索酸火叶菌（*Pyrolobus fumarii*）是如今发现的最耐热的生物，最适温度为106℃，最高温度可达113℃。延胡索酸火叶菌是如此耐热，即使用高压灭菌器（121℃）处理一小时也不会将它杀死！

嗜盐菌（*Halophiles*，意为“喜好盐的菌”）生活在盐含量很大的地方，比如犹他州的大盐湖，加利福尼亚州的莫诺湖以及以色列的死海。海水的盐度为3%左右，然而最适宜这些原核生物繁衍生息的盐度是15%～20%。

pH耐受菌（pH-tolerant archaea）生活在高酸性（pH 0.7）和高碱性（pH 11）的环境中。

耐压菌（Pressure-tolerant archaea）已经从海洋深处分离出来。耐压菌生存需要至少300个大气压，可以忍耐最大800个大气压。

3. **非极端古菌** 生活在与细菌相同的环境。随着古菌的基因组被越来越多地了解，微生物学家已识别出存在于所有古菌中而其他生物没有的**DNA特征序列**。当在从土壤或海水中获得的样品里测得含有与特征序列匹配的基因时，许多生活在那里的原核生物被证明是古菌。显然，不像微生物学家曾认为的，古菌不只限于生活在极端环境中。

关键学习成果 15.8

古菌是唯一生活在多种环境，包括极端环境中的原核生物。

15.9 真核生物域

四个界

学习目标15.9.1 原生生物界和其他三个界

原核生物至少统治了地球10亿年。没有其他生存的生物捕食它们或与它们竞争。它们微小的细胞形成了世界上最古老的化石。化石记录表明生命的第三大域，真核生物，只是在约15亿年前才出现。与原核生物相比，不同真核生物的代谢更相近。原核生物的两个域中的每一个都远远比所有真核生物加在一起有更多的代谢多样性。

三大多细胞界

真核生物域包括四个界：原生生物界、真菌界、植物界和动物界。真菌、植物和动物主要是多细胞的和定义明确的进化群体，每个界显然来自原生生物界不同的真核单细胞祖先。原生生物之间的多样性的数量远远大于植物、动物和真菌的。但是，由于占主导地位的多细胞生物界的规模和生态优势，我们对植物界、动物界和真菌界的认识不同于原生生物界。

第四个非常多样化的界

当多细胞生物进化时，当时生存的多种单细胞生物并没有完全灭绝。大量的单细胞真核生物和它们的亲缘生物今天仍然存在于原生生物界。原生生物界是一个吸引人的群体，它包括许多被强烈关注并有极大的生物学意义的生物。

共生与真核生物的起源

学习目标15.9.2 共生在真核生物进化中的作用

真核生物的标志是复杂的细胞组织，有一个广泛的内膜系统将真核细胞分隔为不同的功能区室，这些区室被称为细胞器（见第4章）。然而，并不是所有的细胞器都来源于膜系统。线粒体和叶绿体被认为是通过一个叫作内共生的过程进入早期的真核细胞的。在这个过程中，一个生物，比如细菌，被

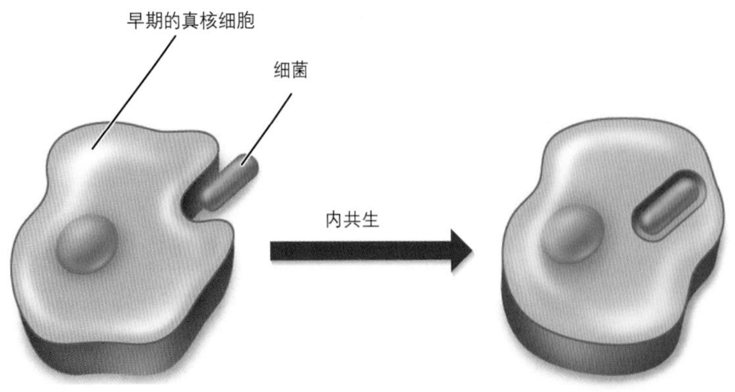

图15.8　内共生

这幅图展示了在早期真核细胞中一个细胞器是如何通过一个被称为内共生的过程产生的。一个生物，比如细菌，通过一个类似于内吞作用的过程进入细胞内，但在寄主细胞内仍保持其功能。

吞入细胞并在细胞内维持其功能。

几乎没有例外，所有现代的真核细胞都具有能产生能量的细胞器——线粒体。线粒体有和细菌相似的大小并含有DNA。将这个DNA的核苷酸序列与多种生物的比对，结果清晰地表明，线粒体是紫细菌的后代。它在真核细胞进化早期时被整合到真核细胞中。某些原生生物门还在它们进化过程中获得了叶绿体，因此可进行光合作用。这些叶绿体来自蓝细菌。蓝细菌与早期几种原生生物的群体呈共生关系。图15.8展示了这种共生过程是如何发生的，绿色的蓝细菌被早期的原生生物吞入。这些光合原生生物的一部分发展成了陆地植物。内共生不完全是一个古老的过程，如今它仍然存在。一些光合原生生物是某些真核生物的内共生体，比如某些种类的海绵动物、水母、珊瑚（许多珊瑚含有内共生体，被称为虫黄藻的海藻进行光合作用并提供给珊瑚营养）、章鱼等。

在第4章中，我们讨论了线粒体和叶绿体的内共生起源理论，我们将在第17章中再讨论它。

关键学习成果　15.9

真核细胞通过内共生获得了线粒体和叶绿体。真核生物域中的生物被分为四个界：真菌界、植物界、动物界和原生生物界。

调查与分析
INQUIRY & ANALYSIS

是什么导致了新生命形式的出现?

生物学家曾推测新的生命类型——属、科和目——经常出现在大规模地质干扰期间，被环境变化所激发。但没有发现这样的相关性存在。另一个假设是由进化论者乔治·辛普森（George Simpson）在1953年提出的。他认为，多样化发生在新的进化生物出现后。这些新的“创造物”使一种生物占据一个新的“适应带”。在定义主要群体的目这一分类级别被填充后，随后的特化将产生新的属。

早期的硬骨鱼类，典型的为鲟鱼（见右下图），有不发达的颌和长长的鲨鱼状尾。它们统治了泥盆纪（鱼类时代），并在三叠纪（恐龙出现的时期）进化成像雀鳝这类鱼继续繁衍。雀鳝有更短、更有力的颌从而提高了捕食能力，并有一个缩短的、更灵活的尾从而提高了运动能力。然后，它们进化成硬骨鱼类如鲈鱼，有一个更好的尾适合快速、灵活地游动，以及一个复杂的口，其内的上颌可以在张开口的时候向前滑动。

这段历史可以清楚地证明辛普森的假设。是否如辛普森预测的这三个目的出现发生在进化大爆发之后？新的进化生物的出现在食物供给和运动能力方面产生了更多的进化机会？如果是这样的话，在每一个新目出现后不久，许多新的属应该在化石记录中被发现。如果不是这样的话，当新属出现时不应该有新目的出现。

曲线图展示了硬骨鱼纲的进化历史，它们最初出现在大约4.2亿年前的志留纪。

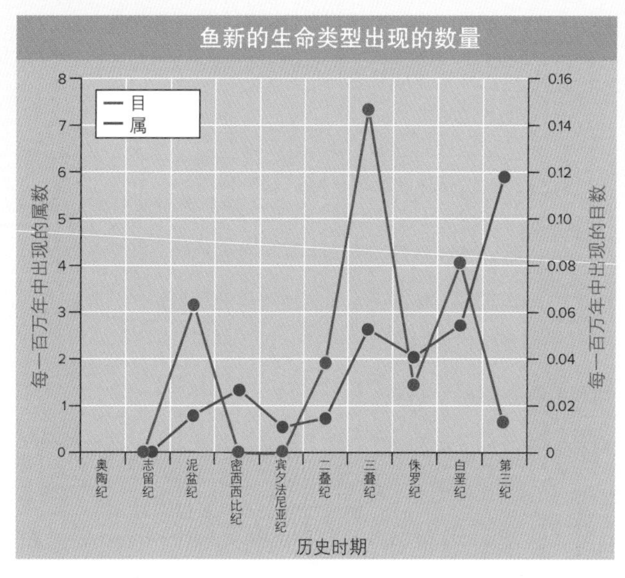

鲈鱼

雀鳝

鲟鱼

分析

1. **应用概念** 哪一个是因变量?
2. **解读数据** 在硬骨鱼的历史中出现了三次在颌和尾上的巨大变化，依次产生了由鲟鱼、雀鳝和鲈鱼为代表的总目。每一次变化发生在什么时期?
3. **进行推断** 新属的爆发出现在这三次新目的出现之际还是比它们更晚的时期?
4. **得出结论** 图表中的数据支持辛普森的假设么？请解释。
5. **进一步分析** 假设辛普森是正确的，如果让你在右上方的曲线图中绘制鱼类新科出现的速率，那么相对于新目，你预期会看到什么样的基本曲线类型？请解释。

本章回顾

Reviewing What You Have Learned

生物的分类

林奈系统的创建

15.1.1 科学家们使用一种称为分类的系统将相似的生物分组在一起。使用拉丁语是因为它是早期哲学家和科学家使用的语言。

• 分类的多词学名系统使用一系列描述一个生物的形容词来命名这个生物。双名系统是由两部分组成的名称，最初是作为指代多词学名名称的“速记名”发展而来的。林奈采用了这种两部分命名系统，自此它被广泛地使用。

物种名称

15.2.1 分类学是生物学的一个领域，涉及识别、命名和分类生物。学名由属和种两部分组成。属名大写，种名不是。名称的两部分用斜体表示。科学名称是标准化的、统一的名称，比常用名称指代更明确。

更高阶元

15.3.1 除了属名和种名，一个生物还被划分到更高的分类级别。更高阶分类传达了关于该生物在一个特定群体中的更基本的信息。最概括的类别——域，是最大的一类群体，其次用越来越具化的信息界定生物的级别，依次为界、门、纲、目、科、属和种。

什么是物种

15.4.1 生物学物种概念认为物种是一组具有生殖隔离的生物群体，也就是说同种个体间交配能产生可育的后代，但不是与其他物种的个体交配并产生可育的后代。

• 这个概念可以很好地定义动物物种，因为动物经常异交。然而这个概念可能并不适用于其他生物（真菌、原生生物、植物和原核生物），因为它们经常通过无性生殖的方式，在不需要交配的情况下进行繁殖。这些生物的分类更多地依赖于分子特征。

推断系统发生

如何构建系谱图

15.5.1 除了把大量的生物分门别类，分类学的研究也使我们可以了解到地球上生命的进化史。具有相似特征的生物更可能具有较近的亲缘关系。一个生物的进化史以及它与其他物种的关系被称为系统发生。

15.5.2 系统发生树可以根据可能由一个共同祖先进化而来的某些生物共有的主要性状构建。一组有世系联系的生物被称为一个分岐，以这种方式构建的系统发生树被称为支序图。

15.5.3 当把某些可能对于进化起更重要影响的性状赋予更多的权重时，即性状被加权后，支序图有时会产生错误的结果。这个系统的问题是，某些性状可能没有最初设想的那么重要。基于这个原因，当所有性状的权重被同等对待时，支序图可能更近于真实情况。

15.5.4 当有很多信息可用于加权看起来更重要性状的时候，一般会采用传统分类法（图15.4）。而支序分类学更强调独特或衍生性状出现的顺序和时间。

界和域

生命的界

15.6.1 界是第二高级别的分类。随着越来越多的关于生物的信息被发现，界的划分在过去的几年中也发生了改变。目前确认有六个界：细菌界、古菌界、原生生物界、真菌界、植物界和动物界（表15.1）。

15.6.2 域的分类是在20世纪90年代中期被加入的。域划分了三种根本上非常不同的细胞类型：真核生物域（真核细胞）、古菌域（原核细胞）和细菌域（原核细胞）。

细菌域

15.7.1 细菌域包括细菌界中的原核生物。这些单细胞生物是地球上数量最多的生物，在生态学中发挥了关键作用。

古菌域

15.8.1 古菌域包括古菌界中的原核生物。虽然它们是原核生物，但是古菌不同于细菌，就像古菌与真核生物不同一样。这些单细胞生物存在于多种环境中，尤其是某些极端环境。

真核生物域

15.9.1 真核生物域包含了非常多样的四个界的生物，它们的相似之处在于它们都是真核生物。真菌、植物和动物都是多细胞生物，而原生生物主要是单细胞生物但是有很强的多样性。

15.9.2 真核生物含有细胞器。细胞器很有可能是通过内共生的方式获得的（图15.8）。

本章测验

Test Your Understanding

15.1.1(1)分类系统总结了关于生物的许多信息，但是往往一个关键特征就可以使你立即区分两个不同的生物。多数人都很熟悉狗和猫这两种常见的宠物。你能想到哪些主要特征经常用于区分狗和猫?

15.1.1(2)你的朋友想知道这到底有多重要——比如每个人都知道的玫瑰就代表着玫瑰，为什么还要用花哨的拉丁名 *Rosa odorata* 来表示？你会怎样跟他解释?

15.2.1 狼、驯养的狗和红狐狸都属于犬科（Candiae）。狼的学名是 *Canis lupus*，驯养的狗是 *Canis familiaris*，红狐狸是 *Vulpes vulpes*。这意味着______。

a.红狐狸与狗和狼是同科但是不同属

b.狗与红狐狸和狼是同科但是不同属

c.狼与狗和红狐狸是同科但是不同属

d.三种生物都在不同属

15.3.1(1)按照包容度的顺序，列出科、目、纲和属，从最小包容度的开始：______。

a.目、纲、科、属　　c.属、科、纲、目

b.属、目、科、纲　　d.属、科、目、纲

15.3.1(2)以下都是域，除了______。

a.细菌　　c.原生生物

b.古菌　　d.真核生物

15.4.1(1)生物学物种概念适用于动物，但不太适用于植物，因为______。

a.在多数植物间存在很强的杂交屏障

b.异型杂交在动物中并不常见

c.无性生殖在植物中很罕见

d.许多植物不经常异交

15.4.1(2)已命名的物种数量大概是______。

a.15亿　　c.1.5亿

b.1500万　　d.150万

15.5.1 生物的进化关系以及它们与其他物种的关系是它们的______。

a.分类学　　c.个体发生学

b.系统发生学　　d.系统学

15.5.2 在进化树上，离得较近的生物______。

a.在同一科

b.包含一个外群

c.与离得较远的生物相比，有一个最近的共同祖先

d.与离得较远的生物相比，有更少的衍生特征

15.5.3 生物分类依据______。

a.身体、行为和分子特征

b.生境和分布

c.饮食特点

d.群体规模、年龄结构和群体的可繁殖性

15.5.4(1)鸟类和哺乳动物都有4个腔的心脏，而多数现存的爬行动物只有3个腔的心脏。这种根本上的差异说明鸟类和哺乳动物应该被归为同一分支，但是许多生物学家却把鸟类放在爬行动物的分支上。请评价他们的做法。

15.5.4(2)正确阅读系谱图的方式是______。

a.作为一组分层嵌套的分枝

b.按照顺序穿过树枝末端

c.按照表现型差异度排序

d.按照分枝点的数量排序

15.6.1(1)哪个真核生物界中含有单细胞生物?

a.植物界　　c.真菌界

b.古菌界　　d.动物界

15.6.1(2)作为一个研究者，你发现一个新的物种，是真核生物，可运动，具有几丁质组成的细胞壁，但是没有任何神经系统的证据。请选择与这个新物种最匹配的一个界。

15.6.2 生物的六个界可以依据______归为三个域。

a.生物住在哪里　　c.细胞结构

b.生物吃什么　　d.细胞结构和DNA序列

15.7.1 细菌与古菌的相似性体现在______。

a.通过内共生产生　　c.生活在极端环境中

b.都是多细胞的　　d.都是原核生物

15.8.1 极端微生物属于哪个域?

a.细菌域　　c.原核生物域

b.古菌域　　d.真核生物域

15.9.1(1)从理论上讲，产生植物、动物和真菌的祖先的生物起源于哪个界?

a.细菌界

b.古菌界

c.原生生物界

d.以上都是，每个界产生植物、动物和真菌的其中一个

15.9.1(2)原生生物界与和它在同一域的其他三个界的一个区别是，其他界生物大多数是______。

a.原核的　　c.真核的

b.多细胞的　　d.单细胞的

15.9.2(1)真核细胞的线粒体和叶绿体被认为是来源于______。

a.内膜系统的发展　　c.突变

b.原生生物　　d.细菌的内共生

15.9.2(2)珊瑚能够进行光合作用是因为______。

a.它们具有内共生的叶绿素

b.它们在阳光下制造叶绿素

c.它们具有共生的虫黄藻

d.它们是种植物

第 4 单元　进化与生命的多样性

16

学习目标

最早细胞的起源

16.1　生命的起源

1　解释生命起源的三种可能

2　米勒实验并评价其实验结果的意义

16.2　细胞如何出现

1　为什么科学家们认为最早形成的大分子物质是RNA，而不是蛋白质

2　最早的细胞是怎样形成的

今日生物学　其他地方是否有生命的出现？

原核生物

16.3　最简单的生物

1　最古老的原核、真核生物化石的年龄

2　描述两种原核生物的外观

3　细菌接合

16.4　比较原核生物和真核生物

1　原核生物获得碳和能量的四种方式

16.5　原核生物的重要性

1　原核生物对世界生态系统的三个重要贡献

16.6　原核生物的生活方式

1　产甲烷菌的生态位

2　古菌和细菌的代谢

病毒

16.7　病毒的结构

1　病毒是不是生物；描述斯坦利在这个问题上对烟草花叶病毒的研究

16.8　噬菌体如何侵入原核细胞

1　裂解周期和溶原周期

2　定义基因转换

生物学与保健　禽流感和猪流感

16.9　动物病毒如何侵入细胞

1　HIV感染周期的四个阶段

16.10　致病病毒

1　六种新兴病毒

调查与分析　HIV侵染所有白细胞吗？

原核生物：最早的单细胞生物

1995年5月，在扎伊尔（现为民主刚果）许多埃博拉病毒感染者被隔离在医院，78%的感染者死亡。虽然病毒不是生物——只是被蛋白质包裹的DNA或RNA片段——但它们对生物而言却是致命的。即使是最简单的生物，原核生物，也逃不过病毒的侵染。在被侵染的细胞内成倍扩增后，病毒最终暴发，杀死细胞。过去流行的说法是，病毒是介于生物与非生物的某种过渡物质，但是现在生物学家们不再认可这种观点。在某种程度上，病毒被认为是逃离基因组的片段，即DNA或RNA片段，它们脱离染色体后仍然能够利用宿主细胞的机制复制。本章将探究这些最简单的细胞生物，原核生物和侵染它们的病毒。我们先讨论生命的起源，并考察细菌和古菌。我们最后会详细研究侵染动植物的病毒。它们中的许多都对人类的健康有重要影响，比如流感已致上百万人死亡。

16.1 生命的起源

生命起源之谜

学习目标16.1.1 解释生命起源的三种可能

在第3章中我们提到过，所有生命都是由相同类型的四种大分子物质构成的。它们是细胞的“砖瓦”和“水泥”。大分子物质最初是从哪里来的？它们是如何聚集在一起组装成细胞的？这些有关生命起源的问题是生物学中的难题。

没有人确切地知道最早的生物（被认为像现在的细菌）从哪里来。我们不可能回到过去观察生命是如何起源的，也不存在任何目击者。然而，我们一定会对生命起源感到好奇——是什么或谁造就了地球上最初生物的样貌，这大约有三种可能：

1. **外太空起源** 生命有可能根本不是起源于地球，而是被带到地球上的，也许是一个来自遥远恒星系的行星的孢子“感染”地球而产生生命。
2. **特创论** 可能是超自然的力量或神把生命创造于地球上的。这种被称为神创论或智能设计论的观点在多数西方宗教中很常见。但是几乎所有的科学家都反对神创论和智能设计论，因为超自然的这种解释无法用科学方法证实。
3. **进化** 由于最初分子间越来越复杂的关联，生命可能从这些非生命物质进化而来。这个观点认为驱使生命的力量是选择，增强分子稳定性的变化使分子能存在得更久。

在本章中，我们关注第三种可能性，并试图理解进化的力量是否可能导致生命的起源，如果是的话，这个过程是如何发生的。这并不意味着第三种可能（进化）是绝对正确的。三种可能中的任何一种都可能是正确的。第三种可能性也不能将宗教排除在外：一个神圣的力量可能通过进化而起作用。然而我们调查的范畴只限于科学问题。三种可能之中，只有第三种是可被检验的——构建假说并提供最适当的科学的解释——它可能被实验证明是错误的。

形成生命的基本要素

学习目标16.1.2 米勒实验并评价其实验结果的意义

如何知道细胞最早的起源呢？一种方法就是尝试重新构建25亿年前生命起源时地球的状态。我们从岩石中了解到那时的地球大气层中只有极少的甚至没有氧气，更多的是富氢气体，包括硫化氢（H_2S）、氨气（NH_3）和甲烷（CH_4）。这些气体中的电子经常会被太阳的光子撞击或被闪电的电能推向更高的能级。如今，由于氧原子对这种高能电子有极大的“渴求”，高能电子很快就被大气中的氧气吸收了（空气中有21%的氧气，全部由光合作用产生）。但是在无氧条件下，高能电子有助于形成生物分子。

科学家斯坦利·米勒（Stanley Miller）和哈罗德·尤里（Harold Urey）在实验室里重新模拟了早期地球上无氧的大气环境以及当时存在的闪电和紫外辐射。他们发现许多生物的构成要素（比如氨基酸和核苷酸）会自发地形成。因此，他们得出结论：在古老地球的海洋里，许多生命可能在这种含有生物分子的“原始汤”中形成。

但关于“原始汤”作为地球生命起源的假说遭到了质疑。如果像米勒和尤里假设的，在地球刚形成时大气中没有氧气（很多证据支持这个假说），那么就不会有臭氧保护层来保护地球表面不受太阳紫外线辐射的伤害。科学家们认为，在没有臭氧层的情况下，紫外线辐射会破坏大气中的氨气和甲烷。当没有这些气体时，**米勒-尤里实验**就不会产生关键的生物分子，如氨基酸。如果必需的氨气和甲烷不存在于大气中，那么它们会在哪里呢？

在过去的20年中，科学家们逐渐开始支持**水泡模型**。该模型由地球物理学家路易斯·莱尔曼（Louis Lerman）于1986年提出。他认为如果原始汤模型被稍微修改一点，就不会有那些质疑了。如图16.1

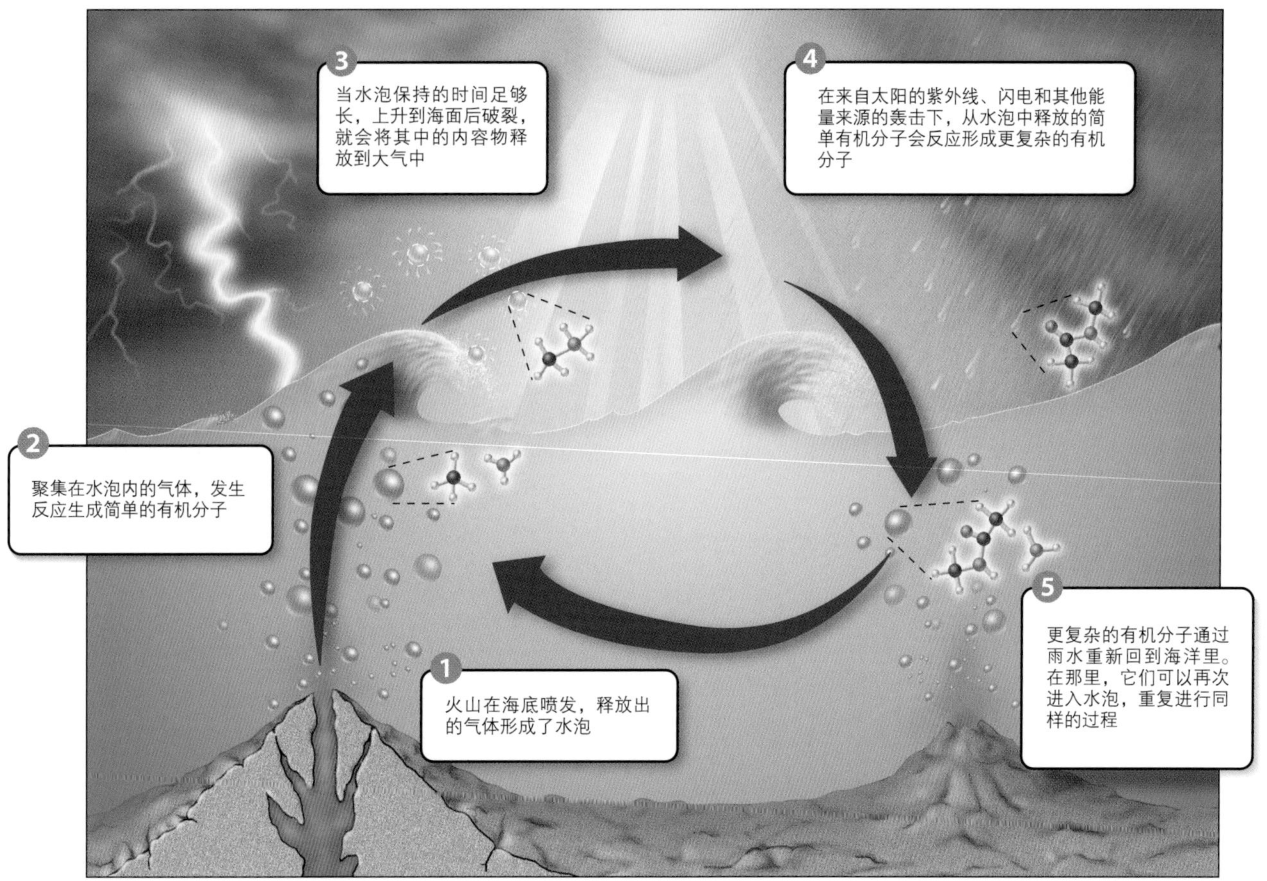

图16.1 一个有水泡参与的化学过程可能发生在生命起源之前

1986年，地球物理学家路易斯·莱尔曼提出，导致生命进化形成的化学过程发生在海洋表面的水泡内。

所示，水泡模型提出，产生生命构成的关键化学过程不是在原始汤中发生的，而是在海洋表面的水泡中。水泡是由海底喷发的火山产生的❶，含有多种气体。因为水分子是极性分子，所以水泡倾向于吸引其他极性分子，从而将这些分子聚集在水泡里❷。在极性反应物汇集的水泡里，化学反应的速度会进行得更快。水泡模型解决了原始汤假说的一个关键问题。由于水泡的表面会反射紫外线，所以会避免在水泡内产生氨基酸所必需的甲烷和氨气遭受紫外线辐射的破坏。当这些水泡到达水面时会破裂❸，从而释放内部的化学物质到大气中❹。最终，大气中的分子通过雨水重新进入海洋里❺。

如果你见过海浪拍岸，你可能会注意到剧烈搅动的水所产生的气泡。在受到紫外线和其他电离辐射的轰击下，以及暴露在可能含有甲烷和其他简单有机分子的大气中，原始海洋的岸边更可能是个充满气泡的地方。

关键学习成果 16.1

地球上的生命出现于25亿年前。它可能是自发产生的，但我们对这个过程的本质还不是十分清楚。

16.2 细胞如何出现

学习目标16.2.1 为什么科学家们认为最早形成的大分子物质是RNA，而不是蛋白质

自发地形成氨基酸是一回事，而连接氨基酸合成蛋白质则是另外一回事。回想一下图3.5中形成肽键需要产生一个水分子作为反应的产物之一。因为这个化学反应是自由可逆的，所以它不应该发生在水中（过量的水会推动这个反应朝相反的方向进行）。科学家们现在怀疑最早形成的大分子物质应该不是蛋白质而是RNA。当高能磷酸基团（许多矿物质中含有）形成后，RNA核苷酸会自发地形成多聚核苷酸链。折叠后的RNA链可能具有催化形成最早的蛋白质的能力。

最早的细胞

学习目标16.2.2　最早的细胞是怎样形成的

虽然我们不清楚最早的细胞是如何形成的，但是多数科学家猜测它们是自发地聚合在一起的。当复杂的、含有大分子物质的碳链出现在水中时，它们往往会聚集在一起，有时会形成大到可以用肉眼看见的聚合物。如果你剧烈地晃动一瓶含有油和醋的调味汁，那么它会自发地产生悬浮在醋中的微小气泡——**微滴**。类似微滴物质的出现可能代表了细胞组织进化上的第一步。水泡就像肥皂液所产生的那样，是一个空心的球状结构。某些分子，特别是那些带有疏水区的分子，会在水中自发形成水泡。水泡的结构避免了疏水区与水的接触。这样的微滴有许多类似于细胞的属性：它们的外层膜像细胞膜一样有两层，并且这些微滴可以增大和分裂。水泡模型提出，经过数百万年的时间，那些能更好地结合分子和能量的微滴会持续得更久。虽然脂质微滴很容易在水中形成，但似乎没有遗传机制可以将这些改进从亲代微滴传递给子代。

正如我们之前所了解到的，科学家们怀疑最早形成的大分子物质是RNA。近期发现，RNA分子可以像酶一样催化自身合成，这为早期的遗传机制提供了一种可能。或许最早的细胞成分是RNA分子，并且在进化过程中的最初阶段产生了逐渐复杂和稳定的RNA分子。后来，在微滴的包裹下，这些RNA分子的稳定性可能被进一步提高。最终，DNA取代了RNA成为遗传信息的贮存分子，因为双链DNA比单链RNA更稳定。

当我们谈到要经过几百万年的时间才发展成一个成熟的细胞时，很难会相信有足够的时间能发展成一个像人类这样复杂的生物。但从时间的整体观念上来看，人类是近期才出现的。如果我们把生物的发展看作一个24小时的生物时钟，如图16.2所示，把地球45亿年前的形成当作午夜，那么人类直到这一天快结束时的前几分钟才出现。

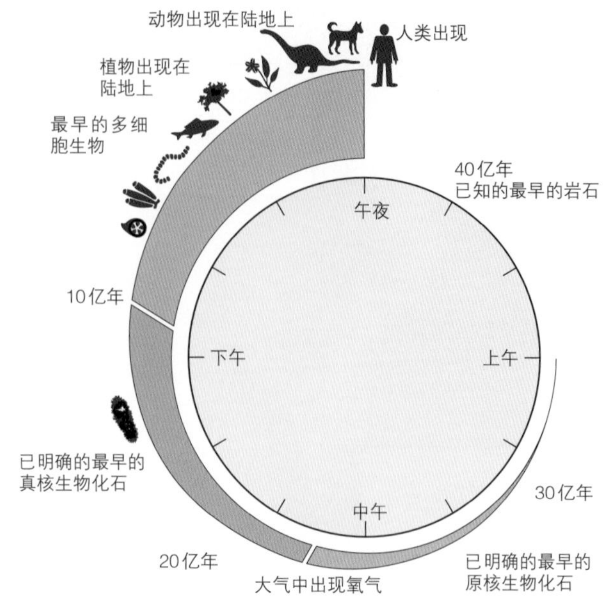

图16.2　生物时钟

10亿秒前，大多数正在使用本教材的学生还没有出生。10亿分钟前，耶稣还活着，正行走于加利利。10亿小时前，第一批现代人开始出现。10亿天前，人类的祖先开始使用工具。10亿个月前，最后的恐龙还没有孵化出来。10亿年前，还没有生物在地球表面上行走。

你可以发现，对于生命起源的科学视野只能看到一个朦胧的轮廓。尽管对于生命是自然条件下自发形成的这一假说，科学家们尚未证明是错误的，但几乎没人知道究竟发生了什么。许多不同的假设也是可能的，其中一些已从实验中获得了有力的支持。热液喷口是一种有趣的可能性，居住在这些喷口的原核生物是最原始的生物之一。其他研究人员提出，生命起源于地壳深处。生命是怎样在自然条件下自发地形成仍是一个让科学家们有强烈兴趣去研究和讨论的课题。

关键学习成果　16.2

关于最早的细胞是如何起源的，我们知之甚少。目前的假说包括水泡内的化学进化，这是一个令人感兴趣的研究领域。

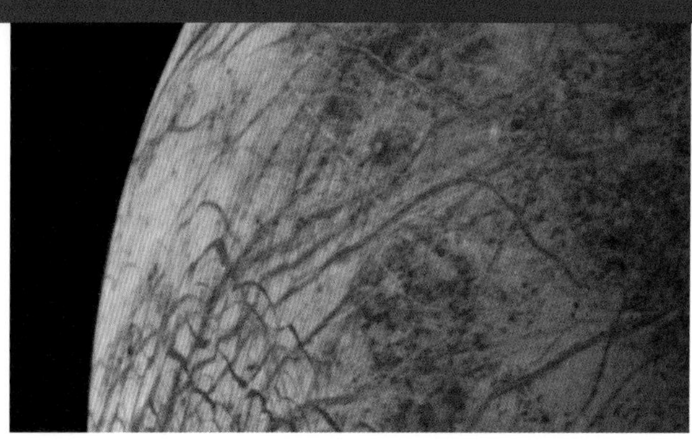

其他地方是否有生命的出现？

在19世纪，人们普遍推测月球上可能存在生命。1865年，法国小说家儒勒·凡尔纳在《从地球到月球》中描述了月球人。我们现在知道，尽管生命确实在1969年到达过月球，但它从未在那里进化。

火星怎么样？20世纪70年代中期，许多太空探测器中的第一个降落在火星表面，探索生命。它们对土壤样本进行了大量的研究，但没有发现生命迹象。近几年来，美国宇航局利用在火星周围探查过的可靠的小型漫游机器人也没有发现任何生命的直接证据。就像古代海水飘渺的迹象一样，我们所拥有的只是虚无的暗示。

火星也不是我们太阳系中唯一一个有可能促进生命进化条件的地方。木星的一颗大卫星，木卫二欧罗巴（Europa），是一个更有希望的候选者。欧罗巴被冰覆盖，1998年冬天，在近距离轨道拍摄的照片（如图所示）显示了薄冰层下的液态水海洋。冰下几英里处的液态海洋体积比地球上的海洋还大，它在木星许多大型卫星引力的推拉作用下升温。现在，与原始地球海洋的环境相比，欧罗巴上的环境对生命的威胁要小得多。在未来的几十年里，卫星任务计划探索这片海洋的生命。

在其他遥远星系的类太阳系星系上可能存在生命吗？离我们最近的星系是一个叫作仙女座星系的螺旋星系，它包含数百万颗恒星，其中许多类似于我们的太阳。宇宙中有2,000多亿个这样的星系，有10^{20}（100,000,000,000,000,000,000）颗类似太阳的恒星。我们不知道有多少恒星具有行星，但似乎它们都具有行星。

第一颗恒星是在1995年被发现的，它绕飞马座51（51 Pegasi）恒星运行，距地球约50光年。它的发现引发了一场发现风暴，目前这场风暴还在继续。自2009年美国宇航局开普勒行星探测飞船发射以来，我们已经探测到4,675颗遥远的行星，而且这份名单还在继续增加。天文学家现在认为，至少有10%的恒星被与地球大小相近的可能宜居的行星环绕。

这些遥远的行星中有没有可能存在生命？会是什么样子？碳基生命形式的进化只有在地球上存在的狭窄温度范围内才有可能发生，这与它所环绕的恒星——太阳的距离直接相关。

地球的大小在生命孕育方面发挥了重要作用，因为它允许气态大气层存在。如果再小一点，地球就没有足够的引力来维持大气层，就会变得寒冷和死气沉沉。如果更大一些，地球可能拥有更稠密的大气层，以至于所有的太阳辐射在到达永久寒冷的地球表面之前都会被吸收。因此，为了孕育生命，一颗行星似乎必须是所谓的“金发姑娘”行星（指童话《金发姑娘和三只熊》中金发姑娘所说的“不太热，不太冷”）。

有多少遥远的行星与地球的大小大致相同，与太阳的距离相同？到目前为止，我们所能做的只有猜测。如果这些行星中，只有1/10,000大小合适，离恒星的距离也合适，符合复制地球上生命起源的条件，那么“生命实验”将重复10^{15}次（千万亿次）。当然，我们不知道是否有类似地球的行星已重复出现过。

2015年7月23日，天文学家宣布发现了一颗“金发姑娘”行星，开普勒452b，公转周期只比地球长20天，围绕着一颗离地球1,400光年的恒星运行，这颗恒星非常像太阳。开普勒452b上的温度将类似于温水，与地球上的热带地区没有什么不同。它的质量约为地球的五倍，这意味着它很有可能像地球一样是岩石，而不像海王星那样是气态的。

我们似乎并不孤单。我们所处于一个叫作银河系的小螺旋星系，包含数百万颗恒星。在一个晴朗的夜晚仰望天空，你也许会发问：“在围绕这些恒星运行的行星上，有多少行星上是有人在研究这些恒星并猜测我的存在的？”

当然，考虑到10^{15}个世界可能出现生命，我们现在应该已经收到了某人的信息了……在一幅精彩的卡尔文和霍布斯虎漫画中，卡尔文说：“我读到了无数物种正因人类对森林的破坏而走向灭绝的故事。”他在下一画面中继续说：“有时我认为，宇宙其他地方存在智慧生命最确定的迹象是，没有人试图联系我们。”当迅速变暖的世界倾听其他星球的声音时，我们只能希望卡尔文过于愤世嫉俗，我们会醒悟过来，停止对我们的星球的破坏，这样我们就可以对任何试图与我们交流的人说一些有价值的话。

16.3 最简单的生物

学习目标16.3.1 最古老的原核、真核生物化石的年龄

从古老岩石中的化石判断，地球上丰富的原核生物已至少存在了25亿年。在早期各种各样的生命形式中，少数生物成为今天存活的大多数生物的祖先。包括蓝细菌在内的几种古老形式仍然存在；另一些产生了其他的原核生物和第二大原核生物群，古菌；还有一些可能在几百万甚至几十亿年前灭绝了。化石记录表明，真核细胞在大约15亿年前才出现。真核细胞远远大于原核细胞，并在某些情况下表现出复杂的形状。因此，在至少10亿年的时间里，原核生物是唯一存在的生物。

如今，原核生物是地球上最简单也是最丰富的生命形式。一匙的农田土壤中可能存在25亿个细菌。在英国1公顷的小麦田里，土壤中细菌的重量大约相当于100只羊的重量！

因此，你应该不会对原核生物在地球的生命网中占据的重要地位而感到奇怪了。在地球的生态系统中，原核生物对矿物质循环起着关键的作用。事实上，光合细菌在很大程度上负责将氧气带入地球大气中。细菌能造成一些最致命的动植物疾病，包括许多人类疾病。细菌和古菌是我们永恒的同伴，存在于所有我们吃的东西和我们接触的东西里。

原核细胞的结构

学习目标16.3.2 描述两种原核生物的外观

原核生物的基本特征可以用一句简单的话来概括：**原核生物**是小的、结构简单的、没有成形细胞核的单细胞。所以，细菌和古菌是原核生物。它们有一个环状DNA，与真核细胞不同，它不受细胞核的核膜限制。原核细胞微小到用肉眼看不到，结构很简单。许多以单细胞形式存在，有杆状的（杆菌）、球状的（球菌）或者螺旋状的（螺旋菌），有些带有大鞭毛。其他类型的原核生物聚集成细丝状，有些甚至形成棒状的结构。

原核细胞的质膜被包裹在细胞壁内。细菌的细胞壁是由肽聚糖组成的。肽聚糖是一种由多糖分子通过肽桥连接在一起而形成的网状结构。许多细菌物种有由多层肽聚糖组成的细胞壁，在下面这幅图中由紫色的棒状结构表示。

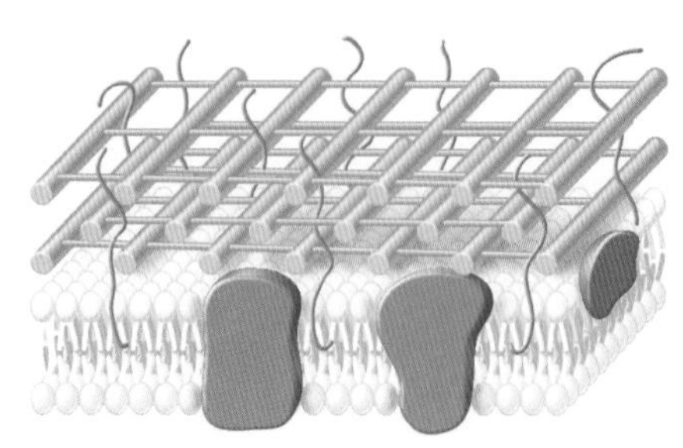

其他物种有一个由脂多糖这种大分子物质组成的外膜（下图中的红色脂质）。脂多糖上有糖链附着，并被一层较薄的肽聚糖细胞壁包裹。细菌通常根据有无这层膜来划分，没有外膜的为**革兰氏阳性菌**（见上图），有外膜的为**革兰氏阴性菌**（如下图）。这个名字来自丹麦微生物学家汉斯·革兰（Hans Gram）。他开发了一种细胞染色方法可以用于区分这两种类型的细菌。对于革兰氏阳性菌而言，紫色染料会被保留在细胞壁上较厚的肽聚糖层中，因此它们被染成紫色。而对于有外膜的阴性菌，肽聚糖层较薄，因此紫色染料很容易被洗掉，不会被保留。用一种红色染料复染后，复染染料会被保留，所以细胞呈红色，而不是紫色。革兰氏阴性菌的外膜使它们对攻击细菌细胞壁的抗生素有抗性。青霉素的破坏作用针对细菌细胞壁的蛋白交联的，所以它只能有效地抑制革兰氏阳性菌。在细胞壁和细胞膜之外，许多细菌还有一层被称为**荚膜**的胶质层。

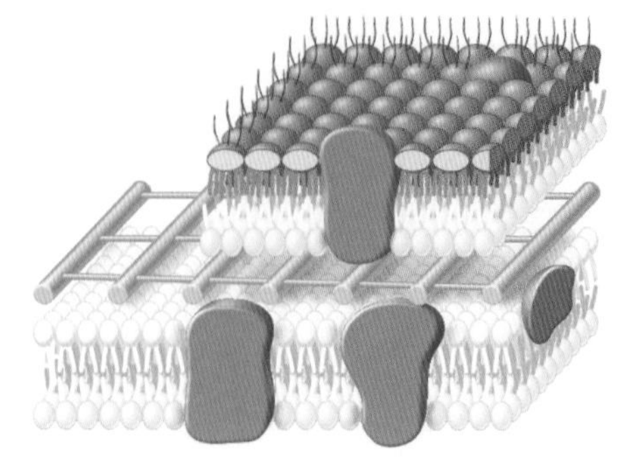

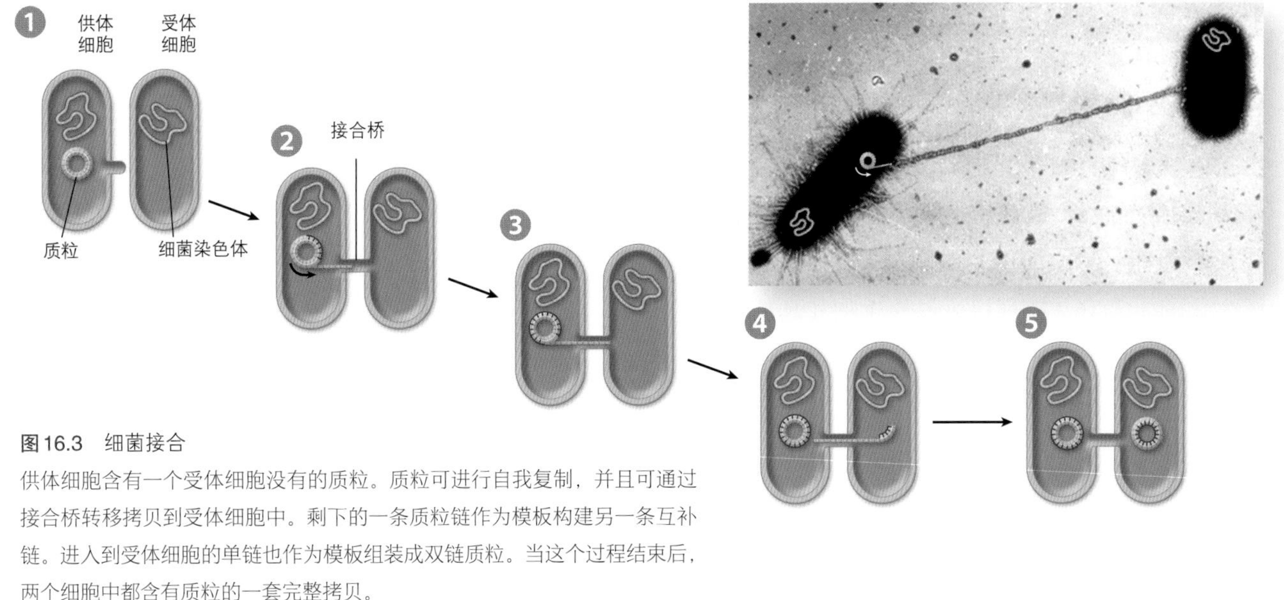

图16.3 细菌接合

供体细胞含有一个受体细胞没有的质粒。质粒可进行自我复制，并且可通过接合桥转移拷贝到受体细胞中。剩下的一条质粒链作为模板构建另一条互补链。进入到受体细胞的单链也作为模板组装成双链质粒。当这个过程结束后，两个细胞中都含有质粒的一套完整拷贝。

许多种类的细菌具有细长的鞭毛，是蛋白质的长链，可以延伸至细胞体长度的几倍。细菌通过扭转这些鞭毛以螺旋状的运动方式泳动。有些细菌还有多根更短的鞭毛——**菌毛**，像对接电缆一样，帮助细胞附着到表面或其他细胞上。当处于恶劣条件下时（干燥或高温），有些细菌会形成包含DNA和少量细胞质的厚壁**内生孢子**。内生孢子对环境压力有很强的抗性，甚至可能在几个世纪后萌芽形成新的活性细菌。

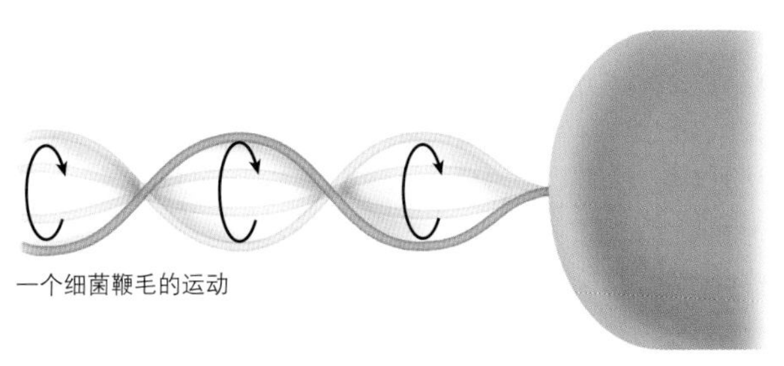

一个细菌鞭毛的运动

繁殖和基因转移

学习目标16.3.3 细菌接合

原核生物是以一种被称为**二分裂**的方式繁殖的。在这个过程中，一个个体细胞在增大体积后分裂为两个。在原核生物的DNA复制后，质膜和细胞壁会向内生长，并最终通过在外部形成一个新的细胞壁将细胞一分为二。

某些细菌能够通过在细胞间质粒的传递而交换遗传信息，这个过程被称为**接合**。质粒是在主要的细菌染色体外能够自主复制的、小的、环状的DNA片段。在细菌的接合中，见图16.3，供体细胞的菌毛伸出并接触受体细胞❶，在两个细胞间形成一个通道——接合桥。菌毛将两个细胞拉近。供体细胞的质粒开始复制它的DNA❷，复制后的DNA通过接合桥传递到受体细胞中❸，并在那里合成一个互补链❹。结果受体细胞中就含有来自供体细胞❺的遗传物质。细菌中可产生抗生素抗性的基因经常会通过接合从一个细菌细胞转移到另一个细菌细胞。除了接合外，细菌还能够靠从环境（转化，见图11.1）或者噬菌体中提取DNA来获得遗传信息（在本章后文讨论，见图16.7）。

关键学习成果 16.3

原核生物是最小的、最简单的生物，是没有内部间隔或细胞器的单细胞生物。它们以二分裂的方式繁殖。

16.4 比较原核生物和真核生物

原核生物在许多方面都不同于真核生物：原核生物的细胞质有很少的内部组织，是单细胞的而且远小于真核生物，染色体是一个环状DNA，细胞分裂方式和鞭毛结构都很简单，代谢多样性远超于真核生物的。表16.1中列出了原核生物和真核生物的差异。

原核生物的代谢

学习目标16.4.1 原核生物获得碳和能量的四种方式

原核生物比真核生物进化出了更多种获得碳原子和能量的方式以维持其生长和繁殖。许多原核生物是**自养生物**，就是指能利用无机的CO_2获取自身所需的碳元素的生物。利用阳光获取能量的自养生物被称为**光能自养生物**，而那些利用无机化学物质获取能量的自养生物被称为**化能自养生物**。其他的原核生物是**异养生物**，指利用有机分子（如葡萄糖）获取它们所需的部分碳元素的生物。利用阳光获取能量的异养生物被称为**光能异养生物**，而那些利用有机分子获取能量的异养生物被称为**化能异养生物**。

光能自养生物 许多原核生物进行光合作用，利用阳光和CO_2构建有机分子。蓝细菌以叶绿素a作为主要的捕光色素，以水作为电子供体，生成副产物氧气。其他原核生物以细菌叶绿素作为色素，以硫化氢作为电子供体，生成含硫副产物。

化能自养生物 有些原核生物通过氧化无机物来获取能量。例如，硝化细菌氧化氨或亚硝酸盐形成硝酸盐。其他原核生物氧化硫或氢气。在2,500米深的黑暗海底，整个生态系统依赖于原核生物将从海底火山口释放出的硫化氢氧化。

光能异养生物 一种叫作紫色非硫细菌的生物以光作为能量来源，利用有机分子如碳水化合物或其他生物产生的酒精来获取碳。

化能异养生物 大多数原核生物利用有机分子获取碳原子和能量。它们包括分解者和多数病原体（致病细菌）。

表16.1 原核生物和真核生物的比较

特点	例子
内部分隔。与真核细胞不同，原核细胞没有内部隔室，没有内膜系统，也没有细胞核。	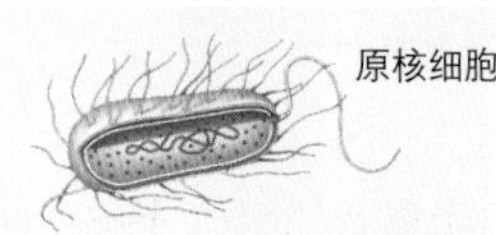
细胞大小。多数原核细胞只有约1微米的直径，而大多数真核细胞比它的10倍还要大。	 原核细胞 真核细胞
单细胞性。所有原核生物基本都是单细胞的，虽然一些原核生物可能在基质中黏连或形成细丝，但它们的细胞质没有直接连通，并且它们的活动并不像多细胞的真核生物一样协调统一。	单细胞细菌
染色体。原核生物没有像真核生物中那种蛋白质和DNA复合的染色体。然而，它们有一条存在于细胞质中的环状DNA。	 原核染色体 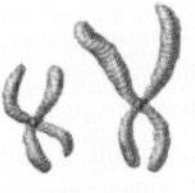 真核染色体
细胞分裂。原核生物的细胞分裂以二分裂的方式进行（见第8章）。细胞只需缢裂成两部分。在真核细胞的分裂过程中，微管牵引染色体到相反的两极，称为有丝分裂。	 原核生物中的二分裂 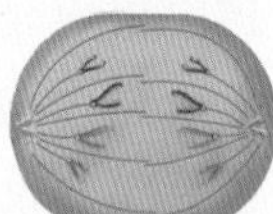 真核生物中的有丝分裂
鞭毛。原核生物的鞭毛很简单，由一种纤维蛋白构成，像螺旋桨一样旋转。真核生物的鞭毛有更复杂的结构，由9+2排列的微管构成，像鞭子一样来回抽打而不是旋转。	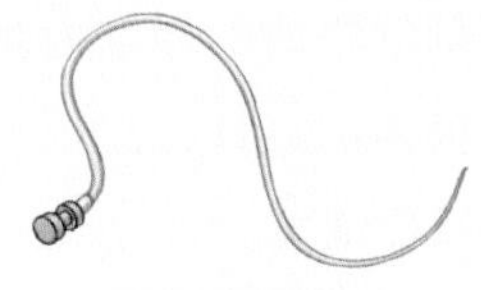 简单的细菌鞭毛
代谢多样性。原核生物具有许多真核生物没有的代谢能力：原核生物可进行几种不同的厌氧的和需氧的光合作用，它们可通过氧化无机物而获得能量（称为化能自养生物），也能固定大气中的氮。	化能自养菌

关键学习成果 16.4

不同于真核生物的是，原核生物没有细胞核或其他内部隔室，有更多的代谢方式，以及许多其他基本方面的差异。

16.5 原核生物的重要性

原核生物与环境

学习目标16.5.1 原核生物对世界生态系统的三个重要贡献

在超过20亿年的时间里，原核生物主要负责构建大气和土壤的属性。它们在代谢方式上比真核生物更加多样，所以它们可以如此广泛地存在。许多自养细菌——光能自养生物或者化能自养生物——为整个世界，包括陆地、淡水和海洋生境的碳平衡做出了重大贡献。其他异养细菌通过分解有机物在世界生态中发挥了关键作用。组成生物的碳、氮、磷、硫等原子都来源于环境中。当生物死亡和腐烂后，它们又都回到了环境中去。原核生物和其他生物（如真菌）负责这个循环中分解的部分，所以被称为分解者。原核生物对世界生态系统的另一个重要作用只涉及少数几个属的细菌——没有其他生物能够做到——它们能够固定大气中的氮，固定后的氮可被其他生物利用。

细菌和基因工程

应用基因工程的方法生产用于商业用途的改良菌种有非常好的前景。细菌正在被广泛地研究，比如，用作无污染的杀虫剂。苏云金杆菌可在某些昆虫体内产生一种毒性蛋白，经改良的高特异菌种可极大地提高其作为生物杀虫剂的有效性。经过基因修饰的细菌在生产胰岛素和其他治疗性蛋白方面非常有效，在清除环境污染物方面也起了一定的作用。石油降解菌曾被用于清除埃克森·瓦尔迪兹（Exxon Valdez）号在阿拉斯加海域的石油泄漏。

细菌、疾病和生物恐怖主义

某些细菌会引起植物、动物，包括人类在内的重大疾病。重要的人类细菌性疾病中，可以致命的有炭疽、霍乱、鼠疫、肺炎、肺结核和斑疹伤寒。许多病原细菌（致病细菌）（如霍乱）散布在食物和水中。某些疾病（如斑疹伤寒和鼠疫）通过跳蚤在啮齿动物和人类间传播。其他的像肺结核是通过空气中的小液滴（来自咳嗽或喷嚏）传播的，那些吸入这种液滴的人就会感染。由吸入性病原体传播的炭疽是一种与牲畜相关的疾病，很少对人类致死。大多数人是经由皮肤上的伤口感染的，但是如果大量的炭疽内生孢子被吸入，引起的肺部感染往往致命。美国和苏联的生物战争项目曾将炭疽作为一种近乎理想的生物武器，即使它从未在战争中被使用。2001年，一名生物恐怖分子用炭疽内生孢子袭击了美国。

关键学习成果 16.5

原核生物为世界生态系统做出了许多重要贡献，包括在碳、氮循环中起到的作用。

16.6 原核生物的生活方式

古菌

学习目标16.6.1 产甲烷菌的生态位

现存的许多古菌是**产甲烷菌**，这种原核生物利用H_2还原CO_2，产生甲烷。产甲烷菌是严格的厌氧菌，遇到氧气会中毒。它们生活在沼泽和湿地，因为在这些地方其他的微生物消耗了所有的氧气。它们产生的甲烷气泡称为“沼气”。产甲烷菌还生活在以纤维素为食的奶牛和其他食草动物的内脏中，它们将这些动物消化所产生的CO_2转化为甲烷气体。我们最熟悉的古菌是极端微生物，它们生活在非常恶劣的环境中，比如盐度极高的死海和大盐湖（比海水咸10倍还多）。**嗜热嗜酸菌**喜欢热的、酸性的温泉，比如黄石国家公园的硫黄泉，那里的水温近80℃，pH值为2或3。

细菌

学习目标16.6.2 古菌和细菌的代谢

几乎所有的被科学家发现的原核生物都是细菌界的成员。很多是靠消耗有机分子而获得能量的异

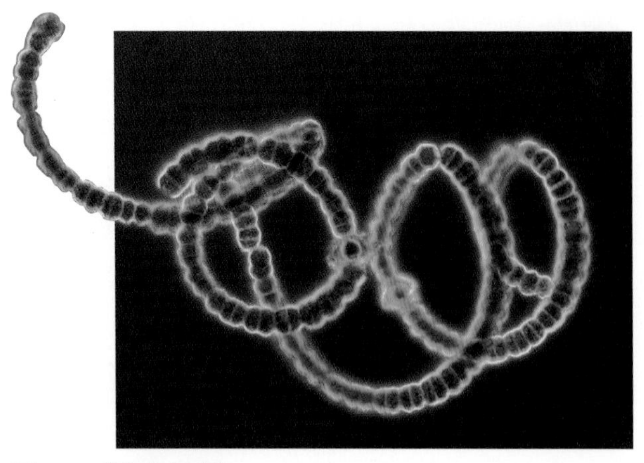

图16.4　蓝细菌鱼腥藻

很多单个细胞附着在藻丝上。较大的细胞（在藻丝上看起来膨大的区域）是异形胞。它是起固氮作用的特化细胞。在细菌中，它们表现出了一种最接近多细胞生物的方式。

养生物，而其他的则能通过光合作用从太阳获取能量。其中最著名的光合细菌，**蓝细菌**，通过向大气中释放氧气，在地球的历史上发挥了关键作用。蓝细菌是细丝状的细菌，如图16.4中的鱼腥藻（*Anabaena*）。几乎所有的蓝细菌都可以在被称为**异形胞**（在鱼腥藻的细丝内出现的膨大细胞）的特化细胞内进行固氮作用。在**固氮作用**下，大气中的氮被转化成了一种可被生物利用的形式。

地球上存在大量的非光合细菌门。许多都是降解有机物的分解者。细菌和真菌在分解由生物过程所产生的有机分子中起到了主导作用，从而使这些分子中的营养物质可再次被生物利用。分解就像光合作用一样，在地球生命延续的过程中必不可少。

虽然细菌是单细胞生物，但是它们有时会黏连在一起，就像鱼腥藻一样。细菌细胞表层被称为**生物膜**，可以在基质的表面上形成。通过形成生物膜，细菌构建了一个促进它们生长的微环境。生物膜影响着人类，因为它们可以在牙齿上和医疗器械（如导管和隐形眼镜）上形成。生物膜可以保护细菌不被杀菌剂杀害。

细菌引起了许多人类疾病（表16.2），包括霍乱、白喉和麻风。其中最严重的细菌性疾病是**肺结核**，这是一种由结核分歧杆菌（*Mycobacterium tuberculosis*）引起的呼吸道疾病。结核病是全世界范围内导致死亡的首要病因。它通过空气传播，有很强的传染性。在美国，结核病曾是一个主要的健康风险，直到20世纪50年代有效抑制它的药物才被发现。然而，20世纪90年代抗药菌株的出现引起了医学界的强烈关注，现在科学家们正在寻找新型抗结核药物。

关键学习成果　16.6

大多数常见的原核生物是细菌，其中一些会引起人类重大疾病。

病毒
Viruses

16.7　病毒的结构

病毒是生物吗

学习目标16.7.1　病毒是不是生物；描述斯坦利在这个问题上对烟草花叶病毒的研究

对于生物学家而言，生物和非生物之间有非常明显的界限。生物是由细胞组成的，并且能在DNA编码的信息指导下，独立地生长和繁殖。如今，生活在地球上满足这些标准的最简单生物是原核生物。然而病毒却不满足这些“生物”的标准，因为它们只具有一部分生物属性。在字面意义上，**病毒**是“寄生的”化学物质，是由蛋白质外壳包裹的DNA（有时是RNA）片段。它们不能自我复制，因此，生物学家们认为它们不是生物。然而，它们可以在细胞内复制，常常给寄主生物带来灾难性的结果。

病毒非常小。最小的病毒直径大约只有17纳米。多数病毒只能借助高分辨率的电子显微镜观察到。

病毒的本质是在1935年被生物学家温德尔·斯坦利（Wendell Stanley）发现的，当时他制备了一种被称为烟草花叶病毒（tobacco mosaic virus，TMV）的植物病毒提取物并试图去纯化它。令他感到惊奇

表16.2 主要的人类细菌性疾病			
疾病	**病原体**	**载体／宿主**	**症状和传播方式**
炭疽	炭疽杆菌 （*Bacillus anthracis*）	农场动物	可以通过接触或吸入内孢子传播。除了零星的暴发外，平时很罕见。肺炭疽（吸入）往往是致命的，皮肤炭疽（通过伤口感染）可用抗生素治疗。炭疽内孢子曾被用作生物武器。
肉毒中毒	肉毒杆菌 (*Clostridium botulinum*)	处理不当的食物	通过摄入受污染的食物而感染。如果容器没有被加热到足够高的温度来杀死孢子，内生孢子有时可以在罐子和瓶子里存活。它会产生剧毒，可能致命。
衣原体感染	沙眼衣原体 （*Chlamydia trachomatis*）	人类（性病）	泌尿生殖道感染，有可能传播到眼睛和呼吸道。在世界范围内出现，在过去20多年中越来越常见。
霍乱	霍乱弧菌 （*Vibrio cholera*）	人类（粪便）、浮游生物	引起严重腹泻，可导致脱水死亡。如果疾病得不到治疗，最高死亡率为50%。在拥挤和卫生条件差的年代，这是一种主要的死亡病因。1994年，在卢旺达的一次霍乱暴发中，超过10万人死亡。
龋齿	链球菌 （*Streptococcu*）	人类	这种细菌在牙齿表面的密集聚集会导致酸的分泌，从而破坏牙釉质中的矿物质——糖不会导致龋齿，但以糖为食的细菌会。
白喉	白喉杆菌 （*Corynebacterium Diphtheria*）	人类	急性炎症和黏膜的病变。通过与感染者接触而传播。有疫苗接种。
淋病	淋病奈瑟菌 （*Neisseria gonorrhoeae*）	仅限人类	性传播疾病，在世界范围内呈上升趋势。通常不会致命。
汉森病（麻风）	麻风杆菌 （*mycobacterium leprae*）	人类、野生犰狳	慢性皮肤感染；全球发病人数约在1,000万到1,200万之间，尤其是在东南亚地区。通过与感染者接触而传播。
莱姆病	伯氏疏螺旋体 （*Borrelia burgdorferi*）	蜱、鹿、小型啮齿动物	通过被感染的蜱叮咬而传播。皮肤病变后伴有不适、发烧、乏力、疼痛、脖子僵硬以及头痛。
胃溃疡	幽门螺杆菌 （*Helicobacter pylori*）	人类	最初被认为是由饮食或压力引起的，但现在看来多数胃溃疡是由这种细菌引起的，对于溃疡患者的好消息是现在有抗生素可治疗该病。
鼠疫	鼠疫耶尔森菌 （*Yersinia pestis*）	野生啮齿动物（如老鼠和松鼠）的跳蚤	14世纪，1/4的欧洲人口死于鼠疫；20世纪90年代，在美国西部的野生啮齿动物群体中流行。
肺炎	链球菌（*Streptococcus*）、 支原体（*Mycoplasma*）、 衣原体（*Chlamydia*）、 克雷伯菌（*Klebsiella*）	人类	肺部的急性感染，如果不治疗往往是致命的。
肺结核	结核分歧杆菌 （*Mycobacterium tuberculosis*）	人类	一种肺部、淋巴和脑膜的急性细菌感染。它的发病率正在上升，耐抗生素的新菌株的出现使该病变得更加复杂。
伤寒	伤寒沙门氏菌 （*Salmonella typhi*）	人类	一种全球范围内发病的全身性细菌疾病。美国每年有不到500例的病例报告。该病通过受污染的水或食物（如清洗不当的水果和蔬菜）传播。有疫苗可用于旅行者。
斑疹伤寒	立克次体 （*Rickettsia*）	虱子、鼠蚤和人类	历史上，在拥挤和卫生条件较差的年代，它是一种主要的死亡病因；通过被感染的虱子和跳蚤的叮咬在人与人间传播。在未治疗的情况下，斑疹伤寒的死亡率最高达到70%。

的是，纯化后的TMV制剂以晶体的形式沉淀出来（即从溶液中分离）。这的确是令人吃惊的，因为只有化学物质能产生沉淀，而生物不能。因此斯坦利认为，TMV最应该被视为一种化学物质，而不是生物。

每个TMV粒子实际上是两种化学物质的混合：RNA和蛋白质。如图16.5（b）所示，TMV的结构像奶油蛋糕一样，中心是一个由RNA构成的管状结构（绿色的像弹簧的结构），周围由一层蛋白质包裹（围绕RNA的紫色结构）。后来，研究者将RNA与蛋白质分离并纯化分别保存。然后再将两部分重新组装，重建后的TMV粒子仍能感染健康的烟草植株，因此很显然是病毒自身，而不是哪一个来自它的化学物质有致病性。

病毒可存在于包括从细菌到人类的所有生物中。在每种情况下，病毒的基本结构不变，都是由蛋白质包裹的一个核酸核心组成。但是在细节上还是有很大的差异的。在图16.5中，你可以比较细菌、植物和动物病毒的结构——它们之间显然是有很大不同的，即使是同一组病毒也存在多种形状和结构。噬菌体有复杂的结构，如图16.5（a）中像登月舱似的噬菌体。许多植物病毒如TMV有一个RNA核心，有些动物病毒如人类免疫缺陷病毒（艾滋病病毒，HIV）［图16.5（c）］也有类似的结构。几种不同的DNA或RNA片段，以及多种不同的蛋白，可能存在于动物病毒粒子中。像TMV一样，多数病毒有一个蛋白鞘或**衣壳**包裹着核酸核心。此外，许多病毒（如HIV）在衣壳外有一个富含蛋白质、脂质和糖蛋白分子的膜状**包膜**。

关键学习成果 16.7

病毒是被蛋白质外壳包裹的DNA或RNA的基因组，它们可以感染细胞并在细胞内复制。它们是化学物质组装体，不是细胞，也不是生物。

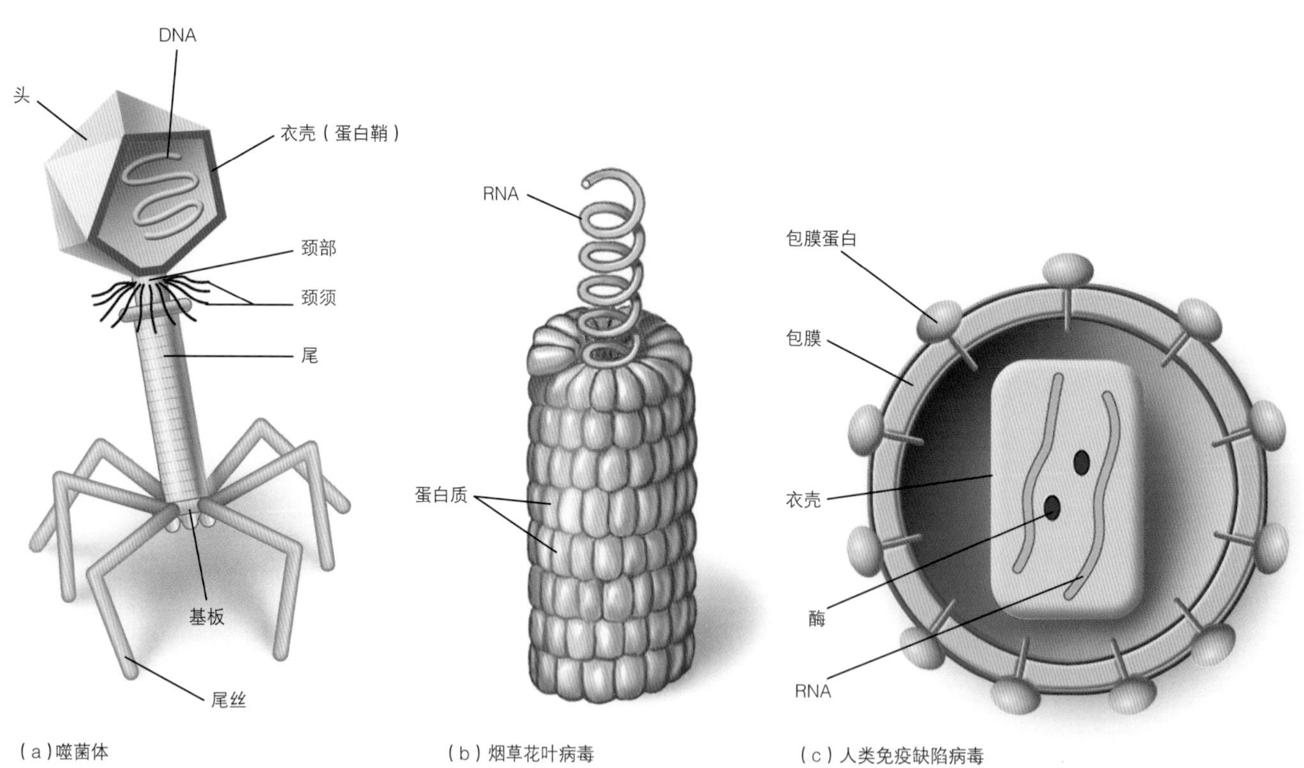

图16.5　噬菌体、植物病毒和动物病毒的结构

（a）噬菌体常具有复杂的结构。（b）烟草花叶病毒侵染植物。2,130个相同的蛋白质分子（紫色）组成了一个圆柱形的外壳，包裹在单链RNA（绿色）周围。RNA骨架决定了病毒的形状，并被紧紧包裹在它周围的蛋白质分子保护着。（c）在人类免疫缺陷病毒中，RNA核心位于衣壳内，而衣壳被包裹在一层包膜蛋白内。

16.8 噬菌体如何侵入原核细胞

噬菌体

学习目标16.8.1 裂解周期和溶原周期

噬菌体是感染细菌的病毒。它们的结构和功能都很多样，并仅在它们的细菌宿主中组装。有双链DNA的噬菌体在分子生物学中起着关键的作用。许多噬菌体体积大而且结构复杂，有相对大量的DNA和蛋白质。其中一些以“T”系列（T1、T2等）名称来命名；其他的被赋予不同类型的名称。举例来说明下这些病毒的多样性，T3、T7噬菌体是二十面体，并且都有短尾，而被称为T-偶数的噬菌体（如T2、T4和T6）则更为复杂，如图16.5（a）所示的T4噬菌体。T-偶数系噬菌体有一个承载DNA的二十面体头，一个主要由三种蛋白质组成的衣壳，一个连接颈部的颈环和颈须，一个长尾以及一个复杂的基板。

裂解周期

在T4噬菌体侵染细菌的过程中，至少有一个尾丝会接触到宿主细菌细胞壁的脂多糖。其他的尾丝将噬菌体垂直固定在细菌的表面并使基板与细胞表面接触，如图16.6的左侧所示。在噬菌体被固定后，尾部收缩，尾管穿过出现在基板上的开口，刺入细菌细胞壁（如图16.6的右侧所示）。接下来，头部的物质（主要为DNA）被注入宿主的细胞质。

T系列噬菌体和其他噬菌体，如λ噬菌体，都是致命的病毒。它们在受感染的细胞内增殖并最终裂解细胞。一个病毒利用受感染的宿主细胞复制并最终将其杀死的繁殖周期被称为一个**裂解周期**（图16.7）。注入细胞内的病毒DNA会被宿主细胞转录和翻译，产生病毒在宿主细胞内用于组装的病毒成分。最终，宿主细胞破裂，新的噬菌体被释放出来，准备去侵染更多的细胞。

溶原周期

许多噬菌体不会立即杀死受感染的细胞，而是将其核酸整合到受感染的宿主细胞的基因组中（见图16.7下面的循环）。整合在宿主基因组状态下的噬菌体被称为**原噬菌体**。大肠杆菌中的λ噬菌体就有这种溶原性，但它也是一种裂解性噬菌体。就像许多其他生物粒子一样，我们对这种噬菌体的了解不少。我们已测定它的全序列含有48,502个碱基。至少有23种蛋白与λ噬菌体的发育和成熟相关，还有许多酶参与将病毒整合到宿主基因组。

病毒与细胞基因组的整合被称为**溶原性**。在随后的时间里，原噬菌体可能会离开基因组并启动病毒的复制。这一增殖周期，包括与基因组整合的一段时期，被称为**溶原周期**。稳定地整合在宿主细胞基因组中的病毒被称为溶原性病毒或温和病毒。

基因转换与霍乱

学习目标16.8.2 定义基因转换

整合到细菌染色体上的病毒基因的表达被称为**基因转换**。携有整合病毒基因的细菌会给人类造成严重的危害。其中一个重要的例子就是通常致命的人类疾病霍乱。霍乱弧菌本身通常并无害处，但是也会出现第二种引起疾病的毒性形式。毒性霍乱弧菌会引起致命的霍乱。现在研究表明，侵染霍乱弧菌的噬菌体会引入宿主细菌细胞中一个编码霍乱毒素的基因。这个基因被整合到细菌DNA中，与其他宿主基因一起被翻译，从而将良性细菌转化为致病的病原体。

溶原性转换也与其他病原体毒素基因（和大部分毒素基因）的出现有关，如引起白喉的白喉杆菌、引起猩红热的化脓链球菌以及引起肉毒中毒的肉毒杆菌。

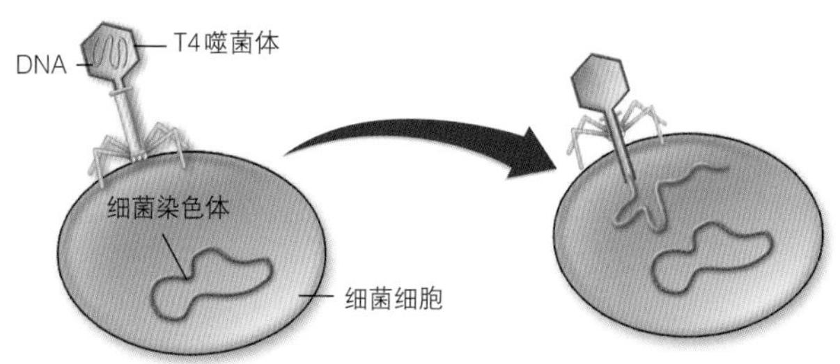

图16.6 T4 噬菌体

T4噬菌体侵染细菌细胞的示意图。

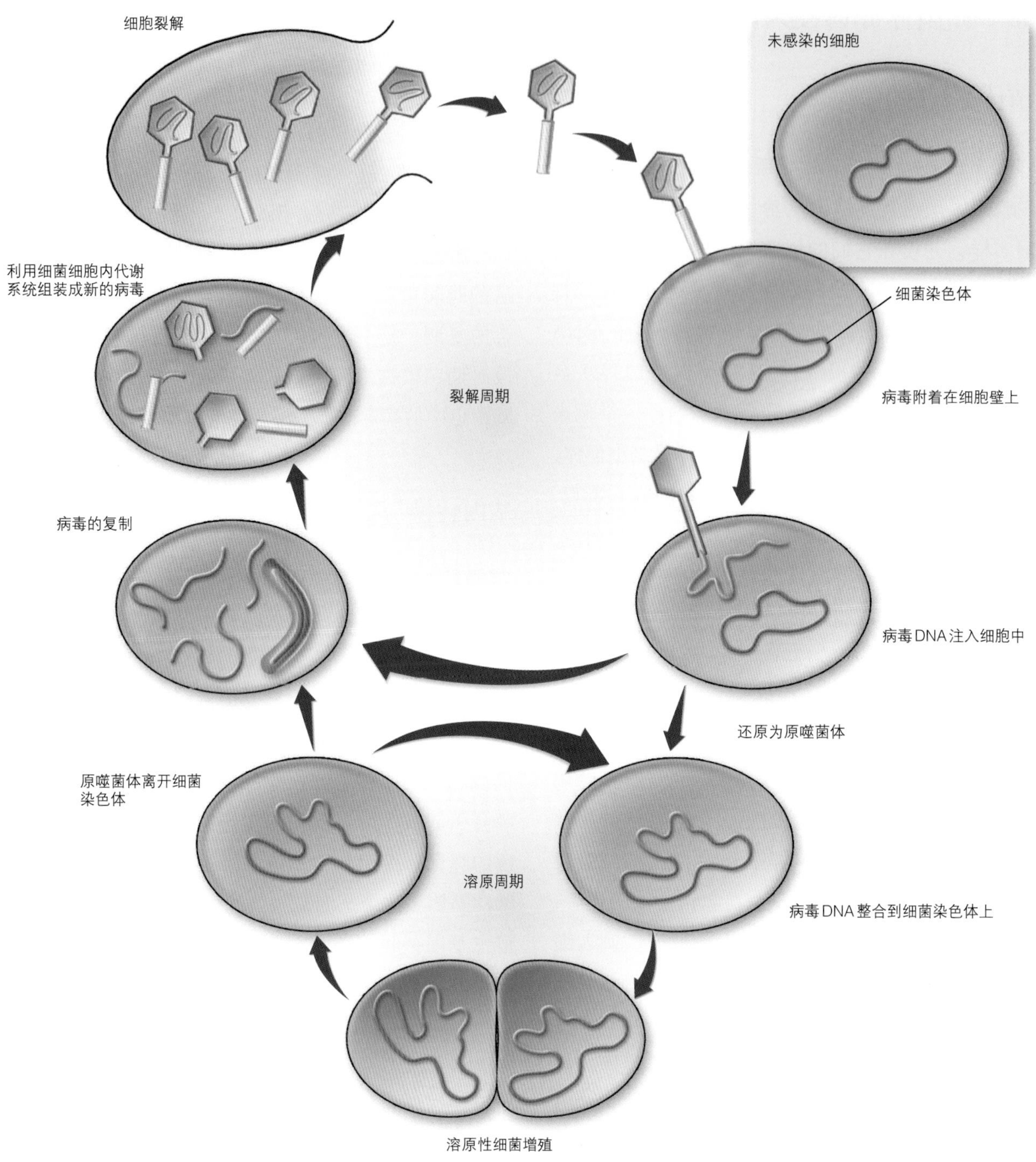

图16.7　噬菌体的裂解周期和溶原周期

在裂解周期中，噬菌体作为病毒DNA的形式存在，在细菌宿主细胞的细胞质内是游离状态的。病毒DNA借助宿主细胞指导新病毒的产生，直到病毒通过裂解杀死宿主细胞。在溶原周期中，噬菌体DNA整合到宿主细菌的大环状DNA分子上，进行增殖。病毒可能继续复制并产生溶原细菌，也可能进入裂解周期而杀死细胞。与宿主细胞相比，实际的噬菌体体积要比图中显示的小很多。

关键学习成果　16.8

噬菌体是攻击细菌的病毒。一些噬菌体在裂解周期中杀死宿主；另一些整合到宿主基因组中，启动溶原周期。噬菌体将霍乱弧菌以及其他细菌转化为有致病性的病原体。

禽流感和猪流感

流感病毒是人类历史上最致命的病毒之一。它是动物性RNA病毒，含有11个基因。单个流感病毒像一个表面嵌有刺突的球体。刺突是由两类蛋白组成的。不同株（称为亚型）的流感病毒有着不同的蛋白刺突。其中一种蛋白，血凝素（H），协助病毒进入细胞内部。另一种蛋白，神经氨酸酶（N），在病毒复制完成后帮助新生成的病毒脱离宿主细胞。流感病毒现分为13种不同的H亚型和9种不同的N亚型，每一种亚型需要不同的疫苗来预防感染。引起1968年流感暴发的"香港流感"病毒具有类型3的H分子和类型2的N分子，因此它被称为H3N2。

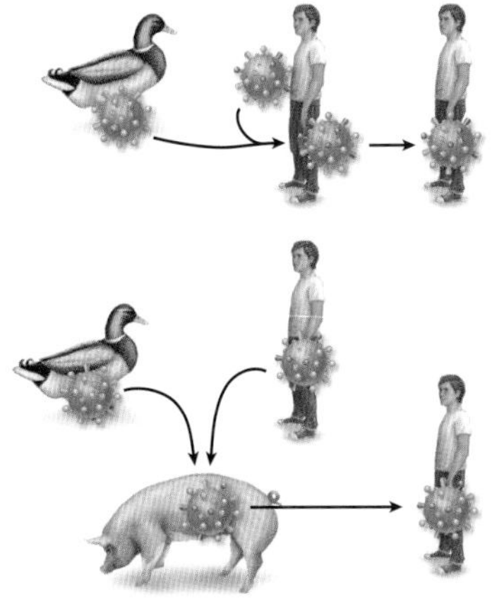

人重组
感染流感病毒的人可以通过直接接触鸟类而感染另一种流感病毒。这两种病毒可以通过基因重组产生第三种病毒，这种病毒可以在人与人之间传播。

猪重组
猪可以感染来自鸟类和人类的流感病毒。流感病毒可以在猪体内进行基因重组，产生一种新的流感病毒，这种病毒可以从猪传播到人类。

新的流感病毒是如何产生的

在20世纪，全世界的流感暴发是由流感病毒H–N的组合变化引起的。1918年的致命流感病毒H1N1被认为是直接从鸟类传染给人类的。全世界有4000万到1亿人死于此次流感暴发。1957年的"亚洲流感"病毒H2N2使10万美国人丧生，以及1968年的"香港流感"病毒H3N2造成了7万美国人死亡。

新型流感病毒通常起源于远东地区并非偶然。流感病毒最常见的宿主就是鸭、鸡和猪。在亚洲，这些动物常常生活在密集的环境中，而且与人接触密切。猪很容易受到来自鸟类和人类病毒的感染，并且个别动物经常同时受到多株病毒的感染。这为病毒间的基因重组提供了条件，如右上图所示，有时会形成新的H和N的刺突组合，而这种新组合不能被人体免疫系统识别。例如，"香港流感"病毒是来自鸭的病毒H3N8和人的病毒H2N2之间的重组。然后，新型流感病毒H3N2再传回给人类。由于人类群体之前还未曾接触过这种N–H组合，所以最终造成了流感暴发。

流行病的条件

并不是每一种新型流感病毒都会造成世界范围内的流感暴发。需要满足3个基本条件：（1）新病毒必须具有H和N刺突的新组合，在人类群体中没有显著的免疫力；（2）新病毒必须能够在人体中复制并造成死亡——许多禽流感病毒对人类是无害的，因为它们不能在人体细胞中增殖；（3）新病毒必须能有效地在人类间传播。1918年的致命病毒H1N1靠从感染者产生的小液滴传染给附近吸入液滴至下呼吸道的人群。

在每次大流行中，新型病毒并不会导致每个感染者死亡——1918年的H1N1流感总体仅有2%的死亡率，却仍然造成了4,000万到1亿人的死亡。为什么会有这么高的死亡人数？因为全世界有太多的人被病毒感染。

禽流感

1997年，中国香港出现了一种潜在的新型致命流感病毒H5N1。与1918年大流行的病毒类似，病毒H5N1直接从感染的鸟类（通常是鸡或鸭）传染给人类。因此，我们俗称它为"禽流感"。禽流感满足疾病大流行的前两个条件：病毒H5N1具有H和N刺突的新组合，而且人类对其没有免疫力，因此该病毒是高致命性的，死亡率为59%（比1918年病毒H1N1 2%的死亡率高很多）。幸运的是，它并不满足大流行的第三个条件：流感病毒H5N1并不容易造成人与人之间的相互传播，所以感染的人数并不多。

猪流感

第二种潜在暴发的流感病毒是于2009年出现在墨西哥的病毒H1N1。它是从受感染的猪传递给人类的。它似乎是在人类、鸟类和猪之间经过多次基因重组而产生的。与1918年的病毒H1N1类似，这种病毒（俗称为"猪流感"）很容易在人类之间相互传播。在一年内的时间里，它被传播到了世界各地。与1918年的病毒的另一个相似处是，多数感染者只表现出轻微的症状。第三种危险的病毒是2013年出现在中国的病毒H7N9。与病毒H5N1类似，该病毒虽然致命但并不容易在人类间传播。因为担心这些病毒会在今后的感染中变得更加致命，公共卫生官员们仍在认真地留意着这些新型流感病毒。

16.9 动物病毒如何侵入细胞

人类免疫缺陷病毒

学习目标16.9.1 HIV感染周期的四个阶段

正如我们刚刚讨论过的，噬菌体在细菌细胞壁上打一个孔，然后注入它们的DNA。像TMV一样的植物病毒也是通过细胞壁损伤处的微小裂痕进入植物细胞的。动物病毒通常通过膜融合或内吞作用进入宿主细胞。细胞内吞过程在第4章中有被介绍，在这个过程中，细胞质膜向内凹陷，包围并吞噬病毒颗粒。

动物身上存在多种多样的病毒。初步认识它们是如何进入细胞的一个好办法就是详细地观察一种动物病毒。在这里，我们会介绍一种相对较新的病毒，可引起致命疾病——获得性免疫缺陷综合征（艾滋病，AIDS）。美国最早在1981年报道了AIDS。不久后，在实验室中发现了这个感染性病原体——人类免疫缺陷病毒（HIV）。HIV的基因与一种黑猩猩病毒关系很近，这表明HIV最早在非洲从黑猩猩输入人类。

艾滋病最残酷的地方在于，最初通常没有临床症状，直到被病毒感染很长一段时间之后，一般在接触到病毒后的8～10年，才有症状显现。在这段漫长的时间中，HIV携带者虽然没有临床症状但具有传染性，这使HIV的传播很难被控制。

附着

当HIV进入人类血液中时，病毒会在整个体内散布，但只会感染某些细胞，其中一种被称为**巨噬细胞**。巨噬细胞负责收集体内的垃圾，吞噬并回收破裂细胞以及少量其他有机残片。HIV专门侵染这类细胞，这并不奇怪：许多其他动物病毒也同样有特定的攻击对象。例如，脊髓灰质炎病毒主要感染运动神经细胞，肝炎病毒主要感染肝细胞。

病毒（如HIV）是如何识别像巨噬细胞这种靶细胞的呢？人体内的每类细胞的表面都有特异排列的标记蛋白，即用于识别细胞的分子。HIV能够识别巨噬细胞表面的标记。每个HIV表面的突起物叫刺突，它会与其自身遇到的细胞发生碰撞。回顾图16.5（c），描绘HIV的图显示了这些刺突（镶嵌在包膜中的像棒棒糖似的结构）。每个刺突都由一种叫作gp120的蛋白组成。只有当gp120恰巧与细胞表面的标记在形状上相匹配时，HIV才会黏附在这个动物细胞上并且侵染它。事实证明，gp120完全匹配一种叫作CD4的细胞表面标记。而CD4出现在巨噬细胞的表面。图16.8的图❶展示了HIV的pg120蛋白与巨噬细胞的表面标记CD4的对接。

进入巨噬细胞

免疫系统的某些细胞，被称为T淋巴细胞或T细胞，也具有CD4的标记。为什么这些细胞没有像巨噬细胞一样被立即感染呢？这正是为什么艾滋病潜伏期如此之长的奥秘。当T淋巴细胞被感染和杀死后，艾滋病的症状才开始显现。那么是什么延缓了T细胞的感染呢？

研究发现，在对接到巨噬细胞的CD4受体后，HIV需要第二种受体蛋白，**CCR5**，来牵引它穿过质膜。在gp120结合到CD4之后，它的形状会扭曲（化学家会说它经历了构象变化）成一种新的、适合CCR5这个辅受体分子的形式。研究人员推测在构象改变后，辅受体CCR5通过激发膜融合使gp120-CD4复合物穿过质膜。巨噬细胞具有CCR5辅受体，如图16.8的图❶所示，但是T淋巴细胞没有CCR5。

复制

图16.8的图❶也显示，一旦HIV进入巨噬细胞内，病毒粒子会脱下保护衣壳。这样一来，病毒的核酸（本例中是RNA），以及一种病毒酶，会漂浮在细胞质中。这种酶被叫作**逆转录酶**。它结合在病毒RNA的一端，并以病毒RNA为模板，向另一端滑动合成DNA，如图❷所示。更重要的是，HIV反转录酶并不能精确地复制信息。它在读取病毒RNA的时候常常产生错误，因此造成了许多新的突变。错误复制的双链DNA可能会整合到宿主细胞的DNA中，如图❷所示；接下来，它便可以利用宿主细胞的复制机制产生许多病毒的拷贝，如图❸

所示。

整个过程不会对宿主细胞造成永久性的损害。HIV不会裂解并杀死它侵染的巨噬细胞，而是新病毒从细胞中以出芽的方式释放出来（如图❹的右上方所示）。这个过程很像胞吐作用。新病毒经过折叠，按照当初进入细胞的相反过程又离开细胞。

这就是艾滋病长期潜伏特征的基础。在HIV通过巨噬细胞循环传播的几年时间里，HIV在数量上会倍增，但几乎不会表现出对身体的明显伤害。

开始病发：进入T细胞

在这个漫长的潜伏期中，随着巨噬细胞连续地繁殖，HIV也不断复制和突变。最终，HIV的gp120基因偶然地发生了改变，使gp120蛋白不再识别从前的辅受体CCR5。这个新型的gp120蛋白更容易与另一个辅受体CXCR4结合。CXCR4是T细胞表面的一种有CD4细胞表面标记的受体。不久，T细胞就被HIV侵染了。

这造成了致命的后果，因为新病毒通过裂解质膜而离开T细胞。这样的裂解破坏了T细胞的物理完整性而且杀死了T细胞（如图❹中的右下角所示）。因此，HIV既可以通过出芽的方式离开巨噬细胞，也可以像对T细胞一样裂解细胞。在T细胞中，随着释放的病毒感染邻近的CD4+T细胞，T细胞依次被裂解，从而造成大量的细胞死亡。因为T细胞可以抵抗体内的其他感染，所以当T细胞被破坏后，机体的免疫反应就丧失了，这直接导致了艾滋病病发。癌症和机会性感染可以很容易侵入没有防御能力的体内。

关键学习成果　16.9

动物病毒利用特异的受体蛋白穿过质膜进入细胞。

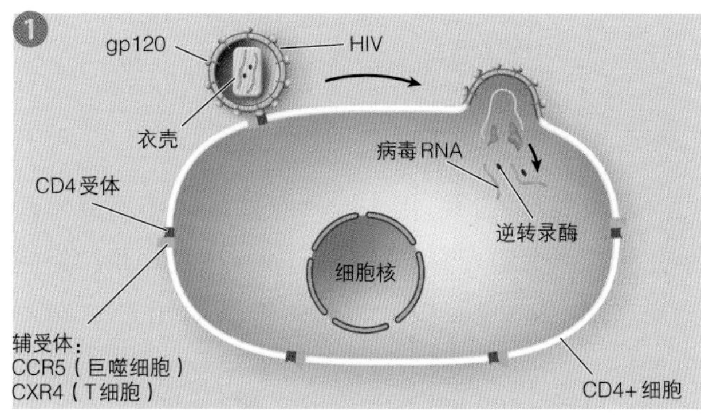

HIV病毒表面的糖蛋白gp120黏附在CD4和CD4+细胞表面的一个辅受体上。病毒的内容物通过膜融合进入细胞内。

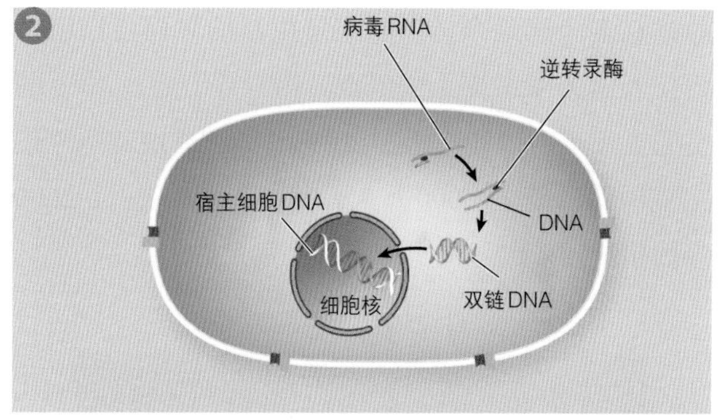

首先，以病毒RNA为模板，在逆转录酶的催化下产生一条DNA链；然后再合成与第一条DNA链互补的第二条DNA链。合成后的双链DNA再整合到宿主细胞的DNA中。

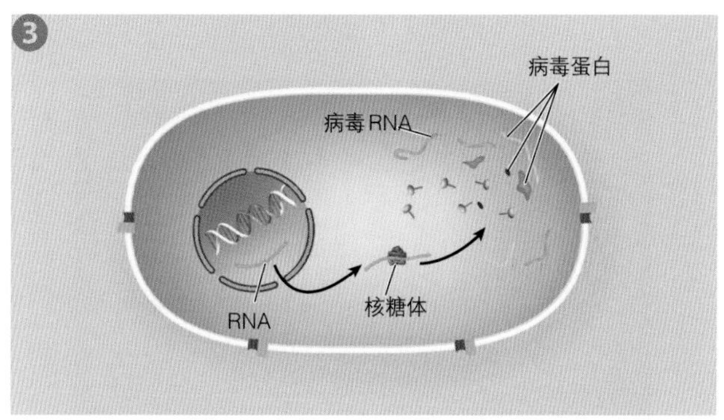

DNA的转录导致了RNA的产生。这些RNA可以作为新病毒的基因组，经翻译后产生病毒蛋白。

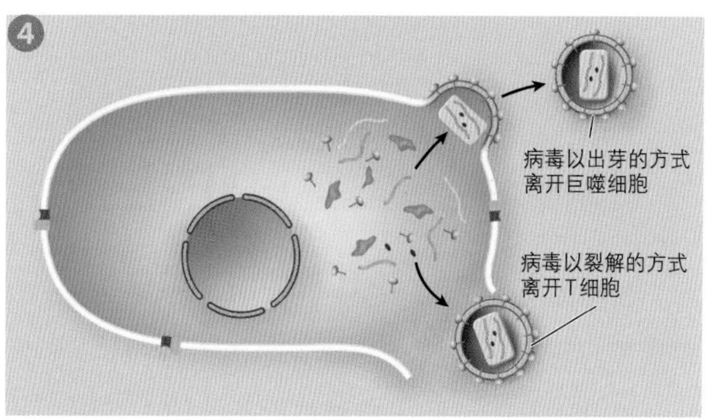

完整的HIV粒子被组装。在巨噬细胞中，HIV以出芽的方式离开细胞，不会破坏细胞。在T细胞中，HIV以裂解的方式离开细胞，因此可有效地杀死T细胞。

图16.8　HIV感染周期

16.10 致病病毒

几千年来，人类熟知并畏惧由病毒引起的疾病。这些病毒性疾病（表16.3）有艾滋病、流感、黄热病、脊髓灰质炎、水痘、麻疹、疱疹、传染性肝炎、天花，以及其他许多不被人熟知的疾病。

病毒性疾病的起源

学习目标16.10.1 六种新兴病毒

有时起源于一种生物的病毒会传给另一种生物，并导致新宿主患病。以这种方式产生的新病原体被称为**新兴病毒**，这意味着现在比从前有更大的威胁，特别是航运和世界贸易使感染个体可以在世界范围内迅速移动。

流感 或许在人类历史上最致命的病毒就是流感病毒了。从1918—1919年的19个月内，全球有4,000万到1亿人口死于流感——这是多么惊人的数字。流感病毒的自然宿主是中亚地区的鸭、鸡和猪。流感大流行（全球范围内的流行）曾来自亚洲鸭。病毒通过在多个感染个体内重组产生新的表面蛋白组合而使人体免疫系统无法识别。1957年，超过10万的美国人死于"亚洲流感"。1968年的"香港流感"仅在美国就感染了5,000万人，其中7万人死亡。2009年的猪流感造成了上千个美国儿童死亡。

艾滋病 HIV最初可能于1910—1950年间在中非从黑猩猩输入人类。黑猩猩中的病毒SIV（就是现在所知的HIV）已传播到世界各地的人群中。艾滋病在1981年首次被报道。在随后的几年里，有2,500万人死于该病，并且目前至少有3,300万人已被感染。黑猩猩是从哪里获得SIV的呢？SIV在非洲的猴子中很普遍，而黑猩猩会捕食猴子。对猴子SIV的核苷酸序列研究表明，黑猩猩病毒RNA的一端与红冠白脸猴中发现的SIV极为相像，而另一端RNA与大长鼻猴中的相像。因此，可以确定黑猩猩是从它们食用的猴子中获得SIV的。

埃博拉病毒 新兴病毒中最致命的是丝状埃博拉病毒和马尔堡病毒。它们首先出现在中非，攻击人类血管中的内皮细胞。这些丝状病毒的致死率可以超过90%，引发一些已知的最致命的传染病。2014年夏天，西非埃博拉疫情在3个人口稠密的国家蔓延，造成1万多人死亡。研究人员已经发现了果蝠作为埃博拉宿主的证据。在暴发疫情的中非各地，这些大型蝙蝠都被当作食物食用。

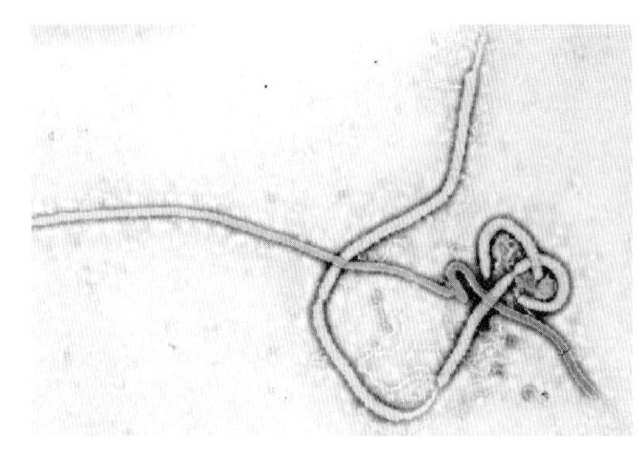

寨卡病毒 2016年，巴西突然暴发小头症（新生儿头部和大脑发育不完全），研究人员很快追踪到是蚊子传播的寨卡病毒。寨卡病毒于20世纪40年代首次在非洲乌干达发现，现在在热带地区很常见，但直到最近才在受感染的人中引起轻微发热。寨卡病毒似乎已经演变出了一种更致命的疾病。

SARS 一种冠状病毒毒株导致了2003年世

表 16.3　重要的人类病毒疾病

疾病	病原体	载体／宿主	症状和传播方式
艾滋病	人类免疫缺陷病毒（HIV）	人类	破坏免疫防御，造成由感染或癌症导致的死亡。全球约有3,300万人感染了HIV。
水痘	人类疱疹病毒3型（HHV-3或水痘带状疱疹）	人类	通过与感染者接触而传播。不可治愈，但很少致命。疫苗于1995年初在美国获得了批准。
埃博拉出血热	丝状病毒（如埃博拉病毒）	未知	急性出血热，病毒攻击结缔组织，导致大量的出血和死亡。如果得不到治疗，最高死亡率可达50%～90%。疫情只限于中非局部地区。
乙型肝炎（病毒性）	乙型肝炎病毒（HBV）	人类	通过与被感染的体液接触而传染，传染性强。大约有1%的美国人被感染。有疫苗可用，但不可治愈，可能致命。
疱疹	单纯疱疹病毒（HSV或HIV-1/2）	人类	热病性疱疹，主要通过接触被感染的唾液传播。世界范围内非常普遍。不可治愈。具有潜伏期——可潜伏几年之久。
流行性感冒	流感病毒	人类、鸭子、猪	在历史上，流感是人类的主要死亡病因之一，1918—1919年间有4,000万到1亿人死于该病。野生亚洲鸭、鸡和猪是主要的病毒宿主。鸭子不受流感病毒的影响，因此病毒可以在其体内繁殖的过程中不断改变抗原基因，从而导致新型流感病毒的产生。
麻疹	副黏液病毒	人类	具有极强的传染性，通过与感染个体接触而传播。有疫苗可用。通常在儿童期感染，并不严重；成人症状较重。
脊髓灰质炎	脊髓灰质炎病毒	人类	中枢神经系统的急性病毒感染，可导致瘫痪而且经常是致命的。1954年，在索尔克疫苗发明前，仅在美国一年就有6万人感染这种疾病。
狂犬病	弹状病毒	野生和驯养的犬科动物（狗、狐狸、狼、郊狼等）	一种急性病毒性脑脊髓炎，通过被受感染的动物咬伤而传播。如果不治疗，可能会致命。
严重急性呼吸综合征（SARS）	冠状病毒	小型哺乳动物	急性呼吸道感染，可能是致命的，但与任何新兴疾病一样，它可能迅速地发生变化。
天花	天花病毒	从前的人类，现在被认为只存在于政府实验室中	在历史上，天花是一个主要杀手。最后一次天花的记录是1977年。一次世界性的疫苗接种运动彻底消灭了这种疾病。目前关于该病毒是否已从苏联的政府实验室中被拿走，可能被恐怖分子所用的讨论，仍存在争议。
黄热病	黄热病毒	人类、蚊子	通过蚊子叮咬在人类间传播，是造成巴拿马运河建设过程中工人死亡的主要原因。如果不治疗，该病最高死亡率是60%。

界范围内严重急性呼吸综合征（SARS）的暴发。SARS是一种呼吸道感染，具有肺炎样症状，超过8%的病例死亡。当对SARS病毒的29,751个核苷酸的RNA基因组进行测序时，它被证明是一种全新的冠状病毒，与之前发现的3种形式中的任何一种都没有密切关系。2005年，病毒学家确定中国马蹄蝠是SARS病毒的自然宿主。由于这些蝙蝠是健康的携带者，没有被病毒感染，并且在亚洲各地普遍存在，所以很难防止未来的疫情暴发。

西尼罗河病毒 这是一种通过蚊子传播的病毒。1999年，在北美出现了首批西尼罗河病毒感染者。该病毒由受感染的乌鸦和其他鸟类携带，被传播到美国各地。病毒的传播在2002年达到了高峰期，有4,156例感染者，其中284例死亡。至2005年，传染的浪潮已大大减少。这种病毒被认为是通过蚊子叮咬从先前受感染的鸟类传播给了人类。几年后，该病毒在欧洲的早期传播也减弱了。

关键学习成果 16.10

病毒造成了某些最致命的人类疾病。在某些严重的疾病中，病毒是从其他宿主转移到人类的。

调查与分析
INQUIRY & ANALYSIS

HIV侵染所有白细胞吗？

人类被他们的免疫系统保护以避免微生物的感染。免疫细胞是在血液中循环的一群细胞的集合，俗称为“白细胞”。这个集合实际上包含了各种不同类型的细胞。它们中的一些具有CD4细胞表面识别标记（可以把这些标记看作是身份标签）。那些探测到病毒感染并诱发抗体产生的细胞以及最初攻击入侵细菌的巨噬细胞都带有CD4身份标签。其他的细胞具有CD8身份标签，如杀伤细胞。杀伤细胞是种免疫细胞。它可以在有病毒侵染的细胞上穿孔。对于一位艾滋病患者，无论是CD4还是CD8细胞都不能主动地抵御HIV感染。HIV杀死了这两种类型的细胞还是其中一种？

为了探究这个问题，研究人员将CD4标签细胞（称为CD4+细胞）和CD8标签细胞（称为CD8+细胞）混在一起，然后把HIV放入混合物中。HIV能够侵染任何一类细胞。对培养的白细胞每5天检测一次，一共持续了25天。每次检测时，对样品中含有的CD4+细胞和CD8+细胞进行计数。每类细胞在每份样品中存活的百分比显示在右上角的图中。

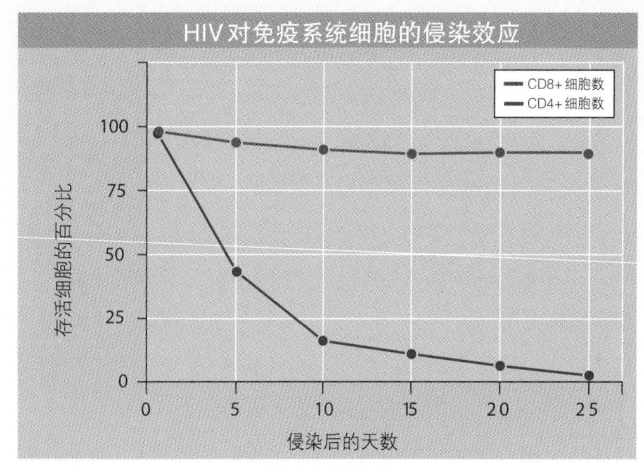

分析

1. **应用概念**

   a. **变量**　在曲线图中，哪一个是因变量？

   b. **百分比**　如果存活细胞的百分比呈下降趋势，这说明细胞的绝对数量是怎样变化的？如果存活细胞的百分比下降，细胞的绝对数量会是增加的吗？请解释。

2. **解读数据**

   a. 在这3个多星期的实验中，CD4+细胞和CD8+细胞的存活细胞百分比有变化吗？

   b. 在这3个多星期的实验中，两类细胞的存活百分比有明显差异吗？请描述一下。你会如何定量描述这种差异？（提示：以存活的CD4+细胞与存活的CD8+细胞的比例对侵染后的天数绘制散点图。）

3. **进行推断**　你认为是什么造成了两类细胞的存活百分比的差异？你会如何检验这个推论？

4. **得出结论**

   a. 在本实验中，HIV是否完全消灭了其中一种类型的白细胞？

   b. 是否有哪一种类型的细胞几乎被消灭了？如果有，是哪一种？

   c. 是否有哪一种类型的细胞并不受HIV侵染的强烈影响？如果有，是哪一种？你能想到为什么这种细胞类型的存活率几乎不变吗？你会如何检验你的假设？

5. **进一步分析**　CD4+细胞和CD8+细胞都不能主动地保护艾滋病患者。如果其中一类细胞没有被HIV杀死，那么你认为是什么原因使它不再能保护感染HIV的艾滋病患者呢？你能设计一个方案来调查这种可能性吗？

本章回顾

Reviewing What You Have Learned

最早细胞的起源

生命的起源

16.1.1 地球上的生命可能起源于外太空，可能是神把生命置于地球上的，可能从非生命物质进化而来。目前只有第三种解释是可被科学检验的。

16.1.2 在实验中，重建早期地球的环境产生了一个假说，即生命在生物分子组成的“原始汤”中自发地形成。“水泡模型”表明生物分子被捕获在水泡中，如图16.1所示，在那里它们经过化学反应产生了最初的生命。

细胞如何出现

16.2.1 我们不知道细胞最初是如何形成的，但是目前的假说认为它们可能来自被水泡封闭的分子自发形成。

16.2.2 被称为微滴的水泡是自发形成的。科学家们提出，如果有机分子，比如有酶活性的RNA，被裹在微滴内，它将有能力携带遗传信息并且能够实现自我复制。

原核生物

最简单的生物

16.3.1 细菌是最古老的生命形式，早在25亿多年前就已经存在了。这些早期的原核生物产生了现今的细菌和古菌。

- 原核生物有着非常简单的内部结构，没有细胞核和其他膜包裹的隔室。

16.3.2 原核生物的细胞膜被包裹在细胞壁内。细菌的细胞壁由肽聚糖组成，但古菌的细胞壁没有肽聚糖，而是由蛋白质和/或多糖组成。按照细菌细胞壁的结构，细菌被分为两类，革兰氏阳性菌和革兰氏阴性菌。

- 细菌可能有鞭毛或菌毛，并且有可能形成内生孢子。它们通过一分为二的分裂方式而繁殖，称为二分裂，并可能通过接合而交换遗传信息。

16.3.3 接合发生在两个细菌细胞接触时。其中一个供体细胞的菌毛与另一个受体细胞接触。两个细胞间形成接合桥。供体细胞中的质粒被复制，然后一个单链质粒通过接合桥转移到受体细胞中。一旦它进入受体细胞内，一条互补链就会被合成，形成完整的质粒。于是，受体细胞便具有了与供体细胞的质粒相同的遗传信息。

比较原核生物和真核生物

16.4.1 原核生物与真核生物相比，在很多方面都不相同，正如表16.1所描述的。其中包括原核生物没有内部隔室，如细胞核，但它有更丰富的代谢多样性。

原核生物的重要性

16.5.1 细菌有助于构建地球大气和土壤的属性。它们是碳、氮循环的主要参与者。它们是基因工程发展的关键；可是，它们也造成了许多疾病。

原核生物的生活方式

16.6.1 虽然古菌生活在许多不同的环境中，但是最被了解的是那些生活在非常苛刻环境中的极端微生物。

16.6.2 细菌是地球上最丰富的生物。它们是一个非常多样化的群体：有些是光合的，有些能固氮，有些是分解者。有些细菌还是可以导致人类疾病的病原体。

病毒

病毒的结构

16.7.1 病毒不是生物，而是可以进入细胞并在其中复制的寄生化学物质。它们具有一个被一层蛋白质（称为衣壳）包裹的核酸核心，有些还有一个外膜状的包膜。病毒可侵染细菌、植物和动物，并且在形状和大小上有很大的不同。

噬菌体如何进入原核细胞

16.8.1~2 侵染细菌的病毒被称为噬菌体。它们不进入宿主细胞，而是向宿主注入它们的核酸，如图16.6所示。然后病毒进入一个裂解周期或溶原周期。在裂解周期中，病毒DNA在宿主细胞内介导产生多个DNA拷贝，最终使宿主细胞破裂，释放病毒并侵染其他细胞。在溶原周期中，病毒DNA整合到宿主DNA中。病毒DNA随着宿主DNA的复制而增殖，并且传递给后代。在某些时候，病毒DNA会进入裂解周期。

动物病毒如何侵入细胞

16.9.1 动物病毒通过内吞作用或膜融合的方式进入宿主细胞。HIV附着在宿主表面的受体上，并被细胞吞噬。一旦进入细胞，HIV利用逆转录酶从病毒RNA生成DNA。这个病毒DNA进入宿主DNA中并介导新病毒的形成。新病毒以出芽的方式离开宿主细胞。在某些时候，改变后的HIV可以结合到CD4+T细胞受体上。受感染后的CD4+细胞最终会被病毒裂解。因此，参与抗感染的T细胞迅速被病毒杀死了。

致病病毒

16.10.1 病毒会引起许多疾病，比如表16.3中列举的流感病毒，通常从动物传播至人类。流感病毒是一种致命病毒，在1918年造成了上百万人死亡，对人类造成了持续威胁。

本章测验

Test Your Understanding

16.1.1 生命不违背热力学第二定律，因为地球不是一个封闭的系统。能量在被持续地添加。是什么提供了能量以帮助早期地球上的生物分子形式?

16.1.2 哪项不是米勒和尤里实验中的假设?

a. 地球的原始大气中含有甲烷
b. 地球的原始大气中含有和如今相同的氧气量
c. 闪电为化学反应提供了能量
d. 用于产生大分子有机物的小分子无机物存在于大气和水中

16.2.1 尽管关于细胞最初是如何形成的仍不清楚，但科学家们猜测第一个有活性的生物大分子是______。

a. 蛋白质　c. RNA
b. DNA　d. 糖类

16.2.2 微滴______。

a. 是一个双层球体　c. 没有疏水区
b. 自发地在水中形成的　d. 以上有两项是正确的

16.3.1(1) 细菌______。

a. 是原核生物
b. 在地球上存在了至少25亿年
c. 是地球上最丰富的生命形式
d. 以上都对

16.3.1(2) 以下哪项不是与原核生物相关的特点?

a. 接合　c. 多个线性染色体
b. 没有内部隔室　d. 质粒

16.3.2 革兰氏阳性菌（+）和革兰氏阴性菌（–）的特征差异体现在______。

a. 细胞壁：革兰氏阳性菌有肽聚糖，而革兰氏阴性菌有假肽聚糖
b. 质膜：革兰氏阳性菌有酯连接的脂质，而革兰氏阴性菌有醚连接的脂质
c. 细胞壁：革兰氏阳性菌有一层厚厚的肽聚糖，而革兰氏阴性菌有一层外膜
d. 染色体结构：革兰氏阳性菌有环状染色体，而革兰氏阴性菌有线形染色体

16.3.3(1) 接合以何种方式产生部分二倍体的细菌细胞? 这是一种稳定的状态吗?

16.3.3(2) 细菌细胞是如何繁殖的?

a. 减数分裂　c. 二分裂
b. 转化　d. 有丝分裂

16.4.1(1) 原核生物的某些物种能够从CO_2中获取碳，并通过氧化无机物获取能量。这些物种也被称为______。

a. 光能自养型　c. 光能异养型
b. 化能自养型　d. 化能异养型

16.4.1(2) 细菌虽然没有独立的内膜系统，但能够进行光合作用和呼吸作用，而这两者都需要膜。你认为它们是如何执行这些功能的?

16.5.1 以下哪一项是细菌的属性?

a. 分解生物尸体　c. 在植物中的抗虫性
b. 提高大气中的氧气水平　d. 以上都对

16.6.1 产甲烷菌______。

a. 利用甲烷气体作为一种能量来源
b. 利用H_2还原CO_2
c. 需要氧气
d. 以上有两项是正确的

16.6.2(1) 蓝细菌被认为在地球历史上曾非常重要，因为它______。

a. 制造核酸　c. 产生大气中的二氧化碳
b. 制造蛋白质　d. 产生大气中的氧气

16.6.2(2) 你认为为什么细菌性疾病在近些年中变得越来越普遍?

16.7.1(1) 病毒是______。

a. 含有DNA或RNA的蛋白质衣壳
b. 简单的真核细胞
c. 简单的原核细胞
d. 生物

16.7.1(2) 病毒之间有明显不同的形式和形状。以下哪项是不存在于病毒中的?

a. 菌毛　c. 蛋白质
b. RNA　d. 酶

16.8.1 病毒进入细胞，利用细胞结构产生更多的病毒，然后裂解细胞释放新病毒。这样一个病毒繁殖周期被称为______。

a. 溶原周期　c. 裂解周期
b. λ周期　d. 原噬菌体周期

16.8.2 基因转换的过程导致了什么的表达?

a. 一个被抑制的细菌基因
b. 质粒上携带的一个细菌基因
c. 由细菌启动子控制的一个真核基因
d. 一个整合到细菌染色体上的病毒基因

16.9.1(1) 动物病毒进入动物细胞通过______。

a. 胞吐作用
b. 匹配病毒表面上的标记与细胞表面上互补的标记
c. 用蛋白质尾纤维与宿主细胞接触
d. 用病毒的蛋白质衣壳与细胞膜上的任意位置接触

16.9.1(2) 在进入之前，HIV的糖蛋白______识别巨噬细胞表面上的______受体。

a. CCR5；gp120　c. CD4；CCR5
b. CXCR4；CCR5　d. gp120；CD4

16.10.1(1) 脊髓灰质炎病毒攻击神经细胞，肝炎病毒攻击肝脏，艾滋病病毒攻击白细胞。每种病毒是如何有选择性地攻击特定细胞的?

a. 它们可以进入所有细胞中，但只在某些类型的细胞中繁殖
b. 它们可识别每种细胞类型的某些细胞表面分子特征
c. 每个例子中的病毒来源于与其相应的细胞类型中
d. 各细胞类型实行病毒特异的吞噬作用

16.10.1(2) 如果一个病毒，像流感病毒一样，在1918年至1919年间的19个多月里造成超过4,000万人的死亡，你认为这个死亡人数为什么会停止增长? 是什么阻止H1N1流感继续对人类造成致命的伤害?

第 4 单元　进化与生命的多样性

17

学习目标

真核生物的进化

17.1　真核细胞的起源

　1　定义真核细胞

　2　支持线粒体与叶绿体内共生起源的证据

17.2　性别的进化

　1　有性生殖和无性生殖

　2　为什么生物会产生性别之分以及性别是如何进化的

　3　有性生命周期的三种主要类型

原生生物

17.3　最古老的真核生物——原生生物

　1　原生生物的五大特征

　2　多细胞个体、细胞聚合体和群体生物

17.4　原生生物的分类

　1　通过DNA比对确定的原生生物门五个超群

17.5　古虫界生物有鞭毛，有的缺少线粒体

　1　双滴虫和副基体的共同特征

　2　副基体和白蚁的共生关系

　3　眼虫和动质体区分

17.6　囊泡藻界起源于二次共生

　1　纤毛虫和甲藻的运动比较，并描述顶复门原虫的寄生适应性

　2　茸鞭生物的三个主要群体间的身体形态

17.7　有孔虫界有坚硬外壳

　1　放射虫的伪足

　2　有孔虫的外部特征是如何影响地球地质的

17.8　原始色素体生物包括红藻和绿藻

　1　对比红藻和绿藻

　2　比较团藻和衣藻细胞

　3　评价支持轮藻是植物的直接祖先的论据

17.9　单鞭毛生物开启动物进化之旅

　1　原生质体黏菌和细胞性黏菌

　2　目前被认为是真菌和动物祖先的单鞭毛生物群体

调查与分析　确定疟疾的最佳治疗时间

原生生物：真核生物的出现

你属于真核生物，由含有细胞核的细胞构成。你所看到的在你周围的所有生物也都是真核生物，因为原核生物太小了，只有借助显微镜，你才看到它们。生物学家把真核生物分为四大类，称为界：动物、植物、真菌和其他。本章主要讨论第四大类，原生生物（原生生物界）。比如伞藻（*Acetabularia*）就是一种原生生物。它是绿藻中的一种，可以进行光合作用。它细长的伞柄可以长到你的拇指的长度。在20世纪，一些生物学家认为它是一种非常简单的植物。而如今，多数生物学家们认为伞藻属于原生生物，并限定植物界为多细胞陆生光合生物（以及少数显然来自陆生植物祖先的海洋和水生物种，如睡莲）。伞藻生活在海洋中而不是陆地。它是单细胞生物，有一个细胞核位于基部的假根内。在本章中，我们将探讨原生生物是如何进化的，以及在这个最多样化的生物界中已发现的生物。在原生生物中曾发生过多次向多细胞生物的进化，从而产生了动物、植物和真菌界的祖先，以及几种多细胞藻类，有些藻类像树一样大。

17.1 真核细胞的起源

最早的真核细胞

学习目标17.1.1 定义真核细胞

所有17亿年前的化石都是小的、简单的细胞，类似于今天的细菌。在大约15亿年前的岩石中，我们开始看到最早的微体化石。它明显地比细菌要大，并有内膜和较厚的壁。一种新的生物出现了，被称为真核生物（Eukaryote，希腊语里“eu”是真的意思，“karyon”是坚果的意思）。真核细胞的一个主要特点就是有一个叫作细胞核的内部结构的出现（见4.5节）。正如在第15章中讨论过的，动物、植物、真菌和原生生物都属于真核生物。在本章中，我们将探讨进化成为所有其他真核生物的原生生物。但首先，我们会考察真核生物的一些共同特征以及它们的起源。

首先，细胞核是怎样出现的呢？许多细菌有由外膜延伸到细胞内部形成的内褶，成为细胞表面和细胞内部间的通道。在真核细胞中，内膜的网状结构被称为内质网（endoplasmic reticulum, ER）。内质网被认为是起源于这种膜形成的内褶。同样的方式也形成了核膜（图17.1）。图中最左侧的原核细胞有质膜的内褶，而DNA位于细胞中央。在祖先真核细胞中，这些内膜向细胞内部进一步延伸，仍然作为联系细胞内外的通道。最终，这些膜形成了一个围绕在DNA周围的核膜结构，如图17.1的最右侧所示。

由于DNA的相似性，人们普遍认为最早的真核细胞是古菌的非光合的后代。

内共生

学习目标17.1.2 支持线粒体与叶绿体内共生起源的证据

除了细胞内的膜系统和细胞核，真核细胞还有其他几个独特的细胞器。这些细胞器曾在第4章中讨论过。其中两个细胞器，线粒体和叶绿体，尤为独特，因为它们与细菌细胞相似，甚至含有其独立的DNA。如在4.7节和15.9节中提到过的，线粒体和叶绿体被认为是起源于内共生，即一个生物生活在另一个生物内。**内共生理论**现已被广泛接受。该理论认为，在真核细胞进化中的一个关键时期，可产生能量的需氧菌进入较大的早期真核细胞中与其共生，最终进化成我们所知的细胞器，线粒体。同样，光合细菌生活在这些早期真核细胞中导致了叶绿体（植物和藻类的光合细胞器）的形成（图17.2）。现在，让我们进一步探究支持内共生理论的证据。

线粒体 线粒体是真核细胞中产生能量的细胞器。它有像香肠一样的形状，约1～3微米，与多数细菌的大小差不多。线粒体由两层膜包裹。外膜是光滑的，显然是来源于宿主细胞，在被其包裹时产生。内膜被折叠成许多层，上面嵌有参与氧化代谢的蛋白质。

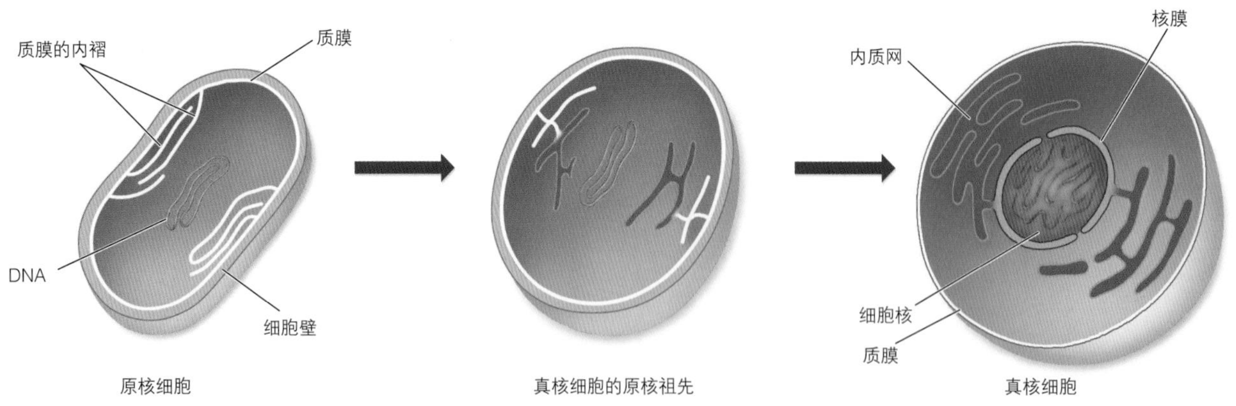

图17.1 细胞核和内质网的起源

现存很多细菌的质膜都有内褶。在真核细胞中，由内质网和核膜组成的内膜系统可能是从产生真核细胞的原核细胞质膜的这种内褶进化而来的。

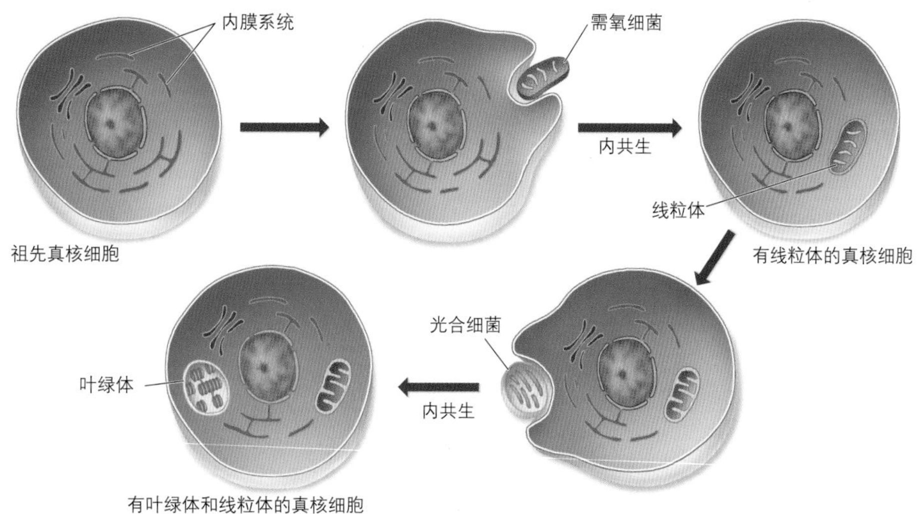

图17.2 内共生理论

科学家们提出，原始真核细胞吞噬了需氧细菌，需氧细菌再进化成为真核细胞中的线粒体。叶绿体也可能起源于这种方式：真核细胞吞噬光合细菌，光合细菌再进化为叶绿体。

在线粒体作为内共生体存在于真核细胞内的15亿年里，多数基因转移到了宿主细胞的染色体上——但不是所有基因。每个线粒体仍然具有其自己的基因组——一个封闭的环状的DNA分子，与细菌中的DNA相似。细菌DNA上也有一些氧化代谢所必需的蛋白质编码基因。这些基因利用线粒体的核糖体在线粒体中转录。线粒体核糖体比真核细胞中的核糖体小，在大小和结构上很像细菌的核糖体。线粒体的分裂方式也和细菌一样，并且可以在细胞核不分裂的情况下独自分裂。线粒体也能像细菌一样对DNA进行复制和排序。然而，细胞核基因介导了这个过程，线粒体无法在真核细胞外生长。

叶绿体 许多真核细胞含有除了线粒体外的其他内共生细菌。植物和藻类含有叶绿体。这个类似细菌的细胞器显然来源内共生的光合细菌。叶绿体有一个复杂的内膜系统和一个环状DNA。人们认为所有线粒体都是从同一次共生事件中演化而来的，但很难确定叶绿体也是如此。三种不同的叶绿体都起源于蓝细菌。

红藻和绿藻似乎直接获得了蓝细菌，将其作为共生体，并且它们可能是姐妹群。这些藻类可能又被其他藻类获取，从而使其他藻类有了二次起源的叶绿体。眼虫的叶绿体被认为起源于绿藻，而那些褐藻和硅藻的叶绿体可能起源于红藻。甲藻的叶绿体起源似乎比较复杂，其中可能含有硅藻。

有丝分裂是如何进化的

真核细胞通过有丝分裂增殖。这个过程比原核生物的二分裂要复杂得多。那么，有丝分裂是如何进化的呢？现在普遍存在于真核细胞中的有丝分裂机制并不是一次进化形成的。在如今一些真核生物中，仍然残存着非常特别的、可能是中间机制的痕迹。例如，在真菌和一些原生生物中，核膜不溶解，有丝分裂仅限于细胞核。当有丝分裂在这些生物中完成时，细胞核分裂为两个子核，然后细胞的其他部分才开始分裂。在大多数原生生物、植物或动物中，这种核单独分裂的有丝分裂阶段并不存在。我们不知道它是否代表了进化过程中的一个中间步骤，即如今大多数真核生物特有的有丝分裂形式，或者它仅仅是一种解决同一问题的另一种方式。没有任何化石能让我们清楚地看到分裂细胞的内部结构，以追溯有丝分裂的历史。

关键学习成果 17.1

内共生理论提出，线粒体起源于内共生的需氧菌，而叶绿体起源于载有光合细菌的二次内共生事件。

17.2 性别的进化

没有性别之分的生物

学习目标17.2.1 有性生殖和无性生殖

真核生物最重要的特征之一是它们的有性生殖能力。在**有性生殖**中，两个不同的亲本各贡献一个配子形成后代。如在第9章中所讨论的，配子通常由减数分裂产生。在多数真核生物中，配子是单倍体（每个染色体只有一个拷贝），而通过配子融合的后代是二倍体（每个染色体有两个拷贝）。在这一节中，我们将探究真核生物的有性生殖以及它是如何进化的。

为了充分了解有性生殖，首先我们先从真核生物的无性生殖开始研究。以海绵动物为例，海绵可以通过身体的分裂而实现繁殖，这个过程被称为出芽。海绵的一小部分向外生长，并最终形成新的海绵个体。这是一个没有形成配子的**无性生殖**的例子。在无性生殖中，后代与亲本的遗传信息是相同的，除非有突变的发生。大部分原生生物在多数时间里进行无性生殖。某些原生生物，如绿藻，表现出真正的有性生殖周期，即使它很短暂。比如单细胞原生生物草履虫，当它进行无性生殖时，首先复制自己的DNA、增大体积，然后分裂为两个细胞。两个单倍体细胞融合产生一个二倍体合子，这种有性生殖的基本行为只发生在有环境压力的情况下。当它进行有性生殖时，细胞不是一分为二，而是两个细胞发生紧密接触。在这个被称为接合的过程中，它们相互交换单倍体核内的遗传信息。

从未受精的卵发育为成体的无性生殖被称为**孤雌生殖**。孤雌生殖在昆虫中是一种很普遍的形式。例如，在蜜蜂中，受精卵发育成雌蜂，而未受精的卵细胞则发育成雄蜂。一些蜥蜴、鱼类和两栖动物也通过孤雌生殖的方式繁殖。一个未受精的卵细胞进行有丝分裂，但不发生胞质分裂，从而产生一个二倍体细胞，然后像由两个配子融合产生的合子那样生长发育。

许多植物和海洋鱼类可进行一种不需要其他个体参与的有性生殖。在这种**自体受精**（一种极端自交）中，一个个体既提供雄配子也提供雌配子。在第10章中提到过的孟德尔的豌豆通过自花授粉产生了F_2代。为什么这不属于无性生殖呢（毕竟只有一个亲本）？我们把它视作有性生殖而不是无性生殖，是因为它们的后代与亲本的遗传信息并不相同。在经减数分裂产生配子的过程中，会发生大量的基因重组——这也是为什么孟德尔的F_2代植株不会全部呈现一样的表现型的原因！

性别是如何进化的

学习目标17.2.2 为什么生物会产生性别之分以及性别是如何进化的

如果无性生殖在真核生物中这样普遍，那么为什么要出现性别。进化是基于个体生存和繁殖水平上发生变化的结果，而经有性生殖获得的后代并没有立即显现出明显的优势。事实上，在减数分裂中发生的染色体分离会更多地破坏有利的基因组合，而较少地产生适应性更强的新基因组合。但是如果亲本以无性生殖的方式繁殖，后代就会继承该亲本的有利基因组合。因此，有性生殖在真核生物中的普遍存在使人们提出了这样一个问题：促进有性生殖进化的性别优势在哪里？

为了解答这个问题，生物学家们仔细地研究了最早产生性别的原生生物。为什么许多原生生物在应对环境压力时会形成二倍体细胞？生物学家认为这是由于某些染色体损伤只有在二倍体细胞中才能被有效地修复，尤其是DNA的双链断裂。这种断裂可能是由干燥引发的。减数分裂早期的同源染色体配对可能是由一个修复DNA双链损伤的机制发展而来的。在该修复机制中，未损伤的染色体作为模板指导修复损伤的DNA。在酵母中，DNA双链断裂修复系统的失活突变也阻断了染色体互换。因此，有性生殖以及发生在减数分裂时期同源染色体间的配对最初可能是一种以未损伤的染色体为模板来修复受损染色体的机制。

为什么性别是重要的

真核生物最重要的进化革新之一就是性别的分化。有性生殖提供了一种基因重组的有效方法，从而快速地产生了个体间不同的基因组合。遗传的多

图例：单倍体　二倍体

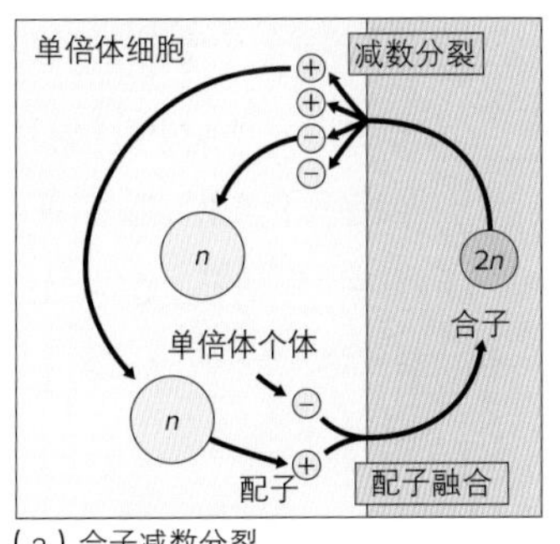

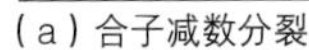
（a）合子减数分裂

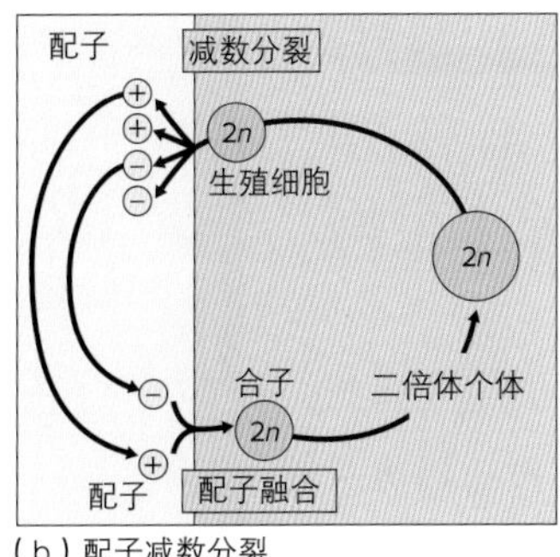

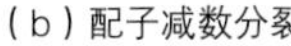
（b）配子减数分裂

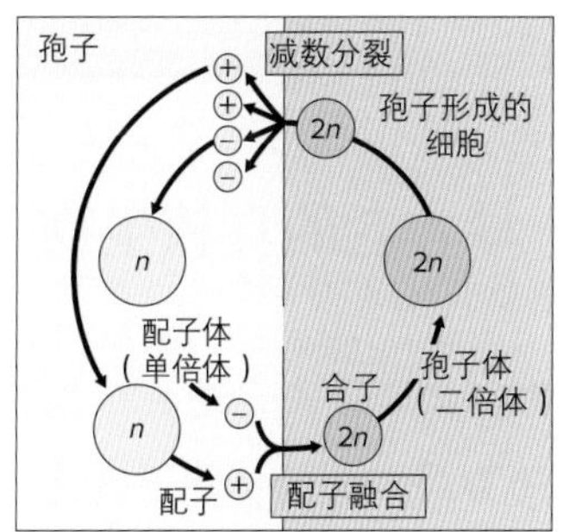

（c）孢子减数分裂

图17.3　真核生物的生命周期的三种类型

（a）合子减数分裂，在多数原生生物中存在的一种生命周期。（b）配子减数分裂，一种典型的动物生命周期。（c）孢子减数分裂，一种植物生命周期。

样性是进化的基础。在许多情况下，进化的速度似乎是取决于可供选择的遗传变异水平——遗传多样性越高，进化的速度就越快。例如，如果想选择体形较大的驯养牛、羊，起初的选择会进行得很快，但后来就会慢下来，因为所有已存在的基因组合都被选择过了，进一步的选择必须要等到新基因组合的出现。有性生殖产生的基因重组可以迅速地产生遗传多样性，因此它对进化有着巨大的影响。

有性生命周期

学习目标17.2.3　有性生命周期的三种主要类型

许多原生生物的一生都是单倍体，但也有少数的例外，动物和植物在某些生命阶段是二倍体。多数动物和植物的体细胞有两套染色体，一套来自雄性亲本，另一套来自雌性亲本。通过减数分裂产生单倍体配子，然后两个配子在有性生殖中融合，这个过程被称为**有性生命周期**。

真核生物有三种主要的有性生命周期类型（见图17.3）：

1. 这种最简单的类型在许多藻类中存在。在这种类型中，通过配子融合形成的合子是唯一的二倍体细胞。因为藻类中的合子经历了减数分裂，所以这种类型代表**合子减数分裂**，见图17.3（a）。单倍体细胞占据了生命周期的大部分时间，在图中以黄色方框表示；二倍体合子在形成后不久便进行减数分裂。
2. 在多数动物中，配子是唯一的单倍体细胞。由于动物经减数分裂产生配子，所以这种有性生命周期类型叫作**配子减数分裂**。在这种类型中，二倍体细胞占据了生命周期的大多数时间，在图17.3（b）中以蓝色方框表示。
3. 由于植物孢子母细胞进行减数分裂产生孢子，所以植物表现为**孢子减数分裂**的方式进行有性生殖。植物中存在着单倍体阶段［17.3（c）中的黄色方框区域］与二倍体阶段［17.3（c）中的蓝色方框区域］之间规律地**世代交替**。二倍体的孢子母细胞经减数分裂产生单倍体的孢子；而两个单倍体的配子融合又形成了二倍体的合子。

因此，性别的起源包括了减数分裂和两个亲本参与的受精。我们之前说过细菌没有真正的有性生殖，即使在某些群体中的两个细菌可以配对接合并交换部分遗传物质。在原生生物中，真正的有性生殖的进化无疑对它们适应更广泛的生活方式具有重要贡献。

关键学习成果　17.2

在真核生物中，性别作为一种修复染色体损伤的机制而产生，但是它的重要性在于它是产生多样性的一种方式。

17.3 最古老的真核生物——原生生物

原生生物是最古老的真核生物。这类生物是按照排除的方式划分的：除了真菌、植物和动物以外的所有其他真核生物。因此，原生生物在各个方面都有很大的差异，没有统一的特征。许多原生生物是单细胞的（比如图17.4中具有一个伸缩柄的钟形虫），但也有许多是集落和多细胞群体。大多数原生生物是微小的，但是有些却像树一样大。我们首先会讨论原生生物的一些主要特征。

图17.4　一个单细胞原生生物
原生生物界是一个包括许多不同单细胞生物群体的生物界。比如图中这个是钟虫属（纤毛门）的钟形虫，它是异养型生物，以细菌为食，有一个能收缩的柄。

原生生物的重要特征

学习目标17.3.1　原生生物的五大特征

细胞表面

原生生物具有多种类型的细胞表面。所有原生生物都有细胞膜。但是有些原生生物（如藻类和霉菌）膜外还围有坚实的细胞壁，还有些原生生物（如硅藻和放射虫）可分泌硅质的“玻璃壳”。

运动细胞器

原生生物的运动也是通过不同的机制来完成的。它们可以用鞭毛、纤毛、伪足或滑动的方式来实现运动。许多原生生物靠摆动一条或多条鞭毛来推动自己在水中移动，而另一些原生生物靠众多类似鞭毛，但比鞭毛短的结构（称为纤毛）产生水流来觅食和运动。伪足是变形虫实现运动的主要方式。变形虫的伪足是细胞体较大的钝形突起，被称为叶状伪足。一些原生生物延伸出细的、有分支的突起，被称为丝状伪足。还有一些原生生物延伸出细长而薄的伪足，被称为**轴伪足**。轴伪足内有微管组成的轴杆，起支持作用。轴伪足可伸出或收缩。因为伪足的尖端可以黏附到邻近的表面，所以细胞能够以滚动的方式移动，通过前面的伪足缩短而后面的伪足延伸来实现。

孢囊的形成

许多有纤弱表面的原生生物能够成功地生长在相当恶劣的环境中。它们是如何完好地生存下来的呢？它们靠形成孢囊在不利的条件下生存。**孢囊**是一种细胞的休眠形式。它被一层外壁保护，细胞代谢基本上处于停止状态。例如，变形虫在脊椎动物的寄主中形成孢囊，从而使它们可以抵抗胃酸（但它们对干燥或高温并不耐受）。

营养

原生生物可以通过除了化能自养以外的其他各种方式来获取营养。化能自养目前只在原核生物中被发现。一些原生生物是**光能自养型**。其他的则是通过从某些生物已合成的有机物中获取能量的异养型。在异养型原生生物中，有些靠摄取可见的食物颗粒为食，这种营养方式被称为**吞噬营养**，或**动物性营养**。还有些原生生物靠摄取溶液为食，这种被称为**腐生营养**，或**渗透性营养**。

吞噬营养的生物摄取的食物颗粒会进入细胞内的囊泡，被称为**食物泡**或**吞噬体**。溶酶体与食物泡融合，溶酶体所含的各种水解酶会消化食物泡中的食物。随着消化后的分子通过液泡膜被胞质吸收，食物泡会逐渐缩小。

生殖

原生生物一般进行无性生殖，多数有性生殖只发生在有环境压力的情况下。无性生殖的方式包括有丝分裂，但是这个过程往往与多细胞动物中发生的有丝分裂有些不同。比如，核膜常常在整个有丝分裂中持续存在，并可在核内形成纺锤体。在某些群体中，无性生殖包括孢子的形成，而在其他群体中是分裂。最常见的分裂方式是**二分裂**，即一个细胞均等地分裂为两个。当分裂后产生的子代细胞远小于它的亲代，但生长后可达到成体的大小，这样的分裂叫作**出芽**。在一些原生生物里常见的复分裂或**裂殖**中，分裂前细胞核先分裂多次，结果同时产生许多单核子代。

有性生殖也以多种形式发生在原生生物中。在纤毛虫中，**配子减数分裂**只发生在配子形成之前，这与多数动物中的情况类似。在孢子虫中，**合子减数分裂**直接发生在受精过程之后，形成的所有子代个体都是单倍体，直到下一次合子的出现。在藻类中，类似于植物中的情况，**孢子减数分裂**产生世代交替，单倍体和二倍体在生命周期中占据的时间差不多。

多细胞生物

学习目标17.3.2　多细胞个体、细胞聚合体和群体生物

一个单一的细胞有它的局限性。它只能在一定大小范围内才能避免表面积对体积比的严重影响。简单地说，当一个细胞变大后，对于一个大的体积来说，它的表面积就会相对太小。多细胞个体的进化就解决了这个问题。**多细胞生物**是指由很多细胞组成的生物，细胞间是永久联系在一起的，并整合它们的活动。多细胞生物的一个关键优点是专门化：不同类型的细胞、组织和器官产生分化，使它们在个体中发挥各自不同的功能。有了这样的功能“分工”，一个多细胞生物就可以拥有专门保护身体的细胞、专门运动的细胞、专门寻找配偶和捕食的细胞，还有专门进行一系列其他活动的细胞。多细胞生物可以在一定程度上发挥较复杂的功能，有些是它们的单细胞祖先无法完成的。这就好比一个拥有5万居民的小城市要比一个有5万人的足球场更复杂、更有能力——因为每个城市居民都专门从事特定的活动，并且每项活动又都是相互关联的，而不是像一群人中彼此相像的个体。

集落　**群体生物**是一组细胞的集合，它们是永久联系在一起的，但很少有或没有整合的细胞活动发生。许多原生生物会形成这种群体，含有许多几乎没有分化或整合的细胞。在有些原生生物中，群体和多细胞生物的界限是模糊的。例如绿藻中的团藻，能运动的、单细胞绿藻个体聚集在一起形成一个中空的细胞群体，通过个体细胞上的鞭毛摆动而运动——就像赛艇运动员一致地划桨一样。在靠近移动群体的后部有少数细胞是生殖细胞，但是多数细胞还是相对未分化的。在团藻的某些种类中，细胞间有胞质连接，用于帮助协调群体活动。团藻集落有高度复杂的形式，具有很多多细胞生命的属性。

聚合体　聚合体是较短暂的细胞集合。它们在一段时期内聚集，然后再分开。例如，细胞性黏菌是单细胞生物，在其一生的大部分时间中都在四处移动并以单细胞变形虫为食。变形虫在潮湿的土壤和腐烂的原木上很常见。在这些地方，它们运动并摄取细菌和其他微生物。当单细胞个体周围的食物耗尽的时候，所有附近的单细胞变形虫会聚集在一起形成一个大的、可移动的细胞群——鼻涕虫。通过运动到不同的地方，这个聚合体便有了更多获取食物的机会。

多细胞个体　真正的多细胞生物中，细胞间的活动是相互协调和联系的。多细胞生物只存在于真核生物中，并且是真核生物的主要特征之一。有三类原生生物是简单的，但真正意义上的多细胞生物——褐藻（褐藻门）、绿藻（绿藻门）和红藻（红藻门）。在**多细胞生物**中，个体由许多相互作用和协调活动的细胞构成。

简单的多细胞生物并不意味着体积小。一些海洋藻类长得很大。一个大型褐藻个体可以长至几十米长——有些比红木还要高!

关键学习成果 17.3

原生生物展现出多种生命形式，以及多种运动、营养和生殖的方式。它们的细胞以不同程度的分化集结成的细胞群，从短暂的聚合体，到更持久的集落，再到永久的多细胞生物。

17.4 原生生物的分类

原生生物的多样性

学习目标17.4.1 通过DNA比对确定的原生生物门五个超群

在真核生物域中，原生生物是四个生物界中多样性最丰富的。原生生物界有20万种不同的生命形式，其中包括许多单细胞生物群、群体生物群和多细胞生物群。早期原生生物的进化是生命进化史中最重要的阶段之一。

关于原生生物界的分类，或许我们可以概述为这是一个人为分类的群体。为方便起见，单细胞真核生物通常被一起归类到原生生物界。这使得许多差异很大的，或者远亲的生物被归到了一类。分类学家会说，原生动物界不是单系的，因为它包含许多不具有共同祖先的群体。

以前，生物学家把原生生物人为地划分为功能相关的类别，就像19世纪时所做的那样。原生生物通常被分为光合作用生物（藻类）、异养生物（原生动物）和类真菌原生生物。

近年来，随着广泛的分子生物学技术的到来，生物学家们可以直接比对生物间的基因组，从而了解原生生物之间的亲缘关系——形成一个粗略的进化树轮廓。随着越来越多的分子数据的积累，这幅图一定会变得越来越清晰。

如果把源自共同祖先的个体归为一个组群，那么主要的原生生物门会被分为十一个群体。这被称为“单系群”，如图17.5所示。虽然我们并不十分清楚这十一个群体之间的关系，但是根据目前我们对其分子相似性的认识，正逐渐对这一分类达成共识。作为一个初步的假说，它们最好被视为五个超群的成员（图17.6）。

1. **古虫界** 英文名称Excavata，是以某些细胞体

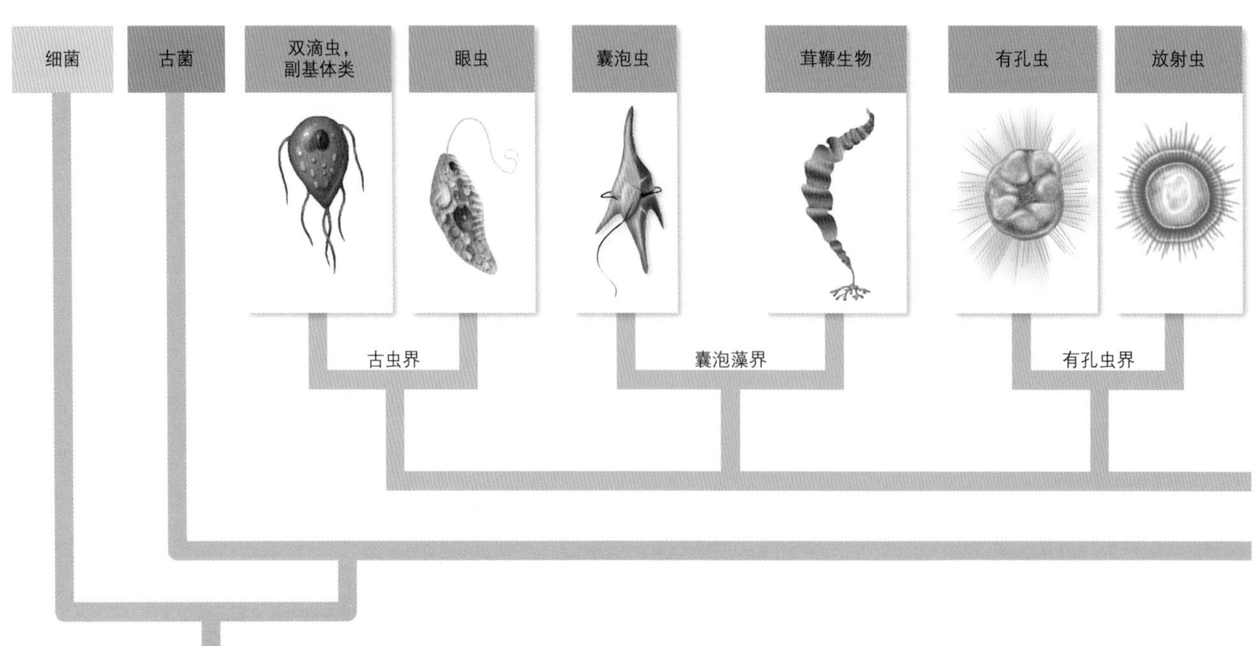

图17.5 十一个主要的原生生物进化枝

一侧的沟而命名的。这个超群含有三个主要的单系群。其中双滴虫类和副基体类缺少线粒体，眼虫门有结构独特的鞭毛。

2. **囊泡藻界** 这个庞大的光合型的超群包括硅藻、甲藻和纤毛虫。这个超群可能起源于一个二次共生事件。
3. **有孔虫界** 与囊泡藻界关系较近的是有孔虫和放射虫。尽管它们有许多差异，但是DNA相似性使这两个单系群划分在了一起。
4. **原始色素体生物** 这组超群中的红藻和绿藻都含有相关的光合色素体。植物起源于绿藻。
5. **单鞭毛生物** 这个拟议的超群包括真菌和动物的祖先以及黏菌。目前有限的数据表明单鞭毛生物是这五个超群中最古老的。

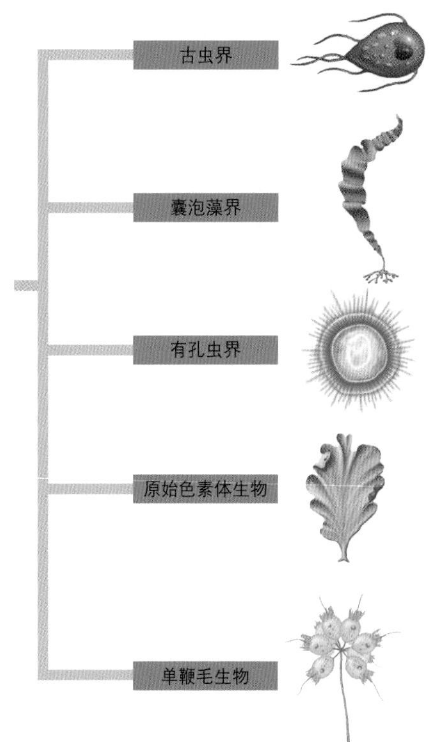

图17.6 原生生物可被归为五个超群

尽管越来越多的数据会使我们对这些生物系谱的了解逐渐提升，但是凭借现在这个实验性的系统发生学，我们仍可以去研究具有许多共同特征的群体间的关系。然而，我们还不能确认所有的原生生物系谱在这个进化树中的位置，但这个粗略的进化树轮廓已经变得越来越清晰了，如图17.5所示。我们对原生生物进化的初步了解也证明了由于DNA技术的出现，我们可以详细地比对群体间的基因组，分类学和系统发生学正在发生着革命性的变化。

关键学习成果 17.4

多样化的原生生物界包括植物、真菌和动物的祖先。目前的分子研究表明原生生物被分为十一个单系群、五个超群。

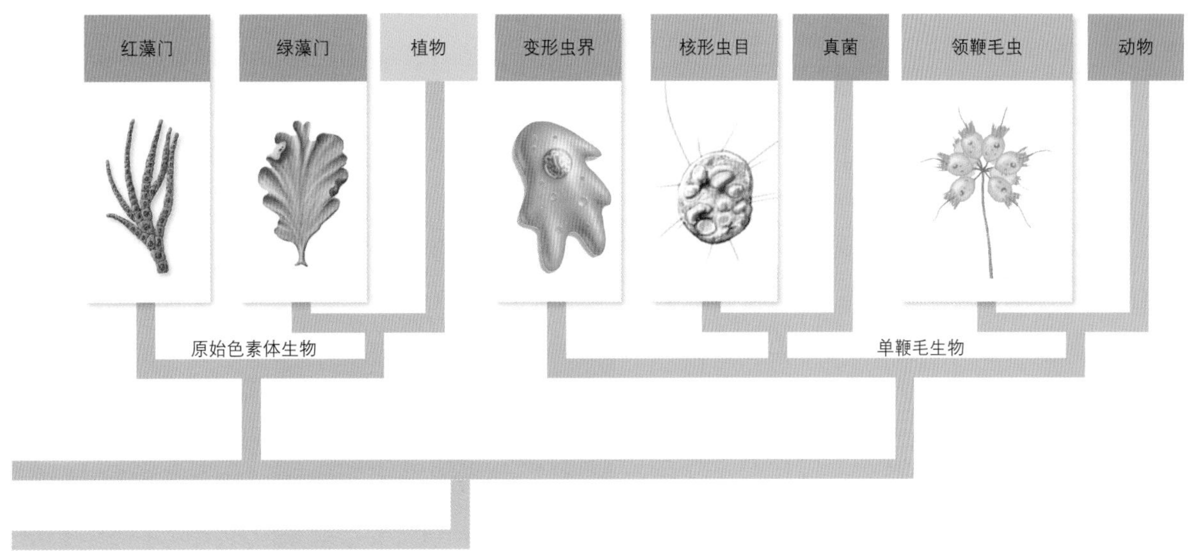

17.5 古虫界生物有鞭毛，有的缺少线粒体

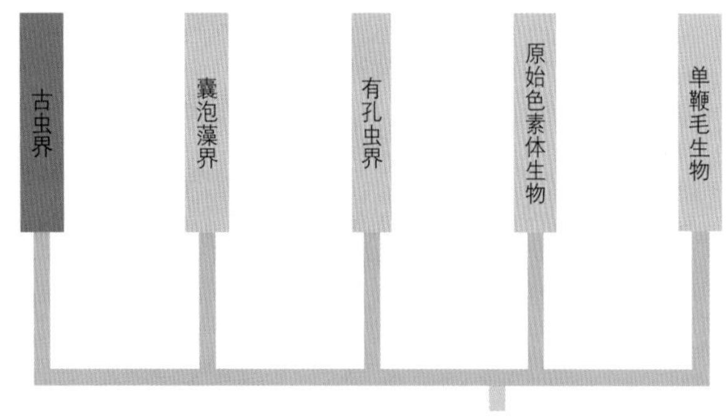

古虫界超群由三个单系群组成：双滴虫类、副基体类和眼虫门。古虫的英文名称“Excavata”指某些群体中细胞体腹部的沟。

双滴虫有两个细胞核

学习目标 17.5.1 双滴虫和副基体的共同特征

双滴虫（Diplomonads）是单细胞生物，靠鞭毛运动，没有线粒体，但有两个细胞核。肠贾第虫（*Giardia intestinalis*）是双滴虫类的一个代表（图17.7）。贾第虫是一种寄生虫，可以通过被污染的水在人类间传播，并引起腹泻。细胞核中有线粒体基因。由此推测，贾第虫是从需氧菌进化而来的。在电子显微镜下观察被线粒体特异的抗体染色过的贾第虫细胞，我们发现它的线粒体已退化。因此，贾第虫不可能是一种早期的原生生物。

副基体有波动膜

学习目标 17.5.2 副基体和白蚁的共生关系

副基体包括一系列有趣的物种。一些副基体寄生在白蚁的肠道中消化纤维素。纤维素是白蚁的木质食物的主要成分。它们的共生关系比较复杂，因为这些副基体还与协助消化纤维素的细菌有共生关系。这三种来自不同界的共生生物的持续活动可以导致一个木屋的坍塌或消化掉树林里几吨的倒木。另一种副基体是阴道毛滴虫（*Trichomonas vaginalis*），可引起人类的性传播疾病。

副基体有波动膜，可协助运动。像双滴虫一样，副基体也靠鞭毛运动，也没有线粒体。线粒体在这两组生物中的缺失目前被认为是衍生特征，并非一个祖先特征。

眼虫是自由生活的真核生物，常有叶绿体

学习目标 17.5.3 眼虫和动质体区分

眼虫门很早就出现了进化分歧，它们是最早具有线粒体、可自由生活的真核生物之一。很多眼虫通过内共生获得了叶绿体。没有任何一个藻类与眼虫有较近的亲缘关系，说明内共生是普遍存在的。在约40个眼虫属当中，大概三分之一的属有叶绿体并且是完全自养的，其他的则是异养的，靠摄取食物获得能量。

眼虫属：最被熟知的眼虫

眼虫门中最被人熟知的一个群体就是**眼虫**（也叫**裸藻**）。眼虫个体长10～500微米，并且在形态上差异很大。交错的蛋白质条带以一种螺旋模式排列形成一个富于弹性的结构，叫作**表膜**，位于眼虫的质膜内。由于表膜富有弹性，所以眼虫能够改变形状。

一些具有叶绿体的眼虫可能会在黑暗处变成异养的，叶绿体会变小并丧失功能。如果把它们重新放回有光的环境，它们可能会在几个小时内变绿。光合的眼虫有时会以溶解的或颗粒状食物为食。

眼虫门通过有丝分裂繁殖。在有丝分裂的过程中，核膜始终保持完整的状态。没有有性生殖发生。

眼虫属（图17.8）因眼虫门而得名。眼虫的两根鞭毛附着在一个长瓶颈形状的开口（称为储蓄泡）的基部。储蓄泡位于细胞的前端。其中一条鞭毛很

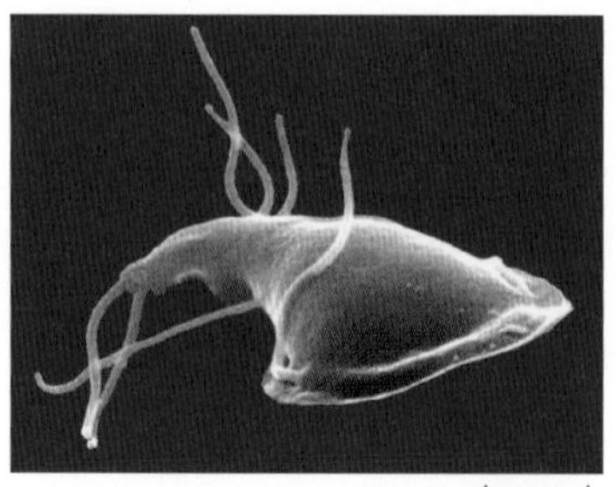

图17.7 肠贾第虫
这种寄生的双滴虫没有线粒体。

长，并且在鞭毛的一侧上有一排非常细短的、像发丝一样的突起。另一条较短的鞭毛位于储蓄泡内，并不显现出来。伸缩泡可收集来自体内各部分的多余水分，并将水分排入储蓄泡中，这显然有助于调节生物体内的渗透压。眼点也存在于绿藻（绿藻门）中，帮助这些光合生物趋向于光运动。

眼虫属的细胞中含有大量的小叶绿体。这些叶绿体像绿藻和植物中的一样含有叶绿素a和叶绿素b，以及类胡萝卜素。虽然眼虫的叶绿体在结构上与绿藻稍有不同，但是它们可能有共同的起源。眼虫属的光合色素是光敏感的。眼虫的叶绿体可能最终是通过摄入绿藻从一种共生关系进化来的。最近的进化证据表明眼虫属中的眼虫有多个起源，并且对于单一的眼虫属的概念目前还存在争议。

锥虫：引起疾病的动质体

眼虫门的第二大类群是动质体。动质体（kinetoplastid）这个名字是指每个细胞中唯一的单个线粒体。这些线粒体有两类DNA：小环DNA和大环DNA。（请记住：原核生物有环状DNA，而线粒体来自原核生物。）这个线粒体DNA负责非常快速的糖酵解和一种罕见的、由小环DNA编码的向导RNA（gRNA）所介导的RNA编辑。

寄生状态在动质体内发生过多次进化。锥虫是一类可以造成许多严重人类疾病的动质体。最常见的锥虫病是非洲昏睡病，可导致极度嗜睡和疲劳。

由于这些生物的独特属性，使人们对该病的控制变得尤为困难。例如，通过舌蝇传播的锥虫病已经发展出一个复杂的遗传机制，能够不断地改变锥虫表面保护性糖蛋白抗原的属性，从而避开宿主产生的对抗它们的抗体。它们是如何产生这种机制的？对于任何一个锥虫来说，在大约1,000个可变表面糖蛋白（VSG）的基因中每次只有一个基因表达。这个随机选择的基因被转移到端粒附近约20个“表达位点”中的一个，在那里基因会被转录。由于这个表达位点也是随机选择的，所以只有万分之一的个体是一样的。你可以想象到，生产对抗这种机制的疫苗该是多么复杂，但研究正在进行中。

最近对三种引起疾病的动质体的基因组测序表明它们有一个共同基因的核心。通过发展靶定一个或多个这些寄生虫共有的核心蛋白的药物，也许会缓解这些生物对人体造成的骇人的伤害。研究人员正积极地探索这个方法。

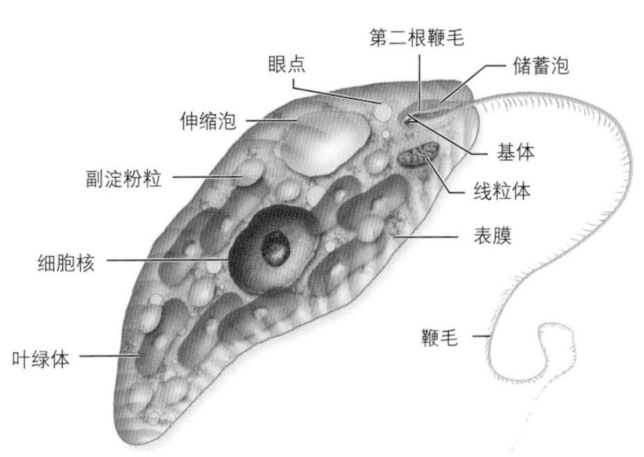

图17.8　眼虫

眼虫的示意图。副淀粉粒是贮存的主要食物。

关键学习成果　17.5

双滴虫是单细胞生物，有两个细胞核，靠鞭毛运动。副基体利用鞭毛和波动膜运动。眼虫门包括自养的和异养的。锥虫是引起疾病的动质体。

17.6　囊泡藻界起源于二次共生

囊泡藻界是一个庞大的超群，因为大量DNA序列数据表明在囊泡藻界中的许多生物门形成了一个单系群，但是这样的归类划分仍然还只是一个初步的假说。

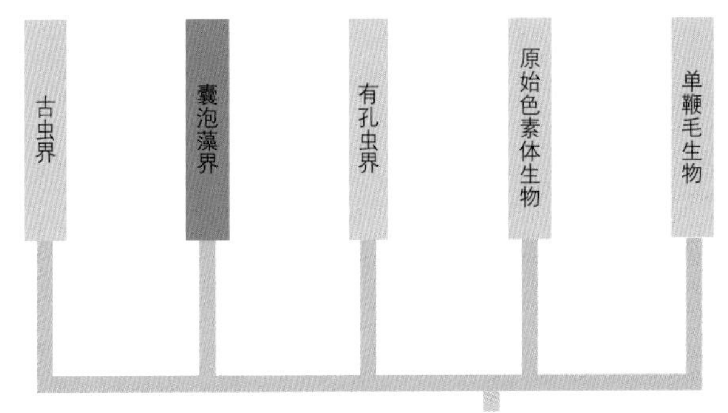

囊泡藻界生物的大部分是光合型的，被认为起源于10亿多年前，当时该群体的一个祖先吞噬了一个单细胞光合型的红藻。由于红藻起源于初级内共生，所以这次共生事件被称为**二次内共生**。由此产生了具有四层膜而不是两层膜的叶绿体。

囊泡虫有膜囊泡

学习目标17.6.1　纤毛虫和甲藻的运动比较，并描述顶复门原虫的寄生适应性

最被了解的囊泡藻界生物是囊泡虫。囊泡虫类包含三个主要的亚群：双鞭毛虫门（甲藻）、顶复门和纤毛虫门。它们都有一个共同的系谱，但却有不同的运动方式。这三个亚群的一个共同特征是都有扁平的小泡，称为**囊泡**（因此命名为囊泡虫）。它在质膜下面折叠成连续层。囊泡的确切功能尚不清楚。它们可能在膜运输中起到作用，类似于高尔基体，或者调节细胞的离子浓度。

甲藻是具有独特特征的光合作用生物

大多数**甲藻**是光合型的单细胞生物，具有两条鞭毛。它生活在海洋和淡水环境中。某些甲藻是发光的，所以在海上的夜晚会产生闪烁的效果，尤其是在热带地区。

甲藻的鞭毛、保护衣被和生化成分都很独特，并且它似乎不与其他任何门的生物有直接的关系。甲藻细胞被包裹在由纤维素类物质构成的板片中，通常还嵌有二氧化硅（图17.9）。鞭毛一般位于这些板片连接处的沟中。一条鞭毛像带子一样环绕着细胞，另一条与细胞垂直。沟内鞭毛的抽打可使甲藻旋转运动。

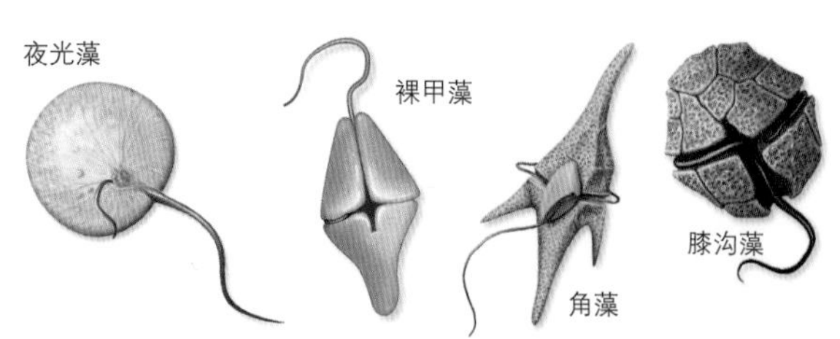

图17.9　某些甲藻

夜光藻缺乏大多数甲藻所特有的厚重纤维素外壳，是一种发光生物，能使波浪在温暖的海洋中闪闪发光。在其他三个属中，一条较短的鞭毛环绕着横沟，另一条长的鞭毛伸离体外（未按比例绘图）。

多数甲藻有叶绿素a和叶绿素c以及类胡萝卜素，因此，它们叶绿体的生化成分与硅藻和褐藻的相似。这个系谱的生物可能通过与这些相似群体中的某类生物形成内共生关系而获得这样的叶绿体。

经常发生在沿海地区中有毒且具破坏性的“赤潮”常与甲藻的群体剧增或爆发有关，其色素改变了水体的颜色。赤潮对世界范围内的渔业产生了严重影响。大约20种甲藻能产生强大的毒素抑制许多脊椎动物的横隔膜运动并引起呼吸衰竭。当有毒的甲藻泛滥的时候，许多鱼类、鸟类和海洋哺乳动物可能会死亡。

甲藻在饥饿条件下会发生有性生殖，但主要通过无性细胞分裂的方式繁殖。无性细胞分裂依赖于一种独特的有丝分裂形式。在整个有丝分裂过程中，染色体始终呈浓缩的螺旋状态，核膜不消失。在大量的染色体复制后，细胞核分裂为两个子核。

包括疟原虫的顶复门原虫

称为**顶复门**的原生生物是孢子形成的动物寄生虫。它们之所以被称为顶复门是由于其位于细胞一端的排列独特的纤丝、微管、液泡和其他细胞器，叫作顶复体。顶复体是一个细胞支架和分泌的复合体，使顶复门原虫能够侵入宿主。最常见的顶复门原虫是疟疾的寄生虫——疟原虫（图17.10）。

纤毛虫独特的运动方式

顾名思义，大多数纤毛虫具有大量的纤毛（跳动的微小毛发）。这些异养的、单细胞原生生物有10～3,000微米长。它们的纤毛通常在细胞周围纵向排列或螺旋排列。纤毛被锚定到质膜下的微管上（见第4章），它们以一种协调的方式摆动。在某些群体中，纤毛有特化的功能，它们融合成片状、钉状和杆状，然后发挥类似口、桨、牙或足的功能。纤毛虫有一个坚实但柔韧的表膜，使它们能够穿过或绕过障碍物。

所有已知的纤毛虫在其细胞内有两种不同类型的细胞核：一个小核和一个大核（图17.11）。大核进行有丝分裂，对于我们熟悉的纤毛纲的草履虫有至关重要的生理功能。梨形四膜虫中某些个体是常见的实验物种。在20世纪30年代，梨形四膜虫的小核成功地在实验室中被移除，它们的后代通过无性繁殖延续至今！然而，草履虫并不是永生的。细胞无性分裂大约700代后，如果没有有性生殖发生，它们就会死亡。可见，纤毛虫的小核只参与有性生殖。

纤毛虫的液泡用于摄取食物和调节渗透压。食物先进入口沟，草履虫的口沟内有融合在膜上的纤毛。食物从口沟进入食物泡中，在那里的消化酶和盐酸会消化食物。随后，食物泡通过表膜上一个叫作胞肛的特殊孔洞，将废物排出。胞肛实质上是一个胞吐泡。它会在固体颗粒准备被排出时，周期性地出现。

随着纤毛虫的内容物排到生物体外的过程，调节渗透压的收缩泡会周期性地扩张和收缩。

像大多数纤毛虫一样，草履虫进行一种有性生殖过程——接合。在这个过程中，两个个体细胞保持接触长达几个小时，并交换遗传物质。

草履虫有多种交配型。只有两个遗传交配型不同的细胞才能接合。小核经减数分裂产生几个单倍体小核，两个交配个体通过细胞间的胞质桥交换一对小核。

在每个接合的个体中，新进入的小核和原本已存在于该个体中的一个小核融合，产生一个新的二倍体小核。接合后，每个细胞中的大核解体，而新的二倍体小核经过有丝分裂，从而在每个个体中产生两个新的、相同的二倍体小核。

其中一个小核成为今后该细胞中的小核的前体，而另一个小核经过多次DNA复制，变成新的大核。这种遗传物质的完全分离是纤毛虫独有的特征，这使它们成为遗传学某些研究方面的理想生物。

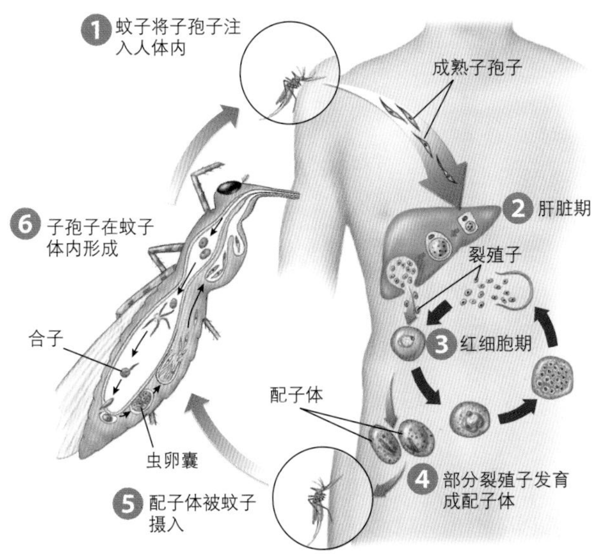

图17.10　疟原虫的生命周期

疟原虫是导致疟疾的顶复门生物。疟原虫有一个复杂的生命周期，在蚊子和哺乳动物间交替寄生。当蚊子将口器插入人体后，它会将约1,000个子孢子输入血液中❶。这些子孢子经循环系统到达肝脏中并在那里快速增殖❷。子孢子在肝脏内转化并扩散到血液中，并在那里进行几个阶段的发育❸，一部分发育成配子体❹。配子体再被蚊子摄入❺，在蚊子体内经过受精形成子孢子❻，并开始了新的循环。

茸鞭生物有纤细的茸毛

学习目标17.6.2　茸鞭生物的三个主要群体间的身体形态

茸鞭生物界（见表17.1）包括褐藻、硅藻和卵菌（水霉）。茸鞭生物是指在这类生物的鞭毛上发现的独特的细茸毛（图17.12），尽管有些物种在它们的进化过程中失去了茸毛。

包括大型海藻的褐藻

在美国的北方许多地区最显而易见的海藻就是**褐藻**（图17.13）。褐藻的生命周期是在一个叫作**配子体**的多细胞的单倍体结构和一个叫作**孢子体**的多细胞的二倍体结构之间世代交替。一些孢子体细胞经过减数分裂产生孢子。这些孢子萌发，经有丝分裂产生巨大的、我们可以看见的个体，比如海带。配子体通常是较小的、细丝状个体，大约有几厘米宽。

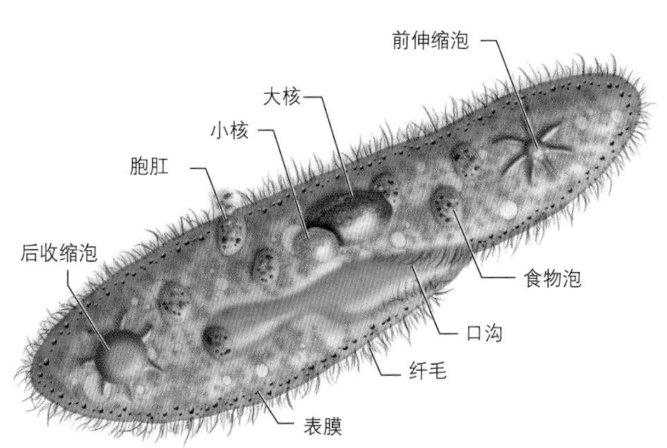

图17.11　草履虫

这类纤毛虫的主要特征包括纤毛、两个核和许多专门的细胞器。

表17.1 原生生物的种类			
超群	**门或类群**	**典型例子**	**关键特征**
古虫界			
	双滴虫类	肠贾第虫	靠鞭毛移动；有两个核；没有线粒体
	副基体类	阴道毛滴虫	波动膜；有些是病原体，另一些在白蚁的肠道内消化纤维素
	眼虫门	眼虫属	单细胞；有些是光合型，有叶绿素a和叶绿素b；另一些是异养型，没有叶绿素
		动基体；锥虫属	异养型；线粒体有两个环形DNA
囊泡藻界			
	囊泡虫类		
	双鞭毛虫门	甲藻（赤潮）	单细胞，有两条鞭毛；含有叶绿素a和叶绿素c
	顶复门	疟原虫（疟疾）	单细胞，不能运动；孢子的顶端含有一个由多种细胞器组成的复合体
	纤毛虫门	草履虫	异养型；单细胞；固定形状的细胞具有两个核和很多纤毛
	茸鞭生物界		
	褐藻类	褐藻（海带）	多细胞；含有叶绿素a和叶绿素c
	金藻门	硅藻	单细胞；硅质的双壳；产生金藻昆布多糖；含有叶绿素a和叶绿素c
	卵菌纲	水霉	陆地和淡水寄生虫；有两条不等鞭毛的游动孢子
有孔虫界			
	辐足亚纲	放射虫	类似玻璃的骨架；针状伪足
	有孔虫门	有孔虫	坚硬的壳叫作介壳，常有多室；硬壳的化石形成地质沉积物
	丝足虫类	鳞壳虫	类似变形虫，有鞭毛；既有光合自养型也有异养型；一个多样化的群体，该类生物有很强的DNA相似性
原始色素体生物			
	红藻门	红藻	没有鞭毛和中心体；有性生殖；单细胞和多细胞形态；有藻红蛋白色素和其他辅助色素
	绿藻门	衣藻、团藻、石莼	单细胞、细胞群体和多细胞形态；含有叶绿素a和叶绿素b
	链型植物	轮藻	有胞间连丝和具鞭毛的精子；含有叶绿素a和叶绿素b；植物的祖先
单鞭毛生物			
	变形虫门	原生质体黏菌和细胞黏菌	像变形虫的个体；原生质体黏菌形成大的多核原生质团的营养体；细胞黏菌可形成聚合体
	核形虫目	核形虫	单细胞、异养型，类似变形虫；可能是真菌的祖先
	领鞭虫目	领鞭毛虫	单细胞，有一个漏斗状的领围绕着单根鞭毛；动物的祖先

即使在水环境中，在大型的褐藻物种中运输营养也是很困难的。叠加在一起的独特的运输细胞提高了某些物种内的运输能力。然而，即使大型海带看起来像植物，但是值得注意的是它们不含有复杂的组织，比如在植物中存在的木质部。

硅藻是具有双壳的单细胞生物

属于金藻门的**硅藻**是光合型单细胞生物，具有独特的、乳白色硅质的双壳，壳面上的花纹通常很独特。

硅藻的壳就像有盖子的小盒子，一个半壳套在另一个半壳内。它们的叶绿体含有叶绿素a和叶绿素c，以及类胡萝卜素，与褐藻和甲藻相似。硅藻产生一种独特的糖类称为金藻昆布多糖。某些硅藻的运动依靠两个长沟——壳缝，里面具有振动的纤丝。这种独特的细胞运动的确切机制还不明了，可能是来自壳缝的蛋白多糖流的喷射推动了甲藻的运动。铅笔状的硅藻可以在彼此之间来回滑动，形成不断变化的形状。

卵菌（俗称“水霉”）中有一些致病菌

所有的卵菌或**水霉**菌要么是寄生虫，要么是腐生菌（以已死的有机物质为食的生物）。这些生物曾被认为是真菌，这就是水霉这个名称的起源，也是为什么卵菌（oomycetes）的英文名称中含有霉菌（-mycetes）的词根。

它们游动孢子的结构不同于其他原生生物的。这些孢子具有两条不等的鞭毛，一条向前，另一条向后。游动孢子通过无性生殖的孢子囊产生。有性生殖包括雄性和雌性生殖器官的形成。大多数卵菌是在水中发现的，但是它们的陆地亲缘生物是植物病原体。

引起马铃薯晚疫病的致病疫霉（*Phytophthora infestans*）造成了1845年和1847年的爱尔兰马铃薯饥荒。在饥荒期间，约有40万人饿死或死于饥饿的并发症，并且约有200万爱尔兰人移民到美国和其他地方。

另一种卵菌，水霉，是一种鱼类的病原体，可造成养鱼场的严重损失。当这些鱼被放入湖中后，病原体可以感染两栖动物，并在特定的地点一次性杀死几百万两栖动物的卵。这种病原体被认为是导致目前世界范围内两栖动物数量下降的原因之一。

图17.12　褐藻

巨型海带，巨藻（*Macrocystis pyrifera*），生活在全世界沿海岸相对较浅的水域，并为许多不同种类的生物提供食物和居所。

图17.13　褐藻

茸鞭生物的鞭毛上有细绒毛（18,500×）。

关键学习成果　17.6

囊泡虫类含有扁平的囊泡。双鞭毛虫门是光合型生物，具有两条鞭毛；而纤毛虫门是异养型生物，具有纤毛。茸鞭生物界包括多细胞的褐藻和细胞壁中含有硅质的单细胞硅藻以及产生游动孢子、具有两条不等鞭毛的卵菌。

17.7 有孔虫界有坚硬外壳

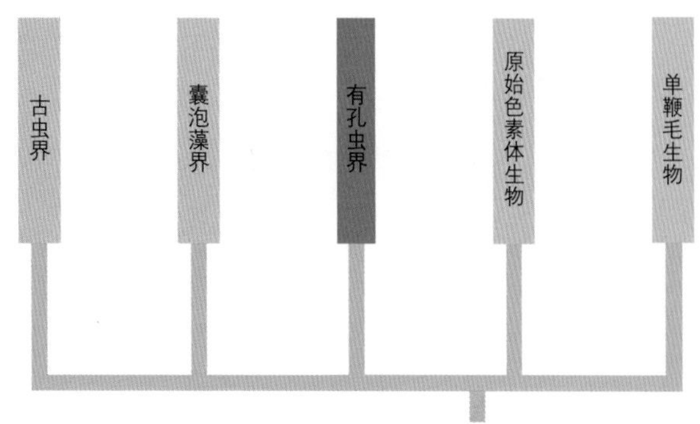

与囊泡藻界关系紧密的是有孔虫界超群的成员。有孔虫界包括两个单系群：放射虫和有孔虫。还有被提出的第三个群体，丝足虫。这三个群体在形态上有很大的不同，直到最近才被划分到一起，成为原生生物进化树中的一个特定分枝。和许多原生生物系统迅速发生的变化一样，随着今后DNA分析带来的更加细化的亲缘关系，这个分类一定会被逐步完善。

辐足亚纲的硅质骨骼

学习目标17.7.1　放射虫的伪足

许多有孔虫有无定形的形状，有突出的不断变化形状的伪足。这些各种各样的伪足状体（粗略地概括为变形虫状）也存在于其他原生生物群体中。然而，有一类有孔虫有更特别的结构。辐足亚纲的成员**放射虫**，分泌由硅质组成的类似玻璃的骨骼。这些骨骼为这种单细胞生物提供了独特的形状，呈现出双侧对称或辐射对称的样式。不同物种的外壳形成许多精美的形状，还伴有沿着骨骼的突起而向外伸出的伪足。微管对这些细胞质突起有支持作用。

有孔虫化石形成了巨大的石灰岩

学习目标17.7.2　有孔虫的外部特征是如何影响地球地质的

属于有孔虫门的**有孔虫**是异养型海洋原生生物。它们的直径范围从二十微米到几厘米。它们像小蜗牛，可以形成三米深的海洋沉积层。这个群体的特征是具有带细孔的外壳（称为**介壳**）。介壳由有机物质组成，常因为含有碳酸钙、沙粒，甚至来自海绵骨骼的骨针（由碳酸钙组成）或者来自棘皮动物壳的骨板而使其变得坚固。

由于构成有孔虫外壳的物质不同，它们可能呈现出非常不同的外观。有些呈现鲜亮的红色，有些呈现橙红色或黄褐色。

大多数有孔虫门生活在沙子中或附着在其他生物上，但有两个科含有自由漂浮的浮游生物。它们的介壳可能是单室的或是多室的，但多室的介壳更常见。它们有时是类似小蜗牛的螺旋形状。细长的细胞质通过介壳上的小孔伸出，称为**伪足**。伪足用于游动，收集形成介壳的物质以及摄取食物。有孔虫以多种小生物为食。

有孔虫的生命周期非常复杂，包括单倍体和二倍体之间的世代交替。大量的有孔虫壳体提供了超过2亿年的化石记录。由于介壳能被完好地保存下来，并且壳体间有明显的差异，有孔虫成为非常重要的地质标志。不同的有孔虫类型经常被用来指导寻找含油地层。世界各地的石灰岩，比如英国南部著名的多佛白崖，几乎全部由原生生物的外壳化石组成，通常都富含有孔虫。

丝足虫有多种摄食方式

由基因组的相似性确定，**丝足虫**是一大类变形虫状的、有鞭毛的原生生物。它们有非常广泛的摄食方式，从以细菌、真菌和其他原生生物为食的异养型，到光能自养型，还有一些种类既能摄取细菌又能进行光合作用。

关键学习成果　17.7

有孔虫界包含两个完全不同的类群：有玻璃状骨骼的放射虫和有岩石外壳的有孔虫。根据分子的相似性，第三个类群已被提出。

17.8 原始色素体生物包括红藻和绿藻

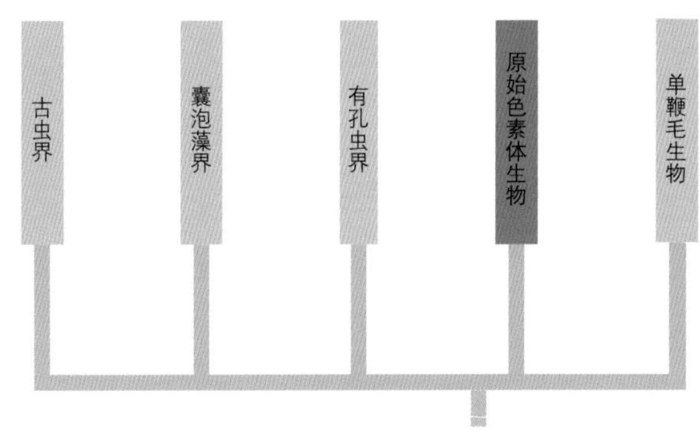

红藻和绿藻构成了第四个原生生物的超群——原始色素体生物。它被认为来源于10亿多年前的一次内共生事件。这个超群尤为重要，因为已有有力的证据表明如今覆盖地球陆地表面的植物是从这群生物中的绿藻进化而来的。

红藻是可进行光合作用的多细胞海藻

学习目标17.8.1　对比红藻和绿藻

世界范围内，大约已有6,000种被记录的**红藻**。虽然红藻的起源一直存在争议，但是基因组比对表明它起源于非常早期的真核生物，与绿藻有共同的祖先。红藻和绿藻的叶绿体分子比对也支持二者来源于同一次内共生事件。

红藻经常以世代交替的形式进行有性生殖。红藻是唯一一种没有鞭毛和中心体的藻类，依靠海浪在个体间运载配子。

红藻（Rhodophyta，“rhodos”在希腊语中表示红色）的红色是由于它有一种叫作藻红蛋白的辅助光合色素。藻红蛋白掩盖了叶绿素的绿色。藻红蛋白以及辅助色素藻蓝蛋白和别藻蓝蛋白排列在被称为**藻胆体**的结构内。这使藻类能够吸收穿入海洋深处的蓝光和绿光，因此红藻能够生活在海下极深的地方。

红藻的大小范围从微小的单细胞生物到多细胞的“海藻”，比如裂膜藻（*Schizymenia borealis*）有长达2米的叶片。多数红藻是多细胞生物。在热带沿海水域中，红藻是最常见的藻类。它们有许多商业用途。例如，做寿司用的紫菜，是紫菜属的一种多细胞红藻。红藻多糖也在商业中用于冰激凌增稠和化妆品。

绿藻门含有极其多样的绿藻

学习目标17.8.2　比较团藻和衣藻细胞

绿藻有两个不同的系谱，包括下面要讨论的**绿藻门**和另一个系谱，叫作**链型植物**。链型植物中包含了产生陆地植物的轮藻类。我们对绿藻门有特别的兴趣是因为它们罕见的多样性和特化的支系。绿藻有大量的化石记录，可追溯到9亿年前。它们与陆地植物很像，尤其是叶绿体。绿藻的叶绿体在生化成分上与植物的很相似，含有叶绿素a和叶绿素b，还有一系列类胡萝卜素。

单细胞绿藻

早期的**绿藻**可能与莱茵衣藻（*Chlamydomonas reinhardtii*）类似。个体微小，通常小于25微米，呈绿色的圆形，在前端有两条鞭毛。它们生活在土壤中，在水中可通过向相反的方向摆动鞭毛而快速地运动。衣藻的大部分个体是单倍体。

几个进化专化的支系起源于如衣藻这样的生物，包括不能运动的单细胞绿藻的进化。如果衣藻生活的池塘干涸了，它能够缩回鞭毛并沉降，像静止的单细胞生物一样生活。一些在土壤中和树皮中发现的常见藻类（比如小球藻）也有像衣藻这样的特点，但是它们并不能形成鞭毛。

基因组测序为这些类群的进化提供了新的视角。将通过衣藻基因组预测的6,968个蛋白家族与一个红藻基因组和两个植物基因组（苔藓和拟南芥）进行比对后发现，只有172个蛋白是植物特有的。在许多原生生物分支和植物进化树间比较这些保守蛋白将会为植物进化提供重要的线索。

细胞群体和多细胞绿藻

真核生物的多细胞性出现了许多次。群居的绿藻是一个细胞特化的例子，而细胞特化又是多细胞生物的一种特征。一个由细胞（比如衣藻）特化的支系关系到可运动的群体生物的形成。在这些绿藻

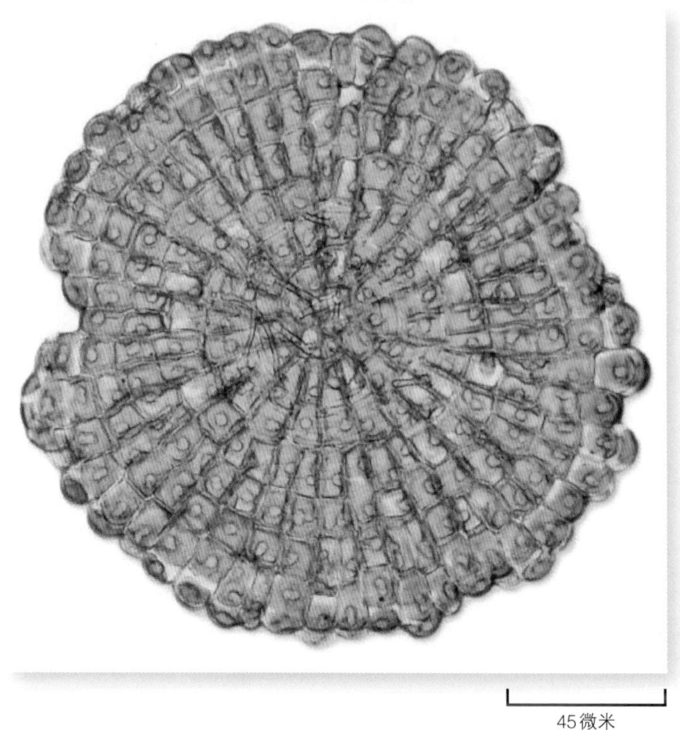

图17.14　鞘毛藻代表了与陆地植物亲缘关系最近的两个藻类之一

属中，类似衣藻的细胞保留了一些它们的个体特征。

这些生物中结构最复杂的是团藻，它是由500～60,000个具有两条鞭毛的单个细胞组成的单层空心球。只有一小部分细胞负责生殖。某些生殖细胞可能进行无性分裂，向内隆起并产生新的群体。新的群体最初保留在母本群体内。而另一部分生殖细胞会产生配子。

轮藻是与植物亲缘关系最近的生物

学习目标17.8.3　评价支持轮藻是植物的直接祖先的论据

链型植物的一支叫作**轮藻**，是绿藻中的一门。不同于绿藻门植物的是它们与植物有较近的亲缘关系。目前来自rRNA和DNA序列的分子证据表明，作为链型植物中的绿藻分支，轮藻进化出了植物。很长一段时间以来，由于轮藻藻类化石记录很少，确定哪一个轮藻分支是陆地植物的姐妹（关系最为密切）一直困扰着生物学家。

约有300个物种的轮藻目和约有30个物种的鞘毛藻目（图17.14）可能是轮藻的两个分支。生物学家们仍然不清楚哪一分支与植物的关系更近。两个支系都是主要的淡水藻类，但相对于显微水平的鞘毛藻目，轮藻目个体庞大。两个分支都与陆地植物有相似性。鞘毛藻目在细胞间有细胞质的连接，称为胞间连丝，这也在陆地植物中存在。轮藻目的轮藻物种进行像植物细胞那样的有丝分裂和胞质分裂。另外，二者的有性生殖依靠一个不能运动的、大的卵细胞和有鞭毛的精子形成类似陆地植物的配子。这两个轮藻分支都会在淡水池塘和沼泽周围形成绿垫。其中一个物种必须能够通过适应干燥的环境而缓慢地成功入侵陆地。

关键学习成果　17.8

红藻的大小差异很大，没有中心体和鞭毛，通常以世代交替的方式繁殖。绿藻门生物有和植物非常相似的叶绿体。轮藻门是绿藻的一个类群，依据多种形态学和分子学证据，它被认为是如今植物的姐妹。

17.9 单鞭毛生物开启动物进化之旅

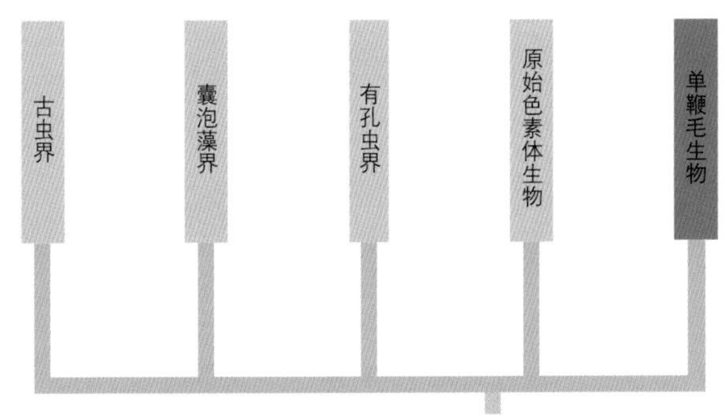

最近的分子研究首次将泛称为黏菌的一种变形虫与原生生物的进化树联系起来。这些数据显示了一个叫作单鞭毛生物的超群。它有两个不同的分支。其中一个的特征已被很好地描述，它包含原生质体黏菌和细胞黏菌。而另一个包含真菌和动物的祖先。

变形虫界包括原生质体黏菌和细胞黏菌

学习目标17.9.1 原生质体黏菌和细胞黏菌

变形虫门或**黏菌**只不过是一群变形虫形式的原生生物。变形虫通过伪足从一个地方运动到另一个地方。**伪足**是细胞质流动而形成的突起。它延伸并牵拉变形虫向前运动或吞噬食物颗粒。在脊椎动物肌肉中存在的肌动蛋白和肌球蛋白微丝与这些运动密切相关。伪足可以在细胞的任一点上形成，因此它可以朝任意方向运动。

像水霉一样，黏菌也曾被认为是真菌。它包含两个不同的系谱：原生质体黏菌和细胞黏菌。原生质体黏菌是巨大的、单细胞多核的、可变形的原生质团。在细胞黏菌中，单细胞聚合成一团并分化，形成了多细胞的早期模式。

原生质体黏菌

原生质体黏菌作为一个**变形体**的形式而流动。变形体是一个没有细胞壁、多核的细胞质团，就像一个运动的黏团一样。这种形式被称为营养阶段。变形体呈现橙色、黄色或其他的颜色。

变形体表现为细胞质的往复流动。这个过程很容易被看到，尤其是在显微镜下。它们能够穿过网格布，或简单地绕过或穿过其他障碍物。随着它们的移动，它们吞噬并消化细菌、酵母和其他有机物小颗粒。

一个多核变形体细胞同步进行有丝分裂，同时伴随着核膜破裂，但这些只发生在有丝分裂晚后期或末期。细胞中没有中心体。

当食物或者水分供应不足时，变形体会快速地迁移到一个新的地方。在那里，它们停止运动，可能形成有孢子分化的一团细胞，也可能分裂成大量的像小山丘一样的细胞丘，其中每个细胞丘产生一个成熟的**孢子囊**，即释放孢子的结构。这些孢子囊通常有着美丽但极其复杂的外形。孢子具有很强的抵抗恶劣环境的能力，并可以在干燥的环境中保存若干年。

细胞黏菌

细胞黏菌由于有相对简单的发育系统已成为细胞分化研究中的一类重要群体。这些生物个体以单独的变形虫方式行动，比如，在土壤中的移动和对细菌的摄取。当食物短缺时，这些个体会聚集在一起形成能运动的“鼻涕虫”。一些细胞会以脉冲的形式释放环磷酸腺苷（cAMP），另一些细胞会朝着cAMP发出的方向聚集，从而形成鼻涕虫。在细胞黏菌盘基网柄菌（*Dictyostelium discoideum*）中，鼻涕虫经过形态发生而形成柄和孢子细胞。如果孢子落入潮湿的环境中，它们会再形成一个新的变形虫。

真菌和动物的祖先

学习目标17.9.2 目前被认为是真菌和动物祖先的单鞭毛生物群体

核形虫目生物可能是真菌的祖先

一直以来，真菌的原生祖先就是一个谜，但是最近的DNA序列数据逐渐将真菌和核形虫联系在一起。核形虫是单细胞的变形虫，以藻类和细菌为食。

领鞭毛虫可能是动物的祖先

在结构上和分子上，领鞭毛虫是与一种被称为**海绵**的原始动物非常相似的原生生物。领鞭毛虫有

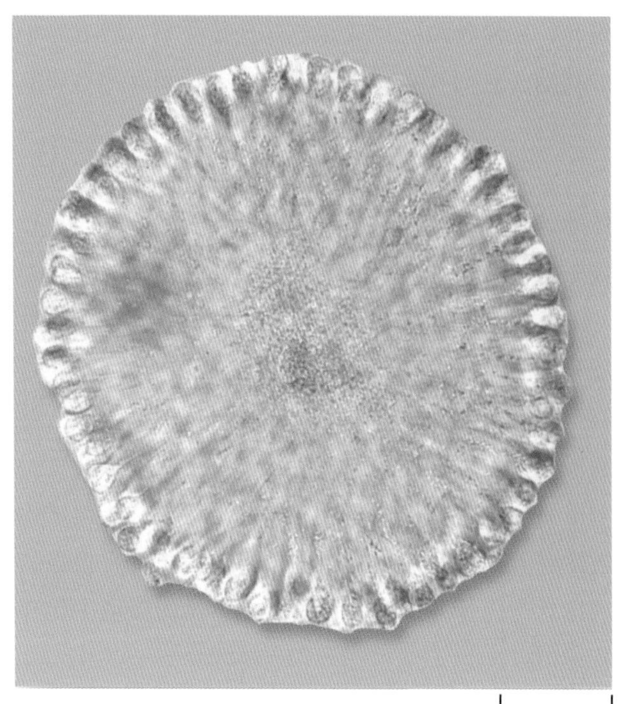

图17.15　群居的领鞭毛虫很像它们的动物近亲，海绵

一条鞭毛，被一个漏斗状的、由紧密排列的微绒毛组成的可收缩的“衣领”环绕。这种结构与海绵动物中的完全一样。这些原生生物以细菌为食。细菌可被衣领结构捕获。领鞭毛虫的群体形式与淡水中的海绵的极为相似（图17.15）。

在领鞭毛虫和海绵中发现的细胞表面蛋白（像天线一样，一种从其他细胞接收信号的受体，叫作酪氨酸激酶受体）具有很高的同源性。这为领鞭毛虫与动物的近缘关系提供了进一步的证据。

关键学习成果　17.9

和其他变形虫一样，黏菌靠伪足运动。细胞质体黏菌由大的多核单细胞组成，而细胞黏菌是很多细胞组成的聚合体。核形虫被认为是真菌的祖先，而领鞭毛虫与动物有最近的亲缘关系。群体的领鞭毛虫在某些方面与淡水的海绵动物很相似。

调查与分析
INQUIRY & ANALYSIS

确定疟疾的最佳治疗时间

虽然每年疟疾的死亡人数比其他传染病的死亡人数要多，但通过对蚊子的控制和有效的治疗方法，该病已基本在美国消失。1941年，有4,000多名美国人死于疟疾；而在2006年，只有不到5人死于该病。

控制疟疾的关键在于了解它的生命周期。第一个关键性的进展出现于1897年在印度塞康德拉巴德的一个偏远的野战医院。当时英国医生罗纳德·罗斯（Ronald Ross）观察到在开放病房（没有纱窗或网状物的病房）的未患有疟疾的病人比在关窗或有纱窗的病房的病人更容易感染疟疾。通过进一步观察，他发现在开放病房的病人曾被按蚊叮咬。解剖曾叮咬疟疾病人的按蚊后，他发现了疟原虫。当使新孵化的还未摄食的按蚊吸食不含疟原虫的血液后，它并没有感染该寄生虫。罗斯得出的结论是，按蚊是通过吸食含有寄生虫的人体血液在人类间传播疟疾的。在每一个可以消灭按蚊的国家，疟疾的发病率都急剧下降。

随着治疗药物的发展，在疟疾的控制上取得了第二个关键性的进展。在19世纪中叶，英国人在印度发现了一种叫作奎宁的苦味物质。它是从金鸡纳树的树皮中获得的，有助于抑制疟疾的发作。奎宁还可以减轻疟疾中的发热，但并不能治愈该病。如今，医生使用氯喹和伯氨喹的合成药物。它比奎宁更有效，而且副作用更少。

与奎宁不同的是，这两种药物能够完全治愈疟疾，因为它们可以攻击并破坏疟原虫生命周期中的某个阶段，如在感染几天后释放到血液中的裂殖子——但只有在被感染疟疾的按蚊叮咬后尽早地使用这些药物才能治愈。

为了确定最佳的治疗时间，医生们仔细地研究了疟疾感染的时间过程。右上方的图表显示了他们的发现。裂殖子的数量在y轴上用指数表示：每一格代表了10倍的数量增长。如果1%的红细胞被感染，那么这将对生命造成威胁；如果20%的红细胞被感染，那么死亡几乎是不可避免的。

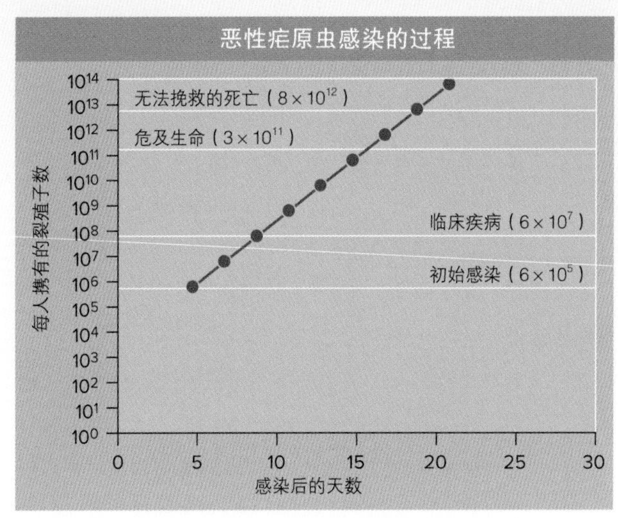

分析

1. **应用概念** 哪一个是因变量？
2. **进行推断**

   a. 从感染到肝脏释放裂殖子到血液中要经过多长时间（由裂殖子引起的初始感染）？多久会对生命造成威胁？多久会完全致命？

   b. 裂殖子要经过多长时间能增殖10倍？
3. **得出结论** 从第一次出现临床症状后，到病情危及生命，有多少天的治疗时间？到治疗已无法挽救生命，有多长的时间？

本章回顾

Reviewing What You Have Learned

真核生物的进化

真核细胞的起源

17.1.1 真核细胞以及其中的细胞器作为微化石最早出现在约15亿年前。

17.1.2 许多细菌的质膜内褶，延伸到细胞内部。这种膜的内褶被认为是内质网和核膜的起源。

• 一些真核细胞的细胞器可能起源于内共生事件。产能细菌进入早期真核细胞产生线粒体（图17.2）。类似地，光合细菌进入某些真核细胞产生叶绿体。

性别的进化

17.2.1 真核生物的一个关键特征是有性生殖。在有性生殖中，后代的形成来自两个配子的融合。生物学家认为有性生殖最初在真核生物中的出现不是作为一种繁殖的方式，而是在减数分裂的染色体配对的过程中对受损的染色体进行修复的一种机制。

17.2.2 有性生殖可产生基因重组，从而使后代中出现了遗传多样性。

17.2.3 有三种主要的有性生命周期:（1）合子减数分裂：单倍体阶段占据了主要的生命周期;（2）配子减数分裂：二倍体阶段是主要的生命形式;（3）孢子减数分裂：在单倍体阶段和二倍体阶段间均等地交替。

原生生物

最古老的真核生物——原生生物

17.3.1 原生生物是最早的真核生物，但又是一个极其多样化的生物界。原生生物有多种不同的细胞表面、运动方式以及获取营养的方式。在恶劣的条件下，有些原生生物形成孢囊来保护自己。多数原生生物在没有环境压力的情况下进行无性生殖，环境不利时进行有性生殖。

17.3.2 有些原生生物以单细胞形式存在，还有些形成细胞群体或聚合体。藻类中存在真正的多细胞生物。

原生生物的分类

17.4.1 在原生生物界里，生物的分类处于一个不断变化的状态。分子分析表明主要的原生生物门可被划分为五个超群。

古虫界生物有鞭毛，有的缺少线粒体

17.5.1 双滴虫是单细胞生物，靠鞭毛运动，含有两个细胞核。

17.5.2 副基体类生物利用鞭毛和波动膜运动。

17.5.3 有些裸藻具有叶绿体，能利用阳光进行光合作用。它们具有表膜，靠前鞭毛运动。

囊泡藻界起源于二次共生

17.6.1 囊泡虫类生物具有膜囊泡。甲藻有一对鞭毛，以旋转的方式游动。大量增殖的甲藻可引起赤潮。顶复门生物是产生孢子的动物寄生虫，细胞的一端独特地排列着细胞器，此处被称为顶复体，用于入侵寄主。纤毛虫是异养型单细胞生物，靠大量的纤毛捕食和推进。每个细胞有一个大核和一个小核。

17.6.2 茸鞭生物的鞭毛上有细茸毛。褐藻是典型的大型海藻，以世代交替的形式产生配子体阶段和孢子体阶段。硅藻有含硅的细胞壁。每一个硅藻产生两个重叠的玻璃状外壳，就像盒子和盖子一样。俗称水霉的卵菌是寄生生物。与众不同的是，它能产生带有两个不等鞭毛的无性孢子（游动孢子）。

有孔虫界有坚硬的壳

17.7.1~2 辐足亚纲的生物有玻璃状外骨骼。有孔虫门生物是异养的海洋原生生物，具有介壳。壳里通常含有碳酸钙。

原始色素体生物包括红藻和绿藻

17.8.1 红藻是光合型多细胞海洋藻类。红藻产生一种使它呈现出红色的辅助色素。它们不具有中心体和鞭毛；以世代交替的方式进行繁殖。

17.8.2 绿藻门生物通常很多样化。单细胞的绿藻包括有两个鞭毛的衣藻和没有鞭毛、无性繁殖的小球藻。团藻是一种群体绿藻；某些细胞专门负责产生配子或无性繁殖。石莼是真正的多细胞生物。

17.8.3 轮藻类与陆地植物具有最近的亲缘关系。它有两个子群——轮藻目和鞘毛藻目。它们与植物在细胞质连接、有丝分裂和胞质分裂等方面具有相似性。

单鞭毛生物开启动物进化之旅

17.9.1 单鞭毛生物的两个分支是原生质体黏菌和细胞黏菌。所有黏菌都可以聚集起来形成一个可运动的“鼻涕虫”。它可以产生孢子。

17.9.2 核形虫可能是真菌的祖先。这些单细胞变形虫以细菌和藻类为食。

• 领鞭毛虫可能是动物的祖先。领鞭毛虫群体在结构上很像淡水中的海绵动物。

本章测验

Test Your Understanding

17.1.1 在真核生物中，核膜被认为是从_______演化而来的？

a. 水平基因转移　c. 高尔基体

b. 内质网　d. 内共生的细菌

17.1.2 以下哪项是支持针对真核细胞起源的内共生理论的证据？

a. 真核细胞具有内膜

b. 线粒体和叶绿体有它们自身的DNA

c. 高尔基体和内质网存在于祖先细胞中

d. 核膜只可能来源于另一个细胞

17.2.1~3 以下哪项不是无性繁殖的方式？

a. 二分裂　c. 自体受精

b. 出芽　d. 孤雌生殖

17.3.1 许多原生生物通过形成_______而在不利的环境条件下生存。

a. 玻璃状外壳　c. 孢囊

b. 薄膜　d. 内生孢子

17.3.2 你认为团藻是多细胞生物吗？如何区别多细胞的褐藻、红藻和绿藻与团藻群体？

17.4.1 原生生物不包括

a. 藻类　c. 多细胞生物

b. 变形虫　d. 蘑菇

17.5.1 有鞭毛的原生生物贾第虫没有真正的线粒体，但是有被称为纺锤剩体的微小细胞器。你会如何验证纺锤剩体起源于线粒体这一假说？

17.5.2 双滴虫和副基体都_______。

a. 有叶绿体　c. 没有线粒体

b. 有多核细胞　d. 在细胞壁中含有硅

17.5.3 有些眼虫门的成员_______。

a. 没有叶绿体　c. 是人类病原体

b. 进行光合作用　d. 以上都对

17.6.1（1）如何通过观察含有叶绿体的细胞的显微照片来区分初级内共生和二次内共生？

17.6.1（2）顶复体在顶复门生物中的功能是_______。

a. 在水中推动细胞前进　c. 吸取食物

b. 侵入寄主组织　d. 探测光源

17.6.1（3）以下哪项存在于纤毛虫中？

a. 小核和大核　c. 叶绿体

b. 两条不等鞭毛　d. 顶复体和大环

17.6.2（1）茸鞭生物的多数成员具有_______。

a. 游动孢子　c. 鞭毛上有细小茸毛

b. 大纤毛　d. 金藻昆布多糖

17.6.2（2）有时形成大型水下森林的海带实际上是被称为_______的原生生物。

a. 硅藻　c. 甲藻

b. 褐藻　d. 红藻

17.6.2（3）某些硅藻可以利用被称为_______的沟运动。

a. 表膜　c. 伪足

b. 壳缝　d. 介壳

17.6.2（4）水霉可以以死的有机物质为食，也可以_______。

a. 通过光合作用补给

b. 与蓝细菌共生

c. 靠肠道中的白蚁消化纤维素

d. 寄生在不同类型的水生生物和陆生生物中

17.7.1 辐足亚纲_______。

a. 没有坚硬的碳酸钙外壳

b. 在很多群体中没有似变形虫的形状

c. 没有玻璃状的硅质外骨骼

d. 没有尖的针状伪足

17.7.2 有孔虫是_______。

a. 异养型　c. 光合型

b. 自养型　d. 化能自养型

17.8.1 与绿藻不同，红藻_______。

a. 没有鞭毛　c. 没有叶绿素

b. 含有藻红蛋白　d. 以上有两项是正确的

17.8.2（1）产生陆地植物的绿藻分支是_______。

a. 红藻门　c. 轮藻门

b. 绿藻门　d. 团藻

17.8.2（2）在绿藻和植物中，线粒体、叶绿体和核基因组都含有核糖体RNA基因。你认为一个植物线粒体的核糖体RNA基因是更像叶绿体的核糖体RNA基因还是更接近细胞核的核糖体RNA基因？蓝细菌中的核糖体RNA基因是什么情况呢？请试图说明。

17.8.3 绿藻门含有多种生物，包括单细胞的_______，群体的团藻和多细胞的石莼。

a. 眼虫（裸藻）　c. 衣藻

b. 草履虫　d. 裂膜藻

17.9.1（1）变形虫、有孔虫和放射虫靠_______运动。

a. 细胞质　c. 纤毛

b. 鞭毛　d. 刚毛

17.8.2（2）在食物稀缺时，能够消化细菌和形成聚合体的、类似变形虫的原生生物可能是_______。

a. 纤毛虫　c. 黏菌

b. 放射虫　d. 眼虫

17.8.2（3）在某些黏菌类中发现的多核细胞团被称为_______。

a. 变形体　c. 伪足

b. 表膜　d. 足

17.9.2（1）哪个原生生物的超群进化产生了两类多细胞生物界？

a. 囊泡藻界　c. 原始色素体生物

b. 有孔虫界　d. 单鞭毛生物

17.9.2（2）在结构上和分子上，叫作海绵的原始动物与哪类原生生物相似？

a. 纤毛虫　c. 甲藻

b. 领鞭毛虫　d. 眼虫

17.9.2（3）分子分类学家开始怀疑真菌的原生生物祖先是_______。

a. 轮藻　c. 核形虫

b. 领鞭毛虫　d. 细胞黏菌

18

学习目标

作为多细胞生物的真菌

18.1 复杂的多细胞生物

1 复杂多细胞生物的两个关键特征

18.2 真菌并非植物

1 植物与真菌间五种显著的差异

2 描述真菌的菌体

18.3 真菌的繁殖与营养

1 真菌的三种生殖结构

2 真菌获取营养的方式

真菌的多样性

18.4 真菌的种类

1 真菌主要的八个门

18.5 微孢子虫是单细胞寄生虫

1 微孢子虫是真菌而不是原生生物的原因

18.6 壶菌有带鞭毛的孢子

1 真菌中长有鞭毛的三个门的区别

18.7 接合菌能产生接合子

1 接合菌的生命周期和接合孢子囊的作用

18.8 球囊菌是无性繁殖的植物共生体

1 丛枝菌根和外生菌根的区分

18.9 担子菌是蘑菇类真菌

1 担子菌的生命周期和担子的作用

18.10 子囊菌是种类最多的真菌

1 子囊菌的生命周期和子囊的作用

真菌生态学

18.11 真菌的生态功能

1 真菌在碳、氮循环中的作用

2 菌根和地衣的区分

调查与分析　是壶菌杀死了青蛙吗?

真菌侵入陆地

生命起源于海洋，且在超过10亿年的时间里，这些原始生命一直被限制在地球上的海洋中。陆地上只有光裸的岩石。大约在5亿多年前，当第一批真菌侵入陆地时，荒凉的陆地才开始发生变化。无论我们如何强调真菌首次侵入陆地时要面对的困难都不为过。率先侵入的生命不可能是动物。动物是异养生物——登陆以后它们的食物来源是什么？真菌也是异养生物，所以它们面临着同样的问题。藻类可以进行光合作用，因此，食物来源并不会成为其登陆后要面对的挑战。阳光能够提供它们所需的一切能量。但是它们如何获取营养？藻类不能从光裸的岩石中获取磷、氮、铁以及其他生命所必需的化学元素。这种困难通过“投桃报李”的策略得到了解决。一种被称为了囊菌的真菌与能进行光合作用的藻类建立了联系，形成了二者的伙伴关系——苔藓。在苔藓中间生长的藻类可以吸收太阳光能，真菌细胞就从岩石中获取矿物质。通过对本章的学习，我们将更好地了解真菌，并探索出它们与藻类和植物之间的伙伴关系。

作为多细胞生物的真菌
Fungi as Multicellular Organisms

18.1 复杂的多细胞生物

学习目标 18.1.1 复杂多细胞生物的两个关键特征

藻类是结构简单的多细胞生物，介于单细胞的原生生物和更为复杂的多细胞生物（真菌、植物和动物）之间。在**复杂的多细胞生物**中，个体都是由许多高度特化的细胞组成的，这些细胞协调它们的活动。以下是能够体现多细胞复杂性的三界：

1. **植物** 轮藻（多细胞绿藻）几乎可以肯定是植物的直系祖先，在19世纪，它们一直被当作植物。然而，大部分绿藻都是水生生物，与植物相比其结构更为简单，在当今广泛为人们所接受的六界分类系统中，它们被划分为原生生物。
2. **动物** 动物起源于领鞭毛虫，它们是与黏菌类有关的单鞭毛原生生物。在现代分类系统中，最简单的动物——海绵与领鞭毛虫具有相似性。
3. **真菌** 真菌似乎也起源于单鞭毛原生生物，DNA结果显示，其祖先为核形虫。在以前的分类系统中，水霉和单鞭毛的黏菌被当作真菌（“霉菌”），而不是原生生物。

也许，对于复杂的多细胞生物来说，其最为重要的特点是**细胞特化**。我们可以思考一下，在同一个个体中具有很多不同种类的细胞，这从侧面反映了关于该个体基因的重要信息：**不同的细胞利用不同的基因**！单个细胞（在人体中是一个受精卵）形成一个由许多不同种类细胞组成的多细胞个体的过程，称为**发育**。细胞特化是复杂多细胞生物生命的重要标志，也是细胞通过激活不同基因以不同方式发育的直接结果。

复杂的多细胞生物中，第二个重要的特点是**细胞间的协调**，即对一个细胞的活动的调整是对其他细胞活动的响应。对所有复杂的多细胞生物来说，细胞间的交流都依赖于化学信号，这些化学信号被称为激素。在一些生物中，如海绵动物，细胞间的协调活动几乎不存在；而在另一些生物中，比如人类，几乎每一个细胞都要进行这样复杂的协调活动。

关键学习成果 18.1

真菌、植物和动物是复杂的多细胞生物，它们拥有高度特化的细胞类型以及细胞间的相互协调。

18.2 真菌并非植物

学习目标 18.2.1 植物与真菌间五种显著的差异

真菌在所有生物中是提个独特的界，大约由74,000个命名物种组成。真菌学家们认为，可能还存在更多的物种。尽管在过去一段时间内，真菌被划分在植物界中，但是它们没有叶绿素，而且只有在总体外观以及没有移动性这两方面与植物相类似。真菌与植物的显著差异如下：

1. **真菌是异养生物** 或许最显而易见的是，蘑菇不是绿色的，因为它们没有叶绿素。几乎所有的植物都是能进行光合作用的生物，而真菌不能进行光合作用。取而代之的是，真菌能够在其附着的生物体上分泌消化酶，然后吸收酶解作用使生物体释放的有机分子，以此来获取食物。
2. **真菌有丝状体** 植物是由许多功能不同的细胞类群组成的，这些细胞类群称为组织，而植物的不同部位通常由几个不同的组织构成。相比之下，就其生长形态来看，真菌大部分都是丝状的（换言之，它们的身体完全是由纤长的丝状细胞——菌丝组成的），尽管有时这些丝状体可能会混乱地缠成一团，此时被称为**菌丝体**。

3. **真菌有无法移动的精子** 一些植物有带鞭毛并且可移动的精子。而大多数的真菌没有。
4. **真菌有由几丁质组成的细胞壁** 真菌的细胞壁含有几丁质，跟螃蟹壳的组成成分一样坚硬。植物细胞壁是由纤维素组成的，也是一种坚硬的材料。然而在防止微生物降解方面，几丁质要强于纤维素。
5. **真菌具有细胞核的有丝分裂** 真菌的有丝分裂不同于植物以及大多数其他真核生物，其主要表现为：细胞核的核膜不消失也不再生；相反，所有的有丝分裂都发生在细胞核**内部**。纺锤体在细胞核内形成，牵引染色体移向**细胞核**的两极（而不像所有其他真核细胞那样移向细胞的两极）。

我们还可以列出更多内容，但显而易见的是：真菌根本不像植物！

真菌的菌体

学习目标18.2.2 描述真菌的菌体

真菌主要是以纤长的丝状形态存在，几乎不能用肉眼看见，我们将其称为**菌丝**。一条单一的菌丝主要由排成线状的细胞组成。不同的菌丝相互结合形成一个更大的结构。

真菌上蘑菇伞状的部分并不是其主要的菌体，这一部分只是起临时生殖作用的结构，而真菌的主要菌体是由大量的菌丝形成的广泛的网络结构，它们能够穿透土壤、树木以及其附着的肉。一团菌丝被称为**菌丝体**，当然它也可能是由一条长达数米的单一菌丝缠绕而成的。

在这样的结构中，真菌的细胞表现出了高度的交流性，尽管真菌菌丝中大多数细胞是被类似于墙的结构分离开的，这一结构称为横隔壁。这些横隔壁很难形成一道完全封闭的屏障，结果可以使细胞质沿着整个菌丝从一个细胞流向另一个细胞。横隔壁可以将二者的一部分分隔开。沿着菌丝的方向，细胞质可以通过横隔壁上的开口从一个细胞任意流向下一个细胞。请记住菌丝与菌丝体在尺寸大小上是有区别的。

由于细胞质的这种流动性，在整个菌丝中合成的蛋白质都可以被运送至菌丝的尖端。菌体这种与众不同的结构也许正是真菌界最重要的创新。因此，真菌可以对环境的改变做出快速的响应，在食物和水分充足、温度适宜的条件下，真菌的生长十分迅速。这样的菌体组成使得真菌与其生存环境之间建立了一种独一无二的关系。整个菌体的新陈代谢都非常旺盛，这使得真菌不断地尝试消化和吸收一切它所能接触到的有机物。

同样，由于细胞质具有流动性，许多细胞核也可能会通过真菌菌丝体中共享的细胞质相互联系。没有细胞（除生殖细胞外）是独立存在的，所有的细胞都通过细胞质与菌体上的每个细胞互相联系。在多细胞生物中，从根本上来讲，真菌的细胞具有共享部分，因此，多细胞这一概念在真菌中便具有了全新的含义。

关键学习成果 18.2

真菌跟植物完全不同。菌体主要是由排列成线状的细胞组成，并且它们之间具有相互联系。

18.3 真菌的繁殖与营养

真菌如何繁殖

学习目标18.3.1 真菌的三种生殖结构

真菌既可以进行无性繁殖也可以进行有性繁殖。除了合子以外，真菌的所有细胞核都是单倍体的。通常情况下，必须由不同“交配型”的个体参与真菌的有性生殖，就像人类繁殖需要两种性别一样。当基因交配型不同的两个菌丝接触并融合时，有性生殖便开始了。那么，接下来会发生什么？在动植物中，当两个单倍体配子融合时，这两个单倍体的细胞核会立即融合在一起，形成有二倍体细胞核的合子。正如你现在可能会认为的，真菌在这方面的处理方式会有所不同。在大多数真菌中，这两个细胞核不会立即发生融合，相反，它们在同一个空间里仍然各自独立，并且在真菌生命周期的绝大多数时间里，都共存于同一个细胞质中！有两个细胞核的真菌菌丝被称为**双核菌丝**。如果这个细胞核来自基因不同的两个个体，那么这个菌丝就被称为**异核体**（heterokaryon，希腊语中“heteros”意为“其他的”，“karyon”意为“内核”或者“核心”）。如果一个菌丝中的细胞核在遗传学上的来源相似，此时可以称其为同核体（homokaryon，希腊语中“homo”意为“一个”）。

当真菌中形成生殖结构时，两个细胞间就会形成横隔壁，它会阻碍细胞质在菌体中细胞间的自由流动。生殖结构有如下三种类型：（1）**配子囊**形成单倍体配子，当它们融合时产生能进行减数分裂的合子；（2）**孢子囊**可以产生能传播的单倍体孢子；（3）**分生孢子梗可以**产生无性孢子，称为**分生孢子**，这些分生孢子生长迅速，并且可以在它们的食物上快速定植。

孢子是真菌中常见的生殖形式，真菌释放孢子时，孢子从其表面喷出来，如同爆炸一般。孢子有利于生物体在某一位置的固定。它们小且轻，能够在空气中悬浮很长一段时间，而且还可以被传播到很远的距离。当一个孢子在适宜的环境中定殖后，它便开始出芽、分裂，很快就可以长出一个新的真菌菌丝。

真菌如何获取营养

学习目标18.3.2　真菌获取营养的方式

所有真菌获取食物的方式都是先向周围环境中分泌消化酶，然后再将这种**体外消化**所产生的有机分子吸收回体内。许多真菌都能分解木材中的纤维素，断开葡萄糖亚基之间的连接，然后将葡萄糖分子作为食物吸收进体内。这就是真菌通常都长在树上的原因。

正如一些植物，比如捕蝇草，像活跃的食肉动物一样，一些真菌也是活跃的捕食者。例如一种生长于树上的可食用平菇——糙皮侧耳（*Pleurotus astreatus*），它们先将一些较小的线虫吸引过来，然后再分泌出能够使线虫麻痹的物质。当这些线虫的行动变得迟缓、处于不活跃的状态时，真菌的菌丝开始包围它们并刺穿它们的身体，然后吸收其体内那些富含氮元素的物质（自然系统中氮元素总是供应不足）。

关键学习成果　18.3

真菌具有无性生殖和有性生殖两种繁殖方式。它们通过向周围环境中分泌消化酶，然后再将产生的有机分子吸收回体内的方式获取营养。

真菌的多样性
Fungal Diversity

18.4　真菌的种类

真菌门

学习目标18.4.1　真菌主要的八个门

真菌是一个拥有超过4亿年历史的古老类群。我们比较熟悉的真菌是那些可以食用的蘑菇。在真菌的八个门中，已知的物种大约有74,000个，当然还有很多未知的种类有待发现。大部分真菌都是有害的，因为它们在摄取食物的过程中会使生物的组织衰退、腐烂并遭到破坏，给动植物，尤其是植物，造成严重的病害。不过，也有一些真菌具有重要的利用价值。酵母菌是一种能够产生大量CO_2和乙醇的单细胞真菌，面包和啤酒的制造都依赖于它的生化活性。在工业中，真菌的主要用途是将一个复杂的有机分子转变为其他分子；在商业生产中，许多重要的类固醇都是用这种方式合成的。

我们主要通过分子数据来了解真菌的系统发生。年代最为久远但图像很清晰的真菌化石与现存的球囊菌门中的球囊霉属十分类似。有趣的是，我们从化石中看到的真菌更像是动物而非植物。真菌化石和分子数据显示，真菌与动物的最后一个共同的祖先大约生活在6.7亿年前，另外，多基因的DNA分析结果表明，这个共同祖先有可能是一个原生生物**核形虫**。

各类真菌之间的系统发生关系是产生争论的主要焦点。就传统观点来看，按照有性生殖模式的不同，真菌主要被划分为四个门：壶菌门（chytrids），接合菌门（zygomycetes），担子菌门（basidiomycetes），子囊菌门（ascomycetes）。对于大约17,000个真菌物种来说，我们并没有观察到其有性生殖过程，因此它们不属于这四个门。这些似乎不具备有性生殖能力的物种被称为“半知菌”，且没有被囊括进真菌的系统发生学中。例如那些能造成运动员的脚气和癣等皮肤病的真菌，大部分都是半知菌。

由于已知基因组序列的数量不断增加，真菌学家们于2007年将真菌划分为八个门：微孢子虫门、芽枝霉门、新美鞭菌门、壶菌门、接合菌门、球囊菌门、担子菌门和子囊菌门（表18.1）。

除了接合菌门以外，其他真菌门的起源都是单一的，即每一个门的所有成员都起源于一个祖先。在传统的分类学中，芽枝霉和新美鞭菌是被划分到壶菌门的。微孢子虫门跟所有其他真菌都具有类似姐妹的关系，然而科学家们至今仍在争论它们是否真的属于真菌。

关键学习成果　18.4

真菌是核形虫原生生物的后代。由于DNA的差异以及有性生殖方式的不同，真菌被划分为八个门。

18.5　微孢子虫是单细胞寄生虫

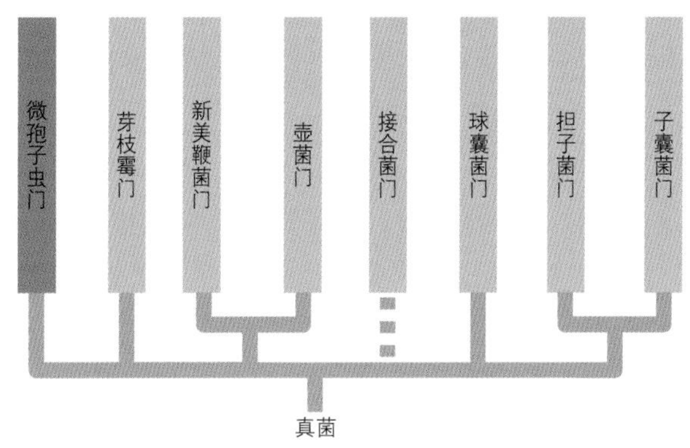

分类的变化

学习目标18.5.1　微孢子虫是真菌而不是原生生物的原因

微孢子虫是专性寄生于动物细胞内的寄生虫，它在过去很长的一段时间内被当作原生动物。由于其体内缺少线粒体，生物学家们认为，微孢子虫是原生生物的一个深支，它是在内共生产生线粒体之前偏离出去的。微孢子虫——**兔脑炎原虫**（*Encephalitozoon cuniculi*）的基因组测序结果显示，与线粒体功能相关的基因在一个极小的2.9 Mb基因组内。基于对线粒体基因的发现，科学界形成了一个假说：微孢子虫的祖先有线粒体，这极大地减少了微孢子虫体内含有线粒体衍生细胞器的可能性。另外，对一个新的序列进行分析，基于从中得到的系统发生学信息，科学家们暂时将微孢子虫从原生动物划分到了真菌。

微孢子虫用含有一个极管的孢子感染寄主（见图18.1）。这个极管能够挤压孢子的内容物进入寄主细胞内，然后寄生虫便可以在一个液泡内生活。兔脑炎原虫能感染肠道和神经元细胞，造成腹泻和神

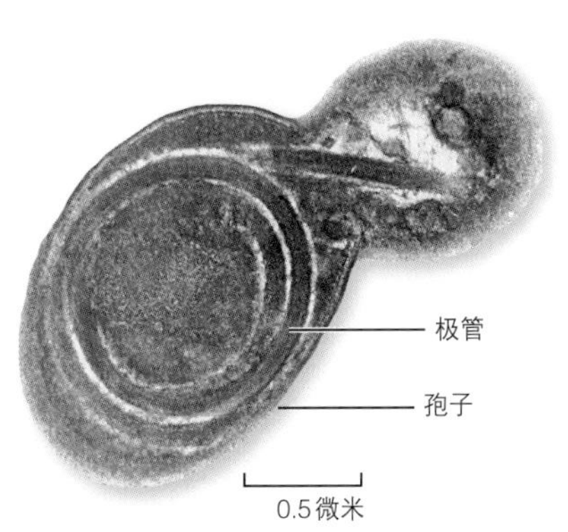

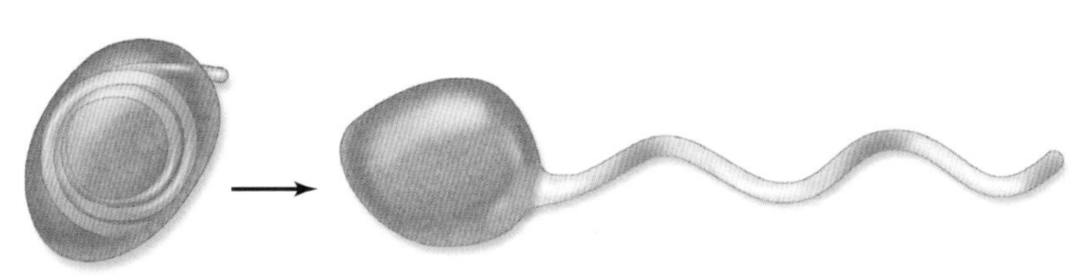

图18.1　兔脑炎原虫孢子的极管感染细胞

表18.1 真菌		
门	**主要特征**	**物种数**
微孢子虫门	在其寄生的动物细胞内形成孢子；使用极管感染寄主；是已知的真核生物中最小的种类	1,500
芽枝霉门	具有带鞭毛的配子（游动孢子）；单倍体和二倍体世代交替	140
新美鞭菌门	具有带多根鞭毛的游动孢子；没有线粒体，因此是专性厌氧生物；存在于食草动物的消化道内	10
壶菌门	能产生带鞭毛的配子（游动孢子）；主要为水生生物，有些存在于淡水中，有些在海水中	1,500
接合菌门	具有无性生殖和有性生殖两种方式；除生殖结构外，多核的菌丝没有横隔壁；菌丝的融合直接导致合子的形成，减数分裂发生在出芽之前	1,050
球囊菌门	能产生巨大的无鞭毛多核无性孢子；与植物一起形成共生菌根	150
担子菌门	进行有性生殖；担子孢子与被称为担子的棒状结构有关；菌丝末端的细胞称为担子，能产生孢子；偶尔进行无性生殖	22,000
子囊菌门	进行有性生殖；子囊孢子在一个囊状结构中形成，该结构称为子囊；无性生殖也很普遍	32,000

经退行性疾病。了解微孢子虫的真菌性，对于识别潜在的疾病隐患具有重要意义。

关键学习成果 18.5

微孢子虫没有线粒体，然而线粒体基因的存在表明其祖先可以形成线粒体。作为专性寄生虫，微孢子虫能够造成人类疾病。

18.6 壶菌有带鞭毛的孢子

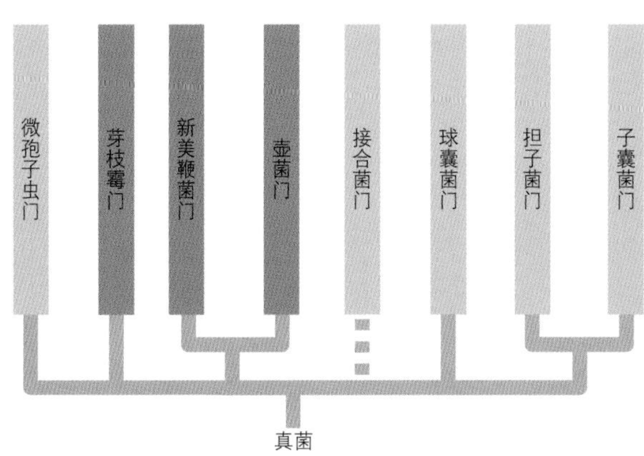

最原始的真菌

学习目标 18.6.1 真菌中长有鞭毛的三个门的区别

壶菌门的成员——壶菌纲是最原始的真菌，它们从其原生生物的祖先那里继承了带鞭毛的配子（称为游动孢子）。具有能运动的游动孢子是这类真菌的一个显著特征。壶菌（chytrid）一词起源于希腊语中的“chytridion”，意思为“小壶”，指的是释放游动孢子的结构形状，如图18.2所示。大多数壶菌都是水生生物，然而也有一些种类存在于湿地中。

蛙壶菌（*Batrachochytrium dendrobatidis*）与两栖动物的相继死亡密切关联。它释放的孢子会嵌入动物的皮肤中，并对其呼吸产生干扰。而其他的壶菌是植物和藻类的病原体（图18.3）。

芽枝霉门是跟壶菌门最接近的一个门，它们能产生带一根鞭毛的游动孢子。芽枝霉门、壶菌门以及新美鞭菌门的真菌都有鞭毛，所以最初它们被划分到了一个门中，而现在根据DNA分析的结果，科学家将它们划分为三个独立的单系门。

新美鞭菌门（Neocallimastigomycota）是第二个与壶菌门亲缘关系更近的门。草食性哺乳动物的草食结构中主要的植物生物量为纤维素和木质素，存在于这些动物瘤胃中的新美鞭菌可以对其进行酶促消化。绵羊、奶牛、袋鼠和大象等都依赖于这些真菌以获得足够的卡路里。这些厌氧真菌能够极大地弥补因缺少嵴的线粒体而导致的供能不足。它们的游动孢子有多个鞭毛。其英文名字中的“Mastig”在拉丁语中的意思为“鞭子”，指的就是它的多个鞭毛。

新美鞭菌属（*Neocallimastix*）仅依赖纤维素就能存活。编码纤维素消化酶的基因可以借助基因水平转移，从细菌的基因组进入新美鞭菌属的基因组中。

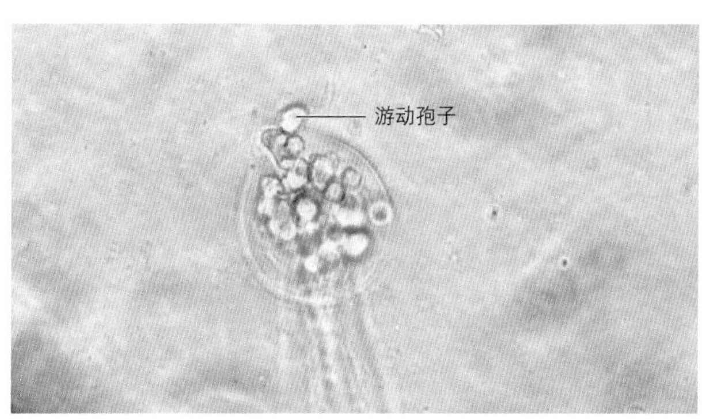

图18.2 释放游动孢子

壶菌的名字来源于含有游动孢子的壶状结构。

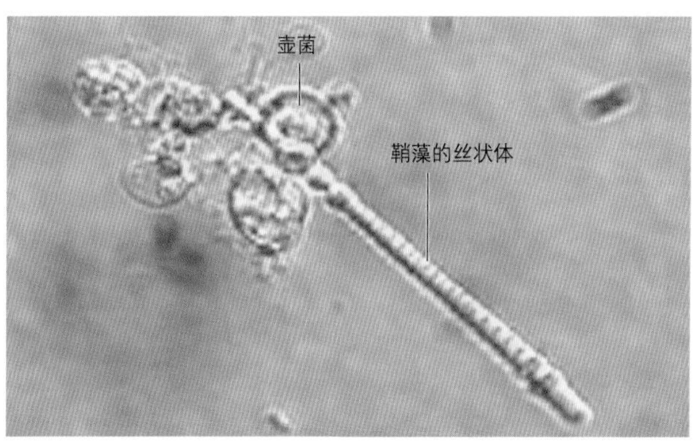

图18.3 壶菌能成为植物病原体

根生壶菌的游动孢子囊寄生在鞘藻的丝状体上。

新美鞭菌含有很多用于消化植物细胞壁中的纤维素和木质素的酶，它们可以有效地利用纤维素来生产生物燃料。尽管我们利用纤维素生产乙醇，但是降解纤维素仍然是目前主要的工艺障碍。利用新美鞭菌属中的真菌生产纤维素乙醇是一种可行性很强的方法。

关键学习成果　18.6

三个亲缘关系最近的门，即壶菌门、芽枝霉门和新美鞭菌门，都具有带鞭毛的游动孢子。壶菌这一名称是参照了释放游动孢子的结构像壶一样的形状。芽枝霉门具有带单一鞭毛的游动孢子。新美鞭菌门主要帮助反刍动物进行纤维素的消化。

18.7　接合菌能产生接合子

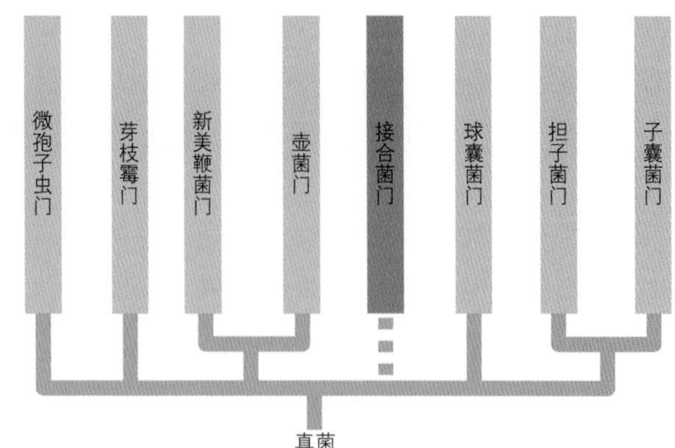

能产生接合子的真菌

学习目标18.7.1　接合菌的生命周期和接合孢子囊的作用

在那些菌丝融合不能产生异核体（一个细胞有两个单倍体细胞核）的真菌中，**接合菌**具有独一无二的特点。它的两个单倍体细胞核能够融合并产生

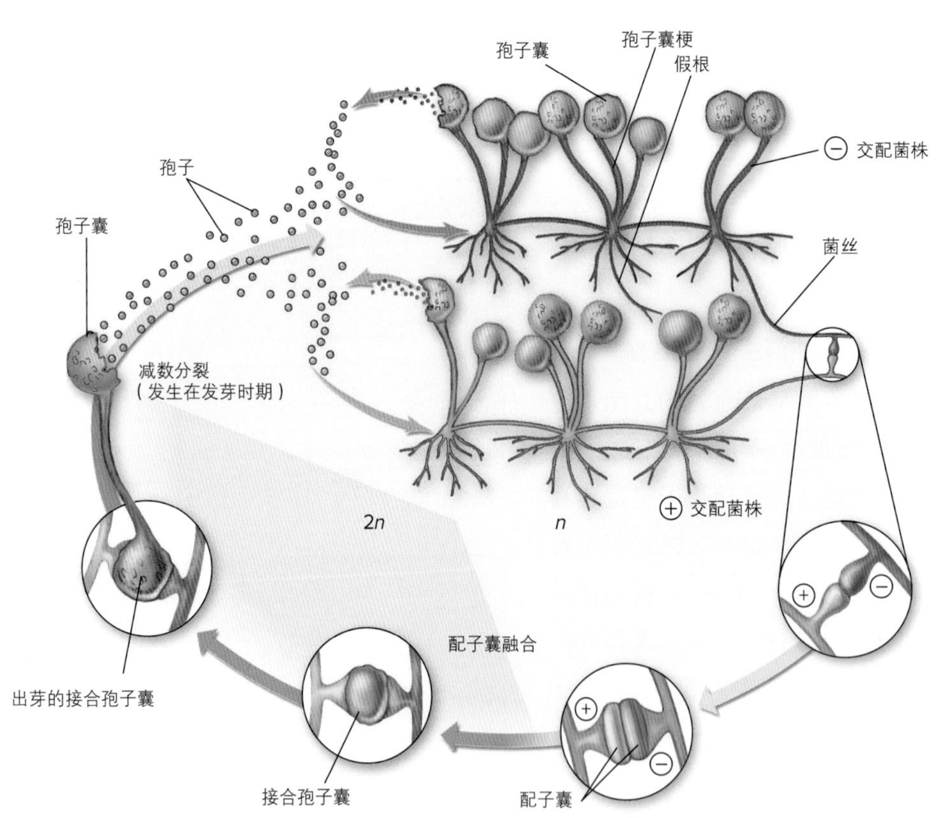

图 18.4　接合菌的生命周期

在根霉（长在潮湿的面包或其他相似基质上的接合菌）的生命周期中，菌丝会长满面包或其他寄生物品的表面，并在团块上长出直立的、连接孢子囊的茎丛。如果两个菌丝长在了一起，它们的细胞核可能会发生融合，形成一个接合子。这个接合子是整个生命周期中唯一的二倍体细胞，它会获得一层厚的被毛，然后便形成接合孢子囊。当它出芽的时候就会发生减数分裂，然后单倍体孢子会长成正常的单倍体菌丝。

一个二倍体的细胞核。就像植物和动物体内的精子和卵细胞融合时能产生受精卵一样，这种融合也能产生接合子。“接合菌”的意思就是“能够产生接合子的真菌”。

接合菌不是单系的，但是在研究它们的进化历史的连续性时，会把它们合并到一起。被命名的物种只有约1,050个（大约占命名真菌的1%），其中包括一些最常见的面包霉菌（所谓的黑曲霉），还有很多微小的真菌寄生在腐烂的有机质上。

接合菌的生殖方式是典型的无性生殖。菌丝尖端的一个细胞被一个完整的横隔壁包围起来，形成一个直立的茎，顶端有一个孢子囊，其中能产生单倍体孢子。如图18.4中所示的接合菌生命周期中存在棒棒糖状结构。它们的孢子散落到风中然后被吹到新的地方，在那里孢子开始出芽并长出新的菌丝。

接合菌的有性生殖方式虽然并不常见，但是可能会在真菌生活的外部条件较差的时期发生。当两个不同的交配菌株的菌丝融合时，细胞核也融合，进而形成一个二倍体的接合子。在两个菌丝融合的地方，会形成一个坚固结构，称为**接合孢子囊**。

接合孢子囊的形成是一种非常有效的生存机制，当真菌的外部生存条件不适宜时，这一静止的结构可以使生物体长时间地保持休眠状态。而当外界条件改善后，接合孢子囊会形成一种柄状结构，其顶端长有一个孢子囊。减数分裂就发生在这个孢子囊中，单倍体孢子会从其中释放出来。

关键学习成果　18.7

接合菌是典型的可以进行无性生殖的独特真菌；当菌丝融合时，会产生一个接合子，而不是一个异核体。

18.8　球囊菌是无性繁殖的植物共生体

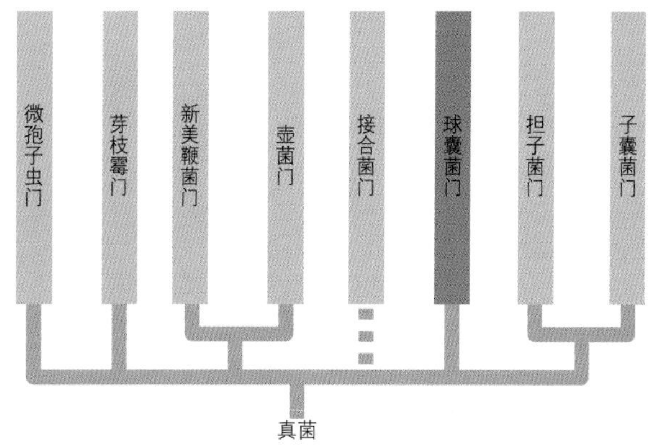

菌根

学习目标18.8.1　丛枝菌根和外生菌根的区分

球囊菌是真菌中一个很小的类群，大约有150个物种被记载，可能是陆生植物的祖先。球囊菌菌丝的尖端部位生长于大多数树木和草本植物的根细胞内，形成一个可以进行营养交换的分枝结构。当缺少寄生植物时，球囊菌则不能存活。这种共生关系属于互利共生，球囊菌可以提供必需的矿物质，特别是磷元素，而植物可以提供糖类。

真菌与植物根部的组合称为**菌根**。菌根有两种主要的类型（图18.5）。在球囊菌形成的丛枝菌根中，真菌的菌丝能刺入植物根部的外层细胞，形成卷曲、膨胀的小分枝，它们也能伸进周围的土壤里。在外生菌根中，菌丝缠绕着植物根部的外层细胞，但并不刺入根部细胞的细胞壁。从目前来看，丛枝菌根是较为常见的类型，含有20万多种，大约占所有植物种类的70%。

所有的球囊菌均不能产生像蘑菇一样的地上结实结构，因此很难对球囊菌的物种数进行精确的统计。目前人们正在对丛枝菌根真菌进行深入的研究，因为它们有可能在较低的磷和能量投入下提高作物产量。

最早的化石植物通常都能形成丛枝菌根。这种联系可能在植物入侵陆地的过程中扮演着重要的角色。那个年代的土壤是贫瘠且缺少有机物的。能形成菌根组合的植物在贫瘠的土壤中可以成功地存活下来。化石的存在可以证明，“菌根组合能够帮助最早的植物在贫瘠的土壤中成功存活”。那些存活至

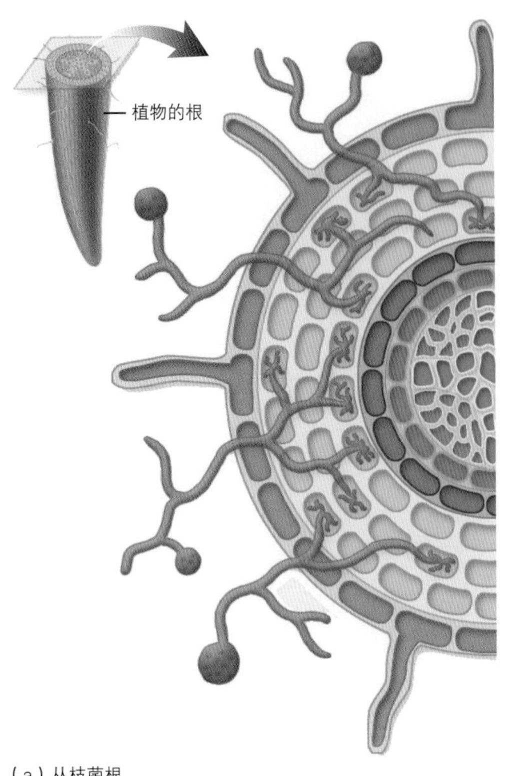

(a) 丛枝菌根

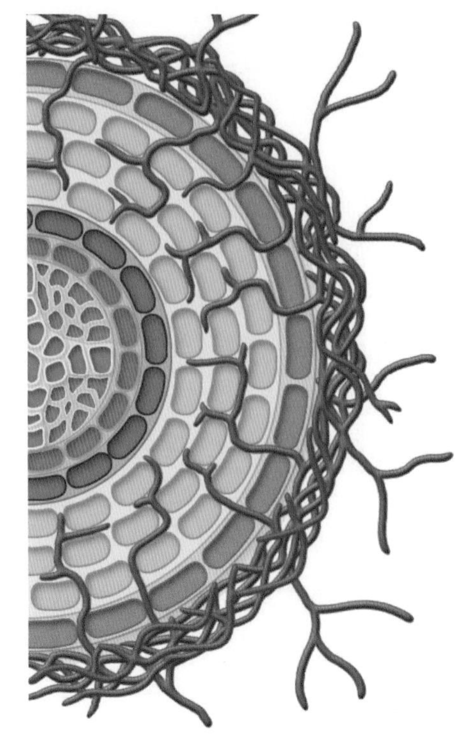

(b) 外生菌根

图18.5 菌根的两种类型

在丛枝菌根中，真菌的菌丝会刺透植物根部细胞的细胞壁但不刺入细胞膜。外生菌根与其不同，它不会刺入植物根部细胞，而是会在这些细胞的周围和间隙中生长。

今、与早期维管植物亲缘关系最近的植物，仍然强烈依赖于菌根。

球囊菌在某种程度上与真菌的特征并不相符，因为它们不存在有性生殖。这些真菌证实了我们对真菌系统发生学的全新理解是正确的。与接合菌一样，球囊菌的菌丝中缺少横隔壁并曾与接合菌被划分到了同一类群。然而，通过比较rRNA小亚基的DNA序列发现，球囊菌在系统发生学上是不同于接合菌的、一个单系的分支。与接合菌不同的是，球囊菌没有接合孢子。

关键学习成果 18.8

球囊菌是真菌家族中一个单系的分支。它们与许多植物根部独特的共生关系很早就存在并且可能与陆生植物入侵陆地有关。

18.9 担子菌是蘑菇类真菌

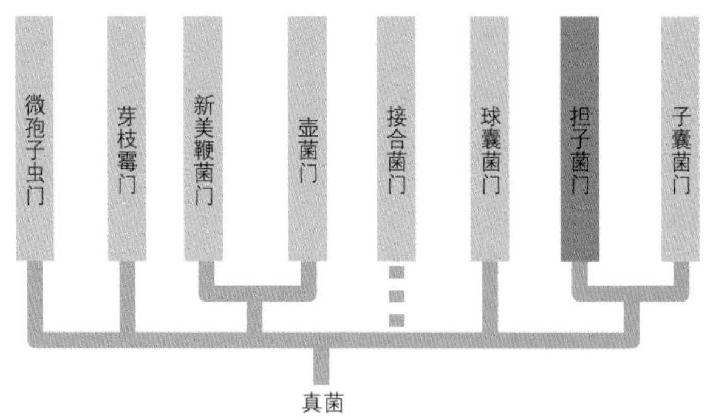

蘑菇

学习目标18.9.1 担子菌的生命周期和担子的作用

担子菌门包含有22,000个被命名的物种中最常见的真菌——蘑菇、毒菌、尘菌以及层孔菌。许多蘑菇可以作为食物，但同时也有一些足够致死的种类。一些种类被培育成作物——一种草菇，即双孢蘑菇，生长于70多个国家，1998年它作为农作物的产值超过了150亿美元。另外，在**担子菌**中也存在面包酵母和植物病原体，包括锈菌和黑穗病菌。锈菌感染症状与生锈的金属类似，而由于黑穗病菌的孢子，感染后可导致黑色和粉状的物质出现。

担子菌的生命周期（图18.6）是从一个出芽孢子的菌丝生长开始的。与接合菌一样，这些菌丝起初缺少横隔壁，但最终在每个细胞核之间都会形成横隔壁。这就像子囊菌一样，这些隔离细胞的结构中存在小缺口，使得细胞质能够在细胞之间自由地流动。这些菌丝生长后形成复杂的菌丝体，当两个交配型（⊕和⊖）不同的菌丝融合时，它们会形成一个细胞，这个细胞中存在两个彼此分离的细胞核——不会融合成一个细胞核。当这两个独立的细胞核出现在菌丝的每一个细胞内时，则被称为双核（$n+n$）。由此产生的双核菌丝继续形成一个双核菌丝体。这个菌丝体会形成一个由双核菌丝组成的复杂结构，我们称其为**子实体**，又叫担子果。

双核菌丝的每一个细胞中的两个细胞核都可以共同存在很长一段时间而不发生融合。不像另外两个真菌的类群，无性生殖在担子菌中是罕见的，有性生殖情况比较常见。

在有性生殖中，当双核细胞的两个细胞核发生融合时，接合子（整个生命周期中唯一的二倍体细胞）便会形成。这一现象发生在一个棒状生殖结构中，该结构称为**担子**。每一个担子中都会发生减数分裂，形成的单倍体孢子称为担子孢子。担子存在于蘑菇伞帽背光面的致密层中，致密层的表面折叠得像一个手风琴。据估计，一个直径8厘米长的蘑菇伞帽每小时可以产生4,000万个孢子！

关键学习成果 18.9

食用菌是担子菌，担子菌形成的蘑菇伞状的生殖结构称为担子。

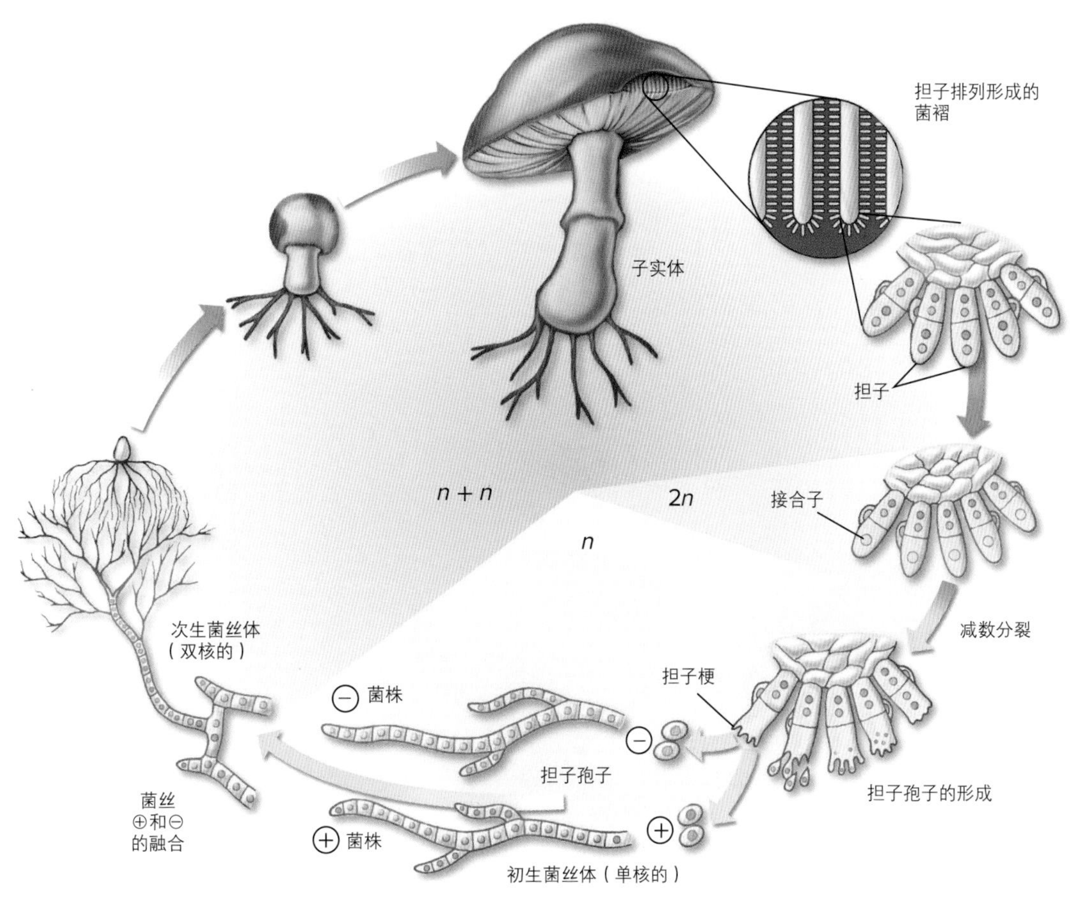

图18.6 担子菌的生命周期

担子菌通常进行有性生殖，担子中细胞核的融合能够产生一个接合子。两性生殖时会发生减数分裂并产生最终能形成子实体的担子孢子。

18.10 子囊菌是种类最多的真菌

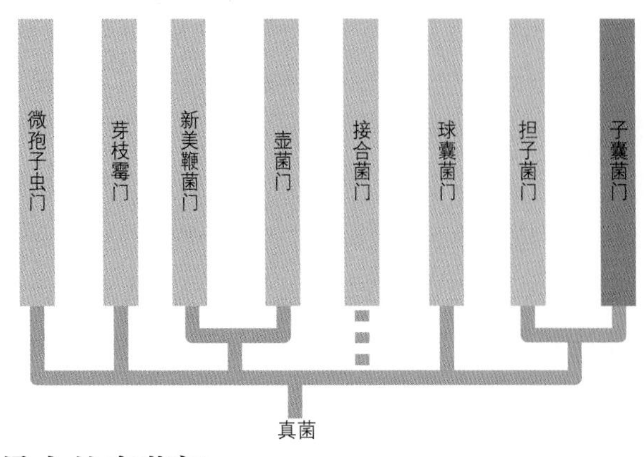

最大的真菌门

学习目标18.10.1 子囊菌的生命周期和子囊的作用

子囊菌门，**子囊菌**，是最大的真菌门，含有32,000个被命名的物种，并且每年还会有很多新发现的物种。子囊菌中有很多我们熟悉的、有重要经济作用的物种，如酵母菌（单细胞）、羊肚菌、松露以及许多植物的真菌病原体，比如能造成荷兰榆树病和栗疫病的病原体。

子囊菌通常进行无性生殖。子囊菌的菌丝具有不完全的横隔壁，分隔细胞。但横隔壁中间有一个很大的缺口，因此细胞质沿菌丝上下流动不会受到阻碍。当菌丝的尖端处与菌丝体的其余部分被横隔壁充分地分离时，无性生殖就会发生，形成的无性孢子称为**分生孢子**（图18.7，在圈出放大的地方），每个分生孢子通常含有多个细胞核。当一个分生孢子被释放以后，经由空气的流通性被带到另一个地方，然后出芽长成一个新的菌丝体。

了解到分生孢子中有多个细胞核属于正常现象，这是很重要的知识。这些多核的孢子是**单倍体**，而不是二倍体，因为其中只有一套基因组（一套子囊菌染色体）存在，然而从遗传学角度来讲，在二倍体细胞中，会存在两套不同的染色体组。细胞核的实际数量不是重要的因素——而不同基因组的数量才是关键。

子囊菌的命名源于其有性生殖结构——**子囊**，子

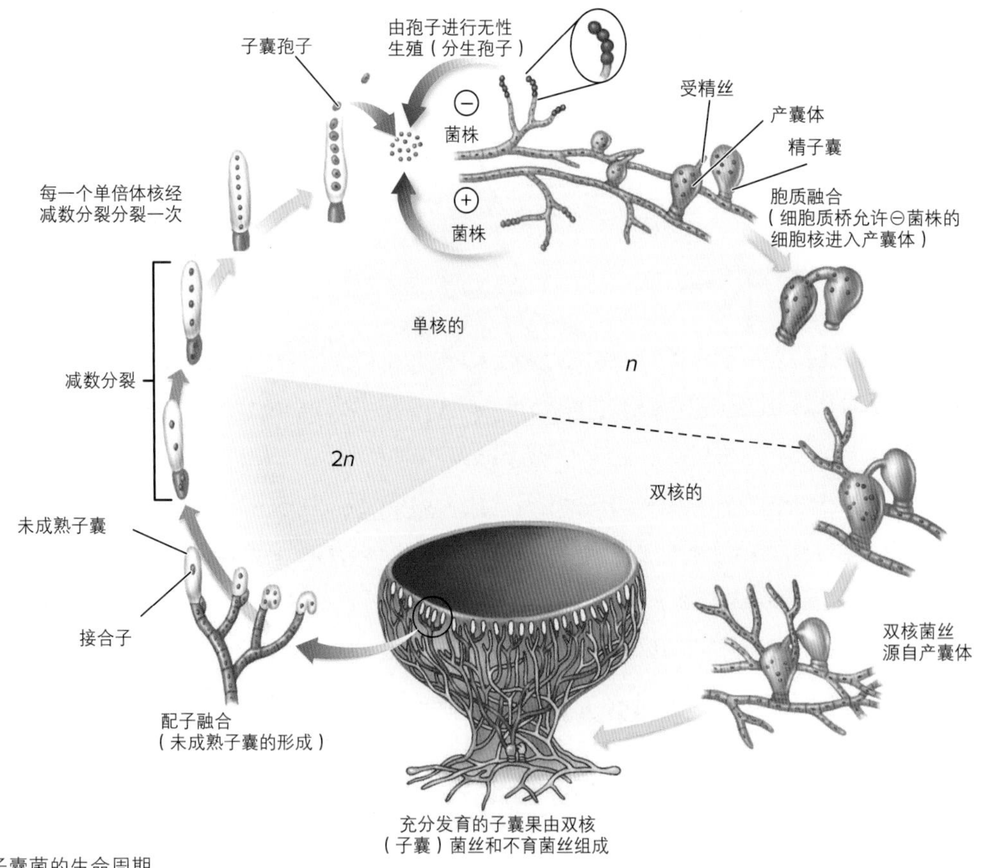

图18.7 子囊菌的生命周期

无性生殖依靠分生孢子，孢子在变形菌丝的末端被横隔壁切断。雌性配子囊（或产囊体）和雄性配子囊（或精子囊）通过受精丝融合时，有性生殖便会发生。

囊不同于另一个较大的结构——子囊果。子囊是子囊果中在菌丝尖端形成的一个微小的细胞，也就是接合子形成的地方。接合子是子囊菌的生命周期中唯一的二倍体细胞核的细胞。接合子减数分裂后产生的单倍体孢子称为子囊孢子。当一个成熟的子囊破裂时，单个子囊孢子可能会分散到30厘米远的地方。

关键学习成果　18.10

大多数真菌都是子囊菌，它们会在一个被称为子囊的生殖结构中形成接合子。

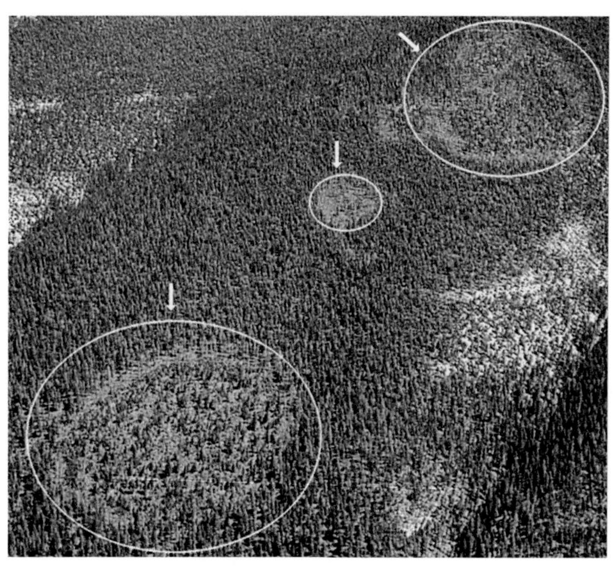

图18.8　世界上最大的生物体？

图中展示的松蕈属是一种足以致病的真菌，它正在侵袭蒙大拿州针叶林里三个彼此分离的区域，它们从单独的某一中心点开始进行无性繁殖并逐渐向外扩张。图片下方最大斑块的面积大约有8公顷。

真菌生态学
The Ecology of Fungi

18.11　真菌的生态功能

关键的生态功能

学习目标18.11.1　真菌在碳、氮循环中的作用

分解者

真菌与细菌都是生物圈中主要的分解者。它们分解有机物并能使这些被锁在生物分子中的化学成分重新参与进生态系统循环中。事实上，真菌是唯一能分解木质素（木材的主要成分）的生物。通过分解这样的物质，真菌能够利用死亡的有机体产生可供其他生物利用的碳、氮以及磷等元素。

在分解有机物时，有一些真菌能够利用活着的植物和动物，将其作为有机分子的来源，而另一些真菌则利用死亡的动植物体。真菌通常是造成动植物产生疾病的原因。图18.8中的松蕈属真菌正在感染针叶林。如图中被圈出的位置所示，真菌从某一中心点开始向外扩展、不断生长。每年，真菌给农业带来的损失都高达数十亿美元。

商业用途

从生态学角度来看，真菌的重要意义在于它具有活跃的新陈代谢，同样，这一点也被应用在很多商业用途上。酵母菌是能够产生大量乙醇和CO_2的单细胞真菌，面包和啤酒的制造都依赖于酵母菌的生化活性。奶酪和葡萄酒独特的风味也是由于某种真菌的代谢过程。庞大的工业都借助于培养中的真菌对柠檬酸等有机物质的生化制造。包括青霉素在内的许多抗生素的生产也都依赖于真菌。

可食用真菌和有毒真菌

子囊菌和担子菌中的很多种类都是可食用的。它们可以通过商业种植获得也可以从野外采摘。担子菌中的双孢蘑菇生长在野外，但同时它也是全世界栽培最广的食用菌之一。这种菌类小的时候被称为“草菇”，而当它长大以后被当作“双孢蘑菇”进行售卖。其他可食用真菌包括黄色的鸡油菌（*Cantharellus cibarius*）、羊肚菌以及香菇（*Lentinula edodes*）。挑选蘑菇食用时一定要十分注意，因为很多种类都含有毒素。有毒的蘑菇能引发很多症状，从轻微的过敏以及消化问题到产生幻觉、器官衰竭甚至死亡。

真菌群从

学习目标18.11.2　菌根和地衣的区分

真菌与藻类和植物有着各种密切的联系，在生物世界中扮演着非常重要的角色。它们是异养生物（真菌）和光合生物（藻类或植物）彼此共享的典型代表。真菌能够从外界环境中高效地获取矿物质及其他营养；光合生物能够利用阳光制造有机分子。当两者单独存在时，真菌没有食物来源，光合生物没有营养物质的来源。而当两者联系到一起后，双方都能获取食物和营养物质，这是一种双赢的合作关系。

菌根

真菌和植物根系的关联被称作菌根（希腊语中真菌为“myco”，根为“rhizos”）。大约有80%的植物种类的根部都与真菌存在这种联系。事实上，据估计，真菌占世界植物根系总重量的15%！菌根的存在极大地增加了根的表面积。

在一个菌根中，真菌的菌丝可以作为植物根的高效根毛，突破根的表皮或根终端部分的最外层细胞，它们能够直接帮助磷元素及其他矿物质从土壤中转移至植物根系，而植物能够为与其共生的真菌提供有机碳。在最早的化石中，植物的根与球囊菌形成了丛枝菌根，这对植物侵入陆地具有重要意义。

地衣

地衣是真菌与光合生物之间的共生联合体。在已被描述的15,000种地衣中，除了20种以外，子囊菌是其余所有地衣的真菌伙伴。地衣的主要可见部分是由真菌组成的，但是真菌中菌丝层交织缠绕的部分是蓝细菌、绿藻或两者都有。充足的阳光穿过透明的菌丝层，使光合作用成为可能。专性的真菌菌丝包围或刺入这些光合细胞，充当将光合细胞产生的糖类和其他有机分子收集并转移到真菌菌体中的通道。这种真菌能传输特殊的生物化学信号，指导蓝细菌或绿藻产生代谢物，但脱离真菌而独立生长的蓝细菌和绿藻则不会发生这种现象。事实上，缺少了光合作用伙伴，真菌也不能生长或存活。

与光合生物联合的真菌，其持久的结构能够激发地衣侵入条件最严苛的栖息地，包括山顶，以及沙漠中干燥、裸露的岩石表面。在条件如此严苛、裸露的区域，地衣通常都是第一批侵入者，它们分解岩石，并为其他有机物的侵入做好准备。

地衣对大气中的污染物十分敏感，因为它们很容易吸收溶解在雨水或露水中的物质。这就是城市中或城市周围通常都没有地衣存在的原因——它们对机动车交通和工业活动产生的SO_2相当敏感。这样的污染物破坏了地衣的叶绿素分子，并因此降低了光合作用，扰乱了真菌与藻类或蓝细菌之间的生理平衡。

关键学习成果　18.11

真菌是主要的分解者并在生态和商业中起到很多重要的作用。菌根是真菌和植物根部之间的共生体。地衣是真菌和光合生物（蓝细菌或藻类）的共生体。

调查与分析
INQUIRY & ANALYSIS

是壶菌杀死了青蛙？

正如你在本章18.6节中所了解到的，壶菌被认为在世界范围内两栖动物灭绝浪潮中扮演着重要角色，第38章对此进行了更详细的讨论。1993年，人类首次意识到壶菌的潜在作用。在澳大利亚东北部的昆士兰州，当时有报道称大量的青蛙相继死亡。所有不同种类的青蛙似乎都被感染了，并且其群体数量锐减。在昆士兰北部的热带雨林中，一种尖吻激流蛙（*Taudactylus acutirostris*）被严重感染，处在濒临灭绝的状态。相关的克隆繁殖基地在詹姆斯库克大学、墨尔本动物园和塔龙加动物园都建立了，以尝试去保护这些物种。不幸的是，物种的保护工作失败了。克隆出来的每一只青蛙最后都死亡了。

是什么杀死了青蛙？这一问题的答案直到1998年才被揭晓，研究人员在扫描电子显微镜下检查了生病青蛙的上皮细胞（皮肤）。青蛙通常具有一个相对光滑的皮肤，而这些濒死青蛙的上皮细胞是粗糙的，其表面具有球状的突起。

这些突起是游动孢子囊，是壶菌的无性生殖结构。每一个游动孢子囊都是粗糙的球形，上面长有一个或多个突起的管状结构。每个游动孢子囊中都有几百万个微小的游动孢子。当堵塞小管端部的栓头消失后，孢子被释放到周围皮肤细胞的表面或是水中，在那里它们借助鞭毛游动，一直到遇见下一个寄主。当一个游动孢子接触到一只青蛙时，它会吸附在青蛙的皮肤上并在其次表层上形成一个新的游动孢子囊，然后重新开始这种感染循环。

有研究证实，感染的壶菌是蛙壶菌。这是出人意料的。壶菌的典型生活场所是在水体中或湿地中，尽管人们已经了解了几种能感染植物和昆虫的壶菌，但是并没有发现壶菌也能感染脊椎动物。这些最初的扫描电子显微镜照片强有力地证明了，是壶菌造成了昆士兰州大量青蛙的死亡。然而，为了获得更直接的证据，研究人员随后进行了一系列的实验，直接评估了壶菌杀死青蛙的能力。

在众多的实验中，一个具有代表性的实验是将箭毒蛙属的青蛙依据是否与壶菌接触分为两组。三周以后，研究人员检测了所有青蛙蜕掉的皮，观察了死亡青蛙的临床症状。其结果如上面的饼状图。

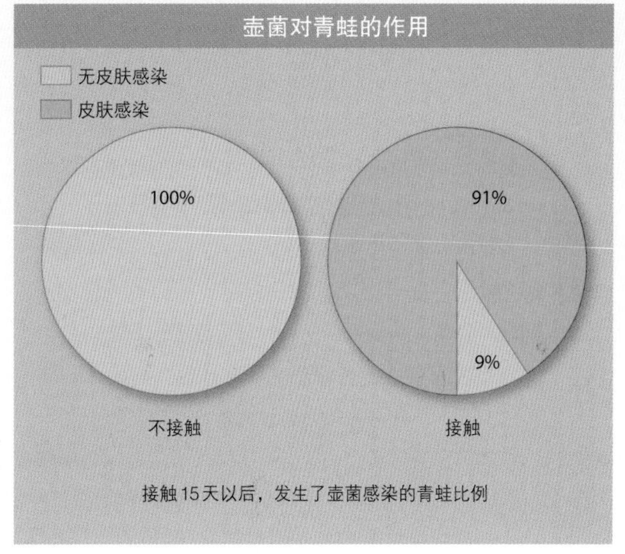

接触15天以后，发生了壶菌感染的青蛙比例

分析

1. **应用概念** 本研究中有因变量吗？如果有，是什么？
2. **解读数据** 未接触病菌的青蛙中的发病率是多少？接触病菌的青蛙中的呢？
3. **进行推断** 接触蛙壶菌和使青蛙致命的临床症状——皮肤感染之间有什么联系吗？
4. **得出结论** 接触可能发展为青蛙致死病的壶菌的影响是什么？
5. **进一步分析**

   a. 世界范围内的许多种类的青蛙和蝾螈正濒临死亡。这个实验是否能确定通常情况下两栖类对壶菌的敏感性？

   b. 虽然过去发生过青蛙陆续死亡的现象，但是没有一次比这更严重。你认为蛙壶菌是一个新的物种吗，或者说你认为诸如全球变暖和造成臭氧层破坏的紫外线辐射增加等环境变化能成为其原因吗？请讨论。

本章回顾

Reviewing What You Have Learned

作为多细胞生物的真菌

复杂的多细胞生物

18.1.1 真菌、植物和动物都是复杂的多细胞生物，与藻类这种结构简单的多细胞生物不同。

- 真菌具有高度特化的细胞种类，并且能够进行细胞间的交流。细胞的特化源于不同的细胞种类利用不同的基因。在发展过程中，不同的基因能够激发不同的细胞类型。细胞能分泌一些化学信号，当这些化学信号在细胞间进行传递时，细胞间的通信就可以完成。

真菌并非植物

18.2.1 当对真菌与植物进行比较时可以发现，真菌与植物的相似性只存在没有移动性这一方面。真菌是异养生物；它们不能通过光合作用制造自己的食物。

18.2.2 菌体是由菌丝这一细长的丝状结构组成的，菌丝缠绕在一起形成菌丝体。大部分真菌都具有不能运动的精子，这跟植物不一样。真菌有几丁质组成的细胞壁，这与植物细胞中发现的纤维素细胞壁不同。真菌也能进行细胞核的有丝分裂，即细胞核进行分裂而细胞不分裂。

- 在菌丝体中，一个真菌菌丝个体中的细胞被一个称为横隔壁的不完全屏障分隔开，这使得细胞质可以在细胞间流动以完成细胞通信。

真菌的繁殖与营养

18.3.1 真菌能进行有性生殖和无性生殖。有性生殖发生在两个不同的基因“交配型”菌丝融合时。它们的单倍体细胞核在细胞中彼此分离，即以异核体的形式存在。这些细胞核将会在生殖结构中融合，形成能够立即进行减数分裂的接合子。

- 真菌有三种生殖结构类型：配子囊、孢子囊以及分生孢子囊。

18.3.2 真菌通过将消化酶分泌到食物上进行体外消化而获取营养。食物在体外被消化，营养被真菌细胞吸收。真菌能够分解纤维素，这就是为什么它们经常长在树上。

真菌的多样性

真菌的种类

18.4.1 真菌是地球上影响生命发展的有机体中最古老的类群。许多种类都是有害的，它们能够使食物溃烂、腐败，并使动植物产生疾病。也有一些种类在生产工业中是有益的，被用于面包、啤酒的生产及其他商业用途。真菌主要有八个门：微孢子虫门、壶菌门、芽枝霉门、新美鞭菌门、接合菌门、球囊菌门、担子菌门和子囊菌门。

微孢子虫是单细胞寄生虫

18.5.1 微孢子虫体内缺少线粒体，并因此成为专性细胞寄生虫。DNA数据表明它们为真菌。

壶菌有带鞭毛的孢子

18.6.1 壶菌门以及与其亲缘关系较近的芽枝霉门和新美鞭菌门都有带鞭毛的孢子。壶菌门的物种**蛙壶菌**是青蛙的病原体，能够造成致命的皮肤感染。

接合菌能产生接合子

18.7.1 接合菌通常进行无性生殖，从孢子囊中释放单倍体孢子。然而，它们在外界条件比较匮乏的时候进行有性生殖，对于交配型不同的菌株来说，二者的菌丝融合后会形成一个二倍体的接合孢子囊，然后再出芽形成一个孢子囊。面包霉就是这个门的真菌。

球囊菌是无性繁殖的植物共生体

18.8.1 球囊菌是能和植物根部一起形成丛枝菌根的无性繁殖共生菌。人们认为这有助于植物最初对陆地的入侵。

担子菌是蘑菇类真菌

18.9.1 担子菌是很容易辨认的蘑菇、毒菌、尘菌以及层孔菌。它们通过两个不同的交配型菌株的菌丝融合进行有性生殖。融合的菌丝会长成一个被称为子实体的双核菌丝体。被称为担子的生殖结构存在于蘑菇伞帽中。在担子中，植物的单倍体细胞核融合形成一个可以进行减数分裂的二倍体合子，该合子能产生单倍体担子孢子并将其释放。

子囊菌是种类最多的真菌

18.10.1 子囊菌是最大的真菌门，包括羊肚菌、松露以及许多植物真菌病原体。它们通常通过释放单倍体孢子进行无性生殖，这些单倍体孢子称为分生孢子。其生殖结构是子囊，它在双核菌丝的尖端部位形成，来源于不同交配型菌株的融合。子囊中的单倍体细胞核融合，形成一个二倍体接合子。接合子进行减数分裂，形成子囊孢子，并从子囊中释放出来。

真菌生态学

真菌的生态功能

18.11.1 真菌作为分解者，在环境中具有十分关键的作用，并且它还具有许多商业用途。

18.11.2 真菌与其他有机体存在着紧密的联系，即与植物根部形成菌根、与蓝细菌或藻类形成地衣。

本章测验

Test Your Understanding

18.1.1（1）复杂多细胞生物的主要特征是_______。

a.有性生殖　　c.细胞特化

b.细胞发育　　d.二分裂

18.1.1（2）以下所有的分类门中都有复杂的多细胞，除了

a.动物界　　c.真菌界

b.植物界　　d.古生菌

18.2.1（1）以下哪个选项不是真菌的特征？

a.几丁质构成的细胞壁　　c.进行光合作用

b.细胞核有丝分裂　　d.丝状结构

18.2.1（2）你看到林木的树皮上有一个突出的物体，它看起来有些像蘑菇。请至少用三个标准来确定它是树的一部分还是真菌的一部分。

18.2.1（3）你的朋友有足癣，并且因为用了很长时间才治好，你的朋友问你为什么像青霉素（从真菌中分离的）这样的抗生素在治疗人类的细菌感染上比用杀菌剂更有效。你将怎样回答你的朋友？

18.2.2（1）真菌的菌体主要是_______。

a.菌丝　　c.蘑菇伞

b.横隔壁　　d.菌丝体

18.2.2（2）菌丝体中菌丝形成广泛的网络的功能意义是_______。

a.它可以使很多细胞参与生殖过程

b.它为吸收营养物质增加大量的表面积

c.它帮助个体预防单个细胞丢失

d.它能提高对土壤细菌感染的抵抗力

18.3.1（1）真菌的生殖方式是_______。

a.无性生殖和有性生殖两种　　c.只有无性生殖

b.只有有性生殖　　d.通过分裂

18.3.1（2）含有两个遗传物质不同的细胞核的菌丝被归类为_______。

a.单核的　　c.同核的

b.双核的　　d.异核的

18.3.2　以下哪个选项属于真菌的特征_______。

a.自养型

b.纤维素细胞壁

c.体外消化

d.大多数物种共有的有性生殖

18.4.1　在一个未知来源的真菌菌丝的培养中，我们注意到菌丝缺少横隔壁并且通过使用直立茎的茎丛进行无性生殖。然而，有时也可以观察到有性生殖。你会将它归类为哪个真菌门？

a.壶菌门　　c.子囊菌门

b.担子菌门　　d.接合菌门

18.5.1　微孢子虫是_______。

a.原生动物　　c.带鞭毛的

b.纤维素消化器　　d.细胞内寄生虫

18.6.1（1）壶菌及其亲缘关系较近的类群具有的特点是_______。

a.带鞭毛的游动孢子　　c.消化纤维素

b.对青蛙有害　　d.以上所有

18.6.1（2）壶菌与两栖动物的关系_______。

a.是一种互利共生，对双方都有益

b.是一种感染，不是共生

c.是真菌与动物共生的一个例子

d.是地衣的一个例子

18.7.1（1）接合菌不同于其他真菌，因为它们不能产生_______。

a.菌丝体　　c.异核体

b.子实体　　d.孢子囊

18.7.1（2）接合菌的典型特征是其生殖_______。

a.利用接合孢子囊　　c.进行无性生殖

b.通过形成担子　　d.形成接合子进行有性生殖

18.8.1（1）球囊菌能形成_______。

a.丛枝菌根　　c.a和b

b.外生菌根　　d.既不是a也不是b

18.8.1（2）外生菌根与丛枝菌根不同是因为_______。

a.外生菌根的菌丝能够刺透植物根部的外层细胞

b.外生菌根能长出深入周围土壤中的根

c.外生菌根的菌丝不能刺透根部细胞的细胞壁

d.外生菌根到目前为止是两种类型中最常见的

18.9.1（1）担子菌中的减数分裂发生在_______。

a.菌丝　　c.菌丝体

b.担子　　d.子实体

18.9.1（2）通过你在商店里对熟悉的蘑菇的了解，解释真菌生活中的哪部分是具有代表性的。

18.9.1（3）在一个典型的担子菌的生命周期中，你可以找到一个双核的细胞的结构是_______。

a.初生菌丝体　　c.担子孢子

b.次生菌丝体　　d.接合子

18.10.1（1）子囊菌形成子囊孢子的部位是_______。

a.一个称为子囊的特殊的囊　　c.孢子囊梗

b.子实体上的菌褶　　d.产囊体上的受精丝

18.10.1（2）羊肚菌和松露属于真菌中哪个门？

a.接合菌门　　c.担子菌门

b.子囊菌门　　d.壶菌门

18.11.1（1）在极少数的实例中，地衣的真菌伙伴是_______。

a.接合菌　　c.子囊菌

b.担子菌　　d.球囊菌

18.11.1（2）菌根能帮助植物吸收_______。

a.水分　　c.二氧化碳

b.氧气　　d.矿物质

18.11.1（3）陆生植物早期的进化可能是通过哪种真菌产生的菌根关系？

a.接合菌　　c.子囊菌

b.球囊菌　　d.担子菌

第 5 单元　动物的进化

学习目标

动物概述

19.1　动物的一般特征

　1　列出所有动物的五个共同特征

19.2　动物系谱图

　1　传统的以及近期的动物系统发生树

　2　触手冠动物和蜕皮动物对比

19.3　动物形体构型的六次关键转变

　1　列出动物形体构型的六次关键转变

最简单的动物

19.4　海绵动物：没有组织的动物

　1　领细胞的重要意义

19.5　刺胞动物：组织导向更高级特化

　1　辐射对称和两侧对称

　2　刺细胞及其功能

两侧对称的出现

19.6　无体腔的蠕虫：两侧对称

　1　两侧对称动物的三种分生组织层

　2　退行性进化

　3　扁形虫的内部器官

体腔的出现

19.7　线虫动物：体腔的进化

　1　体腔的三种优势

　2　无体腔动物、假体腔动物和真体腔动物的区分

　3　假体腔动物的两个门对比

　4　线虫在形体构型上的主要改变

19.8　软体动物：真体腔动物

　1　为什么真体腔动物是形体构型方面的一种成功进化？

　2　软体动物身体的三个部分

19.9　环节动物：体节的出现

　1　环节动物形体构型的三种特征

19.10　节肢动物：分节附肢的出现

　1　节肢动物形体构型的两个关键改变

　2　螯肢动物的口器

　3　螯肢动物和具颚类

重构胚胎

19.11　原口动物和后口动物

　1　原口动物和后口动物的四个不同点

　深度观察　多样性只是表面现象

19.12　棘皮动物：最早的后口动物

　1　棘皮动物的水管系统

19.13　脊索动物：增强的骨架

　1　脊索动物的四个主要特征

调查与分析　间断平衡说：评价一个案例的历史

动物门的进化

在所有真核生物中，动物外在形态的多样性是最高的。比如马蜂属的胡蜂，是动物中多样性最高的种类——昆虫。对生物学家来说，给数百万种动物进行分类是十分困难的。胡蜂有分段的外部骨架以及分节的附肢，基于这些特点，它被划分至节肢动物中。但是，节肢动物与蜗牛等软体动物及蚯蚓等分节蠕虫具有怎样的联系呢？在之前的分类系统中，生物学家们将这三种动物归为一类，因为它们都有一个体腔，这是一个被认为只进化一次的基本特征。从当前的实验技术来看，分子分析的结果表明，这种假定可能是错误的。软体动物和分节蠕虫与那些像人类一样通过增加现有身体的重量来生长的动物一起被归为一类，而节肢动物与其他蜕皮动物被分到一组。这些动物通过蜕皮来不断增加自身的大小，这是一种似乎只能进化一次的能力。因此我们应该明白，即使是在像分类学这样历史悠久的学科中，生物学的知识也是在不断改变的。

动物概述
Introduction to the Animals

19.1 动物的一般特征

学习目标 19.1.1 列出所有动物的五个共同特征

从最早的动物祖先开始，动物们就已经进化出了很高的多样性。虽然不同类型的动物之间的进化关系一直存在争议，但是所有的动物都具有一些共同的特征（表19.1）:（1）动物是异养生物，并且必须摄取植物、藻类、动物或者其他生物以获取养分；（2）所有的动物都是多细胞生物，并且与植物和原生动物不同的是，动物细胞没有细胞壁；（3）动物能够移动到不同的地方；（4）动物的形态与其栖息地类型都具有多样性；（5）大部分动物都进行有性生殖；（6）动物有独特的组织和胚胎发育模式。

关键学习成果 19.1

动物是复杂的多细胞异养型生物。大部分动物都有其特征组织。

表 19.1 动物的一般特征

异养生物。与自养的植物和藻类不同，动物不能将无机物转变为有机物。所有的动物都是异养型生物，也就是说，它们通过摄取其他生物来获取能量和有机分子。一些动物（食草动物）食用自养生物，其他动物（食肉动物）食用异养生物；另外，像熊这样的杂食者，自养生物和异养生物均可以作为其食物来源，也有一些动物（腐食者）可以摄取处于分解状态的生物。

多细胞生物。所有的动物都是多细胞生物，通常都有复杂的身体构造。单细胞的异养生物被称为原生动物，它们在过去一段时间内被当作结构简单的动物，现在被归类为广泛且多样的原生生物界，已在第17章进行过具体的讨论。

没有细胞壁。动物细胞在所有多细胞生物的细胞中是比较独特的，因为它们缺少刚性的细胞壁，通常能像癌细胞一样具有灵活性。动物体内多数细胞都由胶原蛋白等结构蛋白的细胞外晶格聚集在一起。而其他蛋白质会在细胞间形成独特的细胞间连接。

自主运动。动物能快速移动，并且运动方式比其他门类的生物更为复杂，这也许是它们最突出的特点，与其细胞的灵活性、神经及肌肉组织的进化直接相关。飞行是动物具有的一种独特的运动方式，它在脊椎动物和昆虫中高度发达。唯一一个从未进化出飞行方式的陆生脊椎动物类群是两栖动物。

形态的多样性。几乎所有的动物（99%）都是**无脊椎动物**（即没有脊椎）比如千足虫。据估计，在1,000万个现存的动物物种中大约只有42,500个物种有脊椎，属于**脊椎动物**。动物具有各种各样的形态，身体大小的范围很广，小至肉眼不可见，大到如巨鲸和大王乌贼。

栖息地多样性。动物界大约有35个门，大部分都生活在海洋里，比如水母（刺胞动物门）。极少数种类生活在淡水中，还有更少的种类能生活在陆地上。节肢动物（昆虫）、软体动物（腹足类）、脊索动物（脊椎动物），这三个海生门成员成功地占领了陆地。

有性生殖。大多数动物都进行有性生殖，如龟。动物产下的卵是不能运动的，比体积较小且通常带鞭毛的精子大得多。在动物中，减数分裂中形成的细胞直接作为配子发挥作用。这些单倍体细胞最初不会通过有丝分裂而分裂，反而是像植物和真菌一样直接相互融合以形成受精卵。因此，除了少数几个例外，动物中没有类似植物中的单倍体（配子体）和二倍体（孢子体）世代交替的形式。

胚胎发育。大多数动物都有相似的胚胎发育模式。受精卵首先经历一系列的有丝分裂，该过程称为卵裂，就像青蛙卵的分裂一样，首先形成一个实心的细胞球，即桑葚胚，然后形成一个空心的细胞球，即囊胚。在大多数动物中，囊胚从某一点向内折叠，形成一个一端开口的中空囊，这个开口称为胚孔。这个时期的胚胎称为原肠胚。随后，原肠胚细胞的生长及运动在不同的动物门中有很大的区别。

独特的组织。除了海绵动物以外，其他所有动物的细胞都能组成具有一定结构和功能的单元，这一单元称为**组织**，它们是由具有某一特定功能的细胞聚集在一起而形成的。动物有两种独特的、与运动有关的组织：（1）为动物运动提供动力的肌肉组织；（2）进行细胞间信号传递的神经组织。

19.2 动物系谱图

19.1节中描述的动物特征在数百万年中不断进化。如今，动物的高度多样性正是这一漫长进化历程的结果。在传统的分类学中，多细胞动物，或者说后生动物，被划分为35个完全不同的门。这些门之间的联系一直是生物学家们讨论的重点。

传统的观点

学习目标 19.2.1 传统的以及近期的动物系统发生树

分类学家一直通过比较解剖学特征和胚胎发育特点，试图去创建动物的**系统发生**（系谱图；见第

15.5节）。直到20世纪，分类学家们才就动物系谱图的分支情况达成了共识。

第一层分支：组织 按传统观点来看，分类学家一直将动物门分为两个主要的分支：（1）**侧生动物**（“动物的旁支”）——大多数缺少明确的对称性，并且既没有组织也没有器官，主要是由多孔动物门的海绵动物组成；（2）**真后生动物**（“真正的动物”）——有一定形态和对称性的动物，多数情况下是由组织组成器官，然后再形成器官系统。在图19.1中，侧生动物右边的所有动物都是真后生动物。

在系统发育学上，动物系谱图中所有的分支都可以追溯到一个祖先，即领鞭毛虫，它生活在大约7亿年前的前寒武纪时期，是营固着生活且带鞭毛的原生动物。

第二层分支：对称性 动物系谱图中的真后生动物分支本身也有两个主要的分支，它们在发育过程中形成的胚胎层的性质不同，并且会继续发展为成年动物的不同组织。辐射对称动物（呈辐射对称）中的真后生动物有两个胚胎层，一个**外胚层**和一个**内胚层**，因此被称为双胚层动物。其他所有的真后生动物都是**两侧对称动物**（呈**两侧**对称）并且是三胚层动物，它们在外胚层和内胚层中间有第三个胚层，即**中胚层**。

第三层分支 分类学家比较了分支中所有动物在其分类门的进化历史中具有重要意义的特性及其身体形态的关键特征，然后对动物系谱图的分支结构进行了细化。两侧对称动物被划分成有体腔和无体腔（无体腔动物）两组；有体腔的动物被分为真体腔（体腔被中胚层封闭）和假体腔（假体腔动物）两组；有真体腔的动物又根据体腔是否由消化管进化而来被划分为两组。

在传统分类学中，分类学家选择了“非此即彼”的分类原则，利用这种方法创建了有很多分支的系谱图，如图19.1所示。

动物系谱图的新观点

学习目标19.2.2 触手冠动物和蜕皮动物对比

尽管在过去一个世纪中，传统的系统发生一直广泛地为人们所接受，但现在，生物学家们对其进行了重新分类。这种简单的“非此即彼”的分类原则存在着很多问题——十分烦琐的次级分类并不能很好地符合标准。结果表明，生物学家过去用来构建系谱图的关键的身体形态特征——对称、体腔、分节的附肢

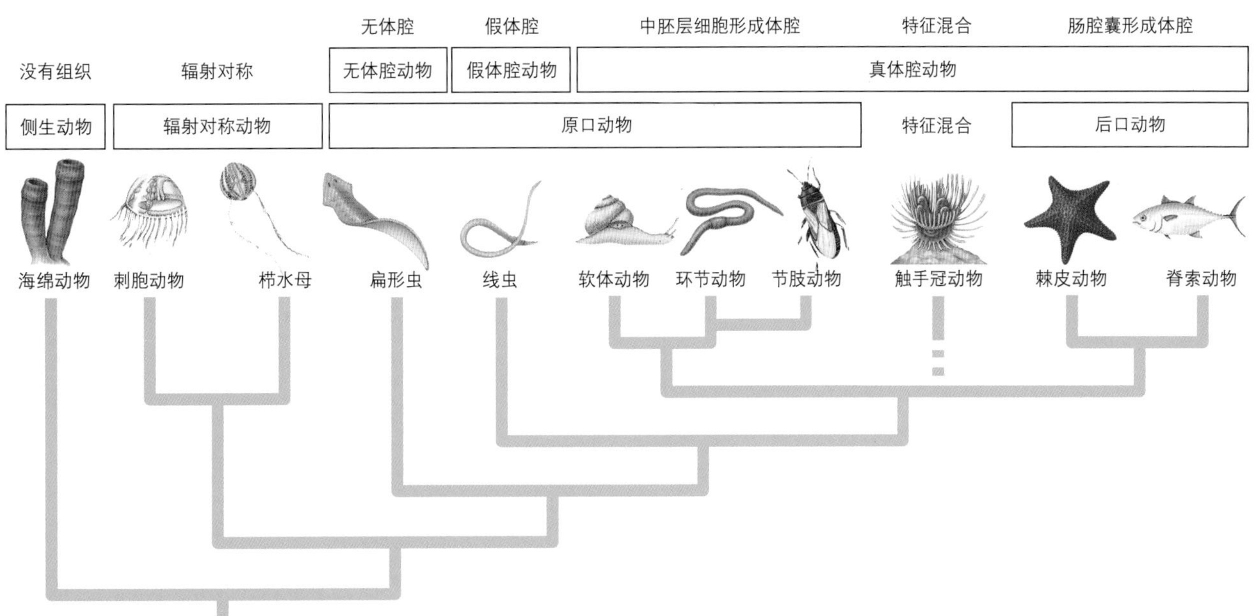

图19.1 动物系谱图：传统的观点

生物学家过去一直将动物分为35个门。图中阐释了一些主要门之间的关系。两侧对称动物（图中辐射对称动物的右侧）根据其体腔又分为三个类群：无体腔动物、假体腔动物和真体腔动物。

等——并不像我们假设的那样，在某些动物中总是存在的。这些特征在一些特殊动物的进化过程中似乎是会再次获得和消失的。如果这些基本特征的变化模式是常见的，那么，不同的动物分类门之间相互联系的方式究竟如何，我们必须重新修正这方面的观点。

在过去的10年中，研究者得到了多种动物类群一系列的新的RNA和DNA基因测序数据。**分子系统学**这一新领域利用特定基因的某些序列鉴定了相关动物群组的集群。通过比较这些物种的分子数据，他们创建了许多分子系谱图。尽管在很多重要的方面并不完全相同，但是新、旧系谱图有着相同的深层次的分支结构（将图19.2和图19.1中较低级别的分支进行比较）。然而，与本章以及图19.1中展示的传统的系统发育学相比，大多数人都支持其中一个重大的改变：原口动物（与后口动物相比，有着不同的发育模式——本章后面部分会进行探讨）被分为了两个进化的分支。图19.2是通过DNA、核糖体RNA及蛋白质相关研究，得到的统一的分子系谱图。在这张图中，传统的原口动物被分为触手冠动物和蜕皮动物。

冠轮动物是通过不断地增加现有身体的重量来使自身的躯体生长。它们的名字来源于其独特的进食器官，即**触手冠**，这一器官是在一些分子层次上比较相近的门中发现的。这些动物——通常生活在水中并且具有纤毛运动和担轮幼虫——包括扁形虫、软体动物和环节动物。

蜕皮动物具有为了保证生长而必须蜕掉的外骨骼。这种蜕掉外骨骼的过程称为**蜕皮**。这也是该类动物被称为**蜕皮动物**的原因。蜕皮动物包括线虫和节肢动物。按传统的观点对动物进行分类时，一个动物的生长方式并不是其关键的特征，但是在比较动物的分子组成时，其生长方式就成了非常重要的特征。

关于后生动物的生命树，有一个简单的概述：目前，关于动物界的分子系谱图分析尚处在初始阶段。因此，本章中，我们可以根据传统的动物系谱图来探索动物的多样性。然而，新分子方法的初级阶段也只是短暂的。在未来的几年中，我们预计会得到大量的分子数据，用以了解动物的多样性。

关键学习成果 19.2

在新的分子系统发育学中和更传统的分类方法中，主要的动物类群之间存在的联系是不同的。

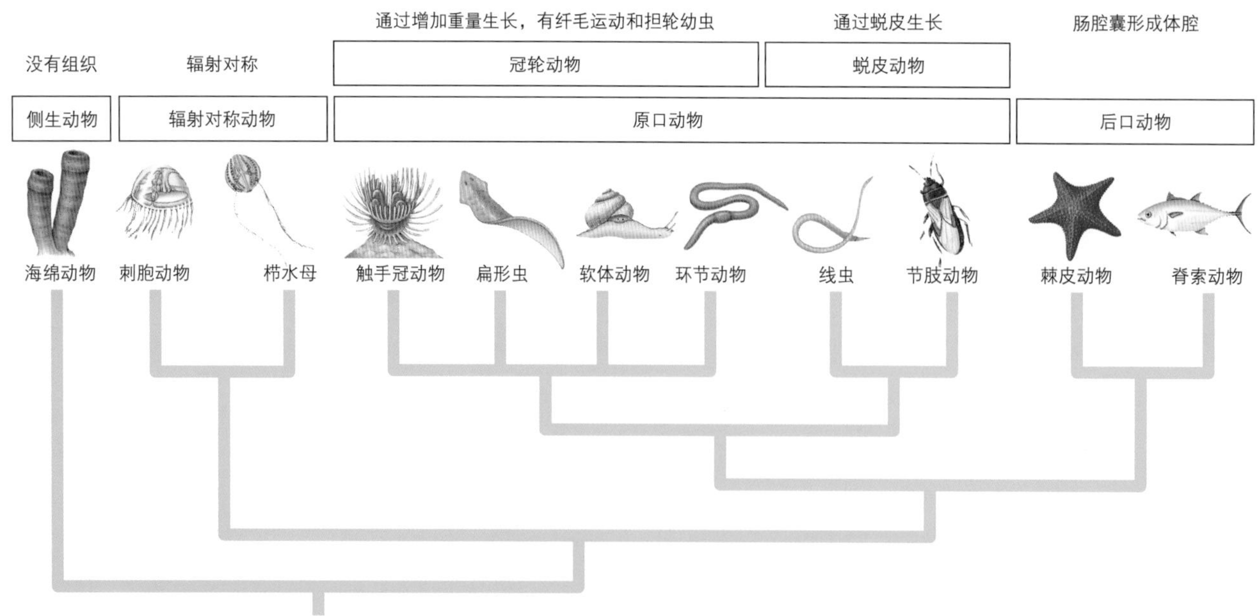

图19.2　动物系谱图：新观点

新的系统发生表明，可以根据动物是通过增加自身重量（冠轮动物）还是通过蜕皮（蜕皮动物）而不断生长，将原口动物更好地进行分类。

19.3 动物形体构型的六次关键转变

学习目标19.3.1 列出动物形体构型的六次关键转变

动物形体构型的进化有六次关键的转变：组织、两侧对称、体腔、身体分节、蜕皮以及后口动物的发展。这六次形体特征的转变在图19.3的系统发生树的分枝中有所体现。

组织的进化

侧生动物是最简单的动物，它缺少轮廓分明的组织和器官。以海绵动物为例，这些动物是由关联程度最小的一些细胞组成的集合体。其他所有种类的动物，比如真后生动物，都具有由高度分化的细胞形成的特定的组织。

两侧对称的进化

海绵动物缺少一定的对称结构，它们以不规则的细胞团的形式进行非对称式的生长。事实上，其他所有种类的动物都有确定身体的各部分形态以及对称性，我们可以用一条虚线将动物身体的对称性表示出来。

辐射对称 身体的对称性首先是在呈**辐射对称**的海洋动物中进化出来的。它们的身体围绕着一个中心轴排列，所有的平面都能穿过这个中心轴，它将动物的身体分为几乎相同、呈镜像对称的两个部分。

两侧对称 其他所有动物的身体基本都呈**两侧对称**，即身体具有呈镜像对称的左、右两部分。这种独特的结构形式可以使身体的各部分以不同的方式发展，身体不同的部位能形成不同的器官。另外，两侧对称动物比辐射对称动物的移动效率更高，一般来说，辐射对称动物营固着生活或者以被动漂浮的状态存在。由于移动性的增加，两侧对称的动物在觅食、寻找配偶以及躲避天敌等方面的效率更高。

体腔的进化

在动物的形体构型方面，第三个关键的转变是体腔的进化。直到体腔的出现，动物体内高效的器官系统才得以进化，因为体腔具有支持器官、分配物质以及促进复杂且不断发展的交流等作用。

体腔的出现使得消化道变得更大、更长。较长的通道可以储存未消化的食物，也可以更久地接触酶以达到完全消化的目的。这种结构转变使得动物在外界环境足够安全的时候能摄取更多的食物，然后在对食物进行消化时，便可以将自身隐藏起来，因此可以减少与其捕食者接触的时间。

一个内部体腔的存在，也可以为生殖腺的扩张提供空间，从而积累大量的卵子和精子。这样的储存能力可以使那些进化程度更高的动物门不断地修改自己的生殖策略。此外，当年幼的动物处于生存条件适宜的情况下，其体内会储存或释放大量的生殖细胞。

身体分节的进化

动物形体构型上的第四个关键的转变涉及身体的**分节**。同工人用许多相同的预制构件修建隧道是高效的一样，身体分节的动物也是由一系列相同的体节组装而成的。按照传统观点来看，科学家们认为身体分节在无脊椎动物的进化中只能进化一次，因为它似乎是形体构型方面一项重大的改变。

蜕皮的进化

大部分体腔动物都是通过不断地增加体重来完成生长的。然而，这给具有坚硬外骨骼的动物带来了一个严重的问题：坚硬的外骨骼只能容纳这么多组织。为了继续生长，动物个体必须蜕掉坚硬的外骨骼，这一过程称为蜕皮。

线虫和节肢动物都会蜕皮。在传统的分类学中，它们被当作两个独立的进化事件。新的系统发育学认为，蜕皮只进化一次。这意味着具有坚硬的外骨骼并且能发生蜕皮的节肢动物和线虫是姐妹类群，而身体分节与蜕皮不同，它在无脊椎动物的进化中必须多次进化，不能只进化一次。

后口动物发育模式的进化

基于基本发育模式的不同，两侧对称动物可以被分为两个类群。第一类称为**原口动物**（“protostomia”，来自希腊语“protos”，意思为“首先的”，以及“stoma”，意思为“嘴”），它包括扁形虫、线虫、软体动

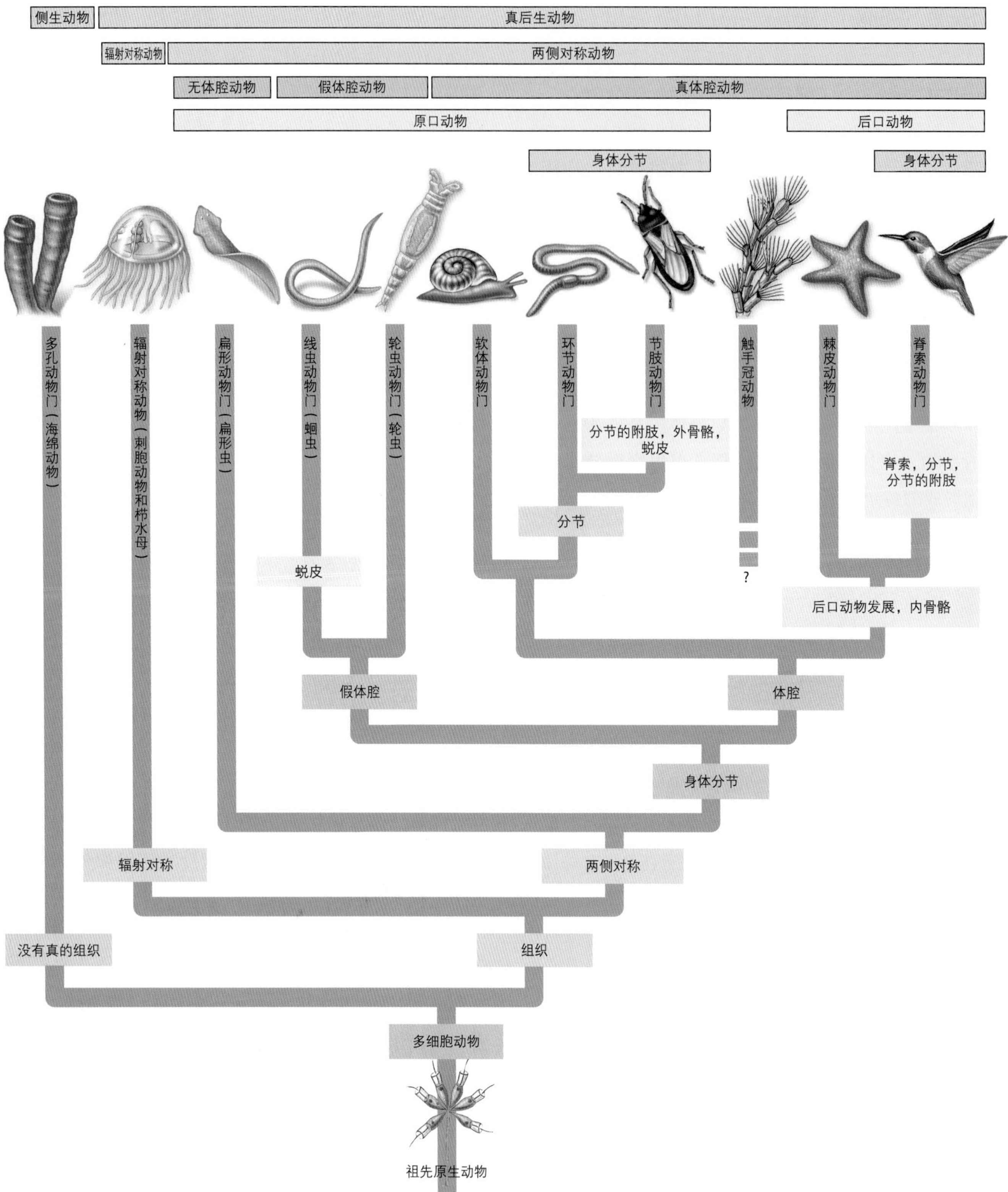

图 19.3　动物进化的趋势

在本章中，我们研究了动物在形体构型进化上的关键改变，如图中分支所示。图中的系统发育树展示了动物界中的一些主要门。触手冠动物兼具有原口动物和后口动物的特征。这里采用的是传统观点中的系统分支，我们假定无脊椎动物中身体分节只出现一次，而在线虫和节肢动物中蜕皮是单独出现的。最新提出的分子系统学认为蜕皮只出现一次，而身体分节是单独出现在环节动物、节肢动物和脊索动物中的。

物、环节动物以及节肢动物。形体构型不同的两个类群，棘皮动物和脊索动物，连同其他一些较小的类群，组成了第二类，即**后口动物**（deuterostomia，来自希腊语“deuteros”，意思为“其次的”，以及“stoma”，意思为“嘴”）。原口动物与后口动物在胚胎发育的几个方面有所不同，这部分将在19.11节中进行讨论。后口动物在大约6.3亿年前由原口动物进化而来，后口动物发育的一致性及其与原口动物发育的区别意味着，从共同祖先到所有与其相关的动物门的进化只能发生一次。

主要动物门的特征见表19.2。

关键学习成果 19.3

在主要的动物门中，动物形体构型的六次关键转变与我们所见的大部分差异是相一致的。

表19.2 主要的动物门

分类门	典型代表		主要特征	被命名物种数
节肢动物门（节肢动物）	昆虫、螃蟹、蜘蛛、千足虫		动物门中最成功的；几丁质外骨骼覆盖着分节的身体并带有成对的分节附肢；多数的昆虫类群都带有翅膀；几乎所有的物种都是淡水或陆地生物	1,000,000
软体动物门（软体动物）	蜗牛、蛤蜊、章鱼、海蛞蝓		软体的体腔动物身体被分为三部分：头-足、内脏团、外套膜；很多种类都有壳；几乎所有的种类都有独特的锉刀状的舌头，该结构称为齿舌；大部分种类是海洋或淡水生物，但是约有35,000个物种是陆生的	110,000
脊索动物门（脊索动物）	哺乳动物、鱼类、爬行动物、鸟类、两栖动物		有脊索且分节的体腔动物；在生命周期的某个阶段存在背部神经索、咽囊和尾巴；在脊椎动物的发育过程中，脊索会被脊柱替代；大多数种类为海洋生物，也有许多种类是淡水生物，大约有20,000种是陆生的生物	56,000
扁形动物门（扁形虫）	涡虫、绦虫、吸虫		无体腔的、未分节的且两侧对称的蠕虫；如果存在消化腔，则只有一端开口；海生的、淡水的或者寄生的生物	20,000
线虫动物门（线虫）	线虫、蛲虫、钩虫、丝虫		有假体腔、未分节的且两侧对称的蠕虫；从嘴到肛门的管状消化道；极小；没有纤毛；许多种类生活在土壤或水底的沉积物中；有一些是很重要的动物寄生虫	20,000

表19.2　主要的动物门				
分类门	**典型代表**		**主要特征**	**被命名物种数**
环节动物门（分节蠕虫）	蚯蚓、海生蠕虫、水蛭	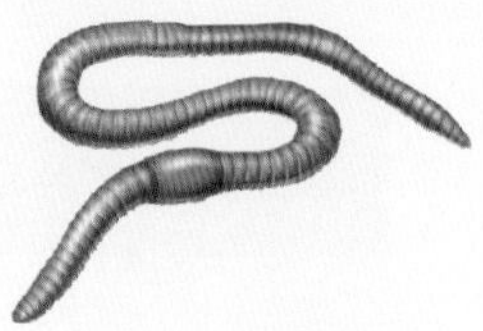	有体腔、有连续分节且呈两侧对称的蠕虫；完整的消化道；每一个体节上都有直立的毛，称为刚毛，它们在爬行中起固定作用；生活于海洋、淡水中及陆地上	12,000
刺胞动物门（刺胞动物）	水母、水螅、珊瑚、海葵	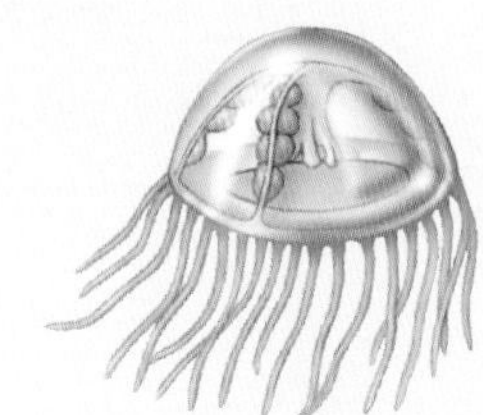	柔软的、凝胶状的、呈辐射对称的身体结构，消化腔有一端开口；触手上有带刺的细胞，即刺细胞，能射出锋利刺丝的结构称为刺丝囊；几乎所有的种类都为海洋生物	10,000
棘皮动物门（棘皮动物）	海星、海胆、沙钱、海参		具有呈辐射对称的成虫体的后口动物；钙板组成的内骨骼；五基数（五部分）的躯体构造及特殊的带管足的水管系统；能够进行躯体的再生；所有种类都是海洋生物	6,000
多孔动物门（海绵动物）	圆桶海绵、穿贝海绵、篮子海绵、花瓶海绵	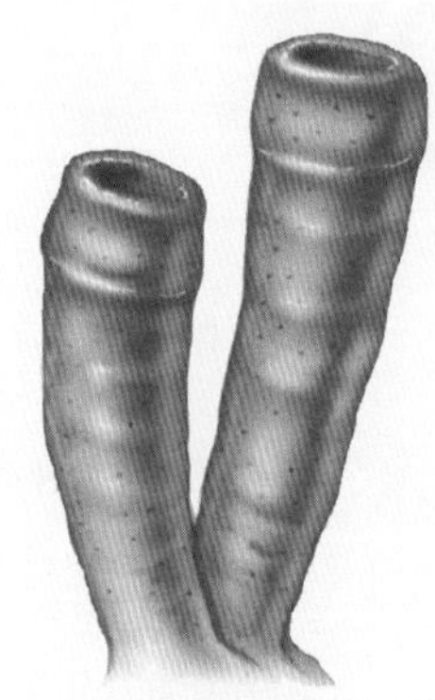	没有明确的组织和器官，躯体非对称；由表面布满许多气孔的两层细胞围成的囊状结构；内腔上排列着起过滤食物作用的领细胞；大多数为海洋生物（有约150个物种生活在淡水中）	5,150
触手冠动物（苔藓动物或者外动物）	苔藓虫、羽苔虫、角藻苔虫、角叉菜	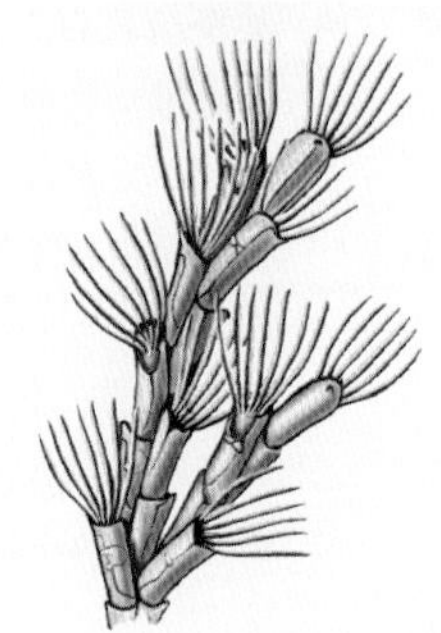	微小的水生后口动物，形成许多分支群体；拥有圆形的或者U形的且带纤毛的触手，该结构称为触手冠，可以从坚硬外骨骼上的小孔中伸出来；苔藓动物也称为外肛动物，因为相对于触手冠来说，其肛门（或者直肠）存在于外部；生活在海洋或淡水中	4,000
轮虫动物门（轮虫）	轮虫	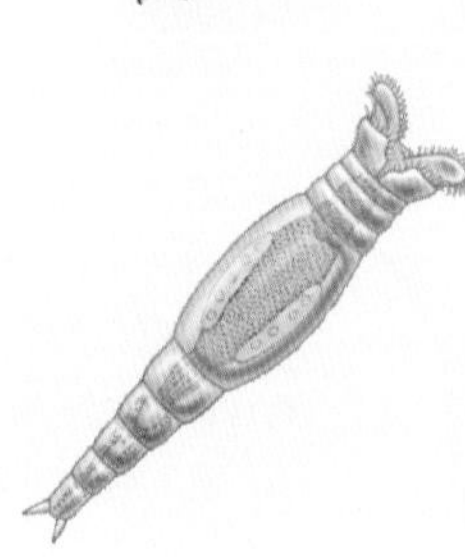	小的水生假体腔动物，嘴边有一簇纤毛组成的头冠，像轮子一样；几乎所有的物种都生活在淡水中	2,000

19.4 海绵动物：没有组织的动物

学习目标19.4.1 领细胞的重要意义

海绵动物属于多孔动物门，它是最简单的动物。大多数海绵动物都缺少对称性，尽管它们有一些细胞是高度特化的，但是也没能形成组织。海绵动物的躯体仅仅是由一些高度特化的细胞团组成的，嵌在一个凝胶状的基质里，就像果冻里含有被切碎的水果。然而，海绵动物细胞确实具有动物细胞的一个关键特征：细胞识别。例如，当一个海绵动物穿过一个网孔很细的丝网，该个体的细胞会彼此分离，然后在另一侧会重新聚集起来形成海绵。从海绵上分离下来的细胞团能形成一个全新的海绵。

海绵动物现存大约有5,000个物种，并且几乎所有的物种都生活在海洋中。有一些种类很小，也有一些种类的直径能达到2米。一个成年海绵可以固定在海底，形状类似于花瓶。海绵动物的外部被扁平的细胞形成的皮肤覆盖，这些细胞称为上皮细胞，具有保护海绵的作用。

海绵动物的躯体上分布小孔。该门的名称，多孔动物门，就是源于这些小孔的存在。这些特殊的带鞭毛的细胞称为**领细胞**或襟细胞，排列在海绵动物的体腔上。许多领细胞利用鞭毛的拍打，通过小孔和体腔进行汲水。1立方厘米的海绵动物组织一天可以使20多升的水进出其身体！为什么这些水会移动？海绵动物是“滤食者”。每一个领细胞鞭毛的拍打都可以通过它的领口汲水，其领口是由小的、绒毛一般的突起组成的，如围栏一般。水中任何食物的微小颗粒，比如原生生物和微小的动物，都会被困在围栏里，然后被领细胞或海绵动物的其他细胞摄入。

海绵动物的领细胞与一种称为领鞭毛虫的原生生物非常类似，领鞭毛虫几乎肯定是海绵动物的祖先。事实上，尽管很难确定海绵动物是其他复杂动物门的直接祖先，但领鞭毛虫却可能是**所有**动物的祖先。

关键学习成果 19.4

海绵是多细胞体，有专门的细胞，但缺乏明确的对称性和有序的组织。

19.5 刺胞动物：组织导向更高级特化

学习目标19.5.1 辐射对称和两侧对称

除了海绵动物以外，其他动物都具有对称性和确定的组织，因此被归为真后生动物。真后生动物的结构要比海绵动物的复杂得多。所有的真后生动物都能形成明确的胚胎层。**辐射对称**（身体各部位围绕一个中心轴排布）的真后生动物都有两个胚胎层：一个**外胚层**，它能形成表皮；一个**内胚层**，它能形成肠表皮。表皮和肠表皮中间的胶状物质称为**中胶层**。这些胚层形成了基本的身体结构，然后分别形成身体的不同组织。海绵动物中没有组织。

最原始的真后生动物具有对称性和组织，是两个呈辐射对称的动物门，它们的身体围绕着一个贯穿口与肛门的中央轴排布，像雏菊的花瓣。动物的口存在的一端形成“嘴”。对于那些生活在水面附近或紧紧地攀附在能自由漂浮的动物上的动物来说，辐射对称是存在优势的。这些动物不能在环境中穿梭，只能与周围的环境相互作用。这两个门属于刺胞动物门，包括水螅（一类大多数生活在海洋中且营固着生活的刺胞动物）、水母（透明的海洋刺胞动物）、珊瑚以及海葵（最大的刺胞动物类群），还有栉水母动物门，它是一个含有栉水母的小门。这两个门共同称为辐射对称动物。所有其他真后生动物的躯体，即两侧对称动物，以基本的两侧对称为主要特征（在19.6节中讨论）。就连成年以后的身体为辐射对称的海星，其发育初期的躯体为两侧对称。

在辐射对称动物的进化史中，一个主要的转变是食物的**细胞外消化**。在海绵动物中，领细胞直接通过胞吞作用将捕获的食物摄入细胞内，或可以循环的变

多孔动物门：海绵动物

关键的进化转变：多细胞

海绵动物（多孔动物门）是多细胞生物，它具有很多不同种类的细胞，其活动依赖于这些细胞之间的相互协调。海绵动物的躯体不具有对称性及有序的组织。

海绵动物　刺胞动物　扁形虫　线虫　软体动物　环节动物　节肢动物　棘皮动物　脊索动物

海绵的躯体上排列有领细胞，并且上面密布许多细小的孔以控制水流的进出

海绵是多细胞动物，包含很多不同种类的细胞。这些细胞类型不能构成组织，并且海绵没有对称性

海绵动物的外壁和体腔中间有类似变形虫的细胞，称为变形细胞，这些细胞能分泌坚硬矿物质组成的针状结构——骨针和坚韧的蛋白质纤维，即海绵硬蛋白。这些结构能够加强并保护海绵

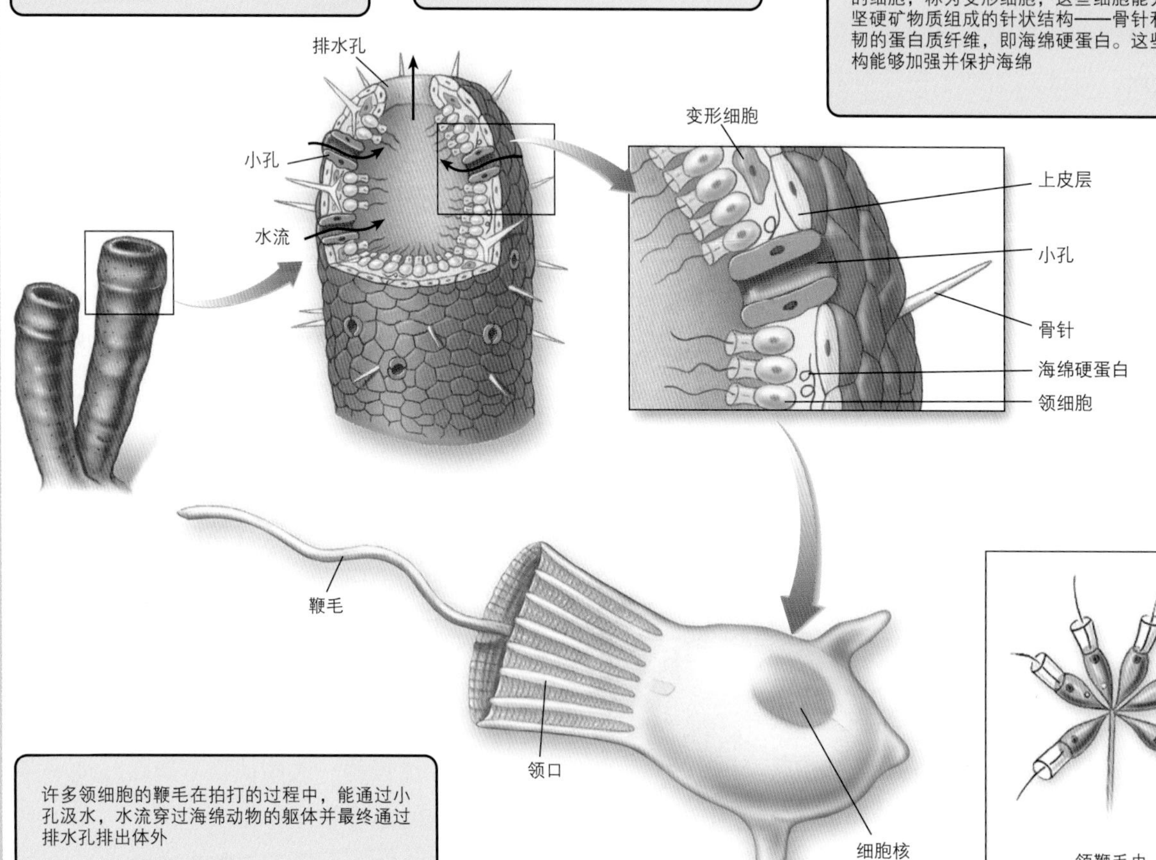

许多领细胞的鞭毛在拍打的过程中，能通过小孔汲水，水流穿过海绵动物的躯体并最终通过排水孔排出体外

领鞭毛虫原生动物

当领细胞拍打其鞭毛时，水流从其领口流入，食物微粒也在此被捕获。然后食物微粒通过胞吞作用被摄取

领细胞与一种称为领鞭毛虫的固着原生动物非常类似，领鞭毛虫几乎肯定是海绵动物的祖先，也可能是所有动物的祖先

形细胞内进行消化。在辐射动物中，食物的消化过程开始在**细胞外**，即发生在肠腔中，因此，该肠腔被称为**消化腔**。当食物被分解为小碎片后，肠腔内的细胞将会使食物在细胞内完全消化。真菌消化食物是在体外进行，而动物消化食物是在其体内的消化腔中进行，除此之外，细胞外消化与真菌采取的异养策略是相同的。关于消化食物方面的这些进化，被那些更高级的动物类群保留了下来。这是动物第一次能够消化比自己体积大的食物。

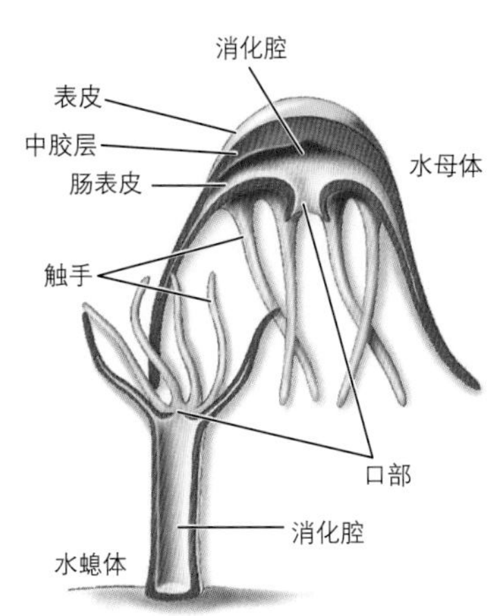

图19.4　刺胞动物的两种主要身体形态

水母体（上）和水螅体（下）是许多刺胞动物的生命周期中相互轮换交替的两个阶段，但是有一些物种（比如珊瑚和海葵）生命周期中只以水螅体的形态存在。

刺胞动物

学习目标19.5.2　刺细胞及其功能

刺胞动物（刺胞动物门）是肉食性动物，它们可以用嘴周围的触手捕获鱼类和贝类。刺胞动物嘴部周围像意大利面一样的触手上有带刺的细胞，它们有时也存在于刺胞动物的体表，该细胞被称为**刺细胞**，是此分类门重要的特征，同时也是“刺胞动物”这一名称的由来。每一个刺细胞中都含有一个小但强有力的鱼叉结构，称为刺丝囊，刺胞动物利用它来捕获猎物，然后将其拉向长有刺细胞的触手。这些刺细胞能形成很高的内部渗透压，并借此将刺丝囊以爆发的形式射出体外，刺丝囊的尖端甚至能穿透螃蟹坚硬的外壳。

刺胞动物有两种主要的身体形态：**水母体**（如图19.4中漂浮的形态）和**水螅体**（一种营固着生活的形态）。许多刺胞动物只以水母体的形式存在，而其他一些种类只有水螅体的形式，也有一些种类在整个生命周期中是以两种形态轮换交替的形式存在的。

图19.5中展示的就是在两种形态中轮换交替的刺胞动物的生命周期。水母体是一种可以自由漂浮

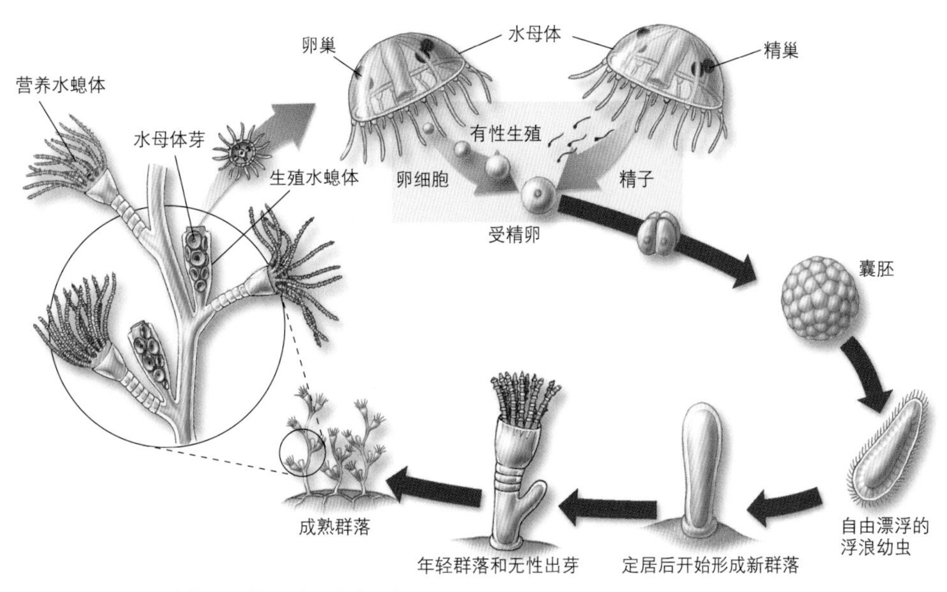

图19.5　一种海生、营固着生活的水螅体——薮枝螅的生命周期

水螅体通过出芽进行无性生殖，然后形成群落。它们也可以进行有性生殖，即先形成一些特化的芽，然后发育成水母体，而水母体可以产生配子。配子之间相互融合，形成能发育为浮浪幼虫的受精卵，转而又定居下来形成水螅体。

刺胞动物门：刺胞动物

关键的进化转变：对称性和组织

水螅（刺胞动物门）等刺胞动物的细胞能够形成高度特化的组织。体内的肠腔特化出了细胞外消化；也就是说，是在肠腔中进行消化而不是在个体的细胞内。与海绵动物不同的是，刺胞动物是辐射对称的，身体的各部分围绕一个中心轴排布，像雏菊的花瓣一样。

海绵动物 刺胞动物 扁形虫 线虫 软体动物 环节动物 节肢动物 棘皮动物 脊索动物

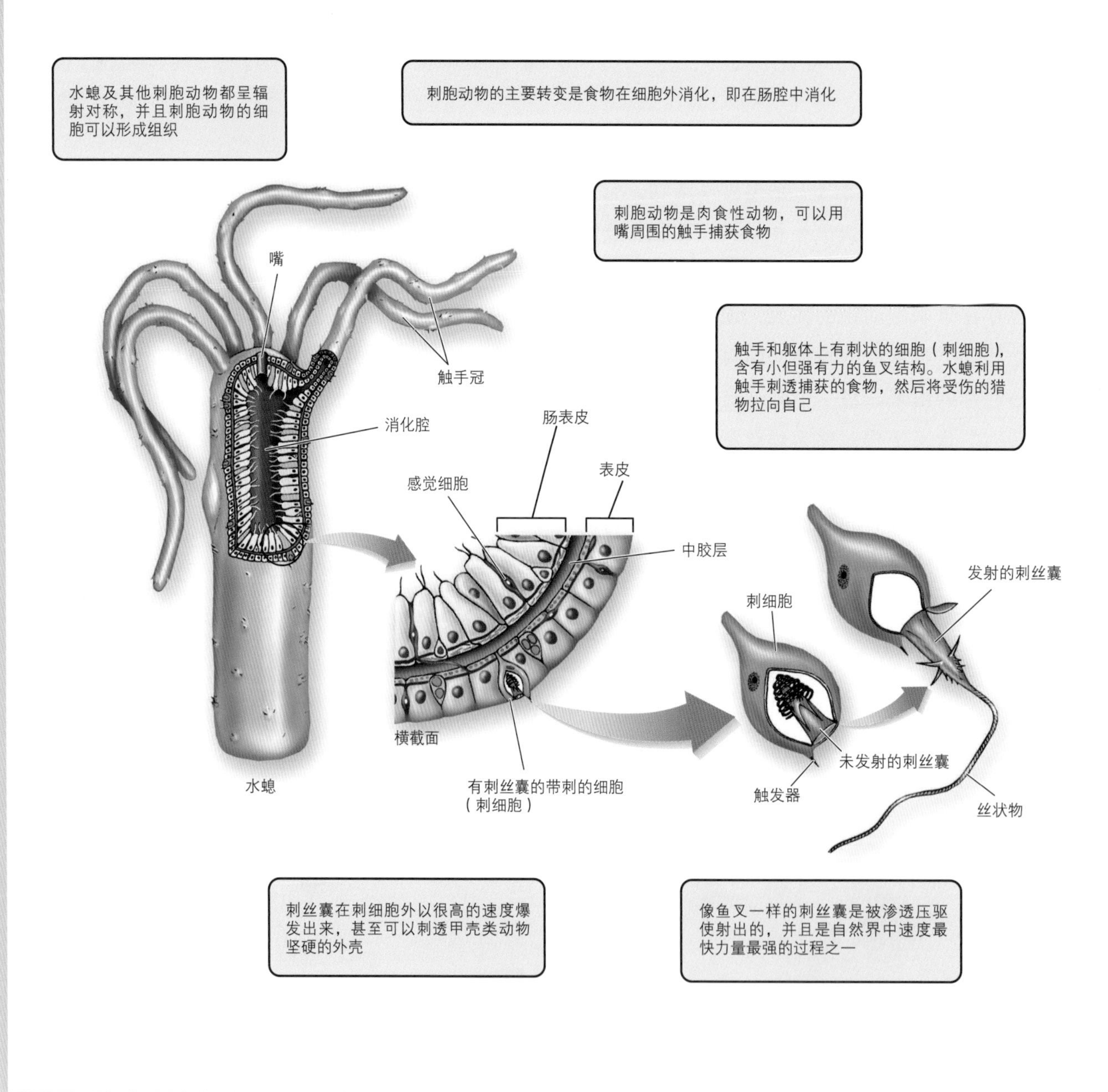
水螅及其他刺胞动物都呈辐射对称，并且刺胞动物的细胞可以形成组织
刺胞动物的主要转变是食物在细胞外消化，即在肠腔中消化
刺胞动物是肉食性动物，可以用嘴周围的触手捕获食物
嘴
触手冠
消化腔
触手和躯体上有刺状的细胞（刺细胞），含有小但强有力的鱼叉结构。水螅利用触手刺透捕获的食物，然后将受伤的猎物拉向自己
肠表皮
表皮
感觉细胞
中胶层
刺细胞
发射的刺丝囊
横截面
水螅
有刺丝囊的带刺的细胞
（刺细胞）
未发射的刺丝囊
触发器
丝状物
刺丝囊在刺细胞外以很高的速度爆发出来，甚至可以刺透甲壳类动物坚硬的外壳
像鱼叉一样的刺丝囊是被渗透压驱使射出的，并且是自然界中速度最快力量最强的过程之一

的凝胶状生物，通常呈伞状，该结构能产生配子。水母体的嘴部朝下，其边缘有一圈触手垂下来（因此是辐射对称）。水母体因其内部为凝胶状而被称为“水母”，又因为具有刺细胞而被称为“刺荨麻”。水螅体是一种呈圆管状结构的动物，它们通常要吸附到岩石上。水螅体也呈辐射对称。水螅、海葵以及珊瑚都是水螅体。在水螅体中，它们长有嘴部的一侧背向岩石，因此，它们通常是竖直向上的。为了达到遮蔽和保护的目的，珊瑚在其躯体外侧形成了碳酸钙的骨架，它们就生活在骨架的内部。这一骨架通常被用来作为鉴定珊瑚的重要特征。

关键学习成果　19.5

刺胞动物为辐射对称并且具有特化的组织，能进行胞外消化。

两侧对称的出现
The Advent of Bilateral Symmetry

19.6　无体腔的蠕虫：两侧对称

无体腔的蠕虫的形体构型

学习目标19.6.1　两侧对称动物的三种分生组织层

除了刺胞动物门和栉水母动物门以外，所有的真后生动物都呈**两侧对称**，即它们的左右两侧都呈镜像对称。当我们将图19.6中呈辐射对称的海葵和呈两侧对称的松鼠进行比较时，就可以很明显地看出差异。用三种不同的方式将海葵切成两部分，每种方式都可以使海葵分成呈镜像对称的两部分，但是对松鼠来说，只有绿色的矢量图可以将其分成呈镜像对称的两部分。在观察一个两侧对称的动物时，我们可以参考动物的上半部分，即**背侧**，以及动物的下半部分，即**腹面观**。动物的前部称为**前端**，而后部称为**后端**。两侧对称是动物形态进化中一个重要的改变，因为它可以使动物身体的各个部分朝着不同的方向分化。比如，大部分呈两侧对称的动物都能进化出一个明确的头端，这一现象称为**头向集中**。具有头部的动物通常是活跃且能够移动的，它们保持头部朝前的状态在周围环境中移动，其大部分感觉器官都集中在头部，因此，当动物进入新环境时，它们可以立刻探测到食物、危险和同伴。

呈两侧对称的真后生动物能形成三层胚层，最后能形成身体的各个组织，这些胚层分别是：外部的外胚层（图19.7中扁形虫躯体上蓝色的部位）、内部的内胚层（黄色部分）以及**中胚层**（外胚层和内胚层中间，红色部分）。一般来说，身体的外侧皮肤和神经系统由外胚层发育而来，消化器官以及肠道

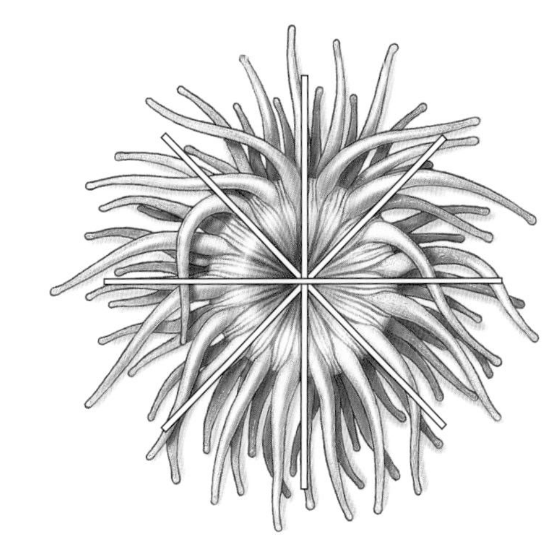

(a)

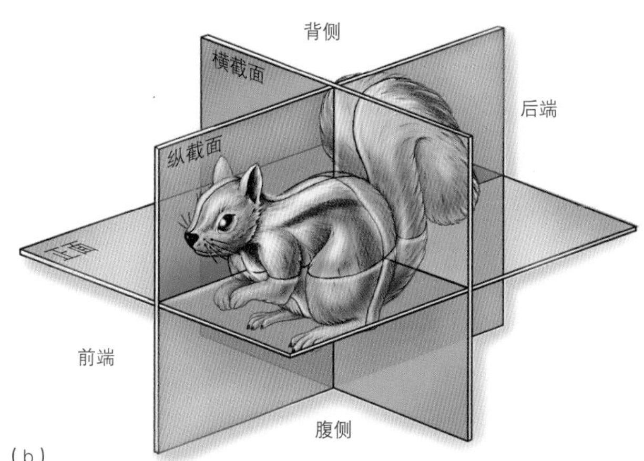

(b)

图19.6　辐射对称和两侧对称的区别
(a) 辐射对称是指身体各个部分围绕一个中心轴有规律地排列。
(b) 两侧对称是指身体能形成左、右呈镜像对称的两部分。

由内胚层发育而来，骨骼和肌肉来自中胚层。

所有两侧对称动物中最简单的动物是**无体腔的蠕虫**。目前为止，这些动物中最大的门是扁形动物门，大约有20,000个物种，其中包括扁形虫。扁形虫是那些具有器官的动物中最简单的种类。器官是不同组织的集合，作为一个单元来发挥作用。例如，扁形虫的睾丸和子宫都是生殖器官。

除了消化道以外，无体腔的蠕虫缺少其他所有的内部体腔。扁形虫是身体较软的动物，全身从上到下呈扁平状，像一条磁带或缎带。如果将扁形虫的身体切成两部分，如图19.7所示，你会看到肠被组织和器官完全包围着。这种非中空的身体构造被称为**无体腔**。

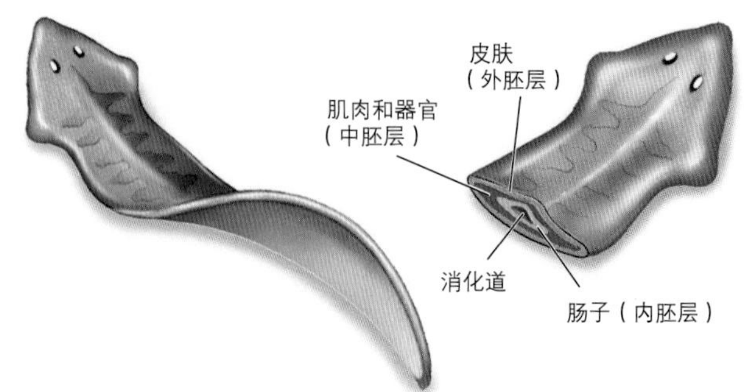

图19.7　一个无体腔的蠕虫的身体构造

所有呈两侧对称的真后生动物在胚胎发育过程中都能形成三个胚层：外胚层、中胚层和内胚层。在一个成年个体中，这些胚层能够朝不同的发展方向分别形成皮肤、肌肉、器官以及肠。

扁形虫

学习目标19.6.2　退行性进化

尽管扁形虫的身体结构很简单，但是它们在躯体的前端有一个明确的头部，并且其确实拥有器官。扁形虫体长范围短至1毫米，甚至更小，或长达数米，像一些绦虫一样。扁形虫中的大部分种类都是寄生生物，生活在其他种类的动物体内。另外一些种类的扁形虫是非寄生性的，它们能生活在各种海洋或淡水栖息地中，也存在于湿地中。非寄生性的扁形虫属于食肉动物和食腐动物，它们以各种较小的动物和有机碎屑为食。它们依靠生长在腹侧且带有纤毛的上皮细胞进行自由移动。

生活在其他动物体内的寄生性扁形虫大致被分为两类：吸虫和绦虫。这两种寄生虫都具有上皮层，以抵抗其寄主产生的消化酶和免疫防御作用——这是其寄生生活方式的一个重要特征。一些寄生性的扁形虫只需要一个寄主，但也有很多种类的吸虫，在其整个生命周期中需要两个或更多的寄主。除了人类（或其他哺乳动物）以外，肝吸虫——华支睾吸虫（*Clonorchis sinensis*）还需要两个寄主。肝吸虫的卵从哺乳动物❶体内释放出来，随后被蜗牛❷摄入，在蜗牛体内发育成蝌蚪状的幼虫，然后被释放到水中。该幼虫钻入鱼类❸的肌肉中，形成一个囊（图19.8）。哺乳动物吃了被感染的生鱼肉后，也会被感染。寄生虫长时间处于这种寄生的生活方式，因此在进化中，它们不使用或不需要的生理特征会慢慢消失。寄生的扁形虫缺少非寄生种类所具备的一些特点，比如成年时期的纤毛、眼点以及其他感觉器官，因为当它们在其他动物体内生活时，这些器官是没有适应意义的，这种缺失有时被称为“退行性进化”。绦虫就是退行性进化的典型例子，其生理功能简化后只剩下了两种：进食和繁殖。

血吸虫是很重要的吸虫种类，即血吸虫属。在亚洲的热带、非洲、拉丁美洲以及中东地区，有2亿多人深受其害，大约占世界人口的1/20。这些种类的**血吸虫**引起的病称为血吸虫病（Schistosomiasis）。每年有超过20,000人因这种病而死亡。

扁形虫的特征

学习目标19.6.3　扁形虫的内部器官

绦虫是寄生性扁形虫，体内缺少消化系统。它们直接通过体壁来吸收食物。具有消化腔的扁形虫有一个一端开口的不完整的肠。其结果是，取食、消化以及排出未消化的食物颗粒等生理活动不能在其体内同时进行。因此，扁形虫不能像那些进化高级的动物一样连续不断地进食。它们的肠是具有分支的，并且能延伸到整个身体中（肠如图19.9中三角涡虫的绿色结构），其作用是消化以及运输食物。排列在肠上的细胞能通过吞噬作用而吞噬大部分的

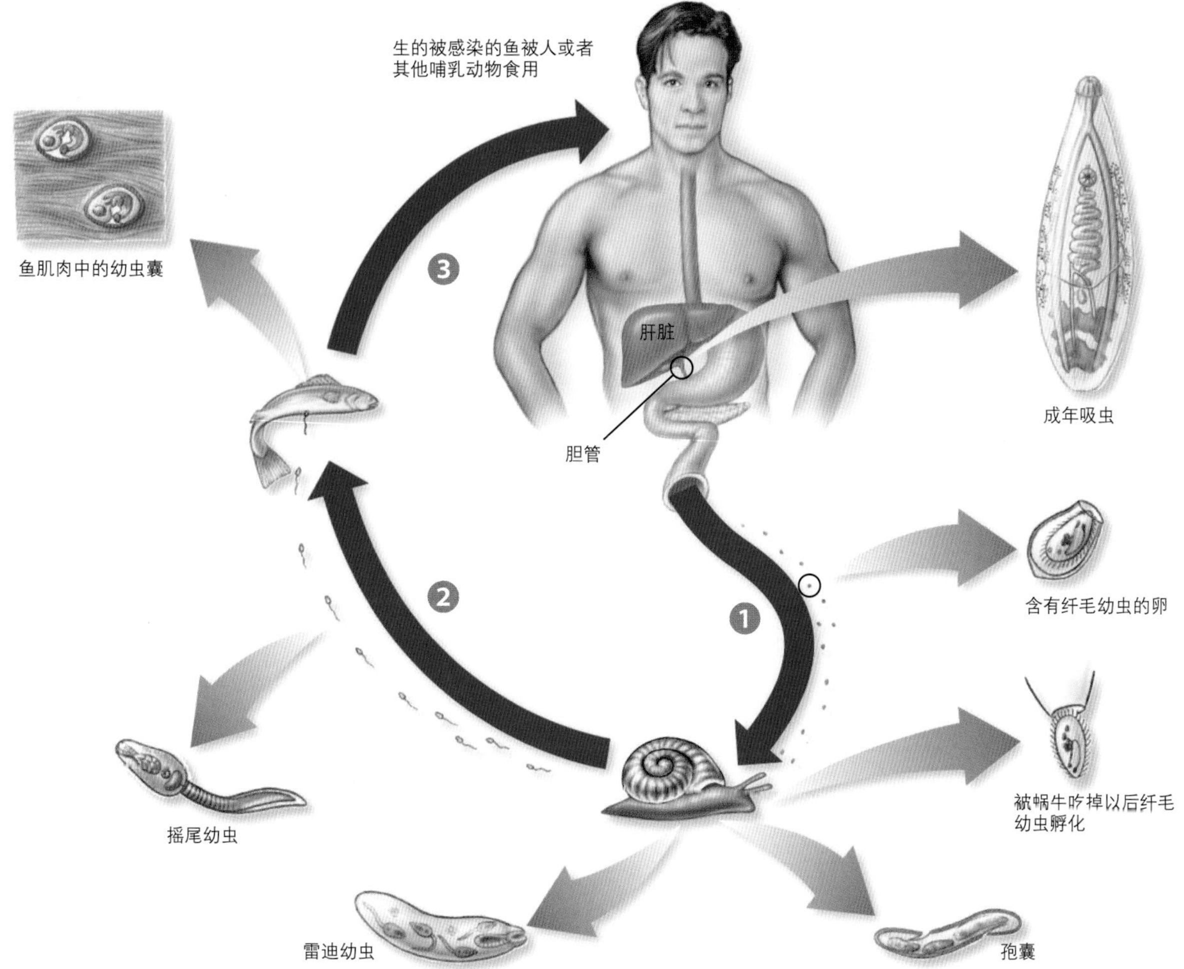

图19.8 人类肝吸虫——华支睾吸虫的生命周期

成年吸虫大约为1～2厘米长，生活在肝脏的胆汁通道中。含有一个完整的一期幼虫或纤毛幼虫的卵随排泄物进入水中，然后可能被蜗牛摄入❶。在蜗牛体内，这些卵会发育成孢囊，它产生的幼虫称为雷迪幼虫。这些幼虫随后会长成蝌蚪状，此时称为摇尾幼虫。摇尾幼虫溜入水中❷，钻入某种鱼（金鱼或是鲤鱼科）的肌肉中，形成一个囊。吃生鱼肉的哺乳动物会同时吃掉含有寄生虫的囊❸。吸虫从囊中出来进入胆管中发育成熟并感染肝脏，造成肝脏损伤。

食物颗粒，并将其消化。

与刺胞动物不同的是，扁形虫具有排泄系统，它是由遍布全身的小管组成的网络结构。纤毛排列在呈鳞茎状的**焰细胞**（图19.9中放大部分）的中空中心，焰细胞位于小管的侧支上。焰细胞中的纤毛将水分和排泄物运输到小管中，或者通过表皮细胞中的出口孔将二者排出体外。在焰细胞中，有一簇纤毛的摆动看起来闪烁不定，焰细胞因此而得名。它的主要作用是调节机体内的水平衡。其排泄作用似乎是次要功能。扁形虫的大部分代谢废物都可以直接扩散到肠中，然后通过口部排出体外。

与海绵动物、刺胞动物以及栉水母相同的是，扁形虫体内也不具有**循环系统**，这种系统是能运载液体、氧气、食物分子到身体各部分的血管网络。因此，所有的扁形虫细胞都必须存在于氧气和食物的扩散距离内，故扁形虫的躯体比较瘦弱并且具有高度分支化的消化腔。

扁形虫的神经系统非常简单。一些原始的扁形虫种类只有一个组织松散的神经网络。然而，这一分类门中的大部分种类都具有纵向的神经索（图19.9中横截面腹侧的蓝色结构），这些神经索构成了一个简单的中枢神经系统。在纵向的神经索之间有横跨的连接，这使得扁形虫的神经系统从身体延伸的方向看去像梯子。

非寄生性的扁形虫利用感觉窝或头部周围的触手来探测周围环境中的食物、化学物质以及水流的

扁形动物门：无体腔的蠕虫

关键的进化转变：两侧对称

无体腔的蠕虫，比如扁形虫（扁形动物门），是第一批出现两侧对称的动物，并且拥有一个明确的头部。无体腔的蠕虫中中胚层的进化使得消化及其他功能器官的出现成为可能。

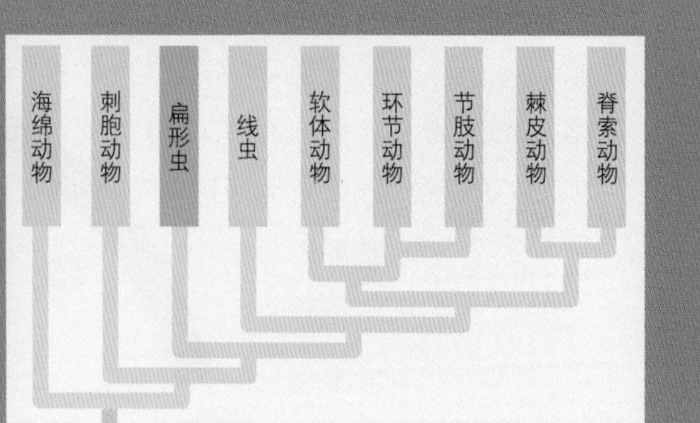

绦虫是通过将其头部吸附在有机体寄主的小肠壁上的寄生虫。成熟绦虫的身体可达10米长——比卡车还长

吸盘

钩

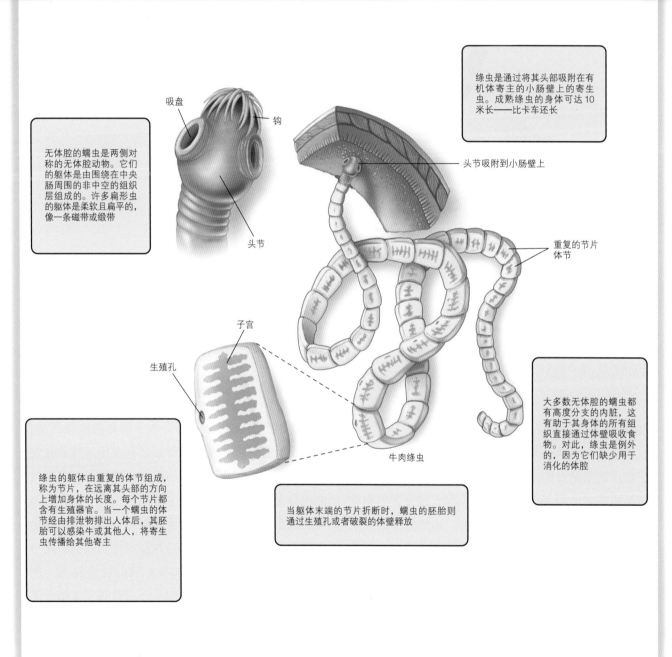

无体腔的蠕虫是两侧对称的无体腔动物。它们的躯体是由围绕在中央肠周围的非中空的组织层组成的。许多扁形虫的躯体是柔软且扁平的，像一条磁带或缎带

头节吸附到小肠壁上

头节

重复的节片体节

子宫

生殖孔

大多数无体腔的蠕虫都有高度分支的内脏，这有助于其身体的所有组织直接通过体壁吸收食物。对此，绦虫是例外的，因为它们缺少用于消化的体腔

牛肉绦虫

绦虫的躯体由重复的体节组成，称为节片，在远离其头部的方向上增加身体的长度。每个节片都含有生殖器官。当一个蠕虫的体节经由排泄物排出人体后，其胚胎可以感染牛或其他人，将寄生虫传播给其他寄主

当躯体末端的节片折断时，蠕虫的胚胎则通过生殖孔或者破裂的体壁释放

运动。在本分类门中，非寄生性的种类头部上也具有眼点，呈倒置且有颜色的杯状结构，分布有与神经系统相连的感光细胞。这些眼点能够帮助蠕虫在黑暗中发现光亮。扁形虫比刺胞动物和栉水母活跃得多。如此高的活跃度是两侧对称动物的特征之一。在扁形虫中，这种活跃行为与其感觉器官的高度集中有关，并且从一定程度上来说，与这些动物头部基础的神经系统也有关。

扁形虫的生殖系统是复杂的。大部分扁形虫都是**雌雄同体**的，即每个个体中同时具有雌性和雄性两种生殖结构。一些寄生性的扁形虫具有一系列较为复杂的、不同的幼虫形态。扁形虫的一些属也能进行无性再生：当一个单独的个体被分为两个或多个部分时，每一个部分都可以再生为一个全新的扁形虫。

关键学习成果 19.6

扁形虫具有内脏器官，两侧对称的结构以及明显的头部，但是没有体腔。

体腔的出现
The Advent of a Body Cavity

19.7 线虫动物：体腔的进化

体腔的优势

学习目标19.7.1 体腔的三种优势

动物形体构型进化上的一个关键的转变是体腔的出现。除了无体腔的蠕虫外，所有两侧对称动物的身体内部都具有一个腔。内部体腔的进化在完善动物形体构型方面具有很重要的意义，其原因有三：

1. **循环** 在体腔内流动的液体可以充当一个循环系统，使体内的物质在身体的各部分之间快速地流通，并且使动物躯体变大成为可能。
2. **运动** 体腔内的液体使动物的身体变得坚硬，能对抗肌肉的收缩，并且使肌肉驱动肢体运动成为可能。
3. **器官功能** 在一个充满液体的外壳中，身体器官可以在不受周围肌肉变形影响的情况下发挥作用。例如，食物可以悬浮在体腔中，以一定的速率自由地通过肠道，其速率是不受动物的运动状态影响的。

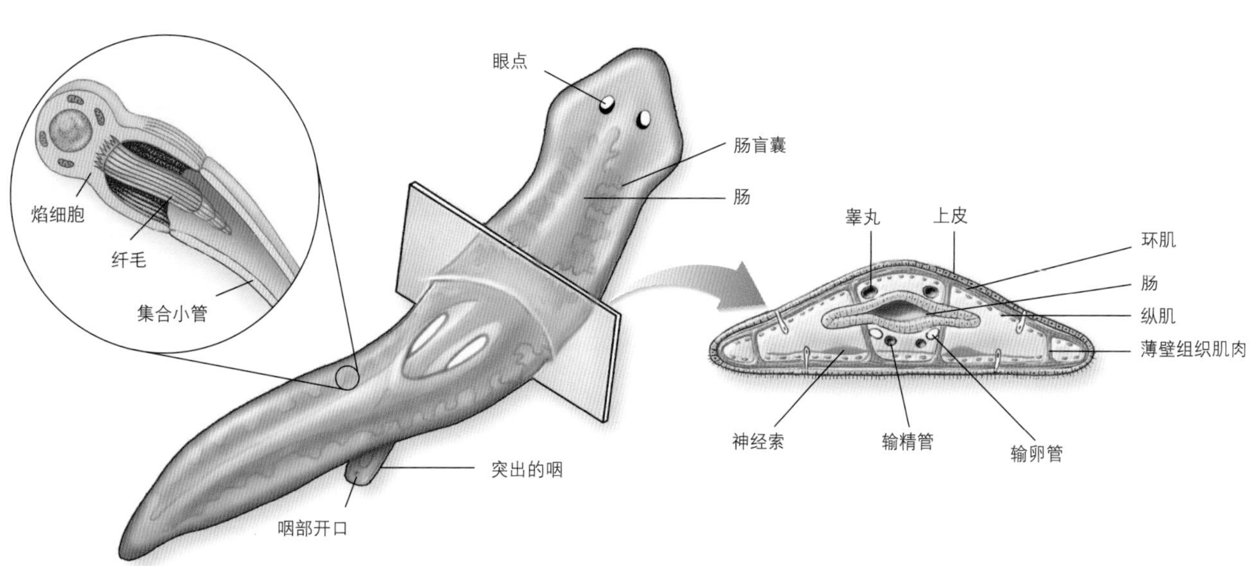

图19.9 扁形虫解剖图
图中所示的扁形虫是三角涡虫，是在很多生物实验室中常见的淡水“涡虫”。

体腔的种类

学习目标19.7.2　无体腔动物、假体腔动物和真体腔动物的区分

在呈两侧对称的动物中，其形体构型的种类主要有三种。无体腔动物，比如我们在前面章节中讨论过的无体腔的蠕虫，如图19.10上部分所示，它是没有体腔的；**假体腔动物**，如图中间部分所示，在中胚层（红色）和内胚层（黄色）之间有一个体腔，称为**假体腔**。一个充满液体的**体腔**在中胚层内部形成，而不是在中胚层和内胚层之间（图片底部的蠕虫中两个拱形的腔），具有这样体腔的动物称为**真体腔动物**。在体腔动物中，肠是悬浮的，与动物的其他器官系统一起存在于体腔中，这种体腔被一层上皮细胞包围着，由中胚层发育而来。

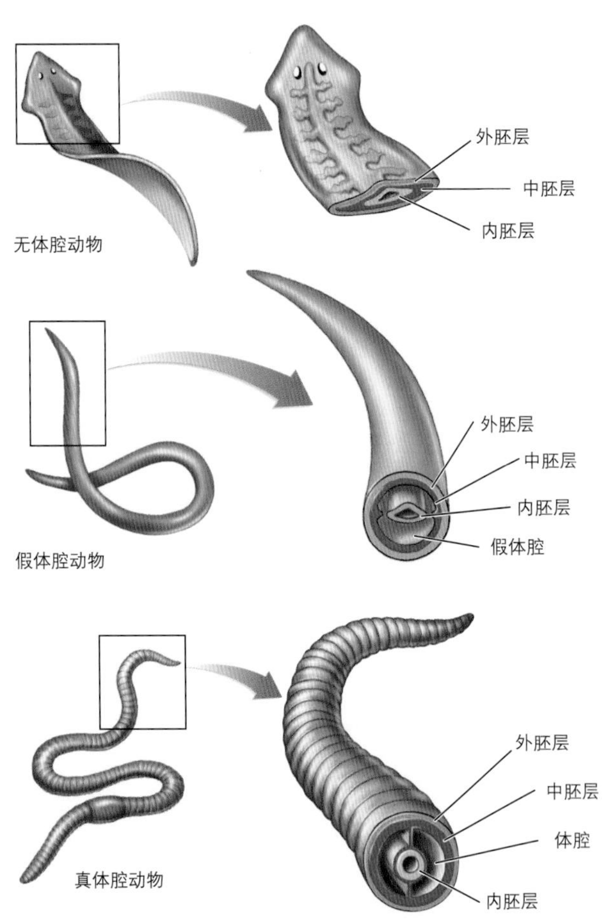

图19.10　两侧对称动物的三种形体构型

无体腔动物，比如扁形虫，其消化道（内胚层）与身体的外层（外胚层）之间没有体腔。假体腔动物在内胚层和中胚层之间有假体腔。真体腔动物有体腔，它是完全由中胚层发育而来的，并且其两侧排列有中胚层的组织。

体腔的发育带来了一个问题——循环——在假体腔动物中通过扰动体腔中的液体而得到解决。在体腔动物中，肠被另一层组织包围着，这一组织会阻碍扩散，与无体腔的蠕虫中的情况一样：这一问题因为循环系统的发展而得到了解决。循环的液体或血液，将营养物质和氧气运输到体内的各个组织中，并且带走代谢废物和二氧化碳。血液通常是借助心肌的一次或多次收缩在整个循环系统中流动。在一个开放的循环系统中，血液经血管流进血窦，与体液混合，然后在另外一个位置重新进入血管。在一个封闭的循环系统中，血液和体液在可以单独控制的血管网络里保持彼此分离。另外，与开放的循环系统相比，血液在封闭的循环系统中能更快地流动且效率更高。

体腔动物、假体腔动物及无体腔动物之间的进化关系尚不清楚。比如说，无体腔动物本应该导致体腔动物的出现，但是科学家们无法排除无体腔动物是由真体腔动物发育而来的这一可能性。假体腔动物的两个主要分类门之间似乎没有密切的关系。

线虫动物：假体腔动物

学习目标19.7.3　假体腔动物的两个门对比

正如我们所知，除了无体腔的蠕虫外，其他所有的两侧对称动物都具有一个内部的体腔，其中有七个门是具有假体腔的。在所有的假体腔动物中，假体腔可以充当一个水骨骼——它可以借助内部充满的液体产生的压力而增加自身的硬度。这些动物的肌肉可以与这些“骨骼”相抗衡，因此假体腔动物的运动远比无体腔动物的运动高效得多。

在七个假体腔动物门中，只有一个门的物种比较丰富。**线虫动物门**有20,000个已知的物种，包括土壤线虫、小线虫及其他线虫。据科学家们估计，其实际的数量大约是这一数字的100倍。这个门的物种遍布各地。海洋及淡水栖息地中的线虫是丰富多样的，并且该门中有很多种类是动物、植物的寄生虫，例如小肠蛔虫（能够感染人类及其他动物。它们的受精卵随着排泄物被排出，可以在土壤中保持生育能力很多年）。很多线虫是需要用显微镜观察的，并且生活在土壤中。据估计，一铲子的肥沃土壤中平均含有100万只线虫。

假体腔动物的第二个门是轮虫动物门，轮虫。轮虫是比较常见的、身体较小且主要生活在水中的动物，其头部有一个由纤毛组成的轮盘，它们的体长在0.04～2毫米范围内。全世界大约有2,000个此类物种。轮虫是两侧对称动物，表面覆盖有几丁质，其运动和进食均依靠于自身的纤毛，能摄取细菌、原生动物和小动物等。

所有的假体腔动物都缺少一个明确的循环系统，这一角色由假体腔中流动的液体替代。大部分假体腔动物都有一个完整的、单向的消化道，就像一条流水线。食物被分解、吸收然后处理并储存起来。

线虫动物门：线虫

学习目标19.7.4 线虫在形体构型上的主要改变

线虫是两侧对称、圆柱状且未分节的蠕虫。它们被有弹性的厚角质层覆盖，并且在生长过程中不断地蜕皮。线虫的肌肉位于表皮之下，能延长虫体的长度，而不是环绕着它们的身体。我们可以在身体外层的横截面上看到这些纵肌，它们把角质层和假体腔连在一起，形成一个水骨骼。线虫在移动时，身体会从一边不断地甩向另一边。

在线虫口部附近，即前端（456页图的左侧），通常有16个突起的毛状感觉器官。口部周围尖锐的器官称为**口针**。有一些肌肉构成的小室被称为**咽**，咽的吸吮动作能使食物进入口腔。食物经过短暂的通道进入咽后，继续流经消化道的其他部位，在那里食物被分解和消化。食物混合在一些水中，这些水分在消化道末端的附近被重新吸收。

线虫不具有鞭毛或者纤毛，包括精子细胞。线虫能进行有性生殖，两种性别通常是分开的（雌性有子宫、卵巢和输卵管）。它们的发育很简单，成年个体由很少的细胞组成。因此，在遗传和发育方面，有很多关于线虫的重要研究。1毫米长的秀丽隐杆线虫只需要3天就可以成熟，其身体是透明的，并且只有959个细胞。它是唯一一种被人们掌握了发育细胞解剖学全部信息的动物，并且也是第一种进行了全部基因组（9,700万个DNA碱基，编码了超过21,000个不同的基因）测序的动物。

一些线虫寄生在人类、猫、狗以及其他具有经济价值的动物体内，比如奶牛和绵羊。狗和猫体内的心丝虫感染是由感染动物心脏的一种寄生性的线虫引起的。大约有50种线虫，包括少数几个在美国很常见的种类，经常寄生于人体中。温带地区的旋毛虫病，是由线虫动物门中的**旋毛虫属**造成的疾病。这些蠕虫生活在猪的小肠中，已受精的雌性蠕虫寄生在小肠壁上。当它们穿透小肠壁以后，每个雌性个体都会产生大约1,500个活的幼虫。幼虫进入淋巴管中，分散至整个身体的肌肉组织中，然后逐渐成熟并形成囊。人体的感染是因为食用了带有旋毛虫囊的未烹熟的或生的猪肉。

关键学习成果 19.7

一些动物体腔在内胚层和中胚层之间发育（假体腔），另一些动物只在中胚层里发育（真体腔）。线虫有一个假体腔。土壤线虫，一种线虫，在土壤中十分常见，并且少数种类为寄生虫。

19.8 软体动物：真体腔动物

真体腔动物

学习目标19.8.1 为什么真体腔动物是形体构型方面的一种成功进化？

尽管无体腔动物和假体腔动物在进化上是非常成功的，但是大部分的动物都是真体腔动物。那么，假体腔和真体腔在功能上的区别是什么？为何真体腔这一类型会取得如此压倒性的胜利？这一问题与动物胚胎发育的本质有关。在动物中，特化组织的形成涉及一个过程，即**初级诱导**，三个初级组织（内胚层、中胚层、外胚层）在此过程中能够相互作用。这种相互作用需要物理接触。真体腔动物形体构型

线虫动物门：线虫

关键的进化转变：假体腔

线虫（线虫动物门）中型体构型的主要进化是肠子与体壁之间的体腔。这一体腔是假体腔。它可以使营养物质在整个躯体中循环，并且可以防止器官因肌肉的运动而变形。

海绵动物 刺胞动物 扁形虫 线虫 软体动物 环节动物 节肢动物 棘皮动物 脊索动物

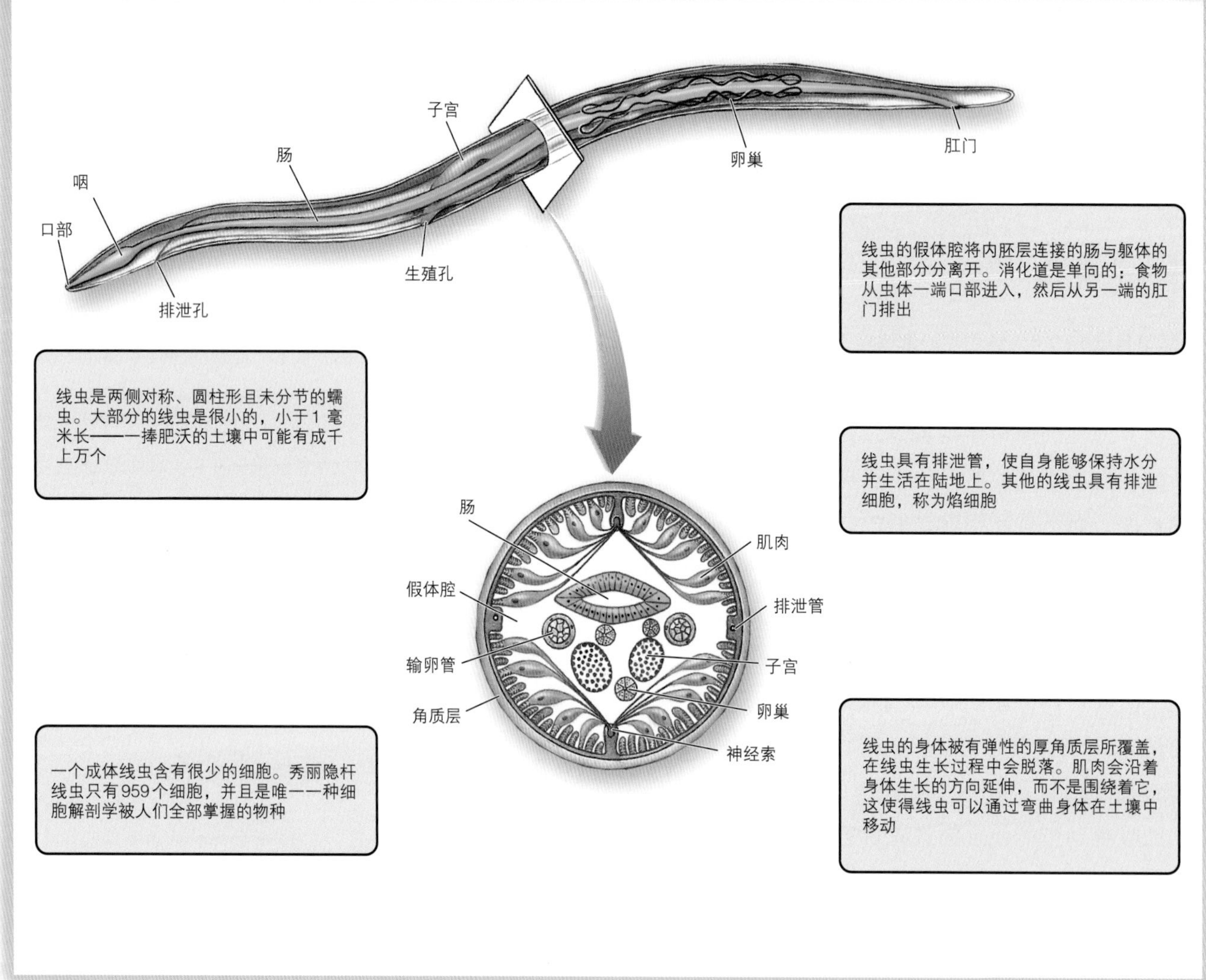
子宫
肠
咽
口部
排泄孔
生殖孔
卵巢
肛门
线虫的假体腔将内胚层连接的肠与躯体的其他部分分离开。消化道是单向的：食物从虫体一端口部进入，然后从另一端的肛门排出
线虫是两侧对称、圆柱形且未分节的蠕虫。大部分的线虫是很小的，小于1 毫米长——一捧肥沃的土壤中可能有成千上万个
线虫具有排泄管，使自身能够保持水分并生活在陆地上。其他的线虫具有排泄细胞，称为焰细胞
肠
肌肉
假体腔
排泄管
输卵管
子宫
角质层
卵巢
神经索
一个成体线虫含有很少的细胞。秀丽隐杆线虫只有959个细胞，并且是唯一一种细胞解剖学被人们全部掌握的物种
线虫的身体被有弹性的厚角质层所覆盖，在线虫生长过程中会脱落。肌肉会沿着身体生长的方向延伸，而不是围绕着它，这使得线虫可以通过弯曲身体在土壤中移动

的主要优势是，中胚层和内胚层之间可以相互接触，因此，在发育过程中可以发生初级诱导。例如，中胚层和内胚层之间的接触可以使消化道的局部发育成复杂的、高度特化的区域，比如胃。在假体腔动物中，中胚层和内胚层被体腔分隔开，这极大地限制了发育中的组织之间的相互作用。

软体动物

学习目标19.8.2　软体动物身体的三个部分

真体腔动物中唯一没有分节的主要门是软体动物门。除了节肢动物外，**软体动物**门是最大的分类门，包含有110,000多个物种。软体动物主要是海洋

软体动物门：软体动物

关键的进化转变：真体腔

蜗牛（软体动物门）等软体动物具有真体腔，完全封闭在中胚层内，使中胚层和内胚层之间发生物理接触，这种相互作用能够帮助形成高度特化的器官，比如胃。

海绵动物 刺胞动物 扁形虫 线虫 软体动物 环节动物 节肢动物 棘皮动物 脊索动物

软体动物是最早拥有高效排泄系统的动物之一。肾管是一种管状结构（肾脏的一种类型），能够收集体腔中的代谢废物，然后将其排放到外套腔中

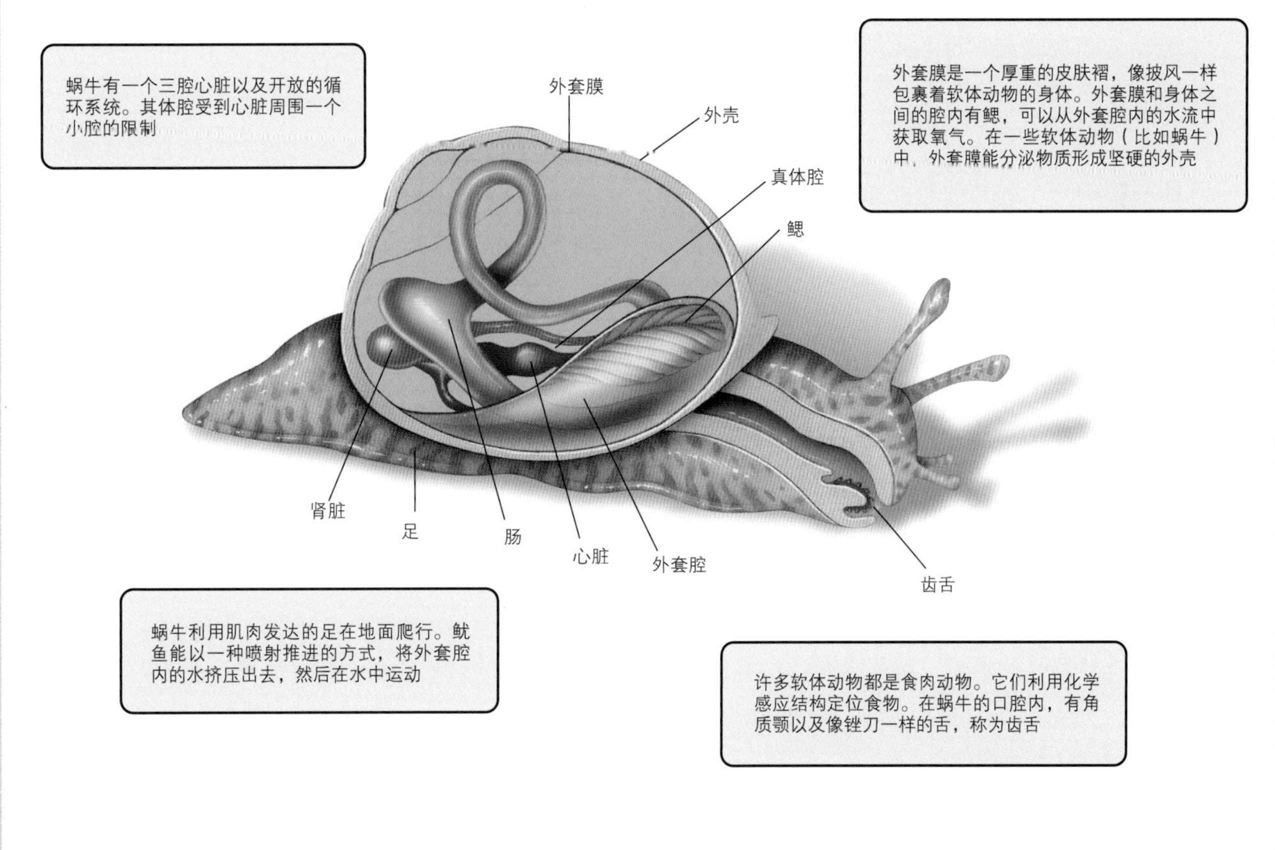
蜗牛有一个三腔心脏以及开放的循环系统。其体腔受到心脏周围一个小腔的限制
外套膜是一个厚重的皮肤褶，像披风一样包裹着软体动物的身体。外套膜和身体之间的腔内有鳃，可以从外套腔内的水流中获取氧气。在一些软体动物（比如蜗牛）中，外套膜能分泌物质形成坚硬的外壳
外套膜
外壳
真体腔
鳃
肾脏
足
肠
心脏
外套腔
齿舌
蜗牛利用肌肉发达的足在地面爬行。鱿鱼能以一种喷射推进的方式，将外套腔内的水挤压出去，然后在水中运动
许多软体动物都是食肉动物。它们利用化学感应结构定位食物。在蜗牛的口腔内，有角质颚以及像锉刀一样的舌，称为齿舌

生物，但它们几乎无处不在。

根据其外观不同，可以将软体动物分为三大类群，但它们的形体构型基础却是相似的。软体动物的躯体由三个部分组成：头-足、内脏团（一个包含了动物器官的中央部分）以及外套膜。软体动物的足部肌肉发达，可以完成运动、附着、捕获食物（在鱿鱼和章鱼中）等功能，或者这些功能的不同组合。**外套膜**是一个厚重的皮肤褶，像披风一样包裹在内脏团周围，其内表面上有鳃，像一个外套的内衬。鳃是这一组织的丝状突起部分，其内部具有丰

富的血管，它能从外套膜和内脏团之间循环的水流中获取氧气，并向其中释放二氧化碳。

基于同一形体构型基础的不同变体，软体动物主要分为三个类群——腹足纲、双壳纲和头足纲。

1. **腹足纲**（蜗牛、蛞蝓）能利用肌肉发达的足部爬行，其外套膜通常能分泌一些物质，形成一个坚硬的外壳。所有陆生的软体动物都属于腹足纲。
2. **双壳纲**（蛤蜊、牡蛎及扇贝）能分泌物质，形成中间具有一个铰合结构的两瓣壳，这与其名字的含义相同。它们能过滤进入壳内的水流，并从中获取食物。
3. **头足纲**（章鱼、鱿鱼）的外套腔形态发生了变化，形成了一个喷气式推进系统，它能够推动身体快速地穿过水流。在大部分类群中，其外壳已经大大简化为内部结构或消失。

软体动物的一个独特特征是**齿舌**，这是一种粗糙的舌状器官。齿舌上长有尖锐且向后弯曲的小齿，很多蜗牛用它来刮取岩石上的藻类。我们经常在牡蛎壳上看见的小洞就是由腹足类动物造成的，这些小洞能够杀死牡蛎并取食其身体。

在大部分软体动物中，外套膜的外表面通常能分泌物质，形成一个富含蛋白质且具有角质外层的保护壳，它可以使壳下面的两层富含钙质的结构远离侵蚀。当沙子等异物进入一些双壳类动物的外套膜和内壳层之间时，就会形成珍珠，比如蛤蜊和牡蛎。外套膜会分泌壳体物质，将外界物体包裹起来，以减少摩擦。外壳主要起保护作用，一些软体动物遇见危险时便会躲进壳内。

关键学习成果 19.8

软体动物有真体腔但是身体不分节。尽管它们种类丰富，但都具有一个基本的形体构型，包括头–足、内脏团和外套膜。

19.9 环节动物：体节的出现

学习目标19.9.1 环节动物形体构型的三个特征

在早期的进化中，真体腔动物形体构型上的一个主要转变是有了**体节**，即构成躯体的一系列相似的片段。在进化过程中，第一批出现体节的动物是环节动物门中的**环节蠕虫**。这些比较高级的真体腔动物是由一些形态相似的环形体节连接而成的，就像火车的车厢。体节最大的优势是具有灵活性：一个特定的体节中的微小改变，就可以形成功能不同的新类型的体节。因此，有些体节在改变后具有生殖功能，有些可以进行取食，还有一些体节可以排泄体内的废物。

在所有的环节动物中，大约有2/3都生活在海洋里（大约有8,000个物种，如毛足虫）；其余的大部分——大约有3,100个物种——是蚯蚓（它们生活在地下）。环节动物的基本形体构型是管套管：消化道悬浮在体腔中，体腔本身就是一个从口部直通肛门的管状结构。环节动物的形体构型有三个特征：

1. **重复的体节** 环节动物的体节是沿身体纵向排列的一系列环状结构，看起来像一串甜甜圈。体节之间是被隔膜分开的，如同楼里的房间被墙壁隔开一样。在每一个圆柱形的体节中，排泄器官和运动器官都是重复的。每个体节体腔中的体液都能形成一个（液体支撑的）水骨骼，增加体节的硬度，像一个膨胀的气球。体节中的肌肉与体腔中的液体相对抗。由于体节之间是彼此分离的，所以它们都可以自由地扩展或收缩。例如，当蚯蚓在平面上爬行时，它身体的一部分会伸长而另一部分会同时缩短。
2. **特化的体节** 环节动物前端的体节分布着虫体的感觉器官。一些环节动物进化出了具有晶状体和视网膜等结构精细的眼睛。一个位于前端的体节含有发达的脑神经节或者大脑。
3. **连接** 由于隔膜的存在导致了各体节相互分离，所以，它们之间需要物质和信息的传输通道。循环系统（右侧图中的红色血管）运

环节动物门：环节动物

关键的进化转变：体节

海生的多毛类动物以及蚯蚓（环节动物门）是第一批进化出重复体节的动物。大部分体节都是完全相同的，并且彼此之间因隔膜而相互分开。

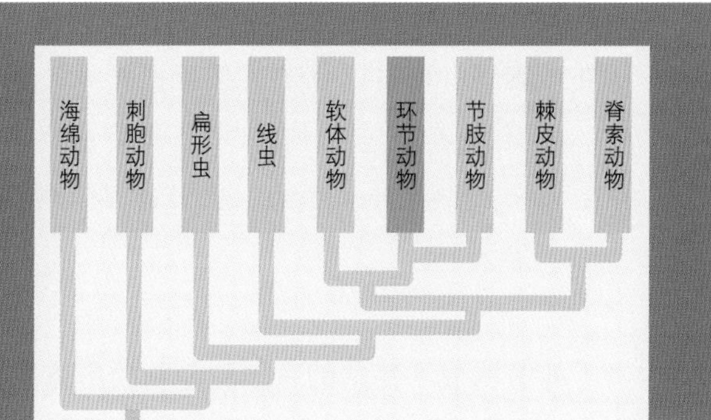

海绵动物
刺胞动物
扁形虫
线虫
软体动物
环节动物
节肢动物
棘皮动物
脊索动物

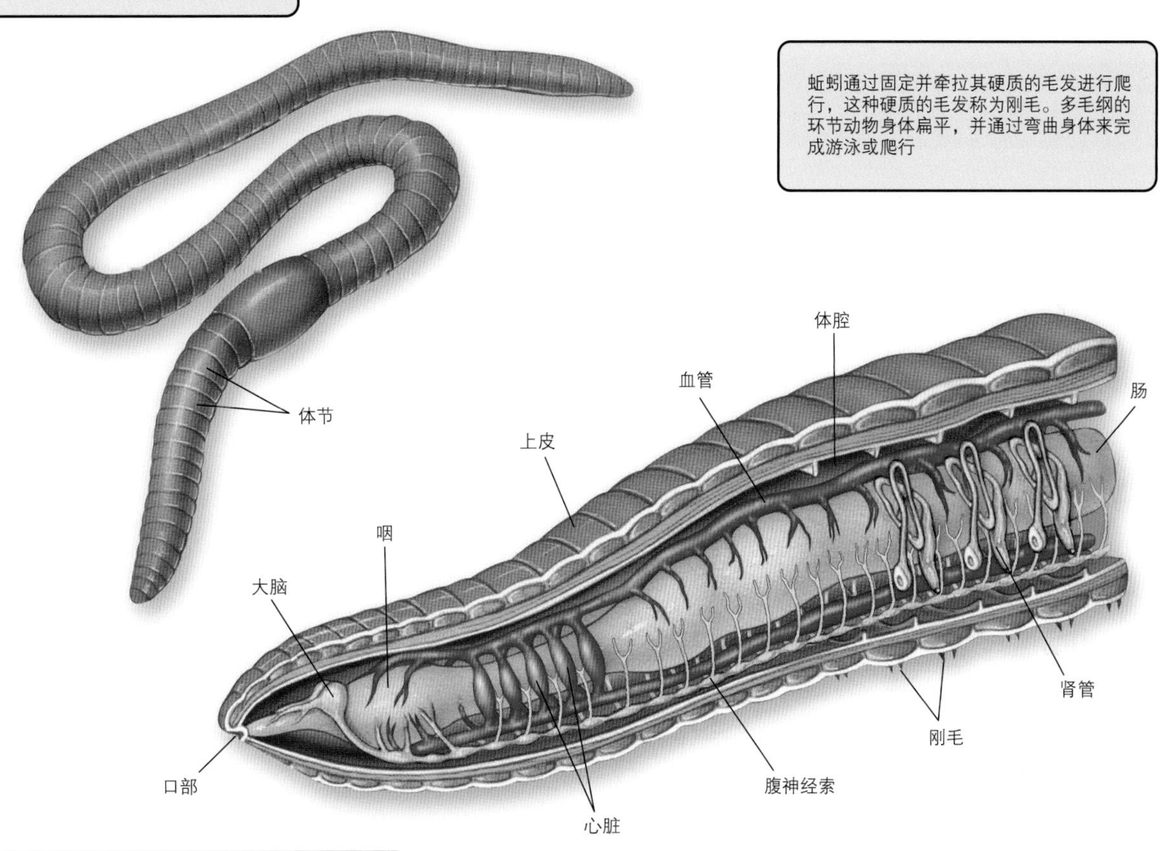

每个体节都含有一套排泄器官（肾管）以及一个神经中枢
蚯蚓通过固定并牵拉其硬质的毛发进行爬行，这种硬质的毛发称为刚毛。多毛纲的环节动物身体扁平，并通过弯曲身体来完成游泳或爬行
体节
体腔
血管
肠
上皮
咽
大脑
肾管
刚毛
口部
腹神经索
心脏
体节是由循环系统和神经系统连接在一起的。身体前端的许多心脏不断地泵血。位于前端体节中的一个高度发达的大脑协调所有体节的活动
每个体节都有一个体腔。肌肉挤压体腔中的液体，增加所有体节的硬度，像一个膨胀的气球一样。由于每个体节都可以独立收缩，蠕虫可以伸长一部分体节同时缩短另一部分体节，以此完成爬行

载着血液从一个体节流向另一个体节，而神经索（前一页图中腹侧壁上的黄色链状结构）连接着每一个体节中的神经中枢，并使其与大脑相连。因此，大脑就可以调节蠕虫的活动。

体节构成了复杂的真体腔动物的形体构型基础，不只是对于环节动物来说，也包括节肢动物（甲壳纲、蜘蛛纲和昆虫纲）和脊索动物（大部分脊椎动物）。脊椎动物的身体分节现象表现在脊柱中，即一堆形态结构相似的椎骨。

关键学习成果　19.9

环节动物是身体分节的蠕虫。大部分种类都是海洋生物，但是也有一些——大约占物种的1/3——是陆生生物。

19.10　节肢动物：分节附肢的出现

节肢动物的躯体

学习目标19.10.1　节肢动物形体构型的两个关键改变

在节肢动物门的**节肢动物**的进化过程中，存在着一个意义深远的转变，它是所有动物类群形体构型特征改变中最为成功的，这就是分节附肢的出现。

分节附肢

节肢动物的名字，即“arthropod”，来自两个希腊语中的单词，“arthros”，意思为“连接的”；“podes”，意思为“足”。所有的节肢动物（图19.11）都具有分节的附肢。有一些形成了腿，有一些改变后产生了其他功能。为了提高对分节附肢重要性的认识，我们可以想象一下自己没有这些部位——臀部、膝盖、脚踝、肩膀、肘部、手腕或指关节。没有分节附肢，我们就不能行走或者抓住一个物体。节肢动物的分节附肢能作为腿或者翅膀来完成运动，也可以作为触角来感知周围的环境，还可以作为口器来吮吸、撕裂和咀嚼猎物。比如，蝎子口器上的附肢被改造成较大的钳子，用以抓住并撕碎猎物。

坚硬的外骨骼

节肢动物形体构型的第二个重要的转变是：有一个由几丁质组成的坚硬的外部骨骼，或称为**外骨骼**。在这些动物中，外骨骼的主要作用是为肌肉的附着提供场所。肌肉附着在坚硬的几丁质外壳的内表面，外壳具有保护动物免受捕食者的伤害并防止水分散失的作用。

然而，由于几丁质是硬质的，它十分易碎，并且不能支持很大的重量。这一原因使得大型昆虫的外骨骼必须比小型昆虫的外骨骼厚很多，才能承受肌肉的牵拉。所以，这会对节肢动物身体的发展起到一定的限制作用。这就很好地解释了，为什么我们见到的甲壳虫不会像鸟类、螃蟹或者一头牛那么大——外骨骼很薄使得动物不能承受过大的重量。体形大小上的另一个限制是，在昆虫等很多节肢动

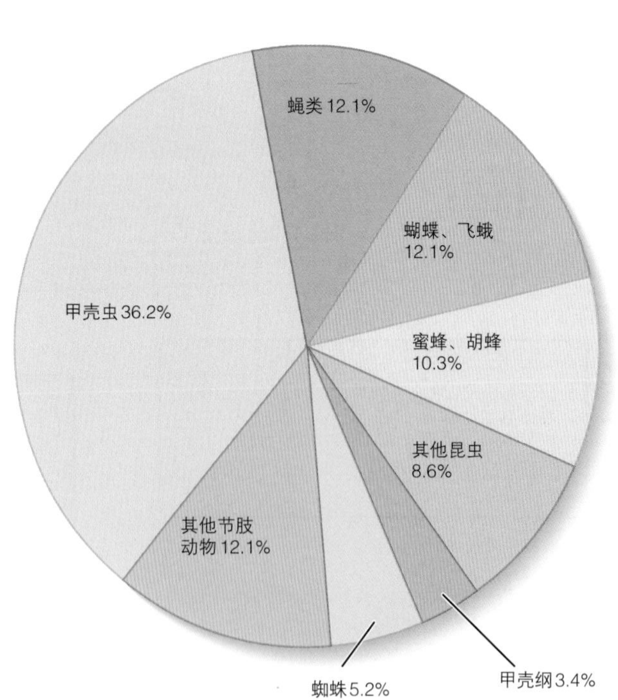

图19.11　节肢动物是一个成功的类群

在所有被命名的物种中，大约有2/3都是节肢动物。大约80%的节肢动物是昆虫，被命名的昆虫中大约有一半是甲壳虫。

物中，身体的所有部分都需要靠近呼吸道才能获得氧气。因为将氧气运输到各个组织的是呼吸系统（见24.1节），而不是循环系统。

事实上，节肢动物中很大一部分都是由体形小的动物组成的，体长大多1毫米，但是这一门中成年个体的体长在80毫米（一些寄生螨虫）到3.6米（日本海域内发现的巨大螃蟹）之间。有一些龙虾接近1米长。现存的最大的昆虫大约有33厘米长，但是生活在3亿年前的巨大蜻蜓，其翼展大约有60厘米！

节肢动物的身体像环节动物的一样有分节，几乎可以确定节肢动物是从环节动物进化而来的。个体的分节通常只有在早期发育中存在，成年以后它们会融合成不同的功能团。例如，一个毛虫（幼虫期）有很多体节，而一只蝴蝶（以及其他成年昆虫）只有3个功能性的身体分区——头部、胸部和腹部——每一部分都是由几个体节融合而成的。在图19.12所示的蝗虫中，仍然可以看到一些分节现象，尤其是在腹部。

由于分节附肢与外骨骼的存在，节肢动物在进化上是非常成功的。在地球上所有被命名的物种中，大约有2/3都是节肢动物。科学家们估计，在某一时间内大约有1.0×10^{18}（10亿 × 10亿）只昆虫同时存在——平均每个人对应2亿只昆虫！

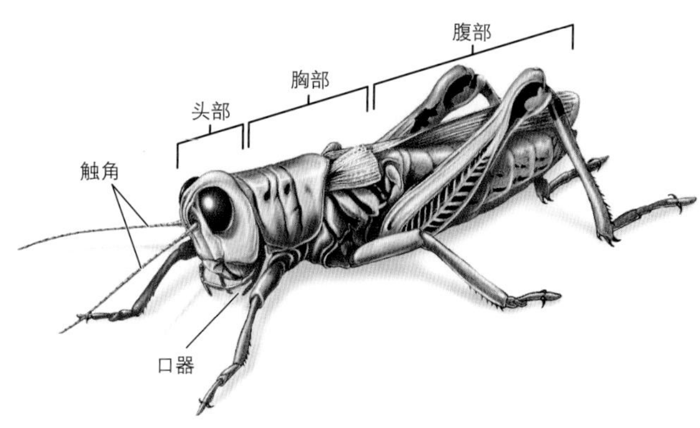

图19.12　昆虫的体节

成年蝗虫的身体分节情况。昆虫的大部分幼年阶段的体节在成年以后都会融合到一起，形成三个成虫身体的分区：头部、胸部和腹部。附肢——腿、翅膀、口器、触角——都是相连接的。

螯肢动物

学习目标19.10.2　螯肢动物的口器

比如蜘蛛、螨虫、蝎子以及一些没有**下颚**的节肢动物，都被称为**螯肢动物**。它们的口器称为**螯肢**，是由离动物前端最近的附肢进化而成的，如下图所示的跳蛛。螯肢是头部最重要的附肢。

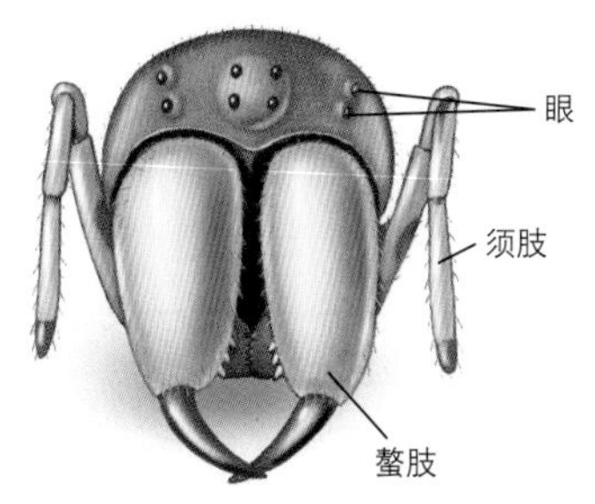

螯肢动物中最古老的类群是鲎，存活至今的种类只有五种。鲎可以通过背部朝下、拍打腹部鳃片的方式游动，并且依靠自己的五对足行走。鲎的身体被一个带有附肢的硬壳包围着。

至今为止，在螯肢动物的三个纲中，最大的一个纲是主要为陆生生物的蛛形纲，被命名的物种大约有57,000个，包含蜘蛛、扁虱、螨类、蝎子和盲蛛等。蛛形纲动物有一对螯肢、一对须肢以及四对步足。螯肢由一个坚固的基部和一个通常与毒腺相连的且具有移动性的尖牙组成。**须肢**是第二对附肢，可能与腿相似，但是缺少一个节。蝎子的须肢很大并且能夹住猎物。大部分的**蛛形纲**动物都是肉食性动物，而螨类主要是草食性动物。扁虱是脊椎动物的吸血性体外寄生虫，并且一些扁虱能够传播疾病，比如落基山斑疹热和莱姆病。

海蜘蛛也是螯肢动物，它十分常见，尤其是在沿海水域中。这个纲大约含有1,000多个物种。

具颚类

学习目标19.10.3　螯肢动物和具颚类

其他的螯肢动物都具有下颚，是由前端的一对附肢中的一个变形而成的，但不一定是最前面的附肢。斗牛犬蚁最前面的一对附肢是触角，而下颚是

节肢动物门：节肢动物

关键的进化转变：分节附肢和外骨骼

昆虫及其他节肢动物（节肢动物门）具有真体腔、体节以及分节附肢。对于昆虫躯体的三个分区（头、胸、腹）来说，每一个都是由几个体节在发育过程中融合而成的。所有的节肢动物都有一个由几丁质组成的坚硬的外骨骼。昆虫是节肢动物中的一个类群，进化出了翅膀，它可以使昆虫在空中快速地飞行。

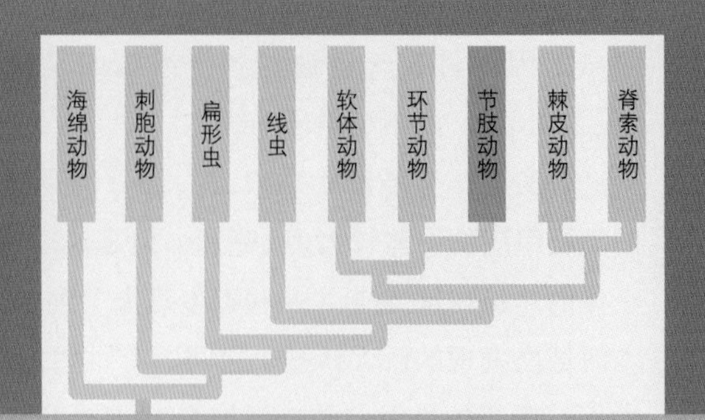

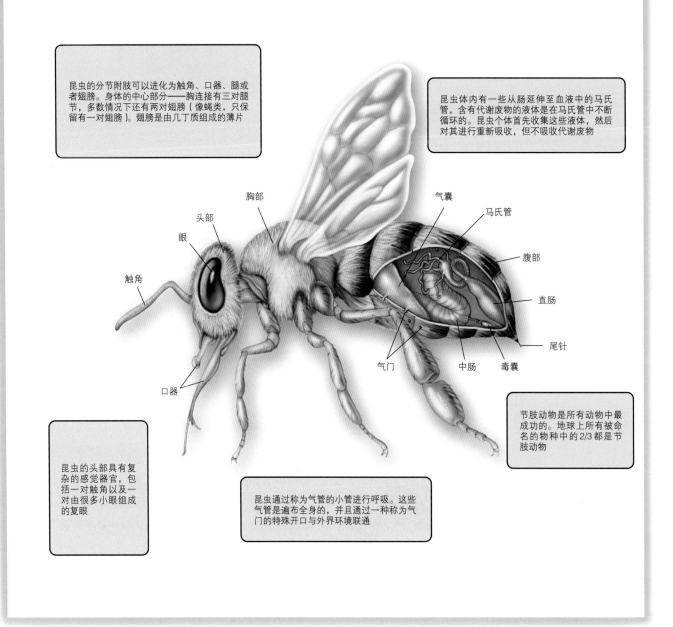

昆虫的分节附肢可以进化为触角、口器、腿或者翅膀。身体的中心部分——胸连接有三对腿节，多数情况下还有两对翅膀（像蝇类，只保留有一对翅膀）。翅膀是由几丁质组成的薄片

昆虫体内有一些从肠延伸至血液中的马氏管，含有代谢废物的液体是在马氏管中不断循环的。昆虫个体首先收集这些液体，然后对其进行重新吸收，但不吸收代谢废物

胸部
头部
眼
触角
口器
气囊
马氏管
腹部
直肠
尾针
气门
中肠
毒囊

节肢动物是所有动物中最成功的。地球上所有被命名的物种中的2/3都是节肢动物

昆虫的头部具有复杂的感觉器官，包括一对触角以及一对由很多小眼组成的复眼

昆虫通过称为气管的小管进行呼吸。这些气管是遍布全身的，并且通过一种称为气门的特殊开口与外界环境联通

由后一对附肢形成的。这些节肢动物被称为具颚类，包括甲壳类、昆虫类、唇足类、多足类以及一些其他的种类。

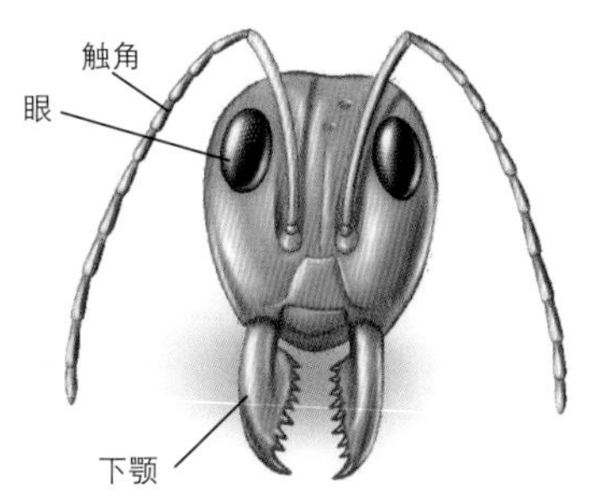

甲壳类 甲壳类（甲壳动物亚门）是一个大型的、种类较多的类群，并且主要为水生生物，具有包括螃蟹、褐虾、龙虾、小龙虾、水蚤、鼠妇、潮虫、藤壶以及一些相关类群在内的35,000个物种。甲壳类在海洋和淡水生境中十分丰富，并且在几乎所有的水生生态系统中都具有重要的作用，它们被称为“水中的昆虫”。

大多数甲壳类都具有两对触角（第一对比较短，通常被当作小触角，如图19.13所示）、三对咀嚼附肢（一对为下颚）和数量不同的腿。所有的甲壳类都要经历无节幼体阶段，这表明这一物种丰富的类群中的所有动物都有一个共同的祖先。无节幼体在成熟之前要经历几个蜕变阶段，在此期间，会孵化出三对附肢。在很多种类中，无节幼体阶段是以卵的形式度过的，然后直接孵化形成成熟的个体。

甲壳类与昆虫类的不同之处在于，它们的头部和胸部融合形成头胸部，而且它们的腹部和胸部都有腿。许多甲壳类动物都有复眼。另外，它们有精细的触觉毛，从全身的角质层伸出。较大的甲壳类在其腿基部具有羽状鳃。而在一些体形较小的种类中，气体交换直接发生在角质层较薄的部位或整个身体。大部分甲壳类具有独立的性别。甲壳类中有许多不同种类的特化的交配方式，有一些目的成员会将产出的卵放在自己身上，或单独携带或存放在卵鞘中，直到这些卵孵化。

甲壳类动物包括海洋生物、淡水生物以及陆地生物。褐虾、龙虾、螃蟹和小龙虾等甲壳类动物，被称为十足目，其含义为“十只足”，像图19.13中的龙虾。鼠妇和潮虫是陆生的甲壳类，但它们通常都生活在潮湿的地方。藤壶是一种成年后营固着生活但其幼虫能够自由游动的甲壳类动物。幼虫将头部附着在岩石或其他水下物体上，然后用羽毛状的腿将食物搅拌到嘴里。

多足类和唇足类 多足类和唇足类动物的身体由一个头部和许多相似的体节组成。唇足类的每一个体节上都有一对腿，多足类有两对。所有的唇足类都是食肉动物，并且主要以昆虫为食。它们躯干上的第一附肢进化成一对有毒的尖牙。与此不同的是，大部分多足类都是食草动物，主要以腐烂的植

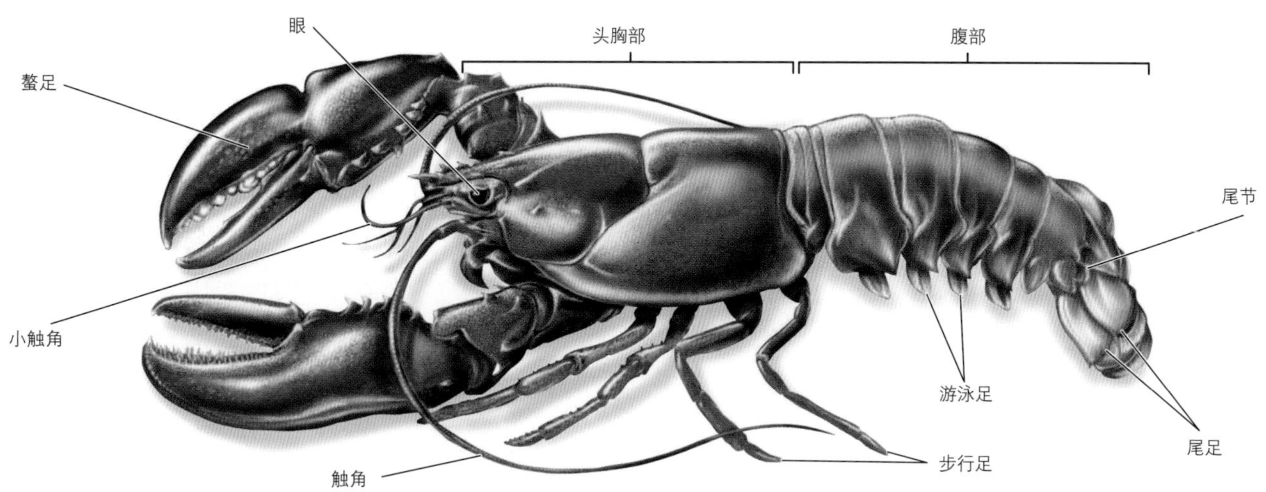

图19.13 龙虾的身体结构，美洲螯龙虾

有一些术语专门用来描述甲壳类动物。例如，头部和胸部融合到一起形成头胸部。其附肢称为游泳足，长于腹部边缘，具有生殖和游泳的作用。扁平的附肢称为尾足，在腹部的末端能形成一种复合的“桨”。龙虾也具有尾节，或者称为尾棘。

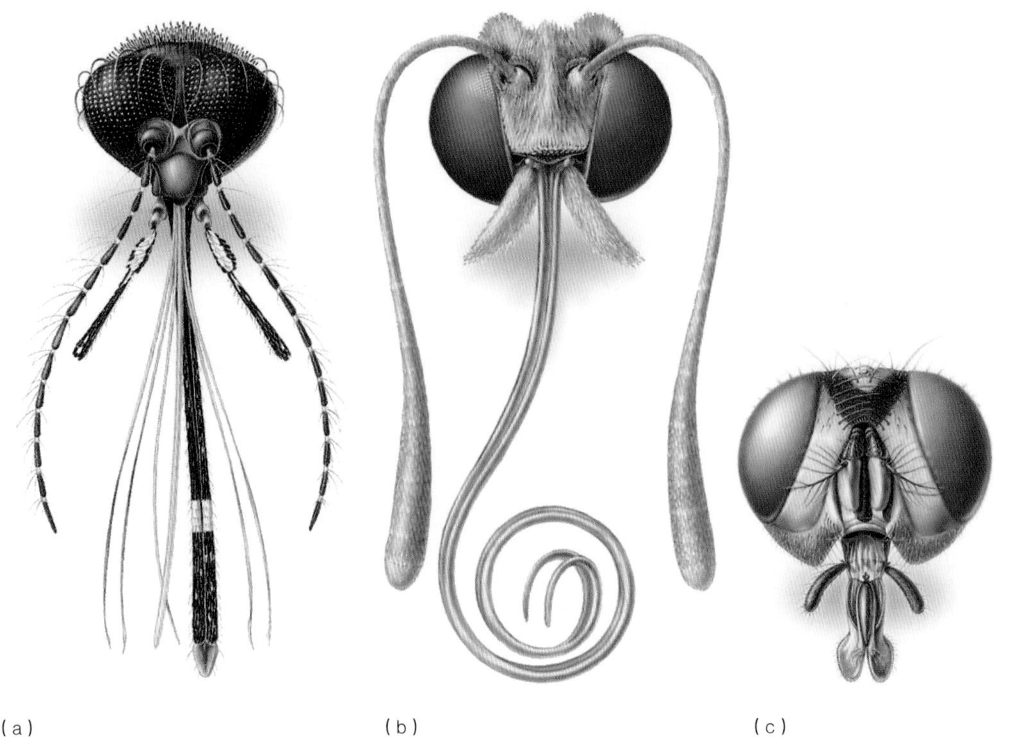

图19.14　三种昆虫中不同的口器
(a) 蚊子，*Culex*；(b) 苜蓿粉蝶，*Colias*；(c) 家蝇，*Musca domestica*。

物为食。多足类主要生活在潮湿且比较安全的地方，比如落叶下、腐烂的原木里、树皮或石头下以及土壤中。第一种在陆地上生活的动物就是多足类，2004年有新闻报道了其4.2亿年前的化石。

昆虫类　昆虫类（昆虫纲）是目前为止最大的节肢动物类群，无论是在物种数量还是在个体数量上都是最大的。例如，它们是地球上物种最丰富的真核生物类群。大部分昆虫的体形都相对较小，范围从0.1毫米到30厘米。昆虫的身体分为三个部分：

1. **头部**　昆虫的头部是十分精细的，有一对触角和与其饮食相适应的复杂的口器。例如，图19.14（a）中蚊子的口器变得能够刺透皮肤；图19.14（b）中蝴蝶的长长的口器可以向下展开吸食花蜜；图19.14（c）中家蝇较短的口器变得可以吸取液体。大部分昆虫都具有复眼，这些复眼是由小眼组成的。
2. **胸部**　胸部是由3个体节构成的，每个体节上都有一对腿。大部分昆虫的胸部都有两对翅膀。在一些昆虫中，比如甲壳虫、蚱蜢和蟋蟀，其外侧的那对翅膀主要起保护作用而不是用于飞行。
3. **腹部**　腹部是由12个体节组成的。其消化过程主要发生在胃里，并通过马氏管进行排泄，这组成了一个节省水分的有效机制，也是促进节肢动物入侵陆地的关键的适应性变化。

尽管昆虫是主要生活在陆地上的类群，但它们几乎能生活在陆地上及淡水中的每一个可想象到的生境，甚至有一部分能生活在海洋中。人们大约已经明确了100万个昆虫的物种，但仍然有很多种类有待于人们的发现与分类。

关键学习成果　19.10

节肢动物门是最成功的门，具有分节附肢、坚硬的外骨骼，并且一些昆虫还具有翅膀。

19.11　原口动物和后口动物

学习目标19.11.1　原口动物和后口动物的四个不同点

目前为止，我们学习过的所有动物，从本质上来讲，都具有同一种胚胎发育形式。受精卵分裂形成一个由小细胞组成的中空球形体——囊胚，进一步向内收缩并形成一个两层厚的球体，其表面有一个胚孔与外界相通。在软体动物、环节动物和节肢动物中，口部（气孔）是由胚孔或胚孔附近的结构发育而来的。以这种形式完成口部发育的动物称为**原口动物**（图19.15，上部）。如果这种动物有一个明显的肛门或是肛孔，则是后来在胚胎的另一个区域发育而成的。

胚胎发育的第二种模式存在于棘皮动物和脊索动物中。在这些动物中，肛门是由胚孔或在胚孔附近的结构发育成的，而口部是随后在囊胚的另一个区域发育形成的。这一类群的动物被称为**后口动物**（图19.15，下部）。

后口动物代表了胚胎发育中的一种创新形式。除了胚孔的宿命以外，后口动物与原口动物之间的区别还有以下三个方面：

1. 胚胎生长过程中，细胞的逐渐分开称为**分裂**。与胚胎的极轴有关的分裂模式决定了细胞的排列方式。几乎在所有的原口动物中，每一个分裂出的新细胞都与极轴成一定的倾斜角度。其结果为，新细胞以一种密集排列的方式嵌套在旧细胞之间（见图19.15上排细胞的16细胞期）。这种模式被称为**螺旋卵裂**，因为一系列分裂细胞形成的线条是从极轴开始向外螺旋而出的。

   在后口动物中，细胞分裂方向与极轴平行或与极轴垂直。这使得一次分裂后形成的成对细胞直接呈上下排列（见图19.15下排细胞的16细胞期），导致细胞的排列比较松散。这一模式被称为**辐射卵裂**，因为一系列分裂细胞形成的线条是从极轴开始向外辐射而出的（见32细胞期中的蓝色直箭头）。

2. 在原口动物中，当第一个细胞出现以后，胚胎中每一个细胞的发育过程就都被固定了。即使是在4细胞期，每一个细胞都因为含有不同的化学发育信号而互相不同，而且把任意一个细胞跟其他细胞分离开，它都不能发育成完整的个体。另外，后口动物受精卵的第一次卵裂会产生两个完全相同的子细胞，将两者分离后，任意一个细胞都能够发育成一个完整的生物体。

3. 在所有的真体腔动物中，体腔都是由中胚层发育而来的。在原口动物中，这种发育过程是简单而直接的：当体腔在中胚层中扩张时，中胚层细胞只是逐渐地远离彼此。然而，

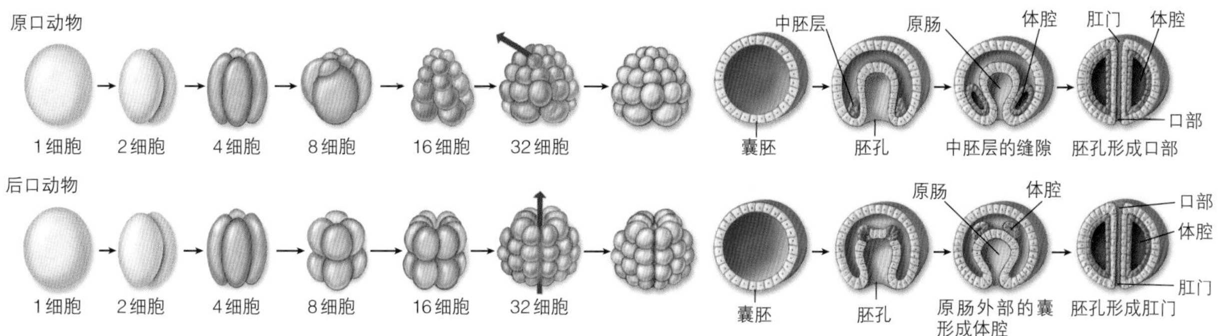

图19.15　原口动物与后口动物的胚胎发育

卵裂形成一个中空的细胞球，称为囊胚。囊胚内陷，或称为内折，形成胚孔。在原口动物中，胚胎细胞以螺旋状模式分裂并且紧密地排列在一起。胚孔发育成为动物的口部，体腔发源于中胚层的缝隙。在后口动物中，胚胎细胞以辐射状模式分裂，并且排列比较松散。胚孔发育形成动物的肛门，口部在另一端形成。体腔是由后口动物原肠的外折或外翻形成的。

多样性只是表面现象

也许，在研究动物多样性的过程中，从蠕虫和蜘蛛到鲨鱼和羚羊，最重要的问题不是动物拥有如此丰富的种类，而是它们的本质具有相似性。所有动物的形体构型都是沿着相似的轨道形成的，就像是来源于同一套蓝图。在整个动物界中，相同的基因起到了关键的作用，由于被激活的方式存在差异，它们的形态也就完全不同。

如此精巧的发育过程所采取的分子机制，被认为在多细胞生物发展史的早期就已经出现了。在自身的发育过程中，动物们利用转录因子选择打开或者关闭特定的基因（如12.7节讨论的内容），这些基因决定了发育的方向、地点以及时间。对大部分动物来说，相同的基因能够控制相同的发育过程。例如，小鼠体内的*Pax6*基因能够编码驱动眼部发育的转录因子。没有该基因功能性拷贝的小鼠不能形成相应的转录因子，导致眼盲。当弄清导致果蝇缺少眼部的基因后，我们发现这一基因的DNA序列与小鼠体内控制眼部发育的基因序列基本相同——在昆虫和脊椎动物中，相同的*Pax6*是触发眼部形成的主要的调节基因。的确如此，当瑞士生物学家沃尔特·格林将小鼠的*Pax6*基因片段插入果蝇的基因组后，果蝇的腿上形成了一只复眼（果蝇的一种含多个面的眼）！尽管昆虫和脊椎动物似乎是由5亿多年前的共同祖先朝不同方向进化出来的，但它们控制发育过程的基因仍然十分相似，以至于脊椎动物的基因在昆虫的基因组中也能正常地发挥作用。

*Pax6*基因在很多其他动物中也发挥着同样的作用，即触发眼部的发育。即使是海生的带状蠕虫也用该基因完成其眼点的发育。所有这些动物中的*Pax6*基因都有相似的基因序列，这说明对于所有仍然具有*Pax6*基因的动物们的共同祖先来说，*Pax6*基因在5亿多年的进化过程中只用了一次就奠定了它在眼部发展中的地位。

另一个更古老的调节基因是*Hox*，它能决定身体基础结构的形成。*Hox*基因在动物和植物的进化分支产生之前就出现了：在植物中，该基因能调节嫩芽的生长和叶子的形成，而在动物中，它能形成身体的基础结构。

所有身体分节的动物似乎都利用*Hox*基因的有序簇控制自身的发育。在几个"分节"基因产生的连续作用之后，便会形成一个关于早期胚胎形态的基础结构。这种情况发生在蚯蚓、果蝇、小鼠以及人类中。引导动物形态进一步发展的关键是每

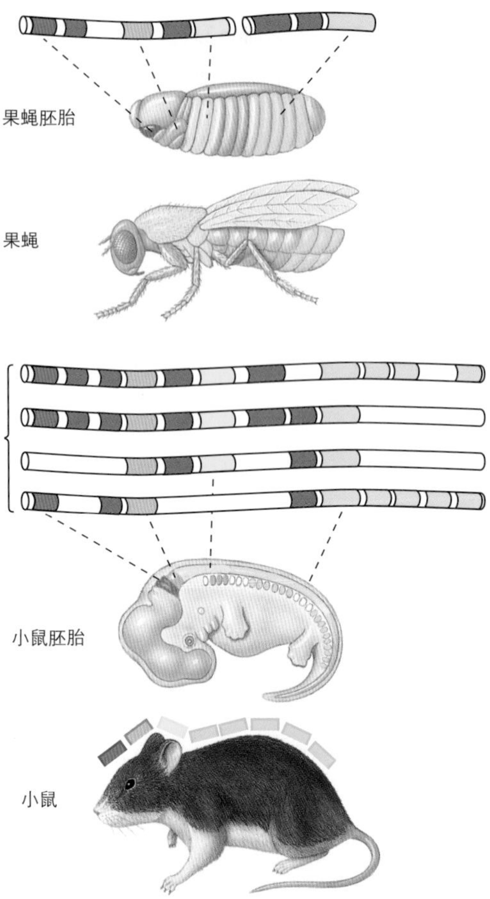

果蝇染色体

果蝇胚胎

果蝇

小鼠染色体

小鼠胚胎

小鼠

一个体节朝不同的方向进化——决定一个特定的体节是否能向后转，比如，脖子或者头部。在果蝇和小鼠中，相似的*Hox*基因簇控制这一过程的发生。果蝇在同一条染色体上只有1套*Hox*基因，而小鼠在每一条不同的染色体上有4套*Hox*基因（似乎脊椎动物在进化过程中，基因组在早期经历了两次完整的复制）。在本页的插图中，基因的颜色编码与其形成的躯体部位的颜色是一一对应的。

*Hox*基因簇是怎样联合起来共同控制身体分节的发育过程的？每个*Hox*基因都能表达出一个蛋白质，这些蛋白质具有一段相同的由60个氨基酸组成的片段，这一片段能作为转录因子结合到DNA上并激活其附近的基因。*Hox*基因簇中单一基因之间的不同决定了Hox蛋白质在DNA上的结合位点以及被激活的基因。

在水螅等辐射对称的刺胞动物中也发现了*Hox*基因簇，这意味着在动物的进化史中，祖先*Hox*基因簇在辐射对称动物和两侧对称动物产生进化分支之前就存在了。

在后口动物中，体腔是由**原肠腔**外翻形成的——原肠腔是原肠胚中主要的腔，也被称为原始消化管。该腔位于中胚层的内部，通过胚孔与外界相通，并最终形成肠腔。外翻的细胞形成了中胚层细胞，中胚层扩张后形成体腔。

关键学习成果　19.11

原口动物发生螺旋卵裂，胚孔发育成口部。后口动物发生辐射卵裂，胚孔发育成为动物的肛门。

19.12　棘皮动物：最早的后口动物

学习目标 19.12.1　棘皮动物的水管系统

第一个后口动物大约出现在6.5亿多年前，是棘皮动物门中海生的**棘皮动物**。**棘皮动物**一词的意思是“带棘的表皮”，这是由于棘皮动物具有一个由坚硬且富含钙质的骨板组成的**内骨骼**，这些骨板称为小骨，位于柔软的表皮之下。当这些骨板第一次形成时，它们被封闭在一些活的组织中，是一个真正的内骨骼，而当动物成年后，它们会融合到一起形成一个坚硬的外壳。大约有6,000个棘皮动物的物种存活至今，并且几乎都生活在海底。在海岸附近，我们最熟悉的动物大部分都是棘皮动物，包括海星、海胆、沙钱和海参。

棘皮动物的形体构型在发育过程中会经历一个根本性的转变：所有的棘皮动物在幼体时期都呈两侧对称，但成年以后会呈辐射对称。许多生物学家认为，早期的棘皮动物营固着生活，而进化的成年个体呈现辐射对称就是为了适应固着生活。两侧对称对那些要在环境中不断穿梭的动物来说具有适应价值，而辐射对称对那些周围的小环境就能满足其各种需求的动物来说具有适应意义。成年的棘皮动物形体构型呈五辐射对称，尤其是海星的5个腕。它的神经系统是由一个包含5个分支的中央神经环组成的，当动物适应了复杂的响应模式，也就没有了功能的集中化，没有了“脑”。羽毛海星等棘皮动物具有10或15个腕，总是5的倍数。

在棘皮动物中，关键的变化是一个液压系统的形成，它的主要机能在于运动。这一系统被称为**水管系统**，这个充满液体的系统是由一个中央环管及由其发出并延伸至5个腕中的管道组成的，这5个管道呈辐射状。在每一个辐管中，细小的血管通过短的侧管延伸至成千上万个细小的中空管足中。每一个管足的基部是充满液体的肌肉囊，起到阀门的作用。当肌肉囊缩小时，它能够阻止液体重新进入辐管，从而迫使液体进入管足中并使管足伸长。当管足伸出时，它们会吸附在海底，通常借助于吸盘的作用。海星可以拉动这些管足，以实现在海底的运动。

大部分棘皮动物都进行有性生殖，但是它们也能再生失去的部分，即进行无性生殖。

关键学习成果　19.12

棘皮动物是后口动物，具有坚硬骨板组成的内骨骼。其成年个体呈辐射对称。

19.13　脊索动物：增强的骨架

脊索动物的一般特征

学习目标 19.13.1　脊索动物的四个主要特征

脊索动物（脊索动物门）是后口真体腔动物，与棘皮动物相比，它们在内骨骼方面有了很大的进步。棘皮动物的内骨骼在功能上与节肢动物的外骨骼相似，节肢动物的外骨骼是一个包裹着身体的坚硬的壳，并且在其内表面附着有很多肌肉。脊索动物的内骨骼种类十分特殊，是一种真正的内部骨

棘皮动物门：棘皮动物

关键的进化转变：后口动物发育和内骨骼

棘皮动物，比如海星（棘皮动物门），是真体腔动物，具有后口动物的发育模式。其柔软的皮肤覆盖着由富含钙质的骨板组成的内骨骼，这些骨板能融合到一起形成连续的、坚硬且带刺的一层。

海绵动物
刺胞动物
扁形虫
线虫
软体动物
环节动物
节肢动物
棘皮动物
脊索动物

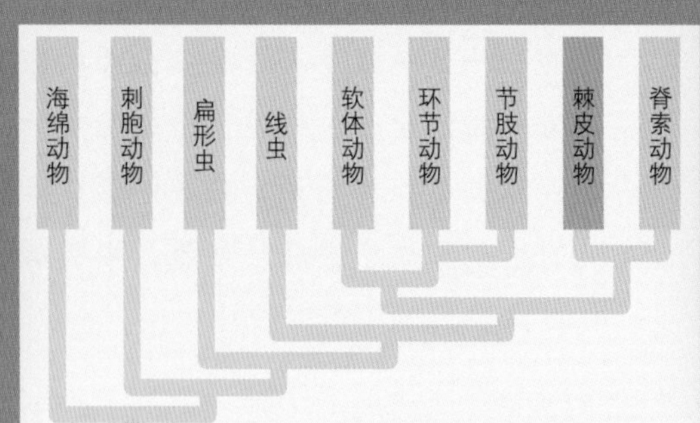

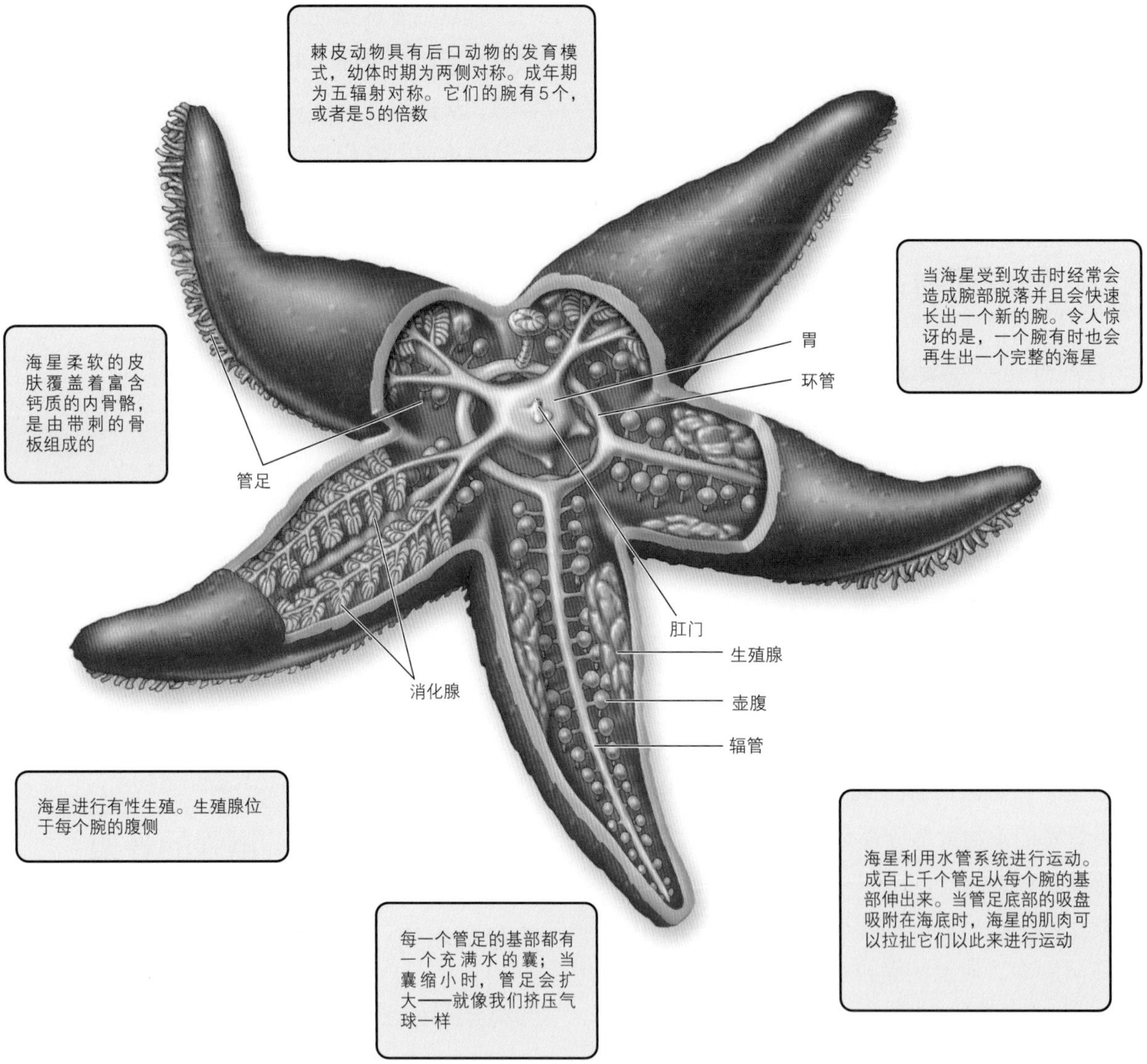

棘皮动物具有后口动物的发育模式，幼体时期为两侧对称。成年期为五辐射对称。它们的腕有5个，或者是5的倍数
当海星受到攻击时经常会造成腕部脱落并且会快速长出一个新的腕。令人惊讶的是，一个腕有时也会再生出一个完整的海星
海星柔软的皮肤覆盖着富含钙质的内骨骼，是由带刺的骨板组成的
胃
环管
管足
肛门
生殖腺
消化腺
壶腹
辐管
海星进行有性生殖。生殖腺位于每个腕的腹侧
海星利用水管系统进行运动。成百上千个管足从每个腕的基部伸出来。当管足底部的吸盘吸附在海底时，海星的肌肉可以拉扯它们以此来进行运动
每一个管足的基部都有一个充满水的囊；当囊缩小时，管足会扩大——就像我们挤压气球一样

骼。脊索动物的主要特征是具有一个灵活的杆状结构，该结构被称为**脊索**，位于胚胎的背部。与脊索相连的肌肉可以使发育初期的脊索动物来回摆动身体，在水中游动。在朝着脊椎动物进化的道路上，肌肉与内部结构相连这一关键的进化创新最先出现在脊索动物中，并且脊索动物也是第一种真正的大型动物。

脊索动物大约含有56,000个物种，主要通过以下四个特征进行区分：

1. **脊索** 在早期胚胎中，神经索下面会形成一个坚硬但灵活的杆状结构。
2. **神经索** 一个单独的、中空的且沿着背部的神经索，与能到达身体不同部位的神经连接在一起。
3. **咽囊** 口部后面一系列的囊，在某些动物中口部能发育成裂缝。裂缝的开口通向咽部，咽部是一个将口部与消化管和气管连接到一起的肌质管。
4. **肛后尾** 脊索动物具有肛后尾，它是一条位于肛门后面的尾巴。如果成年期个体没有肛后尾，那么至少在动物的胚胎发育过程中的某一阶段是存在的。其他几乎所有动物的身体末端都具有肛门。

所有的脊索动物在其整个生命周期中的某段时期都具有以上四个特征。例如被囊动物，它看上去更像海绵动物而不是脊索动物，但是在类似于蝌蚪的幼体时期，它具有以上的全部四个特征。

人类在胚胎时期具有咽囊、神经索、脊索和肛后尾。成年期个体仍具有神经索，但是它已经分化到了大脑和脊髓中。在人体的发育过程中，咽囊和肛后尾逐渐消失，脊索被脊柱替代。在脊索动物的形体构型中，所有的动物都是分节的，肌肉的不同分区以很多种形态存在（图19.16）。

脊椎动物

除了被囊动物和文昌鱼以外，所有的脊索动物都是脊椎动物。脊椎动物与被囊动物以及文昌鱼的

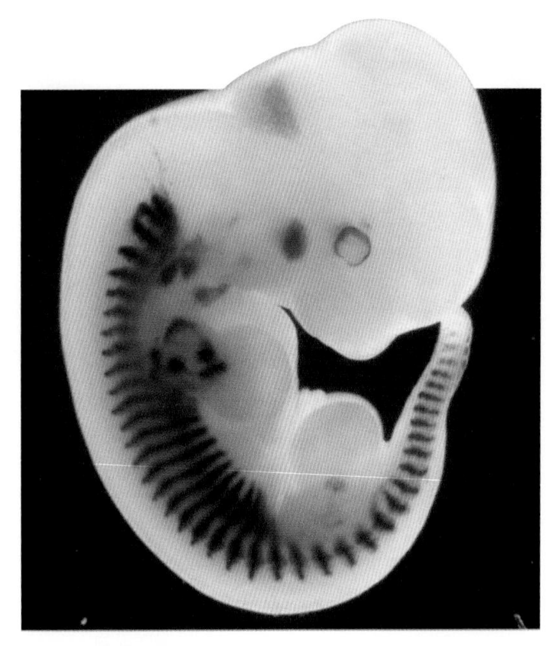

图19.16 小鼠的胚胎

在发育的第11.5天，肌肉已经开始分节，被称为体节（图片中颜色较暗的部分），这说明所有的脊索动物本质上都具有分节的特征。

不同主要表现在两个方面：

1. **脊柱** 在胚胎发育过程中，脊索被一个骨质的脊柱包围着，然后被后者替代，脊柱是一系列堆叠的骨头，称为**脊椎**，它像一个套筒一样将背部的神经索包围起来，起到保护作用。
2. **头部** 除了最早的鱼类，所有的脊椎动物都有一个区分明显且分化良好的头部，头部是由头盖骨和大脑组成的。

所有的脊椎动物都具有一个内骨骼，它是由骨头或者软骨组成的，能与肌肉的活动相抗衡。内骨骼的存在使得脊椎动物具有巨大的体形和非凡的运动能力，这也成为脊椎动物的两个典型特征。

关键学习成果 19.13

脊索动物在发育的某个时期具有一条脊索。在成年期，脊索会被脊柱取代。

脊索动物门：脊索动物

关键的进化转变：脊索

脊椎动物、被囊动物以及文昌鱼都是脊索动物（脊索动物门），也是真体腔动物，它们都具有一个坚硬但灵活的杆状结构——脊索，它能够固定内部的肌肉，使身体能进行快速的运动。脊索动物也具有咽囊（水生祖先的遗迹）以及一个位于背部的中空神经索。在脊椎动物的胚胎发育过程中，脊索会逐渐被脊柱代替。

海绵动物 | 刺胞动物 | 扁形虫 | 线虫 | 软体动物 | 环节动物 | 节肢动物 | 棘皮动物 | 脊索动物

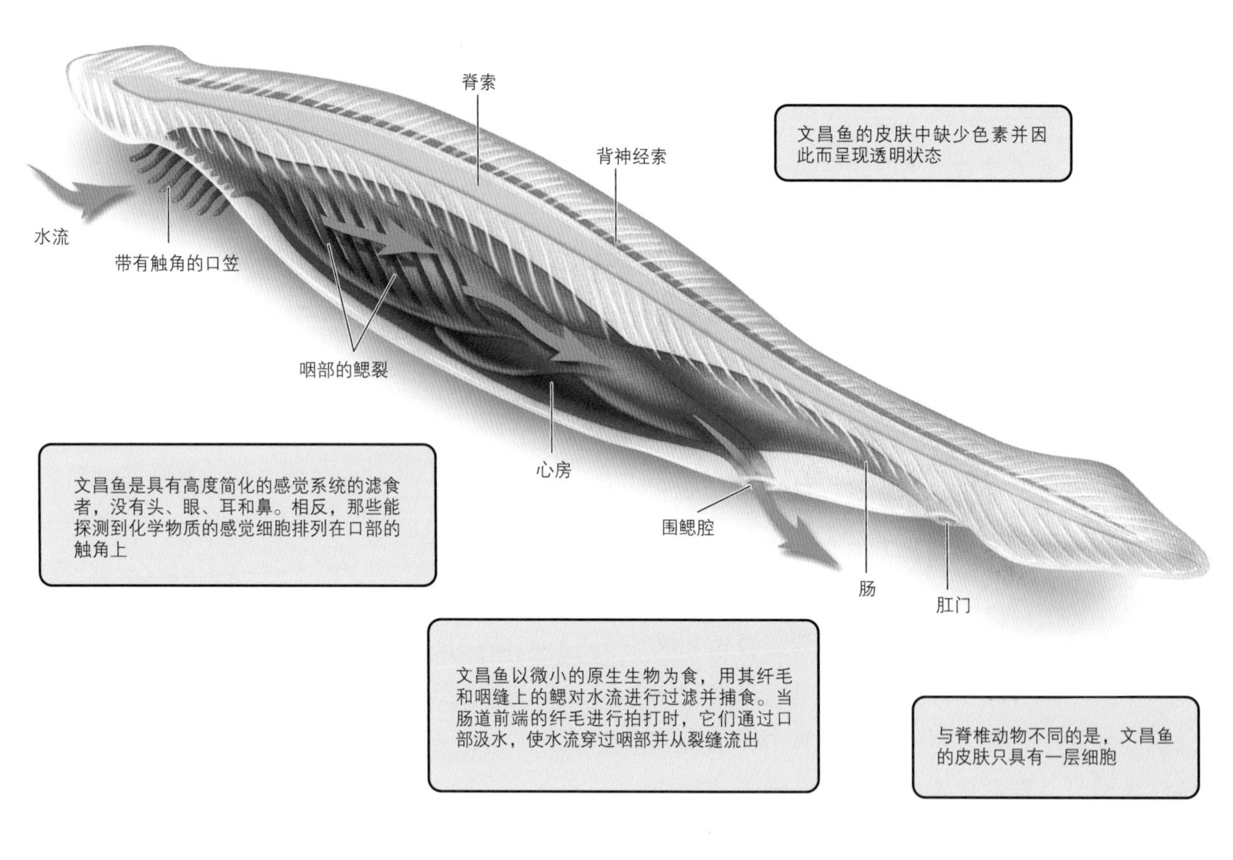

文昌鱼是最简单的脊索动物，它的灵活的脊索贯穿其一生，它能与肌肉之间形成抗衡的力，以此来完成自身在水中的游动。在文昌鱼中，这些肌肉能形成肉眼易见、分区明显的独立单元
脊索
背神经索
文昌鱼的皮肤中缺少色素并因此而呈现透明状态
水流
带有触角的口笠
咽部的鳃裂
心房
围鳃腔
肠
肛门
文昌鱼是具有高度简化的感觉系统的滤食者，没有头、眼、耳和鼻。相反，那些能探测到化学物质的感觉细胞排列在口部的触角上
文昌鱼以微小的原生生物为食，用其纤毛和咽缝上的鳃对水流进行过滤并捕食。当肠道前端的纤毛进行拍打时，它们通过口部汲水，使水流穿过咽部并从裂缝流出
与脊椎动物不同的是，文昌鱼的皮肤只具有一层细胞

调查与分析
INQUIRY & ANALYSIS

间断平衡说：评价一个案例的历史

生物学家对进化的发生速度进行了长期的讨论。一些生物体是逐渐进化的（渐进论），而另一些生物体的进化呈现爆发式（间断平衡说）。支持这两种观点的证据都能在化石记录中找到。也许支持间断平衡说的最著名的证据，就是通过研究生活在海洋中的苔藓虫的化石得到的。苔藓虫是微小的海生动物，它能够形成分支群落并且营固着生活。在本章前面有关触手冠动物的部分我们就提到过苔藓虫。化石记录中有关于加勒比地区 *Metrarabdotos* 属苔藓虫的特殊记录，它的化石记录可以向前追溯到1,500万年前，并且中间没有间断（**化石**是一个死亡已久的生物体矿化后形成的石头状的物质；**化石记录**是科学上已知的一种特定物种的化石总集合）。

下方的图表展示的是 *Metrarabdotos* 属的化石记录。研究人员首先基于一系列的苔藓虫的特征制定了一个综合特征索引。（**特征索引**是按照一个标本的形态学特征给其编号。对不同的特征进行测定并赋值，通过将适应于这个样本的单个特征的值相加来确定特征索引。两个样本的特征索引越近，它们的亲缘关系就越近。）为了获得所有的特征，研究者对每一个化石都进行了测定。最后，他们对每个化石都计算了该索引指数，并将其绘制成一个黑点。椭圆形的每一簇圆点代表一个不同的物种。

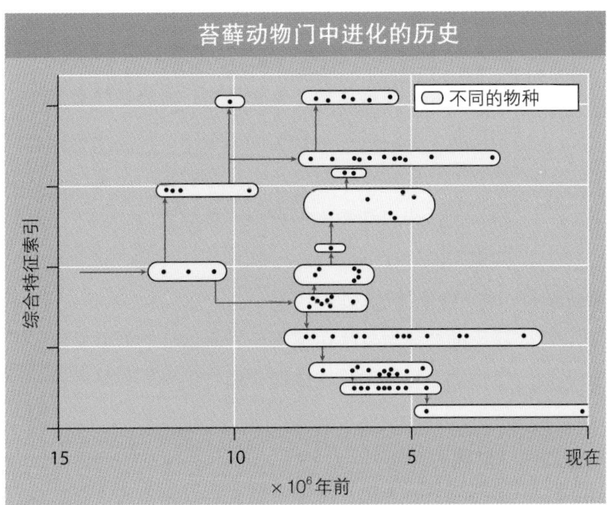

分析

1. **应用概念**

   a. **变量**　在图表中有因变量吗？如果有，是什么？

   b. **分析图表**　据图表所示，本研究中涉及了多少个物种？有多少是已经灭绝了的？

2. **解读数据**

   a. 评估化石记录中每个物种的存活时间。为了简化实验，只发现了一次的物种直接认定其存活了100万年。*Metrarabdotos* 属物种进化上的平均存活时间是多久？

   b. 将你所估算的物种——存活时间建立直方图（将存活时间作为 x 轴，物种数量作为 y 轴）。关于 *Metrarabdotos* 属物种存活时间的一般规律是什么？

3. **进行推断**

   a. 在综合特征索引中，有多少物种发生了变异？

   b. 怎样将物种内的变异与物种间的变异进行比较？

4. **得出结论**　通过对特征索引中具有显著变化的特征的测量，能否判断出主要的进化改变是渐进式的还是爆发式的？

5. **进一步分析**　绘制每增加100万年时 *Metrarabdotos* 属物种的数量与时间（$\times 10^6$ 年前）的关系图。描述结果。请你猜想原因是什么。怎样估算这种原因的可能性？

本章回顾

Reviewing What You Have Learned

动物概述

动物的一般特征

19.1.1 动物是复杂的多细胞异养生物。它们可以移动并进行有性生殖。动物细胞没有细胞壁，并且动物的胚胎具有相似的发育模式。

动物系谱图

19.2.1 传统上的动物分类基于动物的形态特征。系统发育学也是由解剖学特征及胚胎发育过程决定的。但是这种传统的动物系统发育学观点现在正被重新审视。

19.2.2 通过对动物RNA以及DNA的分析，建立了新的系统发育学。基于生长方式的不同，原口动物被重新分类。

动物形体构型的六次关键转变

19.3.1 动物丰富的多样性可以追溯到形体构型进化方面的六个关键转变：组织、两侧对称、体腔、身体分节、蜕皮以及后口动物的发育模式。图19.3中的甲壳虫具有这六个转变中的五个，唯独缺少了后口动物的发育模式。

最简单的动物

海绵动物：没有组织的动物

19.4.1 海绵动物属于侧生动物亚门，是海生生物，它们具有专化的细胞，但缺少组织。花瓶形状的成年个体能固定到基底上。海绵动物是滤食者。一些专化的细胞可以从过滤的水流中捕获食物颗粒，这些细胞被称为领细胞。

刺胞动物：组织导向更高级特化

19.5.1~2 刺胞动物呈辐射对称，并且具有两层胚胎细胞，即外胚层和内胚层。刺胞动物是肉食性动物，能够捕获猎物并在细胞外的消化腔中进行消化。许多刺胞动物只单独存在水螅体或水母体，但是在其他一些刺胞动物的生命周期中这二者是交替存在的。

两侧对称的出现

无体腔的蠕虫：两侧对称

19.6.1 其他所有的动物都呈现两侧对称。除了外胚层和内胚层以外，两侧对称的真后生动物在这二者之间还能形成一层中胚层。

19.6.2~3 最简单的两侧对称动物是无体腔的蠕虫，包括扁形虫、吸虫和其他寄生虫。它们有三层胚胎组织以及一个起消化腔，但它们却是无体腔动物，即缺少体腔。在许多扁形虫中，肠是具有分支的，起消化和循环的作用（图19.9）。扁形虫具有排泄系统，利用一种专化的细胞来排出代谢废物，这种细胞称为焰细胞。

体腔的出现

线虫动物：体腔的进化

19.7.1~4 体腔的进化改善了动物的循环、运动和器官功能。线虫在内胚层和中胚层之间有一个腔，但不是真正的体腔，因此它们被称为假体腔动物。

软体动物：真体腔动物

19.8.1 软体动物是真体腔动物：它们的体腔在中胚层内部形成。

19.8.2 软体动物有三大类群：腹足纲（蜗牛和蛞蝓）、双壳纲（蛤蜊和牡蛎）和头足纲（章鱼和鱿鱼）。所有的软体动物都具有头-足、内脏团和外套膜。很多种类还具有像锉刀一样的舌头，即齿舌。

环节动物：体节的出现

19.9.1 身体分节首先出现在环节蠕虫中，它具有灵活性，不同的体节具有不同的功能。环节动物的基本形体构型是管套管的模式，消化道与其他器官悬浮在体腔中。

节肢动物：分节附肢的出现

19.10.1 节肢动物门是最成功的动物分类门。在所有被命名的动物中，大约有2/3都是节肢动物。节肢动物的身体是分节的，其体节会融合成三个部分：头部、胸部、腹部。分节的附肢最初就是在这一类群中出现的，这一结构提高了动物的移动、抓握、撕咬和咀嚼的能力。坚硬的外骨骼为动物提供了保护，并且成为肌肉的锚。

19.10.2~3 节肢动物包括蜘蛛、螨类、蝎子、甲壳类、昆虫类、唇足类以及多足类。

重构胚胎

原口动物和后口动物

19.11.1 真体腔动物具有两种不同的发育模式。在原口动物中，胚孔发育成口部。软体动物、环节动物和节肢动物都属于原口动物。在后口动物中，棘皮动物和脊索动物的胚孔发育成肛门。在发育的其他方面也存在不同，包括原口动物中的螺旋卵裂和后口动物中的辐射卵裂（图19.15）。

棘皮动物：最早的后口动物

19.12.1 棘皮动物具有骨板组成的内骨骼，位于表皮下面。成年个体呈辐射对称，这似乎是它们对外界环境的一种适应。

脊索动物：增强的骨架

19.13.1 脊索动物具有真正的内骨骼并且具有脊索、背部神经索、咽囊和肛后尾等典型特征。在脊椎动物中，脊索被脊柱替代。

本章测验

Test Your Understanding

19.1.1（1）以下哪个特征是大部分动物在其生命周期的各时期中所不具备的？
a. 异养的　c. 多细胞的
b. 组织　d. 某种类型的体腔

19.1.1（2）你在丛林深处发现了一种新的生物。你正尝试去判断它是一个移动缓慢的动物还是一个能对光线和触觉产生响应的植物。你可以研究它的哪些特征来帮助自己做出决断？

19.2.1 传统观点中，动物分类系统发生树的主要依据是_______。
a. DNA 序列　c. 现存的解剖学特征
b. 蛋白质结构　d. 核糖体的结构

19.2.2（1）在现代的动物系统发育分析中，原口动物基于哪种特征而被划分为两个主要的类群？
a. 身体的对称性　c. 蜕皮的能力
b. 头部的出现　d. 脊椎的出现

19.2.2（2）在新的系统发育中，节肢动物和线虫类都属于蜕皮动物门。这是否意味着体腔不止进化了一次？

19.3.1 以下哪个动物类群是具有体腔以及后口动物的发育模式并且不能脱皮的？
a. 节肢动物　c. 软体动物
b. 线虫类　d. 棘皮动物

19.4.1 海绵动物体内独特的、有领状结构且带鞭毛的细胞被称为_______。
a. 刺细胞　c. 领鞭毛虫
b. 领细胞　d. 上皮细胞

19.5.1~2 刺胞动物门中的动物与真菌都具有_______。
a. 起支撑作用的几丁质结构　c. 细胞外消化
b. 孢子繁殖　d. 刺细胞

19.6.1 在两侧对称的动物中，躯体的顶端部位是_______部分。
a. 前端　c. 背侧
b. 腹侧　d. 后端

19.6.2~3 扁形动物门不具备以下哪种特征？
a. 头向集中　c. 消化道的特化
b. 中胚层的出现　d. 两侧对称

19.6.3 在扁形动物中，焰细胞参与了哪种代谢过程？
a. 生殖　c. 运动
b. 消化　d. 渗透压调节

19.7.1~2 线虫动物门（线虫）中的假体腔与环节动物门（分节蠕虫）中的真体腔之间的一个区别是，线虫的假体腔是在中胚层和_______之间形成的，而分节蠕虫的真体腔是在_______内部形成的。
a. 外胚层；中胚层　c. 外胚层；内胚层
b. 内胚层；中胚层　d. 内胚层；外胚层

19.7.3~4 由于假体腔的存在，线虫曾经被认为与轮虫动物亲缘关系较近，但是现在被认为与节肢动物的亲缘关系比较近，这是因为_______。
a. 能蜕皮　c. 具有翅膀
b. 具有分节的附肢　d. 具有体腔

19.8.1 与其他体腔动物门不同的是，软体动物缺少_______。
a. 分节　c. 三个主要组织层
b. 头向集中　d. 某种类型的体腔

19.8.2 软体动物的_______是高效的排泄结构。
a. 肾　c. 外套膜
b. 齿舌　d. 无节幼体

19.9.1 身体分节首先发生在环节动物中，它的进化优势是_______。
a. 利用更少的能量进行更多的液体流动
b. 专化的体节具有不同的功能
c. 促进体腔的形成
d. 在运动方向上聚集感觉和神经组织及器官

19.10.1（1）节肢动物身体大小的主要限制因素是_______。
a. 开放的循环系统效率较低
b. 使动物运动的肌肉的重量
c. 支持大型昆虫的较厚外骨骼的重量
d. 整个动物的重量，节肢动物蜕皮时如果体形太大则会压碎柔软的躯体

19.10.1（2）当一位著名的进化学家被问到他了解到的最重要的事时，他说“上帝过度偏爱甲壳虫”。我们的星球上被命名的物种中大约有2/3是节肢动物。图19.11展示了关于节肢动物的饼状图，请估计甲壳虫在地球上被命名的所有物种中所占的百分比。

19.10.2 拥有螯肢、须肢以及四对步行足的节肢动物称为______。
a. 甲壳动物　c. 昆虫
b. 蛛形纲动物　d. 环节动物

19.10.3（1）尽管描述过的昆虫比其他所有动物加在一起还要多，但是只有非常少的种类生活在海洋中，并且它们中的大部分都生活在海洋表面或者海岸线上。你认为是什么原因使得海洋中的昆虫难以成功进化？

19.10.3（2）蚱蜢是一种典型的昆虫，它的哪一体节具有腿？龙虾是一种典型的甲壳纲动物，它的哪一体节具有腿？

19.11.1 基于胚胎发育过程，以下哪个动物门与脊索动物的亲缘关系最近？
a. 环节动物门　c. 棘皮动物门
b. 节肢动物门　d. 软体动物门

19.12.1 棘皮动物的生活史开始于两侧对称的自由游动的幼虫，成年后为辐射对称。一些生物学家认为这种对称方式上的转变是一种适应，其理由是_______。
a. 前者要在生活环境中穿梭，而后者是营固着生活
b. 前者是营固着生活，而后者要在生活环境中穿梭
c. 前者是捕食者，而后者是滤食者
d. 前者生活在海洋中，而后者生活在淡水中

19.13.1 以下哪种动物不是脊索动物？
a. 狗　c. 被囊动物
b. 海参　d. 文昌鱼

第 5 单元　动物的进化

20

学习目标

脊椎动物进化概述

20.1 古生代

1 生物学家将地球历史分成的四大时期

20.2 中生代

1 比较中生代三个时期的陆地上的生命

2 恐龙发生了什么

20.3 新生代

1 新生代早期和晚期气候，及其改变对哺乳动物的影响

脊椎动物序列

20.4 鱼类统治海洋

1 鱼类的四个重要的特点

2 描述甲胄鱼类

3 颌骨的进化

4 鲨鱼的繁殖

5 鲨鱼和硬骨鱼的游泳对比

20.5 两栖动物入侵陆地

1 两栖动物成功入侵陆地的五个关键的特征

2 为什么今天的两栖动物都离不开潮湿的环境

20.6 爬行动物占领陆地

1 通过所有的爬行动物列出五个共有的特征

深度观察　恐龙

20.7 鸟类统治天空

1 区分鸟类和现存的爬行动物的特征

深度观察　鸟类是恐龙吗？

20.8 哺乳动物适应冰期

1 描述所有的哺乳动物共有的三大特征

2 谁先开始进化的，恐龙还是哺乳动物

3 现代哺乳动物的其他四个特征

4 区分单孔类动物、有袋类动物以及具有胎盘的哺乳动物

调查与分析　灭绝速率是常数吗？

脊椎动物的历史

脊椎动物是生物界中最明显可见的有机体。它们有54,000多种，体形大小惊人地不同：小鼹鼠的长度跟你拇指的长度差不多，蜂鸟的体形甚至比这还要小，有些动物的体形则像大象一样大，鲸鱼的体形甚至比大象要大得多。脊椎动物最初是从海洋中进化而来的，目前所有的脊椎动物中有一半以上是鱼类。但对于脊椎动物来说，最大的成功莫过于在3.5亿年前登陆陆地。脊椎动物以及无脊椎动物中的节肢动物是目前陆地上的主要动物类群。它们之所以能成为陆生动物的主导者，很大程度上是因为它们身体的内部器官系统渐渐地趋于复杂化，尤其是脊椎动物特有的内部骨骼，使得它们的体形可以变得更大。和大象一样，人类属于哺乳动物，同样也是生有毛发、用乳汁哺育后代的脊椎动物。在恐龙时代，第一批最早的哺乳动物出现，不过，在1.5亿年前它们仅仅是一个极小的群体。6600万年前，恐龙开始走向灭绝，哺乳动物幸存下来，并开始替代恐龙，扮演着许多重要的生态角色。

脊椎动物进化概述
Overview of Vertebrate Evolution

20.1 古生代

学习目标20.1.1 生物学家将地球历史分成的四大时期

科学家刚开始研究化石并确定其年代时，他们必须找到某些方法对化石产生的不同时间段进行排序。他们首先将地球的过去分成巨大的时间单元，并将其称为**代**（如图20.1的最上一排）。代又可以进一步细分为更小的时间单位，称为**纪**（在表示代的线条下面深蓝色的线条），依次细分，又可将纪分为**世**，世又可细分为**期**（在图中没有列出）。在本章节中，讨论不同的年代或时期时，可能还会重新涉及这幅图。

事实上，目前幸存下来的所有主要动物群体起源于**古生代**早期（上部淡紫色的线条），寒武纪时期（545—490M.Y.A.[①]）或之后不久的海洋。因此，地球上大部分的动物多样性主要发生在海洋中，并且

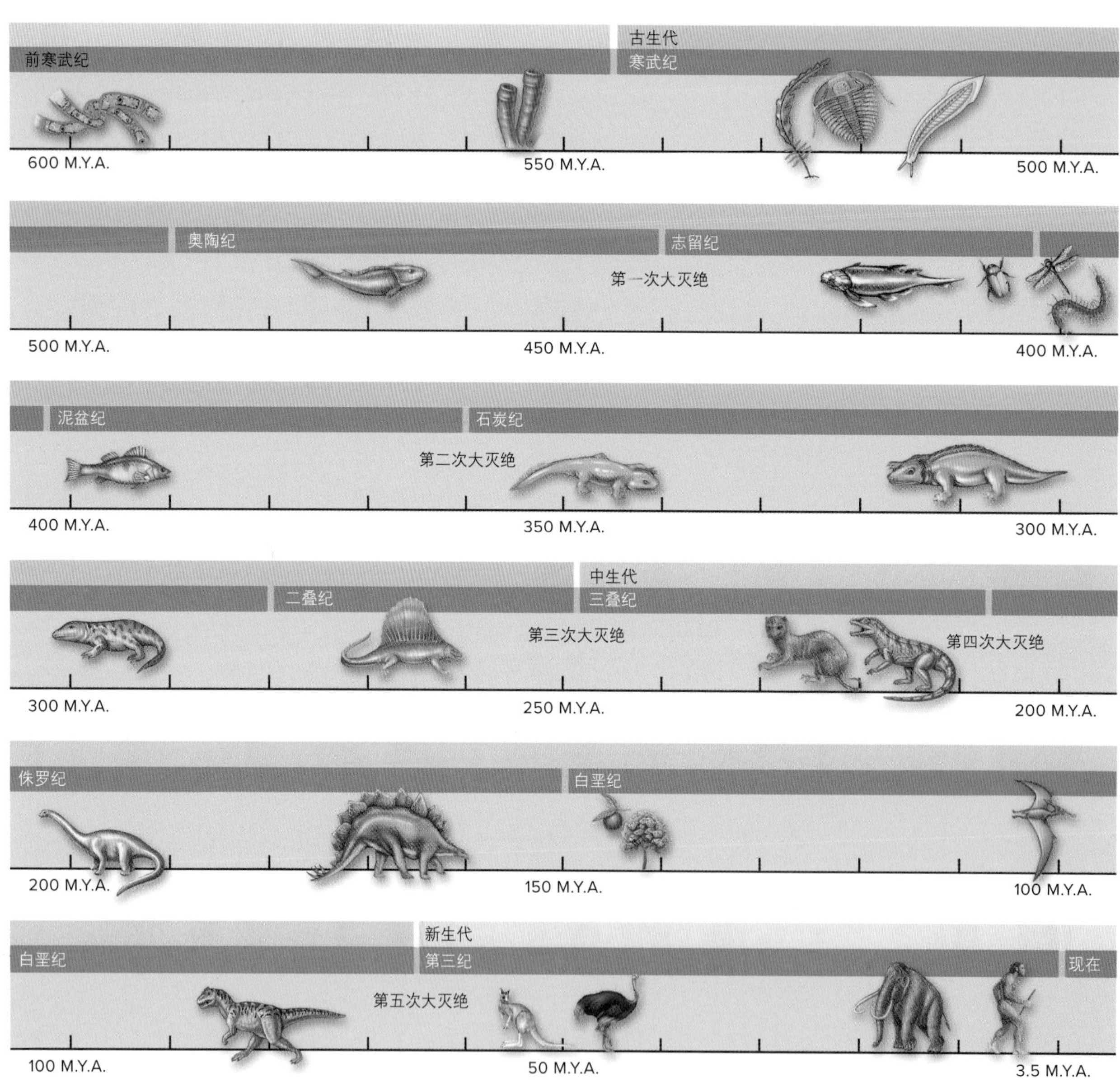

图20.1 进化时间轴

脊椎动物大约在5亿年前的海洋中进化产生，之后在1.5亿年前侵入陆地。恐龙和哺乳动物大约在2.2亿年前的三叠纪时期进化产生。恐龙在陆地上占据主导地位长达1.5亿多年，直到6600万年前恐龙突然灭绝，哺乳动物才逐渐繁荣起来。

① M.Y.A.指百万年前。——编者注

在海洋化石记录中人们发现了古生代早期的化石。

许多动物类群出现在寒武纪时期，如奇异的三叶虫，它们没有幸存下来的近亲。鹦鹉螺、带壳的动物以及头足类软体动物均起源于古生代时期，它们是地球上1亿年前最丰富的生物。

最早的脊椎动物，没有颌的鱼类大约在5亿年前从海洋里进化而来。它们也没有偶鳍，许多鱼类看起来就像一个扁平的热狗，在一端有一个小洞，另一端有一个鳍。1亿多年以来，各种类型的鱼类是地球上仅有的脊椎动物。它们成为海洋中占据主导地位的生物，有些鱼类的体形可以长达10米，比大部分的汽车都要大。

侵入陆地

由寒武纪海洋里进化而来的动物门类仅有一小部分成功地侵入陆地，绝大多数只能生活在海洋里。在5亿年前，定居于陆地上的首例生物体为真菌与植物，正如第18章所讲的那样，有可能是植物与真菌以共生体的形式首先占据陆地。

首次侵入陆地的动物是节肢动物，它们也可能是侵入陆地最成功的动物。它们是一类有坚硬的外壳、分节的附肢以及身体分节的动物门类。这一入侵大约发生在4.1亿年前。

在石炭纪时期（360—280 M.Y.A.），脊椎动物侵入陆地。生活在陆地上的首例脊椎动物是两栖动物，现在具有代表性的主要是青蛙、蟾蜍、蝾螈以及蚓螈（无腿的两栖动物）。已知的最早的两栖类起源于泥盆纪时期。然后在3亿年前，首例爬行动物出现。在不到5,000万年的时间里，爬行动物比两栖动物更好地适应了没有水的生活，代替两栖类成为地球上主导陆地生活的动物类群。盘龙是有背帆的早期爬行类动物。到二叠纪时期，陆地上主要的进化线已经建立并逐渐扩展。

大灭绝

地球生命史曾经以周期性的大灭绝为标志，大灭绝期间消失的物种数超过了新形成的物种数。特别是物种多样性的急剧下降被称为**大灭绝**。已经出现过五次大灭绝，第一次发生在约4.38亿年前的奥陶纪末期。当时绝大多数三叶虫家系走向灭绝，三叶虫是一类常见的海洋节肢动物。另外一次大灭绝发生在3.6亿年前的泥盆纪时期的末期。

在地球生命史上第三次也是最惨烈的一次大灭绝发生在二叠纪时期的最后一个1,000万年，这一事件标志着二叠纪时期的结束。据估计，生活在那一时期的96%的海洋动物走向灭绝。所有的三叶虫永远地消失了。腕足类是一类与软体动物相似但是具有与软体动物不同滤食系统的海洋动物，在二叠纪时期具有极高的物种多样性且分布广泛，最后只有一小部分幸存下来。大灭绝产生了许多空缺的生态机遇，因此，幸存下来的相对较少的植物、动物以及其他生物体紧接着进行快速进化。人们对于大灭绝的主要原因知之甚少。对于二叠纪时期发生的大灭绝事件，一些科学家认为大灭绝的发生是由海水中二氧化碳的逐渐积累导致的。由于在盘古大陆的“超大陆”形成期间，地球上陆地板块的碰撞导致了大规模的火山活动，而二氧化碳的增加将严重破坏动物进行新陈代谢和形成壳体的能力。

最著名且被研究得最为充分的灭绝，发生在白垩纪时期的末期（约6,600万年前），虽然没有那么激烈，但在这一时期，恐龙以及一些其他的生物体都走向了灭绝。目前的研究结果支持这一假设：第五次大灭绝事件的发生是由大型的小行星撞击地球引起的，可能造成了全球性的森林火灾，释放到空气中的颗粒将太阳遮蔽起来，长达数月。

目前我们生存在一个新的第六次大灭绝事件中。当今世界的物种数量比以往大得多。不幸的是，由于人类的活动，这些物种数量正在以惊人的速度减少。据估计，总物种中多达1/4的物种不久之后将会面临灭绝，这种灭绝的速度自白垩纪大灭绝以来，在地球上从未见过。

关键学习成果 20.1

多元化的动物门类发生在海洋中。其中最成功入侵陆地的两大动物门类是节肢动物和脊索动物（脊椎动物）。

20.2 中生代

学习目标20.2.1 比较中生代三个时期的陆地上的生命

中生代时期（248—66M.Y.A.）传统上划分为三个时期：三叠纪、侏罗纪和白垩纪（见图20.1）。在三叠纪时期所有的大陆一起形成一个叫作盘古大陆的超大陆。在这片巨大延伸的陆地上有极少的山脉，内部极端干旱，沙漠广布。在侏罗纪时期，巨大的盘古大陆开始分裂。长海岸开始将北部和南部分开，北部叫劳亚古大陆（后来的北美洲、欧洲和亚洲），南部叫冈瓦纳大陆（后来的南美洲、非洲、澳大利亚和南极洲）。这两块大陆在侏罗纪末期完全分开。海平面开始上升，劳亚古大陆和冈瓦纳大陆开始被海水淹没，形成较浅的内海。地球上的气候开始变得更加温暖，因此靠近海洋的大部分陆地上的环境状况逐渐变得没有那么干旱。在白垩纪时期，劳亚古大陆和冈瓦纳大陆分裂成现在的样子。海平面持续上升，因此在白垩纪中期，海平面已经达到最高，北美洲的内陆变成一片巨大的内陆海。大部分地区都是热带气候，炎热、潮湿，像温室一样。最重要的是在白垩纪早期，首例开花植物开始出现——被子植物。

中生代时期是陆生植物和动物迅速进化的一个时期。随着爬行动物登陆的成功，脊椎动物真正成为陆地上的主导者。从那些比一只鸡还要小的到甚至比一辆双轮卡车还要大的，许多种类的爬行动物发生进化。仅仅是一只大型蜥脚类动物的腿都超过18英尺，这表明它是一个巨大的动物。有些动物会飞，还有一些会游泳。恐龙、鸟类和哺乳动物得以从爬行动物的祖先进化而来。尽管在化石记录中恐龙和哺乳动物几乎同时出现，但2.2亿～2亿年前，恐龙很快占据了大型动物的进化生态位。

在达1.5亿多年的时间里，恐龙是地球上的主导者（图20.2）。想想看，这一时间框架超过了百万个世纪！如果你能追溯到那个遥远的时期，每一个世纪都在你眼前闪现一分钟，看完它需要1,000天。在整个时期，大多数的哺乳动物都还没有猫大。在侏罗纪和白垩纪时期，恐龙达到了高度多样化和支配陆地的程度。

由于主要的大灭绝结束于古生代时期，到中生代只有4%的物种幸存下来（图20.1）。然而，正如我们所描述的，这些幸存者产生了新的物种，这些新的物种再辐射形成新种属和科。无论是在陆地上还是在海洋中，在过去2.5亿年里几乎所有的生物

（a）三叠纪时期

（b）侏罗纪时期

（c）白垩纪时期

图20.2 恐龙

恐龙，所有陆生脊椎动物中最成功的一种，在陆地上占主导地位近1.5亿年。这3幅图片描绘是中生代3个时期的场景。从三叠纪到侏罗纪再到白垩纪，恐龙在其漫长的进化史中发生了巨大的变化。这些图片仅仅表示了化石记录中所见的巨大的多样性。

物种的数量都在稳步攀升，目前已处于最高水平。这一从二叠纪灭绝开始延续的复苏有一个中断。约6,600万年前的白垩纪时期的末期，恐龙消失了，连同一种会飞的叫作翼龙的爬行动物，海洋爬行动物以及其他的一些动物（比如菊石类）随之消失。这一灭绝标志着中生代的结束。哺乳动物很快就取代了它们的位置，变得丰富而广泛——就像现在。

恐龙怎么了

学习目标20.2.2　恐龙发生了什么

在不到200万年的时间范围内，恐龙从6,600万年前的化石记录中突然消失了（图20.3）。它们的灭绝标志着中生代的结束。那么是什么导致的这一灭绝呢？人们提出很多解释，包括火山爆发和传染病。最广泛被接受的理论是因为当时有小行星撞击了地球。物理学家路易斯·W. 阿尔瓦雷斯和他的同事发现通常稀有元素铱在世界许多地区含量丰富，是一层薄薄的沉积物，标志着白垩纪的终结。铱在地球上很稀有，但在陨石中很常见。阿尔瓦雷斯和他的同事提出，6,600万年以前，如果一个直径为10千米的大型陨石撞击地球表面，将会产生密集的云层。这个云层中富含铱，当这些颗粒沉积下来，铱进入当时沉淀的沉积岩层中。世界不见天日，云层会大大减缓或暂时性地终止光合作用，促使各种生物体走向灭绝。

阿尔瓦雷斯的假设在生物学家中被广泛接受，尽管有些生物学家对此仍存在争议。这些持反对意见的人认为，我们难以确认恐龙突然灭绝是由于地球受到陨石的碰撞，并质疑是否其他种类的动物和植物的灭绝也是陨石碰撞的结果。当一个陨石在尤卡坦半岛的海岸附近的海域被发现时，这个问题在大多数科学家的脑海中基本上得到了解答。流星撞击影响的迹象来自方圆数百千米，包括具有冲击图

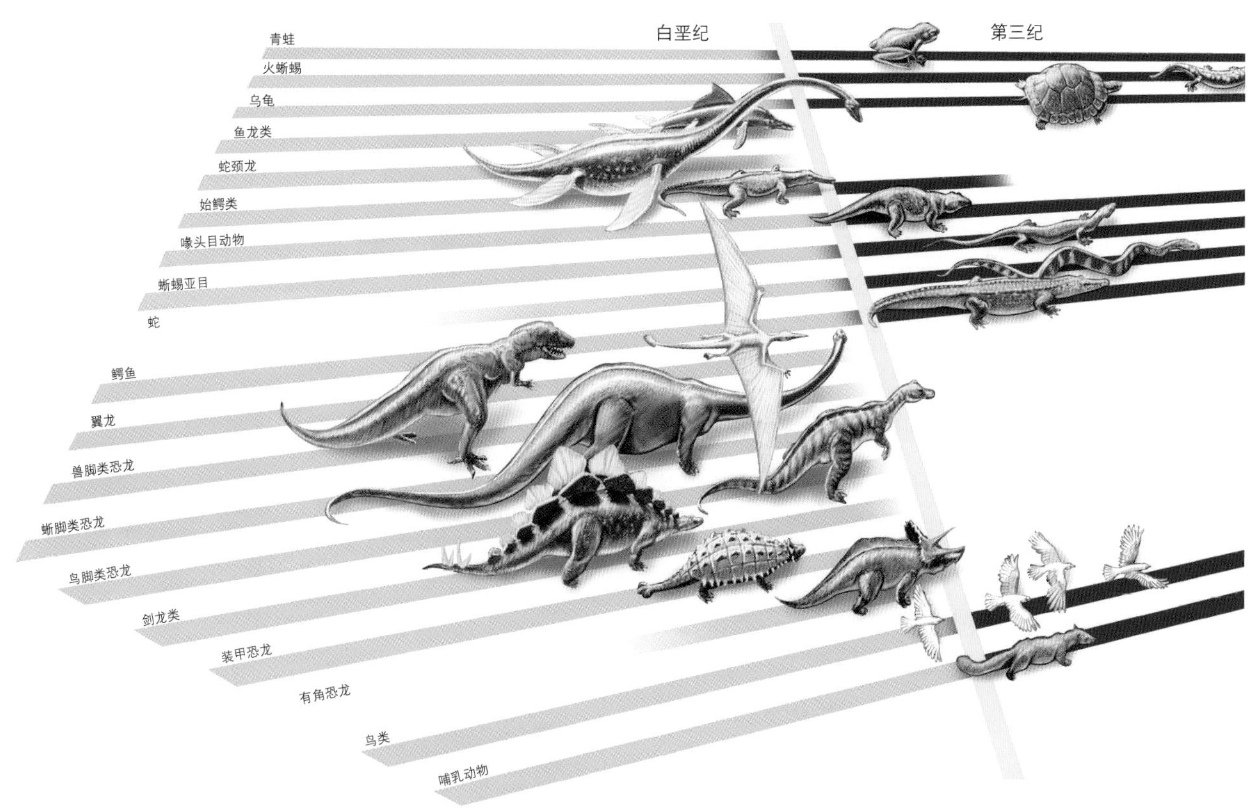

图20.3　恐龙的灭绝

恐龙灭绝发生在6,600万年前（黄线）中生代末期的大灭绝事件中。这一过程消灭了许多大型海洋爬行动物（蛇颈龙和鱼龙），以及最大的原始陆生哺乳动物。鸟类和小型的哺乳动物幸存下来，它们继续占据恐龙留下的空中和陆地生活模式。鳄鱼、小蜥蜴和海龟也存活下来，但爬行动物在白垩纪时期的多样性不复存在。

案的石英晶体，这种图案只能由一个巨大的冲击（例如，作为核试验的副产品）产生。恐龙灭绝的时候大量的煤灰在世界各地的岩石中被储存下来，它表明发生了很大范围的燃烧现象。那么放射性测年测得这次撞击是什么时候发生的呢？6,600万年前。

关键学习成果 20.2

中生代时期即恐龙时代，在6,600万年前，可能是由于一颗流星的影响，它们突然灭绝。

20.3 新生代

学习目标20.3.1 新生代早期和晚期气候，及其改变对哺乳动物的影响

新生代早期（6,600万年前到现在）相对温暖、潮湿的气候逐渐被今天寒冷而干燥的气候所取代。新生代的上半个时期很温暖，两极有像丛林一样的森林。随着恐龙和其他生物的灭绝以及气候的变化，新的生命形式侵入新的栖息地。哺乳动物类型从早期的小型夜间活动的形式转变成许多新的形式。当今的大多数哺乳动物都是产生于这个时期，那是一段伟大的多样性时期。

大约4,000万年前，气候开始变得寒冷，在两极开始形成冰冠，世界进入冰河时期。大约1,300万年前，伴随着南极和北极冰川的完全建立，区域气候急剧变冷。一系列的冰川作用相继出现，离现在最近的一次大约结束于1万年前。许多大型哺乳动物在冰河时代进化了，包括乳齿象、猛犸象、剑齿虎和巨大的洞熊（表20.1）。

在整个新生代，除了南极洲，森林覆盖了大陆上的大部分土地面积，直到大约1,500万年以前，温带森林开始锐减，现代植物群落开始出现。在过去的数百万年中，北非、中东和印度大面积沙漠的形成，使得热带森林生物在非洲和亚洲之间的迁徙变得极为困难。总体而言，新生代的特点是明显的栖

表20.1 灭绝的新生代哺乳动物的一些群体

洞熊

冰河时代数量多，大批巨大的素食熊在整个冬天都要冬眠。

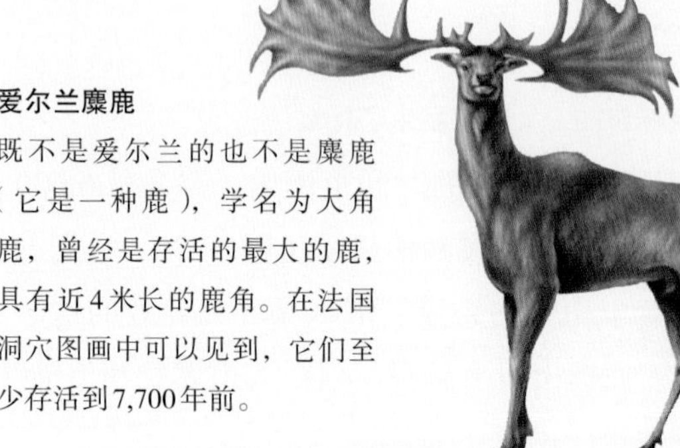

爱尔兰麋鹿

既不是爱尔兰的也不是麋鹿（它是一种鹿），学名为大角鹿，曾经是存活的最大的鹿，具有近4米长的鹿角。在法国洞穴图画中可以见到，它们至少存活到7,700年前。

猛犸象

虽然至今只有两种大象幸存下来，但在新生代早期大象家族非常多样化。许多都是具有毛皮且能适应寒冷的猛犸象。

巨型地懒

大地懒是一种体长可达6米的巨型地懒，重达3吨，像现代的大象一样大。

剑齿虎

这些大型的像狮子一样的剑齿虎的口，张开后可达120°，进而使动物成为它的巨大军刀牙上的猎物。

息地差异，即使在小范围内这种差异也很明显，以及不同动植物群体的区域进化。尽管哺乳动物种群在总体数量上递减，但是这种因素促进了许多其他新物种的形成。

关键学习成果 20.3

我们生活在新生代时期，即哺乳动物时代。许多普遍存在于冰川时代的大型哺乳动物现在已经灭绝。

脊椎动物
The Parade of Vertebrates

20.4 鱼类统治海洋

一系列关键的进化优势使得脊椎动物先征服了海洋，之后又征服了陆地。图20.4展示了脊椎动物的发展史。大约一半的脊椎动物都是**鱼类**。鱼类是最多样化、最成功的脊椎动物群体，它们为两栖动物入侵陆地提供了进化基础。

鱼的特征

学习目标20.4.1 鱼类的四个重要的特点

从12米长的鲸鲨到还没有你指甲长的小慈鲷，鱼在大小、形状、颜色和外观上差别很大。虽然各不相同，但所有的鱼都有四个重要的共同特征：

1. **鳃** 鱼是水栖生物，它们必须从周围的水体中获取溶解氧。鱼类是通过引导水流进入它们的嘴和鳃来完成这一过程的。鳃是由富含血管的组织细丝组成的。它们位于嘴的背面。当鱼类吞咽水时，水从鱼鳃中经过，使得氧气从水中扩散到鱼的血液中。
2. **脊柱** 所有鱼类都有一个内在骨骼，这一骨骼具有被背神经索包围的脊柱。大脑完全被包裹在一个保护盒内，这一保护盒被称为头盖骨，由骨或软骨组成。
3. **单回路血液循环** 血液从心脏泵到鳃。含氧血液从鳃传递到身体的其他部分，然后返回到心脏，心脏是由四个按照顺序收缩的腔室组成的肌肉管泵。
4. **营养不良** 鱼类不能合成芳香族氨基酸，必须在它们的饮食过程中摄取这种氨基酸。不能合成芳香族氨基酸的缺陷被它们所有的脊椎动物后代继承。

第一种鱼类

学习目标20.4.2 描述甲胄鱼类

第一类有脊柱的动物是无颌鱼类，约5亿年前，它们出现在海洋里。这些鱼属于一种叫作甲胄鱼类的成员，这意味着它们有“被壳包裹着的皮肤”。这种鱼类只有头部有骨骼，精妙的内骨骼由软骨构成。它们通过在水中蠕动运动，无颌无齿，这些鱼类从海底吸食小的食物颗粒。它们体长大多数都小于1英尺，最早的类群用鳃呼吸但是没有鳍——仅有一条原始的尾巴，推着它们穿梭在水中。这些鱼的进化非常成功，它们在海洋世界中占据了近1亿年的主导地位。直到这一时期后期，一些甲胄鱼类群体进化出了协助它们游泳的原始的鳍以及起保护作用的大块骨盾。它们最终被新种类的捕食者鱼类所取代。一种无颌鱼的群体，即**无颌动物**，如盲鳗和寄生七鳃鳗存活至今。七鳃鳗可以利用吸盘状的口，将自己吸附在它们要捕食的鱼上。之后用它们的牙齿在猎物的身上钻洞，进而以鱼的血为食。

颌骨的进化

学习目标20.4.3 颌骨的进化

鱼类的进化主要是为了适应在水中作为捕食者生存的两点挑战：

1. 抓住潜在猎物的最好方法是什么？

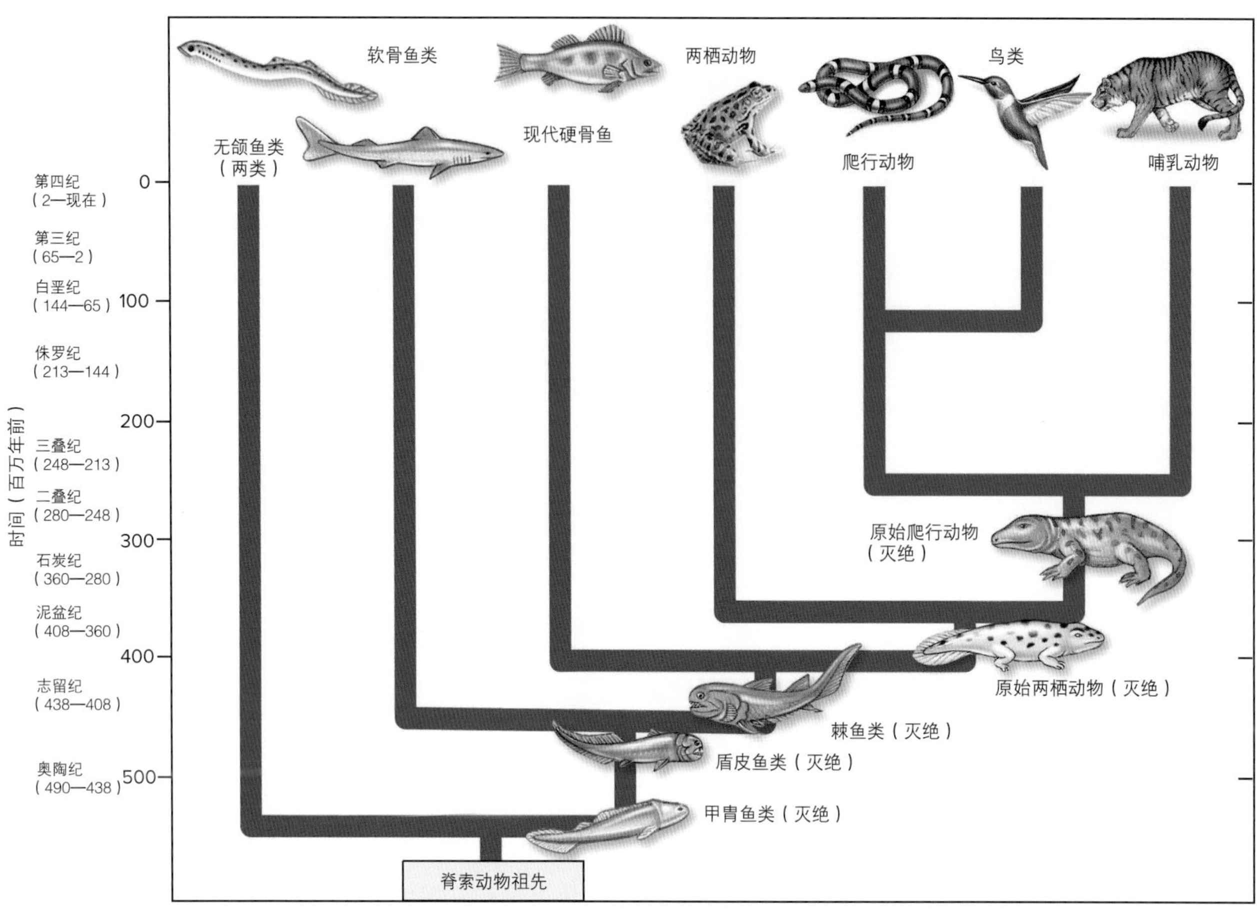

图20.4　脊椎动物进化树

原始两栖动物起源于肉鳍鱼类。原始爬行动物起源于两栖动物，并依次进化为哺乳动物和恐龙，恐龙是现代鸟类的祖先。

2. 在水中追捕猎物的最佳途径是什么？

在3.6亿多年前，鱼类代替了无颌鱼类，作为强大捕食者面对这两种进化的挑战有更好的解决方案。约4.1亿年前，一个重要的进化实现：颌骨的发育。如图20.5所示，颌骨似乎是从一系列由软骨构成的弓形支撑物（红色和蓝色）的最前端进化而来的，这些支架用于加固鳃裂之间的组织，使鳃裂保持开放状态。当你按照这个图从左到右地观察时，你就可以看到鳃弓是如何进化、改造为颌骨。

已经灭绝的甲胄鱼类叫盾皮鱼，多刺鱼叫棘鱼，二者都有颌和偶鳍。多刺鱼作为捕食者远比甲胄鱼类的游泳习性好，有多达七个成对的鳍辅助它们游泳。大型的盾皮鱼头部具有重型骨板。许多盾皮鱼长得非常大，有的超过9米长！

多刺鱼和盾皮鱼现在已经灭绝，继而取代它们的是那些通过更好的方式在水中游动的鱼，如鲨鱼和硬骨鱼。根据化石记录，最早的鲨鱼和硬骨鱼在多刺鱼和盾皮鱼后不久出现。然而，在海洋共同生活1.5亿年后，漫长的竞争最终以缺乏机动性的早期有颌鱼类的完全消失而结束。在过去的2.5亿年里，所有在世界海洋和河流中游动的有颌鱼类，可能是鲨鱼（和它们的近亲鳐鱼）或者硬骨鱼类。

鲨鱼

学习目标20.4.4　鲨鱼的繁殖

关于在游泳中提高速度和机动性的问题被鲨鱼解决了，它有由坚固且灵活的软骨组成的较轻的骨骼取代早期鱼类的重骨骼的结构。这一群体的成员有软骨鱼类，包括鲨鱼、鳐鱼、魟鱼。鲨鱼是非常强壮的游泳者，具有一个背鳍、一个尾鳍和两组通过水来控制前进的成对的侧鳍。鳐鱼和魟鱼都是生活在海底的扁平鲨鱼。在它们进化了约2亿年后，

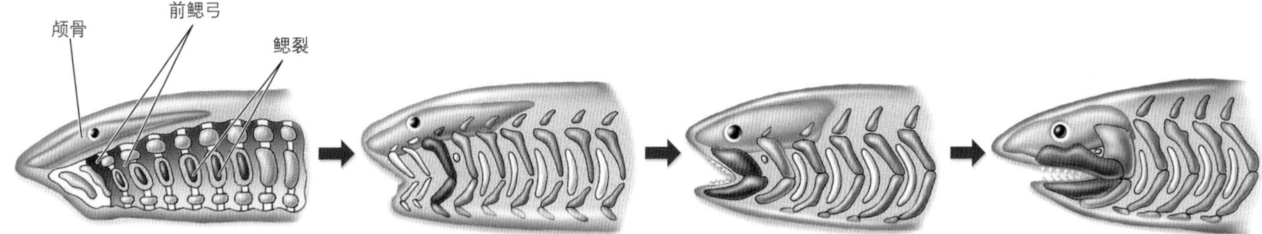

图20.5　鱼类的一个关键适应：颌骨的进化
颌从古代无颌鱼类的前鳃弓进化而来。

鲨鱼首次出现。如今，大约有750种鲨鱼、鳐鱼和魟鱼。

一些大型鲨鱼像无颌鱼类一样从水中过滤食物，但它们大多数都是捕食者，它们的嘴长着一排排坚硬而锋利的牙齿。由于其复杂的感官系统，鲨鱼很适应这种掠夺性的生活。鲨鱼可以利用它们高度发达的嗅觉感官从远处发现猎物。另外，鲨鱼有能感知到水中干扰的侧线系统。在所有鱼类中，软骨鱼类的繁殖是最先进的。鲨鱼卵在体内受精形成。在交配过程中，雄性个体靠称为抱握器的经过修饰的鳍抓住雌性个体，精子通过抱握器的沟槽从雄性体内进入雌性体内。约40%的鲨鱼、鳐鱼、魟鱼产已受精的卵。其他物种的卵在母体内发育，最终由母体产出活体幼崽。还有一些物种的胚胎在母体内发育，由母体分泌物或类似胎盘的结构提供营养。

硬骨鱼纲

学习目标20.4.5　鲨鱼和硬骨鱼的游泳对比

在游泳中提高速度和机动性的问题在硬骨鱼中通过一个不同寻常的方式得到解决。硬骨鱼不像鲨鱼一样通过使身体变得轻盈来提高速度，而是采用完全由骨骼组成的沉重的内部骨架。这样的一个内部骨骼非常强大，为强壮的肌肉拉伸提供了基础。

尽管如此，硬骨鱼类仍有浮力，因为它们具有**鱼鳔**。鱼鳔是一个充满气体的气囊，使鱼类能够调节浮力密度，所以它们在水体的任何深度都可以停留。你可以通过图20.6放大图来探究鱼鳔是如何发挥作用的。鱼鳔中的空气量可以通过鱼鳔旁边的血管释放气体或气体回流到血液中来进行调整。通过鱼鳔，硬骨鱼可以像潜艇一样上升或者下沉。鱼鳔可以解决游泳中过程中带来的挑战，后来被证实这对硬骨鱼来说是一项伟大的成功。相反，鲨鱼通过它们肝脏中的油来增加浮力，但是仍然必须在水中保持游动否则它们会下沉，因为它们的身体密度比水的更大。

硬骨鱼类（硬骨鱼纲）包括肉鳍鱼（肉鳍鱼亚纲）和辐鳍鱼（辐鳍鱼亚纲），辐鳍鱼类包括如今绝大多数的鱼。辐鳍鱼类的鱼鳍只有起支撑作用的鳍棘而没有肌肉，鱼鳍是靠身体内部的肌肉移动的。在肉鳍鱼类中，鱼鳍具有肌肉发达的肉质肌瓣，肌瓣包含一个相互形成关节的骨骼核心，鳍棘仅位于每个裂鳍的端部（见图20.7❶）。每一个肌瓣的鳍射线可以独立移动。肉鳍鱼在3.9亿年前进化，不久之后，出现硬骨鱼。有8种物种存活至今，2种腔棘鱼和6种肺鱼。虽然肉鳍鱼类现在已非常稀少，但是它们在进化中发挥了重要作用，它们产生了第一种四足动物（四条腿的动物），即两栖动物。

鱼类的主要群体总结在表20.2中，这些鱼类既有存活的也有已经灭绝的。硬骨鱼类是所有鱼类中最成功的，实际上是所有脊椎动物中最成功的类群。如今世界上大约有30,800种现存的鱼类种类，具有鱼鳔的硬骨鱼类约有3万种。这比所有其他种类的脊椎动物的总和都要多！事实上，如果你站在某一个地方，让今天活着的每一种脊椎动物代表从你身边依次经过，其中一半将是硬骨鱼。

硬骨鱼的显著演替产生了一系列重要的适应。除了鱼鳔之外，它们还有一个高度发达的侧线系统。这是一个感官系统，使它们能够感知水压的变化，从而探测捕食者和猎物在水中的移动。侧线系统在第29章会更详细地讨论。此外，大多数硬骨鱼都有一个称为鳃盖的硬板，覆盖头部两侧的鳃。弯曲鳃盖可以让硬骨鱼由鳃来抽水。使用鳃盖作为高效的

表 20.2 鱼类的主要类型			
种类	典型的例子	主要的特征	现存的大致物种数
棘鱼纲	多刺鱼	有颌鱼类；现在已经灭绝；通过锋利的刺来支持偶鳍	灭绝
盾皮鱼纲	甲青鱼	有颌鱼类，且头部具有厚重的披甲；通常体形非常大	灭绝
硬骨鱼纲 辐鳍鱼亚纲（亚纲）	辐鳍鱼	最多样化的脊椎动物群体；具有鱼鳔和硬骨骼；通过鳍棘来支持偶鳍	30,000
肉鳍鱼亚纲（亚纲）	肉鳍鱼	大部分已灭绝的硬骨鱼类群；它们是两栖动物的祖先；有成对的裂鳍	8
软骨鱼纲	鲨鱼、鳐鱼、魟鱼	流线型的猎食者；软骨骨骼；没有鱼鳔；体内受精	750
盲鳗纲	盲鳗	没有成对的附肢的无颌鱼类；食腐动物；大多数没有视力，但嗅觉发达	30
头甲鱼纲	七鳃鳗	没有成对附肢的无颌鱼类，大部分灭绝；有寄生型和非寄生型两种；均在淡水中繁殖	35

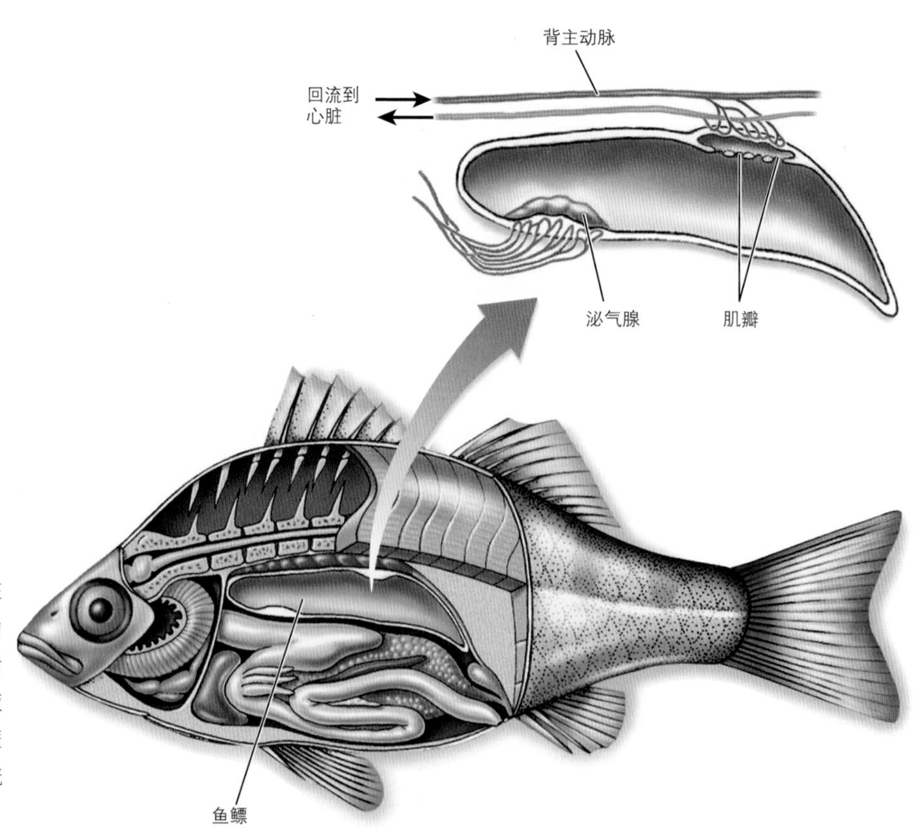

图20.6 鱼鳔图解

硬骨鱼类使用一种结构来控制它们在水中的浮力，这种结构逐渐进化成为咽部的背侧外翻。鱼鳔通过充气或者排气来控制鱼在水中的浮力，从血液中获取气体，通过泌气腺将气体藏匿到鱼鳔中，气体通过肌瓣从鱼的膀胱中释放。

风箱，硬骨鱼类可以通过鳃来过滤水，即使它们静止在水中。这就像一条金鱼在鱼缸里所做的，它似乎一直在吞咽。

关键学习成果 20.4

鱼类的特点主要是有鳃、简单的单循环系统以及脊柱。鲨鱼是快速的游泳者，而极为成功的硬骨鱼类具有独特的特征，如鱼鳔和侧线系统。

20.5 两栖动物入侵陆地

青蛙、蝾螈和蚓螈都是具有潮湿皮肤的脊椎动物，是鱼类的直系后代。它们是非常成功的群体**两栖动物**的幸存者，是最早在陆地上行走的脊椎动物。两栖动物可能是从肉鳍鱼进化而来的，这种鱼类具有一个长的、肉质肌叶组成的成对的鳍，由一个中央骨骼核心支撑，骨骼之间形成完全铰接的关节。在2006年，一个新发现的鱼类化石［提塔利克鱼属（*Tiktaalik*）］显示了鱼和两栖动物之间进一步的过渡（图20.7❷）。

两栖动物的特征

学习目标20.5.1 两栖动物成功入侵陆地的五个关键的特征

两栖动物有五个主要的特点，使得它们能够成功入侵陆地：

1. **腿** 青蛙和蝾螈的四条腿，可以很好地在陆地上移动。正如图20.7所表示的，腿是由鳍进化而来的。值得注意的是，早期两栖动物四肢❸骨的排列与肉鳍鱼类❶和提塔利克鱼❷的相似。腿是使两栖类适应陆地生活的关键因素之一。
2. **肺** 大多数两栖动物拥有一对肺，虽然其内表面并不发达。肺是非常有必要的，因为鱼鳃的精密结构，需要水的浮力来支撑它们。
3. **皮肤呼吸** 青蛙、蝾螈和蚓螈都在利用肺呼吸的同时，将直接透过皮肤呼吸作为补充，

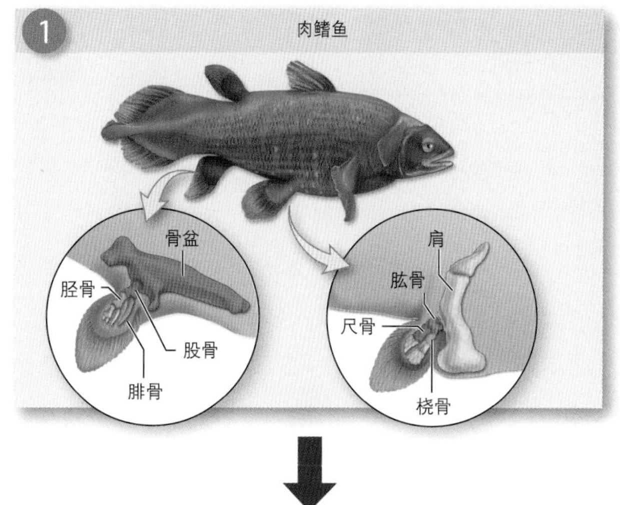

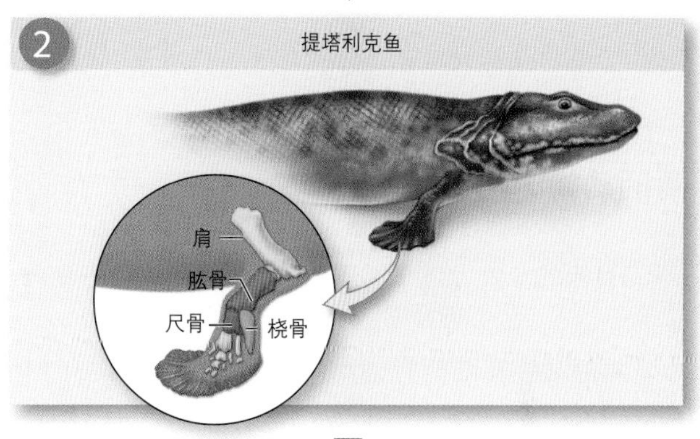

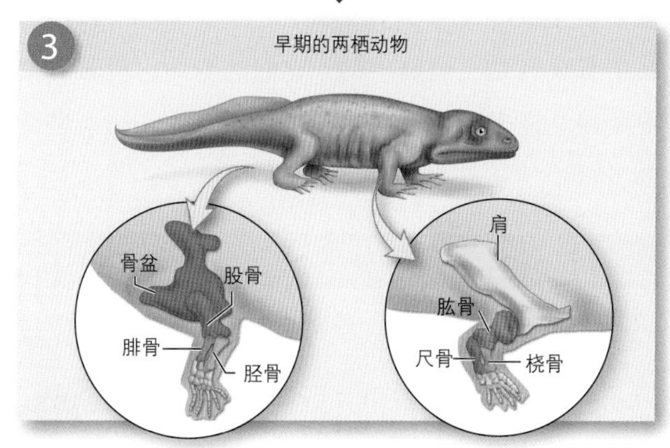

图20.7 两栖动物的一个关键的适应：腿的进化

在辐鳍鱼类中，鳍只包含鳍棘。❶在肉鳍鱼类中，鳍除了具有鳍棘外，还有一个中央骨骼核心（在肉质肌叶内）。有些肉鳍鱼类可以移动到陆地上。❷在提塔利克鱼的不完整化石中（不包含后肢），肩部、前臂和腕部的骨像两栖动物，但肢体末端像肉鳍鱼类。❸在原始两栖动物中，肢骨的位置发生了变化，出现了骨性的“脚趾”。

皮肤必须保持湿润且具有较大的表面积。这种呼吸模式限制了两栖动物的体形，因为只有较高的表面积与体积比才是有利的。

4. **肺静脉** 血液由肺部泵出之后，两个被称为肺静脉的大静脉将充氧血运回心脏用于再次泵运。这使得充氧血液能够以比离开肺部时高得多的压力被泵入组织。

5. **部分分开的心脏** 在陆地上运动和支撑肌肉需要更多的氧气。两栖动物心脏的腔室被一个隔墙分离，隔墙有助于防止来自肺部的充氧血与从身体其他部位返回心脏的非充氧血混合。然而这种分离并不完全，有时还是会混合。

两栖动物的历史

学习目标20.5.2 为什么今天的两栖动物都离不开潮湿的环境

两栖动物在陆栖脊椎动物中占据主导地位有1亿年的历史。它们最早常见于石炭纪时期，当时大部分土地被低地热带沼泽所覆盖。在二叠纪中期，两栖动物多样性水平达到最高，当时有40个科存在。其中有60%是完全陆生的，它们的身体由骨板和盔甲覆盖。许多陆生两栖动物长得非常大——有些像小马一样大！二叠纪大灭绝后，陆生形式开始下降，等到恐龙进化时，只有15个科幸存下来，并且它们都是水生的。

大约有4,850种两栖动物存在至今，分布于37个科和3个目，所有的后代都来自3个水生科，通过重新入侵水域与爬行动物竞争而存活下来的。

存活下来的两栖动物3个目是无尾目（青蛙和蟾蜍）、有尾目（蝾螈）和无足目（蚓螈）(表20.3)。大多数存活至今的两栖动物都表现出祖先的生殖周期：在水中产卵孵化成具有鳃的水生幼虫形式，最终蜕变成具有肺的成体形式。许多两栖动物表现为除此之外的其他模式，但由于它们的薄皮肤，所有的都是依附于潮湿环境（如果不是水生环境）。在潮湿的栖息地中，尤其是在热带地区，两栖动物往往是最丰富和最成功的脊椎动物。

关键学习成果 20.5

两栖动物是最早成功入侵陆地的脊椎动物。它们发育出腿、肺以及肺静脉，这使得它们可以重新泵运含氧血，从而更有效地向身体肌肉输送氧气。

表20.3 两栖动物的分类

类别	典型例子	主要特征	现存的大致物种数
无尾目	青蛙、蟾蜍	坚实，无尾的身体；大大的头部与躯干融合；有专门用于跳跃的后肢	4,200
有尾类（或有尾目）	蝾螈	纤细的身体；长长的尾巴和四肢与身体成直角	500
无足目（或两栖动物）	蚓螈	身体像蛇的热带群体；没有四肢；极短的尾或者无尾；体内受精	150

20.6 爬行动物占领陆地

爬行动物的特征

学习目标20.6.1 通过所有的爬行动物列出五个共有的特征

如果我们认为两栖动物是关于陆地生存的"初稿"，爬行动物则是已经出版的书。所有现存的爬行动物都有一些基本特点，这些特点从它们取代两栖动物后成为占主导地位的陆栖脊椎动物时就一直被保留了下来：

1. **羊膜卵** 两栖动物从未成功地成为完全的陆生动物，因为两栖动物的卵必须要产在水中，以避免干燥。大多数的爬行动物产不透水的卵，并且为防止干燥提供多层保护。爬行动物的羊膜卵（图20.8）含有一种营养来源（蛋黄）和四层膜：绒毛膜（最外层）、羊膜（围绕胚胎的膜）、卵黄囊（含蛋黄）以及尿囊。
2. **干燥的皮肤** 两栖动物皮肤湿润，它们必须生活在潮湿的地方，以避免干燥。爬行动物的身体覆盖着一层鳞片或盔甲，防止水分丢失。
3. **胸式呼吸** 两栖动物通过挤压喉咙，将空气泵入肺部进行呼吸，这限制了它们用嘴呼吸的能力。爬行动物发展了胸式呼吸，通过胸腔的扩大和收缩将空气吸入肺中，然后再迫使空气从肺中呼出。

另外，爬行动物的腿可以有效地用来支撑身体的重量，这使得爬行动物长得更大并且有助于其奔跑，而且使肺和心脏更有效率。如今，大约有7,000种爬行纲动物被发现，几乎遍布于地球上的每一个潮湿和干燥的栖息地（表20.4）。现代爬行动物包括四大群体：陆龟和海龟、鳄鱼和短吻鳄、蛇和蜥蜴、新西兰大蜥蜴。

爬行动物的历史

在大约3亿年前，世界进入一段漫长、干燥的时期，爬行动物首次开始进化。大约在这个时候，三大爬行动物系谱建立。在一个系谱中，拥有"背帆"的**盘龙类**上升至主导地位。由于其具有长而锋利的似"牛排刀"的牙齿，盘龙类成为能杀死和自身体形大小相似动物的首例陆栖脊椎动物。盘龙类占据主导地位长达5,000万年，其数量曾占到了所有陆栖脊椎动物的70%。大约2.5亿年前，兽孔类（图20.12）取代了盘龙类，它们拥有比四肢伸展的盘龙类更直立的姿态。2,000万年以来，兽孔类成为主要的陆地脊椎动物。约1.7亿年前，大多数兽孔类灭绝，但有一个群体存活下来，并最终进化为哺乳动物。

约2亿年前，第二个系谱分化，最终产生了海龟的祖先。自三叠纪以来，海龟一直保持不变，使得它们成为一个非常古老的爬行动物系谱。

约2.3亿年前，兽孔类不再普遍，爬行动物的第三个系谱产生了蛇、蜥蜴和新西兰大蜥蜴的祖先，海洋爬行动物如**鱼龙**和**蛇颈龙**以及所有爬行动

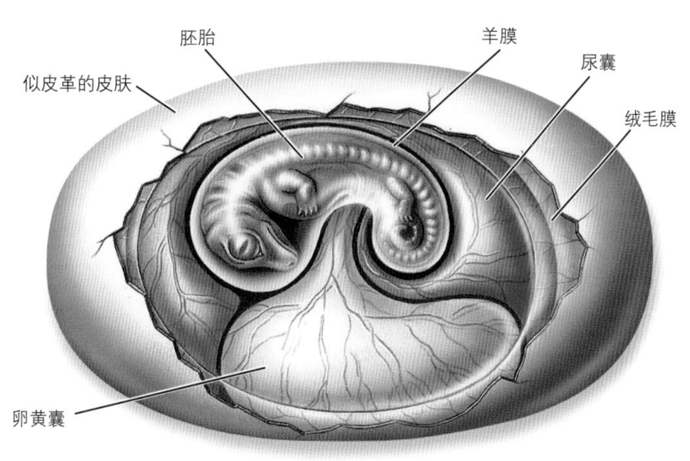

图20.8 不透水的卵

不透水的羊膜卵使得爬行动物在陆生栖息地上有一个较为广泛的生存范围。

恐龙

恐龙是地球上所有脊椎动物中最成功的脊椎动物之一。恐龙在陆地上占主导地位长达1.5亿年，一个几乎难以想象的漫长时期——相比之下，人类只在地球上生存了100万年。在它们漫长的历史中，恐龙发生了很多改变，因为它们生活的世界在改变——世界各大洲的移动，从根本上改变了地球的气候。因此，我们与其把恐龙当成一种特殊的动物来研究，描述一种代表该群体的“类型”，不如将恐龙看得更像一个“故事”，一个关于变化和适应的漫长的行进过程。

恐龙的起源

第一批恐龙由槽齿类进化而来，槽齿类是像鳄鱼一样的现在已经灭绝的食肉类爬行动物。它们留下的化石清晰地表明，最古老的恐龙出现在三叠纪晚期的阿根廷岩石中，大约在2.35亿年前。这些早期的恐龙全部都是食肉动物，是显示恐龙身体结构关键性改进的第一批脊椎动物——它们的腿在身体的正下方，使得它们可以迅速地追赶猎物。

恐龙的黄金时代

侏罗纪时期（2.13亿—1.44亿年前）被称为恐龙的“黄金时代”，因为生活在这个时期的恐龙的种类和数量均较高。在有史以来最大的陆生动物中，巨大的**蜥脚类恐龙**是占据主导地位的草食动物（植食者）。有的重达55吨，高达10米，长约30米，比一个篮球场还长！它们有巨大的桶状身体，笨重的柱状腿，很长的脖子和尾巴。

到侏罗纪晚期，极其复杂的食肉动物**兽脚类恐龙**（食肉恐龙）已经进化了。两足动物，具有有力的腿、较短的臂以

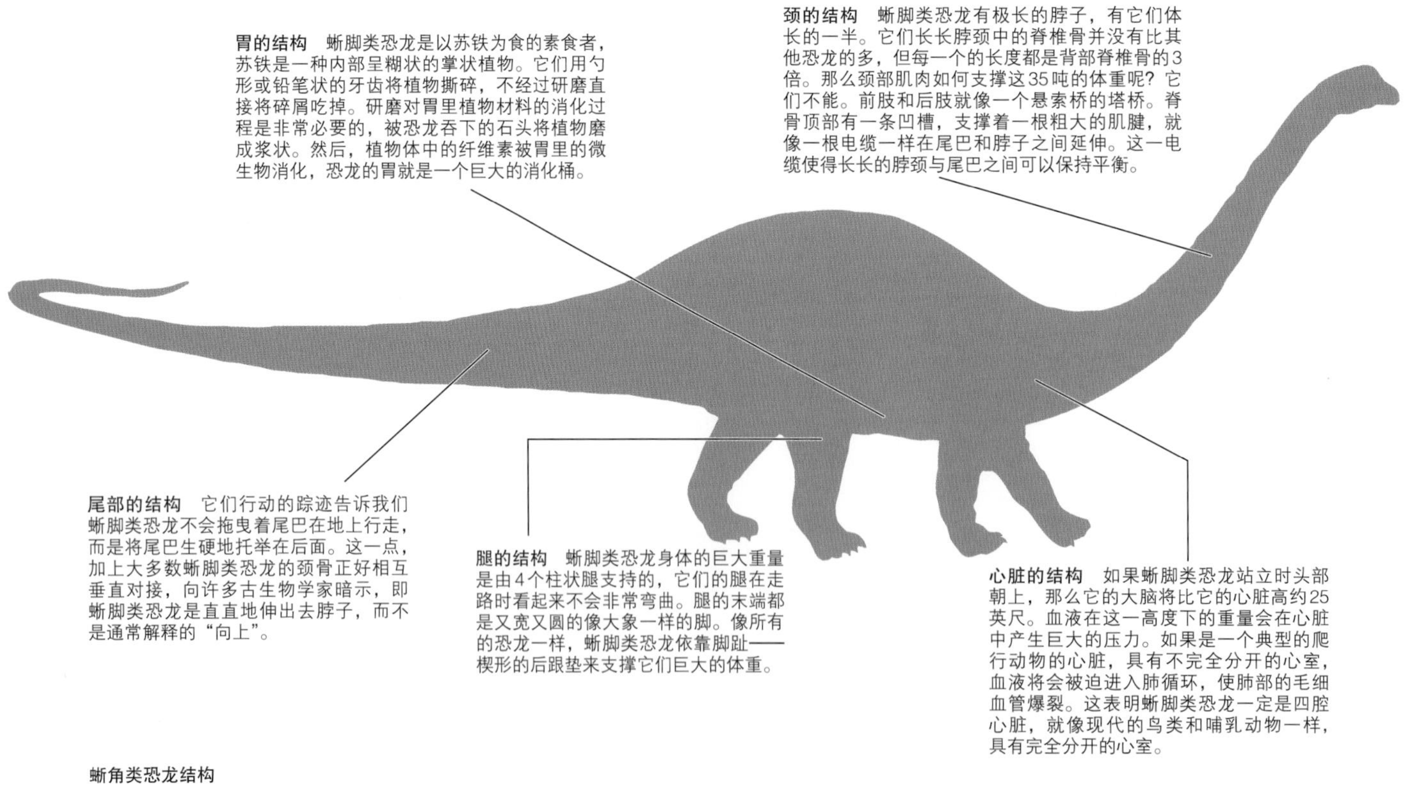

胃的结构　蜥脚类恐龙是以苏铁为食的素食者，苏铁是一种内部呈糊状的掌状植物。它们用勺形或铅笔状的牙齿将植物撕碎，不经过研磨直接将碎屑吃掉。研磨对胃里植物材料的消化过程是非常必要的，被恐龙吞下的石头将植物磨成浆状。然后，植物体中的纤维素被胃里的微生物消化，恐龙的胃就是一个巨大的消化桶。

颈的结构　蜥脚类恐龙有极长的脖子，有它们体长的一半。它们长长脖颈中的脊椎骨并没有比其他恐龙的多，但每一个的长度都是背部脊椎骨的3倍。那么颈部肌肉如何支撑这35吨的体重呢？它们不能。前肢和后肢就像一个悬索桥的塔桥。脊骨顶部有一条凹槽，支撑着一根粗大的肌腱，就像一根电缆一样在尾巴和脖子之间延伸。这一电缆使得长长的脖颈与尾巴之间可以保持平衡。

尾部的结构　它们行动的踪迹告诉我们蜥脚类恐龙不会拖曳着尾巴在地上行走，而是将尾巴生硬地托举在后面。这一点，加上大多数蜥脚类恐龙的颈骨正好相互垂直对接，向许多古生物学家暗示，即蜥脚类恐龙是直直地伸出去脖子，而不是通常解释的“向上”。

腿的结构　蜥脚类恐龙身体的巨大重量是由4个柱状腿支持的，它们的腿在走路时看起来不会非常弯曲。腿的末端都是又宽又圆的像大象一样的脚。像所有的恐龙一样，蜥脚类恐龙依靠脚趾——楔形的后跟垫来支撑它们巨大的体重。

心脏的结构　如果蜥脚类恐龙站立时头部朝上，那么它的大脑将比它的心脏高约25英尺。血液在这一高度下的重量会在心脏中产生巨大的压力。如果是一个典型的爬行动物的心脏，具有不完全分开的心室，血液将会被迫进入肺循环，使肺部的毛细血管爆裂。这表明蜥脚类恐龙一定是四腔心脏，就像现代的鸟类和哺乳动物一样，具有完全分开的心室。

蜥角类恐龙结构

及一个大大的头，兽脚类恐龙很适合快速奔跑以及快速猛烈地攻击。迅猛龙，拥有对任何体形大小的恐龙来说最大的大脑，是一种高效的捕食者，它用大的、如刀般锋利的后足爪杀死猎物。在动物王国中，霸王龙是拥有最大大脑的动物之一，是已知的最大的陆生捕食者之一，并具有一个巨大的头骨和8英寸的牙齿。

反刍动物的胜利

随着被子植物于白垩纪早期（1.44亿—6,500万年前）的兴起，蜥脚类恐龙被有着“咀嚼”牙齿的植食性恐龙所取代。禽龙、三角龙和鸭嘴龙的下颌具有巨大成组的磨牙，可以撕碎、捣烂、研磨哪怕是最坚韧的被子植物。许多这种长达30英尺、重达5吨的咀嚼恐龙比现代坦克还要大。

恐龙的灭绝

6,600万年前，所有的恐龙从化石记录中消失了。是什么导致了恐龙在1.5亿年前的突然灭绝呢？大多数生物学家认为，最有可能的原因是落在尤卡坦半岛海岸的一个巨大的流星（直径有5～10英里）的撞击。这一撞击形成了一个直径185英里的巨大陨石坑，将大量的物质抛入大气层，在相当长的一段时间内阻挡了所有的阳光，造成了全球范围的低温。只有用羽毛或毛皮保温的恒温的（吸热）鸟类和哺乳动物存活了下来，尽管冷血的（变温）爬行动物和两栖动物也是如此——冷血的动物只降低了它们的活动水平。然而，生物学家现在认为，大多数白垩纪时期的恐龙似乎都是恒温动物，但由于没有保温材料，它们没有办法在流星撞击后极其寒冷的时期保持体温。

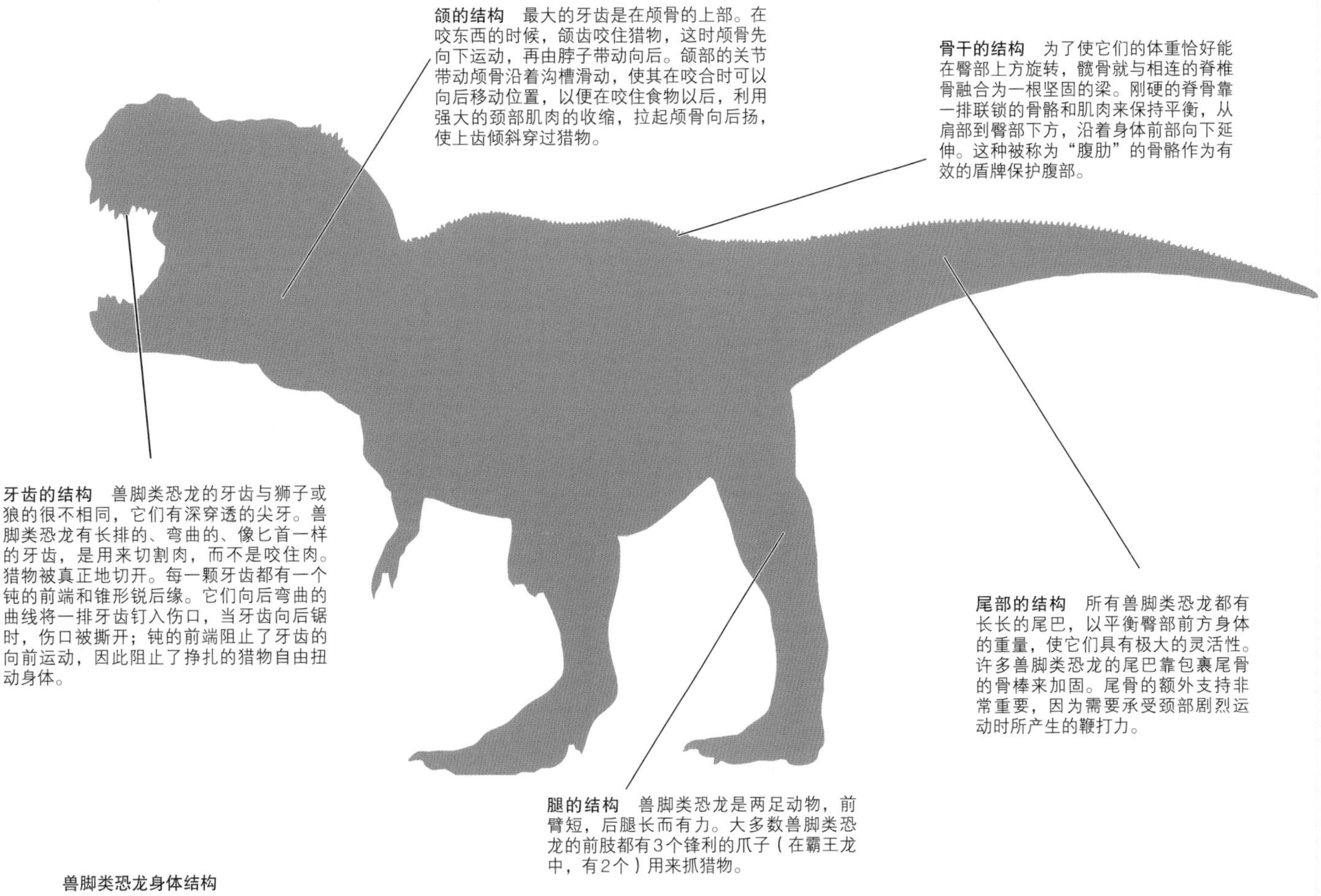

颌的结构　最大的牙齿是在颅骨的上部。在咬东西的时候，颌齿咬住猎物，这时颅骨先向下运动，再由脖子带动向后。颌部的关节带动颅骨沿着沟槽滑动，使其在咬合时可以向后移动位置，以便在咬住食物以后，利用强大的颈部肌肉的收缩，拉起颅骨向后扬，使上齿倾斜穿过猎物。
骨干的结构　为了使它们的体重恰好能在臀部上方旋转，髋骨就与相连的脊椎骨融合为一根坚固的梁。刚硬的脊骨靠一排联锁的骨骼和肌肉来保持平衡，从肩部到臀部下方，沿着身体前部向下延伸。这种被称为“腹肋”的骨骼作为有效的盾牌保护腹部。
牙齿的结构　兽脚类恐龙的牙齿与狮子或狼的很不相同，它们有深穿透的尖牙。兽脚类恐龙有长排的、弯曲的、像匕首一样的牙齿，是用来切割肉，而不是咬住肉。猎物被真正地切开。每一颗牙齿都有一个钝的前端和锥形锐后缘。它们向后弯曲的曲线将一排牙齿钉入伤口，当牙齿向后锯时，伤口被撕开；钝的前端阻止了牙齿的向前运动，因此阻止了挣扎的猎物自由扭动身体。
尾部的结构　所有兽脚类恐龙都有长长的尾巴，以平衡臀部前方身体的重量，使它们具有极大的灵活性。许多兽脚类恐龙的尾巴靠包裹尾骨的骨棒来加固。尾骨的额外支持非常重要，因为需要承受颈部剧烈运动时所产生的鞭打力。
腿的结构　兽脚类恐龙是两足动物，前臂短，后腿长而有力。大多数兽脚类恐龙的前肢都有3个锋利的爪子（在霸王龙中，有2个）用来抓猎物。

兽脚类恐龙身体结构

表20.4 爬行动物的分类			
类别	**典型例子**	**主要特征**	**现存的大致物种数**
鸟臀目	剑龙	具有2个向后的骨盆骨，像鸟类的骨盆一样；草食动物，与海龟一样的上喙；腿位于身体下方	灭绝
蜥臀目	霸王龙	具有1个向前的骨盆骨，另外1个（向后的骨盆）像蜥蜴的骨盆；既是植食者又是肉食者；腿位于身体下方	灭绝
翼龙目	翼龙	飞行的爬行动物；翅膀是由皮肤拉伸形成的，位于第四根手指和身体之间；早期形成的翼展通常为60厘米，后来达到近12米，使它们成为有史以来最大的飞行动物；早期的形态具有牙齿和长长的尾巴，但后来的有些种类表现出类似鸟类的特点，包括中空的骨骼、具龙骨突、尾巴变短、没有牙齿、具保温结构	灭绝
蛇颈龙目	蛇颈龙	具有锋利牙齿和大型桨状鳍的桶状海洋爬行动物；有蛇形的脖子，并且是它们的身体的2倍长	灭绝
鱼龙目	鱼龙	流线型的海洋爬行动物，与鲨鱼和现代鱼类在身体上有许多相似之处	灭绝
有鳞目，蜥蜴亚目	蜥蜴	蜥蜴；四肢与身体成直角；肛门在横（侧）缝处；大多数为陆生	3,800
有鳞目，蛇亚目	蛇	蛇；没有腿；滑行移动；鳞片状皮肤周期性地脱落；大多数为陆生	3,000
龟鳖目	陆龟、乌龟、海龟	具有骨板外壳的古老的披甲爬行动物，脊椎骨和肋骨相融合；锋利的角质喙没有牙齿	250
鳄目	鳄鱼、短吻鳄、大鳄鱼、凯门鳄	四腔心脏的高级爬行动物，具有嵌牙；肛门是一个纵向的狭缝；与鸟类的亲缘关系最近的现存亲属	25
蜥目	新西兰大蜥蜴	恐龙大灭绝前的幸存者；融合的楔形、无座牙；在前额皮肤上具有原始的第三只眼	2

图20.9　早期祖龙

派克鳄，槽齿类，脊骨两侧有成排的骨板，如现代的鳄鱼和短吻鳄。

物中最成功的类群**祖龙**。早期的祖龙类似鳄鱼（图20.9），但是后来叫**槽齿类**，它是双足类中第一种可以用双脚站立的爬行动物。

早期的祖龙类在三叠纪时期崛起，最终产生四大重要的群体：**恐龙**，一个非常多样化的群体，有些恐龙长得比房子还要大；**鳄鱼**，从那时到现在，几乎没有什么变化；**翼龙**，会飞的爬行动物；**鸟类**，我们将会更详细地讨论。恐龙是所有陆生脊椎动物中最成功的，但大约6,600万年前，它们与海洋爬行动物和翼龙全部灭绝了。

关键学习成果　20.6

哺乳动物有三个特征使它们很好地适应陆地生活：不透水的卵（羊膜卵）、干燥的皮肤以及胸式呼吸。

20.7　鸟类统治天空

鸟类的特征

学习目标20.7.1　区分鸟类和现存的爬行动物的特征

鸟类是大约1.5亿年前由小型两足恐龙进化而来的，但直到被称为翼龙的飞行爬行动物与恐龙一起灭绝，鸟类才变得普遍。与翼龙不同，鸟类具有带保温功能的羽毛。在所有其他方面鸟类在结构上与恐龙都如此相似，所以不用怀疑鸟类是恐龙的直系后裔。然而，除了一小部分分类学家外，几乎所有的分类学家仍然继续把鸟类自身归为一类，鸟类，而不是把它们与爬行动物放一起，因为鸟类是一个如此与众不同且至关重要的群体。

现代鸟类没有牙齿，只有退化的尾巴，但它们仍然保留了许多爬行动物的特征。例如，鸟类产羊膜卵，虽然鸟蛋的壳是硬的，而不是皮革状的。另外，爬行动物的鳞片存在于鸟的脚和腿的下部。是什么使鸟类独特？是什么将它们与现存的爬行动物区分开的呢？

1. **羽毛**　来自爬行动物的鳞片，羽毛有两个功能：提供飞行升力和保存热量。羽毛是由一个带倒刺的中心轴延长而成的（图20.10）。这个倒刺与被称为羽小枝的次级分支聚在一起。这加强了羽毛结构而没有增加太多的重量。就像鳞片一样，羽毛也可以被替换。在所有存活的动物中，羽毛是鸟类所独有的。几种类型的恐龙也具有羽毛，有一些带有彩色的条带纹。
2. **飞行骨架**　鸟的骨薄且中空。很多骨骼融合在一起，使鸟类的骨架比爬行动物的骨架更

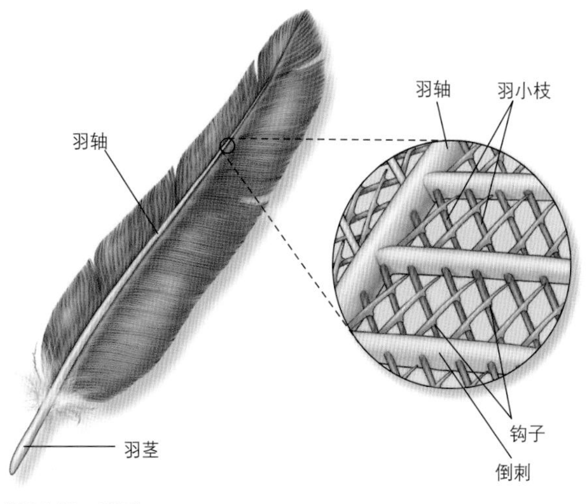

图20.10　羽毛

在主羽轴上有次级分支，称为羽小枝。相邻倒刺的羽小枝通过微钩附着到另一个上面。

图20.11　始祖鸟
始祖鸟生活在约1.5亿年前，是最古老的化石鸟。

坚硬，形成一个可以在鸟类飞行过程中锚住肌肉的牢固框架。主动飞行的动力来自发达的胸肌，胸肌占鸟类总体重的30%。胸肌从鸟翼向下延伸并附着在胸骨上，胸骨被大大地扩大并可以承受有肌肉附着的龙骨突。胸肌也附着在融合的锁骨上，形成所谓的叉骨。其他现存的脊椎动物没有融合的锁骨和龙骨突。

像哺乳动物一样，鸟类也是恒温动物。它们通过新陈代谢产生足够的热量，使身体维持较高的温度。鸟类保持的体温明显比大多数哺乳动物的高。较高的身体温度使新陈代谢可以较快地进行，这对满足鸟类飞行时所需的大量的能量是非常有必要的。

鸟的历史

1996年在中国发现的化石表明，有几个恐龙物种具有羽毛或者具有与羽毛相似的结构。有清晰化石的最古老的鸟类是**始祖鸟**（意思是“古老的翅膀”，如图20.11所示）。它大小接近乌鸦，与小型兽脚类恐龙有许多共同特征。例如，它具有牙齿以及长长的像爬行动物一样的尾巴。不像今天的鸟类的骨骼中空，它们的骨骼是实心的。到白垩纪早期，仅仅在始祖鸟出现的几百万年后，各种各样的鸟类已经进化出很多现代鸟类所具有的特征。白垩纪时期的多种鸟类与翼龙共同在天空中生活了7,000万年。

今天，大约有8,600种鸟类物种（鸟纲），它们占据了世界范围内各种各样的栖息地。鸟类的主要分类见表20.5。通过检查它们的啄，你可以得到关于它们的生活方式的大量信息。例如像鹰这样的食肉鸟，具有锋利的喙，可用来撕裂肉；鸭子的喙则是扁平的，可用来铲泥；雀鸟的喙则又短又厚，可用来捣碎种子。

关键学习成果　20.7

鸟类是恐龙的后代，羽毛以及强壮、轻盈的骨骼使鸟类飞行成为可能。

表20.5　鸟类的主要分类			
类别	典型例子	主要特征	现存的大致物种数
雀形目	乌鸦、嘲鸫、知更鸟、麻雀、椋鸟、莺	鸣禽 发达的发声器官；栖脚；依赖年轻个体	5,276（所有鸟类中最多的，包含超过所有物种的60%）
雨燕目	蜂鸟、雨燕	动作敏捷的飞行者 腿较短，体形小，能迅速扇动翅膀	428
啄木鸟目	向蜜鸟、巨嘴鸟、啄木鸟	啄木鸟或者巨嘴鸟 脚紧紧地抓在一起，像凿子、锋利的鸟嘴可以穿透木头	383
鹦形目	美冠鹦鹉、鹦鹉	鹦鹉 巨大的、有力的鸟嘴用于捣碎种子，具有发达的发声器官	340
鸻形目	海雀、海鸥、鸻、鹬、燕鸥	鸻形目鸟类 长的，像高跷一样的腿；细得像探针一般的喙	331
鸽形目	鸽子	鸽子 栖脚；圆形、粗壮的身体	303
隼形目	雕、猎鹰、鹰、秃鹫	猛禽 食肉；敏锐的视力；用于撕裂肉的锐利的尖喙；白天活动	288
鸡形目	鸡、松鸡、野鸡、鹌鹑	猎禽 常常具有有限的飞行能力；圆圆的身体	268
鹤形目	鸬鹚、黑鸭、鹤、秧鸡	沼泽鸟类 腿长；不同的体形；沼泽地的栖居者	209
雁形目	鸭子、鹅、天鹅	水禽 趾间有蹼；有带过滤脊的宽喙	150
鸮鸮目	仓鸮、鸣角鸮	猫头鹰 夜行性猛禽；有强有力的喙，有力的脚	146
鹳形目	鹭、朱鹭、鹳	涉禽类 腿长，体形大	114
鹱形目	信天翁、海燕	海鸟 有管状喙；具有长时间飞行的能力	104
企鹅目	帝企鹅、冠企鹅	企鹅 生活在海洋，有适于游泳的翅膀；不具有飞行能力；仅在南半球发现；具有厚厚的保温羽毛	18
恐鸟目	几维鸟	几维鸟 不具有飞行能力；体形小；原始的；局限于新西兰	2
鸵形目	鸵鸟	鸵鸟 有强有力的善奔跑的腿；不具有飞行能力；仅具有两个脚趾；体形非常大	1

鸟类是恐龙吗？

始祖鸟是第一类鸟，这一点我们有清晰的化石证据来证明。1861年，首例化石在一个具有1.5亿年历史的巴伐利亚采石场的石灰岩中被发现，大小如乌鸦一般。它有爪状的手指和恐龙的长骨尾巴，还有鸟的叉骨和羽毛翅膀。

一个多世纪以来，人们一直对始祖鸟存在争议。始祖鸟是由恐龙或者其他的爬行动物进化而来的吗？大多数的证据支持恐龙是鸟类的祖先。始祖鸟明显与一种被称为迅猛龙的兽脚类恐龙相像。你可能还记得在电影《侏罗纪公园》中，在厨房里跟踪孩子们的可怕生物——迅猛龙。像迅猛龙一样，始祖鸟有一个不寻常的可旋转且相互连接的腕关节，又长又深的肩胛骨，融合的锁骨（与感恩节火鸡的“叉骨”相似），还有其他一些共同的特征。

令人信服的能够证明恐龙和鸟类之间直接联系的证据是1996年在中国发现的一个具有羽毛的恐龙。它们最初被称为中华龙鸟，没有翅膀，被轻盈的、羽毛状的绒毛所覆盖。这是具有羽毛外套的恐龙还是只有残茬的恐龙？

2010年，研究人员成功地回答了这个问题。古生物学家迈克·本顿和他在英国布里斯托大学的同事在报告中指出，中华龙鸟的简单而钝的羽毛含有微小袋状的细胞器，这种细胞器被称为黑素体，每一个要么被黑色的黑色素填充（与使乌鸦呈现黑色的黑色素一样）要么被红褐色的假黑色素填充（与在赛马中常见的板栗色相似）。黑素体在动物界很普遍。它们主要存在于所有脊椎动物群体的外部细胞。由布里斯托尔团队发现的黑素体毫无疑问地证明了中华龙鸟的刚毛确实是羽毛而不是胶原纤维绒毛。

在现代的鸟类中，黑素体的形状和排列有助于鸟类羽毛颜色的产生。利用扫描电子显微镜来检查恐龙羽毛的外表面，布里斯托尔大学的研究人员发现，中华龙鸟的黑素体并非随机分布在尾羽上，而是以宽大的条带出现。恐龙的尾部有橙色和白色相间的环！

在中华龙鸟被发现后的几年里，另一个非常令人兴奋的化石从同一个中国化石场中被发现。这一恐龙化石被称为尾羽龙，源自希腊语。它的尾巴和手臂上具有大型的羽毛，是大型羽毛而不是短而硬的刚毛，拥有现代鸟类羽毛具有的大多数的复杂结构。1998年，两大具有这类羽毛的恐龙被发现。几年之后，第三个保存完好的物种被发现。

尽管尾羽龙具有少量鸟类的特征，例如有羽毛，但是它们与迅猛龙这类恐龙具有许多共同的特征，包括短的手臂、锯齿状的牙齿、像迅猛龙一样的骨盆以及眼睛后面的骨棒。研究过这些新化石的古生物学家将尾羽龙作为恐龙家族进化树的一个分枝，使它位于迅猛龙与始祖鸟之间。

羽毛似乎不是能作为区分鸟类的特征。它们在恐龙中最先进化。因为尾羽龙的手臂太短，以至于不能当作翅膀使用，所以，羽毛可能不是为飞行而进化的，然而，它们可以作为一个丰富多彩的展示来吸引配偶（就像如今的孔雀的做法）或者用于保温（就像今天的企鹅）。飞行是某些进化出更长手臂的恐龙所能达到的成就，我们将这些恐龙称为恐龙鸟。

为什么之后继续将鸟类划分到一个独立的纲中，即鸟纲呢？如果鸟类是恐龙进化而来的，为什么不直接将它们与爬行动物划分在一起，就像恐龙一样？因为分类必须要做到的不仅仅是反映生物进化的顺序，它还具有一个非常实用的功能。现代鸟类的羽毛和飞行特征将它们作为不同的类群分离出来，这是大多数生物学家采用的一种基本的方式。生物学家很清楚它们从恐龙进化而来，仍然选择把它们分成自己独特的纲——鸟纲。其他生物学家则不使用鸟纲，而将它们称为另一种爬行动物。这是一个主观判断，目前还未得出一致的结论。

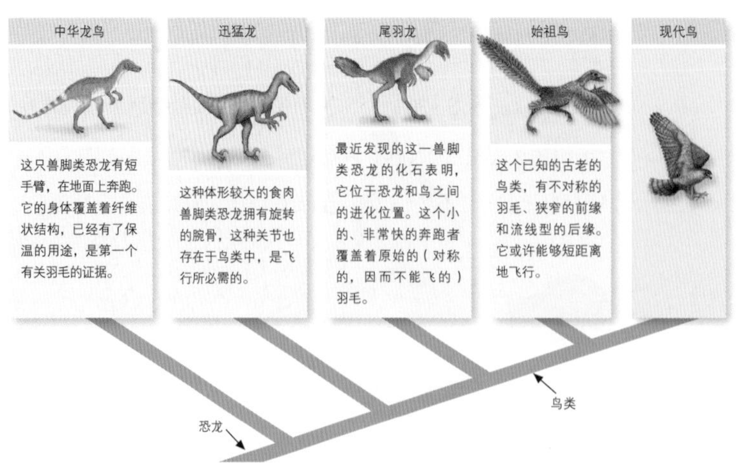

中华龙鸟
这只兽脚类恐龙有短手臂，在地面上奔跑。它的身体覆盖着纤维状结构，已经有了保温的用途，是第一个有关羽毛的证据。
迅猛龙
这种体形较大的食肉兽脚类恐龙拥有旋转的腕骨，这种关节也存在于鸟类中，是飞行所必需的。
尾羽龙
最近发现的这一兽脚类恐龙的化石表明，它位于恐龙和鸟之间的进化位置。这个小的、非常快的奔跑者覆盖着原始的（对称的，因而不能飞的）羽毛。
始祖鸟
这个已知的古老的鸟类，有不对称的羽毛、狭窄的前缘和流线型的后缘。它或许能够短距离地飞行。
现代鸟
鸟类
恐龙

20.8 哺乳动物适应冰期

哺乳动物的特征

学习目标20.8.1 描述所有的哺乳动物共有的三大特征

如今的绝大多数大型陆生脊椎动物是**哺乳动物**。约2.2亿年前，和恐龙并肩进化的第一批哺乳动物与现存的哺乳动物有三大共同特征。

1. **乳腺** 雌性哺乳动物具有乳腺，能够产生乳汁用于哺育新生儿。即使是小鲸鱼也需要被母亲的乳汁哺育。乳汁是一种非常高卡路里的食物（人类乳汁每升有750千卡），这一点是非常重要的，因为高能量是新生的哺乳动物快速生长所必需的。
2. **毛发** 在现存的脊椎动物中，只有哺乳动物具有毛发（即使是鲸鱼和海豚在它们的鼻子上也有少量敏感的刚毛）。毛发是由充满角蛋白的死细胞组成的细丝。这些毛发的主要功能就是保温。这种由毛发产生的保温功能使得哺乳动物在恐龙灭绝时幸存下来。
3. **中耳** 所有哺乳动物都具有三个中耳骨，它们是从爬行动物的下颌骨中进化而来的。这些骨骼通过放大声波拍打鼓膜产生的振动，在听觉中起着关键作用。

哺乳动物的历史

学习目标20.8.2 谁先开始进化的，恐龙还是哺乳动物

我们已经从哺乳动物的化石中了解到了很多关于它们的进化史。第一批哺乳动物起源于兽孔类，如图20.12所示，在大约2.2亿年前的三叠纪晚期，第一批恐龙从槽齿类的祖龙进化而来之前。大多数早期的哺乳动物只是微小的、以昆虫为食的、像鼩鼱一样的生物，它们只不过是这片很快就受恐龙控制的陆地上的一个小元素。化石研究表明，这些早期的哺乳动物具有大型眼窝，这说明它们可能在夜间活动。

1.55亿年以来，恐龙一直处于繁荣发展的状态，而哺乳动物却只是一个小团体。在白垩纪末期，即6,600万年前，当恐龙和许多其他的陆地和海洋动物灭绝时，哺乳动物迅速变得多元化。在第三纪期间，约1,500万年前，哺乳动物达到它们最高的多样性水平。

现存的哺乳动物纲有4,500种，占据了曾经被恐龙宣称的所有的大型生态位。现如今哺乳动物的体形各异，小到1.5克的鼩鼱，大到100吨重的鲸鱼。几乎一半的哺乳动物都是啮齿类动物——老鼠和它们的亲属。几乎有1/4的哺乳动物是蝙蝠！哺乳动物甚至侵入了海洋，就像数百万年前蛇颈龙和鱼龙等爬行动物成功入侵海洋一样——79种鲸鱼和海豚生活在现在的海洋里。表20.6中描述了哺乳动物的主要分类。

现代哺乳动物的其他特征

学习目标20.8.3 现代哺乳动物的其他四个特征

内温性 如今的哺乳动物是恒温动物，这是一种至关重要的适应，这一适应使它们能够在任何时间活动，并且可以在从沙漠到冰原的恶劣环境中定居。许多特征使得内温性依赖的较高代谢速率成为可能。其中的一些特征包括毛发可以保温，四腔心脏提供更高效的血液循环，膈膜提供更高效的呼吸（位于胸腔以下的一片特殊的膜状肌肉，用以辅助

图20.12 兽孔类

这个小黄鼠狼似的兽孔类可能有像它的后代哺乳动物一样的皮毛。

呼吸)。

牙齿 爬行动物具有同形齿：所有个体的牙齿都是一样的。然而，哺乳动物具有异形齿，不同类型的牙齿高度专一化，以与特定的饮食习惯相匹配。通常可以通过检查它们的牙齿来确定哺乳动物的饮食。狗的长长的犬齿很适合撕咬与抓捕猎物，它的臼齿非常锋利，可以撕开大块的肉。相比之下，马没有犬齿，它用其扁平的像凿子一样的门齿来剪碎嘴里的植物。它的臼齿被隆起覆盖，可以有效地研磨和粉碎坚韧的植物组织。啮齿类动物(如松鼠)是臼齿动物，具有长长的门齿用来磕开坚果和种子。这些门齿能够不断地增长，其末端可能变得锐利并受到磨损，但是门齿新的生长保持了这一长度。

胎盘 在大多数哺乳动物物种中，雌性在发育过程中将幼崽放在子宫中，通过胎盘滋养幼崽，然后产下活的幼崽。胎盘是母体子宫内一种特殊的器官，它将胎儿的血液与母亲的血液密切地联系起来。胎盘从羊膜卵的细胞膜中进化而来。图20.13是子宫内的一个胎儿的图示。胎盘位于右侧，与脐带相连。食物、水和氧气可以通过母亲传递给胎儿，废物可以传送到母亲的血液而被运出。

蹄和角 角蛋白是组成毛发的蛋白质，也是爪、指甲和蹄中的结构组物质。蹄是马、牛、羊、羚羊和其他奔跑哺乳动物脚趾上的特殊角蛋白垫。脚垫是坚硬的角质物，可以保护脚趾。

牛、羊和羚羊的角是由一个骨质的核心组成，周围有一层致密的角质鞘。骨质核心与颅骨相连，并且角不会脱落。鹿角不是由角蛋白组成的，而是由骨头组成的。公鹿每年都会长出一套鹿角。

现存的哺乳动物

学习目标20.8.4 区分单孔类动物、有袋类动物以及具有胎盘的哺乳动物

单孔类动物：卵生哺乳动物 鸭嘴兽和两种针鼹，或称刺食蚁兽，是唯一活着的单孔类动物。单孔类动物具有许多爬行动物的特征，包括产带壳的卵，但是它们同时也有哺乳动物的特征，如具有毛

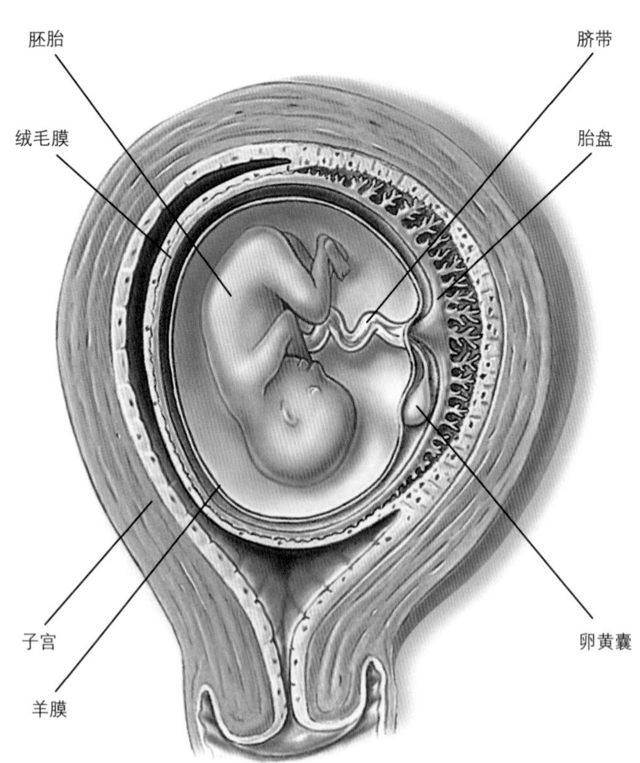

图20.13 胎盘

胎盘由羊膜卵中的膜进化而来。脐带是由尿膜进化而来的。绒毛膜构成了胎盘本身的大部分。胎盘作为胚胎中临时的肺、肠以及肾脏，没有将母体和胎儿的血液混合。

表20.6 哺乳动物的主要分类

类别	典型例子	主要特征	现存的大致物种数
啮齿目	海狸、老鼠、豪猪、大鼠	 小型植物性动物 凿子似的门齿	1,814
翼手目	蝙蝠	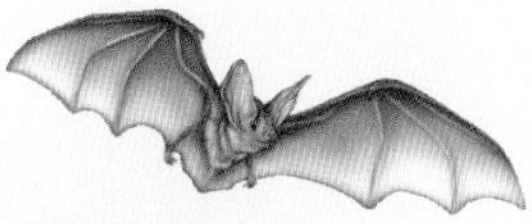 飞行的哺乳动物 主要以果实或昆虫为食；手指细长；薄翼膜；夜行性动物；通过声波导航	986
食虫目	鼹鼠、鼩鼱	 小型穴居哺乳动物 以昆虫为食，最原始的胎生哺乳动物；大多数时间都是在地下活动	390
有袋目	袋鼠、考拉	 有袋的哺乳动物 幼崽在成体腹部的袋中发育	280
食肉目	熊、猫、浣熊、黄鼠狼、狗	 肉食性掠食者 适于撕裂肉的牙齿；在澳大利亚没有本地种	240
灵长目	类人猿、人类、狐猴、猴子	 树栖动物 大脑体积大；双眼视觉；对生拇指；进化树分枝末端的物种，早期就从其他的哺乳动物类群中分离出来	233
偶蹄目	牛、鹿、长颈鹿、猪	 有蹄类哺乳动物 有2个或4个脚趾，大多是食草动物	211
鲸目	海豚、鼠海豚、鲸鱼	 完全的海洋哺乳动物 流线型的身体；前肢变成鳍状肢；无后肢；头部有气孔；除口鼻以外没有毛发	79
兔形目	兔、野兔、鼠兔	 像啮齿类动物一样的跳跃者 4个上门牙（而不是在啮齿类动物中所见的两个）；后肢通常比前肢长，这是对跳跃的一种适应	69
鳍足亚目	海狮、海豹、海象	 海洋食肉动物 主要以鱼为食；更适合游泳的肢体	34
贫齿总目	食蚁兽、犰狳、树懒	 无牙的食虫动物 很多没有牙齿，但有些具有退化的、像钉子一样的牙齿	30
奇蹄目	马、犀牛、斑马	 有1个或3个脚趾的有蹄哺乳动物 适用于咀嚼的食草动物的牙齿	17
长鼻目	大象	 长鼻食草动物 2个上门牙变长成为獠牙；是最大的陆生动物	2

发和功能性乳腺。雌性缺乏发育良好的乳头，因此新孵化的幼崽不能以吮吸的方式获取乳汁。不过，乳汁可以渗到母亲的毛皮上，幼崽就可以用舌头舔食。鸭嘴兽仅在澳大利亚发现，擅长游泳。它利用与鸭子一样的喙，翻寻泥土中的蠕虫和其他小动物。

有袋类动物：有袋类哺乳动物 有袋类动物和其他哺乳动物之间的主要区别是胚胎发育模式。在有袋类动物中，受精卵被绒毛膜和羊膜包围，但是受精卵周围没有像单孔类动物一样形成壳。有袋类动物的胚胎由无壳卵中丰富的卵黄提供营养。在胚胎出生前不久，一个短期的胎盘在绒毛膜中形成。胚胎出生后比较小，且没有毛发，它们爬到有袋动物的袋中，依附于一个乳头，继续发育。

胎生哺乳动物 哺乳动物产生真正的胎盘，胎盘在整个发育过程中滋养胚胎，这样的动物被称为胎生哺乳动物。今天生活的大多数哺乳动物，包括人类，都属于这一类。与有袋类动物不同，幼崽在出生前经历了相当长的发育期。

关键学习成果 20.8

哺乳动物是恒温动物，用乳汁哺育它们的幼崽，具有不同种类的牙齿，所有的哺乳动物都至少有一些毛发。

调查与分析
INQUIRY & ANALYSIS

灭绝速率是常数吗？

自恐龙时代以来，现存物种的数目不断增加。如今，海洋动物超过700个科，包含数千个已被描述的物种。然而，其间还穿插了一些被称为大灭绝的重大挫折，物种的数量大大减少。已经确定了五次重大的大灭绝，其中最严重的一次发生在大约2.25亿年前的二叠纪末期，当时超过一半的科和多达96%的物种可能死亡。

最著名、研究最为充分的大灭绝发生在6,600万年前的白垩纪末期。当时，恐龙和各种其他的生物都灭绝了，究其原因可能是一颗巨大的流星碰撞了地球。不过，大灭绝的确产生了一个积极的影响：随着恐龙的消失，之前相对较小且不显眼的哺乳动物，很快经历了一次巨大的进化辐射，最终产生了包括人象、老虎、鲸鱼和人类在内的种类繁多的生物。事实上，一般的观察发现，在经过生物大灭绝之后，生物多样性倾向于迅速反弹，物种丰度水平可与之前相提并论，即使生物多样性构成和之前有所差别。

现如今，由于人类活动，世界上物种的数量正在以惊人的速度减少。我们正处于第六次大灭绝的时代。一些人估计，物种正在以白垩纪大灭绝以来地球上从未见过的速度灭绝。

白垩纪大灭绝和现在的大灭绝有一个共同点，那就是物种灭绝的原因与它们自己的样子无关。这是物种灭绝的普遍情况，还是大灭绝是一个特例？

1973年，进化论学家利・范・瓦伦提出这样的假说，灭绝事实上通常是因为与一个物种特定的适应性无关的随机事件的发生。如果事实真的是这样，那么从长远看来一个物种灭绝的可能性实际上可以认为是不变的。

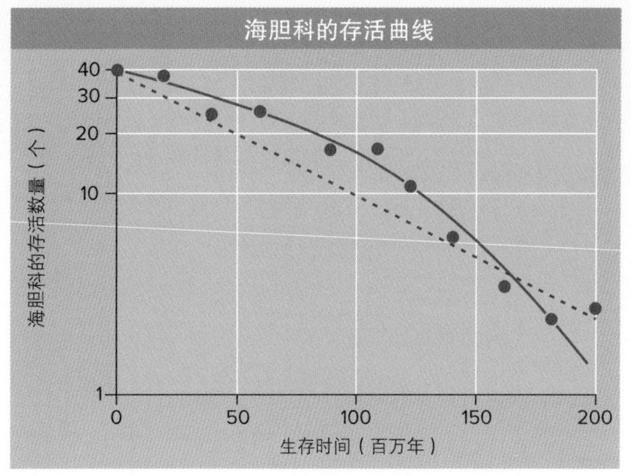

瓦伦的假说得到了许多进化生物学家的验证，可资验证的最完整的化石记录之一是海胆海胆科的和沙钱。在上面图表中，你会看到一个具有2亿年历史的海胆科化石记录的考证。正如所呈现出来的海胆科的数量，它们存活了2亿多年的时间。红色虚线代表了理论上恒定的灭绝速率，正如瓦伦所推测的那样。蓝线是一个由统计回归分析所确定的“最佳拟合”曲线。

分析

1. **应用概念**　什么是因变量？
2. **解读数据**　哪条曲线能最好地表示化石形成时海胆科的数量？
3. **进行推断**　在这两条线中，哪一条能最好表示具有2亿多年历史的海胆科化石记录的数据？
4. **得出结论**　通过这一分析，瓦伦的假说得到支持了吗？

本章回顾

Reviewing What You Have Learned

脊椎动物进化概述

古生代

20.1.1 地球的历史被分解成多个时间单元以为科学家提供参考标准。大的时间单元被称为代。代可进一步分为纪，纪则包含世。世又可细分为期。

- 在古生代，最初的动物生命起源于海洋。一些动物门没有亲属，如三叶虫。但是现存的所有主要动物群体的祖先都可以追溯到那个时期。
- 在整个地球历史进程中，大灭绝使得消失的物种超过新物种的形成。最大的一次大灭绝发生在古生代的末期，当时约96%的海洋物种灭绝。虽然不是最大，但广为人知的大灭绝发生在白垩纪末期，当时，恐龙和各种其他生物均走向灭绝。

中生代

20.2.1 中生代可以分为三大时期：三叠纪、侏罗纪和白垩纪。在此期间，单一的干旱的陆地称为盘古大陆，分裂成两部分，北部称为劳亚大陆，南部称为冈瓦纳大陆。这些大陆进一步分裂形成如今的大陆。世界上大部分地区都是热带气候。两栖动物入侵陆地，并产生了爬行动物。早期的爬行动物又产生了恐龙、鸟类、哺乳动物。

20.2.2 大约6,600万年前，随着恐龙的大灭绝，中生代结束了，这可能是流星撞击地球造成的。

新生代

20.3.1 在新生代的时代，地球经历了从相对温暖、潮湿的气候到寒冷干燥的气候的变化。伴随着恐龙的大灭绝和更冷的气候，哺乳动物扩展其生态位，进而产生许多大型动物。

脊椎动物序列

鱼类统治海洋

20.4.1 鱼类是所有脊椎动物的祖先。虽然它们是一个非常多样化的群体，但所有的鱼类都具有四大共同特征：鳃、脊柱、单回路循环系统以及营养不良。

20.4.2~5 早期的鱼类没有颌，但颌的进化是它们作为捕食者生存的关键。鲨鱼，被视为顶级捕食者。有一个灵活的软骨骨架并且游得非常快。硬骨鱼，如表20.2所示，通过鱼鳔来控制在水中的浮力，是最成功的脊椎动物类群。

两栖动物入侵陆地

20.5.1 两栖动物，包括青蛙、蟾蜍、蝾螈和蚓螈，是第一批侵入陆地的脊椎动物。它们可能从肉鳍鱼类进化而来，具有延伸到肉质肌叶的鳍。肌叶由关节骨来支撑。鱼类化石的发现展示了一些从鳍到腿的转变过程。

20.5.2 对陆地环境的适应包括腿、肺、皮肤呼吸、肺静脉以及部分分隔的心脏的发展。在两栖动物身上发现的大多数适应性改善了氧气从空气到组织的提取以及传递。

爬行动物占领陆地

20.6.1 在爬行动物中发现的关键的适应性包括不透水的羊膜卵、防止皮肤干燥的不透水皮肤和增加肺容量的胸式呼吸，这些使它们比两栖动物更好地适应陆生环境。

- 爬行动物的历史包括陆地上很显眼的早期动物，像盘龙类，随后是兽孔类动物，它们产生哺乳动物。早期爬行动物的其他群体产生现代爬行动物、鸟类和一些灭绝的种类。如今，爬行动物，如表20.4中所示的蛇，出现在每一个潮湿和干燥的环境中。

鸟类统治天空

20.7.1 鸟类约在1.5亿万年前进化，但它们并没有成为天空的主导者直到恐龙灭绝。虽然它们与爬行动物有着密切的关系，但鸟类仍然被划分到自身的类群——鸟类中。

- 鸟类有两个关键的适应性特征：羽毛和为飞行而改善的骨架。鸟的骨架轻而薄，中空但坚固，上面附着着肌肉。鸟类是恒温动物，这使得它们能适应新生代寒冷的气候。
- 在白垩纪时期，鸟类从恐龙进化而来并变得更加多样化（表20.5）。

哺乳动物适应冰期

20.8.1 哺乳动物具有用来喂养幼崽的乳腺、将身体与外界隔绝的毛发以及放大声音的中耳骨，这些特征将哺乳动物与其他动物区分开。像鸟类一样，哺乳动物是恒温动物。

20.8.2 哺乳动物出现在恐龙时代，但并没有达到最大的多样性，直到恐龙灭绝之后的第三纪。

20.8.3~4 胎盘的进化使得哺乳动物可以在母体体内滋养幼崽。当今存活的哺乳动物主要有三大群体：单孔类动物、有袋类动物和胎生哺乳动物。

本章测验

Test Your Understanding

20.1.1(1)古生物学家把地球的过去分为_______四个层次，从最大的时间单元开始。

a.期、代、纪、世　　c.世、期、代、纪

b.代、纪、世、期　　d.纪、世、期、代

20.1.1(2)在动物门中，在大量的物种和个体中，只有_______两个物种成功定居于陆生栖境。

a.节肢动物和分割的蠕虫　　c.腔肠动物和节肢动物

b.海绵动物和脊索动物　　d.节肢动物和脊索动物

20.1.1(3)在古生代，能生活在陆地上的第一批脊椎动物是_______。

a.两栖动物　　c.鸟

b.爬行动物　　d.哺乳动物

20.2.1 恐龙达到多样化高峰是在_______。

a.新生代　　c.石炭纪和二叠纪

b.三叠纪　　d.侏罗纪和白垩纪

20.2.2 恐龙灭绝发生在_______百万年前。

a.128　　c.66

b.438　　d.12

20.3.1(1)新生代的早期的气候比如今的气候_______。

a.较冷　　c.较暖和

b.相同　　d.干燥

20.3.1(2)哺乳动物开始变得多样化，从小型的夜行性形式到许多新的形式_______。

a.白垩纪大灭绝后

b.三叠纪

c.在大型恐龙开始进化的同时

d.上述所有的

20.4.1 所有的鱼类，不论是现存的还是灭绝的，具有共同的特征除了_______。

a.鳃　　c.背神经管的内骨骼

b.颌　　d.单回路循环系统

20.4.2 一个极其多样性且非常成功的群体，即盾皮鱼类已经完全被泥盆纪后期的鲨鱼所取代。是什么进化优势使得鲨鱼取代了盾皮鱼，促成了这一成功？

20.4.3 最初的鱼类没有颌，颌是从_______进化而来的。

a.耳骨　　c.改进的皮肤鳞片

b.鳃弓　　d.骨小板

20.4.4 软骨鱼纲（鲨鱼）和硬骨鱼纲（硬骨鱼）已经进化出了提高游泳速度和可控性的结构上的解决方案，哪一种改进在硬骨鱼纲中没有被发现？

a.侧线系统　　c.由软骨组成的内骨架

b.通过鱼鳔来控制浮力　　d.鳃盖

20.4.5 硬骨鱼所进化出的_______能抵抗骨密度增加的影响。

a.鳃　　c.鱼鳔

b.颌　　d.齿

20.5.1(1)对两栖动物来说，它们入侵陆地不得不具有以下哪种特征？

a.一个更有效的鱼鳔　　c.防水的皮肤

b.皮肤呼吸和肺　　d.带壳的卵

20.5.1(2)肺静脉的进化对两栖动物来说尤为重要，因为它使得_______。

a.单回路循环

d.代谢速率增加

c.含氧血在更大的压力下泵出

d.更快地循环到肺部

20.5.2 两栖动物的进化是最成功的案例之一，它们在爬行动物之前开始进化，且如今在世界上普遍存在。不幸的是，近年来两栖动物的数量似乎在急剧下降。什么特征可能使得两栖动物特别容易受到人们对它们环境所带来改变的伤害？

20.6.1(1)爬行动物的适应性不包括_______。

a.羊膜卵　　c.中耳骨

b.皮肤上的鳞片　　d.呼吸系统的改进

20.6.1(2)对于爬行动物来说，具有似皮革的外壳的卵对它们有什么优势？鉴于这些优点，为什么你认为具有坚硬外壳的卵是从鸟类进化而来？

20.7.1 鸟类所进化的适合飞行的特征包括_______。

a.腿上具有像爬行动物一样的鳞片

b.有硬壳的羊膜卵

c.体内受精

d.骨架薄而中空

20.8.1 所有的哺乳动物所特有的，其他的脊椎动物不具有的是_______。

a.恒温　　c.毛发

b.皮肤被覆物保温且防止脱水　　d.脊索

20.8.2 哺乳动物与恐龙共同生活了1.55亿年，这是一段很漫长的时间。在这期间，哺乳动物像_______。

a.小型兽脚类恐龙

b.鼩鼱

c.鸭嘴兽

d.在那个时期占主导地位的恐龙

20.8.3 鸟类和哺乳动物在生理上都具有内温性的特征。这些动物如何维持较高的体温？

a.它们生活在温暖的环境中

b.它们具有较高的新陈代谢率

c.它们可以飞行，这一过程可以产热

d.它们吃得多

20.8.4 针鼹吃昆虫，袋鼠吃植物或真菌，狮子是肉食者。你能猜想一下这三种类型的哺乳动物的牙齿有哪些不同吗？

21

学习目标

灵长类的进化

21.1　人类的进化路径

　　1　两个使得灵长类适应树栖生活的特征

　　2　原猴类和类人猿

21.2　类人猿如何进化

　　1　辨别猴子、类人猿和原始人类

最早的原始人类

21.3　直立行走

　　1　原始人类开始进化的变化

21.4　原始人类进化树

　　1　人类从哪一个属进化而来

最早的人类

21.5　非洲起源：早期人属

　　1　三种最早的人属

21.6　走出非洲：直立人

　　1　杜布瓦对直立人的发现

现代人类

21.7　智人同样起源于非洲

　　1　非洲起源模型与多地起源假说

　　今日生物学　邂逅我们的霍比特表亲

21.8　唯一现存的原始人类

　　1　尼安德特人和克罗马农人的异同

　　今日生物学　种族和医学

调查与分析　大脑的大小是随着原始人类的进化而增大的吗?

人类如何进化

1961年初夏，在以色列的阿马德（Amud）洞穴中发现了原始人类的成年男性的颅骨，洞穴位于河床以上约30米的地方，这有一条常年泉流经、注入加利利海。现代人利用电子自旋共振技术估算出原始人类占领该洞穴的时间，大概在5万—4万年前。水源可能是吸引原始人类到此定居的原因。从其颅骨缝合线愈合的程度来判断，这位成年男性死于25岁左右，很明显他的头部侧面受到了重击。显然，他是一位尼安德特人，面部偏窄且较长，眼睛上面的眉骨较为突出，颅骨较圆，就像保龄球一样。颅骨的年龄相对晚于尼安德特人生活的时期，但最引人注意的是他大脑的大小。现代人的大脑大小在1,500立方厘米左右，而这个人的大脑达到了1,740立方厘米！尽管没有以上所提到的颅骨大，但典型的尼安德特人的颅骨化石要比现代人的颅骨大得多，大约1,650立方厘米。那这样的话就引出了一个较为有趣的问题：随着原始人类的进化，他们的大脑是逐渐扩大的吗？这是不是表明尼安德特人比我们聪明呢？

21.1 人类的进化路径

人类是生物进化场景中的新来者。50年前，人们提出的视觉表像概念，有力地证明了这一观点。想象一下，从7.57亿年前开始，从太空拍摄地球的动态照片，每年拍摄一幅图像，如果以每秒24幅图像的标准速度来放映这部电影，那么你将花费一年的时间去观看它们，而且这里的一天代表210万年。从1月1日开始，在最初的4个月里，地球表面没有可见的生命。到了5月，第一批植物覆盖了陆地。恐龙主导世界长达70天，从9月末到12月初，这时恐龙突然消失。到12月末，现代哺乳动物科出现，但直到新年前夕的正午，人类的直系祖先才出现。下午9点30分到10点，智人从非洲迁徙至欧洲、亚洲以及美洲。下午11点54分，有记录的人类历史开始了。

人类进化的历史开始于6,500万年前，随着一群小型、树栖食虫哺乳动物的爆发性辐射，产生了蝙蝠、树鼩和灵长类动物，灵长类动物包括人类。

最早的灵长类

学习目标21.1.1 两个使得灵长类适应树栖生活的特征

灵长类动物是具有两大鲜明特征的哺乳动物，这两大特征使它们成功适应树栖且以昆虫为食的环境：

1. **可以抓握的手指和脚趾** 灵长类动物可以抓握自己的手和脚，这使它们得以控制四肢、悬挂在树枝上，抓取食物，并且一些灵长类动物还可使用工具。在许多灵长类动物中第一根手指与其他手指是相对的。
2. **双眼视觉** 灵长类动物的眼睛移动到了脸的前部。这会产生重叠的双眼视觉，使大脑精确地判断距离，这对于树栖动物来说非常重要。

其他哺乳动物也有双眼视觉，但是只有灵长类既具有双眼视觉还能控制双手。

原猴类和类人猿的进化

学习目标21.1.2 原猴类和类人猿

约在4,000万年前，最早的灵长类动物分裂为两大群体：原猴类和类人猿（图21.1）。**原猴类**看上去像是松鼠和猫的杂交。仅有少数的原猴类幸存到现在：眼镜猴、狐猴以及懒猴。大多数原猴类是夜行性动物。

类人猿，或者说更高级的灵长类，包括猴子、猿和人类。类人猿被认为是在非洲进化的。它们的直系后代是灵长类动物中一个非常成功的群体，即猴子。约3,000万年前，一些类人猿迁徙到南美洲。它们的后代，新世界猴，很容易识别：都栖息在树上，有扁平的鼻子，并且它们中的许多可以用长长的且适于抓握的尾巴抓住物体。相比之下，旧世界猴既有在地面生活的，也有一些树栖的种类，它们有着像狗似的面孔，并且没有适于抓握的尾巴。

关键学习成果 21.1

最早的灵长类动物起源于小型的、树栖食虫动物，之后进化到原猴类，然后是类人猿。

21.2 类人猿如何进化

类人猿和原始人类

学习目标21.2.1 辨别猴子、类人猿和原始人类

类人动物由类人猿祖先进化而来。**类人动物**包括类人猿和原始人类（人类和他们的直系祖先）。现存的类人猿包括长臂猿（长臂猿属）、猩猩（猩猩属）、大猩猩（大猩猩属）和黑猩猩（黑猩猩属）。类人猿拥有比猴子更大的大脑，它们没有尾巴。除了长臂猿体形较小之外，所有现存的类人猿都比任

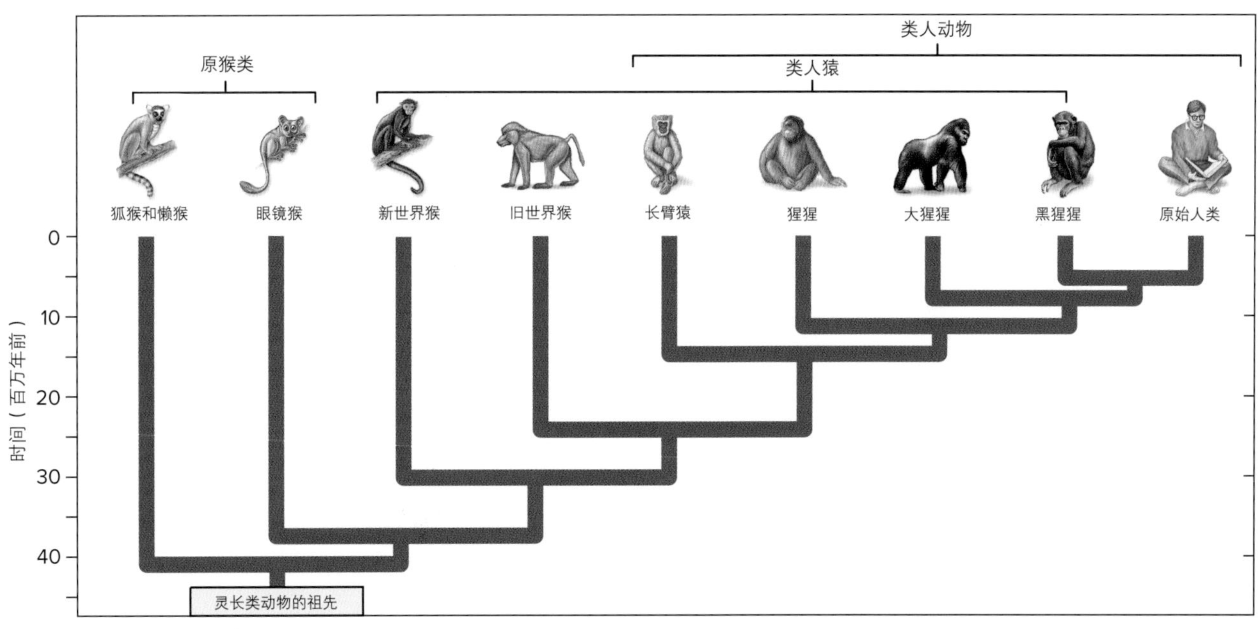

图21.1　灵长类的进化树

最古老的灵长类是原猴类，而原始人类是最近进化的。

一猴子大。它们曾经在非洲和亚洲广泛存在，现如今类人猿已经很少，仅仅生活在一小片区域内。在北美洲或南美洲，类人猿未曾出现过。

哪一种类人猿是我们最亲密的亲戚

对类人猿DNA的研究很好地解释了现存的类人猿是如何进化的。亚洲类人猿是最先进化的。1,500万年前，长臂猿从其他类人猿中分化出来，而猩猩的分化大约是在1,000万年前。两者与人类的关系都不密切。

非洲猿的进化距离现在更近，在1,000万—600万年之前。这些类人猿和人类的关系最密切。与大猩猩相比，黑猩猩与人类的关系更密切。不到600万年前，黑猩猩从类人猿中分化出来。因为这种分化距离现在较近，人类和黑猩猩的基因没有足够的时间进化出很多差异——人类和黑猩猩的核DNA中有98.6%是相同的，这种程度的遗传相似性通常在同一属的亲缘种中出现！大猩猩的DNA与人类的DNA大约有2.3%的不同。这种稍大的遗传差异反映了大猩猩系谱自800万年前进化的漫长时间。

类人猿和原始人类的比较

很多原始人类的进化反映了运动的不同方式。原始人类是两足动物，直立行走，而类人猿则为指节行走，用它们手指的背面来支撑它们的体重。

与两足行走相关的一些解剖学特征将人类从类人猿中分离出来。因为人类是用两条腿行走，所以它们的脊柱（图21.2中用绿色做标记的骨骼）比类人猿的更弯曲，并且人类的脊髓在颅骨的底部而不是颅骨的后部（参见绿色的脊柱连接黄色的颅骨的位置）。人类的骨盆（蓝色的）变得更宽，更像碗状，随着脊柱向前弯曲，身体的重心落在腿部上方。臀部、膝盖和脚的比例都发生了改变。

成为两足动物之后，人类的下肢承担着身体大部分的重量，大约占身体总重量的32%～38%，并且比上肢长；人类的上肢不承受身体的重量，只占人体重量的7%～9%。非洲猿用四肢行走，上肢和下肢共同承担身体的重量；大猩猩，较长的上肢（紫色的）占体重的14%～16%，较短的下肢约占体量的18%。

关键学习成果　21.2

类人猿和原始人类起源于类人猿祖先。在现存的类人猿中，黑猩猩与人类的关系最近。

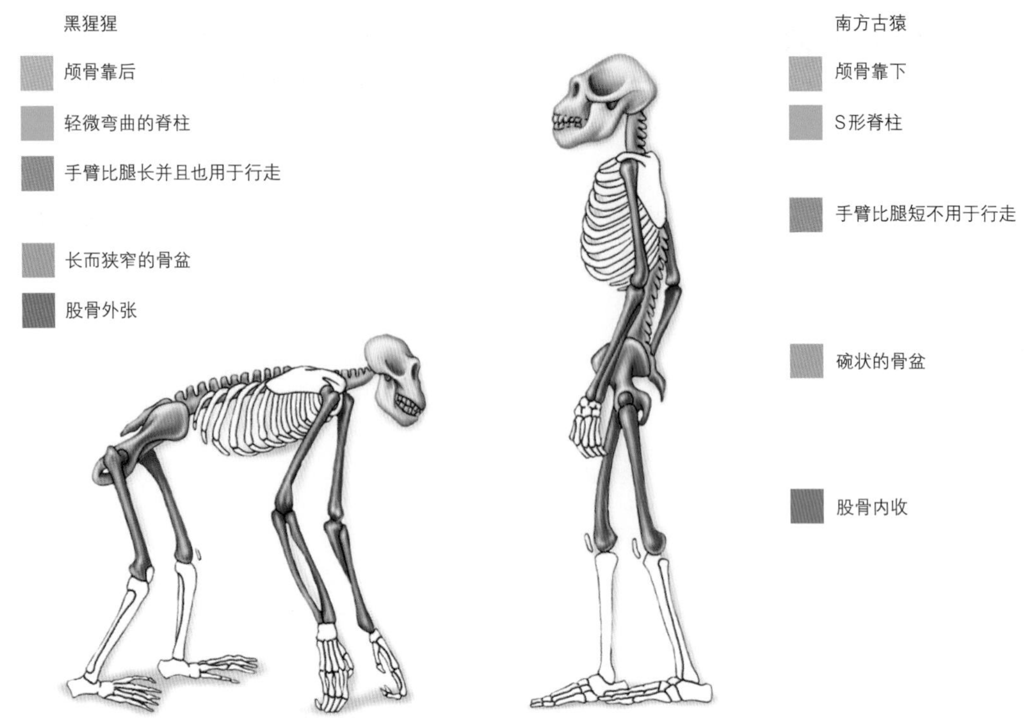

图21.2　类人猿和原始人类的骨骼的比较

早期人类（如南方古猿）之所以能够直立行走，是因为他们的手臂较短，脊髓从颅骨底部出来，骨盆呈碗状，重心位于腿上方，股骨内收，正好位于身体下方，以承载其重量。

最早的原始人类
The First Hominids

21.3　直立行走

两足行走的起源

学习目标21.3.1　原始人类开始进化的变化

1000万—500万年前，地球气候开始变冷，非洲的森林大部分被热带稀树草原和开阔林地代替。为了应对这些变化，一种新的类人猿正在发生进化，它是两足动物。这些新的类人猿被列为原始人类，换言之，即人类系。

原始人类的主要类群包括3～7个人属的种类（这取决于你如何将它们分类）、7个较古老的脑较小的南方古猿和一些更古老的系谱。在任何情况下根据这些化石都可以确定，原始人类是两足动物，能够直立行走。两足行走，尽管不是人类所特有的，但似乎已将人属设定在了一个新的进化路径上。

在非洲出土的一批珍贵化石表明，两足动物的历史可追溯至400万年前，它们的膝关节、骨盆和腿骨都显示出直立姿势的特征。另外，直到约200万年前，大量的脑部扩张才出现。在原始人类的进化过程中，直立行走显然发生在大脑扩张的前面。

早期关于原始人类是两足动物的重要证据是在东非利特里发现的一组约69个原始人类的脚印。两个个体，其中一个比另一个高大，并排行走了27米，他们的脚印保存在370万年前的火山灰上。灰烬中的印记展示了由大脚趾形成的强有力的踩压和深深的凹痕，就像你在沙子里迈了一步。重要的是，这个大脚趾并不像猴子或类人猿那样向外张开——显然这些脚印是由原始人类留下的。

关键学习成果　21.3

两足动物的进化——直立行走——标志着原始人类进化的开始。

21.4 原始人类进化树

古猿

学习目标21.4.1 人类从哪一个属进化而来

近年来，人类学家发现了一系列引人注目的早期原始人类化石，其历史可以追溯到700万—600万年前。这些化石经常显示出原始人类和现代人类的混合特征，使得关于早期人类的研究陷入混乱。尽管将这些化石列入原始人类中似乎是有依据的，但是目前只有少数早期属的标本被发现，没有足够的信息去判断南方古猿和人类具有一定程度的关系。寻找更多早期人类化石的工作仍在继续。

1995年，在肯尼亚东非大裂谷发现了420万年前的原始人类化石。这些化石残缺不全，但它们包括完整的上颌和下颌、一块头骨、手臂骨骼和部分胫骨（腿骨）。这些化石被划分到南方古猿湖畔种（*Australopithecus anamensis*）中，“anam”是图尔卡纳语中“湖”的意思。尽管它们确定是南方古猿，但这些化石在很多方面介于类人猿化石与一种具有300万年历史的、更完整的、被称为南方古猿阿法种（*Australopithecus afarensis*）的化石之间。此后，大量南方古猿湖畔种化石的残片标本被发现。

大多数研究人员赞成将这些瘦小的南方古猿湖畔种作为我们系谱图的真正基础，即作为南方古猿属的第一个成员，因此是南方古猿阿法种和其他几种已被发现化石的南方古猿（图21.3）的祖先。

原始人类系谱图的不同看法

研究人员采用两种不同的哲学方法去描述不同的非洲原始人类化石的特征。其中的一组集中在不同化石的共同元素上，并倾向于将具有主要共同特征的化石归并在一起。化石之间的差异归因于群体内的多样性。而其他研究者则将焦点聚集在原始人类化石之间的不同上。他们更多地倾向于根据化石所呈现的不同而将它们分配给不同的物种。例如，在图21.3呈现的原始人类的进化树中，“主合派”认可三大物种（他们将红色条带归为一个种，深橙色条带归为第二个种，浅橙色条带为第三个种）。另外，“主离派”认可7个以上的物种（这些条带的每

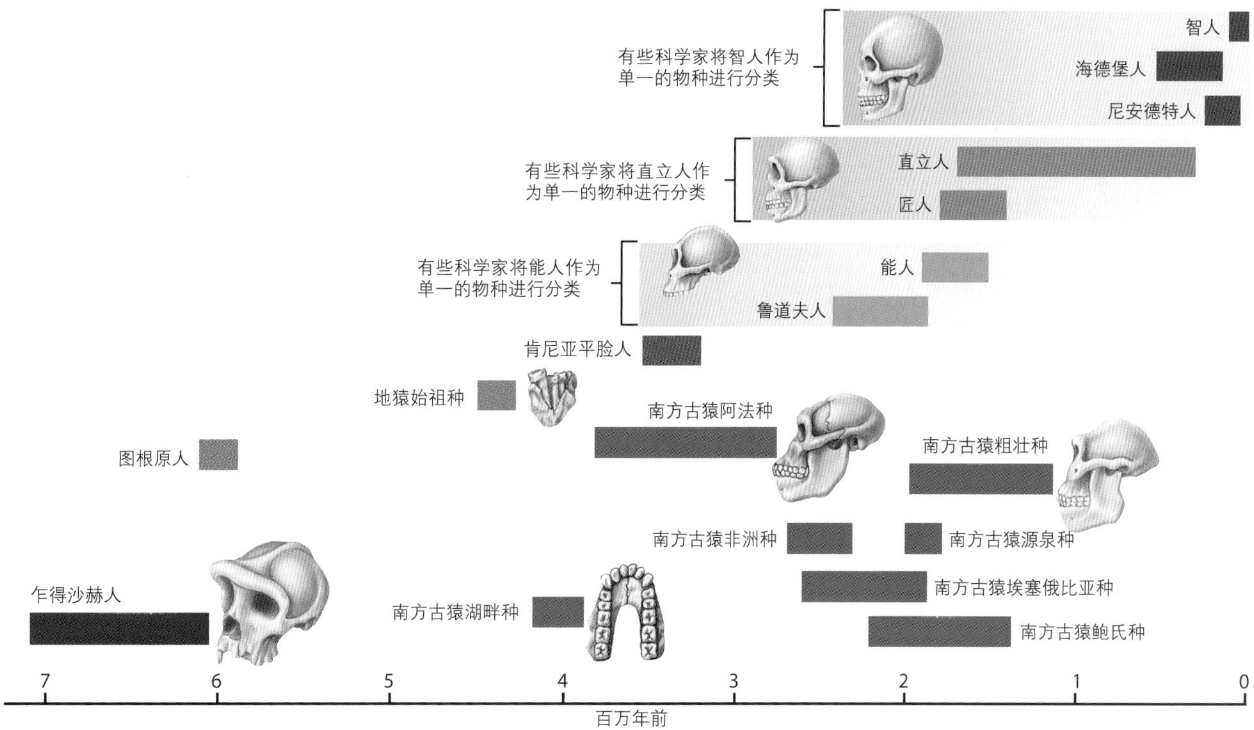

图21.3 原始人类的进化树

在这个人们广泛接受的进化树上，水平条带显示该物种第一次和最后一次出现的日期。包括南方古猿的7个物种和人属的7个种，另外还有4种新被描述的早期原始人类属。

一个都指示一个单独的物种）！在我们发现更多的化石之前，是无法判定哪一种说法是正确的。

关键学习成果 21.4

迄今为止所描述的最早的南方古猿是400多万年前的南方古猿湖畔种。一些研究者将原始人类属的所有化石分为三大物种，然而其他研究者则认可至少存在7个物种。

最早的人类
The First Humans

21.5 非洲起源：早期人属

早期人属

学习目标21.5.1 三种最早的人属

最早的人类起源于约200万年前的南方古猿祖先。在近40年内，大量重要的早期人属化石被发现，并且每年都有新的发现。每年，人类进化树基部的图像都变得更加清晰。

能人 在20世纪60年代早期，人们在南方古猿鲍氏种出土地点附近的原始人类骨骼中发现了分散的石器。尽管这些化石已遭到严重破坏，但经过艰苦的努力，人们将许多碎片重建，发现颅骨的脑容量约为680立方厘米，大于400～500立方厘米的南方古猿的脑容量范围。因为它们与工具的联系，这个早期的人类被称为**能人**，意思是"手巧的人"。在1986年发现的部分骨骼表明，能人身材矮小，手臂比腿要长，并且骨骼与南方古猿极为相似，以至于很多研究人员当初质疑这是不是人类的化石。

鲁道夫人 1972年，在肯尼亚北部鲁道夫湖东部工作的理查德·里基发现了一个与能人生活年代相同的几乎完整的颅骨。这个颅骨有190万年之久，脑容量为750立方厘米，并且具有人类颅骨的很多特征：显然，这是人类的颅骨而不是南方古猿的。一些人类学家将这个颅骨归为能人，认为它是一个大体型的男性个体。由于它的脑部大量扩张，另一些人类学家将它归为一个独立的物种，叫作**鲁道夫人**。

匠人 被发现的一些早期人属化石不能简单地纳入上述两个物种。他们的大脑往往比鲁道夫人的大得多，骨骼在大小和比例上更多像现代人类，不太像南方古猿。有趣的是，他们和现代人类一样也有小型的颊齿。有些人类学家把这些物种看成是早期智人的第三个物种——匠人（"ergaster"一词来源于希腊单词"工人"）。

早期人类呈现怎样的多样化呢

因为被发现的早期人属化石很少，关于是否应该将他们全都归为能人，或将他们分成鲁道夫人和能人两种，存在着激烈的争论。如果这两个物种的名称被接受，就像越来越多的研究人员所做的那样，人属似乎经历了一种适应性辐射（正如第14章所描述的），鲁道夫人是最古老的物种，紧接着是能人。因为它的现代骨骼，匠人被归为直立人，并被认为是人属晚期种最可能的祖先。

关键学习成果 21.5

早期人属物种是我们属中最古老的成员，有着明显比南方古猿大得多的大脑以及会使用工具的最大可能性。它们中还可能存在几个不同的物种。

21.6 走出非洲：直立人

直立人

学习目标21.6.1 杜布瓦对直立人的发现

一些科学家仍然在质疑能人作为真正人类的资

格。但对于直立人就毫无疑问。很多标本已经被发现，直立人无疑是真正的人类。

爪哇人

1859年达尔文的《物种起源》出版后，其中提到的“缺失的一环”引起人们的关注，这是人类和类人猿共同的化石祖先。达尔文确信我们起源于非洲。面对这一令人困惑的问题，一个名叫尤金·杜布瓦的荷兰医生兼解剖学家深受阿尔弗雷德·拉塞尔·华莱士（Alfred Russel Wallace）的影响，并坚信我们起源于东南亚。杜布瓦对来自爪哇和婆罗洲的“森林的老人”——猩猩特别感兴趣。猩猩的许多解剖学特征很符合“缺失的一环”的设想，因此，杜布瓦停止了他的医疗实践，去猩猩的家乡爪哇寻找“缺失的一环”的化石证据。

杜布瓦成为荷兰皇家东印度群岛陆军的外科医生并开始实践，首先在苏门答腊岛，然后在爪哇东部梭罗河的一个小村庄里。1891年，在挖掘河边的一座小山丘（当地的村民声称这座小山丘上有“龙骨”）时，他挖掘出一个颅骨盖，还在上游挖出一根股骨。这些发现使他非常兴奋，并将他们非正式地称为爪哇人，原因有三个：

1. 股骨的结构清楚地表明，这个人的腿又长又直，善于步行。
2. 颅骨盖的大小暗示了这是一个较大的大脑，其脑容量在1,000立方厘米左右。
3. 最令人惊讶的是，根据杜布瓦出土的其他化石判断，这些骨头似乎有50万年的历史。

杜布瓦发现的原始人类化石比以前发现的任何化石都要久远，当时很少有科学家愿意接受他是人类的一个古老物种。在杜布瓦死后的几年中，在爪哇发现了大约40个在特征和年龄上与杜布瓦的化石相似的个体，其中包括在1969年发现的一个几乎完整的成年男性的颅骨。

北京人

一代人的时间过去了，科学家们不得不承认一直以来杜布瓦是对的。20世纪20年代，在距离今中国北京南部约40千米的“龙骨山”上的一个洞穴里，发现了一个颅骨，它与爪哇人的非常相似。在那里继续挖掘后，最终发现了14个颅骨，很多连同下颌骨和其他骨头一起保存完好，也发现了粗糙的工具，最重要的是还有篝火的灰烬。这些化石的铸造品被分发到世界各地的实验室进行研究。随着第二次世界大战的爆发，日本入侵中国，这些化石原件被装载到一辆卡车上，并于1941年12月从北京撤离，结果消失在了混乱的历史中。没有人知道这辆卡车或它装载的无价的货物发生了什么。

一个非常成功的物种

现在人们认为，爪哇人和北京人属于同一物种，即直立人。直立人比能人高很多：大约有1.5米高。像能人一样，它们可以直立行走，不过直立人拥有更大的大脑，其脑容量约1,000立方厘米，介于南方古猿和智人之间。直立人的颅骨有突出的眉骨，像现代人一样，有一个圆形的下颌。最有趣的是，颅骨内部的形状表明直立人是能够说话的。

直立人来自哪里？你应该不会惊讶于它来自于非洲。1976年，人们在东非发现了一个完整的直立人颅骨。它有150万年之久，比爪哇人和北京人要早100万年。比能人更成功的是，直立人迅速在非洲大量而广泛地分布开来，并且在100万年之内迁徙到了亚洲和欧洲。直立人属于社会性的物种，20～50人生活在一个部落，经常居住在洞穴中。他们成功地猎取大型动物，用燧石和骨具屠杀它们，并在火上面煮：在中国的遗址里有马、熊、大象、鹿和犀牛的遗骸。

直立人存活了100多万年，比任何其他人类物种都要长。随着现代人类的出现，这些适应性极强的人类大约50万年前才在非洲消失，而他们在亚洲生存的时间更长。

关键学习成果 21.6

直立人在非洲进化，并且从非洲迁徙到欧洲和亚洲。

现代人类
Modern Humans

21.7 智人同样起源于非洲

智人

学习目标21.7.1 非洲起源模型与多地起源假说

大约60万年前，当现代人类在非洲首次出现时，现代人类的进化旅程开始进入最后的阶段。专注于人类多样性的研究人员将现代人分为3种：海德堡人、尼安德特人和智人。

最古老的现代人，即海德堡人，是在来自埃塞俄比亚的一个60万年之前的化石中发现的。尽管他们和直立人在非洲共存，但是海德堡人具有更高等的解剖学特征，例如他们的龙骨沿着颅骨的中线、眼窝上有粗脊，以及有一个较大的大脑。另外，他的额头和鼻骨与智人非常相像。海德堡人似乎已经扩散到非洲、欧洲和西亚的一些地区。

大约13万年前，随着直立人越来越稀少，一个新的人种，即尼安德特人，在欧洲出现。尼安德特人很可能是从50万年前现代人祖先的世系中分离出来的。与现代人相比，尼安德特人身材矮小、健壮、魁梧。他们的头骨非常大，面部突出，有厚厚的眉骨，并且脑袋较大。

再次走出非洲

已知的最古老的智人化石来自埃塞俄比亚，大约有13万年之久，我们就属于智人。除非洲和中东以外，没有明确年代超过大约4万年的智人化石。那么可能的结果是，智人在非洲进化，然后迁徙到欧洲和亚洲，这一假说被称为非洲起源模型。另一个相反的观点，多地区起源假说认为：在世界的各个地方，人类都是由直立人独立进化而来的。

最近，科学家研究了人类的DNA，这有利于澄清这一点争议。研究者测定了线粒体DNA和各种核基因的序列后一致发现，17万年前，所有智人拥有一个共同的祖先。基于这个庞大的基因数据库，科学家现在普遍接受的结论是：多地区起源假说是错误的，我们的系统树只有一个主干。

DNA数据揭示了5.2万年前智人系统树上的一个明显分枝，将非洲人与非非洲人区分开来。这与智人起源于非洲的假说是一致的，从非洲起源之后扩散到世界各地，追溯路径是50万年前直立人走过的路。直立人最先进化并离开非洲，横穿欧洲在亚洲扩散。海德堡人进化较晚并且沿着相似的路径。再后来，智人重复此模式而走向更远的地方。

近代人类的第四个物种

越来越多的证据显示，1.3万年前，人类还存在着另一个物种，他们远在印度尼西亚的一个小岛上。费洛瑞斯人仅有1米高，目前他们仍然在被查证之中，正如本章《今日生物学》所描述的。

第五种？

甚至最近以来，有证据表明可能还存在第五种现代人类物种，一种在4万年前与尼安德特人和智人在亚洲共存的物种。令人好奇的证据来自从保存于西伯利亚南部一个寒冷洞穴里的人类指骨中提取的DNA。2012年，当研究人员利用强大的新技术测出这块骨的整个基因组DNA序列时，他们发现有一段人类DNA序列既不与尼安德特人相似也不与智人相似。这些数据揭示了一种以前未知的人类物种，他们既不是尼安德特人也不是现代人类。比较基因组表明，这些丹尼索瓦人约在20万年前从尼安德特人中分化出来。

关键学习成果 21.7

我们自身所属的种类，智人，似乎是在非洲进化的，之后像直立人与海德堡人的一样，迁徙到欧洲和亚洲。

邂逅我们的霍比特表亲

近几年，古人类学领域对人类进化的研究一直基于一个来自印度尼西亚的小化石。

这个故事开始于1996年，当时澳大利亚的古人类学家迈克尔·莫伍德宣布他的团队在印度尼西亚婆罗洲以南300英里的弗洛瑞斯岛上的一处遗址挖掘到了石器。这个遗址有将近100万年的历史，远早于科学家认为成熟的人类到达那里的时期。更重要的是，弗洛瑞斯岛被一条深水海沟与亚洲其他地区隔离开来。这个深水屏障被称为华莱士线，以与达尔文同时代的阿尔弗雷德·拉塞尔·华莱士的名字命名，他第一次注意到生活在它两侧的动物之间的显著差异。一方面，他们与亚洲人种相似；但是另一方面，他们与澳大利亚人种相似。难道早期的人类已经成功地实现了一定程度的交集？

莫伍德与印度尼西亚合作开始寻找华莱士线两侧的化石。在2001年，他们开始检查早些年其他考古学家勘察过的洞穴，然后在2003年，他们在梁布亚（“冷洞”）发现了有价值的东西。在洞穴底部6米深处5万年前的沉积物中，莫伍德的团队发现了一个几乎完整的早期人类的化石骨架。它牙齿磨损，颅骨以成年的方式连接在一起，因此是一个成年个体——但只是一个身高仅仅1米，大脑容量仅380立方厘米的成年原始人类！这是一个黑猩猩的身长和大脑容量。化石的双足基本完整，体积极大。该遗址的工作者给新发现的这一原始人类取绰号为“霍比特人”，即托尔金的书籍《指环王》中的角色。

由此，科学界爆发了一场激烈的争论。这种由莫伍德命名的人属弗洛瑞斯人，当对比古人类学家拼接的人类进化的详细图片时，变得毫无意义了。一方面，他太年轻。如果作为一个300万年之前的前人类祖先，弗洛瑞斯人的微小尺寸并不令人吃惊，但是这个化石仅有5万年，这意味着他活着的时候，智人（现代人）已经进化甚至穿过华莱士线到达了澳大利亚。

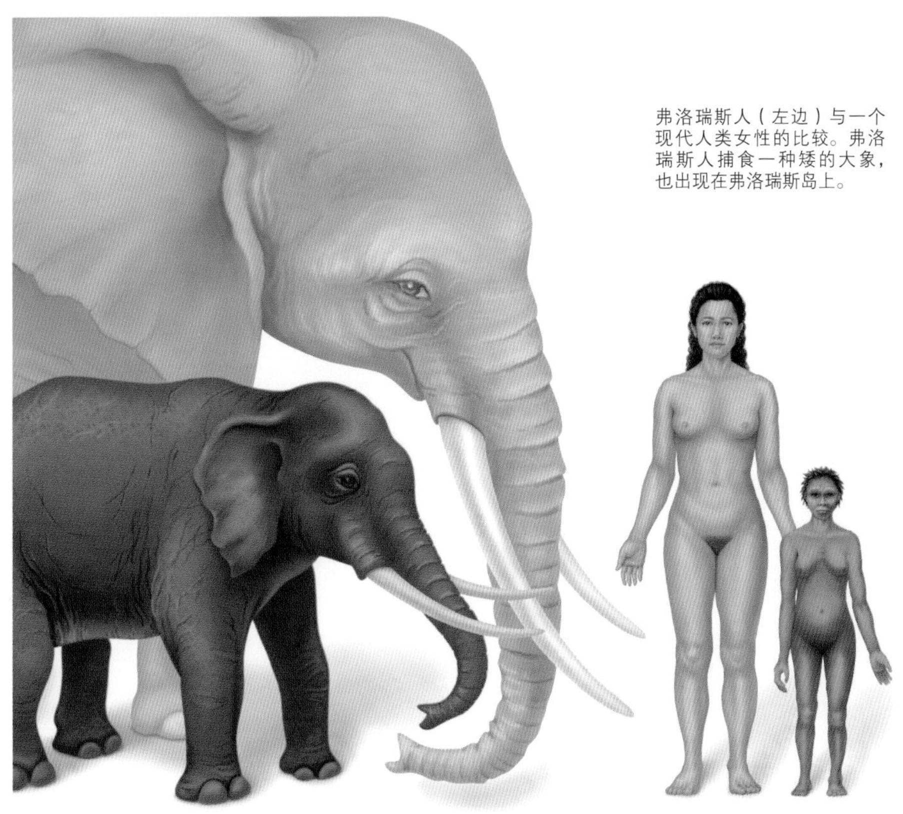

弗洛瑞斯人（左边）与一个现代人类女性的比较。弗洛瑞斯人捕食一种矮的大象，也出现在弗洛瑞斯岛上。

另一方面，弗洛瑞斯人太矮小。被称为南方古猿的非洲早期人类祖先是这样的一个尺寸：体重20千克，大约1米高。但是以前被发现的每一个成年人的化石是更大更高的。生活在5万年前的人类并不矮小，而是和现代人有同样的身高。

然而，尽管所有这些反对意见都认为弗洛瑞斯人不可能存在，但确实有确凿的数据。我们该怎么办？莫伍德的解释是，弗洛瑞斯人是在弗洛瑞斯岛上孤立进化的一个人种，源自很久以前到达这里的古代人类。智人的祖先被称为直立人，他们和弗洛瑞斯人有某些共同的特征，因此最可能是这种古代人类。莫伍德进一步指出，大型哺乳动物在偏僻的小岛屿上定居，就会趋向于进化为孤立的矮小的物种。有很多已知的例子，包括侏儒河马、地懒、鹿，甚至是恐龙。事实上，当时生活在弗洛瑞斯岛的侏儒象都不如牛高大。狩猎物种化石的标本是在梁布亚山洞里发现的！为什么会进化出矮小的物种呢？这一理论是，在岛屿上有很少或没有天敌，个体大没有任何优势；食物有限，体形变小有很大的生存优势。莫伍德提出，在弗洛瑞斯岛上人类的进化与在非洲有很大的不同，其进化更有利于较小的个体。

2006年，来自芝加哥菲尔德博物馆的研究员质疑将弗洛瑞斯人作为一个新物种的分类。对于一个侏儒物种来说，他的大脑太小了。他们声称，从其他生存在孤立状态下的矮小物种的进化实例判断，380立方厘米的大脑说明这个弗洛瑞斯人只有1英尺高！他们又猜测可能是现代人患有小头症，这是一种导致大脑体积变小的遗传性疾病。

莫伍德团队并不赞同这场辩论的说法。随后在梁布亚山洞的挖掘中，他们发现了八个更小的个体，这八个均比早些年出土的那些化石要小。这更加证实了这一设想，即这些个体都经历了小头症的折磨。他们认为弗洛瑞斯人不是现代人的说法是因为他们发现了两个完整的下颌，两个下颌都没有下巴。而所有的现代人类化石的下颌都有下巴。

约1.3万年前，岛上其中的一个火山爆发之后，梁布亚地区的弗洛瑞斯人似乎被毁灭。但是莫伍德相信，他们可能在弗洛瑞斯岛的其他地方幸存了较长的时间。他们仍在继续寻找更多的化石。

21.8 唯一现存的原始人类

学习目标21.8.1 尼安德特人和克罗马农人的异同

尼安德特人是根据1856年在德国首次发现他们的化石的尼安德特山谷命名的。7万年前，尼安德特人分布在欧洲和西亚的大部分地区，他们制造了多种多样的工具，包括矛头和手斧，住在小屋或者是洞穴中。

2010年，3.8万多年前生活在今克罗地亚地区的3个尼安德特人女性化石骨骼中被提取的DNA碎片段已经确定了尼安德特人基因组的大部分。基因组序列证实，尼安德特人的DNA与智人的有很大的不同，这支持了尼安德特人是一个独立物种的观点。有趣的是，把现在的来自世界不同地区的5个活人的完整基因组与这个尼安德特人的复合基因组相比较，现代欧洲和亚洲的智人大概有1%～4%的基因序列是从尼安德特人那里经遗传获得的。这暗示了早期现代人可能和尼安德特人杂交！尽管基因共享的程度是轻微的，但是我们每个人都有一些尼安德特人的基因！

大约3.4万年前，尼安德特人的化石记录突然消失，取而代之的是被称为克罗马农人（以首次发现他们化石的法国的山谷命名）的智人化石。我们只能推测为什么发生这种突然的替换，这是短时间内在整个欧洲完成的。有一些表明克罗马农人来自非洲的证据：在那里发现的化石基本属于现代，但是有10万年的历史。

克罗马农人使用先进的石制工具，有着复杂的社会组织，并被认为拥有丰富的语言能力。他们靠打猎为生。当时的气候比现在寒冷，并且当时的欧洲被草地覆盖，草地上居住着成群的食草动物。

至少在1.3万年前，拥有现代人外貌特征的人类穿过西伯利亚最终到达北美，之后冰层开始消融，不过在西伯利亚和阿拉斯加之间仍然由大陆桥相连接。截至1万年前，地球上大约有500万人（相比之下，如今已经超过了60亿）。2002年开展的世界人口的基因组调查为人类物种离开非洲迁徙到世界各地提供了明确的证据。

正如后面的“今日生物学：种族和医学”中所讨论的，全世界的人类可以分成五个不同的群体，这五个群体对应着现今生活在五大洲的族群。DNA比较所表明的族群特异性进化的变化包括东亚人有与蔗糖代谢相关的基因，欧洲人有与皮肤色素沉着和乳糖耐受性相关的基因，非洲人有与甘露糖代谢相关的基因。可以明确地说，人类仍然在局部地区发生着进化。

智人是独一无二的

我们人类处于漫长进化历史中的现阶段。人属的进化以逐渐增加的脑容量为特征。虽然不是唯一的具有概念性思维的动物，但是我们已经改进和扩展了这种能力，直到它成为人类的标志。我们以一种前所未有的方式控制我们的生物未来——这是一种令人兴奋的潜力和令人恐惧的责任。

关键学习成果 21.8

人类，智人，擅长概念性思维和使用工具，他们是唯一一种使用符号语言的动物。智人仍在不断地进化。

种族和医学

生物学中几乎没有什么问题比种族问题更能引起社会争议。种族有一个看似简单的定义，指的是与其他群体不同，但不足以构成独立物种的，又有血统相关关系的个体群体。争议的产生是因为人们用种族概念这种方式来为虐待人类进行辩护。非洲的奴隶贸易就是一个明显的例子。也许在某种程度上是对这种不公正的回应，除了将其作为一种社会建构外，科学家们在很大程度上已经抛弃了种族概念。1972年，遗传学家指出，如果关注一个人的基因而不是面部，一个非洲人和一个欧洲人的基因差异将几乎不会大于任何两个欧洲人基因之间的差异。这些年以来，基因数据不断强化这一观察结果的正确性，而种族遗传的概念很大程度上已被放弃。

最近对世界各地人类基因组进行详细比较的结果表明，经常在染色体上成簇出现的特定等位基因决定人类的特征。因为它们紧密地联系在一起，基因经历了几个世纪几乎没有重组。一个具有特定等位基因组合的人的后代几乎总是有相同的组合。这组等位基因，学术上称为“单倍体”，反映了来自同一祖先的后代的共同血统。

忽视皮肤的颜色和眼睛的形状，对比数百个地区人类基因组的DNA序列，研究者比较了来自世界各地的大量样本的单倍体。他们发现了五个包含相似突变簇的大群体：欧洲、东亚、非洲、美洲和澳大拉西亚。这些或多或少是传统人类学的主要种族，但这不是关键。关键是，人类在这五个彼此孤立的区域进化，而今天，每个群体都是由具有共同血统的个体组成，通过分析个体的DNA，我们可以推断出这个祖先。

为什么要费心把这一点说得晦涩难懂、充满社会争议呢？因为对人类基因组的分析显示，许多疾病都受到等位基因的影响，这些等位基因是在人类家谱的五大分支彼此分离之后出现的，并且在致病DNA突变首先发生的人类祖先群体中更为常见。例如，一个导致血色沉着症（一种铁代谢紊乱）的突变在印度人或者中国人中是罕见的或不存在的，但是在北欧人中是非常普遍的（7.5%的瑞典人患此病），另外北欧人也普遍拥有导致成年人乳糖不耐受（不能消化乳糖）的等位基因，这在其他群体中却不常见。同样，血红蛋白*s*基因的突变导致镰状细胞贫血在具有班图血统的非洲人中是常见的，但是似乎只出现在那里。

当我们比较生活在世界不同地区的人的基因组时，我们将不断看到这样一种模式——并且它导致了一个非常重要的结果。因为有着共同的祖先，基因病（遗传性疾病）与地理因素有很大的关系。非裔美国人患高血压性心脏病或前列腺癌的风险几乎是欧裔美国人的3倍多；而欧裔美国人更有可能患囊性纤维化或多发性硬化症。

DNA变异中的这些差异会延续到个体对治疗反应的遗传差异。例如，非裔美国人对一些用于治疗心脏病的主要药物（如β-受体阻滞剂和血管紧张素转化酶抑制剂）的反应不佳。

承认这一不幸事实的科学家和医生并不是种族歧视主义者。他们完全同意，虽然利用传统人类学的种族来确定值得推荐的治疗方法比同等对待所有患者更有效，但这仍然是理解这些差异的一种非常低劣的方式。不再是简单地忽视皮肤的颜色和其他单个基因差异，相反地，为每位患者采用一种广泛的“基因变异”分析是非常好的做法。就在几年前，这还真是难上加难，现在看来，这似乎是改善我们所有人医疗状况的一条有吸引力的途径。

清楚地记住将个体人类祖先进行分类这一目标是非常重要的，这是为了识别对潜在治疗方法有共同反应的同一血统。这并不是要对人类进行言之有据的种族分类。这一点在美国宾夕法尼亚州立大学的课程上被非常清楚地表达出来，在这所大学里，大约90名学生进行了DNA取样，并且将之与五个主要人类群体中的四个比较。其中有很多学生认为他们是“100%的白种人”，但事实上只有少数人是这样的。一名“白种人”学生认识到他有14%的DNA来自非洲，6%的DNA来自东亚。同样，“黑种人”学生们发现他们有一半的遗传物质来源于欧洲，还有相当一部分来源于亚洲。

重要的是，关于身份的生物学基础的僵化观点是错误的。人类远比几个影响皮肤颜色和眼睛形状的基因所表明的要复杂得多。我们越是能更清楚地理解其复杂性，就越能更好地应对医疗影响以及人类多样性提供给我们的巨大潜力。

调查与分析
INQUIRY & ANALYSIS

大脑的大小是随着原始人类的进化而增大的吗？

正如这一章所指出的，随着原始人类的进化，大脑的体积逐渐变大。有趣的是，尼安德特人的化石与现代人类的化石相比，通常有较大的大脑，尼安德特人的大脑体积约为1,650立方厘米，智人的大脑体积约为1,500立方厘米。这是否在暗示，尼安德特人比我们更聪明呢？

右边的图是通过比较每种主要类型的原始人类所处的时期与其大脑体积（颅骨内的体积）的关系，探究了人类大脑体积的进化过程。对于每一种类型的原始人类，在已描述的化石中，它们颅腔的体积之间存在着一些差异，图中已展示出他们的典型值（每个点旁边括号里的数字）。例如，尼安德特人颅骨的典型值为1,650立方厘米，尽管在以色列的阿马德洞穴发现的 个颅骨比这个值还要大90立方厘米。一些古生物学家认为匠人是直立人的一个变种，并且海德堡人和尼安德特人是智人的变种，但为了进行这一分析，提出了“分裂者”的观点。然而这些都是曾经有争议的问题，大多数人类学家现在认为尼安德特人和智人是独立的物种，两者都是海德堡人的后裔（无论是怎样被命名的）。

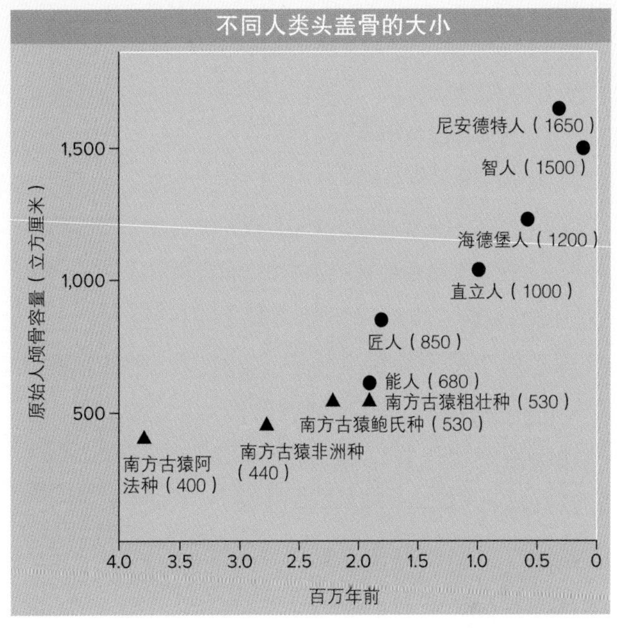

分析

1. **应用概念** 在图表中，什么是因变量？
2. **解读数据**
   a. 哪一种人类物种有最大的大脑？哪一种有最小的？
   b. 哪一种南方古猿具有最大的大脑？哪一种有最小的？
   c. 没有任何南方古猿有和人类一样大的大脑吗？
3. **进行推断**
   a. 200万年来，南方古猿的大脑体积改变了吗？改变了多少？增长百分比是多少？
   b. 200万年来，人类的大脑体积改变了吗？改变了多少？增长百分比是多少？
4. **得出结论**
   a. 人属大脑的大小比南方古猿属的进化得快吗？快多少？
   b. 考虑到明显的和无可争议的尼安德特人更大的大脑以及你在4.a. 问题上得出的结论，这是否允许你进一步推断出尼安德特人比现代人更聪明呢？
5. **进一步分析**
   得出这一结论取决于什么关键的未经证实的假设？如果你不接受这个进一步的结论，那么为什么你认为大脑的体积已经进化得如人属一样快？

本章回顾

Reviewing What You Have Learned

灵长类的进化

人类的进化路径

21.1.1 灵长类动物进化的历史开始于一群居住在树上、以昆虫为食的动物。大约6,500万年前，这些动物的适应性辐射开始了，产生了许多不同的哺乳动物，包括蝙蝠、树鼩和灵长类动物。

- 灵长类动物是具有两大主要特征的哺乳动物：可以抓握的手指和脚趾，具有双眼视觉。这些特征的组合使得灵长类动物可成功地进行树栖生活并且以昆虫为食。

21.1.2 约4,000万年前，早期的灵长类动物分裂成两组：原猴类和类人猿。类人猿包括猴子、猿和人类。

- 类人猿进一步分裂。在南美洲，他们进化形成新世界猴，这是一种营树栖生活的猴子，并且具有扁平的鼻子和适于抓握的尾巴。在非洲，类人猿进化成旧世界猴和类人动物。

类人猿如何进化

21.2.1 类人动物包括类人猿（长臂猿、猩猩、大猩猩、黑猩猩）和人类，这是人类（智人）直接但已灭绝的祖先。智人的近亲是黑猩猩。

- 当他们可以适应不同的运动方式时，类人猿和原始人类开始出现分裂。原始人类是两足动物，直立行走。与类人猿相比，原始人类在骨架上的许多变化反映了其运动方式的差异。

最早的原始人类

直立行走

21.3.1 直立行走是促进人类进化的一个关键适应，但是这一运动方式进化的方式和原因尚不清楚。

直立行走不是人类特有的，但是直立行走和更大的大脑体积使得人类走向一条新的进化之路。化石证据表明，直立行走先于大脑体积的增加，但是为什么要直立行走的问题至今仍没有答案。

原始人类进化树

21.4.1 原始人类的进化树是不完整的，并且人们对它有不同的解释。“主合派”的科学家们往往是基于共同的特征将物种归并在一起；“主离派”的科学家们则会将焦点放在物种间的差异上，并且会倾向于认可更多的物种。

- 人属起源于南方古猿属。

最早的人类

非洲起源：早期人属

21.5.1 大约200万年前，早期人类（人属）是从南方古猿的祖先进化而来的。

- 在非洲发现的能人除了大脑较大以外，与南方古猿极为相似。鲁道夫人也是在非洲发现的，显然是人，拥有更大的大脑和更像人类的头骨特征。匠人比能人和鲁道夫人更像人类，并且匠人被认为是人属晚期种最可能的祖先。

走出非洲：直立人

21.6.1 毫无疑问，直立人是一个真正的人类物种。爪哇人是第一个被发现的直立人化石标本。他的腿骨表明他是两足行走的，他的头骨表明其大脑体积约是南方古猿的2倍，并且化石约有50万年之久。

- 后来在中国发现的北京人类似爪哇人，为直立人的进化地位提供了支持。直立人的化石也是在非洲发现的，但是非洲的化石有150万年之久。这表明直立人起源于非洲，迁徙到欧洲和亚洲。

现代人类

智人同样起源于非洲

21.7.1 大约60万年前，现代人第一次出现在非洲。一些科学家认为现代人进化出3个人种：海德堡人、尼安德特人和智人。

- 海德堡人沿着直立人的路径在非洲进化然后迁徙到欧洲和西亚。
- 在直立人变得稀少的时候，尼安德特人在欧洲出现。尼安德特人可能是现代人类祖先的一个分支。大约13万年前，智人在非洲出现。像直立人和海德堡人一样，智人走出非洲迁徙到欧洲和亚洲，并最终到达澳大利亚和北美。

唯一现存的原始人类

21.8.1 尼安德特人普遍存在于欧洲和亚洲，但是在3.4万年前突然消失，并被称为克罗马农的智人所代替。克罗马农人可以使用先进的工具，具有社会组织和语言，并且是猎人。

- 迁徙将人类分为不同的大陆群体。人类物种在每一群体中继续进化，在各自的当地状况下，不同群体表现出不同的适应性反应。

本章测验

Test Your Understanding

21.1.1(1) 很多哺乳动物有双眼视觉，将灵长类与这些哺乳动物区分开的解剖学特征是______。

a. 卷尾　　c. 乳腺

b. 手指的相对数目　　d. 毛发覆盖的皮肤

21.1.1(2) 最早的人类的进化被认为是在______。

a. 非洲　　c. 澳大利亚

b. 亚洲　　d. 欧洲

21.1.2(1) 类人猿是灵长类动物，包括下列所有除了______。

a. 猴子　　c. 狐猴

b. 猿　　d. 人类

21.1.2(2) 与新世界猴不同，旧世界猴______。

a. 具有扁平的鼻子　　c. 营树栖生活

b. 没有尾巴　　d. 以上有两项是正确的

21.2.1(1) 下列哪一人类的解剖学特征有助于直立行走?

a. 下肢更长、更重　　c. 碗状的骨盆

b. 脊柱弯曲　　d. 上述所有

21.2.1(2) 猿和猴子之间的区别是______。

a. 猿的大脑较大　　c. 猿没有尾巴

b. 在美洲没有猿　　d. 上述所有

21.2.1(3) 关于人类和猿的骨骼的描述下列哪个是不正确的?

a. 人类具有又长又窄的骨盆

b. 人类的脊髓位于颅骨的底部

c. 猿的胳膊比腿长

d. 猿的脊柱有轻微的弯曲

21.3.1(1) 早期人类祖先中什么特征最早出现?

a. 语言　　c. 使用工具

b. 脑体积的增加　　d. 直立行走

21.3.1(2) 随着早期原始人类的进化，气候又冷又干导致非洲热带稀树草原的扩张，有什么证据表明这样的变化有利于直立行走? 在热带稀树草原上，两足行走有哪些优势?

21.3.1(3) 下列各项中，哪一项不是直立行走的陆生动物进化的?

a. 爬行动物　　c. 两栖动物

b. 哺乳动物　　d. 鸟类

21.4.1(1) 用于区分南方古猿和人类的特征是______。

a. 大脑的体积　　c. 直立行走

b. 出现在非洲　　d. 上述所有

21.4.1(2) 一些科学家认为第一批原始人类是______。

a. 南方古猿鲍氏种　　c. 南方古猿阿法种

b. 南方古猿湖畔种　　d. 南方古猿粗壮种

21.5.1(1) 下列哪个与南方古猿最相似?

a. 智人　　c. 尼安德特人

b. 海德堡人　　d. 能人

21.5.1(2) 匠人与______有最紧密的联系。

a. 智人　　c. 尼安德特人

b. 直立人　　d. 能人

21.6.1(1) 第一个能广范围地迁徙到欧洲和亚洲的人类是______。

a. 智人　　c. 尼安德特人

b. 海德堡人　　d. 直立人

21.6.1(2) 1891年，对于杜布瓦发掘的爪哇人颅骨，当时生物学家们存在争议的原因是______。

a. 它们具有非常大的脑

b. 它们比当时已知的任何化石都古老

c. 股骨的发现表明它们可以进行直立行走

d. 粗糙工具的发现说明它们可以使用工具

21.7.1(1) DNA和染色体的研究似乎表明智人起源于______。

a. 发现智人的很多地区　　c. 亚洲

b. 非洲　　d. 欧洲

21.7.1(2) 下列哪个不能被认为是现代人类的一个种类?

a. 海德堡人

b. 直立人

c. 尼安德特人

21.8.1(1) 基因组学的证据支持现代人类从非洲迁徙到全球各地的观点，不是一次而是几次，每次都要适应当地的环境挑战。化石证据在多大程度上支持这一观点? 请解释。

21.8.1(2) 在澳大利亚曾经有一个巨大的但不会飞的鸟被称为牛顿巨鸟，这种鸟类现在已经灭绝。其蛋壳化石同位素测年表明，没有比5万岁更老的牛顿巨鸟蛋。5万年前人类在澳大利亚定居。对于支持由于人类猎杀导致这种不会飞的鸟灭绝这一假设需要什么类型的证据?

21.8.1(3) 从一位母亲到她的所有后代，线粒体的DNA（来自卵细胞中的线粒体，不遵循基因重组）基本没有变化。同样，Y染色体上的基因（也不遵循基因重组）由父亲传给儿子。当研究人员试图去评估所有的人类都是在非洲进化这一假说的时候，你是否期待对线粒体DNA变异和Y染色体变异两者的研究产生相同的结果呢?

第 6 单元　动物

22

学习目标

动物的形体构型

22.1　动物形体构型的创新

　1　动物形体构型的六个关键的创新

22.2　脊椎动物的形体构型

　1　组织的定义及其四种类型

　2　器官的定义及其类型

　3　脊椎动物体内的十一种主要器官系统

脊椎动物身体的组织

22.3　上皮组织起保护作用

　1　上皮层的三种作用方式

　2　单层上皮和复层上皮

22.4　结缔组织支撑身体

　1　描述三种功能类型的结缔组织共有的结构特征

　2　了解骨组织的结构，并且区分成骨细胞和破骨细胞

　生物学与保健　骨的流失——骨质疏松症

22.5　肌肉组织让身体运动

　1　平滑肌、骨骼肌和心肌细胞的对比

22.6　神经组织迅速地传导信号

　1　比较三种神经元的外形特征，了解不同的外形特点对应的不同功能

骨骼和肌肉系统

22.7　骨骼的类型

　1　动物骨骼的三种类型

　2　人类中轴骨和四肢骨对比

22.8　肌肉及其工作原理

　1　肌肉为什么只能拉而不能推

　2　肌肉收缩的肌丝滑行模型和钙离子的作用

　作者角　作者的锻炼

调查与分析　哪种运动能效最高？

动物的身体及运动方式

动物是极其多样的，尽管不同动物之间存在着差异，但它们都有相同的基础形体构型、相同种类的组织和以近乎相同的方式进行生命的运作的器官。在这一章中，我们将开始详细地探讨关于动物的生物学知识，特别是动物身体神奇的结构和功能。在介绍了脊椎动物的各主要组织后，我们将在本章结尾重点关注动物身体的运动，即动物如何通过协调神经、肌肉和骨骼的运转来完成适应其所处环境的复杂活动。动物在各种环境中都具有一定的运动能力，这是其他生物所不能比拟的。不论是在水中、陆地上还是空中，动物们都有适应环境的运动方式，比如游泳、挖掘、爬行、滑行、行走、跳跃、奔跑、滑翔、翱翔和飞翔等。响尾蛇就可以通过连续协调全身肌肉进行有规律的收缩，使其长长的身体划出一系列蜿蜒的曲线，在沙漠中迅速移动。

22.1 动物形体构型的创新

动物身体的构成

学习目标22.1.1 动物形体构型的六个关键的创新

正如在第19章讲到的，动物形体构型在进化过程中有六个关键的创新，这使得动物界呈现出纷繁的多样性。

特化细胞vs组织

第一个关键的创新就是身体中组织的发展（表22.1中的❶）。海绵动物是最简单的多细胞动物，其中存在特化细胞，但是大多数没有组织，只有少数种类有原始的组织。所有其他动物都有组织和高度特化的细胞。

辐射对称vs两侧对称

所有的海绵动物都没有明确的对称性，其身体形状是不规则的。身体的对称性（表22.1中的❷）最早出现在刺胞动物（如水母、海葵和珊瑚）和栉水母类（栉水母）身上。这两类动物的身体呈辐射对称，即存在一个中轴，身体各部分围绕中轴排列。

所有其他动物的身体都具有两侧对称的特征，即身体可以被唯一的一个平面分为左右两个对称的部分。两侧对称性使得身体的不同部分可以以不同的方式进化，从而使身体不同部位的器官可以分离。一些高等动物的成体呈辐射对称，比如棘皮动物（如海星），但是其幼体是两侧对称的。

无体腔vs体腔

动物身体结构的另一个进化阶段是体腔的演变（表22.1中的❸）。体腔的出现，使得身体可以进化出更高效的器官系统，进行更快速的体液循环，以及完成更复杂的运动。

按照身体结构中有无体腔，可以把动物分成三类。那些没有体腔的动物被称为无体腔动物。一些动物有原始的体腔，这种体腔由内胚层和中胚层间的空腔发育而来，这类动物被称为假体腔动物。具有真正体腔的动物被称为真体腔动物，真体腔是由中胚层发育成的。

无体节vs有体节

在接下来的进化过程中，动物的形体构型发展出了体节（表22.1中的❹）。身体的分节显示出以下的进化优势：

1. 对于环节动物和其他高度分化的动物，每一个体节都可能继续发展出一套近似完整的成体器官系统。任一体节的损伤并不会对个体造成致命的后果，因为其他体节复制了该段体节的功能。
2. 每一个体节都可以单独运动，使得动物的整个身体更具有灵活性，因此运动会更高效。所有的环节动物、节肢动物和脊索动物的身体都有分节，虽然有时候不是特别明显。

递增式生长vs蜕皮现象

大多数真体腔动物的生长方式是我们熟悉的那样，通过不断地增加质量实现身体的逐步生长。但是线虫和节肢动物的生长则不是这样。它们的身体被包裹在坚硬的外骨骼下，为了使身体可以不断长大，这层外壳必须要定期脱掉，这一过程被称为蜕皮（表22.1中的❺）。

原口动物vs后口动物

棘皮动物门（海星）和脊索动物门（脊椎动物）有一系列与其他门类的动物不同的关键胚胎学特征。因为这些特征最多只可能进化了一次，所以我们认为属于这两个门类的动物虽然看似不同，但拥有共同的祖先。这些动物被称为后口动物（表22.1中的❻）。所有其他真体腔动物称为原口动物。后口动物与原口动物在胚胎发育方面有三点根本的不同。

1. **卵裂形成中空细胞球的方式不同** 后口动物

表22.1 动物形体构型的创新

创新	形体构型的不同点	对应的动物
❶ 特化细胞vs组织 	多数海绵动物存在特化细胞，但没有构成组织。在所有其他动物中，细胞分化构成组织，并且通过细胞间的协调，这些组织可以和生物体内的其他细胞或组织结合在一起	无组织：多数海绵动物 有组织：所有其他动物
❷ 辐射对称vs两侧对称 	辐射对称的动物，身体各部分围绕一个中轴排列，通常是口部。在两侧对称的动物中，身体被分为镜像式的左右两部分。两侧对称可以使身体的不同区域分化出特定的功能，比如头部	辐射对称：刺胞动物和成体的棘皮动物 两侧对称：所有其他的后口动物
❸ 无体腔vs体腔 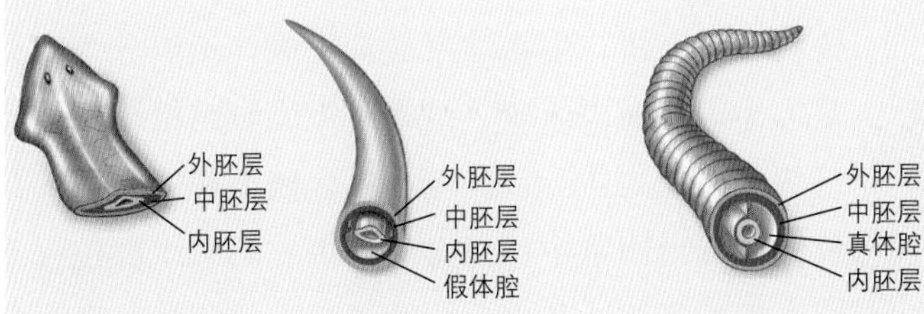	体腔的进化使得动物身体内的器官系统得到了扩展，这些器官系统由体腔支撑。没有体腔的动物被称为无体腔动物；由囊胚腔发育出体内空腔的动物是假体腔动物；真体腔动物的体腔是由中胚层发育而来	无体腔动物：扁形虫 假体腔动物：线虫 真体腔动物：软体动物、环节动物、节肢动物、棘皮动物和脊索动物
❹ 无体节vs有体节 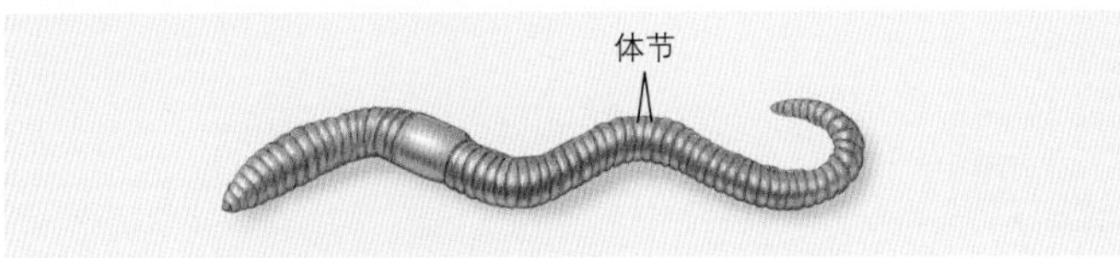	有体节动物的身体被细分为许多段，每一段被称为一个体节。身体分节后就有一些重复的结构，可以在某些体节受损时起到“备份”的作用。有体节动物的运动也更高效	无体节动物（真体腔）：软体动物和棘皮动物 有体节动物：环节动物、节肢动物和脊索动物
❺ 递增式生长vs蜕皮现象 	因为节肢动物和线虫的身体包裹着坚硬的外骨骼，为了适应身体的增长，这类动物每隔一段时间就要蜕掉一层外壳，这个过程被更正式地称为蜕皮。与这种生长方式形成对比的就是递增式生长，比如人类和所有其他真体腔动物的身体就是典型的逐渐长大	蜕皮：节肢动物和线虫 递增式生长：所有其他真体腔动物
❻ 原口动物vs后口动物 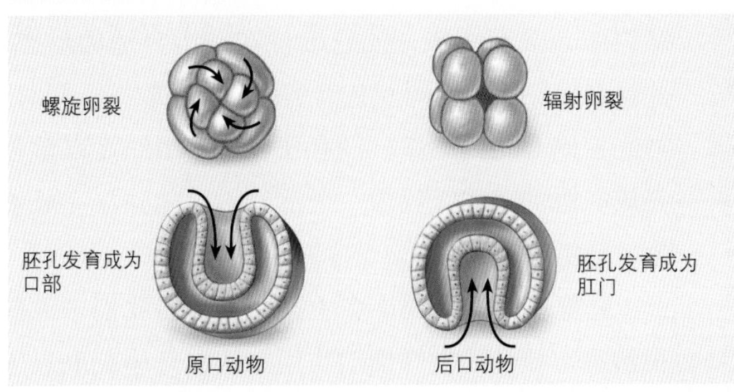	在原口动物的发育中，细胞进行螺旋卵裂，胚孔发育成为口部，每个胚胎细胞的发育命运在早期即确定。在后口动物的发育中，细胞进行辐射卵裂，胚孔发育成为肛门，并且每个胚胎细胞的发育命运是可变的（每个胚胎细胞都保留了发育成为一个完整个体的能力）	后口动物：棘皮动物和脊索动物 原口动物：所有其他的两侧对称的动物

在胚胎发育的最初阶段就和原口动物不同，以不同的细胞分裂模式形成不同平面。大多数原口动物进行螺旋卵裂，但后口动物进行辐射卵裂。

2. **胚孔的发育确定体轴的不同方向** 这是后口动物与原口动物在胚胎发育方式上的不同。在原口动物中，胚孔发育成为动物的口部，另一端形成肛门。而后口动物则是由胚孔发育成为动物的肛门，另一端形成口部。
3. **胚胎发育命运的确定时间不同** 大多数原口动物在胚胎发育中的卵裂为定型式卵裂，在发育早期即严格地确定了每个细胞的发育命运。即使是在四细胞期，胚胎中的单个细胞也不能继续发育形成一个正常的个体。与此形成鲜明对比的是，后口动物进行不定型卵裂，每个细胞都保留了发育成为一个完整个体的能力。

关键学习成果 22.1

动物形体构型在进化过程中的六个关键的创新，奠定了动物界多样性的基础。

22.2 脊椎动物的形体构型

所有的脊椎动物都有相同的基础结构：体腔中悬浮着一根从口延伸到肛门的长管。许多陆生脊椎动物的体腔分为两个部分：胸腔（包括心脏和肺）和腹腔（包括胃、肠和肝）。脊椎动物体内有一个起支持作用的骨架，由很多块带关节的骨头组成。坚硬的颅骨包裹着大脑，起保护作用，一连串脊椎骨上下相连组成脊柱，里面包裹着脊髓。

像所有的动物一样，脊椎动物的身体是由细胞组成的，比如你身体内的细胞数量可能超过10万亿，甚至100万亿，这个数字大到让人无法想象，要知道10万亿辆汽车连起来可以在地球和太阳之间来回一亿次！当然，并不是你身体内的所有细胞都是一样的。如果是的话，我们的身体就会变得乱糟糟。脊椎动物的身体内含有100种以上不同种类的细胞。

组织

学习目标22.2.1 组织的定义及其四种类型

同一类型的细胞群在体内构成组织，这些组织是脊椎动物体内的结构和功能单元。组织是一组在体内执行特定功能的相同类型的细胞。

脊椎动物在身体发育的过程中逐渐形成组织。在胚胎发育初期，不断分裂的细胞逐渐成熟分化，形成三个基础的细胞层：内胚层、中胚层、外胚层。这三个胚层依次分化出成体体内的100多种不同类型的细胞。

这100多种细胞可以构成很多不同种类的组织。传统意义上讲，生物学家通常把成体组织分为四类基本组织：上皮组织、结缔组织、肌肉组织和神经组织。如图22.1所示，鸟类包含四类基本组织，在放大的圆形图示中可以看出，每一类组织都包含不同类型的细胞。其中，结缔组织（由淡绿色箭头指示）的细胞种类多样性尤其突出。

器官

学习目标22.2.2 器官的定义及其类型

器官是由几种不同类型的组织联合形成的更大的结构和功能单元。打个比方，器官就像一个工厂，不同工种的工人协同生产某一种产品。心脏是一个器官，它包含被包裹在结缔组织中并与许多神经相连的心肌组织。这些组织一起协调发挥作用，向全身泵血：心肌收缩，挤压心脏推出里面的血液；结缔组织包裹着心脏，使它维持在一个合适的形态，并且确保心脏的不同腔室以正确的顺序收缩；同时，神经控制心跳的频率。没有任何一个组织可以单独完成心脏的工作，就像一个活塞不可能独立完成整个发动机的工作。

脊椎动物体内的许多主要的器官对我们来说都很熟悉。肺是陆生脊椎动物用来从空气中获取氧气的器官，鱼用鳃从水中完成同样的事。胃是一个消化食物的器官，肝脏则是控制血液中的糖和其他化学物质水平的器官。器官是脊椎动物体内的机器，每一个器官都由几种不同的组织构成，以完成特定的工作。你还能说出其他哪些器官？

器官系统

学习目标22.2.3　脊椎动物体内的十一种主要器官系统

相互合作、共同发挥重要功能的器官组合，即称为器官系统。例如，脊椎动物的消化系统由粉碎食物的器官（喙或牙齿）、导流食物的器官（食道）、分解食物的器官（胃和肠）、吸收食物的器官（肠）和排出固体残渣的器官（直肠）共同组成。如果这些器官都正常工作，身体就可以从食物中获得能量以及生长所必需的物质。消化系统是一个特别复杂的器官系统，由许多不同的器官共同发挥复杂的功能，而这些器官又由许多不同类型的细胞组成。图22.2所示的循环系统，涉及的器官种类就少一些。但是从组织级别上来讲，它们是一样的：细胞构成组织，组织构成器官，器官再构成器官系统。

脊椎动物体内有十一种主要的器官系统：

1. **骨骼系统**　脊椎动物身体最显著的特征恐怕就是体内的骨骼了。骨骼系统可以保护身体，

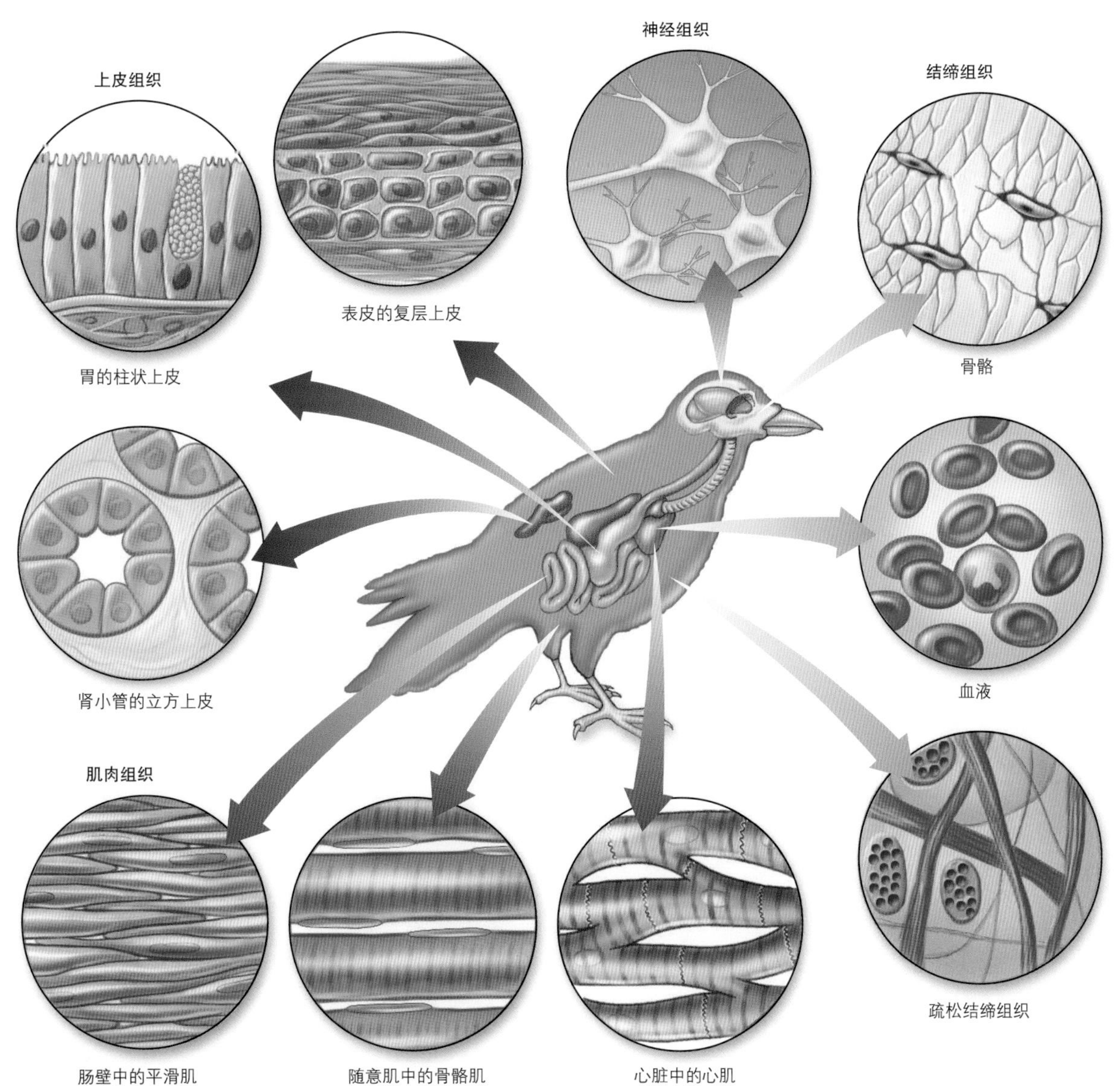

图22.1　脊椎动物的组织种类

四类基本组织是上皮组织、结缔组织、肌肉组织和神经组织。

并对运动提供支持，主要由骨、颅骨、软骨和韧带组成。和节肢动物一样，脊椎动物的躯干还有带关节的附肢——臂、手、腿和脚。

2. **循环系统** 循环系统把氧气、营养物质和化学信号输送到体内细胞，同时把二氧化碳、化学废物和多余的水排出体外，主要由心脏、血管和血液组成。
3. **内分泌系统** 内分泌系统通过分泌激素，实现对身体各种活动的协调和整合，主要由垂体、肾上腺、甲状腺和其他内分泌腺组成。
4. **神经系统** 神经系统可以协调身体的活动，主要由神经、感觉器官、大脑和脊髓组成。
5. **呼吸系统** 呼吸系统可以获得氧气，并进行气体交换，它由肺、气管和其他的气体通道组成。
6. **免疫和淋巴系统** 免疫系统负责利用特殊细胞清除血液中的异物，如淋巴细胞、巨噬细胞和抗体。淋巴系统提供将细胞外液和脂肪输送到循环系统的血管，也提供储存免疫细胞的场所（淋巴结、胸腺、扁桃体和脾）。
7. **消化系统** 消化系统可以从摄入的食物中获取可溶性营养素，主要由口、食道、胃、肠、肝脏和胰腺组成。
8. **泌尿系统** 泌尿系统把血液循环中的代谢废物排出体外，主要由肾脏、膀胱和相关的管道组成。
9. **肌肉系统** 肌肉系统控制躯干和四肢的运动，主要由骨骼肌、心肌和平滑肌组成。
10. **生殖系统** 生殖系统保证后代的繁衍，主要由雄性的睾丸、雌性的卵巢和相关的生殖结构组成。
11. **皮肤系统** 皮肤系统包裹并保护身体，主要由皮肤、毛发、指甲和汗腺组成。

关键学习成果 22.2

脊椎动物体内相同类型的细胞群共同构成组织，几种不同类型的组织又联合形成器官，多个器官构成器官系统，相互合作，共同发挥重要功能。

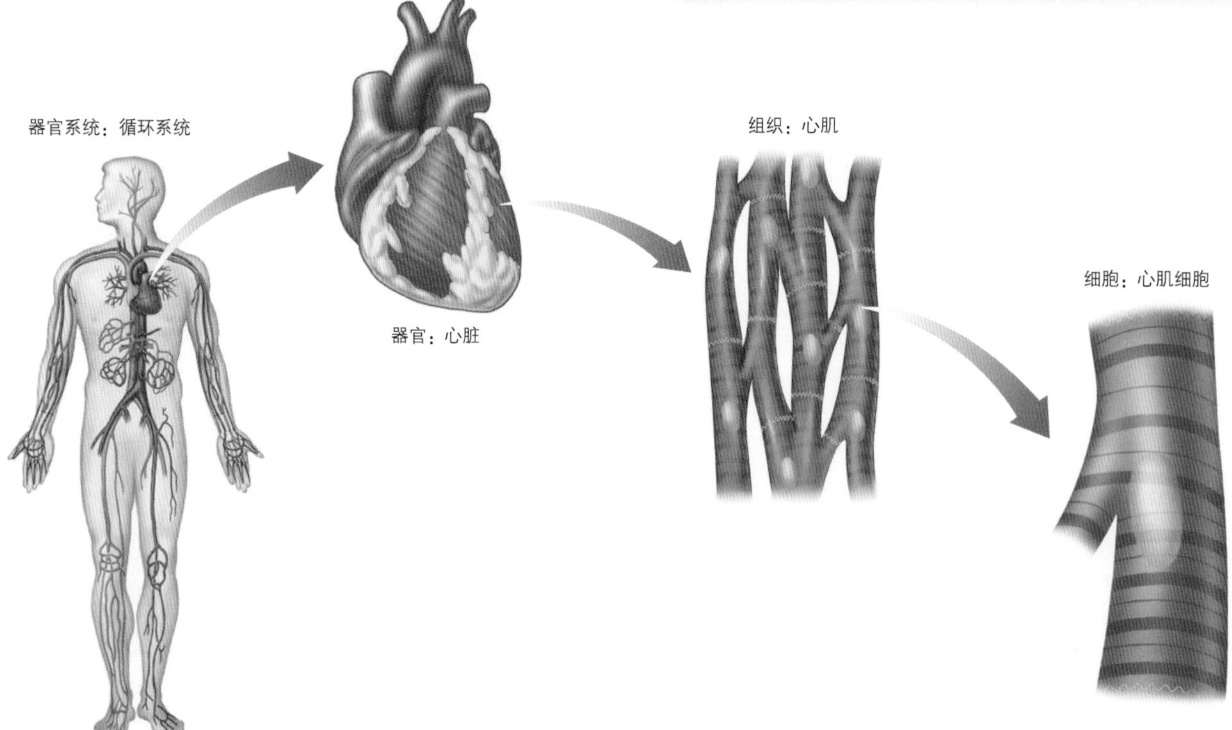

图22.2 脊椎动物体内的组织级别

相似类型的细胞一起运作并构成组织。共同作用的组织构成器官。几个共同为身体发挥功能的器官被称为器官系统。循环系统是器官系统的一个例子。

22.3 上皮组织起保护作用

上皮组织的功能

学习目标22.3.1 上皮层的三种作用方式

我们先来讨论最外层的组织。上皮细胞就是身体的防护罩，它们覆盖在身体表面，确定哪些物质能进入体内，哪些物质不能。脊椎动物身体的组织基本上是管状的，一根管道（消化道）悬浮在另一根管道（体腔）里，就像轮胎一样，外胎里面还有一层内胎。覆盖在身体最外层的细胞（皮肤）由胚胎的外胚层发育而来，衬贴在体腔内的细胞由胚胎的中胚层发育而来，衬贴在消化道的中空内壁（肠道）的细胞由胚胎的内胚层发育而来。三个胚层都可以发育生成上皮细胞。虽然发育的胚胎来源不同，但所有的上皮细胞的形态和功能大致相同，统称为上皮组织。

上皮层通过三种方式发挥作用：

1. **保护底层组织**，避免其脱水或受机械损伤。因为上皮组织包裹着全身，每一种物质进出身体都必须穿过上皮层，哪怕上皮层像吉拉毒蜥的一样厚也不例外。
2. **提供感觉表面**。脊椎动物的很多感觉器官实际上都是经过修饰的上皮细胞。
3. **分泌物质**。在胚胎发育时期，一些上皮细胞像口袋一样扎起来，发育成分泌腺，大多数分泌腺都是这么来的。

上皮组织的分类

学习目标22.3.2 单层上皮和复层上皮

上皮细胞按其形态可以分为三类：扁平上皮、立方上皮和柱状上皮。上皮组织层的厚度通常只有一个或者几个细胞。单个上皮细胞仅具有少量的细胞质，且代谢速率相对较低。所有上皮组织的共同特征是，相连成片的细胞紧密地结合在一起，其间只有很小的空隙，从而形成一个屏障，这就是上皮组织发挥作用的关键。

上皮具有显著的再生能力。在生物的整个生命过程中，上皮层的细胞都在不断地进行新旧更替。比如，构成皮肤的上皮细胞每两周更新一次。

上皮组织一般可以分为两种。第一种是单层上皮，仅由一层上皮细胞构成，肺和体内其他主要腔体表层覆盖的膜就是单层上皮。表22.2中所示的前

表22.2 上皮组织

组织	典型分布区域	组织的功能
单层上皮		
❶扁平上皮	肺、毛细血管壁和血管的内衬	扁平且薄的细胞；形成一个薄层，使扩散容易进行；从表面看，这层细胞就像是地上铺的瓷砖
❷立方上皮	一些腺体和肾小管的内衬，覆盖卵巢表面	有许多特定通道的细胞；起分泌和特定吸收的作用
❸柱状上皮	胃、肠和部分呼吸道的黏膜	细胞层较厚实；起保护作用，同时也有分泌和吸收的功能
复层上皮		
❹扁平上皮	皮肤的表皮，口腔黏膜	形成坚韧的细胞层；起保护作用
假复层上皮		
❺柱状上皮	部分呼吸道黏膜	能分泌黏液；分布有细密的纤毛（细小的像毛发一样的突起），帮助黏液移动；起保护作用

三种（❶❷❸）都是**单层上皮**。当你了解每一种上皮的功能后，就可以理解为什么这些上皮层只有一层细胞厚——它们是许多物质进出身体的不同区域都要经过的表层，重要的是，这个“路程”最好不要太长。第二种是**复层上皮**，由多层厚的更复杂的上皮细胞构成，表皮就是复层上皮（表22.2中的❹）。为提供足够的缓冲和保护作用，多层细胞是必需的，同时这样还可以使表皮的细胞更新不间断地进行。分布在呼吸道的部分上皮（表22.2中的❺）看起来也像是复层上皮，但实际上只有一层上皮细胞，这种称为**假复层上皮**。因为这层细胞的细胞核不在同一水平线上，所以看起来就像是很多层细胞。

在人体的**腺体**上分布着一种具有分泌功能的单层上皮组织，即立方上皮。内分泌腺分泌激素进入血液，外分泌腺（有通向身体外部的导管的腺体）分泌汗液、乳汁、唾液和消化酶到体外。没错，外分泌腺分泌消化酶进入胃。但是，你细想一下，胃以及消化道里其实不能算是体内，而是体“外”，因为它们是径直穿过身体的内管。很有可能一种物质从口腔经过消化道到肛门排出，而永远不会进入体内。物质必须穿过上皮层，才能真正进入体内。

关键学习成果 22.3

上皮组织是脊椎动物身体的保护组织，除了提供保护和支持之外，脊椎动物上皮组织还会分泌关键物质。

22.4 结缔组织支撑身体

结缔组织的分类

学习目标22.4.1 描述三种功能类型的结缔组织共有的结构特征

对脊椎动物来说，结缔组织的细胞就像建筑的基础材料一样，对身体的各部位进行支持和连接，同时还有防御保护的作用。这些细胞来源于中胚层，有的部位排列密集，有的部位分布松散，就像是军队的士兵有时会聚集列阵，有时会作为游击队分散开来一样。结缔组织细胞可以分为三大类：（1）免疫系统的细胞，起保护身体的作用；（2）骨骼系统的细胞，对身体起支持作用；（3）血细胞和脂肪细胞，储存和运输体内的物质。之所以把这些各式各样的细胞都归到结缔组织里，是因为它们有一个共同的结构特征：这些间隔很宽的细胞之间都有大量的细胞外“基质”物质。

免疫类结缔组织

免疫系统的细胞，即所谓的“白细胞”（见表22.3中的❶），在血液中漫游全身。它们是侵入体内的微生物和癌细胞的移动猎手。免疫系统的细胞主要有两类：巨噬细胞和淋巴细胞。巨噬细胞吞噬和消化入侵微生物，淋巴细胞产生抗体或攻击被病毒感染的细胞。载着免疫细胞游弋全身的液体基质就是血浆。

骨骼类结缔组织

骨骼系统的主要组成部分含有三种结缔组织：纤维结缔组织、软骨和骨。构成这些组织的细胞基本类似，但在单个细胞之间形成的基质的性质不同。

1. **纤维结缔组织** 纤维结缔组织（❷）是在脊椎动物体内最常见的一种结缔组织，由扁平的、有不规则突起的成纤维细胞和分泌到细胞间的结构蛋白组成。所含的蛋白类型不同，决定了这些组织的韧性不同。致密的结缔组织韧性很大，而弹性结缔组织不光韧性大，还有拉伸和回复的能力。胶原蛋白作为最常见的分泌蛋白，同时也是人体内含量最丰富的蛋白；事实上，你身体的1/4的蛋白都是胶原蛋白！成纤维细胞在创伤愈合中也有重要作用，比如，疤痕组织中就有胶原蛋白基质。
2. **软骨** 在软骨（❸）中，软骨细胞之间的胶原基质沿生理力线形成长而平行的阵列。这样形成的结构组织强度高、稳定，同时有一定的弹性。这种结构就好比尼龙绳，很多平行排列的尼龙分子链形成强度大并且有弹性的粗绳。软骨组织构成现代的无颌鱼类和软骨鱼类的整个骨骼系统。在大多数脊椎动物的成体中，软骨被限制在一些特定的位置和关节骨的表面，以形成可以自由活动的关节。

3. **骨**　骨（❹）的结构和软骨相似，区别在于骨组织中包围胶原纤维的基质中含有大量的磷酸钙盐，使组织硬度高，不易变形。骨的结构和形成在后面加以讨论。

储存和运输类结缔组织

第三类结缔组织是由专门积累和运输特定分子的细胞组成的。这其中包括含有积累脂肪的细胞的脂肪组织（❺）。红细胞（❻）也有运输和储存的作用。每毫升血液中含有大约50亿个红细胞，负责运送氧和二氧化碳。成熟红细胞的与众不同之处在于，它内部没有包括细胞核、线粒体和内质网在内的大多数细胞器，取而代之的是约3亿个可以携带氧的血红蛋白分子。

血液中载着红细胞流动的液体部分，我们称之为血浆，在脊椎动物体内既是“宴会桌”，同时也是“垃圾堆”。实际上，细胞要用到的每一种物质都溶于血浆中，包括无机盐（如钠盐和钙盐）、身体废物和营养分子（如糖、脂质和氨基酸）。血浆中还含有各种各样的蛋白质，包括抗体和可以增加血液黏度的白蛋白。

骨组织

学习目标22.4.2　了解骨组织的结构，并且区分成骨细胞和破骨细胞

脊椎动物内骨骼坚硬的原因在于骨的结构性质。骨组织中的活细胞间充满了一种惰性基质，这种基质包含结构性的胶原蛋白和一些矿物质（包括一种

表22.3　结缔组织

组织分类	典型分布区域	组织功能	代表性细胞
免疫系统类			
❶白细胞	循环系统	攻击侵入体内的微生物和被病毒感染的细胞	巨噬细胞、淋巴细胞、肥大细胞
骨骼系统类			
❷纤维结缔组织			
疏松结缔组织	皮肤和其他上皮组织下方	支持；为上皮细胞提供液态的储存环境	成纤维细胞
致密结缔组织	肌腱、肌鞘、肾、肝、真皮层	提供有韧性的、牢固的连接作用	成纤维细胞
弹性结缔组织	韧带、大动脉、肺部组织、皮肤	使组织可以扩大，然后恢复原状	成纤维细胞
❸软骨	椎间盘、膝关节和其他关节、耳朵、鼻子、气管环	提供弹性的支撑作用，减震和减少承重部位的表面摩擦	软骨细胞（特化的成纤维细胞样的细胞）
❹骨	大部分骨骼	保护内脏，为肌肉的附着提供稳固的支持	骨细胞（特化的成纤维细胞样的细胞）
储存和运输类			
❺脂肪组织	皮下	储存脂肪	特化的成纤维细胞（脂肪细胞）
❻红细胞	血浆中	氧的运输	红细胞

被称为羟基磷灰石的磷酸钙盐）。可以说，骨是由羟基磷灰石包裹着胶原纤维形成的。这样的结构既坚硬又有韧性。为什么钙盐包裹着胶原纤维是一种理想的结构材料呢？想象一下玻璃纤维，你就可以理解了。玻璃纤维是由玻璃纤维原丝包埋在环氧树脂胶中形成的。单根的纤维原丝是刚性的，坚硬但是很脆，而环氧树脂胶韧性好，但是硬度不够。它们结合在一起形成的复合材料玻璃纤维，同时具有了硬度和韧性。当应力导致一根单独的纤维原丝断裂，这样的冲击会在蔓延到另一根纤维原丝之前先被环氧树脂胶吸收，胶质发生形变，从而分散施加在纤维上的应力，使许多纤维原丝平均受力。

骨的结构类似于玻璃纤维的：细小针状的羟基磷灰石晶体，环绕并浸渍骨内的胶原纤维。任何打破硬羟基磷灰石晶体的作用力都会传入胶原基质，以消散力的作用，这样就没有冲击可以深入影响整个骨组织。羟基磷灰石矿物提供硬度，而胶原蛋白“胶质”提供韧性。

哈氏系统
中央管中的毛细血管
松质骨中的红骨髓
含骨细胞的间隙
密质骨
骨板
松质骨
密质骨

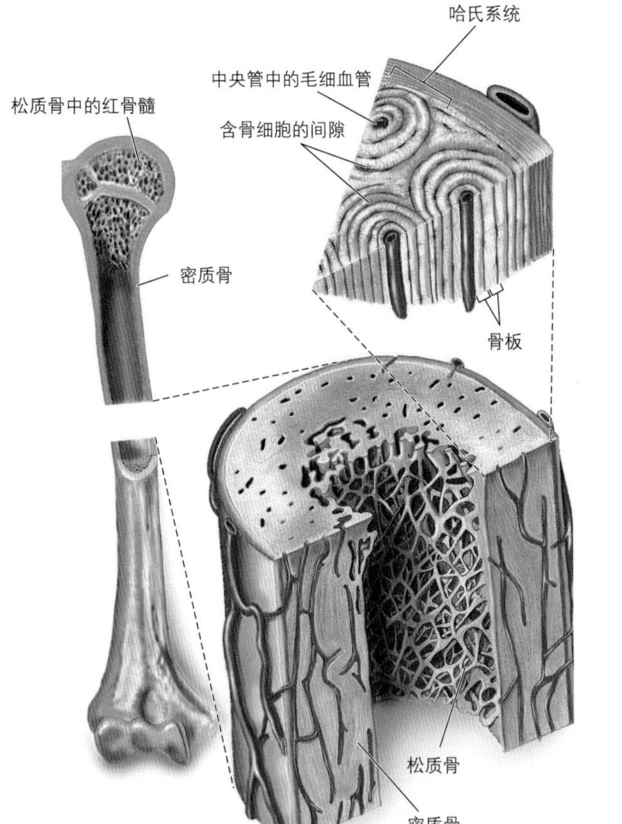

图22.3　骨的结构

骨的某些部分结构致密而紧凑，使骨具有强度。另外的部分结构疏松，呈网架状；红细胞在骨髓中产生。骨细胞（成熟的成骨细胞）紧密排列成为骨板。

我们大多数人认为骨是像礁石一样永固的。但实际上，骨是一个不断被重建的动态组织。如图22.3所示的骨的横截面显示，骨的外层结构致密，因此被称为密质骨。骨的内部结构较疏松，呈网架状，被称为松质骨。红细胞在松质骨的红骨髓中形成。新的骨组织的形成分为两个阶段：首先，由成骨细胞分泌胶原蛋白，排列形成胶原纤维基质；其次，钙盐类矿物被包埋进这个基质。骨的形成模式是铺设薄的同心层，像给旧管道上漆一样。骨中有很多和其长轴平行的细小通道，称为中央管（或哈氏管），新的骨质每形成一层就在中央管外包裹一层。骨内的中夹管都是相互连接的，包含有血管和神经，为其活的成骨细胞提供了一条生命线。

在胚胎时期，最初形成骨的时候，成骨细胞将软骨骨架用作骨形成的模板。在儿童时期，骨骼生长旺盛。相比之下，一个健康的青年人的总骨量，随年岁增长的变化不大。这并不意味着没有变化。大量的钙质和成千上万的骨细胞（成熟的成骨细胞）不断被清理和更新，但总骨量变化不大，因为生成和分解的速率基本相当。

有两种类型的细胞参与到骨的“重塑”这种动态过程中来：成骨细胞生成骨，破骨细胞分泌酶来消化骨中的有机基质，释放钙质重新回到血液中（见图30.9）。骨的动态重塑可以使骨的强度逐渐适应其工作量，因为新骨都是沿生理力线形成的。当骨受到压缩时，成骨细胞的矿物质沉积速度就会超

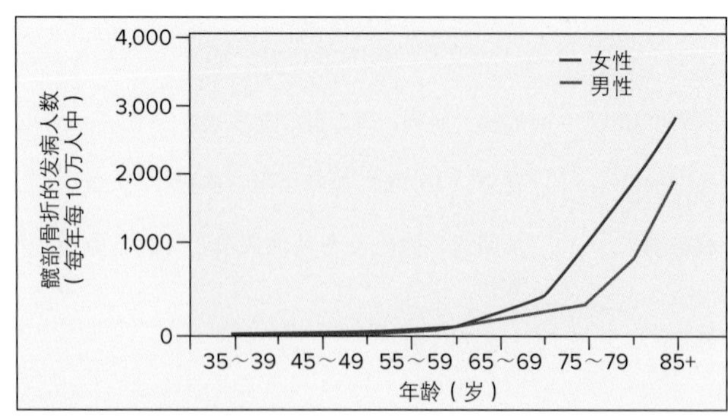

图22.4　骨质疏松症

老年女性的骨质疏松症发病率比年轻女性和男性的发病率都高。骨质疏松症是骨代谢异常的疾病，其症状是骨中的矿物质不断流失。本图显示了骨质疏松造成的髋部骨折在男性和女性中的发病率。

骨的流失——骨质疏松症

奔跑、跳跃、游泳、飞行，甚至在泥里的蠕动，都是动物会做的动作。动物的一大特点，就是具有这种从一个地方到另一个地方的移动能力。动物是多细胞生物中，唯一真正能够在他们所处的环境中移动的生物。正如你将在22.5节看到的一样，像我们这种脊椎动物完成这样的壮举，是通过肌肉的运动牵引体内的骨骼来实现的。

构成你的骨骼的骨组织不是像脚手架那样无生命的物质，而是一种活的组织，在你的生命过程中，它也在不断生长和改变。你的身高停止增长，并不意味着你的骨组织也停止生长。这只是骨骼停止了伸长而已，而伸长只是骨生长的其中一个方面。在你生命中每一天，你的骨骼里都有新的组织生成，有旧的组织被分解，使你的骨骼被不断地重塑，来适应你身体的需要。如果你骨折了，你的身体会在断裂的部位生成新的骨组织，使之愈合。然而，当新骨的形成过程出了故障，骨骼就会变得脆弱，并且无法进行愈合。

举例说明这种骨愈合失败的影响，你可能在街上见到过驼背的老年妇女。她们背上的隆起，是由骨代谢失衡造成的，而不是因为姿势不好。上了年纪的人，脊柱、髋部和其他骨骼往往会出现失去的骨质量比新生的骨质量多的情况。过量骨质流失的疾病被称为骨质疏松症。骨质疏松症患者的骨组织明显比健康的骨组织少。

不幸的是，骨质疏松症的患者非常容易骨折，即使是像弯腰或者抬臂这样的日常动作也很危险。前文提到的老年妇女的驼背，就是她们的脊柱经历了多发性骨折造成的。虽然我们经常用“一根”来形容脊柱，但事实上脊柱不是一根骨头，而是由许多块小的骨头像搭积木一样，一个一个叠摞而成。脊柱使得上半身能够保持直立，而在骨质疏松症的患者身上，仅仅是身体自身的重量所产生的压力，就会使脆弱的脊椎骨在多处发生小的骨折。多处脊椎骨折就会导致驼背和弯腰。身高减少超过1英寸，通常是骨质疏松症的征兆。

我们怎么知道自己是否患了骨质疏松症？不幸的是，通常骨折就是这种病的自然警告方式。虽然有骨密度的检测，但人们除非经历了骨折，否则一般不会做这种检查。如果过45岁的人发生骨折，或者不到45岁的人发生多处骨折，这类情况下就应当进行骨密度检测。用于诊断骨质疏松症的骨密度检测，会测量骨骼的密度或质量。髋部、脊柱和腕部的骨骼通常是检测的部位，因为这些都是骨质疏松症导致的骨折多发部位。

一种叫作双能X射线吸收法（dual X-ray absorptiometry）的骨密度检测是诊断骨质疏松症和监测骨质流失的黄金标准检测。该检测是一种无创低剂量X射线检测法。实际上，检测中有两条不同能量级（或波长）的X射线，以区分骨和软组织。这样测量的骨密度确实非常精确。由于30岁是人体骨密度的最高峰时期，取30岁的健康男性或女性的正常骨密度作为标准值，将测出的骨密度与标准值进行比较，得出一个T值。T值大于等于1，表示骨密度正常。T值为负则表明发生了骨质的流失。T值为–2.5～–1，表示骨密度下降了10%～30%，骨折风险增加。T值低于–2.5，则确诊为骨质疏松症。

骨质疏松症常被称为“沉默的疾病”，因为症状通常不明显，直到发生骨折。然而，每两个50岁以上的女性中，就有一个存在一定程度的骨质流失。男性骨质疏松症的发病率相对低很多，约为女性的1/4。美国有超过1,000万人患有骨质疏松症，有患病风险的人数则是这个数字的两倍。骨质疏松症导致每年超过150万人骨折，其中脊柱和髋部骨折的占大多数。

受骨质疏松症影响的1,000万美国人中，超过80%是老年女性。骨质疏松症最常见于50岁以上的绝经女性中。在第30章中，你将会发现，骨组织的生成和分解的过程由各种各样的激素控制，这些激素是身体释放到血液中控制各项机能的化学信号。更年期后，女性体内各种激素水平发生变化，一些身体机能会随之改变，其中包括骨组织生成和分解的循环。还有其他因素会导致骨质疏松症，包括家族史、饮食中钙和维生素D摄入不足、吸烟、种族（白种人和亚洲女性的风险更高）和缺乏锻炼等。

骨质疏松症是不可避免的吗？不是的。医生们对骨质疏松症的研究越来越多，包括如何治疗，以及更重要的是如何预防。虽然这是一种常见于老年发病的疾病，但在年轻的时候你就可以采取措施来预防。

如何预防以后骨质疏松症的发病呢？骨的“雕琢”在你的一生中都在持续进行，但是只有在儿童和青少年时期，骨组织的更新速度比流失速度快。这种骨质净增的状况大约持续到30岁，之后天平就开始向净流失的方向倾斜。骨质疏松症就是在骨质流失超过骨质更新到一定程度时发病的，这时候的骨强度降低，而且很脆。

正如前面所提到的，磷酸钙盐包裹胶原纤维形成坚韧的骨组织，所以钙的足量摄入对骨骼健康至关重要。因此，在儿童和青少年的饮食中，一定要有足够的钙质，以满足骨骼发育和其他需要钙参与的身体活动的需要。

因此，避免今后得骨质疏松症的最好方法，是在你30岁之前获得足量的钙，使自己的骨骼强大、健康并且有足够的密度。这意味着你的骨骼中有一个更大的钙库，来弥补年老时的骨质流失。随着年龄的增长，人们的身体吸收钙的效率降低，所以50岁以上的人每日的钙摄入量应增加到1,200毫克。多食用高钙的食物，包括低脂的乳制品、深绿色的绿叶蔬菜和橙汁。许多人还服用钙补充剂，以确保他们获得足够的钙。

体育活动对预防骨质疏松症也很关键，重要的是，要进行负重锻炼，如散步或慢跑。新的骨组织在经常受力的区域生成得更多，这样可以使这些区域的骨强度更大。年轻人和老年人都应该进行负重锻炼，因为这类体育运动最常用到的部位就是最容易发生骨折的部位，经常锻炼有利于提高这些部分骨的强度。

虽然得病之后可以治疗，但是骨质疏松症的最佳治疗方法还是在年轻的时候就努力增强自己的骨骼以避免晚年生病。

过破骨细胞的回收速度。这就是为什么长跑运动员必须逐渐增加他们的运动距离，以使他们的骨骼沿着生理力线逐渐增加强度，否则会发生应力性骨折使他们受伤。

随着年龄的增长，脊柱和其他一些骨的质量往往会下降。骨质的过度流失是一种疾病，被称为骨质疏松症。骨质疏松症的症状是，钙和其他矿物质的流失比回收得多，致使骨组织逐渐被侵蚀。最终导致骨变得很脆，容易发生骨折。图22.4显示骨质疏松症分别在男性和女性中的影响。女性患骨质疏松症的概率超过男性的两倍。

关键学习成果 22.4

结缔组织对脊椎动物的身体起支持作用，这类组织的细胞间充满大量的基质。结缔组织细胞包括了免疫系统的细胞、骨骼系统的细胞，以及一些广泛分布在全身的细胞，如血细胞和脂肪细胞。骨也是一种结缔组织。

22.5 肌肉组织让身体运动

肌细胞的分类

学习目标22.5.1 平滑肌、骨骼肌和心肌细胞的对比

肌细胞可以说是脊椎动物身体的马达。肌细胞含有丰富的具有收缩功能的蛋白质纤维。这些纤维被称为肌丝，由肌动蛋白和肌球蛋白组成。其实脊椎动物的细胞都有一个由这些肌丝组成的精细网络，只是肌细胞中肌丝的含量特别高。肌丝几乎占据了大部分肌细胞内的空间，它们平行排列，像一根根绳子一样。当肌动蛋白和肌球蛋白相互滑动时，肌肉就发生收缩。就像砰地关上弹簧门时的感觉一样，当肌细胞内的肌丝都收缩时，产生的力相当可观。肌肉收缩的过程将在22.8节中详细阐述。

脊椎动物体内有三种不同的肌肉组织：平滑肌、骨骼肌和心肌（表22.4）。平滑肌中的肌丝排列松散（表22.4中的❶）。骨骼肌和心肌中的肌丝被包裹在一起，组成很多肌原纤维。每个肌原纤维包含成千上万的肌丝，这些肌丝平行排列，这样当它们同时相互滑动时，才能产生最大的力。骨骼肌和心肌通常被称为横纹肌，因为它们的细胞纵切面在显微镜下看起来像有横条纹。

平滑肌

平滑肌细胞的形状呈长长的梭形，每一个细胞含有一个细胞核。然而，不像在骨骼肌和心肌中，单个肌丝没有排列成有序的集合，平滑肌组织是由这样的细胞连成片状而组成的。有些平滑肌，比如构成血管壁和脊椎动物眼睛虹膜的肌肉，其肌细胞只有在受到神经或激素刺激时才收缩。还有一类平滑肌，如构成肠壁的肌肉，单个肌细胞能自发地进行收缩，使得整个平滑肌组织也产生缓慢、持久的收缩。

骨骼肌

骨骼肌牵引骨骼的运动。骨骼肌细胞其实是在发育过程中，由多个细胞首尾融合，形成的非常长的纤维。这些肌纤维中仍然保留着之前的每个细胞的细胞核，只不过这些细胞核都被挤到了外围的细胞质中。在图22.5中，你可以看到细胞核被挤到肌纤维的最外部。每根肌纤维由许多细长的肌原纤维组成，每根肌原纤维由许多肌丝组成，而肌丝又由肌动蛋白和肌球蛋白组成。

表22.4 肌肉组织

组织	典型分布区域	组织功能
❶ 平滑肌	血管壁、胃壁和小肠壁	由中枢神经系统控制，产生不受意志支配的、有节律性的收缩
❷ 骨骼肌	随意肌	产生所有受意志支配的动作，如行走、抬举和说话等
❸ 心肌	心壁	细胞间高度互联，促进开始收缩的信号的快速传播

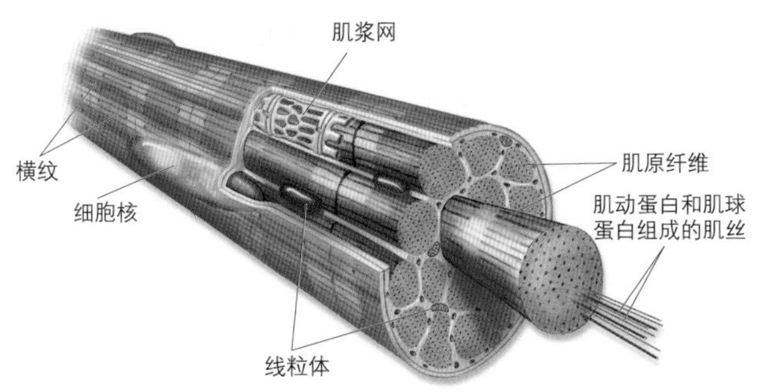

图22.5　骨骼肌纤维（肌细胞）
每一块肌肉都由肌纤维束（或肌细胞束）组成。每根纤维由许多肌原纤维组成，而每根肌原纤维又由许多肌丝构成。肌细胞中存在一种经过修饰的内质网（肌浆网），参与肌肉中钙离子的调控。

图22.5清楚地展示了肌原纤维和肌丝。肌细胞的关键特性就是含有大量的肌动蛋白和肌球蛋白，从而使得肌细胞收缩。这些蛋白组成的长丝在所有真核细胞中都存在，是其细胞骨架的一部分，但在肌细胞中含量更丰富，排列更有序。

心肌

脊椎动物的心脏由**心肌**构成，心肌也属于横纹肌，但是心肌纤维与骨骼肌纤维的排列方式明显不同。心肌不含长而多核的细胞，而是由单个细胞链组成，每个细胞都含有一个细胞核。这种细胞链构成的纤维常有分支，且分支彼此相连成网。这种网状结构是心肌实现其功能的关键。心肌细胞之间的连接方式称为缝隙连接，即相邻细胞的细胞膜间有小的孔道相互连通。这些通道开启，进行离子的跨膜运输，从而引起心肌细胞的收缩。离子的跨膜运输改变通道两侧膜的电性，这样产生的电脉冲，通过缝隙连接在细胞间进行传导，使得心脏可以持续有节律地搏动。

关键学习成果　22.5

肌肉组织是脊椎动物活动四肢、收缩器官和利用循环系统泵血的具体执行者。

22.6　神经组织迅速地传导信号

神经组织细胞的分类

学习目标22.6.1　比较三种神经元的外形特征，了解不同的外形特点对应的不同功能

神经细胞可以在脊椎动物体内的器官之间快速传递信号。作为脊椎动物体内的第四大类组织，神经组织由两种细胞组成：（1）神经元，是专门传输神经冲动的细胞；（2）神经胶质细胞，起营养、支持和绝缘的作用。

表22.5　神经元的分类

神经元	典型分布区域	功能
❶ 感觉神经元 树突 胞体 轴突	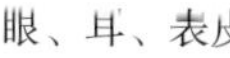 眼、耳、表皮	接收来自身体内部和外界的信号；将来自感觉神经元的脉冲传递到中枢神经系统
❷ 运动神经元 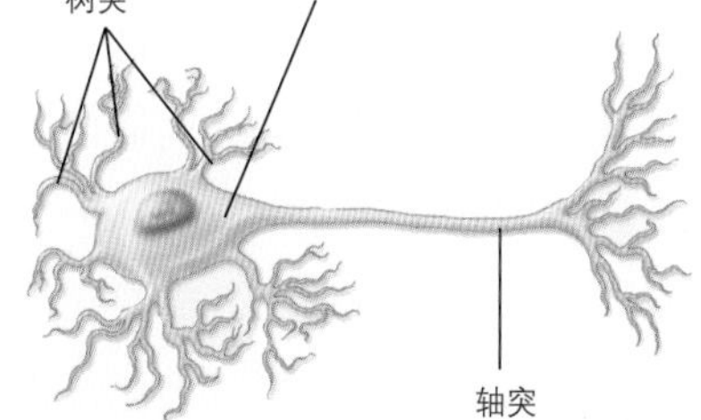 	大脑和脊髓	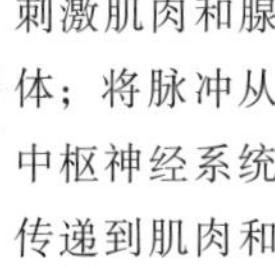 刺激肌肉和腺体；将脉冲从中枢神经系统传递到肌肉和腺体
❸ 联合神经元 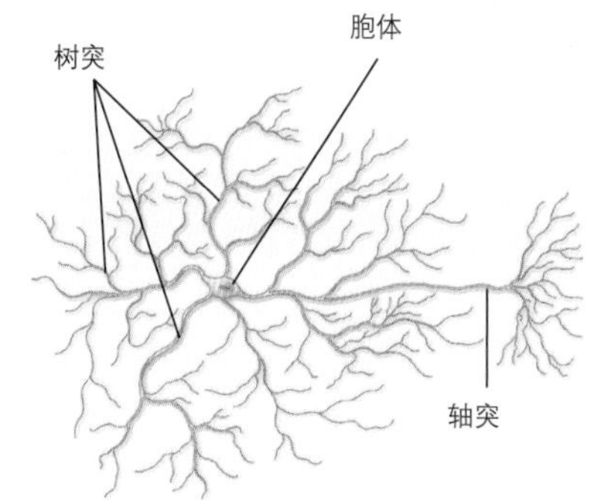 	大脑和脊髓	整合信息；在中枢神经系统内的神经元之间传递脉冲

神经元的细胞结构高度特化，以适应它们快速传递体内信号的功能。它们的质膜上有丰富的离子选择性通道，使得以电波活动形式存在的神经冲动可以传遍整个神经元。

从图22.6中我们可以看出，神经元由三部分组成：（1）胞体，含细胞核；（2）树突，像天线一样从胞体延伸出去的多个有分支的胞突，接收从其他细胞或感觉系统传来的神经冲动传入胞体；（3）轴突，胞体延伸出的单独一个长的胞突，将神经冲动从胞体传出。轴突通常能够在相当长的距离内携带神经冲动：长颈鹿从头骨到骨盆的神经元轴突能有约3米长！

神经元大小不一，形状各异。有些神经元体积很小，且只有少量胞突；有些则有茂密得像树林一样的分支状胞突；还有一些则有着长度以米计的长胞突。即便这样，所有的神经元也都可以分为三类，如表22.5所示。感觉神经元❶负责将电脉冲从身体各处传递到中枢神经系统，即大脑和脊髓。运动神经元❷负责将电脉冲从中枢神经系统传递到肌肉。联合神经元❸位于中枢神经系统内，在感觉神经元和运动神经元之间起“连接”两者的作用（详见第28章）。神经元之间通常不会直接互相接触，而是由一种叫作突触的间隙结构连接。神经元之间通过传递一种叫神经递质的化学信号，来实现细胞间的信息互通。

肉眼看到的脊椎动物的神经就像是一根根白色的细线，实际上这些线是由成束的轴突组成的。一束含有数以百计的轴突，它们在终端会分别通向不同的肌纤维或其他细胞，就好比电缆中被捆在一起的一把电话线会分别连到不同的电话机。需要提醒一下，不要把神经和神经元的概念搞混。神经是由许多神经元伸出的轴突聚成束组成的，正如一条由许多电线捆在一起形成的电缆。

关键学习成果 22.6

神经组织为脊椎动物身体各部分的沟通和协调提供方式。

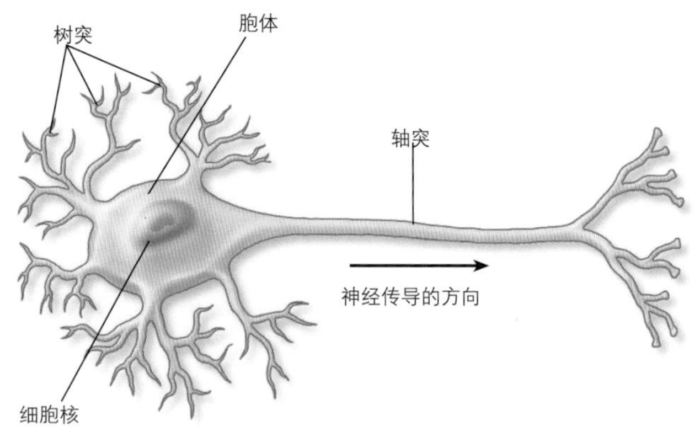

图22.6 神经元传导神经冲动

神经冲动的实质是电信号。神经元将树突最前端接收到的神经冲动传到胞体，然后再经由轴突一路传递到轴突末端邻近的细胞。

骨骼和肌肉系统
The Skeletal and Muscular Systems

22.7 骨骼的类型

学习目标22.7.1 动物骨骼的三种类型

如果单靠肌肉，动物的身体是无法运动的，肌肉的舒张和收缩只能使其不断地搏动而已。所以肌肉只有把自身产生的力施加到别的物体上，才能产生运动。动物能够运动，是因为肌肉的两端附着在一个刚性支架——骨骼上，这样肌肉拉动才能有个着力点。动物界中存在三种类型的骨骼系统：水骨骼、外骨骼和内骨骼。

水骨骼存在于软体无脊椎动物身上，如蚯蚓和水母。它们有一个由肌纤维包裹的充满液体的空腔，肌纤维收缩时，腔内液体的压力升高。图22.7中的蚯蚓前进的方式是身体的环肌从前方开始像波浪一样向后依次收缩，收缩部位的身体被压缩，增大该处液体的压力，靠这种压力推动该部分身体向前，然后纵肌收缩，拉动身体的其余部分跟上。

外骨骼像一个坚硬的外壳包裹在体外，肌肉从内部附着其上。肌肉收缩时，就可以移动它附着的这部分外骨骼。节肢动物的外骨骼的主要成分是一种叫几丁质（甲壳素）的多糖，如甲壳类动物和昆虫就具有这种外骨骼。带有外骨骼的动物不可能长

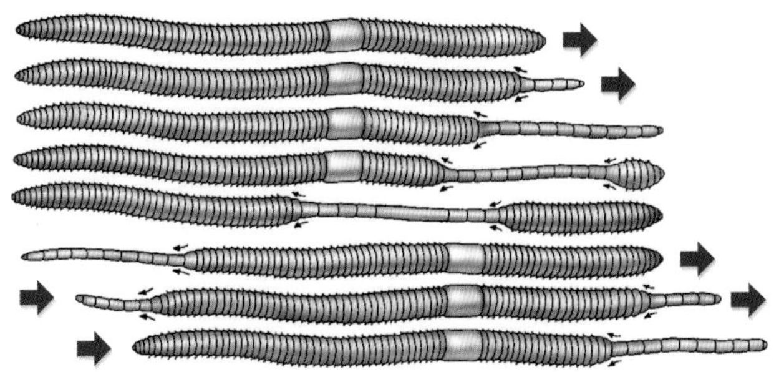

图22.7　蚯蚓的水骨骼

蚯蚓的某部分环肌收缩，压迫体内液体对纵肌产生压力，进而拉伸该部分的身体。从前到后的一波肌肉收缩，使得蚯蚓身体产生向前的运动。

得太大，因为如果这样，它的外骨骼就必须变得更厚更重，以防止其碎裂。试想一下如果昆虫长到大象的个头，外骨骼得有多厚重，这样是没办法运动的。

内骨骼出现在脊椎动物和棘皮动物中，它是坚硬的内部骨架系统，肌肉可以附着其上。脊椎动物的外部结构是柔软而有弹性的，可以随着骨骼的运动伸展。大多数脊椎动物的内骨骼是由骨组织构成的。与几丁质不同，骨是由细胞构成的活组织，能够在物理压力下生长、自我修复和重塑。

脊椎动物内的骨骼：人类骨骼

学习目标22.7.2　人类中轴骨和四肢骨对比

人类骨骼由206块独立的骨组成，其中，中轴骨80块，四肢骨126块。图22.8中紫色骨为**中轴骨**，对整个身体的轴线起支持作用；棕色的骨为**四肢骨**，支撑臂和腿。

中轴骨

中轴骨包括颅骨、脊柱和肋骨。颅骨共有28块骨，其中8块形成头盖骨包围着大脑，其余的为面部骨骼和位于中耳的听小骨。

头骨与脊柱的上端相连。**脊柱**由26块脊椎骨上下排列组成，具有一定活动性，围绕并保护脊髓。左右对称的12对弓形的肋骨，后端与脊椎相连，前端与胸骨相连，围绕心脏和肺，形成一圈具有保护性的胸廓。

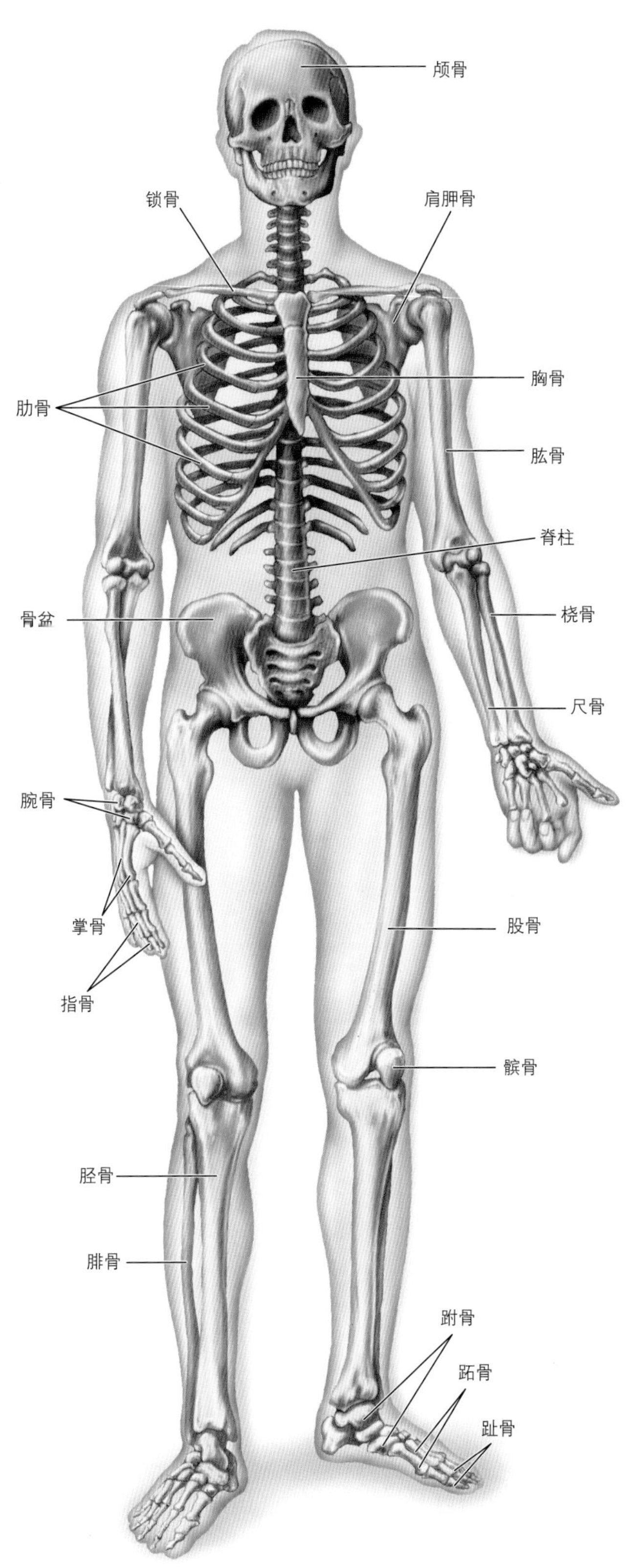

图22.8　中轴骨和四肢骨

中轴骨用紫色表示，四肢骨用棕色表示，部分关节用绿色表示。

四肢骨

四肢骨共有126块骨，在肩部和胯部与中轴骨相连接。肩部的骨被称为**肩带骨**，由左右两片大而平的肩胛骨组成，分别经由两侧细长弯曲的锁骨连接在胸骨上。臂骨连接在肩带骨上，每边的手和臂各有30块骨。锁骨是人体最常见的骨折部位。你能猜到为什么吗？因为你在摔倒的时候会伸出手去支撑，而这个巨大的冲击力会被传递到锁骨上。

下肢带骨是盆状的，与腿骨相连接，因为腿部必须承担整个身体的重量，这种连接必须要非常有力。每侧的腿和脚都由30块骨组成。

关节是两块骨连接的点，使原本刚性的骨架有了一定的灵活度，两侧连接的骨可以在关节允许的范围内活动。根据机动性，可以把关节分为三类。不动关节，如颅骨的缝合线，几乎不能发生位移；少动关节，如脊椎骨之间的连接，允许连接两端的骨在较小范围内移动；活动关节，关节活动范围较大，下巴、手指、脚趾和四肢（肩、肘、髋和膝）等处都有这种关节。不同类型的关节，其组成物质和结构都不同，有由软骨构成的连接，有由纤维结缔组织构成的连接，还有的连接结构是一个充满润滑液的纤维囊。

关键学习成果　22.7

动物的骨骼系统为身体提供了一个框架，使肌肉产生的力可以作用其上。多数软体无脊椎动物具有水骨骼；节肢动物则有刚性、坚硬的外骨骼包裹着身体；棘皮动物和脊椎动物具有内骨骼，肌肉可以附着在其上。

22.8　肌肉及其工作原理

我们在前面介绍过，脊椎动物的肌肉系统主要包含三种肌肉：骨骼肌收缩产生的力可以拉动其所附着的骨发生位移，使得脊椎动物的身体能够移动；心肌的节律性收缩产生了心脏的跳动；平滑肌有节奏地收缩，推动食物在肠道内移动。

骨骼肌

学习目标22.8.1　肌肉为什么只能拉而不能推

骨骼肌可以使骨发生位移。图22.9的右边标注出了人体的一些主要骨骼肌。肌肉借由**肌腱**附着在骨上，肌腱是一种致密结缔组织。骨骼以被称为关

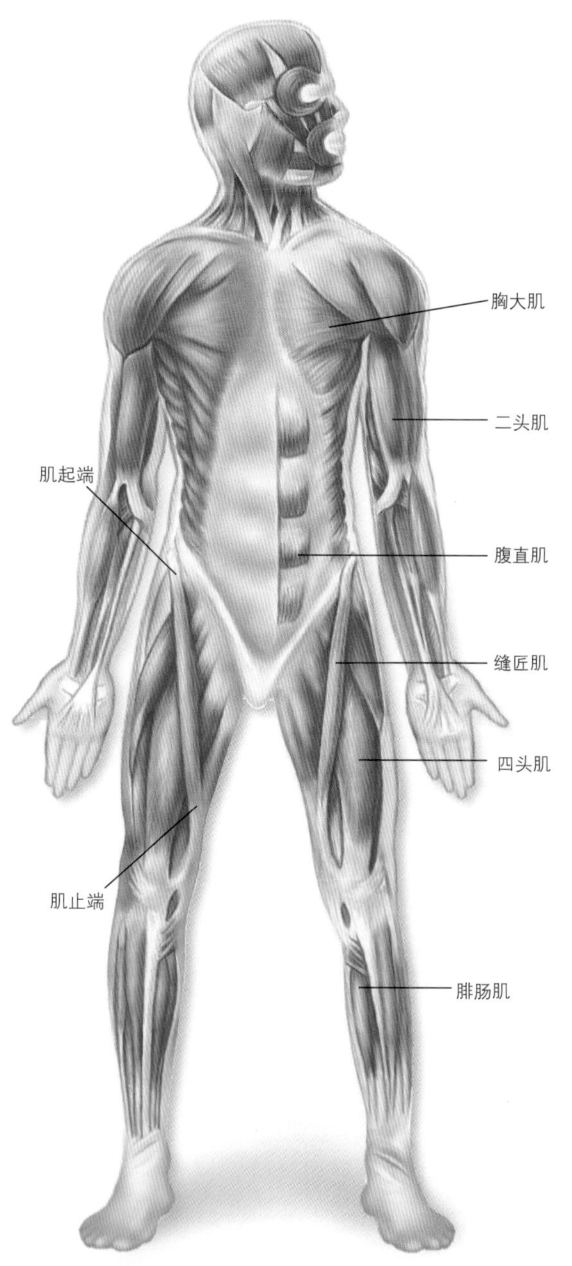

图22.9　骨骼肌系统
图中标出了人体主要的骨骼肌（右）和骨骼肌的起止端（左）。

节的柔性连接为轴心，由附着在骨上的肌肉来回拉动。每一块肌肉都拉着一块特定的骨头。肌肉的起端由肌腱连接在一块在收缩过程中保持静止的骨上，这为肌肉产生拉力提供了一个固定点。肌肉的另一端，即止端，所连接的骨则在肌肉收缩过程中发生移动。例如，图22.9左侧就标注出了缝匠肌的起端和止端，这种肌肉的收缩可以使腿从髋部抬起，将膝向胸部靠近。缝匠肌的起端在髋骨，其位置在动作发生时保持不动，肌止端连在膝上，这样当肌肉收缩（变短）时，膝盖被拉起向胸部靠近。

肌肉只能产生拉力，不能产生推力，这是因为肌原纤维只能收缩而不能主动伸长。为此，脊椎动物体内连接在活动关节上的肌肉，都是成对存在的，称为**屈肌**和**伸肌**。当它们分别收缩时，可以把骨向不同的方向拉动。如图22.10所示，当大腿后侧的屈肌收缩时，小腿会被拉起靠近大腿；当大腿前侧的伸肌收缩时，小腿向相反的方向运动，远离大腿。

所有的肌肉都可以收缩，收缩的类型分为两种：**等张收缩**和**等长收缩**。等张收缩，就是刚才讲到的，肌肉收缩变短使骨移动。而等长收缩时，肌肉会产生力，但肌肉不会缩短。当你试图提起重物时，最初阶段肌肉发生的就是等长收缩。之后，如果你的肌肉产生的力足够大，能把重物提起来，肌肉就会进一步发生等张收缩。

肌肉收缩

学习目标22.8.2　肌肉收缩的肌丝滑行模型和钙离子的作用

从图22.5回顾一下，肌原纤维是由成束的肌丝组成的。单根肌丝只有8～12纳米粗，无法用肉眼看到。肌丝是由肌动蛋白或肌球蛋白组成的长线状纤维。**肌动蛋白丝**由两个肌动蛋白分子长链相互缠绕组成，就像两条松散地缠绕在一起的珍珠链。**肌球蛋白丝**也是由两个蛋白分子长链互相缠绕而成，但其长度约是肌动蛋白丝的两倍，而且外观形状比较特殊。肌球蛋白的一端是长杆状，而另一端是一个双头的球状区域，可以被称为“头”部，整个分子看起来有点像一条双头蛇。这种特殊的结构恰恰是肌肉如何工作的关键。

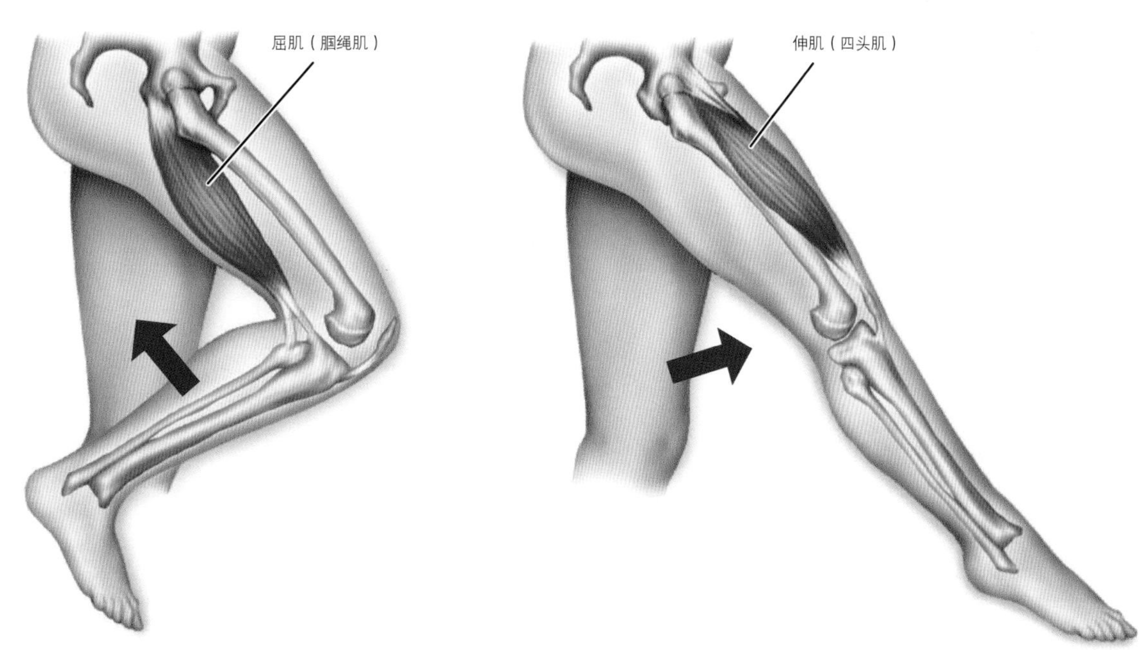

图22.10　屈肌和伸肌

四肢的运动都是肌肉收缩，而不是肌肉伸展的结果。使四肢蜷缩的肌称为屈肌，使四肢伸展的肌称为伸肌。

肌原纤维的收缩

“重要的生物过程：肌原纤维的收缩”图说明的就是肌肉收缩的肌丝滑行模型，解释了肌动蛋白和肌球蛋白是如何使肌肉产生收缩的。请注意看❶当中，像球柄一样的肌球蛋白分子头部。当肌肉收缩时，肌球蛋白的头部先移动。❷中，肌球蛋白头部向后向内蜷曲，就像以手腕为轴勾手一样。这样头部就向分子中长杆部位的方向靠近，移动了几纳米的距离。如果只是单独的肌球蛋白，这样弯曲一下什么也做不了，但肌球蛋白头部是连接到肌动蛋白丝上的。所以，当肌球蛋白头蜷曲时，就会拉动肌动蛋白丝，使之向肌球蛋白头部蜷曲的方向滑行（❷中的虚线圈表示肌动蛋白丝的运动）。随着一个接一个的肌球蛋白头部蜷曲，肌球蛋白就好像沿着肌动蛋白一步一步“走”一样。每“走一步”之后，就使用一个ATP分子让肌球蛋白头部与肌动蛋白分离，并恢复原状（❸），之后在新的位置再与肌动蛋白丝相连接（❹），准备开始下一次蜷曲。

肌动蛋白丝和肌球蛋白丝的滑动是怎么导致肌原纤维的收缩和肌肉细胞的运动的呢？肌动蛋白丝的一端锚定在横纹肌中Z线的位置（用“重要的生物过程：肌丝滑动模型”插图边缘的浅紫色条带表示）。相邻的两条Z线与其间的肌动蛋白丝和肌球蛋白丝构成一个收缩单元，被称为**肌小节**。因为肌小节这样的结构，肌动蛋白向肌球蛋白的方向滑行的时候，会拉动锚定它的Z线肌也向这个方向发生移动。肌肉收缩的诀窍就是，每个肌球蛋白丝位于两对肌动蛋白丝之间，肌动蛋白丝分别锚定到两端的Z线（如图中的❶所示）。两对肌动蛋白分子向位于中间的肌球蛋白丝滑行时，左边的向右移动，右边的向左移动，分别向中间拉动两边的Z线，图中的❷和❸显示了这个拉动的过程。随着Z线之间被拉近，它们所连接的质膜也互相靠近，细胞发生收缩。

钙离子的作用

当肌肉静息时，肌球蛋白的头部是直立的，并且无法连接到肌动蛋白上。这是因为一种被称为**原肌球蛋白**的分子占据了肌球蛋白头部的结合位点，阻止了其与肌动蛋白的结合。因此，静息的肌肉中，肌球蛋白的头部不能与肌动蛋白结合，肌丝不发生滑动。

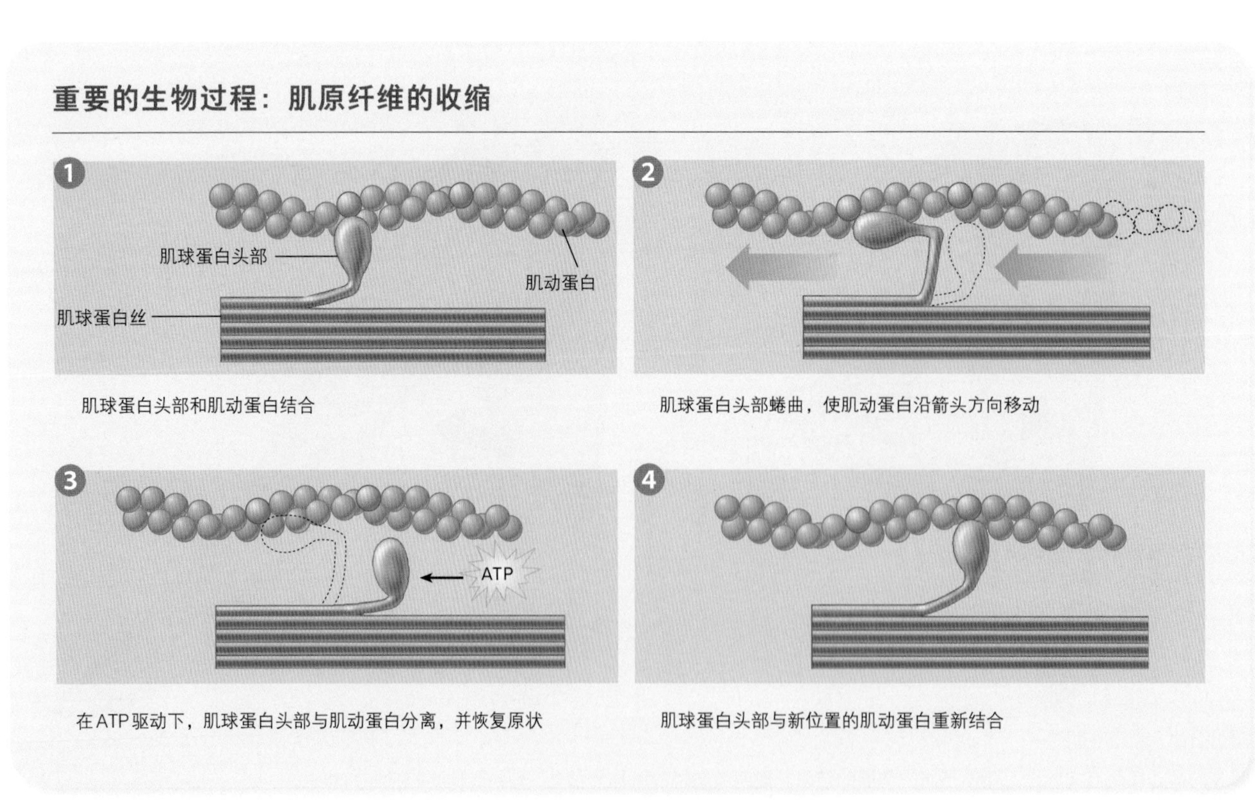

重要的生物过程：肌原纤维的收缩
1
肌球蛋白头部
肌动蛋白
肌球蛋白丝
肌球蛋白头部和肌动蛋白结合
2
肌球蛋白头部蜷曲，使肌动蛋白沿箭头方向移动
3
ATP
在ATP驱动下，肌球蛋白头部与肌动蛋白分离，并恢复原状
4
肌球蛋白头部与新位置的肌动蛋白重新结合

作者的锻炼

没人能看出来腰间围着脂肪圈的我，曾经会是一个跑步健将。在我的记忆中，我每天早晨和鸟儿一起早早起床，系好跑鞋，冲出门去，围着华盛顿大学跑一圈，然后去工作。这种每天5千米跑的回忆，已经是30年前的事了。当有人提到我还参加过跑步比赛的时候，只会引起我的妻子和女儿们的大笑。而真实的记忆往往是最残酷的。

我清楚地记得我停止跑步的那天。那是1978年秋天，一个凉爽早晨，我跟一群人一起进行5-K比赛（这是一个非专业运动员参加的5千米长跑比赛），绕着大学附近的山路跑。我开始感觉到膝盖以下隐隐地疼痛，像是外胫夹，但是还要更疼一点，那是骨头被火烧一样的感觉。我要停止吗？不，我像个笨蛋一样继续“在疼痛中坚持”，直到完成比赛。从那以后我再没能参加跑步比赛。

我的一块大腿肌肉拉伤了，这是引起疼痛的一部分原因。我小腿疼痛不是因为外胫夹，而且一直不消退。去医院之后，检查出来我的两条腿有多处骨折。X射线显示我的腿骨被细线缠满，看起来像有红白条纹的理发招牌。直到次年夏天，我的腿才恢复。

哪儿错了？跑步不是对身体有好处吗？其实如果跑得不对的话，还真是没好处。在我向往健康的热情里，我忽略了一些简单的规则，然后付出了代价。我忽略了生物课里讲的骨头如何生长的知识。我们腿的长骨不是坚固的石头，它们是动态的活的结构，根据腿所承受的压力，不断地进行着重塑和强化。

要了解骨骼生长，我们需要先回顾一下骨是什么样的组织。正如你在本章学到的，骨由被称为胶原蛋白的柔性蛋白纤维黏合在一起形成的软骨组成。胚胎时期，所有的骨都是软骨质的。随着成年身体的发育，胶原纤维包裹着细针状的磷酸钙盐，软骨就成长为骨。晶体是脆的，但是很坚硬，赋予骨强度。胶原蛋白是柔性的，但是强度差，像玻璃纤维中的环氧树脂成分，它可以把受力分散到多个晶体，防止骨折。因此，骨既具有强度也具有柔韧性。

当你在骨上施加应力时，比如跑步，骨就会生长以承受更大的工作强度。骨是如何“知道”在哪里多长一点的呢？当压力使腿骨的胶原纤维受力变形，暴露出内部的胶原纤维，就像解开你的外套，露出衬衫，内部的胶原纤维就会产生出微小的电信号。成纤维细胞就会像虫子向夜灯聚集一样，被这些电信号吸引过来，在这些部位分泌更多的胶原蛋白。所以，沿着骨的生理力线就排列着更多的胶原纤维。之后的数月时间里，胶原纤维发生钙化，转化为新的骨。在你的腿上，新骨形成所沿的生理力线，就是你小腿骨的曲线。

现在回到30年前，那时我每天早上踩着水泥路面使劲地跑。我刚开始在人行道上跑，每天要跑至少一个小时。每天早上跑的每一步，都像是敲打一下我的胫骨，对这样的受力，我的胫骨无疑会做出反应，沿着螺旋形状的应力线产生新的胶原。如果我在柔软的地面上跑，那么产生的作用力会小很多。如果我是逐渐增加跑步运动量，新骨就会有足够的时间在受力下正常生长。但是我给了我的腿骨很大压力，而且没有给足够的时间来让它反应。我用它们用得太狠，所以它们垮掉了。

不当的跑步方式不光使我的腿骨受损。记得我大腿拉伤的肌肉吗？我怀着过度的热情，从来没有在跑步前做过热身。我从运动中获得了太多的乐趣，以至于忽略了这些细节。现在我明白了，大腿肌肉拉伤是由跑步前没有适当伸展肌肉造成的。

最近我听说，我妻子的好朋友每天早上进行长距离跑步，也不做伸展和热身运动，这让我想起我曾经拉伤的大腿。我能想象，她像一只热情高涨的瞪羚一样，在清爽的早晨，为了健康一步一步踏在硬路面上。除非她比我更细心，否则她也会失败的。

重要的生物过程：肌丝滑动模型

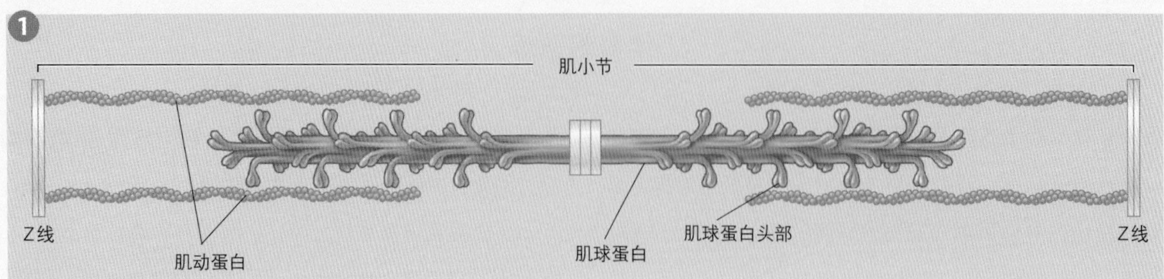

两边的肌球蛋白的头部分别向着相反的方向

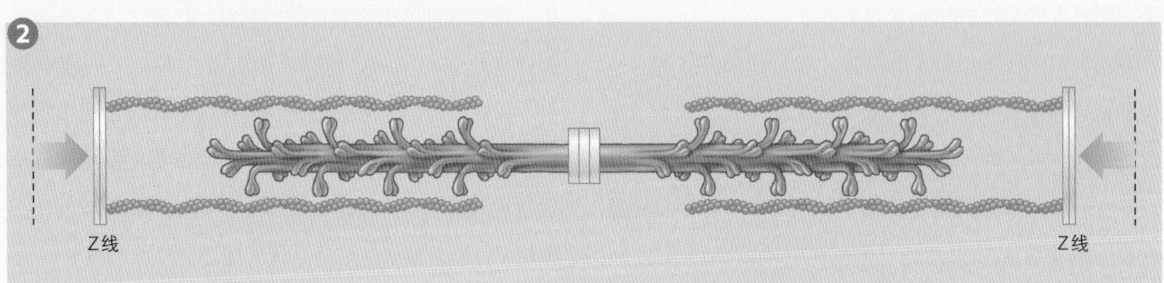

右侧的肌球蛋白沿着肌动蛋白丝“行走”，把肌动蛋白丝和与其相连的Z线向左拉动；左侧的肌球蛋白也沿着肌动蛋白丝“行走”，把肌动蛋白丝和与其相连的Z线向右拉动

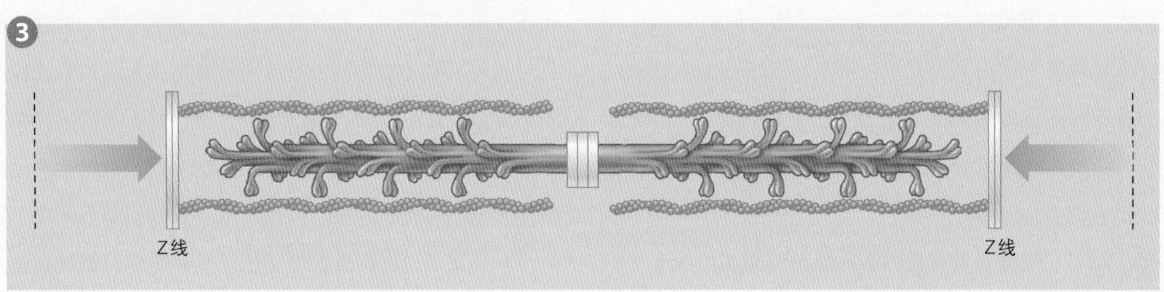

这个过程的结果就是两侧相邻的Z线都向中心靠近，发生收缩

为使肌肉收缩，原肌球蛋白就必须被移开，使肌球蛋白的头部可以与肌动蛋白结合。这就需要钙离子（Ca^{2+}）。当肌细胞的细胞质中Ca^{2+}浓度增加时，Ca^{2+}就可以通过另一种蛋白，使原肌球蛋白移动位置，于是肌球蛋白的头部就可以连接到肌动蛋白，利用ATP的能量，沿着肌动蛋白一步一步地移动以缩短肌原纤维。

肌肉纤维将钙储存在一个被称为**肌浆网**的经过修饰的内质网中。当肌肉纤维受到刺激收缩时，Ca^{2+}从肌浆网释放并扩散到肌原纤维中，收缩开始。当肌肉工作过度时，Ca^{2+}通道就会泄漏，释放出少量的Ca^{2+}来削弱肌肉收缩，导致肌肉疲劳。

关键学习成果 22.8

肌肉是由许多很细的长丝组成的，这些长丝为肌动蛋白或肌球蛋白组成的肌丝。肌肉工作原理是，利用ATP驱动肌球蛋白和肌动蛋白的相对滑行，进而引起肌原纤维的收缩。

调查与分析
INQUIRY & ANALYSIS

哪种运动能效最高？

奔跑、飞行和游泳都比坐着需要更多的能量，但这些运动之间的能效如何比较？在陆地上、空中和水中运动，最大的区别是环境给予的支持和阻力不同。在水中游泳的动物的体重由周围的水承托，所以不用为支撑身体而费力，而奔跑和飞行的动物则必须自己支撑它们的全部体重。另外，水对运动的阻力也很明显，空气的阻力则要少得多，所以奔跑和飞行在对抗介质阻力上消耗的能量较少。

有一个简单的方法能比较不同动物的运动消耗，就是确定它进行运动需要消耗多少能量。奔跑、飞行或游泳等运动的能量消耗，指的是在每一种运动模式下把单位质量的体重移动单位距离所需消耗的能量。［能量使用公制单位千卡（kcal），1千卡＝4.284千焦（注意，卡路里是测量食物热量的单位）；体重的单位是千克；距离的单位是千米。］右边的图中显示的就是对这三种运动的“运动成本”的研究。蓝色的方块代表奔跑，红色的圆圈代表飞行，绿色的三角代表游泳。在绘制表格时，采用统计中的“最佳拟合线”方法。对于有些动物，比如人类，采集了两种运动的数据，绘制在图中，因为人类既可以奔跑（擅长）也可以游泳（不擅长）。鸭子在三种运动的数据线上都有数据，因为它们不仅飞行（非常擅长），也会奔跑和游泳（不擅长）。

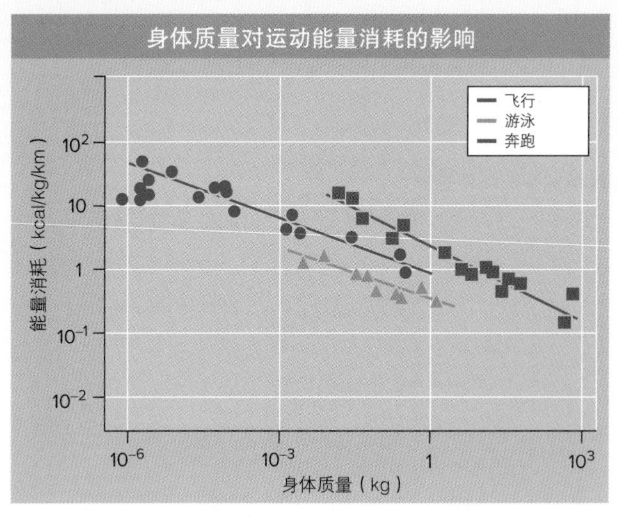

分析

1. **应用概念**

   a. **变量**　在图中，因变量是哪项？

   b. **比较连续变量**　三种运动模式有相同或不同的消耗吗？

2. **解读数据**

   a. 对于任一给定的运动模式，身体质量对运动消耗有什么影响？

   b. 身体质量对三种运动模式耗能的影响是相同的吗？如果不是，哪种运动模式耗能受身体质量的影响最少？你的根据是什么？

3. **进行推断**

   a. 比较相同身体质量下，奔跑与飞行哪种运动模式的能量消耗最高？你认为原因是什么？

   b. 比较游泳和飞行，哪种运动模式消耗的能量最少？你认为原因是什么？

4. **得出结论**

   总体来说，哪种运动模式的能效最高？哪种能效最低？你为什么这么认为？

5. **进一步分析**

   a. 如果把蛇的滑行和上面三种运动模式在能量消耗方面进行比较，你认为会排在哪儿？为什么？

   b. 你认为运动员跑步运动中的能量消耗会随着训练减少吗？为什么？你如何去验证这一假设？

本章回顾

Reviewing What You Have Learned

动物的形体构型

动物形体构型的创新

22.1.1 动物形体构型的几步进化的出现，对动物界的多样性而言非常关键：组织、辐射对称和两侧对称、体腔、身体分节、渐增式生长和蜕皮以及原口发育和后口发育。

脊椎动物的形体构型

22.2.1 所有的脊椎动物都有大致相同的基础结构：一根管（肠道或消化系统）悬浮在一个空腔（体腔）里，许多陆生脊椎动物的体腔又分为胸腔和腹腔。

- 脊椎动物的身体是由细胞组成的，这些细胞联合在一起形成了身体的功能单位，称为组织。

22.2.2 器官是由几种不同的组织共同构成的，可以完成体内更高水平的功能。

22.2.3 多个器官协同作用构成器官系统，以完成更多的体内功能。脊椎动物体内含有十一个主要的器官系统。

脊椎动物身体的组织

上皮组织起保护作用

22.3.1 上皮组织由不同类型的上皮细胞组成。它覆盖了身体内部和外部的所有表面，提供保护作用。

22.3.2 上皮的结构决定了它的功能。一些类型的上皮由单层细胞构成，这样方便物质通过它进出细胞。另一些上皮是多层细胞构成的，起保护作用。假复层上皮表面上看有多层细胞，但实际上只有一层细胞，只是细胞核的位置不在同一水平线上。

结缔组织支撑身体

22.4.1 体内的结缔组织在结构和功能上都具有很大的多样性，但所有的结缔组织细胞都具有丰富的细胞外基质。基质的质地也很多样，在骨骼中是很坚硬的，在纤维结缔组织、脂肪组织和软骨中是柔韧的，在血液中则是液体，比如表22.3中的红细胞，在名为血浆的液体基质中流动。结缔组织的功能同样具有多样性，有储存的功能，有运输营养物质、气体和免疫细胞的功能，还有支持身体结构的功能。

22.4.2 骨是活的组织。成骨细胞分布在纤维基质中，然后经过钙化，使基质硬化为致密的骨骼。

肌肉组织让身体运动

22.5.1 肌肉组织是动态的组织，肌肉收缩时，身体产生运动。肌肉组织分三种类型：平滑肌、骨骼肌和心肌。所有三种类型的肌肉都含有肌动蛋白和肌球蛋白组成的肌丝，只是肌丝的组织形式不同。

- 平滑肌细胞呈长梭形，细胞间连成片状。平滑肌的收缩是由神经或激素引起的。平滑肌普遍分布于血管壁和消化道黏膜上。
- 骨骼肌细胞首尾互相融合成长纤维状。当受到神经刺激时，它们作为小单元进行收缩。骨骼肌附着在骨骼上，所以当骨骼肌收缩时，骨骼会发生移动。
- 心肌细胞存在于心脏部位，细胞间相互关联，这样就可以进行有节律的收缩。

神经组织迅速地传导信号

22.6.1 神经组织是由神经元和起支持作用的神经胶质细胞组成的。神经元将电脉冲信号在身体的不同部位间传递，为身体各部位的沟通和协调提供方式。

骨骼和肌肉系统

骨骼的类型

22.7.1 骨骼系统为肌肉控制身体运动提供了框架。软体无脊椎动物具有水骨骼系统，肌肉作用于充满液体的空腔。

- 节肢动物具有外骨骼，肌肉从里面附着在坚硬的外壳上。脊椎动物和棘皮动物具有内骨骼，肌肉附着于体内的骨头或软骨上。

22.7.2 人类的骨骼共有206块独立的骨头，分别组成了中轴骨（颅骨、脊柱和肋骨）和四肢骨（臂骨、肩带骨、腿骨和髋骨）。

肌肉及其工作原理

22.8.1 骨骼肌在骨上有两个附着点。肌肉附着在固定的骨的末端称为肌起端。越过关节，附着到另一个活动的骨的一端称为肌止端。肌肉收缩时，肌止端被拉动靠近肌起端，关节发生弯曲。肌肉通常在关节相反的两面成对存在，可以使其弯曲和伸展。

22.8.2 肌动蛋白和肌球蛋白组成的长链依次叠放，排列有序。肌球蛋白与肌动蛋白连接，并拉动肌动蛋白移动，使肌丝之间产生相互滑动。肌动蛋白肌丝锚定在两端的Z线上。由于肌动蛋白沿肌球蛋白滑行，两边的锚定点的距离被拉近，从而导致肌肉长度缩短。由ATP提供能量，使肌丝之间分离，然后再次连接，触发肌丝之间的滑动。这就是肌丝的滑行模型。

- 这个过程由肌细胞中的Ca^{2+}控制。当肌肉静息时，原肌球蛋白占据肌球蛋白和肌动蛋白结合的位点，抑制肌肉的收缩。Ca^{2+}使原肌球蛋白移位，暴露出结合位点，进而肌球蛋白可以与肌动蛋白结合，引发肌肉的收缩。

本章测验

Test Your Understanding

22.1.1 体节的出现是动物形体构型进化的一个重要阶段，它使得动物可以_______。
a. 进化出高效的器官系统
b. 进行更灵活的运动，因为单独的体节可以独立移动
c. 使器官分布在身体的不同部位
d. 使胚胎细胞在发育早期确定发育方向

22.2.1（1）胃位于体腔中的哪一部分？
a. 腹腔 c. 胸肌
b. 心脏 d. 胸腔

22.2.1（2）下列哪项不是脊椎动物成体体内的四种基本组织之一？
a. 神经 c. 中胚层
b. 肌肉 d. 结缔组织

22.2.2 体内所有器官的共同特点是什么？
a. 每个器官都有相同类型的细胞
b. 每个器官都由几种不同的组织组成
c. 每个器官都来源于外胚层
d. 每个器官都可以被认为是循环系统的一部分

22.2.3（1）将动物体内的结构单元从小到大进行排列，下列哪项是正确的顺序？
a. 细胞，组织，器官，器官系统，机体
b. 机体，器官系统，器官，组织，细胞
c. 组织，器官，细胞，器官系统，机体
d. 器官，组织，细胞，机体，器官系统

22.2.3（2）体腔被分为胸腔和腹腔的必要性是什么？为什么单一的腔不起作用呢？

22.3.1 下列哪一项不是上皮组织的功能？
a. 分泌材料
b. 提供感觉表面
c. 移动身体
d. 保护潜在的组织免受损坏和脱水

22.3.2 下列哪一项不属于上皮组织的功能？
a. 形成障碍或边界
b. 吸收消化道的营养素
c. 在中枢神经系统中传输信息
d. 允许在肺中的气体交换

22.4.1（1）下列哪一项属于结缔组织？
a. 你的手指上的神经细胞 c. 脑细胞
b. 皮肤细胞 d. 红细胞

22.4.1（2）结缔组织虽然在结构和位置上有很大的不同，但确实有一个共同点：其他类型的组织之间的连接。下列哪一项不属于同一种结缔组织？
a. 血 c. 脂肪
b. 肌肉 d. 软骨

22.4.1（3）为什么血液被认为是一种结缔组织？

22.4.2（1）当一个人有骨质疏松症，_______工作落后于_______工作。
a. 破骨细胞；成骨细胞 c. 成骨细胞；破骨细胞
b. 破骨细胞；胶原 d. 成骨细胞；胶原

22.4.2（2）骨是由含钙的晶格框架的矿物质组成的。为什么骨头不能再坚固一些？

22.5.1（1）行走时用来移动腿的肌肉类型是_______。
a. 骨骼肌 c. 平滑肌
b. 心肌 d. 以上都对

22.5.1（2）三种类型的肌肉都有_______。
a. 包括条纹的结构 c. 收缩的能力
b. 膜电兴奋 d. 自激的特性

22.5.1（3）如果你的心脏由骨骼肌构成，为什么不能很好地工作？什么是心脏肌肉的特殊特性，什么是心脏功能的关键？

22.6.1 神经冲动通过使用_______从一个神经细胞传递到另一个。
a. 激素 c. 信息素
b. 神经递质 d. 钙离子

22.7.1（1）下面哪个动物有水骨骼？
a. 甲壳纲动物 c. 海星
b. 海胆 d. 水母

22.7.1（2）节肢动物运动时肌肉都附着在_______上收缩。
a. 骨骼 c. 骨板
b. 外骨骼 d. 纤维素细胞壁

22.7.1（3）下列哪项没有内骨骼？
a. 郊狼 c. 沙钱
b. 软体动物 d. 青蛙

22.7.2（1）脊柱是_______的一部分。
a. 四肢骨 c. 水骨骼
b. 中轴骨 d. 外骨骼

22.7.2（2）陆地分别被植物、真菌、软体动物、节肢动物、脊椎动物五次成功入侵。由于身体在空气中的浮力比在水中小得多，这五个群体中的每一个都进化出了一种坚硬的物质，以提供机械支撑。描述和对比这五种物质，讨论它们的优缺点。

22.8.1 肢体在两个方向上的运动需要一对肌肉，因为_______。
a. 一个单一的肌肉只能拉，不能推
b. 一个单一的肌肉只能推，不能拉
c. 移动一个肢体需要的能量比一个肌肉可以产生的更多
d. 以上都不对

22.8.2（1）肌丝可以强力收缩，牵引附着在两端的膜相互靠近。然而，肌丝不能伸展，将附着在肌丝两端的膜彼此分开。为什么肌丝只可以拉却不可以推？

22.8.2（2）钙在肌肉收缩过程中的作用是_______。
a. 收集 ATP 用于肌球蛋白
b. 使肌球蛋白的头部移动位置，收缩肌原纤维
c. 使肌球蛋白的头部与肌动蛋白分离，使肌肉放松
d. 暴露在肌动蛋白上的肌球蛋白附着位点

第 6 单元　动物

23

学习目标

循环

23.1　开管式循环系统与闭管式循环系统

1　开管式循环系统和闭管式循环系统

2　脊椎动物循环系统的三大功能

23.2　脊椎动物循环系统的结构

1　心血管系统的三个组成部分

2　为什么动脉需要扩张以及如何实现动脉的扩张

3　为什么毛细血管的狭窄内径是实现其功能的关键

4　为什么空的静脉会塌缩，而空的动脉不会

23.3　淋巴系统：回收流失的体液

1　淋巴系统的功能以及淋巴进入全身循环的机制

23.4　血液

1　溶解在血浆中的三类物质

2　三种主要的血细胞及其功能

脊椎动物循环系统的进化

23.5　鱼类的循环系统

1　鱼类心脏的四个腔如何发挥功能，这种心脏结构的主要局限性是什么

23.6　两栖动物和爬行动物的循环系统

1　两栖动物和爬行动物的心脏结构对比，限制心脏内血液混合的两个因素

23.7　哺乳动物和鸟类的循环系统

1　爬行动物和哺乳动物的心脏结构对比，追踪血液在双循环系统中的流动轨迹

2　窦房结和房室结在确保心脏各房室收缩时间的精确性方面的作用

生物学与保健　心脏病会成为致命的杀手

调查与分析　心脏越大就会跳得越快吗？

循环

血液被称为生命之河。血液是脊椎动物体内唯一以液体形式存在的组织，像一条流动的高速公路，输送着体内的气体、营养物质、激素、抗体和废物。血浆是一种富含蛋白质的液体，在血液的组成中约占55%，所以血液才以液体的形式存在。血液中另外的45%主要为红细胞和白细胞。每微升血液中大约含有500万个红细胞，其形态像一个中间凹陷的圆形的垫子。红细胞中几乎全是血红蛋白，这是一种含铁的蛋白分子，它使血液的颜色呈红色。氧气分子很容易与血红蛋白中的铁结合，所以红细胞是非常高效的氧载体，一个红细胞一次可以携带10亿个氧气分子。红细胞的平均寿命一般只有120天，每秒大约有200万个新的红细胞在骨髓中产生，以取代那些死亡或损坏的红细胞。在这一章中我们将研究，在脊椎动物体内，这些细胞和承载它们的液体是如何输送氧气、营养物质和各种信息的。

23.1 开管式循环系统与闭管式循环系统

循环系统的结构

学习目标23.1.1 开管式循环系统和闭管式循环系统

脊椎动物体内的每一个细胞都必须从外界的有机分子中获得生存所需的能量。这个过程就像城市的居民需要吃从郊区农场运来的食物一样，体内的细胞要获得外来的能量，需要装载食物的卡车，需要能让卡车到处跑的高速公路，还需要确定食物到达时的烹调方式。在脊椎动物体内，卡车就是血液，高速公路是血管，而氧分子被用来烹调食物。回顾一下第7章所学内容，细胞通过“燃烧”糖类（如葡萄糖）获得能量，消耗氧气并产生二氧化碳。在动物体内，提供“卡车”和“高速公路”的器官系统被称为循环系统，而获取氧气燃料并处理二氧化碳代谢废物的器官系统被称为呼吸系统。我们在本章讨论循环系统，在第24章讨论呼吸系统。

并不是所有的真核生物都有循环系统。单细胞的原生生物就通过扩散作用，直接从外部的水环境中获得氧气和营养物质。

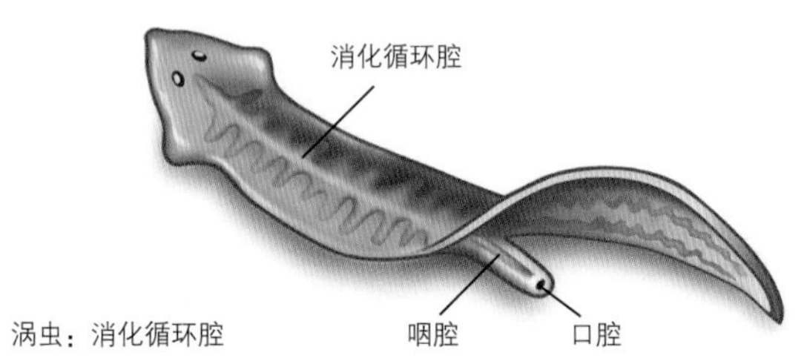

涡虫：消化循环腔

动物通过体腔完善了扩散作用。刺胞动物（如水螅）和扁形动物（如涡虫，见上图）有直接暴露于外部环境的细胞或直接接触体内的**消化循环腔**，这个体内的空腔兼有消化和循环的功能，把营养物质和氧气直接通过扩散作用输送进组织细胞。上图中用绿色表示涡虫的消化循环腔，其具有广泛的分支，以保证每个细胞能获得氧气和消化产生的营养。

较大动物的组织有几层细胞厚，所以许多细胞离体表或消化腔太远，不能与环境直接进行物质交换。相反，从外部环境和消化腔获得的氧气和营养物质，通过体内循环系统的液体流动被从输送到各个细胞。

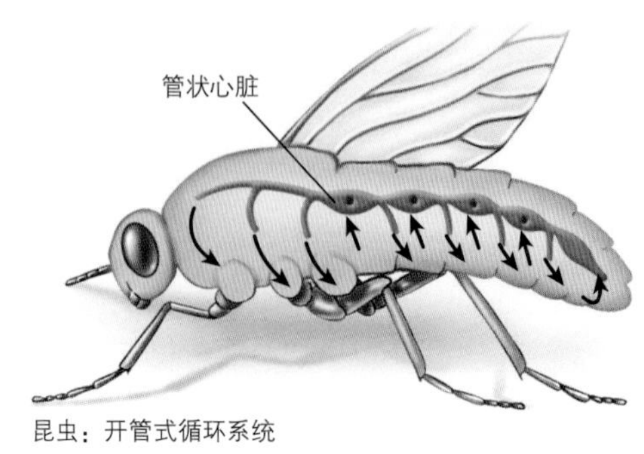

昆虫：开管式循环系统

循环系统主要分为两种类型：开管式循环系统和闭管式循环系统。节肢动物和许多软体动物的循环系统都属于**开管式循环系统**，循环系统的液体（血液）和身体组织的细胞外液是混合的，所以这种液体称为**血淋巴**。昆虫，如上图所示的苍蝇，有管状的心脏，通过一个末端开放的通道网络将血淋巴泵入体腔（如向下的箭头所示），血淋巴通过这个网络给身体的细胞输送营养，然后再通过管状心脏上的心孔重新进入循环系统（如向上的箭头所示）。心脏泵血时，心孔关闭以避免血淋巴反向进入体腔。

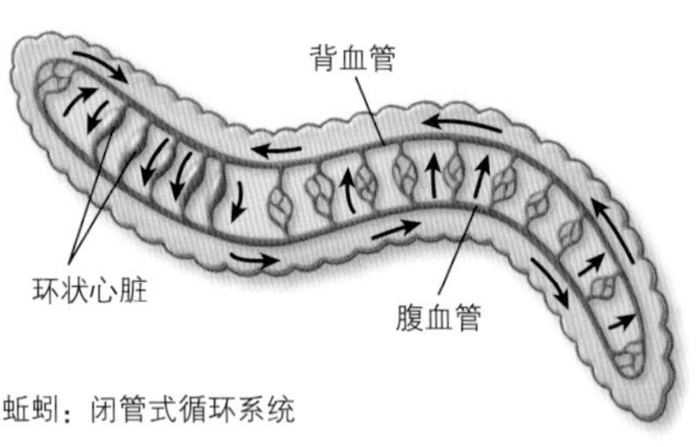

蚯蚓：闭管式循环系统

在**闭管式循环系统**中，循环的液体（血液）无论是从泵血结构（**心脏**）流出或是流回都始终在血管内流动。环节动物和所有的脊椎动物都具有这样的闭管式循环系统。在环节动物中，如上图所示的蚯蚓，背血管有节奏地收缩起到泵血的作用。血液被泵入五个小的连接血管中，它们被称为环状心脏，也起泵血的作用；血液接下来被输送进腹血管中，沿腹血管向后流动（下方箭头），直到最终重新流回背血管（上方箭头）。较小的血管网连接腹血管和背血管，使血液可以为蚯蚓体内各组织提供氧气和营养物质，并带走代谢的废物。

在脊椎动物体内，血管形成一个管状的网络，使血液可以从心脏流向体内所有细胞，然后再回流到心脏。血液经由**动脉**从心脏流出，再经由静脉回流到心脏，途中流经各级**毛细血管**，这是最薄且数量最多的血管。

当血浆流过毛细血管时，血压使得一部分液体流出。这种方式产生的液体称为**细胞间质液**（组织液）。这种液体中的一部分直接返回毛细血管，还有一部分进入位于血管周围的结缔组织内的**淋巴管**中，这种液体现称为**淋巴**，之后经由特定的部位返回静脉。

脊椎动物循环系统的功能

学习目标23.1.2　脊椎动物循环系统的二大功能

循环系统的功能可分为三个方面：运输、调节和保护。

1. **运输**　保证细胞功能所必需的物质是通过循环系统进行输送的。这些物质可以分为如下几类：

   呼吸类　红细胞（erythrocytes）将氧气输送到组织中的细胞。在肺或鳃的毛细血管中，氧分子与红细胞内的血红蛋白分子结合，被输送到进行有氧呼吸的细胞中。细胞呼吸产生的二氧化碳再由血液输送到肺或腮以排出。

   营养类　消化系统负责分解食物，产生的营养物质经由小肠壁吸收，进入邻近的血管中，从而进入循环系统。然后血液携带这些消化吸收的营养物质进入肝脏，之后再输送到体内的各个细胞。

   排泄类　代谢废物、多余的水和离子以及血浆（血液的液体部分）中的其他一些分子，通过肾的毛细血管过滤后，经由尿液排出体外。

   内分泌类　内分泌腺分泌的激素，经由血液输送到受它们调节的、距离较远的靶器官。

2. **调节**　心血管系统参与体温调节的方式有两种：

   温度调节　温血的脊椎动物的体温，不受外部环境温度的影响，可以保持恒定不变，所以也称为恒温动物。这一功能的实现，一部分原因归功于表皮下存在的血管。当环境温度低时，浅层的血管收缩，使温热的血液转移到更深处的血管中。当环境温度高时，浅层的血管扩张，使血液的热量辐射出去。

   热交换　一些脊椎动物还可以在寒冷的环境中采用**逆流热交换**的方式保持身体热量。图23.1显示了在虎鲸的鳍处，逆流热交换系统是如何工作的。

   在这个过程中，携带从体内深处流出的温热血液的血管（红色），与携带从体表回流的低温血液的血管（蓝色）相邻，温热血液可以传递热量给低温血液（横切面图上的红色箭头表示热量的传递），所以体表的血液流回到身体内部时已逐渐温暖，这样有利于保持稳定的核心体温。

3. **保护**　循环系统可以抵御外伤和外来微生物或有毒物质入侵带来的损害：

   血液凝固　凝血机制可以在血管受损时

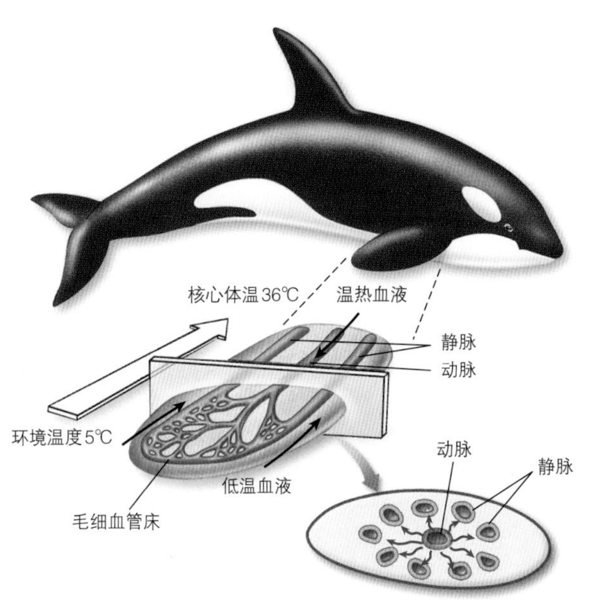

图23.1　逆流热交换

以虎鲸为例，许多海洋哺乳动物通过逆流的方式，使动脉和静脉之间产生热交换，从而最大限度地减少身体在冷水中损失的热量。从体内动脉中流出的温热血液，会把热量传递给静脉中从体表流回的低温血液，从而使核心体温可以在冷水中保持恒定。图中的横截面放大图，显示了静脉如何围绕动脉分布，因此保障动脉和静脉之间热量的最有效交换。

防止机体失血。凝血机制的实现，需要血浆中的蛋白质成分和被称为血小板的血细胞结构共同作用（在23.4节中讨论）。

免疫防御　血液含有多种蛋白质和白细胞（leukocyte），可以对许多病原体进行免疫。白细胞中有些具有吞噬功能，有些可以产生抗体，还有些是通过其他机制来保护机体。

关键学习成果　23.1

循环系统是开管式或闭管式的。所有脊椎动物都是闭管式循环系统，血液通过动脉流出心脏，通过静脉流回心脏，周而复始。循环系统具有多种功能，包括运输、调节和保护。

23.2　脊椎动物循环系统的结构

心血管系统

学习目标23.2.1　心血管系统的三个组成部分

脊椎动物的循环系统也被称为**心血管系统**（cardiovascular system），由三个部分组成：（1）**心脏**，是肌肉性泵，推动血液流过身体；（2）**血管**，是管状结构组成的遍布全身的网络，血液在血管中流动；（3）**血液**，在血管内循环流动的液体。

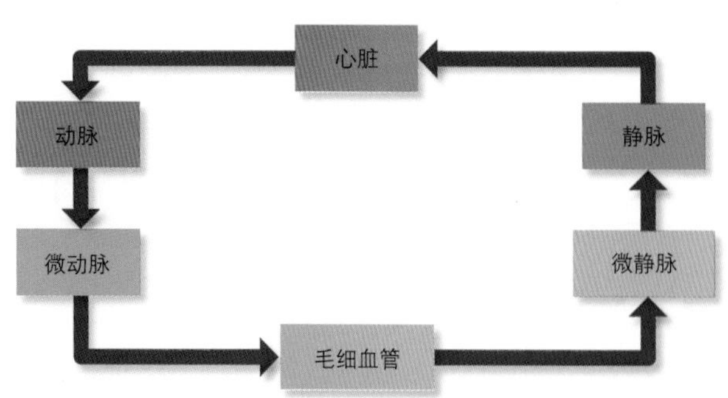

如左下图所示，血液在体内的循环始于心脏，流经动脉、微动脉、毛细血管、微静脉和静脉组成的血管系统，再返回心脏。

运送血液离开心脏的血管被称为**动脉**（artery）。血液从动脉流进小一些的动脉网，即**微动脉**（arteriole），如图23.2（a）❶所示。之后血液被推进毛细血管床❷，这是由非常细的**毛细血管**（capillary，来自拉丁语“capillus”一词，意为毛发）组成的精细网状结构。血液在毛细血管中进行气体和代谢物（葡萄糖、维生素、激素）与体内细胞的交换。流过毛细血管后，血液进入了**微静脉**（venule），即小的静脉❸。微静脉网汇入大的**静脉**（vein），血液经由静脉流回心脏。

毛细血管床可以根据组织的生理需求打开或关闭。毛细血管前括约肌（precapillary sphincter）是一类小的环状肌肉，其舒张和收缩可以控制毛细血管的血流量。图23.2（b）展示了毛细血管前括约肌收缩产生闭合效果，使血液无法流入该段毛细血管网。

毛细血管的直径比体内其他血管的直径都小得多。哺乳动物的血液从心脏流出，进入到一个大的动脉，称为主动脉（aorta），其直径约为2厘米。但是当血液到达毛细血管时，它通过的血管的平均直径只有8微米，大约仅为主动脉的1/1,250！

血管直径逐级递减具有非常重要的生理作用。虽然单个毛细血管直径非常窄，但是由于其数量众多，所以毛细血管在所有类型的血管中有着最大的总横截面积，这样可以给血液与周围的细胞外液进行物质交换留有足够的时间。当血液流到毛细血管末端的时候，就已经释放了部分氧气和营养物质，并吸收了二氧化碳和其他废物。血液在通过巨大的毛细血管网时，失去了大部分的压力和速度，因此它在进入静脉时的压力非常低。通过毛细血管的血流，就像浇水壶的喷头洒出的水——一条集中的血流分散成很多细流，压力和速度都不如进入毛细血管床之前集中的血流。

动脉：从心脏出发的高速公路

学习目标23.2.2　为什么动脉需要扩张以及如何实现动脉的扩张

动脉系统由动脉和微动脉组成，是血液从心脏流出的通路。动脉不是一个简单的管道。从心脏出

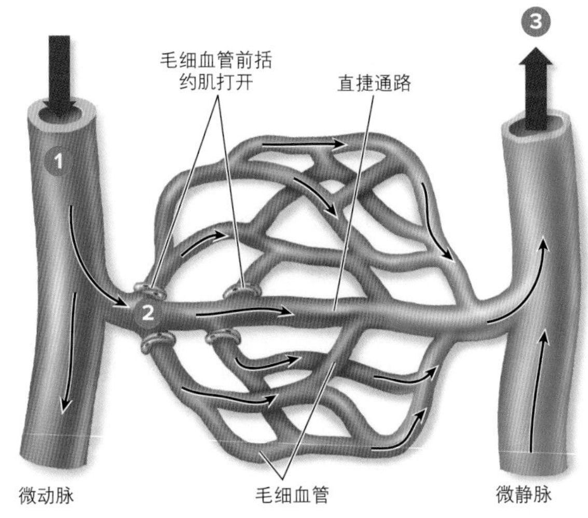

(a)血液流过毛细血管网

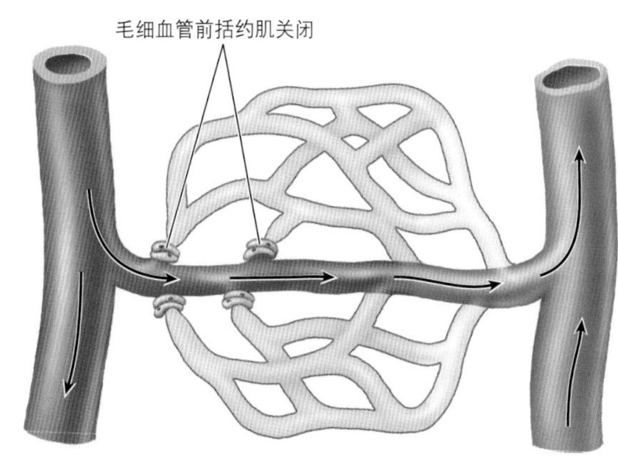

(b)血液被限制流入毛细血管网

图23.2 毛细血管网连接动脉与静脉

动脉和静脉之间有直捷通路相连，这个通路还有一些更细小的分支结构连接成网状，就是毛细血管网。体内组织和红细胞之间的交换作用大多发生在毛细血管网。流入毛细血管的血液量由其前端的毛细血管前括约肌控制。（a）当括约肌开放时，血液流过毛细血管。（b）当括约肌收缩时，毛细血管就被关闭。

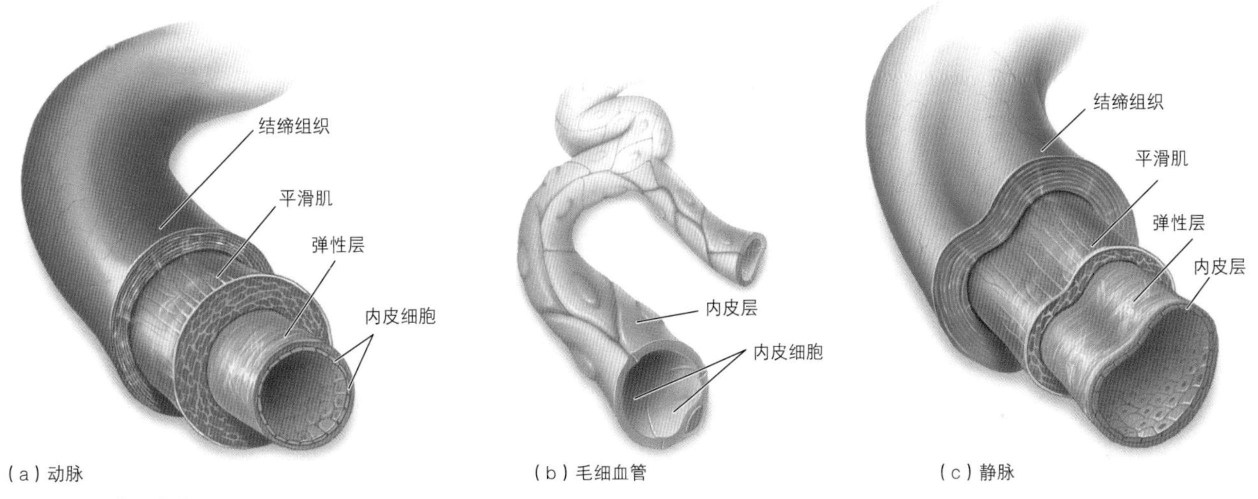

(a)动脉　(b)毛细血管　(c)静脉

图23.3 血管的结构

（a）动脉，负责把血液从心脏输送出来，由多层组织构成，可扩张。（b）毛细血管是最简单的管状结构，血管壁很薄，以方便血液和体内细胞之间的物质交换。（c）静脉，负责将血液输送回心脏，结构上不必像动脉一样坚固。静脉血管壁的肌肉层比动脉的薄，空的静脉会发生塌缩。注意，此图不是按比例绘制的，如文中所述，动脉的直径可以达到2厘米，毛细血管的直径只有约8微米，而最大的静脉的直径可以达到3厘米。

来的血液是脉冲形式的，不是一直平缓地流动，心脏的每次收缩会强力射出血液注入动脉，一次涌入的血量很大，产生的冲击力也很大。动脉必须能够**扩张**以承受每次心脏收缩带来的压力。所以动脉的结构是一个可扩张的管道，其管壁由四层构成［图23.3（a）］。最内一层是由内皮细胞组成的薄层，往外一层是弹性纤维层，再外层是由平滑肌组成的厚层，最外包覆一层保护性结缔组织。因为这样的管壁是有弹性的，所以动脉可以在心脏收缩的时候进行一定程度的扩张，以扩大容量容纳涌入的血液——就像管状的气球，当你往里充气时会膨胀。而平滑肌层则会产生持续的收缩力以防止管壁的过度扩张。

微动脉与动脉的不同体现在两个方面。它们的直径较小，并且环绕微动脉的肌肉层可以在激素的作用下松弛，从而扩大直径和增加血流量，这在进行高强度的机体运动时会体现出优势。大多数的动脉也与神经纤维相连，在受到神经刺激时，微动脉的肌肉层会收缩，减小血管的直径。这种收缩限制了血液在低温或应力期间向肢端的流动。当你害怕或感到冷的时候，你的皮肤会变得很苍白，就是因为皮肤的微动脉收缩了。你还会因为相反的理由而脸红，当你太热或是尴尬时，连接脸部周围微动脉肌肉层的神经受到抑制，造成平滑肌松弛，使得皮肤的微动脉扩张，将热量带到表面以便散热。

毛细血管：交换发生的场所

学习目标23.2.3　为什么毛细血管的狭窄内径是实现其功能的关键

毛细血管是血液和体内细胞进行交换的场所，氧气和营养物质从血液中进入细胞，同时二氧化碳和废物进入血液。为了使这种有进有出的交换更方便地进行，毛细血管非常细窄并且血管壁很薄，这样气体和代谢物就容易通过。毛细血管是心血管系统中结构最简单的，就像最普通的塑料吸管，血管壁只有一层细胞厚［见图23.3（b）］。毛细血管的平均长度约为1毫米，是微动脉和微静脉之间相连部分。所有的毛细血管都很窄，内径约为8微米，仅稍大于一个红细胞的直径（5～7微米）。这种结构对发挥毛细血管的功能至关重要。红细胞在通过毛细血管时，会不断撞上血管壁，这就使红细胞与毛细血管壁紧密接触，更方便交换的进行。

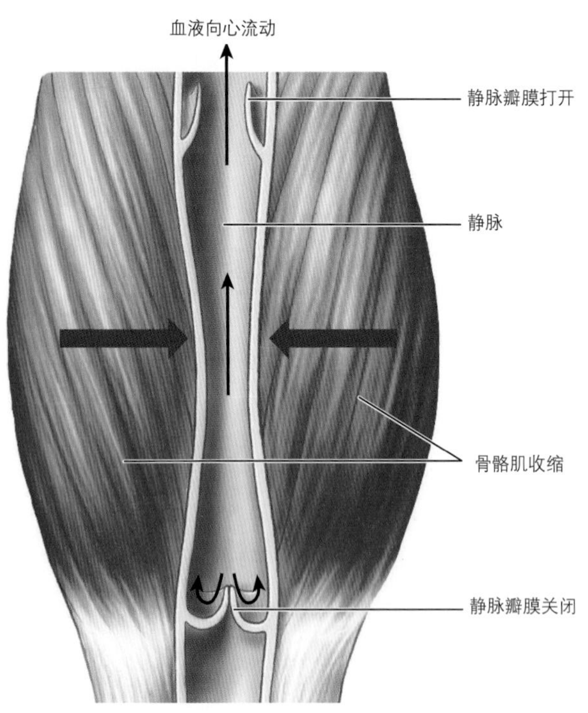

图23.4　血液在静脉中的流动

静脉瓣膜的存在保证血液在静脉中只从一个方向回流心脏。静脉周围骨骼肌的收缩有助于血液的流动。

脊椎动物体内几乎所有的细胞距离临近的毛细血管都不会超过100微米。每时每刻都有约5%的循环血液在毛细血管中。毛细血管网中的血管总长度达几千英里，如果你体内的所有毛细血管首尾相连在一起，能横跨美国！单个毛细血管因其内径狭小，对血液的流动产生的阻力较大。整个毛细血管网的总横截面积（所有毛细血管的直径总和，用面积来表示）大于之前流过的动脉的，所以毛细血管的血压实际上远低于动脉的。这点很重要，因为毛细血管壁的强度较弱，如果给它们加上动脉的血压，它们就会破裂。

静脉：返回心脏的血液

学习目标23.2.4　为什么空的静脉会塌缩，而空的动脉不会

静脉是运输血液回流到心脏的血管。静脉不必像动脉那样去适应脉冲式的压强，因为毛细血管网的高阻力和大横截面积削弱了很大一部分由心跳产生的压强。为此，静脉血管壁的肌肉层和弹性纤维也比动脉的薄很多，如图23.3（c）所示。空的动脉会保持其管道一样的开放状态，但空的静脉血管壁就会像没有气的气球一样塌缩。

由于静脉里的血流的血压较低，所以重要的是避免产生任何进一步的阻力，以免没有足够的压强让血液回到心脏。因为宽管比窄管对液体流动产生的阻力要小得多，所以静脉的内部通道经常是相当大的，只需要一个很小的压强差就可以将血液送回到心脏。人体最大的静脉为连接心脏的腔静脉（venae cavae），其直径可达3厘米，这可比拇指还宽！单靠压强并不足以输送血液经由静脉回到心脏，有一些其他的结构也发挥了作用。最关键的一点是，当静脉周围的骨骼肌收缩时，它们会挤压静脉，从而推进血液流动。

静脉内壁上还有单向的瓣膜（静脉内的小皮瓣，如图23.4所示），保证回流血液的方向，防止血液逆流。这些结构特征使血液在可以在循环系统中循环流动。

关键学习成果 23.2

脊椎动物循环系统的组成包括：动脉，血液从心脏流出的通路；毛细血管，很多薄壁的窄小血管组成的网络，进行气体和营养物质的交换；静脉，血液流出毛细血管后返回到心脏的通路。

23.3 淋巴系统：回收流失的体液

淋巴循环

学习目标23.3.1 淋巴系统的功能以及淋巴进入全身循环的机制

心血管系统并不是完全封闭的，心脏泵血产生的压力会使其中的液体成分从毛细血管的薄壁渗漏出去。这种薄壁是循环系统完成气体和代谢物的交换所必需的，但渗漏也不可避免，那么应该如何弥补损失呢？心血管系统每天通过这种方式流失约4升的液体成分，超过了身体总血量5.6升的一半！为了集中并回收这种流失，我们有第二套循环系统——**淋巴系统**。像血液循环系统一样，淋巴系统是由淋巴管组成的网络，其在体内的分布如图23.5所示。

液体成分在毛细血管靠近微动脉的一端被滤出，因为这里血压较高，如图23.6中的红色箭头所示。大部分离开血管的液体成分会通过渗透作用返回毛细血管，但是还会有剩下的，这部分液体会进入开放式的毛细淋巴管盲端。这些毛细淋巴管收集周围的细胞间液，并逐步汇集到两个大的淋巴管，之后通过一个单向的瓣膜结构，在颈部的下方流入静脉。淋巴系统内的液体成分被称为**淋巴**。

淋巴流动的动力是淋巴管受体内肌肉运动的压迫作用产生的。淋巴管中存在很多的单向瓣膜，这样就保证了淋巴只会向颈部流动。在某些情况下，淋巴管也进行有节奏的收缩。在许多鱼类、所有的两栖动物和爬行动物、鸟类胚胎和一些成年鸟类体内，淋巴的运动是由**淋巴心**推动的。

淋巴系统还具有以下三个重要功能：

1. **回收蛋白重新进入循环** 大量的血液流经毛

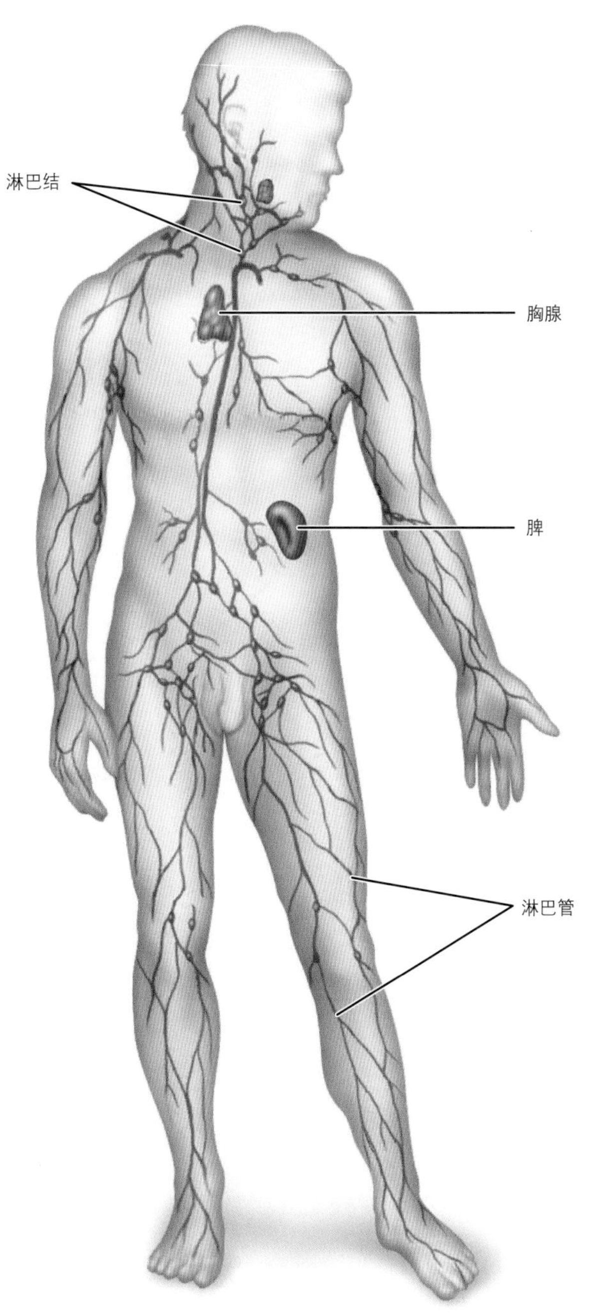

图23.5 人体淋巴系统
淋巴系统包括淋巴管（如毛细淋巴管）、淋巴组织（如淋巴结）和淋巴器官（如脾和胸腺）。

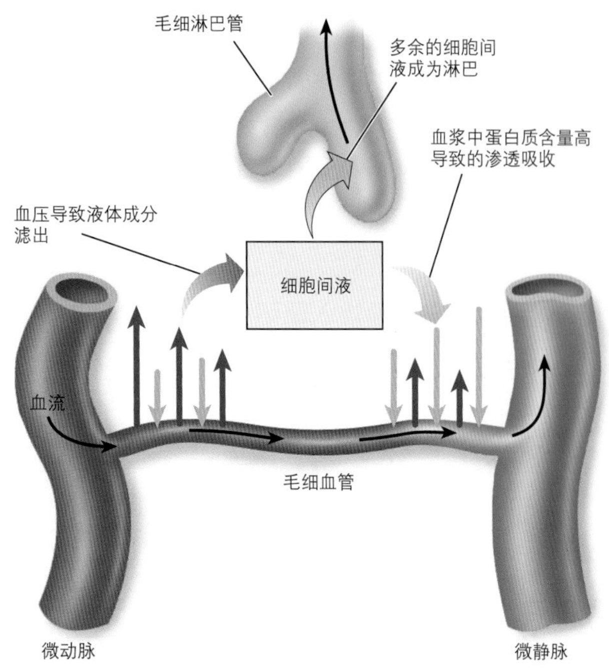

图23.6　毛细淋巴管从细胞间液回收液体

血压迫使液体成分从毛细血管渗漏进入细胞间液，之后部分液体重新进入血管，部分液体进入毛细淋巴管。

细血管，液体成分流失的同时也会有大量的蛋白流失。淋巴系统在回收液体的同时，也会回收无法重新进入毛细血管的蛋白质分子，使其重新流回血液。

2. **运输小肠吸收的脂肪**　小肠绒毛处的毛细淋巴管又被称为**乳糜管**。这些乳糜管吸收消化道中的脂肪，并通过淋巴系统最终将其运输到血液循环系统。
3. **具有防御作用**　淋巴管上有一些膨大的部位被称为淋巴结，在图23.5中可以看到淋巴结，其中充满专门用于防御的白细胞。淋巴中携带的细菌在流经淋巴结和脾的时候，会被清除。

关键学习成果　23.3

淋巴系统收集血液中渗出的液体和蛋白质回流到循环系统中。

23.4　血液

流动在动脉、静脉和毛细血管中的血液重量占了人体重的约5%。血液是由一种被称为**血浆**的液体成分和在其中循环的多种不同类型的细胞组成的。

血浆：血液的液体

学习目标23.4.1　溶解在血浆中的三类物质

血浆是一种成分复杂的溶液，有三类不同种类的物质溶解其中：

1. **代谢产物和废物**　如果说循环系统是脊椎动物体内的高速公路，那么血液中的物质就是行驶其上的滚滚车流。溶解在血浆中的是葡萄糖、维生素、激素和在体内细胞中循环的废物。
2. **盐和离子**　与生命的起源——海洋一样，血浆是一种稀盐溶液，主要含有钠离子、氯离子和碳酸氢根离子。此外，还含有其他的微量盐类，如钙和镁，以及金属离子（包括铜、钾、锌）。
3. **蛋白质**　血浆中90%的成分是水。血液流经全身的细胞，如果血浆中不含有和细胞浓度相近的蛋白质，那么流不了多久，血液就会由于渗透失去大部分的水分。血浆中的蛋白质有一部分是活跃在免疫系统中的抗体。占血浆中蛋白含量一半以上的是**血清白蛋白**。这是一种单一蛋白，主要用来平衡血浆和周围细胞环境的渗透压。人体每升血液中含有46克的血清白蛋白，也就是说你体内总共有超过半磅的血清白蛋白。饥饿和蛋白质缺乏症都会导致血液中的蛋白质水平降低。血浆蛋白含量降低，低于周围体细胞的溶质含量时，细胞就会从这种白蛋白缺乏的血液中吸收水分，从而导致身体水肿。如恶性营养不良这种蛋白质缺乏症的症状就是水肿（组织肿胀），当然还有其他因素也可能导致水肿。

肝合成大部分的血浆蛋白：白蛋白；α 球蛋白和β 球蛋白，主要作为脂质和类固醇激素的载体；纤

维蛋白原，它是血液凝固所必需的。当血液在试管内凝固时，纤维蛋白原转化成不溶性**纤维蛋白**，成为血凝块的一部分。红细胞，即盘状细胞，被困在纤维蛋白的丝线中。凝块以外，缺乏纤维蛋白原而不凝固的液体被称为**血清**。

血细胞：在全身循环的细胞

学习目标23.4.2　三种主要的血细胞及其功能

虽然血液是液态的，但它体积的一半几乎是由细胞占据的。血液中的三种主要细胞成分是红细胞、白细胞和被称为血小板的细胞碎片。红细胞占血液的容积比就是**血细胞比容**。正常人的血细胞比容通常是45%。

红细胞携带血红蛋白　每微升血液中含有约500万个**红细胞**。如图23.7最上格所示，单个的人类红细胞是中央双凹的扁半圆盘，好像一个中间没有穿孔的甜甜圈。红细胞携带氧气运输到体内细胞。红细胞内部几乎充满了血红蛋白，这种蛋白可以在肺部与氧气结合，并将其传递给体内细胞。

哺乳动物体内成熟的红细胞的功能更像是车厢而不是卡车。因为红细胞内既没有细胞核也无法自己合成蛋白，就像一辆没有引擎的汽车。因为没有细胞核，红细胞无法自我修复，所以细胞寿命很短，人类红细胞的寿命大约只有4个月。新的红细胞在红骨髓处被不断合成，并释放到血液中。

白细胞保护身体　**白细胞**在哺乳动物血液中含量不到1%。白细胞（图23.7中半透明的有着大个儿或者不规则形状细胞核的细胞）比红细胞大。它们不含血红蛋白，所以基本上是无色的。白细胞也分很多种，每种类型都有不同的功能。各种类型的白细胞中，中性粒细胞是数量最多的，接下来依次是淋巴细胞、单核细胞、嗜酸性粒细胞和嗜碱性粒细胞。中性粒细胞的攻击方式类似日本的神风特攻队，发现外源细胞就会释放化学物质，杀死附近所有的细胞——包括它们自己。单核细胞会变成巨噬细胞（macrophage，这个名字的意思就是“大饭桶”），通过吞噬来攻击和杀死外来细胞。淋巴细胞包括产生抗体的B细胞和杀死受感染的体细胞的T细胞。

血细胞	细胞寿命	功能
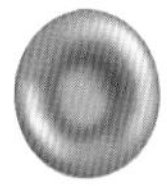 红细胞	120天	运输氧气和二氧化碳
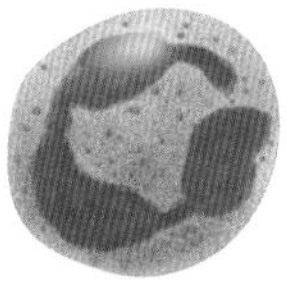 中性粒细胞	7小时	免疫防御
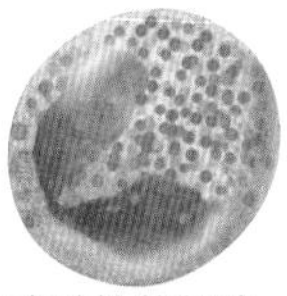 嗜酸性粒细胞	未知	防御寄生虫
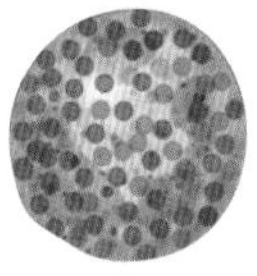 嗜碱性粒细胞	未知	炎症反应
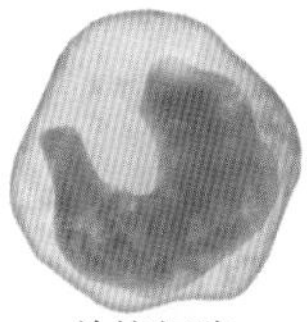 单核细胞	3天	免疫监控（组织巨噬细胞的前体）
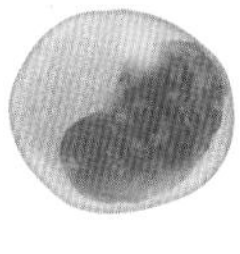 B淋巴细胞	未知	产生抗体（浆细胞的前体）
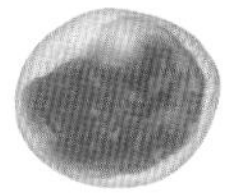 T淋巴细胞	未知	细胞免疫反应
 血小板	7～8天	参与凝血

图23.7　血细胞种类

红细胞、白细胞（中性粒细胞、嗜酸性粒细胞、嗜碱性粒细胞、单核细胞、淋巴细胞）和血小板，是脊椎动物血液中的三种主要细胞成分。

所有这些类型的白细胞，与其他一些细胞一起，保护身体免受入侵的微生物和其他外来物质的侵害，这部分内容会在第27章中讲到。与其他的血细胞不同的是，白细胞是移动的士兵，它们并不仅仅局限在血液中存在，也会到细胞间液中去行使功能。

血小板参与凝血 骨髓中有一种大个儿的细胞被称为**巨核细胞**（megakaryocyte），会不断地裂解出小块的细胞质，这些没有细胞核的细胞碎片被称为**血小板**（如图23.7最后一行所示）。血小板进入血液后，在凝血过程中发挥关键作用。在血凝块中，纤维蛋白胶连成网把很多的血小板粘成一团，堵塞破裂的血管。这种血凝块封堵得紧密且牢固，就像轮胎内衬对穿孔的密封一样。当循环中的血小板遇到损伤部位时，体内就开始进行一系列的反应，形成血凝块中的纤维蛋白。血小板可以响应破损血管释放的化学物质信号，向血液中释放一种蛋白因子，进而启动凝血过程。

关键学习成果 23.4

血液就是各种各样的细胞的集合，它们在一种富含蛋白质、含盐的液体中循环。血液循环中的一些细胞负责气体的输送，另一些则保护身体免受感染。

脊椎动物循环系统的进化
Evolution of Vertebrate Circulatory Systems

23.5 鱼类的循环系统

分腔的心脏

学习目标23.5.1 鱼类心脏的四个腔如何发挥功能，这种心脏结构的主要局限性是什么

为了应对动物体形和生理机能的不断增长，需要发展出更高效的机制来提供营养和氧气，并把越来越多的组织中排出的废物和二氧化碳运走。脊椎动物已经进化出一套非凡的适应机制，以应对这一挑战。

脊椎动物的祖先脊索动物，被认为具有简单的管状心脏，类似于现在文昌鱼体内的心脏（见第19章）。这种心脏其实就是位于特定区域的腹侧动脉，只不过这一段动脉的肌肉壁比其他地方厚，只能产生简单的蠕动波样的搏动。

鱼鳃的出现对更有效的泵血结构提出了需求，所以在鱼类中，出现了真正的有腔分隔的泵血功能的心脏。如图23.8（a）所示，从本质上讲，鱼类的心脏就是四腔前后排列的管。前两个腔室是静脉窦（sinus venosus，缩写为SV）和心房（atrium，缩写为A），它们是收集血液的腔室；后面两个腔室是心室（ventricle，V）和动脉圆锥（conus arteriosus，CA），它们是泵血的腔室。SV和CA两个结构在高等脊椎动物中大大减小了。

因为鱼类的心脏是从早期的脊索动物进化而来的，所以鱼类心脏跳动可以看作是蠕动波模式的延续，从后部（SV）开始收缩推进到前端（CA）。四个腔中，首先收缩的是静脉窦，其次是心房、心室，最后是动脉圆锥。尽管脊椎动物的心脏腔室的相对位置在后来的进化中发生了变化，这种心跳的顺序还是被保留了下来。鱼类中，引起心脏收缩的电脉冲由静脉窦发出；在其他脊椎动物中，这种电脉冲由体内相当于静脉窦的结构发起。

鱼类的心脏结构是非常适合其用鳃呼吸的，同时也代表脊椎动物在进化中出现了重要的新阶段。鱼类心脏最大的优势也许就在于，它先把血液泵入鳃部，所以血液可以为组织携带去更充分的氧气，如图23.8（b）的循环示意图所示。血液首先被泵向右侧流入鳃部，通过鳃部后血液富含氧气；从鳃部流出后，血液流经动脉和毛细血管网，到身体的其他部位；然后经由静脉返回心脏。然而，这种血流模式还是有很大的局限性。回顾在23.2节中讨论的内容，当血液通过毛细血管时会失去大部分的压强，因此，鱼类心脏收缩所形成的对血液流动的压强，会在血液流过鳃部的毛细血管网时损失大部分。所以，从鳃部到身体的其他部位的血液流动是比较迟

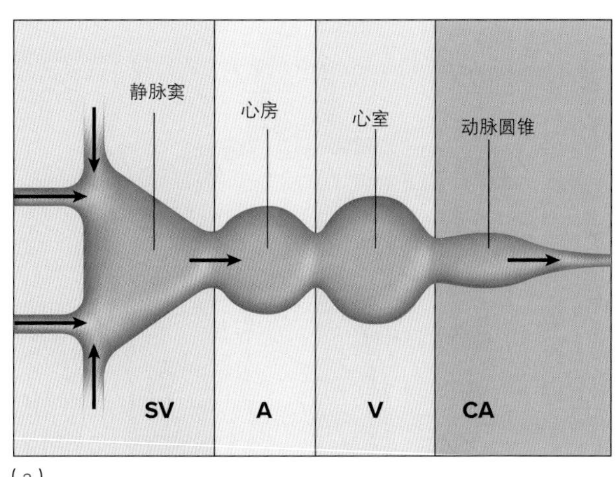

（a）

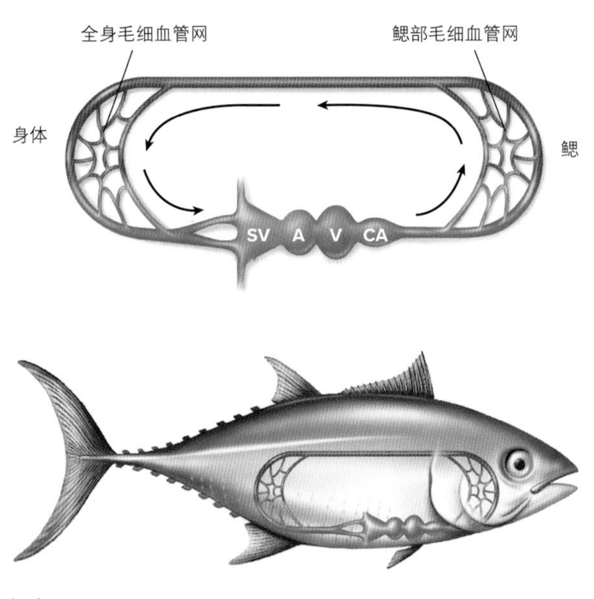

（b）

图23.8　鱼类的心脏和循环

（a）鱼类心脏的示意图，展示了前后排列在一起的四个腔室。（b）鱼类循环的示意图，血液被泵入鳃部，然后直接流到身体各部。富含氧气的血液（含氧血）用红色表示，缺乏氧气的血液（缺氧血）用蓝色表示。

缓的。这个特点就限制了氧气往身体各部的输送率。

关键学习成果　23.5

鱼类心脏是一种改良的管状结构，由前后排列的四个腔组成，把血液先泵入鳃部，然后送到身体的其他部位。

23.6　两栖动物和爬行动物的循环系统

肺循环

学习目标23.6.1　两栖动物和爬行动物的心脏结构对比，限制心脏内血液混合的两个因素

肺的出现使循环的模式发生了重大变化。血液被从心脏泵到肺部之后，并不直接进入身体各组织，而是再回到心脏。这样在体内就存在两个循环：一个是心脏到肺之间的循环，称为**肺循环**（pulmonary circulation）；一个是心脏到身体其他各部之间的循环，称为**体循环**（systemic circulation）。

如果心脏的结构不发生相应的改变，那么从肺部回来的含氧血和身体其他各部回来的缺氧血，会在心脏处发生混合。因此，心脏泵出的血液就是含氧血和缺氧血的混合物，而不是单纯的含氧血。两栖动物的心脏有几个结构特征，来减少这种情况的发生。首先，心房中间有个隔膜，将其一分为二：右心房［图23.9（a）中的蓝色区域］接收经由体循环后回来的缺氧血，左心房（红色区域）接收从肺部回来的含氧血。隔膜可以防止两侧心房血液的混合，但是当两边的血液流入一个共用的心室之后，可能还是会发生混合（紫色区域）。然而令人惊讶的是，实际上基本不会发生这种混合。使得两种血液得以分离的一个关键因素是，动脉圆锥（心脏前端的分支结构）也被一个隔膜部分分隔，将缺氧血导入通向肺部的肺动脉，将含氧血导入通向体循环的主动脉。血液流过心脏的路径，是先由缺氧血（蓝色箭头）从身体到肺，变为含氧血（红色箭头）再从肺到身体。

在水中生活的两栖动物通过皮肤扩散获得更多的氧气，来对血液中的氧气进行补充。这个过程被称为皮肤呼吸。

在爬行动物中，心脏结构进一步发生变化，更减少了血液在心脏中的混合。除了分为两个心房外，爬行动物的心室也出现了不完全的隔膜，可以将其进行部分分隔，图23.9（b）中用红色和蓝色区分心室的两部分。这就更进一步使心脏中的含氧血和缺氧血分离。爬行动物中的鳄目已经可以完全将两种

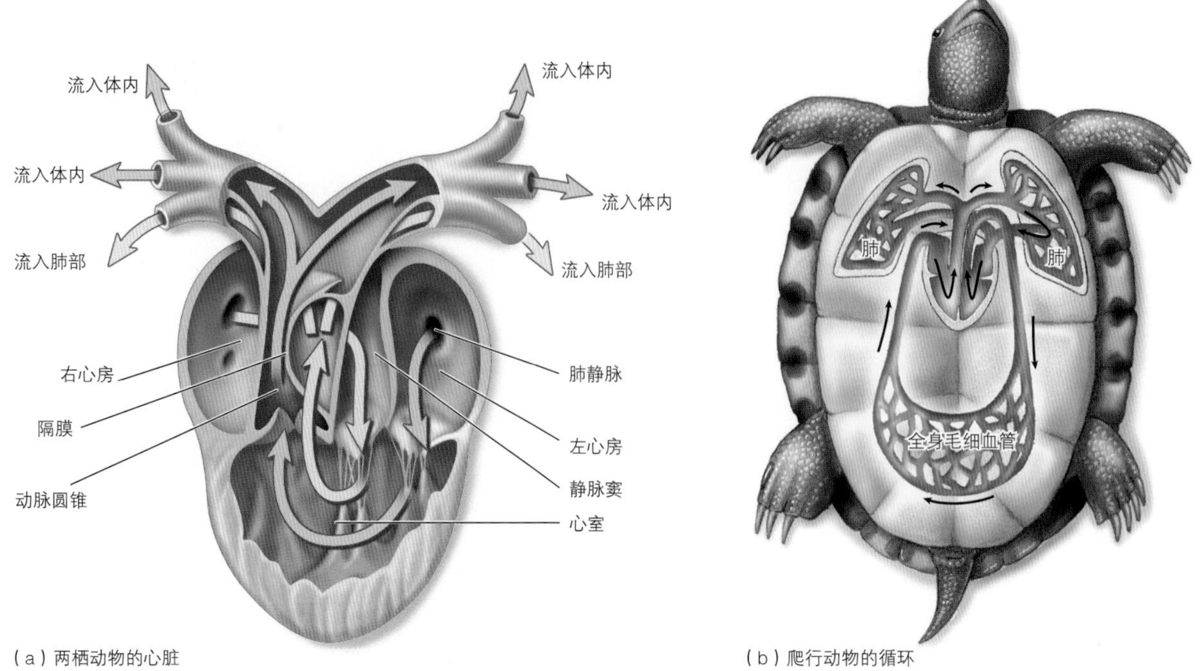

（a）两栖动物的心脏

（b）爬行动物的循环

图23.9　两栖动物的心脏和爬行动物的循环

（a）青蛙的心脏有两个心房和一个心室，心室负责把血液泵入肺部和身体其他部位。尽管存在血液混合的可能性，但是实际上含氧血（红）和缺氧血（蓝）会被分别泵入身体其他部位和肺部，而很少发生混合。（b）爬行动物不仅有两个独立的心房，部分心室也被分隔。

血液隔离，因为其拥有被完整的心室隔膜分开的两个独立的心室。因此，鳄目有一个完全分隔开的肺循环和体循环。爬行动物血液循环的另一个变化是，动脉圆锥脱离心脏成为大动脉的一部分。

关键学习成果　23.6

两栖动物和爬行动物有两套循环，肺循环和体循环，分别将血液输送到肺部和身体其他部位。

23.7　哺乳动物和鸟类的循环系统

更高效的心脏

学习目标23.7.1　爬行动物和哺乳动物的心脏结构对比，追踪血液在双循环系统中的流动轨迹

哺乳动物、鸟类和鳄目动物都有四腔心脏，这是在同一器官运行的两套独立的泵血系统。其中一套将血液泵入肺部，而另一套将血液泵到身体的其余部分。心脏左侧有两个相通的腔室，右侧也有两个相通的腔室，但左右之间被完全隔离。哺乳动物和鸟类体内双循环系统效率的提高，对恒温动物的进化非常重要，因为只有更高效的循环系统才能支持所需的更高的代谢率。

让我们参照图23.10（a）来看一下血液在哺乳动物心脏中的旅程，首先从富含氧气的血液从肺部进入心脏开始。含氧血（粉红色箭头）从肺部，经由被称为**肺静脉**（pulmonary vein）的大血管进入心脏左侧（在图中为右侧，因为你在对面看图）的**左心房**（left atrium），之后通过开口进入与左心房相通的**左心室**（left ventricle）。这样的流动大约有70%发生在心脏舒张的时候。当心脏开始收缩时，心房首先收缩，将剩余30%的血液压入心室。

短暂延迟后，心室开始收缩。心室壁肌肉层远比心房壁的厚（如横截面图所示），因此心室的收缩更有力。它可以在单次收缩中将大部分血液挤压出去。为防止血液回流到心房，心房和心室之间进化

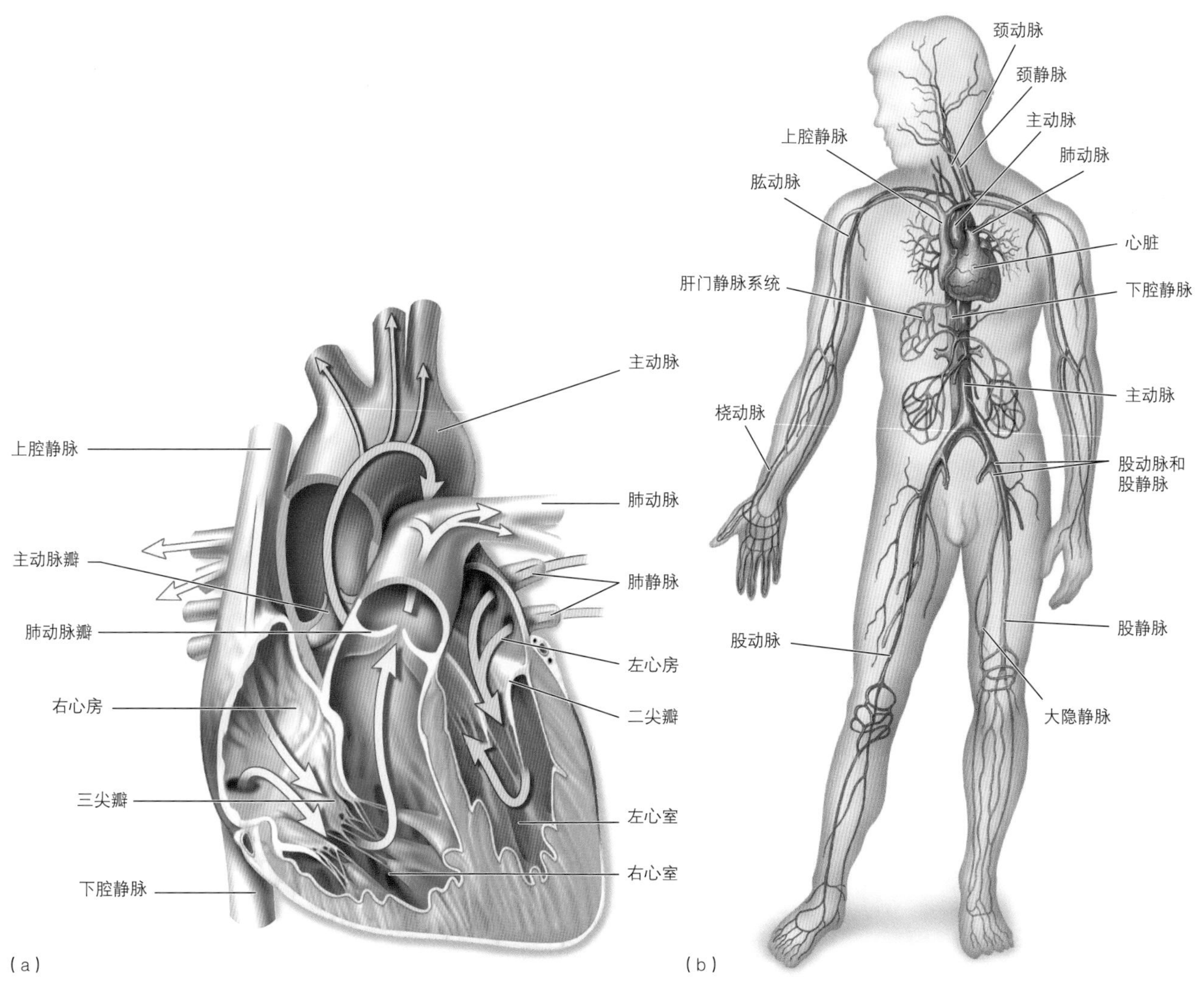

图23.10　哺乳动物和鸟类的心脏和血液循环

（a）与两栖动物的心脏不同，哺乳动物和鸟类的心脏被隔膜分出了左右两个心室。含氧血从肺部经由肺静脉进入左心房，之后进入左心室，然后进入主动脉，流向全身的循环系统，把氧气送到各个组织。经过与组织之间的气体交换，血液再经由静脉流回心脏。缺氧血通过上下腔静脉进入右心房，之后进入右心室，然后穿过肺动脉瓣进入肺动脉，到达肺部。（b）显示了人体循环系统中一些主要的动脉和静脉。

出单向瓣膜，称为二尖瓣（bicuspid valve）或左房室瓣（left atrioventricular valve），当心室收缩时，其两部分瓣膜被关闭。

为防止血液逆流入左心房，左心室内血液会从另外的通道流出（图中被蓝色大血管覆盖的部分）。血液从另一端的开口流入一个大的血管，即**主动脉**。主动脉和左心室之间也由一个单向的瓣膜分离，被称为**主动脉瓣**（aortic semilunar valve）。主动脉瓣只允许血液从心室流出。一次收缩挤压出的血液全部流到主动脉后，主动脉瓣就关闭，防止血液回流入心脏。主动脉和它的许多分支组成体动脉，输送富含氧气的血液到全身各部。

最后，把氧气输送给体内细胞的血液会流回到心脏。在返回时，它会通过一系列逐级变大的静脉，最终汇入两条大的静脉，再流入右心房。**上腔静脉**（superior vena cava）汇集上半身（图中从心脏延伸到头顶）的血液，**下腔静脉**（inferior vena cava）汇集下半身（从心脏向下延伸）的血液。

心脏的右侧与左侧的结构相似。血流（蓝色箭头所示）从**右心房**通过一个单向瓣膜，被称为**三尖瓣**（tricuspid valve）或右房室瓣（right atrioventricular valve），进入**右心室**，之后穿过第二个单向瓣膜，**肺动脉瓣**（pulmonary semilunar valve），从收缩的右心室流出，进入**肺动脉**（pulmonary artery），肺动脉将缺氧血输送到肺部。然后，血液流过肺部后重新携带氧气，又流回心脏左侧，再将氧气输送到全身各处。图23.10（b）显示了人体内主要的动脉和静脉。静脉中的血液流入心脏，而动脉中的血液从心脏流出。

由于整个循环系统是封闭的，所以每一次心跳向肺循环和体循环泵出的血量应该是相同的。因此，右心室和左心室每一次收缩时，泵出的血液量必须相等。如果一个心室输出的血量与另一个心室的不匹配，液体就会积聚，某一个循环路线中的压强就会增加。其结果就是毛细血管的滤过作用增加，从而导致水肿（比如充血性心力衰竭）。虽然两个心室收缩泵出的血量是相同的，但它们产生的压强是不同的。由于体循环比肺循环要大，所以向体循环泵血的左心室比右心室的肌肉壁更厚，收缩产生的压强更大。

多细胞生物的进化关键取决于物质在其全身进行高效循环的能力。脊椎动物体内的循环系统运作精细，并且能够配合它们的身体活动。事实上，不同种类的脊椎动物的代谢需求，塑造进化出了不同的循环系统。

监测心脏的性能

监测心跳的最简单的方法是用听诊器听在工作中的心脏。你听到的第一个声音应该是低沉的滑音，这是心室收缩开始时二尖瓣和三尖瓣闭合的声音。随后，会有个音调较高的敲击音，这是心室收缩结束时肺动脉瓣和主动脉瓣闭合的声音。如果瓣膜没有完全闭合或者打开不完全，心脏内就会产生血液的乱流，这时就会听到心内液体晃动的声音，即**心脏杂音**（heart murmur）。

监察心跳情况的第二种方法是测量血压，这可以通过使用血压计装置来完成。测量时，把血压计放置于肘关节内侧的肱动脉处（图23.11）。用套囊把上臂缠紧，阻止血液流到下臂❶。当套囊逐渐松开时，血液流过动脉，这时就可以使用听诊器进行检测。有两项检测指标需要记录：当听到第一下搏动时的血压❷为收缩压；当脉搏声音逐渐变低直到听不到时的血压❸为舒张压。

要理解这些检测，重要的是记住各阶段心脏进行的活动。心跳的第一阶段，心房被血液填充。此时，从心脏的左侧到身体各组织的动脉中的血压略有下降。这种低压强被称为**舒张压**。当左心室收缩时，将血液泵入体动脉系统，使得其中的血管的压强陡增。这次泵血产生的高的血压会随着主动脉瓣关闭而结束，被称为**收缩压**。血压的正常值分别为舒张压70～90mmHg和收缩压110～130mmHg。当动脉内壁有脂肪堆积，这是在动脉粥样硬化中发生的情况，则血管内通道的直径会缩小。这时，收缩压就会升高。

心脏如何收缩

学习目标23.7.2　窦房结和房室结在确保心脏各房室收缩时间的精确性方面的作用

在脊椎动物心脏进化的历程中，静脉窦曾作为心脏跳动的起搏器，发出产生心跳的脉冲信号。在哺乳动物和鸟类体内，静脉窦已不再是一个独立的腔室，但它的一些组织仍然残留在右心房壁上，位于体静脉流入右心房的开口附近。这个组织被称为**窦房结**（SA，如图23.12中的❶所示），仍然是引发每次心跳的地方。

心脏的收缩是由一系列精确安排的肌肉收缩构成的。首先，两侧心房一起收缩，然后是心室。收

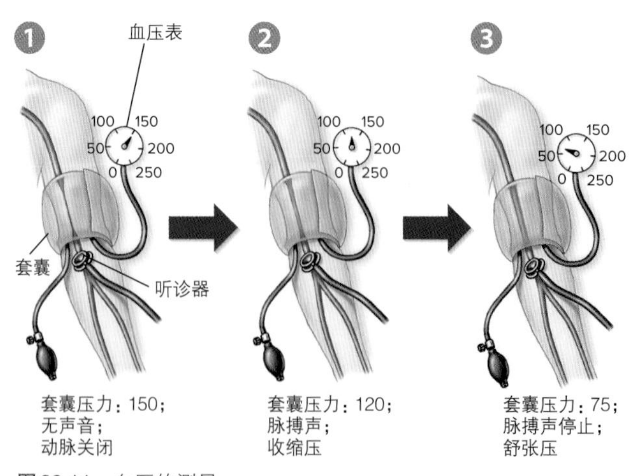

图23.11　血压的测量

套囊收紧，以阻止血液流过肱动脉❶。套囊松开，当听诊器听到第一声脉搏时记录收缩压❷。当听诊器听到的脉搏声停止时记录舒张压❸。

缩是由窦房结发起的。其膜自发地去极化（允许离子通过，使其带更多的正电荷），有节律地产生电信号，决定了心跳的节律。这样可以看出，窦房结是心脏跳动的起搏器。这个起搏区域产生的每个电信号，都会以波的形式在心肌细胞间快速传递，几乎同时到达左右心房（图23.12中的❶和❷中的黄色区域）。

但电信号不会立即传递到心室，心脏的下半部分在开始收缩之前会短暂地停顿一下。延迟的原因是，心房和心室是由不传递电信号的结缔组织分隔开的。电信号只有通过由细长的心肌细胞组成的房室结（AV）才能传递到心室（在下图的❸中标注出），房室结连接着一束特化的肌肉被称为**房室束**，或**希斯氏束**（bundle of His）。房室束会向左右分支形成快速导电的**浦肯野纤维**（Purkinje fiber）网，传递信号引发左右心室几乎同时收缩，这和心房收缩相差约0.12秒。这种延迟使得心房可以在对应的心室收缩之前完全排空内部的血液。心室的收缩始于心尖（心脏的底部），去极化的浦肯野纤维从那里开始发出电信号。收缩随后向着上方心房的方向传播（图23.12中的❸和❹的黄色区域）。这样的收缩方向可以把心室“拧紧”，向上压迫血液流出心脏。

在心脏表面传递的电信号会形成电流，以波的形式传遍全身。这种电脉冲的量级很小，但仍可以被放置在皮肤上的传感器检测到。对这种电脉冲信号的记录被称为**心电图**（ECG或EKG），可以显示心脏细胞在一个心动周期中的生物电反应（图23.12）。一个**心动周期**（cardiac cycle）由心脏的一系列收缩和舒张组成。在心电图记录中的第一个峰为P波，由心房的生物电活动产生。第二个峰更大一些，这是QRS波，由心室刺激产生；在这段时间内，心室收缩泵血进入动脉。最后一个峰是T波，反映了心室的舒张。

关键学习成果 23.7

哺乳动物的心脏是两套循环系统共用的泵血器官。心脏左侧将含氧血泵入体内的组织，而其右侧将缺氧血泵入肺。

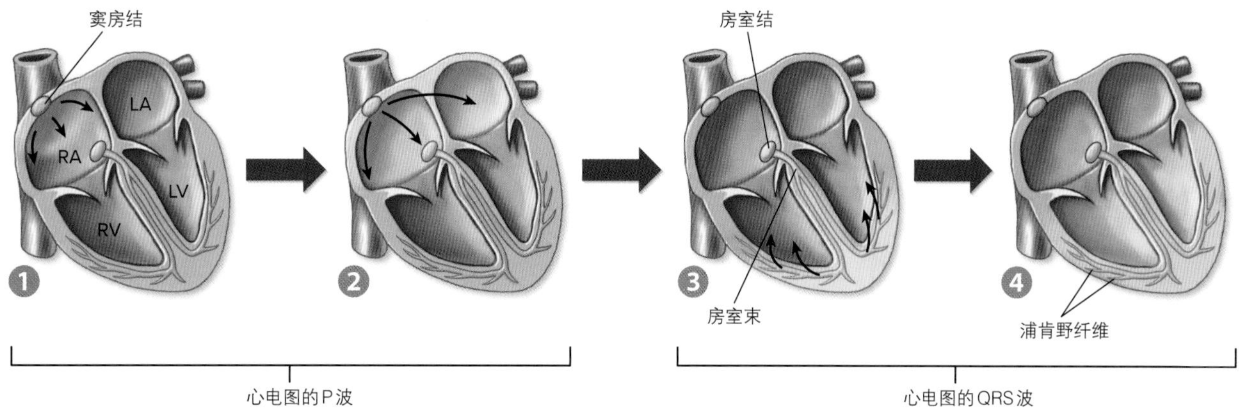

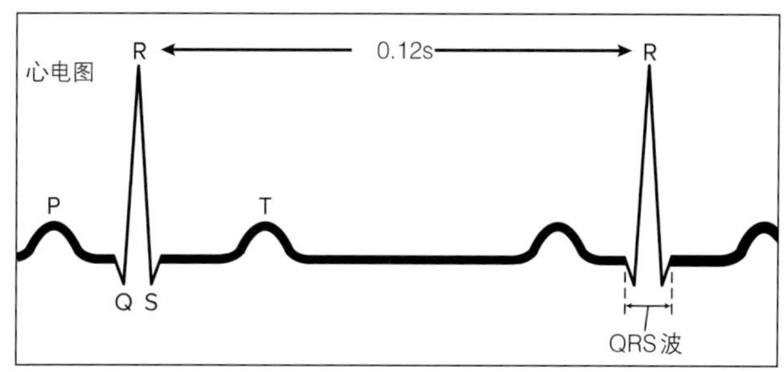

图23.12　哺乳动物心脏如何收缩

❶收缩是由窦房结发出的电信号（黄色高亮区域）启动的。心脏的生物电活动可以被心电图记录，如右图显示。❷当电信号到达左右心房，引起这两个部位收缩（形成心电图的P波）后，❸电信号又传递到房室结，进而经由房室束到达心室。❹然后，信号在心室表面的浦肯野纤维快速传导，导致心室收缩（形成心电图的QRS波）。心电图的T波对应心室的舒张。图中的心电图显示心率为每分钟60次。

心脏病会成为致命的杀手

据2005年的数据，美国死于心脏病和其他循环系统疾病的人数占总死亡人数的近35%，这类疾病已成为首要的致死因素。有超过8,000万的美国人患有不同类型的心血管疾病。作为首要元凶的是心脏病，其病因是由于某个或多个部位的心肌供血不足，而导致相关部位的心肌细胞死亡。心脏病，也称为心肌梗塞，通常是由于冠状动脉（供应心肌血液的动脉）某处形成的血栓造成，就像一块石头堵在管道里，血栓会导致动脉阻塞，无法供应血液到心脏肌肉。在无法获得血液带来的氧气的情况下，受影响的心肌会受到损伤，心脏会终止其正常功能。如果心脏中受影响的肌肉过多，那么心脏就会完全停止跳动，造成生命终结。

冠状动脉的动脉粥样硬化也可能会导致心脏病发作（后续讨论）。如果心脏受损的部分很小，则患者是可以在心脏病发作后恢复的。**心绞痛**（angina pectoris），顾名思义就是“胸痛”，这种病在心脏肌肉供血减少时可能发作。疼痛可能发生在心脏，也经常发生在左侧手臂和肩膀。心绞痛就是示警，它在告诉我们心脏出现供血不足了，但还不至于造成心肌细胞死亡。

中风（stroke）是由于脑部供血受到干扰所引起的。病因可能是脑内的血管破裂或脑部动脉被血栓（血凝块）或动脉粥样硬化阻塞。中风造成的后果取决于脑部受损的严重程度以及中风在大脑中发生的部位。

动脉粥样硬化（atherosclerosis）是动脉中存在过多的脂肪物质，异常数量的平滑肌、胆固醇或纤维蛋白以及各种细胞碎片的沉积。这些物质的堆积导致血管中血流量减少。动脉的内腔（内部）也可能会由于动脉粥样硬化造成的血凝块而进一步缩小。冠状动脉被堵塞可表现为不同程度，比如只有轻微的堵塞；或者出现严重的动脉粥样硬化，通道的大部分都被内壁上黏附的积累物阻塞了；再严重时动脉可能被完全阻断。动脉粥样硬化的发病因素包括遗传因素、吸烟、高血压和高血胆固醇水平等。摄入低胆固醇和低饱和脂肪酸（制造胆固醇的原料）的饮食可以帮助降低血液中的胆固醇水平，对高血压进行治疗也可以降低发病风险。对于吸烟者来说，戒烟则是一个降低动脉粥样硬化风险的最有效的办法。

钙质沉积在动脉壁上是**动脉硬化**（arteriosclerosis）发病的原因。它往往在动脉粥样硬化严重时发作。这样的动脉不仅限制了通过的血流，同时还缺乏正常动脉所具有的弹性，不能为适应心脏搏动泵出大量血液而扩张。动脉硬化会加重心脏的负担。

动脉粥样硬化的治疗一般通过药物或者侵入性手术治疗。治疗的药物包括酶类，有助于溶解血栓；抗凝剂药物，防止血栓形成（阿司匹林是一种弱抗凝）；硝酸甘油，可以扩张血管。侵入性治疗包括可以减少阻塞的血管成形术。血管成形术是把一个小球囊放入部分阻塞的冠状动脉，之后球囊被充气，将动脉中积累的阻塞物压平。在某些情况下会使用支架，这是一种小的金属网架，被放入动脉后可以把动脉撑开。更积极的治疗手段则包括冠状动脉搭桥手术，把健康的血管接入冠状动脉，引导血流绕过阻塞的部分；以及心脏移植手术，植入捐赠者的健康心脏代替受损的心脏。

跟肺癌一样，心脏病的最大悲剧在于，它很大程度上是由生活方式引起的疾病。不吸烟的人很少罹患肺癌，同时患心脏病的风险也要低得多。经常锻炼，并且进行“心脏健康”低脂饮食的人，血液胆固醇水平往往较低，因此动脉粥样硬化的发病风险也较低。许多由于遗传因素而容易产生胆固醇过量的人，可以通过服用他汀类药物（如立普妥）来对体内胆固醇合成的初始酶进行抑制，以维持体内胆固醇量在可接受的水平。

调查与分析
INQUIRY & ANALYSIS

心脏越大就会跳得越快吗?

小型动物的生活节奏比大型动物的要快得多。它们繁殖得更快，个体寿命也更短。按照生物的规则，它们也移动得更快，所以每单位体重消耗的氧气也更多。有趣的是，小型哺乳动物和大型哺乳动物的心脏大小与自身身体大小的比例大致相当（心脏都占体重的约0.6%）。但是，所有哺乳动物的心跳速度都一样吗？一头7,000千克的非洲公象的心脏需要推动到全身的血量，显然比一只20克的老鼠的心脏需要推动的血量大得多，但大象的动脉直径也更大，其对血液流动阻力也就更小。大象的心脏跳动得更快，还是老鼠的心脏为了给肌肉提供更多的氧气而跳得更快？或者，老鼠的心脏也可能由于狭窄的血管带来的阻力而跳得更慢。

右图显示了多个不同体形的哺乳动物的脉率（脉率是每分钟的心跳次数，是衡量心跳速率的数值）。

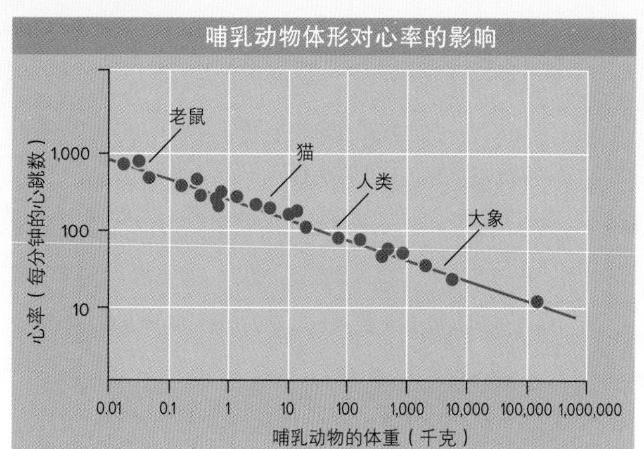

分析

1. **应用概念**

   a. **变量** 图中的因变量是什么?

   b. **看线图** 所有哺乳动物都有与其体形成比例大小的心脏。它们的心率相同吗?

2. **解读数据**

   a. 一头7,000千克的非洲公象的静息脉率是多少?

   b. 一只20克的老鼠的静息脉率是多少？合每秒多少个完整心跳?

   c. 一个成年人的静息脉率约为每分钟70次，而体重不到人类1/10的猫，每分钟心跳120次，几乎是人类心跳速率的两倍。关于体形大小对哺乳动物心率的影响，可以做出怎样的表述?

3. **做出推断**

   a. 图中的数据，是在**对数坐标系**（比例被放大为10的幂次方）下绘制的，数据点很好地落在一条直线上。如果是在线性坐标系上，你预计各点连成的曲线会是什么样?

   b. 从左向右看图表中的曲线，线是向下倾斜的，这被称为**负斜率**。图中曲线的负斜率意味着什么?

4. **得出结论** 如果你根据体重与静息耗氧量的实验测量数据绘制图表，会得到与上图相同斜率的曲线。这对我们得出哺乳动物体形对心率的影响的结论有什么帮助?

5. **进一步分析** 你认为哺乳动物的肺的大小和体重有什么关系？阐述你的理由。

本章回顾

Reviewing What You Have Learned

循环

开管式循环系统与闭管式循环系统

23.1.1 动物细胞从外部环境获得氧气，并且从它们所吃的食物中获得营养物质，但动物们完成这项工作的方式并不相同。刺胞动物和扁形动物有消化循环腔，来循环气体交换和消化的产物。

- 软体动物和节肢动物有开管式循环系统。血淋巴由管状心脏泵入开放式的血管，之后注入体腔。血淋巴将氧气和营养物质输送到细胞，然后通过管状心脏的心孔重新进入循环系统。
- 环节动物和所有的脊椎动物都有闭管式循环系统。血液在封闭的血管系统内，通过心脏泵至全身推进。

23.1.2 脊椎动物循环系统功能包括在全身运输物质、调节体温，以及通过凝血和免疫来保卫身体。

脊椎动物循环系统的结构

23.2.1 脊椎动物血液循环从心脏开始，经过动脉和微动脉进入毛细血管，再从毛细血管经过静脉和微静脉回到心脏。

23.2.2 血管的大小和结构都不相同。厚壁的动脉可以扩张，以适应从心脏脉冲式泵出的血液。

23.2.3 毛细血管壁由单层细胞构成，这样气体、营养物质和废物可以很容易地通过。局部的毛细血管床可以被关闭，以限制血液流经该区域。

23.2.4 静脉将血液输送回心脏。静脉中的血液在周围骨骼肌收缩的帮助下流动，同时静脉内的单向瓣膜也可以防止血液逆流。

淋巴系统：回收流失的体液

23.3.1 体液会在毛细血管壁处产生渗漏而造成流失。这样产生的间质液由毛细淋巴管回收进入淋巴系统。在淋巴管内流动的体液被称为淋巴。淋巴管将液体和蛋白回流到循环系统。同时淋巴系统还具有其他与消化和免疫相关的功能。

血液

23.4.1 血液是一种含盐、富含蛋白质的液体，在体内的循环系统中循环流动。血液中的液体成分被称为血浆。

23.4.2 红细胞（图23.7）参与气体交换。不同类型的白细胞则可以保护身体不受感染。血小板是参与凝血的细胞碎片。

脊椎动物循环系统的进化

鱼类的循环系统

23.5.1 鱼心脏由一系列依次收缩的腔室组成。血液进入心脏，由前两个腔室进行收集，即静脉窦和心房，然后进入后两个腔室，即心室和动脉圆锥，在那里被泵至全身。血液首先进入鳃，完成气体交换，变为含氧血再继续往全身输送。循环之后的缺氧血返回心脏。

两栖动物和爬行动物的循环系统

23.6.1 两栖动物和爬行动物用肺呼吸，所以体内存在两个循环（图23.9）：心脏和肺之间的循环（肺循环）以及心脏到全身的循环（体循环）。在前一个循环中，从身体各处返回的缺氧血由右心房进入心脏，再经过心室，然后到肺，进行气体交换。含氧血从肺循环回到心脏进入左心房，然后进入心室，被泵入身体其他部位。爬行动物的心室是存在部分的隔离的，这降低了含氧血和缺氧血混合的风险。

哺乳动物与鸟类的循环系统

23.7.1 哺乳动物和鸟类的心脏也是两个循环的泵血器官，但与两栖动物和爬行动物不同的是，哺乳动物和鸟类的心脏有四个腔室，使得肺循环和体循环得以完全分离，提高了心脏的效率。

- 从肺部流出的含氧血通过肺静脉进入心脏的左半部分，首先进入左心房，再进入左心室，之后被泵至全身。在流经全身各组织完成氧气输送后，缺氧血流回到心脏，进入右心房，然后进入右心室。当心室收缩时，血液被泵入肺。
- 比较简单的监测心脏的活动的方法是用听诊器。听诊器听到的“扑通扑通”的声音就是心内各瓣膜关闭的声音。心脏的活动也可以通过测量收缩压和舒张压来监测。

23.7.2 心脏搏动的起搏器是窦房结，它控制着心跳频率。窦房结发出电脉冲，触发心房肌肉收缩，接下来电脉冲通过心房（图23.10）并刺激房室结。房室结传递电脉冲到心尖，从那里引发心室的另一波肌肉收缩。心脏跳动的电脉冲可以被心电图检测并记录。

本章测验

Test Your Understanding

23.1.1 以下哪一个是开管式循环系统的特点？
a. 血淋巴
b. 消化循环腔
c. 循环体液和身体组织液的分离
d. 血液在血管内流动

23.1.2（1）下列哪一项不是脊椎动物循环系统的功能？
a. 调节体温
b. 保护身体避免外伤、外来毒素和微生物的伤害
c. 身内的物质运输
d. 以上都是循环系统的功能

23.1.2（2）一些脊椎动物是如何在寒冷的环境中保持体温的？
a. 通过在心脏内混合温热血液和低温血液
b. 通过将更多的温热血液泵到肢端
c. 通过在肢端进行温热血液和低温血液的热交换
d. 脊椎动物在寒冷的环境中使用以上所有方式

23.2.1 下列哪个是血液循环的正确的顺序？
a. 心脏→动脉→微动脉→毛细血管→微静脉→淋巴→心脏
b. 心脏→动脉→微动脉→毛细血管→静脉→微静脉→心脏
c. 心脏→动脉→微动脉→毛细血管→微静脉→静脉→心脏
d. 心脏→微动脉→动脉→毛细血管→微静脉→静脉→心脏

23.2.2 以下哪项陈述是错误的？
a. 只有动脉中流着含氧血
b. 动脉壁和静脉壁中都有一层平滑肌
c. 毛细血管床位于动脉和静脉之间
d. 括约肌调节流经毛细血管的血量

23.2.3 废物、氧气、二氧化碳和代谢物（如盐和营养素）的交换，发生在_______。
a. 毛细血管　　c. 微动脉
b. 静脉　　d. 动脉

23.2.4（1）静脉的直径通常大于动脉的，因为_______。
a. 静脉中的血压必须要比动脉中的高才能输送血液
b. 静脉中流动的血液比动脉的多
c. 静脉有较少的肌肉来限制其直径
d. 较大的血管直径可以减少对血液流动的阻力

23.2.4（2）为什么静脉中存在的血液比动脉中的多？

23.3.1（1）淋巴系统与循环系统相像的特点在于，它们都_______。
a. 有过滤病原体的小结　　c. 向心脏输送血液
b. 由动脉组成　　d. 有液体在其中流动

23.3.1（2）淋巴系统包括以下所有，除了_______。
a. 淋巴结　　c. 胰腺
b. 脾　　d. 胸腺

23.3.1（3）脊椎动物需要回收血液流经毛细血管时血浆中流失的液体，进而发展出了第二套开放式的循环系统——淋巴系统。为什么不能直接采取提高血清白蛋白水平的简单方法取代现有措施？

23.4.1 血液、血淋巴和淋巴之间的差异是什么？

23.4.2（1）血细胞中数量最多的类型是_______。
a. 巨噬细胞　　c. 白细胞
b. 血小板　　d. 红细胞

23.4.2（2）红细胞中充满了_______。
a. 纤维蛋白原　　c. 血红蛋白
b. 血清白蛋白　　d. 抗体蛋白

23.5.1 什么样的结构进化使得鱼类有了更高效的循环系统？
a. 在鱼类中首次出现了肌肉泵血结构
b. 在鱼类中首次出现了封闭的循环系统
c. 在鱼类中首次出现了分腔室的心脏
d. 在鱼类中首次出现双循环系统

23.6.1（1）附加的隔膜使得两栖动物和爬行动物的心脏可以_______。
a. 有较高的血压以更快地输送血液
b. 更好地分离含氧血和缺氧血
c. 更好地调节体温
d. 更好地运输营养素到有需要的组织

23.6.1（2）两栖动物和哺乳动物的心脏的区别是_______。
a. 两栖动物的含氧血和缺氧血在单心室内会完全发生混合
b. 两栖动物的心脏有两个窦房结，使得整个心脏同时发生收缩
c. 两栖动物的心室中有内部通道以减少血液混合
d. 在两栖动物的心脏中，通过皮肤的扩散得到的氧气只会通过左主动脉泵出

23.7.1（1）四腔心脏和双循环系统的出现被认为对以下哪种机能是很重要？
a. 运动　　c. 放热性
b. 外温性　　d. 内温性

23.7.1（2）当大动脉被沉积物阻塞时，心脏的左心室就必须加倍用力地收缩，以泵出足够的血液，这样就会使心脏逐渐变弱，不能正常运转。这种情况被称为充血性心力衰竭，它往往会导致致命的肺水肿（积液）。解释其发生的原因。

23.7.1（3）左心室的心肌产生的CO_2分子，在离开身体之前，不会通过下列哪个结构？
a. 右心房　　c. 右心室
b. 左心房　　d. 左心室

23.7.2（1）心电图可以测量_______。
a. 心脏周期中电势的变化
b. 心室舒张期的Ca^{2+}浓度
c. 心房在收缩期的收缩力度
d. 心脏周期内的泵血量

23.7.2（2）有一些婴儿被称为“蓝色婴儿”，在他们出生时，心脏的左右心室之间存在一个小洞。你认为他们为什么会被称为“蓝色”的？（提示：这个洞对心脏把含氧血泵入体循环会有怎样的影响？）

第 6 单元　动物

24

学习目标

呼吸

24.1　呼吸系统的类型

　　1　扁形动物、昆虫、鱼类和哺乳动物的呼吸系统

24.2　水生脊椎动物的呼吸

　　1　为什么对流交换比平行流交换更高效

24.3　陆生脊椎动物的呼吸

　　1　青蛙肺的结构

　　2　细支气管和肺泡的定义

　　3　鸟类如何呼吸，为什么这样呼吸的效率比哺乳动物的更高

24.4　哺乳动物的呼吸系统

　　1　描述哺乳动物呼吸系统的组成，解释膈膜的功能

　　2　吸气和呼气的过程

24.5　呼吸作用：气体交换

　　1　血红蛋白形状的变化导致其无法输送氧气到组织中的原因

肺癌与吸烟

24.6　肺癌的性质

　　1　所有引发肺癌的环境因素的一个共性

　　2　由*p53*基因证明吸烟会导致肺癌

调查与分析　羊驼在高海拔地区是如何生存的？

呼吸

动物需要能量作为维持生命的燃料，要获得能量就需要摄入其他的生物，以从这些生物的有机分子中获取能量丰富的电子，然后利用这些电子来驱动合成ATP和其他分子。被利用之后的电子会被氧气（O_2）吸收形成水（H_2O），而碳原子则留下来形成二氧化碳（CO_2）。动物捕获能量的过程实际上就是利用氧气并产生二氧化碳的过程。吸收氧气和释放二氧化碳的过程合在一起被称为呼吸。脊椎动物的呼吸机制在进化过程中不断改变，越来越有利于提高两种气体的交换效率。水中最有效的呼吸机制是用鳃呼吸，硬骨鱼类和鲨鱼都有鳃。两栖类作为最早的陆生脊椎动物，利用简单的肺呼吸，同时还需要潮湿的皮肤辅助呼吸。像鳄鱼这样的爬行动物拥有可扩张的胸腔，能够将空气吸入肺部。哺乳动物的肺的内表面积极大地增加了，使得这种呼吸机制更加强大。鸟类的呼吸系统结构进一步优化，在肺的前后出现了气囊，使得肺部可以进行交叉对流的气体交换。

24.1 呼吸系统的类型

应对环境的挑战

学习目标24.1.1 扁形动物、昆虫、鱼类和哺乳动物的呼吸系统

我们在第7章讨论过，动物通过氧化富含负载能量的C—H键的分子，获得所需要的能量。动物的氧化代谢需要即时的氧气供应。吸入氧气同时释放二氧化碳的过程被称为**呼吸**（respiration）。

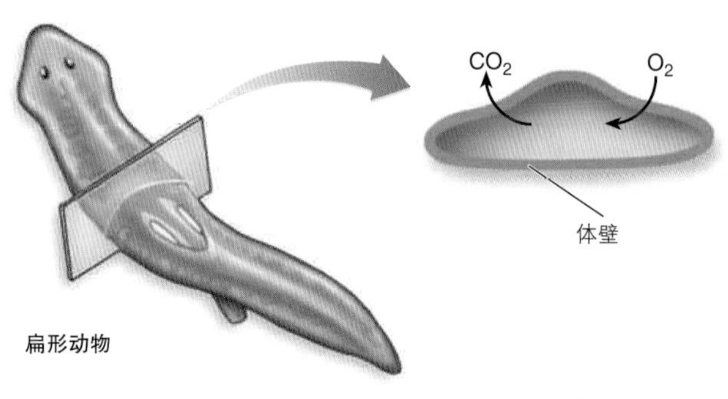

大多数原始的生物门类直接从所生活的水生环境中通过扩散获得氧气，每升水中大约可以溶有10毫升氧气。海绵动物、刺胞动物、许多扁形动物和线虫动物，还有部分环节动物都是通过扩散从周围环境的水中获得氧气的。氧气和二氧化碳都由体表扩散进出身体，如上图所示的扁形动物。与之相似地，脊椎动物中的一些两栖动物成员也通过潮湿的皮肤直接扩散进行气体交换。

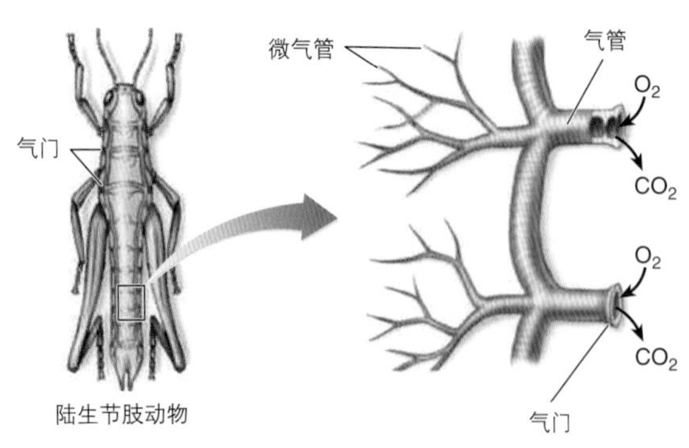

陆生节肢动物体内没有一个主要的呼吸器官，而是由**气管**（tracheae）（上图中紫色管）不断分支构成网状结构，气管的分支逐级变小，把空气输送到身体的各个部位。气管通过**气门**（spiracle）在体表开口，气门是可以开闭的结构。

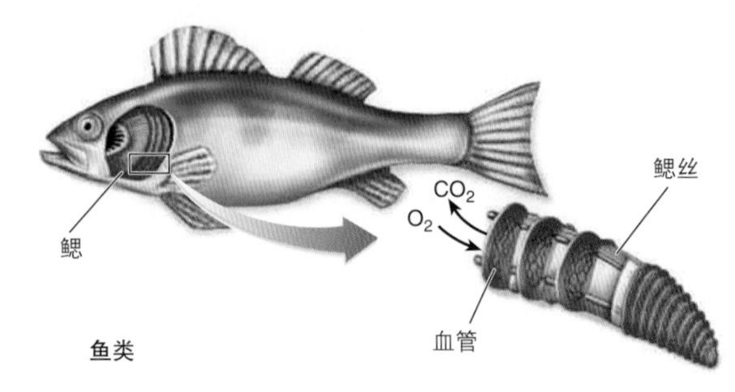

更高等的海洋无脊椎动物（软体动物、节肢动物和棘皮动物）具有特殊的呼吸器官，被称为鳃，可以增加氧气扩散的表面积。**鳃**（gill）本质上就是一层在水中摇摆的薄薄的组织。鳃的结构可以很简单，如棘皮动物的皮鳃；也可以很复杂，如发生高度褶皱的鱼类的鳃。在大多数的硬骨鱼中，鳃是被鳃盖（operculum）（上图中没有显示）覆盖保护的。正因如此，它们的鳃不用在水中来回摇摆；而是水被泵入鳃，进而在鳃中的毛细血管壁处发生气体交换。

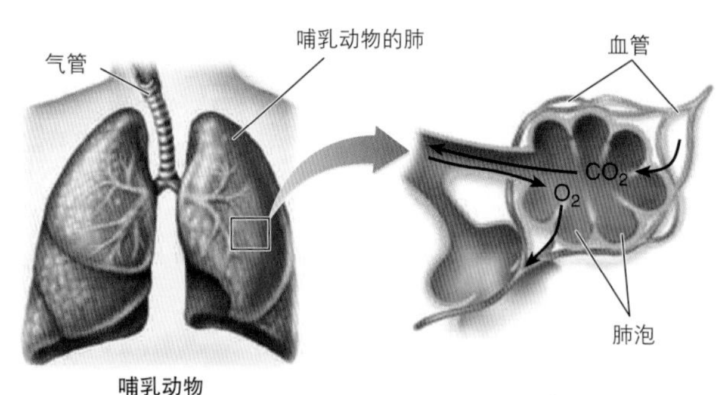

尽管鳃是水生环境中效率很高的呼吸器官，但大多数陆生脊椎动物却将其舍弃，代之以一对被称为**肺**（lung）的呼吸器官。鳃丝缺乏结构上的强度，需要靠水来提供支撑：鱼离开水很快就会因为鳃塌陷而窒息。陆生脊椎动物的肺其实就是一个大的空气囊，空气被吸入肺，与肺的囊壁处的毛细血管中流经的血液进行气体交换。在哺乳动物中，肺的表面积因为肺泡（alveoli）（上图中的扩展图）的存在而大大增加，因此其收集氧气的能力也大大增加。

关键学习成果 24.1

水生动物从水中摄取溶解氧，有些直接通过扩散摄取，还有些通过鳃摄取。陆生动物利用气管和肺摄取氧气。

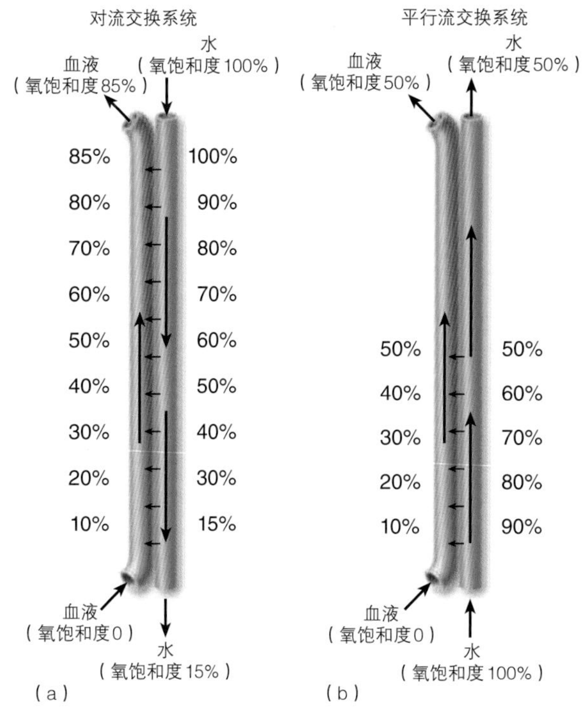

图24.2　对流交换系统

24.2　水生脊椎动物的呼吸

水中的呼吸

学习目标24.2.1　为什么对流交换比平行流交换更高效

你近距离地观察过一条正在游泳的鱼的面部吗？鱼一边游一边不断地开合着嘴，把水从口腔吞入，再从嘴后方的一个窄缝排出——这样水就可以单向通过鳃部。

这种看起来有点奇怪的吞咽，恰恰就是鱼类在鳃部结构进化中巨大进步的关键。其重要之处就在于，吞咽可以使水始终沿着**单一且固定的方向**流过鳃，这就形成了一种非常高效地摄取氧气的方式——**对流**（countercurrent flow）**交换系统**。其工作原理如下：

每个鳃都是由两排鳃丝组成的。（图24.1）由薄膜结构构成的鳃丝平行排列成板状，两排鳃丝叠在一起伸入流动的水中。当水从前向后流过鳃丝时（在局部放大图中由蓝色箭头表示），氧气通过扩散从水中进入鳃丝的血液循环。每条鳃丝内血液流动的方向，都是从后往前的，这与水流动的方向相反。对流交换系统的优点在于，鳃丝血管中的血液在流动过程中，总是能够和含氧量更高的水流相遇，从而导致氧气不断从水中扩散进入。要理解这一点，可以看图24.2，比较一下图24.2（a）中的对流交换系统和图24.2（b）中的平行流交换系统。在对流交换系统中，水和血液的流向相反，血液从鳃丝末端流入，遇到的水中初始氧气浓度与血液中的相差不是很大（血液中含氧气10%，水中含氧气15%），但已足够使得氧气可以扩散进入血液。随着血液不断向上流动，血液氧气浓度也不断增加，但此时血液遇到的水流中的氧气浓度也比之前高。即使血液中的氧气浓度高达85%，它遇到

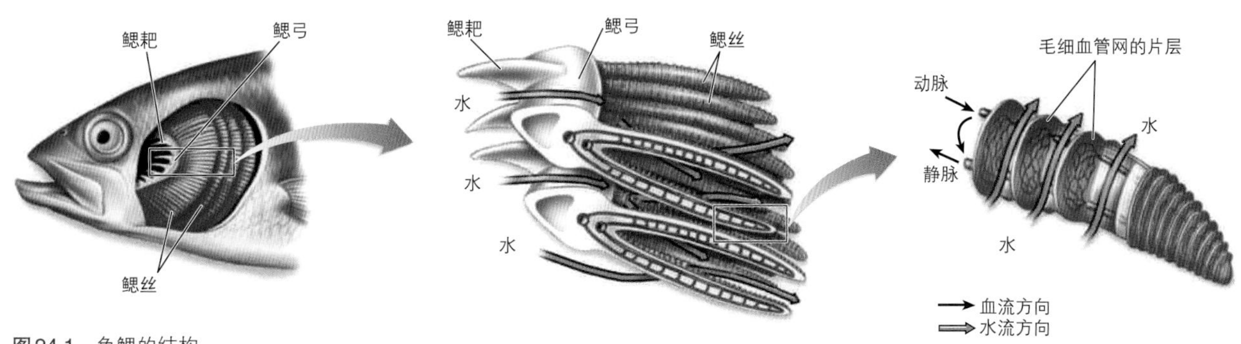

图24.1　鱼鳃的结构

水从鳃弓流过鳃丝（图中从左到右）。水总是沿同一方向流过鳃丝的毛细血管片层，血液在片层流动方向总是与水流方向相反。

的水流中的氧气浓度还是更高，为100%。而在平行流交换系统中，氧气在血液和水流相遇之初的扩散是快速的，因为此时二者之间的氧气浓度差异很大（水中100%，而血液中0%）；但之后的扩散速度迅速放缓，因为差异在不断缩小，直到二者的氧气浓度都达到约50%，保持平衡后便不再扩散。因此，对流交换系统可以确保血液在鳃丝血管中流动的整个过程中，与周围的水之间始终保持着氧气的浓度梯度，使得整个鳃丝都可以进行氧气的交换。

由于对流交换系统的存在，鱼鳃中血液的氧浓度最后几乎可以达到和周围水中氧浓度相差无几的水平。硬骨鱼的用鳃呼吸是生物进化过程中出现的最有效率的呼吸机制。

关键学习成果　24.2

鱼鳃实现了对流交换机制，使其可以非常高效地摄取氧气。

24.3　陆生脊椎动物的呼吸

两栖动物通过肺获得空气中的氧气

学习目标24.3.1　青蛙肺的结构

第一批陆上生活的脊椎动物面临的主要挑战之一，就是如何从空气中获得氧气。作为水中摄氧利器的鱼鳃，在空气中无法工作。鳃中精巧的膜系统在空气无法维持，会很快塌缩，互相粘在一起——为什么鱼离开水会死，因为它在空气中会缺氧窒息。

和鱼不同的是，如果你把一只青蛙从水里拿出来，放在干燥的地方，它不会窒息。有部分原因是青蛙能够通过湿润的皮肤进行呼吸，但主要原因是青蛙有肺。**肺**是呼吸器官，外观像袋子。两栖动物的肺差不多就是气囊，内部的空腔分布着错综复杂的膜系统［这个复杂的膜系统如图24.3（a）所示］。空气通过一个管状通道从头部进入气囊中，然后再经由同一通道排出。肺没有鳃的摄氧效率高，因为新吸入的空气与之前吸入的空气会在肺中混合。但每升空气中含有约210毫升的氧气，超过海水含氧量的20倍，空气中的氧气含量这么高，所以肺不必具有像鳃一样的摄氧效率。

爬行动物和哺乳动物增加了肺的表面积

学习目标24.3.2　细支气管和肺泡的定义

爬行动物比两栖动物活跃得多，所以它们需要更多的氧气。但爬行动物不能像两栖动物那样依靠湿润的皮肤辅助呼吸，因为爬行动物干燥的鳞状皮肤水密性很好，可以避免体内水分流失。但相对地，爬行动物的肺内表面积更大，其内部错综复杂的膜构成了很多小的气室［图24.3（b）］，大大增加了氧气扩散可用的表面积。

哺乳动物通过代谢产热维持恒定的体温，因此它们比爬行动物有更大的氧代谢需求。它们通过进

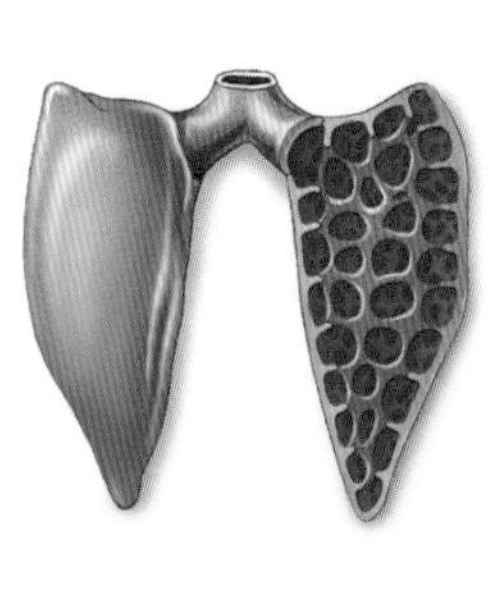
（a）两栖动物的肺

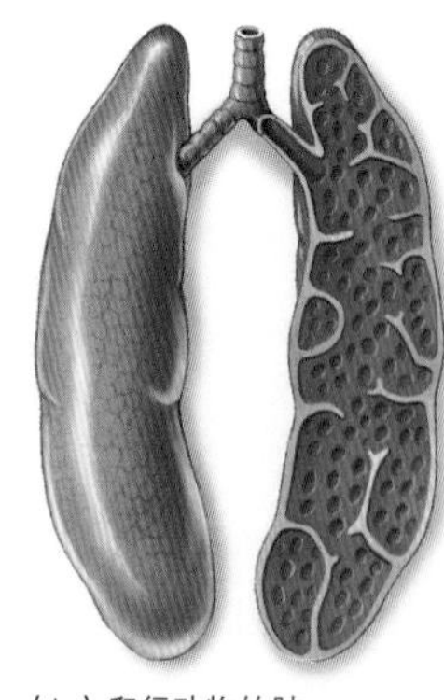
（b）爬行动物的肺

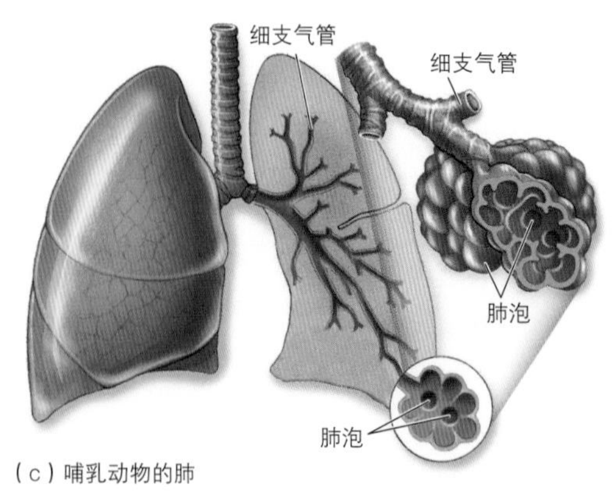

（c）哺乳动物的肺

图24.3　脊椎动物肺的进化

一步增加肺中氧气扩散所需的表面积，来获得更多氧气。哺乳动物肺的内表面有许多小的囊泡，被称为**肺泡**，从图24.3（c）中可以看到很多肺泡连成一簇，就像葡萄串一样。每一簇肺泡经**细支气管**（bronchiole）通向肺部的主气囊。空气进入肺后，经过各级支气管到达肺泡，在那里完成摄取氧气和排出二氧化碳的整个过程。活力越旺盛的哺乳动物，肺泡会越小，但整体数量越多，扩散的表面积就越大。人类每侧肺中约有3亿个肺泡，使得扩散的总表面积可以达到约80平方米（约为身体表面积的42倍）！

鸟类的肺结构更加完善

学习目标24.3.3 鸟类如何呼吸，为什么这样呼吸的效率比哺乳动物的更高

通过增加肺内表面积来提高呼吸效率，终究是有限度的，而活力旺盛的哺乳动物其实已经达到了极限。但是这样的呼吸效率依旧不能满足鸟类的代谢需求。飞行对氧气的需求，超过了最活跃的哺乳动物体内囊状肺的呼吸能力。蝙蝠的飞行中很大一部分其实是在滑翔，与此不同的是，大多数鸟类在飞行时都需要长时间地快速挥动双翼，这时翼肌必须非常频繁地收缩，因此很快会消耗掉大量能量。所以鸟类飞行时必须在细胞内进行非常活跃的有氧呼吸，以补充其飞行肌肉消耗的ATP，这就需要大量的氧气。

在不进一步增大肺内表面积的情况下，鸟类在进化中找到了一种新的方式来提高肺呼吸的效率。这种更高效的肺与其飞行的要求相匹配。你能猜出是什么方式吗？事实上，鸟类采用了和鱼相同的方式！鸟类的肺连接着一系列肺外的气囊。当鸟吸气时，大部分空气不直接进入肺，而是进入肺后部的气囊，这些气囊就是暂时的存储器，如图24.4（a）所示。当鸟呼气时，气囊中的空气进入肺，然后通过肺前部的另一组气囊排出体外。图24.4（b）显示的就是鸟类呼吸系统的三个组成部分：后气囊、平行支气管（parabronchus）和前气囊。空气在鸟类呼吸系统中经过两个呼吸周期后被排出体外。这个复

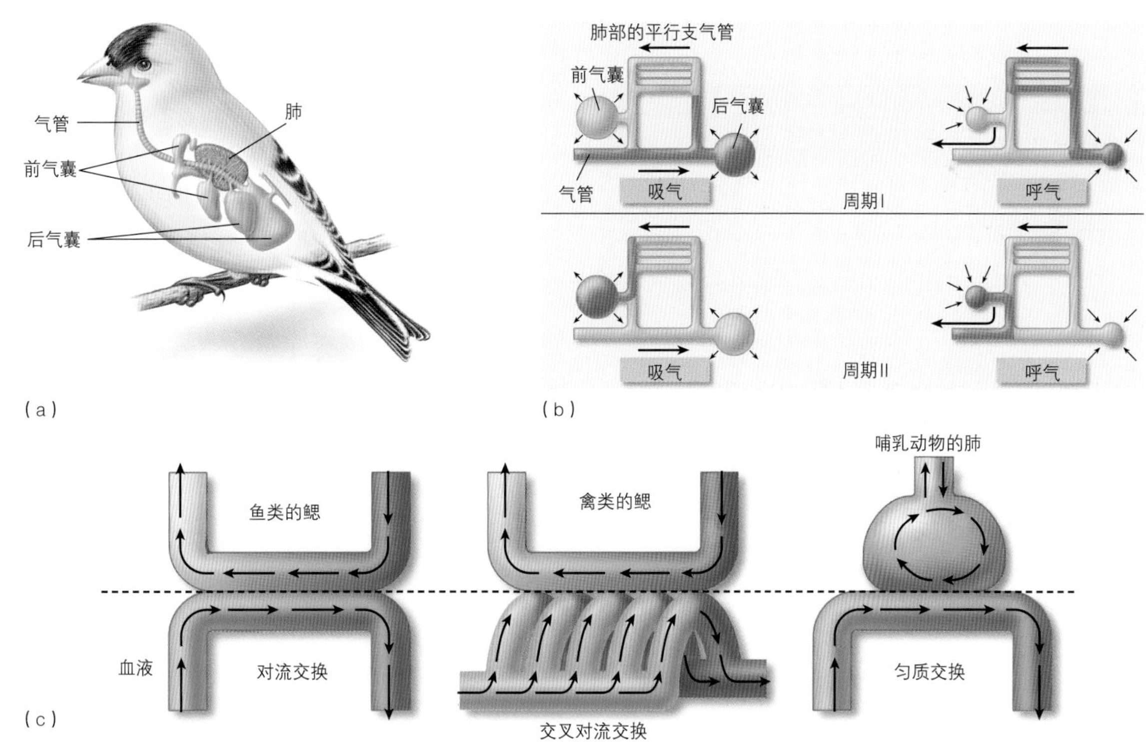

图24.4 鸟类如何呼吸

（a）鸟类的呼吸系统组成有气管、前气囊、肺和后气囊。（b）呼吸过程有两个周期：周期I时，空气从气管进入后气囊，然后进入肺；周期II时，空气从肺进入前气囊，然后通过气管呼出。空气总是沿从后往前的单一方向通过肺部（图中显示的是从右到左）。（c）呼吸系统的效率逐渐降低，从鱼类（左），到鸟类（中），再到呼吸效率最低的哺乳动物（右）。

杂的呼吸路径的优点是什么？它使得肺部空气只沿单一方向流动。

空气只从后往前沿单一方向通过鸟类的肺部。这种单向气流有两个显著的进步：（1）不存在像哺乳动物的肺中残留无法呼出的空气，因此通过鸟类肺中整个扩散表面的空气都是完全含氧的；（2）就像鱼鳃一样，血液在鸟类的肺中也是沿单一方向流动，而其流动的方向与空气流动的方向不同。但是这个“不同”不是像鱼那样的完全相反，鸟类肺中毛细血管网与空气流动的方向交错，大约呈90°角，因此被称为**交叉对流**（crosscurrent flow）[图24.4（c）中间图]。故而没有鱼类的完全对流效率高[图24.4（c）左图]，但血液离开肺时携带的氧气还是比呼出的空气中的氧气多，这一点是哺乳动物的肺[图24.4（c）右图]所达不到的。这就是为什么一只麻雀可以在海拔6,000米的安第斯山峰上飞行，而体重相同、代谢率相似的老鼠就只能坐在那里喘气，麻雀只不过能比老鼠摄入更多的氧气。

就像鱼类的鳃是最高效的水呼吸器官一样，鸟类的肺是最高效的空气呼吸器官。二者都是通过不同的对流交换方式，来实现高效呼吸的。

关键学习成果 24.3

陆生脊椎动物通过肺从空气中摄入氧气。鸟类的肺通过交叉对流的方式成为最有效的空气呼吸器官。

24.4 哺乳动物的呼吸系统

哺乳动物呼吸系统的结构

学习目标24.4.1 描述哺乳动物呼吸系统的组成，解释膈膜的功能

哺乳动物的呼吸机制虽然效率比鸟类的低，但能很好地适应其生存的陆地环境。哺乳动物和其他所有的陆生脊椎动物一样，是从空气中获得它们代谢所需的氧气，空气中的氧气大约占比21%。肺是哺乳动物的呼吸器官，成对存在于胸腔（thoracic cavity）内。我们可以在图24.5中看到，两侧的肺自由悬挂在胸腔内，只有一处与身体其他部分相连，肺的血管和气管也是从该处进入。进入肺的气管被称为**支气管**（bronchus）。它将每一侧的肺连接到中间一条长管，即**气管**（trachea）上，气管向上延伸，开口于口腔后部。气管和左右支气管都由C形软骨环支撑。

空气通常从鼻孔进入鼻腔，在那里变得温暖而湿润。此外，鼻孔里有鼻毛，可以过滤掉灰尘和其他微粒。当空气通过鼻腔时，密布的鼻毛会进一步将其过滤。之后空气进入口腔后部，通过咽（食物和空气的共同通道）和喉（发声部位），然后进入气管。因为空气和食物进入体内的路径在喉咙后部有交叉，一个特殊的瓣状结构会厌（epiglottis）会在吞咽食物时盖住气管，避免食物“走错路”。之后空气会经过肺内的各级支气管，直到细支气管，并最终进入肺泡。气管和支气管处可以分泌黏液的纤毛细胞，能够拦截异物，并把异物不断推向咽部，以使其可以被吞咽。肺内有数以百万计的肺泡，这些小囊泡像很多串葡萄一样成簇聚在一起。肺泡的周围广泛密布毛细血管，所有空气和血液之间的气体交换都发生在肺泡壁处。

哺乳动物的呼吸器官结构很简单，所起的作用就像一个单循环的泵。胸腔四周的边界由肋骨围定，底部则有一层很厚的肌肉——**横膈膜**（diaphragm），这是胸腔和腹腔的分界。每一侧的肺都被一层平滑的薄膜覆盖，这层薄膜被称为**胸膜**（pleural membrane）。胸膜翻折回来，延伸覆于胸腔的内表面，肺就悬于胸腔之内。覆于肺表面和胸壁内面的两层膜之间的空隙非常小，且充满了液体。这些液体的存在使得两层膜更加牢固地黏附在一起，就好像两个玻璃板可以被一层薄薄的水“粘”在一起，这样就可以有效地将肺固定在胸壁内。

肺泡内分布有可以分泌脂蛋白分子混合物的上皮细胞，这种混合物被称为**表面活性物质**。表面活性物质涂布于肺泡内表面，形成一层液体薄膜，以降低肺泡内表面张力，防止肺泡塌陷。有的早产儿会患呼吸窘迫综合征，是因为直到妊娠第7个月，胎儿的肺泡内的表面活性物质才分泌足量。

空气之所以会进入肺，是由负压造成的，即肺内压强小于外部大气压强。当肺扩张时，容积增加，肺内的压强就减小。这类似于波纹管泵或手风琴的工作原理。在这两种物品中，当风箱扩大的时候容积增大，导致空气涌入。那么肺是如何进行这一过程的呢？环绕胸腔的肌肉收缩，导致胸腔扩大，而肺依附于胸腔中，所以肺也会随之扩大，这时肺内的容积就会增加。这就造成了肺内的负压，于是空气涌入。

呼吸的机制

学习目标24.4.2 吸气和呼气的过程

将空气主动泵入和排出肺被称为**呼吸**（breathing）。**吸气**（inhalation）时，肌肉收缩使得胸腔壁扩大，肋骨向外扩张并向上移动。在“重要的生物过程：三羧酸循环的概况”插图中，肺的红色下缘表示的是横膈膜，它在松弛的时候是穹隆状的（❶），当收缩的时候就会下移并变平（❷），就好像已经被拉开了风箱的手风琴。

呼气（exhalation）时（❸），肋骨和横膈膜回到原来静息时的位置。此时，它们会向肺施加压力。这种压力会均匀传递到整个肺表面，压迫空气从肺内腔出去，回到大气中。人体在静止时，每次呼吸的空气量一般约为0.5升，这被称为**潮气量**（tidal volume）。额外最大吸入并尽力呼出的空气量被称为**肺活量**（vital capacity），男性肺活量平均约4.5升，女性的约为3.1升。在进行这样最大程度地呼气之后，肺内还是会有空气残留，被称为**余气量**（residual volume 或 dead volume），通常约为1.2升。

由于肺的呼吸表面接触到的并不是完全含氧的新鲜空气，而是和肺内残留含氧空气的混合物，所以哺乳动物肺的呼吸效率达不到最大值。鸟类的肺中不存在余气量，所以其呼吸的效率更高。

关键学习成果 24.4

哺乳动物的肺位于胸腔中，胸腔周围布满了肌肉。这些肌肉通过收缩和放松，来扩大或减小胸腔的容积，以控制空气从肺的吸入和呼出。

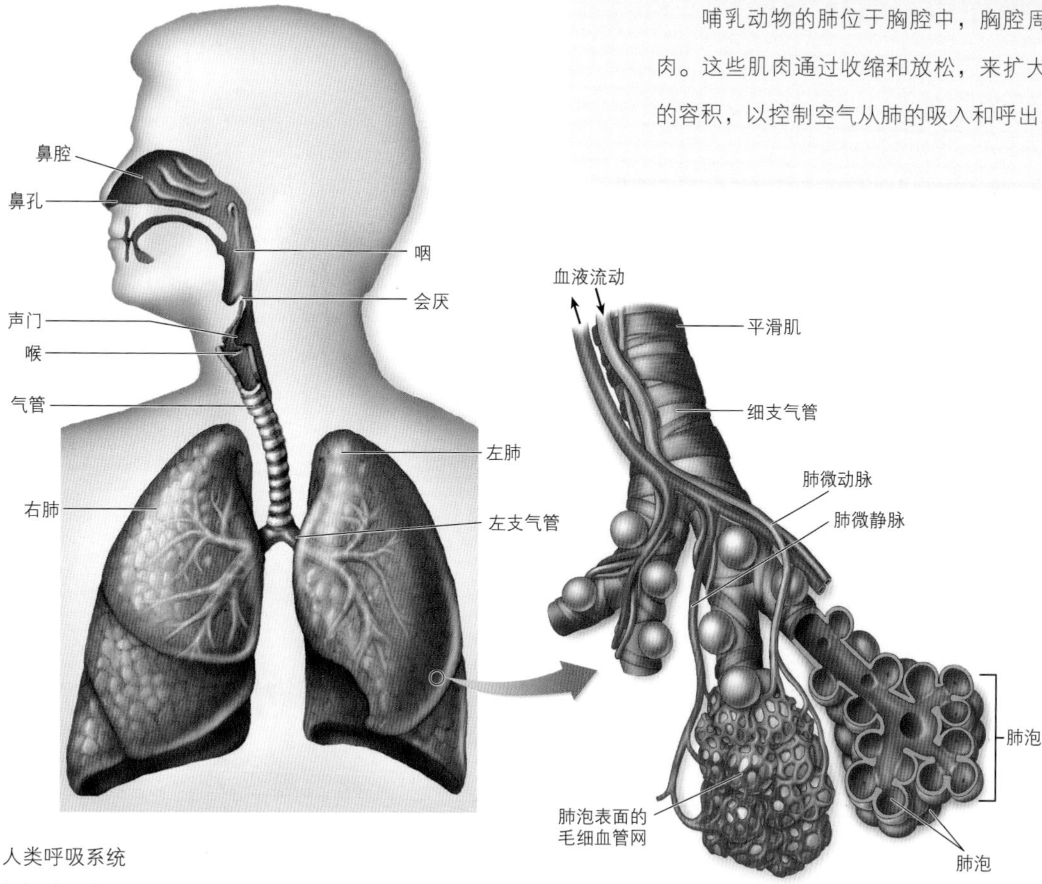

图24.5 人类呼吸系统

呼吸系统包括肺和进入肺的各级通道。

重要的生物过程：三羧酸循环的概况

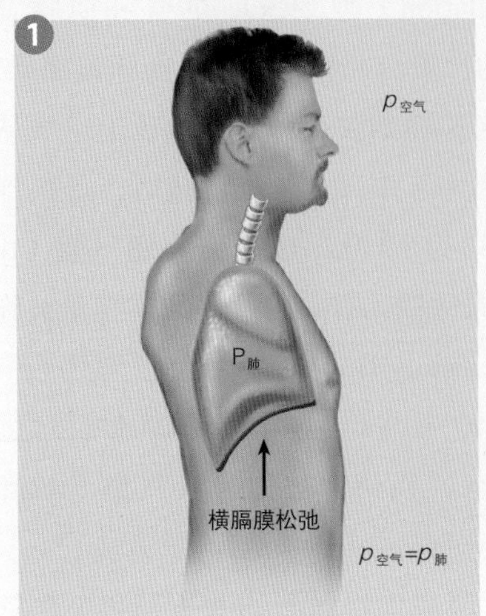

吸气前，肺部气压（$p_{肺}$）等于大气压强（$p_{空气}$）。

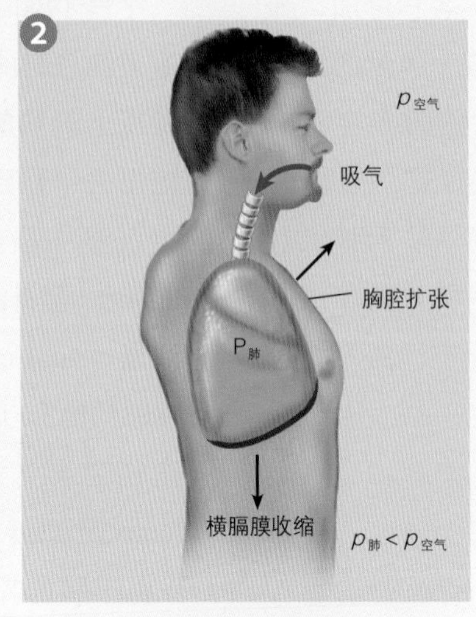

吸气时，横膈膜收缩，胸腔向下向外扩张，增加胸腔和肺部的容积，降低肺内部的气压，并使身体外部的空气流入肺部。

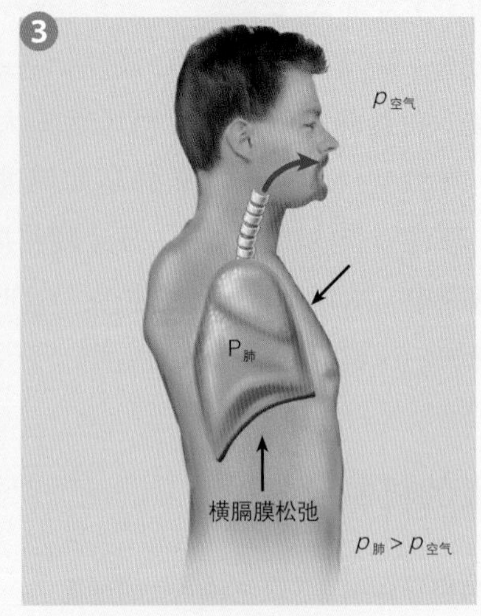

呼气时，横膈膜松弛，减少胸腔的容积。肺内部的压强增加，迫使空气流出肺部。

24.5 呼吸作用：气体交换

血红蛋白的关键作用

学习目标24.5.1 血红蛋白形状的变化导致其无法输送氧气到组织中的原因

当氧气从空气中扩散进入肺内湿润的表层细胞里，它在生物体内的旅程就开始了。氧气穿过细胞，进入血液，然后由循环系统运至全身各处（见第23章）。据估计，一个氧气分子如果不经由循环系统，而是只通过扩散移动的话，从肺到脚大概需要三年的时间。

氧气被一种叫作**血红蛋白**的蛋白质分子运载，在循环系统中流动。血红蛋白分子中含有亚铁离子，可以与氧气相结合（如图24.6所示）。氧气与亚铁离子的结合是可逆的，这样当氧气到达体内的组织时，才可以被卸载。血红蛋白在红细胞内合成，它们被赋予了红色。血红蛋白不会离开红细胞，红细胞带着血红蛋白在血液中循环，就像装满货物在水中航行的船一样。当红细胞通过肺泡周围的毛细血管时，氧气与其中的血红蛋白结合，然后随着循环系统流至全身，在需要的部位释放氧气供给细胞代谢。

氧气的运输

血红蛋白分子的作用就像吸收氧气的海绵，在红细胞内不断吸收氧气，使得血浆中更多的氧气扩散进入红细胞。在氧浓度高的肺部（重要的生物过

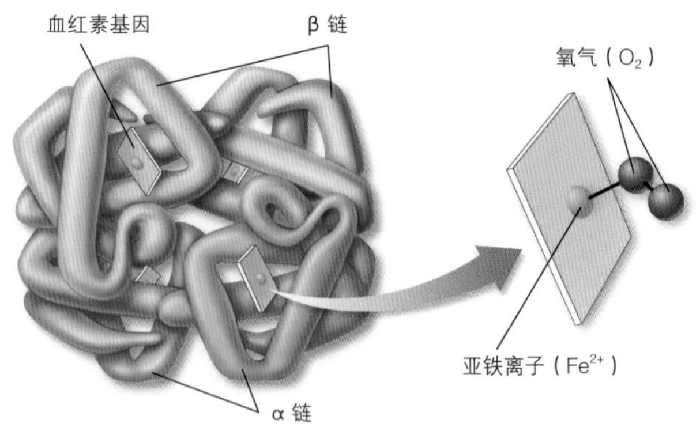

图24.6 血红蛋白分子

血红蛋白分子实际上由四条肽链形成的亚基组成：其中含有两条一样的α链和两条一样的β链。每条肽链都与一个血红素基因结合，每个血红素基因中心部位的亚铁离子可以与氧气相结合。

程：呼吸作用时的气体❶），血液中的大多数血红蛋白分子都能够满负荷携带氧气。血液流经组织处，那里的氧气浓度要低得多，因此血红蛋白释放与之结合的氧气（重要的生物过程：呼吸作用时的气体❸）。

在组织中，二氧化碳的存在使得血红蛋白分子的空间结构发生变化，从而更容易与氧气分离。这大大加快了氧气的卸载速度。二氧化碳可以加快氧气卸载这一点很重要，因为二氧化碳是由组织中正在进行代谢反应的细胞产生的。因此，血液中的氧气更容易在代谢旺盛、产生更多二氧化碳的组织中被释放出来。

二氧化碳的运输

红细胞卸载氧气的同时（重要的生物过程：呼吸作用时的气体❸）也吸收来自组织中的二氧化碳。血液中的二氧化碳，约有8%直接溶解在血浆中。另有约20%与血红蛋白相结合，当然二氧化碳的结合位点不是含有亚铁离子的血红素基团，所以二氧化碳与氧气不存在竞争关系。剩下72%的二氧化碳扩散进入红细胞。只有使血浆中的二氧化碳浓度保持在最低水平，才能最大限度地保证组织中的二氧化碳向血浆中扩散。然而红细胞中的二氧化碳含量也比血浆中的高，理论上红细胞中的二氧化碳也会向浓度更低的血浆中扩散。为了防止这种情况发生，红细胞中的**碳酸酐酶**（carbonic anhydrase）会催化二氧化碳与水分子发生反应生成碳酸（H_2CO_3）（重要的生物过程：呼吸作用时的气体❹）。碳酸解离成碳酸氢根离子（HCO_3^-）和氢离子（H^+）。氢离子与血红蛋白结合。红细胞膜中的转运蛋白将碳酸氢根离子从红细胞中运送到血浆中，然后与血浆中的氯离子进行交换，这个过程称为**氯转移**（chloride shift）。这一系列反应可以使得血浆中的二氧化碳保持低浓度，促使更多的二氧化碳从周围的组织扩散进入血浆。这些促进措施对于去除二氧化碳至关重要，因为血液和组织之间的二氧化碳浓度差异并不大（只有5%）。碳酸氢根也有助于维持血液的酸碱平衡（图2.11）。

血浆携带碳酸氢根离子回到肺中。肺部空气的二氧化碳浓度较低，使得碳酸酐酶在此处进行与之前相反的反应（重要的生物过程：呼吸作用时的气体❻），释放出二氧化碳，从血液扩散进入肺泡，并随着下一次呼气离开身体。结合在血红蛋白上的约1/5的二氧化碳也会被释放出去，因为血红蛋白在二氧化碳浓度低的情况下，与氧气的亲和力更强。随着红细胞中的二氧化碳向外扩散，血红蛋白也会卸载其结合的二氧化碳，并与氧气结合。红细胞重新满负荷携带氧气开始下一次呼吸的旅程。

一氧化氮的运输

血红蛋白也可以携带并排出内皮细胞代谢中产生的一氧化氮（NO）气体。一氧化氮虽然是大气中的有害气体，但是其在生物体内起着很重要的生理作用，可作用于多种细胞，改变它们的形状和功能。例如，在血管中，一氧化氮可以松弛血管周围的肌肉，使得血管扩张。因此，血液中一氧化氮的含量可以调节血流量和血压。

血红蛋白携带一氧化氮的形式很特殊，被称为超一氧化氮（super nitric oxide）。这种形式下的一氧化氮可以获得一个额外的电子，并与血红蛋白中的半胱氨酸相结合。在肺部，血红蛋白卸载二氧化碳，结合氧气，同时也结合一氧化氮形成超一氧化氮。在组织中，血红蛋白释放氧气，并带走二氧化碳，同时也可能会释放一氧化氮进入血液，使血管扩张，从而增加组织处的血流量。相反地，血红蛋白中的亚铁离子在释放氧气之后，也可能会与血液中多余的一氧化氮相结合，使血管收缩，减少组织处的血流量。当红细胞回到肺部时，血红蛋白会将二氧化碳和与亚铁离子结合的一氧化氮释放出去，然后重新结合氧气以及形成超一氧化氮，开始下一个循环。

关键学习成果　24.5

氧气和一氧化氮由红细胞中的血红蛋白携带而在循环系统中移动。大多数的二氧化碳被转移到血浆中以碳酸氢根的形式运输。

重要的生物过程：呼吸作用时的气体

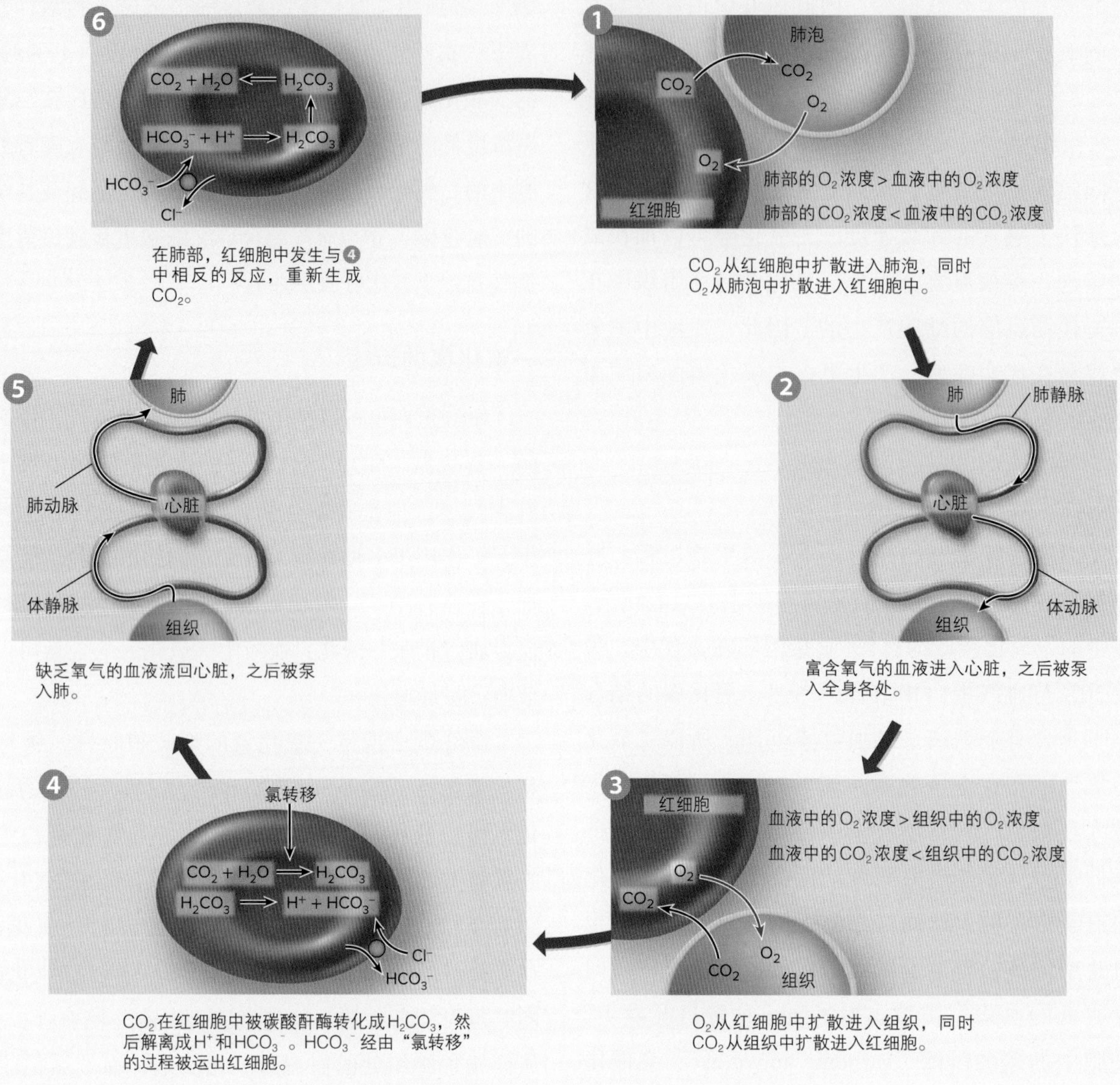

1 肺泡 CO_2 CO_2 O_2 O_2 红细胞

肺部的O_2浓度>血液中的O_2浓度

肺部的CO_2浓度<血液中的CO_2浓度

CO_2从红细胞中扩散进入肺泡，同时O_2从肺泡中扩散进入红细胞中。

2 肺 肺静脉 心脏 体动脉 组织

富含氧气的血液进入心脏，之后被泵入全身各处。

3 红细胞

血液中的O_2浓度>组织中的O_2浓度

血液中的CO_2浓度<组织中的CO_2浓度

O_2 CO_2 O_2 CO_2 组织

O_2从红细胞中扩散进入组织，同时CO_2从组织中扩散进入红细胞。

4 氯转移

$CO_2 + H_2O \Rightarrow H_2CO_3$

$H_2CO_3 \Rightarrow H^+ + HCO_3^-$

Cl^- HCO_3^-

CO_2在红细胞中被碳酸酐酶转化成H_2CO_3，然后解离成H^+和HCO_3^-。HCO_3^-经由“氯转移”的过程被运出红细胞。

5 肺 肺动脉 心脏 体静脉 组织

缺乏氧气的血液流回心脏，之后被泵入肺。

6

$CO_2 + H_2O \Leftarrow H_2CO_3$

$HCO_3^- + H^+ \Rightarrow H_2CO_3$

HCO_3^- Cl^-

在肺部，红细胞中发生与❹中相反的反应，重新生成CO_2。

肺癌与吸烟
Lung Cancer and Smoking

24.6 肺癌的性质

癌症是基因缺陷

学习目标24.6.1 所有引发肺癌的环境因素的一个共性

在所有人类的易感疾病中，癌症是最让人们恐惧的（见第8章）。在美国，几乎每四个死亡的人中就有一个死于癌症。据美国癌症协会估计，2014年全美有585,720人死于癌症。而这其中，有158,040人死于**肺癌**（lung cancer），占癌症死亡总数的约27%。在20世纪80年代，每年约有140,000例肺癌被确诊，其中90%的患者在三年内死亡。肺癌已经是当今世界成年人死亡的主要原因之一。是什么导致肺癌成为美国人的头号杀手？

在寻找类似肺癌这样的癌症诱因时，人们发现很多环境因素似乎与癌症有关。比如，美国每千人中癌症发病率分布是不均匀的。高发病率集中在城市，如人口稠密的东北地区以及密西西比三角洲。这表明，污染和农药渗流等环境因素，可能会导致癌症。当人们把与癌症相关的诸多环境因素进行综合分析之后，会得出一个清晰的模式：大多数致癌剂（或致癌物）都有强效的基因诱变的特性。回顾一下第11章的内容，诱变剂是一种化学物质或辐射，它们可以损害DNA，破坏或改变基因（基因的变化被称为突变）。癌症是由基因突变引起的，这一理论现在已获得压倒性的支持。

什么样的基因会发生突变？在过去的几年中，研究人员发现，只需要少数几个基因的突变就足以使正常分裂的细胞转化为癌细胞。在识别和分离这些致癌基因的过程中，研究人员已经了解到，所有这些基因都参与调控细胞增殖（细胞生长和分裂的速度）。这些调控机制中，有一个关键因素是肿瘤抑制因子，即可以积极地预防肿瘤形成的基因。两个最重要的肿瘤抑制因子分别被命名为*Rb*和*p53*，由它们编码产生的蛋白则分别是Rb和p53（在第8章中我们讲过，基因通常用斜体字，而蛋白质则用正体字）。

Rb蛋白

Rb蛋白［因其在罕见的眼部癌症——视网膜母细胞瘤（retinoblastoma）中被首次发现而得名］的作用就像细胞分裂过程中的刹车制动装置，它可以附着于细胞用来复制DNA的结构上，以阻止DNA的复制。当细胞需要分裂时，一种生长因子分子就会与Rb蛋白结合，使其不能去阻止细胞分裂的进程。如果生成Rb蛋白的基因存在缺陷，则细胞复制DNA进而发生分裂的进程就不会被停止。这个进程的控制开关，就被一直锁定在“开”的位置上了。

p53蛋白

p53蛋白也是一种肿瘤抑制因子，它有着细胞的“守护天使”之称，可以对DNA进行监视，以确保其为细胞分裂做好充分准备。当p53检测到损伤的或外来的DNA时，它就会停止细胞分裂，并激活细胞的DNA修复系统。如果损伤不能在合理的时间内被修复，p53就会“扳动开关”，触发一系列反应以杀死受损细胞。在这种运作模式下，导致癌变的基因突变，要么被修复，要么随着包含它们的细胞一起被清除。如果产生p53本身的基因发生了突变，则后续的基因损伤就得不到修复而积累下来。这些损伤包括会导致癌症的基因突变，而这些突变原本是可以被健康的p53修复的。50%的癌症患者的癌细胞中都存在失活的*p53*基因。

吸烟导致肺癌

学习目标24.6.2　由*p53*基因证明吸烟会导致肺癌

如果癌症是由生长调节基因受损引起的，那么是什么导致了肺癌的发病率在美国迅速增长呢？以下两条证据特别有说服力。第一条是有关吸烟者的癌症发病率的详细信息。非吸烟者中每年的肺癌发病率约为17/100,000，这个数值随着每天吸烟数量的增加而增加，到每天吸30支烟的吸烟者群体时，年肺癌发病率回升到300/100,000。

第二条证据是，肺癌发病率的变化反映了吸烟习惯的变化。仔细查看图24.7中的数据。上部的图表显示的是从1900年以来，美国男性的吸烟率（蓝色线）和肺癌发病率（红线）的数据。1920年时，肺癌还是一种罕见的疾病。在男性吸烟率开始增加的约30年后，肺癌也开始变得越来越普遍。现在看下部的图表，它反映的是有关女性的数据。因为社会风俗，“二战”之前相当多的美国女性不抽烟（见蓝线）。到1963年，只有6,588名女性死于肺癌。但由于女性吸烟率的增加，女性的肺癌发病率（红线）也跟着增加，同样也有一个约30年的滞后期。如今，女性在香烟的消耗数量上已经和男性的基本持平了，女性因肺癌造成的死亡率也正迅速地接近男性的水平。到2013年，约有73,290名美国女性死于肺癌。

吸烟是如何导致癌症的呢？香烟烟雾中含有许多强效的诱变剂，其中包括苯并［a］芘，吸烟会使这些诱变剂进入肺组织。以苯并［a］芘为例，这种物质可以在3个位点与*p53*基因结合，造成这些位点的基因突变，进而使基因失活。1997年，科学家研究了这种肿瘤抑制基因，证实了香烟和肺癌之间的直接联系。他们发现在70%的肺癌细胞*p53*基因失活。进一步检测这些失活的*p53*基因，科学家发现基因突变的位点正是与苯并［a］芘结合的3个位点！显而易见地，香烟烟雾中的化学物质苯并［a］芘就是造成肺癌的元凶。

所以，避免肺癌的一种有效方法就是不吸烟。人寿保险公司做过计算，从统计学上讲，吸一根烟会将你的寿命缩短10.7分钟，这比吸这根烟所花费的时间还要长！这样的话，每包20支装的香烟上都应该有一个标签：吸这包香烟的价格是你3.5小时的生命。吸烟这个举动就好像你和一个枪手同处一个完全黑暗的房间，你站在那里，枪手看不见你，也不知道你的位置，而且他会向任意方向随机开枪。一次命中你的可能性微乎其微，而且绝大多数的射击肯定也落空。但是，当枪手连续不断地射击，那么击中你的可能性也就越来越大。每一次吸烟的时候，诱变剂就被“射”向它对应的基因。统计数据可不能保护任何一个个体：并不是说第一枪就完全不会击中。死于肺癌的并不都是老年人。

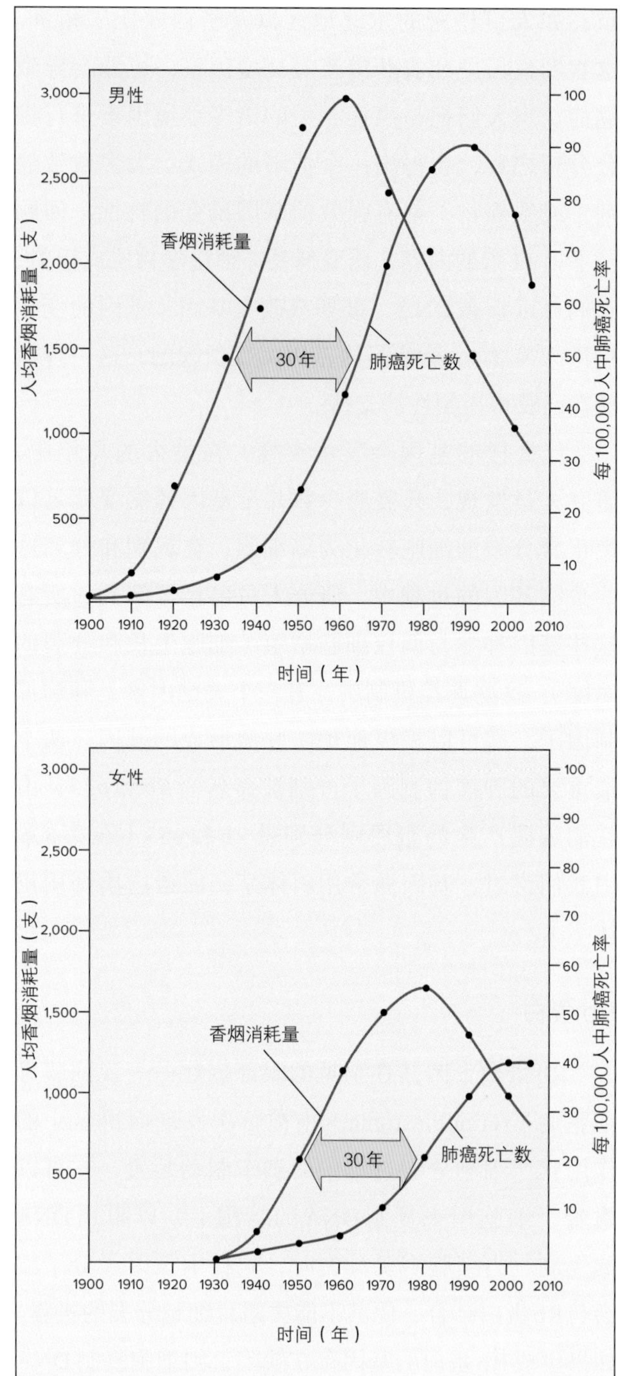

图24.7　男性和女性的肺癌发病率

一个世纪以前，肺癌还是一种罕见的疾病。20世纪初，随着美国男性吸烟者数量的增加，肺癌发病率也增加。女性虽然晚几年，但是也按这种模式发展，直到2008年，超过71,000名妇女死于肺癌，合40/100,000。而据统计，在那一年约有20%的女性吸烟，约有25%的男性吸烟。

其他致癌因素

重要的是，2014年新确诊的肺癌患者中，16%为非吸烟者，而其中又有2/3是女性。为什么女性比男性多那么多呢？同年，非吸烟女性肺癌死亡的人数是宫颈癌死亡人数的3倍。针对非吸烟肺癌患者中女性比男性更常见这个现象，还有，更多的因素有待科学家去探究。

关键学习成果　24.6

健康的细胞可以对自身分裂进行调控，癌症的发病就是由于调控基因发生了突变。很多这种突变是由吸烟造成的。

调查与分析
INQUIRY & ANALYSIS

羊驼在高海拔地区是如何生存的？

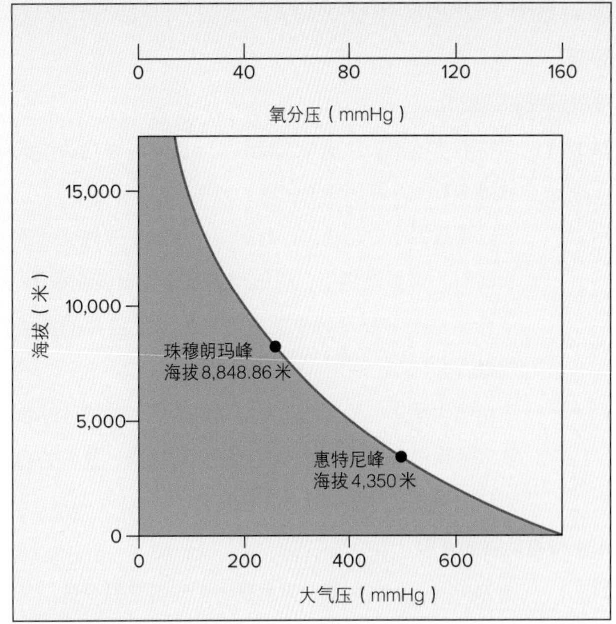

由于混合作用，无论在哪里，动物呼吸的空气中氧气总是占21%，哪怕在距离地表100千米的高空中也是这样。然而，空气量（单位体积内的分子数量）却是随着海拔的升高而急剧下降的，就如右上图所示。海拔5,000米处的气压就只有海平面气压的一半。

登山者懂得，这种空气的缺乏会对人类造成一系列很严重的问题。空气中的氧气（以氧分压的形式测得）较少，所以用来维持登山者肌肉耗能的氧气非常少。为了解决这个问题，高海拔登山者通常要花上好几个月的时间去适应这个地域的特殊性，在这段时期内，使自己体内红细胞中的血红蛋白含量大大增加，以增加红细胞可以携带的氧气量。

许多哺乳动物一生都是生活在高海拔地区的。羊驼和骆马都生活在南美洲的安第斯山脉，通常在海拔5,000米以上。它们的红细胞里会有更多的血红蛋白吗，或者它们能够用别的方式解决低氧的问题？

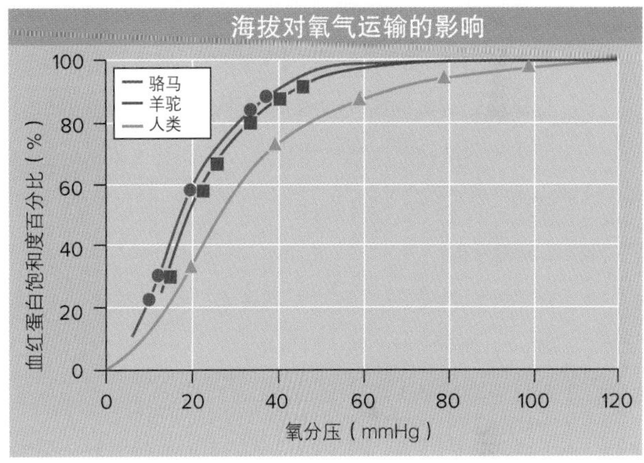

右图所绘的是3条“氧负荷曲线”，显示出血红蛋白结合氧的效率。血红蛋白结合氧气的效率越高，则其要满负荷结合氧气所需的外部氧气就越少。图中的y轴表示血红蛋白饱和度百分比（有多少血红蛋白结合了氧气），x轴表示氧分压（血红蛋白分子可结合的氧气量）。图中的氧负荷曲线来自3种哺乳动物：生活在海平面高度的人类，生活在安第斯山脉海拔5,000米以上的羊驼和骆马。

分析

1. **应用概念**

   a. **变量**。右下图中的因变量有什么？

   b. **对比曲线**。从右下图推断，哪（些）种动物的血红蛋白能在海平面氧分压（160mmHg）下更好地结合氧气？这3种动物中的哪一种体内的血红蛋白能在珠穆朗玛峰上更好地结合氧气（使用右上图中的数据）？

2. **解读数据**

   a. 在海平面处，人体肌肉组织中的氧分压约为40mmHg。在这种氧分压下，这3种动物体内结合氧气的血红蛋白所占的百分比分别是多少？释放氧气的血红蛋白所占百分比又分别是多少？

   b. 在两种高海拔生物中，血红蛋白饱和度有没有显著区别？

3. **进行推断** 在海拔5,000米处，氧分压是80mmHg（是海平面的一半）。在这个海拔高度上，上图3种动物体内有多少血红蛋白成功地结合了氧气？

4. **得出结论** 将氧负荷曲线向左移动，会产生什么效果？从3种动物中血红蛋白与氧气的亲和力，可以得出什么样的普遍结论？

5. **进一步分析** 你觉得出生在华盛顿国家公园的羊驼体内的血红蛋白饱和度是多少？你为什么会这么认为？你将如何检验你的猜测？

本章回顾

Reviewing What You Have Learned

呼吸

呼吸系统的类型

24.1.1 动物的呼吸系统是多种多样的。一些水生动物通过皮肤摄入氧气并释放二氧化碳。

- 在较高级的水生动物中，鳃的演化增加了气体交换的表面积。这类动物中，鳃结构的复杂程度差距很大，从最简单的棘皮动物中的皮鳃，到高度盘曲的鱼类的鳃。
- 陆生动物通过气管或肺获取空气中的氧气。节肢动物的气管系统是一个对外开口的空气导管网，开口处称为气门。其他陆栖脊椎动物使用肺。

水生脊椎动物的呼吸

24.2.1 图24.1中所示的鱼鳃，因为是一个对流交换系统，其从水中摄取氧气的效率非常高。水被泵入鳃，沿单方向流过鳃丝，这与鳃丝内毛细血管中血流的方向相反，称为对流。由于这种流动模式，水在流过鳃丝的过程中，其中的氧气浓度，总是比相遇处血管中血液的氧气浓度高。这种浓度梯度，使得氧气能扩散到血液中。

陆生脊椎动物的呼吸

24.3.1 从两栖动物到爬行动物再到哺乳动物，肺效率的提高，主要是靠增大肺内表面积。

24.3.2 哺乳动物的肺内有很多小的空气导管，会在末端分支并膨大成为气室，即肺泡，看起来像葡萄一样。肺泡增大了肺内气体扩散的表面积。

24.3.3 空气在通过鸟类体内的一组后气囊，沿单一方向通过肺部。空气流动的方向与肺内毛细血管中血流的方向相垂直，称为交叉对流。这使得鸟类肺中气体交换的效率，比哺乳动物的匀质交换的肺的效率高，但依旧不如鱼鳃的对流交换效率高。第二次吸气时，空气从肺进入前气囊，然后从那里被呼出。

哺乳动物的呼吸系统

24.4.1 在哺乳动物体内，两侧的肺通过支气管连接到气管。气管向上延伸，开口于口腔后部（图24.5）。

- 哺乳动物肺内的各级支气管末端会成为肺泡，肺泡被毛细血管包围。气体交换就通过肺泡和毛细血管壁的单细胞层进行。

24.4.2 肺外侧和胸腔内壁都被一层膜覆盖，这两层膜之间充满液体，使得肺被固定在胸腔壁上。胸腔周围的肌肉收缩，拉动肺部，使之容量扩大，空气涌入肺。肌肉松弛则空气被呼出。

- 潮气量是人体静息状态下吸入和呼出肺部的空气量。额外最大吸入和呼出的空气量被称为肺活量。尽量呼出后仍然存在肺部的剩余体积的空气被称为余气量。

呼吸作用：气体交换

24.5.1 图24.6显示的是血红蛋白，这种分子存在于红血细胞中，从肺部携带氧气到全身其他细胞。在氧浓度高的肺部，氧气扩散进入血液中的红细胞。氧气与血红蛋白中的血红素基团上的亚铁离子相结合，然后被带到体内低氧的区域。氧气沿浓度梯度扩散，进入周围组织细胞。

- 红细胞卸载氧气后，会结合二氧化碳。二氧化碳主要是以碳酸氢根离子和氢离子的形式被运输。二氧化碳进入红细胞，由碳酸酐酶转化成碳酸，碳酸解离为碳酸氢根离子和氢离子。碳酸氢根离子随后被运送出红细胞，和氯离子进行交换。
- 在肺部，碳酸酐酶催化和之前方向相反的反应，将碳酸氢根离子和氢离子重新结合放出二氧化碳，二氧化碳也会沿浓度梯度由血液进入肺泡，随着下一次呼气被排出体外。
- 血液中以超一氧化氮的形式运输一氧化氮。一氧化氮在内皮细胞中产生，其作用是可以改变多种细胞的形状和功能。它也和血红蛋白结合，但结合的位点与氧气的结合位点不冲突。

肺癌与吸烟

肺癌的性质

24.6.1 癌症是由环境中的化学物质引起的DNA突变造成的。环境污染较高的地区，同时也有着较高的癌症发病率。

24.6.2 许多癌症都与两个关键的肿瘤抑制基因的突变有关，*Rb*和*p53*。这两个基因产生的蛋白质可以控制细胞分裂，防止细胞在不应该分裂时进行分裂增殖。如果细胞中这两个基因任何一个发生突变受损，则这样的细胞就会进行失控地分裂。

- 香烟烟雾中的化学物质会引起突变而诱发肺癌。肺癌的发病率映照了吸烟率，两者之间约有30年的滞后期，突变随着时间累积，导致了癌症的暴发。

本章测验

Test Your Understanding

24.1.1(1) 说明为什么细菌、古细菌、原生动物和许多门类的无脊椎动物，可以在没有呼吸器官的情况下生存。

24.1.1(2) 鳃在以下哪种动物体内存在?

a. 鱼　　c. 软体动物
b. 海洋节肢动物　　d. 以上所有

24.1.1(3) 无脊椎动物和脊椎动物的呼吸器官在哪个方面是相似的?

a. 它们都利用负压呼吸
b. 它们都有对流交换系统
c. 它们都增加可用于扩散作用的表面积
d. 空气沿单一方向通过呼吸器官

24.2.1 鱼鳃中的对流交换，使得_______。

a. 动物的血液不断接触含氧浓度较低的水流
b. 动物的血液不断接触含氧浓度相同的水流
c. 动物的血液不断接触含氧浓度较高的水流
d. 气体交换的表面积更大

24.3.1 这类动物可以最有效地从空气中摄取氧气?

a. 爬行动物　　c. 两栖动物
b. 鸟类　　d. 哺乳动物

24.3.2(1) 一般来说，对肺泡的需求的增加是随着_______。

a. 不同脊椎动物的能量需求增加
b. 不同脊椎动物的能量需求减少
c. 不同脊椎动物的栖息地变化
d. 不同脊椎动物的营养需求增加

24.3.2(2) 比较鱼鳃与哺乳动物的肺的呼吸效率。

24.3.3 下面关于鸟类呼吸系统的说法哪项是错误的?

a. 鸟类的呼吸中，空气和血液形成交叉对流
b. 鸟类在肺以外拥有气囊
c. 空气通过鸟类的呼吸系统，需要3个呼吸周期
d. 吸气时，鸟类的呼吸系统中有两个位置储存空气

24.4.1(1) 下列哪个是空气进入肺部的正确路径_______。

a. 鼻腔→支气管→气管→肺泡→毛细血管
b. 气管→支气管→毛细血管→肺泡
c. 鼻孔→鼻腔→气管→支气管→肺泡
d. 鼻孔→支气管→气管→肺泡

24.4.1(2) 以下哪些不是哺乳动物呼吸的过程?

a. 氧气扩散　　c. 负压的产生
b. 二氧化碳的主动运输　　d. 氯转移

24.4.2(1) 当你深呼吸，你的胸部向外扩张，因为_______。

a. 吸入的空气使胸腔扩张
b. 腹部肌肉收缩，迫使胸腔向外扩张
c. 胸腔周围的肌肉收缩，拉动胸腔向外扩张
d. 肺部产生正压，撑大胸腔，迫使胸腔向外扩张

24.4.2(2) 以下容量逐渐增大的顺序是：_______。

a. 余气量＜潮气量＜肺活量
b. 潮气量＜余气量＜肺活量
c. 肺活量＜潮气量＜余气量
d. 肺活量＜余气量＜潮气量

24.5.1(1) 氧气以哪种形式运输_______。

a. 通过红细胞中的血红蛋白
b. 溶解在血浆中
c. 与血浆中的蛋白质结合
d. 与血浆中的血小板结合

24.5.1(2) 大部分的二氧化碳以哪种形式被运输?

a. 通过红细胞中的血红蛋白
b. 以血浆中的碳酸氢根形式
c. 通过血浆中的蛋白质
d. 以红细胞中的碳酸形式

24.5.1(3) 以下哪种物质不是由血红蛋白携带的?

a. 碳酸氢根　　c. 氧
b. 二氧化碳　　d. 超一氧化氮

24.5.1(4) 如果一个人中了某种化学毒素，碳酸酐酶的作用被阻断了，那么这个人体内的二氧化碳运输将会发生什么变化?

24.5.1(5) 如果你长时间屏住呼吸，体内的二氧化碳水平可能_______，并且体液的pH值可能_______。

a. 增加；增加　　c. 增加；减少
b. 减少；增加　　d. 减少；减少

24.5.1(6) 登山者在高海拔地区可能会遭遇困难，因为_______。

a. 氧分压在较高海拔地区较低
b. 高海拔处含有更多的二氧化碳
c. 空气中所有成分的浓度在高海拔地区都较低
d. 高海拔地区的低温限制了氧气的代谢活性

24.5.1(7) 溺水的人经常是可以被救活的。然而，溺水后又被成功救活的例子中，人都被淹没在很冷的水里。这一事实，与氧气在0℃水中的溶解度是3℃时的2倍一致吗?

24.6.1(1) 正常的Rb蛋白的功能是_______。

a. 作为细胞分裂的制动装置　　c. 促进视网膜色素沉着
b. 产生视网膜母细胞瘤　　d. 启动DNA复制

24.6.1(2) 在正常细胞中，*p53*基因的作用是_______。

a. 创建癌症阻断突变
b. 触发无限制的细胞分裂
c. 检测出损坏的DNA
d. 将外显子剪切成正确的序列

24.6.2(1) 下面哪个可以导致癌症?

a. 吸烟　　c. *Rb*和*p53*基因突变
b. 污染　　d. 以上所有

24.6.2(2) 吸烟不止与肺癌的发病有关，它是如何引起多种癌症的发病率上升的?

24.6.2(3) 尽管如今我们对癌症有了一定的了解，一些类型的癌症发病率仍在增加。非吸烟女性中的肺癌发病就是其中之一。有哪些原因可能造成这个日益严重的问题?

第 6 单元　动物

25

学习目标

食物能量与关键营养素

25.1　提供能量和促进生长的食物

　1　BMI为25的意义

　2　必需氨基酸、微量元素和维生素

消化

25.2　消化系统的类型

　1　线虫和蚯蚓的消化道对比

25.3　脊椎动物的消化系统

　1　脊椎动物消化系统的组成以及消化道的各肌肉层

25.4　口腔和牙齿

　1　脊椎动物的四种牙齿的功能

　2　唾液和淀粉酶的功能

25.5　食管和胃

　1　食管的蠕动和括约肌在运送食物通过食管中的作用

　2　胃部分泌物在胃行使正常功能中的作用

25.6　小肠和大肠

　1　十二指肠、空肠和回肠的位置和功能

　2　比较小肠和大肠的功能

25.7　脊椎动物消化系统的多样性

　1　牛的胃及其对植物性食材的消化

25.8　副消化器官

　1　胰腺的功能

　2　肝和胆的结构

调查与分析　为什么糖尿病人的尿液中含有葡萄糖?

食物在动物体内的旅行

动物不能进行光合作用。所以，动物是异养生物，需要消耗和氧化来自其他生物体内现成的有机分子，来获得维持生命的能量。为了生存，所有的动物都必须不断地摄入植物或其他动物作为食物。草原土拨鼠会吃草，然后将之转化为身体的组织、能量和排泄物。草中所含的大多数分子都太大，很难被土拨鼠的细胞直接吸收，所以这些分子会先被分解成较小的部分：碳水化合物被分解成单糖，蛋白质被分解成氨基酸，脂肪被分解成脂肪酸。这个过程被称为消化，这就是本章要讨论的重点。土拨鼠的消化系统是一个从口到肛门的长管，中间有专门的部分负责消化，然后将产生的糖、氨基酸和脂肪酸吸收进身体。剩下的所有东西都会以粪便的形式被身体排出。最近，研究人员发现了一种海蛞蝓，似乎可以吸收其食用的藻类中的叶绿体：那么这些海蛞蝓能进行光合作用吗？土拨鼠和其他任何脊椎动物是没有这种能力的。在本章中，我们将追寻食物在脊椎动物体内经过的路径，这将是非常有趣的食物之旅。

25.1 提供能量和促进生长的食物

吃什么就是什么

学习目标25.1.1 BMI为25的意义

动物吃的食物在提供能量的同时，也能够提供一些生命必需但是自身无法合成的分子，如某些氨基酸和脂肪。理想的饮食是要达到水果、蔬菜、谷物、蛋白质和奶制品等多种类的平衡，就像图25.1所示的美国联邦政府给出的“营养餐盘”的建议。这个餐盘的目的是给出一个大体的指导方针。人们饮食中有一半应该是水果和蔬菜，而另一半应该包含蛋白质、全谷物和奶制品。脂肪的推荐食用量很小，因为相比其他物质，脂肪中含有更多的高能C—H键，所以每克脂肪所含的能量远比碳水化合物或蛋白质中的多。碳水化合物和蛋白质中则含有更多的已经被氧化的C—O键。因此，脂肪是储存能量的一种非常有效的方式。当食物被吸收后，它会被身体的细胞代谢，或者转化成脂肪储存在脂肪细胞中。

图25.1 营养餐盘

美国农业部用这个“营养餐盘”图标为人们提供健康饮食指南，改善人们的饮食方式。它建议人们的食物中，要有一半是水果和蔬菜，另一半是全谷物和瘦肉蛋白。脂肪是要尽量避免的。奶制品被画在餐盘旁边，也应该是低脂肪含量的，如脱脂牛奶和酸奶。用水果和蔬菜装满你一半的餐盘，可以减少热量摄入。这个饮食建议强调的是全谷物，而不是像白米或白面包这样精加工过的谷物，因为加工过程中会有营养物质的流失，以致缺乏维生素、纤维和铁。

碳水化合物主要来源于麦片、谷物、面包、水果和蔬菜。平均每克碳水化合物含有4.1卡的热量，相比较而言，平均每克脂肪含有9.3卡的热量，超过碳水化合物的2倍。膳食中脂肪的主要来源有油、人造黄油和天然黄油，吃油炸食品、肉类和像薯片饼干那样的加工零食都能获得脂肪。蛋白质与碳水化合物一样，平均每克含4.1卡热量，膳食中的蛋白质来源很广泛，包括乳制品、禽畜的肉、鱼和谷物。

碳水化合物被用于提供能量。脂肪可以被用来构成细胞膜和其他的细胞结构，隔离神经组织，提供能量。蛋白质被用于提供能量，为细胞结构、酶、血红蛋白、激素、肌肉和骨组织提供原料。

在北美和欧洲的富裕国家生活的人，严重超重现象是普遍存在的，这是过量饮食和高脂饮食的习惯造成的结果，其中脂肪占人体摄入总热量的35%以上。衡量体重是否合理的国际标准是体重指数（body mass index，BMI），计算方法是用体重的千克数，除以身高的米数的平方。图25.2就是BMI的对照表。要确定BMI，从左边栏找到身高（米），然后在上栏找到体重（千克），两者的交点就是BMI值。BMI值为25（深蓝色格）及以上被认为是超重，达到30及以上就被认为是肥胖。据美国国家卫生研究院估计，2004年美国有66%的成年人体重指数为25或更高，被认定为超重，这一人数超过13,360万。在这些人中，有超过6,300万人的体重指数达到或超过30，被认定为肥胖。超重与冠心病、糖尿病和许多其他疾病有着密切关系。但是，饥饿也不是好事，BMI低于18.5同样也是不健康的，通常会导致饮食紊乱，比如神经性厌食症。

即使是完全处于静息状态的动物，也需要能量来维持体内的新陈代谢。这是身体所需的最小的能量消耗，被称为**基础代谢率**（basal metabolic rate，BMR）。每个个体的基础代谢率是相对恒定的。运动能提高体内的代谢率，使之高于基础水平，所以我们每天所需的能量，不仅取决于BMR，也与体力活动的程度有关。因此，饮食结构（摄入的热量）和运动消耗的能量，可以共同改变我们的能量需求。

食物的一个关键特征，是它的纤维含量。植物

25 临界值　　超重

体重	45.5	47.7	50.0	52.3	54.5	56.8	59.1	61.4	63.6	65.9	68.2	70.5	72.7	75.0	77.3	79.5	81.8	84.1	86.4	88.6	90.9	93.2
身高																						
1.52	20	21	21	22	23	24	25	26	27	28	29	30	31	32	33	34	35	36	37	38	39	40
1.55	19	20	21	22	23	24	25	26	26	27	28	29	30	31	32	33	34	35	36	37	38	39
1.57	18	19	20	21	22	23	24	25	26	27	27	28	29	30	31	32	33	34	35	36	37	37
1.60	18	19	19	20	21	22	23	24	25	26	27	27	28	29	30	31	32	33	34	35	35	36
1.63	17	18	19	20	21	21	22	23	24	25	26	27	27	28	29	30	31	32	33	33	34	35
1.65	17	17	18	19	20	21	22	22	23	24	25	26	27	27	28	29	30	31	32	32	33	34
1.68	16	17	18	19	19	20	21	22	23	23	24	25	26	27	27	28	29	30	31	31	32	33
1.70	16	16	17	18	19	20	20	21	22	23	23	24	25	26	27	27	28	29	30	31	31	32
1.73	15	16	17	17	18	19	20	21	21	22	23	24	24	25	26	27	27	28	29	30	30	31
1.75	15	16	16	17	18	18	19	20	21	21	22	23	24	24	25	26	27	27	28	29	30	30
1.78	14	15	16	17	17	18	19	19	20	21	22	22	23	24	24	25	26	27	27	28	29	29
1.80	14	15	15	16	17	17	18	19	20	20	21	22	22	23	24	24	25	26	26	27	28	29
1.83	14	14	15	16	16	17	18	18	19	20	20	21	22	22	23	24	24	25	26	26	27	28
1.85	13	14	15	15	16	16	17	18	18	19	20	20	21	22	22	23	24	24	25	26	26	27
1.88	13	13	14	15	15	16	17	17	18	19	19	20	21	21	22	22	23	24	24	25	26	26
1.91	12	13	14	14	15	16	16	17	17	18	19	19	20	21	21	22	22	23	24	24	25	26
1.93	12	13	13	14	15	16	16	16	17	18	18	19	19	20	21	21	22	23	23	24	24	25

图25.2　你超重了吗?

这张图表是美国联邦卫生局授权检测是否超重时使用的体重指数对照表。你的体重指数就在身高和体重的交叉点。

性食物中含有纤维，水果、蔬菜和谷物中都有，人类无法消化纤维。然而，其他动物已经进化出了许多不同的方法，来处理含有高纤维的食物。美国现在常见的是低纤维的饮食，这容易导致食物通过结肠的速度减慢。美国结肠癌的发病率处在世界最高水平，这被认为和低纤维膳食有关。

生长的关键物质

学习目标25.1.2　必需氨基酸、微量元素和维生素

在进化的过程中，许多动物失去了制造它们所需的某些物质的能力，而这些物质往往在它们的新陈代谢中起着至关重要的作用。以蚊子和其他许多吸血昆虫为例，它们自身不能产生胆固醇，但它们可以从食物中获得，因为人类血液中含有丰富的胆固醇。许多脊椎动物自身无法产生合成蛋白质的20种氨基酸中的某一种或多种。人类体内无法合成的氨基酸有8种：赖氨酸、色氨酸、苏氨酸、蛋氨酸、苯丙氨酸、亮氨酸、异亮氨酸、缬氨酸。这些氨基酸，被称为**必需氨基酸**（essential amino acid），是必须从食物中的蛋白质中获得的。所以，我们要吃的蛋白质应该是完全蛋白质，也就是，含有所有必需氨基酸的蛋白质。此外，所有的脊椎动物也失去了合成某些不饱和脂肪酸的能力，而这些不饱和脂肪酸是其体内合成物质的基础。

除了提供能量，食物也必须能给机体提供必需的矿物质，如钙和磷以及多种**微量元素**（trace element）。微量元素是我们体内需求量非常小的矿物质。碘（甲状腺激素的一种成分）、钴（维生素B_{12}的一种成分）、锌和钼（多种酶的组成成分）、锰以及硒，这些都是微量元素。所有这些微量元素也是植物生长必不可少的，不过硒有可能是个例外。动物可以通过吃植物直接获得微量元素，也可以吃吃植物的动物间接获得。

体内微量但必不可少的有机物质被称为**维生素**（vitamin）。人类至少需要13种不同的维生素。许多维生素是细胞酶必需的辅助因子。例如，人类、猴子和豚鼠失去了合成抗坏血酸（维生素C）的能力，如果不在食物中补充维生素C，就有可能患上致命的坏血病，这种病的症状是虚弱，牙龈肿胀，皮肤和黏膜出血。

关键学习成果 25.1

食物是热量的重要来源。保持碳水化合物、蛋白质和脂肪的适当平衡是非常重要的。BMI达到或超过25，就被认为是超重。食物还提供自身无法合成的必需氨基酸以及必要的微量元素和维生素。

消化
Digestion

25.2 消化系统的类型

消化道的进化

学习目标25.2.1 线虫和蚯蚓的消化道对比

异养生物根据食物来源被分为3类：只以植物为食的动物被归类为**植食动物**（herbivore），常见的有牛、马、兔子和麻雀。吃肉的动物被称为**肉食动物**（carnivore），如猫、鹰、鳟鱼、蛙。既吃植物又可以吃其他动物的动物被归类为**杂食动物**（omnivore）。我们人类属于杂食动物，猪、熊和乌鸦也是。

单细胞生物（以及海绵动物）在细胞内消化食物，细胞内的消化酶会分解进入细胞的食物颗粒。真菌和大多数动物采取细胞外消化，真菌在体外消化，而动物体内则拥有与外界环境连通的消化腔。扁形动物和刺胞动物（如图25.3中的水螅）体内的中心是消化腔，消化腔只有一个开口，既作为口（红色箭头表示食物进入体内）也作为肛门（蓝色箭头表示废物排出）。这种消化系统被称为**消化循环腔**（gastrovascular cavity），因为每一个细胞都可以接触到食物消化的所有阶段，所以这个类型的消化系统没有分化。

当消化道在进化中出现了分离的口和肛门之后，食物在消化道中只会沿单一方向前进，这时消化道就出现了分化（图25.4）。最原始的消化道出现在线虫（线虫动物门）中，只是由上皮细胞膜围成的一

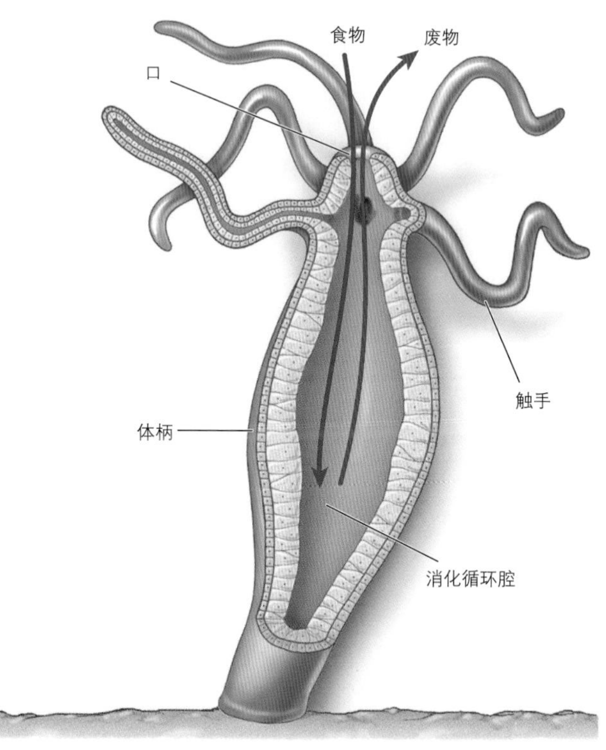

图25.3 双向消化道
食物颗粒从唯一的口进出水螅的消化循环腔。

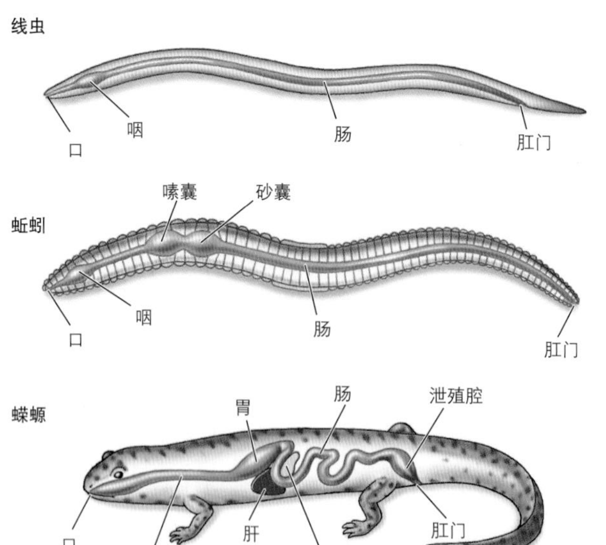

图25.4 单向消化道
食物沿一个方向通过消化道，使得消化系统出现区域的分化，行使不同的功能。

根简单的管状肠道。蚯蚓（环节动物门）的消化道中出现了不同区域的分化，分别负责摄入食物、存储食物（嗉囊）、磨碎食物（砂囊）、消化食物和吸收食物（肠）。所有的高等动物，如蝾螈，都具有类似的分化。

摄入的食物通常会受到来自牙齿的咀嚼（在许多脊椎动物的口中）或石子的研磨（在蚯蚓和鸟类的砂囊中，在蜥脚类恐龙的胃里）等机械作用，成为碎片。化学消化主要发生在肠，将食物中的大分子，如多糖、脂肪和蛋白质，分解成较小的亚基。化学消化中的水解反应，可以将食物中的小分子单糖、氨基酸和脂肪酸释放出来。这些化学消化的产物可以通过肠道的上皮细胞层，并最终进入血液，这一过程被称为吸收。未被吸收的食物中的其他分子都会通过肛门被排出体外。

关键学习成果 25.2

多数动物采取细胞外消化。食物在消化道中具有单向运输的特性，使得消化道出现不同功能的区域分化。

25.3 脊椎动物的消化系统

多层肌肉构成的消化道

学习目标25.3.1 脊椎动物消化系统的组成以及消化道的各肌肉层

在人类和其他脊椎动物体内，消化系统由一个消化管和辅助的消化器官（图25.5）组成。从图片最上方开始看，消化管的起始部分是口，以及连通口腔和鼻腔的咽。咽下方就是食管，食管是由肌肉组成的通道，连接到胃，食物在胃开始进行初步消化。然后食物进入小肠，在一连串的消化酶的作用下继续消化。消化产物通过小肠壁进入血液。剩下的物质从小肠被运送到大肠，大肠还可以再吸收其中的水分和矿物质。除哺乳动物之外，大多数脊椎动物体内的残渣被从大肠排入泄殖腔（参见图25.4中的蝾螈）。在哺乳动物体内，残渣通过大肠（也叫结肠），进入直肠，然后从肛门排出体外。

一般来说，肉食动物的肠道比植食动物的短。较短的肠道对肉食动物来说已经足够了，但植食动物会摄入大量难消化的植物纤维素，所以它们会有长而盘曲的小肠。此外，哺乳动物中食草和其他植被的反刍动物（如牛）的胃有多室，细菌在胃中帮助消化纤维素。其他植食动物，如兔和马，在盲肠内消化纤维素（借助细菌），盲肠位于大肠的起端。辅助消化器官包括肝脏、胆囊和胰腺。

如图25.6所示，脊椎动物的消化管具有特殊的分层结构。从内（管腔）向外看，最里面的一层（浅粉色）是黏膜，包绕着管腔的一层上皮。接下来的一个主要组织层是由结缔组织构成的，称为黏膜下层（深粉色）。在黏膜下层之外是由双层平滑肌构

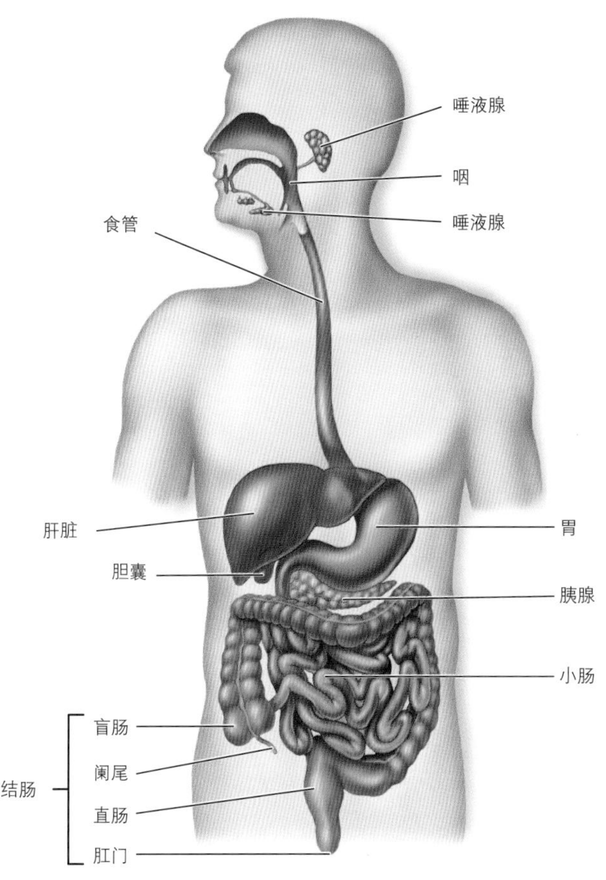

图25.5 人类的消化系统
图中所示就是消化管和辅助消化器官。结肠是从盲肠到肛门的器官。

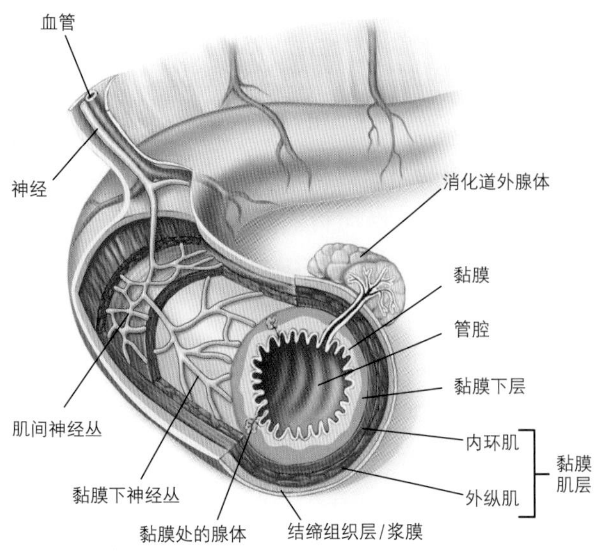

图25.6 胃肠道的多层结构

黏膜由一层内衬的上皮组织组成，黏膜下层由结缔组织组成（最外层的浆膜也是），黏膜肌层由平滑肌组成。

成的肌层，内层的肌肉呈环形，外层的肌肉呈纵向排列。再往外就是包覆在消化道外表面的浆膜层，由结缔组织构成。神经交织在一起被称为神经丛，分布于黏膜下层，帮助调节胃肠活动。

关键学习成果 25.3

脊椎动物的消化系统由一个具有多层结构的消化管和辅助的消化器官组成。

25.4 口腔和牙齿

脊椎动物的牙齿

学习目标25.4.1 脊椎动物的四种牙齿的功能

许多脊椎动物都有牙齿（下面讨论），通过用牙嚼（咀嚼）把食物磨碎成小颗粒，并与分泌的液体混合。鸟类没有牙齿，它们在体内两胃室的胃内磨碎食物。第一胃室是腺胃（图25.7），可以产生消化酶，与食物混合一同进入第二胃室，即肌胃。肌胃里有被鸟类吞入的小沙石，与食物一起随着肌肉运动被搅动。通过这种搅动把种子和其他较硬的植物食物磨成较小的碎片，这样更容易在肠道内被消化。

回顾一下第20章，爬行动物和鱼类具有同型齿（所有的牙齿都一样），大部分哺乳动物具有异型齿，即牙齿分化出不同类型。目前为止，我们能看到四种不同类型的牙齿：门齿，是凿形的，用于啃咬；犬齿锋利带有锐尖，用来撕扯食物；前臼齿（双尖牙）和臼齿，通常有扁平的脊状表面，用于研磨和粉碎食物。哺乳动物上下颌最前面的牙就是门齿，门齿两侧都有犬齿，再往后就是前臼齿和臼齿。

这只是普遍的异型齿的模型，不同动物中也会由于饮食结构的不同，出现特定的变化（图25.8）。例如，在肉食动物中，犬齿突出，前臼齿和臼齿则像刀刃一样有锋利的边缘，利于切割食物。肉食动物通常会把猎物撕咬成小片但是几乎不怎么咀嚼，因为它们体内的消化酶能直接作用于动物细胞（想一下猫或狗是怎么吞下食物的）。相反，如牛和马这样的植食动物，必须在消化之前粉碎掉植物细胞壁中的纤维素。在这类哺乳动物中，为了更好地切断草和其他植物，门牙就会很发达，而犬齿会弱化甚至消失，前臼齿和臼齿则大而平，齿面有起伏，适合挤压磨碎食物。

人类属于杂食动物，所以人类的牙齿形态既适

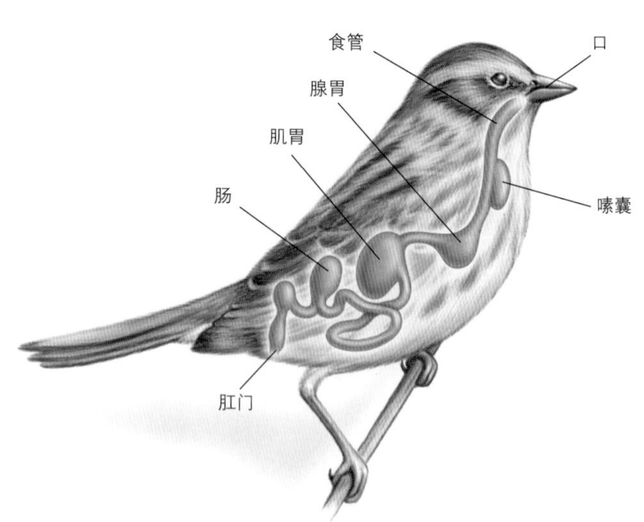

图25.7 鸟类的消化道

鸟类从口吞入食物，并将食物储存在嗉囊中。因为鸟类没有牙齿，它们需要吞下沙砾或石子，这些东西存在肌胃中，帮助磨碎食物。肌胃会产生消化酶，与食物和硬物搅拌在一起，之后进入肠。

合吃植物性食物也适合吃动物性食物。简单来说，人类前半部分牙齿是肉食性的，后半部分牙齿是草食性的。儿童只有20颗牙齿，这些乳牙会脱落，换上32颗恒牙。第三磨牙被称为智齿，通常在十几岁或二十岁出头开始生长，这时候的人被认为已经拥有了一点“智慧”。

你可以在图25.9中看到，牙齿是活的器官，由结缔组织、神经和血管组成，由牙骨质固定在其位置上，牙骨质是类似于骨的物质，可以把牙齿锚定在腭上。牙齿的内部含有延伸到根管的结缔组织，称为牙髓，其中包含有神经和血管。外面有一层被称为牙本质的钙化组织包围着髓腔。牙齿露在牙龈外的部分称为牙冠，其外覆盖着一层非常坚硬的无生命物质，称为牙釉质。牙釉质保护牙齿免受机械磨损，以及由细菌在口腔中产生的酸的腐蚀。当细菌性酸腐蚀透牙釉质形成空洞后，细菌就会感染牙齿的内部组织。

口腔内消化

学习目标25.4.2 唾液和淀粉酶的功能

口腔内，舌头会把食物与一种黏液（唾液）混合。人类体内有3对唾液腺，通过导管把唾液分泌入口腔黏膜层。唾液起到使食物湿润和润滑的作用，使其更便于吞咽，且不会在通过食管时磨损其他组织。唾液中还含有一种水解酶，被称为唾液**淀粉酶**（amylase），它能将多糖淀粉分解成双糖麦芽糖。但是，这种消化对人类来说通常进行得很少，因为大多数人不长时间咀嚼食物。

唾液腺的分泌行为受神经系统控制，人类的唾液基本保持在空口状态下每分钟分泌约0.5毫升。唾液的持续分泌，保证了口腔的湿润。当食物进入口腔后，会刺激味觉敏感的神经元产生脉冲传入大脑，大脑给出反射，使得唾液腺增加唾液的分泌速率。对分泌唾液最有效的刺激是酸性溶液，例如柠檬汁，可以提高8倍的唾液分泌。关于食物的视觉、声音和嗅觉可以明显刺激狗的唾液分泌，但在人类中，这些方面的刺激比想到或谈论食物的效果差得多。

吞咽

当食物准备好被吞咽后，舌头就会将其移送至口腔后部。在哺乳动物中，吞咽的过程开始时，软腭上升，顶住咽后壁（图25.10），封闭鼻腔，防止食物误入❶。咽受到的压力刺激了咽壁内的神经元，这些神经元将神经冲动传导到大脑中的吞咽中枢。

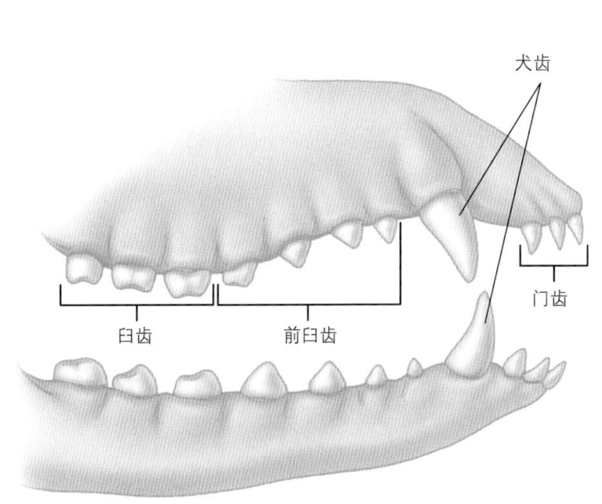

图25.8 异型齿简图

不同的哺乳动物拥有不同的异型齿，这取决于该动物是植食动物、肉食动物还是杂食动物。本图是一种肉食动物的牙齿，犬齿突出，前臼齿和臼齿都有尖，适合撕裂和扯开食物。在植食动物中，部分门齿很大，犬齿弱化或消失，前臼齿和臼齿扁平，适合挤压磨碎植物。

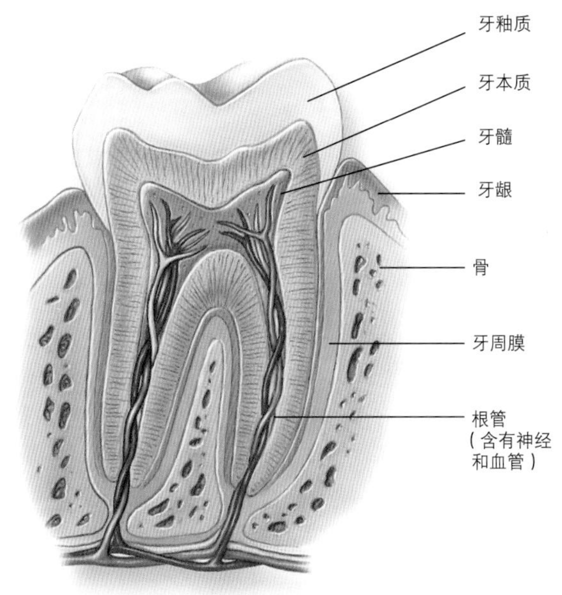

图25.9 人类的牙齿

哺乳动物的每一颗牙都是一个活的组织，在牙髓中存在神经和血管。咀嚼表面是一层坚硬的牙釉质，其覆盖着质地较软的牙本质，牙本质构成牙齿的主体。

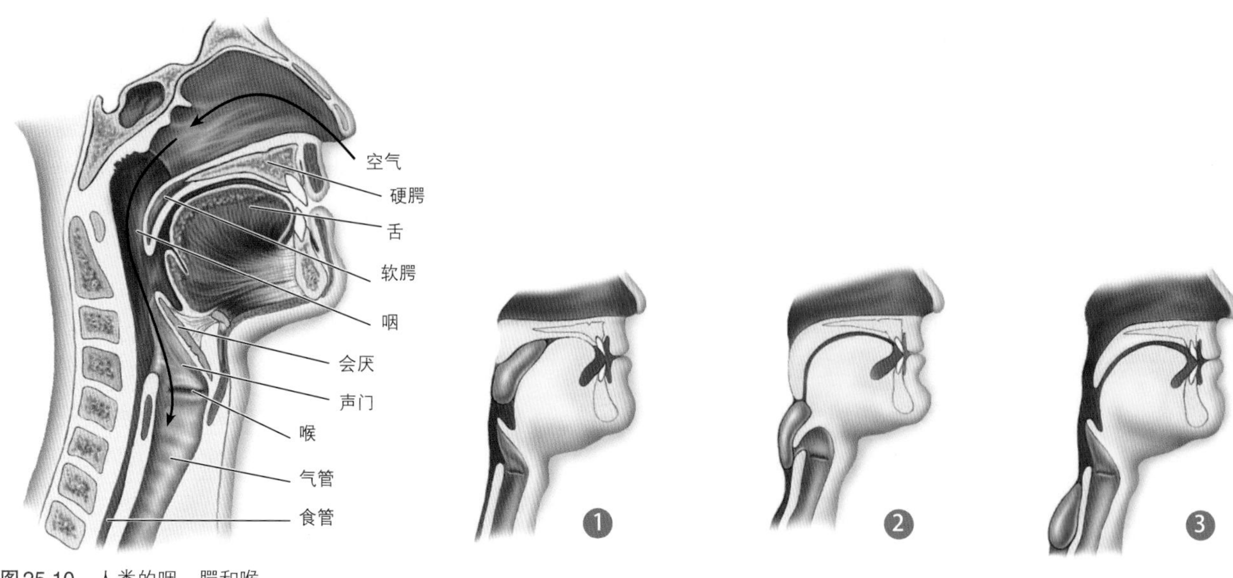

图25.10　人类的咽、腭和喉

作为反应，肌肉受到刺激而收缩，使得喉（larynx）上举。这推动了声门（从喉部通向气管的开口）关闭，紧贴**会厌**❷。这一系列动作可以保证食物不会进入呼吸道，而是进入食管❸。

关键学习成果　25.4

许多脊椎动物摄入食物后，由分化的各类型牙齿通过撕咬或研磨形成食物碎片。在鸟类中，则是通过肌胃中沙石对食物的研磨作用完成的。食物与唾液混合后，被吞咽进食管。

25.5　食管和胃

食管的结构和功能

学习目标25.5.1　食管的蠕动和括约肌在运送食物通过食管中的作用

吞咽的食物进入一根肌性管道，称为**食管**（esophagus），食管将咽与胃连接起来。成年人类的食管约为25厘米长：上1/3部由骨骼肌组成，可以自主控制吞咽，下2/3则由非自主性的平滑肌组成。吞咽中枢刺激平滑肌不断收缩产生波动，推动食物沿食管前进到胃。食物前端的肌肉松弛，以使食物可以自由通过，食物后部的肌肉收缩，推动食物前进，如图25.11所示。这种肌肉有节律地收缩产生波动效果的运动称为**蠕动**（peristalsis），人类和其他脊椎动物即使是在头朝下的情况下也可以进行吞咽。

在许多脊椎动物中，食物从食管到胃的运动是由一圈环状的**括约肌**（sphincter）控制的，食物带来的压力使得括约肌开放。括约肌收缩可以防止胃内的食物返回到食管中。啮齿动物和马具有真正的括约肌，因此胃内容物不会回流。人类则在相应的位置没有真正的括约肌，胃内的东西在呕吐时会流出，当胃和食管之间的括约肌松弛时，胃内的食物会被强行从口中排出。松弛的括约肌也会导致胃酸进入食管，引起刺激性的反应，就是我们常说的“烧心”。慢性和急性的烧心是反酸的病症。

胃的结构和功能

学习目标25.5.2　胃部分泌物在胃行使正常功能中的作用

胃是消化道中类似囊状的部分。胃的内表面高度褶皱，这样它在空的时候能够堆叠起来，填满的时候又能像气球一样膨胀起来。因此，人类的胃在排空时体积只有约50毫升，而食物充盈时可扩大到2～4升。

胃内含有额外的一层平滑肌，用于搅拌食物，使其与**胃液**（gastric juice）充分混合，胃液是胃黏膜中管状的胃腺分泌的酸性物质。胃腺位于皱襞的凹陷底部，如图25.12胃小凹的放大图所示。

这些外分泌腺有两种分泌细胞：**壁细胞**（parietal cell）分泌盐酸（HCl）；**主细胞**（chief cell）分泌胃蛋白酶原，这是一种弱活性的蛋白酶（消化蛋白质的酶），需要pH值非常低的环境。这种低pH环境由HCl提供。被激活的胃蛋白酶原分子互相在特定的位点裂解，转变为高活性的蛋白酶，即胃蛋白酶。先分泌出一种相对活性不高的酶，然后在细胞外转变成另一种高活性的酶，这一过程可以防止主细胞自身被消化。必须注意的是，只有蛋白质才在胃中进行部分消化，碳水化合物和脂肪在胃部都没有进行明显的消化。壁细胞还分泌一种多肽，是肠道吸收维生素B_{12}所必需的。

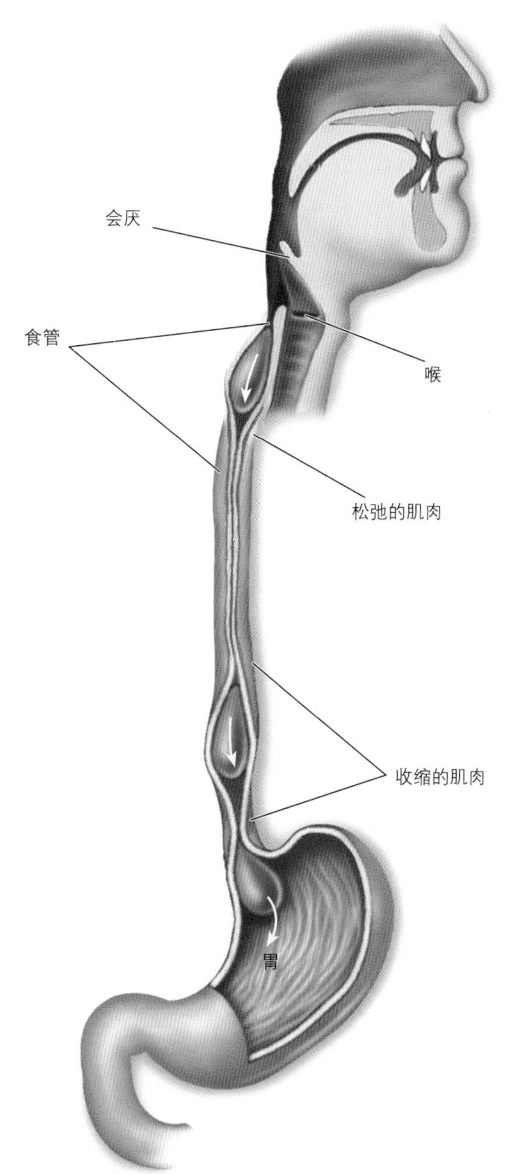

图25.11　食管的蠕动

胃酸的反应

人类的胃每天产生约2升的HCl和其他分泌物，在胃内形成酸性很强的溶液。这种溶液的HCl浓度约为10毫摩尔/升，对应的pH值为2。血液在正常情况下pH值为7.4，因此可以看出，胃液的酸性是血液酸性的25万倍。胃内的低pH有助于使食物蛋白变性，从而更容易被消化，同时可以使胃蛋白酶保持最大活性。活性胃蛋白酶把食物中的蛋白质水解成为较短的多肽链，并没有完全消化，进一步的消化是在胃部的混合物进入小肠后进行的。胃内的半消化食物和胃液的混合物被称为**食糜**（chyme）。

胃内的酸性溶液也会杀死大部分随食物被摄入的细菌。少数细菌能在胃里存活并完整进入肠道，之后在肠道处生长和繁殖，特别是在大肠中。事实上，大多数脊椎动物的肠道内都生活有很多菌落，细菌也是粪便的主要组成部分。我们将在后面讲到，生活在牛和其他反刍动物的消化道内的细菌，在消化纤维素方面起着关键的作用。

胃溃疡

胃也不能产生过多的酸。如果那样的话，身体不能中和进入小肠中的酸，而这是消化最后阶段必不可少的一步。胃酸的产生是由激素控制的。这种激素被称为胃泌素，是由分散在胃壁的内分泌细胞产生的，它可以调节胃小凹中的壁细胞，只有在胃内pH值高于1.5时，才开始合成HCl。

过多的胃酸偶尔会腐蚀一片胃壁。但是，这种情况产生的胃溃疡是罕见的，因为胃黏膜的上皮细胞外还有一层碱性黏液对其进行保护，还因为这些细胞如果受损就有细胞会迅速分裂进行取代（胃上皮细胞每2～3天就更新一次）。超过90%的消化道溃疡是十二指肠溃疡，这是一种在小肠处的溃疡。当过量的酸性食糜进入十二指肠，其中的酸不能被

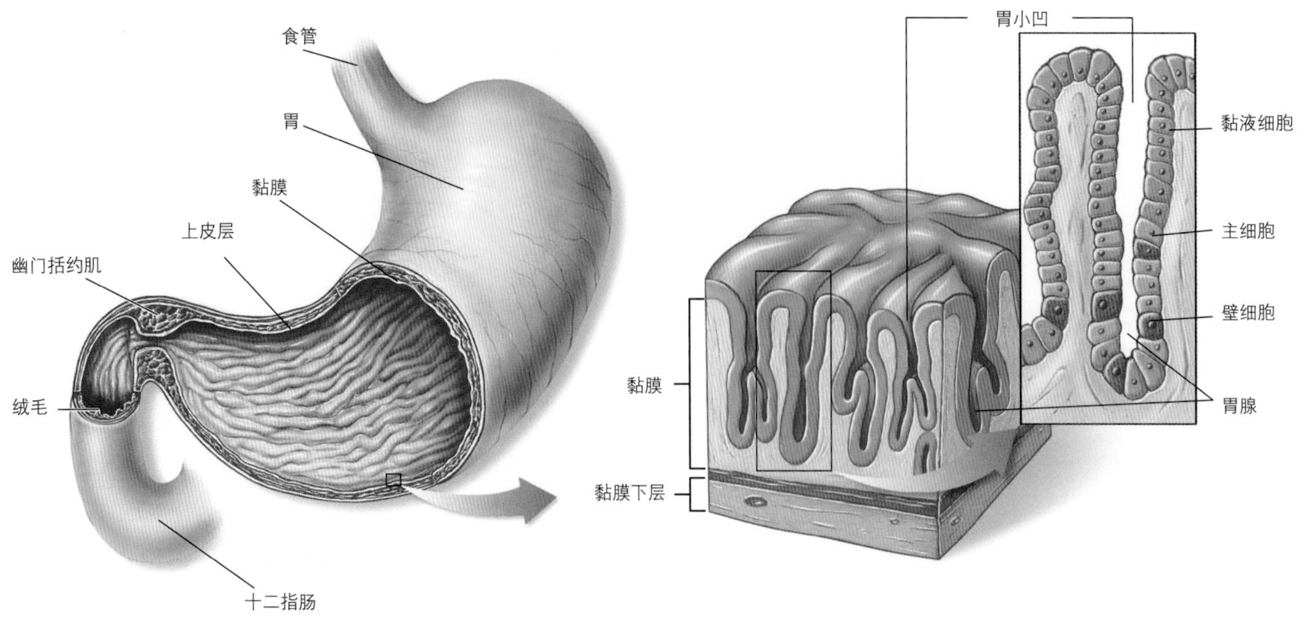

图25.12 胃和胃腺

食物从食管进入胃。胃壁上皮有很多的胃小凹，其内分布着腺体，分泌盐酸和胃蛋白酶原。胃腺的组成包括黏液细胞、分泌胃蛋白酶原的主细胞和分泌盐酸的壁细胞。胃腺的开口都在胃小凹处。

碱性的胰液（详见25.8节）所中和，就有可能产生溃疡。如果感染了**幽门螺杆菌**（*Helicobacter pylori*），胃黏膜抵御自我消化的能力就会降低，也会提高溃疡的易感性。现代抗生素治疗可以减轻而且通常可以治愈胃溃疡。

离开胃

食糜穿过**幽门括约肌**（pyloric sphincter）（位于图25.12中的胃底）离开胃部，进入小肠。在小肠，所有的碳水化合物、脂肪和蛋白质将完成最终的消化，消化产物葡萄糖、脂肪酸和氨基酸被吸收进入血液中。只有水、阿司匹林和酒精等少量物质是通过胃壁吸收的。

关键学习成果 25.5

食管中肌肉收缩产生的蠕动推动食物向前进入胃。胃液内含有强盐酸和消化蛋白质的胃蛋白酶，蛋白质在胃内被消化成较短的多肽链。然后，酸性食糜通过幽门括约肌被运送至小肠。

25.6 小肠和大肠

消化和吸收：小肠

学习目标25.6.1 十二指肠、空肠和回肠的位置和功能

胃之后的消化道是**小肠**（small intestine）（图25.13），大分子物质在此处被分解成小分子。每次进入小肠的食物量相对较小，这样才能使胃酸被充分中和，使消化酶能有充分的作用时间。小肠才是体内真正意义上的消化场所。在小肠里，碳水化合物被分解成单糖，蛋白质被分解为氨基酸，脂肪被分解成脂肪酸。这些小分子会穿过小肠壁的上皮细胞层进入血液循环。

小肠其余的部分（96%的长度）又分成两个区域：**空肠**（jejunum）和**回肠**（ileum）。空肠中会继续进行消化，而回肠则主要负责吸收水分和消化产物进入血液。小肠有很多的皱襞，如图25.13所示。在第一个放大图中，皱襞上覆盖着细细的指状突起，称为小肠**绒毛**（villus），但是绒毛结构实在是太小了，肉眼分辨不清。而且，每一个绒毛外表面的细胞在其游离面又都有很多细胞质突起，称为**微绒毛**（microvillus）。绒毛的放大图上显示有覆盖在其表面的上皮细胞，再进一步的放大图就显示出了细胞表面的微绒毛。绒毛和微绒毛的存在大大增加了小肠的吸收表面。小肠内表面的总面积平均可以达到300平方米，比许多游泳池的面积都大！

通过小肠的物质数量是很惊人的。人类每天平均消耗约800克的固体食物和1,200毫升的水，加一起就达到了2升。还要加上来自唾液腺分泌的约1.5升液体，胃分泌的2升液体，胰腺分泌的1.5升液体，来自肝脏的0.5升液体和肠道自身的1.5升分泌物。总计体积达到了9升——超过身体总体积的10%！然而，虽然流量很大，净通过量却很小。几乎所有这些液体和固体都会在通过小肠时被吸收回去——约8.5升物质通过小肠壁被吸收回体内，还有约0.35升物质通过大肠壁被吸收。每天所有进入消化管的800克固体和9升液体中，只有约50克固体和100毫升液体以粪便的形式被排出体外。因此，消化道的液体吸收效率接近99%，确实非常高。

有消化作用的分泌物

这些消化过程所必需的酶，有一部分是由肠壁上的细胞分泌的。然而，大多数是在一个被称为胰腺（pancreas）的大腺体中产生的（在25.8节中讨论），胰腺位于胃和小肠的交界处附近。胰腺是人体主要的外分泌腺之一（通过导管释放分泌物）。胰腺释放分泌物进入小肠，其导管开口于小肠的起始段，**十二指肠**（duodenum）。我们的小肠全长约6米，如果把它拉直后竖直放置的话，比我们高得多！十二指肠只占前25厘米，约占总长度的4%，胰腺分泌的酶从这里进入小肠，消化正式开始。

脊椎动物从食物中获得的大部分能量来自脂肪。脂肪的消化主要靠复合分子胆盐（bile salt）完成，胆盐是肝脏分泌到十二指肠的（也在25.8节中

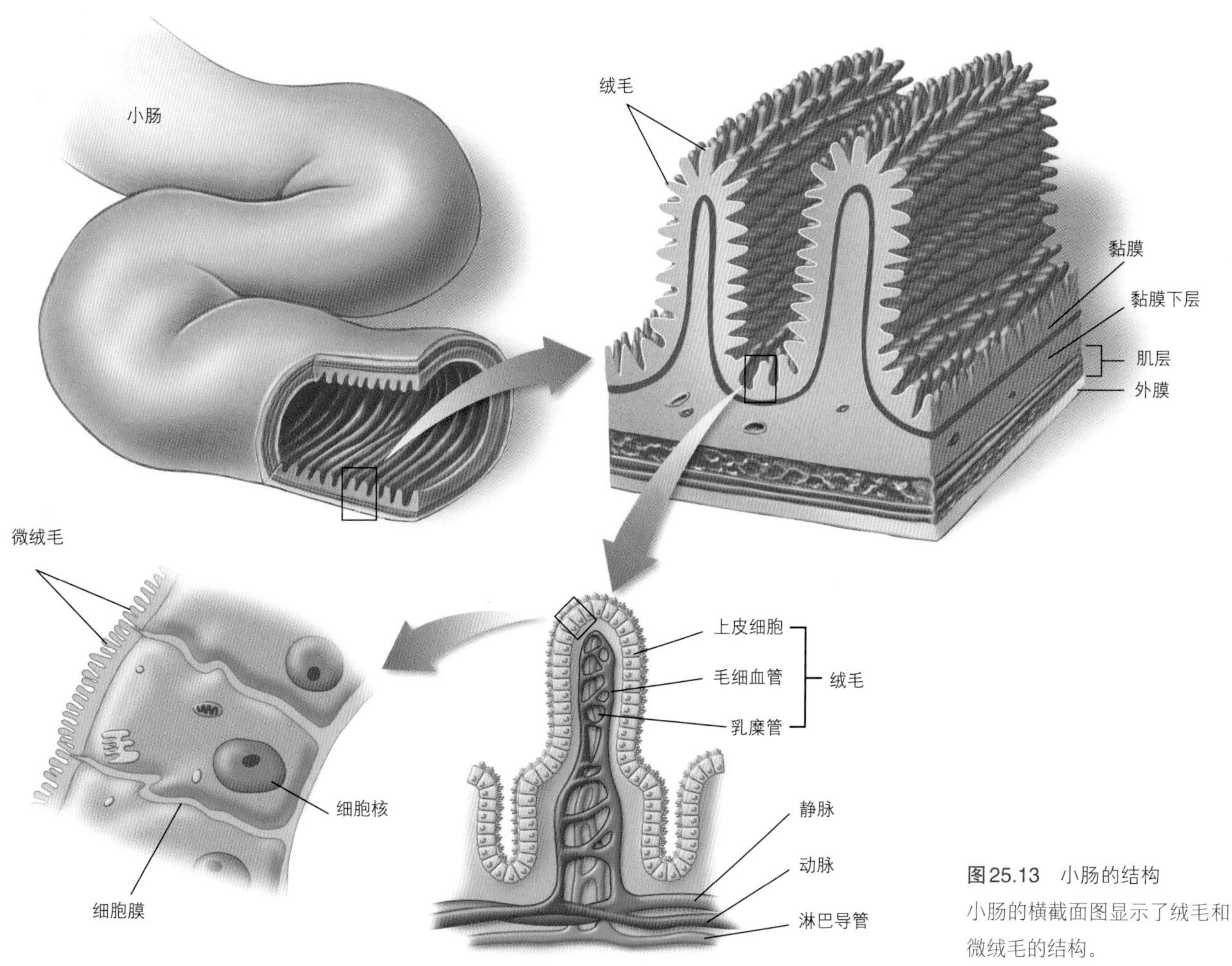

图25.13　小肠的结构
小肠的横截面图显示了绒毛和微绒毛的结构。

讨论）。因为脂肪是不溶于水的，它在水性的食糜中以脂肪滴形式存在。胆盐有一部分是脂溶性的，还有一部分是水溶性的，作用方式类似于清洁剂。胆盐与脂肪结合，形成微小的液滴，这一过程称为乳化（emulsification）。这些微小的液滴有更大的表面区域接触分解脂肪的脂肪酶（lipase）。这使得脂肪的消化进行得更迅速。

固体物质的压缩：大肠

学习目标25.6.2　比较小肠和大肠的功能

大肠（large intestine）也称**结肠**，比小肠短，长度约为1米，但因为它直径更大，所以叫大肠。小肠排空，肠内物质直接进入大肠，小肠和大肠交界的位置有盲肠和阑尾，这两个结构在人类体内不再具有活跃的生理活性。大肠内不再进行消化，而且只有6%～7%的液体在此被吸收。大肠没有复杂的盘曲，而是三段相对直的部分，其内表面也没有绒毛。所以，大肠的吸收表面积只有小肠的1/30。虽然少部分水、钠和维生素K会通过大肠壁被吸收，但大肠的主要功能还是作为一个废物收集场。未消化的物质，包括大量的植物纤维和纤维素，被压缩在一起形成最终的排泄物——**粪便**（feces），并存储在大肠内。许多细菌在大肠内生活并快速分裂增殖。细菌在结肠内发酵产生气体（每天大约产生500毫升）。豆类或其他蔬菜的摄入会大大提高这个速率，因为未消化的植物材料（纤维）是大肠内细菌发酵的底物。

消化道的最后部分是大肠一段短的延长，称为**直肠**（rectum）。被压缩的固体残渣在大肠肌肉收缩产生蠕动的作用下被推入直肠，然后通过**肛门**排出体外。

关键学习成果　25.6

大多数消化发生在小肠上部的起始部分，称为十二指肠。小肠的其余部分进行对水和消化产物的吸收。大肠压缩固体食物残渣。

25.7　脊椎动物消化系统的多样性

消化纤维素的挑战

学习目标25.7.1　牛的胃及其对植物性食材的消化

纤维素是一种碳水化合物，是植物的主要结构成分，大多数动物体内缺乏消化纤维素所必需的酶。然而，部分动物的消化管内含有一些原核生物和原生生物，可以将纤维素转化成宿主可以消化的物质。虽然胃肠道内的微生物消化对人体营养吸收的作用相对较小，但其在许多其他动物的营养吸收中起着重要作用，比如白蚁、蟑螂等昆虫以及几类食草哺乳动物。这些微生物和它们的动物宿主之间的关系是互利互惠的，这是共生关系很好的例子。

牛、鹿等其他植食动物被称为**反刍动物**（ruminant），它们的胃体积大，具有多个腔室。通过图25.14中食物的路径，我们可以探索这类胃的各个部分。食物首先进入的部分为瘤胃（rumen）❶。瘤胃的容量可以达到50加仑[①]，主要作为发酵场所，其内有原核生物和原生生物，可以将纤维素和其他分子分解成各种简单的化合物。瘤胃位于四个胃室中的第一个，这个位置很重要，因为它允许动物将其内的物质返回至口中并重新咀嚼（注意箭头在食物经

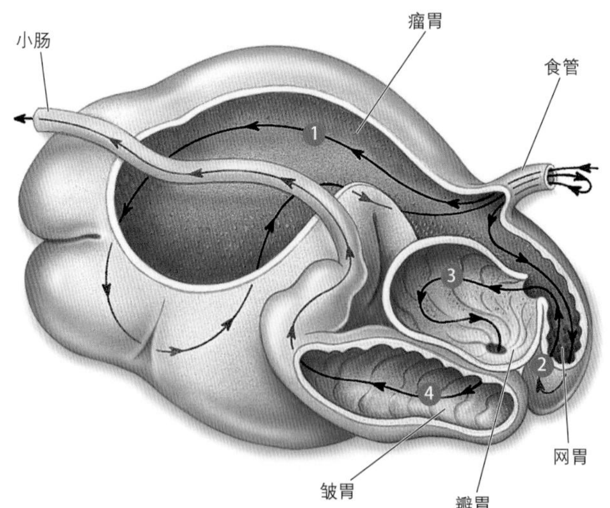

图25.14　反刍动物胃的四个胃室

以牛为例，反刍动物摄入的草和其他植物，先进入瘤胃，进行部分消化。食物多半从瘤胃被反刍和回流。然后食物会被运送到后面的三个胃室。只有皱胃分泌胃液。

① 1加仑≈3.79升。——编者注

过瘤胃循环一圈后又进入瘤胃之后的走向），这个过程就叫反刍（rumination）。反刍物在此被吞下，进入网胃❷，然后进入瓣胃❸和皱胃❹，并最终与胃液混合。因此，只有皱胃相当于人类胃的功能。这个过程使反刍动物消化纤维素的效率，比马这类没有瘤胃的哺乳动物高了很多。

啮齿动物、马科动物和兔形目动物（家兔和野兔）不是反刍动物，这些动物体内的盲肠明显增大，微生物对纤维素的消化就发生在盲肠（图25.15）。因为盲肠位于胃之外，其内容物不可能返流。然而，啮齿动物和兔形目动物进化出了另一种消化纤维素的方式，而且消化的效率与反刍动物的差不多。它们的做法是摄入自己的粪便，从而使这些物质再次通过消化管。这个二次摄入使得这些动物可以吸收微生物在其

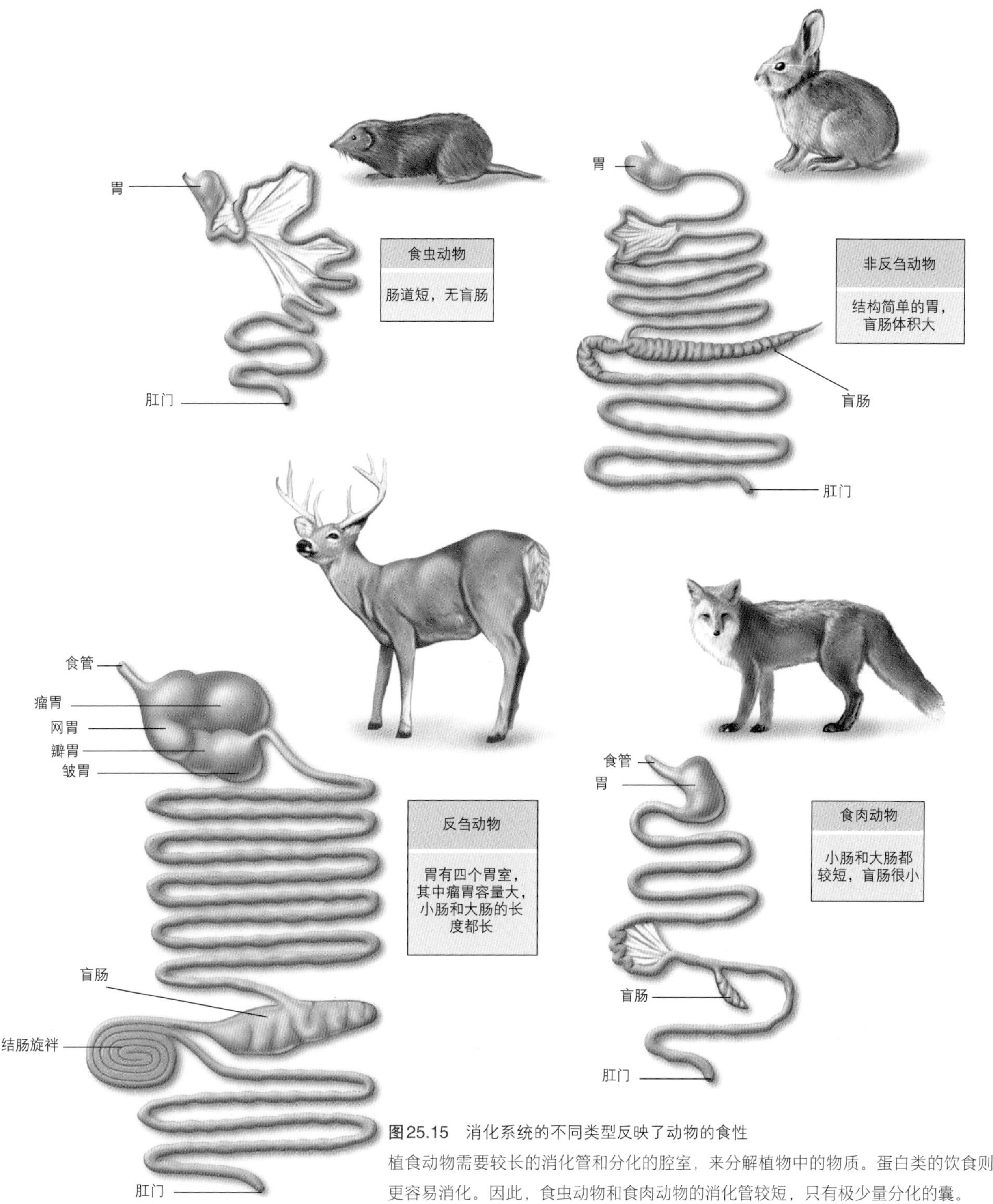

图25.15 消化系统的不同类型反映了动物的食性

植食动物需要较长的消化管和分化的腔室，来分解植物中的物质。蛋白类的饮食则更容易消化。因此，食虫动物和食肉动物的消化管较短，只有极少量分化的囊。

盲肠内消化纤维素产生的营养。具有食粪性［coprophagy，源自希腊语 "copros"（粪便）和 "phagein"（吃）］的动物，只有吃自己的粪便才能保持健康。与此相对的，图25.15中的食虫动物和食肉动物主要需要消化的食物是动物性蛋白，它们体内的盲肠已经退化或缺失。前面提到的反刍动物，则在大的四室胃之外也具有盲肠，不过食物中的植物主要还是在胃内被消化。

肠道微生物的消化活动使得脊椎动物可以消化多种植物性食物，纤维素只是其中的一种。大多数陆生动物都无法消化蜡质，但是非洲的向蜜鸟则由于肠道共生菌的关系，可以吃蜂巢中的蜂蜡。在海洋食物链中，蜡是桡足类动物（甲壳纲的浮游动物）的主要组成成分，许多海洋鱼类和鸟类都具有共生的微生物，以帮助消化食物中的蜡。

所有哺乳动物都需要依靠肠道细菌来合成维生素K，这是血液凝固所必需的一种物质。鸟类体内缺乏这类细菌，它们必须在食物中摄入足够量的维生素K。抗生素的长期使用会使人类肠道细菌的数量大大降低，在这样的情况下，补充维生素K是非常必要的。

关键学习成果　25.7

很多植物的食用价值体现在纤维素上，许多动物的消化道内有大量能消化纤维素的微生物群落。

25.8　副消化器官

胰腺

学习目标25.8.1　胰腺的功能

胰腺是位于胃和小肠交界处的腺体（见图25.5），体积较大，是向消化道内释放分泌物的附属消化器官之一。胰腺分泌的液体通过**胰管**（pancreatic duct）分泌到十二指肠，如图25.16所示。注意，胰管是连接到另一个导管——胆总管（稍后讨论）之后才连接小肠的。分泌液中含有大量的酶，如消化蛋白质的胰蛋白酶和糜蛋白酶。这些酶以无活性的酶原形式进入十二指肠，然后由肠道的酶将它们激活。胰液中还含有消化淀粉的胰淀粉酶和消化脂肪的胰脂肪酶。胰液中的酶将蛋白质分解成较小的多肽，将多糖分解为较短的糖链，将脂肪分解为游离脂肪酸和其他产物。然后，这些分子由肠道中的酶完成最终消化。

胰液中还含有碳酸氢盐，用以中和胃酸中的HCl，在十二指肠处为食糜提供一个微碱性的环境。消化酶和碳酸氢盐得由被称为胰腺泡的分泌细胞团合成。

除了其在消化过程中起到的外分泌腺的作用，胰腺也是一种内分泌腺，可以分泌多种激素进入血液，调节血液中葡萄糖和其他营养物质的含量。这些激素由胰岛（islets of Langerhans）产生，胰岛是内分泌细胞团，分布在胰腺各处，如图25.16的放大图所示。我们会在第26章和第30章中讨论到胰腺分泌的两种最重要的激素——胰岛素和胰高血糖素。

肝和胆囊

学习目标25.8.2　肝和胆的结构

肝脏是人体最大的内脏器官。成年人类的肝重量约为1.5千克，大小则像一个足球。肝脏在外分泌方面主要的分泌物是一种被称为胆汁的混合物，其中包含胆色素和胆盐，消化过程中进入十二指肠。

胆盐在脂肪的消化中起着非常重要的作用。正如前面所说，脂肪不溶于水，所以以脂肪滴的形式混合在水性的食糜中。胆盐的作用原理类似于清洁剂，将大滴脂肪打碎（或称乳化）成很多分散的更小的脂肪滴。这大大提高了脂肪物质的表面积，方便脂肪酶在其上发挥作用，从而使脂肪的消化迅速进行。

胆汁由肝脏产生后，在**胆囊**（gallbladder）（图25.16中的绿色器官）中被浓缩并储存。脂肪食物进入十二指肠会触发神经和内分泌反射，刺激胆囊收缩，导致胆汁通过胆总管注入十二指肠。

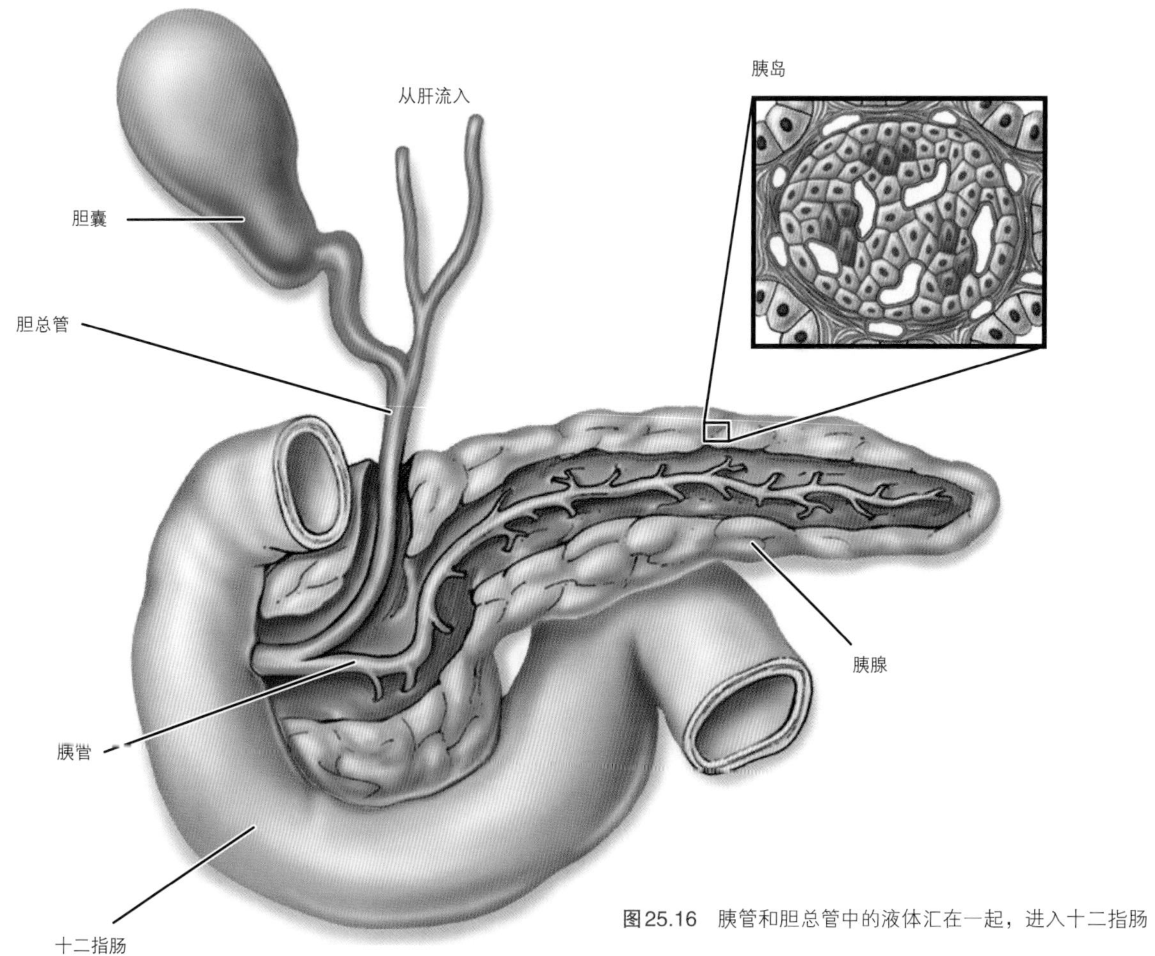

图25.16 胰管和胆总管中的液体汇在一起，进入十二指肠

消化系统是高度分化的，还涉及许多不同器官的相互作用。图25.17总结了消化系统各部分的不同功能，以及不同消化器官的功能。彩色的圆圈标识出了消化和酶合成的主要区域：红色圆圈表示蛋白质的消化，橙色圆圈表示碳水化合物的消化，绿色圆圈表示脂肪的消化，蓝色圆圈表示核酸的消化（因核酸不是食物中热量的主要来源，故不在本章讨论）。

肝的调节作用

因为有一个大的静脉将血液从胃肠直接输送到肝脏，在胃肠道中吸收的物质到达身体的其余部分之前，肝脏能够对这些物质进行化学修饰。例如，摄入的酒精和其他药物都会进入肝细胞代谢，这就是为什么肝很容易受到来自酒精和药物滥用的损伤。肝脏还可以清除毒素、杀虫剂、致癌物和其他有毒物质，并将其转换为毒性较低的形式。此外，血液中可能存在的过量氨基酸会被肝脏中的酶转化为葡萄糖。这个转化的第一步是去除氨基酸的氨基（—NH_2），这一过程称为**脱氨基作用**（deamination）。与植物不同，动物不能重利用这些氨基中的氮，必须把这些氮以含氮废物的形式排出体外。氨基酸脱氨基作用的产物，氨（NH_3），与二氧化碳结合形成尿素。尿素从肝脏被释放到血液中，随后被肾脏清除，我们会在第26章中学习。

关键学习成果 25.8

胰腺分泌消化酶和碳酸氢盐进入胰管。肝脏产生胆汁，并浓缩和储存在胆囊中。肝脏和胰腺分泌的激素调节血糖中的葡萄糖浓度。

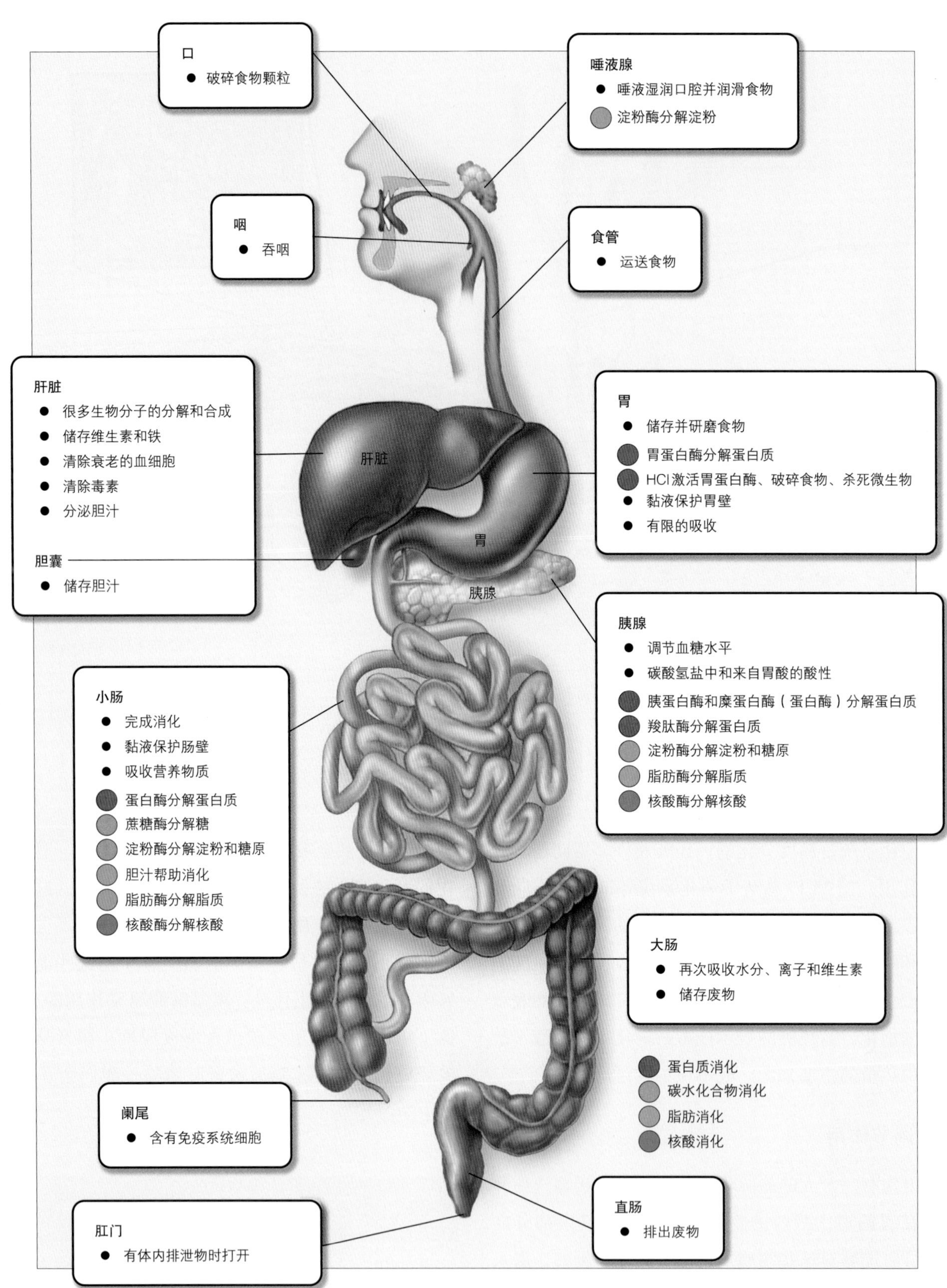

图25.17 消化系统的器官及其功能

消化系统包括从口到肛门的很多不同的器官，用于消化食物。这些器官必须正常工作、协同运转，身体才能高效地吸收营养物质。

调查与分析
INQUIRY & ANALYSIS

为什么糖尿病人的尿液中含有葡萄糖？

迟发性糖尿病是一种越来越常见的严重疾病，得了这种病之后，身体的细胞不响应胰岛素的调节，而胰岛素是可以激发细胞吸收葡萄糖的激素。如下图所示，胰岛素与细胞质膜上的受体结合，导致质膜上的葡萄糖转运通道快速建立，从而使细胞能够吸收葡萄糖。

然而，糖尿病患者血液中堆满了葡萄糖分子，而体内的细胞会因为缺乏葡萄糖"挨饿"。血糖的正常值为4毫摩尔/升，病情较轻时，血糖水平会是正常值的数倍，如果不加以治疗，病情严重后，血糖水平可能会变得非常高，甚至高达正常值的25倍。即使是轻度的糖尿病也有一个典型症状，就是在尿液中含有大量的葡萄糖。**糖尿病**（diabetes mellitus）这个病名，本身意思就是"过度排出的甜尿"。相比之下，正常人的尿液中只有微量的葡萄糖。肾脏能非常有效地从流经它的液体中再吸收葡萄糖分子。为什么糖尿病患者不这样呢？

右上角的图表就是所谓的葡萄糖耐量曲线，蓝色线表示正常人的糖耐量，红色线表示糖尿病患者的。一个晚上没有进食后，每个人都喝了测试剂量为100克的葡萄糖形成的水溶液。之后定时监测其血糖水平，第一次是在30分钟后，之后每一小时测1次。虚线表示的是肾阈值，即肾脏在所有葡萄糖转运通道被完全打开的情况下，能够完全回收流经其液体中的葡萄糖分子的最高血糖浓度（约10毫摩尔/升）。

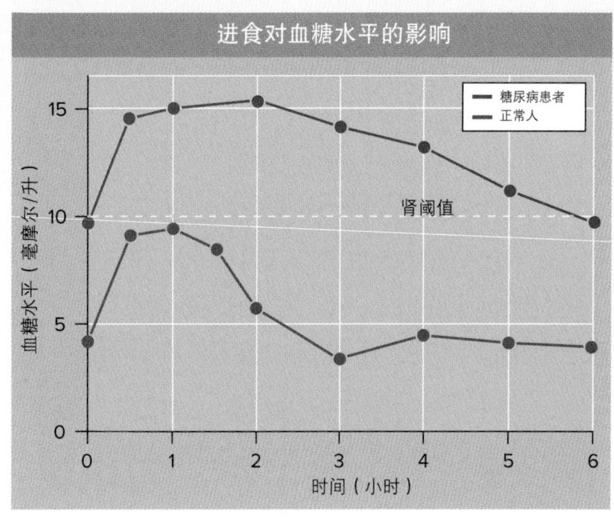

分析

1. **应用概念**

   a. **变量**　图中的因变量是什么？

   b. **看线图**　在喝下测试剂量的葡萄糖后，正常人的血糖水平马上有什么反应？正常人的血糖水平恢复到测试之前需要多长时间？

   c. **对比曲线**　糖尿病患者的测试反应有没有不同？他们的血糖水平恢复到测试之前又需要多长时间？

2. **解读数据**

   a. 正常人的血糖水平是否有超过肾阈值的点？

   b. 糖尿病患者的血糖水平是否有不超过肾阈值的点？

3. **进行推断**

   a. 你觉得为什么糖尿病患者要花那么长时间来恢复血糖水平？

   b. 你认为正常人会从尿液排出葡萄糖吗？糖尿病患者呢？分别解释原因。

4. **得出结论**　为什么糖尿病患者排出的尿液是甜的？

5. **进一步分析**

   a. 如果葡萄糖分子从尿液中排出，那么它们就不会被转化成脂肪酸并作为脂肪储存。这意味着，严重的糖尿病患者即使摄入高热量的饮食，也依然会减重。你如何去验证这个预测？

   b. 不能摄入葡萄糖，糖尿病患者体内的细胞可能会迫不得已将细胞中的蛋白质作为能量来源。你怎么验证这一假设？

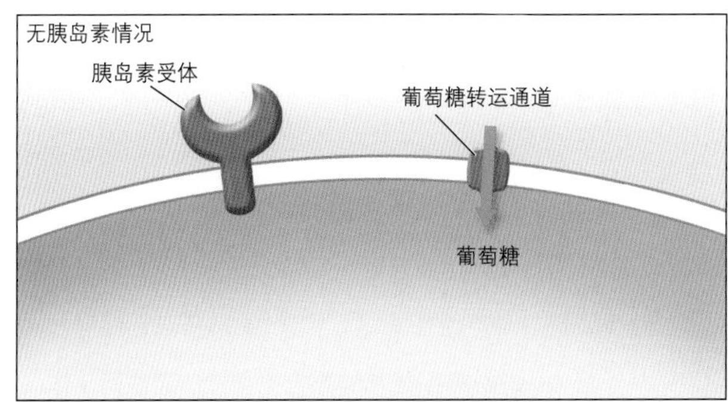

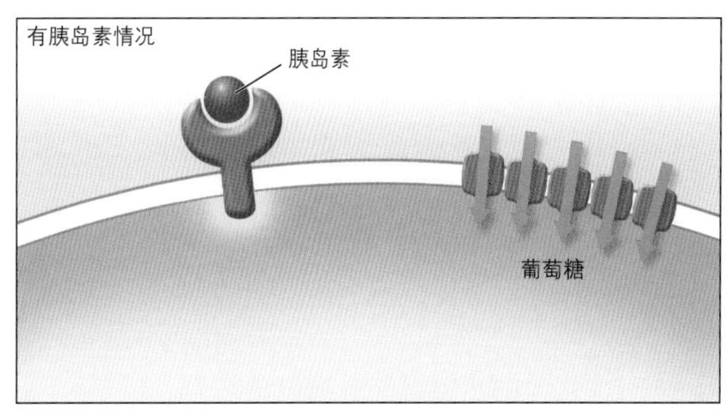

本章回顾

Reviewing What You Have Learned

食物能量与关键营养素

提供能量和促进生长的食物

25.1.1 动物消耗食物作为能量、必需的分子和矿物质的来源。合理摄入水果、蔬菜、谷物、蛋白质和乳制品，就是被推荐的均衡饮食。

- 食物中的能量，或是在代谢活动（BMR和运动）中被消耗掉，或是作为脂肪在脂肪细胞内被储存起来。测量体重指数（BMI）是确定一个人是否超重或肥胖的简单指标。

25.1.2 许多动物必须在饮食中摄入纤维，来保持消化系统的健康。动物也必须消耗蛋白质、水果和蔬菜，来获得必需氨基酸、矿物质和维生素这些身体需要但不能自行合成的物质。

消化

消化系统的类型

25.2.1 单细胞生物和海绵动物进行食物的细胞内消化。食物由单个细胞摄入，在细胞内被分解。

- 所有其他动物消化食物的方式是细胞外消化。消化酶被释放到一个空腔或管道，并在那里分解食物。之后，消化的产物被身体的细胞吸收。扁形动物和刺胞动物的消化腔（图25.3）被称为消化循环腔。
- 随着单向消化管的进化，消化管也出现分化，不同部位具有不同的消化功能。

脊椎动物的消化系统

25.3.1 脊椎动物体内的消化发生在胃肠道中，其不同部分分化出不同的消化功能。根据动物食性的不同，消化管分化区域的大小和结构在不同的动物中都有不同。

口腔和牙齿

25.4.1 脊椎动物进食时，食物首先进入口中。鸟类在肌胃磨碎食物，肌胃是鸟类消化系统的一部分（图25.7）。在肌胃中，食物和鸟类吞进的沙石一起搅拌，并被沙石磨碎。在其他脊椎动物中，牙齿负责咀嚼食物，把食物分成碎片。

25.4.2 食物在咀嚼的过程中与口腔中的唾液混合。唾液湿润并润滑食物，且其中含有唾液淀粉酶，开始消化淀粉。然后，湿润的食物被吞咽，从口进入食管。

食管和胃

25.5.1 食管的肌肉收缩，产生蠕动，推动食物通过食管进入胃。

25.5.2 胃部的肌肉收缩，把食物与胃液搅拌混合，胃液中含有盐酸和消化蛋白质的胃蛋白酶。胃部的酸性环境使蛋白质变性，从而更容易在小肠中被消化。离开胃部的，是半消化食物和胃液的混合物，被称为食糜。

小肠和大肠

25.6.1 酸性的食糜从胃出来，进入小肠上部，在那里被中和，并与其他消化酶混合。其中有一些酶是由肠壁细胞分泌的，但大多数酶和其他消化物质是在胰腺或其他附属消化器官中产生的。小肠的其余部分参与营养分子和水的吸收。小肠有很多皱襞，表面覆盖有指状突起的绒毛（图25.13）。绒毛外层细胞的游离面表面本身又有很多细胞质突起，称为微绒毛。绒毛和微绒毛大大增加了小肠的吸收表面积。

25.6.2 大肠收集并压缩固体残渣，将其通过直肠和肛门排出体外。

脊椎动物消化系统的多样性

25.7.1 反刍动物体内，消化纤维素的微生物生活在被称为瘤胃的胃室。食物进入瘤胃，其内的微生物开始消化纤维素。半消化的食物被反刍至口中再次咀嚼，之后重新被吞咽，进入网胃。纤维素被消化的产物通过胃的其他区域，之后进入小肠被吸收。

- 在其他动物中，纤维素的消化发生在盲肠。为了获得纤维素消化产物的营养，这些动物吃自己的粪便。根据食性不同，动物的消化系统结构不同。

副消化器官

25.8.1 胰腺合成消化蛋白质的胰蛋白酶和糜蛋白酶、消化淀粉的胰淀粉酶和消化脂肪的脂肪酶。胰液中还含有碳酸氢盐，用以中和食糜的酸性。

25.8.2 肝脏合成胆汁（胆色素和胆盐的混合物）用于分解脂肪。胆汁储存在胆囊中，如图25.16所示，并释放到小肠内。消化系统的所有器官需要在一起协同工作。

本章测验

Test Your Understanding

25.1.1（1）你的BMI是你身体的_______。

a. 生物代谢指标　　c. 身体质量指数

b. 基础代谢率　　d. 基本代谢能力

25.1.1（2）BMI是你的_______（kg）除以你的_______（m）的平方。

a. 身高；体重　　c. 身高；胸围

b. 体重：胸围　　d. 体重；身高

25.1.2　蚊子自身无法合成_______。

a. 八种氨基酸　　c. 芳香族氨基酸

b. 某种多不饱和脂肪　　d. 胆固醇

25.2.1　在许多动物中，食物沿单一方向通过消化系统，实现了_______。

a. 细胞内消化

b. 消化系统不同区域的分化

c. 消化酶释放到肠道内

d. 细胞外消化

25.3.1（1）有长度较长的消化系统，从而可以帮助分解难消化的食物的动物通常是_______。

a. 植食动物　　c. 杂食动物

b. 肉食动物　　d. 食腐动物

25.3.1（2）以下哪一项不属于哺乳动物的胃肠道分层结构？

a. 蠕动　　c. 黏膜

b. 黏膜下层　　d. 肌层

25.4.1　与牙齿一样，肌胃存在的目的是_______。

a. 抓住猎物

b. 开始对食物进行化学性消化

c. 释放酶

d. 开始对食物进行物理性消化

25.4.2　在唾液中的唾液淀粉酶可以_______。

a. 消化葡萄糖　　c. 分解淀粉

b. 中和酸　　d. 启动吞咽

25.5.1　哺乳动物吞咽食物时，防止食物进入鼻腔的结构是_______。

a. 食管　　c. 软腭

b. 舌　　d. 会厌

25.5.2　蛋白质消化的第一场所是在消化系统中的_______。

a. 口　　c. 胃

b. 食管　　d. 小肠

25.6.1（1）我们通常认为胃是消化过程的主要参与者，但是其实化学消化主要发生在_______。

a. 口　　c. 十二指肠

b. 阑尾　　d. 大肠

25.6.1（2）小肠是专门用于吸收的，因为它_______。

a. 是消化道的最后一段，并且保留食物时间最长

b. 有囊状扩展结构可以收集食物

c. 没有出口，所以食物在其内的时间更长

d. 有一个非常大的表面积，允许扩展暴露于食物中

25.6.1（3）在小肠中，绒毛和微绒毛存在的作用是_______。

a. 中和胃酸

b. 产生胆汁

c. 产生消化酶

d. 增加小肠的表面积以吸收营养物质

25.6.2（1）大肠的主要功能是_______。

a. 分解并吸收脂肪　　c. 压缩固体废物残渣

b. 吸收水分　　d. 吸收维生素C

25.6.2（2）大多数营养分子的吸收发生在_______。

a. 胃　　c. 小肠

b. 肝　　d. 大肠

25.7.1（1）以下哪项陈述是错误的？

a. 食肉动物有退化或缺失的盲肠

b. 只有反刍动物才可以消化纤维素

c. 人类的消化系统内有细菌，但不能消化纤维素来获得营养

d. 反刍动物能够反刍食物

25.7.1（2）许多鸟类拥有嗉囊，这一结构在哺乳动物中很少见。考虑一下为什么鸟类和哺乳动物之间会有这种差异。请阐述原因。

25.8.1（1）_______分泌消化酶和碳酸氢盐溶液进入小肠帮助消化。

a. 胰腺　　c. 胆囊

b. 肝　　d. 以上所有

25.8.1（2）胰岛素和胰高血糖素都是激素，帮助调节血液中的血糖水平，它们都是由_______分泌的。

a. 胆囊　　c. 胰岛

b. 回肠　　d. 壁细胞

25.8.2（1）_______和_______在消化过程中有重要作用，通过分泌化学物质，消化蛋白质、脂类和碳水化合物。

a. 肝；胰　　c. 肾；阑尾

b. 肝；胆囊　　d. 胰；胆囊

25.8.2（2）胆盐的功能是_______。

a. 作为清洁剂　　c. 刺激胆囊

b. 使消化平缓　　d. 消化碳水化合物

25.8.2（3）消化系统最大的器官是_______。

a. 胰腺　　c. 胆囊

b. 肝　　d. 胃

第 6 单元　动物

26

学习目标

内稳态

26.1　动物体如何维持内稳态

1　内稳态定义，负反馈回路如何帮助维持内稳态

2　哺乳动物和爬行动物分别是如何将体温保持在一定狭窄的范围内

3　胰岛素和胰高血糖素在调节血糖水平中的不同作用

渗透调节

26.2　调节体内的水含量

1　动物调节体内水分含量的五种不同方式

脊椎动物的渗透调节

26.3　脊椎动物肾的进化

1　淡水鱼类、海水鱼类和软骨鱼类的肾的作用方式

2　海洋鱼类和海洋爬行类排出盐分的不同方式

3　为什么哺乳动物和鸟类可以产生比体液渗透浓度高的尿液

26.4　哺乳动物的肾

1　哺乳动物肾的四个功能区域

2　哺乳动物肾脏中形成尿液的五个步骤

生物学与保健　激素是如何控制肾工作的

26.5　含氮废物的排泄

1　鱼类、哺乳动物和鸟类从体内排出含氮废物的不同方式

调查与分析　鸟类睡觉时如何保持体温？

维持内环境

当大量运动后或被太阳毒晒时，我们每个人的身体都会因为过热而出汗。汗水的蒸发使我们的皮肤得到冷却，这种散热机制非常聪明。像所有的鸟类和哺乳动物一样，无论外部环境是冷还是热，你的身体总在试图保持恒定的体温，出汗就是其中一种方式。当你的体温升高，超过37℃，你就会开始出汗并释放热量；相对地，如果你的体温降低，低于37℃，你就会颤抖从而产生热量。保持恒定体温只是动物中广泛存在的生理策略的一个例子：脊椎动物在体内保持相对恒定的生理状况。你的血液pH，呼吸速率，血压，以及血液中水、盐和葡萄糖的浓度等——都在大脑的严密监控下，大脑会不断发挥作用，使这些生理状态的数值都能保持在一个狭窄的范围内。这种生物内部环境的稳定平衡状态，被称为内稳态，这是本章要讨论的主题。

26.1 动物体如何维持内稳态

负反馈回路

学习目标26.1.1 内稳态定义，负反馈回路如何帮助维持内稳态

随着动物身体的进化，分化程度也越来越高。每个细胞都是一部复杂的机器，受到精细的调控，以维持整个身体的精确运转。在细胞外环境的数值能够始终维持在相对狭窄的范围内的情况下，细胞功能才能实现高度分化。温度、pH、葡萄糖和氧气的浓度，还有许多其他的因素，都必须保持相对的恒定状态，细胞才能高效地行使自身功能，并与其他细胞合作。

内稳态（homeostasis）可以被定义为内部环境的动态恒定性。使用**动态**（dynamic）一词，是因为环境条件永远不可能实现绝对恒定，只能是在狭窄的范围内不断波动。内稳态对生命体来说至关重要，而脊椎动物体内大多数的调节机制，都与维持内稳态有关。

为了保持内环境的稳定，脊椎动物体内必须有能监测内环境各个条件的**感受器**（sensor）（图26.1中用绿色方块表示）。它们不断监测细胞外环境，并将所得信息（通常是通过神经信号）传递到**整合中心**（inergrating center，图中黄色三角形）。那里存在着**调定点**（set point），就是该条件最合理的值。这个调定点类似于家中恒温器上设定好的温度值。体内在体温、血糖浓度、肌腱张力等生理条件上，存在类似的调定点。整合中心一般是大脑或脊髓的某个特定区域，但在一些情况下，也可能是内分泌腺的细胞。它接收来自多个感受器的信息，衡量每个传感器输入信息的相对强度，然后决定某个条件的值是否偏离调定点。当某个条件出现偏差时（红色椭圆形代表“刺激”），被感受器检测到，并向整合中心发送信息，来决定是否增加或减少特定效应器的活动。**效应器**（蓝色方块）一般是肌肉或腺体，可以将相关条件的值调整回到调定点，这就是“反应”（紫色椭圆形）。

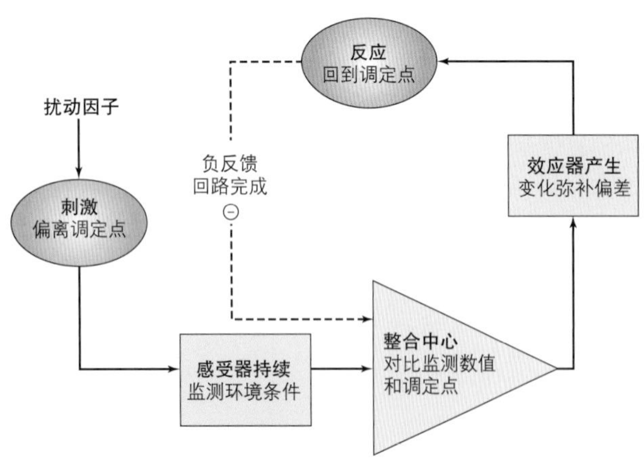

图26.1 负反馈回路的概念图

负反馈回路通过校正偏离调定点的偏差，来维持内稳态或动态恒定的内环境。

现在回到家中恒温器的例子，假设你设定的温度恒定在21℃。如果房子的温度上升，明显超出了设定值，温控器（相当于整合中心）接收到从温度传感器（如墙内温度计）传来的信息，然后将实际温度与预设的温度进行比较。当两者存在偏差，它就会发送信号到效应器。此处的效应器有可能是空调，它的作用是扭转偏差，并使温度回到预设值。

在人体内，如果体温超过37°C这个调定点，大脑中的感受器就会检测到这种偏差。通过整合中心（也在大脑中），这些感受器对效应器（如汗腺）产生刺激，从而使温度降低。我们可以把效应器视为防止体内条件偏离调定点的“防线”。由于效应器的活跃性受到其产生的效果的影响，而且这种调节是负向的，或者说是反向的，这一类型的控制系统被称为**负反馈回路**（negative feedback loop）（图26.1）。

我们再次结合温控器和空调的例子，负反馈回路的性质就更容易理解了。空调开启一段时间后，室温可能又会低于温控器的调定点。这时，空调就会被关闭。效应器（空调）因高温被开启，之后，它会产生一个负向的变化（降温），最终导致效应器被关闭。通过这样的方式，室温可以保持恒定。

体温调节

学习目标26.1.2 哺乳动物和爬行动物分别是如何将体温保持在一定狭窄的范围内

人类与其他哺乳动物和鸟类都是温血动物，即这类动物的体温可以不受环境温度影响而保持相对恒定。当你的血液温度超过37°C时，位于大脑的下丘脑（在第28章和第30章讨论）的一部分神经元会感知到温度的变化。通过控制神经元的作用，下丘脑随即做出反应，产生出汗、皮肤血管扩张以及其他机制，来促进热量的消散。这些反应可以抵消体温的上升。当体温下降时，下丘脑会做出相应的协调反应，如颤抖和皮肤血管收缩，这有助于提高体温，维持内稳态。

除哺乳动物和鸟类之外的脊椎动物都属于变温动物，即这类动物的体温都或多或少地受到环境温度的影响。然而，许多变温脊椎动物还是尽最大可能，试图将体温保持一定程度的稳定。某些大型鱼类，包括金枪鱼、旗鱼和一些鲨鱼，可以使身体局部保持比水高得多的温度。爬行动物试图通过行为手段来保持体温恒定——不停转换自己身处太阳光和阴影中的位置。这就是为什么我们经常能看到晒太阳的蜥蜴。生病的蜥蜴甚至会因为寻找更温暖的地方而让自己“发烧”！

大多数无脊椎动物与爬行动物类似，都是通过改变行为来调节体温。例如，许多蝴蝶必须达到一定的体温才可以飞。在清凉的早晨，它们会调整自己的身体方向，以最大限度地吸收阳光。飞蛾和其他昆虫则通过颤抖反射，来温暖用于飞行的肌肉。

血糖调节

学习目标26.1.3 胰岛素和胰高血糖素在调节血糖水平中的不同作用

当消化含有碳水化合物的食物时，你就会将葡萄糖吸收进血液中。这会导致血糖浓度的暂时性增高，几个小时之后又会下降回来。什么可以抵消一顿饭带来的血糖上升呢？

位于胰腺（在第25章和第30章中讨论）的胰岛细胞是持续监测血糖水平的感受器。当血液中葡萄糖水平升高时［图26.2（a）中的“高血糖”］，胰岛分泌一种名为**胰岛素**（insulin）的激素，促进肌肉组织、肝脏和脂肪组织对葡萄糖的吸收。肌肉组织和肝脏可以将葡萄糖转化成糖原（一种多糖）。脂肪细胞可以将葡萄糖转化成脂肪。这些生理活动降低了血糖，同时有助于储存能量，以便身体以后利用。当血液中的葡萄糖被吸收到一定程度，血糖回到调定点，胰岛素的释放被停止。也可能出现血糖水平低于调定点的情况，比如在两顿饭之间，或在禁食期间，或在运动过程中，那么肝脏就会向血液中分泌葡萄糖［图26.2（b）中心的箭头］。这种葡萄糖一部分来源于肝糖原的分解。引发肝糖原分解的因素有两个：一个是同样由胰岛分泌的名为**胰高血糖素**（glucagon）的激素，另一个是由肾上腺分泌的名为肾上腺素（adrenaline）的激素（在第30章中详细讨论）。

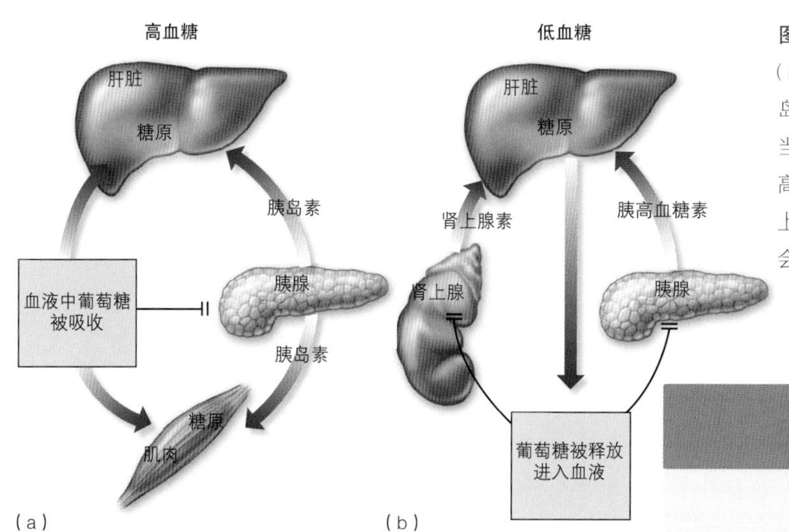

图26.2 血糖水平的控制

（a）当血糖水平高于正常值时，胰腺内的细胞产生胰岛素，促进肝脏和肌肉将葡萄糖转化成为糖原。（b）当血糖水平低于正常值时，胰腺内的其他细胞释放胰高血糖素进入血液。此外，肾上腺内的细胞会释放肾上腺素进入血液。当这两种激素到达肝脏时，它们就会增加肝糖原向葡萄糖的分解。

关键学习成果 26.1

负反馈机制纠正内环境中对调定点的偏离。例如，体温和血糖就是以这种方式被维持在正常范围内。

26.2 调节体内的水含量

渗透调节机制

学习目标26.2.1 动物调节体内水分含量的五种不同方式

动物还必须仔细监测自己身体的水分含量。第一批动物诞生在海水中，现在所有动物的生理特征也都能反映这一起源。脊椎动物体内大约2/3是水。如果脊椎动物体内的水分比例过低，就会死去。动物进行**渗透调节**（osmoregulation）的机制各不相同，渗透调节就是调控体内的渗透成分，或者说是调节体内水和溶于水的盐有多少。脊椎动物体内很多的器官系统要想正常运转，需要血液的渗透浓度（血液中溶质的浓度）保持在一个狭窄的范围内。

伸缩泡（contractile vacuole） 动物已经进化出多种机制来应对保持体内水平衡的问题。在许多动物和单细胞生物中，排出水或盐的过程，通常也会伴随通过排泄系统将代谢废物排出。如图26.3所示的草履虫，原生生物通过伸缩泡完成这一任务，海绵动物的细胞也用这种方式。水分和代谢废物被内质网收集，通过收集管进入伸缩泡。伸缩泡收缩时，将其内容物通过孔隙释放，排出水和废物。

焰细胞（flame cell） 多细胞动物都有成系统的排泄小管，用以排出体内的液体和废物。扁形动物体内的小管被称为**原肾管**（protonephridia）（图26.4中的绿色结构）。放大图显示，这些小管的分支遍布全身，内部是像灯泡一样的**焰细胞**。这些简单的排泄结构直接开口于体外，而不是在体内。相反地，焰细胞的纤毛摆动，使体内的液体流入收集管。水和代谢产物会被重新吸收回体内，而待排泄的物质则通过排泄孔被排出体外。

肾管（nephridia） 其他无脊椎动物有一个向身体内外开放的小管系统。在蚯蚓的体内，这些小管被称为**肾管**（图26.5中的蓝色结构）。肾管从体腔中经由漏斗状的肾口（nephrostome）通过过滤作用获得体内液体。使用“过滤”一词，是因为在这个过程中，液体在压力作用下还要通过一些小孔再流入肾口，大于小孔直径的分子就会被排除在外，不会随液体流入。流入肾口的过滤液和体腔中的液体是等渗的（具有相同的渗透浓度），但当这种液体通过肾管的小管时，NaCl通过主动运输的方式被移除。这种被运输出小管进入周围体液的过程通常被叫作**重吸收**（reabsorption）。因为盐分被重吸收，所以以尿液形式排出体外的过滤液相对体液来说就是被稀释了（低渗）。

马氏管（malpighian tubule） 昆虫的排泄器官被称为**马氏管**（图26.6中的绿色结构）。马氏管是消化道的延伸，从中肠与后肠之间伸出的分支。尿液不是通过这些小管中的过滤形成的，因为体腔内和小管内的血液之间没有压力差。相反，废物分子和钾离子（K^+）通过主动运输的方式被分泌到小管中。

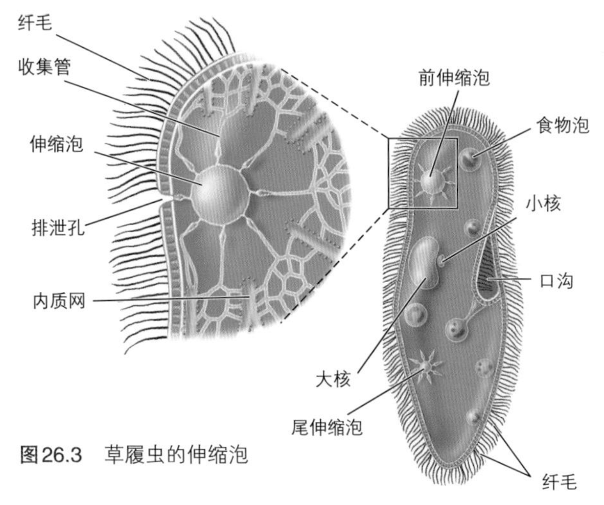

图26.3 草履虫的伸缩泡

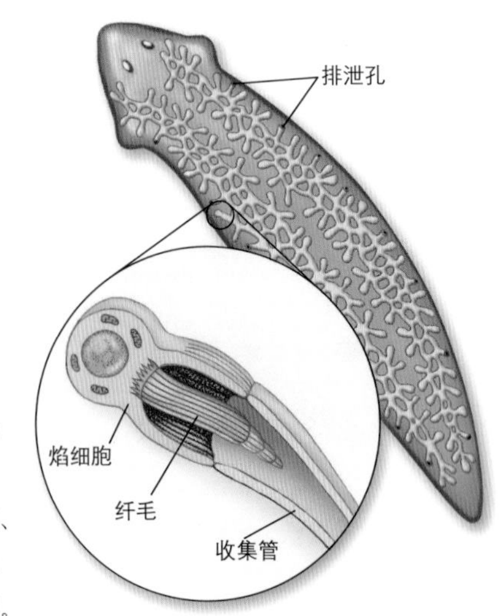

图26.4 扁形动物的原肾管
排泄小管的分支系统、焰细胞和排泄孔构成了扁形动物的原肾管。

在**分泌液**中，离子或分子从体液中被运输到马氏管。K^+的分泌使管内的液体产生了渗透梯度，水通过渗透从体内的开放循环系统中进入小管。之后，大部分的水和K^+在通过后肠时被上皮细胞重吸收回到循环系统。只留下小分子物质和代谢废物随粪便一起经由直肠排出体外。因此，马氏管提供了一种有效的保持水分的方法。

肾（kidney） 脊椎动物的排泄器官是肾，我们会在26.3节和26.4节详细讨论。与昆虫的马氏管不同，肾脏中管内的液体是由血液在压力下经过过滤而进入的。除了含有废物和水外，滤液中还含有许多对动物有价值的小分子物质，包括葡萄糖、氨基酸和维生素。这些分子和大部分的水经过肾小管被重吸收回到血液中，而废物则会留下。还有更多的废物被肾小管分泌进入滤液，最终形成尿液，排出体外。

脊椎动物的肾要过滤出血浆中几乎所有的物质（蛋白质除外，因为分子太大不会被滤出），然后再消耗能量把身体需要的物质重新吸收回去，这个过程看起来很是奇怪。但是，选择性重吸收其实提供了很大的灵活性。各种类的脊椎动物已经进化出了在特定生境下重吸收对自身有价值的不同分子的能力。这种灵活性是脊椎动物在许多不同环境中成功生存的一个关键因素。

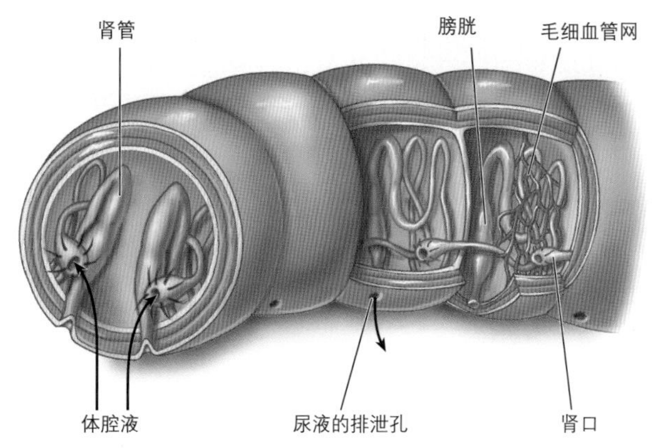

图26.5 环节动物的肾管

大多数无脊椎动物，如本图所示的环节动物，都有肾管。肾管是由一系列小管组成的结构，通过漏斗状的肾口接收过滤后的体腔液。盐分可以被小管重吸收，剩下的液体就是尿液，会从排泄孔被排到外部环境中去。

关键学习成果 26.2

许多无脊椎动物通过过滤收集液体进入小管系统，再重吸收离子和水，剩下的废物被排泄。昆虫通过分泌K^+进入通过渗透吸收水分的小管而产生排泄液。脊椎动物的肾产生滤液进入肾小管，水从中被重吸收。

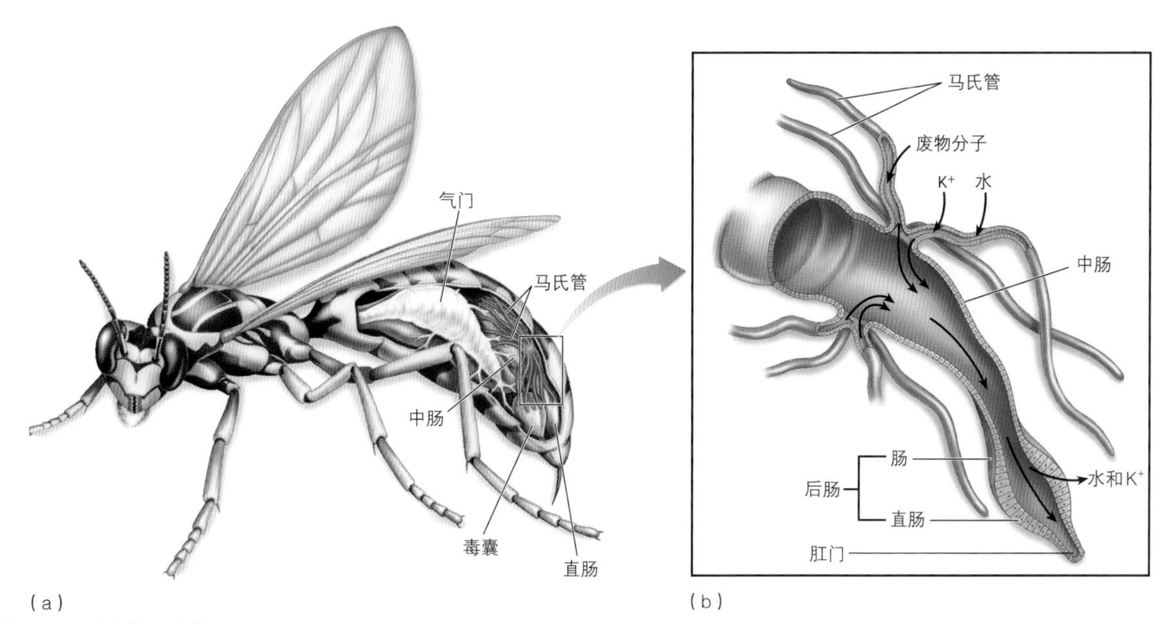

图26.6 昆虫的马氏管

（a）昆虫的马氏管是消化道的延伸，从体内循环系统中收集水和废物。（b）K^+被分泌到这些小管中，通过渗透吸收水分。大部分水和K^+在后肠壁被重吸收。

26.3 脊椎动物肾的进化

鱼类的肾

学习目标26.3.1 淡水鱼类、海水鱼类和软骨鱼类的肾的作用方式

首先在淡水鱼中进化出的肾脏是一种复杂的器官，其内含有多达百万个的重复处理单位，称为**肾单位**（nephron）。下图可以代表哺乳动物和鸟类的肾单位，其他脊椎动物的肾单位缺乏一个回环状结构。血压可以迫使血液通入位于每个肾单位的顶部的毛细血管床，这个结构被称为肾小球（glomerulus）。在肾小球中，血细胞、蛋白质和其他有用的大分子物质被留在血液中，而水分及溶解在其中的小分子和废物则经过一个包绕肾小球的杯状结构后，进入肾小管。当过滤液通过肾小管的前半部分（图中标记为近端），有用的糖类、氨基酸、离子（如 Ca^{2+}）被主动运输回到血液，只剩下水分和代谢废物的液体称为尿液。水和盐在肾单位的后半部分继续被重吸收。

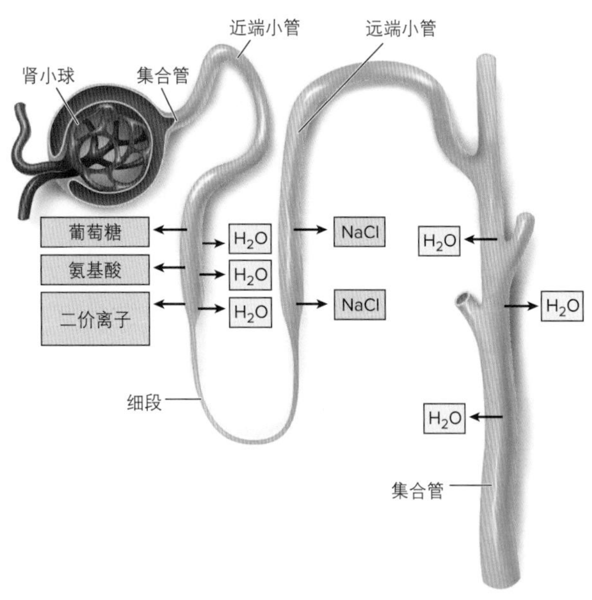

虽然所有脊椎动物的肾脏结构大体相同，还是有一些细微结构稍有变化。因为原始的肾小球滤液和血液是等渗的，所以所有的脊椎动物都可以产生与血液等渗（通过离子的重吸收）或低渗（更稀释）的尿液。只有鸟类和哺乳动物可以将肾小球滤液中的水分进行重吸收，产生高渗（比血液更浓缩）的尿液。

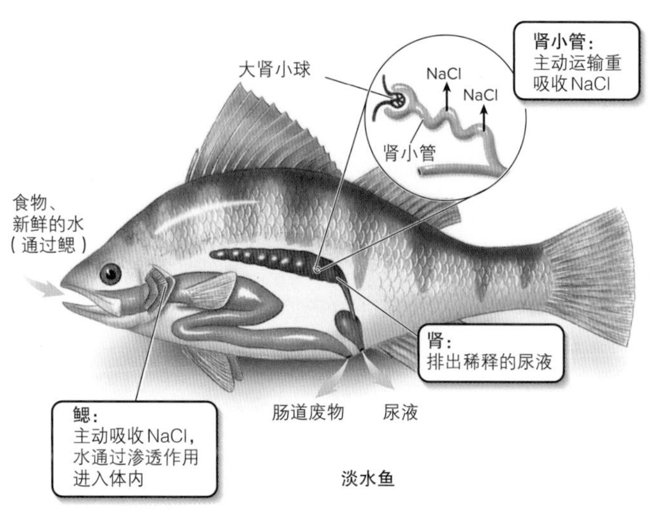

淡水鱼

肾被认为最先在淡水真骨鱼或硬骨鱼中出现。由于淡水鱼的体液比周围的水渗透浓度大，这类动物面临着渗透和扩散带来的两个严重的问题：（1）水趋向于从外部环境进入鱼体内；（2）体液中的溶质趋向于离开身体进入周围的水中。淡水鱼解决第一个问题的方式是，不喝水（水进入口中，不被吞咽，而是经过鳃之后流出）和排出大量稀释的尿液，这些尿液的渗透浓度比体液的低（如上图图中的淡水鱼）。淡水鱼解决第二个问题的方式是，在肾小管处把肾小球滤液中的离子（NaCl）重新吸收回血液。此外，它们还通过鳃将流经的水中的离子（NaCl）主动吸收进入鳃部血管。

海洋硬骨鱼

虽然大多数动物群体似乎都首先从海洋中进化产生，但海洋中的硬骨鱼类的祖先可能是淡水鱼。它们在适应海洋生存条件时，面临着一个严峻的新问题，它们体液的渗透浓度比周围海水的低。因此，水会在鳃部通过渗透离开体内，同时它们通过排尿流失水分。为了弥补这种持续的水分流失，海洋鱼类会吞咽大量的海水。

海水中许多的二价阳离子（主要是Ca^{2+}和$MgSO_4$中的Mg^{2+}）被海洋鱼类吞入后，始终在消化道内，最终经由肛门排出。然而，一些一价离子K^+、Na^+、Cl^-则被吸收到血液中。大部分一价离子会在血液流经鳃部时被主动运输离开血液，而进入血液的二价离子（图中由$MgSO_4$代表）被分泌进入肾小管，之后随尿液排出。海洋硬骨鱼通过以上两种方式来消除它们随海水一起吞入的离子。它们排出的尿液与体液是等渗的，浓度比淡水鱼的尿液高，但仍然不像鸟类和哺乳动物的尿液一样浓缩。

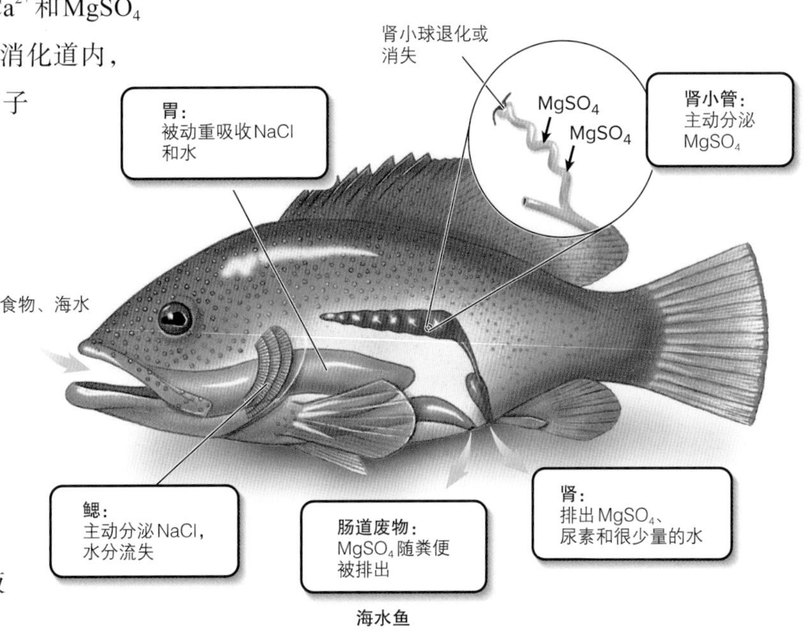

海水鱼

软骨鱼

板鳃类是目前在软骨鱼纲（Chondrichthyes）中最常见的一个亚纲。软骨鱼解决海洋生存环境带来的渗透问题的方式和硬骨鱼的不同。硬骨鱼有相对海水低渗的体液，所以它们必须不断喝进海水，然后主动泵出离子，而软骨鱼则在肾小管处对尿素进行重吸收，其血液中的尿素浓度比哺乳动物的高100倍。高浓度的尿素使得软骨鱼的血液基本与周围的海水达到等渗。因为等渗溶液之间几乎没有水的净流动，这样就防止了体内水分的流失。因此，软骨鱼不需要吞进大量的海水以维持渗透平衡，它们的肾脏和鳃也不需要去除体内大量的离子。软骨鱼体内的酶和组织在进化中逐步适应了体内的高尿素浓度。

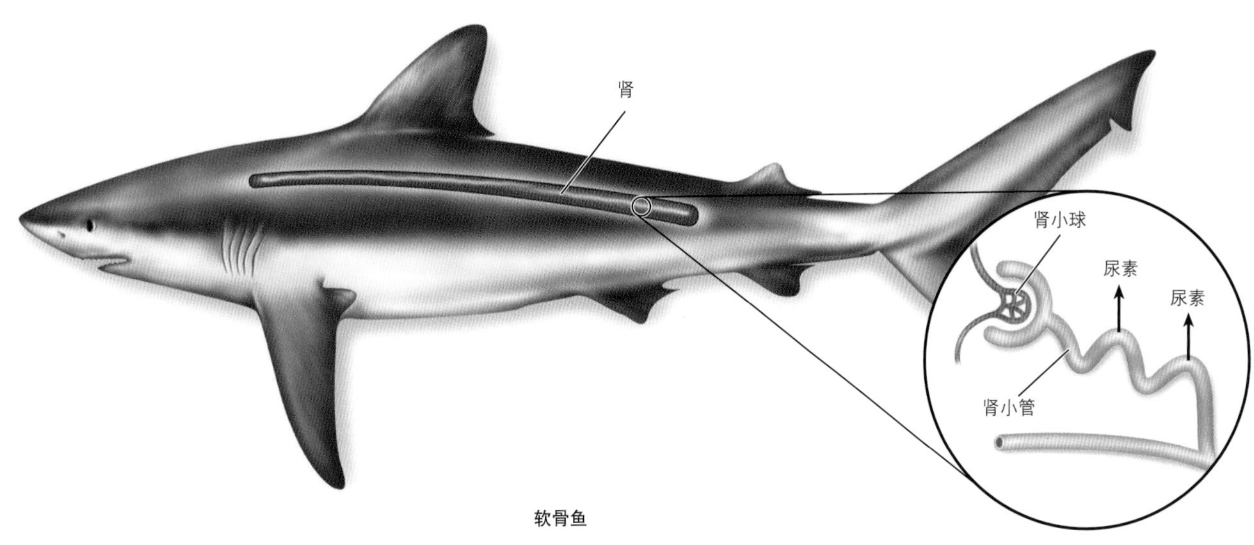

软骨鱼

脊椎动物
尿液相对血液的浓度关系
两栖动物
极低渗
皮肤从水中吸收Na⁺
海洋爬行类
等渗
吞入海水
盐腺分泌出多余的盐分
海洋鸟类
微高渗
吞入海水
盐腺分泌出多余的盐分
排出微高渗的尿液
海洋哺乳动物
极高渗
不吞入海水
陆生鸟类
微高渗
饮用淡水
沙漠哺乳动物
极高渗
几乎不喝水
从食物和代谢过程中获得水
淡水鱼
极低渗
不吞入水
软骨鱼
低渗
肾脏重吸收尿素

图26.7 部分哺乳动物的渗透调节

只有鸟类和哺乳动物可以排出相对血液高渗透的尿液，从而有效保持体内水分。而海洋爬行类和海洋鸟类可以吞入海水，再由盐腺把多余的盐分排出体外。

两栖动物和爬行动物

学习目标26.3.2　海洋鱼类和海洋爬行类排出盐分的不同方式

最早的陆生脊椎动物是两栖动物（图26.7的第一行），两栖动物的肾脏结构与淡水鱼的相似。这并不奇怪，因为两栖动物有相当一部分时间在淡水中生活，而且在陆地上，它们通常待在潮湿的地方。与它们生活在淡水中的祖先相同，两栖动物排出非常稀释的尿液，它们通过皮肤从周围的水中主动吸收Na^+，来弥补排尿过程中损失的Na^+。

另外，爬行动物的生境范围很广。像鳄鱼这样主要生活在淡水中的爬行动物，其肾脏结构与淡水鱼和两栖动物的相似。像海龟和海蛇这样的海洋爬行动物，有着与其淡水近亲结构相似的肾脏，但是却面临着相反的问题：它们容易流失水分，并吸入盐。与海洋硬骨鱼一样，海洋爬行动物吞入海水，然后排出等渗的尿液。海洋鱼类通过鳃部的主动运输去除体内多余的盐，而海洋爬行动物则是通过鼻子或眼睛附近的盐腺，来分泌出多余的盐。

陆生爬行动物的肾脏也在肾小管处进行大部分盐和水的重吸收，一定程度上可以在干燥的环境中帮助其保持体内血量。与鱼类和两栖动物一样，爬行动物也不能产生比血浆更浓缩的尿液。然而，当尿液进入泄殖腔（消化道和泌尿道的共用出口）时，还会继续进行水分的重吸收。

哺乳动物和鸟类

学习目标26.3.3　为什么哺乳动物和鸟类可以产生比体液渗透浓度高的尿液

哺乳动物和鸟类是仅有的能够产生比体液渗透浓度高的尿液的脊椎动物。这使得这些脊椎动物可以用较少量的水带出体内的排泄废物，从而保存更多体内的水分。人的肾脏产生的尿液浓度大概是血浆浓度的4.2倍，而其他一些哺乳动物的肾脏能够更加有效地节水。例如，骆驼、沙鼠和囊鼠，能分别产生血浆浓度8倍、14倍和22倍的尿液。更格卢鼠的肾脏节水效率奇高，以至于它从来不用专门喝水，食物中的水和细胞有氧呼吸产生的水，就可以满足它所需的全部水量！

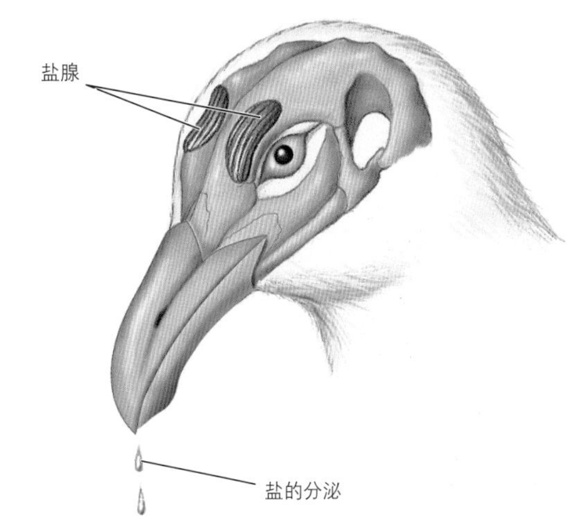

图26.8　海洋鸟类吞入海水，再通过盐腺排出盐分

高渗尿的产生主要发生在肾单位中的一个回环状部分，这一结构只有在哺乳动物和鸟类的肾脏中存在。肾单位中的这个回环状结构被称为髓袢（loop of Henle），延伸到肾组织深处，可以产生更浓缩的尿液。大多数哺乳动物有一部分髓袢较短，一部分髓袢较长。然而，鸟类只有很少或没有较长的髓袢，所以它们不能产生和哺乳动物一样高浓缩的尿液。它们的水分重吸收的效率，最多只能产生2倍于血浆浓度的尿液。海洋鸟类通过吞入海水来解决水分流失的问题，然后通过眼睛附近的盐腺排出过量的盐，排出的盐会顺着喙流下来，如图26.8所示。

鸟类肾脏产生的中度高渗的尿液被排入泄殖腔，与消化道产生的粪便在此处混合。如果需要，泄殖腔壁会继续进行水的重吸收，产生白色半固体的糊状或颗粒状排泄物，然后排出体外。

关键学习成果　26.3

淡水鱼的肾脏必须排出大量稀释的尿液，而海洋硬骨鱼饮入海水并且排出等渗的尿液。淡水鱼肾单位的基本结构和功能，在陆生脊椎动物中一直被保留。同时也发生变化，比如髓袢使哺乳动物和鸟类能对水分进行重吸收，从而产生高渗尿。

26.4 哺乳动物的肾

肾的功能区域

学习目标26.4.1 哺乳动物肾的四个功能区域

在人类体内，肾是拳头大小的器官，位于背下部区域［图26.9（a）］。每侧的肾都从肾动脉接收血液流入，并从中产生尿液。尿液从每侧肾中通过**输尿管**（ureter）排出，然后进入**膀胱**（urinary bladder），进而通过**尿道**（urethra）排出体外。在肾脏内，输尿管的开口张开形成一个漏斗状的结构，就是肾盂（renal pelvis）。肾盂又有进一步的杯状结构延伸，从肾组织收集尿液。肾组织分为外层的**肾皮质**（renal cortex）［含血管，见图26.9（b）］和内层的**肾髓质**（renal medulla）（含杯状结构）。这些结构共同行使着过滤、重吸收、分泌和排泄的功能。

哺乳动物的肾由大约100万个肾单位［图26.9（c）］组成，每个肾单位分别有四个区域：

1. **过滤器**（filter） 过滤器位于每个肾单位的顶部，称为**肾小囊**（Bowman's capsule）。在每个肾小囊内，小动脉分散成毛细血管网称为**肾小球**（glomerulus）（图中标注为❶）。这些毛细血管的壁就是进行过滤的结构。血压迫使液体穿过毛细血管壁。血管壁会把蛋白质和其他大分子挡在血液里，而水、小分子、离子、尿素（新陈代谢的主要废物）则通过管壁。
2. **近端小管**（proximal tubule） 肾小囊末端连接近端小管，在这里大部分的水（75%）被回收，一起被吸收回去的还有对身体有益的分子，如葡萄糖和多种离子。
3. **肾小管**（renal tube） 近端小管连着长而窄的管状结构——肾小管（图中标记为❷～❹）。肾小管在其中心位置向后弯折，形成一个像长发夹一样的结构，称为髓袢，有重吸收的作用。当滤液通过时，肾小管在下降回路中会再吸收约10%的水。
4. **集合管**（collecting duct） 滤液最后流入较大的集合管❺。集合管是一个节水装置，从滤液中再回收14%的水，使这些水不会从体内丢失。人类的尿液浓度是血浆浓度的4

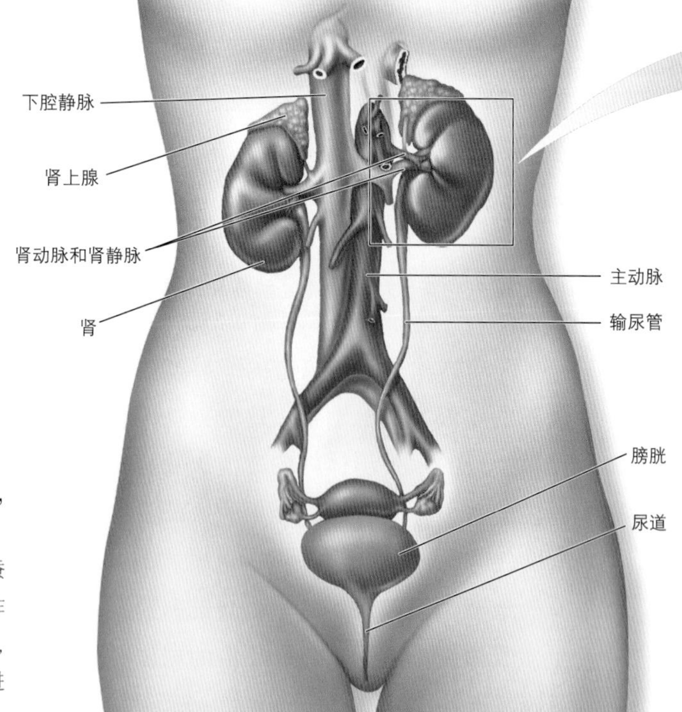

图26.9 哺乳动物的泌尿系统包含两个肾，每个肾分为肾皮质和肾髓质，其间分布有约100万个肾单位

（a）泌尿系统包括肾、输尿管（输送尿液到膀胱）以及尿道。（b）肾是蚕豆形、红棕色的器官，包含约100万个肾单位。（c）肾小球被有过滤作用的肾小囊包围。血液流经肾小球时，其内的液体在压力作用下被滤出，进入近端小管，葡萄糖和小分子蛋白质在这里被重吸收。滤液接下来进入回环状结构的髓袢和集合管，所有这些结构都可以从滤液中除去水分。然后将这些水回收进入血管，离开肾脏，重新回到体循环。

倍，也就是说，集合管从肾脏产生的滤液中去除了大部分的水。我们的肾脏实现这一显著的节水成绩的机制简单而又精巧：集合管沿肾小管向后弯曲，而且集合管对尿素是具有渗透性的。尿素通过扩散离开集合管。这就大大增加了集合管周围组织的局部盐（尿素）浓度，引起尿液中的水渗透出集合管。含盐的组织就像吸水纸一样，从尿液中吸收水，将水送入血管，水离开肾脏重新回到血液循环。

肾的工作

学习目标26.4.2 哺乳动物肾脏中形成尿液的五个步骤

哺乳动物肾脏中形成尿液的过程，涉及多种分子在肾单位及其周围毛细血管之间的移动。大约有五个步骤，如图26.9（c）中所标注的：❶压力过滤，❷水的重吸收，❸离子的选择性重吸收，❹肾小管分泌，❺水的进一步重吸收。

压力过滤 在血压的推动下，小分子被迫使通过肾小球的薄壁，进入肾小囊内❶。血细胞和大分子（如蛋白质）则不能通过。造成的结果就是，进入肾小球的血液被分为两路：一是没有通过过滤而保留在血管中的成分，随血液流出肾小球；二是被滤出血管的成分，以尿液的形式离开肾小球。肾小球过滤后的液体被称为**原尿**（glomerular filtrate）。它含有水、含氮废物（主要是尿素）、营养物质（主要是葡萄糖和氨基酸），以及多种离子。

水的重吸收 肾小球滤出的原尿经过近端小管之后进入髓袢降支。降支的管壁对盐和尿素不具有通透性，但水可以自由通过。因为周围组织的尿素浓度高（形成原因稍后讨论），水在通过降支的过程中不断渗透出去❷，留下浓度更高的滤液。

选择性重吸收 髓袢向上折回后的部分，其管壁逐渐对盐具有通透性，但水不能自由通过。当浓缩的滤液通过髓袢升支时，这些营养物质穿过管壁，进入周围组织❸，再被吸收回血管，被血液带走。在髓袢升支的上部区域，有主动运输的通道，把盐（NaCl）从管内运出。滤液中留下的是尿素，就是最初通过肾小球滤出的含氮废物。此时，肾小管中滤液的尿素浓度就变得非常高。

肾小管分泌 在远端小管处，一些物质也会通

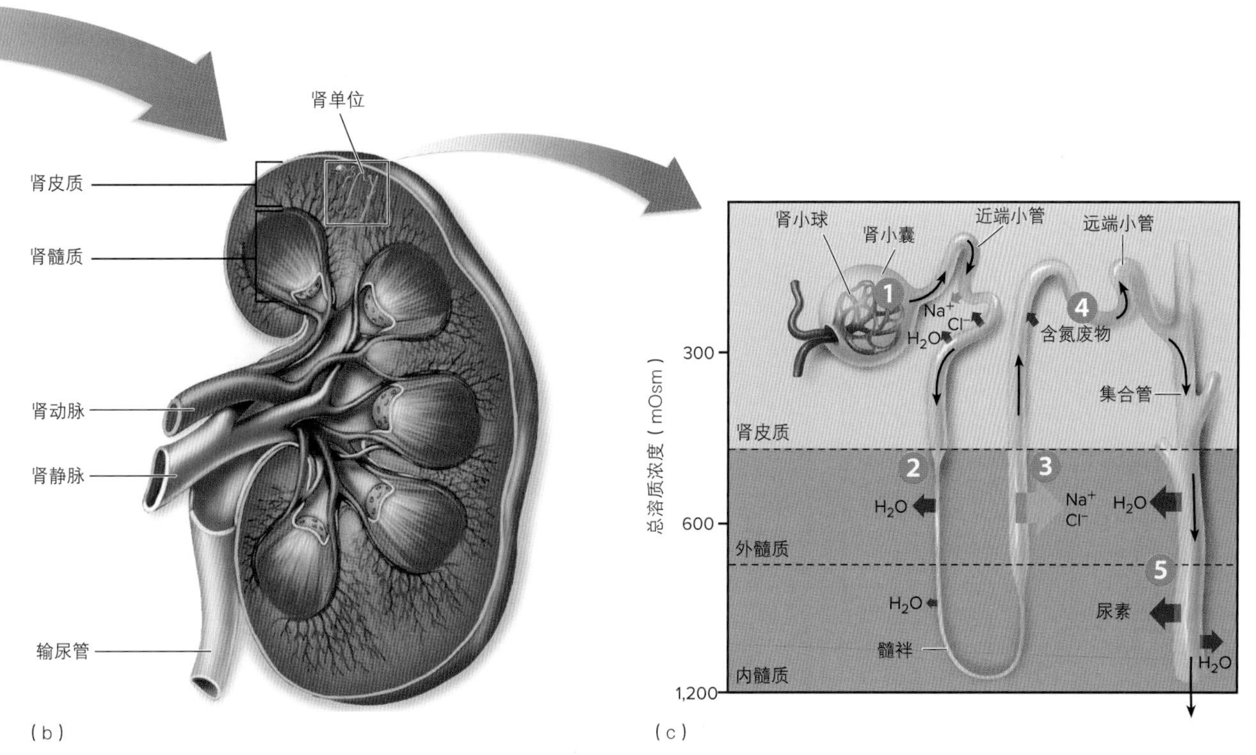

（b）
（c）

激素是如何控制肾工作的

与所有的哺乳动物和鸟类一样，尿液中排出的水量，是根据身体需求的变化而变化的。根据本章描述的机制，肾脏会在身体需要节水的时候，排出高渗的尿液。如果你喝了大量的水，你的肾脏分泌的尿液就会是低渗的。因此，肾内的血量、血压和血浆中盐的水平基本会保持相对的恒定，而不会受你喝了多少水的影响。肾也会调节血浆中的Na^+和K^+的浓度，以及血液的pH，使它们保持在一个狭窄的范围内。肾的这些稳态功能主要是由激素来协调的，简单来讲，激素就是体内某一部位产生，而作用于其他部位的化学信号。激素是第30章的主题。

抗利尿激素。抗利尿激素（ADH）在大脑中称为下丘脑的部位产生。促使ADH分泌到血液中的原发性刺激是血浆的渗透压（盐的浓度）增加。当你出现脱水或吃咸的食物时，每毫升血浆中的盐含量就会增加。下面的图片就是脱水产生刺激的示意图。脱水❶会导致血液中溶质的浓度增加❷。下丘脑的渗透压感受器❸检测到血浆渗透压的升高，进而做出响应：触发了渴的感觉❹，同时增加ADH分泌❺。

ADH导致肾的远端小管和集合管［见图26.9（c）］的管壁对水的通透性更强❻，从而在尿液通过肾脏时，增加水的重吸收量。肾对水的吸收的增加，反馈回渗透压感受器（虚线），引起ADH分泌的减少。当ADH分泌减少后，肾内小管的壁的通透性降低，你的尿液中排出更多的水。

在ADH分泌量最大的情况下，你每天只会排出600毫升高浓缩的尿液。人体如果缺乏ADH，就患有一种功能障碍病叫作尿崩症，会不断排出大量稀释尿。这种病的患者可能会严重脱水，并且有低血压的死亡危险。

醛固酮（aldosterone） 钠离子是血浆中的主要溶质。当血液中Na^+浓度下降时，这意味着血液的渗透压也会下降。血液渗透压降低，会抑制ADH分泌，导致集合管中保留更多的水分随尿液排出，从而导致血量和血压的降低。细胞外环境中Na^+的减少，也使更多的水通过渗透进入细胞，这样能部分抵消了血浆渗透压的下降，但是进一步降低了血量和血压。如果出现严重的低钠情况，血量也会严重降低，可能低到无法产生足够的血压来维持生命。因此，盐对是生命是非常必要的。许多动物都有“盐饥渴”，并主动到处寻找盐吃。这就是为什么一块“盐渍地”会吸引来鹿。

血液中Na^+浓度的下降通常由另一种激素控制肾脏做出补偿，这种激素就是醛固酮，也是由大脑分泌的。事实上，在体内醛固酮分泌量达到最大时，排出的尿液中可能完全没有Na^+。紧随着Na^+的重吸收的就是Cl^-和水，所以醛固酮具有促进盐和水的保留的净效应，从而有助于保持体内的血量、渗透压和血压。

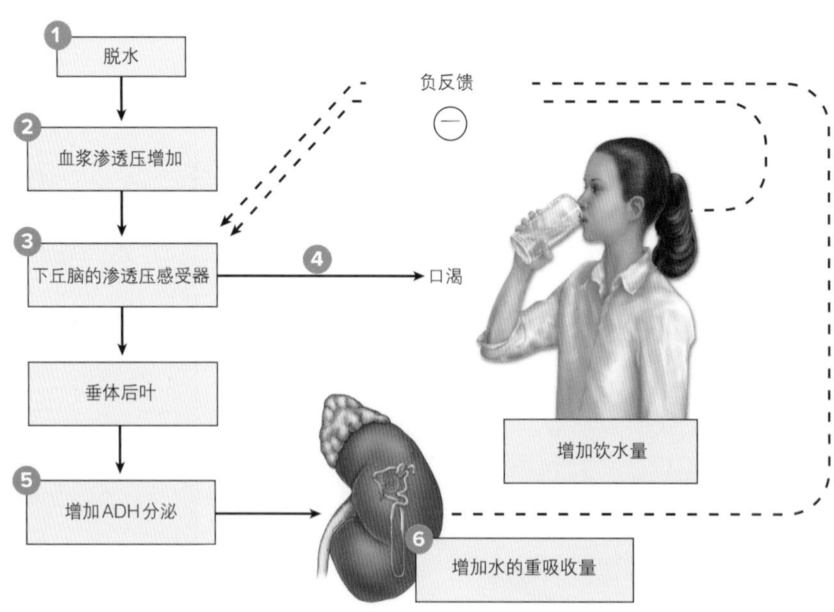

抗利尿激素刺激肾脏对水的重吸收。
这一动作的完成是一个负反馈回路，有助于保持血量和渗透压的内稳态。

过肾小管的分泌作用被加入尿液中❹。这是一种主动运输的过程，被分泌到尿液的主要是其他含氮废物，如尿酸和氨，以及过量的氢离子。

水的进一步重吸收 滤液离开肾小管进入集合管，重新流回到肾组织。与肾小管不同，集合管的下部对尿素具有通透性，部分尿素会扩散到周围的组织中（这就是为什么围绕髓袢降支的组织中含有高浓度的尿素，图中用深粉色表示）。组织中的高尿素浓度会导致集合管中液体里的水向外渗透❺。在盐、营养物质和水都被从滤液中吸收回去之后，最终流出集合管的液体就是尿液。

关键学习成果 26.4

哺乳动物的肾迫使废物分子被滤出，之后从滤液中重吸收水、有用的代谢产物和离子，最后残留的液体就是要排出的尿液。

26.5 含氮废物的排泄

来自氨的挑战

学习目标26.5.1 鱼类、哺乳动物和鸟类从体内排出含氮废物的不同方式

氨基酸和核酸都是含氮分子。当动物将这些分子分解代谢以获取能量，或将其转化为碳水化合物或脂肪的时候，就会产生含氮的副产物，即**含氮废物**（nitrogenous wastes），这些废物必须被排出体外。

氨基酸和核酸代谢的第一步都是去除氨基（$—NH_2$），之后氨基与H^+在肝脏中结合形成**氨**（NH_3）❶，见图26.10。氨对细胞的毒性很强，因此只有在极低浓度下才是安全的。氨的排泄对于硬骨鱼和蝌蚪来说问题不大，大部分的氨在其鳃部扩散出体外，其余部分则随着非常稀释的尿液排泄出去❷。在鲨鱼、成年两栖动物和哺乳动物中，含氮废物以毒性较弱的**尿素**形式被排出❸。尿素是水溶性的，所以可以在尿液中被大量排出。尿素随血液从肝脏的合成部位被带入肾脏，之后通过尿液排出。

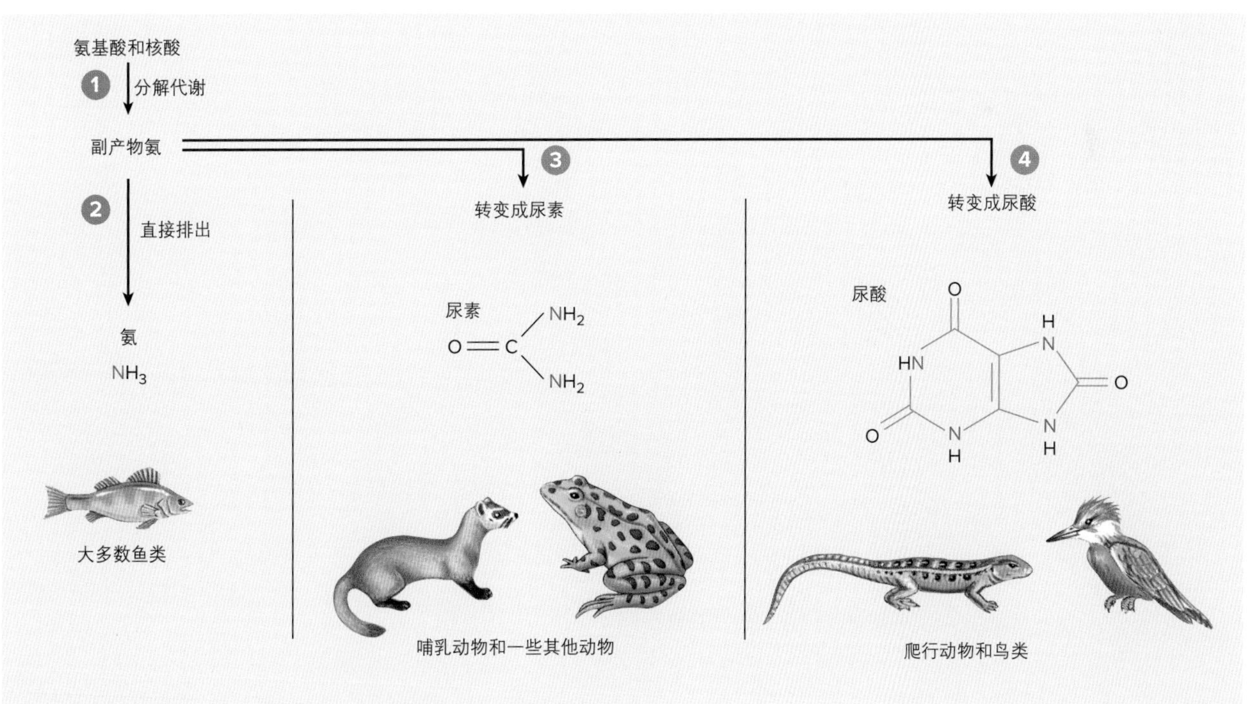

图26.10 含氮废物

当氨基酸和核酸被代谢时，直接的氮副产物是氨❶。这种物质毒性很强，但是在硬骨鱼中可以通过鳃被直接排出❷。哺乳动物将氨转化为毒性较弱的尿素❸。鸟类和陆生爬行动物将氨转化为不溶于水的尿酸❹。

爬行动物、鸟类和昆虫体内的含氮废物的排泄形式是**尿酸**（uric acid），这种物质的水溶性很低。由于其溶解度低，尿酸会形成沉淀，因此随非常少量的水被排出体外。尿酸形成鸟粪中的白色糊状物质。因为这些动物的蛋被包裹在壳内，而随着蛋内的胚胎发育，含氮废物会不断出现，所以合成尿酸的能力对它们来说很重要。虽然合成尿酸要消耗大量的代谢能量，但是这种化合物会结晶和沉淀为固体，这样虽然这些废物仍然在蛋壳里，却已经不会影响胚胎的发育。

哺乳动物也产生一定的尿酸，作为嘌呤核苷酸降解的废物。大多数哺乳动物体内都有一种酶，叫作尿酸氧化酶（uricase），它可以将尿酸转化成更可溶的衍生物**尿囊素**（allantoin）。只有人类、类人猿和大麦町犬的体内缺乏这种酶，所以必须排泄尿酸。人类体内过多的尿酸在关节处积累产生的病被称为痛风（gout）。

关键学习成果　26.5

氨基酸和核酸的分解代谢产生副产物氨。硬骨鱼可以直接排泄氨，但其他脊椎动物必须将其转化为尿素和尿酸这些毒性较低的含氮废物。

调查与分析
INQUIRY & ANALYSIS

鸟类睡觉时如何保持体温？

哺乳动物和鸟类是恒温动物：无论环境温度怎样，它们都能保持自身的体温。即便外部气温下降，这类动物体内的代谢反应还是可以可靠地运行——温度每降低10°C，大多数酶的催化反应速率就会慢2～3倍。人类的体温保持在37°C左右的狭窄的范围内，鸟类的体温更高。要让身体始终保持这样温暖，哺乳动物和鸟类要不断地进行氧化代谢产生热量。这需要增加几倍的代谢率，特别是当动物机体不活跃时，代价更高。合乎逻辑的解决办法是放弃保持体温，让身体温度在睡眠过程中下降，这种现象被称为冬眠（torpor）。虽然人类不采取这种方法，但是许多其他哺乳动物和鸟类中存在这种现象。这就提出了一个有趣的问题：是什么原因使得鸟类在冬眠时不被冻坏身体？只是简单地因为机体适应了周围的温度，还是当体温低于某个界限时身体会启动代谢反应产热，以避免受冻？

右侧图表显示的是针对一种热带蜂鸟研究以上问题的实验数据。实验研究了降低空气温度对代谢率（测得的耗氧量）的影响。实验测量了在空气温度3°C到37°C范围内，两种截然不同的生理状态下的耗氧量：蓝色的数据在鸟醒着的时候收集，红色的数据则来自冬眠的鸟。蓝色线和红色线被称为回归曲线，是根据统计学方法绘制的，提供了数据的最佳拟合方式。

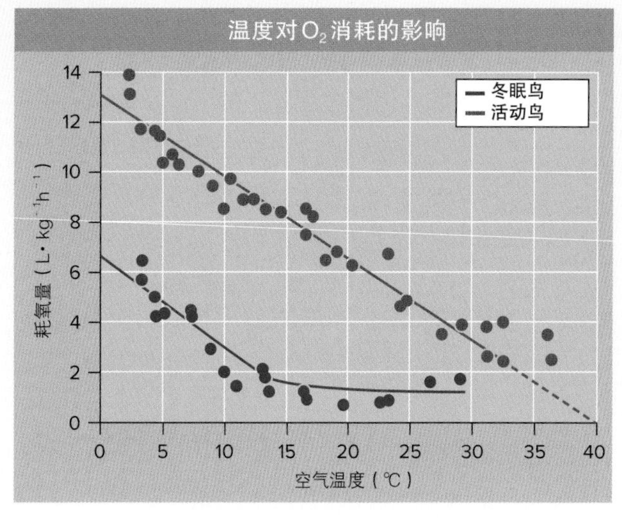

分析

1. **应用概念**

   a. **变量**　图中的因变量是什么？

   b. **对比两组数据**　醒着的蜂鸟在所有空气温度下的代谢率保持不变吗？冬眠的蜂鸟呢？在给定的某一个温度值下，哪种蜂鸟有较高的代谢率，醒着的还是冬眠的？

2. **解读数据**

   a. 醒着的蜂鸟在空气温度下降时，耗氧量是如何变化的？你认为这是为什么？这样的变化在整个所测温度的范围内都是一致的吗？

   b. 冬眠的蜂鸟在空气温度下降时，耗氧量是如何变化的？这样的变化在整个所测温度的范围内都是一致的吗？解释你发现的差异。

   c. 两条回归线在15°C以下的部分斜率是否存在显著差异？这对你有什么启示？

3. **进行推断**

   a. 每5°C设一个温度区间，估算醒着的鸟和冬眠的鸟的平均耗氧量，绘制其对应空气温度的函数曲线。

   b. 根据这条曲线，当空气温度从30°C下降到20°C时，你认为冬眠的鸟的体温会发生什么变化？温度从15°C下降到5°C时呢？

4. **得出结论**　蜂鸟如何避免在寒冷的夜晚睡觉时被冻坏？

5. **进一步分析**　蜂鸟在飞行时消耗的代谢能量比醒着但在休息时的多。你认为运动强度水平是如何影响鸟类对体温的调节的？陈述你的理由。

本章回顾

Reviewing What You Have Learned

内稳态

动物体如何维持内稳态

26.1.1 动物保持相对恒定的内环境，这一过程被称为内稳态。内稳态指的是内环境在一个狭窄的范围内保持动态的稳定。

- 身体用感受器来对内环境进行检测。测定量会被发送到整合中心，与调定点进行比对。如果测定量偏离了调定点，身体将通过效应器（肌肉或腺体）对其进行调整。
- 这种类型的控制系统被称为负反馈调节，因为回归调定点的反应会被反馈回来，以阻止该方向的进一步改变。

26.1.2 爬行动物通过行为的改变来保持体温的恒定，而哺乳动物和鸟类是恒温动物，通过消耗代谢能量，来维持相对恒定的体温。

26.1.3 人体通过激素的作用，保持相对稳定的血糖水平。如果血糖水平升高，如进食后，胰腺释放激素胰岛素，刺激肌肉、肝脏和脂肪组织的细胞摄入葡萄糖。当血糖水平降低，如在两餐之间，胰腺释放激素胰高血糖素或肾上腺释放激素肾上腺素，这些激素会触发肝脏释放贮存的葡萄糖。

渗透调节

调节体内的水含量

26.2.1 生物进化出各种不同的机制来控制体内水平衡。许多无脊椎动物使用小管系统收集液体，对水和离子进行重吸收。扁形动物的小管系统被称为原肾管。图26.5中展示的是在环节动物体内的肾管，过滤液体，重新吸收 NaCl，废物和液体通过排泄孔排出体外。昆虫通过分泌K^+进入马氏管，建立渗透梯度，使水沿渗透梯度进入管内。水和K^+在后肠上皮被重吸收。

- 肾是脊椎动物的排泄器官。其利用血压过滤液体，再对重要分子进行重吸收。

脊椎动物的渗透调节

脊椎动物肾的进化

26.3.1 肾单位是肾的基本单位。利用血压过滤液体，产生滤液，有用的分子如糖、氨基酸、离子、水和盐等被重吸收。

26.3.2 淡水鱼的肾脏排出稀释后的尿液，而海洋硬骨鱼吞咽海水，排出等渗尿液。

- 除海洋硬骨鱼外，软骨鱼也生活在高渗环境中。作为补偿，它们的身体会对尿素进行重吸收，使自身血液与海水等渗。

26.3.3 两栖动物和爬行动物的肾与鱼类的类似。哺乳动物和鸟类的肾里有髓袢结构，可以产生浓缩尿液。海洋鸟类吞入海水，并通过盐腺排出过量的盐。

哺乳动物的肾

26.4.1 每个肾脏接收肾动脉流入的血液并产生尿液，然后从连接每个肾脏的输尿管进入膀胱。

- 哺乳动物的肾（图26.9）包含大约100万个肾单位。肾单位的功能是从血液中收集滤液，选择性重吸收离子和水，将废物排出体外。
- 肾小球是对血液进行过滤的血管网，它被肾小囊包围着。水、小分子、离子和尿素被滤出进入肾小囊。肾小囊连接到长的肾小管，在那里对滤液中的分子和离子进行选择性重吸收。肾小管形成的发夹一样的回环结构称为髓袢。滤液随后进入集合管，更多的水在集合管又被从滤液中重吸收。

26.4.2 在近端小管，很多的水和重要分子被重吸收。在髓袢降支，水通过渗透，回到周围组织，但在此时的回路中，盐和尿素无法通过管壁。髓袢向上折回后，管壁对盐和其他分子具有通透性，它们会通过小管进入周围的组织。这样的结果是，肾小管周围组织中溶质浓度较高。

- 滤液随后进入集合管。集合管的管壁对水具有通透性，因为周围组织中溶质浓度较高，水通过渗透，被吸收回组织。
- 集合管中残留的液体就是高渗的尿液，通过输尿管被排出体外。

含氮废物的排泄

26.5.1 氨基酸和核酸的分解代谢会在肝脏处产生氨。氨是一种有毒的含氮废物，必须被排出体外。

- 硬骨鱼和蝌蚪通过鳃和稀释的尿液直接将氨排出体外。
- 在鲨鱼、成年两栖动物和哺乳动物中，氨被转化为毒性较弱的尿素（图26.10）。尿素是水溶性的，被血液携带到肾脏，然后随尿液排出体外。
- 爬行动物、鸟类和昆虫排泄含氮废物的形式是尿酸。尿酸微溶于水，所以可以用非常少量的水排出。

本章测验

Test Your Understanding

26.1.1（1）体内监测并调整身体状态的过程，如温度和pH，被称为______。

a. 放热　　c. 渗透调节

b. 内稳态　　d. 外温性

26.1.1（2）下面哪一个是通过效应器的响应，将某状态调整回调定点的调节方式？

a. 抑制调节　　c. 正反馈回路

b. 内稳态　　d. 负反馈回路

26.1.2　哺乳动物体温的调节范围大约是36°C～40°C，而鸟类的略高，为38°C～42°C，接近生物可以生存的极限。你认为为什么鸟类要保持比哺乳动物高的体温？你认为老鹰和蜂鸟保持的体温相同吗？请解释原因。

26.1.3　当你的血糖太低时，胰腺会分泌激素胰高血糖素。这种激素会引起______。

a. 胰岛素的释放　　c. 糖原合成

b. 糖原分解　　d. 脂肪合成

26.2.1（1）下列哪项不参与渗透调节？

a. 胰腺　　c. 马氏管

b. 肾管　　d. 焰细胞

26.2.1（2）假设你的导师已经决定针对肾管的过滤能力做一个研究项目。你暑假将与下列哪种生物一起度过？

a. 蚂蚁　　c. 哺乳动物

b. 鸟　　d. 蚯蚓

26.2.1（3）下面哪些动物用马氏管进行排泄？

a. 海龟　　c. 袋鼠

b. 蜜蜂　　d. 扁形动物

26.3.1（1）淡水硬骨鱼为了保持自身血液中水和溶质的适当浓度，必须要______。

a. 喝大量的水，并排出大量相对体液低渗的尿液

b. 不喝水，并排出大量相对体液低渗的尿液

c. 喝大量的水，并排出大量与体液等渗的尿液

d. 不喝水，并排出大量与体液等渗的尿液

26.3.1（2）鲨鱼的血液与周围海水是等渗的，是由于对______重吸收。

a. 氨　　c. 尿素

b. 尿酸　　d. NaCl

26.3.2　以下哪种动物的尿液相对其血浆的浓缩程度最低？

a. 鸟类　　c. 人类

b. 淡水鱼　　d. 鲨鱼

26.3.3（1）海洋爬行类排出体内多余的盐的方式是______。

a. 通过鳃运输出去　　c. 肾小管重吸收

b. 通过盐腺排泄　　d. 通过泄殖腔排泄

26.3.3（2）包括鲸、海豹和海象在内的许多哺乳动物，会在盐水中度过其生命中相当长一段时间。你觉得它们的肾在盐水中发挥的作用怎么样？哪些哺乳动物可以在淡水中生活很长时间？

26.4.1（1）对滤液中成分的选择性重吸收发生在哪里？

a. 肾小囊　　c. 髓袢

b. 肾小球　　d. 输尿管

26.4.1（2）在哺乳动物肾脏内，滤液中的水被重吸收，穿过髓袢末端的集合管的管壁，进入周围的含盐组织，然后进入血管回到体循环。为什么髓袢附近的血管中血液的盐含量不会很高？

26.4.1（3）特异性干扰肾小球滤液中离子重吸收的病毒，会感染哪里的细胞？

a. 肾小囊　　c. 肾小管

b. 肾小球　　d. 集合管

26.4.2（1）水被从肾脏滤液中去除的方式是______。

a. 扩散　　c. 协助扩散

b. 主动运输　　d. 渗透

26.4.2（2）肾小球滤出的液体中含有大量的水和人体需要的分子，这些物质必须被肾脏重新吸收回去。昆虫的马氏管则是把要排出的废物直接分泌出去，这种方式似乎更合乎逻辑。过滤-重吸收过程相对于严格的分泌排泄废物过程，有什么优点？

26.4.2（3）假设你在研究生活在不同环境中的不同哺乳动物的肾功能。将沙漠环境中的某物种，与热带环境中的某物种进行比较。沙漠物种将有______。

a. 比热带物种短的髓袢

b. 比热带物种长的髓袢

c. 比热带物种短的近曲小管

d. 比热带物种长的远曲小管

26.4.2（4）如果你在海上迷失方向，在救生艇上漂流，非常渴时会喝海水吗？请解释原因。

26.5.1（1）人类排泄多余的含氮废物的形式是______。

a. 尿酸晶体　　c. 氨

b. 蛋白质　　d. 尿素

26.5.1（2）蜂鸟、囊鼠和奇里卡瓦豹蛙幼体的个体大小差不多，并且都生活在西南部沙漠地区。比较和对比它们的含氮废物，并解释为什么它们的尿液有这样的差异。

26.5.1（3）排泄系统的一个重要的功能是去除代谢过程中产生的过量的氮。下列哪种生物因为排泄含氮废物的形式是沉淀，所以只需要很少的水？

a. 青蛙　　c. 鸽

b. 兔　　d. 骆驼

第6单元 动物

27

学习目标

三道防线

27.1 皮肤：第一道防线

1 动物如何对抗微生物的感染

2 脊椎动物的两层皮肤及其作用

27.2 细胞对抗：第二道防线

1 四类能抗击微生物与人体受感染细胞的第二道防线

2 三种基本的杀伤细胞

3 补体如何帮助细胞防御

4 炎症反应的三个阶段，它们是如何起到保护作用的

5 体温升高在身体对抗微生物感染的过程中起到的作用

27.3 特异性免疫：第三道防线

1 T细胞与B细胞的来源对比，它们是如何对抗感染的

免疫应答

27.4 启动免疫应答

1 巨噬细胞在免疫应答初始阶段的作用

27.5 T细胞：细胞免疫应答

1 细胞免疫应答的五个阶段

27.6 B细胞：体液免疫应答

1 细胞免疫应答与体液免疫应答

2 产生抗体多样性的三个过程，估算每个过程产生的多样性

27.7 基于克隆选择的主动免疫

1 初次免疫应答和再次免疫应答，以及克隆选择的作用

27.8 疫苗接种

1 流感病毒与HIV如何逃避免疫防御

27.9 医学诊断中的抗体

1 ABO、Rh血型系统中的抗原以及它们对输血的影响

2 单克隆抗体定义

免疫系统的缺陷

27.10 过度活跃的免疫系统

1 五种自身免疫性疾病

2 自身免疫性疾病与过敏反应

27.11 AIDS：免疫系统崩溃

1 HIV是如何攻击并战胜免疫系统的

生物学与保健 AIDS药物能够靶向治疗HIV感染周期的不同阶段

调查与分析 免疫具有抗原特异性吗？

动物体的自我防卫

为了给自身的繁殖提供养料，细菌与病毒一直尝试着利用动物细胞环境中丰富的资源，因此所有动物都不断地与它们进行着战争。当自身的细胞发生癌变并且开始不受控制地自由生长后，动物与这些细胞便会进行另外一场战争，这与它们同细菌、病毒之间的战斗截然不同。但无论是防止微生物的侵入，还是与癌症抗争，动物们都会使用同一个防御武器：免疫系统。本章主要介绍了脊椎动物的免疫系统，以及在面对这些危险时它是如何保护动物的身体免受侵害的。有时，免疫系统本身就是受感染的部位，这就使身体失去了防御侵害的能力。AIDS就是由一种叫作人体免疫缺陷病毒（HIV）的病毒引起的。一旦一种被称为巨噬细胞的人体免疫系统细胞受到HIV感染，其子代成熟后就会从受感染的细胞中被释放出来，并在该细胞表面繁殖。这些病毒很快就会蔓延至附近的淋巴细胞，感染并杀死它们。最终，大部分的淋巴细胞都会被感染，免疫防御系统就会被破坏。

27.1 皮肤：第一道防线

三道防线概述

学习目标27.1.1 动物如何对抗微生物的感染

多细胞生物能够为体积较小的单细胞生物提供充分的营养物质，以及温暖的庇护场所，使它们能够在这个环境中生长并进行繁殖。我们生活在一个充满微生物的世界中，在没有任何保护的情况下，所有动物都无法长时间地抵抗微生物的感染。动物们能够存活下来，是因为它们拥有很多非常有效的防御系统，以抵抗这些微生物持续不断的攻击。

脊椎动物的身体抵抗感染的方式，与骑士们保卫中世纪城市的方式是一样的。"墙壁与护城河"使城市入口很难进入；"移动的巡逻队"能够攻击陌生人；如果没有提供正确的"身份证件"，那么"守卫"可以挑战任何一个在附近徘徊的人，并对其发出攻击信号。

1. **墙壁与护城河** 脊椎动物身体最外层的皮肤，是抵抗微生物侵入的第一道屏障。呼吸道与消化道中的黏膜，也是保护身体免受侵害的重要屏障。
2. **移动的巡逻队** 如果防御系统的第一道防线被攻破，身体对此做出的响应是发动细胞反击，即利用一连串的细胞及化学物质杀死微生物。感染一旦开始，这些防御行为会非常迅速地发挥作用。
3. **守卫** 最后，身体也由在血液中循环流动的细胞保卫着，它们能够扫描遇到的每一个细胞的表面。它们是特异性免疫反应的一部分。一种免疫细胞能够攻击并杀死任何一个被认定为外来者的细胞，而另一种类型的细胞能够对受病毒感染的细胞进行标记，以便移动的巡逻队将它们清除。

皮肤

学习目标27.1.2 脊椎动物的两层皮肤及其作用

皮肤，例如大象的又厚又硬的皮肤，是脊椎动物身体的最外层，同时也是对抗微生物入侵的第一道防线。皮肤是我们最大的器官，约占总体重的15%。1平方厘米的人体前臂皮肤含有200个神经末梢、10根毛发、100个汗腺、15个脂腺、3根血管、12个温觉感受器、2个冷觉感受器，以及25个压力感受器。图27.1中的一部分皮肤具有两个区分明显的细胞层：外层是**上皮**，下层是**真皮**。**皮下组织**层位于真皮之下。外层的上皮细胞不断地受到磨损，并且被下层细胞取代，1小时内你的身体将失去并替换了大约150万个皮肤细胞！

上皮的厚度为10～30个细胞，近似于一张纸的厚度。最外层称为**角质层**，就是我们胳膊和脸被看到的那层皮肤。这层细胞会连续不断地受到损伤。在人体参与的很多活动中，它们会因摩擦力和压力而受到摩擦、伤害以及损耗。它们也会失去水分而变得干燥。身体处理这种伤害的方式不是修复细胞，而是用新的细胞代替。角质层细胞会不断地脱落，被那些上皮之下产生的新细胞代替（上皮和真皮边缘颜色较深的细胞层）。这个内部**基底层**的细胞是脊椎动物身体中分裂频率最快的细胞之一。在此形成的细胞会向上移动，并且当它们移动时，会产生角蛋白，这使它们逐渐变得坚韧。每个细胞最后都会到达外表面并且成为角质层的一部分，到它们脱落并被新的细胞代替，其间大约要经历一个月。顽固性头皮屑（牛皮癣）是一种慢性皮肤病，新的细胞每3～4天就会到达上皮表面，速度大约是正常细胞代谢的8倍。

真皮层的厚度大约是上皮层的15～40倍。它在结构上支撑着上皮层，也作为皮肤中很多分化细胞的基质。当我们变老时，皮肤产生的皱纹就产生于真皮层。商业上用于制造皮带和鞋子的皮革就源自动物们厚厚的真皮。真皮之下的皮下组织层是由富含脂肪的细胞组成，它们起到缓冲及保温作用，保持了身体的温度。

皮肤不仅通过提供几乎不具有渗透性的屏障而

图27.1　人类皮肤的一部分

皮肤通过汗腺和脂腺提供屏障来保护身体，这两种腺体的分泌物可以使皮肤表面呈酸性，足以抑制微生物的生长。

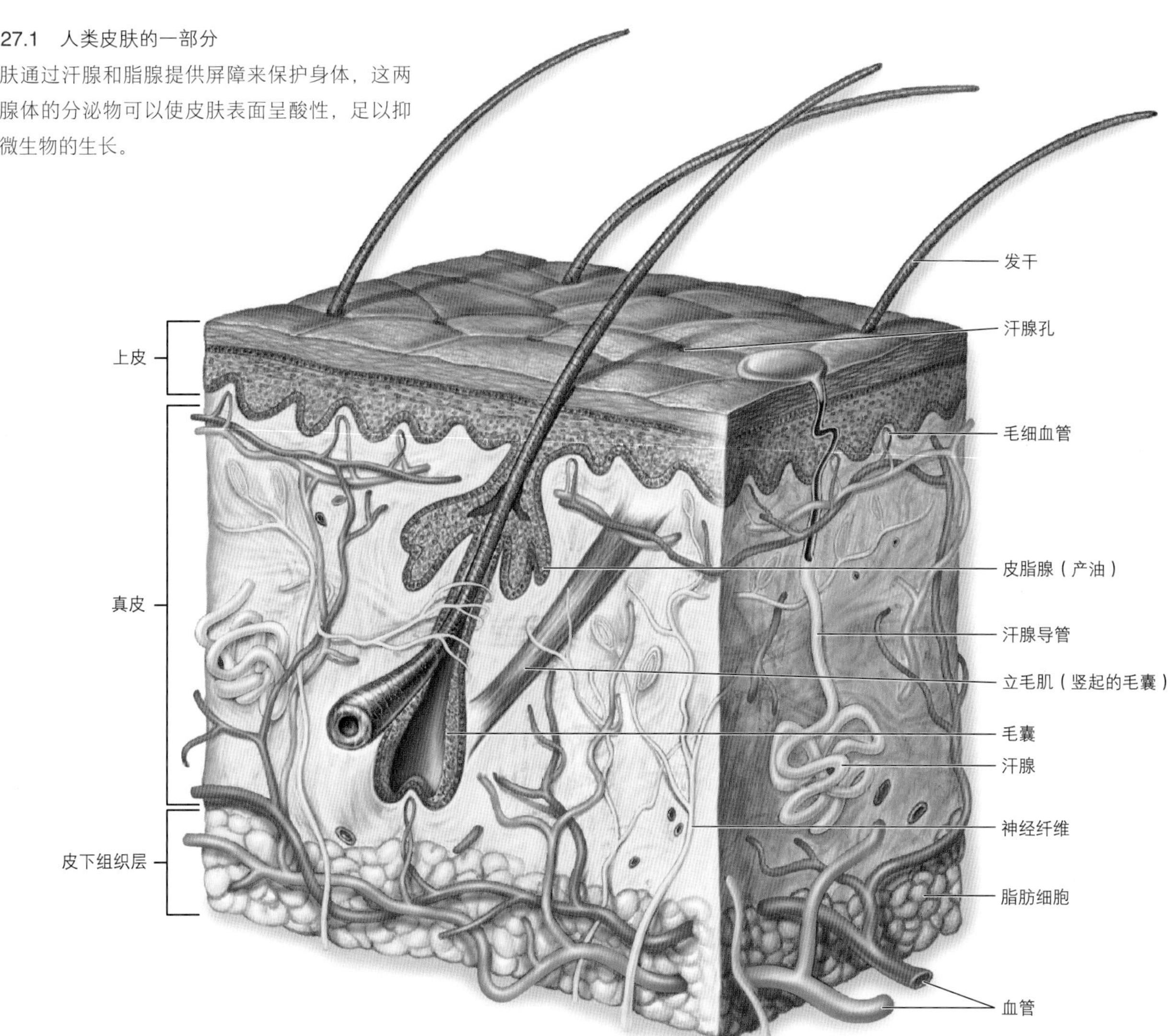

起到保护作用，还利用化学武器增强这种保护。例如，沿发干生长的脂腺和汗腺，如图27.1中类似于黄色卷曲的意大利面的结构，它们可以使皮肤表面呈酸性（pH值为4～5.5），这抑制了很多微生物的生长。汗液中也含有溶菌酶，它们能攻击并消化掉很多细菌的细胞壁。

其他外表面

除了皮肤以外的其他外表面，比如眼睛，也暴露在外面。与汗液相似，冲刷眼睛的泪液含有能够抗击细菌感染的溶菌酶。病毒和微生物可能通过消化道和呼吸道这两个潜在的入口进入身体，这两种路径必须安排警戒。食物中存在微生物，但是很多都可以被唾液（唾液也含有溶菌酶）、呈强酸性的胃液（pH值为2）以及肠中的消化酶等杀死。微生物也存在于身体吸入的空气中。温暖且潮湿的肺部是微生物繁殖的温床，小支气管及细支气管管壁的细胞能分泌一层黏液，这些黏液可以在大多数微生物到达肺部前将它们粘住。这些气管上的另外一些细胞具有纤毛，这些纤毛能够将黏液扫至咽部的声门，就像一个自动扶梯。在该部位，这些黏液可以被咳出或者咽下，将潜在的入侵者运送出肺部。

关键学习成果　27.1

皮肤、消化道黏膜和呼吸道黏膜是身体的第一道防线。

27.2 细胞对抗：第二道防线

学习目标27.2.1 四类能抗击微生物与人体受感染细胞的第二道防线

身体表面的防御是非常有效的，但是它们偶尔也会被攻破。通过呼吸、饮食，或者伤口和疤痕，细菌和病毒偶尔就会进入我们的身体中。当这些入侵者到达更深层的组织中时，第二道防线开始发挥作用，产生许多细胞防御及化学防御。现列举四个特别重要的例子：（1）杀死入侵微生物的细胞；（2）杀死入侵微生物的蛋白质；（3）炎症反应，能够加速防御细胞到达受感染部位；（4）体温反应，升高体温以减缓入侵细菌的生长。

尽管这些细胞及蛋白质遍布全身，但是仍然存在一个核心部分负责它们的储存及分配，该核心被称为**淋巴系统**。淋巴系统由图27.2中的结构组成：淋巴结、淋巴器官以及一个流向淋巴管的毛细淋巴管网。尽管淋巴系统也具有与循环相关的其他功能（见第23章），但是它在免疫反应中也占有重要地位。

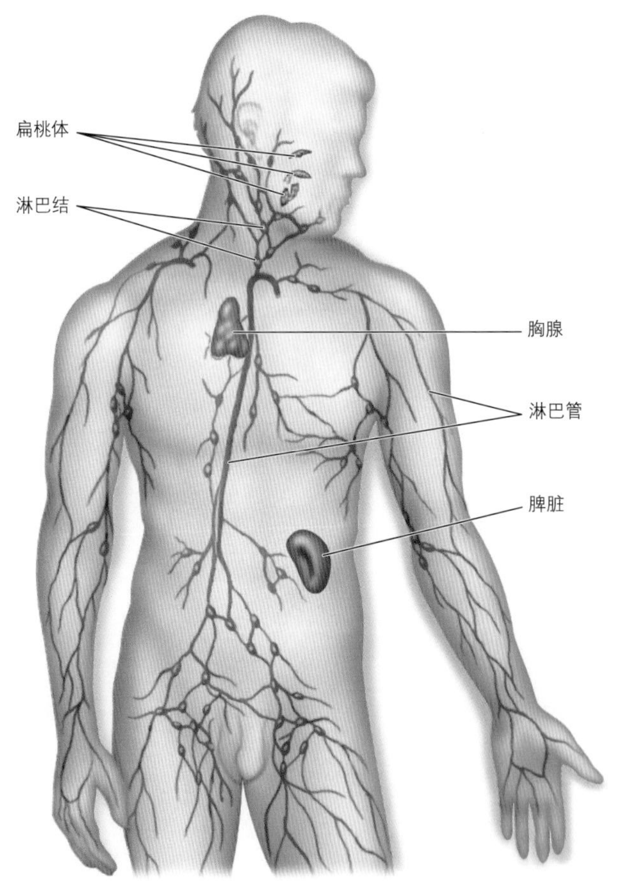

图27.2 淋巴系统

图中展示的是主要的淋巴管、淋巴器官，以及淋巴结。

杀死微生物的细胞

学习目标27.2.2 三种基本的杀伤细胞

对感染最重要的反击是由白细胞完成的，它们攻击入侵的微生物。这些细胞巡视流经全身的血液并且在组织内部等待入侵者。三种基本的杀伤细胞是巨噬细胞、中性粒细胞（吞噬细胞）以及自然杀伤细胞。这三种细胞能够区分身体的细胞（自己）与外来细胞（异己），因为身体的细胞含有自我识别的MHC蛋白（在27.4节中详细介绍）。杀伤细胞的每一种类型都可以采用不同的策略消灭入侵的微生物。

巨噬细胞 被称为巨噬细胞（在希腊语中是“大胃王”的意思）的白细胞，通过摄取细菌而将其消灭，过程与变形虫摄取食物微粒很像。巨噬细胞能向外分泌长且具有黏性的细胞质延伸物，它能够抓住香肠状的细菌，将其拉回细胞后吞食。尽管一些巨噬细胞固定在某些特定的器官中，尤其是脾脏，但大多数的巨噬细胞都在通向身体各处的支路中巡视，它们以被称为**单核细胞**的前体细胞的形式在血液、淋巴以及细胞间液中循环流动。

中性粒细胞 另一种白细胞被称为中性粒细胞，像神风特攻队一样。除了摄取微生物以外，它们还能释放一些化学物质（与家庭漂白剂相似），用来“中和”整个区域，在整个过程中杀死附近的所有细菌——以及它们自己。中性粒细胞就像是扔进感染区的手榴弹，它能消灭附近的一切东西。相比之下，巨噬细胞一次只能杀死一个入侵的细胞，并且它本身能不停地杀死细胞。

自然杀伤细胞 第三种白细胞被称为**自然杀伤细胞**，它们不攻击入侵的微生物，而是攻击自身受到感染的细胞。自然杀伤细胞能利用一种小分子穿透受感染靶细胞的细胞膜，这种小分子被称为穿孔蛋白。图27.3（a）中的自然杀伤细胞释放的穿孔蛋白分子正在插入受感染细胞的细胞膜中，就像栅栏上的木板，形成一个允许水分进入的小孔，这使得细胞膨胀并破裂。在检测并攻击受病毒感染的身体

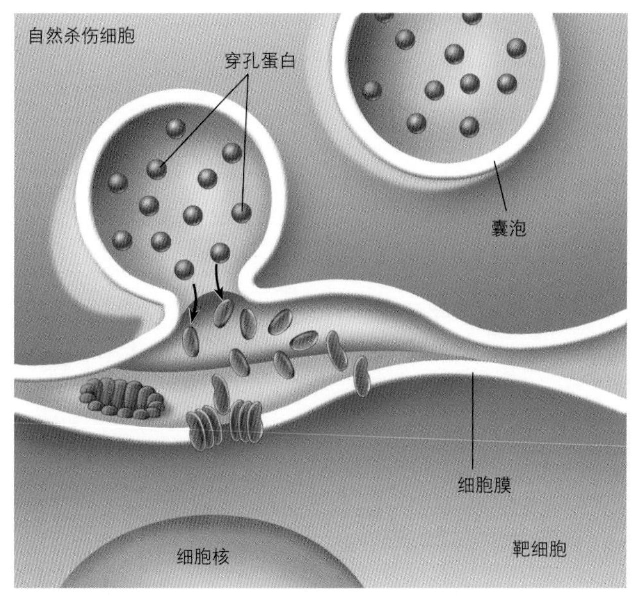

(a)

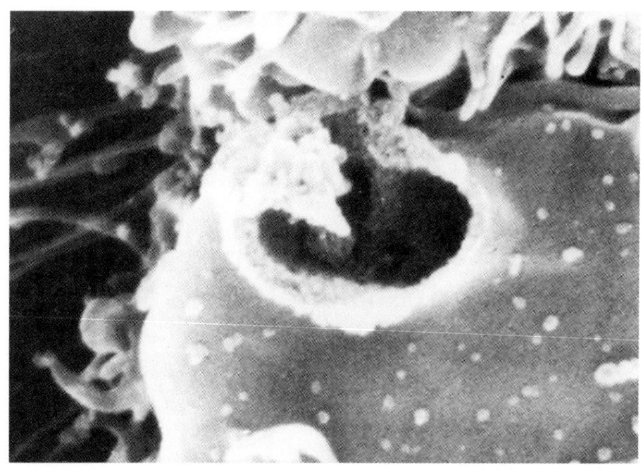
(b)

图27.3　自然杀伤细胞攻击靶细胞

（a）最初，自然杀伤细胞与靶细胞紧密结合在一起。接下来，在自然杀伤细胞中会进行一系列的反应，囊泡会将穿孔蛋白分子运送至细胞膜外，并将其内容物排出至靶细胞的细胞间隙。穿孔蛋白分子插入细胞膜中，形成一个允许水通过并且能使细胞破裂的小孔。（b）自然杀伤细胞攻击癌细胞，在其细胞膜上刺穿一个小孔。水会涌入并使细胞像气球一样鼓起来。癌细胞很快就会破裂。

细胞方面，自然杀伤细胞是十分有效的。它们也是人体对抗癌症的防御机制中最有效的一个环节。图27.3（b）中展示的癌细胞在其有机会形成肿瘤之前就被杀死了。

杀死微生物的蛋白质

学习目标27.2.3　补体如何帮助细胞防御

脊椎动物的细胞防御由一种称为**补体系统**的非常有效的化学防御作为补充。这一系统大约由20多种不同的蛋白质组成，以一种非活性状态在血浆中自由地循环。当它们遇到细菌或真菌的细胞壁时，其防御行为就会被触发。然后补体蛋白质就会聚集在一起形成膜攻击复合物，并插入外来细胞的细胞膜中，形成一个类似于自然杀伤细胞产生的小孔。与穿孔蛋白小孔相同的是，图27.4中的膜攻击复合物允许水进入外来细胞，造成细胞的膨胀及破裂。二者之间的区别是，穿孔蛋白能够攻击被感染的宿主细胞，而补体是直接攻击外来细胞。当抗体与入侵的微生物结合以后，补体蛋白的凝集也会被触发，我们会在后面的章节中进行学习。

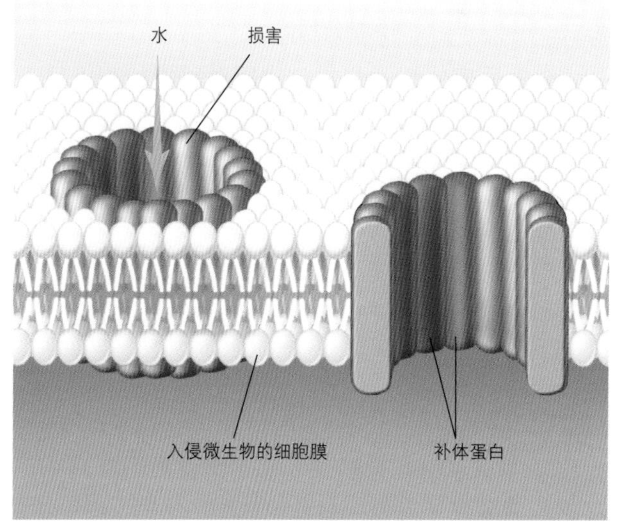

图27.4　补体蛋白攻击入侵者

补体蛋白形成一个跨膜通道，类似于自然杀伤细胞上排列着的穿孔蛋白造成的损害，但是补体蛋白是自由漂浮的，并且它们能直接依附在入侵微生物上，而穿孔蛋白分子会插入受感染的体细胞中。

补体系统中的蛋白质可以增加其他身体防御的效果。一些蛋白质通过刺激组胺的释放，能够放大炎症反应（下面会讨论）；另一些蛋白质能将吞噬细胞（单核细胞与中性粒细胞）吸引至受感染的部

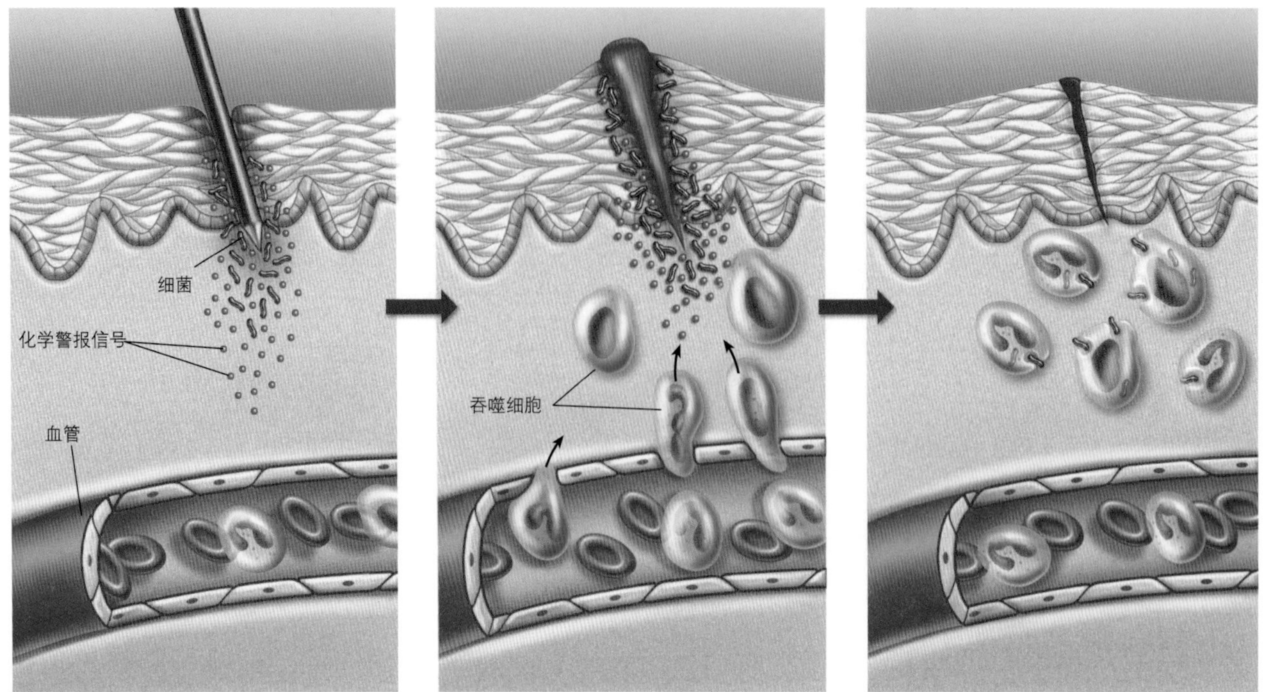

图27.5 局部炎症反应

当入侵的微生物渗透到皮肤时，化学物质，如组胺和前列腺素，起到报警信号的作用，导致附近的血管扩张。血流量增加会带来一波吞噬细胞，攻击并吞噬入侵的细菌。

位；还有一些蛋白质能覆盖入侵的微生物，将其表面变得粗糙，这使得吞噬细胞更易于依附在微生物的表面。

炎症反应

学习目标27.2.4　炎症反应的三个阶段，它们是如何起到保护作用的

炎症反应使细胞和化学物质对感染的积极反击更加有效。炎症反应可以拆分为三个阶段，如图27.5所示，杆状的细菌正通过伤口进入身体：

1. 在第一张图中，受感染或损害的细胞释放了化学警报信号，大部分为组胺和前列腺素。
2. 这些化学警报信号会导致血管扩张，从而增加流向感染或受伤部位的血流量，并通过拉伸它们的薄壁使毛细血管更具渗透性。这会导致经常与感染相关的红肿。
3. 在第二张图中，通过更大、更易泄漏的毛细血管的血流量增加，促进吞噬细胞从血液迁移到感染部位，挤压毛细血管壁的细胞。中性粒细胞会首先到达，分泌能够杀死微生物（也能杀死附近的组织细胞以及它们本身）的化学物质。随后，单核细胞到达该位置后会变成巨噬细胞，吞食病原体以及所有死亡细胞的残骸，如第三张图所示。这种反击的代价相当大，与感染有关的脓就是已经死亡或濒死的中性粒细胞、组织细胞以及病原体的混合物。

体温反应

学习目标27.2.5　体温升高在身体对抗微生物感染的过程中起到的作用

人类致病菌在高温下生长不好。因此，当巨噬细胞发起反击时，它们会通过向大脑发送信号来提高体温，从而增加成功的概率。担任人体恒温器作用的脑细胞集群会对该信号做出响应，体温升高，高于人体正常的温度37℃。体温高于正常值这一最终结果被称为**发烧**。尽管发烧在抑制微生物生长方面是非常有效的，但是高烧是十分危险的，因为过热会使细胞中的酶活性降低。总的来说，温度高于39.4℃时就是危险的；体温高于40.6℃时便是致命的。

关键学习成果　27.2

脊椎动物通过一连串的细胞及化学武器对感染做出响应，包括能够杀死入侵微生物的细胞和蛋白质、炎症反应和体温反应。

27.3　特异性免疫：第三道防线

淋巴细胞

学习目标27.3.1　T细胞与B细胞的来源对比，它们是如何对抗感染的

细菌和病毒偶尔才可以越过第二道防线。当这种情况发生后，它们还会面临第三道防线，特异性免疫，它是身体防御系统中最为复杂的机制。

特异性免疫反应是由白细胞完成的。它们的数量很多——我们的身体中有10万亿～100万亿个细胞，每100个细胞中就有2个白细胞！巨噬细胞是白细胞，中性粒细胞与自然杀伤细胞也是。此外，还有T细胞、B细胞、浆细胞、肥大细胞以及单核细胞（见表27.1）。T细胞和B细胞被称为**淋巴细胞**，它们对特异性免疫反应来说很重要。

当它们在骨髓中产生以后，**T细胞**会迁移至胸腺（由于胸腺的英文名称为“thymus”，因此被命名为“T细胞”），胸腺是位于心脏上方的腺体（见图27.2）。在胸腺中，T细胞通过暴露在微生物和病毒表面的抗原对其进行识别。**抗原**是一种大而复杂的分子，如引起特异性免疫反应的蛋白质。数以千万计的不同T细胞被制造出来，每一个都专门识别一种特定的抗原。没有一种入侵者能逃脱至少几个T细胞的识别。

与T细胞不同的是，**B细胞**不会进入胸腺，它们

表27.1　免疫系统的细胞

细胞类型	功能
辅助T细胞 	免疫反应指挥官，检测感染并发出警报，启动T细胞和B细胞的响应
记忆T细胞	对身体曾经感染过的抗原进行快速且有效的响应
细胞毒性T细胞	识别并杀死受感染的体细胞，由辅助T细胞进行动员
抑制T细胞	抑制T细胞和B细胞的活性，在检查到感染后缩减防御反应
B细胞 	浆细胞与记忆细胞的前体，分化出能识别特定外来抗原的细胞
记忆B细胞	对身体曾经感染过的抗原进行快速且有效的响应
中性粒细胞 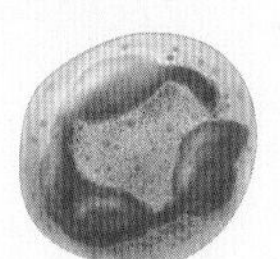	吞噬入侵的细菌并释放能杀死临近细菌的化学物质
浆细胞 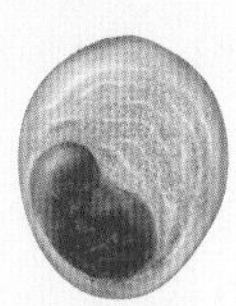	专门生产针对特定外来抗原抗体的生化工厂
肥大细胞 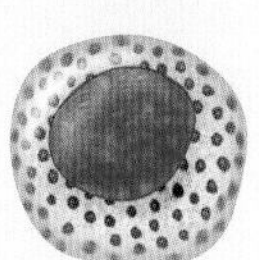	炎症反应的发起者，有助于白细胞到达感染部位。分泌组胺，在过敏反应中起重要作用
单核细胞 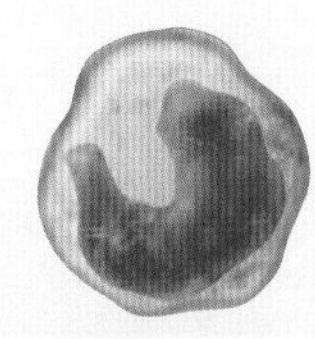	巨噬细胞的前体
巨噬细胞 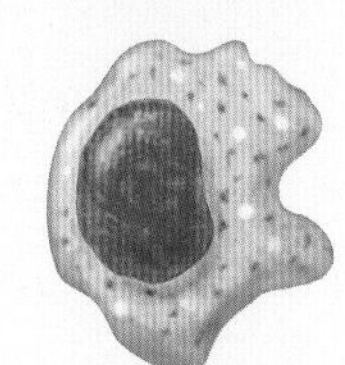	身体的第一道细胞防线，也可以作为T细胞和B细胞的抗原呈递细胞，并且吞噬被抗体覆盖的细胞
自然杀伤细胞 	识别并杀死受感染的体细胞；自然杀伤细胞能检测并杀死多种被入侵者感染的细胞

在骨髓中发育成熟［B细胞的命名是因为它们最初是在鸡体内的一个被称为“法氏囊（bursa）”的部位发现的］。B细胞从骨髓中释放出来，在血液和淋巴中循环。单个B细胞，像T细胞一样，专门识别特定外来抗原。当B细胞遇到了它能识别的靶细胞以后，它会快速地分裂，并且它的后代会分化成**浆细胞**和记忆细胞。每一个浆细胞都是一个微型工厂，它生产的标记物质被称为**抗体**。这些抗体对特定的抗原来说像旗帜一样，无论这个抗原存在于什么部位，它能够标记任何带有抗原的细胞，以便对其进行破坏。因此，B细胞不会直接杀死外来入侵者，而是标记这些细胞以便其他白细胞能够更容易地对其进行识别，然后由这些白细胞进行清除工作。

B细胞和T细胞都能产生记忆细胞，它们能够唤起身体对曾经遭遇过的抗原的记忆，并且能快速地对这些重现的抗原表面发起攻击。

关键学习成果 27.3

T细胞在胸腺中发育，而B细胞在骨髓中成熟。T细胞可以攻击携带有抗原的细胞。当B细胞遇见一个特定的抗原时，它可以分化出能产生抗体的浆细胞。抗体可以标记细胞，以便对其进行破坏。

免疫应答
The Immune Response

27.4 启动免疫应答

巨噬细胞

学习目标27.4.1 巨噬细胞在免疫应答初始阶段的作用

为了理解第三道防线是如何发挥作用的，我们可以想象一下自己患上了流感。流感病毒以一个小水滴的形式被你吸入呼吸系统中。如果它们成功躲过了呼吸黏膜（第一道防线）上的黏液并且避免了被巨噬细胞（第二道防线）吞噬，病毒就会感染并杀死黏膜细胞。

这时，巨噬细胞启动免疫应答。巨噬细胞能够检查它们遇见的所有细胞的表面。身体中的每个细胞表面都携带有特定的标记蛋白，称为主要组织相容性复合体蛋白或**MHC蛋白**。每个人的MHC蛋白都是不一样的，就像是每个人的指纹都不同。图27.6（a）中细胞上的MHC蛋白与这个人体内所有细胞上的MHC蛋白都是一样的。结果，组织细胞上的MHC蛋白可以作为“自己”的标记，确保免疫系统能够区分出“自己”细胞与“非己”细胞。例如，图27.6（b）中的外来微生物有不同的表面蛋白质，这些蛋白质可以被识别为抗原。

当一个外来微粒感染了身体，它会被细胞吞噬并被消化一部分。在细胞内，病毒抗原会经处理并被移动到细胞膜的表面，如图27.6（c）所示。完成这一功能的细胞被称为**抗原呈递细胞**，它们通常是巨噬细胞。在细胞膜上，经处理过的抗原是与MHC蛋白复合在一起的。这一过程对T细胞的功能来说很重要，

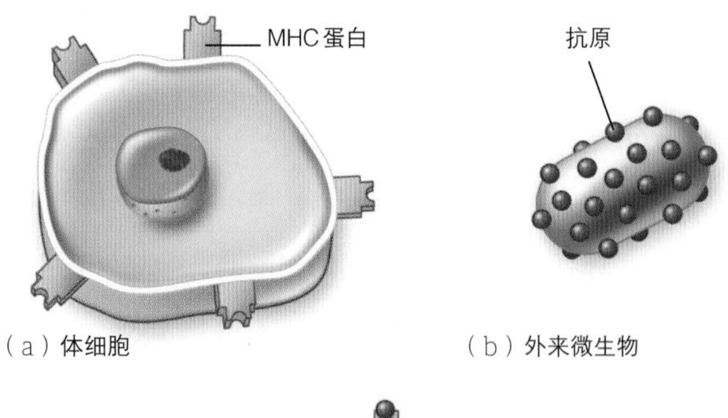

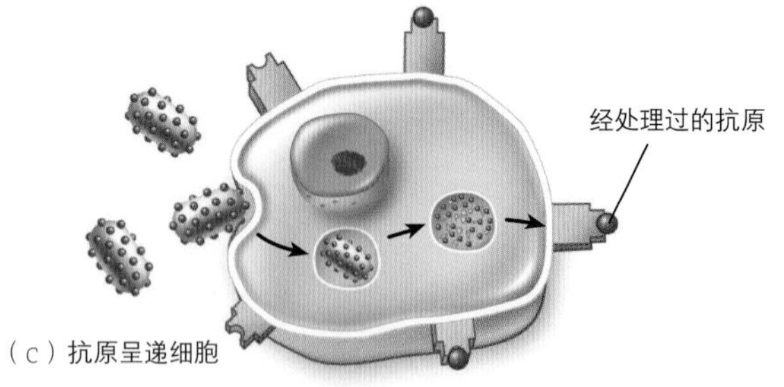

图27.6 抗原是怎样暴露出来的
（a）体细胞的表面具有MHC蛋白，这是判定“自己”细胞的标志。免疫系统的细胞不会攻击这些细胞。（b）外来细胞或微生物的表面具有抗原。（c）只有在抗原被处理并与抗原呈递细胞表面的MHC蛋白复合体结合在一起以后，T细胞才可以与抗原结合并启动攻击。B细胞能直接识别抗原，而不需要抗原呈递细胞。

因为只有当抗原以这种方式呈现时，T细胞受体才能发挥作用。B细胞可以直接与游离抗原相互作用。

当巨噬细胞遇到病原体时——要么是诸如细菌细胞等外来细胞，它缺少正确的MHC蛋白；要么是受病毒感染的体细胞，其表面插有起指示作用的病毒蛋白——其通过分泌一种化学警报信号做出响应。警报信号是一种被称为**白细胞介素-1**（拉丁语的意思是“在白细胞之间”）的蛋白质。这种蛋白质能够刺激**辅助T细胞**。辅助T细胞会对白细胞介素-1的警报做出响应，同时启动两条不同但平行发生的免疫系统防御战线：T细胞参与的细胞免疫应答，或B细胞参与的体液免疫应答。T细胞参与的免疫应答被称为**细胞免疫应答**，是因为T淋巴细胞能攻击携带有抗原的细胞。B细胞参与的应答被称为体液免疫应答，是因为抗体是被分泌至血液和体液中的。

关键学习成果 27.4

当巨噬细胞遇到不具有正确的MHC蛋白的细胞时，它们能分泌一种化学警报信号，以启动免疫防御机制。

27.5 T细胞：细胞免疫应答

学习目标27.5.1 细胞免疫应答的五个阶段

当巨噬细胞处理外来抗原时，会触发**细胞免疫应答**，如图27.7中的例子。巨噬细胞分泌白细胞介素-1，刺激细胞分裂以及T细胞的增殖❶。MHC蛋白会首先与巨噬细胞处理过后暴露出来的抗原形成复合体，然后复合体会与辅助T细胞结合到一起，这会激活辅助T细胞分泌**白细胞介素-2**❷，以刺激**细胞毒性T细胞**的增殖❸，而细胞毒性T细胞能识别并破坏受感染的体细胞。只有当这些受感染的细胞将外来抗原及它们的MHC蛋白暴露出来后，细胞毒性T细胞才会将其破坏❹。

身体能产生成千上万种不同的T细胞。每一种T细胞的细胞膜上都有一个单一且独一无二的受体，一种能与一个抗原呈递细胞表面特定的抗原-MHC蛋白复合体结合的受体。在身体中，任何一个其受体与特定抗原-MHC蛋白复合体相匹配的细胞毒性T细胞都能够迅速开始繁殖，很快形成大量的T细胞❸，它们能够识别含有特定外来抗原的复合体。因为单个能够识别入侵病毒的T细胞在数量上被放大，形成一个庞大的相同T细胞克隆群，它们全部都能参与攻击，所

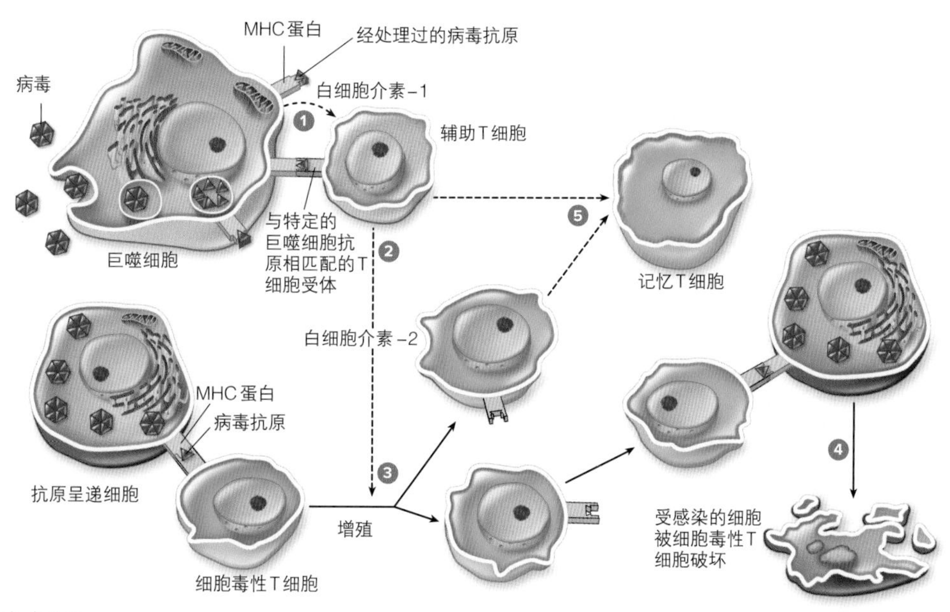

图27.7 T细胞免疫防御

巨噬细胞处理过抗原后，释放白细胞介素-1，向辅助T细胞发出信号，使其与抗原MHC蛋白复合体结合。这会触发辅助T细胞释放白细胞介素-2，从而刺激细胞毒性T细胞的增殖。此外，当具有与抗原呈递细胞所显示的抗原相匹配的受体的T细胞与抗原MHC蛋白复合体结合时，细胞毒性T细胞受到刺激而增殖。被抗原感染的体细胞被细胞毒性T细胞破坏。随着感染消退，抑制T细胞“关闭”免疫反应（未显示）。

以大量受感染的细胞可以快速地被清除。任何一个带有病毒感染迹象的体细胞都会被破坏。细胞毒性T细胞杀死受感染的体细胞的方式，与自然杀伤细胞及其补体采取的方式相类似——它们能穿透受感染细胞的细胞膜。受感染以后，一些被激活的T细胞能够产生留存在身体中的记忆T细胞❺，当身体再次遭遇该抗原时，记忆T细胞能快速发动攻击。

细胞毒性T细胞也可以攻击任何外来的MHC蛋白。正因如此，亲属之间可以互相寻求肾脏移植：从遗传角度来讲，他们的MHC蛋白与接受者是更近的。进行移植手术的病人经常需要服用一种名为环孢素的药物，因为它能抑制细胞毒性T细胞的活性。

癌细胞好像能够以某种方式改变它们“自己”的标记，这能够被免疫细胞识别出来，产生所谓的“癌症特异性抗原”，但是人们对对抗癌症的免疫监视尚不清楚。

关键学习成果 27.5

细胞免疫应答是由T细胞完成的，能对受感染的细胞直接产生攻击，杀死任何呈现不寻常表面抗原的细胞。

27.6 B细胞：体液免疫应答

学习目标27.6.1 细胞免疫应答与体液免疫应答

B细胞也能对由白细胞介素–1激活的辅助T细胞做出响应。就像是细胞毒性T细胞一样，B细胞表面也具有受体蛋白，每一种B细胞表面的受体蛋白都是不同的。B细胞识别入侵微生物与细胞毒性T细胞识别受感染细胞差不多，但是与细胞毒性T细胞不同的是，它们不会攻击自己。它们能够标记病原体以达到对其破坏的目的，但是该机制不具有它们自己的“身份检查”系统。早期免疫应答被称为**体液免疫应答**，被B细胞放置的标记能够使补体蛋白攻击携带有该标记的细胞。随后，该标记能够激活巨噬细胞和自然杀伤细胞。

B细胞进行标记的方式是十分简单但精妙的。T细胞上的受体只能与抗原呈递细胞表面的抗原–MHC蛋白复合体结合在一起，与之不同的是，B细胞上的受体可以同游离的、未经处理过的抗原结合，如图27.8所示❶。当B细胞遇见抗原时，抗原微粒通过胞吞作用进入B细胞，经过处理后被放置在带有MHC蛋白的表面。辅助T细胞能识别特定的抗原，与B细胞上的抗原–MHC蛋白复合体结合❷，并且释放白细胞介素–2，刺激B细胞分裂。另外，游离且未经处理过的抗原会粘在B细胞表面的抗体（绿色的Y形结构）上。抗原的暴露能引起更多的B细胞增殖。B细胞分裂后能产生浆细胞，浆细胞可以作为短期的抗体生产工厂❸，同时也可以充当首次感染结束后留存在体内的长期的记忆B细胞❹，如果抗原再次进入体内，记忆B细胞能够对其产生快速的攻击。

抗体是由2条较短的轻链和2条较长的重链组成的，4条链结合在一起形成Y形结构（见图27.9）。

抗体是一类叫作**免疫球蛋白**的蛋白质（缩写为Ig）。以下是5种不同的免疫球蛋白的亚类：

1. IgM：首次遇到抗原时分泌到血液中的并作为B细胞表面受体的抗体类型。
2. IgG：第二次或者随后的感染中分泌的主要抗体类型，也是血浆中的主要类型。
3. IgD：B细胞表面抗原的受体，其他功能尚不可知。
4. IgA：唾液、黏液和母乳等外部分泌物中抗体的形式。
5. IgE：这种抗体能够促进组胺和其他产生过敏症状（比如花粉症）的物质的释放。

由B细胞分化而来的**浆细胞**能产生很多相同的特定抗体，它们在最初的免疫应答中能与抗原结合在一起。在血液中，这些抗体蛋白能够粘在它们遇见的所有细胞或微生物的抗原上，从而标记那些细胞或微生物，以达到将其破坏的目的。随后，补体

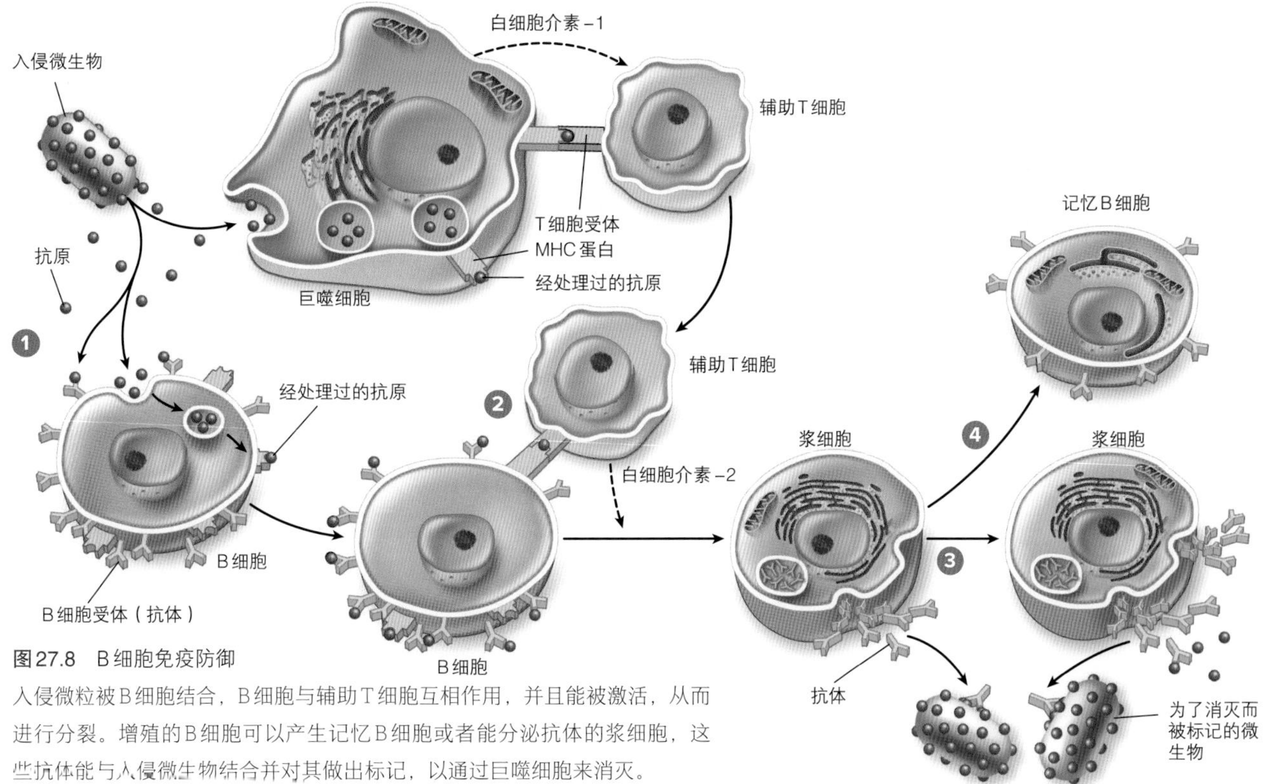

图27.8 B细胞免疫防御

入侵微粒被B细胞结合，B细胞与辅助T细胞互相作用，并且能被激活，从而进行分裂。增殖的B细胞可以产生记忆B细胞或者能分泌抗体的浆细胞，这些抗体能与入侵微生物结合并对其做出标记，以通过巨噬细胞来消灭。

蛋白、巨噬细胞或自然杀伤细胞便能够破坏被抗体标记的细胞或微生物。

B细胞的防御能力是十分强大的，因为它能将最初对病原体的反应放大数百万倍。这也是一个长期的防御，因为许多增殖的B细胞不能产生抗体。然而，它们却能成为一系列的记忆B细胞，继续在你的身体组织中巡查，在血液和淋巴中长时间地循环——有时可能将陪伴你度过余生。

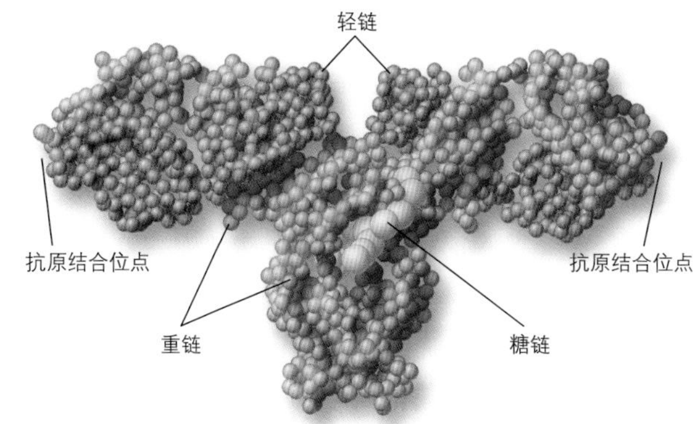

图27.9 一个抗体分子

在这个抗体分子的分子模型中，每一个小球都代表一个氨基酸。每个分子是由4条蛋白质链组成的，2条“轻”链（红色）和2条“重”链（蓝色）。4条蛋白质链相互缠绕形成一个Y形结构。外来分子被称为抗原，能结合到Y形的臂上。

抗体多样性

学习目标27.6.2 产生抗体多样性的三个过程，估算每个过程产生的多样性

脊椎动物的免疫系统能够识别几乎所有呈现给它的异物——毫不夸张地说，有几百万种不同的抗原。尽管脊椎动物的染色体只含有几百个受体编码基因，但是据估计，人体B细胞能产生10^6～10^9种不同的抗体分子。既然脊椎动物只含有几百个编码这些受体的基因，那么它们是如何产生数百万种不同的抗原受体的呢？

其答案是，数百万种免疫受体不存在单一的核苷酸序列。它们是由3～4个编码受体分子不同部分的DNA片段拼接在一起组装起来的。组装抗体时，不同的DNA序列会聚合到一起，形成一个复合基因，用以编码一个抗体分子中每个重链和轻链的4个不同区域（见图27.10）。这一过程被称为**基因重排**。

其余两个过程能产生更多的序列。首先，DNA片段通常会与1个或2个游离的核苷酸结合在一起，改变基因转录过程中的可读框架，因而在合成蛋白

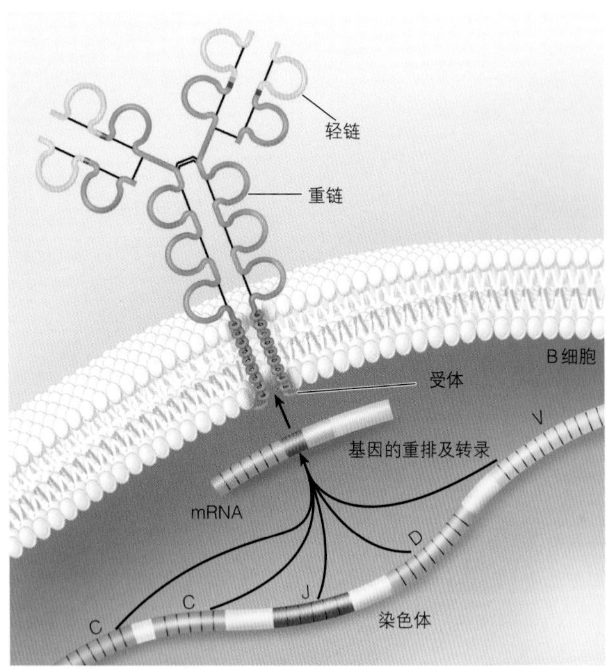

图27.10　抗体分子是由复合基因产生的

DNA的不同片段能编码抗体的不同区域（C代表恒定区；J代表连接区；D代表高变区；V代表可变区），并且这些DNA片段会聚合到一起产生复合基因以编码抗体。通过相互结合的片段，就可以产生数量十分惊人的不同抗体。

质的过程中产生一个与之前完全不同的氨基酸序列。其次，当淋巴细胞在克隆扩增的过程中分裂时，连续的DNA复制会产生随机错误。这两个突变的过程都会使氨基酸序列发生改变，这一过程被称为**细胞突变**，它发生在体细胞，而不是配子中。

由于一个细胞在成熟过程中可能会产生任何重链基因和任何轻链基因，所以可能产生的不同抗体的总数是惊人的：16,000个重链组合 ×1,200个轻链组合=1,920万种不同的可能抗体。如果也考虑细胞突变的发生，那么总数会超过2亿！ T细胞上的受体与B细胞上的受体一样形形色色，因为它们也受类似于基因重排和细胞突变的影响。

关键学习成果　27.6

在体液免疫应答中，B细胞利用抗体标记正在受感染和已经受感染的细胞，以通过补体蛋白、自然杀伤细胞以及巨噬细胞将其消灭。

27.7　基于克隆选择的主动免疫

初次免疫应答和再次免疫应答

学习目标27.7.1　初次免疫应答和再次免疫应答，以及克隆选择的作用

当病原体初次侵入身体时，只有少量的可能带有受体的B细胞和T细胞能够识别入侵的抗原。然而，抗原和淋巴细胞表面其受体的结合，能够刺激细胞分裂并进行克隆（一群在遗传水平上完全相同的细胞）。这一过程称为**克隆选择**。例如，图27.11中身体初次遇到水痘病毒，只有少量的细胞能够进行免疫应答，并且该应答相当弱。这被称为**初次免疫应答**，如图中的第一条曲线所示，它反映了与病毒接触后最初产生的抗体的总数。

如果初次免疫应答涉及了B细胞，那么一些B细胞会变成能分泌抗体的浆细胞（用10～14天的时间清除体内的水痘病毒），同时另一些会变成记忆细胞。初次免疫应答中涉及的一些T细胞也会分化成记忆细胞。因为针对特定抗原的记忆细胞在初次免疫应答后会进行克隆，所以对同一病原体的二次感染产生的免疫应答会更迅速且更强大，如图中的第二条曲线所示。初次免疫应答后会产生许多记忆细胞，这为再次接触抗原时快速产生抗体提供了便利。当下一次身体被相同抗原入侵时，免疫系统已经做好了准备。第一次感染后的结果是，克隆出了大量能够识别病原体的淋巴细胞。与抗原的再次接触而引起的更有效的免疫反应，被称为**再次免疫应答**。

记忆细胞可以存活几十年，这就是人们得过一次水痘后很少会再次感染的原因。记忆细胞也是疫苗接种很有效的原因。引起儿童疾病的病毒，随着时间的流逝，其表面抗原几乎不会发生改变，所以同样的抗体在几十年间都是有效的。另外一些疾病，比如流感，是由编码表面蛋白质的基因会快速变异的病毒引起的。这种快速的基因变化使得几乎每年都会出现新的毒株，而不能被先前感染产生的记忆细胞所识别。

尽管我们分开讨论了细胞免疫应答和体液免疫应答，但是它们在身体中是同时发生的。本节最后的“重要的生物过程：免疫应答”插图遵循了病毒感染的步骤，并展示了细胞免疫应答和体液免疫应答是如何共同发挥作用，以完成身体的特异性免疫的。

当病毒侵入身体时，病毒蛋白质会暴露在受感染的细胞表面❶。病毒与受感染的细胞会被巨噬细胞吞噬❷，并且病毒蛋白质会暴露在巨噬细胞的表面，依附在MHC蛋白上。巨噬细胞因此而受到刺激以后，会释放白细胞介素–1❸。白细胞介素–1是一种能够刺激辅助T细胞的警报信号❹。活化的辅助T细胞能产生白细胞介素–2，启动细胞（T细胞）免疫和体液（B细胞）免疫❺。在图中，细胞免疫遵循绿色的箭头，体液免疫遵循红色的箭头。

一些活化的T细胞能变成留存在身体中的记忆T细胞5a，并且能更迅速地对再次遇见的同一病毒产生攻击，而白细胞介素–2也能激活细胞毒性T细胞。细胞毒性T细胞能与携带病毒抗原的受感染的细胞结合到一起并杀死它们❻。

白细胞介素–2也能激活在细胞内增殖的B细胞❼。一些B细胞能分化成留存在身体中的记忆细胞❽，并且对同一病毒的再次侵入产生响应。其他被激活的B细胞可以分化成能产生抗体的浆细胞❾，它们直接攻击病毒表面的蛋白质。释放到身体中的抗体会与暴露在受感染细胞表面❿或者病毒表面的病毒蛋白质结合到一起。被抗体标记的细胞和病毒能被在身体中循环的巨噬细胞破坏⓫。如你所见，免疫反应的两条主线能非常有效地相互配合，以清除身体的入侵者。

关键学习成果 27.7

身体可能会发生强烈的免疫应答，因为感染细胞会刺激少数应答的B细胞和T细胞反复分裂，形成应答细胞的克隆。

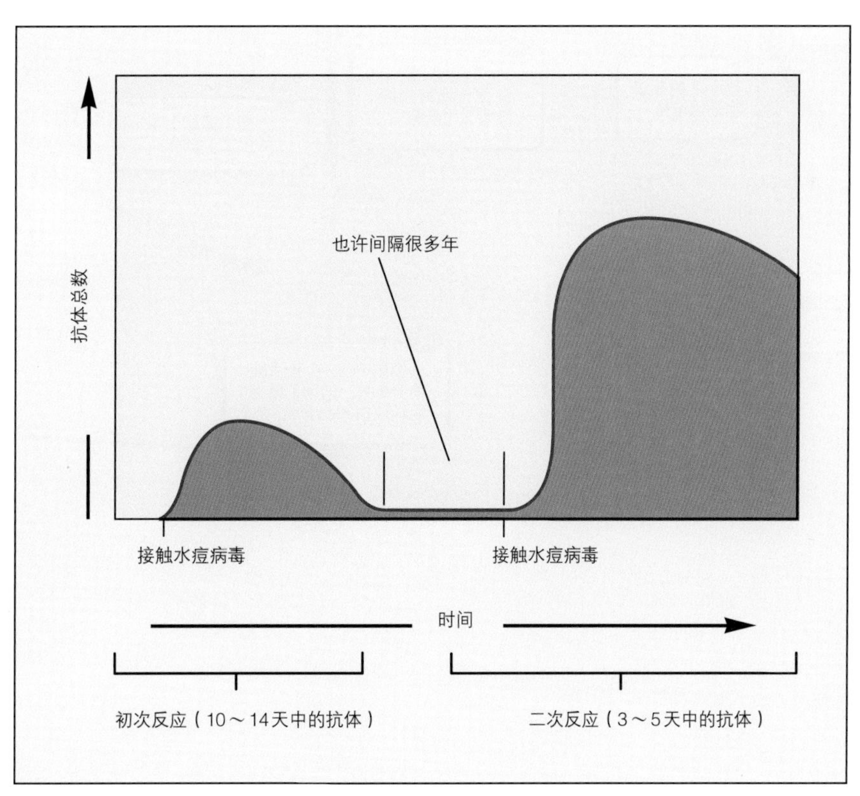

图27.11 主动免疫应答的形成

由于水痘病毒的初次侵入能刺激带有水痘病毒受体的淋巴细胞克隆，身体可以产生对水痘的免疫应答。克隆选择的结果是，再次接触抗原能刺激免疫系统比以前更快速地产生大量的抗体，避免患者再次生病。

重要的生物过程：免疫应答

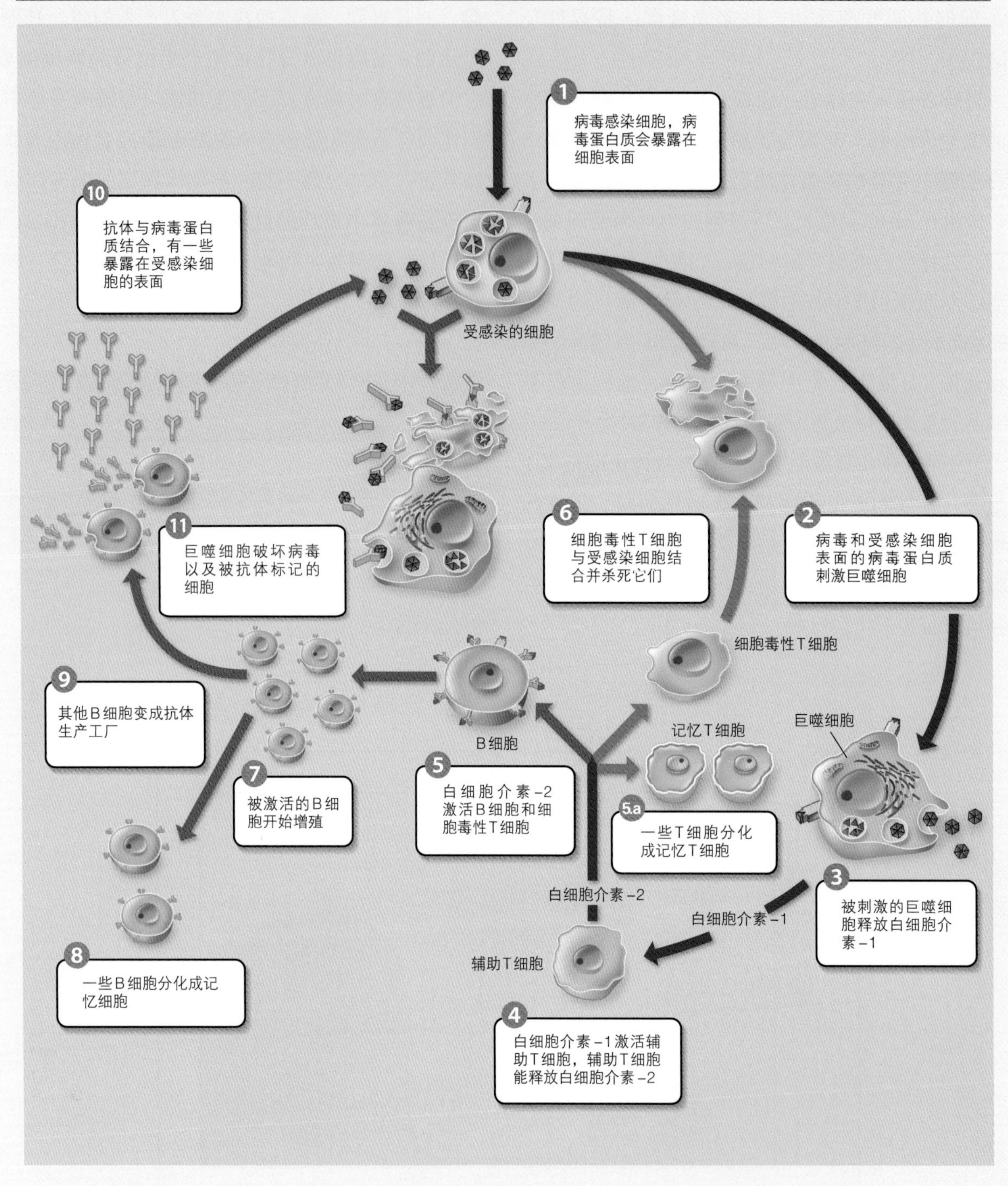
1
病毒感染细胞，病毒蛋白质会暴露在细胞表面
10
抗体与病毒蛋白质结合，有一些暴露在受感染细胞的表面
受感染的细胞
6
细胞毒性T细胞与受感染细胞结合并杀死它们
2
病毒和受感染细胞表面的病毒蛋白质刺激巨噬细胞
11
巨噬细胞破坏病毒以及被抗体标记的细胞
细胞毒性T细胞
9
其他B细胞变成抗体生产工厂
B细胞
记忆T细胞
巨噬细胞
7
被激活的B细胞开始增殖
5
白细胞介素-2激活B细胞和细胞毒性T细胞
5a
一些T细胞分化成记忆T细胞
白细胞介素-2
3
被刺激的巨噬细胞释放白细胞介素-1
白细胞介素-1
辅助T细胞
8
一些B细胞分化成记忆细胞
4
白细胞介素-1激活辅助T细胞，辅助T细胞能释放白细胞介素-2

27.8 疫苗接种

将免疫系统应用到实践中

学习目标27.8.1 流感病毒与HIV如何逃避免疫防御

1796年，一位名叫爱德华·詹纳的英国乡村医生进行了一次实验，该实验被认为是免疫学研究的开端。当时，天花是一种很常见的致死性疾病。然而，詹纳观察到，挤奶女工们患有一种更温和的“痘”，被称为牛痘（大概是源自牛），这些女工几乎不会患上天花。詹纳开始验证一种猜想，即牛痘会保护人们远离天花。他用温和的牛痘给人注射，结果如同他预测的一样，这些人中有很多都对天花产生了免疫。

现在我们已经知道，天花和牛痘是由2种不同但很相似的病毒引起的。詹纳的病人被注射了牛痘病毒以后，对后来的天花病毒感染产生了一种有效的免疫。詹纳的这种通过注射无害的微生物来产生对有害微生物免疫现象的方法，被称为疫苗接种。**疫苗接种**是将已死亡或者已失去感染能力的病原体（现在更常见的是表面具有病原体蛋白质的无害微生物）导入人体中。疫苗接种能激活免疫系统对病原体产生反应，而不会发生感染。接种疫苗的人可以说是对该种疾病已经“免疫”了。

通过基因工程技术，科学家们现在能够生产出亚单位疫苗。这些疫苗是利用无害病毒制成的，这些无害病毒的DNA中含有从病原体上切下来的单个基因，这一基因能够编码通常都会暴露在病原体表面的蛋白质。通过将病原体的基因与无害宿主的DNA剪接到一起，该宿主会被诱导在其表面暴露相应的蛋白质。暴露病原体蛋白质的无害病毒就像一只披着狼皮的羊，它不会伤害你，但是会发出警报，就好像它能伤害你一样。你的身体会对它的存在产生响应，其表现是产生直接攻击病原体蛋白的抗体，这些病原体蛋白就像是对免疫系统产生的警报，如同病原体曾经真的存在于你的身体中一样。

如果记忆细胞的活动能为未来的感染提供有效的防御，那么为什么你会不止一次地患上流感等疾病呢？你不会对流感产生免疫的原因是，流感病毒逐渐进化出了一种方法以逃避免疫系统：它在变化。流感病毒中编码其表面蛋白的基因能迅速地发生改变。因此，这些表面蛋白的形状也能迅速改变。你的记忆细胞不会将已经改变的表面蛋白的病毒与曾经成功打败过或接种过疫苗的病毒认作同一种病毒，因为记忆细胞的受体不再“匹配”于流感病毒表面蛋白的新形状。当新型流感病毒侵入人体后，我们需要产生全新的免疫防御。

有时，流感病毒表面蛋白的形状不能被免疫系统快速识别。1918年，禽流感病毒中出现了突变株，这种病毒能很轻易地在人群中扩散，18个月内死亡的美国人和欧洲人总数超过2,000万。

流感病毒表面蛋白的微小改变是定期发生的，结果就会产生我们无法免疫的新流感毒株。每年的流感疫苗都是针对新毒株的。通过监测当年全球流感病毒大规模暴发前的报告，研究人员能够预测当下的流感毒株，以制备针对比较占优势的毒株的疫苗。然而，如你在第16章中学习到的知识，鸟类或猪中的新型流感病毒可以感染人体，并且受感染生物体中的基因重组能够创造出更多新的病毒表面蛋白质组合。

AIDS疫苗的研究

医学史上最集中的努力方向之一，就是我们目前正在开发一种有效的疫苗以对抗HIV，HIV就是引起AIDS的病毒。研究人员正在采用如图27.12中的“载体”方法。步骤❶～❸展示了编码HIV表面蛋白的基因是怎样被分离并被插入一个无害的疫苗病毒DNA中的（步骤❹和❺）。基因工程合成的疫苗病毒被注入人体中（步骤❻），这能激活人体开始产生针对HIV表面蛋白抗原的抗体和记忆细胞❼。HIV含有9个基因，它们能编码出各种蛋白质。最初的研究集中在生产一种含有HIV包膜基因的亚单位疫苗，这一基因能编码病毒外表面的蛋白质。

不幸的是，HIV的变异速度甚至比流感病毒还要快很多，由一种HIV株系开发出来的疫苗对其他类型来说是无效的。据说，被AIDS疫苗诱导产生的**中和抗体**是窄谱抗体，只能针对HIV株系中的一种或少数几种有效。

新型的疫苗似乎是更有效的。现在研究更多地集

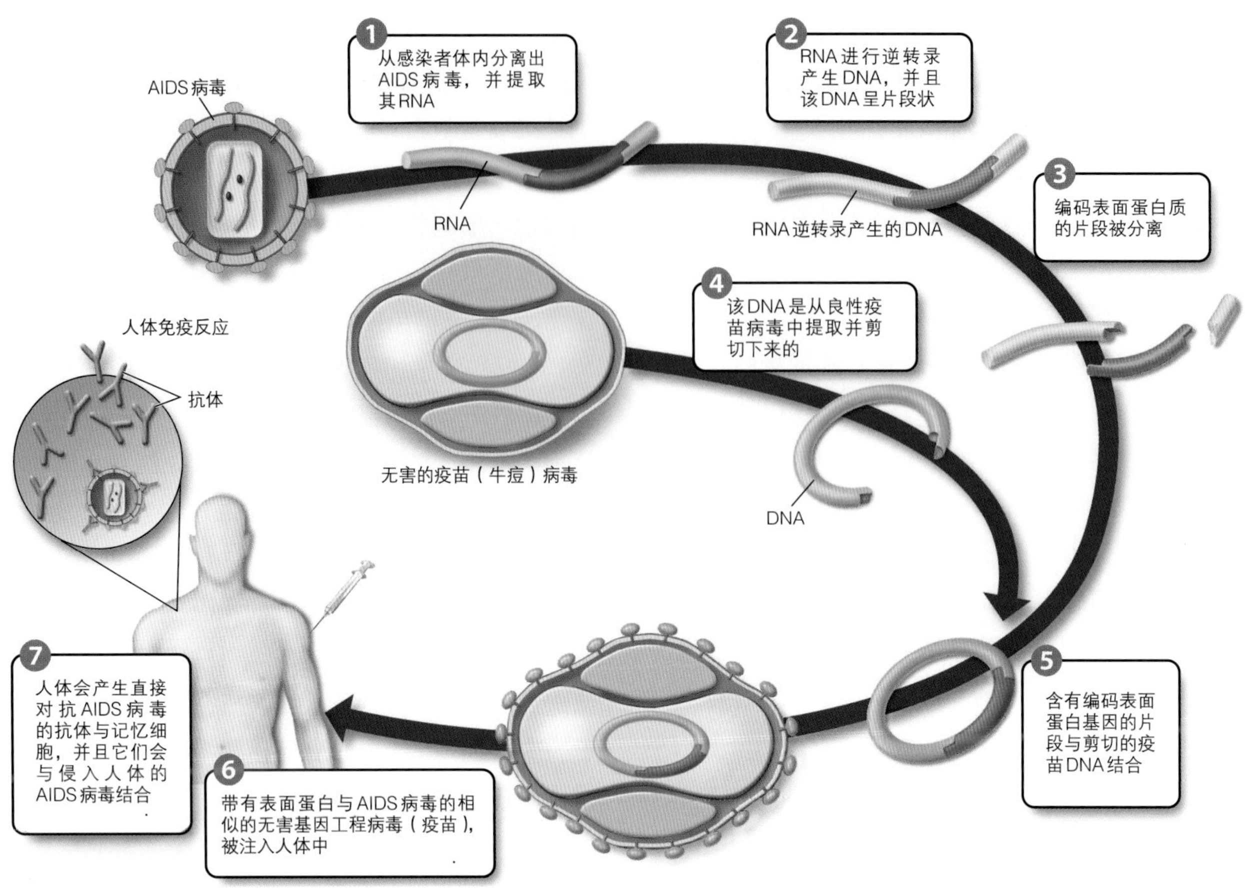
AIDS病毒
从感染者体内分离出AIDS病毒，并提取其RNA
RNA
RNA进行逆转录产生DNA，并且该DNA呈片段状
RNA逆转录产生的DNA
编码表面蛋白质的片段被分离
该DNA是从良性疫苗病毒中提取并剪切下来的
人体免疫反应
抗体
无害的疫苗（牛痘）病毒
DNA
含有编码表面蛋白基因的片段与剪切的疫苗DNA结合
人体会产生直接对抗AIDS病毒的抗体与记忆细胞，并且它们会与侵入人体的AIDS病毒结合
带有表面蛋白与AIDS病毒的相似的无害基因工程病毒（疫苗），被注入人体中

图27.12　研究人员正尝试着构建AIDS疫苗

中在找到能对抗更多种HIV株系的**广谱中和抗体**，这些研究的结果是令人振奋的。HIV依附在受感染细胞上的位点是无法发生太多变异的。研究人员创造了一种探针，其形状酷似那个关键部位，可以利用它探索出能与其紧密结合的抗体。截至2014年，研究人员已经获得了超过十几种的广谱中和抗体，其中最有效的一种能够中和所有已知AIDS株系的91%！下一步是进行一部分“逆向工程”，即用这些广谱中和抗体提炼HIV探针。最终，研究人员希望，这些被修饰过的探针可以作为一种能够产生广谱中和“抗HIV”抗体的疫苗以对抗AIDS，从而造福人类。

关键学习成果　27.8

疫苗能引入那些与病原体相似或相同的抗原，刺激身体产生免疫应答，也能对抗病原体。

27.9　医学诊断中的抗体

血型鉴定

学习目标27.9.1　ABO、Rh血型系统中的抗原以及它们对输血的影响

ABO血型系统　一个人的血型代表了其红细胞表面抗原的类型。红细胞抗原有几种类型，但是最主要的是ABO**系统**。依据存在于红细胞表面的抗原，一个人可能是A型（只有A抗原）、B型（只有B抗原）、AB型（具有A、B抗原），或者O型（既没有A抗原也没有B抗原）。

免疫系统只能接纳它自己的红细胞抗原。例如，一个A型血的人不能产生抗-A抗体。然而，A型血的人能够产生对抗B抗原的抗体，而B型血的人能够产生对抗A抗原的抗体。AB型的人对这两种抗原都耐受，因此既不会产生抗-A抗体也不会产生抗-B抗体。那些O型血的人既能产生抗-A抗体也能产生抗-B抗体。

如果将A型血和来自B型血人体中的血清在载玻片上混合，那么血清中的抗A-抗体可以使A型血细胞聚团，或者黏合在一起。这些测验可以在输血前检查血型是否匹配，以使血管中不会发生凝集现象，因为凝集现象将导致炎症和器官损伤。

Rh因子 在大多数红细胞中发现的另一组抗原是Rh因子（Rh代表了猕猴，这种抗原最初是在猕猴中发现的）。含有这种抗原的人被认定为Rh阳性，而不具有这种抗原的人是Rh阴性。Rh阴性的人较少，这是因为Rh阳性的等位基因在临床上比Rh阴性的等位基因占优势，并且在人群中更普遍。当Rh阴性的母亲生出Rh阳性的婴儿时，Rh因子具有特殊的重要意义。

正常情况下，胎儿和母亲的血液因胎盘而分离（见第31章），Rh阴性的母亲在怀孕期间通常不会接触到胎儿的Rh抗原。然而，在分娩时，母亲会与Rh抗原产生不同程度的接触，Rh阴性母亲的免疫系统会变得敏感，从而产生对抗Rh抗原的抗体。如果一个女性产生了对抗Rh因子的抗体，其怀孕以后这些抗体能够越过胎盘，造成Rh阳性胎儿发生溶血现象。因此婴儿出生时会得贫血症，称之为骨髓成红细胞增多症，或新生儿溶血病。当Rh阴性母亲分娩Rh阳性婴儿后，在72小时内注射抗体制剂则可以预防下一胎发生骨髓成红细胞增多症。注射的抗体可以抑制Rh抗原，因此可以避免母亲对这些抗原产生主动免疫。

单克隆抗体

学习目标27.9.2 单克隆抗体定义

单克隆抗体是对某一种抗原具有特异性的抗体。因为单克隆抗体的实验非常敏感，它们在商业上通常用于临床试验研究。例如，现代社会中的妊娠试验，就是采用一种被单克隆抗体覆盖的微粒作为抗原，这种单克隆抗体能够对抗一种妊娠激素（其缩写为hCG，见第31章）。在血液妊娠试验中，这些微粒会与一个孕妇的血液样本混合。如果血液样本中hCG激素的显著性水平较高，它会与抗体发生反应并且产生明显的微粒凝集现象，这代表检测结果呈阳性。非处方药妊娠试验采用的方法与之相似。孕妇尿液中的hCG在试纸条上与单克隆抗体结合，这也表明检测结果呈阳性。

关键学习成果 27.9

发生凝集是因为红细胞表面存在针对ABO、Rh因子抗原的不同抗体。单克隆抗体是商业上生产的针对一种特定抗原的抗体。

免疫系统的缺陷
Defeat of the Immune System

27.10 过度活跃的免疫系统

自身免疫性疾病

学习目标27.10.1 五种自身免疫性疾病

T细胞和B细胞区分自身细胞（“自己”细胞和“异己”细胞）的能力是免疫系统的关键能力，它可以使你身体的第三道防线十分有效。在某些疾病中，这种能力会出现故障，同时身体会攻击自己的组织。这样的疾病被称为**自身免疫性疾病**。

多发性硬化症是一种自身免疫性疾病，多见于20～40岁的人群。在多发性硬化症中，免疫系统能攻击并破坏由脂肪物质组成的髓鞘，即髓磷脂（见第28章），它的作用是隔离运动神经（就像电线表面的橡胶层）。回顾第22.6节的内容，神经冲动在神经细胞上传导，因此髓鞘的退化会干扰神经冲动的传递，最终导致传递无法进行。自主的功能（比如四肢的运动）、无意识的功能（比如膀胱的控制）都会失去，最后会导致麻痹和死亡。科学家们不清楚刺激免疫系统攻击髓鞘的机制。

另外一种自身免疫性疾病是1型糖尿病，由于这种病人的胰腺无法产生胰岛素，其细胞不能吸收葡萄糖。1型糖尿病的原因是免疫系统攻击胰腺中合成胰岛素的部位。其他自身免疫性疾病还有类风湿性关节炎（免疫系统攻击关节组织）、红斑狼疮（结缔组织和肾脏被攻击），以及甲状腺功能亢进（甲状腺被攻击）。

过敏反应

学习目标27.10.2　自身免疫性疾病与过敏反应

尽管你的免疫系统能为你提供非常有效的保护，使你远离真菌、寄生虫、细菌以及病毒，但是有时它的工作过于出色，以至于它为了消除抗原而产生的免疫反应强于其需要的正常程度。在这种情况下，抗原被称为**过敏原**，而这种免疫反应被称为**过敏反应**。花粉症是一种对极少量的植物花粉仍很敏感的反应，它是过敏反应中为人们所熟知的例子。很多人也会对坚果、鸡蛋、牛奶、青霉素，甚至是尘螨排泄物中释放的蛋白质产生过敏反应。许多对羽毛枕头过敏的人实际上就是对羽毛中的螨类过敏。

过敏反应使人体不舒服有时还会造成危险的原因是抗体附着在一种叫作**肥大细胞**的白细胞上。在免疫反应中，肥大细胞的作用是引起炎症反应。图27.13展示了当肥大细胞遇到与其抗体相匹配的物质后发生的反应。肥大细胞能释放组胺以及其他能造成毛细血管肿胀的化学物质。**组胺**也能刺激黏膜细胞产生黏液，导致流鼻涕以及鼻塞等症状（所有花粉症的临床表现）。大部分治疗过敏的药物都含有抗组胺药以缓解这些症状，抗组胺药是一种能抑制组胺活性的化学物质。

哮喘是过敏反应的一种表现，因组胺使肺部的气管平滑肌收缩而引起呼吸道狭窄。当患有哮喘的人接触相关过敏原时，他们会变得呼吸困难。

关键学习成果　27.10

自身免疫性疾病是对“自身”细胞不恰当的响应，而过敏反应是对无害抗原产生的不恰当免疫反应。

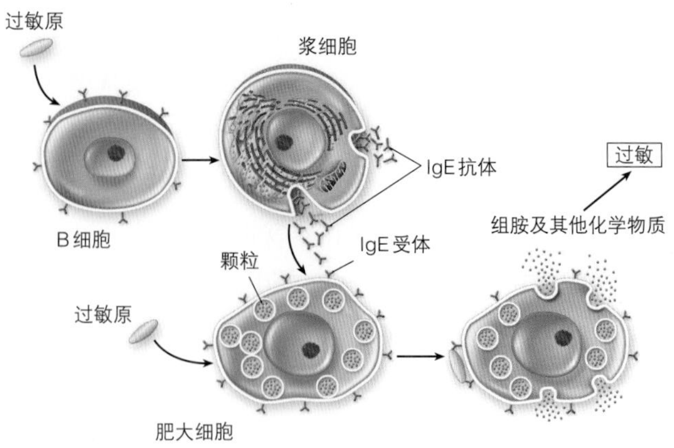

图27.13　过敏反应

在过敏反应中，B细胞会分泌IgE抗体，它能依附在肥大细胞的细胞膜上，而当抗原与抗体结合时，肥大细胞能分泌组胺。

27.11　AIDS：免疫系统崩溃

HIV如何攻击免疫系统

学习目标27.11.1　HIV是如何攻击并战胜免疫系统的

AIDS第一次被认定为疾病是在1981年。截止到2014年年末，美国一共有636,000人死于AIDS，并且有120万人感染了HIV，HIV就是造成AIDS的病毒。全世界范围内，有3,700万人感染了该病毒，有超过3,200万人死亡，仅2014年就有120万人死亡。HIV是从一种与其非常相似的病毒进化而来的，这种病毒在非洲感染黑猩猩时发生了突变，使病毒能够识别一种称为CD4的人类细胞表面受体。HIV通过使含有CD4受体的细胞（CD4+细胞），包括巨噬细胞和辅助T细胞失活，从而攻击和削弱免疫系统。杀死这些细胞的意义在于，它能使免疫系统无法对任何外来抗原产生免疫反应。正因如此，AIDS是一种致死性疾病。

HIV对CD4+T细胞的攻击能逐渐削弱免疫系统，这是因为受HIV感染的细胞在释放了复制出来的、能继续感染其他CD4+T细胞的病毒后便会死亡。一段时间以后，身体中所有的CD4+T细胞都会遭到破坏。在一个健康人体内，CD4+T细胞占循环的T细胞总量的60%～80%；在AIDS患者体内，CD4+T细胞少到几乎无法检测到，这就彻底摧毁了人体的免疫防御。由于无法对感染产生防御，任何一种普通的感染都是致死性的。同时，当癌细胞出现后，人体也没有能力去识别并破坏它们，因癌症而引起死亡的可能性就会更高。事实上，AIDS第一次被确诊就是因为一组罕见的癌症病例，即卡波西肉瘤。死于癌症的AIDS患者的数量要高于死于任何其他原因的AIDS患者的数量。

AIDS的致死率是100%，具有AIDS临床症状的患者目前没有能治愈的。这种病**不是**高传染性的，因为它从一个人传染给另一个人只能通过身体内部的体液传输，尤其是在性交过程中通过精液或阴道分泌物传染，或者是在使用药物时通过针头的血液传染。然而，在感染了HIV后，AIDS的症状通常会潜伏几年再出现，美国人在初次感染HIV（见图27.14中绿线）后到出现AIDS症状（红线）期间，有一个明显的延迟期。由于存在这种无症状的潜伏期，受感染的个体会在不知情的情况下将病毒传染给其他人。美国的宣传活动已经在减少新增的AIDS患者方面做出了贡献。

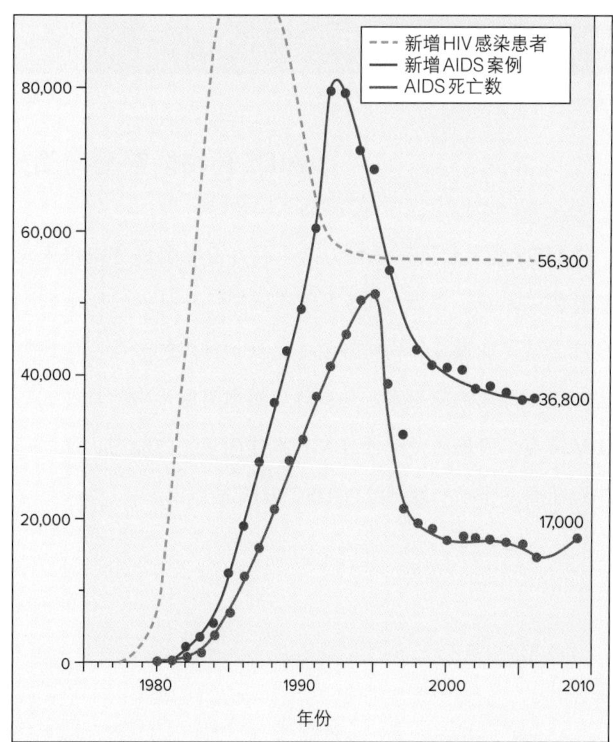

图27.14　美国的AIDS流行

美国疾病控制中心（CDC）报道称，美国2016年共有36,800例新增的AIDS患者，患者总人数超过了100万并且有超过65万人死亡。据悉，美国超过100万人已感染了HIV，而全世界范围内的感染人数超过3,700万。

科学家研究了各种各样用来抑制HIV的药物。其中包括AZT及其类似物（能抑制病毒核酸的复制），以及蛋白酶抑制剂（抑制功能性病毒蛋白的合成）。一种蛋白酶抑制剂和两种AZT类似物的结合能从很多患者的血液中完全消除HIV病毒。自从20世纪90年代中期广泛采用了这种联合疗法后，美国AIDS死亡率已经减少了2/3左右，AIDS死亡人数从1995年的51,414人减少到1996年的38,074人，到了2012年，死亡人数仍然很低，大约为13,712人。

不幸的是，这种联合疗法在消除体内HIV方面不甚成功。尽管病毒从血液中消失了，但是在患者的淋巴组织中仍能检测到病毒的痕迹。一旦停止联合治疗，血液中病毒的水平又会再次升高。由于需要严格的治疗计划并且具有很多副作用，长期的联合治疗并不是一种可行的方式。

于是，科学家们继续寻求一种疫苗，以使人们远离这种具有致死性且无法治愈的疾病。但是经历了30多年，研究了100万个美国AIDS案例以后，研究人员尽了最大的努力仍然没有找到一种有效的AIDS疫苗。因为HIV的变异速度十分惊人，在那些受感染的人群中，几乎没有人感染同一种病毒。基于这一原因，针对一种病毒的靶向临床试验疫苗对其他类型的HIV是无效的。HIV依附在受感染细胞上的位点不会发生太多变异，这一结论给人类带来了希望，或许我们仍然可以开发出一种有效的AIDS疫苗。

关键学习成果　27.11

HIV能感染并杀死主要的淋巴细胞，以削弱脊椎动物免疫系统的能力。

AIDS药物能够靶向治疗HIV感染周期的不同阶段

AIDS是十分具有杀伤力的，因为它能削弱身体用来抵抗感染的系统。制造AIDS疫苗的研究还在继续，科学家们也在尝试使病毒在体内扩散并感染其他细胞的过程减速或停止。这并不能治愈患者，他或她仍然患有能传染给其他人的HIV感染。但是通过降低HIV在人体内复制的能力，这些药物可能有助于控制能导致AIDS的HIV的作用。

很多新型药物能够靶向治疗病毒感染周期的不同阶段。至今为止，有6种类型的药物（详情如下且主要内容见图解）能够破坏HIV进入细胞、复制DNA、形成新病毒颗粒的能力。然而，几乎没有药物能靶向治疗感染周期的最后一个阶段，即病毒离开（❼新病毒从细胞里释放出来）。

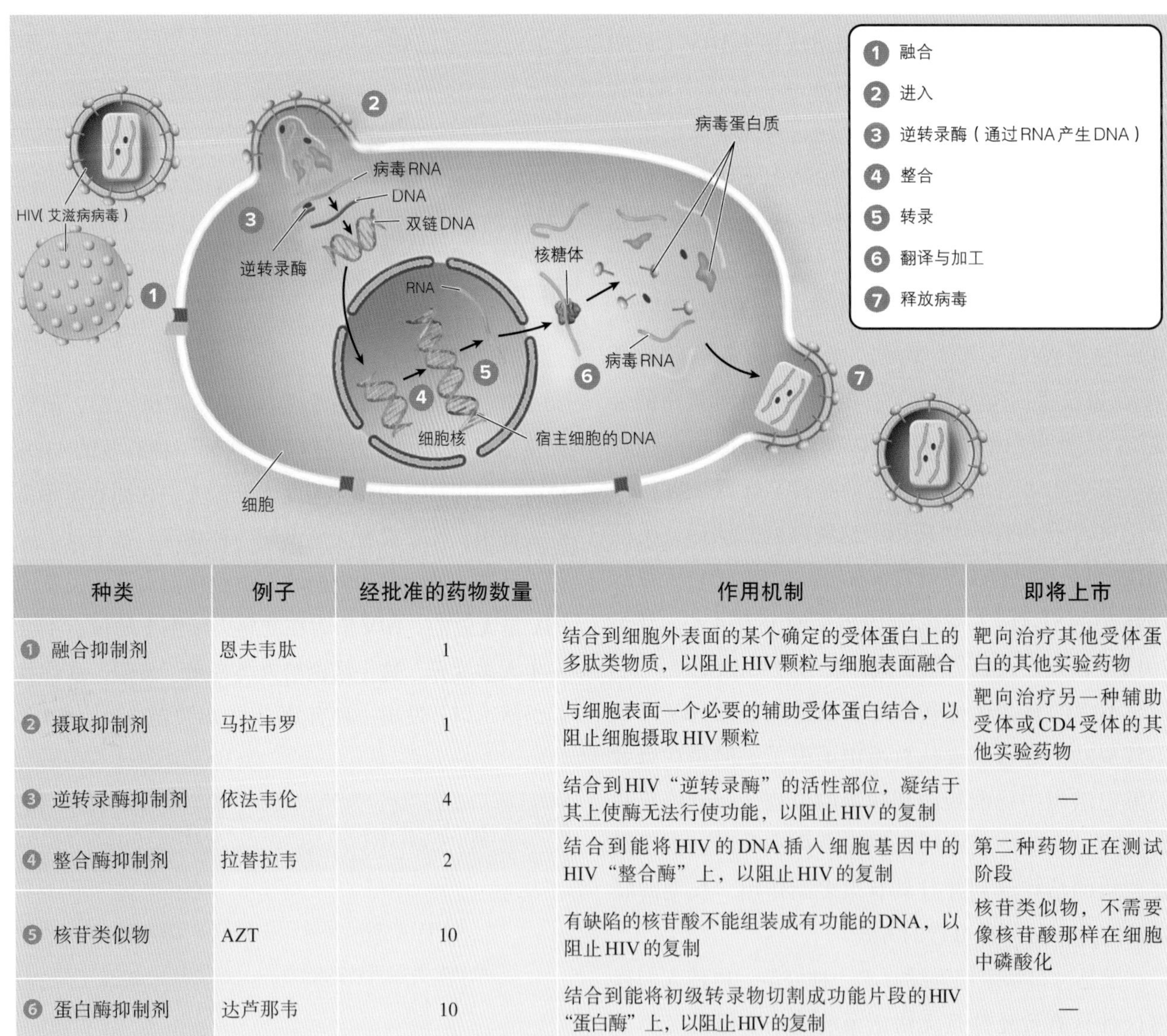

种类	例子	经批准的药物数量	作用机制	即将上市
❶ 融合抑制剂	恩夫韦肽	1	结合到细胞外表面的某个确定的受体蛋白上的多肽类物质，以阻止HIV颗粒与细胞表面融合	靶向治疗其他受体蛋白的其他实验药物
❷ 摄取抑制剂	马拉韦罗	1	与细胞表面一个必要的辅助受体蛋白结合，以阻止细胞摄取HIV颗粒	靶向治疗另一种辅助受体或CD4受体的其他实验药物
❸ 逆转录酶抑制剂	依法韦伦	4	结合到HIV“逆转录酶”的活性部位，凝结于其上使酶无法行使功能，以阻止HIV的复制	—
❹ 整合酶抑制剂	拉替拉韦	2	结合到能将HIV的DNA插入细胞基因中的HIV“整合酶”上，以阻止HIV的复制	第二种药物正在测试阶段
❺ 核苷类似物	AZT	10	有缺陷的核苷酸不能组装成有功能的DNA，以阻止HIV的复制	核苷类似物，不需要像核苷酸那样在细胞中磷酸化
❻ 蛋白酶抑制剂	达芦那韦	10	结合到能将初级转录物切割成功能片段的HIV“蛋白酶”上，以阻止HIV的复制	—

调查与分析
INQUIRY & ANALYSIS

免疫具有抗原特异性吗？

免疫系统提供了一种有价值的抗感染保护，因为它能记住先前的经历。如果我们在童年时代接触过某种传染性疾病，那么我们会对该疾病产生终身免疫，很多传染性疾病都是如此。这种长期的免疫就是疫苗的工作原理。关于免疫防御的一个关键问题是，它是否具有特异性。接触过一种病原体就只能产生一种针对它的免疫；还是你所获得的免疫是一种更普遍的反应，能使你远离许多的感染？

右边的图表展示的是针对这一问题设计的实验的结果。使一个兔群对抗原A产生一次免疫，然后检测每只兔子体内针对该抗原产生的抗体的水平。40天以后，这些兔子被再次注射抗原，一些注射抗原A而另一些注射抗原B，然后再次检测每只兔子体内第二次被注射抗原后产生的抗体水平。红线是抗原A的典型结果，蓝线是抗原B的典型结果。

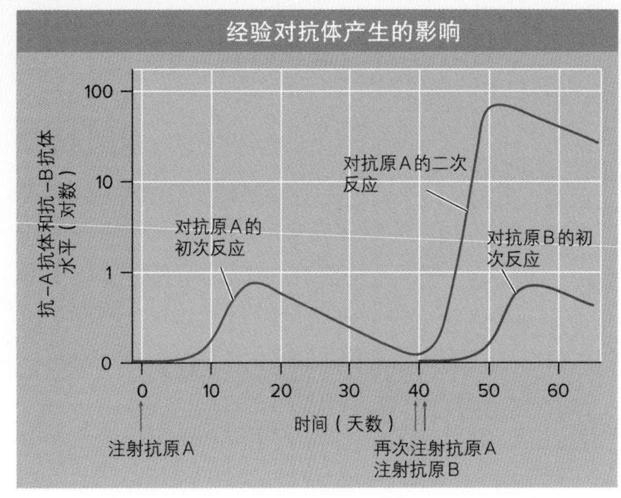

分析

1. **应用概念**

   a. **变量** 在图表中，因变量是什么？

   b. **阅读连续曲线** 每次注射抗原A都能产生可检测的抗体吗？抗原B呢？

2. **解读数据**

   a. 对抗原A最初的反应被称为初次免疫应答，40天之后对抗原A产生的第二次反应被称为再次免疫应答。比较初次免疫应答和再次免疫应答的速度：哪一个能更快地到达最高抗体水平？

   b. 比较对抗原A的初次免疫应答和再次免疫应答的量级：它们是相似的吗，或者哪个反应有更大的量级？

3. **进行推断**

   a. 为什么通过再次接触抗原A而产生的再次免疫应答与初次免疫应答不同？

   b. 对抗原B产生的反应与因抗原A产生的初次免疫应答相似还是与再次免疫应答相似？

4. **得出结论**

   a. 先前接触抗原A对因接触抗原B而产生的免疫应答的速度与量级有影响吗？

   b. 对这些抗原产生的免疫应答具有抗原特异性吗？

5. **进一步分析**

   如果80天以后，你对这两组兔子再次进行抗原B的注射，你认为会得到什么结果？请解释你认为这两组兔子对此次注射产生的免疫应答有何区别。

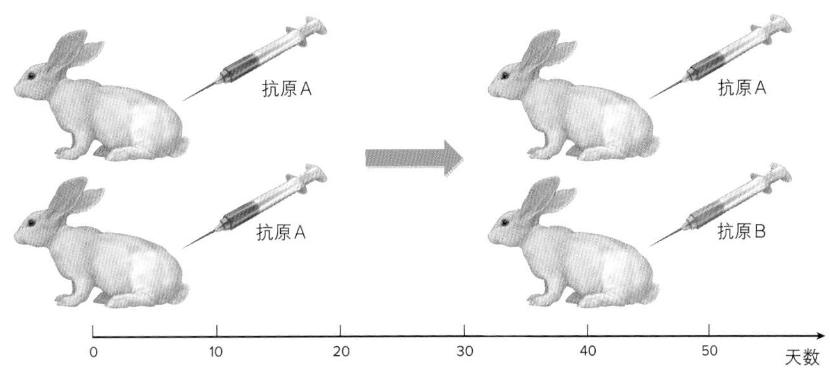

本章回顾

Reviewing What You Have Learned

三道防线

皮肤：第一道防线

27.1.1~2 人体有三道对抗感染的防线，第一道防线是皮肤以及位于消化道和呼吸道的黏膜。

细胞对抗：第二道防线

27.2.1 第二道防线是非特异性细胞攻击。这道防线利用的细胞及化学物质能攻击它们遇到的所有外来物质。

27.2.2 巨噬细胞和中性粒细胞能攻击入侵的病原体，而自然杀伤细胞会攻击受感染的细胞，并且在病原体扩散到其他细胞之前将受感染的细胞杀死。

27.2.3 血液中自由浮动的蛋白质称为补体蛋白，它能插入外来细胞的细胞膜上并将其杀死。

27.2.4~5 炎症反应，如图27.5所示，以及体温反应都是第二道防线的一部分。

特异性免疫：第三道防线

27.3.1 第三道防线是特异性免疫应答。T细胞和B细胞等淋巴细胞通过接触特异性抗原而被“编程”，将去寻找这种抗原或者带有该抗原的细胞并且将它们杀死。

免疫应答

启动免疫应答

27.4.1 入侵微生物在其表面显示的蛋白质不同于其他个体的MHC蛋白。巨噬细胞能识别细胞是否带有“自己”的MHC蛋白。带有“异己”蛋白质的细胞或病毒会被巨噬细胞吞噬，并且会被消化一部分。微生物的抗原插入巨噬细胞表面，该细胞则被称为抗原呈递细胞。这些抗原呈递细胞将抗原呈递给T细胞，并激活T细胞参与反应。被激活的T细胞能分泌白细胞介素-1。白细胞介素-1能刺激辅助T细胞，而辅助T细胞能激活免疫反应。

T细胞：细胞免疫应答

27.5.1 细胞免疫涉及T细胞。抗原呈递细胞能激活辅助T细胞释放白细胞介素-2。白细胞介素-2能刺激细胞毒性T细胞增殖，细胞毒性T细胞的作用是识别并杀死带有特异性抗原的受感染细胞。受到感染以后，记忆T细胞能产生并留存在身体中以对抗后来的感染。

B细胞：体液免疫应答

27.6.1 体液免疫涉及B细胞。辅助T细胞释放白细胞介素-2，它能激活B细胞。被激活的B细胞进行增殖并利用特异性抗体蛋白“标记”外来入侵者。接着，被“标记”的细胞会遭到非特异性免疫反应的攻击。被激活的B细胞能分化成浆细胞和记忆细胞。浆细胞能产生并释放抗体，记忆细胞会在血液中循环流动。当身体再次受到同一抗原的感染时，记忆细胞会变成浆细胞。

- 抗体蛋白可以被分成5个亚类：IgM、IgG、IgD、IgA以及IgE，每个亚类都有不同的功能。

27.6.2 脊椎动物的免疫系统仅依靠几百个编码抗体受体蛋白的基因，就能合成大约10^9种不同的抗体。这是通过编码抗体分子不同区域的基因发生基因重排完成的。这些不同的抗体是由复合基因产生的。

基于克隆选择的主动免疫

27.7.1 感染最初引起的免疫反应被称为初次免疫应答。B细胞和T细胞被刺激开始分裂，并产生细胞的克隆。这被称为克隆选择。初次免疫应答会发生延迟并且反应有些弱。但是通过克隆选择，身体里会出现大量的记忆细胞，所以同一抗原的第二次感染会触发一次快速且强大的反应，这被称为再次免疫应答。

- 细胞免疫应答和体液免疫应答在身体中是同时发生的。辅助T细胞的活化可以同时引起两种免疫应答，其中也包括非特异性细胞攻击。

疫苗接种

27.8.1 疫苗接种利用了初次免疫应答和再次免疫应答的机制。疫苗是将无害的抗原注入人体，引发初次免疫应答。随后，当真正的感染发生时，人体能够产生迅速且强大的再次免疫应答。

医学诊断中的抗体

27.9.1~2 抗体是敏锐的抗原探测器，因此可以用于多种医学诊断应用中，比如血型检测以及单克隆抗体试验。

免疫系统的缺陷

过度活跃的免疫系统

27.10.1 有时免疫应答能攻击那些非外来的抗原或者病原体。在自身免疫反应中，身体能够攻击自身的细胞。

27.10.2 在过敏反应中，身体能对无害的物质发动攻击。

AIDS：免疫系统崩溃

27.11.1 AIDS是由HIV引起的一种致死性疾病。HIV能攻击巨噬细胞和辅助T细胞，破坏那些保护身体远离其他感染的细胞。

本章测验

Test Your Understanding

27.1.1 你在实验室开始一项新的工作。实验室的协议规定，在处理传染源前，你应该检查你手上皮肤表面的所有伤口。这是因为皮肤的最外层对抗微生物感染是通过_______。

a. 使皮肤的最外层产生酸性物质

b. 分泌溶菌酶攻击细菌

c. 产生黏液困住微生物

d. 以上所有

27.1.2 皮肤是一层物理屏障，但也能提供化学保护，后者是通过_______。

a. 汗腺和脂腺　　c. 皮肤的基底层

b. 黏液　　d. 皮肤的角质层

27.2.1~2 免疫系统能识别血流中的外来细胞，因为这些外来细胞_______。

a. 被免疫系统认为能够破坏其他细胞

b. 具有与自身细胞表面蛋白不同的细胞表面蛋白质

c. 具有与T细胞相似的CD4受体

d. 以上所有

27.2.3 补体系统_______。

a. 由20个血蛋白组成　　c.用蛋白质包裹入侵的细菌

b. 由细菌细胞壁激活　　d. 以上所有

27.2.4(1) 假设你在学习时被一张纸划破了手。请将以下选项按照它们发生的正确顺序排列_______。

a. 血管膨胀

b. 细菌进入伤口

c. 手上的表皮细胞释放组胺

d. 巨噬细胞吞噬细菌

27.2.4(2) 未经处理的伤口，其皮肤表面会肿胀，里面充满了脓汁。脓汁是什么，为什么它会在伤口处累积？

27.2.5 人类的体温增加——发烧——能够帮助免疫系统，这是因为_______。

a. 增加温度能加速免疫系统的化学反应

b. 致病的细菌在高温时无法正常生存

c. 增加温度可以使体细胞表面蛋白质变性

d. 以上所有

27.3.1 针对特异性抗原的免疫反应涉及_______。

a.T细胞　　c. 单核细胞

b. 巨噬细胞　　d. 中性粒细胞

27.4.1 以下哪项可以作为“警报信号”，通过刺激辅助T细胞以激活身体特定的免疫系统？

a.B细胞　　c. 补体

b. 白细胞介素-1　　d. 组胺

27.5.1 细胞毒性T细胞_______。

a. 产生抗体

b. 直接破坏病原体

c. 破坏血流中自由漂浮的外来抗原

d. 破坏被病原体感染的细胞

27.6.1(1) 抗体的产生发生在_______。

a.T细胞　　c.B细胞

b. 自然杀伤细胞　　d. 肥大细胞

27.6.1(2) 与抗原相互作用的抗体分子与酶的活性部位有哪些相似性？又有什么不同？

27.6.2 以下选项都是抗体多样性的原因除了_______。

a. 基因重排　　c. 基因重组

b. 基因突变　　d. 外显子混编

27.7.1(1) 因某一特定病原体的再次入侵而产生免疫，这一过程的执行者是_______。

a. 浆细胞　　c. 辅助T细胞

b. 记忆T细胞和记忆B细胞　　d. 单核细胞

27.7.1(2) 某些病被认为是“童年”病——麻疹、腮腺炎、水痘——是因为在童年时期患过这些病的人，他们在成为父母后照顾自己生病的孩子时不会再次患上这种病。请解释其原因。

27.8.1(1) 我们需要反复接种流感疫苗，这是因为_______。

a. 病毒只攻击辅助T细胞，从而抑制免疫系统

b. 病毒会改变它们的表面蛋白质，因此能避免被免疫系统识别

c. 流感实际上不能引起免疫反应；它实际上是一种炎症反应

d. 流感病毒太小而不能作为一种良好的抗原

27.8.1(2) 成年以后，一共有两种方式让你避免患上水痘：年轻的时候感染过或者接种了疫苗。这两种方式的机制是什么，它们的相似点是什么？

27.9.1 如果你是AB型血，将会出现以下哪种结果？

a. 你的血液只能与抗-A抗体凝聚

b. 你的血液只能与抗-B抗体凝聚

c. 你的血液能同时与抗-A抗体和抗-B抗体凝聚

d. 你的血液要么能与抗-A抗体凝聚，要么能与抗-B抗体凝聚

27.9.2 单克隆抗体_______。

a. 能诱导任何抗原

b. 对某种抗原具有特异性

c. 是骨髓成红细胞增多症的原因

d.a和b正确

27.10.1 当身体的免疫系统攻击自身的细胞时，这被称为_______。

a. 炎症反应　　c. 自身免疫反应

b. 体温反应　　d. 过敏反应

27.10.2 如果你想通过生物工程的方法制成抗体以治疗过敏反应，这些抗体能结合并使引起免疫反应的抗体失去能力，你会将哪个选项当作目标？

a.IgG　　c.IgE

b.IgA　　d.IgD

27.11.1 受HIV感染的人群患上AIDS以后通常会死于一种传染病或癌症。这是因为HIV能攻击_______。

a. 辅助T细胞　　c. 记忆T细胞和记忆B细胞

b. 中性粒细胞　　d. 肥大细胞

28

学习目标

神经元及其工作原理

28.1　动物神经系统的进化

1　动物神经系统的三种神经元细胞

2　自扁形动物门之后，神经系统的五大进步之处

28.2　神经元产生神经冲动

1　神经元的基本结构以及神经胶质细胞和郎飞结的作用

2　神经冲动传导的四个阶段，化学离子运动如何传导信号

28.3　突触

1　为什么突触比神经元之间直接的物理连接更为可取

2　兴奋性突触和抑制性突触

28.4　成瘾性药物对化学突触的作用

1　区别神经调质和神经递质

2　可卡因成瘾的过程

3　吸烟是否属于成瘾

中枢神经系统

28.5　脊椎动物脑的进化

1　脊椎动物脑的三大类型及其进化的主要趋势

28.6　脑如何起作用

1　大脑与大脑皮层的联系

2　丘脑和下丘脑的作用

3　小脑的功能

4　边缘系统与网状结构

5　长期记忆和短期记忆

28.7　脊髓

1　脊髓的一般功能

周围神经系统

28.8　躯体神经系统和自主神经系统

1　躯体神经系统和自主神经系统

2　膝跳反射

3　交感神经系统和副交感神经系统的对立作用

调查与分析　神经元越大传导速度越快吗？

神经系统

在脊椎动物中，中枢神经系统能够协调及调节身体的多种活动，主要是利用一种被称为神经元的特殊细胞网络，指导随意肌，以及通过非自主控制的次要的细胞网络去指导心脏和平滑肌。所有感觉信息的获得都要通过感觉神经末梢的去极化作用。了解了哪一种神经元正在输送信号，以及它们输送信号的频率，大脑就会据此构建一幅身体内部条件和外部环境的图画。如神经元网络（神经元细胞），它们在大脑皮层的区域传递信号。脊椎动物的大脑中包含数量巨大的神经元细胞——人类大脑中约有1,000亿个。大脑皮层的灰质层位于大脑的外表面，只有几毫米厚。大脑皮层上覆盖着密集的神经元细胞，进而决定其高度复杂的功能，它是人体高级心理活动的中枢。

28.1 动物神经系统的进化

学习目标28.1.1 动物神经系统的三种神经元细胞

动物必须对环境刺激做出反应。为了做出这种反应，它必须具有感知这一刺激的感觉感受器和应对这一感觉的效应器。在绝大多数的无脊椎动物类群和所有的脊椎动物类群中，感受器和效应器是通过**神经系统**相互联系的。正如第22章所描述的那样，神经系统包括神经元细胞（图28.1）和支持细胞。

一种被称为**联络神经元**（或者是**中间神经元**）的神经元细胞存在于大多数的无脊椎动物以及所有的脊椎动物类群中。脊椎动物的大脑和脊髓中的神经元细胞被称为**中枢神经系统**，图28.2中黄色的圆圈所代表的部分。它们有助于提供更加复杂的反射，至于大脑则具有更高的联想功能，包括学习和记忆，需要整合多种感官输入。

还有两种其他类型的神经元细胞。**感觉（或传入）神经元**（图28.1中的❶）能将感受器的神经冲动传到中枢神经系统。**运动（或传出）神经元**❸则将来自中枢神经系统的神经冲动传到效应器——肌肉和腺体。联络（或中间）神经元❷则将这两种类型的神经元细胞在中枢神经系统中联系起来。效应器和感受器共同组成脊椎动物的**周围神经系统**（图28.2中括号内的灰褐色圆圈）。

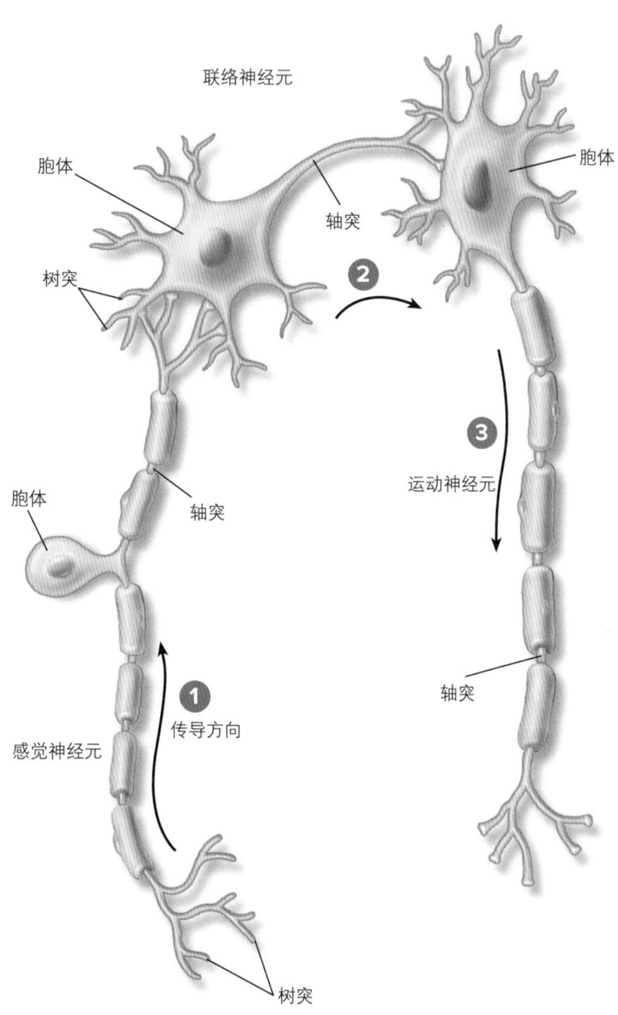

图28.1 神经元细胞的三种类型

感觉神经元携带来自环境中的信息传递到脑和脊髓。联络神经元存在于脑和脊髓中，常常将感觉神经元和运动神经元联系起来。运动神经元携带神经冲动到肌肉和腺体（效应器）。

无脊椎动物的神经系统

学习目标28.1.2 自扁形动物门之后，神经系统的五大进步之处

海绵是唯一缺乏神经系统的多细胞动物门。如果你给予海绵一个刺激，它们的表面会慢慢收缩。每个细胞的细胞质会产生一种在几毫米之内消失的脉冲。没有信息像在其他多细胞动物中一样，能够从海绵的一端飞快地传递到另一端。

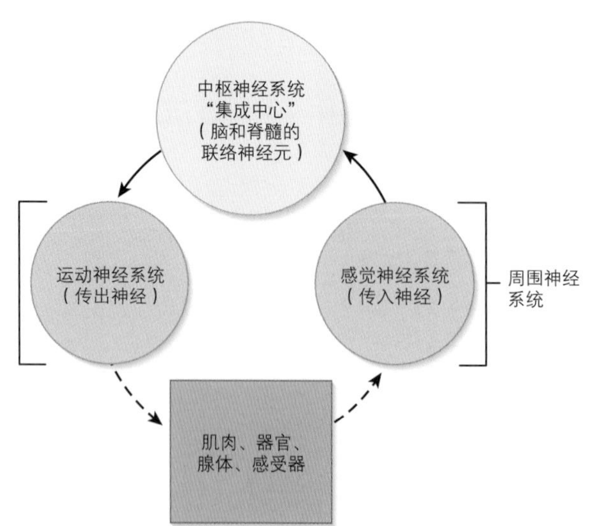

图28.2 脊椎动物神经系统的组织机构

中枢神经系统包括脑和脊髓，通过运动神经系统发布命令，并且接受来自感觉神经系统的信息。运动神经系统和感觉神经系统共同组成周围神经系统。

最简单的神经系统：条件反射 最简单的神经系统最早在刺胞动物中出现，例如水螅❶。所有的神经元都是相似的，每个神经元细胞的纤维长度大致相等。刺胞动物的神经细胞彼此相连，或者说形成神经网，遍布体内。虽然传导速度较慢，但无论来自何处的刺激最终都能通过这一神经网络进行传递。不过这一神经网络没有相互关联的活动，无法控制复杂的行为，相互之间的协调性较低。任何运动所产生的结果被称为**反射**，因为它是神经刺激自发产生的结果。

神经网

❶ 刺胞动物

较为复杂的神经系统：关联的活动 神经系统中首次出现相互关联的活动的动物是独立生活的扁形动物门的扁形虫❷。穿过扁形虫身体的是两条神经索，看起来像是梯子一样的支柱；周围神经延伸至身体各处的肌肉。两个神经索于身体的前端聚集，形成一个放大的神经组织，这一神经组织包含了彼此相互连接的联络神经元。这一原始的“大脑”是一种基本的神经系统，比刺胞动物更有可能控制一个复杂的肌肉反应。

联络神经元

神经索

❷ 扁形虫

脊椎动物的进化途径 在神经系统中，所有渐进式的结构变化都可以看作是对已经出现在扁形动物体内的特征的详细阐述。具体表现为五大特征，随着神经系统的进化，每一种都逐渐变得更为明显且更趋于复杂化。

1. **更复杂的感知机制** 尤其是在脊椎动物中，感官系统变得更加复杂。
2. **分化出中枢神经系统和周围神经系统** 例如，蚯蚓❸具有中枢神经系统，它将身体其他部分的周围神经系统联系起来。
3. **感觉神经和运动神经的分化** 神经元在特定领域的作用更趋专门化（感觉信号传到大脑或者运动信号由大脑发出）。
4. **相互联系的复杂性增加** 中枢神经系统与数量更多的中间神经元进化，它们之间相互协作的能力显著提高。
5. **大脑的细化** 在软体动物❹、节肢动物❺以及脊椎动物前端的神经索中，身体活动的协调变得逐渐局域化，前端的神经索进化成脊椎动物的脑，这一部分将在之后的章节讨论。

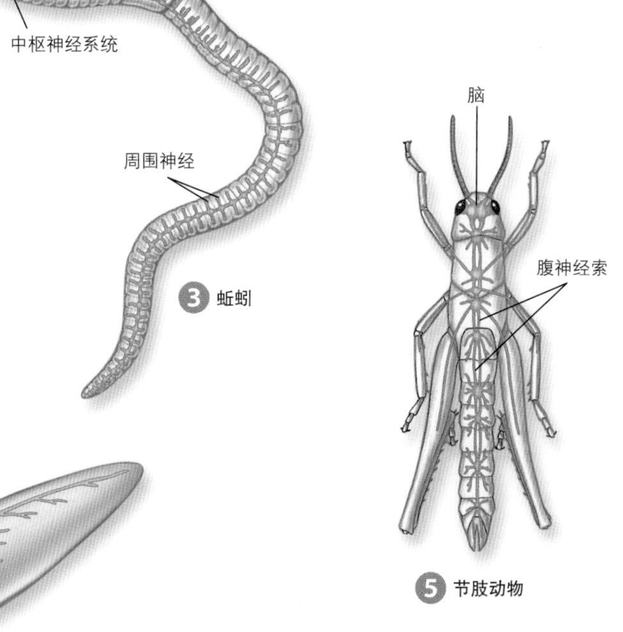

❸ 蚯蚓

❺ 节肢动物

巨轴突

脑

❹ 软体动物

关键学习成果 28.1

随着神经系统的进化，神经系统的关联活动逐渐增强，越来越趋向于在脑中的局域化。

28.2 神经元产生神经冲动

神经元

学习目标28.2.1 神经元的基本结构以及神经胶质细胞和郎飞结的作用

无论是中枢神经系统、运动神经系统还是感觉神经系统，神经系统的基本结构单元都是神经细胞，或者称为**神经元**。所有的神经细胞基本结构相同，正如图28.1所示的3种细胞类型的对比图，普通的细胞如图28.3（a）所示。图28.3（a）中的**胞体**指的是包含细胞核的平坦区域。从一个神经元细胞的末端延伸出来的短而细的分支称为**树突**。树突是信息输入的通道。神经冲动沿着树突传到胞体。运动和联络神经元具有大量的树突分支，使得这些细胞可以同时接收许多不同来源的信息。从胞体的另一端伸出的一种单一的、长长的、类似管状的延伸称为**轴突**。轴突是信息输出的通道。神经冲动沿着轴突离开胞体，传到其他神经元、肌肉或腺体。

大多数神经元无法长时间独立生存，它们需要由**神经胶质细胞**提供营养支持。人类神经系统中超过一半的体积是由神经胶质细胞组成的。最重要的两种神经胶质细胞是**施万细胞**和**少突胶质细胞**，它们用一种被称为髓磷脂的脂肪鞘包裹着许多神经元的轴突，髓磷脂充当电的绝缘体。施万细胞可以在周围神经系统中产生髓磷脂，而少突胶质细胞可以在中枢神经系统中产生髓磷脂。在发育期间，这些细胞与轴突联结起来，正如图28.3（b），并且开始将自己包裹在轴突周围，形成**髓鞘**，髓鞘是一种由多层细胞膜组成的绝缘层。髓鞘有规则地间断分布，而暴露出的未绝缘间隙被称为**郎飞结**。在具有郎飞结的区域，轴突与其周围的液体直接接触。神经冲动从一个节点跳到另一个节点，从而加快其在轴突上的传播速度。多发性硬化症（见第27章）是一种致命的临床疾病，它能引起髓鞘退化。

神经冲动

学习目标28.2.2 神经冲动传导的四个阶段，化学离子运动如何传导信号

当神经细胞处于“静息状态”时，不携带神经冲动，神经细胞的细胞膜上的载体蛋白会将钠离子

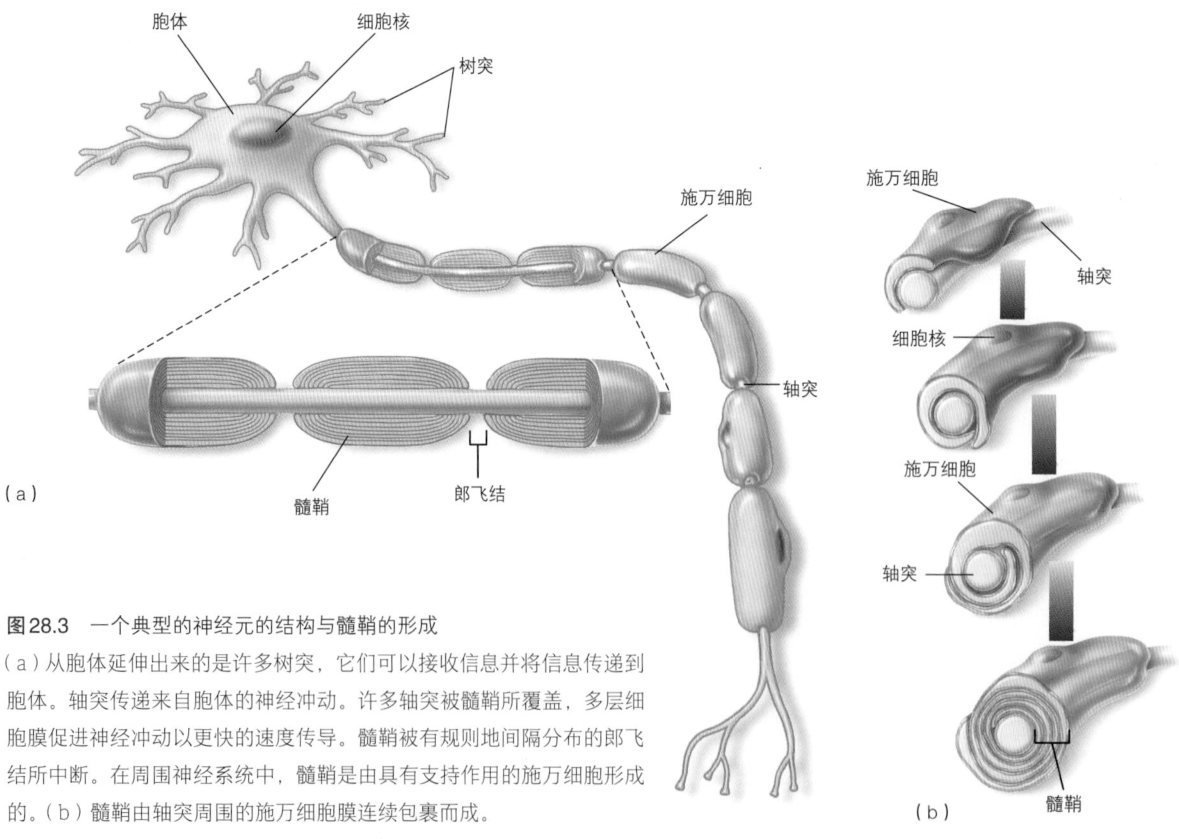

图28.3 一个典型的神经元的结构与髓鞘的形成

（a）从胞体延伸出来的是许多树突，它们可以接收信息并将信息传递到胞体。轴突传递来自胞体的神经冲动。许多轴突被髓鞘所覆盖，多层细胞膜促进神经冲动以更快的速度传导。髓鞘被有规则地间隔分布的郎飞结所中断。在周围神经系统中，髓鞘是由具有支持作用的施万细胞形成的。（b）髓鞘由轴突周围的施万细胞膜连续包裹而成。

（Na^+）运送到胞外，将钾离子（K^+）运送到胞内。关于钠-钾泵的知识在第4章有所描述。钠离子一旦被运送至胞外，就不能轻易地返回胞内，因此会在胞外建立一定的钠离子浓度。同理，细胞内的钾离子就会积累，但是它们的浓度并不是很高，因为许多钾离子能够通过其他渠道扩散到胞外。这一静息阶段在“重要的生物过程：神经冲动”❶上用黄色表示。结果导致神经元细胞的外部比内部更具正电性，这种状态称为静息膜电位。静息时的细胞膜处于被称为“极化”的状态。

为了维持静息膜电位，神经元不断消耗能量使钠离子泵出细胞。细胞内多数蛋白质的净负电荷也增加了这一电荷差异。利用复杂的仪器，科学家已测量出膜内外的电位差为–70mV。静息膜电位是神经冲动的起始点❶。

神经冲动以电流的形式沿着轴突和树突快速移动，电流是由离子通过**电压门控通道**（细胞膜上的为响应电压而呈现打开或关闭状态的蛋白质通道）进出神经元而引起的。当压力或其他感觉输入作用于神经元的细胞膜时，神经冲动就会产生，导致树突上的钠离子通道开放（❷上的紫色通道）。结果，钠离子从胞外进入胞内，降低它们在胞外的浓度，在胞内短时间内形成一个“去极化”的局部区域，比轴突（❷上用粉红色标注）外面的区域更具正电性。

细胞膜上去极化的一小块区域的钠离子通道只保持约0.5毫秒的开放状态。然而，如果电压的变化足够大，它会导致附近的钠钾门控通道开放❸。钠离子通道首先开放，随即一波去极化状态开始沿着神经元移动。封闭通道的开放使得周围的电压门控通道开放，就像一连串倒下的多米诺骨牌一样。这一沿着轴突移动的局部逆转电压称为**动作电位**。动作电位遵循“全或无”定律：一个足够大的去极化产生一个完整的动作电位，电压钠离子门控通道完全开放或关闭，它们一旦开放，动作电位就会产生。短暂的延迟之后，钾离子门控通道开放，钾离子外流以降低胞内钾离子浓度，使得胞内更趋于负电位。越来越趋向负值的膜电位（❹上用绿色表示）导致钠离子门控通道再一次快速关闭。动作电位之后和静息膜电位之前的这段时间称为**不应期**。在不应期

重要的生物过程：神经冲动

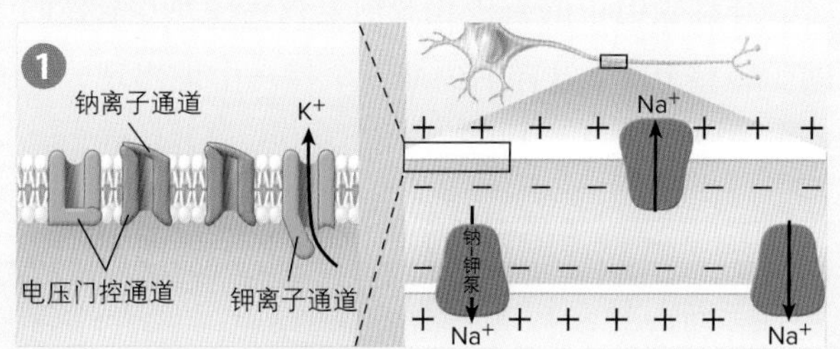

在静息膜电位，轴突内侧是带负电荷的，因为钠-钾泵使膜外侧保持较高的Na^+浓度。电压门控离子通道关闭，但仍有一些K^+外流。

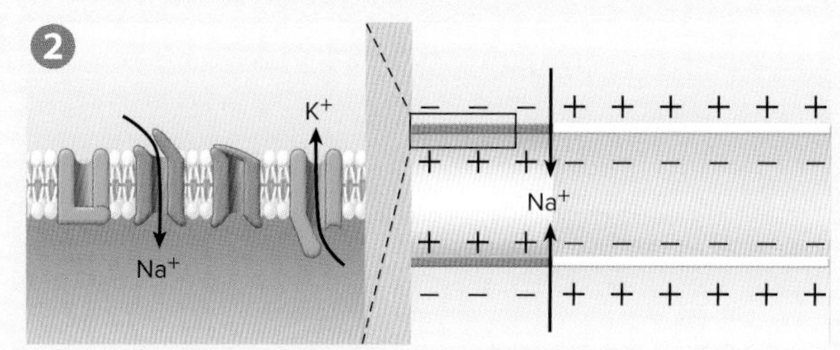

作为对刺激的反应，细胞膜去极化：Na^+门控通道开放，使Na^+内流，细胞膜内侧倾向于带正电荷。

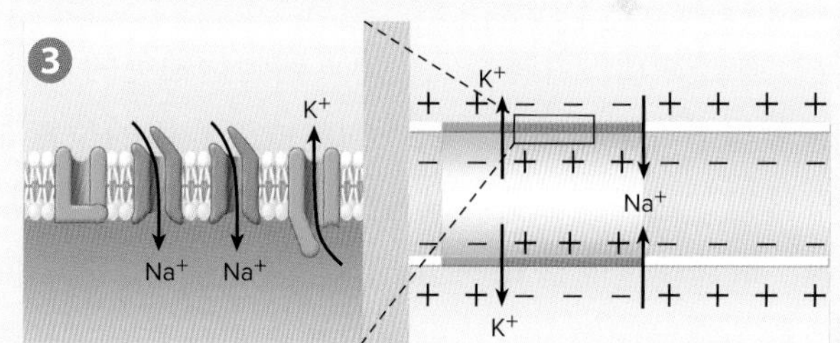

局部电流的变化使相邻的Na^+通道开放，动作电位产生。

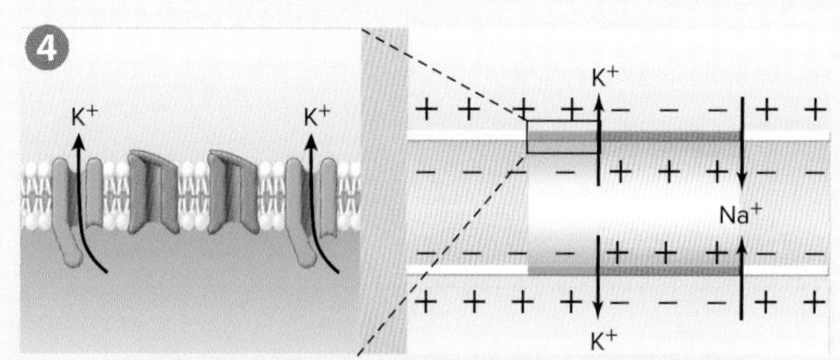

动作电位沿着轴突进一步向下移动，Na^+门控通道关闭，K^+通道开放，造成K^+外流，使细胞膜内侧恢复带负电荷的状态。最后，钠-钾泵恢复静息膜电位。

期间，第二个动作电位不能产生，直到通过钠-钾泵的作用使静息膜电位恢复。

静息膜电位的去极化及恢复仅需要约5毫秒的时间。整整100个这样的周期一个接一个地出现，进而产生一个名词——神经。

关键学习成果 28.2

神经元是专门传导神经冲动的细胞。神经脉冲是由通过特殊的蛋白质通道穿过神经元细胞膜的离子运动产生的，这些通道在化学或电刺激下打开和关闭。

28.3 突触

神经冲动沿着神经元传导直到到达轴突的末端，通常与下一个神经元、肌肉细胞或者腺体的位置非常接近。然而，轴突与其他细胞实际上并不直接接触。取而代之的是10～20纳米的狭窄间隙，这一间隙称为突触间隙，它将轴突与靶细胞分离开来。将轴突与另外一个细胞连接起来的接合点就称为**突触**。突触轴突端上的细胞膜属于突触前细胞；突触接收端的细胞被称为突触后细胞。

神经递质

学习目标28.3.1 为什么突触比神经元之间直接的物理连接更为可取

当神经冲动到达轴突的末端，如果它所携带的信息想要继续传递则必须通过突触。信息不会“跳”着穿过突触。取而代之的是，它们由被称为神经递质的化学信息所携带并穿过突触。这些化学物质被包裹在轴突顶端的微小的囊泡里面。当神经冲动到达末端时，就会导致囊泡将其所有的内含物释放到突触中，正如图28.4（左）所示。神经递质通过突触间隙扩散并结合到突触后膜上的受体（紫色的结构）上。当被识别的神经递质打开特殊的离子通道时，信号传递到突触后细胞，使得离子可以进入，并导致细胞膜上的电荷发生变化。放大的图28.4(右)表示了通道如何被打开，以及离子（黄色的球体）如何进入细胞。因为这些通道在受到化学刺激时才会开放，所以它们被称为化学门控通道。

为什么这些神经元不直接连接在一起呢？同样的道理，你家房子里的电线并非全部都连在一起，而是被一系列的开关分开。你应该不会希望当你打开一盏灯的开关时，整间屋子里的所有灯都亮了，紧接着烤箱开始加热，电视机也开始工作！如果你体内的每一个神经元都连接着其他的神经元，那么当移动你的手的同时，身体其他部位也会随之运动。突触就是神经系统的控制开关。然而，这一控制开关在某些情况下必须通过移除神经递质而关闭，否则突触后细胞将持

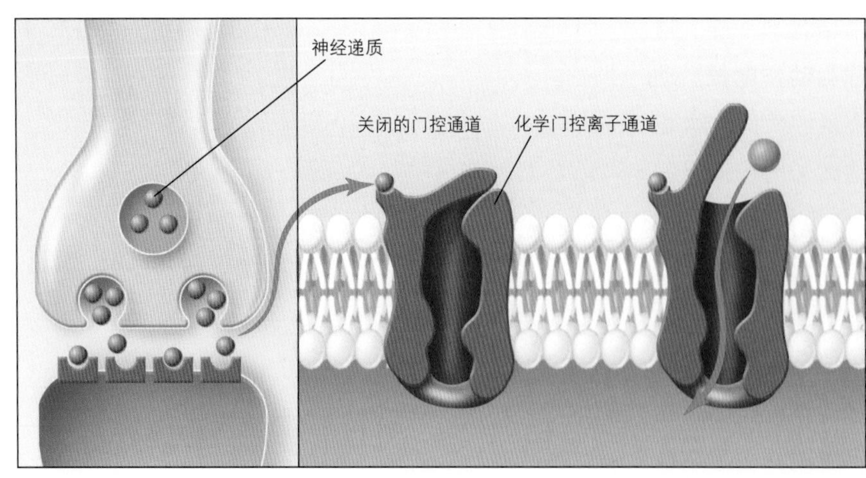

图28.4 突触中的活动
当神经冲动到达轴突末端时，它会向突触间隙中释放神经递质。神经递质分子能够穿过突触结合在突触后膜上的受体上，从而打开离子通道。

续处于动作电位状态。在某些情况下，神经递质分子会从突触扩散出去。而在其他情况下，神经递质分子要么被突触前细胞重新吸收，要么在突触间隙被降解。

突触的类型

学习目标28.3.2 兴奋性突触和抑制性突触

脊椎动物的神经系统可以利用许多不同类型的神经递质，每一种神经递质都被特定的受体细胞所识别。根据它们使突触后细胞兴奋或抑制突触后细胞，将神经递质分为两类。

在兴奋性突触中，受体蛋白通常是钠离子化学门控通道，这就意味着细胞膜上的钠离子门控通道要通过神经递质打开。一旦神经递质的形状和它相匹配，钠离子通道就会打开，使得钠离子进入胞内。如果通过神经递质打开足够多的钠离子通道，动作电位就会产生。

在抑制性突触中，受体蛋白是一种钾离子或氯离子化学门控通道。受体蛋白识别神经递质从而使这些通道打开，导致带正电荷的钾离子排出，带负电荷的氯离子涌入，致使受体细胞内部更加趋向于负电位。这就抑制了动作电位的产生，因为细胞内部负电荷的变化意味着必须有更多的钠离子通道的开启，才能在电压门控钠离子通道中产生多米诺骨牌效应，从而产生动作电位。

一个单独的神经细胞可以通过两种类型的突触与其他神经细胞相连接。当来自兴奋性或抑制性突触的信号到达一个神经元的胞体时，兴奋性效应（使胞内负电荷减少）和抑制性效应（使胞内具有更多的负电荷）相互作用。这样就会产生一种集成影响，各种兴奋性或抑制性电效应趋向于相互抵消或加强。轴突的基部区域被称为**轴丘**，轴丘就是这一集成过程的场所。如果集成的结果能够产生一个足够大的去极化，动作电位将会被激发。神经元经常会接收许多信息输入。在脊髓中的单个运动神经元上可能具有50,000个突触之多！

神经递质的类型

乙酰胆碱（ACh）是一种在神经肌肉接头释放的神经递质，神经肌肉接头就是在神经元和肌肉纤维之间形成的突触。乙酰胆碱在骨骼肌中形成兴奋性突触，但在心肌上则产生相反的效应，形成抑制性突触。

甘氨酸和γ-氨基丁酸（GABA）是抑制性神经递质。这种抑制效应对神经元控制身体运动是极其重要的。有趣的是，安定通过增强γ-氨基丁酸与其受体的结合能够产生镇静和其他效应。

生物胺是一组神经递质，包括**多巴胺**、**去甲肾上腺素**、**5-羟色胺**以及**肾上腺素**。这些神经递质能够对人体产生多种效应：多巴胺在控制身体运动方面十分重要；去甲肾上腺素与自主神经系统有关，这会在之后讨论；5-羟色胺与睡眠调节和其他情绪状态相关。PCP（天使粉）通过阻断突触中生物胺的消除而致幻。

关键学习成果 28.3

突触是轴突与另外一个细胞的接合点。细胞之间被间隙分隔开，间隙内具有携带兴奋性或抑制性信号的神经递质，这取决于哪一种离子通道开放。

28.4 成瘾性药物对化学突触的作用

神经调质

学习目标28.4.1 区别神经调质和神经递质

身体有时会故意延迟信号通过突触的传递。做到这点，需要通过向突触内释放一种特殊而持久的化学物质，这种物质称为**神经调质**。有些神经调质有助于神经递质释放到突触中；有些则抑制神经递质的重新吸收过程，使神经递质留在突触中；此外还有一些神经调质可以延迟重吸收后的神经递质的分解，使它们留在神经元的顶端，当下一个信号到来的时候，又将其释放到突触中。

心境、快乐、痛苦和其他精神状态由大脑中使用特殊的神经递质和神经调质的特定神经元组决定。例如，情绪受到5-羟色胺的强烈影响。许多研究者认为，抑郁症是由5-羟色胺缺乏引起的。百忧解，世界上最畅销的抗抑郁药，它的机理就是增加突触中5-羟色胺的量。图28.5所阐释的就是百忧解的作用过程。释放到突触中的红色的5-羟色胺分子，通常会被突触前细胞重吸收。正如放大的圆圈中的图所示，百忧解抑制了这一重吸收过程，使5-羟色胺留在了突触中。

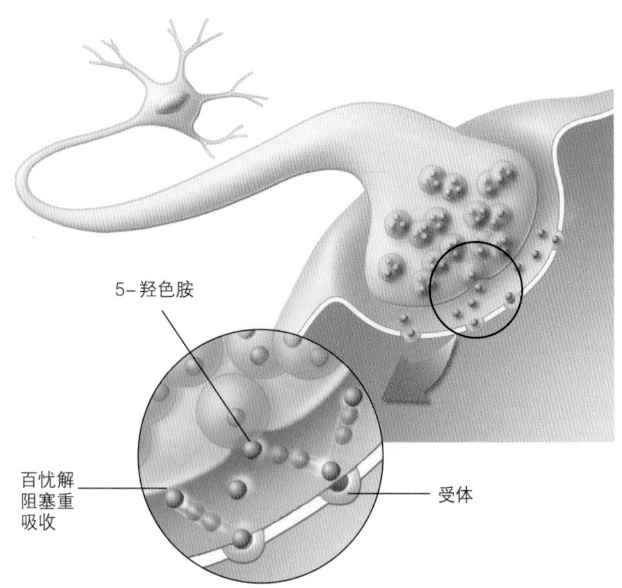

图 28.5　药物改变突触中神经冲动的传递

抑郁可以由神经递质5-羟色胺缺乏引起。而抗抑郁药物百忧解通过阻塞5-羟色胺的重吸收来发挥作用，使得5-羟色胺长时间地停留在突触中。

药物成瘾

学习目标28.4.2　可卡因成瘾的过程

当身体内的细胞长期接触化学信号时，那么它们就会失去对原有强度的刺激做出反应的能力。（你所熟知的灵敏度丧失——当你坐在一把椅子上时，你能对这把椅子感知多久呢？）神经细胞特别容易出现这种灵敏度的丢失。如果突触上的受体蛋白长期接触这种高水平的神经递质分子，那么神经细胞中常常会以在细胞膜中嵌入较少的受体蛋白作为响应。这一反馈是所有神经元中正常运作的一部分，这种已经进化出的简单的机制就是通过调整细胞膜上“工具”（受体蛋白）的数量，即使得“车间”适合负载，而使细胞更高效。

可卡因　毒品可卡因是一种神经调质，可使异常多的神经递质长期停留在突触中。可卡因会对大脑快乐通路（所谓的边缘系统，属于大脑的一部分区域，会在28.6节讨论）中的神经细胞产生影响。这些细胞利用神经递质多巴胺传递快乐信息。“重要的生物过程：药物成瘾”插图❶显示了在突触中的正常活动，多巴胺分子（红色的球体）被突触前细胞的转运蛋白重新吸收。利用放射性标记可卡因分子，研究人员发现可卡因紧密地结合在突触前膜上的转运蛋白上❷。这些蛋白正常情况下可以移除发挥效应之后的多巴胺。就像在一个击鼓传花游戏中所有的椅子都被占领，最终没有多余的转运蛋白来结合多巴胺分子，因此多巴胺就会留在突触中，一次又一次地作用于受体。当新的信号来临时，越来越多的多巴胺分子叠加起来，进而持续激活快乐通路。

当位于大脑边缘系统的神经细胞上的受体蛋白长期接触到高水平的多巴胺神经递质分子时，神经细胞就会通过降低它们表面受体蛋白的数量来“降低容量”❸。仅仅通过减少这些分子可以结合的靶蛋白的数量，它们就可以应对数量更多的神经递质分子。长期接触毒品使神经系统产生生理上的适应，这时就会发生成瘾。正如❹所示，在如此少量的受体蛋白的情况下，正常的多巴胺水平不能够触发突触后细胞上的动作电位，因此毒品使用者需要吸食毒品来维持边缘活动的正常水平。

吸烟成瘾是毒瘾吗

学习目标28.4.3　吸烟是否属于成瘾

研究人员尝试着探索烟瘾形成的原因，按照已清楚的可卡因成瘾原理做了一个看似合理的实验：他们将烟草中有放射性标记的尼古丁导入大脑，并观察它与哪种转运蛋白结合。令他们大吃一惊的是，尼古丁并没有与突触前膜上的蛋白结合，而是直接结合到突触后细胞上的一个特定蛋白上。这是完全没有预测到的，因为尼古丁一般不会出现在大脑

重要的生物过程：药物成瘾

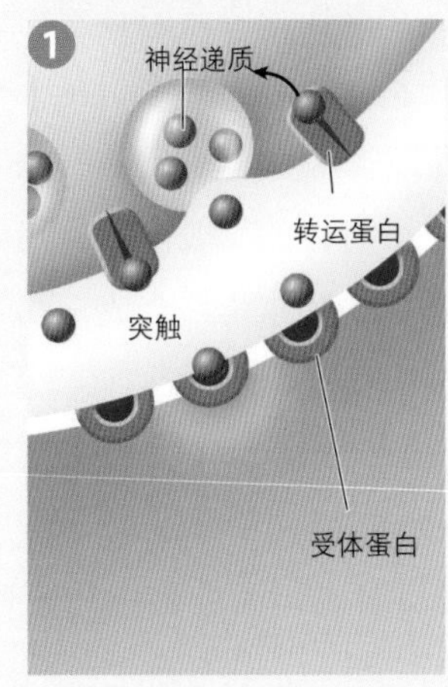

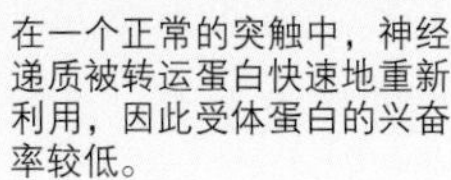

在一个正常的突触中，神经递质被转运蛋白快速地重新利用，因此受体蛋白的兴奋率较低。

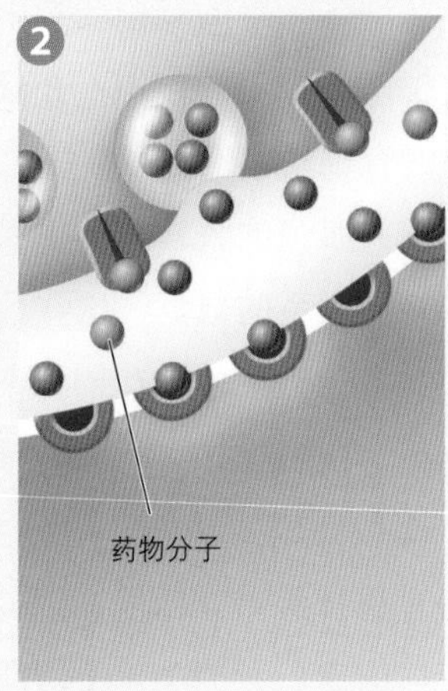

药物分子（如可卡因）结合在转运蛋白上，从而阻碍重新利用的过程，因此神经递质水平上升，受体蛋白的兴奋率也随之增加。

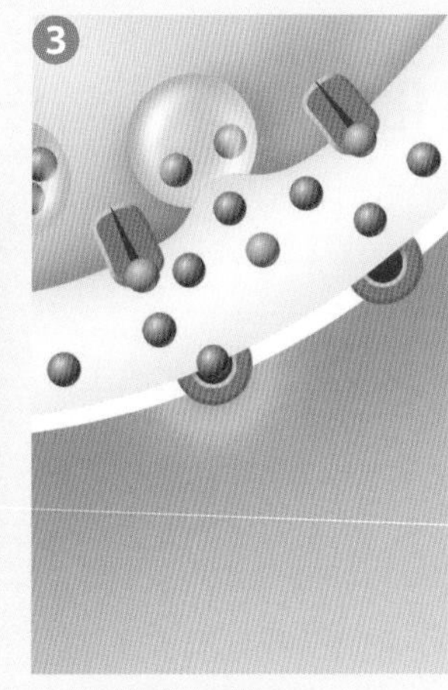

接收神经元通过减少受体蛋白的数目“降低容量”，因此使得受体蛋白的兴奋率恢复到正常水平。

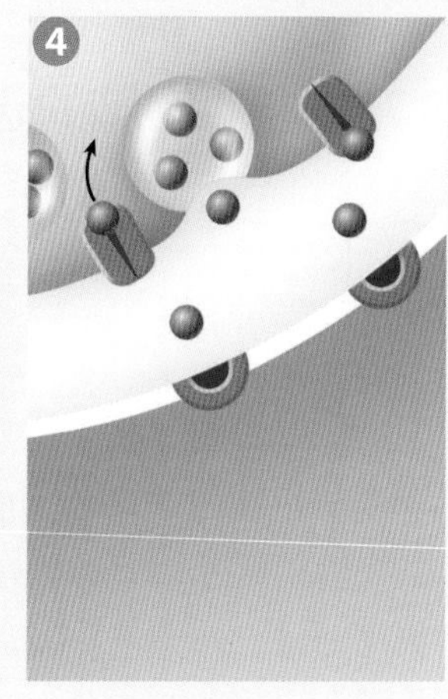

如果把可卡因移除，神经递质的水平就会降低到正常标准，以至于不能使数目减少的受体兴奋。

里——为什么那里会有它的受体蛋白呢？

经过大量的研究，研究人员很快发现“尼古丁受体”通常与神经递质乙酰胆碱结合。尼古丁，一种来自烟草植物的不起眼的化学物质，也能够与它们结合，这简直是大自然的一个巧合。那么，什么才是这些受体的正常功能呢？大量的研究结果表明，这些受体是大脑最重要的工具之一。大脑利用它们协调许多其他类型的受体活动，对各种各样的行为的敏感度进行“微调”。

当神经生物学家将吸烟者的边缘系统神经细胞与非吸烟者的进行比较时发现，尼古丁受体数量和用于制造受体的RNA水平都发生了变化。他们发现，大脑通过两种方式来“降低容量”以适应长期接触的尼古丁：（1）通过减少尼古丁可以结合的受体蛋白；（2）通过改变尼古丁受体的激活模式（它们对神经递质的敏感性）。

正是这第二种方式导致了吸烟对大脑活动的深远影响。通过覆盖大脑中用于协调多种活动的正常系统，尼古丁改变了许多神经递质释放到突触间隙的模式，包括乙酰胆碱、多巴胺、5-羟色胺以及许多其他的物质。因此，大脑中各种神经通路的活动水平发生了改变。

之所以会出现对尼古丁成瘾是因为大脑需要制造其他物质来弥补由尼古丁引起的许多变化。大脑中各种类型的受体的数量和敏感度需要做出调整，以恢复活动的适当平衡。现在，如果你戒烟将会发生什么情况呢？一切都是不正常的！新的协调系统需要尼古丁来实现神经通路活动的适当平衡。这是对成瘾这一术语的合理使用。人体的生理反应是深刻而不可避免的。用意志来预防成瘾是不可能的，就像用一支上了膛的枪玩俄罗斯轮盘赌时，不可能用意志来阻止中弹身亡一样。如果你长期吸烟，那你就会成瘾。

好消息是当停用尼古丁时，降低的信号水平最终引发神经细胞再次进行补偿性变化，以恢复大脑活动的适当平衡。随着时间的推移，受体的数量、灵敏度以及神经递质释放的模式全部都回到正常水平。

关键学习成果 28.4

神经调质是作用于突触以改变神经功能的一种持久的化学物质。许多成瘾性药物，诸如可卡因和尼古丁都起着神经调质的作用。

28.5 脊椎动物脑的进化

三大基本分类

学习目标28.5.1 脊椎动物脑的三大类型及其进化的主要趋势

脊椎动物脑的结构和功能一直是科学探究的主题。科学家们坚持不懈地寻找大脑储存记忆的机制，他们不能理解一些记忆如何被“锁住”，只有在面临压力时才表现出来。大脑是脊椎动物进化出的最复杂的器官，它可以完成各种混乱复杂的功能。

无颌类化石（5亿年前游弋在水中的鱼类）的内部脑壳的模型，揭示了脊椎动物大脑的早期进化阶段。虽然比较小，但这些脑已经分化出了三部分，如图28.6所示，具有现在所有脊椎动物脑的特征：（1）后脑，或者说菱脑（黄色的部分）；（2）中脑（绿色的部分）；（3）前脑（紫色的部分）。

后脑是这些早期大脑的主要组成部分，它现在依旧在鱼类中存在。鱼类的后脑由小脑和延髓构成，可以看作是脊髓的延伸，主要的功能是协调运动反射。神经束包含大量的轴突，就像上上下下的电缆一样将脊髓与后脑连在一起。后脑整合了许多来自肌肉的感觉信号，并且可以协调运动响应的模式。

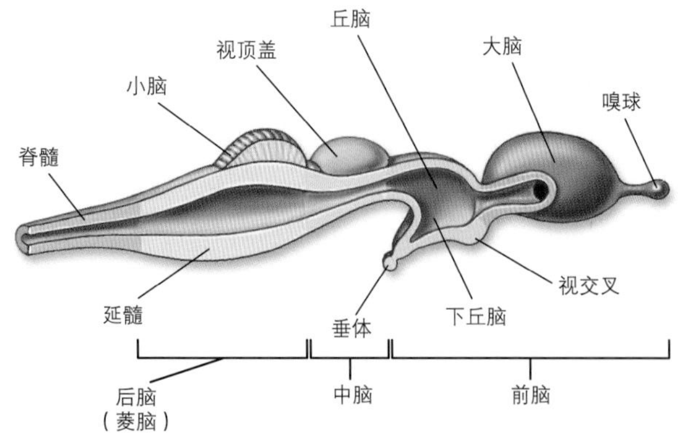

图28.6 原始鱼类的脑

脊椎动物大脑的基本组织可以在原始鱼类的大脑中看到。大脑分为三个区域（在所有脊椎动物中都有不同比例）：后脑在鱼类脑中所占的比例最大；中脑主要用于视觉信息的处理；前脑主要与鱼类的嗅觉相关。在陆生脊椎动物中，前脑在神经信息处理方面所起到的作用比在鱼类中大得多。

许多这种协调在后脑的小脑（小的大脑）里进行。在许多高等的脊椎动物中，小脑作为协调中心发挥着越来越重要的作用，并且比鱼类的小脑更大。在所有的脊椎动物中，小脑负责处理肢体的运动及当前位置、相关肌肉的收缩与放松状态、身体的一般位置及其与外界联系的数据。这些数据在小脑收集并合成，产生的指令被发送到传出通路。

在鱼类中，大脑的其他部分则具有感觉信息接收和处理的功能。中脑主要由接收和处理视觉信息的**视神经叶**（又称视顶盖）组成，而前脑则用于嗅觉信息的处理。鱼的大脑在其一生中不断生长。这种持续的生长与其他种类脊椎动物的大脑形成了鲜明的对比，后者通常在婴儿期完成发育。人类大脑的发育贯穿儿童的早期阶段，但一旦发育放慢速度，就不会再产生新的神经元，除了在海马体内的神经元，它与人类的长期记忆有关。

占主导地位的前脑

由两栖动物开始，在爬行动物中表现得更为突出，感觉信息越来越集中在前脑。在脊椎动物脑的进一步进化趋势中，这一模式占据主导地位。如图28.7中用不同颜色编码的大脑区域所示，在脑的发育过程中就遵循这种趋势，即在哺乳动物中大脑的前脑变得越来越大。

爬行动物、两栖动物、鸟类以及哺乳动物的前脑由两大部分组成：间脑和端脑。间脑由丘脑和下丘脑组成（图28.6中的蓝色区域）。**丘脑**是由外界传入的感觉信息与大脑之间的集成和中转中心。**下丘脑**参与基本的运动和情绪，并控制垂体分泌激素，而垂体又反过来调节身体的许多其他内分泌腺体（见第30章）。通过其与神经系统以及内分泌系统的联系，下丘脑能够协调神经和激素对许多内部刺激及情绪的响应。端脑或者“终脑”位于前脑的前部，主要与联想活动相关（图28.6和图28.7中紫色的区域）。在哺乳动物中，端脑被称为大脑。

大脑的扩张

如图28.7所示，如果你调查一下动物大脑大小

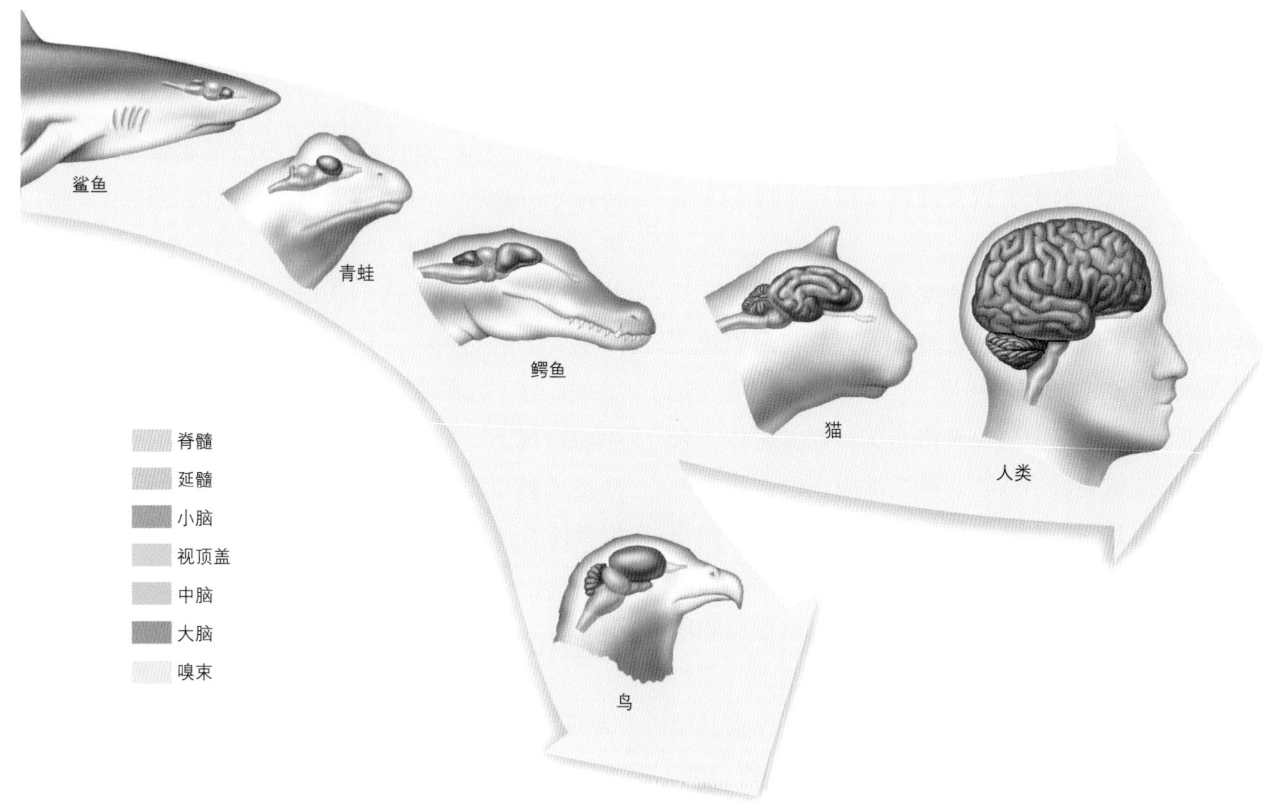

图28.7　脊椎动物脑的进化

在鲨鱼和其他鱼类中，后脑占优势地位，大脑的其他部分则主要是处理感觉信息。在两栖动物和爬行动物中，前脑最大，它包含一个用于处理联想活动的较大的大脑。鸟类的脑是从爬行动物中进化而来的，大脑变得更为显著。在哺乳动物中，大脑覆盖了视顶盖，并成为脑中最大的一部分。在人类中，大脑占据主导地位，它覆盖了脑剩余的大部分。

与体形大小之间的关系，就会发现鱼类、两栖动物和爬行动物（图中左边的分支）与鸟类和哺乳类（图中右边的分支）存在显著的差异。尤其是哺乳动物具有相对于它们体形来说较大的脑。海豚与人类尤其如此。哺乳动物中大脑体积的增加很大程度上反映了大脑的巨大扩大，并成为哺乳动物脑的重要部分。哺乳动物大脑是关联、联想以及学习的中心。它从身体各处接收感觉信息，并向身体各处发出运动命令。

关键学习成果　28.5

在鱼类中，脑的大部分为后脑；随着陆生脊椎动物的进化，前脑变得越来越重要。

28.6　脑如何起作用

大脑是脑的控制中心

学习目标28.6.1　大脑与大脑皮层的联系

虽然脊椎动物的脑中不同的组成部分具有不同的重要性，但是人类的脑是研究脊椎动物脑功能的较好的模型。大脑约占人脑重量的85%，见图28.8中棕褐色的区域。

大脑是脑中较大的圆形区域，它被沟槽分成左右两半部分，称为大脑半球。图28.8中的大脑切片就是沿着沟槽切开，将大脑左半球移除，只显示大脑右半球。大脑半球进一步分为额叶、顶叶、枕叶和颞叶。大脑在语言、意识思维、记忆、个性发展、视觉以及我们称之为“思维和感觉”的许多其他活动中发挥作用。

图28.9所表示的就是脑的一般区域以及它所控制的功能（脑的不同脑叶用不同的颜色编码：黄色代表额叶，橙色代表顶叶，淡绿色代表枕叶，淡紫色代表颞叶）。大脑看起来就像一个皱巴巴的蘑菇，位于脑其余部分的上方以及周围，像一个握着拳头的手。

大脑的大部分神经活动发生在薄薄的、仅有几毫米厚的灰色区域，这一区域称为**大脑皮层**（拉丁语“cortex”的意思是“树皮”）。大脑皮层之所以是灰色的，是因为其上覆盖着浓密的神经元胞体。人类的大脑皮层包含100亿个神经细胞，约占脑中所有神经元的10%。大脑皮层表面的皱纹使其表面积（以及胞体的数量）增加了3倍。在大脑皮层下面是一个纯白色的有髓神经纤维区域，在大脑皮层和脑其他部分之间传递信息。

大脑的左右半球之间由称为**束**的神经元束状结构连接。这些束作为信息通路，告知大脑的每一半，另一半大脑做什么。因为这些束在大脑的胼胝体区域（图28.8中蓝色的条带）交叉，大脑的每一半球都控制身体另一侧的肌肉和腺体。因此，右手的触摸实际上被传递给大脑的左半球，然后再使右手做出回应。

研究人员已经发现两侧的大脑可以作为两个不同的大脑来运行。例如，由于事故或手术。某些人的大脑两半球之间的束被切断。在实验室试验中，将一个有这种“分裂的大脑”的人的一只眼睛遮起来，之后向他介绍一个陌生人。如果把另外一只眼睛遮起来，这个人就不认识刚才已经介绍过的那个陌生人了！

有时，大脑血管被血块堵塞，导致**中风**。在中风的情况下，脑部某一区域的血液循环被堵塞，进而造成脑组织死亡。大脑一侧的严重中风可能会造成身体另一侧瘫痪。

丘脑和下丘脑的信息处理

学习目标28.6.2　丘脑和下丘脑的作用

大脑下面是丘脑和下丘脑，它们是重要的信息处理中心。丘脑是脑中感觉信息处理的主要场所。听觉（声音）、视觉以及从感觉感受器获得的其他信息进入丘脑，然后传递到大脑皮层的感觉区域。丘脑也控制平衡。来自肌肉的姿势信息和来自耳朵内

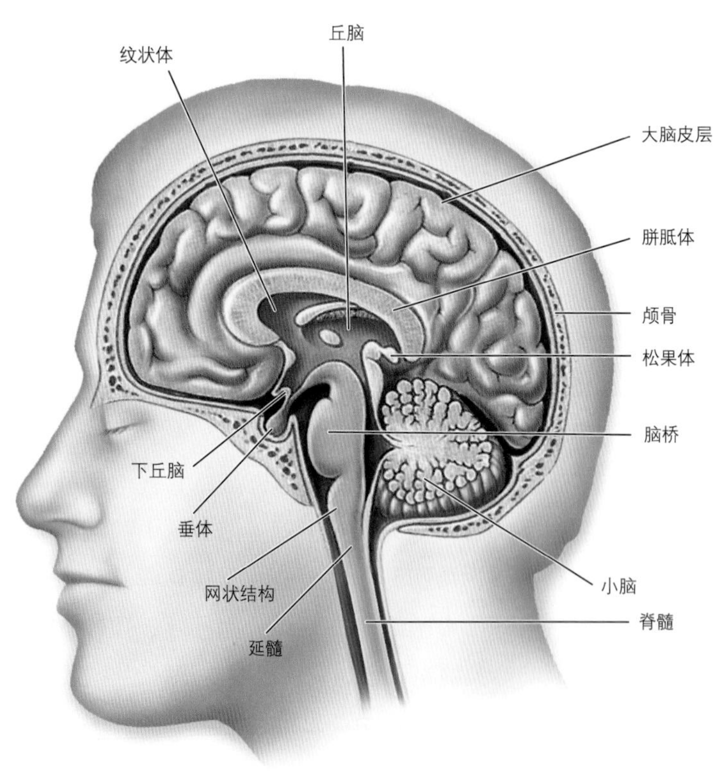

图28.8　人脑的截面图

大脑占脑的绝大部分。从表面只能看到它的最外层。

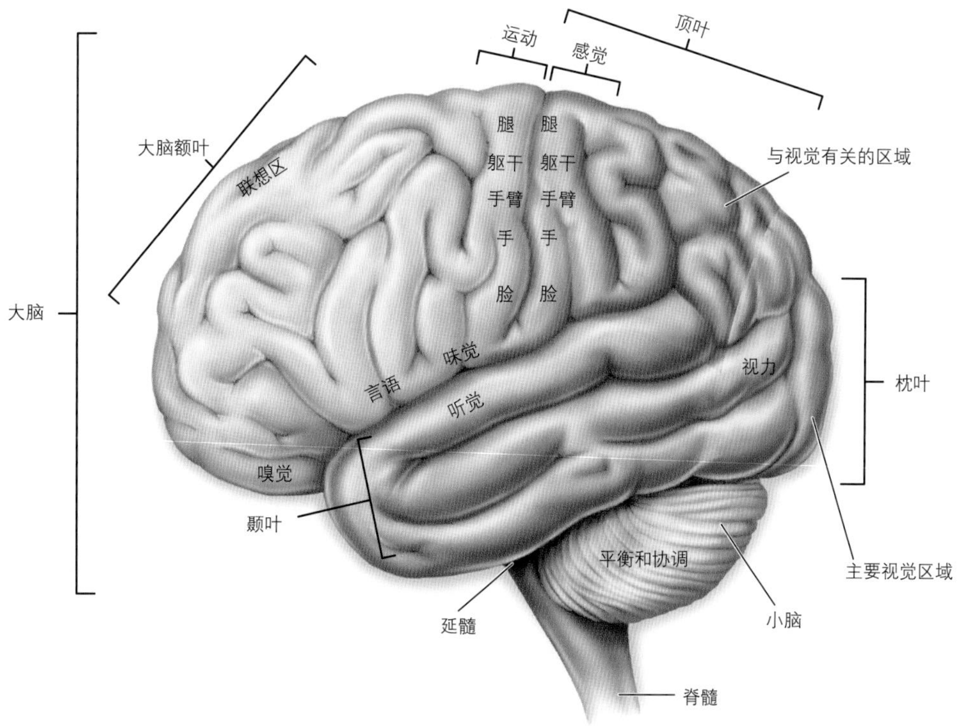

图28.9 人脑的主要功能区

大脑皮层的特定区域与身体的不同区域和功能有关。

传感器的方位信息与来自小脑的信息结合并传递到丘脑。丘脑对这些信息加以处理然后传递到大脑皮层相应的运动中心。

下丘脑整合了身体的所有内部活动。它控制着脑干的中枢，这些中枢继而调节体温、血压、呼吸和心跳。它还控制着脑中主要激素分泌腺体——垂体的分泌情况。下丘脑通过广泛的神经元网络与大脑皮层的某些区域相连。这一网络，加上下丘脑以及脑中被称为海马和杏仁核的区域，组成了边缘系统。图28.10中以绿色突出显示的区域表示边缘系统的组成部分。边缘系统的运作负责脊椎动物的许多最深层次的欲望和情绪，包括疼痛、愤怒、性欲、饥饿、口渴以及快乐，它们集中在杏仁核的中心。回顾前面所讲述的，边缘系统是受到可卡因影响的大脑区域。而且它也与记忆有关，位于海马的中心。

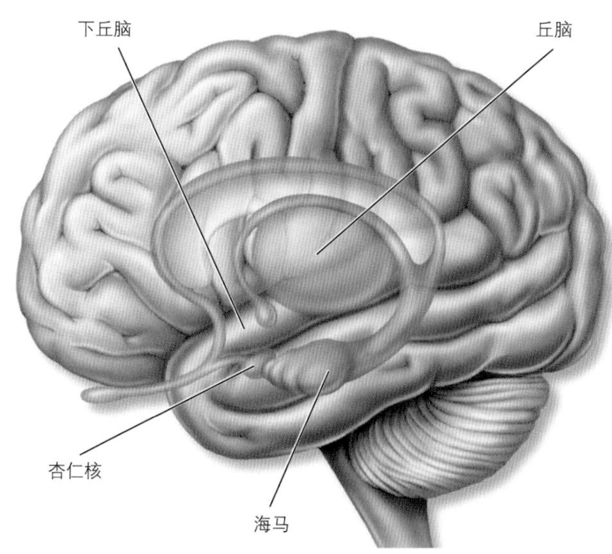

图28.10 边缘系统

海马和杏仁核是边缘系统的主要组成部分，它们控制着我们最深层次的运动和情绪。

小脑协调肌肉运动

学习目标28.6.3 小脑的功能

从大脑的底部扩展出来的结构叫作**小脑**。小脑控制平衡、姿势以及协调肌肉运动。这一小型的，像花椰菜一样的结构，在人类及其他哺乳动物体内发育良好，甚至在鸟类中发育得更为完善。鸟类表现出比我们复杂得多的平衡技巧，因为它们在空中向各个方向运动。想象一下当一只鸟想要落在树枝上时，它需要何种平衡及协调动作，才能避免碰撞，并且精准无误地在准确的时间停下。

脑干控制重要的身体过程

学习目标28.6.4　边缘系统与网状结构

脑干，用于表示中脑、脑桥以及延髓等的统称术语，它将脊髓与大脑的其他部分联系起来。这种茎状结构包含控制呼吸、吞咽和消化过程的神经，也包含控制心脏跳动和血管直径的神经。一种被称为网状结构的神经网络贯穿脑干，并将大脑的其他部分联系起来。它们的广泛连接使这些神经对知觉、意识以及睡眠至关重要。网状结构的一部分可以对感觉信息的输入进行过滤，使你能在有重复噪声的环境（比如交通噪声中）进入睡眠状态，而当电话铃声响起的时候，你能立刻醒来。

语言和其他高级功能

学习目标28.6.5　长期记忆和短期记忆

尽管这两个大脑半球看上去结构相似，但是它们负责不同的活动。这种功能偏侧化最彻底的例子是语言。在90%的右撇子以及近2/3的左撇子中，左半球是语言的“优势”半球——与语言相关的绝大多数神经处理是在左半球进行的。在优势大脑半球有两个语言区域：其中一个对语言理解和思想到言语的形成很重要，另一个负责对言语交际中所需要的动作输出的产生。图28.11中所表示的是不同的语言活动与大脑的不同区域相关。

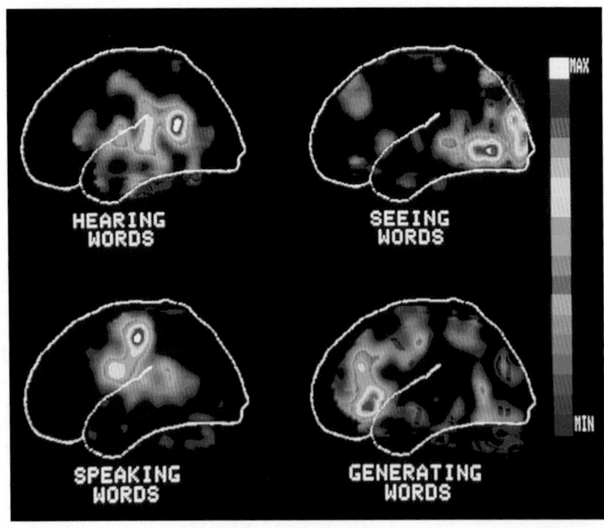

图28.11　脑的不同区域控制不同的活动

图中展示了当被要求听一个单词（左上），默读同一个单词（右上），大声重复这个单词（左下），然后说出与第一个单词相关的单词（右下）时，大脑是如何反应的。白色、红色以及黄色的区域表示极大的活跃。对照图28.9，了解脑的各个区域是如何映射的。

语言的优势半球擅长顺序推理，比如组织一个句子，而非优势半球（大多数人大脑的右半球）则擅长空间推理，推理的类型如组装拼图或者画一幅画。音乐能力也与这一半球相关：如果一个人大脑左半球中的言语区受到伤害，那么他虽不能讲话，但可能仍然保留着唱歌的能力！非优势半球的损伤可能导致患者丧失理解空间关系的能力，并且还可能损害音乐活动，比如唱歌。但阅读、写作，以及口头理解能力仍然保持正常。

大脑最大的神秘之处之一就是记忆与学习的基本规律。大脑中没有任何一个部分可以容纳记忆的所有方面。如果大脑的一部分，尤其是颞叶被切除，虽然记忆受到损害，但并不会完全丢失。尽管受到损伤，许多记忆仍然持续存在，并且随着时间的推移，访问它们的能力逐渐复苏。因此，试图探究记忆背后的生理机制的研究人员常常感觉到他们只抓住了一片影子。尽管还未完全理解，但我们已经认识到了记忆形成的基本过程。

在短期记忆与长期记忆之间似乎存在根本性的差异。短期记忆是暂时的，它仅仅持续一瞬间。这种记忆可以通过电击被轻易地消除，而以前储存的长期记忆则完好无损。这一结果表明，短期记忆以一种瞬时神经兴奋形式进行电储存。相反，长期记忆似乎与大脑中某些神经连接的结构变化有关。颞叶的两个部分，即海马和杏仁核，与短期记忆以及短期记忆巩固形成长期记忆有关。

阿尔茨海默病的成因依旧是个谜

过去，人们对阿尔茨海默病所知甚少，这是一种大脑的记忆与思维处于功能失调状态的疾病。科学家们对这种疾病的生物学性质及其产生因素意见不一。他们提出了两种假说：其中一种认为大脑神经细胞由外而内被杀死，另一种则认为由内而外。

在第一个假说中，被称为β-淀粉样肽的外部蛋白质杀死了神经细胞。蛋白质加工过程中的一个错误会产生一种异常形式的肽，然后形成聚集体或斑块。这种斑块开始填充大脑，进而破坏并杀死神经细胞。然而，最近的临床试验通过药物抑制β-淀粉样肽的合成，不但没有治愈这一病症，反而使得阿尔茨海默病更加恶化。

第二个假说则认为神经细胞是被一种异常形式的内部蛋白质杀死的。这种蛋白质称为τ，正常功能是维持蛋白质运输微管。τ的异常形式聚集成螺旋线段，形成缠结，就会妨碍神经细胞的正常功能。研究者们正在继续探究缠结和斑块是不是阿尔茨海默病的成因或者影响因素。

关键学习成果　28.6

大脑的联想活动集中在大脑表面的大脑皮层上。下面的丘脑和下丘脑能够处理信息并整合身体活动。小脑则能协调肌肉运动。

28.7　脊髓

学习目标28.7.1　脊髓的一般功能

脊髓是从大脑到脊柱向下延伸出来的一束神经元，如图28.12所示。

图28.13所示的是脊髓截面，中心的一块深灰色区域由神经元胞体组成，它们向下形成一列像绳索一样的柱形物。这一柱形物周围的轴突和树突鞘使脊髓外缘呈白色。脊髓被一系列叫作脊椎的骨骼所围绕和保护。脊髓神经通过各个脊椎骨传递到身体。身体和大脑之间的信息通过脊髓上下运行，就像一个信息通路。

在每一节脊椎中，运动神经从脊髓向外延伸至肌肉。脊椎的运动神经控制着头以下的大部分肌肉。这就是脊髓损伤经常会导致身体下部瘫痪的原因。

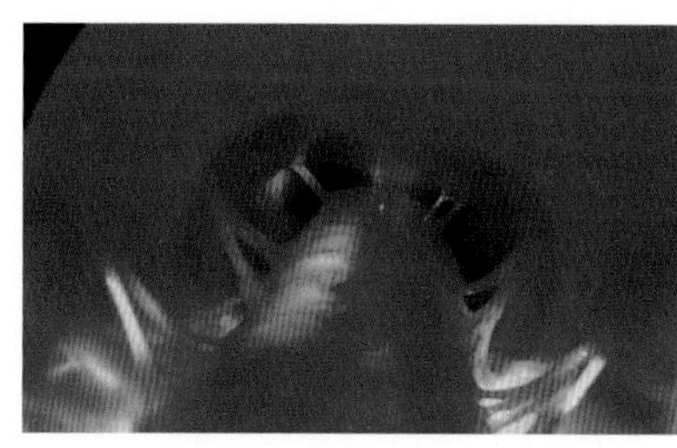

图28.12　人类脊髓的俯视图
可以看出成对的脊髓神经从脊髓中延伸出来。通过这些神经，脑和脊髓与身体进行交流。

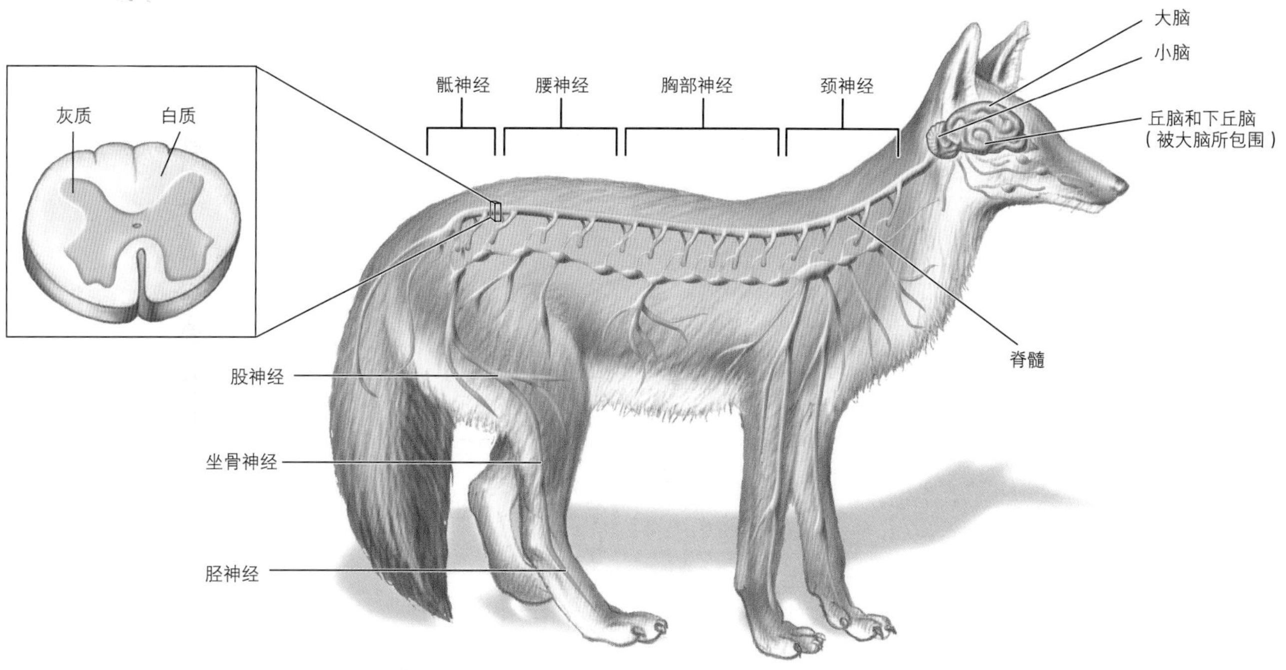

图28.13　脊椎动物神经系统
脑用棕褐色表示，脊髓和神经用黄色表示。

脊髓再生

在过去，科学家们试图通过安装来自身体另一部分的神经来修复断开的脊髓，以弥合缺口，并作为脊髓再生的向导。但是，这些实验多数都失败了，因为神经桥并不是从白质相连到灰质。并且，在脊髓中存在一个抑制神经生长的因素。后来经研究发现，纤维细胞生长因子可以刺激神经生长，神经生物学家尝试用纤维蛋白将白质和灰质连接起来，纤维蛋白中掺杂了纤维细胞生长因子。

3个月之后，具有神经桥的老鼠的身体下部开始能够运动。在进一步的动物分析实验中，染色试验表明脊髓神经已经从缺口两侧重新生长。许多科学家从中受到鼓舞，想要在人类医学中利用相似的治疗方式。然而，大多数的脊髓损伤患者并不属于完全切断的脊髓损伤，常常表现为神经压碎。而且，虽然具有神经桥的老鼠确实重新获得了某些运动能力，但实验表明它们几乎不能行走或站立。

关键学习成果　28.7

脊椎动物的脊髓由脊柱保护，将运动神经延伸至头部下方的肌肉。

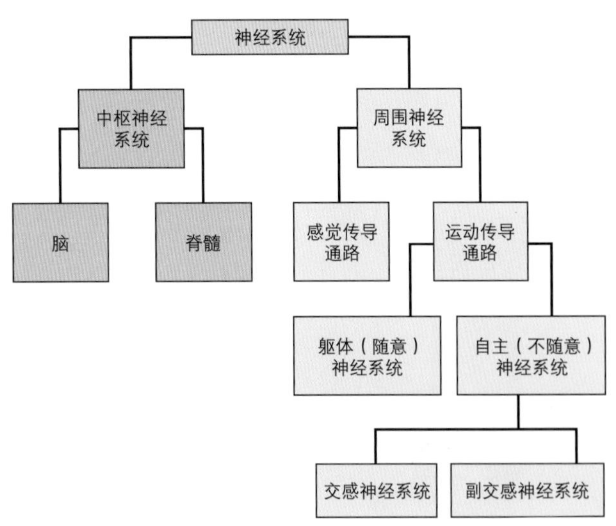

图28.14　脊椎动物神经的主要分类
周围神经系统的运动通路是躯体（随意）神经系统和自主神经系统。

周围神经系统
The Peripheral Nervous System

28.8　躯体神经系统和自主神经系统

学习目标28.8.1　躯体神经系统和自主神经系统

正如你在28.1节的讨论中所学到的，神经系统被分为两大主要部分：中枢神经系统（图28.14中的粉红色的矩形部分，它包括脑和脊髓）和周围神经系统（蓝色的矩形，它包括运动传导通路和感觉传导通路）。脊椎动物周围神经系统的运动传导通路可以进一步分为**躯体（随意）神经系统**（传递命令到骨骼肌）和**自主（不随意）神经系统**（刺激腺体并将指令传递给身体的平滑肌和心肌）。躯体神经系统受意识思维的控制。例如，你可以命令你的手移动。相比之下，自主神经系统不受意识思维的控制。例如，你无法告知你消化道里的平滑肌加速它们的运动。中枢神经系统向躯体神经系统和自主神经系统发送命令，但你仅能意识到躯体的命令。

躯体神经系统

学习目标28.8.2　膝跳反射

躯体神经系统的运动神经元通过两种方式来刺激骨骼肌收缩。首先，运动神经元可能刺激身体骨骼肌收缩，以响应有意识的命令。例如，如果你想打篮球，你的中枢神经系统就会通过运动神经向手部及胳膊的肌肉发送信息。然而，骨骼肌也能在不受意识控制的情况下，即作为反射的一部分受到刺激。

反射使身体能够迅速采取行动　身体的运动神经元能够使身体迅速做出反应，尤其是处于危险情况下时——甚至在动物还未意识到威胁之前。这些突然的、自主的运动被称为反射。**反射**可以对刺激产生快速的运动反应，因为感觉神经元所携带的威胁信息直接被传递到了运动神经元。眨眼是你身体中最常用的反射之一，它可以保护你的眼睛。如果有东西靠近你的眼睛，比如一只会飞的昆虫，甚至在你意识到它到来之前，你就会闭上眼睛。反射活动发生时，大脑并未意识到眼睛正处于危险之中。

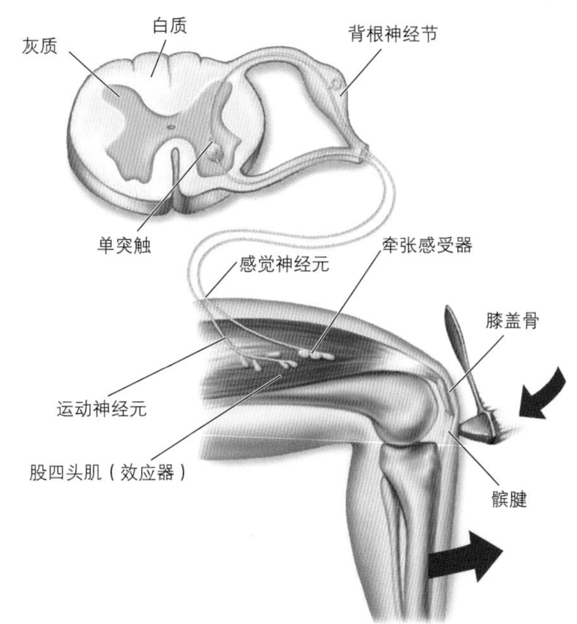

图28.15　膝跳反射

膝跳反射是最常见的自主反应，它是通过激活股四头肌中的牵张感受器产生的。当橡皮槌敲击髌腱时，肌肉和牵张感受器被拉伸。信号沿着感觉神经元向上传递到脊髓，感觉神经元刺激运动神经元，运动神经元向股四头肌发送信号使其收缩。

因为只涉及信息在少量神经元之间的传递，所以反射速度很快。许多反射从未到达大脑。“危险”的神经冲动仅仅沿着脊髓传导，然后作为一个运动反应又准确地返回。大多数的反射与感觉神经元和运动神经元之间的单个连接的中间神经元有关。少数的反射，像图28.15中的膝跳反射，是单突触反射弧。图中所示的感觉神经元、牵张感受器镶嵌在肌肉中，当髌腱被敲击时，“感觉”到肌肉的伸展。这种伸展可能会伤害肌肉，因此神经冲动传递到脊髓，在这里它直接与一个运动神经元形成突触——在它们之间没有中间神经元。同理，如果你踩到尖锐的东西，你的腿会猛然抽开以离开危险。刺痛引起感觉神经元的神经冲动，神经冲动传到脊髓，然后再传到运动神经元，进而引起你的腿部肌肉收缩，使腿猛然抬起。

自主神经系统

学习目标28.8.3　交感神经系统和副交感神经系统的对立作用

一些运动神经元时刻处于活跃状态，即使是在睡觉的时候。这些神经元携带来自中枢神经系统的信息，即使在身体不活跃的时候，这些信息也能保持身体运转。这些神经元构成自主神经系统。自主一词意味着不随意。自主神经系统携带信息到肌肉和腺体，在动物没有意识到的情况下发挥作用。

自主神经系统是中枢神经系统用来维持体内稳态的指挥网络。通过它，中枢神经系统可以调节心跳、控制血管壁的肌肉收缩。它指导控制血压、呼吸以及食物通过消化系统运动的肌肉。它也携带着有助于刺激腺体分泌眼泪、黏液以及消化酶的信息。

自主神经系统由两个相互对立的部分组成。其中一部分是交感神经系统，在面临压力时占主导。它控制着“战或逃”的反应，增加血压、心率、呼吸速率以及流向肌肉的血流量。交感神经系统（图28.16）包括从脊髓到神经元胞体集群延伸出来的短的运动轴突网络——神经节，通过图中位于脊髓右边的深色条带表示出来。在图28.13中，你也可以看到这一连串的神经节。从神经节中延伸出的长长的运动神经元直接到达每一个靶器官。另一部分就是副交感神经系统，它具有相反的功能。它通过降低心率、呼吸速率以及促进消化和排泄来保存能量。副交感神经系统由一个长轴突网络组成，轴突从脊髓上下段的运动神经元向外延伸，这些轴突延伸到邻近器官的神经节。

绝大多数的腺体、平滑肌以及心肌从交感神经和副交感神经系统都可以得到恒定输入。中枢神经系统通过改变这两种信号的不同比例来控制活动，以刺激或抑制器官。

关键学习成果　28.8

躯体神经系统向骨骼肌传递命令，并可由意识思维控制。自主神经系统可以向肌肉和腺体传递命令，但不受意识思维的控制。

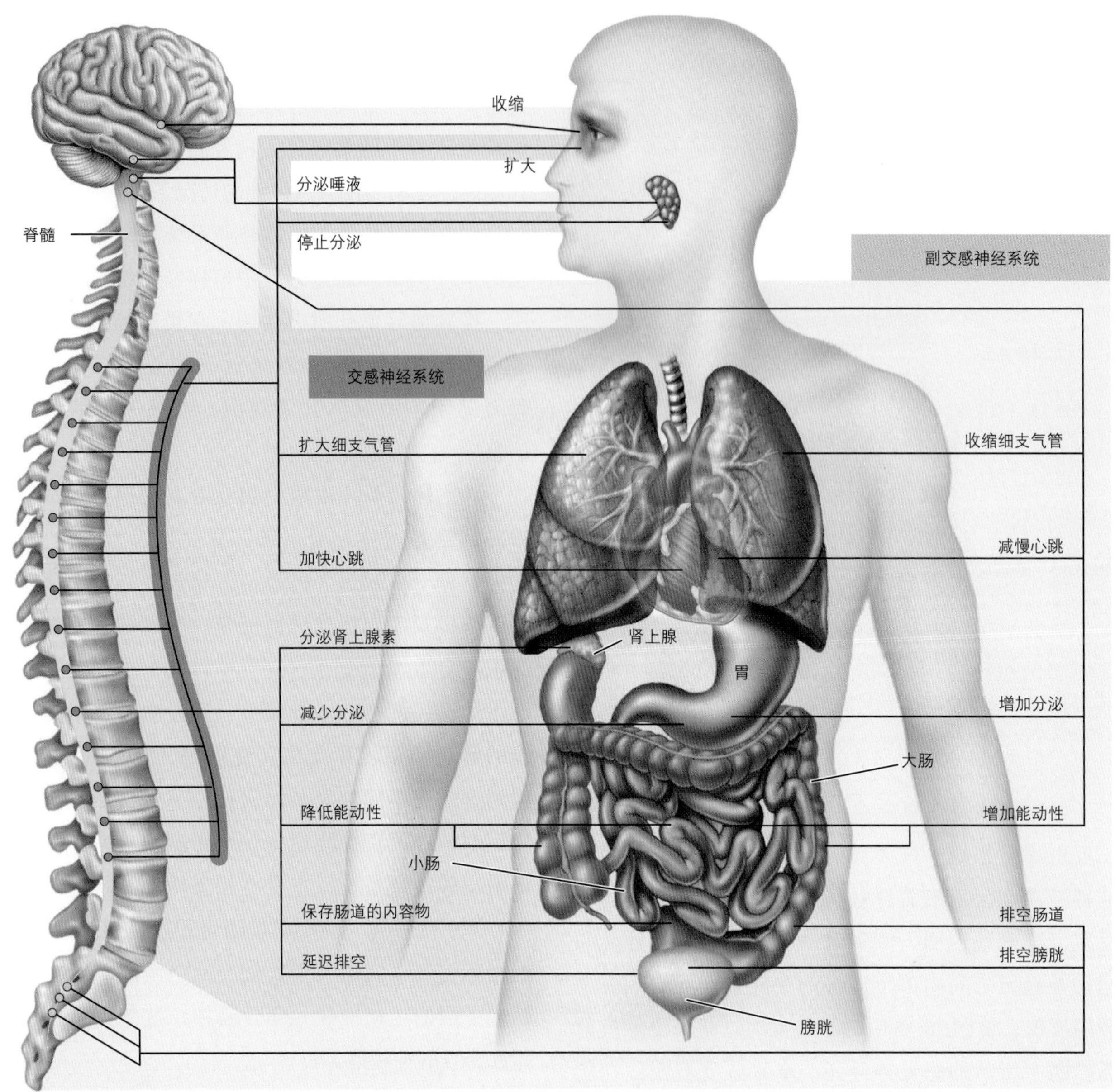

图 28.16 交感神经系统和副交感神经系统是如何相互作用的

源自两种神经系统的神经通路遍布除了肾上腺之外的每一个器官，肾上腺仅受交感神经系统的支配。

神经元越大传导速度越快吗?

在本章中，你已经学习到神经元的轴突外围可以包裹一种叫作髓鞘的绝缘层，但是许多神经元是没有髓鞘覆盖的。另外，并非所有的轴突都是一样的。有些是细的，像电线一样，而有些要厚得多。人类内部器官的运动神经元直径可能有1～5微米，而通向鱿鱼的外套膜肌肉的大型运动轴突直径可以达到500微米。为什么尺寸会有如此大的差异呢？物理学告诉我们在传导速度与神经元轴突的直径之间可能存在某种关系。确切地说，纤维直径增加100倍，那么传导速度应该增加10倍。鱿鱼所具有的大型轴突的直径是人类运动神经元轴突的100倍，那么其传导速度会是人类的10倍吗？是的。人类轴突的传导速度是2米/秒，而鱿鱼大型轴突的传导速度完全可以达到25米/秒；极高的传导速度使得它们能够足够快地收缩外套膜，进而使它们喷射前进。

脊椎动物体内大多数的运动神经轴突具有绝缘的髓鞘覆盖，使电信号跳过轴突上绝缘的片段，以允许它们更快地传递信号。神经轴突大多数都是有髓鞘的，有点像甜甜圈。轴突也具有许多不同的尺寸，皮肤温度感受器上的轴突的直径为5微米，通向腿部肌肉的纤维直径可达到20微米。在更大的有髓鞘的轴突中，电信号会传导得更快吗？是的。为什么？在轴突节点区域的传导速度将依赖于当电信号到达节点时离子通道开放数量的多少。如果你将轴突看作圆筒或管道，暴露在轴突节点上的离子通道的数量将与节点的暴露表面积成一定的比例，较大的轴突具有较大的表面积，那么将会有更多的离子通道开放，因此信号传递到下一个节点的速度就更快。在节点的任何一个位置，其表面积视为在那一个点上轴突的圆周，即直径乘以一个常数——3.1415926（称为圆周率，用π表示）。因此，具有髓鞘的轴突的传导速度与它的直径成正比。简单地说，直径翻倍则速度翻倍。事实是这样的吗？

现代电极技术的发展，使直接测量脊椎动物体内轴突的传导速度成为可能，因而这一问题也有了答案。上面的图片表示的是一只猫的具髓鞘轴突纤维的传导速度，标出了以米/秒为单位测量的传导速度和以微米为单位测量的轴突纤维直径。

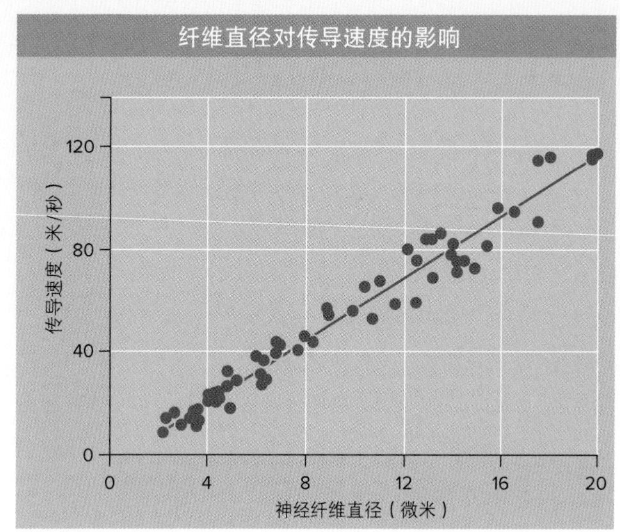

分析

1. **应用概念**

   a. 什么是因变量?

   b. **范围** 所测量的神经纤维直径的范围是多少?

   c. **频率** 测量频率较高的是较细的直径（小于8微米）还是较粗的直径（大于12微米）?

2. **解读数据**

   a. 对于一个直径为4微米的神经纤维来说，它的传导速度是多少?

   b. 对于一个直径是上面直径2倍（即8微米）的神经纤维来说，它的传导速度是多少?

   c. 对于一个直径是上面直径2倍（即16微米）的神经纤维来说，它的传导速度是多少?

3. **进行推断**

   a. 直径越大，传导速度越快吗?

   b. 当神经纤维的直径增加到2倍时，对传导速度会有什么影响?

4. **得出结论**

   这些数据支持传导速度与纤维直径成正比的结论吗?

5. **进一步分析**

   如果节点之间的距离更短，那么有髓鞘的轴突的传导速度会更快吗？如果更长呢，你将如何验证这一假设?

本章回顾

Reviewing What You Have Learned

神经元及其工作原理

动物神经系统的进化

28.1.1 动物体利用神经系统对环境做出响应。在脊椎动物中，中枢神经系统（脑和脊髓）接受来自感觉神经系统的信息，并且通过运动神经系统发出指令。

- 神经系统包括神经元和支持细胞。神经系统主要有三种类型的神经元细胞：感觉神经元、运动神经元以及联络神经元（图28.1）。

28.1.2 动物体的神经系统从神经网进化为更复杂的神经系统，具有专门的细胞类型，并且位于大脑的集成中心。

神经元产生神经冲动

28.2.1 神经元具有胞体、接收信息的树突以及传导神经冲动的长轴突。

- 神经元由神经胶质细胞支持，神经胶质细胞构成神经系统细胞的很大一部分。两种最重要的神经胶质细胞是施万细胞和少突胶质细胞。这些细胞与轴突密切相关，轴突外围被一层叫作髓磷脂的脂肪物质包裹。髓鞘的存在加速了神经冲动的传导。

28.2.2 当神经元处于静息状态时，钠–钾泵有助于使神经元细胞的外部比内部更具正电性，这种状态叫作静息膜电位。

- 当某种感觉输入干扰神经元的质膜，导致钠离子通道开放时，神经冲动就开始了。细胞膜上部分区域的离子运动造成电性质的改变，这一过程叫作去极化。如果电压足够大的话，它会导致相邻离子通道的开放。这样就可以触发一个动作电位，一个去极化波将沿着轴突扩散。

突触

28.3.1 当神经冲动到达轴突末端，信息必须穿过神经元和其他细胞之间的间隙。这种在一个神经元和另一个神经元之间的接合点称为突触。

- 信息通过神经递质携带穿过突触间隙，神经递质是包裹在轴突顶端的化学物质。当神经冲动到达突触前细胞的末端时就会引起神经递质的释放，神经递质扩散到突触间隙，与突触后细胞上的受体结合。这种结合导致化学门控通道的开放。离子通过细胞膜流动，进而引起突触后细胞的电反应。

28.3.2 突触是兴奋性还是抑制性的，取决于流入细胞的离子类型。所有的神经输入都集中在突触后细胞，进而产生正的或负的膜电位变化。

- 不同类型的神经递质活跃在不同类型的突触中，进而引发不同的响应。

成瘾性药物对化学突触的作用

28.4.1 神经调质可以增加或降低突触中神经递质的效应。许多情绪状态是由成组的神经元利用某些神经递质和神经调质来决定的。

28.4.2~3 可卡因和尼古丁会成瘾，因为神经系统会对其受体产生物理变化以响应药物，因此当药物被清除时，身体无法立即恢复正常功能。

中枢神经系统

脊椎动物脑的进化

28.5.1 随着脊椎动物的进化，前脑越来越占据主导地位。

脑如何起作用

28.6.1 大脑约占人类脑的85%，在语言、意识思维、记忆、个性发展、视觉和许多其他高级活动中发挥作用。大脑大部分的神经活动发生在大脑的外表面，称为大脑皮层。

28.6.2 大脑下方的丘脑和下丘脑具有处理信息以及集成机体机能的作用。除了海马和杏仁核之外，下丘脑区域，也是边缘系统的一部分，边缘系统与深层的欲望和情绪有关，比如疼痛、愤怒、性欲、饥饿，以及兴奋。

28.6.3~4 小脑控制着身体的平衡、姿势及肌肉协调。脑干控制着生命机能，如呼吸、吞咽、心跳，以及消化。

28.6.5 短期记忆是瞬态神经激发态，而长期记忆与神经连接的变化相关。

脊髓

28.7.1 脊髓是由脑到背部向下延伸出来的一束神经元，它被包裹在脊椎骨的骨干中。运动神经携带由脑和脊髓发出的神经冲动传到身体各处，而感觉神经则携带来自机体的冲动传到脑和脊髓。

周围神经系统

躯体神经系统和自主神经系统

28.8.1 躯体神经系统在中枢神经系统和骨骼肌之间传递命令，受到意识的控制。

28.8.2 条件反射，如图28.15所示的膝跳反射，不受意识的控制。

28.8.3 自主神经系统由交感神经系统和副交感神经系统组成，在中枢神经系统和肌肉与腺体之间传递命令，但不受意识控制。

本章测验

Test Your Understanding

28.1.1 中间神经元位于_______。

a. 脑　c. 周围神经系统

b. 脊髓　d. a和b

28.1.2 动物神经系统进化的复杂性表现在_______的增加。

a. 动物体形的大小

b. 动物机体的营养需求

c. 最终形成“大脑”的联络神经元数量

d. 动物行为的类型

28.2.1~2(1) 动作电位的产生是由神经细胞膜的快速地去极化引起的，这一过程是因为_______。

a. 钠离子内流　c. 钾离子内流

b. 钠-钾泵的作用　d. 以上都是

28.2.1~2(2) 在受到刺激时，将以下神经冲动发生的4个阶段按顺序排列起来_______。

A. 不应期　B. 静息电位　C. 去极化　D. 动作电位

a. D, A, C, B　c. D, C, A, B

b. C, B, D, A　d. C, D, A, B

28.3.1 轴突和另一个细胞之间的连接叫作_______。

a. 轴丘　c. 突触

b. 轴突末端　d. 动作电位

28.3.2(1) 兴奋性神经递质通过打开_______启动突触后膜上的动作电位。

a. 突触后膜上的钠离子通道

b. 突触后膜上的钾离子通道

c. 突触后膜上的氯离子通道

d. 突触后膜上的钙离子通道

28.3.2(2) 描述产生兴奋性突触后电位需要的步骤。这些在抑制性突触有何不同?

28.3.2(3) 抑制性神经递质导致_______。

a. 突触后膜上的超极化　c. 突触后膜上的去极化

b. 突触前膜上的超极化　d. 突触前膜上的去极化

28.3.2(4) 当研究者刺激轴突中间的电极时，动作电位从双向产生。但如果研究者刺激接近于胞体的位置时，动作电位仅仅向轴突末端传递，并未进入胞体。你能解释是什么在轴突和胞体之间阻止动作电位的进一步传递吗?

28.4.1 神经递质和神经调质之间的差异是_______。

a. 神经调质能促进突触传导

b. 神经调质的存在时间短

c. 神经调质可以调节神经递质的作用

d. 二者之间并无差异

28.4.2 在何时会发生可卡因成瘾?

a. 可卡因结合到突触前膜上的多巴胺转运蛋白上

b. 在边缘系统神经细胞中突触后多巴胺受体的数量减少

c. 边缘系统突触中的神经调质水平上升

d. 多巴胺转运蛋白失效

28.4.3 吸烟者易烟草成瘾是因为大脑_______。

a. 尼古丁受体的数量减少

b. 改变尼古丁受体对神经递质的敏感度

c. 丧失分解尼古丁的能力

d. a和b

28.5.1 脊椎动物脑进化的主要趋势是_______占优势。

a. 端脑　c. 下丘脑

b. 小脑　d. 后脑

28.6.1 大脑大多数的神经活动发生在_______。

a. 大脑皮层　c. 丘脑

b. 胼胝体　d. 网状结构

28.6.2 身体内部活动的整合受_______的控制。

a. 大脑　c. 下丘脑

b. 小脑　d. 脑干

28.6.3 小脑的作用是控制_______。

a. 平衡　c. 心跳

b. 呼吸　d. 意识

28.6.4 边缘系统的目的是_______。

a. 协调来自鼻子的嗅觉信息和来自眼睛的视觉信息

b. 处理批判性思维和学习的关系

c. 协调视觉信息与肌肉的关系

d. 调节情绪

28.6.5 短期记忆和长期记忆的主要差异是只有长期记忆______。

a. 可以通过电刺激消除

b. 在颞叶中储存

c. 与中枢神经系统的结构变化有关

d. b和c

28.7.1 来自脊髓的运动神经控制大多数的_______。

a. 边缘系统　c. 意识思维和语言

b. 头部以下的肌肉　d. 枕叶的视觉处理

28.8.1 以下哪种结构在周围神经系统中没有发现?

a. 运动神经元　c. 感觉神经元

b. 联络神经元　d. 施万细胞

28.8.2 一个功能性条件反射需要_______。

a. 仅一个感觉神经元和一个运动神经元

b. 一个感觉神经元、丘脑和一个运动神经元

c. 大脑皮层和一个运动神经元

d. 仅大脑皮层和丘脑

28.8.3(1) 自主神经系统的目的是完成以下功能除了_______。

a. 刺激腺体

b. 传递信息到骨骼肌

c. 传递信息到心肌和平滑肌

d. 调节身体的内环境

28.8.3(2) 身体中“战或逃”的响应受_______的控制。

a. 神经系统的交感神经

b. 神经系统的副交感神经

c. 来自神经节后神经元的乙酰胆碱的释放

d. 躯体神经系统

第 6 单元　动物

29

学习目标

感觉神经系统

29.1 处理感觉信息

1 脑是如何感觉即将到来的感觉冲动是光、声音还是疼痛

2 感觉信息通路的三个阶段

3 告知中枢神经系统有关身体状况的六大感受器

感觉的接受

29.2 感觉重力与运动

1 人体是如何感觉重力和运动的

29.3 感觉化学物质：尝与闻

1 味蕾的功能

2 气味是如何被感觉到的

29.4 感觉声音：听

1 耳蜗内的听觉感受器如何区分不同频率的声音和不同强度的声音

2 侧线系统是如何使鱼类感觉它们的生活环境的

3 蝙蝠如何在完全黑暗的环境中飞行而避免在飞行途中撞到物体

29.5 感觉光：视力

1 扁形动物、昆虫、软体动物以及脊椎动物的眼

2 人眼的结构

3 视杆细胞和视锥细胞

4 光进入眼的途径

29.6 脊椎动物的其他感觉

1 一些脊椎动物是如何通过感觉热量和电流以形成影像和磁力，从而确定方向的呢？

深度观察　在闭着眼睛的情况下，鸭嘴兽是如何看见事物的

调查与分析　鸟类是利用地磁粒子作为指南针的吗？

感觉

感觉神经元接收来自不同感受器的信息输入，如脊椎动物眼中的视锥细胞和视杆细胞。从感觉神经元到中枢神经系统的所有信息输入以同样的形式到达，即由传入（向内传导）感觉神经元传导的动作电位。不同的感觉神经元映射在脑的不同区域，因此与不同的感觉模式相关联。感觉的强度取决于由感觉神经元传导的动作电位的频率。日落、交响乐以及烧灼的疼痛，大脑仅依据感觉神经元所携带的动作电位和这些神经冲动的频率特性就可以将它们区分出来。因此，如果人为刺激听觉神经，那么大脑就会将刺激感知为声音。但是，如果以同样的方法和程度人为刺激视神经，大脑就会感知到一闪而逝的光。

29.1 处理感觉信息

你曾设想过完全无法感觉周围即将发生的任何事情吗？想象一下假如你听不见、看不见、摸不着或者闻不到。如果完全剥夺这些感觉，只要一会儿人们就会抓狂。感觉是体验以及感知身体与周围相关一切事情的桥梁。

感受器

学习目标29.1.1 脑是如何感觉即将到来的感觉冲动是光、声音还是疼痛

感觉神经系统告知中枢神经系统正在发生的事情。感觉神经元将十几种不同类型的感觉细胞的脉冲传递到中枢神经系统，这些感觉细胞探测身体内外的变化。这些被称为**感受器**的特殊感觉细胞可以探测许多不同的东西，包括血压变化、韧带劳损和空气中的气味。复杂的感受器，由许多细胞和组织类型组成，被称为**感觉器官**。耳朵就是感觉器官。

大脑是如何得知即将到来的神经冲动是光、声音还是疼痛呢？这些信息被构建在“线路”中，神经元在将信息传递到中枢神经系统和大脑中发送信息的位置的同时，也在“线路”中相互作用。大脑之所以“知道”是光，并对它有响应，是因为来自感觉神经元的信息使光受体细胞兴奋。这就是为什么当你轻轻地用指尖按压你的眼角时，你就会“看到星星”：大脑将来自眼睛的任何冲动都视为光，即使眼睛没有接收到光的信号。

感觉信息通路

学习目标29.1.2 感觉信息通路的三个阶段

感觉信息传递到中枢神经系统的通路是一个单一的途径，包括三个阶段：

1. **刺激** 刺激作用于感受器。
2. **转导** 感受器通过感觉神经元中离子通道的开启或关闭将刺激转换成电位。
3. **传递** 感觉神经元沿着传入神经将神经冲动传到中枢神经系统。

所有的感受器都可以通过感觉神经元细胞膜上的**刺激门控通道**的开启或关闭发起神经冲动。除了视觉光感受器，这些通道都是钠离子通道，使细胞膜去极化，进而启动电信号。如果刺激足够大，去极化将会触发动作电位。感觉刺激越大，感受器的去极化程度越大，动作电位产生的频率也就越高。这些通道是通过化学或机械刺激打开的，通常是触摸、热或冷等干扰。感受器之间的差异本质上是环境信息输入所触发的离子通道开放的情况不同。人体内包含多种类型的感受器，每一种感受器对身体状况的不同方面或者外部环境的不同质量的灵敏度是不同的。

外感受器 可以感受来自外界环境刺激的感受器叫作外感受器。几乎所有脊椎动物的外感受器都是在它们侵入陆地之前，在水中进化的。因此，陆生脊椎动物的许多感受器在水中也很敏感，使用的是从海洋到陆地过渡过程中保留的受体。例如，听觉利用类似于最初在水生动物中进化出来的感受器，将空气传播的刺激物转化为水传播的刺激物。有些脊椎动物的感觉系统可以在水中很好地发挥作用，比如鱼类的电器官，但不能在空气中发挥作用，而且不存在于陆生脊椎动物中。另外，一些陆栖者也具有特殊的感觉系统，在海洋中不起作用，比如红外线感受器。

内感受器 可以感受来自体内刺激的感受器称为内感受器。这些内感受器可以探测与肌肉长度和张力、肢体位置、疼痛、血液中化学成分、血容量、血压以及体温等相关的刺激。许多内感受器比监测外界环境的那些外感受器更简单，人们认为它们与原始的感受器具有一定的相似之处。

感知内部环境

学习目标29.1.3 告知中枢神经系统有关身体状况的六大感受器

体内的感受器告诉中枢神经系统身体的状况。这些信息大部分传递到脑的协调中心——下丘脑，负责保持体内环境的稳定性。脊椎动物的身体利用多种不同的感受器对其内部环境的不同情况做出响应。

1. **温度变化** 皮肤中两种类型的神经末梢对温度变化较为敏感——寒冷或者温暖的刺激。通过比较来自两者的信息，中枢神经系统可以得知温度是多少以及如何变化。
2. **血液中化学成分** 动脉壁上的感受器感知血液中的CO_2水平。大脑利用这一信息来调节身体的呼吸频率，当体内的CO_2水平高于正常水平时，增加呼吸频率。
3. **疼痛** 组织损伤是通过组织内的特殊神经末梢探测到的，通常在表面附近最有可能发生损伤。当这些神经末梢受到物理损害或者发生变形时，中枢神经系统就会通过反射性地撤回身体以及通常是改变血压来做出响应。
4. **肌肉收缩** 深埋于肌肉中的感受器叫作牵张感受器。在每一个感受器中，神经元的末端被肌肉纤维包裹，如图29.1所示的感受器。当肌肉被拉伸时，纤维拉长，进而使螺旋的神经末梢得到拉伸（就像拉伸弹簧一样），并使这种重复的神经冲动传递到大脑。通过这些信号大脑能够确定在任何特定情况下的肌肉长度的变化率。中枢神经系统利用这一信息来控制需要多块肌肉联合动作的运动，比如呼吸和位置移动。
5. **血压** 血压是由被称为压力感受器的神经元

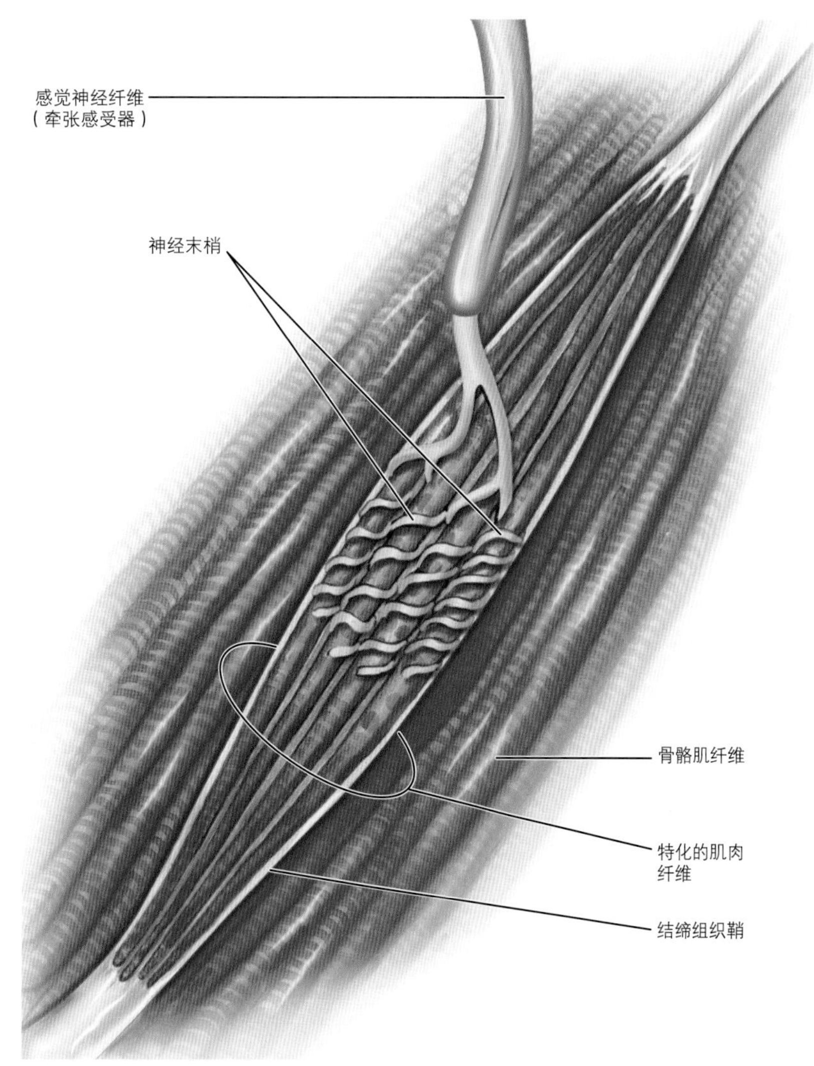

图29.1 嵌入肌肉里的牵张感受器

拉伸肌肉会拉长特化的肌肉纤维，造成神经末梢变形，从而使它们沿着神经纤维发出神经冲动。

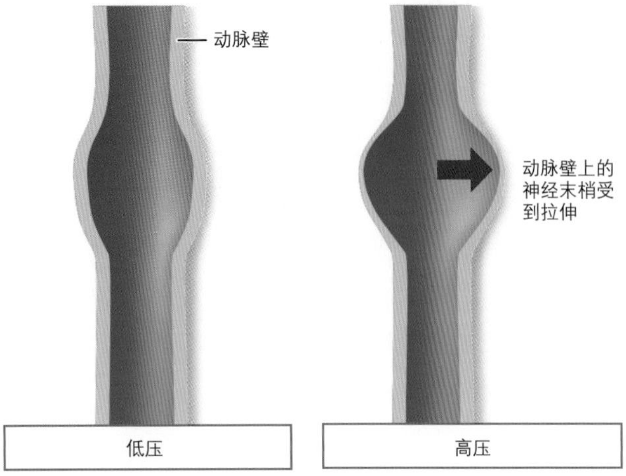

动脉壁

动脉壁上的神经末梢受到拉伸

低压

高压

图29.2 压力感受器是如何发挥作用的

由神经末梢网络所覆盖的动脉壁区域较薄。高压造成这里的动脉壁膨胀起来，神经末梢受到拉伸，产生神经冲动。

所感知的，它在主动脉壁上具有高度分支化的神经末梢。当血压增加时，动脉壁就会拉伸，就像图29.2中所示的动脉的扩张，进而使感觉神经元向中枢神经系统传导神经冲动的速率增加。当动脉壁没有受到拉伸时，感觉神经元的传导速率就会下降。因此，神经冲动的频率向中枢神经系统提供一种持续的血压测量。

6. **触觉** 触觉是由埋在皮肤表层的压力感受器所感知的。这种压力感受器存在多种类型，有些能专门感知压力变化快慢，有些则可以衡量压力的持续时间和施加程度，还有一些则对振动较为敏感。

关键学习成果 29.1

感受器对刺激产生神经冲动。所有的感觉神经冲动都是相同的，不同的只是激发它们的刺激和它们在大脑中的目的地。多种不同类型的感受器告知下丘脑关于体内环境的不同方面，使得下丘脑可以维持人体内稳态。

感觉的接受
Sensory Reception

29.2 感觉重力与运动

学习目标29.2.1 人体是如何感觉重力和运动的

在耳中有两种类型的感受器告知大脑身体处于空间的哪个位置。图29.3所示的就是内耳的解剖结构以及这些感受器所在的位置。

1. **平衡** 为了保持身体平衡，大脑利用重力确定垂直方向。感觉重力的感受器是位于内耳的椭圆囊和球囊里面的毛细胞。毛细胞的尖端形成一种凝胶状的基质，内含被称为耳石的颗粒。想象一下一支铅笔在玻璃杯中的情形。无论你用哪种方式倾斜玻璃杯，铅笔都会沿着边缘滚动，沿玻璃杯倾斜的方向对杯子边缘施加压力。类似地，椭圆囊和球囊中的耳石随着重力的拉动在基质中移动，刺激毛细胞。
2. **运动** 脑借助感受器来感觉运动，在感受器中液体使纤毛偏转的方向与运动的方向相反。内耳含3个充满液体的**半规管**，每一个的朝向都在不同的平面上，并且与其他两个垂直（❶），因此，来自任何方向的运动都能被感觉到。从感觉细胞中伸出的纤毛群伸入管内。来自每一个细胞的纤毛在一个类似于帐篷的组件中排列，这一组件被称为壶腹帽，如❸所示。当半规管中液体的流动的方向与头部运动的方向相反时，壶腹帽就会受到推动作用。因为3个半规管在所有3个平面上都是定向的，所以任何一个平面的运动至少被它们其中的一个感觉到，通过比较来自每个半规管的感觉输入，大脑可以分析复杂的运动。

但如果身体（以恒定速度）沿着直线运动，由于半规管内的液体不会发生运动，所以半规管不能对此做出反应。这就是为什么在以恒定速度向一个方向行驶的汽车或飞机上感觉不到运动。

图29.3　内耳是如何感知重力和运动的

❶半规管、椭圆囊和球囊都是内耳的组成部分。❷放大的椭圆囊或球囊的一部分。嵌入胶状基质中的耳石随着重力的拉动而移动。❸半规管中的壶腹帽被液体环绕，且壶腹帽中含有毛细胞。特定方向的运动造成半规管中的液体在壶腹帽中运动，从而刺激毛细胞。

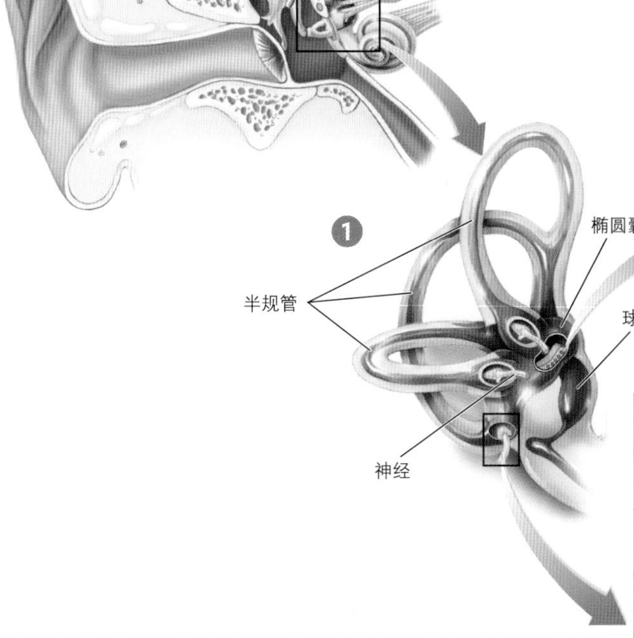

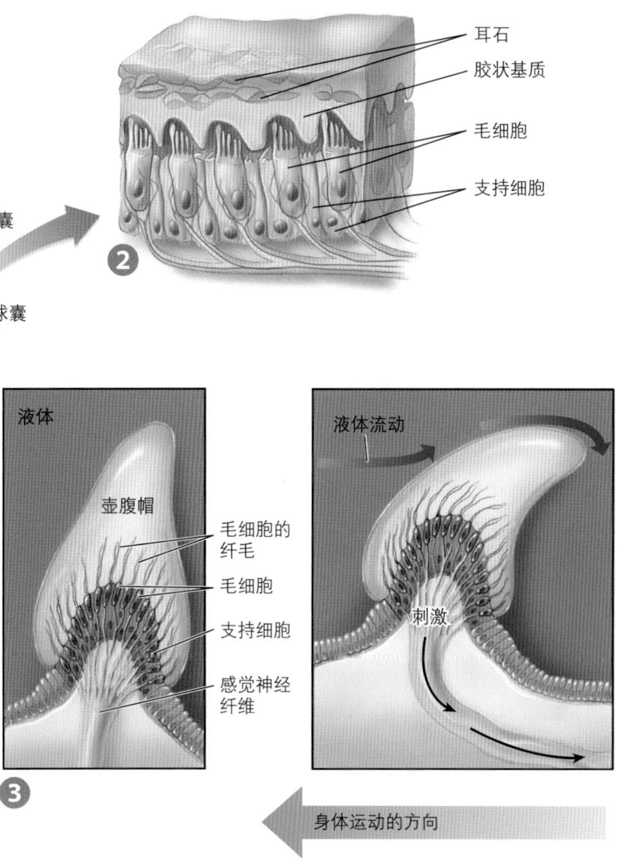

关键学习成果　29.2

身体通过耳石或液体移位引起的纤毛偏转来感觉重力和加速度。身体不能在以恒定的速度和方向移动时感觉运动。

29.3　感觉化学物质：尝与闻

尝

学习目标29.3.1　味蕾的功能

脊椎动物能够察觉到空气和食物中的许多化学物质。内嵌在舌头表面的是在乳突里的味蕾，乳突即为舌头上凸出的部位（图29.4）。味蕾（图中的洋葱结构）包含许多味觉感受器细胞，每个感受器细胞上有指状的微绒毛，这些微绒毛嵌入一个开放的味孔中。食物中的化学物质溶于唾液，并通过味孔与味觉细胞相接触。咸、酸、甜、苦，以及鲜（一种“肉”的味道）之所以被感知，是因为食物中的

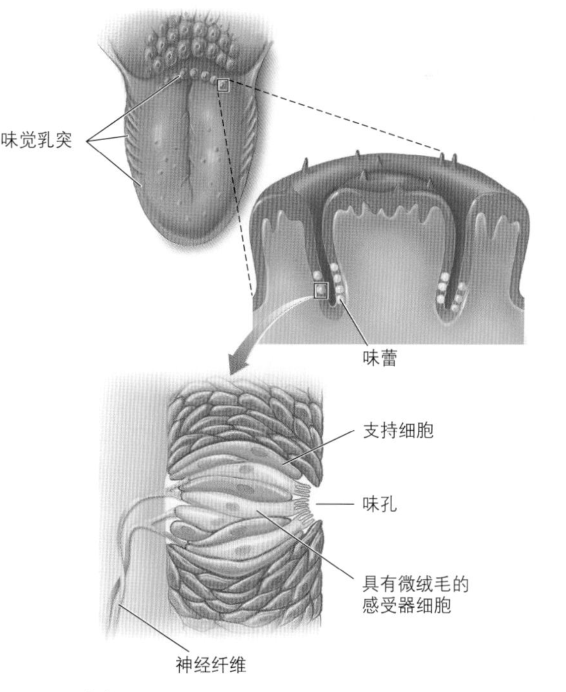

图29.4　味觉

人类舌头上的味蕾被分成叫作乳突的凸出物。单个味蕾是味觉感受器细胞的球状集合，通过味孔伸入口腔。

化学物质通过不同的方式被味蕾察觉到。当舌头接触到化学物质时，来自味觉感受器细胞的信息传递到感觉神经元，进而使得这一信号传递到大脑。

闻

学习目标29.3.2　气味是如何被感觉到的

鼻内有化学敏感神经元，这些神经元的胞体嵌入鼻腔通道上的上皮内，如图29.5中所示。当它们察觉到化学物质时，这些感觉神经元就会将信息传递到大脑中进行嗅觉信息处理与分析的地方。在许多脊椎动物中（狗就是大家所熟悉的一个例子），这些感觉神经元比人类的要灵敏得多。

嗅觉和味觉在动物获取食物方面都很重要。这就是为什么当你患重感冒且鼻子被堵塞时，你几乎尝不出任何味道。其他的受体也各有其作用。例如，辣椒等食物“热”的感觉被痛觉感受器而不是化学感受器所感知。

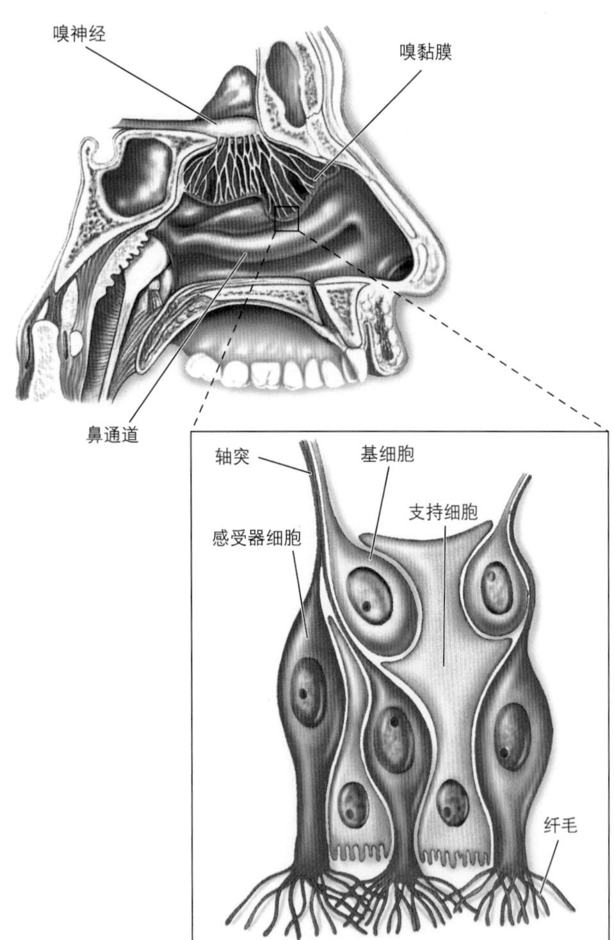

图29.5　嗅觉

通过鼻腔上线性排列的感受器细胞，人类可以嗅到气味。感受器细胞就是神经元。这些感觉神经元的轴突通过嗅神经直接投射回大脑。

关键学习成果　29.3

味觉和嗅觉都是化学感觉。在脊椎动物中，嗅觉得到了很好的进化。

29.4　感觉声音：听

空气中的振动

学习目标29.4.1　耳蜗内的听觉感受器如何区分不同频率的声音和不同强度的声音

当你听到一种声音时，同时也感觉到空气的振动——空气中一波一波的压力撞击着你的耳朵，进而推动着一层被称为“鼓膜”的膜。正如图29.6所示，在鼓膜的内侧有3块小骨，称为听小骨，它们作为一种杠杆系统可以增加振动的力量。它们将放大的振动通过第二层膜传递到内耳的液体。内耳中由液体填充的腔室像一个紧密盘绕着的蜗牛壳，它被称为耳蜗，源自于拉丁语中的“蜗牛”。中耳是听小骨所在的位置，通过咽鼓管与喉咙相连接，采用这样的方式保持中耳与外界没有气压差。这就是为什么当飞机着陆时，你的耳朵有时会“砰”一下——鼓膜两侧的压力处于平衡状态。这一平衡的压力对于鼓膜的正常功能非常重要。

耳蜗内的声音感受器是毛细胞，位于螺旋腔中部上下延伸的膜上，它将螺旋腔分成两半，放大图中是充满液体的上下通道。毛细胞不会伸入充满液体的耳蜗管；相反，它们被第二层膜（图中的深蓝色膜）覆盖。当声波进入耳蜗，它导致腔室中的液体流动。流动的液体使这一层“三明治”膜振动，使毛细胞弯曲并压在膜上，从而使得它们向传入大脑的感觉神经元发送神经冲动。

不同频率的声音导致膜的不同部位产生振动，

进而刺激不同的神经元——受到刺激的感觉神经元特性告知中枢神经系统声音的频率。高频率的声波，每秒振动约20,000次［即20,000赫兹（Hz）］，可使这层膜移动到离中耳最近的区域。中等长度频率的声波，约2,000赫兹，使这层膜移动到大约耳蜗长度的中部。最低频率的声波，约500赫兹，使这层膜靠近耳蜗的顶端移动。

声音的强度是由神经元受到刺激的频率所决定的。我们的听力取决于耳蜗内膜的弹性。人类不能听到强度低于20赫兹的声音，但是某些脊椎动物可以。儿童可以听到大于20,000赫兹的高频声音，但是这种能力随着年龄的增长逐渐降低。其他的脊椎动物可以听到更高频率的声音。狗可以轻易地听到频率为40,000赫兹的声音，因此能回应尖锐的狗哨声，而这声音对人类来说似乎是无声的。

如果频繁或者长期处于噪声较大的环境中，尤其是耳蜗的高频区的那些噪声，会对毛细胞和内膜造成损害。

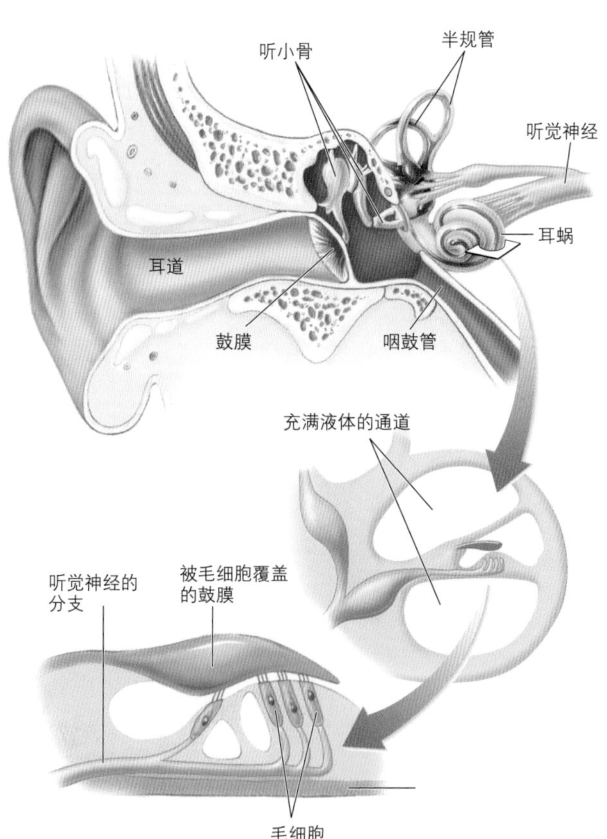

图29.6 人耳的结构与功能

声波通过外耳道到达鼓膜，并推动3块听小骨撞击内膜。这样使得充满液体的耳蜗内产生波动。这种波动使被毛细胞覆盖的鼓膜在毛细胞上前后移动，进而造成相关神经元产生神经冲动。

侧线系统

学习目标29.4.2 侧线系统是如何使鱼类感觉它们的生活环境的

侧线系统是鱼类听觉的补充。它通过一种不同的感觉结构来运作，进而提供一种“远距离接触”的感觉。鱼类能够感觉到物体所反射的压力波和低频率的振动，因此可以觉察到猎物的存在，还可以与其他鱼群一起游动。一种墨西哥丽脂鲤还能够通过监测经过侧线感受器的水流模式的变化来感知它周围环境的变化。侧线系统在两栖动物的幼虫中同样存在，但在变态发育过程中这一系统消失了，而且在任何陆生脊椎动物中都没有发现。

侧线系统是由鱼类皮肤中纵向通道的感觉结构所组成的，如图29.7所示。这一通道沿着身体的两侧延长，在头部有多条通道。从放大图中可以看到，开口与通道相连，通道内排列着被称为毛细胞的感觉结构，因为它们的表面有毛状突起。毛细胞上的突起嵌入一种称为壶腹帽的凝胶状膜上。毛细胞受能够将神经冲动传递到大脑的感觉神经元的支配。来自鱼类生活环境中的振动进入通道使壶腹帽产生移动，导致毛细胞弯曲。当毛细胞弯曲时，相关的感觉神经元受到刺激产生神经冲动，并将这种冲动传递到脑。

声呐

学习目标29.4.3 蝙蝠如何在完全黑暗的环境中飞行而避免在飞行途中撞到物体

在黑暗的环境中生存并获取食物的一些哺乳动物群体规避了黑暗环境的限制。在完全黑暗环境中飞行的蝙蝠可以轻易地避开放置在它们飞行途中的物体——即使是直径小于1毫米的电线。鼩在地下使用类似的“无光视觉”，就像鲸鱼和海豚在海底一样。所有的这些哺乳动物都是通过声呐来感知距离的。它们发出声音，然后确定这些声音到达物体

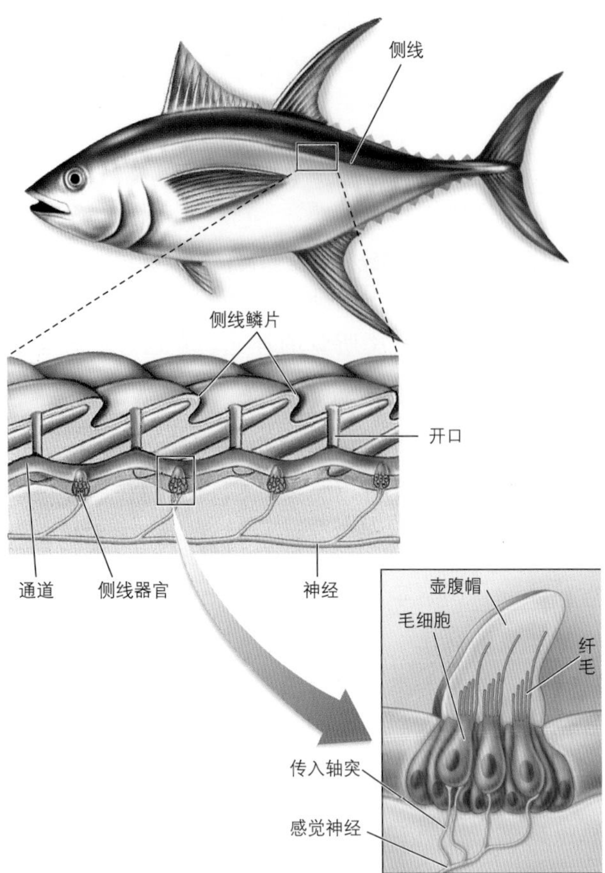

图29.7 侧线系统

这一系统由贯穿鱼的皮肤下面的一条通道组成。在这些通道里的是感觉结构，包括具有纤毛的毛细胞，纤毛嵌入凝胶状的壶腹帽中。通道中水体的压力波使纤毛发生偏转，并使得与毛细胞相关的感觉神经元发生去极化。

并返回所需的时间。这一过程称为**回声定位**。例如蝙蝠，它们可以产生持续2～3毫秒的咔嗒声，并在每秒内重复数百次。利用这种听觉声呐系统所得到的三维成像相当复杂精密，有助于蝙蝠发现飞蛾。

关键学习成果 29.4

声音感受器检测空气振动，以压力波推动鼓膜的形式。在内部，这些波动信号被进一步放大，并下压向大脑发送信号的毛细胞。鱼类感觉水体中的压力波动就像耳朵感知声音一样。许多脊椎动物通过回声来感知远距离的物体。

29.5 感觉光：视力

眼的进化

学习目标29.5.1 扁形动物、昆虫、软体动物以及脊椎动物的眼

没有其他刺激能像光那样提供关于环境的如此详细的信息。视力，即对光的感觉，是由一种称为眼的特殊感觉器官来完成的。到目前为止所描述的所有感觉感受器不是属于化学类型，就是属于机械类型。眼包含被称为视杆细胞和视锥细的感觉感受器，它们可以对光子做出响应。光能可以被视杆细胞和视锥细胞中的色素所吸收，从而触发感觉神经元中的神经冲动。

视力的形成开始于光感受器对光能的捕获。因为光是沿着一条直线传播，并且几乎是瞬时到达的，所以，视觉信息能够确定物体的方向和距离。其他的刺激无法提供这么详尽的信息。

许多无脊椎动物具有简单的视觉系统，它们的光感受器聚集在眼点上。图29.8所示的扁形虫具有一个眼点，由可以接收光刺激的色素分子组成，触发感光细胞的神经冲动。

尽管眼点可以确定方向，但它无法构建一个视

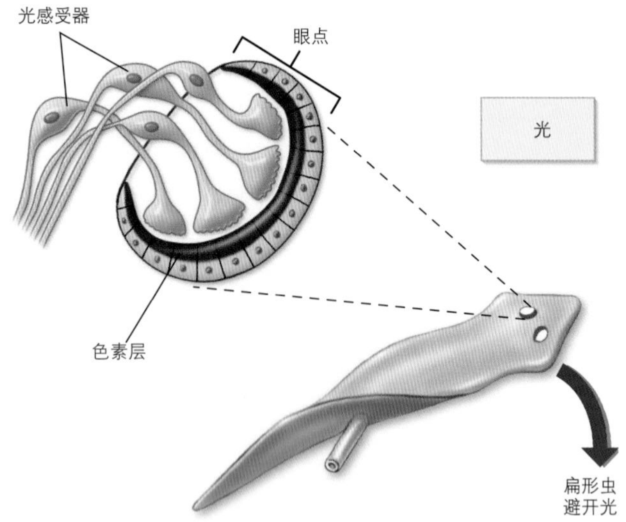

图29.8 扁形虫的简单眼点

眼点之所以可以感知光的方向是因为眼点一侧的色素层会屏蔽来自动物背部的光线。因此，来自动物前面的光更容易被察觉到，扁形虫通过避开光而做出反应。

觉影像。环节动物、软体动物、节肢动物以及脊椎动物都已经进化出了发育良好的、可以成像的眼。虽然这些不同类型的眼利用相同的光捕获分子，并且最初看起来相似（图29.9），但人们认为它们是独立进化而来的。

脊椎动物眼的结构

学习目标29.5.2　人眼的结构

脊椎动物的眼就像一个对焦相机的镜头。光首先穿过一个被称为**角膜**（图29.10中蓝色的部分）的透明保护层，角膜将光聚集在眼的后面。然后，光束透过**晶状体**，完成对焦。晶状体通过像绳子的悬韧带附着在**睫状肌**上。当这些肌肉收缩或者松弛时，晶状体的形状就会发生改变，从而使眼能够看见近处或远处的物体。进入眼的光量由位于角膜和晶状体之间的一个称为**虹膜**（眼的有色部分）的快门控制。**瞳孔**是在虹膜中间的透明区域，它在昏暗的灯光下变大，在明亮的灯光下变小。

穿过瞳孔的光线通过晶状体聚集在眼的后部。一系列感光受体细胞排列在眼的背面——**视网膜**。视网膜是眼的感光部分。脊椎动物的视网膜包含两种光感受器，分别称为**视杆细胞**和**视锥细胞**，当它们受到光的刺激时，产生的神经冲动就会沿着短而粗的神经通路，即视神经传递到脑。视杆细胞是图29.11中左边较高的、顶部平坦的细胞，它们是对光极其敏感的感受器细胞，即使在昏暗的光线下都可以察觉到不同深浅的灰色。然而，它们并不能区分颜色，因为它们不能很好地探测到边缘，所以只能产生不太清晰的图像。视锥细胞是图29.11中右边顶部尖尖的细胞，它是能察觉颜色且对边缘比较敏感的感受器细胞，因此可以产生清晰的图像。脊椎动物视网膜的中心有一个称为中央凹的小坑，里面密布着大约300万个视锥细胞。这个区域产生最清晰的图像，这就是为什么我们倾向于移动我们的眼，以便我们想要看到的物体的图像清晰地落在这个区域上。

脊椎动物眼的晶状体可以过滤掉短波长的光。这样就解决了一个视觉难题：任何单一的晶状体对短波长的折射都大于对长波长的折射，这一现象就是色差。因此，这些短波长的光不能与长波长的光同时聚焦。由于无法聚集短波长，脊椎动物的眼消除了它们。昆虫的眼无法聚焦光线，但可以很好地看见这些较短的紫外线波长，并且常常利用这一特性找到食物和配偶。

视杆细胞和视锥细胞是如何发挥作用的

学习目标29.5.3　视杆细胞和视锥细胞

眼中的视杆细胞或视锥细胞可以探测到单个光子的光。它们怎么如此灵敏？视觉的感知主要就是色素对光线中光子的吸收。在视杆细胞和视锥细胞

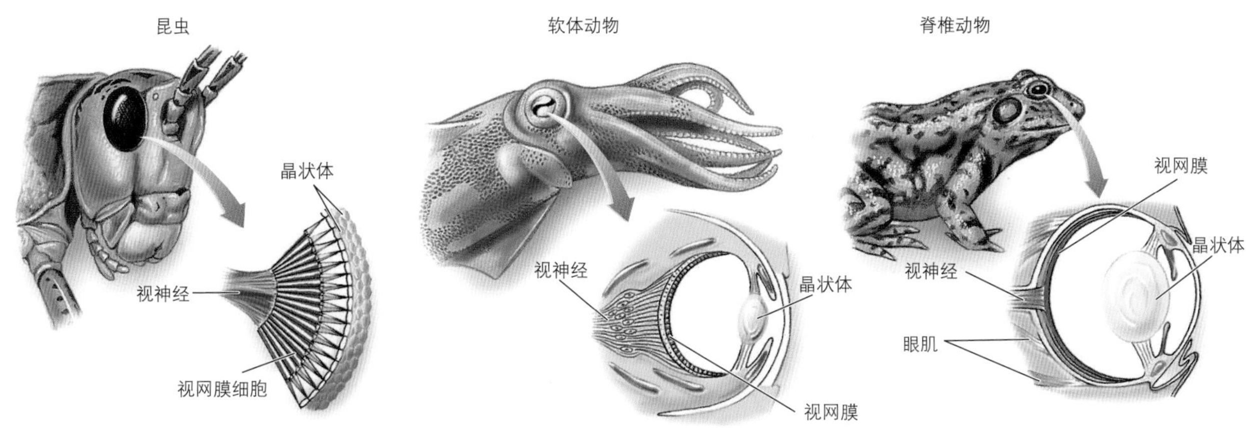

图29.9　三门动物的眼

虽然它们表面上很相似，但在结构上却有很大的不同，而且并不同源。每一种都是独立进化的，尽管结构复杂，但都是从较简单的结构进化而来的。

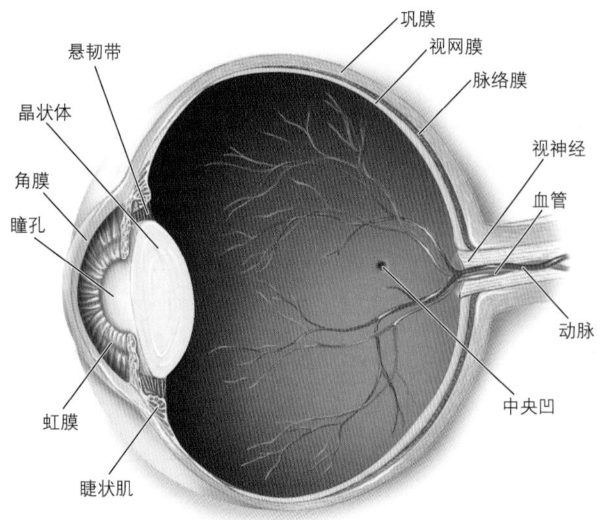

图29.10　人眼的结构

光线通过透明角膜，被眼睛后表面（视网膜）上的透镜聚焦。视网膜富含光感受器，在一个叫作中央凹的区域有高密度的光感受器。

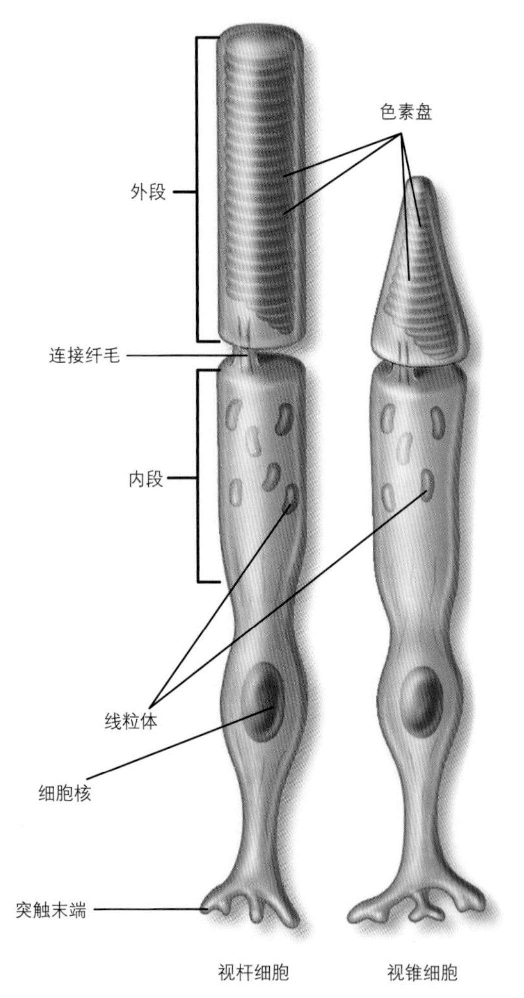

图29.11　视杆细胞和视锥细胞

左边的较宽的管状细胞是视杆细胞，相邻的较短的锥形细胞就是视锥细胞。

中的色素是由来自植物体的色素——胡萝卜素构成的。这就是为什么人们常说吃胡萝卜对夜视力比较好——胡萝卜之所以是橙色的就是因为有被称为胡萝卜素的类胡萝卜素的存在。人眼中的视觉色素是胡萝卜素的一个片段，被称为**顺式视黄醛**。这种色素附着在一种称为**视蛋白**的蛋白质上，视紫蛋白可以形成探测光线的复合体，称为**视紫红质**。

当它接收到光线中的光子，色素的形状就会发生变化。这种形状变化必须足够大到改变附着在它上面的视蛋白的形状。当光线被顺式视黄醛色素（图29.12中上面的分子）吸收时，分子的线性末端急剧地螺旋上升，以使分子末端变直。新形式的色素被称为**反式视黄醛**，图中的虚线轮廓所示的就是它受到光刺激之前的形状。在色素形状上的这一根本性变化导致与色素结合的视蛋白形状改变，进而引发一连串的事件，导致神经冲动产生。

每一个视紫红质可以激活几百个被称为转导蛋白的蛋白质分子。这些中的每一个可以激活数百分子的酶，它的产物以每秒1,000次的速率刺激光感受器细胞膜上的钠离子通道。这一连串的反应可使单个光子对感受器产生巨大的影响。

色觉

与色觉有关的视锥细胞有3种。每一种都具有一个不同的视觉蛋白质（每一种都具有独特的氨基酸序列，因此它们的形状各不相同）。这些形状的差异影响附着的视网膜色素的灵活性，进而改变它所吸收光线的波长。图29.13所示的吸收光谱就是每个视杆细胞和视锥细胞能吸收的波长。在视杆细胞中，吸收波长在500纳米。在视锥细胞中，3种视蛋白的吸收波长分别为420纳米（蓝色的吸收波长）、530纳米（绿色的吸收波长）以及560纳米（红色的吸收波长）。通过比较来自3种视锥细胞信号的相对强度，大脑就可以计算出其他颜色的强度。

有些人不能分清这3种颜色，这种情况被称为色盲。色盲是典型的遗传性缺少一种或多种视锥细胞所致。拥有正常视觉的人们具有3种类型的视锥细胞，而只具有两种视锥细胞的人们缺乏探测第3种颜色的能力。例如，红绿色盲患者缺乏红色视锥细胞，

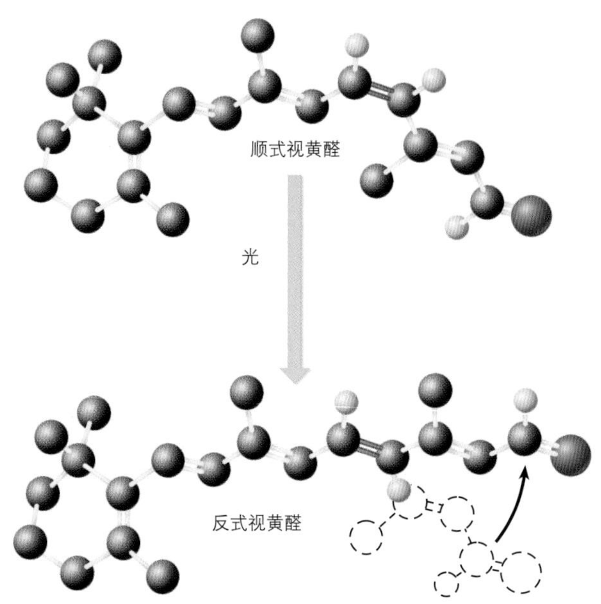

图29.12　光的吸收

当光被顺式视黄醛吸收时，色素分子会经历形态上的变化，变成反式视黄醛。

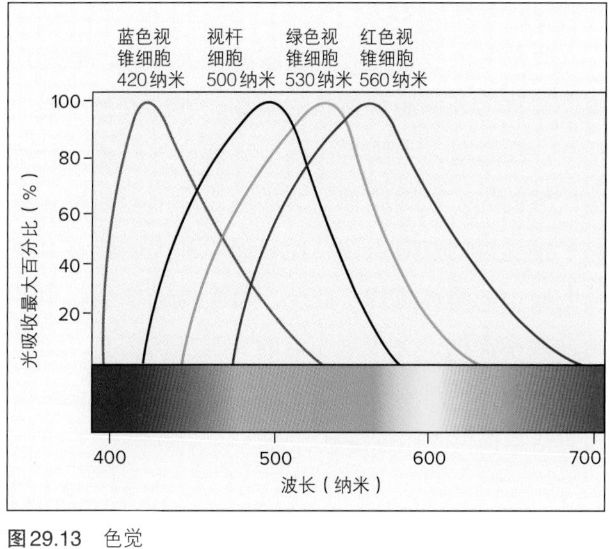

图29.13　色觉

视锥细胞中顺式视黄醛的吸收光谱以视杆细胞中的500纳米光特性为基准发生偏移。偏移的量决定视锥细胞吸收的光的颜色：420纳米为吸收蓝光；530纳米为吸收绿光；560纳米为吸收红光。红色视锥细胞在光谱的红色部分没有达到峰值，但它们是唯一吸收红光的视锥细胞。

很难将红色从绿色中区分出来。色盲是一种与性别有关的特性（见第10章），因此男性比女性更易患色盲。

大多数的脊椎动物，尤其是那些日行性动物（在白天活跃）具有色觉，许多昆虫也是如此。实际上，蜜蜂能看见近紫外线波段内的光线，而人眼是看不见的。鱼类、乌龟以及鸟类具有4种或5种类型的视锥细胞；这些“额外的”视锥细胞能够使这些动物看见近紫外光。许多哺乳动物，比如松鼠，只有2种类型的视锥细胞。

将光信息传达到脑

学习目标29.5.4　光进入眼的途径

光线进入每只眼的通路与你可能所预期的相反。视杆细胞和视锥细胞位于视网膜的后部，而不是前部。如果追踪光线被吸收的通路，如图29.14所示，你将会看到光线在到达视杆细胞和视锥细胞之前会穿过几层神经节和双极细胞。一旦光感受器被激活，它们就会刺激双极细胞，而双极细胞反过来又会刺激神经节细胞。因此，视网膜中神经冲动的方向与

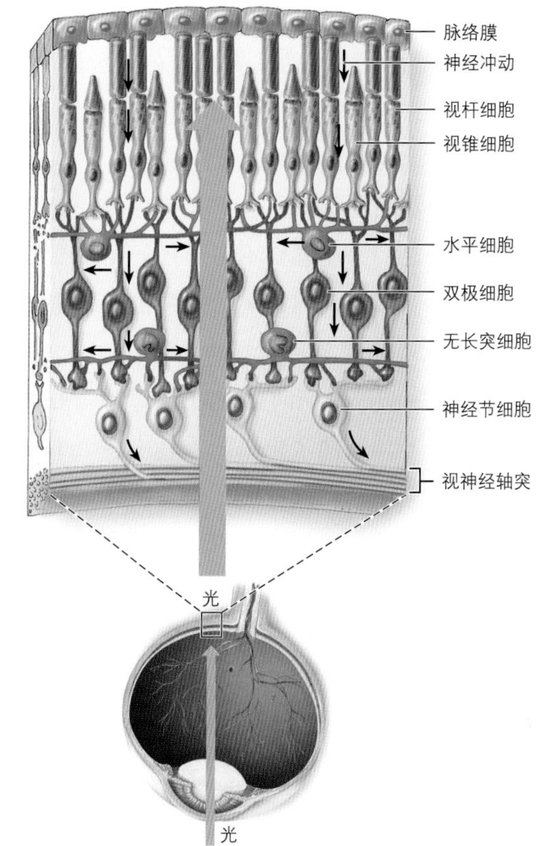

图29.14　视网膜的结构

视杆细胞和视锥细胞位于视网膜的后方。光到达视杆细胞和视锥细胞之前需要穿过视网膜上4种其他类型的细胞。黑色箭头表示神经冲动如何穿过双极细胞传给神经节细胞，并到达视神经。

光线的方向是相反的。

动作电位沿着神经节细胞的轴突传递，经过丘脑中被称为外侧膝状体核的结构，到达大脑皮层的枕叶。在这里，大脑将这些信息解读为眼感受野特定区域的光。视网膜神经节细胞之间的活动模式编码了感受野的点对点图，使视网膜和大脑能够对视觉空间中的物体成像。此外，每个神经节细胞中的脉冲频率提供了关于每个点的光强度的信息，而神经节细胞（通过双极细胞）与三种视锥细胞连接的相对活动提供了颜色信息。

双眼视觉

灵长类动物（包括人类）以及大多数的捕食动物都有两只眼，分别位于脸的两侧。当双眼对准同一个物体时，每只眼所看见的图像其实稍微有些不同，因为每只眼看物体的角度是不同的。这种轻微的图像位移使双眼视觉成为可能，能够感觉三维图像和感觉物体深度或距离。它们的眼睛面对前方，视野达到最大限度的重叠，这样就会拥有双眼视觉，如图29.15中人类所看到的重叠的蓝色三角形所示。这个三角形就是每只眼睛都可以看到的视野。

相比之下，被捕食动物的眼睛通常位于头部两侧，这会妨碍双眼视觉，但会扩大整体感受野。对于被捕食者来说，深度感知不如从任何角度探测潜在敌人重要。例如，美洲丘鹬的眼睛位于颅骨的两侧，这样不需要转动头部就可以看到360°的视野。大多数鸟类的眼睛都是横向摆放的，作为一种适应，在每个视网膜上具有两个中央凹。其中一个中央凹使得鸟类具有清晰的前方视野，正如哺乳动物视网膜上的单个中央凹，而另一个中央凹则使得鸟类有更加清晰的横向视觉。

关键学习成果　29.5

视觉感受器可以察觉反射光，双眼视觉使得大脑中能够呈现物体的三维图像。

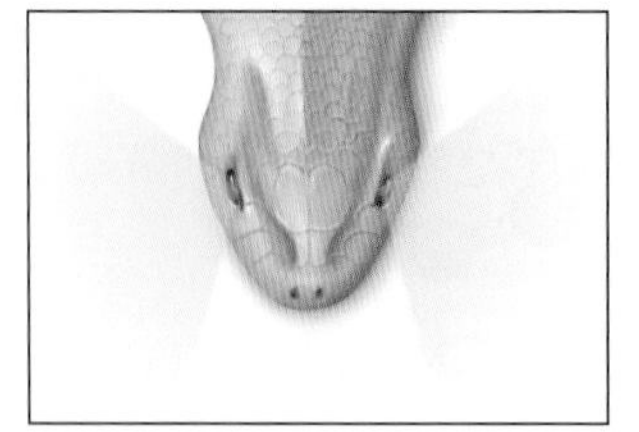
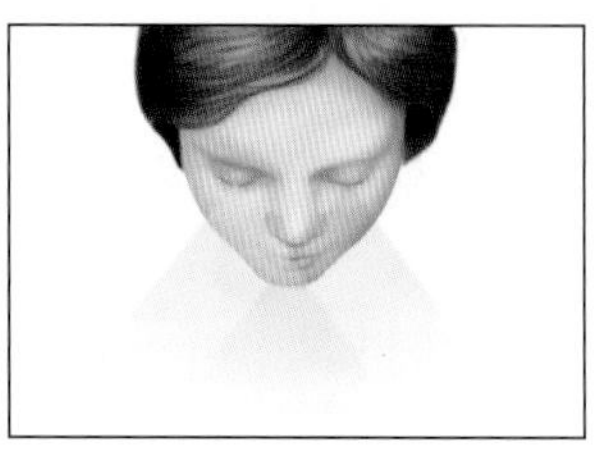

图29.15　双眼视觉
当眼睛位于头部两侧时（如左图），两个视野不会重叠，因此不会发生双眼视觉。当眼睛位于头部的前方时（如右图），两个视野重叠，可以感觉深度。

29.6　脊椎动物的其他感觉

感觉光谱的其他部分

学习目标29.6.1　一些脊椎动物是如何通过感觉热量和电流以形成影像和磁力，从而确定方向的呢？

视觉是生活在光线充足的环境中的所有脊椎动物所具有的主要感觉，但可见光绝不是脊椎动物用于感觉外界环境的电磁波谱中的唯一部分。

热量

波长比可见光长的电磁辐射能量太低，光感受器无法探测到。来自光谱中的红外辐射是我们通常所认为的辐射热。热在水中是一种极不利于环境的刺激物，因为水有很高的热容量，很容易吸收热量。相反，空气的热容量较低，因此，空气中的热是一种潜在而有益的刺激。然而，已知的唯一能够感知红外线辐射的脊椎动物是以毒性而闻名的响尾蛇。

响尾蛇具有一对可以感知热量的窝器，位于头部的两侧，在眼和鼻孔之间。这一窝器使得被蒙上眼睛的响尾蛇也可以精确地找到一只还有体温但已死亡的老鼠。每一个窝器都由两个被膜分开的内庭所组成。红外线辐射照在这层膜上，并使其变热。膜上的热量感受器受到刺激。但窝器热感受器的特性尚不清楚，它可能由受两个内庭所支配的热敏神经元组成。两个窝器似乎可以提供立体信息，与两只眼的作用差不多一样。事实上，蛇由窝器传送的信息在大脑中得以处理，而其他脊椎动物则是通过视觉中枢的同源结构。

电流

虽然空气不导电，但水却是一种很好的导体。所有的水生动物的肌肉收缩都会产生电流。许多不同种类的鱼能够探测到这些电流的存在。电鱼甚至有能力从专门的电器官放电。电鱼利用这些微弱的放电来定位它们的猎物和配偶，即使在浑浊的水中也能构建出环境的三维图像。

软骨鱼类（鲨鱼、鳐鱼，以及鳐形目）具有电感受器，被称为洛伦兹壶腹。这一感受器细胞位于囊中，开放的囊通过一种由胶状物填充的通道通向身体表面的气孔。这种胶状物是一种极好的导体，因此通道口的负电荷可以使底部的感受器去极化，进而引起神经递质的释放，加强感觉神经元的活动。这使得鲨鱼察觉到由于猎物的肌肉收缩而产生的电场。虽然洛伦兹壶腹在真骨鱼类（绝大多数的硬骨鱼）的进化过程中消失了，但在某些真骨鱼群体中重新出现了电感受器，它们的感觉结构类似于洛仑兹壶腹。然而，电感受器在一种产卵的哺乳动物——鸭嘴兽中仍在独立地进化。其喙中的感受器可以探测到虾和鱼类的肌肉收缩所产生的电流，从而使得这种哺乳动物在夜里或者在浑浊的水体中也能察觉到猎物的存在。

磁力

鳗鱼、鲨鱼、蜜蜂以及许多鸟类似乎沿着地球的磁力线航行。甚至一些细菌也借助这一力量来确定方向。被关在盲笼里的小鸟，在没有视觉提示引导的情况下，它们会表现出啄食行为并试图朝一个方向移动，那是它们通常会在一年中适当的季节迁徙的方向。但是，如果是被关在屏蔽磁场的钢笼中，它们就不会这样做。事实上，如果通过磁铁使盲笼里的磁场顺时针偏离120°，正常情况下，这只鸟会朝向北方，但现在是朝向东南方。关于这些脊椎动物中磁性感受器的性质存在很多猜测，但是具体的机制尚不明确。

关键学习成果　29.6

响尾蛇可以通过红外辐射（热量）定位有体温的猎物，许多水生脊椎动物可以借助于电感受器定位猎物，并确定它们自身环境的轮廓。磁性感受器可能有助于鸟类的迁徙。

在闭着眼睛的情况下，鸭嘴兽是如何看见事物的

鸭嘴兽（*Ornithorhynchus anatinus*）在东澳大利亚的淡水溪流中广泛存在。这些哺乳动物具有一个独特的混合特性——在1799年，英国科学家确信他们从澳大利亚所获得的鸭嘴兽皮是一个骗局。鸭嘴兽被柔软的皮毛所覆盖，且具有乳腺，但是从其他角度来看，它却很像爬行动物。雌性个体像爬行动物一样产卵，并且和爬行动物的卵一样，受精卵的卵黄不分裂。另外，鸭嘴兽的尾巴就像海狸的尾巴一样，喙像鸭子的喙一样，并且还具有蹼足。

研究表明鸭嘴兽也具有一些独特的行为特征。至今，只有少数的科学家对鸭嘴兽的自然栖息地进行了研究——鸭嘴兽白天都在水道岸边的洞穴中度过，这一点难以理解。而且，鸭嘴兽在夜间比较活跃，它们潜入溪流和潟湖来捕食底栖无脊椎动物，比如虾米和水生昆虫的幼虫。有趣的是，与鲸鱼和其他海洋哺乳动物不同，鸭嘴兽不能长期待在水中。它们潜水通常只能持续一分半钟。（试着屏住呼吸那么久！）

科学家开始研究鸭嘴兽的潜水行为时，很快便发现了一个奇怪的现象：鸭嘴兽的眼睛和耳朵位于肌槽中，当鸭嘴兽潜入水中时，肌槽的两侧紧闭。想象一下将你的眉毛向下拉到脸颊：有效地蒙住眼睛，你会什么也看不见。为了完成它的隔离状态，鼻子末端的鼻孔也关闭了。因此，这种动物到底是如何发现它的猎物的呢？

经过一个多世纪的研究，生物学家们发现鸭嘴兽喙表面有数百个微小的开口。近年来，澳大利亚的神经学家（研究大脑和神经系统的科学家）研究发现这些小孔包含敏感神经末梢。它们位于一个内部的腔室中，神经线受喙的保护，但通过小孔与外部的水体进行联系。神经末梢充当感受器，向大脑传达动物体周围的环境信息。鸭嘴兽喙上的这些小孔就是它们潜水时的“眼睛”。

在鸭嘴兽的小孔中具有两种类型的感觉细胞。前端聚集在一起，被称为物理感受器，它就像一个微小的推杆。任何作用于其上的推动力都会触发一种信号。你的耳朵也是以相同的方式发挥作用的，声波作用于耳中微小的物理感受器。这些推杆在鸭嘴兽大脑中所引发的反应的区域比来自眼睛和耳朵的刺激大得多——对于潜水的鸭嘴兽来说，喙是主要的感觉器官。推杆感受器能引发怎样的反应呢？用细玻璃探头去触摸鸭嘴兽的喙揭示了答案——它的下颌如闪电般地剧烈运动。当鸭嘴兽遇到猎物时，推杆感受器受到刺激，下颌就会快速地咬住并控制住猎物。

但是处于浑水中闭着眼睛的鸭嘴兽是如何确定离它有一段距离的猎物的呢？这里就涉及了其他类型的感受器。当鸭嘴兽进食时，它会稳定地游动，左右摆动喙，每秒2～3次，直到它发现并捕捉到猎物。那么鸭嘴兽是如何察觉到单个猎物，并向猎物的方向移动的呢？鸭嘴兽不像蝙蝠一样发出声音，这样就排除了声呐作为解释的可能。取而代之的是，当虾或昆虫幼虫逃避接近的鸭嘴兽时，它喙上的电感受器感应到猎物肌肉运动产生的微小电流！

一旦你知道发生了什么，就很容易证明这一点。将一个1.5伏的电池扔到溪流中，鸭嘴兽就会从远至30厘米的地方迅速地游向它，并向它发出攻击。一些鲨鱼和鱼类具有同样类型的感觉系统。在泥泞的浑水中，感知单个猎物的肌肉运动比看见猎物或者是听猎物移动的声音更具优势——这就是鸭嘴兽在捕食时闭眼睛的原因。

调查与分析
INQUIRY & ANALYSIS

鸟类是利用地磁粒子作为指南针的吗？

有些迁徙的鸟类利用次声波来确定方向。其他的可能会使用视觉线索，如偏振光的角度或日落的方向。许多长距离迁徙的鸟类将地球磁场作为一种指路信息。若“定向笼子”的磁场在人工磁铁的作用下顺时针偏离120°，正常情况下朝向北方的鸟儿将飞向东南方。

这些鸟类以磁场罗盘为基础的感觉系统是感官生物学最神秘的地方之一。目前存在两种互相矛盾的假说。

磁铁矿假说认为存在于迁徙鸟类大脑细胞中的磁性矿物磁铁矿可以作为微型罗盘。尽管在某些种类的大脑细胞中确实存在微量磁铁矿，但深入的研究未能证实这些细胞中磁铁矿粒子的方向信息会传递给大脑的任何其他细胞。

光感受器假说则认为以罗盘为基础的主要过程其实是在鸟类眼中光感受器的一种磁敏化学反应。光色素分子与地球磁场的排列可能会以某种方式改变视觉模式，从而获得方向信息。

那么哪一个假说是正确的呢？实验表明，盲笼中的鸟类使用的磁探测器是光敏的，就像光感受器罗盘一样，但光激活磁铁矿罗盘也是如此。

2004年，美国加利福尼亚大学的研究者设计了一个非常精巧的实验来区分这两个假说。他们研究了被关在定向笼中的迁徙欧洲知更鸟如何利用磁场作为罗盘信息的来源，朝着合适的迁徙方向齐足跳行。他们发现在春季迁徙的知更鸟朝向北方16°的方向，这是一个较为恰当的方向。为了区分磁铁矿假说和光感受器假说，让笼子里的知更鸟接触振动的、低级的无线电频率（7兆赫），这会破坏任何参与感应磁场的光吸收感光分子的能量状态，但不会影响磁铁矿粒子的排列。

上面的图表表示本次研究的结果。每一个数据的输入都是3次记录的平均值。每一次记录中，知更鸟都被放置在35英寸的锥形笼子里，用铜版纸作内衬，记录相对于磁北（北=360°；东=90°；南=180°；西=270°）的航向（与纸第一次接触的方向位置）。

无线电干扰对定向的影响

鸟类	平均航向（单位：度）仅地球磁场	无线电干扰
1	26	110
2	20	126
3	4	86
4	350	17
5	15	162
6	1	330
7	18	297
8	20	220
9	354	58
10	24	261
11	358	278
12	37	3

平均航向 16°
360° N
270° W
E 90°
S 180°

分析

1. **应用概念** 在表中，存在因变量吗？如果有，它是什么？讨论。
2. **解读数据** 在每一列上画圆。在没有无线电干扰的情况下，知更鸟在地磁场中的朝向，在记录的航向和16°的平均航向之间最大的差异是多少（用角度来表示）？对于用7兆赫无线电干扰的知更鸟的朝向呢？
3. **进行推断**

   a. 在没有无线电干扰情况下知更鸟在地磁场中的朝向，相对于16°的平均航向，在12只知更鸟中有多少只精确地朝向+/–30°？对于受到7兆赫干扰的知更鸟来说，有多少只呢？

   b. 如果你随机选择一只鸟，在没有无线电干扰的情况下，这只鸟朝向适当磁场方向（向北16°）30°以内的概率是多少？在有无线电干扰的情况下呢？
4. **得出结论** 欧洲知更鸟在磁场受到7兆赫无线电干扰的情况下，还具有正确定位的能力吗？鸟类的方向感与对无线电干扰敏感的分子有关，比如，光感受器；不包括对无线电干扰不敏感的粒子。可以直接得出这样的结论吗？

本章回顾

Reviewing What You Have Learned

感觉神经系统

处理感觉信息

29.1.1 被称为感觉感受器的神经元接收并携带来自全身各处的神经冲到中枢神经系统。不同感觉细胞接收不同类型的刺激。

29.1.2 从感觉感受器到中枢神经系统需要经过3个步骤：刺激、转导、传递。外感受器感知外界的刺激，内感受器感知体内的刺激。

29.1.3 内感受器有多种不同的类型，但是它们的功能都是告知中枢神经系统身体的状况。肌肉中的牵张感受器能够使中枢神经系统控制肌肉运动。血管中的压力感受器告知中枢神经系统连续的血压情况。这些感受器和其他的感受器与中枢神经系统相联系，因此，机体可以做出反应以维持内环境的稳定。

感觉的接受

感觉重力与运动

29.2.1 内耳中的感觉感受器可以感觉重力和加速度。根据这些感受器受到刺激的情况，机体可以做出反应以保持平衡。

- 当椭圆囊里的毛细胞，以及内耳中的球囊受到胶状基质（图29.3）中耳石运动的刺激时，它们可以感觉重力。
- 运动是被半规管中的壶腹帽中毛细胞的偏转所感知的。半规管有3个，每一个都朝向不同的平面，因此3个平面内的运动都可以察觉到。

感觉化学物质：尝与闻

29.3.1 化学物质可以依靠舌头上的味蕾通过味觉被感觉到。味觉感受器可以感知咸、酸、甜、苦，以及鲜（香醇）的味道。

29.3.2 化学物质也可以依靠鼻孔通道中线性排列的嗅觉感受器通过嗅觉被感觉到。

感觉声音：听

25.4.1 当空气振动推动耳膜时，声音就会被耳朵感觉到。当鼓膜移动时，3块被称为听小骨的小骨被推动，通过第二层膜将振动传递到内耳中一个被称为耳蜗的充满液体的腔室。

- 耳蜗内室毛细胞的尖端与对声波产生响应的膜相联系。当声波沿着耳蜗传递时，不同类型的毛细胞就会受到刺激。

29.4.2 在鱼类中，侧线系统补充听力。含毛细胞的壶腹帽嵌入充满液体的通道中。当通道中的水被压力波所取代时，毛细胞就会受到刺激。

29.4.3 有些动物利用声呐来构建它们周围的环境信息。由动物体发出声音，当这一声音从环境中的物体反弹回来时，感受器就可以感知到。这一过程称为回声定位，陆生和水生动物都可以利用回声定位，尤其是夜行性的蝙蝠。

感觉光：视力

29.5.1 眼中的感受器称为光感受器，它可以感觉光。在一些无脊椎动物中可以看到由聚集在眼点中的光感受器组成的简单视觉系统。在扁形虫中，眼点可以感觉光的方向，但不能形成视觉图像。

- 在其他无脊椎动物以及脊椎动物中，已经独立进化出了发育良好的，可以形成图像的眼（图29.9）。

29.5.2 在人眼中，光穿过眼的角膜和瞳孔，通过晶状体的聚焦而落在视网膜上，视网膜位于眼的后表面。

29.5.3 脊椎动物的视网膜包括两种类型的光敏感受器细胞，分别称为视杆细胞和视锥细胞。视杆细胞可以察觉到多种灰色阴影，甚至是在昏暗环境中；而视锥细胞则可以察觉光的不同颜色，进而产生清晰的图像。

- 视网膜中心的一个区域被密集的视锥细胞所覆盖，这一区域称为中央凹。
- 视杆细胞和视锥细胞之所以可以感知光是因为它们含有色素分子。人体中的视觉色素是顺式视黄醛。当它吸收光子时，顺式视黄醛的结构就会变成反式视黄醛，可以刺激感受器。
- 视杆细胞可以吸收波长为500纳米的光，人类体内有3种类型的视锥细胞，它们吸收不同波长的光。蓝色视锥细胞吸收波长为420纳米的光，绿色视锥细胞吸收波长为530纳米的光，红色视锥细胞吸收波长为560纳米的光。
- 当一个人缺乏一种或多种视锥细胞时，就会导致色盲，色盲无法看到视觉光谱中的所有颜色。

29.5.4 视杆细胞和视锥细胞受到刺激之前，光要穿过视网膜上多种不同的细胞层。然后神经冲动返回到视神经，这与光的方向相反。

- 正如人类，眼睛位于脸的前方，这样可以产生双眼视觉，进而有助于产生双眼视觉。其他动物体的眼睛则位于头部的两侧，这使得它们对周围的环境有一个更为广阔的视野（图29.15）。

脊椎动物的其他感觉

29.6.1 响尾蛇可以利用可探测热量的窝器来感觉红外线。

- 电感受器仍在某些水生动物中进化，许多类型的生物体似乎都可以沿着地球的磁场航行。

本章测验

Test Your Understanding

29.1.1 大脑之所以可以知道即将到来的神经冲动是光、声音或者疼痛是因为______。
a.感受器的性质
b.感觉信号的频率
c.感觉信号的振幅
d.刺激中枢神经系统的特定位置

29.1.2(1) 感官知觉形成的正确顺序______。
a.转导 刺激 传递
b.传递 转导 刺激
c.刺激 传递 转导
d.刺激 转导 传递

29.1.2(2) 下面哪一个属于外感受器的例子？
a.牵张感受器
b.视杆细胞和视锥细胞
c.压力感受器
d.温度感受器

29.1.2(3) 中枢神经系统是如何解读感觉刺激的强度的？

29.1.3 当手臂肌肉经过繁重的锻炼受伤时，由______察觉到疼痛。
a.神经递质
b.内感受器
c.联合神经元
d.外感受器

29.2.1(1) 以下耳的结构中，哪一个与感知平衡和重力有关？
a.耳蜗
b.听小骨
c.椭圆囊
d.鼓膜

29.2.1(2) 陆生脊椎动物半规管中的毛细胞______。
a.衡量体内的温度变化
b.在极低听力范围内感知声音
c.提供加速的感觉
d.衡量血压的变化

29.2.1(3) 你认为宇航员的耳石会对零重力做出怎样的反应？宇航员还能探测到运动吗？在没有重力的情况下，半规管会探测到角加速度吗？

29.3.1~2(1)以下中的哪一个不能提供动物的食物信息？
a.光感受器
b.味觉感受器
c.疼痛感受器
d.嗅觉感受器

29.3.1~2(2)尽管你只能尝到5种味道（盐、苦、甜、酸、鲜），但为什么你吃的许多食物尝起来如此不同？

29.4.1 耳朵通过______的运动来感知声音。
a.壶腹帽中的毛细胞
b.耳蜗里的薄膜
c.胶质膜中的耳石
d.咽鼓管

29.4.2 鱼类的侧线系统可以察觉______。
a.压力波
b.光
c.味道
d.磁力

29.4.3 蝙蝠在黑暗的环境中可以看见如飞着的飞蛾等物体，是借助于______。
a.雷达
b.回声定位
c.红外线受体
d.黑暗刺激的视紫红质

29.5.1(1) 环节动物、软体动物、节肢动物以及脊椎动物的感觉系统有什么相似之处？
a.它们利用同样的味觉刺激
b.它们都利用神经元感知振动
c.它们都独立进化出了形成图像的眼
d.它们都利用皮肤中的化学感受器来发现食物

29.5.1(2) 动物利用视觉信号比听觉信号更易辨别物体的方向和距离是因为______。
a.光沿着直线传播
b.风带来太多的背景噪音
c.说明声音传递得较慢
d.眼比耳朵更敏感

29.5.2 下面哪一个说法不正确？
a.脊椎动物通过晶状体形状的改变使眼聚焦
b.节肢动物和脊椎动物的眼利用同样的光捕捉分子
c.视杆细胞察觉不同的颜色，视锥细胞察觉不同的灰色阴影，这样在昏暗的环境下也能看清物体
d.光使顺式视黄醛变成反式视黄醛

29.5.3(1) ______是眼中的视杆细胞和视锥细胞中共同含有的光色素。
a.胡萝卜素
b.顺式视黄醛
c.光敏素
d.叶绿素

29.5.3(2) 如果你进入一个黑暗的房间，一开始你只能看到黑暗。然而，在几分钟内，你就可以辨认出模糊的形状，10～30分钟后，你就能看到相当多的细节。你的眼睛会做出什么调整来产生这种效果？（提示：视紫红质。）

29.5.3(3) 某些鱼类、鸟类以及乌龟能看见紫外光是因为______。
a.这些物种具有相同的饮食习惯
b.因为视杆细胞的敏感度向波长较短的光发生转变
c.由于这些物种具有其他的视锥细胞
d.对夜间活动的一种适应

29.5.4(1) 双眼视觉______。
a.在猎物中更为常见
b.使总的感受野扩大
c.对深度和距离的感知更完善
d.只有当视觉范围完全重叠时才有可能发生

29.5.4(2) 脊椎动物眼中感觉信息流动的方向与穿过视网膜光线的路径是______。
a.平行的
b.相反的

29.6.1(1)下面哪一个不是脊椎动物在获取周围环境信息时所感知到的？
a.热量
b.磁场
c.电流
d.质量

29.6.1(2)一个知道你害怕蛇的朋友告诉你说，当你在夜里独自进入树林时，如果把自己掩藏起来，那么蛇将不会发现你。现在，在你学习了这一章节之后，你认为你朋友的说法是否正确。为什么？

30

学习目标

神经内分泌系统

30.1　激素

1　利用激素传递信息的三大益处

2　下丘脑在内分泌系统中的地位与它在激素释放中扮演的角色

3　激素的四种化学分类

30.2　激素如何靶向细胞

1　固醇类激素和多肽类激素的作用方式

2　以胰岛素为例讨论第二信使的重要性

主要内分泌腺

30.3　下丘脑和垂体

1　垂体前叶和垂体后叶的功能

2　垂体前叶产生的七种多肽类激素的作用

3　下丘脑–垂体门脉系统

30.4　胰腺

1　胰岛素和胰高血糖素的作用，以及它们对1型糖尿病和2型糖尿病的影响

生物学与保健　2型糖尿病

30.5　甲状腺、甲状旁腺与肾上腺

1　由甲状腺产生的两种最重要的激素与它们的功能

2　两种对人体存活来说非常重要的激素

3　肾上腺两个部分的功能

调查与分析　吸烟与肺癌之间的联系有多紧密？

动物体内的化学信号

在脊椎动物和大多数其他动物中，中枢神经系统通过化学信号协调并控制躯体的多种活动，这些化学信号被称为激素，能使生理活动发生改变。许多激素——肾上腺素、雌激素、睾酮、胰岛素和甲状腺激素——对你来说应该很熟悉。然而，有些激素在不同的动物体内起着不同的作用。例如，在两栖动物中，甲状腺激素可以使幼体变态为成体。在爬行动物和两栖动物中，促黑素能诱发颜色的改变。绿色的变色龙由于对环境和生理提示产生响应，会变成黄褐色。通过促黑素的诱发，这种可逆的颜色变化要花费5～10分钟的时间。在本章，你将遇到很多其他的激素，有一些是我们很熟悉的，有一些是不太熟悉的，但是所有这些激素都是脊椎动物用来调节身体状况的。

30.1 激素

化学信号

学习目标30.1.1 利用激素传递信息的三大益处

激素是由机体的某部分产生的化学信号，由于它足够稳定，能以主动形式被运送到远离其生产地的部位，并且通常能在一个很远的部位起作用。与速度较快的电信号（比如神经细胞中传递的）相比，利用化学激素作为信使来控制身体器官有三大优势。第一，化学分子可以通过血液扩散至所有组织（可以想象成用自己的神经给所有细胞打电话），通常只有一小部分细胞需要这些化学分子。第二，化学信号比电信号留存的时间长，这一优势可以使激素控制一些缓慢的过程，比如生长和发育。第三，许多不同的化学物质都可以作为激素，因此不同的激素可以作用于不同的组织。

一般来说，激素是由腺体产生的，而这些腺体大部分都是由中枢神经系统控制的。由于这些腺体是完全封闭在组织中的，而不是有与外界相通的空导管，所以它们被称为**内分泌腺**（来源于希腊语“endon”，意为内部的）。激素是由腺体直接分泌到血液中的（这与汗腺等有导管的外分泌腺不同）。人的身体有十几个主要的内分泌腺，见图30.1，它们共同组成了内分泌系统。

指挥系统

学习目标30.1.2 下丘脑在内分泌系统中的地位与它在激素释放中扮演的角色

内分泌系统和运动神经系统是中枢神经系统用于向身体各个器官发送指令的两条主线。这两个系统的连接十分紧密，因此通常被看作是一个系统，即**神经内分泌系统**。**下丘脑**被认为是神经内分泌系统的主要控制开关。下丘脑总是不断地检查身体的内部条件，以维持一个稳定的内部环境，这一状态被称为内稳态。身体是过热还是过冷？“燃料”用完了吗？血压太高了吗？如果内稳态无法维持，下丘脑会利用几种不同的方式，使一切恢复正常。例如，如果下丘脑需要提高心率，它可以给延髓发送神经信号，或者使用化学指令，使肾上腺分泌肾上腺素，以加快心率。下丘脑使用哪种指令取决于其效果所需持续的时间。化学信号的持续时间比神经信号要长得多。

下丘脑组织能控制它附近的一个腺体，即垂体，而垂体继而发送化学信号给身体中能产生激素的各种腺体。垂体通过漏斗柄悬垂于下丘脑下方，化学信号正是通过漏斗柄从下丘脑传递至垂体。例如，由下丘脑释放的促甲状腺素释放激素（TRH）能刺激垂体分泌一种激素，该激素被称为促甲状腺激素

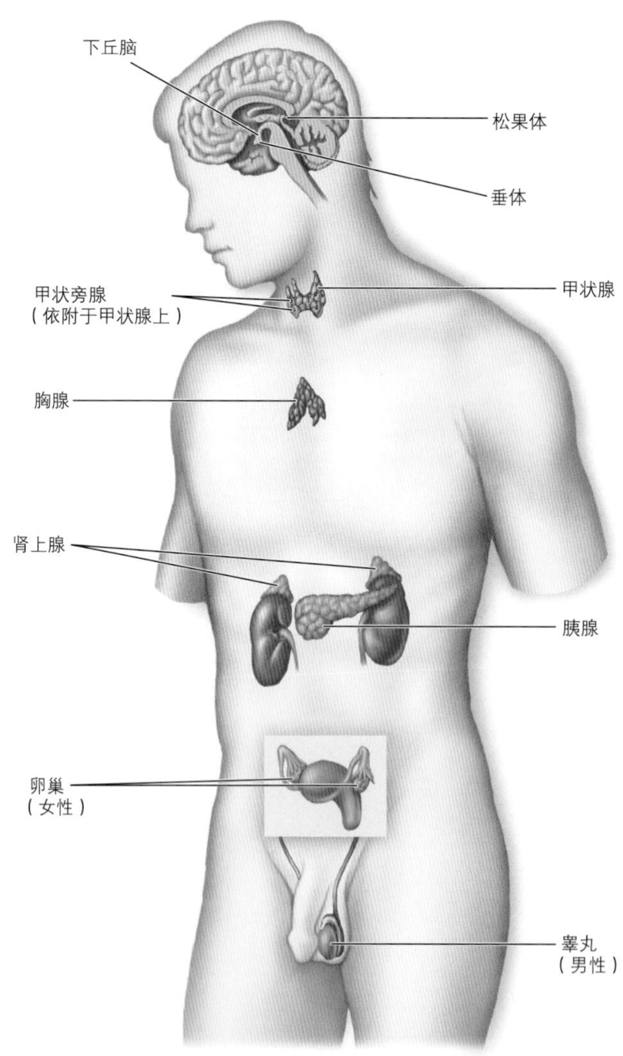

图30.1 主要的内分泌腺
垂体和肾上腺都是由两部分组成的。

（TSH），它被运输至甲状腺后能刺激甲状腺释放甲状腺激素。

下丘脑分泌的几种激素联合在一起共同控制垂体。因此，中枢神经系统对身体激素的调节是通过一个指挥系统。下丘脑产生的“释放”激素能使垂体合成相应的垂体激素，这些激素运送至远处的内分泌腺后，能使其开始产生特定的内分泌激素。下丘脑也能分泌一些抑制激素，用来抑制垂体分泌特定的垂体激素。

激素的工作机制

学习目标30.1.3　激素的四种化学分类

激素是身体中的有效信使，其主要原因是，一种特定的激素能作用于一种特定的靶细胞。靶细胞是怎样识别那一种激素而忽略其他激素的？受体蛋白质嵌入细胞膜或靶细胞内，它们与潜在信号激素的形状可以相互匹配，就像是手与手套相契合一样。当你回顾第28章时，神经细胞的突触内具有高度特异性的受体，每一个受体的形状都决定了它们对不同神经递质分子的响应。同样，身体中对特定激素发生响应的细胞也具有受体蛋白质，其形状也适合于该激素而非其他。因此，身体中的化学通信涉及两种要素：分子信号（激素）和靶细胞表面或内部的蛋白质受体。这一系统具有高度特异性，因为每个蛋白质受体都具有一种只适应于一种特定激素的形状。

内分泌腺分泌的激素有四种不同的化学种类：

1. **多肽类**由氨基酸链组成，大约含有不到100个氨基酸。例如胰岛素和抗利尿激素（ADH）。
2. **糖蛋白**由100多个氨基酸组成的多肽依附在糖类上形成。例如卵泡刺激素（FSH）以及黄体生成素（LH）。
3. **胺类**由酪氨酸和色氨酸衍生而来，包括肾上腺髓质、甲状腺以及松果体分泌的激素。
4. **类固醇**是胆固醇中的脂质，包括睾酮、雌激素、黄体酮、醛固酮以及皮质醇。

重要的生物过程：激素通信

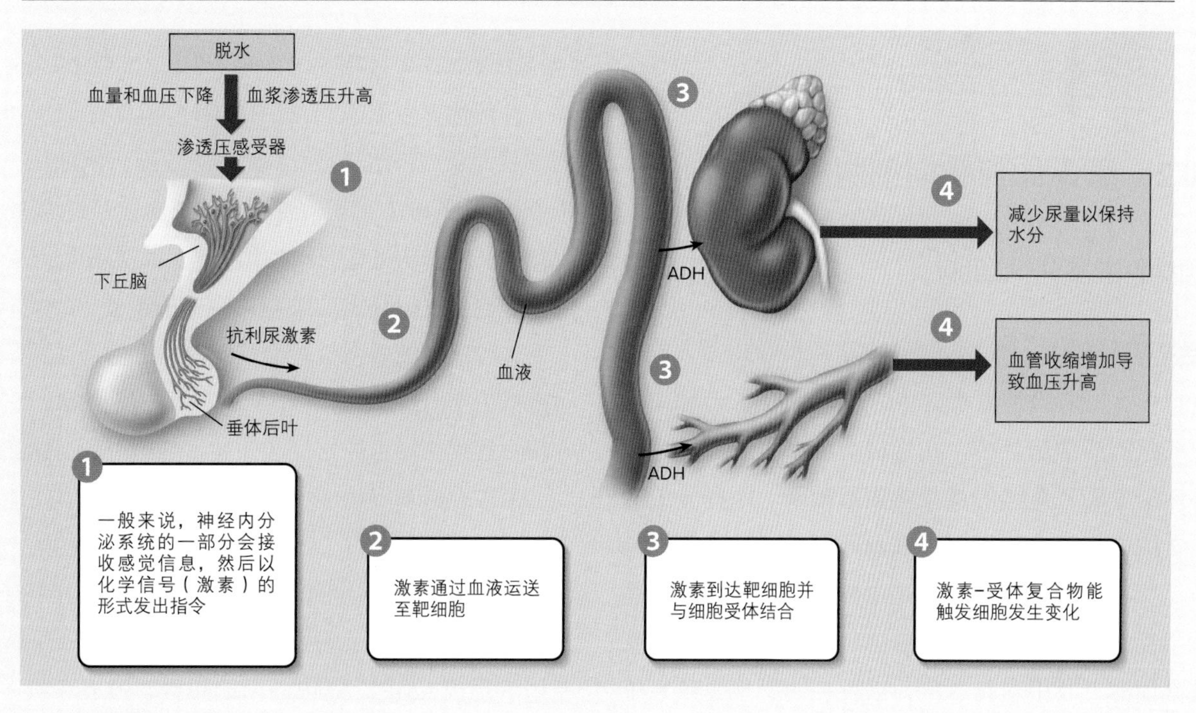
脱水
血量和血压下降
血浆渗透压升高
渗透压感受器
1
下丘脑
抗利尿激素
垂体后叶
2
血液
3
ADH
4
减少尿量以保持水分
3
ADH
4
血管收缩增加导致血压升高
1
一般来说，神经内分泌系统的一部分会接收感觉信息，然后以化学信号（激素）的形式发出指令
2
激素通过血液运送至靶细胞
3
激素到达靶细胞并与细胞受体结合
4
激素-受体复合物能触发细胞发生变化

激素信号通信的通路可以用一系列简单的步骤描述出来，如“重要的生物过程：激素通信”所示：

❶ **发出指令** 中枢神经系统中的下丘脑控制很多激素的释放。下丘脑细胞中产生的一些激素储存在垂体后叶中，当其接收到大脑的信号后，会将其释放到血液中作为回应。

❷ **传递信号** 尽管激素可以作用于临近的细胞，但大部分激素会经由血液运送至身体各处。

❸ **击中靶标** 当激素遇见一个带有匹配受体的细胞（靶细胞）时，激素会与受体结合。

❹ **发挥作用** 当激素与受体蛋白结合以后，该蛋白质通过改变其形状做出反应，以触发细胞的活动发生改变。

关键学习成果 30.1

激素是十分有效的，因为它们能被特定的受体识别。因此，只有具有合适受体的细胞才会对特定的激素发生响应。

30.2 激素如何靶向细胞

类固醇激素进入细胞

学习目标30.2.1 固醇类激素和多肽类激素的作用方式

一些用来识别激素的蛋白质受体存在于靶细胞的细胞质或细胞核中。在这种情况中，激素都是脂溶性的分子，典型的就是**类固醇激素**。这些分子的化学结构是像六角形网眼铁丝网围栏一样的多环结构。所有的类固醇激素都是由胆固醇生成的，它是一个复杂的四环分子。促进第二性征发育的激素就是类固醇。其中包括睾酮，以及控制女性生殖系统的雌激素和黄体酮，详情见第31章。皮质醇也是一种类固醇激素。

类固醇激素，比如雌激素，图30.2中的“E”，可以穿过细胞膜的磷脂双分子层❶，然后与细胞中的受体结合，在这一例子中，雌激素要进入细胞核中。然后，这种受体与激素的复合物与细胞核中的DNA结合❷，激活黄体酮受体蛋白的基因并进行转录❸。蛋白质合成以后❹，受体在黄体酮进入细胞时与黄体酮结合❺，产生的复合物自身再激活另一组基因。

一些举重者和其他类型的运动员经常使用**合成代谢类固醇**，它是一种与雄性性激素睾酮类似的合成化合物。将其注射入肌肉中能够激活生长基因，并使肌肉细胞产生更多的蛋白质，以增大肌肉，增强力量。然而，合成代谢类固醇对男性和女性来说都存在很多危险的副作用，包括肝损伤、心脏病、高血压、痤疮、脱发，以及心理失调。对男性来说，它也会抑制睾丸的功能并导致其女性化，而女性则会变得男性化。对青少年来说，它会导致发育受阻，并加速青春期的变化。合成代谢类固醇的使用是不合法的，并且在很多赛事中，运动员都要被检测是否使用了合成代谢类固醇。

多肽类激素作用在细胞表面

学习目标30.2.2 以胰岛素为例讨论第二信使的重要性

其他激素受体嵌入细胞膜中，其具有识别功能的部位直接朝向细胞外。多肽类激素，例如图30.3中结合在受体上的分子❶，通常是较短的多肽链（尽管有一些是完整的蛋白质）。多肽类激素与受体的结合会触发受体蛋白细胞质端中的改变。

这种改变随后会触发细胞质内的事件，通常是通过起媒介作用的细胞内信号，即第二信使❷，它能在很大程度上增强原始信号并导致细胞中的变化❸。

第二信使如何增强激素的信号？第二信使能激活酶。环磷酸腺苷（cAMP）是一种最常见的第二信使，在“重要的生物过程：第二信使”插图中有所展示。cAMP是通过一种酶从ATP中脱掉了2个磷酸基团后形成AMP，AMP的两端相接，形成环状。单个的激素分子与细胞膜中的一个受体结合，能在细

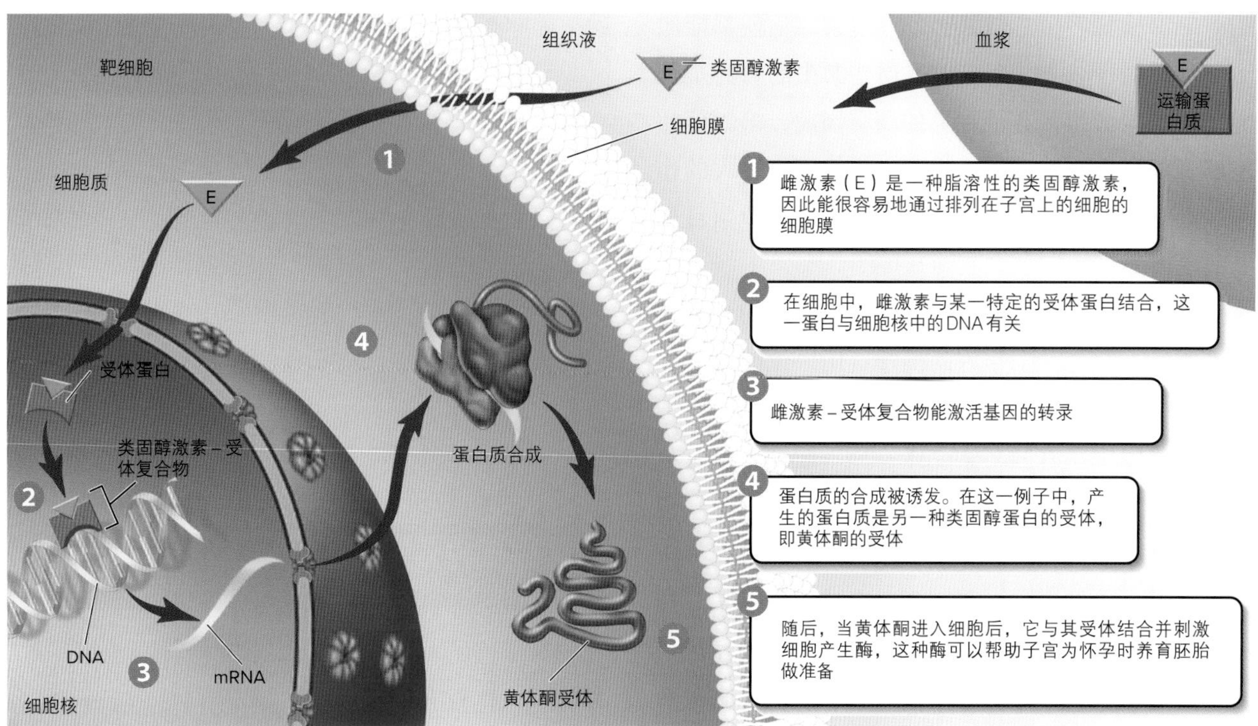

图30.2　类固醇激素的工作机理

重要的生物过程：第二信使

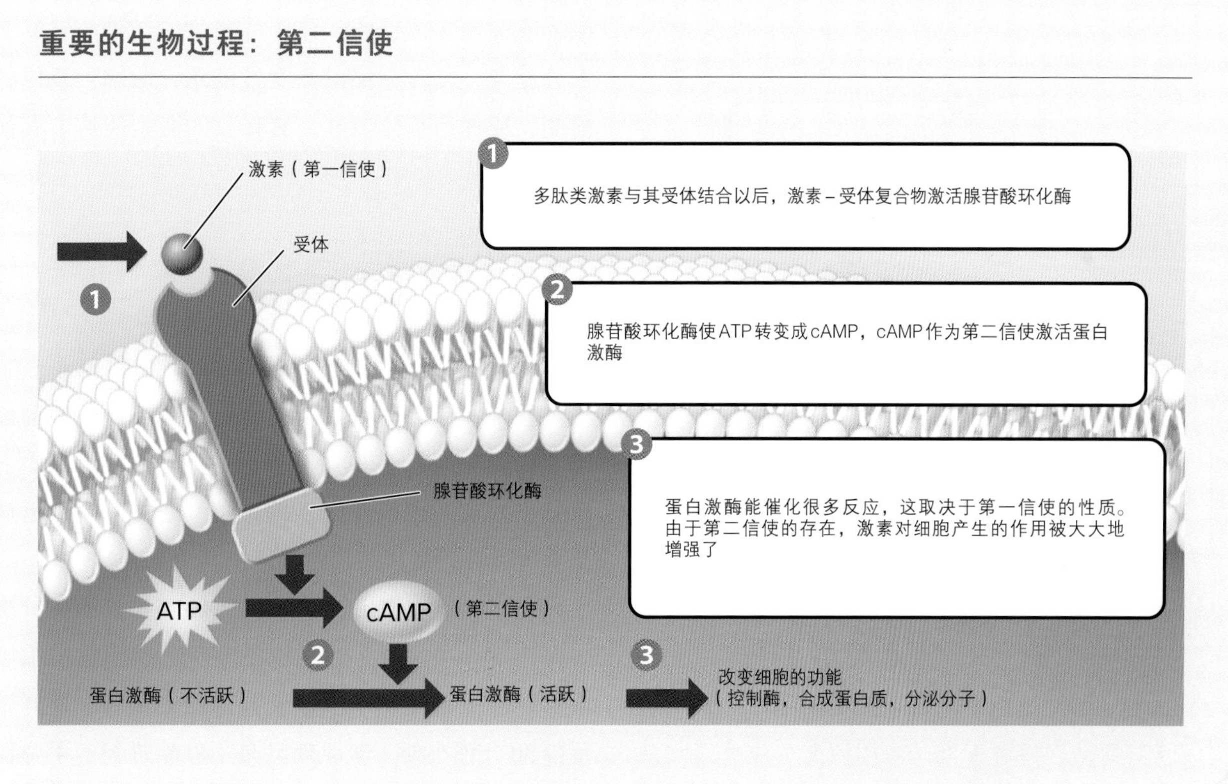

胞质中形成很多第二信使。每一个第二信使都能激活一种酶的很多分子，有时，这些酶中的每一个都能反过来激活很多其他种类的酶。因此，第二信使能够确保每个激素分子在细胞中都能发挥巨大的作用，远远大于激素单纯地进入细胞后寻找单个目标所能发挥的作用。

胰岛素是通过第二信使系统发挥作用的许多种激素之一，它是一个很好的例子，用以说明多肽类激素在靶细胞中是如何发挥作用的。大部分人体细胞的细胞膜中都有胰岛素受体——一般细胞只有几百个，但是参与葡萄糖代谢的组织中要多得多。例如，一个肝细胞含有100,000个受体。当胰岛素与一个胰岛素受体结合后，受体蛋白会改变其形状，刺激细胞内部一个临近的信号调节蛋白质以激活 Ca^{2+} 离子的释放。Ca^{2+} 离子可以作为第二信使，能激活一系列事件中相关的多种细胞酶，这大大地增强了原始信号的强度。

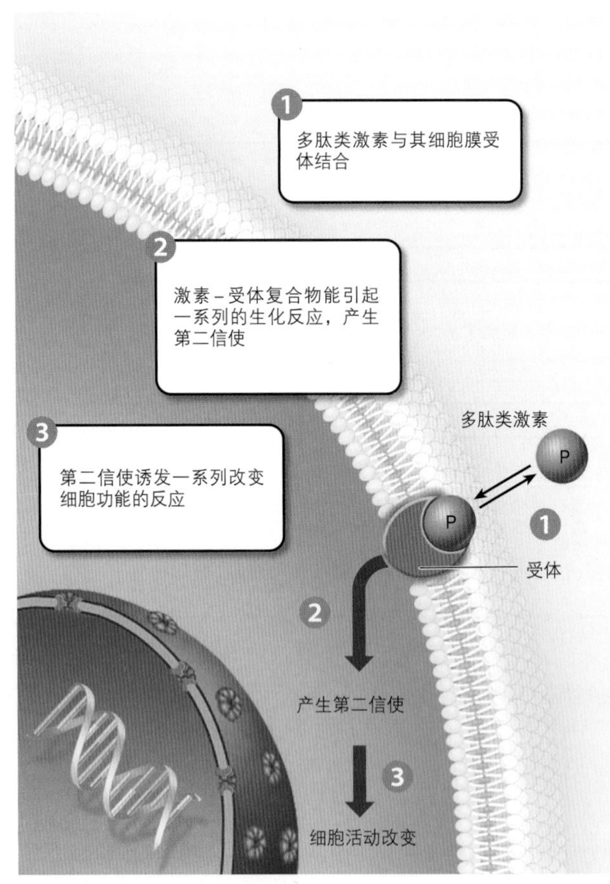
1
多肽类激素与其细胞膜受体结合
2
激素–受体复合物能引起一系列的生化反应，产生第二信使
3
第二信使诱发一系列改变细胞功能的反应
多肽类激素
P
P
1
受体
2
产生第二信使
3
细胞活动改变

图30.3　多肽类激素的工作机理

关键学习成果　30.2

类固醇激素能够通过细胞膜并与细胞中的受体结合，形成一个能改变特定基因的转录的复合物。多肽类激素不能进入细胞中，相反它们能与靶细胞表面的受体结合，激活细胞内一系列的酶促反应。

主要内分泌腺
The Neuroendocrine System

30.3　下丘脑和垂体

下丘脑是神经内分泌系统的“控制中心”，通过释放影响其附近垂体的激素来发挥作用，垂体位于大脑中的骨凹处，在下丘脑的下方。垂体反过来能产生激素以控制身体中其他的内分泌腺。垂体的背侧，或称为垂体后叶，该部位释放的激素能够调节水分留存、乳汁分泌以及女性的子宫收缩；垂体的前侧，或称为垂体前叶，其释放的激素能调节其他内分泌腺。

垂体后叶

学习目标30.3.1　垂体前叶和垂体后叶的功能

垂体后叶含有轴突，轴突起源于下丘脑中的细胞（见图30.5）。垂体后叶释放的激素事实上是由下丘脑中的神经元胞体产生的。激素通过轴突束运送至垂体后叶，储存在其中并从中释放。

垂体后叶的作用最初是在1912年被探明的，当时报道了一项举世瞩目的医学案例：一个被枪击中脑部的男子身体发生了令人惊讶的失调——他开始每隔30分钟小便一次，而且是不停地进行。子弹留存在他的垂体中，随后的研究证实，通过外科手术将垂体移除也会产生这些不寻常的症状。垂体提取物中被证明含有一种物质，它能使肾脏保留水分，

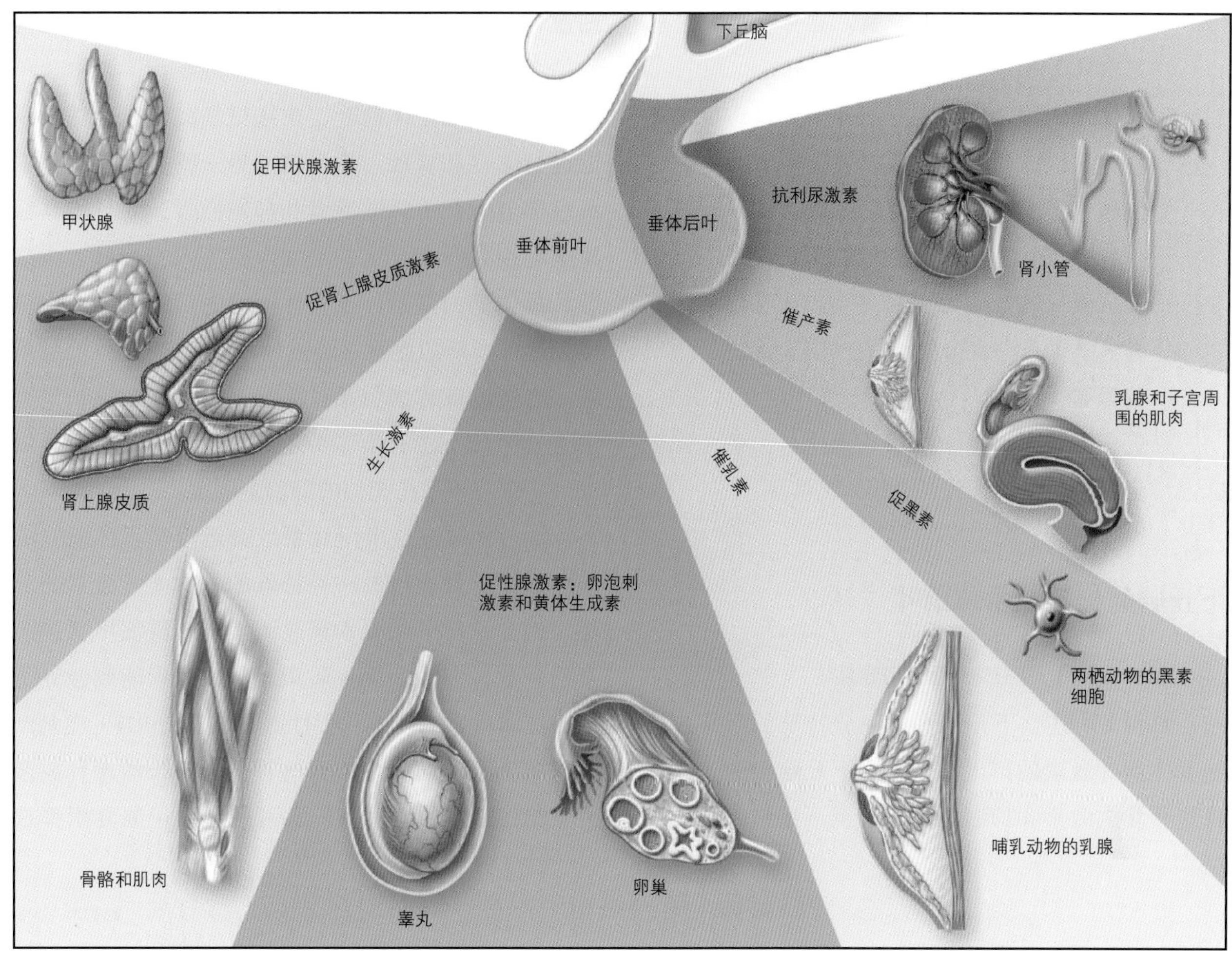

图30.4 垂体的功能

并且早在20世纪50年代，多肽类激素——**抗利尿激素**（ADH）就被提取了出来。ADH能调节肾脏对水分的留存。当ADH缺失了以后，肾脏不能留存水分，这就是那颗子弹造成男子排尿过多的原因。

垂体后叶还能释放另一种激素——催产素，它与抗利尿激素具有相似的结构——都是由9个氨基酸组成的短肽——但是二者功能却十分不同。催产素能在女性分娩和分泌乳汁的时候引发子宫的收缩。乳汁分泌的机制是当受到吮吸的刺激以后，母亲乳头上的感觉感受器会向下丘脑发送信息，使得下丘脑刺激垂体后叶释放催产素。催产素通过血液运送至乳房，在这里它能刺激乳腺分泌乳汁的导管周围的肌肉收缩。催产素和ADH都是在下丘脑的细胞体中产生的，但是却储存在垂体后叶中并由其释放。

垂体前叶

学习目标30.3.2 垂体前叶产生的七种多肽类激素的作用

垂体前叶能产生七种主要的多肽类激素（图30.4中蓝色部分），每一种都受垂体分泌的一种特定的释放信号控制：

1. **促甲状腺激素** 能刺激甲状腺产生甲状腺激素，其作用是促进氧化呼吸。
2. **促肾上腺皮质激素**（ACTH） 能刺激肾上腺产生很多类固醇激素。有一些能调节脂肪中葡萄糖的生成；有一些能调节血液中的无机盐。
3. **生长激素**（GH） 刺激整个身体中肌肉和骨骼的生长。
4. **卵泡刺激素** 触发女性月经周期中卵细胞的

成熟并刺激雌激素的释放。在男性中，它能调节睾丸中精子的发育。

5. **黄体生成素** 在女性月经周期中起到了重要的作用，它能控制排卵。它也能刺激雄性生殖腺产生睾酮，睾酮的作用是激发并维持雄性的那些不直接参与生殖的第二性征。
6. **催乳素**（PRL） 能刺激乳房产生乳汁，这是对催产素产生的响应。
7. **促黑素**（MSH） 在爬行动物和两栖动物中，促黑素能刺激表皮的颜色改变。关于人体中促黑素的作用，我们仍然知之甚少。

下丘脑怎样控制垂体前叶

学习目标30.3.3 下丘脑－垂体门脉系统

如前文所述，下丘脑利用一族特殊的激素，控制垂体前叶激素的产生和分泌。下丘脑中的神经元将这些释放激素和抑制激素分泌至下丘脑底部的毛细血管中。图30.5展示了下丘脑中两组神经元之间的关系。正如前面的讨论，一些神经元（图中蓝色部分）延伸到垂体前叶，在这里轴突可以运送激素以进行储存和释放。下丘脑的另一些神经元（图中黄色部分）产生释放激素和抑制激素，并且将其释放至毛细血管中。这些毛细血管流入小静脉，小静脉从垂体柄内部延伸至垂体前叶的第二个毛细血管床。这种特殊的血管系统被称为下丘脑－垂体门脉系统。之所以被称为门脉系统，是因为它在第一个毛细血管床的下游有第二个毛细血管床。我们身体中唯一一个与该系统相似的部位是肝脏。

每一种通过这个门脉系统被运送至垂体前叶的释放激素，都能控制一种特殊的垂体前叶激素的分泌。例如，促甲状腺素释放激素能刺激促甲状腺激素的释放；促肾上腺皮质激素释放激素能刺激促肾上腺皮质激素的释放；促性腺激素（GnRH）能刺激卵泡刺激素和黄体生成素的释放；生长激素释放激素（GHRH）能刺激生长激素的释放；催乳素释放

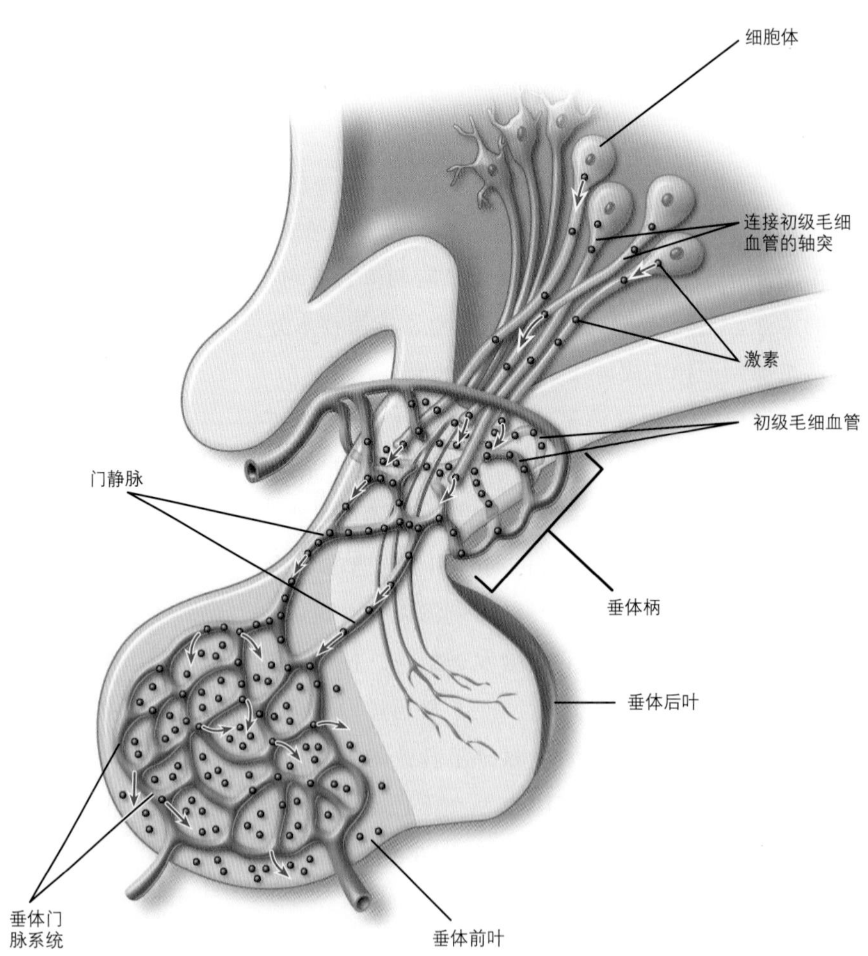

图30.5 下丘脑对垂体前叶进行激素控制

下丘脑中的神经元分泌激素，这些激素通过短小的血管运送至垂体前叶，它们能刺激或抑制垂体前叶分泌激素。

因子（PRF）能刺激催乳素的释放。

下丘脑也能分泌一些抑制垂体前叶释放激素的激素：生长激素抑制素能抑制生长激素的分泌；催乳素抑制激素（PIH）能抑制催乳素的释放；促黑激素释放抑制因子（MIH）能抑制促黑素的释放。

由于下丘脑的激素能控制垂体前叶激素的分泌，并且垂体前叶激素能控制其他内分泌腺激素的分泌，因此可以把下丘脑看作“内分泌腺之母”，管理身体中激素的分泌。然而，这一观点也不是一直正确的，原因有两点。首先，许多内分泌器官，比如肾上腺髓质和胰腺，都不是由这一系统直接调节的。其次，下丘脑和垂体前叶是通过他们刺激分泌的激素本身而进行自我控制的！在大多数情况中，这是一种抑制性控制。图30.6展示了目标腺体的激素是怎样抑制下丘脑和垂体前叶的。当目标腺体的激素分泌足量后，这些激素可以反馈并抑制下丘脑和垂体前叶释放刺激激素，如图中虚线所示。这一类型的控制系统被称为**负反馈调节**（或者**反馈抑制**）。

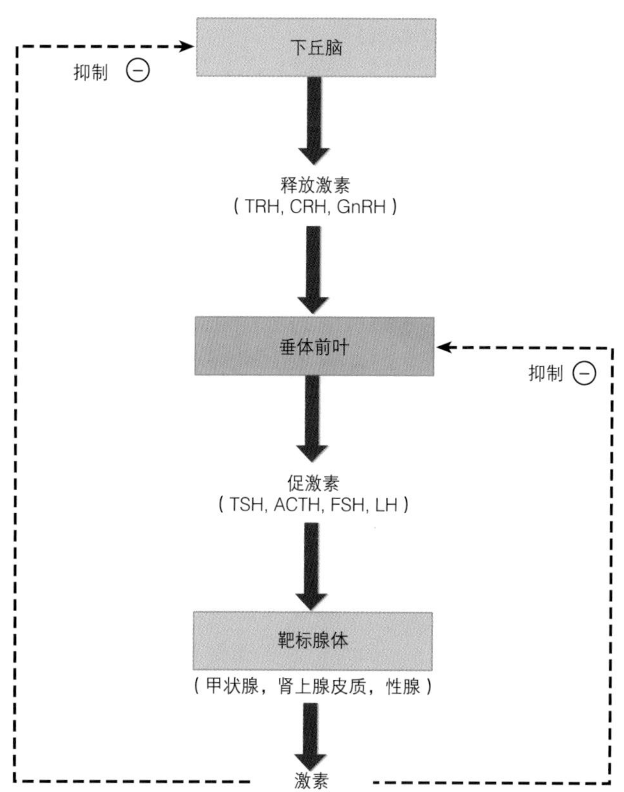

图30.6　负反馈调节

一些内分泌腺分泌的激素反过来可以抑制下丘脑分泌释放激素的同时，也会抑制垂体前叶分泌促激素。

关键学习成果　30.3

垂体后叶具有轴突，这一轴突起源于能产生激素的下丘脑内部的神经元。垂体前叶对下丘脑的激素信号产生响应，并产生一族垂体激素，这些激素被运送至远处的腺体并使其产生特定的激素。

30.4　胰腺

维持葡萄糖含量的稳定

学习目标30.4.1　胰岛素和胰高血糖素的作用，以及它们对1型糖尿病和2型糖尿病的影响

胰腺位于胃的后侧，并且通过一个狭窄的小管与小肠的前端相连。利用这一小管，它能向消化道中分泌很多消化酶，并且在很长一段时间内，它被认为是唯一的外分泌腺。然而，在1869年，一个名叫保罗·朗格汉斯（Paul Langerhans）的德国医学生，描述了遍布于胰腺上的一些不寻常的细胞集群。到了1893年，有医生认为这些细胞集群能产生一种预防糖尿病的物质，这些细胞集群后来被称为胰岛。**糖尿病**是一种严重的疾病，患者个体的细胞无法从血液中摄取葡萄糖，尽管他们的血糖水平相当高。有些人体重减轻并且会十分饥饿；而另一些人出现血液循环不良，甚至会因为四肢的血液循环受限而导致截肢。糖尿病是成年人失明的主要原因，并且在肾功能衰竭的成因中占有1/3的比例。它是美国的第七大死因。

我们现在已经知道了，胰岛产生的物质是多肽类激素胰岛素，然而直到1922年它才被提取出来。多伦多的一家医院的两名年轻医生将他们从牛的胰岛中提取并提纯后的物质注射到一个13岁男孩的体内，这个男孩是一名糖尿病患者，他的体重已经降至29千克，他存活的概率很低。医院的记录上没有关于这一诊断的有历史意义的说明，只是写着

"15cc麦克劳德（MacLeod's）的血浆，每个臀部注射7.5cc"。由于这次注射，男孩血液中的葡萄糖水平下降了25%——他的细胞正在摄取葡萄糖。很快，一次强效的提取物注射将其血糖水平拉低，接近正常水平。

这是胰岛素疗法的第一个成功案例。胰腺中的胰岛能产生两种激素，它们互相作用共同控制血液中的葡萄糖水平。这两种激素是胰岛素和胰高血糖素。胰岛素是一种存储激素，用来在身体状况匮乏的时期储存营养。它能促进肝脏中的糖原以及脂肪细胞中的甘油三酯的积累。当食物被消耗时（图30.7左侧），胰岛 β 细胞能分泌胰岛素，使体细胞摄取葡萄糖，并将其作为糖原和甘油三酯存储起来以待后用。当身体活动使血液中的葡萄糖水平下降时（图30.7右侧），葡萄糖相当于一种"燃料"。胰岛中的另一种细胞——胰岛 α 细胞，会分泌胰高血糖素，

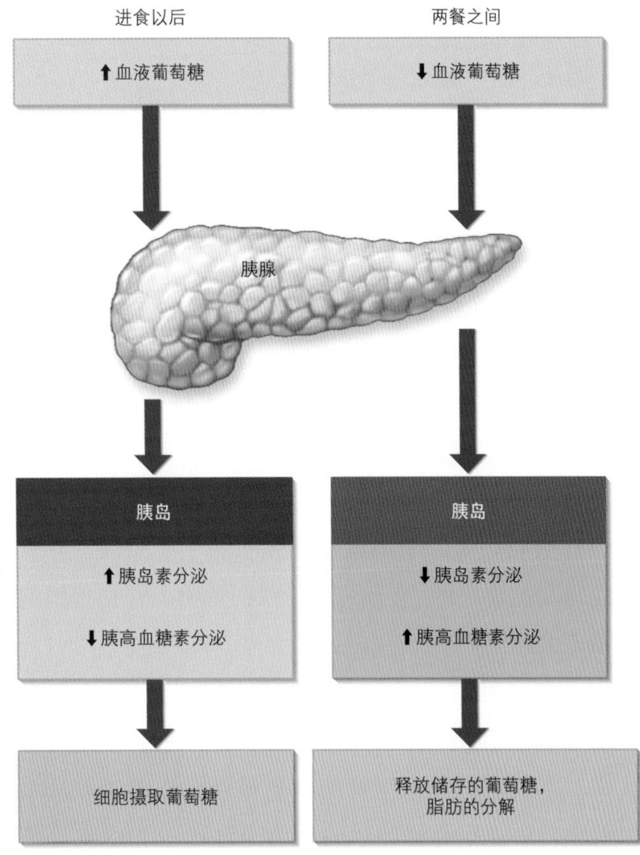

图30.7　胰腺分泌的胰岛素和胰高血糖素调节血糖水平
进食以后，胰岛β细胞分泌的胰岛素增加，可以促进血液中的葡萄糖进入组织细胞。两餐之间，胰岛 α 细胞分泌的胰高血糖素增加，胰岛素分泌减少，这导致储存的葡萄糖被释放，并使脂肪分解。

它可以使肝细胞释放储存的葡萄糖并使脂肪细胞中的甘油三酯分解，以提供能量。这两种激素共同作用，保持血液中的葡萄糖水平在小范围内波动。

美国有超过2,600万人，全世界有超过3.47亿人患**糖尿病**。糖尿病共有两种类型。患者中大约有5%～10%患有1型糖尿病，这是一种自身免疫性疾病，免疫系统会攻击胰岛细胞，使胰岛素的分泌量异常少。它又被称为青少年糖尿病，它的发病年龄通常在20岁以下。患者个体可以通过每日注射胰岛素进行治疗。

在2型糖尿病中，血液中胰岛素水平通常高于正常值，但是细胞无法对胰岛素产生反应。这种类型的糖尿病的发病年龄通常是在40岁以后。这几乎总是体重超标的结果。在美国，2型糖尿病患者中80%是肥胖者。当身体摄取了大量的食物以后，一些2型糖尿病患者的细胞，通过降低自身对胰岛素的敏感性来调整他们对葡萄糖的强烈欲望。类似于药物成瘾的患者的神经元在继续接触药物后会减少自身的神经递质受体数量，肥胖个体的细胞会减少胰岛素受体的数量。为了与此抵消，胰腺会分泌更多的胰岛素，在一些人体内，产生胰岛素的细胞无法跟上日益繁重的工作量并会停止运行。2型糖尿病通常可以通过节食和运动辅助治疗。

关键学习成果　30.4

胰腺内的细胞集群能分泌胰岛素和胰高血糖素。胰岛素能刺激葡萄糖作为糖原进行储存，而胰高血糖素能刺激糖原分解成葡萄糖。两者共同作用，可以使葡萄糖水平保持在小范围内波动。

2型糖尿病

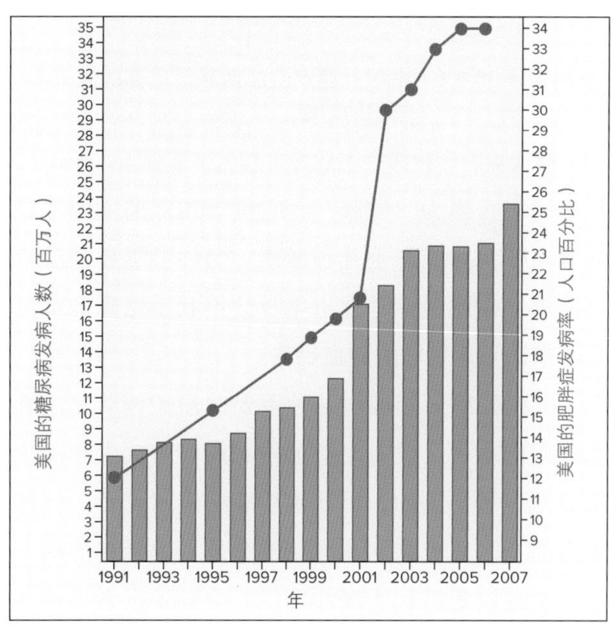

美国人喜欢吃，但近期疾病预防与控制中心发布了一项报告，警告他们将自己吃出了糖尿病。1991年，有700万美国人患上了糖尿病。到2011年年末，这一数字超过了2,600万，占美国总人数的8%以上——这项数据在20年中出现了令人担忧的增长！

全世界的糖尿病患者数量同样出现了爆发式增长。如今，糖尿病患者已经高达3.47亿人并且每年有340万人死亡。每10秒中，就有一人死于糖尿病。在同样的10秒中，就有两人或更多人会患上这种病。

糖尿病患者的细胞无法从血液中摄取葡萄糖。由于无法获得葡萄糖的细胞会转而消耗自身的蛋白质，因此身体组织会日渐消瘦。糖尿病是成年人中肾功能衰竭、失明以及截肢的主要原因。在过去的10年中，增加的糖尿病患者中几乎有90%属于2型糖尿病，或称其为“成年型”糖尿病。这些患者不具备利用胰岛素的能力。

进食以后，你的身体会产生胰岛素，这将作为信号通知你的身体——高浓度的葡萄糖很快就会出现。胰岛素信号依附在细胞表面特殊的受体上，这可以使细胞打开它的葡萄糖运输装置。一些2型糖尿病患者血液中的胰岛素的含量是正常的，甚至是略高于正常值的，并且具有正常的胰岛素受体，但是出于一些原因，胰岛素与其细胞受体的结合不能像预期的那样打开葡萄糖运输的装置。30年间，研究人员一直在尝试解释其原因。

胰岛素如何开启一个正常的细胞葡萄糖运输装置？在细胞内被称为IRS（胰岛素受体底物）的蛋白质紧挨着胰岛素受体。胰岛素依附于受体蛋白后，受体会给IRS分子上增加一个磷酸基团。就像触到了一个又红又热的棍子一样，这会刺激IRS分子行动。它们会毫无秩序地激发很多过程，包括一种开启葡萄糖运输装置的酶。

当我们破坏了所谓的“敲除”小鼠体内的*IRS*基因时，小鼠就会患上2型糖尿病。IRS蛋白质基因的缺陷就是造成2型糖尿病的原因吗？可能不是。当研究人员在遗传性2型糖尿病患者体内寻找时，并没有找到突变的*IRS*基因，这些基因是正常的。

这意味着，在2型糖尿病患者体内，有东西干扰了IRS蛋白质的作用。它可能是什么呢？据估计，2型糖尿病患者中有80%的人是肥胖者，这是一条值得注意的线索。看右上面的图表，在糖尿病患者人数爆发式增长的同时，肥胖率从美国总人口的6%增加到了34%。

糖尿病与肥胖症之间有什么联系？最近的研究结果解释了这一问题。宾夕法尼亚大学医学院的一个研究团队，一直在研究为什么一种名为噻唑烷二酮（TZD）的药物能够对抗糖尿病。研究发现，TZD能帮助人体细胞更有效地利用胰岛素，这使他们想到TZD药物可能是以一种激素为攻击目标。

然后科学家们开始试验他们是否能在小鼠体内找到这样一种激素。他们开始观察哪个基因会被TZD激活或者失活。他们的确发现了几个相关的基因。对其进行检查以后，科学家们把注意力集中在了他们找到的一种激素上。这种激素被称为抵抗素，它是由脂肪细胞产生的并且会使组织抵抗胰岛素。同样的抵抗素基因也存在于人类体内。研究人员推测，抵抗素可能是为了帮助人们应对饥荒时期进化而来的。

被科学家注射抵抗素的小鼠失去了摄取血糖的能力。当注射了降低抵抗素水平的药物以后，这些小鼠恢复了曾经失去的葡萄糖运输能力。

研究人员至今也不知道抵抗素是如何降低胰岛素敏感性的，而封闭了IRS蛋白质的活动是一种可能的原因。

重要的是，在因吃得过多而导致肥胖的小鼠体内，这种激素的水平是十分高的。发现这一结果就像是给糖尿病患者敲响了吃饭的警钟。如果肥胖导致了人体内较高的抵抗素水平，并导致了2型糖尿病，那么降低抵抗素含量的药物就是治疗糖尿病的新希望！

获得了一些重要的线索后，研究抵抗素的科学家们现在正将他们的研究方向从小鼠转移到人体。仍然有很多事情需要验证，因为我们无法保证抵抗素在小鼠体内的作用机制与在人体内的机制是相同的。然而，这一结果还是令人高兴的。

30.5 甲状腺、甲状旁腺与肾上腺

甲状腺：新陈代谢调节器

学习目标30.5.1 由甲状腺产生的两种最重要的激素与它们的功能

甲状腺的形状像一个盾牌（其名字来源于“thyros”，希腊语中意思为“盾牌”），它位于颈部前面的喉结下方。甲状腺能产生几种激素，两种最重要的激素是能增加代谢速率并促进生长的**甲状腺激素**和抑制骨骼中钙元素释放的**降血钙素**。

甲状腺激素能通过几种重要的途径调节体内新陈代谢的水平。没有足够的甲状腺激素，人体的生长会变迟缓。例如，甲状腺功能减退的儿童不能按正常的水平完成碳水化合物的分解以及蛋白质的合成，这种疾病被称为呆小病，它会导致患者发育受阻。甲状腺受到下丘脑的刺激会分泌甲状腺激素，而甲状腺激素通过负反馈调节也可以抑制下丘脑的活动。图30.8中的虚线表示了甲状腺激素分别抑制了下丘脑与垂体前叶中TRH和TSH的释放。甲状腺激素含有碘元素，如果饮食中碘的含量过低，甲状腺不能制造足够的甲状腺激素以抑制下丘脑。然后下丘脑会继续刺激甲状腺，这会使它长得更大，并且制造更多无意义的甲状腺激素。其结果会导致甲状腺过分增大，这种现象被称为甲状腺肿。饮食中需要有碘就是向食用盐中加碘的原因。过于活跃的甲状腺会产生过多的甲状腺激素，结果会导致新陈代谢旺盛，这会使心率增加、体重减轻和体温升高。

降血钙素会在后文进行讨论，它在维持体内钙离子水平方面起到了重要的作用。

甲状旁腺：调节钙离子

学习目标30.5.2 两种对人体存活来说非常重要的激素

甲状旁腺是依附在甲状腺上的四个小腺体。由于它们很小且不引人注意，20世纪前，它们一直被研究人员忽略。第一次发现甲状旁腺能产生一种激素是在一项从狗的身体中移除甲状旁腺的实验：狗的血液中钙离子的浓度比正常水平下降了一半。然而，如果狗被注射了甲状旁腺的提取液，其钙离子浓度又会回到正常水平。如果注射过量，血液中钙离子水平会过高，狗的骨骼实际上会被提取液瓦解。这说明，甲状旁腺能产生一种作用于钙离子的激素，即影响骨骼摄取或释放钙离子。

甲状旁腺产生的激素是**甲状旁腺激素**（PTH），见图30.9。身体中只有两种激素对生存来讲是必需的，而它是其中之一（另一种激素是由肾上腺产生的醛固酮）。PTH能调节血液中钙离子水平。回顾一下，我们知道钙离子是肌肉收缩中的关键因子：通过刺激钙离子的释放，神经冲动能引起肌肉收缩。如果没有使心脏泵血和驱动身体的肌肉，那么脊椎动物就无法存活，如果钙离子不能保持在小范围内波动，那么这些肌肉就不能发挥作用。

作为一个自动防故障装置，PTH可以确保钙离子水平永远都不会降至太低。如果钙离子水平下降了［图30.9（a）］，那么PTH就会被释放到血液中，

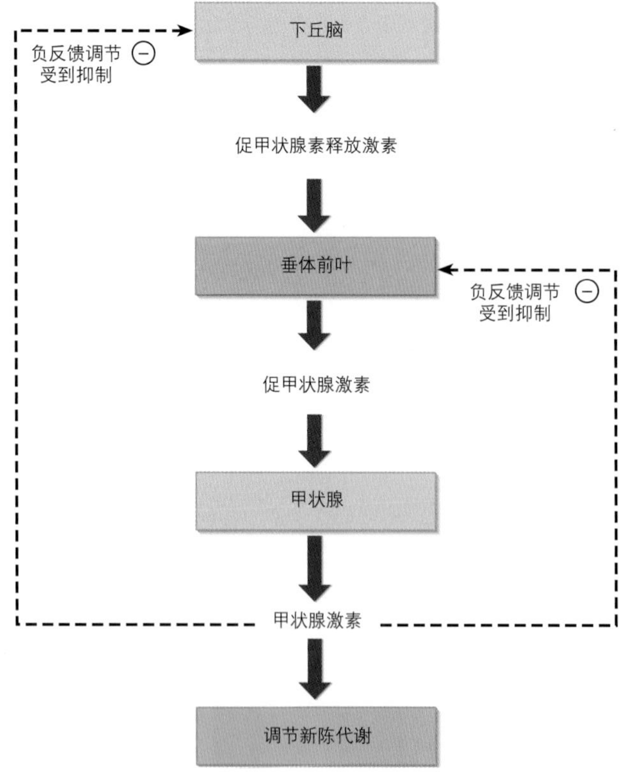

图30.8 甲状腺分泌甲状腺激素

甲状腺能够通过负反馈调节机制控制下丘脑和垂体前叶。甲状腺肿是由饮食中缺碘而引起的，这会使甲状腺的分泌减少。结果使得负反馈作用减少，促甲状腺激素刺激甲状腺的作用不会受到抑制，因此甲状腺会增大。

运送至骨骼部位，作用于骨骼中的破骨细胞（蓝色的细胞），刺激它们瓦解骨组织，并将钙离子释放至血液中。PTH也能作用于肾脏，使其从滤液中重新吸收钙离子并激活维生素D，维生素D有利于小肠对钙离子的吸收。饮食中缺少维生素D会导致骨生成较差，这一现象被称为佝偻病。血液中钙离子水平较低时，甲状旁腺会合成PTH，从本质上来讲，身体是牺牲了骨骼而保证了血液中的钙离子水平稳定，因为这对保持肌肉和神经组织的正常功能来说是必要的。前面提到的降血钙素是由甲状腺释放的，其作用与PTH相反。当血液中钙离子水平升高［图30.9（b）］时，降血钙素能激活成骨细胞（橙色细胞）吸收钙离子并且重建骨骼。

肾上腺：两个腺体融为一体

学习目标30.5.3　肾上腺两个部分的功能

哺乳类有两个**肾上腺**，每个都分别位于一个肾脏上方（见表30.1）。每个肾上腺都由两部分组成：（1）内部核心，称为**髓质**，它能产生肾上腺素和去甲肾上腺素；（2）外层壳体，称为**皮质**，它能产生类固醇激素，皮质醇和醛固酮。

肾上腺髓质：紧急预警警报器　髓质在遇到压力的时候能产生肾上腺素和去甲肾上腺素。这些激素能作为紧急预警信号，刺激身体能量的快速部署。这些激素在整个身体中产生的“警报”响应，与交感神经系统完成的个体效应是一样的，但是它会更持久。这些激素起到的作用还有心跳加快、血压升高、血糖增高与流入心脏和肺部的血量增多。

肾上腺皮质：维持无机盐的适量　皮质能产生一种类固醇激素皮质醇。皮质醇（也称为氢化可的松）能对身体中的很多细胞产生作用，以维持它们的营养健康。它能刺激碳水化合物进行新陈代谢并减少炎症的发生。这种激素的合成衍生物，比如泼尼松被用作一种消炎药，有着广泛的医学用途。皮质醇也被称为应激激素，在感受到压力的时候释放以帮助身体应对急性压力。当身体处在慢性压力中并且身体中的皮质醇水平仍然很高时，问题就出现

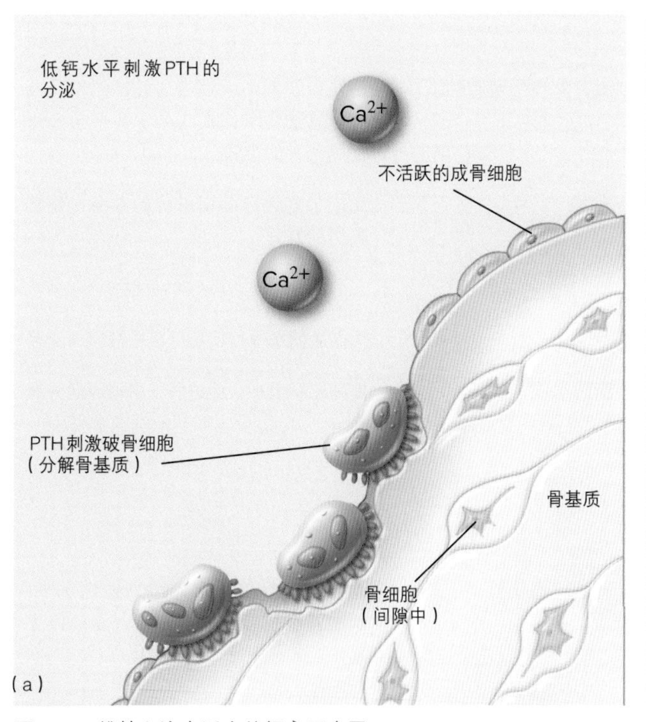

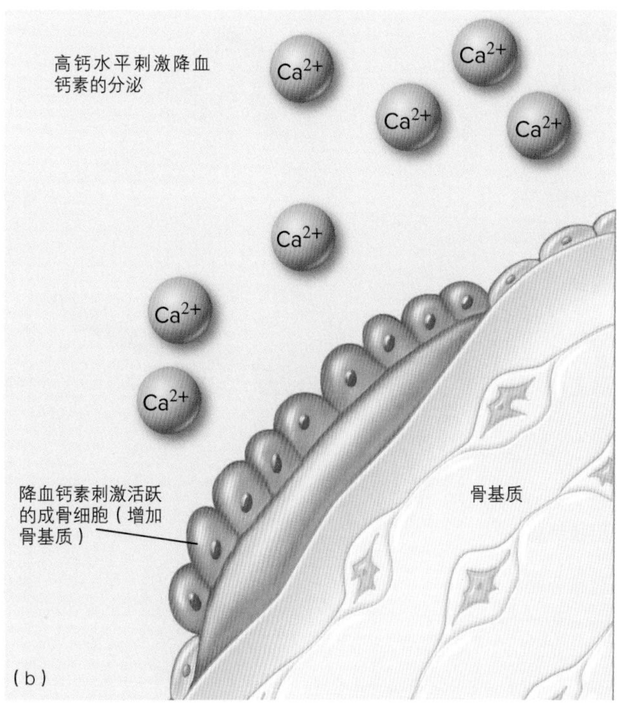

图30.9　维持血液中适当的钙离子水平

（a）当血钙含量过低时，甲状旁腺会产生大量的PTH，它能刺激骨的分解并释放钙离子。（b）相反地，过高的血钙含量会触发甲状腺分泌降血钙素，它能抑制钙离子从骨中释放，并促进成骨细胞的活性，以清除血液中的钙离子，并使其沉积在骨中。

表30.1　主要的内分泌腺		
内分泌腺和激素	**靶标**	**主要生理活动**
肾上腺皮质 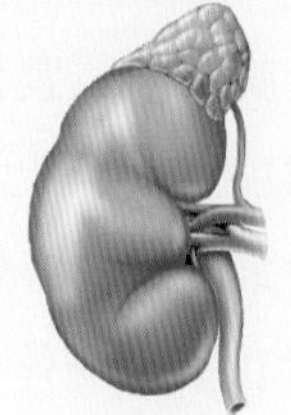		
醛固酮	肾小管	维持钙离子和钾离子的适当平衡
皮质醇	普通细胞	适应长期的压力；提高血糖水平；调动脂肪
肾上腺髓质 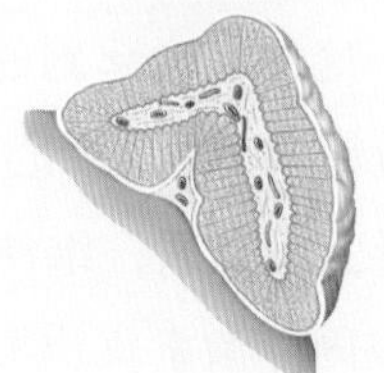		
肾上腺素和去甲肾上腺素	平滑肌、心肌、血管、骨骼肌	启动应激响应；增加心率、血压及代谢速率；扩张血管；调动脂肪；提高血糖水平
下丘脑		
促甲状腺素释放激素	垂体前叶	刺激TSH从垂体前叶释放
促肾上腺皮质激素释放激素	垂体前叶	刺激ACTH从垂体前叶释放
促性腺激素	垂体前叶	刺激FSH和LH从垂体前叶释放
催乳素释放因子	垂体前叶	刺激PRL从垂体前叶释放
生长激素释放激素	垂体前叶	刺激GH从垂体前叶释放
催乳素抑制激素	垂体前叶	抑制PRL从垂体前叶释放
生长激素抑制素	垂体前叶	抑制GH从垂体前叶释放
促黑激素释放抑制因子	垂体前叶	抑制MSH从垂体前叶释放
卵巢 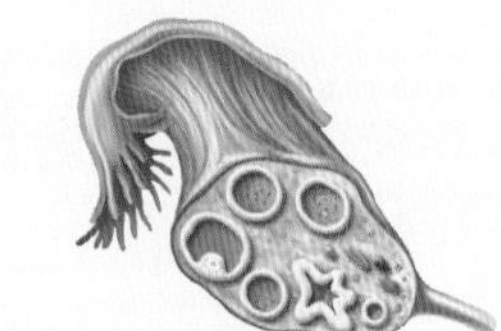 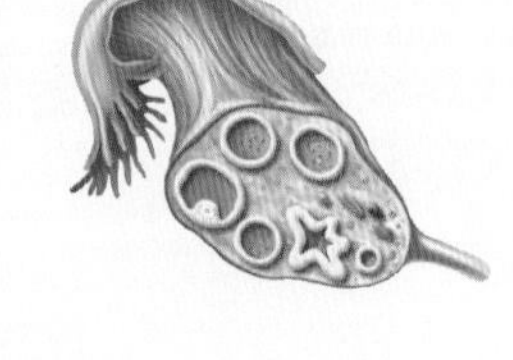		
雌激素	普通细胞、女性生殖结构	激发青春期中女性第二性征的发育及性器官的生长；促进子宫为怀孕而进行每个月的准备
黄体酮	子宫、乳房	完成子宫为怀孕而进行的准备；刺激乳房的发育
胰腺 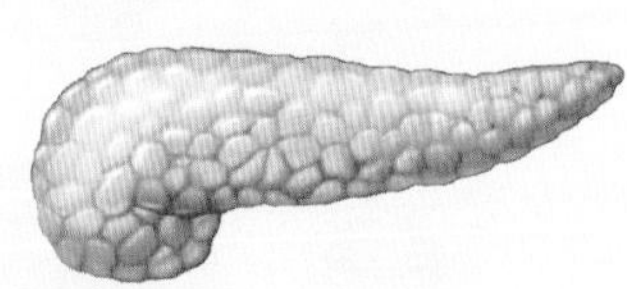		
胰岛素	普通细胞	降低血糖水平；增加肝脏中糖原的储存
胰高血糖素	肝脏、脂肪组织	提高血糖水平；促进肝脏中糖原的分解
甲状旁腺 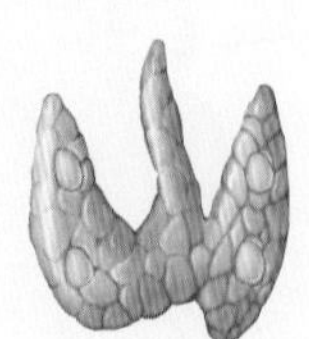		
甲状旁腺激素	骨骼、肾脏、消化管	通过刺激骨的分解而增加血钙水平；刺激肾脏进行钙的重吸收；激活维生素D

表30.1　主要的内分泌腺（续）

内分泌腺和激素	靶标	主要生理活动
松果体 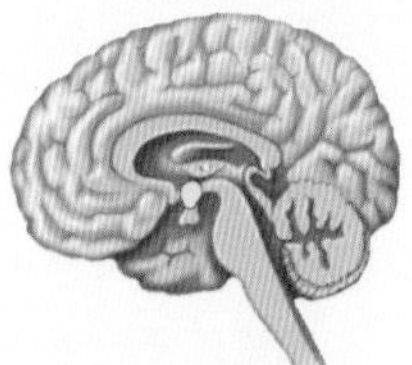		
褪黑素	下丘脑	功能尚不明确；可能帮助控制人类的青春期初始阶段并调节睡眠周期
垂体后叶 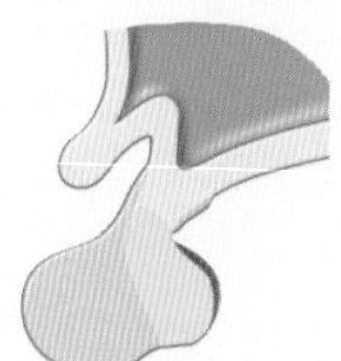		
催产素	子宫、乳腺	刺激子宫的收缩；刺激乳汁的分泌
抗利尿激素	肾脏	留存水分；增高血压
垂体前叶		
生长激素	普通细胞	通过刺激蛋白质的合成来促进生长并分解脂肪酸
催乳素	乳腺	刺激产后乳汁的分泌
促甲状腺激素	甲状腺	刺激甲状腺激素的分泌
促肾上腺皮质激素	肾上腺皮质	刺激肾上腺皮质激素的分泌
卵泡刺激素	性腺	刺激卵泡的生长以及女性体内雌激素的分泌；刺激男性精子细胞的产生
黄体生成素	卵巢和睾丸	刺激女性排卵及黄体的生成；刺激男性睾酮的分泌
促黑素	皮肤	刺激爬行动物及两栖动物皮肤颜色的改变；哺乳动物体内功能未知
睾丸 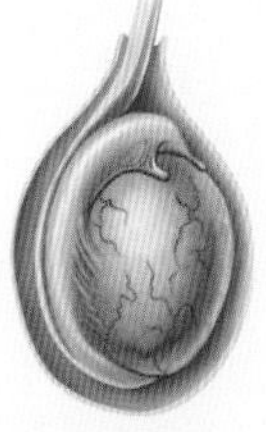		
睾酮	普通细胞，男性生殖结构	刺激男性第二性征的发育以及青春期的迅速生长；刺激性器官的发育；刺激精子的产生
甲状腺 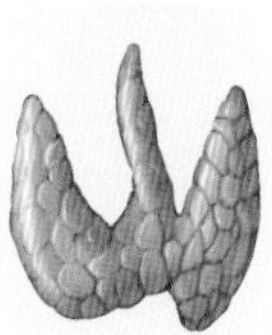		
甲状腺激素（甲状腺素、T4及其他）	普通细胞	刺激代谢速率；对正常的生长和发育来说十分必要
降血钙素	骨骼	通过抑制钙从骨骼中的释放来降低血钙水平
胸腺 		
胸腺素	白细胞	促进白细胞的产生和成熟

了。这会导致血压升高，免疫功能下降，脂肪堆积，无法维持正常的血糖水平等。皮质醇带来的这些慢性作用是不健康的。

肾上腺皮质也能产生**醛固酮**。醛固酮首先作用于肾脏，它能促进肾脏从尿液中吸收钠离子以及其他无机盐，同时也会增加对水的重吸收。钠离子在神经传导及许多其他身体功能中起到了关键的作用。水分是维持血量和血压的必要条件。醛固酮是对生存来说至关重要的两种内分泌激素之一，另一种是PTH。肾上腺的移除必然会带来死亡。

关键学习成果 30.5

甲状腺作为新陈代谢调节器，能分泌调节新陈代谢速率的激素。甲状旁腺激素能调节血液中的钙离子水平。肾上腺髓质能释放肾上腺素和去甲肾上腺素。肾上腺激素醛固酮能促进肾脏吸收钠离子及其他无机盐离子。

调查与分析
INQUIRY & ANALYSIS

吸烟与肺癌之间的联系有多紧密?

在美国所有的癌症案例中，大约有1/3是直接由吸烟引起的。关于吸烟与癌症的联系，肺癌尤其引人注目。癌细胞可以从肺部迁移至淋巴和血管，并且蔓延至全身。许多肺癌患者都死于身体其他部分的继发性肿瘤，比如大脑。2009年美国有超过50万人死于癌症，其中大约有28%死于肺癌。

所有美国人都会死亡。但这一数据统计值的悲剧在于，有很多人根本不必那么快就死亡：死于肺癌的患者中有87%都是吸烟人士。吸烟在美国人中非常流行。在美国，21%的成年人和23%的青少年都抽烟，2005年美国的烟民一共消耗了3,890亿根烟卷。烟卷释放的烟中含有大约3,000种化学物质，其中包括氯乙烯、苯并［a］芘以及N-亚硝基尼古丁，所有物质都是强烈的致癌物质。吸烟会使这些致癌物质直接进入肺部组织，其潜在的结果是导致癌症的发生。

每天的吸烟数与肺癌的发病率之间的关联有多紧密？为了找出这一答案，研究人员进行了一个详细的实验，其中包括美国男性肺癌的发病率与他们每天的吸烟数。结果展示在右上侧的图表中。

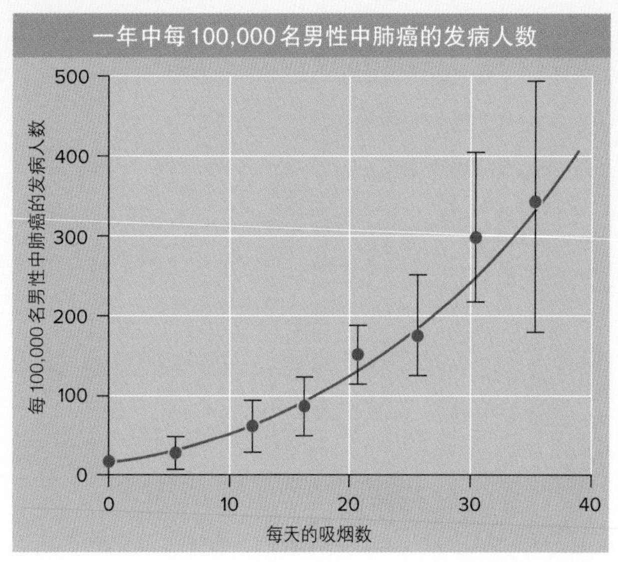

分析

1. **应用概念**

   a. 在图表中，因变量是什么？

   b. 图表中每个点上面的垂线代表了“误差线”。在每天吸20支烟的男性中，因对癌症发病率的估计而产生的误差是多少？在每天吸30支香烟的男性中呢？

2. **解读数据**

   a. 如果每100,000名男性中，有100个人患有癌症，那么癌症患者的比例是多少？

   b. 你看出图表中误差线的大小存在一种趋势吗？可能的原因是什么？

3. **进行推断**

   a. 一包香烟有20支。“一天一包”的烟民中，癌症的发病率是多少？

   b. 不吸烟的人中，肺癌的发病率是多少？

   c. 比较一天吸一包烟的人群与不吸烟的人群感染肺癌的风险。

   d. 每天的吸烟数量与肺癌的发病率之间是线性关系吗？为什么你认为它们是这种关系？关于这种吸烟过度的风险，你有什么看法？

4. **得出结论**

   这些结果支持吸烟会导致癌症这一假设吗？它们能证明该假设吗？请解释原因。

本章回顾

Reviewing What You Have Learned

神经内分泌系统

激素

30.1.1 激素是腺体或其他内分泌组织产生的化学信号，并被运送至身体远处的部位。内分泌腺能产生激素并将其释放至血液中。

30.1.2 内分泌腺及组织受中枢神经系统的控制，主要是下丘脑。来自下丘脑的指令通常可以使内分泌腺释放激素。具有能与该激素结合的受体并对此做出响应的细胞，被称为“靶细胞”。激素与受体结合，引发细胞发生反应，通常是细胞活动或遗传基因表达方面的改变。

30.1.3 组成内分泌激素的四种化学物质是多肽、糖蛋白、胺类以及类固醇。

激素如何靶向细胞

30.2.1 类固醇激素是脂溶性分子。它们能穿过靶细胞的细胞膜，然后与细胞质或细胞核中的受体结合。激素–受体复合物结合到DNA上，导致能改变细胞功能的基因表达的变化。

• 多肽类激素不能通过细胞膜。相反地，它们能与跨膜受体蛋白结合。激素的结合能导致受体内侧发生改变，可以激活第二信使。

30.2.2 第二信使，比如cAMP，能激活细胞中的酶。这些酶可以刺激细胞活动发生改变。第二信使系统是一系列能放大信号的级联反应，并促进细胞活动的改变。

主要内分泌腺

下丘脑和垂体

30.3.1 垂体实际上是两个腺体：垂体后叶和垂体前叶。垂体后叶发育以后可以作为下丘脑的扩展部分，并且包括从下丘脑细胞体中延伸出来的轴突。

• 垂体后叶释放的激素实际上是由下丘脑产生的，并且通过轴突运送至垂体后叶进行储存及释放。垂体后叶释放的激素包括抗利尿激素和催产素，抗利尿激素能调节肾脏中水分的留存，催产素能刺激分娩时的子宫收缩和产后乳汁的分泌。

30.3.2 垂体前叶来源于上皮组织，能产生激素并释放。垂体前叶能产生7种激素。它们是促甲状腺激素、促肾上腺皮质激素、生长激素、卵泡刺激素、黄体生成素、催乳素以及促黑素。下丘脑控制垂体前叶。

30.3.3 下丘脑将激素释放至垂体柄周围的毛细血管中，这被称为下丘脑–垂体门脉系统。它们经历较短的距离进入垂体前叶，如图30.5所示。许多激素能被负反馈机制控制。当释放了足够的激素时，它能反过来抑制产生该激素的过程。

胰腺

30.4.1 胰腺产生两种激素——胰岛素和胰高血糖素，将它们释放至血液中。这些激素相互作用以维持血糖水平的稳定。胰岛素能刺激细胞从血液中摄取葡萄糖。胰高血糖素能刺激糖原分解成葡萄糖。胰岛中两种不同的细胞分别产生胰岛素和胰高血糖素。

• 当胰岛素无法使用或者细胞无法对胰岛素产生响应时，就会导致糖尿病。

甲状腺、甲状旁腺与肾上腺

30.5.1 甲状腺能产生几种激素，但是最重要的两种激素是能促进新陈代谢和生长的甲状腺激素以及能刺激骨骼吸收钙的降血钙素。甲状腺激素能被负反馈机制调节，并且甲状腺分泌过多或过少都会导致严重的健康问题。

30.5.2 甲状旁腺是四个依附在甲状腺旁边的小腺体。甲状旁腺能产生甲状旁腺激素。甲状旁腺激素能调节血钙水平。较低的钙离子浓度能刺激甲状旁腺释放甲状旁腺激素。甲状旁腺激素作用于骨骼以瓦解骨组织，释放Ca^{2+}至血液中，如图30.9。当Ca^{2+}浓度再次升高时，甲状腺会释放降血钙素并刺激骨细胞吸收Ca^{2+}，形成新的骨组织。

30.5.3 肾上腺实际上是两个腺体：肾上腺髓质是内部核心，肾上腺皮质是外层壳体。肾上腺髓质能分泌肾上腺素和去甲肾上腺素，肾上腺皮质分泌醛固酮，它就像是甲状旁腺激素，对生存来讲是必要的。它能促进对尿液中的钠离子和水的重吸收。

本章测验

Test Your Understanding

30.1.1（1）与电信号相比，化学信号的一个优势是_______。

a. 对刺激产生的反应非常快

b. 尽管它会消耗大量的化学物质，但化学信号是非常高效的

c. 化学信号比电信号徘徊的时间长，可以被缓慢的过程利用

d. 化学信号可以对外部的和内部的刺激做出响应

30.1.1（2）以下哪项是对激素最好的描述？

a. 激素是很不稳定的并且只能在合成它的腺体附近发挥作用

b. 激素是由腺体释放的能持续很长时间的化学物质

c. 所有的激素都是脂溶性的

d. 激素是释放至环境中的化学信使

30.1.2 内分泌系统的调节中心是_______。

a. 下丘脑　　c. 甲状腺

b. 肾上腺　　d. 胰腺

30.1.3 激素与神经递质很相似，因为它们_______。

a. 有与自己结构相契合的受体　　c. 被释放至血液中

b. 是蛋白质　　d. 以上说法都对

30.2.1（1）类固醇激素的作用与多肽类激素是不同的，因为______。

a. 多肽类激素必须进入细胞发挥作用，而类固醇激素必须作用于细胞膜的外表面

b. 类固醇激素必须进入细胞发挥作用，而多肽类激素必须作用于细胞膜的外表面

c. 多肽类激素能产生激素-受体复合物并直接作用于DNA，而类固醇激素能导致第二信使的释放以激活酶的作用

d. 以上说法都不正确

30.2.1（2）塔德是你朋友索菲亚的弟弟，想要在高中成为运动明星。尽管他还在上八年级，但他吹嘘他服用了从朋友那里得到的类固醇，为了明年能“长大”。他问你是否曾经听到过他这个年纪的孩子的问题；他只想服用“一两年”以获得足球奖学金，从而使他的家庭可以负担他上大学的费用。通过回顾第3章的“体育运动中的合成代谢类固醇”，你会如何建议他？

30.2.2（1）第二信使能增强激素的信号，是通过_______。

a. 增加激素的生成量　　c. 刺激酶的级联反应

b. 稳定激素的结构　　d. 激活干扰的mRNA

30.2.2（2）假设有两种不同的器官，例如肝脏和心脏，都对一种激素很敏感（比如肾上腺素）。这两个器官中的细胞都具有针对该激素的相同的受体，并且激素-受体复合物能在两个器官内产生相同的细胞内第二信使。然而，同种激素在两种器官中具有不同的效果。请解释其原因。

30.3.1（1）控制尿液中水分留存的激素由哪种腺体释放？

a. 甲状腺　　c. 垂体前叶

b. 胸腺　　d. 垂体后叶

30.3.1（2）你的叔叔萨尔喜欢参加聚会。当他外出饮酒以后，他抱怨称需要经常小便。你向他做出了解释，这是因为酒精抑制了一种激素的释放，这种激素是_______。

a. 甲状腺激素，它能增加肾脏对水分再吸收

b. 甲状腺激素，它能减少肾脏对水分再吸收

c. 抗利尿激素，它能增加肾脏对水分再吸收

d. 抗利尿激素，它能减少肾脏对水分再吸收

30.3.2 _______是一种激素，它能刺激肾上腺产生大量固醇激素。

a.ACTH　　c.TSH

b.LH　　d.MSH

30.3.3 下丘脑-垂体门脉系统能将激素从_______运送至_______。

a. 下丘脑；垂体后叶　　c. 垂体前叶；下丘脑

b. 下丘脑；垂体前叶　　d. 垂体后叶；下丘脑

30.4.1（1）1型糖尿病是由_______腺体的内分泌细胞异常产生的。

a. 垂体后叶　　c. 肝脏

b. 胰腺　　d. 垂体前叶

30.4.1（2）你的两餐之间经历了很长的时间。你的身体对此做出的响应是减少_______。

a. 胰岛素以提高血糖含量

b. 胰高血糖素以提高血糖含量

c. 胰岛素以降低血糖含量

d. 胰高血糖素以降低血糖含量。

30.5.1（1）引起甲状腺释放降血钙素的原因是_______。

a. 血液中葡萄糖含量过高　　c. 血液中钙离子含量过高

b. 血液中钠离子含量过高　　d. 血液中碘含量过高

30.5.1（2）一个人患有甲状腺肿是因为_______。

a. 缺少碘　　c. 甲状腺激素过量

b. 钙离子含量低　　d. 下丘脑不活跃

30.5.2 除了醛固酮以外，对人体的存活来讲十分必要的另一种激素是_______。

a. 甲状腺素　　c. 降血钙素

b. 甲状腺激素　　d. 甲状旁腺激素

30.5.3 肾上腺素的作用是模仿_______。

a. 躯体神经系统　　c. 副交感神经系统

b. 中枢神经系统　　d. 交感神经系统

第 6 单元　动物

31

学习目标

脊椎动物的生殖

31.1　无性生殖与有性生殖

1　无性生殖与有性生殖

2　孤雌生殖与雌雄同体

3　*SRY*基因在性别决定中的作用

31.2　脊椎动物有性生殖的进化史

1　卵生、卵胎生和胎生

2　鱼类和两栖类的幼体的发育

3　爬行动物和鸟类适应陆地生活的繁殖特性

4　单孔类、有袋类和胎盘哺乳动物的生殖

人类的生殖系统

31.3　男性

1　男性生殖系统：精子产生的场所与形成的过程

31.4　女性

1　女性生殖系统：卵细胞产生的场所与形成的过程

2　一个卵细胞从形成到受精的旅程

31.5　激素调控生殖周期

1　月经周期的两个阶段与四种激素的调控

2　卵泡期的过程

3　黄体期的过程

发育过程

31.6　胚胎发育

1　受精后事件及囊胚的形成

2　原肠胚的事件及胚层的形成

3　神经胚形成的关键

31.7　胎儿发育

1　妊娠后第四周、第二个月、妊娠中期和晚期的变化

2　激素在分娩中的作用

生物学与保健　为什么男性很少患乳腺癌？

节育与性传播疾病

31.8　节育与性传播疾病

1　五种节育方法的效果

2　六种主要的性传播疾病

调查与分析　为什么性传播疾病发生频率不同？

生殖与发育

几乎没有什么话题比性更能渗透我们的日常思维，而性冲动长久地伴随生命的存在。性欲并非出于偶然，这种炽热的情感乃是人之本性。与人类一样，所有的动物也都有性欲。发情中的猫的叫声，窗外的虫鸣，沼泽里的蛙声，还有那北国冰天雪地中的狼嚎——所有的这些都是发自生命世界的最本真的声音，这是迫切地要繁衍后代的欲望，经历漫长的进化有了如今的模样。家族的繁衍让我们自然而然地产生了正当感和成就感。面对新生的婴儿，谁会吝啬一个微笑？谁不会因为看到他而感觉温暖？谁不会因为看到父母亲脸上的惊奇和喜悦而感到温暖？这一章将要讨论脊椎动物的性与生殖，人类也是脊椎动物的一员。许多学生都必须做出关于性的重大决定，因此这门课程不仅是学术上的兴趣使然，而且是每一个学生都需要好好了解的。

31.1 无性生殖与有性生殖

生殖策略

学习目标31.1.1 无性生殖与有性生殖

不是所有的生殖都需要亲代。子代与一个亲代基因完全相同的无性生殖是原生生物、刺胞动物、尾索动物的主要生殖方式。一些较复杂的动物体也能进行无性生殖。

通过有丝分裂，一个亲代细胞产生遗传基因完全相同的两个子细胞。如图31.1所示，眼虫（*Euglena*）就是通过这种分裂方式进行无性生殖的，或者称为分裂生殖。DNA进行复制，鞭毛等细胞结构也会加倍。细胞核分裂成两个相同的细胞核，分别进入两个子细胞。

刺胞动物一般通过出芽的方式进行生殖，即亲代的一部分与其他部分分离，分化形成一个新个体。新个体既可以成为独立的个体，也可以吸附在亲代上，形成一个群落。

与无性生殖不同的是，有性生殖的发生需要两个细胞结合才能形成一个新个体。这些细胞被称为配子，这两种彼此结合的配子，分别被称为精子和卵细胞（或卵子）。一个精子与一个卵细胞结合就产生了一个受精卵（或称合子）。受精卵通过有丝分裂发育成一个新的多细胞生物体。受精卵及其通过有丝分裂所产生的细胞都是二倍体，它们都拥有两组同源染色体。配子由生殖器官（或称性腺）——精巢和卵巢——产生，它们都是单倍体。

不同形式的性别决定

学习目标31.1.2 孤雌生殖与雌雄同体

孤雌生殖是一种由未受精的卵细胞发育成子代的生殖方式，常见于许多节肢动物。一些物种只能进行孤雌生殖，而另一些则能在代际进行孤雌生殖与有性生殖的转换。例如蜜蜂，蜂后仅交配一次，然后就把精子储存起来。它能控制精子的释放，如果没有精子被释放，蜂后的卵细胞就通过孤雌生殖发育成雄蜂，它们都是雄性；如果精子被释放，并使卵细胞受精，受精卵就能发育成其他蜂后或工蜂，它们都是雌性。

1958年，苏联生物学家伊利亚·达列夫斯基（Ilya Darevsky）报道了第一例脊椎动物的特殊生殖方式。他发现一些蜥蜴属的小蜥蜴种群全部是雌性。他认为这些蜥蜴尽管没有受精，但还是能产下可以自行发育的卵。换言之，它们能在没有精子的环境下进行无性生殖，这是一种孤雌生殖。进一步的研究表明，在其他蜥蜴种群中也存在孤雌生殖。

雌雄同体是另一种异常的生殖策略，指一个个体同时拥有精巢和卵巢，因此，既能产生精子又能产生卵细胞。哈姆雷特海鲈（hamlet bass，属名：

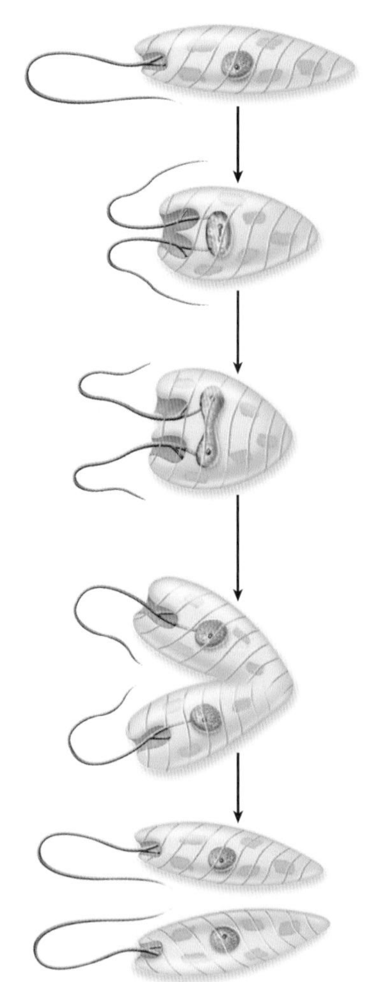

图31.1 原生生物的无性生殖
原生生物眼虫的无性生殖：成熟的个体通过分裂生殖而分离，形成两个完整的个体。

Hypoplectrus）就是雌雄同体，既能产生精子又能产生卵细胞。仅在一次交配中，他们就可以转换四次性别。交尾时，每条鱼都会从产卵，等待被其配偶的精子受精，转变为排精并使其配偶的卵细胞受精。绦虫也是雌雄同体，既能进行自体受精，又能进行异体受精。这是一种非常有用的策略，因为一条绦虫在宿主体内几乎不可能遇到另一条绦虫。但是，大多数雌雄同体的动物需要另一个体才能进行繁殖。例如蚯蚓，只有两条蚯蚓才能进行交配生殖，就像哈姆雷特海鲈，每条既充当雄性，又充当雌性，每条都能使配偶的卵受精。

序列性雌雄同体（sequential hermaphroditism）的个体能变换性别，出现在很多鱼类中。例如珊瑚礁鱼类中，就有雌性先熟型（先是雌性，能从雌性变成雄性）和雄性先熟型（先是雄性，能从雄性变成雌性）。雌性先熟的蓝头濑鱼，性别变换表现出群体控制。这些鱼通常营群体性生活，只有一条或少数几条大的、占优势的雄性能成功地完成生殖。如果去除这些雄性，那么最大的雌性就会迅速变换性别，成为雄性。

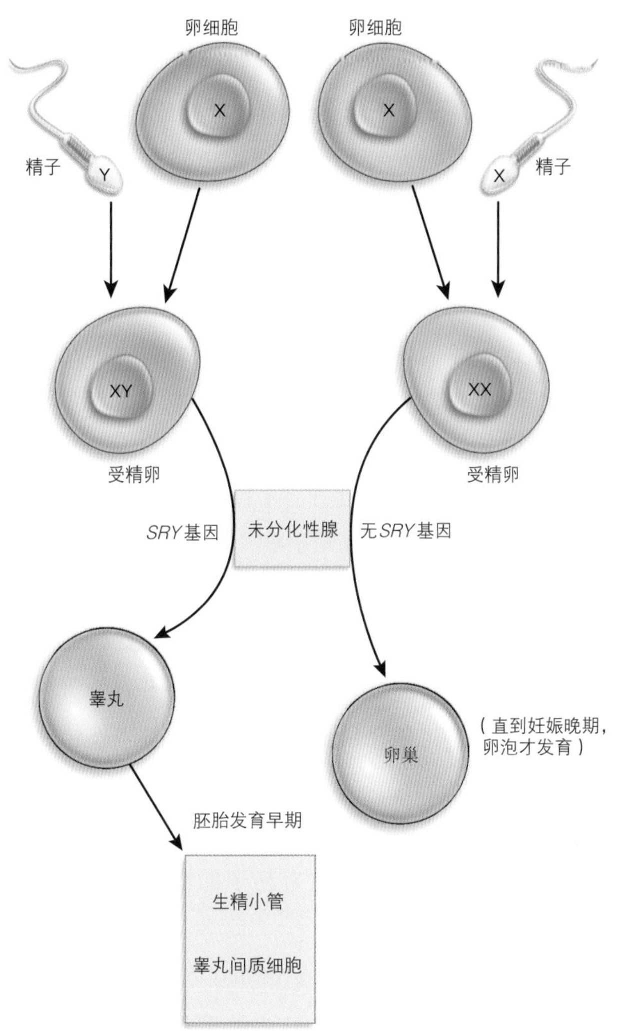

图31.2　性别决定

哺乳动物的性别是由Y染色体上的*SRY*基因决定的。有Y染色体和*SRY*基因的个体会发育出睾丸，否则会发育出卵巢。

性别决定

学习目标31.1.3　*SRY*基因在性别决定中的作用

在刚才提到的鱼类和一些爬行动物中，环境的变化可以导致动物性别的变化。在哺乳动物中，性别在胚胎发育早期就已经决定了。在受孕后的40天内，人类男性和女性的生殖系统基本相似。在这期间，那些未来会分裂成卵细胞或精子的细胞会迁移至胚胎性腺，而胚胎性腺存在发育为雌性卵巢或雄性睾丸的潜力。如果胚胎是XY型，则为雄性，其Y染色体上携带的基因将促使其性腺发育为睾丸（图31.2左侧）。在XX型的雌性胚胎中，由于不存在Y染色体基因及其编码的蛋白，其性腺则发育为卵巢（图31.2右侧）。最新证据表明，已知的*SRY*基因（Y染色体上性别决定域）可能就是性别决定基因。在不同脊椎动物群体的进化过程中，*SRY*基因呈现出高度保守。

一旦胚胎形成了睾丸，其分泌的睾酮及其他激素会促使雄性外生殖器及附属生殖器官的发育（如蓝框中所示）。如果没有形成睾丸，胚胎将发育出雌性外生殖器及其附属生殖器官。由于这一时期的卵巢尚不具备生理功能，所以就无法促进雌性生殖器官的发育。换句话说，如果没有睾丸分泌的激素使胚胎雄性化，所有哺乳动物的胚胎都会发育出雌性外生殖器官及其附属生殖器官。

关键学习成果　31.1

有性生殖为动物中最普遍的一种生殖方式，但是也有许多动物进行无性生殖，如分裂生殖、出芽生殖和孤雌生殖。进行有性生殖的同一物种，一般情况下是来自不同个体的配子彼此融合，但也有雌雄同体的。

31.2 脊椎动物有性生殖的进化史

体外受精与体内受精

学习目标31.2.1 卵生、卵胎生和胎生

在统治陆地之前，脊椎动物有性生殖的进化过程发生在海洋中。大多数的雌性海洋硬骨鱼，会将大量的卵细胞排到水里。而雄性则通常将精子排放到含有卵细胞的水里，在水中游离的配子互相结合。这个过程被称为**体外受精**。

尽管对于配子来讲，海水并不是一个不利的环境，但是它们还是会迅速地分散开，为此雌鱼和雄鱼必须几乎同时排放卵细胞和精子。所以，大多数海洋鱼类，都有一个短暂的、非常明确的排卵周期和排精周期。有一些鱼类每年排一次卵细胞或精子，而另一些则更频繁。海洋中几乎没有什么信号可以让生物的繁殖与季节同步化，只有月球的周期变化是普遍适用的。这个周期为一个月，当月球最接近地球时，地球与月球之间的引力会增强，导致潮汐变强。许多海洋生物感觉到潮汐的变化，随之产生并释放配子。

体外受精在鱼类中常见，而体内受精则常见于其他脊椎动物。陆生生物在进军陆地的过程中面临干旱的威胁，而对于那些又小又脆弱的配子来说，这种情况更加严峻。在陆地上，配子被释放后会迅速变干并且失活，因此排出的配子只是简单地彼此靠近是不行的。所以，陆地脊椎动物（和某些鱼类）面临很强的自然选择压力，为此它们进化出**体内受精**的方式，即雄性动物将雄配子排入雌性动物的生殖道中。通过这种途径，尽管成年动物已经完全陆生，受精过程却仍旧发生在一个并不干燥的环境。进行体内受精的脊椎动物有三种胚胎和胎儿发育的策略，根据发育过程中的胚胎与卵和母体的关系，体内受精的脊椎动物可以被分为卵生、卵胎生和胎生。

卵生 在卵生过程中，卵细胞在完成体内受精之后，被母体排出接着在体外完成胚胎发育。这种方式常见于某些硬骨鱼、大多数爬行动物、某些软骨鱼、某些两栖动物、少数哺乳动物和所有的鸟类。

卵胎生 在卵胎生方式中，受精卵留在母体中完成胚胎发育，但是胚胎仍从其卵黄中获取所有的营养物质。当其从母体中孵化出时，已经充分发育。这种方式常见于某些硬骨鱼（包括摩利鱼、孔雀鱼和食蚊鱼）、某些软骨鱼和许多爬行动物。

胎生 在胎生方式中，幼体在母体中发育并直接从母体的血液中获取营养物质，而不是从卵黄中。这种方式常见于大多数软骨鱼、一些两栖动物、一些爬行动物，和几乎所有的哺乳动物中。

鱼类和两栖动物

学习目标31.2.2 鱼类和两栖动物的幼体的发育

鱼类 硬骨鱼（真骨鱼）的大多数种类都是体外受精的，卵细胞中含有的卵黄只能够维持胚胎的短期发育。当初始供应的卵黄被耗尽后，幼鱼就必须从它周围的水中寻找食物来维持生计。鱼类的发育十分迅速，生存下来的幼体很快就可以成熟。在单次交配中，成千上万的卵细胞会完成受精，但是，许多受精后开始发育的个体会死于捕食活动或者微生物感染，只有极少数幼体会发育成熟。

与硬骨鱼类形成鲜明对比的是，大多数软骨鱼类是在体内受精的。雄鱼通过腹鳍上的交合突，将精子注入雌鱼的体内。这些脊椎动物的幼体发育后通常都是胎生的。

两栖动物 两栖动物在侵入陆地时，还没有完全适应陆生环境，它们的生命周期仍然依赖于水。两栖动物，如绿红东美螈（图31.3），是在水中繁殖的，在移居到陆地前有水生幼体阶段。和多种硬骨鱼类一样，许多两栖动物也是体外受精的。雄性和雌性的配子分别通过泄殖腔释放出来（泄殖腔是消化系统、生殖系统和泌尿系统通向体外的共同开口）。

青蛙和蟾蜍的受精过程都是由雄性个体先紧紧地抱住雌性个体，再将含有精子的液体排放到已经释放在水中的卵细胞上。

尽管很多两栖动物的受精卵在水中发育，但是，也有一些有趣的例外（图31.4）。有两种青蛙的受精卵是在声囊和胃里发育的［其中一种是达尔文蛙，图31.4（d）]，它们的幼体会从亲代的嘴里爬出来。

与某些昆虫的生命周期类似，多数两栖动物的发育过程可以划分为胚胎期、幼体期和成体期。胚胎的发育是在受精卵中完成的，靠从卵黄中摄取营养。从受精卵中孵化出来后，水生幼体在一段相当长的时期内以一种自由游动、自主采食的方式生存。幼体体积增长的速度可能会很快。有些蝌蚪，也就是青蛙和蟾蜍的幼体，可以在几周的时间内从一个比铅笔尖还小的个体生长为如金鱼一般大的个体。当幼体生长到足够大的时候，它会转变成适应陆地生活的成体形式。这种发育过程称为变态发育。

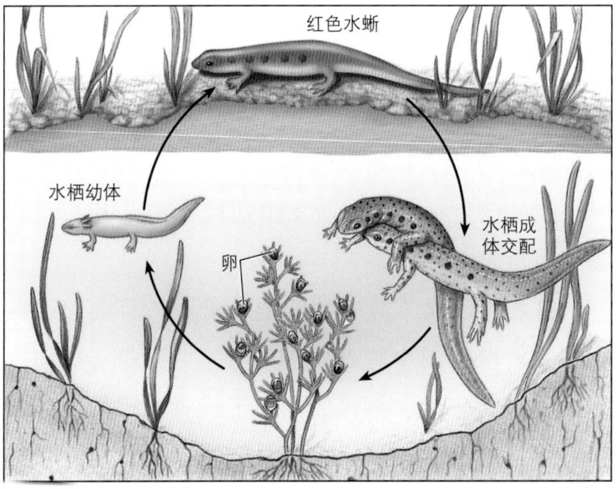

图31.3　绿红东美螈的生命周期
在许多蝾螈的生命周期中，既有水栖的阶段，又有陆栖的阶段。绿红东美螈（*Notophthalmus viridescens*）将卵产在水中，卵孵化成水栖幼体，幼体有外鳃和鳍状的尾。这种幼体经过一段时间的生长，会变态发育为陆栖的“红色水蜥”，之后再进一步变态，成为可生育的水栖成体。

爬行动物和鸟类

学习目标31.2.3　爬行动物和鸟类适应陆地生活的繁殖特性

大多数爬行动物和所有的鸟类都是卵生的。它们产出的卵是由可以避免干燥的防水膜保护的羊膜卵。蛋（卵细胞）在体内受精后，由母体产出体外完成它们的生长发育。像多数体内受精的脊椎动物一样，多数雄性爬行动物通过一个管状性器官（阴茎）将精子注入雌性体内。这个过程叫作交配。阴茎含有可勃起组织，可以变得非常坚硬并深入雌性生殖道中。

爬行动物表现出三种类型的体内受精。大多数爬行动物都是卵生，产下蛋后随即离开。这些蛋被

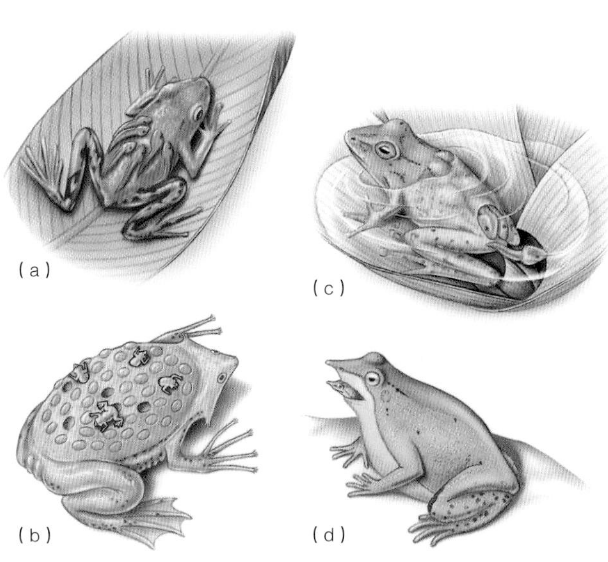

图31.4　青蛙幼体发育的几种方式
（a）雄性箭毒蛙会将蝌蚪放在自己的背上发育。（b）雌性苏里南角蛙的背上有许多特殊的孵卵袋，受精卵在里面发育成幼蛙。（c）南美洲的侏儒袋蛙，雌蛙会把发育中的幼体放到背上的一个育儿袋中。（d）达尔文蛙的蝌蚪在雄蛙的声囊中发育成幼蛙，并从雄蛙的嘴里爬出来。

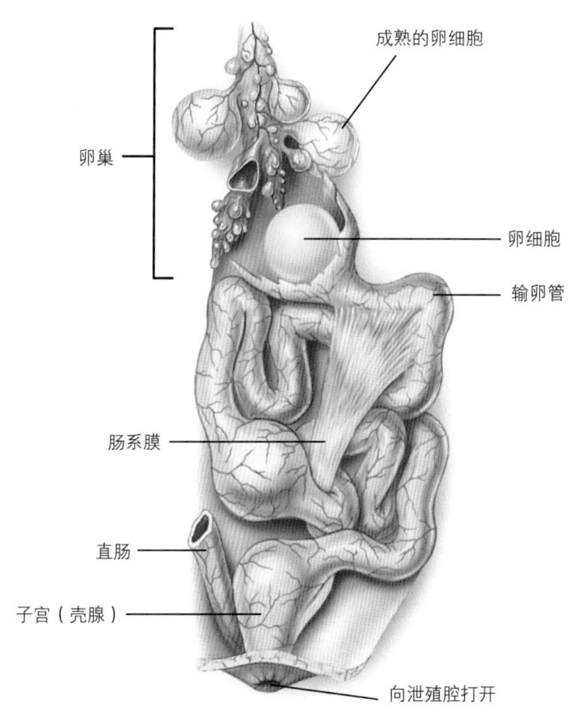

图31.5　鸟蛋的形成
在鸟类中，蛋（卵细胞）的受精发生在母体内输卵管的上部。随着受精卵穿过输卵管，白蛋白（蛋清）、壳膜和壳被分泌在蛋的周围。

一种坚韧的壳包裹。这层壳是在卵细胞在通过输卵管（雌性生殖道中连接卵巢的部分）的过程中沉积而成的。另外一些爬行动物是卵胎生（形成可以发育成胚胎的受精卵并在母体内孵化）或者胎生（胚胎在母体内生长发育，其所需要的营养来自母体，而不是卵黄）。

所有鸟都是体内受精，然而多数雄鸟没有阴茎。但是在一些较大的鸟类（包括天鹅、鹅和鸵鸟）中，雄鸟的泄殖腔向外凸出形成一个假阴茎。图31.5展示了鸟蛋的形成。随着受精卵自上而下地通过输卵管，腺体分泌白蛋白（蛋清）和坚硬的钙质外壳（不同于爬行类的蛋壳）。现代的爬行动物是变温动物（动物的体温随着周围环境温度的变化而改变），而鸟类是恒温动物（动物的体温相对保持恒定，不随环境温度的变化而改变）。因此，多数鸟类会孵化它们产下的蛋，以保持蛋的温度。

爬行动物和鸟类的卵被硬质的壳所包裹，这样的卵可以产在干燥的环境中，这被看作是爬行动物和鸟类对陆地生活环境最重要的适应之一。它们的胚胎在被羊膜包裹的充满液体的空腔中发育，因此这一类卵被称为羊膜卵。羊膜是胚外膜，起源于胚胎细胞形成的膜，包裹在胚胎之外。羊膜卵含有其他三个胚外膜，其中之一是卵黄囊。相比之下，鱼类和两栖动物的卵中只有卵黄囊一个胚外膜。

哺乳动物

学习目标31.2.4　单孔类、有袋类和胎盘哺乳动物的生殖

季节性繁殖的哺乳动物，比如狗、狐狸和熊，一年只繁殖一次。而其他的哺乳动物，比如马和羊，在一年中的特定时间段有多个短的繁殖周期。在这种繁殖类型的哺乳动物中，雌性生殖能力通常具有周期性，而雄性则持续具有生殖能力。在雌性的生殖周期中，卵巢周期性地排出成熟的卵细胞，这个过程被称为排卵。大多数雌性哺乳动物只有在排卵的这段时间内对雄性具有性接受力，这段时期就是发情期。所以哺乳动物的这种生殖周期被称为发情周期。雌性动物持续进行发情周期的循环，直到受孕成功。

在大多数哺乳动物的发情周期中，机体通过周期性改变垂体前叶分泌的FSH和LH，进而引起卵巢卵细胞的发育和内分泌激素的变化。人类和类人猿的月经周期与其他哺乳动物的发情周期在激素分泌和排卵的周期模式上相似。不同的是，人类和部分雌性猿类在子宫内膜脱落的时候会有出血现象（月经），并且可以在周期中的任何时间进行交配。

兔子和猫的特殊之处在于，它们存在诱导排卵行为。和其他哺乳动物无关性行为的周期性排卵不同，雌性的兔子和猫只能在交配之后受到黄体生成素分泌的反射刺激而排卵（详见31.5节），所以这类动物繁殖能力极强。

单孔目动物（最原始的哺乳动物，目前仅存鸭嘴兽和针鼹）的生殖方式仍是卵生，就像它们的祖先爬行动物一样。雌兽会在巢里或者专门的育儿袋里进行卵的孵化。由于单孔目动物不具乳头，幼崽只能通过舔母体乳腺处的皮肤来获得乳汁。除了单孔目动物，其他所有的哺乳动物都是胎生，根据动物哺育幼崽的方式又进一步分为以下两类。

有袋类动物，包括负鼠和袋鼠，幼崽出生时发育并不完全，需要在母体的育儿袋中继续完成发育。雌兽具有乳腺，乳头位于育儿袋内，幼崽在育儿袋中可以吮吸乳汁获得发育所需的营养。

胎盘哺乳动物的胎儿在母体子宫内的发育时间更长，通过胎盘吸收营养。胎盘由胚胎的胚外膜和母体的子宫内膜共同发育而来。因为胎儿的血管和母体的血管在胎盘中的距离非常近，所以胎儿可以获得从母体的血液中扩散出的营养物质。胎盘将在31.7节中进行更详细的说明。

关键学习成果　31.2

蛙类和大多数硬骨鱼类的受精方式是体外受精，其他脊椎动物为体内受精。鸟类、大多数爬行动物和单孔目哺乳动物可以产水密性好的卵进行繁殖，其他哺乳动物的繁殖方式为胎生。

31.3 男性

雄配子在睾丸中生成

学习目标31.3.1 男性生殖系统：精子产生的场所与形成的过程

作为基因信息的载体，人类男性的配子，或称精子，是高度特化的。与人类体细胞内含有46条染色体不同，经减数分裂后的精子细胞内只有23条染色体。精子无法在人体正常体温37℃环境下正常发育。在胎儿期，产生精子的睾丸便移入男性两腿之间一个叫作阴囊的囊状结构中（图31.6），阴囊恰到好处地维持着睾丸低于体温3℃左右，同时，睾丸内的细胞可以分泌雄性激素——睾酮。

从内部透视图（图31.7）❶可知，睾丸是由数百个隔间组成的，且每个隔间内均含有大量紧密盘绕的螺旋状生精小管（可见横截面于❷），这些生精小管就是精子产生的场所。精子的产生过程起始于生精小管外侧的精母细胞（如图放大后的❸）。经过减数分裂后，细胞向生精小管的腔内移动❹，并释放出精子❺。精子的数量是惊人的。正常男性每天可以制造数百万的精子。未被射出的精子就死掉了，

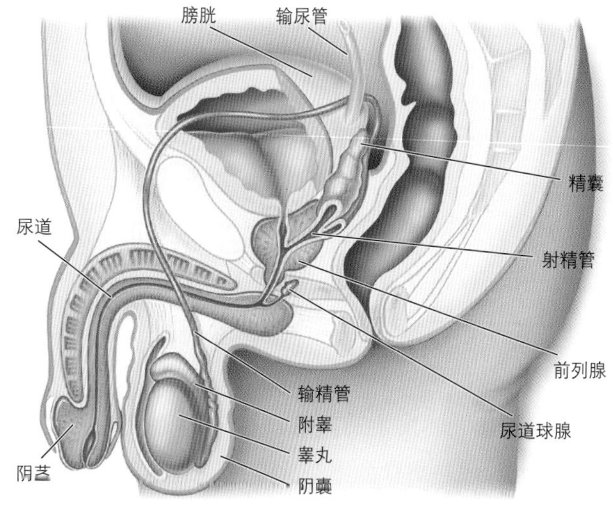

图 31.6 男性的生殖器官

精子产自睾丸，包在睾丸上方的是高度螺旋化的附睾，精子的成熟过程就在附睾中完成，从附睾延伸出长长的输精管。

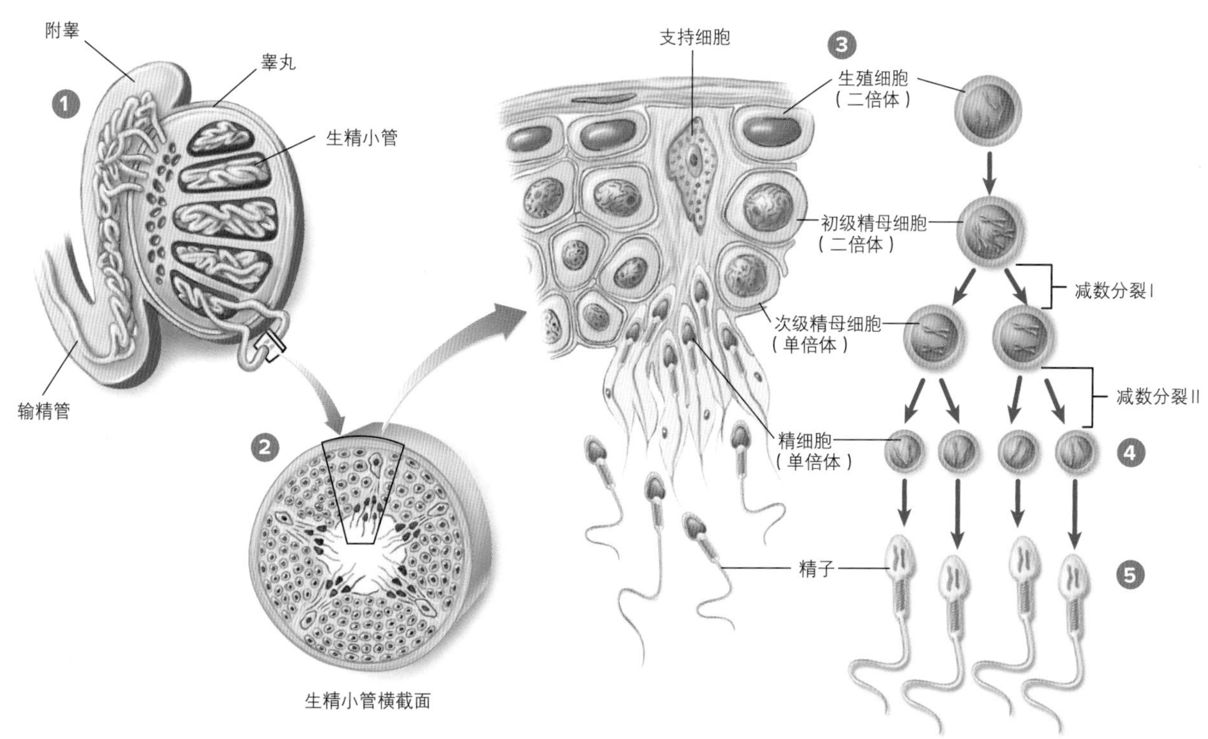

图 31.7 睾丸与精子的形成

精子是在睾丸❶内的生精小管❷中生成的。生精小管中的精原细胞发育成初级精母细胞❸（二倍体），经过减数分裂生成单倍体的精细胞❹。精细胞发育成为可游动的精子❺。支持细胞是位于生精小管内壁的非终末细胞，以多种方式辅助精子的生成，如催化精细胞发育成精子。

它们的成分会被身体重新吸收并循环利用。

睾丸内经历减数分裂中期产生的精细胞，在输送到细长盘旋的附睾（图31.7）后逐渐成熟。刚到达附睾的精细胞仍然没有运动活性，它们必须要经过18小时发育才具备运动活性。成熟的精子个头很小，只有头、体和尾三部分。头部包裹着一个致密的细胞核，并被称为顶体的囊泡覆盖。顶体中的酶可以帮助精子穿透卵细胞外的保护层。体和尾则提供推动力：尾中有一条鞭毛，其基底是体中的中心粒，体中的线粒体可以为鞭毛的摆动提供能量。

精子从附睾被传送到另一个管道输精管中。在性交的时候，精子通过一根管道从输精管到达尿道（生殖系统和泌尿系统共用），由阴茎排出体外。精子混合在精液中，精液中含有来自精囊和前列腺的分泌物，可以为精子提供代谢能量。在70岁之前，90%的男性都有可能发生前列腺增生，并有可能导致癌症。前列腺癌是男性的第二大癌症，通过早期诊断在发病初期、癌细胞扩散以前能够得到有效治疗。

雄配子通过阴茎输送出去

人类和其他有些哺乳动物的阴茎位于体外，是由两条并排的圆柱状海绵组织构成的管道（图31.8）。两条海绵组织的下面和之间是内含尿道的第三条海绵组织，精液（射精时）和尿液（排尿时）都是从尿道排出体外的。为何会有如此不同寻常的设计呢？阴茎是可以膨胀的。其三条圆柱状海绵组织的细胞之间充满空隙，来自中枢神经系统的兴奋会使其中的微动脉充血膨胀。就像气球被吹起来一样，阴茎由此勃起而坚挺。中枢神经系统的持续刺激会让阴茎保持勃起状态。

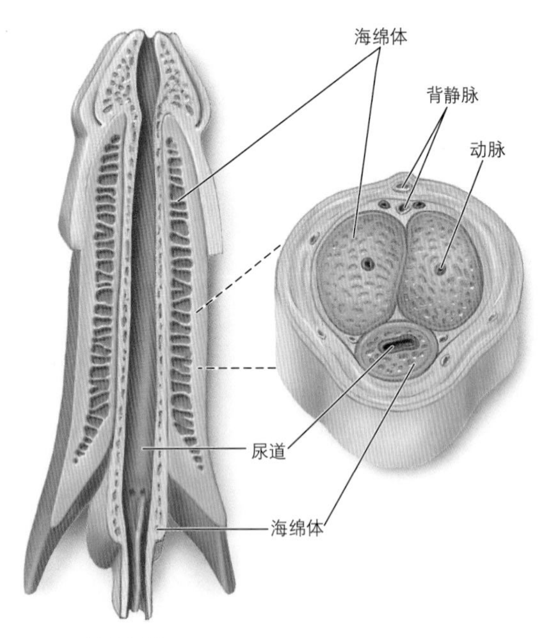

图31.8 阴茎的结构
（左）纵剖面；（右）横剖面

阴茎在没有受到生理刺激的情况下也会勃起，但如果需要射精就需要生理刺激。阴茎在女性阴道内的往复运动刺激了精子的运动。这时，输精管周围的肌肉收缩，推动精子沿输精管进入尿道。尿道球腺会分泌透明的黏液，中和残留的酸性尿液，并对龟头起润滑作用。进一步的刺激会引起阴茎基部肌肉的剧烈收缩。这一系列过程的结果就是射精，阴茎会喷射出2～5毫升的精液。虽然仅有5毫升，但其中却有数百万的精子。对于任何一个精子来说，想要成功完成与卵细胞相会并结合的漫长旅程，其概率微乎其微，因此要想成功受精就需要大量的精子。每毫升精液中的精子数量不足2,000万的男性，通常被认为不育。

关键学习成果 31.3

男性的睾丸会持续产生大量的雄性配子——精子，精子在附睾中成熟，并储存在输精管中，通过阴茎输送到女性体内。

31.4 女性

通常每个月只有一个雌配子成熟

学习目标31.4.1 女性生殖系统：卵细胞产生的场所与形成的过程

在女性体内，卵母细胞分布于腹腔内致密细胞形成的卵巢的外层，并最终发育成卵细胞（图31.9）。据前文所述，男性体内形成雄配子的细胞是不断分裂的。女性在出生时，一生所需的卵母细胞就已经形成。在每个生殖周期中，一个或几个卵母细胞开始继续发育，这一过程被称为排卵，其余卵母细胞的发育处于停滞状态。

出生时，女性的卵巢大约包含200万个卵母细胞，它们都已经开始进行第一次减数分裂。在这个阶段，它们被称为初级卵母细胞（图31.10中的❶）。处于第一次减数分裂前期的初级卵母细胞，接收到正确的发育信号——垂体激素FSH和LH后，会继续进行减数分裂。

随着青春期的开始，女性逐渐性成熟。这时，身体释放的FSH和LH使少数卵母细胞的第一次减数分裂重新启动。第一次减数分裂会形成次级卵母细胞和一个没有功能的极体❷。人类通常每次只会排出一个卵母细胞，其他的（极体）会退化。在有些情况下，不止一个卵母细胞发育，如果两个都受精，那它们就会发育成异卵双胞胎。每隔大约28天，就会有新的卵母细胞发育成熟并被排出，不过每个月的具体时间可能都会变化。一个女性出生时就已形成的大约200万个卵母细胞中，大约只有400个能够在她的有生之年内成熟并被排出。

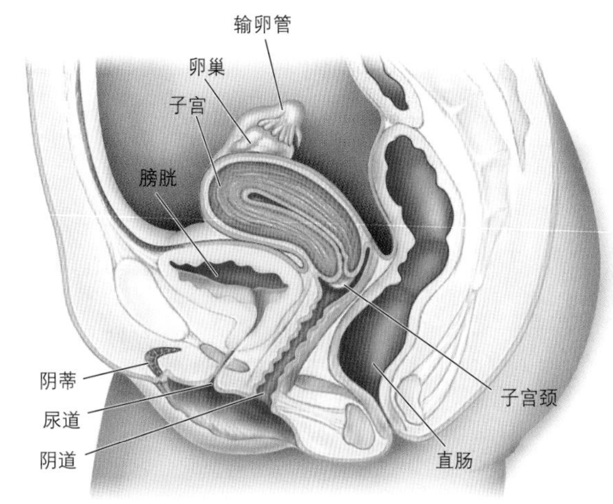

图31.9　女性生殖系统

女性生殖系统的器官是产生卵细胞和受精后胚胎发育的专门场所。

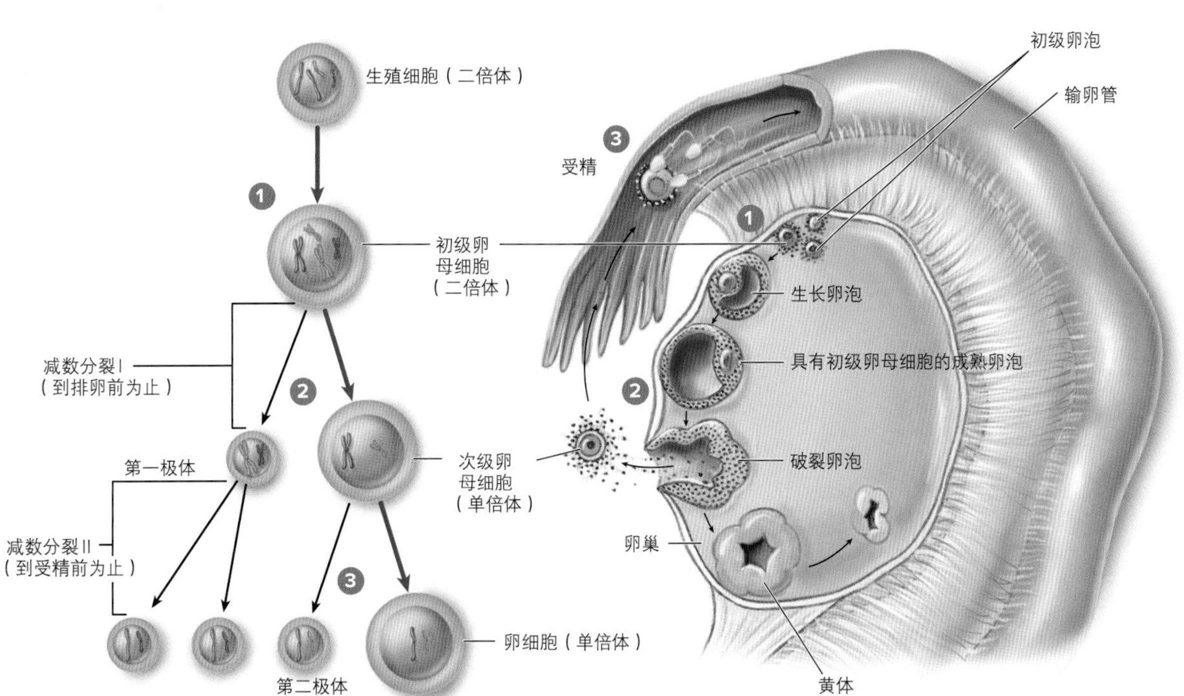

图31.10　卵巢和卵细胞的形成过程

图示中，卵细胞通过减数分裂逐渐成熟的过程位于左侧，卵细胞的发育历程位于右侧，每个阶段都有相应的标注。出生时，人类女性的卵巢大约包含200万个能发育成卵细胞的卵母细胞，这些卵母细胞已经开始进行减数第一次分裂，并停留在该阶段。这时，它们被称为初级卵母细胞❶，直到它们接收到正确的发育信号——激素FSH和LH，才能进一步发育。到了青春期，每月释放激素的循环周期已经形成。激素FSH和LH释放后，少数卵母细胞继续减数分裂，但通常只有一个卵母细胞能发育成熟，其他卵母细胞则会退化。初级卵母细胞（二倍体）完成第一次减数分裂后，分裂的一个产物发育成无生殖功能的极体。另一个产物，即次级卵母细胞会在排卵❷时与极体一起被释放出来。直到受精❸，次级卵母细胞才能完成第二次减数分裂，分裂又形成一个无生殖功能的极体和一个单倍体卵细胞。在受精时，单倍体卵细胞和单倍体精子最终融合成二倍体的受精卵。

输卵管内受精

学习目标31.4.2　一个卵细胞从形成到受精的旅程

输卵管（oviduct，也写作fallopian tube或uterine tube）是卵细胞从卵巢到子宫的通道。人类的子宫是肌肉质的、梨子形的器官，有拳头般大小，围绕在肌肉质的子宫颈上，通向阴道［图31.11（a）］。非灵长类的哺乳动物有更复杂的雌性生殖道，其子宫的一部分会分裂形成“子宫角”。

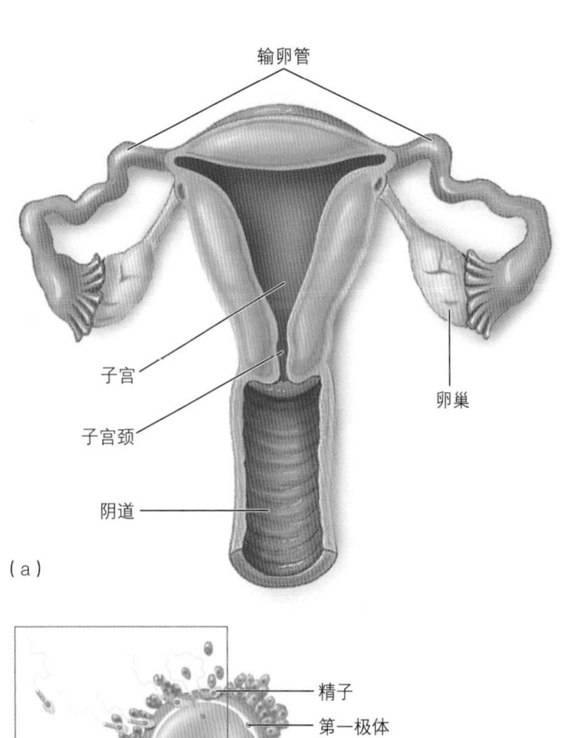

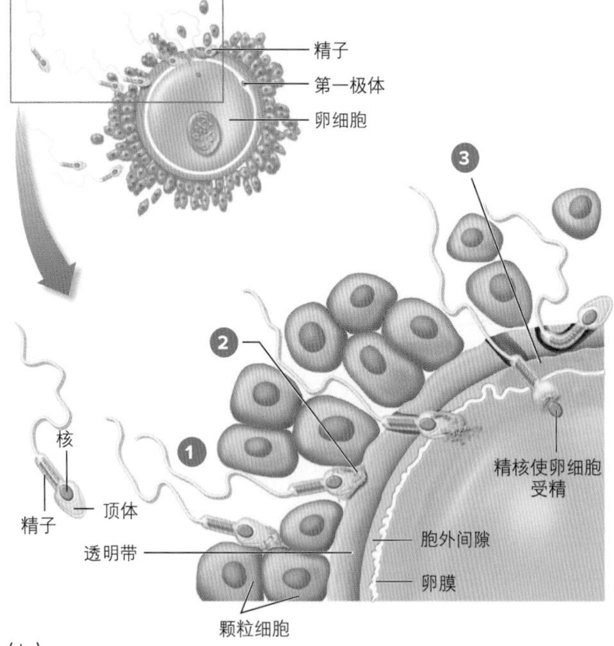

图31.11　输卵管内受精

（a）输卵管是从子宫延伸出来的。精子寄存在阴道然后行进到输卵管。（b）在输卵管内，精子穿透卵细胞的外膜后就发生了受精。

子宫内壁有一层分层的上皮细胞膜——子宫内膜。人类的子宫内膜的表面每月在经期会脱落一次，下面的部分会在下个周期生成新的表面。排卵以后，输卵管上的平滑肌有节奏地收缩，推动卵细胞沿着输卵管进入子宫，就像食物通过肠道的挤压作用向下移动一样。卵细胞通过输卵管的旅行是很慢的，要持续5～7天才能完成。但是，如果排出的卵细胞在24小时内没有受精，它就会失去发育能力。

在性交过程中，精子寄存在阴道中，阴道是一段大约7厘米长的薄壁肌肉管道，通向子宫的开口处。进入子宫的精子靠着鞭毛的力量向上游动直达输卵管。精子的活力在雌性生殖道内可以保存长达6天。如果性交发生在排卵的5天之前或者1天之后，那么有活力的卵细胞就会正好在输卵管的高位。在射入的数百万精子中，只有几十个能够抵达卵细胞处。一旦抵达卵细胞，它们就必须要穿透次级卵母细胞外面的两层保护膜［图31.11（b）❶］：一层是颗粒细胞，还有一层是叫作透明带的蛋白质层。精子顶体内的酶可以帮助消化第二层❷。第一个穿透第二层的精子会刺激卵母细胞阻断其他精子❸的进入，并完成第二次减数分裂。第二次减数分裂会产生卵细胞，并且又多产生两个没有功能的极体（图31.10中的❸）。卵细胞内的单倍体核与男性单倍体核相遇以后，卵细胞被受精变成受精卵。受精卵通过输卵管的过程中开始发生一系列的细胞分裂。大概6天以后，受精卵抵达子宫，依附于子宫内膜上，继续漫长的发育过程，直到最终孩子出生。

关键学习成果　31.4

人类女性的激素每隔28天就会激发一到数个卵母细胞的发育。排卵后，卵细胞进入输卵管，如果在其行进过程中受精，它就会植入子宫壁中。

31.5　激素调控生殖周期

月经周期

学习目标31.5.1　月经周期的两个阶段与四种激素的调控

女性的生殖周期叫作月经周期，分为两个不同阶段：在卵泡期，卵细胞成熟并被排出；在黄体期，身体继续准备受孕。这两个时期是由一族激素调控的。激素在人类生殖中具有许多重要作用。垂体前叶和卵巢分泌的激素通过同时调控多种组织激发了性的发育。配子的产生是另一个精心策划的过程，各个发育过程都有精确的时间控制。受精成功又开启了一个发育“程序”，女性的身体开始为怀孕引起的变化做准备。

指导这些过程的激素是在下丘脑的调控下产生的，下丘脑发送释放激素的信号到垂体，使垂体产生特定的性激素。第30章讨论过的负反馈在下丘脑的调控活动中扮演重要角色。当靶向器官接收到垂体激素以后，就开始生产相应的激素，这些激素会循环流向下丘脑，从而降低垂体激素的水平。当然，正反馈也同样具有重要作用。在这种情况下，激素循环流向下丘脑，促进垂体激素的分泌。

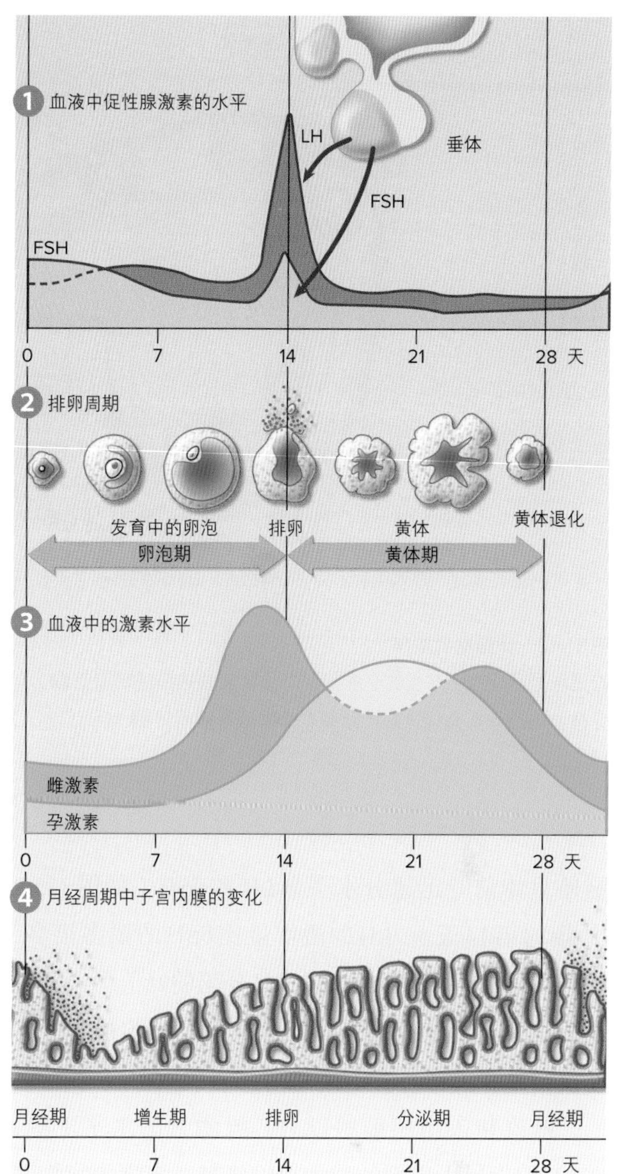

图31.12　人类月经周期
月经周期中有四种激素调控排卵和准备植入子宫内膜的过程。

激发卵的成熟

学习目标31.5.2　卵泡期的过程

月经周期的第一个阶段是卵泡期，对应图31.12中的0～14天。在这一时期，许多卵泡（一个卵母细胞及其周围的组织构成一个卵泡）受到刺激开始发育。该发育过程受到激素的精确调控。垂体前叶接收到来自下丘脑的信号——促性腺激素后，分泌少量的FSH和LH❶启动这一周期。这些激素促进了卵泡的发育❷及女性性激素——雌激素的分泌❸，雌激素学名为雌二醇，是由发育中的卵泡分泌的。在卵泡刺激素作用下，数个卵泡开始发育。

开始的时候，较少量的雌激素对FSH和LH的分泌产生负反馈。血液中少量并持续增加的雌激素反馈给下丘脑，下丘脑通过指挥垂体前叶减少FSH和LH的分泌来对雌激素升高做出反应。当FSH的水平下降以后，通常情况下只有一个卵泡会成熟。在卵泡期后期，血液中的雌激素水平骤增，较高水平的雌激素开始对FSH和LH的分泌产生正反馈。雌激素水平的增加是月经周期中卵泡期结束的信号。

准备受精

学习目标31.5.3　黄体期的过程

月经周期的第二个阶段是黄体期（14～28天），与第一个阶段紧密相连。

这是一个对高水平雌激素正反馈的过程，下丘

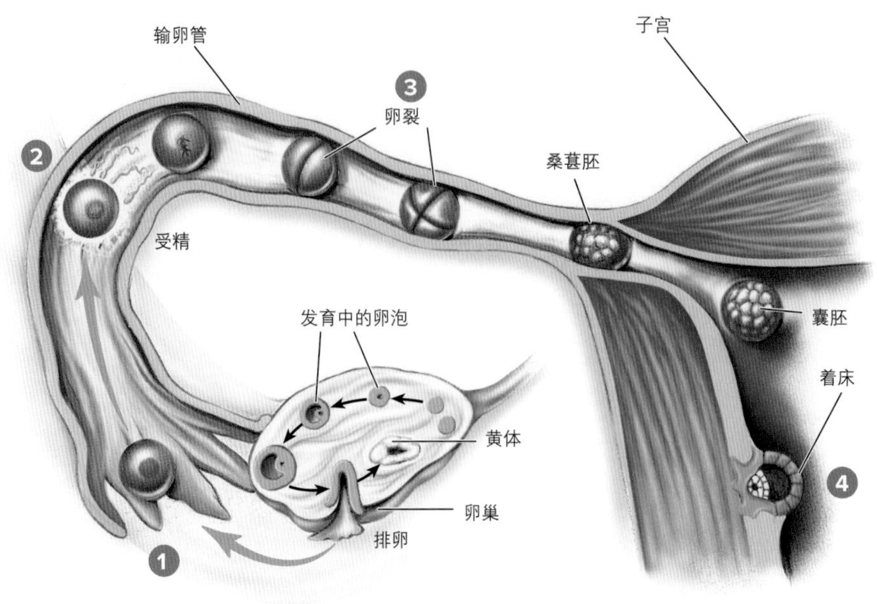

图31.13 卵细胞的旅程

卵细胞是从卵泡中产生的，在排卵时被释放并被扫进输卵管❶，随着管壁的收缩波动而向下运动。精子向上进入输卵管发生受精作用❷。受精卵经过几次有丝分裂（卵裂）继续沿着输卵管❸向下运动，先形成桑葚胚，然后形成囊胚。囊胚自行在子宫壁❹中着床，并在此继续发育。

脑使垂体前叶迅速分水平量LH和FSH（如图31.12中❶的第14天）。LH的激增量比FSH的要多很多，并且持续时间长达24小时。LH分泌的峰值促进了排卵：LH引起卵泡壁破裂，卵泡中的卵细胞被释放到连接卵巢和子宫的输卵管中。

释放和排出卵细胞以后，雌激素的水平下降，在LH的指导下破裂的卵泡得以修复，充满内容物并变成淡黄色。这种情况下的卵泡叫作黄体（corpus luteum），这种叫法源自拉丁语。很快黄体开始分泌孕激素（如图31.12中浅绿色的曲线❸）以及少量的雌激素。增加的孕激素和雌激素对LH和FSH的分泌形成负反馈，进而阻止了进一步的排卵。孕激素使子宫为受精做好准备，包括增厚子宫内膜（图31.12中的❹）。然而，如果排卵后没有马上受精，孕激素的分泌就会减少并最终停止，这就标志着黄体期的结束。孕激素含量的下降引起增厚的充血组织脱落下来，导致流血的月经过程。月经，即“每月周期经历”，通常大约发生在两次排卵之间（如图31.12中的第28天），不过不同的女性发生月经的时间也有个体差异。

黄体期的末尾，雌激素和孕激素都不再分泌。没有了这两种激素，垂体前叶又开始分泌LH和FSH，开启又一个生殖周期。一个周期结束，另一个周期接踵而来。每个周期大约持续28天，或者比一个月会多一点，这要因人而异了。

如果受精恰好在输卵管高位发生（图31.13的❷），受精卵在向子宫移动的过程中就会发生卵裂❸。在囊胚期，它在子宫内膜❹着床。幼小的胎儿会分泌类似LH的人绒毛膜促性腺激素（hCG），维持黄体功能。hCG借此保持雌激素和孕激素的高水平，从而阻止排卵，因为排卵会阻断妊娠。由于hCG来自胎儿而不是母体，因此所有的孕检都会检查hCG。

关键学习成果 31.5

人与类人猿都有月经周期，这是由周期性的激素分泌和排卵驱动的。这一周期包括两个不同的阶段，卵泡期和黄体期，是由一系列激素调控的。

31.6 胚胎发育

卵裂：开始发育

学习目标31.6.1 受精后事件及囊胚的形成

受精开启了一系列精心策划的发育过程（表31.1）。人类胚胎发育的第一个重大事件是受精卵迅速分裂产生越来越多、越来越小的细胞，先是2个细胞，然后是4个、8个……第一次分裂发生在精子和卵细胞结合大约30小时之后，过了30小时又发生了第二次分裂。在这个叫作**卵裂**的细胞分裂过程中，受精卵总的大小并没有变大，最后形成的由32个细胞组成的致密团状结构——**桑葚胚**，桑葚胚中的每一个细胞个体都叫作一个**卵裂球**。桑葚胚的细胞继续分裂，每个细胞都往细胞团的中间分泌液体。最终形成了一个由500～2,000个细胞组成的空心球。这就是**囊胚**，中间有一个充满液体的空腔叫作**囊胚腔**。球体内部的一极形成了一个内细胞团，接下来会继续发育成为胚胎。细胞团的外层叫作滋养层，可以释放hCG，详见31.5节。

在卵裂期间，桑葚胚沿着母体的输卵管继续移动。到大约第六天的时候，囊胚形成了并到达子宫，附着在子宫内膜上并穿透上皮组织。囊胚开始快速生长，并发育出包围、保护和滋养囊胚的膜。其中的**羊膜**会将发育中的胚胎包裹起来，而从滋养层发育出的**绒毛膜**将与子宫组织相互作用形成**胎盘**，依靠来自母体的血液供给滋养正在发育的胚胎（如图20.13和图31.14）。到64个细胞期时，有61个细胞全部发育成滋养层，而只有3个细胞属于胚胎本身。

原肠胚：开启发育的变化

学习目标31.6.2 原肠胚的事件及胚层的形成

受精后的10～11天，细胞团的某些细胞群按照精心设计的路线从表面移动到内部，这就是原肠胚的形成过程。首先，囊胚细胞团中的下层细胞分化成为3种原始胚胎组织之一的**内胚层**，而上层细胞分化成为**外胚层**。这一阶段的分化结束后，细胞团中的某些细胞从上层沿着胚胎中线上的嵴——**原条**向内运动，由此产生了**中胚层**。

在原肠胚形成的过程中，囊胚细胞团中大约有一半的细胞进入人类胚胎的内部。这种运动在很大程度上决定了胚胎今后的发育。到原肠胚形成的末期，细胞已经分配到了3种原初胚层中。这3种原初胚层的发展命运如下：

外胚层	表皮、中枢神经系统、感觉器官、神经嵴
中胚层	骨骼、肌肉、血管、心脏、生殖腺
内胚层	消化道和呼吸道的内壁、肝脏、胰腺

神经胚：身体架构的确定

学习目标31.6.3 神经胚形成的关键

在胚胎发育的第三周，3种原初细胞类型开始发育成为身体的组织和器官。这个发育阶段叫作**神经胚期**。

脊椎动物形成的第一种特征结构是**脊索**，一种具备柔韧性的杆状结构。原肠胚形成结束后，很快就在背面的下方沿着胚胎中线形成脊索。形成的第二种特征结构是**神经管**，位于脊索的上方，后来分化成为脊髓和脑。就在神经管闭合之前，有两束细胞脱离开来形成了**神经嵴**。这些神经嵴细胞发育成为脊椎动物体内的神经结构。

当神经管从外胚层开始形成时，中胚层的变化迅速决定了身体的其他基本结构。在发育中的脊索的两侧，形成了分段的组织块。最终，这些块，也就是**体节**，发育成为肌肉、脊椎和结缔组织。随着发育的持续，形成了越来越多的体节。在沿着体节的另一条中胚层中，许多重要的腺体，如肾、肾上腺和生殖腺都开始发育。中胚层的其余部分移动出来，然后把内胚层的内部整个包裹起来。结果中胚层形成了两层，外层与体壁有关，内层与内脏有关。中胚层的这两层中间是**体腔**，发育成为成年人身体

表31.1　哺乳动物的发育阶段

图	阶段（年龄）	描述
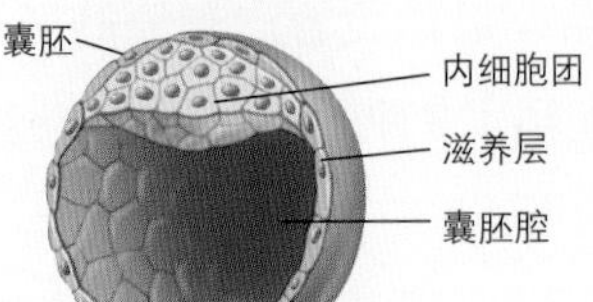	受精（第1天）	单倍体的雌雄配子融合成为二倍体的受精卵。
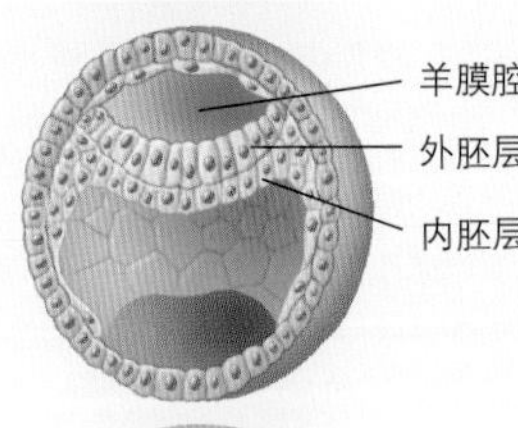	卵裂（第2～10天）	受精卵快速分裂成许多细胞，体积没有增大。这些分裂过程影响未来的发育，因为不同的细胞获得了卵细胞质的不同部分，也就是接收到了不同的调节信号。
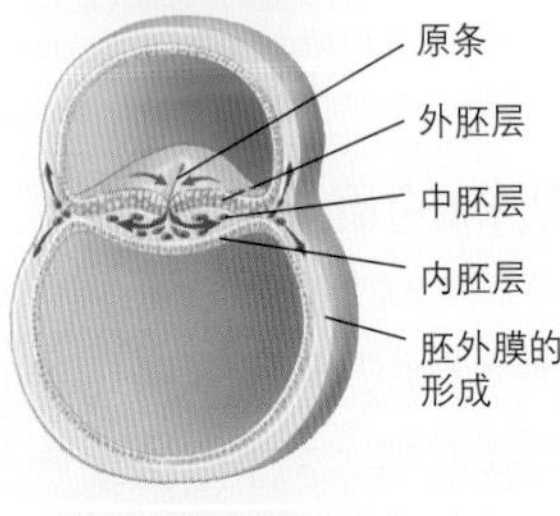	原肠胚形成（第11～15天）	胚胎的细胞移动形成三个原初胚层：先形成外胚层和内胚层，然后才形成中胚层。
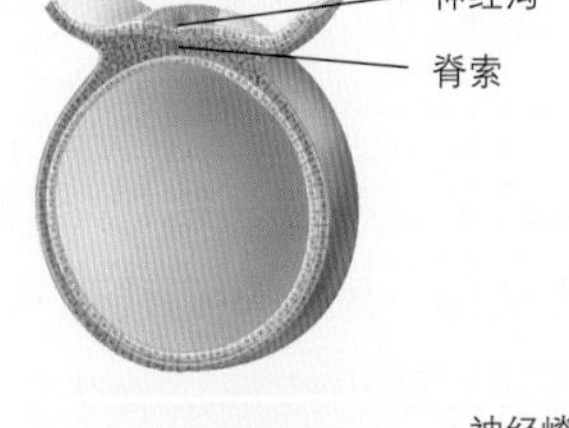		
神经沟 脊索	神经胚（第16～25天）	对于所有的脊索动物，最早形成的器官就是脊索，然后是神经管。
神经嵴 神经管 脊索		在神经胚阶段，神经嵴是在神经管形成时产生的。神经嵴发育成为一些独特的脊椎动物结构，如感觉神经元、交感神经元、施万细胞和其他细胞类型。
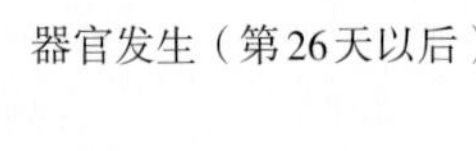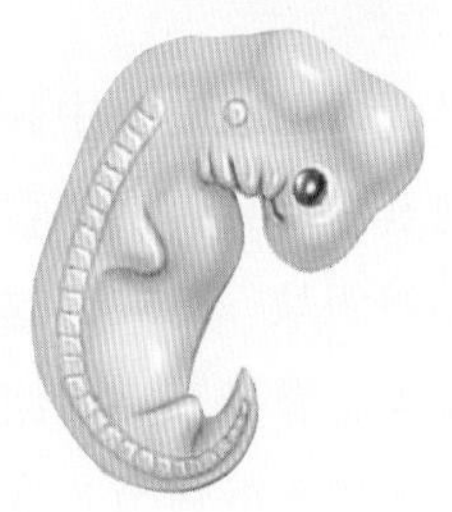	器官发生（第26天以后）	三个原初胚层的细胞以各种方式联合形成身体的器官。

中的空腔。

到第三周结束的时候，形成了十几个明显的体节，血管和内脏也都开始发育了。这时，胚胎大概有2毫米长。

关键学习成果　31.6

脊椎动物的胚胎发育分为三个阶段：卵裂期，形成空心细胞球；原肠胚形成期，细胞运动到内部，形成原初的组织；神经胚形成期，开始形成器官。

31.7 胎儿发育

胎儿的生长

学习目标31.7.1 妊娠后第四周、第二个月、妊娠中期和晚期的变化

第四周：器官生成

怀孕后第四周，胚胎开始形成器官，这一过程叫作**器官发生**［图31.14（a）］。胚胎长出了眼睛，心脏也开始有节奏地跳动，并形成四个心室。以大约每分钟跳70次的速度，在人类大约70年的一生中，这颗小小的心脏注定要跳动超过25亿次。第四周结束的时候，可以见到30多对体节，并开始形成四肢的肢芽。在这一周期间，胚胎的体长加倍，达到5毫米。

到第四周即将结束的时候，发育进程大大加快，不过此时大多数女性还没有意识到她们已经怀孕了。这是胚胎发育的关键时期，因为这一事件的正确进程很容易被中断。例如，在怀孕的第一个月内，女性饮酒是导致出生缺陷的首要原因之一，由此导致胎儿酒精综合征，婴儿出生时面部畸形，并伴有智力障碍。在美国，每250个婴儿就有1个患有胎儿酒精综合征。另外，大部分自然流产（小产）也发生在这一时期。

第二个月：胚胎成形

在怀孕后第二个月，胚胎的形态发生重大变化

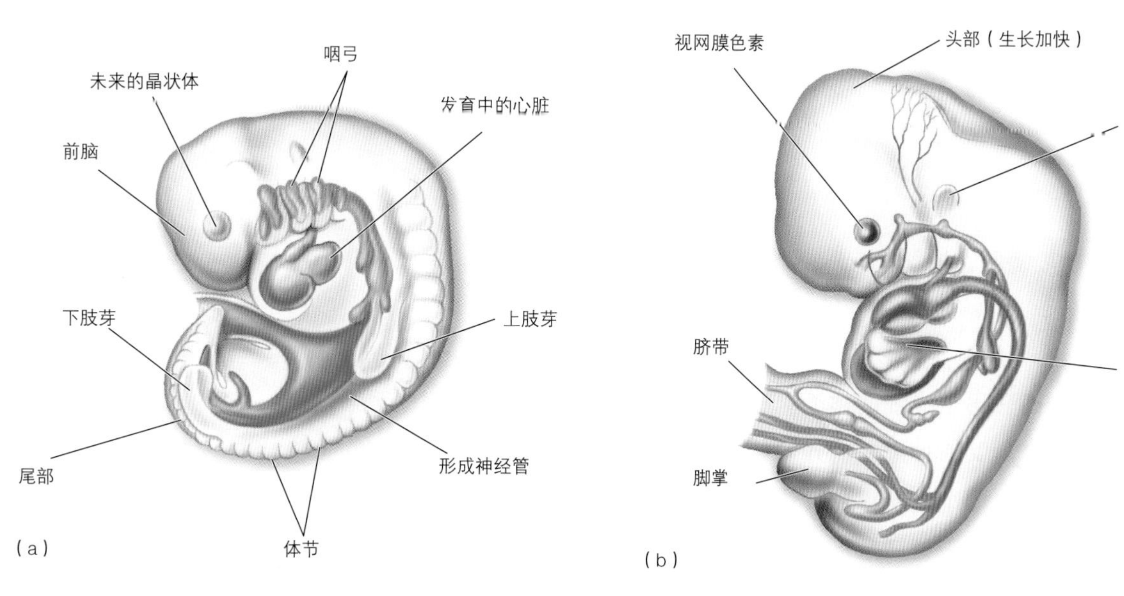

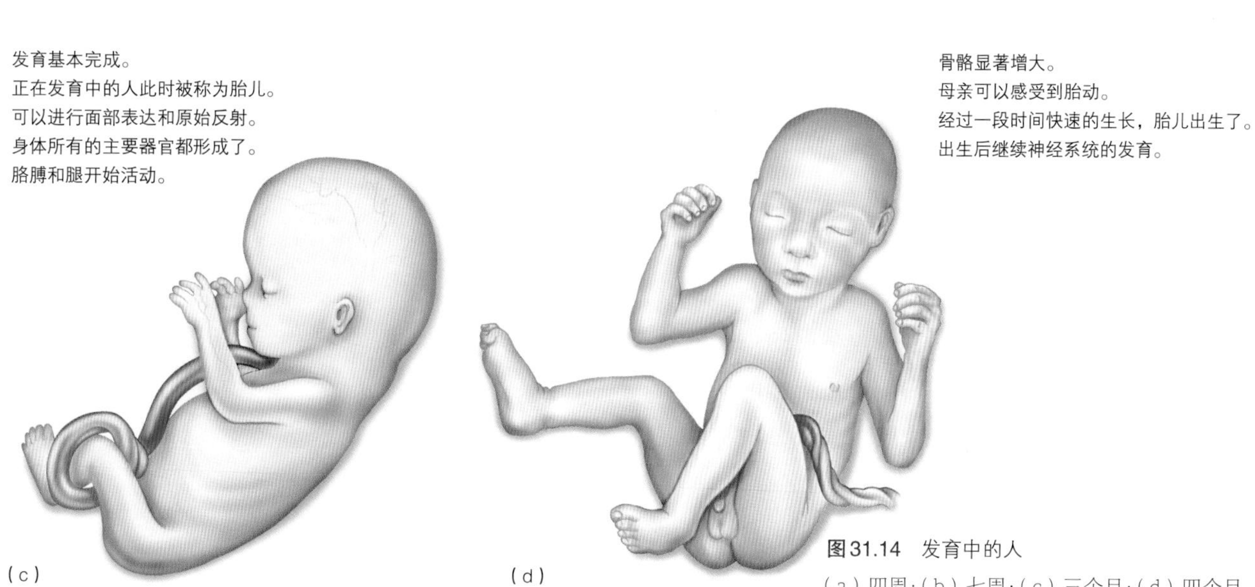

发育基本完成。
正在发育中的人此时被称为胎儿。
可以进行面部表达和原始反射。
身体所有的主要器官都形成了。
胳膊和腿开始活动。
骨骼显著增大。
母亲可以感受到胎动。
经过一段时间快速的生长，胎儿出生了。
出生后继续神经系统的发育。
(c)
(d)

图31.14 发育中的人
（a）四周；（b）七周；（c）三个月；（d）四个月。

［图31.14（b）］。小小的四肢呈现出成年后的样子。手臂、腿、膝盖、肘、手指、脚趾都清晰可辨，还有一个短小的骨质尾巴。作为进化的残留物，小尾巴中的骨融合形成了尾骨。在体腔中，主要内脏器官，包括肝脏和胰脏，也都很明显。到第二个月结束的时候，胚胎已经长到了25毫米，大约重1克，初具人形。

第三个月：完成发育

除了肺和大脑以外，发育已经基本完成了。肺直到妊娠晚期才会完成发育，而大脑在出生后还会继续发育。从这个时间点开始，发育中的人不再是胚胎，可以称为**胎儿**了。接下来基本上就是生长。神经系统和感觉器官在第三个月发育。胎儿开始表现出面部表达，并能够实施惊跳反射和吮吸等原始反射。到第三个月结束的时候，身体所有的主要器官都已经成形，胳膊和腿也开始活动［图31.14(c)］。

妊娠中期：胎儿的正式生长

妊娠中期是生长期。怀孕后的第四个月［图31.14（d）］和第五个月，胎儿长到175毫米，体重约为225克。第四个月的时候骨形成活跃。到第五个月，头部和身体表面长出了纤细的体毛。这种柔软的体毛叫作**胎毛**，这是又一种进化的残留物，在后来的发育中会消失。第四个月结束的时候，母亲能够感受到胎动，而到第五个月结束的时候，她就可以用听诊器听到胎儿快速的心跳了。

在第六个月，生长加快了。到第六个月结束的时候，胎儿已经长到0.3米以上，重约0.6千克，出生前的生长还在继续。如果没有特殊的医疗干预，这一阶段的胎儿仍然无法在子宫外存活。

妊娠晚期：发育步伐加速

妊娠晚期是快速生长期。在怀孕后的第七到第九个月，胎儿的体重几乎加倍。体重方面的这种增长并不是唯一发生的增长，大脑中大部分的神经束以及新的脑细胞也是在这一时期形成的。

这些生长过程需要的营养物质都是通过胎盘，由母亲的血液供给到胎儿的血液中。胎盘（图31.15）中的血管是由子宫外的脐带延伸而来。母亲的血液浸润了这些组织，这样营养物质就可以通过母亲的血管进入这些血管，将其带回给胎儿的时候不会发生两种血液系统的混合。营养不良的母亲会让胎儿也营养不良，阻碍胎儿的生长，导致胎儿严重发育迟缓。

妊娠晚期结束的时候，胎儿的神经发育还远未完成，事实上，这种发育会持续到出生后很长时间。此时胎儿能够独立生存了。为什么胎儿不继续在子宫中成长到神经发育成熟呢？是什么推动了胎儿的出生？因为虽然生理生长还会继续，胎儿逐渐长大后，仍然通过母亲的骨盆分娩，此时对母亲和胎儿

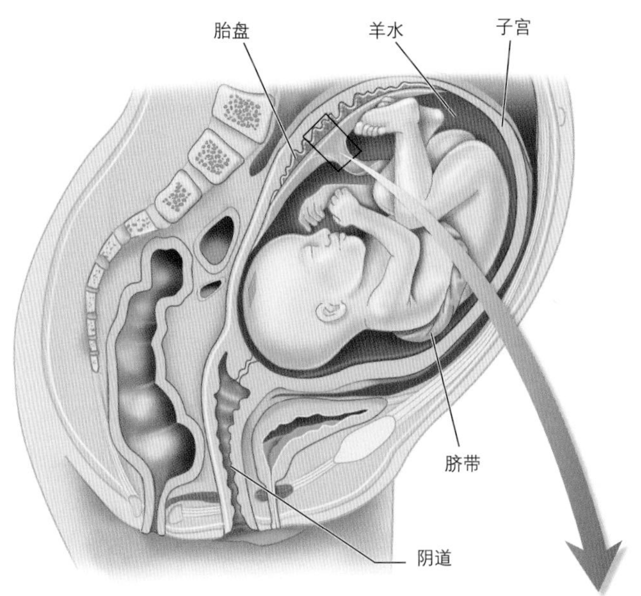

图31.15　胎盘的结构

的伤害不算太大。但凡是生过孩子的女性都可以证明，这是一种紧密吻合的状态，所以一旦胎儿的存活率足以保证，它就要出生了。

出生

学习目标31.7.2　激素在分娩中的作用

距离上一个月经周期40周左右之后，胎儿就要出生了。除了来自胎儿的生理信号外，母体内激素的变化也参与了**分娩**的启动过程。分娩时，宫颈逐渐扩张（开口变大），羊膜破裂导致羊水从阴道流出（有时被称为“羊水破了”），子宫收缩变得有力、有规律，这会促进胎儿从子宫排出。**催产素**和**前列腺素**通过正反馈机制刺激和加强了子宫收缩。孕期结束的时候，胎儿通常是头朝下的。通过阴道分娩时，胎儿通过宫颈被向下推，然后沿着阴道被排出体外（图31.16）。此时脐带仍然连在婴儿身体上，医生、护士或父母就会夹住脐带并将其剪断。由液体环境中转移到了气体环境中，大部分婴儿的许多器官都会发生巨大变化。婴儿出生后，子宫继续收缩排出胎盘和黏连的羊膜，这些被叫作“包衣”。有时候阴道分娩会对胎儿或母体造成伤害，可以通过剖宫产外科手术将胎儿和胎盘从子宫中取出。

母体内的激素在妊娠晚期促使乳腺发育，为将来哺育出生后的婴儿做好准备。母亲完成分娩的后几天里，乳腺分泌的初乳包含蛋白质和乳糖，几乎不含脂肪。分娩三天后，垂体前叶激素-催乳素刺激乳汁的生成。通过乳房哺乳婴儿的时候，母体释放垂体后叶激素——后叶催产素，开始分泌乳汁。

产后发育

婴儿出生后加速生长。一般只要几个月，婴儿的体重就会达到出生时的两倍。不过，不同的器官生长速率不同，并且婴儿的身体比例也与成年人不同。比如，新生儿的头不合比例地大，但是出生后要比身体的其他器官生长得慢。身体的不同部分生长速率不同，这样的发育模式叫作异速生长。

出生时，人类正在发育的神经系统会以平均每分钟25,000个的速率产生新的神经细胞。但是，在

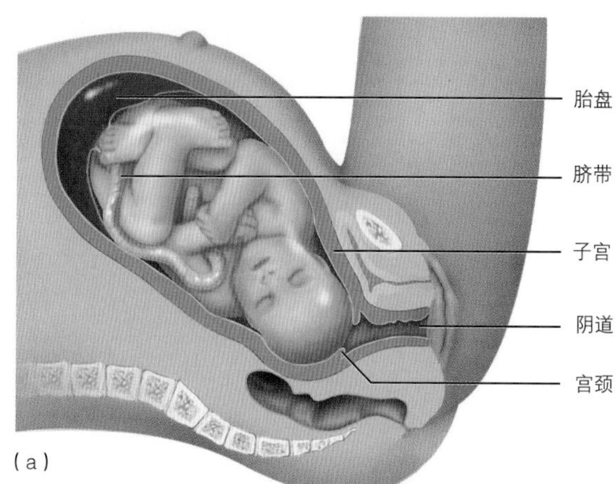

(a)

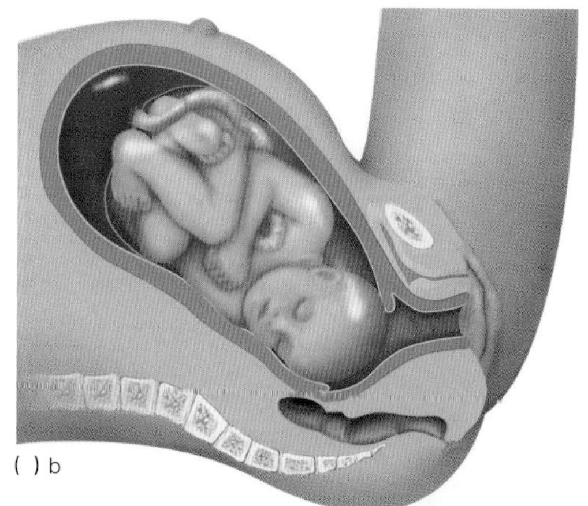
( ) b

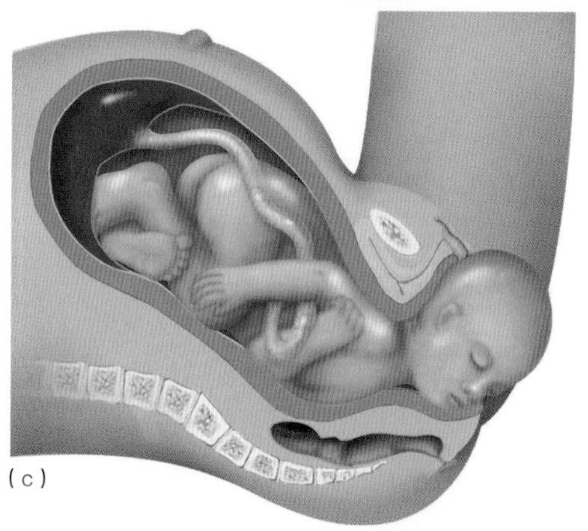
(c)

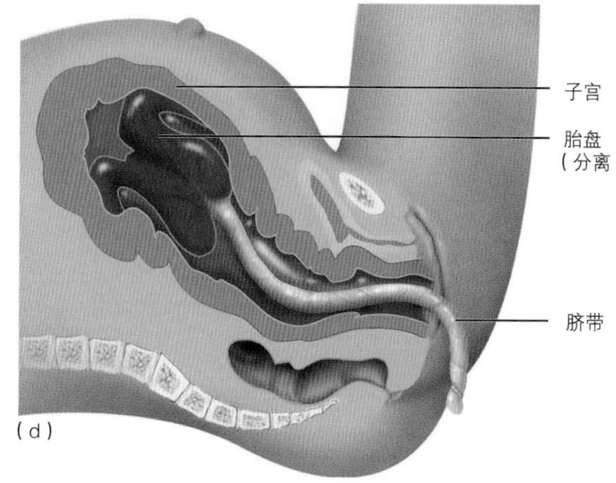

(d)

图31.16　婴儿出生过程

为什么男性很少患乳腺癌？

2014年，预计美国有232,670例新增女性乳腺癌病例，同时有2,240例新增男性病例——超过99%的新发乳腺癌患者都是女性。与之相似的是，当年预期有29,620例乳腺癌患者死亡，但是其中只有430例是男性患者。为什么会有男性患者？一个显然的答案可能是男性没有乳腺，但是却有乳腺组织，只是没有像女性那样发育。那么为什么有这么少的男性患者呢？

尽管有5%的乳腺癌是由遗传基因突变（*BRCA1*和*BRCA2*）导致的，但95%——也就是大多数——病患的病因依然不明。看上去激素的差异可能是研究的起点，因为女性的雌激素控制了乳腺的发育，而男性的雌激素则达不到生理上起作用的量。有一种合乎常理的逻辑认为在乳腺癌患者体内，雌激素对乳腺细胞的影响是由于接触到了所谓的内分泌干扰物质并被其改变而发生作用的。内分泌干扰物质是类似人造激素的化合物。偶然的情况下，这些物质结合到了特定的激素受体上。在乳腺癌的案例中，罪魁祸首就是雌激素的类似物，是它促进了乳腺癌细胞的生长。

双酚A（BPA）就是一种疑似的类似物，这是一种结构上与雌激素类似的化合物，在碳环的两端都连接了—OH基团。BPA被用来制作食品和饮料的塑料包装，以及金属制的食品和饮料罐头的透明内衬，因此我们每天都会接触这种物质。全球每天生产的BPA质量可达60亿磅。

双酚A

雌激素

早在1938年人们就已经知道，BPA会促进小鼠的雌激素过量分泌。令人担忧的是，1993年的研究表明BPA也会对培养中的人类乳腺癌细胞产生相同的作用。真正让人担忧的是这种作用经过测量其浓度低至十亿分之二，并不高于人类常规接触BPA的水平。

BPA真的会导致乳腺癌吗？在一个早期的可能性检验中，塔夫茨大学医学院的安娜·索托（Ana Soto）及其团队在2006年检测了BPA对会以同样方式罹患乳腺癌的小鼠的影响。他们让怀孕的雌性小鼠暴露在一系列浓度梯度的BPA中，50天后解剖小鼠并检查其乳腺组织。研究人员在乳腺组织中专门寻找一种叫作导管增生的异常细胞生长类型，这种异常生长被认为是小鼠和人类患乳腺癌的前兆。将小鼠按照BPA水平分为四组。那些接受低剂量BPA的小鼠表现与人类的不同，但是高剂量的则相同。还有第五组是控制组，小鼠没有接触BPA。

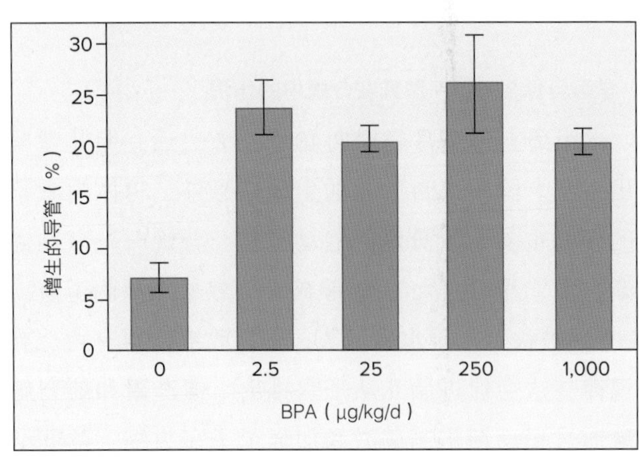

上面的直方图展示了研究人员的发现。这四个BPA处理实验组会导致比对照组明显多1%的增生导管吗？（提示：如果这四组的误差线与对照组有重叠，那么差异就是不显著的。）答案是肯定的，所有四组的差异都显著。高剂量的BPA会增加导管的增生吗？这四组的误差线没能重叠吗？的确，各种剂量处理产生了相似的结果。很难避免得出这样的结论：实验小鼠即使暴露在很低剂量的双酚A中也会导致导管增生。实验结果暗示了相当惊人的结论：我们每天都接触的BPA可能会导致乳腺癌。

2012年，在一个更大研究中，研究人员让怀孕的小鼠接触低剂量的BPA，剂量与人类长时期常规接触的量类似。研究人员观察到母鼠及其后代行为上的明显变化，这看起来就像是低剂量的BPA在表观遗传上修饰了编码激素的DNA，干扰了催产素和抗利尿素等激素的表达，这种影响就类似于对自闭症和注意力缺陷的影响。

老鼠或小鼠不是人类，但是BPA作为致癌物和表观遗传内分泌干扰物质的可能性确实值得深入研究。大部分政府资助的乳腺癌研究已经聚焦于寻找更有效的乳腺癌治疗方法，极少有钱投入寻找乳腺癌的起因上。这一研究最鼓舞人心的一点是，一旦这种研究获得优先权，那可能是硕果累累的。

出生六个月以后，新神经细胞的产生基本停止了，直到成年后，只有大脑的几个小区域还会有新神经细胞产生。人的大脑在出生后几年里明显发育的事实意味着这段时间获取充足的营养是特别重要的。

关键学习成果　31.7

胎儿发育的大多数关键事件在发育早期就发生了。在第四周开始形成器官，到第二个月末，发育中的身体已经俨然是人形了。甚至在女性知道自己已经怀孕了之前，胚胎的发育已经基本完成。妊娠中晚期主要是基础性生长。

节育与性传播疾病
Birth Control and Sexually Transmitted Diseases

31.8　节育与性传播疾病

节育

学习目标31.8.1　五种节育方法的效果

并非所有的夫妻在每次发生性行为的时候都想开始怀孕的旅程，然而性生活却是他们情感生活中非常必要且重要的组成部分。要解决这个两难的问题就需要找到可以有性生活且又能避免怀孕的办法，即通常所说的生育控制，或者叫作**节育**。

禁欲　避免怀孕的最简单、最可靠的办法是完全不发生性行为。在所有的生育控制措施中，这是最确定的——同时也是最有限度的，因为它无法提供夫妻因性关系而产生的情感支持。这种措施的变通方式是在可能受精的日子避免发生性行为。生殖周期的其他时段被认为是发生性行为的相对“安全期”。这种措施叫作安全期避孕法，或者叫作**自然避孕**，其实是很难奏效的，因为排卵往往是不可预期且可能会发生意外。失败的概率高达20%～30%。

预防卵成熟　在美国被广泛采用的生育控制措施是每天服用激素，或者称之为**避孕药**。这些小药丸里包含雌激素和孕激素，会阻断垂体分泌FSH和LH。没有FSH，卵泡就不会成熟，没有LH，排卵就不会发生。其他的激素调控办法还包括注射甲羟孕酮，每一到三个月注射一次；还有七天避孕贴片，能透过皮肤释放激素；再有就是通过外科手术植入可释放激素的胶囊。这些方法的失败概率不到2%。

紧急避孕药，如Plan B**避孕药**，是一种高剂量的黄体酮药片，如果在无保护性行为后立即服用可以阻断排卵。其失败的概率因人而异，因此不能将其作为节育的主要方法。

预防胚胎植入　在子宫中安置一个环或其他不规则物体是一种有效的生育控制措施。对子宫的刺激会阻止下行的胚胎着床于子宫内壁。这类**宫内节育器**（IUD）非常有效，因为一旦置入体内就会被遗忘。其失败率不到2%。

使用化学方法阻止胚胎植入或终止早期妊娠可以使用RU-486。这种小药片会阻断孕激素的作用，引起子宫内膜脱落。必须在医生的护理下使用RU-486，因为它可能存在严重的副作用。

精子阻塞　没有精子就不会受精。阻止精子传送的一个办法是用薄的橡胶套，或者叫**避孕套**，包裹住阴茎。原则上说，这种方法易于实施且能万无一失，但在实践中，其效果却大打折扣，失败率高达15%。另一种阻止精子进入的办法是在发生性行为前立即用橡胶隔膜，或者叫**子宫帽**，覆盖住子宫颈。其失败率平均为20%。

破坏精子　还有一种节育措施是在阴道内破坏精子。可以在发生性行为前立即使用杀精凝胶、栓剂、泡沫破坏精子。失败率差别很大，大约是3%～22%。

性传播疾病

学习目标31.8.2　六种主要的性传播疾病

性传播疾病（STD）是经由性接触在人际传播的疾病。第27章中讨论的AIDS是一种严重的可致死的性传播疾病。其他影响比较大的性传播疾病有：

1. **淋病** 淋病是由淋病奈瑟菌这种细菌引起的，其基本症状是阴茎或阴道中分泌液体。该病可通过抗生素治疗。如果未经治疗，女性患者可能会导致盆腔炎（PID），患者的输卵管会瘢痕化或阻塞。
2. **衣原体感染** 该疾病是由沙眼衣原体这种细菌引起的，通常被称为“沉默的性病”，因为女性在被确诊之前一般都不会感觉到症状。同淋病一样，衣原体感染也会使女性患盆腔炎。
3. **梅毒** 该疾病是由梅毒螺旋体这种细菌引起的，是最具破坏性的性传播疾病之一。如果不经治疗，该疾病会发展出心脏病、智力缺陷，以及包括运动功能缺失和失明在内的神经损伤。
4. **生殖器疱疹** 该疾病是由二型单纯疱疹病毒（HSV-2）引起的，在美国是最常见的性传播疾病。病毒会在阴茎、阴唇、阴道和子宫颈引起红色疱疹结痂。
5. **子宫颈癌** 大约70%的子宫颈癌是由人类乳头瘤病毒（HPV）经由性接触引起的。加德西（Gardasil）是一种宫颈癌疫苗，能够阻断尚未接触该病毒的女性感染，可以减少2/3的死亡人数（每年约有29万名女性死于该疾病）。

关键学习成果 31.8

人类可以采用多种节育措施，其中不少是非常有效的。性传播疾病是通过性接触传播的。

调查与分析
INQUIRY & ANALYSIS

为什么性传播疾病发生频率不同？

性传播疾病的发生率会随着无保护性行为的增加而增加，这是一个一般规律。随着1980年代早期AIDS的出现，轰轰烈烈的宣传和教育已经让无保护性行为有所减少。在过去的十年里，美国人性伴侣的数量和发生无保护性行为的频率都有显著下降。梅毒、淋病和衣原体感染等性传播疾病的发生率也应该随之下降。右图是详细的年度统计数据报告。结果却让人有些吃惊：从1984年开始淋病感染水平下降了，但同期的衣原体感染水平却稳步提高了。这该如何解释？

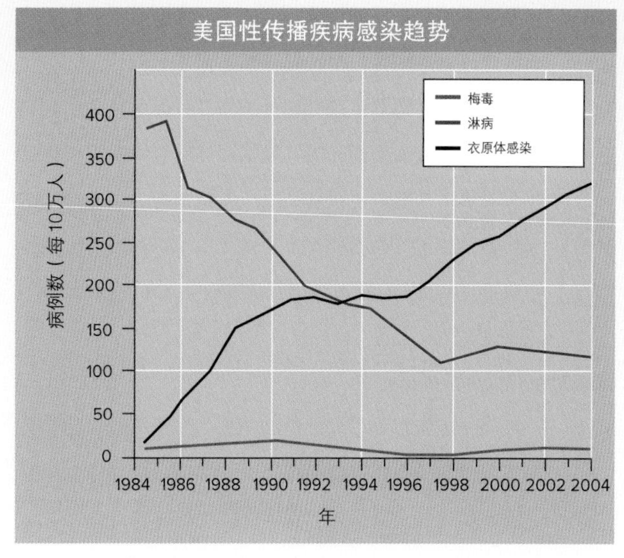

对这种差异的最简单的解释是，这两种性传播疾病是在不同人群发生的，其中一个群体的性活动更活跃了，而另一个则下降了。然而，全国的统计数据已经包括了各类亚群体，并且每个亚群体都包含上述三种性传播疾病。这样看起来就不能由此解释衣原体感染水平的上升。

第二种可能的解释是这三种性传播疾病中的一种传染性改变了。较少的性接触会导致较少的感染，同样的理由，传染性较低的性传播疾病也会导致人群中该病发生率较低。

梅毒在其早期阶段最具传染性，但该阶段只能持续约一个月。大多数的传染都发生在历时更长的第二阶段，其标志是粉红色皮疹和口腔溃疡。在传染阶段，细菌会通过接吻或体液接触而传播开来。该性传播疾病传染性的下降会缩短这一阶段，不过这种状况尚未出现。

淋病会经由感染者在感染的任何阶段通过性接触传播。感染后很快就会出现症状。就像梅毒一样，还没有一例在性接触中淋病传染性下降的报告。

衣原体最有可能会发生传染性的变化，这来自其反常的特性。从遗传学上说，沙眼衣原体是细菌，但它却是专性细胞内寄生的，在这方面很像病毒——它仅在人体细胞中繁殖。类似于淋病，衣原体是通过与感染者的阴道、肛门或口腔接触传播的。就像另外两种性传播疾病一样，其传染性看上去也没有下降。

不过，关于一种性传播疾病的发病率在某一群体中上升，而另一种性传播疾病的发病率在同一群体中却下降，还可能有第三种解释。要理解这种解释，我们需要聚焦于感染者的经历。不像梅毒或淋病感染者能够很快知道自己被感染了，衣原体感染者可能不会表现出什么症状。提高公众对性传播疾病的认识，可以降低那些意识到自己已经被感染的人的性活动，但却不会影响那些意识不到自己已经被感染的人的性行为。

为了评估这种可能性，请仔细分析上图所示美国淋病、衣原体感染和梅毒感染的趋势。

分析

1. **应用概念** 什么是因变量？
2. **进行推断**

   a. 淋病：1985年的感染率是多少？1995年呢？感染率是下降了还是上升了？总的来说，当个体在传播这种性传播疾病的时候他们是否意识到了自己被感染了？

   b. 衣原体：1985年的感染率是多少？1995年呢？感染率是下降了还是上升了？总的来说，当个体在传播这种性传播疾病的时候他们是否意识到了自己被感染了？
3. **得出结论** 公众意识的提高能否解释淋病和衣原体感染趋势的差异？

本章回顾

Reviewing What You Have Learned

脊椎动物的生殖

无性生殖与有性生殖

31.1.1 原生生物和某些动物的主要繁殖方式是通过分裂或出芽进行无性生殖，但大部分都是有性生殖的。

31.1.2 动物中存在孤雌生殖和雌雄同体。孤雌生殖的后代是由未受精卵发育而来的。雌雄同体的个体既有精巢又有卵巢，既能产生精子又能产生卵细胞。

31.1.3 哺乳动物的性别是由Y染色体上的*SRY*基因通过遗传决定的。XY的胚胎发育为雄性，XX的胚胎发育为雌性。

脊椎动物有性生殖的进化史

31.2.1~2 大部分鱼类和许多两栖类动物是体外受精的，但是大多数其他的脊椎动物都是体内受精的。即便是体内受精，后代的发育可能在母体内，也可能在母体外。

31.2.3 鸟类和大部分爬行动物会产水密性好的蛋以避免干燥。

31.2.4 有袋类和胎盘类哺乳动物都是胎生的，但是单孔目动物是卵生的。

人类生殖系统

男性

31.3.1 精子是在睾丸中产生的。睾丸中有大量致密的弯曲小管——生精小管，精子就是在这里通过精子发生过程而产生的。精子发育并经过减数分裂后，向小管的管腔移动，从那里进入附睾。成熟后的精子储存在输精管中。在性交的过程中，精子通过阴茎被输送到女性体内。

女性

31.4.1 雌配子，即卵细胞，是由卵巢中的卵母细胞发育而来的。卵巢位于下腹部。女性出生后有200万个卵母细胞，都处于第一次减数分裂时期。FSH和LH启动了部分卵母细胞第一次减数分裂的恢复，但通常在每个月的周期里只有一个卵母细胞能够发育成熟。

31.4.2 卵细胞离开卵巢进入输卵管。寄存在阴道中的精子向上运动从阴道经过子宫颈和子宫进入输卵管，与卵细胞汇合（如图31.11）。通常只有一个精子细胞能够穿透卵细胞的保护层。此时卵母细胞完成第二次减数分裂，开始受精。受精卵经由输卵管到达子宫，依附于子宫内壁，并在这里完成发育。

激素调控生殖周期

31.5.1 人类的生殖周期叫作月经周期，可以分为两个阶段：卵泡期和黄体期。

31.5.2 分泌FSH和LH后，卵泡期就开始了，这刺激了卵母细胞的发育和雌激素的分泌。雌激素是负反馈信号，可以让垂体前叶停止分泌FSH和LH。

31.5.3 LH的峰值启动了黄体期，促进排卵和黄体的形成。黄体开始分泌孕激素，让子宫为受精卵着床做好准备。

- 如果受精卵在子宫内膜着床，由于胚胎分泌人绒毛膜促性腺激素，使得雌激素和孕激素保持较高水平。
- 如果没有发生受精，雌激素和孕激素的水平就会下降，子宫内膜就会脱落，这一过程叫作月经，一个新的周期再次开始。

发育过程

胚胎发育

31.6.1 脊椎动物的胚胎发育分为三个阶段。第一个阶段是卵裂期，涉及成千上万的细胞分裂，最后形成囊胚。

31.6.2 第二个阶段是原肠胚形成期，细胞精心移动形成三个胚层：内胚层、外胚层和中胚层。

31.6.3 第三个阶段是神经胚形成期，脊索和神经管都形成了。

胎儿发育

31.7.1 到第四周结束时器官开始形成，到第三个月结束的时候，除了脑和肺之外的主要器官都形成了。

- 妊娠中期和妊娠晚期都是迅速发育期，胎儿通过胎盘获取营养物质。

31.7.2 分娩时，胎儿和胎盘都被排出体外。激素调控了乳汁的分泌，以为新生儿提供营养。

节育与性传播疾病

节育与性传播疾病

31.8.1 可以采取多种生育控制措施，如预防卵细胞成熟、预防胚胎植入、阻断或杀死精子等。

31.8.2 性传播疾病是通过性接触传播的。AIDS是一种可致死的性传播疾病。其他的性传播疾病也有很强的破坏性，尤其是在不经治疗的情况下。

本章测验

Test Your Understanding

31.1.1 如果后代在遗传上彼此不同且不与亲本相同，那么这种生物的生殖方式是_______。

a. 分裂生殖　　c. 出芽生殖

b. 有性生殖　　d. 以上都是

31.1.2 为什么孤雌生殖产生的后代，其亲本都是雌性？

31.1.3 _______哺乳动物胚胎的性腺会发育成为卵巢。

a. 如果表达 *SRY* 基因

b. 如果两条性染色体都是 X

c. 如果两条性染色体分别是 X 和 Y

d. 在最初的 40 天中

31.2.1（1）体内受精与体外受精的区别在于物种_______。

a. 产生羊膜卵就会体内受精

b. 没有羊膜卵就会体外受精

c. 生出活体后代的就会有乳腺

d. 产卵的就是体外受精的

31.2.1（2）为什么许多两栖动物与鱼类是体外受精的，而蜥蜴、鸟类和哺乳动物却不会这样？

31.2.1（3）卵生是动物世界的规则。在昆虫、鱼类、两栖动物、爬行动物和鸟类中是普遍的。哺乳动物中最原始的物种（单孔目和鸭嘴兽）也是卵生的。然而，后来演化出的哺乳动物（有袋类和胎盘类）都是胎生的。是什么导致了这种生殖策略的转变？

31.2.2 两栖动物幼体期的作用在于_______。

a. 促进肌肉骨骼系统的发育　　c. 逃避捕食

b. 在更长的时期内收集食物　　d. 预防变态

31.2.3 爬行动物和鸟类的胚胎基本上都是雄性的，胚胎的雌激素对于诱导其雌性特征发育是必要的。哺乳动物正好相反，胚胎基本都是雌性的，需要胚胎激素作用来诱导雄性特征的发育。对于作用于爬行动物的机制，为什么对哺乳动物不起作用，你能否给出其中的理由？

31.2.4（1）狗的胚胎发育属于_______。

a. 胎生　　c. 卵生

b. 卵胎生　　d. 孤雌生殖

31.2.4（2）大部分犰狳的雌性个体会生出四只相同性别的后代。你能说出这种行为的一种发生机制吗？

31.3.1 能够让人类男性的睾丸温度比身体其他部位低大约3℃的是_______。

a. 生精小管　　c. 输精管

b. 附睾　　d. 阴囊

31.4.1 人类女性的卵母细胞发育需要的激素是_______。

a. 雌激素和睾酮　　c. 孕激素和睾酮

b. FSH 和 LH　　d. 催产素和催乳素

31.4.2 人类女性的输卵管_______。

a. 英文可写作 fallopian tube　　c. 位于子宫内膜

b. 连接卵巢和输卵管　　d. a 和 c

31.5.1 月经周期的第一个阶段_______。

a. 由 LH 的分泌峰值引发　　c. 以孕激素的分泌为标志

b. 是黄体期　　d. 是卵泡期

31.5.2 卵泡期起始于_______。

a. 卵泡刺激素的分泌　　c. 雌激素的分泌

b. 黄体生成素的分泌　　d. a 和 b

31.5.3 妊娠时，子宫内膜靠_______维持着。

a. 胚胎分泌的 hCG　　c. 下丘脑释放 GnRH

b. 孕激素水平的下降　　d. FSH 水平的增加

31.6.1 以下过程中，哪个是在胚胎发育的最后阶段发生的？

a. 卵裂　　c. 原肠胚形成

b. 神经胚形成　　d. 受精

31.6.2（1）人类胚胎发育过程中，中胚层是由细胞沿着_______向内移动形成的。

a. 原条　　c. 卵裂沟

b. 赤道面　　d. 滋养层

31.6.2（2）原肠胚形成是胚胎发育的关键事件。因为_______。

a. 原肠胚形成期的细胞移动导致了三个原初胚层的形成

b. 原肠胚形成导致了内细胞团和囊胚的形成

c. 原肠胚形成使哺乳动物的胚泡发育成为脊索

d. 在原肠胚形成期，合子迅速分裂形成致密的细胞团桑葚胚且没有增加总体的体积

31.6.3（1）发育中的人类，最早形成的器官是_______。

a. 心脏　　c. 脊索

b. 大脑　　d. 肝脏

31.6.3（2）沿着脊索，形成肌肉、脊椎和结缔组织的分段的组织块叫作_______。

a. 神经嵴　　c. 原条

b. 桑葚胚　　d. 体节

31.7.1（1）到_______结束的时候，身体的所有主要器官都形成了，因此该时期是人类胎儿发育的关键时期。

a. 妊娠中期　　c. 第四个月

b. 妊娠初期　　d. 妊娠晚期

31.7.1（2）脐带连接了胎儿的发育和_______。

a. 母体的肚脐　　c. 母体的子宫颈

b. 胎盘　　d. 羊膜

31.7.2 分娩时子宫的收缩是受到了_______的刺激。

a. 雌激素　　c. 催产素

b. 催乳素　　d. 孕激素

31.8.1（1）下列不属于节育措施的是_______。

a. 破坏卵细胞　　c. 精子阻塞

b. 预防卵细胞成熟　　d. 预防胚胎植入

31.8.1（2）有些人认为最可靠的节育措施是当临时保姆，请解释可能的原因。

31.8.2 下列不属于性传播疾病可能导致的结果的是_______。

a. 死亡　　c. 盆腔炎

b. 子宫颈癌　　d. 乳腺癌

32

学习目标

植物

32.1　适应陆地生活

　1　植物在适应陆地生活的过程中克服的三个环境挑战

32.2　植物的进化

　1　植物进化的四个新特征

无种子植物

32.3　非维管植物

　1　藓类和角苔的输水能力

32.4　维管组织的进化

　1　木质部和韧皮部的区别，以及初生生长和次生生长的区别

32.5　无种子维管植物

　1　藓类与蕨类植物的配子体世代和孢子体世代

种子的出现

32.6　种子植物的进化

　1　裸子植物和被子植物的区别，以及小孢子和大孢子的区别

　2　种子适应陆地生活的四种方式

32.7　裸子植物

　1　裸子植物门最常见的生命周期

花的进化

32.8　被子植物的出现

　1　被子植物比裸子植物进化得更成功的两个原因

　2　花的四轮结构

32.9　为什么会有不同类型的花？

　1　不同颜色的花存在的原因

32.10　双受精

　1　双受精的过程与优点

32.11　果实

　1　为什么被子植物有果实，而裸子植物却没有

调查与分析　箭草是如何耐盐的？

植物的进化

植物被认为是绿藻的后代。早在4.55亿年前，植物首次侵入陆地，与真菌形成共生关系：现存的最古老植物有菌根相连。陆地环境带来的众多问题之一是当植物被固定在某一处时，它很难找到与其交配的对象。多数早期植物采用的解决方式是：雄性个体释放雄配子——花粉到大气中，并让风将花粉粒吹至附近的雌性植物上。这种方式对于生长密集的植物尤其有效，因为在植物密集的地方有许多同种个体彼此相邻。红杉树是生长在陆地上最大的个体生物之一。它生长密集，靠风力传送花粉。然而，事实证明，另一种解决方式甚至更好。植物进化出花这种器官来吸引昆虫。当昆虫停落在花上获食花蜜时，花粉自然会附着在昆虫身上。当它们再落到另一朵花上采蜜时，就会将之前携带的花粉传授到这朵花上。这两株植物相距得多远并不重要，因为昆虫可以发现它们。在本章中，你将探究这一问题，以及植物侵入陆地后面临的其他进化上的挑战。

32.1 适应陆地生活

陆生自养生物

学习目标32.1.1 植物在适应陆地生活的过程中克服的三个环境挑战

植物是陆地上自养的、复杂的多细胞生物。陆生**自养**生物是指几乎只存在于陆地上，靠光合作用获取能量的生物。自养生物的英文名称“autotroph”来自希腊语，“autos”意为“自己”，“trophos”意为“供食者”。如今，植物是地球表面上的主导生物。植物有非常丰富的多样性，是生物圈的重要组成成分。比如，植物进行的光合作用产生了大气中的氧气；植物是人类和许多其他生物的主要食物来源（直接或间接的）；植物为人类提供木材、布、纸和许多其他的非食用产品。现有将近30万种植物，几乎覆盖了陆地景观的每一部分。在本章中，我们会了解植物是如何适应陆地生活的。

可能是现在植物祖先的绿藻是还不能很好地适应陆地生活的水生生物。在绿藻的后代适应陆地生活的过程中，它们要克服许多环境挑战。例如，它们需要从岩石表面吸收矿物质，需要保存水分，以及需要发展出一种在陆地上繁殖的方式。

吸收矿物质

植物需要六种大量的无机矿物质：氮、钾、钙、磷、镁和硫。其中每一种矿物质占植物干重的1%以上。藻类从水中获取这些矿物质，但是生长在陆地上的植物是从何处获取这些物质的呢？答案是从土壤中获取。土壤是风化的外层地壳。它由多种成分构成，其中可能包括沙子、石块、黏土、淤泥、腐殖质（部分被分解的有机物），以及多种其他形式的矿物质和有机物。土壤中还含有丰富的微生物可以降解和回收有机碎屑。植物通过根吸收这些物质和水分（在第33章中有所介绍）。大多数根存在于表层土壤中，在那里混有各种矿物颗粒、生物体和腐殖质。由于水土流失而失去表层土壤后，土壤便会失去保持水分和养分的能力。

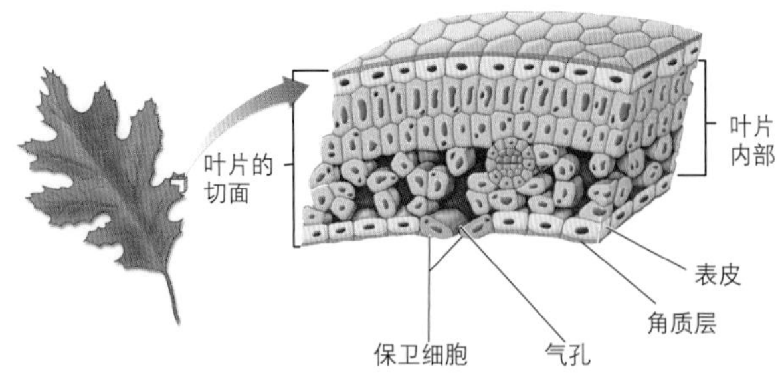

图32.1 气孔

气孔是穿过覆盖叶片表皮的角质层的通道。通过气孔，水和氧气被释放出去，而二氧化碳进入植物体内。气孔两侧的细胞被称为保卫细胞，用于控制气孔的开放和闭合。

最早的植物似乎与真菌发展出了一种特殊的关系，真菌曾是它们在陆生生境中吸收矿物质能力的关键因素。在许多早期的化石植物中，如莱尼蕨（*Rhynia*）和顶囊蕨（*Cooksonia*），真菌与这些植物的根或地下茎的细胞紧密地生活在一起。你可能会回想起在第18章中曾提到过的，这类共生结合体被称为**菌根**。在有菌根的植物中，真菌使植物可以从岩石土壤中吸收磷和其他营养物质，同时植物为真菌提供有机分子。

保存水分

植物迁入陆地上生活的一个主要挑战是如何避免干燥。为了解决这个问题，植物具有一个不透水的表层，被称为**角质层**。它由一种不透水的蜡状物质形成。像闪亮的汽车上的蜡一样，角质层防止水分进入或离开植物的茎或叶。水分只能通过根进入植物，角质层也阻止水分流失到空气中。然而，角质层上有通道存在。这些通道以一种特化的孔洞的形式存在，被称为**气孔**。气孔存在于叶片上，有时也存在于茎的绿色部分上。图32.1显示了叶底面上的一个气孔。在这个剖面图中，你可以看到气孔与叶片中其他细胞的位置关系。气孔存在于除了苔类植物外的所有植物的某些部位中。它使二氧化碳可以（通过扩散的方式）进入植物体参与光合作用，并使水和氧气传递出来。当水通过渗透进入或离开气孔时，气孔周围的两个保卫细胞会相应地膨胀（气孔开放）或收缩（气孔闭合）。气孔的开放和闭合控制了叶片中水的流失，同时也可以使二氧化碳进入（图33.8）。在多数植物中，水以液态形式通过根进入植物体内，再以水蒸气的形式从叶片底面离开。

陆地植物的繁殖

植物要在陆地上进行有性生殖必须将配子从一个个体传递给另一个，但是植物不能运动，因此这对植物而言是一项挑战。在最初的植物中，卵细胞被一个外壳包裹，精子需要一层水膜游至卵细胞并与其结合受精。在后来的植物中，逐步形成的花粉提供了一种在不会使配子干燥的情况下传递的方式。花粉粒被有效地避免了干燥，使得植物可以通过风或动物传递配子。

改变生命周期　在许多藻类中，单倍体细胞占据了生命周期的大部分时间（见17.2节）。通过配子融合形成的合子是唯一的二倍体细胞，然后它立即进行减数分裂再次形成单倍体细胞。相比之下，在早期的植物中，减数分裂延迟发生，并且合子细胞分裂产生多细胞的二倍体结构。因此，在生命周期的大部分时间中，细胞是以二倍体形式存在的。这种变化导致了**世代交替**，即一个二倍体与一个单倍体世代交替。图32.2展现了一个世代交替的生命周期。植物学家称单倍体世代（黄色框区域）为**配子体**，因为它通过有丝分裂❶形成单倍体的配子。二倍体世代（蓝色框区域）被称为**孢子体**，因为它通过减数分裂❹形成单倍体的孢子。

当你观察如苔藓类植物的原始植物时，你看到的主要是配子体组织，孢子体是更小的棕色结构，附着或被包裹于较大的配子体组织中。

当你观察进化后的植物，如一棵松树，你看到的主要是孢子体组织。这些植物的配子体通常比孢子体小很多，并常被包裹在孢子体组织内。松树的雄配子（花粉粒）不是光合细胞，依赖于通常包裹它们的孢子体组织。

关键学习成果　32.1

植物是陆地上的多细胞生物，可进行光合作用，它们起源于绿藻。植物进化出与真菌共生的方式来吸收矿物质，从而适应陆地生活。它们靠不透水的表层来保存水分，并在陆地上实现了繁殖。

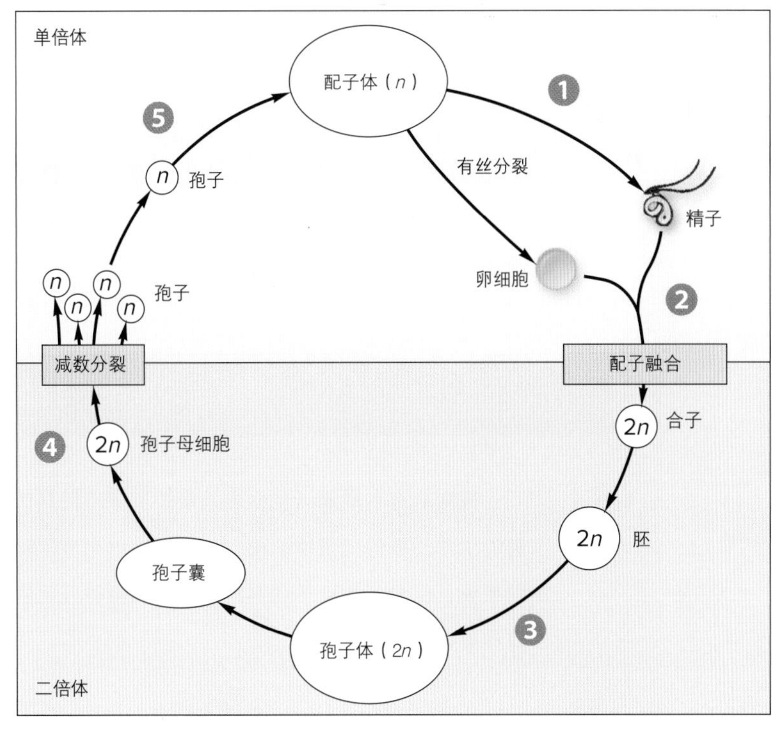

图32.2　广义的植物生命周期

在植物生命周期中，一个二倍体世代与一个单倍体世代交替发生。单倍体（n）的配子与二倍体（$2n$）的孢子进行交替。❶配子体通过有丝分裂产生精子和卵细胞。❷精子和卵细胞最终结合形成孢子体世代中的第一个二倍体细胞，即合子。❸合子经过细胞分裂，最终形成孢子体。❹减数分裂发生在孢子囊（孢子体产生孢子的器官）中，结果产生了单倍体孢子，它是配子体世代中的第一个细胞❺。

32.2 植物的进化

学习目标32.2.1 植物进化的四个新特征

一旦植物在陆地上定居下来后，它们逐渐发展出许多其他特征以帮助植物在进化上成功地适应新的、苛刻的栖息地。例如，在最初的植物中，地上部分和地下部分没有根本的区别。后来，根和枝进化出特化的结构，分别适应于特定的地下或地上环境。特化的维管组织的进化使植物可以生长得更高大。例如，近期才进化而来的树要比生长在树上的一种相对原始的苔藓植物高大很多。

随着我们对植物多样性的探索，我们将研究几个重要的进化趋势。表32.1概括了植物门和它们的特征。有四个关键的变化导致了我们今天所见的主要植物群体的产生（图32.3），虽然其中也伴随着其他有趣和重要的变化出现。

1. **世代交替** 虽然藻类具有一个单倍体阶段和一个二倍体阶段，但是这个二倍体阶段并不占据生命周期的主要部分。相反，早期植物中（在图32.3中由第一个纵条表示的非维管植物），二倍体的孢子体是主要的结构形式，并对卵细胞和发育的胚提供保护作用。在整个植物进化史上，孢子体的优势变得更大，其大小和它在生命周期中所占的时间比例都有所增加。
2. **维管组织** 第二个关键的变化是维管组织的出现。维管组织在植物体内传递水和养分并提供结构上的支持。随着维管组织的进化，植物能够将从土壤中吸收的水分提供给植物体的顶部；另外维管组织使植物有一定的坚硬度，植物因此可以长得更高大并可以在更干燥的条件下生存。最早的维管植物是无籽维管植物，见图32.3中的第二个纵条。
3. **种子** 种子的进化（见32.6节）是一个关键的新特征。它使植物能够支配陆地环境。种子可提供营养，并有一个坚韧、持久的外壳，用于保护胚，直到种子遇到有利的生长环境。最早的种子植物是裸子植物，在图32.3中由第三个纵条表示。
4. **花和果实** 花和果实是提高定居生物间成功交配概率和促进种子传播的进化上的关键创新。花既可以保护卵细胞，也可以提高受精的概率，使相隔较远的植物可以成功交配。果实围绕在种子周围，且有助于种子分散，使植物物种能更好地侵入可能更有利的新环境。被子植物（图32.3中的第四个纵条）是唯一可以产生花和果实的植物。

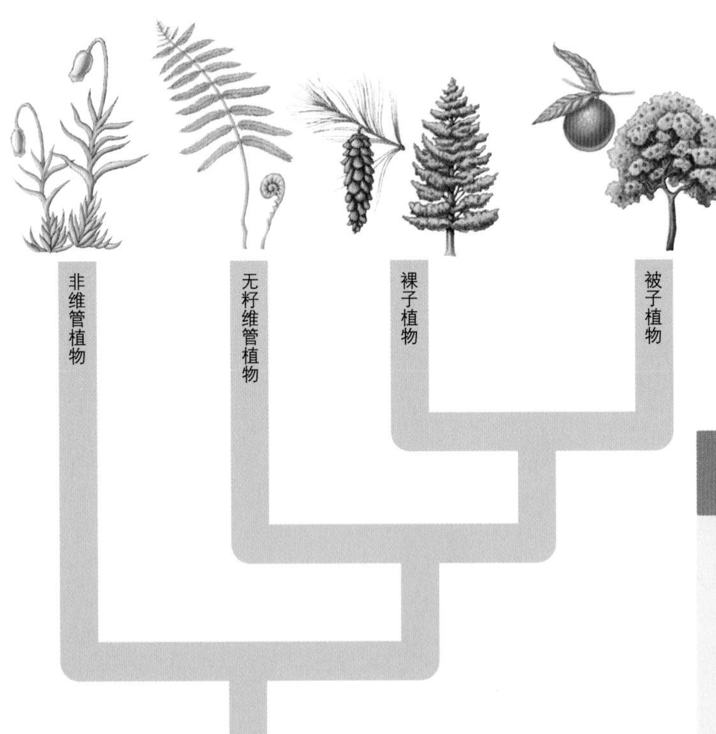

图32.3 植物的进化

关键学习成果 32.2

植物从淡水绿藻进化而来，最终发展出更具优势的生命周期的二倍体阶段，由维管组织构成的输导系统，保护胚的种子和有助于受精和种子分配的花和果实。

表 32.1 植物门			
门	**典型例子**	**主要特征**	**活物种的大致数量**
非维管植物			
苔类植物门（苔类）	地钱属（*Marchantia*）	没有真正的维管组织；没有真正的根和叶；生活在潮湿的栖息地，通过渗透和扩散的方式获取水和营养；需要水完成受精；配子体是生命周期的优势结构；这三个门曾被归类在一起	15,600
角苔门（角苔类）	角苔属（*Anthoceros*）		1,150
藓类植物门（藓类）	金发藓属（*Polytrichum*）、泥炭藓属（*Sphagnum*）（毛帽藓和泥炭藓）		11,000
无籽维管植物			
石松门（石松类）	石松属（*Lycopodium*）（石松）	无籽维管植物，有些在外形上与藓类植物相似，但它们是二倍体的；需要水完成受精；孢子体是生命周期的优势结构；存在于潮湿林地生境	
蕨门（蕨类）	满江红（*Azolla*）、白桫椤属（*Sphaeropteris*）（水蕨类和树蕨类） 木贼属（*Equisetum*）（木贼类） 松叶蕨属（*Psilotum*）（松叶蕨）	无籽维管植物；需要水完成受精；孢子体呈现出多样化的形式并且是生命周期的优势结构	
裸子植物			
松柏门（针叶树）	松树、云杉、冷杉、红杉、雪松	裸子植物；风媒授粉；授粉时胚珠部分暴露；无花；种子通过风传播；精子没有鞭毛；孢子体是生命周期的优势结构；叶片是针状或鳞片状；多数物种是常青树，并生长密集；是地球上最常见的一种树	601
苏铁门（苏铁）	苏铁、西米棕榈	裸子植物；风媒或虫媒授粉；生长非常缓慢，掌状树；精子有鞭毛；树分雌性或雄性；孢子体是生命周期的优势结构	206
买麻藤门（灌木茶）	摩门茶、百岁兰（*Welwitschia*）	裸子植物；精子无运动能力；灌木和藤本；风媒或虫媒授粉；树分雌性或雄性；孢子体是生命周期的优势结构	65
银杏门（银杏）	银杏树	裸子植物；扇形叶片，在冬季（每年）落叶；种子多肉、有难闻气味；精子具备运动能力；树分雌性或雄性；孢子体是生命周期的优势结构	1
有花植物门（开花的植物，也称被子植物）	橡树、玉米、小麦、玫瑰	开花；靠风、动物和水授粉；以胚珠完全被心皮包被为特征；受精过程需要两个精核，一个形成种子的胚，另一个与极核融合形成胚乳；受精后，心皮和受精胚珠（种子）发育成熟后成为果实；孢子体是生命周期的优势结构	250,000

32.3 非维管植物

学习目标32.3.1 藓类和角苔的输水能力

苔类和角苔

最早成功地在陆地上生长的植物没有维管系统——没有管道在植物体内输送水和养分。由于所有的物质必须通过渗透和扩散输送，因此这极大地限制了植物体的大小。只有两个植物门，**苔类**（liverworts）（苔门）和**角苔**（hornworts）（角苔门）完全没有维管系统。“wort”这个词在中世纪盎格鲁-撒克逊语中意为“草本”。苔类植物是所有植物中最简单的。

原始输导系统：藓类

另一个植物门，**藓类**（藓类植物门），最早进化出专门负责向配子体的茎运输水和碳水化合物的细胞束。这些输导细胞没有特化的厚壁，相反，它们的导管并不坚挺，并不能把水传输到很高的地

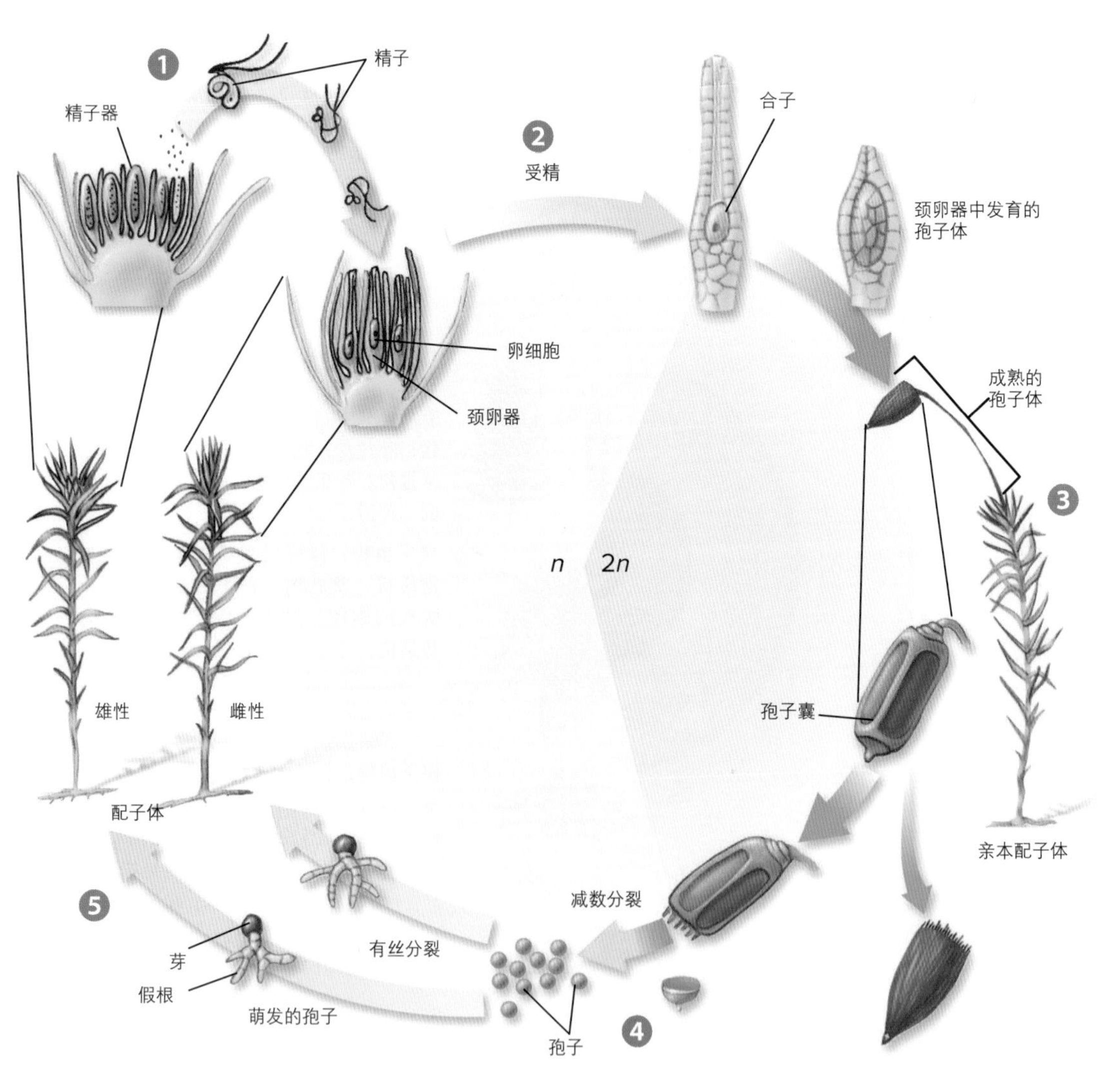

图32.4 藓类植物的生命周期
在单倍体的配子体世代中，精子从精子器（产生精子的结构）中释放❶。然后它们经过自由水游至颈卵器（产生卵细胞的结构）并沿着颈卵器向下运动与卵细胞结合发生受精❷。由此产生的合子发育成二倍体的孢子。孢子体从颈卵器中生长出来，在它的顶端形成孢子囊❸。如图所示，孢子体生长在配子体上，最终通过减数分裂产生孢子。孢子脱离孢子囊❹。孢子萌发，长成配子体❺。

方。由于这种输导细胞只能算是一种原始的维管系统，所以植物学家通常把藓类植物与苔类和角苔类划分在一组，统称为非维管植物。今天，全世界大概有9,500个藓类物种生活在潮湿的环境中。在北极和南极，藓类是最普遍的植物。泥炭藓（泥炭藓属）可被用作燃料或土壤改良剂。小立碗藓的基因组于2006年被测序，它是许多遗传学课题的研究对象。在图32.4中，你可以看到藓类生命周期的大部分时间是单倍体的配子体世代，以雄性或者雌性植物的方式存在。在卵细胞受精后，二倍体的孢子体（褐色的柄和膨大的头）从雌性植物的配子体❸生长出来。孢子体内的细胞经过减数分裂产生单倍体孢子❹，然后长成配子体❺。

关键学习成果　32.3

苔类和角苔类植物完全没有维管系统，而藓类植物有简单的、低硬度的输导细胞束。

32.4　维管组织的进化

流动的液体

学习目标32.4.1　木质部和韧皮部的区别，以及初生生长和次生生长的区别

其余的七个植物门有由高度特化细胞组成的高效的维管系统。它们被统称为**维管植物**。最早的维管植物大约出现在4.3亿年前，但科学家们对此只找到了不完整的化石。我们已有的相对完整的最早维管植物化石，记录了生活在4.1亿年前，现已灭绝的莱尼蕨门植物。其中已知最古老的维管植物是顶囊蕨。

顶囊蕨和随后的其他早期植物由于发展出有效的水和养分输导系统，即**维管组织**（拉丁语“vasculum”，表示管束或导管的意思），从而成功地迁居陆地。这些组织包含特化的圆筒状或伸长的细胞束。它们在植物体内形成管状的网络结构，从根尖附近延伸，穿过茎，进入叶片。木质部作为维管组织的一种类型，负责从根部向上输导水和溶解的矿物质；另一种类型的维管组织——韧皮部，负责在植物体内输送碳水化合物。

大多数早期的维管植物似乎是以茎尖和根尖的细胞分裂的方式进行生长。想象一下堆叠的盘子——这种叠加只能增加高度而并不增加宽度！这种相当成功的增长类型被称为初生生长。世界上大量的化石燃料在所谓的煤炭时代（在3.5亿年前到2.9亿年前）形成。那时，覆盖欧洲和北美的低地湿地上主要生长着一种叫作石松的早期无籽树。石松树高至10～35米。它们的树干在没有达到一定高度前不会有分枝。在这个时期，全球的气候变得干燥和寒冷，因此生物进化的速度也相对较快。随着湿地干涸，石松树灭绝了，并从化石记录中突然消失。随后，它们被树一样大小的蕨类所取代。树蕨可生长至20多米高，树干粗至30厘米。与石松一样，树蕨的树干完全由初生生长形成。

大约在3.8亿年前，维管植物发展出了一种新的生长模式：树皮下的圆筒状细胞分裂，在植物周围区域产生新的细胞。这种生长被称为次生生长。次生生长能增加茎的直径。只有在进化出次生生长的模式后，维管植物才能具有更粗的树干，因此可以长得更高。如今的红杉树高度可达117米，树干直径超过11米。这种进化的进步使如今的高大森林能够覆盖北美北部成为可能，因为这使其占据了优势。你应该很熟悉植物次生生长所产生的木材。在树木的横截面上可以看见年轮，其中春夏季的次生生长区被生长缓慢的秋冬生长区间隔开。

关键学习成果　32.4

维管植物具有特化的、中空管构成的维管组织，用于将水分从根输送到叶片中。另一类维管组织形成的圆筒状结构能将养分从叶片输送到其他植物器官。

32.5 无种子维管植物

蕨类植物

学习目标32.5.1 藓类与蕨类植物的配子体世代和孢子体世代

最早的维管植物是没有种子的。七个现代维管植物门中有两个门的植物也没有种子。其中一个无籽维管植物门是蕨类门。这门植物包括典型的生长在森林里的蕨类，包括松叶蕨（图32.5）和木贼。另一个是石松门，包括石松。这两个门的植物都有能自由游动的精子，需要水环境来完成受精。

迄今为止最丰富的无籽维管植物是蕨类植物，大约有11,000个存活的物种。蕨类植物存在于世界各地，但在热带地区更为丰富。许多蕨类植物都很小，直径只有几厘米，但现存的某些大型植物也属于蕨类。有的古代树蕨的后代具有超过24米高的树干，其叶片可达5米长！

图32.5 无籽维管植物
松叶蕨没有根或叶。

在蕨类中，植物生命周期开始发生了革命性的变化。这种变化随着种子植物的出现达到了顶峰。非维管植物，如藓类，主要是由配子体（单倍体）组织构成。无籽维管植物，如蕨类，既有配子体个体也有孢子体个体，每个个体都是独立的和自给的。配子体（图32.6顶部的心形植物）产生卵细胞和精子❶。精子穿过水，游向卵细胞❷使其受精后，合子生长为孢子体❸。孢子体具有单倍体孢子，位于叶片背面的棕色团簇就被称为孢子囊群。孢子从孢子囊群中被释放后飘落到地面，并在那里发芽，长成单倍体的配子体。蕨类的配子体是很小、很薄、心形的光合植物，生长在潮湿的地方。蕨类植物的孢子体较大、较复杂，具有长长的垂直叶片——**蕨叶**。当你看到一个蕨类植物时，你多半看到的应该是它的孢子体。

关键学习成果 32.5

蕨类植物属于无籽维管植物，像非维管植物一样靠孢子繁殖。

种子的出现
The Advent of Seeds

32.6 种子植物的进化

被子植物

学习目标32.6.1 裸子植物和被子植物的区别，以及小孢子和大孢子的区别

维管植物中一步重要的进化是胚的保护壳（**种子**）的发育。由于种子可以在胚体处于最脆弱的时期提供保护，所以种子的出现是植物适应陆地生活

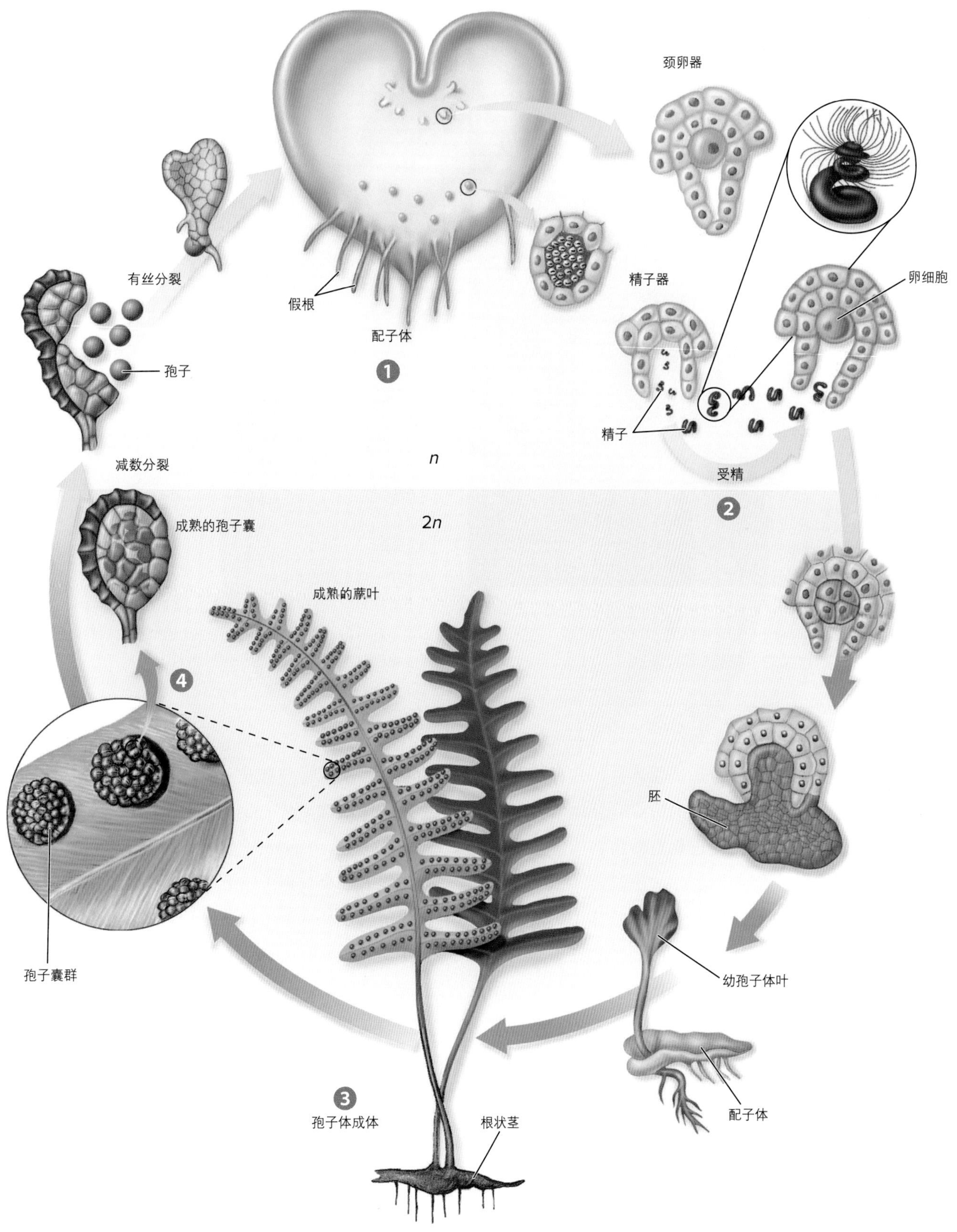

图 32.6　蕨类的生命周期

❶ 单倍体的配子体生长在潮湿的地方。假根（固定植物的结构）从它们底部伸出。卵细胞在颈卵器中发育，精子在精子器中发育，二者都位于配子体下表面。当精子释放后，它经过自由水游到颈卵器口，进入颈卵器与单个卵细胞受精❷。在精、卵结合后形成合子（孢子体世代中的第一个二倍体细胞），合子在颈卵器中开始生长发育。最终，蕨类植物的孢子体长得比其配子体大很多❸。大多数蕨类有或多或少的水平茎，叫作根状茎，沿着地下匍匐生长。在孢子体的叶片（蕨叶）上成簇地生长着孢子囊群❹。孢子囊群内发生减数分裂，形成孢子。在许多蕨类中，这些孢子会爆发性地释放。孢子的萌发导致了新配子体的产生。

图32.7 一株种子植物

苏铁的种子像所有种子一样，由胚和一个保护壳组成。苏铁是裸子植物。它的种子生长在球果鳞片的边缘上。

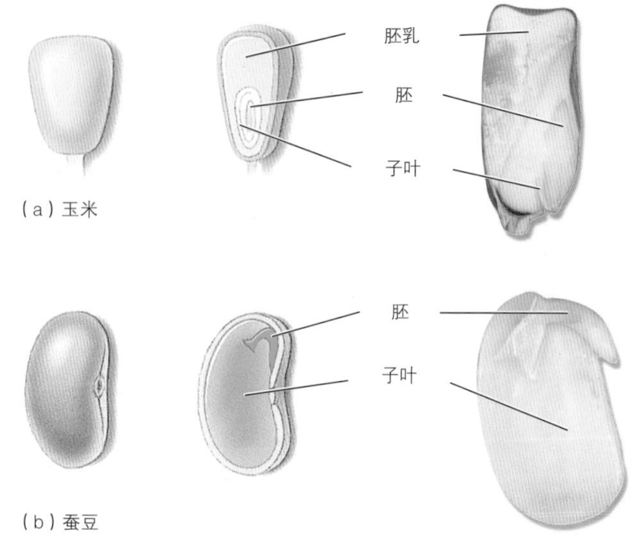

图32.8 种子的基本结构

一个种子包含一个孢子体（二倍体）的胚和提供养分的胚乳（a）或贮存养分的子叶（b）。由母孢子体组织形成的种皮包裹在种子周围来保护胚。

的关键。图32.7展示的是植物苏铁，其种子（照片中的绿球）长在球果鳞片的边缘。胚体受种子的保护位于种子内。种子的进化是使植物能够主宰陆地生活的关键一步。

维管植物的生命周期中，孢子体（二倍体）世代占据的优势随着种子植物的到来达到了其全部效力。种子植物产生两种配子体——雄配子体和雌配子体，每一种配子体都只含有几个细胞。两种配子体在孢子体内单独发育，并完全依赖于孢子体以获取营养。雄配子体，通常指**花粉粒**，来自**小孢子**。当精子产生时，花粉粒成熟。精子进入雌配子体中的卵细胞这一过程不需要水环境的存在。**大孢子**在**胚珠**内发育出含有卵细胞的雌配子体。花粉可由昆虫、风或其他媒介传递到胚珠，这个过程被称为**授粉**。然后，花粉粒裂开并萌发形成含有精子的花粉管。花粉管会直接携带精子至卵细胞。因此，授粉和受精过程是不需要有自由水存在的。

植物学家普遍认为所有的种子植物都来源于同一祖先。种子植物分有五个植物门。其中四个门，被统称为**裸子植物**（gymnosperm，在希腊语中，“gymnos”意为裸露的，“sperma”意为种子）。它们的胚珠在授粉时没有完全被孢子体组织包被。裸子植物是最早的种子植物。从裸子植物进化而来的第五类种子植物是**被子植物**（angiosperm，希腊语，“angion”意为容器，“sperma”意为种子），属于有花植物门。被子植物，是所有植物门中最晚进化来的。不同于所有裸子植物的是，在授粉时，被子植物的胚珠被完全包被在花中孢子体组织的导管里，这个导管被称为**心皮**。在本章中，我们将继续讨论裸子植物和被子植物。

种子的结构

学习目标32.6.2 种子适应陆地生活的四种方式

种子有三个可见部分。图32.8显示的是玉米和豆类的种子：（1）一个孢子体时期的胚；（2）在开花植物中，为胚发育提供养分的**胚乳**（胚乳构成了大部分的玉米种子，是爆米花的白色部分）；（3）一个抗干旱的保护壳。在某些种子中，胚乳在胚发育的过程中被耗尽，并由胚将养分贮存在厚的叶状结构里，这个结构称为**子叶**。在豆类种子中，胚乳被子叶所取代。对于被根固定在某一位置的植物来说，种子是可以将其后代散播到新位置的一种方式。种子坚硬的外壳（由母本植物的组织发育而来）在种子向一个新位置传播的过程中起到保护作用。种子可以通过许多方式传播，比如靠风、水以及动物。许多以风媒传播的种子都有特殊的"装置"，有助于被风携带到更远的地方。例如，某些松树的种子具有轻薄而平坦的附翼。这些翼有助于捕捉气流，从而使种子被气流带到新的地方。

一旦种子落入地面，它可能停留在那里休眠几年。但当遇到有利环境时，尤其是有水分存在的情况下，种子就会发芽，并开始生长成幼苗。大多数种子贮有充足的养分，当新植物开始生长时，为其提供现成的能源。

种子的出现对植物的进化有巨大的影响。种子对陆地生活的特别适应体现在至少四个方面上：

1. **散播** 这一点是最重要的，种子有助于植物后代迁移和散播到新的栖息地上。
2. **休眠** 种子可以使植物在处于不利条件（如干旱）时，延迟发育，并保持休眠状态直到条件有所改善。
3. **萌发** 通过重新启动依赖于环境因素（如温度）的周期发育，种子使胚的发育过程与植物栖息地的关键因素（如季节）同步。
4. **营养** 在种子刚刚萌发后的一段关键时期，幼苗需要靠自身定植，此时种子可为幼苗提供营养。

关键学习成果 32.6

种子是一种休眠的二倍体胚，由坚硬的保护壳包被，贮有养分。种子对提高植物在多种环境下成功繁殖的概率起到了关键作用。

32.7 裸子植物

裸子植物的类别

学习目标32.7.1 裸子植物门最常见的生命周期

有四个植物门属于裸子植物：针叶树（松柏植物门）、苏铁（苏铁门）、买麻藤植物（买麻藤门）和银杏（银杏门）。针叶树是裸子植物的四个门中最常见的。它包括松树、云杉、铁杉、雪松、红杉、紫杉、柏树和冷杉（如道格拉斯冷杉）。针叶树产生的种子是球果。针叶树的种子（胚珠）生长在球果的鳞片上，并在授粉时呈裸露状态。多数针叶树有针状的叶片，这是一种减缓水分流失的进化适应。针叶树常常生长在中等干旱的地区，比如北纬地区广阔的针叶林带。许多针叶树是非常重要的木材和纸浆的来源。

针叶树大约有600个现存物种。生长在美国加州和俄勒冈州海岸的最高的维管植物北美红杉（*Sequoia sempervirens*）是一种针叶树，高达100多米。然而，最大的红杉树是生长在美国内华达山脉上的巨杉（*Sequiadendron gigantean*）。这棵最大的红杉树是以美国内战时的谢尔曼将军来命名的。它的高度超过83米，树基周长31米。另一类较小的针叶树是位于内华达州的狐尾松。这可能是世上最古老的树——有约5,000年历史。

其他三个裸子植物门的生物并不普遍。

苏铁曾是恐龙鼎盛时期（侏罗纪时代，2.13亿至1.44亿年前）的主要陆地植物，它具有短茎和掌状叶。苏铁仍主要分布在热带地区。

买麻藤门仅包含三种稀奇的植物。其中一种叫作百岁兰，也许是所有植物中最奇特的。在非洲西南部环境严酷的纳米比亚沙漠上，百岁兰就生长在裸露的沙地中。它的形态像一株倒立的植物！它有两个带状的皮革质叶片，其基部保持持续的生长。随着它们在沙漠上的生长，叶片通常会碎裂成许多条。

银杏的现存物种只有一个。银杏树（*Ginkgo biloba*）具有扇形叶片。叶片在秋天脱落。化石记录表明银杏门曾经广泛地存在，尤其是在北半球。银杏是雌雄异株。雌性银杏的肉质外种皮散发出腐败黄油的臭味。该气味由丁酸和异丁酸产生。然而，在许多亚洲国家，银杏种子被认为是一种美食。由于雌性植株种子的气味，西方国家一般优先选择雄性植株进行营养繁殖。另外，由于银杏耐空气污染，所以常被种植在城市街道旁。

裸子植物的生活

我们将以针叶树为典型来研究裸子植物。图32.9描绘了针叶树的生命周期。针叶树具有两种球果。种子球果❸含有带卵细胞的雌配子体；花粉球果❶含有花粉粒。针叶树的花粉粒❷很轻小，可由风传递给种子球果。对于任何一个花粉粒而言，它被准确传递给种子球果的可能性很低（风可以把它吹到任何地方），所以针叶树产生大量的花粉粒以确保至少有几个花粉粒可以成功地与种子球果结合授粉。因此，有大量的花粉粒会从球果上脱落下来，常常在池塘和湖面上形成一层黄色的黏层，甚至还会出现在汽车的挡风玻璃上。

当一个花粉粒落在一个雌性球果的鳞片上，花粉细胞会长出一个细长的管，穿过鳞片，从而将雄配子传递给含有卵细胞的雌配子体。当精子与卵细胞结合时即发生受精❺，形成的合子将来发育成胚。这个合子是孢子体世代的开始。接下来发生的事情体现了种子植物在繁殖上的重要改进。合子并不会立即生长为成体孢子体——不像我们人类是直接从受精的合子发育而来的。这个受精的卵细胞首先形成种子❻。松树种子具有一个像帆一样的结构，有助于被风传播出去。然后，种子会被散布到新的栖息地。如果条件适宜，种子就会萌发、生长，形成一株新的孢子体植物❼。

关键学习成果 32.7

裸子植物是在授粉期胚珠没有完全被二倍体组织包被的种子植物。裸子植物没有花。

花的进化
The Evolution of Flowers

32.8 被子植物的出现

最成功的植物

学习目标32.8.1 被子植物比裸子植物进化得更成功的两个原因

被子植物的胚珠在受精时完全被孢子体组织包被。被子植物占现存植物的90%，约含25万个物种，包括许多乔木、灌木、草本植物、草、蔬菜和谷物——简而言之，几乎是所有我们每天见到的植物。

从非常具有现实意义的角度来说，被子植物在进化上的显著成功是植物界对陆地生活适应的结果。被子植物成功地解决了陆地生活提出的最后一项困难的挑战：获得营养的需要（由固定植物在特定位置的根解决）和寻求交配对象的需要（通过接触相同物种的植物而解决）之间的内在矛盾。裸子植物并没能解决这一矛盾。裸子植物的花粉粒是被动地随风散布，随机地与雌性球果相遇。试想一下这种授粉方式是多么低效！被子植物能够直接传递花粉，就像一个有地址的信封一样，从一个物种的某一个体到另一个个体。这是如何实现的呢？通过吸引昆虫和其他动物为它们携带花粉！使这种由动物参与的授粉成为可能的就是花。花的形成是被子植物的一个巨大的进步。

花

学习目标32.8.2 花的四轮结构

花是被子植物的生殖器官。花是一个复杂的授粉“机器”。它可以靠鲜艳的色彩来吸引昆虫（或者鸟类、小型哺乳动物）的注意，靠花蜜来引诱昆虫进入花内，还有在昆虫造访时把花粉粒沾在昆虫身上的结构。当昆虫造访另一朵花时，它之前所携带的花粉便会被传递。在受精后，花的某些部分还能发育成种子和果实。

一朵花的基本结构包括四个同心圆或同心轮，

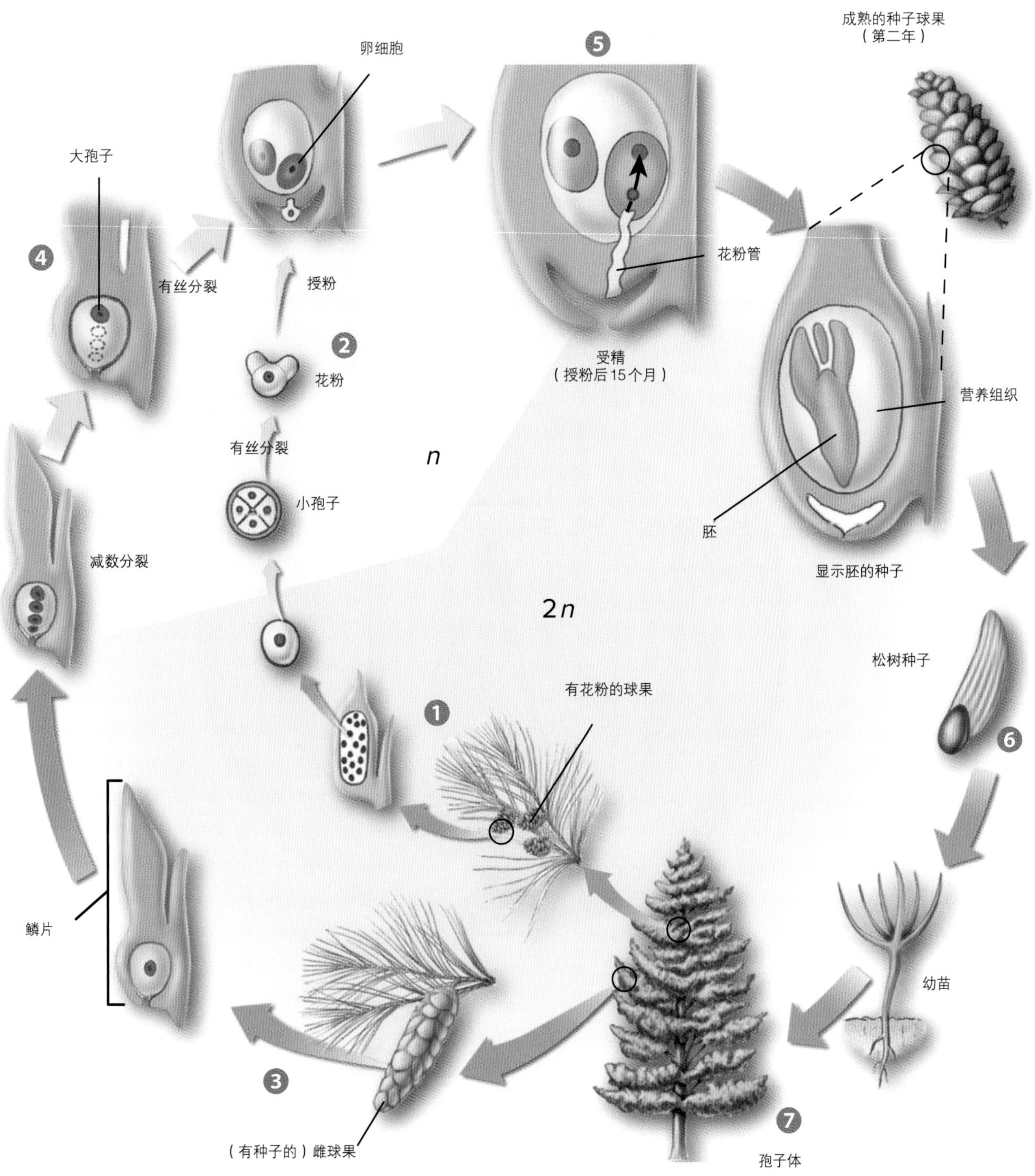

图 32.9　针叶树的生命周期

在所有的种子植物中，配子体世代的时间极大地缩短。在针叶树如松树中，相对较脆弱的、携有花粉的球果❶含有将发育成花粉粒❷（雄配子）的小孢子。常见的携有种子的松果❸比有花粉的球果更重、更坚实。两个胚珠和最终形成的两个种子，位于每个鳞片的表面上部。鳞片中含有的大孢子形成雌配子。在花粉粒到达鳞片后，花粉粒萌发，长出细长的通向卵细胞的花粉管。当花粉管长至雌配子体❹的附近时，精子被释放❺，与卵细胞受精产生合子。在胚珠内，合子发育成胚。成熟的胚珠发育成种子❻。最终，种子离开球果后萌发，胚继续生长，长成一株新的松树❼。

它们都与基部的**花托**相连接：

1. 最外面的第一轮结构叫作**萼片**，主要作用是保护花，以避免物理损伤。在下图中，这些绿色叶片状的结构实际上是一种变态叶，在花朵还是花蕾的时候起保护作用。
2. 第二轮结构叫作**花瓣**，其作用是吸引特定的授粉者。花瓣有独特的色素，常具鲜亮的色彩，比如像图中的淡紫色花朵。
3. 第三轮结构是**花蕊**，包含产生花粉粒的“雄性”部位。如图所示，雄蕊是细长的丝状物；其顶端膨大的**花药**里含有花粉。
4. 第四轮，也是最里面的一轮结构叫作**心皮**。它包含产生卵细胞的“雌性”部位。如图所示，心皮具有花瓶状的结构。心皮是孢子体组织，完全包被着卵细胞发育所在的胚珠。胚珠位于心皮内膨大的下部，称为**子房**；通常从胚珠里会伸出一根细长的柄，称为**花柱**；花柱的黏性顶端称为**柱头**，是粘附花粉的地方。当花进行授粉时，花粉管从柱头上的花粉粒向下生长，通过花柱到达胚珠；在胚珠中花粉与卵细胞结合受精。

关键学习成果 32.8

被子植物是在授粉期胚珠完全被二倍体组织包被的种子植物，利用花来吸引授粉者。

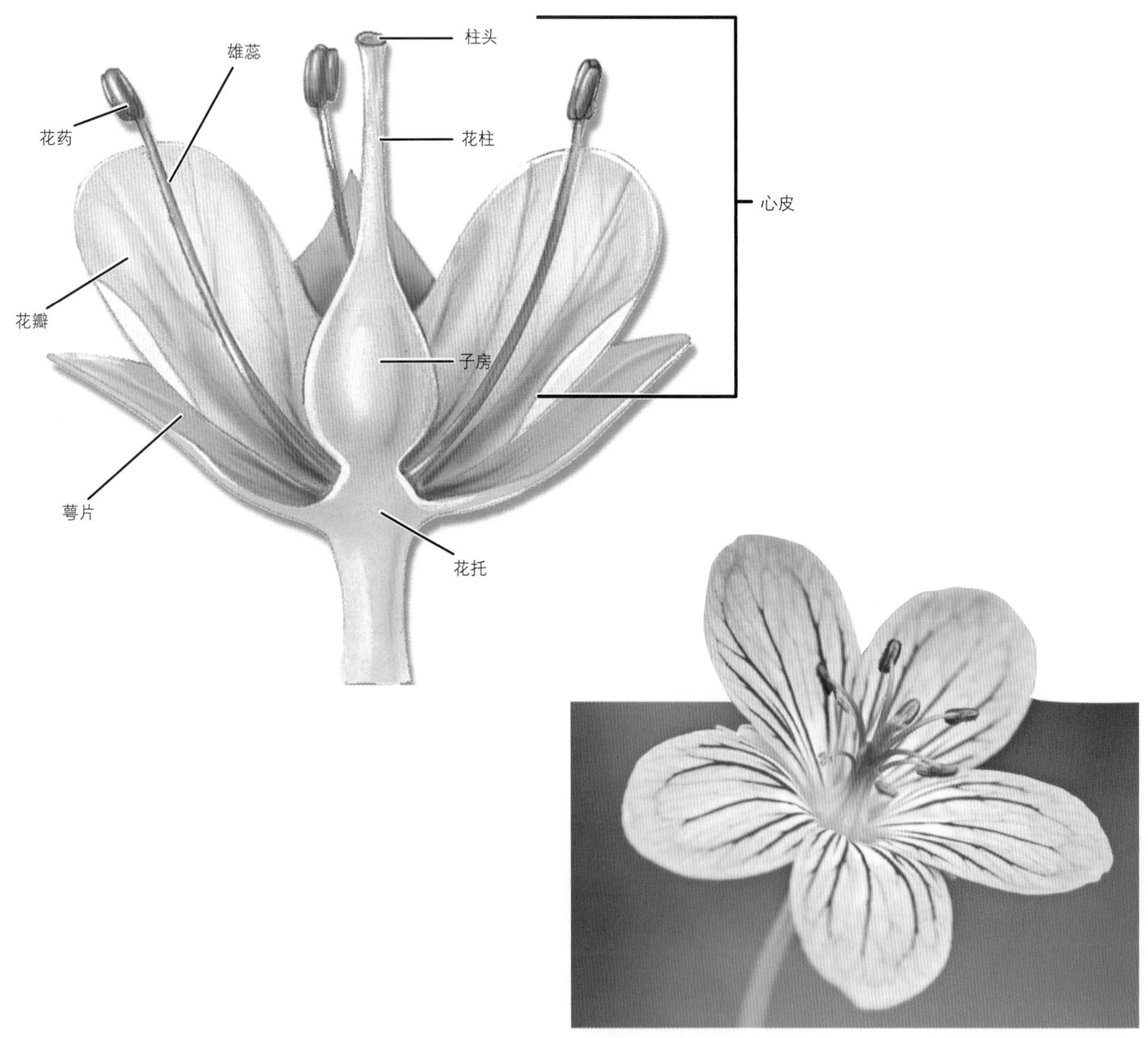

32.9 为什么会有不同类型的花?

吸引传粉者的工具

学习目标32.9.1 不同颜色的花存在的原因

如果观察过昆虫对花的造访，你会很快发现这种造访并不是随机的，而是某些昆虫会被特定的花所吸引。昆虫能识别某种特定的颜色和气味，并寻找相似的花。由于昆虫和植物是共同进化的，所以有些昆虫会专门造访特定类型的花。这样一来，一种特定的昆虫会携带花粉在同种植物的花之间传播，从而极大地提高了授粉效率。

大多数的授粉昆虫是蜜蜂，它有超过2万个物种。蜜蜂居住在蜜源附近。起初主要靠气味寻找蜜源（这就是为什么花闻起来很香），然后再关注花的颜色和形状。蜜蜂授粉的花一般是黄色的或蓝色的。通常，花上的条纹或点线会引导蜜蜂找到花蜜在花中的位置。这些纹路常位于花的喉部，我们用肉眼不一定能看到这些标识。例如在紫外光下，有些花的中间呈现一块深色的区域，那正是花蜜的位置。为什么会有隐藏的信号？其实这些信号对于能探测到紫外光的蜜蜂来说不是隐藏的。当蜜蜂停驻在花里，它就会沾上花粉。当蜜蜂离开这朵花飞向另一朵花时，花粉会被一同带到邻近的花上与其授粉。

还有许多其他的授粉昆虫。蝴蝶倾向于造访某些有“降落平台”的花（如草夹竹桃），这使得它们可以短暂停留。这些花一般有细长的、充满花蜜的花管。蝴蝶能够展开它长长的“吸管”（从口中伸出的吸管状的口器）够到花蜜。蛾类在夜间造访花。它们喜欢白色或极浅色的、常伴有很浓香味的花，这类花很容易在昏暗的光线下找到。由蝇类授粉的花，如萝藦科植物，一般是褐色的，有难闻的臭味。

有趣的是，昆虫一般不造访红色的花，因为多数昆虫不能识别红色为一种独特的颜色。那么，是谁来为这些红花授粉呢？是蜂鸟和太阳鸟！对于这些鸟来说，红色是非常显眼的颜色，就像我们看到的一样。鸟类没有发达的嗅觉，因此并不能靠气味来引导方向，这也是为什么红色的花通常没有很强的气味。

有些被子植物依然靠原始的风媒方式授粉，尤其是橡树、白桦和最重要的草类。这些植物的花很小、淡绿色、无味。另外有些被子植物是水生的，靠风或昆虫授粉，就像它们的陆生祖先一样，它们的花可伸出水面。

关键学习成果 32.9

花是植物吸引授粉者的工具。不同种类的花会吸引不同类型的授粉者。

32.10 双受精

学习目标32.10.1 双受精的过程与优点

裸子植物的种子在萌发后的一段重要时期内，靠种子里的养分补给处于发育中的植株，而被子植物的种子在这一方面的功能上有了极大的提高。被子植物的种子产生一种特别的、高营养的组织——**胚乳**。接下来我们将介绍它是如何产生的。图32.10展示了被子植物的生命周期，但实际上它包含两部分——雄性部分和雌性部分，由周期顶部的两种箭头所表示。

我们先从周期左边带有花的孢子体开始❶。雄配子（花粉粒）的发育发生在花药内，由上半部的箭头所表示。在花药的截面图❷中，你会看到将发育成花粉粒的小孢子母细胞。花粉粒含有两个单倍体精子。花粉附着在心皮（孕育卵细胞的雌性器官）顶端的柱头上，然后开始形成花粉管❹。黄色的花粉管沿着心皮向下生长，直到到达子房里的胚珠❺。两个精子（紫色的小细胞）沿着花粉管下移进入子房。与所有有性生殖一样，第一个进入的精子与卵细胞（位于子房基部的绿色细胞）结合，融合后的合子再发育成胚。另一个精子细胞与另外两个减数分裂的产物（极核）结合，形成一个三倍体（三个拷贝的染色体，$3n$）的胚乳细胞。这个细胞的分裂

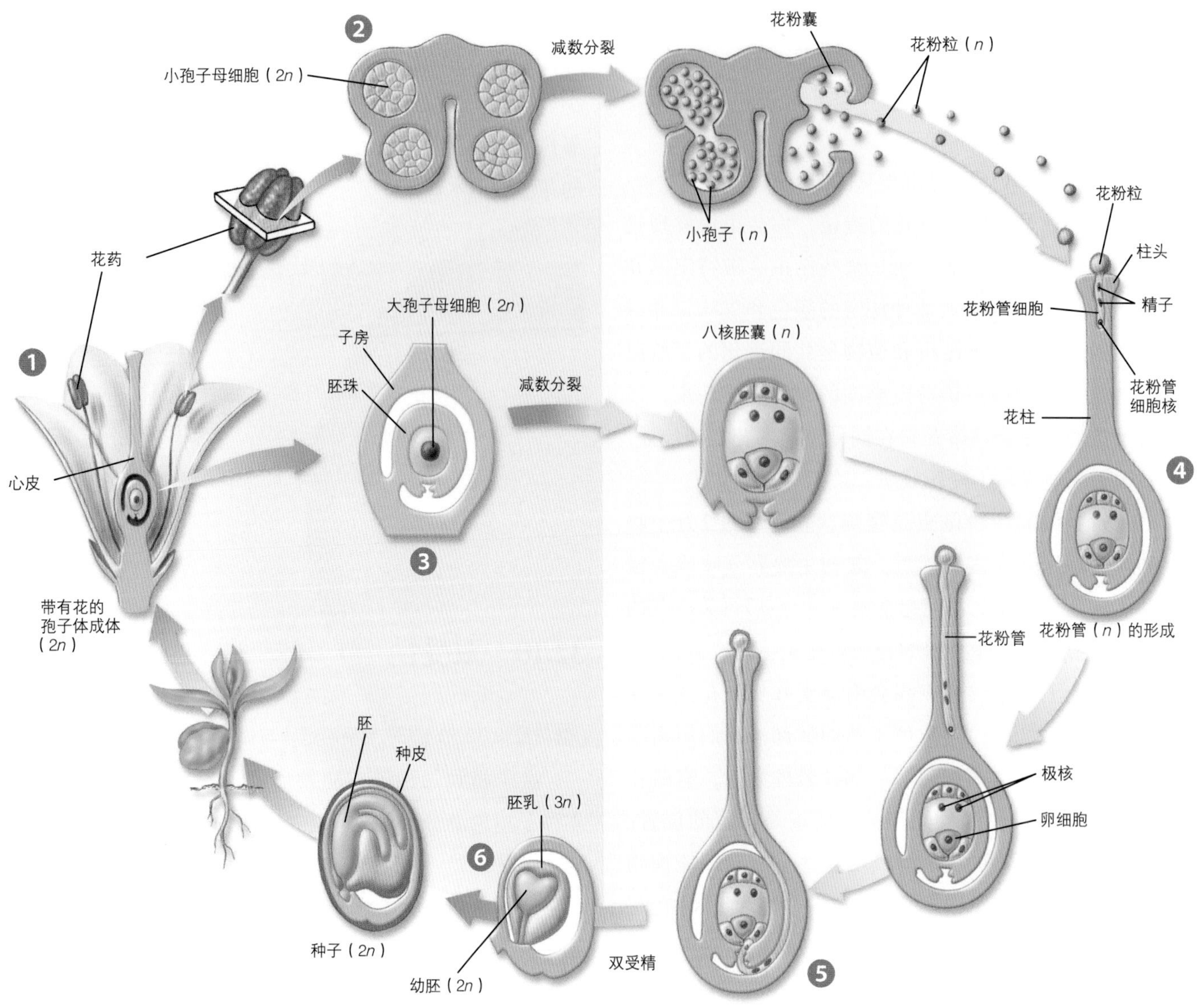

图32.10　被子植物的生命周期

被子植物与裸子植物一样，孢子体世代在生命周期中占主导地位。卵细胞在位于胚珠内的胚囊中形成，胚珠完全被心皮所包被❸。在多数被子植物中，心皮分化为一个细长的部分（花柱），其顶端是柱头。柱头的表面是花粉管萌发的地方❹。同时，花粉粒在花药中形成❷，并完成分化到成熟的三细胞期。花粉成熟可能在花粉粒脱落前，也可能在脱落后。不同于裸子植物，被子植物的受精是独特的双受精过程❺。一个精子和一个卵细胞结合产生一个合子；同时，另一个精子与两个极核融合，形成三倍体的初生胚乳核。合子和初生胚乳核经过有丝分裂，分别形成胚和胚乳❻。胚乳是被子植物独有的组织，为胚和幼苗提供营养。在发育的胚外，胚珠变成种子的一部分，而子房变成果实。种子和果实都有助于植物的散播。当条件不利时，种子还可以进入休眠期。

速度比合子快，从而在种子内产生富有营养的胚乳组织（围绕胚的褐色物质❻）。在这个过程中，两个精子受精分别产生了合子和胚乳，因此被称为**双受精**。形成胚乳的双受精是被子植物特有的。

在一些被子植物中，如常见的豌豆或蚕豆，胚乳在种子成熟时被完全用尽，由胚将养分贮存在厚实的子叶里。在另外一些被子植物中，如玉米，成熟的种子含有大量的胚乳，其中的养分在种子萌发后被使用。它也含有子叶，但是用于保护芽期的植物的，而不是作为养分的来源。

有些被子植物的胚有两个子叶，因此被称为双子叶植物。最早的被子植物就是**双子叶植物**。双子叶植物的叶片通常具有网状的分枝叶脉，其花的每一轮结构由四到五部分构成（图32.11的顶部）。橡树和枫树，以及许多灌木，都属于双子叶植物。

其他进化较晚的被子植物的胚只有一个子叶，因此称为**单子叶植物**。单子叶植物的叶片通常具有平行叶脉，其花的每轮结构由三部分构成（图32.11的底部）。最普遍的植物之一——草就属于风媒授粉的单子叶植物。

关键学习成果 32.10

每个被子植物的胚珠内有两个精子使其受精。一个精子与卵细胞结合形成合子，另一个与两个极核细胞结合形成三倍体（$3n$）的、富有养分的胚乳。

32.11 果实

学习目标32.11.1 为什么被子植物有果实，而裸子植物却没有

就像成熟的胚珠发育成种子一样，在胚珠周围的成熟子房会发育成果实或果实的一部分。这就是为什么被子植物有果实形成，而裸子植物没有。两类植物都有包被卵细胞的组织，叫作胚珠，将来也都发育成种子。但是在被子植物中，胚珠还被另一层组织——子房包被，子房将来发育成果实。果实是含有受精种子的成熟子房。除了靠风传播种子的方式外，果实为被子植物提供了另一种传播后代的方式。被子植物通过形成肉质鲜美的果实（如浆果）来吸引动物取食。果实中的种子耐咀嚼和消化。它们随着动物粪便完好地散播出去，可能在一个远离母本植物的新地方准备萌发。

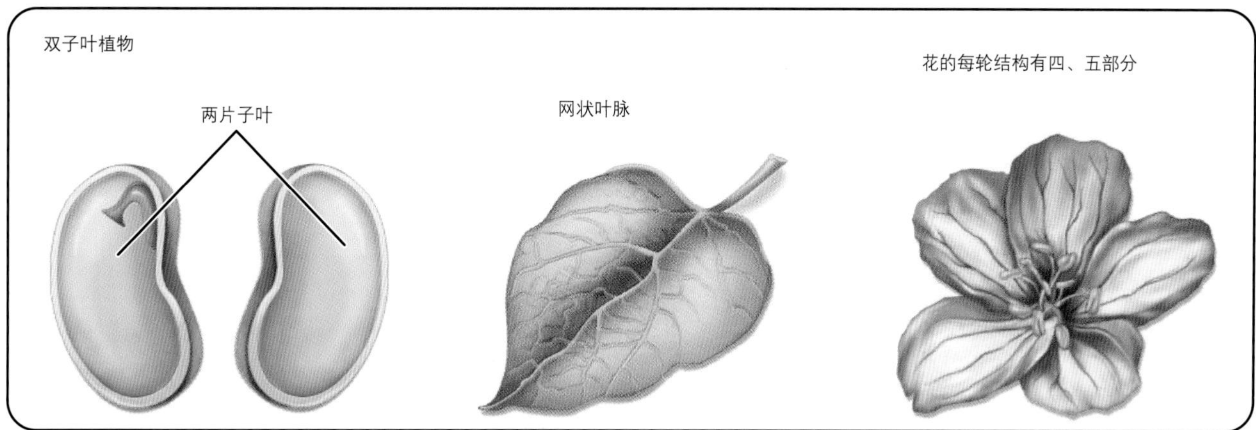

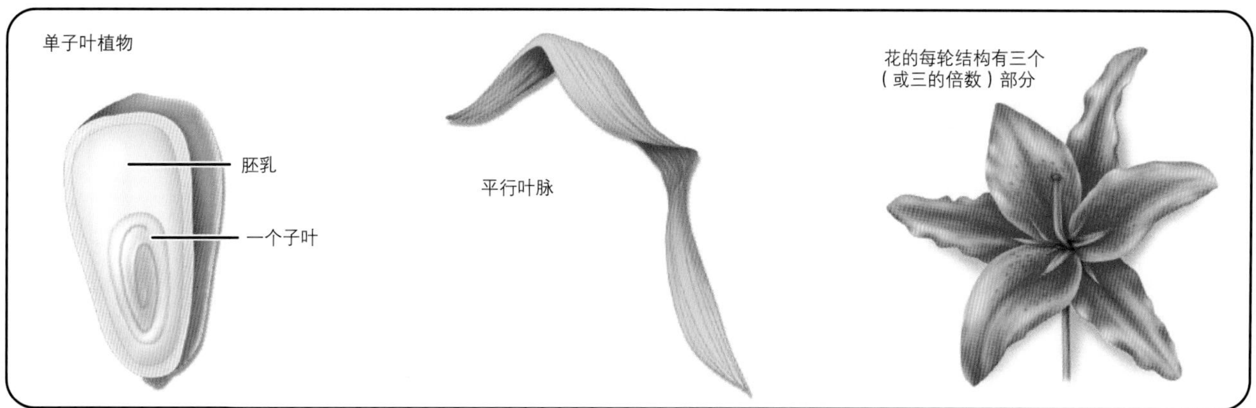

图32.11 双子叶植物和单子叶植物

双子叶植物有两个子叶和网状叶脉。花的每一轮结构有四、五部分构成。单子叶植物的特点是有一个子叶，平行叶脉，以及每轮花的结构由三部分构成（或三的倍数）。

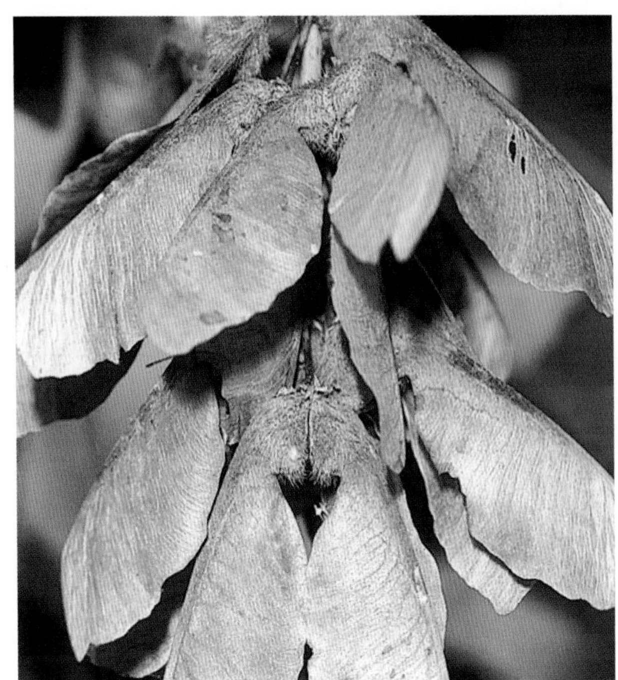

图32.12　散播果实的不同方式
枫树的果实干燥并有“翅膀”。它由风散播，能像小直升机一样在空中飘浮。

尽管许多果实都是靠动物散播的，但还有些果实（如椰子）是通过水散播的，还有许多果实的散播专门依赖于风。例如，蒲公英的非肉质小果实有羽毛状的结构，使它们能被风流带到较远的地方。许多草的果实是小颗粒，所以微风就足以吹散它们。而枫树的果实带有“翅膀”（如图32.12所示），也可以使它们在到达地之前被风散播。对于风滚草来说，整个植物被风折断，并被吹到空旷的田野。在草球滚动时将种子散播出去。

关键学习成果　32.11

果实是含有受精种子的成熟子房，常以特别的方式协助种子散播。

调查与分析
INQUIRY & ANALYSIS

箭草是如何耐盐的？

植物在地球上几乎到处生长，甚至在许多裸地、干旱或其他恶劣的环境条件下，也有茁壮生长的植物。在沙漠中，一个普遍的威胁是来自土壤的高盐度。由于灌溉水可造成土壤盐分的积累而限制植物生长，所以土壤盐化也是数百万英亩废弃农田的一个问题。为什么土壤中过多的盐会危害植物呢？一方面，由根吸收的高浓度钠离子对植物具有毒性。另一方面，当植物生长在盐化土壤中时，根将无法获得水分。渗透（水分子向较高溶质浓度区的运动）造成水朝着相反的方向运动，即水从根流向高盐度的土壤。但是仍有植物生长在这样的高盐土壤中，它们是如何耐盐的呢？

为了探究这个问题，研究人员对生长在海边的箭草（*Triglochin maritima*）进行了研究。箭草能够生长在盐度很高的海岸土壤中，那里很少有其他植物生存。箭草是如何生存下来的呢？研究人员发现它们的根并不吸收盐，因此不会积累盐至毒性水平。

然而，箭草仍然面临着根细胞失水的问题。那么，根又是如何达到渗透平衡的呢？为了寻求答案，研究人员让箭草在非盐性土壤中生长2周，然后再将它们转移到不同盐度梯度的土壤中。10天后，研究人员采集新枝进行氨基酸分析，这是因为积累氨基酸可能是细胞维持渗透平衡的一种方式。结果显示在图中。

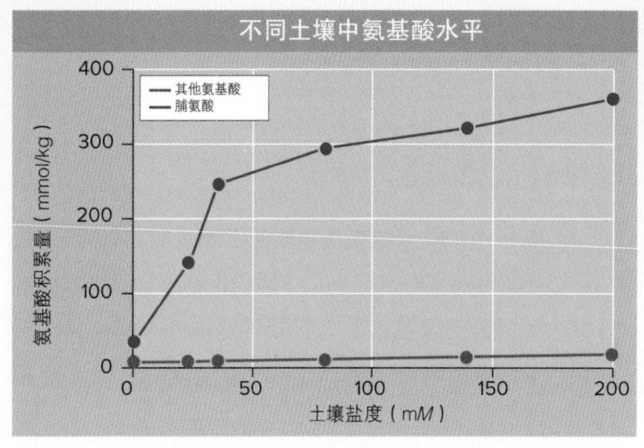

分析

1. **应用概念**

   a. **变量**　什么是因变量？

   b. **浓度**　“m*M*”和“mmol/Kg”是什么意思？

2. **解读数据**

   a. 在无盐的土壤中（土壤盐浓度 = 0m*M*），10天后有多少脯氨酸在根中积累？其他氨基酸有多少？

   b. 在含盐量为35m*M*的海边土壤中，10天后有多少脯氨酸在根中积累？其他氨基酸有多少？

3. **进行推断**

   a. 在一般情况下，土壤盐浓度对箭草中脯氨酸的积累有何影响？对其他氨基酸的积累又有什么影响？

   b. 在低盐土壤中（低于50m*M*）和高盐土壤中（高于50m*M*），盐对脯氨酸积累的影响是否相同？

4. **得出结论**　这些结果与箭草在盐化土壤中通过积累脯氨酸来达到渗透平衡的假设是否一致？

5. **进一步分析**　你认为是什么原因造成了脯氨酸在低盐土壤和高盐土壤中积累的速率不同？你能设计一个实验来验证你的假设吗？

本章回顾

Reviewing What You Have Learned

植物

适应陆地生活

32.1.1 植物是复杂的多细胞自养生物，通过光合作用产生自身所需的营养。

- 植物从土壤中获取水和矿物质。它们靠称为角质层的隔水层来控制水分流失。称为气孔的开口使植物可以与周围环境的气体进行气体交换。
- 花粉的适应使陆地植物能在干燥条件下转移配子。花粉粒保护雄配子防止干燥。植物生命周期包括单倍体配子体世代和二倍体孢子体世代的交替。随着植物的进化，孢子体在生命周期中变得越来越重要。

植物的进化

32.2.1 植物由绿藻进化而来，得益于四项创新：生命周期的世代交替、维管组织、种子与花和果实。

- 在世代交替中，植物的一部分生命周期是产生配子的多细胞单倍体阶段，另一部分是多细胞的二倍体阶段。随着植物的进化，二倍体孢子体成了更有优势的结构。
- 维管组织的进化使植物可以运输来自土壤的水和矿物质，并在整个植物体内分配营养物质，还使植物可以长高。
- 种子为发育中的胚提供保护和营养。花和果实提高了成功交配和种子分散的概率。

无种子植物

非维管植物

32.3.1 苔类和角苔类植物没有维管组织。藓类植物有特化的细胞用于输导水和碳水化合物，但它并不是坚硬的维管组织。这些植物被归类为非维管植物。它们的生命周期由单倍体配子主导。

维管组织的进化

32.4.1 维管组织是由特化的圆筒状或伸细的细胞束形成的贯穿于整个植物体的一个网络，负责在整个植物体内输导由根吸收的水分和叶片产生的碳水化合物。

无种子维管植物

32.5.1 蕨类门（蕨类植物）和石松门是两种最原始的维管植物。由于维管组织的存在，这些植物可以长得很高，但它们没有种子，而且受精过程需要水。它的孢子体（图32.6）比配子体大。

种子的出现

种子植物的进化

32.6.1 在种子植物中，孢子体是生命周期中的主要结构。植物含有单独的雄配子体和雌配子体。雄配子体，叫作花粉粒，产生的精子被运送到卵细胞中。而小的雌配子体中则包含了卵细胞。种子植物的授粉不需要水。

32.6.2 种子的出现在进化上有重要意义，它对胚提供了保护。种子包含胚和养分，有抗干旱的外皮保护。种子是陆生植物适应陆地生活的关键，因为种子提高了胚的散播，必要时可以休眠，当环境适宜时萌发，并在萌发过程中提供营养。

裸子植物

32.7.1 裸子植物是非开花种子植物，包括针叶树、苏铁、买麻藤和银杏。种子在球果中产生，那里是发生授粉的地方。花粉产生于较小的球果，靠风飞散到孕有种子的球果内，并与其中的卵细胞结合受精。与开花植物不同，裸子植物的胚珠不完全被二倍体组织包被。种子实现了对胚的散播，如图32.8所示。

花的进化

被子植物的出现

32.8.1 被子植物，即开花植物，是胚珠完全被孢子体组织包被的植物。

32.8.2 花是生殖器官。一朵花的基本结构包括四个同心轮结构。最外层的绿色萼片用于保护花。挨着它的是五颜六色的花瓣，用于吸引授粉者。第三轮结构包含雄蕊柄和产生花粉的花药。最里面一轮结构是花瓶状的结构，叫作心皮，其中的子房含有卵细胞。

为什么会有不同类型的花？

32.9.1 花的大小、形状和颜色有很大的差异，所以它们能被特定的授粉者识别。

双受精

32.10.1 双受精为萌发的种子提供营养。花粉粒产生两个精子细胞，通过花粉管进入子房，如图32.10所示。一个精子与卵细胞结合，另一个与两个极核细胞结合形成三倍体胚乳。被子植物分为两类：单子叶植物和双子叶植物。

果实

32.11.1 被子植物的进一步优势是子房发育为果实。果实有助于将种子散播到新的栖息地。

本章测验

Test Your Understanding

32.1.1（1）陆地植物在进化过程中曾面临的一项主要挑战是______。

a. 过多的阳光　c. 干燥
b. 捕食者　d. 没有足够的碳

32.1.1（2）在植物进化的过程中，逐渐占据主导的是______。

a. 配子体世代　c. 被子植物
b. C_4 光合作用　d. 孢子体世代

32.2.1　以下哪个结构或系统不是植物进化独有的?

a. 叶绿体　c. 种子
b. 维管组织　d. 花和果实

32.3.1（1）藓类、苔类和角苔类植物不具有高大的形态是因为______。

a. 它们没有叶绿素
b. 它们没有特化的维管组织将水运输至高处
c. 光合作用的速率不是很快
d. 世代交替不允许植物在繁殖前长得很高

32.3.1（2）以下哪项不存在于藓类植物中?

a. 孢子体　c. 子叶
b. 气孔　d. 配子体

32.3.1（3）"苔（liverwort）"这个英文名称可追溯到9世纪。中世纪的"形象学说"认为，一件事物的外表暗示了它特殊的属性。苔类植物类似肝脏形状的配子体曾被认为对于肝脏疾病的治疗有所帮助。你会如何只利用当时可用的方法来验证这一假说?

32.4.1　以下哪项是维管组织的类型?

a. 小孢子和大孢子　c. 木质部和韧皮部
b. 子叶　d. 气孔

32.5.1（1）区分蕨类和复杂的维管植物的一个特征是：蕨类没有______。

a. 维管组织　c. 生命周期中的世代交替
b. 叶绿体　d. 种子

32.5.1（2）以下哪项是无籽维管植物?

a. 角苔　c. 松树
b. 石松　d. 以上都不是

32.6.1　在种子植物中，______发育成花粉粒，______发育成卵细胞。

a. 小孢子；花粉管　c. 大孢子；心皮
b. 心皮；柱头　d. 小孢子；大孢子

32.6.2（1）在种子中，胚乳有助于______。

a. 受精　c. 养分供应
b. 光合作用　d. 散播

32.6.2（2）当农民收获玉米、大豆、小麦和大米时，他们留取种子而去除植物的其他部分。为什么我们食用的是其种子，而不是这些植物的茎或根?

32.7.1（1）以下哪项可用于区分裸子植物和其他种子植物?

a. 维管组织
b. 花粉靠风媒传播
c. 在授粉期间，胚珠不完全被孢子体包被
d. 果实和花

32.7.1（2）在新西兰，大型裸子植物比大型被子植物更常见。在什么条件下裸子植物可能比被子植物更具有进化上的优势？为什么?

32.7.1（3）为什么一棵能生长100多年的松树会消耗很多的能量和资源用于每年产生几百个松果，每个松果有30～50个种子?

32.8.1（1）以下哪项用于区分被子植物和其他种子植物?

a. 维管组织　c. 胚珠不完全被孢子体包被
b. 花粉靠风媒传播　d. 果实和花

32.8.1（2）以下哪项不属于心皮的一部分?

a. 花柱　c. 柱头
b. 花药　d. 子房

32.8.1（3）凭借你对被子植物的了解，下列哪项新特征可能促成了被子植物在进化上的巨大成功?

a. 风媒授粉　c. 保护种子的球果
b. 花和其授粉者的共同进化　d. 占据主导的配子体世代

32.8.2　下列名称中，哪一个与植物的雄性部分无关?

a. 大孢子　c. 花粉粒
b. 精子器　d. 小孢子

32.9.1　花的形状和颜色与______过程有关系。

a. 授粉　c. 种子萌发
b. 光合作用　d. 次生生长

32.10.1（1）以下都是单子叶植物和双子叶植物的区别，除了______。

a. 叶脉的形态　c. 构成花各部分的数量
b. 双受精过程　d. 子叶的数量

32.10.1（2）在双受精中，一个精子使卵细胞受精产生一个二倍体的______，另一个精子使极核细胞受精产生一个三倍体的______。

a. 合子；胚乳　c. 大孢子母细胞；合子
b. 胚乳；小孢子　d. 极核；合子

32.11.1（1）在被子植物中，果实的形成来源于______。

a. 萼片　c. 子房
b. 花药　d. 花托

32.11.1（2）以下都是散播果实的途径，除了______。

a. 风　c. 水
b. 阳光　d. 动物

32.11.1（3）裸子植物不会形成果实，是因为______。

a. 在裸子植物中，种子被胚珠包被
b. 在被子植物中，子房被胚珠包被
c. 在裸子植物中，胚珠被子房包被
d. 在被子植物中，胚珠被子房包被

33

学习目标

植物组织的结构与功能

33.1　维管植物的结构

1　植物的基本结构图

2　初生生长和次生生长的区别

33.2　植物组织的类型

1　薄壁组织、厚角组织和厚壁组织细胞的区别

2　角质层、表皮毛、保卫细胞和根毛的功能

3　木质部和韧皮部的结构

植物体

33.3　根

1　根的基本结构

2　根的三个初生分生组织

3　根和茎的分枝

33.4　茎

1　维管束在双子叶植物和单子叶植物茎内的排列

2　维管形成层和木栓形成层在次生生长中的作用

33.5　叶

1　叶片的横截图以及单叶和复叶的区别

植物的运输与营养

33.6　水分的移动

1　茎中无机盐和糖类的运输

2　解释水是如何到达大树顶端的

3　水分子从土壤通过植物被释放到大气的过程

33.7　碳水化合物的运输

1　在不消耗能量的情况下，糖类如何在茎中运输

调查与分析　水是通过韧皮部还是木质部向上运输的?

植物的形态与功能

在所有植物中，树是最高大的。它们高于周围其他种类的植物，可以捕获更多的阳光。阔叶林在春天具有绿色的树叶，这些树叶是巨大的光合机器，可将其捕获的“原料”转换成生长和繁殖所需的有机物。典型的植物，如树，用叶中绿色的叶绿素捕获光，因此叶片呈现特有颜色——绿色。树的根向周围的土壤中延伸，形成许多细的网络分支，从而获取土壤中的养分。连接树的叶和根的部分是树干（木质茎）。又重又高的圆柱形树干占据了树的大部分重量。一棵大树的树干可以将水和溶解在土壤中的养分输送到离地面几米高的叶片内，并将叶片通过光合作用产生的糖类输送回根。这可称得上是一种工程的奇迹。在本章中，我们将考察自然界中最有趣的生物之一——植物。

33.1 维管植物的结构

植物的结构

学习目标33.1.1 植物的基本结构图

大多数植物具有相同的基本结构和三个主要的器官：根、茎、叶。维管植物的茎中含有维管组织。维管组织负责运输水、无机盐和营养物质。

维管植物沿着一条垂直线生长（图33.1）。地下部分是**根**，地上部分是**枝**（尽管有些植物的根可能会生长至地上，有些枝也可能会生长至地下）。虽然根和枝的基本结构不同，但是顶端生长是二者的共同特征。根穿过土壤，吸收水分和多种植物生长必需的无机盐。根还起到了固定植物的作用。枝由茎和叶组成。**茎**为**叶**的生长提供了结构框架。叶是进行光合作用的场所。叶的排列、大小和形状对于植物营养的产生极其重要。花与最终形成的果实和种子也生长在枝上。

分生组织

学习目标33.1.2 初生生长和次生生长的区别

当一个动物长高时，它身体的所有部位都会伸长。比如当你在儿童时期，身体的增高常伴随着手臂和腿的伸长。植物并不是以这种方式生长的，而是在根和枝的顶端生出新的组织来。如果你也像植物这样生长，你的腿和头会长长，但你身体的中心部位不会改变。

植物为什么会以这样的方式生长呢？因为植物含有未分化的细胞生长区，叫作**分生组织**。分生组织是一群具有持续分裂能力的细胞。它们的分裂造成了植物的生长和它们自身的不断补充。也就是说，一个细胞分裂产生两个细胞。其中一个细胞继续保持分生能力，而另一个可以自由地分化成其他细胞使植物生长。在这种生长方式中，分生细胞的作用很像动物的“干细胞”。分子证据表明二者可能具有相同的基因表达通路。

在植物中，**初生生长**是由**顶端分生组织**形成的生长，活跃的细胞分裂发生在根和枝的顶端（在图33.1中由灰绿色表示）。这种分生组织的生长主要产生了植物体的伸长生长。顶端的伸长形成了由初生组织组成的初生植物体。

厚度的生长，也就是**次生生长**，是由**侧生分生组织**（图33.1中由黄色表示的柱状分生组织）形成的生长。这些细胞的持续分裂主要起了加粗植物的作用。植物中有两类侧生分生组织：维管形成层，

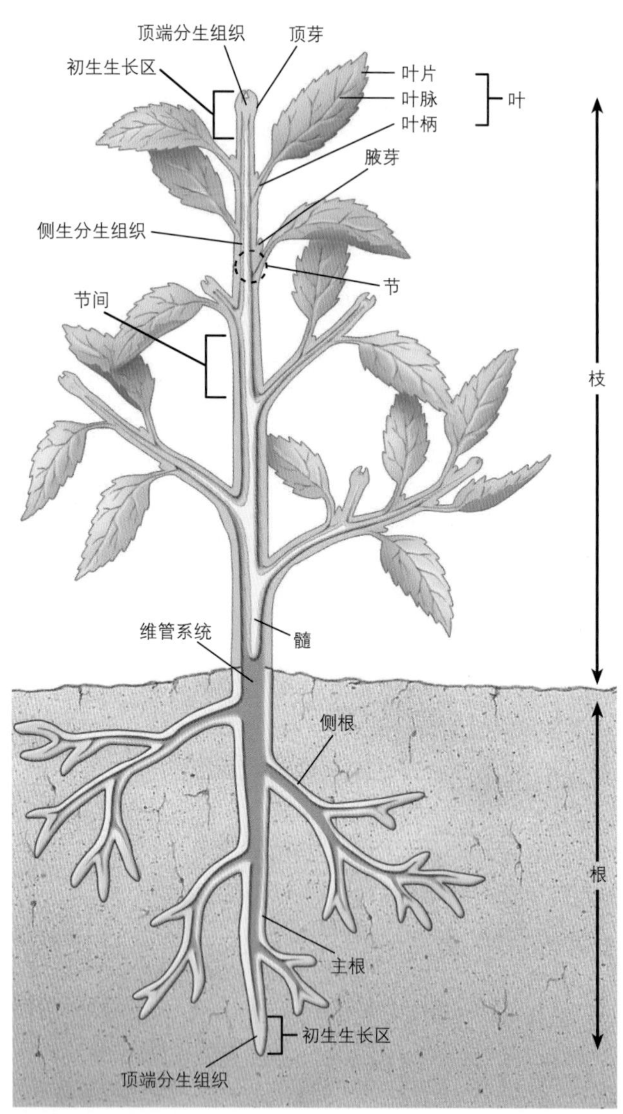

图33.1 植物的结构

这株双子叶植物由地上部分的枝（茎和叶）和地下部分的根组成。植物的伸长生长，即初生生长，是由叫作顶端分生组织的细胞群（灰绿色区域）在根和茎的末端发生分裂时形成的。植物的加粗生长，即次生生长，是由茎的侧生分生组织（黄色区域）分裂形成的。这种生长让植物像松开腰带一样增加周长。

最终使次生木质部和次生韧皮部加粗；木栓形成层，产生根和枝的树皮外层。

关键学习成果 33.1

维管植物有一个连续的结构，从根到叶由一组相通的维管连接。生长区叫作分生组织。

33.2 植物组织的类型

植物的器官——根、茎、叶，有时还有花和果实——由不同的组织构成，就像你的腿是由骨骼、肌肉和结缔组织构成的。组织是由一群形态相似、功能相同的细胞经过分化形成的结构和功能单位。大多数植物有三个主要组织类型：(1) 基本组织，是维管组织周围的结构；(2) 表皮组织，是植物的外保护层；(3) 维管组织，向上运输水和溶解的无机盐，并运输光合作用的产物到植物体的各部分。各个主要的组织类型都由不同类型的细胞构成。这些细胞的结构与它们所在的组织功能相关。

基本组织

学习目标33.2.1 薄壁组织、厚角组织和厚壁组织细胞的区别

薄壁细胞是分化程度最低的、最常见的植物细胞类型。它们是叶、茎和根的主要组成细胞。与其他类型的细胞不同，薄壁细胞在成熟后仍继续存活，其原生质和细胞核仍有完全的活性。这些细胞执行最基本的生命功能，包括光合作用、细胞呼吸，以及水和养分的贮存。大多数水果和蔬菜的可食部分由薄壁细胞构成。薄壁细胞能够进行细胞分裂，在细胞再生和伤口愈合中有重要作用。薄壁细胞只有较薄的细胞壁，叫作**初生细胞壁**。其主要成分是纤维素。在植物持续生长阶段，纤维素聚积。

厚角细胞与薄壁细胞一样，在成熟后继续存活许多年。这些细胞的长度通常只比宽度稍长一点。细胞壁具有不均匀的厚度。厚角细胞对植物器官起支撑作用。它们比较柔韧，从而使植物器官可以弯曲但不断裂。厚角细胞经常在茎或叶柄的表皮下或沿着叶脉形成链状或连续的柱状结构。厚角细胞束为未发生次生生长的茎提供了很大的支撑作用。芹菜的可食用部分（叶柄）的“筋”主要由厚角细胞和纤维束组成。

与薄壁细胞和厚角细胞相比，**厚壁细胞**有坚韧的厚细胞壁——**次生细胞壁**，通常它们在成熟时不具有活的原生质。在细胞停止生长和增大后，次生细胞壁聚积在初生细胞壁的内侧。次生细胞壁为细胞提供强度和硬度。厚壁细胞有两种：一种是**纤维**，常成束存在的细长细胞；另一种是**石细胞**，有不同的形状，常有分支。石细胞群形成颗粒状结构。在梨的果肉中，你可以感觉到颗粒物的存在。纤维和石细胞都有较厚的细胞壁，使其所在的组织变得坚硬。

表皮组织

学习目标33.2.2 角质层、表皮毛、保卫细胞和根毛的功能

一个初生植物体的各部位外层被扁平的表皮细胞覆盖。这是植物表皮或外皮中最普遍的细胞。表皮的厚度为一个细胞层，是有效防止水分流失的保护层。表皮通常被一个厚的蜡质层（**角质层**）覆盖。角质层保护植物免受紫外线的损害，并防止水分流失。在某些情况下，表皮组织更广泛存在，形成树皮。

表皮毛是发生在枝和茎、叶表面的表皮突起。表皮毛在不同种植物中的形态变化很大，从圆尖形到球状形。一个“毛茸茸”的叶片表面就长有表皮毛。在显微镜下看就像纤维丛。表皮毛在调节叶片温度和水分平衡方面发挥了重要作用，类似于动物的毛发所具有的隔热作用。其他的表皮毛是腺体状的，分泌黏性或有毒性物质从而抵御潜在的食草动物。

保卫细胞是位于**气孔**两侧的一对细胞。与其他表皮细胞不同，保卫细胞含有叶绿体。保卫细胞和气孔经常出现在叶片的表皮上，有时也出现在其他部位，如茎或果实。氧气、二氧化碳和水蒸气几乎都是通过气孔进入表皮的。气孔的开关受外界因素影响，如湿度和光。叶片表面上每平方厘米有1,000到100万个，甚至更多的气孔。在许多植物中，叶片下表皮的气孔数量比上表皮的多。这种结构有利于减少水分的流失。

根毛是新生根尖附近的表皮细胞向外突出形成的管状结构。因为根毛只是原生质的外突，而不是一个单独的细胞，所以没有隔离根毛与表皮细胞的细胞壁。根毛使根与周围的土壤颗粒保持紧密的联系。因为根毛极大地增加了根的表面积，从而大大地提高了根从土壤中吸收物质的效率。事实上，大部分水和无机盐的吸收都通过根毛完成，尤其是草本植物。随着根的生长，较老的根毛会枯萎脱落，同时在新的部位又长出新的根毛。

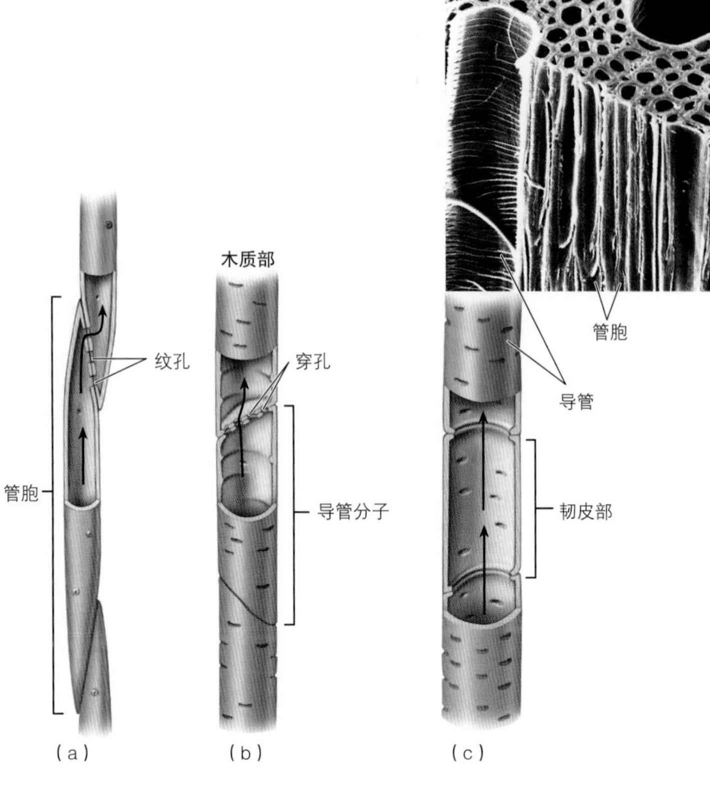

根毛

维管组织

学习目标33.2.3 木质部和韧皮部的结构

维管植物包含两种输导组织或维管组织：木质部和韧皮部。

木质部是植物运输水分的主要组织，是一个连续的、贯穿整个植物体的系统。在这个系统中，水（和溶解其中的无机盐）不间断地从根部向上输送。当水到达叶片中后，大部分水通过气孔以水蒸气的形式进入空气。

木质部有两种主要输导细胞，**管胞**和**导管分子**。二者在初生细胞壁内侧都有较厚的次生细胞壁。这些细胞呈细长形，成熟后原生质不再存活（细胞死亡）。管胞是末端重叠相连的狭长细胞。在由管胞组成的输导元件中，水分通过次生壁上的纹孔从一个管胞流向另一个管胞。而导管分子是细胞端壁相互衔接的狭长细胞。导管分子的端壁几乎是完全打开的，或者具有穿孔的条形壁。水可以通过这些穿孔流动。导管分子间彼此相连形成了导管，右上角木质部的电子显微照片显示了美国红枫（*Acer rubrum*）的管胞和导管。原始的被子植物和其他维管植物只有管胞，多数被子植物具有导管。导管输导水分的效率要比管胞高。

韧皮部是维管植物中主要的养分输导组织。在韧皮部中，营养物质的运输通过两种狭长的细胞完成：**筛胞**和**筛管分子**。两种细胞的穿孔程度不同。筛胞的细胞间具有较小的穿孔。无籽维管植物和裸子植物只有筛胞；多数被子植物有筛管。在两种细胞中，穿孔聚积的区域叫作筛域。筛域是相邻筛胞和筛管的原生质相互联系的地方。两种细胞都是活细胞，但是在细胞发育成熟的过程中，细胞核发生解体。

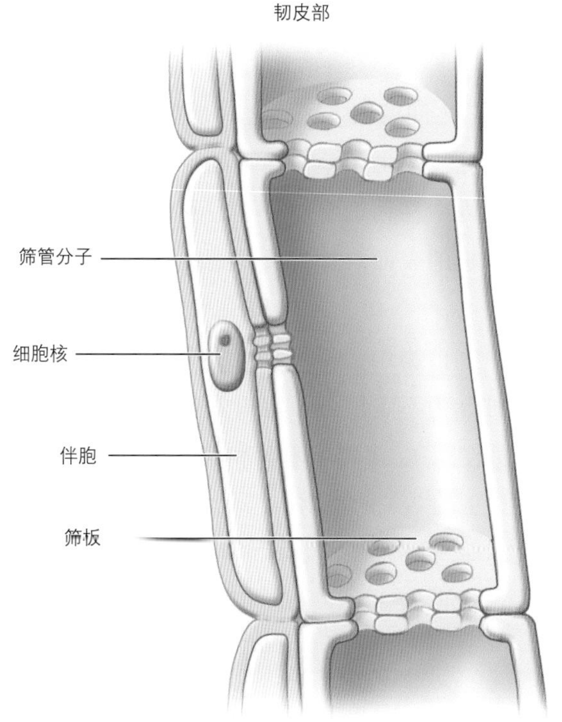

在筛管分子中，有些筛域具有较大的穿孔，被称为筛板。如上图所示，筛管分子彼此纵向相连形成**筛管**。特化的薄壁细胞形成**伴胞**，常出现在筛管分子侧。在上图中，伴胞出现在筛管分子的左侧。伴胞执行某些维持相邻筛管分子的代谢功能，它们的原生质通过细胞壁上开孔与筛管分子相连，称为胞间连丝。

除了这些输导细胞，木质部和韧皮部还含有纤维（厚壁细胞）和薄壁细胞。薄壁细胞的作用是贮存营养，而纤维则提供支撑和部分贮存功能。木质部的纤维可用于造纸。

关键学习成果　33.2

植物含有多种基本组织、表皮组织（外表皮）和维管组织（输导组织）。

植物体
The Plant Body

我们现在学习构成植物体的三种营养器官：根、茎和叶。虽然我们将介绍它们的基本结构，但是有必要清楚这些器官有时还具有其他的功能。例如：根、茎还可能具有贮存水分和营养的功能，叶片还可能具有防御功能，比如仙人掌的刺。

33.3　根

根的结构

学习目标33.3.1　根的基本结构

根比茎的构成和发育模式更为简单。因此，我们先来学习根。根有多种不同的类型。

根的外层是表皮。根的维管组织周围大量的薄壁组织是皮层。双子叶植物的根既有木质部又有韧皮部。根的中央是木质部的一个中心柱和其周围的放射状组织。与木质部放射状组织交替排列的是初生韧皮部。在维管组织周围是由1～2层细胞柱形成的边界，叫作**中柱鞘**。中柱鞘细胞可分裂形成分枝或侧根。紧挨着中柱鞘的外层是**内皮层**。内皮层由一层特化的细胞构成，可调节维管组织和根外部分之间的水分流动。

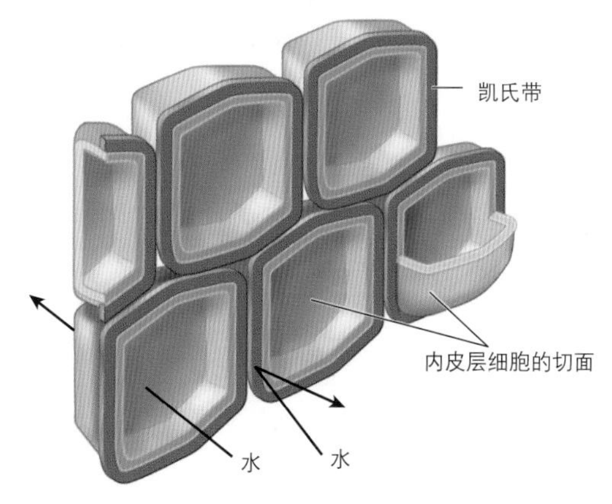

内皮层细胞环绕着蜡质的加厚带——**凯氏带**。上图显示了内皮层细胞周围的凯氏带是如何构成的。

如黑色箭头所示，凯氏带阻拦了水分在细胞间隙流动，取而代之的是它介导水分子通过内皮层细胞质膜流动。这样一来，凯氏带便控制了无机盐进入木质部的通道，而通过内皮层细胞的运输会被质膜上的特殊通道所调控。

分生组织

学习目标33.3.2　根的三个初生分生组织

根的顶端分生组织既能向植物体内分裂形成新细胞，也能向外分裂。三个初生分生组织是：形成表皮的**原表皮**；产生初生维管组织（初生木质部和初生韧皮部）的**原形成层**；进一步分化为由薄壁细胞组成的基本组织的**基本分生组织**（图33.2）。

向外的细胞分裂产生了像帽套一样的、大量较散乱的细胞——**根冠**。在根生长的过程中，根冠覆盖在根的外层，起到了保护根的顶端分生组织的作用。表皮细胞向外突起形成的大量根毛位于成熟区。根毛极大地增加了根的表面积，提高了吸收能力。几乎所有的水和无机盐都是通过根毛吸收的。

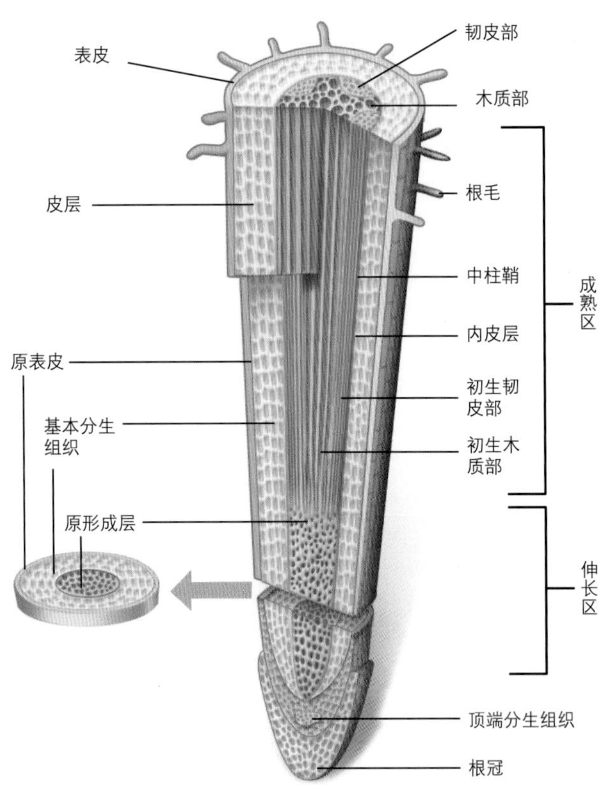

图33.2　双子叶植物根的结构

双子叶植物根的初生分生组织图，显示了它们与顶端分生组织的关系。三个初生分生组织是将来会分化为表皮的原表皮，分化为初生维管束的原形成层，分化为基本组织的基本分生组织。

侧根

学习目标33.3.3　根和茎的分枝

根和茎之间的根本区别之一是它们分枝的特征。在茎中，分枝发生于茎表面上的芽；在根中，分枝始于根尖内中柱鞘细胞的分裂。发育中的侧根穿过皮层朝着根的表面向外生长，最终穿出表面而形成侧根。

在一些植物中，根可能发生在茎或其他部位。这些根被称为不定根。不定根发生在常春藤、鳞茎植物（如洋葱）、多年生禾草和其他有根状茎（横向生长在地下的茎）的植物。

关键学习成果　33.3

根，即植物体的地下部分，适于从土壤中吸收水和无机盐。

33.4　茎

茎是植物中主要的支撑结构，也为叶片的生长提供了框架。茎的生长常包括初生生长和次生生长。茎是重要的经济产品——木材的来源。

初生生长

学习目标33.4.1　维管束在双子叶植物和单子叶植物茎内的排列

在枝的初生生长中，叶片最初以**叶原基**的形式出现。叶原基位于顶端分生组织附近，未来发育成幼叶，随着茎的伸长而逐渐展开和生长。在茎上，叶形成的地方叫作节（在图33.3中以较短框线部分表示）。这些附着点之间的部分叫作节间（在图33.3中以较长框线部分表示）。随着叶的生长到成熟，每个**叶腋**（叶片与茎之间形成的夹角）内都会生出一个小芽，未来发育成侧枝。这些伴有未成熟叶片的芽（图33.3）可能伸长并形成侧枝，也可能停留在小芽的状态保持休眠。来自顶芽的一种植物激素向下移动，持续地抑制茎上部的侧芽生长。当茎达到一定高度而使到达茎下部的激素量减少时，或在修剪植物的过程中去除顶芽的情况下，侧芽便开始在较低的部位上形成。

在柔软的幼茎内，双子叶植物的维管束（木质部和韧皮部）排列与单子叶植物的不同。在双子叶植物中，维管束沿着茎的外围呈环状排列。而在单子叶植物中，维管束分散在茎中。除了在第32章中曾提到过的这两类被子植物的差异外，维管束排列的不同也是区分它们的一项特征。维管束包括初生木质部和初生韧皮部。如果只有初生生长发生的阶段，双子叶植物茎的基本组织内部称为**髓**，外围部分称为**皮层**。

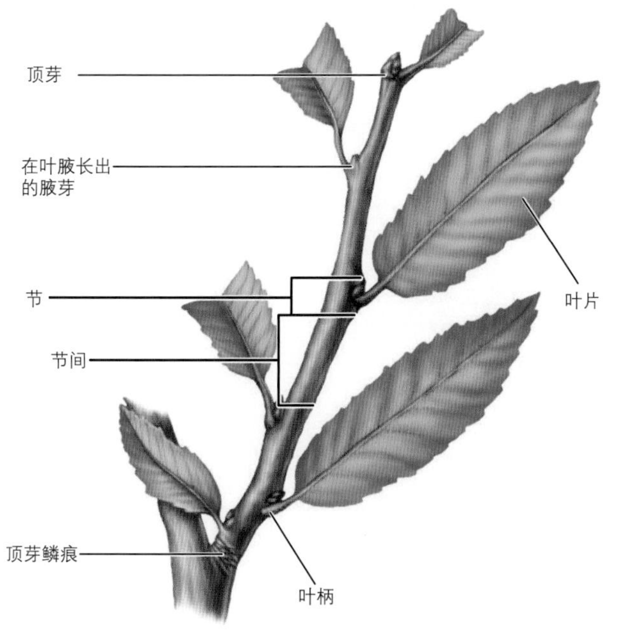

图33.3　一根木枝

这根细枝展示了茎的主要结构，包括节、节间、位于叶腋的腋芽和叶片。

次生生长

学习目标33.4.2　维管形成层和木栓形成层在次生生长中的作用

在茎中，次生生长（茎的加粗，而不是伸长）是由叫作**维管形成层**的侧生分生组织产生的。维管形成层是木质植物中位于树皮和主茎之间一圈薄薄的活跃分裂的细胞，它们是来自茎维管束内位于木质部（图33.4中的紫色区域）和韧皮部（淡绿色区域）间的细胞。环状的维管形成层是由位于维管束间的一些薄壁细胞分化产生的。产生后的维管形成层含有狭长、扁平并带有大液泡的细胞。这些来自维管形成层的细胞朝着树皮方向向外分裂形成次生韧皮部，向内分裂形成次生木质部。

在维管形成层形成的同时，另一个侧生分生组织——**木栓形成层**，在茎的外层发育。木栓形成层通常由多层分裂细胞构成。随着这些细胞的分裂，它们逐渐向茎的内部移动。木栓形成层向外分裂产生紧密排布的**木栓细胞**，它们含有脂类物质，所以几乎是不透水的。木栓细胞在成熟后死亡。木栓形成层向内分裂产生一层薄壁细胞。木栓、木栓形成层和这层薄壁细胞构成了**周皮**（图33.4）。周皮是植物的外保护层。

木栓覆盖在成熟的茎或根的表面。**树皮**这个词是指成熟的茎或根的维管形成层以外的所有组织。由于维管形成层的细胞壁极薄，且这些薄壁细胞出现在整个次生结构中，所以树皮很容易在这一层与次生木质部分离并脱落。

木材是植物中最实用的、经济价值最高的、最具有观赏性的产品之一。在结构上，木材由次生木质部聚积而成（图33.4中淡紫色的饼状区域）。随着次生木质部年份的增长，其中的细胞逐渐被树胶和树脂渗入，因而木材会变得颜色更深。由于这个原因，靠近树干中心区域的木材（心材）比靠近维管形成层的木材（边材）颜色更深，质地更密。边材仍具有活跃的运输水分的能力。

由于木材的这种生长方式，它经常会形成年轮。年轮反映出树的维管形成层在春夏季比秋冬季分裂更为活跃，因为春夏季有丰沛的雨水和适宜生长的温度，而秋冬季的水分匮乏，温度也较低。这样一来，生长季便会形成多层较大的、细胞壁较薄的细胞（颜色浅的环）。与其交替的是在秋冬季形成的颜色较深的细环，由细胞壁较厚的细胞组成。每年都有新的年轮在茎的外缘产生。树干内的年轮数量可被用于计算树的年龄，而且同心环的宽度可以反映环境的信息。例如细环反映了雨水丰沛的年份后一段较长的干旱时期。

关键学习成果　33.4

茎是植物的地上框架。其顶端和周围都可进行生长。

33.5　叶

学习目标33.5.1　叶片的横截图以及单叶和复叶的区别

叶通常是枝上最显眼的器官，并具有多种多样的结构。叶生长于茎节处，是多数植物的主要捕光器官。植物中大多数含有叶绿体的细胞位于叶片内。叶片是大量光合作用发生的场所（见第6章）。但有些植物却是例外，比如仙人掌的绿色茎在很大程度上发挥了光合作用的功能。光合作用主要由植物的“绿色”部分执行，这是因为这部分含有较多的叶绿素——最有效的光合作用色素。在某些植物中，可能也存在其他种色素，使叶片呈现出除绿色以外的颜色。回想一下我们曾在第6章中介绍过的那些可吸收其他波长光的辅助色素。因此，虽然彩叶万年青和红枫树有红色的叶片，但是这些叶片中仍然含有叶绿素，并且这些叶片也是光合作用发生的主要场所。

茎和根的顶端分生组织能够在适宜的条件下无限生长。相比之下，叶片由**边缘分生组织**形成。边缘分生组织位于较厚的叶中央的两侧。这些分生组织向外生长，最终形成**叶片**（扁平的部分），而中央部分则形成叶片中脉。等到叶片完全展开后，边缘分生组织就会停止生长。

除了扁平的叶片外，多数叶还有一个细长的柄，称为**叶柄**。两个叶状器官，叫作**托叶**，有时会位于叶柄基部（与茎衔接的地方）的两侧。贯穿于叶片

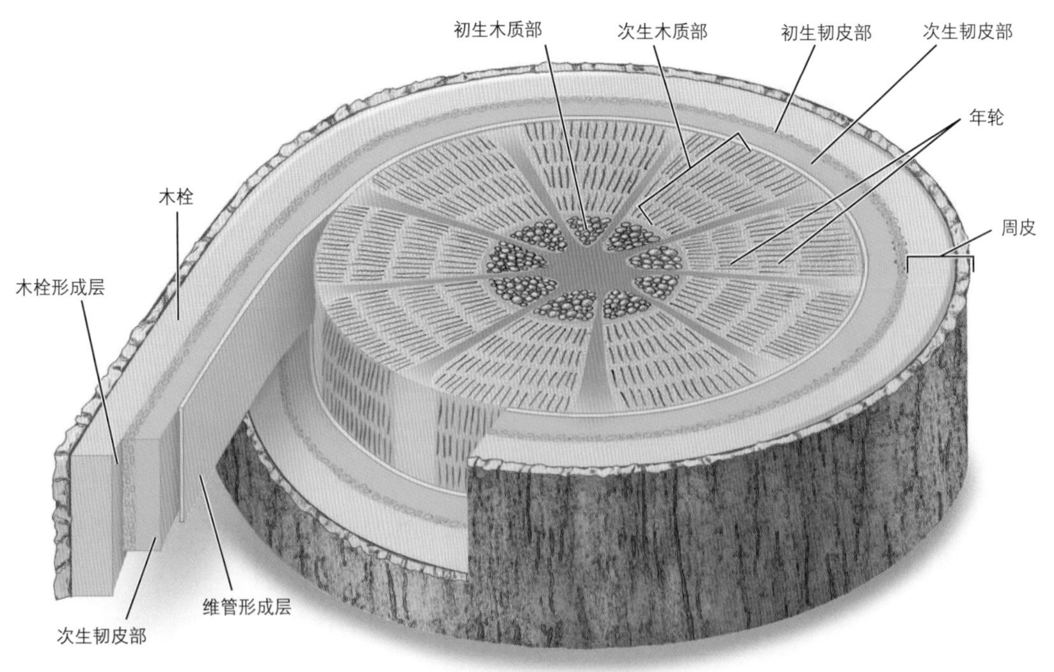

图33.4　维管形成层和次生生长

维管形成层和木栓形成层（侧生分生组织）产生次生组织，造成茎周长的增长。在树干内，每一年都有一层次生组织形成年轮。

中的叶脉由木质部和韧皮部组成。正如在第32章中曾提到过的，多数双子叶植物的叶脉呈网状，而单子叶植物的叶脉是平行状的平行脉。

叶片有多种形式，有椭圆形的，深裂状的，具有单独小叶的……在**单叶**中，如桦树或枫树，每个叶柄上具有单独的、不分裂的叶片，但有些单叶可能具齿、缺刻或叶裂，如枫树和橡树的叶片。在**复叶**中，如白蜡树、楞叶槭和核桃的叶片分裂为许多小叶。如果小叶沿着共同的叶轴（相当于单叶中的中央主脉或中脉）成对排列，那么这种叶被称为**羽状复叶**，如黑胡桃的叶。而如果小叶在叶柄顶端从一个共同点出发呈辐射状排列，那么这种叶被称为**掌状复叶**，如七叶树和五叶地锦的叶。

叶的位置也会有所不同。叶片可能**交错**排列（互生叶通常在枝上以螺旋状着生，如常春藤），或者在**相反**的方向上成对出现（如蔓长春花）。比较少见的一种情况是，三个或更多的叶呈**螺旋状**着生，且每个节上的一圈叶都位于同一水平面（如车轴草）。

一片典型的叶含有大量的薄壁组织，称为**叶肉**（"中部叶"），其中遍布维管束或叶脉。在叶片的上表皮下是一层或多层紧密排列的柱状薄壁细胞，称为**栅栏叶肉细胞**。这些细胞比其他的叶肉细胞含有更多的叶绿体，因此它们能更有效地进行光合作用。这很容易理解，因为在表层的细胞能获得更多的光能。叶片内部的其他细胞，除了叶脉外，由一种叫作**海绵叶肉细胞**的结构构成。海绵叶肉细胞间有较大的细胞间隙。细胞间隙的功能是气体交换，特别是二氧化碳从大气进入叶肉细胞的通道。你可以在图33.5中看到海绵叶肉细胞，此图容易看清作为组织功能基础的细胞间隙。这些细胞间隙直接或间接与下表皮中的气孔连通。

关键学习成果　33.5

叶是植物光合作用的器官，有多种不同的形态和排列。

植物的运输与营养
Plant Transport and Nutrition

33.6　水分的移动

学习目标33.6.1　茎中无机盐和糖类的运输

就像人类一样，维管植物也具有输导系统将液体和营养运输到各个部位。在功能上，植物本质上是基部被覆盖于地下的一束维管。维管的基部是根，顶部是叶。

植物的活动需要两类运输过程发生。第一，由叶片经光合作用产生的糖类必须被运送到其他活的植物细胞中。为了满足这一需求，溶有糖类的液体必须经由管道向上、下两个方向运输。第二，由根

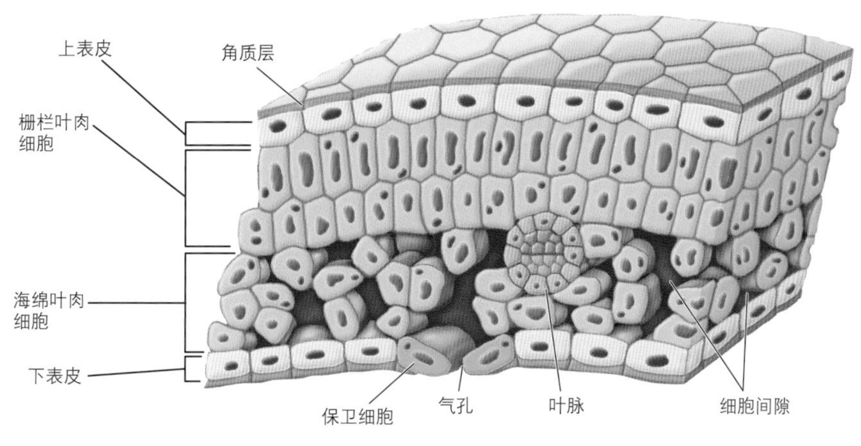

图33.5　一片叶的截面
一片叶的截面，显示了栅栏叶肉细胞和海绵叶肉细胞、维管束或叶脉与包含在气孔两侧的保卫细胞的表皮的排列。

从土壤中吸收的无机盐和水必须被输送到叶和其他植物细胞。在这个过程中，液体在管道中向上运动。植物通过特化的木质部和韧皮部细胞链完成这两个过程（图33.6）。

内聚力－黏附力－张力学说

学习目标33.6.2 解释水是如何到达大树顶端的

大树上的许多叶片可能距离地面十多层楼高。那么，树如何将水分运输到如此之高的地方呢？有几个因素起到了向上运输水分的作用。水最初进入根内涉及渗透。由于植物的木质部比周围土壤环境含有更多的溶质，所以水能够进入根细胞中——在第4章中已经介绍过，水分子会穿过渗透膜从低溶质浓度区流向高溶质浓度区。然而，这种被称为“根压”的力并不足以“推动”水分进入植物的茎干。

毛细作用提供了一个“拉力”。毛细作用是由于极性水分子对带电荷表面的微小电子产生吸引力，这个过程叫作黏附。在实验室中，水柱在玻璃管中的上升是由于水分子与玻璃管内表面带电分子的相互吸引“拉动”水在管内向上运动。图33.7说明了这个过程，并解释了为什么在细管中水上升得更高。水分子与玻璃分子相互吸引，水在细管中升得更高是因为细管内用于附着相同体积的水的表面积比粗管大。

尽管毛细作用足以将水提升到一两米高的地方，但是它不能用于解释水是如何到达高大的树的顶端的。另一个很强的“拉力”是蒸腾作用。我们会在后文讨论。将毛细管的上端打开，让空气在管上端吹过，这个实验可以证明蒸腾作用是如何拉动水在植物茎内向上运动的。相对干燥的空气气流会导致水柱表面的水分子蒸发。然而管中的水位并不会下降，这是由于新的水分子从管底部进入，补充了表面流失的水分。这正是在植物中发生的事情。空气通过叶表面的通道造成了水分的蒸发，从而在植物上端产生了一个“拉力”。新进入根的水分子因此被牵拉向上运动。水分子对狭窄管壁的黏附也有助于维持水流向植物顶部。

由于水分子间容易形成氢键，所以水具有内在的强度。因此，一棵大树的水柱并没有因为它的重量而瓦解。这些氢键产生了水分子的内聚力（见第2章），也就是说水柱不易断开。水滴成珠的现象说

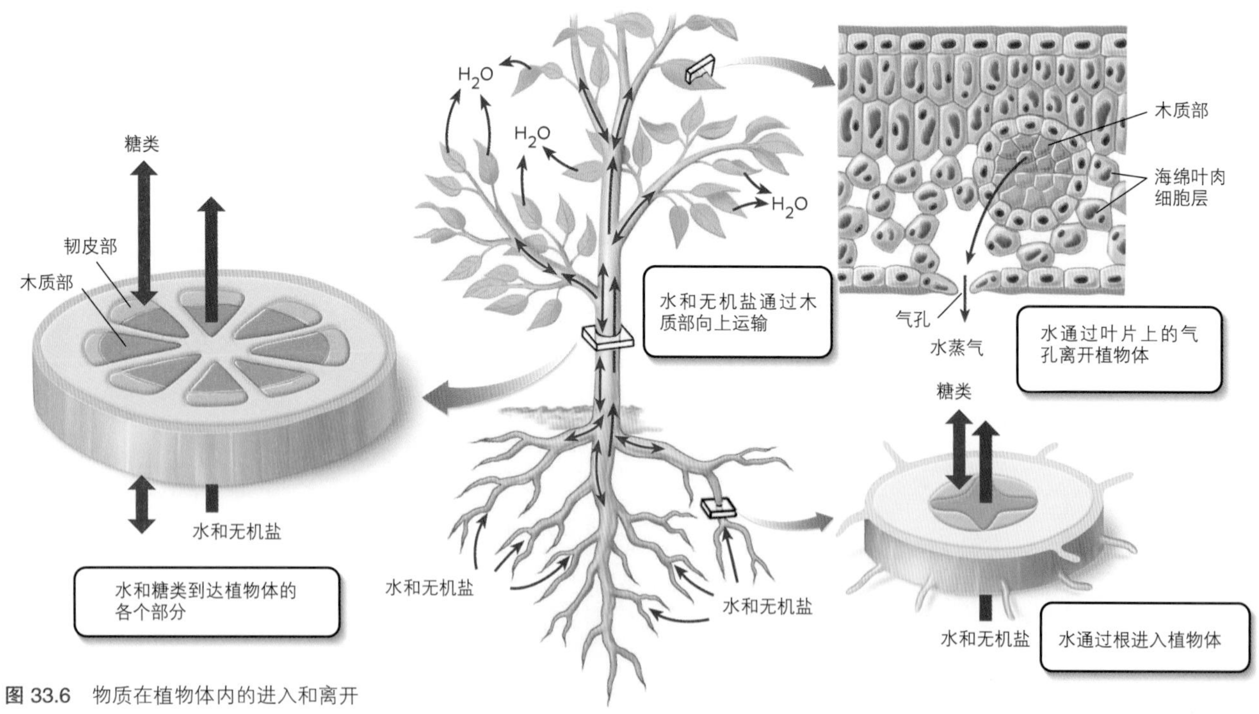

图 33.6 物质在植物体内的进入和离开

水和无机盐通过根进入植物体内，然后通过木质部被运送到植物各部分（蓝色箭头）。水通过叶片上的气孔离开植物。在叶中合成的糖类通过韧皮部在植物体内运输（红色箭头）。

图 33.7　毛细作用
毛细作用使位于细管中的水可以升至高于周围水面的高度。水分子与玻璃表面间的吸引力可拉动水分子向上运动，这个吸引力超过了使水向下运动的重力。管越细，管内用于黏附一定体积水的表面积越大，管中的水柱就越高。

明了内聚力的特性。这种对断裂的抗性（张力强度）与管柱的直径成反比，也就是说，管柱的直径越小，张力越大。因此，为了有效地利用张力，植物必须具有非常细的运输通道。

重力、黏附力和由于内聚力产生的张力影响植物水分运输的理论叫作**内聚力–黏附力–张力学说**。值得注意的是，水在植物内的向上运动是个被动过程，不需要消耗植物的能量。

蒸腾作用

学习目标33.6.3　水分子从土壤通过植物被释放到大气的过程

水分离开植物的过程被称为**蒸腾作用**。由植物根吸收的90%以上的水分最终都会散失到大气中，几乎所有的水分都是从叶中离开的。水分子主要以水蒸气的形式经过气孔进入大气，正如你在下面的“重要的生物过程：蒸腾作用”❶中所看到的。

在水分子从植物体内到体外的过程中，水分子首先从木质部扩散到叶片的海绵叶肉细胞。然后通过蒸发从海绵叶肉细胞的细胞壁进入叶片内的细胞间隙。这些细胞间隙通过气孔与外界大气相通。从海绵叶肉细胞表面蒸发的水分不断被来自细小叶脉末端的水分补充。从木质部扩散的水分子代替了蒸发的水分子。由于在木质部中水流始终不间断地从根被传导到叶中，当细胞间隙中的一部分水蒸气通过气孔离开后，这些间隙中的水蒸气会不断被下层水流更新❷，最终从根中获取水分❸。由于蒸腾作用取决于蒸发过程，所以任何影响蒸发的因素也会影响蒸腾作用。除了之前提到过的气孔周围的空气流动外，空气的湿度也会影响蒸发的速率——高湿度降低蒸发速率，而低湿度增加蒸发速率。温度也会影响蒸发速率——高温增加蒸发速率，反之低温则降低蒸发速率。这种温度的影响特别重要，因为蒸发也起到了降低植物温度的作用。

叶片的结构特征，如气孔、角质层和细胞间隙，已经进化适应了两个矛盾需求：一方面尽量减少水分的散失，另一方面允许光合作用所需的二氧化碳进入。在下面的内容中，我们会讨论植物是如何解决这个问题的。

重要的生物过程：蒸腾作用

❶
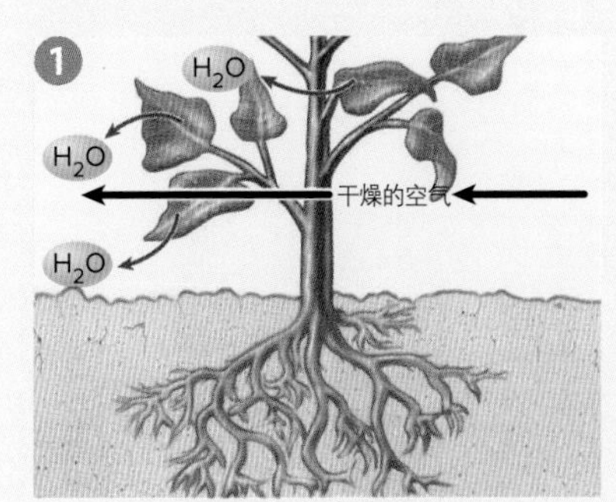

叶片周围干燥的空气引起水分从气孔中蒸发。

❷
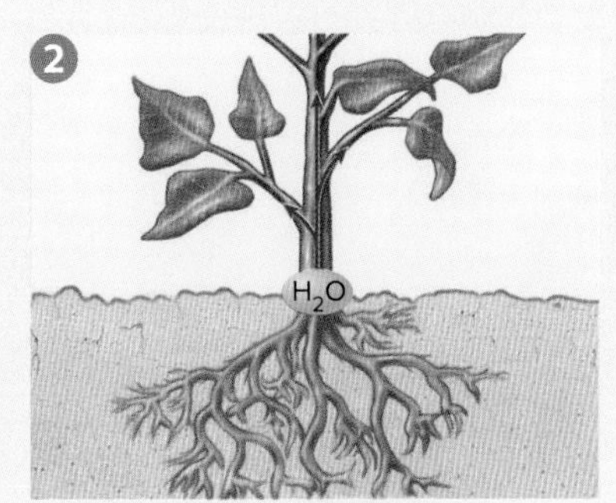

水分从叶片中的散失产生了一种促使水分通过木质部向上运输的“吸力”。

❸
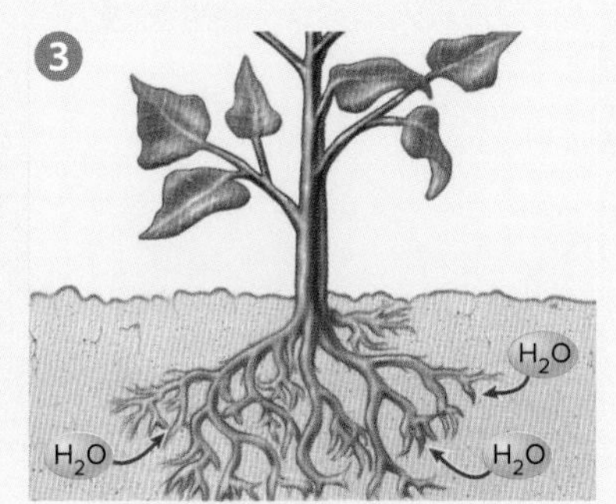

新的水分经根进入植物体，以补充茎内不断向上运输的水分。

蒸腾调节：气孔的张开和关闭

植物在短时间内控制水分散失的唯一方式就是关闭气孔。许多植物在水分不足时都会做出这样的反应。但是气孔需要在一定时间内开放，使光合作用所需的二氧化碳能够进入。在气孔的开放和关闭模式中，植物必须兼顾两种需求：既要保留水分，又要允许二氧化碳进入。

气孔的开关是由保卫细胞内的水压决定的。气孔的保卫细胞是长形的、香肠状的细胞。每对保卫细胞的末端彼此相连。图33.8中的绿色细胞为保卫细胞。它们细胞壁的纤维素微纤丝包围着细胞，当保卫细胞吸水**膨胀**时，它们会伸长，引起细胞弯曲，因此气孔会尽可能地张大，如图33.8的左侧所示。保卫细胞在主动吸收离子后，水会通过渗透进入细胞，从而造成保卫细胞的膨胀。

大量的环境因素影响气孔的开关。最重要的因素是水分流失。枯萎的植物因为缺水，气孔会关闭。大气中二氧化碳浓度的增加也会引起很多植物的气孔关闭。在多数植物中，气孔在有光照时打开，而在黑暗中关闭。

根对水分的吸收

植物吸收的大部分水分都来自于表皮细胞突起形成的根毛。如图33.9所示，带有根毛的根呈羽毛状。这些根毛极大地增加了根的表面积，因此提高了根的吸收效率。因为根毛比周围土壤溶液中的水含有更高浓度的无机盐和其他溶质，所以根毛处于膨胀的状态——充满水分，水分会稳定地进入根中。

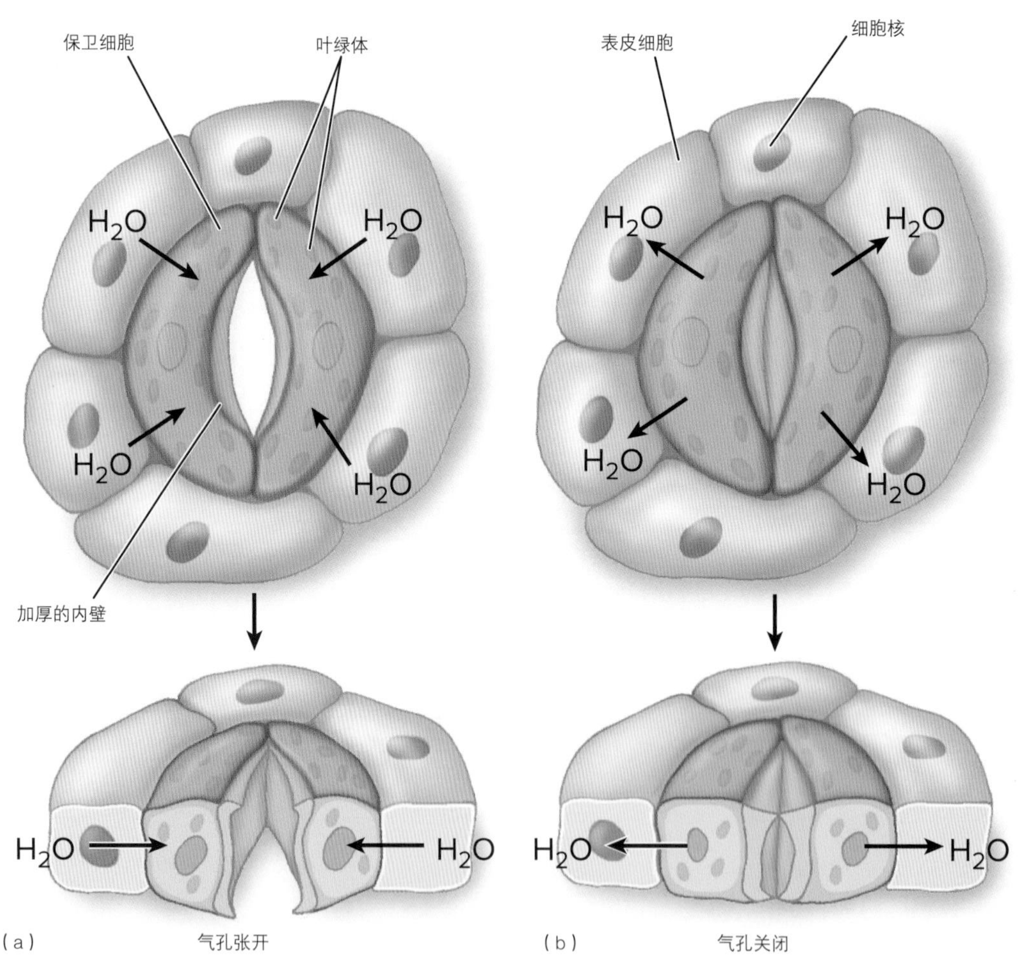

图33.8 保卫细胞如何调控气孔开关

（a）当保卫细胞含有高浓度溶质时，水通过渗透进入保卫细胞，引起细胞膨胀并向外弯曲，导致气孔开放。（b）当保卫细胞含有低浓度溶质时，水会流出保卫细胞，引起细胞松弛，导致气孔关闭。

图33.9　根毛

在这棵发芽的萝卜（*Raphanus sativus*）苗的根尖上，你可以看到大量的纤细的根毛。

进入根中的水会向内传递至木质部的导管分子。

水并不是通过根毛细胞进入根中的唯一物质。无机盐也会进入。根毛细胞的细胞膜含有多种离子运输通道。这些通道能够主动地泵入特定的离子，甚至可以逆较大浓度梯度运输。许多离子都是植物营养所必需的。这些离子会随着水通过木质部被输送到植物体的各部分。

关键学习成果　33.6

叶片的蒸腾作用促进了水分从根向茎的向上运输。

33.7　碳水化合物的运输

运输

学习目标33.7.1　在不消耗能量的情况下，糖类如何在茎中运输

大部分由植物叶片和其他绿色部分产生的糖类被转化成可运输的分子，如蔗糖，然后通过韧皮部

重要的生物过程：运输

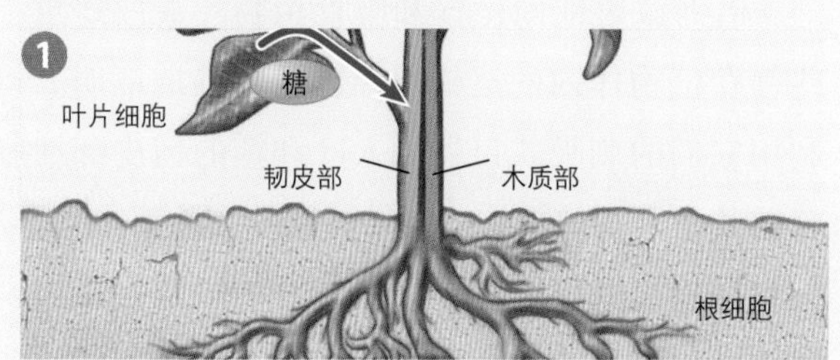

由叶片通过光合作用产生的糖类（“源”）通过主动运输进入韧皮部。

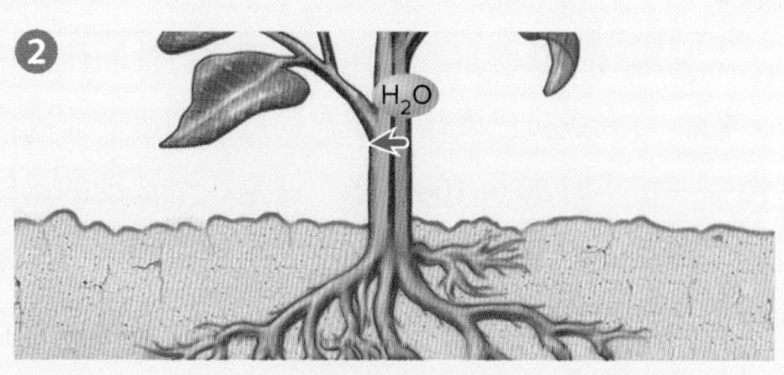

当韧皮部中的糖类浓度增加时，水分通过渗透从木质部进入韧皮部。

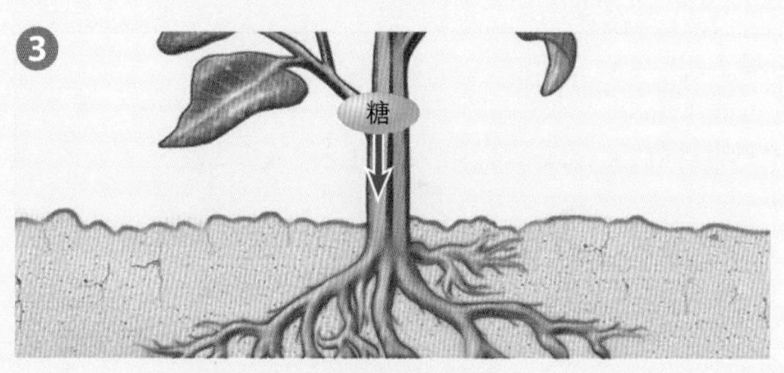

从木质部获得的多余水分在韧皮部内部造成压力，从而推动糖类向下运动。

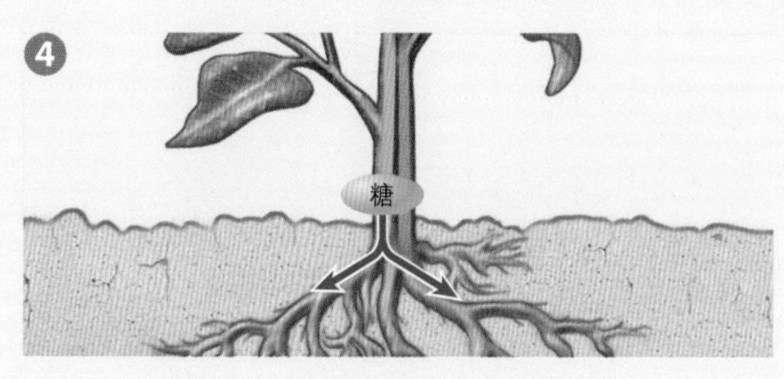

糖类通过主动运输从韧皮部进入根细胞（“库”）。

到达植物体的其他部位。这个过程即为**运输**。它使构建植物体所需的糖类能够被运往活跃的生长区。

借助放射性同位素和吸食植物汁液的蚜虫，这些糖在植物体内的运输途径已被精确地证明。蚜虫利用它们的刺吸式口器刺入叶和茎的韧皮部细胞而获取其中大量的糖类。当切掉叶片上的蚜虫母体时，韧皮部汁液会持续不断地从切开的口器中溢出。这些汁液可以被收集起来用于分析。韧皮部汁液含有10%～25%的溶解固形物，几乎所有的溶解固形物都是蔗糖。收获枫糖的方法与蚜虫取食法类似。先在树上钻一个洞，然后用管子引导糖汁从枫树流至收集桶中。这些糖汁再被加工成枫糖浆。

利用蚜虫获得重要的样本并用放射性同位素标记它们，研究人员已发现物质在韧皮部的运动速度非常快——每小时50～100厘米。这是一个被动的运输过程，不需要能量的消耗。韧皮部中物质**集流**的发生是由渗透产生的水压所导致的。“重要的生物过程：运输”图展示了运输的过程。作为光合作用产物之一的蔗糖被主动地“加载”到维管束的筛管（或筛胞）中❶。这个过程增加了筛管中的溶质浓度，因此水会通过渗透进入筛管❷。产生蔗糖的区域被称为源，蔗糖通过筛管被运往的区域被称为库。库包括根和其他非光合作用区，如幼叶和果实。水分流入韧皮部促使韧皮部中的糖类向下流动❸。蔗糖被“卸载”并贮存在库中❹。随着蔗糖的输出，筛管的溶质浓度降低。这些过程所带来的结果是，水分经筛管从蔗糖进入的地方向蔗糖输出的地方运动，而蔗糖被动地随着水流运动。这被称为压力流动假说。

关键学习成果　33.7

糖类在植物体内的运输是被动的渗透过程。

调查与分析
INQUIRY & ANALYSIS

水是通过韧皮部还是木质部向上运输的?

在阅读本章之前，你可能会想知道水是如何到达比10层楼还高的一棵大树的顶层的。这么高的水柱重量是惊人的。如果你做一根这样高的细管，并填满水，你将无法举起它。

这个谜题的答案最初由德国生物学家奥托·伦纳（Otto Renner）于1911年提出。他认为，经过树叶的干燥空气通过蒸发获取了水分子，这些蒸发的水分子会被来自根的其他水分子取代。伦纳的观点基本上是正确的。它形成了本章所描述的内聚力–黏附力–张力理论的核心。这个理论的基础是，从叶到根存在一根完整的水柱，一根从上到下并且水分可以自由运动的“管道”。

这样的水“管道”存在两根，每根都是贯穿整个茎的细长管道。正如你之前所学到的，这两个维管系统叫作木质部和韧皮部。原则上，无论是木质部还是韧皮部都能为水在树干或其他茎中的向上运输提供一个通道。到底是哪一个在发挥水分运输的作用呢?

一个巧妙的实验证明了是哪一个维管系统参与了水分的向上运输。将茎的底部放置在含有放射性钾的同位素^{42}K的水中。在中间一段23厘米的茎中，小心地将一块蜡纸插入木质部和韧皮部之间，以防止水分在木质部和韧皮部之间横向运输。

经过足够长的时间，等水分到达茎的顶端后，这段23厘米的茎被取下，切成六节。然后测量每节的木质部和韧皮部中^{42}K的含量，以及在紧挨着这段23厘米茎的上、下茎中的含量。记录的放射性同位素量直接反映了通过木质部或韧皮部向上输送的水量。

结果呈现在柱形图中。

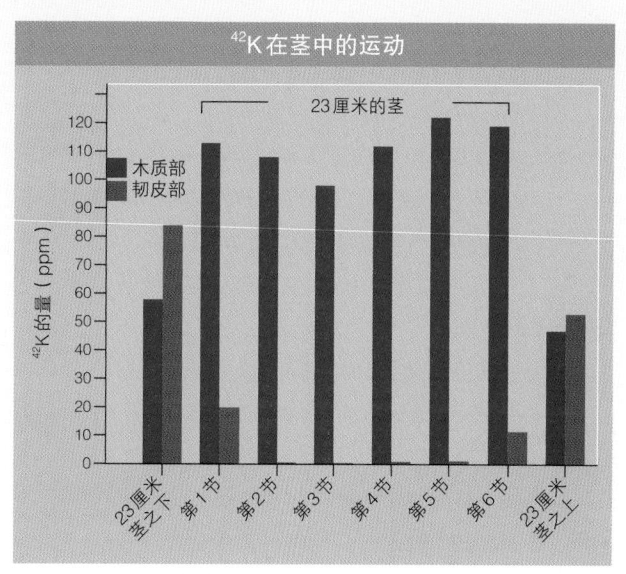

分析

1. **应用概念** 哪一个是因变量?
2. **解读数据**

   a. 在那段23厘米茎之下的部分中，木质部和韧皮部是否都含有放射性同位素?在23厘米茎之上的部分中又是怎样的情况呢?

   b. 在23厘米茎的中间部分（包括第2、3、4、5节），是否木质部和韧皮部都含有放射性同位素?
3. **进行推断**

   a. 在23厘米茎中，^{42}K在木质部和韧皮部中哪个量更多?你会从中得出什么结论?

   b. 对于23厘米茎之上的部分和之下的部分，^{42}K在木质部和韧皮部中哪个量更多?你怎么解释这个现象?（提示：这些部分不含有阻止水分在木质部和韧皮部间横向运输的蜡纸层。）

   c. 在23厘米的茎中，第1和第6节的韧皮部比中间的四节含有更多的^{42}K。造成这种差异的最可能的原因是什么?

   d. 这是否足以推断水分是通过木质部或韧皮部的维管系统运输的?
4. **得出结论** 水在茎内的运输是通过韧皮部还是木质部?请解释。
5. **进一步分析** 设计一个类似的实验来验证是哪一个维管系统负责运输经叶片光合作用产生的糖类至根细胞。

本章回顾

Reviewing What You Have Learned

植物组织的结构与功能

维管植物的结构

33.1.1 大多数植物具有根、茎、叶，但是它们在不同植物中的形态可能并不相同。维管组织贯穿整个植物体，将根、茎、叶联系起来。

33.1.2 发生生长的区域被称为分生组织。根和枝的顶端含有顶端分生组织。它是初生生长的位点。初生生长使植物纵向伸长。植物体增厚或加粗的生长叫作次生生长。次生生长发生在柱状的侧生分生组织。

植物组织的类型

33.2.1 基本组织构成了植物的主体。它包含了几种不同的细胞类型。薄壁细胞是植物中最常见的细胞类型。它们承担了一些功能，如光合作用、水和养分的贮存。水果和蔬菜的可食用部分主要是薄壁细胞。

- 厚角细胞组成的链状结构起支撑作用，特别是在没有次生生长的植物中。它们通常是狭长的细胞，初生细胞壁会发生不均匀的增厚。
- 厚壁细胞具有较厚的次生细胞壁，提供强度和硬度。次生细胞壁在细胞停止生长后沉积。它们形成长纤维或有分支结构的石细胞。

33.2.2 表皮组织构成了植物体的外层。它由表皮细胞组成，被一层叫作角质层的蜡质物覆盖（根细胞没有角质层）。角质层起保护植物和防止水分散失的作用。成对出现的保卫细胞是表皮上的特化细胞。两个保卫细胞间的空隙叫作气孔。气孔的开关可调控气体交换。

- 表皮毛和根毛是表皮细胞向外突起形成的。表皮毛有助于调节叶片的热量和水分平衡。根毛增加了根的表面积，使根可以吸收更多的水和无机盐。

33.2.3 维管组织由木质部和韧皮部组成。木质部含有输导水分的细胞，叫作管胞和维管分子。它们形成长长的链状结构，彼此通过纹孔和穿孔相连。纹孔和穿孔是水分运输的通道。

- 韧皮部含有输导营养物质的细胞——筛胞和筛管分子。这些细胞彼此首尾相接，而营养物质通过细胞间的穿孔输导。伴随着韧皮部细胞的伴胞负责维持筛管分子的代谢。

植物体

根

33.3.1 根是用于从土壤中吸收水和无机盐的器官。位于根中央的维管组织周围是中柱鞘，而中柱鞘的外围是一层细胞组成的内皮层。蜡质的凯氏带环绕在内皮层细胞周围，阻拦水分在细胞间通过。

33.3.2 根的原表皮分化为表皮；原形成层产生维管组织；基本分生组织产生基本组织。

33.3.3 侧根从中柱鞘开始形成，而不是从表皮，然后穿过皮层生长出来。

茎

33.4.1 茎为叶的着生提供了结构框架。维管组织以维管束的形式存在。叶子生长在节上，如图33.3所示。

33.4.2 次生生长发生在侧生分生组织中。维管形成层分化为木质部和韧皮部，而木栓形成层分化为树皮内侧的木栓层。木材形成于次生木质部的聚积。次生木质部在春夏季形成的木材比秋冬季更多。

叶

33.5.1 叶片是植物进行光合作用的主要场所。叶在茎上生长，由边缘分生组织形成叶片。它们在大小、形态和排布上有很大的差别。参与光合作用的栅栏叶肉细胞位于上表皮附近。其下层的海绵叶肉细胞层有较大的细胞间隙。细胞间隙用于气体交换。

植物的运输与营养

水分的移动

33.6.1 糖类和水分分别在韧皮部和木质部中运输。

33.6.2 水分通过渗透进入根。根压和毛细作用使水向上运动进入组织。然而，对于高大的茎干来说，水分向上运输需要一个更大的力：内聚力和黏附力。这就是著名的内聚力-黏附力-张力理论。蒸腾作用是指水从叶片的蒸发。蒸腾作用提供了水在木质部向上运动的“拉力”。

33.6.3 当水分充足时，气孔两侧的保卫细胞会吸水膨胀，此时的水压会导致气孔开放，因此水蒸气被释放。在干燥的条件下，水分子离开保卫细胞，造成气孔关闭，从而减少了水分的散失。

- 在根毛细胞中，无机盐随着水通过离子通道进入植物体内。

碳水化合物的运输

33.7.1 糖类在叶片中产生，通过韧皮部被输送到植物体各部位。糖类的运输涉及到水通过渗透进入韧皮部的过程。这个过程所产生的水压迫使糖类流向“库”。“库”是贮存糖类的区域。

本章测验

Test Your Understanding

33.1.1 大多数维管植物具有以下器官，除了______。

a. 茎 c. 花

b. 根 d. 叶

33.1.2 维管植物的生长源于______。

a. 光合组织 c. 分生组织

b. 根组织 d. 叶的表皮组织

33.2.1（1）主要具有代谢和贮存功能的基本组织是______。

a. 薄壁细胞 c. 厚壁细胞

b. 厚角细胞 d. 石细胞

33.2.1（2）为什么陆地植物需要厚壁细胞？

33.2.1（3）以下哪种细胞在成熟后原生质死亡？

a. 薄壁细胞 c. 厚角细胞

b. 伴胞 d. 厚壁细胞

33.2.2（1）下列哪种植物细胞类型与它的功能不匹配？

a. 木质部——传导无机盐

b. 韧皮部——树皮的一部分

c. 表皮毛——减少蒸发

d. 厚角组织——执行光合作用

33.2.2（2）根毛和表皮毛在功能上有何不同？

33.2.3 在维管植物中，韧皮部的主要作用是______。

a. 运输水分 c. 运输无机盐

b. 运输糖类 d. 支撑植物

33.3.1 根不同于茎是由于根没有______。

a. 导管分子 c. 表皮

b. 节 d. 基本组织

33.3.2 如果你将植物根中的中柱鞘移到表皮层，那么根的生长会受到怎样的影响？

a. 根的成熟区将停止次生生长

b. 根的顶端分生组织会产生维管组织替代表皮组织

c. 不会有任何改变，因为中柱鞘通常位于根的表皮层附近

d. 侧根会从根的外层长出，但无法与维管组织相连

33.3.3 在根中，侧根的生长始于______。

a. 根的表皮 c. 基本分生组织

b. 根毛 d. 中柱鞘

33.4.1 单子叶植物和双子叶植物茎的差别是______。

a. 单子叶植物没有芽 c. 是否存在保卫细胞

b. 维管组织的结构 d. 气孔的有无

33.4.2（1）在茎中，负责次生生长的组织是______。

a. 厚角细胞 c. 形成层

b. 髓 d. 皮层

33.4.2（2）一个朋友刚刚和他的家人从密歇根北部回来。在那里，他走访了一个生产枫糖浆的枫树农场。农场的工作人员在枫树的树皮上切开一个较小的口（较大的树可能有两个切口），并在每个切口下挂一个桶来收集糖浆。这位朋友想知道为什么不围绕着树干切开一圈，以便更快地收集糖浆？

33.4.2（3）假设你刚刚买了一栋山景房，但是前面的荒地上很多树，挡住了你窗前的景色。为了最终清除这些树，你开始训练几只豪猪在夜色的掩护下进行秘密的活动。为了能最有效地消灭这些树，你应该训练豪猪完全破坏哪部分？

a. 维管形成层 c. 木栓形成层

b. 木栓 d. 初生韧皮部

33.4.2（4）如果你把一颗钉子钉入一个距离地面2米高的树干上，此时整棵树的高度是6米。当这棵树长到12米高时，钉子会在距离地面多高的位置呢？

33.4.2（5）季节的变化是如何影响年轮形成的？干旱和湿润的年份又对此有何影响？

33.5.1 有些植物在寒冷的冬天会落叶。它们具有树皮，而且树干不是绿色的。在沙漠气候中，有些植物，如蓝花假紫荆和墨西哥刺木，其叶子会在干热的夏季部分或全部消失，以减少水分散失。这些植物具有绿色的茎干。为什么会产生这样的不同？

33.6.1 下面哪项陈述是错误的？

a. 从叶片中蒸发的水分最终会被从木质部扩散来的水分替换

b. 木质部向上运输水分，而韧皮部在整个植物体内运输糖类

c. 水在木质部的运输可以通过压力流动假说来解释

d. 水通过细胞膜的运动常常是由膜两侧的溶质浓度差异引起的

33.6.2 水柱的张力______。

a. 与水柱的直径成正比 c. 与水柱的直径成反比

b. 与水柱的高度成正比 d. 与水柱的高度成反比

33.6.3（1）气体进入和离开植物叶片所经过的孔，称为______。

a. 气孔 c. 叶绿体

b. 分生组织 d. 表皮毛

33.6.3（2）如果你可以改变气孔开放的调控机制，并迫使气孔始终处于关闭状态，你认为植物会发生什么状况？

a. 糖类的合成会减慢 c. a和b都会发生

b. 水分的运输会减慢 d. a和b都不会发生

33.6.3（3）以下哪项不是直接促进水从根向叶移动的过程？

a. 光合作用 c. 毛细作用

b. 根压 d. 蒸腾作用

33.7.1（1）糖类在植物体内被动的移动过程叫作______。

a. 蒸腾作用 c. 翻译

b. 运输 d. 蒸发

33.7.1（2）糖类的移动是由______驱使的。

a. 协助扩散 c. 蒸发

b. 主动运输 d. 渗透

第 7 单元　植物

34

学习目标

开花植物的生殖

34.1　被子植物的生殖

　1　无性生殖和有性生殖

开花植物的有性生殖

34.2　花的结构

　1　被子植物与动物的生殖器官的两点差异

34.3　配子在花中结合

　1　自花授粉和异花授粉

　2　双受精的各个阶段

34.4　种子

　1　被子植物的胚从合子形成到大约五天后完全发育的过程

34.5　果实

　1　三种主要的果实

34.6　发芽

　1　引起发芽的两个基本条件

34.7　生长与营养

　1　植物必需的九种大量元素和七种微量元素

植物生长的调控

34.8　植物激素

　1　五种主要的植物激素与它们的作用

34.9　生长素

　1　生长素如何引起植物向光弯曲

植物对环境刺激的反应

34.10　光周期与休眠

　1　光照长度如何影响开花时间

34.11　向性

　1　向光性、向地性和向触性

调查与分析　授粉者影响花色的进化吗？

植物的生殖与生长

种子是植物最“聪明”的进化产物。它们凭借风或动物的散播，使后代能移居到较远的地方，从而确保植物有机会占领任何可能的栖息地。种子具有遗传信息，一个处于休眠状态的植物胚受到多种机制的调控，比如保持种子内部干燥的防水外壳的机制。当种子落在适宜的土壤中时，防水外壳破裂，胚开始生长，这个过程叫作出芽，同时伴随着叶的向上生长和根在土壤中的向下生长。对于许多种子而言，潮湿和适宜的温度足以诱发出芽。但有些种子却需要更苛刻的条件。例如，许多种类的松树的种子只有暴露在像森林大火那种极端温度的环境下才会萌发。周期性的森林大火创造了开阔的空间，使阳光能够照射到幼苗上，并且大量的营养物质从烧毁的树中进入了土壤。

34.1 被子植物的生殖

两种生殖模式

学习目标34.1.1 无性生殖和有性生殖

被子植物能够成功地生存下来，依赖于其独特的有性生殖特征以及花和果实的进化。本章主要关注被子植物的有性生殖。但其实它们也会进行无性生殖。

无性生殖

在**无性生殖**中，每个个体从单个亲本中继承其所有的染色体，因此，它与亲本的遗传物质是相同的。无性生殖其实就是产生了一个亲本的“克隆”。

在一个稳定的环境中，因为无性生殖能够使个体利用较低的能量实现繁殖，并能维持成功的性状，所以无性生殖可能比有性生殖更有优势。有一种常见的无性生殖类型叫营养生殖。在这个过程中，新个体从母体的某部分上被简单地克隆出来。

营养生殖有多种形式：

1. **匍匐茎** 有些植物通过形成匍匐茎来繁殖。匍匐茎是长在土壤表面上的细长的茎。图中所示的草莓就是通过匍匐茎繁殖的。值得注意的是，它在一个茎节区形成不定根，并延伸到土壤中。然后形成叶和花，并发出新茎。新茎分枝可以作为新的匍匐茎继续进行繁殖。

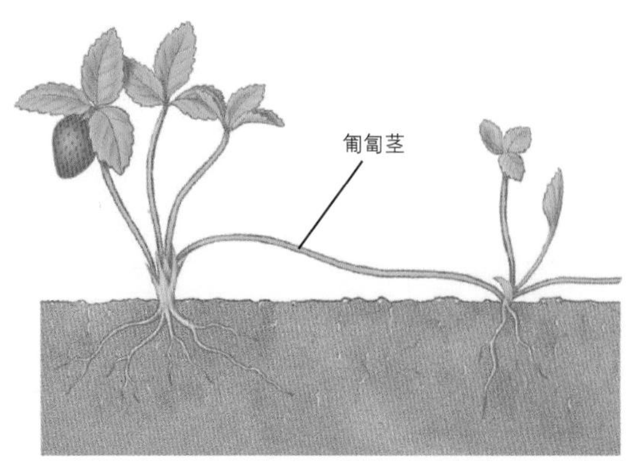

2. **根状茎** 根状茎是横向生长的地下茎，在地下交错成网。像匍匐茎一样，其节产生新的花芽。许多顽固的杂草就是以这种方式繁殖的，但草坪草和许多园林植物（如鸢尾）也采取这种繁殖方式。还有一种特化茎，叫作块茎，是贮存营养和繁殖的器官。马铃薯就是一种特化的地下茎。它能够贮存营养物质，且其芽眼可用于繁殖产生新的植株。

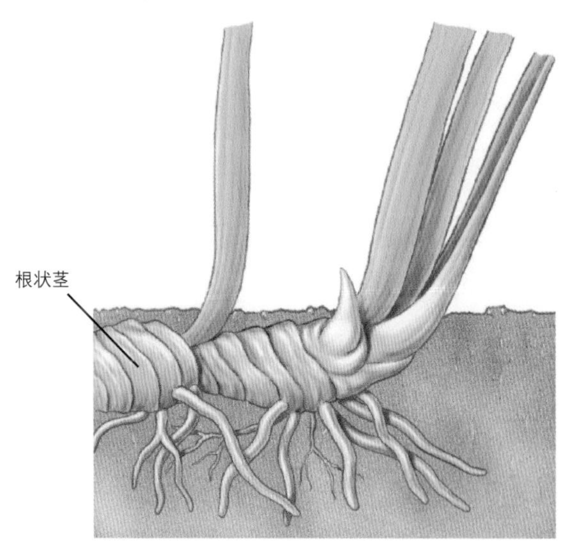

3. **吸根** 某些植物的根能够长出“吸根”或新芽，并产生新的植株，如樱桃、苹果、树莓和黑莓等植物。当蒲公英被拔出地面时，它的根可能会被折断，每条断根都可能会生出新的植株。
4. **不定芽** 有少数几个物种的叶也可以用于繁殖。其中一个例子就是盆栽植物大叶落地生根（*Kalanchoë daigremontiana*），也叫作不死鸟。位于叶缘缺刻里的分生组织可产生许多的不定芽，大叶落地生根一般通过这些不定芽繁殖。它们一旦落入土中，便会生出根来。

有性生殖

植物的有性生殖周期具有世代交替的特征。在这个过程中，二倍体的孢子体世代会产生单倍体的配子体世代，如在第32章中所提到过的。在被子植物中，配子体的发育完全是在亲本孢子体内进行的。

雄配子体是小孢子发育而来的**花粉粒**，而雌配子体是大孢子发育而来的**胚囊**。我们将在接下来的内容中进一步讨论小孢子和大孢子。花粉粒和胚囊都是由被子植物的花中独立的、特殊的结构分别产生的。花粉粒着生在从花中伸出的花丝上，而胚囊则位于花的基部。

关键学习成果 34.1

被子植物的生殖包括无性生殖和有性生殖。

开花植物的有性生殖
Sexual Reproduction in Flowering Plants

34.2 花的结构

植物的生殖器官——花

学习目标34.2.1 被子植物与动物的生殖器官的两点差异

在被子植物中，花是参与有性生殖的器官。与动物类似，被子植物具有分别产生雄配子和雌配子（精子和卵细胞）的结构，但是被子植物的生殖器官与动物的有两点不同。首先，被子植物的雄性结构和雌性结构一般同时出现在同一朵花中（也存在例外）。第二，被子植物的生殖结构不是长期存在于成体植株上的结构。被子植物的花和其中的生殖结构季节性地发育出现，开花季节处于一年中最有利于授粉（花粉与花中雌性部分的结合）的时期。

花通常包含雄性部分和雌性部分。雄性部分叫作雄蕊。在图34.1花的截面图中，能看到雄蕊是长长的细丝状结构。每个花丝顶端的膨大部分是花药，其中含有花粉。雌性部分叫作心皮。它是图中的花瓶形结构。心皮包括：其下部膨大的部分——子房；一根细长的柄——花柱；花柱的黏性顶端——柱头，用于黏附花粉。子房内含有卵细胞。通常，花既有雄蕊也有心皮，如图34.1中所示，但也有些花例外。有些种类的开花植物，如柳树和一些桑树，具有不完全花。这些花只有雄性部分或雌性部分。含有不完全花的植物，即只有胚珠或只有花粉的植物，称为雌雄异株（dioecious）。这个词源自希腊语，意为“两个房子”。这些植物不能自花授粉，必须依靠异花授粉。在有些植物中，雄性花和雌性花虽分开生长，但却位于同一个植株上。这些植物称为雌雄同株（monoecious），希腊语中的意思是“一个房子”。在雌雄同株植物中，雄性花和雌性花可能在不同的时间成熟，因此增加了与其他植株杂交的概率。

即使是在雄蕊和心皮同时存在的植物中，它们也可能会在不同的时间成熟，因此无法进行自花授粉。首先，雄蕊成熟，花药释放花粉。大约两天之后，花柱伸长至雄蕊之上，四柱头裂片准备接收花粉。然而，并不是所有的花都同步发育。在柳兰花（*Epilobium angustifolium*）中，位于下部的花先开，所以在上部的花开放和释放花粉的时候，下部的花的柱头正处于准备接受花粉的状态。这促使花粉转移到另一朵花的柱头上进行异交。

花粉的形成

如果你将花药从中间切开，你会看到如下页图上半部分所示的四个花粉囊，每个花粉囊都含有一

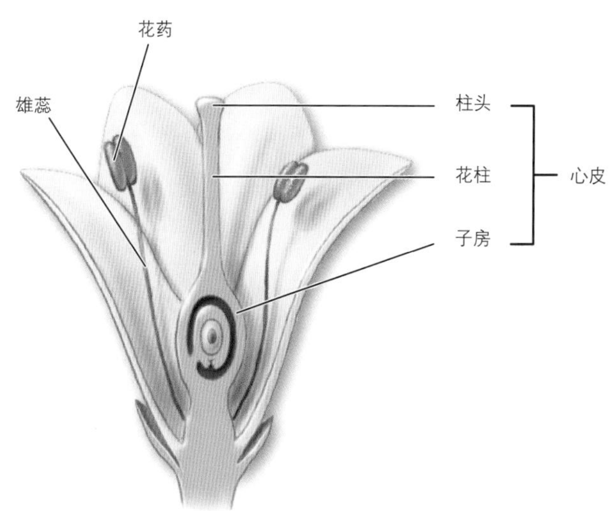

图34.1 一朵花的结构

大多数花同时具有雄性结构和雌性结构。柳兰花虽然既有雄性结构也有雌性结构，但是二者在不同的时间成熟。

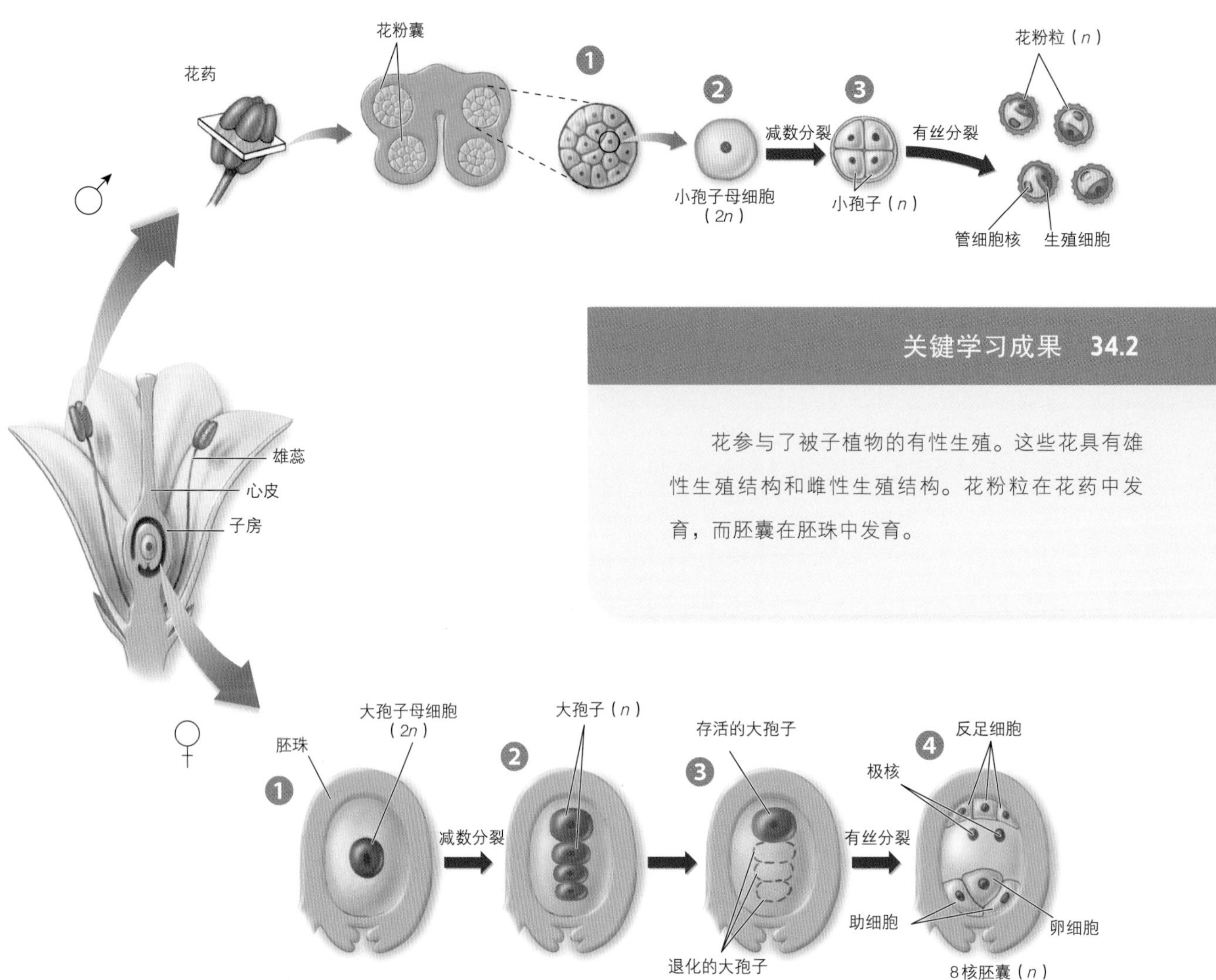

关键学习成果 34.2

花参与了被子植物的有性生殖。这些花具有雄性生殖结构和雌性生殖结构。花粉粒在花药中发育，而胚囊在胚珠中发育。

些小孢子母细胞❶。在这些花粉囊内，小孢子母细胞由特定的腔壁包裹和保护。每个小孢子母细胞都会经历减数分裂，但我们在这里只关注其中一个❷。二倍体（2*n*）的小孢子母细胞经过减数分裂形成四个单倍体（*n*）的小孢子❸。随后，每个小孢子通过有丝分裂形成含有一个生殖细胞（位于花粉粒中的紫色细胞）和一个管细胞核的花粉粒。管细胞核会形成花粉管，而生殖细胞会分裂形成两个用于与卵细胞结合的精细胞。

卵细胞的形成

在被子植物中，卵细胞的发育在花的**胚珠**中进行。胚珠位于心皮基部的子房内。如上图下半部分所示，每个胚珠中含有一个大孢子母细胞❶。每个二倍体的大孢子母细胞经过减数分裂产生四个单倍体的大孢子❷。在大多数植物中，只有一个大孢子会存活，其他的会被胚珠吸收。唯一存活下来的大孢子❸经过多次有丝分裂产生8个单倍体核。这些单倍体核位于一个叫作胚囊的结构内❹。在胚囊内，这8个核有特定的位置排列。其中一个核（绿色的卵细胞）位于胚囊的开口附近。两个核位于卵细胞之上的一个细胞中，称为极核。两个核位于卵细胞的两侧，称为助细胞。另外三个核位于胚囊的顶部，与卵细胞相对，称为反足细胞。

虽然所有的花具有相同的基本结构，并行使相同的功能，但是它们的形态却不尽相同。花的颜色、性状、大小和特征有着惊人的多样性。

34.3 配子在花中结合

授粉

学习目标34.3.1 自花授粉和异花授粉

授粉是花粉从花药传到柱头上的过程。花粉可以通过风或动物在花与花之间传播，也可以在同一朵花内部完成授粉。当来自花药的花粉传给同一朵花的柱头时，这个过程便称为自花授粉，导致了自交的产生。对于某些植物来说，自花授粉和自交的发生是由于自花授粉可以摆脱对动物授粉者的依赖，并在稳定的环境中维持有利的表型。然而，还有些植物适合异交，即同种生物的两个不同植株间的杂交。只有雄性花或只有雌性花的植物（雌雄异株），或花的雌、雄部分在不同时期成熟的植物，都需要异交。

即使有些花的雄蕊和柱头能够在同一时期成熟，但有些植物仍表现出**自交不亲和性**。当花粉和柱头相互识别彼此遗传物质相近时，授粉过程就会中断，如图34.2（a）的左侧所示。

在许多被子植物中，昆虫和某些动物在花特定特征的吸引下，造访这些花以获取食物或寻求其他利益，从而起到了将花粉在花与花之间传递的效果。也有些花只是通过外部特征"欺骗"授粉者的到来，而授粉者并不能从这些花中获取食物或其他利益。一种叫作**花蜜**的汁液，富含糖类、氨基酸和其他物质。它通常是动物们所寻求的食物。成功的授粉取决于昆虫和其他动物造访的频率，因为足够的造访频率才能保障花粉从特定物种的一个植株传递到另一植株［图34.2（b）］。

这些动物，即授粉者，与开花植物之间的关系对两类生物的进化都很重要。这个进化过程叫作**协同进化**。通过昆虫授粉，开花植物可以在一种有规律的、或多或少被控制的基础上分散它们的配子，尽管它们是固定生长在地面上的。植物对授粉者越有吸引力，它们被造访的频率也就越高。因此，任何能吸引更多授粉者的表现型变异都是一种选择上的优势，这就造成了大量的被子植物物种在花的表现型上的进化。

为了有效地利用动物授粉，一种特定的昆虫或其他动物必须造访同一物种的植物个体。经过进化所发展出的花色和形态促进了这种专一化。黄色和蓝色的花尤其吸引蜜蜂，而红花能吸引鸟类，但却并不能吸引多数昆虫。有些花有很长的花管，其深处有花蜜生成。只有拥有细长的喙的蜂鸟，或者是拥有长长的盘卷口器的飞蛾和蝴蝶才能吸食到这些位于花朵深处的花蜜。

在某些被子植物和所有裸子植物中，花粉被风力被动地吹到柱头上。对于风媒植物来说，同一物种的个体必须生长的相对密集才能提高其授粉效率，

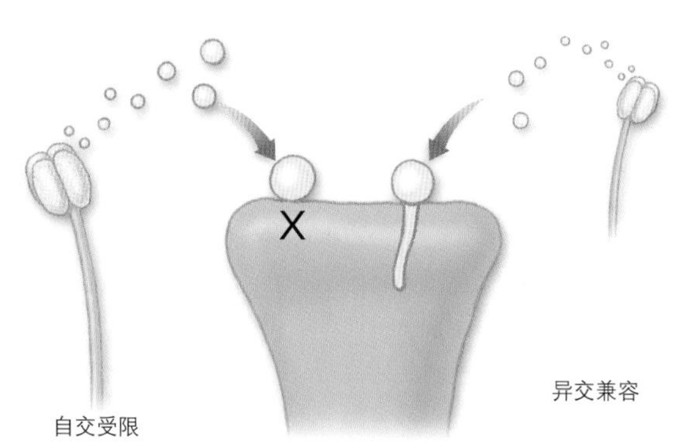

（a）自交不亲和性

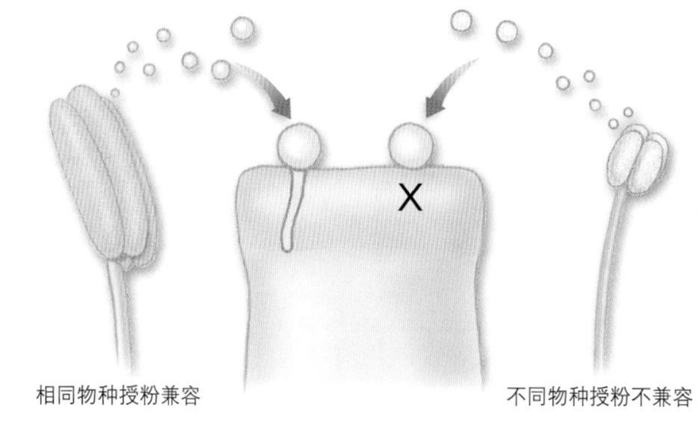

（b）由昆虫控制的授粉

图34.2 不相容的授粉

（a）某些植物物种不允许自花授粉。如果来自同一植物的花粉落在柱头上，授粉就会受阻，但如果是异交则能进行授粉。（b）由昆虫或动物控制授粉增加了植物同一物种间授粉的可能性。

因为相对于动物授粉，风并不能携带花粉到非常远的地方，也不能非常精确地授粉。由于裸子植物（如云杉或松树）生长得非常茂密，风媒授粉就显得非常有效。风媒授粉的被子植物，如桦树、草坪草和豚草，也生长得十分密集。风媒的被子植物的花通常很小，呈绿色，且无味。它们的花瓣很小，或者完全没有，通常会产生大量的花粉。

双受精

学习目标34.3.2　双受精的各个阶段

花粉粒在被风或动物传播后，或自花授粉后，它会黏附到柱头上的黏性糖物质上，并萌发出一个**花粉管**（图34.3❶）。由糖类物质提供营养的花粉管沿着花柱生长，同时在花粉管细胞中的生殖细胞分裂形成两个精子❷。花粉管最终伸入位于子房内的胚珠❸。

当花粉管到达胚珠内的胚囊时，卵细胞一侧的一个助细胞解体，花粉管进入这个解体的细胞。花粉管的顶端破裂，释放出两个精子❹。其中一个精子与卵细胞融合，形成一个合子。另一个精子与位于胚囊中央的两个极核融合，形成三倍体（$3n$）的初生胚乳核❺。这个初生胚乳核最终发育成胚乳。胚乳为发育中的胚提供营养物质（见第32章）。在被子植物中，有两个精子参与了受精过程，因此这个过程被称为**双受精**。

关键学习成果　34.3

授粉时，花粉被传递到雌性柱头上。花粉管生长后，双受精导致了胚和胚乳的发育。

34.4　种子

学习目标34.4.1　被子植物的胚从合子形成到大约五天后完全发育的过程

在受精后和成熟前，生物所发生的一系列变化被称为发育。在发育过程中，细胞逐渐变得更为特化或分化。从图34.4的下半部分你会看到，植物发育的最初阶段是活跃的细胞分裂形成一个有序的细胞团，也就是图❻中的胚。在被子植物中，胚的细胞分化在受精后不久就启动了。到了第五天，胚中的主要组织已经能分辨。再过一天，如图❽所示，根和茎的顶端分生组织也出现了。发育中的胚最初

图34.3　授粉和受精

当花粉落在柱头上时，花粉管细胞开始向胚囊生长，形成花粉管。在花粉管生长的过程中，生殖细胞分裂形成两个精子。当花粉管到达胚囊后，它穿过一个助细胞并释放精细胞。在双受精的过程中，一个精子与卵细胞融合形成二倍体（2n）的合子，而另一个精子与两个极核融合形成三倍体（$3n$）的胚乳核。

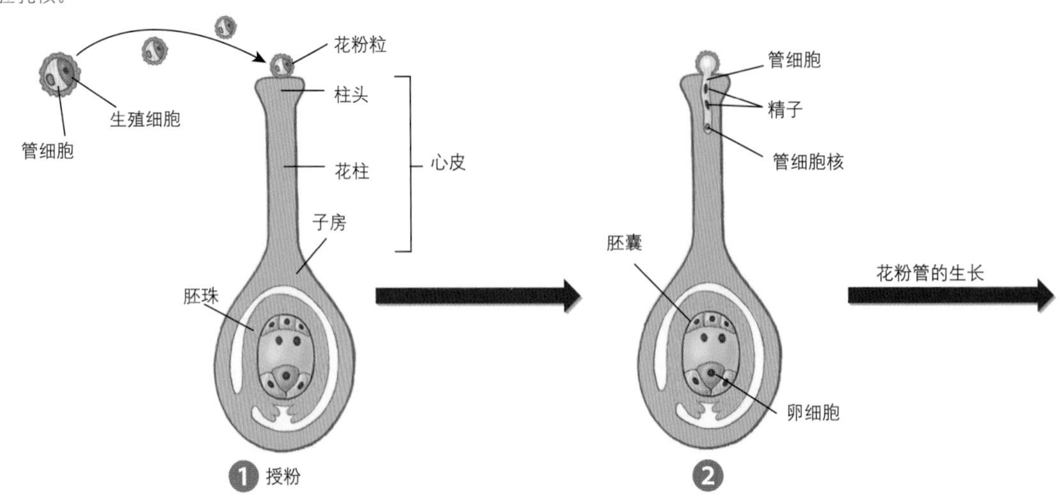

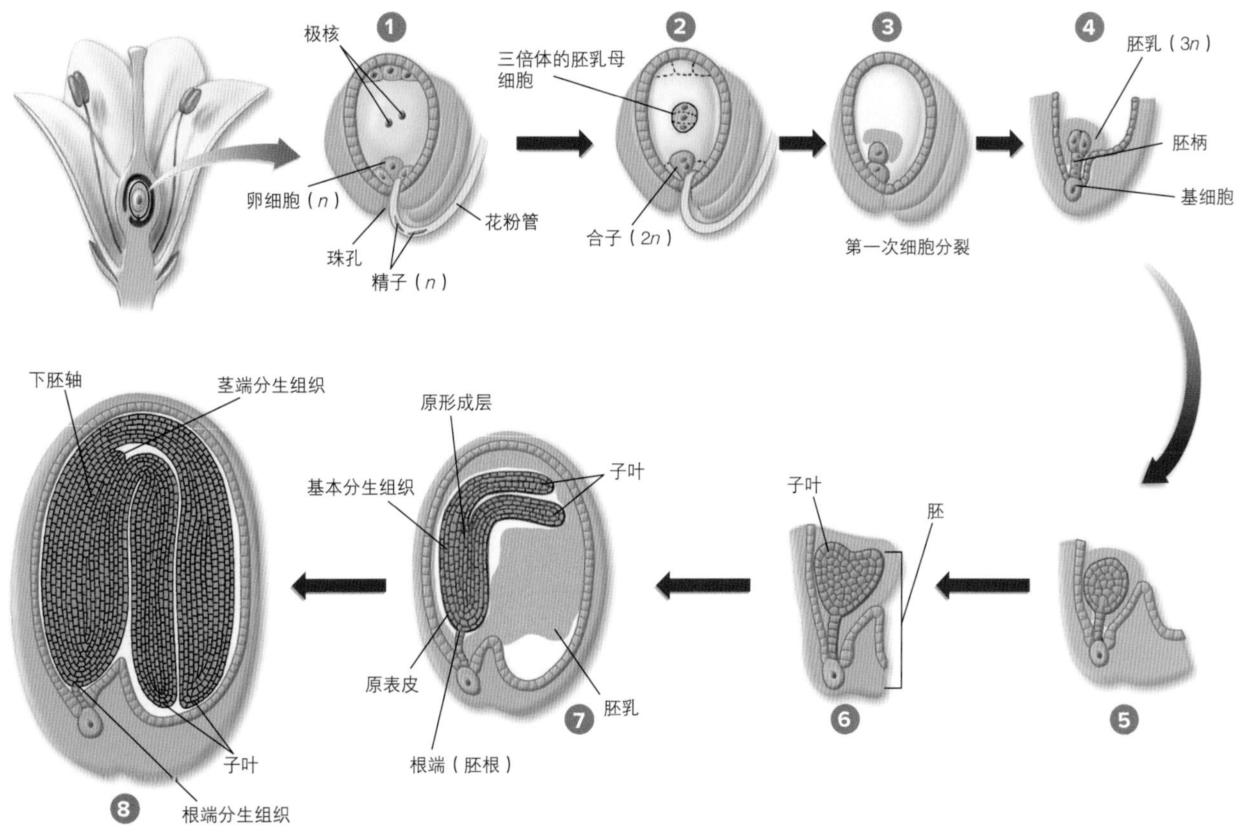

图34.4　被子植物胚的发育

合子形成后，第一次细胞分裂是不对称的❸。接下来，靠近珠孔（也就是花粉管进入的地方）的基细胞，经过多次分裂形成一纵列细胞，称为胚柄❹。其余三个细胞继续分裂形成层层排列的细胞团❺。到细胞分裂的第五天左右，主要的组织结构已经可以从发育的细胞团中辨识出来❼。

由胚乳提供营养。在随后的过程中，有些植物由**子叶**提供营养。子叶是厚叶状的贮存营养的结构。

在被子植物胚发育的早期会出现一件具有重要意义的事件：胚停止发育，并由于干燥而进入休眠状态。在许多植物的顶端分生组织和子叶分化后不久，如❽所示，胚的发育就被中止了。这时，植物的胚珠已成熟，成为了**种子**。种子内包含休眠的胚和贮存的养分。它们外面被一层相对不透水的种皮所保护。种皮是由胚珠最外层的珠被发育而来的。

一旦包被胚的种皮发育完全，胚的大部分代谢活

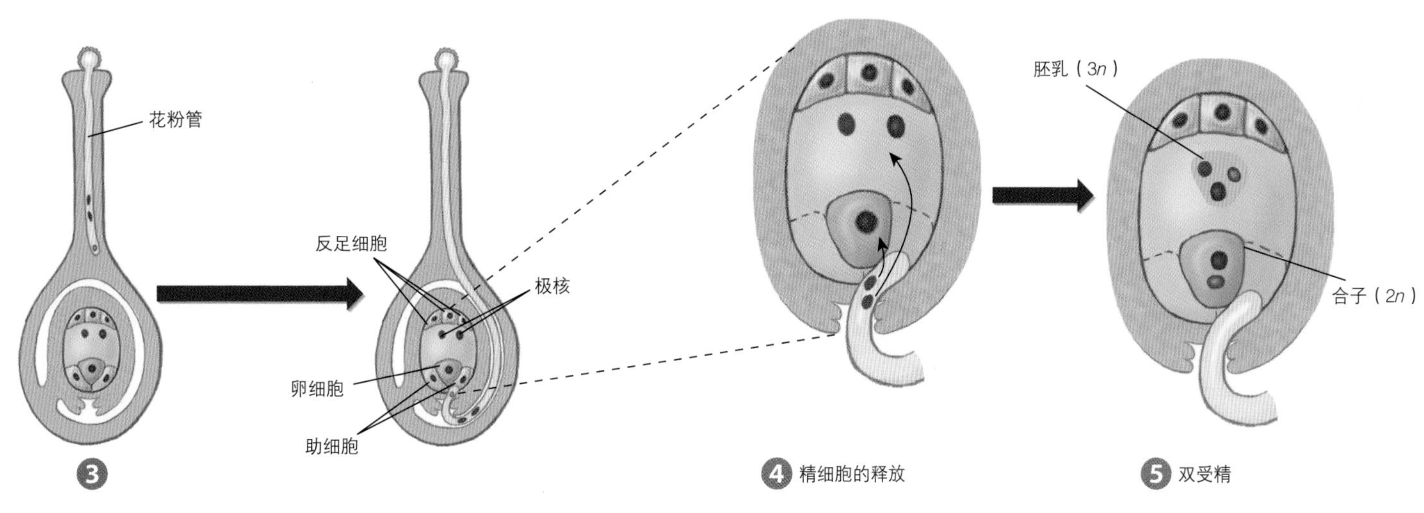

动就会中止。一粒成熟的种子只含有10%的水分。在这种情况下，种子和其中的植物幼体是非常稳定的。

在某些情况下，比如种皮裂开，胚会获得水分和氧气，从而使种子**发芽**，重新开始代谢活动，直到长成一株成熟的植物。有些植物的种子可以存活几百年，甚至上千年。当遇到有利于植物生存的环境时，种子便会萌发。

关键学习成果　34.4

一粒种子含有一个休眠的胚和大量的养分，外面被一层坚硬的、耐旱的种皮包被。

34.5　果实

学习目标34.5.1　三种主要的果实

在种子形成的过程中，花的子房开始发育成果实。花的进化是被子植物成功适应环境和产生多样性的关键。与此同等重要的是果实的进化。果实也有助于种子的散播。果实的形成有多种方式，并表现出多种特化的形式。

子房壁的三层细胞具有不同的发育命运。它们也决定了果实类型的多样——从多汁的到干硬的。果实主要有三种：浆果、核果和梨果。葡萄、西红柿、辣椒等属于浆果。它们通常有许多的种子，子房壁的内层是肉质的。桃子（图34.5）、橄榄、李子和樱桃等是核果，果实的内层是硬核，并且紧贴着一颗种子。梨果包括苹果和梨等果实，肉质部分从嵌入花托（花梗的膨大顶端，托住花瓣和萼片）的部分形成。子房的内层有一层坚韧的皮革质膜包裹着种子。

图34.5　核果
桃子是一种称为核果的果实，含有一颗大的种子。

有肉质种皮的果实通常是黑色、亮蓝或红色的。它们常常通过鸟类和其他脊椎动物散播。动物在食用果实后，它们会携带着这些果实的种子四处移动。动物的消化系统对种子无害，因此种子最终会作为排泄物落入另一个地方。还有些果实靠风，或者通过附着在哺乳动物的皮毛或鸟类的羽毛上来散播。这些果实由于没有可食用的肉质组织，所以被称为干果。它们的子房形成坚硬的结构，而不是肉质组织。干果具有利于它们散播的结构，如蒲公英或刺苍耳。刺苍耳能够钩在动物的毛皮（也可能是我们的袜子或裤子）上，从而被带到新的栖息地。还有一些果实通过水散播，比如红树林、椰子和某些生长在海滩或沼泽上的典型植物。

关键学习成果　34.5

果实靠多种方式实现广泛散播，包括靠风、水、动物的皮毛，或通过被动的食用、排泄而散播。

34.6　发芽

学习目标34.6.1　引起发芽的两个基本条件

当一颗种子遇到适宜发芽的环境时会发生怎样的情况呢？首先，种子会吸水。在开始萌发时，种子由于太干所以会极力地吸水。最初的代谢可能是无氧代谢，但种皮破裂后，有氧代谢便取代了无氧代谢。因为植物需要氧气才能生长，所以在进行有氧代谢后，必须有充足的氧气才能满足胚的发育，不然植物就会像人溺水一样而无法生存（见第7章）。少数几种植物产生的种子能在水下萌发。有些植物，如水稻，进化出了一种对缺氧环境耐受的机制，并能进行无氧呼吸。图34.6显示了双子叶植物（左侧）和单子叶植物（右侧）在发芽早期的生长状态。在两种情况中，第一阶段都是根的出现。随后，在双子叶植物中，子叶和茎从地下长出。子叶最终枯萎，而最初生长的叶片开始进行光合作用。在单子叶植物中，子叶并不出现；而是一个叫作胚芽鞘的结构（一个包裹在胚芽外的鞘状结构）穿出地面。胚芽从胚芽鞘中抽出第一片叶片并开始进行光合作用。

关键学习成果　34.6

发芽是种子生长和繁殖的新起点，它由水分诱发产生。

34.7　生长与营养

营养

学习目标34.7.1　植物必需的九种大量元素和七种微量元素

正如人类需要某些营养（如糖类、氨基酸和维生素）一样，植物也需要多种营养物质以维持生长和健康。缺少某种重要的营养物质会使植物生长变慢，或容易感染疾病，甚至死亡。

大量元素

植物需要营养物质。其中一些是大量元素，即植物所需要的相对大量的营养元素，另一些是微量元素，植物对这些元素的需要量极少。因为植物自身不能产生这些营养物质，所以植物必须从外界获取它们，它们就被称为必需元素。例如，植物能够产生用于构建蛋白质的氨基酸，但它不能产生构成氨基酸的碳或氮原子，因此，这些是必需元素。植物所需的共有九种大量元素：碳、氢、氧、氮（用于产生氨基酸）、钾、钙、磷、镁（叶绿素分子的中心）和硫。

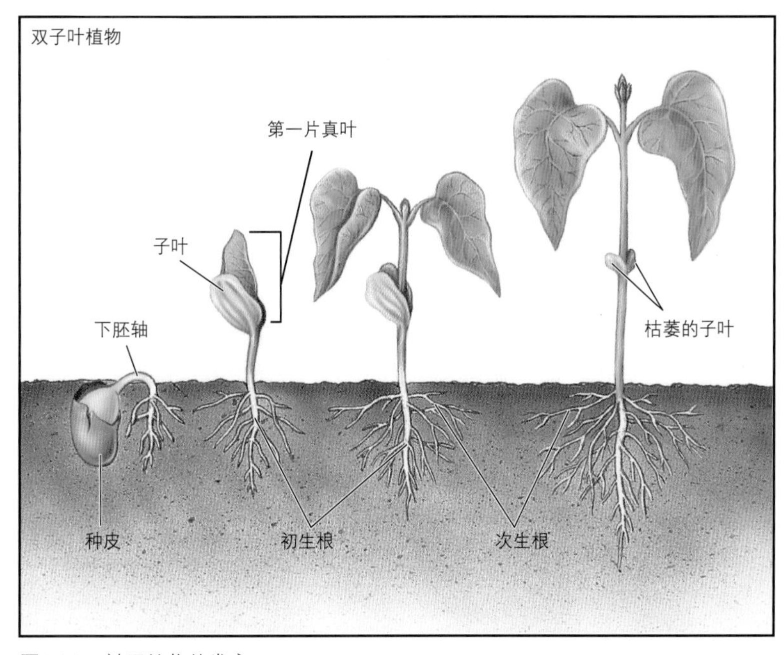

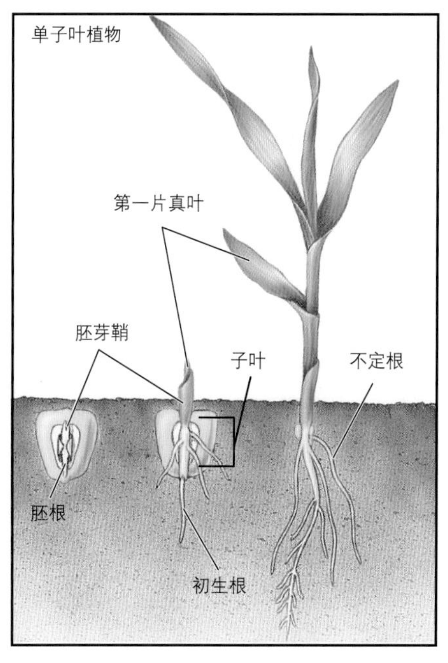

图34.6　被子植物的发育

双子叶植物大豆的发育。最先出现的结构是胚根，随后是两片子叶。子叶和下胚轴（子叶以下的茎）一起伸出地面。子叶是种子胚的一部分，为植物的早期生长提供营养。待真叶发育后再由真叶叶片通过光合作用提供营养，子叶开始枯萎、掉落。花从茎节处的花芽发育而来。单子叶植物玉米的发育。最先出现的结构是胚根或初生根。单子叶植物只有一个子叶，它并不是从地下长出。胚芽鞘是一个管状鞘，在茎和叶穿出地面的过程中，胚芽鞘包裹在它们周围起到保护的作用。

其中碳、氢、氧是构成所有有机物的基本元素。每种营养元素接近一株健康植物干重的1%，而在与碳结合成化合物的情况下，可能会远远超过1%。

大量元素以多种方式参与了植物代谢。在固氮菌的帮助下从土壤中获取的氮（N）元素是蛋白质和核酸的基本元素之一。在保卫细胞内，钾（K）离子参与调控**膨压**（水进入细胞内所产生的压力），从而控制植物蒸发和吸收二氧化碳的速率。钙（Ca）元素是胞间层的主要成分，是位于细胞壁间的结构元素，也有助于维持膜的物理完整性。镁（Mg）元素是叶绿素分子的一个组成部分。磷（P）元素存在于许多重要的生物分子中，如核酸和ATP，这部分内容在以前的章节中有详细介绍。硫（S）元素是氨基酸（半胱氨酸）的主要组成成分，是构建蛋白质的必需元素。

微量元素

植物所需的七种微量元素是铁、氯、铜、锰、锌、钼、硼。这些微量元素在多数植物中低于百万分之一到万分之几。大量元素一般在19世纪就已被发现，而多数微量元素是在近些年中，当探测极少量物质的技术发展出来时才被发现。

必需营养元素的确定

营养的需求是在水培条件下评估的，如图34.7所示；一株植物的根悬浮在含有气泡和营养物质的水中。水溶液中含有所有必需营养物质，并且它们的含量是按照植物所需的比例搭配的，但是缺少某些已知或不确定的营养元素。让植物在这样的条件下生长，并观察是否有异常症状出现。某些症状可能是植物缺少某种元素的表现。举个例子来说明一下植物对微量元素的需求量有多么低：在澳大利亚严重缺乏钼的土壤中，每10年里只需要在每公顷土地上添加一次约34克（约一把的量）钼的标准剂量！多数植物在水培条件下生长良好，虽然这种种植方法相对较贵，但是偶尔也用于商业用途。分析化学的应用使我们能更容易地在不同分子水平上测定植物材料。其中一个应用就是升高的二氧化碳水平（由全球变暖引起的）对植物生长影响的研究。随着二氧化碳水平的提高，有些植物的叶片逐渐增大，但是其含氮量相对于碳是呈降低趋势的。这对于食草动物来说，叶的营养价值就会减少。

关键学习成果 34.7

所有植物的生长都需要九种大量营养元素，还需要七种微量元素。

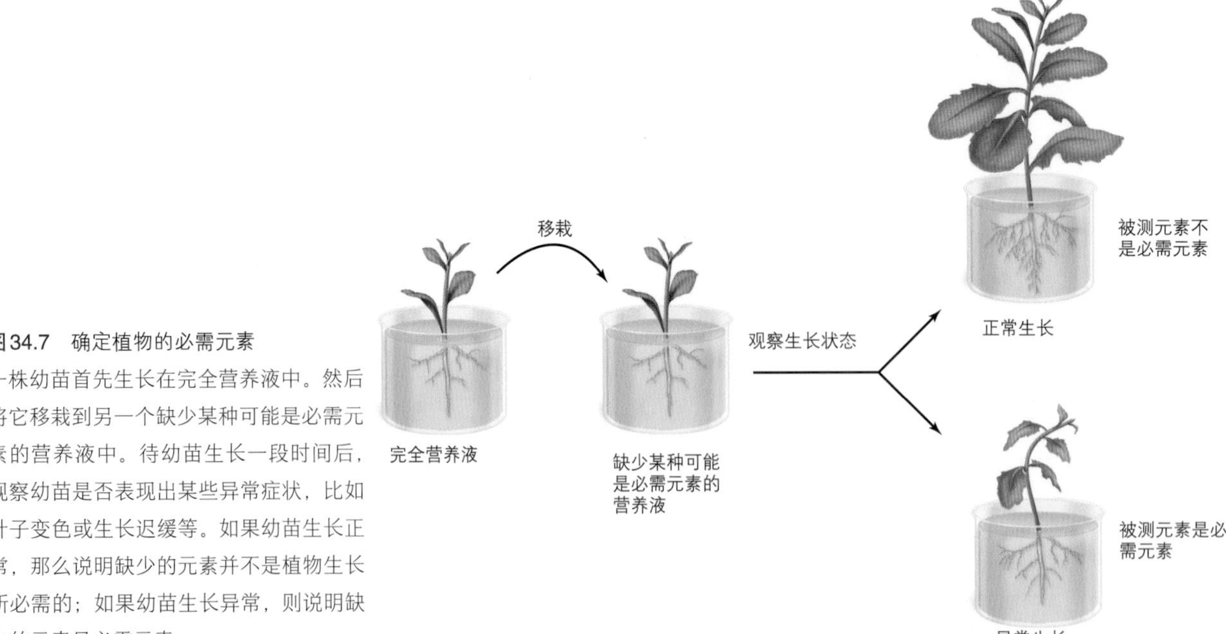

图34.7　确定植物的必需元素
一株幼苗首先生长在完全营养液中。然后将它移栽到另一个缺少某种可能是必需元素的营养液中。待幼苗生长一段时间后，观察幼苗是否表现出某些异常症状，比如叶子变色或生长迟缓等。如果幼苗生长正常，那么说明缺少的元素并不是植物生长所必需的；如果幼苗生长异常，则说明缺少的元素是必需元素。

34.8 植物激素

学习目标34.8.1 五种主要的植物激素与它们的作用

在种子萌发后，在胚中建立的生长和分化模式会无限地重复，直到植物死亡。然而，植物的分化与动物不同，植物分化在很大程度上是可逆的。在20世纪50年代，植物学家证明，从成熟植物个体分离出来的已分化细胞能够再生成整个植株。在图34.8所示的一项实验中，F. C. 斯图尔德（F. C. Steward）诱导胡萝卜韧皮部的一小块组织生成了新的植物。新生的植物在形态上并无异常，且完全具有繁殖能力。这种通过诱导已分化组织再生整个植株的实验已在许多植物中被证实，比如棉花、西红柿和樱桃等。这些实验清楚地证明最初分化的韧皮部组织仍有保留着植株分化所必需的遗传潜能的细胞。遗传信息在植物组织分化的过程中没有丢失，并且该过程是可逆的。

一旦种子萌发后，接下来的发育将取决于分生组织的活动，而分生组织的活动是通过植物激素与环境相互作用的（在接下来的内容中讨论）。茎和根的顶端分生组织产生了成体植株的所有细胞。分化或特定组织的形成，在植物中有五个阶段（图34.9）。茎和根的顶端分生组织的建立发生在第二阶段，在这之后，组织便开始分化得越来越不同了。

从斯图尔德的组织再生实验和其他类似的实验中，我们可以得出这样一个结论：当某种环境信号出现时，分化的植物组织的一些有核细胞能够表达它们隐藏的遗传信息。但同样类型的细胞作为一株正常生长植物的一部分时，为什么它的某些遗传信

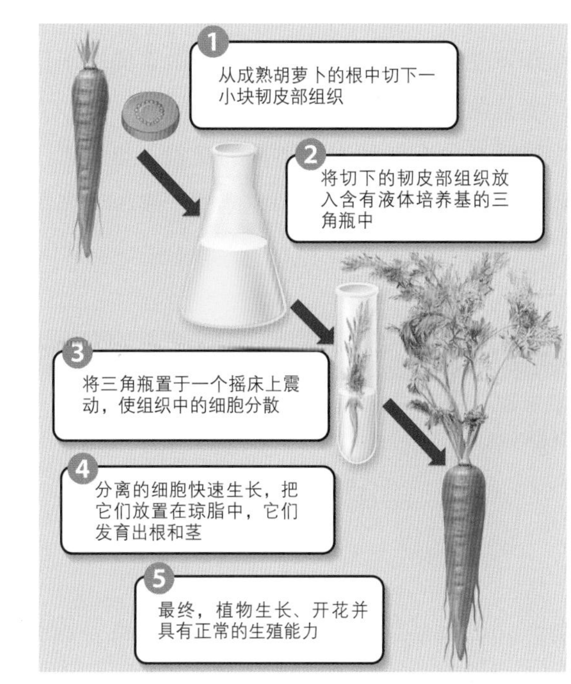

图34.8 斯图尔德如何从已分化组织再生植株

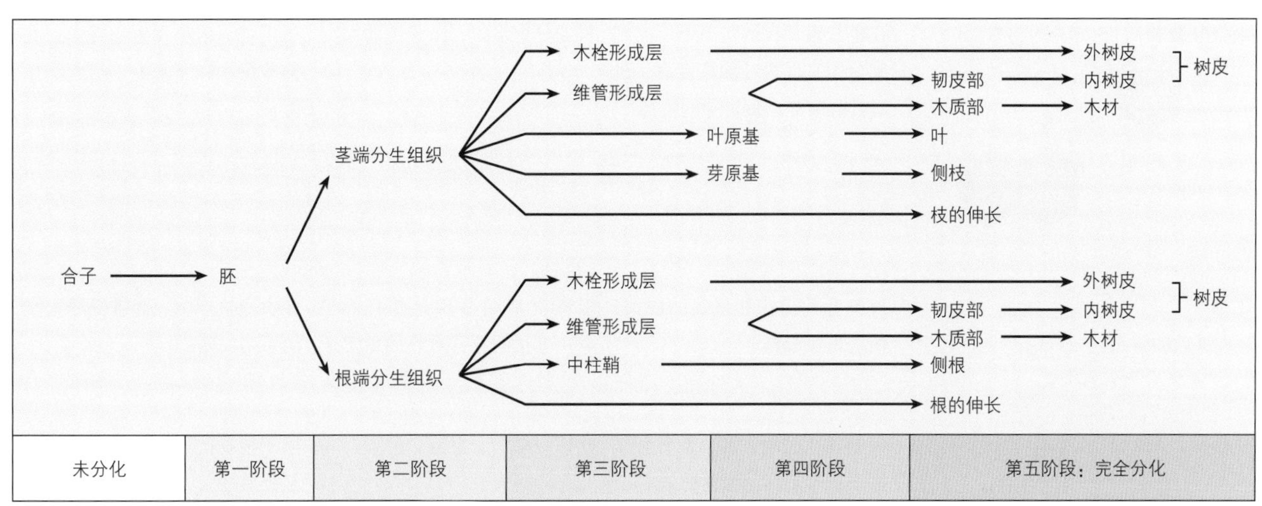

图34.9 植物分化的阶段

如图所示，植物中不同的细胞和组织都由茎和根的顶端分生组织产生。需要注意的是，这里所显示的是组织来源，而不是组织的位置。例如，木质部和韧皮部的维管组织来源于维管形成层，但是这些组织存在于整个植物体，包括叶、茎和根。

息的表达却被抑制了呢？在下面的内容中，你会了解到某些基因的表达其实是受植物激素调控的。

植物激素是植物的某些部位产生的极少量的化学物质。它们通常会被运往植物的其他部位，并在那里诱发一些生理过程，并抑制其他的活动。激素的作用效果受两个因素的影响，一是激素的种类，二是它们影响接收激素信号的特定组织的方式。

动物有几个器官叫作内分泌腺，它们专门负责激素的产生（当然激素也在其它器官中生成）。然而，在植物中，所有的激素都是由非专门生成激素的组织产生的，也就是说这些产生激素的组织还执行许多其他的功能。

植物至少有五种主要类型的激素：生长素、赤霉素、细胞分裂素、乙烯和脱落酸。表34.1列出了它们的化学结构和相应的描述。其他种类的植物激素当然也存在，但现在对它们的了解还不是很多。植物激素具有多种功能，相同的激素可能在植物的不同部位、不同时期发挥不同的作用，并与其他激素有不同的相互作用方式。植物激素的研究，特别是对激素作用方式的研究，是当今一个活跃而重要的研究领域。

关键学习成果　34.8

植物组织的发育受激素作用的调控。植物激素通过调节关键基因的表达来发挥作用。

表34.1　主要植物激素的功能

植物激素	主要功能	产生部位	实际应用
生长素（IAA） CH$_2$—COOH N H	促进茎的伸长生长；形成不定根；抑制叶片脱落；促进细胞分裂（与细胞分裂素一起作用）；诱导乙烯产生；促进侧芽休眠	顶端分生组织；其他未成熟的部位	生产无籽果实；合成的生长素用作除草剂
赤霉素（GA$_1$、GA$_2$、GA$_3$等） O C=O OH HO CH$_3$　COOH CH$_2$	促进茎的伸长；诱导发芽种子中酶的生成	根尖和茎尖；幼叶；种子	在酿酒工业中，用赤霉素处理大麦种子，提高出芽率；使两年生植物提前产生种子；通过增加葡萄颗粒的生长空间来增大果粒的大小
细胞分裂素 O CH$_2$—NH N　N N　N H	在生长素存在的情况下刺激细胞分裂；促进叶绿体发育；延缓叶片衰老；促进芽的形成	根端分生组织；未成熟的果实	用于组织培养和生物技术；在修剪树木和灌木中，引起侧芽生长
乙烯 H　H C=C H　H	控制叶片、花和果实的脱落；促进果实成熟	根端、茎端分生组织；叶节点；老化的花；成熟的果实	在农业生产中，促进提早采摘的果实成熟
脱落酸（ABA） CH$_3$ CH$_3$　CH$_3$ OH O　COOH CH$_3$	控制气孔关闭；部分调节种子休眠；抑制其他激素的效应	叶片、果实、根冠、种子	用于植物抗逆性的研究，特别是抗旱性

34.9 生长素

学习目标34.9.1 生长素如何引起植物向光弯曲

在伟大的进化论学者查尔斯·达尔文的晚年里，他把越来越多的精力投入在对植物的研究上。1881年，他和他的儿子弗朗西斯（Francis）出版了一本名叫《植物运动的力量》的书。书中，他们报道了关于植物向光生长的系统研究。这种向光生长的现象被称为**向光性**（图34.10）。

在经过一系列的实验后，他们观察到了植物向光生长的特性❶。如果幼苗的顶端被遮光帽盖住，植物就不会向光弯曲生长❷。一组对照实验表明盖在幼苗顶端的透光帽并没阻碍这种向光性生长❸。另一组对照表明盖住植物的下部也没能阻止植物的向光生长❹。达尔文猜测当光照在植物一侧时，某种"作用因子"在茎的上部产生，并向下传递，从而造成了茎的弯曲。随后，几位植物学家进行了一系列实验，发现了引起茎弯曲的物质是**生长素**。

1926年，荷兰植物生理学家弗里茨·温特（Frits Went）在他的博士论文研究期间发现了生长素是如何调控植物生长的（图34.11）。

他的实验可以表明从一种草本植物的苗尖流到琼脂的物质（步骤❶和❷）促进了细胞的伸长（如步骤❸所示）。这个化学信号导致接收化学信号的一侧比另一侧生长快（步骤❹）。对照实验表明这种生长效应不是由琼脂产生的（步骤1a和2a）。他将这个引起植物弯曲生长的物质命名为生长素（auxin），这个单词来源于希腊语，意为"增长"。

温特的实验为约45年前达尔文所观察到的现象提供了一种初步的解读：幼苗尖端的向光生长是由于背光一侧的茎有更多的生长素；因此，背光侧的细胞比向光侧更长，而外部的表现就是植物向光弯曲生长（图34.12）。后来的实验证明：在单侧光照下，正常植物体内的生长素从有光一侧迁移到背光一侧，从而导致了植物向光弯曲生长的现象。

生长素似乎是在施用后的几分钟内通过提高细胞壁的弹性而发挥作用的。研究人员推测生长素促使连接细胞壁多糖的共价键广泛地发生改变，导致

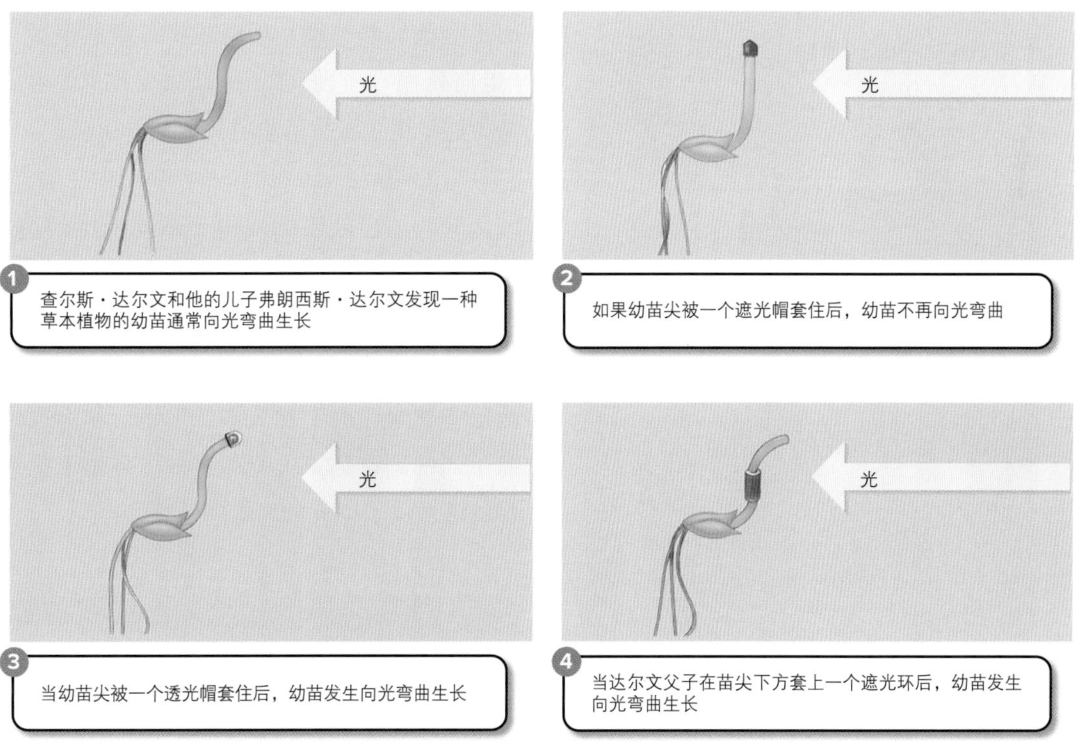

光
1
查尔斯·达尔文和他的儿子弗朗西斯·达尔文发现一种草本植物的幼苗通常向光弯曲生长
光
2
如果幼苗尖被一个遮光帽套住后，幼苗不再向光弯曲
光
3
当幼苗尖被一个透光帽套住后，幼苗发生向光弯曲生长
光
4
当达尔文父子在苗尖下方套上一个遮光环后，幼苗发生向光弯曲生长

图34.10 达尔文父子的向光性实验

从这些实验中，达尔文父子得出的结论是：在光的刺激下，某种引起弯曲的"作用因子"从幼苗尖传递到了苗尖下面的区域，即通常发生弯曲的地方。

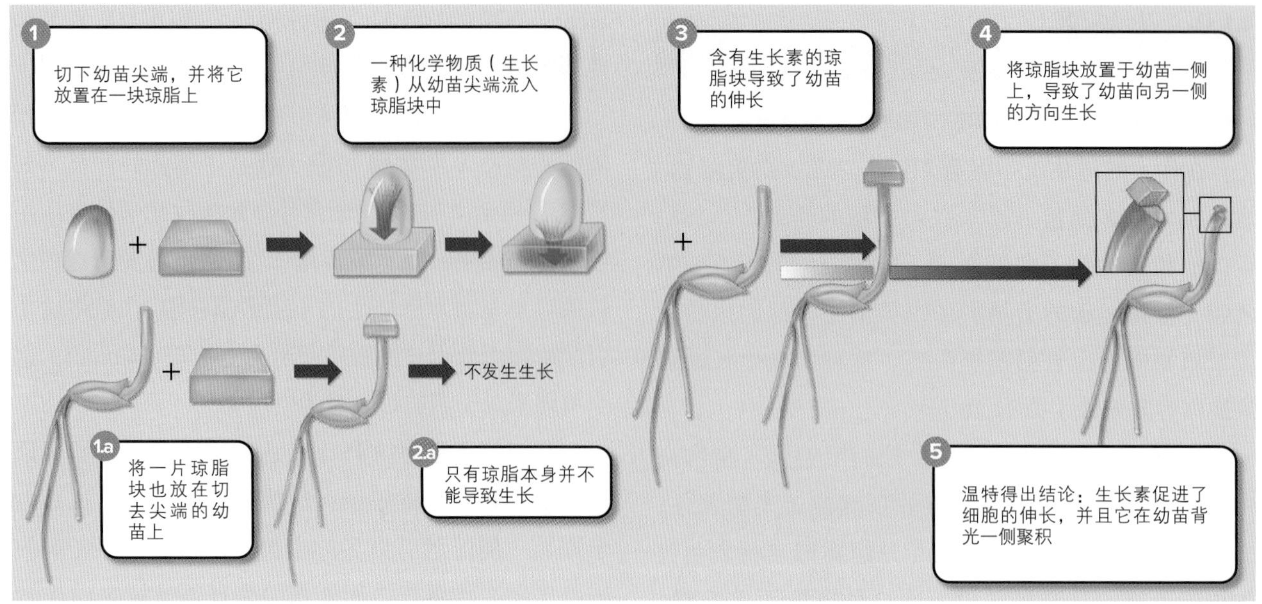
1
切下幼苗尖端，并将它放置在一块琼脂上
2
一种化学物质（生长素）从幼苗尖端流入琼脂块中
3
含有生长素的琼脂块导致了幼苗的伸长
4
将琼脂块放置于幼苗一侧上，导致了幼苗向另一侧的方向生长
不发生生长
1.a
将一片琼脂块也放在切去尖端的幼苗上
2.a
只有琼脂本身并不能导致生长
5
温特得出结论：生长素促进了细胞的伸长，并且它在幼苗背光一侧聚积

图34.11 温特如何证明生长素对植物生长的作用

实验表明了在幼苗尖端的物质是如何导致茎的伸长和弯曲的。步骤1a和2a是对照组。

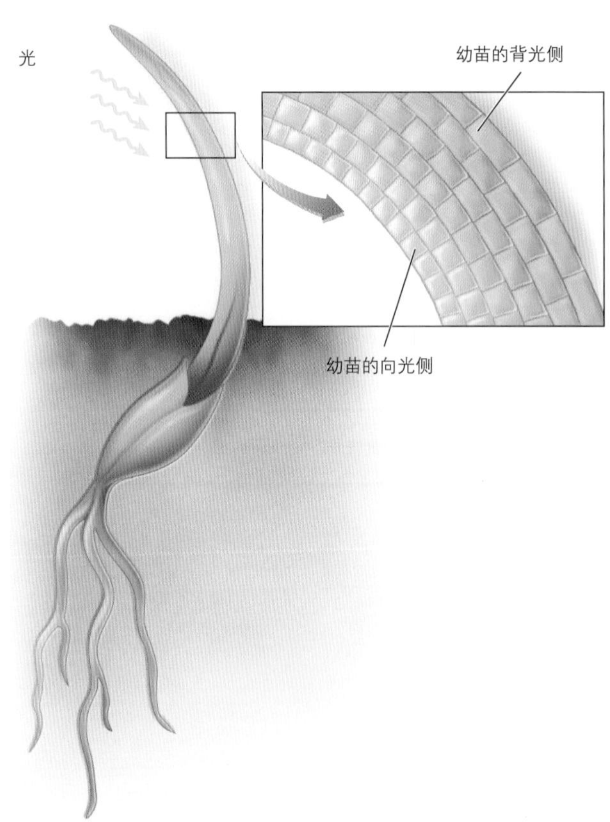
光
幼苗的背光侧
幼苗的向光侧

图34.12 生长素导致细胞伸长

在背光一侧的植物细胞含有较多的生长素，因此这部分细胞比向光侧的细胞生长更快，伸长更多，从而造成了植物向光弯曲的现象。

细胞吸水并因此增大。

人工合成的生长素通常被用来控制杂草。当作为除草剂被使用时，它的浓度要比植物中正常的生长素浓度高。其中一种常用的合成生长素是2,4–二氯苯氧乙酸，通常简称为2,4-D。因为2,4-D只作用于阔叶双子叶植物，所以它只杀死草坪中的杂草，而不会破坏草坪草。用合成生长素处理后，杂草会“走向死亡”。它们会迅速地减少ATP的生成，因此缺少能量用于维持运输或其他基本功能。

与2,4-D相似的是除草剂2,4,5–三氯苯氧乙酸（2,4,5-T）。它被广泛地用于杀死木本幼苗和杂草。在越南战争中，美军曾使用过的臭名昭著的“橙剂”，其中含有2,4,5-T。2,4,5-T很容易沾染其生产的副产品，二噁英。二噁英对人体有害。它是一种**内分泌干扰素**，会干扰人体的发育。作为现代化学物品生产的副产品，二噁英这种内分泌干扰素的不断释放已造成了巨大的环境问题。

关键学习成果 34.9

生长素是植物的主要促生长激素。它提高了细胞壁的可塑性，使植物朝着特定的方向生长。

34.10 光周期与休眠

植物对不同的环境刺激会表现出多种方式的反应。正如前文所讨论过的，在光照的刺激下，植物会发生向光弯曲生长的反应。植物许多其他的反应，比如开花，落叶，由于叶绿素的减少导致叶片变黄等等，也都是在不同环境刺激下所产生的各种现象。

光周期现象

学习目标34.10.1 光照长度如何影响开花时间

基本上所有的真核生物都受到昼夜交替的影响，并且植物生长和发育的许多特征是随着一天中昼夜时间比的改变而变化的。这样的反应即是**光周期现象**，是生物通过昼夜长短感知季节变化的一种机制。其中一个最常见的光周期反应是被子植物的开花。

日长随着季节变化；离赤道越远的地方，日长的变化会越大。根据日照的长短，植物的开花反应可分为三个基本类别：长日植物、短日植物和日中性植物。长日植物（如下面的“重要的生物过程：光周期现象”示意图❶所示的鸢尾花）在夏季夜晚短于某个时长后（日长增多）才开始开花。相反，短日植物在夜晚长于某个时长后（日长减少）开始开花；❷中所示的一枝黄花在夏季不开花，而在秋季开花。因此，许多春季和初夏开花的植物是长日植物，而秋季开花的植物是短日植物。❸中所示的“间断的夜晚”的实验说明一定的、不间断的黑暗时长才可诱导开花。在长夜中间插入的短暂光照会触发鸢尾花开花，抑制一枝黄花开花，即使是在日长足够短的情况下。

除了长日植物和短日植物外，还有些日中性植物。日中性植物的开花不受日长的影响。

光周期反应的化学基础

植物开花对日照和黑暗的反应是受几种化学物质以相互作用的复杂方式调控的。虽然人们已经了

重要的生物过程：光周期现象

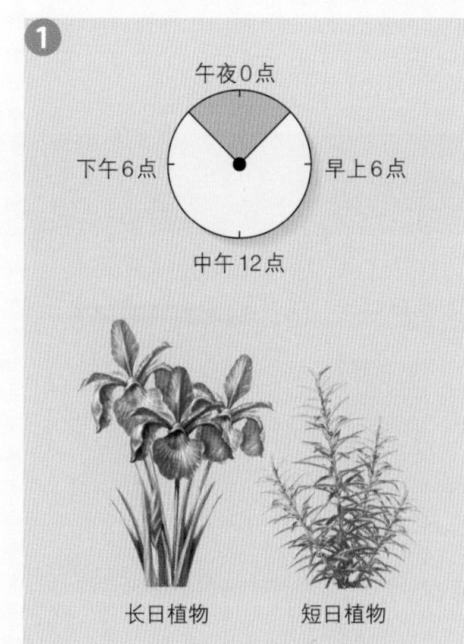

初夏 短时的黑暗会诱导长日植物开花，如鸢尾花；但不会诱导短日植物开花，如一枝黄花。

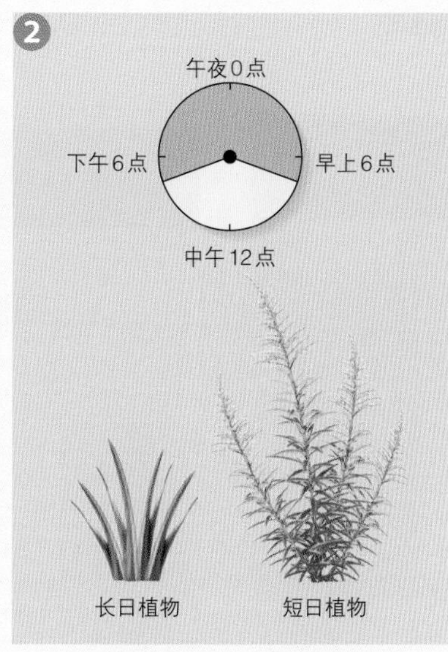

晚秋 长时的黑暗会诱导短日植物开花，如一枝黄花；但不会诱导长日植物开花，如鸢尾花。

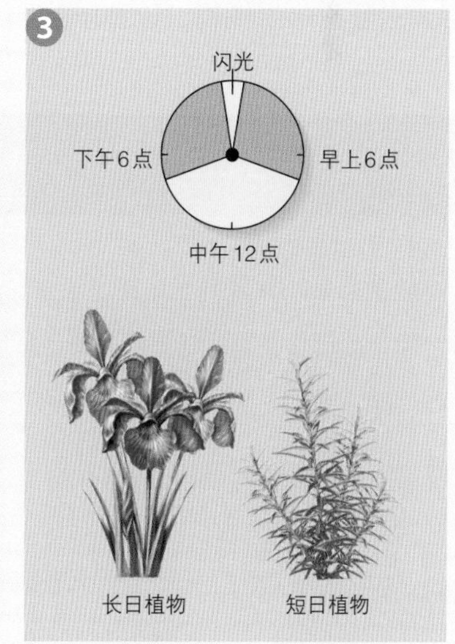

间断的夜晚 如果在冬季的长夜中人为地施加闪光，一枝黄花将不会开花，而鸢尾花会开花。

解了其中一些化学物质的属性，但是对于它们是如何协同作用以促进或抑制开花反应，仍存在争议。

植物含有一种色素叫作**光敏色素**。它存在两种可逆转换的形式，一种是红光吸收型（P_r，无生理活性），另一种是远红光吸收型（P_{fr}，有生理活性）。当P_{fr}出现时，生物反应如开花会受到影响。当P_r吸收红光（660纳米——橙红光）时，它会立即转换成P_{fr}。相反，当P_{fr}在黑暗中或吸收远红光（730纳米——深红光），它会立即转换成P_r，导致生物反应中止。

在短日植物中，P_{fr}的出现抑制了开花的生物反应。因为P_{fr}在黑暗中转换成P_r，所以P_{fr}的量会逐渐减少。当黑暗的时间足够长时，抑制反应会被中止，并开始启动开花反应。然而，一次660纳米波长的红光的闪现使多数P_r转换成了P_{fr}，因此开花反应被阻止了。

休眠

植物在很多时候是通过改变生长速率来应对外界环境变化的。当环境不利时，植物能够停止生长而进入休眠状态。这对于植物的生存非常重要。在温带地区，休眠一般在冬季发生，因为冬季的温度很低，而且水结成冰，无法被植物利用。在这个季节中，落叶乔木和灌木的芽处于休眠状态，并且包裹在鳞片内的顶端分生组织被很好地保护起来。多年生草本植物以贮有养分的地下茎或根越冬。许多其他类型的植物，包括大多数一年生植物，以种子的形式越冬。

关键学习成果 34.10

植物的生长和繁殖对光周期很敏感。植物利用体内的化学物质将开花与季节变化建立起了联系。

34.11 向性

学习目标34.11.1 向光性、向地性和向触性

向性是植物对外界刺激做出的定向的、不可逆的生长反应。向性控制了植物的生长模式，也因此影响了植物的形态。三类主要的植物向性包括：

1. **向光性** 植物向光弯曲生长（如前所述）。
2. **向地性** 在重力作用下，植物表现出茎向上生长，以及根向下生长的特征，这种对重力所做出的生长反应被称为向地性。这两种反应显然都具有重要的适应意义。茎向上生长可以吸收更多的阳光。即使是在倾倒的花盆中，植物的茎也是向上生长的。根向下生长可以遇到更有利的环境。
3. **向触性** 向触性的英文单词“thigmotropism”最初来源于希腊词根“thigma”，意为“接触”。向触性是植物对接触刺激所做出的反应。例如，植物的卷须在接触到茎或其他物体后，它们就会弯转而缠绕其上。还有些缠绕植物，如旋花，也围绕着物体生长。这些行为是植物对接触所做出的快速生长反应。一组特化的植物表皮细胞可能参与了向触性反应，但对于其具体的作用方式，还不是十分清楚。

关键学习成果 34.11

植物通常会对光、重力或接触做出生长反应。

授粉者影响花色的进化吗？

生物间许多相互作用的类型导致了进化的产生，比如捕猎关系、竞争和配偶的选择。植物和动物之间的一个重要的协同进化类型包括开花植物和其授粉者。授粉者需要花以获取食物，同时植物也需要授粉者进行繁殖。因此，授粉者（如蜜蜂）在很大程度上推动了花的形状、大小、气味和颜色的进化，这一假设似乎是合乎逻辑的。我们知道，昆虫通过识别花的某些特征来选择造访的对象，但是很少有研究预测并评估授粉者对植物群体的选择作用。在野生萝卜种群中，蜜蜂会优先造访黄花和白花，而食蚜蝇却更喜欢粉花。

加州大学戴维斯分校的丽贝卡·欧文（Rebecca Irwin）和沙伦·斯特劳斯（Sharon Strauss）研究了授粉者对野生萝卜花色的影响。他们比较了两个野生萝卜种群中四种花色的比例（黄色、粉色、白色和褐色）。在第一个种群中，蜜蜂根据它们喜好的花色进行授粉。在第二个种群中，研究人员对萝卜花进行人工授粉，但不区分花色。然而，用于人工授粉的花粉包含了不同比例的每类植物的花粉。这个比例是根据各花色植物在自然种群中的比例决定的。从这里所示的柱形图中，你会看到这两个种群的花色分布。蓝色条柱表示，在由蜜蜂授粉产生的种群中，黄花、白花、粉花和褐色花的植株数量。而红色条柱表示的是，在经人工授粉（对花色无选择性）得到的种群中，每种花色的植物数量。

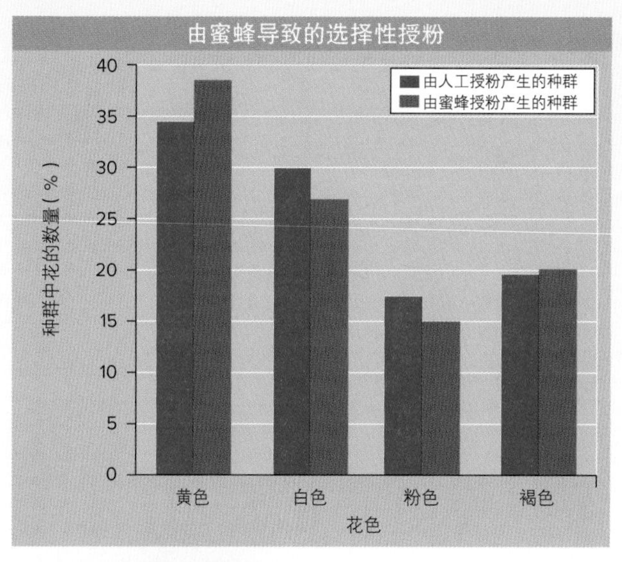

一个罕见的"造访者"：一只食蚜蝇正停留在野生萝卜的一朵黄花上。通常是蜜蜂更喜欢黄花。

分析

1. **应用概念**

   a. **变量** 图中哪一个是因变量？

   b. **阅读柱形图** 图中的数据是否反映了蜜蜂对花色的影响？

2. **解读数据**

   a. 哪种颜色的花最普遍？

   b. 蜜蜂更喜欢造访哪个或哪些颜色的花？

3. **进行推断**

   a. 你认为哪种昆虫是在这项研究所在的区域内最普遍的？为什么？

   b. 因为种群中有粉花存在，你能说食蚜蝇一定也存在于这个研究区域内吗？

4. **得出结论**

   a. 这个研究是否能说明昆虫正在影响野生萝卜种群的花色进化？

   b. 为什么由人工授粉的种群表现出与蜜蜂授粉的种群相似的花色模式呢？研究人员是否在花色选择上表现出了实验偏见？

5. **进一步分析** 假设该研究中的野生萝卜种群在10年后再次被观察。结果发现虽然黄花植物略有增多，但是它的比例并没有像这个研究中预测的那样高。针对这个黄花植物的数量比预期增长慢的结果，请给出一些合理的解释。

本章回顾

Reviewing What You Have Learned

开花植物的生殖

被子植物的生殖

34.1.1 被子植物可以通过有性生殖和无性生殖来繁衍后代。在无性生殖中，后代与亲本具有相同的遗传物质。营养生殖是一种常见的无性生殖。植物的营养生殖有多种形式，包括匍匐茎、根状茎、吸根和不定芽。

- 植物的有性生殖包括世代交替的过程。一个二倍体孢子体产生一个单倍体配子体，最终产生配子——卵细胞和花粉。

开花植物的有性生殖

花的结构

34.2.1 花具有雄性部分和雌性部分。雄性部分包括雄蕊和产生花粉的花药。花粉粒（雄配子体）在花药中形成。雌性部分包括柱头、花柱和子房。这三部分共同组成了心皮。胚囊是雌配子体；它在位于子房内的胚珠中形成。

配子在花中结合

34.3.1 花粉粒是通过风或动物传递到花上的。花粉粒在到达柱头上后，会沿着花柱向下伸出一个花粉管，直到胚珠的基部（图34.3）。

34.3.2 两个精子在花粉管内向下运动。一个精子与卵细胞结合，另一个与两个极核细胞融合。这个过程被称为双受精。授粉和受精使两个配子结合在一起。

种子

34.4.1 受精卵分裂后形成胚。在茎和根的顶端分生组织形成后，胚停止生长，成为休眠状态的结构，即种子。

- 胚乳为植物的胚提供营养。胚珠的外层成为种皮。

果实

34.5.1 在种子形成的过程中，花的子房开始发育成包裹种子的果实。子房壁的不同的发育命运决定了果实的种类。果实以不同的方式散播。肉质果被动物吞食，并通过它们的粪便散布到各处。干果通常靠风、水或动物散播。干果具有有利于它们散播的结构。

发芽

34.6.1 种子会在有利的条件下发芽。种子吸收水分并利用胚乳或子叶作为营养来源。种皮破裂后，植物开始生长。单子叶植物和双子叶植物的生长过程大体相似，但是存在结构差异。

生长与营养

34.7.1 所有植物都需要一些营养元素以维持生存和繁衍，其中包括九种必需大量元素和七种必需微量元素。植物的营养需求可以利用水培的方法检测。

植物生长的调控

植物激素

34.8.1 植物的分化在很大程度上是可逆的。新的植株可以从成体植株的某些部位再生出来。茎和根的分生组织在发育过程中分化较早，它们产生了所有其它类型的细胞。

- 植物激素是影响生长和发育的微量化学物质。植物激素主要有五种：生长素、赤霉素、细胞分裂素、乙烯和脱落酸。

生长素

34.9.1 早期的研究者，包括达尔文和他的儿子，描述了如今被称作向光性的过程。在这个过程中，植物向着光生长。在一系列的实验中，它们发现植物的尖端会向光生长（图34.10）。温特确定了一种参与向光性的激素，将它命名为生长素。当植物一侧有光时，生长素从尖端释放，聚集于背光侧，导致植物的背光一侧细胞伸长。这造成了植物的向光生长。

植物对环境刺激的反应

光周期与休眠

34.10.1 日照的长度影响开花，这个过程被称为光周期现象。有些植物在日照短的时候开花，有些在日照长的时候开花，而有些是日中性的。光敏色素是一种植物色素。它有两种可以相互转换的形式。有生理活性的光敏色素 P_{fr} 可抑制开花。黑暗下 P_{fr} 转换成 P_r，因此植物能够开花。当植物处于不利条件时，它会进入休眠期而停止生长。

向性

34.11.1 向性是植物对外界刺激所做出的不可逆的生长反应。向光性是一种向光生长反应。向地性是对重力的生长反应，导致茎的向上生长和根的向下生长。向触性是对接触的生长反应。

本章测验

Test Your Understanding

34.1.1(1) 在被子植物中，有一种常见的无性生殖类型叫作_______。

a.双受精　　c.营养生殖

b.异交　　d.配子发生

34.1.1(2) 被子植物的有性生殖包括_______。

a.花粉　　c.匍匐茎

b.根状茎　　d.吸根

34.2.1(1) 以下都属于一朵花的雄性部分，除了_______。

a.花药　　c.雄蕊

b.柱头　　d.小孢子

34.2.1(2) 以下哪项不是一朵花的组成部分?

a.萼片　　c.心皮

b.雄蕊　　d.胚芽鞘

34.2.1(3) 雄蕊包含

a.花柱　　c.花丝

b.柱头　　d.心皮

34.2.1(4) 同时具有雄性花和雌性花的被子植物叫作_______。

a.雌雄异株　　c.根状茎

b.雌雄同株　　d.不完全花

34.3.1(1) 某些被子植物花的形状、气味、颜色和花蜜的作用是_______。

a.威慑捕食者　　c.防止害虫

b.吸引动物授粉者　　d.促进共生

34.3.1(2) 花粉从一朵花的花药传递到另一朵花的柱头上的过程叫作_______。

a.柱头形成　　c.自花授粉

b.异交　　d.发芽

34.3.1(3) 以下关于被子植物花的叙述不正确的是_______。

a.被子植物的花通常只吸引一组特定的授粉者。

b.以风媒授粉为主的花常具有香气，而且花体较大。

c.被子植物的花通常为授粉动物提供花蜜或花粉。

d.有些被子植物的花表现出自交不亲和性，即当花粉和柱头遗传物质相近时，授粉过程就会中断。

34.3.1(4) 很多种植物可以进行自交授粉，它们通常是生活在恶劣环境中的植物，或是“杂草”。你认为为什么那些生活在相似环境中的动物却没有发展出类似的生殖策略呢？你能想到哪些可以自交的动物吗?

34.3.2(1) 胚乳是由_______结合产生的。

a.一个中央细胞和一个精细胞

b.一个精细胞和一个单倍体核

c.两个极核和一个精细胞

d.一个胚柄和一个卵细胞

34.3.2(2) 胚乳是_______。

a.单倍体　　c.三倍体

b.二倍体　　d.四倍体

34.4.1(1) 种子中胚的生长停止，是因为_______。

a.种皮破裂　　c.贮存的养分被耗尽

b.水分有限　　d.温度太低

34.4.1(2) 有些植物中，发育的胚由_______结构提供营养。

a.胚芽鞘　　c.子叶

b.蜜腺　　d.梨果

34.4.1(3) 2010年1月12日，海地发生了7.0级的地震。成千上万的人从被摧毁的城市逃到了农村的农场，有太多的人要靠海地的农场养活。为了缓解饥饿，一个农业公司为海地农场提供了免费的种子。这些都是未经过遗传改造的种子。它们能长出许多高产的杂交作物。这些作物比当地的作物产量高，因此能养活更多的人。然而，一个海地农民组织拒绝捐赠的种子，并指出由于杂交作物后代的生存力弱，当地的农民无法从杂交作物中留取种子，用于下一年的耕种，如果海地的贫困农民为了短期利益而接受杂交作物来养活他们的家人，他们从哪儿能获得下一年作物的种子？你会为海地农民提供怎样的建议呢?

34.5.1(1) 果实是由花的_______形成的。

a.子房　　c.心皮

b.萼片　　d.柱头

34.5.1(2) 以下哪项不是肉质果?

a.橄榄　　c.椰子

b.苹果　　d.辣椒

34.6.1(1) 若使种子萌发，休眠的胚必须获得_______。

a.二氧化碳和水　　c.氧气和氮气

b.氮气和水　　d.氧气和水

34.6.1(2) 一个刚刚钻出地面的单子叶幼苗的茎尖是由_______包裹和保护的。

a.胚轴　　c.胚芽鞘

b.胚根　　d.子叶

34.7.1 以下都是植物所需的大量元素，除了_______。

a.铁　　c.钙

b.氮　　d.镁

34.8.1 分生组织利用_______调控植物的生长和发育。

a.糖类　　c.植物激素

b.可用的水量　　d.向光性

34.9.1 生长素可导致_______。

a.茎的细胞通过失水而缩短　　c.茎的细胞伸长

b.果实成熟　　d.更多侧枝的生长

34.10.1(1) 被子植物的开花受_______调控。

a.温度　　c.光周期

b.赤霉素　　d.镁

34.10.1(2) 在温带地区，有些植物会因为低温而停止生长，这个过程叫作_______。

a.休眠　　c.自花授粉

b.光周期现象　　d.向触性

34.11.1(1) 植物对接触的反应叫作_______。

a.向触性　　c.光周期现象

b.向地性　　d.以上都不是

34.11.1(2) 如果常春藤被种在一座楼房旁边，它的茎会附着在楼房一侧。经过一段时间后，一整片常春藤会向上生长并最终覆盖这栋楼。常春藤是如何做到这样的?

34.11.1(3) 在植物的向地性中，茎是_______生长的。

a.朝向土壤　　c.向上

b.向下　　d.背离阳光

第 8 单元　生存的环境

学习目标

生态学

35.1　什么是生态学

1　有机体的六大组织水平

2　环境变化对有机体的影响

种群

35.2　种群的变化范围

1　种群的五个关键要素

2　种群范围变化的两大原因

35.3　种群分布

1　种群内个体分布的三种方式

2　物种扩散到新地区的方式

3　人类如何在物种扩散中发挥作用

35.4　种群增长

1　种群大小、种群密度和种群增长的异同

2　种群增长的内禀增长率和实际增长率

3　种群的指数增长和逻辑斯谛增长

35.5　种群密度的影响

1　种群增长的非密度制约效应和密度制约效应

35.6　生活史对策

1　*r*-选择和*K*-选择对策

35.7　种群统计学

1　年龄结构、出生率和死亡率如何影响种群增长率

2　三种存活曲线

竞争如何塑造群落

35.8　群落

1　群落的机体论和个体论

35.9　生态位与竞争

1　种内竞争和种间竞争

2　基础生态位与实际生态位

3　竞争排斥原理

4　生态位重叠可能产生的两种结果

5　生态位重叠导致性状替换的原因

深度观察　达尔文雀之间的性状替换

物种间相互作用

35.10　协同进化与共生

1　协同进化

2　共生关系的三种主要类型

35.11　捕食者-猎物关系

1　捕食者影响猎物种群的方式

35.12　拟态

1　贝氏拟态和米勒拟态

今日生物学　杀人蜂的入侵

群落稳定性

35.13　生态演替

1　初生演替和次生演替

2　演替发生的原因

调查与分析　岛上的歌带鹀种群是密度制约的吗？

种群与群落

一个特定生态系统中最重要的生态事件的发生常常与居住在这里的生物体息息相关。1988年，东亚飞蝗（*Locusta Migratoria*）集群穿越北非的农田。其实在大多数年份，蝗虫并没有那么多，也不会聚集成群。然而，在较为特别的年份，尤其是当食物充足且天气温和的时候，丰富的资源导致蝗虫种群比以往生长得更快。当蝗虫种群达到高密度时，它们就会表现出不同的生理和激素特征，进而聚集成群。这些蝗虫不断地移动，吃掉一切可以食用的植物，使自然景观失去原有的面貌。虽然聚集成群的蝗虫在北美并不常见，但在非洲和亚欧大陆的一些区域，这种现象却是一场充满着神秘色彩的灾祸。那么在本章中，就让我们一起来学习自然种群如何增长，以及到底是什么因素限制了种群的增长。

35.1 什么是生态学

生态学是一门研究有机体之间以及有机体与无机环境之间相互关系的科学。生态学也包含了有机体的分布及丰度的研究，其中包括种群增长和限制以及影响种群增长的因素。生态学一词由德国的最伟大的生物学家恩斯特海克尔于1866年提出，来源于希腊单词“oikos”（房子，即我们住的地方）和“logos”（研究）。我们对于生态学的研究其实就是对于我们所居住的“房子”的研究。不要忘记这一个简单的类比铸就了生态学一词，如果我们对待这个世界就像对待自己的家一样，那么目前我们所面临的大多数的环境问题其实都是可以避免的。有谁会弄脏自己的家呢?

生态组织层次

学习目标35.1.1　有机体的六大组织水平

生态学家认为有机体群体在六大组织水平的基础上还包含更多的组织水平。在较高的水平上出现的新的性质称为突变性质，它是由每一个水平上各组成部分的相互作用引起的。

1. **种群**　生活在同一空间的相同物种个体的集合就是一个种群，它们之间相互杂交，栖息在同一片区域内，并且共同利用栖息地提供的资源。
2. **物种**　由特定种类的所有有机体形成一个物种。同一物种内的种群之间相互交流，并作为一个整体影响物种的生态特征。
3. **群落**　在同一区域内，生活在一起的不同物种的种群构成群落。在它们生活的栖息地内，不同物种利用不同的资源。
4. **生态系统**　生物群落和非生物因子以及它们之间的相互作用称为一个生态系统。生态系统受能量流动的影响，能量最终来源于太阳能，并且生态系统中基本元素的循环是构成生态系统的生物体所必需的。红杉森林群落就是生态系统的一部分，高大的树木与其他生物体以及周围的无机环境相互作用。
5. **生物群系**　生物群系是陆地生物植物、动物以及微生物的集合，它们分布在具有明显物理特征的广阔的地理区域上，如沙漠、热带雨林和草原。在海洋以及淡水中分布着相似类型的群体。
6. **生物圈**　地球上所有的生物群系，连同海洋和淡水中的生物群系，共同组成一个相互作用的系统，我们将这一系统称为生物圈。一种生物群落发生变化将对其他生物群落产生巨大的影响。

虽然在组织层次的列表中，生物群系和生物圈属于较为高级的生态组织层次，但是生态系统仍然被视为是“基本的功能单位”，正如人们将细胞而不是组织或器官作为有机体的基本单位。

一些生态学家为种群生态学家，集中研究一种特定的物种，并探究该物种的种群规模是如何增加的。一些生态学家为群落生态学家，集中研究生活在同一区域内的不同物种是如何相互作用的。还有一些生态学家为生态系统生态学家，他们的兴趣在于探究生物群落与其生活的自然环境是如何相互作用的。

通过调查种群和群落，我们将在基础层次上开展生态学研究。之后，我们将按某种方式来研究生态系统层次和生物群系，最后以对生物圈条件的批判性观察结束。虽然我们将这一课题分解成几章，但是不能忽略一个事实：生物体不可能生活在真空中。在个体之间以及与自然环境之间发生相互作用的同时，这些相互作用也给它们带来了挑战和阻碍。

环境变化

学习目标35.1.2　环境变化对有机体的影响

自然环境的性质在很大程度上决定有机体生活的特定气候和区域。主要的环境因素包括：

1. **温度** 多数有机体生活在一个相对狭小的温度范围内，温度过高或过低都会影响生物生存。例如，植物生长的季节受到温度的强烈影响。
2. **水** 所有生物都离不开水。陆地上，水资源通常稀缺，因此降雨模式对生物产生具有重要的影响。
3. **光照** 几乎所有的生态系统都依赖于植物通过光合作用固定的能量。因此光照的有效性影响一个生态系统中可以支持的生命数量，尤其是海洋环境。
4. **土壤** 土壤中物理性质的一致性，pH以及矿物质的有效性常常严重限制植物生长，特别是土壤中现有的氮磷含量。

在一天、一个季节或者是一生之中，有机体需要应对一系列的生活状况。许多有机体通过生理、形态以及行为调节适应环境变化。例如，热的时候你会出汗，此时人体会通过蒸发增加热量的散发以防止身体过热。对于某些哺乳动物来说，形态的适应包括冬天会生长一层厚厚的毛皮。

许多动物通过行为适应来应对变化的环境，例如从一个地方迁移至另一个地方，这样可以避开不适宜的环境。例如，一种热带蜥蜴，平时沐浴在阳光下，但当太阳光过于强烈时，则移动到阴凉处，它们用这种方式设法维持较为一致的身体温度。

这些生理、形态或者行为适应是在特定的环境背景下经过一段时间形成的，是自然选择的产物，这一点解释了一个生物个体移动到不同的环境之后可能不会存活的原因。

关键学习成果 35.1

生态学是一门研究有机体之间以及有机体与自然环境之间相互关系的学科。生态系统是一个动态的系统，它使得生物体去适应变化着的环境条件。

种群
Populations

35.2 种群的变化范围

生物体是种群的成员，种群是在同一时间、同一区域内的同一物种构成的群体。一群鸟、一群昆虫、一群植物体或者一群人是否是一个种群呢？生态学家研究了种群的几个关键因素以便更好地理解它们。

种群生活在哪里呢

学习目标35.2.1 种群的五个关键要素

种群一词的定义有广义和狭义之分。这一定义的灵活性允许我们用定义世界人口种群的相似的方式来谈及这一概念。如白蚁肠道内的原生生物的种群，或者是一片森林中的鹿群。有时候，定义种群的界限是清晰的，例如生活在一个孤立的山地湖的边缘的鳟鱼；有时候种群的定义是模糊的，例如当鹿群中的个体在两片因玉米田而分离的森林之间来回移动的时候。

种群的五大特征尤为重要：种群范围，指一个种群可以活动的区域范围；种群分布，指在一定范围内，种群个体的距离模式；种群大小，指一个种群所包含的个体数目；种群密度，指一定区域内个体数目的多少；种群增长，指种群以什么速率生长或衰退。下面我们将依次探讨。

种群范围

没有一个种群，甚至是人类，可以出现在世界上任何一个栖息地。事实上，多数物种都分布在一个相对有限的地理范围内，并且有些物种的分布范围是极小的。例如，魔鳉生活在内华达州南部的一个单一的温泉里。索科特等足虫是在新墨西哥州的一处温泉中发现的。在另一个极端，一些物种分布广泛。例如，常见的短喙真海豚（*Delphinus delphis*）在世界上所有的海洋中都能找到。

生物体必须适应它们生活的环境，北极熊可以完美地适应北极地区寒冷的环境，但在热带雨林里

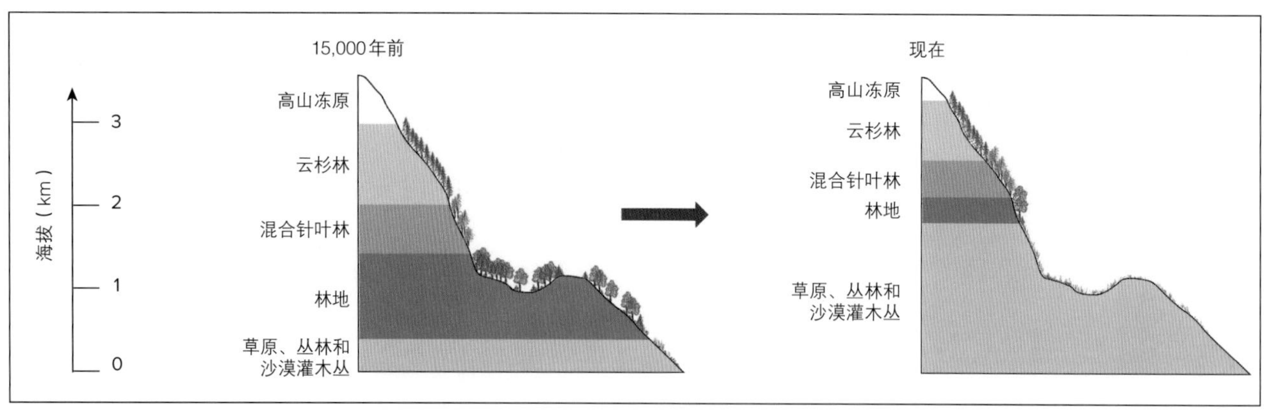

图35.1　北美西南部山上的种群随着海拔变化的改变

在15,000年前的冰河时期，当时的环境状况比现在要冷。随着气候变暖，需要较冷温度才可以存活的树种的生存海拔范围逐渐上移，因此它们生活在自身所适应的气候状况下。

不会发现它们的踪迹。某些原生生物可以生活在美国黄石公园喷泉中几乎沸腾的水里，但它们不会出现在附近较为清凉的溪水中。每一个种群都有它们自身所必需的温度、湿度、食物的特定类型以及一些其他的因素，它们决定了有机体在哪里可以生存、繁殖，在哪里不能。除此之外，在一个其他的环境条件较为适宜的地区，捕食者、竞争者以及寄生者的出现可能会阻碍种群的扩张，这一话题将在35.9节继续讨论。

种群范围的扩张与收缩

学习目标35.2.2　种群范围变化的两大原因

种群范围不是一成不变的，而是随着时间不断发生变化。这些变化的发生有两大原因。有些情况下，自然环境发生变化。例如，在大约10,000年前的最后一个冰河世纪末，北美的许多植物和动物种群都向北扩张。同时，随着气候变暖，物种所能生活的海拔高度发生变化。海拔越高，温度越低。例如，正如图35.1所示，当一个区域内的温度升高时，在较冷的温度下可以很好存活的树木的生存范围距离山脚更远了。

另外，当种群从不太适合居住的栖息地迁移到较适宜的，且还未曾被占领的区域时，种群就会扩张它们的生活范围。在19世纪末，牛背鹭出现在南美洲的北部，这些鸟儿完成约3,000千米的跨洋穿越，在此过程中可能会借助风力的作用。从那时开始，牛背鹭开始不断地扩张它们的生活范围，现在美国大多数地区都可以发现牛背鹭。

关键学习成果　35.2

种群是生活在同一区域内的同一物种的个体的集合，种群所占据的区域会随时间而发生变化。

35.3　种群分布

学习目标35.3.1　种群内个体分布的三种方式

影响物种分布范围的关键特征就是其种群中个体的分布方式。它们可能是随机分布、均匀分布或者是集群分布。

随机分布

当个体之间的相互作用并不强烈或者它们的生活环境不均匀时，种群中的个体就会呈现随机分布的形式。随机分布在自然界中并不普遍。不过，在巴拿马雨林的一些树种呈现出随机分布的形式［图35.2（b）］。

均匀分布

均匀分布可能较为常见，但由于个体之间对于资源的竞争，因此在种群中也并不总是呈现均匀分布的形式。这就意味着它们通过竞争来实现这一分布形式，然而方式各不相同。

在动物界中，均匀分布常常是由动物之间行为上的相互作用引起的。在许多物种中，某一性别或者两种性别的物种通过将其他的个体排除在外来捍卫自己的领域。这些领域专一地为占领者提供各种资源，如食物、水、避难空间以及配偶等，因而个体往往均匀地分布在它们所占有的栖息地上。甚至在一些没有自己领域的物种中，它们也常常会维护一片不允许其他动物侵入的防御空间。

在植物界，均匀分布也是由于个体间竞争资源产生的一种常见现象［图35.2（b）］。聚集在一起的植物个体将会竞争阳光、营养成分以及水等。这种竞争可能是直接的，比如一个植物体将另一个植物体遮挡起来；这种竞争也可能是间接的，比如两个植物体通过吸收同一片区域内的营养成分或是水产生竞争。除此之外，有些植物，比如三齿团香木（creosote），它能向周围土壤中分泌化学物质，这种物质对其他的物种个体是有害的。在这些情况下，植物个体之间只有保持足够的距离才能实现共存，从而导致均匀分布。

集群分布

个体聚集成群是对当前环境中资源分布不均的响应［图35.2（b）］。集群分布在自然界中较为普遍，动植物个体以及微生物往往更喜欢根据土壤类型、湿度以及其他它们最能适应的环境特征来划分的小生境。

社交互动也可以导致集群分布。许多物种在一个大型的群体中生活并四处移动，这种群体具有很多优势，比如提高防御捕食者的意识，降低能量消耗，并可以获取所有群体成员的信息。

在更广泛的范围内，种群常常在它们活动的领域范围内密集地分布着，靠近边界种群分布较为稀少。这种分布模式是由不同区域内的环境变化引起的。种群常常最能适应它们自身分布领域内的环境条件。随着环境状况发生改变，个体适应能力下降，因此种群密度随之下降。

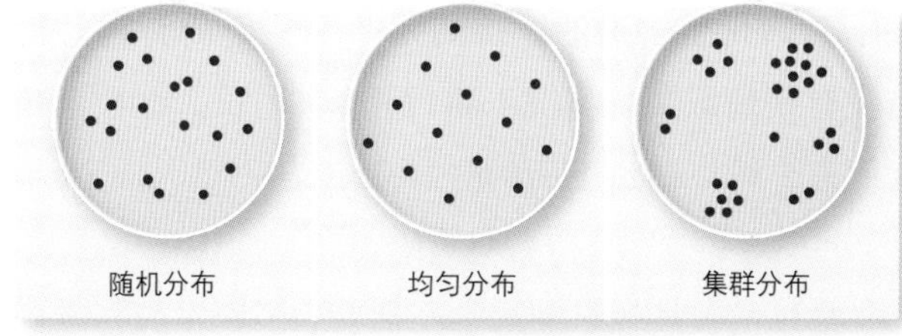

（a）

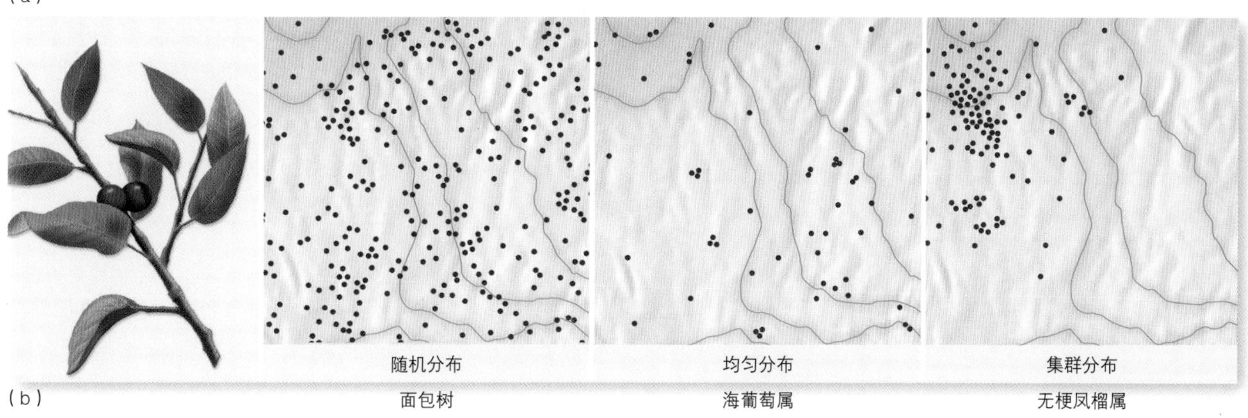

（b）

图35.2　种群分布

个体之间的距离所表现出来的不同的模式：（a）菌落的不同排列方式；（b）来自巴拿马同一地区的3种不同树种。

数据来源于热带森林科学中心，史密森尼热带研究所伊丽莎白·洛索斯（Elizabeth Losos）。

散布机制

学习目标35.3.2 物种扩散到新地区的方式

物种扩散到新地区可以通过很多方式。例如，蜥蜴之所以可以生活在遥远的岛屿上，可能是由于蜥蜴个体或者是它们的卵可以借助植被漂流。蝙蝠是可以生活在遥远岛屿上的唯一的哺乳动物，因为蝙蝠可以飞到岛屿上。许多植物种子通过多种方式扩散。有些种子在风的作用下可以被吹出很远的距离。另外的一些种子则具有可以黏附在动物皮毛或羽毛上的结构，因此在落地之前，它们可以被带出很远的距离。还有一些被肉质的果实包裹着的种子。这些种子可以穿过哺乳动物或鸟类的消化系统，然后被排出，并在被排出的地方生根发芽。还有油杉寄生属的种子能从果实基部大量喷射出来。虽然，长距离扩散使新种群成功定居的可能性是非常小的，但在数百万年间，已经发生了许多这种形式的扩散。

人类影响

学习目标35.3.3 人类如何在物种扩散中发挥作用

人类通过改变环境，使得一些物种扩张了它们的活动范围，迁移至它们之前从未占领过的区域，比如土狼。此外，人类在许多物种的扩散中成为重要的促进因素。例如，1896年，100只椋鸟由于一个试图引入莎士比亚作品中提到的每种鸟类的错误尝试而被引入纽约。椋鸟种群不断扩展，截止到1980年，它们已经遍布整个美国。类似的事件可能发生在无数的植物和动物身上，并且这种事情每年都在增加。这些入侵者的成功常常以牺牲本地种为代价，我们会在第38章进一步讨论。

关键学习成果 35.3

种群内个体的分布可能是随机的、均匀的或者是成群的，在一定程度上，分布方式是由资源的有效性决定的。

35.4 种群增长

种群增长率

学习目标35.4.1 种群大小、种群密度和种群增长的异同

所有种群的主要的特征之一是**种群大小**，种群大小指的是一个种群所具有的个体数目。例如，如果一个物种仅包含一个或少数几个小种群，那么这个物种很可能会走向灭绝，特别是这个物种所生存的区域已经或是正在发生剧烈的变化。除了种群大小以外，**种群密度**也是种群的一个重要特征，指的是单位面积（例如每平方千米）上的个体数目。一个种群的密度是表征个体间相互作用密切程度的指标。生活在小群体中的动物，通常面临少数的捕食者，而生活在一个大型群体中的动物可能通过数量上的优势寻找安全感。

除了种群大小和种群密度以外，种群的另一个重要特征就是种群的增长能力。为了理解种群，我们必须找出是什么因素在根本上限制了**种群增长**。

种群的指数增长模型

学习目标35.4.2 种群增长的内禀增长率和实际增长率

最简单的种群增长模型认为：在没有限制的情况下，一个种群将以最大的速率增长。这一速率用r表示，称为**生物潜能**，指的是一个特定的物种种群在没有任何限制的情况下将以r速率增长。在数学角度而言，可以通过下面的公式来定义：

$$G = r_i N$$

这里的N指的是种群的个体数目，G指的是随着时间变化个体数目的变化情况，r_i指的是种群在自然增长条件下的内禀增长率，即种群的内在增长能力。

种群的实际增长率r被定义为出生率b和死亡率d的差值，实际增长率还要被种群中个体的任何运动所纠正，即是否存在迁出（e）或者迁入（i）。

$$r = (b - d) + (i - e)$$

个体的运动会对种群增长率产生较大的影响。例如，美国20世纪最后数十年的人口增长主要原因是由于移民的迁入。不到一半的增长来自于本地人口的繁殖。

任何种群的内在增长能力都是成指数增长的，被称为指数增长。即使当增长率保持恒定不变的时候，个体数目的实际增长随着种群生长规模不断加快。快速指数增长在图35.3中用红线表示。这种增长模式类似于在投资中获得的复利。实际上，这种形式的增长只能持续很短的一段时间，通常是生物体到达一个资源丰富的新的栖息环境时。自然界的例子包括蒲公英到达田地、牧场草地或首次从欧洲到北美洲的草地上，藻类定殖在一个新形成的池塘里，或者是最近从海洋里由于逆冲作用最初来到陆地上的植物。

环境容纳量

无论种群增长速度多快，由于受到重要环境因子的限制，如空间、光照、水以及营养成分的限制，最终种群数量会达到一个极限。种群数量最终会稳定在某一个特定的规模上，这个特定的点就叫作**环境容纳量**，种群呈现平稳状态时的大小，如图35.3

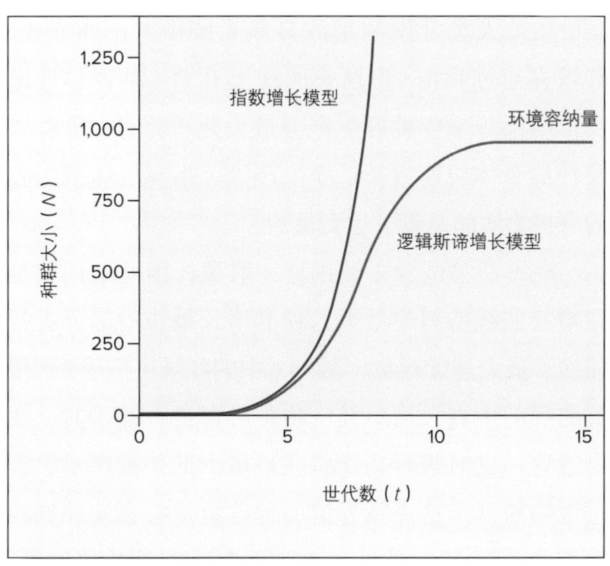

图35.3　种群增长的两个模型

红线代表一个种群的指数增长模型，r为1.0，蓝线代表种群的逻辑斯谛增长模型，r=1.0，环境容纳量为K=1,000个个体。最初，逻辑斯谛增长以指数形式增加，之后，当资源受到限制时，出生率下降或者死亡率上升，种群增长率变慢。当死亡率等于出生率时，种群停止增长，环境容纳量K最终取决于环境中可利用的资源。

所示的蓝色的线。环境容纳量用K表示，表示一个区域所能支持的最大个体数目。

逻辑斯谛增长模型

学习目标35.4.3　种群的指数增长和逻辑斯谛增长

当一个种群达到它的环境容纳量时，种群增长率极大减缓，因为仅剩下少数的资源供新的个体利用。种群的增长曲线总是受一种或多种环境因子的限制，可以近似地以下面的逻辑斯谛方程来表示，它调整了增长率中由限制性因素所减少的资源可利用性。

$$G = rN\left(\frac{K-N}{K}\right)$$

在种群增长的逻辑斯谛模型中，种群增长率（G）等于其根据可利用的资源调整所得增长率（增长率表示为r乘以N，N表示现有个体数目）。这种调整是通过rN乘以K中未被利用的部分（K减去N，除以K）。随着N（种群大小）的增加，与r相乘的部分（剩余的资源）就会越来越小，种群增长率就会下降。

从数学角度而言，当N接近K时，种群增长率（G）开始减缓，当N=K时，种群生长率为0（图35.3中蓝色的线）。在实践中，例如在一个有限资源的环境中增加更多个体之间的竞争、废弃物的积累，或者是捕食者增长率的增加都会造成种群增长率的下降。

用图表表示，如果以N对t（时间）作图，你会得到一条表征多数生物种群特征的S形增长曲线。这条曲线被称为S形增长曲线，因为它是一条双曲线，就像字母S。当种群大小稳定在环境容纳量上，种群增长率就会下降，最终保持不变。在图35.4中，当海狗种群达到环境容纳量时约有10,000只可以繁殖的雄性海狗。

在一个特定的栖息地中，资源竞争、迁移、有毒物质积累等过程随着种群达到环境容纳量而逐渐积累。种群个体可能竞争的资源可能是食物、庇护所、光照、交配的场所、配偶或者是生存或繁殖所需的其他因素。

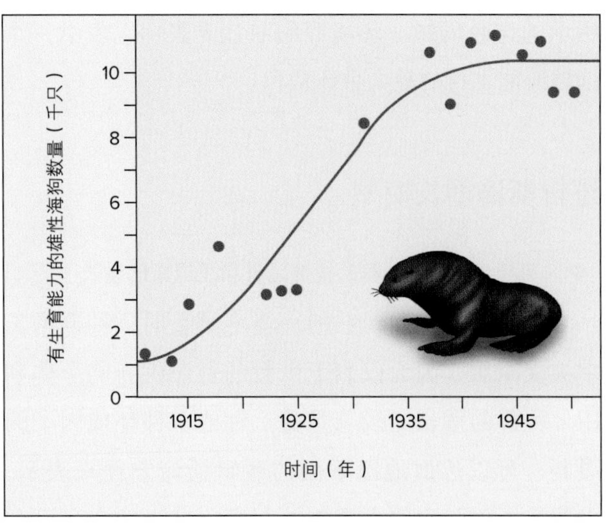

图35.4 大多数的自然种群表现出逻辑斯谛增长

这些数据呈现了阿拉斯加州圣保罗岛上的一个海狗（北方海狗）种群的生活史，19世纪，由于人类的猎杀这种海狗几乎走向了灭绝，1911年发布猎捕海狗的禁令之后，海狗的数量逐渐增加。现在，在"一夫多妻制"中具有生育能力的雄性个体的数量在10,000只左右，几乎达到了岛上的环境容纳量。

关键学习成果 35.4

种群大小维持在一个特定的区间，这个区间称为环境容纳量。种群大小不断增加直到达到环境容纳量。

35.5 种群密度的影响

调节种群增长的因子

学习目标35.5.1 种群增长的非密度制约效应和密度制约效应

非密度制约效应

事实上，种群增长受多种因素的调节。与种群的大小无关，并可以调节种群增长的效应，称为非密度制约效应。一系列因素以非密度制约的方式影响种群的密度。这些因素主要是外部环境特征，比如天气（严寒、干旱、暴雨、洪水）和物理干扰（火山喷发、大火）。无论种群的大小，个体都会受到这些因素的影响。如果这类事件发生得相对频繁，种群增长将会呈现不稳定的增长模式，在环境状况相对较好的时候，种群规模快速增长，但是当环境变得恶劣时，种群规模就会急剧下降。

密度制约效应

依赖于种群大小，并且根据种群大小来调节种群增长的效应称为密度制约效应。在动物界中，这种效应往往伴随着动物体内激素的变化，这种变化能够改变动物的行为，进而最终影响种群的大小。比较典型的例子就是蝗虫的迁移（就是你所见到的本章导语中的例子）。当种群变得比较拥挤的时候，蝗虫就会产生激素从而使它们进入迁徙阶段；它们聚集成群，经过长距离的飞行到达一个新的栖息地。一般来说，随着种群大小的增长，密度制约效应对种群产生的影响会越来越大。正如图35.5所示的北美歌雀的种群增长，随着密度的增加，种群个体会竞争有限的资源。达尔文提出，这些效应导致自然选择，并且随着种群个体对限制性因子的竞争来提高适应能力。

种群生产力的最大化

在被人类开发利用的自然系统中，比如渔业，其旨在通过利用S形增长曲线上升期（种群早期增长）的部分来使种群生产力最大化。此时，种群以及种群个体快速增长，净生产力（指有机体所吸收的有机物质的总量）达到最高。

渔民们尝试着去利用这一时段，因此他们总是在增长曲线的斜率最大、种群增长最快的部分进行捕捞。最大持续产量（图35.6中的红线）位于S形增长曲线的中点。当对经济物种种群进行捕捞时，在靠近这一点时进行捕捞将获得最大的持续产量。若过度捕捞低于这一临界值的种群数量将会使种群的生产力连续多年受损，甚至还会导致种群的灭绝。比较有说服力的例子发生在秘鲁凤尾鱼渔场，由于1972年的厄尔尼诺现象，凤尾鱼种群大小急剧缩小。确定具有商业价值的物种的种群水平通常比较困难，并且在缺乏相关信息的情况下，确定长期内最大持续产量同样是困难的。

图35.5 密度制约效应

随着种群大小的增长北美歌雀的繁殖成功概率下降。

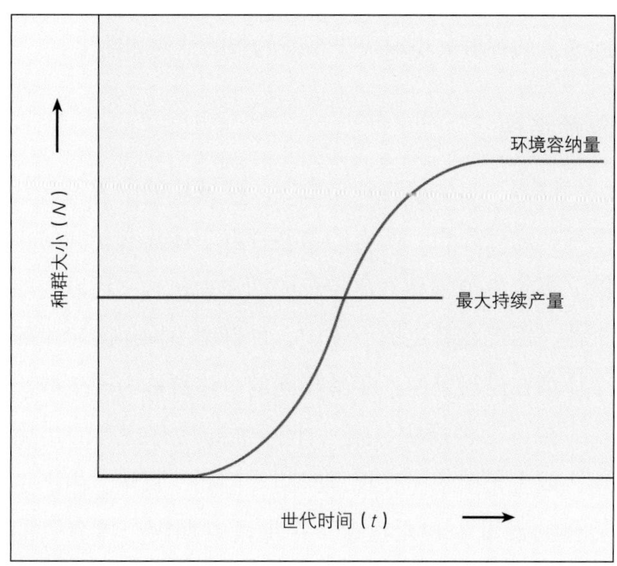

图35.6 最大持续产量

为达到商业目的而收获生物的目标不仅是收获足够的生物使当前收益率最大化，而且还要维持种群未来的收益率。在S形曲线中的种群大小快速增长阶段来收获生物，但是不要过度收获，这样的话会带来持续产量。

关键学习成果 35.5

非密度制约效应由不受种群大小调节的因素所控制，密度制约效应是在种群大小比较大时发挥作用的因素造成的。

35.6 生活史对策

竞争影响生命周期

学习目标35.6.1 *r*–选择和*K*–选择对策

在不受所居住区域环境资源控制的条件下，许多植物、昆虫和细菌种群大小均以非常快的速率增长。在资源极其充足的栖息地中种群的繁殖速率极快，通常会达到近似于指数增长。

由于资源的限制，多数动物种群具有较低的增长速率。当资源逐渐减少时，种群增长变慢，形成近似于在35.4节已经讨论过的逻辑斯谛增长模型中的S形增长曲线。在资源有限的栖息地中，种群竞争更为强烈，所支持的种群个体具有更高的成活率和更有效的繁殖能力。种群的个体数量可以达到环境容纳量，或者是*K*值。

有机体完成生命周期的全部过程构成了它的生活史。生活史是非常多样化的。在资源充足或者难以预测或者有机体必须充分利用可获得资源的环境变化剧烈的栖息地中，有些生活史对策支持快速增长。在这些情况下，种群个体会提早繁殖，产体形小、数量多、成熟快的后代，并且支持使种群“爆炸性”繁殖的其他方面。

利用指数增长模型，这些适应全部支持较高的增长率*r*，被称为*r*选择对策。表现为*r*选择生活史对策的有机体包括蒲公英、蚜虫、老鼠以及蟑螂（图35.7）。

其他的生活史对策支持在竞争有限资源环境中存活的个体。这些特征包括延迟生育、产少量体形大的后代、成熟较慢、受亲代抚育，以及“环境容纳量”繁殖的其他方面。依据逻辑斯谛增长模型，这些适应全部支持接近环境容纳量*K*的繁殖，被称为*K*–选择对策。表现为*K*–选择生活史对策的例子包括椰子树、美洲雀以及鲸鱼。

通常，生活在快速变化的栖息地中的种群往往表现为*r*–选择对策，而生活在较为稳定且充满竞争的栖息地中的相关有机体种群则更表现为*K*–选择对策。绝大多数的种群的生活史对策表现为沿着从完全的*r*–选择特征到完全的*K*–选择特征变化的一个连

图35.7　指数增长的结果

所有生物都有产生比实际种群更大的种群的潜力。德国小蠊（*Blatella germanica*），是一种主要的家庭害虫，每6个月产生80个年轻个体。如果每一只德国小蠊繁殖三代，那么厨房看上去可能是个由史密斯自然历史博物馆所制作的烹饪梦魇。

续整体。表35.1概述了这一连续整体中最极端的适应情况。

表 35.1　*r*–选择与*K*–选择生活史对策

对策	*r*–选择种群	*K*–选择种群
初次生殖的年龄	早	晚
自我平衡的能力	有限的	通常较高
生命周期	短	长
成熟时间	短	长
死亡率	经常较高	通常较低
每个生育期产生后代的数量	许多	较少
一生中的繁殖次数	通常是一次	经常多次
亲代关怀	无	大量的
后代或卵的大小	小	大

关键学习成果　35.6

有些种群的生活史对策支持接近于指数增长，而其他的种群则支持更具竞争能力的逻辑斯谛增长。

35.7　种群统计学

影响种群增长的因素

学习目标35.7.1　年龄结构、出生率和死亡率如何影响种群增长率

人口统计学指的是种群的统计学研究。这个词源自于两个希腊单词："demos"意为人口，"graphos"意为测量。因此，人口统计学的意思是对人口的测量，或者引申为统计种群的特征。统计学是帮助预测种群大小在将来如何变化的一门科学。如果出生数量大于死亡数量则种群增长，死亡数量大于出生数量则种群下降。因为出生率和死亡率也取决于年龄和性比，因此未来的种群大小取决于当前的年龄结构和性比。

年龄结构

许多一年生植物和昆虫在一年特定的季节里进行繁殖，之后死亡。所有的这些种群个体具有相同的年龄。多年生植物和寿命较长的动物中包含一代以上的个体，因此在特定的一年中，种群中不同年龄阶段的个体都在进行繁殖。年龄相同的个体群称为同生群。

在一个种群中，每一个同生群具有特有的出生率，或者繁殖率［在标准时间（例如，每年）内产生后代的数量］和死亡率（在那段时期内个体死亡的数量）。

种群增长率取决于出生率和死亡率之间两者之间的差值。在每一个同生群中个体的相对数目定义了一个种群的年龄结构。因为不同的年龄阶段具有不同的出生率和死亡率，因此年龄结构对种群生长率具有至关重要的影响。例如，如果一个种群中年轻个体占很大一部分比重，则种群倾向于快速增长，因为越来越多的个体具备繁殖能力。

性比

一个种群中雄性个体与雌性个体的比率就是它的性比。出生数量通常与雌性个体的数量直接相关，但是出生数量可能与雄性个体的数量没有那么密切的相关性，因为部分物种中一个雄性个体可以同时作为多个雌性个体的配偶。在鹿、麋鹿、狮子和其他的动物种群中，一个具有繁殖能力的雄性个体守卫着与它具有配偶关系的雌性个体的“闺房”，以防止其他的雄性个体再与它们建立配偶联系。在这样的物种中，雄性个体数目的减少仅仅改变了具有繁殖能力的雄性个体的密度，并没有减少个体的出生数量。在一夫一妻制的物种中，如许多鸟类，相比之下，配偶之间形成了一种长期的生殖关系，雄性个体数目的减少可能直接降低个体的出生数量。

死亡和存活曲线

学习目标35.7.2　三种存活曲线

一个种群的内禀增长率取决于生物体的年龄阶段以及不同年龄群体中个体的繁殖性能。种群的年龄分布，即处于不同年龄阶段的个体所占的比重，在不同的物种中有很大的不同。根据物种的交配系统，性比和世代时间对种群增长同样具有重要的影响。如果一个种群的大小随着时间变化保持一种稳定的状态，这个种群就被称为稳定种群。在这样的种群中，出生数量加上迁入数量必须与死亡数量加上迁出数量保持平衡。

存活曲线是表达种群年龄分布特征的一种方式。存活被定义为原始种群能存活到特定年龄的百分比。不同类型的存活曲线的例子如图35.8所示。在水螅种群中，任何年龄阶段，个体都有可能走向死亡，正如直线的存活曲线所表示的那样（蓝线，第二种类型）。像植物一样，牡蛎可以产生巨大数目的后代，其中只有少数能存活下来。然而，当它们成熟并且长成具有繁殖能力的个体之后，它们的死亡率就会变得极低（红线，第三种存活曲线）。最后，即使人类新生儿具有相对较高的概率倾向于死亡，但是人类死亡率以及其他动物类型在生殖后期是上升的（绿线，第一种存活曲线）。

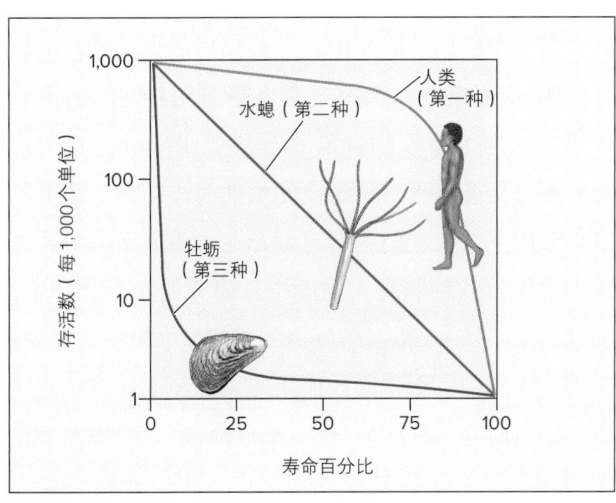

图35.8　存活曲线

按照惯例，存活曲线（纵轴）以对数尺度绘制。人类的存活曲线是第一种类型，水螅（与水母相关的一种动物）是第二种类型，牡蛎是第三种。

关键学习成果　35.7

种群的增长率是年龄结构的敏感度函数。在一些物种中，死亡率在年轻群体中较高，而在其他的物种中，老年群体死亡率较高；只有少数的物种，它们的死亡率与年龄无关。

竞争如何塑造群落
How Competition Shapes Communities

35.8　群落

学习目标35.8.1　群落的机体论和个体论

地球上的所有地方都有生物物种，有时有许多物种，如亚马孙河的热带雨林，有时仅仅只有少数几个物种，美国黄石公园接近沸腾的水体中，仅有一些微生物物种。群落指的是任何特定区域内的所有物种。群落以群落中所有的现存物种的组成或者以如物种丰富度（现有的不同物种的数量）或者是初级生产力之类的物种的特性为特征。

群落之间的相互作用控制着许多生态和环境过程。这些相互作用，如捕食、竞争和互利共生，影响特定物种的种群生态学——例如种群丰度的增加或降低——以及生态系统中能量和物质循环的方式。一个生态系统包括生物体群落以及围绕着这些生物群落的非生物成分，这些内容会在第36章进行更细致的探究。

科学家们利用很多方式研究生物群落，从细致的观察到详尽的、大范围内的实验。在有些情况下，这一研究集中在整个生物群落，而在另外一些情况下，只可能研究一小部分的物种之间的相互作用。无论他们如何开展研究，在群落的功能和组成上都存在两种观点。

群落的个体论观点，最初是由美国芝加哥大学的H. A. 格尔森（H. A. Gleason）在20世纪早期提出的，这个观点认为群落无非是发生在一个区域内的物种的聚合体。与之相反的是群落的机体论观点，最初是由克莱门茨在一个世纪之前提出的，这个观点认为群落是一个整体单位。相比之下，在这个意义上，群落可以被看作是一个超有机体，群落的组成在一定程度上共同进化，以作为更大整体的一部分，就像肾脏、心脏和肺一样，在动物体内共同发挥作用。从这个观点来看，一个群落的价值将大于各部分的总和。

目前大多数的生态学家支持个体论的观点。就绝大部分而言，物种似乎对环境状况的改变独立地做出反应。因此，在整个景观尺度内，随着一些物种的出现和物种丰度的增加，或者其他物种丰度的下降以至于最终消失，群落组成会逐渐发生改变。竞争是一个非常重要的因素，竞争可以影响个体进而影响生物群落。

关键学习成果　35.8

一个生物群落包括出现在一个地点内的所有物种。它们的相互作用影响生态和进化的模式。

35.9　生态位与竞争

种群竞争

学习目标35.9.1　种内竞争和种间竞争

在一个生物群落中，每一个生物体都有自己特定的生物角色，或者是生态位。生态位是一个生物体利用自身所在环境资源的所有方式的总和。生态位可能以资源利用、食物消耗、温度变化范围、交配的合适场所、水分的要求以及其他因素被描述。生态位不是栖息地的同义词，栖息地是生物体生活的场所。栖息地是一个地方，而生态位是一种生活模式。许多物种可以共同生活在一个栖息地上，但是正如我们将看到的，没有两个物种能够占据完全一样的生态位。

由于其他物种的出现或缺失，有时物种不能占据它们全部的生态位。物种之间能够通过一定的方式进行相互作用，这些相互作用能够产生积极或消极影响。竞争指的是当没有足够的资源来满足生物体时，两个利用同种资源的生物体之间的相互作用。

不同物种个体之间的竞争称为种间竞争。种间竞争在以相似的方式获取食物资源和较相似的生物体之间经常是最激烈的。另一种竞争类型称为种内竞争，是同一物种的个体之间的竞争。

实际生态位

学习目标35.9.2　基础生态位与实际生态位

由于竞争的存在，生物体可能不会占据理论上可以占有的全部生态位，即基础生态位（或理论生态位）。在竞争者出现的情况下，生物体能够实际占据的生态位称为实际生态位。

在一个经典的研究中，加利福尼亚大学圣芭芭拉分校的J. H. 康奈尔调查了两个藤壶物种之间的竞争作用，这两个藤壶物种沿着苏格兰海岸带的石头生长。藤壶是能产生自由游动幼虫的海洋动物。幼虫最终会定居下来，它们将自己粘合在石头上面，并且之后一直保持这种状态。在康奈尔研究的两个物种中，小藤壶（*Chthamalus stellatus*，图35.9中较小的藤壶）生活在浅水中，由于潮汐作用使它们经常暴露在空气中，半槲藤壶（*Semibalanus balanoides*，图35.9中较大的藤壶）生活在较深的水体中，很少暴露在空气中。在水体较深的区域，半槲藤壶总将小藤壶挤出石头，将其从下部切开，即使在小藤壶已经开始生长的地方半槲藤壶也能取代它们，从而在竞争中取胜。然而，当康奈尔将半槲藤壶从这块区域移除之后，小藤壶就比较容易地占据了这块较深的区域，这表明没有生理上或其他的一般障碍物阻止小藤壶在这里定殖。相比之下，半槲藤壶不能在小藤壶正常生活的浅水生境中存活，它显然没有特殊的生理和形态适应性，只能允许小藤壶占据这一区域。因此，康奈尔在苏格兰开展的实验中，小藤壶的基础生态位也包括半槲藤壶所占有那部分（红色虚线箭头表示），但是，它的实际生态位要小得多（红色实线），因为在小藤壶的基础生态位上它被半槲藤壶战胜了。

捕食者，还有竞争者可以限制一个物种的实际生态位。在之前的例子中，在没有竞争时，小藤壶能够完全占据它的基础生态位，然而，资源一旦受到限制，其他的物种就会开始竞争同一种资源。并且，捕食者可能会开始更频繁地识别这些物种，种群将被迫限制在它的实际生态位中。例如，在加利福尼亚，人们将一种被称作贯叶连翘（St. John's wort）的植物引进来，之后它开始在开放的牧场栖息地上广泛分布。这种植物占据了全部的基础生态位，直到一种以该植物为食的甲虫被引入当地。之后这一植物种群快速减少，现在只能在甲虫不能生活的荫蔽环境中才能发现它们。

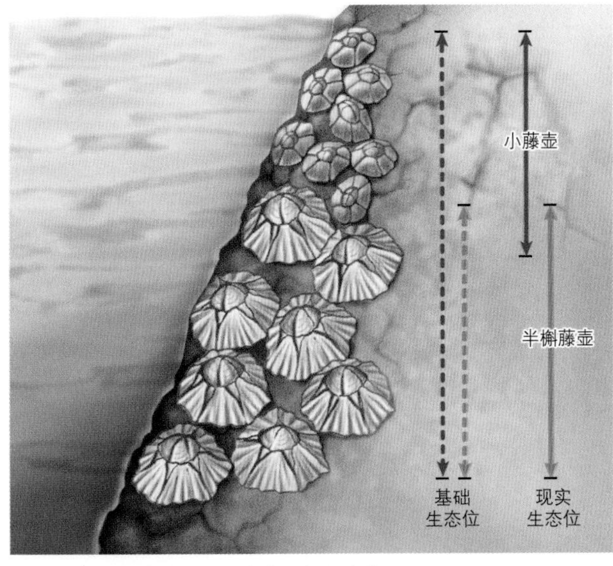

图35.9　两种藤壶物种生态位之间的竞争

小藤壶与半槲藤壶为不同的两种藤壶。小藤壶既能生活在深水区也能生活在浅水区（基础生态位），但是半槲藤壶迫使小藤壶让出其基础生态位的一部分，即与半槲藤壶实际生态位重合的部分。

竞争排斥

学习目标35.9.3　竞争排斥原理

俄国科学家G. F. 高斯在1934年到1935年间曾经做过这样一个经典的实验，他研究了草履虫的3个物种之间的竞争，草履虫是一种微小的原生生物。三个物种在各自的培养管中生长良好［图35.10（a）］，以用悬浮在培养液中的燕麦片培养的细菌和酵母菌为食。然而，当高斯将双小核草履虫和大草履虫放在同一个试管中培养时［图35.10（b）］，大草履虫（绿线）的数量一直下降直至灭绝，只剩下双小核草履虫单独存活。为什么？高斯发现双小核草履虫的生长速度是它的竞争者大草履虫的6倍，因为双小核草履虫能够更好地利用有限的资源。

根据这个实验，高斯阐述了什么是竞争排斥原理。这个原理可以表述为：如果两个物种竞争同一种资源，那么能更有效地利用资源的物种将最终淘汰另一种物种——同一生态位的两个物种不能共存。

生态位重叠

学习目标35.9.4　生态位重叠可能产生的两种结果

在一个揭示性实验中，高斯将在之前实验中未能胜出的物种大草履虫和第三个物种绿草履虫一起培养。因为高斯预测这两个物种也将会竞争有限的食物资源，因此高斯认为其中的一个物种将会胜出，正如之前实验所发生的那样。但是并没有出现那样的结果。取而代之的是，两个物种都能在培养管中存活［图35.10（c）］；草履虫找到了一种将食物资源分开的方法。它们是怎么做的呢？在培养管的上部，氧气浓度和细菌密度高，大草履虫占据优势地位，因为这样可以更好地以细菌为食。然而，在培养管的下部，较低的氧气浓度支持另一种不同的潜在食物酵母菌的生长，并且绿草履虫能够更好地利用这种食物。每个物种的基础生态位是整个培养管，但是每个物种的实际生态位仅仅是这支培养管的一部分。

高斯的竞争排斥原理重申当食物资源有限时，没有两个物种可以无限期地占据同一个生态位。尽

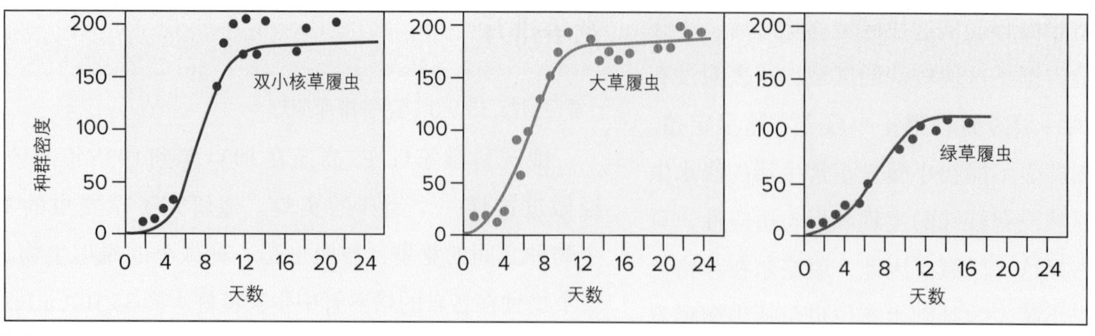

(a)

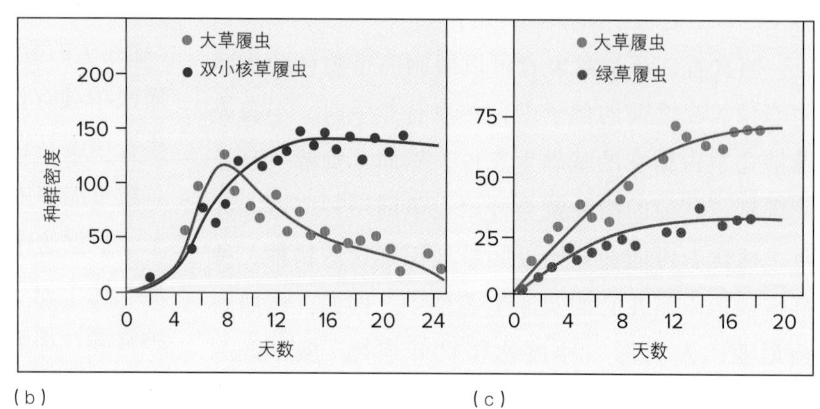

(b)
(c)

图35.10 三个草履虫物种之间的竞争排斥

在微观世界中，草履虫是一种凶猛的捕食者。草履虫通过摄取猎物来进行捕食，它们的等离子体膜包围着细菌或酵母菌，形成一个包含猎物细胞的食物泡。在实验中（a）高斯发现草履虫的三个物种在单独的培养管中都能生长良好。（b）然而，当大草履虫和双小核草履虫放在一起培养时，大草履虫的数量逐渐下降至灭亡，因为它们有共同的实际生态位，并且双小核草履虫在食物资源的竞争中取胜。（c）大草履虫可以和绿草履虫共存，尽管各自种群规模较小，因为这两个物种有着不同的实际生态位，因此可以避免竞争。

管当物种竞争同一种资源时能够共存，但高斯理论做出预测，当两个物种能够长期共存时，要么资源不受限制，要么它们的生态位有一种或多种不同的特征。否则，一旦一个物种胜出另一个物种，由于竞争排斥原理，第二个物种将不可避免地走向灭绝。

近几年，竞争排斥原理在决定群落结构方面和决定生物进化的历程方面均引起了激烈的辩论。当资源丰富时，物种在资源利用方面会具有大部分的重叠。然而，当一种或更多的食物资源突然变得极其有限时（如干旱时期），竞争作用会变得更加明显。当生态位重叠时，可能会产生两种结果：竞争排斥（获胜者占据所有的资源）或资源分配（将资源分开形成两个实际生态位）。只有通过资源分配，物种才能继续长时间共存。

资源分配

学习目标35.9.5 生态位重叠导致性状替换的原因

高斯的竞争排斥原理有一个非常重要的结论：在自然生物群落中两个物种间持续而激烈的竞争是稀少的。要么一个物种使另一个物种灭绝，要么自然选择使它们之间的竞争降低，如通过资源分配。通过资源分配，生活在同一地理区域的物种能通过生活在栖息地的不同部分，或者是通过利用不同的食物及其他资源避免竞争。一个明显的例子是安乐蜥（图35.11），这些物种可能生活在树上的不同部分以避免和其他物种竞争食物和空间，如树枝、树干或者草地上。

资源分配在占据同一地理区域的密切相关的物种之间经常发生。这些物种被称为同域物种，通过进化形成不同的适应策略来利用栖息地、食物以及其他资源的不同部分来避免竞争。没有生活在同一地理区域的相关物种被称为异域物种，经常利用同一栖息地区域和食物资源，因为它们没有处于竞争之中，自然选择不支持细分生态位的演变进化。

当一些密切相关的物种出现在同一区域，与生活在不同区域内的物种相比，它们往往在形态和行为上具有更大的不同，这种现象被称为性状替换，

达尔文雀之间的性状替换

尽管在许多实验种群中可以看到性状替换的典型例子，但在自然种群中还是难以观察到这一正在发生的过程。据报道，最近一个关于性状替换的典型的例子发生在加拉帕戈斯群岛的大达夫尼岛上的雀类中。33年来，由来自普林斯顿大学的彼得和露丝玛丽夫妻团队带领的研究者们，给岛上的每一只鸟都做了标记，记录出生数量与死亡数量、喙的大小、饮食习惯，以及一些其他的信息。以种子为食的勇地雀（*Geospiza fortis*）一直生活在这个岛上，基本上与其他种类的雀不存在竞争。它们仅仅与仙人掌大嘴地雀共同生活在这个小岛上，仙人掌大嘴地雀用它尖尖的喙吃仙人掌的果实和花粉，而不吃种子。没有其他以种子为食的雀意味着勇地雀可以最大化地利用这座岛上的所有种子。尽管勇地雀更喜欢较小且较软的种子，但是当这种种子无法获得的时候，勇地雀也将会以较大较硬的种子为食。在困难的时期，具有较大的喙的勇地雀比具有小喙的鸟类能更好地破碎大而硬的种子，因此勇地雀有更大的可能性存活下来并产生后代。

正如第14章描述的那样，1977年严重的干旱使大达夫尼岛上的草全部死掉了。勇地雀唯一的食物来源是较大的种子。那一年大达夫尼岛上大多数的勇地雀都死掉了，而具有较小的喙的鸟类也大量死亡。

在干旱情况下，选择较大的喙——它能更好地打开又大又干的种子——恰恰是进化理论所预测到的，这是定向选择的典型的例子。

然而，2003年和2004年的严重干旱却产生了显著不同的结果！干旱持续了一年之后，勇地雀种群中喙的大小变得比之前更小而不是更大。2003—2004年，有什么不同的事情发生吗？

科学家们发现，答案是一种新的竞争者。在之前1977年的严重干旱中，勇地雀所面临的唯一的竞争来自同一物种，即在具有较大喙的个体和具有较小喙的个体之间。但在2003年的干旱期间，一种新的以种子为食的雀出现在这个岛上，与勇地雀争夺同样有限的资源。

这是如何发生的呢？在1982年之前，大嘴地雀（*Geospiza magnirostris*）偶尔会来到大达夫尼岛上，但是它们从来不会在岛上居住、繁殖。1982年的大雨改变了这一切。大雨过后，岛上食物充足，导致2只雌性个体和3只雄性个体在岛上定居下来并开始繁殖种群。在之后的10年中，大嘴地雀的数量大量增长。到2004年，大嘴地雀重达30克，体重几乎是勇地雀的2倍——将近占岛上地雀种群的40%。

之后干旱降临了。那年的干旱是毁灭性的。被干旱侵袭的植物体产生相当大的新的种子，这两种地雀不久之后就耗尽了前几年剩余的又大又干的植物种子。但是，不像之前的干旱，具有小型喙的勇地雀个体比具有大型喙的鸟类生活得更好——仅有13%的大型喙勇地雀存活下来。

在不到一年的时间里，在大达夫尼岛上勇地雀种群平均喙的大小比之前干旱的时候小得多，这样的结果与之前干旱产生的结果恰恰相反。为什么呢？在1977年的干旱期间，勇地雀面临着支持大型喙的选择压力，因为大型喙有利于它们取食仅存的食物——又大又干的种子。在2003—2004年的干旱期间，勇地雀面临着同样的选择压力，但也同样面临着一种由竞争者施加的新的甚至是更强大的选择压力，这一竞争者是它们之前在大达夫尼岛上从未面对过的。具有结实的大型喙的大嘴地雀在破碎大种子，并且取食剩余的多数的大种子方面比勇地雀能更好地适应。因此，虽然轻易获得的种子是微小的，但在这样的情况下，更多的小型种子比大型种子对勇地雀来说更容易获得，进而具有较小喙的个体有更大的可能性存活下来。干旱结束后，勇地雀用小型喙取食小种子，将大种子留给大嘴地雀。

这个由竞争驱动的喙大小的转变是性状替换的典型例子。我们经常在实验室中观察到这样的例子，而这一研究是首次在野外的条件下进行的。

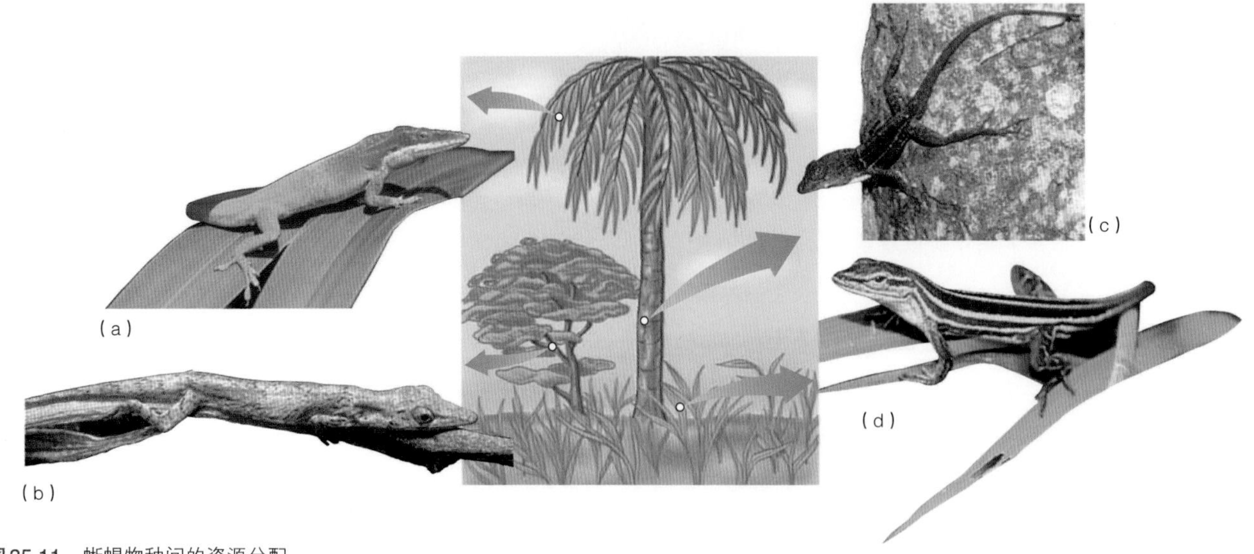

图35.11　蜥蜴物种间的资源分配

加勒比海的安乐蜥属蜥蜴，通过多种方式来分配它们的栖息地。一些变色龙物种占据树冠（a），一些物种则利用树外围的树枝（b），还有一些则栖息在树干基部（c）。另外，有些物种则利用空地上的青草地（d）。资源分配的同一模式在加勒比海的不同岛屿上独立进化。

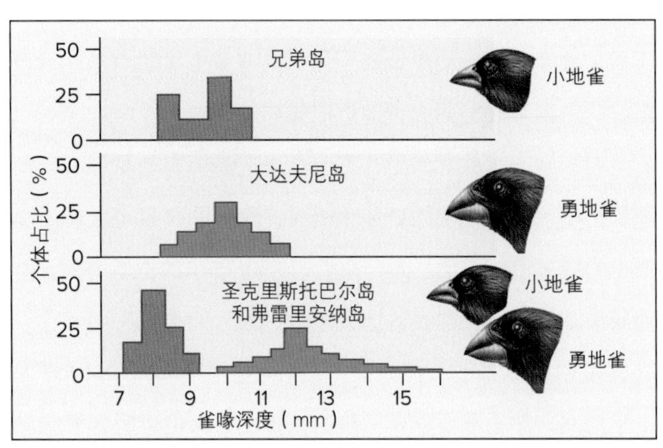

图35.12　性状替换

当生活在不同的岛屿上时，加拉帕戈斯雀的两物种的喙大小相似，但是当它们生活在一起时，它们喙的大小不同。

人们认为同域物种之间的明显不同是由于自然选择作为一种机制来促进资源分配，进而减少竞争。在达尔文雀中可以很明显地看到性状替换的例子。

图35.12中当两种达尔文雀没有生活在同一岛屿上时，它们的喙具有相似的大小。但当它们生活在同一岛屿上，两物种就会进化出不同大小的喙，一种适应较大的种子，另一种适应较小的种子。从本质上讲，这两种雀对食物生态位进行了细分，形成了两种更小的生态位。通过分配可获得的食物资源，两物种间避免了直接的竞争，进而能够在同一栖息地上生存。

关键学习成果　35.9

生态位可以定义为生物体利用环境的一种方式。如果资源有限，在没有使另一个物种灭绝的情况下，没有两个物种可以无限期地占据同一生态位。同域物种通过分配可获得的资源，从而减少它们之间的竞争。

物种间相互作用
Species Interactions

35.10　协同进化与共生

在之前的章节中提到的生态位重叠的两个物种之间竞争的结果是“胜者为王”。事实上，自然界的其他关系竞争较少，更多是合作。

协同进化

学习目标35.10.1　协同进化

数百万年来，一个群落中生活在一起的植物、动物、原生生物、真菌和原核生物不断变化并互相适应。例如，开花植物进化出的许多特征与通过动物来进行种子的传播有关。反过来，这些动物也进化出一些使它们从植物获得食物和其他资源的特征，它们经常从开花植物的花中获取资源。另外，许多开花植物的种子具有使它们分散到更加良好栖息地的新区域的特征。

这些相互作用涉及生物群落中成员性状的长期的共同进化调整，它们是协同进化的例子。协同进化是两个或更多物种的相互适应。在这一部分中，我们考虑到物种相互作用的许多方面，其中的一些涉及协同进化。

普遍存在的共生关系

学习目标35.10.2 共生关系的三种主要类型

在共生关系中，两种或更多的生物体经常以一种精巧且较为恒定的关系而共同生活在一起。生物体之间的所有共生关系进行着潜在的进化，并且在许多这样的例子中，共同进化的结果是令人惊奇的。共生关系的例子中包括地衣，地衣与某些真菌以及绿藻或者蓝细菌存在一定的关联（见第18章）。其他重要的例子还有菌根，它是真菌与大多数植物根的一种共生体。真菌可以加速植物对某些营养物质的吸收，反过来植物体为真菌提供碳水化合物。同样，豆类的根结节以及其他植物体所含有的某些细菌可以固定大气中的氮供寄主植物利用。

主要的共生关系包括：（1）互利共生，这一关系对参与双方均有利；（2）寄生，这一关系只对一方有利，对另一方有害；（3）偏利共生，这一关系对其中一方有利，对另一方既没有益处也没有害处。寄生也可以被认为是捕食的另外一种形式（在35.11节会讨论），被捕食者不一定死亡。

互利共生

互利共生是生物体中物种双方都可以获利的共生关系。互利共生的例子在决定生物群落结构方面具有基本的重要性。一些最典型的互利共生的例子发生在开花植物和与它们相关的动物中，包括昆虫、鸟类以及蝙蝠。正如我们在第32章所讨论的，在它们进化的过程中，这些花进化出的性状很大程度上与从花中获取食物并在此过程中将花粉在花朵个体间传播的动物的性状息息相关。同时，这些动物们的特征已经发生了变化，提高了它们从特定种类的花朵中获得食物或其他物质的专一性。另一个互利共生的例子是蚂蚁和蚜虫。蚜虫，也可以称为绿色蚜虫，是利用锐利的口器从植物体的韧皮部吸取液体的小型昆虫。它们从这种液体中提取一定数量的蔗糖和其他营养成分，但是它们会通过肛门选择性地将大部分的物质排出。一些蚂蚁就利用这些从蚜虫体内排出的物质——实际上，是通过驯化蚜虫。蚂蚁将蚜虫带到新的植物体上，蚜虫在那里接触到新的食物来源，然后蚂蚁消耗由蚜虫排出的食物“蜜汁”。

寄生

寄生是可以被认为是捕食者-猎物关系的一种特殊形式的共生关系，在35.11节详细讨论。在这种共生关系中，捕食者，或者是寄生者，要比猎物或者寄主小得多，它们之间保持着密切的联系。寄生对寄主来说是有害的，对寄生者来说是有益的，但是不像捕食者-猎物关系，寄生者通常不会将寄主杀死。寄生关系的概念看起来是明显的，但是在个体实例中常常难以将寄生关系从捕食关系和其他共生关系中区分出来。

体外寄生 寄生者以生物体体表的物质为食叫作体外寄生，或皮外寄生。虱子终生生活在脊椎动物的体表——主要是鸟类和哺乳类——通常被认为是寄生生物。蚊子不是寄生生物，即使它和虱子一样利用相似的方式从鸟类和哺乳类获取食物，因为它们与寄主发生相互作用的时间极短。

体内寄生 脊椎动物的体内寄生虫寄生在内部，体内寄生虫包括许多不同类型的动物以及原生动物。在无脊椎动物体内也有许多类型的寄生虫。通常不认为细菌和病毒是寄生虫，即使它们很符合寄生生物的定义。体内寄生通常比体外寄生更加极端专一化。如许多感染人类的原生生物和无脊椎动物寄生生物，其生物结构常常趋于简化，一些不必要的部分退化。

偏利共生

偏利共生是使一方获利而另一方既不获利也不会受到伤害的一种共生关系。事实上，一个物种个体经常会和另一物种成员发生结构上的联系。例如，附生植物是植物体分支上生长的其他植物体。一般来说，寄主植物不会受到伤害，而生长在它上面的附生植物获利。同样，各种各样的海洋动物，比如藤壶，生长在其他海洋动物（例如鲸鱼）体表，因此就会被动地来回移动，这样不会伤害它们的寄主。比起固定在一个地方，这些“乘客”可能会获得更多的好处，并且它们也会获得新的食物资源。当它们的寄主到处移动时，这些动物由此获得的不断的水循环可能是非常重要的，特别是当乘客是滤食者的时候。

偏利共生的例子 最有名的偏利共生例子是某些小型的热带鱼和海葵之间的关系，海葵是一种有像刺一样的触手的海洋动物（见第19章）。某些热带鱼已经进化出能在海葵的触手间生活的能力，即使这些触手能够快速麻痹接触到它的其他鱼类。海葵鱼以寄主海葵的食物碎屑为食，在危险的情况下不被伤害。

在陆地上，类似的关系存在于一种被称为牛椋鸟的鸟类和食草动物之间，比如牛或者犀牛。牛椋鸟生命中的大部分时间都依附在这些动物上，除去这些动物身上的寄生虫或其他昆虫，它们的整个生命周期与寄主生物紧密结合。

何时是偏利共生？ 在这些所有例子中的每一例子中，很难确定第二伙伴是否也从中获利。因此，在偏利共生和互利共生之间没有明显的界限。例如，小型热带鱼可能有利于清除海葵触手上残留的食物颗粒，使海葵能够更好地捕捉其他猎物。同样，如果牛椋鸟所除掉的虫子是有害的，例如壁虱或跳蚤，那么食草动物可能会从与牛椋鸟或牛背鹭之间的关系中获利。如果那样的话，这种关系就是互利共生。然而，如果鸟类揭开食草动物身上的痂，进而导致流血，还可能造成感染，那么它们之间的关系可能就是寄生。在真正的偏利共生关系中，只有一方获利而另一方既不获利也不会受到伤害。如果食草动物既没有受到壁虱伤害，又没有被以壁虱为食的牛椋鸟伤害，那么这就是一种偏利共生的例子。

关键学习成果 35.10

协同进化是指物种之间长期的进化调整。共生关系指两种或者两个或者更多的物种生活在一起。互利共生指物种之间共同获利的合作关系。在寄生关系中，一个生物体作为另一个生物体的寄主，这种关系通常对寄主是不利的。偏利共生是一个有机体对另一个有机体的良性利用。

35.11 捕食者–猎物关系

学习目标35.11.1 捕食者影响猎物种群的方式

在前一节，我们认为寄生是捕食者–猎物关系中的一种特殊形式的共生关系，在这一关系中捕食者比猎物小得多并且一般情况下不会将猎物杀死。捕食是被另一个有机体吞食，通常是被体形相近的或较大的有机体。在这个意义上说，从美洲豹捕食羚羊到鲸鱼以海洋中的小型浮游生物为食，这都是捕食的例子。

本质上，捕食者通常对猎物种群具有较大的影响。最典型的例子是人类可以引入或者消除某一地区的捕食者。例如，美国东部大量的食肉动物消失之后导致了白尾鹿的数量激增，这些白尾鹿将它们所到达区域内的所有可食植物吃光。同样，在美国西海岸当海獭被猎食到将近灭绝时，海胆数量激增，海胆是海獭的主要猎物。然而，表象有时具有欺骗性。在苏必利尔湖皇家岛上，通常在冬季，麋鹿穿过冰面来到这个岛上，并且在这里孤立地自由繁殖。当狼群后来穿过冰面到达岛上之后，自然主义者广泛认为狼群在控制麋鹿的种群数量方面扮演着重要的角色。更深入的研究认为实际上并不是这样的。在很大程度上，被狼群吃掉的麋鹿是较年老的

图35.13　狼群追赶麋鹿——结果是什么?

在美国密歇根州的皇家岛上，一大群狼追赶一只麋鹿，追赶了近2千米。这只麋鹿突然转过身来面对着狼，这时在齐胸的雪中奔驰的狼群因筋疲力尽而倒下，这只麋鹿趁机逃走。

或者是不能存活多长时间的病鹿。一般说来，控制麋鹿的是食物资源、疾病或者其他因素，而不是狼群（图35.13）。

捕食者–猎物循环

种群循环是一些小型哺乳动物物种所具有的特征，比如旅鼠，在某些情况下，它们似乎受到了捕食者的刺激。自20世纪20年代以来，生态学家们研究了野兔的种群周期（图35.14）。他们发现北美野兔（*Lepus americanus*），即雪鞋兔，遵循“10年循环周期”（其实是在8至11年之间变化）。在一个典型的循环中，野兔的数量可以减少到原来的1/10甚至1/30，甚至可能减少到1/100。有两个因素可以导致这种循环的产生：食物资源和捕食者。

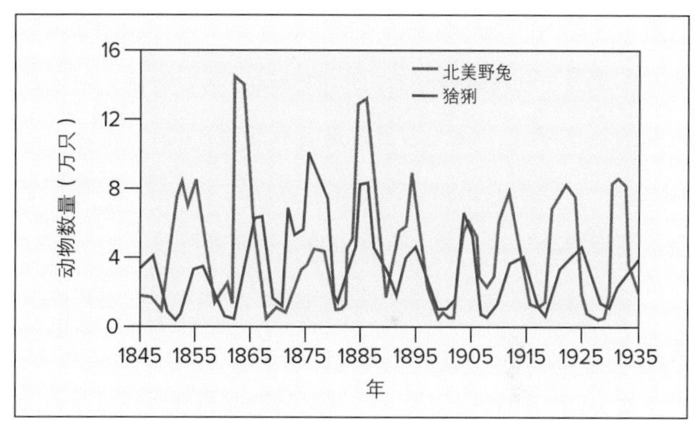

图35.14　捕食者–猎物循环

在加拿大北部，猞猁与北美野兔的数量波动变化一致。这一数据是基于1845—1935年的动物数量。随着野兔数量的增长，猞猁的数量也逐渐增长，这种循环大约每10年重复一次。捕食者（猞猁）和可利用的食物资源共同控制着野兔的数量。猎物（北美野兔）的可获得性控制着猞猁的数量。

关键学习成果　35.11

猎物种群可以被它们的捕食者所影响。一些捕食者和猎物种群以一定的周期性形式发生波动。

35.12　拟态

视觉上相似的重要性

学习目标35.12.1　贝氏拟态和米勒拟态

猎物已经进化出了阻止被捕食的不同策略。有

杀人蜂的入侵

环境生物学最严厉的教训是意外的发生。恰恰因为科学存在于我们熟悉的边缘，科学家们有时会遭遇意外，这一教训使人们清晰地想起近年来关于密西西比河东部的杀人蜂的报道。

在美国大陆上，我们习惯了温和的欧洲蜜蜂，这是一种被称为欧洲黑蜂（*Apis mellifera mellifera*）的亚种。非洲亚种（*A. m. scutelar*）看起来与它们很像，但是几乎没有温和的举动。这一亚种实际上非常具有攻击性，且凶狠好斗，当它们蜂拥而至时，不必被激怒就会开始制造麻烦。

少数的个体可能在远处看着你，然后带领数千只黑蜂齐心协力地将你包围。你唯一能做的事情就是快跑。它们会紧紧追赶着你。躲进水里是没用的，因为它们会等着你。

它们被称为杀人蜂并不是因为它们的刺比欧洲的蜜蜂更厉害，而是因为有那么多的蜜蜂一起试图叮咬你。一个平常人在不超过300只蜜蜂一起叮咬的情况下可以存活。对于杀人蜂的攻击来说，令人恐惧的是会有超过8,000只蜜蜂一起叮咬。一个美国的研究生受到这种蜜蜂的攻击后，葬身于哥斯达黎加的丛林里，身上有10,000处被蜜蜂叮咬。

杀人蜂提醒我们“意外后果定律”，因为它们侵入这片大陆是科学家意料之外的结果。

杀人蜂在50多年前被一位著名的巴西科学家沃里克·埃斯特万·克尔从非洲带到巴西。他是一位著名的遗传学家，也是美国国家科学院唯一一位巴西成员。1956年，他在巴西政府的要求下，试图在巴西建立热带蜜蜂基地来扩大商业蜜蜂产业（蜜蜂可以给作物授粉，在这个过程中生产蜂蜜）。非洲蜜蜂似乎是理想的候选者，它们比欧洲蜜蜂更加适应热带环境，而且产蜜量更大。

克尔在里奥克拉鲁偏远的野外观测站建立了一个隔离的非洲蜜蜂基地，距离圣保罗大学数百英里。尽管他从南非带回了许多蜂后，但是这个基地逐渐被一只来自坦桑尼亚的多产的蜂后后代所主导。克尔指出在那个时候这只蜂后表现出异乎寻常的攻击性。

在1957年的秋天，这个观测站来了一位养蜂人。那天，在没有其他人在场的情况下，养蜂人像平常一样照料蜂巢。蜂后所在的蜂巢，门上有一组栅栏，所以蜂后出不去。这组栅栏被称为“隔王板”，栅栏之间的距离只能允许较小的工蜂勉强通过。一旦蜂后开始产卵，它就不会离开蜂巢，因此不需要减缓进入蜂巢的工蜂数量，此时“隔王板”通常被移除。那天，养蜂人看见坦桑尼亚的蜂后正在蜂巢里产卵，因此就把“隔王板”移除了。

一天半后，当一名员工来检查这个基地的时候，坦桑尼亚蜂后以及它的26个女儿已经逃走了，逃到了附近的一个森林里。这是谁都没有预料到的。在开始产卵之后，欧洲蜂后从来不会离开它的蜂巢。没有人料到坦桑尼亚蜂后会表现得如此不同。但是，它确实这样做了。

截止到1970年，具有强大攻击性的非洲蜜蜂已经覆盖了整个巴西，完全取代了当地蜜蜂。它们在1980年来到中美洲，1986年到达墨西哥，1990年到达美国得克萨斯州，在33年的时间里它们覆盖了500万平方英里的区域。在这一过程中，估计它们杀死了1,000人，10多万头牛。被蜜蜂杀死的第一个美国人是一位名叫力诺·洛佩兹的农场主，1993年在得克萨斯州死于多处蜜蜂叮咬。

在随后的几十年里，蜜蜂继续入侵美国。整个亚利桑那州以及得克萨斯州的大部分被非洲蜜蜂占领。几年前，洛杉矶正式宣布被非洲蜜蜂占领，并且似乎非洲蜜蜂最终将占据至少一半的加利福尼亚州。

然而，不久之后，大约从加利福尼亚州的旧金山到弗吉尼亚州的里士满，非洲蜜蜂的入侵停止了。人们预测寒冬限制了蜜蜂进一步向北推进。

对于低于这一纬度的美国各州来说，就像确信太阳升起一样，非洲蜜蜂将会来临，它们完全不在意自己的出现是否出人意料。这一教训由数百万只微小的、具有攻击性的“老师”教会我们。

些物种利用物理或者化学防御。体内含有毒素的生物体可能会利用警戒（保护）色来彰显这一事实。有趣的是，在它们进化的过程中，许多无害的动物变得像那些显示出警戒色的令人讨厌或者危险的动物一样。受保护的动物也可以相互模仿。

贝氏拟态

贝氏拟态是以亨利·贝茨的名字命名的，亨利·贝茨是19世纪英国的自然主义者，这一类型的拟态首次受到普遍关注是在1857年。在亨利·贝茨去北美洲亚马孙地区的旅程中，他发现许多昆虫与有害的物种相似且颜色鲜艳。他推测拟态是在防御捕食者，捕食者被这一伪装所欺骗，认为拟态实际上是不可食用的类型。

最有名的贝氏拟态的例子发生在蝴蝶和飞蛾之间。显然，在这一系统内的捕食者必须利用视觉线索来寻找猎物，否则，相似的颜色模式不会影响潜在的捕食者。越来越多的证据表明贝氏拟态也可能包括非视觉线索，比如嗅觉，虽然这样的例子对人类来说没有那么明显。

某几种常用于贝氏拟态模型研究的蝴蝶，它们的幼虫常以一种或几种具有紧密亲缘关系的植物为食，这些植物受到有毒化学物质的强烈保护。模型蝴蝶将这些植物的有毒分子吸收到它们的身体中。拟态蝴蝶的幼虫属于摄食习惯不受限制的毛虫，但作为毛虫，它们以许多不受有毒化学物质保护的不同植物为食。

常用于拟态研究的例子是北美的一种黑条拟斑蛱蝶，它属于线蛱蝶属，这种蝴蝶与有毒的斑蝶相似，分布在加拿大中心并跨过美国的大部分地区到墨西哥。幼虫以柳树和三角叶杨为食，并且无论是幼虫还是成虫都不令鸟类讨厌，但这一点可能存在争议。有趣的是，在这种成年蝴蝶中所观察到的贝氏拟态现象在其幼虫中并没发现：幼虫在叶子上进行伪装，就像鸟粪一样，然而其成虫所模仿的那种有毒的斑蝶的幼虫却格外引人注目。

贝氏拟态也可以发生在脊椎动物中。最有名的例子可能是猩红王蛇，它的红色、黑色和黄色的条带模仿那些有毒的珊瑚蛇。

米勒拟态

另一种类型的拟态是米勒拟态，是以德国生物学家弗里茨·米勒的名字命名的，他在1878年第一次提出，米勒拟态指的是几种不相关但受到保护的动物物种互相模仿。因此，不同种类的黄蜂都有黄黑条纹的腹部，但是它们可能不都是起源于共同的黄黑条纹祖先。一般来说，黄色、黑色和鲜亮的红色往往是依赖视觉来警告捕食者的普遍的颜色模式。如果动物都是有毒或危险的，那么它们就会获得一种优势，因为捕食者首先会避免它们。

关键学习成果 35.12

在贝氏拟态中，不受保护的物种与那些令人厌恶的其他物种相似。两个物种都具有警戒色。在米勒拟态中，两个或更多不相关但受到保护的物种彼此相似，因此实现一种群体防御。

群落稳定性
Community Stability

35.13 生态演替

学习目标35.13.1 初生演替和次生演替

缓慢却剧烈的变化会发生在群落中，一个群落被另一个更为复杂的群落有序地替代。这个过程被称为演替。这一过程，好比一个空地慢慢被越来越多的植物覆盖或是一个池塘随着植物的入侵变成陆地。

次生演替

如果一个地方的繁茂树木被清除，随后再无外力介入，植物会慢慢在这个地方再生。最终，“清除”的痕迹消失，这个区域再次树木茂盛。同样，猛烈的洪水可能会洗刷许多河床上的生物，留下大多数的沙子和岩石。后来，这个河床渐渐地被原生生物、无脊椎动物和其他水生动植物有机体重新占据。这种发生在曾经存在群落但是后来被毁灭的地方的演替被称为次生演替。

初生演替

相反，初生演替发生在光秃秃的、没有生命存在的基质上，如岩石上，大多数初生演替发生在冰川融化后的湖泊、源自大海的火山岛、冰川融化后暴露的陆地上。在冰川的冰碛石上发生的初生演替就是一个例子。图35.15里面的图表展示了随着初生演替的发生土壤中的氮的聚集形式是怎么变化的。在光秃秃的、缺乏矿物质的土壤中，地衣先生长，形成一小部分土壤。地衣的酸性分泌物帮助分解基质，增加土壤的有机质。苔藓在这一小部分土壤中生长出来［图35.15（a）］，最终建立了土壤中足够的营养素，为灌木的产生提供了条件［图35.15（b）］。这些最早出现的植物形成了先锋植物。100多年后，桤木［图35.15（c）］建立土壤氮水平，直到云杉能够茁壮成长，并取代了桤木，形成一片密集的云杉林［图35.15(d)］。初生演替到出现顶级群落后结束，这个顶级群落的物种数目相对稳定，总的来说能代表这个区域的特色。

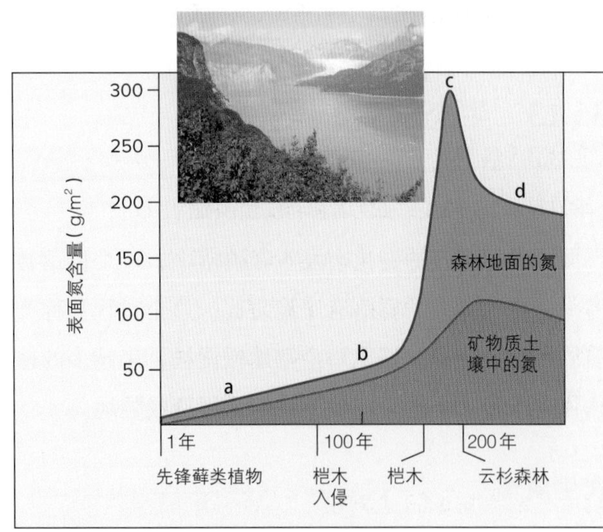

图35.15　土壤中植被演替逐渐产生的变化

最初，在阿拉斯加州的冰川湾冰碛石上没有土壤氮，但是固氮桤木（上图中）使土壤中的氮累积，从而促进针叶林的后续发展。图中你所看到的所有水在1941年其实都还是冰，可以看到远处体积缩减的冰川。

然而，因为当地环境是变化的，演替的进程是非常缓慢的，很多演替到达不了顶级群落。

为什么会发生演替

学习目标35.13.2　演替发生的原因

演替之所以会发生是因为物种会改变栖息地，这个区域可提供的资源可能会更适合其他物种。三个动态的改变概念在这个进程中至关重要：耐性、易化、抑制。

1. **耐性**　演替的早期阶段的典型植物是r–选择的植物，这些植物在已建立的群落中竞争力不强，但是对于很严峻、无生命物质的环境的耐受性强。
2. **易化**　杂草的早期演替引入了栖息地的局部变化，有利于其他非杂草类物种的生长。因此，图35.15冰川演替中苔藓产生了氮素，这允许了桤木的入侵。随着桤木落叶的分解，反过来降低土壤pH值，这允许云杉和铁杉这些需要酸性土壤的植物的入侵。
3. **抑制**　有时候被某种物种引起的栖息地的变化可能更适合另一物种生长，抑制了促使产生这种变化的那种物种的生长。举个例子，桤木不适合在酸性土壤中生长，这使得云杉和铁杉取代了它们。

随着生态系统成熟，更多的K–选择的物种代替了r–选择的物种。物种丰富度和总生物量增加，但净生产力下降。因为早期演替阶段比后期的更有生产力，农业生态系统有意保持在演替的初期阶段，这是为了提高净生产力。

关键学习成果　35.13

随着时间的推移，演替常常以一种可预测的顺序发生变化。

调查与分析
INQUIRY & ANALYSIS

岛上的歌带鹀种群是密度制约的吗?

当岛屿种群是孤立的，没有来自其他种群的访问者时，这提供了一个很吸引人的机会去检测一个种群的增长速率是否受到本身规模的影响。一个种群的规模会影响增长率，因为增加的种群个体趋向于用尽现有资源，导致种群的死亡风险增加。此外，捕食者倾向于关注共同的猎物，导致死亡率随着数量的增加而增加。然而，种群个体数量的减少不能证明减少是种群大小所致。很多因素，如恶劣天气、火山喷发、人为干扰都会影响岛屿种群大小。

为了衡量种群大小对种群进化成功的影响，调查者收集了曼达特岛（Mandarte Island）的13种歌带鹀种群数据。

对每一种群进行普查并估计幼鸟个体的死亡率。在这个图表中，每个种群中幼鸟个体的死亡率与拥有繁殖能力的成年个体数不一致。尽管数据看起来很分散，但“最佳拟合”回归线具有统计显著性。（数据显著性意味着因变量和自变量之间没有相关性的可能性低于5%。）

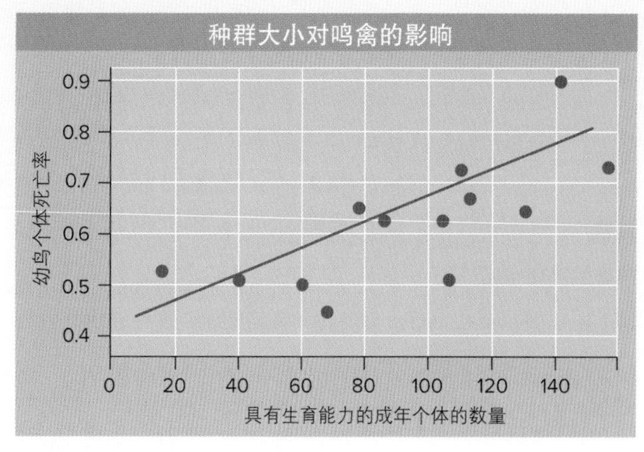

分析

1. **应用变量**

   a. **变量**　在这个图表中，什么是因变量?

   b. **分析分散的数据**　歌带鹀种群的大小是多少时，拥有最低的幼鸟个体死亡率（基于成年个体）? 拥有最高的幼鸟个体死亡率又是什么情况?

2. **解读数据**

   a. 从图表中13个点估计，13个种群的平均幼鸟死亡率是多少?

   b. 观察到有多少种群个体的幼鸟死亡率低于这个平均值? 这些种群的平均大小是多少?

   c. 观察到有多少种群的幼鸟个体死亡率高于平均值? 这些种群的平均大小是多少?

3. **进行推断**　拥有低幼鸟死亡率的种群大小比高幼鸟死亡率的种群大小大还是小?

4. **得出结论**　这些种群大小是否支持密度依赖性假说?

5. **进一步分析**

   a. 事实是，幼鸟死亡率低的歌带鹀种群与幼鸟死亡率高的种群大小是不同的，这个不同在统计上是有显著性的。

   b. 如果研究人员给这些鸟类提供充足的食物，可能会发生什么? 做出解释。

   c. 如果研究人员把每个种群的100多个成年个体中移走一部分，使其减少到100个，可能会发生什么?

本章回顾

Reviewing What You Have Learned

生态学

什么是生态学

35.1.1 生态学是研究有机体之间以及有机体与无机环境之间如何相互作用的科学。有六大生态组织水平：种群、物种、群落、生态系统、生物群系以及生物圈。

35.1.2 生物个体必须应对一系列环境状况。

种群

种群的变化范围

35.2.1 种群是生活在一起并相互影响的同一物种的所有生物个体的集合。

35.2.2 一个种群所占据的区域，即种群范围，会为了应对环境的变化而发生改变或者是迁徙到之前没有到过的栖息地。

种群分布

35.3.1~3 资源的可利性在很大程度上决定着个体在种群中的分布。

种群增长

35.4.1 种群大小、密度和增长是种群的关键特征。

35.4.2~3 指数增长发生在没有限制种群生长的因素存在时，随着资源消耗种群大小增长变缓并稳定在一定大小范围内，这一规模被称为环境容纳量。在这个点，种群开始呈逻辑斯谛增长。

种群密度的影响

35.5.1 比如天气和物理干扰等因子属于非密度制约的影响，它们对种群的作用与种群大小无关。

- 密度制约因子，比如资源，它对种群的影响随种群大小的增加而增加。随着资源被消耗殆尽，种群个体就会死亡，以降低种群大小。在S形生长曲线的上升部分，种群较少受到影响，S形生长曲线中的这一点被称为种群的最大持续产量。

生活史对策

35.6.1 资源丰富的种群竞争少繁殖快；这些有机体表现为*r*–选择对策。资源有限的种群竞争激烈且具有更高的繁殖效率，有机体表现为*K*–选择对策。

种群统计学

35.7.1 种群统计学是对种群的统计研究，它能够预测将来种群的大小。

35.7.2 生存曲线阐明了在一个种群中处于不同年龄段群体的死亡率的影响。

竞争如何塑造群落

群落

35.8.1 共同生活在一个地区的所有生物体的集合称为群落。这些个体之间互相竞争互相合作共同维持群落的稳定性。

生态位与竞争

35.9.1~3 生态位是有机体在环境中利用可获得资源的一种方式。竞争使有机体不能利用整个生态位。（图35.9）

35.9.4 两个种群不能利用同一生态位：要么一个种群战胜另一个种群，使它走向灭绝，这种现象称为竞争排斥；要么它们将生态位分成两个更小的生态位，这种现象称为资源分配。

35.9.5 当种群适应了自身的生态位部分，资源分配可以影响种群形态上的特征，这种现象称为性状替换。

物种间相互作用

协同进化和共生

35.10.1 协同进化是相互作用的两个或更多个种群的相互适应的过程。共生关系包括生活在一起的两个或更多个不同种群形成的某种长期的关系。共生关系能够导致共同进化，比如地衣和菌根。

35.10.2 主要的共生关系包括互利共生、寄生以及偏利共生。

捕食者–猎物关系

35.11.1 在捕食者–猎物关系中，捕食者杀死并吃掉猎物。有时，在缺乏捕食者的时候，猎物种群能够迅速增长。

- 捕食者和猎物种群关系经常呈现一种周期循环，当猎物种群由于被捕食而降低到较低的数量时，捕食者的种群大小开始受到负面影响。

拟态

35.12.1 当拟态发生时，一个生物体利用另一个生物体的警戒色。贝氏拟态是指一个无害的种群与有害的种群相似。在米勒拟态中，有害种群群体具有相似的警戒模式。

群落稳定性

生态演替

35.13.1 演替就是一个生物群落被另一个生物群落所替代的过程。现有的群落受到干扰后，就会发生次生演替。初生演替发生在之前没有生命存在的地方。

35.13.2 演替的结果取决于不同种群所表现出的耐性、易化以及抑制。

本章测验

Test Your Understanding

35.1.1~2 生态组织水平中的最低组织水平，由生活在一起的单一种群个体组成，它们以同样的资源为食，并且能够发生交配是指一个_______。

a.种群　　c.生态系统

b.群落　　d.生物区系

35.2.1 种群范围和种群分布的区别是_______。

a.种群范围是指种群分布内的个体的空间分布模式

b.种群分布是指一定范围内个体的数量

c.种群变化范围是指一个种群以怎样的速率衰退或增长

d.种群分布指的是在一个种群变化范围内个体的空间分布模式

35.2.2 在17世纪末，德国探险家亚历山大·冯·洪堡报道在哥伦比亚的热带雨林中将树砍掉后创造出一个半干旱沙漠。300多年之后，这片区域仍然是半干旱的。为什么那里不再下雨呢？

35.3.1~3 在种群中，一个个体与其他成员之间的竞争将会导致什么分布形式_______。

a.均匀的　　c.成簇的

b.随机的　　d.集群的

35.4.1 单位面积上个体的数量称为_______。

a.种群散布　　c.环境容纳量

b.种群生长　　d.种群密度

35.4.2(1) 种群的指数增长和逻辑斯谛繁殖的区别是_______。

a.指数增长取决于出生率和死亡率而逻辑斯谛增长不是

b.在指数增长中，迁入和迁出是不重要的

c.二者都受种群密度的影响，但逻辑斯谛增长更慢

d.只有逻辑斯谛增长在出生数量和死亡速率上受种群密度的制约

35.4.2(2) 许多美国的社区受到鹿过度繁殖的困扰。即使在密集的住宅区，人们也在抱怨鹿将他们花园里的花都吃掉了，并且郊区街道上由鹿所引发的交通事故不断增加。解释这一问题发生的原因。你将就这一问题提出什么解决措施？

35.4.3(1) 当一个种群中生物体的数量随着时间变化而几乎保持不变时，那么就可以说种群达到了_______。

a.散布　　c.环境容纳量

b.生物潜能　　d.种群密度

35.4.3(2) 什么环境因素能够导致种群的环境容纳量下降？请解释。

35.5.1(1) 下面哪一个属于种群的密度制约因素_______。

a.地震

b.由于食物资源而逐渐激烈的竞争

c.人类造成的栖息地的破坏

d.季节性洪水

35.5.1(2) 根据你生活的区域，至少举出两个密度制约的限制因子和两个非密度制约的限制因子。

35.6.1 下面哪一个不属于生物体K–选择策略的特征？

a.短的生命周期　　c.大量的亲代关怀

b.在生育季节产少量的后代　　d.低死亡率

35.7.1(1) 如果一个种群的年龄结构表现为老年个体多于幼年个体，那么这个种群表现为_______。

a.出生率增加，并且死亡率下降

b.出生率下降，并且死亡率下降

c.出生率与死亡率相等

d.死亡率将保持不变

35.7.1(2) 生育率可以定义为_______产生的后代数量。

a.每次交配　　c.每年

b.每窝　　d.每个个体

35.7.2 在第一种生存曲线中，死亡率_______。

a.在生活史后期急剧上升　　c.不能通过年龄进行预测

b.在各个年龄段都是一样的　　d.在繁殖之前是集中的

35.8.1 生活在同一地区的所有生物体构成一个_______。

a.生物区系　　c.生态系统

b.种群　　d.群落

35.9.1~2 实际生态位指的是_______。

a.基础生态位被占据的部分

b.理论上获得的生态位

c.不能被利用的那部分生态位

d.基础生态位中没有被利用的部分

35.9.3~4 对于相似的种群来说占据同样的空间，它们的生态位必须在某些方面存在不同。两种群均能存活可以通过什么方式_______。

a.竞争排斥　　c.资源分配

b.种间竞争　　d.种内竞争

35.9.5 不生活在同一区域且相互密切联系的种群为_______。

a.异域的　　c.同域的

b.替代的　　d.分割的

35.10.1~2 存在于两种群之间的只对一方有利，对另一方既无利也不造成伤害的关系被称为_______。

a.寄生　　c.互利共生

b.偏利共生　　d.竞争

35.11.1 许多猎物种群通过捕食者和_______经常产生种群周期。

a.拟态　　c.天气模式

b.食物资源　　d.水的可利用性

35.12.1 多种类型的带刺的黄蜂黄色和黑色的条纹模式是_______的例子。

a.寄生　　c.偏利共生

b.米勒拟态　　d.贝氏拟态

35.13.1 发生在废弃的农田上的演替最好可以描述为_______。

a.共同进化　　c.次生演替

b.初生演替　　d.草甸演替

35.13.2(1)群落在早期的演替阶段相对于后期的阶段有_______。

a.高的生物量　　c.更多的种群丰度

b.低的生产力　　d.以上都不是

35.13.2(2)为什么顶级群落非常稀少？

第 8 单元　生存的环境

36

学习目标

生态系统中的能量

36.1　生态系统中的能量流动

1　群落、栖息地、生态系统中的自养生物和异养生物

2　生态系统中营养级的能量流动途径

3　什么是初级生产力，为什么湿地的净初级生产力比雨林的净初级生产力高

36.2　生态金字塔

1　种群的数量金字塔可能与种群的能量金字塔及生物量金字塔不同的原因

生态系统中的物质循环

36.3　水循环

1　环境中与有机体中的水循环

2　打破生物体及环境中水循环的后果

36.4　碳循环

1　呼吸、侵蚀以及燃烧对碳循环的影响

36.5　土壤营养成分与其他化学物质循环

1　氮的固定对生态系统的重要性

2　氮循环和磷循环的异同

3　生物富集

天气如何影响生态系统

36.6　太阳和大气环流

1　为何地球上所有的大沙漠均大致位于北纬30°或南纬30°附近

36.7　纬度和海拔

1　为何纬度和海拔的变化对生态系统产生相似的影响

2　雨影区及其成因

36.8　海洋环流的类型

1　海洋环流的类型是如何形成的以及怎样影响附近的陆地

2　厄尔尼诺现象及其成因

生态系统的主要类型

36.9　海洋生态系统

1　浅水、海洋表面和深海水域的海洋生物群落

36.10　淡水生态系统

1　贫营养化与富营养化湖泊

2　大型湖泊中春季环流和秋季环流的原因

36.11　陆地生态系统

1　十种生物群落

调查与分析　砍伐森林会造成永久性破坏吗？

生态系统

地球为有机体提供了广阔的生存空间。无论在我们体内还是在我们周围的物理环境中都存在着许多化学循环过程。我们和周围的实体环境处于一个脆弱的平衡之中，这一平衡很容易受到人为活动的破坏。生活在一个区域内的生物体的集合和周围环境的物理特征，都影响着作为一个基本生物单位的生态系统运行。加州内华达山脉的草甸就是一个生态系统，死亡谷的荒漠也是一个生态系统。地球表面上的所有地方——山脉、沙漠和深海海底——到处都有生命的踪迹，即使它并不总是这样的。同样的生态原则适用于地球上的所有群落组织，无论是陆地还是海洋，尽管细节可能会有很大的不同。生态学是一门研究生态系统和生活在其中的生物体的学科。在本章节中，我们关注的是控制生物群落功能的原则和决定某种特定的有机体为什么可以在一个地方生存却不能在另一个地方生存的物理和生物因素。在这一章中，正确理解生态系统的功能对保护我们赖以生存的地球至关重要。

36.1 生态系统中的能量流动

什么是生态系统

学习目标36.1.1 群落、栖息地、生态系统中的自养生物和异养生物

生态系统是生物组织中最复杂的层次。生态系统中的有机体共同调节着能量的输入、输出以及化学成分的循环过程。所有的有机体依赖于其他有机体的作用——植物、藻类和一些细菌——使生命基本元素进行再循环。

生态学家将世界看作是由不同的环境拼凑而成的，这些环境相互接近并相互联系。拿一片森林来说，可能是鹿生活的地方。生态学家将生活在特定区域内的所有生物的集合称为一个**群落**，举例来说，一个森林中生活在一起的所有动物、植物、真菌以及微生物群就是森林群落。生态学家们将群落生活的地方称为**栖息地**。土壤和流经森林的水体是森林栖息地的主要组成部分。将群落和栖息地结合起来就是**生态系统**。一个生态系统就是生物体的集合以及它们所生存的物理环境。一个生态系统可以如同一片森林那么大，但也可以像一个蓄水池那样小。

能量流动的途径：在生态系统中谁吃谁

学习目标36.1.2 生态系统中营养级的能量流动途径

流向生物圈中的能量来自太阳，太阳源源不断地向地球提供能量。地球上之所以有生命存在是因为这些持续供应的太阳能可以被吸收并通过光合作用转化成化学能，还可以用于合成有机物分子，比如糖类、核酸、蛋白质和脂肪。这些有机物就是我们所说的食物。生物体利用食物中的能量合成新的物质用于自身的生长，修复损伤的组织，再生产，做其他一些需要耗能的事情，比如翻书。

你可以将生态系统中所有的有机体看作是化工机器，这些机器需由光合作用产生的能量提供动力。第一个捕获能量的有机体是**生产者**，包括植物、藻类以及一些细菌，它们通过进行光合作用产生自身的储能分子，又被称为自养生物。生态系统中其他的有机体是**消费者**，它们通过捕食植物或者其他动物体获得能量，又被称为异养生物。

生态学家赋予生态系统中每一个有机体一个营养级，营养级水平取决于有机体能量来源的方式。一个营养级由生态系统中的有机体组成，这些有机体的能量来源与太阳“距离”相同。因此，正如图36.1所示，植物体是第一营养级，食草动物（以植物为食的动物）为第二营养级，食肉动物（以食草动物为食的动物）是第三营养级。更高营养级的动物以食物链中较高营养级的动物为食（如图36.1中的顶级食肉动物）。食物中的能量来源在生态系统中由一个营养级传递到另一个营养级。这一途径像链状一样形成一条简单线性排列，这一链状排列就是**食物链**。食物链以分解者结束，分解者可以分解有

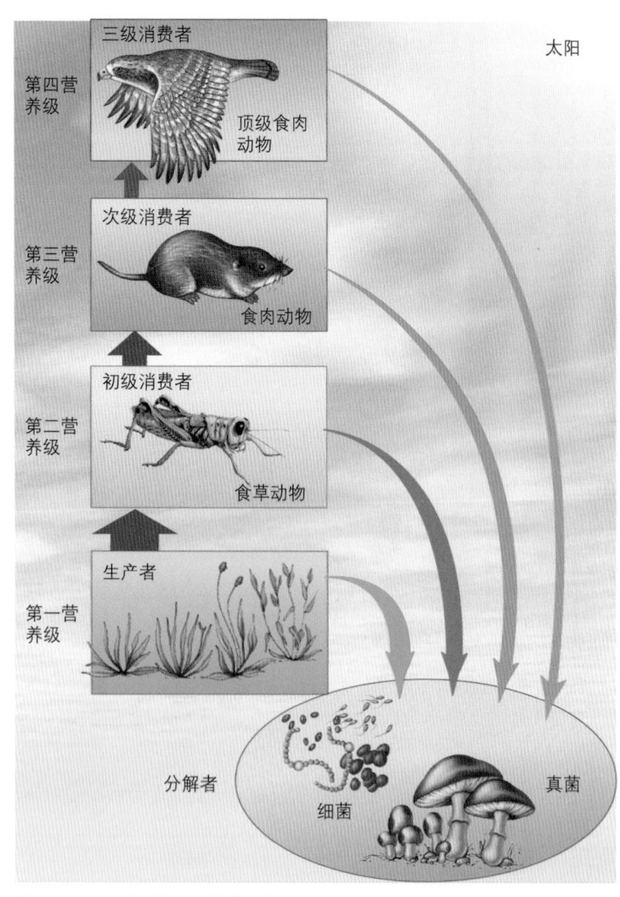

图36.1 生态系统中的营养级
基于捕食关系，生态学家赋予一个群落中所有的生物不同的营养级。

机体的残体和排泄物，使有机物质又返回到土壤中。

生产者

任何生态系统的最低营养级都是生产者，在陆地生态系统中第一营养级绝大多数是绿色植物（水生生态系统中通常是藻类）。绿色植物可以利用太阳能合成富含能量的糖类分子。绿色植物还可以吸收空气中的二氧化碳、土壤中的氮及其他重要物质，并利用它们合成生物分子。认识绿色植物的消费及生产非常重要。举例来说，植物的根不能进行光合作用，因为地下没有太阳光。正如你获得能量的方式一样，植物的根利用植物体其他部位产生的储能分子获取能量（在这种情况下，就是植物体的叶子）。

食草动物

在生态系统中的第二营养级是**食草动物**，食草动物就是以植物为食的动物。它们是生态系统中的初级消费者。鹿和斑马是食草动物，犀牛、鸡（主要是食草动物）以及毛毛虫都是食草动物。

大多数的食草动物需要“助手”来帮助它们进行纤维素的消化，纤维素是存在于植物中的一种结构物质。例如，在奶牛的消化道里有一种繁殖旺盛的菌落，这种菌落可以帮助奶牛消化纤维素。白蚁也是如此。人类不能消化纤维素，因为我们体内缺乏这些细菌，这就是为什么奶牛可以以草为食，而你却不能。

食肉动物

生态系统的第三营养级是以食草动物为食的动物，叫作**食肉动物**。它们是生态系统中的次级消费者。虎和狼是食肉动物，蚊子和蓝鸟也是食肉动物。

有些动物，像熊和人类，既可以以植物为食又可以以动物为食，称为**杂食动物**。它们使用植物体内储存的单糖和淀粉而不是纤维素。

许多复杂的生态系统包含第四营养级，第四营养级是由以食肉动物为食的动物组成的。它们又称为三级消费者或者顶级食肉动物。以蓝鸟为食的鼬就是三级消费者。仅有少数生态系统可以包含四个以上的营养级，其中的原因我们将在之后进行讨论。

腐食者和分解者

在每一个生态系统中，都有一个较为特殊的消费者等级，其中包括腐食者，它们以死去的有机体残体为食（也可称为食腐动物），蠕虫、螃蟹和秃鹫都是腐食者的例子。

分解者可以将有机物质分解为供其他有机体利用的营养成分。它们可以从各个营养级获取能量。细菌、真菌是陆地生态系统中主要的分解者。

营养级间的能量流动

学习目标36.1.3　什么是初级生产力，为什么湿地的净初级生产力比雨林的净初级生产力高

流经一个生态系统的能量有多少？**初级生产力**是指在一定面积内的单位时间内通过光合生物转化成有机物的太阳能总量。一个生态系统的**净初级生产力**是指单位时间内由光合生物固定的太阳能总量减去光合生物进行代谢活动所消耗的能量。简而言之，储存在有机复合物中的能量被异养生物所利用。所有生态系统有机体的总重量称为生态系统的生物量，它随着生态系统净初级生产力的增加而增加。有些生态系统，比如香蒲湿地，这就是一种湿地生态系统，具有较高的净初级生产力。其他的生态系统，比如热带雨林生态系统，也具有相对较高的净初级生产力，但是热带雨林比湿地的生物量高得多。因此，热带雨林的净初级生产力远远低于其生物量。

当一个植物体利用来自太阳的能量合成结构分子如纤维素，在这一过程中大量的能量以热能的形式散失。事实上，在被植物体捕获的能量中仅有大约一半的能量储存在它的结构分子中。另外一半的能量散失。这是能量在流经生态系统时的第一次的大量能量散失。当衡量生态系统中流经每一个营养级的能量时，我们发现在一个营养级中80%～95%的能量并没有传递到下一个营养级。换句话说，仅有5%～20%的能量从一个营养级传递到下一个营养级。例如，图36.2中甲虫体内的最终的能量大约仅占它所取食的植物体分子能量的17%。

同样，当食肉动物取食食草动物时，来自食草动物分子中的能量有相当一部分丢失了。这就是为什么食物链一般仅有三级或四级。每一级都会损失大量的能量，以至于在四个连续的能级后，系统中几乎没有可用的能量。

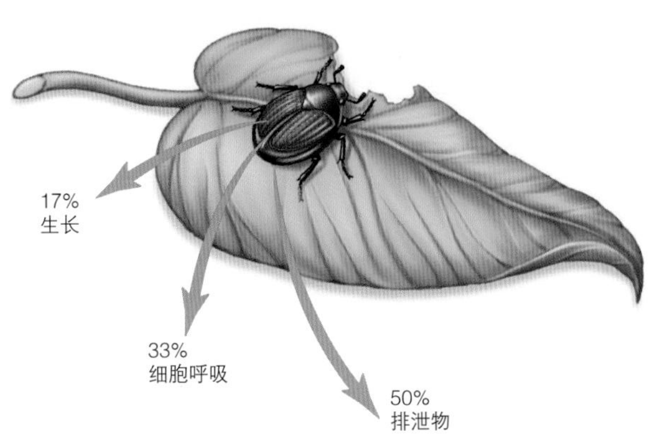

图36.2　异养生物如何利用食物能量

一个异养生物仅吸收它所消耗能量的一部分。例如，如果一"口"中包含500焦耳的能量（1焦耳＝0.239卡路里），大约有50%（250焦耳）的能量在排泄中散失了；大约33%（165焦耳）的能量用于细胞呼吸供能；大约17%（85焦耳）的能量转化为消费者的生物量。所以下一个营养级仅仅获得85焦耳的能量。

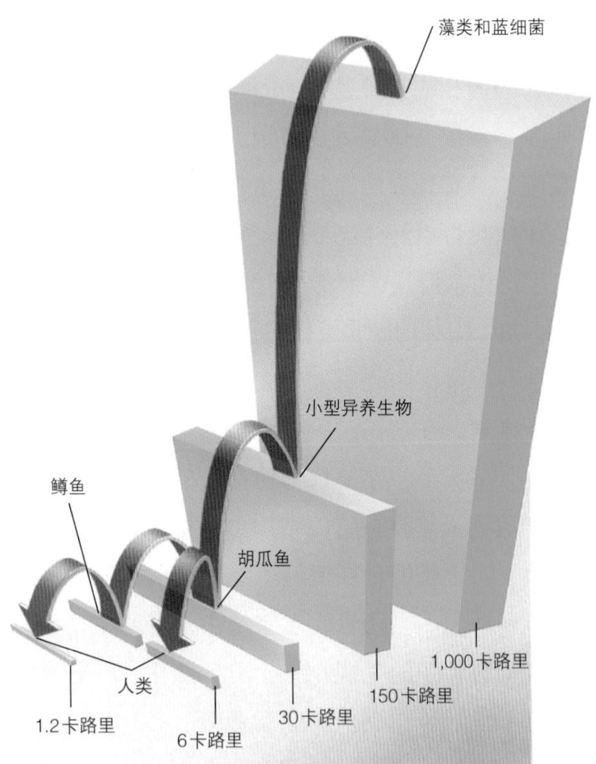

图36.3　一个生态系统中的能量散失

在纽约卡尤加湖的一个经典的研究中，食物网中能量流动途径中的所有点都被精确测量。

图36.3所示的是淡水生态系统中能量流动的经典研究。每个模块代表不同营养级所获得的能量，其中的生产者，即藻类和蓝细菌是最大的模块。

由藻类和蓝细菌固定的潜在能量中每1,000卡路里有大约150卡路里转化到浮游动物（小型异养动物）体内。在这些能量中，约30卡路里的能量被一种小型鱼类吸收到体内，这种小型鱼类叫作胡瓜鱼，它是这个系统主要的次级消费者。如果人类取食胡瓜鱼，那么人类将获得最初进入系统的1,000卡路里中的约6卡路里的能量。如果鳟鱼捕食胡瓜鱼，人类取食鳟鱼，那么人类将仅获得1,000卡路里能量中的1.2卡路里的能量。因此，在大多数生态系统中，能量流动的途径并不是单一线性的，因为动物个体常常处于多个营养级水平。这就产生了一个更为复杂的能量流动途径，叫作食物网，正如图36.4所示。

关键学习成果　36.1

流经生态系统的能量从生产者到食草动物，再到食肉动物，最后流向食碎屑动物和分解者。在每个阶段中都有大量的能量散失。

36.2　生态金字塔

食物链中的能量散失

学习目标36.2.1　种群的数量金字塔可能与种群的能量金字塔及生物量金字塔不同的原因

正如之前所提到的，一株植物体可以固定落在其自身绿色部分太阳能总量的1%左右。食物链中后续的成员依次将它们所取食的生物体中大约10%的能量转化为它们自身。正是由于这个原因，任何生态系统中处于较低营养级的个体数目通常比处于较高营养级的个体数目多得多。同样，在一个特定的

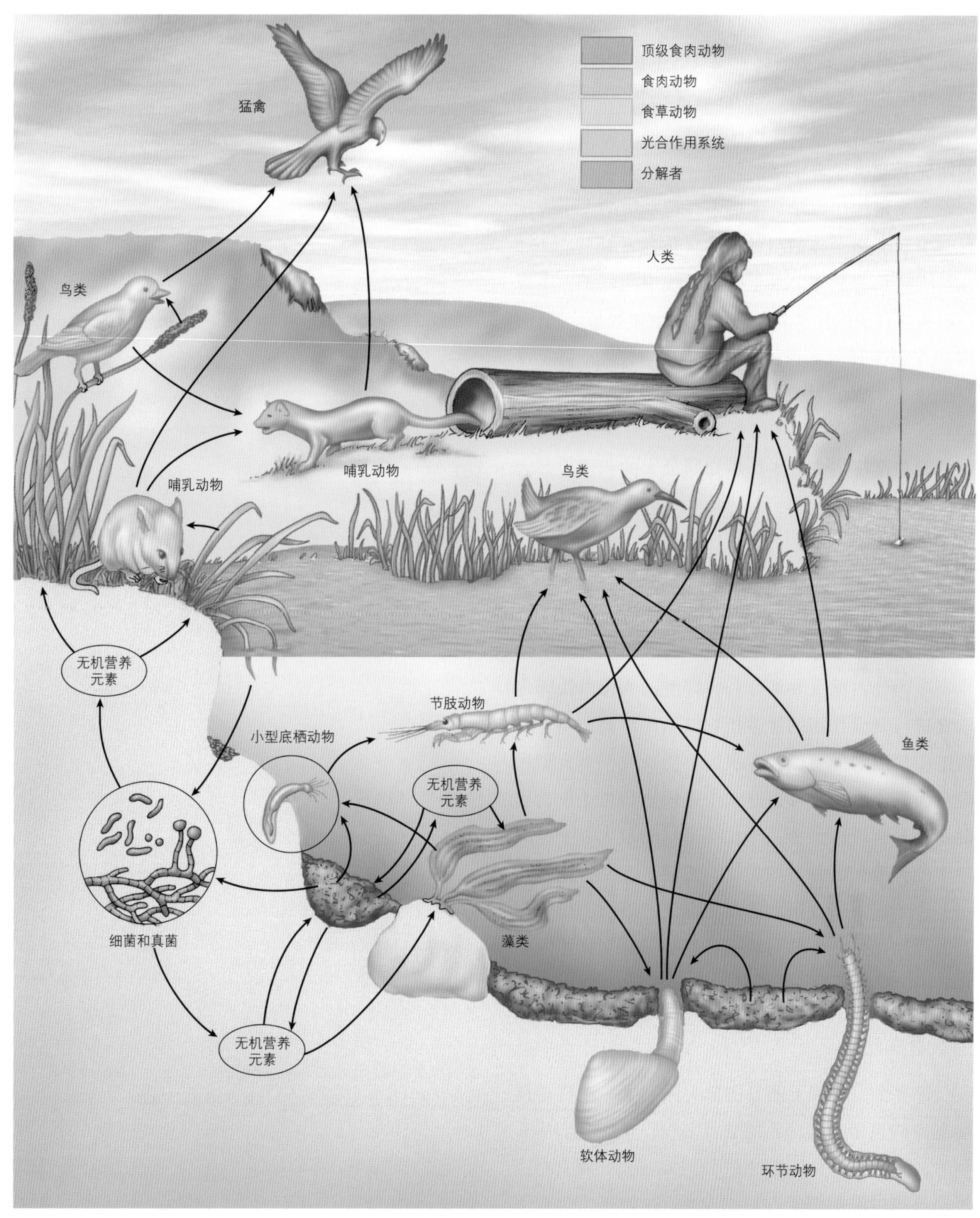

图36.4 食物网

食物网要比线性的食物链复杂得多。能量流动以复杂的方式从一个营养级到另一个营养级，然后再返回。

生态系统中，初级生产者的生物量比初级消费者的生物量大得多，进而后续营养级的生物量越来越小，并且相应的生物体内潜在的能量也较少。

如果用图表的形式将这些关系展示出来，得到的图表看起来像金字塔的形状。生态学家谈及的是**数量金字塔**，在数量金字塔中，积木块的大小表示每一个营养级个体数目的多少。你所看到的图36.5（a）所展示的是一个水生生态系统中的例子，由绿色积木块代表的生产者具有最大的个体数目。同样，图36.5（b）所示，在**生物量金字塔**中，生产者（浮游生物）代表最大的群体，积木块的大小表示每一个营养级中所有有机体的总重量。在图36.5（d）所示的能量金字塔中，生产者如同最大的积木块，表示该营养级所储存的能量。

倒置的金字塔

有些水生生态系统中的生物量金字塔正如图36.5（c）所示。在浮游生态系统中——漂浮在水面上的小型生物体占据主要地位——浮游动物可以快速地取食进行光合作用的浮游植物以至于浮游植物（食物链中最底层的生产者）永远不能长成一个大型种群。因为浮游植物可以非常快速地进行再生产，因此这一种群可以维持一个比自身生物量大、个体数量多的异养生物种群的生活，然而，不要将这些与每一个营养级所表示的能量相混淆，以浮游植物为食的浮游动物个体数目较多，但是浮游动物体内所具有的能量大约只有浮游植物的10%。

顶级食肉动物

每一个营养级上能量的散失限制了一个群落所能支持的顶级食肉动物的数目多少。正如我们所看到的，光合作用捕获的能量只有1‰通过三级食物链传递给第三级消费者，如蛇或鹰。这解释了为什么没有以狮子或者是老鹰为食的捕食者的原因：这些生物的生物量不足以支持下一个营养级。

在数量金字塔中，顶级捕食者往往是体形极大的动物。因此，在金字塔顶端少量剩余的生物量集中在相对少数的个体中。

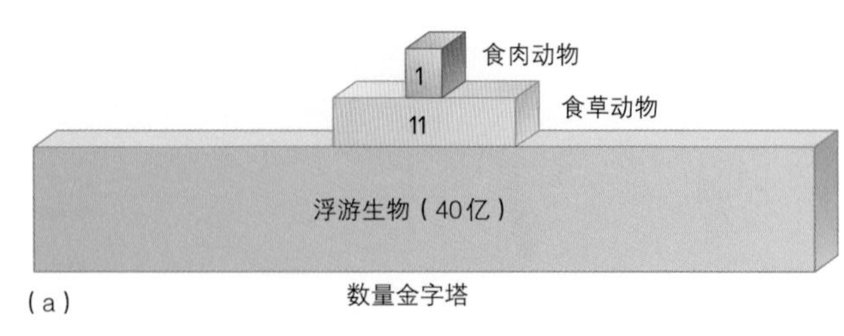

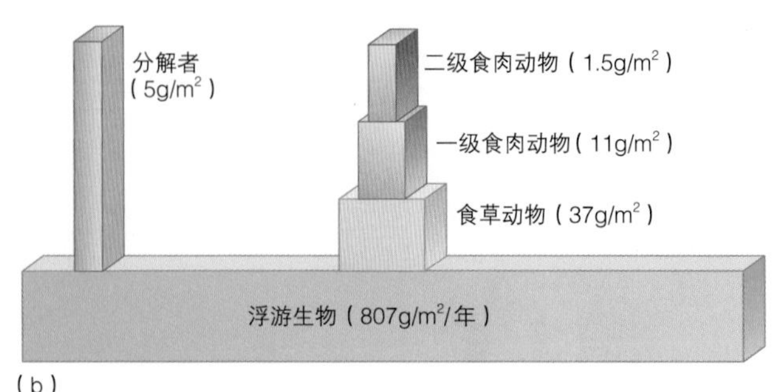

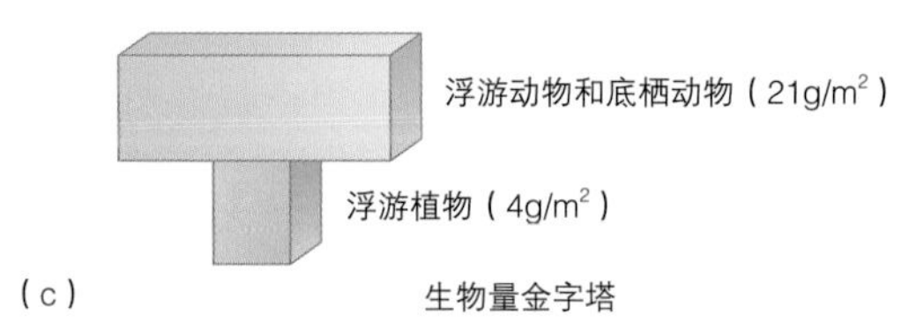

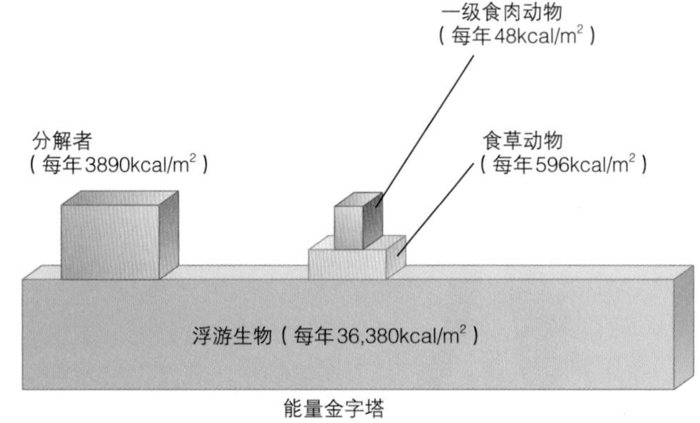

图36.5　生态金字塔

生态金字塔可以衡量每一个营养级的不同特征。（a）数量金字塔。生物量金字塔，正常的（b）和倒置的（c）。（d）能量金字塔。在以上的水生生态系统的例子中，生产者是浮游植物。

关键学习成果　36.2

因为在食物链的每个阶段能量都会散失，主要生产者（光合作用系统）的生物量往往比以生产者为食的食草动物大得多，进而食草动物的生物量往往比以它们为食的食肉动物的生物量大得多。

36.3 水循环

学习目标36.3.1 环境中与有机体中的水循环

能量在流经生态系统时是单向的（从太阳能到生产者再到消费者），生态系统中的物理成分则可以四处传递并可以重复利用。生态学家将这种持续不断的重复利用称为再循环，更普遍的说法，即**循环利用**。可以不断地重复利用的物质包括组成土壤、水和空气的所有化学物质。水、碳以及土壤中的氮和磷等四大物质的正常循环对于任何生态系统的健康都很重要。

水、碳和土壤养分从环境传递到生物体，然后再返回形成封闭循环。在每一个循环中，化学物质在有机体中停留一段时间，之后又返回非生物环境，因此又经常称之为生物地理化学循环。

在生态系统所有非生物成分中，水对生物产生的影响最大。水的可用性及其在生态系统中循环的方式在很大程度上决定了生物的丰富度——有多少不同的生物物种生活在那儿，每个物种又有多少个体？

生态系统中的水循环有两种方式：环境中的水循环和有机体中的水循环。两种循环方式均在图36.6中展示出来。

环境中的水循环

环境中的水循环中，大气中的水蒸气凝结并以雨或雪的形式降落到地球表面（在图36.6中称为降水）。由于太阳辐射，湖、河和海洋中的水通过蒸发重新回到大气中，再通过凝结形成降水重新返回地球表面。

有机体中的水循环

在有机体中的水循环中，地表水并不是直接返回到大气中，而是被植物根系吸收。在流经整个植物体之后，水分通过叶子表面的微小开口（气孔）

图36.6 水循环

陆地上的降水经由地下水、湖、河最终汇入海洋。太阳能引起水分蒸发，增加了大气中的水分含量。植物体通过蒸腾作用释放体内多余的水分，也使得大气中的水分增加。大气中的水分以降雨或降雪的方式重新又回到陆地和海洋，完成了水循环。

重新回到大气中，即从叶子表面蒸发。水分从叶子表面蒸发的现象叫作**蒸腾作用**。蒸腾作用也是由太阳驱动产生的，太阳的热量可以产生气流，通过叶子上方的空气把植物中的水分带走。

关键学习成果 36.3

生态系统的水循环在大气中经过降水和蒸发，有些蒸发的过程经由植物蒸腾。

水循环的打破

学习目标36.3.2 打破生物体及环境中水循环的后果

在茂密的森林生态系统中，比如热带雨林，生态系统中90%以上的水分被植物吸收，之后通过蒸腾作用回到空气中。因为生态系统中如此多的植物都在进行这一过程，因此植被成为当地降水的主要来源。在真正意义上，这些植被创造了它们自身的降水：水分从植物进入到大气中，之后以降水的形式回到地面上。

在森林遭到砍伐的地方，生物体的水循环被打破，水分不会重新返回到大气中。水流向大海，而不是上升到大气中之后以降水的形式再落下来。伟大的德国探险家亚历山大·冯·洪堡于1799年到1805年的探险期间发现，哥伦比亚的热带雨林被砍伐后，水分无法回到大气中，进而形成一片半干旱的沙漠。这种悲剧现如今在很多热带地区正在上演。

地下水污染

与溪流、湖泊和池塘中的地表水相比，地下水不太明显，它存在于可渗透、饱和的地下岩石、砂和砾石层中，被称为含水层。在很多地区，地下水是最重要的蓄水池，例如，在美国，超过96%的淡水资源是地下水。地下水比地表水的流速慢得多，从几毫米到每天1米左右，补充环境中这部分的水循环是一个非常缓慢的过程。在美国，地下水提供了约25%的各种用途的水资源，为约50%的人提供了饮用水。农村地区几乎完全依赖地下水，地下水的使用量正以地表水使用量2倍左右的速度增长。

由于地下水的使用率较高，地下水化学污染日益成为一个非常严重的问题。杀虫剂、除草剂和化肥是地下水污染的主要来源。由于水的体积大，周转率较慢，且难以接触，因此从含水层中清除污染物根本不可能。

36.4 碳循环

学习目标36.4.1 呼吸、侵蚀以及燃烧对碳循环的影响

大气中含有丰富的碳，它们以二氧化碳气体的形式存在。大气与有机体之间的碳循环，常常被封闭在生物体或地下很长一段时间。碳循环开始于植物体通过光合作用利用二氧化碳合成有机分子。事实上，它们在生物界中捕获二氧化碳中的碳原子。碳原子经由呼吸作用、燃烧以及侵蚀作用又返回至大气中。碳循环过程如图36.7所示。

呼吸作用

生态系统中，绝大多数有机体都会呼吸，即它们通过剥离碳原子，并使碳原子与氧气结合形成二氧化碳，由此从有机食物分子中获取能量。植物要进行呼吸，以植物为食的食草动物也一样，以食草动物为食的食肉动物同样也要进行呼吸。所有的有机体利用氧气从食物中获取能量，二氧化碳则在这一过程完成后，作为呼吸作用的副产品被释放到大气中。

燃烧

树木中储存有大量的碳，这些碳可能在这些木材中滞留许多年，只有当木材燃烧或被分解时才能返回到大气中。有时候碳的确可以在生物界中停留很长一段时间。举例来说，被埋于地下成为沉积物的植物在压力的作用下逐渐转化为煤或石油。最初滞留在植物中的碳只有在煤或石油（化石燃料）燃烧的时候才能被释放出来，回到大气中。

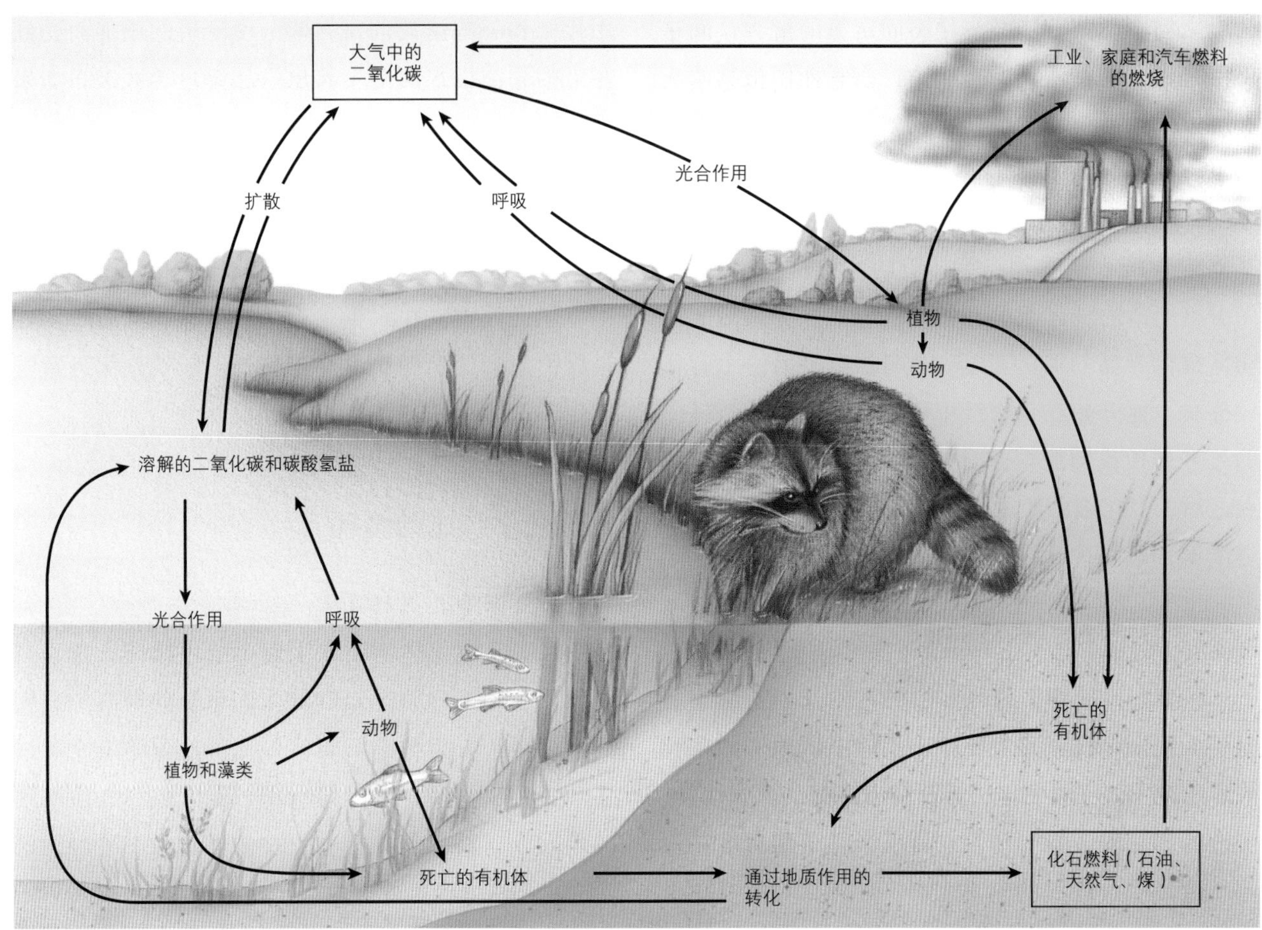

图36.7　碳循环

来自水体和大气中的碳被光合生物固定，并通过呼吸、燃烧以及侵蚀返回大气或水体。

侵蚀

大量的碳以溶解型二氧化碳的形式存在于海水中。海洋生物从水中提取了大量的这种碳，并用它来建造碳酸钙外壳。这些海洋中的生物体死亡之后，它们的外壳沉到海底，被沉积物所覆盖，形成石灰岩。最后，海水消退之后，石灰岩暴露出来受到风化、侵蚀。结果，碳又重新溶于海水中，经由扩散回到循环中。

关键学习成果　36.4

通过光合作用从大气中捕获的碳通过呼吸作用、燃烧以及侵蚀又重新返回到大气中。

36.5　土壤营养成分与其他化学物质循环

氮循环

学习目标36.5.1　氮的固定对生态系统的重要性

生物体中含有丰富的氮（蛋白质的基本组成成分），大气中也含有大量氮，其中78.08%为氮气（N_2）。然而，这两个氮库的化学联系是极其复杂的，因为绝大多数的生物体不能利用它们周围的丰富的氮气资源。氮气中的2个氮原子通过一种特别强的三重共价键联系在一起，这种键难以破坏。幸运的是，少数的细菌可以破坏氮三键，并在被称作**氮的固定**过程中将氮原子与氢原子捆绑在一起［形成固定的氮，即氨（NH_3），并在固氧的过程中**变成铵离子**（NH_4^+）］。

生命周期早期，在光合作用将氧气引入地球大气层之前，细菌就已经进化出固定氮的能力，而这仍然是细菌能够做到的唯一途径——即使微量的氧气可以对这一过程造成伤害。如今的地球到处都充满氧气，这种细菌生活在被称为囊的密闭空间中，不与外界氧气接触，或者存在于豆类、山杨树以及其他少数植物的根系组织结节的特殊密封细胞中。图36.8所示的就是氮循环的过程。细菌为其他的生物体提供必需的氮。随着一个有机体被另一个有机体捕食，氮开始在食物链中传递，并最终随有机体的死亡残体或排泄物返回无机环境中。分解型细菌和之后的氨化细菌使氮回归到氨和氨根离子的形式。继续循环过程，硝化细菌可以使氨根离子转变成硝酸盐（NO_3^-），反硝化细菌则可以使硝酸盐转换成氮气回到大气中。

在生态系统中，植物的生长常常受到土壤中固氮量的限制，这正是农民给土地施肥的原因。这种农业生产方式非常古老，甚至可以追溯到原始社会；美洲的印第安人指导清教徒将玉米种子和鱼埋在一起，这是一种固氮的丰富来源。如今，农民们在土壤中施加的氮并不是有机的，这些氮是工厂中的工人生产的而不是通过细菌的固氮作用产生的，细菌固氮的这一过程占整个氮循环的30%。

磷循环

学习目标36.5.2　氮循环和磷循环的异同

磷是所有生物体内不可或缺的元素，是ATP和DNA的重要组成部分。在特定生态系统的土壤中，磷的供应非常有限，并且由于磷不能形成气体，因此在大气中没有磷的存在。大部分磷以矿物质磷酸钙的形式存在于土壤中，正如图36.9所示，磷溶于水形成磷酸根离子（可口可乐就是一种磷酸根离子甜溶液）。这些磷酸根离子被植物体根系吸收，并利用它们合成ATP和DNA等有机物分子。动植物死亡腐烂之后，土壤中的细菌可以将有机磷转化回磷酸根离子，至此磷循环完成。

在淡水湖泊生态系统中磷含量常常很低，限制了这些生态系统中光合藻类的生长。这种生态系统对由于人类活动无意添加的磷尤其敏感。例如，农用化肥和一些清洁剂富含磷。由于磷的添加而受到污染的湖泊，水面会生长出一层绿色的藻类，如果水体持续受到污染，将对湖泊产生“致命”的影响。经过藻类最初的快速增长之后，老化的藻类开始死亡，细菌在以死亡的藻类细胞为食的过程中消耗湖中太多的溶解氧，以至于其中的鱼类和无脊椎动物因窒息而死亡。在水生生态系统中，这种由于营养过剩引起的快速的、不受控制的生长现象称为**富营养化**。

其他化学物质的循环

学习目标36.5.3　生物富集

很多其他化学物质在生态系统中循环，并且必须维持在平衡的状态以确保生态系统的健康。适度的平衡是十分重要的。当某些化学物质的浓度超过循环正常水平时，会变得有害，就像我们之前提到的磷元素。其他化学物质超过循环正常水平时，也会对生态系统产生毁灭性影响。

硫，是一种在大气中循环的化学物质，当其大量通过燃煤发电厂大量释放到大气中时，也会对生态系统造成损害。过量的硫与水蒸气和氧气结合可以形成硫酸。硫酸通过降水的形式返回生态系统，即我们将在第38章讨论的“酸雨”。

重金属，包括汞、镉和铅，经过食物链循环，逐渐在食物链更高营养级的生物体体内积累，对人体尤为危险。这个过程，叫作“生物富集”，将会在第38章讨论到。

关键学习成果　36.5

地球大气中大部分为双原子氮气，不能被大多数有机体利用。某些特定的细菌能通过固氮将氮气转化为氨。因此这些氮原子便进入了生态系统进行循环。磷对于有机体十分重要，在生物体和环境之间循环。

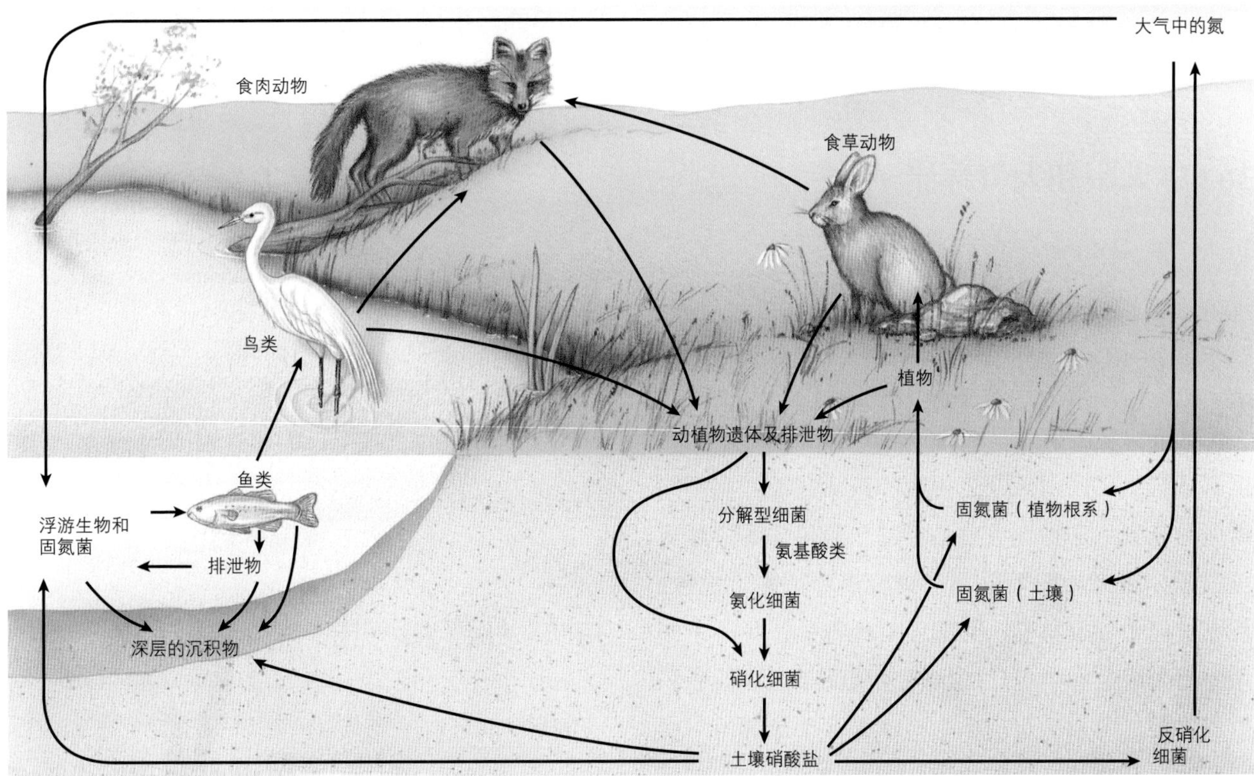

图36.8　氮循环

相对少数生物体种类——所有的细菌——能够将大气中的氮转化为生物过程可以利用的形式。

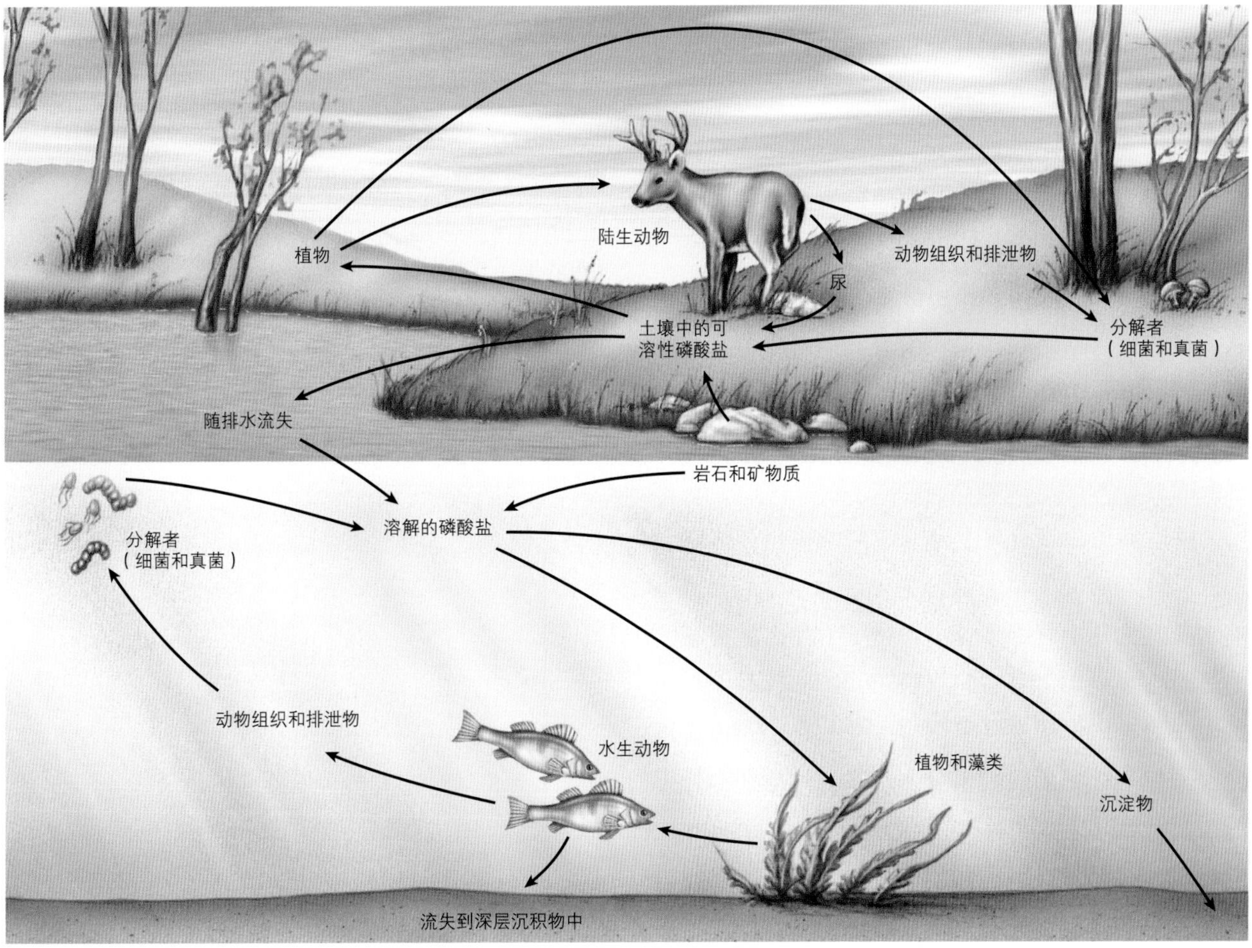

图36.9　磷循环

磷在植物营养中扮演着非常重要的角色，仅次于氮，若缺乏磷，植物的生长就会受到限制。

36.6 太阳和大气环流

几何驱动天气

学习目标36.6.1 为何地球上所有的大沙漠均大致位于北纬30°或南纬30°附近

由于气候会因地区而异，整个世界包含多样的生态系统。在同一天，迈阿密和波士顿经常有不同类型的天气。这种现象并不神秘。热带比温带地区更温暖，因为太阳辐射几乎垂直于赤道附近地区。从赤道向中纬度移动，光线照射地球会产生一个倾角，使光线散布到更广的区域，因此单位区域面积里提供的能量也减少。因为地球是一个球体，一些部分要比其余部分接受更多的太阳能。这一事实很大程度上说明为什么地球上存在不同的气候，也间接说明为什么地球上存在不同的生态系统。

地球每年绕太阳的公转轨道，和绕自身地轴的自转轨道对决定世界的气候也十分重要。因为公转和地轴的倾斜，所有离开赤道的部分都经历了季节的连续变化。南半球的夏天，地球倾斜向太阳，太阳辐射更直接导致高温。当地球公转至相对的位置时，北半球就会接受更多辐射，即为北半球的夏天。

六大空气团的相互作用决定主要的大气环流模式。这些巨大的空气团成对出现，其中一个在北纬出现，另外一个在南纬。这些气团影响气候，因为气团的上升和下降会影响其温度，而温度决定了其保湿能力。

靠近赤道，热空气上升并流向两极。当热空气上升并冷却时会失掉大部分水分，因为冷空气携带的水蒸气比热空气少（这也解释了为什么空气温暖的热带会多雨）。当这团空气移至北纬或南纬30°附近时，凉爽干燥的空气下沉再次被加热，因为空气变暖便像海绵一般吸收水分，使一大片地区都处于低雨量状态。地球上所有的大沙漠均位于北纬30°或南纬30°附近，这绝不是偶然。这些纬度的空气仍然比极地地区更温暖，因此会向极地流动。当到达约北纬或南纬60°时，空气上升，渐渐冷却，去除水分，因此是世界大型温带森林的位置。最终，上升的空气在靠近极点的地方下降，产生极少的降水。

关键学习成果 36.6

太阳推动大气环流，造成热带的降雨和一系列位于纬度30°的沙漠。

36.7 纬度和海拔

学习目标36.7.1 为何纬度和海拔的变化对生态系统产生相似的影响

热带生态系统的温度更高，原因很简单：热带纬度地区每单位面积有更多的阳光（图36.10）。当太阳在正上方直射时，太阳辐射是最强烈的，这只发生在热带地区，太阳光垂直于赤道。温度也随海拔变化而变化，海拔越高，温度越低。在任意给定的纬度上，海拔每升高1,000米，气温就下降6°。温度随海拔变化的结果与温度随纬度变化的结果相同。图36.10阐述了这一原则：墨西哥南部山区海拔上升1,000米（图36.10）导致的温度下降相当于北美大陆纬度上升880千米。这就是为什么远离赤道后树带

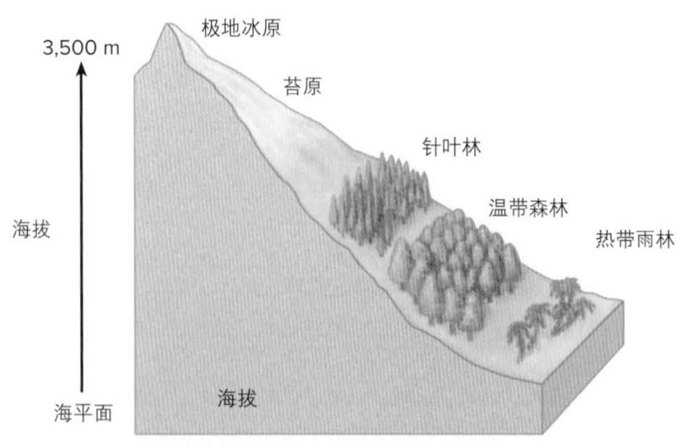

图36.10 海拔是如何影响生态系统的
在热带地区随着海拔增加而出现的陆地生态系统。

界线（该海拔以上不能生长树木）出现在较低海拔地段。

雨影区

学习目标36.7.2　雨影区及其成因

当移动的风遇到山体，被迫向上抬高，并且在高海拔冷却，空气持水能力下降，造成下图中显示的山体迎风面的雨，它来自风吹来的方向。因此，饱含水分的来自太平洋的气流遇到内华达山脉，当风冷却后，持水能力下降，就会出现降雨。

在山体另一侧，即背风面，现象完全不同。当空气越过山顶，到达山的另一边，空气变暖，因此持水能力提高，吸收所有可吸收的水分，使附近环境变得干旱，通常产生沙漠。这种效应叫雨影，可解释沙漠形成，例如美国内华达山脉最高峰惠特尼峰雨影区的死亡谷。

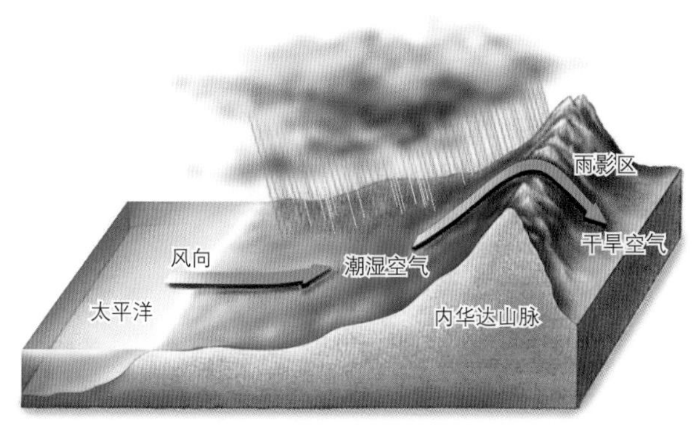

在更大的范围也有类似的效应发生。区域性气候地区因为相似的地理情况，虽然分布于地球不同位置，仍具有相似的气候类型。夏季，当风从凉爽的海洋吹向温暖的陆地时，就会形成所谓的地中海气候。最后的结果就是，空气持水能力增加，降雨被阻断，和山体背风面现象相似。这现象可解释地中海气候夏天干燥炎热，冬天凉爽湿润的原因，比如美国加利福尼亚州南部、智利中部、澳大利亚西南部和南非开普地区。这样的气候在全球范围内并不寻常。在地中海气候地区，许多不寻常的地方性植物和动物已经发生进化。

关键学习成果　36.7

温度随纬度和海拔的增加而降低。空气在山体迎风面上升过程中丢失水分，降水更多；在背风面气流下降，空气温暖，积聚水分，降水减少，形成了沙漠。

36.8　海洋环流的类型

学习目标36.8.1　海洋环流的类型是如何形成的以及怎样影响附近的陆地

海洋环流的模式是由大气环流的模式决定的，也意味着它间接由太阳能驱动。如前文所述，太阳辐射输入的热量使大气运动，然后风使海洋运动。海洋环流是由地表水在巨大的螺旋状环流中的运动控制的，环流在北纬或南纬30°附近的亚热带高压地区移动。这些环流，在北半球呈顺时针方向，在南半球呈逆时针方向。这种重新分配热量的方式不仅深深地影响着海洋中的生命，还影响着沿海土地上的生命。比如位于北大西洋的**墨西哥湾流**在美国北卡罗来纳州的哈特拉斯角附近从北美流出，在不列颠群岛南部附近到达欧洲。因为墨西哥湾流，在相似的纬度上，西欧比北美东部更温暖、更温和。一般原则下，北半球温带大陆西侧一般比东侧更加温暖，南半球则相反。

在南美洲西海岸附近，秘鲁寒流将富含磷的冷水带到西海岸以北。当近海风从太平洋沿岸的山坡上吹来时，海水中的冷水向上涌，从而将磷从海洋深处带上来。这种营养丰富的水流有助于丰富海洋生物，支持秘鲁和智利北部的渔业。海鸟以这些海洋生物为食，它们所产生的富磷粪便沉积在海岸，对沿岸国家的经济十分重要。

厄尔尼诺南方涛动和海洋生态

学习目标36.8.2　厄尔尼诺现象及其成因

每年圣诞节前后，一股暖流从热带地区席卷秘鲁和厄瓜多尔海岸，减少了鱼的数量，使当地渔民多了空闲的时间。当地渔民称这股圣诞气流为厄尔尼诺（字面意思是“圣婴”）。科学家引用“厄尔尼诺南方涛动”一词代表相同的现象，这一现象每2～7年会发生一次，在全球范围内都会产生影响。

科学家已经将厄尔尼诺的情况研究得十分清楚了。一般来说，太平洋经常受到从东向西的信风影响，这些信风从海洋东侧（秘鲁、厄瓜多尔和智利）将表面的温水带走，允许冷水从海洋深处涌上来，给浮游生物和鱼类带来营养。温暖的地表水在西面澳大利亚和菲律宾附近积累，使海水温度上升了几摄氏度，也比海洋的东面高了1米或更多。但如果这些信风短暂减弱，温暖的海水开始穿过海面回流，造成厄尔尼诺现象。

我们知道信风轻微的减弱实际上是信风环流模式改变的一部分，这种改变会2～7年不规律出现一次。一旦信风减弱一点，东部海洋变暖，其上方空气变暖变轻。东部的空气变得与西部空气更相似，减少了整个海洋上方的压力。因为压力的不同是风产生的原因，从东方吹来的风的风力减弱，使温暖的水流继续向东前进。

最终结果是将西太平洋的天气向东移动6,000千米。通常发生在印度尼西亚和菲律宾的热带暴风雨是由于邻近这些岛屿的温暖海水导致其上方的空气上升、冷却并将其水分凝结成云而引起的。当温暖的海水向东移动时，云也移动，使之前多雨的区域变得干旱。相反地，南美洲西部海岸，海水太冷不能引发太多降雨，当上升流因为温暖的海水慢下来，附近会被降雨浸湿。在厄尔尼诺中，秘鲁和北智利的商业鱼类资源会消失，浮游生物量也会降低到平常丰富度的1/20。秘鲁具有商业价值的凤尾鱼渔业就在1972年和1997年的厄尔尼诺中被摧毁掉了。

这只是个开始。厄尔尼诺效应已经在全球天气系统中被孕育。猛烈的冬季风暴冲击着加利福尼亚海岸，还伴有洪水；厄尔尼诺现象导致佛罗里达和墨西哥湾海岸比平常更加寒冷和湿润。美国中西部地区的降雨比正常情况下要大。

拉尼娜现象

厄尔尼诺是自然发生的气候周期里的一个极端现象，但与所有循环一样，厄尔尼诺现象也有其相反的一面。厄尔尼诺现象的特点是东太平洋海洋温度异常温暖，而拉尼娜现象的特点是东太平洋海洋温度异常寒冷。东西信风的增强加剧了东太平洋沿岸的冷上升流，使南美海岸的海水的温度相比平时下降了约3.9℃。拉尼娜现象虽然不像厄尔尼诺现象那样广为人知，但造成的极端影响与厄尔尼诺现象几乎相反。在美国，拉尼娜现象的影响在冬季最为明显。

关键学习成果 36.8

世界上的海洋在被大陆板块偏转的巨大的涡流中循环。像厄尔尼诺和拉尼娜这样的洋流扰动会对世界气候产生深远的影响。

生态系统的主要类型
Major Kinds of Ecosystems

36.9 海洋生态系统

学习目标36.9.1 浅水、海洋表面和深海水域的海洋生物群落

地球表面接近3/4被水覆盖。海洋平均深度超过3千米，海洋的大部分都是冰冷黑暗的。光合生物被限制在海洋上层的几百米（图36.11中的浅蓝色区域），因为光线不能穿透到更深的地方。几乎所有的生活在这一水平之下的生物体都以随着雨水冲下的有机碎屑为食。主要的海洋生态系统有三种：浅水海洋生态系统、海洋表面生态系统和深海水域海洋生态系统（图36.11）。

浅水水域

地球的海洋表面只有沿着海岸线的地方是非常

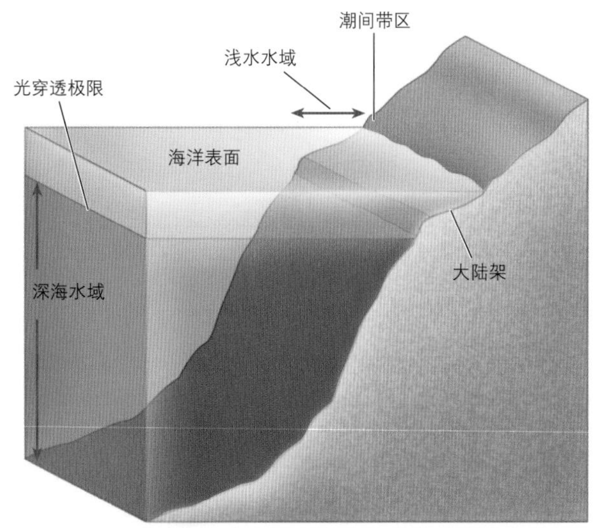

图36.11 海洋生态系统

海洋中有三种主要的生态系统。浅水生态系统沿着海岸线，并出现在有珊瑚礁的区域。海平面生态系统发生在海平面以下100～200米，光照可以透过。最后，深海水域生态系统出现在距海平面300米以下的区域。

浅的，但是这一小片区域比海洋的其他部分包含更多的生物物种。世界上最大的商业化渔业就在沿海地带，那里从陆地中获得的营养比在开阔的海洋中更丰富。该区域的一部分由**潮间带**组成，每当潮水退去时，潮间带就会暴露在空气中。部分封闭的水体称为**河口湾**，比如那些通常形成于河口和海岸海湾、盐度介于海水和淡水之间的区域。河口是世界上最肥沃的自然地区之一，通常含有丰富的沉水植物和挺水植物、藻类和微生物。它们为在河口和开阔水域可捕捞的大多数沿海鱼类和贝类提供了繁殖地。

海洋表面

海洋上层光照充足的地方是一个多样化的微生物群落。大部分的浮游生物存在于海洋上方100米处。许多鱼类也在这些水域中游泳，以浮游生物和其他生物为食。一些浮游生物，包括藻类和某些细菌，都能进行光合作用，被称为浮游植物。总的来说，这些生物负责了地球上40%的光合作用。超过一半的光合作用发生于直径小于10微米的生物体，这种微生物大部分生存于海洋表面附近光线能够穿透的区域。

深海水域

在海面300米以下的深海水域，几乎没有光穿透。与海洋的其他区域相比，那里几乎没有生物生存，但是那里某些地方确实存在着在世界上最奇怪的生物。许多深海生物身体的某些部分能够发光，它们以此来交流或吸引猎物。

在深海中，氧气的供应往往是至关重要的，随着水温变得越来越高，水中的含氧量越来越低。因此，地球上比较温暖的海洋地区，可用氧的量成为海洋生物的一个重要的限制因素。相比之下，二氧化碳在深海中从来不受局限。矿物在海洋中的分布比在陆地上均匀得多，在陆地上，个别土壤反映了它们风化的母岩的成分。

长期以来，深海海底寒冷而裸露，被认为是生物沙漠。然而，最近海洋生物学家通过特写拍摄展现了一个不同的画面［图36.12（b）］。海底充满了生命。在大西洋和太平洋的数百个深海样本中发现了成群的海洋无脊椎动物，这些无脊椎动物通常在数千米深的深海中，在巨大的压力下和漆黑的环境中繁衍生息。经过粗略估计深海物种的多样性已经达到了数十万种。许多具有地域性。物种的多样性如此之高，甚至可以媲美热带雨林！这是意想不到的缤纷。新的物种需要通过某种屏障产生分化（见第14章），而海洋底部似乎是单调乏味的。然而，在深层种群中很少发生迁徙，这种迁徙缺乏可能会有利于当地的专业化和物种形成。这种区域的环境也可能导致物种的形成，深海生态学家发现有证据表明，深海存在着优良但却令人生畏的资源屏障。

深海中没有光。那么深海生物从哪里获得能量？有些深海生物利用落到深海的碎屑中的能量，而其他的深海生物是自养型的，从热液喷口系统中获得能量。在热液喷口系统中，海水通过地壳下方熔融物质接近地表多孔岩石周围的裂缝循环。热液喷口系统，也被称为深海喷口，供养着一系列的异养生物［图36.12（a）］。这些热液系统中水的温度高达350℃，且含有高浓度的硫化氢。生活在附近的原核生物靠这些深海喷口获得能量，并且通过化学合成而非光合作用来制造碳水化合物。像植物一样，

(a)

(b)

图36.12 深海水域

(a)这些巨大的须虫生活在喷口，350℃的水从裂缝中喷射而出，然后冷却到周围水的温度（2℃）。(b)这两种海葵看起来就像海底向日葵一样，它们（实际上是动物）用玻璃海绵茎捕捉“海洋雪”，食物颗粒从几千米以上的海洋表面降落到海底。

它们都是自养生物；它们从硫化氢中获取能量来制造食物，就像许多植物从太阳获得能量来制造食物一样。这些原核生物在深海喷口周围的异养生物组织中共生。动物为原核生物提供了生存和获取营养的场所，而原核生物反过来又为动物提供有机化合物作为食物。

尽管现在在海底发现了许多新型的小型无脊椎动物，并且海洋中存在巨大的生物量，但是，已知的生物中超过90%都出现在陆地上。每一生物的最大群体，例如昆虫、螨、线虫、真菌和植物等在海洋中都存在，但是海洋中的这些生物只构成物种总数中很小的一部分。

关键学习成果 36.9

主要的三类海洋生态系统是浅水水域、海洋表面和深海水域。潮间带和深海共同体都是非常多样化的。

36.10 淡水生态系统

学习目标36.10.1 贫营养化与富营养化湖泊

淡水生态系统（湖泊、池塘、河流和湿地）不同于海洋和陆地生态系统，并且面积非常有限。内陆湖约占地球表面的1.8%，河流、溪流以及湿地约占0.4%。所有的淡水生境与陆地生境密切相关，沼泽和湿地构成了中间生境。另外，来自陆地群落的大量有机和无机物质不断地进入到淡水中。许多类型的生物体只能生活在淡水生境中。当它们出现在河流或溪流中时，它们必须以某种方式固定住自己，以抵抗或者避免被冲走的风险。

像海洋一样，池塘和湖泊也有供有机体生活的三个区域（图36.13）：水深较浅的“边缘”区（沿岸带）、水体开阔区（湖沼带）以及光不能透过的深水区（深水层）。此外，根据有机物质的产量，湖泊可分为两类。在**贫营养化湖泊**中，有机物质和营养成分相对缺乏。这种湖泊常常较深，并且深水区总是富含氧。由于肥料径流、污水和洗涤剂等来源的过量磷，贫营养湖泊极易受到污染。另外，**富营养化湖泊**有大量的矿物质和有机物。夏季，较浅的水体中氧气较为贫乏，因为在浅水层中存在大量的有机物，并且需氧分解者利用氧气的速率较高，导致

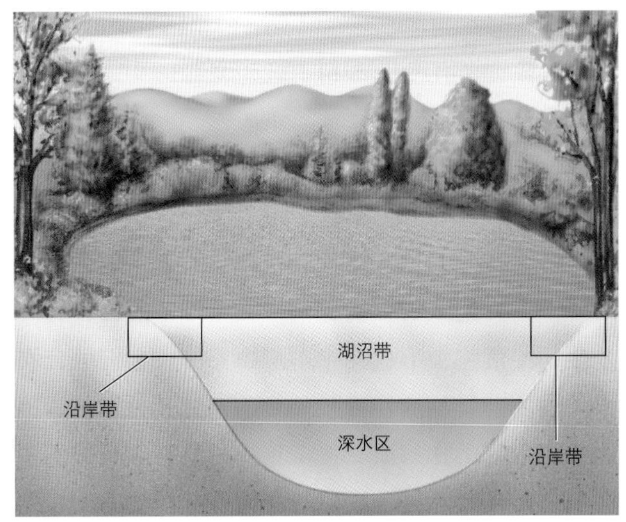

图36.13　池塘和湖泊的特征
基于生活在其中的生物体类型可以将池塘和湖泊分为三个区域。一种是位于湖泊外围较浅的“边缘”（沿岸带）区域，这里生活着藻类以及食草昆虫。一个横跨整个湖泊的开阔水体表面（湖沼带）区域栖息着漂浮的藻类、浮游动物以及鱼类。在湖泊底部位于底质上方有黑暗的深水区（深水层）。深水区包含许多细菌和像蠕虫一样的生物体，它们以湖泊底部沉淀的尸体残骸为食。

下层缺氧。这些死水在秋天循环到水面（以下将讨论它在秋季的翻转），溶入更多的氧气。

热分层现象

学习目标36.10.2　大型湖泊中春季环流和秋季环流的原因

热分层现象是温带地区大型湖泊的特征，温度为4℃（即水的密度最大时）的水下沉到温度较高或较低的水下的过程。在图36.14中，通过大型湖泊中水体的变化，在冬季❶初期，温度4℃的水下沉到凉水下方，凉水温度为0℃时其表面结冰。在冰面以下，水温保持在0℃到4℃之间，动植物可以在这里存活。在春季❷，随着冰的融化，表层水的温度升高到4℃，这时表层水开始下沉到冷水以下，来自底层的营养物质和冷水一起被带到上层。这一过程被称为春季环流。

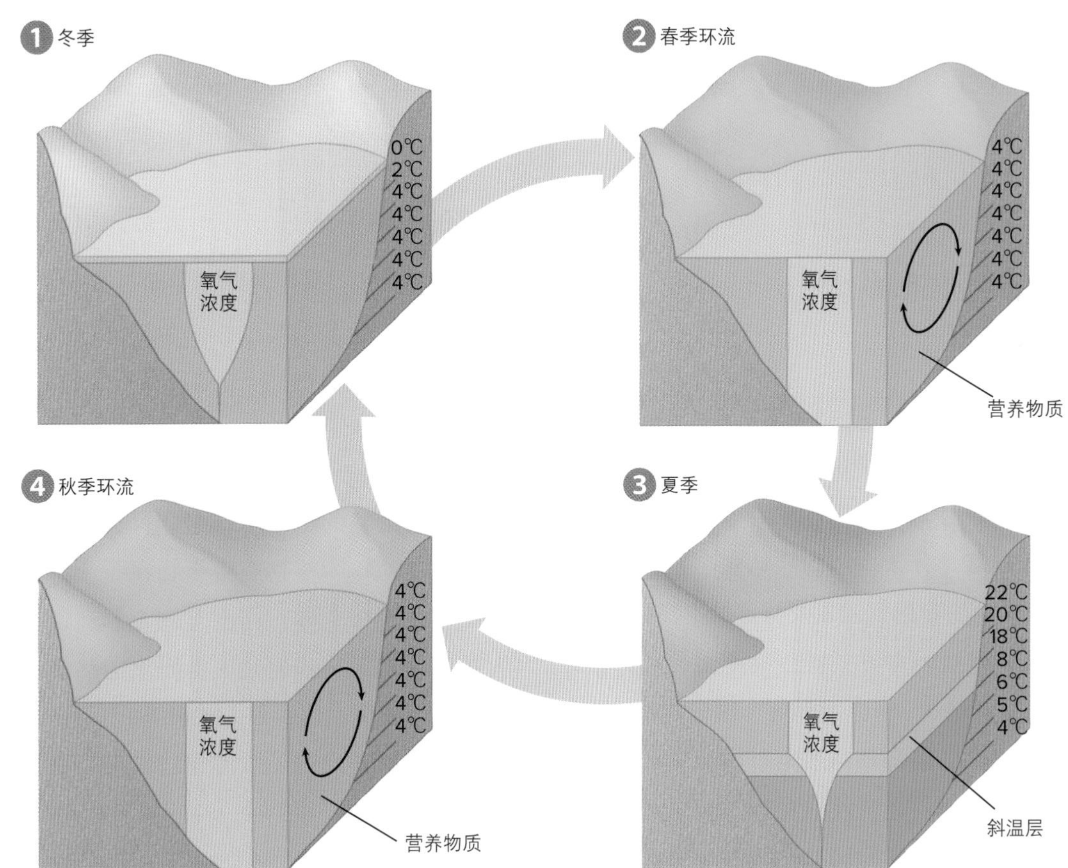

图36.14　湖泊或池塘中的春季环流和秋季环流
温带地区大型池塘或湖泊在春季环流和秋季环流中的分层模式是变化的。在夏季（右下角）所示的3个水层中，密度最大的水的温度为4℃。表层的暖水密度较低。斜温层是分布在二者之间的温度突变区域。在夏季和冬季，较深的水体中氧气浓度较低，但在春季和秋季，所有深度范围内温度都较为相似。

在夏季❸，温水在冷水上面形成一层。在这两层之间的区域称为斜温层，斜温层水温变化剧烈。如果你跳进温带地区夏季的池塘里，你可能会感受到这些分层的存在。根据特定地区的气候，温暖的上湖层在夏季能够达到20米深。在秋季❹，水体表面的温度持续下降直到达到冷水层以下——4℃。当这种情况发生的时候，上湖层和下湖层相互混合——这一过程称为秋季环流。因此，冷水在春季和秋季来到湖泊的表面，带来新的可溶性营养盐。

关键学习成果 36.10

淡水生态系统仅约占地球表面的2%，并且所有的淡水生态系统都与相邻的陆地生态系统紧密相关。在有些淡水生态系统中，有机物质普遍，在其他的淡水生态系统中，有机物质较为贫乏。在温带地区的湖泊中，一年会出现两次环流现象，分别在春季和秋季。

36.11 陆地生态系统

生物群系

学习目标36.11.1 十种生物群落

生活在陆地上的我们，常常会更关注陆地生态系统。**生物群落**是分布广阔的陆地生态系统。每一个生物群落都有特定的气候以及特定的生物群体。

尽管可以通过很多方式对生物群落分类，但最常见的还是将其分成7个生物群落：热带雨林、热带稀树草原、荒漠、温带草原、温带阔叶林、亚寒带针叶林和寒带苔原。之所以分为7个主要生物群落，而不是1个或者80个的原因是，这些生物群落已经发生进化以适应该地区的气候特点，并且地球上有7个主要的气候区。这7个生物群落彼此有显著的差异性，但在内部存在许多相似性。一个特定的生物群落常常看起来相似，它们具有许多相同类型的生物，无论这些生物出现在地球的哪一个角落。

还有7个分布没那么广泛的生物群落：丛林、极地冰原、山区、亚热带常绿硬叶林、亚热带常绿阔叶林、热带季雨林以及亚热带荒漠草原。

如果没有山脉，没有不规则的大陆轮廓和不同的海洋温度造成的气候影响，在全球范围内，每一个生物群落将会形成一个平坦的条带。它们的分布很大程度上受到这些因素的影响，尤其是海拔。因此，在落基山脉的顶峰覆盖着一种与苔原相似的植被型，而与针叶林带相似的其他森林植被的分布则再往下。正是由于这些原因，生物群落的分布才如此不规律。一个明显的趋势是，那些通常出现在高纬度地区的生物群落也遵循山脉的高度梯度分布。也就是说，在赤道以北和以南较远的海平面高度的地区所发现的生物群落也存在于热带地区，不过是在高海拔的山脉地区（见图36.10）。

7大主要的生物群落具有不同的特征——热带雨林、热带稀树草原、荒漠、温带草原、温带阔叶林、亚寒带针叶林以及寒带苔原——连同几个分布不太广泛的生物区系，现在对它们进行详细的讨论。

茂盛的热带雨林

热带雨林，每年的降雨量超过250厘米，是地球上最丰富的生态系统。它们包含地球上至少一半的陆生植物和动物物种——200多万个物种。在巴西，隆多尼亚的热带雨林中，约2.6平方千米的面积上就有1200多种蝴蝶——是美国和加拿大总和的两倍。构成热带雨林的生物群落是多样性的，因为群落中的每一种动物、植物或微生物在一个特定区域内通常只存在少数个体。在南美洲、非洲以及东南亚有大量的热带雨林。但是，世界上的热带雨林正在遭到人类的破坏，因而许多物种现在已经不复存在了，其中很多都是我们还没有见过的。在我们许多人的有生之年，也许世界上1/4的物种将随着雨林一起消失。

热带稀树草原：干燥的热带草原

在靠近热带的干燥气候中，有世界上最大的草原，称为**热带稀树草原**。那里的景观是开放的，树木之间间隔很大，并且降雨是季节性的，每年的降雨量为75～125厘米。许多动物和植物仅仅在雨季比较活跃。栖息在非洲大草原上的成群的食草动物对我们来说并不陌生。在更新世时期，北美洲温带草原上就出现了这一动物群落，但主要还是分布在非洲。在全球范围里，热带稀树草原生物群落是热带雨林和沙漠之间的过渡。在亚热带地区，随着越来越多的稀树草原被转化成农业用地来供养亚热带地区迅速增长的人口，草原上的居住者难以存活。大象、犀牛以及猎豹现在已经是濒危物种。在不久的将来狮子和长颈鹿也会像它们一样。

荒漠：燃烧的热沙

在大洲的内陆地区发现世界上最大的沙漠，特别是非洲（撒哈拉沙漠）、亚洲（戈壁沙漠）以及澳大利亚（大沙沙漠）。**沙漠**是指年降雨量少于25厘米的干旱地区——降雨量太低，植被稀疏，它们生存依赖于节约用水。世界上有1/4的陆地是沙漠。生活在沙漠里的植物和动物会把自己的活动限制在一年中有降水的时期。为了避免高温，沙漠里大多数的脊椎动物生活在又深又凉的，甚至是较为潮湿的洞穴中。那些一年中大部分时间都比较活跃的动物仅出现在晚上，因为晚上的温度相对来说较低。有些动物，比如骆驼，它们在水源充足的时候可以喝大量的水，因而在干旱时期可以存活很长时间。许多动物只是定期迁往或者穿过沙漠，在那里它们可以利用季节性丰富的食物资源。

温带草原：草的海洋

在赤道和两极之间有一半的区域是盛产**草原**的温带地区。这些草地曾覆盖北美大部分内陆地区，也曾遍布欧亚大陆和南美洲。这样的草原转换为农业用地时往往高产。美国和加拿大南部很多富饶的农业用地最初都是**大草原**，又可称为温带草原。典型的多年生牧草的根系深深地扎进土壤中，因而草地土壤往往较深且较为肥沃。温带草原上常常分布着草食性哺乳动物的群体。在北美洲，草原曾经是牛群和鹿群的栖息地，现在这些动物群体几乎都消失了，草原的大部分区域已经变成地球上最富饶的农业区。

温带阔叶林：丰富的阔叶林

在欧亚大陆、美国的东北部以及加拿大的东部，温和的气候（夏季温暖，冬季凉爽）和丰富的降水促进了**阔叶林**的生长。阔叶树是冬季落叶的树种。鹿、熊以及浣熊是温带地区的常见动物。因为温带阔叶林代表着数百万年前横跨北美和亚欧大陆大量森林资源的残余物，这些残留的地区——尤其是亚洲东部和北美东部——都曾经有同样广泛分布的动物和植物。例如，短吻鳄仅在中国和美国的东南部发现过。亚洲东部的阔叶林物种丰富，因为那里的气候状况趋于稳定。

亚寒带针叶林：没有足迹的针叶林

针叶树（云杉、铁杉、落叶松和冷杉）是北部森林的很大 环，跨越亚洲和北美洲的大部分区域。针叶树具有像针一样且全年不落叶。被称为亚寒带针叶林的生态系统，是地球上最大的生态系统之一。冬天又长又冷。降水量像沙漠一样少，且主要集中于夏季。由于对农业来说生长季节太短，因此很少有人居住在这里。许多大型的哺乳动物（包括麋鹿、驼鹿、鹿）与食肉动物（如狼、熊、猞猁和狼獾）生活在亚寒带针叶林中。传统意义上来说，为了兽皮而进行的捕猎在这一地区广泛存在。这里的木材产量也非常丰富。沼泽、湖泊以及池塘比较常见，并且它们常常被柳树或桦树点缀。一种或几种树种密集地出现在一个区域中。

寒带苔原：寒冷的沼泽平原

在遥远的北方，在大片针叶林以北，极地冰原以南，只有少数的树木。这里的草原叫作**苔原**，是开阔的，风很大，并且布满沼泽。在一定程度上，它是面积巨大的生态系统，占据了地球表面的1/5，很少下雨和下雪。在北极短暂的夏天，当下雨的时候，那些冻土会变成一片沼泽。**永久冻土**或者说永久性的冰通常存在于地表1米以内。树木很小，主要分布于河流和湖泊的边缘。大型食草哺乳动物（如麝牛、驯鹿）和食肉动物（如狼、狐狸、猞猁）都生活在苔原。旅鼠的数量增加或减少存在一个较长的周期，将会影响与其有捕食关系的动物。

丛林

丛林包括常绿植物，带刺的灌木和较矮的树木，它们组成群落，被称为“地中海”，夏季气候干旱。这些区域包括加利福尼亚、智利中部、南非开普地区、澳大利亚西南部和地中海区域本身。许多在灌木丛里发现的植物物种只有暴露在火灾导致的高温环境中才能发芽。加利福尼亚及邻近地区的丛林从历史上看来源于阔叶林。

极地冰原

极地冰原覆盖在北部的北冰洋和南部的南极洲。极地几乎不会降水，所以虽然有大量的冰，但水资源仍然很稀缺。冬天的几个月，太阳几乎不会出现。南极洲的生活范围很大程度上局限于沿海地区。因为南极洲冰盖是覆盖在大陆上的，它不会因海水循环交替而变热，所以十分寒冷。因此，只有原核生物、藻类和一些小型昆虫生活在广阔的南极内陆。

热带季雨林

热带季雨林位于热带和亚热带地区，比热带雨林的纬度要高一些，或气候更加干燥的地方。大多数树是阔叶树，在干旱的季节落叶。叶子掉落之后可以允许阳光穿射到森林的林下和地面，茂密的灌木和小乔木生长迅速。降雨是季节性的，在雨季每天有十几厘米的降水，而在旱季则接近干旱，尤其是在离海洋远的地方，如印度中部。

关键学习成果 36.11

生物群落主要是由温度和降雨模式决定的陆地生物群落。

调查与分析
INQUIRY & ANALYSIS

砍伐森林会造成永久性破坏吗?

伐木业的惯例——“清伐”在许多地区已经成为一种普遍的现象。伐木者发现简单地把一个区域内的所有树木砍掉，之后对这些树木进行分类，比只是有选择性地选取那些成熟的树木去砍更有效率。即使开阔的林场对于旁观者而言看上去十分荒凉，但是砍伐者称新的森林会在清伐后很快建立起来，因为这样阳光更容易直接照射到地面上的幼苗。生态学家们反驳说，清伐将以一种不可逆转的方式使森林发生永久性的变化。

谁的说法是正确的呢？最直接的解决方法就是把一个区域的树木砍伐干净，然后对其进行仔细观察。这种大规模现场试验是在新罕布什尔州哈伯德布鲁克的实验森林里开展的，这个实验现在已成为经典实验。哈伯德溪是新罕布什尔州北部温带阔叶林地区一片大流域的中心河流。这个实验团队是由当时达特茅斯大学的教授赫伯特·鲍曼和吉恩·林肯斯所领导的，他们首先搜集了大量的森林流域的信息。实验从1963年开始，他们普查了树木，测量了通过这一流域的水流流速，并认真记录了流经此生态系统中哈伯德溪水体中的矿物质和其他营养物质。为了跟踪，他们在6个支流建造了混凝土大坝，对森林和径流流失情况进行监控，并分析化学样品。研究发现，没有受到砍伐处理的森林在固氮和其他营养元素的作用上是显著的。通过雨和雪进入此生态系统的少量的营养元素大致与从山谷流入哈伯德溪的营养元素相同。

现在进行测试。在1965年的冬天，测试者砍伐了受同一溪流排水影响的48亩树林和灌木，并测量了水流失的情况。即刻效应是戏剧性的：由山谷流出的水量增加了40%。那些原本将被植被吸收并通过蒸发释放到大气中的水分现在无疑在流失。

显然，被砍的森林没有保持住水，那土壤中的养分呢？土壤养分是形成新森林肥力的关键。

上图中的红色线显示在清伐区域的溪流径流中从生态系统中流失的氮矿物质，蓝线表示在附近的未被砍伐森林部分的邻近溪流中的氮流失情况。

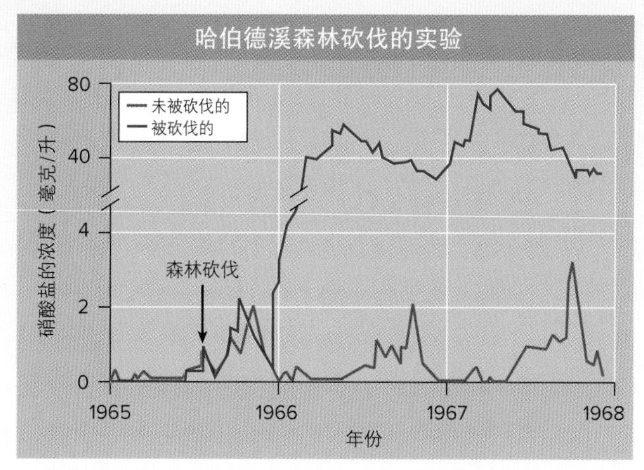

分析

1. 应用概念

   a. **变量** 图中的因变量是什么?

   b. **规模** 在纵轴4～40之间明显的断裂处具有什么意义?

2. 解读数据

   a. 在天然的未砍伐的山谷的径流中，氮浓度大约是多少？被砍伐森林的山谷在砍伐之前的情况又是如何呢?

   b. 在砍伐一年之后，天然的未砍伐的山谷的径流中，氮浓度大约是多少？砍伐一年之后，被砍伐树木的山谷情况又是如何呢?

3. 进行推断

   a. 在未砍伐的森林中的径流，氮元素有没有年际间的模式？你能解释它吗?

   b. 与未砍伐森林的生态系统相比，砍伐了森林的生态系统的氮元素是怎么丢失的?

4. 得出结论

   a. 是什么影响了这片森林中树木保持氮元素的能力?

   b. 砍伐森林是否伤害了这个生态系统？做出解释。

本章回顾
Reviewing What You Have Learned

生态系统中的能量

生态系统中的能量流动

36.1.1 一个生态系统包括一个特定区域内的生物群落和栖息地。来自太阳的能量源源不断地进入生态系统，并在食物链中的有机体之间传递。

36.1.2 来自太阳的能量被能够进行光合作用的生产者固定，生产者被食草动物取食，食草动物反过来又被食肉动物捕食，如图36.1，所有营养水平上的生物体死后，它们的尸体都会被碎食者和分解者所消耗。

36.1.3 一个生态系统的净初级生产力是生产者所固定的能量总量。在食物链的每一个营养级水平能量都会丢失，这些获得的能量中只有5%～20%被传递到下一个营养级。

• 食物链呈现出有序的线状，但实际上能量流动是更为复杂的，被称为食物网。

生态金字塔

36.2.1 因为能量在食物链中通过营养级进行传递时会丢失，因此在较低的营养级中具有更多的生物个体。与能量一样，在较高营养级中生物量较低。生态金字塔阐明了个体数量、生物量及能量的分布情况。

生态系统中的物质循环

水循环

36.3.1 生态系统中的物质成分通过生态系统进行循环。循环的物质常常涉及生物体，且被认为是生物地理化学循环。

36.3.2 存在两种水循环：环境循环和生物循环，在环境循环中，如图36.6所示，来自大气中的水循环如降水等形式，降到地面上又通过蒸发重新回到大气中。在生物循环中，水分通过根系进入植物，之后通过蒸腾作用以水蒸气的形式离开植物。地下含水层中的地下水在水循环中的循环速度较慢。

碳循环

36.4.1 来自大气中的二氧化碳通过植物经由光合作用将碳固定。之后碳通过细胞呼吸以二氧化碳的形式返回到大气中，但是有些碳也储存在有机体的组织中。最终，通过化石燃料的燃烧和侵蚀作用的释放，碳又重新返回到大气中。

土壤营养成分与其他化学物质循环

36.5.1 大气中的氮气通过某种类型的细菌被固定。以植物为食的动物吸收植物中固定的氮。通过动物排泄与分解作用，氮又重新回到大气中。

36.5.2 磷也是通过生态系统进行循环，当磷缺乏的时候可能会限制植物的生长，在水生生态系统中，当磷过剩时，可能会导致一些问题。

36.5.3 其他化学物质，比如硫和重金属，也是通过生态系统进行循环的。这些物质的过剩可能会导致生态系统问题。

天气如何影响生态系统

太阳和大气环流

36.6.1 太阳的热能和空气的流通影响蒸发，并导致地球的某个地方，比如热带地区，出现较大的降水量。

纬度和海拔

36.7.1 温度和降水量同样受到海拔和纬度的影响。从赤道到两极生态系统的变化与从海平面到山顶生态系统的变化相似。

36.7.2 温度的变化引起雨影效应，降水沉积在山脉的迎风坡上，造成山脉的背风坡较为干旱。

海洋环流的类型

36.8.1 地球海洋环流以将不同区域分成冷水和热水的模式进行循环。这些海洋模式影响全球气候。

36.8.2 厄尔尼诺现象是一种发生在太平洋的温暖的洋流，每2～7年不规律循环。

生态系统的主要类型

海洋生态系统

36.9.1 有三种主要的海洋生态系统：浅水水域、海洋表面和深海水域。每一种生态系统都受到光照和温度的影响。

淡水生态系统

36.10.1 淡水生态系统与其周围的陆地生态系统有着密切的联系。淡水生态系统受到光照、温度和营养物质的影响。光线的穿透将一个湖泊分成三个不同光照量的区域。

36.10.2 湖泊中温度的变化，称为热分层现象，引起湖中营养物质的循环。

陆地生态系统

36.11.1 生物群系是遍布地球的陆地生物群落。每一种生物群落都是一群有机体，由于温度和降雨模式不同而不同。

本章测验

Test Your Understanding

36.1.1 生态系统是_______。

a.一个有机体群落

b.生物群落和它的栖息地

c.物种生活的区域

d.生活在一起的物种的集合

36.1.2 来自太阳的能量被捕捉，并且被转化为化学能是通过_______。

a.食草动物　　c.生产者

b.食肉动物　　d.腐食者

36.1.3 随着能量从一个营养级被传递到另一个营养级，大量的能量以_______形式散失。

a.未消化的生物量　　c.新陈代谢

b.热量　　d.以上所有

36.2.1 在生态金字塔顶端食肉动物的数量受到_______的限制。

a.顶级食肉动物的数量

b.生产者以下的营养级的数量

c.分解者的生物量

d.传递到顶级食肉动物的能量数量

36.3.1 研究水的运动和循环的水文学家提出将水从地面返回到空中称为蒸散（evapotranspiration）。这个词的第一部分是指蒸发（evaporation）。这个词的第二部分（transpiration）是指蒸腾作用，水_______的蒸发是蒸腾作用。

a.从植物体中　　c.从植物遮蔽的地面

b.通过动物的汗液　　d.从河流表面

36.3.2 下列关于地下水的表述不正确的是_______。

a.在美国，地下水为50%的居民提供饮用水。

b.地下水消耗的比补给的快。

c.越来越多的地下水受到污染。

d.从地下水中除去污染物是非常容易的。

36.4.1 碳循环包括化石燃料中存储的碳，这些碳通过_______释放。

a.呼吸作用　　c.侵蚀

b.燃烧　　d.以上所有

36.5.1 一些细菌具有“固氮”的能力。这意味着_______。

a.它们可以将氨转化为亚硝酸盐和硝酸盐

b.它们可以将大气中的氮气转化为生物可以利用的氮的形式

c.它们将富含氮的化合物分解，并释放出氨离子

d.它们将硝酸盐转化为氮气

36.5.2 磷元素是生物体必需的，可用于合成_______。

a.蛋白质　　c.ATP

b.碳水化合物　　d.类固醇

36.5.3 生物放大作用发生在何时_______。

a.污染物在较高营养级组织中的浓度增加

b.在生物体中，污染物的影响被化学物质的相互作用所放大

c.生物体被放置在解剖视野内

d.污染物一旦被人体摄入，它们对人体的影响远比预期的大

36.6.1（1）为什么地球上的沙漠大多数分布在纬度约为30°的范围内？

36.6.1（2）如果地球没有倾斜旋转轴，在北半球和南半球的年季节周期_______。

a.将被颠倒　　c.将减少

b.将保持不变　　d.将不存在

36.7.1（1）当一个人从加拿大的北部向南到美国时，树带界限高程增加。这是因为纬度_______。

a.增加，温度上升　　c.增加，湿度下降

b.下降，温度上升　　d.下降，湿度增加

36.7.1（2）为什么纬度和海拔的增加以同样的方式影响一个地区内植物物种的生长？

36.7.2 雨影效应导致_______。

a.由于山脉上没有风，导致极端湿润的环境状况

b.干燥的空气向两极移动，在南北纬度15°～30°的地区冷却并下沉

c.全球的极地地区几乎不能接收到来自热带地区的水分，因而比较干燥

d.在沙漠环境中，在山脉的迎风坡随着空气的升温风的持水能力增加

36.8.1 南半球的环流是_______。

a.由深海水体的运动引起的　　c.位于温暖大陆的西部

b.顺时针方向运动　　d.逆时针方向运动

36.8.2 厄尔尼诺现象是由_______引起的。

a.北太平洋环流的振荡　　c.东太平洋较低的海水温度

b.东西向的信风　　d.东西向信风的增强

36.9.1（1）地球上大约_______的光合作用是由海表面的浮游植物进行的。

a.75%　　c.40%

b.25%　　d.90%

36.9.1（2）最近人们对又黑又冷的深海区进行了探索，结果发现深海区生物多样性极为丰富，即使它们稀疏地分布着。你想象一下是什么导致深海如此高的生物多样性？

36.9.1（3）为了降低地球二氧化碳水平，一些研究者建议通过增加南大洋的初级生产力来降低海洋中的二氧化碳水平。你如何看待这一做法？

36.10.1 贫营养化的湖泊具有_______。

a.低的氧气浓度和高的营养物质浓度

b.高的氧气浓度和高的营养物质浓度

c.高的氧气浓度和低的营养物质浓度

d.低的氧气浓度和低的营养物质浓度

36.10.2 夏季淡水湖泊中，温度突然变化的水层称为_______。

a.富营养化　　c.贫营养化

b.深水区　　d.斜温层

36.11.1 下面哪一种生物群系没有在赤道南部发现_______。

a.极地冰原　　c.寒带苔原

b.热带稀树草原　　d.热带季雨林

37

学习目标

某些行为是由基因决定的

37.1 研究行为的方法

1 行为的表面原因与根本原因

37.2 本能行为模式

1 先天释放机制与固定动作模式

37.3 基因对行为的影响

1 基因对行为有重要影响

行为也可以被学习所影响

37.4 动物如何学习

1 非联想性学习与联想性学习以及经典条件反射与操作性条件反射

37.5 本能与学习的相互作用

1 本能与学习互动是如何塑造行为的

37.6 动物认知

1 非人类动物可以进行推理

进化的力量塑造行为

37.7 行为生态学

1 行为生态学定义及其范例

37.8 行为的成本–收益分析

1 支持最优觅食理论的证据

2 不是所有动物都具有领地意识的原因

37.9 迁徙行为

1 罗盘感觉与地图感觉的区别

37.10 生殖行为

1 性内选择与性间选择

2 配偶选择时三种潜在的优势

3 一夫一妻制、一夫多妻制和一妻多夫制

社会行为

37.11 社群内的沟通

1 弗里施和温纳关于蜜蜂间交流信息的观点，以及古尔德对这一争论的解释

2 人类幼年时期的语言交流

37.12 利他主义和社群生存

1 汉密尔顿对利他主义起源的解释

37.13 动物社会

1 昆虫社会与脊椎动物社会

37.14 人类的社会行为

1 发展心理学定义及其主要结论

调查与分析 螃蟹能有选择性地进食吗？

行为与环境

一只狗如果向另一只狗弯腰是在表达“我们来玩儿吧”的意思。它的尾巴会高高翘起，它会把前腿平放在地面上，满怀希望地向上看，期待它的伙伴能同意。每一只狗都在用这样的方式邀请它的伙伴一起玩儿，一只猎犬——甚至是一匹狼也是这样。弯腰是它们共有的先天行为。另一方面，一只狗也可能表现得与其他狗不同。它可以学习“坐下”或者“打滚”——或者去接飞盘、牧羊、取早上的报纸。它可以解决一些相当惊人的问题。狼和其他野生犬科动物是群居动物，群居在一起，共同狩猎和养育幼崽。当然，也有一些事情是狗学不会的，无论它为此付出了多少努力。尽管狗可以叫、狂吠或者发出呜呜的声音，但是它永远都不能学会说话。行为生态学家研究了动物是怎样做出行为以及它们选择某一种特定方式表现行为的原因。例如，他们发现，在人类和猩猩中，除了语言外，其他的差别是相当小的。甚至可以说，你与小狗之间也有很多相似的行为，这完全超乎了你的想象。

某些行为是由基因决定的
Some Behavior Is Genetically Determined

37.1 研究行为的方法

解释行为

学习目标37.1.1 行为的表面原因与根本原因

动物在很多方面都可以对周围环境做出响应。海狸在秋天能够建造水坝以围成湖泊，鸟类在秋天鸣叫。蜜蜂寻找蜂蜜，并在发现后飞回蜂巢传达这个好消息。为了理解这些行为，我们需要明确动物产生这些行为的内在因素，以及引发个体行为的外部环境。

行为可以定义为生物体对外界环境的刺激做出响应的方式。在具有神经系统的动物中，行为通常是错综复杂的。利用眼睛、耳朵以及各种感觉器官，很多动物都能察觉到环境中的刺激，然后加工信息，并指示身体做出适当的行为反应，这过程是十分复杂且微妙的。

当我们观察动物的行为时，我们可以用不同的方式进行调查。首先，我们可以询问它到底是怎样工作的。动物的感觉、神经网络以及内部状态是怎样在生理上联系到一起共同产生行为的？如同一个学习汽车工作原理的技工，我们也在探究机器的运作方式。一个心理学家会说，我们要探究它的**直接原因**。为了分析行为的直接原因，我们也许要测定激素水平或者记录大脑中特定神经元的脉冲活动。心理学领域通常集中于对直接原因的探究。

我们也可能会问，为什么是这样工作的？为什么行为会演变成这种形式？这一特定响应对环境的适应性价值是什么？这种对环境产生的特定响应的适应价值是什么？这就是**根本原因**。要研究一种行为的根本原因，我们应该尝试着去发现它是如何影响动物的生存或生殖成功率的。动物行为学这一领域主要集中于对根本原因的研究。

任何一种行为都可以从其他的角度来看待。例如，一只雄性鸣禽在繁殖期间会鸣唱。为什么？一种观点是，漫长的春季能够引起雄鸟体内类固醇类性激素睾酮水平的增加，当睾酮水平很高时，它能与鸣禽大脑中的激素受体结合并引起雄鸟的鸣唱。睾酮水平的提高就是雄鸟鸣唱的直接原因。

另一种观点是，雄鸟存在一种行为模式，是为了更好地适应环境而进行自然选择后的产物。从这一角度来看，雄鸟鸣唱是为了向其他雄鸟宣示领地并且吸引雌鸟进行交配。这些生殖的动机是雄鸟鸣唱行为根本的或者说是进化上的原因。

生物学中具有争议的领域

关于行为的研究具有一段很长且充满争议的历史。产生争议的问题是，动物的行为更多地受控于个体的基因还是其后天的学习与经验。换句话说，行为是自然（本能）的产物还是后天培育（学习）的结果？从前，这一问题被科学家看作是“二选一”的命题，但是现在我们知道，本能和学习都起到重要作用，通常是以复杂的方式相互影响并产生最终的行为。我们将开展关于动物行为的研究，更集中地进行与本能和后天学习相关的科学研究，并探索这二者之间相互影响所产生行为的直接原因与根本原因。

关键学习成果 37.1

动物的行为是其对外界环境的刺激做出响应的方式。一些生物学家研究产生行为的生理机制，另一些研究者探究发育过程中相关的进化因素。

37.2 本能行为模式

一个先天行为的例子

学习目标37.2.1 先天释放机制与固定动作模式

动物行为学领域中早期的研究集中于那些看起来像本能（或者称为“先天”）的行为模式。因为动物的行为通常是固定的（换言之，同一物种的不同个体能表现出同样的形式），行为科学家认为，行为一定是基于神经系统中预先设定好的方式进行。在他们看来，这些神经通路是由基因蓝图构成的，使动物在一生中第一次行动时就表现出基本相同的行为。

这项关于动物行为本能的研究通常是在野外进行的，而不是在实验动物身上进行的。研究动物在自然条件下的行为称为**动物行为学**。

康拉德·洛伦兹（Konrad Lorenz）对鹅取回蛋的行为的研究，为动物行为学家所说的先天行为提供了一个明确的例子。图37.1（a）中的图例说明了这样一种情况：一只鹅在巢内孵化时注意到有一只蛋被人从巢里拿出去，它将朝着蛋伸长脖子，站起来，当蛋在它的嘴部下方时，它便会用脖子左右扭动将蛋滚动回巢里。即使蛋在被它取回的过程中又被人拿走了，这只鹅也会完成它的行为，就好像是被一种程序驱使着，而这种程序触发点就是它最开始看到的巢外那只蛋的景象。

根据洛伦兹等动物行为学家的观点，蛋取回的行为是由一种**信号刺激**引起的（也被称为关键刺激），在这一案例中，它就是巢外那只蛋的一种表象。鹅的大脑中神经连接的方式是**先天释放机制**，通过给运动程序或者叫**固定动作模式**提供来自神经的指令，对信号刺激的响应，驱使鹅做出复杂的取回蛋的行为。

一般来讲，信号刺激是指环境中能引起行为的一种“信号”。先天释放机制是大脑的固定元素，而固定动作模式是一种刻板动作。

动物行为学家在研究鸟类和其他动物的固定动作模式时发现，在某些情况下，很多事物都会引起固定动作模式。例如，大雁会试图将棒球甚至是啤酒罐滚回它们的巢。

关于这种信号刺激的一般特征有一个典型例子，是尼古拉斯·廷贝亨研究了雄性刺鱼的求偶行为。在繁殖期，雄性刺鱼的腹侧逐渐变成鲜红色。雄性刺鱼具有领地意识，并对接近其领地的其他雄鱼具有极强的攻击性。它们首先会表现出攻击的状态［见图37.1（b）的右侧］，如果入侵的雄鱼没有被吓退，它们就会对其进行攻击。然而，廷贝亨发现，当窗外有红色的消防车经过时，实验室水族箱里的雄性刺鱼会表现出攻击性，他意识到红色对雄性刺鱼来说就是一种信号刺激。廷贝亨在实验中利用了图37.1（b）左侧并不像鱼的模型给雄性刺鱼施加刺激，也能使刺鱼表现出攻击态，只要这些模型有红色腹部。

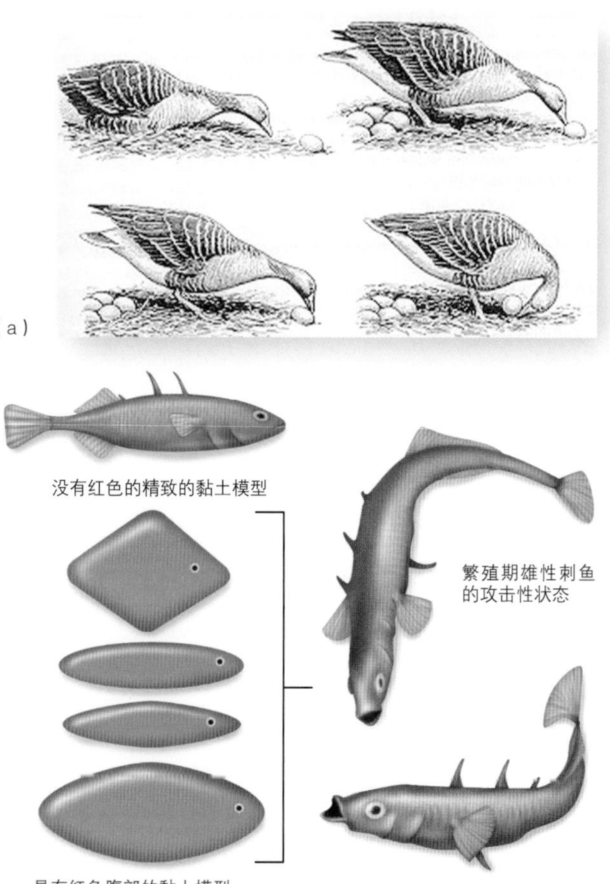

图 37.1 信号刺激与固定动作模式

（a）鹅取回蛋的一系列动作属于固定动作模式。一旦它发现了刺激信号（在这种情况中，刺激信号是在巢外的蛋），鹅将完成这一整套动作：它将朝向蛋伸长脖子，当蛋在它的嘴部下方时，它会用脖子一点一点地将蛋滚动回巢里。（b）对于刺鱼来说，红色作为一种刺激信号能引起雄性刺鱼的固定动作模式：攻击性的表现或姿态。当上面的黏土模型出现在雄性刺鱼面前，它们很少表现出第一种状态，尽管这种黏土模型看起来更像雄性刺鱼，但却缺少雄性刺鱼在繁殖期具有的红色腹部的特征。

关键学习成果 37.2

研究动物行为的行为学方法强调先天的、本能的行为，这是神经系统中预设的方式。

37.3 基因对行为的影响

本性与培养

学习目标37.3.1 基因对行为有重要影响

尽管大部分动物的行为都不是“天生的”的本能，比如那些早期动物行为学家的研究，许多动物的行为受到了从亲代遗传下来的基因的强烈影响。换言之，“本性”在决定动物行为模式上起到了关键性的作用。

如果基因能决定行为，那么我们就应该研究其遗传，就好像孟德尔研究了豌豆花色的遗传问题。这种调查研究被称为**行为遗传学**。

遗传杂交研究

行为遗传学研究了很多动物的行为，这些行为是符合孟德尔遗传定律的。康奈尔大学的威廉·迪尔格研究了情侣鹦鹉的两个物种，它们在搬运细枝、纸片以及其他用于筑巢的材料时的方式是不同的。第一种费舍尔鹦鹉，用喙衔着筑巢材料，而另一种桃面鹦鹉，将材料放在它的侧翼（尾巴）下面的羽毛中。当迪尔格杂交这两个物种时，他发现杂交后代是采用了介于亲本两种模式中间的一种方法：杂交后代会将筑巢材料在喙和侧翼羽毛之间来回移动。关于蟋蟀和树蛙的求偶叫声研究也证实了杂交后代具有采取中间行为的行为特性；杂交后代具有两个亲本物种的等位基因，产生的声音是其父母双方声音的一种组合。

双胞胎研究

通过比较同卵双胞胎的行为，也可以看出基因对人类行为的影响。从遗传角度来讲，同卵双胞胎是相同的，如同其名字的含义。由于大部分同卵双胞胎都是在一起被抚养长大的，他们行为中的任何相似之处可能源于相同的基因或成长过程中共同的经历。然而，在某些情况下，同卵双胞胎在刚出生时就被分开，并且是在不同的家庭环境中被抚养长大的。最近一项涉及了50对双胞胎的研究表明，即使双胞胎在不同的环境下长大，他们在性格、气质，甚至是休闲活动方面仍然具有很多的相似性。这些结果表明，基因在决定人类行为方面起着关键作用，尽管对基因与环境的相对重要性仍然存在激烈的争论。

基因如何影响行为的详细观察

科学家们深入地研究了小鼠体内一个基因突变的例子，该实验详细地阐述了某一特定的基因是如何影响行为的。在1996年，行为遗传学家发现了一个基因*fosB*，它能决定雌性小鼠是否会养育后代。*fosB*的等位基因均被敲除（在实验中被移除）的雌性小鼠在查看新生的小鼠后就会忽略它们，这与那些具有照顾和保护等母性行为的正常雌性小鼠形成了鲜明的对比。

这种注意疏忽的表现是由一种连锁反应引起的。当新生小鼠的母亲最开始检查它们时，来自听觉、嗅觉以及触觉的信息会传递到下丘脑中。在下丘脑中，*fosB*的等位基因被激活，产生一种特殊的蛋白质，它反过来会激活下丘脑中影响神经回路的酶与其他基因。大脑中的这些改变使得雌性小鼠对其后代产生母性行为。一般来说，通过检查新生小鼠而增加的信息可以被视作一种信号刺激，*fosB*基因是一种先天释放机制，而母性行为是一种最终的行为模式。

对于缺少*fosB*等位基因的雌性小鼠来说，这种本能的行为模式会被终止。如果没有蛋白质被激活，大脑中的神经回路就不会被重新连接，并且不会产生母性行为。

关键学习成果 37.3

大量的研究结果证实，基因在很多动物行为中具有关键的作用，这些研究涉及很多种类的动物，包括人类在内。

37.4 动物如何学习

学习与条件

学习目标37.4.1 非联想性学习与联想性学习以及经典条件反射与操作性条件反射

动物表现出的很多行为模式都不是单独由本能引起的结果。在很多情况下，动物会根据以前的经验来改变自身的行为，这一过程称为**学习**。最简单的学习类型是非联想性学习，它不需要动物在两种刺激间或在一种刺激与一种响应间形成一种联系。非联想性学习的一种形式是敏感化，即重复受到同一种刺激会使动物产生更大的反应。非联想性学习的另 ·种形式是习惯化，即对重复刺激的反应减弱。在很多情况下，当刺激第一次出现时能引起很强烈的反应，但是重复受到该刺激后，动物产生的反应会逐渐减弱。举一个日常生活中的例子，你还会注意你每天都坐的椅子吗？习惯化可以被认为是学习不对刺激做出反应。当动物在复杂的环境中面对很多刺激时，必然会忽略不重要的刺激。

涉及两种刺激间或在一种刺激与一种响应间形成联系的行为改变称为**联想性学习**。通过联想，这种行为被改变，或者说是有条件的。这种学习的形式比习惯化更复杂。联想性学习的这两种类型称为经典条件反射和操作性条件反射。它们的区别在于联想的方式不同。

经典条件反射

在**经典条件反射**中，两种刺激成对存在，使得动物对两种刺激形成一种联系。当俄国心理学家伊万·巴甫洛夫（Ivan Pavlov）给狗喂食肉粉（一种无条件的刺激物）时，狗的反应是流口水。如果在食用肉粉的同时出现了不相关的刺激，如铃声，那么经过反复试验，狗会在只听到铃声时就分泌唾液。这只狗已经在不相干的铃声刺激和肉粉刺激之间形成了一种联系。它对铃声刺激的反应具有了条件性，现在铃声变成了一种条件刺激。

操作性条件反射

在**操作性条件反射**中，动物能够学会将自身的行为响应与奖励或者惩罚联系起来。心理学家伯尔赫斯·弗雷德里克·斯金纳研究了小鼠的操作性条件反射，他将小鼠放在一个名为“斯金纳箱”的实验笼子里。当小鼠探查箱子时，它可能会偶然压到一根杆，这时会出现一团食物。最开始，小鼠会忽略这根杆，吃到食物，然后继续在笼子里移动。然而，很快它就会将压杆（行为响应）和食物（奖励）联系在一起。当一只实验小鼠感到饥饿后，它会用所有的时间来压杆。这种试错学习的方法对脊椎动物来说具有重要意义。

印记

随着动物的成熟，它可能会形成对深刻影响其以后行为的其他个体的偏好或社会依恋。这一过程称为**印记**，有时也被当作是学习的一种类型。在亲子印记中，在亲代与子代之间会形成社会依附性。例如，在某些种类的鸟中，雏鸟在刚孵化后的几个小时内就开始跟随它们的母亲，母亲和雏鸟之间会形成一种强烈的纽带关系。这是联想性学习的一种形式，这是雏鸟在一个关键的时间节点上形成的一种联系（对于鹅来说大约是13到16个小时）。鸟类会跟随孵化后看到的第一个物体，并将它们的社会行为导向这个物体，即它们的母亲。动物行为学家康拉德·洛伦兹将鹅从蛋中孵化出来，然后他将自己作为幼鹅印记的对象，幼鹅会将他当作自己的母亲，一直忠实地跟着他。

关键学习成果 37.4

习惯化和敏感化是刺激与响应之间不存在联系的学习的一般形式。不同的是，联想性学习（条件反射和印记）涉及两种刺激间的联系和刺激与响应间的联系。

37.5　本能与学习的相互作用

基因构成了行为的边界

学习目标37.5.1　本能与学习互动是如何塑造行为的

一些动物本能地倾向于形成某些特定的联系。特定的成对刺激可以通过操作性条件反射联系到一起，而有的刺激则不行。例如，鸽子通过学习可以将食物和颜色联系到一起，但是无法将食物和声音联系到一起。另一方面，它们可以将危险和声音联系到一起，但是无法将危险和颜色联系到一起。这种学习倾向性证实了一个动物能学会什么是受到了生物学特点的影响，也就是说，学习可能只在动物本能的范围内进行。

构成动物本能的先天程序是逐步进化的，因为每一个个体都能加强适应性反应。一只鸽子吃的一粒种子可能具有它能辨别的特定的颜色，但是种子不具有鸽子能听见的声音。鸽子害怕的捕食者靠近时能产生一种声音，但是不具备特定的颜色。

行为通常能反应生态因素

了解动物的生态学是理解其行为的关键，因为行为的遗传成分已经进化到使动物与其栖息地相匹配。例如，有些鸟类，如克拉克星鸦，以种子为食。当种子充足时，这些鸟类会将种子埋到地下，为冬天储存粮食。一只鸟埋在地下的种子可达数千颗，一段时间后再被翻出来，有时可能是在9个月以后。关于这一现象的一种解释是，这种鸟有着非凡的空间记忆能力，研究者确实证实了这种情况。一只克拉克星鸦可以记住多达2,000颗种子的位置，它可以利用地形及周围的物体作为空间参考来记住种子的位置。当我们对克拉克星鸦进行解剖时发现，它具有一个非常大的海马，这是其大脑储存记忆的中心。

本能与学习之间的相互作用

白冠麻雀第一次获得求偶歌曲的方式为本能和学习在行为发展中的相互作用研究提供了一个极好的例子。求偶鸣唱是成年个体发出的鸣唱声，具有物种特异性。动物行为学家彼得·马勒在隔音的培养箱中饲养雄性鸟类，箱子内部放置有扬声器和麦克风，他会控制鸟类成长时所听到的声音，然后再记录它们成年后发出的叫声，这种录音被称为声像图。在图37.2（a）中，与正常声像图相比，他发现在发育过程中根本听不到鸣叫的白冠麻雀成年后鸣叫发育不良，如图37.2（b）中的声像图所示。当它们只能听到另一个种类——北美歌雀的鸣声时也会出现同样的情况。但是那些能听到同类鸣声的白冠麻雀，就可以像其他正常的成年个体那样拥有丰富的鸣声。即使雏鸟在听到同种鸟类的鸣声的同时也听到了北美歌雀的鸣声，它成年后也会拥有丰富的鸣声。

马勒的实验结果表明，这些鸟类具有一个基因模板，或者是本能程序，用以指导它们学习合适的鸣声。在发育的关键时期，模板能接受正确的声音作为模型。因此，声音的获得依赖于学习，但只有正确物种的鸣声才可以被学习。

尽管鸣声模板是由基因决定的，但马勒发现，学习在鸣声的发展中也起着显著的作用。如果一只年幼的白冠麻雀在其关键期听到了同类的鸣声之后失去了听觉，那么它成年后的鸣声也是不发达的。鸟类必须“练习”听自己的鸣声，使它所听到的鸣声与模板接收的鸣声相互匹配。

一些种类的雄鸟没有机会听到自己同类的鸣声。在这种情况下，雄鸟本能地“知道”其同类的鸣声。例如，布谷鸟是巢寄生的种类；雌鸟将蛋产在其他种类鸟的巢中，孵化出的雏鸟是由其养父母抚养长大的。当布谷鸟成年以后，它们的鸣声与其同类的

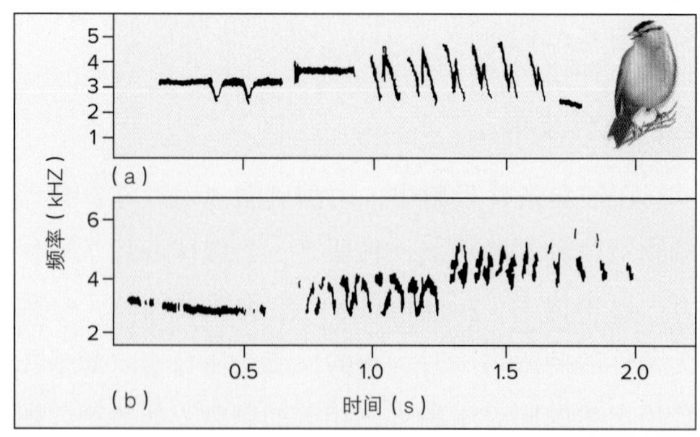

图37.2　鸟类的声音发展涉及本能与学习两种方式
在发育过程中听到了同类鸟鸣声的雄性白冠麻雀的声像图（a）不同于那些在被饲养的过程中没有听到鸣声的雄性个体的声像图（b）。这种差异表明基因本身的作用不足以形成正常鸣声。

鸣声相同而不是与其养父母的鸣声相同。由于雄性的巢寄生个体在发育过程中能听到其养父母的鸣声，它们可以选择忽略这种“不正确”的刺激。它们无法听到相同种类成年雄性的鸣声，所以无法接收到正确的声音模板。在这一物种中，自然选择为雄性个体提供了完全由本能指导的、基因编码的鸣声。

关键学习成果 37.5

行为是由本能（受基因影响）与经验学习共同决定的。我们认为是基因限制了行为可以被改变的程度以及它能形成的联系的类型。

37.6 动物认知

许多动物都能进行推理

学习目标37.6.1 非人类动物可以进行推理

几十年来，动物行为学的学生都十分反对非人类的动物可以思考这一观点。相反，普遍的看法是认为它们可以通过本能以及简单的、天生的学习能力对环境做出响应。

近几年，研究者对动物的意识这一课题高度重视。其中，核心问题是除了人类以外的动物是否具有认知行为——它们是否能通过思考来处理信息并做出响应？

意识规划的证据

何种行为能够证明认知能力的存在？一些生活在城市地区的鸟类能够撕开非均质牛奶瓶上的锡箔纸盖，以获得下面的奶油。日本猕猴（猴子的一种）学会了让粮食在水面上漂起来，使之与沙粒分开，并且将这种做法教给其他猕猴。一只黑猩猩摘掉树枝上的树叶，然后用树枝探测白蚁巢穴的入口并且收集白蚁，这说明猿类很明确自己想要做什么，能够有意识地提前计划。海獭为了使用岩石作为“铁砧”猛击蛤蜊，将蛤蜊打开，通常它会将一块最喜欢的岩石保留很长一段时间，就像很明确自己将来也会用到这块岩石一样。

解决问题

动物解决问题的一些实例用其他任何方式都很难解释，除了将其看作认知过程的结果——如果我们这样做，这一过程则被称为推理。例如，在20世纪20年代的一系列经典的实验中，一只黑猩猩被留在一个房间里，在它够不着的天花板上悬挂着一根香蕉。在这个房间中还有几个箱子，每一个箱子都被放在地板上。经过几次跳起来抓香蕉的失败尝试后，黑猩猩突然看见了地上的箱子并且立刻将它们移动到香蕉下面，将一个箱子放在另一个箱子上面，然后爬到了箱子上面摘到了它的奖品。很多人类都无法这么迅速地解决问题。

如同黑猩猩一样，动物具有与我们非常相近的智力这件事不足为奇。然而，也许更值得惊讶的是，最近的研究发现，其他动物可能也存在认知能力。乌鸦总是被看作是鸟类中智力最高的动物。佛蒙特大学的贝恩德·海因里希利用在户外的鸟笼中人工饲养的乌鸦进行实验。

海因里希把一块肉放在一根绳子的末端，挂在鸟舍的一根树枝上。这些乌鸦喜欢吃肉，但是它们之前从未见过绳子，并且吃不到这块肉。在几个小时里，乌鸦只是偶尔看一看肉，但除此之外什么也没做，随后，一只乌鸦飞向了树枝，俯下身用喙抓住绳子并拉起绳子，把绳子放在自己的脚下。然后乌鸦又俯下身拉起了一段绳子，不断重复这个动作，每一次都将肉拉得更近。最终，肉到了乌鸦触手可及的地方，被它抓住吃掉了。这只乌鸦，面对了一个对它来说全新的问题，设计了解决方案。最终，5只乌鸦中的3只都找到了吃到肉的方法。毫无疑问，这一结果表明乌鸦已经进化出了认知能力。

关键学习成果 37.6

科学家研究了动物初始阶段的认知能力，但是有一些例子确实证明了动物能进行推论。

进化的力量塑造行为
Evolutionary Forces Shape Behavior

37.7 行为生态学

行为的进化意义

学习目标37.7.1 行为生态学定义及其范例

关于动物行为的研究，大致分为三种类型。(1)发育研究。洛伦兹关于鹅的印记研究属于这一类型。(2)生理基础研究。小鼠体内*fosB*基因对母性行为的影响分析属于该类型的研究。(3)功能研究(即进化意义)。这一类型的研究是由**行为生态学**领域的生物学家提出的。行为生态学是研究自然选择如何塑造行为的。

行为生态学研究了行为的存在价值。一个动物的行为是如何保证其生存与繁殖的，或者是如何使其后代意识到繁殖的？因此，行为生态学的研究集中在行为的适应意义上——也就是说，行为对动物繁殖成功或健康的贡献。

我们必须知道，行为中所有的遗传学差异不一定都具有生存价值。在自然群体中，许多基因的差异是随机突变的结果，这一过程被称为遗传漂变。只有通过实验，我们才能知道某一特定行为是否受到自然选择的青睐。

诺贝尔奖获得者廷贝亨对海鸥筑巢的开创性研究为行为生态学家研究行为的潜在进化意义提供了一个极好的例子。廷贝亨观察到，海鸥雏鸟从蛋中孵化出来以后，亲代海鸥会迅速将蛋壳从巢中移出去。为什么？这种行为给海鸥赋予了何种可能的进化意义？

为了研究这一问题，廷贝亨将鸡蛋伪装成海鸥蛋的样子，与海鸥巢穴所在的自然背景融为一体，随机地分散到筑巢区域的地面上。他在一些伪装蛋的旁边放置了打碎的蛋壳，并且作为对照，将旁边没有蛋壳的伪装蛋也留在了附近。然后他开始观察哪种蛋更容易被乌鸦发现。由于乌鸦能够将破碎蛋壳内部的白色作为线索，所以它们反复地取食离破碎蛋壳较近的伪装蛋，却忽略了单独放在一旁的伪装蛋，尽管它们很容易被发现。廷贝亨认为，除去蛋壳的行为是适应性行为，它对鸟类来说具有进化意义。从巢中去除破碎的蛋壳能降低未孵化蛋(及新生雏鸟)被捕食的可能性，并因此增加了后代的存活率。

要了解适应性特征如何赋予其进化优势并不总是那么容易。一些行为(比如移除蛋壳)能降低被捕食的风险，另一些行为能增加能量的摄入，进而使动物养育的后代数量增加。还有一些特性能够减少与疾病的接触或是增加对疾病的抗性，提高动物求偶的能力，或者以某种方式提高自身的健康，以增强其培养后代的能力。

关键学习成果 37.7

行为生态学是研究自然选择如何塑造行为的科学。

37.8 行为的成本-收益分析

行为生态学家研究行为进化优势的一个重要方法是质疑它是否提供了大于成本的进化收益。例如，一种行为如果能增加亲代对食物的摄入量，那么它就是被自然选择所偏爱的。当它能增加后代的存活率时，它就是一种明显的适应性收益，但它同时需要消耗一定的成本。寻找食物或保护食物的供应，能增加亲代被捕食的危险，同时降低了亲代存活下来并成功养育后代的概率。为了理解这些行为的种类，仔细地评估其成本与收益是十分必要的。

觅食行为

学习目标37.8.1 支持最优觅食理论的证据

对很多动物来说，它们的食物具有很多不同的个体大小并且分布在很多地方。动物必须决定挑选哪些食物以及为了寻找食物要移动多远的距离。这些选择被称为动物的**觅食行为**。每一种行为都涉及收益与相关的成本。因此，尽管一个较大的食物可能具有更多的能量，但它却是很难获得的并且数量也较少。即觅食行为需要在食物的能量含量与获得该食物所需的成本之间进行权衡。

对于觅食的动物来说，取食每一种它可以食用的食物所获得的净能量（卡路里），等于食物所具有的能量减去追赶和处理食物时消耗的能量。乍看之下，有一种猜想是，进化可能会选择那些能量利用率尽可能高的觅食行为。这种推论就是我们熟知的**最优觅食理论**，该理论认为，动物会选择那些单位觅食时间内摄入能量最大的食物。

最优觅食理论是正确的吗？许多捕食者确实是选择那些单位时间内能量回报最大的食物。如食草蟹首先倾向于取食体型中等的蚌类，因为这能取得最大的能量回报（见本章末尾调查与分析中的讨论）。个体较大的蚌类能提供更多的能量，但也需要消耗更多的能量将其撬开。其他一些动物也倾向于能量回报最大的觅食行为。

关键的问题是，基于最优觅食理论而获得的较大的能量资源是否会增加繁殖成功率？在很多情况下，确实是这样的。在很多动物类群中，包括地松鼠、斑胸草雀以及圆网蛛，当亲代获取更多的食物能量时，成功抚养的后代数量也会增加。

然而，在其他情况下，觅食的成本大于收益。一个本身面临被吃的危险的动物，通常能够很明智地减少觅食所用的时间。当捕食者出现时，很多动物会改变自身的觅食行为，这是食物和危险之间的一种权衡。

领地行为

学习目标37.8.2　不是所有动物都具有领地意识的原因

动物通常会在一个更大的区域内活动，或称为活动范围。在很多物种中，几只个体的活动范围是重叠的，但每只个体只能守卫活动范围的一部分，并且独占它。这种行为称为**领地权**。

动物通过展示自己的领地来宣示主权，以一种带有侵略性的姿态告诉其他动物该领地是由自己占有的。一只鸟在自己领地内的高枝上鸣唱，以防止自己的领地被邻近的鸟类入侵。如果其鸣唱没能成功阻止其他鸟类的入侵，该领地的主人就会发动攻击，并将入侵者驱逐出境。

为什么不是所有的动物都具有领地意识？这一问题的答案就涉及了成本-收益分析。动物领地行为所具有的实际适应价值依靠于动物行为的收益与成本之间的权衡。领地行为带来的收益是显而易见的，包括能够从领地附近获取更多的食物、逃避捕食者，以及排斥其他鸟类的求偶行为。

然而，领地行为的代价也可能是巨大的。例如，一只鸟的歌唱需要消耗大量能量，而来自竞争对手的攻击可能会导致受伤。另外，通过鸣唱来宣示主权或者直接展示领地，会将自身的位置暴露给捕食者。在很多实例中，尤其是当食物充足时，守卫易得的食物是一件简单的事，并不值得消耗成本。

关键学习成果　37.8

自然选择倾向于可以使能量最大化的觅食行为与领地行为的进化，尽管其他值得注意的事情也是十分重要的，比如躲避捕食者。

37.9　迁徙行为

动物怎样进行导航

学习目标37.9.1　罗盘感觉与地图感觉的区别

许多动物在地球上的一个地方繁殖，然后一年中的其余时间会在另一个地方度过。像这种路程较长、每年进行的双向运动称为**迁徙**。迁徙行为在鸟类中特别常见。野鸭和野雁在每年秋天都会沿着从加拿大北部到美国的候鸟迁徙路径向南迁徙，并在美国越冬，下一年的春天再向北迁徙，返回原地筑巢。林莺及其他以昆虫为食的鸟类会在热带越冬，而春季和夏季在美国和加拿大进行繁殖，因为那时的昆虫数量是十分丰富的。帝王蝶每年秋天会从北美的中部及东部地区迁徙至墨西哥中部山脉中一些小的、彼此独立的针叶林区域。在夏季，灰鲸生活在北冰洋中，然后它们会游1万千米到加利福尼亚巴哈的温暖的水域中，整个冬季都会在该水域中繁殖。

生物学家对迁徙的研究十分感兴趣。要想明确动物在如此长距离的迁徙中是如何精确导航的，很重要的一点是，理解罗盘感觉（一种朝着特殊方向移动的天生能力，即“跟随一种方位”）和地图感觉（一种动物依据自己的位置来调整方位的学习能力）之间的区别。一项关于椋鸟的实验表明，无经验的鸟类依靠罗盘感觉完成迁徙，先前有过经验的鸟类依靠地图感觉进行导航——从本质上来讲，它们掌握了路线。这些候鸟在其迁徙途中的荷兰被捕捉到，然后被带到瑞士释放。无经验的鸟会沿着原本的方向继续飞行，而有经验的鸟会调整航向，最后到达它们正常的越冬地。

罗盘感觉

我们现在已经很好地理解了鸟类是如何使用罗盘感觉的。许多候鸟都有探测地球磁场的能力，并根据磁场来确定自己的方位。在一个封闭的室内笼子里，即使没有明显的外部线索，它们也会试图朝着正确的地理方向移动。笼子附近存在的强大磁场可以改变方向，鸟类会尝试着朝这一方向移动。

雏鸟在第一次迁徙时，会本能地受地球磁场的指示。没有经验的成年鸟也会利用太阳，特别是利用星星来调整自己的方向（迁徙的鸟类主要是在夜晚飞行）。

蓝鹀可以在白天飞行并且能够利用太阳进行定位，然后根据北极星的位置重新调整，弥补一天里因天空中太阳的运动而造成的方向偏移，因为北极星在天空中的位置是不变的。椋鸟利用自身的生物钟弥补天空中太阳的偏移。在实验中，如果给被捕获的椋鸟展示一个位置固定的太阳，那么它们会以大约每小时15°的恒定速率来调整自己朝向太阳的方向——这一速率与太阳在天空中的移动速率是相同的。

地图感觉

我们尚不清楚迁徙的鸟类与其他动物是如何获得地图感觉的。在它们第一次进行迁徙时，雏鸟与一群有经验且知道路线的成年鸟一起飞行，在迁徙的途中，雏鸟开始学习掌握某些线索，比如山脉和海岸线的位置。

而那些迁徙途中经过的地形毫无特色的动物则更令我们困惑。比如绿海龟。每年都有许多重达180千克的海龟能以惊人的准确度从巴西迁徙至复活岛，它们在途中还要穿越大西洋——2253千米的开阔海域，到达目的地以后，雌海龟开始产卵。它们在海浪中艰难前行，如何找到这座千里之外地平线上的岩石小岛？虽然最近的研究表明波浪运动的方向提供了导航线索，但具体的原因仍不清楚。

关键学习成果　37.9

许多动物依靠太阳和星星进行导航沿固定的路线迁徙。通常情况下，年轻的个体通过跟随有经验的个体迁徙以掌握路线。

37.10　生殖行为

性选择

学习目标37.10.1　性内选择与性间选择

一个动物能否成功繁殖直接受其繁殖行为的影响，因为这些行为影响了动物的个体寿命、交配的频率以及每次交配后产生后代的数量。

由于交配机会的竞争而产生的差异繁殖被称为**性选择**。性选择包括性内选择，即同一性别之间的选择（就像达尔文提出的“在战斗中征服其他雄性的力量”），以及性间选择（“魅力”）两种方式。

性内选择导致与其他雄性战斗中使用的身体结构（比如鹿角或者公羊的犄角）的进化。与伙伴之间的战斗，无论是玩耍还是真正的战斗，都是一种对抗行为，这种争胜行为是威胁、炫耀及真正的争斗引起的对抗。

性间选择，也称**配偶选择**，能引起复杂求偶行为的进化以及引起用于“说服”异性交配的装饰品的进化，如长尾羽或鲜艳的羽毛。例如，雄性孔雀在雌性面前展示尾羽。图37.3展示的结果是，雄性尾羽上的眼点越多，它能吸引的配偶就越多。

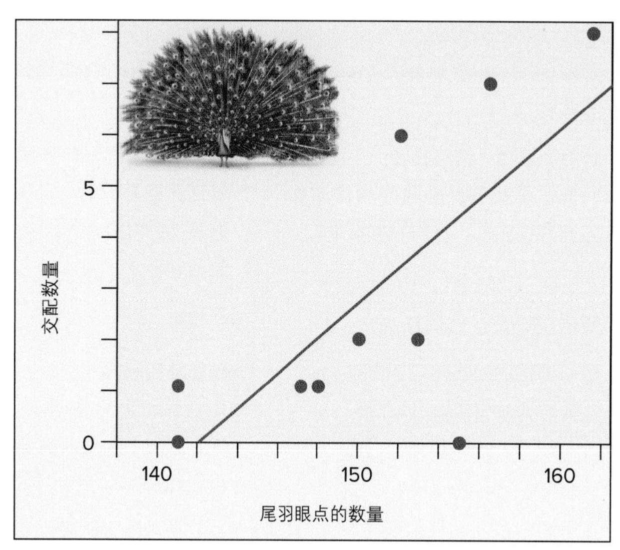

图 37.3　雄性孔雀的尾羽是性选择的产物

实验表明，尾羽单调的雌孔雀更喜欢与尾羽上有大量彩色“眼点”的雄孔雀交配。

配偶选择的益处

学习目标37.10.2　配偶选择时三种潜在的优势

为什么会进化出择偶偏爱性？它们的适应价值是什么？生物学家提出了几点原因：

1. 在很多种鸟类和哺乳类动物中，雄性会帮助雌性抚养后代。在这些情况下，对于雌性来说，选择能提供最好照顾的雄性是有益的——雄性亲本越好，雌性成功养育的后代越多。
2. 在其他的物种中，雄性不提供照顾，但是可以维护能提供食物、筑巢场所及躲避天敌的领地。对于这些物种来说，选择拥有最好领地的雄性配偶，可以使雌性将繁殖成功率最大化。
3. 在一些物种中，雄性不会对雌性产生任何直接的益处。如果一只雌性选择一只更有活力的雄性，至少从某种程度上来讲，可能会获得优良的遗传基因组成，雌性可以确保它的后代能够从父亲那里遗传到好的基因。

交配系统

学习目标37.10.3　一夫一妻制、一夫多妻制和一妻多夫制

动物的繁殖行为因物种而异。一些动物在繁殖期能与很多配偶进行交配，而其他种类只与一只配偶交配。一只动物在繁殖期拥有配偶的特定数量被称为**交配系统**。在动物中，一共存在三种主要的交配系统：一夫一妻制（一只雄性与一只雌性交配）、一夫多妻制（一只雄性与多只雌性交配）、一妻多夫制（一只雌性与多只雄性交配）。

与配偶选择一样，交配系统的进化能使繁殖适应性最大化。例如，一只雄性守卫的领地足以供不止一只雌性使用。拥有如此高质量领地的雄性可能已经有一只配偶了，但是对雌性来说，与之交配比与没有配偶但领地质量较差的雄性交配是更有优势的。

虽然一夫多妻制在动物中更为普遍，但在许多动物中，一只雌性与几只雄性交配的一妻多夫制也较为常见。例如，例如，在斑点矶鹞（一种海滨鸟）中，雄性负责所有孵化和育儿工作，雌性与两只或更多雄性交配并留下卵。

生殖策略

在繁殖期间，动物会做出一些涉及它们自身的重要“决定”，即配偶的选择（配偶选择）、有多少配偶（交配系统）、付出多少时间和精力用于养育后代（亲代抚育）。这些决定涉及动物生殖策略的各个方面，是一组通过进化使该物种繁殖成功最大化的行为。

关键学习成果　37.10

自然选择有利于配偶选择、交配系统和亲代抚育的进化，从而最大限度地提高繁殖成功率。

表37.1 动物的行为

觅食行为	领地行为	迁徙行为
选择，获得，消耗食物 为了寻找节肢动物与软体动物，蛎鹬将喙刺入地面或岩石中。	**保护活动范围的一部分并且将其独占** 雄性海象为了争夺领地而彼此战斗。只有最大的海象才能拥有具有很多雌性海象的领地。	**在一年中的部分时间移动到新的地方** 为了寻找新的牧草和水源，角马每年都要进行迁徙。迁移的角马群个体数量超过100万只，队伍长度能够延伸数千千米。
求偶	**亲代抚育**	**社会行为**
吸引潜在的配偶并与其交流 雄蛙通过发声吸引雌性。	**繁殖并养育后代** 雌性狮子之间共同承担养育后代的责任，增加了年幼的狮子长成成年个体的可能性。	**与社会群体里的其他成员交流信息并互相影响** 切叶蚁属于一个昆虫社会中的不同等级（或工作阶级）。最大的蚂蚁是工蚁，它将树叶扛回巢穴，而较小的蚂蚁正在保护工蚁不受攻击。

社会行为
Social Behavior

37.11 社群内的沟通

许多昆虫、鱼类、鸟类和哺乳动物都生活在一个社会集群中，集群中的个体成员彼此之间能够进行信息的交流。例如，哺乳动物社会中的一些个体能够充当“守卫”的角色。当捕食者出现时，守卫会发出**警报信号**，群体中的其他成员会寻找躲避的地点。社会性的昆虫，比如蚂蚁和蜜蜂，能够分泌一些称为**警报信息素**的化学物质，这些信息素能够引起攻击行为。蚂蚁也能在巢穴与食物来源地之间留存踪迹信息素，以引导其他成员寻找到食物。蜜蜂有一种非常复杂的舞蹈语言，能够指导蜂房中的伙伴寻找花蜜的来源。

蜜蜂的舞蹈语言

学习目标37.11.1 弗里施和温纳关于蜜蜂间交流信息的观点，以及古尔德对这一争论的解释

欧洲的蜜蜂，西方蜜蜂，生活在一个由3万～4万只个体组成的蜂巢中，它们的行为结合在一起能形成一个复杂的群体。工蜂可以在离蜂巢数千米远的地方觅食，从各种植物中采集花蜜和花粉，这取决于食物的能量回报。蜜蜂的食物来源往往是成片的，每一片提供的食物远远超过一只蜜蜂能运送到蜂巢的数量。由于侦察蜜蜂的作用，蜂群能够利用成片的资源。侦察蜂是能够查找并定位资源位置，通过舞蹈语言将其位置传达给蜂巢中其他成员的蜜蜂。很多年以后，诺贝尔奖得主卡尔·冯·弗里施揭示了这种通信系统的细节。

一只成功的侦察蜂返回蜂巢后，它会在蜂巢壁上展示一种称为摇摆舞的特殊行为（图37.4）。蜜蜂在舞蹈中的路径类似于8字形。在路径的直线部分，蜜蜂振动或摇摆它的腹部时能产生一阵阵的声音。

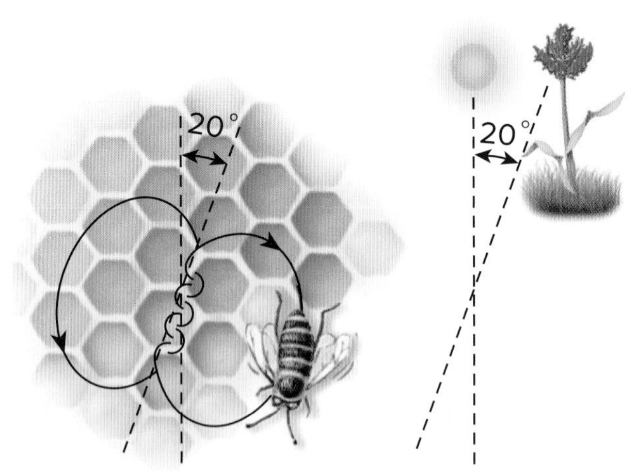

图37.4 蜜蜂的摇摆舞

食物、蜂巢和太阳之间的角度是通过蜜蜂的舞蹈表现出来的，即舞蹈中的直线部分与重力方向的夹角。图中食物在太阳右侧20°的位置上，蜜蜂在蜂巢上舞蹈的直线部分也在重力右侧20°的方向。

它可能会定期地停下来并给蜂巢中的同伴一点儿花蜜样品，这些样品是它存在嗉囊中带回巢穴的。当它跳舞时，其他蜜蜂会紧紧地跟着它，很快它们就会变成在新的食物来源地采集花蜜的队员。

冯·弗里施和他的同事认为，其他蜜蜂根据摇摆舞中的信息去定位食物来源。根据他们的解释，侦察蜂利用舞蹈表达食物来源、蜂巢及太阳之间的角度，并以此来指示食物来源的方向，从蜂巢来看太阳与食物来源地之间的角度与在蜂巢壁上画的直线与重力方向的角度是一致的（也就是说如果蜜蜂径直向上移动，那么食物来源就在太阳的方向，但是如果食物来源与太阳之间的夹角为30°时，那么蜜蜂就会沿着与垂直方向呈30°角的方向向上移动）。与食物来源之间的距离是通过舞蹈的速度或者振动的程度表现出来的。

阿德里安·温纳是加利福尼亚大学的一名科学家，他认为舞蹈语言不能表现出关于食物位置的仕何信息，并且质疑了冯·弗里施的实验结果。温纳坚持认为花香是让新招募的蜜蜂找到新食物来源的最重要线索。两组研究人员发表了支持他们立场的文章，引发了激烈的争论。

这样的讨论是有益的，因为这通常能产生具有创新性的实验。在这个案例中，“蜜蜂舞语争论”于20世纪70年代中期，由詹姆斯·古尔德的开创性实验得到了解决。古尔德设计了一个实验，蜂巢中的蜜蜂被诱骗到了侦察蜂舞蹈传递的错误方向上。因此，如果它们是利用视觉信号，那么蜂巢中的蜜蜂会朝着古尔德提供的某一方向飞去。如果气味是它们利用的线索，那么蜂巢中的蜜蜂就会出现在食物来源地，但如果气味不是线索，它们则会出现在古尔德预测的地方。这一实验证实了弗里施的观点是正确的。

最近，研究人员设计了一种舞蹈能完全由人为控制的机器蜜蜂，这极大地扩展了蜜蜂舞蹈语言的实验。机器蜜蜂的舞蹈能通过计算机进行程序设定，能完美地复制自然条件下蜜蜂的舞蹈；在机器蜜蜂的实验中甚至不需要提供花蜜样品！机器蜜蜂的运用，使得科学家们能精确地确定到底是哪种线索直接影响了蜜蜂寻找食物来源。

灵长类的语言

学习目标37.11.2　人类幼年时期的语言交流

一些灵长类动物拥有“词汇表”，以方便个体之间对特定捕食者的身份进行交流。例如，非洲草原猴发出的叫声能区分老鹰、豹子和蛇。图37.5中的两个声谱，展示的是发现老鹰或豹子时的警报信号，

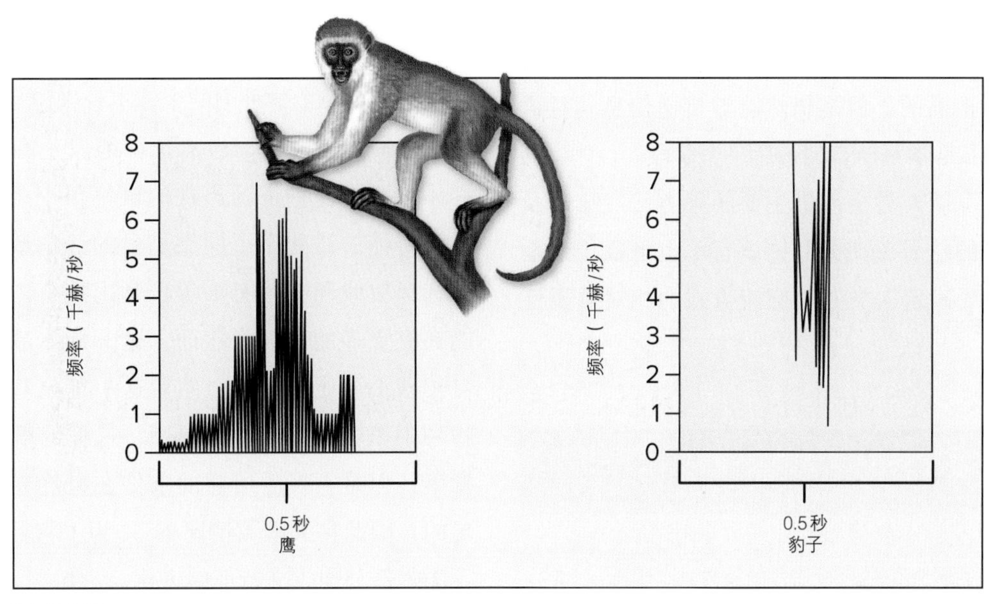

图37.5　灵长类的语义学

对一只长尾猴来说躲避豹子的攻击与躲避鹰是截然不同的挑战。当草原猴群体中的成员发现豹子时，它们发出的警报信号与发现鹰时发出的信号是不同的。每个不同的呼叫都会引发不同的适应性逃逸行为。

每种信号都能引起集群成员的不同响应。黑猩猩和大猩猩能够学会辨认很多符号，并利用它们交流一些抽象概念。

人类语言的复杂性起初似乎无法从生物学上解释，但更仔细的研究表明，这些差异实际上都是肤浅的——所有的语言都具有很多基本的结构相似性。地球上大概有3,000种人类语言，全部都是由同样的40个辅音（英语用了24个）组成的，任何人都能学会。研究者认为这些相似性反映了人类大脑掌握抽象概念的方式，这在所有人类中都是由遗传基因决定的特征。

人类语言的发展是在早期阶段。人类的婴儿能够辨认出语音的40个辅音的特征，包括那些在他们将要学习的语言中并不存在的辅音，尽管他们后期会忽略这些声音。相比之下，婴儿时期没有听过某些辅音的人，成年后很少能辨别或发出辅音。这就是为什么说英语的人很难掌握法语中的喉音“r”，说法语的人常常将英语中的“th”用“z”代替，而以日语为母语的人经常将“r”用英语中不常见的“l”代替。儿童会经历一个“牙牙学语”的阶段，他们通过反复试验如何发出语言的声音来进行学习。即使是失聪的儿童也能通过符号语言经历牙牙学语的阶段。而下一个阶段，儿童们会迅速且很容易地掌握拥有数千个单词的词汇表。就像牙牙学语一样，迅速学习的阶段好像是由基因驱使的。在接下来的阶段中，儿童能组成简单的句子，尽管从语法上来讲可能是不正确的，但是仍然能够传递信息。对语法规则的学习是学习语言的最后一个阶段。

尽管语言是人类交流最主要的渠道，气味以及其他非语言的信号（比如肢体语言）也可以传递信息。然而，要确定人类其他交流方式的相对重要性是很难的。

关键学习成果　37.11

动物交流的研究包括分析信号的特异性、信息内容，以及产生和接收信号的方法。

37.12　利他主义和社群生存

利他主义之谜

学习目标37.12.1　汉密尔顿对利他主义起源的解释

利他主义——动作执行者付出一定的成本但其他个体能从中受益的表现——存在于动物世界的很多现象中。例如，在许多鸟类中，亲鸟借由其他个体的帮助来养育雏鸟。对哺乳动物和鸟类来说，侦查捕食者行动的个体会给其他成员发出警报信号，使其他成员警觉到危险，尽管这样的行为会引起捕食者对发信号个体的注意。有幼崽的雌性狮子能够照顾群体中所有的幼崽，包括其他雌性的孩子。

利他主义的存在长期困扰着进化生物学家。如果利他主义的实施需要动物个体付出一定的代价，那么自然选择为什么会保留了控制利他主义的等位基因？人们会认为，这些等位基因处于不利地位，因此，它们在基因库中的出现频率会随着时间的推移而降低。

科学家们提出了很多理论来解释利他主义的进化。我们在电视纪录片中最常听到的一种理论是，这一特性的存在是为了整个物种的利益。这种解释存在的问题是，自然选择是发生在物种中的个体身上的，而不发生于物种本身。因此，自然选择并不偏好于那些控制个体付出成本却使他人受益的等位基因；它甚至可能会使那些有害于物种整体的特性保持进化，只要该特性对一个物种中的个体本身来说是有益的。

在一些情况下，自然选择能发生在个体组成的群体中，但这种情况出现的概率很小。例如，如果一个群体中进化出了同类相食的等位基因，那么自然选择更倾向于带有该等位基因的个体，因为它们能拥有更多的食物。然而，这一群体最后可能因为自相残杀而走向灭亡，然后这一等位基因便会从该物种中消失。在某些情况中，这样的**群体选择**能够发生，但是它发生所需的条件在自然界中是很难满足的。因此在大多数情况下，“为了物种的利益”并不能解释利他主义特征的进化。

另一种可能性是，利他行为根本不是利他的。例如，在一个巢中帮助抚养后代的个体通常是年轻的个体，它们通过帮助那些准父母以获得养育后代的宝贵经验。另外，当已经繁殖的个体死亡后，在这个区域附近的年轻个体们会有继承其领地的可能性。同样，发出警报的个体也可能从其他动物的惊慌失措中获益。在接下来发生的混乱中，预警者可以不被其他个体察觉而偷偷溜走。近几年详细的野外调查研究已经证实，一些行为是真正的利他行为，但也有一些行为并不只是研究者看到的那样。

互惠主义

个体之间可能形成“伙伴关系”，从而产生相互交换的利他行为，这种做法对所有参与者来说都是有利的。在这种互惠的利他主义的进化过程中，“欺骗者”（不回报者）是被其他个体歧视的，并且以后不会再受到帮助。如果利他行为的代价很低，欺骗者因为不进行回报而获得一点小小的收益，远不足以弥补因为今后无法获得帮助而产生的成本。理解了这些情况，欺骗事件应该不会发生。

例如，吸血蝙蝠通常以8～12个个体组成的群居形式生活在中空的树干中。由于这些蝙蝠的代谢速率很高，短时间内不进食的个体很可能会死亡。发现了寄主的蝙蝠能够吸取大量的血液；放弃一小部分血液对分享者来说并不是很大的能量消耗，而且可以避免同居个体的死亡。吸血蝙蝠倾向于与过去的回报者共同分享血液。如果一个个体不能给过去为它提供食物的蝙蝠回报，那么它将被拒绝加入此后的食物共享中。

亲缘选择

关于利他主义来源的解释中，最有影响力的是由威廉·汉密尔顿于1964年提出的。1932年，著名的人口遗传学家J. B. S. 霍尔丹说过一句流传甚广的话，这也许是对该解释最好的说明，这句话是霍尔丹在一家酒吧中说的。他说他愿意为了他的2个兄弟和8个堂兄弟姊妹牺牲生命。从进化角度来讲，霍尔丹的说法是有意义的，因为对于霍尔丹从父母那里继承的每一个等位基因来说，他的每个兄弟都有50%的概率与他遗传了同样的基因。因此，他的两个兄弟遗传给后代的等位基因组合便有可能与霍尔丹的等位基因组合相同，并且霍尔丹也可能将与自身等位基因组合相同的基因传递给后代，而从统计学角度来讲，这二者的概率是相同的。同样，霍尔丹与他任意一个堂兄弟姊妹都有1/8的等位基因是相同的。他们的父母是兄弟姐妹，兄弟姐妹之间有1/2相同的等位基因，兄弟姐妹的每一个孩子能继承其中的1/2，而一般说来，其中又有1/2是相同的：$1/2 \times 1/2 \times 1/2=1/8$。在各种等位基因的组合中，8个堂兄弟姊妹遗传给后代的某一基因组合的概率与霍尔丹遗传给后代的是一样的。汉密尔顿清晰地掌握了霍尔丹的观点：自然选择倾向于任何一种能增加个体的等位基因遗传给后代的可能性的策略。

汉密尔顿认为，动物通过为亲属或遗传关系上较近的个体提供帮助，利他行为可能会增加其亲属的繁殖成功率，以弥补它们自身健康度下降导致的较小的繁殖率。利他行为能增加它们的等位基因在亲属之间的扩散，因此它是受自然选择偏爱的。支持直接有益于个体亲属的利他主义的选择被称为**亲缘选择**。尽管这种受自然选择偏爱的行为是建立在合作上的，实际上基因却能“表现出自私性”，因为这些基因驱使生物体只帮助那些存在于其他个体中，与它们自己的基因相同的基因。换句话说，如果一个个体具有能产生利他行为的显性等位基因，那么，任何一种能增加其亲属生殖适合度并因此提高该等位基因在后代中的基因频率的行为，都是受自然选择偏爱的，即使这一行为对其执行者来说是有害的。

亲缘选择的实例

汉密尔顿的亲缘选择模型预测，利他行为可能是直接指向于亲缘关系较近的个体。两个个体之间的关系越密切，潜在的基因回报就越大。

我们知道，动物世界中有很多亲缘选择的例子。贝尔丁的地松鼠发现了狼或者獾等捕食者时，会发出警报信号。如此一来，捕食者很可能会攻击发出警报的地松鼠，即发警报会将地松鼠置于危险之中。地松鼠群体的一个社会单元是由一只雌性地松鼠以及它的女儿、姐妹、姨母以及其外甥女们组成的。当地松鼠成熟以后，雄性会分散到离出生地很远的地方。因此，从遗传角度来讲，一个群体中成年的

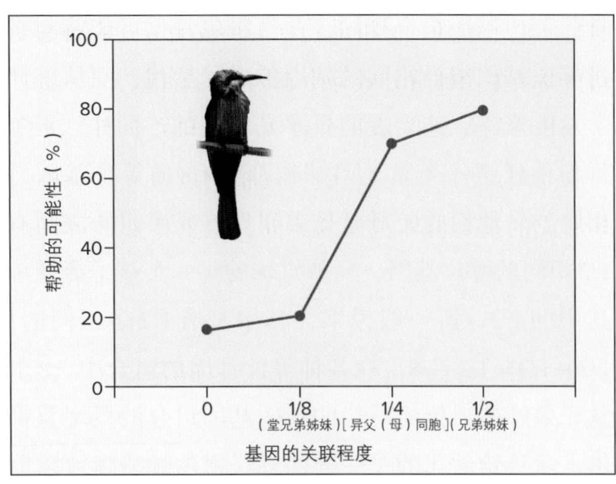

图 37.6 亲缘选择在脊椎动物中很常见

在白额蜂虎（*Merops bullockoides*）中，没有繁殖的个体将会帮助其他个体抚养后代。大部分帮助者与受帮助者之间的亲缘关系都比较近，并且一只鸟提供帮助的可能性会随着基因关联性的增加而增加。

图37.8展示了一只鸟在一个巢中提供帮助的可能性（纵轴）及其与受帮助者的关系（横轴）之间的联系。鸟类个体与帮助者之间的关系越近（偏向图的右侧），它会成为该巢中帮助者的可能性就越高。

关键学习成果 37.12

许多因素都能影响利他行为的进化。如果利他行为是相互的，那么个体可能将直接从中受益。如果利他行为直接指向亲缘关系较近的个体，那么亲缘选择也能解释利他主义的等位基因在基因频率上的增加。

雄性与雌性之间是没有亲缘关系的。研究人员将一个群体中所有成员的皮毛都染上了不同的颜色，并且记录下那些发出预警的个体以及它们发出警报时的社会情况，研究发现，有亲属住在附近的雌性地松鼠比那些周围没有亲属的雌性发出预警信号的频率高。而雄性发信号的频率更低，因为它们与群体中的大部分成员都没有关系。

另一种亲缘选择的现象发生在一种叫作白额蜂虎的鸟类中，生活在非洲河边的鸟类群体大约由100～200只个体组成。

与地松鼠不同的是，白额蜂虎雄性个体通常留在它们出生的地方，而雌性则分散并加入到其他新的群体中。许多白额蜂虎并不抚养自己的后代，而是帮助别的同类。这些鸟当中大部分都是相对年轻的，但是帮助者中也包括那些筑巢失败的、年龄较大的鸟。一般来说，一个帮助者的存在，就能使存活下来的雏鸟的数量翻倍。在该物种中，亲缘关系对帮助行为的发生具有重要意义，支持这一观点的证据有两条。第一，帮助者主要为雄性，它们通常都与群体中的其他成员具有亲缘关系，而帮助者不是那些彼此之间不具有亲缘关系的雌性。第二，当这些个体有机会帮助其他亲代的鸟类个体时，它们总是选择那些与自身亲缘关系较近的鸟类提供帮助。

37.13 动物社会

群居生活

学习目标37.13.1 昆虫社会与脊椎动物社会

地球上存在着多种多样的生物体，比如细菌、刺胞动物、昆虫、鱼类、鸟类、土拨鼠、鲸鱼、黑猩猩等，它们都以群居的方式生存。为了涵盖各种各样的社会现象，我们可以将**社会**的广义概念定义为：以合作性的方式组织在一起的同一物种个体的集群。

为什么某些物种的个体放弃了孤独的生活而成为一个群体的成员？我们能猜想到的一种解释就是亲缘选择，亲缘选择发生于亲缘关系较近的个体之间。在其他情况下，动物个体可能会直接从社会生活中受益。例如，一只鸟加入一个群体可能会受到更大的保护，免受捕食者的侵害。随着群体规模的增加，被捕食的风险可能会降低，因为有更多的个体在环境中侦察捕食者。

昆虫社会

对于昆虫来说，社会性的进化主要发生在两个目中，膜翅目（蚂蚁、蜜蜂和胡蜂）和等翅目（白蚁），尽管其他一些昆虫群体中也具有社会性的物种。这些社会性昆虫的群体是由不同等级、不同大小和形态、执行不同任务的个体群体组成，如工人和士兵。

蜜蜂 在蜜蜂中，蜂后通过分泌一种信息素来维持它的统治地位，这种信息素被称为“蜂后物质”，它能够抑制其他雌性卵巢的发育，使其变成不育的工蜂。雄蜂（雄性蜜蜂）的出生只是为了与蜂后交配。在春天，当蜜蜂群体变大时，有一些蜜蜂不能接收到足够的蜂后物质，这时该蜜蜂群体就开始为分蜂做准备。工蜂会制造几个新的蜂后室，新的蜂后将会在其中继续发育。侦察蜂会寻找新的巢穴并将位置告诉其他成员。之前的蜂后会跟一大群蜜蜂搬到新的地点。之后，被留下的蜜蜂中会产生新的蜂后，新蜂后会杀死其他可能变成蜂后的蜜蜂，飞出去交配，然后重新回到巢穴并制定蜂巢中的“规则”。

切叶蚁 社会性昆虫具有独特的生活方式，切叶蚁就是一个令人着迷的例子。切叶蚁住在一个由几百万只个体组成的群体中，它们能够在地下用叶片种植真菌。切叶蚁的巢像土堆一样，是一个面积能达到100平方米的地下“城市”，在地下深至5米的地方有上百个入口和内室。工蚁的劳动分工与它们的个体大小有关。工蚁每天都要在巢穴与树或者灌木丛之间的小路上来回穿梭，将植物叶片切碎，然后运回巢内。较小的工蚁将叶子碎片咀嚼成覆盖物，在地下的真菌室中展开，像地毯一样。更小的工蚁在覆盖物上种植真菌的菌丝（最近的分子研究表明，这些蚂蚁培养真菌的时间已经超过了5,000万年！）。地下真菌室很快就会长成一个繁茂的真菌花园。其他一些工蚁负责除去不良的真菌，护士蚁将巢中的幼虫带到真菌园中合适的地点，幼虫可以在这里生长。一些幼虫能长成具有繁殖能力的蚁后，它们会离开亲代的巢穴然后建立新的集群，并重复这种循环。

脊椎动物社会

与具有严密的组织结构和协调性的昆虫社会以及它们极强的利他主义不同，脊椎动物社会群体通常不具有严格的组织性和结合性。脊椎动物的每一个社会群体都具有固定的大小、成员稳定性、参与繁殖的雄性和雌性个体的数量以及交配系统的类型。行为生态学家已经了解到，脊椎动物社会形成的方式主要是受到食物类型及捕食方式等生态因素的影响。

非洲的织巢鸟是一个说明生态与社会组织之间关系的很好的例子。它能利用植物制造巢穴。根据其形成的社会群体类型的不同，织巢鸟大约可以被划分为90个物种。有一种类型的织巢鸟生活在森林中，它们能够建造隐蔽的、单独的巢穴。雌性和雄性是一夫一妻制的，它们捕捉昆虫喂养雏鸟。第二种类型是在热带草原的树上筑巢并进行群居生活的。它们是一夫多妻制的，并且以种子为食。

这两种织巢鸟的摄食以及筑巢方式与它们的交配系统有关。在森林中，鸟类想要发现昆虫是很困难的，亲本双方一定要合力喂养雏鸟。隐蔽的巢穴不会被其捕食者发现。而在开放的热带草原则不能建造隐蔽的巢穴。然而，生活在热带草原的织巢鸟可以将巢建在树上，以避免雏鸟被捕食者发现，但是符合条件的树不是很多。缺少安全的筑巢地点意味着这些鸟类必须以群体的形式筑巢。由于种子是十分丰富的，没有雄性的帮助，雌鸟也可以获取喂养雏鸟所需的所有食物。男性不承担养育子女的责任，花时间追求许多女性——这是一种一夫多妻制的交配系统。

关键学习成果 37.13

昆虫社会具有严密的组织结构并且由不同的社会等级组成。而脊椎动物社会是受环境条件影响的。

37.14 人类的社会行为

基因与人类行为

学习目标37.14.1 发展心理学定义及其主要结论

生物学最重要的课程之一是，我们人类是动物，与黑猩猩的亲缘关系很近，并不是与地球上其他生物不同的某种特有的生命形式。这种关于人类生命的生物学观点引发了一个重要的问题，就像我们给这章下的结论一样。人类社会行为的特点与我们本章讨论过的动物的行为的符合程度如何？

正如我们反复提到的，基因在决定动物行为的很多方面都起到了决定性的作用。从小鼠的母性行为到鸣禽的迁徙行为，基因中的改变具有深远的意义。这形成了一个重要的预测。如果行为具有基因基础并且能影响动物生存及养育后代的能力，那么行为必然要受到自然选择的影响，如同能影响动物生存的任何其他受基因调控的属性一样。动物行为学研究的是自然条件下的动物行为，它提供了充分的证据用以说明行为确实是在不断进化的。

考虑到社会行为受基因影响的程度，包括人类在内的动物的复杂社会行为也应该是进化的。关于动物行为的研究，最初被称为**社会生物学**，现在更普遍地被称为**进化心理学**，它是由哈佛大学的E. O. 威尔逊开创的。

基因确实以一些重要的方式影响着人类的行为。全世界人类的表情都是相似的，无论处于何种文化或语言背景，这是因为它们具有很深的基因基础。天生眼盲的婴儿也能笑或者皱眉，尽管他们从没见过别人脸上的这些表情。同样，关于同卵双胞胎的研究也证实了，个性和智力具有高度的可遗传性：这些特性中50%以上的变化（个体间的不同）都是由基因引起的。

然而，学习也确实对人类的行为有着巨大的影响。人类能发出40个辅音，美国的婴儿学习了大约24种，然后迅速失去学习其他辅音的能力。就像鸟类能向有经验的成年个体学习发声和迁徙模式一样，人类婴儿也能通过听周围的人说话来学习如何说话。

多样性是人类文化的标志

一组生物学家在7个不同的地方对黑猩猩的社会行为进行了研究，当他们交换彼此的观点后，他们对黑猩猩的39种行为进行了区分，包括社会行为、求偶以及工具的使用等，工具的使用在一些群体中很常见，但在另一些群体中则没有出现。每一个种群似乎都有一个与其他种群相区分的行为。每个种群似乎都能发展出独特的常见行为的集合，每一代黑猩猩都会将这些行为教给它们的孩子。总而言之，黑猩猩有自己的文化。

没有任何动物，即使是我们的近亲黑猩猩，也没有表现出与人类群体相同程度的文化差异。人类是一个存在一妻多夫制的、一夫多妻制的以及一夫一妻制的社会。在某些人类群体中，战争是很常见的，而另一些人类群体中从来没有这种情况。在一些文化中，近亲结婚是不被允许的；而在另一些文化中则是被鼓励的。与人类文化的多样性相比，其他物种社会行为的差异是相当小的。

人类文化在多大程度上是行为决定基因进化的产物，这是行为生物学家激烈争论的问题。然而关于这一问题的一种观点是，人类大部分的行为都是由经验塑造的。人类文化以及产生文化的行为都是迅速变化的，这远比基因的进化要快得多。人类文化的多样性是我们这一物种的标志，即使它并不主要是由学习与经验决定的，但也受到了这二者的深远影响。

关键学习成果 37.14

与其他动物一样，人类行为是由经验塑造的，但同时受到了基因的限制。遗传与学习在决定我们的行为中都占据了重要的角色。

调查与分析
INQUIRY & ANALYSIS

螃蟹能有选择性地进食吗?

许多行为生态学家都认为，动物存在所谓的最优觅食行为。这是因为动物在寻找食物时的选择涉及食物所含能量与获得食物所消耗的成本之间的权衡，进化应该倾向于那些最优权衡的觅食行为。

虽然这一切都是有道理的，但动物们是否真的会这么做却一点也不清楚。这种最优觅食的方法形成了一个重要的假说：最大限度地利用所获得的能量将提高繁殖成功率。在某些情况下，这显然是正确的。就像我们在37.8节中的讨论一样，在地松鼠、斑胸草雀和圆网蛛中，研究人员发现净能量摄入与成功养育的后代数量之间存在一种直接的关系。

然而，除了能量以外，动物们还有其他的需要，并且有些时候这些需要之间是相互冲突的。一个对许多动物来说都很明显的“其他需要”是避开捕食者。如果多吃一点会极大地增加自己被吃的可能性，那么这样做就是毫无意义的。通常情况下，使能量摄入最大化都会增加被捕食的风险。在海滩上寻找蚌类的食草蟹，每次觅食都会将自己暴露给捕食者海鸥以及其他海岸边的鸟类。因此，使生殖适合度最大化的行为可能反映了一种权衡，即以最低的被捕食的风险获得尽可能多的能量。结果，当捕食者出现时，许多动物都采取一种更谨慎的觅食行为，活动量较低且距离遮挡物更近。

所以，食草蟹会怎么做？为了找到答案，一个研究者观察了食草蟹是否真的如同理论预测的那样以能提供最多能量的蚌类为食。他发现，他所研究的海滩上的蚌类是大小不一的，最小的不超过10毫米长，它们很容易被食草蟹打开但具有最少的能量，最大的蚌类超过30毫米长，它们能产生最多的能量但是食草蟹也要消耗相当多的能量将其撬开。为了获得最多的净能量，最优的方法，如上图中蓝色的曲线，是让食草蟹取食中等大小的蚌类，即体长为22毫米的个体。食草蟹在现实中是这样做的吗？为了得出答案，研究者仔细地监测了海滩上食草蟹种群每天捕食的蚌类的个体大小。他得到的结果——实际被捕食的每种个体大小的蚌类的数量——用红色的直方图表示。

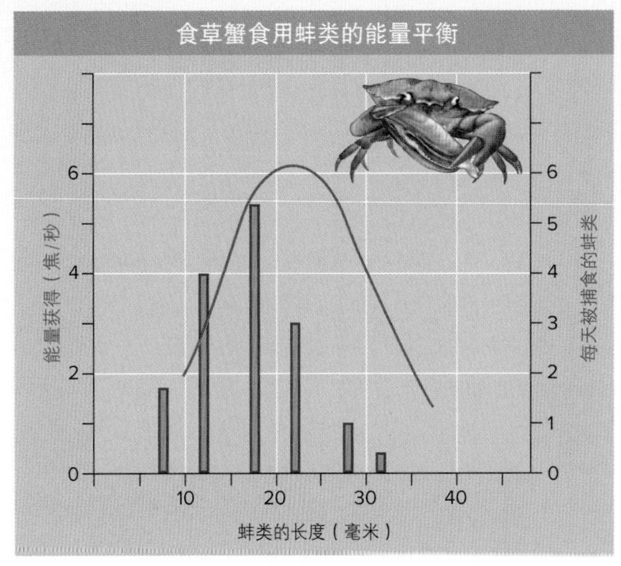

分析

1. **应用概念** 曲线图中的因变量是什么？直方图中呢？
2. **进行推断**

   a. 对食草蟹来说，含有最优能量的蚌类的体型是什么样的，多少毫米？

   b. 食草蟹捕食频率最高的蚌类的体形是多大的，多少毫米？
3. **得出结论** 结果支持食草蟹倾向于食用能提供最多能量的蚌类这一假设吗？
4. **深入分析** 什么因素导致了被捕食最多的蚌类的长度与能获得最大能量的蚌类的长度之间的轻微差异？

本章回顾

Reviewing What You Have Learned

某些行为是由基因决定的

研究行为的方法

37.1.1 动物行为的研究，即关于动物怎样对环境中的刺激做出响应的研究，涉及行为是怎样发生的并且它们为什么会发生。本能（本性）与学习（培养）都在行为中起着关键的作用。

本能行为模式

37.2.1 本能或先天的行为在一个物种的所有个体中都是一样的，并且是被神经系统中预设的路径控制的。信号刺激引起的行为被称为固定动作模式，比如图37.1（a）中所示的正孵化的蛋被鹅取回的行为。

基因对行为的影响

37.3.1 大部分行为都不是“天生”的本能。相反，它们受到基因的强烈影响并且可以作为遗传特性被动物们学习。杂交、双胞胎以及遗传基因被改变的小鼠都可以用于研究受遗传影响的行为。

行为也可以被学习所影响

动物如何学习

37.4.1 许多行为都是在以往经验的基础上形成或改变的，是后天习得的。当两个刺激配对时，经典条件反射就会产生，这样动物就会学会将这两个刺激联系起来。当动物们将一种行为与奖励或者惩罚联系在一起时，操作性条件反射就会发生。印记是指动物形成社会依附性，通常发生在动物发育的关键时期。

本能与学习的相互作用

37.5.1 行为通常是由基因（本能）决定的，并且受学习的影响。基因能够限制行为受学习改变的程度。生态学与行为的关系很大，了解一个动物的生态位能很好地揭示其行为。

动物认知

37.6.1 尽管人类已经进化出了很强的认知思考能力，但是有研究表明其他动物也具有不同程度的认知能力。动物中的一些行为表现出了有意识地提前计划。另外，一些动物展示了解决问题的能力。当这些动物面临一个新的情况时，比如一块肉悬挂在乌鸦够不到的位置，它们会利用解决问题的能力做出应对。

进化的力量塑造行为

行为生态学

37.7.1 行为生态学是研究自然选择如何塑造行为的学科。只有那些具有基因基础并且对个体生存或繁殖有益的行为，可以通过自然选择被保留下来。

行为的成本-收益分析

37.8.1~2 每一种对动物生存有益的行为通常都会消耗一定的成本。例如，觅食行为和领地行为，其优点是为个体及其后代提供食物和庇护的场所，但其缺点是增加亲代被捕食的风险与能量消耗。自然选择倾向于那些收益大于成本的行为。

迁徙行为

37.9.1 迁徙是在动物生命周期中不断移动的一种行为。无经验的动物依赖于罗盘感觉（跟随方向），而有经验的动物更依赖于地图感觉（基于位置来改变路径的学习能力）。

生殖行为

37.10.1~3 能使生殖最大化的行为受自然选择的偏爱。一般来说，这些行为包括配偶选择、交配系统以及亲代抚育。配偶选择导致了复杂的求偶行为以及华丽的外在形态特征的进化。

社会行为

社群内的沟通

37.11.1~2 交流是进行群居生活或社会生活的动物的行为。一些动物通过释放化学信息素与同伴之间进行交流。另一些动物依靠运动形式，比如图37.4中蜜蜂的摇摆舞。尽管不像人类的语言这样复杂，一些动物也可以利用听觉信号交换大量的信息。

利他主义和社群生存

37.12.1 群居生活的动物进化出了利他主义。利他行为的交互与使其亲属受益等现象的产生原因是亲缘选择。

动物社会

37.13.1 许多种类的动物是以社会群体或社会的形式生活的。一些昆虫社会是高度结构化的。

人类的社会行为

37.14.1 基因与学习对人类行为的产生都具有重要的作用，但是二者相对重要的程度仍然是科学家们激烈讨论的焦点。

本章测验

Test Your Understanding

37.1.1 行为产生的直接原因在于______。

a. 行为的适应价值

b. 行为在生理上产生的方式

c. 行为以某种方式进化的原因

d. 以上有两项正确

37.2.1 先天的行为模式______。

a. 可以随着刺激的改变而改变

b. 不能改变，因为这些行为似乎建立在大脑与神经系统中

c. 如果环境条件在一个长时间跨度上发生变化，经过一年或更久可以被改变

d. 不能改变，因为这些行为是幼年期学习得来的

37.3.1 与关于人类双胞胎的研究相比，对小鼠母性行为的研究更清晰地展现了遗传效应对行为的影响，这是因为______。

a. 某一特定基因的存在与否、一条特定的新陈代谢路径以及一种特定行为之间存在明显的联系

b. 与人类双胞胎的研究相比，对小鼠行为的研究较为简单，不太复杂

c. 亲代抚养对小鼠的影响比对人类的影响大

d. 以上都不是

37.4.1 利用口令和威胁训练一只狗做出一些行为是一个关于______的例子。

a. 非联想性学习　c. 经典条件反射

b. 操作性条件反射　d. 印记

37.5.1 白冠麻雀获得求偶歌的方式是一个关于______的例子。

a. 经验改变本能　c. 经典条件反射

b. 操作性条件反射　d. 印记

37.6.1 面临肉块被一条长线悬挂在树枝上的情况，饥饿的乌鸦会想办法解决问题，并吃到肉块作为晚餐。它是怎样做到的?

37.7.1 行为生态学领域提出了怎样的问题?

a. 行为是遗传的吗

b. 行为是适应性的吗

c. 行为是被经验改变的吗

d. 行为被决定的过程是不断发展的吗

37.8.1 食物的选择以及寻找的过程被称为______。

a. 领地权　c. 迁徙行为

b. 印记　d. 觅食行为

37.8.2 在电影《大白鲨》中，一只大白鲨在一个7月份满是游泳者的海滩建立了觅食的场所。事实上，这样的领地行为并不现实，是因为______。

a. 鲨鱼没有领地意识

b. 那里的食物（比如游泳者）是匮乏的

c. 那里的食物（比如游泳者）是很丰富的

d. 来自猎鲨者的危险是巨大的

37.9.1 罗盘感觉与地图感觉之间的区别在于地图感觉______。

a. 是一种跟从某种固定方向的本能

b. 通常可以被强大的磁场扰乱

c. 是一种能调节方向的学习能力

d. 可以使候鸟在夜晚飞行

37.10.1 雄性之间为了交配而产生的战斗是一个关于______的例子。

a. 配偶选择　c. 性间选择

b. 性内选择　d. 群体选择

37.10.2 求偶行为产生的原因是______。

a. 性内选择　c. 性间选择

b. 竞争行为　d. 亲缘选择

37.10.3（1）一个雌性与多个雄性交配的交配系统被称为______。

a. 雄性先熟　c. 一夫多妻制

b. 一妻多夫制　d. 一夫一妻制

37.10.3（2）你能解释关于脊椎动物的生殖群体是由一只雄性和多只雌性组成的而不是相反的情况吗?

37.11.1 冯·弗里施认为蜜蜂通过摇摆舞对食物位置的信息进行交流。温纳反对这一观点，他认为花的气味是关键的线索。古尔德的实验是怎样理清该争论的?

37.11.2 人类的语言是基于______个辅音。

a.5　c.120

b.24　d.40

37.12.1（1）有食物的与饥饿的吸血蝙蝠之间共享食物并且躲避只索取不回报食物的蝙蝠是一个关于______的例子。

a. 帮助者　c. 互惠主义

b. 亲缘选择　d. 群体选择

37.12.1（2）利他行为被定义为一种自身付出成本而有利于其他个体的行为。关于利他行为产生的原因有两种理论：互惠主义和亲缘选择。在这一领域中，你如何区分这两种理论?

37.12.1（3）鸟类的后代帮助亲代照顾雏鸟的行为是______。

a. 巢寄生　c. 互惠主义

b. 亲缘选择　d. 群体选择

37.12.1（4）根据亲缘选择，拯救______的生命与增加你自身的生殖适合度之间的关系最小?

a. 母亲　c. 妯娌

b. 兄弟　d. 外甥

37.13.1 尽管脊椎动物社会的结构比昆虫社会的结构更松散，但影响这些社会组织的最主要因素都是______。

a. 何种雌性的生殖能力更强

b. 迁徙模式

c. 与邻近的社会组织相比的领地的规模

d. 食物类型与捕食等生态因子

37.14.1 战争在人类社会中是常见的，这是我们这一物种的主要行为。在其他所有的脊椎动物群体中都不存在这一行为（一些其他的灵长类可能存在例外）。你认为这种行为具有基因基础吗？如果有，为什么它的进化是受自然选择偏好的?

第 8 单元　生存的环境

38

学习目标

全球变化

38.1　污染

1　空气和水源是如何被化学物质污染的

2　秃鹰体内是如何进行生物富集的

38.2　酸雨

1　酸雨的来源与结果

38.3　臭氧空洞

1　化学冷却剂如何造成南极上空的臭氧空洞

38.4　全球变暖

1　温室效应

2　全球变暖是大气中二氧化碳增加结果的论点

3　地球工程方法解决全球变暖的相对优势

38.5　生物多样性的丧失

1　在许多物种灭绝中起关键作用的三个因素的影响

今日生物学　全球两栖动物的减少

拯救我们的环境

38.6　减少污染

1　经济学家如何评估“最优”的污染总量

38.7　保护不可再生资源

1　三种不可再生资源的重要性

38.8　抑制人口增长

1　一千多年来的人口增长情况

2　每年世界人口变化的百分比

3　为什么底部基础较大的人口金字塔象征着未来人口更迅速地增长

解决环境问题

38.9　保护濒危物种

1　栖息地修复的三种主要类型

2　关键种对生物多样性的重要性

38.10　寻找清洁能源

1　化石燃料与可再生能源

2　生物质能作为能源的可能性

38.11　个体产生影响

1　个人修复华盛顿湖和纳舒厄河

调查与分析　全球变暖有多真实？

人类对生命世界的影响

在一个不确定性和拥挤程度不断增加并且受到污染的地球上，人类所面临的问题不再是猜想出来的。如今，它们就发生在我们身边并且亟待解决。本章对这些问题进行了概述，并集中于对解决方案的讨论——我们可以做些什么来解决这些真实存在的问题。作为地球上的公民，我们首要的任务就是理解问题的本质。我们不能一直保持着对这些情况不理解的状态。地球上的环境问题是很严重的，生物学的相关知识是我们可以用来解决这些问题的主要工具。有人说，地球不是我们从父辈手中继承的，而是从子孙手中借来的。我们必须为他们保留能够生存的地球。这是我们未来的挑战，这也是我们很快就要面临的挑战。在地球上的很多地方，正在逐渐变成未来的模样。

38.1 污染

化学污染

学习目标38.1.1 空气和水源是如何被化学物质污染的

我们的世界是一个生态大陆，是一个彼此之间高度作用的生物圈，并且对任何一个生态系统造成的损害都会对其他系统产生不利的影响。在美国伊利诺伊州燃烧的高硫煤杀死了佛蒙特州的树木，而在美国纽约倾倒的冰箱制冷剂破坏了南极洲的大气臭氧层，并且导致了西班牙马德里居民的皮肤癌发病率的升高。生物学家将这种作用于全世界生态系统的广泛影响称为**全球变化**。近几年愈发明显的全球变化模式，包括化学污染、酸雨、臭氧层空洞、温室效应以及生物多样性的丧失等，是人类将要面临的最严峻的问题之一。

近年来，由于重工业的发展和工业化国家过于随意的态度，化学污染造成的问题变得非常严重。比如，一艘名为埃克森瓦尔迪兹号（Exxon Valdez）的油轮于1989年在阿拉斯加搁浅，石油泄漏到长达数千米的北美海岸线上，杀死了许多生活在那里的生物，并在陆地上覆盖了一层厚厚的油泥。如果油轮装载的油的位置不高于吃水线，就不会有油溢出，但是它装载的油的位置远高于吃水线，吃水线以上的油的质量将数千吨油从船体的孔洞中挤压出去。怎么会发生如此严重的超载现象？

大气污染 大气污染是世界各地城市的主要问题。在墨西哥城，有人在城市的角落里将氧气卖给客人供其呼吸，这是一件很平常的事情。纽约、波士顿、费城等城市，它们以灰色的天空而闻名，灰色天空的原因是大气污染物，主要就是工厂排放的硫氧化物。然而，像洛杉矶这样的城市被称为棕色大气城市，因其大气污染物在阳光下能发生化学反应形成烟雾。

水体污染 水体污染是我们不重视污染的结果。“将它冲入水槽”在如今这个拥挤的世界已经起不到作用了。现存的问题是没有足够的水资源来稀释巨大的人口数量持续不断地制造的垃圾了。尽管污水处理方法有所改进，但世界各地的湖泊和河流正日益受到污水的污染。另外，大量的化肥和杀虫剂也正从地面流入水体中。

农用化学品

学习目标38.1.2 秃鹰体内是如何进行生物富集的

“现代”农业的发展，尤其是为发展中国家带来高强度农业生产的绿色革命，已经使得大量的不同种类的新型化学农药流入了全球生态系统，尤其是杀虫剂、除草剂以及化肥。美国等工业化国家正在尝试着监测这些化学物质的负面作用。不幸的是，许多有毒化学品虽然不再生产，但仍在生态系统中流通。

例如，氯代烃类物质是DDT、氯丹、林丹和狄氏剂的混合物，美国曾经大范围地使用了这些物质，但现在已经禁止使用了。它们仍然在美国制造，并出口到其他国家，且继续被使用。氯代烃分子分解缓慢，并在动物脂肪组织中积累。此外，当它们沿着食物链进行传递时，它们会不断地聚集在一起，这一过程称为**生物富集**。图38.1展示的就是DDT在浮游生物中微小的聚集，随着水生食物链的传递逐渐提高到了一个显著的水平。

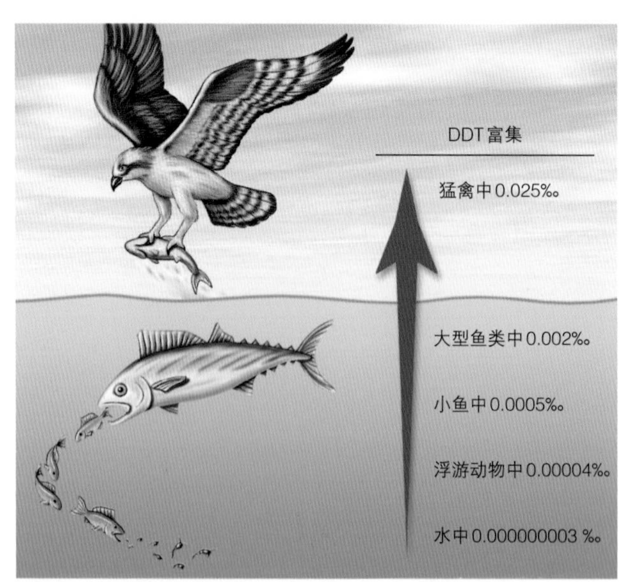

图 38.1 DDT的生物富集

由于DDT能积累在动物脂肪中，化合物的聚集水平沿食物链不断地提高。

在美国以及其他地方，DDT通过使一些猛禽物种，如包括隼、秃鹰、鹗以及褐鹈鹕的蛋壳变得薄且易碎而造成了严重的问题。在20世纪60年代中后期，为了避免鸟类走向灭亡，DDT及时地被禁止使用了。氯化合物还有其他的不良副作用，并且它在动物体内能产生类似于激素的作用。

关键学习成果 38.1

在全世界范围内，不断发展的工业化导致了污染程度的加深。

38.2 酸雨

酸雨的威胁

学习目标38.2.1 酸雨的来源与结果

我们日常看见的那些燃烧煤炭的发电厂的烟囱，就是利用很长的管道将烟运送至高空中。这些烟含有高浓度的二氧化硫以及其他硫酸盐，它们与空气中的水蒸气结合后就能产生酸类物质。世界第一高的烟囱是在20世纪50年代中期的英国建造的，这一设计很快就在欧洲和美国流传开来。修建很高的烟囱是为了向高空中释放富含硫黄的烟，高空中的风会将其吹散并冲淡，带走酸类物质。

然而在20世纪70年代，科学家们注意到，富含硫黄的烟形成的酸类物质有毁灭性的影响。有报道称，整个北欧湖泊中的生物多样性严重下降，有一些湖泊中甚至已经没有生命的存在了。德国最大的黑森林中的树木正在死亡，并且这种危害不仅仅发生在欧洲。在美国东部和加拿大，很多森林和湖泊都已经遭到了严重的破坏。

其原因是，当硫黄进入大气上层与水蒸气结合以后形成硫酸，硫酸被气流带到很远的地方，然后它会以酸雨和酸雪的形式落入水体中。这种含有酸化污染物的降水称为酸雨（但是酸沉降一词更为贴切）。自然降水的pH值很少低于5.6。然而，美国很多地区的降雨和降雪的pH值低于5.3，并且在美国东北部，记录到了4.2甚至更低的pH值，偶尔有暴雨的pH值达到了3.0。

酸雨对生命是有害的。美国东北部以及加拿大的很多森林已经遭到了严重的破坏。事实上，据估计，现在北半球有57万公顷的森林受到了酸雨的不利影响。另外，瑞典和挪威的数千个湖泊中已经没有鱼类了，这些湖泊现在呈现出怪异的清澈。在美国的东北部以及加拿大，因其pH值已经低至5.0以下，成千上万的湖泊正生物学死亡。当pH值低于5.0时，很多鱼类以及其他水生动物都会死亡且不能繁殖。

这一问题的解决方法好像是很简单的——清理排放的硫。但是，在执行这一方案的时候似乎存在很多问题。首先，其代价是很昂贵的。在美国，安装以及维护必要的排放“洗涤器”的成本预算大约为每年50亿美元。另一个困难是，污染者和受污染者彼此相距甚远，他们都不愿意为自己认为是别人的问题付出太多代价。美国的《清洁空气法案》已经开始强制对排放物进行清洁来解决这一问题，尽管全世界仍有许多工作要做。

关键学习成果 38.2

酸化的污染物的沉降——俗称酸雨——正在破坏欧洲和北美的森林生态系统和湖泊生态系统。解决方法是清理排放物。

38.3 臭氧空洞

地球保护层的破坏

学习目标38.3.1 化学冷却剂如何造成南极上空的臭氧空洞

20亿年来，因为来自太阳的辐射肆无忌惮地灼伤了地球表面，生命有机体被困在海洋中。没有什么能在那股毁灭性的能量包围中幸存下来。只有在通过光合作用向大气中添加了臭氧保护层后，生物才能离开海洋并在陆地表面定居。想象一下，如果那块保护层被拿掉会有什么结果。令人担忧的是，似乎我们自己正在摧毁它。从1975年开始，地球的臭氧层开始解体。同年9月，在南极上空，卫星照片显示臭氧浓度出乎意料地低于地球大气中的其他地方。好像有些“臭氧吞噬者”在南极的天空中咀嚼着它，留下了一个低于正常臭氧浓度的神秘区域，一个**臭氧空洞**。在那之后的许多年里，更多的臭氧被耗尽，空洞变得越来越大，越来越深。图38.2显示了10年期间臭氧空洞的大小，最大的空洞出现在2000年9月（蓝线）。

是什么在消耗臭氧？科学家很快发现，罪魁祸首是一类人人都认为无害的化学物质CFC。CFC出现于20世纪20年代，是一种稳定、无害、近乎理想的热交换器化学物质。在全世界范围内，CFC被大量用作冰箱和空调的冷却剂、气溶胶分配器中的气体以及泡沫塑料容器中的发泡剂。所有这些CFC最终都会逃逸到大气中，但直到最近才有人担心，因为CFC被认为具有化学惰性，而且每个人都倾向于认为大气是无限的。但CFC是一种非常稳定的化学物质，并不断在大气中积累。

结果证明，CFC造成了化学家们意想不到的后果。在南极和北极近50千米的高空，那里非常非常寒冷，CFC附着在冻结的水蒸气上，并作为化学反应的催化剂。正如一种酶在你的细胞中进行反应而自身不发生变化一样，CFC催化臭氧（O_3）转化为氧气（O_2），而自身不会耗尽。大气中的CFC非常稳定，就像永远不会停止的小机器。它们现在还在那里，还在进行催化反应。目前，全世界臭氧浓度的下降超过3%。

紫外线辐射会严重影响人类健康。据估计，大气臭氧含量每下降1%，皮肤癌发病率就会增加6%。在中纬度地区，全球范围内臭氧浓度下降大约3%，估计导致致死性黑色素瘤皮肤癌患病率增加20%。

专家们普遍认为，自20世纪80年代以来，180多个国家签署了一项国际协议，逐步淘汰大部分CFC的生产，高层大气中分解臭氧的化学物质数量正在趋于稳定。2005年臭氧空洞面积的峰值约为2,500万平方千米（相当于北美的面积），低于2000年创纪录的2,840万平方千米。目前的计算机模拟结果表明，南极臭氧空洞应在2065年前恢复，而北极上空受损程度较小的臭氧层应在2023年左右恢复。

关键学习成果 38.3

CFC催化破坏高层大气中的臭氧，使地球表面暴露在危险的辐射之下。解决这一问题的国际努力似乎正在取得成功。

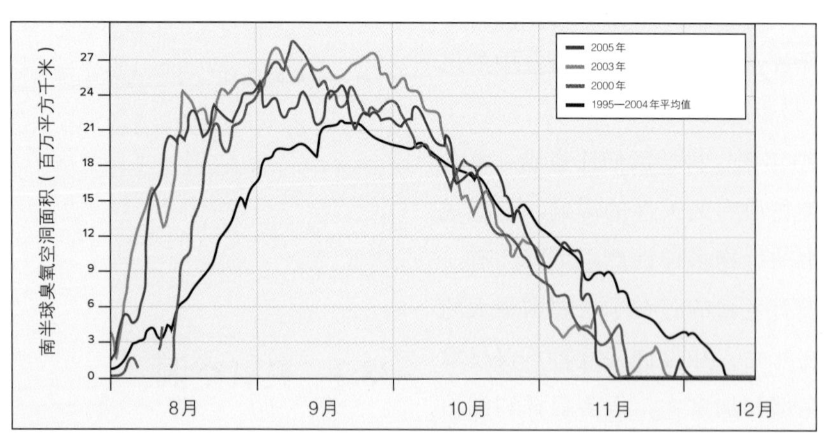

图38.2 南极上空的臭氧空洞变化

几十年来，美国宇航局的卫星一直在跟踪南极上空臭氧消耗的程度。自1975年以来，在南极冬季，太阳光在南极上空被冷空气捕获后引发化学反应，故每年8月南极都会出现一个臭氧“空洞”。空洞在9月加剧，随着11～12月气温上升而逐渐消失。2000年，这个2,840万平方千米的空洞覆盖的面积超过了美国、加拿大和墨西哥的总和，这是有史以来最大的空洞。2000年9月，这个洞延伸到智利南部约12万人口的城市蓬塔阿雷纳斯，使居民暴露在极高水平的紫外线辐射下。

38.4 全球变暖

学习目标38.4.1 温室效应

大约有超过150年的时间，工业社会的发展一直依靠于廉价的能源，主要是通过燃烧化石燃料——煤、石油以及天然气。煤、石油以及天然气是古老植物的遗骸，在压力以及时间的作用下转变为富含碳的“化石燃料”。当这样的化石燃料燃烧时，碳和氧原子结合形成二氧化碳。工业社会由于燃烧化石燃料已经向空气中释放了大量的二氧化碳。这并没有引起人们的关注，因为人们认为二氧化碳是无害的，同时人们也认为大气是一个无限的容器，能够吸收并分散任何规模的二氧化碳。然而事实证明这二者都不是正确的，近几十年中，大气中二氧化碳含量已经迅速地升高了，并且还在继续升高。

令人担忧的是，二氧化碳不只是单纯地存在于空气中。二氧化碳分子中的化学键传递来自太阳的辐射能，但又会捕获从地球表面反射的较长波长的红外光或热量，阻止它们辐射回太空。这就形成了我们熟知的**温室效应**。缺少具有“捕获”能力的大气的星球比那些大气具有该能力的星球更冷。如果地球没有一个能“捕获”热量的大气，地球的平均气温将达到–20℃，而不是现实中的15℃。

全球变暖是由于温室气体

学习目标38.4.2 全球变暖是大气中二氧化碳增加结果的论点

近几十年间全球平均气温的升高，是地球大气层中一个意义深远的改变，即**全球变暖**（图38.3中的红线），它与大气中二氧化碳的富集有关（蓝线）。有一种观点认为，全球变暖可能是由于大气中温室气体（二氧化碳、氯氟烃、氮氧化合物以及甲烷）的积累而引起的，而这一说法是存在争议的，在本章最后的调查与分析中对此有具体的讨论。在对其证据进行慎重地探究之后，科学家们得出了一致性的结论，即温室气体确实造成了全球变暖。

温室气体总量的增加使全球平均温度逐渐提高，这将严重影响到降雨模式、主要的农业用地以及海

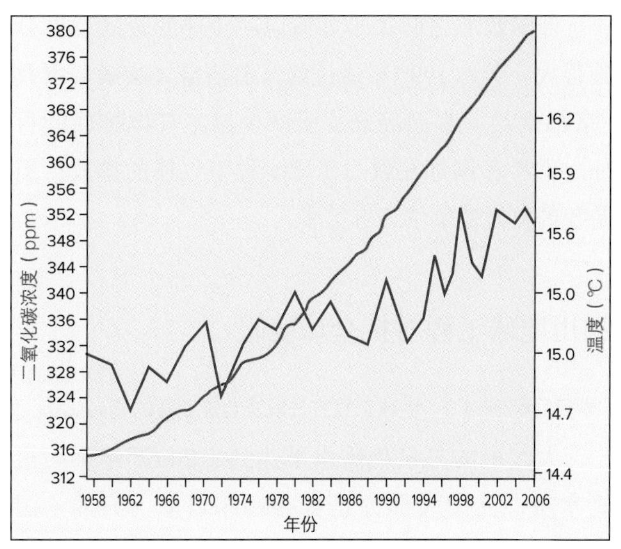

图38.3 温室效应

大气中二氧化碳的富集在很多年中一直处于稳定增长的状态（蓝线）。红线表示的是同一时期的平均气温。图中记录了20世纪50年代以来气温的平均升高情况，尤其是从20世纪80年代以来的快速增长。数据来自美国国家大气研究中心等。

平面。

对降雨模式的影响 据预测，全球变暖将对降雨格局产生重要影响。已经处于干旱的地区甚至可能会更少下雨，这将造成更大的水资源短缺问题。近期的厄尔尼诺现象（见第36章）以及灾难性飓风频率的增加可能表明，全球变暖引起的气候变化已经开始了。

对农业的影响 全球变暖对农业的积极影响和消极影响都是可以预见到的。较高的温度以及大气中二氧化碳水平的增加可能会使一些作物的产量有所增加，但也会对另一些作物产生不利的影响。由全球变暖而引起的干旱对作物来说也是有害的。热带地区植物所处的温度已经逼近了它们能接受的气温最大值，气温的任何进一步上升都可能对热带农场的农业生产造成负面影响。

海平面的升高 地球上很多水资源都存在于冰川中的冰以及极地冰盖中。当全球温度增加时，这些巨大的冰储存库开始融化。来自融化冰川的大部分水最后都会进入海洋中，造成水位的上升（但是因为北极冰盖是漂浮的，它的融化不会增加海平面，就像融化的冰不会增加玻璃瓶中的水位）。升高的水位能够引起低洼地中洪水的泛滥。

各国政府之间关于如何应对全球变暖的意见分歧很大。美国1990年通过的《清洁空气法案》以及《京都条约》都已经确立了减少温室气体排放的目标。世界各国都在致力于减少温室气体的排放，但是我们要做的事情还有更多。

利用地球工程对抗全球变暖

学习目标38.4.3 地球工程方法解决全球变暖的相对优势

大气中的二氧化碳水平达到了200万年来的最高水平，其中大部分是自1900年以来上升的（图38.4）。作为回应，全球气温正在迅速上升。如果不采取措施扭转这一趋势，随着极地冰层融化，地球的海平面将会上升，迈阿密等沿海城市将洪水泛滥。干旱和极端天气将变得司空见惯。

我们应该做些什么来扭转这一趋势？解决人类释放二氧化碳到地球大气中导致全球变暖问题，只有两种可行的解决方案。一是减少人类释放的二氧化碳量。虽然人们正在努力减少汽车和发电厂的排放，但影响甚微。在2015巴黎气候变化大会上，世界工业化国家同意尝试更好地控制碳排放，制定了长期目标，重点是减少煤炭和其他化石燃料的燃烧。没有人知道这些努力是否会成功，但这一尝试必不可少。

全球变暖的另一个潜在解决方案是**地球工程**，

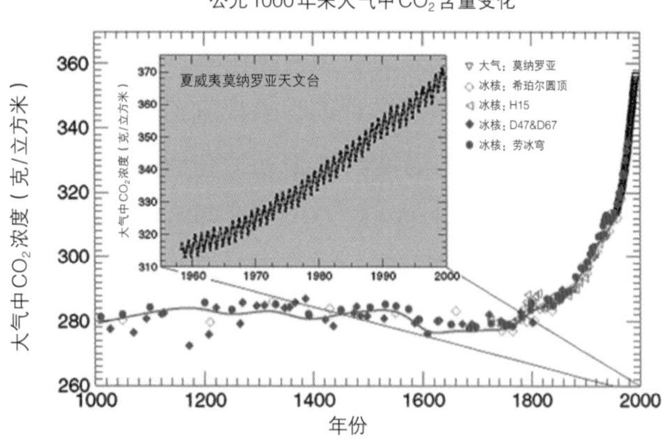

图38.4 大气中CO_2水平

用多种不同的方法估算出地球大气中的CO_2含量，结果显示，在过去1,000年的前800年几乎没有增加。然而，在近200年中，大气中二氧化碳含量急剧上升。据夏威夷莫纳罗亚天文台的精确测量表明，目前稳定上升势头并未减弱。

这是一种有意改变地球气候的干预措施。在众多不切实际的建议中，有两种方法得到认真评估。一种是通过给海洋施肥诱导大规模光合作用，以去除大气中的二氧化碳，而另一种是向大气中注入硫酸盐气溶胶以反射阳光。

海洋施肥 去除地球大气中多余的二氧化碳说起来容易做起来难。试图在深井中储存（隔离）大气中的二氧化碳在规模上似乎不太实际。人们还可以把它放在哪里？奇怪的是，最有希望的答案是：回到它的发源地。

1988年，海洋生态学家约翰·马丁（John Martin）有句名言："给我半船铁，我就还你一个冰河时代。"他指出，地球的海洋含有丰富的海藻，它们的生长主要受到铁（Fe）缺乏的限制。向上层海洋添加铁元素可能引发藻类"水华"，其强烈的光合作用能将大量二氧化碳封存在有机物中，然后沉入海底，在那里它将不再与地球大气层发生反应。从本质上讲，向海洋中注入铁可以逆转人为的全球变暖，使二氧化碳恢复到燃烧化石燃料释放出来之前的状态。

实验室结果表明，在海水中每加入1千克铁就可以从空气中去除多达10万千克的碳，因此马丁的妙语受到了重视。然而，尽管马丁的想法令人兴奋，但他的铁倾倒假说并不容易验证。在一系列小规模试验中，向海水中添加铁总能成功地将大气中的碳吸收到海洋中，尽管结果没有在实验室那么有效。

然而，这些早期的实验揭示了两个潜在的问题：（1）生活在海洋表面的微小浮游动物在海藻形成后会吃掉大量海藻，从而使二氧化碳返回大气；（2）水面细菌会消耗死藻，并在这过程中从水中带走维持生命的氧气。这两个过程是否都说明藻类不会像马丁声称的那样沉入海底？在这些研究中，洋流混淆了我们评估这一关键问题的能力，但研究人员在2012年找到了解决方案。在南极洲附近的南大洋，洋流在涡流中形成稳定的漩涡，在其中可以进行必要的实验。如果马丁是对的，向海水中添加铁会在漩涡中产生藻华，然后藻类下降到深海中。

为了验证这一预测，一位名为罗斯·乔治的商人出身的生态斗士从一艘渔船上向海洋漩涡中添加了100吨硫酸铁，然后在一个月内测量了100米深海水中的有机碳和叶绿素。

可以在图38.5中看到发生了什么：施肥一周后，涡流水域内藻类水华爆发，说明其中的有机碳水平的迅速上升。又过了一周，水华达到最大规模，然后随着海藻团下沉到海底，水华开始下降。马丁的铁倾倒假说得到了证实。

虽然这一结果很鼓舞人心，但海洋施肥仍然是一种极具争议的方法。地球上的海洋不属于任何国家，这一事实引发了法律和道德问题（例如，乔治的实验没有获得任何国际批准，许多国家对此感到愤怒）。关键问题是，大量和长期施用铁肥的潜在生态影响特征不明显，但即使铁诱导的藻华下沉到1,000米以下，其影响也可能很大。例如，铁肥似乎有可能促进海洋中负责硝化作用的细菌的生长，而一氧化二氮是一种比二氧化碳强得多的温室气体。简单地说，还有很多的事情我们不知道，在这些问题得到更清楚的了解之前，给地球海洋施铁肥具有生态风险。

阳光反射 第二种地球工程方法并没有试图降低大气中的二氧化碳水平。相反，它将平流层上部变成一面镜子，将太阳光线反射回太空。尽管二氧化碳含量不断上升，但世界气候并没有变暖，因为光并没有被二氧化碳分子吸收，而是被反射回太空。

如何将平流层转换成这样的镜子？研究人员建议向高空注入硫酸盐颗粒，悬浮在气溶胶中的这些粒子就像无数的小镜子。从太空看，地球在反射光的作用下看起来很明亮。

这能做到吗？几乎可以肯定。每年需要向大气中添加几十万吨气溶胶，这不是一项简单的任务，但却是可行的。

这样行吗？这种方法的大部分支持结果来自计算机气候预测模型，这些模型具有不确定性记录。唯一确定的方法就是尝试。

就像地球海洋的铁肥料一样，利用硫酸盐气溶胶反射大气中的阳光也是一种有争议的方法，因为这可能会产生意料之外的深远生态和气候后果。一个事件说明了可能发生的各种情况：1991年6月15日，菲律宾皮纳图博火山爆发，向平流层输送了2,000万吨二氧化硫（图38.6）。

这种方法还有第二个微妙而深刻的问题。它对减缓或逆转地球大气中二氧化碳的稳定增加没有任何作用。由于二氧化碳溶解到海水中而导致的海洋酸化（$CO_2 + H_2O = H_2CO_3$）并没有减弱，其生态影响至少与海洋施肥一样不可预测。同样，有很多情况我们不了解。还有，如果没有方法减少未来大气中二氧化碳含量的增加，将使放弃硫酸盐气溶胶注

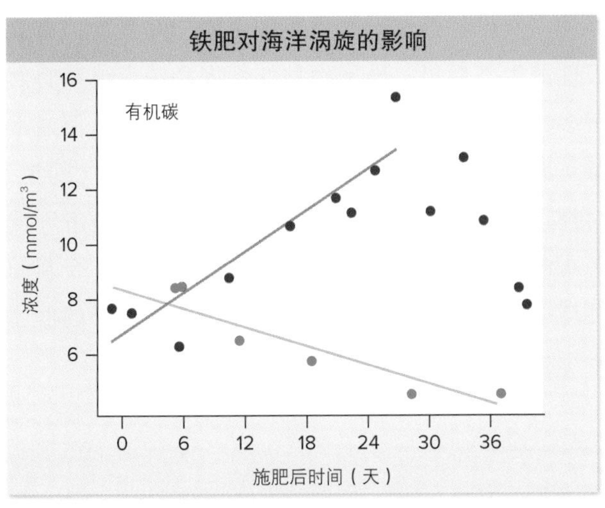

图38.5 稳定涡流中的铁施肥

测量海水中光合作用产生的有机碳的水平。红点来自铁施肥的地块；蓝色圆点来自未添加铁的涡流外部。由于涡流屏障，两个位置的水不会混合。

图38.6 皮纳图博火山爆发

正如预期的那样，由于硫酸盐的平流层反射层，地球经历了普遍的全球降温（0.5℃），但一些地区反而明显变暖。1992年，地球大部分地区都经历了干旱，其模式难以预测。它对农业光合作用的影响是深远的，但在某些方面的影响还不是很清楚。

入计划的可能性越来越小。

关键学习成果 38.4

人类对化石燃料的燃烧已经增加了大气中二氧化碳的水平，导致了全球变暖。对抗全球变暖的两种地球工程方法是海洋施肥和阳光反射。

38.5 生物多样性的丧失

造成灭绝的因素

学习目标38.5.1 在许多物种灭绝中起关键作用的三个因素的影响

死亡就如同繁殖，它对正常的生命循环来说是必要的。因此，灭绝与物种形成一样，对一个稳定的世界生态系统来说也属于正常现象并且是十分必要的。在自然科学中，有超过99%的我们所熟知的物种都已经灭绝了。然而，目前的灭绝速率还是相当高的。从1600年至1700年，鸟类和哺乳动物的灭绝速率大约为每10年消失一个物种，但是从1850年到1950年，该速率已经上升到了每年消失一个物种，1986年到1990年的速率为每年消失四个物种。物种灭绝速率的显著增加就是**生物多样性危机**的核心问题。

导致物种灭绝的因素是什么？生物学家发现了在很多物种灭绝中均起关键作用的三个因素：栖息地丧失、物种的过度开采以及外来物种入侵（图38.7）。

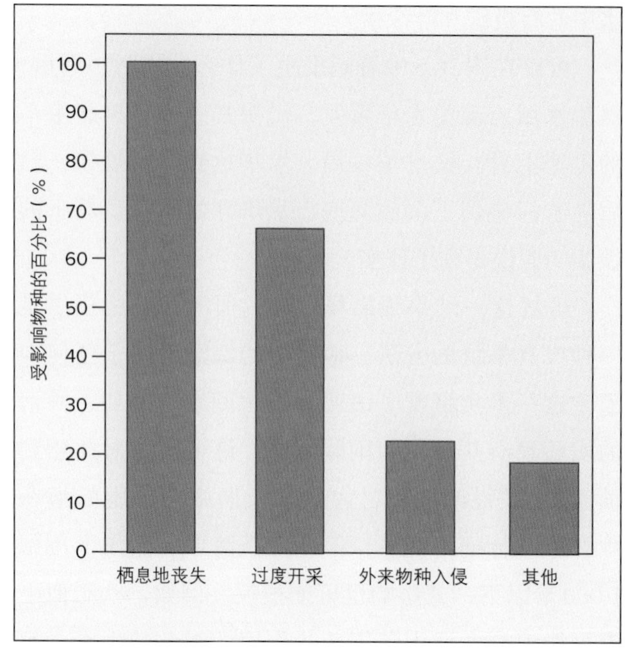

图 38.7 动物灭绝的因素

这些数据代表了我们已知的在澳大利亚、亚洲和美洲灭绝的哺乳动物种类。有些种类灭绝的原因不止一个。

栖息地丧失 栖息地丧失是造成物种灭绝的最重要的因素。从热带雨林到海底，大量的各种类型的栖息地一直在不断地被人类摧毁，这并不让人感到惊讶。人类对自然栖息地造成的不利影响主要通过以下四个途径：（1）摧毁；（2）污染；（3）人为干扰；（4）生境破碎化（将生境分割成小且独立的区域）。马达加斯加热带雨林的破坏正在快速地发生，这使其中的物种面临着灭绝的危险。

过度开采 从历史角度来看，被人类狩猎或采集的物种一直存在灭绝的危险，即使其物种数量最初相当丰富。在近几年的过度开采中存在很多这样的例子：候鸽、北美野牛、多种鲸鱼、大西洋蓝鳍金枪鱼以及西印度群岛的桃花心木等，这些只是其中的几个例子。

外来物种入侵 偶尔，一个物种会进入到一个新的栖息地中，并在此定殖，这对本地物种来说通常都是有害的。这种定殖在自然情况下很少发生，但是人类已经使这种现象更加普遍，并且常伴有毁灭性的生态后果。外来物种的侵入会消灭或威胁到很多当地的物种。物种引入的方式有很多，但通常都是无意中发生的。植物和动物可以在幼苗（幼年）时被运输，如轮船、汽车和飞机上的“偷渡者”或者木制品中的甲虫幼虫。这些物种进入到一个新的环境中时，最开始没有天敌来控制这些物种的群体大小，接着它们便会排挤掉本地物种。

关键学习成果 38.5

造成生物多样性丧失的原因主要有几点，包括栖息地丧失、过度开采以及外来物种入侵。

全球两栖动物的减少

有时候，一些重要的事情就发生在我们眼前，但却没有人注意。1988年的夏天，当戴维·布拉德福德在美国加利福尼亚州的内华达山脉的高处观察一个平静的湖泊时，他便明白了这个道理。布拉德福德是一名生物学家，他走了一整天才来到湖边，当他到达湖边时，他所担心的最糟糕的事应验了。那个夏天，他走遍了红杉和国王峡谷国家公园中包括这个湖在内的所有山地湖，为了寻找一只腿部呈黄色的小青蛙。这种青蛙的学名是黄腿山蛙，自从被记录起它们就生活在这座公园的湖泊里。但是在这个寂静的夏季夜晚，这些小青蛙消失了。上一次对公园内青蛙种群的大规模普查是在20世纪70年代中期。当时这种青蛙到处都是，属于该公园池塘与湖泊中的常见物种。现在，因为一些布拉德福德无法理解的原因，青蛙已经从它们曾经存在过的98%的池塘中消失了。

当布拉德福德将这个令人疑惑的物种消失现象告诉了其他生物学家后，很快就显现出了一个令人担忧的现象。全世界范围内，两栖动物（青蛙、蟾蜍、蝾螈）的地方种群正在逐渐灭绝。两栖类灭绝的风波很快就席卷了美国西部的高海拔地区，并且中美洲和澳大利亚的沿海地区的青蛙数量也减少了。

两栖类动物早在恐龙时代前就已经存在，距今已3.5亿年。它们突然从栖息地中消失了，这给生物学家们敲响了警钟。我们能为世界做些什么？如果两栖类无法生活在我们改造后的世界上，那我们人类能生存吗？

1998年，美国国家科学研究委员会将多学科的科学家们聚在一起，商讨了很多解决这一问题的办法。在经过许多年详细的调查之后，他们开始将导致全球两栖类数量下降的原因进行了分类。如同科学界很多重要的问题一样，这一问题也没有简单的答案。

全球两栖类衰减的原因主要有五个：（1）栖息地退化和破坏，特别是森林的砍伐，大大降低了两栖动物所需的湿度（空气中的水分）；（2）引进的外来物种比当地两栖动物种群更具竞争力；（3）对两栖类产生毒害作用的化学污染物；（4）病原体引起的致死性感染；（5）全球变暖，这使得更多的栖息地不再适于两栖类生存。

寄生虫感染似乎在美国西部和澳大利亚沿海两栖动物数量下降中起到了特别重要的作用。亚利桑那州立大学的两栖类生态学专家詹姆斯·柯林斯，报道了一例关于感染病使两栖类减少的实例。当柯林斯调查了生活在科罗拉多大峡谷凯巴布高原的蝾螈数量时，他发现了很多生病的蝾螈。它们的皮肤表面长满了白色的脓包，并且大部分被感染的个体都已经死亡，它们的心脏及脾脏已经溃烂了。致病原是鱼类中常见的一种病毒，称为蛙病毒。柯林斯从一只被感染的蝾螈中分离了蛙病毒，它能使一只健康的蝾螈染病，因此毫无疑问的是，蛙病毒就是凯巴布高原上蝾螈数量减少的罪魁祸首。

蛙病毒感染的暴发使小的种群灭绝了，而对于大的种群来说，少数个体可以从疾病中存活下来，蜕掉它们长满脓包的外表皮。这些种群能够缓慢地恢复。

第二种传染病在澳大利亚很常见，但在美国也存在，它的作用更为广泛。两栖类种群被一种名为壶菌（见第18章）的真菌感染，被感染的种群是无法恢复的。这种特殊的壶菌通常是分解植物材料的一种无害的土壤真菌（*Batrachochytrium dendrobatidis*），但能对两栖类产生极大的危害。它能溶解并吸收两栖类幼体角质的口部，以此来杀死它们。

20世纪80年代早期，这种致命的壶菌出现在澳大利亚墨尔本附近地区。现在，澳大利亚几乎所有地区的两栖类都被感染了。为什么这种病蔓延得如此迅速？很显然，这些病菌是通过卡车进行运输的。被感染的青蛙被装在有香蕉的木箱中，运送到了澳大利亚的各个地方。一年中，人们在墨尔本的一个市场的香蕉箱中就收集了5,000只被感染的青蛙。

世界上的其他地方，疾病感染并不像酸雨、栖息地丧失以及外来物种的入侵等起到关键的作用。这种因果关系的复杂模式只是为了强调一个事实：世界范围内两栖类的衰减并不只有一个元凶。相反，有五个关键的因素同时起到了不利的影响。它们共同的作用使世界的生态平衡向物种衰减的方向倾斜。

为了扭转物种衰减的趋势，我们必须积极行动起来以减少这些不利因素的作用。然而，面对如此巨大的工作，时刻保持信心也是很重要的。我们在任何一个方面上取得的进步，都将有助于生态平衡重新转回到继续生存的方向上来。如果我们放任这些问题继续发展，那么灭绝是必然的。

38.6 减少污染

环境保护立法

学习目标38.6.1 经济学家如何评估“最优”的污染总量

人类活动对生物圈造成了巨大的压力，我们必须尽快寻找解决的办法以减少这种负面效应。要成功应对这一挑战，有四个关键领域尤为重要：减少污染、保护不可替代资源、寻找新能源和控制人口增长。

要解决工业污染问题，首先必须了解问题的原因。从本质上来讲，以一定的环境健康为代价是我们经济发展中的失败之处。为了了解这一问题是如何发生的，我们必须暂时来考虑一下关于金钱的问题。美国（以及大部分其他的工业国家）的经济建立在一个简单的供求反馈系统上。当商品匮乏时，其价格就会上涨，并且这种增加的利润会刺激生产更多的产品；如果产品生产得太多，其价格就会下降同时也会降低生产，因为生产该商品的利润较低。

这一系统运作得很好，是美国经济增长的动力，但是它也有一个巨大的缺点。如果需求是由价格决定，那么，所有的成本都应该包含在价格中，这是尤其重要的。想象一下，如果贩卖某种商品的人能将生产部分成本转嫁给第三个人。这样卖家就可以定一个更低的价格，然后卖出更多的商品！与所有的成本都被包含在价格中相比，买家将会受更低的价格的驱使而购买更多的商品。

不幸的是，这种错误定价正是导致工业对环境污染的原因。能源以及工厂生产的很多产品的真正成本，是由直接生产成本（如原料及工人的工资等）和间接生产成本（如对生态系统的污染等）组成的。经济学家用降低污染的成本减去污染造成的社会和经济成本，得出了一个“最优”的污染总量。经济学上的最优污染总量用图38.8中的蓝线表示。如果允许的污染超过最佳值，社会成本过高，但如果允许的污染低于最佳值，则经济成本过高。

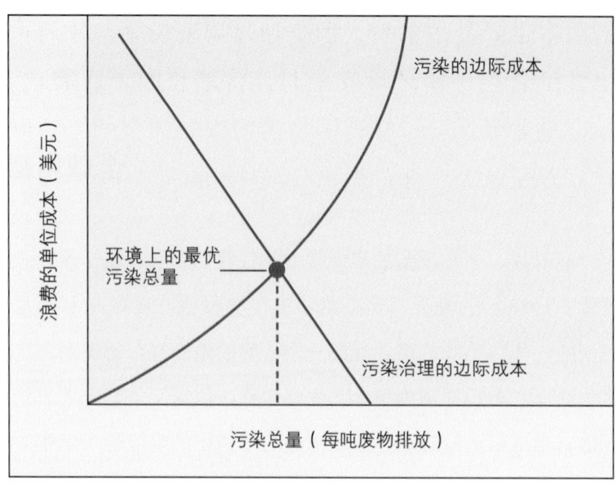

图 38.8 最优污染总量存在吗?
经济学家定义了“最优”污染总量，处于最优污染总量时，每消除一个单位的环境污染（污染治理的边际成本）都等于这一污染造成的成本损失（污染的边际成本）。

污染的间接成本通常并不受到人们的重视。然而，间接成本不会因为我们的忽略而消失。它们只会传递给我们的下一代，后代们将为被破坏的我们赖以生存的生态系统买单。慢慢地，未来就成为了现在。我们的世界无法承受更大的损失，因此要求我们采取行动，最终还清损失。

反污染法

美国设计了两种控制污染的有效途径。第一种就是利用法律的手段来禁止污染。在过去的20年里，法律已经开始对排放到环境中的物质设定严格的标准，以有效遏制污染的蔓延。例如，所有的汽车都需要安装催化转换器以清除汽车尾气。同样，1990年的《清洁空气法案》要求发电厂消除对硫的排放。人们可以通过在烟囱上安装过滤器或燃烧价格更贵的低硫煤（清洁煤技术）来实现这一目的。这一措施的结果是，消费者为避免环境污染而买单。转换器的成本使汽车的价格提高，洗涤器的成本也会提高能源的价格。新的、更高的成本更接近于真实的成本，将消费降低到适度的水平。

污染税

控制污染的第二种方法是，直接通过征收污染税来提高消费成本，实际上，由政府主导的价格上涨就是因为将税率加入到了生产成本中。这样增加的成本也降低了消费，但是通过调整税率，政府可以尝试着去平衡环境安全与经济增长的矛盾需求。这种税通常是受“允许污染的限额”调节的，它已经逐渐成为防污染法律中越来越重要的部分。

关键学习成果 38.6

当价格不包含环境成本时，自由市场经济通常会造成环境污染。我们正逐渐借助法律与税务的手段以减少对环境的污染。

38.7 保护不可再生资源

不是所有的损伤都可修复

学习目标38.7.1 三种不可再生资源的重要性

在生态系统受到破坏的众多方式中，有一个问题尤为严重：消耗或破坏那些我们共同拥有但是在未来却不可再生的资源。尽管一条受污染的溪流可以恢复清洁，但是没人能恢复一个灭绝的物种。在美国，三种不可再生的资源正以惊人的速度在减少：表层土、地下水以及生物多样性。

表层土

美国是地球上生产能力最高的农业国家之一，主要是因为其大部分地面都覆盖着肥沃的土壤。美国中西部的农业区曾经是一片广袤的大草原。该生态系统的土壤由无数代动植物一点点积累起来，直到人类开始耕种时，富含腐殖质的土壤向下延伸了几米。

这片肥沃的表层土无法被取代，这是美国国家的基础，但我们却允许它以每十年数厘米的速度流失。从1950年开始，美国已经丢失了1/4的表层土！为了清除杂草，人们不停地进行耕种（翻耕土壤），雨水冲刷走了越来越多的表层土，将其带入河流并最终汇入大海。我们亟须新的方法，减少对精耕细作的依赖。一些新的方法，包括利用基因工程提高作物抗除草剂的能力以及修复梯田等也可能促进表层土恢复。

地下水

第二种不可再生资源是**地下水**，这是一种在含有多孔岩石的土壤层中的水分，该土壤层被称为含水层。这些水是在1.2万年以前的最后一次冰河世纪时缓慢地渗入地下的。我们不能浪费这些珍贵的资源，因为它们无法被取代。

在美国的大部分地区，当地政府几乎不会对地下水的使用进行控制。结果，很大一部分地下水被浪费在浇灌草坪、洗车和喷泉上。而更多的地下水是因为化学废物的不正规处理而被污染了——污染物一旦进入到地下水中，就没有有效的方法能将其去除。一些城市，比如菲尼克斯和拉斯维加斯，在数十年之内就可能将地下水资源完全耗尽。

生物多样性

现代人的一生中遇见面临灭绝危险的物种数远比随着恐龙灭绝的物种数多得多。生物多样性的这种灾难性丧失对每个人来说都是非常重要的，因为随着这些物种的灭绝，我们了解它们和从它们那里得到益处的机会也会消失。我们全部食物的来源只基于25万种植物中的一小部分，这一现实促使我们停止对生物多样性的伤害。就像烧毁一座很多书还没有读过的图书馆一样，我们无法知道我们都浪费了什么。唯一能确定的是，对此我们将永远也无法挽回。灭绝是永恒的。

在过去的20年间，世界上大约有一半的热带雨林，不是为建成牧场草地而被烧毁就是为了得到木材而被砍伐。大约有超过600万平方千米的土地被破坏。每年，随着热带地区人口数量的增加，其面积的流失速度也在增加。在20世纪90年代，每年大约有16万平方千米的热带雨林被砍伐，其速度大于0.6公顷/秒！以这样的速度来看，世界上所有的热带雨林在我们这一代人的生命中便会消失。据估计，在此期间，世界上全部动植物物种的1/5或者更多将会灭绝——超过100万个物种。这个世界将发生自恐龙时代以来的6,500万年中都未曾出现过的物种大灭绝。

我们不能狭隘地以为生物多样性的流失只发生在热带地区。如今，太平洋西北地区的原始森林正以可怕的速度被砍伐，主要是为了提供就业机会（木材出口），伐树的大部分成本是由政府补贴的（例如，林务局修建必要的道路）。以当前的速度来看，原始森林在10年后将消失殆尽。这些问题都不只局限于一个地区。在整个美国，天然林正在被“砍伐殆尽”，取而代之的是成行种植的纯木材林，就像一行行玉米一样。当我们在保护自己国家的生物多样性方面做得如此差劲时，就没有理由责怪那些生活在热带地区的人。

但是，失去物种的不利影响是什么？生物多样性的价值是什么？物种消失要承担三个方面的代价：（1）我们可能从这些物种那里得到的产品的直接经济价值；（2）物种在不被人类消耗的情况下产生的利益的间接经济价值，如生态系统中的养分循环；（3）这些物种的伦理价值和审美价值。不难看出保护我们用来获取食物、药物、衣物、能源和住所的物种的价值，但其他物种对维持健康的生态系统至关重要；而破坏生物多样性，就意味着我们在增加生态系统的不稳定性以及减小其生产力。其他物种能增加这个世界的美好，这一点同样很重要，因为其价值永远无法估量。

关键学习成果　38.7

全世界的不可再生资源的消耗速率是十分惊人的，其中重要的资源是表层土、地下水以及生物多样性。

38.8　抑制人口增长

人口大爆发

学习目标38.8.1　一千多年来的人口增长情况

如果我们要解决本章中提到的所有问题，我们只需要花时间处理一个主要的问题：地球上的人太多了。

人类首次到达北美洲至少是在1.2万～1.3万年前，他们穿越了西伯利亚和阿拉斯加之间狭窄的海峡，迅速到达了南美洲的南端。在1万年以前，当大陆冰盖开始收缩并且农业开始发展时，地球上大约居住着500万人，分布在南极洲以外的所有大陆上。通过农业的发展，人类拥有了新的、更可靠的食物来源，人口数量开始迅速增加。大约在2,000年以前的公元元年，约有1.3亿人口生活在地球上。而到了1650年，世界人口数量翻了一倍，又翻了一倍，达到超过5亿人口。在18世纪早期，技术上的改变使人类掌握了更多的食物来源，知道了很多疾病治疗的方法，改善了居住条件及储存能力，使人类免于气候的不确定性带来的伤害。这些变化都使人类扩大了居住地的承载能力，因此人口数量的增长逃离了逻辑斯蒂增长模型的限制，并且重新回归到了S形生长曲线的指数增长阶段，如图38.9所示的爆发式增长。

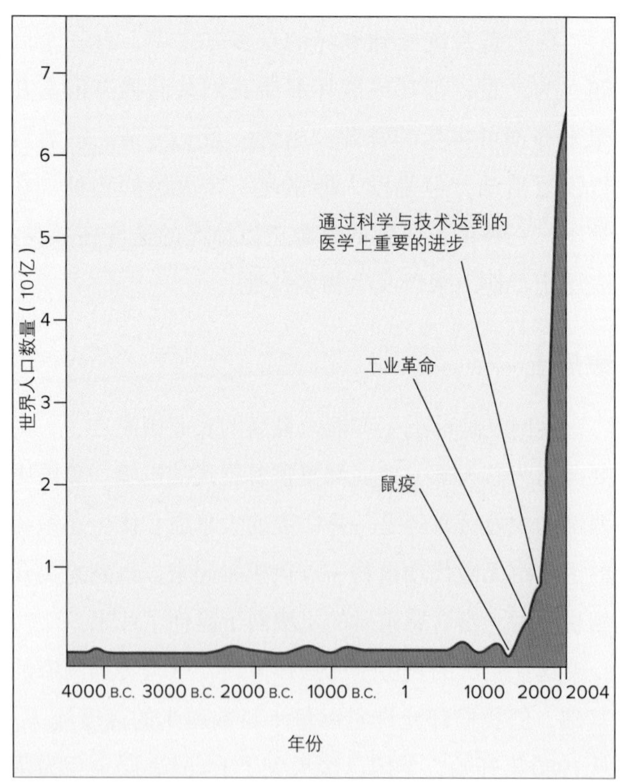

图38.9　人口的增长

在过去的300年中，世界人口一直在稳定增长。目前，地球上存在超过73亿人。墨西哥城是世界上最大的城市之一，拥有约2,000万居民。

尽管人口在过去300年中呈爆炸式增长，但全世界平均人口出生率稳定在每年每1,000人出生20人左右。然而，随着更好的卫生条件的普及以及医疗技术的不断提高，死亡率也在稳步下降，目前每年每1,000人中有2人死亡。出生率与死亡率之间的差别使得每年的人口增长率大约为1.8%左右，这看起来是一个很小的数字，但实际上不是这样的，因为全世界的人口基数是非常大的。

2015年，世界人口达到73亿，现在每年增加约7,800万人，这导致世界人口在大约60年内翻了一番。换句话说，每天都有新增人口21.4万人，每分钟大约新增152人。以这样的速率，世界人口还会继续增长，也许会稳定在100亿这一数字上。这样的增长不会再继续，因为地球无法容纳更多的人。如同癌细胞不能在你的身体里不受抑制地生长而最终不杀死你一样，在将生物圈逼到尽头之前，我们也不能让人口数量继续毫无节制地增加了。

大部分国家都致力于控制自己国家的人口增长，并且取得了一定的进步，但是在人口数量稳定之前仍然可能增加10亿～40亿。没有人知道地球能否承载如此多的人口。

人口增长率下降

学习目标38.8.2　每年世界人口变化的百分比

世界人口增长率一直在下降，从1965—1970年间的2.0%高水平下降到2011年的1.2%。尽管如此，由于人口较多，这相当于世界人口每年增加7,800万，而20世纪60年代为每年5,300万。

联合国认为，人口增长率的下降应该归功于计划生育政策的努力、经济的增长以及女性社会地位的提高。随着发展中国家家庭成员数量的减少，教育计划不断改善，女性的受教育水平不断提高，这使得家庭结构进一步缩小。

没有人知道地球能否承载如今这73亿人口，更不用说我们预见到的未来更多的人口数量。我们不能想当然地希望不断扩大地球的承载能力。按照逻辑斯蒂增长模型的预测，人口规模将开始缩小；事实上，这已经发生了。在非洲撒哈拉沙漠以南的地区，由于AIDS的影响，对2025年人口的预测已从13.3亿缩减至10.5亿。如果我们要避免这种灾难性的死亡率的增加，那么人口出生率一定要持续降低。

人口金字塔

学习目标38.8.3　为什么底部基础较大的人口金字塔象征着未来人口更迅速地增长

尽管世界人口仍然在快速地增长，但是这种增长在整个地球上不是均匀分布的。一些国家，比如墨西哥，其增长速率是很快的。图38.10展示了墨西哥的出生率，尽管其趋势呈下降状态（蓝线），但是仍然大大超过了其逐渐趋于稳定的死亡率（红线）。

一个国家的发达程度与其人口的增长速度之间通常存在相关性。表38.1展示了三个发达程度不同的国家。埃塞俄比亚是一个发展中国家，其生育率较高，高于巴西或者美国。但埃塞俄比亚的婴儿死亡率也高得多，预期寿命也较低。总的来说，埃塞俄比亚的人口翻倍的速度将比巴西或美国快得多。

未来人口的增长速率可以用人口金字塔很清晰地估计出来，人口金字塔是一个可以展示出每个年龄组别中人口数量的柱状图（图38.11展示了一些例子）。通常，男性在垂直年龄轴的左侧（蓝色区域）

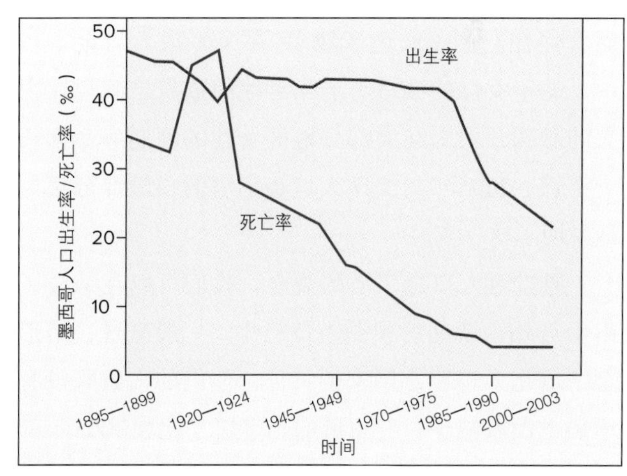

图38.10　墨西哥人口增长的原因

墨西哥的死亡率（红线）在下降，而出生率（蓝线）直到1970年仍然很稳定。出生率与死亡率之间的差异导致了很高的人口增长率。墨西哥从1970年开始致力于降低其出生率，并且十分成功。尽管人口增长率仍然很高，但是由于出生率的持续下降，在不久的将来增长率也会趋于平稳状态。

表38.1 发达国家和发展中国家2006年人口数据的比较

	美国（高度发达国家）	巴西（中等发达国家）	埃塞俄比亚（发展中国家）
生育率（%）	2.1	2.3	5.4
按当前速率计算的倍增时间（年）	72.2	55.5	27.9
婴儿死亡率（死亡数/1,000出生数）	6.5	27	77
预期寿命（岁）	78	72	49
人均年收入（美元）	44,260	8,800	1,190

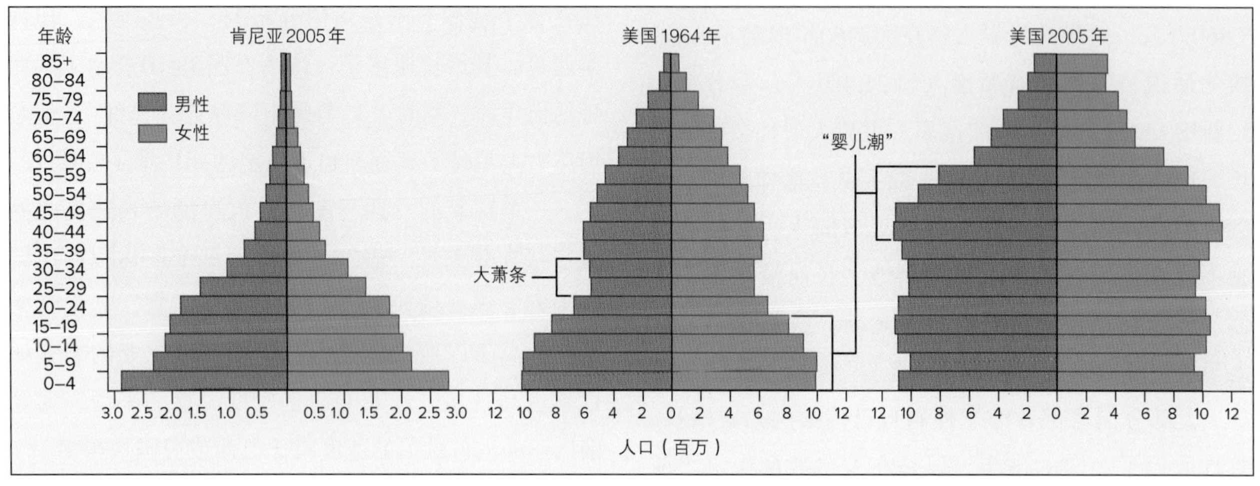

图38.11 人口金字塔

人口金字塔是根据人口的年龄分布绘制的。由于肯尼亚具有大量的生育期以下的人口，因此其金字塔的底部很宽。当所有的年轻人开始生育时，人口数量将会快速增长。2005年的美国人口金字塔，展示了一个庞大的"婴儿潮"群体——金字塔的膨大部分是因为在1945—1964年间出生的婴儿很多，如1964年所示的金字塔底部。在1964年的金字塔中，25～34岁的群体出生在大萧条时期，并且人口数小于其前期及后期出生的人口数。

而女性在右侧（红色区域）。在大多数人口金字塔中，老年女性的数量与老年男性的数量之间存在很大的悬殊，因为在大部分地区女性的预期寿命都长于男性。2005年的美国人口金字塔的顶端部分很好地说明了这一点。

通过对人口金字塔的观察，我们可以在综合了出生与死亡情况后预测人口趋势。一般来说，矩形金字塔是人口稳定国家的特征，他们的人数既没有增加也没有减少。三角形的金字塔，比如2005年的肯尼亚人口金字塔，意味着其未来的人口增长速率很大，因为大部分人口还没有进入到生育期的年龄。金字塔呈倒三角状态的国家人口数量将处于衰减的状态。

比较图38.11中美国与肯尼亚人口金字塔的区别。2005年的美国金字塔看起来更像是矩形，40～59岁的一群（一组个体）人代表了"婴儿潮"，即在"二战"后期有一大批婴儿出生。当媒体们提到"美国的老龄化"，他们指的就是比例严重失调的这一群人，他们会严重影响到未来的医疗卫生系统以及其他与年龄相关的系统。相反，肯尼亚的三角形金字塔使得其未来的人口增加将十分迅速。据预测，20年之内肯尼亚的人口数量将变成现在的两倍。

然而，值得我们注意的是，这些预测没有考虑到自然灾害，以及如AIDS等流行病对人口规模的巨大影响。在非洲的撒哈拉沙漠以南地区，AIDS导致其居民出生时的预期寿命减少了20年。在非洲的博茨瓦纳，携带HIV或患有AIDS的居民超过了36%，图38.12展示的是其两种人口金字塔预测情况。柱状

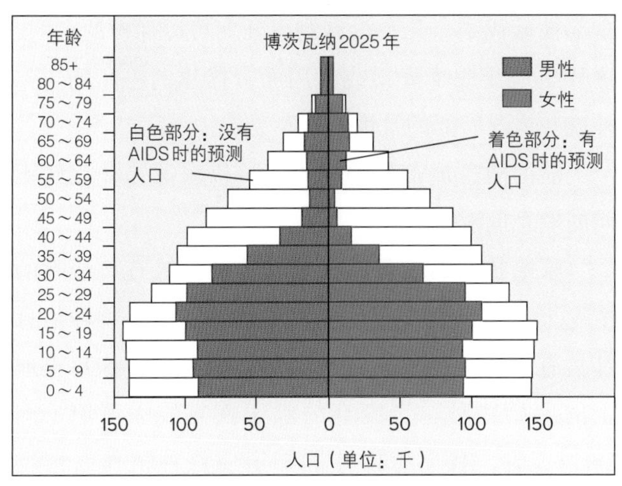

图38.12 预测AIDS对博茨瓦纳人口的影响（2025年）

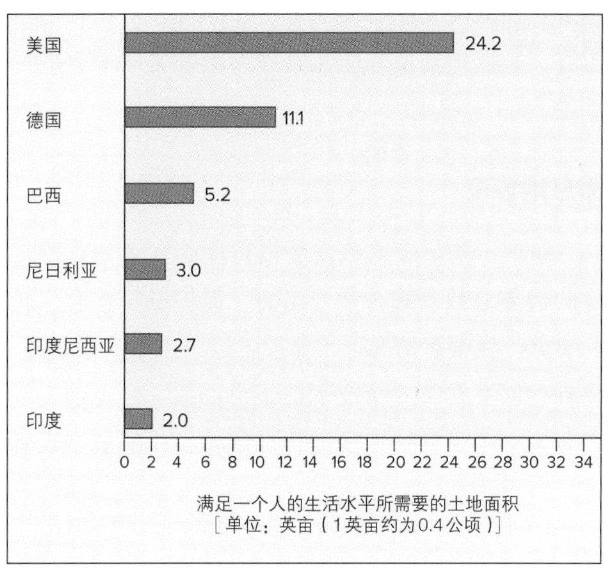

图38.13 2003年不同国家的个人生态足迹

生态足迹是计算一个人一生所需的土地数量，包括生产粮食、森林产品和住房的面积，以及吸收化石燃料燃烧产生的二氧化碳所需的森林面积。

图的白色部分代表了2025年无AIDS时的预测人口数，而着色部分代表了在有AIDS时的实际人口数预测。

发达国家的消费水平已经成为一个问题

发达国家的人们应该更注意减轻资源浪费的影响这一问题。事实上，全世界20%最富有的人们却消耗了世界86%的资源，产生全球53%的二氧化碳排放量，而最贫困的20%人口对资源的消耗仅占1.3%，且产生的二氧化碳排放量仅为3%。

量化这种不平等性的方法是计算**生态足迹**，即以特定人口的生活水平支撑个人一生所需的生产性土地数量。如图38.13所示，一个美国人的生态足迹比一个印度人的10倍还多。

基于这些测量结果，研究人员通过计算发现，人类当今的资源消耗量已经比自然界可持续恢复的资源总量多了1/3。如果所有人都按照发达地区的生活水平进行消费，那我们将需要另外两个地球来提供资源。

关键学习成果 38.8

所有环境问题的中心都是世界人口总量的快速增长。我们应该为降低人口增长速率做出切实可行的努力。

解决环境问题
Solving Environmental Problems

38.9 保护濒危物种

物种恢复计划

学习目标38.9.1 栖息地修复的三种主要类型

一旦我们明白了某一物种濒临灭绝的原因，就会开始构思一个物种恢复计划。如果其灭绝的原因是商业上的过度开发，那么我们可以制定规章制度以减轻这种不利影响并保护濒危物种。如果其原因是丧失栖息地，那么可以通过制订计划恢复丧失的栖息地。通过从基因不同的群体中移植个体，可以抵消孤立亚群体中遗传变异性的丧失。濒临灭绝的种群可以被捕获，引入圈养繁殖计划，然后重新引入其他合适的栖息地。

当然，所有的解决方案的花费都是很高的。布鲁斯·巴比特是克林顿政府的内政部长，他认为阻止这种“环境破坏”的发生比事后再来弥补要经济得多。在危险发生之前保护生态系统并对物种进行监测，是保护环境并防止物种灭绝发生的最有效的手段。

栖息地恢复

保护生物学主要关注于保留面临衰退或灭绝危险的群体总数及物种数。然而，保护也需要有保护的对象。在很多情况下，保护已经不再是一项选择。物种，以及在某些情况下的整个群体，已经消失了或者发生了无法挽回的变化。华盛顿州的温带森林全部被砍伐了，几乎没有剩下任何可以保护的东西，这片土地变成了麦田或者用沥青修建的停车场。弥补这些情况需要的是恢复而不是保护。

根据栖息地丧失的原因，可以采取三种截然不同的栖息地恢复计划。

原始状态的恢复 在全部物种都被有效清除的情况下，如果这片土地上原始的动、植物物种信息都是有用的，一种恢复方法是尝试着恢复这片土地上的原始物种。当废弃的农田恢复成大草原（图38.14）时，我们怎样才能知道应该种植什么植物

（a）

（b）

图38.14 栖息地修复

威斯康星大学的麦迪逊植物园开创了恢复生态学的先河。（a）1935年11月，大草原的恢复处于早期阶段。（b）今天的大草原。这张照片的拍摄地点与1935年的照片大致相同。

呢？尽管大体上能够以其原始的比例重新引入每一个物种，但是重建一个群落需要确定所有的原始物种，并且要了解每个物种的生态学知识。我们很难掌握这些信息，所以不能实现完全的原始状态恢复。

移除外来物种 有些时候，一个物种的栖息地被一个外来物种破坏。这时，栖息地的恢复就涉及移除外来物种。例如，非洲的维多利亚湖是300多个类似于小鲈鱼的慈鲷科鱼类物种的家园，生物多样性非常高。然而，在1954年，一种掠食性商业鱼类尼罗河鲈鱼被引入维多利亚湖。数十年间，这些鲈鱼似乎没有产生显著的影响，但随后发生了一些事情并且迅速蔓延了整个维多利亚湖，鲈鱼便开始捕食慈鲷鱼。到了1986年，70%以上的慈鲷鱼物种已经消失了，包括所有开放性水域中的物种。

这一现象的发生还有第二个原因，人们从南美洲向维多利亚湖引入了一种漂浮杂草，水葫芦（*Eichornia crassipes*）。在营养丰富的条件下，水葫芦的繁殖力很强，能很快地覆盖整个海湾并形成草垫一样的结构，使非开放性水域的慈鲷鱼生活的海岸栖息地严重缺氧。

要将曾经多样化的慈鲷类鱼类恢复到维多利亚湖，需要的不仅仅是繁殖和重新饲养这种濒危物种。同时，我们也要治理水体富营养化问题，对外来的水葫芦和尼罗河鲈鱼的群体数量进行控制或直接移除。

清除与恢复 只有当化学污染物被彻底清除掉时，严重受其污染的栖息地才能恢复。我们将在38.11节中讨论新英格兰地区纳舒厄河的成功修复案例，它用事实向我们证明了，社会各界的齐心协力可以将受到严重污染的栖息地成功地恢复到一个相对原始的状态。

人工圈养

恢复计划，尤其是那些基于一个或几个物种的计划，通常必须对自然群体进行直接的干预，才能避免灭绝这一迫在眉睫的威胁。将野生捕获的个体引入圈养繁殖计划正被用来拯救黑脚雪貂和加利福尼亚秃鹰种群，它们面临着立即消失的危险。其他几个这样的圈养繁殖项目也取得了成功。

个案史：游隼 “二战”后不久，游隼（*Falco peregrinus*）等美国猛禽的群体总数开始迅速地降低。1942年，密西西比河东部大约有350对游隼，但是到了1960年就全部消失了。导致游隼消失的原因是化学农药DDT以及相关的有机氯农药。由于猛禽们处于食物链的顶端，体内积累了大量DDT，因此它们特别容易受到DDT的侵害。DDT能够干扰鸟类蛋壳中钙的沉淀，这使得大部分蛋在孵化之前就破裂了。

1972年颁布的美国联邦法律开始禁止使用DDT，美国东部的DDT水平迅速下降。然而，美国东部已经没有存活下来的游隼可以恢复自然种群了。1970年，来自美国其他地区的猎鹰被用来在康奈尔大学建立圈养繁殖计划，目的是通过释放这些游隼的后代在美国东部重建游隼种群。到1986年底，东部13个州共放飞了850多只鸟类，恢复速度惊人。

维持基因多样性

阻碍物种恢复工作成功的主要因素是，当开始对某个物种制订恢复计划时，它已经处在灭绝的危险边缘了。当物种群体数量很少时，它们大部分的基因多样性已经丢失了。如果想使一个恢复计划有尽可能高成功的机会，我们就必须尽最大的努力去维持该物种的基因多样性。

个案史：黑犀牛 在犀牛的5个物种中，有3个物种正濒临灭绝。3个亚洲物种生活在一个正在迅速被破坏的森林栖息地，而2个非洲物种则因为它们的角而被非法杀害。如今，5个物种中存活个体不足2.2万。存活的个体中有很多都生活在很小的、单独的群体中，这也使其生存现实更为恶劣。黑犀牛（*Diceros bicornis*）有4,000个野生的个体，大约生活在75个很小且彼此距离很远的群体中，这些群体遍布于整个物种的生存范围内，适应于各自栖息地的当地条件。非洲西部的黑犀牛亚种群最近已经灭绝了，并且3个现存的亚种群的基因多样性似乎也已经很低了。其线粒体DNA的分析结果表明，在这3个种群中，大部分个体的基因十分相似。

缺少基因多样性对物种的未来来说是一个巨大的挑战。为了创造更多成功的机会，物种恢复计划必须寻找方法以维持一个物种所具有的基因多样性。将所有的黑犀牛聚集到一个进行人工繁殖的群体中产生杂交种，这是最好的维持基因多样性的方法，但它不具备现实的可操作性。一个更可行的方案是在两个种群中交换个体。对黑犀牛种群进行遗传多样性管理可以防止遗传变异的丧失，而遗传变异对黑犀牛来说可能是致命的。

我们将许多不同地区的黑犀牛放置在一个保护区中，以提高遗传多样性，但是这引发了另一个潜在的问题：为了适应它们的栖息地，亚种群可能从不同的角度进行改变——如果这些适应性改变对它们的生存来说是至关重要的怎么办？我们通过汇集基因的方式，使这些犀牛逐渐同化，这种做法冒着破坏它们区域适应能力的风险，甚至可能会导致其无法继续存活。

保存关键种

学习目标38.9.2　关键种对生物多样性的重要性

关键种是那些对其生存的生态系统的结构和功能具有强烈影响的物种。它们在生态系统中被移除后会带来灾难性的后果。

个案史：狐蝠　旧热带地区的狐蝠类蝙蝠的很多物种的群体数量正处于快速衰退的状态，这一例子充分证明了，关键种的消失对其所在生态系统中的其他物种具有极其重要的意义，有时可能会造成一系列的物种灭绝事件。这些蝙蝠与太平洋和印度洋岛屿上的重要植物物种有着非常密切的关系。狐蝠科大约包含200个物种，其中有大约1/4是狐蝠属的，并且广泛地分布于南太平洋上的岛屿，在那里，它们是十分重要的——通常是唯一的——花粉与种子的传播者。关于萨摩亚群岛的一项研究结果表明，在干旱的季节里，分散在土地上的种子中大约有80%～100%是由狐蝠进行传播的。许多物种完全依赖于这些蝙蝠完成传粉。

近期，在关岛上的2个狐蝠的本地种已经灭绝或濒临灭绝了，这对生态系统的影响是十分巨大的。许多植物物种类已经无法结实了，或者说结实率很低，水果的产量比正常情况下低很多。果实不能从亲本植株分散出去，因此后代植株的枝条被成年植株挤开了。

狐蝠的灭绝原因是遭到了人类的猎杀。作为食物来源、寻找乐趣，或者是果农将其视为害虫等，都是它们被捕杀的原因。狐蝠特别容易受到攻击，因为它们生活在一个庞大到很容易被发现的群体中，该群体多达100万只个体。它们的运动具有规律性以及可预见性，很容易被人类跟踪并找到其栖息地，狩猎者一次可以很轻松地捕杀上千只狐蝠。

为保留特定种类的狐蝠的物种保存计划才刚刚开始。一个特别成功的例子是挽救罗德里格斯的果蝠（*Pteropus rodricensis*），它们只生活在马达加斯加附近的印度洋中的罗德里格斯岛上。其群体数量在1955年大约为1,000只，至1974年时已经剩下不到100只。这一群体数量减少的现象反映了果蝠栖息地大量变为农田的事实。从1974年开始，这一物种便受到了法律的保护，并且岛上的森林面积正通过植树造林计划在不断地增加。现在已经建立了11个人工繁殖的群落，果蝠群体的数量也在迅速地增加。在此情况下，法律保护、栖息地恢复以及人工繁殖这三者结合的保护计划的恢复效果十分显著。

生态系统的保护

栖息地破碎化是生物多样性保护问题中最普遍的问题。一些物种需要较大的栖息地斑块进行发展，而保护过程中如果不能提供合适大小的栖息地，那么所有的努力都将会失败。独立的栖息地斑块中物种流失的速度远远高于较大的保护区中物种流失的速度，当人们逐渐了解这一问题，保育生物学家们提出了一个开创性的构思，尤其是对于热带地区来说，建立所谓的大型保护区——一大片以一个或多个未受干扰的栖息地为核心的土地。

近几年，除了集中保护这种巨大的保护区，保育生物学家也逐渐认识到保护生物多样性的最好方法是集中保护完整的生态系统，而不是某些特定的物种。因此，在很多情况下，保护工作的注意力转移到了明确那些需要保护的生态系统，并且要寻找一些新的手段，不只是用来保护生态系统中的物种，同样也要对生态系统本身的功能进行保护。

关键学习成果 38.9

基于物种水平开展的保护计划一定涉及栖息地丧失以及破碎化的问题，并且通常伴有物种遗传多样性的显著降低。

38.10 寻找清洁能源

替代能源

学习目标38.10.1 化石燃料与可再生能源

现代社会习惯于燃烧化石燃料，这能使巨大的二氧化碳总量进行再循环回到地球的大气中。为了获得一些想法，我们暂时来关注一下个人对二氧化碳循环的贡献。我们每驾车行驶1千米，都能向空气中释放0.2千克的二氧化碳。你一年能驾驶多少千米？你明白关键之处吗？想一想给家里供暖的天然气以及用来照明的电力（主要是通过燃烧化石燃料产生的）。你的生活对地球上的二氧化碳平衡有着重要的影响。但这样的人不只你自己。3亿多个美国人对地球都会产生同样的作用。仅在2005年，美国就通过燃烧化石燃料向地球大气排放了60亿吨二氧化碳。这种大量的二氧化碳流入大气层正在产生一种意想不到的、非常严重的后果：地球正在变暖。我们能为此做什么？改用替代能源。

许多国家为了满足日益增长的能源需求而开始使用核能。2007年，全世界范围内一共建立了436个核反应堆以提供能源，提供了全世界14%的电力。现在，法国电力的78%都是核电站提供的。核电站在美国的发展不像在其他国家一样普遍，因为美国人有很多方法获得便宜的煤块，并且公众担心发生意外事故。1979年，宾夕法尼亚州的三里岛核电站发生了核反应堆的局部熔化事件，虽然仅向环境中释放了微量的辐射物质，但却引起了公众的担心。从那时起，美国几乎没有发展核能（图38.15）。

理论上来讲，核能可以提供丰富且便宜的能量，但实际上，它却并不受支持。核能的发展存在一些问题——个人安全、废物处理、社会安全——如果这种能源要在推动未来世界发展方面占有很大比例，那么这些问题就必须被克服。

很多其他清洁能源能帮助我们减少对化石燃料的利用。其中许多都是可再生能源——能源的来源，比如太阳能，能够由自然进行补充。太阳能电池板能捕获太阳光的能源，用来加热水或其他液体形成蒸汽，带动涡轮机转动进行发电。使用太阳能电池板的一项更小的用途是连接光伏电池，它能直接将光能转变为电能。其他的再生能源，包括风能，特别是生物质能——比如玉米和甘蔗等植物可以用来生产酒精，代替汽车中的汽油。

图38.15 三里岛核电站

自从1979年这里发生了核事故以来，美国的核电站发展就明显放缓。

更加关注乙醇

学习目标38.10.2 生物质能作为能源的可能性

乙醇是一个简单的二碳醇，化学式为CH_3CH_2OH——在啤酒和红酒中存在的同一种醇类物质。由于乙醇中的碳氢键储存有大量的能量，因此乙醇是一种很好的燃料。在汽车中燃烧1升乙醇释放的能量大约是燃烧1升汽油的80%。

我们怎样做才能继续燃烧乙醇但是却不向大气中增加更多的二氧化碳？请注意"更多"一词。乙醇是酵母菌对植物中的糖类进行发酵而产生的，这种发酵过程与酿造啤酒和红酒的生产过程相同。如果我们的汽车燃烧植物通过光合作用刚产生不久的碳分子，那么它们只是将刚吸收的二氧化碳又释放回了大气中！大气中没有二氧化碳的净增加量。

为了进一步理解这个问题，我们重点关注一下碳原子的来源。燃烧汽油等化石燃料能向大气中释放大量的碳，这些碳以石油的形式深埋在地下达数千年之久。燃烧乙醇也会释放碳，但是在这种情况下，释放到大气中的二氧化碳就是刚刚从大气中吸收的二氧化碳。我们可以将大气看作一个喷泉。喷泉能够循环水流，将其喷射进空气中。池塘中的水位一直是不变的，因为呈喷雾状的水会落回到池塘中，然后经由抽水泵再次喷射入空气中，如此循环往复。这就是乙醇在二氧化碳排放方面的工作原理。二氧化碳是从大气中吸收的，植物能够利用它合成自身的组织；这些组织可以制造乙醇。现在我们可以想象一下，附近有一水箱的水（代表了化石燃料），这些水通过水泵抽取并输送至喷泉的池塘中。不只是水箱中的水会减少，池塘中的水也会溢出（二氧化碳的量太多）。这就是燃烧化石燃料会导致的后果。

当乙醇作为燃料时，我们会先将它加入到汽油中再进行使用，而不是只燃烧乙醇。一种被称为自由混合双燃料汽车（FFV）的新型汽车，其发动机是经过重新设计的，它可以燃烧100%的汽油，但是也可以燃烧名为E85的混合汽油，即燃烧85%的乙醇与15%的汽油混合物。这种将乙醇作为汽车燃料的做法，对缓解全球气候变暖来说是具有重要意义的。

在美国，传统的商业乙醇燃料是通过对玉米粒中的淀粉储存的糖进行发酵而生产的。我们如何从玉米植株的其他部分获得乙醇？玉米的茎、叶和玉米穗轴是由什么分子组成的？它们主要是由3种有机分子组成的：40%的纤维素、40%的半纤维素和10%的木质素。

我们首先来认识一下纤维素。在生命世界中，所有有机碳的存在形式一半以上都是纤维素。像淀粉一样，纤维素是由葡萄糖连接成的链状结构组成的。我们为什么不用纤维素的中糖类合成乙醇呢？因为淀粉和纤维素之间有着细微但非常重要的化学差异。淀粉分子中的每一个葡萄糖分子都有六个碳原子排列成一个环，像一群孩子手拉着手围成一个圈。在纤维素分子中，葡萄糖分子环是从内向外排布的，就像孩子们背对着圆圈的中心。酵母菌的酶不能破坏这些糖类之间的链接。要想使用纤维素生产酒精，生物工程师必须找到一些方法使酵母菌的酶破坏这些链接。

有一些微生物的酶具有这样的作用，否则，牛不能靠吃草生存，白蚁也不能靠木头生存。使用我们在第13章中讨论过的基因工程技术，可以使"生物工程"酵母菌分解纤维素。西班牙的研究人员已经成功地从白蚁肠道中分离出能够消化植物的细菌，然后提取这类细菌的DNA加入酵母中，从纤维素中提取乙醇，并将其用于商业生产。

我们也不能忽略半纤维素，玉米植株中的碳有1/5是以这种形式存在的。半纤维素与纤维素很像，但是其分子组成为五碳糖。含有能将半纤维素分解成五碳糖的酶的基因工程细菌已经被生产出来了，因此这一方法似乎是可操作的。

玉米并不是唯一可以用来产生生物质能的植物。也有一些其他能够快速生长的植物可以用来生产燃料，包括柳枝稷和杂交杨树、柳树等。这些植物可以种植在不适于玉米等行栽作物生长的土地上，特别是容易受到侵蚀的土壤，留下肥沃的土壤用来种植玉米、大豆和小麦等对土地养分要求较高的作物。工业和商业废料中提取的纤维素的其他来源，比如木屑和纸浆，也可以用来生产乙醇，树叶和庭院废物、大部分城市垃圾中的纸张和硬纸板等也都可以。

很难想象在美国的未来有比开发发酵纤维素、半纤维素和淀粉的乙醇生产酵母燃料更具吸引力的长期投资。如果各国认真致力于发展生物燃料转化为乙醇的技术，那么在不久的将来，我们所有人都可能会用农场生产的燃料而不是化石燃料来填满我们的油箱，这将给世界带来巨大的益处。

关键学习成果 38.10

可再生的替代能源，尤其是作为汽车燃料的生物质能，在清洁能源中的地位已经越来越重要了。

38.11 个体产生影响

解决环境问题

学习目标38.11.1 个人修复华盛顿湖和纳舒厄河

环境问题解决的方案需要公众以及商业活动的支持。然而，重要的是不要忽视知情人士在解决环境问题中经常发挥的关键作用。通常是一个人带动了改变，有两个例子可以说明这一点。

纳舒厄河

纳舒厄河流经新英格兰的中心地带，在20世纪早期受到了马萨诸塞州附近工厂的严重污染。到了20世纪60年代，河水被污染物堵塞了，并且当地公开宣布其已经生态性死亡。当马里恩·斯托达特于1962年搬到了沿河的一个小镇上居住时，她被震惊了。她向州政府提出了建立“绿道”（沿河两岸生长的树木）的建议，但政府不想买下肮脏河流沿岸的土地。所以斯托达特组织成立了纳舒厄河清理委员会，并开展了禁止向河中倾倒化学物质以及废物的运动。该委员会将装有肮脏河水的瓶子送给政治家，在镇民大会上提出这件事，招募商人资助了一个垃圾处理厂，并且开始清理纳舒厄河两岸的垃圾。这场由斯托达特发动的公民运动，推动了当地政府于1966年通过了《马萨诸塞州清洁水法案》。现在当地禁止了工厂向河水中倾倒废物，并且河水已经在很大程度上恢复健康了（图38.16）。

华盛顿湖

华盛顿湖是西雅图东部一个大型的、面积达86

图38.16 清理纳舒厄河

左图是20世纪60年代的纳舒厄河，它受到了河流两岸工厂直接排放至河水中的污水的严重污染。而右图中是如今的纳舒厄河，河水已经差不多恢复了清澈。

平方千米的淡水湖，它在“二战”后期被西雅图市郊的建设热潮包围了。在1940—1953年，湖泊周围的10个城市污水处理厂都将处理过的污水排放到湖水中。这些污水被认为是“无害的”，就饮用来说是足够安全的。到了20世纪50年代中期，大量的污水被倾泻至湖水中（试着计算一下，8,000万升/天 ×365天/年 ×10年，共有多少体积的污水进入湖水中）。1954年，华盛顿大学西雅图分校的生态学教授W. T. 埃德蒙森注意到，他的研究生提到了一种生长在湖中的丝状蓝绿藻，这种藻类需要大量的营养物质，这在很深的淡水湖中是十分稀缺的——是污水使水体富营养化了！埃德蒙森震惊了，他于1956年发起了一项运动，让政府官员了解这一危险：分解死亡藻类的细菌将很快耗尽湖水的氧气，然后湖中生物就会失去生命力。五年以后，市政部门联合税务部门出资修建了下水道将污水排到大海中。湖水现在已经清澈了。

一想到世界上存在着很多环境问题，人们就很容易气馁，但是不要忘记我们通过监测这些问题而得出的最重要的结论，即每个问题都是可以解决的。一个受污染的湖泊可以再次变清澈；一个很脏的烟囱可以被改造以清除有毒的气体；对关键能源的浪费问题也能够停止。我们所需要的正是对这些问题的正确理解以及为解决这些问题而做出的努力。美国家庭**循环**使用铝制罐以及再生纸，这充分说明了人们想成为解决问题的人而不是制造问题的人。

关键学习成果 38.11

在解决环境问题的过程中，一个人的努力也能具有重大的意义。

调查与分析
INQUIRY & ANALYSIS

全球变暖有多真实？

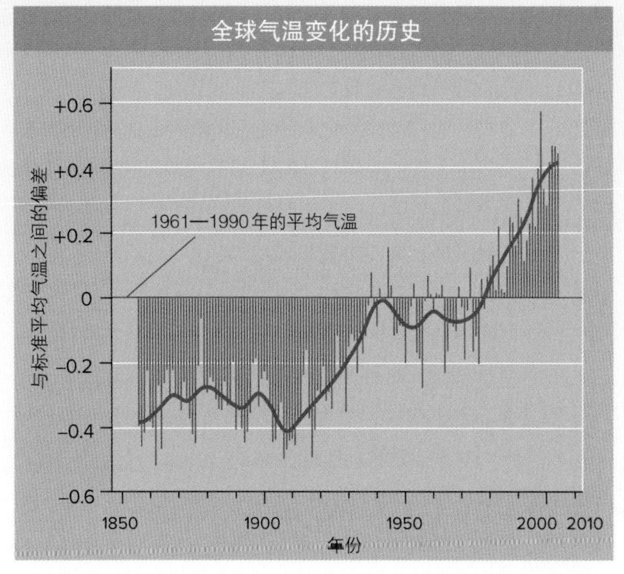

关于全球变暖的争论主要有两个方面。第一个争论的焦点是全球气温在升高，这对地球的大气与海洋会产生显著的影响，即全球变暖。第二个争论的焦点是，全球变暖是由于广泛地燃烧化石燃料而导致大气中二氧化碳浓度升高的结果。

第二个问题的解决需要详细的科学研究，直到现在才达成共识。解决第一个问题是一个更简单的命题，因为它是基于一系列数据得出的结论。右侧的图表展示了相关问题的数据：先前一个半世纪的全球气温。温度数据来自全球各地的监测站，并取其平均值。图中的条形代表自1850年以来每年的全球平均气温。为了抑制随机年际变化的影响，从而更好地揭示累积影响，将数据显示为异常直方图（在**异常直方图**中，每一个条形柱都代表了与该期间由一些标准确定的平均值之间存在的偏差）。在这种情况下，异常直方图代表了每一年的全球平均气温与标准平均气温之间的偏差值，这些标准平均气温是以1961—1990年这30年间作为标准进行观察得到的结果。

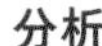

分析

1. **应用概念**

   a. **变量**　本节中有因变量吗？如果有，是什么？

   b. **异常直方图**　155年中的哪一部分没有偏离1961到1990年的平均值？哪一部分的偏离值超过了+0.2℃以上？超过了−0.2℃呢？超过了+0.4℃呢？超过了−0.4℃呢？

2. **解读数据**

   a. 对于偏离值超过了+0.2℃以上的年份来说，有多少是在1940年之前的？1940年与1980年之间呢？1980年之后呢？1980年之后发生的比例是多少？

   b. 对于偏离值超过了+0.4℃以上的年份来说，有多少是在1980年之前的？2000年之后呢？2000年之后发生的比例是多少？

   c. 对于偏离值超过了−0.2℃以上的年份来说，有多少是在1940年之前的？1940年与1980年之间呢？1980年之后呢？1940年之后发生的比例是多少？

   b. 对于偏离值超过了−0.4℃以上的年份来说，1900年之前发生的比例是多少？

3. **进行推断**　如果你要在1850年至1900年之间随机地选择一年，哪一年最可能偏离了+0.2℃、+0.4℃、−0.2℃或是−0.4℃？1900到1940年之间呢？1940到1980年之间呢？1980年以后呢？2000年以后呢？

4. **得出结论**　这些结果是否支持在之前的一个半世纪中全球气温在逐渐地升高这一假说？

本章回顾

Reviewing What You Have Learned

全球变化

污染

38.1.1 污染能够导致全球变化，因为它的影响能够不断地扩散。当对生物体有害的化学物质被释放到生态系统中时，空气和水源就会被污染。

38.1.2 农药、除草剂以及化肥等农业化学药品的使用是十分广泛的，它们对动物具有毁灭性的影响。当有害的化学物质沿着食物链传递到其顶端并积累以后就会发生生物富集现象，如图38.1所示。

酸雨

38.2.1 燃烧煤块会向大气中释放硫，然后它会与水蒸气结合形成硫酸。这种酸性物质会随着降雨和降雪落回地面，通常被称为酸雨，它们降落在远离污染源的地方，能杀死动物和植被。

臭氧空洞

38.3.1 臭氧能在地球的上层大气中形成一个保护层，它可以阻止来自太阳的有害的紫外线。在20世纪70年代中期，科学家们认为臭氧正在被耗尽。

- 用于制冷系统中的氯氟烃能与臭氧发生反应，使其转变为氧气，而氧气是不能阻止紫外线的。图38.2所示，南极上空和从南极延伸出来的臭氧减少被称为臭氧空洞，导致到达地球的辐射水平高得危险。

全球变暖

38.4.1 燃烧化石燃料会向大气中释放二氧化碳，因此大气中的二氧化碳超出了能够重新回到生态系统进行循环的二氧化碳总量。它留在大气中，在大气中捕捉来自太阳的红外光（热量），这种现象被称为温室效应。

38.4.2 全球的平均气温正在稳定地增加，这一过程被称为全球变暖。据预测，全球变暖对全球的降雨模式、农业以及水平面的升高等具有显著的作用。

38.4.3 除了减少人类释放的二氧化碳，另一个解决方案是地球工程，其中海洋施肥与阳光反射两种方法获得评估，但依然存在一些需要被解决的问题。

生物多样性的丧失

38.5.1 物种灭绝是一个事实，但目前物种灭绝的速度高得惊人。造成当今物种灭绝的三个主要因素包括栖息地丧失、过度开采和外来物种的入侵。栖息地丧失是最具破坏性的。

拯救我们的环境

减少污染

38.6.1 人类活动给生物圈造成了很大的压力。减少污染需要我们监测与污染相关的成本。反污染法律的制定与污染税的征收是开始考虑污染成本的方法。

保护不可再生资源

38.7.1 不可再生资源的消耗和破坏也许是人类面临的最严重的问题。表层土对农业来说是必要的，但是它正在迅速地减少。地下水是穿过土壤渗透至地下蓄水层的，它是饮用水的主要来源，但是已经被人类浪费并且污染了。生物多样性由于物种的灭绝正在快速地降低，物种灭绝的主要原因是栖息地丧失，比如雨林。

抑制人口增长

38.8.1 所有环境问题的根源都是人口的快速增长。人类越多意味着被消耗的资源越多，被开发的土地越多，产生的污染也越多。

38.8.2 在过去的300年里，科技使人类人口以指数级增长，目前人口已超过73亿。

38.8.3 人口增长的速率是不同的，发展中国家的人口增长速率比发达国家的人口增长速率高。然而，维持发达国家居民生活所需的资源更多。

解决环境问题

保护濒危物种

38.9.1 为了减缓生物多样性的流失，我们正在尝试进行恢复计划，其目的在于挽救濒临灭绝的物种。这些计划包括栖息地的恢复、人工圈养繁殖以及生态系统保护。

38.9.2 关键种对其所生活的生态系统的结构与功能具有十分重要的影响。

寻找清洁能源

38.10.1 化石燃料的燃烧能导致环境污染、有价值的资源的消耗，以及全球变暖。因此我们需要一些替代能源，有的国家已经开始利用核能，但是核能也有缺点。太阳能或风能等可再生能源是很好的替代能源。

38.10.2 从玉米和甘蔗等植物中提取的糖，以及通过纤维素生物质发酵获得的糖中提取的乙醇，具有作为可再生能源的巨大潜力。

个体产生影响

38.11.1 实际中有一些环境治理成功的案例存在，在这些案例中是一个或几个人的努力起到了很重要的作用，并且避免了生态灾难。

本章测验
Test Your Understanding

38.1.1 “灰色天空城市”是_______的结果。
a. 空气污染的生物富集作用
b. 氯代烃类物质作为空气污染主要原因
c. 农药作为空气污染主要原因
d. 硫氧化物作为空气污染主要原因

38.1.2 解释一下，随着时间的流逝，即使接触很微量的如与雌激素作用相似的双酚A等化学污染物也会对健康产生危害的原因。不同性别人群对该问题的关注度应有所区别吗？说明原因。

38.2.1 酸雨的主要原因是_______。
a. 汽车和卡车排出的尾气
b. 通过燃烧煤块提供能量的工厂
c. 氯氟烃类的物质
d. 氯代烃类的物质

38.3.1 臭氧层遭到破坏的原因是_______。
a. 汽车和卡车排出的尾气
b. 通过燃烧煤块提供能量的工厂
c. 氯氟烃类的物质
d. 氯代烃类的物质

38.4.1（1）所谓的“温室效应”是地球表面不像月球阴暗面那么冷的唯一理由。温室效应引起的气温升高使地球平均气温增加了_______。
a. 39℃ c. 50℃
b. 18℃ d. 35℃

38.4.1（2）如果有很多温室气体，为什么只将二氧化碳作为全球变暖的原因？
a. 其他气体不能造成全球变暖
b. 事实并非如此。科学家们担心其他原因；例如，融化的永久冻土释放的甲烷可能对全球变暖产生重大影响
c. 其他气体的含量很低，对气候几乎没有影响
d. 二氧化碳是唯一能吸收长波红外辐射的气体

38.4.2 全球变暖能影响以下所有方面，除了_______。
a. 降雨模式 c. 臭氧含量
b. 海平面 d. 农业

38.5.1 当今物种灭绝最主要的原因是_______。
a. 栖息地丧失 c. 外来物种入侵
b. 过度开采 d. 以上原因同样重要

38.6.1（1）自由市场经济通常会加速污染，其原因是_______。
a. 环境成本几乎不被作为经济的一部分
b. 供不应求，因此工厂必须增加输出以满足市场需求
c. 能源与原材料的成本是可变的
d. 关于污染的法律不是强制执行的

38.6.1（2）经济学家倾向于在成本的视角下看待世界。他们说：“如果你使污染增加了，那么你就增加了人类健康的社会成本，但是如果你试着减少了污染，那么你就增加了清除污染的经济成本。”讨论一下，你认为这两种成本是否是由同一组人支付的。

38.7.1（1）保护生物多样性是_______。
a. 必要的，保护物种可能具有直接价值，比如作为新的药物
b. 没有必要，灭绝是一种“自然”循环，并且不应该受到干扰
c. 必要的，应确保所有的生态位都被填满
d. 没有必要，因为它干扰了工业发展

38.7.1（2）两栖动物的减少可以说是_______
a. 由于当地栖息地的普遍破坏，两栖动物种群在全球范围内消失
b. 全球气候变化导致两栖动物种群数量大幅度减少
c. 生态系统破碎的后果
d. 以上都不是

38.7.1（3）如果曾经存在的物种中有99%现在已经灭绝了，为什么人们会对过去几个世纪的灭绝率如此担忧呢？

38.8.1 以下哪个选项不是过去300年甚至更久的时间内人口数量大量增加的原因？
a. 农业技术现代化产生了更多的可靠的食物储备
b. 由于医疗技术的提高而使死亡率下降
c. 随着国家的发展开放空间数量的增加
d. 增加的卫生健康实践

38.8.2 世界人口增长速率_______。
a. 正以指数形式增加 c. 已经到达了峰值
b. 在衰减 d. 以很低的速率增长

38.8.3 基部很宽的人口金字塔_______。
a. 是人口数量比较稳定的国家的特征
b. 与那些经济高度发达的国家密切相关
c. 老年女性的人口比例较大
d. 未来的人口增长速率将会很快

38.9.1 将濒危的黑足雪貂和加利福尼亚秃鹫从野外带回动物园或野外实验室进行繁殖，这是一个关于物种保护的_______例子。
a. 原始状态的恢复 c. 栖息地复原
b. 栖息地修复 d. 人工圈养繁殖

38.9.2 如果一个物种的移除会瓦解生态系统，那么这个物种是_______。
a. 关键种 c. 受威胁物种
b. 濒危物种 d. 以上都不是

38.10.1 生产可再生资源的途径不包括_______。
a. 洗涤器 c. 风力发电厂
b. 太阳能电池板 d. 纤维素发酵

38.10.2 半纤维素是_______。
a. 一个交联的葡萄糖聚合物
b. 被部分消化的纤维素
c. 一个戊糖聚合物
d. 纤维素与木质素的混合物

38.11.1 思考一下马里恩·斯托达特与W. T. 埃德蒙森的故事，以及人类学家玛格丽特·米德下面的这段话：“永远也不要质疑一群有思想且坚定的公民改变世界的能力。事实上曾经发生过的事都是如此。”为了使你的邻居、你所在的地区与群体变得更好、更健康，你能做些什么？你将会做些什么？

附录 APPENDIX

参考答案

第1章　生物科学

1.1.1 a

1.2.1（1）c

1.2.1（2）这团星云看起来是有生命的，因为它具备了生命的几个基本属性，包括内部组织、能量传递、生长，并且可能具有内稳态。然而，生命还有一个关键属性，是星云所没有的，就是遗传。虽然星云可以生长，但是它似乎不能够产生携带父母遗传特性的后代。因为这个关键属性的缺失，这团星云就不能被认为是具有生命的。

1.3.1 b

1.3.2（1）d

1.3.2（2）b

1.4.1 b

1.5.1这是应用归纳推理法得出结论的一个例子。问题在于是，有时人们会认为，因为两个同时发生的事件中，其中一个事件会是导致另一个事件的原因。本题中的两个事件，实际上是由没有被提及的第三个事件引起的——那就是下雨。归纳推理的过程本身没有什么错，但不要假设相关性（同时发生）就意味着因果关系。

1.5.2 a

1.6.1 a

1.7.1 b

1.7.2 c

1.8.1运用科学的方法设置一系列实验，分别为没有得抑郁症的人和轻度抑郁患者，并让他们服用固定剂量的安慰剂（一种不会产生任何药物作用的物质，在药物实验中，经常被使用作为对照，安慰剂通常使用糖丸）或金丝桃，持续服用一段时期。在实验前后对轻度抑郁症进行检测，并且不要告诉他们谁服用的是药物，谁服用的是安慰剂。你可能需要设置一系列梯度的药草服用量，和维持体内药物含量水平的药草服用间隔时间。

1.8.2 d

1.9.1 d

1.9.2 c

1.9.3 d

1.9.4 b

第2章　生命的化学

2.1.1（1）b

2.1.1（2）b

2.1.2（1）远离原子核的电子具有更高的势能。

2.1.2（2）c

2.2.1（1）c

2.2.1（2）b

2.2.2（1）a

2.2.2（2）a

2.2.3（1）碳-14的半衰期是5730年。也就是说经过5730年的时间，会有半数的碳-14原子衰变（剩余1/2）。再过5730年，剩下部分的一半会衰变（剩余1/4），再一个5730年剩余1/4的半数（=1/8）会衰变。所以该化石年龄大约为15,190年。

2.2.3（2）用碳-14来确定化石的年代，你必须能够估算出碳-14对碳-12的比例。形成化石的生物死亡后5730年，其体内的碳-14就只剩下一半左右。11,460年后，只有1/4的碳-14剩余。生物死后50,000年，碳-14大约只有初始量的1/512。这个量非常小，往往测量不准确。

2.3.1（1）d

2.3.1（2）c

2.3.2（1）b

2.3.2（2）碳的电子排布使其可以与其他元素形成稳定的共价键，但是由于电子轨道重叠不好的问题，使其自身不能形成双原子气体。因为碳有四个价电子，两个原子之间需要形成四重共价键，来填满外能层，这种键太不稳定，也不太可能实现。

2.3.2（3）这种细菌体内有一种特定的酶，可以使断开氮原子间的共价键，这种酶人类体内没有。

2.3.3（1）d

2.3.3（2）a

2.3.4 c

2.4.1（1）a

2.4.1（2）c

2.4.1（3）a

2.4.1（4）水位会升高，因为冰的密度比液态水低，这意味着杯子中的冰比水会占据更多的空间，使水的平面升高。

2.5.1 a

2.5.2 b

2.5.3 c

第3章　生命的分子

3.1.1 b

3.1.2 c

3.2.1（1）c

3.2.1（2）d

3.2.2（1）d

3.2.2（2）这种多肽的水解需要13个水分子：14个氨基酸连接而成的多肽链，共有13个肽键，每个肽键水解需要1个水分子。

3.2.3（1）d

3.2.3（2）b

3.2.4（1）c

3.2.4（2）b

3.2.5（1）a

3.2.5（2）d

3.2.6只是通过疏水作用的话，蛋白质可以折叠的方式太多了，反复试验和错误的折叠，会占去太长时间。另外，折叠过程中暴露的疏水部分，会和其他蛋白质的疏水部分粘在一起形成胶团。伴侣蛋白可以帮助蛋白质进行正确折叠，并且在折叠过程中进行隔离以防止聚集。

3.2.7 b

3.3.1（1）d

3.3.1（2）c

3.3.2（1）c

3.3.2（2）RNA可以并且现实中也确实通过链中互补的部分配对形成短的双链，其中部分片段在细胞中发挥调节作用，如基因沉默和转录终止。另一方面，DNA已经进化为细胞遗传信息的储存物，DNA聚合酶催化合成DNA双链，同时可以校对和防止错误。因此，真的没有物质可以阻止RNA形成双链，但是也没有专门的酶进化催化。

3.3.3（1）a

3.3.3（2）c

3.4.1（1）a

3.4.1（2）c

3.4.2（1）a

3.4.2（2）纤维素中的葡萄糖是交替方向相连，成为一条无分枝的长链。但是，淀粉中的葡萄糖单体的连接方式都是一样的。

因此，一种酶如果能够作用于淀粉中葡萄糖连接的键，就不能作用于纤维素中的键，因为这种酶不能识别纤维素中方向不同的连接键。

3.5.1（1）d

3.5.1（2）a

3.5.2（1）c

3.5.2（2）c

第4章　细胞

4.1.1 a

4.1.2~3 c

4.2.1 b

4.2.2 d

4.3.1 d

4.4.1 c

4.5.1 a

4.6.1 c

4.7.1~2 d

4.7.2线粒体是没有生命的，因为它不具备在细胞外繁殖或生存的能力。线粒体存在于真核细胞内，已经有数百万年的时间了，其大部分基因已经转移到细胞核内的DNA中。这些基因对线粒体执行其功能至关重要。

4.8.1~2 c

4.8.3 d

4.8.4~5 a

4.9.1~2 c

4.10.1 d

4.10.2~3 d

4.10.4较高的温度会提升扩散速率，因为随着温度的升高，分子运动加快，从高浓度向低浓度的转移就更迅速。较低的温度会产生相反的效果，降低扩散速率。

4.11.1 b

4.12.1~3 d

4.13.1~3 a

4.14.1 c

第5章　能量与生命活动

5.1.1（1）c

5.1.1（2）d

5.2.1（1）d

5.2.1（2）球和球棒碰撞后，其动能还在，只不过碰撞之后球是向相反的方向运动。球棒的动能在击球手完成挥棒后，就停止了。

5.2.1（3）b

5.2.2 b

5.2.3 c

5.3.1（1）a

5.3.1（2）b

5.3.2 d

5.3.3 a

5.4.1（1）b

5.4.1（2）d

5.4.1（3）酶的活性位点正好作用于序列GATTC。每一次该酶遇到DNA上这个特定的序列，都会在这个特定的位点切断DNA。

5.4.1（4）反应物和生成物两方分子数量的多少，会决定反应进行的方向。如果蔗糖的数量多，蔗糖酶将更多地作用于分解蔗糖。如果葡萄糖和果糖的数量更多，则蔗糖酶会更多地合成蔗糖。

5.4.1（5）d

5.4.2 产生一种产物的一系列反应中，最终反应很可能最先演化出来的。过一段时间，会有新的反应增加进来，以增加反应物的供应，随后又会增加另一种反应，以增加前一个反应的反应物的供应。随着时间的推移，不断有反应这样慢慢地增加进来。一系列的反应可能是最终反应最先出现，每往前一步的反应，随后不断出现，一步一步倒推产生的。

5.4.3（1）c

5.4.3（2）人类酶发挥功能的最有效温度约为37°C。40 °C以上时，维持酶形态的键会受到破坏，使酶变性而失去功能。

5.5.1（1）c

5.5.1（2）b

5.6.1（1）a

5.6.1（2）a

5.6.1（3）d

第6章　光合作用：从太阳获取能量

6.1.1（1）c

6.1.1（2）c

6.1.1（3）c

6.1.2 b

6.2.1（1）c

6.2.1（2）叶绿素b吸收光子的范围广泛，除了波长在500~600纳米的光都吸收。该波长范围的光对应可见光光谱中的绿色光。

6.2.2（1）a

6.2.2（2）d

6.3.1（1）d

6.3.1（2）b

6.3.2（1）c

6.3.2（2）b

6.4.1（1）b

6.4.1（2）a

6.4.1（3）不能。因为在类囊体膜上通过质子（氢离子）的不平均分布，建立起浓度梯度，从而通过化学渗透产生ATP。由于浓度梯度的存在，氢离子穿过通道蛋白沿顺浓度梯度移动，这与ADP磷酸化生成ATP相关。如果类囊体膜允许质子泄漏，就不会有驱动ATP合成的浓度梯度产生了。

6.4.1（4）进行6圈卡尔文循环才能产生一分子葡萄糖。一个卡尔文循环消耗3分子ATP和2分子NADPH。因此，要产生1分子葡萄糖需要18分子ATP和12分子NADPH，这些全部由光反应产生。

6.5.1（1）c

6.5.1（2）c

6.5.1（3）利用NADPH而不是NADH进行光合作用，细胞就能保持光合作用的反应与柠檬酸循环的反应相隔离，并通过不同的酶控制这些反应。

6.5.2（1）一株完全置于黑暗中的植物，在保持供应二氧化碳、NADPH和ATP的情况下，能够持续产生葡萄糖。

6.5.2（2）d

6.5.2（3）a

6.6.1（1）b

6.6.1（2）在炎热的气候里，气孔关闭以防止水分流失。因此，CO_2不能进入植物，这时光呼吸作用就更多地被采用。C_4植物通过C_4途径大大降低光呼吸作用，这个过程消耗30分子ATP，而不是通过C_3途径消耗18分子ATP，避免了50%固定碳的损失。

第7章　细胞如何从食物中获取能量

7.1.1 a

7.2.1（1）c

7.2.1（2）b

7.2.1（3）b

7.3.1（1）c

7.3.1（2）d

7.3.2（1）b

7.3.2（2）a

7.4.1（1）细胞色素C在长时间进化中已经成为细胞呼吸的电子传递链中的一个稳定的分子。因为细胞呼吸的作用——产生ATP能量，对细胞来说非常重要，所以演化过程中要产生很多种细胞色素C就不是很可行。如果细胞色素C功能异常，细胞就会死亡，因为在细胞呼吸过程中，电子传递链产生大部分ATP。

7.4.1（2）不能，被戳了一个孔的线粒体无法执行氧化磷酸化。线粒体中产生ATP的过程是通过化学渗透作用，这个过程依赖于线粒体内膜上质子的不均匀分布产生的浓度梯度。如果这个膜被破坏，那么质子就可以自由地移动，失去浓度梯度。

7.4.2（1）d

7.4.2（2）假设没有可用的葡萄糖，细胞只能利用丙酮酸。有氧状态下，每利用一分子丙酮酸，会产生15分子ATP，这比一分子葡萄糖产生所能产生的36分子 ATP少了整整21分子ATP（每个葡萄糖分子经过糖酵解，产生NADH和ATP，并生成2分子丙酮酸）。丙酮酸转化为乙酰辅酶A产生1分子NADH；在柠檬酸循环中，一分子丙酮酸产生1分子ATP、3分子NADH和1分子$FADH_2$。在电子传递链中，每分子NADH产生3分子 ATP，所以3×4分子NADH = 12 分子ATP。每分子$FADH_2$可以产生2分子ATP，所以2×1分子$FADH_2$ = 2分子ATP。至此，NADH 产生的12分子ATP + $FADH_2$ 产生的2分子ATP + 柠檬酸循环中产生的1分子ATP，一分子丙酮酸共产生15分子ATP。

7.4.2（3）a

7.5.1（1）啤酒和汽酒是发酵产生的。在这个过程中，酵母菌利用谷物和水果中的糖产生ATP。酵母菌摄入葡萄糖，通过糖酵解产生ATP和丙酮酸。丙酮酸在发酵过程中转化为乙醇和二氧化碳。二氧化碳产生了自然的碳酸化作用。

7.5.1（2）a

7.5.1（3）c

7.5.1（4）b

7.6.1（1）c

7.6.1（2）身体必须有规律的分子来源，供给柠檬酸循环，产生ATP。如果碳水化合物摄入不足，那么身体可以使用脂质或蛋白质产生ATP。然而，真正有效的减肥措施是减少热量。通常，低碳水化合物的饮食就既简单又有效，因为摄入的卡路里减少了。不过，进行这类饮食的人必须注意，要保证摄入足够的重要维生素和矿物质，同时不要摄入太多的胆固醇

7.6.1（3）碳水化合物会产生最多的ATP，因为碳水化合物的氧化是从糖酵解开始的，这个过程每分子葡萄糖产生2分子ATP、2分子NADH和2分子丙酮酸。蛋白质的氧化过程跳过了糖酵解，甚至丙酮酸的氧化的阶段，氨基酸在后期阶段才进入细胞呼吸。同样道理，分解脂肪酸的产物也在后期才进入细胞呼吸，跳过了糖酵解和丙酮酸氧化生成能量分子的阶段。

第8章　有丝分裂

8.1.1（1）a

8.1.1（2）a

8.2.1（1）c

8.2.1（2）c

8.3.1（1）c

8.3.1（2）c

8.3.2（1）d

8.3.2（2）当DNA为开放的染色质结构时，它的部分可以进行复制、基因调控或基因转录。但在有丝分裂过程中，如果染色体是松散的结构，划分和排序会非常难以进行。在有丝分裂的准备过程中，DNA盘曲成浓缩的染色体，这样更容易被排序，但这时就不能进行基因转录和复制。

8.3.2（3）b

8.4.1（1）在间期，DNA是看不见的，因为在这个阶段，它还没有凝聚；这个时候DNA片段会进行复制、修复或用于转录mRNA去合成蛋白质。在间期，细胞执行许多生命功能，蛋白质（例如酶）对生命所需的化学反应是必要的。

8.4.1（2）d

8.4.2（1）b

8.4.2（2）a

8.4.3（1）c

8.4.3（2）d

8.5.1（1）a

8.5.1（2）细胞周期检验点通常是细胞可以检查其内部情况或对外界条件做出反应的关键点。在G_1检验点，细胞可以评估其内部和外部条件是否有利于进行细胞分裂。在G_2检验点，细胞可以检查出DNA是否被精确地复制，以及有丝分裂相关的分子进程是否准备就绪。在M检验点，细胞可以检查出姐妹染色单体在胞质分裂并且再次进入间期前，是否已经完成分离。

8.5.2（1）b

8.5.2（2）NGF只能促进神经元的生长，是因为只有神经元有NGF的受体。

8.5.3（1）b

8.5.3（2）海夫利克极限可以通过激活细胞的端粒酶基因而消除。这可以通过植入一段可以启动端粒酶基因的调控DNA片段来实现。

8.6.1（1）b

8.6.1（2）a

8.7.1（1）d

8.7.1（2）b

8.7.1（3）肺癌是典型的由细胞DNA突变引起的癌症。突变可能是由化学物质或环境因素引起的。吸烟和吸入二手烟会导致能引起突变的化学物质（诱变剂）进入到肺部。女性肺癌发病率增加的原因，可能是吸烟或吸二手烟的女性人数增加所致。此外，由于癌症涉及基因的变化，某些类型的癌症是可以被遗传的。再次，某种环境污染物可能会对女性造成危害，在女性体内与雌激素受体结合，对内分泌方面产生干扰。解决这个问题的方法是，对女性（以及其他人）进行教育，告诉他们吸烟是危害健康的，以及遗传的风险，还有要尽量减少暴露于环境污染物中。

第9章　减数分裂

9.1.1（1）d

9.1.1（2）d

9.2.1（1）a

9.2.1（2）单倍体人类的精子或卵细胞不能被认为是有生命的，因为它们不能自己生长，也没有进行繁殖的机制。

9.2.2（2）c

9.3.1（1）b

9.3.1（2）选项a中，体细胞有56条染色体，体细胞为二倍体。选项b中，减数第一次分裂中期的细胞有56条染色体，细胞在减数第一次分裂时期是二倍体，但每个染色体都复制产生姐妹染色单体。选项c中，减数第二次分裂中期的细胞有28条染色体，细胞在减数第一次分裂之后变为单倍体，但每个染色体都复制产生姐妹染色单体。选项d中，配子有28条染色体，是单倍体。

9.3.1（3）在减数第一次分裂中期，着丝粒附着在纺锤丝上，但因为同源染色体由于联会和交换紧密地联合在一起，纺锤丝只能附着每个着丝粒向外的动粒上。因此，在减数第一次分裂的后期只发生同源染色体的分离，而不发生姐妹染色单体的分离。

9.3.2（1）c

9.3.2（2）d

9.3.3 a

9.4.1（1）a

9.4.1（2）b

9.4.2（1）c

9.4.2（2）b

9.4.3（1）b

9.4.3（2）d

9.5.1（1）c

9.5.1（2）自由组合是在减数第一次分裂过程中，来自母方与来自父方的同源染色体，随机分配进入到产生的子细胞中。产生配子的种类可能性为2^n，其中n是单倍染色体的数目。交换是同源染色体之间的遗传物质的物理交换，在单个染色体上产生新的基因组合。交换是小概率事件，但却影响了大量的遗传物质。所以自由组合在产生遗传多样性方面可能产生的影响是最大的。

9.5.1（3）一个人所产生的配子，只含有来自母方的染色体的概率是$1/2^{23}$或1/8388610，所以这是几乎就是不可能发生的。因为自由组合是在减数第一次分裂的中期时发生的，所以想要所有来自母方的染色体排列在同一侧，然后被分配到同一个配子中，也几乎是不可能的。

9.5.2（1）c

9.5.2（2）d

第10章　遗传学基础

10.1.2 d

10.2.1 a

10.2.2 c

10.3.1 b

10.4.2 a

10.6.1 d

10.6.2 c

10.7.3 b

10.8.3 d

10.11.1 b

其他遗传问题：

1. 测交是确定一只平羽鸟，是纯合子还是杂合子的最好方式。如果一只平羽鸟与丝羽鸟（隐性纯合子）交配，生出的后代没有丝羽出现，则这只平羽鸟的显性性状（正常羽毛）是纯合的。如果测交后代中有丝羽个体出现，那么这只平羽鸟是杂合子，并且还有丝羽等位基因。预计测交后代中大约有一半为丝羽个体。

2. 在你的牛群中，存在母牛和公牛，它们都有可能存在非纯合的“无角”个体。因为牛群中会有很多母牛，可能只有一只或几只公牛，所以专注于公牛是合理的思路。如果公牛都是纯合“无角”的，那么无论母牛是什么基因型，后代永远不可能出现有角的个体。最有效的方式是，持续跟踪牛的交配，并记录交配产生后代的表现型，把产生有角后代的公牛清除出牛群。

3. 基于这些信息，我们可以得出这样的结论：短指的是显性性状。如果它是隐性性状，只有在那些隐性纯合个体中才会出现短指，那么一个短指的人与一个正常人产生后代的遗传模式中，短指将少于一半。要想达到一半，那么所有正常人都必须是这种性状的杂合子。但是因为这种特性很罕见，不太可能正常群体里的人都携带有它的隐性基因。两个短指的人产生的后代是短指的比例取决于父母的基因型。一个短指的人可能是显性纯合子，也可能是表现出短指特征的杂合子。如果父母中至少有一方是纯合的，那么所有的后代都是短指的。如果父母双方均为杂合子，后代中3 / 4为短指，1 / 4为正常。

4. 将这只果蝇放在白眼果蝇中进行繁殖。如果后代中有一半是白眼果蝇，那么这只果蝇就是杂合子。

5. a这种病可能起源于他的精子中的突变。b因为他们的儿子阿列克谢是血友病患者，这种疾病几乎肯定是亚历山德拉遗传下来的；尼古拉二世只是给亚历克西斯的染色体贡献了一个沉默的Y染色体。阿纳斯塔西娅有50%的概率是这种病的携带者。如果尼古拉二世患有这种疾病，而亚历山德拉是携带者，那么阿纳斯塔西娅将有50%的概率是携带者，另50%的概率是患者。如果亚历山德拉患有这种疾病，那么阿纳斯塔西娅将有100%的概率是携带者。

6. 白化病，是一种隐性基因，用a表示。母亲的基因型应该是aa，所以父亲的基因型只能是Aa，这对夫妇才能生出得白化病的孩子。

第11章　DNA：遗传物质

11.1.1（1）b

11.1.1（2）a 如果这两种细菌都因过热致死，那么转化DNA就不会产生影响，因为细菌的致病性需要由DNA编码的蛋白质的生产。死细胞中不会发生蛋白质的合成。b非致病菌将转化为致病菌。蛋白质的损失不会改变DNA。c非致病菌保持原性质。如果DNA被消化，就不会被转移，进而不会发生转化。

11.2.1（1）b

11.2.1（2）a

11.2.2（1）a

11.2.2（2）c

11.3.1（1）d

11.3.1（2）c

11.3.1（3）c

11.3.1（4）胞嘧啶含量占35%。已知条件胸腺嘧啶（T）占15%，那么按照查伽夫法则推算，腺嘌呤（A）也占15%。剩下的总比例为70%，并且这部分比例应该是C + G的占比，那么C和G各占35%。

11.3.1（5）病毒的DNA是单链，没有碱基的互补配对，所以碱基组成也就不符合查格夫法则的计算结果。根据题目数据，我们可以看到，2号管中的DNA中腺嘌呤与胸腺嘧啶所占比例不同，胞嘧啶和鸟嘌呤的含量也不相等。而1号管中含量A= T且G＝C，表明存在碱基的配对，所以1号管中是人类DNA。

11.4.1（1）b

11.4.1（2）b

11.4.2 c

11.4.3（1）a

11.4.3（2）c

11.4.3（3）c

11.5.1（1）导致肺癌发生的突变细胞为体细胞。体细胞突变可以传递给其自身分裂产生的所有后代细胞，而只有生殖细胞的突变才会对后代生命产生影响。

11.5.1（2）d

11.5.2 这种类型的突变是移码突变，插入了一个多余的碱基，导致DNA储存的信息发生变化。其结果可能导致生成的被删节的蛋白，并且不具有正常功能。

第12章　DNA的工作机制

12.1.1 a

12.2.1（1）c

12.2.1（2）a

12.2.1（3）2号DNA链是模板链。

12.3.1（1）d

12.3.1（2）c

12.3.1（3）a AUGUAUGAAUCAAUG-CAGCGGGCCUUUAUA b 甲硫氨酸（起始）-酪氨酸-谷氨酸-丝氨酸-甲硫氨酸-谷氨酰胺-精氨酸-丙氨酸-苯丙氨酸-异亮氨酸

12.3.1（4）c

12.3.2 a

12.3.3 a

12.4.1 在进行翻译之前，真核生物mRNA序列需要经过几种酶的处理。如果是在试管中的情况，这些酶是不存在的，那么也就不能生产功能蛋白。
12.4.2 c
12.5.1 d
12.5.2 d
12.5.3 b
12.6.1 d
12.6.2 c
12.6.3 d
12.7.1 基础转录因子是真核生物中发生转录所必需的，它们还会协助组装转录装置，以及为启动子招揽RNA聚合酶。还有特殊的转录因子帮助控制哪些基因表达及其表达水平。
12.8.1 b
12.8.2 d
12.9.1 与原核生物不同，真核生物的转录可在染色质包装阶段，RNA加工阶段，RNA从细胞核到细胞质的运输和稳定阶段，通过RNA干扰在翻译阶段，通过可用的蛋白和酶在蛋白质合成阶段，以及翻译后的化学修饰等多个阶段进行控制。

第13章　基因组学与生物技术

13.1.1 c
13.1.2 一般来说同卵双胞胎的基因组是相同的，除非在双胞胎开始独立发育后发生突变。年龄越大的双胞胎，基因组存在的差异越多，因为突变会随着时间越积累越多。年龄小的双胞胎，在基因组中的差异相对较少。
13.2.1 b
13.3.1~2 c
13.3.3 b
13.3.4 c
13.3.5 a
13.4.1 a
13.4.2 c
13.5.1 d
13.5.2（1）b
13.5.2（2）这个问题是询问个人的看法，没有统一的答案。但重要的是，要仔细考虑如果以后被要求在这类问题上进行投票时，你的立场是什么。
13.5.3~4 d
13.6.1~2 c
13.6.3 c
13.7.1 a
13.7.2 b
13.8.1 d
13.9.1 c
13.9.2 AAV在人类体内不引起强烈的免疫反应，侵进入人体DNA产生致癌突变的频率也不高。

第14章　进化与自然选择

14.1~2 b
14.3.1 c
14.3.2（1）a
14.3.2（2）c
14.4.1~2 b
14.5.1 大喙的鸟更有能力打开艰硬的种子，所以在种群中的数量虽变多。小喙的鸟存活的可能性更低，在种群中的数量就会减少。如果大喙的鸟能够将这一性状遗传给后代，那么这个性状就能够反应遗传差异，自然选择在这一过程中很可能起着重要作用。
14.6.1~2 a
14.6.3 a
14.7.1~2 没有统一的标准答案，但是可以提及为什么99.9%的事物不会很持久，包括气候变化、自然灾害和人类影响的结果。
14.7.3 c
14.8.1 a
14.9.1 d
14.9.2 c
14.10.1 a
14.11~12（1）b
14.11~12（2）大规模的熔岩流，背景几乎完全是黑色的，种群中的深色个体就具有选择优势，因为隐蔽性高，捕食者很难发现他们。另一方面，小规模的熔岩流会与轻质砂和绿色植物混合，深色的个体就因为相同的理由，在竞争中具有劣势。
14.13.1 d
14.14.1 b
14.14.2 c

第15章　生物的命名

15.1.1（1）没有统一的答案：声音、摇尾巴的方式、爬树的能力、能弯曲几次的爪子、面部胡须的长度、打呼噜、兴奋程度、接受命令和牙齿的特点。
15.1.1（2）为了使某种特定植物的名称在世界上能够通用，采用由两部分拉丁名字来命名的办法。常见的名称，如"玫瑰"，不同的科学家在不同的领域可以由很多不同的使用方式。但"*Rosa odorata*"指的就是玫瑰中有一个特定的种类。拉丁语作为一个中立的语言，被选为命名语言，双名命名法则提供了一个标准而精确的沟通方式。
15.2.1 a
15.3.1（1）d
15.3.1（2）c
15.4.1（1）d
15.4.1（2）d
15.5.1 b
15.5.2 c
15.5.3 a
15.5.4（1）鸟类与爬行动物有许多共同的特征，所以将鸟类置于爬行动物的分支中，更准确地反映了其祖先。
15.5.4（2）a
15.6.1（1）c
15.6.1（2）原生生物界，因为动物细胞没有细胞壁，真菌不能动，植物不具有壳多糖。唯一剩下的真核生物界就是原生生物。
15.6.2 d
15.7.1 d
15.8.1 b
15.9.1（1）c
15.9.1（2）b
15.9.2（1）d
15.9.2（2）c

第16章　原核生物：最早的单细胞生物

16.1.1 形成这些分子所需求的能量来自太阳辐射、闪电以及化学能。
16.1.2 b
16.2.1 c
16.2.2 d
16.3.1（1）d
16.3.1（2）c
16.3.2 c
16.3.3（1）接合发生在两个细菌细胞接触时。其中一个供体细胞的菌毛与另一个受体细胞接触。两个细菌间形成接合桥。供体细胞中的质粒被复制，然后一个单链质粒通过接合桥转移到受体细胞中。一旦它进入受体细胞内，一条互补链就会被合成，形成完整的质粒。于是，受体细胞便拥有了与供体细胞的质粒相同的遗传信息。
16.3.3（2）c
16.4.1（1）b
16.4.1（2）它们利用细胞膜即质膜，来实现这些功能。必需的蛋白镶嵌在质膜中，膜可以折叠嵌套，形成膜内部区域。
16.5.1（1）d
16.6.1 b

16.6.2（1）d

16.6.2（2）随着抗生素在细菌感染的治疗中应用越来越普遍，耐药菌株的出现也越来越频繁。通常情况下，抗多种药物细菌的出现，是在使用多轮抗生素的情况下发生的。这种可能性会因病人没有完成抗生素的完整疗程而增加，因为最具耐药性的细菌在这时是可以生存并增殖的。此外，因为接合生殖会导致质粒上携带的抗性基因转移，所以抗性菌株越多，抗性基因在接合生殖时发生转移的可能性越大。

16.7.1（1）a

16.7.1（2）a

16.8.1 c

16.8.2 d

16.9.1（1）b

16.9.1（2）d

16.10.1（1）b

16.10.1（2）突变和重组在可以产生更多新的更致命的流感病毒株的同时，也能使病毒更容易受到人类免疫系统的攻击。表面蛋白的点突变在病毒中的发生概率为1/100000，虽然一株病毒可能特别致命，但是这个病毒也在不断地突变和重组。最终，病毒可能会变的可以被人类免疫系统杀死，减少这个病毒的致命性。18个月后，病毒极有可能发生突变并进行重组，降低其致命性，被感染者就可以战胜这种疾病。

第17章　原生生物：真核生物的出现

17.1.1 b

17.1.2 b

17.2.1~3 c

17.3.1 c

17.3.2 团藻不会被归类为多细胞生物，因为它们基本上没有细胞活动的整合和细胞分化。在真正的多细胞生物中，如某些类型的红藻、绿藻和褐藻，不同类型的细胞往往会特化去行使不同的功能。这些特化的细胞会构成组织。

17.4.1 d

17.5.1 对纺锤剩体的研究可以揭示线粒体双层膜结构的特性。另外，纺锤剩体可以被用于研究一种与线粒体相关的特定蛋白的存在。同时可以对比研究进出纺锤剩体的物质（生化物质）和离开线粒体的物质。纺锤剩体还有其他特征可以与线粒体进行比较分析：存在DNA，核糖体的出现及其结构，复制的方式等。

17.5.2 c

17.5.3 d

17.6.1（1）在经历了次级内共生细胞，叶绿体有四层膜，而只经历了初级内共生细胞内叶绿体会有两层膜。

17.6.1（2）b

17.6.1（3）a

17.6.2（1）c

17.6.2（2）b

17.6.2（3）b

17.6.2（4）d

17.7.1 a

17.7.2 a

17.8.1 a

17.8.2（1）c

17.8.2（2）线粒体rRNA基因与叶绿体rRNA基因的亲缘性更近一些，因为线粒体和叶绿体的来源都是内共生。核rRNA基因来源于生物体的生命周期的生殖方面（无性生殖或有性生殖）。相比于核rRNA，线粒体rRNA基因与蓝细菌rRNA基因更接近，因为蓝细菌与叶绿体更接近。

17.8.2（3）c

17.9.1（1）a

17.9.1（2）c

17.9.1（3）a

17.9.2（1）d

17.9.2（2）b

17.9.2（3）c

第18章　真菌侵入陆地

18.1.1（1）c

18.1.1（2）d

18.2.1（1）c

18.2.1（2）①找出孢子或产生孢子的结构。②找出该生物延伸的细丝（菌丝）。③检查该生物的纹理并与树皮比较。④检查是否有叶绿素II的存在，如果存在，则是一种植物，如果存在则很大可能是真菌。

18.2.1（3）细菌的细胞壁不含壳多糖，所以抗生素可以穿透这种细胞壁并杀死细菌。壳多糖很难降解，除真菌剂需要较长时间，来渗透进入真菌含壳多糖的细胞壁，然后消除真菌感染。

18.2.2（1）d

18.2.2（2）b

18.3.1（1）a

18.3.1（2）d

18.3.2 c

18.4.1 d

18.5.1 d

18.6.1（1）d

18.6.1（2）b

18.7.1（1）c

18.7.1（2）c

18.8.1（1）a

18.8.1（2）c

18.9.1（1）b

18.9.1（2）我们所熟悉蘑菇，是真菌的子实体，是由某些类型的真菌产生的双核生殖结构。在担子菌中，通过减数分裂在蘑菇伞帽下沿的菌褶中形成担孢子。子囊菌的子囊果在有的种类中也被称为蘑菇（羊肚菌和松露），减数分裂在子囊果中的子囊中发生。

18.9.1（3）b

18.10.1（1）a

18.10.1（2）b

18.11.1（1）c

18.11.1（2）d

18.11.1（3）b

第19章　动物门的进化

19.1.1（1）d

19.1.1（2）你可以用显微镜观察它是否有细胞壁。动物细胞没有细胞壁，只有植物细胞有。动物细胞还有一个特点就是细胞有不同形状。你可以通过研究营养器官的模式，来确定它是异养生物还是自养生物，异养生物通过消耗其他有机体获得能量，自养生物通过光合作用捕获来自太阳的能量。此外，如果能够研究这个生物体的生殖方式，你就可以看到动物的胚胎发育模式特征，或者植物的世代交替特征。

19.2.1 c

19.2.2（1）c

19.2.2（2）是的，体腔可能已经进化了不止一次，或者它可能只进化了一次，随后在一些种类的生物钟消失了。

19.3.1 d

19.4.1 b

19.5.1-2 c

19.6.1 c

19.6.2~3 c

19.6.3 d

19.7.1~2 b

19.7.3~4 a

19.8.1 a

19.8.2 a

19.9.1 b

19.10.1（1）c

19.10.1（2）世界上被命名的物种中有2/3是节肢动物，也就是大约66.6%。根据这张饼状图所示，节肢动物中约有36.2%是甲虫。如果我们用66.6%（0.666）乘以36.2%（0.362），我们得到的结果是0.241092，这意味着目前在我们星球上所有被命名的物种中有大约24.1%是甲虫。几乎每四个被命名的生物中就有一个！著名科学家J. B S.霍尔丹曾说过“如果世界存在造物主，那么他一定对甲虫有过度的偏爱”。

19.10.2 b

19.10.3（1）没有统一的标准答案。陆地上许多被昆虫填满的生态位，在海洋环境下是不可用的，因为其他节肢动物和无脊椎动物已经填补了可能的生态位。呼吸也会是个问题，因为大多数昆虫是呼吸空气的，不具备可以在海洋中呼吸的鳃。盐的浓度也可能称为渗透调节的关键因素。

19.10.3（2）蚂蚱、龙虾和一般节肢动物的用于行走的腿，都与胸部相连。然而，许多物种会改变其他体节上的附肢。例如，龙虾有用于游泳的游泳足，是位于腹部的腹面。

19.11.1 c

19.12.1 b

19.13.1 b

第20章　脊椎动物的历史

20.1.1（1）b

20.1.1（2）d

20.1.1（3）a

20.2.1 d

20.2.2 c

20.3.1（1）c

20.3.1（2）a

20.4.1 b

20.4.2 鲨鱼比盾皮鱼类更具机动性，因为鲨鱼有由软骨构成的更轻的骨架。盾皮鱼类的骨骼由骨组成，更为沉重。所以，鲨鱼能够成为比盾皮鱼类更强大的游泳者。

20.4.3 b

20.4.4 c

20.4.5 c

20.5.1（1）b

20.5.1（2）c

20.5.2 两栖动物对气候变化导致的温度变化敏感，加上其皮肤具有渗透性，可以让某些化学物质通过皮肤进入它们体内，就可能会产生作用，导致其在当地甚至全球范围的灭绝。

20.6.1（1）c

20.6.1（2）爬行动物的卵有革质的外壳，可以防止脱水，同时还具有气孔，可以进行气体交换。因此，不同于两栖动物的卵必须产在池塘里，要面临干涸或泛滥的风险，爬行动物可以把卵产在环境更稳定的陆地上。另外，革质的外壳具有保护作用，并且利于卵被隐藏在树叶下或浅的坑洞里，这样降低了被捕食者发现的概率，就增加了幼体孵化存活的可能性。因为后代存活率更高，所以爬行动物可以比两栖动物产更少量的卵。鸟类的卵进化出了更坚硬的外壳，以防止来自父母孵化时的破坏，因为一般来说，鸟类比爬行动物会获得更多来自父母的照顾。所以，鸟类可以产比爬行动物更少的卵，并且具有更高的存活率。

20.7.1 d

20.8.1 c

20.8.2 b

20.8.3 b

20.8.4 食虫动物，如针鼹鼠，需要咀嚼昆虫的外骨骼，因此它们的臼齿上需要有尖锐的部分来磨碎昆虫。草食动物，如袋鼠，具有宽而平的臼齿，且具有很多牙脊，以便研磨植物纤维。食肉动物，如狮子，有长而尖的犬齿来撕开，还有小的门齿用来切咬，以及锋利的臼齿磨碎肉类。

第21章　人类如何进化

21.1.1（1）b

21.1.1（2）a

21.1.2（1）c

21.1.2（2）b

21.2.1（1）d

21.2.1（2）d

21.2.1（3）a

21.3.1（1）d

21.3.1（2）在一个开放的栖息地，直立行走是一种消耗的能量更少，且比四肢着地行走更快的运动方式。直立行走也解放了双手，可以去行使其他的功能，例如携带物品。直立还可以让人类能够从更高的树上摘取食物，以及获得更远的视野。

21.3.1（3）c

21.4.1（1）a

21.4.1（2）b

21.5.1（1）d

21.5.1（2）b

21.6.1（1）d

21.6.1（2）b

21.7.1（1）b

21.7.1（2）b

21.8.1（1）因为在非洲发现的最古老的智人化石，可以追溯到130,000年前，这样的化石证据支持了，现代人类的进化从非洲开始，然后传播到欧洲和亚洲（甚至全世界）这一观点。在非洲和中东以外发现的最古老的智人化石，大约只有40,000岁。因此，古老的化石在非洲被发现，较新的化石在非洲以外被发现，这些是迁移后过去的。同样的证据也适用于另一种早期人种海德堡人。

21.8.1（2）因为这些鸟是不会飞的，而人类是可以直立行走（及奔跑）且有能力使用武器的，所以这样的鸟都很容易被猎杀。还有其他不会飞的鸟类，因被人类猎杀而灭绝的，如渡渡鸟。在早期人类的栖息地附近，如洞穴或墓地，发现了它们的骨骼和蛋壳的碎片，这可以作为这类鸟类与人类之间存在相互联系的证据。同时，牛顿巨鸟的化石和遗迹都显示出来自人类和人类使用武器的伤害，都证明了人类对这它的狩猎。早期人类几乎是不可能考虑保护伦理的问题的。

21.8.1（3）线粒体DNA（mtDNA）数据表明，人类的进化开始于非洲，然后迁徙至世界各地。因为无论男性还是女性，都是从他们的母亲处获得它们的线粒体，mtDNA分析可能比Y染色体变异分析更能获得明确的结果。然而，Y染色体数据可与mtDNA数据相结合，提供更有力的结果。

第22章　动物的身体及运动方式

22.1.1 b

22.2.1（1）a

22.2.1（2）c

22.2.2 b

22.2.3（1）a

22.2.3（2）体腔又分成多腔，使得每一节体腔可以被分别控制，且出现特化。单一体腔中，器官也无法行使功能，因为某些器官在运转和运动的过程中，会影响其他器官。

22.3.1 c

22.3.2 c

22.4.1（1）d

22.4.1（2）b

22.4.1（3）血液是一种结缔组织，因为它还有大量的细胞外物质：血浆。

22.4.2（1）c

22.4.2（2）如果骨是实心的，它们的重量会比现在要大得多。这意味着，我们需要更大量的肌肉才能完成坐起、行走，以及其他我们每天都要做的事情。然后我们需要更多的食物来维持肌肉，并提供的能量来带动这些沉重的骨。此外，实心的结构比网架状结构对破坏力的抗性要低。骨需要承受来自各个方向的各种强度的应力，开放的网架状结构在受力时具有一定的弹性，在断裂之前可以有一定程度的弯曲。这个原理同样适用于飞机机翼内部结构的建造方式，以及像三藩市的金门大桥或纽约的布鲁克林大桥这样的大型桥梁的结构。

22.5.1（1）a

22.5.1（2）c

22.5.1（3）心肌细胞的分布方式很独特，是和相邻细胞组成的分支网格结构。同时，心脏功能的关键也是相互接触的细胞的细胞膜之间的缝隙连接。这样的连接，使得离子可以在细胞间流动，引起心脏有序地收缩。心肌细胞的功能要求心肌需要肌肉细胞能通过电相连接。

22.6.1 b

22.7.1（1）d

22.7.1（2）b

22.7.1（3）b

22.7.2（1）b

22.7.2（2）植物的细胞壁中含有多糖纤维素构成的坚韧纤维。纤维素增加细胞壁的强度，并为细胞提供刚性支撑，但使得细胞变得没有弹性。真菌的细胞壁中含有多糖几丁质。几丁质是一种非常坚韧的表面分子，并且对微生物降解具有抗性，但作为含有刚性分子的细胞壁同样会限制细胞的弹性。许多软体动物会在体外分泌碳酸钙来形成一层壳。外壳可以保护机体免于被捕食者捕食，以及抵御来自外部环境的侵害，但是会在运动和机动性方面有限制。节肢动物的外骨骼中含有几丁质，形成一个刚性的硬盒。外骨骼不仅起到保护作用，还为内部肌肉的附着提供了框架。肌肉的收缩使得外骨骼发生位移，引发形式复杂的移动和运动。然而，几丁质很脆，同时使得节肢动物的个体发育不会太大，因为随着几丁质外骨骼的增大，其也会变得越来越厚。最终，会由于外骨骼太过沉重，导致节肢动物不能运动。脊椎动物有由骨构成的内骨骼。肌肉附着在内骨骼上，可以产生形式复杂的运动。骨是一种含有钙磷酸盐的强度很高的活组织。虽然骨的网架状结构使其具有一定的柔韧性，骨还是会断裂，同时可能因为钙摄入不足而导致密度降低。

22.8.1 a

22.8.2（1）肌球蛋白头连接到肌动蛋白丝上产生弯曲，将其附着的膜拉向另外一侧的膜，产生肌原纤维的收缩。由于肌球蛋白头只能向一个方向弯曲，然后复位，肌动蛋白丝也就只能被向内拉，不能被向外推。

22.8.2（2）d

第23章　循环

23.1.1 a

23.1.2（1）d

23.1.2（2）c

23.2.1 c

23.2.2 a

23.2.3 a

23.2.4（1）d

23.2.4（2）静脉比动脉大，能容纳更多的血。因此，静脉可以作为血液的贮存体，储存血液静止时容量的60%。

23.3.1（1）d

23.3.1（2）c

23.3.1（3）血液所含的蛋白质是精确平衡的，因为它流经体内所有组织，并且其内的物质能够穿过毛细血管壁薄和扩散到组织中去。血液对人体起着许多重要的作用，如输送氧气、抗感染以及调节体温。血液渗透平衡的急剧变化会破坏其关键功能。因此，淋巴系统收集体内多余的液体，并返回到循环系统中，这种方式可以在不破坏循环系统的其他功能的情况下，更灵活地控制体内水平衡。

23.4.1 血液包含血浆（主要由水和其中溶解的蛋白质组成）和血细胞（红细胞、白细胞和血小板）。血液在血管和心脏间循环。淋巴是由进入淋巴管和淋巴器官的过量的组织液组成。血液和淋巴在闭锁循环的生物体内被发现。血淋巴则是开放循环的生物体内循环体液和组织液的总和。

23.4.2（1）d

23.4.2（2）c

23.5.1 c

23.6.1（1）b

23.6.1（2）c

23.7.1（1）d

23.7.1（2）富氧血从肺进入左心室，然后被泵入全身。如果动脉有部分阻塞，通过的血流量就会减少，这意味着左心室必须给出更大的力来泵血，以应变小了的动脉中较高的阻力。这最终会使得左心室变得无力，不能将肺循环中送来的血液充分排出。从而引起肺组织中液体堆积，导致肺水肿。

23.7.1（3）b

23.7.2 a

23.7.2（2）两个心室之间有开口的话，就会导致动脉血和静脉血混合，这有点像两栖动物的三腔室心脏。左心室将富含新鲜氧气血液泵入全身，右心室将含氧量低的血液泵入肺部。这两种血液如果通过开口混合，会造成部分低含氧的血液被送入体内，导致皮肤和黏膜呈青紫色。

第24章　呼吸

24.1.1（1）原核生物、原生生物和许多无脊椎动物的体积都非常小，气体交换可以直接在体表或细胞表面与外界环境之间进行。只有个体大的生物，其多数细胞不与环境直接接触，需要专门的气体交换结构。

24.1.1（2）d

24.1.1（3）c

24.2.1 c

24.3.1 b

24.3.2（1）a

24.3.2（2）鱼鳃不仅能够提供大的呼吸表面，还形成一套对流交换系统，在整个交换途径始终保持氧的浓度梯度，从而为血液提供了最高效的供养系统。哺乳动物体内也有很大的气体交换表面积，但是空气并没有对着血液流动方向流动。因此，与鱼鳃中的逆流交换系统不同，哺乳动物的肺摄入氧气更像是从一个均匀的空气池中提取氧气。

24.3.3 c

24.4.1（1）c

24.4.1（2）b

24.4.2（1）c

24.4.2（2）a

24.5.1（1）a

24.5.1（2）b

24.5.1（3）a

24.5.1（4）碳酸酐酶是在红细胞中，催化CO_2和H_2O形成碳酸的酶。如果这种酶失去功能，血浆中溶解的CO_2含量将升高，组织细胞中CO_2进入血液的能力就会下降。然后组织中的CO_2水平会升高，到破坏组织活性。此外，血液酸碱度也会无法调节，因为碳酸在血液中起着维持酸碱平衡的作用。

24.5.1（5）c

24.5.1（6）a

24.5.1（7）人在冷水中溺水，有时可以被救回苏醒，主要原因是身体在低温时会关闭一些功能，降低心率和代谢率，循环在其他区域进行而不在人体核心区域进行。这使得氧气可以维持重要器官的供应，尤其是脑部。冷水中氧饱和度更高，所以如果肺部充满了水，那么也对人类生存有利。肺的结构不适于从水中提取氧气来维持生命，但是水中较高的氧气含量还是可以促进氧气扩散进入血液中。这加上关闭身体机能，就会增加冰冷溺水的救援成功率。

24.6.1（1）a

24.6.1（2）c

24.6.2（1）d

24.6.2（2）p53蛋白在细胞中不断巡视DNA，寻找损伤。如果它发现了问题，例如导致癌症的突变，就会启动一系列反应，对DNA进行修复，或直接杀死细胞以防止突变。烟草中有些化学物质会引起的*p53*基因的突变，影响到p53蛋白的功能。没有p53蛋白的细胞会出现分裂失控，并且发展出很多不同的癌症。

24.6.2（3）此题没有统一的标准答案。

第25章　食物在动物体内的旅行

25.1.1（1）c

25.1.1（2）d

25.1.2 d

25.2.1 b

25.3.1（1）a

25.3.1（2）a

25.4.1 d

25.4.2 c

25.5.1 c

25.5.2 c

25.6.1（1）c

25.6.1（2）d

25.6.1（3）d

25.6.2（1）c

25.6.2（2）c

25.7.1（1）b

25.7.1（2）在鸟类中，嗉囊是食物进入胃之前的一个额外的腔室，可以储存和软化食物。同时，储存在嗉囊中的食物，可以反刍喂给雏鸟。哺乳动物用乳汁来喂养它们的幼崽，乳汁是在母亲的乳腺中产生的，所以不需要储存食物来进行反刍。此外，哺乳动物有牙齿，可以使食物在进入胃之前得到软化。

25.8.1（1）a

25.8.1（2）c

25.8.2（1）a

25.8.2（2）a

25.8.2（3）b

第26章　维持内环境

26.1.1（1）b

26.1.1（2）d

26.1.2 相对于哺乳动物，鸟类的代谢更旺盛（更快的心率和呼吸速率），因此有较高的体温。由于个体大小的极端差异，鹰和蜂鸟的体温是不同的。鹰的代谢比蜂鸟稍慢些，因而鹰的体温也低一些。

26.1.3 b

26.2.1（1）a

26.2.1（2）d

26.2.1（3）b

26.3.1（1）b

26.3.1（2）c

26.3.2 b

26.3.3（1）b

26.3.3（2）海洋哺乳动物的肾脏在浓缩尿液和重吸收水分的功能方面要求很高，因为海洋中水的高盐环境是倾向于机体脱水的。此外，海洋哺乳动物很少喝海水，以避免摄入过量的盐。它们从食物中获得所需的淡水。鸭嘴兽和某些水獭生活在淡水环境中。

26.4.1（1）c

26.4.1（2）髓袢细段和周围血管的分布方式，保证盐分从髓袢细段的升部进入，然后在降部扩散到血管中去，以维持内髓质的高渗环境。滤液进入集合管后，集合管下部对尿素具有渗透性，部分尿素会扩散到周围的组织中。组织中的高尿素浓度会导致集合管中的液体里的水向外渗透。

26.4.1（3）c

26.4.2（1）d

26.4.2（2）过滤重器吸收系统使身体可以控制，从尿液中排出多少物质在，在体内保留多少物质。身体的需求可以通过调整每一种物质从尿液中排出的多少来满足。例如，当人体液浓度太低时，可以吸收回更多的钠，和少量的水。当身体脱水时，就可以重吸收更多的水。

26.4.2（3）b

26.4.2（4）你不应该喝海水。海水含盐太高，喝进海水会造成人体细胞脱水。哺乳动物的肾脏的功能就是保持水分，排出过量的盐。如果摄入更多的盐的话，不仅会使身体脱水，还会增大肾脏的工作负担。

26.5.1（1）d

26.5.1（2）奇里卡瓦豹蛙是两栖动物，必须生活在水中或近水环境中。由于能够保证持续获得水，它不需要在尿液浓缩废弃物，所以尿液相比血液是低渗的。蜂鸟可以喝花蜜和新鲜的淡水。从维持体重角度考虑，它们需要经常排出相当大量的尿液，毕竟就算不带着多余的尿液，蜂鸟飞一整天已经够累了。所以，蜂鸟的尿液是弱高渗的，因为它们要虽然要排出体内废物但是尿量很充足。囊鼠甚至可以在一生中从不喝水。它们有非常高效的肾脏，并从作为食物的种子、植被和偶尔获得的昆虫中摄入足够的水分。它们的身体可以来回重复地利用现有水分，很少以尿液的形式浪费水。它们排出的极少量的尿液是高度浓缩的，还有大量需要排泄的废物。因此，它们的尿液相对血液是超高渗的。

26.5.1（3）c

第27章　动物体的自我防卫

27.1.1 d

27.1.2 a

27.2.1~2 b

27.2.3 d

27.2.4（1）b, c, a, d

27.2.4（2）如果不处理切割的伤口，在那里就会形成脓液。脓液是多种成分的积累，包括已经死亡或快要死亡的中性粒细胞、受损的组织细胞和死亡的病原体。它在受损伤的地方累积，因为那里是针对病原体反应发生的地方。

27.2.5 b

27.3.1 a

27.4.1 b

27.5.1 d

27.6.1（1）c

27.6.1（2）抗体的表面有与抗原结合的特定位点，就像酶具有与特定底物结合的位点一样。所不同的是，抗原–抗体复合物一旦形成，分解时两方都会受到破坏，而酶–底物复合物形成后，该酶可被重复使用。

27.6.2 c

27.7.1（1）b

27.7.1（2）当你在孩童时期接触过这些疾病，你的体内就会产出初次免疫应答，并能迅速启动，与感染做斗争。许多年后，体内仍然会残存一些记忆细胞，当机体再次受到同种疾病侵害的时候，这些细胞就能经过克隆选择，并产生针对该疾病的抗体。

27.8.1（1）b

27.8.1（2）这两种方法都会触发初次应答，为身体应对随后会出现的病毒，产生快速再次应答做准备。年轻人得水痘触发初次应答，需要约10到14天清除病毒，所以病程大约是2个星期。初次应答会触发产生记忆T细胞和记忆B细胞，这样当你的身体以后被再次感染时，就能很快做出反应，防止你再次生病。疫苗也会触发初次应答，但是因为使用的不是高活性的活病毒，所以你并不会真的得病。然而，你的身体仍然会产生记忆T细胞和记忆B细胞，在你的系统中快速对以后感染的水痘病毒做出反应，就像你得过水痘一样。这两种方法都能避免你再次得病。

27.9.1 d

27.9.2 b

27.10.1 c

27.10.2 c

27.11.1 a

第28章　神经系统

28.1.1 d

28.1.2 c

28.2.1~2（1）a

28.2.1~2（2）d

28.3.1 c

28.3.2（1）a

28.3.2（2）在兴奋性突触中，动作电位到达轴突的末端。钙通道开放。这会导致突触小泡与突触前膜融合，进而释放神经递质。神经递质分子扩散穿过突触间隙。突触后受体蛋白与神经递质相结合。然后，突触后膜去极化。如果这是一个抑制性突触，神经递质与受体蛋白的结合，会导致突触后膜超极化（内侧带更多负电荷）。

28.3.2（3）a

28.3.2（4）当轴突在与细胞体相交的地方受到刺激时，动作电位只能扩散到尚未激活的钠通道，而这些通道位于轴突上，而在细胞体上没有。

28.4.1 c

28.4.2 b

28.4.3 d

28.5.1 a

28.6.1 a

28.6.2 c

28.6.3 a

28.6.4 d

28.6.5 d

28.7.1 b

28.8.1 b

28.8.2 a

28.8.3（1）b

28.8.3（2）a

第29章　感觉

29.1.1 d

29.1.2（1）d

29.1.2（2）b

29.1.2（3）更强的刺激在感觉神经元上会产生更大的去极化，进而发生更高频的动作电位被传递到CNS。

29.1.3 b

29.2.1（1）c

29.2.1（2）c

29.2.1（3）耳石在无重力的情况下不会产生反应。如果宇航员是直线行走，那么他/她将无法感受到自己的运动。向任意方向的角运动则会由半规管感受到。

29.3.1~2（1）a

29.3.1~2（2）舌头上的感觉神经末梢只能感受5种不同的味道，但可以产生不同的组合。还有一项更重要的是，味觉会在大脑处与嗅觉相结合。这两者结合产生的感官体验我们称之为“味道”。你的嘴里也有感受器可以向你传递辣椒的“热辣”味，或者辣根、咖喱、姜等的独特味道，还有人会告诉你关于薄荷和桉树叶的“清爽”味道。

29.4.1 b

29.4.2 a

29.4.3 b

29.5.1（1）c

29.5.1（2）a

29.5.2 c

29.5.3（1）b

29.5.3（2）感光复合物视紫红质包含附着于视蛋白的视网膜色素。在光线充足的地方，很多视网膜色素分子吸收光子而发生构型变化，引发视蛋白也发生构型的改变，引起视神经的冲动发放。为了再次感受到光，视蛋白和视网膜色素都必须在其原始的构型。如果从亮到暗经历一个渐变的过程，如从白天到黑夜，就能积累足够多的未改变构型的视蛋白和视网膜色素，这样眼睛就仍能够光。但如果被突然转移到黑暗的房间中，则视蛋白和视网膜色素分子需要准备一些时间才能重新获得光感。这种对黑暗的适应大约需要20~30分钟。

29.5.3（3）c

29.5.4（1）c

29.5.4（2）b

29.6.1（1）d

29.6.1（2）颊窝毒蛇的鼻子前部表面有处凹陷，可以探测红外辐射（热），所以用绝缘材料把自己包起来，可以防止蛇感知到你的存在。然而，想把自己包裹到一点热量也散发不出来，并不太可能，而且把自己裹得太严实，会使自己感到非常热还很笨重。

第30章　动物体内的化学信号

30.1.1（1）c

30.1.1（2）b

30.1.2 a

30.1.3 a

30.2.1（1）b

30.2.1（2）合成代谢类固醇的确可以使肌细胞的大小和强度都增加，来实现塔德想要获得大量肌肉的愿望。但是，这类药物即使是用在年轻人身上，也会对身体造成很大的损害，影响肝脏、心脏和血压。类固醇可能会使塔德这样年龄的青少年提前结束青春期，或无法发育至正常成年人的身高，还可能会影响他的生殖系统，并导致痤疮、脱发以及情绪问题。

30.2.2（1）c

30.2.2（2）同样的激素可以通过不同的方式对两个不同的器官产生作用，因为由激素所引发的第二信使在细胞内的靶点是根据不同细胞的不同功能而有差异的。肾上腺素通过加快新陈代谢来对心脏细胞产生影响，使它们的收缩更快更有力。然而，肝细胞是不收缩的，肝细胞内的第二信使会触发糖原转化为葡萄糖的反应。

30.3.1（1）d

30.3.1（2）d

30.3.2 a

30.3.3 b

30.4.1（1）b

30.4.1（2）a

30.5.1（1）c

30.5.1（2）a

30.5.2 d

30.5.3 d

第31章　生殖与发育

31.1.1 b

31.1.2 孤雌生殖的后代产生于未受精的卵细胞，因为雌性产生卵细胞，而不是雄性，所以孤雌生殖只发生于雌性。

31.1.3 b

31.2.1（1）a

31.2.1（2）体外受精是配子从体内排出，然后在外部环境进行受精，这会使配子暴露在干燥环境中。对于鱼类和两栖动物这些在水中繁殖的动物来说，这不是问题，但对于陆生动物（蜥蜴、鸟类、哺乳动物等）来说，配子被释放到外界环境中就会变干死掉。体内受精的优点就是可以使配子在受精过程中始终处在体内湿润的环境中。

31.2.1（3）产卵的生殖方式要求母亲待在一个地方进行孵化。如果母亲身上有袋（有袋类哺乳动物）或胎盘（胎盘哺乳动物），那么其就能够在移动中携带后代并且给予滋养。因此，流动性就是向胎生转变的关键因素。还有一个因素就是对后代的保护。例如，如果鸟类的双亲都不得不离巢，这时空着的鸟巢就会成为捕食者的目标。

31.2.2 b

31.2.3 爬行动物的模式在哺乳动物中并不适用，因为在许多哺乳动物中，雄性生殖器官是在体外的。而在鸟类和爬行动物中，雌性和雄性的生殖器官都位于有开口的泄殖腔中。

31.2.4（1）a

31.2.4（2）犰狳后代是从一个受精卵分裂而成的四个细胞发育来的四胞胎，就总是同一性别。

31.3.1 d

31.4.1 b

31.4.2 a

31.5.1 d

31.5.2 d

31.5.3 a

31.6.1 b

31.6.2（1）a

31.6.2（2）a

31.6.3（1）c

31.6.3（2）d

31.7.1（1）b

31.7.1（2）b

31.7.2 c

31.8.1（1）a

31.8.1（2）这种工作照顾从出生到青春期内的不同年龄段的孩子，让照顾者体验了广泛的挑战，付出巨大的能量和时间参与养育孩子。这是一项不要轻易承担的责任。

31.8.2 d

第32章　植物的进化

32.1.1（1）c

32.1.1（2）d

32.2.1 a

32.3.1（1）b

32.3.1（2）c

32.3.1（3）以一组患有肝脏疾病的人为研究对象，给予其中一半的人服用地钱，另一半的人服用某种惰性植物（如生菜）。通过几个星期或几个月的时间，观察并记录数据，看服用地钱的一组人员的肝脏情况是否比服用其他植物的有所改善。

32.4.1 c

32.5.1（1）d

32.5.1（2）b

32.6.1 d

32.6.2（1）c

32.6.2（2）种子含有胚胎生长所需的营养组织，这种组织也是人类所需的营养组织。相比之下这些植物的茎和根对人类的营养价值相对较少。

32.7.1（1）c

32.7.1（2）大型被子植物在裸子植物为主的森林中没能争夺到更多的空间。取决于种类的不同，裸子植物有能力生存在对水的要求极端的环境中，有的要求特别干燥，有的要求特别湿润。相对于被子植物，食用球果的动物是裸子植物种子的更好的传播者。

32.7.1（3）为了获得更好的机会保证每年至少有一些种子发芽和生长，植物总会有巨大的生产过剩。和许多种类的种子一样，松子富含营养，鸟类、森林啮齿动物和许多昆虫都非常喜欢以松子为食。此外，松树没有果实以帮助种子扩散，而是有帆状结构，可以借助风扩散至任何地方。如果种子没有被吃掉，而是随风来到了一个地方生长发芽，幼苗就会面对如洪水、干旱、疾病、火灾或冰冻等挑战，以至于一棵松树产生的种子没有几个能生存下来，并长成像它这样可以繁殖的成年植株。

32.8.1（1）d

32.8.1（2）b

32.8.1（3）b

32.8.2 a

32.9.1 a

32.10.1（1）b

32.10.1（2）a

32.11.1（1）c

32.11.1（2）b

32.11.1（3）d

第33章　植物的形态与功能

33.1.1 c

33.1.2 c

33.2.1（1）a

33.2.1（2）厚壁组织细胞很坚固的，有两层细胞壁，为陆生植物提供所需的结构和支持。

33.2.1（3）d

33.2.2（1）d

33.2.2（2）根毛的功能是吸收水和矿物质，而毛状体在叶子上起到隔离和分泌的作用。

33.2.3 b

33.3.1 b

33.3.2 d

33.3.3 d

33.4.1 b

33.4.2（1）c

33.4.2（2）在树皮之下的导管层就是你能找到的所有韧皮部的区域，即运送汁液的组织。如果绕着整个枫树的树干都做对角线切割，的确会收获更多的枫糖汁，但是也对运输汁液的韧皮部造成了不可修复的损伤，树就会因此死亡。

33.4.2（3）a

33.4.2（4）钉子仍将位于离地2米的高度处，因为植物的伸长发生在顶端分生组织。

33.4.2（5）在温润的气候下，树木每年产生两个年轮。生长发生在春季和夏季。春天雨水更多，典型的反应就是年轮颜色浅且较宽，深色的年轮在夏季生产。如果这两个季节气候异常，都很干燥或都很湿润，年轮的颜色和宽度就会记录这一年的情况。

33.5.1 在秋天，许多树木会落叶，因为它们会在寒冷的温度下进行休眠。这时这些树通过储存的食物来维持生命。夏季是大多数植物进行光合作用进程的主要时节，在充足的阳光获得能量，并将碳固定在碳水化合物中，这些碳水化合物既可以在当下被使用，也可以储存以备将来之需。如果沙漠植物因为天气热和水分流失而不得不失去叶子，那么它需要其他方法来进行光合作用。这些植物绿色的茎（palo verde在西班牙语中是“青枝”的意思）有一层非常薄的外皮，位于外皮下的细胞中就含有叶绿素b，可以在没有叶子的情况下继续进行光合作用。

33.6.1 c

33.6.2 c

33.6.3（1）a

33.6.3（2）c

33.6.3（3）a

33.7.1（1）b

33.7.1（2）d

第34章　植物的生殖与生长

34.1.1（1）c

34.1.1（2）a

34.2.1（1）b

34.2.1（2）d

34.2.1（3）c

34.2.1（4）b

34.3.1（1）b

34.3.1（2）b

34.3.1（3）b

34.3.1（4）动物有能力从一个地方移动到另一个地方，因此可以利用这种运动性来应对不利的环境条件。同时拥有雄性和雌性生殖器官的雌雄同体的动物是存在的，如在固着动物、穴居动物或某些被隔离的动物中都有。有些蜗牛、鱼类、寄生虫和藤壶是雌雄同体，虽然它们通常会尽量避免自体受精。

34.3.2（1）c

34.3.2（2）c

34.4.1（1）b

34.4.1（2）c

34.4.1（3）没有统一的标准答案。考虑到农民同意在第一年种植免费种子，那么他们可以与种子公司讨价还价，争取明年获得更多的种子。农业公司的研究人员可以获得监测免费种子高产的机会，收集到新的植物品种的数据。

34.5.1（1）a

34.5.1（2）c

34.6.1（1）d

34.6.1（2）c

34.7.1 a

34.8.1 c

34.9.1 c

34.10.1（1）c

34.10.1（2）a

34.11.1（1）a

34.11.1（2）常春藤具有向触性，它的茎对触摸很敏感。目前具体机制尚未明确，它的茎会附着到附近任意的东西——树、篱笆或建筑物——然后在表面生长。

34.11.1（3）c

第35章　种群与群落

35.1.1~2 a

35.2.1 d

35.2.2 热带雨林通过蒸腾作用放出水分，来制造属于自己区域的降雨。雨林特别深厚，蒸腾产生的水蒸气在其上聚拢成云，产生降雨和湿气，以及潮湿的环境。所有生活在热带雨林的物种都适应这种条件。清除掉雨林，雨水也就没有，适应潮湿多雨环境的物种和肥沃的土壤，也就因此而流失了。这将产生一片荒漠地带，这种地带没有重新形成雨林的能力。

35.3.1~3 a

35.4.1 d

35.4.2（1）c

35.4.2（2）在大多数地方，栖息地的丧失和天敌灭绝，让鹿的种群数量超过了野外栖息地的承载能力。此外，人类发展的居住地现在占据了原来鹿的栖息地。于是鹿群开始在城市地区觅食和生活。补救措施可以包括一定范围内允许与鹿的狩猎以减少鹿的数量，引进的天敌，还有对鹿进行绝育。

35.4.3（1）c

35.4.3（2）导致承载能力下降的因素，包括任何可以影响气候的因素，如严重的风暴、干旱或过冷的冬天，还有栖息地的物理性变化因素，如地震、火山活动或火灾。此外，任何限制资源的因素也都可能会影响承载能力。

35.5.1（1）b

35.5.1（2）没有统一的标准答案。密度制约因素可能包括激素反应、竞争、捕食者的行为类型，以及某些可以在种群中迅速传播的疾病。非密度制约因素可能包括冰冻、洪水、火灾、地震、龙卷风或干旱。

35.6.1 a

35.7.1（1）b

35.7.1（2）c

35.7.2 a

35.8.1 d

35.9.1~2 a

35.9.3~4 c

35.9.5 a

35.10.1~2 b

35.11.1 b

35.12.1 b

35.13.1 c

35.13.2（1）d

35.13.2（2）几百年前，顶级群落在世界的许多地方分布非常普遍。随着人类在全球范围内的扩张，住房和农耕用地对顶级植被区域的占用的增加，使得许多顶级群落被永久改变，至少退化了。顶级群落的减少主要是人类活动的结果。在偶然的情况下，自然灾害或地质过程也可能会毁掉局部地区的顶级群落。

第36章　生态系统

36.1.1 b

36.1.2 c

36.1.3 d

36.2.1 d

36.3.1 a

36.3.2 d

36.4.1 b

36.5.1 b

36.5.2 c

36.5.3 a

36.6.1 由于地轴的倾斜和赤道上方的空气流动的共同作用，使得南北纬度30度地区具备了形成沙漠的最佳条件。直射在赤道上的阳光产生了温暖的温度；温暖的空气会上升，并且在上升的过程中受到冷却，因为冷空气中含的水蒸气比暖空气中少，这些空气会逐渐失去保持水分的能力。这些失去的水分，形成降雨，落在热带地区。当空气向南北运行30度左右时，变得冷却而干燥，之后就会下沉，重新变暖，并且吸收水分，造成了该地区少雨的现象——形成了世界上最大的沙漠。

36.6.1（2）d

36.7.1（1）b

36.7.1（2）纬度和海拔的变化都会导致气温的变化。纬度越高，平均气温越低。同样的，海拔越高，平均气温也越低。温度是与当地能够生长的植物种类密切相关的因素。因此，某种植物在高纬度地区特定温度下生长，那么在赤道附近的高海拔地区，温度与之接近，这种植物应该也可以生长。同样，在高纬度地区不能生长的植物，也不能在靠近赤道的高山上生长。

36.7.2 d

36.8.1 d

36.8.2 b

36.9.1（1）c

36.9.1（2）深海环境的分布是斑块状的，资源存在于被相对均匀的平地分隔开的凹陷处。资源的斑块状分布，导致物种的特化，高度的种间隔离，以及种群间的几乎没有迁移。这些条件有利于物种的形成。

36.9.1（3）南部大洋区域是指南极周围的广阔海域，在那里铁元素似乎是一个限制性的营养成分。在环境中播撒铁的方法已被证明可以增加浮游植物种群数。所以，也许在南部大洋播撒铁元素可以增加那里浮游植物种群，足以提高初级生产量，并增加CO_2的固定率。此外，南部大洋上存在的食物链的中断可能会导致铁的损失。保持和保护南部大洋的生态系统，也可能使铁的水平恢复。最后，上空臭氧的减少也导致浮游植物生产量下降。能够减少臭氧空洞的方法，都可能对南部大洋的初级生产量产生积极的影响。

36.10.1 c

36.10.2 d

36.11.1 c

第37章　行为与环境

37.1.1 b

37.2.1 b

37.3.1 a

37.4.1 b

37.5.1 a

37.6.1乌鸦用认知解决问题。乌鸦看到绳子末端的肉这一信息，然后经过处理，做出了反应，一次拉过来一段绳子，然后用脚踩住。重复很多次之后，肉就被拉到了乌鸦能伸出爪子抓到的距离范围内，它就可以把肉吃掉了。

37.7.1 b

37.8.1 d

37.8.2 d

37.9.1 c

37.10.1 b

37.10.2 c

37.10.3（1）b

37.10.3（2）在脊椎动物群体中，亲代中的雌性通常是后代的主要抚育者。因此，雌性倾向于花更多的时间抚育后代，而雄性则更容易进行多次交配。

37.11.1 如果蜜蜂群体内传递信息用的是视觉信号，那么古尔德的实验就能控制蜂群的去向。事实是，蜂群出现在了古尔德预期的地方，这表明蜜蜂之前提示食物来源的位置，是使用视觉信号，而不是通过气味。

37.11.2 d

37.12.1（1）c

37.12.1（2）互惠行为和亲缘选择都通过检测行为隐藏利益解释了利他行为的演化。在这两种情况下，利他行为其实是通过适合度的影响使个体获得利益。在实地研究中，需要确定实行利他行为的个体之间是否有遗传相关性。如果个体间没有基因相关，那么将发生互惠行为。如果具有遗传相关性，则发生亲缘选择行为。

37.13.1（3）b

37.12.1（4）c

37.13.1 d

37.14.1没有统一的标准答案。可以用案例来说明，比如动物中的战争是具有遗传基础的，因为侵略行为在动物世界中很常见（虽然使用武器和智能造成巨大损害的战争是人类独有的）。侵略的例子可能与资源的竞争有关，比如争夺土地、配偶或食物，在人类世界中就是争夺城市、商贸路线或宗教的控制权。在这些例子中，交战群体可能最终会增加它们的生存概率，并为后代的生存做出贡献，这意味着自然选择可以对具有遗传基础的性状产生作用。然而，对人类来说，就存在一个额外的因素：文化。文化在促进或减少侵略行为中扮演了怎样的角色，就是一个复杂的问题了。

第38章　人类对生命世界的影响

38.1.1 d

38.1.2 一些化学物质会滞留在体内并积累起来，比如氯代烃。所以，少量的这些物质最初可能不会对机体产生伤害，但随着反复接触，体内积累增加到一定水平，这些物质就会产生损害甚至致死。某些化学物质与激素很接近，会导致女性的青春期提前，在男性体内也会产生一些问题。像BPA这样的化学物质，一旦进入动物体内，就会干扰内分泌系统，使体内的激素不能正常发挥作用。在这些方面，女性面临的危险可能比男性更高，因为雌激素是女性的主要性激素。

38.2.1 b

38.3.1 c

38.4.1（1）d

38.4.1（2）b

38.4.2 c

38.5.1 a

38.6.1（1）a

38.6.1（2）没有统一的标准答案。提供一个参考答案：一般来说，受污染影响最大的人，是那些生活在产生空气污染的工厂附近的人，或生活在被工业、农业或密集型畜牧企业产生的径流污染的水域附近的人。他们往往是处在低社会阶层的人，只能买得起这些地区的住房，或者是在这那些工厂、农场或牧场从事低报酬工作的人。当他们生病时，因为他们通常从事的都是没有健康保险的工作，他们的医疗费用就会由政府支付，这意味着纳税人必须为他们的疾病买单。因此，低收入阶层的人付出的代价是疾病和收入的损失，所有纳税人付出的代价是为了支付医疗费用产生的更高的税收。为清除污染直接支付的经济成本的是污染的制造者：工厂、行业、农业和牧场的业主。当然，他们把大部分的成本，通过提高食品和用品的价格，转嫁到消费者身上。因此，我们都为支持净化空气、水和土壤污染付出了更高的代价。污染严重的地区有时会由政府的专门机构进行清理，这意味着每个纳税人都要为清理工作买单，而不仅仅是直接造成污染的行业或组织。因此，虽然企业的所有者为预防和清理污染支付了一些费用，但大部分成本还是以更高的价格转嫁给了消费者。如果业主不进行清理，那么政府就会进行这个工作，纳税人再次需要支付更高的税收。

38.7.1（1）a

38.7.1（2）c

38.7.1（3）虽然灭绝确实是物种存在于自然界进程的一部分，但有证据表明，目前的灭绝速率远高于地球上过去的灭绝速率。需要注意的是99%的灭绝所需要用到的时间长度。生命在地球上的历史已经有数十亿年了。有化石记录的物种出现和灭绝的模式可以追溯到上亿年前。由于物种存在的平均时间相对大跨度的生命历史都是很短的，我们可以通过时间估算出灭绝物种的百分比。以前的观念认为，灭绝速率一直都很高，但事实上这个高速率是在相当大的时间跨度基础上测出的。我们有很好的证据表明，现代的灭绝速率（自过去500年）大大高于背景水平。此外，灭绝的情况可能是大有不同的，因为灭绝总是与栖息地和资源的消失有关，由此可能会限制替换已灭绝物种的自然过程。

38.8.1 c

38.8.2 b

38.8.3 d

38.9.1 d

38.9.2 a

38.10.1 a

38.10.2 c

38.11.1 没有统一的标准答案。

词汇表 GLOSSARY

词汇与概念

A

absorption 吸收 指水和溶解于水中的物质进入细胞、组织或者生物体的运动。

acid 酸 在水溶液中水解产生氢离子的物质，pH值小于7。

acoelomate 无体腔动物 没有体腔的两侧对称动物，如扁形动物。

actin 肌动蛋白 一种构成肌丝的主要蛋白质（另一种是肌球蛋白），它为细胞提供机械支持，在决定细胞形状与细胞运动等方面主要作用。

action potential 动作电位 一种单一的神经冲动。神经元细胞受到刺激时，产生一次可逆转的跨膜可扩布的电位变化，具有“全或无”特性。它可以激活附近的电压特异性通道，使得动作电位可以沿着神经细胞传播。

activation energy 活化能 指分子从常态转变为容易发生化学反应的活跃状态所需要的能量。

activator 活化剂 一种结合在DNA上的调控蛋白，使DNA转录更容易。

active site 活性部位 酶表面与某些特定底物结合的区域，酶能够降低特定化学反应的活化能进而促进反应进行。

active transport 主动运输 指物质在载体蛋白的协助下，消耗化学能，逆浓度梯度或顺浓度梯度跨膜运输的过程，是细胞最重要的功能之一。

adaptation 适应 指促进生物生存、繁殖可能性的结构、生理学或行为特征。

adenosine triphosphate (ATP) 腺苷三磷酸 由核糖、腺嘌呤和磷酸基团组成分子，简称ATP。ATP是所有细胞的主要能量货币。细胞所有能量资源集中在由ADP和磷酸生成的ATP中，这个过程需要细胞提供7千卡能量（1千卡≈4.19千焦），然后细胞利用这些ATP驱动吸能反应。

adhesion 黏附 不同物体接触的表面之间产生的分子吸引力，如水分子对植物狭窄管壁的黏附。

aerobic 需氧的 指需要氧气的生命过程。

allele 等位基因 一般指位于一对同源染色体的相同位置上控制着相对性状的一对基因。

allele frequency 等位基因频率 种群的个体间特定基因的相对比例，不等同于基因频率。

allopatric species 异域物种 不生活在同一地理区域的近缘种。

allosteric interaction 变构相互作用 活化剂或抑制剂与酶结合使其发生形状的改变。当酶的非特定底物分子与酶结合时产生变化。

alternation of generations 世代交替 植物生活史中产生孢子的孢子体世代（二倍体世代），和产生配子的配子体世代（单倍体世代）有规律的交替出现的现象。配子体世代的配子融合产生合子，合子是孢子体世代第一个细胞。

altruism 利他行为 为他人利益而自我牺牲的行为。准确来说，该行为增加了接受者的适应性但是降低了利他个体的适应性。

alveolus 肺泡 肺部细支气管末端许许多多小的薄壁囊泡。

amino acid 氨基酸 蛋白质的亚基结构，包括一个中心碳原子，碳原子上连接一个羟基、一个氨基、一个氢以及一个侧基（R基），不同氨基酸的侧基不同。

amniotic egg 羊膜卵 指具有羊膜结构的卵。卵被不透水软壳隔离保护，软壳滋养胚胎，保护胚胎避免干燥，并使其能够在水环境之外生长。

anaerobic 厌氧的 指不需要氧气参与的任何生命过程，厌氧过程包括糖酵解和发酵。厌氧有机体不需要游离氧也能生存。

anaphase 后期 在有丝分裂和减数分裂II中，该时期开始于姐妹染色单体分离，子染色体移向细胞两极。在减数分裂I中，被复制的同源染色体分离。

aneuploidy 异倍体 具有不成套染色体组的细胞或个体称为异倍体。

angiosperms 被子植物 是一类开花植物，属于种子植物的五门之一。被子植物的胚珠授粉过程被组织完全封闭。

anterior 前端 前部或朝向前面的部位称为前端，在动物中，多指生物体的头端。

anther 花药 是花丝顶端膨大呈囊状的部分，是雄蕊的重要组成部分，产生花粉。

antibody 抗体 由B淋巴细胞产生的一种蛋白质，释放到血液用来响应外源物质（抗原）。与抗原结合，标记抗原使其被免疫系统中的其他成分清除。

anticodon 反密码子 tRNA分子上的三个核苷酸序列，与mRNA上指定的密码子氨基序列进行碱基互补配对。

antigen 抗原 通常是一种一种外源物质，刺激淋巴细胞增殖并分泌结合外源物质的特定抗体，这种抗体进而标记抗原并清除。

aorta 主动脉 脊椎动物血液循环的主要动脉，在哺乳动物中，主动脉从心脏传递含氧血液到身体（除肺部以外）的所有区域。

apical meristem 顶端分生组织 是维管植物根和茎顶端的分生组织，包括长期保持分生能力的原始细胞及其刚衍生的细胞。

aposematic coloration 警戒色 有些生物通过使用鲜亮的颜色来“彰显”它们的毒性的生态策略。

archaea 古细菌 现存的一类最原始的原核生物，区别细菌的特征是细胞壁缺乏肽聚糖。

artery 动脉 将从心脏流出的血液输送到身体各部位的血管。

arthropod 节肢动物 动物界中种类最多的一门，包括蛛形纲动物、甲壳类、唇足类、多足类和昆虫。

asexual reproduction 无性繁殖 亲本不通过性细胞形成配子，无须受精的繁殖过程。其突出特征为个体后代基因与亲本完全相同。

atom 原子 质子和中子的核心（原子核）被环绕的电子云包围。原子的化学行为很大程度上取决于其电子的分布，尤其是其最外层的电子数。

atomic number 原子序数 原子核中的质子数或中性原子的核外电子数。

autonomic nervous system 自主神经系统 也称不随意神经系统或植物性神经系统，传递来自中枢神经系统的命令以调节身体的腺体和非骨骼肌的运动通路。

autosome 常染色体 人体中22对大小与形状相似的染色体。

autotroph 自养生物 通过吸收太阳能或无机化合物氧化产生有机物获得能量的生物。

axial skeleton 中轴骨 人体头部和躯干的

骨架，包含80块骨头。

axon 轴突 从细胞体发出的一根较长的呈圆柱形的细长突起，传递细胞体产生的神经冲动。

B

B cell B细胞 一种可以识别入侵病原体的淋巴细胞，虽与T细胞相似，但并非直接攻击病原体，而是通过非特异性免疫防御，利用抗体标记并清除病原体。

bacterium 细菌 自然界中分布最广的原核生物。细胞壁含有肽聚糖，在生态环境中发挥着重要作用。

basal body 基体 指一种真核细胞中具有鞭毛和纤毛的中心粒，主要作用是锚定每根鞭毛。

base 碱 可以结合氢离子从而降低氢离子溶液浓度的物质，pH值大于7。

bilateral symmetry 左右对称 又称“两侧对称”，生物的左右半部几乎是镜像的身体形态。

binary fission 二分裂 无性生殖细胞分裂成两个相等的，或近乎相等的部分。细菌以二分裂形式繁殖。

binding site 结合位点 底物或者反应物与酶结合的部位。

binomial system 双名法 使用两个名字的系统命名法，第一个是属名，第二个是物种名。

biomass 生物量 某一时间单位面积或体积栖息地内所含一个或一个以上生物种，或所含一个生物群落中所有生物的总质量（包括生物体内所存食物的重量），通常用kg/m^2或t/hm^2表示。

biome 生物群系 生物群系是陆地植物、动物以及微生物的集合，它们分布在广阔的地理区域上，并具有明显物理特征，是最大的生态单元。

blastocyst 囊胚 哺乳动物的胚胎阶段，由一个空心球细胞、内细胞团以及一个充满液体的空腔组成。

buffer 缓冲剂 一种通过结合氢离子或释放氢离子来保持pH值在一定范围内的物质。

C

calorie 卡路里 1卡路里的能量为将1克水温度升高1摄氏度所需的热量。

calyx 花萼 所有萼片的总称，花朵最外层的轮生体。

cancer 癌症 无限增殖的侵害性细胞，起源于细胞分裂不受控制的肿瘤或细胞群。

capillary 毛细血管 管径最细的血管。血液通过毛细血管壁交换气体和代谢物。毛细血管将连接微动脉（小动脉）的末端与微静脉（小静脉）的起点相连。

carbohydrate 碳水化合物 一种碳原子、氢原子与氧原子按比例约为1:2:1组成的链状或环状有机化合物，以通用公式(CH_2O)n组合，n代表碳原子数量。

carcinogen 致癌物 指在一定条件下能诱发人类和动物癌症的物质。

cardiovascular system 心血管系统 血液循环系统，通过心脏泵的作用推动血液循环。总的来说包括血液、心脏和血管。

carpel 心皮 被子植物中类似叶子的器官，包含一个或多个胚珠。

carrying capacity 环境容纳量 生境可以维持的最大种群数量。

Casparian strip 凯氏带 植物中环绕根内胚层细胞细胞壁的带状结构。相邻细胞带连接形成一层不能通过水分的表层，因此，水分进入根部必须经过细胞膜和细胞质。

catabolism 分解代谢 生物将体内的复杂分子分解为简单分子的过程。

catalysis 催化作用 一类酶调节过程，酶准确识别聚合物亚基，从而使它们的键发生化学反应。

catalyst 催化剂 一类物质的总称，该类物质通过降低激活或启动反应所需的能量来加速特定化学反应。酶是一种生物催化剂。

cell 细胞 生命的最小单元，是生物基本的结构和功能单位。由含有遗传物质的细胞核区、大体积的细胞质以及细胞膜组成。

cell cycle 细胞周期 通常将通过细胞分裂产生的新细胞的生长开始到下一次细胞分裂形成子细胞结束为止所经历的过程称为细胞周期。在这一过程中，细胞的遗传物质复制并均等地分配给两个子细胞。

cellular respiration 细胞呼吸 是指在细胞内，氧化葡萄糖、脂肪酸等生物大分子以获取能并产生CO_2的过程，其中葡萄糖被氧化，氧气被还原。该过程也称为生物氧化，具体表现为氧的消耗和二氧化碳、水及三磷酸腺苷（ATP）的生成，其根本意义在于给机体提供可利用的能量。

central nervous system (CNS) 中枢神经系统 由大脑和脊髓组成，受神经系统控制，进行信息的处理与加工。

centriole 中心体 位于核膜外的一种细胞器，与基体结构相同，存在于动物细胞和其他类群的鞭毛细胞中，在有丝分裂和减数分裂中分裂形成纺锤体。

centromere 着丝粒 姐妹染色单体在分开前相互联结的位置，表现为染色体上的一个缢痕。动粒附在着丝粒上。

chemical bond 化学键 使两个原子相结合的作用力，该作用力产生于相反电荷的吸引力（离子键）或共享电子对（共价键）。

chemiosmosis 化学渗透 指从食物中获取和光合作用产生ATP的细胞过程。

chemoautotroph 化能自养生物 一种利用某些特定的无机反应所释放的化学能作为能源来维持生命过程（包括合成有机分子）的自养细菌。

chiasma 交叉 在减数分裂过程中，交叉点联会的染色体部分发生互换。光学显微镜下一个交叉点类似一个X型结构。

chlorophyll 叶绿素 光合作用中一类最重要的光吸收色素。叶绿素a吸收可见光谱的蓝紫光和红光，叶绿素b是叶绿素a的辅助色素，吸收蓝色光和橙色光，任何色素都不吸收绿光。

chloroplast 叶绿体 指藻类和高等植物中含有叶绿素（及其他色素），形似细胞的细胞器，是光合作用场所。

choanocyte 领细胞 排列在海绵动物体腔上的带鞭毛的细胞。

chromatid 染色单体 由单个着丝粒相连，复制产生的两条染色体子链之一。

chromatin 染色质 是指间期细胞核内由DNA、组蛋白、非组蛋白及少量RNA组成的线性复合结构，是间期细胞遗传物质存在的形式。

chromosome 染色体 染色体是遗传信息在代代相传的载体。在真核细胞的染色体中，长链DNA与蛋白质缠绕，包含遗传信息。

cilium 纤毛 许多有组织的、密集排列的、与鞭毛相似的细胞器，纤毛推动细胞在水中移动。在人体组织中，纤毛可以在水中游动或者黏附在组织表面。

cladistics 分支系统学 依据代表真实亲缘关系和血统的衍生特征创建生物层次结构的分类方法。

class 纲 生物分类中低于门高于目的分类等级。

clone 克隆 由相同的单个细胞通过有丝分裂产生的细胞系，即由同一个祖先通过无性繁殖产生的基因型完全相同的个体。

cnidarian 刺胞动物 刺胞动物门动物，包括水螅、水母、珊瑚和海葵。

cnidocyte 刺细胞 是刺细胞动物特有的具有刺丝囊的攻击及防卫性细胞。

codominance 共显性 特定的两个定位基因在杂合体中都表达的遗传现象。

codon 密码子 遗传密码的基本单位。DNA或mRNA上编码一个氨基酸或终止多肽的三个相邻核苷酸序列。

coelom 体腔 中胚层的脏壁和体壁分离后其间所形成的空腔，消化道和其他内脏器官悬在其中。

coenzyme 辅酶 酶的辅助因子，是一类可以将化学基团从一个酶转移到另一个酶上的非蛋白质有机小分子。

coevolution 协同进化 两个相互作用的物种在长期进化过程中发展的相互适应的共同进化。

cohesion 内聚力 接触表面的分子吸引力，例如水分子与其他水分子之间。

commensalism 偏利共生 一个物种获利对另一个物种既无好处也无坏处的一种共生关系。

community 群落 在一定生活环境中的所有不同生物种群的总和叫作生物群落。

competition 竞争 个体之间对相同稀缺资源的相互作用。种内竞争是指单一物种的个体之间的竞争，种间竞争是指不同物种的个体之间的竞争。

competitive exclusion 竞争排斥 如果两个物种在同一个地方争夺相同的有限资源，那么能更有效地利用资源的物种将最终淘汰另一种物种。

complement system 补体系统 脊椎动物的一种化学防御机制，包括一连串蛋白质，这些蛋白质可以嵌入入侵的细菌和真菌细胞，造成孔洞以破坏它们。

concentration gradient 浓度梯度 物质的浓度差异，当界面两侧溶液间存在浓度差时，在界面允许溶质自由通过的条件下，高浓度侧与低浓度侧的溶质在空间上的分布是均匀递减的，此种浓度差在空间上的递减称为浓度梯度。在细胞中，一个区域的分子浓度高于另一个区域。

condensation 压缩 在细胞周期的G_2期，染色体卷绕成越来越紧密的结构。

conjugation 接合 一种与众不同的单细胞生物的繁殖方式，个体间在结合时通过接合管进行遗传物质的交换。

consumer 消费者 在生态学中，异养生物通过活的或刚杀死的生物以及其他部分获取能量。初级消费者是食草动物，次级消费者是食肉动物或寄生生物。

cortex 皮层 在维管植物中，茎或根的基本组织，外部被表皮包裹，内部是维管组织中柱。或称"皮质"，在生物组织表面，器官的一部分，如肾上腺、肾脏、大脑皮质。

cotyledon 子叶 植物种子的叶，单子叶植物有一片子叶，双子叶植物有两片子叶。

countercurrent flow 逆流 在生物中，热量或分子（如氧气分子、水分子或者钠离子）从一个循环路径到另一个相反方向的移动路径。因为两条路径的流动方向相反，所以两个通道总是存在促进转移的浓度差异。

covalent bond 共价键 一种化学键，两个或多个原子共同使用它们的外层电子对。

crista 嵴 线粒体内膜向内折褶形成的结构，线粒体具有很多嵴。

crossing over 交叉互换 发生在减数分裂前期的重要过程，指在减数分裂前期Ⅰ的双线期见到同源染色体交叉在一起，称为交叉互换。交叉互换使非姐妹染色单体交换部分DNA片段。

cuticle 角质层 指许多植物表皮覆盖的薄膜。

cytokinesis 胞质分裂 胞质分裂是细胞分裂过程中，继核分裂后，细胞质一分为二分配到两个完整子细胞中的过程。

cytoplasm 细胞质 细胞核区和细胞膜之间充满的半流体基质。它包含糖、氨基酸、蛋白质和细胞进行生长和繁殖活动的细胞器（在真核生物中）。

cytoskeleton 细胞骨架 真核细胞细胞质中的蛋白质纤维网络，维持细胞的形态，锚定细胞器，例如固定细胞核。

D

deciduous 落叶植物 维管植物中，在特定季节所有叶子脱落的植物。

dehydration reaction 脱水反应 失去水分子的反应，反应过程中羟基（—OH）和氢基（—H）分别从聚合物的两个不同亚基移除，并结形成副产物水分子。

demography 种群统计 种群的统计研究，是对种群或者可延伸为种群特征的测量。

deoxyribonucleic acid（DNA）脱氧核糖核酸 遗传信息的基本存储媒介或中枢，由脱氧核糖核苷酸（成分为脱氧核糖及四种含氮碱基）组成的链状多聚物，两条平行的DNA链呈双螺旋结构，如盘旋而上的楼梯两侧扶手。

depolarization 去极化 细胞膜上部分区域的离子运动从而消除或减弱电势差，这一过程叫作去极化

detritivore 腐生生物 一种以死去生物为食或分解死亡生物的生物。

deuterostome 后口动物 在胚胎发育过程中，其肛门从胚孔或靠近胚孔处形成，囊胚的另一部分形成口腔的动物称为后口动物。胚胎发育表现为辐射不定型卵裂。

dicot 双子叶植物 一类具有两个子叶的开花植物，网状的叶脉，通常具有四片或五片花瓣。

diffusion 扩散 指分子向低浓度区域随机移动过程，是自发的分子运动。这个过程往往使分子能够均匀分布。

dihybrid 双因子杂种 指二对等位基因不同的两亲本间的杂种。

dioecious 雌雄异株 指在具有单性花的种子植物中，雌花与雄花分别生长在不同的植株上。

diploid 二倍体 相对于单倍体（n）来说，体细胞中含有两个染色体组的生物个体，称为二倍体（$2n$）。

directional selection 定向选择 选择作用淘汰一系列表型中的一个极端表型的选择形式，这种选择类型叫作定向选择。因此，促进种群中这一极端基因频率降低。

disaccharide 二糖 由二分子单糖通过糖苷键形成，蔗糖是一种由一分子葡萄糖和一分子果糖形成的二糖。

disruptive selection 分裂选择 选择作用淘汰中间表型，导致两个极端表型在种群中变得更加普遍，这种选择类型叫作分裂选择。

diurnal 昼行 指一种动物白天活动晚间休息的生态位分化行为。

domain 域 生物分类中级别高于界的分类等级，目前公认的三域称为细菌、古生菌和真核生物。

dominant allele 显性基因 决定杂合子表现型的等位基因。如果个体杂合子与纯合子具有相同的表现型，那么可以认为一个等位基因相对于另一个呈显性。

dorsal 背部 朝后面或上表面，与腹面相对。

double fertilization 双受精 被子植物独特的受精过程，一个精子与卵细胞融合形成

受精卵，另一个精子与极核融合形成初生胚乳核。

E

ecdysis 蜕皮 某些动物的外壳或者皮肤脱落的现象，特别是节肢动物的外骨骼的脱落。

echinoderm 棘皮动物 棘皮动物门动物，包括海星、海胆、海参和沙钱。

ecology 生态学 研究生物与其环境之间的相互关系的科学。

ecosystem 生态系统 生物群落和它们相互作用的非生物因子构成一个生态系统。

ectoderm 外胚层 三个胚层中的一个，在原肠胚时期形成，后期发育成表皮和神经组织。

ectothermic 变温 指动物通过自身行为或者周边环境调节体温。

electron 电子 一种带有单位负电荷的亚原子粒子，一个电子的负电荷恰好抵消一个质子的正电荷。在原子中，电子围绕带正电的原子核旋转并决定原子的化学性质。

electron transport chain 电子传递链 描述一系列嵌入线粒体内膜的与膜相关的电子载体。它把从葡萄糖氧化获得的电子用于驱动质子泵通道。

electron transport system 电子传递系统 描述一系列嵌入叶绿体类囊体膜的电子载体。它把从水分子获得的电子经过光子激发用于驱动质子泵通道。

element 元素 一类一般的化学方法不能使之分解成不同物质的物质。

embryonic stem cell 胚胎干细胞 一类来源于早期胚胎内细胞团的细胞，将其注入囊胚中能够发展成任何组织或者产生一个成体生物。

emergent properties 涌现性 通常是指多个要素组成系统后，出现了系统组成前单个要素所不具有的性质。

endergonic 吸能 反应的产物比反应物含有更多的能量，所以需要从外部输入可用能量才能进行。这些反应不能自发进行。

endocrine gland 内分泌腺 没有分泌管的腺体，所分泌的激素直接进入周围的血液或淋巴中。

endocytosis 内吞作用 质膜边缘融合在一起形成一个称为囊泡的封闭腔室的过程，该过程包括通过囊泡吸收细胞外物质转运到细胞质中。

endoderm 内胚层 三个胚层中的一个，在原肠胚时期形成，后期发育成内部器官的上皮组织，主要是消化系统和呼吸道。

endoplasmic reticulum（ER）内质网 真核细胞内一个具有大量网膜结构的细胞器，表面附着用于合成蛋白质并输送到细胞外的核糖体。

endoskeleton 内骨骼 脊椎动物体内被肌肉包裹的主要骨骼或软骨，叫作内骨骼。

endosperm 胚乳 精子与极核结合形成的被子植物种子的营养组织，胚乳在胚胎发育中不但没有被消化，反而保留在成熟的种子中为幼苗发芽提供营养。

endosymbiotic 内共生 一种关于真核细胞如何从大型原核细胞吞噬不同种类的小型细胞而产生的学说。小型细胞没有被消灭，而是与大型宿主细胞共生并相互作用。该学说认为如线粒体和叶绿体这类的细胞器，是以这种方式进入大型细胞的。

endothermic 吸热 动物利用新陈代谢来维持体温升高的能力。

energy 能量 是质量的时空分布可能变化程度的度量，用来表征物理系统做功的本领。

enhancer 增强子 DNA分子上远离启动子和基因转录起始位点的调节蛋白结合位点。

entropy 熵 体系混乱程度的度量。衡量在一个系统中变得随机和统一的能量，这部分能量不再被反应加以利用。

enzyme 酶 一种通过降低反应所需要的活化能加快特定化学反应的蛋白质，在反应过程中酶自身保持不变。

epidermis 表皮 最外层细胞。在脊椎动物中，指皮肤的外层，起源于外胚层；在无脊椎动物中，单层的外胚层上皮组织；在植物中，类似皮肤的扁平外层细胞。

epigenetics 表观遗传学 是研究基因的核苷酸序列不发生改变的情况下，基因表达了可遗传的变化的一门遗传学分支学科。

epistasis 上位性 是两个基因产物之间的相互作用，一个基因的产物改变了另一基因产物的表现型。

epithelium 上皮组织 由一层薄壁细胞形成的组织，覆在机体体表，或衬于机体内中空器官的腔面。单层上皮组织包括肺和其他体内主要腔体表层覆盖的膜。复层上皮（皮肤或表皮）由更复杂的多层上皮细胞构成。

erythrocyte 红细胞 一种红色的血细胞，血红蛋白的载体，红细胞作为脊椎动物体内氧气的转运体。在成熟的哺乳动物中，这个过程红细胞失去细胞核和线粒体，内质网也被重吸收。

estrus 发情期 雌性动物的最大性接受力时期，与排卵有关，表现为“发情”。

estuary 河口 封闭水域的一部分，经常在沿海海湾、河口处形成，该处盐度在咸水和淡水之间。

ethology 动物行为学 动物行为模式本质上的研究。

eukaryote 真核细胞 具有膜包被细胞器的细胞，最显著特征是具有细胞核和DNA与蛋白质缠绕的染色体，生物由细胞构成。真核生物的出现是生命进化的一个重大事件，除了细菌和古生菌之外地球上的所有生物都是真核生物。

eumetazoan 真后生动物 “真正的动物”，身体具有一定形状和对称性，总是拥有不同的组织。

eutrophic 富营养 指湖泊含有大量过剩的矿物质和有机物质。

evaporation 蒸发 体表的水分子由液体变为气体形式的散失。

evolution 进化 生物种群的基因随时间（世代）的改变而改变。达尔文提出自然选择是进化的机制。

exergonic 放能 产生的产物所含有自由能小于反应物的任何反应，往往能自发进行。

exocytosis 胞吐作用 通过细胞表面囊泡将内容物释放到细胞外基质的过程称为胞吐作用，是内吞作用的相反形式。

exon 外显子 一段可以转录成RNA和翻译成蛋白质的DNA。

exoskeleton 外骨骼：一种包裹身体的坚硬的外部结构。在节肢动物中，主要由几丁质构成。

experiment 实验 一个假设的检验。一个实验用来测试一个或多个备选假设，被证明与实验观察不一致的假设就被否定。

F

facilitated diffusion 易化扩散 物质借助载体蛋白，跨细胞膜向低浓度流动的选择性运输。

family 科 生物分类中低于目高于属的分类等级。

feedback inhibition 反馈抑制 一种生化途径受该途径产生的产物量的调节的调节机制。

fermentation 发酵 最终电子受体是一个有机分子的分解代谢过程。

fertilization 受精 雄配子和雌配子结合形成合子的过程。

fitness 适合度 一定环境条件下，某种基因型个体能够生存并将其基因传递给后代的能力。相对于对种群中其他个体的贡献，指个体对后代的遗传贡献。

flagellum 鞭毛 细胞表面突出的细长、线状的细胞器。在细菌中，单个蛋白纤维旋转运动，推动细胞在水中前进；在真核细胞中，微管排列以9+2式的内部结构特征震动，而不是旋转运动。鞭毛用于行进和捕食，常见于原生生物和活动配子。纤毛是一种短的鞭毛。

food web 食物网 群落间的食物关系，以图表的形式呈现。

founder effect 建立者效应 指群体中稀有等位基因和等位基因重新组合，可能在新的种群中增强的作用。

frequency 频率 统计学定义为在一定范围内，个体相对于个体总数所占的比例。

fruit 果实 在被子植物中，包含种子的成熟子房。

G

gamete 配子 单倍体生殖细胞。在受精作用过程中，细胞核与另一个异性配子融合。由此产生的二倍体细胞（合子）可能发育成一个新的二倍体个体。在某些原生生物和真菌中，可能通过减数分裂形成单倍体体细胞。

gametophyte 配子体 在植物世代交替的生活史中，产生配子的单倍体世代，被双倍体世代的孢子体替代。

ganglion 神经节 周围神经系统中形成神经中枢的一系列神经细胞。

gastrulation 原肠胚形成 原肠胚形成是囊胚细胞由表面向内迁移、转变形成的，它由三层细胞层构成：外胚层、中胚层和内胚层。

gene 基因 遗传的基本单位。染色体上的DNA核苷酸序列编码多肽或RNA分子，决定个体的遗传性状。

gene expression 基因表达 DNA转录成mRNA，mRNA指导核糖体上氨基酸链的按顺序组装的过程。

gene frequency 基因频率 个体在种群中拥有一个特定基因的频率。经常与等位基因频率混淆。

genetic code 遗传密码 基因的“语言”，由特异对应20种常见氨基酸的mRNA密码子构成。

genetic drift 遗传漂变 小种群中某一等位基因的频率世代传递中出现随机波动的现象称为遗传漂变。

genetic map 基因图谱 显示基因相对位置的图表。

genetics 遗传学 指研究生物的遗传与变异的学科。

genome 基因组 生物个体的遗传信息总和。一般的定义是单倍体细胞中的全套染色体为一个基因组，或是单倍体细胞中的全部基因为一个基因组。更准确地说，基因组应该指单倍体细胞中包括编码序列和非编码序列在内的全部DNA分子。

genomics 基因组学 研究生物基因组而非研究单个基因的一门学问。用于概括涉及基因作图、测序和整个基因组功能分析的遗传学分支。基因组研究应该包括两方面的内容：以全基因组测序为目标的结构基因组学和以基因功能鉴定为目标的功能基因组学，又被称为后基因组研究，成为系统生物学的重要方法。

genotype 基因型 生物个体细胞中所有基因组的总称。也指在单个基因位点的等位基因。

genus 属 生物分类中低于科高于种的分类等级。

germination 萌发 指孢子或种子恢复生长发育的过程。

gland 腺 生物体内某些分泌化学物质的器官，由腺细胞组成，如外分泌腺或内分泌腺，腺体由上皮组织构成。

glomerulus 肾小球 脊椎动物肾脏中的用于将血液过滤生成原尿的一片毛细血管网络。

glycolysis 糖酵解 葡萄糖的无氧分解过程，该过程由酶催化，产生两个丙酮酸分子以及两个ATP分子。

Golgi complex 高尔基体 一种扁平堆叠的膜层结构细胞器，主要作用是收集、包装和分配内质网产生的分子。

granum 基粒 由许多相互连接的扁平圆盘（类囊体）堆叠而成，叶绿体类囊体膜系统的一部分。

gravitropism 向地性 是植物由于重力作用所做出的生长反应，通常导致芽向上生长和根向下生长。

greenhouse effect 温室效应 地球大气层中的二氧化碳和某些其他气体，如甲烷，能够传输来自太阳的辐射能，捕捉红外光或热量的长波辐射，以防止辐射到太空中的过程。

guard cell 保卫细胞 成对分布在植物叶气孔周围的特殊表皮细胞。保卫细胞吸水时，气孔张开，保卫细胞失水时，气孔闭合。

gymnosperm 裸子植物 种子植物的种子不在封闭的子房中，松柏是最常见的裸子植物。

H

habitat 生境：物种赖以生存的生态环境。

half-life 半衰期 一半放射性物质发生衰变所需要的时间。

haploid 单倍体 仅由一个染色体组所构成的个体称为单倍体（n），相当于二倍体（$2n$）的一半。

Hardy-Weinberg equilibrium 哈迪-温伯格平衡 以英国数学家G. H. 哈迪和德国医生G. 温伯格命名，一种关于种群中两个或两个以上的等位基因的相对频率不因孟德尔分离法则而改变的数学描述。在一个随机交配的群体里，没有近亲繁殖、选择或其他进化的力量，等位基因和基因型频率保持不变。通常表示为：如果等位基因A的频率是p，等位基因a的频率是q，随机交配产生的下一代基因型频率总会是$(p+q)^2 = p^2+2pq+q^2$。

Haversian canal 哈弗斯管 以英国解剖学家克洛普顿·哈弗斯命名，指骨中有很多和其长轴平行的细小通道，含有血管和神经细胞。

helper T cell 辅助T细胞 一类引起细胞免疫反应和体液免疫反应的白细胞，辅助T细胞是艾滋病病毒的靶细胞。

hemoglobin 血红蛋白 脊椎动物红细胞和许多无脊椎动物血浆中的球状蛋白质，主要功能是携带氧气和二氧化碳。

hemolymph 血淋巴 昆虫之类的无脊椎动物体腔内循环流动的血样液体，无色，兼具血液和淋巴样组织液的特性，内含血细胞，间质液和血浆，可占动物体中的30%~40%。主要起营养物质运输，温度调节和创伤愈合的作用。

herbivore 食草动物 只以植物为食的动物。

heredity 遗传 性状通过亲代传递到子代的现象。

heterokaryon 异核体 如真菌菌丝有两个或两个以上不同基因型的细胞核，这样的细胞或菌丝称为异核体。

heterotroph 异养生物 异养生物指的是那些没有能力自己制造食物，只能摄入外界环境中现成的有机物作为能量和碳的来源，转变成自身的组成物质，并且储存能量的生物。

heterozygote 杂合子 指一对同源染色体携带两个不同等位基因的二倍体个体。

histone 组蛋白 一类含多个精氨酸和赖氨酸小分子蛋白。组蛋白是染色体的基本组成部分，被DNA紧密包裹。

homeostasis 内稳态 指有机体保持一个相对稳定的内部生理环境，或指种群或生态系统的稳态平衡。

homeotherm 恒温动物 体温不因外界环境温度而改变始终保持相对稳定的动物，叫作恒温动物，如鸟类或哺乳动物。

hominid 原始人类 人类和他们的直系祖先。人科的成员之一。人类是唯一存活下来的成员。

homologous chromosome 同源染色体 形态、结构基本相同的染色体，在减数分裂Ⅰ染色体联合。在二倍体细胞中，一对染色体的各自携带相同的基因。

homology 同源 两者的结构或功能具有相似性，表明来自一个共同的进化起源。

homozygote 纯合体 等位基因相同的二倍体个体。个体的两条同源染色体携带的相同等位基因可以称为纯合基因。

hormone 激素 一种化学使，通常为类固醇或肽，由生物的某一部位少量合成，再传递到其他部位，从而调控生理活动。

hybrid 杂交种 由不同亲本杂交产生的植物或动物。

hybridization 杂交 不同类群的不同亲本之间的交配。

hydrogen bond 氢键 一个水分子的氢原子的部分正电荷和另一个水分子的氧原子的部分负电荷之间的吸引力形成的分子间作用。

hydrolysis reaction 水解反应 通过添加一个水分子来裂解聚合物的过程。该过程打破共价键，水中氢基加到其中的一个亚基上，而羟基加到另一个亚基上。本质上是脱水反应的反向过程。

hydrophilic 亲水性 用来描述极性分子，与水形成氢键，因此可溶于水。

hydrophobic 疏水性 用来描述非极性分子，不能与水形成氢键，所以不溶于水。

hydroskeleton 水骨骼 大多数软体无脊椎动物的骨架，既不是内骨骼也不是外骨骼。利用水的相对不可压缩性与身体结合作为一种骨架。

hypertonic 高渗的 指细胞周围溶液的溶质浓度高于细胞内部。

hypha 菌丝 真菌的一种管状的单条丝状结构，大量的菌丝形成一个菌丝体。

hypothalamus 下丘脑 位于丘脑下部的大脑区域，通过产生影响垂体的激素来控制体温、饥饿和口渴等活动。

hypothesis 假说 一种可能正确的提议。按照预先设想，对某种现象进行的解释，即根据已知的科学事实和科学原理，对所研究的自然现象及其规律性提出的推测和说明。没有假说被证明是永远正确的。所有假说都是暂时性的，有用的建议被保留，若发现不符合新的知识，将有可能被否定。假说应经得住时间的考验，通过大量实验确证后，未被否定的假说可称为原理。

hypotonic 低渗的 指细胞周围溶液的溶质浓度低于细胞内部。

I

inbreeding 近交 亲缘关系相近的植物或动物间的繁殖。在植物中，近亲繁殖来自自花授粉。在动物中，近亲繁殖来自亲代间的交配。近亲繁殖会增加纯合性。

incomplete dominance 不完全显性 具有相对性状的纯合亲本杂交后，子一代显现中间类型的现象。两个等位基因的杂合的表型不同于任何一个纯合体的表型

independent assortment 自由组合 孟德尔第二定律：当具有两对（或多对）相对性状的亲本进行杂交，在子一代产生配子时，在等位基因分离的同时，非同源染色体上的基因表现为自由组合。

industrial melanism 工业黑化 指由于自然选择的结果，最初浅色的生物种群变成深色生物种群的进化过程。

inflammatory response 炎症反应 对于感染的普遍非特异性反应，旨在清除被细菌感染的区域和坏死的组织细胞，使受损组织得到修复。

integument 体被组织 动物体的外覆盖层，由外胚层发育而成。

interneuron 中间神经元 中枢神经系统中的神经细胞，感觉神经元和运动神经元的功能链接，也称为联合神经元。

interphase 间期 有丝分裂细胞周期的一部分。包括G_1期，细胞体积增大；S期，染色体复制；G_2期，为染色体分离做准备。

interstitial fluid 组织液 存在于组织细胞外间隙中的液体。

intron 内含子 翻译前，转录成mRNA的一段DNA序列，但在转录后的加工中，会从最初的转录产物除去。这些非编码区组成大多数真核生物的基因。

ion 离子 离子是原子或原子团由于得失电子而形成的带电微粒。

ionic bond 离子键 化学键的一种，通过离子间相反电荷的吸引形成。

isolating mechanism 隔离机制 阻止不同种群或物种个体间基因交换的机制。

isotonic 等渗的 指细胞周围溶液的溶质浓度等于细胞内部。

isotope 同位素 具有相同质子数，不同中子数的不同核素互为同位素。

J

joint 关节 脊椎动物骨骼移动和交汇处的一部分。

K

karyotype 染色体组 个体拥有的特定染色体排列，它们在形态和功能上各不相同，但又互相协助，携带着控制一种生物生长、发育、遗传和变异的全部信息。

kinetic energy 动能 物体由于做机械运动而具有的能。

kinetochore 动粒 是真核细胞染色体中位于着丝粒两侧的两层盘状特化结构，其化学本质为蛋白质，在细胞分裂过程中微管附着在动粒上，连接染色单体和纺锤体。

kingdom 界 生物分类的最高范畴。本书涉及6大界：古细菌、原生生物、真菌、动物界和植物界。

L

lamella 薄层 一种薄层状结构。在叶绿体中，一层含有叶绿素的膜；在双壳类软体动物中称“齿层”，形成鳃的两个板块结构；在脊椎动物中称“牌板”，哈弗斯管周围呈同心圆排列的骨板。

ligament 韧带 连接骨头间的带状或片状结缔组织。

linkage 连锁 位于同一条染色体上的基因组合模式，与密切联系的基因相比，基因相距较远更利于交换。

lipid 脂质 一大类不溶于水而溶于有机溶剂的分子。油类如橄榄油、玉米油和椰子油，蜡如蜂蜡。

lipid bilayer 脂双层 所有生物膜的基础结构。该结构磷脂分子的非极性尾部向内，形成双分子层内部的非极性区。脂双层为半透膜，不允许水溶性分子扩散进入细胞。

littoral 滨海地带 指海水消退时，海岸线区域暴露的湖泊、池塘或海洋。

locus 基因座 基因在染色体上所占的位置。

loop of Henle 髓袢 也称“亨利袢”，以德国解剖学家F. G. J. 亨利命名，指肾单位中由输尿管构成的发夹环结构。

lymph 淋巴 动物体内一种无色液体，来源于通过毛细管壁组织过滤的血液。

lymphatic system 淋巴系统 一个由网状血管组成的开放的循环系统，该系统由淋巴组织、淋巴管及其中的淋巴组成。其功能为收集血浆内通过毛细血管挤压出的水，并将其返还回血液。淋巴系统也将蛋白质返还到血液循环中，通过肠道吸收传输脂肪，携带细菌和死亡的血液细胞到淋巴结和脾脏进行消灭。

lymphocyte 淋巴细胞 白细胞的一种类型。免疫系统细胞，包括合成抗体（B细胞）或攻击感染病毒的细胞（T细胞）。

lyse 裂解 通过破裂质膜而分解细胞的方式。

lysosome 溶酶体 含有消化酶的单层膜包被的囊泡结构，在真核细胞中由高尔基体产生。

M

macromolecule 大分子 指相对分子质量在5000以上的极大分子，特指碳水化合物、脂质、蛋白质和核酸。

macrophage 巨噬细胞 免疫系统的吞噬细胞，能够吞噬和消化入侵的细菌、真菌和其他微生物，以及细胞碎片。

Malpighian tubules 马氏管 通向陆生节肢动物后肠的盲管，主要排泄器官。

marrow 骨髓 人体内的造血组织，柔软而富有血液，位于大部分骨髓腔内，是血红细胞的来源。

mass flow 集流 指植物韧皮部中物质流动的全过程。

mass number 质量数 原子的质量数指质子和中子的质量数之和。

matrix 基质 线粒体中内膜和嵴包围着的内部空间，充满了液态的基质，基质中包含参与有氧呼吸的酶以及其他分子。

megaspore 胚囊 在种子植物中，由单倍体生殖细胞发育成的雌配子体。在大多数群组中，大孢子大于小孢子。

meiosis 减数分裂 核分裂的一种特殊形式，真核生物通过有性生殖形成配子，最终形成四个单倍体的子细胞。

Mendelian ratio 孟德尔比率 以奥地利神父孟德尔命名，指他观察到3:1的分离比例，其中成对的替代性状以3/4显性与1/4隐性的比例在子二代中表达。

menstruation 月经 指子宫内膜脱落并伴随出血的周期性变化，怀孕期间停止。

meristem 分生组织 是在植物体的一定部位，具有持续或周期性分裂能力的细胞群。

mesoderm 中胚层 指在三胚层动物的胚胎发育过程中，处在外胚层和内胚层之间的细胞层。中胚层发育为躯体的真皮、肌肉、骨骼、腹膜及其他结缔组织和循环系统，大部分排泄和生殖系统。

mesophyll 叶肉 植物叶片上下表皮间的组织，维管束（叶脉）穿过过叶肉细胞。

metabolism 新陈代谢 所有生物吸收能量用于自我生长的过程。

metamorphosis 变态 指在有些生物的个体发育中，其形态和构造上经历阶段性剧烈变化。例如，蝌蚪变成青蛙，昆虫从幼虫期进入成虫期。

metaphase 中期 有丝分裂阶段之一，表现为染色体排列在细胞中央的一个平面上。

metastasis 转移 指癌细胞扩散到身体的其他部位，在较远的位点形成新的肿瘤的过程。

microevolution 微进化 又称种内进化，是由突变、遗传漂变、基因流和自然选择导致的等位基因频率的改变，也称为适应。

microspore 小孢子 指植物中单倍体生殖细胞发展成的一个雄性配子体。

microtubule 微管 指在真核细胞中，直径约为25纳米的空心长圆柱体，由微管蛋白组成。微管维持细胞形态，在细胞分裂中移动染色体，并组成纤毛和鞭毛的内部功能结构。

mimicry 模仿 指通过观察和仿效其他个体的形态、颜色或者行为使得自身强大并获得更多的自我保护。

mitochondrion 线粒体 是一种管状或棒状、长约1~3微米的细胞器。由双层膜包被，相似于最初派生的好氧细菌。线粒体是细胞中制造能量的结构，是细胞进行有氧呼吸的主要场所。

mitosis 有丝分裂 细胞分裂的M期，微管组装成纺锤体，结合染色体并将它们分开。这个阶段是两个子细胞基因组分离的关键步骤。

mole 摩尔 一种物质的原子量，用克表示。一摩尔的定义是6.0222×10^{23}个原子的质量。

molecule 分子 化合物的最小单位，显示化合物的特性。

mollusk 软体动物 软体动物门动物，包括蜗牛、蛞蝓、双壳类（如蛤和牡蛎）以及头足类（章鱼、鱿鱼和鹦鹉螺）。

monocot 单子叶植物 胚只有一个子叶的开花植物，花叶基本上为三的倍数，叶脉常为平行脉。

monomers 单体 简单的分子，可以连接在一起形成聚合物。

monosaccharide 单糖 单糖是构成各种二糖和多糖的分子的基本单位。

morphogenesis 形态发生 指生物生长过程中细胞和组织生长和分化的过程。

multicellularity 多细胞生物 是指由多个分化的细胞组成的生物体。在多细胞生物中，个体由许多相互作用和协调活动的细胞构成。多细胞生物只存在于真核生物中，是真核生物的主要特征之一。

muscle 肌肉 在人类和动物的体内，通过收缩和舒张使身体运动的组织。

muscle cell 肌细胞 一种长圆柱形的多核细胞，包含大量的肌原纤维，受到刺激时可以收缩。

muscle spindle 肌梭 是一种附着于肌肉并对牵拉刺激敏感的特殊的梭形感受器。

mutagen 诱变剂 导致DNA受损的物理、化学或生物因子。

mutation 突变 在生物学上的含义是细胞中的遗传基因（通常指存在于细胞核中的脱氧核糖核酸）发生的改变。

mutualism 互利共生 一种共生关系，共生的物种彼此受益。

mycelium 菌丝体 真菌中大量菌丝联结在一起组成的网状结构。

mycology 真菌学 有关真菌的研究，研究真菌的人称为真菌学家。

mycorrhiza 菌根 某些真菌与植物根的共生体称为菌根。

myelin sheath 髓鞘 指脊椎动物周围神经系统的运动神经元轴突外包裹的脂肪层。

myofibril 肌原纤维 肌肉纤维中的细长结构，由肌球蛋白和肌动蛋白组成。

myosin 肌球蛋白 一种构成肌丝的主要蛋

白质（另一种是肌动蛋白）。

N

natural selection 自然选择 由环境因素导致的基因型差异性繁殖，最终导致进化改变。

nematocyst 刺丝囊 是刺细胞动物特有的一种细长盘状刺丝状结构，用来捕食、攻击及防卫。

nephron 肾单位 脊椎动物肾脏的功能单位。人类肾脏有超过一百万个肾单位，用来过滤血液中的废物。每个肾单位由肾小囊、肾小球和肾小管组成。

nerve 神经 由聚集成束的神经纤维与神经胶质细胞所构成，外面包着由结缔组织组成的膜。

nerve impulse 神经冲动 沿神经元膜传播的快速、瞬态、自传播的电位反转。

neuromodulator 神经调质 一类调节效应的化学递质，作用缓慢而持久，通常涉及细胞内的第二信使。

neuromuscular junction 神经肌肉接头 是运动神经元轴突末梢在骨骼肌肌纤维上的接触点。

neuron 神经元 是构成神经系统结构和功能的基本单位，专门用于信号传输的神经细胞。

neurotransmitter 神经递质 一种在轴突尖端释放的化学物质，穿过突触并结合远端膜中的特定受体蛋白。

neurulation 神经胚形成 标志着脊索动物进化的脊索和背神经索的形成。

neutron 中子 指原子原子核的亚原子粒子，质量类似于一个质子，中子不带电荷，呈电中性。

neutrophil 中性粒细胞 一种丰富的白细胞，能够吞噬微生物和其他外源粒子。

niche 生态位 生物在环境中所起的作用和所处地位，实际生态位即生物在自然环境下占据的生态位，基础生态位是指生物体在没有天敌存在情况下占据的生态位。

nitrogen fixation 固氮作用 指大气中的氮元素转化为含氮化合物的过程，这一过程只能通过特定微生物进行。

nocturnal 夜行性 主要集中在晚上的活动。

node of Ranvier 郎飞结 以法国组织学家L. A. 兰维尔命名。在两个施万细胞相交处以及轴突与周围细胞间液直接接触的地方形成的间隙。

nondisjunction 不分离现象 减数分裂I中，配对的二条同源染色体不发生分离，而是趋向于同一极的现象。不分离现象是产生唐氏综合征的原因。

nonrandom mating 非随机交配 交配型频率偏离随机规律的所有交配方式，特定基因型个体间交配比预计的随机情况更常见的现象。

notochord 脊索 是脊索动物身体背部起支持作用的棒状结构，在神经索之间形成，脊索来源于胚胎早期的原肠背壁。

nucleic acid 核酸 长链的核苷酸聚合物，主要类型是双链的脱氧核糖核酸（DNA）和典型单链的核糖核酸（RNA）。

nucleolus 核仁 位于细胞核内部的区域，主要生产rRNA和核糖体。

nucleosome 核小体 核小体是真核生物染色体的基本结构单位，由DNA缠绕组蛋白构成。染色质是由珠链状长串的核小体组成。

nucleotide 核苷酸 核酸的一个单元，由磷酸、五碳糖（核糖或脱氧核糖）以及嘌呤碱或嘧啶碱组成。

nucleus 细胞核 真核细胞内最重要的球形细胞器（结构），遗传信息的存储库，指导所有活细胞的活动。

nucleus 原子核 原子的中央核心，包含带正电的质子和电中性的中子（除了氢）。

O

oligotrophic 贫营养化 指水体有机物质和营养物质的匮乏，具有高含氧量，例如湖泊贫营养化。

oncogene 致癌基因 异常激活导致细胞无限制生长（癌症）的基因。

oocyte 卵母细胞 位于卵巢外层可产生卵细胞。女性出生时就拥有的两百万个初级卵母细胞，所有这些卵母细胞都进入减数分裂I阶段。

operculum 鳃盖 指鱼鳃室外部一个骨平面保护层。

operon 操纵子 指一系列在功能上紧密相关的、转录成mRNA单链分子的基因的总称。原核生物中的一种常见的基因调控方式；在真核生物中，常见于真菌。

order 目 生物分类中低于纲高于科的分类等级。

organ 器官 是动物或植物由不同的细胞和组织构成的复杂的身体结构和功能单元。

organ system 器官系统 器官联合起来组成器官系统，协同执行身体活动。

organelle 细胞器 一般认为是散布在细胞质内具有一定形态和功能的微结构或微器官，如线粒体。

organism 有机体 有机体是具有生命的个体的统称，包括单细胞生物和多细胞生物。

osmoregulation 渗透调节 渗透调节指的是通过主动增加溶质，提高细胞液浓度，降低渗透势，以有效地增强吸水和保水能力，这种调节作用称为渗透调节。在不同的环境中生物都能保持恒定的内部溶质浓度。

osmosis 渗透作用 指两种不同浓度的溶液隔以半透膜（允许溶剂分子通过，不允许溶质分子通过的膜），水分子或其他溶剂分子从低浓度的溶液通过半透膜进入高浓度溶液中的现象。

osmotic pressure 渗透压 对于两侧水溶液浓度不同的半透膜，为了阻止水从低浓度一侧渗透到高浓度一侧，而在高浓度一侧施加的最小额外压强称为渗透压。

osteoblast 成骨细胞 成骨细胞是骨形成的主要功能细胞，负责骨基质的合成、分泌和矿化。

osteoclast 破骨细胞 是骨组织成分的一种，行使骨吸收的功能，在骨骼的发育和形成过程中发挥重要作用。

osteocyte 骨细胞 成熟骨组织中的主要细胞，相当于人的成年期，由骨母细胞转化而来。骨细胞为扁椭圆形多突起的细胞，核亦扁圆、染色深。

outcross 异型杂交 即远缘杂交，指两个不同基因型个体间的杂交。

ovary 卵巢 指在动物体内产生卵细胞的器官。

ovary 子房 在开花植物中，子房是被子植物生长种子的器官，心皮基部膨大包含胚珠，子房成熟发育成果实。

oviparous 卵生动物 是指用产卵方式繁殖的动物，如爬行动物。

ovulation 排卵 卵细胞发育成熟由卵巢排出的过程。

ovule 胚珠 为子房内着生的卵形小体，是种子的前体，为受精后发育成种子的结构。

ovum 卵细胞 是雌性生物的生殖细胞。动物和种子植物都会产出卵细胞。

oxidation 氧化 原子失去一个电子的化学反应，与还原反应同时发生，糖酵解十步反应的第二个阶段。

oxidative metabolism 氧化代谢 需氧代谢反应的合称。

oxidative respiration 有氧呼吸 最终的电子受体是氧气分子的呼吸作用。细胞在氧的参与下，通过多种酶的催化作用，把葡萄糖等有机物彻底氧化分解，产生二氧化碳和水，释放能量，生成大量ATP。

P

pancreas 胰腺 位于胃附件的腺体，分泌消化酶和激素分别进入小肠和血液。

parasitism 寄生 一种共生关系，即两种生物在一起生活，一方受益，另一方受害。

parthenogenesis 孤雌生殖 卵细胞不经过受精也能发育成正常的新个体，是一种在昆虫中常见的生殖方式。

partial pressures 分压 指的是当气体混合物中的某一种组分在相同的温度下占据气体混合物相同的体积时，该组分所形成的压强。

pathogen 病原体 指可造成人或动植物感染疾病的微生物（包括细菌、病毒、立克次氏体、寄生虫、真菌）或其他媒介（微生物重组体包括杂交体或突变体）。

pedigree 系谱 亦称家谱图，是指记录某一家族各世代成员数目、亲属关系以及有关遗传性状或遗传病在该家系中分布情况的图示。用来确定一个特定的遗传模式的特征。

peptide 肽 两个或以上的氨基酸脱水缩合而成，由肽键相连。

peptide bond 肽键 连接两个氨基酸的共价键，肽键是一分子氨基酸的α-羧基和一分子氨基酸的α-氨基脱水缩合形成的酰胺键。

peristalsis 蠕动 为消化管运动的基本形式，是管壁肌肉有节奏的一系列的收缩波动。

pH pH 是指溶液中氢离子的浓度，pH值的数值是摩尔浓度指数的负值。低pH值表明高浓度的氢离子（酸性），高pH值表明低浓度的氢离子（碱性）。

phagocyte 吞噬细胞 指可以通过吞噬作用杀死入侵细胞的细胞，包括中性粒细胞和巨噬细胞。

phagocytosis 吞噬作用 内吞作用的一种形式，细胞通过吞噬作用吞噬生物体或生物体的碎片。

phenotype 表现型 指生物个体表现出来的性状。由DNA转录翻译所得的蛋白质的生物活性决定所表现出的性状特征（影响个体的结构、生理或行为）。

pheromone 信息素 也称作外激素，某些特定动物分泌到体外的化学信号，该物质被同物种的其他个体通过嗅觉器官（如副嗅球、犁鼻器）察觉，使后者表现出某种行为，情绪，心理或生理机制改变。

phloem 韧皮部 维管植物的韧皮部由筛管和伴胞、筛分子韧皮纤维和韧皮薄壁细胞等组成，位于树皮和形成层之间。

phosphodiester bond 磷酸二酯键 一分子磷酸与两个醇（羟基）酯化形成的两个酯键。一个核苷酸的糖基中的3'碳上—OH（羟基）和后一个核苷酸的5'磷酸基形成酯键。

phospholipid 磷脂 一种结构与脂肪相似的大分子，但只有两个脂肪酸连接到甘油骨架上，甘油骨架的第三个碳连接一个磷酸化分子，含有极性亲水头部（磷酸基团）和非极性疏水尾端（脂肪酸）。

photon 光子 光能量单位，是传递电磁相互作用的基本粒子。

photoperiodism 光周期现象 光周期现象是指植物的开花结果、落叶及休眠，动物的繁殖、冬眠、迁徙和换毛换羽等，是对日照长短的规律性变化的反应。

photorespiration 光呼吸 只有在植物绿色部分显露在光下时才会发生，并且与光合作用有着密切的关系。由于光呼吸没有生成ATP或NADPH但释放二氧化碳，因此认为光呼吸作用明显地减弱光合作用。

photosynthesis 光合作用 指含有叶绿体绿色植物和某些细菌，在可见光的照射下，经过光反应和碳反应（旧称暗反应），利用光合色素，将二氧化碳（或硫化氢）和水转化为有机物，并释放出氧气（或氢气）的生化过程。同时也有将光能转变为有机物中化学能的能量转化过程。

photosystem 光系统 是进行光吸收的功能单位，是由叶绿素、类胡萝卜素、脂和蛋白质组成的复合物，植物叶绿体的类囊体膜上含有两种相互联系的光系统。

phototropism 向光性 指植物的趋向单向光源的一种生长响应。

phylogeny 系统发生 一个生物或种群的进化史以及及其与其他物种的关系。

phylum 门 生物分类中级别高于纲低于界的分类等级。

physiology 生理学 指研究生物细胞、组织和器官功能活动的生物学学科。

pigment 色素 吸收光能的分子。

pili 纤毛 指一些原核生物细胞表面较短的鞭毛，是细胞游离面伸出的能摆动的较长的突起，比微绒毛粗且长。

pinocytosis 胞饮作用 指细胞内吞作用的一种形式，物质通过溶解于细胞外液体进入细胞。

pistil 雌蕊 被子植物花中的心皮的总称。传统上把较典型形态的花的花部中，由子房、花柱、柱头等部位构成者称为雌蕊(或雌蕊群)，雌蕊可能由一个或多个心皮组成。

pituitary gland 垂体 位于丘脑下部的腹侧，是身体内最复杂的内分泌腺，分前叶和后叶两部分。垂体产生的激素不但与身体骨骼和软组织的生长有关，且影响脊椎动物的多种生命活动。

plankton 浮游生物 泛指生活于水中尤其是接近水面而缺乏有效移动能力的漂流生物，其中分有浮游植物及浮游动物。

plasma 血浆 脊椎动物血液中除血细胞的液体成分，血细胞悬浮于其中，含有溶解盐、代谢废物、激素和多种蛋白质，包括抗体和白蛋白。

plasma membrane 质膜 指含有嵌入蛋白的脂双层，控制细胞水分和溶解物质的渗透性。

plasmid 质粒 一类存在于细菌和真菌细胞中独立于核区DNA而自主复制的共价、闭合、环状双链DNA分子。

plasmodesmata 胞间连丝 是植物细胞特有的通信连接，是由穿过细胞壁的质膜围成的细胞质通道。

platelet 血小板 是哺乳动物血液中的有形成分之一，是从骨髓成熟的巨核细胞胞质裂解脱落下来的具有生物活性的小块胞质。在患处形成血凝块，所以具有凝血功能。

pleiotropy 基因多效性 通常一个等位基因对表现型有多种影响，这样的基因是多效性的。

polar molecule 极性分子 极性分子是在以极性共价键结合的分子中，正、负电荷中心不重合而形成偶极的分子。从整个分子来看，电荷的分布是不均匀的，不对称的。由于极性分子部分吸引电子能力较强，所以导致分子具有富电子区域和缺电子区域，使得分子像磁铁一样具有正负极。水是一种最常见的极性分子。

polarization 极化 指神经细胞的电荷差异致使神经元细胞的外部比内部更加活跃的现象。

pollen 花粉 花粉是一种黄色的由颗粒或

小孢子组成的细小粉末，包含一个成熟或未成熟的雄配子体。开花植物中花药释放花粉使雌蕊受精。

pollen tube 花粉管 花粉粒的内壁通过花粉外壁上的萌发孔（或沟）向外伸出的细管，从萌发孔伸出而形成的管状结构。雄性生殖细胞通过花粉管进入胚珠。

pollination 授粉 花粉从花药到柱头的移动过程叫作授粉，通常借助于昆虫或风。

polygyny 一雄多雌 指一个雄性与多个雌性交配的交配模式。

polymer 聚合物 又称高分子化合物，是指那些由众多原子或原子团主要以共价键结合而成的相对分子量在一万以上的化合物。

polymerase chain reaction (PCR) 聚合酶链式反应 反应是一种用于放大扩增特定的DNA片段的分子生物学技术，利用DNA聚合酶重复复制DNA序列的过程。

polymorphism 多态性 是指以适当频率在一个群体的某个特定遗传位点（基因序列或非基因序列）发生两种或两种以上变异的现象，可通过直接分析DNA或基因产物来确定。多态性是可遗传的。

polynomial system 多词学名系统 在林奈创建的双名系统之前，使用烦琐的拉丁词汇和短语命名属的方法。

polyp 水螅 多细胞无脊椎动物，身体辐射对称，身体呈指状（圆筒形），经常通过基盘（口的另一端）附着于岩石上。珊瑚由珊瑚虫组成。

polypeptide 多肽 是α-氨基酸以肽链连接在一起而形成的化合物，它也是蛋白质水解的中间产物。一个蛋白质分子是一条复杂的多肽链。

polysaccharide 多糖 是由糖苷键结合的糖链，许多单糖组成的聚合糖高分子碳水化合物。

population 种群 指在一定时间内占据一定空间的同种生物的所有个体，称为种群。

posterior 后端 动物的后部称为后端。

potential difference 电势差 指膜两侧由于离子分配的不均匀产生的电荷差异。

potential energy 势能 是储存于一个系统内的能量，也可以释放或者转化为其他形式的能量。

predation 捕食 狭义指某种动物捕捉另一种动物而杀食之，广义是指某种生物吃另一种生物。

primary growth 初生生长 指在维管植物中，由根和茎的顶端分生组织细胞分裂，分化和生长所引起的植物器官的生长。主要表现为植物体长度的增加，故也称伸长生长。

primary plant body 初生植物体 指植物体中起源于顶端分生组织的部分。

primary producers 初级生产者 是指能利用二氧化碳、水和营养物质，通过光合作用固定太阳能，合成有机物质的光合生物（包括植物、藻类和光合细菌）。

primary structure of a protein 蛋白质一级结构 在每种蛋白质中，多肽链中氨基酸的排列顺序，包括二硫键的位置，我们称为蛋白质的一级结构，也叫初级结构或基本结构。

primordium 原基 植物中以后发展成一个专一组织、器官或躯体一部分的细胞基团。

productivity 生产力 单位面积、单位时间内生物群落通过光合作用所产生的有机物质总量。净生产力是指生产力减去群落中生物自身代谢活动消耗的部分。

prokaryote 原核生物 没有成形细胞核或线粒体的一类单细胞生物，包括蓝细菌、细菌、放线菌、螺旋体、支原体。

promoter 启动子 启动子是基因的一个组成部分，一个RNA聚合酶结合位点，启动基因表达（转录）。

prophase 前期 有丝分裂第一个时期，最显著的特征是染色体变短变粗，核膜被吸收，细胞两级出现纺锤体。

protein 蛋白质 通过肽键首尾相连的氨基酸长链，是生命的物质基础。蛋白质包括的20种氨基酸由于不同侧基而具有不同的化学性质，蛋白质的功能和形状由其特定的氨基酸序列所决定。

protist 原生生物 最简单的真核生物，大部分都是单细胞生物。

proton 质子 是指原子核中一种带正电荷的亚原子粒子。质子数决定了原子的化学性质，因为它决定了原子的化学活性以及围绕原子核的电子数量。

protostome 原口动物 在胚胎发育中由原肠胚的胚孔形成口的动物，主要特征为螺旋卵裂。

pseudocoel 原体腔 动物体腔的一种形式，也是动物进化中最早出现地一种原始的体腔类型，它是由胚胎发育期的囊胚腔持续到成体而形成的体腔，形成于中胚层和内胚层质检。

punctuated equilibrium 间断平衡 是古生物学研究中提出的一个进化学说。认为新种只能通过线系分支产生，只能以跳跃的方式快速形成。新种一旦形成就处于保守或进化停滞状态，直到下一次物种形成事件发生之前，表型上都不会有明显变化。进化为跳跃与停滞相间的状态，不存在匀速、平滑、渐变的进化。

purine 嘌呤 存在于DNA和RNA中的核苷酸碱基，主要以嘌呤核苷酸的形式存在于人体内的一种物质。具有双环结构的含氮碱基，如腺嘌呤和鸟嘌呤。

pyrimidine 嘧啶 存在于DNA和RNA中的核苷酸碱基，是一种杂环化合物。具有单环结构的含氮碱基，如胞嘧啶、胸腺嘧啶、尿嘧啶。

Q

quaternary structure of a protein 蛋白质的四级结构 是由多肽链（三级结构）靠静电性质的力互相聚合而成特定构象的分子。

R

radial symmetry 辐射对称 指与身体主轴成直角且互为等角的几个轴（辐射轴）均相等，如果通过辐射轴把含有主轴的身体切开时，则常可把身体分为显镜像关系的两个部分。

radioactivity 放射性 是指元素从不稳定的原子核自发地放出射线（如α射线、β射线、γ射线等），衰变形成稳定的元素而停止放射（衰变产物），这种现象称为放射性。物质的放射性强度的单位是居里，1居里相当于每秒370亿次衰变。

radula 齿舌 长在大多数软体动物的头上用来帮助进食的器官。

recessive allele 隐性基因 是支配隐性性状的基因。在二倍体的生物中，在纯合状态时能在表型上显示出来，但在杂合状态时就不能显示出来的基因，称为隐性基因。

recombination 重组 指杂交后代的个体中出现了亲代所没有的基因组合的现象。细菌中重组是通过基因转移进入细胞来完成，通常与病毒相联系。在真核生物中，重组是通过在减数分裂过程中染色体重组交换完成。

reducing power 还原力 利用光能从水中提取氢原子的能力。

reduction 还原反应 物质（分子、原子或离子）通过化学反应得到电子或电子对偏近的反应，通常与氧化反应同时发生。

reflex 反射 反射是一种神经刺激的自然现象，运动所导致的神经冲动经过系统的神经元，最终达到身体肌肉使肌肉收缩。

refractory period 不应期 生物对某一刺激发生反应后，在一定时间内，即使再给予刺激，也不发生反应。一般称此期间为不应期。

renal 肾脏的 与肾脏相关的。

repression 抑制 通过阻碍聚合酶与基因间的调节蛋白位点从而抑制转录过程，因此抑制聚合酶到基因的活动。

repressor 抑制剂 一种通过结合到操纵子而阻止RNA聚合酶结合启动子，进而调节DNA转录mRNA过程的调节蛋白。

resolving power 分辨率 是测量装置和标准的测量解析度、刻度限制、或最小可检出的单位，这里指显微镜区分两个独立点位的能力。

respiration 呼吸 陆栖脊椎动物吸入氧气呼出二氧化碳的活动。

resting membrane potential 静息膜电位 指神经元膜系统上电位差静止状态（约70mV）。

restriction enzyme 限制性内切酶 是一种可以识别特定的核苷酸序列的酶，限制性内切酶可以将DNA分子断裂成片段。基因工程的基础工具之一。

retrovirus 逆转录病毒 又称反转录病毒，是RNA病毒的一种，遗传信息存录在核糖核酸（RNA）上，而不是存录在脱氧核糖核酸（DNA）上，此类病毒多具有逆转录酶。当一个逆转录病毒感染细胞时，复制自身DNA，然后像细胞基因一样插入细胞的DNA。

ribonucleic acid（RNA）核糖核酸 存在于生物细胞以及部分病毒、类病毒中的遗传信息载体。RNA由核糖核苷酸经磷酸二酯键缩合而成长链状分子。RNA包括mRNA、tRNA、rRNA和siRNA。

ribose 核糖 一种五碳糖。

ribosome 核糖体 一种由蛋白质和RNA组成的细胞结构，将基因复制的RNA翻译成蛋白质。

RNA interference RNA干扰 一种基因沉默类型，mRNA的转录产物被禁止翻译。干扰小RNA绑定到mRNA上在翻译前将其降解的现象。

RNA polymerase RNA聚合酶 能够以一条DNA链为模板转录形成mRNA的酶。

root 根 根是植物的营养器官，通常位于地表下面，负责吸收土壤里面的水分及溶解其中的无机盐，并且具有支持、繁殖、贮存合成有机物质的作用。

S

saltatory conduction 跳跃式传导 指神经冲动在髓鞘包裹着的轴突中跳跃节点的快速传导模式。

sarcoma 肉瘤 来源于间叶组织（包括结缔组织和肌肉）的恶性肿瘤称为“肉瘤”，多发生于皮肤、皮下、骨膜及长骨两端。

sarcomere 肌节 骨骼肌纤维结构和功能的基本单位。两条相邻Z线之间重复出现的肌动蛋白和肌球蛋白。

sarcoplasmic reticulum 肌质网 肌细胞中的一种特殊的内质网，其功能是参与肌肉收缩活动。

scientific creationism 科学创造论 有关地球上生命的起源的学说，认为圣经记载的地球的起源是真实的，地球要比大多数科学家认为的更年轻，所有物种都是独立创建的。

second messenger 第二信使 在胞内产生的非蛋白类小分子，通过其浓度变化（增加或者减少）应答胞外信号与细胞表面受体的结合，调节胞内酶的活性和非酶蛋白的活性，从而在细胞信号转导途径中行使携带和放大信号的功能。

secondary growth 次生生长 在维管植物的初生生长结束之后，由于次生分生组织——维管形成层和木栓形成层有强大的分裂能力和分裂活动，特别是维管形成层的活动，不断产生新的细胞组织所导致的生长。

secondary structure of a protein 蛋白质二级结构 指肽链中的主链借助氢键，有规则的卷曲折叠成沿一维方向具有周期性结构的构象。

seed 种子 是裸子植物和被子植物特有的繁殖体，它由胚珠经过传粉受精形成。种子一般由种皮、胚和胚乳三部分组成，有的植物成熟的种子只有种皮和胚两部分。

selection 选择 指一些生物体比竞争者留下更多的后代，使得遗传性状更大比例遗传到后代中的过程。

self-fertilization 自花授粉 同一朵花或者同株植物不同花朵间的花粉从花药到柱头进行授粉的现象。

sepal 花萼 植物花冠外面的绿色被片，是一朵花中所有萼片的总称，它在花朵尚未开放时，起着保护花蕾的作用。

septum 隔膜 无脊椎动物体腔内或者贝壳内的较硬分隔。

sex chromosomes 性染色体 性染色体是指携带性别遗传基因的染色体，人体中指X染色体和Y染色体。

sex-linked characteristic 伴性特征 指性染色体上基因决定的遗传特征。

sexual reproduction 有性生殖 由亲本产生的有性生殖细胞（配子），经过两性生殖细胞（例如精子和卵细胞）的结合，成为受精卵，再由受精卵发育成为新的个体的生殖方式，叫作有性生殖。突出特点是个体的后代继承了来自两个亲本的基因。

shoot 枝 维管植物地上部分，如茎和叶子。

sieve cell 筛胞 筛胞是单独的输导单位，存在维管植物韧皮部中，细长的筛分子，筛胞通常比较细长、末端渐尖或形成很大倾斜度的端壁，侧壁和尖端部分可有不甚特化的筛域出现，筛域不具筛板。被子植物无筛胞，具有筛管。

soluble 可溶解的 指极性分子溶于水被水化膜包围。

solute 溶质 溶液中被溶剂溶解的物质。溶质可以是固体（如溶于水中的糖和盐等）、液体（如溶于水中的酒精等）、或气体(如溶于水中的氯化氢气体等)。

solution 溶液 是由至少两种物质组成的均一、稳定的混合物，被分散的物质（溶质）以分子或更小的质点分散于另一物质（溶剂）中。

solvent 溶剂 是一种可以溶化固体、液体或气体溶质的液体，最常见的是水。

somatic cell 体细胞 体细胞是一个相对于生殖细胞的概念。它是一类细胞，其遗传信息不会像生殖细胞那样遗传给下一代。高等生物的细胞差不多都是体细胞，除了精子和卵细胞以及它们的母细胞之外。

somite 体节 脊椎动物在胚胎发育的过程中沿身体前后轴形成一定数目的暂时性结构，随着胚胎的继续发育每个体节分化成为生骨节、生皮节和生肌节。

species 物种 物种是互交繁殖的相同生物形成的自然群体，与其他相似群体在生殖上相互隔离，并在自然界占据一定的生态位。是生物分类学研究的基本单元与核心，等级低于属，命名由特定两部分构成，分别是属名和种名。

sperm 精子 指雄配子，精子细胞。

spindle 纺锤体 纺锤体是产生于细胞分裂前初期到末期的一种特殊细胞器，由微管组成，牵动染色体分离。

spore 孢子 能直接或间接发育成新个体的单倍体生殖细胞，通常是单细胞。孢子同生殖细胞一样，都是减数分裂的产物，但是生殖细胞直接融合产生一个新的二倍体细胞。

sporophyte 孢子体 指在植物世代交替的生活史中，产生孢子和具2倍数染色体的植物体。由受精卵（合子）发育而来。

stabilizing selection 稳定选择 是自然选择的一种类型，保留种群中中间类型个体而淘汰趋于极端的变异个体，使生物性状更趋于稳定。

stamen 雄蕊 种子植物产生花粉的器官，由花丝和花药两部分组成。

steroid 类固醇 一种脂质。许多信使分子和细胞跨膜传递分子为类固醇，如男性和女性的性激素和胆固醇。

steroid hormone 类固醇激素 一种胆固醇衍生激素，如促进第二性征发展的雄激素和雌激素。

stigma 柱头 位于雌蕊的顶端，是接受花粉的特殊部位。

stoma 气孔 叶、茎及其他植物器官上皮上许多小的开孔之一，是植物表皮所特有的结构，二氧化碳通过气孔进入植物体，水蒸气和氧气通过气孔传递出植物体。

stratum corneum 角质层 脊椎动物皮肤表皮最外层的部分。

stroma 基质 叶绿体中包围类囊体的半流体物质，含有利用CO_2组装有机分子的酶。

style 花柱 花朵中从胚珠里伸出的一根细长的柄，是柱头和子房间的连接部分，也是花粉管进入子房的通道。

substrate 底物 能和特异的酶结合的物质。

substrate-level phosphorylation 底物水平磷酸化 物质在生物氧化过程中，常生成一些含有高能键的化合物，而这些化合物可直接偶联ATP或GTP的合成，这种产生ATP等高能分子的方式称为底物水平磷酸化。

succession 演替 指随着时间的推移，群落组成和环境向一定方向产生缓慢、有序的发展变化。原生演替发生在原生裸地上，需经过漫长的时间。次生演替发生在顶级群落被破坏次生裸地上。

sugar 糖 人体所必需的一种营养素，人体吸收之后马上转化为碳水化合物，以供人体能量。主要包括单糖和双糖。

surface tension 表面张力 是液体表面层由于分子引力不均衡而产生的沿表面作用于任一界线上的张力。水具有极高的表面张力。

surface-to-volume ratio 表面积-体积比 用来描述细胞体积的增大。细胞体积增长远快于表面积增长。

symbiosis 共生 两个或两个以上不同的生物体紧密联系生活在一起的现象，包括寄生、共生、互利共生。

sympatric species 同域种 占据相同的地理区域密切相关的物种。

synapse 突触 一个神经元与另一个神经元或肌肉细胞相接触的部位叫作突触。突触是神经元之间在功能上发生联系的部位，也是信息传递的关键部位。

synapsis 联会 减数分裂前期I，同源染色体配对形成联会复合体，此过程为染色体联会。

syngamy 配子配合 是指受精后雌雄配子相互融合的过程。

T

T cell T细胞 T细胞是在胸腺中分化成熟的淋巴细胞，与B细胞相互联系参与细胞免疫反应，也被称为T淋巴细胞。

taxon 分类单元 指分类系统中一群生物的特定等级，有特定的名称和分类特征，是指具体的分类群。

taxonomy 分类学 关于生物分类、鉴定和命名的原理和方法的学科。

telophase 末期 染色体着丝粒断裂后，染色单体分别移到纺锤体的两极并重新形成核膜的时期。该期的主要特点是:染色体解螺旋形成细丝，核膜小泡重新包围两组染色体，相互融合，形成完整的核膜和新的细胞核。

tendon 腱 一种连接肌肉和骨骼由结缔组织所构成的纤维束或膜。

tertiary structure of a protein 蛋白质三级结构 指一条多肽链在二级结构或者超二级结构甚至结构域的基础上，进一步盘绕、折叠，依靠次级键的维系固定所形成的特定空间结构成为蛋白质的三级结构。

testcross 测交 为测定显性个体的基因型而进行的未知基因型显性个体与有关隐性纯合个体之间的交配。

testis 睾丸 产生精子的动物器官。

theory 原理 科学的原理以大量的实践为基础，是经过良好的实验所检验并且获得大量证据所支持的假设。

thigmotropism 向触性 指植物因接触刺激而引起的向性生长运动。

thorax 胸腔 由胸骨、胸椎和肋骨围成的空腔，上部和颈相连，下部有横膈膜和腹腔分开。

thylakoid 类囊体 分布在真核细胞叶绿体基质中，是单层膜围成的扁平小囊，也称为囊状结构薄膜。类囊体堆积成为基粒，是光合体系反应的场所。

tissue 组织 是介于细胞和器官之间的细胞架构，由许多形态相似的细胞及细胞间质所组成的结构和功能单位，因此它又被称为生物组织。

totipotent 全能性 指生物的细胞或组织，可以分化成该物种的所有组织或器官，形成完整的个体的能力。

trachea 导管 指维管植物木质部由柱状细胞构成的水分与无机盐长距离运输系统，次生壁厚薄不匀地加厚，端壁穿孔或完全溶解，从而形成纵向连续通道。

tracheid 管胞 管胞是木质部输导结构之一，在木质部内具有输导水分、矿物质和支持功能，但不具穿孔的管状细胞。管胞是维管植物的木质部一个重要元素。

transcription 转录 是基因表达的第一步，在RNA聚合酶作用下，遗传信息由DNA转换到mRNA的过程。

translation 翻译 基因表达的第二步，以mRNA为模板，核糖体组装特定序列的氨基酸形成多肽。

translocation 迁移 指在植物叶子和其他绿色部位制造的大部分碳水化合物，通过韧皮部搬运到植物其他部位的过程。

transpiration 蒸腾作用 是水分从活的植物体表面（主要是叶子）以水蒸气状态通过气孔散失到大气中的过程，蒸腾作用不仅受外界环境条件的影响，而且还受植物本身的调节和控制。

transposon 转座子 是一类在很多后生动物中（包括线虫、昆虫和人）发现的可移动的遗传因子。两端具有插入序列的DNA携带一个或多个基因，可从一个DNA分子转移到另一个。

trophic level 营养级 是指生物在食物链之中所占的位置。在生态系统的食物网中，凡是以相同的方式获取相同性质食物的植物类群和动物类群可分别称作一个营养级。

tropism 向性 在单向的环境刺激下，静止型生物(植物、真菌及水螅型腔肠动物等)对外界刺激的定向运动反应。正向性指朝着刺激来源方向的活动或反应。负向性指相反方向的活动或生长。

turgor pressure 膨压 质细胞内的水分对细胞壁的压力。是草本植物支持植物体的主要力量。具有高膨压的细胞被称为是肿胀的。

U

unicellular 单细胞 由一个细胞组成。

urea 尿素 脊椎动物肝脏中形成的有机分子，哺乳动物处理含氮废物的主要形式。

urine 尿 肾脏从血液中过滤出的液体废物。

V

vaccination 疫苗接种 将疫苗制剂接种到人或动物体内的技术，使接受方获得抵抗某一特定或与疫苗相似病原的免疫力。

vacuole 液泡 液泡是植物细胞质中的单层膜泡状结构，包含水和细胞代谢的废物。

van der Waals forces 范德华力 又称分子间作用力，指存在于分子与分子之间或惰性气体原子间的作用力。

variable 变量：指影响过程的任何因子。在评估一个变量的备择假设时，其他所有变量保持不变，以保证结果不被其他因素影响。

vascular bundle 维管束 维管植物（包括蕨类植物、裸子植物和被子植物）的维管组织，由木质部和韧皮部成束状排列形成的结构。

vascular cambium 维管形成层 简称形成层，是顶端分生组织活动的一种延续，由形成层可以分化出各种新的维管组织（次生维管组织）。维管形成层增加茎或根的直径。

vein 叶脉 在植物中指生长在叶片上的维管束，它们是茎中维管束的分枝，茎或叶的传导和机械组织。

vein 血管 在动物中指血液流过的一系列管道。

ventral 腹侧 指动物体的底部，背的相对面。

vertebrate 脊椎动物 有脊椎骨的动物，是脊索动物的一个亚门。这一类动物一般体形左右对称，全身分为头、躯干、尾三个部分，躯干又被横膈膜分成胸部和腹部，有比较完善的感觉器官、运动器官和高度分化的神经系统。

vesicle 囊泡 指真核细胞中膜包围的液囊。

vessel element 导管分子 在维管束植物中，一个典型细长的成熟死细胞，在木质部中传导水分和溶质。

villus 绒毛 指脊椎动物小肠上皮细胞指状突起，可增大小肠吸收的面积，也起到过滤物质的作用。

virus 病毒 病毒由蛋白质和核酸组成，比细菌还小、没有细胞结构、只能在活细胞中增殖。病毒只能在宿主细胞内复制，因此不被认为是生物。

vitamin 维生素 人和动物为维持正常的生理功能而必须从食物中获得的一类微量有机物质。

viviparous 胎生 人或某些动物的幼体在母体内发育到一定阶段以后才脱离母体的这种生殖方式。

voltage-gated channel 电压门控通道 细胞膜上的为响应电压或电荷而呈现打开或关闭状态的蛋白质通道。

W

water vascular system 水管系 棘皮动物中连接管足充满液体的系统。

wood 木材 次生木质部聚积而成，心材位于中心，是树木中无生命的树干部分。双子叶植物的木材都称为硬木，针叶类木材称为软木。

X

xylem 木质部 维管植物一种特殊的组织，主要由伸长的厚壁细胞组成，在植物体内输导水分和无机盐。

Y

yolk 卵黄 卵细胞中贮存的主要提供给胚胎营养的物质。

Z

zygote 受精卵 雄配子和雌配子融合（受精作用）产生的二倍体细胞。

出版后记 EPILOGUE

1665年，罗伯特·胡克在一台自制的显微镜下观察软木塞的薄切片，他看见了蜂巢一般的小室，把它们称作“细胞”，尽管后来发现那些“细胞”都是死亡的，但这却是人类在生命世界微观领域探索的“月球第一步”。

随着研究的深入，人类发现生命的组成拥有丰富的结构层次。细胞中拥有各司其职的细胞器，一些相似的细胞构成组织，组织形成更高级的器官、系统、个体，最后由个体组成种群和群落，群落与环境交互作用组成生态系统。在形成更高级层次的同时，能够拥有新的特性，这就是生命的涌现性。生命的涌现性带来了丰富多彩的生命奥秘，也因此令生物学的学习充满挑战。许多学习生物学的学生可能会因其庞大的知识网络发愁，记忆这些琐碎的知识要点谈何容易！在本书中，作者借助图示帮助读者理解这些纷杂的知识要点，这足以使单调的记忆方式产生质变。也有一些读者可能对数量繁多的生物学名词感到为难，但我们的作者乔治·B.约翰逊博士提醒：“相比记忆晦涩的生词，理解生命的动态过程才是学习过程中极其重要的关键环节。”

乔治·B.约翰逊博士在书写本书的过程中，也在鼓励任何一位学习生物学的读者朋友树立实验思维，积极提出问题，作出假设，设计实验（或者研究论文、报告），获取数据，从而得出可靠的结论。尽管书名为《生物学的思维方式》，但本书所及并非仅仅为学习生物学需要拥有怎样的思考，内容上则更贴近高校生物学专业课程——普通生物学。普通生物学讨论广泛的生物学，包含众多生物学分支学科的知识，可视作生命科学导论，非常适合生物学专业的学生或对生物学感兴趣的大众读者入门学习。

《生物学的思维方式》鼓励读者利用生物学思维思考所有与生命有关的问题，希望本书能为求知的读者在探索生命科学之路上提供一丝启发。在探索生命科学的过程中，希望每一位求知者能够了解地球上每个生命存在的美妙，及其与人类活动的意义，并因此担负起保护这个星球的责任，与自然和谐共处。

本书体量丰富，翻译工作量庞大，翻译团队的全体成员远超于封面所能呈现的，每一位参与工作的老师同样重要，在此向他们表达诚挚的谢意。受CIP数据所登记的译者人数所限，借出版后记详细说明各位老师在本书中参与的具体工作：沈剑老师对本书第二单元、第三单元的翻译工作与词汇整理工作，刘宠老师对本书第一单元、第六单元与附录的翻译工作，赵蕴阳老师对本书第四单元、第七单元的翻译工作，张振兴老师对本书第四单元、第五单元、第六单元、第八单元与词汇表的翻译工作和对全书的审校工作，付雷老师对本书前言、致谢与第六单元的翻译工作和翻译统筹工作，王海涛老师对全书的审校工作。

由于编者能力有限，本书可能依然存在少许问题，如有发现，欢迎指正。

后浪出版公司

图书在版编目（CIP）数据

生物学的思维方式：第9版 /（英）乔治・B.约翰逊著；沈剑，刘宠，赵蕴阳译. -- 北京：北京联合出版公司，2022.6（2024.4重印）
ISBN 978-7-5596-6118-0

Ⅰ.①生… Ⅱ.①乔… ②沈… ③刘… ④赵… Ⅲ.①生物学－普及读物 Ⅳ.①Q-49

中国版本图书馆CIP数据核字(2022)第052252号

George B. Johnson
The Living World, 9th Edition
ISBN: 1259694046

北京市版权局著作权合同登记 图字：01-2022-1692

生物学的思维方式：第9版

编　　著：[英] 乔治・B.约翰逊
译　　者：沈　剑　刘　宠　赵蕴阳
审　　校：王海涛　张振兴
出 品 人：赵红仕　　选题策划：银杏树下
出版统筹：吴兴元　　编辑统筹：尚　飞
特约编辑：何子怡　　责任编辑：夏应鹏
营销推广：ONEBOOK　　装帧制造：墨白空间・李易

北京联合出版公司出版
（北京市西城区德外大街83号楼9层 100088）
河北中科印刷科技发展有限公司　新华书店经销
字数1049千字　889毫米×1194毫米　1/16　58印张
2022年6月第1版　2024年4月第3次印刷
ISBN 978-7-5596-6118-0
定价：338.00元